2025년 최신판

전과목 핵심 요약·최근 기출문제

전기기사 필기

최근 12년간 기출문제

테스트나라 검정연구회 편저

이노books

전 과목 핵심 요약·최근 기출문제 및 상세한 해설

2025 전기기사 필기 최근 12년간 기출문제

초판 1쇄 발행 | 2025년 01월 10일
편저자 | 테스트나라 검정연구회 편저
발행인 | 송주환

발행처 | 이노Books
출판등록 | 301-2011-082
주소 | 서울시 중구 퇴계로 180-15(필동1가 21-9번지 뉴동화빌딩 119호)
전화 | (02) 2269-5815
팩스 | (02) 2269-5816
홈페이지 | www.innobooks.co.kr

ISBN 979-11-91567-51-9 [13560]
정가 25,000원

머리말

오늘날 일상생활에서 가장 비중 있는 에너지원으로 자리 잡은 전기는 더욱 다양한 방법으로 사용되고 있으며, 만드는 방법 또한 매우 다양해지고 있습니다. '신재생 에너지' '태양광 발전' '스마트 그리드' 등과 같은 조금은 생소한 전기 용어들을 자주 접할 수 있는 것처럼 매일 새로운 기술이 개발되고 있으며, 지금까지와는 전혀 다른 개념이 만들어지고 있습니다. 이에 따라 갈수록 다양한 분야에서 다양한 기술을 가진 전문 인력이 다른 어떤 직종보다 필요한 분야가 바로 전기분야입니다.

이러한 시류를 반영이라도 하듯이 최근 들어 전공자는 물론이고 전기를 전공하지 않은 비전공자들까지 대거 전기수험서 분야로 몰리면서 그 경쟁은 더 치열해지고 있습니다.

본도서는 어렵고 힘든 전기기사 필기시험을 준비하는 수험생들에게 좀 더 쉽고 빠르게 시험을 준비할 수 있도록 했습니다. 본도서의 가장 큰 목표이기도 합니다.

모든 수험생 여러분들에게 행운이 깃들길 기원합니다.

감사합니다.

목 차

PART 01 과목별 핵심 요약

PART 02 최근 12년간 기출문제 (2024~2013)

e북 증정 이벤트

1. 증정도서 : 전기기사 필기 과목별 기본서
   (요약+핵심기출+단원별 핵심체크)
   (1. 전기자기학, 2. 전력공학, 3. 전기기기, 4. 회로이론, 5. 제어공학, 6. 전기설비기술기준
2. 파일 형식 : PDF
3. 페이지 : 330페이지 (190×260mm)
4. 제공방법 : 구입 도서 판권에 본인 사인과 받을 메일 주소를 적어 촬영한 후 홈페이지 [자료실]에 올려 주시면 해당 메일로 보내드립니다.

   문의전화 : (02) 2269-5815, 홈페이지 : www.innobooks.co.kr

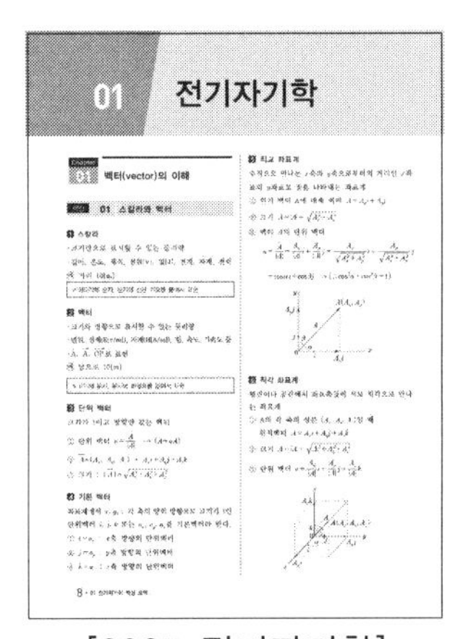

[2025 전기자기학]

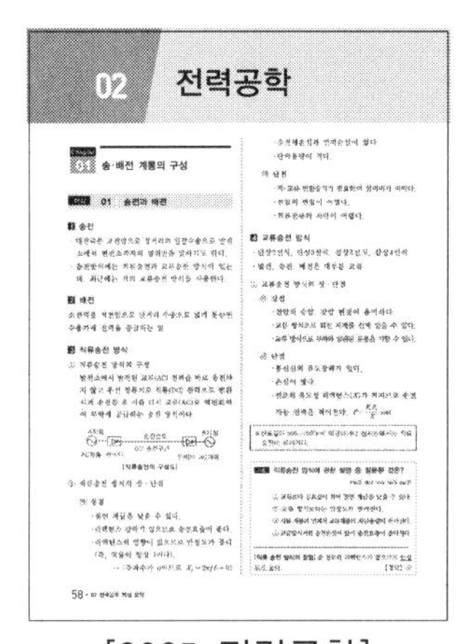

[2025 전력공학]

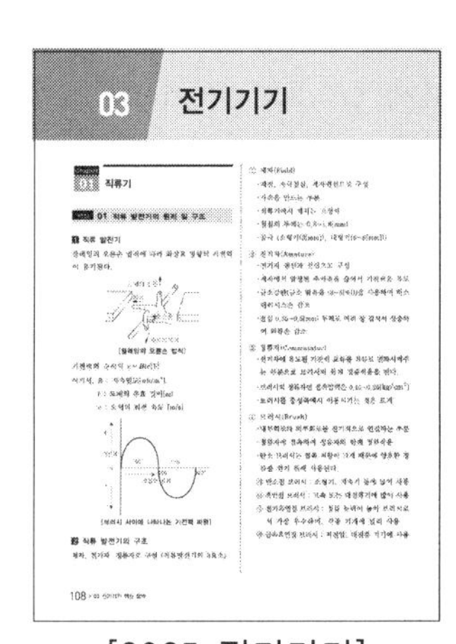

[2025 전기기기]

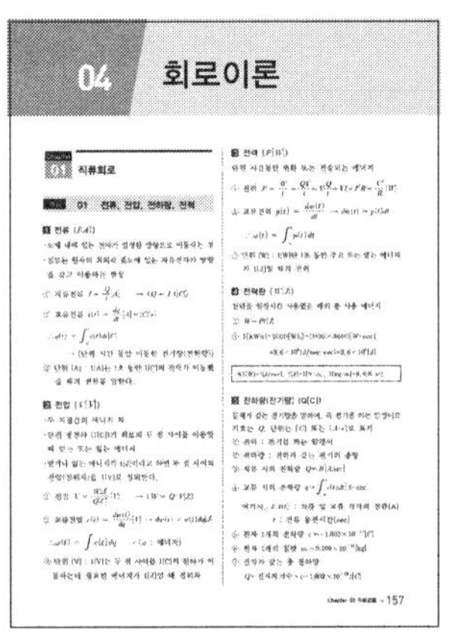

[2025 회로이론]

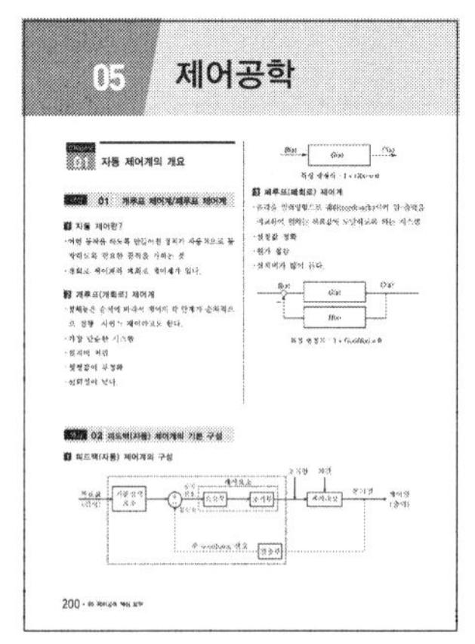

[2025 제어공학]

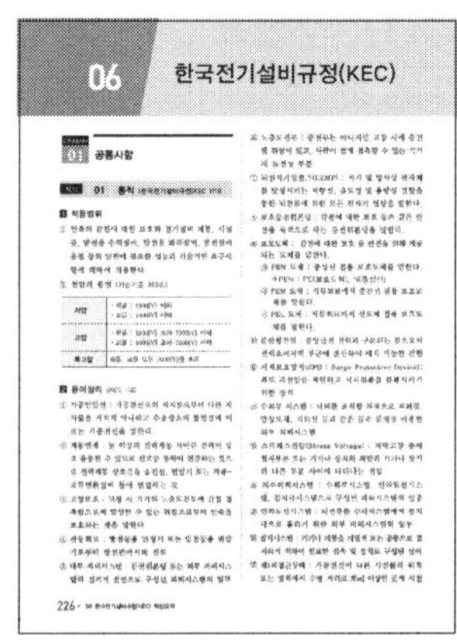

[2025 전기설비기술기준]

PART

01

과목별 핵심 요약

Chapter 01

전기자기학 핵심 요약

핵심 01 벡터의 이해

1. 벡터의 표시 방법

스칼라 A와 구분하기 위하여 특이한 표시를 한다.

$\dot{A}=\vec{A}=\hat{A}$

예 남으로 10[m] → (거리 10[m]는 스칼라)

2. 벡터의 성분 표시 방법

• $\dot{A}=Aa$에서 A : 크기, a : 성분(단위 벡터)

3. 직교 좌표계

① 단위벡터 : 크기가 1인 단지 방향만을 제시해 주는 벡터, 수직으로 만나는 x축과 y축으로부터의 거리인 x좌표와 y좌표로 점을 나타내는 좌표계

② 방향 벡터의 표시 방법

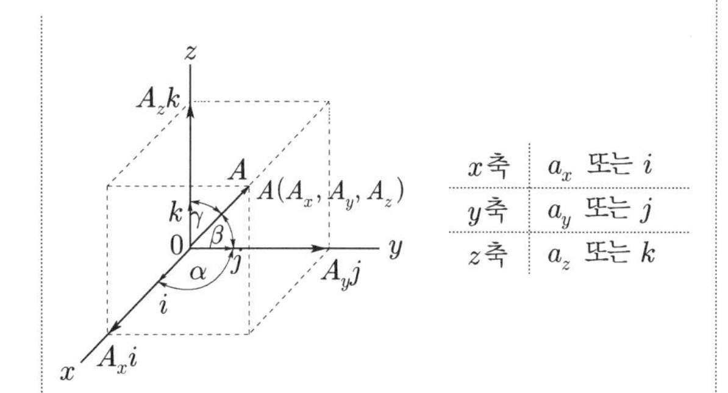

x축	a_x 또는 i
y축	a_y 또는 j
z축	a_z 또는 k

4. 벡터의 크기 계산

① 벡터 $\dot{A}=A_xi+A_yj+A_zk$

② 크기 $|A|=\sqrt{A_x^2+A_y^2+A_z^2}$

③ 벡터 A의 단위 벡터 a

$$a=\frac{\dot{A}}{|A|}=\frac{A_xi+A_yj+A_zk}{\sqrt{A_x^2+A_y^2+A_z^2}}$$

5. 벡터의 연산

(1) 벡터의 덧셈 및 뺄셈

두 벡터 $\dot{A}=A_xi+A_yj+A_zk$

$\dot{B}=B_xi+B_yj+B_zk$에서

① $\dot{A}+\dot{B}=(A_x+B_x)i+(A_y+B_y)j+(A_z+B_z)k$

② $\dot{A}-\dot{B}=(A_x-B_x)i+(A_y-B_y)j+(A_z-B_z)k$

(2) 벡터의 곱(Dot product, 내적)

① $\vec{A}\cdot\vec{B}=|A||B|\cos\theta$

(벡터에서 각 계산, A, B 수직 조건 $\vec{A}\cdot\vec{B}=0$)

② $\vec{A}\cdot\vec{B}=A_xB_x+A_yB_y+A_zB_z$

$$\begin{cases} i\cdot i=1 \\ j\cdot j=1 \\ k\cdot k=1 \end{cases} \qquad \begin{cases} i\cdot j=0 \\ j\cdot k=0 \\ k\cdot i=0 \end{cases}$$

(3) 벡터의 곱(Cross Product, 외적)

① $\vec{A}\times\vec{B}=|A||B|\sin\theta$

② $\vec{A}\times\vec{B}=\begin{vmatrix} i & j & k \\ A_x & A_y & A_z \\ B_x & B_y & B_z \end{vmatrix}$

$$=(A_yB_z-A_zB_y)i+(A_zB_x-A_xB_z)j+(A_xB_y-A_yB_x)k$$

$$\begin{cases} i\times i=0 \\ j\times j=0 \\ k\times k=0 \end{cases} \quad \begin{cases} i\times j=k \\ j\times k=i \\ k\times i=j \end{cases} \quad \begin{cases} j\times i=-k \\ k\times j=-i \\ i\times k=-j \end{cases}$$

6. 벡터의 미분연산

(1) 스칼라 함수의 기울기(gradint) → (경도, 구배)

① $grad\ f=\nabla f=\frac{\partial f}{\partial x}i+\frac{\partial f}{\partial y}j+\frac{\partial f}{\partial z}k$

② $\nabla=\frac{\partial}{\partial x}i+\frac{\partial}{\partial y}j+\frac{\partial}{\partial z}k$ →(편미분함수)

(2) 벡터 $\dot{A}$의 발산(DIVERGENCE)

$div\,\vec{A}=\nabla\cdot\vec{A}$

$$=\left(\frac{\partial}{\partial x}i+\frac{\partial}{\partial y}j+\frac{\partial}{\partial z}k\right)\cdot(A_xi+A_yj+A_zk)$$

$$=\frac{\partial A_x}{\partial x}+\frac{\partial A_y}{\partial y}+\frac{\partial A_z}{\partial z}$$

(3) 벡터 $\dot{A}$의 회전(ROTATION, CURL)

$$rot\,\vec{A} = \nabla \times \vec{A}$$

$$= \left(\frac{\partial}{\partial x}i + \frac{\partial}{\partial y}j + \frac{\partial}{\partial z}k\right) \times (A_x i + A_y j + A_z k)$$

$$= \left(\frac{\partial A_z}{\partial y} - \frac{\partial A_y}{\partial z}\right)i + \left(\frac{\partial A_x}{\partial z} - \frac{\partial A_z}{\partial x}\right)j + \left(\frac{\partial A_y}{\partial x} - \frac{\partial A_x}{\partial y}\right)k$$

$$= \begin{vmatrix} i & j & k \\ \frac{\partial}{\partial x} & \frac{\partial}{\partial y} & \frac{\partial}{\partial z} \\ A_x & A_y & A_z \end{vmatrix}$$

(4) LAPLACIAN (∇^2)

$$div\ grad\ f = \Delta \cdot \Delta f$$
$$= \Delta^2 f = \frac{\partial^2 f}{\partial x^2} + \frac{\partial^2 f}{\partial y^2} + \frac{\partial^2 f}{\partial z^2}$$

(5) 발산정리(면적적분 ⇄ 체적적분)

$$\int_s \vec{A} ds = \int_v div\,\vec{A}\,dv = \int_v \nabla \cdot \vec{A}\,dv$$

(6) STOKES정리(선적분 ⇄ 면적적분)

$$\int_l \vec{A} dl = \int_v div\,\vec{A}\,dv = \int_v \nabla \cdot \vec{A}\,ds$$

핵심 02 진공 중의 정전계

1. 쿨롱의 법칙

$$F = \frac{Q_1 Q_2}{4\pi\epsilon_0 r^2} = 9 \times 10^9 \frac{Q_1 Q_2}{r^2}[N]$$

$$\rightarrow \left(\frac{1}{4\pi\epsilon_0} = 9 \times 10^9\right)$$

두 점전하간 작용력으로 힘은 항상 일직선상에 존재, 거리 제곱에 반비례

2. 전계의 세기(E)

전계내의 임의의 점에 "단위정전하(+1[C])" 를 놓았을 때 단위정전하에 작용하는 힘 [N/C=V/m]

$$E = \frac{F}{Q}[V/m] = \frac{Q \times 1}{4\pi\epsilon_0 r^2} = 9 \times 10^9 \frac{Q}{r^2}[V/m]$$

3. 도체 모양에 따른 전계의 세기

(1) 원형 도체 중심에서 직각으로 r[m] 떨어진 지점의 전계 세기

$$E = \frac{\lambda ar}{2\epsilon_0(a^2+r^2)^{\frac{3}{2}}}[V/m] \quad \rightarrow (\lambda[C/m] : 선전하밀도)$$

(2) 구도체 전계의 세기(E)

① 도체 외부 전하($r > a$)의 전계의 세기(E)

$Q_1 = Q[C],\ Q_2 = +1[C]$

$$E = \frac{Q}{4\pi\epsilon_0 r^2}[V/m]$$

② 구(점) 표면 전하($r = a$)의 전계의 세기(E)

$$E = \frac{Q}{4\pi\epsilon_0 a^2}[V/m]$$

③ 구 내부의 전하($r < a$)]의 전계의 세기(E)
(단, 전하가 내부에 균일하게 분포된 경우)

$$E = \frac{Q}{4\pi\epsilon_0 r^2} \times \frac{체적'(r)}{체적(a)} = \frac{rQ}{4\pi\epsilon_0 a^3}[V/m]$$

(3) 무한장 직선 도체에서의 전계의 세기

$$E = \frac{\lambda}{2\pi\epsilon_0 r}[\mathrm{V/m}] \quad \rightarrow (\lambda[C/m] : 선전하밀도)$$

(4) 동축 원통(무한장 원주형)의 전계

① 원주 외부 ($r > a$)
(길이 l, 반지름 r인 원통의 표면적 $S = 2\pi rl$)

전계 $E(외부) = \dfrac{\lambda}{2\pi\epsilon_0 r}[V/m]$

② 원주 내부 ($r < a$)
(단, 전하가 내부에 균일하게 분포된 경우)
(길이 l, 반지름 r인 원통의 체적 $v = \pi r^2 l$)

전계 $E(내부) = \dfrac{r\lambda}{2\pi\epsilon_0 a^2}[V/m]$

③ 원주 평면 ($r = a$)

전계 $E = \dfrac{\lambda}{2\pi\epsilon_0 r}[\mathrm{V/m}]$

(5) 무한 평면 도체에 의한 전계 세기

$$E=\frac{D}{\epsilon_0}=\frac{\rho}{2\epsilon_0}[\mathrm{V/m}]$$

→ (전속밀도 $D=\frac{\rho}{2}[C/m^2]$

→ ($\rho[C/m^2]$: 무한 평면의 면전하밀도)

(6) 임의 모양의 도체에 의한 전계 세기

$$E=\frac{\rho}{\epsilon_0}[V/m]$$

4. 전기력선의 성질

① 정전하(+)에서 시작하여 부전하(-)에서 끝난다.

② 전위가 높은 곳에서 낮은 곳으로 향한다.

③ 그 자신만으로 폐곡선이 되지 않는다.

④ 도체 표면에서 수직으로 출입한다.

⑤ 서로 다른 두 전기력선은 서로 반발력이 작용하여 교차하지 않는다.

⑥ 전기력선 밀도는 그 점의 전계의 세기와 같다.

⑦ 전하가 없는 곳에서는 전기력선이 존재하지 않는다.

⑧ 도체 내부에서의 전기력선은 존재하지 않는다.

⑨ $Q[C]$의 전하에서 나오는 전기력선의 개수는 $\frac{Q}{\epsilon_0}$개

(단위 전하에서는 $\frac{1}{\epsilon_0}$개의 전기력선이 출입한다.)

⑩ 전기력선의 방향은 그 점의 전계의 방향과 일치한다.

5. 전기력선의 방정식

① $\frac{dx}{E_x}=\frac{dy}{E_y}=\frac{dz}{E_z}$

② $V=x^2+y^2$, $E=E_xi+E_yj$ 에서

· V와 E가 + 이면 $\frac{x}{y}=c$ 형태

− 이면 $xy=c$ 형태

※x, y값이 주어지면 대입하여 성립하면 답

6. 전하의 성질

① 전하는 "도체 표면에만" 존재한다.

② 도체 표면에서 전하는 곡률이 큰 부분, 곡률 반경이 작은 부분에 집중한다.

7. 전속밀도(D)

유전체 중 어느 점의 단위 면적 중을 통과하는 전속선 개수, 단위 $[\mathrm{C/m^2}]$

① $D=\frac{\text{전속수}}{\text{면적}}=\frac{Q}{S}[C/m^2]=\frac{Q}{4\pi r^2}[C/m^2]$

② $D=\epsilon_0 E[C/m^2]$ → ($E=\frac{D}{\epsilon_0}[V/m]$)

8. 등전위면

① 전위가 같은 점을 연결하여 얻어지는 면, 에너지의 증감이 없으므로 일(W)은 0이다.

② 서로 다른 등전위면은 교차하지 않는다.

③ 등전위면과 전기력선은 수직 교차한다.

9. 전위경도($grad$ V)

① $grad$ V = ∇V = −E

전위경도와 전계의 세기는 크기는 같고 방향은 반대이다.

② 전위(V) 주어진 경우 전계의 세기(E) 계산식

$$E=-\nabla V$$
$$=-\frac{\partial V}{\partial x}i-\frac{\partial V}{\partial y}j-\frac{\partial V}{\partial z}k\,[V/m]$$

10. 가우스법칙

임의의 폐곡면을 통하여 나오는 전기력선은 폐곡면 내 전하 총합의 $\frac{1}{\epsilon_0}$배와 같다.

$$\int_s E\ ds=\frac{Q}{\epsilon_0}$$ → (전기력선수)

11. 전기쌍극자

① 전위 $V=\frac{M\cos\theta}{4\pi\epsilon_0 r^2}[V]$

② 전계 $E=\frac{M\sqrt{1+3\cos^2\theta}}{4\pi\epsilon_0 r^3}[V/m]\propto\frac{1}{r^3}$

③ $M=Q\cdot\delta[C\cdot m]$ → (M : 전기쌍극자 모우멘트)

12. 자기쌍극자

① 자위 $U = \frac{M\cos\theta}{4\pi\mu_0 r^2}[AT]$

② 자계 $H = \frac{M\sqrt{1+3\cos^2\theta}}{4\pi\mu_0 r^3}[AT/m] \propto \frac{1}{r^3}$

③ $M = m \cdot l[Wbm]$ →(M : 자기 쌍극자 모우멘트)

※ 크기가 같고 극성이 다른 두 점전하가 아주 미소한 거리에 있는 상태를 전기쌍극자 상태라 한다.

13. POISSON(포아송) 방정식

① $div E = \nabla \cdot E = \frac{\rho}{\epsilon_0}$

→ (E가 주어진 경우 체적전하 $\rho[C/m^3]$ 계산식)

② $div D = \nabla \cdot D = \rho$

→ (D가 주어진 경우 체적전하 $\rho[C/m^3]$ 계산식)

③ $\nabla^2 V = -\frac{\rho}{\epsilon_0}$ → (포아송 방정식)

→ (전위가 주어진 경우 체적전하 $\rho[C/m^3]$ 계산식)

14. LAPLACE(라플라스) 방정식($\rho = 0$)

$\nabla^2 V = 0$ → (라플라스 방정식)

전하가 없는 곳에서 전위(V) 계산식

15. 정전응력

도체 표면에 단위 면적당 작용하는 힘

$$f_e = \frac{1}{2}\epsilon_0 E^2 = \frac{1}{2}DE = \frac{D^2}{2\epsilon_0}[N/m^2] = w_e[J/m^3]$$

16. 전기 이중층

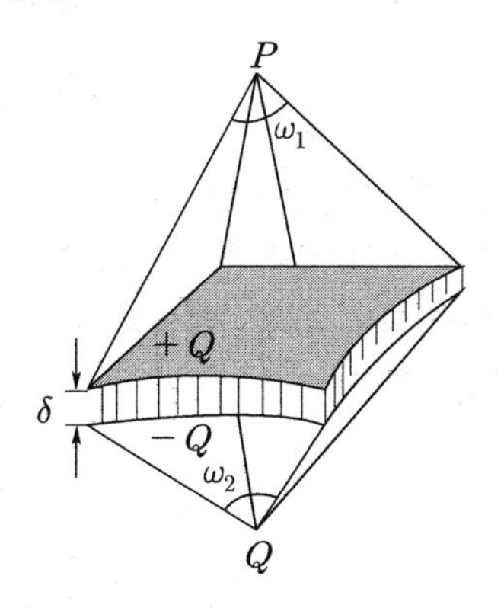

① P점의 전위 $V_p = \frac{M}{4\pi\epsilon_0}\omega_1$

② Q점의 전위 $V_Q = \frac{-M}{4\pi\epsilon_0}\omega_2$

③ P, Q점의 전위차 $V_{PQ} = \frac{M}{\epsilon_0}$

④ 이중층의 세기 $M = \sigma\delta[\omega b/m]$

(σ : 면전하 밀도[C/m²], δ : 판의 두께[m])

17. 자기이중층(판자석)

① P점의 전위 $U_p = \frac{M}{4\pi\epsilon_0}\omega_1[AT]$,

② Q점의 전위 $U_Q = \frac{-M}{4\pi\mu_0}\omega_2[AT]$

③ P, Q점의 전위차 $U_{PQ} = \frac{M}{\mu_0}$

④ 판자석 세기 $M = \sigma\delta[wb/m]$

18. 전계의 세기가 0 되는 점

① 두 전하의 극성이 같으면 : 두 전하 사이에 존재

② 두 전하의 극성이 다르면: 크기가 작은 측의 외측에 존재

핵심 03 진공 중의 도체계와 정전용량

1. 정전용량의 종류

① 반지름 a[m]인 고립 도체구의 정전용량

$$C = \frac{Q}{V} = 4\pi\epsilon_0 a[F]$$

② 동심구 콘덴서의 정전용량

→ (중심이 같은 두 개의 구)

$$C = \frac{Q}{V} = \frac{4\pi\epsilon_0}{\left(\frac{1}{a} - \frac{1}{b}\right)} = \frac{4\pi\epsilon_0 ab}{b-a}[F]$$

③ 평행판 콘덴서의 정전용량

$$C = \frac{Q}{V} = \frac{\epsilon_0 \cdot S}{d}[F]$$

④ 두 개의 평행 도선(선간 정전용량)

$$C = \frac{\pi\epsilon_0}{\ln\frac{d}{r}} l[F] = \frac{\pi\epsilon_0}{\ln\frac{d}{r}} [F/m]$$

→ (단위 길이당 정전용량)

⑤ 동축원통 콘덴서의 정전용량

$$C = \frac{2\pi\epsilon_0}{\ln\frac{b}{a}} l[F] = \frac{2\pi\epsilon_0}{\ln\frac{b}{a}} [F/m]$$

2. 전위계수

① 전위계수

- $V_1 = \frac{Q_1}{4\pi\epsilon_0 R_1} + \frac{Q_2}{4\pi\epsilon_0 r} = P_{11}Q_1 + P_{12}Q_2[V]$
- $V_2 = \frac{Q_1}{4\pi\epsilon_0 r} + \frac{Q_2}{4\pi\epsilon_0 R_2} = P_{21}Q_1 + P_{22}Q_2[V]$

② 전위계수 성질

- P_{rr} $(P_{11},\ P_{22},\ P_{33}, \ldots\ldots\ldots\ldots) \geq 0$
- P_{rs} $(P_{12},\ P_{23},\ P_{34}, \ldots\ldots\ldots\ldots) \geq 0$
- $P_{rs} = P_{sr}$ $(P_{12} = P_{21})$
- $P_{rr} = P_{sr}$ $(P_{11} = P_{21})$

→ (s도체가 r도체 내부에 있다.)

3. 용량계수 및 유도계수

- $Q_1 = q_{11} V_1 + q_{12} V_2$
- $Q_2 = q_{21} V_1 + q_{22} V_2$

여기서, q_{rr} $(q_{11},\ q_{22}, \ldots\ldots, q_{rr}) > 0$: 용량계수

q_{rs} $(q_{12},\ q_{23}, \ldots\ldots, q_{rs}) \leq 0$: 유도계수

- $Q = CV$ →(정전용량 $C = \frac{Q}{V}[F] = [C/V]$)

4. 콘덴서에 축적되는 에너지(저장에너지)

$$W = \frac{1}{2}CV^2 = \frac{1}{2}QV = \frac{Q^2}{2C}[J]$$

5. 유전체에 축적되는 에너지(저장에너지)

$$\omega = \frac{W}{v} = \frac{\rho_s^2}{2\epsilon_0} = \frac{D^2}{2\epsilon_0} = \frac{1}{2}\epsilon_0 E^2 = \frac{1}{2}ED[J/m^3]$$

→ $(E = \frac{D}{\epsilon_0}[V/m])$

6. 정전 흡인력(단위 면적당 받는 힘)

① V 일정 : $F = \frac{\frac{1}{2}CV^2}{d} = \frac{\epsilon SV^2}{2d^2}$ → $(C = \frac{\epsilon S}{d})$

② Q 일정 = $F = \frac{\frac{Q^2}{2C}}{d} = \frac{Q^2}{2\epsilon S}[N/m^2]$

핵심 04 유전체

1. 유전율 $(\epsilon = \epsilon_0\epsilon_s)$

① $\epsilon = \epsilon_0\epsilon_s[F/m]$

② $\epsilon_0 = 8.855 \times 10^{-12}$ $[F/m]$: 진공중의 유전율

③ ϵ_s : 비유전율(진공시, 공기중 $\epsilon_s = 1$)

※유전율의 단위는 $[C^2/N \cdot m^2]$ 또는 [F/m]이다.

2. 비유전율(ϵ_s)

- 비유전율은 물질의 매질에 따라 다르다.
- 모든 유전체는 비유전율(ϵ_s)이 1보다 크거나 같다.
  즉, $\epsilon_s \geq 1$
- 공기중이나 진공 상태에서의 비유전율(ϵ_s)은 1이다.
  (진공중, 공기중 $\epsilon_s = 1$

※비유전율은 단위가 없다.

3. 전기분극의 종류

① 이온분극 : 염화나트륨(NaCl)의 양이온(Na^+)과 음이온(Cl^-) 원자

② 전자분극 : 헬륨과 같은 단 결정에서 원자 내의 전자와 핵의 상대적 변위로 발생

③ 쌍극자분극 : 유극성 분자가 전계 방향에 의해 재배열한 분극

4. 분극의 세기

$$P=D-\epsilon_0 E=\epsilon_0\epsilon_s E-\epsilon_0 E=\epsilon_0(\epsilon_s-1)E[C/m^2]$$

$$\rightarrow (D=\epsilon E=P+\epsilon_0 E[\mathrm{C/m^2}])$$

5. 유전체 콘덴서의 직렬 및 병렬 구조

① 유전체의 콘덴서 내에 직렬 삽입

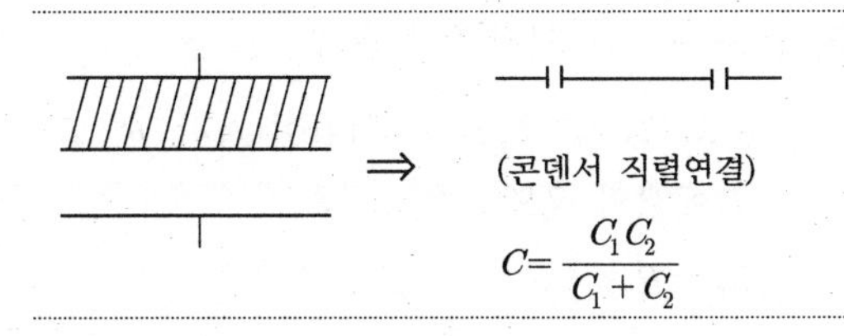

(콘덴서 직렬연결)

$$C=\frac{C_1C_2}{C_1+C_2}$$

② 유전체의 콘덴서 내에 병렬 삽입

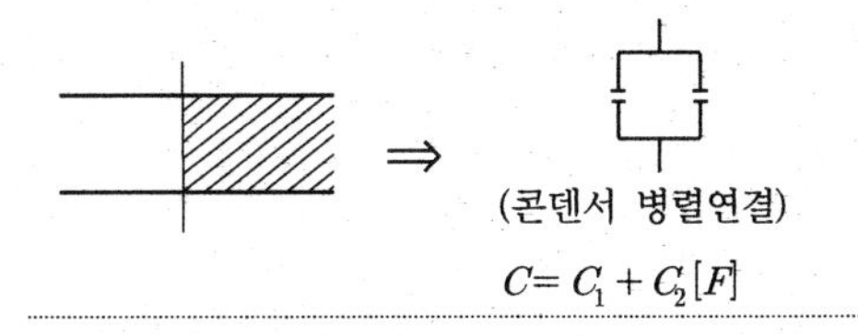

(콘덴서 병렬연결)

$$C=C_1+C_2[F]$$

6. 유전체의 경계 조건

① 전속 밀도의 법선 성분의 크기는 같다.

$(D_1'=D_2' \rightarrow D_1\cos\theta_1=D_2\cos\theta_2)$ → 수직성분

② 전계의 접선 성분의 크기는 같다.

$(E_1'=E_2' \rightarrow E_1\sin\theta_1=E_2\sin\theta_2)$ → 평행성분

③ 굴절의 법칙

· $\frac{E_1\sin\theta_1}{D_1\cos\theta_1}=\frac{E_2\sin\theta_2}{D_2\cos\theta_2}$, $\frac{E_1\sin\theta_1}{\epsilon_1 E_1\cos\theta_1}=\frac{E_1\sin\theta_1}{\epsilon_2 E_2\cos\theta_2}$

· $\frac{\tan\theta_1}{\epsilon_1}=\frac{\tan\theta_2}{\epsilon_2}$, $\frac{\epsilon_2}{\epsilon_1}=\frac{\tan\theta_2}{\tan\theta_1}$

7. 전속 및 전기력선의 굴절

· $\epsilon_1>\epsilon_2$일 때 유전율의 크기와 굴절각의 크기는 비례한다.

· $\epsilon_1>\epsilon_2$이면, $\theta_1>\theta_2$, $D_1>D_2$, $E_1<E_2$

8. 유전체가 경계면에 작용하는 힘

① 전계가 경계면에 수직한 경우($\epsilon_1>\epsilon_2$)

전계 및 전속밀도가 경계면에 수직 입사하면(인장응력)

작용하는 힘 $f=\frac{1}{2}(E_2-E_1)D^2$

$$=\frac{1}{2}\left(\frac{1}{\epsilon_2}-\frac{1}{\epsilon_1}\right)D^2[\mathrm{N/m^2}]$$

② 전계가 경계면에 평행한 경우($\epsilon_1>\epsilon_2$)

전계 및 전속밀도가 경계면에 평행 입사하면(압축응력)

작용하는 힘 $f=\frac{1}{2}(\epsilon_1-\epsilon_2)E^2[\mathrm{N/m^2}]$

핵심 05 전기영상법

1. 무한 평면도체와 점전하 간 작용력

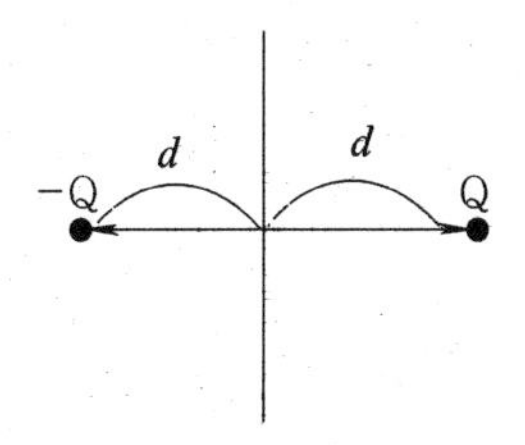

흡인력

$$F=\frac{1}{4\pi\epsilon_0}\frac{Q\times(-Q)}{(2d)^2}=-\frac{Q^2}{16\pi\epsilon_0 d^2}[\mathrm{N}]$$ → (- : 흡인력)

2. 무한 평면 도체와 선전하간 작용력

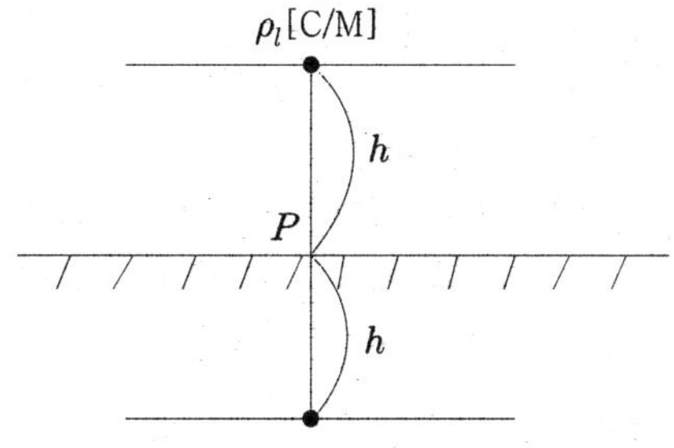

$$F=\rho_l\cdot E=\frac{-\rho_l^2}{4\pi\epsilon_0 h}[\mathrm{N/m}]$$ → (ρ_l ; 선전하밀도)

3. 접지 구도체와 점전하

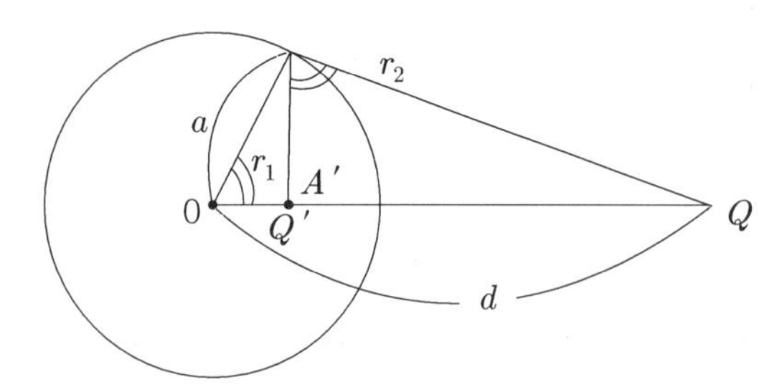

① 영상전하의 위치 $x = \frac{a^2}{d}[m]$

② 영상전하의 크기 $Q' = -\frac{r_1}{r_2}Q = -\frac{a}{d}Q[\mathrm{C}]$

③ 접지구도체와 점전하간 작용력 (쿨롱의 힘)

$$F = \frac{Q_1 Q_2}{4\pi\epsilon_0 r^2} = \frac{Q\left(-\frac{a}{b}Q\right)}{4\pi\epsilon_0\left(d-\frac{a^2}{d}\right)^2}$$

$$= -\frac{adQ^2}{4\pi\epsilon_0(d^2-a^2)^2}[N] \quad \rightarrow (\text{흡입력})$$

핵심 06 전류

1. 전류

$$I = \frac{Q}{t} = \frac{ne}{t}[C/\sec = A]$$

2. 전하량

$Q = I \cdot t = ne[C]$

여기서, n: 전자의 개수

$e[C]$: 기본 전하량($e = 1.602 \times 10^{-19}[C]$)

(전자의 전하량 $-e = -1.602 \times 10^{-19}[C]$)

3. 전기저항

(1) 저항

$$R = \rho\frac{1}{S} = \frac{1}{kS}[\Omega] \quad \rightarrow (\text{저항률 } \rho = \frac{1}{k} \ (k : \text{도전율}))$$

(2) 콘덕턴스

$$G = \frac{1}{R} = \frac{S}{\rho l} = k\frac{S}{l}[\mho]$$

여기서, ρ : 고유 저항 $[\Omega \cdot \mathrm{m}]$

k : 도전율 $[\mho/\mathrm{m}][\mathrm{S/m}]$

l : 도선의 길이 $[\mathrm{m}]$

S : 도선의 단면적 $[m^2]$

(3) 온도계수와 저항과의 관계

① 온도 T_1 및 T_2일 때 저항이 각각 R_1, R_2, 온도 T_1에서의 온도계수 a_1

$R_2 = R_1[1 + a_1(T_2 - T_1)][\Omega]$

② 동선에서 저항 온도 계수 $a_1 = \frac{a_0}{1 + a_0 T_1}$

($0[^\circ C]$에서 $a_1 = \frac{1}{234.5}$, $t[^\circ C]$에서 $a_2 = \frac{1}{234.5 + t}$)

※온도가 올라가면 저항은 증가한다.

(4) 합성 온도계수

$$\alpha = \frac{a_1 R_1 + a_2 R_2}{R_1 + R_2}$$

4. 전력과 전력량

(1) 전력

$$P = VI = I^2 R = \frac{V^2}{R}[W = J/\sec]$$

(2) 전력량

$$W = Pt = VIt = I^2 Rt = \frac{V^2}{R}t[W \cdot \sec = J]$$

5. 저항과 정전용량과의 관계

(1) 평행판 콘덴서에서의 저항과 정전용량

$RC = \rho\epsilon$

(2) 콘덴서에 흐르는 누설전류

$$I = \frac{V}{R} = \frac{V}{\frac{\epsilon\rho}{C}} = \frac{CV}{\epsilon\rho}[A]$$

6. 열전현상

① 제백 효과 : 두 종류 금속 접속 면에 온도차가 있으면 기전력이 발생하는 효과이다. 열전온도계에 적용된다.

② 펠티에 효과 : 두 종류 금속 접속 면에 전류를 흘리면 접속점에서 열의 흡수(온도 강하), 발생(온도 상승)이 일어나는 효과. 제벡 효과와 반대 효과이며 전자 냉동 등에 응용

③ 톰슨 효과 : 동일한 금속 도선의 두 점간에 온도차를 주고, 고온 쪽에서 저온 쪽으로 전류를 흘리면 도선 속에서 열이 발생되거나 흡수가 일어나는 이러한 현상을 톰슨효과라 한다.

핵심 07 진공 중의 정자계

1. 정자계의 쿨롱의 법칙

자기력 $F = \frac{m_1 m_2}{4\pi\mu_0 r^2} = 6.33 \times 10^4 \times \frac{m_1 m_2}{r^2}$[N]

→ $(\mu_0 = 4\pi \times 10^{-7}[H/m])$

2. 자계의 세기

$$H = \frac{m_1 \cdot m_2}{4\pi\mu_0 r^2} = 6.33 \times 10^4 \times \frac{m \times 1}{r^2}[\text{AT/m}]$$

→ $(F = mH[\text{N}])$

3. 자기력선의 성질

- 자기력선은 정(+)자극(N극)에서 시작하여 부(-)자극(S극)에서 끝난다.
- 자기력선은 반드시 자성체 표면에 수직으로 출입한다.
- 자기력선은 자신만으로 폐곡선을 이룰 수 없다.
- 자장 안에서 임의의 점에서의 자기력선의 접선방향은 그 접점에서의 자기장의 방향을 나타낸다.
- 자장 안에서 임의의 점에서의 자기력선 밀도는 그 점에서의 자장의 세기를 나타낸다.
- 두 개의 자기력선은 서로 반발하며 교차하지 않는다.
- 자기력선은 등자위면과 수직이다.
- m[Wb]의 자하에서 나오는 자기력선의 개수는 $\frac{m}{\mu_0}$개다.

4. 자속과 자속밀도

① 자속 $\varnothing = m$[Wb]

② 자속밀도(단위 면적당의 자속선 수)

$$B = \frac{\varnothing}{S} = \frac{m}{S}[\text{Wb/m}^2]$$

③ 자속밀도와 자계의 세기 $B = \mu_0 H[\text{Wb/m}^2]$

→ (m : 자속선 수, H : 자계의 세기)

5. 가우스(GAUSS)의 법칙

(1) 전계

① 전기력선의 수 $N = \int_s E\,ds = \frac{Q}{\epsilon_0}$

② 전속선수 $\varnothing = \int_s D ds = Q$

(2) 자계

① 자기력선의 수 $N = \int_s H\,ds = \frac{m}{\mu_0}$

② 자속선수 $\varnothing = \int_s B\,ds = m$

6. 자계의 세기

① $H = \frac{m_1 \cdot m_2}{4\pi\mu_0 r^2}[A/m] = 6.33 \times 10^4 \times \frac{m \times 1}{r^2}[\text{AT/m}]$

② $H = \frac{F}{m}[\text{N/Wb}]$

7. 자위

① 점자극 m에서 거리 r인 점의 자위 $U = \frac{m}{4\pi\mu_0 r}[\text{AT}]$

② $U = Hr[A]$

8. 자기 쌍극자

자기 쌍극자에서 r만큼 떨어진 한 점에서의 자위

$$U = \frac{M\cos\theta}{4\pi\mu_0 r^2}[\text{AT}]$$

9. 자기 이중층(판자석)

① 판자석의 자위 $U=\pm\dfrac{P}{4\pi\mu_0}\omega[AT]$

② ω의 무한 접근시 $\omega=2\pi(1-\cos\theta)[sr]$

$\cos\theta=-1$이므로 $\omega=4\pi$ $\therefore U=\dfrac{P}{\mu_0}$[AT]

③ 판자석의 세기 $P=\sigma\times\delta$[Wb/m]

여기서, P : 판자석의 세기[Wb/m]

σ : 판자석의 표면 밀도[Wb/m^2]

δ : 두께[m], ω : 입체각

10. 막대자석의 회전력(회전력(T))

① 자기모멘트 $M=m\cdot l$[Wb/m]

② 회전력 $T=M\times H[\text{N}\cdot\text{m}]=\text{MH}\sin\theta$

$=m\cdot l\,H\sin\theta[\text{N}\cdot\text{m}]$

여기서, T : 회전력, M : 자기모멘트

θ : 막대자석과 자계가 이루는 각

11. 전기의 특수한 현상

① 핀치 효과 : 액체 상태의 원통상 도선 내부에 균일하게 전류가 흐를 때 도체 내부에 자장이 생겨 전류가 원통 중심 방향으로 수축하려는 효과

② 홀 효과(Hall effect) : 도체에 전류를 흘리고 이것과 직각 방향으로 자계를 가하면 도체 내부의 전하가 횡방향으로 힘을 모아 도체 측면에 전하가 나타나는 현상

③ 스트레치 효과 : 자유로이 구부릴 수 있는 도선에 대전류를 통하면 도선 상호간에 반발력에 의하여 도선이 원을 형성하는 현상

④ 파이로 전기 : 압전 현상이 나타나는 결정을 가열하면 한 면에 정(+)의 전기가, 다른 면에 부(-)의 전기가 나타나 분극이 일어나며, 반대로 냉각하면 역분극이 생기는 현상

12. 전류에 의한 자계의 계산

(1) 암페어(Amper)의 법칙

전류에 의한 자계의 방향을 결정하는 법칙

(2) 암페어(Amper)의 주회 적분 법칙

전류에 의한 자계의 크기를 구하는 법칙

$\oint H dl=\sum NI$

(3) 비오-사바르의 법칙 (전류와 자계 관계)

$dH=\dfrac{Idl\sin\theta}{4\pi r^2}[AT/m]$

(4) 여러 도체 모양에 따른 자계의 세기

① 반지름이 a[m]인 원형코일 중심의 자계

$H=\dfrac{NI}{2a}[AT/m]$

② 원형코일 중심축상의 자계

$H=\dfrac{Ia^2}{2(a^2+x^2)^{\frac{3}{2}}}[AT/m]$

③ 유한 직선 전류에 의한 자계

$H=\dfrac{I}{4\pi a}(\cos\theta_1+\cos\theta_2)$

$=\dfrac{I}{4\pi a}(\sin\beta_1+\sin\beta_2)$[A/m]

④ 반지름 a[m]인 원에 내접하는 정 n변형의 자계

㉮ 정삼각형 중심의 자계 $H=\dfrac{9I}{2\pi l}$[AT/m]

㉯ 정사각형 중심의 자계 $H=\dfrac{2\sqrt{2}I}{\pi l}$[AT/m]

㉰ 정육각형 중심의 자계 $H=\dfrac{\sqrt{3}I}{\pi l}$[AT/m]

㉱ 정 n 각형 중심의 자계 $H=\dfrac{nI}{2\pi a}\tan\dfrac{\pi}{n}$[AT/m]

→ (a는 반지름)

(5) 솔레노이드에 의한 자계의 세기

① 환상 솔레노이드에서 자계의 세기

㉮ $Hl=NI$

㉯ 내부자계 $H=\dfrac{NI}{2\pi a}$[AT/m]

㉰ 외부자계 H=0

② 무한장 솔레노이드에서 자계의 세기

㉮ 단위 길이당 권수 $n=\dfrac{N}{l}$

㉯ 암페어의 주회적분 법칙 $Hl=NI$

㉰ 내부자계 $H=\frac{NI}{l}=nI[AT/m]$

㉱ 외부자계 H=0

13. 플레밍 왼손법칙 → (전동기 원리)

자계 내에서 전류가 흐르는 도선에 작용하는 힘
$F=IBl\sin\theta = qv\sin\theta\,[N]$

14. 플레밍 오른손법칙 → (발전기 원리)

자계 내에서 도선을 왕복 운동시키면 도선에 기전력이 유기된다.
$e=vBl\sin\theta\,[V]$

15. 로렌쯔의 힘

전계(E)와 자속밀도(B)가 동시에 존재 시
$F=q[E+(v\times B)]\,[N]$

16. 두 개의 평행 도선 간 작용력

$$F=\frac{\mu_0 I_1 I_2}{2\pi r}[N/m]$$
$$=\frac{4\pi\times10^{-7}}{2\pi r}I_1I_2=\frac{2I_1I_2}{r}\times10^{-7}[N/m]$$

※두 전류의 방향이 같으면 : 흡인력
두 전류의 방향이 반대면 : 반발력

17. 전계와 자계의 특성 비교

① 진공중의 전계

전하	Q[C]
유전율	$\epsilon=\epsilon_0\epsilon_s\,[F/m]$ 진공중의 유전율 : $\epsilon_0=8.855\times10^{-12}\,[F/m]$ 비유전율 : ϵ_s(공기중, 진공시 $\epsilon_s \fallingdotseq 1$)
쿨롱의 법칙	$F=\frac{Q_1Q_2}{4\pi\epsilon_0 r^2}=9\times10^9\frac{Q_1Q_2}{r^2}[N]$
전계의 세기	$E=\frac{F}{Q}=\frac{Q}{4\pi\epsilon_0 r^2}=9\times10^9\frac{Q}{r^2}[V/m]$
전위	$V=\frac{Q}{4\pi\epsilon_0 r}=9\times10^9\frac{Q}{r}[V]$
전속밀도	$D=\epsilon_0 E[C/m^2]$

② 진공중의 자계

자극	m[wb]
투자율	$\mu=\mu_0\mu_s\,[H/m]$ 진공중의 투자율 : $\mu_0=4\pi\times10^{-7}\,[H/m]$ 비투자율 : μ_s(진공, 공기중 $\mu_s=1$)
쿨롱의 법칙	$F=\frac{m_1m_2}{4\pi\mu_0 r^2}=6.33\times10^4\times\frac{m_1m_2}{r^2}[N]$
자계의 세기	$H=\frac{F}{m}=\frac{m}{4\pi\mu_0 r^2}=6.33\times10^4\times\frac{m}{r^2}[A]$
자위	$U=\frac{m}{4\pi\mu_0 r}=6.33\times10^4\times\frac{m}{r}[A]$
자속밀도	$B=\mu_0 H[wb/m^2]$

핵심 08 자성체와 자기회로

1. 자성체의 종류

강자성체 $\mu_s \geq 1$		·인접 영구자기 쌍극자의 방향이 동일 방향으로 배열하는 재질 ·철, 니켈, 코발트
상자성체 (약자성체) $\mu_s > 1$		·인접 영구자기 쌍극자의 방향이 규칙성이 없는 재질 ·알루미늄, 망간, 백금, 주석, 산소, 질소 등
역자성체	반자성체 $\mu_s < 1$	·영구자기 쌍극자가 없는 재질 ·비스무트, 탄소, 규소, 납, 수소, 아연, 황, 구리, 동선, 게르마늄, 안티몬 등
	반강자성체 $\mu_s < 1$	·인접 영구자기 쌍극자의 배열이 서로 반대인 재질 ·자성체의 스핀 배열 (자기쌍극자 배열)

2. 자화의 세기

$$J=\frac{m}{s}=\frac{m\cdot l}{s\cdot l}=\frac{M}{V}$$
$$=\lambda_m H=\mu_0(\mu_s-1)H[wb/m^2]$$

$\rightarrow (\lambda_m=\mu_s-1)$

3. 히스테리시스 곡선

① 영구자석 : B_r(大), H_c(大)
→ (철, 텅스텐, 코발트)

② 전자석 : B_r(大), H_c(小)

③ 히스테리시스손 $P_h = f v \eta B_m^{1.6}[W]$

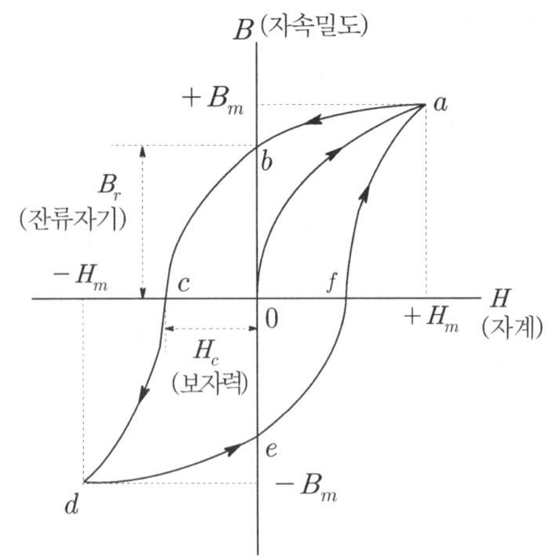

여기서, B_r : 잔류 자속밀도(종축과 만나는 점)

H_e : 보자력(횡축과 만나는 점)

4. 자성체의 경계면 조건

(1) 자속밀도는 경계면에서 법선 성분은 같다

① $B_{1n} = B_{2n}$

② $B_1 \cos\theta_1 = B_2 \cos\theta_2 \rightarrow (B_1 = \mu_1 H_1,\ B_2 = \mu_2 H_2)$

(2) 자계의 세기는 경계면에서 접선성분은 같다

① $H_{1t} = H_{2t}$

② $H_1 \sin\theta_1 = H_2 \sin\theta_2 \rightarrow (B_1 > B_2,\ H_1 < H_2)$

(3) 자성체의 굴절의 법칙(굴절각과 투자율은 비례)

① $\dfrac{\tan\theta_1}{\tan\theta_2} = \dfrac{\epsilon_1}{\epsilon_2} = \dfrac{\mu_1}{\mu_2} = \dfrac{k_1}{k_2}$

② $\mu_1 > \mu_2$ 일 때

$\theta_1 > \theta_2,\ B_1 < B_2,\ H_1 < H_2$

5. 자기회로

① 기자력 $F = \varnothing R_m = NI[\mathrm{AT}]$

② 자속 $\varnothing = \dfrac{F}{R_m} = BS = \mu HS[\mathrm{Wb}]$

③ 자계의 세기 $H = \dfrac{\varnothing}{\mu S}[\mathrm{AT/m}]$

④ 자기저항 $R_m = \dfrac{F}{\varnothing} = \dfrac{l}{\mu S}[\mathrm{AT/Wb}]$

핵심 09 전자유도

1. 전자유도 법칙

(1) 패러데이 법칙

$$e = -\frac{d\Phi}{dt} = -N\frac{d\phi}{dt}[\mathrm{V}] = -L\frac{di}{dt} \quad \rightarrow (LI = N\phi)$$

($\Phi = N\varnothing$ 로 쇄교 자속수, N : 권수)

(2) 렌쯔의 법칙

전자 유도에 의해 발생하는 기전력은 자속 변화를 방해하는 방향으로 전류가 발생한다.

① 유기기전력 $e = -L\dfrac{di}{dt}[V]$

② 자속 ϕ가 변화 할 때 유기기전력

$$e = -N\frac{d\phi}{dt}[V] = -N\frac{dB}{dt}\cdot S[V]$$

2. 표피효과

도선에 교류전류가 흐르면 전류는 도선 바깥쪽으로 흐르려는 성질

① 표피 깊이 $\delta = \sqrt{\dfrac{2}{w \cdot \sigma \cdot \mu}} = \sqrt{\dfrac{1}{\pi f \sigma \mu}}[m]$

여기서, μ : 투자율[H/m], ω : 각속도($=2\pi f$)

δ : 표피두께(침투깊이), f : 주파수

② ω, μ, σ가 大 → 표피 깊이 小 → 표피 효과 大

핵심 10 인덕턴스

1. 자기인덕턴스

인덕턴스 자속 $\varnothing = LI$

권수(N)가 있다면 $N\varnothing = LI$

자기인덕턴스 $L = \dfrac{N\varnothing}{I}$

2. 도체 모양에 따른 인덕턴스의 종류

(1) 동축 원통에서 인덕턴스

① 외부($a < r < b$) $L = \frac{\mu_0 l}{2\pi} \ln \frac{b}{a}$[H]

② 내부($r < a$) $L = \frac{\mu l}{8\pi}$[H]

③ 전 인덕턴스 L = 외부 + 내부 = $\frac{\mu_0 l}{2\pi} \ln \frac{b}{a} + \frac{\mu l}{8\pi}$[H]

(2) 평행 도선에서 인덕턴스 계산

① 외부 $L = \frac{\mu_0 l}{\pi} \ln \frac{d}{a}$[H]

② 내부 $L = \frac{\mu l}{4\pi}$[H]

③ 전 인덕턴스 L = 외부 + 내부

$$= \frac{\mu_0 l}{\pi} \ln \frac{d}{a} + \frac{\mu l}{4\pi} [\text{H/m}]$$

(3) 솔레노이드에서 자기인덕턴스

$$L = \frac{\mu S N^2}{l} [\text{H}]$$

3. 상호 인덕턴스

① $M = \frac{N_2}{N_1} L_1$

② $M = k\sqrt{L_1 L_2}$ $\rightarrow (0 \le k(\text{결합계수}) \le 1)$

③ 결합계수 $k = \frac{M}{\sqrt{L_1 L_2}}$

4. 인덕턴스 접속

(1) 직렬접속

① 가동접속(가극성) $L = L_1 + L_2 + 2M$

② 차동접속 (감극성) $L = L_1 + L_2 - 2M$

(2) 병렬접속

① 가동접속(가극성) $L = \frac{L_1 L_2 - M^2}{L_1 + L_2 - 2M}$

② 차동접속(감극성) $L = \frac{L_1 L_2 - M^2}{L_1 + L_2 + 2M}[H]$

5. 인덕턴스(코일)에 축적되는 에너지

$$W = \frac{1}{2} L I^2 = \frac{1}{2} \varnothing I = \frac{1}{2}(L_1 + L_2 \pm 2M) I^2 [J]$$

$$\rightarrow (\varnothing = LI),\ (L = L_1 + L_2 \pm 2M[H])$$

6. 변위전류(Displacement Current)

유전체에 흐르는 전류

① 전류 $I = \frac{\partial Q}{\partial t} = \frac{\partial (S\sigma)}{\partial t} = \frac{\partial D}{\partial t} S$

② 변위전류밀도 $J_d = \frac{I_d}{S} = \frac{\partial D}{\partial t} [A/m^2]$

핵심 11 전자계

1. 변위전류밀도(i_d)

① 변위전류밀도 $i_d = \frac{\partial D}{\partial t} = \epsilon \frac{\partial E}{\partial t} \rightarrow (D = \epsilon E)$

$$= \epsilon \frac{V}{d} [A/m^2] \rightarrow (E = \frac{V}{d})$$

$$= \frac{\epsilon}{d} \frac{\partial V}{\partial t} \rightarrow (V = V_m \sin\omega t)$$

$$= \frac{\epsilon}{d} \frac{\partial}{\partial t} V_m \sin\omega t$$

$$= \omega \frac{\epsilon}{d} V_m \cos\omega t [\text{A/m}^2]$$

② 변위전류 $I_d = i_d \times S = \omega \frac{\epsilon S}{d} V_m \cos\omega t [A]$

$$= \omega C V_m \cos\omega t [A]$$

$$\rightarrow (\text{정전용량 } C = \frac{\epsilon S}{d})$$

2. 전자계의 파동방정식

① (전계) $\nabla^2 E = \epsilon \mu \frac{\partial^2 E}{\partial t^2}$

② (자계) $\nabla^2 H = \epsilon \mu \frac{\partial^2 H}{\partial t^2}$

3. 전자파의 특징

· 전계(E)와 자계(H)는 공존하면서 상호 직각 방향으로 진동을 한다.

- 진공 또는 완전 유전체에서 전계와 자계의 파동의 위상차는 없다.
- 전자파 전달 방향은 $E \times H$ 방향이다.
- 전자파 전달 방향의 E, H 성분은 없다.
- 전계 E와 자계 H의 비는 $\dfrac{E_x}{H_y} = \sqrt{\dfrac{\mu}{\epsilon}}$
- 자유공간인 경우 동일 전원에서 나오는 전파는 자파보다 377배($E=377H$)로 매우 크기 때문에 전자파를 간단히 전파라고도 한다.

4. 전파속도

① 전파속도(매질(ϵ, μ)중인 경우)

$$v = \frac{\lambda}{T} = f\lambda = \frac{\omega}{\beta}$$
$$= \sqrt{\frac{1}{\epsilon\mu}} = \frac{c}{\sqrt{\epsilon_s \mu_s}} = \frac{3\times 10^8}{\sqrt{\epsilon_s \mu_s}}[\mathrm{m/s}]$$

② 전파속도(진공(공기))인 경우

$$v_0 = \frac{1}{\sqrt{\epsilon_0 \mu_0}} = 3\times 10^8 = c[\mathrm{m/s}]$$

③ 진동시 주파수 $f = \dfrac{1}{2\pi\sqrt{LC}}[Hz]$

④ 파장 $\lambda = \dfrac{v}{f} = \dfrac{1}{f}\dfrac{1}{\sqrt{\epsilon\mu}}$

$$= \frac{1}{f}\frac{1}{\sqrt{\epsilon_0\mu_0 \times \epsilon_s\mu_s}} = \frac{3\times 10^8}{f\sqrt{\epsilon_s\mu_s}}[m]$$

5. 전자파의 고유 임피던스

① 진공시 고유 임피던스

$$\eta_0 = \frac{E}{H} = \sqrt{\frac{\mu_0}{\epsilon_0}} = \sqrt{\frac{4\pi\times 10^{-7}}{8.855\times 10^{-12}}} = 377[\Omega]$$

→(진공시 $\epsilon_s = 1$, $\mu_s = 1$)

② 고유 임피던스 $\eta = \dfrac{E}{H} = \sqrt{\dfrac{\mu_0}{\epsilon_0}\dfrac{\mu_s}{\epsilon_s}} = 377\sqrt{\dfrac{\mu_s}{\epsilon_s}}[\Omega]$

6. 특성 임피던스

① 특성 임피던스 $Z_0 = \sqrt{\dfrac{Z}{Y}}[\Omega] = \sqrt{\dfrac{R+jwL}{G+jwC}}[\Omega]$

② 특성 임피던스 (무손실의 경우 ($R=G=0$))

$$Z_0 = \sqrt{\frac{L}{C}}[\Omega]$$

③ 동축 케이블 (고주파 사용)

$$Z_0 = \sqrt{\frac{L}{C}} = \frac{1}{2\pi}\sqrt{\frac{\mu}{\epsilon}}\ln\frac{b}{a} = 60\sqrt{\frac{\mu_s}{\epsilon_s}}\ln\frac{b}{a}[\Omega]$$

7. 맥스웰(MAXWELL) 방정식

(1) 맥스웰의 제1방정식(암페어의 주회적분 법칙)

① 미분형 $rot\,H = J + \dfrac{\partial D}{\partial t}$

여기서, J : 전도 전류 밀도, $\dfrac{\partial D}{\partial t}$: 변위 전류 밀도

② 적분형 $\oint_c H \cdot dl = I + \int_s \dfrac{\partial D}{\partial t} \cdot dS$

(2) 맥스웰의 제2방정식(패러데이 전자 유도 법칙)

① 미분형 $rot\,E = -\dfrac{\partial B}{\partial t} = -\mu\dfrac{\partial H}{\partial t}$

② 적분형 $\oint_c E \cdot dl = -\int_s \dfrac{\partial B}{\partial t} \cdot dS$

(3) 맥스웰의 제3방정식(전기장의 가우스의 법칙)

① 미분형 $div\,D = \rho[\mathrm{c/m^3}]$

② 적분형 $\int_s D \cdot dS = \int_v \rho dv = Q$

(4) 맥스웰의 제4방정식(자기장의 가우스의 법칙)

① 미분형 $div\,B = 0$

② 적분형 $\int_s B \cdot dS = 0$

여기서, D : 전속밀도, ρ : 전하밀도
B : 자속밀도, E : 전계의 세기
J : 전류밀도, H : 자계의 세기

8. 포인팅벡터

단위 시간에 진행 방향과 직각인 단위 면적을 통과하는 에너지

① $P = \dfrac{W}{S} = E \cdot H[W/m^2]$

② $\vec{P} = \dot{E} \times \dot{H}[W/m^2]$

Chapter 02

전력공학 핵심 요약

핵심 01 가공송전선로

1. 송전용 전선

(1) 전선수에 따른 종류

① 단선

- 단면이 원형인 1조를 도체로 한 것
- 단선은 지름(mm)으로 표시한다.

② 연선

- 단선을 수조~수십조로 꼰 것
- 연선은 단면적(mm^2)으로 표시한다.

(2) 전선의 재료에 따른 종류

① 연동선(옥내용)

② 경동선(옥외용)

③ 강심 알루미늄 연선(ACSR)

(3) 전선의 구비 조건

- 도전율이 좋을 것(저항률은 작아야 한다)
- 기계적 강도가 클 것
- 내구성이 있을 것
- 중량이 가벼울 것(비중, 밀도가 작을 것)
- 가선 작업이 용이할 것
- 가요성(유연성)이 클 것
- 허용 전류가 클 것

(4) 전선의 굵기 선정

허용 전류, 전압 강하, 기계적 강도

2. 송전용 지지물

(1) 철탑의 형태에 따른 지지물의 종류

- 사각 철탑
- 방형 철탑
- 문형 철탑
- 우두형 철탑

(2) 철탑의 용도에 따른 지지물의 종류

① 보강형

② 직선형 : 특고압 3[°] 이하 (A형)

③ 각도형 : B형, C형

④ 잡아 당김형(인류형) : 전선로 말단 (D형)

⑤ 내장형 : 지지물 간 거리(경간)의 차가 큰 곳 (E형), 10기마다 1기 설치

3. 애자

(1) 구비조건

- 절연내력이 커야
- 절연저항이 커야
- 기계적 강도가 커야
- 충전용량이 작아야

(2) 애자의 종류

① 핀애자, 현수애자, 긴 애자(장간애자), 내무애자

② 사용 전압 별 현수 애자 개수 (250[mm] 표준)

2.2[kV]	66[kV]	154[kV]	345[kV]
2개	4개	10개	20개

(3) 현수 애자의 섬락 전압 (250[㎜] 현수 애자 1개 기준)

① 주수 섬락 전압 : 50[kV]

② 건조 섬락 전압 : 80[kV]

③ 충격 섬락 전압 : 125[kV]

④ 유중 섬락 전압 : 140[kV] 이상

(4) 애자련의 전압 분담과 련능률(련효율) η

① 현수 애자 1련의 전압 분담

㉮ 전압 분담이 가장 큰 애자 : 전선에 가장 가까운 애자

㉯ 전압 분담이 가장 적은 애자 : 전선에서 8번째 애자

② 애자 보호 대책

- 초호각(소호각)
- 애자련의 전압 분포 개선

③ 애자련의 효율 $\eta = \dfrac{V_n}{nV_1} \times 100$

여기서, V_n : 애자련의 섬락 전압[kV]

V_1 : 애자 1개의 섬락 전압[kV]

n : 애자 1련의 개수

④ 애자섬락전압 : 주수섬락 50, 건조섬락 80, 충격전압 시험 125, 유중파괴 시험 140[kV]

(5) 전선 도약에 의한 단락 방지

오프셋(off-set)

(6) 전선의 진동 방지

댐퍼, 아머로드

4. 송전선로의 설치

(1) 전선의 이도

전선이 전선의 지지점을 연결하는 수평선으로부터 밑으로 내려가(처져) 있는 길이

① 전선의 이도 $D=\frac{WS^2}{8T}[m]$

여기서, W : 전선의 중량[kg/m]
T : 전선의 수평 장력[kg]
S : 지지물 간 거리(경간)[m]

② 전선의 실제 길이 $L=S+\frac{8D^2}{3S}[m]$

③ 전선의 평균 높이 $h=H-\frac{2}{3}D[m]$

여기서, H : 지지점의 높이

④ 지지점의 전선 장력 $T_p=T+WD[kg]$

(2) 전선의 도약에 의한 상간 단락 방지

① 전선의 주위에 빙설이 부착하였다가 탈락하는 반동으로 전선이 튀어 올라가 상부의 전선과 혼촉(단락)이 일어나는 것

② 방지책으로 1회선 철탑의 사용 및 전선의 오프셋(Off Set)이 있다.

5. 지중 전선로

(1) 지중 전선로가 필요한 곳

- 높은 공급 신뢰도를 요구하는 장소
- 도시의 미관을 중요시하는 장소
- 전력 수용 밀도가 현저히 높은 지역에 공급하는 장소

(2) 지중 전선로의 장·단점

- 뇌해, 풍수 등 자연재해에 강하다.
- 전선로의 경과지 확보가 용이하다.
- 다회선 설치가 가능하다.
- 보안상 유리하다.
- 미관상 유리하다.
- 고장 시 고장 확인과 고장 복구가 곤란함
- 송전 용량이 감소함

(3) 지중 전선로의 케이블에서 발생하는 손실

① 도체손(저항손) $P_c=I^2R[W]$

② 유전체 손실 $P_d=2\pi fC\left(\frac{V}{\sqrt{3}}\right)^2\tan\delta[W/km]$

여기서, C : 작용 정전용량 [μF/km], δ : 유전 손실각
V : 선간 전압

③ 연피손(시스손)

핵심 02 선로정수와 코로나

1. 선로정수

(1) 선로정수의 의미

- 전선에 전류가 흐르면 전류의 흐름을 방해하는 요소
- 선로정수로는 R(저항), L(인덕턴스), C(정전용량), g(누설콘덕턴스)가 있다.
- 선로정수는 전선의 종류, 굵기, 배치에 따라 정해진다.
- 송전전압, 주파수, 전류, 역률 및 기상 등에는 영향을 받지 않는다.
- R, L는 단거리 송전선로
- R, L, C는 중거리 송전선로
- R, L, C, g는 장거리 송전선로에서 필요하다.

※ 리액턴스는 주파수에 관계되므로 선로정수가 아니다.

(2) 인덕턴스 L

① 작용인덕턴스(단도체)

$$L=0.05+0.4605\log_{10}\frac{D}{r}[mH/km]$$

② 3상3선식 인덕턴스

$$L=0.05+0.4605\log_{10}\frac{D}{r}[mH/km]$$

③ 작용인덕턴스(다도체)

$$L_n = \frac{0.05}{n} + 0.4605\log_{10}\frac{D}{\sqrt[n]{rs^{n-1}}}[mH/km]$$

단, 등가 반지름 $r_e = \sqrt[n]{rs^{n-1}}$

여기서, n : 복도체수, r : 전선 반지름

s : 소도체간 거리

(3) 등가선간거리

$$D_e = \sqrt[\text{총 거리의 수}]{\text{각 거리간의 곱}} = \sqrt[3]{D_{ab} \cdot D_{bc} \cdot D_{ca}}$$

세제곱근은 전선 간 이격거리가 3개임을 의미한다.

(4) 정전용량

① 작용정전용량 $C = \dfrac{0.02413}{\log_{10}\dfrac{D}{\sqrt{rs^{n-1}}}}[\mu F/km]$

여기서, D : 전선 간의 이격거리[m]

r : 전선의 반지름[m]

n : 다도체를 구성하는 소도체의 개수

② 대지정전용량

㉮ 단상 : $C = \dfrac{0.02413}{\log\dfrac{(2h)^2}{rD}}$

㉯ 3상 : $C = \dfrac{0.02413}{\log\dfrac{(2h)^3}{rD}}$

③ 부분 정전용량

㉮ 단상 : $C = C_s + 2C_m$

㉯ 3상 : $C = C_s + 3C_m$

2. 복도체 방식

(1) 복도체란?

도체가 1가닥인 것은 2가닥으로 나누어 도체의 등가 반지름을 키우겠다는 것

- L(인덕턴스)값은 감소
- C(정전용량) 값은 증가
- 리액턴스 감소($X = 2\pi fL$)로 송전용량 증가
- 안정도 증가
- 코로나 발생 억제

※ 스페이서 : 복수도체를 다발로 사용하는 다도체의 경우 전선 상호간의 접근, 충돌의 방지책

(2) 전압 별 사용 도체 형식

① 154[kV]용 : 복도체

② 345[kV]용 : 4도체

(3) 복도체의 장 · 단점

장점	단점
·코로나 임계전압 상승 ·선로의 인덕턴스 감소 ·선로의 정전용량 증가 ·허용 전류가 증가 ·선로의 송전용량 20[%] 정도 증가	·수전단의 전압 상승 ·전선의 진동, 동요가 발생 ·코로나 임계전압이 낮아져 코로나 발생용이 ·꼬임 현상, 소도체 충돌 현상이 생긴다. ※대책 : 스페이서의 설치 단락 시 대전류 등이 흐를 때 정전흡인력이 발생한다.

(4) 복도체의 등가 반지름 구하는 식

$$R_e = \sqrt{r \times S^{n-1}}[m]$$

여기서, n : 소도체의 개수

3. 충전전류 및 충전용량

(1) 전선로 1선당 충전 전류

전선의 충전전류 $I_c = \omega C lE = 2\pi fCl \times \dfrac{V}{\sqrt{3}}[A]$

$$= 2\pi f(C_s + 3C_m)l\frac{V}{\sqrt{3}}[A]$$

여기서, E : 상전압[V], V : 선간전압[V]

※선로의 충전전류 계산 시 전압은 변압기 결선과 관계없이 상전압($\frac{V}{\sqrt{3}}$)을 적용하여야 한다.

(2) 3상 송전선로에 충전되는 충전용량(Q_c)

① $Q_\triangle = 3\omega CE^2 = 3 \times \omega C\left(\dfrac{V}{\sqrt{3}}\right)^2 = \omega CV^2[VA]$

$Q_\triangle = 3\omega(C_s + 3C_m)E^2 = \omega(C_s + 3C_m)V^2[VA]$

② $Q_Y = \omega CV^2 = 2\pi fCV^2[VA]$

여기서, C : 전선 1선당 정전용량[F]

V : 선간전압[V], E : 대지전압[V]

l : 선로의 길이[m], f : 주파수[Hz]

4. 코로나

(1) 코로나의 정의

이상 전압이 내습 전선로 주위의 공기의 절연 또는 자장이 국부적으로 파괴되면서 빛과 잡음을 내는 현상

(2) 파열극한전위경도

① DC 30[㎸/㎝]

② AC $\frac{30}{\sqrt{2}}$=21.2[㎸/㎝]

(3) 코로나 임계전압

$$E_0 = 24.3 m_0 m_1 \delta d \log_{10}\frac{D}{r}[kV]$$

여기서, E_0 : 코로나 임계전압[㎸]

m_0 : 전선의 표면계수

m_1 : 기후에 관한 계수

(맑은 날 : 1.0, 비오는 날 : 0.8)

δ : 상대 공기밀도

(t [℃]에서 기압을 b[mmHg]라면

$\delta = \frac{0.386b}{273+t}$)

d : 전선의 지름[㎝], D : 선간거리[㎝]

(4) 코로나 영향

- 유도장해
- 전력손실 $P \propto (E-E_0)^2$
- 코로나 잡음, 유도장해
- 전선의 부식 (원인 : 오존(O_3))

(5) 코로나 방지 대책

- 코로나 임계전압을 크게
- 전선의 지름을 크게
- 복도체(다도체)를 사용
- 전선이 표면을 매끄럽게 유지
- 가선 금구를 매끄럽게 개량

핵심 03 송전특성 및 전력원선도

1. 송전선로

(1) 송전선로의 구분

구분	거리	선로정수	회로
단거리	10[km] 이내	R, L만 필요	집중정수회로로 취급
중거리	40~60[km]	R, L, C만 필요	T회로, π회로로 취급
장거리	100[km] 이상	R, L, C, g 필요	분포정수회로로 취급

(2) 단거리 송전선로 (50[㎞] 이하 집중정수회로)

전압강하(e) (3상3선식)	$e = V_s - V_r = \sqrt{3}I(R\cos\theta + X\sin\theta)$ $= \frac{P}{V_r}(R+X\tan\theta) \quad \rightarrow \left(e \propto \frac{1}{V_r}\right)$
전압강하율(ϵ)	$\epsilon = \frac{e}{V_r}\times 100 = \frac{V_s - V_r}{V_r}\times 100$ $= \frac{\sqrt{3}I}{V_r}(R\cos\theta_r + X\sin\theta_r)\times 100$ 여기서, $\cos\theta$: 역률, $\sin\theta$: 무효율 ※ 단상 $\epsilon = \frac{I(R\cos\theta_r + X\sin\theta_r)}{V_r}\times 100[\%]$
전압변동률(δ)	$\delta = \frac{V_{r0} - V_r}{V_r}\times 100[\%]$ 여기서, V_{ro} : 무부하시의 수전단 전압 V_r : 정격부하시의 수전단 전압
전력손실(P_l)	$P_l = 3I^2R[W] \quad \rightarrow \left(I = \frac{P\times 10^3}{\sqrt{3}V\cos\theta}\right)$ $= \frac{P^2R}{V^2\cos^2\theta}\times 10^3[kW] \quad \rightarrow \left(P_l \propto \frac{1}{V^2}\right)$ ※전력손실은 전압의 제곱에 반비례한다.
전력손실률(K)	$K = \frac{P_l}{P}\times 100 = \frac{3I^2R}{P}\times 100$ $= \frac{3R}{P}\left(\frac{P}{\sqrt{3}V\cos\theta}\right)^2\times 100$ $= \frac{RP}{V^2\cos^2\theta}\times 100[\%]$ 여기서, R : 1선의 저항, P_l : 전력손실 P : 전력 $K \propto \frac{1}{V^2}$, $P \propto V^2$, $A \propto \frac{1}{V^2}$

(3) 중거리 송전선로 (50~100[km])

① T형 회로 : 선로 양단에 $\frac{Z}{2}$씩, 선로 중앙에 Y로 집중한 회로

㉮ 송전전압 $E_s = \left(1+\frac{ZY}{2}\right)E_r + Z\left(1+\frac{ZY}{4}\right)I_r[V]$

㉯ 송전전류 $I_s = YE_r + \left(1+\frac{ZY}{2}\right)I_r[A]$

② π형 회로 : 선로 양단에 $\frac{Y}{2}$씩, 선로 중앙에 Z로 집중한 회로

㉮ 송전전압 $E_s = \left(1+\frac{ZY}{2}\right)E_r + ZI_r[V]$

㉯ 송전전류 $I_s = Y\left(1+\frac{ZY}{4}\right)E_r + \left(1+\frac{ZY}{2}\right)I_r[A]$

여기서, E_s : 송전전압, E_r : 수전전압
Z : 임피던스, Y : 어드미턴스
I_r : 수전단 전류

(4) 장거리 송전선로 (100[km] 이상 분포정수회로)

① 특성(파동)임피던스 (거리와 무관)

$$Z_0 = \sqrt{\frac{Z}{Y}} = \sqrt{\frac{L}{C}} = 138\log\frac{D}{r}\,[\Omega]$$

② 전파정수

$$\gamma = \sqrt{ZY} = \sqrt{(R+jwL)(G+jwC)} = \alpha + j\beta$$

㉮ 무손실 조건 : R=G=0, $\alpha = 0$, $\beta = w\sqrt{LC}$

㉯ 무왜형 조건 : RC=LG=0

③ 전파 속도 $V = \frac{1}{\sqrt{LC}} = 3\times 10^8[m/s]$

④ 인덕턴스

$$L = 0.4605\log_{10}\frac{D}{r} = 0.4605\times\frac{Z_0}{138}[mH/km]$$

⑤ 정전용량 $C = \frac{0.02413}{\log_{10}\frac{D}{r}} = \frac{0.02413}{\frac{Z_0}{138}}[\mu F/km]$

2. 4단자정수

(1) 송전선로의 4단자정수 관계

① $E_s = AE_r + BI_r$

② $I_s = CE_r + DI_r$

③ $AD - BC = 1$

④ $A = D$

(2) 단거리 송전선로의 경우

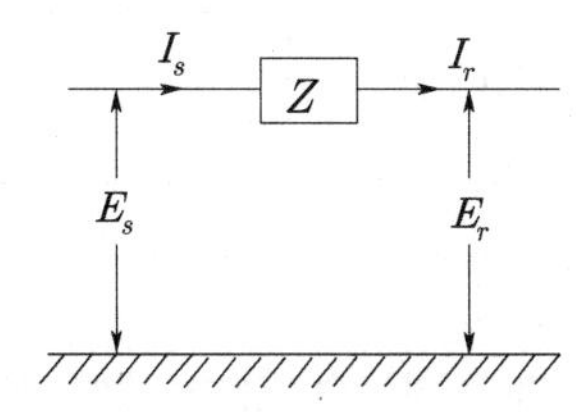

$E_s = E_r + ZI_r$

$I_s = I_r$ 이므로

$$\begin{bmatrix} A & B \\ C & D \end{bmatrix} = \begin{bmatrix} 1 & Z \\ 0 & 1 \end{bmatrix}$$

(3) 중거리 송전선로의 경우

① T형 회로

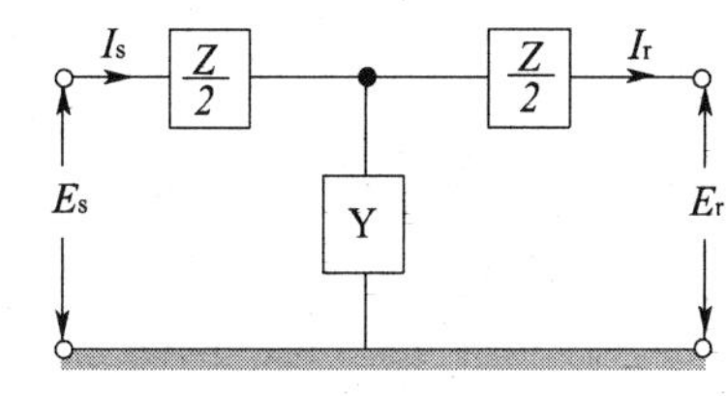

$$\begin{bmatrix} A & B \\ C & D \end{bmatrix} = \begin{bmatrix} 1+\frac{ZY}{2} & Z\left(1+\frac{ZY}{4}\right) \\ Y & 1+\frac{ZY}{2} \end{bmatrix}$$

② π형 회로

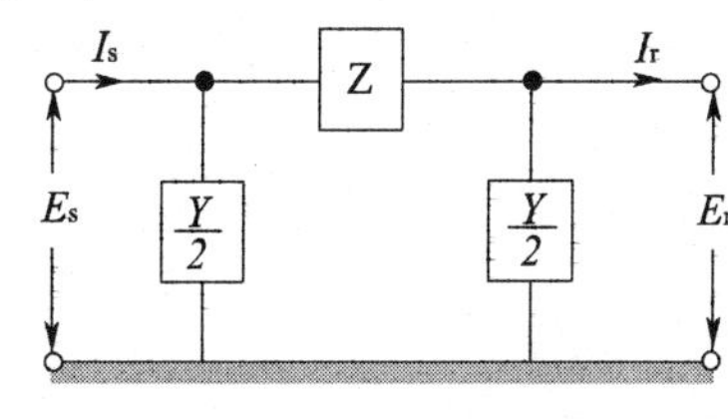

$$\begin{bmatrix} A & B \\ C & D \end{bmatrix} = \begin{bmatrix} 1+\frac{ZY}{2} & Z \\ Y\left(1+\frac{ZY}{4}\right) & 1+\frac{ZY}{2} \end{bmatrix}$$

3. 전력 원선도

(1) 송전단 원선도

$$(P_s - m'E_s^2)^2 + (Q_s - n'E_s^2)^2 = \rho^2$$

(2) 수전단 원선도

$$(P_r + mE_r^2)^2 + (Q_r + nE_r^2)^2 = \rho^2$$

(3) 원선도 중심 및 반지름

① 중심 : $(m'E_s^2,\ n'E_s^2)$, $(-mE_r^2,\ -nE_r^2)$

② 반지름 $\rho = \dfrac{E_s E_r}{B}$

여기서, P : 유효전력, Q : 무효전력, P_s : 송전전력

P_r : 수전전력, B : 임피던스

(4) 전력원선도에서 알 수 있는 사항

- 필요한 전력을 보내기 위한 송·수전단 전압간의 위상각
- 송·수전할 수 있는 최대 전력
- 선로 손실과 송전 효율
- 수전단 역률(조상 용량의 공급에 의해 조성된 후의 값)
- 조상용량

(5) 전력원선도에서 구할 수 없는 사항

- 과도 안정 극한 전력
- 코로나 손실

4. 조상설비

(1) 조상설비란?

위상을 제거해서 역률을 개선함으로써 송전선을 일정한 전압으로 운전하기 위해 필요한 무효전력을 공급하는 장치

(2) 조상설비의 종류

무효 전력 보상 장치 (동기조상기)	무부하 운전중인 동기전동기를 과여자 운전하면 콘덴서로 작용하며, 부족여자로 운전하면 리액터로 작용한다.
리액터	늦은 전류를 취하여 이상전압의 상승을 억제한다.
콘덴서	앞선 전류를 취하여 전압강하를 보상한다.

(3) 조상설비의 비교

항목	무효 전력 보상 장치 (동기조상기)	전력용 콘덴서	분로리액터
전력손실	많다 (1.5~2.5[%])	적다 (0.3[%] 이하)	적다 (0.6[%] 이하)
무효전력	진상, 지상 양용	진상 전용	지상 전용
조정	연속적	계단적 (불연속)	계단적 (불연속)
시송전 (시충전)	가능	불가능	불가능
가격	비싸다	저렴	저렴
보수	손질필요	용이	용이

5. 페란티 현상

(1) 페란티 현상이란?

선로의 정전용량으로 인하여 무부하시나 경부하시 진상전류가 흘러 수전단 전압이 송전단 전압보다 높아지는 현상

(2) 페란티 방지대책

- 선로에 흐르는 전류가 지상이 되도록 한다.
- 수전단에 분로리액터를 설치한다.
- 무효 전력 보상 장치(동기조상기)의 부족여자 운전

6. 송전 용량

(1) 송전용량 개략 계산법

① Still의 식(경제적인 송전전압)

송전전압 $V_s = 5.5\sqrt{0.6l + \dfrac{P}{100}}\ [kV]$

여기서, l : 송전거리$[km]$, P : 송전용량$[kW]$

② 고유부하법(고유송전용량)

$$P = \frac{V_r^2}{Z_o}\ [W] = \frac{V_r^2}{\sqrt{\frac{L}{C}}}\ [MW/회선]$$

여기서, V_r : 수전단 선간 전압 [kV]

Z_o : 특성 임피던스

③ 송전용량 계수법(수전단 전력)

$$P_r = k\frac{V_r^2}{l}\ [kW]$$

여기서, l : 송전거리[km]

V_r : 수전단 선간 전압 [kV]

k : 송전 용량 계수

60[kV] → 600

100[kV] → 800

140[kV] → 1200

④ 송전전력 $P = \frac{V_s V_r}{X} \sin\delta$ [MW]

여기서, V_s, V_r : 송·수전단 전압[kV]

δ : 송·수전단 전압의 위상차

X : 선로의 리액턴스[Ω]

※ 발전기 출력 $P = 3\frac{VE}{X}\sin\delta$

수전전력 $P = \sqrt{3}\, VI\cos\theta$

핵심 04 고장전류 및 대칭좌표법

1. 고장

(1) 1선지락

영상전류, 정상전류, 역상전류의 크기가 모두 같다.
즉, $I_0 = I_1 = I_2$

(2) 2선지락

영상전압, 정상전압, 역상전압의 크기가 모두 같다.
즉, $V_0 = V_1 = V_2$

(3) 선간단락

단락이 되면 영상이 없어지고 정상과 역상만 존재한다.

(4) 3상단락

정상분만 존재한다.

2. 단락전류 계산법

(1) 오옴법

① 단락전류(단상) $I_s = \frac{E}{Z} = \frac{E}{\sqrt{R^2 + X^2}} = \frac{E}{Z_g + Z_t + Z_l}$ [A]

여기서, Z_g : 발전기의 임피던스

Z_t : 변압기의 임피던스

Z_l : 선로의 임피던스

② 단락용량 $P_s = 3EI_s = \sqrt{3}\, VI_s [kVA]$

③ 단락전류(3상) $I_s = \frac{\frac{V}{\sqrt{3}}}{Z} = \frac{V}{\sqrt{3}\, Z}$ [A]

(2) 고유 부하법 $P = \frac{V^2}{\sqrt{\frac{L}{C}}}$

(3) 용량계수법 $P = K\frac{V^2}{l}$

(4) Still의 식(가장 경제적인 송전전압의 결정)

$V_s = 5.5\sqrt{0.6l + 0.01P}\,[kV]$

(5) %임피던스법(백분율법)

① $\%Z = \frac{I_n Z}{E} \times 100[\%]$

② $\%Z = \frac{P \cdot Z}{10V^2}[\%]$ → 단상

(6) 차단용량 $P_s = \frac{100}{\%Z} P_n [MVA]$

여기서, P_n : 정격용량

V : 단락점의 선간전압[kV]

Z : 계통임피던스

(7) 단위법

임피던스로 표시하는 방법으로 백분율법에서 100[%]를 제거한 것이다.

$Z(p.u) = \frac{ZI}{E}$

3. 대칭좌표법

(1) 대칭좌표법이란?

- 불평형 전압이나 불평형 전류를 3개의 성분, 즉 영상분, 정상분, 역상분으로 나누어 계산하는 방법
- 비대칭 3상교류=영상분 + 정상분 + 역상분

※ 영상분은 접지선 중성선에만 존재한다. 따라서 비접지의 영상분은 없다.

(2) 대칭분

① 영상전류(I_0) : 지락(1선 지락, 2선 지락)고장 시 접지계전기를 동작시키는 전류

② 정상전류(I_1) : 평상시에나 고장 시에나 항상 존재하는 성분

③ 역상전류(I_2) : 불평형 사고(1선지락, 2선 지락, 선간 단락) 시에 존재하는 성분

(3) 대칭성분 각상성분

① 대칭성분

㉮ 영상분 $V_0 = \frac{1}{3}(V_a + V_b + V_c)$

㉯ 정상분 $V_1 = \frac{1}{3}(V_a + a V_b + a^2 V_c)$

㉰ 역상분 $V_2 = \frac{1}{3}(V_a + a^2 V_b + a V_c)$

② 각상성분

㉮ $V_a = V_0 + V_1 + V_2$

㉯ $V_b = V_0 + a^2 V_1 + a V_2$

㉰ $V_c = V_0 + a V_1 + a^2 V_2$

(4) 교류발전기 기본공식

① 영상 전압 $V_0 = -Z_0 I_0$

② 정상 전압 $V_1 = E_a - Z_1 I_1$

③ 역상 전압 $V_2 = -Z_2 I_2$

여기서, Z_0 : 영상 임피던스, Z_1 : 정상 임피던스

Z_2 : 역상 임피던스

(5) 대칭좌표법으로 해석할 경우 필요한 것

	정상분	역상분	영상분
1선 지락 2선 지락	○	○	○
선간 단락	○	○	
3상 단락	○		

※ 2선지락 : $V_0 = V_1 = V_2 \neq 0$

1선지락 : $I_0 = I_1 = I_2 \neq 0$

(6) 영상 임피던스·전압·전류 측정

① 영상 임피던스 측정

㉮ $Z_1 = Z_2$

㉯ Z_0에 I_0가 흐를 때 $Z_0 = Z + 3Z_n$

㉰ $Z_0 > Z_1 = Z_2$

② 영상 전압 측정

GPT(접지형 계기용 변압기) 3대로 개방 델타 접속한다.

③ 지락전류(영상전류) 검출 ZCT(영상변전류)가 한다. ZCT는 GR(접지 계전기)와 항상 조합된다.

핵심 05 유도장해와 안정도

1. 유도장해

(1) 정전유도

전력선과 통신선과의 상호정전용량(C_m)에 의해 평상시 발생한다.

정전유도에 의해 영상전압(V_0)이 발생한다.

길이에 무관하다.

① 단상 정전유도전압

$$E_0 = \frac{C_m}{C_m + C_0} E_1 [\text{V}]$$

→ (전압이 크면 통신선에 장해를 준다.)

여기서, C_m : 전력선과 통신선 간의 정전용량

C_0 : 통신선의 대지 정전용량

E_1 : 전력선의 전위

(선간 전압 $V = \sqrt{3} E$)

② 3상 정전유도전압 $E_0 = \frac{3C_m}{C_0 + 3C_m} E_1 [V]$

(2) 전자유도

전자유도는 상호인덕턴스(M)에 의해 발생하며 지락사고 시 영상전류에 의해 발생한다.

선로와 통신선의 병행 길이에 비례한다.

① 전자유도전압(E_m)

$$E_m = -jwMl(I_a + I_b + I_c) = -jwMl \times 3I_0 [V]$$

여기서, l : 전력선과 통신선의 병행 길이[km]

$3I_0$: 3 × 영상전류(=기유도 전류=지락 전류)

M : 전력선과 통신선과의 상호 인덕턴스

I_a, I_b, I_c : 각 상의 불평형 전류
$\omega(=2\pi f)$: 각주파수

(3) 유도장해 방지대책

① 전력선측 대책
- 차폐선 설치 (유도장해를 30~50[%] 감소)
- 고속도 차단기 설치
- 연가를 충분히 한다.
- 케이블을 사용 (전자유도 50[%] 정도 감소)
- 소호 리액터의 채택
- 송전선로를 통신선으로부터 멀리 이격시킨다.
- 중성점의 접지저항값을 크게 한다.

② 통신선측 대책
- 통신선의 도중에 배류코일(절연 변압기)을 넣어서 구간을 분할한다(병행길이의 단축).
- 연피 통신 케이블 사용(상호 인덕턴스 M의 저감)
- 성능이 우수한 피뢰기의 사용(유도 전압의 저감)

2. 안정도

(1) 안정도란?

- 계통이 주어진 운전 조건하에서 안정하게 운전을 계속할 수 있는 능력
- 정태안정도, 동태안정도, 과도안정도가 있다.

(2) 안정도의 종류

① 정태안정도 : 전력계통에서 극히 완만한 부하 변화가 발생하더라도 안정하게 계속적으로 송전할 수 있는 정도

② 동태안정도 : 고속자동전압조정기(AVR)로 동기기의 여자 전류를 제어할 경우의 정태 안정도

③ 과도안정도 : 계통에 갑자기 고장사고(지락, 단락, 재연결(재폐로)과 같은 급격한 외란이 발생하였을 때에도 탈조하지 않고 새로운 평형 상태를 회복하여 송전을 계속 할 수 있는 능력

(3) 안정도에 관한 공식

① 송전전력 $P = \frac{V_s V_r}{X} \sin\delta$[MW]

② 최대송전전력 $P_m = \frac{V_s V_r}{X}$[MW]

③ 바그너의 식 $\tan\delta = \frac{M_G + M_m}{M_G - M_m} \tan\beta$

여기서, δ : 송전단 전압(V_s)과 수전단 전압(V_r)의 상차각
V_s : 송전단 전압, V_r : 수전단 전압
X : 계통의 송·수전단 간의 전달 리액턴스[Ω]
β : 송전계통의 전 임피던스의 위상차각
M_G : 발전기의 관성 정수
M_m : 전동기의 관성 정수

(4) 안정도 향상 대책

① 계통의 직렬 리액턴스(X)를 작게
- 발전기나 변압기의 리액턴스를 작게 한다.
- 선로의 병행회선수를 늘리거나 복도체 또는 다도체 방식을 사용
- 직렬 콘덴서를 삽입하여 선로의 리액턴스를 보상한다.

② 계통의 전압변동률을 작게(단락비를 크게)
- 속응 여자 방식 채용
- 계통의 연계
- 중간 조상 방식

③ 고장 전류를 줄이고 고장 구간을 신속 차단
- 적당한 중성점 접지 방식
- 고속 차단 방식
- 재연결(재폐로) 방식

④ 고장 시 발전기 입·출력의 불평형을 작게

핵심 06 중성점 접지방식

(1) 중성점접지 목적

- 1선지락시 전위 상승 억제, 계통의 기계·기구의 절연보호
- 지락사고시 보호계전기 동작의 확실
- 안정도 증진

(2) 중성점접지 종류

① 직접접지 방식(유효접지 : 154[kV], 345[kV]) : 1선 지락사고 시 전압 상승이 1.3배 이하가 되도록 하는 접지방식

㉮ 직접접지방식의 장점

- 전위 상승이 최소
- 단절연, 저감절연 가능 – 기기값의 저렴
- 지락전류 검출이 쉽다. – 지락보호기 작동 확실

㉯ 직접접지방식의 단점

- 1선지락 시 지락전류가 최대
- 유도장해가 크다.
- 전류를 차단하므로 차단기용량 커짐 – 안정도 저하

② 비접지 방식(3.3[kV], 6.6[kV])의 특징

- 저전압 단거리
- 1상고장 시 V–V 결선이 가능하다(고장 중 운전가능).
- $\sqrt{3}$ 배의 전위 상승

③ 소호리액터 방식(병렬공진 이용 → 전류 최소)

㉮ 소호리액터 크기 $X = \frac{1}{3\omega C_s}[\Omega]$

$$L = \frac{1}{3\omega^2 C_s}[H]$$

㉯ 소호리액터 용량

$$P = 2\pi f C_S V^2 l \times 10^{-3}(\times 1.1\text{배})[KVA]$$

여기서, V : [V], l : [km], (×1.1배) : 과보상)

※ 과보상을 하는 이유는 직렬공진시의 이상 전압의 상승을 억제한다.

㉰ 합조도(반드시 과보상이 되도록 한다.)

$$P = \frac{\text{탭전류} - \text{전대지충전전류}}{\text{전대지충전전류}} \times 100$$

$$= \frac{I - I_C}{I} \times 100[\%]$$

㉠ $P > 0 \rightarrow \omega L < \frac{1}{3\omega C}$: 과보상, 합조도 +

㉡ $P = 0 \rightarrow \omega L = \frac{1}{3\omega C}$: 완전공진, 합조도 0

㉢ $P < 0 \rightarrow \omega L > \frac{1}{3\omega C}$: 부족보상, 합조도 –

④ 유효접지 방식

㉮ 지락사고 시 건전상의 전압 상승이 대지 전압의 1.3배 이하가 되도록 한 접지방식이다.

㉯ 유효접지 조건 $\frac{R_0}{X_1} \leq 1$, $0 \leq \frac{X_0}{X_1} \leq 3$

여기서, R_0 : 영상저항

X_0 : 영상리액턴스

X_1 : 정상리액턴스

(3) 중성점 잔류전압(E_n)

① 중성점 잔류전압의 발생원인

- 송전선의 3상 각상의 대지 정전 용량이 불균등($C_a \neq C_b \neq C_c$)일 경우 발생
- 차단기의 개폐가 동시에 이루어지지 않음에 따른 3상간의 불평형

② 중성점 잔류전압의 크기

$$E_n = \frac{\sqrt{C_a(C_a - C_b) + C_b(C_b - C_c) + C_c(C_c - C_a)}}{C_a + C_b + C_c} \times \frac{V}{\sqrt{3}}$$

여기서, V : 선간 전압 ($V = \sqrt{3}E$)

③ 중성점 잔류전압 감소 대책

송전선로의 충분한 연가 실시이다.

※ 연가를 완벽하게 하여 $C_a = C_b = C_c$의 조건이 되면 잔류전압은 0이다.

핵심 07 이상전압 및 개폐기

1. 이상전압

(1) 이상전압 종류

① 내부 이상전압

- 개폐 이상전압
- 계통 내부 사고에 의한 이상전압
- 대책은 차단기 내에 저항기 설치

② 외부 이상전압 : 직격뢰, 유도뢰, 수목과의 접촉

(2) 외부 이상전압 방호대책

① 가공지선 : 직격뢰 차폐(차폐각 작게 할수록 좋다)

② 매설지선 : 역섬락 방지(철탑저항을 작게 한다.)

③ 애자련 보호 : 아킹혼(초호각)

(3) 뇌서지(충격파)

① 파형(뇌운이 전선로에 이동시)

㉮ 표준 충격파 : 1.2 × 50[μsec]

㉯ 뇌서지와 개폐서지는 파두장 파미장 모두 다름

② 뇌의 값

㉮ 반사계수 $\beta = \dfrac{Z_2 - Z_1}{Z_2 + Z_1}$

㉯ 투과계수 $\alpha = \dfrac{2Z_2}{Z_2 + Z_1}$

여기서, Z_1 : 전원측 임피던스[Ω]

Z_2 : 부하측 임피던스[Ω]

(4) 이상 전압 방지 대책

피뢰기 설치	기기 보호
매설지선	역섬락 방지
가공지선	뇌의 차폐

(5) 피뢰기

① 피뢰기의 역할

피뢰기는 이상 전압을 대지로 방류함으로서 그 파고치를 저감시켜 설비를 보호하는 장치

② 피뢰기의 구비조건

- 충격 방전 개시 전압이 낮을 것
- 상용 주파수의 방전 개시 전압이 높을 것
- 방전 내량이 크면서 제한 전압이 낮을 것
- 속류 차단 능력이 충분할 것

③ 피뢰기의 정격전압(E_R)

속류의 차단이 되는 최고의 교류전압

정격전압 $E_R = \alpha\beta\dfrac{V_m}{\sqrt{3}}$

여기서, E_R : 피뢰기의 정격전압,

α : 접지계수, β : 여유도(1.15)

V_m : 선간의 최고 허용전압

(V_m = 공칭전압 $\times \dfrac{1.2}{1.1}$)

④ 피뢰기의 제한전압

충격파전류가 흐르고 있을 때 피뢰기 단자전압의 파고치

제한전압$= \dfrac{2Z_2}{Z_1 + Z_2}e - \dfrac{Z_1 Z_2}{Z_1 + Z_2}i$

여기서, Z_1 : 선로 임피던스, Z_2 : 부하 임피던스

(6) 섬락 및 역섬락

① 역섬락

㉮ 정의 : 철탑의 접지저항이 크면 낙뢰 시 철탑의 전위가 매우 높게 되어 철탑에서 송전선으로 섬락을 일으키는 것이다.

㉯ 방지 대책 : 탑각접지저항을 작게(매설지선을 설치)

② 섬락

㉮ 정의 : 뇌서지가 철답에 설치된 애자의 절연을 파괴해서 불꽃 방전을 일으키는 현상

㉯ 대책 : 가공지선 설치, 아킹혼 설치

(7) 가공지선의 역할

- 직격뢰에 대한 차폐 효과
- 유도뢰에 대한 정전 차폐 효과
- 통신선에 대한 전자 유도 장애 경감 효과

2. 개폐기

(1) 차단기(CB)

① 차단기의 목적

- 선로 이상상태 (과부하, 단락, 지락)고장 시, 고장전류 차단
- 부하전류, 무부하전류를 차단한다.

② 차단기의 종류

유입차단기 (OCB)	·소호능력이 크다. ·화재의 위험이 있다. ·소호매질 : 절연유
공기차단기 (ABB)	·투 입 과 차 단 을 압축공기로 한다. ·소음이 크다(방음설비). ·소호매질 : 압축공기
진공차단기 (VCB)	·차단시간이 짧고 폭발음이 없다. ·소호매질 : 진공
자기차단기 (MBB)	·전류절단에 의한 와전압이 발생하지 않는다. ·소호매질 : 전자력
가스차단기 (GCB)	·밀폐구조이므로 소음이 없다. ·절연내력이 공기의 2~3배정도 ·소호능력이 우수함 ·소호매질 : SF_6

③ 차단용량

$$P_s = \sqrt{3}\ VI_s[\text{MVA}]$$

여기서, V : 정격전압[V](=공칭전압$\times\dfrac{1.2}{1.1}$)

I_s : 정격차단전류[A]

④ 차단기의 차단시간
정격 차단 시간=개극 시간 + 아크 소호 시간

⑤ 차단기의 정격 투입 전류 : 투입 전류의 최초 주파수의 최대값 표시, 정격 차단 전류(실효값)의 2.5배를 표준

⑥ 차단기의 표준 동작 책무(duty cycle) : 차단기의 동작책무란 1~2회 이상의 차단-투입-차단을 일정한 시간 간격으로 행하는 일련의 동작

⑦ 차단기의 트립방식
- 변류기 2차 전류 트립방식(CT)
- 부족 전압 트립방식(UVR)
- 전압 트립방식(PT전원)
- 콘덴서 트립방식(CTD)
- DC 전압 방식

(2) 단로기(DS)

① 단로기의 역할
소호 장치가 없어서 아크를 소멸시킬 수 없다.
각 상별로 개폐가능

② 차단기와 단로기의 조작 순서
㉮ 투입시 : 단로기(DS) 투입 → 차단기(CB) 투입
㉯ 차단시 : 차단기(CB) 개방 → 단로기(DS) 개방

(3) 전력퓨즈(PF)

① 전력퓨즈의 기능
- 부하전류를 안전하게 통전시킨다.
- 동작 대상의 일정값 이상 과전류에서는 오동작 없이 차단하여 전로나 기기를 보호

② 전력퓨즈의 장·단점

장점	·현저한 한류 특성을 갖는다. ·고속도 차단할 수 있다. ·소형으로 큰 차단 용량을 갖는다.
단점	·재투입이 불가능하다. ·과전류에 용단되기 쉽다. ·결상을 일으킬 우려가 있다. ·한류형 퓨즈는 용단되어도 차단되지 않는 범위가 있다.

③ 전력 퓨즈 선정 시 고려사항
- 보호기와 협조를 가질 것
- 변압기 여자돌입전류에 동작하지 말 것
- 과부하전류에 동작하지 말 것
- 충전기 및 전동기 기동전류에 동작하지 말 것

④ 퓨즈의 특성 : 전차단 특성, 단시간 허용 특성, 용단 특성

(4) 차단기와 단로기의 동작 특성 비교

① 차단기 : 단락전류 개폐

② 전력용 퓨즈 : 단락전류 차단, 부하전류 통과

③ 단로기 : 무부하회로 개폐, 차단 능력이 없다.

④ 계전기
㉮ 정한시 : 일정시간 이상이면 구동
㉯ 반한시 : 시간의 반비례 특성
㉰ 순한시 : 일정값 이상이면 구동

3. 보호계전기

(1) 보호계전기의 구비 조건

- 고장 상태를 식별하여 정도를 파악할 수 있을 것
- 고장 개소와 고장 정도를 정확히 선택할 수 있을 것
- 동작이 예민하고 오동작이 없을 것
- 적절한 후비 보호 능력이 있을 것
- 경제적일 것

(2) 보호계전기의 기능상의 분류

① 과전류계전기(OCR) : 일정한 전류 이상이 흐르면 동작 (발전기, 변압기, 선로 등의 단락 보호용)

② 과전압계전기(OVR) : 일정값 이상의 전압이 걸렸을 때 동작

③ 부족전압계전기(UVR) : 전압이 일정전압 이하로 떨어졌을 경우 동작

④ 비율차동계전기(RDFR) : 고장시의 불평형 차단전류가 평형전류의 이상으로 되었을 때 동작 (발전기 또는 변압기의 내부 고장 보호용으로 사용)

⑤ 부족전류계전기(UCR) : 직류기의 기동용 등에 사용되는 보호 계전기(교류 발전기의 계자 보호용)

⑥ 선택접지계전기(SGR) : 다회선에서 접지 고장 회선의 선택

⑦ 거리계전기 : 선로의 단락보호 및 사고의 검출용

⑧ 방향·단락계전기 : 환상 선로의 단락사고 보호

⑨ 지락계전기(GR) : 영상변전류(ZCT)에 의해 검출된 영상전류에 의해 동작

(3) 보호 계전기의 보호방식

① 표시선계전 방식
- ·방향비교 방식
- ·전압반향 방식
- ·전류순환 방식
- ·전송트립 방식

② 반송보호계전 방식
- ·방향비교반송 방식
- ·위상비교반송 방식
- ·반송트립 방식

(4) 비율차동계전기

① 발전기 보호 : 87G

② 변압기 보호 : 87T

③ 모선 보호 : 87B

(5) 계기용 변압기(PT)

① 계기용 변압기 용도

1차 측의 고전압을 2차 측의 저전압(110[V])으로 변성하여 계기나 계전기에 전압원 공급

② 접속 : 주회로에 병렬 연결

③ 주의 사항 : 2차 측을 단락하지 말 것

(6) 계기용 변류기(CT)

① 계기용 변류기의 용도

배전반의 전류계, 전력계, 역률계 등 각종 계기 및 차단기 트립코일의 전원으로 사용

② 접속 : 주회로에 직렬 연결

③ 주의 사항 : 2차 측을 개방하지 말 것

(7) 계기용 변압변류기(MOF : Metering Out Fit)

전력량계 적산을 위해서 PT, CT를 한 탱크 속에 넣은 것

핵심 08 배전계통의 구성

1. 배전선로의 구성 방식

(1) 수지식(나뭇가지 식 : tree system)

수요 변동에 쉽게 대응할 수 있다.

(2) 환상방식(loop system)

- ·고장 구간의 분리조작이 용이하다.
- ·전력손실이 적다.
- ·전압강하가 적다.

(3) 망상방식(network system)

- ·플리커, 전압변동률이 적다.
- ·기기의 이용률이 향상된다.
- ·전력손실이 적다.
- ·전압강하가 적다.

(4) 저압뱅킹방식

- ·고압선(모선)에 접속된 2대 이상의 변압기의 저압 측을 병렬 접속하는 방식
- ·전압변동 및 전력손실이 경감
- ·변압기용량 및 저압선 동량이 절감
- ·특별한 보호 장치(네트워크 프로텍트)

2. 배전선로의 전기 공급 방법

(1) 경제적인 전송방식

	단상 2선식	단상 3선식	3상 3선식	3상 4선식
송전전력(P)	$VI\cos\theta$	$VI\cos\theta$	$\sqrt{3}\,VI\cos\theta$	$\sqrt{3}\,VI\cos\theta$
1선당 송전전력	100[%]	67[%]	115[%]	87[%]
전선무게	100[%]	150[%]	75[%]	100[%]
1선당 배전전력	100[%]	133[%]	115[%]	150[%]

※ 송전에서는 3상3선식이 유리하며, 배전에서는 3상4선식이 유리하다.

핵심 09 배전선로의 전기적 특성

1. 전압강하율과 전압변동률

(1) 전압강하율 $\epsilon = \frac{V_s - V_r}{V_r} \times 100[\%]$

(2) 전압변동률 $\delta = \frac{V_{ro} - V_r}{V_r} \times 100[\%]$

(3) 전력손실률

$$\text{전력 손실률} = \frac{I^2R}{P_r} \times 100 = \frac{I^2R}{V_rI} \times 100[\%]$$

여기서, V_s : 송전단전압

V_r : 전부하시 수전단전압

V_{r0} : 무부하시 수전단전압

R : 전선 1선당의 저항

I : 전류, P_r : 소비전력

2. 부하의 특성

(1) 수용률

① $\text{수용률} = \frac{\text{최대수용전력[kW]}}{\text{부하설비용량합계[kW]}} \times 100[\%]$

② 보통 1보다 작다.

③ 수용률이 1보다 크면 과부하

(2) 부등률

① $\text{부등률} = \frac{\text{각 부하의 최대 수용 전력의 합계[kW]}}{\text{합성 최대 수용전력[kW]}}$

② 부등률은 1보다 크다(부등률 ≥1).

(3) 부하율

① 일정기간 중 부하 변동의 정도를 나타내는 것

② $\text{부하율} = \frac{\text{평균수용전력}}{\text{최대수용전력}} \times 100[\%] = \frac{\text{평균부하}}{\text{최대부하}} \times 100[\%]$

(4) 수용률, 부등률, 부하율의 관계

① $\text{합성최대전력} = \frac{\text{최대전력의 합계}}{\text{부등률}} = \frac{\text{설치부하의 합계} \times \text{수용률}}{\text{부등률}}$

② $\text{부하율} = \frac{\text{평균전력}}{\text{설치부하의 합계}} \times \frac{\text{부등률}}{\text{수용률}} \times 100[\%]$

3. 변압기용량 및 출력

(1) 실측효율

① 입력과 출력의 실측값으로부터 계산

② $\text{실측효율} = \frac{\text{출력의 측정값}}{\text{입력의 측정값}} \times 100[\%]$

(2) 규약효율

① $\text{규약효율} = \frac{\text{출력}}{\text{출력} + \text{손실}} \times 100 = \frac{\text{입력} - \text{손실}}{\text{입력}} \times 100[\%]$

③ 전일효율

$$= \frac{\text{1일간의 출력 전력량}}{\text{1일간의 출력 전력량} + \text{1일간의 손실 전력량}} \times 100$$

(3) 변압기 용량

① 한 대일 경우 $T_r = \frac{\text{설비용량} \times \text{수용률}}{\text{역률}}[kVA]$

② 여러 대일 경우

$$T_r = \frac{\sum(\text{설비용량} \times \text{수용률})}{\text{부등률} \times \text{역률}}[kVA]$$

(4) 변압기 최고 효율 조건 $P_i = a^2P_c$

여기서, P_i : 철손, a : 부하율, P_c : 전부하 시 동손

4. 전력 손실

(1) 배전선로의 전력손 $P_c = NI^2R[W]$

여기서, R : 전선 1가닥의 저항[Ω]

I : 부하전류[A], N : 전선의 가닥수

(2선식(N=2), 3선식(N=3))

(2) 부하율 F와 손실계수 H와의 관계

$0 \le F^2 \le H \le F < I$가 있으므로

손실계수 $H = aF + (1-a)F^2$로 표현한다.

여기서, a는 상수로서 0.1~0.4

핵심 10 배전선로의 운영과 보호

(1) 배전선로의 손실 경감 대책

① 적정 배전 방식의 채용
② 역률 개선
③ 변전소 및 변압기의 적정 배치
④ 변압기 손실 경감
⑤ 배전전압의 승압

(2) 역률 개선

① 역률 개선용 콘덴서용량(Q)

$$Q = P(\tan\theta_1 - \tan\theta_2) = P\left(\frac{\sin\theta_1}{\cos\theta_1} - \frac{\sin\theta_2}{\cos\theta_2}\right)$$
$$= P\left(\frac{\sqrt{1-\cos^2\theta_1}}{\cos\theta_1} - \frac{\sqrt{1-\cos^2\theta_2}}{\cos\theta_2}\right)$$

여기서, $\cos\theta_1$: 개선 전 역률
$\cos\theta_2$: 개선 후 역률

② 역률 개선의 효과
- 선로, 변압기 등의 저항손 감소
- 변압기, 개폐기 등의 소요 용량 감소
- 송전용량이 증대
- 전압강하 감소
- 설비용량의 여유 증가
- 전기요금이 감소한다.

핵심 11 수력발전소

(1) 수력학

① 연속의 원리
임의의 점에서의 유량은 항상 일정하다.
$A_1 v_1 = A_2 v_2 = Q[m^3/s] \rightarrow$ (일정)
여기서, A_1, A_2 : a, b점의 단면적$[m^2]$
v_1, v_2 : a, b점의 유속$[m/s]$

② 베르누이 정리
흐르는 물의 어느 곳에서도 위치에너지(H), 압력에너지($\frac{P}{\omega}$), 속도에너지($\frac{v^2}{2g}$)의 합은 일정

$$H_a + \frac{P_a}{w} + \frac{{v_a}^2}{2g} = H_b + \frac{P_b}{w} + \frac{{v_b}^2}{2g} = k(\text{일정})$$

③ 물의 이론 분출 속도(v) → (토리첼리의 정리)
운동 에너지 E_k = 위치 에너지 E_p 이므로
$H = \frac{v^2}{2g}$[m]에서
유속 $v = \sqrt{2gH}$[m/s]

(2) 수력발전소의 출력

① 이론적 출력 $P_0 = 9.8QH$ [kW]
② 수차 출력 $P_t = 9.8QH\eta_t$
③ 발전소 출력 $P_g = 9.8QH\eta_t\eta_g$[kW]

여기서, Q : 유량$[m^3/s]$, H : 낙차[m]
η_g : 발전기 효율, η_t : 수차의 효율

(3) 유량 도표

① 유량도 : 365일 동안 매일의 유량을 역일순으로 기록한 것
② 유황 곡선 : 가로축에 일수를, 세로축에는 유량을 표시하고 유량이 많은 일수를 역순으로 차례로 배열하여 맺은 곡선, 발전계획수립에 이용
③ 적산유량곡선 : 수력발전소의 댐 설계 및 저수지 용량 등을 결정하는데 사용

④ 유량의 종류
㉮ 갈수량(갈수위) : 365일 중 355일 이것보다 내려가지 않는 유량
㉯ 평수량(평수위) : 365일 중 185일은 이것보다 내려가지 않는 유량
㉰ 저수량(저수위) : 365일 중 275일은 이것보다 내려가지 않는 유량

(4) 수차의 종류 별 적용 낙차 범위

① 펠턴수차(충동수차)
㉮ 유효낙차 : 300[m]
㉯ 형식 : 충동
㉰ 주요 특징 : 고낙차, 디플렉터, 특유 속도 최소

② 프란시스수차
㉮ 유효낙차 : 50~500[m]
㉯ 형식 : 반동
㉰ 주요 특징 : 중낙차

③ 사류수차

㉮ 유효낙차 : 50~150[m]

㉯ 형식 : 반동

㉰ 주요 특징 : 중낙차

④ 카플란수차

㉮ 유효낙차 : 10~50[m]

㉯ 형식 : 반동

㉰ 주요 특징 : 저낙차, 흡출관(유효 낙차를 크게), 효율이 최고, 속도 변동이 최소

(5) 적용 낙차가 큰 순서

펠턴 → 프란시스 → 프로펠러

(6) 조압수조

· 압력수로인 경우에 시설

· 사용 유량의 급변으로 수격 작용을 흡수 완화하여 압력이 터널에 미치지 않도록 하여 수압관을 보호하는 안전장치

(7) 캐비테이션 현상

① 효율, 출력, 낙차의 저하

② 러너, 버킷의 부식

③ 진동에 의한 소음

④ 속도 변동이 심하다.

⑤ 대책

· 흡출고를 너무 높게 잡지 말 것

· 특유속도를 너무 높게 잡지 말 것

(8) 수차의 특유속도(비교 회전수) (N_s)

낙차에서 단위 출력을 발생시키는데 필요한 1분 동안의 회전수

특유속도 $N_s = \dfrac{N\sqrt{P}}{H^{\frac{5}{4}}}$ [rpm]

여기서, N : 수차의 회전속도[rpm]

P : 수차출력[kW], H : 유효낙차[m]

(9) 양수발전소

낮에는 발전을 하고, 밤에는 원자력, 대용량 화력 발전소의 잉여 전력으로 필요한 물을 다시 상류 쪽으로 양수하여 발전하는 방식으로 잉여 전력의 효율적인 활용, 첨두부하용으로 많이 쓰인다.

핵심 12 화력발전소

(1) 화력발전소의 열 사이클 종류

① 카르노 사이클 (Carnot Cycle) : 두 개의 등온 변화와 두 개의 단일 변화로 이루어지며, 가장 효율이 좋은 이상적인 사이클

② 랭킨 사이클(Rankine Cycle)

· 증기를 작업 유체로 사용하는 기력 발전소의 가장 기본적인 사이클

· 급수 펌프 → 보일러 → 과열기 → 터빈 → 복수기 → 다시 보일러로

③ 재생 사이클 : 증기 터빈에서 팽창 도중에 있는 증기를 일부 추기하여 급수가열에 이용한 열 사이클

④ 재열 사이클 : 어느 압력까지 터빈에서 팽창한 증기를 보일러에 되돌려 재열기로 적당한 온도까지 재 과열시킨 다음 다시 터빈에 보내서 팽창한 열 사이클

⑤ 재생·재열 사이클 : 재생 사이클과 재열 사이클을 겸용하여 사이클의 효율을 향상시킨다.

(2) 화력발전소의 열효율

① 발전소의 열효율 $\eta = \dfrac{860\,W}{mH} \times 100[\%]$

여기서, W : 발전 전력량[kWh]

m : 연료 소비량[kg]

H : 연료의 발열량[kcal/kg]

② 발전소의 열효율의 향상 대책

· 재생·재열 사이클의 사용

· 고압, 고온 증기 채용 및 과열기 설치

· 절탄기, 공기예열기 설치

· 연소 가스의 열손실 감소

(3) 화력발전소용 보일러

① 과열기 : 보일러에서 발생한 포화증기를 가열하여 증기 터빈에 과열증기를 공급하는 장치

② 절탄기(가열기) : 보일러 급수를 보일러로부터 나오는 연도 폐기 가스로 예열하는 장치

③ 재열기 : 터빈에서 팽창하여 포화온도에 가깝게 된 증기를 추기하여 다시 보일러에서 처음의 과열 온도에 가깝게까지 온도를 올린다.

④ 공기 예열기 : 연도에서 배출되는 연소가스가 갖는 열량을 회수하여 연소용 공기의 온도를 높인다.

⑤ 집진기 : 연도로 배출되는 먼지(분진)를 수거하기 위한 설비로 기계식과 전기식이 있다.
㉮ 기계식 : 원심력 이용(사이클론 식)
㉯ 전기식 : 코로나 방전 이용(코트렐 방식)
⑥ 복수기 : 터빈 중의 열 강하를 크게 함으로써 증기의 보유 열량을 가능한 많이 이용하려고 하는 장치
⑦ 급수 펌프 : 급수를 보일러에 보내기 위하여 사용

핵심 13 원자력발전소

(1) 원자력 발전의 기본 원리

① 핵분열 에너지 : 질량수가 큰 원자핵(예 ${}_{92}U^{35}$)이 핵분열을 일으킬 때 방출하는 에너지
② 핵융합 에너지 : 질량수가 작은 원자핵 2개가 1개의 원자핵으로 융합될 때 방출하는 에너지

(2) 원자력 발전의 장·단점

① 장점 :
- 오염이 없는 깨끗한 에너지
- 연료의 수송과 저장이 용이하다.

② 단점
- 방사선 측정기, 폐기물 처리장치 등이 필요하다.
- 건설비가 많이 든다.

(3) 원자로의 구성

① 노심 : 핵 분열이 진행되고 있는 부분

② 냉각재
- 원자로 속에서 발생한 열에너지를 외부로 배출시키기 위한 열매체
- 흑연(C), 경수(H_2O), 중수(D_2O) 등이 사용
- 열전도율이 클 것
- 중성자 흡수가 적을 것
- 비등점이 높을 것
- 열용량이 큰 것
- 방사능을 띠기 어려울 것

③ 제어봉
- 원자로내의 중성자를 흡수되는 비율을 제어하기 위한 것
- 카드늄(Cd), 붕소(B), 하프늄(Hf) 등이 사용

④ 감속재
- 원자로 안에서 핵분열의 연쇄 반응이 계속되도록 연료체의 핵분열에서 방출되는 고속 중성자를 열중성자의 단계까지 감속시키는 데 쓰는 물질
- 흑연(C), 경수(H_2O), 중수(D_2O), 베릴륨(Be), 흑연 등이 사용

⑤ 반사체
- 중성자를 반사시켜 외부에 누설되지 것을 방지
- 노심의 주위에 반사체를 설치
- 베릴륨 혹은 흑연과 같이 중성자를 잘 산란시키는 재료가 좋다.

⑥ 차폐재
- 원자로 내의 방사선이 외부로 빠져 나가는 것을 방지
- 열차폐와 생체 차폐가 있다.

(4) 원자로의 종류

① 가압수형 원자로
- 경수형 PWR
- 연료로 저농축 우라늄 사용
- 감속제로는 경수 사용
- 냉각제로 경수 사용

② 비등수형 원자로(BWR) :
- 저농축 우라늄의 산화물을 소결한 연료를 사용
- 감속재, 냉각재로서 물을 사용
- 열교환기가 없다.

Chapter 03

전기기기 핵심 요약

핵심 01 직류기

1. 직류 발전기

(1) 직류 발전기의 주요 구성

① 계자 권선

② 전기자 권선

③ 정류자

④ 브러시 : 탄소 브러시, 전기 흑연 브러시, 금속 흑연 브러시

(2) 전기자 권선의 권선법 종류

고상권, 페로권, 이층권, 중권이 많이 사용되는 권선법

- 전기자권선
  - 환상권
  - 고상권
    - 개로권
    - 페로권
      - 단층권
      - 2층권
        - 중권
        - 파권

(3) 전기자권선법의 중권과 파권의 비교

	중권 (병렬권)	파권 (직렬권)
병렬회로 수(a)	극수(p)와 같다	항상 2개
브러시 수(b)	극수(p)와 같다	2개 또는 극수(p)
다중도(m)	$a=mp$	$a=2m$
균압선	반드시 필요	필요 없음
용도	대전류, 저전압	소전류, 고전압

(4) 직류 발전기의 유기 기전력

$$E=\frac{Z}{a}p\varnothing\frac{N}{60}[V]$$

여기서, N : 회전수[rpm], z : 총 도체수

a : 병렬회로수, p : 극수, $\varnothing$: 자속[Wb]

※·중권일 경우 : $a=p$(중권에서는 전기자 병렬회로수와 극수는 항상 같다)

·파권일 경우 : $a=2$(파권에서는 전기자 병렬회로수는 항상 2이다)

(5) 정류자 편수와 정류자 편간 유기되는 전압

① 정류자 편수

$$K=\frac{\text{총 전기자 도체수}}{2}$$

$$=\frac{\text{슬롯 한 개에 들어가는 코일 변수}\times\text{전체 슬롯수}}{2}$$

② 정류자 편간 평균 전압

$$e=\frac{\text{총 전기자 유기 기전력}}{\text{정류자 편수}}=\frac{E\times p}{K}[V]$$

여기서, E : 전기자 권선에 유기되는 기전력[V]

p : 극수[극]

(6) 전기자 반작용

① 감자작용 : 주자속의 감소

㉮ 발전기 : 유기기전력 감소

㉯ 전동기 : 토크 감소, 속도 증가

② 편자작용 : 전기적 중성축 이동

㉮ 발전기 : 회전 방향

㉯ 전동기 : 회전 반대 방향

③ 전기자 반작용 방지 대책

·브러시를 중성축 이동 방향과 같게 이동시킴

·보상 권선 설치

·보극 설치

(7) 직류 발전기의 정류 작용

① 정류주기 $T_c=\dfrac{b-\delta}{v_c}[s]$

② 정류곡선

㉮ 부족정류 : 정류 말기에 브러시 후단부에서 불꽃 발생

㉯ 과정류 : 정류 초기에 브러시 전단부에서 불꽃 발생

③ 양호한 정류를 얻는 조건

㉮ 저항정류 : 접촉저항이 큰 탄소브러시 사용

㉯ 전압정류 : 보극을 설치(평균 리액턴스 전압을 줄임)

㉰ 리액턴스 전압을 작게 함

(평균 리액턴스 전압 $e_L=L\dfrac{2I_c}{T_c}[V]$)

㉱ 정류주기를 길게 한다.

㉲ 코일의 자기 인덕턴스를 줄인다(단절권 채용).

(8) 직류 발전기의 전압변동률

$$\epsilon = \frac{V_0 - V_n}{V_n} \times 100[\%]$$

여기서, V_0 : 무부하시 단자전압

V_n : 정격 전압

① $\epsilon(+)$: 타여자, 분권, 부족복권, 차동복권

② $\epsilon(0)$: 평복권

③ $\epsilon(-)$: 과복권, 직권

(9) 직류 발전기의 종류

① 타여자 발전기

- 정전압 특성을 보임
- 잔류 자기가 필요 없음
- 대형 교류 발전기의 여자 전원용
- 직류 전동기 속도 제어용 전원 등에 사용

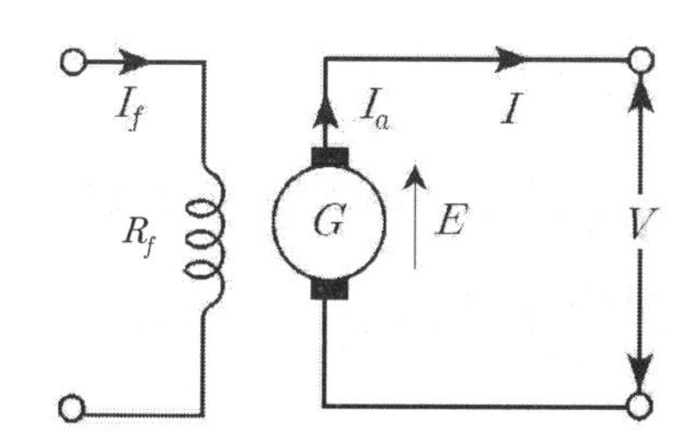

여기서, I_a, R_a : 전기자 전류, 전기자 저항

I_f, R_f : 계자 전류, 계자 저항

E : 유기 기전력, V : 단자전압

V_0 : 무부하시 단자전압, I : 전류

② 자여자 발전기

- 직권 발전기
- 계자와 전기자, 그리고 부하가 직렬로 구성됨
- 전류 관계는 $I = I_a = I_s$

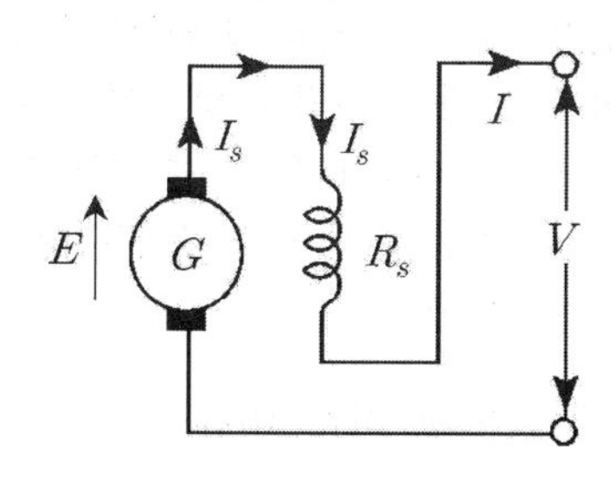

여기서, I_s : 부하 전류, R_s : 부하 저항

③ 분권 발전기

- 전기자와 계자 권선이 병렬로 구성됨
- 전기자 전류 $I_a = I_f + I$

④ 복권 발전기

- 전기자와 계자 권선이 직·병렬로 구성됨
- 복권 발전기는 내분권과 외분권으로 구성

(10) 직류 발전기의 특성

분권 발전기	직권 발전기
$I_a = I_f + I$ $E = V + I_a R_a$ $V = I_f R_f$	$I_a = I_f = I$ $E = V + I_a(R_a + R_f)$ $V_0 = 0$

(11) 자여자 발전기의 전압 확립 조건

- 무부하 특성 곡선이 자기 포화의 성질이 있을 것
- 잔류 자기가 있을 것
- 계자 저항이 임계저항보다 작을 것
- 회전 방향이 잔류자기를 강화하는 방향일 것

(회전 방향이 반대이면 잔류자기가 소멸되어 발전하지 않는다.)

(12) 직류 발전기의 병렬 운전

① 직류 발전기의 병렬 운전 조건

- 극성이 같을 것
- 정격 전압이 같을 것
- 외부 특성 곡선이 약간의 수하 특성을 가질 것

② 직류 발전기의 부하 분담

저항이 같으면 유기 기전력이 큰 쪽이 부하 분담을 많이 갖는다.

㉮ 부하 분담이 큰 발전기 : 계자 전류(I_f) 증가

㉯ 부하 분담이 작은 발전기 : 계자 전류(I_f) 감가

㉰ 균압선이 필요한 발전기 : 직권 발전기, 복권 발전기

(13) 직류 발전기의 특성 곡선

① 무부하 특성 곡선 : 정격 속도에서 무부하 상태의 I_f와 E와의 관계를 나타내는 곡선

② 부하 특성 곡선 : 정격 속도에서 I를 정격값으로 유지했을 때, I_f와 V와의 관계를 나타내는 곡선

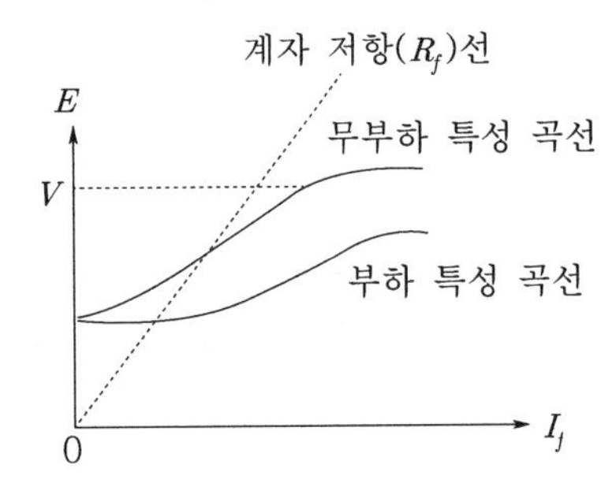

[직류 발전기의 무부하 특성 곡선 및 부하 특성 곡선]

③ 외부 특성 곡선 : 계자 회로의 저항을 일정하게 유지하면서 부하전류 I를 변화시켰을 때 I와 V의 관계를 나타내는 곡선

2. 직류 전동기

(1) 직류 전동기의 특성

분권전동기	직권전동기
$I = I_a + I_f$ $E = V - I_a R_a$ $T \propto \frac{1}{N} \propto I$	$I_a = I_f = I$ $E = V - I_a(R_a + R_f)$ $T \propto \frac{1}{N^2} \propto I^2$

(2) 직류 전동기의 속도 제어

$$n = k\frac{E}{\varnothing} = \frac{V - R_a I_a}{\varnothing}[rps]$$

① 전압 제어(정토크 제어)

- 전동기의 외부 단자에서 공급 전압을 조절하여 속도를 제어
- 효율이 좋고 광범위한 속도 제어가 가능

㉮ 워드레오너드 방식 : 가장 광범위한 속도제어

㉯ 일그너 방식 : 부하가 급변하는 곳에 사용(플라이휠 사용)

② 계자 제어(정출력 제어)

- 계자 저항을 조절하여 계자 자속을 변화시켜 속도를 제어
- 전력 손실이 적고 간단하여 속도 제어 범위가 적음

③ 저항 제어

- 전기자 회로에 삽입한 기동 저항으로 속도 제어
- 효율이 나쁘다.

(3) 직류 기기의 손실

① 가변손(부하손)

- 동손 $P_c = I^2 R[W]$
- 표류 부하손

② 고정손(무부하손)

㉮ 철손

- 히스테리시스손 $P_h = \eta f B^{1.6}[W]$
- 와류손 $P_e = \eta f^2 B^2 t^2 [W]$

㉯ 기계손 : 마찰손, 풍손

(4) 직류 기기의 효율

① $\eta = \frac{입력}{출력} \times 100[\%]$

② $\eta = \frac{출력}{출력 + 손실} \times 100[\%]$ →(발전기)

③ $\eta = \frac{입력 - 손실}{입력} \times 100[\%]$ →(전동기)

핵심 02 동기기

1. 동기발전기

(1) 회전자에 의한 분류

① 회전계자형 : 전기자를 고정자로 하고, 계자극을 회전자로 한 것. 동기발전기에서 사용

② 회전전기자형 : 계자극을 고정자로 하고, 전기자를 회전자로 한 것. 특수용도 및 극히 저용량에 적용

③ 유도자형 : 계자극과 전기자를 모두 고정자로 하고 권선이 없는 회전자. 고주파(수백~수만[Hz]) 발전기로 쓰인다.

(2) 회전계자형으로 하는 이유

① 전기적인 면

- 계자는 직류 저압이 인가되고, 전기자는 교류 고압이

유기되므로 저압을 회전시키는 편이 위험성이 적다.

- 전기자는 3상 결선이고 계자는 단상 직류이므로 결선이 간단한 계자가 위험성이 작다.

② 기계적인 면

- 회전시 기계적으로 더 튼튼하다.
- 전기자는 권선을 많이 감아야 되므로 회전자 구조가 커지기 때문에 원동기 측에서 볼 때 출력이 더 증대하게 된다.

(3) 회전자의 구조

① 동기속도 $N_s = \frac{120}{P} f[rpm]$

② 유도기전력 $E = 4.44 f n \varnothing K_w [V]$

여기서, n : 한 상당 직렬 권수, K_w : 권선계수

(4) 전기자 권선법

① 분포권계수 $K_d = \frac{\sin\frac{n\pi}{2m}}{q\sin\frac{n\pi}{2mq}} < 1$

여기서, q : 매극 매상 당 슬롯 수, m : 상수

n : 고조파 차수, $\varnothing$: 자속

② 단절권계수 $K_p = \sin\frac{n\beta\pi}{2} < 1$

③ 분포권과 단절권의 특징

- 고조파 감소
- 파형 개선

(5) 전기자 결선을 Y결선으로 하는 이유

- 정격전압을 $\sqrt{3}$배 만큼 더 크게 할 수 있다.
- 이상 전압으로부터 보호 받을 수 있다.
- 권선에서 발생되는 열이 작고, 선간전압에도 3고조파전압이 나타나지 않는다.
- 코일의 코로나 열화 등이 작다.

(6) 동기발전기의 전기자 반작용

① 교차자화작용 : 전기자전류와 유기기전력이 동상인 경우

② 감자작용 : 전기자 전류가 유기기전력보다 90^0 뒤질 때(지상 : L부하)

③ 증자작용 : 전기자 전류가 유기기전력보다 90^0 앞설 때(진상 : C부하)

※동기 전동기의 전기자 반작용은 동기발전기와 반대

(7) 동기기의 전압변동률

$$\epsilon = \frac{V_0 - V_n}{V_n} \times 100[\%]$$

여기서, V_0 : 무부하시 단자전압

V_n : 정격 단자전압

① $\epsilon(+)$ $V_0 > V_n$: 감자작용 (L부하)

② $\epsilon(-)$ $V_0 < V_n$: 증자작용 (C부하)

(8) 단 상 동기발전기 출력

① 단 상 발전기의 출력 $P = \frac{EV}{x_s}\sin\delta[W]$

② 3상 발전기의 출력 $P = 3\frac{EV}{x_s}\sin\delta$

여기서, V : 단자전압[V], E : 공칭유기기전력[V]

δ : 상차각, x_s : 동기리액턴스[Ω]

(9) 단락비가 큰 기계의 특징

① 장점

- 단락비가 크다.
- 동기임피던스가 작다.
- 전압 변동이 작다(안정도가 높다).
- 공극이 크다.
- 전기자 반작용이 작다.
- 계자의 기자력이 크다.
- 전기자 기자력은 작다.
- 출력이 향상
- 자기여자를 방지 할 수 있다.

② 단점

- 철손이 크다.
- 효율이 나쁘다.
- 설비비가 고가이다.
- 단락전류가 커진다.

(10) 동기발전기의 단락전류

① 지속단락전류 $I_s = \frac{E}{x_l + x_a} = \frac{E}{x_s} \fallingdotseq \frac{E}{Z_s}[A]$

② 돌발단락전류 $I_l = \frac{E}{x_l}[A]$

여기서, E : 상전압, x_a : 전기자 반작용 리액턴스

x_l : 전기자 누설리액턴스, Z_s : 동기임피던스

(11) 동기발전기의 병렬운전 조건

① 기전력의 크기가 같을 것

→ 기전력의 크기가 다를 때 : 무효순환전류(역률을 떨어뜨림)가 발생

무효순환저류 $I_c = \frac{E_A - E_B}{2Z_s}[A]$

② 기전력의 위상이 같을 것

→ 기전력의 위상이 다를 때 : 유효순환전류(동기화전류)가 발생

유효순환전류 $I_s = \frac{2E_A}{2Z_s}\sin\frac{\delta}{2}[A]$

※유효전력 $P_s = \frac{E_A^2}{2Z_s}\sin\delta[A]$

③ 기전력의 파형이 같을 것

④ 기전력의 상회전 방향이 같을 것

(12) 동기발전기 자기여자현상의 방지대책

- 무효 전력 보상 장치(동기조상기)를 지상 운전(저여자 운전)
- 분로리액터를 설치
- 발전기 및 변압기를 병렬 운전

(13) 동기발전기 안정도의 향상대책

- 정상 과도 리액턴스를 작게하고, 단락비를 크게 한다.
- 영상 임피던스와 역상 임피던스를 크게 한다.
- 회전자 관성을 크게 한다(플라이휠 효과).
- 속응 여자 방식을 채용한다.
- 조속기 동작을 신속히 한다.

(14) 난조

① 난조 발생의 원인 : 조속기의 감도가 지나치게 예민한 경우

② 난조 방지 : 제동권선을 설치한다.

(15) 제동권선의 효용

- 난조방지
- 기동토크 발생
- 불평형 부하시의 전류, 전압 파형개선
- 송전선의 불평형 단락시에 이상전압의 방지

2. 동기 전동기

(1) 동기 전동기의 특징

① 장점

- 속도가 일정하다.
- 언제나 역률 1로 운전할 수 있다.
- 유도 전동기에 비해 효율이 좋다.
- 공극이 크고 기계적으로 튼튼하다.

② 단점

- 기동시 토크를 얻기가 어렵다.
- 속도 제어가 어렵다.
- 구조가 복잡하다.
- 난조가 일어나기 쉽다.
- 가격이 고가이다.
- 직류 전원 설비가 필요하다(직류 여자 방식).

(2) 동기 전동기의 용도

① 저속도 대용량 : 시멘트 공장의 분쇄기, 송풍기, 무효 전력 보상 장치(동기조상기), 각종 압착기, 쇄목기

② 소용량 : 전기시계, 오실로 그래프, 전송 사진

(3) 동기전동기 기동법

① 자기기동법 : 제동권선 이용한다.

② 유도전동기법 : 유도전동기를 이용하여 토크를 발생한다.

(4) 동기속도

$$N_s = \frac{120f}{p}[\text{rpm}]$$

(5) 동기토크

$$T = 0.975\frac{P_0}{N_s}[\text{kg}\cdot\text{m}] \quad \rightarrow (P_0 : 출력)$$

(6) 동기와트

전동기 속도가 동기속도일 때 토크 T와 출력 P_0는 정비례하므로 토크의 개념을 와트로도 환산할 수 있다. 이 와트를 동기와트라고 하며 곧 토크를 의미한다.

핵심 03 변압기

1. 변압기의 구조

(1) 변압기 철심의 구비 조건

- 변압기 철심에는 투자율과 저항률이 크고 히스테리시스손이 작은 규소강판을 사용한다.
- 규소 함유량은 4~4.5[%] 정도이고 두께는 0.3~0.6[mm]이다.

(2) 변압기유가 갖추어야 할 성능

- 절연저항 및 절연내력이 클 것
- 비열이 크고, 점도가 낮을 것
- 인화점이 높고 응고점이 낮을 것
- 절연 재료 및 금속에 화학 작용을 일으키지 않을 것
- 변질하지 말 것

(3) 변압기 절연유의 열화

① 원인

변압기 내부의 온도 변화로 공기의 침입에 의한 절연유와 화학 반응 부식

② 열화의 악영향

- 절연 내력의 저하
- 냉각 효과의 감소
- 절연유의 부식 및 침식 작용으로 인한 변압기 단축

③ 열화 방지 대책

- 개방형 콘서베이터를 사용하여 공기의 침입 방지
- 콘서베이터 내에 질소 및 흡착제 넣기

2. 변압기의 특성

(1) 유기기전력

① 1차 유기기전력 $E_1 = 4.44 f_1 N_1 \varnothing_m$

② 2차 유기기전력 $E_2 = 4.44 f_1 N_2 \varnothing_m$

(2) 권수비(a)와 유기기전력

$$a = \frac{E_1}{E_2} = \frac{N_1}{N_2} = \frac{I_2}{I_1}$$

(3) 여자전류

변압기의 무부하 전류로서 1차 측에 흐르는 전류

① 여자전류의 크기 $I_0 = \sqrt{I_\varnothing^2 + I_i^2}$ [A]

여기서, $I_\varnothing$: 자화전류, I_i : 철손전류

② 철손전류 : 변압기 철심에서 철손을 발생시키는 전류 성분 $I_i = \frac{P_i}{V_1}$ [A]

③ 자화전류 : 변압기 철심에서 자속만을 발생시키는 전류 성분 $I_\varnothing = \sqrt{I_0^2 - I_i^2}$ [A]

(4) 등가회로 작성 시 필요한 시험과 측정 가능한 성분

각 권선의 저항 측정

① 무부하 시험 : 철손, 여자(무부하)전류, 여자어드미턴스

② 단락시험 : 동손, 임피던스 와트(전압), 단락전류

(5) 등가회로

2차를 1차로 환산	1차를 2차로 환산
$V_1 = aV_2$ $I_1 = \frac{1}{a} I_2$ $Z_1 = a^2 Z_2$	$V_2 = \frac{1}{a} V_1$ $I_2 = a I_1$ $Z_2 = \frac{1}{a^2} Z_1$

(6) 임피던스 전압

변압기 임피던스를 구하기 위하여 2차 측을 단락하고 변압기 1차 측에 정격 전류가 흐를 때까지만 인가하는 전압

(7) 임피던스 와트

임피던스 전압을 걸 때 발생하는 전력[W]

(8) 철손

① 히스테리시스손 $P_h = fB^{1.6} = \dfrac{f^{1.6}B^{1.6}}{f^{0.6}} \propto \dfrac{E^{1.6}}{f^{0.6}}$

주파수의 0.6승에 반비례하고 유기기전력의 1.6승에 비례

② 와류손 $P_e = f^2B^2t^2 \rightarrow P_e \propto f^2B^2 \propto E^2$

여기서, t : 강판의 두께(일정)

와류손은 전압의 2승에 비례할 뿐이고 주파수와는 무관하다.

(9) 백분율 전압강하

① %저항강하 $p = \dfrac{r_{21}I_{1n}}{V_{1n}} \times 100 = \dfrac{P_c}{P_n} \times 100[\%]$

② %리액턴스강하 $q = \dfrac{x_{21}I_{1n}}{V_{1n}} \times 100[\%]$

③ %임피던스강하 $z = \dfrac{Z_{21}I_{1n}}{V_{1n}} \times 100 = \sqrt{p^2+q^2}\,[\%]$

(10) 전압변동률

$$\epsilon = \frac{V_{20} - V_{2n}}{V_{2n}} \times 100[\%] = p\cos\theta \pm q\sin\theta[\%]$$

→(+ : 지상 역률, - : 진상 역률)

(11) 전압변동률의 최대값

① 최대 전압변동률 $\epsilon_m = \sqrt{p^2+q^2}$

② 역률 $\cos\theta = \dfrac{p}{\sqrt{p^2+q^2}}$

(12) 변압기효율(η)

① 전부하시 $\eta = \dfrac{P}{P+P_i+P_c} \times 100[\%]$

② $\dfrac{1}{m}$ 부하시 $\eta_{\frac{1}{m}} = \dfrac{\frac{1}{m}P}{\frac{1}{m}P + P_i + \left(\frac{1}{m}\right)^2 P_c} \times 100[\%]$

③ 최대 효율 조건 $P_i = \left(\dfrac{1}{m}\right)^2 P_c$

④ 최대 효율시 부하 $\dfrac{1}{m} = \sqrt{\dfrac{P_i}{P_c}}$

(13) 변압기 3상 결선

① Y결선의 특징

- $V_l = \sqrt{3}\,V_p$ · $I_l = V_p$

② △결선의 특징

- $V_i = V_p$ · $I_l = \sqrt{3}\,I_p$

③ V결선

㉮ 고장 전 출력(단상 변압기 3대 △결선)

$P_\triangle = 3P[kVA]$

㉯ 변압기 1대 고장 후 출력(단상 변압기 2대 V결선)

$P_v = \sqrt{3}\,P[kVA]$

④ V결선 출력비 및 이용률

- 출력비 57.7[%] · 이용률 86.6[%]

(14) 상수의 변환

① 3상 → 2상간 상수 변환

- 스코트결선(T결선)
- 메이어결선
- 우드브리지결선

② 3상 → 6상간의 상수의 변환

- 환상결선
- 대각결선
- 2중성형결선
- 2중3각결선
- 포크결선

(15) 변압기의 병렬 운전

① 변압기의 병렬 운전 조건

- 극성이 같을 것
- 정격전압과 권수비가 같을 것
- 퍼센트저항강하와 리액턴스강하비가 같을 것
- 부하전류 분담은 용량에 비례, %Z에는 반비례 할 것

$\dfrac{I_a}{I_b} = \dfrac{P_a[KVA]}{P_b[KVA]} \times \dfrac{\%Z_b}{\%Z_a}$

- 상회전이 일치할 것
- 각 변위가 같을 것

② 3상 변압기의 병렬 운전 결선

병렬 운전 가능	병렬 운전 불가능
$\Delta-\Delta$와 $\Delta-\Delta$	$\Delta-\Delta$와 $\Delta-Y$
$Y-\Delta$와 $Y-\Delta$	$\Delta-\Delta$와 $Y-\Delta$
$Y-Y$와 $Y-Y$	$Y-Y$와 $Y-\Delta$
$\Delta-Y$와 $\Delta-Y$	$Y-Y$와 $\Delta-Y$
$\Delta-\Delta$와 $Y-Y$	
$\Delta-Y$와 $Y-\Delta$	

(16) 변압기의 극성

① 감극성 변압기

- V의 지시값 $V=V_1-V_2$
- U와 u가 외함의 같은 쪽에 있다.

② 가극성 변압기

- V의 지시값 $V=V_1+V_2$
- U와 u가 대각선 상에 있다.

(17) 단권변압기

① 자기용량 $= \dfrac{\text{승압된 전압}}{\text{고압측 전압}} \times$ 부하용량

② 단권변압기 3상 결선

결선방식	Y결선	Δ결선	V결선
$\dfrac{\text{자기용량}}{\text{부하용량}}$	$\dfrac{V_h-V_l}{V_h}$	$\dfrac{V_h^2-V_l^2}{\sqrt{3}V_hV_l}$	$\dfrac{2}{\sqrt{3}}\cdot\dfrac{V_h-V_l}{V_h}$

(18) 변압기 고장보호

- 브흐홀쯔계전기
- 비율차동계전기
- 차동계전기

(19) 변압기의 시험

① 개방회로 시험으로 측정할 수 있는 항목

- 무부하 전류
- 히스테리시스손
- 와류손
- 여자어드미턴스
- 철손

② 단락시험으로 측정할 수 있는 항목

- 동손
- 임피던스와트
- 임피던스 전압

③ 등가회로 작성시험

- 단락시험
- 무부하시험
- 저항측정시험

④ 변압기의 온도시험

- 실부하법
- 반환부하법
- 단락시험법

⑤ 변압기의 절연내력시험

- 유도시험
- 가압시험
- 충격전압시험

핵심 04 유도기

1. 유도전동기의 구조 및 원리

(1) 유도전동기의 기본 법칙

- 전자유도의 법칙이다.
- 자계와 전류 사이에 기계적인 힘이 작용한다는 법칙

(2) 회전자

농형 회전자	·중·소형에서 많이 사용 ·구조 간단하고 보수가 용이 ·효율 좋음 ·속도조정 곤란 ·기동토크 작음(대형운전 곤란)
권선형 회전자	·중·대형에서 많이 사용 ·기동이 쉬움 ·속도 조정 용이 ·기동토크가 크고 비례추이 가능한 구조

2. 유도전동기의 특성

(1) 동기속도

$$N_s=\frac{120f}{p}\,[\text{rpm}]$$

여기서, f : 주파수, p : 극수

(2) 슬립

$$s = \frac{N_s - N}{N_s} \quad \rightarrow (0 \leq s \leq 1)$$

① $N = (1-s)N_s = (1-s)\frac{120}{p}f$[rpm]

② $f_2' = sf_1$

③ $E_2' = sE_2$

④ $P_{c2} = sP_2$

⑤ $P_0 = (1-s)P_2$

⑥ $\eta_2 = (1-s) = \frac{N}{N_s}$

여기서, f_1 : 1차 주파수, f_2' : 2차에 유기되는 주파수
E_1 : 1차 유기 기전력, E_2 : 2차 유기 기전력
E_2' : 회전시 2차 유기 기전력, N_s : 동기속도
P_{c2} : 2차 동손, P_2 : 2차 입력, η_2 : 2차 효율

(3) 권선형 유도전동기의 비례추이

$$\frac{r_2}{s} = \frac{r_2 + R}{s_t}$$

여기서, s_t : 최대 토크 시 슬립, R : 외부 저항

① 비례추이의 특징
- 최대토크는 불변
- 슬립이 증가하면 기동전류는 감소, 기동토크는 증가

② 비례추이 할 수 있는 것
- 토크(T)
- 1차 전류(I_1)
- 2차 전류(I_2)
- 역률($\cos\theta$)
- 1차 입력(P_1)

③ 비례추이 할 수 없는 것
- 출력(P_0)
- 2차 동손(P_{c2})
- 2차 효율(η_2)
- 동기 속도(N_s)

(4) 원선도 작도 시 필요한 시험

- 무부하 시험
- 구속 시험
- 고정자 저항 측정
- 단락 시험

3. 유도 전동기의 기동법

(1) 권선형 유도전동기 기동 방식

- 2차 저항 기동법(비례추이 이용)
- 게르게스법
- 2차 임피던스 기동법

(2) 농형 유도전동기 기동 방식

① 전 전압 기동(직입 기동) : 5[HP] 이하 소용량

② Y-△ 기동 : 5~15[kw]

토크 $\frac{1}{3}$배 감소, 기동전류 $\frac{1}{3}$배 감소

③ 기동 보상기법

④ 리액터 기동법

⑤ 콘도르파법

4. 유도 전동기의 속도 제어법

(1) 권선형 유도전동기

① 2차 저항 제어(슬립제어)

② 2차 여자법

③ 종속법

㉮ 직렬 종속법 $N = \frac{120f}{p_1 + p_2}$[rpm]

㉯ 차동 종속법 $N = \frac{120f}{p_1 - p_2}$[rpm]

㉰ 병렬 종속법 $N = \frac{2 \times 120f}{p_1 + p_2}$[rpm]

(2) 농형 유도전동기

① 주파수 제어법 : 포트모터(방직 공장), 선박용 모터

② 극수 변환법

③ 전압 제어법

5. 유도전동기의 이상 현상

(1) 크로우링 현상

① 원인
- 공극 불일치
- 전동기에 고조파가유입될 때

② 방지책 : 사구(skew slot)를 채용

(2) 게르게스(Gerges) 현상

① 원인 : 3상 유도 전동기의 단상 운전
② 방지책 : 결상 운전을 방지함

6. 단상 유도전동기

(1) 단상 유도전동기의 특징

- 교번 자계에 의해 회전
- 별도의 기동 장치 필요

(2) 단상 유도전동기의 기동토크가 큰 순서

반발 기동형 → 반발 유도형 → 콘덴서 기동형 → 콘덴서 전동기 → 분상 기동형 → 세이딩 코일형

7. 유도전압 조정기

(1) 단상과 3상의 공통점

- 1차권선(분로권선)과 2차권선(직렬권선)이 분리
- 회전자의 위상각으로 전압조정
- 원활한 전압조정

(2) 단상과 3상의 차이점

① 단상
- 교번자계 이용
- 입력전압과 출력전압의 위상이 같다.
- 단락권선 설치(단락권선 : 리액턴스 전압강하 방지)

② 3상
- 교번자계 이용
- 입력전압과 출력전압의 위상차가 있다.
- 단락권선이 없다.

(3) 전압 조정 범위

$V_2 = V_1 + E_2\cos\alpha$ (위상각 $\alpha = 0 \sim 180[°]$)

(4) 정격용량 및 정격출력

	정격용량	정격출력 (부하용량)
단상	$P = E_2 I_2$	$P = V_2 I_2$
3상	$P = \sqrt{3} E_2 I_2$	$P = \sqrt{3} V_2 I_2$

핵심 05 정류기

(1) 전력 변환기의 종류

① 인버터 : 직류 → 교류로 변환
② 컨버터 : 교류 → 직류로 변환
③ 초퍼 : 직류 → 직류로 직접 제어
④ 사이클로 컨버터 : 교류 → 교류로 주파수 변환

(2) 회전 변류기

① 전압비 : $\dfrac{E_a}{E_d} = \dfrac{1}{\sqrt{2}} \sin\dfrac{\pi}{m}$ → (m : 상수)

② 전류비 : $\dfrac{I_a}{I_d} = \dfrac{2\sqrt{2}}{m\cos\theta}$

여기서, E_a : 슬립링 사이의 전압[V]
E_d : 직류 전압[V]
I_a : 교류 측 선전류[A]
I_d : 직류 측 전류[A]

(3) 수은 정류기

① 원리 : 진공관 안에 수은 기체를 넣고 순방향에서는 수은 기체가 방전하고 역방향에서는 방전하지 않는 특성을 이용한다.

② 전압비 : 교류 전압(E_a)과 직류 전압(E_d)의 관계

$$\frac{E_a}{E_d} = \frac{\frac{\pi}{m}}{\sqrt{2}\sin\frac{\pi}{m}}$$

③ 전압비(3상) : $E_d = 1.17E_a$
④ 전압비(6상) : $E_d = 1.35E_a$

⑤ 전류비 : $\frac{I_a}{I_d} = \frac{1}{\sqrt{m}}$

여기서, E_a : 교류측 전압[V], E_d : 직류측 전압[V]

I_a : 교류측 전류[A], I_d : 직류측 전류[A]

m : 상수

⑥ 역호 : 수은 정류기가 역방향으로 방전되어 밸브 작용의 상실로 인한 전자 역류 현상

⑦ 이상전압 : 수은 정류기가 정류되지만 직류측 전압이 너무 높아 과열되는 현상이다.

⑧ 통호 : 수은 정류기가 지나치게 방전되는 현상(아크 유출)

⑨ 실호 : 수은 정류기 양극의 점호가 실패하는 현상(점호 실패)

(4) 정류회로

① 직류 평균 전압

㉮ 단상 반파 : $E_d = 0.45E - e[V]$

㉯ 단상 전파 : $E_d = 0.9E - e[V]$

㉰ 3상 반파 : $E_d = 1.17E - e[V]$

㉱ 6상 반파 : $E_d = 1.35E - e[V]$

② 역전압 첨두치

㉮ 단상 반파 : PIV=$E_m = \sqrt{2}E$ $[V]$

㉯ 단상 전파 : PIV=$2E_m = 2\sqrt{2}E$ $[V]$

(5) SCR(사이리스터) : 위상 제어 소자

① SCR의 on 조건 : 게이트에 래칭전류 이상의 전류가 흐를 때

② SCR의 off 조건 : 애노드에 역전압이 인가되거나, 유지전류 이하가 될 때

③ 특성

- 위상제어소자로 전압 및 주파수를 제어
- 전류가 흐르고 있을 때 양극의 전압강하가 작다.
- 정류기능을 갖는 단일방향성3단자소자이다.
- 역률각 이하에서는 제어가 되지 않는다.

④ 유지전류 : 게이트를 개방한 상태에서 사이리스터 도통 상태를 유지하기 위한 최소의 순전류

⑤ 래칭전류 : 사이리스터가 턴온하기 시작하는 순전류

(6) 맥동률

$$맥동률 = \sqrt{\frac{실효값^2 - 평균값^2}{평균값^2}} \times 100$$

$$= \frac{맥동\ 전압의\ 교류분실효치}{직류\ 전압의\ 평균치} \times 100[\%]$$

① 단상 반파 : 121[%]

② 단상 전파 : 48.4[%]

③ 단상 브리지 : 48.4[%]

④ 3상 반파 : 17[%]

⑤ 3상 브리지 : 4.2[%]

Chapter 04

회로이론 핵심요약

핵심 01 직류 회로

(1) 전류

$$I = \frac{Q}{t}[C/s = A],\ i = \int q(t)dt[A]$$

(2) 전압

$$V = \frac{W}{Q}[J/C = V]$$

(3) 옴의 법칙

① 전압 $V = RI[V]$

② 전류 $I = \frac{V}{R}[A]$

③ 저항 $R = \frac{V}{I}[\Omega]$

(4) 저항의 연결

① 직렬연결

합성저항 $R_n = R_1 + R_2 + R_3 + \cdots\cdots + R_n[\Omega]$

② 병렬 연결

합성저항 $R_n = \dfrac{1}{\dfrac{1}{R_1} + \dfrac{1}{R_2} + \dfrac{1}{R_3} + \cdots\cdots + \dfrac{1}{R_n}}[\Omega]$

(5) 전선의 저항 $R = \rho\frac{l}{A} = \rho\frac{l}{\pi r^2} = \rho\frac{4l}{\pi d^2}[\Omega]$

핵심 02 정현파 교류

(1) 정현파교류의 표현

① 순시값 : 시간 경과에 따라 그 크기가 변하는 교류의 매 순간 값

순시값 $v(t) = V_m \sin(\omega t \pm \theta)[V]$

순시값 $i(t) = I_m \sin(\omega t \pm \theta)[A]$

여기서, V_m, I_m : 전압, 전류의 최대값

ω : 각 주파수(=$2\pi f$[rad/sec]

θ : 전압, 전류의 위상[°]

② 실효값 $V = \sqrt{\frac{1}{T}\int v(t)^2 dt}[V]$

③ 평균값 $V_a = \frac{1}{T}\int v(t)dt[V]$

④ 파고율 $= \dfrac{\text{최대값}}{\text{실효값}}$

⑤ 파형률 $= \dfrac{\text{실효값}}{\text{평균값}}$

(2) 대표적인 교류 파형

파형	실효값	평균값	파형률	파고율
정현파	$\frac{V_m}{\sqrt{2}}$	$\frac{2V_m}{\pi}$	1.11	1.414
정현반파	$\frac{V_m}{2}$	$\frac{V_m}{\pi}$	1.57	2
삼각파	$\frac{V_m}{\sqrt{3}}$	$\frac{V_m}{2}$	1.15	1.73
구형 반파	$\frac{V_m}{\sqrt{2}}$	$\frac{V_m}{2}$	1.41	1.41
구형파 (전파)	V_m	V_m	1	1

핵심 03 기본 교류 회로

(1) 회로 기본 소자의 특성

① 저항 회로 $R[\Omega]$: 전압과 전류의 위상이 같다(동상 소자).

② 인덕턴스 회로 $L[H]$: 회로의 인가 전압에 비해 전류의 위상이 90[°] 늦다(지상 소자).

③ 커패시턴스(정전 용량) 회로 $C[F]$: 회로의 인가 전압에 비해 전류의 위상이 90[°] 빠르다(진상 소자).

(2) 직렬회로

① 저항과 인덕턴스의 직렬회로($R-L$)

㉮ 임피던스 $\dot{Z}=R+j\omega L[\Omega]=|Z|\angle\theta[\Omega]$

• 크기 $|Z|=\sqrt{R^2+X_L^2}=\sqrt{R^2+(\omega L)^2}$

• 위상 $\theta=\tan^{-1}\dfrac{X_L}{R}$

㉯ 전류 : $i=\dfrac{v}{Z}=\dfrac{V_m\sin\omega t}{|Z|\angle\theta}=\dfrac{V_m}{|Z|}\sin(\omega t-\theta)$

㉰ 위상 : 전류가 전압보다 $\tan^{-1}\dfrac{\omega L}{R}$ 만큼 뒤진다.
(지상 회로).

② 저항과 커패시턴스의 직렬회로($R-C$)

㉮ 임피던스 $\dot{Z}=R-j\dfrac{1}{\omega C}[\Omega]=|Z|\angle-\theta[\Omega]$

• 크기 $|Z|=\sqrt{R^2+X_C^2}=\sqrt{R^2+\left(\dfrac{1}{\omega C}\right)^2}$

• 위상 $\theta=\tan^{-1}\dfrac{-X_C}{R}$

㉯ 전류 : $i=\dfrac{v}{Z}=\dfrac{V_m\sin\omega t}{|Z|\angle-\theta}=\dfrac{V_m}{|Z|}\sin(\omega t+\theta)$

㉰ 위상 : 전류가 전압보다 $\tan^{-1}\dfrac{1}{RwC}$ 만큼 앞선다(진상 회로).

(3) 병렬회로

① 저항과 인덕턴스의 병렬회로($R-L$)

㉮ 어드미턴스 $\dot{Y}=\dfrac{1}{R}+\dfrac{1}{j\omega L}[℧]=|Y|\angle-\theta[℧]$

• 크기 $|Y|=\sqrt{\left(\dfrac{1}{R}\right)^2+\left(\dfrac{1}{X_L}\right)^2}$

• 위상 $\theta=\tan^{-1}\dfrac{R}{X_L}$

㉯ 전류 : $i=\dfrac{v}{Z}=\dfrac{V_m\sin\omega t}{|Z|\angle\theta}=\dfrac{V_m}{|Z|}\sin(\omega t-\theta)$

㉰ 위상 : 회로의 인가 전압에 비해 전류의 위상이 θ만큼 늦다(지상 회로).

② 저항과 커패시턴스의 직렬회로($R-C$)

㉮ 임피던스 $\dot{Y}=\dfrac{1}{R}+j\omega C[℧]=|Y|\angle\theta[℧]$

• 크기 $|Y|=\sqrt{\left(\dfrac{1}{R}\right)^2+\left(\dfrac{1}{X_C}\right)^2}$

• 위상 $\theta=\tan^{-1}\dfrac{R}{X_C}$

㉯ 전류 : $i=Yv=|Y|V_m\sin(\omega t+\theta)$

㉰ 위상 : 회로의 인가전압에 비해 전류의 위상이 θ만큼 빠르다(진상 회로).

(4) $R-X$의 직렬 및 병렬회로에서의 역률 과 무효율

① 저항과 리액턴스($R-L$)의 직렬회로

㉮ 역률 $\cos\theta=\dfrac{R}{|Z|}=\dfrac{R}{\sqrt{R^2+X^2}}$

㉯ 무효율 $\sin\theta=\dfrac{X}{|Z|}=\dfrac{X}{\sqrt{R^2+X^2}}$

② 저항과 리액턴스($R-L$)의 병렬회로

㉮ 역률 $\cos\theta=\dfrac{X}{\sqrt{R^2+X^2}}$

㉯ 무효율 $\sin\theta=\dfrac{R}{\sqrt{R^2+X^2}}$

(5) $R-L-C$ 직렬 및 병렬회로에서의 공진현상

① $R-L-C$ 직렬공진

㉮ 공진조건 $X_L=X_C \rightarrow \omega L=\dfrac{1}{\omega C}$

㉯ 공진주파수 $\omega L=\dfrac{1}{\omega C} \rightarrow 2\pi f_0 L=\dfrac{1}{2\pi f_0 C}$

$\rightarrow f_0=\dfrac{1}{2\pi\sqrt{LC}}[Hz]$

㉰ 공진전류 : 공진 시에 회로의 전류는 최대로 증가한다. $I=\dfrac{V}{R}$

㉱ 전압확대비(선택도, 첨예도)

$Q=\dfrac{V_L}{V}=\dfrac{V_C}{V}=\dfrac{1}{R}\sqrt{\dfrac{L}{C}}$[배]

㉲ 공진의 의미

• 허수부가 0이다.

• 전압과 전류가 동상이다.

• 역률이 1이다.

• 임피던스가 최소이다.

·흐르는 전류가 최대이다.

② $R-L-C$ 병렬 공진

㉮ 공진조건 $X_L = X_C \rightarrow \omega L = \frac{1}{\omega C}$

㉯ 공진주파수 $\omega L = \frac{1}{\omega C} \rightarrow 2\pi f_0 L = \frac{1}{2\pi f_0 C}$

$$\rightarrow f_0 = \frac{1}{2\pi\sqrt{LC}}[Hz]$$

㉰ 공진전류 : 공진 시에 회로의 전류는 최소로 감소한다.

㉱ 전류확대비(선택도, 첨예도)

$Q = \frac{I_L}{I} = \frac{I_C}{I} = R\sqrt{\frac{C}{L}}$ [배]

㉲ 공진의 의미

·허수부가 0이다.

·전압과 전류가 동상이다.

·역률이 1이다.

·임피던스가 최대이다.

·흐르는 전류가 최소이다.

핵심 04 교류전력

(1) 단상 교류전력

종류	직렬회로	복소전력
피상전력	$P_a = VI = I^2 Z = \frac{V^2 Z}{R^2+X^2}$	$P_a = VI = P + jP_r$ · $P_r > 0$: 용량성 · $P_r < 0$: 유도성
유효전력	$P = VI\cos\theta = I^2 R = \frac{V^2 R}{R^2+X^2}$	
무효전력	$P_r = VI\sin\theta = I^2 X = \frac{V^2 X}{R^2+X^2}$	

(2) 전력의 측정

① 3전류계법

㉮ 전력 $P = \frac{R}{2}(I_1^2 - I_2^2 - I_3^2)$

㉯ 역률 $\cos\theta = \frac{I_1^2 - I_2^2 - I_3^2}{2I_2 I_3}$

② 3전압계법

㉮ 전력 $P = \frac{1}{2R}(V_1^2 - V_2^2 - V_3^2)$

㉯ 역률 $\cos\theta = \frac{V_1^2 - V_2^2 - V_3^2}{2V_2 V_3}$

핵심 05 유도결합회로

(1) 인덕턴스의 종류

① 자기인덕턴스 $L[H]$: $L = \frac{\varnothing}{I}[H]$

② 상호인덕턴스 $M[H]$: $M = \frac{\varnothing}{I}[H]$

(2) 유도결합회로의 L의 연결

구분	직렬	병렬
가동결합	$L_0 = L_1 + L_2 + 2M$	$L_0 = \frac{L_1 L_2 - M^2}{L_1 + L_2 - 2M}$
차동결합	$L_0 = L_1 + L_2 - 2M$	$L_0 = \frac{L_1 L_2 - M^2}{L_1 + L_2 + 2M}$

※결합계수 $k = \frac{M}{\sqrt{L_1 L_2}}$

핵심 06 궤적

(1) 궤적

① 직렬

㉮ Z : 원점을 지나는 직선

㉯ Y : 원점을 지나는 4사분면의 반원

② 병렬

㉮ Y : 원점을 지나는 직선

㉯ Z : 원점을 지나는 4사분면의 반원

핵심 07 선형 회로망

(1) 키르히호프 법칙(Kirchhoff's Law)

① 제1법칙(KCL : 전류법칙) : 임의의 절점(node)에서 유입, 유출하는 전류의 합은 같다.

② 제2법칙 (KVL : 전압법칙) : 임의의 폐루프 내에서 기전력의 합은 전압 강하의 합과 같다.

(2) 테브낭의 정리(Thevenin's theorem)

복잡한 회로를 1개의 직렬 저항으로 변환하여 쉽게 풀이하는 회로 해석 기법

$$I = \frac{V_{ab}}{Z_{ab}+Z}$$

Z_{ab} : 단자 a, b에서 전원을 모두 제거한(전압전원은 단락, 전류전압은 개방)상태에서 단자 a, b 에서 본 합성 임피던스

V_{ab} : 단자 a, b를 개방했을 때 단자 a, b에 나타나는 단자전압

(3) 노턴의 정리

- 데브낭의 회로의 전압원을 전류원으로, 직렬 저항을 병렬 저항으로 등가 변환하여 해석하는 기법
- 테브낭 회로는 전압 전원으로 표시하며 이를 전류 전원으로 바꾸면 노튼의 회로가 된다.

(4) 중첩의 원리

한 회로망 내에 다수의 전원(전류원, 전압원)이 동시에 존재할 때 각 지로에 흐르는 전류는 전원이 각각 단독으로 존재할 때 흐르는 전류의 벡터 합과 같다.

(5) 밀만의 정리

다수의 전압원이 병렬로 접속된 회로를 간단하게 전압원의 등가회로(테브낭의 등가회로)로 대치시키는 방법

(6) 가역 정리

회로의 입력 측 에너지와 출력 측 에너지는 항상 같다는 회로망 이론, 즉 $V_1 I_1 = V_2 I_2$

(7) 브리지 평형 회로

브리지회로에서 대각으로의 곱이 같으면 회로가 평형이므로 검류계에는 전류가 흐르지 않는다.

$R_2 R_3 = R_1 R_4$(브리지 평행 조건)

핵심 08 대칭 좌표법

(1) 각상 성분과 대칭분

대칭 성분	영상분 : $V_0 = \frac{1}{3}(V_a + V_b + V_c)$
	정상분 : $V_1 = \frac{1}{3}(V_a + aV_b + a^2 V_c)$
	역상분 : $V_2 = \frac{1}{3}(V_a + a^2 V_b + aV_c)$

각 상 대칭분	a상 : $V_a = V_0 + V_1 + V_2$
	b상 : $V_b = V_0 + a^2 V_1 + aV_2$
	c상 : $V_c = V_0 + aV_1 + a^2 V_2$

※영상분은 접지선, 중성선(Y–Y결선의 3상 4선식)에 존재

※a상 기준이면 0, V_a, 0

(2) 발전기 1선 지락 고장 시 흐르는 전류

$$I_g = \frac{3E_a}{Z_0 + Z_1 + Z_2 + 3Z_g}[A]$$

(3) 불평형률

$$\epsilon = \frac{\text{역상분}}{\text{정상분}} \times 100[\%]$$

(4) 발전기 기본식

① $V_0 = -Z_0 I_0$

② $V_1 = E_a - Z_1 I_1$

③ $V_2 = -Z_2 I_2$

핵심 09 3상 교류

(1) 3상 교류의 각 상의 순시값 표현

① $v_a = V_m \sin\omega t$

② $v_b = V_m \sin(\omega t - 120°)$

③ $v_c = V_m \sin(\omega t - 240°)$

(2) 3상 교류의 결선

항목	Y결선	△결선
전압	$V_l = \sqrt{3}\,V_P \angle 30$	$V_l = V_p$
전류	$I_l = I_p$	$I_l = \sqrt{3}\,I_P \angle -30$
전력	$P_a = 3V_pI_p = \sqrt{3}\,V_lI_l = 3\dfrac{V_p^2 Z}{R^2+X^2}[VA]$	
	$P = 3V_pI_p\cos\theta = \sqrt{3}\,V_lI_l\cos\theta = 3\dfrac{V_p^2 R}{R^2+X^2}[W]$	
	$P_r = 3V_pI_p\sin\theta = \sqrt{3}\,V_lI_l\sin\theta = 3\dfrac{V_p^2 X}{R^2+X^2}[\text{Var}]$	

여기서, V_p, I_p : 상전압, 상전류

V_l, I_l : 선간전압, 선전류

P : 유효전력, P_a : 피상전력, P_r : 무효전력

(3) n상 교류의 결선

결선	Y(성형 결선)	△(환상 결선)
전압	$V_l = 2\sin\dfrac{\pi}{n}V_p$	$V_l = V_p$
전류	$I_l = I_p$	$I_l = 2\sin\dfrac{\pi}{n}I_p$
위상	$\theta = \dfrac{\pi}{2} - \dfrac{\pi}{n}$ 만큼 선간전압이 앞선다.	$\theta = \dfrac{\pi}{2} - \dfrac{\pi}{n}$ 만큼 선전류가 뒤진다.
전력	$P = nV_pI_p\cos\theta = \dfrac{n}{2\sin\dfrac{\pi}{n}}V_lI_l\cos\theta[W]$	

(4) V결선

① V결선 시 변압기 용량(2대의 경우)

$P_v = \sqrt{3}\,P$

② 이용률 $= \dfrac{\sqrt{3}\,P}{2P} = 0.866$

③ 출력비 $= \dfrac{\sqrt{3}\,P}{3P} = 0.577$

(5) △를 Y로 하면

전류	전압	전력	임피던스 (R, L)
3배	$\dfrac{1}{\sqrt{3}}$배	$\dfrac{1}{3}$배	$\dfrac{1}{3}$배

예 $I_\triangle = 3I_Y$

(6) 1전력계법(1개의 전력계로 3상 전력 측정)

$P = 2W$ → (W = 전력계의 지시치)

(7) 2전력계법

단상 전력계 2대로 전력 및 역률을 측정하는 방법

① 유효전력 $P = |W_1| + |W_2|$

② 무효전력 $P_r = \sqrt{3}(|W_1 - W_2|)$

③ 피상전력 $P_a = \sqrt{P^2 + P_r^2} = 2\sqrt{W_1^2 + W_1^2 - W_1W_2}$

④ 역률 $\cos\theta = \dfrac{P}{P_a} = \dfrac{W_1 + W_2}{2\sqrt{W_1^2 + W_2^2 - W_1W_2}}$

(8) 3전압계법

전압계 3개로 단상 전력 및 역률을 측정하는 방법

① 유효전력 $P = \dfrac{V^2}{R} = \dfrac{1}{2R}(V_1^2 - V_2^2 - V_3^2)[W]$

② 역률 $\cos\theta = \dfrac{V_1^2 - V_2^2 - V_3^2}{2V_2V_3}$

(9) 3전류계법

전류계 3개로 단상 전력 및 역률을 측정하는 방법

① 유효전력 $P = I^2R = \dfrac{R}{2}(I_1^2 - I_2^2 - I_3^2)[W]$

② 역률 $\cos\theta = \dfrac{I_1^2 - I_2^2 - I_3^2}{2I_2I_3}$

핵심 10 비정현파

1. 비정현파 교류

(1) 비정현파의 전압 및 전류 실효값

① 비정현파의 전류(실효값) 크기 계산 방법

$I = \sqrt{\text{각파의 실효값 제곱의 합}}$

$= \sqrt{I_0^2 + I_1^2 + I_2^2 + \cdots\cdots + I_n^2}$ [A]

② 비정현파의 전압(실효값) 크기 계산 방법

$V = \sqrt{\text{각파의 실효값 제곱의 합}}$

$= \sqrt{V_0^2 + V_1^2 + V_2^2 + \cdots\cdots + V_n^2}$ [V]

(2) 비정현파의 전력 및 역률의 계산

① 유효전력 $P = V_0 I_0 + \sum_{n=1}^{\infty} V_n I_n \cos\theta_n$[W]

② 무효전력 $P_r = \sum_{n=1}^{\infty} V_n I_n \sin\theta_n$[Var]

③ 피상전력

$$P_a = \sqrt{V_1^2 + V_2^2 + V_3^2 \cdots} \times \sqrt{I_1^2 + I_2^2 + I_3^2 \cdots}$$

$$= |V||I|[VA]$$

④ 역률 $\cos\theta = \dfrac{P}{P_a} = \dfrac{VI\cos\theta}{|V||I|}$

2. 비정현파(왜형파)

(1) 대칭성

항목 \ 대칭	정현 대칭 (기함수)	여현 대칭 (우함수)	반파 대칭
대칭	$f(t) = -f(-t)$	$f(t) = f(-t)$	$f(t) = -f(t+\pi)$
특징	원점 대칭 (sin대칭)	y축 대칭 (cos대칭)	반주기 마다 파형이 교대로 +, - 값을 갖는다.
존재하는 항	sin항	cos항 직류분	기수항 (홀수항)
존재하지 않는 항	직류분 cos항	sin항	짝수항 직류분

(2) 실효값

$$I = \sqrt{I_0^2 + \left(\frac{I_{m1}}{\sqrt{2}}\right)^2 + \left(\frac{I_{m2}}{\sqrt{2}}\right)^2 + \cdots + \left(\frac{I_{mn}}{\sqrt{2}}\right)^2}$$

$$= \sqrt{I_0^2 + I_1^2 + I_2^2 + \cdots + I_n^2}$$

(3) 왜형률

$$D = \frac{\text{전고조파의 실효값}}{\text{기본파의 실효값}} = \frac{\sqrt{I_2^2 + I_3^2 + \cdots + I_n^2}}{I_1}$$

핵심 11 2단자 회로망

(1) 2단자 회로망 해석 방법

① 회로망을 2개의 인출 단자로 뽑아내어 해석한 회로망

② 구동점 임피던스 : 어느 회로 소자에 전원을 인가한 상태에서의 임피던스

(2) 영점과 극점

① 영점 : $Z(s) = 0$, 회로망 단락 상태

② 극점 : $Z(s) = \infty$, 회로망 개방 상태

(3) 정저항 회로

① 정저항 회로의 정의

$R-L-C$ 직·병렬 2단자 회로망에 있어서 회로망의 동작이 주파수에 관계없이 항상 일정한 회로로 동작하는 회로

② 정저항 회로의 조건

$$R^2 = Z_1 Z_2 = \frac{L}{C} \quad \rightarrow (Z_1 = jwL,\ Z_2 = \frac{1}{jwC})$$

(4) 역회로

주파수와 무관한 정수

$$K^2 = Z_1 Z_2 = \frac{L}{C}$$

$$K^2 = \frac{L_1}{C_1} = \frac{L_2}{C_2}$$

핵심 12 4단자회로망

(1) 4단자정수

$$\begin{bmatrix} V_1 \\ I_1 \end{bmatrix} = \begin{bmatrix} A & B \\ C & D \end{bmatrix} \begin{bmatrix} V_2 \\ I_2 \end{bmatrix}$$

$V_1 = AV_2 + BI_2$, $I_1 = CV_2 + DI_2$

$AD - BC = 1$

① $A = \left.\dfrac{V_1}{V_2}\right|_{I_2 = 0}$: 출력을 개방한 상태에서 입력과 출력의 전압비(이득)

② $B = \left.\frac{V_1}{I_2}\right|_{V_2=0}$: 출력을 단락한 상태에서의 입력과 출력의 임피던스[Ω]

③ $C = \left.\frac{I_1}{V_2}\right|_{I_2=0}$: 출력을 개방한 상태에서 입력과 출력의 어드미턴스[℧]

④ $D = \left.\frac{I_1}{I_2}\right|_{V_2=0}$: 출력을 단락한 상태에서 입력과 출력의 전류비(이득)

여기서, A = 전압비, B = 임피던스
C = 어드미턴스, D = 전류비

(2) 영상파라미터

① 입력 단에서 본 영상임피던스(1차 영상임피던스)
: $Z_{01} = \sqrt{\frac{AB}{DC}}$

② 출력 단에서 본 영상임피던스(2차 영상임피던스)
: $Z_{02} = \sqrt{\frac{BD}{AC}}$

③ 전달정수 $\theta = \log_e(\sqrt{AD} + \sqrt{BC})$
$= \cosh^{-1}\sqrt{AD} = \sinh^{-1}\sqrt{BC}$

④ 좌우 대칭인 경우 $A = D$ 이므로
$Z_{01} = Z_{02} = Z_0 = \sqrt{\frac{B}{C}}$

핵심 13 분포정수회로

(1) 특성임피던스(파동임피던스)

$$Z_0 = \sqrt{\frac{Z}{Y}} = \sqrt{\frac{R + j\omega L}{G + j\omega C}} = \sqrt{\frac{L}{C}}\,[\Omega]$$

(2) 전파정수

$\gamma = \sqrt{ZY} = \sqrt{(R + jwL)(G + jwC)} = \alpha + j\beta$

여기서, α : 감쇠 정수, β : 위상 정수

(3) 무손실 선로 및 무왜형 선로

① 무손실 선로 : 전선의 저항과 누설 컨덕턴스가 극히 작아($R = G \fallingdotseq 0$) 전력 손실이 없는 회로

② 무왜형 선로 : 파형의 일그러짐이 없는 회로 ($LG = RG$ 조건 성립)

구분	무손실 선로	무왜형 선로
조건	$R = 0,\ G = 0$	$RC = LG$
특성 임피던스	$Z_0 = \sqrt{\frac{L}{C}}$	
전파정수	$\gamma = jw\sqrt{LC}$	$\gamma = \sqrt{RG} + jw\sqrt{LC}$
파장	$\lambda = \frac{2\pi}{\beta} = \frac{2\pi}{w\sqrt{LC}} = \frac{1}{f\sqrt{LC}} = \frac{v}{f} = \frac{3\times10^8}{f}[m]$	
전파속도	$v = f\lambda = \frac{1}{\sqrt{LC}} = 3\times10^8[m/s]$	

(4) 분포정수회로의 4단자정수

① $V_1 = \cosh rl\, V_2 + Z_0 \sinh rl\, I_2$

② $I_1 = \frac{1}{Z_0}\sinh rl\, V_2 + Z_0 \cosh rl\, I_2$

핵심 14 라플라스 변환

(1) 라플라스 기본 변환

① 정의 : $F(s) = \mathcal{L}[f(t)] = \int_0^\infty f(t)e^{-at}dt$

② $f(t)$를 라플라스 변환하면 $F(s)$가 된다.

	$f(t)$	$F(s)$
임펄스함수	$\delta(t)$	1
단위계단함수	$u(t)$, 1	$\frac{1}{s}$
단위램프함수	t	$\frac{1}{s^2}$
n차램프함수	t^n	$\frac{n!}{s^{n+1}}$
정현파함수	$\sin\omega t$	$\frac{\omega}{s^2+\omega^2}$
	$\cos\omega t$	$\frac{s}{s^2+\omega^2}$
지수감쇠함수	e^{-at}	$\frac{1}{s+a}$
지수감쇠 램프함수 (복소추이)	$t^n e^{at}$	$\frac{n!}{(S+a)^{n+1}}$
정현파 램프함수	$t\sin\omega t$	$\frac{2\omega s}{(s^2+\omega^2)^2}$
	$t\cos\omega t$	$\frac{s^2-\omega^2}{(s^2+\omega^2)^2}$

지수감쇠 정현파함수	$e^{-at}\sin\omega t$	$\frac{\omega}{(s+a)^2+\omega^2}$
	$e^{-at}\cos\omega t$	$\frac{s+a}{(s+a)^2+\omega^2}$
쌍곡선함수	$\sinh\omega t$	$\frac{\omega}{s^2-\omega^2}$
	$\cosh\omega t$	$\frac{s}{s^2-\omega^2}$

(2) 라플라스의 성질

선형정리	$\mathcal{L}[af_1(t)+bf_1(t)] = aF_1(s)+bF_2(s)$
시간추이정리	$\mathcal{L}[f(t-a)] = e^{-as}F(s)$
복소추이정리	$\mathcal{L}[e^{\mp at}f(t)] = F(s\pm a)$
복소미분정리	$\mathcal{L}[t^n f(t)] = (-1)^n \frac{d^n}{ds^n}F(s)$
초기값정리	$\lim_{t\to 0} f(t) = \lim_{s\to\infty} sF(s)$
최종값정리	$\lim_{t\to\infty} f(t) = \lim_{s\to 0} sF(s)$

핵심 15 전달 함수

(1) 정의

모든 초기값을 0으로 했을 경우 입력에 대한 출력의 비

$G(s) = \frac{C(s)}{R(s)}$

(2) 제어요소

비례 요소	$G(s) = K$
적분 요소	$G(s) = \frac{K}{s}$
미분 요소	$G(s) = Ks$
1차 지연 요소	$G(s) = \frac{K}{1+Ks}$
2차 지연 요소	$G(s) = \frac{\omega_n^2}{s^2+\delta\omega_n s+\omega_n^2}$

(3) 물리계와 대응 관계

직선계	회전계	전기계
m : 질량	J : 관성 모멘트	L : 인덕턴스
B : 마찰	B : 마찰	R : 저항
k : 스프링	k : 비틀림	C : 콘덴서
x : 변위	θ : 각변위	Q : 전기량
V : 속도	ω : 가곡도	I : 전류
F : 힘	T : 토크	V : 전위차

핵심 16 과도현상

(1) 과도현상

과도현상은 시정수가 클수록 오래 지속된다.
시정수는 특성근의 절대값의 역과 같다.

(2) $R-L$ 직렬회로의 과도현상

① $t=0$ 초기 상태 : 개방
② $t=\infty$ 정상 상태 : 단락
③ $R-L$ 직렬회로의 과도전류

$i(t) = \frac{E}{R}\left(1-e^{-\frac{R}{L}t}\right)$[A]

④ $R-L$ 직렬회로의 과도특성

㉮ 특성근 $s = -\frac{1}{\tau} = -\frac{R}{L}$

㉯ 시정수 $\tau = \frac{L}{R}$[sec]

※시정수 : 전류 $i(t)$가 정상값의 63.2[%]까지 도달하는데 걸리는 시간

(3) $R-C$ 직렬회로의 과도현상

① $t=0$ 초기 상태 : 단락
② $t=\infty$ 정상 상태 : 개방
③ $R-C$ 직렬회로의 과도전류

$i(t) = \frac{E}{R}e^{-\frac{1}{RC}t}$[A]

④ $R-C$ 직렬회로의 과도 특성

㉮ 특성근 $s=-\frac{1}{\tau}=-\frac{1}{RC}$

㉯ 시정수 $\tau=RC$[sec]

※시정수 : 전류 $i(t)$가 정상값의 36.8[%]까지 도달하는데 걸리는 시간

(4) $R-L-C$ 직렬회로의 과도현상

① 비진동 조건 $\left(\frac{R}{2L}\right)^2>\frac{1}{LC}$ → $R^2>4\frac{L}{C}$

② 진동 조건 $\left(\frac{R}{2L}\right)^2<\frac{1}{LC}$ → $R^2<4\frac{L}{C}$

③ 임계 조건 $\left(\frac{R}{2L}\right)^2=\frac{1}{LC}$ → $R^2=4\frac{L}{C}$

④ 과도 상태가 나타나지 않는 위상각 $\theta=\tan^{-1}\frac{X}{R}$

Chapter 05 제어공학 핵심 요약

핵심 01 자동 제어계의 요소와 구성

(1) 제어계

① 개루프 제어계 : 가장 단순한 시스템으로 설치비가 저렴하지만 설정값이 부정확하고 신뢰성이 낮다.

② 폐루프 제어계 : 구조는 복잡하지만 오차가 적다.

(2) 자동 제어 장치의 분류

① 제어량의 성질에 따른 분류

프로세서 제어	·생산 공정 중의 상태량, 외란의 억제를 주 목적으로 함 ·온도, 유량, 압력, 액위, 농도, 밀도
서어보 기구	·기계적 변위를 제어량으로 추종 ·위치, 방위, 자세
자동 조정	·전압, 전류, 주파수, 회전속도, 힘

② 조절부 동작에 의한 분류

비례 제어	·P 제어 ·잔류 편차(off-set)가 생기는 결점 ·$G(s)=K$
미분 제어	·D 제어 ·전달 함수 $G(s)=T_d s$
적분 제어	·I 제어 ·전달 함수 $G(s)=\frac{1}{T_i s}$
비례 미분 제어	·PD 제어 ·전달 함수 $G(s)=K(1+T_d s)$ ·속응성, 과도 특성 개선
비례 적분 제어	·PI 제어 ·전달 함수 $G(s)=K\left(1+\frac{1}{T_i s}\right)$ ·정상 특성 개선
비례 적분 미분 제어	·PID 제어 ·전달 함수 $G(s)=K\left(1+\frac{1}{T_i s}+T_d s\right)$ ·잔류 편차 소멸
온-오프 제어	·불연속 제어

③ 제어 목적에 따른 분류

정치 제어	어떤 일정한 목표값을 유지하는 것
프로그램 제어	정해진 프로그램에 따라 제어량을 변화 시키는 것
추종 제어	임의 시간적 변화를 하는 목표값에 제어량을 추종하는 것
비율 제어	목표값이 다른 것과 일정 비율 관계를 가지고 변화하는 것

(3) 피드백 제어계의 특징

① 정확성 증가
② 계의 특성 변화에 대한 입력대 출력비의 감도 감소
③ 비선형성과 왜형에 대한 효과의 감소
④ 감대폭 증가
⑤ 발진을 일으키고 불안정한 상태로 되어가는 경향성
⑥ 반드시 입력과 출력을 비교하는 장치가 있어야 한다.

핵심 02 블록선도와 신호흐름선도

(1) 블록선도

① 공식 $G(s)=\dfrac{C(s)}{R(s)}=\dfrac{경로}{1-폐루프}$

② 경로 : 입력에서 출력으로 가는 도중에 있는 각 소자의 곱

③ 폐로 : 폐로 내에 있는 각 소자의 곱

(2) 신호흐름선도

① 정의 : 제어계의 특성을 블록선도 대신 신호의 흐름의 방향을 전달 과정으로 표시

② 공식 : $G=\dfrac{G_k \cdot \Delta_k}{\Delta}=\dfrac{전향\ 경로}{loop의\ 값}=\dfrac{경로}{1-폐로}$

핵심 03 자동 제어계의 시간영역 해석

1. 과도응답

(1) 시간 응답 특성

① 오버슈트 : 과도 상태 중 계단 입력을 초과하여 나타나는 출력의 최대 편차량

$$백분율\ 오버\ 슈트=\frac{최대오버슈트}{최종목표값}\times 100[\%]$$

② 지연 시간(시간 늦음) : 정상값의 50[%]에 도달하는 시간

③ 상승 시간 : 정상값의 10~90[%]에 도달하는 시간

④ 정정 시간 : 응답의 최종값의 허용 범위가 5~10[%] 내에 안정되기 까지 요하는 시간

⑤ 감쇠비 $=\dfrac{제2\ 오버\ 슈트}{최대\ 오버\ 슈트}$

⑥ 과도현상은 시정수가 클수록 오래 지속된다.

(2) 특성 방정식

폐루프 전달 함수의 분모를 0으로 놓은 식, 이때의 근을 특성근이라 한다.

(3) 임펄스 응답

제어 장치의 입력에 단위 함수 $R(s)=1$을 가했을 때의 출력

$R(s)=1 \rightarrow \boxed{G(s)} \rightarrow C(s)=G(s)R(s)=G(s)$

$\therefore C(s)=G(s)$

(4) 인디셜 응답

단위 계산 입력 신호에 대한 과도 응답

(5) 1차 제어계의 과도 응답

① $\dfrac{C(s)}{R(s)}=\dfrac{K}{Ts+1}$

② $C(t)=K\left(1-e^{-\frac{1}{\tau}t}\right)$

(6) 2차 제어계의 전달 함수

$$G(s)=\frac{\omega_n^2}{s^2+2\delta\omega_n s+\omega_n^2}$$

① 특성 방정식 : $s^2+2\delta\omega_n s+\omega_n^2=0$

(δ : 제동비, 감쇠계수 ω_n : 고유 주파수)

② 근 : $s=-\delta\omega_n \pm j\omega_n\sqrt{1-\delta^2}$

㉮ $\delta<1$ 경우 : 부족 제동 $s=-\delta\omega_n \pm j\omega_n\sqrt{1-\delta^2}$

㉯ $\delta=1$ 경우 : 임계 제동 $s=-\omega_n$

㉰ $\delta > 1$ 경우 : 과제동 $s = -\delta\omega_n \pm \omega_n\sqrt{\delta^2 - 1}$

㉱ $\delta = 0$ 경우 : 무제동 $s = \pm j\omega_n$

2. 정상응답

(1) 정의

제어계에 어떠한 입력이 가해졌을 때 출력이 과도기가 지난 후 일정한 값에 도달하는 응답

(2) 편차

① 단위 feed back 제어계

$$E(s) = \frac{1}{1+G(s)}R(s)$$

② 정상 편차

$$e = \lim_{t\to\infty} e(t) = \lim_{s\to 0} sE(s) = \lim_{s\to 0} s\left[\frac{1}{1+G(s)}R(s)\right]$$

(3) 편차의 종류

종류	입력	편차상수	편차
위치 편차	$r(t) = u(t) = 1$	$K_p = \lim_{s\to 0} G(s)H(s)$	$e_p = \frac{1}{1+K_p}$
속도 편차	$r(t) = t$	$K_v = \lim_{s\to 0} sG(s)H(s)$	$e_v = \frac{1}{K_v}$
가속도 편차	$r(t) = \frac{1}{2}t^2$	$K_a = \lim_{s\to 0} s^2G(s)H(s)$	$e_a = \frac{1}{K_a}$

(4) 제어계의 형태에 의한 분류

제어계의 형은 주어진 제어 장치의 피드백 요소 $G(s)H(s)$ 함수에서 분모인 근의 값이 0인 S^n의 n차수와 같다.

① $G(s)H(s) = \frac{(s+1)}{(s+2)(s+3)}$

→ 0형 제어계 (분모의 괄호 밖의 차수가 $s^0 = 1$)

② $G(s)H(s) = \frac{(s+1)}{s(s+2)(s+3)}$

→ 1형 제어계 (분모의 괄호 밖의 차수가 s^1)

③ $G(s)H(s) = \frac{(s+1)}{s^2(s+2)(s+3)}$

→ 2형 제어계 (분모의 괄호 밖의 차수가 s^2)

3. 편차와 감도

(1) 자동 제어계의 정상 편차

① 정상 위치 편차 : 입력이 단위 계산 함수 일 때 편차

㉮ 입력 $r(t) = 1$

㉯ 위치 편차 상수 $K_p = \lim_{s\to 0} G(s)H(s)$

→ (0형 제어계 : 단위 계단 함수에서 생김)

㉰ 편차 $e_{ssp} = \frac{1}{1+K_p}$

② 정상 속도 편차 : 입력이 단위 램프 함수

㉮ 입력 $r(t) = t$

㉯ 속도 편차 상수 $K_v = \lim_{s\to 0} sG(s)H(s)$

→(1형 제어계 : 단위 램프 함수에서 생김)

㉰ 편차 $e_{ssv} = \frac{1}{K_v}$

③ 정상 가속도 편차

㉮ 입력 $r(t) = \frac{1}{2}t^2$

㉯ 가속도 편차 상수 $K_a = \lim_{s\to 0} s^2G(s)H(s)$

→(2형 제어계 : 포물선 함수에서 생김)

㉰ 편차 $e_{ssa} = \frac{1}{K_a}$

(2) 제어계의 형에 따른 편차값

① $G(s)H(s) = \frac{(s+1)}{(s+2)(s+3)}$: 분모의 괄호 밖의 차수가 $s^0 = 1$로 0형 제어계이다.

② $G(s)H(s) = \frac{(s+1)}{s(s+2)(s+3)}$: 분모의 괄호 밖의 차수가 s^1로 1형 제어계이다.

③ $G(s)H(s) = \frac{(s+1)}{s^2(s+2)(s+3)}$: 분모의 괄호 밖의 차수가 s^2로 2형 제어계이다.

(3) 제어계의 형태 분류

① 0형 제어계 : 위치 편차 상수(K_p)

② 1형 제어계 : 속도 편차 상수(K_v)

③ 2형 제어계 : 가속도 편차 상수(K_a)

(4) 제어 장치의 감도

① 정의

계의 전달 함수의 한 파라미터가 지정값에서 벗어났을 때의 전달 함수가 지정값에서 벗어난 양의 크기

② 전달 함수 $T=\dfrac{C(s)}{R(s)}=\dfrac{G(s)}{1+G(s)H(s)}$

③ 감도 $S_K^T=\dfrac{K}{T}\dfrac{dT}{dK}$ $\quad\rightarrow(T=\dfrac{C}{R})$

핵심 04 주파수 응답

(1) 주파수 응답

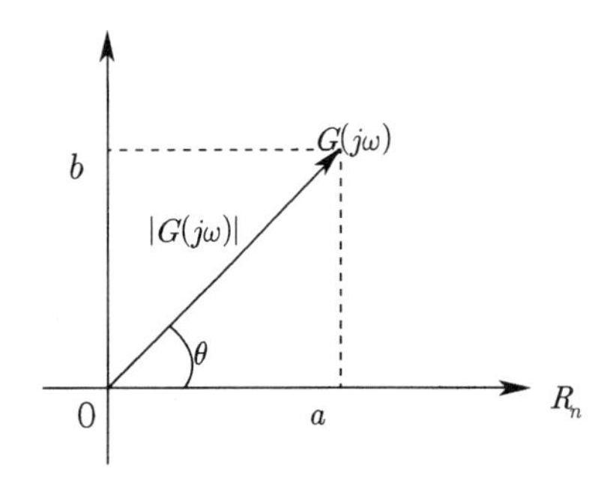

① 진폭비 : $|G(j\omega)|=\sqrt{a^2+b^2}$

② 위상차 : 입력의 위상과 출력의 위상 사이의 차

$\theta=\angle G(j\omega)=\tan^{-1}\dfrac{a}{b}$

(2) 벡터 궤적

ω가 0～∞까지 변화하였을 때의 $G(j\omega)$의 크기와 위상각의 변화를 극좌표에 그린 것으로 이 궤적을 나이퀴스트선도라 한다.

(3) 보드선도

① 이득 선도 : 횡축에 주파수와 종축에 이득값(데시벨)으로 그린 그림

② 위상 선도 : 횡축에 주파수와 종축에 위상값(°)으로 그린 그림

③ 이득 $G[\text{dB}]=-20\log|G(j\omega)|$

④ 절점 주파수 : 전달 함수의 특성 방정식에서 실수부와 허수부가 같은 주파수

⑤ 경사 : $g=K\log_{10}\omega[\text{dB}]$에서 K값은 보드 선도의 경사를 의미한다.

$G(s)=s$의 보드 선도	+20[dB/dec]의 경사를 가지며 위상각은 90[°]
$G(s)=s^2$의 보드 선도	+40[dB/dec]의 경사를 가지며 위상각은 180[°]
$G(s)=s^3$의 보드 선도	+60[dB/dec]의 경사를 가지며 위상각은 270[°]

핵심 05 제어계의 안정도

(1) 제어계의 안정 조건

특성 방정식의 근이 모두 s 평면의 좌반부에 있어야 한다.

(2) 루소 안정도 판별법

특성 방정식 $a_0s^4+a_1s^3+a_2s^2+a_3s+a_4=0$에서 제어계가 안정하기 위한 필수 조건은 다음과 같다.

① 모든 계수의 부호가 동일 할 것

② 계수 중 어느 하나라도 0이 아닐 것

③ 루스 열수의 제1열의 부하가 같을 것

(3) 루드표 작성 및 안정도 판별법

$F(s)=a_0s^5+a_1s^4+a_2s^3+a_3s^2+a_4s+a_5=0$에서 루드표를 자성하면 다음과 같다.

① 다음과 같이 두 줄로 정리한다.

$a_0 \quad a_2 \quad a_4 \quad a_6 \cdots\cdots$

$a_1 \quad a_3 \quad a_5 \quad a_7 \cdots\cdots$

② 다음과 같은 규칙적인 방법으로 루드 수열을 계산하여 만든다.

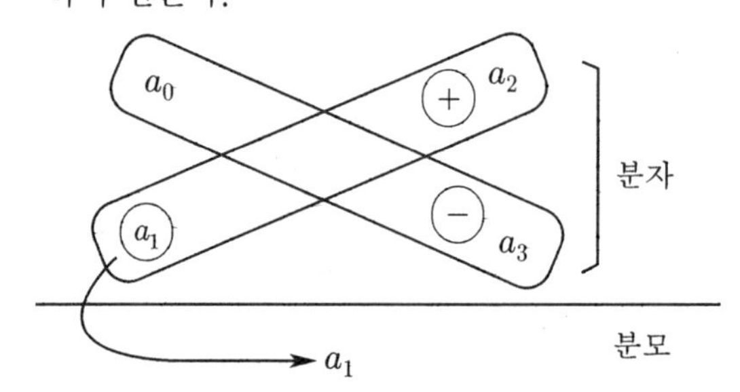

차수	제1열 계수	제2열 계수	제3열 계수
s^5	a_0 → ①	a_2 → ③	a_4 → ⑤
s^4	a_1 → ②	a_3 → ④	a_5 → ⑥
s^3	A	B	
s^2	C	D	
s^1	E		
s^0	s^0부분의 값		

· $A = \dfrac{a_1a_2 - a_0a_3}{a_1}$　　· $B = \dfrac{a_1a_4 - a_0a_5}{a_1}$

· $C = \dfrac{Aa_3 - a_1B}{A}$　　· $D = \dfrac{Aa_5 - a_1a_6}{A}$

· $E = \dfrac{CB - AD}{C}$

(4) 훌비쯔 판별법

특성 방정식의 계수로서 만들어진 행렬식에 의해 판별하는 방법

(5) 나이퀴스트 판별법

① 계의 주파수 응답에 관한 정보를 준다.
② 계의 안정을 개선하는 방법에 대한 정보를 준다.
③ 안정성을 판별하는 동시에 안정도를 지시해 준다.
④ 안정조건
　㉮ 반시계 방향 : 안쪽에 (−1, j 0)이 있으면 불안정
　㉯ 시계 방향 : 안쪽에 (−1, j 0)이 있으면 불안정

(6) 이득여유

① 이득 여유는 위상 선도가 −180[°] 축과 교차하는 점에 대응되는 이득의 크기[dB]값이다.
② 이득 여유 $(GM) = 20\log\dfrac{1}{|GH_c|}$[dB]

(7) 나이퀴스트 선도에서 안정계에 요구되는 여유

① 이득여유$(GM) = 4 \sim 12$[dB]
② 위상여유$(PM) = 30 \sim 60$[°]

(8) 보드 선도에서 안정계의 조건

① 위상 여유 : $\phi_m > 0$
② 이득 여유 : $g_m > 0$
③ 위상 교점 주파수 < 이득 교점 주파수

※루소-훌비츠 표를 작성할 때 제1열 요소의 부호 변화의 의미는 s 평면의 우반면에 존재하는 근의 수를 의미한다.

※특성 방정식의 근이 좌반부, 즉 음의 반평면에 있으면 안정한다.

(9) 보상법

① 위치 제어계의 종속보상법 중 진상요소의 주된 사용 목적은 속응성을 개선하는 것이다.
② 진상 보상기는 과도응답의 속도를 보상한다.
③ 위상 여유가 증가하고, 공진 첨두값이 감소한다.

핵심 06 제어계의 근궤적

(1) 정의

개루프 전달 함수의 이득정수 K를 $0 \sim \infty$ 까지 변화를 시킬 때의 특성근, 즉 폐루프 전달 함수 극의 이동 궤선을 말한다.

(2) 작도법

① 극점에서 출발하여 원점에서 끝난다.
② 근궤적은 $G(s)H(s)$ 의 극에서 출발하여 0 점에서 끝나므로 근궤적의 개수는 z 와 p 중 큰 것과 일치한다. 또한 근궤적의 개수는 특성 방정식의 차수와 같다.
③ 근궤적의 수(N)
근궤적의 수(N)는 극점의 수(p)와 영점의 수(z)에서
㉮ $z > p$ 이면 $N = z$
㉯ $z < p$ 이면 $N = p$
④ 근궤적의 대칭성
특성 방정식의 근이 실근 또는 공액 복소근을 가지므로 근궤적은 실수축에 대하여 대칭이다.
⑤ 근궤적의 점근선
근 s에 대하여 근궤적은 점근선을 가진다.
⑥ 점근선의 교차점
점근선은 실수 축상에만 교차한다.

$$\sigma = \frac{\Sigma G(s)H(s)\text{의 극} - \Sigma G(s)H(S)\text{의 영점}}{p - z}$$

(3) 근궤적 상의 임의의 점 K의 계산

$$K = \frac{1}{|G(s_1)\ H(s_1)|}$$

(4) 이득 여유

$$\text{이득여유} = 20\log\frac{\text{허수축과의 교차점에서 } K\text{의 값}}{K\text{의 설계값}}\ [\text{dB}]$$

핵심 07 상태방정식 및 z변환

(1) 전이행렬

$\varnothing(t) = \mathcal{L}^{-1}[(sI - A)^{-1}]$ 이며 전이행렬은 다음과 같은 성질을 갖는다.

① $\varnothing(0) = I$ → (I는 단위행렬)

② $\varnothing^{-1}(t) = \varnothing(-t) = e^{-At}$

③ $\varnothing(t_2 - t_1)\varnothing(t_1 - t_0) = \varnothing(t_2 - t_0)$

→ (모든 값에 대하여)

④ $[\varnothing(t)]^K = \varnothing(Kt)$ → (K는 정수)

(2) n 차 선형 시불변 시스템의 상태방정식

$\frac{d}{dx}x(t) = Ax(t) + By(t)$일 때 제어계의 특성방정식은 $|sI - A| = 0$ 이다.

(3) z 변환법

① 라플라스 변환 함수의 s 대신 $\frac{1}{T}\ln z$를 대입

② s 평면의 허축은 z 평면상에서는 원점을 중심으로 하는 반경 1인 원에 사상

③ s 평면의 우반 평면은 z 평면상에서는 이원의 외부에 사상

④ s 평면의 좌반 평면은 z 평면상에서는 이원의 내부에 사상

$\lim\limits_{t\to 0} e(t) = \lim\limits_{s\to 0} E(z)$		
$f(t)$	$F(s)$	$F(z)$
$\delta(t)$	1	1
$u(t)$	$\frac{1}{s}$	$\frac{z}{z-1}$
t	$\frac{1}{s^2}$	$\frac{Tz}{(z-1)^2}$
e^{-at}	$\frac{1}{s+a}$	$\frac{z}{z-e^{-at}}$

핵심 08 시퀀스 제어

(1) AND Gate (논리곱 회로, 직렬회로)

① 논리 회로 :

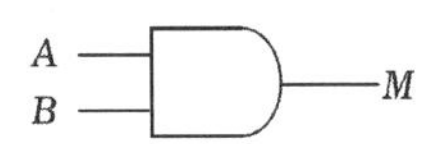

$M = A \cdot B$

② 유접점 회로 :

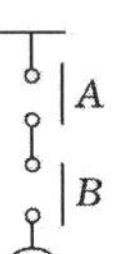

③ 무접점 회로 :

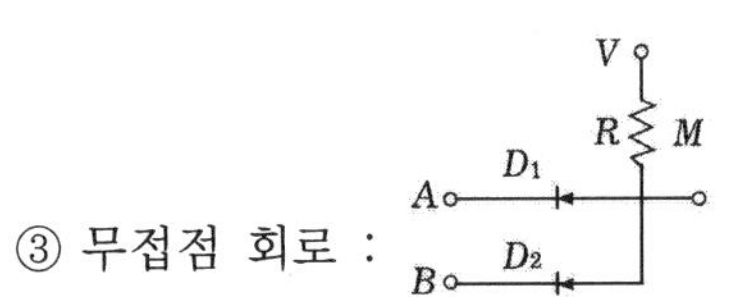

④ 진리표 :

A	B	M
0	0	0
0	1	0
1	0	0
1	1	0

(2) OR Gate (논리합 회로, 병렬회로)

① 논리 회로 :

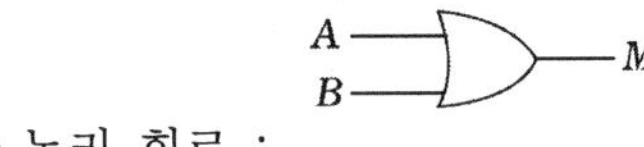

$M = A + B$

② 유접점 회로 :

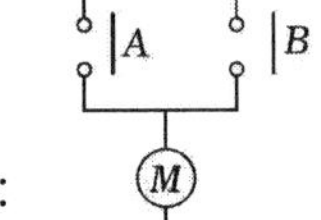

③ 무접점 회로 :

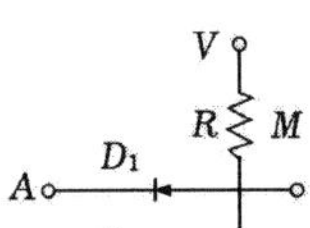

④ 진리표 :

A	B	M
0	0	0
0	1	1
1	0	1
1	1	1

(3) NOT Gate (논리부정)

① 논리 회로 : $M = \overline{A}$

② 유접점 회로 :

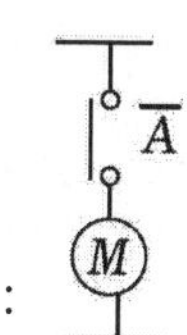

③ 무접점 회로 :

④ 진리표 :

A	M
0	1
1	0

(4) 변환 요소

① 압력 → 변위 : 벨로우즈, 다이어프램, 스프링

② 변위 → 압력 : 노즐플래퍼, 유압 분사관, 스프링

③ 변위 → 임피던스 : 가변저항기, 용량형 변환기

④ 변위 → 전압 : 포텐셔미터, 차동변압기, 전위차계

⑤ 전압 → 변위 : 전자석, 전자코일

⑥ 광 → 임피던스 : 광전관, 광전도 셀, 광전 트랜지스터

⑦ 광 → 전압 : 광전지, 광전 다이오드

⑧ 방사선 → 임피던스 : GM 관, 전리함

⑨ 온도 → 임피던스 : 측온 저항(열선, 서미스터, 백금, 니켈)

⑩ 온도 → 전압 : 열전대

(5) 드모르간의 정리

① $X = \overline{A \cdot B} = \overline{A} + \overline{B}$

② $X = \overline{A + B} = \overline{A} \cdot \overline{B}$

Chapter 06

전기설비기술기준

1. 전기설비기술기준에서 사용하고 있는 용어 중 어려운 전문용어를 쉬운 우리말로 바꿔야 할 필요성 제기
2. 주요 개정 내용 정리 → 자세한 내용은 기본서 참고 (2025 전기기사필기 기본서 e북(PDF)으로 제공)

개정 전	개정
간판 등 타 **공작물**과의 **이격거리**는	간판 등 타 **인공구조물**과의 **간격**은
강대를 **원통상(圓筒狀)**으로 성형하고	강대를 **원통 모양**으로 성형하고
개거(開渠))	개방 수로
개로	열린회로
결선	**전선연결**
경간 (예, 전주**경간** 50[m] 기준)	**지지물 간 거리** (예, 전주 **간 거리** 50[m] 기준)
곡률반경	곡선 반지름
공차	허용오차
교량	다리
교점	교차점
굴곡부	굽은 부분
극세선의 전체 도체의 **말단**을	극세선의 전체 도체의 **끝부분**을
근가(根架)	전주 버팀대
금구류	금속 부속품
내경	**안지름**
내성	견디는 성질
단심 케이블을 **트리프렉스형, 쿼드랍프렉스형**으로 하거나	단심 케이블을 **3묶음형, 4묶음형**으로 하거나
동(Cu) → 동선	구리 → 구리선
두께의 **허용차**는	두께의 **허용오차**는
로울러	롤러
룩스(lx)	럭스(lx)
리드선	연결선
말구(末口)	위쪽 끝
망상	그물형
메시	**그물망**
메크로시험	매크로시험
메터	미터
모듈은 **자중**, 적설, 풍압, 지진	모듈은 **자체중량**, 적설, 풍압, 지진
발열성 용접, **압착**접속	발열성 용접, **눌러 붙임** 접속
발열에 **용손(溶損)**되지 않도록	발열에 **의해 녹아서 손상**되지 않도록
방식조치	**부식방지**조치
방청	녹방지

개정 전	개정
방폭형	**폭발 방지형**
배기(장치)	공기 배출(장치)
백색	흰색
병가	병행설치
분말	**가루**
분진	**먼지**
불연성 또는 **자소성**이 있는 난연성의 관	불연성 또는 **자기소화성**이 있는 난연성의 관
블레이드	날개
비자동	수동
사양	규격
섬락	불꽃방전
수밀형 (예, 특고압 **수밀형** 케이블)	수분 침투 방지형 (예, 특고압 **수분 침투 방지형** 케이블)
수상전선로에 사용하는 **부대(浮臺)**는 쇠사슬 등으로 견고하게 연결한 것일 것	수상전선로에 사용하는 **부유식 구조물**은 쇠사슬 등으로 견고하게 연결한 것일 것
수트리	수분 침투 균열
수평 횡 하중	수평 가로 하중
스테인레스	스테인리스
시뮬레이션	모의실험
실드(실드가스)	보호(보호가스)
심(shim)	끼움쇠
싸이클	주기
압축기의 **최종단(最終段)**	압축기의 **맨 끝**
연접 인입선의 시설	**이웃 연결** 인입선의 시설
염해	염분 피해
외경	**바깥지름**
외주	**바깥둘레**
원추형	**원뿔형**
위치마커	위치표지
유수	흐르는 물
유희용 전차	**놀이용** 전차
응동시간이 1사이클 이하	**따라 움직임** 시간이 1사이클 이하이고
이격거리	**간격**
이도(弛度)	**처짐 정도**
인류(引留)	**잡아 당김**
자복성(自復性)이 있는 릴레이 보안기	**자동복구성**이 있는 릴레이 보안기
자외선 **조사장치**를 이용한 형광자분	자외선 **빛쬠장치**를 이용한 형광자분

개정 전	개정
잔여	나머지
장간애자	**간 애자**
장방형	직사각형
재폐로	**재연결**
적색	**빨간색**
적절한(히)	삭제
전선을 **조하**하는	전선을 **매다는**
전식	전기부식
전차선 **가선**방식	전차선 **전선 설치**방식
점퍼선	연결선
접지극은 동결 깊이를 **감안하여**	접지극은 동결 깊이를 **고려하여**
조가용선	조가선
조상기	무효 전력 보상 장치
조속기(조속장치)	속도조절기
종방향 굽힘시험편	**세로방향** 굽힘시험편
지선	**지지선**
지주	지지기둥
지지물의 **도괴** 등에	지지물의 **넘어지거나 무너짐** 등에
지지주	지지기둥
직매(용)	직접매설(용)
천정	천장
청색 (예, 전선의 식별)	**파란색** (예, 전선의 식별)

개정 전 (예, 전선의 식별)

상(문자)	색상
L1	갈색
L2	**흑색**
L3	회색
N	**청색**
보호도체	녹색-노란색

개정 (예, 전선의 식별)

상(문자)	색상
L1	갈색
L2	**검은색**
L3	회색
N	**파란색**
보호도체	녹색-노란색

개정 전	개정
충분한(히) (예, 매설 깊이가 **충분**하지 못한 장소에는)	삭제(또는 충족) (예, 매설 깊이를 **충족**하지 못한 장소에는
커넥터	접속기
커버	덮개
커브	곡선형
키	스위치
태블릿(tablet)	태블릿
템퍼링(tempering)	뜨임
트라프	트로프
폐로	닫힌회로
흑색	**검은색**

핵심 01 총칙

1. 통칙

(1) 용어 정리

① 변전소 : 구외로부터 전송되는 전기를 변성하여 구외로 전송하는 곳(50,000[V] 이상)

② 급전소 : 전력계통의 운용 및 지시를 하는 곳

③ 관등회로 : 안정기에서 방전관까지의 전로

④ 대지전압

㉮ 접지식 : 전선과 대지 사이의 전압

㉯ 비접지식 : 전선과 전선 사이의 전압

⑤ 1차 접근 상태 : 지지물의 높이에 상당하는 거리에 시설(수평 거리로 3 m 미만인 곳에 시설되는 것을 제외한다)됨으로써 가공 전선로의 전선의 절단, 지지물의 넘어지거나 무너짐 등의 경우에 그 전선이 다른 시설물에 접촉할 우려가 있는 상태를 말한다.

⑥ 2차 접근 상태 : 가공전선이 다른 시설물과 접근하는 경우에 그 가공전선이 다른 시설물의 위쪽 또는 옆쪽에서 수평거리로 3[m] 미만인 곳에 시설되는 상태

⑦ 인입선 : 수용 장소의 붙임점에 이르는 전선

㉮ 가공 인입선 : 가공 전선로의 지지물로부터 다른 지지물을 거치지 아니하고 수용 장소의 붙임점에 이르는 가공 전선

㉯ 이웃 연결(연접) 인입선 : 한 수용장소의 인입선에서 분기하여 지지물을 거치지 않고 다른 수용장소의 인입구에 이르는 부분의 전선. 저압에서만 시설할 수 있다.

※ 저압 이웃연결(연접) 인입선은 저압 가공 인입선의 규정에 준하며 다음에 의하여 시설

1. 인입선에서 분기하는 점으로부터 100[m]를 넘는 지역에 미치지 않을 것
2. 폭 5[m]를 넘는 도로를 횡단하지 않을 것
3. 옥내를 통과하지 않을 것

⑧ 지지물 : 목주, 철주, 철근 콘크리트주 및 철탑과 이와 유사한 시설물로서 전선, 약전류 전선 또는 광섬유 케이블을 지지하는 것을 주된 목적으로 하는 것

⑨ 지중 관로 : 지중 전선로, 지중 약전류 전선로, 지중 광섬유 케이블 선로, 지중에 시설하는 수관 및 가스관과 이와 유사한 것 및 이들에 부속하는 지중함 등을 말한다.

(2) 전압의 종별

저압	• 직류 : 1500[V] 이하 • 교류 : 1000[V] 이하
고압	• 직류 : 1500[V] 초과 7000[V] 이하 • 교류 : 1000[V] 초과 7000[V] 이하
특고압	직류, 교류 모두 7000[V]를 초과

2. 전선

(1) 전선의 식별

상(문자)	색상
L1	갈색
L2	검은색
L3	회색
N	파란색
보호도체	녹색-노란색

(2) MI 케이블

내열, 내연성이 뛰어나고 기계적 강도가 높으며 내수, 내유, 내습, 내후, 내노화성이 뛰어나며 선박용, 제련공장, 주물 공장 및 화재 예방이 특히 중요한 문화재 등에 적합(저압 1.0[mm^2])

(3) 전선의 접속 인장 강도

80[%] 이상 유지. 다만, 연결선을 접속하는 경우와 기타 전선에 가하여지는 장력이 전선의 세기에 비하여 현저히 작을 경우에는 적용하지 않는다.

(4) 고압 및 특고압케이블

클로로프렌외장케이블, 비닐외장케이블, 폴리에틸렌외장케이블, 콤바인 덕트 케이블 또는 이들에 보호 피복을 한 것을 사용하여야 한다.

※두 개 이상의 전선을 병렬로 사용하는 경우

① **병렬로 사용하는 각 전선의 굵기는 구리 50[mm^2] 이상 또는 알루미늄 80[mm^2] 이상으로 하고 전선**

은 같은 도체, 같은 재료, 같은 길이 및 같은 굵기의 것을 사용할 것

② 같은 극의 각 전선은 동일한 터미널러그에 완전히 접속할 것

③ 같은 극인 각 전선의 터미널러그는 동일한 도체에 2개 이상의 리벳 또는 2개 이상의 나사로 접속할 것

3. 전로의 절연

(1) 전선의 절연

접지 공사의 접지점은 절연하지 않음, 접지측 전선 절연

(2) 최대 누설 전류 한도

최대 사용 전류의 $\dfrac{1}{2000}$ 이하

※단상 2선식($1\varnothing 2w$)의 경우는 $\dfrac{1}{1000}$ 이하

(3) 전로의 사용전압에 따른 절연저항값

전로의 사용전압의 구분	DC 시험전압	절연 저항값
SELV 및 PELV	250	0.5[MΩ]
FELV, 500[V] 이하	500	1[MΩ]
500[V] 초과	1000	1[MΩ]

※특별저압(Extra Low Voltage : 2차 전압이 AC 50[V], DC 120[V] 이하)으로 SELV(비접지 회로 구성) 및 PELV(접지회로 구성)은 1차와 2차가 전기적으로 절연된 회로, FELV는 1차와 2차가 전기적으로 절연되지 않은 회로

(4) 전로의 절연내력 시험

① 전로의 절연내력 시험

절연내력 시험 전압 → 최대 사용전압×배수

접지 방법	전로의 종류	배율	최저 전압
비접지식	7[kV] 이하	1.5	500[V]
비접지식	7[kV] 초과	1.25	10,500[V]
중성점 다중 접지식	7[kV]~25[kV] 이하	0.92	-
중성점 접지식	60[kV] 초과	1.1	7,500[V]
중성점 직접 접지식	60[kVA] 초과 170[kV] 이하	0.72	-
중성점 직접 접지식	170[kV] 초과	0.64	-

② 회전기 및 정류기의 절연내력 시험

종류			시험전압	시험방법
회전기	발전기 전동기 무효 전력 보상 장치(조상기) 기타회전기	7[kV] 이하	1.5배 (최저 500[V])	권선과 대지 사이에 연속하여 10분간 가한다.
회전기	발전기 전동기 무효 전력 보상 장치(조상기) 기타회전기	7[kV] 초과	1.25배 (최저 10,500[V])	
회전기	회전변류기		직류 최대사용전압의 1배의 교류전압 (최저 500[V])	
정류기	60[kV] 이하		직류 최대 사용 전압의 1배의 교류전압 (최저 500[V])	충전부분과 외함 간에 연속하여 10분간 가한다.
정류기	60[kV] 초과		교류 최대사용전압의 1.1배의 교류전압 또는 직류측의 최대사용전압의 1.1배의 직류전압	교류측 및 직류고전압측단자와 대지사이에 연속하여 10분간 가한다.

4. 전로의 접지

(1) 접지 시스템 구분

① 계통접지 : 전력 계통의 이상 현상에 대비하여 대지와 계통을 접속

② 보호접지 : 감전 보호를 목적으로 기기의 한 점 이상을 접지

③ 피뢰시스템 접지 : 뇌격전류를 안전하게 대지로 방류하기 위한 접지

(2) 접지극의 매설방법

① 접지극은 지표면으로부터 지하 75[cm] 이상

② 접지극을 지중에서 금속체로부터 1[m] 이상 이격

(3) 수도관 등의 접지극

접지 저항값 3[Ω] 이하

(4) 수용 장소 인입구의 접지

① 접지도체의 공칭면적 : $6[mm^2]$ 이상 연동선
② 접지 저항값 : 3[Ω] 이하

(5) 변압기 중성점 접지의 접지저항

변압기의 중성점접지 저항 값은 다음에 의한다.

① $R=\frac{150}{I}[\Omega]$: 특별한 보호 장치가 없는 경우

여기서, I : 1선지락전류

② $R=\frac{300}{I}[\Omega]$: 보호 장치의 동작이 1~2초 이내

③ $R=\frac{600}{I}[\Omega]$: 보호 장치의 동작이 1초 이내

(6) 혼촉에 의한 위험 방지 시설

① 변압기의 저압측의 중성점에는 접지공사
② 중성점을 접지하기 어려운 경우 : 300[V] 이하 시 1단자 접지
③ 규정의 접지 저항값을 얻기 어려운 경우 : 저압 가공전선의 설치 방법으로 접지 위치를 200[m]까지 이격 가능
④ 시설이 어려울 때 : 변압기 중심에서 400[m] 이내, 1[km]당 계산값 이하의 저항값, 각 접지의 저항값은 300[Ω] 이하

(7) 기계 기구의 철대 및 외함의 접지를 생략하는 경우

① 사용전압이 직류 300[V] 또는 교류 대지전압 150[V] 이하 기계 기구를 건조장소 시설
② 저압용 기계 기구를 그 전로에 지기 발생 시 자동 차단하는 장치를 시설한 저압 전로에 접속하여 건조한 곳에 시설하는 경우
③ 저압용 기계 기구를 건조한 목재의 마루 등 이와 유사한 절연성 물건 위에서 취급 경우
④ 철대 또는 외함 주위에 적당한 절연대 설치한 경우
⑤ 외함없는 계기용 변성기가 고무, 합성수지 기타 절연물로 피복한 경우
⑥ 2중 절연되어 있는 구조의 기계기구

5. 과전류 차단기

(1) 과전류차단기로 저압전로에 사용하는 퓨즈

정격전류의 구분	시간 [분]	정격전류의 배수	
		불용단 전류	용단 전류
4[A] 이하	60분	1.5배	2.1배
4[A] 초과 16[A] 미만	60분	1.5배	1.9배
16[A] 이상 63[A] 이하	60분	1.25배	1.6배
63[A] 초과 160[A] 이하	120분	1.25배	1.6배
160[A] 초과 400[A] 이하	180분	1.25배	1.6배
400[A] 초과	240분	1.25배	1.6배

(2) 고압용 퓨즈

① 포장 퓨즈 : 정격전류의 1.3배에 견디고 2배의 전류로 120분 안에 용단
② 비포장 퓨즈(고리퓨즈) : 정격전류의 1.25배에 견디고 2배의 전류에 2분 안에 용단

6. 지락 차단 장치의 시설

지락이 생겼을 때에 자동적으로 전로를 차단하는 장치를 시설하여야 한다.

① 발전소, 변전소 또는 이에 준하는 곳의 인출구
② 다른 전기사업자로부터 공급받는 수전점
③ 배전용변압기(단권변압기를 제외)의 시설 장소

7. 피뢰기의 시설

① 고압 및 특고압의 전로에 시설하는 피뢰기 접지저항 값은 10[Ω] 이하
② 고압가공전선로에 시설하는 피뢰기 접지공사의 접지선이 전용의 것인 경우에는 접지저항 값이 30[Ω]까지 허용

핵심 02 발·변전소, 개폐소 등의 시설

(1) 발전소의 울타리, 담 등의 시설

- 울타리, 담 등을 시설할 것
- 출입구에는 출입 금지의 표시를 할 것
- 출입구에는 자물쇠 장치 기타 적당한 장치를 할
- 울타리, 담, 등의 높이는 2[m] 이상으로 할 것
- 지표면과 울타리, 담, 등의 하단 사이의 간격은 15[cm] 이하로 할 것

사용 전압 구분	울타리, 담 등의 높이와 울타리, 담 등에서 충전 부분까지 거리 합계
35[kV] 이하	5[m] 이상
35[kV] 넘고 160[kV] 이하	6[m] 이상
160[kV] 넘는 것	·거리의 합계 : 6[m]에 160[kV]를 넘는 10[kV] 또는 그 단수마다 12[cm]를 더한 값 거리의 합계 $= 6 + 단수 \times 0.12[m]$ ·단수= $\frac{사용전압[kV]-160}{10}$ ※단수 계산에서 소수점 이하는 절상

(2) 보호장치의 시설

① 발전기

용량	사고의 종류	보호 장치
모든 발전기	과전류가 생긴 경우	자동 차단 장치
용량 500[kVA] 이상	수차 압유 장치의 유압이 현저히 저하	
용량 100[kVA] 이상	풍차 압유 장치의 유압이 현저히 저하	
용량 2천[kVA] 이상	수차의 스러스트베어링의 온도가 상승	
용량 1만[kVA] 이상	발전기 내부 고장	
정격출력 1만[kVA] 이상	·증기터빈의 베어링 마모 ·온도 상승	

② 특고압 변압기

용량	사고의 종류	보호 장치
5천~1만[kVA] 미만	변압기 내부 고장	경보 장치
1만[kVA] 이상	변압기 내부 고장	자동 차단 장치

③ 전력 콘덴서 및 분로 리액터

용량	사고의 종류	보호 장치
500~15000[kVA] 미만	·내부고장, 과전류	자동 차단 장치
15,000[kVA] 이상	·내부고장, 과전류, 과전압	

④ 무효 전력 보상 장치(조상기) : 15,000[kVA] 이상, 내부 고장 : 자동 차단 장치

(3) 계측장치

전압, 전류, 전력, 고정자의 온도, 변압기 온도 등을 측정(역률, 유량 등은 반드시 있어야 하는 것은 아니다.)

(4) 압축 공기 장치의 시설

① 압력 시험 : 최고 사용 압력에 수압 1.5배, 기압은 1.25배로 10분간 시험
② 탱크 용량 : 1회 이상 차단할 수 있는 용량
③ 압력계 : 사용 압력 1.5배 이상 3배 이하의 최고 눈금이 있는 것

핵심 03 전선로

(1) 풍압하중

① 갑종 풍압 하중

수직 투영 면적 1[m^2]에 대한 풍압을 기초로 하여 계산

풍압을 받는 구분				구성재의 수직 투영 면적 1[m^2]에 대한 풍압
목주				588[Pa]
지지물	철주	원형의 것		588[Pa]
		삼각형 또는 마름모형		1412[Pa]
		강관에 의하여 구성되는 4각형의 것		1117[Pa]
		기타의 것		복재 1627[Pa]
				기타 1784[Pa]
	철근 콘크리트주	원형의 것		588[Pa]
		기타의 것		882[Pa]
	철탑	단주(완철류는 제외)	원형의 것	588[Pa]
			기타의 것	1117[Pa]
		강관으로 구성되는 것 (단주는 제외함)		1255[Pa]
		기타의 것		2157[Pa]

풍압을 받는 구분			구성재의 수직 투영 면적 1[m^2]에 대한 풍압
전선 기타의 가섭선	다도체를 구성하는 전선		666[Pa]
	기타의 것		745[Pa]
애자 장치(특별 고압 전선용의 것에 한한다.)			1039[Pa]
목주, 철주(원형의 것에 한한다.) 및 철근 콘크리트주의 완금류 (특별 고압 전선로용의 것에 한한다.)		단일재 사용	1196[Pa]
		기타의 경우	1627[Pa]

② 을종, 병종

- 갑종의 50[%] 적용
- 전선 기타 가섭선 주위에 두께 6[mm], 비중 0.9의 빙설이 부착된 상태에서 수직 투영 면적 1[m^2]당 372[Pa](다도체 구성 전선은 333[Pa]), 그 이외의 것은 갑종 풍압 하중의 $\frac{1}{2}$을 기초로 하여 계산한 값

(2) 지지물의 기초 안전율

① 기초 안전율 : 2(이상 상정하중에 대한 철탑 1.33)

② 기초 안전율 적용 예외

- 16[m] 이하, 6.8[KN] 이하인 것 : 15[m] 넘는 것을 2.5[m] 이상 매설
- 16[m] 초과, 9.8[KN] 이하인 것 : 2.8[m] 이상 매설

(3) 가공 전선로의 지지물에 시설하는 지지선

① 지지선의 안전율은 2.5 이상일 것(목주, A종 경우 1.5), 허용 인장 하중의 최저는 4.31[KN]으로 한다.

② 지지선에 연선을 사용할 경우에는

- 소선은 3가닥 이상의 연선일 것

· 소선의 지름이 2.6[mm] 이상의 금속선을 사용한 것이거나 소선의 지름이 2[mm] 이상인 아연도강 연선으로서 소선의 인장강도 0.68[KN/mm^2] 이상인 것을 사용하는 경우는 그러하지 아니하다.
· 지중의 부분 및 지표상 30[cm]까지의 부분에는 내식성이 있는 것 또는 아연 도금한 철봉을 사용한다.

(4) 저·고·특고압 가공 케이블 시설

① 조가선에 50[cm] 간격의 행거사용
② 조가선 굵기 : 22[mm^2] 아연도 철선
③ 반도전성 케이블 : 금속 테이프를 20[cm] 이하로 감음
④ 조가선 : kec140에 준하여 접지공사

(5) 가공전선의 굵기 및 종류

① 저압 가공전선이 굵기 및 종류

전압	전선의 굵기		인장강도
400[V] 미만	절연전선	지름 2.6[mm] 이상 경동선	2.30[kN] 이상
	절연전선 외	지름 3.2[mm] 이상 경동선	3.43[kN] 이상
400[V] 이상	시가지외	지름 4.0[mm] 이상 경동선	5.26[kN] 이상
	시가지	지름 5.0[mm] 이상 경동선	8.01[kN] 이상

② 특고압 가공전선의 굵기 및 종류
인장강도 8.71[KN] 이상의 연선 또는 25[mm^2]의 경동연선

(6) 특고 가공 전선로의 종류 (B종, 철탑)

① 직선형 : 각도 3도 이하
② 각도형 : 3도 초과
③ 잡아 당김형(인류형) : 전가섭선 잡아 당기는 곳
④ 내장형 : 지지물 간 거리(경간) 차가 큰 곳
⑤ 보강형 : 직선부분 보강

(7) 내장형 지지물 등의 시설

철탑 10기마다 1기씩 내장형 애자 장치 시설된 철탑 사용

(8) 농사용 및 구내 저압 가공 전선로

전선로의 지지점 간 거리는 30[m] 이하일 것

(9) 전선로 지지물 간 거리(경간)의 제한

지지물 종류	저·고 특고 표준 지지물 간 거리(경간)	계곡·하천	저··고압 보안 공사	1종 특고 보안 공사	2·3종 특고 보안 공사
A종	150[m]	300[m]	100[m]	할 수 없음	100[m]
B종	250[m]	500[m]	150[m]	150[m]	200[m]
철탑	600[m]	∞	400[m]	400[m]	400[m]

(10) 가공전선의 높이

① 도로 횡단 : 노면상 6[m](지지선, 독립 전화선, 저압 인입선 : 5[m])
② 철도 횡단 : 궤도면상 6.5[m]

(11) 지중 전선로(직접 매설식)

① 차량 기타 중량물의 압력을 받는 곳 : 1.0[m] 이상
② 기타 장소 : 0.6[m] 이상

(12) 지중 전선로(관로식)

① 매설 깊이 : 1.0 [m] 이상

② 중량물의 압력을 받을 우려가 없는 곳 : 60[cm] 이상

⒀ 지중 전선과 지중 약전선 등과의 접근 교차

① 저·고압의 지중 전선 : 30[cm] 이상
② 특고압 : 60[cm] 이상
③ 특고 지중 선선과 유독성 가스관이 접근 교차하는 경우 : 1[m] 이상

⒁ 터널 내 전선로

① 저압 전선로 : 절연 전선으로 2.6[mm] 이상 경동선 사용, 궤조면·노면 상 2.5[m] 이상 유지
② 고압 전선로 : 절연 전선으로 4[mm] 이상 경동선 사용, 노면 상 3[m] 이상 높이에 시설

핵심 04 전력 보안 통신 설비

(1) 전력보안통신설비의 시설 요구사항

① 원격감시가 되지 않는 발·변전소, 발·변전 제어소, 개폐소 및 전선로의 기술원 주재소와 이를 운용하는 급전소간
② 2 이상의 급전소 상호 간과 이들을 총합 운영하는 급전소간
③ 수력설비 중 필요한 곳(양수소 및 강수량 관측소와 수력 발전소 간)
④ 동일 수계에 속하고 보안상 긴급 연락 필요 있는 수력 발전소 상호 간
⑤ 동일 전력 계통에 속하고 보안상 긴급 연락 필요 있는 발·변전소, 발·변전 제어소 및 개폐소 상호 간

(2) 전력보안동신선의 높이와 간격(이격거리)

구분	지상고	비고
도로(인도)에 시설 시	5.0[m] 이상	지표상
도로횡단 시	6.0[m] 이상	지표상
철도 궤도 횡단 시	6.5[m] 이상	레일면상
횡단보도교 위	3.0[m] 이상	그 노면상
기타	3.5[m] 이상	지표상

핵심 05 전기 사용 장소의 시설

(1) 저압 옥내 배선
(사용 전압 400[V])

단면적 2.5[mm^2] 이상의 연동선 또는 이와 동등 이상의 강도 및 굵기의 것

(2) 타임 스위치의 시설

① 주택, APT 각 호실의 현관 3분 이내에 소등
② 여관, 호텔의 객실 입구 1분 이내 소등

(4) 애자사용공사

① 전선 상호간의 간격 : 6[cm] 이상
② 전선과 조영재와의 간겨(이격거리)
㉮ 400[V] 미만 : 2.5[cm] 이상
㉯ 400[V] 이상 : 4.5[cm] 이상(건조한 곳은 2.5[cm] 이상)
③ 지지점 간의 거리
㉮ 조영재 윗면, 옆면 : 2[m] 이하
㉯ 400[V] 이상 조영재의 아래면 : 6[m] 이하

(5) 합성수지관

관 상호 간, 박스에 관을 삽입하는 깊이는 관의 바깥 지름의 1.2배(접착제 사용 시 0.8배) 이상일 것

(6) 금속관 공사

관의 두께는 콘크리트 매설 시 1.2[mm] 이상

(7) 금속 덕트 공사

덕트에 넣는 전선 단면적의 합계는 덕트 내부 단면적의 20[%](제어회로, 출퇴표시등, 전관표시 장치 등은 50[%]) 이하일 것

(8) 지지점 간의 거리

① 캡타이어 케이블, 쇼케이스 : 1[m]
② 합성수지관 : 1.5[m]
③ 라이팅 덕트 및 애자 : 2[m]
④ 버스, 금속 덕트 : 3[m]

(9) 기타

① 위험물 : 금속관, 케이블, 합성수지관

② 전시회, 쇼 및 공연장 : 사용전압 400[V] 미만

③ 접촉전선 : 높이 3.5[m], 400[V] 이상 28[mm^2]

④ 고압 이동전선 : 단면적 0.75[mm^2] 이상의 코드 또는 캡타이어케이블

⑤ 전기 울타리 : 사용전압 250[V], 2.0[mm] 이상 경동선

⑥ 유희성 전차 : 직류 60[V], 교류 40[V]

⑦ 교통신호 : 사용전압 300[V], 공칭단면적 2.5[mm^2]

⑧ 전기온상 : 발열선의 오도 80[℃] 이하

⑨ 전기 욕기 : 사용전압 10[V] 이하

⑩ 풀용 수중 2차 비접지

㉮ 30[V] 초과 : 지락 차단장치 시설

㉯ 30[V] 이하 : 혼촉 방지판을 시설

⑪ 전기부식방지 : 직류 60[V] 이하

⑫ 아크용접 : 1차 대지전압 300[V] 이하, 절연 변압기 사용

핵심 06 전기 철도 설비

(1) 전차선의 건조물 간의 최소 이격기리

시스템 종류	공칭 전압 [V]	동적(mm)		정적(mm)	
		비오염	오염	비오염	오염
직류	750	25	25	25	25
	1,500	100	110	150	160
단상 교류	25,000	170	220	270	320

(2) 전차선로 설비의 안전율

① 합금전차선의 경우 2.0 이상

② 경동선의 경우 2.2 이상

③ 조가선 및 조가선 장력을 지탱하는 부품에 대하여 2.5 이상

④ 복합체 자재(고분자 애자 포함)에 대하여 2.5 이상

⑤ 지지물 기초에 대하여 2.0 이상

⑥ 장력조정장치 2.0 이상

⑦ 빔 및 브래킷은 소재 허용응력에 대하여 1.0 이상

⑧ 철주는 소재 허용응력에 대하여 1.0 이상

⑨ 가동브래킷의 애자는 최대 만곡하중에 대하여 2.5 이상

⑩ 지지선은 선형일 경우 2.5 이상, 강봉형은 소재 허용응력에 대하여 1.0 이상

(3) 전기부식 방지 대책

① 전기철도 측의 전기부식방식 또는 전기부식예방을 위해서는 다음 방법을 고려하여야 한다.

1. 변전소 간 간격 축소
2. 레일본드의 양호한 시공
3. 장대레일채택
4. 절연도상 및 레일과 침목사이에 절연층의 설치

② 매설금속체측의 누설전류에 의한 전기부식의 피해가 예상되는 곳은 다음 방법을 고려하여야 한다.

1. 배류장치 설치
2. 절연코팅
3. 매설금속체 접속부 절연
4. 저준위 금속체를 접속
5. 궤도와의 간격(이격거리) 증대
6. 금속판 등의 도체로 차폐

(4) 누설전류 간섭에 대한 방지

① 접속하여 전체 종 방향 저항이 5[%] 이상 증가하지 않도록 하여야 한다.

② 주행레일과 최소 1[m] 이상의 거리를 유지

PART

02

최근 12년간 기출문제 (2024~2013)

2024년 1회, 2회, 3회
2023년 1회, 2회, 3회
2022년 1회, 2회, 3회
2021년 1회, 2회, 3회
2020년 1·2통합, 3회, 4회
2019년 1회, 2회, 3회
2018년 1회, 2회, 3회
2017년 1회, 2회, 3회
2016년 1회, 2회, 3회
2015년 1회, 2회, 3회
2014년 1회, 2회, 3회
2013년 1회, 2회, 3회

2024년 1회 전기기사 필기 기출문제(CBT)

1회 2024년 전기기사필기 (전기자기학)

1. 맥스웰의 전자방정식이 아닌 것은? 단, i는 전류밀도, ρ는 공간전하밀도이다.

① $rot\,H = i + \dfrac{\partial D}{\partial t}$　② $div\,B = \varnothing$

③ $div\,D = \rho$　④ $rot\,E = -\dfrac{\partial B}{\partial t}$

|정|답|및|해|설|

[맥스웰의 전자계 기초 방정식]

1. $rot\,E = \nabla \times E = -\dfrac{\partial B}{\partial t} = -\mu\dfrac{\partial H}{\partial t}$ (패러데이의 전자유도법칙(미분형))
2. $rot\,H = \nabla \times H = i + \dfrac{\partial D}{\partial t}$: 앙페르 주회적분 법칙
3. $div\,D = \nabla \cdot D = \rho$: 정전계 가우스정리 미분형
4. $div\,B = \nabla \cdot B = 0$: **정자계 가우스정리 미분형**

【정답】 ②

2. 전위경도 V와 전계 E의 관계식은?

① $E = \text{grad}\,V$　② $E = \text{div}\,V$

③ $E = -\text{grad}\,V$　④ $E = -\text{div}\,V$

|정|답|및|해|설|

[전위와 전계와의 관계] $E = -\text{grad}\cdot V = -\nabla V$[V/m]

전위경도는 전계의 세기와 크기는 같고, 방향은 반대이다.

【정답】 ③

3. 자기인덕턴스 L[H]인 코일에 전류 I[A]를 흘렸을 때, 자계의 세기가 H[AT/m]였다. 이 코일을 진공중에서 자화시키는데 필요한 에너지밀도[J/m^3]는?

① $\dfrac{1}{2}LI^2$　② LI^2

③ $\dfrac{1}{2}\mu_0 H^2$　④ $\mu_0 H^2$

|정|답|및|해|설|

[정자계 에너지밀도(진공시)] $\omega_m = \dfrac{1}{2}BH = \dfrac{1}{2}\mu_0 H^2 = \dfrac{1}{2}\dfrac{B^2}{\mu_0}[J/m^3]$

→ $(B = \mu H)$

여기서, μ_0 : 진공중의 투자율, B : 자속밀도, H : 자계의 세기

※[J/m³]=[N/m²] → 단위 체적 당 에너지 = 면적 당 작용력

【정답】 ③

4. 반지름이 r[m]인 반원형 전류 I[A]에 의한 반원의 중심(O)에서 자계의 세기[AT/m]는?

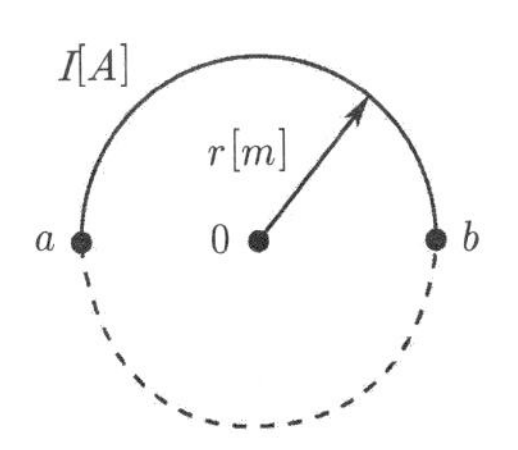

① $\dfrac{2I}{r}$　② $\dfrac{I}{r}$

③ $\dfrac{I}{2r}$　④ $\dfrac{I}{4r}$

|정|답|및|해|설|

[원형 코일 중심점의 자계의 세기] $H = \dfrac{NI}{2r}[AT/m]$

$\therefore H = \dfrac{NI}{2r} = \dfrac{\frac{1}{2}I}{2r} = \dfrac{I}{4r}$[AT/m] → (권수 N=1, 반원이므로 $\frac{1}{2}I$)

【정답】 ④

|참|고|

1. 원형 코일 중심($N=1$)

$H = \dfrac{NI}{2r} = \dfrac{I}{2r}$[AT/m] → ($N$: 감은 권수(=1), r : 반지름)

2. 반원형($N = \dfrac{1}{2}$) 중심에서 자계의 세기 H

$H = \dfrac{I}{2r} \times \dfrac{1}{2} = \dfrac{I}{4r}$[AT/m]

3. $\dfrac{3}{4}$원($N = \dfrac{3}{4}$) 중심에서 자계의 세기 H

$H = \dfrac{I}{2r} \times \dfrac{3}{4} = \dfrac{3I}{8r}$[AT/m]

5. -1.2[C]의 점전하가 $v=5a_x+2a_y-3a_z[m/s]$인 속도로 운동한다. 이 전하가 $B=-4a_x+4a_y+3a_z$ $[Wb/m^2]$인 자계에서 운동하고 있을 때 이 전하에 작용하는 힘은 약 몇 [N]인가? 단, a_x, a_y, a_z 단위벡터이다.

① $-21.6i+3.6j-33.6k$

② $21.6i-3.6j+33.6k$

③ $18i-3j+28k$

④ $-18i+3j-28k$

|정|답|및|해|설|

[전하에 작용하는 힘(로렌츠의 힘)] $F=q(v\times B)$

전자가 자계 내로 진입하면 원심력 $\frac{mv^2}{r}$과 구심력 $e(v\times B)$과 같아지며 전자는 원운동

힘 $F=q(v\times B)$

1. $v\times B=\begin{bmatrix} i & j & k \\ 5 & 2 & -3 \\ -4 & 4 & 3 \end{bmatrix}=\begin{bmatrix} 2 & -3 \\ 4 & 3 \end{bmatrix}i+\begin{bmatrix} 5 & -3 \\ -4 & 3 \end{bmatrix}j+\begin{bmatrix} 5 & 2 \\ -4 & 4 \end{bmatrix}k$

$=(6-(-12))i-(15-12)j+(20-(-8))k$

$=18i-3j+28k$

2. $q=-1.2[C]$

$\therefore F=q(v\times B)=-1.2(18i-3j+28k)=-21.6i+3.6j-33.6k$

【정답】 ④

6. 진공 중에 서로 떨어져 있는 두 도체 A, B가 있다. 도체 A에만 1[C]의 전하를 줄 때, 도체 A, B의 전위가 각각 3[V], 2[V]이었다. 지금 도체 A, B에 각각 3[C]과 1[C]의 전하를 주면 도체 A의 전위는 몇 [V]인가?

① 7 ② 9 ③ 11 ④ 13

|정|답|및|해|설|

[도체의 전위]

1. 1도체의 전위 $V_1=P_{11}Q_1+P_{12}Q_2$

2. 2도체의 전위 $V_2=P_{21}Q_1+P_{22}Q_2$

3. A 도체에만 1[C]의 전하를 주면

$V_1=P_{11}\times 1+P_{12}\times 0=3 \rightarrow P_{11}=3$

$V_2=P_{21}\times 1+P_{22}\times 0=2 \rightarrow P_{21}(=P_{12})=2$

4. A, B에 각각 3[C], 1[C]을 주면 A 도체의 전위는

$V_1=P_{11}Q_1+P_{12}Q_2=3\times 3+2\times 1=11[V]$

【정답】 ③

7. 다음 중 플레밍의 왼손법칙의 원리가 사용된 기기기는?

① 직류전동기 ② 직류발전기

③ 동기전동기 ④ 교류발전기

|정|답|및|해|설|

[플레밍의 왼손법칙] 자계(H)가 놓인 공간에 길이 l[m]인 도체에 전류(I)를 흘려주면 도체에 왼손의 엄지 방향으로 전자력(F)이 발생한다는 원리, 즉 전자력의 방향을 결정하는 법칙으로 **응용한 대표적인 것은 직류전동기** → (발전기 : 플레밍의 오른손법칙)

※동기전동기의 동작 원리 : 전자기력의 상호작용, 즉 동기전동기에서는 회전자계와 전자기장 간의 상호작용으로 회전운동이 일어나게 된다.

【정답】 ①

8. 공기 중에 있는 반지름 a[m]의 독립 금속구의 정전용량은 몇 [F]인가?

① $2\pi\varepsilon_0 a$ ② $4\pi\varepsilon_0 a$

③ $\frac{1}{2\pi\varepsilon_0 a}$ ④ $\frac{1}{4\pi\varepsilon_0 a}$

|정|답|및|해|설|

[구도체의 정전용량] $C=\frac{Q}{V}=\frac{Q}{\frac{Q}{4\pi\varepsilon_0 a}}=4\pi\varepsilon_0 a[F]$ → $(Q=CV)$

→ (금속구의 전위 $V=\frac{1}{4\pi\varepsilon_0}\frac{Q}{a}[V]$)

※반구의 정전 용량 : $2\pi\epsilon_0 a$

【정답】 ②

9. 질량 m=10^{-10}[kg]이고, 전하량 q=10^{-8}[C]인 전하가 전기장에 의해 가속되어 운동하고 있다. 이때 가속도 $a=10^2 i+10^2 j[m/sec^2]$라 하면 전기장의 세기 E는 몇 [V/m]인가?

① $10^4 i+10^5 j$ ② $i+j$

③ $10^{-2}i+10^{-7}j$ ④ $10^{-6}i+10^{-5}j$

|정|답|및|해|설|

[전기장의 세기] $E=\frac{m}{q}a[V/m]$

→ $(F=qE=ma[N]$: 전하량 Q에 작용하는 힘과 가속도(a)에 의한 질량 m에 작용하는 힘이 같으므로)

$\therefore E=\frac{m}{q}a=\frac{10^{-10}}{10^{-8}}\times(10^2 i+10^2 j)=i+j[V/m]$

【정답】 ②

10. 유전율이 각각 다른 두 유전체가 서로 경계를 이루며 접해 있다. 다음 중 옳지 않은 것은? (단, 이 경계면에는 진전하분포가 없다고 한다.)

① 경계면에서 전계의 접선성분은 연속이다.
② 경계면에서 전속밀도의 법선성분은 연속이다.
③ 경계면에서 전계와 전속밀도는 굴절한다.
④ 경계면에서 전계와 전속밀도는 불변이다.

|정|답|및|해|설|

[유전체의 경계 조건]

· 전속밀도의 법선성분(수직성분)의 크기는 같다.
$(D_1\cos\theta_1 = D_2\cos\theta_2)$ → 수직성분

· 전계의 접선성분(수평성분)의 크기는 같다.
$(E_1\sin\theta_1 = E_2\sin\theta_2)$ → 평행성분

· $\frac{\tan\theta_2}{\tan\theta_1} = \frac{\epsilon_2}{\epsilon_1}$

경계면에서 수직인 경우 굴절하지 않으나 **수직입사가 아닌 경우 굴절**하며 크기가 변한다.

※진전하 : 영향을 미치는 전하 【정답】 ④

11. 그림과 같은 길이가 1[m]인 동축 원통 사이의 정전용량[F/m]은?

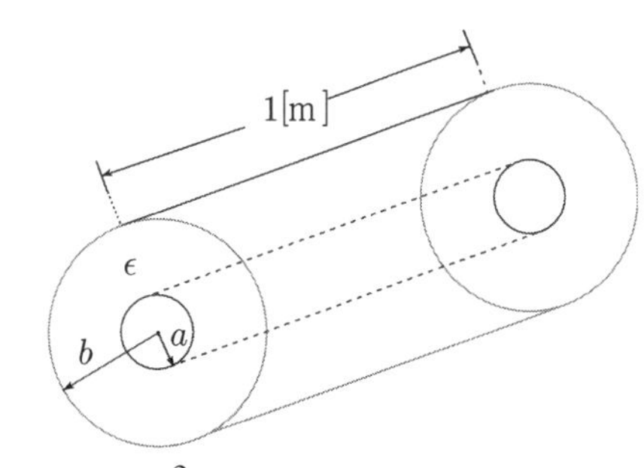

① $C = \frac{2\pi}{\epsilon \ln\frac{b}{a}}$　② $C = \frac{\epsilon}{2\pi \ln\frac{b}{a}}$

③ $C = \frac{2\pi\epsilon}{\ln\frac{b}{a}}$　④ $C = \frac{2\pi\epsilon}{\ln\frac{a}{b}}$

|정|답|및|해|설|

[동축케이블의 단위 길이당 정전용량]

$C = \frac{\lambda}{V} = \frac{2\pi\epsilon}{\ln\frac{b}{a}}$[F/m] →($a$, b : 도체의 반지름, $\epsilon(=\epsilon_0\epsilon_s)$: 유전율)

→ $(Q = CV,\ V_{ab} = \frac{\lambda}{2\pi\epsilon}\ln\frac{b}{a},\ \lambda[C/m] = \frac{Q}{l},\ l = 1)$

【정답】 ③

12. 다음 정전계에 관한 식 중에서 틀린 것은? (단, D는 전속밀도, V는 전위, ρ는 공간(체적)전하밀도, ϵ는 유전율이다.)

① 가우스의 정리 : $div D = \rho$
② 포아송의 방정식 : $\nabla^2 V = \frac{\rho}{\epsilon}$
③ 라플라스의 방정식 : $\nabla^2 V = 0$
④ 발산의 정리 : $\oint_s A \cdot ds = \int_v div A dv$

|정|답|및|해|설|

[포아송의 방정식] $\nabla^2 V = -\frac{\rho}{\epsilon}$

여기서, V : 전위차, ϵ : 유전상수, ρ : 전하밀도

→ (포아송의 방정식에서 (−)와 분모, 분자를 반드시 기억할 것)

【정답】 ②

13. 정전용량이 C인 커패시터에 전압 V가 인가되고 있을 때, 정전용량이 4C인 커패시터를 병렬 연결한 후의 단자전압은 얼마인가?

① 4V　② 5V
③ $\frac{V}{4}$　④ $\frac{V}{5}$

|정|답|및|해|설|

[콘덴서 병렬연결 후의 단자전압] $V = \frac{Q}{C}[V]$ → $(Q = CV)$

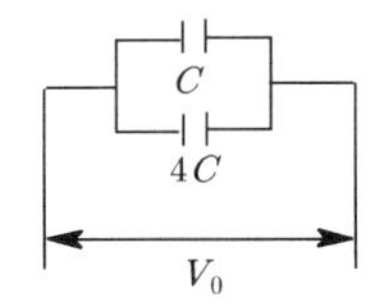

합성용량(병렬) $C_0 = C + 4C = 5C$이므로

∴단자전압 $V_0 = \frac{Q}{C_0} = \frac{CV}{5C} = \frac{V}{5}$[V] 【정답】 ④

14. 정상 전류계에서 J는 전류밀도, σ는 도전율, ρ는 고유저항, E는 전계의 세기일 때, 옴의 법칙의 미분형은?

① $J=\sigma E$ ② $J=\frac{E}{\sigma}$
③ $J=\rho E$ ④ $J=\rho\sigma E$

|정|답|및|해|설|

[전류밀도] $i=i_c=J=\frac{I}{S}=\frac{E}{\rho}=\sigma E[\mathrm{A/m^2}]$

→ (전류 $I=\frac{V}{R}=\frac{El}{\rho\frac{l}{S}}=\frac{E}{\rho}S[\mathrm{A}]$)

→ (옴의 법칙의 미분형)

【정답】 ①

15. 반지름 a이고 투자율 μ인 자성체구의 자화의 세기가 $J[Wb/m^2]$이다. 자성체구의 자기모멘트 $M[Wb\cdot m]$는 얼마인가?

① $\frac{4}{3}\pi a^3 J$ ② $\frac{4}{3\pi a^3}J$
③ $\frac{\pi a^3}{4J}$ ④ $\frac{1}{4\pi a^3 J}$

|정|답|및|해|설|

[자기모멘트(M)]

1. 자화의 세기 $J=\frac{m(\text{자하량})}{S(\text{단면적})}[C/m^2]$ →(분모, 분자에 길이 l을 곱한다.)

→ $J=\frac{ml}{Sl}=\frac{M(\text{자기모멘트})}{V(\text{체적})}$ → $M=J\times V$가 된다.

2. 반지름인 a[m]인 구의 체적 : $V=\frac{4}{3}\pi a^3$

$\therefore M=J\times\frac{4}{3}\pi a^3$

【정답】 ①

16. 자기인덕턴스가 10[mH]이고 권수가 200회인 코일에 2[A]의 전류가 흐를 때 자속[Wb]은 얼마인가?

① 2.5×10^{-4} ② 1×10^{-4}
③ 2×10^{-4} ④ 5×10^{-4}

|정|답|및|해|설|

[자속] $\varnothing=\frac{LI}{N}$ → $(LI=N\varnothing)$

여기서, L : 자기인덕턴스[H], N : 권수, I : 전류

$\therefore \varnothing=\frac{LI}{N}=\frac{10\times10^{-2}\times2}{200}=1\times10^{-4}$

【정답】 ②

17. 그림과 같이 비투자율이 μ_{s1}, μ_{s2}인 각각 다른 자성체를 접하여 놓고 θ_1을 입사각이라하고, θ_2를 굴절각이라 한다. 경계면에 자하가 없는 경우 미소 폐곡면을 취하여 이곳에 출입하는 자속수를 구하면?

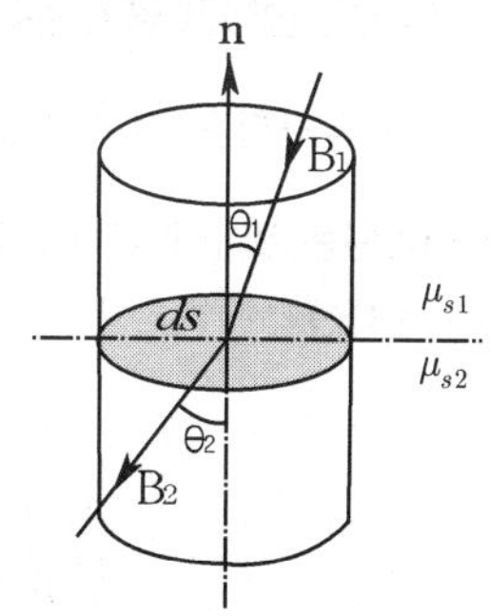

① $\int_l B\cdot ndl=0$ ② $\int_s B\cdot nds=0$
③ $\int_s B\cdot dv=0$ ④ $\int_s B\cdot n\sin\theta\, ds=0$

|정|답|및|해|설|

[자속수]

1. 들어가는 자속 $\varnothing_1$, 나가는 자속 $\varnothing_2$

2. $\sum_{i=1}^{n}\varnothing_i=0$ →(들어오는 자속의 합과 나가는 자속의 합은 같다.)

3. 자속밀도 $B=\frac{\varnothing}{S}[wb/m^2]$

4. $\varnothing=BS=\int_s B\cdot nds=0$

【정답】 ②

18. 히스테리시스 곡선에서 히스테리시스 손실에 해당하는 것은?

① 보자력의 크기
② 잔류자기의 크기
③ 보자력과 잔류자기의 곱
④ 히스테리시스 곡선의 면적

|정|답|및|해|설|

[히스테리시스손] $P_h = f v \eta B_m^{1.6}$[W]

히스테리시스 곡선을 다시 일주시켜도 항상 처음과 동일하기 때문에 **히스테리시스의 면적**(체적당 에너지 밀도)에 해당하는 에너지는 열로 소비된다. 이를 히스테리시스 손이라고 한다.

【정답】 ④

19. 정전용량 $C[F]$인 평행판 공기 콘덴서에 전극 간격의 $\frac{1}{2}$ 두께인 유리판을 전극에 평행하게 넣으면 이때의 정전용량은 몇 [F]인가? (단, 유리의 비유전율은 ϵ_s라 한다.)

① $\dfrac{2\epsilon_s C}{1+\epsilon_s}$ ② $\dfrac{C\epsilon_s}{1+\epsilon_s}$

③ $\dfrac{(1+\epsilon_s)C}{2\epsilon_s}$ ④ $\dfrac{3C}{1+\dfrac{1}{\epsilon_s}}$

|정|답|및|해|설|

[콘덴서의 직렬연결] $C = \dfrac{C_1 C_2}{C_1 + C_2}[F]$

유리판을 전극에 평행하게 넣으면 $C = \dfrac{C_1 C_2}{C_1 + C_2}$

정전용량 $C = \epsilon_0 \dfrac{S}{d}$

정전용량 $C_1 = \epsilon_0 \dfrac{2S}{d}$ → (공기중의 전극간격 $\frac{1}{2}d$)

정전용량 $C_2 = \epsilon \dfrac{2S}{d} = \epsilon_0 \epsilon_s \dfrac{2S}{d}$

$$\therefore C_0 = \frac{\epsilon_0 \frac{2S}{d} \cdot \epsilon \frac{2S}{d}}{\epsilon_0 \frac{2S}{d} + \epsilon \frac{2S}{d}} = \frac{\epsilon_0 \cdot \epsilon \frac{2S}{d}}{\epsilon_0 + \epsilon} = \frac{\epsilon \frac{2S}{d}}{1+\epsilon_s}[F] = \frac{2\epsilon_s C}{1+\epsilon_s}[F]$$

【정답】 ①

20. 토로이달(toroidal) 코일의 자기인덕턴스에 대한 설명 중 옳은 것을 고르시오?

① 단면적과 반지름에 비례하며, 권수비에 반비례한다.
② 단면적과 권선수비에 비례하며, 반지름에 반비례한다.
③ 단면적에 비례, 권선수비 제곱에 비례하며, 반지름에 반비례한다.
④ 단면적과 권선수비 제곱에 비례하며, 반지름의 제곱에 반비례한다.

|정|답|및|해|설|

[자기인덕턴스] $L = \dfrac{N\varnothing}{I}$ → $(N\varnothing = LI)$

· 자속 $\varnothing = \dfrac{F}{R_m} = \dfrac{NI}{R_m}$

· 자기저항 $R_m = \dfrac{l}{\mu S}$[AT/Wb]

$L = \dfrac{N\varnothing}{I}$에서 $L = \dfrac{N}{I} \times \dfrac{NI}{R_m} = \dfrac{N^2}{R_m} = \dfrac{\mu S N^2}{l} = \dfrac{\mu S N^2}{2\pi r}[H]$

따라서 자기인덕턴스는 투자율 μ, 단면적 S, 권선수 N^2에 비례하고, 자로의 길이 l에 반비례한다.

【정답】 ③

1회 2024년 전기기사필기 (전력공학)

21. 장거리 송전선로의 4단자정수(A, B, C, D)의 특징으로 옳은 것은?

① $B = C$ ② $A = C$
③ $A = D$ ④ $B = D$

|정|답|및|해|설|

[분포정수 회로 4단자정수]

1. $A = \cosh\gamma l = \cosh\sqrt{ZY}$ → (전압비)
2. $B = Z_0 \sinh\gamma l = \sqrt{\dfrac{Z}{Y}} \sinh\sqrt{ZY}$ → (임피던스 요소)
3. $C = \dfrac{1}{Z_o}\sinh\gamma l = \sqrt{\dfrac{Y}{Z}} \sinh\sqrt{ZY}$ → (어드미턴스 요소)
4. $D = \cosh\gamma l = \cosh\sqrt{ZY}$ → (전류비)
5. $AD - BC = 1$
6. $A = D$

【정답】 ③

22. 전력용 콘덴서에 의하여 얻을 수 있는 전류는?

① 지상전류 ② 진상전류
③ 동상전류 ④ 영상전류

|정|답|및|해|설|

[조상설비] 위상을 제거해서 역률을 개선함으로써 송전선을 일정한 전압으로 운전하기 위해 필요한 무효전력을 공급하는 장치
1. 무효전력 보상장치(동기조상기) : 진상, 지상 양용
2. **전력용(병렬) 콘덴서 : 진상전류**
3. 분로(병렬) 리액터 : 지상전류 【정답】 ②

23. 1대의 주상 변압기에 역률(늦음) $\cos\theta_1$, 유효전력 P_1[kW]의 부하와 역률(늦음) $\cos\theta_2$, 유효전력 P_2 [kW]의 부하가 병렬로 접속되어 있을 경우 주상 변압기 2차 측에서 본 부하의 종합 역률은 어떻게 되는가?

① $\dfrac{P_1+P_2}{\sqrt{(P_1+P_2)^2+(P_1\tan\theta_1+P_2\tan\theta_2)^2}}$

② $\dfrac{P_1+P_2}{\sqrt{(P_1+P_2)^2+(P_1\sin\theta_1+P_2\sin\theta_2)^2}}$

③ $\dfrac{P_1+P_2}{\dfrac{P_1}{\cos\theta_1}+\dfrac{P_2}{\cos\theta_2}}$

④ $\dfrac{P_1+P_2}{\dfrac{P_1}{\sin\theta_1}+\dfrac{P_2}{\sin\theta_2}}$

|정|답|및|해|설|

[역률] $\cos\theta=\dfrac{\text{유효전력}(P)}{\text{피상전력}(P_a)}$

1. 유효전력 $P=P_1+P_2$
2. 무효전력 $Q=P_1\tan\theta_1+P_2\tan\theta_2$
3. 피상전력 $P_a=\sqrt{P^2+Q^2}$

$\therefore \cos\theta=\dfrac{P}{P_a}$

$=\dfrac{P_1+P_2}{\sqrt{P^2+Q^2}}=\dfrac{P_1+P_2}{\sqrt{(P_1+P_2)^2+(P_1\tan\theta_1+P_2\tan\theta_2)^2}}$

【정답】 ①

24. 전선의 표피효과에 대한 설명으로 옳은 것은?

① 전선이 굵을수록, 주파수가 높을수록 커진다.
② 전선이 굵을수록, 주파수가 낮을수록 커진다.
③ 전선이 가늘수록, 주파수가 높을수록 커진다.
④ 전선이 굵을수록, 주파수가 낮을수록 커진다.

|정|답|및|해|설|

[표피효과] 표피효과란 전류가 도체 표면에 집중하는 현상

침투깊이 $\delta=\sqrt{\dfrac{2}{w\,k\,\mu a}}[m]=\sqrt{\dfrac{1}{\pi f k\mu a}}[m]$

표피효과 ↑ 침투깊이 δ↓ → 침투깊이 $\delta=\sqrt{\dfrac{1}{\pi f\sigma\mu a}}$ 이므로

주파수 f와 단면적 a에 비례하므로 **전선의 굵을수록, 수파수가 높을수록 침투깊이는 작아지고 표피효과는 커진다.**

【정답】 ①

25. 다음 중 고압 배전계통의 구성 순서로 알맞은 것은?

① 배전변전소 → 간선 → 분기선 → 급전선
② 배전변전소 → 급전선 → 간선 → 분기선
③ 배전변전소 → 간선 → 급전선 → 분기선
④ 배전변전소 → 급전선 → 분기선 → 간선

|정|답|및|해|설|

[배전선로의 구성] 배전변전소 → 급전선 → 간선 → 분기선
1. 급전선 : feeder 부하에 접속하지 않고 수용가에 이르는 전력소
2. 간선 : 급전선에 접속된 수용가까지의 선로
3. 분기선 : 가선 중 분기되는 지점에서 수용가까지의 선로

【정답】 ②

26. 수력발전설비에서 흡출관을 사용하는 목적은?

① 압력을 줄이기 위하여
② 물의 유선을 일정하게 하기 위하여
③ 속도변동률을 적게 하기 위하여
④ 유효낙차를 늘리기 위하여

|정|답|및|해|설|

[흡출관] 흡출관은 반동수차의 출구에서부터 방수로 수면까지 연결하는 관으로 낙차를 유용하게 이용(**낙차를 늘리기 위해**)하기 위해 사용한다. 【정답】 ④

27. 154[kV] 송전계통의 뇌에 대한 보호에서 절연강도의 순서가 가장 경제적이고 합리적인 것은?

① 피뢰기 → 변압기코일 → 기기부싱 → 결합콘덴서 → 선로애자
② 변압기코일 → 결합콘덴서 → 피뢰기 → 선로애자 → 기기부싱
③ 결합콘덴서 → 기기부싱 → 선로애자 → 변압기 코일 → 피뢰기
④ 기기부싱 → 결합콘덴서 → 변압기 코일 → 피뢰기 → 선로애자

|정|답|및|해|설|

[절연협조] 절연협조는 피뢰기의 제1보호 대상을 변압기로 하고, 가장 높은 기준 충격 절연강도(BIL)는 선로애자이다.
따라서 **피뢰기 제한전업 → 변압기 코일 → 기기부싱 → 결합콘덴서 → 선로애자** 순으로 한다.

【정답】 ①

28. 부하역률이 $\cos\phi$인 배전선로의 전력손실은 같은 크기의 부하전력에서 역률 1일 때의 전력손실과 비교하면 몇 배인가?

① $\cos^2\phi$　　② $\cos\phi$
③ $\frac{1}{\cos\phi}$　　④ $\frac{1}{\cos^2\phi}$

|정|답|및|해|설|

[전력손실(3상)] $P_l = 3I^2R = \frac{P^2R}{V^2\cos^2\varnothing}\times 10^6[W]$

→ (3상부하의 전력 $P=\sqrt{3}\,VI\cos\varnothing\,[W]$)

1. $P_l = \frac{P^2R}{V^2\cos^2\varnothing}\times 10^3[kW]$

2. 역률 1일 때의 전력손실 → $P_{l_1} = \frac{P^2R}{V^2}\times 10^3[kW]$

$\therefore \frac{P_l}{P_{l1}} = \frac{\frac{P^2R}{V^2\cos^2\varnothing}\times 10^3}{\frac{P^2R}{V^2}\times 10^3} = \frac{1}{\cos^2\varnothing}$

【정답】 ④

29. 직류 2선식에서 전압강하율과 전력손실률의 관계는?

① 전압강하율은 전력손실률의 $\frac{1}{\sqrt{2}}$ 배이다.
② 전압강하율은 전력손실률의 $\sqrt{2}$ 배이다.
③ 전압강하율과 전력손실률은 같다.
④ 전압강하율은 전력손실률의 2배이다.

|정|답|및|해|설|

[전압강하율과 전력손실률]

1. 전압강하율(단상) $\epsilon = \frac{P(R+X\tan\theta)}{V^2}\times 100[\%]$

→ $(P=VI)$

2. 전력손실률 $K = \frac{RP}{V^2\cos^2\theta}\times 100[\%]$

→ (직류에서는 주파수가 없기 때문에 리액턴스 성분이 없다. 따라서 위상각을 고려할 필요가 없다.)

$\therefore$전압강하율 $\epsilon = \frac{PR}{V^2}$, 전력손실률 $K = \frac{RP}{V^2}$ → $\epsilon = K$

【정답】 ③

30. 송전계통의 한 부분이 그림에서와 같이 3상변압기로 1차 측은 Δ로, 2차 측은 Y로 중성점이 접지되어 있을 경우, 1차 측에 흐르는 영상전류는?

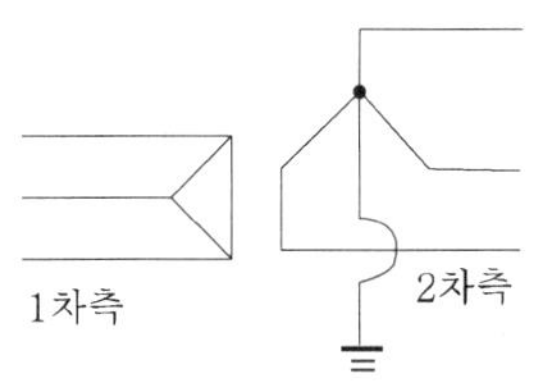

① 1차 측 선로에서 ∞이다.
② 1차 측 선로에서 반드시 0 이다.
③ 1차 측 변압기 내부에서는 반드시 0 이다.
④ 1차 측 변압기 내부와 1차 측 선로에서 반드시 0이다.

|정|답|및|해|설|

[영상전류] 그림과 같이 영상전류는 중성점을 통하여 대지로 흐르며 1차 변압기의 △ 권선 내에서는 순환 전류가 흐르나 각 상의 동상이면 △ 권선 외부로 유출하지 못한다. 따라서 **1차 측 선로에서는 전류가 0**이다.

【정답】 ②

31. 알루미늄 합금선으로써 알루미늄에 소량의 지르코늄을 첨가한 것으로, 가공송전선로에 사용되는 내열 알루미늄 합금연선으로 옳은 것은?

① TACSR ② ACSR
③ HIV ④ CNCV

|정|답|및|해|설|

[강심 내열알루미늄 합금연선(TACSR)] 전기용 알루미늄에 소량의 지르코늄을 첨가하여 내열성능을 향상시킨 전선

※② ACSR : 강심 알루미늄전선
③ HIV : 기기 배선용 단심비닐절연전선
④ CNCV : 동심 중성선 전력케이블

【정답】 ①

32. 수전단전압이 6000[V]인 3상 송전선로에 역률(뒤짐) 0.8, 500[kW]의 부하가 접속되어 있다. 동일한 역률에서 600[kW]로 부하가 증가할 경우, 수전단전압과 선로 전류를 불변으로 하려면 수전단에 설치해야 하는 전력용 콘덴서[kVA]는?

① 375 ② 325
③ 300 ④ 275

|정|답|및|해|설|

[전력용 콘덴서 용량] 유효전력이 변했기 때문에 기존 공식으로는 풀 수 없는 문제이다.

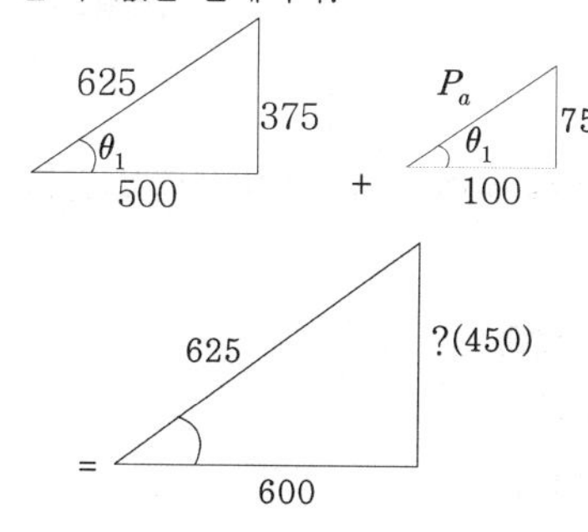

1. 첫 번째 삼각형에서
625 : 피상전력, 500 : 유효전력, 375 : 무효전력
2. 두 번째 삼각형에서
① 유효전력이 500에서 600으로 증가되었으므로 두 번째 삼각형의 유효전력은 100
② 역률이 존재하므로 무효전력도 변한다.
무효전력은 75 추가된다.
③ 피상전력은 P_a
3. 세 번째 삼각형에서 수전단전압과 선로 전류를 불변으로 한다는 조건이 존재
① 피상전력 $P_a = \sqrt{3}VI \rightarrow I = \frac{P_a}{\sqrt{3}V}$
→ 조건에서 I와 V가 일정해야 하므로 P_a도 일정해야 한다.
② 유효전력은 경감할 수 없으므로 무효전력을 줄여주어야 한다.
즉, $625 = \sqrt{600^2 + Q^2}$ 의 식이 성립한다. $Q = 175[\text{kVar}]$
3번 째 삼각형의 무효전력이 175가 되어야만 조건을 만족한다.
따라서 원래 무효전력이 450이었는데 175로 변했기 때문에 275[kVar]을 빼주어야 한다.

【정답】 ④

33. 154[kV], 60[Hz], 선로의 길이 200[km]인 3상 2회선 송전선에 설치한 소호리액터 공진탭의 용량[kVA]은 약 얼마인가? (단, 1선당 대지 정전용량은 $0.0043[\mu F/km]$이다.)

① 5483 ② 33214
③ 15370 ④ 8086

|정|답|및|해|설|

[2회선 소호리액터의 용량] $Q_c = \omega CV^2 l \times$회선수$(2)[VA]$
→ (1회선 기준 $Q_c = \omega CV^2 l[VA]$)

$\therefore Q_c = \omega CV^2 l \times 2$
$= 2 \times 2\pi \times 60 \times 0.0043 \times 10^{-6} \times 154000^2 \times 200 \times 10^{-3}$
$= 15370[kVA]$ → ($\omega = 2\pi f$, 선로의 길이 200)

【정답】 ③

34. 중거리 송전선로의 T형 회로에서 일반 회로 정수 C는 무엇을 나타내는가?

① $1 + \frac{ZY}{4}$ ② Y
③ $Y\left(1 + \frac{ZY}{4}\right)$ ④ $1 + \frac{ZY}{2}$

|정|답|및|해|설|

[4단자정수] $E_s = AE_r + BI_r$, $I_s = CE_r + DI_r$
여기서, A : 전압비, B: 임피던스 C: 어드미턴스, D : 전류비
(T회로에서 C=Y(어드미턴스)이다.)

【정답】 ②

|참|고|

[4단자정수(T형회로)]

- $A = 1 + \frac{Z_1}{Z_3}$
- $B = Z_1 + Z_2 + \frac{Z_1 Z_2}{Z_3}$
- $C = \frac{1}{Z_3} = Y$
- $D = 1 + \frac{Z_2}{Z_3}$

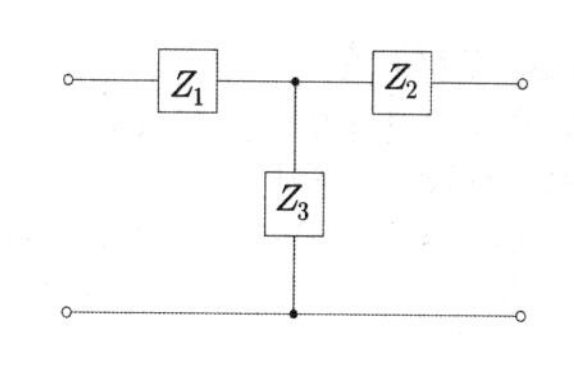

35. 총낙차 80.9[m], 사용 수량 30[m^3/s]인 발전소가 있다. 수로의 길이가 3800[m], 수로의 구배가 $\frac{1}{2000}$, 수압 철관의 손실 낙차를 1[m]라고 하면 이 발전소의 출력은 약 몇 [km]인가? (단, 수차 및 발전기의 종합효율은 83[%]라고 한다.)

① 15000 ② 19033
③ 24000 ④ 27629

|정|답|및|해|설|
[발전소의 출력] $P=9.8HQ\eta[kW]$
1. 손실 수두 $h_1=3800\times\frac{1}{2000}=1.9[m]$
→ (해당 위치에서 여러 가지 이유로 손실된 수두)
2. 유효낙차 $H=$ 총낙차 $-$ (수압철판의 손실낙차 + 손실수두) $=80.9-(1+1.9)=78$
∴출력 $P=9.8HQ\eta=9.8\times78\times30\times0.83\fallingdotseq19033[kW]$
【정답】 ②

36. 가스절연개폐장치(GIS) 내에 구성되어 있는 것으로 옳지 않은 것은?

① 단로기 ② 차단기
③ 계기용변압기 ④ 주변압기

|정|답|및|해|설|
[가스절연개폐장치(Gas Insulated Switchgear)] GIS는 **차단기, 단로기, 모선, 접지장치, 변류기, 계기용변압기, 부싱, 피뢰기 등을 조합**하여 구획(Bay)을 구성하고, 이것을 적정 배치 접속하여 개폐장치를 구성한다. 【정답】 ④

37. 화력발전소에서 절탄기의 용도는?

① 보일러에 공급되는 급수를 예열한다.
② 포화증기를 가열한다.
③ 연소용 공기를 예열한다.
④ 석탄을 건조한다.

|정|답|및|해|설|
[절탄기] 보일러 전열면을 가열하고 난 연도 가스에 의하여 **보일러 급수를 가열하는 장치**.
장점은 열 이용률의 증가로 인한 연료 소비량의 감소, 증발량의 증가, 보일러 몸체에 일어나는 열응력의 경감, 스케일의 감소 등이 있다.
※공기예열기 : 연도 가스의 여열을 이용하여 연소용 공기의 예열(예비 가열)을 하는 장치
【정답】 ①

38. 송전선로에서 가공지선을 설치하는 목적이 아닌 것은?

① 뇌(雷)의 직격을 받을 경우 송전선 보호
② 유도에 의한 송전선의 고전위 방지
③ 통신선에 대한 차폐 효과 증진
④ 철탑의 접지저항 경감

|정|답|및|해|설|
[가공지선의 설치 목적]
- 직격 뇌에 대한 차폐 효과
- 유도 뇌에 대한 정전차폐 효과
- 통신선에 대한 전자유도장해 경감 효과

※철탑의 접지저항 경감은 가공지선이 아니고 **매설지선**이다.
【정답】 ④

39. 정격전압 7.2[kV], 차단용량 100[MVA]인 3상 차단기의 정격 차단전류는 약 몇 [kA]인가?

① 4[kV] ② 6[kV]
③ 7[kV] ④ 8[kV]

|정|답|및|해|설|
[차단기의 정격차단전류] $I_s=\frac{P_s}{\sqrt{3}\,V}[A]$
→ (차단기의 정격차단용량 $P_s[MVA]=\sqrt{3}\,V[kV]\times I_s[kV]$)
∴정격차단전류 $I_s=\frac{P_s}{\sqrt{3}\,V}=\frac{100\times10^6}{\sqrt{3}\times7.2\times10^3}\times10^{-3}=8[kA]$
【정답】 ④

40. 교류송전방식과 비교하여 직류송전방식의 설명이 아닌 것은?

① 절연 레벨을 낮출 수 있다.
② 안정도가 좋다.
③ 설비가 간단하다.
④ 송전효율이 좋다.

|정|답|및|해|설|
[직·교류 송전 방식의 특징]
1. 직류송전의 특징
   - 차단 및 전압의 변성이 어렵다.
   - 리액턴스 손실이 적다
   - 안정도가 좋다.
   - 송전효율이 좋다.
   - 절연 레벨을 낮출 수 있다.
   - 변환, 역변환 장치가 필요하므로 **설비가 복잡하다.**
   - 고전압, 대전류의 경우 회로 차단이 어렵다.
2. 교류송전의 특징
   - 승압, 강압이 용이하다.
   - 회전자계를 얻기가 용이하다.
   - 통신선 유도장해가 크다.

【정답】 ③

41. 슬롯수 32, 코일 변수 64, 극수 4극인 1구 단중 중권기를 같은 극수의 2구 2중 파권기로 변경하면 단자전압은 약 몇 배가 되는가?

① 0.5 ② 1
③ 1.5 ④ 2

|정|답|및|해|설|

[유기기전력] $E=\frac{pZ}{a}\varnothing n=\frac{pZ}{a}\varnothing\frac{N}{60}[V]$

여기서, p : 극수, Z : 총도체수, a : 병렬회로수
N : 회전수[rpm]

1. 중권기에서 파권기로 변경 : 중권 → $a=p=4$
파권 → $a=2$(항상)

2. 병렬회로수 $a=4$에서 $a=2$변함 → E는 $\frac{1}{4}$에서 $\frac{1}{2}$배 증가

∴2배 증가 【정답】 ④

|참|고|

[중권과 파권 비교]

비교 항목	중권 (병렬권)	파권 (직렬권)
전기자의 병렬회로수(a)	극수와 같다. $a=p=b$	항상 2이다. $a=2=b$
전기자의 도체의 굵기, 권수, 극수가 모두 같을 때	저전압 대전류	고전압 소전류
다중도(m)	$a=mp$	$a=2m$
균압선(직권, 복권, 과복) (병령운전 안전 목적)	O	X

(p : 극수, b : 브러시)

42. 그림은 3상 동기발전기의 무부하포화곡선이다. 이 발전기의 포화율은 얼마인가?

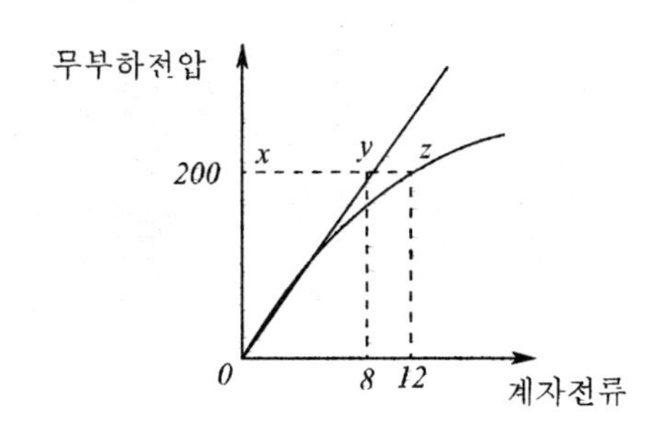

① 0.5 ② 0.67
③ 0.8 ④ 0.9

|정|답|및|해|설|

[포화율] 포화율이란 기전력이 y처럼 증가하지 않고 z와 같이 포화가 되는 것에 기인한다.

포화율 $\sigma=\frac{yz\text{의 길이}}{xy\text{길이}}=\frac{12-8}{8}=0.5$ 【정답】 ①

|참|고|

[무부하포화곡선]

- 정격 속도에서 무부하 상태에서 계자전류(I_f)의 변화에 따른 유기 기전력(E)의 변화 특성 곡선
- 발전기의 고유한 특성을 파악할 수 있는 곡선이다.

43. 그림과 같은 단상 브리지 정류회로(혼합 브리지)에서 직류 평균전압[V]은? (단, E는 교류 측 실효치 전압, α는 점호 제어각이다.)

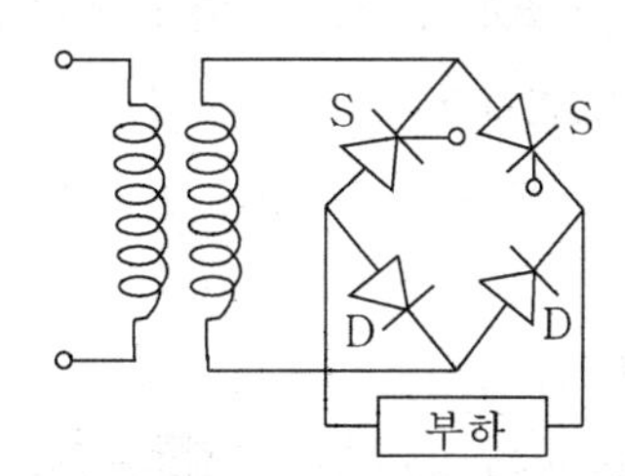

① $\frac{2\sqrt{2}E}{\pi}\left(\frac{1+\cos\alpha}{2}\right)$

② $\frac{\sqrt{2}E}{\pi}\left(\frac{1+\cos\alpha}{2}\right)$

③ $\frac{2\sqrt{2}E}{\pi}\left(1-\frac{\cos\alpha}{2}\right)$

④ $\frac{\sqrt{2}E}{\pi}\left(\frac{1-\cos\alpha}{2}\right)$

|정|답|및|해|설|

[직류 평균전압(단상 전파)] $E_{d0}=E_d\left(\frac{1+\cos\alpha}{2}\right)$

$\rightarrow\left(E_d=\frac{2\sqrt{2}E}{\pi}=0.9E[V]\right)$

$\therefore E_{d0}=\frac{2\sqrt{2}E}{\pi}\left(\frac{1+\cos\alpha}{2}\right)$

※ 1. 반파 : 다이오드 1개

2. 전파 다이오드 2개 이상

【정답】 ①

|참|고|

[각종 파형의 평균값, 실효값, 파형률, 파고율]

명칭	파형	평균값	실효값	파형률	파고율
정현파 (전파)		$\frac{2E_m}{\pi}$	$\frac{E_m}{\sqrt{2}}$	1.11	$\sqrt{2}$
정현파 (반파)		$\frac{E_m}{\pi}$	$\frac{E_m}{2}$	$\frac{\pi}{2}$	2
사각파 (전파)		E_m	E_m	1	1
사각파 (반파)		$\frac{E_m}{2}$	$\frac{E_m}{\sqrt{2}}$	$\sqrt{2}$	$\sqrt{2}$
삼각파		$\frac{E_m}{2}$	$\frac{E_m}{\sqrt{3}}$	$\frac{2}{\sqrt{3}}$	$\sqrt{3}$

※실효값 $E=\frac{E_m}{\sqrt{2}}$, E_m : 최대값

44. 1차 전압 100[V], 2차 전압 200[V], 선로 출력 60[kVA]인 단권변압기의 자기용량은 몇 [kVA]인가?

① 30 ② 50
③ 250 ④ 500

|정|답|및|해|설|

[승압기로 사용된 단권 변압기] $\frac{\text{자기용량}}{\text{부하용량}}=\frac{V_h-V_L}{V_h}$

$\text{자기용량}=\text{부하용량}\times\frac{V_h-V_L}{V_h}=60\times\frac{200-100}{200}=30[\text{kVA}]$

【정답】 ①

45. 주상변압기의 고압 측 사용탭이 6600[V]이고, 저압 측의 전압이 190[V]였다. 저압 측의 전압을 200[V]로 유지하기 위해서 고압 측의 사용 탭은 얼마로 하여야 하는가? (단, 변압기의 정격전압은 6600/210[V]이다.)

① 3350 ② 4250
③ 5150 ④ 6270

|정|답|및|해|설|

[변압기 단자전압]

1. 권수비 $a=\frac{N_1}{N_2}=\frac{6600}{210}=\frac{V_1}{V_2}$

2. 2차측 전압, 즉 V_2가 190[V]일 때의 1차측 전압 V_1

$V_1=\frac{6600}{210}\times 190[V]$

3. 2차측 전압을 200[V]로 하는 권수비 a'를 구하면

$a'=\frac{V_1}{V_2'}=\frac{\frac{6600}{210}\times 190}{200}=\frac{6600\times 190}{200\times 210}$

4. 따라서 변압기 1차측의 새로운 탭전압

$N_1'=a'N_2=\frac{6600\times 190}{200\times 210}\times 210=\frac{190}{200}\times 6600=6270[V]$

【정답】 ④

46. 3상 동기 발전기에서 권선 피치와 자극피치의 비를 $\frac{13}{15}$의 단절권으로 하였을 때의 단절권계수는?

① $\sin\frac{13}{15}\pi$ ② $\sin\frac{13}{30}\pi$
③ $\sin\frac{15}{26}\pi$ ④ $\sin\frac{15}{13}\pi$

|정|답|및|해|설|

[단절권계수] $K=\sin\frac{\beta\pi}{2}$

1. $\frac{\text{권선 피치(코일간격)}}{\text{자극 피치(극간격)}}=\frac{13}{15}=\beta$

2. 단절권계수 $K=\sin\frac{\beta\pi}{2}$ 이므로

$K=\sin\frac{13}{30}\pi$

단절권을 사용하면 유기기전력은 감소하지만 고조파가 제거되고 파형이 개선되는 장점이 있다. 【정답】 ②

47. 3상 동기발전기의 매극, 매상의 슬롯수를 3이라 하면 분포계수는?

① $\sin\frac{2}{3}\pi$　　② $\sin\frac{3}{2}\pi$

③ $\frac{1}{6\sin\frac{\pi}{18}}$　　④ $6\sin\frac{\pi}{18}$

|정|답|및|해|설|

[분포권계수] $K_{dn} = \frac{\sin\frac{n\pi}{2m}}{q\sin\frac{n\pi}{2mq}}$ → (n차 고조파)

$n=1,\ m=3,\ q=3$ 이므로

$K_{d1} = \frac{\sin\frac{\pi}{6}}{3\sin\frac{\pi}{18}} = \frac{\frac{1}{2}}{3\sin\frac{\pi}{18}} = \frac{1}{6\sin\frac{\pi}{18}}$

【정답】 ③

48. 그림은 단상 직권정류자전동기의 개념도이다. C를 무엇이라고 하는가?

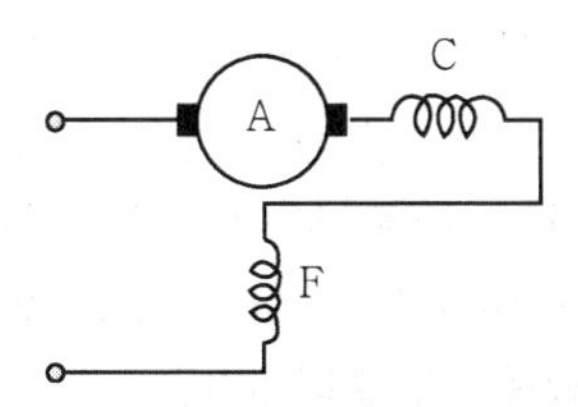

① 제어권선　　② 보상권선

③ 보극권선　　④ 단층권선

|정|답|및|해|설|

[단상 직권정류자전동기]

A : 전기자, C : 보상권선, F : 계자권선

【정답】 ②

|참|고|

[단상 직권 정류자전동기 (만능 전동기)]

·75[W] 이하의 소 출력

·교·직 양용으로 사용할 수 있으며 만능 전동기

·직권형, 보상직권형, 유도보상직권형 등이 있다.

·재봉틀, 믹서, 소형 공구, 치과 의료용 기구 등에 사용

49. 직류 분권전동기가 있다. 단자전압이 215[V], 전기자 전류가 50[A], 전기자저항이 0.1[Ω], 회전수가 1500[rpm]일 때 발생 회전력은 약 몇 [N·m]인가?

① 66.8　　② 72.7

③ 81.6　　④ 91.2

|정|답|및|해|설|

[직류 분권전동기 토크] $\tau = \frac{60EI_a}{2\pi N} = 9.55\frac{EI_a}{N} = 9.55\frac{P}{N}[N\cdot m]$

1. 역기전력 $E_c = V - R_aI_a = 215 - 50\times 0.1 = 210[V]$

2. 출력 $P = E_cI_a = 210\times 50 = 10500[W]$

∴ 토크 $\tau = 9.55\frac{P}{N} = 9.55\times\frac{10500}{1500}66.85[N\cdot m]$

※$\tau = 0.975\frac{P}{N}[kg\cdot m]$

【정답】 ①

50. Y결선한 변압기의 2차측에 다이오드 6개로 3상 전파의 정류회로를 구성하고 R을 걸었을 때의 3상 전파 직류전류의 평균치 I[A]는? (단, E는 교류측의 선간전압이다.)

① $\frac{6\sqrt{2}E}{2\pi R}$　　② $\frac{3\sqrt{6}E}{2\pi R}$

③ $\frac{3\sqrt{6}}{\pi}\frac{E}{R}$　　④ $\frac{6\sqrt{2}}{\pi}\frac{E}{R}$

|정|답|및|해|설|

[3상 전파 정류회로]

$$E_{d\pi} = \frac{2}{2\pi/6}\int_0^{\pi/6}\sqrt{6}\,V\cos\theta d$$

$$= \frac{3\sqrt{6}}{\pi}V = \frac{3\sqrt{6}}{\pi}\cdot\frac{E}{\sqrt{3}} = \frac{3\sqrt{2}}{\pi}E = \frac{6\sqrt{2}}{2\pi}E[V]$$

$$\therefore I_{d\pi} = \frac{E_{d\pi}}{R} = \frac{6\sqrt{2}}{2\pi}\cdot\frac{E}{R}[A]$$

【정답】 ①

51. 3상 유도전동기의 슬립이 s일 때 2차 효율[%]은?

① $(1-s)\times 100$　② $(2-s)\times 100$
③ $(3-s)\times 100$　④ $(4-s)\times 100$

|정|답|및|해|설|

[유도 전동기의 2차 효율(η_2)]

2차 효율 $\eta_2 = \frac{P_0}{P_2} = \frac{N}{N_s} = \frac{(1-s)P_2}{P_2} = (1-s)\times 100[\%]$

여기서, P_0 : 2차출력, P_2 : 2차입력, s : 슬립

【정답】 ①

52. 3상 직권정류자 전동기에서 중간변압기를 사용하는 주된 이유는?

① 발생토크를 증가시키기 위해
② 역회전 방지를 위해
③ 직권특성을 얻기 위해
④ 경부하시 급속한 속도상승 억제를 위해

|정|답|및|해|설|

[직권정류자전동기에 중간 변압기를 사용하는 이유]

1. 직권 특성이기 때문에 속도의 변화가 크다. 중간 변압기를 사용해서 철심을 포화시키면 속도 상승을 제한할 수 있다.
2. 전원 전압의 크기에 관계없이 정류에 알맞게 회전자 전압을 선택할 수 있다.
3. 고정자 권선과 직렬로 접속해서 동기속도에서 역률을 100[%]로 하기 위함이다.
4. 변압기로 전압비와 권수비를 바꿀 수가 있어서 전동기 특성도 조정할 수가 있다. 【정답】 ④

53. 동기발전기에서 자기여자 방지법이 되지 않는 것은?

① 전기자 반작용이 적고 단락비가 큰 발전기를 사용한다.
② 발전기를 여러 대 병렬로 사용한다.
③ 송전선 말단에 리액터나 변압기를 사용한다.
④ 송전선 말단에 동기조상기를 접속하고 계자권선에 과여자한다.

|정|답|및|해|설|

[자기 여자 방지법]

1. 발전기 2대 또는 3대를 병렬로 모선에 접속한다.
2. 수전단에 동기 조상기를 접속하고 이것을 부족 여자로 하여 송전선에 지상 전류를 취하게 하면 충전 전류를 그 만큼 감소시키는 것이 된다.
3. 송전선로의 수전단에 변압기를 접속한다.
4. 수전단에 리액턴스를 병렬로 접속한다.
5. 발전기의 단락비를 크게 한다. 【정답】 ④

54 4극 60[Hz]의 3상 유도전동기에서 동기와트가 1[kW]이다. 이때 토크[N·m]를 구하시오.

① 0.54　② 5.4
③ 5.3　④ 0.53

|정|답|및|해|설|

[3상 유도전동기의 토크] $T = 9.55\times\frac{P_0}{N} = 9.55\times\frac{P_2}{N_s}$ [N·m]

$$\therefore T = 9.55\times\frac{P_2}{N_s} = \frac{P_2}{\frac{120f}{p}} = \frac{1000}{\frac{120\times 60}{4}} = 5.3[N\cdot m]$$

$\rightarrow$ ([N.m] $= \frac{1}{9.8}$[kg.m])

【정답】

55. 동기리액턴스 $x_x = 10[\Omega]$, 전기자저항 $r_a = 0.1[\Omega]$인 Y결선 3상 동기발전기가 있다. 1상의 단자전압은 $V = 4000[V]$이고 유기기전력 $E = 6400[V]$이다. 부하각 $\delta = 30°$ 라고 하면 발전기의 3상 출력[kW]은 약 얼마인가?

① 1250　② 2830　③ 3840　④ 4650

|정|답|및|해|설|

[3상 동기발전기의 출력(원통형 회전자(비철극기))]

$P = 3\frac{EV}{x_s}\sin\delta$[W]

여기서, E : 유기기전력, V : 단자전압, x_s : 동기리액턴스
δ : 부하각

$$\therefore P = \frac{3\times 6400\times 4000}{10}\times\sin 30°\times 10^{-3} = 3840[kW]$$

【정답】 ③

56. 1차전압 6,600[V], 2차전압 220[V], 주파수 60[Hz], 1차권수 1,000회의 변압기가 있다. 최대 자속은 약 몇 [Wb]인가?

① 0.020 ② 0.025
③ 0.030 ④ 0.032

|정|답|및|해|설|

[변압기의 최대자속] $\phi_m = \frac{E_1}{4.44fN_1}[Wb]$

· 1차유기기전력 $E_1 = 4.44fN_1\varnothing_m$
· 2차 유기기전력 $E_2 = 4.44fN_2\varnothing_m$

여기서, f : 1, 2차 주파수, N_1, N_2 : 1, 2차 권수, $\varnothing_m$: 최대자속
1차전압 : 6,600[V], 2차전압 : 220[V], 주파수 : 60[Hz]
1차권수 : 1,200회

$\therefore$최대자속 $\phi_m = \frac{E_1}{4.44fN_1} = \frac{6,600}{4.44\times60\times1000} = 0.0248[Wb]$

【정답】 ②

57. 어떤 단상 변압기의 2차 무부하전압이 240[V]이고, 정격부하시의 2차 단자전압이 230[V]이다. 전압변동률은 약 얼마인가?

① 4.35[%] ② 5.15[%]
③ 6.65[%] ④ 7.35[%]

|정|답|및|해|설|

[전압변동률] $\epsilon = \frac{V_{20}-V_{2n}}{V_{2n}}\times100[\%]$

여기서, V_{20} : 무부하 시 2차 단자 전압,
V_{2n} : 정격부하 시 2차 단자 전압

$\therefore \epsilon = \frac{V_{20}-V_{2n}}{V_{2n}}\times100 = \frac{240-230}{230}\times100 = 4.35[\%]$

【정답】 ①

58. 이상적인 변압기의 무부하에서 위상 관계로 옳은 것은?

① 자속과 여자전류는 동위상이다.
② 자속은 인가전압보다 90° 앞선다.
③ 인가전압은 1차 유기기전력보다 90° 앞선다.
④ 1차 유기기전력과 2차 유기기전력의 위상은 반대이다.

|정|답|및|해|설|

[자속과 여자전류]

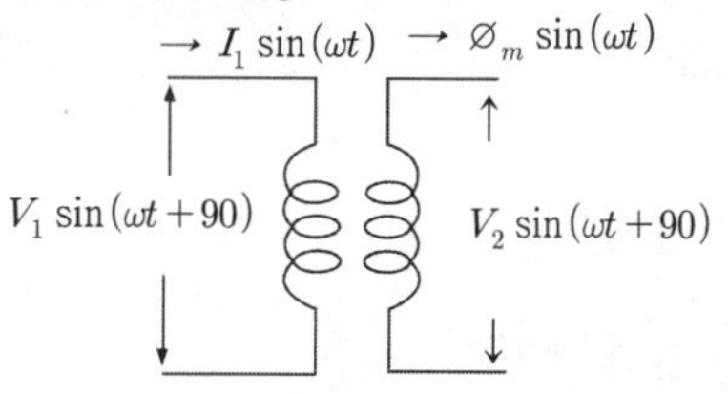

1. **자속**과 **여자전류**는 **동위상**
2. 여자전류(무부하전류) $I_\phi = \frac{E}{\omega L} = \frac{E}{2\pi fL}$

【정답】 ①

59. 동기전동기의 위상특성곡선(V곡선)에 대한 설명으로 옳은 것은?

① 공급전압 V와 부하가 일정할 때 계자전류의 변화와 대한 전기자전류의 변화를 나타낸 곡선
② 출력을 일정하게 유지할 때 계자전류와 전기자 전류의 관계
③ 계자 전류를 일정하게 유지할 때 전기자 전류와 출력 사이의 관계
④ 역률을 일정하게 유지할 때 계자전류와 전기자 전류의 관계

|정|답|및|해|설|

[위상특성곡선(V곡선)]

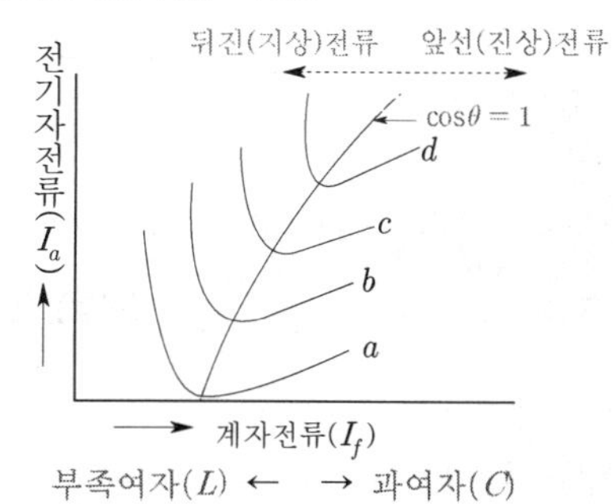

위상특성곡선(V곡선)에 나타난 바와 같이 공급 전압 V 및 출력 P_2를 일정한 상태로 두고 여자만을 변화시켰을 경우 **전기자 전류의 크기와 역률**이 달라진다.

1. 여자전류(I_f)를 증가시키면 역률은 앞서고 전류(I_a)는 증가한다.
→(앞선 전류(진상, 콘덴서(C) 작용))
2. 여자전류(I_f)를 감소시키면 역률은 뒤지고 전기자 전류(I_a)는 증가한다. →(뒤진 전류(지상, 리액터(L) 작용))

※**주의** : 전동기와 발전기는 전류의 방향이 반대이므로 반대로 작용한다.

【정답】 ①

60. 직류전동기의 규약효율은 어떤 식으로 표현 되는가?

① $\dfrac{\text{출력}}{\text{입력}} \times 100[\%]$

② $\dfrac{\text{입력}}{\text{입력}+\text{손실}} \times 100[\%]$

③ $\dfrac{\text{출력}}{\text{출력}+\text{손실}} \times 100[\%]$

④ $\dfrac{\text{입력}-\text{손실}}{\text{입력}} \times 100[\%]$

|정|답|및|해|설|

[전동기는 입력 위주] 규약효율 $\eta = \dfrac{\text{입력}-\text{손실}}{\text{입력}} \times 100$

[발전기(변압기)는 출력 위주] $\eta = \dfrac{\text{출력}}{\text{출력}+\text{손실}} \times 100$

※실측효율= $\dfrac{\text{출력}}{\text{입력}}$

【정답】 ④

1회 2024년 전기기사필기 (회로이론 및 제어공학)

61. 각 상의 임피던스 $Z=6+j8[\Omega]$인 평형 Y부하에 선간전압에 220[V]인 대칭 3상 전압을 가할 때 선전류 [A]는 얼마인가?

① 10.7[A] ② 11.7[A]
③ 12.7[A] ④ 13.7[A]

|정|답|및|해|설|

[Y결선의 선전류, 상전압] $I_l = I_p$

상전류 $I_p = \dfrac{V_p}{Z} = \dfrac{\frac{V_l}{\sqrt{3}}}{Z} = \dfrac{\frac{220}{\sqrt{3}}}{\sqrt{6^2+8^2}} = 12.7[A]$

$\therefore$ 선전류 $I_l = I_p = 12.7[A]$

【정답】 ③

|참|고|

· Y결선 : $V_l = \sqrt{3}\,V_p,\ I_l = I_p$

· △결선 : $V_l = V_p,\ I_l = \sqrt{3}\,I_p$

62. 특성 임피던스가 $400[\Omega]$인 회로 끝부분에 1200$[\Omega]$의 부하가 연결되어 있다. 전원 측에 20[kV]의 전압을 인가할 때 전압 반사파의 크기[kV]는? (단, 선로에서의 전압 감쇠는 없는 것으로 간주한다.)

① 3.3 ② 5 ③ 10 ④ 33

|정|답|및|해|설|

[반사파전압] 반사파 전압 = 반사 계수(σ) × 입사 전압

반사계수 $\sigma = \dfrac{Z_2 - Z_1}{Z_2 + Z_1} = \dfrac{Z_L - Z_0}{Z_L + Z_0} = \dfrac{1,200-400}{1,200+400} = 0.5$

여기서, Z_1 : 선로임피던스, Z_2 : 부하임피던스

$\therefore$ 반사파 전압 = 반사 계수(σ) × 입사 전압 $= 0.5 \times 20 = 10[kV]$

※투과계수 $\rho = \dfrac{2Z_2}{Z_1 + Z_2}$

【정답】 ③

63. 대칭 3상 전압이 a상 V_a[V], b상 $V_b = a^2 V_a[V]$, c상 $V_c = aV_a[V]$일 때, a상을 기준으로 한 대칭분 전압 중 V_1[V]은 어떻게 표시되는가?

① $\dfrac{1}{3}V_a$ ② V_a
③ aV_a ④ a^2V_a

|정|답|및|해|설|

[정상분(V_1)] $V_1 = \dfrac{1}{3}(V_a + aV_b + a^2V_c)$

$$V_1 = \frac{1}{3}(V_a + aV_b + a^2V_c) = \frac{1}{3}(V_a + a^3V_a + a^3V_a)$$

$$= \frac{V_a}{3}(1 + a^3 + a^3) = V_a \qquad \rightarrow (a^3 = 1)$$

【정답】 ②

|참|고|

1. 영상분 $V_0 = \dfrac{1}{3}(V_a + V_b + V_c) = \dfrac{1}{3}(V_a + a^2V_a + aV_a)$
$= \dfrac{V_a}{3}(1 + a^2 + a) = 0$

2. 역상분 $V_2 = \dfrac{1}{3}(V_a + a^2V_b + aV_c) = \dfrac{1}{3}(V_a + a^4V_a + a^2V_a)$
$= \dfrac{V_a}{3}(1 + a^4 + a^2) = \dfrac{V_a}{3}(1 + a + a^2) = 0$

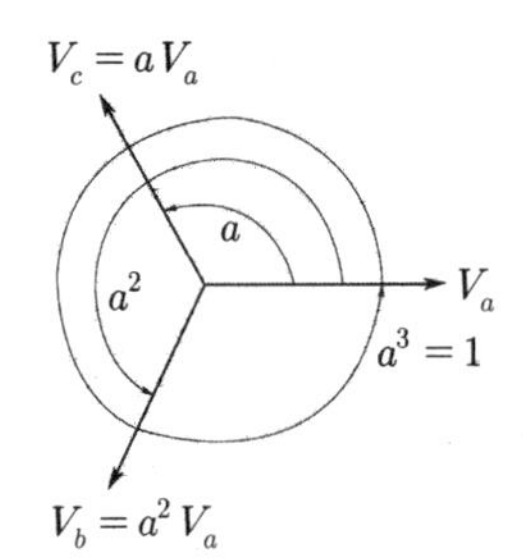

※a상을 기준으로 한 대칭분 전압은 항상 일정하므로 계산하지 않아도 일정한 값을 가지므로 외워놓는다.
즉, $V_0 = 0$, $V_1 = V_a$, $V_2 = 0$

64. 그림과 같은 R-C 병렬회로에서 전원전압이 $e(t)=3e^{-5t}$인 경우 이 회로의 임피던스는?

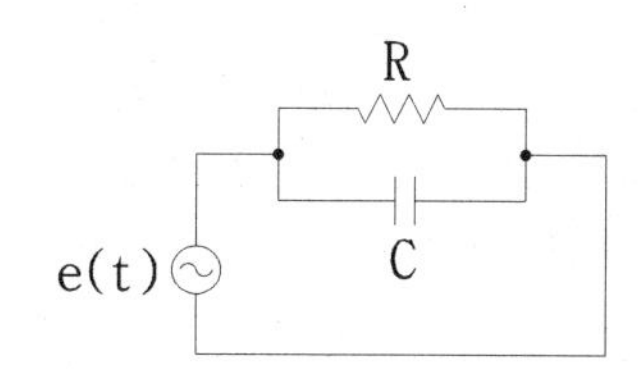

① $\dfrac{j\omega RC}{1+j\omega RC}$　② $\dfrac{R}{1-5RC}$

③ $\dfrac{R}{1+RCs}$　④ $\dfrac{1+j\omega RC}{R}$

|정|답|및|해|설|

[병렬회로의 임피던스] $Z=\dfrac{\dfrac{R}{jwC}}{R+\dfrac{1}{jwC}}=\dfrac{R}{1+jwCR}$

$e_s(t)=3e^{-5t}$에서 $jw=-5$이므로　→ $(e^{jt}=e^{jwt})$

$\therefore Z=\dfrac{R}{1+jwCR}=\dfrac{R}{1-5CR}$　【정답】②

65. 다음의 회로에서 저항 20[Ω]에 흐르는 전류는?

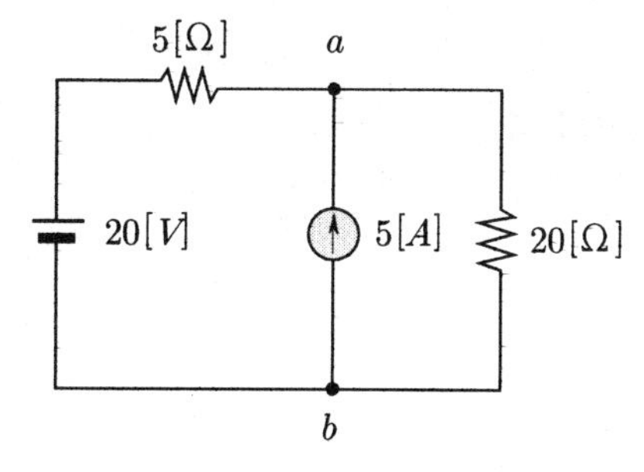

① 0.4[A]　② 1.8[A]

③ 3.6[A]　④ 5.4[A]

|정|답|및|해|설|

[중첩의 원리]

1. 전압원만 있는 경우
   (전류원 개방)

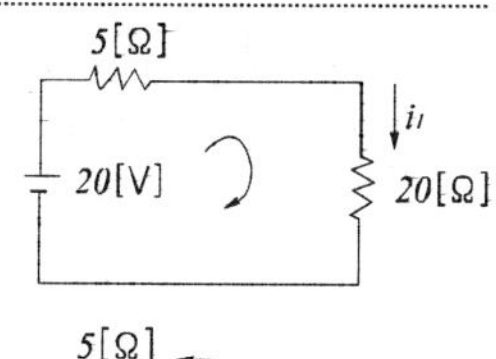

$i_1=\dfrac{E}{R_1+R_2}=\dfrac{20}{25}=0.8[A]$

2. 전류원만 있는 경우

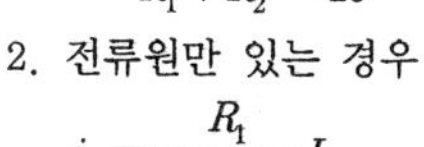

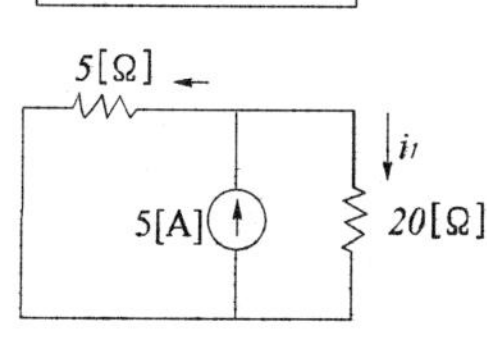

$i_2=\dfrac{R_1}{R_1+R_2}I$

$=\dfrac{5}{20+5}\times 5=1[A]$

$\therefore i=i_1+i_2=1.8[A]$　【정답】②

66. 그림과 같은 평형 3상 회로에서 전원 전압이 $V_{ab}=200$[V]이고 부하 한 상의 임피던스가 $Z=4+j3$[Ω]인 경우 전원과 부하 사이 선전류 I_a는 약 몇 [A]인가?

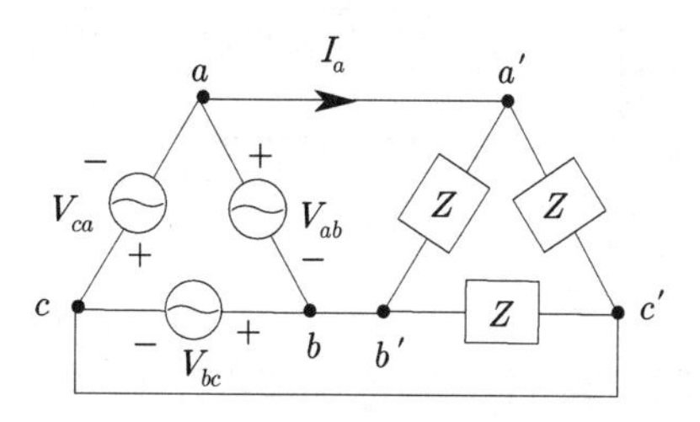

① $40\sqrt{3}\angle 36.87°$　② $40\sqrt{3}\angle -36.87°$

③ $40\sqrt{3}\angle 66.87°$　④ $40\sqrt{3}\angle -66.87°$

|정|답|및|해|설|

[선전류] $I_a=\sqrt{3}I_p\angle-30°$

· △결선

· $V_{ab}=V_p=200[V]$

· $Z=4+3j=\sqrt{4^2+3^2}\angle\tan^{-1}\dfrac{3}{4}=5\angle 36.87[\Omega]$

$\therefore I_a=\sqrt{3}I_p\angle-30°=40\sqrt{3}\angle-66.87$

→ $(I_p=\dfrac{V_p}{Z}=\dfrac{200}{5\angle 36.87}=40\angle-36.87)$

【정답】④

67. $\cos wt$의 라플라스 변환은?

① $\dfrac{s}{s^2+w^2}$　② $\dfrac{w}{s^2+w^2}$

③ $\dfrac{s}{s^2-w^2}$　④ $\dfrac{w}{s^2-w^2}$

|정|답|및|해|설|

[라플라스 변환]

$f(t)$	$F(s)$
$\sin wt$	$\dfrac{w}{s^2+w^2}$
$\cos wt$	$\dfrac{s}{s^2+w^2}$

【정답】①

68. T형 4단자망 회로에서 일반 회로 정수 C는 무엇을 나타내는가?

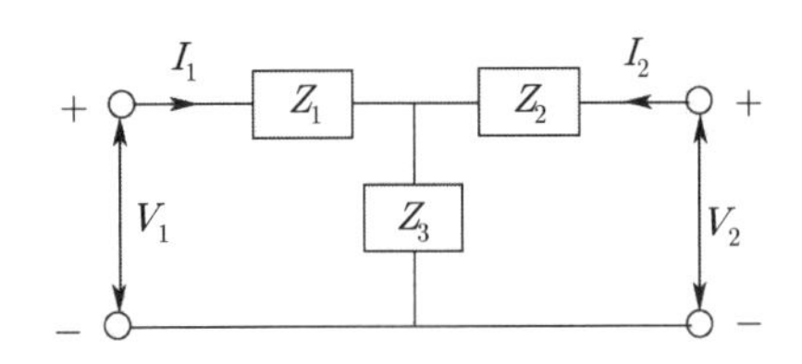

① $1+\frac{Z_1}{Z_2}$

② $1+\frac{Z_2}{Z_3}$

③ $\frac{Z_1Z_2+Z_2Z_3+Z_3Z_1}{Z_2}$

④ $\frac{1}{Z_3}$

|정|답|및|해|설|

[4단자정수(T형회로)]

1. $A=1+\frac{Z_1}{Z_3}$ → 전압비
2. $B=Z_1+Z_2+\frac{Z_1Z_2}{Z_3}$ → 임피던스
3. $C=\frac{1}{Z_3}=Y$ → 어드미턴스
4. $D=1+\frac{Z_2}{Z_3}$ → 전류비

【정답】 ④

69. 라플라스 변환과 z변환이 모두 같은 함수는?

① $\delta(t)$　② $u(t)$
③ t^2　④ t^4

|정|답|및|해|설|

[라플라스 변환]

$f(t)$	$F(s)$ 라플라스변환	$F(z)$ z변환
$\delta(t)$ 단위임펄스함수	1	1
$u(t)$ 단위계단함수	$\frac{1}{s}$	$\frac{z}{z-1}$
t	$\frac{1}{s^2}$	$\frac{Tz}{(z-1)^2}$
e^{-at}	$\frac{1}{s+a}$	$\frac{z}{z-e^{-at}}$

【정답】 ①

70. $R^2-\frac{4L}{C}<0$의 관계를 가진다면, 이 회로에 직류 전압을 인가하는 경우 과도응답 특성은?

① 무제동　② 과제동
③ 부족제동　④ 임계제동

|정|답|및|해|설|

[과도응답 특성]

1. $R>2\sqrt{\frac{L}{C}}$: 비진동 (과제동)
2. $R<2\sqrt{\frac{L}{C}}$: 진동 (부족제동)
3. $R=2\sqrt{\frac{L}{C}}$: 임계 (임계제동)

【정답】 ③

71. 개루프 전달함수가 다음과 같이 제어 시스템의 근궤적이 ωj(허수)축과 교차할 때 K는 얼마인가?

$$G(s)H(s)=\frac{K}{s(s+3)(s+4)}$$

① 30　② 48
③ 84　④ 180

|정|답|및|해|설|

[임계상태] 근궤적이 ωj(허수)축과 교차

1. 특성 방정식 : 개루프 함수에서 분모와 부자를 더한 값을 0으로 놓는다.
→ $s(s+3)(s+4)+K=s^3+7s^2+12s+K=0$
2. 루드표

s^3	1	12
s^2	7	K
s^1	$\frac{84-K}{7}=A$	$\frac{0-0}{7}=0$
s^0	K	

3. K의 임계값은 s^1의 제1열 요소의 값이 모두 0일 대이다.
그러므로 $\frac{84-K}{7}=0$, $K=84$일 때 근궤적은 허수축과 만난다.

【정답】 ③

|참|고|

[루드표 작성 방법]

·특성 방정식 $F(s)=a_0s^5+a_1s^4+a_2s^3+a_3s^2+a_4s+a_5=0$

1.다음과 같이 두 줄로 정리한다.

$a_0 \quad a_2 \quad a_4 \quad a_6 \cdots\cdots$

$a_1 \quad a_3 \quad a_5 \quad a_7 \cdots\cdots$

2. 다음과 같은 규칙적인 방법으로 루드 수열을 계산하여 만든다.

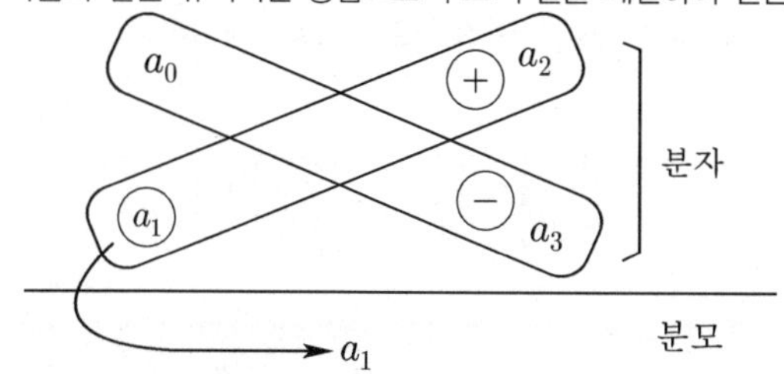

차수	제1열 계수	제2열 계수	제3열 계수
s^5	a_0 → ①	a_2 → ③	a_4 → ⑤
s^4	a_1 → ②	a_3 → ④	a_5 → ⑥
s^3	A	B	
s^2	C	D	
s^1	E		
s^0	s^0부분의 값		

$A=\dfrac{a_1a_2-a_0a_3}{a_1}$, $B=\dfrac{a_1a_4-a_0a_5}{a_1}$, $C=\dfrac{Aa_3-a_1B}{A}$

$D=\dfrac{Aa_5-a_1a_6}{A}$, $E=\dfrac{CB-AD}{C}$

72. 다음과 같은 시스템에 단위계단입력 신호가 가해졌을 때 지연시간에 가장 가까운 값(sec)은?

$$\frac{C(s)}{R(s)}=\frac{1}{s+1}$$

① 0.5 ② 0.7

③ 0.9 ④ 1.2

|정|답|및|해|설|

[단위 계단 응답]

· $C(s)=G(s)R(s)=\dfrac{1}{s+1}R(s)=\dfrac{1}{s(s+1)}$

→ ($C(s)$를 역라플라스 변환해 시간함수 $C(t)$로 변환한다.)

· $c(t)=\dfrac{A}{s}+\dfrac{B}{s+1}=\dfrac{1}{s}-\dfrac{1}{s+1}=1-e^{-t}$

→ (2022년 2회 66번 해설 참조, A=1, B=−1)

→ (단위계단함수 $u(t)=\dfrac{1}{s}=1$)

→ (단위계단함수 $e^{-at}=\dfrac{1}{s+a}$)

출력의 최종값 $\lim\limits_{t\to\infty}c(t)=\lim\limits_{t\to\infty}(1-e^{-t})=1$이 된다.

따라서 지연시간 T_d는 최종값의 50[%]에 도달하는데 소요되는 시간이므로 → $0.5=1-e^{-T_d}$ → $\dfrac{1}{e^{T_d}}=1-0.5$ → $e^{T_d}=2$

$\therefore T_d=\ln 2=0.693 \fallingdotseq 0.7$ 【정답】②

|참|고|

[라플라스 변환표]

1. $F(s)=\mathcal{L}[f(t)]$

2. $f(t)=\mathcal{L}^{-1}[F(s)]$

함수명	시간함수 $f(t)$	주파수함수 $F(s)$
단위 임펄스	$\delta(t)$	1
단위 인디셜(계단)	$u(t)=1$	$\dfrac{1}{s}$
단위 램프(경사)	t	$\dfrac{1}{s^2}$
n차 램프	t^n	$\dfrac{n!}{s^{n+1}}$
지수 감쇠	e^{-at}	$\dfrac{1}{s+a}$
지수 감쇠 램프	te^{-at}	$\dfrac{1}{(s+a)^2}$
지수 감쇠 포물선	t^2e^{-at}	$\dfrac{2}{(s+a)^3}$
지수 감쇠 n차 램프	t^ne^{-at}	$\dfrac{n!}{(s+a)^{n+1}}$

73. 어느 시퀀스 제어시스템의 내부 상태가 9가지로 바뀐다면 이를 설계할 때 필요한 플립플롭의 최소 개수는?

① 3 ② 4

③ 5 ④ 9

|정|답|및|해|설|

[플립플롭]

1. $n=2$: $2^2-1=4-1=3$

2. $n=3$: $2^3-1=8-1=7$

3. $n=4$: $2^4-1=16-1=15$

플립플롭은 on-off 두 가지 상태를 유지하는 기능을 갖고 있으므로, 9가지 상태를 운전하려면 $2^4=16$이므로 4개가 있어야 한다. 3개면 $2^3=8$이므로 부족하다. 【정답】②

74. 전달함수가 $G_C(s)=\dfrac{s^2+3s+5}{2s}$ 인 제어기가 있다. 이 제어기는 어떤 제어기인가?

① 비례미분 제어기

② 적분 제어기

③ 비례적분 제어기

④ 비례미분적분 제어기

|정|답|및|해|설|

[제어기] 주어진 함수를 기본 모양으로 만든다.

$$G_C(s)=\frac{s^2+3s+5}{2s}=\frac{1}{2}s+\frac{3}{2}+\frac{5}{2s}=\frac{3}{2}\left(1+\frac{1}{3}s+\frac{5}{3s}\right)$$

$$\rightarrow\ K\left(1+T_Ds+\frac{K}{T_is}\right)$$

비례감도 $K=\frac{3}{2}$, 미분시간 $T_D=\frac{1}{3}$, 적분시간 $T_i=3$

따라서 **비례요소, 적분요소, 미분요소가 모두 존재하는 비례 미분 적분 제어기**이다. 【정답】 ④

|참|고|

[비례 적분 미분 제어]

$$G(s)=K_p(z(t)+\frac{1}{T_i}\int z(t)dt+T_D\frac{dz(t)}{dt})$$

여기서, K_p : 비례감도, T_i : 적분시간, T_D : 미분시간

75. 다음과 같은 상태방정식으로 표현되는 제어계에 대한 설명으로 틀린 것은?

$$\dot{x}=\begin{bmatrix}0 & 1\\ -2 & -3\end{bmatrix}x+\begin{bmatrix}1 & 1\\ 0 & -2\end{bmatrix}u$$

① 2차 제어계이다.

② x는 (2×1)의 벡터이다.

③ 특성방정식은 $(s+1)(s+2)=0$이다.

④ 제어계는 부족제동(under damped)된 상태에 있다.

|정|답|및|해|설|

[특성 방정식] 상태방정식 $|SI-A|=0$을 해주면 특성방정식이 된다. 2차제어회로의 특성방정식 $s^2+2\delta\omega_ns+\omega_n^2=s^2+3s+2=0$으로 만드는 조건을 특성방정식이라고 한다.

$2\delta\omega_n=3$, $\omega_n^2=2\rightarrow\omega_n=\sqrt{2}$, $2\sqrt{2}\delta=3$

$\therefore\delta=\dfrac{3}{2\sqrt{2}}>1$: 과제동 【정답】 ④

|참|고|

1. $\delta>1$ (과제동, 비진동)
2. $\delta=1$ (임계제동)
3. $\delta=0$ (무제동)
4. $\delta<1$ (부족제동, 감쇠진동)

76. 다음과 같은 상태 방정식으로 표현되는 제어 시스템에 대한 특성 방정식의 근(s_1, s_2)은?

$$\begin{bmatrix}\dot{x}_1\\ \dot{x}_2\end{bmatrix}=\begin{bmatrix}0 & -3\\ 2 & -5\end{bmatrix}\begin{bmatrix}x_1\\ x_2\end{bmatrix}+\begin{bmatrix}1\\ 0\end{bmatrix}u$$

① 1, −3　　② −1, −2

③ −2, −3　　④ −1, −3

|정|답|및|해|설|

[특성방정식] $|sI-A|=0$

$$\begin{bmatrix}\dot{x}_1\\ \dot{x}_2\end{bmatrix}=\begin{bmatrix}0 & -3\\ 2 & -5\end{bmatrix}\begin{bmatrix}x_1\\ x_2\end{bmatrix}+\begin{bmatrix}1\\ 0\end{bmatrix}u \quad \rightarrow \text{(상태방정식)}$$

A : 계수행렬 B : 제어행렬

1. $sI-A$

$$s\begin{bmatrix}1 & 0\\ 0 & 1\end{bmatrix}-\begin{bmatrix}0 & -3\\ 2 & -5\end{bmatrix}=\begin{vmatrix}s & 0\\ 0 & s\end{vmatrix}-\begin{vmatrix}0 & -3\\ 2 & -5\end{vmatrix}=\begin{vmatrix}s & 3\\ -2 & s+5\end{vmatrix}$$

2. $|sI-A|$

$s^2+5s-3\times(-2)$

3. 특성방정식 $|sI-A|=0$

$s^2+5s+6=0\rightarrow(s+2)(s+3)=0$

$\therefore s=-2,\ -3$ 【정답】 ③

77. 개루프 전달함수가 다음과 같을 때 특성방정식에 대한 올바른 식은?

$$G(s)=\frac{10}{s(s+1)(s+2)}$$

① $s^3+3s^2+6s+10$　　② $s^3+3s^2+2s+10$

③ $s^3+8s^2+2s+10$　　④ $s^3+10s^2+2s+10$

|정|답|및|해|설|

[특성방정식] $F(s)=1+G(s)H(s)=0$

$$F(s)=1+\frac{10}{s(s+1)(s+2)}=0$$

→ (모든 항에 $(s(s+1)(s+2))$를 곱한다.)

$=s(s+1)(s+2)+10=0$

$=s(s^2+3s+2)+10=0$

$=s^3+3s^2+2s+10=0$

【정답】 ②

78. 그림의 회로와 동일한 논리소자는?

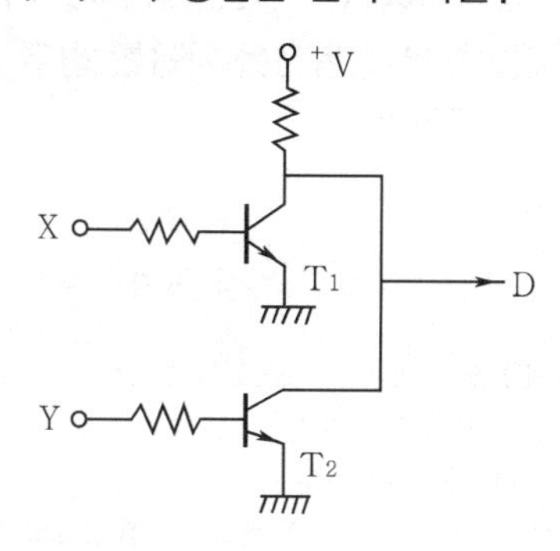

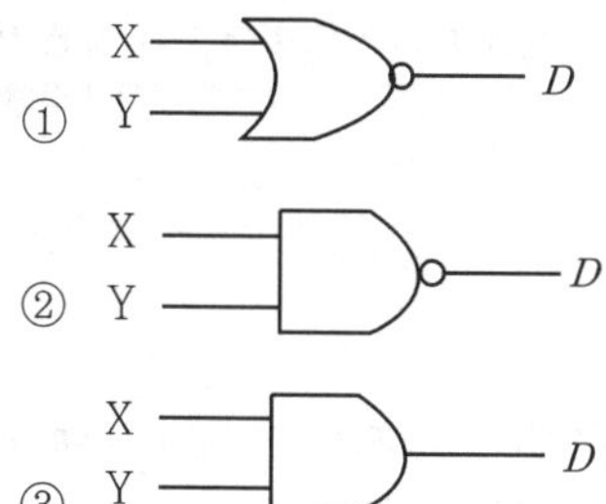

|정|답|및|해|설|

[논리소자]

NOR회로가 된다. $X=\overline{A+B}$

X	Y	D
0	0	1
0	1	0
1	0	0
1	1	0

※② NAND 회로
③ AND회로
④ OR회로

【정답】 ①

79. 그림의 블록선도에서 전달함수 $\frac{C}{R}$는?

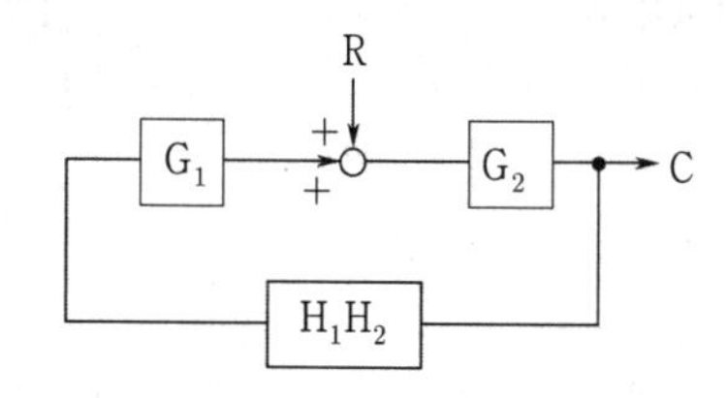

① $\frac{G_2}{1+G_1G_2H_1H_2}$ ② $\frac{G_1G_2}{1+G_1G_2H_1H_2}$

③ $\frac{G_2}{1-G_1G_2H_1H_2}$ ④ $\frac{G_1G_2}{1-G_1G_2H_1H_2}$

|정|답|및|해|설|

[블록선도의 전달함수] $\frac{\sum 전향경로}{1-\sum 루프이득}$

→ (루프이득 : 피드백의 폐루프)

→ (전향경로 :입력에서 출력으로 가는 길(피드백 제외))

$\therefore \frac{C}{R}=\frac{G_2}{1-G_1G_2H_1H_2}$

【정답】 ③

80. 자동 제어계의 과도 응답의 설명으로 틀린 것은?

① 지연시간은 최종값의 50[%]에 도달하는 시간이다.

② 정정시간은 응답의 최종값의 허용범위가 ±5[%]내에 안정되기 까지 요하는 시간이다.

③ 백분율 오버슈트 $=\frac{최대오버슈트}{최종목표값}\times 100$

④ 상승시간은 최종값의 10[%]에서 100[%]까지 도달하는데 요하는 시간이다.

|정|답|및|해|설|

[상승시간] 정상값의 **10~90[%]에 도달하는 시간**

【정답】 ④

1회 2024년 전기기사필기 (전기설비기술기준)

81. 주택 등 저압 수용 장소에서 고정 전기설비에 TN-C-S 접지방식으로 접지공사 시 중성선 겸용 보호도체(PEN)를 알루미늄으로 사용할 경우 단면적은 몇 $[mm^2]$ 이상이어야 하는가?

① 2.5 ② 6

③ 10 ④ 16

|정|답|및|해|설|

[전기수용가 접지 (KEC 142.4)] 주택 등 저압수용장소 접지

주택 등 저압 수용장소에서 TN-C-S 접지방식으로 접지공사를 하는 경우에 보호도체는 중성선 겸용 보호도체(PEN)는 고정 전기설비에만 사용 할 수 있고, 그 도체의 단면적이 구리는 $10[mm^2]$ 이상, **알루미늄은 $16[mm^2$ 이상**이어야 하며, 그 계통의 최고전압에 대하여 절연시켜야 한다.

【정답】 ④

82. 최대 사용전압이 22900[V]인 3상 4선식 다중 접지 방식의 지중 전로로의 절연내력시험을 할 경우 시험전압은 몇 [V]인가?

① 16,448[V]　② 21,068[V]
③ 32,796[V]　④ 42,136[V]

|정|답|및|해|설|
[전로의 절연저항 및 절연내력 (KEC 132)]

접지방식	최대 사용 전압	시험 전압(최대 사용 전압 배수)	최저 시험 전압
비접지	7[kV] 이하	1.5배	
	7[kV] 초과	1.25배	10,500[V]
중성점접지	60[kV] 초과	1.1배	75[kV]
중성점직접 접지	60[kV] 초과 170[kV] 이하	0.72배	
	170[kV] 초과	0.64배	
중성점 다중접지	25[kV] 이하	0.92배	

∴ 시험 전압 $= 22900 \times 0.92 = 21068[V]$　【정답】②

83. 가공전선로의 지지물에 시설하는 통신선 또는 이에 직접 접속하는 가공 통신선이 철도 또는 궤도를 횡단하는 경우 그 높이는 레일면상 몇 [m] 이상으로 하여야 하는가?

① 3　② 3.5
③ 5.0　④ 6.5

|정|답|및|해|설|
[가공전선로의 지지물에 시설하는 통신선 또는 이에 직접 접속하는 가공 통신선의 높이 (KEC 362.2)]

구분	지상고
도로횡단 시	지표상 6.0[m] 이상 (단, 저압이나 고압의 가공전선로의 지지물에 시설하는 통신선 또는 이에 직접 접속하는 가공통신선을 시설하는 경우에 교통에 지장을 줄 우려가 없을 때에는 지표상 5[m])
철도 궤도 횡단 시	레일면상 6.5[m] 이상
횡단보도교 위	노면상 5.0[m] 이상
기타	지표상 5[m] 이상

【정답】④

84. 사용전압이 400[V] 미만인 경우의 저압 보안 공사에 전선으로 경동선을 사용할 경우 지름은 몇 [mm] 이상인가?

① 2.6　② 6.5
③ 4.0　④ 5.0

|정|답|및|해|설|
[저압 보안공사 (KEC 222.10)]
전선이 케이블인 경우 이외에는
1. 저압 : 인장강도 8.01[kN] 이상의 것 또는 지름 5[mm] 이상의 경동선
2. 400[V] 미만 : 인장강도 5.26[kN] 이상의 것 또는 **지름 4[mm] 이상의 경동선**　【정답】③

85. 교통신호등 제어장치의 2차측 배선의 최대사용전압은 몇 [V] 이하여야 하는가?

① 150　② 200
③ 300　④ 400

|정|답|및|해|설|
[교통 신호등의 시설 (KEC 234.15)]
1. 교통신호등 제어장치의 **2차측 배선의 최대사용전압은 300[V] 이하**이어야 한다.
2. 전선은 케이블인 경우 이외에는 공칭단면적 2.5[mm^2] 연동선과 동등 이상의 세기 및 굵기의 450/750[V] 일반용 단심 비닐절연전선 또는 450/750[V] 내열성에틸렌아세테이트 고무절연전선일 것
3. 조가선은 인장강도 3.7[kN]의 금속선 또는 지름 4[mm] 이상의 아연도철선을 2가닥 이상 꼰 금속선을 사용할 것
4. 전선의 지표상의 높이는 2.5[m] 이상일 것
5. 교통신호등의 제어장치 전원 측에는 전용 개폐기 및 과전류 차단기를 각 극에 시설하여야 한다.
6. 교통신호등 회로의 사용전압이 150[V]를 넘는 경우는 전로에 지락이 생겼을 경우 자동적으로 전로를 차단하는 누전차단기를 시설할 것　【정답】③

86. 옥내 배선 공사 중 반드시 절연전선을 사용하지 않아도 되는 공사 방법은? (단, 옥외용 비닐절연전선은 제외한다.)

① 금속관공사 ② 버스덕트공사

③ 합성수지관공사 ④ 플로어덕트공사

|정|답|및|해|설|

[나전선의 사용 제한 (KEC 231.4)] 옥내에 시설하는 저압전선에는 나전선을 사용하여서는 아니 된다. 다만, 다음 중 어느 하나에 해당하는 경우에는 그러하지 아니하다.

1. **애자사용공사**에 의하여 전개된 곳에 다음의 전선을 시설하는 경우
   - ·전기로용 전선
   - ·전선의 피복 절연물이 부식하는 장소에 시설하는 전선
   - ·취급자 이외의 자가 출입할 수 없도록 설비한 장소에 시설하는 전선
2. **버스덕트공사**에 의하여 시설하는 경우
3. **라이팅덕트공사**에 의하여 시설하는 경우
4. **접촉 전선**을 시설하는 경우 【정답】 ②

87. 교류계통에서 일반적으로 사용되며 일반인이 사용하는 정격전류 몇 [A] 이하의 콘센트에는 누전차단기를 설치해야 하는가?

① 20 ② 31

③ 63 ④ 51

|정|답|및|해|설|

[고장보호의 요구사항 (KEC 211.2.3)] 추가적인 보호

다음에 따른 교류계통에서는 규정에 따른 누전차단기에 의한 추가적 보호를 하여야 한다.

1. 일반적으로 사용되며 일반인이 사용하는 정격전류 20[A] 이하 콘센트
2. 옥외에서 사용되는 정격전류 32[A] 이하 이동용 전기기기

【정답】

88. 저압 가공전선이 상부 조영재 위쪽에 접근하는 경우 전선과 상부 조영재 간의 간격(이격거리)은 몇 [m] 이상이어야 하는가? 단, 전선은 저압절연전선이라고 한다.

① 1 ② 1.5

③ 2 ④ 2.5

|정|답|및|해|설|

[저·고압 가공 전선과 건조물의 접근 (kec 332.11)]

사용전압 부분 공작물의 종류			저압[m]	고압[m]
건조물	**상부 조영재 상방**	**일반적인 경우**	**2**	**2**
		전선이 고압절연전선	1	2
		전선이 케이블인 경우	1	1
	기타 조영재 또는 상부조영재의 앞쪽 또는 아래쪽	일반적인 경우	1.2	1.2
		전선이 고압절연전선	0.4	1.2
		전선이 케이블인 경우	0.4	0.4
		사람이 접근 할 수 없도록 시설한 경우	0.8	0.8

【정답】 ③

89. 저압 가공전선과 도로 등의 접근 또는 교차에서 저압 전차선로의 지지물과의 간격은 몇 [m]인가?

① 0.3 ② 0.6

③ 1 ④ 3

|정|답|및|해|설|

[저·고압 가공전선과 도로 등의 접근 또는 교차 (KEC 332.12)]

도로 등의 구분	저압	고압
도로·횡단보도교·철도 또는 궤도	3[m]	3[m]
삭도나 그 지지기둥 또는 저압 전차선	60[cm](전선이 고압 절연전선, 특고압 절연전선 또는 케이블인 경우에는 30[cm])	80[cm](전선이 케이블인 경우에는 40[cm])
저압 전차선의 지지물	**30[cm]**	60[cm](고압 가공전선이 케이블인 경우에는 30[cm])

【정답】 ①

90. 옥외설비의 절연유 유출방지설비에 대한 사항으로 잘못된 것은?

① 절연유 유출 방지설비의 선정은 기기에 들어 있는 절연유의 양, 빗물 및 화재보호시스템의 용수량, 근접 수로 및 토양조건을 고려하여야 한다.

② 집유조 및 집수탱크가 시설되는 경우 집수탱크는 최대 용량 변압기의 유량에 대한 집유능력이 있어야 한다.

③ 벽, 집유조 및 집수탱크에 관련된 배관은 액체가 침투하는 것이어야 한다.

④ 절연유 및 냉각액에 대한 집유조 및 집수탱크의 용량은 물의 유입으로 지나치게 감소되지 않아야 하며, 자연배수 및 강제배수가 가능하여야 한다.

|정|답|및|해|설|

[옥외설비의 절연유 유출방지설비 (KEC 311.7.3)]

1. 절연유 유출 방지설비의 선정은 기기에 들어 있는 절연유의 양, 빗물 및 화재보호시스템의 용수량, 근접 수로 및 토양조건을 고려하여야 한다.
2. 집유조 및 집수탱크가 시설되는 경우 집수탱크는 최대 용량 변압기의 유량에 대한 집유능력이 있어야 한다.
3. 벽, 집유조 및 집수탱크에 관련된 배관은 **액체가 침투하지 않는 것이어야 한다.**
4. 절연유 및 냉각액에 대한 집유조 및 집수탱크의 용량은 물의 유입으로 지나치게 감소되지 않아야 하며, 자연배수 및 강제배수가 가능하여야 한다.
5. 다음의 추가적인 방법으로 수로 및 지하수를 보호하여야 한다.
   (1) 집유조 및 집수탱크는 바닥으로부터 절연유 및 냉각액의 유출을 방지하여야 한다.
   (2) 배출된 액체는 흐르는 물 분리장치를 통하여야 하며 이 목적을 위하여 액체의 비중을 고려하여야 한다.

【정답】 ③

91. 지중 전선로의 매설방법이 아닌 것은?

① 관로식　　② 압축식
③ 암거식　　④ 직접매설식

|정|답|및|해|설|

[지중 전선로의 시설 (KEC 334.1)] 전선은 케이블을 사용하고, 또한 **관로식, 암거식, 직접매설식**에 의하여 시공한다.

1. 직접매설식 : 매설 깊이는 중량물의 압력이 있는 곳은 1.0[m] 이상, 없는 곳은 0.6[m] 이상으로 한다.
2. 관로식 : 매설 깊이를 1.0 [m] 이상, 중량물의 압력을 받을 우려가 없는 곳은 60 [cm] 이상으로 한다.
3. 암거식 : 지하 구조물 내 케이블 지지대를 설치하고 그 위에 케이블을 부설하는 방식

【정답】 ②

92. 저압 지중전선이 지중 약전류전선 등과 접근하여 거리가 몇 [cm] 이하인 때에 양 전선 사이에 견고한 내화성의 격벽을 설치하는 경우 이외에는 지중전선을 견고한 불연성 또는 난연성의 관에 넣어 그 관이 지중약전류전선 등과 직접 접촉하지 아니하도록 하여야 하는가?

① 15　　② 20
③ 25　　④ 30

|정|답|및|해|설|

[배선설비와 다른 공급설비와의 접근(KEC 232.3.7)]

[통신 케이블과의 접근]

지중전선이 지중 약전류전선 등과 접근하거나 교차하는 경우에 상호 간의 간격이 저압 지중 전선은 **0.3[m] 이하**인 때에는 지중전선과 지중 약전류전선 등 사이에 견고한 내화성(콘크리트 등의 불연재료로 만들어진 것으로 케이블의 허용온도 이상으로 가열시킨 상태에서도 변형 또는 파괴되지 않는 재료를 말한다)의 격벽(隔壁)을 설치하는 경우 이외에는 지중 전선을 견고한 불연성(不燃性) 또는 난연성(難燃性)의 관에 넣어 그 관이 지중 약전류전선 등과 직접 접촉하지 아니하도록 하여야 한다.

【정답】 ④

93. 발전소 등의 울타리 · 담 등의 시설시 지표면과 울타리 · 담 등의 하단사이의 간격은 몇 [m] 이하로 해야 하는가?

① 0.1　　② 0.15
③ 0.3　　④ 0.2

|정|답|및|해|설|

[발전소 등의 울타리 · 담 등의 시설 (KEC 351.1)] 울타리 · 담 등의 높이는 2[m] 이상으로 하고 **지표면과 울타리 · 담 등의 하단 사이의 간격은 0.15[m] 이하**로 할 것.

【정답】 ②

|참|고|

[발전소 등의 울타리 · 담 등의 시설 시 간격]

사용전압의 구분	울타리 · 담 등의 높이와 울타리 · 담 등으로부터 충전부분까지의 거리의 합계
35 kV 이하	5[m]
35 kV 초과 160 kV 이하	6[m[
160 kV 초과	6[m]에 160[kV]를 초과하는 10[kV] 또는 그 단수마다 0.12[m]를 더한 값

94. 사용전압이 22.9[kV] 미만 특고압 가공전선과 그 지지물, 완금류, 지주 또는 지지선 사이의 간격은 몇 [cm] 이상이어야 하는가?

① 15　　② 20
③ 25　　④ 30

|정|답|및|해|설|

[특고압 가공전선과 지지물 등의 간격(이격거리) (KEC 333.5)]
특고압 가공전선과 그 지지물, 완금류, 지주 또는 지지선 사이의 간격(이격거리)은 표에서 정한 값 이상이어야 한다. 다만, 기술상 부득이한 경우에 위험의 우려가 없도록 시설한 때에는 표에서 정한 값의 0.8배까지 감할 수 있다.

사용 전압	간격(이격거리)[cm]
15[kV] 미만	15
15[kV] 이상 25[kV] 미만	**20**
25[kV] 이상 35[kV] 미만	25
35[kV] 이상 50[kV] 미만	30
50[kV] 이상 60[kV] 미만	35
60[kV] 이상 70[kV] 미만	40
70[kV] 이상 80[kV] 미만	45
80[kV] 이상 130[kV] 미만	65
130[kV] 이상 160[kV] 미만	90
160[kV] 이상 200[kV] 미만	110
200[kV] 이상 230[kV] 미만	130
230[kV] 이상	160

【정답】 ②

95. 특고압용의 개폐기 · 차단기 · 피뢰기 기타 이와 유사한 기구로서 동작 시에 아크가 생기는 것은 목재의 벽 또는 천장, 기타의 가연성 물체로부터 몇 [m] 이상 떼어 놓아야 하는가?

① 1.0[m]　　② 1.2[m]
③ 1.5[m]　　④ 2.0[m]

|정|답|및|해|설|

[아크를 발생하는 기구의 시설 (KEC 341.7)]
고압용 또는 특고압용의 개폐기·차단기·피뢰기 기타 이와 유사한 기구로서 동작 시에 아크가 생기는 것은 목재의 벽 또는 천장 기타의 가연성 물체로부터 고압용의 것은 1[m] 이상, **특고압용은 2[m] 이상 이격**하여야 한다.

【정답】 ④

96. 66[kV] 가공전선과 6[kV] 가공전선을 동일 지지물에 병가 할 때 상호간의 거리는 일반적인 경우 몇 [m] 이상인가?

① 1　　② 1.5
③ 1.2　　④ 2.0

|정|답|및|해|설|

[특고압 가공전선과 저고압 가공전선 등의 병행설치 (KEC 333.17)]

	35[kV] 초과 100[kV] 미만	35[kV] 이하
간격	2[m] 이상	1.2[m] 이상
사용 전선	인장 강도 21.67[kN] 이상의 연선 또는 단면적이 50[㎟] 이상인 경동 연선	연선

【정답】 ④

97. 전차선로의 사항 중 급전선로에 대한 설명으로 틀린 것은?

① 신설 터널 내 급전선을 가공으로 설계할 경우 지지물의 취부는 C찬넬 또는 매입전을 이용하여 고정하여야 한다.
② 선상승강장, 인도교, 과선교 또는 다리 하부 등에 설치할 때에는 최소 절연간격 이하로 확보하여야 한다.
③ 급전선은 나전선을 적용하여 가공식으로 가설을 원칙으로 한다.
④ 가공식은 전차선의 높이 이상으로 전차선로 지지물에 병행 설치하며, 나전선의 접속은 직선접속을 원칙으로 한다.

|정|답|및|해|설|

[급전선로 (KEC 431.4)]

1. 급전선은 나전선을 적용하여 가공식으로 가설을 원칙으로 한다. 다만, 전기적 영향에 대한 최소 간격이 보장되지 않거나 지락, 불꽃 방전 등의 우려가 있을 경우에는 급전선을 케이블로 하여 안전하게 시공하여야 한다.
2. 가공식은 전차선의 높이 이상으로 전차선로 지지물에 병행 설치하며, 나전선의 접속은 직선접속을 원칙으로 한다.
3. 신설 터널 내 급전선을 가공으로 설계할 경우 지지물의 취부는 C찬넬 또는 매입전을 이용하여 고정하여야 한다.
4. 선상승강장, 인도교, 과선교 또는 다리 하부 등에 설치할 때에는 **최소 절연간격 이상**을 확보하여야 한다.

【정답】 ②

98. 귀선로에 대한 설명으로 틀린 것은?

① 귀선로는 비절연보호도체, 매설접지도체, 레일 등으로 구성한다.
② 단권변압기 중성점과 단독접지로 접속한다.
③ 비절연보호도체의 위치는 통신유도장해 및 레일전위의 상승의 경감을 고려하여 결정하여야 한다.
④ 사고 및 지락 시에도 충분한 허용전류용량을 갖도록 하여야 한다.

|정|답|및|해|설|

[귀선로 (KEC 431.5)]

· 귀선로는 비절연보호도체, 매설접지도체, 레일 등으로 구성하여 단권변압기 **중성점과 공통접지에 접속**한다.
· 비절연보호도체의 위치는 통신유도장해 및 레일전위의 상승의 경감을 고려하여 결정하여야 한다.
· 귀선로는 사고 및 지락 시에도 충분한 허용전류용량을 갖도록 하여야 한다.

※급전선로 : 급전선은 나전선을 적용하여 가공식으로 가설을 원칙으로 한다.

【정답】 ②

99. 직류 750[V]인 전차선과 건조물 간의 최소 절연간격은 동적인 경우 몇 [mm]인가?

① 25　② 100
③ 150　④ 170

|정|답|및|해|설|

[전차선로의 충전부와 건조물 간의 절연이격(KEC 431.2)]

시스템 종류	공칭전압 (V)	동적[mm]		정적[mm]	
		비오염	오염	비오염	오염
직류	750	**25**	**25**	25	25
	1,500	100	110	150	160
단상교류	25,000	170	220	270	320

【정답】 ①

100. 특고압 가공전선과 고압 가공전선이 제1차 접근상태로 시설되는 경우, 간격(이격거리)은 몇 [m]인가?

① 2[m]　② 1.5[m]
③ 1.0[m]　④ 0.5

|정|답|및|해|설|

[특고압 가공전선과 저고압 가공전선 등의 접근 또는 교차 시 간격(제1차 접근상태) (KEC 333.26)] 특고압 가공전선이 가공약전류전선 등 저압 또는 고압의 가공전선이나 저압 또는 고압의 전차선(이하에서 "저고압 가공전선 등"이라 한다)과 제1차 접근상태로 시설되는 경우에는 다음에 따라야 한다.

1. 특고압 가공전선로는 제3종 특고압 보안공사에 의할 것.
2. 특고압 가공전선과 저고압 가공 전선 등 또는 이들의 지지물이나 지지기둥 사이의 간격은 표에서 정한 값 이상일 것.

사용전압의 구분	간격(이격거리)
60[kV] 이하	2[m]
60[kV] 초과	2[m]에 사용전압이 60[kV]를 초과하는 10[kV] 또는 그 단수마다 12[cm]를 더한 값

→ (문제에서 이하, 초과에 대한 조건이 없으므로 기본으로 본다)

【정답】 ①

2024년 2회 전기기사 필기 기출문제

2회 2024년 전기기사필기 (전기자기학)

1. 유전율 ϵ, 투자율 μ인 매질 중을 주파수 f(Hz)의 전자파가 전파되어 나갈 때의 파장은 몇 [m]인가?

① $f\sqrt{\epsilon\mu}$　　② $\frac{1}{f\sqrt{\epsilon\mu}}$

③ $\frac{f}{\sqrt{\epsilon\mu}}$　　④ $\frac{\sqrt{\epsilon\mu}}{f}$

|정|답|및|해|설|

[전파속도(v)]

$v = f\lambda = \sqrt{\frac{1}{\epsilon\mu}} = \sqrt{\frac{1}{\epsilon_0\mu_0}\cdot\frac{1}{\epsilon_r\mu_s}} = \frac{c}{\sqrt{\epsilon_r\mu_s}}$ [m/s]

$\rightarrow (\sqrt{\frac{1}{\epsilon_0\mu_0}} = 3\times10^8 = c)$

여기서, v : 전파속도, λ : 전파의 파장[m], f : 주파수[Hz]

$\therefore$파장 $\lambda = \frac{1}{f\sqrt{\epsilon\mu}}$ [m]　　【정답】 ②

2. 반지름 50[cm]의 서로 나란한 두 원형 코일(헤름홀쯔 코일)을 5[mm] 간격으로 동축상에 평행 배치한 후 각 코일에 100[A]의 전류가 같은 방향으로 흐를 때 코일 상호 간에 작용하는 인력은 몇 [N] 정도 되는가?

① 1.26　　② 3.14

③ 6.28　　④ 31.4

|정|답|및|해|설|

[코일 상호 간에 작용하는 인력] $F = \int dF = \mu_0\frac{I_1I_2}{2\pi d}\int_0^{2\pi a} dl = \frac{\mu_0 I^2 a}{d}[N]$

$dF = B_2I_1dl = \mu_0H_2I_1dl$, $H_2 = \frac{I_2}{2\pi d}$

$\rightarrow dF \fallingdotseq \mu_0H_2I_1dl = \mu_0\frac{I_2I_1}{2\pi d}dl$

$\therefore F = \frac{\mu_0 I^2 a}{d}$　　$\rightarrow (I_1 = I_2 = I)$

$\rightarrow (a = 50\times10^{-2}[m],\ d = 1\times10^{-3}[m],\ I_1 = I_2 = 100[A])$

$= \frac{4\pi\times10^{-7}\times100^2\times0.5}{5\times10^{-3}} \fallingdotseq 1.26[N]$　　【정답】 ①

3. 강자성체의 자속밀도 B 의 크기와 자화의 세기 J 의 크기 사이의 관계로 옳은 것은?

① J 는 B 보다 크다.
② J 는 B 보다 작다.
③ J 는 B 와 그 값이 같다.
④ J 는 B에 투자율을 더한 값과 같다.

|정|답|및|해|설|

[강자성체의 자속밀도 크기와 자화의 세기] 자화의 세기(J)란 자속밀도(B) 중에서 강자성체가 자화되는 것이므로 자속밀도보다 약간 작다.

- $J = \mu_0(\mu_s - 1)H[Wb/m^2]$
- $B = \mu H = \mu_0\mu_s H[Wb/m^2]$
- $J = B - \mu_0 H[Wb/m^2]$

$\therefore J$가 B보다 약간 작다.　　【정답】 ②

4. 비유전율 $\epsilon_s = 1.6$인 유전체의 전계가 5000[V/m]일 때 분극의 세기는 몇 $[C/m^2]$인가?

① 1.6×10^{-7}　　② 2.4×10^{-7}

③ 2.66×10^{-8}　　④ 4.8×10^{-8}

|정|답|및|해|설|

[분극의 세기] $P = \epsilon_0(\epsilon_s - 1)E$　$\rightarrow$ (비유전율과 전계가 주어졌을 경우)

$\therefore P = 8.855\times10^{-12}(1.6-1)\times5000 = 2.66\times10^{-8}$ [C/m²]

$\rightarrow (\epsilon_0 = 8.855\times10^{-12})$

【정답】 ③

5. 공기 중 전계 $E=3\hat{x}+4\hat{y}[V/m]$ 내 수직으로 놓인 도체 표면의 전하밀도는 몇 $[C/m^2]$인가?

① 0.78×10^{-9} ② 0.61×10^{-9}
③ 0.44×10^{-10} ④ 0.23×10^{-10}

|정|답|및|해|설|

[면 전하밀도] $D=\rho_s=\epsilon_0 E[C/m^2]$

전계 $E=3\hat{x}+4\hat{y}[V/m]$ → 크기 $|E|=\sqrt{3^3+4^2}=5$

$\therefore D=\epsilon_0 E=8.855\times10^{-12}\times5=0.44\times10^{-10}[C/m^2]$

【정답】 ③

6. 정현파 자속의 주파수를 2배로 높이고, 최대값을 3배로 높이면 유기기전력의 최대값은 어떻게 되는가?

① $\frac{1}{6}$ ② 6
③ $\frac{2}{3}$ ④ $\frac{3}{2}$

|정|답|및|해|설|

[유기기전력] $e=-N\frac{\partial\phi}{\partial t}[V]$ → $\phi=\phi_m\sin\omega t[wb]$이면

$e=-N\omega\phi_m\cos\omega t=N\omega\phi_m\sin(\omega t-90°)[V]$ → (최대값 $N\omega\phi_m$)

$e\propto f$ 이므로 f가 2배, 최대값이 3배 이므로 유기기전력 e는 6배가 된다. → $(\omega=2\pi f)$

【정답】 ②

7. 반자성체의 투자율과 공기 중의 투자율의 관계는?

① 투자율 ≪ 진공투자율
② 투자율 < 진공투자율
③ 투자율 > 진공투자율
④ 투자율 ≫ 진공투자율

|정|답|및|해|설|

[반자성체의 투자율] 반자성체의 비투자율(μ_s)은 1보다 작다. 즉 $\mu_s<1$이다.

$\therefore \mu_s<1$ → $\mu_s\mu_0<1\times\mu_0$

【정답】 ②

|참|고|

[자성체의 투자율]

자성체의 종류	비투자율	비자화율
강자성체	$\mu_s\gg1$	$\chi_m\gg1$
상자성체	$\mu_s>1$	$\chi_m>0$
반자성체 반강자성체	$\mu_s<1$	$\chi_m<0$

8. 한 변의 길이가 l[m]인 정사각형 도체에 전류 I[A]가 흐르고 있을 때 중심점 P에서의 자계의 세기는 몇 [A/m]인가?

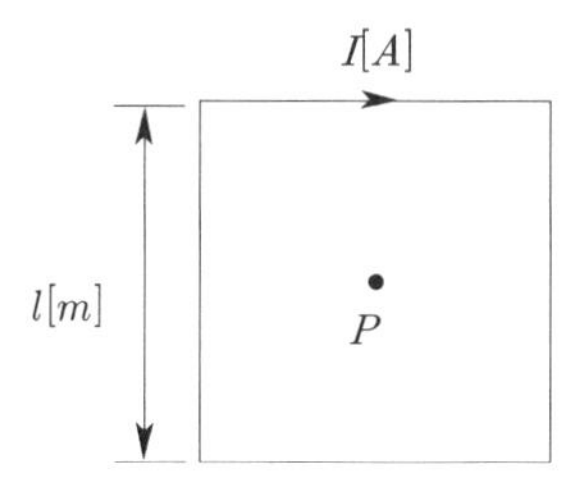

① $16\pi lI$ ② $4\pi lI$
③ $\frac{\sqrt{3}\pi}{2l}I$ ④ $\frac{2\sqrt{2}}{\pi l}I$

|정|답|및|해|설|

[정사각형 중심점의 자계의 세기]

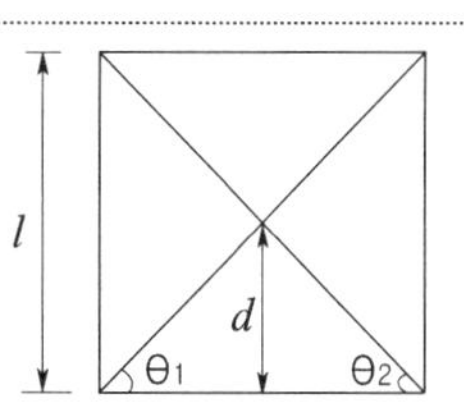

$H_0=\frac{I}{4\pi d}(\cos\theta_1+\cos\theta_2)\times4$

$\cdot d=\frac{l}{2}$ $\cdot \theta_1=\theta_2=45$

$\cdot \cos\theta_1=\cos\theta_2=\frac{\sqrt{2}}{2}=\frac{1}{\sqrt{2}}$

$\therefore H_0=\frac{I}{4\pi\frac{l}{2}}(\frac{1}{\sqrt{2}}+\frac{1}{\sqrt{2}})\times4=\frac{2\sqrt{2}I}{\pi l}[AT/m]$

【정답】 ④

|참|고|

1. 한 변이 l 정삼각형 중심의 자계의 세기 $H=\frac{9I}{2\pi l}$[AT/m]

2. 한 변이 l 정육각형 중심의 자계의 세기 $H=\frac{\sqrt{3}I}{\pi l}$[AT/m]

9. 전속밀도 $D = X^2 i + Y^2 j + Z^2 k[C/m^2]$를 발생시키는 점(1, 2, 3)에서의 체적 전하밀도는 몇 $[C/m^3]$인가?

① 12　② 13　③ 14　④ 15

|정|답|및|해|설|

[체적 전하밀도] 체적 전하밀도를 구하는 두가지 방식

1. 가우스의 미분형 방법 : $\text{div}D = \nabla \cdot D = \rho[C/m^3]$

→ ($\rho[c/m^3]$: 체적 전하밀도)

2. 전위를 이용하는 방법 : $\nabla^2 \cdot V = \frac{\rho}{\epsilon_0}$

문제에서 전속밀도가 주어졌으므로 가우스의 미분형 방법

$div\, D = \nabla \cdot D = \frac{\partial Dx}{\partial x} + \frac{\partial Dy}{\partial y} + \frac{\partial Dz}{\partial z} = \rho[C/m^3]$

$D = X^2 i + Y^2 j + Z^2 k[C/m^2]$에서 $Dx = X^2,\ Dy = Y^2,\ Dz = Z^2$

$\therefore div\, D = \frac{\partial X^2}{\partial x} + \frac{\partial Y^2}{\partial y} + \frac{\partial Z^2}{\partial z} = 2X + 2Y + 2Z = 2 + 4 + 6 = 12$

→ $(X = 1,\ Y = 2,\ Z = 3)$

【정답】 ①

10. 자유공간에 점 P(5, −2, 4)가 도체면상에 있으며. 이 점에서의 전계 E=$6a_x - 2a_y + 3a_z\,[V/m]$이다. 점 P에서의 면전하밀도 $\rho_s\,[C/m^2]$은?

① $-2\epsilon_0[C/m^2]$　② $3\epsilon_0[C/m^2]$
③ $6\epsilon_0[C/m^2]$　④ $7\epsilon_0[C/m^2]$

|정|답|및|해|설|

[면전하밀도]

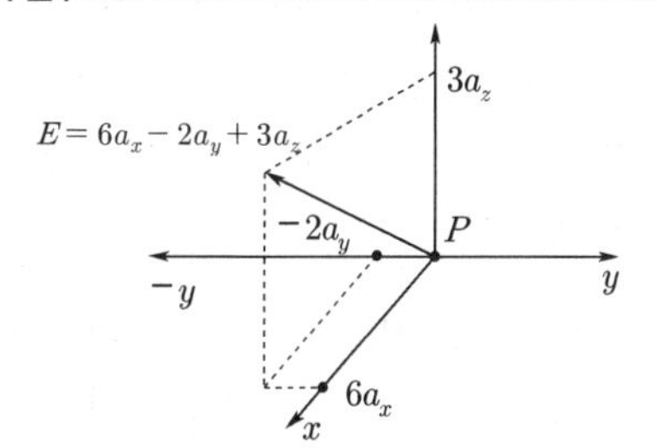

면전하밀도 $D = \rho_s = \epsilon_0 E[C/m^2]$, 전계의 세기 $E = \frac{\rho}{\epsilon_0}[V/m]$

$\therefore \rho = \epsilon_0 E = \epsilon_0 |6a_x - 2a_y + 3a_z|$

$= \epsilon_0(\sqrt{6^2 + (-2)^2 + 3^2}) = 7\epsilon_0[C/m^2]$

【정답】 ④

11. 영구자석에 관한 설명으로 옳지 않은 것은?

① 한 번 자화된 다음에는 자기를 영구적으로 보존하는 자석이다.
② 보자력이 클수록 자계가 강한 영구자석이 된다.
③ 잔류 자속밀도가 클수록 자계가 강한 영구자석이 된다.
④ 자석재료로 폐회로를 만들면 강한 영구자석이 된다.

|정|답|및|해|설|

[영구자석] 영구자석은 보자력이 클수록 잔류 자속 밀도가 클수록 강한 영구자석이 된다.

※자석 재료로 폐회로를 만들면 강한 영구자석이 되는 것이 아니라 자속의 감소가 적은 영구자석이 된다.

【정답】 ④

12. 자계가 비보존적인 경우를 나타내는 것은? (단, j는 공간상에 0이 아닌 전류밀도를 의미한다)

① $\nabla \cdot B = 0$　② $\nabla \cdot B = j$
③ $\nabla \times H = 0$　④ $\nabla \times H = j$

|정|답|및|해|설|

[벡터의 회전] $rot\, H = \nabla \times H = curl\, H = J$

$\nabla \times H = 0$ 보존적

$\oint H \cdot dl = 0$이면 보존적

$\oint H \cdot dl \neq 0$이면 비보존적

따라서 $\nabla \times H = J$는 비보존적이다.

【정답】 ④

13. 높은 주파수의 전자파가 전파될 때 일기가 좋은 날보다 비오는 날 전자파의 감쇄가 심한 원인은?

① 도전율 관계임　② 유전율 관계임
③ 투자율 관계임　④ 분극률 관계임

|정|답|및|해|설|

[도전율과 전자파] 전자파는 일반 공기중에서는 무시할 정도의 도전율을 갖고 있으나 비오는 날은 도전성이 증가하여 감쇠가 더 심하게 나타난다. 즉, 저항은 감소 → 전류는 증가 → 도전율 증가

【정답】 ①

14. $E = i + 2j + 3k$[V/cm]로 표시되는 전계가 있다. 0.01$[\mu C]$의 전하를 원점으로부터 $3i$[m]로 움직이는데 필요한 일은 몇 [J]인가?

① 3×10^{-8}　② 3×10^{-7}
③ 3×10^{-6}　④ 3×10^{-5}

|정|답|및|해|설|

[일] $W = F \cdot d = EQ \cdot d[J]$

$W = EQ \cdot d = 0.01 \times 10^{-6}(i + 2j + 3k) \cdot 3i \times 10^2$

$= 0.01 \times 10^{-6} \times (3i \cdot i + 6j \cdot i + 9k \cdot i) \times 10^2$

$\rightarrow (i \cdot i = 1,\ j \cdot i = 0,\ k \cdot i = 0)$

$= 0.01 \times 10^{-6} \times 300 = 3 \times 10^{-6}$[J]　【정답】 ③

15. 무한장 직선 도체에 선전하밀도 λ[C/m]의 전하가 분포되어 있는 경우 직선 도체를 축으로 하는 반경 r의 원통 면상의 전계는 몇 [V/m]인가?

① $E = \frac{1}{4\pi\epsilon_0} \cdot \frac{\lambda}{r^2}$　② $E = \frac{1}{2\pi\epsilon_0} \cdot \frac{\lambda}{r^2}$

③ $E = \frac{1}{2\pi\epsilon_0} \cdot \frac{\lambda}{r}$　④ $E = \frac{1}{4\pi\epsilon_0} \cdot \frac{\lambda}{r}$

|정|답|및|해|설|

[전계의 세기]

1. 선(직선도체) $E = \frac{\lambda}{2\pi r \epsilon_0}$ [V/m] $\rightarrow E \propto \frac{1}{r}$

2. 점 $E = \frac{\theta}{4\pi\epsilon_0 r^2}[V/m]$

3. 무한평면 $E = \frac{\rho}{2\epsilon_0}[V/m]$　【정답】 ③

16. 투자율 $\mu[H/m]$, 단면적이 $s[m^2]$, 길이가 $l[m]$인 자성체에 권선을 N회 감아서 $I[A]$의 전류를 흘렸을 때 이 자성체의 단면적 $S[m^2]$를 통과하는 자속[Wb]은 얼마인가?

① $\mu\frac{I}{Nl}S$　② $\mu\frac{NI}{Sl}$

③ $\frac{NI}{\mu S}l$　④ $\mu\frac{NI}{l}S$

|정|답|및|해|설|

[자기회로의 자속] $\varnothing = \frac{F}{R_m} = \frac{NI}{\frac{l}{\mu S}} = \frac{\mu SNI}{l}[Wb]$

$\rightarrow (F = NI = R_m\varnothing,\ R_m = \frac{l}{\mu S})$

【정답】 ④

17. $\nabla \cdot J = -\frac{\partial\rho}{\partial t}$에 대한 설명으로 옳지 않은 것은?

① "−"부호는 전류가 폐곡면으로 유출되고 있음을 뜻한다.
② 단위 체적 당 전하밀도의 시간 당 증가비율이다.
③ 전류가 정상전류가 흐르면 폐곡면에 통과하는 전류는 영(zero)이다.
④ 폐곡면에서 수직으로 유출되는 전류밀도는 미소체적인 한 점에서 유출되는 단위 체적 당 전류가 된다.

|정|답|및|해|설|

[전류]

② 단위 체적 당 전하밀도의 **시간 당 감소비율**이다.

【정답】 ②

18. 평행판 콘덴서에 어떤 유전체를 넣었을 때 전속밀도가 $2.4 \times 10^{-7}[C/m^2]$이고 단위체적당 정전에너지가 $5.3 \times 10^{-3}[J/m^3]$이었다. 이 유전체의 유전율은 몇 [F/m]인가?

① 2.17×10^{-11}　② 5.43×10^{-11}
③ 5.17×10^{-12}　④ 5.43×10^{-12}

|정|답|및|해|설|

[단위 체적 당 축적되는 정전에너지]

$W = \frac{1}{2}DE = \frac{1}{2}\epsilon E^2 = \frac{1}{2}\frac{D^2}{\epsilon}[J/m^3]$　$\rightarrow (D = \epsilon E)$

$W = \frac{1}{2}\frac{D^2}{\epsilon} \rightarrow \epsilon = \frac{D^2}{2W}$

$\therefore \epsilon = \frac{(2.4 \times 10^{-7})^2}{2 \times 5.3 \times 10^{-3}} = 5.43 \times 10^{-12}$[F/m]　【정답】 ④

19. 유전체에서 전자분극이 나타나는 이유는?

① 단결정에서 전자운과 핵간의 상대적인 변위에 의함

② 화합물에서 (+)이온과 (-)이온 간의 상대적인 변위에 의함

③ 화합물에서 전자운과 (+)이온 간의 상대적인 변위에 의함

④ 영구 전기쌍극자의 전계방향 배열에 의함

|정|답|및|해|설|

[전자분극(electron polarization)] 전자분극은 단결정 매질에서 **전자운과 핵의 상대적인 변위에 의해 발생**

① 전자분극 : 대적변위에 의해 나타나는 현상

② 이온분극 : 양으로 대전된 원자와 음으로 대전된 원자와 음으로 대전된 원자의 상대적 변위에 의하여 일어나는 분극현상을 이온분극 또는 원자분극(atomic polarization)이라 한다.

③ 배향분극 : 영구 쌍극자에서 전계와 반대 방향으로 회전력을 받아 분극을 일으키는 현상이다.

【정답】 ①

20. 그림과 같이 직각 코일이 $B = 0.05\dfrac{a_x + a_y}{\sqrt{2}}[T]$인 자계에 위치하고 있다. 코일에 5[A] 전류가 흐를 때 z축에서의 토크 [N · m]는?

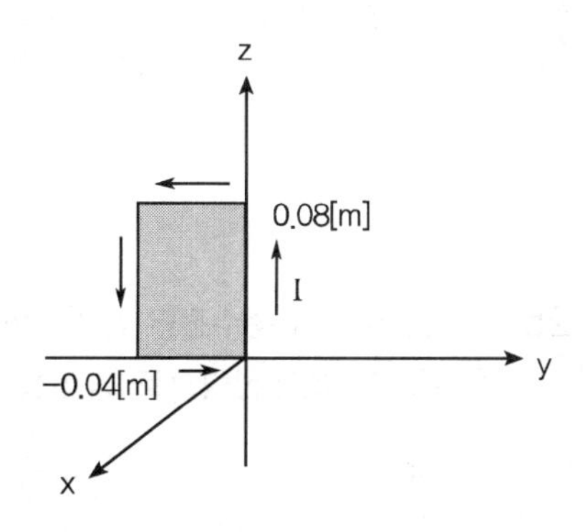

① $2.66 \times 10^{-4} a_x [N \cdot m]$

② $5.66 \times 10^{-4} a_x [N \cdot m]$

③ $2.66 \times 10^{-4} a_z [N \cdot m]$

④ $5.66 \times 10^{-4} a_z [N \cdot m]$

|정|답|및|해|설|

[토크] $T = \vec{I} \times \vec{B} \cdot S [N \cdot m]$ → (×는 외적을 나타낸다.)

1. $\vec{I} = 5\hat{x}$ → (전류의 크기는 5[A]이고 방향은 x축을 향한다.)

2. 면적 $S = 가로 \times 세로 = 0.04 \times 0.08 [m^2]$

3. $\vec{I} \times \vec{B} = 0.05 \times \dfrac{1}{\sqrt{2}} \begin{vmatrix} \hat{x} & \hat{y} & \hat{z} \\ 5 & 0 & 0 \\ 1 & 1 & 0 \end{vmatrix}$ → (전류 x축 5, y, z는 없으므로 0) → (B는 $x(1)$, $y(1)$, $z(0)$)

$= \dfrac{0.05}{\sqrt{2}}[\hat{x}(0-0) - \hat{y}(0-0) + \hat{z}(5-0)]$

$= \dfrac{0.05}{\sqrt{2}} \times 5\hat{z}$

4. 토크 $T = \vec{I} \times \vec{B} \cdot S$

$= \dfrac{0.05 \times 5}{\sqrt{2}} \hat{z} \times 0.05 \times 0.08 = 5.66 \times 10^{-4} \hat{z}$

【정답】 ④

2회 2024년 전기기사필기 (전력공학)

21. 직접접지방식에 대한 설명 중 틀린 것은?

① 계통의 절연수준이 낮으므로 경제적이다.

② 1선 지락 시에 건전성의 대지전압이 거의 상승하지 않는다.

③ 변압기의 단절연이 가능하다.

④ 보호계전기가 신속히 동작하므로 과도안정도가 좋다.

|정|답|및|해|설|

[직접접지방식의 장점]

·1선 지락시에 건전성의 대지전압이 거의 상승하지 않는다.

·피뢰기의 효과를 증진시킬 수 있다.

·단절연이 가능하다.

·계전기의 동작이 확실해 진다.

[직접접지방식의 단점]

·송전계통의 과도안정도가 나빠진다.

·통신선에 유도장해가 크다.

·지락시 대전류가 흘러 기기에 손실을 준다.

·대용량 차단기가 필요하다.

【정답】 ④

22. 전선 4개의 도체가 정사각형으로 그림과 같이 배치되어 있을 때 소도체간 기하 평균거리는 약 몇 [m]인가?

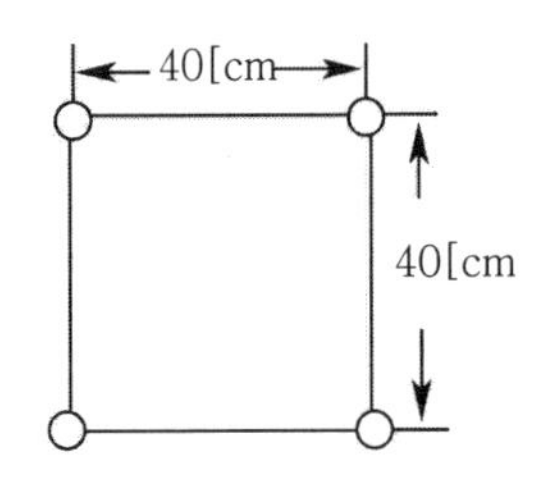

① 0.40　　② 0.45
③ 0.50　　④ 0.57

|정|답|및|해|설|

[등가 선간거리] 등가 선간거리 D_e는 기하학적 평균으로 구한다.

$D_e = \sqrt[\text{총 거리의 수}]{\text{각 거리간의 곱}} = \sqrt[3]{D_{ab} \cdot D_{bc} \cdot D_{ca}}$

정4각 배열 : $D_e = \sqrt[6]{2} \cdot S$

→ (S : 정사각형 한 변의 길이)

$\therefore D_e = \sqrt[6]{2} \cdot S = \sqrt[6]{2} \cdot 0.4 = 0.45[m]$ 【정답】 ②

|참|고|

[등가선간거리]

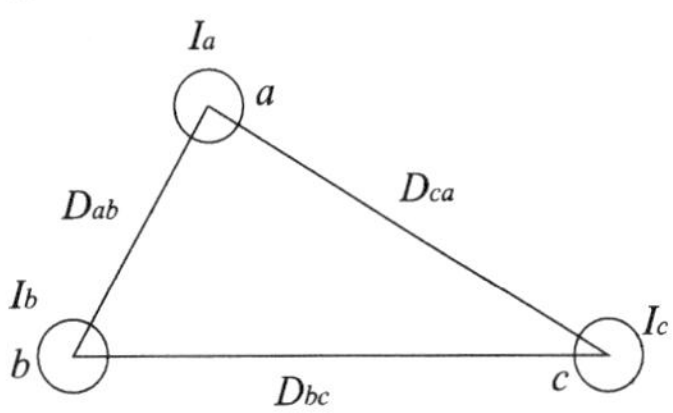

$D_e = \sqrt[\text{총 거리의 수}]{\text{각 거리간의 곱}} = \sqrt[3]{D_{ab} \cdot D_{bc} \cdot D_{ca}}$

1. 수평 배열 : $D_e = \sqrt[3]{2} \cdot D$

→ (D : AB, BC 사이의 간격)

2. 삼각 배열 : $D_e = \sqrt[3]{D_1 \cdot D_2 \cdot D_3}$

→ (D_1, D_2, D_3 : 삼각형 세변의 길이)

3. 정4각 배열 : $D_e = \sqrt[6]{2} \cdot S$

→ (S : 정사각형 한 변의 길이)

23. 다음 중 송전선로의 코로나 임계전압이 높아지는 경우가 아닌 것은?

① 기압이 높다.
② 상대공기밀도가 낮다.
③ 날씨가 맑다.
④ 전선의 반지름과 선간거리가 크다.

|정|답|및|해|설|

[코로나 임계전압] 코로나 발생의 관계를 결정하는 임계전압

$E_0 = 24.3 m_0 m_1 \delta d \log_{10} \frac{D}{r}$

(m_0 : 전선의 표면계수, m_1 : 기후계수, δ : 공기밀도
d: 전선의 지름, r : 전선의 반지름, D : 선간거리)

※상대공기밀도 δ는 임계전압과 비례한다. 【정답】 ②

24. 일반 회로정수가 A, B, C, D이고 송·수전단의 상전압이 각각 E_S, E_R일 때 수전단 전력원선도의 반지름은?

① $\frac{E_S E_R}{A}$　　② $\frac{E_S E_R}{B}$
③ $\frac{E_S E_R}{C}$　　④ $\frac{E_S E_R}{D}$

|정|답|및|해|설|

[전력 원선도의 반지름] $\rho = \frac{E_S E_R}{B}$

→ (B는 4단자회로의 직렬 임피던스를 나타낸다.)

【정답】 ②

|참|고|

[전력원선도]

1. 가로축 : 유효전력
2. 새로축 : 무효전력

25. 송전선로에서 송수전단 전압 사이의 상차각이 몇 [°]일 때 최대전력으로 송전할 수 있는가?

① 30　　② 45
③ 60　　④ 90

|정|답|및|해|설|

[송전전력(송전용량)] $P_s = \frac{V_s V_r}{X} \sin\delta [MW]$ → (δ : 상차각)

최대 송전전력 $P_{smax} = \frac{V_s V_r}{X} [MW]$ → (상차각 $\delta = 90°$)

【정답】 ④

26. 전력계통에서 전력용 콘덴서와 직렬로 연결하는 리액터로 제거되는 고조파는?

① 제2고조파　② 제3고조파
③ 제4고조파　④ 제5고조파

|정|답|및|해|설|

[직렬리액터] 공진조건(일반) $\omega L = \frac{1}{\omega C}$

5고조파 제거 → $5(2\pi f_0)L = \frac{1}{5(2\pi f_0)C}$　→ $(\omega = 2\pi f)$

이론적으로는 콘덴서 용량의 4[%], 실제적으로 5~6[%]를 설치한다.

【정답】 ④

27. 단상 변압기 3대를 △ 결선으로 운전하던 중 1대의 고장으로 V결선 한 경우 V결선과 △ 결선의 출력비는 약 몇 [%]인가?

① 52.2　② 57.7
③ 66.7　④ 86.6

|정|답|및|해|설|

[단상 변압기의 출력비] 1대의 단상 변압기 용량을 K라하면 그 출력비는

$$\text{출력비} = \frac{V\text{결선의 출력}}{\Delta\text{결선의 출력}} = \frac{\sqrt{3}K}{3K} = \frac{\sqrt{3}}{3} = 0.577 = 57.7[\%]$$

【정답】 ②

|참|고|

1. V결선 시 출력 : $P_V = \sqrt{3}P_1$
2. V결선 시의 이용률 : $\frac{\sqrt{3}}{2} = 0.866$ (86.6[%])

28. 파동 임피던스가 $Z_1 = 500[\Omega]$인 선로의 종단에 파동 임피던스가 $Z_2 = 1000[\Omega]$인 변압기가 접속되어 있다. 지금 선로로부터 파고 $e_1 = 600[kV]$의 전압이 진입할 경우 접속점에서의 전압 반사파의 파고는 약 몇 [kV]인가?

① 200[kV]　② 300[kV]
③ 400[kV]　④ 500[kV]

|정|답|및|해|설|

[반사파 전압]

$$\text{반사파전압}(e_2) = \frac{Z_2 - Z_1}{Z_2 + Z_1} \times e_1 = \frac{1000 - 500}{1000 + 500} \times 600 = 200[kV]$$

【정답】 ①

|참|고|

[투과파 전압]

$$\text{투과파 전압}(e_2) = \frac{2Z_2}{Z_2 + Z_1} \times e_1$$

29. 부하역률이 현저히 낮은 경우 발생하는 현상이 아닌 것은?

① 전기요금의 증가
② 유효전력의 증가
③ 전력손실의 증가
④ 선로의 전압강하 증가

|정|답|및|해|설|

[역률 개선 효과]

- 선로, 변압기 등의 저항손 감소
- 변압기, 개폐기 등의 소요 용량 감소
- 송전용량이 증대
- 전압강하 감소
- 설비용량의 여유 증가
- 전기요금의 감소

※유효전력 $P = \sqrt{3}VI\cos\theta[W]$
역률($\cos\theta$)이 낮으면 유효전력(P)은 감소한다.

【정답】 ②

30. 계전기의 반한시 특성이란?

① 동작전류가 클수록 동작시간이 길어진다.
② 동작전류가 흐르는 순간에 동작한다.
③ 동작전류에 관계없이 동작시간은 일정하다.
④ 동작전류가 크면 동작시간은 짧아진다.

|정|답|및|해|설|

[보호계전기의 특징]

1. 순한시 : 최초 동작전류 이상의 전류가 흐르면 즉시 동작하는 특징
2. 반한시 : 동작전류가 커질수록 동작시간이 짧게 되는 특징
3. 정한시 : 동작전류의 크기에 관계없이 일정한 시간에 동작하는 특징
4. 반한시 정한시 : 동작전류가 적은 동안에는 동작전류가 커질수록 동작시간이 짧게 되고 어떤 전류 이상이면 동작전류의 크기에 관계없이 일정한 시간에 동작하는 특성

【정답】 ④

31. 단상 3선식 110/220[V]에 대한 설명으로 옳은 것은?

① 전압 불평형이 우려되므로 콘덴서를 설치한다.
② 중성선과 외선 사이에만 부하를 사용하여야 한다.
③ 중성선에는 반드시 퓨즈를 끼워야 한다.
④ 2종의 전압을 얻을 수 있고 전선량이 절약되는 장점이 있다.

|정|답|및|해|설|

[단상 3선식 배전 방식(110/220[V])]

1. 중성선 단선에 의한 **전압 불평형**이 생기기 쉬우므로 부하 말단에 **저압 밸런서를 설치**한다.
2. 110/200[V]와 같은 **2종의 전압을 얻을 수 있다**.
3. 단상 2선식에 비하여 전선량이 절약된다(전선의 총 중량은 단상 2선식에 비하여 37.5[%] 정도 절약된다).
4. **중성선에는 퓨즈를 끼워서는 안 된다**.

【정답】 ④

32. 변성기의 정격부담을 표시하는 것은?

① [W] ② [S]
③ [dyne] ④ [VA]

|정|답|및|해|설|

[정격부담] 변성기(PT, CT)의 2차 측 단자 간에 접속되는 부하의 한도를 말하며 [VA]로 표시

【정답】 ④

33. 전력계통의 주회로에 사용되는 것으로 고장전류와 같은 대전류를 차단할 수 있는 것은?

① 선로개폐기(LS) ② 단로기(DS)
③ 차단기(CB) ④ 유입개폐기(OS)

|정|답|및|해|설|

[단락전류의 차단] 고장전류와 같은 대전류는 단락전류를 말하는데, 단락전류 차단을 목적으로 차단기(CB)와 전력용 퓨즈(PF)가 있다.

【정답】 ③

34. 동일한 부하전력에 대하여 전압을 2배로 승압하면 전압강하, 전압강하율, 전력손실률은 각각 어떻게 되는지 순서대로 나열한 것은?

① $\frac{1}{2}$, $\frac{1}{2}$, $\frac{1}{2}$ ② $\frac{1}{2}$, $\frac{1}{2}$, $\frac{1}{4}$
③ $\frac{1}{2}$, $\frac{1}{4}$, $\frac{1}{4}$ ④ $\frac{1}{4}$, $\frac{1}{4}$, $\frac{1}{4}$

|정|답|및|해|설|

[전압강하, 전압강하율, 전력손실률]

1. 전압을 n배 승압 송전할 경우 **전압강하**는 승압 전의 $\frac{1}{n}$배
2. **전압강하율**과 **전력손실률**은 승압 전의 $\frac{1}{n^2}$배

【정답】 ③

|참|고|

1. 전압강하 $e = \frac{P}{V}(R + X\tan\theta)[V]$
2. 전압강하율 $\delta = \frac{P}{V^2}(R + X\tan\theta)$
3. 전력손실률 $K = \frac{P_l}{P} = \frac{PR}{V^2\cos^2\theta} = \frac{P\rho l}{V^2\cos^2\theta A}$

35. 용량 20000[kVA], 임피던스 8[%]인 3상 변압기가 2차측에서 3상 단락되었을 때 단락용량은 몇 [MVA]인가?

① 225[MVA] ② 250[MVA]
③ 275[MVA] ④ 433[MVA]

|정|답|및|해|설|

[단락용량] $P_s = \frac{100}{\%Z}P_n$ → (P_n : 정격용량)

$\therefore P_s = \frac{100}{\%Z}P_n = \frac{100}{8} \times 20000 \times 10^{-3} = 250[MVA]$

【정답】 ②

|참|고|

[정격용량 P_n]

1. 1상 : $P_n = VI_n$
2. 3상 : $P_n = \sqrt{3}\,VI_n$

36. 3상 3선식 3각형 배치의 송전선로에 있어서 각선의 대지 정전용량이 0.5038[μF]이고, 선간정전용량이 0.1237[μF]일 때 1선의 작용 정전용량은 몇 [μF]인가?

① 0.6275 ② 0.8749
③ 0.9164 ④ 0.9755

|정|답|및|해|설|

[작용정전용량] $C_n = C_s + 3C_m[\mu F]$

C_n : 작용정전용량, C_s : 대지정전용량, C_m : 선간정전용량

$\therefore C_n = C_s + 3C_m = 0.5038 + 3 \times 0.1237 = 0.8749[\mu F]$

※작용정전용량(단상) $C_n = C_s + 2C_m[\mu F]$

【정답】 ②

37. 원자로의 제어재가 구비하여야 할 조건으로 옳지 않은 것은?

① 중성자의 흡수 단면적이 적어야 한다.
② 높은 중성자속에서 장시간 그 효과를 간직하여야 한다.
③ 내식성이 크고, 기계적 가공이 쉬워야 한다.
④ 열과 방사선에 대하여 안정적이어야 한다.

|정|답|및|해|설|

[원자로의 제어재] 제어봉은 원자로 내에서 핵 분열의 연쇄 반응을 제어하고 증배율을 변화시키기 위해서 사용되는 것으로 제어재로는 cd(카드륨), B(붕소), Hf(하프늄) 등이 사용된다.

[제어재의 구비 조건]
1. 중성자 흡수 단면적이 클 것
2. 냉각재에 대하여 내부식성이 있는 것
3. 열과 방사능에 대해 안정적일 것 【정답】 ①

38. 수전단전압 60000[V], 전류 200[A], 선로저항 7.61[Ω], 선로리액턴스 11.85[Ω]인 3상 단거리 송전선로의 전압강하율은 약 몇 [%]인가? (단, 수전단 역률은 0.8이다.)

① 7.62 ② 8.92
③ 9.01 ④ 9.45

|정|답|및|해|설|

[전압강하율] $\epsilon = \frac{e}{V_r} \times 100$

3상3선식 전압강하 $e = V_s - V_r = \sqrt{3} I\ (R\cos\theta + X\sin\theta)$

$$\therefore \epsilon = \frac{\sqrt{3} I (R\cos\theta + X\sin\theta)}{V_r} \times 100$$

$$= \frac{\sqrt{3} \times 200(7.61 \times 0.8 + 11.85 \times 0.6)}{60000} \times 100 = 7.62[\%]$$

【정답】 ①

39. 피뢰기의 충격방전 개시전압은 무엇으로 표시하는가?

① 직류전압의 크기
② 충격파의 평균치
③ 충격파의 최대치
④ 충격파의 실효치

|정|답|및|해|설|

[피뢰기의 충격방전 개시전압] 피뢰기 단자에 충격전압을 인가하였을 경우 방전을 개시하는 전압을 충격방전 개시전압이라 하며, **충격파의 최대치**로 나타낸다. 【정답】 ③

40. 지지물 간 거리(경간)가 200[m]인 가공전선로가 있다. 사용 전선의 길이는 지지물 간 거리(경간)보다 몇 [m] 더 길게 하면 되는가? (단, 사용 전선의 1[m]당 무게는 2[kg], 인장하중은 4,000[kg], 전선의 안전율은 2로 하고 풍압하중은 무시한다)

① $\frac{1}{2}$ ② $\sqrt{2}$
③ $\frac{1}{3}$ ④ $\sqrt{3}$

|정|답|및|해|설|

[처짐 정도(이도) 및 전선의 실제 길이] $D = \frac{\omega S^2}{8T}$[m], $L = S + \frac{8D^2}{3S}$[m]

여기서, S : 지지물 간의 거리(경간), D : 처짐 정도(이도)
ω : 전선의 중량, T : 수평장력

1. 처짐 정도(이도) $D = \frac{\omega S^2}{8T} = \frac{2 \times 200^2}{8 \times 4000/2} = 5$
2. 실제 길이에서 지지물 간의 거리(경간)를 뺀 값이다.
즉, $L - S = \frac{8D^2}{3S}[m] \rightarrow \frac{8D^2}{3S} = \frac{8 \times 5^2}{3 \times 200} = \frac{1}{3}[m]$

【정답】 ③

2회 2024년 전기기사필기 (전기기기)

41. 우리나라 발전소에 설치되어 3상 교류를 발생하는 발전기는?

① 동기발전기 ② 분권발전기
③ 직권발전기 ④ 복권발전기다.

|정|답|및|해|설|

[동기발전기] 발전소에서 **전력 발생을 목적**으로 사용하는 발전기는 모두 동기발전기로 3상 교류를 발생한다.

※우리나라에서 3상 교류를 발생하는 발전기는 모두 동기발전기이다.

【정답】 ①

42. 극수 p의 3상 유도전동기가 주파수 $f[Hz]$, 슬립 s, 토크 T$[N\cdot m]$로 운전하고 있을 때 기계적 출력[W]은?

① $T\cdot\frac{4\pi f}{p}(1-s)$　　② $T\cdot\frac{4\pi f}{\pi}(1-s)$

③ $T\cdot\frac{4\pi f}{p}s$　　④ $T\cdot\frac{\pi f}{2p}(1-s)$

|정|답|및|해|설|

[기계적 출력] $P_0 = T\cdot w$

1. $n=\frac{2f}{p}(1-s)[rad/s]$　→ (p : 극수, s : 슬립, f : 주파수)
2. $P_0 = T\cdot w$

$= T\cdot 2\pi n = T\cdot 2\pi\cdot\frac{2f}{p}(1-s) = T\frac{4\pi f}{p}(1-s)[W]$

【정답】 ①

|참|고|

1. 토크 $T=\frac{60P}{2\pi N}$　→ (P : 출력[W], N : 회전자속도[rpm])

$T=\frac{60p}{2\pi N}=\frac{60P_2(1-s)}{2\pi N_s(1-s)}=\frac{60P_2}{2\pi N_s}=\frac{60P_{c2}}{2\pi sN_s}[N\cdot m]$

→ (P_2 : 2차입력[W], N_s : 동기속도[rpm], P_{c2} : 2차동손(W))

→ ($P_2=\frac{P_{c2}}{s}$)

2. 출력 $P=\frac{2\pi NT}{60}=\frac{2\pi N_s(1-s)T}{60}=\frac{2\pi\frac{120f}{p}(1-s)T}{60}$

$=T\frac{4\pi f}{p}(1-s)[W]$

43. 전부하시 슬립 2[%], 회전자 1상의 저항 0.1[Ω 인 3상 권선형 유도전동기의 슬립링을 거쳐서 2차의 외부에 저항을 삽입하여 그 기동 토크를 전부하 토크와 같게 하고자 한다. 이 저항값 $R[\Omega]$은?

① 5.0　　② 4.9

③ 4.8　　④ 4.7

|정|답|및|해|설|

[2차 삽입저항] $R=r_2\left(\frac{1}{s}-1\right)=r_2\frac{1-s}{s}[\Omega]$

여기서, r_2 : 회전자 1상의 저항, R : 2차삽입저항, s : 1차슬립

$\therefore R=r_2\frac{1-s}{s}=0.1\times\frac{1-0.02}{0.02}=4.9[\Omega]$

【정답】 ②

44. 무정전 전원장치(UPS)에 사용되는 컨버터의 주된 사용 목적은?

① 교류전압의 변화를 안정화시키기 위함이다.

② 교류전압의 주파수를 변화시키기 위함이다.

③ 교류전압을 직류전압으로 변화시키기 위함이다.

④ 교류전압을 다른 교류전압으로 변화시키기 위함이다.

|정|답|및|해|설|

[컨버터] 교류(AC) → 직류(DC)로 주파수 변환하는 장치

※인버터(Inverter) : 직류(DC) → 교류(AC)

【정답】 ③

45. 동기전동기의 여자전류를 증가하면 어떤 현상이 발생하는가?

① 전기자전류의 위상이 앞선다.

② 난조가 생긴다.

③ 토크가 증가한다.

④ 앞선 무효전류가 흐르고 유도기전력은 높아진다.

|정|답|및|해|설|

[동기전동기의 V곡선(위상특성곡선)]

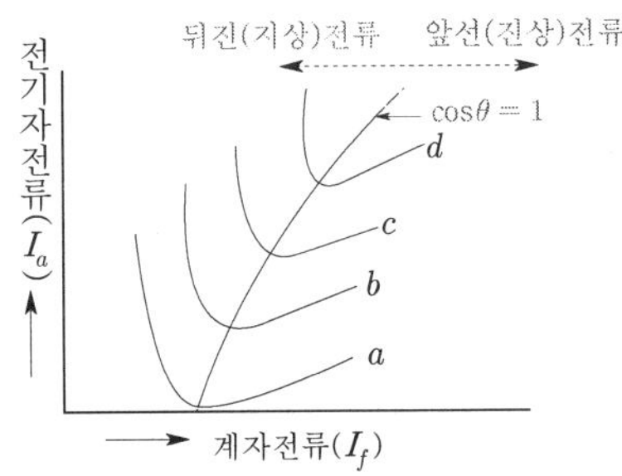

위상특성곡선(V곡선)에 나타난 바와 같이 공급 전압 V 및 출력 P_2를 일정한 상태로 두고 여자만을 변화시켰을 경우 **전기자 전류의 크기와 역률**이 달라진다.

1. 여자 전류(I_f)를 증가시키면 역률은 앞서고 전류(I_a)는 증가한다.
→(앞선 전류(진상, 콘덴서(C) 작용))
2. 여자 전류(I_f)를 감소시키면 역률은 뒤지고 전기자 전류(I_a)는 증가한다.　→(뒤진 전류(지상, 리액터(L) 작용))

※주의 : 전동기와 발전기는 전류의 방향이 반대이므로 반대로 작용한다.

【정답】 ①

46. 다음 전동기 중 역률이 가장 좋은 전동기는?

① 동기전동기
② 반발전동기
③ 농형유도전동기
④ 교류정류자전동기

|정|답|및|해|설|

[동기전동기 장·단점]
[장점]
·속도가 일정하다.
·**역률 및 효율이 가장 우수하다.** → (역률 1)
·기동토크가 작다.
·언제나 역률 1로 운전할 수 있다.
·역률을 조정할 수 있다.
·유도전동기에 비해 효율이 좋다.
·공극이 크고 기계적으로 튼튼하다.
[단점]
·속도 제어가 곤란하다.
·기동토크를 얻기가 어렵다.
·기동장치가 필요하다.
·직류전원설비가 필요하다.
·구조가 복잡하고 가격이 비싸다.
·난조 발생 우려가 있다.

【정답】 ①

47. 3상 동기발전기에 무부하 전압보다 90° 늦은 전기자전류가 흐를 때 전기자반작용은?

① 교차자화작용을 한다.
② 자기여자작용을 한다.
③ 감자작용을 한다.
④ 증자작용을 한다.

|정|답|및|해|설|

[3상 동기발전기의 전기자반작용]

역 률	부 하	전류와 전압과의 위상	작 용
역률 1	저항	I_a가 E와 동상인 경우	교차자화작용 (횡축반작용)
뒤진(지상) 역률 0	유도성 부하	I_a가 E보다 **$\pi/2$(90도) 뒤지는 경우**	**감자작용** (자화반작용)
앞선(진상) 역률 0	용량성 부하	I_a가 E보다 $\pi/2$(90도) 앞서는 경우	증자작용 (자화작용)

여기서, I_a : 전기자전류, E : 유기기전력

※[전기자반작용] 동기전동기의 전기자반작용은 동기발전기와 반대

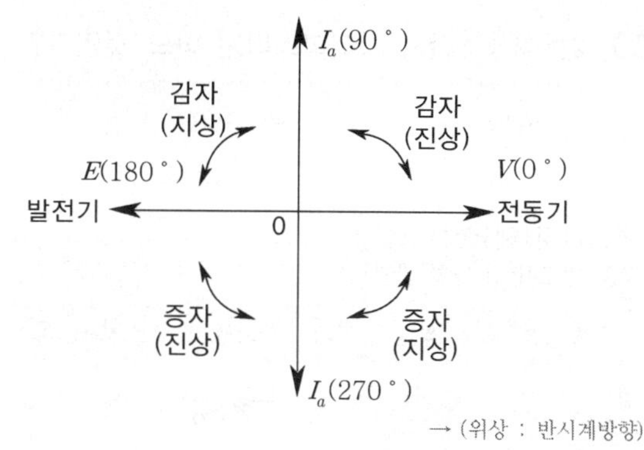

→ (위상 : 반시계방향)

【정답】 ③

48. 교류 발전기의 고조파 발생을 방지하는데 적합하지 않은 것은?

① 전기자반작용을 크게 한다.
② 전기자권선을 단절권으로 감는다.
③ 전기자슬롯을 스큐슬롯으로 한다.
④ 전기자권선의 결선은 성형으로 한다.

|정|답|및|해|설|

[교류(동기)발전기 고조파 발생 방지법]
1. 전기자를 Y(성형)결선으로 : 제3고조파의 순환전류 발생되지 않는다.
2. 권선을 분포권, 단절권으로 : 고조파를 제거하여 기전력의 파형 개선
3. 전기자 슬롯을 스큐 슬롯 : 고조파에 의한 크로우링 현상 방지
4. **전기자반작용 적게 할 것**
5. 매극매상의 슬롯수를 크게 한다.

【정답】 ①

49. 변압기의 등가회로 구성에 필요한 시험이 아닌 것은?

① 단락시험 ② 반환부하시험
③ 무부하시험 ④ 권선저항 측정

|정|답|및|해|설|

[변압기의 등가회로 작성 시 필요한 시험]
1. 단락시험 : 동손, 임피던스전압, 임피던스와트(동손), 단락전류
2. 무부하시험 : 철손, 여자전류, 여자어드미턴스
3. 권선의 저항 측정 시험 : 1차, 2차 저항과 리액턴스

【정답】 ②

※② 반환부하시험 : 온도시험

50. 2방향성 3단자 사이리스터는 어느 것인가?

① SCR　　② SSS
③ SCS　　④ TRIAC

|정|답|및|해|설|

[각종 반도체 소자의 비교]

방향성	명칭	단자	기호	응용 예
역저지 (단방향) 사이리스터	SCR	3단자		정류기 인버터
	LASCR			정지스위치 및 응용스위치
	GTO			쵸퍼 직류스위치
	SCS	4단자		
쌍방향성 사이리스터	SSS	2단자		초광장치, 교류스위치
	TRIAC	3단자		초광장치, 교류스위치
	역도통			직류효과

【정답】④

51. 정격 5[kW], 100[V], 50[A], 1500[rpm]의 타여자 직류 발전기가 있다. 계자전압 50[V], 계자전류 5[A], 전기자 저항 0.2[Ω]이고 브러시에서 전압강하는 2[V]이다. 무부하시와 정격부하시의 전압차는 몇 [V]인가?

① 12　　② 10
③ 8　　④ 6

|정|답|및|해|설|

[전압차] 전압차 = 무부하전압 − 정격전압 = $E-V[V]$

→ (무부하전압(유기기전력) $E=V+I_aR_a+e_b$)

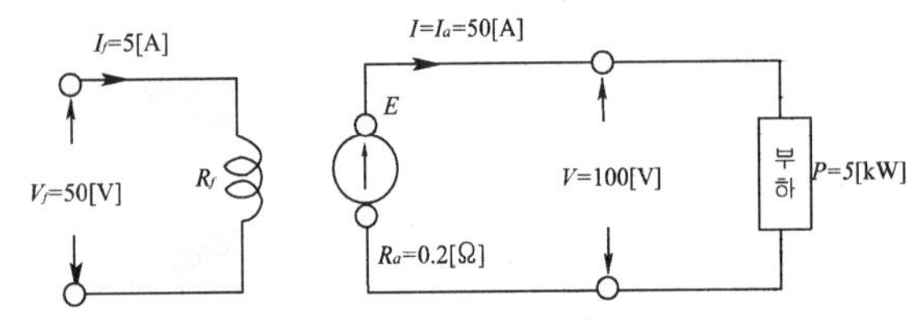

전압차 $e=V+I_aR_a+e_b-V=I_aR_a+e_b=50\times0.2+2=12[V]$

【정답】①

52. 4극, 중권, 총도체수 500, 1극의 자속수가 0.01 [Wb]인 직류 발전기가 100[V]의 기전력을 발생시키는데 필요한 회전수는 몇 [rpm] 인가?

① 1000　　② 1200
③ 1600　　④ 2000

|정|답|및|해|설|

[직류발전기의 유기기전력] $E=\frac{pz}{a}\varnothing n[V]$

여기서, n : 전기자의 회전[rps]$(=\frac{N}{60}[\text{rpm}])$

N : 회전자의 회전수[rpm], p : 극수, $\varnothing$: 매 극당 자속수

z : 총 도체수, a : 병렬회로 수

중권에서 $a=p$이므로

$E=\frac{pz}{a}\varnothing n[V]$ → $100=\frac{4\times500}{4}\times0.01\times\frac{N}{60}$

$\therefore N=1200[\text{rpm}]$

【정답】②

53. 변압기에서 사용되는 변압기유의 구비 조건으로 틀린 것은?

① 점도가 클 것
② 응고점이 낮을 것
③ 인화점이 높을 것
④ 절연내력이 클 것

|정|답|및|해|설|

[변압기유의 구비 조건]

· 절연내력이 클 것
· 절연재료 및 금속에 화학작용을 일으키지 않을 것
· 인화점이 높고 응고점이 낮을 것
· **점도가 낮고**(유동성이 풍부) 비열이 커서 냉각 효과가 클 것
· 고온에 있어 석출물이 생기거나 산화하지 않을 것
· 증발량이 적을 것
· 침전물이 없을 것

【정답】①

54. 다음 중 3상 권선형 유도전동기의 기동법은?

① 2차저항기동법　　② 분상기동법
③ 반발기동법　　④ 커패시터기동법

|정|답|및|해|설|

[권선형 유도전동기] **2차저항에 의한 기동방법**은 권선형 유도전동기의 2차 회로에 가변저항기를 접속하여 비례추이의 원리에 의하여 기동시 큰 기동토크를 얻는 반면에 기동전류는 억제하는 기동방법이다.

【정답】①

※② 분상기동법, ③ 반발기동법, ④ 커패시터기동법 : 단상권선형 유도전동기의 기동법

55. 극수가 24일 때, 전기각 180° 에 해당하는 기계각은?

① 7.5　　② 15°
③ 22.5°　　④ 30°

|정|답|및|해|설|

[전기각] 교류의 하나의 파는 각도로 하여 360° 이므로 이것을 바탕으로 하여 몇 개의 파수 또는 파의 일부분 등을 각도로 나타낸 것이다. 2극을 기준으로 하므로 1개의 극은 180° 에 해당하므로 전기각은 다음과 같다.

전기각 $\alpha_e[rad] = \alpha[rad] \times \frac{P}{2}$

여기서, α_e : 전기각, α : 기계각, P : 극수

따라서 기계각 $\alpha = \frac{2}{P} \times \alpha_e = \frac{2}{24} \times 180 = 15°$ 【정답】 ②

56. 동기전동기를 부족여자로 운전하면 어떠한 작용을 하는가?

① 충전전류가 흐른다.
② 콘덴서 작용을 한다.
③ 뒤진 전류가 흐른다.
④ 뒤진 전류를 보상한다.

|정|답|및|해|설|

[위상특성곡선(V곡선)] 계자(여자)전류와 전기자전류와의 관계

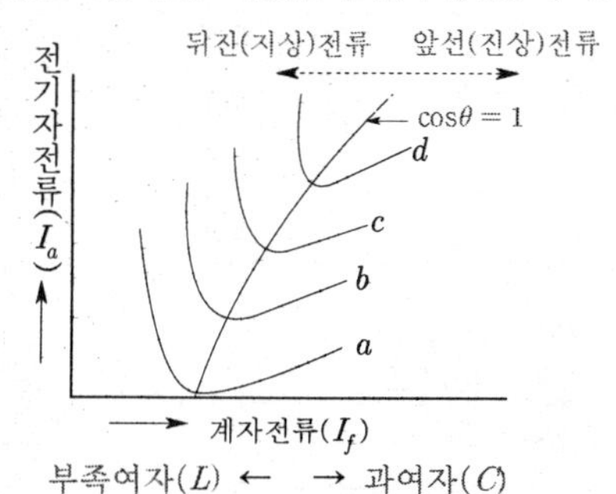

1. **여자(계자)전류를 감소시키면 역률은 뒤지고** 전기자전류는 증가한다. →(부족여자 : 뒤진 전류(지상, 리액터(L) 작용))
2. 여자전류를 증가시키면 역률은 앞서고 전기자전류는 증가한다. →(과여자 : 앞선 전류(진상, 콘덴서(C) 작용))
3. V곡선에서 $\cos\theta$=1(역률 1)일 때 전기자전류가 최소다.
4. a번 곡선으로 운전 중 출력이 증가하면 곡선은 상향이 되어 부하가 가장 클 때가 d번 곡선이다. 【정답】 ③

57. 정격부하에서 역률 0.8(뒤짐)로 운전될 때, 전압변동률이 12[%]인 변압기가 있다. 이 변압기에 역률 100[%]의 정격부하를 걸고 운전할 때의 전압변동률은 약 몇 [%]인가? (단, %저항강하는 %리액턴스강하의 1/12이라고 한다.)

① 0.909　　② 1.5
③ 6.85　　④ 16.18

|정|답|및|해|설|

[전압변동률(ϵ)] $\epsilon = p\cos\theta_2 \pm q\sin\theta_2$

→ (지상이면 +, 진상이면 -, 언급이 없으면 +)

여기서, p : %저항 강하, q : %리액턴스 강하,
θ : 부하 Z의 위상각

역률($\cos\theta$) 0.8(뒤짐)로 운전될 때, 전압변동률이 12[%]
%저항강하는 %리액턴스강하의 1/12

$p = \frac{1}{12}q$에서 $q = 12p$

$\epsilon = p\cos\theta_2 + q\sin\theta_2 \to p \times 0.8 + q \times 0.6 = 12[\%]$
$p \times 0.8 + 12p \times 0.6 = 12[\%]$

$8p = 12$이므로 %저항강하 $p = \frac{12}{8} = 1.5$

%리액턴스강하 $q = 12p$이므로 $q = 12 \times 1.5 = 18$

그러므로 전압변동률 $\epsilon = p\cos\theta_2 + q\sin\theta_2$에서

역률이 100[%]일 때 $\cos\varnothing = 1$, $\sin\varnothing = 0$이므로 $\epsilon = p = 1.5$

【정답】 ②

58. 210/105[V]의 변압기를 그림과 같이 결선하고 고압측에 200[V]의 전압을 가하면 전압계의 지시는 몇 [V]인가? (단, 변압기는 가극성이다.)

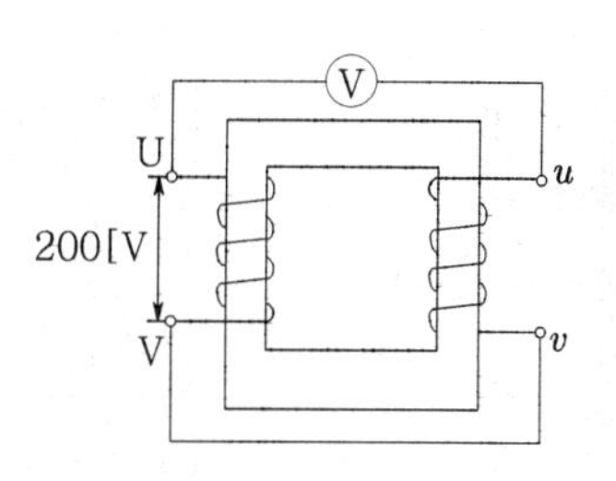

① 100　　② 200
③ 300　　④ 400

|정|답|및|해|설|

[전압계의 지시값(가극성)] $V = E_1 + E_2$

→ (감극성 : $V = E_1 - E_2$)

권수비 $a = \frac{E_1}{E_2} = \frac{210}{105} = 2$

$a = \frac{E_1}{E_2} \to 2 = \frac{E_1}{E_2} = \frac{200}{E_2} \to E_2 = 100$

$\therefore V = E_1 + E_2 = 200 + 100 = 300[V]$ 【정답】 ③

59. 다음 그림의 직류기의 권선법으로 옳은 것은?

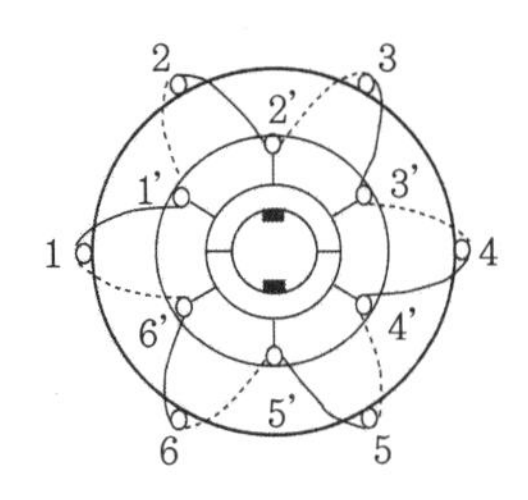

① 고상권　　② 환상권

③ 이층권　　④ 폐로권

|정|답|및|해|설|

[환상권] 환상철심에 권선을 안팎으로 감은 것

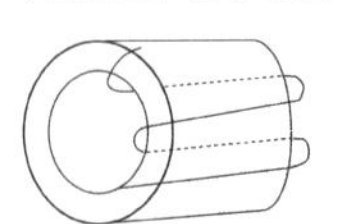

【정답】 ②

|참|고|

[전기자권선]

고상권	원통형 철심의 표면에서만 권선이 왔다 갔다 하도록 만든 것 ※환상권 : 환상 철심에 권선을 안팎으로 감은 것
폐로권	어떤 점에서 출발하여도 권선도체를 따라가면 출발점에 되돌아와서 닫혀지고 폐회로가 되는데 이를 폐로권이라 한다. ※개로권 : 몇 개의 개로된 독립 권선을 철심에 감은 것
2층권	슬롯 1개에 상·하 2층으로 코일변을 넣는 방법 ※단층권 : 슬롯 1개에 코일변 1개만을 넣는 방법

60. 동기각속도 w_0, 회전자각속도 w인 유도전동기의 2차효율은?

① $\frac{w_0}{w}$　　② $\frac{w}{w_0}$

③ $\frac{w_0 - w}{w_0}$　　④ $\frac{w_0 - w}{w}$

|정|답|및|해|설|

[유도전동기의 2차효율]

$$\eta_2 = \frac{P_0}{P_2} = \frac{(1-s)P_2}{P_2} = (1-s) = \frac{N}{N_s} = \frac{w}{w_0}$$

$\rightarrow (N = N_s(1-s),\ w = 2\pi\frac{N}{60}[rad/s] \rightarrow w \propto N)$

여기서, P_0 : 2차출력, P_2 : 2차입력, s : 슬립

【정답】 ②

2회 2024년 전기기사필기 (회로이론 및 제어공학)

61. 다음 함수의 역라플라스 변환 $i(t)$는 어떻게 되는가?

$$I(s) = \frac{2s+3}{(s+1)(s+2)}$$

① $e^{-t} + e^{-2t}$　　② $e^{-t} - e^{-2t}$

③ $e^{-t} - 2e^{-2t}$　　④ $e^{-t} + 2e^{-2t}$

|정|답|및|해|설|

[역라플라스 변환] $i(t) = \mathcal{L}^{-1}[I(s)]$

$$I(s) = \frac{2s+3}{(s+1)(s+2)} = \frac{K_1}{s+1} + \frac{K_2}{s+2}$$

$$K_1 = \lim_{s \to -1}(s+1)F(s) = \left|\frac{2s+3}{s+2}\right|_{s=-1} = 1$$

$$K_2 = \lim_{s \to -2}(s+2)F(s) = \left|\frac{2s+3}{s+1}\right|_{s=-2} = 1$$

$$I(s) = \frac{1}{s+1} + \frac{1}{s+2}$$

$$\therefore i(t) = \mathcal{L}^{-1}[I(s)] = \mathcal{L}^{-1}\left|\frac{1}{s+1} + \frac{1}{s+2}\right| = e^{-t} + e^{-2t}$$

【정답】 ①

62. 회로에서 단자 a, b 사이에 교류전압 200[V]를 가하였을 때 c, d 사이의 전위차는 몇[V]인가?

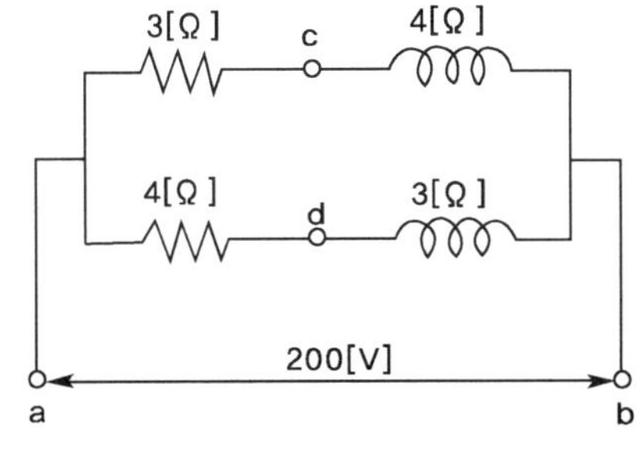

① 46[V]　　② 96[V]

③ 56[V]　　④ 76[V]

|정|답|및|해|설|

[브리지회로의 전위차(V_{cd})]

1. $I_1 = \frac{200}{3+j4} = \frac{200(3-j4)}{(3+j4)(3-j4)} = \frac{200(3-j4)}{25} = \frac{600-j800}{25} = 24 - j32[A]$

2. $I_2 = \frac{200}{4+j3} = \frac{200(4-j3)}{(4+j3)(4-j3)} = \frac{200(4-j3)}{25} = \frac{800-j600}{25} = 32 - j24[A]$

$\therefore V_{cd} = 4(32-j24) - 3(24-j32) = 128 - j96 - 72 + j96 = 56[V]$

【정답】 ③

63. 다음과 같은 비정현파 기전력 및 전류에 의한 평균 전력을 구하면 몇 [W]인가? (단, 전압 및 전류의 순시식은 다음과 같다.)

$$e = 100\sin\omega t - 50\sin(3\omega t + 30^\circ) + 20\sin(5\omega t + 45^\circ)[V]$$
$$i = 20\sin\omega t + 10\sin(3\omega t - 30^\circ) + 5\sin(5\omega t - 45^\circ)[A]$$

① 825 ② 875
③ 925 ④ 1175

|정|답|및|해|설|

[비정현파 유효전력] $P = VI\cos\theta[W]$

유효전력은 1고조파+3고조파+5고조파의 전력을 합한다.

즉, $P = V_1I_1\cos\theta_1 + V_3I_3\cos\theta_3 + V_5I_5\cos\theta_5[W]$

→ (전압과 전류는 실효값($V = \frac{V_m}{\sqrt{2}}$)으로 한다.)

$$\therefore P = V_1I_1\cos\theta_1 + V_3I_3\cos\theta_3 + V_5I_5\cos\theta_5$$
$$= (\frac{100}{\sqrt{2}} \times \frac{20}{\sqrt{2}}\cos 0^\circ) + (-\frac{50}{\sqrt{2}} \times \frac{10}{\sqrt{2}}\cos(30-(-30))) + (\frac{20}{\sqrt{2}} \times \frac{5}{\sqrt{2}}\cos(45-(-45)))$$
$$= \frac{1}{2}(2000\cos 0 - 500\cos 60 + 100\cos 90) = 1000 - 125 = 875[W]$$

【정답】 ②

64. 분포정수회로에서 선로의 단위 길이당 저항을 R, 인덕턴스를 L, 누설컨덕턴스를 G, 정전용량을 C라 할 때 일그러짐이 없는 선로로 되는 조건은?

① $RC = LG$ ② $RL = CG$
③ $R = \sqrt{\frac{L}{C}}$ ④ $R = \sqrt{LC}$

|정|답|및|해|설|

[무왜선로] 일그러짐이 없는 선로의 조건은 $RC = LG$

【정답】 ①

65. 그림과 같은 H형 회로의 4단자 정수 중 A의 값은 얼마인가?

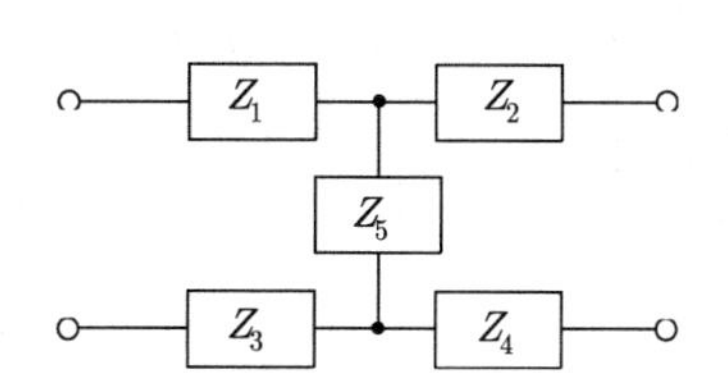

① Z_5 ② $\frac{Z_5}{Z_2 + Z_4 + Z_5}$
③ $\frac{1}{Z_5}$ ④ $\frac{Z_1 + Z_3 + Z_5}{Z_5}$

|정|답|및|해|설|

[4단자정수] H형 회로를 T형 회로로 등가 변환

1. 기본 T형으로 바꾼다.
   문제에서 가로축에 있는 성분을 더한다.

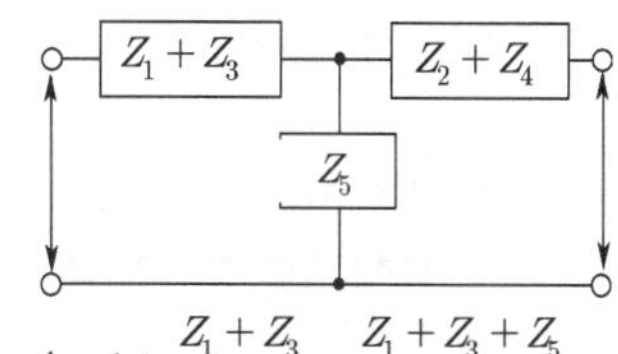

$$\therefore A = 1 + \frac{Z_1 + Z_3}{Z_5} = \frac{Z_1 + Z_3 + Z_5}{Z_5}$$

→ (왼쪽에서 오른쪽으로 대각선, 밑에 있는 것이 분모)

【정답】 ④

|참|고|

[4단자정수(T형회로)]

$\cdot A = 1 + \frac{Z_1}{Z_3}$

$\cdot B = Z_1 + Z_2 + \frac{Z_1Z_2}{Z_3}$

$\cdot C = \frac{1}{Z_3}$

$\cdot D = 1 + \frac{Z_2}{Z_3}$

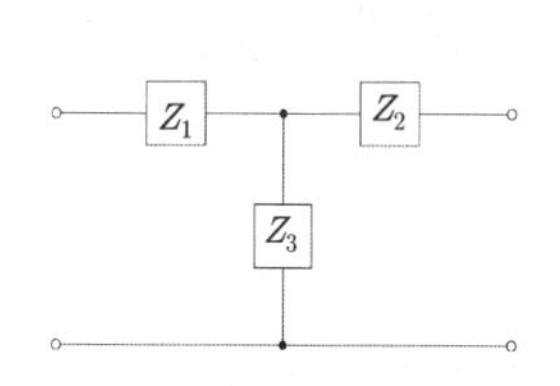

66. RL직렬회로에 순시치 전압 $e = 20 + 100\sin\omega t + 40\sin(3\omega t + 60^\circ) + 40\sin 5\omega t$ [V]인 전압을 가할 때 제5고조파 전류의 실효값은 몇 [A]인가? (단, R=4$[\Omega]$, $\omega L = 1[\Omega]$이다.)

① 4.4 ② 5.66
③ 6.25 ④ 8.0

|정|답|및|해|설|

[5고조파 전류] $I_5 = \frac{V_5}{Z_5}$

5고조파 임피던스 $Z_5 = R + j5\omega L = 4 + j5 = \sqrt{4^2 + 5^2}$

$$\therefore I_5 = \frac{V_5}{Z_5} = \frac{V_5}{\sqrt{R^2 + (5\omega L)^2}}$$

→ (5고조파 임피던스 $Z_5 = R + j5\omega L$)

$$= \frac{\frac{40}{\sqrt{2}}}{\sqrt{4^2 + (5\times 1)^2}} = 4.4[A]$$

【정답】 ①

67. 회로에서 정전용량 C는 초기 전하가 없었다. 지금 $t=0$에서 스위치 K를 닫았을 때 $t=0^+$에서의 $i(t)$는 어떻게 되는가?

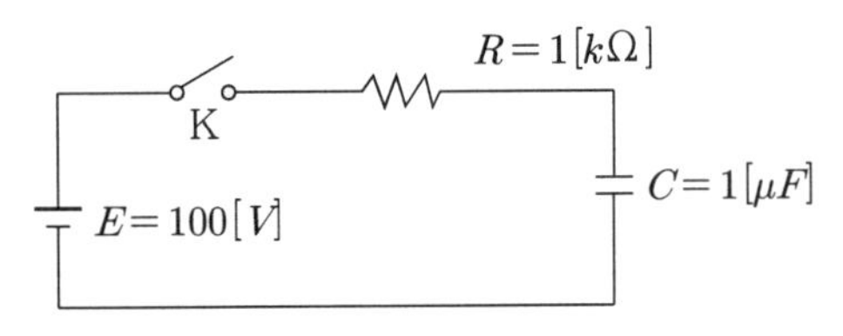

① 0.1[A] ② 0.2[A]
③ 0.4[A] ④ 1[A]

| 정 | 답 | 및 | 해 | 설 |

[RC 과도현상(과도전류)] $i(t)=\frac{E}{R}e^{-\frac{1}{RC}t}$

초기 전하를 0이라 하면

$\therefore i(t)=\frac{E}{R}e^{-\frac{1}{RC}t}=\frac{100}{1000}e^0=0.1[A]$ → ($\because t=0$)

【정답】 ①

68. 그림과 같은 회로의 구동점 임피던스 Z_{ab}는?

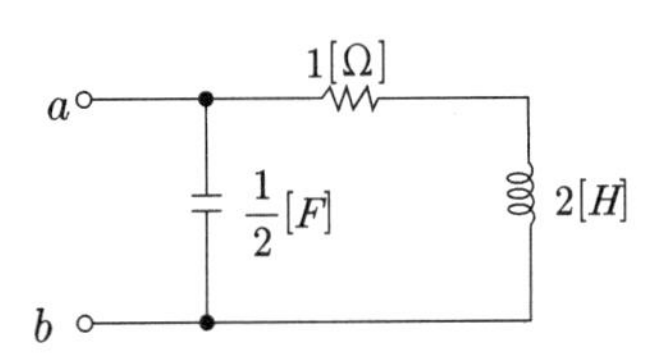

① $\frac{2(2s+1)}{2s^2+s+2}$ ② $\frac{2s+1}{2s^2+s+2}$

③ $\frac{2(2s-1)}{2s^2+s+2}$ ④ $\frac{2s^2+s+2}{2(2s+1)}$

| 정 | 답 | 및 | 해 | 설 |

[구동점 임피던스] 구동점 임피던스는 $j\omega$ 또는 s로 치환하여 나타낸다.

1. $R \to Z_R(s)=R$
2. $L \to Z_L(s)=j\omega L=sL=2s$ → ($X_L=j\omega L=sL$)
3. $C \to Z_c(s)=\frac{1}{j\omega C}=\frac{1}{sC}=\frac{1}{s\frac{1}{2}}=\frac{2}{s}$ → ($X_C=\frac{1}{jwC}=\frac{1}{sC}$)

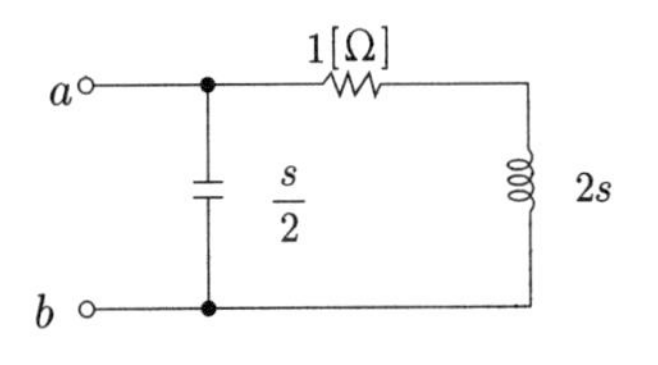

$\therefore Z_{ab}(s)=\frac{(1+2s)\cdot\frac{2}{s}}{(1+2s)+\frac{2}{s}}=\frac{2(2s+1)}{2s^2+s+2}$ 【정답】 ①

69. 그림과 같은 $R-L-C$ 회로망에서 입력 전압을 $e_i(t)$, 출력량을 전류 $i(t)$로 할 때, 이 요소의 전달 함수는?

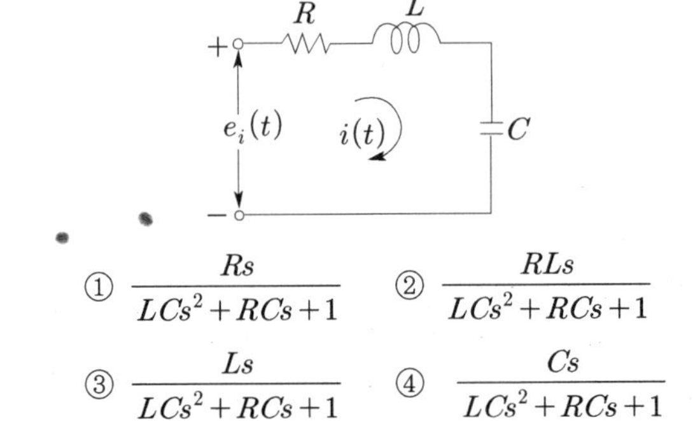

① $\frac{Rs}{LCs^2+RCs+1}$ ② $\frac{RLs}{LCs^2+RCs+1}$

③ $\frac{Ls}{LCs^2+RCs+1}$ ④ $\frac{Cs}{LCs^2+RCs+1}$

| 정 | 답 | 및 | 해 | 설 |

[전달함수] $G(s)=\frac{I(s)}{E(s)}$

$e_i(t)=Ri(t)+L\frac{d}{dt}i(t)+\frac{1}{C}\int i(t)dt$

라플라스 변환하면 $E_i(s)=RI(s)+LsI(s)+\frac{1}{Cs}I(s)$

$\therefore \frac{I(s)}{E(s)}=\frac{Cs}{LCs^2+RCs+1}$ 【정답】 ④

70. 그림과 같은 교류 브리지가 평형상태에 있다. C[F]의 값은 얼마인가?

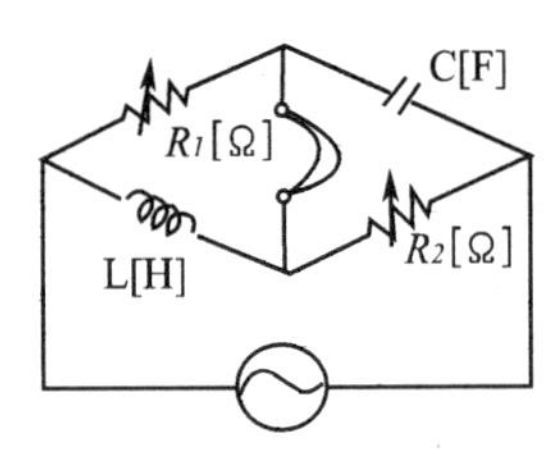

① $\frac{R_1R_2}{L}$ ② $\frac{L}{R_1R_2}$

③ R_1R_2L ④ $\frac{R_2}{R_1L}$

| 정 | 답 | 및 | 해 | 설 |

[브리지 평형상태] 평형이면 대각선 임피던스의 곱이 같으므로

$R_1\cdot R_2=\omega L\times\frac{1}{wC}$ → $\therefore C=\frac{L}{R_1\cdot R_2}$ 【정답】 ②

71. $G(jw)=K(jw)^2$ 인 보드선도의 기울기는 몇 [dB/dec] 인가?

① −40 ② −20
③ 20 ④ 40

|정|답|및|해|설|

[적분요소의 보드선도]

$g=20\log|G(jw)|=20\log|K(jw)^2|=20\log Kw^2=20\log K+40\log w$

1. $w=0.1$일 때 $g=20\log K-40[dB]$
2. $w=1$일 때 $g=20\log K$
3. $w=10$일 때 $g=20\log K+40[dB]$

그러므로 $40[dB/dec]$의 경사를 가지며

위상각 $\theta=\angle G(jw)=\angle K(jw)^2=180°$ 【정답】 ④

72. 제어계 중에서 물체의 위치(속도, 가속도), 각도(자세, 방향) 등의 기계적인 출력을 목적으로 하는 제어는?

① 프로세스제어 ② 프로그램제어
③ 자동조정제어 ④ 서보제어

|정|답|및|해|설|

[제어계]

1. 프로세스제어(공정 제어)
   - ·압력, 온도, 유량, 농도 등의 공업 프로세스의 상태량을 제어량으로
   - ·온도제어장치, 압력제어장치, 유량제어 장치
2. 서보제어(추종 제어)
   - ·**위치, 자세, 방위** 등의 기계적 변위를 제어량으로
   - ·대공포의 포신제어, 미사일의 유도기구
3. 자동조정제어(정치제어)
   - ·전압. 속도, 힘 등 전기적, 기계적인 양을 제어량으로
   - ·응답속도가 빨라야 한다.
   - ·자동전압조정기, 발전기의 조속기 제어

【정답】 ④

73. 개루프 전달함수 $G(s)$가 다음과 같이 주어지는 단위 피드백 계의 단위 속도 입력에 대한 정상편차는?

$$G(s)=\frac{s+5}{s(s+2)(s+4)}$$

① $\frac{5}{8}$ ② $\frac{1}{3}$
③ $\frac{1}{4}$ ④ $\frac{8}{5}$

|정|답|및|해|설|

[정상속도편차] $e_{ssv}=\dfrac{1}{\lim_{s\to0} sG(s)}$

$$e_{ssv}=\frac{1}{\lim_{s\to0} s\cdot\frac{s+5}{s(s+2)(s+4)}}=\frac{1}{\frac{5}{8}}=\frac{8}{5}$$

【정답】 ④

|참|고|

[편차의 종류]

편차의 종류	입력	편차상수	편차
위치 편차	$r(t)=u(t)=1$	$K_p=\lim_{s\to0}G(s)H(s)$	$e_p=\frac{1}{1+K_p}$
속도 편차	$r(t)=t$	$K_v=\lim_{s\to0}sG(s)H(s)$	$e_v=\frac{1}{K_v}$
가속도 편차	$r(t)=\frac{1}{2}t^2$	$K_a=\lim_{s\to0}s^2G(s)H(s)$	$e_a=\frac{1}{K_a}$

74. 다음 중 $G(s)H(s)=\dfrac{K}{T_s+1}$일 때 이 계통은 어떤 형인가?

① 0형 ② 1형
③ 2형 ④ 3형

|정|답|및|해|설|

[제어계] $G(s)H(s)=\dfrac{1}{s^n(s+1)}$

$G(s)H(s)=\dfrac{K}{T_s+1}=\dfrac{K}{s^0(T_s+1)}$

1. n=0이면 o형 제어계 : $G(s)H(s)=\dfrac{K}{(s+a)}$
2. n=1이면 1형 제어계 : $G(s)H(s)=\dfrac{K}{s(s+a)}$
3. n=2이면 2형 제어계 : $G(s)H(s)=\dfrac{K}{s^2(s+a)}$ 【정답】 ①

75. 특성 방정식이 $s^3+3s^2+2s+K=0$로 주어지는 제어계가 안정하기 위한 K의 값은?

① K 〈 0　　② K 〉 6
③ 0 〈 K 〈 6　　④ K 〈 0, 6 〈 K

|정|답|및|해|설|

[루드의 표]

S^3	1	2	0
S^2	3	K	0
S^1	$A=\frac{6-K}{3}$	0	0
S^0	K		

제1열의 부호 변화가 없으므로 A와 K가 0보다 커야 한다.

즉, $\frac{6-K}{3}>0,\quad K>0\quad \therefore 0<K<6$　　【정답】 ③

|참|고|

60페이지 [(3) 루드표 작성 및 안정도 판별법] 참조

76. 특성 방정식이 $s^5+2s^4+2s^3+3s^2+4s+1=0$의 s 평면 우반부에 존재하는 근의 수는?

① 0　　② 1　　③ 2　　④ 3

|정|답|및|해|설|

[루드표를 이용한 판별법]

특성 방정식 $s^5+2s^4+2s^3+3s^2+4s+1=0$

S^5	1	2	4
S^4	2	3	1
S^3	$A=\frac{4-3}{2}=\frac{1}{2}$	$B=\frac{8-1}{2}=\frac{7}{2}$	0
S^2	$C=\frac{\frac{3}{2}-\frac{14}{2}}{\frac{1}{2}}=-11$	$D=\frac{\frac{1}{2}-0}{\frac{1}{2}}=1$	
S^1	$E=\frac{-\frac{11\times7}{2}-}{-11}=\frac{78}{11}$		
S^0	1		

1열에 s^2 −11가 있어서 부호가 두 번 바뀌었으므로 극점 5개중에 2개가 불안정 평면, 즉 우반면에 존재한다.

【정답】 ③

77. 다음 특정방정식의 완전 근궤적의 이탈점은 각각 얼마인가?

$$(s+1)(s+2)+K(s+3)=0$$

① s=−1.52, s=−3.54인 점
② s=−1.63, s=−2.66인 점
③ s=−1.72, s=−3.76인 점
④ s=−1.58, s=−4.414인 점

|정|답|및|해|설|

[이탈점(분리점)] 근궤적이 실수축에서 이탈되어 나아가기 시작하는 점

1. $1+\frac{K(s+3)}{(s+1)(s+2)}=0$　→ (각 항을 $(s+1)(s+2)$로 나눈다.)

2. $G(s)H(s)=\frac{K(s+3)}{(s+1)(s+2)}$　→ (특성방정식 $1+G(s)H(s)=0$)

3. $K(s+3)=-(s^3+3s+2)$　→ (−는 무시한다.)

$K=\frac{s^2+3s+2}{s+3}$

4. s에 관하여 미분하면

$$\frac{dK}{ds}=\frac{d}{ds}\frac{s^2+3s+2}{(s+3)}=\frac{(2s+3)\cdot(s+3)-(s^2+3s+2)}{(s+3)^2}=0$$

$$=\frac{2s^2+3s+6s+9-s^2-3s-2}{(s+3)^2}=0$$

→ $s^2+6s+7=0$이 되는 근이 이탈점의 후보

$s=-1.58,\ s=-4.414$

→ (근의 궤적 영역은 1구간, 3구간 존재하므로)

∴이탈점은 $s=-1.58,\ s=-4.414$　　【정답】 ④

|참|고|

[근궤적의 존재 범위]

$G(s)H(s)=\frac{K(s+3)}{(s+1)(s+2)}$

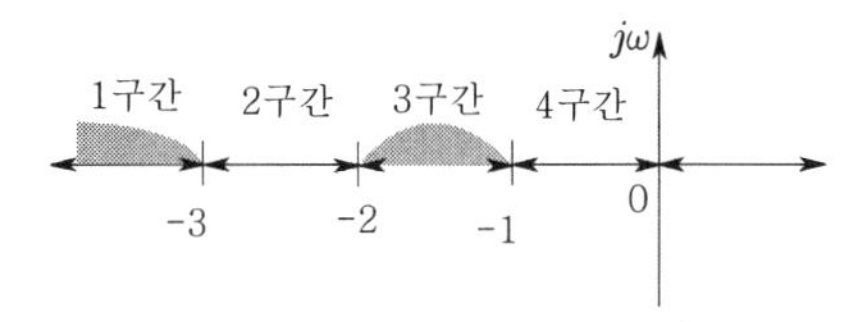

1. 극점 : −1, −2, −3
2. 극점과 영점의 총수가 홀수(1구간, 3구간)일 때 홀수 구간에만 존재한다.

78. 그림과 같은 궤환회로의 종합전달함수는?

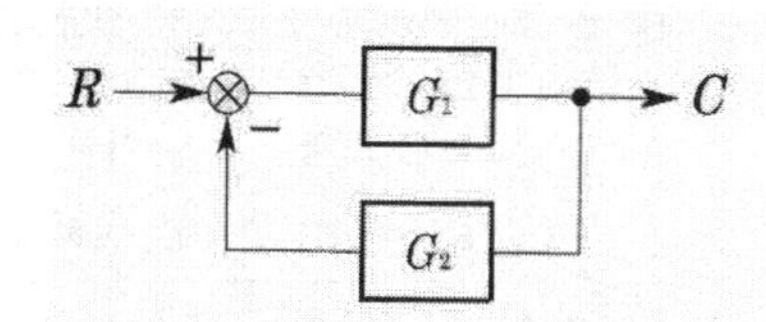

① $\frac{1}{G}+\frac{1}{G_2}$　② $\frac{G_1}{1-G_1G_2}$

③ $\frac{G_1}{1+G_1G_2}$　④ $\frac{G_1G_2}{1+G_1G_2}$

|정|답|및|해|설|

[전달함수] $G(s)=\frac{\sum 전향경로이득}{1-\sum 루프이득}$

1. 전향경로 이득 : G_1

→ (전향경로 : 입력에서 출력까지 도달하는 경로(피드백 제외))

2. 루프이득 : $-G_1G_2$

→ (루프이득 : 피드백되는 부분의 경로 이득)

$\therefore G(s)=\frac{경로이득}{1-폐로}=\frac{G_1}{1-(-G_1G_2)}=\frac{G_1}{1+G_1G_2}$

【정답】 ③

79. 다음 사항 중 옳게 표현된 것은?

① 비례요소의 전달함수는 $\frac{1}{Ts}$이다.

② 미분요소의 전달함수는 K이다.

③ 적분요소의 전달함수는 Ts이다.

④ 1차지연요소의 전달함수는 $\frac{K}{Ts+1}$이다.

|정|답|및|해|설|

[전달함수의 표현]

1. 비례요소의 전달함수는 K
2. 미분요소의 전달함수는 Ks
3. 적분요소의 전달함수는 $\frac{K}{s}$
4. 1차지연요소의 전달함수 : $\frac{K}{Ts+1}$

【정답】 ④

80. $G(s)=\frac{1}{1+Ts}$와 같이 주어진 제어 시스템에서 절점주파수의 이득은 약 얼마인가?

① $-2[dB]$　② $-3[dB]$

③ $-4[dB]$　④ $-5[dB]$

|정|답|및|해|설|

[이득] $g=20\log|G(jw)|[dB]$

$G(jw)=\frac{1}{1+jwT}$　→ (허수 $s=j\omega$)

$wT=1$에서 $w=\frac{1}{T}$이므로　→ (절점주파수 : 실수=허수 → ω값)

$G(s)=\frac{1}{1+jT\times\frac{1}{T}}=\frac{1}{1+j1}$

$\therefore g=20\log|G(jw)|=20\log\left|\frac{1}{1+j1}\right|=20\log\left(\frac{1}{\sqrt{2}}\right)\fallingdotseq -3[dB]$

【정답】 ②

2회 2024년 전기기사필기 (전기설비기술기준)

81. 다음에 해당되는 장소의 명칭은?

> 발전기·원동기·연료전지·태양전지·해양에너지발전설비·전기저장장치 그 밖의 기계기구[비상용 예비전원을 얻을 목적으로 시설하는 것 및 휴대용 발전기를 제외한다]를 시설하여 전기를 생산[원자력, 화력, 신재생에너지 등을 이용하여 전기를 생산시키는 것과 양수발전, 전기저장장치와 같이 전기를 다른 에너지로 변환하여 저장 후 전기를 공급하는 것]하는 곳을 말한다.

① 발전소　② 변전소

③ 개폐소　④ 급전소

|정|답|및|해|설|

[용어]

② 변전소 : 전기 · 전자 교류 전력을 송전 · 배전하기에 적당한 전압으로 바꾸어서 내보내는 시설.

③ 개폐소 : 전기 · 전자 구내에 스위치나 기타 장치를 설치하여 전류가 통하는 길을 여닫는 장소. 발전소, 변전소, 수요 장소 이외의 곳에 만들어진다.

④ 급전소 : 전력 계통의 운영에 관한 지시 및 급전조작을 하는 곳

【정답】 ①

82. 건축물 외부의 전기사용장소에서 그 전기사용장소에서의 전기사용을 목적으로 고정시켜 시설하는 전선을 무엇이라 하는가?

① 옥외배선 ② 옥내배선
③ 가공인입선 ④ 옥측배선

|정|답|및|해|설|

[용어]

① 옥외배선 : 건축물 외부의 전기사용장소에서 그 전기사용장소에서의 전기사용을 목적으로 고정시켜 시설하는 전선
② 옥내배선 : 건축물 내부의 전기사용장소에 고정시켜 시설하는 전선
③ 가공인입선 : 가공전선로의 지지물로부터 다른 지지물을 거치지 아니하고 수용장소의 붙임점에 이르는 가공전선
④ 옥측배선 : 건축물 외부의 전기사용장소에서 그 전기사용장소에서의 전기사용을 목적으로 조영물에 고정시켜 시설하는 전선

【정답】 ④

83. 전기욕기에 전기를 공급하는 전원장치는 전기욕기용으로 내장되어 있는 2차 측 전로의 사용전압을 몇 [V] 이하로 한정하고 있는가?

① 6 ② 10
③ 12 ④ 15

|정|답|및|해|설|

[전기욕기의 시설 (KEC 241.2)]

· 내장되어 있는 전원 변압기의 2차측 **전로의 사용전압이 10[V] 이하**인 것에 한한다.
· 욕탕안의 전극간의 거리는 1[m] 이상일 것
· 전원장치로부터 욕탕안의 전극까지의 배선은 공칭단면적 2.5 [mm^2] 이상의 연동선

【정답】 ②

84. 주택용 배선용차단기의 순시트립에 따른 구분 중 B형의 경우 순시트립 범위로 알맞은 것은?

① $3I_n$ 초과 ~ $5I_n$ 이하
② $1.5I_n$ 초과 ~ $3I_n$ 이하
③ $5I_n$ 초과 ~ $10I_n$ 이하
④ $10I_n$ 초과 ~ $20I_n$ 이하

|정|답|및|해|설|

[주택용·배선용 차단기 순시트립에 따른 구분 ((kec 212.3.4)]

형	순시트립 범위
B	**$3I_n$ 초과 ~ $5I_n$ 이하**
C	$5I_n$ 초과 ~ $10I_n$ 이하
D	$10I_n$ 초과 ~ $20I_n$ 이하

[비고] 1. B, C, D: 순시트립전류에 따른 차단기 분류
2. I_n: 차단기 정격전류

【정답】 ①

85. 저압 옥내전로의 인입구에 가까운 곳으로서 쉽게 개폐할 수 있는 곳에 개폐기를 시설하여야 한다. 그러나 사용전압이 400[V] 미만인 옥내전로로서 다른 옥내전로에 접속하는 길이가 몇 [m] 이하인 경우는 개폐기를 생략할 수 있는가? (단, 정격전류가 16[A] 이하인 과전류차단기 또는 정격전류가 16[A]를 초과하고 20[A] 이하인 배선용 차단기로 보호되고 있는 것에 한한다.)

① 15 ② 20
③ 25 ④ 30

|정|답|및|해|설|

[저압 옥내전로 인입구에서의 개폐기의 시설 (kec 212.6.2)] 사용전압이 400[V] 미만인 옥내전로로서 다른 옥내전로(정격전류가 16[A]인 과전류 차단기, 정격전류가 16[A] 초과하고 20[A] 이하인 배선용 차단기로 보호되고 있는 것)에 접속하는 **길이가 15[m] 이하**인 경우 **인입구 개폐기를 생략**할 수 있다.

【정답】 ①

86. 라이팅덕트공사에 의한 저압 옥내배선에서 덕트의 지지점 간의 거리는 몇 [m] 이하인가?

① 2 ② 3
③ 4 ④ 5

|정|답|및|해|설|

[라이팅덕트공사 (KEC 232.71)]

·라이팅덕트는 조영재에 견고하게 붙일 것
·라이팅덕트 지지점간 거리는 2[m] 이하일 것
·라이팅덕트의 끝부분은 막을 것
·덕트의 개구부는 아래로 향하여 시설할 것
·덕트는 조영재를 관통하여 시설하지 아니할 것

【정답】 ①

87. 주택의 옥내전로(전기기계기구내의 전로를 제외한다)의 대지전압은 300[V] 이하일 때 잘못 된 것은?

① 주택의 전로 인입구에는 「전기용품 및 생활용품 안전관리법」에 적용을 받는 감전보호용 누전차단기를 시설하여야 한다.

② 누전차단기를 자연재해대책법에 의한 자연재해위험개선지구의 지정 등에서 지정되어진 지구 안의 지하주택에 시설하는 경우에는 침수시 위험의 우려가 없도록 지하에 시설하여야 한다.

③ 백열전등의 전구소켓은 스위치나 그 밖의 점멸기구가 없는 것이어야 한다.

④ 전기기계기구로서 사람이 쉽게 접촉할 우려가 있는 부분이 절연성이 있는 재료로 견고하게 제작되어 있는 것을 사용해야 한다.

|정|답|및|해|설|

[옥내전로의 대지 전압의 제한 (KEC 231.6)] 누전차단기를 자연재해대책법에 의한 자연재해위험개선지구의 지정 등에서 지정되어진 지구 안의 지하주택에 시설하는 경우에는 침수 시 위험의 우려가 없도록 **지상에 시설**하여야 한다.

【정답】 ②

88. 가공전선로의 지지물에 시설하는 지지선의 시설기준으로 틀린 것은?

① 지지선의 안전율은 2.5 이상일 것

② 소선 5가닥 이상의 연선일 것

③ 지중 부분 및 지표상 30[cm]까지의 내식성이 있는 것을 사용할 것

④ 소선은 지름 2.6[mm] 이상의 금속선일 것

|정|답|및|해|설|

[지지선의 시설 (KEC 331.11)]

가공전선로의 지지물에 시설하는 지지선은 다음 각 호에 따라야 한다.

- 안전율 : 2.5 이상
- 최저 인상 하중 : 4.31[kN]
- 소선의 지름이 2.6[mm] 이상의 금속선을 사용한 것일 것
- **소선 3가닥 이상의 연선**일 것
- 지중 및 지표상 30[cm]까지의 부분은 아연도금 철봉 등을 사용
- 도로 횡단시의 높이 : 5[m] (교통에 지장이 없을 경우 4.5[m])

【정답】 ②

89. 도로를 횡단하여 시설하는 지지선의 높이는 특별한 경우를 제외하고 지표상 몇 [m] 이상으로 하여야 하는가?

① 5　　② 5.5

③ 6　　④ 6.5

|정|답|및|해|설|

[지지선의 시설 (KEC 331.11)]

가공전선로의 지지물에 시설하는 지지선은 다음 각 호에 따라야 한다.

- 안전율 : 2.5 이상
- 최저 인상 하중 : 4.31[kN]
- 소선의 지름이 2.6[mm] 이상의 금속선을 사용한 것일 것
- 소선 3가닥 이상의 연선일 것
- 지중 및 지표상 30[cm]까지의 부분은 아연도금 철봉 등을 사용
- 도로 횡단시의 높이 : **5[m]** (교통에 지장이 없을 경우 4.5[m])

【정답】 ①

90. 고압전로 중의 과전류차단기의 시설로 알맞지 않은 것은?

① 비포장 퓨즈는 정격전류의 1.25배의 전류에 견디고 또한 2배의 전류로 2분 안에 용단되는 것이어야 한다.

② 전로에 단락이 생긴 경우에 동작하는 과전류차단기는 이것을 시설하는 곳을 통과하는 단락전류를 차단하는 능력을 가지는 것이어야 한다.

③ 포장퓨즈는 정격전류의 1.3배의 전류에 견디고 또한 2배의 전류로 60분 안에 용단되는 것이어야 한다.

④ 과전류차단기는 그 동작에 따라 그 개폐상태를 표시하는 장치가 되어있는 것이어야 한다.

|정|답|및|해|설|

[고압 및 특고압 전로 중의 과전류차단기의 시설시설 (KEC 341.10)]

1. 과전류차단기로 시설하는 퓨즈 중 고압전로에 사용하는 **포장퓨즈**는 정격전류의 1.3배의 전류에 견디고 또한 2배의 전류로 **120분 안에 용단**되는 것
2. 고압 전로에 사용되는 비포장 퓨즈는 정격전류의 1.25배에 견디고 2배의 전류에 2분 안에 용단되는 것

【정답】 ③

91. 발전소, 변전소, 개폐소의 시설부지 조성을 위해 산지를 전용할 경우에 전용하고자 하는 산지의 평균 경사도는 몇 도 이하이어야 하는가?

① 10 ② 15
③ 20 ④ 25

|정|답|및|해|설|

[발전소 등의 부지 (기술기준 제21조)] 부지조성을 위해 산지를 전용할 경우에는 전용하고자 하는 산지의 **평균 경사도가 25도 이하**여야 하며, 산지전용면적 중 산지전용으로 발생되는 절·성토 경사면의 면적이 100분의 50을 초과해서는 아니 된다. 【정답】④

92. 변전소에서 154[kV]급으로 변압기를 옥외에 시설할 때 취급자 이외의 사람이 들어가지 않도록 시설하는 울타리는 울타리의 높이와 울타리에서 충전부분까지의 거리의 합계를 몇 [m] 이상으로 하여야 하는가?

① 5 ② 5.5
③ 6 ④ 6.5

|정|답|및|해|설|

[특고압용 기계 기구의 시설 (KEC 341.4)] 기계 기구를 지표상 5[m] 이상의 높이에 시설하고 또한 사람이 접촉할 우려가 없도록 시설하는 경우 다음과 같이 시설한다.

사용 전압의 구분	울타리의 높이와 울타리로부터 충전부분까지의 거리의 합계 또는 지표상의 높이
35[kV] 이하	5[m]
35[kV] 초과 160[kV] 이하	6[m]
160[kV] 초과	· 거리=6+단수×$0.12[m]$ · 단수=$\frac{사용전압[kV]-160}{10}$ → (단수 계산에서 소수점 이하는 절상)

【정답】③

93. 지중전선로를 직접 매설식에 의하여 시설할 때, 중량물의 압력을 받을 우려가 있는 장소에 지중전선을 견고한 트로프 기타 방호물에 넣지 않고도 부설할 수 있는 케이블은?

① 염화비닐 절연 케이블
② 폴리 에틸렌 외장 케이블
③ 콤바인덕트 케이블
④ 알루미늄피 케이블

|정|답|및|해|설|

[지중 전선로의 시설 (KEC 334.1)] 저압 또는 고압의 지중전선에 **콤바인덕트 케이블을 사용하여 시설하는 경우**에는 지중 전선을 견고한 트로프 기타 방호물에 넣지 아니하여도 된다. 【정답】③

|참|고|

[지중전선로 시설]
전선은 케이블을 사용하고, 관로식, 암거식, 직접 매설식에 의하여 시공한다.
1. 직접 매설식 : 매설 깊이는 중량물의 압력이 있는 곳은 1.0[m] 이상, 없는 곳은 0.6[m] 이상으로 한다.
2. 관로식 : 매설 깊이를 1.0[m]이상, 중량물의 압력을 받을 우려가 없는 곳은 60[cm] 이상으로 한다.
3. 암거식 : 지하 구조물 내 케이블 지지대를 설치하고 그 위에 케이블을 부설하는 방식

94. 고압 옥내배선 등의 시설에 관한 것 중 옳은 것은?

① 애자공사 시 전선은 공칭단면적 $4[mm^2]$ 이상의 연동선일 것
② 고압 옥내배선은 케이블공사 또는 케이블트레이공사 일 것
③ 애자공사 시 전선의 지지점 간의 거리는 5[m] 이하일 것
④ 애자사용 공사 시 전선과 조영재 사이의 간격은 0.06[m] 이상일 것

|정|답|및|해|설|

[고압 옥내배선 등의 시설 (KEC 342.1)]
1. 고압 옥내배선은 다음 중 하나에 의하여 시설할 것.
 ① 애자사용공사(건조한 장소로서 전개된 장소에 한한다)
 ② 케이블공사
 ③ 케이블트레이공사
2. 애자사용공사에 의한 고압 옥내배선은 다음에 의하고, 또한 사람이 접촉할 우려가 없도록 시설할 것.
 ① 전선은 공칭단면적 **6[㎟] 이상의 연동선** 또는 이와 동등 이상의 세기 및 굵기의 고압 절연전선이나 특고압 절연전선 일 것.
 ② 전선의 **지지점 간의 거리는 6[m] 이하**일 것. 다만, 전선을 조영재의 면을 따라 붙이는 경우에는 2[m] 이하이어야 한다.
 ③ 전선 상호 간의 간격은 0.08[m] 이상, **전선과 조영재 사이의 간격은 0.05[m] 이상**일 것
 ④ 애자사용공사에 사용하는 애자는 절연성·난연성 및 내수성의 것일 것. 【정답】②

95. 고압 가공전선로의 지지물로 철탑을 사용하는 경우 보안공사 시 지지물간 거리(경간)는 몇 [m] 이하이어야 하는가?

① 300 ② 400
③ 500 ④ 600

|정|답|및|해|설|

[고압 보안공사 지지물 간 거리 제한 (KEC 332.10)]

지지물의 종류	표준 지지물 간 거리(경간)
목주 · A종 철주 또는 A종 철근 콘크리트 주	100[m] 이하
B종 철주 또는 B종 철근 콘크리트 주	150[m] 이하
철탑	400[m] 이하

【정답】 ②

96. 시가지내에 시설하는 154[kV] 가공 전선로에 지락 또는 단락이 생겼을 때 몇 초 안에 자동적으로 이를 전로로부터 차단하는 장치를 시설하여야 하는가?

① 1 ② 3
③ 5 ④ 10

|정|답|및|해|설|

[시가지 등에서 특고압 가공전선로의 시설 (KEC 333.1)]

사용전압이 100[kV]을 초과하는 특고압 가공전선에 지락 또는 단락이 생겼을 때에는 **1초 이내**에 자동적으로 이를 전로로부터 차단하는 장치를 시설할 것

특고압보안공사 시에는 2초 이내 【정답】 ①

97. 100[kV] 미만인 특고압 가공전선로를 인가가 밀집한 지역에 시설할 경우 전선로에 사용되는 전선의 단면적이 몇 $[mm^2]$ 이상 이어야 하는가?

① 38 ② 55
③ 100 ④ 150

|정|답|및|해|설|

[시가지 등에서 특고압 가공전선로의 시설 (KEC 333.1)]

사용전압의 구분	전선의 단면적
100[kV] 미만	인장강도 21.67[kN] 이상의 연선 또는 단면적 55$[mm^2]$ 이상의 경동연선
100[kV] 이상	인장강도 58.84[kN] 이상의 연선 또는 단면적 150$[mm^2]$ 이상의 경동연선

【정답】 ②

98. 전기철도의 전기방식에 관한 사항으로 잘못된 것은?

① 공칭전압(수전전압)은 교류 3상 22.9[kV], 154[kV], 345[kV]을 선정한다.
② 직류방식에서 최고 비영구 전압은 지속시간이 3분 이하로 예상되는 전압의 최고값으로 한다.
③ 교류방식의 급전전압의 주파수는 60[Hz]이다.
④ 교류방식에서 최저 비영구 전압은 지속시간이 2분 이하로 예상되는 전압의 최저값으로 한다.

|정|답|및|해|설|

[전기철도의 전기방식 (KEC 410)] 직류방식에서 최고 비영구 전압은 지속시간이 **5분 이하**로 예상되는 전압의 최고값으로 한다. 【정답】 ②

99. 전기철도차량의 집전장치와 접촉하여 전력을 공급하기 위한 전선은 무엇인가?

① 전차선 ② 급전선
③ 귀선 ④ 조가선

|정|답|및|해|설|

[전차선] 전기철도차량의 집전장치와 접촉하여 전력을 공급하기 위한 전선을 말한다.

② 전기철도용 급전선 : 전기철도용 변전소로부터 다른 전기철도용 변전소 또는 전차선에 이르는 전선을 말한다.

③ 귀선 : 전기철도에서 귀선(return circuit)이란 전차선에서 흘러나온 전류가 다시 전원으로 돌아오는 경로를 말한다.

④ 조가선 : 전차선이 레일면상 일정한 높이를 유지하도록 행어이어, 드로퍼 등을 이용하여 전차선 상부에서 조가하여 주는 전선을 말한다.

【정답】 ①

100. 풍력설비에서 피뢰 및 접지설비로 잘못된 것은?

① 접지설비는 풍력발전설비 타워기초를 이용한 공통접지공사를 하여야 한다.

② 전력기기는 금속시스케이블, 내뢰변압기 및 서지보호장치(SPD)를 적용할 것

③ 제어기기는 광케이블 및 포토커플러를 적용할 것

④ 설비 사이의 전위차가 없도록 등전위본딩을 하여야 한다.

|정|답|및|해|설|

[풍력설비 접지설비 (KEC 532.3.4)] 접지설비는 풍력발전설비 타워기초를 이용한 **통합접지공사**를 하여야 하며, 설비 사이의 전위차가 없도록 등전위본딩을 하여야 한다. 【정답】①

2024년 3회 전기기사 필기 기출문제

3회 2024년 전기기사필기 (전기자기학)

1. 진공 중 한 변의 길이가 0.1[m]인 정삼각형의 3정점 A, B, C에 각각 2.0×10^{-6}[C]의 점전하가 있을 때, 점 A의 전하에 작용하는 힘은 몇 [N]인가?

① $1.8\sqrt{2}$ ② $1.8\sqrt{3}$
③ $3.6\sqrt{2}$ ④ $3.6\sqrt{3}$

|정|답|및|해|설|

[점 A의 전하에 작용하는 힘] $F_A=\overrightarrow{F_{AB}}+\overrightarrow{F_{AC}}=2F\sin\theta[N]$

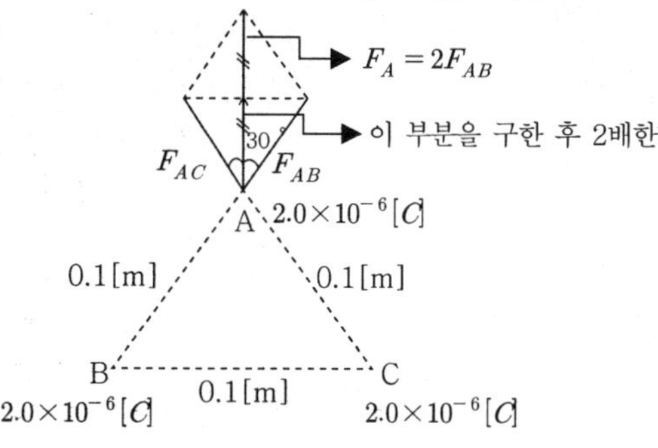

1. $F=\overrightarrow{F_{AB}}=\overrightarrow{F_{AC}}=\frac{Q^2}{4\pi\epsilon_0 r^2}=9\times10^9\times\frac{(2.0\times10^{-6})^2}{0.1^2}=3.6[N]$

→ (쿨롱의 법칙 : 두 점전하 간 작용력으로 힘은 항상 일직선상에 존재, 거리 제곱에 반비례 힘 $F=\frac{Q_1Q_2}{4\pi\epsilon_0 r^2}=9\times10^9\frac{Q_1Q_2}{r^2}[N]$)

→ ($\frac{1}{4\pi\epsilon_0}=9\times10^9$)

2. F_{AB}와 F_{AC} 사이 각도는 30° → ($\sin60=\cos30$)

$\therefore F_A=2\times\overrightarrow{F_{AB}}=2F\cos\theta$

$=2\times3.6\times\cos30°=2\times3.6\times\frac{\sqrt{3}}{2}=3.6\sqrt{3}[N]$

【정답】 ④

2 특성임피던스가 각각 η_1, η_2 인 두 매질의 경계면에 전자파가 수직으로 입사할 때 전계가 무반사로 되기 위한 가장 알맞은 조건은?

① $\eta_2=0$ ② $\eta_1=0$
③ $\eta_1=\eta_2$ ④ $\eta_1\cdot\eta_2=1$

|정|답|및|해|설|

[무반사 조건] 반사계수가 0이면 무반사이다.
$\eta_1=\eta_2$이면 반사계수가 0이므로 무반사이다.

1. 반사계수 $\sigma=\frac{Z_2-Z_1}{Z_2+Z_1}$

2. 투과계수 $\rho=\frac{2Z_2}{Z_1+Z_2}$

여기서, Z_1 : 선로 임피던스, Z_2 : 부하 임피던스

【정답】 ③

3 두 유전체 경계면 조건에 대한 설명으로 옳은 것은?

① 경계면에서 전속밀도는 연속이다.
② 유전체와 도체 사이의 경계면에서 접선 방향인 전계는 0이다.
③ 경계면 양측에서 전계의 법선성분은 불변이다.
④ 전속과 전기력선은 굴절하지 않는다.

|정|답|및|해|설|

[유전체 경계면 조건]
① 경계면 양측에서 **수직, 법선성분일 때 전속밀도는 연속**이다.
③ 경계면 양측에서 전계의 **접선성분은 불변**이다.
④ 전속과 전기력선은 **수직 입사 시** 굴절하지 않는다.

【정답】 ②

4 자기회로에서 자기저항의 크기에 대한 설명으로 옳은 것은?

① 자기회로의 단면적에 비례
② 자성체의 비투자율에 비례
③ 자기회로의 길이에 비례
④ 자성체의 비투자율의 제곱에 비례

|정|답|및|해|설|

[자기저항] $R_m=\frac{l}{\mu S}[AT/Wb]$

여기서, $l[m]$: 철심 내 자속이 통과하는 평균 자로 길이
μ : 철심의 투자율($\mu=\mu_0\mu_s[H/m]$)
$S[m^2]$: 철심의 단면적

【정답】 ③

5. 자화율(magnetic susceptibility) χ는 상자성체에서 일반적으로 어떤 값을 갖는가?

① $\chi = 0$ ② $\chi = 1$
③ $\chi < 0$ ④ $\chi > 0$

|정|답|및|해|설|

[자성체]
1. 상자성체 $\mu_s > 1$, $\chi > 0$ → (자화율 $\lambda = \mu_0(\mu_s - 1)$)
2. 역자성체 $\mu_s < 1$, $\chi < 0$
여기서, χ : 자화율, μ_s : 비투자율 【정답】 ④

6. 진공 중에서 유전율 $\epsilon[F/m]$인 유전체가 평등자계 $B[Wb/m^2]$에서 속도 $v[m/s]$로 운동할 때 유전체에 발생하는 분극의 세기$[C/m^2]$는 어떻게 표현되는가?

① $(\epsilon - \epsilon_0)v \times B$ ② $(\epsilon - \epsilon_0)v \cdot B$
③ $\epsilon v \times B$ ④ $\epsilon v \cdot B$

|정|답|및|해|설|

[분극의 세기] $P = \epsilon_0(\epsilon_s - 1)E[C/m^2]$

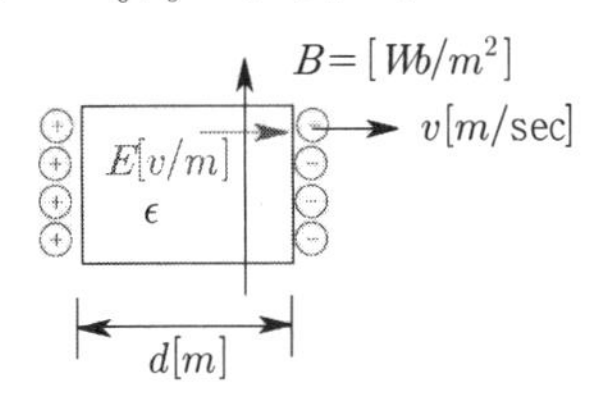

1. 유기전압 $V = Blv\sin\theta$
$= Bdv\sin\theta$
$= (\vec{v} \times \vec{B})d[v]$

2. 전계 $E = \dfrac{V}{d}[v/m]$ → $(V = Ed[v])$
$= \dfrac{(\vec{v} \times \vec{B})d}{d} = \vec{v} \times \vec{B}[v/m]$

3. 분극의 세기 $P = \epsilon_0(\epsilon_s - 1)E$
$= (\epsilon - \epsilon_0)\vec{v} \times \vec{B}[C/m^2]$ 【정답】 ①

7. 진공 중에 4[m]의 간격으로 놓여진 평행 도선에 같은 크기의 왕복 전류가 흐를 때 단위 길이 당 2.0×10^{-7}[N]의 힘이 작용하였다. 이때 평행 도선에 흐르는 전류는 몇 [A]인가?

① 1 ② 2 ③ 4 ④ 8

|정|답|및|해|설|

[평행한 두 도선 사이에 작용하는 힘] $F = \dfrac{2I_aI_b \times 10^{-7}}{r}[N]$

→ $(F = \dfrac{\mu_0 I_1 I_2}{2\pi r},\ \mu_0 = 4\pi \times 10^{-7})$

$F = \dfrac{2I_aI_b \times 10^{-7}}{r} \rightarrow \dfrac{2 \times I^2 \times 10^{-7}}{4} = 2.0 \times 10^{-7}[N]$

→ (왕복 전류이므로 $I_a = I_b = I$)

$\therefore I = \sqrt{\dfrac{2.0 \times 10^{-7} \times 4}{2 \times 10^{-7}}} = 2[A]$ 【정답】 ②

8. 공기 중에서 1[V/m]의 전계의 세기에 의한 변위전류밀도의 크기를 $2[A/m^2]$으로 흐르게 하려면 전계의 주파수는 몇 [MHz]가 되어야 하는가?

① 9,000 ② 18,000
③ 36,000 ④ 72,000

|정|답|및|해|설|

[주파수] $f = \dfrac{i_d}{2\pi\epsilon e}$ → (변위전류밀도 $i_d = \omega\epsilon E = 2\pi f\epsilon E$)

$\therefore f = \dfrac{i_d}{2\pi\epsilon_0 e}$ → $(\epsilon_0 = 8.855 \times 10^{-12})$

$= \dfrac{2}{2\pi \times 8.85 \times 10^{-12} \times 1} = 35967 \times 10^6 = 36000[MHz]$

【정답】 ③

9. 액체 유전체를 포함한 콘덴서 용량이 C[F]인 것에 V[V]의 전압을 가했을 경우에 흐르는 누설전류는 몇 [A]인가? (단, 유전체의 유전율은 $\epsilon[F/m]$, 고유저항은 $\rho[\Omega \cdot m]$이다.)

① $\dfrac{\rho\varepsilon}{CV}$ ② $\dfrac{C}{\rho\varepsilon V}$
③ $\dfrac{CV}{\rho\varepsilon}$ ④ $\dfrac{\rho\varepsilon V}{C}$

|정|답|및|해|설|

[전류] $I = \dfrac{V}{R}[A]$

1. 전기저항과 정전용량 $RC = \rho\epsilon$
여기서, R : 저항, C : 정전용량, ϵ : 유전율
ρ : 저항률 또는 고유저항

→ 저항 $R = \dfrac{\rho\epsilon}{C}$

2. 전류 $I = \dfrac{V}{R} = \dfrac{V}{\frac{\rho\epsilon}{C}} = \dfrac{CV}{\rho\epsilon}$ 【정답】 ③

10. 자기회로에서 전기회로의 도전율 $k[℧/m]$에 대응되는 것은?

① 자속　　② 기자력
③ 투자율　　④ 자기저항

|정|답|및|해|설|

1. 자기저항 $R_m = \frac{l}{\mu S} = \frac{l}{\mu_0 \mu_s S}[AT/Wb]$

2. 전기저항 $R = \frac{l}{kS} = \rho \frac{l}{S}[\Omega]$

여기서, l : 길이, $\mu(=\mu_0\mu_s)$: 투자율, S : 단면적, k : 도전율

ρ : 저항률$(\rho = \frac{1}{k})$　　【정답】 ③

|참|고|

[전기회로와 자기회로의 비교]

전기회로		자기회로	
기전력	$V = IR[V]$	기자력	$F = \varnothing R_m = NI[AT]$
전류	$I = \frac{V}{R}[A]$	자속	$\varnothing = \frac{F}{R_m}[Wb]$
전기저항	$R = \frac{V}{I} = \frac{l}{kS}[\Omega]$	자기저항	$R_m = \frac{F}{\varnothing} = \frac{l}{\mu S}[AT/m]$
도전율	$k[℧/m]$	투자율	$\mu[H/m]$
전계	$E[V/m]$	자계	$H[A/m]$
전류밀도	$i = \frac{I}{S}[A/m^2]$	자속밀도	$B = \frac{\varnothing}{S}[Wb/m^2]$

11. 평행판 콘덴서의 극판 사이에 유전율이 각각 ϵ_1, ϵ_2인 두 유전체를 반씩 채우고 극판 사이에 일정한 전압을 걸어줄 때 매질 (1), (2) 내의 전계의 세기 E_1, E_2 사이에 성립하는 관계로 옳은 것은?

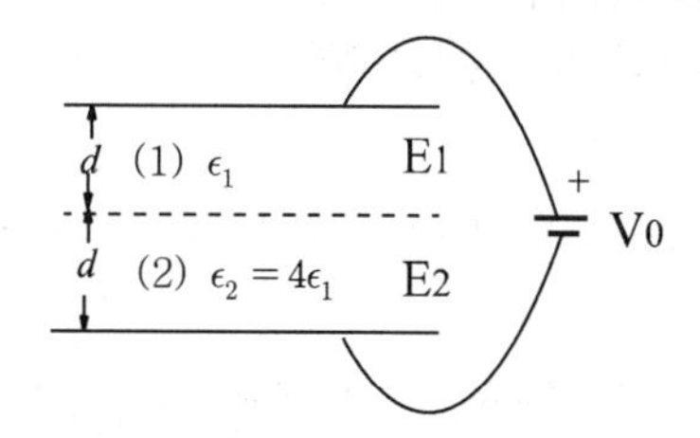

① $E_2 = 4E_1$　　② $E_2 = 2E_1$
③ $E_2 = \frac{E_1}{4}$　　④ $E_2 = E_1$

|정|답|및|해|설|

[유전체 내의 경계조건] $D_1\cos\theta_1 = D_2\cos\theta_2$, $\epsilon_1 E_1 \cos\theta_1 = \epsilon_2 E_2 \cos\theta_2$

경계면에 수직이므로 $\theta_1 = \theta_2 = 0$이므로 $\epsilon_1 E_1 = \epsilon_2 E_2$이고

$\epsilon_2 = 4\epsilon_1$이므로 $\epsilon_1 E_1 = 4\epsilon_1 E_2$이다.

E_2를 기준으로 정리하면 $E_2 = \frac{\epsilon_1}{4\epsilon_1}E_1 = \frac{E_1}{4}$

【정답】 ③

12. 두 개의 콘덴서를 직렬접속하고 직류전압을 인가시 설명으로 옳지 않은 것은?

① 정전용량이 작은 콘덴서에 전압이 많이 걸린다.
② 합성정전용량은 각 콘덴서의 정전용량의 합과 같다.
③ 합성정전용량은 각 콘덴서의 정전용량보다 작아진다.
④ 각 콘덴서의 두 전극에 정전유도에 의하여 정·부의 동일한 전하가 나타나고 전하량은 일정하다.

|정|답|및|해|설|

[콘덴서 직렬연결]

1. 전하량 : $Q_1 = Q_2 = Q[C]$

2. 전체전압 : $V = V_1 + V_2 = \left(\frac{1}{C_1} + \frac{1}{C_2}\right)Q$

3. 합성정전용량 :

$$C = \frac{Q}{V} = \frac{Q}{\left(\frac{1}{C_1} + \frac{1}{C_2}\right)Q} = \frac{1}{\frac{1}{C_1} + \frac{1}{C_2}} = \frac{C_1 C_2}{C_1 + C_2}[F]$$

4. 분배 전압 : $V_1 = \frac{Q}{C_1} = \frac{C_2}{C_1 + C_2}V$

$V_2 = \frac{Q}{C_2} = \frac{C_1}{C_1 + C_2}V$　　【정답】 ②

13. 와전류와 관련된 설명으로 틀린 것은?

① 단위 체적당 와류손의 단위는 $[W/m^3]$이다.
② 와전류는 교번자속의 주파수와 최대자속밀도에 비례한다.
③ 와전류손은 히스테리시스손과 함께 철손이다.
④ 와전류손을 감소시키기 위하여 성층철심을 사용한다.

|정|답|및|해|설|

[와전류손] 와전류로 인한 손실을 와류손 또는 와전류손이라고 한다.

와류손 $P_e = k_1 t^2 f^2 B_m^2$ → **주파수의 제곱에 비례**한다.

(t : 판의 두께, f : 주파수, B_m : 최대자속밀도)

【정답】 ②

14. 진공 중에서 점(0, 1)[m]의 위치에 -2×10^{-9}[C]의 점전하가 있을 때, 점(2, 0)[m]에 있는 1[C]의 점전하에 작용하는 힘은 몇 [N]인가? (단, $\hat{x}$, $\hat{y}$는 단위벡터이다.)

① $-\frac{18}{3\sqrt{5}}\hat{x}+\frac{36}{3\sqrt{5}}\hat{y}$ ② $-\frac{36}{5\sqrt{5}}\hat{x}+\frac{18}{5\sqrt{5}}\hat{y}$

③ $-\frac{36}{3\sqrt{5}}\hat{x}+\frac{18}{3\sqrt{5}}\hat{y}$ ④ $\frac{36}{5\sqrt{5}}\hat{x}+\frac{18}{5\sqrt{5}}\hat{y}$

|정|답|및|해|설|

[점전하에 작용하는 힘] $\vec{F}=F\times\vec{r_0}$ → ($\vec{r_0}$: 방향(단위)벡터)

$$\vec{F}=r_0\frac{1}{4\pi\epsilon_0}\cdot\frac{Q_1Q_2}{r^2}$$

1. 거리벡터 $r=$ 종점 $-$ 시점 $=(0-2)\hat{x}+(1-0)\hat{y}=-2\hat{x}+\hat{y}[m]$

→ ($i=a_x=\overline{x}$, $j=a_y=\overline{y}$, $k=a_z=\overline{z}$)

거리벡터의 절대값 $|r|=\sqrt{2^2+1^2}=\sqrt{5}$[m]

2. 단위벡터 $\overline{r_0}=\frac{r}{|r|}=\frac{-2\hat{x}+\hat{y}}{\sqrt{5}}$

∴힘 $F=-r_0\times\frac{1}{4\pi\varepsilon_0}\cdot\frac{Q_1Q_2}{r^2}$

$=-\frac{(-2\hat{x}+\hat{y})}{\sqrt{5}}\times9\times10^9\times\frac{-2\times10^{-9}\times1}{(\sqrt{5})^2}$

→ (+ 전하에 작용하는 힘이므로 $-$ → +, 즉 반대 방향이므로 $-r_0$를 해준다.)

$=-\frac{36}{5\sqrt{5}}\hat{x}+\frac{18}{5\sqrt{5}}\hat{y}$[N] 【정답】 ②

15. 무한장 솔레노이드에 전류가 흐를 때 발생되는 자계에 관한 설명으로 옳은 것은?

① 외부와 내부 자계의 세기는 같다.

② 내부 자계의 세기는 0이다.

③ 외부 자계의 세기는 솔레노이드와 가까울수록 크다.

④ 내부 자계의 세기는 위치에 관계없이 동일하다.

|정|답|및|해|설|

[무한장 솔레노이드에서의 자계]

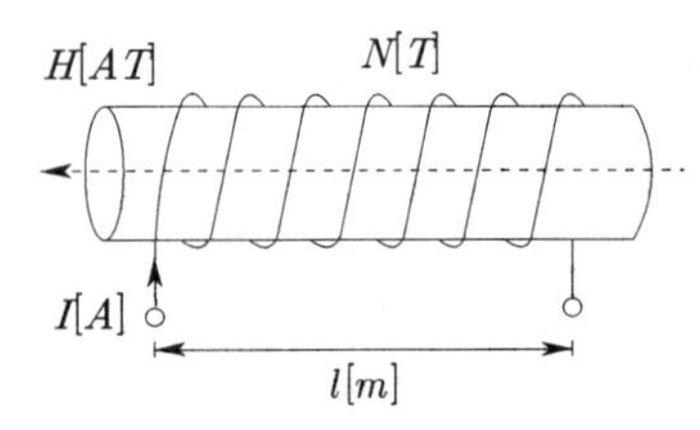

1. 무한장 솔레노이드는 외부 자계가 H=0

2. 내부는 평등자계이다. 무한장 솔레노이드는 내부 자계의 세기는 평등하며, 그 크기는 $H_i=\frac{NI}{l}=\left(\frac{N}{l}\right)I=n_0I[AT/m]$

여기서, n_0는 단위 길이당 코일 권수(회/m)이다.

【정답】 ④

16. 원점에 $1[\mu C]$의 점전하가 있을 때 점 P(2, −2, 4)[m]에서의 전계의 세기에 대한 단위벡터는 약 얼마인가?

① $0.41a_x-0.41_y+0.82a_z$

② $-0.33a_x+0.33a_y-0.66a_z$

③ $-0.41a_x+0.41a_y-0.82a_z$

④ $0.33a_x-0.33a_y+0.66a_z$

|정|답|및|해|설|

[단위백터] 크기가 1이고 방향만 갖는 벡터

단위백터 $a=\frac{\dot{A}}{|A|}$ → ($\dot{A}=aA$)

(2, −2, 4)의 거리의 벡터 $A=2a_x-2a_y+4a_z$[m]

1. 거리 $|A|=\sqrt{2^2+2^2+4^2}=\sqrt{24}$[m]

2. 단위벡터 $a=\frac{A}{|A|}=\frac{2a-2a_y+4a_z}{\sqrt{24}}$

$=0.41a_x-0.41a_y+0.82a_z$ 【정답】 ①

17. 단면적이 균일한 환상 철심에 권수 N_A인 A코일과 권수 N_B인 B코일이 있을 때, A코일의 자기인덕턴스가 $L_A[H]$라면, 두 코일의 상호인덕턴스 M은 몇 [H]인가? (단, 누설자속은 0이라고 한다.)

① $\frac{L_AN_A}{N_B}$ ② $\frac{N_A}{L_AN_A}$

③ $\frac{N_B}{L_AN_B}$ ④ $\frac{L_AN_B}{N_A}$

|정|답|및|해|설|

[상호인덕턴스] $M=k\sqrt{L_AL_B}[H]$

→ (결합계수 $k=\frac{M}{\sqrt{L_AL_B}}$)

A코일의 권선수 N_A, B코일의 권선수 N_B, 누설자속=0($k=1$)

→ (누설자속이 0이면 결합계수는 1이다.)

1. 솔레노이드 : $L\propto N^2$이므로 → $L_B=\left(\frac{N_B}{N_A}\right)^2L_A$

→ (구하는 값 분자, 상대값 분모)

2. $M=k\sqrt{L_AL_B}=1\times\sqrt{L_A\cdot\left(\frac{N_B}{N_A}\right)^2\cdot L_A}=\frac{N_B}{N_A}L_A[H]$

【정답】 ④

18. 대전된 구도체 표면의 전하밀도를 $\sigma[C/m^2]$이라 할 때, 대전된 구도체 표면의 단위면적이 받는 정전응력$[N/m^2]$의 크기와 방향은?

① $\frac{\sigma^2}{2\epsilon_0}$이며 도체 외부 방향

② $\frac{\sigma^2}{2\epsilon_0}$이며 도체 내부 방향

③ $\frac{\sigma^2}{\epsilon_0}$이며 도체 외부 방향

④ $\frac{\sigma^2}{\epsilon_0}$이며 도체 내부 방향

|정|답|및|해|설|

[정전응력(f)]

1. $f=\frac{\sigma^2}{2\epsilon_0}=\frac{D^2}{2\epsilon_0}=\frac{(\epsilon_0 E)^2}{2\epsilon_0}=\frac{1}{2}\epsilon_0 E^2=\frac{\epsilon_0 E\cdot D}{2\epsilon_0}=\frac{1}{2}ED[\mathrm{N/m^2}]$

$\rightarrow (D=\sigma=\epsilon_0 E)$

$\rightarrow (\sigma[C/m^2]$: 표면전하밀도)

2. 표면의 전하밀도에 부하가 없다는 것은 +전하가 존재한다는 것 따라서 내부에서 나가는 방향, 즉 외부 방향

(만약, −전자가 존재한다면 내부로 들어가는 방향, 즉 내부 방향)

【정답】 ①

19. 콘덴서의 내압 및 정전용량이 각각 1000[V] − 2$[\mu F]$, 700[V] − 3$[\mu F]$, 600[V] − 4$[\mu F]$, 300[V] − 8$[\mu F]$이다. 이 콘덴서를 직렬로 연결할 때 양단에 인가되는 전압을 상승시키면 제일 먼저 절연이 파괴되는 콘덴서는? (단, 커패시터의 재질이나 형태는 동일하다.)

① 1000[V]−2$[\mu F]$ ② 700[V]−3$[\mu F]$

③ 600[V]−4$[\mu F]$ ④ 300[V]−8$[\mu F]$

|정|답|및|해|설|

[내압이 다른 경우] 전하량이 가장 적은 것이 가장 먼저 파괴된다.

전하량 $Q_1=C_1V_1$, $Q_2=C_2V_2$, $Q_3=C_3V_3$

1. $Q_1=C_1\times V_1=2\times10^{-6}\times1000=2\times10^{-3}[C]$
2. $Q_2=C_2\times V_2=3\times10^{-6}\times700=2.1\times10^{-3}[C]$
3. $Q_3=C_3\times V_3=4\times10^{-6}\times600=2.4\times10^{-3}[C]$
4. $Q_4=C_4\times V_4=8\times10^{-6}\times300=2.4\times10^{-3}[C]$

전하용량이 가장 적은 $1000[V]-2[\mu F]$가 제일 먼저 절연이 파괴된다. $(\mu=10^{-6})$

【정답】 ①

20. 구리의 고유저항은 20[℃]에서 1.69×10^{-8} $[\Omega\cdot m]$이고 온도계수는 0.00393이다. 단면적이 2$[mm^2]$이고 100[m]인 구리선의 저항값은 40[℃]에서 약 몇 $[\Omega]$인가?

① 0.91×10^{-3} ② 1.89×10^{-3}

③ 0.91 ④ 1.89

|정|답|및|해|설|

[온도계수와 저항과의 관계] $R_2=R_1[1+a_1(T_2-T_1)][\Omega]$

(온도 T_1 및 T_2일 때 저항이 각각 R_1, R_2, 온도 T_1에서의 온도계수 a_1)

· 저항 $R=\rho\frac{l}{S}[\Omega]$ $\rightarrow$ (ρ : 고유저항(=R_2))

· 40[℃]에 대한 고유저항 $R_{40}=R_{20}[1+a_1(T_2-T_1)][\Omega]$

$R_{40}=1.69\times10^{-8}[1+0.00393(40-20)]=1.822\times10^{-8}$

$\therefore R=R_{40}\frac{l}{S}=1.822\times10^{-8}\times\frac{100}{2\times10^{-6}}=0.911[\Omega]$

【정답】 ③

3회 2024년 전기기사필기 (전력공학)

21. 배전선의 손실계수 H와 부하율 F와의 관계는?

① $0\le F^2\le H\le F\le 1$

② $0\le H^2\le F\le H\le 1$

③ $0\le H\le F^2\le F\le 1$

④ $0\le F\le H^2\le F\le 1$

|정|답|및|해|설|

[손실계수] $H=aF+(1-a)F^2$

1. 부하율(F) : 일정기간 중 부하 변동의 정도를 나타내는 것

부하율 $F=\frac{\text{평균수용전력}}{\text{최대수용전력}}\times100[\%]$ $\rightarrow (F\le1)$

2. 손실계수의 범위 : $0\le F^2\le H\le F\le 1$

【정답】 ①

22. 단로기에 대한 설명으로 적합하지 않은 것은?

① 소호장치가 있어 아크를 소멸시킨다.

② 무부하 및 여자전류의 개폐에 사용된다.

③ 배전용 단로기는 보통 디스컨넥팅바로 개폐한다.

④ 회로의 분리 또는 계통의 접속 변경 시 사용한다.

|정|답|및|해|설|

[단로기] 단로기에는 **소호 장치가 없어서** 아크를 소멸시킬 수 없다. 따라서 무부하 회로 또는 여자전류 등의 개폐에만 사용된다.

【정답】 ①

23. 다음 중 가공송전선에 사용하는 애자련 중 전압부담이 가장 큰 것은?

① 전선에 가장 가까운 것
② 중앙에 있는 것
③ 철탑에 가장 가까운 것
④ 철탑에서 $\frac{1}{3}$ 지점의 것

|정|답|및|해|설|

[전압부담] 철탑에서 사용하는 현수 애자의 전압 부담은 애자를 구성하는 애자련 중 전선에 가장 가까운 애자로 21[%] 정도로 가장 크고, 전선에서 $\frac{2}{3}$ 지점(철탑 쪽에서 $\frac{1}{3}$ 지점)에 있는 것이 전압부담이 제일 작다. 【정답】 ①

24. 한류리액터를 사용하는 가장 큰 목적은?

① 코로나 방지 ② 역률 개선
③ 피로기 대용 ④ 단락전류의 제한

|정|답|및|해|설|

[한류리액터] 한류 리액터는 **단락전류를 경감**시켜서 차단기 용량을 저감시킨다. 【정답】 ④

|참|고|

[리액터]
1. 소호리액터 : 지락 시 지락전류 제한
2. 병렬(분로)리액터 : 페란티 현상 방지, 충전전류 차단
3. 직렬리액터 : 제5고조파 방지
4. 한류리액터 : 차단기 용량의 경감(단락전류 제한)

25. 송전탑에서 역섬락을 방지하는 유효한 방법은?

① 가공지선을 설치한다.
② 전력선의 연가
③ 탑각 접지저항의 감소
④ 아크혼의 설치

|정|답|및|해|설|

[역섬락 방지]
1. 역섬락은 철탑의 탑각 접지저항이 커서 뇌서지를 대지로 방전하지 못하고 선로에 뇌격을 보내는 현상이다.
2. 철탑의 **탑각 접지저항을 낮추기 위해서 매설지선을 시설**하여 방지한다. 【정답】 ③

|참|고|

[가공지선의 설치 목적]
1. 직격뇌에 대한 차폐 효과
2. 유도체에 대한 정전차폐 효과
3. 통신법에 대한 전자유도장해 경감 효과

26. 3상 3선식 송전선에서 L을 작용인덕턴스라 하고 L_e 및 L_m는 대지를 귀로로 하는 1선의 자기인덕턴스 및 상호인덕턴스라고 할 때 이들 사이의 관계식은?

① $L=L_m-L_e$ ② $L=L_e-L_m$
③ $L=L_m+L_e$ ④ $L=\frac{L_m}{L_e}$

|정|답|및|해|설|

[작용인덕턴스 (대지를 귀로로 하는 경우)]
작용인덕턴스=자기인덕턴스(L_e)−상호인덕턴스(L_m)
※작용인덕턴스(일반적인 경우)
=자기인덕턴스(L_e)+상호인덕턴스(L_m)
【정답】 ②

27. 저압 네트워크 배전 방식의 장점이 아닌 것은?

① 인축의 접지사고가 적어진다.
② 부하 증가 시 적응성이 양호하다.
③ 무정전 공급이 가능하다.
④ 전압변동률이 적다.

|정|답|및|해|설|

[네트워크 배전 방식의 장점]
· 정전이 적으며 배전 신뢰도가 높다.
· 기기 이용률이 향상된다.
· 전압변동이 적다.
· 적응성이 양호하다.
· 전력 손실이 감소한다.
· 변전소 수를 줄일 수 있다.
[네트워크 배전 방식의 단점]
· 건설비가 비싸다.
· **인축의 접촉 사고가 증가**한다.
· 특별한 보호 장치를 필요로 한다. 【정답】 ①

28. 사고, 정전 등의 중대한 영향을 받는 지역에서 정전과 동시에 자동적으로 예비 전원용 배전선로로 전환하는 장치는?

① 차단기
② 리클로저(Recloser)
③ 섹셔널라이저(Sectionalizer)
④ 자동부하전환개폐기(ALoad Tran sfer Switch)

|정|답|및|해|설|

[자동부하전환개폐기(ALTS)] **정전사고 시 예비전원으로 자동으로 전환**되어 무정전 전원 공급을 수행하는 개폐기이다.

【정답】 ④

|참|고|

1. 리클로저(R/C) : 차단 장치를 자동 재연결(재폐로) 하는 일, 간선과 3상 분기점에 설치
2. 섹셔널라이저(S/E) : 고압 배전선에서 사용되는 차단 능력이 없는 유입 개폐기, 리클로저의 부하 측에 설치

29. 변전소에서 비접지 선로의 접지보호용으로 사용되는 계전기에 영상전류를 공급하는 것은?

① CT ② GPT
③ ZCT ④ PT

|정|답|및|해|설|

[영상변류기(ZCT)]
- 지락사고시 지락전류(영상전류)를 검출
- 지락과전류계전기(OCGR)에는 영상전류를 검출하도록 되어있고, 지락사고를 방지한다.

※접지형 계기용변압기(GPT) : 비접지 계통에서 지락 사고시 영상전압을 검출

【정답】 ③

30. 최근에 우리나라에서 많이 채용되고 있는 가스절연개폐설비(GIS)의 특징으로 틀린 것은?

① 대기 절연을 이용한 것에 비해 현저하게 소형화할 수 있으나 비교적 고가이다.
② 소음이 적고 충전부가 완전한 밀폐형으로 되어 있기 때문에 안전성이 높다.
③ 가스 압력에 대한 엄중 감시가 필요하며 내부 점검 및 부품 교환이 번거롭다.
④ 한랭지, 산악 지방에서도 액화 방지 및 산화방지 대책이 필요 없다.

|정|답|및|해|설|

[가스절연개폐기(GIS)의 특징]
- 안정성, 신뢰성이 우수하다.
- 감전사고 위험이 적다.
- 밀폐형이므로 공기 배출(배기) 소음이 적다.
- 소형화가 가능하다.
- SF_6 가스는 무취, 무미, 무색, 무독가스 발생
- 보수, 점검이 용이하다.

[단점]
1. 고가의 초기 투자 비용 2. 유지보수의 어려움
3. 강력한 온실가스로 환경에 악영향
4. **한랭지 및 산악지방(극한 환경)에서는 액화 방지 대책이 필요**

【정답】 ④

31. 3상 배전선로의 말단에 지상역률 60[%], 60[kW]인 평형 3상 부하가 있다. 부하점에 전력용 콘덴서를 접속하여 선로손실을 최소가 되게 하려면 전력용 콘덴서의 용량은 몇 [kVA]가 필요한가? (단, 부하단 전압은 변하지 않는 것으로 한다)

① 40[kVA] ② 60[kVA]
③ 80[kVA] ④ 100[kVA]

|정|답|및|해|설|

[콘덴서 용량] 선로손실을 최소로 하기 위해서는 역률을 1.0 ($\cos\theta_2 = 1$)으로 개선해야 하므로 문제에서의 전 무효전력만큼의 콘덴서 용량이 필요하다.

1. $P_l \propto \frac{1}{\cos^2\theta}$ → P_l 최소로 하려면 역률 최대(즉, $\cos\theta = 1$)
→ $\cos\theta_1 = 0.6$, $\cos\theta_2 = 1$
2. 콘덴서 용량(Q)
$Q_c = P(\tan\theta_1 - \tan\theta_2)[kVA]$ → (P는 반드시 Kw)
→ ($\cos\theta_2 = 1$, $\sin\theta_2 = 0$, $\tan\theta_2 = \frac{\sin\theta_2}{\cos\theta_2} = 0$)

$$= P(\tan\theta_1) = P \times \frac{\sin\theta_1}{\cos\theta_1} = 60 \times \frac{0.8}{0.6} = 80[kVA]$$

【정답】 ③

32. 직격뢰에 대한 방호설비로 가장 적당한 것은?

① 복도체 ② 가공지선
③ 서지흡수기 ④ 정전방전기

|정|답|및|해|설|

[이상전압 방호설비]
1. 피뢰기(LA) : 이상전압에 대한 기계기구 보호(변압기 보호)
2. 서지흡수기(SA) : 이상전압에 대한 발전기 보호
3. **가공지선** : **직격뢰**, 유도뢰 차폐 효과
4. 복도체 : 코로나를 방지할 수 있는 효과적인 대책

【정답】 ②

33. 송전선로의 코로나 방지에 효과적인 방법으로 틀린 것은?

① 전선의 직경을 크게 한다.
② 선간거리를 감소시킨다.
③ 가선금구를 개량한다.
④ 복도체를 사용한다.

|정|답|및|해|설|

[코로나] 전선에 어느 한도 이상의 전압을 인가하면 전선 주위에 공기절연이 국부적으로 파괴되어 엷은 불꽃이 발생하거나 소리가 발생하는 현상

[코로나 방지 대책]

·기본적으로 코로나 **임계전압(E_0)을 크게** 한다.
·굵은 전선을 사용한다.
·복도체를 사용한다.
·가선 금구를 개량한다.

→ 임계전압 $E_0 = 24.3 m_0 m_1 \delta d \log_{10}\frac{D}{d}$

여기서, m_0 : 전선의 표면계수, m_1 : 기후에 관한 계수
δ : 상대 공기밀도, d : 전선의 지름[cm]
r : 전선의 반지름[cm], D : **선간거리**[cm]

【정답】 ②

34. 송전선로의 중성점 접지방식 중 지락사고 시에 건전상의 전압 상승이 $\sqrt{3}$ 배까지 올라가며, 지락전류가 최소인 접지방식은?

① 비접지방식
② 직접접지방식
③ 고저항접지방식
④ 소호리액터접지방식

|정|답|및|해|설|

[중성점 접지방식]

구분 \ 종류	비접지	직접접지	고저항접지	소호리액터 접지
1선지락고장시 건전상의 대지전압	$\sqrt{3}$ 배 이상	큰 변화 없음	$\sqrt{3}$ 배 이상	**$\sqrt{3}$ 배 또는 그 이상**
지락전류	소	최대	100~150[A]	**최소**
보호계전기 동작	적용 곤란	확실	소세력 지락계전기	불확실
유도장해	적음	최대	적음	최소
과도안정도	큼	최소	중	최대

【정답】 ④

35. 수력발전소의 댐을 설계하거나 저수지의 용량 등을 결정하는데 가장 적당한 것은?

① 유량도 ② 적산유량곡선
③ 유황곡선 ④ 수위유량곡선

|정|답|및|해|설|

[적산유량 곡선] 수력발전소의 댐이나 저수지를 설계하려면 매일 매일의 유입유량과 유출유량을 추정해서 적정유량을 가두는 방식으로 정해야 하므로 적산유량 곡선으로 한다.

※1. 유황곡선 : 발전유량 Q를 정해서 발전 계획을 수립하기 위해서 사용한다.
2. 유량도 : 365일 동안 매일의 유량을 기록한 것을 말한다.

【정답】 ②

36. 송배전 계통에 발생하는 내부 이상전압의 원인이 아닌 것은?

① 유도뢰 ② 선로의 개폐
③ 아크접지 ④ 선로의 이상상태

|정|답|및|해|설|

[내부 이상전압] 직격뇌, 유도뇌를 제외한 모든 이상전압
내부 이상전압이 가장 큰 경우는 무부하 송전 선로의 충전전류를 차단할 경우이다.

※외부 이상전압 : 직격뇌, 유도뇌

【정답】 ①

37. 선간전압이 154[kV]이고, 1상당의 임피던스가 $j8[\Omega]$인 기기가 있을 때, 기준용량을 100[MVA]로 하면 %임피던스는 약 몇 [%]인가?

① 2.75 ② 3.15
③ 3.37 ④ 4.25

|정|답|및|해|설|

[퍼센트 임피던스] $\%Z = \frac{P[\text{kVA}] \cdot Z[\Omega]}{10V^2[\text{kV}]}[\%]$ → (단상)

여기서, V : 정격전압[kV], P : 기준용량[kVA]

$\therefore \%Z = \frac{100 \times 10^3 \times 8}{10 \times 154^2}[\%] = 3.37[\%]$

→ (이미 100이 곱해진 상태이므로 절대 100을 곱해서는 안 된다.)

※ V 및 P의 단위가 각각 [kV], [kVA]가 되어야 한다.

【정답】 ③

38. 화력발전소에서 매일 최대 출력 100000 [kW], 부하율 90[%]로 60일간 연속 운전할 때 필요한 석탄량은 약 몇 [t]인가? (단, 사이클효율은 40[%], 보일러 효율은 85[%], 발전기 효율은 98[%]로 하고 석탄의 발열량은 5500[kcal]이라 한다.)

① 60819 ② 61820
③ 62820 ④ 63820

|정|답|및|해|설|

[발전기효율] $\eta = \frac{860 \cdot W}{mH} \times 100[\%]$

여기서, W : 발전 전력량[kWh], m : 연료 소비량[kg]
H : 연료의 발열량[kcal/kg]

$\therefore$소비량 $m = \frac{860Pt \times 부하율}{H\eta}$ → $(W = Pt)$

$= \frac{860 \times 100000 \times 0.9 \times 24 \times 60}{5500 \times 0.98 \times 0.85 \times 0.4} \times 10^{-3}$=60819[t]

【정답】 ①

39. 3상 선로에서 회로의 상규선간전압을 V, 계통의 전전원의 용량에 상당하는 전류를 I, V와 I를 기준으로 하여 나타낸 %임피던스를 $\%Z$라 할 때 단락전류를 계산하는 식은?

① $\frac{VI}{\%Z}$ ② $\frac{100}{\%Z}I$
③ $\frac{V^2}{\%Z}$ ④ $\frac{\%ZI}{V}$

|정|답|및|해|설|

[단락전류] $I_s = \frac{100}{\%Z}I_n$ → (I_n : 정격전류(=I))

※단락용량 $P_s = \frac{100}{\%Z}P$ → (P : 정격(기준)용량)

【정답】 ②

40. 33[kV] 이하의 단거리 송배전선로에 작용하는 비접지 방식에서 지락전류는 다음 중 어느 것을 말하는가?

① 누설전류 ② 충전전류
③ 뒤진전류 ④ 단락전류

|정|답|및|해|설|

[비접지 방식의 지락전류]
- 33[kV] 이하 계통에 적용
- 저전압, 단거리(33[kV] 이하) 중성점을 접지하지 않는 방식
- 중성점이 없는 Δ-Δ 결선 방식이 가장 많이 사용된다.
- 지락전류 $I_g = \sqrt{3}\omega C_s V[A]$ → (C_s : 대지정전용량, 진상)
- 충전전류 $I_c = \omega CE[A]$
- **지락전류**는 진상전류, 즉 **충전전류**를 의미한다.

【정답】 ②

3회 2024년 전기기사필기 (전기기기)

41. 동기전동기에 관한 설명 중 틀린 것은?

① 기동토크가 작다.
② 유도전동기에 비해 효율이 양호하다.
③ 여자기가 필요하다.
④ 역률을 조정할 수 없다.

|정|답|및|해|설|

[동기전동기 장·단점]
[장점]
- 속도가 일정하다.
- 역률 및 효율이 가장 우수하다. → (역률 1)
- 기동토크가 작다.
- 언제나 역률 1로 운전할 수 있다.
- **역률을 조정할 수 있다.**
- 유도전동기에 비해 효율이 좋다.
- 공극이 크고 기계적으로 튼튼하다.

[단점]
- 속도 제어가 곤란하다.
- 기동토크를 얻기가 어렵다.
- 기동장치가 필요하다.
- 직류전원설비가 필요하다.
- 구조가 복잡하고 가격이 비싸다.
- 난조 발생 우려가 있다.

【정답】 ④

42. 5[kVA], 3300/210[V], 단상변압기의 단락시험에서 임피던스 전압 120[V], 동손 150[W]라 하면 퍼센트 저항강하는 몇 [%]인가?

① 2 ② 3 ③ 4 ④ 5

|정|답|및|해|설|

[%저항강하] $\%r = \frac{IR}{V} \times 100[\%] = \frac{P_c}{P_n} \times 100[\%] = \frac{P[kVA]R}{10V[kV]^2}[\%]$

여기서, P_n : 정격용량, P_c : 동손

$\therefore \%r = \frac{P_c}{P_n} \times 100 = \frac{150}{5000} \times 100 = 3[\%]$

【정답】 ②

43. 직류발전기의 정류 초기에 전류변화가 크며 이때 발생되는 불꽃 정류로 옳은 것은?

① 과정류　　② 직선정류
③ 부족정류　　④ 정현파정류

|정|답|및|해|설|

[정류곡선]

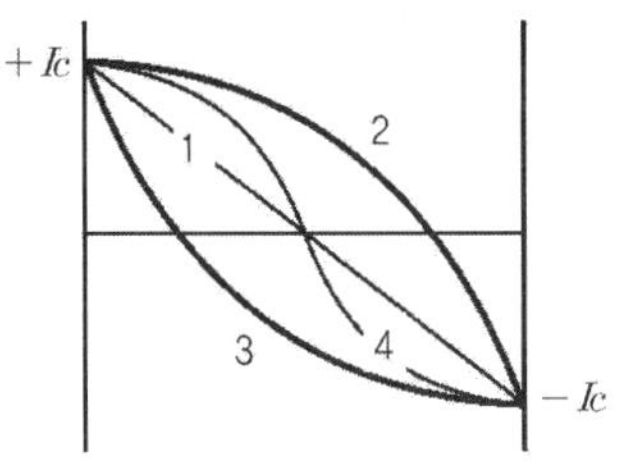

1. 직선정류 : 1번 곡선으로 가장 이상적인 정류곡선
2. 부족정류 : 2번 곡선, 큰 전압이 발생하고 정류 종료, 즉 브러시의 뒤쪽에서 불꽃이 발생
3. **과정류** : 3번 곡선, 정류 **초기에 높은 전압이 발생**, 브러시 **앞부분에 불꽃이 발생**
4. 정현정류 : 4번 곡선, 전류가 완만하므로 브러시 전단과 후단의 불꽃발생은 방지할 수 있다. 【정답】 ①

44. 변압기의 내부 고장 시 동작하는 것으로서 단락 고장의 검출 등에 사용되는 계전기는?

① 부족전압계전기　　② 비율차동계전기
③ 재폐로계전기　　④ 선택계전기

|정|답|및|해|설|

[변압기 내부고장 검출용 보호 계전기]

1. 차동계전기(비율차동 계전기) : 단락고장(사고) 시 검출
2. 압력계전기
3. 부흐홀츠계전기 : 아크방전사고 시 검출
4. 가스검출계전기 【정답】 ②

※ ① 부족전압계전기 : 전압이 정정치 이하로 되었을 때 동작하는 계전기
② 재폐로계전기 : 차단기가 차단되고 고장지점의 절연이 회복된 후 재폐로 조건(동기조건)이 이루어지면 자동으로 차단기를 투입시키는 계전기이다.
④ 선택계전기 : 전신 계전기와 같이 신호와 메시지를 선택적으로 전송한다. 전자석과 전기자로 구성되어 전류와 전압의 변화가 다른 회로를 차단할 수 있으며, 소자의 작동에도 영향을 줄 수 있다.

45. 동일 정격의 3상 동기발전기 2대를 무부하로 병렬 운전하고 있을 때 두 발전기의 기전력 사이에 30° 의 위상차가 있으면 한 발전기에서 다른 발전기에 공급되는 유효전력은 몇 [kW]인가? (단, 각 발전기의(1상의) 기전력은 2000[V], 동기리액턴스는 5[Ω]이고, 전기자저항은 무시한다.)

① 200　　② 300
③ 400　　④ 500

|정|답|및|해|설|

[3상 동기발전기의 수수전력] $P_s = \frac{E^2}{2Z_s} = \frac{E^2}{2x_s}\sin\delta[W]$

→ (Z_s : 동기임피던스(=x_s : 동기리액턴스))

$\therefore P_s = \frac{2000^2}{2\times 5}\sin 30[°] = 200,000[W] = 200[kW]$

※ 수수전력($P_s[kW]$) : 동기화전류 때문에 서로 위상이 같게 되려고 수수하게 될 때 발생되는 전력 【정답】 ①

46. 임피던스 강하가 4[%]인 변압기가 운전 중 단락되었을 때 그 단락전류는 정격전류의 몇 배인가?

① 15　② 20　③ 25　④ 30

|정|답|및|해|설|

[단락전류] $I_s = \frac{100}{\%Z}I_n$ → (I_n : 정격전류)

$\therefore I_s = \frac{100}{\%Z}I_n = \frac{100}{4}\times I_n = 25I_n$ 【정답】 ③

47. 60[Hz] 6극 10[kW]인 유도전동기가 슬립 5[%]로 운전할 때 2차의 동손이 500[W]이다. 이 전동기의 전부하시의 토크[kg·m]는?

① 약 4.3　　② 약 8.5
③ 약 41.8　　④ 약 83.5

|정|답|및|해|설|

[유도전동기의 출력] $T = 0.975\frac{P_0}{N}[kg\cdot m]$

→ ($T = 9.55\frac{P_0}{N}[N\cdot m]$)

여기서, P_0 : 전부하출력, N : 유도전동기 속도

회전속도 $N = \frac{120f}{p}(1-s) = \frac{120\times 60}{6}(1-0.05) = 1140[rpm]$

$\therefore T = 0.975\frac{P_0}{N} = \frac{10\times 10^3}{1140} = 8.5[kg\cdot m]$ 【정답】 ②

48. 유도전동기에서 인가전압이 일정하고 주파수가 정격값에서 수 [%] 감소할 때 나타나는 현상 중 틀린 것은?

① 철손이 증가한다.
② 효율이 나빠진다.
③ 동기속도가 감소한다.
④ 누설리액턴스가 증가한다.

|정|답|및|해|설|

[유도전동기에서 주파수 관계] 누설리액턴스는 주파수에 비례하므로 $(X=2\pi fL)$ **주파수가 감소하면 누설리액턴스는 감소**한다. 전압(V) 일정

① $P_i \propto \frac{V^2}{f}$ ② $\eta \propto \frac{1}{P_i}$ ③ $N_s = \frac{120f}{P}$ 【정답】 ④

49. 단상전파정류회로에서 정류효율은 얼마인가?

① $\frac{4}{\pi^2}\times 100[\%]$ ② $\frac{\pi^2}{4}\times 100[\%]$

③ $\frac{8}{\pi^2}\times 100[\%]$ ④ $\frac{\pi^2}{8}\times 100[\%]$

|정|답|및|해|설|

[각 정류회로의 특성]

정류 종류	단상반파	단상전파	3상반파	3상전파
맥동률[%]	121	48	17.7	4.04
정류효율	40.5	81.1	96.7	99.8
맥동주파수	f	$2f$	$3f$	$6f$

【정답】 ③

50. 단상 직권정류자전동기에서 주자속의 최대치를 ϕ_m, 자극수를 p, 전기자 병렬회로수를 a, 전기자 전 도체수를 Z, 전기자의 속도를 N[rpm]이라 하면 속도 기전력의 실효값 $E_r[V]$은? (단, 주자속은 정현파이다.)

① $E_r = \sqrt{2}\frac{p}{a}Z\frac{N}{60}\phi_m$

② $E_r = \frac{1}{\sqrt{2}}\frac{p}{a}Z\phi_m N$

③ $E_r = \frac{p}{a}Z\frac{N}{60}\phi_m$

④ $E_r = \frac{1}{\sqrt{2}}\frac{p}{a}Z\frac{N}{60}\phi_m$

|정|답|및|해|설|

[기전력] $E_r = \frac{p\varnothing N}{60}\cdot\frac{Z}{a} = \frac{p\varnothing_m}{\sqrt{2}}\frac{N}{60}\cdot\frac{Z}{a}$ → $(\varnothing_m = \sqrt{2}\varnothing)$

【정답】 ④

51. 포화하고 있지 않은 직류 발전기의 회전수가 4배로 증가되었을 때 기전력을 전과 같은 값으로 하려면 여자전류는 속도 변화 전에 비해 얼마로 하여야 하는가?

① $\frac{1}{2}$ ② $\frac{1}{3}$

③ $\frac{1}{4}$ ④ $\frac{1}{8}$

|정|답|및|해|설|

[직류 발전기의 유기기전력] $E = p\varnothing n\frac{Z}{a}$ [V]

유기기전력 E는 자속과 회전수의 곱에 비례한다.
회전수 n이 4배로 증가하면 자속 $\varnothing$는 1/4로 감소되어야 한다.
자속과 여자전류는 비례한다. 【정답】 ③

52. 직류 직권전동기에서 단자전압이 일정할 때 부하토크가 $\frac{1}{4}$이 되면 부하전류는 약 몇 [A]인가? (단, 자기포화는 무시한다.)

① 4배로 증가 ② $\frac{1}{4}$배로 감소

③ $\frac{1}{2}$배로 감소 ④ 2배로 증가

|정|답|및|해|설|

[직류 직권전동기] 토크 $T \propto I_a^2 \propto \frac{1}{N^2}$

직류 직권전동기에서 토크는 전기자전류의 제곱에 비례하므로
$T \propto I^2 \rightarrow I_a = \sqrt{T}$

$\therefore I_a = \sqrt{T} \rightarrow I_a = \sqrt{\frac{1}{4}T} = \frac{1}{2}\sqrt{T}[A]$ 【정답】 ③

53. 정력출력 10,000[kVA], 정격전압 6.6[kV], 동기 임피던스가 매상 3.6[Ω]인 3상 동기발전기의 단락비는 약 얼마인가?

① 1.3　② 1.25
③ 1.21　④ 1.15

|정|답|및|해|설|

[단락비] $K_s = \dfrac{I_s}{I_n}$

$P = 10{,}000[kVA],\ V = 6{,}600[V],\ Z_s = 3.6[\Omega]$

1. 단락전류 $I_s = \dfrac{\frac{V}{\sqrt{3}}}{Z_s} = \dfrac{V}{\sqrt{3}Z_s} = \dfrac{6600}{\sqrt{3}\times 3.6} = 1057.69[A]$

2. 정격전류 $I_n = \dfrac{P}{\sqrt{3}V} = \dfrac{10{,}000\times 10^3}{\sqrt{3}\times 6600} = 874.77[A]$

∴단락비 $K_s = \dfrac{I_s}{I_n} = \dfrac{1057.69}{874.77} = 1.21$　【정답】 ③

54. 스텝각이 2[°], 스테핑주파수(pulse rate)가 1800[pps]인 스테핑모터의 축속도[rps]는?

① 8　② 10
③ 12　④ 14

|정|답|및|해|설|

[스테핑 모터 속도 계산] 1초당 입력펄스가 1800[pps : pulse/sec]
1초당 스텝각=스텝각×스테핑 주파수 $= 2\times 1{,}800 = 3{,}600$
동기 1회전 당 회전각도는 360° 이므로
스테핑 전동기의 회전속도 $n = \dfrac{1초당\ 스텝각}{360^\circ} = \dfrac{3{,}600^\circ}{360^\circ} = 10[rps]$
※스텝각 : 1펄스당 이동각　【정답】 ②

55. 60[Hz], 600[rpm]인 동기전동기에 직결하여 기동하는 경우, 유도전동기의 자극수로서 적당한 것은?

① 6　② 8
③ 10　④ 12

|정|답|및|해|설|

[유도전동기의 극수] 유도전동기의 극수=동기전동기 극수 - 2
동기전동기 극수 $p = \dfrac{120f}{N_s} = \dfrac{120\times 60}{600} = 12$극

$\rightarrow (N_s = \dfrac{120f}{p}[rpm])$

∴유도전동기극수=동기전동기극수-2=12-2=10
【정답】 ③

56. 어떤 정류기의 부하전압이 2000[V]이고 맥동률이 3[%]이면 교류분은 몇 [V] 포함되어 있는가?

① 20　② 30
③ 60　④ 70

|정|답|및|해|설|

[교류분 전압] $\Delta E =$ 맥동률$\times E_d$　$\rightarrow$ (맥동률$= \dfrac{\Delta E}{E_d}$)
여기서, ΔE : 교류분, E_d : 직류분
$\therefore \Delta E = 0.03\times 2000 = 60[V]$　【정답】 ③

※[각 정류회로의 특성]

정류 종류	단상반파	단상전파	3상반파	3상전파
맥동률[%]	121	48	17.7	4.04
정류효율	40.5	81.1	96.7	99.8
맥동주파수	f	$2f$	$3f$	$6f$

57. 장거리 고압 송전선이나 케이블 송전선을 무부하에서 충전하는 동기발전기의 자기여자현상을 방지하기 위한 대책으로 적합하지 않은 것은?

① 수전단에 변압기를 병렬로 접속한다.
② 발전기에 콘덴서를 병렬로 접속한다.
③ 수전단에 리액턴스를 병렬로 접속한다.
④ 발전기 여러 대를 모선에 병렬로 접속한다.

|정|답|및|해|설|

[발전기의 자기여자현상] 과여자로 인하여 진상전류가 증가하는 현상으로 **원인은 콘덴서**
[방지 대책]
1. 발전기 2대 또는 3대를 병렬로 모선에 접속한다.
2. 수전단에 동기 조상기를 접속하고 이것을 부족 여자로 하여 지상전류를 공급한다.
3. 송전선로의 수전단에 변압기를 병렬로 접속한다.
4. 수전단에 리액턴스를 병렬로 접속한다.
5. 발전기의 단락비를 크게 한다.　【정답】 ②

58. 직류발전기의 전기자 반작용을 방지하기 위한 보극A, 보극B와 보상권선 X, Y의 설명으로 옳은 것은?

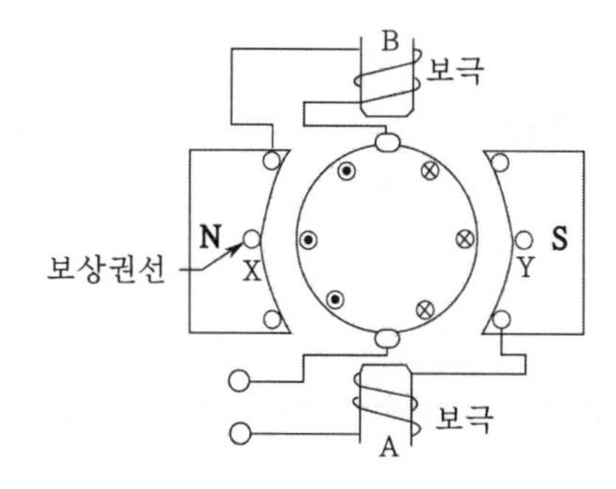

① 보극 A : N극, B : S극
 보상권선 X : ◉, Y : ⊗
② 보극 A : N극, B : S극
 보상권선 X : ⊗, Y : ◉
③ 보극 A : S극, B : N극
 보상권선 X : ◉, Y : ⊗
④ 보극 A : S극, B : N극
 보상권선 X : ⊗, Y : ◉

|정|답|및|해|설|

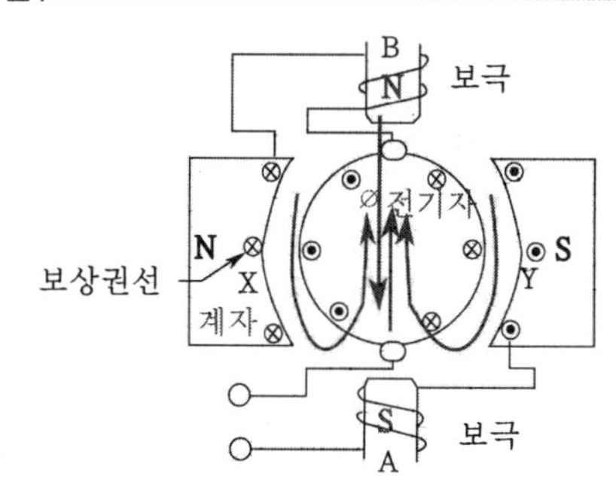

[전기자반작용]

1. 보상권선에 흐르는 전류는 전기자 코일에 흐르는 전류와 반대로 흐른다. 따라서 들어가는 방향(⊗), 반대로 S극은 나오는 방향(◉) → **X는 ⊗, Y는 ◉**
2. 앙페르의 오른 나사 법칙에 의하여 위로 향해 자속이 발생 이를 상쇄시키기 위해 **B에 N극, A에 S극**을 놓으면 위에서 밑으로 자속이 발생하므로 기존 자속이 상쇄된다.

【정답】 ④

59. 변압기의 무부하시험, 단락시험에서 구할 수 없는 것은?

① 철손 ② 동손
③ 절연내력 ④ 전압변동률

|정|답|및|해|설|

[변압기 시험]
1. 무부하시험 : 철손, 여자전류, 여자어드미턴스
2. 단락시험 : 동손, 임팩트전압, 임피던스 와트

※③ **절연내력**은 **절연내력 시험**으로 구한다.
 ④ 동손과 철손을 구해서 전압변동률을 구할 수 있다.

【정답】 ③

60. 6극, 60[Hz]인 3상 유도전동기의 회전 시 회전자 전압이 6[V]이고 정지 시 전압이 200[V]일 때의 회전자속도[rpm]는 얼마인가?

① 1200 ② 1164
③ 2000 ④ 1730

|정|답|및|해|설|

[유도전동기 회전자속도] $N = N_s(1-s)[rpm]$

1. 동기속도 $N_s = \frac{120f}{p} = \frac{120 \times 60}{6} = 1200[rpm]$
2. 슬립 $s = \frac{E_2'}{E_2}$ → (회전시 2차 유도기전력 $E_2' = sE_2$)

 여기서, f : 주파수, p : 극수, N : 회전자 회전속도
 s : 슬립, E_2 : 2차 유도기전력(정지시)
 E_2' : 회전시 유도기전력

 $s = \frac{E_2'}{E_2} = \frac{6}{200} = 0.03$

3. $N = N_s(1-s) = 1200(1-0.03) = 1164[rpm]$

【정답】 ②

3회 2024년 전기기사필기 (회로이론 및 제어공학)

61. $R = 2[\Omega]$, $L = 10[mH]$, $C = 4[\mu F]$의 직렬 공진회로의 선택도 Q는 얼마인가?

① 20 ② 25
③ 45 ④ 50

|정|답|및|해|설|

[직렬 공진회로에서 선택도] $Q = \frac{1}{R}\sqrt{\frac{L}{C}}$

$\therefore Q = \frac{1}{R}\sqrt{\frac{L}{C}} = \frac{1}{2}\sqrt{\frac{10 \times 10^{-3}}{4 \times 10^{-6}}} = \frac{1}{2} \times \frac{1 \times 10^2}{2} = 25$

【정답】 ②

62. 그림과 같은 부하에 선간전압이 $V_{ab}=100\angle 30°$ [V]인 평형 3상 전압을 가했을 때 선전류 $I_a[A]$는?

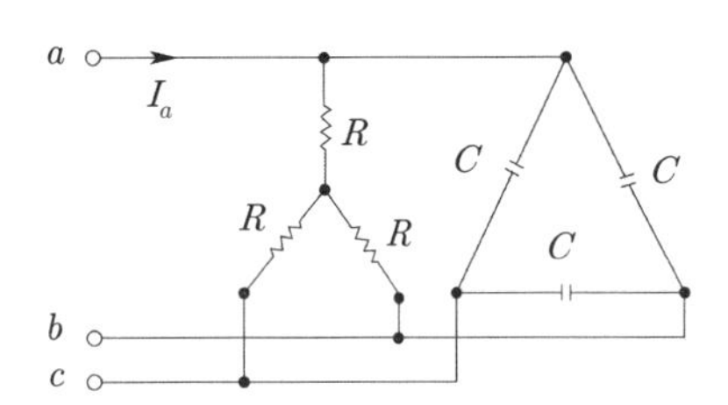

① $\frac{100}{\sqrt{3}}\left(\frac{1}{R}+j3\omega C\right)$ ② $100\left(\frac{1}{R}+j3\omega C\right)$

③ $\frac{100}{\sqrt{3}}\left(\frac{1}{R}+j\omega C\right)$ ④ $100\left(\frac{1}{R}+j\omega C\right)$

|정|답|및|해|설|

[Y결선의 선전류] $I_Y=\frac{V_p}{Z_p}=\frac{V_l}{\sqrt{3}Z_p}=\frac{V_l}{\sqrt{3}}Y_p$

→ (Y결선, $V_l=\sqrt{3}V_p$, $I_l=I_p$)

→ (병렬연결일 경우 어드미턴스로 계산하는 것이 편하다.)

△결선을 Y 결선으로 등가변환하면, Ω성분이 $\frac{1}{3}$배 감소

즉, $\frac{1}{\omega C}[\Omega]$ → $\frac{1}{3}\times\frac{1}{\omega C}[\Omega]$

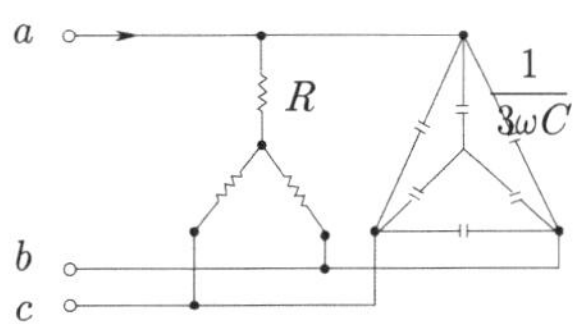

→ (한 상(병렬접속)의 어드미턴스 $Y=\frac{1}{R}+j3\omega C$)

∴Y결선의 선전류 $I_Y=\frac{V_l}{\sqrt{3}}Y_p=\frac{100}{\sqrt{3}}\left(\frac{1}{R}+j3\omega C\right)$[A]

【정답】 ①

63. 선로의 임피던스 $Z=R+jwL[\Omega]$, 병렬 어드미턴스가 $Y=G+jwC[℧]$ 일 때, 선로의 저항 R과 컨덕턴스 G가 동시에 0이 되었을 때 전파정수는?

① $jw\sqrt{LC}$ ② $jw\sqrt{\frac{C}{L}}$

③ $jw\sqrt{L^2C}$ ④ $jw\sqrt{\frac{L}{C^2}}$

|정|답|및|해|설|

[전파정수] $\gamma=\sqrt{ZY}=\sqrt{(R+jwL)(G+jwC)}$ [rad/km]

R과 G가 동시에 0인 경우는 무손실이므로

∴전파정수 $\gamma=\sqrt{(R+jwL)(G+jwC)}=\sqrt{jwL\cdot jwC}=jw\sqrt{LC}$

【정답】 ①

64. 시간함수 $f(t)=t^n$의 라플라스 변환은?

① $\frac{n!}{s^{n+1}}$ ② $\frac{n!}{s^n}$

③ $\frac{n+1}{s^{n+1}}$ ④ $\frac{n}{s^{n+1}}$

|정|답|및|해|설|

[라플라스 변환] $f(t)=t^n$일 때 $F(s)$를 구하면

$F(s)=\mathcal{L}[f(t)]=\mathcal{L}[t^n]=\frac{n!}{s^{n+1}}$ 【정답】 ③

|참|고|

[라플라스 변환표]

1. $F(s)=\mathcal{L}[f(t)]$
2. $f(t)=\mathcal{L}^{-1}[F(s)]$

함수명	시간함수 $f(t)$	주파수함수 $F(s)$
단위 임펄스	$\delta(t)$	1
단위 인디셜(계단)	$u(t)=1$	$\frac{1}{s}$
단위 램프(경사)	t	$\frac{1}{s^2}$
n차 램프	t^n	$\frac{n!}{s^{n+1}}$
지수 감쇠	e^{-at}	$\frac{1}{s+a}$
지수 감쇠 램프	te^{-at}	$\frac{1}{(s+a)^2}$
지수 감쇠 포물선	t^2e^{-at}	$\frac{2}{(s+a)^3}$
지수 감쇠 n차 램프	t^ne^{-at}	$\frac{n!}{(s+a)^{n+1}}$

65. 2단자 임피던스 함수 $Z(s)=\frac{(s+1)(s+2)}{(s+3)(s+4)}$일 때 극점(pole)은?

① −1, −2

② −3, −4

③ −1, −2, −3, −4

④ −1, −3

|정|답|및|해|설|

[극점과 영점]

1. 영점 : 분자가 0 → $(s+1)(s+2)=0$ → $s=-1,\ -2$
2. 극점 : $Z(s)=\infty$ → (분모가 0인 경우)
$(s+3)(s+4)=0$ → $\therefore s=-3,\ -4$ 【정답】 ②

66. 다음의 비정현파 전압, 전류로부터 평균전력 $P[W]$와 피상전력 $P_a[VA]$는 얼마인가?

$$e = 100\sin\left(\omega t + \frac{\pi}{6}\right) - 50\sin\left(3\omega t + \frac{\pi}{3}\right) + 25\sin 5\omega t\,[V]$$
$$i = 20\sin\left(\omega t - \frac{\pi}{6}\right) + 15\sin\left(3\omega t + \frac{\pi}{6}\right) + 10\cos\left(5\omega t - \frac{\pi}{3}\right)[A]$$

① $P = 283.5,\ P_a = 1541$

② $P = 385.2,\ P_a = 2021$

③ $P = 404.9,\ P_a = 3284$

④ $P = 491.3,\ P_a = 4141$

|정|답|및|해|설|

[비정현파 회로의 전력]

전압 $e = 100\sin\left(\omega t + \frac{\pi}{6}\right) - 50\sin\left(3\omega t + \frac{\pi}{3}\right) + 25\sin 5\omega t\,[V]$

전류 $i = 20\sin\left(\omega t - \frac{\pi}{6}\right) + 15\sin\left(3\omega t + \frac{\pi}{6}\right) + 10\cos\left(5\omega t - \frac{\pi}{3}\right)[A]$

→ $i = 20\sin\left(\omega t - \frac{\pi}{6}\right) + 15\sin\left(3\omega t + \frac{\pi}{6}\right) + 10\sin\left(5\omega t + \frac{\pi}{6}\right)[A]$

→ (−60+90=30)

1. 평균(유효)전력 $P = VI\cos\theta\,[W]$
   평균전력은 1고조파+3고조파+5고조파의 전력을 합한다.
   즉, 평균전력 $P = V_1 I_1 \cos\theta_1 + V_3 I_3 \cos\theta_3 + V_5 I_5 \cos\theta_5\,[W]$
   → (전압과 전류는 실효값($V = \frac{V_m}{\sqrt{2}}$)으로 한다.)

$\therefore P = V_1 I_1 \cos\theta_1 + V_3 I_3 \cos\theta_3 + V_5 I_5 \cos\theta_5$

$= (\frac{100}{\sqrt{2}} \times \frac{20}{\sqrt{2}} \cos(30-(-30))) + (-\frac{50}{\sqrt{2}} \times \frac{15}{\sqrt{2}} \cos(60-30))$

$+ (\frac{25}{\sqrt{2}} \times \frac{10}{\sqrt{2}} \cos(30-0))$

→ (위상차는 큰 것에서 작은 것을 빼준다)

$= \frac{1}{2}[200\cos(60) - 750\cos(30) + 250\cos(30)]$

$= 283.5[W]$

2. 피상전력 $P_a = V \cdot I$
   −전압의 실효값 $V = \sqrt{V_0^2 + V_1^2 + V_3^2}$
   $= \sqrt{(\frac{100}{\sqrt{2}})^2 + (\frac{50}{\sqrt{2}})^2 + (\frac{25}{\sqrt{2}})^2} = 81[V]$
   −전류의 실효값 $I = \sqrt{I_1^2 + I_3^2 + I_5^2}$
   $= \sqrt{(\frac{20}{\sqrt{2}})^2 + (\frac{15}{\sqrt{2}})^2 + (\frac{10}{\sqrt{2}})^2} = 19.039[A]$

$\therefore P_a = V \cdot I = 81 \times 19.03 = 1541[VA]$

【정답】 ②

67. 어느 소자에 전압 $e = E_m \cos\omega t[V]$를 가했을 때 전류 $i = I_m \sin\omega t[A]$가 흘렀다. 이 회로의 소자는 어떤 종류인가?

① 순저항 ② 인덕턴스

③ 콘덴서 ④ 다이오드

|정|답|및|해|설|

[소자의 종류]

1. $e = E_m \cos\omega t[V]$
2. $i = I_m \sin\omega t[A] = I_m \sin\omega t$ → 90도 뒤진 전류(지상)
   → (위상차는 전류의 위상이 전압에 비해 어떤가를 나타냄)
   → (R : 동상전류, L : 지상전류, C : 진상전류)

※cos파는 기본적으로 sin파보다 90도 빠르다.

【정답】 ②

68. 그림 (a)를 그림 (b)와 같은 등가 전류원으로 변환할 때 I[A]와 R[Ω]은 얼마인가?

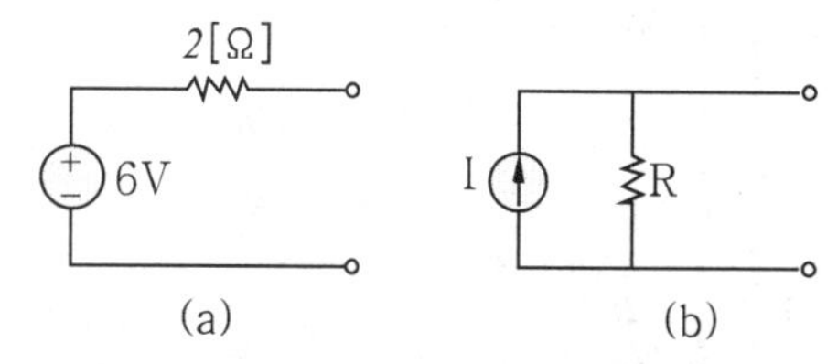

① $I=6,\ R=2$ ② $I=3,\ R=5$

③ $I=4,\ R=0.5$ ④ $I=3,\ R=2$

|정|답|및|해|설|

[테브낭의 정리 ↔ 노튼의 정리] 쌍대(dual) 관계

쌍대(dual) 관계란 등가전환을 할 수 있는 관계이다.

1. 전류 $I = \frac{V}{R} = \frac{6}{2} = 3[A]$
2. 저항 $R = R' = 2[\Omega]$

|참|고|

[쌍대]

전압원	전류원
직렬회로	병렬회로
저항(R)	컨덕턴스(G)
리액턴스(X)	서셉턴스(B)
임피던스(Z)	어드미턴스(Y)
인덕턴스(L)	커패시턴스(C)

【정답】 ④

69. 동일한 저항 $R[\Omega]$ 6개를 그림과 같이 결선하고 대칭 3상 전압 $V[V]$를 가하였을 때 전류 $I[A]$의 크기는 얼마인가?

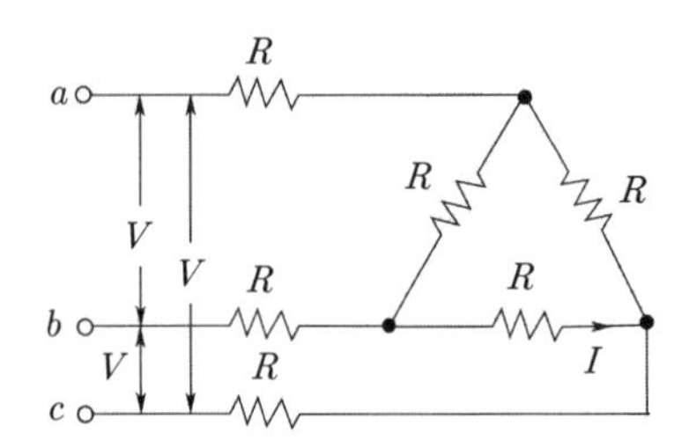

① $\dfrac{V}{R}$　② $\dfrac{V}{2R}$

③ $\dfrac{V}{4R}$　④ $\dfrac{V}{5R}$

|정|답|및|해|설|

[△결선의 상전류(I_p)]

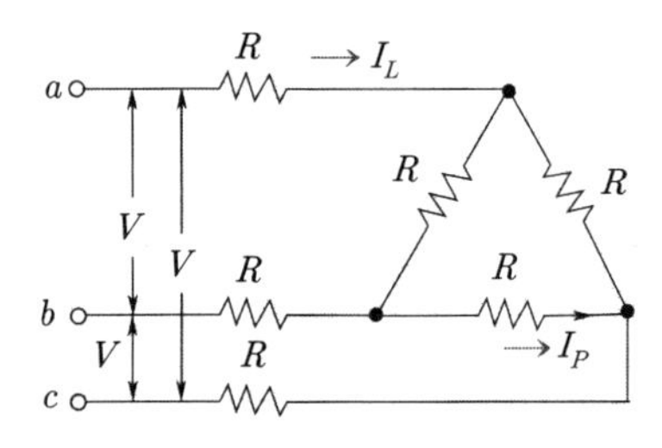

그림에서 △결선에 상전류(I_P)가 흐르고 바깥에는 선전류(I_L)가 흐르므로 △결선을 Y결선으로 바꿔준다.

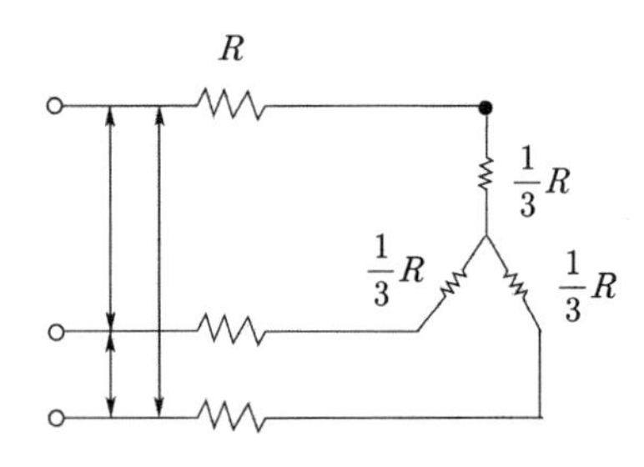

→ (△결선을 Y결선으로 바꾸면 $\frac{1}{3}$ 작아진다.)

1. 그림에서 한상의 임피던스 $Z_P = R + \frac{1}{3}R = \frac{4}{3}R$

2. Y결선 시 $I_L = I_P \rightarrow I_L = I_P = \dfrac{V_P}{Z} = \dfrac{\frac{V}{\sqrt{3}}}{\frac{4}{3}R} \times \dfrac{1}{\sqrt{3}} = \dfrac{V}{4R}$

→ (a와 b사이에는 선간전압)

【정답】 ③

70. 3상 회로에 있어서 대칭분 전압이

$V_0 = 100\angle 30°\ [V]$

$V_1 = 100\angle -60°\ [V]$

$V_2 = 200\angle 80°\ [V]$일 때 b상의 전압[V]는?

① $234\angle -43°$　② $289\angle -16°$

③ $202\angle -174°$　④ $85\angle -126°$

|정|답|및|해|설|

[대칭분에 의한 비대칭을 구할 때] $V_b = V_0 + a^2 V_1 + a V_2$

→ ($V_a = V_0 + V_1 + V_2$, $V_c = V_0 + aV_1 + a^2 V_2$)

$V_b = V_0 + a^2 V_1 + a V_2$

$= 100\angle 30 + (1\angle 240) \times (100\angle -60°) + (1\angle 120-) \times (200\angle 80)$

→ ($a^2 = 1\angle 240$, $a = 1\angle 120$)

$= 202\angle -174°$

【정답】 ③

|참|고|

[비대칭분에 의한 대칭을 구할 때]

1. 영상분 $V_0 = \frac{1}{3}(V_a + V_b + V_c)$

2. 정상분 $V_1 = \frac{1}{3}(V_a + aV_b + a^2 V_c)$

3. 역상분 $V_2 = \frac{1}{3}(V_a + a^2 V_b + aV_c)$

71. 주어진 계통의 특성방정식이 $s^4 + 6s^3 + 11s^2 + 6s + K = 0$이다. 안정하기 위한 K의 범위는?

① $K < 0,\ K > 20$　② $0 < K < 20$

③ $0 < K < 10$　④ $K < 20$

|정|답|및|해|설|

[특성방정식] $s^4 + 6s^3 + 11s^2 + 6s + K = 0$

루드의 표

s^4	1	11	K
s^3	6	6	
s^2	$\frac{66-6}{6} = 10$	$\frac{6K-0}{6} = K$	
s^1	$\frac{60-6K}{10}$	0	
s_0	K		

안정하기 위해서는 제1열의 부호가 바뀌면 안 되므로

$\frac{60-6K}{10} > 0 \rightarrow K < 10$, 그리고 $K > 0$이여야 한다.

【정답】 ③

|참|고|

60페이지 [(3) 루드표 작성 및 안정도 판별법] 참조

72. 어떤 자동제어 계통의 극이 S평면에 그림과 같이 주어지는 경우 이 시스템의 시간영역에서 동작상태는?

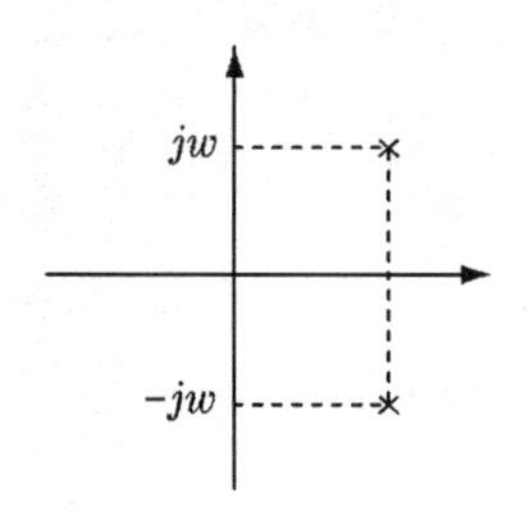

① 진동하지 않는다.
② 감폭 진동한다.
③ 점점 더 크게 진동한다.
④ 지속 진동한다.

|정|답|및|해|설|

[특성 방정식 근의 위치와 응답]

s평면내의 근의 위치	계단응답	안정판단
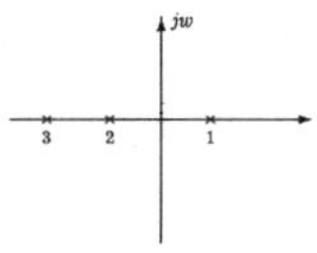	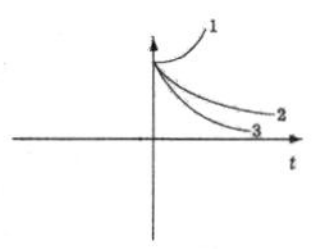	$\delta > 1$ 과제동 $\cdot\delta_1$: 불안정 $\cdot\delta_2$: 안정 $\cdot\delta_3$: 안정
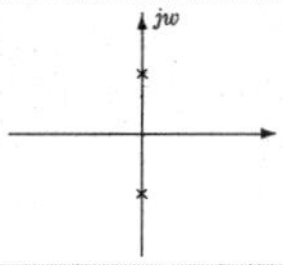	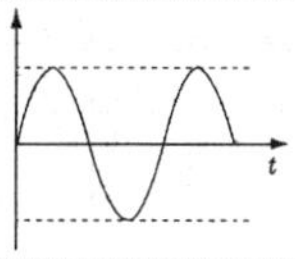	$\delta = 1$ 임계(무제동) (불안정)
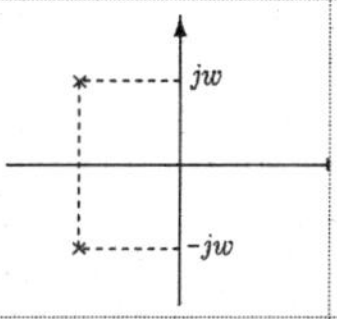	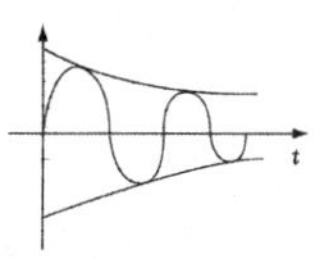	$0 < \delta < 1$ 감쇠진동 (안정)
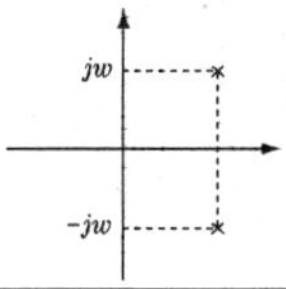	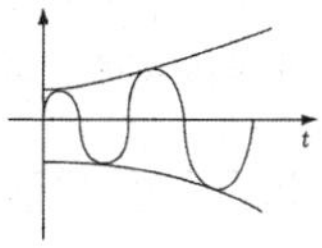	$0 < \delta$ 증폭 진동 (불안정)

【정답】 ③

73. 제어 시스템의 주파수 전달함수가 $G(j\omega) = j20\omega$이고, 주파수가 $\omega = 5$[rad/s]일 때 이 제어 시스템의 이득[dB]은?

① 20 ② 40
③ −20 ④ −40

|정|답|및|해|설|

[제어 시스템의 이득] $g = 20\log|G(j\omega)|$

$\therefore g = 20\log|G(j\omega)| = 20\log|20\omega|_{\omega=5}$

→ (허수의 크기는 자신이 값이 된다.)

$= 20\log|20\times5| = 20\log10^2 = 40$[dB] 【정답】 ②

74. 그림의 블록선도와 같이 표현되는 제어 시스템에서 $A=1$, $B=1$일 때, 블록선도의 출력 C는 약 얼마인가?

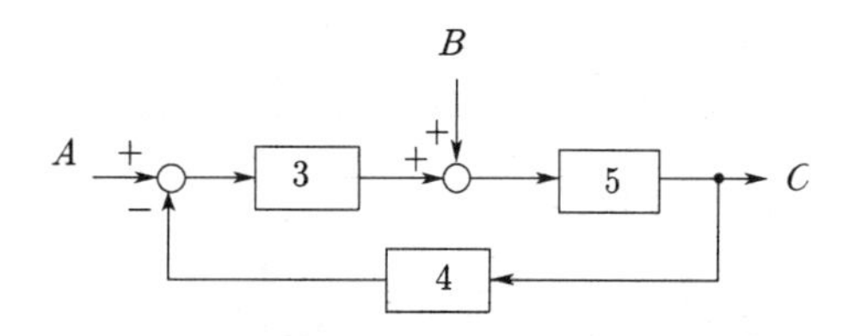

① 0.22 ② 0.33
③ 1.22 ④ 3.1

|정|답|및|해|설|

[블록선도의 출력] $C = G(s)R$ → (전달함수 $G(s) = \frac{C}{R}$)

전달함수 $G(s) = \dfrac{\sum 전향경로}{1-\sum 루프이득}$

→ (루프이득 : 피드백의 폐루프)
→ (전향경로 :입력에서 출력으로 가는 길(피드백 제외))

$\therefore C = AG(s) + BG(s)$

$= A\dfrac{3\times5}{1+3\times4\times5} + B\dfrac{5}{1+3\times4\times5}$

$= 1\times\dfrac{15}{61} + 1\times\dfrac{5}{61} = 0.33$ 【정답】 ②

75. 전달함수 $G(s)=\dfrac{1}{S+1}$인 제어계의 인디셜 응답은?

① $1-e^{-t}$ ② e^{-t}
③ $-1+e^{-t}$ ④ $e^{-t}+1$

|정|답|및|해|설|

[인디셜응답(단위계단응답)] 제어 장치의 입력으로 단위 계단 함수 $R(s)=\dfrac{1}{s}$을 가했을 때의 출력($C(s)$)

즉, $c(t)=\mathcal{L}^{-1}[C(s)]=\mathcal{L}^{-1}\left[G(s)\dfrac{1}{s}\right]$

$G(s)=\dfrac{C(s)}{R(s)}$에서 $C(s)=G(s)R(s)$

$C(s)=G(s)R(s)\big|_{R(s)=\frac{1}{s}}=\dfrac{1}{s(s+1)}=\dfrac{A}{s}+\dfrac{B}{s+1}$

$\rightarrow A=\dfrac{1}{s+1}\Big|_{s=0}=1,\ B=\dfrac{1}{s}\Big|_{s=-1}=-1$

$\therefore C(s)=\dfrac{1}{s}-\dfrac{1}{s+1} \rightarrow c(t)=1-e^{-t}$ 【정답】①

76. $G(s)H(s)$가 다음과 같이 주어지는 계에서 근궤적 점근선의 실수측과의 교차점은?

$$G(s)H(s)=\frac{K(s+1)}{s(s+5)(s+8)}$$

① -6 ② -5
③ -4 ④ -1

|정|답|및|해|설|

[점근선과 실수축의 교차점]

$\delta=\dfrac{\sum P-\sum Z}{P-Z}=\dfrac{\text{극점의 합}-\text{영점의 합}}{\text{극점의 개수}-\text{영점의 개수}}$

1. 영점 : s=-1 → 1개 → (영점 : 분자항=0이 되는 근)
2. 극점 : s=0, s=-5, s=-8 → 3개 → (극점 : 분모항=0이 되는 근)

$\therefore \delta=\dfrac{\text{극점의 합}-\text{영점의 합}}{\text{극점의 개수}-\text{영점의 개수}}$

$=\dfrac{(-5-8)-(-1)}{3-1}=\dfrac{-12}{2}=-6$ 【정답】①

77. 조절부의 동작에 의한 분류 중 제어계의 오차가 검출될 때 오차가 변화하는 속도에 비례하여 조작량을 조절하는 동작으로 오차가 커지는 것을 미연에 방지하는 제어 동작은 무엇인가?

① 비례동작제어
② 미분동작제어
③ 적분동작제어
④ 온-오프(ON-OFF)제어

|정|답|및|해|설|

[미분동작(D)] 오차가 커지는 것을 **미리 방지**

【정답】②

|참|고|

[조절부의 동작에 의한 분류]

종류		특 징
P	비례동작	·정상오차를 수반 ·잔류편차 발생
I	적분동작	잔류편차 제거
D	미분동작	오차가 커지는 것을 미리 방지
PI	비례적분동작	·잔류편차 제거 ·제어결과가 진동적으로 될 수 있다.
PD	비례미분동작	응답 속응성의 개선
PID	비례적분미분동작	·잔류편차 제거 ·정상 특성과 응답 속응성을 동시에 개선 ·오버슈트를 감소시킨다. ·정정시간 적게 하는 효과 ·연속 선형 제어

78. PD 제어 동작은 프로세스 제어계의 과도 특성 개선에 쓰인다. 이것에 대응하는 보상 요소는?

① 지상 보상 요소 ② 진상 보상 요소
③ 진지상 보상 요소 ④ 동상 보상 요소

|정|답|및|해|설|

[조절부의 동작에 의한 분류] PD 동작은 진상 요소(진상 보상기)에 대응된다. → (PI : 지상)

【정답】②

79. 선형시불변 시스템의 상태 방정식

$\frac{d}{dt}x(t) = Ax(t) = Ax(t) + Bu(t)$에서

$A = \begin{bmatrix} 0 & 0 \\ 1 & -2 \end{bmatrix}$, $B = \begin{bmatrix} 1 \\ 1 \end{bmatrix}$일 때, 상태천이 행렬 $\varnothing(t)$는?

① $s^2 + s - 5 = 0$　② $s^2 - s - 5 = 0$
③ $s^2 + 3s + 1 = 0$　④ $s^2 - 3s + 1 = 0$

|정|답|및|해|설|

[상태천이행렬] $\phi(t) = \mathcal{L}^{-1}[sI - A]^{-1}$

→ (특성 방정식] $|sI - A| = 0$)

여기서, $[I]$: 단위행렬$\left(\begin{bmatrix} 1 & 0 \\ 0 & 1 \end{bmatrix}\right)$, [A] : 벡터행렬

1. $|sI - A| = \begin{bmatrix} s & 0 \\ 0 & s \end{bmatrix} - \begin{bmatrix} 0 & 0 \\ 1 & -2 \end{bmatrix} = \begin{bmatrix} s-0 & 0-0 \\ 0-1 & s-(-2) \end{bmatrix} = \begin{bmatrix} s & 0 \\ -1 & s+2 \end{bmatrix}$

2. $|sI - A|^{-1} = \frac{1}{\begin{vmatrix} s & 0 \\ -1 & s+2 \end{vmatrix}} \begin{bmatrix} s+2 & 0 \\ 1 & s \end{bmatrix} = \frac{1}{s(s+2)} \begin{bmatrix} s+2 & 0 \\ 1 & s \end{bmatrix}$

→ ($\frac{1}{\text{크기}} \begin{bmatrix} D & -1\text{곱하기} \\ -1\text{곱하기} & A \end{bmatrix}$)

3. 역라플라스

천이행렬 $\therefore \varnothing(t) = \mathcal{L}^{-1}[sI - A]^{-1}$

$= \begin{bmatrix} 1 & 0 \\ \frac{(1-e^{-2t})}{2} & e^{-2t} \end{bmatrix}$

【정답】 ①

|참|고|

[천이행렬 계산 방법]

1. $[sI - A]$ 행렬을 계산한다.
2. $[sI - A]$의 역행렬 $[sI - A]^{-1}$을 계산한다.
3. 역라플라스 변환을 이용하여 시간 함수로 표현된 천이행렬을 계산한다.
   $\phi(t) = \mathcal{L}^{-1}[sI - A]^{-1}$

80. 개루프 전달함수 $G(s)H(s)$가 다음과 같이 주어지는 부궤환계에서 근궤적 점근선의 실수축과의 교차점은?

$$G(s)H(s) = \frac{K}{s(s+4)(s+5)}$$

① 0　② −1
③ −2　④ −3

|정|답|및|해|설|

[근궤적의 점근선의 교차점]

$$\sigma = \frac{\sum G(s)H(s)\text{극점} - \sum G(s)H(s)\text{영점}}{p-z}$$

여기서, p : 극의 수, z : 영점수

→ (영점 : 분자항=0이 되는 근으로 회로의 단락)
→ (극점 : 분모항=0이 되는 근으로 회로의 개방)

1. 극점 : s=0, s=−4, s=−5 → (3개)
2. 영점 : 0개

$$\sigma = \frac{\sum G(s)H(s)\text{극점} - \sum G(s)H(s)\text{영점}}{p-z}$$

$$= \frac{(0-4-5)-0}{3-0} = -3$$

【정답】 ④

3회 2024년 전기기사필기 (전기설비기술기준)

81. 직류 전기철도 시스템이 배설배관 또는 케이블과 인접했을 경우에 누설되는 전류를 피하기 위해서 최대한 이격을 시켜야 하는데, 주행 레일과 최소 몇 [m] 이상 이격을 해야 하는가?

① 1　② 1.2　③ 1.5　④ 1.7

|정|답|및|해|설|

[전기철도 누설전류 간섭에 대한 방지 (KEC 461.5)] 직류 전기철도 시스템이 매설 배관 또는 케이블과 인접할 경우 누설전류를 피하기 위해 최대한 이격시켜야 하며, **주행레일과 최소 1[m] 이상의 거리**를 유지하여야 한다.

【정답】 ①

82. 한국전기설비규정에 따른 전선의 색상으로 N의 경우 어떠한 색상을 사용하는가?

① 갈색　② 검은색
③ 파란색　④ 녹색-노란색

|문|제|풀|이|

[전선의 식별]

상(문자)	색상
L1	갈색
L2	검은색
L3	회색
N(중성선)	**파란색**
보호도체(접지선)	녹색-노란색 혼용

【정답】 ③

83. 저압 옥측 전선로에서 목조의 조영물에 시설할 수 있는 공사 방법은?

① 금속관공사
② 버스덕트공사
③ 합성수지관공사
④ 케이블공사(무기물 절연(MI) 케이블을 사용하는 경우)

|정|답|및|해|설|

[저압 옥측 전선로의 시설 (KEC 221.2)]
· 애자사용공사(전개된 장소에 한한다)
· 합성수지관공사
· 금속관공사(**목조 이외**의 조영물에 시설하는 경우에 한한다)
· 버스덕트공사[**목조 이외**의 조영물(점검할 수 없는 은폐된 장소를 제외한다)에 시설하는 경우에 한한다]
· 케이블공사(연피 케이블·알루미늄피 케이블 또는 미네럴인슈레이션게이블을 사용하는 경우에는 **목조 이외의** 조영물에 시설하는 경우에 한한다)

※목조에 시설할 수 없는 공사 : 금속관공사, 버스덕트공사, 케이블공사

【정답】 ③

84. 최대 사용전압이 66[kV]인 중성점 직접접지식 전로의 절연내력 시험 전압은 최대사용전압의 몇 배의 전압으로 10분간 견디어야 하는가?

① 1.17 ② 0.72
③ 1.5 ④ 1.3

|정|답|및|해|설|

[변압기 전로의 절연내력 (KEC 135)]

접지 방식	최대 사용전압	시험 전압(최대 사용전압 배수)	최저 시험 전압
비접지	7[kV] 이하	1.5배	500[V]
	7[kV] 초과	1.25배	10,500[V] (60[kV]이하)
중성점접지	60[kV] 초과	1.1배	75[kV]
중성점직접 접지	**60[kV]초과 170[kV] 이하**	**0.72배**	
	170[kV] 초과	0.64배	
중성전다중 접지	25[kV] 이하	0.92배	500[V] (75[kV]이하)

【정답】 ②

85. 풍력터빈의 피뢰설비 시설기준에 대한 설명으로 틀린 것은?

① 풍력터빈에 설치한 피뢰설비(리셉터, 인하도선 등)의 기능저하로 인해 다른 기능에 영향을 미치지 않을 것
② 수뢰부를 풍력터빈 중앙부분에 배치하되 뇌격전류에 의한 발열에 의해 녹아서 손상되지 않도록 재질, 크기, 두께 및 형상 등을 고려할 것
③ 풍력터빈에 설치하는 인하도선은 쉽게 부식되지 않는 금속선으로서 뇌격전류를 안전하게 흘릴 수 있는 충분한 굵기여야 하며, 가능한 직선으로 시설할 것
④ 풍력터빈 내부의 계측 센서용 케이블은 금속관 또는 차폐케이블 등을 사용하여 뇌유도과 전압으로부터 보호할 것

|문|제|풀|이|

[풍력터빈의 피뢰설비 (KEC 532.3.5)] 풍력터빈의 피뢰설비는 다음에 따라 시설하여야 한다.
1. **수뢰부를 풍력터빈 선단부분 및 가장자리 부분에 배치**하되 뇌격전류에 의한 발열에 의해 녹아서 손상되지 않도록 재질, 크기, 두께 및 형상 등을 고려할 것
2. 풍력터빈에 설치하는 인하도선은 쉽게 부식되지 않는 금속선으로서 뇌격전류를 안전하게 흘릴 수 있는 충분한 굵기여야 하며, 가능한 직선으로 시설할 것
3. 풍력터빈 내부의 계측 센서용 케이블은 금속관 또는 차폐케이블 등을 사용하여 뇌유도과전압으로부터 보호할 것
4. 풍력터빈에 설치한 피뢰설비(리셉터, 인하도선 등)의 기능저하로 인해 다른 기능에 영향을 미치지 않을 것

【정답】 ②

86. 급전용 변압기는 교류 전기철도의 경우 어떤 것의 적용을 원칙으로 하는가?

① 단상 정류기용 변압기
② 단상 스코트결선 변압기
③ 3상 정류기용 변압기
④ 3상 스코트결선 변압기

|정|답|및|해|설|

[전기철도 변전소의 설비 (KEC 421.4)]
1. 변전소 등의 계통을 구성하는 각종 기기는 운용 및 유지보수성, 시공성, 내구성, 효율성, 친환경성, 안전성 및 경제성 등을 종합적으로 고려하여 선정하여야 한다.
2. 급전용변압기는 직류 전기철도의 경우 3상 정류기용 변압기, **교류 전기철도**의 경우 **3상 스코트결선 변압기**의 적용을 원칙으로 하고, 급전계통에 적합하게 선정하여야 한다.

【정답】 ④

87. 저압 옥내 배선이 가스관과 접근할 경우 애자공사에 의하여 시설할 때 거리는 몇 [m]인가?

① 0.1　　② 0.2
③ 0.4　　④ 0.5

|정|답|및|해|설|

[배선설비와 다른 공급설비와의 접근(저압) (KEC 232.3.7)] 저압 옥내배선이 약전류전선 등 또는 수관·가스관이나 이와 유사한 것과 접근하거나 교차하는 경우에 저압 옥내배선을 애자공사에 의하여 시설하는 때에는 저압 옥내배선과 약전류전선 등 또는 수관·가스관이나 이와 유사한 것과의 **간격은 0.1[m]**(전선이 나전선인 경우에 0.3[m]) 이상이어야 한다. 【정답】 ①

|참|고|

[고압 옥내배선]
고압 옥내배선이 다른 고압 옥내배선·저압 옥내전선·관등회로의 배선·약전류 전선 등 또는 수관·가스관이나 이와 유사한 것과 접근하거나 교차하는 경우에는 고압 옥내배선과 다른 고압 옥내배선·저압 옥내전선·관등회로의 배선·약전류 전선 등 또는 수관·가스관이나 이와 유사한 것 사이의 간격은 0.15[m] (애자사용공사에 의하여 시설하는 저압 옥내전선이 나전선인 경우에는 0.3[m], 가스계량기 및 가스관의 이음부와 전력량계 및 개폐기와는 0.6[m]) 이상이어야 한다.

88. 전기울타리의 시설에 관한 설명 중 틀린 것은?

① 전선과 수목 사이의 간격은 50[cm] 이상이어야 한다.
② 전기울타리는 사람이 쉽게 출입하지 아니하는 곳에 시설하여야 한다.
③ 전선은 인장강도 1.38[kN] 이상의 것 또는 지름 2[mm] 이상의 경동선이어야 한다.
④ 전로의 사용전압은 250[V] 이하이어야 한다.

|정|답|및|해|설|

[전기울타리 (KEC 241.1)]
· 전로의 사용전압은 250[V] 이하
· 전기울타리는 사람이 쉽게 출입하지 아니하는 곳에 시설할 것
· 전선은 인장강도 1.38[kN] 이상의 것 또는 지름 2[㎜] 이상의 경동선일 것
· 전선과 이를 지지하는 기둥 사이의 간격은 2.5[㎝] 이상일 것
· 전선과 다른 시설물(가공 전선을 제외한다) 또는 **수목 사이의 간격은 30[㎝] 이상**일 것 【정답】 ①

89. 저압 전로에는 인입구에 가까운 곳으로서 쉽게 개폐할 수 있는 곳에 개폐기를 각 극에 시설하여야 한다. 단, 사용전압이 400[V] 이하인 옥내 전로로서 다른 옥내전로(정격전류가 16[A] 이하인 과전류 차단기 또는 정격전류가 16[A]를 초과하고 20[A] 이하인 배선차단기로 보호되고 있는 것에 한한다)로서 다른 옥내전로에 접속하는 길이 몇 [m] 이하의 전로에서 전기의 공급을 받는 것은 제외되는가?

① 10　　② 15
③ 20　　④ 25

|정|답|및|해|설|

[저압 옥내전로 인입구에서의 개폐기의 시설 (KEC 212.6.2)] 사용전압이 400[V] 이하인 옥내 전로로서 다른 옥내전로(정격전류가 16[A] 이하인 과전류 차단기 또는 정격전류가 **16[A]를 초과하고 20[A] 이하**인 배선차단기로 보호되고 있는 것에 한한다)에 접속하는 **길이 15[m] 이하**의 전로에서 전기의 공급을 받는 것은 규정에 의하지 아니할 수 있다. 【정답】 ②

90. 고압 가공 전선로의 지지물에 시설하는 통신선 또는 이에 직접 접속하는 가공 통신선의 높이는 철도 또는 궤도를 횡단하는 경우에는 레일면상 몇 [m] 이상으로 하여야 하는가?

① 5.0[m]　　② 5.5[m]
③ 6.0[m]　　④ 6.5[m]

|정|답|및|해|설|

[전력보안통신선의 시설 높이와 간격 (KEC 362.2)]
가공전선로의 지지물에 시설하는 통신선 또는 이에 직접 접속하는 가공 통신선의 높이

구분	지상고
도로횡단 시	지표상 6.0[m] 이상 (단, 저압이나 고압의 가공전선로의 지지물에 시설하는 통신선 또는 이에 직접 접속하는 가공통신선을 시설하는 경우에 교통에 지장을 줄 우려가 없을 때에는 지표상 5[m])
철도 궤도 횡단 시	**레일면상 6.5[m] 이상**
횡단보도교 위	노면상 5.0[m] 이상
기타	지표상 5[m] 이상

【정답】 ④

91. 일반주택 및 아파트 각 호실의 현관에 조명용 백열전등을 설치할 때 사용하는 타임스위치는 몇 [분] 이내에 소등 되는 것을 시설하여야 하는가?

① 1분　　② 3분
③ 5분　　④ 10분

|정|답|및|해|설|

[점멸기의 시설 (KEC 234.6)]
1. 숙박시설, 호텔, 여관 각 객실 입구등은 1분
2. 거주시설, **일반 주택** 및 아파트 현관등은 **3분**　　【정답】 ②

92. 이동하여 사용하는 전기기계기구의 금속제 외함 등 접지 시스템의 경우 저압 전기설비용 접지도체는 다심 코드 또는 다심 캡타이어케이블 1개 도체에 단면적이 몇 $[mm^2]$ 이상인 것을 사용해야 되는가?

① 1.25　　② 0.92
③ 0.75　　④ 1.5

|정|답|및|해|설|

[접지도체 (KEC 142.3.1)] 이동하여 사용하는 전기기계기구의 금속제 외함의 접지도체는 다음과 같다.
1. 특고압 · 고압 : 단면적이 $10[mm^2]$ 이상
2. **저압 : 0.75$[mm^2]$ 이상**. 다만 다심(연동연선) $1.5[mm^2]$ 이상
【정답】 ③

93. 금속덕트공사에 의한 저압 옥내배선공사 시설에 대한 설명으로 틀린 것은?

① 금속덕트에 넣은 전선의 단면적(절연피복의 단면적을 포함한다)의 합계는 덕트의 내부 단면적의 5[%](전광표시장치 기타 이와 유사한 장치 또는 제어회로 등의 배선만을 넣는 경우에는 15[%]) 이하일 것
② 금속덕트 안에는 전선에 접속점이 없도록 할 것
③ 금속덕트 안의 전선을 외부로 인출하는 부분은 금속 덕트의 관통부분에서 전선이 손상될 우려가 없도록 시설할 것
④ 금속덕트 안에는 전선의 피복을 손상할 우려가 있는 것을 넣지 아니할 것

|정|답|및|해|설|

[금속덕트공사 (KEC 232.31)]
1. 전선은 절연전선(옥외용 비닐절연전선을 제외한다)일 것.
2. 금속덕트에 넣은 전선의 단면적(절연피복의 단면적을 포함한다)의 합계는 **덕트의 내부 단면적의 20[%]**(전광표시장치 기타 이와 유사한 장치 또는 제어회로 등의 **배선만을 넣는 경우에는 50[%]) 이하**일 것　　【정답】 ①

94. 사용전압이 22.9[kV]인 특고압 가공전선로가 도로를 횡단 시에 지표상 높이는 최소 몇 [m] 이상인가?

① 4.5　　② 5
③ 5.5　　④ 6

|정|답|및|해|설|

[특고압 가공전선의 높이 (KEC 333.7)]

<table>
<tr><th>사용전압의 구분</th><th colspan="2">지표상의 높이</th></tr>
<tr><td rowspan="4">35[kV] 이하</td><td>일반</td><td>5[m]</td></tr>
<tr><td>철도 또는 궤도를 횡단</td><td>6.5[m]</td></tr>
<tr><td>도로 횡단</td><td>6[m]</td></tr>
<tr><td>횡단보도교의 위
(전선이 특고압 절연전선 또는 케이블)</td><td>4[m]</td></tr>
<tr><td rowspan="4">35[kV] 초과
160[kV] 이하</td><td>일반</td><td>6[m]</td></tr>
<tr><td>철도 또는 궤도를 횡단</td><td>6.5[m]</td></tr>
<tr><td>산지</td><td>5[m]</td></tr>
<tr><td>횡단보도교의 케이블</td><td>5[m]</td></tr>
<tr><td rowspan="4">160[kV] 초과</td><td>일반</td><td>6[m]</td></tr>
<tr><td>철도 또는 궤도를 횡단</td><td>6.5[m]</td></tr>
<tr><td>산지</td><td>5[m]</td></tr>
<tr><td colspan="2">160[kV]를 초과하는 10[kV] 또는 그 단수마다 12[cm]를 더한 값</td></tr>
</table>

【정답】 ④

95. 가공전선로의 지지물에 하중이 가하여지는 경우에 그 하중을 받는 지지물의 기초의 안전율은 일반적인 경우 얼마 이상이어야 하는가? (단, 이상 시 상정하중은 무관)

① 1.2　　② 1.5
③ 1.8　　④ 2

|정|답|및|해|설|

[가공전선로 지지물의 기초 안전율 (KEC 331.7)] 가공전선로의 지지물에 하중이 가하여지는 경우에 그 하중을 받는 **지지물의 기초 안전율 2 이상**(단, 이상시 상정하중에 대한 철탑의 기초에 대하여는 1.33)이어야 한다.　　【정답】 ④

|참|고|

[안전율]

1.33 : 이상시 상정하중 철탑의 기초
1.5 : 케이블트레이, 안테나
2.0 : 기초 안전율
2.2 : 경동선/내열동 합금선
2.5 : 지지선, ACSD, 기타 전선

96. 무효전력 보상 장치(조상기)의 보호장치로서 내부고장 시에 자동적으로 전로로부터 차단하는 장치를 하여야 하는 무효전력 보상 장치의 용량은 몇 [kVA] 이상인가?

① 5000　② 7500
③ 10000　④ 15000

|정|답|및|해|설|

[조상설비의 보호장치 (KEC 351.5)]

설비 종별	뱅크 용량의 구분	자동적으로 전로로부터 차단하는 장치
전력용 커패시터 및 분로리액터	500[kVA] 초과 15,000[kVA] 미만	· 내부에 고장이 생긴 경우 · 과전류가 생긴 경우
	15,000[kVA] 이상	· 내부에 고장이 생긴 경우 · 과전류가 생긴 경우 · 과전압이 생긴 경우
무효전력 보상장치 (조상기)	**15,000[kVA] 이상**	**· 내부에 고장이 생긴 경우**

【정답】④

97. 전력보안통신설비의 시설 장소 중 배전선로에 대해 잘못된 것은?

① 154[kV] 계통 배전선로 구간(가공, 지중, 해저)
② 22.9[kV] 계통에 연결되는 분산전원형 발전소
③ 폐회로 배전 등 신 배전방식 도입 개소
④ 배전자동화, 원격검침, 부하감시 등 지능형 전력망 구현을 위해 필요한 구간

|정|답|및|해|설|

[전력보안 통신설비 시설의 요구사항(배전선로) (KEC 362.1)]

1. **22.9[kV]**계통 배전선로 구간(가공, 지중, 해저)
2. 22.9[kV]계통에 연결되는 분산전원형 발전소
3. 폐회로 배전 등 신 배전방식 도입 개소
4. 배전자동화, 원격검침, 부하감시 등 지능형전력망 구현

【정답】①

|참|고|

[송전선로]

1. 66[kV], 154[kV], 345[kV], 765[kV] 계통 송전선로 구간(가공, 지중, 해저) 및 전선로에서 안전상 특히 필요한 장소
2. 고압 및 특고압 지중전선로가 시설되어 있는 전력구내에서 안전상 특히 필요한 장소
3. 직류 계통 송전선로 구간 및 안전상 특히 필요한 장소
4. 송변전자동화 등 지능형전력망 구현을 위해 필요한 구간

98. 고압 가공전선과 건조물의 상부 조영재와의 위쪽 간격은 몇 [m] 이상인가? (단, 전선은 케이블인 경우)

① 1.0　② 1.2
③ 1.5　④ 2.0

|정|답|및|해|설|

[저고압 가공 전선과 건조물의 접근 (KEC 332.11)]

사용전압 부분 공작물의 종류			저압 [m]	고압 [m]
건조물	상부 조영재 상방	일반적인 경우	2	2
		전선이 고압절연전선	1	2
		전선이 케이블인 경우	**1**	**1**
	기타 조영재 또는 상부조영재의 앞쪽 또는 아래쪽	일반적인 경우	1.2	1.2
		전선이 고압절연전선	0.4	1.2
		전선이 케이블인 경우	0.4	0.4
		사람이 접근 할 수 없도록 시설한 경우	0.8	0.8

【정답】①

99. 수력발전소, 풍력발전소, 내연력발전소, 연료전지발전소 및 태양전지발전소로서 그 발전소를 원격감시 제어하는 제어소에 기술원이 상주하여 감시하는 경우 시설하는 장치로 알맞지 않은 것은?

① 원동기 및 발전기, 연료전지의 부하를 조정하는 장치
② 운전 및 정지를 조작하는 장치 및 감시하는 장치
③ 운전 조작에 상시 필요한 차단기를 조작하는 장치 및 개폐상태를 감시하는 장치
④ 자동재연결 장치를 갖춘 고압 배전선로에서 차단기를 조작하는 장치 및 개폐를 감시하는 장치

|정|답|및|해|설|

[상주 감시를 하지 아니하는 발전소의 시설 (KEC 351.8)]
수력발전소, 풍력발전소, 내연력발전소, 연료전지발전소 및 태양전지발전소로서 그 발전소를 원격감시 제어하는 제어소에 기술원이 상주하여 감시하는 경우 다음의 장치를 시설할 것
1. 원동기 및 발전기, 연료전지의 부하를 조정하는 장치
2. 운전 및 정지를 조작하는 장치 및 감시하는 장치
3. 운전 조작에 상시 필요한 차단기를 조작하는 장치 및 개폐상태를 감시하는 장치
4. 고압 또는 특고압의 배전선로용 차단기를 조작하는 장치 및 개폐를 감시하는 장치 【정답】 ④

100. 정격전류가 63[A] 초과인 저압 전로 중에 과전류 보호를 위하여 주택용 배선차단기를 설치할 때 몇 배의 전류에서 동작해야 하는가?

① 1.25　② 1.3
③ 1.45　④ 1.5

|정|답|및|해|설|

[보호장치의 특성 (kec 212.3.4)]
[과전류트립 동작시간 및 특성(주택용 배선차단기)

정격전류의 구분	시간	정격전류의 배수(모든 극에 통전)	
		부동작 전류	동작 전류
63[A] 이하	60분	1.13분	1.45배
63[A] 초과	120분	1.13배	**1.45배**

【정답】 ③

2023년 1회 전기기사 필기 기출문제

1회 2023년 전기기사필기 (전기자기학)

1. 자계가 보존적인 경우를 나타내는 것은? (단, j는 공간상의 0이 아닌 전류밀도를 의미한다.)

① $\nabla \cdot B = 0$ ② $\nabla \cdot B = j$
③ $\nabla \times H = 0$ ④ $\nabla \times H = j$

|정|답|및|해|설|

[보존장의 조건]

· $\oint H \cdot dl = 0$ (적분형)

· $\oint_c H \cdot dl = \oint_s \nabla \times H \cdot ds = 0$

· $rot\, H = \nabla \times H = 0$ (미분형)

【정답】 ③

2. 반자성체의 투자율(μ)과 공기 중의 투자율(μ_0) 크기를 비교한 것 중 옳은 것은?

① $\mu_0 \mu_s > \mu_0$ ② $\mu_0 \mu_s = \mu_0$
③ $\mu_0 \mu_s < \mu_0$ ④ $\mu_0 \mu_s \ge \mu_0$

|정|답|및|해|설|

[반자성체의 투자율] 반자성체의 비투자율(μ_s)은 1보다 작다. 즉 $\mu_s < 1$이다.

$\therefore \mu_s < 1 \rightarrow \mu_s \mu_0 < 1 \times \mu_0$

【정답】 ③

|참|고|

[자성체의 투자율]

자성체의 종류	비투자율	비자화율	자기모멘트의 크기 및 배열
강자성체	$\mu_s \gg 1$	$\chi_m \gg 1$	ϕϕϕϕϕϕϕϕϕϕ
상자성체	$\mu_s > 1$	$\chi_m > 0$	ϕϕϕϕϕϕϕϕϕϕ
반자성체	$\mu_s < 1$	$\chi_m < 0$	ϕϕϕϕϕϕϕϕϕϕ
반강자성체			ϕϕϕϕϕϕϕϕϕϕ

3. 정전계 내 도체 표면에서 전계의 세기가 $E = 3x + 4y[V/m]$일 때 도체 표면상의 전하밀도 $\rho_s[C/m^2]$를 구하면? (단, 자유 공간이다.)

① 4.43×10^{-11} ② 4.43×10^{-12}
③ 5.24×10^{-11} ④ 5.24×10^{-12}

|정|답|및|해|설|

[전하밀도=전속밀도] $\rho_s = D = \frac{Q}{S} = \epsilon_0 E[C/m^2]$

여기서, D : 전속밀도, ρ_s : 전하밀도, S : 면적, E : 전계

$E = 3x + 4y[V/m] \rightarrow |E| = \sqrt{3^3 + 4^2} = 5[V/m]$

$\therefore \rho_s = \epsilon_0 E = 8.885 \times 10^{-12} \times 5 = 4.43 \times 10^{-11}[C/m^2]$

$\rightarrow (\epsilon_0 = 8.855 \times 10^{-12})$

【정답】 ①

4. 라디오 방송의 평면파 주파수를 710[kHz]라 할 때 이 평면파가 콘크리트벽($\epsilon_s = 5$, $\mu_s = 1$) 속을 지날 때 전파속도는 몇 [m/s]인가?

① 1.34×10^8 ② 2.54×10^8
③ 4.38×10^8 ④ 4.86×10^8

|정|답|및|해|설|

[속도] $v = \frac{1}{\sqrt{\epsilon\mu}} = \frac{1}{\sqrt{\epsilon_0\mu_0}} \cdot \frac{1}{\sqrt{\epsilon_s\mu_s}} = \frac{C_0}{\sqrt{\epsilon_s\mu_s}} = \frac{3 \times 10^8}{\sqrt{\epsilon_s\mu_s}}[m/s]$

$\rightarrow (\frac{1}{\sqrt{\epsilon_0\mu_0}} = 3 \times 10^8 = C_0)$

$\therefore v = \frac{C_0}{\sqrt{\epsilon_s\mu_s}} = \frac{3 \times 10^8}{\sqrt{5 \times 1}} = 1.34 \times 10^8 [m/s]$

【정답】 ①

5. 폐곡면을 통하는 전속과 폐곡면 내부 전하와의 상관관계를 나타내는 법칙은?

① 가우스의 법칙 ② 쿨롱의 법칙
③ 푸아송의 법칙 ④ 라플라스의 법칙

|정|답|및|해|설|

[가우스 법칙] 가우스 법칙(적분형) $Q = \oint_s D_s \cdot ds$

즉, 어떤 폐곡면을 통과하는 전속은 그 면 내에 존재하는 총 전하량과 같다.

【정답】 ①

6. 무한 평면도체로부터 거리 a[m]인 곳에 점전하 Q[C]가 있을 때 도체 표면에 유도되는 최대전하밀도는 몇 $[C/m^2]$인가?

① $\dfrac{Q}{2\pi\epsilon_0 a^2}$　　② $\dfrac{Q}{4\pi a^2}$

③ $-\dfrac{Q}{2\pi a^2}$　　④ $\dfrac{Q}{4\pi\epsilon_0 a^2}$

|정|답|및|해|설|

[무한 평면 도체의 최대전하밀도]

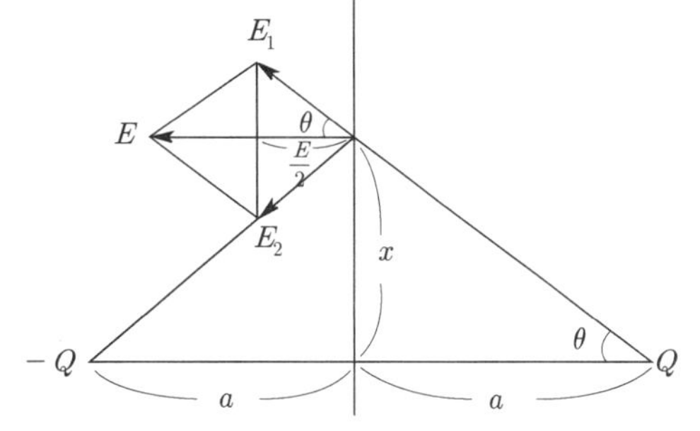

무한 평면 도체상의 기준 원점으로부터 $x[m]$인 곳의 전하밀도

$\sigma = -\epsilon_0 \cdot E = -\dfrac{Q \cdot a}{2\pi(a^2+x^2)^{\frac{3}{2}}}[C/m^2]$

$\rightarrow (E = \dfrac{Q \cdot a}{2\pi\epsilon_0(a^2+x^2)^{\frac{3}{2}}}[V/m])$

면밀도가 최대인점은 $x=0$인 곳이므로 대입하면

$\therefore \sigma = -\dfrac{Q}{2\pi a^2}[C/m^2]$　　【정답】 ③

7. 코일로 감겨진 환상 자기회로에서 철심의 투자율을 μ[H/m]라 하고 자기회로의 길이를 l[m]라 할 때, 그 자기회로의 일부에 미소 공극 l_g[m]를 만들면 회로의 자기저항은 이전의 약 몇 배 정도 되는가?

① $1+\dfrac{\mu l_g}{\mu_0 l}$　　② $1+\dfrac{\mu l}{\mu_0 l_g}$

③ $\dfrac{\mu l_g}{\mu_o l}$　　④ $\dfrac{\mu l}{\mu_o l_g}$

|정|답|및|해|설|

[자기저항] $R_m = \dfrac{l}{\mu S}$

여기서, S : 철심의단면적, l_g : 미소의 공극, l : 철심의 길이
R_m : 자기저항

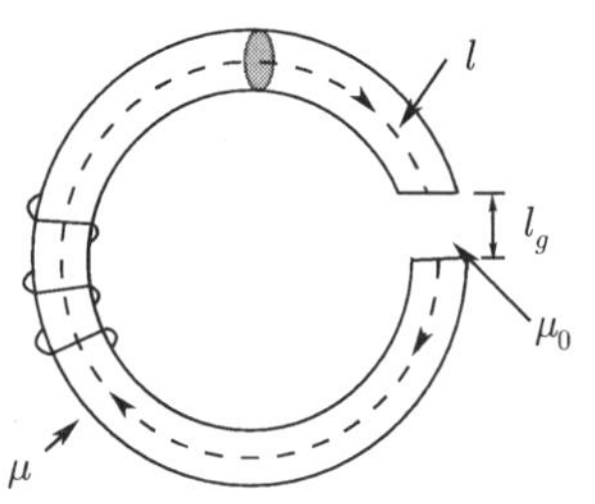

공극 시의 자기저항 $R_m' = R_m + R_0 = \dfrac{l-l_g}{\mu S} + \dfrac{l_g}{\mu_0 S} = \dfrac{l}{\mu S} + \dfrac{l_g}{\mu_0 S}$

→ (공극이 아주 미소한 크기이므로 $l - l_g \fallingdotseq l$)

$\therefore \dfrac{R_m'}{R_m} = \dfrac{\frac{l}{\mu S}+\frac{l_g}{\mu_0 S}}{\frac{l}{\mu S}} = 1 + \dfrac{\mu l_g}{\mu_0 l}$　　【정답】 ①

|참|고|

※환상자기회로에서 공극이 있을 때와 없을 때

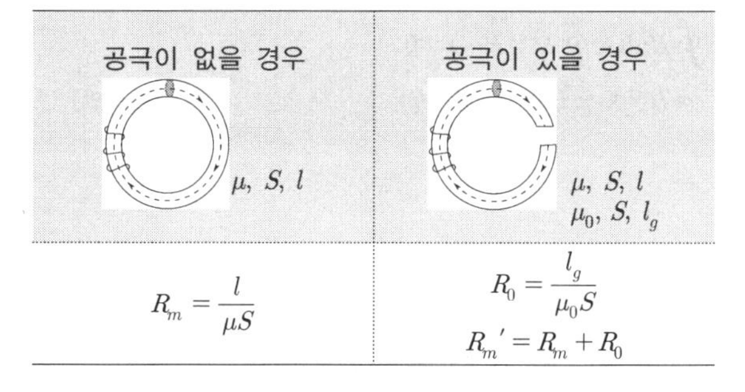

공극이 없을 경우	공극이 있을 경우
$\mu,\ S,\ l$	$\mu,\ S,\ l$ $\mu_0,\ S,\ l_g$
$R_m = \dfrac{l}{\mu S}$	$R_0 = \dfrac{l_g}{\mu_0 S}$ $R_m' = R_m + R_0$

8. 비유전율 $\epsilon_r = 1.6$인 유전체에 전위 $V = -5000x$를 인가했을 때 분극의 세기 P는 약 몇 $[C/m^2]$인가?

① 2.655×10^{-8}　　② 3.655×10^{-8}

③ 4.655×10^{-8}　　④ 5.655×10^{-8}

|정|답|및|해|설|

[분극의 세기] $P = D - \epsilon_0 E = \epsilon_0(\epsilon_r - 1)E$　　$\rightarrow (E = \dfrac{D}{\epsilon_0\epsilon_r})$

전계 $E = -gad\,V = -gad\,(-5000x)$

$= 5000i \rightarrow |E| = \sqrt{5000^2} = 5000$

$\therefore P = \epsilon_0(\epsilon_r - 1)E$

$8.85 \times 10^{-12}(1.6-1) \times 5000 = 2.655 \times 10^{-8}$

【정답】 ①

9. 그림과 같은 직사각형의 평면 코일이 $B=\frac{0.05}{\sqrt{2}}(a_x+a_y)[Wb/m^2]$인 자계에 위치하고 있다. 이 코일에 흐르는 전류가 5[A]일 때 z축에 있는 코일에서의 토크는 약 몇 $[N\cdot m]$인가?

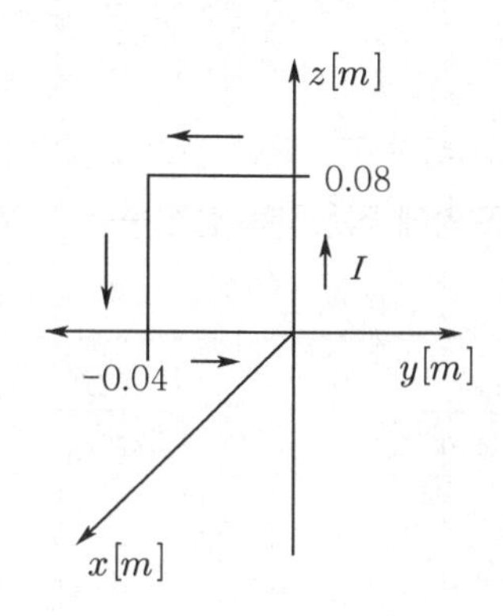

① $2.66\times 10^{-4}a_x$ ② $5.66\times 10^{-4}a_x$

③ $2.66\times 10^{-4}a_z$ ④ $5.66\times 10^{-4}a_z$

|정|답|및|해|설|

[토크] $T=\frac{\partial\omega}{\partial\theta}=Fr=\vec{r}\times\vec{F}[N\cdot m]$

$T=\vec{r}\times\vec{F}$

플래밍의 왼손법칙 힘 $F=BIl\sin\theta=(\vec{I}\times\vec{B})l$

전류 $I=5a_z[A]$

자속밀도 $B=0.05\frac{a_x+a_y}{\sqrt{2}}=0.035a_x+0.035a_y$

$$l(\vec{I}\times\vec{B})=\begin{bmatrix} a_x & a_y & a_z \\ 0 & 0 & 5 \\ 0.035 & 0.035 & 0 \end{bmatrix}\times l=(-0.175a_x+0.175a_y)\times 0.08$$

$$=-0.014a_x+0.014a_y$$

$$T=\vec{r}\times\vec{F}=\begin{bmatrix} a_x & a_y & a_z \\ 0 & -0.04 & 0 \\ 0.014 & 0.014 & 0 \end{bmatrix}[N\cdot m] \quad \rightarrow (\vec{r}=-0.04a_y)$$

$$=5.6\times 10^{-4}a_z$$

【정답】 ④

10. 두 개의 자극판이 놓여있다. 이때의 자극판 사이의 자속밀도 $B[Wb/m^2]$, 자계의 세기 $H[AT/m]$, 투자율이 $\mu[H/m]$인 곳의 자계의 에너지밀도는 몇 $[J/m^3]$인가?

① $\frac{1}{2\mu}H^2$ ② $\frac{1}{2}\mu H^2$

③ $\frac{\mu H}{2}$ ④ $\frac{1}{2}B^2H$

|정|답|및|해|설|

[정자계 에너지밀도] $\omega_m=\frac{1}{2}\mu H^2=\frac{B^2}{2\mu}=\frac{1}{2}HB[J/m^3]$

※자속밀도 : $B=\mu H[Wb/m^2]$, 자계의 세기 $H=\frac{B}{\mu}[AT/m]$

【정답】 ②

11. $E=2x\hat{x}+2y\hat{y}+z\hat{z}$로 표시되는 전계가 있다. 2$[C]$의 전하를 점 (4, 3, 1)에서 점 (2, 5, 1)까지 직선으로 이동하는데 필요한 일을 구하시오.

① 4[J] ② −5[J]

③ −8[J] ④ 9[J]

|정|답|및|해|설|

[일(에너지)] $W=QV[J]$

1. A점 (4, 3, 1)에서 B점(2, 5, 1)까지의 전위

$\rightarrow V_{BA}=V_B-V_A=-\int_A^B E\cdot dl$

2. $W=Q\cdot V=Q\left(-\int_A^B E\cdot dl\right)$

$=-Q\int_A^B(2x\hat{x}+2y\hat{y}+z\hat{z})\cdot dl$

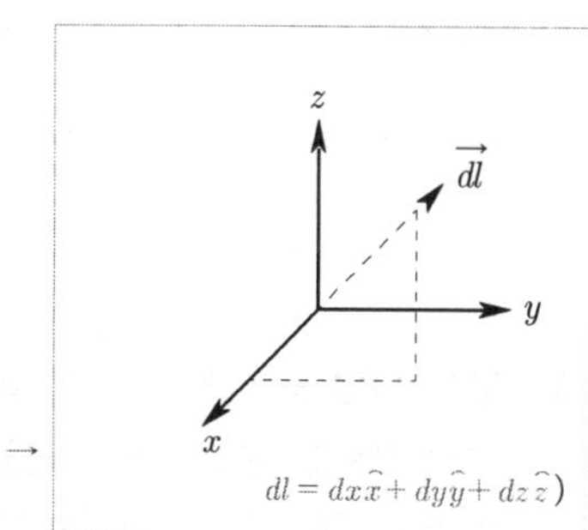

$=-Q\int_A^B(2x\hat{x}+2y\hat{y}+z\hat{z})\cdot(dx\hat{x}+dy\hat{y}+dz\hat{z})$

→ (두 식을 내적, 즉 같은 성분끼리 곱한다)

$=-Q\left(\int_A^B(2xdx+2ydy+zdz)\right)$

$=-Q\left(\int_{Ax}^{Bx}2xdx+\int_{Ay}^{By}2ydy+\int_{Az}^{Bz}zdz\right)$

3. A점 (4, 3, 1)에서 B점(2, 5, 1)까지의 전위

→ A점 $(A_x,\ A_y,\ A_z)$ B점 $(B_x,\ B_y,\ B_z)$

$W=-Q\left(\int_4^2 2xdx+\int_3^5 2ydy+\int_1^1 zdz\right)$

$\rightarrow \left(\int_1^1 zdz=0\right)$

$=-2\left([2x^2]_2^4+[2y^2]_3^5\right)=-2(4-16+25-9)=-8[J]$

【정답】 ③

12. 비유전율 $\epsilon_r = 10$인 유전체 내의 한 점에서의 전계의 세기(E)가 5[V/m]이다. 이 점의 분극의 세기는 약 몇 [C/m^2]인가?

① $45\epsilon_0$ ② $50\epsilon_0$
③ $55\epsilon_0$ ④ $65\epsilon_0$

|정|답|및|해|설|

[분극의 세기] $P = \chi E = \epsilon_0(\epsilon_r - 1)E[C/m^2]$

$\therefore P = \epsilon_0(\epsilon_r - 1)E = \epsilon_0(10-1)\times 5 = 45\epsilon_0$ 【정답】 ①

13. 공기 중에 전계가 10[kV/mm]이다, 이 전계가 있을 때 도체 표면에 작용하는 힘은 얼마인가?

① 7.43×10^2 ② 7.43×10^{-2}
③ 4.43×10^2 ④ 4.43×10^{-2}

|정|답|및|해|설|

[정전응력] $F = \frac{\sigma^2}{2\epsilon_0} = \frac{1}{2}\epsilon_0 E^2 = \frac{D^2}{2\epsilon_0} = \frac{1}{2}ED[N/m^2]$

전계 $E = 10[kV/mm] \rightarrow E = 10\frac{10^3[V]}{10^{-3}[m]} = 10^7[V/m]$

$\therefore F = \frac{1}{2}\epsilon_0 E^2$ $\rightarrow (\epsilon_0 = 8.85\times 10^{-12})$

$= \frac{1}{2}\times 8.85\times 10^{-12}\times(10^7)^2 = 4.43\times 10^2[N/m^2]$

[정답] ③

14. 무한 평면 도체에서 r[m] 떨어진 곳에 ρ[C/m]의 전하 분포를 갖는 직선 도체를 놓았을 때 직선 도체가 받는 힘의 크기[N/m]는? (단, 공간의 유전율은 ϵ_0이다)

① $\frac{\rho^2}{\epsilon_0 r}$ ② $\frac{\rho^2}{\pi\epsilon_0 r}$
③ $\frac{\rho^2}{2\pi\epsilon_0 r}$ ④ $\frac{\rho^2}{4\pi\epsilon_0 r}$

|정|답|및|해|설|

+1[C]
ρ[C/m]
r
2r
[무한 평면 도체]
$-\rho$[C/m]

무한 평면도체와 선전하간의 작용력이므로
영상선전하와 선전하 간의 작용력 f는 흡인력이고 선간거리는 2r

전계의 세기 $E = \frac{\rho}{2\pi\epsilon_0 2r}[V/m]$

$\therefore$힘 $f = \rho E = \rho\cdot\frac{\rho}{2\pi\epsilon_0(2r)} = \frac{\rho^2}{4\pi\epsilon_0 r}[N/m]$ 【정답】 ④

15. 반지름 a[m]의 구도체에 전하 Q[C]이 주어질 때 구도체 표면에 작용하는 정전응력은 약 몇 [N/m^2] 인가?

① $\frac{9Q^2}{16\pi^2\epsilon_0 a^6}$ ② $\frac{9Q^2}{32\pi^2\epsilon_0 a^6}$
③ $\frac{Q^2}{16\pi^2\epsilon_0 a^4}$ ④ $\frac{Q^2}{32\pi^2\epsilon_0 a^4}$

|정|답|및|해|설|

[정전응력(f)] $f = \frac{1}{2}\epsilon_0 E^2[N/m^2]$

표면의 전계의 세기 $E = \frac{Q}{4\pi\epsilon_0 a^2}$ [V/m]

$\therefore$정전응력 $f = \frac{1}{2}\epsilon_0 E^2$

$= \frac{1}{2}\epsilon_0\left(\frac{Q}{4\pi\epsilon_0 a^2}\right)^2 = \frac{Q^2}{32\pi^2\epsilon_0 a^4}[N/m^2]$

【정답】 ④

16. 강자성체의 자속밀도 B의 크기와 자화의 세기 J의 크기 사이의 관계로 옳은 것은?

① J는 B보다 크다.
② J는 B보다 작다.
③ J는 B와 그 값이 같다.
④ J는 B에 투자율을 더한 값과 같다.

|정|답|및|해|설|

[강자성체의 자속밀도 크기와 자화의 세기] 자화의 세기(J)란 자속밀도(B) 중에서 강자성체가 자화되는 것이므로 자속밀도보다 약간 작다.

· $J = \mu_0(\mu_s - 1)H[Wb/m^2]$
· $B = \mu H = \mu_0\mu_s H[Wb/m^2]$
· $J = B - \mu_0 H[Wb/m^2]$

$\therefore J$가 B보다 약간 작다. 【정답】 ②

17. 공기 중에 비유전율 ϵ_r 인 유전체를 놓고 유전체와 수직으로 전계 E_0를 가했을 때 유전체 내부 전계(E)를 구하시오?

① $\dfrac{E_0}{\epsilon_0}$　② $\dfrac{E_0}{\epsilon_r}$

③ $\dfrac{2E_0}{\epsilon_r}$　④ $\dfrac{2E_0}{\epsilon_0}$

|정|답|및|해|설|

[유전체의 내부 전계(E)]

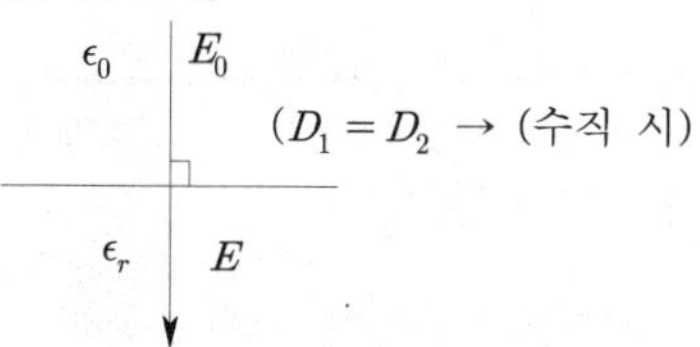

여기서, E : 내부 전계, E_0 : 공기 중의 전계,
ϵ_0 : 공기 중의 유전율, ϵ_r : 비유전율
D_1 : 공기 중의 전속밀도, D_2 : 유전체에서의 전속밀도

$D_1 = \epsilon_0 E_0$, $D_2 = \epsilon E = \epsilon_0 \epsilon_r E$이므로

$\rightarrow \epsilon_0 E_0 = \epsilon_0 \epsilon_r E$　$\therefore E = \dfrac{\epsilon_0 E_0}{\epsilon_0 \epsilon_r} = \dfrac{E_0}{\epsilon_r}$

【정답】 ②

18. 유전율 ϵ, 투자율 μ인 매질 중을 주파수 f(Hz)의 전자파가 전파되어 나갈 때의 파장은 몇 [m]인가?

① $f\sqrt{\epsilon\mu}$　② $\dfrac{1}{f\sqrt{\epsilon\mu}}$

③ $\dfrac{f}{\sqrt{\epsilon\mu}}$　④ $\dfrac{\sqrt{\epsilon\mu}}{f}$

|정|답|및|해|설|

[전파속도(v)]

$v = f\lambda = \sqrt{\dfrac{1}{\epsilon\mu}} = \sqrt{\dfrac{1}{\epsilon_0\mu_0} \cdot \dfrac{1}{\epsilon_r\mu_s}} = \dfrac{c}{\sqrt{\epsilon_r\mu_s}}$[m/s]

$\rightarrow \left(\sqrt{\dfrac{1}{\epsilon_0\mu_0}} = 3\times10^8 = c\right)$

여기서, v : 전파속도, λ : 전파의 파장[m], f : 주파수[Hz]

$\therefore$파장 $\lambda = \dfrac{1}{f\sqrt{\epsilon\mu}}$[m]

【정답】 ②

19. 서로 같은 방향으로 전류 100[A]가 흐르고 있는 평행한 두 도선 사이의 거리가 1[mm]일 때 작용하는 힘(F)은 몇 [N/m]인가?

① 2　② 4　③ 6　④ 8

|정|답|및|해|설|

[평행도선 단위 길이 당 작용하는 힘] $F = \dfrac{\mu_0 I_1 I_2}{2\pi r} l[N/m]$

$\rightarrow (\mu_0 = 4\pi\times10^{-7},\ l = 1)$

여기서, r : 도선의 간격, l : 도선의 길이, I_1, I_2 : 전류

$\therefore F = \dfrac{\mu_0 I_1 I_2}{2\pi r} l = \dfrac{4\pi\times10^{-7}\times100\times100}{2\pi\times10^{-3}}\times1 = 2[N/m]$

【정답】 ①

20. 권선수가 100인 코일의 자속을 2[Wb]에서 1[Wb]로 2초 동안 변화시켰다. 코일에 유기되는 기전력은 몇 [V]인가?

① 50　② 100

③ 150　④ 200

|정|답|및|해|설|

[자속(ϕ)이 변화 할 때 유기기전력(e)] $e = -N\dfrac{d\phi}{dt}[V]$

여기서, N : 권수, $\dfrac{d\varnothing}{dt}$: 시간당 자속의 변화율

$\therefore$유기기전력 $e = -N\dfrac{di}{dt} = -100\dfrac{(1-2)}{2} = 50[V]$

【정답】 ①

1회 2023년 전기기사필기 (전력공학)

21. 변전소 전압의 조정 방법 중 선로전압강하보상기(LDC)에 대한 설명으로 옳은 것은?

① 승압기로 저하된 전압을 보상하는 것
② 분로리액터로 전압 상승을 억제하는 것
③ 선로의 전압강하를 고려하여 모선전압을 조정하는 것
④ 직렬콘덴서로 선로의 리액턴스를 보상하는 것

|정|답|및|해|설|

[선로 전압강하 보상기(LDC)] 선로 전압강하 보상기는 전압 조정기의 부품으로서 선로 전압강하를 고려하여 모선전압을 조정한다.

【정답】 ③

|참|고|

*① 승압기로 저하된 전압을 보상하는 것 → 단순 전압 승압
② 분로리액터로 전압 상승을 억제하는 것 → 패란현상 방지
④ 직렬콘덴서로 선로의 리액턴스를 보상하는 것 → 송전선로의 안정도 향상

22. 반지름 r[m]인 전선 A, B, C가 그림과 같이 수평으로 D[m] 간격으로 배치되고 3선이 완전 연가 된 경우 각 선의 인덕턴스는 몇 [mH/km]인가?

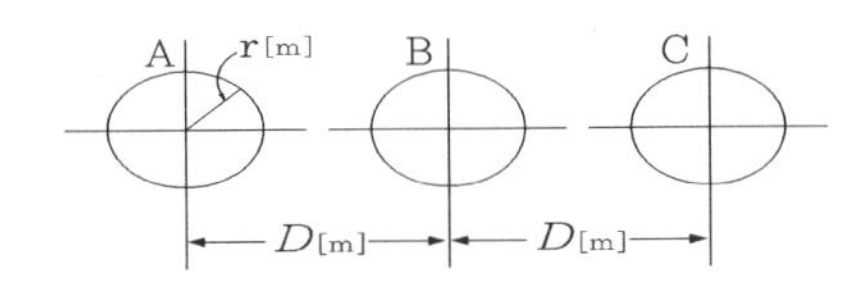

① $L=0.05+0.4605\log_{10}\frac{D}{r}$

② $L=0.05+0.4605\log_{10}\frac{\sqrt{2}D}{r}$

③ $L=0.05+0.4605\log_{10}\frac{\sqrt{3}D}{r}$

④ $L=0.05+0.4605\log_{10}\frac{\sqrt[3]{2}D}{r}$

|정|답|및|해|설|

[3상3선식 인덕턴스] $L=0.05+0.4605\log_{10}\frac{D}{r}$[mH/km]

여기서, r[m] : 전선의 반지름을, D[m] : 선간거리

기하 평균거리는 수평으로 배치되어 있으므로

선간거리 $D_e=\sqrt[3]{D\cdot D\cdot 2D}=\sqrt[3]{2}\cdot D$

$\therefore L=0.05+0.4605\log_{10}\frac{\sqrt[3]{2}\cdot D}{r}$ 【정답】 ④

23. 보호계전기기와 그 사용 목적이 잘못된 것은?

① 비율차동계전기 : 발전기 내부 단락 검출용

② 전압평형계전기 : 발전기 출력 측 PT 퓨즈 단선에 의한 오작동 방지

③ 역상과전류계전기 : 발전기 부하 불평형 회전자 과열 소손

④ 과전압계전기 : 과부하 단락사고

|정|답|및|해|설|

[보호 계전기의 주요 특징]

1. 비율차동계전기 : 발전기나 변압기 등이 내부고장에 의해 불평형 전류가 흐를 때 동작하는 계전기로 기기의 보호에 쓰인다.
2. 전압 평형 계전기 : 발전기 출력 측 PT 퓨즈 단선에 의한 오작동 방지
3. 역상과전류계전기 : 동기발전기의 부하가 불평형이 되어 발전기의 회전자가 과열 소손되는 것을 방지
4. 과전압 계전기 : **과전압 시 동작** 【정답】 ④

24. 단상2선식과 3상3선식에서 선간전압, 송전거리, 수전전력, 역률을 같게 하고 선로손실을 동일하게 하는 경우 3상에 필요한 전선의 무게는 단상에 얼마인가? (단, 전선은 동일한 전선을 사용한다.)

① 0.25 ② 0.55

③ 0.75 ④ 1.5

|정|답|및|해|설|

[전선의 무게]

1. 수전전력은 같으므로

→ (수전전력 3상 $P_3=\sqrt{3}VI\cos\theta$, 단상 $P_1=VI\cos\theta$)

3상에서의 수전전력과 단상에서의 수전전력이 동일하므로

$\sqrt{3}VI_3\cos\theta=VI_1\cos\theta \rightarrow \sqrt{3}I_3=I_1$

2. 전력손실이 동일하다

→ (전력손실 3선식 $P_{l3}=3I^2R$, 2선식 $P_{l1}=2I^2R$)

$3I_3^2R_3=2I_1^2R_1 \rightarrow 3I_3^2\times\rho\frac{l}{A_3}=2I_1^2\times\rho\frac{l}{A_1}$

→ (전기저항 $R=\rho\frac{l}{A}$)

$3I_3^2\times\rho\frac{l}{A_3}=2\times(\sqrt{3}I_3)^2\times\rho\frac{l}{A_1}$ .... 1식에 의해서

$A_1=2A_3$

3. 전선의 무게 (단상 기준) → (무게=단면적×길이×밀도)

$\frac{3상}{단상}=\frac{3\times A_3\times l\times 밀도}{2\times A_1\times l\times 밀도}=\frac{3\times A_3\times l\times 밀도}{2\times(2A_3)\times l\times 밀도}=\frac{3}{4}=0.75$

【정답】 ③

|참|고|

[배전방식의 전기적 특성(단상2선식 기준)]

	단상 2선식	단상 3선식	3상 3선식	3상 4선식
공급전력 (P)	EI_1 100[%]	$2EI_2$ 133[%]	$\sqrt{3}EI_3$ 115[%]	$3EI_4$
1선당전력 (P_1)	$\frac{1}{2}EI_1$	$\frac{2}{3}EI_2$	$\frac{1}{\sqrt{3}}EI_3$	$\frac{3}{4}EI_4$
선전류	I_1 100[%]	$I_2=\frac{1}{2}I_1$ 50[%]	$I_3=\frac{1}{\sqrt{3}}I_1$ 57.7[%]	$I_4=\frac{1}{3}I_1$ 33.3[%]
소요 전선비	W_1 100[%]	$\frac{W_2}{W_1}=\frac{3}{8}$ 37.5[%] (62.5[%] 절약)	$\frac{W_3}{W_1}=\frac{3}{4}$ **75[%]** **(25[%] 절약)**	$\frac{W_4}{W_1}=\frac{1}{3}$ 33.3[%] (66[%] 절약)

25. 중성점 접지방식의 발전기가 있다. 1선 지락 사고 시 지락전류가 가장 작은 것은?

① 비접지방식　　　② 직접접지방식
② 저항접지방식　　　④ 소호리액터접지

|정|답|및|해|설|

[중성점 접지방식의 종류]

1. 접지임피던스 Z_n의 종류와 크기에 따라 구분한다.

비접지 방식	임피던스를 매우 크게 접지 → $Z_n = \infty$
직접접지 방식	임피던스를 작게 접지 → $Z_n = 0$
저항접지 방식	저항을 통해 접지 → $Z_n = R$
소호리액터접지	인덕턴스로 접지 → $Z_n = jX_L$

2. 송전선로에서 1선지락 시의 지락전류의 크기
직접접지 〉 고저항접지 〉 비접지 〉 **소호리액터 접지** 순이다.

【정답】 ④

26. 직접 접지방식이 초고압 송전선로에 채용되는 이유로 가장 타당한 것은?

① 계통의 절연 레벨을 저감하게 할 수 있으므로
② 지락시의 지락전류가 적으므로
③ 지락고장 시 병행 통신선에 유기되는 유도전압이 작기 때문에
④ 송전선의 안정도가 높으므로

|정|답|및|해|설|

[직접 접지방식] 직접접지방식은 154[kV], 345[kV] 등 초고압 송전선로에서 이상전압을 낮추고 중심점 전위를 낮추어 **절연레벨**을 **경감**하는 경제적 이점이 있다.
지락전류가 가장 크고 과도안정도가 나쁘다.　【정답】 ①

27. 다음 중 연피손의 원인은 무엇인가?

① 유전체손
② 표피효과
③ 히스테리시스 현상
④ 전자유도작용

|정|답|및|해|설|

[케이블의 연피손(와전류손+순환전류 손실)] 케이블 도체에 전류가 흐르면 **전자유도작용**으로 도체 주위에 자계형성, 자속쇄교, 도전성 외피에 전압 유기, 와전류에 의한 손실이 발생한다.

1. 도전성 외피의 저항률이 작을수록
2. 전류나 주파수가 클수록
3. 단심게이블의 이격거리가 클수록 큰 값을 갖는다.

【정답】 ④

28. 전력 계통의 안정도 향상 대책으로 옳지 않은 것은?

① 전압변동을 크게 한다.
② 고속도 재폐로 방식을 채용한다.
③ 송전계통의 직렬리액턴스를 낮게 한다.
④ 고속도차단 방식을 채용한다.

|정|답|및|해|설|

[안정도 향상 대책]
- 송전계통의 직렬리액턴스를 낮게 할수록 안정도가 높다.
- **전압변동률을 적게** 한다(단락비를 크게 한다.).
- 속응여자방식을 채택
- 계통에 주는 충격을 적게 한다.　【정답】 ①

29. 가스절연개폐설비(GIS)의 특징으로 틀린 것은?

① 대기 절연을 이용한 것에 비해 현저하게 소형화할 수 있으나 비교적 고가이다.
② 소음이 적고 충전부가 완전한 밀폐형으로 되어 있기 때문에 안전성이 높다.
③ 가스 압력에 대한 엄중 감시가 필요하며 내부 점검 및 부품 교환이 번거롭다.
④ 한랭지, 산악 지방에서도 액화 방지 및 산화방지 대책이 필요 없다.

|정|답|및|해|설|

[가스절연개폐기(GIS)의 특징]
- 안정성, 신뢰성이 우수하다.
- 감전사고 위험이 적다.
- 밀폐형이므로 공기 배출(배기) 소음이 적다.
- 소형화가 가능하다.
- SF_6 가스는 무취, 무미, 무색, 무독가스 발생
- 보수, 점검이 용이하다.　【정답】 ④

|참|고|

[가스절연개폐설비(GIS)의 단점]
- 내부를 직접 볼 수 없다.
- 내부 점검 및 부품교환이 번거롭다.
- 가스압력, 수분 등을 엄중하게 감시해야 한다.
- 기기 가격이 고가이다.
- **한랭지, 산악지방**에서는 **액화방지 대책이 필요**하다.

30. $\triangle - \triangle$ 결선된 3상 변압기를 사용한 비접지 방식의 선로가 있다. 이때 1선지락고장이 발생하면 다른 건전한 2선의 대지전압은 지락 전의 몇 배까지 상승하는가?

① $\frac{\sqrt{3}}{2}$　　② $\sqrt{3}$
③ $\sqrt{2}$　　④ 1

|정|답|및|해|설|

[비접지의 특징] 델타결선을 비접지 방식이라고, 저전압, 단거리 송전선로에서 시행하는 접지공사 중의 하나이다.

· 지락전류가 비교적 적다(유도장해 감소).
· 보호계전기 동작이 불확실하다.
· △결선 가능
· V-V결선 가능
· 저전압 단거리 적합
· 1선지락 시 건전상의 대지 전위상승이 $\sqrt{3}$ **배**로 크다.

【정답】 ②

31. 다음 중 지락전류를 제한하는 목적으로 사용하는 리액터는 어느 것인가?

① 한류리액터　　② 분로리액터
③ 직렬리액터　　④ 소호리액터

|정|답|및|해|설|

[소호리액터] 지락 시 지락전류 제한
① 한류 리액터 : 단락전류를 경감시켜서 차단기 용량을 저감시킨다.
② 분로리액터 : 패란티 현상 방지
③ 직렬리액터 : 제5고조파 방지(단상일 경우 제3고조파)

【정답】 ④

32. 3상3선식 1회선 배전선로의 끝부분에 역률 0.8의 3상평형부하가 접속되어 있다. 변전소 인출구의 전압이 6,600[V], 부하의 단자전압이 6,000[V]라고 할 때의 부하전력은 약 몇 [kW]인가? (단, 저항은 4[Ω], 리액턴스는 3[Ω]이며 기타 선로정수는 무시한다.)

① 456　　② 576
③ 724　　④ 815

|정|답|및|해|설|

[3상3선식 전압강하] $e = \frac{P}{V_r}(R + X\tan\theta) = \frac{P}{V_r}\left(R + X\frac{\sin\theta}{\cos\theta}\right)[V]$

1. 전압강하 $e = V_s - V_r = 6600 - 6000 = 600[V]$
   여기서, V_s : 송전단전압, V_r : 수전단전압, X : 리액턴스
   $\cos\theta$: 역률, R : 선로전항[Ω], P : 송전전력[W]

2. 3상3선식 전압강하 $e = \frac{P}{V_r}(R + X\tan\theta)[V]$ 에서

$$600 = \frac{P}{6000}\left(4 + 3 \times \frac{0.6}{0.8}\right) \rightarrow \therefore P = 576{,}000[W] = 576[kW]$$

【정답】 ②

33. 송전선로의 코로나 방지에 효과적인 방법으로 틀린 것은?

① 전선의 직경을 크게 한다.
② 매설지선을 설치한다.
③ 가선금구를 개량한다.
④ 복도체를 사용한다.

|정|답|및|해|설|

[코로나] 전선에 어느 한도 이상의 전압을 인가하면 전선 주위에 공기절연이 국부적으로 파괴되어 엷은 불꽃이 발생하거나 소리가 발생하는 현상

[코로나 방지 대책]
· 기본적으로 코로나 임계전압을 크게 한다.
· 굵은 전선을 사용한다.
· 복도체를 사용한다.
· 가선 금구를 개량한다.

※② 매설지선 설치 : 역섬락 사고를 방지, 즉 철탑의 접지저항을 줄여주기 위해서 사용한다.

【정답】 ②

34. 진상용 콘덴서의 설치 위치로 가장 효과적인 곳은?

① 부하와 중앙에 분산 배치하여 설치하는 방법
② 수전모선단의 중앙 집중으로 설치하는 방법
③ 수전모선단의 대용량 한계를 설치하는 방법
④ 부하 끝부분에 분산하여 설치하는 방법

|정|답|및|해|설|

[진상용 콘덴서 설치 방법] **부하 끝부분에 분산하여 설치**하는 방법이 가장 효과적인 방법이다.

[전력용 콘덴서(진상용 콘덴서)의 설치 목적]
· 전력손실 감소
· 전압강하(율) 감소
· 수용가의 전기요금 감소
· 변압기설비 여유율 증가
· 부하의 역률 개선
· 공급설비의 여유 증가, 안정도 증진

【정답】 ④

35. 10000[kVA] 기준으로 등가임피던스가 0.4[%]인 발전소에 설치될 차단기의 차단용량은 몇 [MVA]인가?

① 1000　　② 1500
③ 2000　　④ 2500

|정|답|및|해|설|

[차단기의 차단용량] $P_s = \frac{100}{\%Z}P_n[kVA]$ → (P_n : 정격용량)

$\therefore P_s = \frac{100}{0.4}10000 \times 10^{-3} = 2500[MVA]$　【정답】 ④

36. 전력 계통의 중성점다중접지방식의 특징으로 옳지 않은 것은?

① 선로의 애자 개수가 증가하고 절연레벨이 높아진다.
② 일선지락 시 지락전류가 매우 크다.
③ 건전상의 전위 상승이 매우 낮다.
④ 지락보호계전기의 동작이 확실하다.

|정|답|및|해|설|

[중성점다중접지방식의 특징]
1. 접지저항이 매우 적어 지락 사고 시 건전상 전위 상승이 거의 없고, **절연레벨도 낮아진다**.
2. **애자 개수가 감소**한다.
3. 보호 계전기의 신속한 동작 확보로 고장 선택 차단이 확실하다.
3. 피뢰기의 동작 채무가 경감된다.
4. 통신선에 대한 유도장해가 크고, 과도안정도가 나쁘다.
5. 대용량 차단기가 필요하다.　【정답】 ①

37. 일정한 전력을 수전할 경우 역률이 나빠질 때 발생하는 현상으로 옳지 않은 것은?

① 전기요금이 증가한다.
② 전압강하가 증가한다.
③ 유효전력이 증가한다.
④ 전력손실이 증가한다.

|정|답|및|해|설|

[역률 개선 효과]
·선로, 변압기 등의 저항손 감소
·변압기, 개폐기 등의 소요 용량 감소
·송전용량이 증대, **유효전력 증가**　→ ($P = VI\cos\theta$)
·전압강하 감소
·설비용량의 여유 증가
·전기요금이 감소한다.
· 전력손실이 감소한다.　→ ($P_l = \frac{P^2R}{V^2\cos^2\theta} \times 10^3[kW]$)

【정답】 ③

38. 평균 발열량 5,000[kcal/kg]의 석탄을 사용하고 있는 기력 발전소가 있다. 이 발전소의 종합 효율이 30[%]라면, 30억[kWh]를 발생하는 데 필요한 석탄량은 몇 톤인가?

① 300,000　　② 500,000
③ 860,000　　④ 1,720,000

|정|답|및|해|설|

[발전소의 연료량] $m = \frac{860W}{\eta H} = \frac{860Pt}{\eta H}$[ton]

→ (발전소의 열효율 $\eta = \frac{860W}{mH} \times 100[\%]$, $W = Pt$)

여기서, W : 발전전력량[kWh], P : 출력, t : 시간
η : 효율, m : 연료 소비량[kg]
H : 연료의 발열량[kcal/kg]

$\therefore$연료 소비량 $m = \frac{860 \times W}{\eta H}$

$= \frac{860 \times 30 \times 10^8}{0.3 \times 5000} \times 10^{-3} \fallingdotseq 1,720,000[t]$

【정답】 ④

39. 전력계통 설비인 차단기와 단로기는 전기적 및 기계적으로 인터록을 설치하여 연계하여 운전하고 있다. 인터록의 설명으로 알맞은 것은?

① 부하 통전 시 단로기를 열 수 있다.
② 차단기가 열려 있어야 단로기를 닫을 수 있다.
③ 차단기가 닫혀 있어야 단로기를 열 수 있다.
④ 부하 투입 시에는 차단기를 우선 투입한 후 단로기를 투입한다.

|정|답|및|해|설|

[인터록] 인터록은 기계적 잠금 장치로서 안전을 위해서 **차단기가 열려있지 않은 상황**에서 단로기의 개방 조작을 할 수 없도록 하는 것이다. 즉, 차단기가 열려 있어야 단로기를 열고 닫을 수 있다.

【정답】 ②

40. 보호계전기의 반한시·정한시 특성으로 알맞은 것은?

① 동작전류가 커질수록 동작시간이 짧게 되는 특성
② 최소 동작전류 이상의 전류가 흐르면 즉시 동작하는 특성
③ 동작전류의 크기에 관계없이 일정한 시간에 동작하는 특성
④ 동작전류가 적은 동안에는 동작전류가 커질수록 동작시간이 짧아지고 어떤 전류 이상이 되면 동작전류의 크기에 관계없이 일정한 시간에서 동작하는 특성

|정|답|및|해|설|
[반한시정한시 계전기] 동작전류가 적은 동안에는 반한시로, 어떤 전류 이상이면 정한시로 동작하는 것 【정답】 ④

|참|고|

[보호 계전기의 동작 시간에 의한 분류]

순한시계전기	이상의 전류가 흐르면 즉시 동작
반한시계전기	고장 전류의 크기에 반비례, 즉 동작 전류가 커질수록 동작시간이 짧게 되는 것
정한시계전기	이상 전류가 흐르면 동작전류의 크기에 관계없이 일정한 시간에 동작

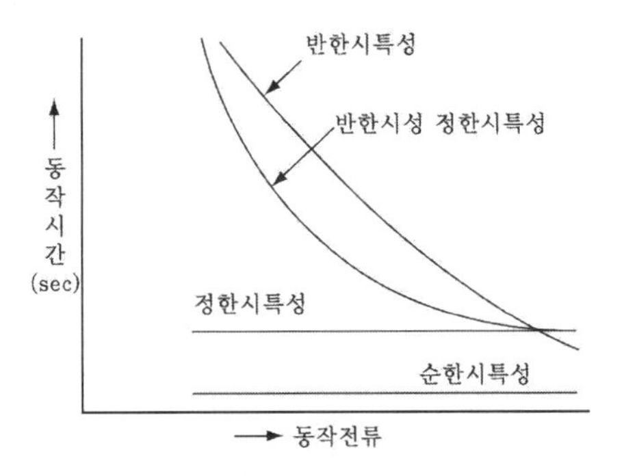

1회 2023년 전기기사필기 (전기기기)

41. 직류발전기에서 기하학적 중성축과 θ만큼 브러시의 위치가 이동되었을 때 감자기자력(AT/극)은 어떻게 표현되는가? (단, $K=\frac{I_a z}{2pa}$)

① $K\frac{\theta}{\pi}$ ② $K\frac{2\theta}{\pi}$
③ $K\frac{3\theta}{\pi}$ ④ $K\frac{4\theta}{\pi}$

|정|답|및|해|설|
[감자기자력] $AT_d=\frac{z}{2p}\frac{I_a}{a}\frac{2\theta}{\pi}=\frac{z\times I_a\times\theta}{p\times a\times 180}=K\frac{2\theta}{\pi}$ [AT/pole]

여기서, p : 극수, z : 총도체수, a : 병렬회로수
I_a: 직렬회로의 전류, θ : 브러시 이동각

【정답】 ②

42. 직류발전기의 정류 초기에 전류변화가 크며 이때 발생되는 불꽃 정류로 옳은 것은?

① 과정류 ② 직선정류
③ 부족정류 ④ 정현파정류

|정|답|및|해|설|
[정류곡선]

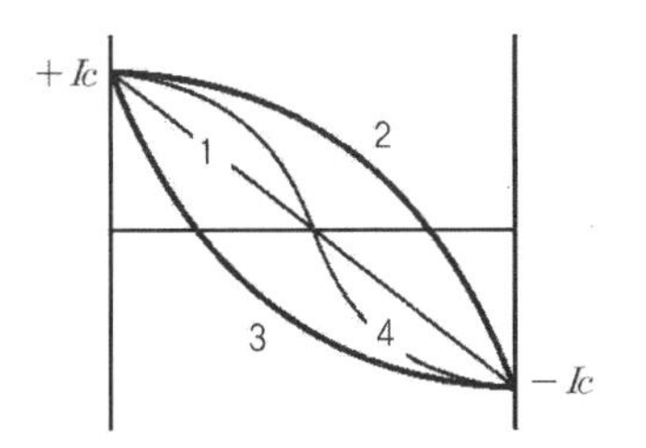

1. 직선정류 : 1번 곡선으로 가장 이상적인 정류곡선
2. 부족정류 : 2번 곡선, 큰 전압이 발생하고 정류 종료, 즉 브러시의 뒤쪽에서 불꽃이 발생
3. 과정류 : 3번 곡선, 정류 **초기에 높은 전압이 발생**, 브러시 **앞부분에 불꽃이 발생**
4. 정현정류 : 4번 곡선, 전류가 완만하므로 브러시 전단과 후단의 불꽃발생은 방지할 수 있다. 【정답】 ①

43. 직류전동기의 전기자저항이 0.2[Ω]이다. 단자전압이 120[V], 전기자전류가 100[A]이다. 이때 직류 전동기의 출력은 얼마인가?

① 10[kW] ② 15[kW]
③ 20[kW] ④ 25[kW]

|정|답|및|해|설|
[직류전동기의 출력] $P=E_cI_a$[W]

여기서, E_c : 역기전력, I_a : 전기자전류, R_a : 전기자저항
$R_a=0.2[\Omega]$, $V=120[V]$, $I_a=100[A]$

1. 전동기의 역기전력 $E_c=V-I_aR_a=120-100\times 0.2=100[V]$
2. 출력 $P=E_cI_a=100\times 100=10{,}000[W]=10[kW]$

【정답】 ①

44. 분권직류전동기에서 부하의 변동이 심할 때 광범위하고 안정되게 속도를 제어하는 가장 적당한 방식은?

① 계자제어 방식
② 저항제어 방식
③ 워드레오나드 방식
④ 일그너 방식

|정|답|및|해|설|

[직류전동기의 속도제어(일그너 방식)] **부하의 변동이 심할 때** 광범위하고 안정되게 속도를 제어하는 방식을 플라이휠을 사용하는 일그너 방식이다. 【정답】 ④

|참|고|

※직류 전동기의 속도제어
1. 계자제어법 : 계자전류(I_f)를 조정하여 자속(∅)을 변화시키는 방법
2. 저항제어법 : R_a의 값을 변하게 하여 전압강하 R_aI_a를 변화시키는 방법이다.
3. 전압제어 방식
 ㉮ 공급전압 V를 변화시키는 방법
 ㉯ 정토크 제어 방식
  ㉠ 워어드 레오나드 방식
   ·보조 발전기가 직류 전동기
   ·광범위한 속도제어가 가능
   ·가장 효율이 좋으며, 정토크 제어 방식
   ·제철용 압연기, 권상기, 엘리베이터 등에 사용
  ㉡ 일그너 방식
   ·부하의 변동이 심할 때 광범위하고 안정되게 속도 제어
   ·보조 전동기가 교류 전동기
   ·제어 범위가 넓고 손실이 거의 없다.
   ·설비비가 많이 든다는 단점이 있다.
   ·주 전동기의 속도와 회전 방향을 자유로이 변화시킬 수 있다.

45. 1상의 유도기전력이 6000[V]인 동기발전기에서 1분간 회전수를 900[rpm]에서 1800[rpm]으로 하면 유도기전력은 약 몇 [V]인가?

① 6,000 ② 12,000
③ 24,000 ④ 36,000

|정|답|및|해|설|

[동기발전기의 유도기전력] $E=4.44fw\varnothing K_w$[V]

여기서, k_ω : 권선계수, ω : 1상 권수, ∅ : 자속, f : 주파수

1. 동기속도 $N_s=\dfrac{120f}{p}$ → $N_s \propto f$
2. 유도기전력 $E \propto f \propto N_s$
3. 극수가 일정한 상태에서 속도를 2배 높이면 주파수가 2배 증가하고 기전력도 2배 상승한다.

∴유도기전력 $E'=2E=2\times 6,000=12,000$[V] 【정답】 ②

46. 3상 동기발전기의 매극 매상의 슬롯수를 3이라고 하면 분포계수는?

① $6\sin\dfrac{\pi}{18}$ ② $3\sin\dfrac{9\pi}{2}$
③ $\dfrac{1}{6\sin\dfrac{\pi}{18}}$ ④ $\dfrac{1}{3\sin\dfrac{\pi}{18}}$

|정|답|및|해|설|

[분포계수] $K_{dn}=\dfrac{\sin\dfrac{n\pi}{2m}}{q\sin\dfrac{n\pi}{2mq}}$ → (n차 고조파)

여기서, n : 고주파 차수, m : 상수, q : 매극매상당 슬롯수
$n=1$, $m=3$, $q=3$이므로

∴분포계수 $K_{d1}=\dfrac{\sin\dfrac{\pi}{6}}{3\sin\dfrac{\pi}{18}}=\dfrac{1}{6\sin\dfrac{\pi}{18}}$ 【정답】 ③

47. 발전기의 자기여자현상을 방지하기 위한 대책으로 적합하지 않은 것은?

① 단락비를 크게 한다.
② 포화율을 작게 한다.
③ 선로의 충전전압을 높게 한다.
④ 발전기 정격전압을 높게 한다.

|정|답|및|해|설|

[발전기의 자기여자현상] 과여자로 인하여 진상전류가 증가하는 현상으로 **자기여자 현상을 방지**하기 위해서는 **단락비를 크게** 하면 된다. 따라서 선로를 안전하게 충전할 수 있는 단락비의 값은 다음 식을 만족해야 한다.

단락비 $>\dfrac{Q'}{Q}\left(\dfrac{V}{V'}\right)(1+\sigma)$

여기서, Q' : 소요 충전전압 V'에서의 선로 충전용량[kVA]
 Q : 발전기의 정격출력[kVA],
 V : 발전기의 정격전압[V]
 σ : 발전기 정격전압에서의 포화율

∴자기여자현상을 방지하기 위해서는 **발전기 정격전압 V를 낮게** 하여야 한다. 【정답】 ④

48. 3상 배전선에 접속된 V결선의 변압기에서 전부하 시의 출력을 100[kVA]라 하면, 같은 변압기 한 대를 증설하여 Δ 결선하였을 때의 정격출력[kVA]은 얼마인가?

① 150 ② $\frac{200}{\sqrt{3}}$

③ $100\sqrt{3}$ ④ 200

|정|답|및|해|설|

[△결선 시의 출력]

1. 출력 $P = VI$[kVA]
2. V결선시 출력 $P_V = \sqrt{3}\,VI = \sqrt{3}\,P[kVA]$

→ (V 결선 2대로 운전, 한 대를 더 추가해 △결선으로 운전)

3. △결선시 출력 $P_\Delta = 3P = 3 \times \frac{P_V}{\sqrt{3}} = 100\sqrt{3}$ [kVA]

【정답】 ③

49. 15[kW] 3상 유도전동기의 기계손이 350[W], 전부하시의 슬립이 3[%]이다. 전부하시의 2차 동손은 약 몇 [W]인가?

① 523 ② 475 ③ 411 ④ 365

|정|답|및|해|설|

[2차동손] $P_{c2} = sP_2 = \frac{s}{1-s}P = \frac{s}{1-s}(P_k + P_m)$

→ $(P = P_k + P_m)$

여기서, P : 기계적출력, P_k : 전동기출력, P_m : 기계손

$P_2 : P : P_{c2} = 1 : (1-s) : s$

여기서, P_2 : 2차입력, P_{c2} : 2차동손, s : 슬립

$\therefore P_{c2} = \frac{s}{1-s}(P_k + P_m) = \frac{0.03}{1-0.03}(15{,}000 + 350) = 475[W]$

【정답】 ②

50. 200[V], 7.5[kW], 6극, 3상 유도전동기가 있다. 정격전압으로 기동할 때 기동전류는 정격전류의 615[%], 기동토크는 전부하 토크의 225[%]이다. 지금 기동토크를 전부하 토크의 1.5배로 하려면 기동전압[V]은 얼마로 하면 되는가?

① 약 163 ② 약 182

③ 약 193 ④ 약 202

|정|답|및|해|설|

[3상유도전동기의 기동전압] $T \propto V_1^2$

여기서, T : 토크, V : 전압

$T \propto V_1^2 \rightarrow 2.25T : 1.5T = 200^2 : V^2$이므로

$V^2 = \frac{1.5}{2.25} \times 200^2$

$\therefore V = \sqrt{\frac{1.5}{2.25}} \times 200 = 163.3[V]$ 【정답】 ①

51. 3상유도전동기의 원선도를 작성하는데 필요치 않은 것은?

① 무부하시험

② 구속시험

③ 권선저항 측정

④ 전부하시의 회전수 측정

|정|답|및|해|설|

[원선도 작성시험] 원선도 작성에 필요한 시험에는 **무부하 시험, 구속 시험, 저항 측정**이 있고, 1차 입력, 1차 동손, 효율, 슬립 등을 구할 수 있다. 【정답】 ④

52. 어떤 변압기의 전압변동률은 부하역률이 100[%]일 때 전압변동률을 측정했더니 2[%]였다. 부하역률이 80[%]일 때 전압변동률을 측정했더니 3[%]였다. 이 변압기의 최대 전압변동률은 몇 [%]인가?

① 3.1 ② 3.6

③ 4.8 ④ 5.0

|정|답|및|해|설|

[최대 전압변동률] $\epsilon_{max} = \sqrt{p^2 + q^2}$

→ (p : %저항강하, q : %리액턴스강하)

전압변동률 $\epsilon = p\cos\theta + q\sin\theta$

1. $\epsilon = p\cos\theta + q\sin\theta \rightarrow 2 = p \times 1 + q \times 0 \rightarrow p = 2$
2. $\epsilon = p\cos\theta + q\sin\theta \rightarrow 3 = 2 \times 0.8 + q \times 0.6 \rightarrow q = 2.33$

→ $(\sin\theta = \sqrt{1-\cos^2\theta})$

3. $\epsilon_{max} = \sqrt{p^2 + q^2} = \sqrt{2^2 + 2.33^2} = 3.1[\%]$ 【정답】 ①

53. 10[kW], 3상, 380[V] 유도전동기의 전부하 전류는 약 몇 [A]인가? (단, 전동기의 효율은 85[%], 역률은 85[%]이다.)

① 15　② 21　③ 26　④ 36

|정|답|및|해|설|

[전부하전류(입력)] $I=\dfrac{P}{\sqrt{3}\,V\cos\theta\cdot\eta}[A]$ → (η : 전동기 효율)

→ (출력 $P=\sqrt{3}\,VI\cos\theta\cdot\eta[kW]$)

$$\therefore I=\frac{P}{\sqrt{3}\,V\cos\theta\cdot\eta\times10^{-3}}=\frac{10\times10^{3}}{\sqrt{3}\times380\times0.85\times0.85}=21[A]$$

【정답】 ②

54. 보통 농형에 비하여 2중 농형전동기의 특징인 것은?

① 최대토크가 크다.　② 손실이 적다.
③ 기동토크가 크다.　④ 슬립이 크다.

|정|답|및|해|설|

[2중 농형유도전동기]
- 2중농형유도전동기의 고정자는 보통 유도전동기와 똑같으나 회전자는 2중으로 도체를 넣을 수 있도록 철심의 안쪽과 바깥쪽에 2개의 홈을 만든다.
- 외측 도체는 저항이 높은 황동 또는 동니켈 합금의 도체를 사용
- 내측 도체는 저항이 낮은 전기동 사용
- 2중 농형유도전동기는 **기동전류가 작고, 기동토크가 크다.**
- 보통 농형보다 **역률, 최대토크** 등은 **감소**한다.

【정답】 ③

55. 일반적인 DC서보모터의 제어에 속하지 않는 것은?

① 역률 제어　② 토크 제어
③ 속도 제어　④ 위치 제어

|정|답|및|해|설|

[DC서보모터] DC서보모터(servo motor)는 **위치 제어, 속도 제어** 및 **토크 제어**에 광범위하게 사용된다. 【정답】 ①

56. 게이트 조작에 의해 부하전류 이상으로 유지전류를 높일 수 있어 게이트 턴온, 턴오프가 가능한 사이리스터는?

① SCR　② GTO
③ LASCR　④ TRIAC

|정|답|및|해|설|

[GTO]

- 기호 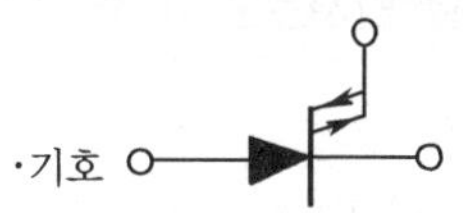
- 역저지 3극 사이리스터
- 자기소호 기능이 가장 좋은 소자
- GTO는 직류 전압을 가해서 게이트에 정의 펄스를 주면 off에서 on으로, 부의 펄스를 주면 그 반대인 on에서 off로의 동작이 가능하다.

【정답】 ②

|참|고|

[사이리스터의 비교]

방향성	명칭	단자	기호	응용 예
역저지 (단방향) 사이리스터	SCR	3단자		정류기 인버터
	LASCR			정지스위치 및 응용스위치
	GTO			쵸퍼 직류스위치
	SCS	4단자		
쌍방향성 사이리스터	SSS	2단자		초광장치, 교류스위치
	TRIAC	3단자		초광장치, 교류스위치
	역도통			직류효과

57. 3상 직권정류자 전동기에 중간(직렬) 변압기를 사용하는 이유로 적당하지 않은 것은?

① 정류자전압의 조정
② 회전자상수의 감소
③ 실효권수비 선정 조정
④ 경부하 때 속도의 이상 상승 방지

|정|답|및|해|설|

[직권 정류자전동기에 중간 변압기를 사용하는 이유]
- 경부하시 직권 특성 $T\propto I^2\propto\dfrac{1}{N^2}$ 이므로 속도가 크게 상승할 수 있어 중간 변압기를 사용하여 속도 이상 상승을 억제
- 전원전압의 크기에 관계없이 정류자전압 조정
- 고정자권선과 직렬로 접속해서 동기속도에서 역률을 100[%]로 하기 위함이다.
- 중간 변압기의 권수비를 조정하여 전동기 특성을 조정
- **회전자 상수의 증가**
- 실효권수비 조정

【정답】 ②

58. 그림과 같은 단상 브리지 정류회로(혼합 브리지)에서 전원 부분과 연결해야 할 단자는?

① A와 B ② A와 C
③ C와 B ④ A와 D

|정|답|및|해|설|
[단상 브리지 정류회로]

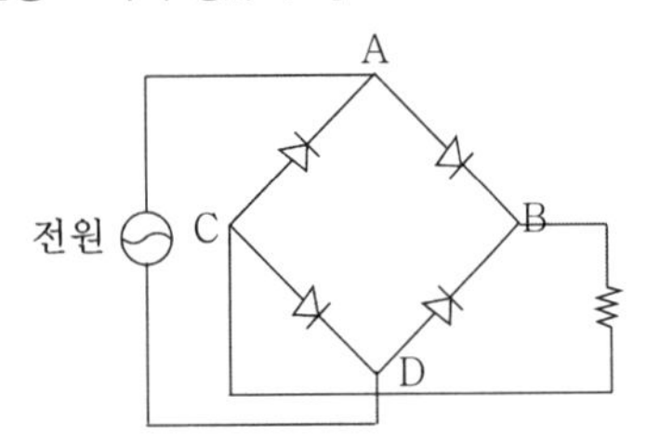

※브리지 정류회로 : 양파 정류 회로의 일종으로, 다이오드를 4개 브리지 모양을 접속하여 정류하는 회로, 중간 탭이 있는 트랜스를 사용하지 않아도 되는 이점이 있다.

【정답】④

59. 다음 중 동기전동기에서 동기와트로 표시되는 것은?

① 출력 ② 토크
③ 1차입력 ④ 동기속도

|정|답|및|해|설|
[동기와트(P_2)] 전동기 속도가 동기속도이므로 **토크와 2차입력** P_2는 정비례하게 되어 2차입력을 토크로 표시한 것을 동기와트라고 한다.

【정답】②

60. 누설변압기에 필요한 특성은 무엇인가?

① 정전압 특성 ② 고저항 특성
③ 고임피던스 특성 ④ 수하 특성

|정|답|및|해|설|

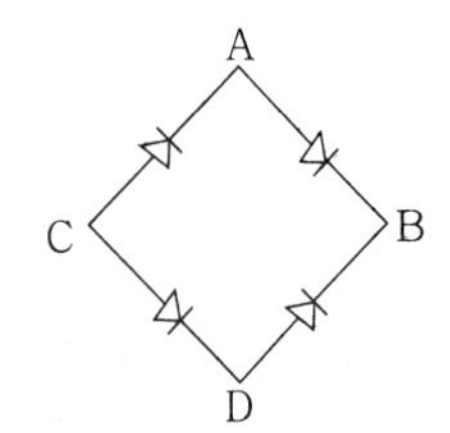

[누설변압기]

누설변압기는 정전류 특성이 필요하며, 전류를 일정하게 유지하는 **수하 특성**이 있는 정전류 변압기이다.

- 전압변동률이 크다.
- 효율이 나쁘다.
- 누설인덕턴스가 크다.

【정답】④

1회 2023년 전기기사필기(회로이론 및 제어공학)

61. 다음과 같은 비정현파 기전력 및 전류에 의한 평균 전력을 구하면 몇 [W]인가? (단, 전압 및 전류의 순시식은 다음과 같다.)

$$e = 100\sin wt - 50\sin(3wt + 30^\circ) + 20\sin(5wt + 45^\circ)[V]$$
$$i = 20\sin wt + 10\sin(3wt - 30^\circ) + 5\sin(5wt - 45^\circ)[A]$$

① 825 ② 875
③ 925 ④ 1175

|정|답|및|해|설|
[비정현파 유효전력] $P = VI\cos\theta[W]$
유효전력은 1고조파+3고조파+5고조파의 전력을 합한다.
즉, $P = V_1I_1\cos\theta_1 + V_3I_3\cos\theta_3 + V_5I_5\cos\theta_5[W]$

→ (전압과 전류는 실효값($V = \frac{V_m}{\sqrt{2}}$)으로 한다.)

$$\therefore P = V_1I_1\cos\theta_1 + V_3I_3\cos\theta_3 + V_5I_5\cos\theta_5$$
$$= (\frac{100}{\sqrt{2}} \times \frac{20}{\sqrt{2}}\cos 0^\circ) + (-\frac{50}{\sqrt{2}} \times \frac{10}{\sqrt{2}}\cos(30 - (-30))) + (\frac{20}{\sqrt{2}} \times \frac{5}{\sqrt{2}}\cos(45 - (-45)))$$
$$= \frac{1}{2}(2000\cos 0 - 500\cos 60 + 100\cos 90) = 1000 - 125 = 875[W]$$

【정답】②

62. 전류의 대칭분을 I_0, I_1, I_2, 유기기전력 및 단자전압의 대칭분을 E_a, E_b, E_c 및 V_0, V_1, V_2라 할 때 3상교류발전기의 기본식 중 정상분 V_1 값은? 단, Z_0, Z_1, Z_2는 영상, 정상, 역상임피던스이다.

① $-Z_0I_0$ ② $-Z_2I_2$
③ $E_a - Z_1I_1$ ④ $E_b - Z_2I_2$

|정|답|및|해|설|
[발전기의 기본식] 발전기 기본식의 3가지 특성
- 영상분 $V_0 = -Z_0I_0$
- 정상분 $V_1 = E_a - Z_1I_1$
- 역상분 $V_2 = -Z_2 \cdot I_2$

여기서, Z_0 : 영상임피던스, Z_1 : 정상임피던스
Z_2 : 역상임피던스

|참|고|
[대칭분 전류]
1. 영상분 $I_0 = \frac{1}{3}(I_a + I_b + I_c)$
2. 정상분 $I_1 = \frac{1}{3}(I_a + aI_b + a^2I_c)$
3. 역상분 $I_2 = \frac{1}{3}(I_a + a^2I_b + aI_c)$

【정답】③

63. 그림과 같은 H형의 4단자 회로망에서 4단자정수(전송파라미터) A는? (단, V_1은 입력전압이고, V_2는 출력전압이고, A는 출력 개방 시 회로망의 전압이득$\left(\frac{V_1}{V_2}\right)$이다.)

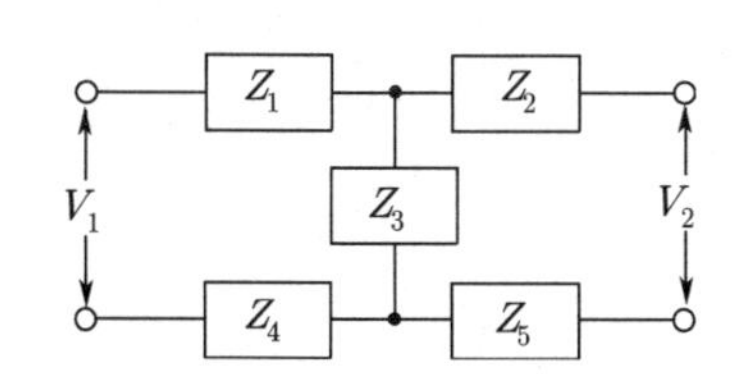

① $\dfrac{Z_1+Z_2+Z_3}{Z_3}$ ② $\dfrac{Z_1+Z_3+Z_4}{Z_3}$

③ $\dfrac{Z_2+Z_3+Z_5}{Z_3}$ ④ $\dfrac{Z_3+Z_4+Z_5}{Z_3}$

|정|답|및|해|설|

[4단자정수] H형 회로를 T형 회로로 등가 변환

1. 기본 T형으로 바꾼다.
   문제에서 가로축에 있는 성분을 더한다.

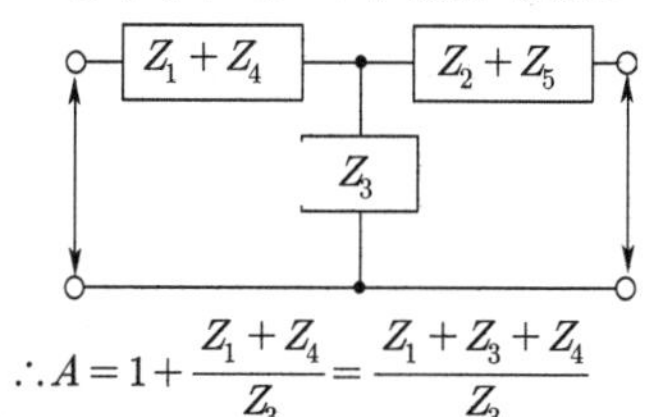

$\therefore A=1+\dfrac{Z_1+Z_4}{Z_3}=\dfrac{Z_1+Z_3+Z_4}{Z_3}$

→ (왼쪽에서 오른쪽으로 대각선, 밑에 있는 것이 분모)

|참|고|

[4단자정수(T형회로)]

· $A=1+\dfrac{Z_1}{Z_3}$

· $B=Z_1+Z_2+\dfrac{Z_1Z_2}{Z_3}$

· $C=\dfrac{1}{Z_3}$

· $D=1+\dfrac{Z_2}{Z_3}$

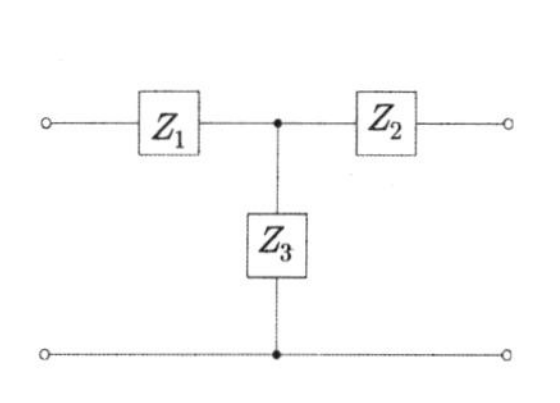

【정답】②

64. 분포정수 선로에서 무왜형 조건이 성립하면 어떻게 되는가?

① 감쇠량은 주파수에 비례한다.

② 전파속도가 최대로 된다.

③ 감쇠량이 최소로 된다.

④ 위상정수가 주파수에 관계없이 일정하다.

|정|답|및|해|설|

[무왜형 조건] $RC=LG$ → (감쇠정수 $\alpha=\sqrt{RG}$)

감쇠량 α가 최소가 된다.

α는 f와 무관하고, 위상정수 β는 주파수에 비례한다.

【정답】③

65. 그림과 같은 평형3상회로에서 전원전압이 $V_{ab}=200[\mathrm{V}]$이고 부하 한 상의 임피던스가 $Z=4+j3[\Omega]$인 경우 전원과 부하 사이 선전류 I_a는 약 몇 [A]인가?

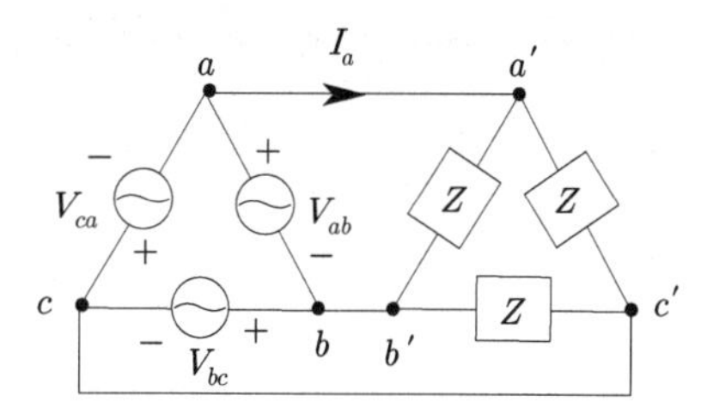

① $40\sqrt{3}\angle 36.87°$ ② $40\sqrt{3}\angle -36.87°$

③ $40\sqrt{3}\angle 66.87°$ ④ $40\sqrt{3}\angle -66.87°$

|정|답|및|해|설|

[선전류(△결선)] $I_a=\sqrt{3}I_p\angle -30°$

·△결선 시 선간전압(V_l)=상전압(V_p)

· $V_{ab}=V_p=200[V]$

· $Z=4+3j=\sqrt{4^2+3^2}\angle\tan^{-1}\dfrac{3}{4}=5\angle 36.87[\Omega]$

$\therefore I_a=\sqrt{3}I_p\angle -30°=40\sqrt{3}\angle -66.87[\mathrm{A}]$

→ ($I_p=\dfrac{V_p}{Z}=\dfrac{200}{5\angle 36.87}=40\angle -36.87$)

【정답】④

66. $t=0$에서 회로의 스위치를 닫을 때 $t=0^+$에서의 전류 $i(t)$는 어떻게 되는가? (단, 커패시터에 초기 전하는 없다.)

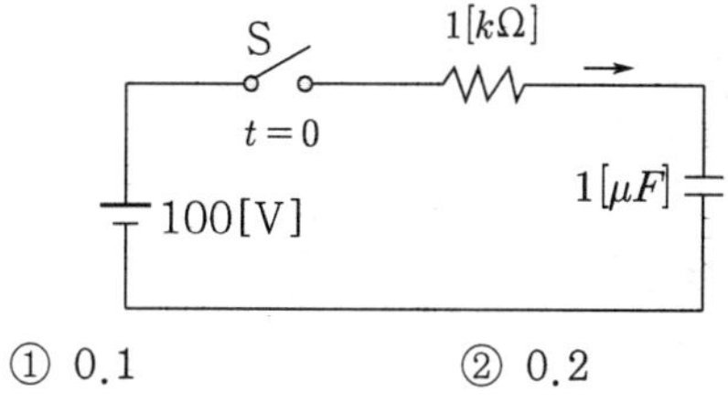

① 0.1 ② 0.2

③ 0.4 ④ 1.0

|정|답|및|해|설|

[$R-C$직렬회로] 전류 순시값 $i(t)=\dfrac{E}{R}\left(e^{-\frac{1}{RC}t}\right)$

$i(t)=\dfrac{E}{R}\left(e^{-\frac{1}{RC}t}\right)\Big|_{t=0}$ → $\therefore i(0)=\dfrac{E}{R}=\dfrac{100}{1000}=0.1[A]$

【정답】①

67. 다음 함수의 라플라스 역변환은?

$$I(s)=\frac{2s+3}{(s+1)(s+2)}$$

① $e^{-t}-e^{-2t}$ ② $e^{t}-e^{-2t}$

③ $e^{-t}+e^{-2t}$ ④ $e^{t}+e^{-2t}$

|정|답|및|해|설|

[역변환]

$I(s)=\frac{2s+3}{(s+1)(s+2)}=\frac{A}{s+1}+\frac{B}{s+2}=Ae^{-t}+Be^{-2t}$

$A=\left[\frac{2s+3}{s+2}\right]_{s=-1}=1$

$B=\left[\frac{2s+3}{s+1}\right]_{s=-2}=1$

$\therefore i(t)=\mathcal{L}^{-1}[I(s)]=\mathcal{L}^{-1}\left[\frac{1}{s+1}+\frac{1}{s+2}\right]=e^{-t}+e^{-2t}$

【정답】 ③

68. 그림의 교류 브리지 회로가 평형이 되는 조건은?

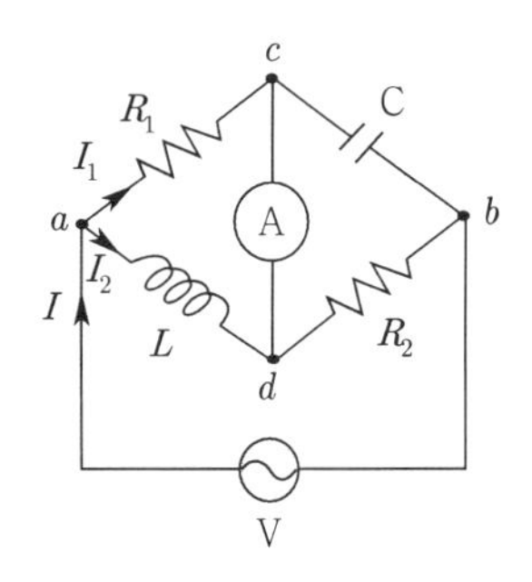

① $L=\frac{R_1R_2}{C}$ ② $L=\frac{C}{R_1R_2}$

③ $L=R_1R_2C$ ④ $L=\frac{R_2}{R_1}C$

|정|답|및|해|설|

[브리지 회로의 평형 조건] $Z_1Z_3=Z_2Z_4$

$R_1=Z_1,\ C=Z_2,\ R_2=Z_3,\ L=Z_4$

$Z_2=\frac{1}{j\omega C}[\Omega],\ Z_4=j\omega L[\Omega]$

$R_1R_2=\frac{1}{j\omega C}\times j\omega L$

$R_1R_2=\frac{L}{C}\ \rightarrow \therefore L=R_1R_2C$

【정답】 ③

69. 분포정수회로에서 직렬임피던스를 Z, 병렬어드미턴스를 Y라 할 때, 선로의 특성임피던스 Z_0는?

① ZY ② $\sqrt{ZY}$

③ $\sqrt{\frac{Y}{Z}}$ ④ $\sqrt{\frac{Z}{Y}}$

|정|답|및|해|설|

[특성임피던스] $Z_0=\sqrt{\frac{Z}{Y}}=\sqrt{\frac{R+j\omega L}{G+j\omega C}}$

→ (무손실의 경우 $(R=G=0)$)

【정답】 ④

70. RLC 직렬회로에 $e=170\cos\left(120\pi+\frac{\pi}{6}\right)[V]$를 인가할 때 $i=8.5\cos\left(120\pi-\frac{\pi}{6}\right)$[A]가 흐르는 경우 소비되는 전력은 약 몇 [W]인가?

① 361 ② 623 ③ 720 ④ 1445

|정|답|및|해|설|

[소비전력] $P=VI\cos\theta[W]$

$\cdot e=170\cos\left(120\pi+\frac{\pi}{6}\right)[V]\ \rightarrow\ V=\frac{170}{\sqrt{2}}[V]$

$\cdot i=8.5\cos\left(120\pi-\frac{\pi}{6}\right)[A]\ \rightarrow I=\frac{8.5}{\sqrt{2}}[A]$

$\therefore P=VI\cos\theta=\frac{170}{\sqrt{2}}\cdot\frac{8.5}{\sqrt{2}}\cos 60^\circ=361$

【정답】 ①

71. $G(s)H(s)=\frac{K(s-1)}{s(s+1)(s-4)}$에서 점근선의 교차점을 구하면?

① -1 ② 0

③ 1 ④ 2

|정|답|및|해|설|

[점근선과 실수축의 교차점]

$\frac{\sum P-\sum Z}{P-Z}=\frac{\text{극점의 합}-\text{영점의 합}}{\text{극점의 개수}-\text{영점의 개수}}$

P(극점의 개수)=3개(0, −1, 4)

→ (극점 : 분모가 0이 되는 S값)

Z(영점의 개수)=1개(1)

→ (영점 : 분자가 0이 되는 S값)

$\therefore \frac{\sum P-\sum Z}{P-Z}=\frac{(0-1+4)-(1)}{3-1}=1$

【정답】 ③

72. 그림의 신호흐름선도를 미분방정식으로 표현한 것으로 옳은 것은? (단, 모든 초기 값은 0이다.)

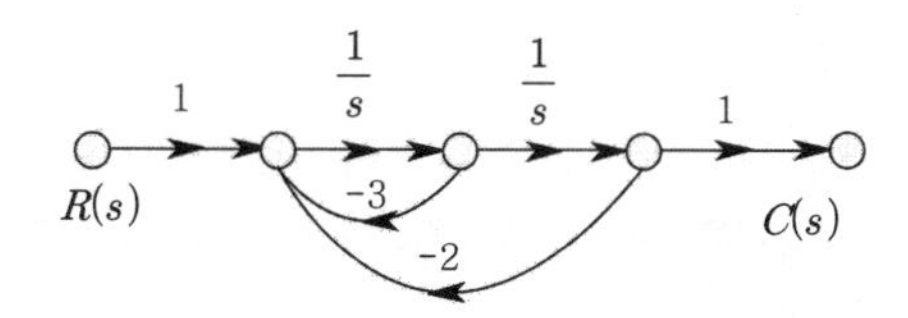

① $\frac{d^2C(t)}{dt^2}+3\frac{dC(t)}{dt}+2C(t)=R(t)$

② $\frac{d^2C(t)}{dt^2}+2\frac{dC(t)}{dt}+3C(t)=R(t)$

③ $\frac{d^2C(t)}{dt^2}-3\frac{dC(t)}{dt}-2C(t)=R(t)$

④ $\frac{d^2C(t)}{dt^2}-2\frac{dC(t)}{dt}-3C(t)=R(t)$

|정|답|및|해|설|

[신호흐름선도의 미분방정식]

1. 신호흐름선도의 전달함수 $G(s)=\frac{C(s)}{R(s)}=\frac{\sum 전향경로이득}{1-\sum 루프이득}$

2. 전향경로이득 : $\frac{1}{s^2}$, 루프이득 : $-\frac{3}{s}$, $-\frac{2}{s^2}$

→ (전향경로이득 : 입력에서 출력으로(피드백 제외))

→ (루프이득 : 피드백의 폐루프)

3. 전달함수 $G(s)=\frac{C(s)}{R(s)}=\frac{\sum 전향경로이득}{1-\sum 루프이득}$

$$=\frac{\frac{1}{s^2}}{1-(-\frac{3}{s}-\frac{2}{s^2})}=\frac{1}{s^2+3s+2}$$

4. $\frac{C(s)}{R(s)}=\frac{1}{s^2+3s+2}$ → $R(s)=s^2C(s)+3sC(s)+2C(s)$

∴미분방정식 $R(t)=\frac{d^2}{dt^2}(C(t)+3\frac{d}{dt}C(t)+2C(t)$ 【정답】 ①

73. 이산 시스템(discrete data system)에서의 안정도 해석에 대한 아래의 설명 중 맞는 것은?

① 특성 방정식의 모든 근이 z 평면의 음의 반평면에 있으면 안정하다.

② 특성 방정식의 모든 근이 z 평면의 양의 반평면에 있으면 안정하다.

③ 특성 방정식의 모든 근이 z 평면의 단위원 내부에 있으면 안정하다.

④ 특성 방정식의 모든 근이 z 평면의 단위원 외부에 있으면 안정하다.

|정|답|및|해|설|

[z평면과 s평면의 관계]

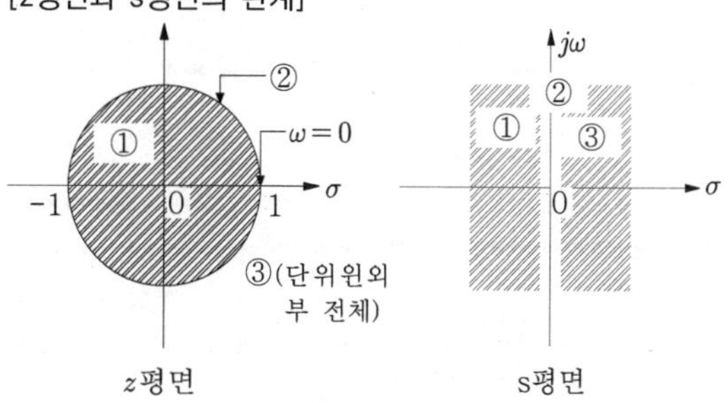

1. s평면의 좌반면(①) : z평면상에서는 **단위원의 내부(①)에 사상(안정)**
2. s평면의 우반면(③) : z평면상에서는 단위원의 외부(③)에 사상(불안정)
3. s평면의 허수축(②) : z평면상에서는 단위원의 원주상(②)에 사상(임계)

【정답】 ③

74. $G(jw)H(jw)=\frac{K}{(1+2jw)(1+jw)}$의 이득 여유가 20[dB]일 때 K 값은? (단, $w=0$ 이다.)

① $K=0$ ② $K=\frac{1}{10}$

③ $K=1$ ④ $K=10$

|정|답|및|해|설|

[이득여유] $gm=20\log_{10}\frac{1}{GH(\omega)}$[dB]

1. 이득여유 $GM=20\log\left|\frac{K}{G(j\omega)H(j\omega)}\right|=20[dB]$이므로

$\left|\frac{1}{G(j\omega)H(j\omega)}\right|=10$, $G(j\omega)H(j\omega)=\frac{1}{10}$

2. $|GH|=\left|\frac{K}{1-2w^2+j3w}\right|_{w=0}=K=\frac{1}{10}$

※이득여유를 구할 때는 개루프함수 $G(s)H(s)$로 이득을 구할 때는 전체 전달함수를 가지고 구한다.

【정답】 ②

75. 다음 블록선도 변환이 틀린 것은?

①

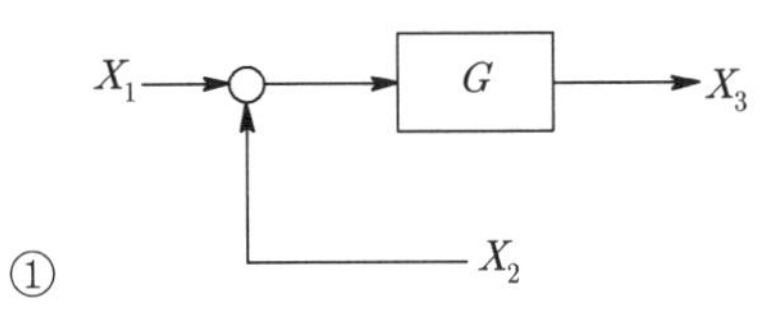

⇒

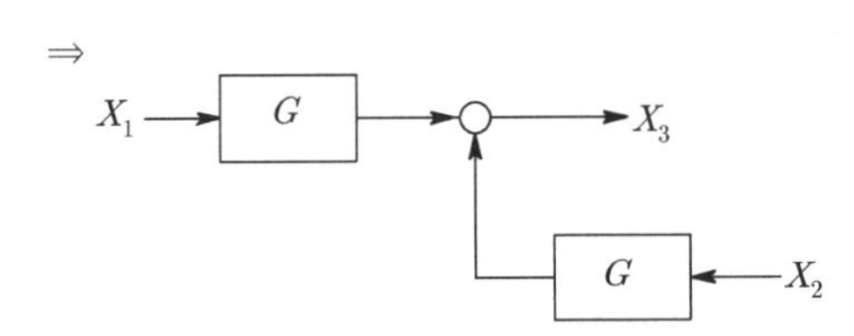

②

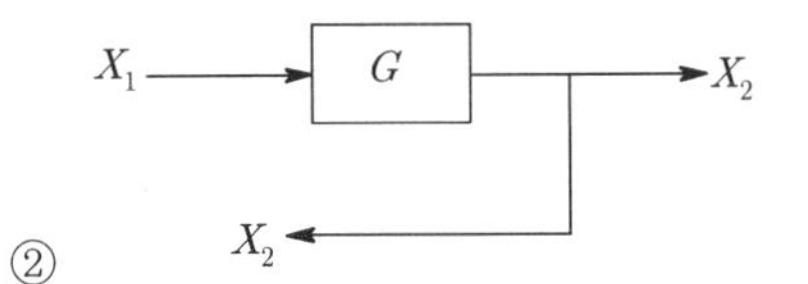

⇒

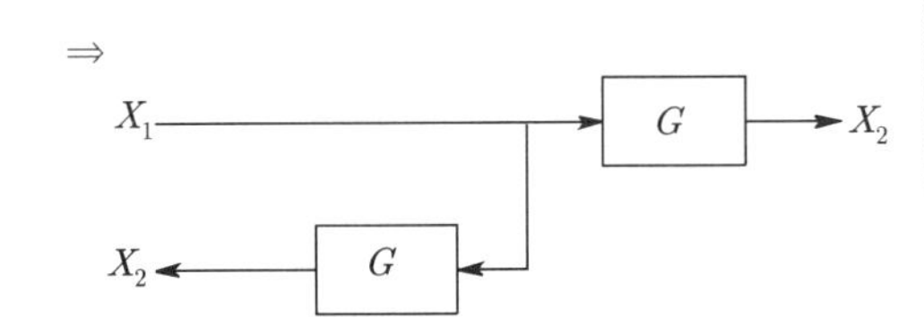

③

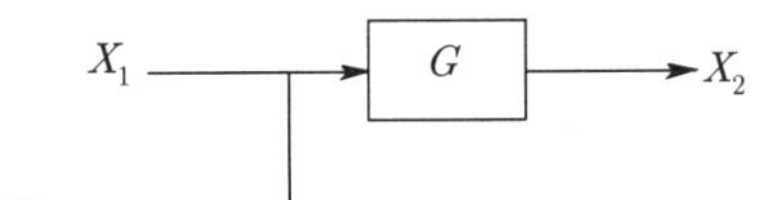

⇒

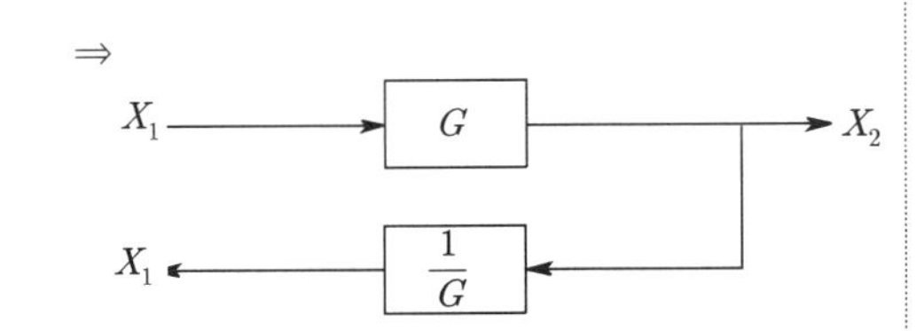

④

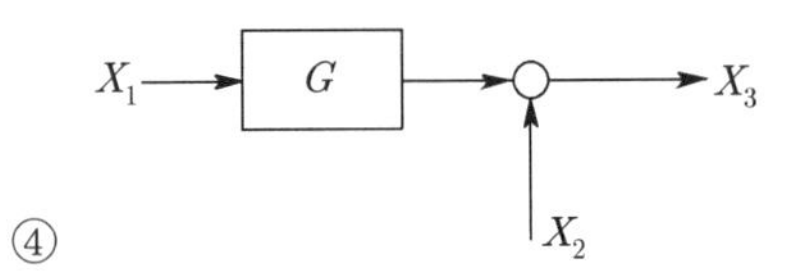

⇒

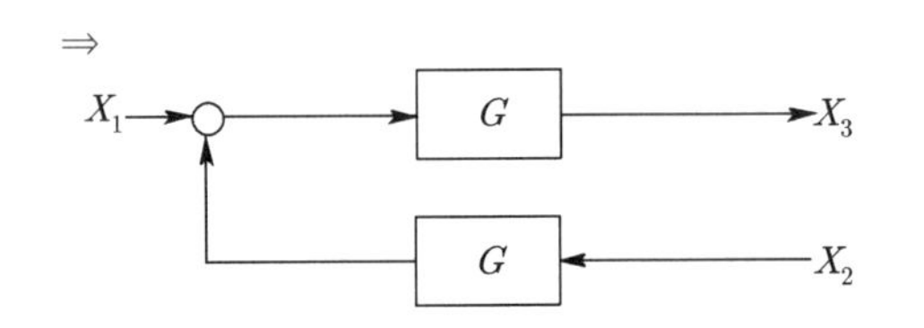

|정|답|및|해|설|

[블록선도 변환]

① $(X_1+X_2)G=X_3 \;\Rightarrow\; (X_1+X_2)G=X_3$

→ (점에서 합해짐(+), 블록선도 통과(×))

② $X_1G=X_2 \;\Rightarrow\; X_2=X_1G$

③ $X_1=X_1,\ X_2=X_1G \;\Rightarrow\; X_1=X_1,\ X_2=X_1G$

④ $X_1G+X_2=X_3 \;\Rightarrow\; (X_1+X_2G)G=X_3$

【정답】 ④

76. 다음과 같은 상태 방정식으로 표현되는 제어 시스템의 특성방정식의 근($s_1,\ s_2$)은?

$$\begin{bmatrix}\dot{x}_1\\ \dot{x}_2\end{bmatrix}=\begin{bmatrix}0 & 1\\ -2 & -3\end{bmatrix}\begin{bmatrix}x_1\\ x_2\end{bmatrix}+\begin{bmatrix}1\\ 0\end{bmatrix}u$$

① 1, −3 　　② −1, −2

③ −2, −3 　　④ −1, −3

|정|답|및|해|설|

[특성방정식] $|sI-A|=0$

$$s\begin{bmatrix}1 & 0\\ 0 & 1\end{bmatrix}-\begin{bmatrix}0 & 1\\ -2 & -3\end{bmatrix}=\begin{bmatrix}s & 0\\ 0 & s\end{bmatrix}-\begin{bmatrix}0 & 1\\ -2 & -3\end{bmatrix}=\begin{bmatrix}s & -1\\ 2 & s+3\end{bmatrix}=0$$

특성방정식 $|sI-A|=s(s+3)-(-1)\times 2=s^3+3s+2=0$

$(s+1)(s+2)=0 \quad \rightarrow \quad \therefore\ s=-1,\ -2$

【정답】 ②

77. 다음 회로는 무엇을 나타낸 것인가?

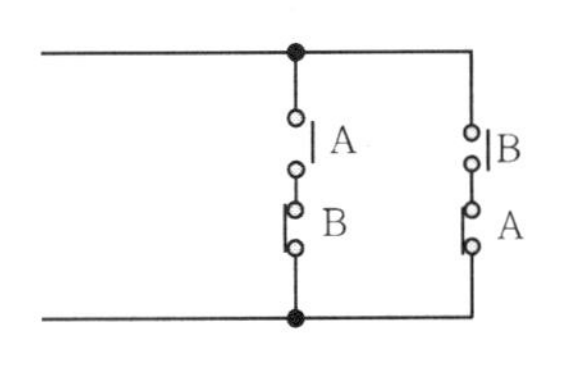

① AND 　　② OR

③ Exclusive OR 　　④ NAND

|정|답|및|해|설|

[베타적논리합(Exclusive OR)] $Y=A\overline{B}+\overline{A}B=A\oplus B$

→ (직렬 : 곱, 병렬 : 합)

【정답】 ③

78. 전달함수가 $\frac{C(s)}{R(s)} = \frac{25}{s^2+6s+25}$ 인 2차 제어시스템의 감쇠진동주파수(ω_d)는 몇 [rad/sec]인가?

① 3　② 4　③ 5　④ 6

|정|답|및|해|설|

[감쇠진동 각주파수] $\omega_d = \omega_n\sqrt{1-\delta^2}$

여기서, ω_n : 고유진동 각주파수, δ : 제동비(감쇠계수)

2차 제어계의 전달함수 $G(s) = \frac{\omega_n^2}{s^2+2\delta\omega_n s+\omega_n^2}$ 에서

· s의 1차 앞에는 $2\delta\omega_n$이 있어야 한다.

· 상수에는 ω_n^2이 있어야 한다.

$\rightarrow \omega_n^2 = 25 \rightarrow \omega_n = 5$

$\rightarrow 2\delta\omega_n = 6 \rightarrow \delta = \frac{6}{2\times5} = 0.6$

· $\delta < 1$이면 부족제동(감쇠진동)

$\therefore \omega_d = \omega_n\sqrt{1-\delta^2} = 5\sqrt{1-0.6^2} = 4[rad/\sec]$

|참|고|

1. $\delta > 1$ (과제동, 비진동)
2. $\delta = 1$ (임계제동)
3. $\delta = 0$ (무제동)
4. $\delta < 1$ (부족제동, 감쇠진동)

【정답】 ②

79. 적분시간 3[sec], 비례감도가 3인 비례적분동작을 하는 제어요소가 있다. 이 제어요소에 동작신호 $x(t) = 2t$를 주었을 때 조작량은 얼마인가? (단, 초기 조작량 $y(t)$는 0으로 한다.)

① t^2+2t　② t^2+4t

③ t^2+6t　④ t^2+8t

|정|답|및|해|설|

[조작량] 동작신호 : 입력, 조작량 : 출력

1. 전달함수 $G(s) = K_p\left(1+\frac{1}{T_i s}\right)$

여기서, K_p : 비례감도, T_i : 적분시간

$G(s) = K_p\left(1+\frac{1}{T_i s}\right) = 3\left(1+\frac{1}{3s}\right) = \frac{9s+3}{3s}$

2. 전달함수 $G(s) = \frac{Y(s)}{X(s)}$ 로 정리하면

$Y(s) = G(s)X(s) = \frac{9s+3}{3s}\times 2\frac{1}{s^2}$　→ (t는 단위램프함수 $\frac{1}{s^2}$)

$= \frac{18s+6}{3s^3} = \frac{6}{s^2} + \frac{2}{s^3} = 6\frac{1}{s^2} + \frac{2}{s^3}$

→ (시간함수이므로 역변환)

→ (6 : 상수, $\frac{1}{s^2}$: 단위램프함수 t, $\frac{2}{s^3}$: n차램프함수 t^2)

3. $y(t) = 6t + t^2$

∴ 조작량 $y(t) = 6t + t^2$

【정답】 ③

80. 그림과 같은 제어 시스템의 폐루프 전달함수 $T(s) = \frac{C(s)}{R(s)}$에 대한 감도 S_K^T는?

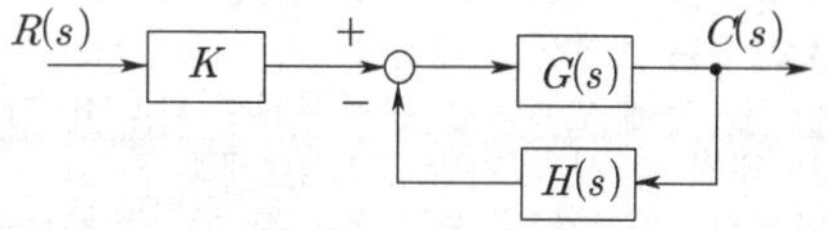

① 0.5　② 1

③ $\frac{G}{1+GH}$　④ $\frac{-GH}{1+GH}$

|정|답|및|해|설|

[감도] $S_K^T = \frac{K}{T}\cdot\frac{dT}{dK}$　→(K : 주어진 요소, T : 전달함수)

1. 전달함수 $T(s) = \frac{C(s)}{R(s)} = \frac{\sum 전향경로이득}{1-\sum 루프이득}$

→ (루프이득 : 피드백의 폐루프)

→ (전향경로 :입력에서 출력으로 가는 길(피드백 제외))

$T(s) = \frac{\sum 전향경로이득}{1-\sum 루프이득} = \frac{KG(s)}{1-(-G(s)H(s))}$

2. 감도 $S_K^T = \frac{K}{T}\cdot\frac{dT}{dK} = \frac{K}{\frac{KG(s)}{1+G(s)H(s)}}\cdot\frac{d}{dK}\frac{KG(s)}{1+G(s)H(s)}$

$= \frac{1+G(s)H(s)}{G(s)}\times\frac{G(s)}{1+G(s)H(s)} = 1$

【정답】 ②

1회　2023년 전기기사필기(전기설비기술기준)

81. 직류 전기철도 시스템이 배설배관 또는 케이블과 인접했을 경우에 누설되는 전류를 피하기 위해서 최대한 이격을 시켜야 하는데, 주행 레일과 최소 몇 [m] 이상 이격을 해야 하는가?

① 1　② 1.2　③ 1.5　④ 1.7

|정|답|및|해|설|

[전기철도 누설전류 간섭에 대한 방지 (KEC 461.5)] 직류 전기철도 시스템이 매설 배관 또는 케이블과 인접할 경우 누설전류를 피하기 위해 최대한 이격시켜야 하며, **주행레일과 최소 1[m] 이상의 거리**를 유지하여야 한다.

【정답】 ①

82. 전력보안 통신용 전화설비의 시설장소로 틀린 것은?

① 154[kV]계통 배전선로 구간(가공, 지중, 해저)
② 22.9[kV] 계통에 연결되는 분산전원형 발전소
③ 폐회로 배전 등 신 배전방식 도입 개소
④ 배전자동화, 원격검침, 부하감시 등 지능형 전력망 구현을 위해 필요한 구간

|정|답|및|해|설|

[전력보안 통신설비 시설의 요구사항 (KEC 362.1)] [배전선로]
1. **22.9[kV]**계통 배전선로 구간(가공, 지중, 해저)
2. 22.9[kV]계통에 연결되는 분산전원형 발전소
3. 폐회로 배전 등 신 배전방식 도입 개소
4. 배전자동화, 원격검침, 부하감시 등 지능형전력망 구현

【정답】 ①

83. 저압 옥내전로의 인입구에 가까운 곳으로서 쉽게 개폐할 수 있는 곳에 개폐기를 시설하여야 한다. 그러나 사용전압이 400[V] 미만인 옥내전로로서 다른 옥내전로에 접속하는 길이가 몇 [m] 이하인 경우는 개폐기를 생략할 수 있는가? (단, 정격전류가 16[A] 이하인 과전류차단기 또는 정격전류가 16[A]를 초과하고 20[A] 이하인 배선용 차단기로 보호되고 있는 것에 한한다.)

① 15 ② 20 ③ 25 ④ 30

|정|답|및|해|설|

[저압 옥내전로 인입구에서의 개폐기의 시설 (kec 212.6.2)] 사용전압이 400[V] 미만인 옥내전로로서 다른 옥내전로(정격전류가 16[A]인 과전류 차단기, 정격전류가 16[A] 초과하고 20[A] 이하인 배선용 차단기로 보호되고 있는 것)에 접속하는 **길이가 15[m] 이하**인 경우 **인입구 개폐기를 생략**할 수 있다.

【정답】 ①

84. 금속덕트공사에 의한 저압 옥내배선공사 시설에 대한 설명으로 틀린 것은?

① 덕트에는 접지공사를 한다.
② 금속덕트는 두께 1.0[mm] 이상인 절편으로 제작하고 덕트 상호간에 안전하게 접속한다.
③ 덕트를 조영재에 붙이는 경우 덕트 지지점 간의 거리를 3[m] 이하로 견고하게 붙인다.
④ 금속덕트에 넣은 전선의 단면적의 합계가 덕트의 내부 단면적의 20[%] 이하가 되도록 한다.

|정|답|및|해|설|

[금속덕트공사 (KEC 232.31)]
1. 금속 덕트의 폭이 4[cm]를 초과하고 또한 **두께가 1.2[mm] 이상**인 철판 또는 동등 이상의 세기를 가지는 금속제의 것으로 견고하게 제작한 것일 것
2. 덕트는 kec140에 준하여 접지공사를 할 것

【정답】 ②

85. 사용전압이 22.9[kV]인 특고압 가공전선이 도로를 횡단하는 경우 지표상 높이는 최소 몇 [m] 이상인가?

① 4.5 ② 5 ③ 5.5 ④ 6

|정|답|및|해|설|

[특고압 가공전선의 높이 (KEC 333.7)]

사용전압의 구분	지표상의 높이	
35[kV] 이하	일반	5[m]
	철도 또는 궤도를 횡단	6.5[m]
	도로 횡단	**6[m]**
	횡단보도교의 위 (전선이 특고압 절연전선 또는 케이블)	4[m]
35[kV] 초과 160[kV] 이하	일반	6[m]
	철도 또는 궤도를 횡단	6.5[m]
	산지	5[m]
	횡단보도교의 케이블	5[m]
160[kV] 초과	일반	6[m]
	철도 또는 궤도를 횡단	6.5[m]
	산지	5[m]
	160[kV]를 초과하는 10[kV] 또는 그 단수마다 12[cm]를 더한 값	

【정답】 ④

86. 일반주택 및 아파트 각 호실의 현관에 조명용 백열전등을 설치할 때 사용하는 타임스위치는 몇 [분] 이내에 소등 되는 것을 시설하여야 하는가?

① 1분 ② 3분
③ 5분 ④ 10분

|정|답|및|해|설|

[점멸기의 시설 (KEC 234.6)]
1. 숙박시설, 호텔, 여관 각 객실 입구등은 1분
2. 거주시설, **일반 주택** 및 아파트 현관등은 **3분**

【정답】 ②

87. 저압 옥측 전선로에서 목조의 조영물에 시설할 수 있는 공사 방법은?

① 금속관공사
② 버스덕트공사
③ 합성수지관공사
④ 케이블공사(무기물 절연(MI) 케이블을 사용하는 경우)

|정|답|및|해|설|

[저압 옥측 전선로의 시설 (KEC 221.2)]

- 애자사용공사(전개된 장소에 한한다)
- 합성수지관공사
- 금속관공사(**목조 이외**의 조영물에 시설하는 경우에 한한다)
- 버스덕트공사[**목조 이외**의 조영물(점검할 수 없는 은폐된 장소를 제외한다)에 시설하는 경우에 한한다]
- 케이블공사(연피 케이블·알루미늄피 케이블 또는 미네럴인슈레이션게이블을 사용하는 경우에는 **목조 이외의** 조영물에 시설하는 경우에 한한다)

*목조에 시설할 수 없는 공사 : 금속관공사, 버스덕트공사, 케이블공사

【정답】 ③

88. 저압 가공전선이 상부 조영재 위쪽에 접근하는 경우 전선과 상부 조영재 간의 간격(이격거리)은 몇 [m] 이상이어야 하는가? 단, 전선은 케이블이라고 한다.

① 0.6　② 0.8　③ 1.0　④ 1.2

|정|답|및|해|설|

[저·고압 가공 전선과 건조물의 접근 (kec 332.11)]

사용전압 부분 공작물의 종류			저압[m]	고압[m]
건조물	**상부 조영재 상방**	일반적인 경우	2	2
		전선이 고압절연전선	1	2
		전선이 케이블인 경우	**1**	1
	기타 조영재 또는 상부조영재의 앞쪽 또는 아래쪽	일반적인 경우	1.2	1.2
		전선이 고압절연전선	0.4	1.2
		전선이 케이블인 경우	0.4	0.4
		사람이 접근 할 수 없도록 시설한 경우	0.8	0.8

【정답】 ③

89. 사용전압이 22,900[V]인 특별고압 가공전선이 건조물 등과 접근 상태로 시설되는 경우 지지물로 A종 철근콘크리트주를 사용하면 그 지지물 간 거리는 몇 [m] 이하 이어야 하는가? (단, 중성선다중접지식으로 전로에 지락이 생겼을 때에 2초 이내에 자동적으로 이를 전로로부터 차단하는 장치가 되어 있다고 한다.)

① 100　② 150　③ 200　④ 250

|정|답|및|해|설|

[25[kV] 이하인 특고압 가공전선로의 시설 (KEC 333.32)] 사용전압이 15[kV] 이하인 특고압 가공전선로(중성선 다중접지식의 것으로서 전로에 지락이 생겼을 때 2초 이내에 자동적으로 이를 전로로부터 차단하는 장치가 되어 있는 것에 한함)는 다음에 따른다.

지지물의 종류	지지물 간 거리
목주 A종 철주 **A종 철근 콘크리트주**	**100[m]**
B종 철주 B종 철근 콘크리트주	150[m]
철탑	400[m]

【정답】 ①

90. 주택의 전기저장장치의 축전지에 접속하는 부하 측 옥내배선을 다음에 따라 시설하는 경우에 주택의 옥내전로의 대지전압은 직류 몇 [V]까지 적용할 수 있는가? (단, 전로에 지락이 생겼을 때 자동적으로 전로를 차단하는 장치를 시설한 경우이다.)

① 150　② 300
③ 400　④ 600

|정|답|및|해|설|

[옥내 전로의 대지전압의 제한 (kec 511.1.3)] 주택에 시설하는 전기저장장치는 이차전지에서 전력변환장치에 이르는 옥내 직류 전로를 다음에 따라 시설하는 경우 옥내전로의 **대지전압은 직류 600[V] 이하**이어야 한다.

1. 전로에 지락이 생겼을 때 자동적으로 전로를 차단하는 장치를 시설할 것
2. 사람이 접촉할 우려가 없는 은폐된 장소에 합성수지관공사, 금속관공사 및 케이블공사에 의하여 시설할 것. 다만, 사람이 접촉할 우려가 있는 장소에 케이블공사에 의하여 시설하는 경우에는 전선에 적당한 방호장치를 시설할 것

|참|고|

[대자전압]

1. 90[%] 이상은 300[V]
2. 예외인 경우
   ① 누설전압이 없는 경우 → 대지전압 150[V]
   ② 전기저장장치, 태양광설비 → 대지전압 직류 600[V]

【정답】 ④

91. 터널 안의 전선로의 저압전선이 그 터널 안의 다른 저압전선(관등회로의 배선은 제외), 약전류전선 등 또는 수관/가스관이나 이와 유사한 것과 접근하거나 교차하는 경우, 저압전선을 애자공사에 의하여 시설하는 때에는 간격이 몇 [cm] 이상이어야 하는가?

① 10　② 15　③ 20　④ 25

|정|답|및|해|설|

[배선설비와 다른 공급설비와의 접근 (kec 232.16.7)] 저압 옥내배선이 다른 저압 옥내배선 또는 관등회로의 배선과 접근하거나 교차하는 경우에 애자사용공사에 의하여 시설하는 저압 옥내배선과 다른 저압 옥내배선 또는 **관등회로의 배선 사이의 간격은 0.1[m]**(애자사용공사에 의하여 시설하는 저압 옥내배선이 나전선인 경우에는 0.3[m]) 이상이어야 한다. 다만, 다음의 어느 하나에 해당하는 경우에는 그러하지 아니하다. 【정답】 ①

|참|고|

※터널 안 수도관, 가스관, 약전류전선과의 간격(이격거리)

- 저압 : 10[cm]　·고압 : 15[cm]
- 특고압 : 60[cm]　·나전선 : 30[cm]

92. 다선식 옥내 배선인 경우 중성선의 색별 표시는?

① 갈색　② 검은색
③ 파란색　④ 녹색-노란색

|문|제|풀|이|

[전선의 식별]

상(문자)	색상
L1	갈색
L2	검은색
L3	회색
N(중성선)	**파란색**
보호도체(접지선)	녹색-노란색 혼용

【정답】 ③

93. 전기울타리용 전원 장치에 전기를 공급하는 전로의 사용전압은 몇 [V] 이하이어야 하는가?

① 150　② 200
③ 250　④ 300

|정|답|및|해|설|

[전기울타리의 시설 (KEC 241.1)]

- 전로의 사용전압은 **250[V] 이하**
- 전기울타리는 사람이 쉽게 출입하지 아니하는 곳에 시설할 것.
- 전선은 인장강도 1.38[kN] 이상의 것 또는 지름 2[mm] 이상의 경동선일 것
- 전선과 이를 지지하는 기둥 사이의 간격은 2.5[cm] 이상일 것
- 전선과 다른 시설물(가공 전선을 제외한다) 또는 수목 사이의 간격은 30[cm] 이상일 것
- 전기울타리에 전기를 공급하는 전로에는 쉽게 개폐할 수 있는 곳에 전용 개폐기를 시설하여야 한다. 【정답】 ③

|참|고|

[사용전압]

1. 대부분의 사용전압은 400[V]
2. 예외인 경우
   ① 전기울타리 사용전압 → 250[V]
   ② 신호등 사용전압 → 300[V]

94. 중성점직접접지식 전로에 연결되는 최대사용전압이 69[kV]인 전로의 절연내력 시험 전압은 최대사용전압의 몇 배인가?

① 1.25　② 0.92
③ 0.72　④ 1.5

|정|답|및|해|설|

[전로의 절연저항 및 절연내력 (KEC 132)]

접지 방식	최대 사용전압	시험 전압(최대 사용전압 배수)	최저 시험 전압
비접지	7[kV] 이하	1.5배	500[V]
	7[kV] 초과	1.25배	10,500[V] (60[kV] 이하)
중성점접지	60[kV] 초과	1.1배	75[kV]
중성점직접접지	**60[kV] 초과 170[kV] 이하**	**0.72배**	
	170[kV] 초과	0.64배	
중성점다중접지	25[kV] 이하	0.92배	500[V] (75[kV] 이하)

【정답】 ③

95. 이동하여 사용하는 전기기계기구의 금속제 외함 등 접지 시스템의 경우 저압 전기설비용 접지도체는 캡타이어케이블 1개 도체에 단면적이 몇 $[mm^2]$ 이상인 것을 사용해야 되는가?

① 1.25 ② 0.92
③ 0.75 ④ 1.5

|정|답|및|해|설|
[접지도체 (KEC 142.3.1)] 이동하여 사용하는 전기기계기구의 금속제 외함의 접지도체는 다음과 같다.
1. 특고압 · 고압 : 단면적이 $10[mm^2]$ 이상
2. **저압 : 0.75$[mm^2]$ 이상**. 다만 다심(연동연선) $1.5[mm^2]$ 이상

【정답】 ③

96. 무효 전력 보상 장치(조상기)의 보호장치로서 내부고장 시에 자동적으로 전로로부터 차단하는 장치를 하여야 하는 무효전력 보상 장치의 용량은 몇 [kVA] 이상인가?

① 5000 ② 7500
③ 10000 ④ 15000

|정|답|및|해|설|
[조상설비의 보호장치 (KEC 351.5)]

설비 종별	뱅크 용량의 구분	자동적으로 전로로부터 차단하는 장치
전력용 커패시터 및 분로리액터	500[kVA] 초과 15,000[kVA] 미만	· 내부에 고장이 생긴 경우 · 과전류가 생긴 경우
	15,000[kVA] 이상	· 내부에 고장이 생긴 경우 · 과전류가 생긴 경우 · 과전압이 생긴 경우
무효 전력 보상 장치 (조상기)	**15,000[kVA] 이상**	**· 내부에 고장이 생긴 경우**

【정답】 ④

97. 급전용 변압기는 교류 전기철도의 경우 어떤 것을 적용하는가?

① 단상 정류기용 변압기
② 단상 스코트결선 변압기
③ 3상 정류기용 변압기
④ 3상 스코트결선 변압기

|정|답|및|해|설|
[전기철도 변전소의 설비 (KEC 421.4)]
1. 변전소 등의 계통을 구성하는 각종 기기는 운용 및 유지보수성, 시공성, 내구성, 효율성, 친환경성, 안전성 및 경제성 등을 종합적으로 고려하여 선정하여야 한다.
2. 급전용변압기는 직류 전기철도의 경우 3상 정류기용 변압기, **교류 전기철도**의 경우 **3상 스코트결선 변압기**의 적용을 원칙으로 하고, 급전계통에 적합하게 선정하여야 한다.

【정답】 ④

98. 가공전선로의 지지물에 하중이 가하여지는 경우에 그 하중을 받는 지지물의 기초의 안전율은 일반적인 경우 얼마 이상이어야 하는가? (단, 이상 시 상정하중은 무관)

① 1.2 ② 1.5
③ 1.8 ④ 2

|정|답|및|해|설|
[가공전선로 지지물의 기초 안전율 (KEC 331.7)] 가공전선로의 지지물에 하중이 가하여지는 경우에 그 하중을 받는 **지지물의 기초 안전율 2 이상**(단, 이상시 상전하중에 대한 철탑의 기초에 대하여는 1.33)이어야 한다.

|참|고|
[안전율]
1.33 : 이상시 상정하중 철탑의 기초
1.5 : 케이블트레이, 안테나
2.0 : 기초 안전율
2.2 : 경동선/내열동 합금선
2.5 : 지지선, ACSD, 기타 전선

【정답】 ④

99. 지중 전선로를 직접 매설식에 의하여 차량 기타 중량물의 압력을 받을 우려가 있는 장소에 시설하는 경우 매설 깊이는 몇 [m] 이상으로 하여야 하는가?

① 0.6 ② 1
③ 1.2 ④ 2

|정|답|및|해|설|
[지중 전선로의 시설 (KEC 334.1)] 전선은 케이블을 사용하고, 또한 관로식, 암거식, 직접 매설식에 의하여 시공한다.
1. 직접 매설식 : 매설 깊이는 **중량물의 압력이 있는 곳은 1.0[m] 이상**, 없는 곳은 0.6[m] 이상으로 한다.
2. 관로식 : 매설 깊이를 1.0 [m]이상, 중량물의 압력을 받을 우려가 없는 곳은 0.6 [m] 이상으로 한다.
3. 암거식 : 지하 구조물 내 케이블 지지대를 설치하고 그 위에 케이블을 부설하는 방식

【정답】 ②

100. 변전소에서 345[kV]급으로 변압기를 옥외에 시설할 때 충전 부분에서 울타리의 높이가 2.5[m]일 때 울타리로부터 충전부분까지의 거리는 얼마인가?

① 8.28　　② 7.28
③ 6.78　　④ 5.78

|정|답|및|해|설|

[특고압용 기계 기구의 시설 (KEC 341.4)] 기계 기구를 지표상 5[m] 이상의 높이에 시설하고 또한 사람이 접촉할 우려가 없도록 시설하는 경우 다음과 같이 시설한다.

사용 전압의 구분	울타리의 높이와 울타리로부터 충전부분까지의 거리의 합계 또는 지표상의 높이
35[kV] 이하	5[m]
35[kV] 초과 160[kV] 이하	6[m]
160[kV] 초과	· 거리=$6+$ 단수 $\times 0.12[m]$ · 단수= $\frac{\text{사용전압}[kV]-160}{10}$ → (단수 계산에서 소수점 이하는 절상)

1. 단수= $\frac{\text{사용전압}[kV]-160}{10}=\frac{345-160}{10}=18.5=19$

2. 거리=$6+$ 단수 $\times 0.12=6+19\times 0.12=8.28[\text{m}]$

→ (거리=울타리의 높이+울타리로부터 충전부분까지의 거리)

∴울타리로부터 충전부분까지의 거리=거리−울타리의 높이
=8.28−2.5=5.78[m]

【정답】 ④

2023년 2회 전기기사 필기 기출문제

2회 2023년 전기기사필기 (전기자기학)

1. 자계의 시간적 변화에 의한 유도기전력이 발생하여 코일에 유도전류가 흐르는 현상을 무엇이라고 하는가?

① 쿨롱의 법칙 ② 가우스의 법칙
③ 패러데이 법칙 ④ 렌츠의 법칙

|정|답|및|해|설|

[패러데이의 법칙] 유기기전력의 크기는 폐회로에 쇄교하는 자속($\varnothing$)의 시간적 변화율에 비례한다. 즉, $e=-N\frac{d\phi}{dt}[V]$

【정답】 ③

|참|고|

① 쿨롱의 법칙 : 두 개의 전하 사이에 작용하는 힘은 전하의 곱한 것에 비례하고 전하간 거리의 제곱에 반비례

$F=\frac{Q_1Q_2}{4\pi\epsilon r^2}[N]$

② 가우스의 법칙 : 점전하에 의한 전계의 세기 $\int E\,ds=\frac{Q}{\epsilon_o}$

여기서, E : 전계, s : 면적, Q : 전하, ϵ_0 : 유전율

④ 렌쯔의 법칙 : 전자 유도에 의해 발생하는 기전력은 자속 변화를 방해하는 방향으로 전류가 발생한다. 이것을 렌쯔의 법칙이라고 한다.

$e=-L\frac{di}{dt}[V]$

2. 단면적 4[cm^2]의 철심에 6×10^{-4}[Wb]의 자속을 통하게 하려면 2,800[AT/m]의 자계가 필요하다. 이 철심의 비투자율은 약 얼마인가?

① 346 ② 375
③ 407 ④ 426

|정|답|및|해|설|

[비투자율] $\mu_s=\frac{\phi}{\mu_0 HS}$ → $(\varnothing=BS=\mu HS=\mu_0\mu_s HS)$

여기서, S : 단면적, $\varnothing$: 자속, H : 자기의 세기, B : 자속밀도

$\therefore \mu_s=\frac{\phi}{\mu_0 HS}=\frac{6\times10^{-4}}{4\pi\times10^{-7}\times2800\times4\times10^{-4}}=426$

→ $(\mu_0=4\pi\times10^{-7})$

【정답】 ④

3. 반사계수가 $\rho=0.8$ 일 때 정재파비 s를 데시벨[dB]로 표시하면?

① $10\log_{10}\frac{1}{9}$ ② $10\log_{10}9$
③ $20\log_{10}\frac{1}{9}$ ④ $20\log_{10}9$

|정|답|및|해|설|

[정재파비] $s=\frac{1+\text{반사계수}(\rho)}{1-\text{반사계수}(\rho)}=20\log_{10}\frac{1+\rho}{1-\rho}[dB]$

1. 정재파비 $s=\frac{1+\text{반사계수}(\rho)}{1-\text{반사계수}(\rho)}=\frac{1+0.8}{1-0.8}=9$
2. 데시벨(dB), 이득(g[dB])으로 수정, $s=20\log_{10}|s|[dB]$

$\therefore$정재파비 $s=20\log_{10}9[dB]$

【정답】 ④

|참|고|

[정재파, 정재파비]

1. 정재파 : 자유 공간에서 전계와 자계는 모든 z에 대하여 90° 의 위상차를 가지고 있으며, 파형은 일정한 점에서 정지한 채로 진행하지 않고 진폭만 시간에 다라 변화하고 있는 것처럼 보이는 데 이러한 파를 정재파(standing wave)라 한다.
2. 정재파비(VSWR : voltage standing wave ratio)

정재파의 최소값과 최대값의 비이다.

정재파비(VSWR) $s=\frac{1+\text{반사계수}}{1-\text{반사계수}}$

정재파비(VSWR) $s=20\log_{10}|s|[dB]$

→ 데시벨(dB)로 물어보면 이득(g[dB])으로 수정해 답한다.

즉, $s=20\log_{10}|s|[dB]$

4. 유전율이 9인 유전체 내 전계의 세기가 100[V/m] 일 때 유전체 내에 저장되는 에너지밀도는 몇 [J/m^3]인가?

① 5.5×10^2 ② 4.5×10^4
③ 9×10^4 ④ 4.5×10^5

|정|답|및|해|설|

[유전체 내에 저장되는 에너지밀도]

$w=\frac{ED}{2}=\frac{1}{2}\epsilon E^2=\frac{1}{2}\frac{D^2}{\epsilon}[J/m^3]$ → $(D=\epsilon E[C/m^2])$

여기서, E : 전계의 세기, D : 전속밀도, ϵ : 유전율

$\epsilon=9$, $E=100[V/m]$이므로

$\therefore w=\frac{1}{2}\epsilon E^2=\frac{1}{2}\times9\times(100)^2=4.5\times10^4[J/m^3]$

【정답】 ②

5. 유전체 A, B의 접합면에 전하가 없을 때, 각 유전체 중 전계의 방향이 그림과 같고 $E_A = 100[\text{V/m}]$이면 E_B는 몇 [V/m]인가?

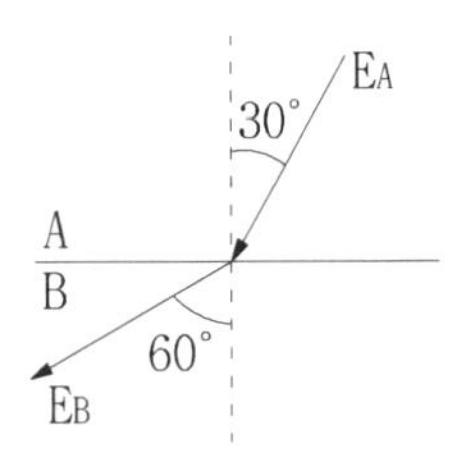

① $\dfrac{100}{3}$　② $\dfrac{100}{\sqrt{3}}$

③ 300　④ $100\sqrt{3}$

|정|답|및|해|설|

[유전체의 경계면에서의 전계(E)]

전계의 접선 성분이 같으므로 $E_A \sin\theta_A = E_B \sin\theta_B$

$$\therefore E_B = \frac{\sin\theta_A}{\sin\theta_B} \cdot E_A = \frac{\sin 30°}{\sin 60°} \times 100 = \frac{\frac{1}{2}}{\frac{\sqrt{3}}{2}} \times 100 = \frac{100}{\sqrt{3}}[V/m]$$

【정답】 ②

|참|고|

[유전체의 경계면에서 경계 조건]

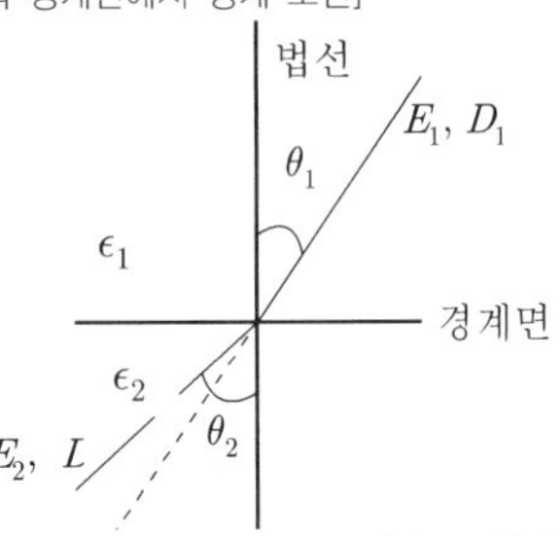

여기서, θ_1, θ_2 : 법선과 이루는 각 (θ_1 : 입사각, θ_2 : 굴절각)

1. 전계 E의 접선성분(수평성분)의 크기는 같다.
   $E_1 \sin\theta_1 = E_2 \sin\theta_2$ → 평행(수평)성분
2. 전속밀도 D의 법선성분(수직성분)의 크기는 같다.
   $D_1 \cos\theta_1 = D_2 \cos\theta_2$ → 수직성분
3. 입사각(θ_1), 굴절각(θ_2)
   유전율의 크기와 굴절각의 크기는 비례
   $\dfrac{\tan\theta_1}{\tan\theta_2} = \dfrac{\varepsilon_1}{\varepsilon_2} \propto \dfrac{\theta_1}{\theta_2}$

6. 유전체에서의 변위전류에 대한 설명으로 옳은 것은?

① 유전체의 굴절률이 2배가 되면 변위전류의 크기도 2배가 된다.

② 변위전류의 크기는 투자율의 값에 비례한다.

③ 변위전류는 자계를 발생시킨다.

④ 전속밀도의 공간적 변화가 변위전류를 발생시킨다.

|정|답|및|해|설|

[변위전류(I_d)] 변위전류는 시간적으로 변화하는 전속밀도에 의한 전류로서 전도전류와 마찬가지로 그 주위에 **회전자계를 발생**시킨다.

$I_d = i_d \times S = \omega \dfrac{\epsilon S}{d} V_m \cos\omega t [A]$ → (변위전류밀도 $i_d = \dfrac{\partial D}{\partial t}$)

※ ④는 전속밀도의 공간적 변화가 아니라 시간적 변화이다.

【정답】 ③

7. 반지름 2$[mm]$의 두 개의 무한히 긴 원통 도체가 중심 간격 2[m]로 진공 중에 평행하게 놓여 있을 때 1[km]당의 정전용량은 약 몇 $[\mu F]$인가?

① $1 \times 10^{-3}[\mu F]$　② $2 \times 10^{-3}[\mu F]$

③ $4 \times 10^{-3}[\mu F]$　④ $6 \times 10^{-3}[\mu F]$

|정|답|및|해|설|

[평행 도체에서 정전용량]

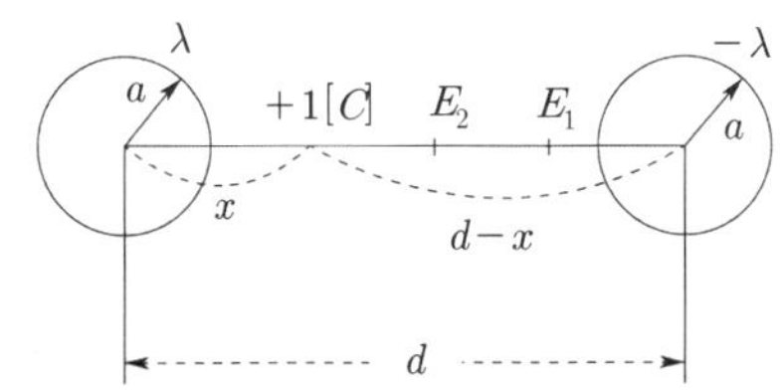

$C = \dfrac{\pi\epsilon_0 l}{\ln\frac{d}{a}}[\mu F]$

여기서, ϵ_0 : 유전율, l : 길이, a : 반지름, d : 거리

$$\therefore C = \frac{\pi\epsilon_0 l}{\ln\frac{d}{a}} = \frac{\pi \times 8.855 \times 10^{-12} \times 10^3}{\ln\frac{2}{2 \times 10^{-3}}} = \frac{\pi \times 8.855 \times 10^{-9} \times 10^3}{\ln 1000} \times 10^{-6}[\mu F] = 4 \times 10^{-3}[\mu F]$$

【정답】 ③

|참|고|

[각 도형의 정전용량]

1. 구 : $C = 4\pi\epsilon a[F]$
2. 동심구 : $C = \dfrac{4\pi\epsilon}{\frac{1}{a} - \frac{1}{b}}[F]$
3. 원주 : $C = \dfrac{2\pi\epsilon l}{\ln\frac{b}{a}}[F]$
4. 평행도선 : $C = \dfrac{\pi\epsilon l}{\ln\frac{d}{b}}[F]$
5. 평판 : $C = \dfrac{Q}{V_0} = \dfrac{\epsilon S}{d} = \dfrac{\epsilon_0\epsilon_s S}{d}[F]$

8. 비투자율이 2,500인 철심의 자속밀도가 5[Wb/m^2]이고 철심의 부피가 4×10^{-6}[m^3]일 때, 이 철심에 저장된 자기에너지는 몇 [J]인가?

① $\frac{1}{\pi}\times 10^{-2}$[J] ② $\frac{3}{\pi}\times 10^{-2}$[J]

③ $\frac{4}{\pi}\times 10^{-2}$[J] ④ $\frac{5}{\pi}\times 10^{-2}$[J]

|정|답|및|해|설|

[철심에 축적된 자기에너지] $W=\frac{B^2}{2\mu}v=\frac{1}{2}\mu H^2 v=\frac{1}{2}HBv[J]$

→ (자속밀도 $B=\mu H[wb/m^2]$)

여기서, v : 부피, H : 자계의 세기, B : 자속밀도, μ : 투자율

$\therefore W=\frac{B^2}{2\mu}v=\frac{B^2}{2\mu_0\mu_r}v[J]$

$=\frac{5^2}{2\times 4\pi\times 10^{-7}\times 2500}\times 4\times 10^{-6}=\frac{5}{\pi}\times 10^{-2}[J]$

→ ($\mu_0=4\pi\times 10^{-7}$)

【정답】 ④

9. 극판 간격 d[m], 면적 S[m^2], 유전율 ϵ[F/m]이고, 정전용량이 C[F]인 평행판 콘덴서에 $v=V_m\sin wt$[V]의 전압을 가할 때의 변위전류[A]는?

① $wCV_m\cos wt$ ② $CV_m\sin wt$

③ $-CV_m\sin wt$ ④ $-wCV_m\cos wt$

|정|답|및|해|설|

[변위전류(I_d)] $I_d=i_d\times S=\omega\frac{\epsilon S}{d}V_m\cos wt=wCV_m\cos wt[A]$

변위전류밀도 $i_d=\frac{\partial D}{\partial t}=\epsilon\frac{\partial E}{\partial t}=\epsilon\frac{\partial}{\partial t}\left(\frac{v}{d}\right)=\frac{\epsilon}{d}\frac{\partial}{\partial t}V_m\sin wt$

$=\omega\frac{\epsilon}{d}V_m\cos wt[A/m^2]$

→ ($C=\frac{\epsilon S}{d}$, $E=\frac{v}{d}$, $D=\epsilon E$)

∴전채 변위전류 $I_d=i_d\times S$

$=\omega\frac{\epsilon S}{d}V_m\cos wt$

$=wCV_m\cos wt[A]$

【정답】 ①

10. 내도체의 반지름이 $\frac{1}{4\pi\epsilon}$[cm], 외도체의 반지름이 $\frac{1}{\pi\epsilon}$[cm]인 동심구 사이를 유전율이 ϵ[F/m]인 매질로 채웠을 때 도체 사이의 정전용량은?

① $\frac{1}{2}$[F] ② 10^{-2}[F]

③ $\frac{3}{4}$[F] ④ $\frac{4}{3}\times 10^{-2}$[F]

|정|답|및|해|설|

[동심구의 정전용량] $C=\frac{4\pi\epsilon}{\frac{1}{a}-\frac{1}{b}}=4\pi\epsilon\frac{ab}{b-a}[F]$

$\therefore C=4\pi\epsilon\frac{ab}{b-a}=4\pi\epsilon\frac{\frac{1}{\pi\epsilon}\times 10^{-2}\times\frac{1}{4\pi\epsilon}\times 10^{-2}}{\frac{1}{\pi\epsilon}\times 10^{-2}-\frac{1}{4\pi\epsilon}\times 10^{-2}}$

$=\frac{4}{3}\times 10^{-2}[F]$

【정답】 ④

11. 무한히 넓은 도체 평면판에 면밀도 $\sigma[C/m^2]$의 전하가 분포되어 있는 경우 전력선은 면에 수직으로 나와 평행하게 발산한다. 이 평면의 전계의 세기는 몇 [V/m]인가?

① $\frac{\sigma}{\epsilon_0}$ ② $\frac{\sigma}{2\epsilon_0}$ ③ $\frac{\sigma}{2\pi\epsilon_0}$ ④ $\frac{\sigma}{4\pi\epsilon_0}$

|정|답|및|해|설|

[무한 평면 대전체의 전계의 세기(E)]

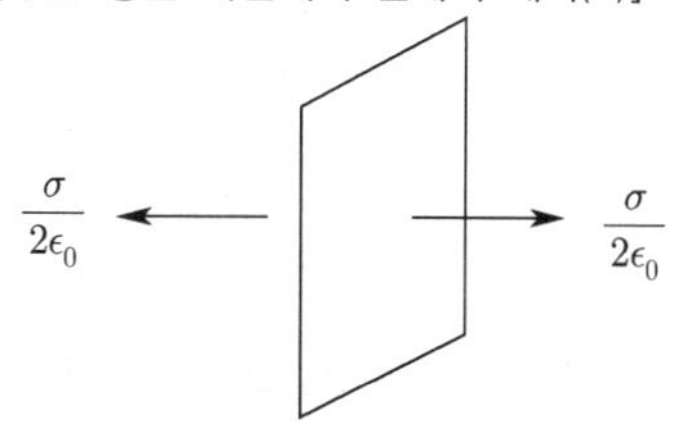

전속밀도 $D=\frac{\sigma}{2}$ → ($D=\epsilon_0 E$)

여기서, σ : 면전하밀도[C/m^2]

∴전계의 세기 $E=\frac{\sigma}{2\epsilon_0}[V/m]$ → (거리와는 무관계)

※면전하(1개의 평면)라고 하면 ①번이 정답, 여기서는 어느 한 면(즉, 두 개의 평면 중 하나)이므로 절반의 전계가 나타난다.

【정답】 ②

12. 1[kV]로 충전된 어떤 콘덴서의 정전에너지가 1[J]일 때, 이 콘덴서의 크기는 몇 [μF]인가?

① 2[μF] ② 4[μF]

③ 6[μF] ④ 8[μF]

|정|답|및|해|설|

[콘덴서의 정전에너지(W)] $W=\frac{1}{2}CV^2=\frac{Q^2}{2C}[J]$

→ (전하 $Q=CV[C]$)

여기서, Q : 전하, V : 전위차, C : 콘덴서용량

∴콘덴서용량 $C=\frac{2W}{V^2}=\frac{2\times 1}{(1\times 10^3)^2}=2\times 10^{-6}[F]=2[\mu F]$

【정답】 ①

13. 면적이 S[m^2]이고 극간의 거리가 d[m]인 평행판 콘덴서에 비유전율 ϵ_s의 유전체를 채울 때 정전용량은 몇 [F]인가? (단, 진공의 유전율은 ϵ_0이다.)

① $\dfrac{2\epsilon_o \epsilon_s S}{d}$　　② $\dfrac{\epsilon_o \epsilon_s S}{\pi d}$

③ $\dfrac{\epsilon_o \epsilon_s S}{d}$　　④ $\dfrac{2\pi\epsilon_o \epsilon_s S}{d}$

|정|답|및|해|설|

[평행판 콘덴서의 정전용량] $C=\dfrac{\epsilon_0\epsilon_s S}{d}[F]$

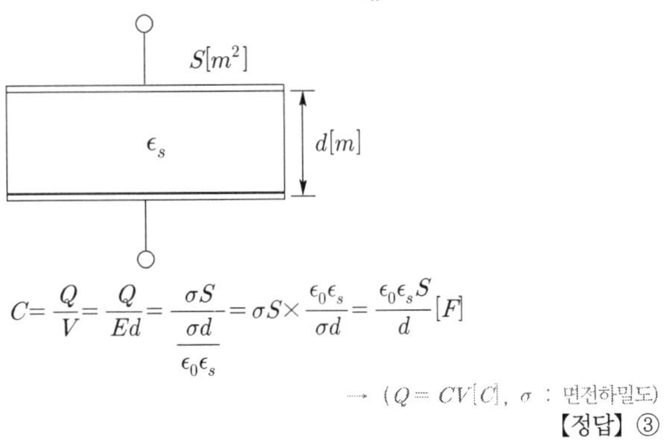

$C=\dfrac{Q}{V}=\dfrac{Q}{Ed}=\dfrac{\sigma S}{\dfrac{\sigma d}{\epsilon_0\epsilon_s}}=\sigma S\times\dfrac{\epsilon_0\epsilon_s}{\sigma d}=\dfrac{\epsilon_0\epsilon_s S}{d}[F]$

→ ($Q=CV[C]$, σ : 면전하밀도)

【정답】 ③

14. 그림과 같이 비투자율이 μ_{s1}, μ_{s2}인 각각 다른 자성체를 접하여 놓고 θ_1을 입사각이라하고, θ_2를 굴절각이라 한다. 경계면에 자하가 없는 경우 미소 폐곡면을 취하여 이곳에 출입하는 자속수를 구하면?

① $\int_l B\cdot ndl=0$

② $\int_s B\cdot nds=0$

③ $\int_s B\cdot dv=0$

④ $\int_s B\cdot n\sin\theta\, ds=0$

|정|답|및|해|설|

[자속]

1. 들어가는 자속 $\varnothing_1$, 나가는 자속 $\varnothing_2$
2. $\sum_{i=1}^{n}\varnothing_i=0$　→ (들어오는 자속의 합과 나가는 자속의 합은 같다.)
3. 자속밀도 $B=\dfrac{\varnothing}{S}[wb/m^2]$
4. $\varnothing=BS=\int_s B\cdot nds=0$

【정답】 ②

15. 진공 중에 반지름에 $\dfrac{1}{50}$[m]인 도체구 A와 내외 반지름이 $\dfrac{1}{25}$[m] 및 $\dfrac{1}{20}$[m]인 도체구 B를 동심(同心)으로 놓고 도체구 A에 $Q_A=4\times10^{-10}$[C] 전하를 대전시키고 도체구 B의 전하를 0으로 했을 때 도체구 A의 전위는 약 몇 [V] 인가?

① 102　　② 122

③ 142　　④ 162

|정|답|및|해|설|

[도체구의 전위(V)] $V=\dfrac{Q}{4\pi\epsilon_0}\left(\dfrac{1}{a}-\dfrac{1}{b}+\dfrac{1}{c}\right)$[V]

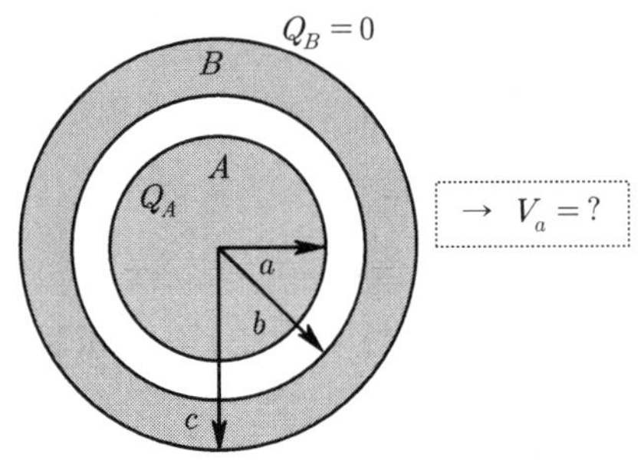

$Q_A=4\times10^{-4}$[C]이므로

$\therefore V_A=\dfrac{Q_A}{4\pi\epsilon_0}\left(\dfrac{1}{a}-\dfrac{1}{b}+\dfrac{1}{c}\right)=\dfrac{4\times10^{-10}}{4\pi\epsilon_0}(50-25+20)=162$[V]

→ ($\epsilon_0=8.855\times10^{-12}$)

【정답】 ④

16. 플레밍의 왼손의 법칙에서 수식 $F=(\vec{I}\times\vec{B})\times l[N]$ 중 F에 대한 설명으로 옳은 것은?

① 발전기 정류자에 가해지는 힘이다.

② 발전기 브러시에 가해지는 힘이다.

③ 전동기 계자극에 가해지는 힘이다.

④ 전동기 전기자에 가해지는 힘이다.

|정|답|및|해|설|

[플레밍의 왼손 법칙에 의한 힘(전자력)]

1. 전동기의 원리　→ (오른손법칙 :발전기의 원리)
2. 자기장과 코일이 직각일 때 전자력 $F=BIl[N]$
3. 자기장과 코일이 직각이 아닌 경우 전자력
   $F=BIl\sin\theta[N]$

여기서, B : 자속밀도$[Wb/m^2]$, I : 도체에 흐르는 전류$[A]$
l : 도체의 길이$[m]$, θ : 자장과 도체가 이르는각

【정답】 ④

17. 규소강판과 같은 자심재료의 히스테리시스 곡선의 특징으로 잘못된 것은?

① 세로축은 자속밀도이다.

② 자화력이 0일 때 세로축과 만나는 점을 잔류자기라 한다.

③ 잔류자기를 0으로 하기 위해서는 반대 방향의 자화력을 가해야 한다.

④ 자화의 경력과 관계없이 자속밀도는 일정하다.

|정|답|및|해|설|

[히스테리시스 곡선]

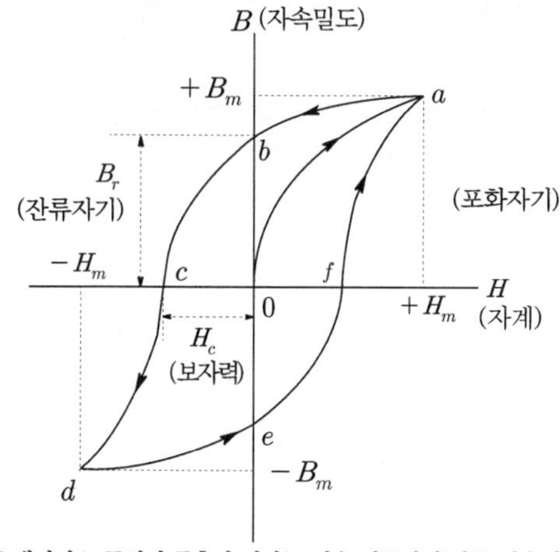

1. 히스테리시스 곡선이 종축과 만나는 점은 잔류자기(잔류 자속밀도(B_r))
2. 히스테리시스 곡선이 횡축과 만나는 점은 보자력(H_c)를 표시한다.
3. 전자석의 재료는 잔류자기가 크고 보자력이 작아야 한다. 즉, 보자력과 히스테리시스 곡선의 면적이 모두 작은 것이 좋다.

【정답】 ④

18. 반지름이 $a[m]$이고 단위길이에 대한 권수가 N인 무한장 솔레노이드의 단위 길이 당 자기인덕턴스는 몇 [H/m]인가?

① $\mu\pi a^2 N^2$　　② $\pi\mu a N$

③ $\frac{aN}{2\mu\pi}$　　④ $4\mu\pi a^2 N^2$

|정|답|및|해|설|

[자기인덕턴스] $L=\frac{N}{I}\varnothing=\frac{N}{I}\cdot\frac{NI}{R_m}=\frac{N^2}{R_m}$

$=\frac{N^2}{\frac{l}{\mu S}}=\frac{\mu SN^2}{l}=\frac{\mu S(Nl)^2}{l}=\mu SN^2 l[H]$

(L : 자기인덕턴스, μ : 투자율, N : 권수, I : 전류[A], S : 단면적[m^2], a : 반지름[m], l : 길이[m], d : 선간거리[m])

∴단위 길이 당 자기인덕턴스 $L_0=\mu SN^2=\mu\pi a^2 N^2[H/m]$

【정답】 ①

19. 대지면에 높이 h로 평행하게 가설된 매우 긴 선전하가 지면으로부터 받는 힘은?

① h에 비례　　② h에 반비례

③ h^2에 비례　　④ h^2에 반비례

|정|답|및|해|설|

[무한 평면과 선전하(직선 도체와 평면 도체 간의 힘)]

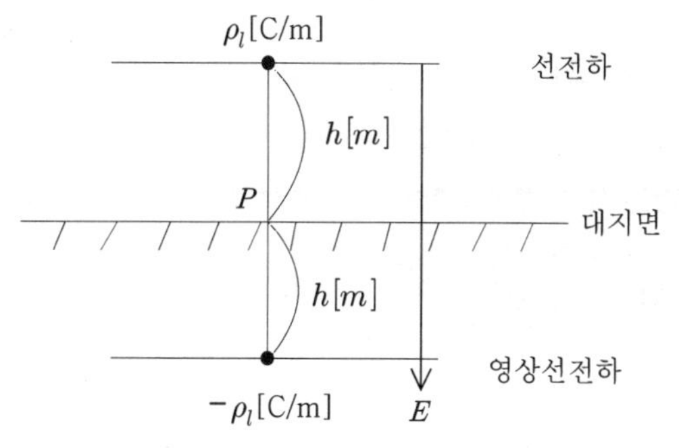

전계의 세기 $E=\frac{\rho_l}{2\pi\epsilon_0 r}=\frac{\rho_l}{2\pi\epsilon_0 2h}=\frac{\rho_l}{4\pi\epsilon_0 h}[V/m]$

힘 $f=-\rho_l E=-\rho_l\cdot\frac{\rho_l}{4\pi\epsilon_0 h}=\frac{-\rho_l^2}{4\pi\epsilon_0 h}[N/m] \propto \frac{1}{h}$

여기서, h[m] : 지상의 높이, $\rho_l[C/m]$: 선전하밀도

【정답】 ②

20. 한변의 길이가 l[m]인 정육각형 도체에 전류 I[A]가 흐르고 있을 때 그 육각형 중심의 자계의 세기는 몇 [A/m]인가?

① $16\pi l I$　　② $4\pi l I$

③ $\frac{\sqrt{3}\pi}{2l}I$　　④ $\frac{\sqrt{3}}{\pi l}I$

|정|답|및|해|설|

[정육각형 중심점의 자계의 세기] $H=\frac{\sqrt{3}I}{\pi l}[AT/m]$

|참|고|

※ 1. 한 변이 l 정삼각형 중심의 자계의 세기 $H=\frac{9I}{2\pi l}$[AT/m]

2. 한 변이 l 정사각형 중심의 자계의 세기

$H=\frac{2\sqrt{2}I}{\pi l}[AT/m]$

【정답】 ④

21. 3상 송전선로의 선간전압이 66[kV], 기준용량이 5000[kVA] 일 때 1선당의 선로 임피던스 100[Ω]을 퍼센트 임피던스로 환산하면 약 몇 [%]인가?

① 11 ② 22
③ 33 ④ 44

|정|답|및|해|설|

[%임피던스법(백분율법) 3상] $\%Z = \frac{P_a \cdot Z}{10V^2}[\%]$

여기서, P_a[kVA] : 3상피상전력

$\therefore \%Z = \frac{P_a \cdot Z}{10V^2} = \frac{500 \times 10}{10 \times 66^2} = 11.4[\%]$ 【정답】 ①

22. 전선의 장력이 1500[kg]일 때, 지지선에 걸리는 장력은 몇 [kgf]인가?

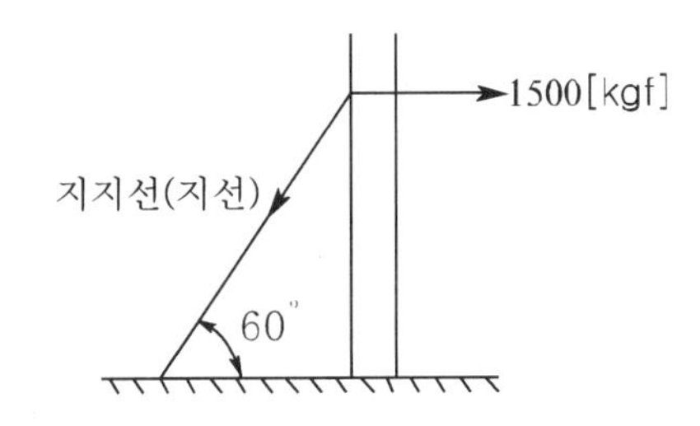

① 750[kgf] ② $750\sqrt{3}$[kgf]
③ 3000[kgf] ④ $\frac{3000}{\sqrt{3}}$[kgf]

|정|답|및|해|설|

[전선의 장력] $T = T_0 \cos\theta$ → (T_0 : 지지선의 장력)

$\therefore T_0 = \frac{T}{\cos 60°} = \frac{1500}{0.5} = 3000[\text{kgf}]$

【정답】 ③

23. 3상 3선식에서 전선 한 가닥에 흐르는 전류는 단상 2선식의 경우의 몇 배가 되는가? (단, 송전전력, 부하역률, 송전거리, 전력 손실 및 선간전압이 같다.)

① $\frac{1}{\sqrt{3}}$ ② $\frac{2}{3}$
③ $\frac{3}{4}$ ④ $\frac{4}{9}$

|정|답|및|해|설|

[송전전력] $P_1 = VI_1\cos\theta$, $P_3 = \sqrt{3}\,VI_3\cos\theta$

문제에서 단상 2선식과 3상 3선식이 같다. 즉, $P_1 = P_3$

$VI_1\cos\theta = \sqrt{3}\,VI_3\cos\theta$ → $\therefore I_3 = \frac{1}{\sqrt{3}}I_1$ 【정답】 ①

24. 터빈은 부하 변동에 대해서 압력과 회전속도를 조정해야 되는데 이를 조정하는 장치는 무엇인가?

① 절탄기 ② 재열기
③ 과열기 ④ 조속기

|정|답|및|해|설|

[조속기] 수차의 속도를 일정하게 유지하면서 출력을 가감하기 위하여 수차의 입력, 즉 유량을 조절하는 장치

|참|고|

[보일러]

① 절탄기(가열기) : 보일러 급수를 보일러로부터 나오는 연도 폐기 가스로 예열하는 장치
② 재열기 : 터빈에서 팽창하여 포화온도에 가깝게 된 증기를 추기하여 다시 보일러에서 처음의 과열 온도에 가깝게까지 온도를 올린다.
③ 과열기 : 보일러에서 발생한 포화증기를 가열하여 증기터빈에 과열증기를 공급하는 장치

【정답】 ④

25. 한류리액터를 사용하는 가장 큰 목적은?

① 충전전류의 제한 ② 접지전류의 제한
③ 누설전류의 제한 ④ 단락전류의 제한

|정|답|및|해|설|

[한류리액터] 한류 리액터는 **단락전류를 경감**시켜서 차단기 용량을 저감시킨다.

|참|고|

[리액터]

1. 소호리액터 : 지락 시 지락전류 제한
2. 병렬(분로)리액터 : 페란티 현상 방지, 충전전류 차단
3. 직렬리액터 : 제5고조파 방지
4. 한류리액터 : 차단기 용량의 경감(단락전류 제한)

【정답】 ④

26. 전력선 a의 충전 전압을 E, 통신선 b의 대지정전용량을 C_b, $a-b$ 사이의 상호 정전용량을 C_{ab}라고 하면 통신선 b의 정전 유도전압 E_s는?

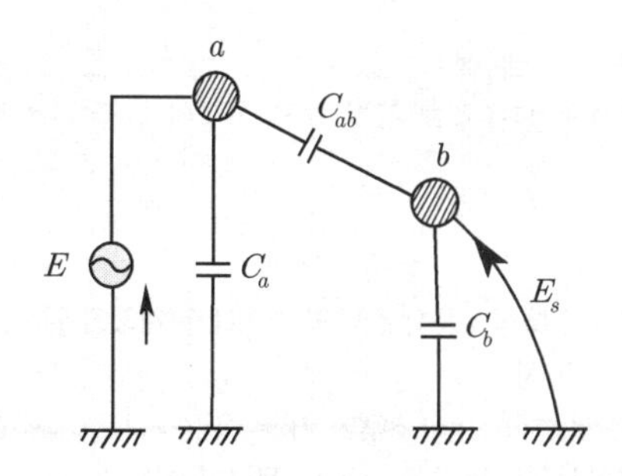

① $\dfrac{C_{ab}+C_b}{C_b}\times E$　② $\dfrac{C_{ab}+C_b}{C_{ab}}\times E$

③ $\dfrac{C_b}{C_{ab}+C_b}\times E$　④ $\dfrac{C_{ab}}{C_{ab}+C_b}\times E$

|정|답|및|해|설|

[정전유도전압] 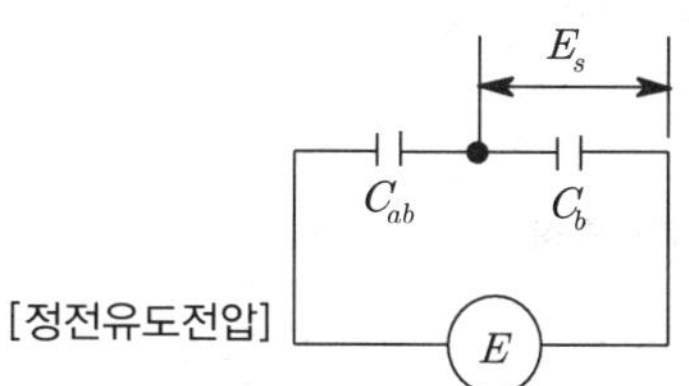

$E_s = \dfrac{C_{ab}}{C_{ab}+C_b}E$[V]

(C_{ab} : 전력선과 통신선 간의 정전용량, C_b : 통신선의 대지 정전용량
E : 전력선의 전위) 【정답】 ④

27. 개폐서지의 이상전압을 감쇄 할 목적으로 설치하는 것은?

① 단로기　② 차단기
③ 리액터　④ 개폐저항기

|정|답|및|해|설|

[개폐저항기] 차단기의 개폐 시에 개폐서지 이상전압이 발생된다. 이것을 낮추고 절연 내력을 높일 수 있게 하기 위해 차단기 접촉자 간의 병렬 임피던스로서 개폐저항기를 삽입한다. 【정답】 ④

28. 단도체에서 작용인덕턴스 공식으로 옳은 것은? 단, r은 도체의 반지름, d는 등가선간거리이다.

① $L = 0.05+0.4605\log_{10}\dfrac{D}{r}$

② $L = \dfrac{0.05}{n}+0.4605\log_{10}\dfrac{D}{r}$

③ $L = 2.5+0.4605\log_{10}\dfrac{D}{r}$

④ $L = \dfrac{2.5}{n}+0.4605\log_{10}\dfrac{D}{r}$

|정|답|및|해|설|

[작용인덕턴스(단도체)] $L = 0.05+0.4605\log_{10}\dfrac{D}{r}$ [mH/km]

|참|고|

[다도체인 경우의 작용인덕턴스]

$L_n = \dfrac{0.05}{n}+0.4605\log_{10}\dfrac{D}{r_e}$[mH/km]

$= \dfrac{0.05}{n}+0.4605\log_{10}\dfrac{D}{\sqrt{rs^{n-1}}}$

→ (등가반지름 $r_e = \sqrt[n]{rs^{n-1}}$)

여기서, n : 복도체수, r : 전선 반지름, s : 소도체간 거리

【정답】 ①

29. 정격전압 7.2[kV], 차단용량 100[MVA]인 3상 차단기의 정격 차단전류는 약 몇 [kA]인가?

① 4[kV]　② 6[kV]
③ 7[kV]　④ 8[kV]

|정|답|및|해|설|

[차단기의 정격차단전류] $I_s = \dfrac{P_s}{\sqrt{3}\,V}[A]$

→ (차단기의 정격차단용량 $P_s = \sqrt{3}\,VI_s$)

∴정격차단전류 $I_s = \dfrac{P_s}{\sqrt{3}\,V} = \dfrac{100\times10^6}{\sqrt{3}\times7.2\times10^3}\times10^{-3} = 8$[kA]

【정답】 ④

30. 송전단전압 161[kV], 수전단전압 154[kV], 상차각 40°, 리액턴스 45[Ω]일 때 선로손실을 무시하면 전송전력은 약 몇 [MW]인가?

① 323[MW]　② 443[MW]
③ 354[MW]　④ 623[MW]

|정|답|및|해|설|

[송전전력] $P = \dfrac{V_sV_r}{X}\sin\theta[W]$

여기서, V_s, V_r : 송·수전단 전압[kV], X : 선로의 리액턴스[Ω]

$\therefore P = \dfrac{V_sV_r}{X}\sin\theta = \dfrac{161[\text{kW}]\times154[\text{kW}]}{45}\sin40° = 354[\text{MW}]$

→ (송전단전압[kV]×수전단전압[kV]=[MV])

【정답】 ③

31. 수용가를 2군으로 나뉘어서 각 군에 변압기 1대씩을 설치하고 각 군 수용가의 총설비 부하용량을 각각 30[kW] 및 20[kW]라 하자. 각 수용가의 수용률을 0.5, 수용가 상호간의 부등률을 1.2, 변압기 상호간의 부등률을 1.3이라 하면 고압 간선에 대한 최대부하는 몇 [kVA]인가? (단, 부하역률은 모두 0.8이라고 한다.)

① 13　　② 16　　③ 20　　④ 25

|정|답|및|해|설|

[최대부하[kVA]] 최대부하= $\frac{\text{총합성최대전력}[kW]}{\text{역률}}[kVA]$

1. 수용가1
   ㉠ 최대전력 =설비용량 × 수용률
   $=30\times0.5=15[kW]$
   ㉡ 합성최대전력 $=\frac{\text{최대전력}}{\text{부등률}}=\frac{15}{1.2}=12.5$
2. 수용가2
   ㉠ 최대전력 =설비용량 × 수용률
   $=20\times0.5=10[kW]$
   ㉡ 합성최대전력 $=\frac{\text{최대 전력}}{\text{부등률}}=\frac{10}{1.2}=8.33$
3. 총합성최대전력$=\frac{\text{최대전력의 합}}{\text{변압기 상호 부등률}}$
   $=\frac{12.5+8.33}{1.3}=16[kW]$
4. 최대부하$=\frac{\text{총합성최대전력}[kW]}{\text{역률}}=\frac{16}{0.8}=20[kVA]$

→ ([kVA]=$\frac{[kW]}{\cos\theta}$, 부하역률 $\cos\theta=0.8$)

【정답】 ③

32. 모선 보호에 사용되는 계전방식이 아닌 것은?

① 위상비교방식
② 선택접지계전방식
③ 방향거리계전방식
④ 전류차동보호방식

|정|답|및|해|설|

[모선 보호 계전 방식] 발전소나 변전소의 모선에 고장이 발생하면 고장 모선을 검출하여 계통으로부터 분리시키는 계전 방식

- 전류차동보호방식
- 전압차동보호방식
- 방향거리계전방식
- 위상비교방식

※ ② 선택접지계전기(SGR)은 지락회선을 선택적으로 차단하기 위해서 사용한다.

【정답】 ②

33. 고장 즉시 동작하는 특성을 갖는 계전기는?

① 순한시계전기　　② 정한시계전기
③ 반한시계전기　　④ 반한시성정한시계전기

|정|답|및|해|설|

[순한시계전기] 최초 동작 전류 이상의 전류가 흐르면 **즉시 동작**

|참|고|

② 정한시 특징 : 동작 전류의 크기에 관계없이 일정한 시간에 동작하는 특징
③ 반한시 특징 : 동작 전류가 커질수록 동작 시간이 짧게 되는 특징
④ 반한시정한시 특징 : 동작 전류가 적은 동안에는 동작 전류가 커질수록 동작 시간이 짧게 되고 어떤 전류 이상이면 동작 전류의 크기에 관계없이 일정한 시간에 동작하는 특성

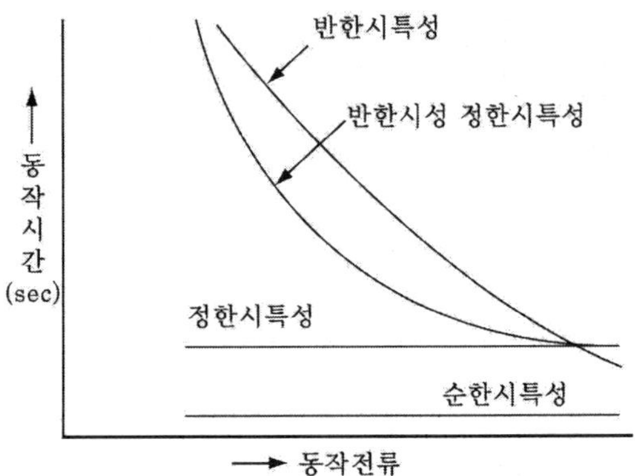

【정답】 ①

34. 다음 중 그 값이 항상 1 이상인 것은?

① 부등률　　② 부하율
② 수용률　　④ 전압강하율

|정|답|및|해|설|

[부등률] 최대 전력의 발생시각 또는 발생시기의 분산을 나타내는 지표, 부등률은 1보다 크다(부등률≥1).

부등률$=\frac{\text{각각의 수용전력의 합}}{\text{합성최대전력}}=\frac{\sum(\text{설비용량}\times\text{수용률})}{\text{합성최대수용전력}}$

※부하율, 수용률 〈 1, 부등률 〉 1

【정답】 ①

35. 그림과 같이 지지점 A, B, C에는 고저차가 없으며, 지지물 간 거리 AB와 BC 사이에 전선이 가설되어, 그 처짐 정도(이도)가 12[cm]이었다. 지금 지지물 간 거리 AC의 중점인 지지점 B에서 전선이 떨어져서 전선의 처짐 정도가 D로 되었다면 D는 몇 [cm]인가? 단, 지지점 B는 A와 C의 중점이며 지지점 B에서 전선이 떨어지기 전·후의 길이는 같다.

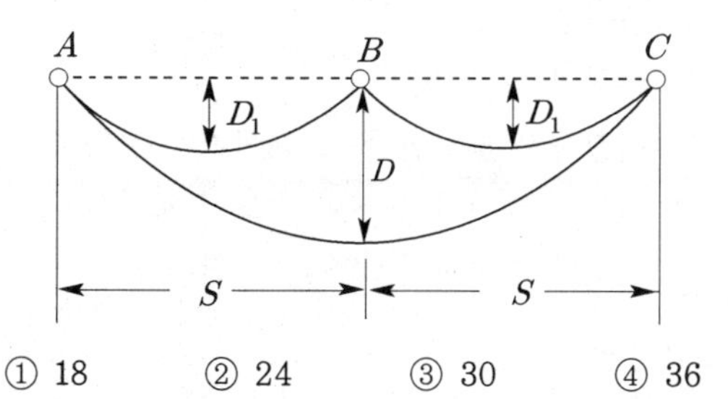

① 18 ② 24 ③ 30 ④ 36

|정|답|및|해|설|

[전선의 실제 길이] $L = S + \frac{8D^2}{3S}$[m]

여기서, S : 지지물 간 거리, D : 처짐 정도(이도)

1. AB, BC구간 전선의 실제 길이를 L_1, AC구간 전선의 실제 길이를 L

2. $2L_1 = L \rightarrow 2\left(S + \frac{8D_1^2}{3S}\right) = 2S + \frac{8D^2}{3 \times 2S}$

→ (전선의 길이는 떨어지기 전과 후가 같아야 하므로)

$\frac{8D^2}{3 \times 2S} = 2\left(S + \frac{8D_1^2}{3S}\right) - 2S = \frac{2 \times 8D_1^2}{3S}$

$\frac{8D^2}{3 \times 2S} = \frac{2 \times 8D_1^2}{3S} \rightarrow D^2 = 4D_1^2$

$\therefore D = \sqrt{4D_1^2} = 2D_1 = 2 \times 12 = 24$[cm]

|참|고|

[다른 방법]

양쪽의 처짐 정도가 같을 경우 한쪽의 처짐 정도에 2배를 한다.

즉, $d = 12 \times 2 = 24$[cm] 【정답】 ②

36. 전력계통에서 사용되고 있는 GCB(Gas Circuit Breaker)용 가스는?

① N_2가스 ② SF_6가스

③ 알곤 가스 ④ 네온 가스

|정|답|및|해|설|

[SF_6] SF_6 가스는 안정도가 높고 무색, 무독, 무취의 불활성 기체이며 절연 내력은 공기의 약 3배이고, 10기압 정도로 압축하면 공기의 10배 정도 절연내력을 가지므로 실용화 된 가스로서 널리 쓰인다. 【정답】 ②

37. 부하역률이 $\cos\phi$인 배전선로의 전력손실은 같은 크기의 부하전력에서 역률 1일 때의 전력손실과 비교하면 몇 배인가?

① $\cos^2\phi$ ② $\cos\phi$

③ $\frac{1}{\cos\phi}$ ④ $\frac{1}{\cos^2\phi}$

|정|답|및|해|설|

[전력손실(3상)] $P_l = 3I^2R = \frac{P^2R}{V^2\cos^2\varnothing} \times 10^6$[W]

→ (3상부하의 전력 $P = \sqrt{3}\,VI\cos\varnothing$ [W])

1. $P_l = \frac{P^2R}{V^2\cos^2\varnothing} \times 10^3$[kW]

2. 역률 1일 때의 전력손실 → $P_{l_1} = \frac{P^2R}{V^2} \times 10^3$[kW]

$\therefore \frac{P_l}{P_{l1}} = \frac{\frac{P^2R}{V^2\cos^2\varnothing} \times 10^3}{\frac{P^2R}{V^2} \times 10^3} = \frac{1}{\cos^2\varnothing}$ 【정답】 ④

38. 송전단 전압 3,300[V이고 1,000[kW]의 뒤진 역률 0.8의 부하가 있을 때 전압강하는 300[V] 이하로 하기 위한 1선당 저항은 몇 [Ω]인가? 단, 선로의 리액턴스는 무시한다.

① 0.5 ② 0.6

③ 0.7 ④ 0.9

|정|답|및|해|설|

[전압강하(3상3선식)] $e = \frac{P}{V_r}(R + X\tan\theta)$[V] → $(e \propto \frac{1}{V_r})$

여기서, V_s : 송전단 전압, X : 선로리액턴스($X = 2\pi fL$)

V_r : 수전단 전압, R : 선로전항[Ω], P : 송전전력

1. $e = \frac{P}{V_r}R$[V] → (리액턴스(X) 무시)

2. 저항 $R = \frac{e \times V_r}{P} = \frac{300 \times 3000}{1000 \times 10^3} = 0.9$[Ω] → ($V_r = V_s - e$)

【정답】 ④

39. 송전선로의 안정도 향상 대책과 관계가 없는 것은?

① 속응여자방식 채용

② 재연결(재폐로)방식의 채용

③ 리액턴스 감소

④ 역률의 신속한 조정

|정|답|및|해|설|

[안정도 향상대책]

1. 리액턴스의 값을 적게 한다.
   - ·복도체(다도체) 채용 ·회선수 증가
   - ·직렬콘덴서 삽입 ·리액턴스가 작은 기기 채용
2. 전압변동을 작게
   - ·분로리액터(페란티 효과 방지)
   - ·단락비 크게
3. 계통 충격 줄임
   - ·고속도 재폐로 방식 ·고속차단기 설치
   - ·속응여자 방식 ·계통연계

【정답】 ④

40. 이상전압에 대한 방호장치가 아닌 것은?

① 피뢰기 ② 가공지선

③ 방전코일 ④ 서지흡수기

|정|답|및|해|설|

[이상전압에 대한 방호] 피뢰기[LA], 서지흡수기[SA], 가공지선

※방전코일 : 콘덴서 개방 시에 **잔류전하를 방전**하여 인체를 감전 사고로부터 보호하는 것이 목적 【정답】 ③

2회 2023년 전기기사필기 (전기기기)

41. 직류기의 전기자 반작용에 의한 영향이 아닌 것은?

① 자속이 감소하므로 유기기전력이 감소한다.

② 발전기의 경우 회전방향으로 기하학적 중성축이 형성된다.

③ 전동기의 경우 회전방향과 반대방향으로 기하학적 중성축이 형성된다.

④ 브러시에 의해 단락된 코일에는 기전력이 발생하므로 브러시 사이의 유기기전력이 증가한다.

|정|답|및|해|설|

[전기자 반작용] 전기자 반작용은 자속의 감자로 **유기기전력의 감소**가 되는 현상이다

1. 감자작용 : 주자속의 감소
   (발전기 : 유기기전력 감소, 전동기 : 토크 감소, 속도 증가)
2. 편자작용 : 전기적 중성축 이동
   (발전기 : 회전방향, 전동기 : 회전 반대 방향)
3. 방지대책 : 보상권선

※④ 브러시에 의해 단락된 코일에는 역기전력이 발생한다.

【정답】 ④

42. 직류직권전동기에서 벨트를 걸고 운전하면 안 되는 이유는?

① 손실이 많아진다.

② 직결하지 않으면 속도 제어가 곤란하다.

③ 벨트가 벗어지면 위험 속도에 도달한다.

④ 벨트가 마모하여 보수가 곤란하다.

|정|답|및|해|설|

[직류 직권전동기] 계자와 전기자가 직렬로 연결

1. 전기자전력=계자전류=부하전류($I_a = I_f = I$)
2. 벨트가 벗겨진다. → 무부하상태, $I_a = I_f = I = 0$ → $\varnothing = 0$
3. 회전속도 $n = K\dfrac{V - I_a(R_a + R_s)}{\varnothing}$[rps]

→ 자속($\varnothing$)이 한 없이 작아지므로 위험속도에 도달할 수도 있다. 따라서 직류 직권전동기로 다른 기계를 운전하려면 반드시 직결 하거나 기어를 사용하여야 한다.

【정답】 ③

43. 외분권 차동복권발전기의 단자전압 V는? (단, $\varnothing_s$[Wb] : 직권계자권선에 의한 자속, $\varnothing_f$[Wb] : 분권계자의 자속, $R_a[\Omega]$: 전기자의 저항, $R_s[\Omega]$: 직권계자저항, I_a[A] : 전기자의 전류, I[A] : 부하전류, n[rps] : 속도, $k = \dfrac{pz}{a}$ 이며 자기회로의 포화현상과 전기자반작용은 무시한다.)

① $V = k(\varnothing_f + \varnothing_s)n - I_aR_a - IR_s$[V]

② $V = k(\varnothing_f - \varnothing_s)n - I_aR_a - IR_s$[V]

③ $V = k(\varnothing_f + \varnothing_s)n - I_a(R_a + R_s)$[V]

④ $V = k(\varnothing_f - \varnothing_s)n - I_a(R_a + R_s)$[V]

|정|답|및|해|설|

[단자전압] $V = E - I_a(R_a + R_s)$[V]

발전기 이므로 $V = K\phi N - I_a(R_a + R_s)$

차동복권은 $\phi = \phi_f - \phi_s$ 이고 외분권이므로 $I_a(R_a + R_s)$

$\therefore V = K(\phi_f - \phi_s)n - I_a(R_a + R_s)$[V] 【정답】 ④

44. 리액터가 기동방식에 리액터 대신에 저항기를 사용한 것으로서 전동기의 전원 측에 직렬로 저항을 접속하고 전원전압을 낮게 감압하여 기동한 후에 서서히 저항을 감소시켜 가속하고, 전속도에 도달하면 이를 단락하는 방법에 해당 되는 것은?

① 직입 기동방식
② Y-△기동
③ 1차 저항 기동방식
④ 기동보상기에 의한 기동

|정|답|및|해|설|

[1차 저항기동방식] 전원 측에 직렬로 저항을 삽입하고 운전 중에는 이를 단락하는 방식이다.

|참|고|

[전동기 기동방법]

1. 직입기동 방식 : 전부하에서 전전압을 바로 인가하는 모터 기동방식이다. 직입기동은 보통 전자접촉기(MC)을 사용하여 기동한다.
2. Y-△ 기동 : 기동 시 Y로 기동, 운전 시에는 △로 운전, 기동할 때 선간전압 V_1은 정격전압의 $1/\sqrt{3}$이므로 △결선으로 기동 시에 비해 기동전류는 1/3이 되고 기동토크도 1/3으로 감소한다.
3. 기동보상기에 의한 기동 : 3상 단권변압기를 이용하여 기동전압을 감소시킴으로써 기동전류를 제한하도록 한 기동 방식
4. 리액터 기동 : 전동기의 단자 사이에 리액터를 삽입해서 기동하고, 기동 완료 후에 리액터를 단락하는 방법
5. 콘도로퍼법 : 기동보상기법과 리액터기동 방식을 혼합한 방식

【정답】 ③

45. 동기발전기에서 제5고조파를 제거하기 위해서는 (β=코일피치/극피치)가 얼마 되는 단절권으로 해야 하는가?

① 0.9 ② 0.8
③ 0.7 ④ 0.6

|정|답|및|해|설|

[단절권계수] 제n고조파에 대한 단절권계수(n=5일 때)

$K_{pn}=\sin\frac{n\beta\pi}{2}<1$ → ($\beta=\frac{\text{권선피치(간격)}}{\text{자극피치(간격)}}$)

제5고조파를 제거하기 위해 단절계수 $k_{p5}=0$ → $(n=5)$

$K_{p5}=\sin\frac{5\beta\pi}{2}=0$에서 → $\frac{5\beta\times\pi}{2}$: 0, π, 2π........

· $\frac{5\beta\pi}{2}=0 \rightarrow \beta=0$

· $\frac{5\beta\pi}{2}=\pi \rightarrow \beta=\frac{2}{5}=0.4$

· $\frac{5\beta\pi}{2}=2\pi \rightarrow \beta=\frac{4}{5}=0.8$

이 중 1보다 작으면서 1에 가장 가까운 $\beta=0.8$이 적당하다.

【정답】 ②

46. 단상 변압기가 있다. 전부하에서 2차전압은 115[V]이고, 전압변동률은 2[%]이다. 1차단자전압을 구하여라. (단, 1차권선과 2차권선의 권선비는 20 : 1이다.)

① 2346[V] ② 2326[V]
③ 2356[V] ④ 2336[V]

|정|답|및|해|설|

[전압변동률] $\delta=\frac{V_o-V_n}{V_n}\times 100$

여기서, V_o : 무부하시 단자전압, V_n : 정격전압

1. 무부하시 2차단자전압 : $V_{20}=\left(1+\frac{\delta}{100}\right)\cdot V_{2n}$
2. 무부하시 1차단자전압 : $V_{10}=V_{1n}\left(1+\frac{\delta}{100}\right)$

$=aV_{2n}\left(1+\frac{\delta}{100}\right)$

$=20\times 115\times\left(1+\frac{2}{100}\right)=2346[V]$

→ (권수비 $a=\frac{V_{1n}}{V_{2n}}$)

※권수비 $a=\frac{E_1}{E_2}=\frac{N_1}{N_2}=\frac{I_2}{I_1}$

【정답】 ①

47. 동기발전기의 단락비를 계산하는 데 필요한 시험은?

① 부하시험과 돌발단락시험
② 단상 단락시험과 3상 단락시험
③ 무부하포화시험과 3상 단락시험
④ 정상, 영상리액턴스의 측정시험

|정|답|및|해|설|

[단락비(K_s)] 동기발전기에 있어서 정격속도에서 무부하 정격 전압을 발생시키는 여자전류와 단락 시에 정격전류를 흘려 얻는 여자전류와의 비

단락비 $K_s=\frac{I_{f1}}{I_{f2}}=\frac{I_s}{I_n}=\frac{1}{\%Z_s}\times 100$

여기서, I_{f1} : **무부하**시 정격전압을 유지하는데 필요한 여자전류

I_{f2} : **3상단락**시 정격전류와 같은 단락 전류를 흐르게 하는데 필요한 여자전류

I_n : 한 상의 정격전류

I_s : 단락전류

|참|고|

[동기 발전기 시험]

시험의 종류	산출 되는 항목
무부하시험	철손, 기계손, 단락비, 여자전류
단락시험	동기임피던스, 동기리액턴스, 단락비, 임피던스 와트, 임피던스 전압

【정답】 ③

48. A, B 2대의 동기발전기를 병렬 운전 중 계통주파수를 바꾸지 않고 B기의 역률을 좋게 하는 것은?

① A기의 여자전류를 증대
② A기의 원동기 출력을 증대
③ B기의 여자전류를 증대
④ B기의 원동기 출력을 증대

|정|답|및|해|설|

[동기발전기 병렬운전 중 여자전류의 변화에 따른 특성의 변화]
1. 동기발전기 **A의 여자전류를 증가**시키면 무효전류, 무효전력이 증가하여 역률이 나빠지게 되고, 발전기 B는 무효분이 감소되어 **역률이 좋아 진다**.
2. 무효전력의 변화이므로 출력의 변화는 일어나지 않는다.

【정답】 ①

49. 100[HP], 600[V], 1200[rpm]의 직류 분권전동기가 있다. 분권계자저항이 400[Ω], 전기자저항이 0.22[Ω]이고 정격부하에서의 효율이 90[%] 일 때 전부하시의 역기전력은 약 몇 [V]인가?

① 550[V] ② 570[V]
③ 590[V] ④ 610[V]

|정|답|및|해|설|

[분권전동기의 역기전력] $E_c = V - I_a R_a = V - (I - I_f) R_a$
여기서, E_c : 역기전력, I_a : 전기자전류, R_a : 전기자저항
I : 부하전류, I_f : 계자전류

1. 전부하전류 $I = \frac{P_i}{V} = \frac{100 \times 746}{600 \times 0.9} = 138[A]$
→ (1[Hp]=746[W])
2. 계자전류 $I_f = \frac{V}{R_f} = \frac{600}{400} = 1.5[A]$
3. 전기자전류 $I_a = I - I_f = 138 - 1.5 = 136.5[A]$
→ $(I = I_a + I_f)$

∴전부하시의 역기전력 E_c
$E_c = V - I_a R_a = 600 - 136.5 \times 0.22 \fallingdotseq 570[V]$

【정답】 ②

50. 변압기의 전일효율이 최대가 되는 조건은?

① 하루 중의 무부하손의 합 = 하루 중의 부하손의 합
② 하루 중의 무부하손의 합 〈 하루 중의 부하손의 합
③ 하루 중의 무부하손의 합 〉 하루 중의 부하손의 합
④ 하루 중의 무부하손의 합 = 2× 하루 중의 부하손의 합

|정|답|및|해|설|

[변압기의 전일효율] $\eta_r = \frac{1일중\ 출력전력량}{1일중\ 입력전력량} \times 100$

전일효율이 최대가 되려면, 철손=동손 $(24P_i = \sum hP_c)$일 때이다. 다시 말해, 하루 중의 **무부하손의 합과 하루 중의 부하손의 합이 같아야 한다**.

【정답】 ①

51. 변압기 내부 고장 검출을 위해 사용하는 계전기가 아닌 것은?

① 과전압계전기
② 비율차동계전기
③ 부흐홀츠계전기
④ 충격압력계전기

|정|답|및|해|설|

[변압기 내부고장 검출용 보호 계전기]
1. 차동계전기(비율차동 계전기) : 단락고장(사고) 시 검출
2. 압력계전기
3. 부흐홀츠계전기 : 아크방전사고 시 검출
4. 가스검출계전기

※① 과전압계전기 : 일정 값 이상의 전압이 걸렸을 때 동작

【정답】 ①

52. 정격용량 100[kVA]인 단상 변압기 3대를 △－△ 결선하여 300[kVA]의 3상 출력을 얻고 있다. 한 상에 고장이 발생하여 결선을 V결선으로 하는 경우 a) 뱅크용량[kVA], b) 각 변압기의 출력[kVA]은?

① a) 253, b) 126.5
② a) 200, b) 100
③ a) 173, b) 86.6
④ a) 152, b) 75.6

|정|답|및|해|설|

[뱅크용량] $P_V = \sqrt{3} P_1 = \sqrt{3} \times 100 = 173.2[kVA]$
여기서, P_1 : 단상변압기 한 대의 출력
[각 변압기 출력] $P_1 = \frac{P_V}{2} = \frac{173.2}{2} = 86.6[kVA]$

【정답】 ③

53. 단상 유도전압조정기 2차 전압이 100±30[V]이고, 직렬권선의 전류(2차전류)가 5[A]인 경우의 정격출력은 몇 [kVA]인가?

① 0.1[kVA] ② 0.15[kVA]
③ 0.26[kVA] ④ 0.45[kVA]

|정|답|및|해|설|

[단상 유도전압 조정기의 정격출력] $P=$부하용량$\times\frac{\text{승압 전압}}{\text{고압측 전압}}$

$\therefore P=$부하용량$\times\frac{\text{승압 전압}}{\text{고압측 전압}}$

$=130\times5\times\frac{30}{130}\times10^{-3}=0.15[\text{kVA}]$

→(30[V] 만큼 전압을 조정을 할 수 있으므로, 2차측(고압측) 전압은 130[V] 이다.)

【정답】 ②

54. 단상 반파의 정류효율은?

① $\frac{4}{\pi^2}\times100[\%]$ ② $\frac{\pi^2}{4}\times100[\%]$
③ $\frac{8}{\pi^2}\times100[\%]$ ④ $\frac{\pi^2}{8}\times100[\%]$

|정|답|및|해|설|

[정류효율] $\eta=\frac{P_{DC}}{P_{AC}}=\frac{\left(\frac{I_m}{\pi}\right)^2R_L}{\left(\frac{I_m}{2}\right)^2R_L}\times100=\frac{4}{\pi^2}\times100=40.6[\%]$

여기서, P_{DC} : 직류 출력전류, P_{AC} : 교류 입력전류

【정답】 ①

|참|고|

[각 정류 회로의 특성]

정류 종류	단상 반파	단상 전파	3상 반파	3상 전파
맥동률[%]	121	48	17.7	4.04
정류효율	40.6	81.1	96.7	99.8
맥동주파수	f	$2f$	$3f$	$6f$

55. 2중 농형유도전동기가 보통 농형유도전동기에 비해서 다른 점은 무엇인가?

① 기동전류가 크고, 기동토크도 크다.
② 기동전류가 적고, 기동토크도 적다.
③ 기동전류가 적고, 기동토크는 크다.
④ 기동전류가 크고, 기동토크는 적다.

|정|답|및|해|설|

[2중 농형유도전동기]
- 기동전류가 작다.
- 기동토크가 크다.
- 열이 많이 발생하여 효율은 낮다.

【정답】 ③

56. 어떤 변압기의 전압변동률은 부하역률이 100[%]일 때 전압변동률을 측정했더니 2[%]였다. 부하역률이 80[%]일 때 전압변동률을 측정했더니 3[%]였다. 이 변압기의 최대 전압변동률은 몇 [%]인가?

① 3.1 ② 3.6
③ 4.8 ④ 5.0

|정|답|및|해|설|

[최대 전압변동률] $\epsilon_{\max}=\sqrt{p^2+q^2}$

→ (p : %저항강하, q : %리액턴스강하)

전압변동률 $\epsilon=p\cos\theta+q\sin\theta$

1. $\epsilon=p\cos\theta+q\sin\theta\rightarrow2=p\times1+q\times0\rightarrow p=2$
2. $\epsilon=p\cos\theta+q\sin\theta\rightarrow3=2\times0.8+q\times0.6\rightarrow q=2.33$

→ ($\sin\theta=\sqrt{1-\cos^2\theta}$)

3. $\epsilon_{\max}=\sqrt{p^2+q^2}=\sqrt{2^2+2.33^2}=3.1[\%]$

【정답】 ①

57. 3상 유도전동기 원선도 작성에 필요한 시험이 아닌 것은?

① 저항측정 ② 슬립측정
③ 무부하시험 ④ 구속시험

|정|답|및|해|설|

[원선도 작성 시 필요한 시험]
1. 저항측정시험, 2. 구속시험, 3. 무부하(개방)시험

【정답】 ②

58. 직류 발전기에서 양호한 정류를 얻기 위한 방법이 아닌 것은?

① 보상권선을 설치한다.
② 보극을 설치한다.
③ 브러시의 접촉저항을 크게 한다.
④ 리액턴스 전압을 크게 한다.

|정|답|및|해|설|

[불꽃없는 정류를 하려면] $e = L\frac{2I_c}{T_c}[V]$

→ (L : 인덕턴스, T_c : 정류주기)

전압 e가 크면 클수록 전압이 불량, 즉 불꽃이 발생한다.
· **리액턴스 전압**이 **낮아야 한다**.
· 정류주기가 길어야 한다.
· 브러시의 접촉저항이 커야한다 (탄소 브러시 사용)
· 보극, 보상권선을 설치한다. 【정답】 ④

59. 저항 부하인 사이리스터 단상 반파 정류기로 위상 제어를 할 경우 점호각 0° 에서 60° 로 하면 다른 조건이 동일한 경우 출력 평균전압은 몇 배가 되는가?

① 3/4 ② 4/3
③ 3/2 ④ 2/3

|정|답|및|해|설|

[단상반파 정류 평균전압] $E_d = \frac{1+\cos\alpha}{\sqrt{2}\pi}E[V]$

· 점호각이 0° 일 때 $E_d = \frac{1+\cos 0^\circ}{\sqrt{2}\pi}E = \frac{2}{\sqrt{2}\pi}E$

· 점호각이 60° 일 때 $E_d' = \frac{1+\cos 60^\circ}{\sqrt{2}\pi}E = \frac{1.5}{\sqrt{2}\pi}E$

$\therefore \frac{E_d'}{E_d} = \frac{\frac{1.5E}{\sqrt{2}\pi}}{\frac{2E}{\sqrt{2}\pi}} = \frac{3}{4}$ 【정답】 ①

60. 사이리스터의 래칭 (Latching) 전류에 관환 설명으로 옳은 것은?

① 게이트를 개방한 상태에서 사이리스터 도통 상태를 유지하기 위한 최소 전류
② 게이트 전압을 인가한 후에 급히 제거한 상태에서 도통 상태가 유지되는 최소의 순전류
③ 사이리스터의 게이트를 개방한 상태에서 전압이 상승하면 급히 증가하게 되는 순전류
④ 사이리스터가 턴온하기 시작하는 전류

|정|답|및|해|설|

[래칭전류와 유지전류]
1. 사이리스터를 확실하게 **턴온시키기 위해 필요한 최소한의 순전류**를 래칭전류라 하고, 게이트가 개방되어 도통되고 있는 상태를 유지하기 위해 최소의 순전류를 유지전류라고 한다.
2. 래칭전류와 유지전류 구별이 중요하다. 래칭전류는 도통 상태, 즉 전류가 급증하기 시작하는 전류 최소이고 ①과 같이 도통 상태를 유지하기 위한 최소 전류가 유지전류이다. 래칭전류가 조금 크다.

【정답】 ④

2회 2023년 전기기사필기(회로이론 및 제어공학)

61. 2단자 임피던스 함수 $Z(s) = \frac{(s+3)}{(s+3)(s+5)}$ 일 때의 영점은?

① 4, 5 ② −4, −5
③ 3 ④ −3

|정|답|및|해|설|

[극점과 영점]
1. 영점 : 분자가 0 → $(s+3)=0$ → $s=-3$
2. 극점 : $Z(s)=\infty$ → (분모가 0인 경우)
$(s+3)(s+5)=0$ → $s=-3, -5$ 【정답】 ④

62. 대칭 n상에서 선전류와 상전류 사이의 위상차[rad]는 어떻게 되는가?

① $\frac{n}{2}(1-\frac{\pi}{2})$ ② $\frac{\pi}{2}(1-\frac{n}{2})$
③ $2(1-\frac{\pi}{n})$ ④ $\frac{\pi}{2}(1-\frac{2}{n})$

|정|답|및|해|설|

[환상결선] 대칭 n상에서 선전류는 상전류보다 $\frac{\pi}{2}\left(1-\frac{2}{n}\right)$[rad]만큼 위상이 뒤진다.

3상 $30^\circ = \frac{\pi}{6}$, 6상 $60^\circ = \frac{\pi}{3}$ 【정답】 ④

63. 대칭좌표법에서 불평형률을 나타내는 것은?

① $\frac{영상분}{정상분}\times 100$　② $\frac{정상분}{역상분}\times 100$

③ $\frac{정상분}{영상분}\times 100$　④ $\frac{역상분}{정상분}\times 100$

|정|답|및|해|설|

[불평형률] 불평형 회로의 전압과 전류에는 반드시 정상분, 역상분, 영상분이 존재한다. 따라서 회로의 불평형 정도를 나타내는 척도로서 불평형률이 사용된다.

$$불평형률 = \frac{역상분}{정상분}\times 100[\%]$$

$$= \frac{V_2}{V_1}\times 100\ [\%] = \frac{I_2}{I_1}\times 100[\%]$$

【정답】 ④

64. 그림과 같은 RLC 회로에서 입력 전압 $e_i(t)$, 출력 전류가 $i(t)$인 경우 이 회로의 전달함수 $I(s)/E_i(s)$는? (단, 모든 초기 조건은 0 이다.)

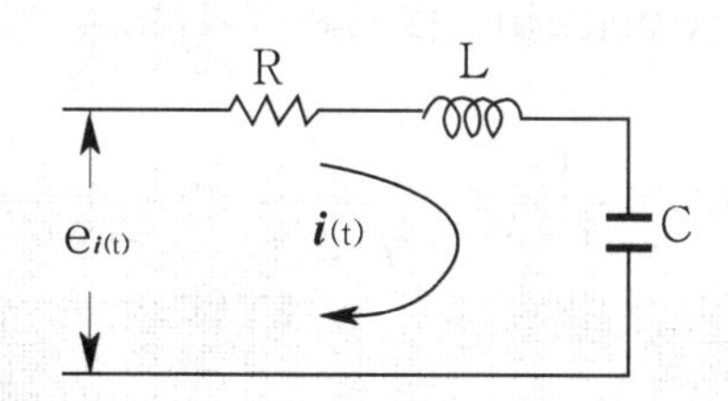

① $\frac{Cs}{RCs^2+LCs+1}$　② $\frac{1}{RCs^2+LCs+1}$

③ $\frac{Cs}{LCs^2+RCs+1}$　④ $\frac{1}{LCs^2+RCs+1}$

|정|답|및|해|설|

[전달함수] $G(s)=\frac{I(s)}{E_i(s)}=Y(s)=\frac{1}{Z(s)}$

→ ($Y(s)$: 어드미턴스, 즉 전압에 대한 전류의 비)

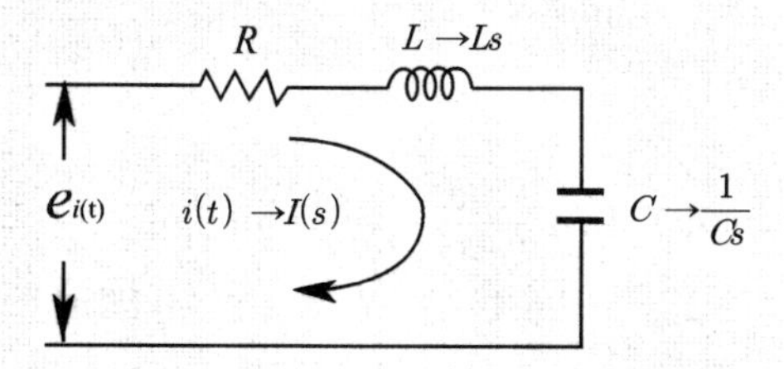

입력전압 $e_i(t)=Ri(t)+L\frac{d}{dt}i(t)+\frac{1}{C}\int i(t)dt[V]$일 때

$E_i(s)=RI(s)+LsI(s)+\frac{1}{Cs}I(s)$

∴전달함수 $G(s)=\frac{I(s)}{E_i(s)}$

$$=\frac{I(s)}{RI(s)+LsI(s)+\frac{1}{Cs}I(s)}=\frac{1}{R+Ls+\frac{1}{Cs}}$$

$$=\frac{1}{\frac{RCs+LCs^2+1}{Cs}}=\frac{Cs}{LCs^2+RCs+1}$$

【정답】 ③

65. RL 직렬회로에 직류전압 5[V]를 $t=0$에서 인가하였더니 $i(t)=50(1-e^{-20\times 10^{-3}t})[mA](t\geq 0)$이었다. 이 회로의 저항을 처음 값의 2배로 하면 시정수는 얼마가 되겠는가?

① 10[msec]　② 40[msec]

③ 5[sec]　④ 25[sec]

|정|답|및|해|설|

[RL 직렬회로의 시정수] $\tau=\frac{L}{R}[sec]$

RL직렬회로의 전류

$i(t)=\frac{E}{R}\left(1-e^{-\frac{R}{L}t}\right)=50(1-e^{-20\times 10^{-3}t})$에서

$\frac{R}{L}=20\times 10^{-3}$이므로 시정수는 $\tau=\frac{L}{R}=\frac{1}{20\times 10^{-3}}[sec]$

→ (시정수는 특성근의 절대값의 역수)

저항 R을 2배로 하면 $\tau=\frac{L}{2R}=\frac{1}{2\times(20\times 10^{-3})}=25[sec]$

【정답】 ④

66. 2전력계법을 이용한 평형 3상회로의 전력이 각각 500[W] 및 300[W]로 측정되었을 때, 부하의 역률은 약 [%]인가?

① 70.7　② 87.7

③ 89.2　④ 91.8

|정|답|및|해|설|

[2전력계법] 단상 전력계 2대로 3상전력을 계산하는 법

1. 유효전력 : $P=|W_1|+|W_2|$
2. 무효전력 $P_r=\sqrt{3}(|W_1-W_2|)$
3. ·피상전력 $P_a=\sqrt{P^2+P_r^2}=2\sqrt{W_1^2+W_2^2-W_1W_2}$
4. ·역률 $\cos\theta=\frac{P}{P_a}=\frac{W_1+W_2}{2\sqrt{W_1^2+W_2^2-W_1W_2}}$

전력이 각각 500[W], 300[W]이므로

$W_1=500[W]$, $W_2=300[W]$

∴역률 $\cos\theta=\frac{500+300}{2\sqrt{500^2+300^2-500\times 300}}\times 100=91.77[\%]$

【정답】 ④

67. 선로의 임피던스 $Z=R+jwL[\Omega]$, 병렬 어드미턴스가 $Y=G+jwC[\mho]$ 일 때, 선로의 저항 R과 컨덕턴스 G가 동시에 0이 되었을 때 전파정수는?

① $jw\sqrt{LC}$ ② $jw\sqrt{\dfrac{C}{L}}$

③ $jw\sqrt{L^2C}$ ④ $jw\sqrt{\dfrac{L}{C^2}}$

|정|답|및|해|설|

[전파정수] $\gamma=\sqrt{ZY}=\sqrt{(R+jwL)(G+jwC)}$ [rad/km]

R과 G가 동시에 0인 경우는 무손실이므로

전파정수 $\gamma=\sqrt{(R+jwL)(G+jwC)}=\sqrt{jwL\cdot jwC}=jw\sqrt{LC}$

【정답】 ①

68. 다음 중 회로에서 저항 $6[\Omega]$에 흐르는 전류 $I[\mathrm{A}]$는?

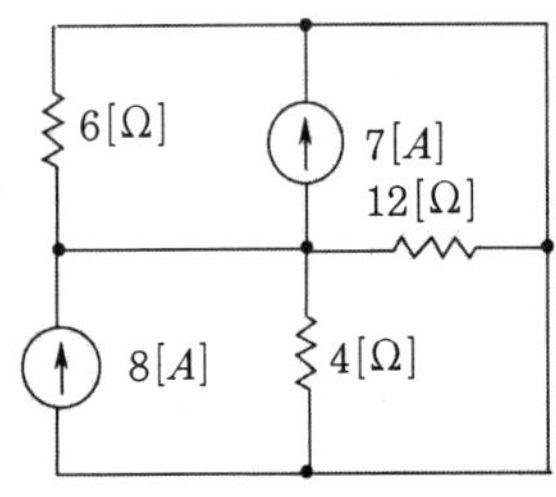

① 2.5 ② 5

③ 7.5 ④ 10

|정|답|및|해|설|

[전류] 중첩의 원리를 이용

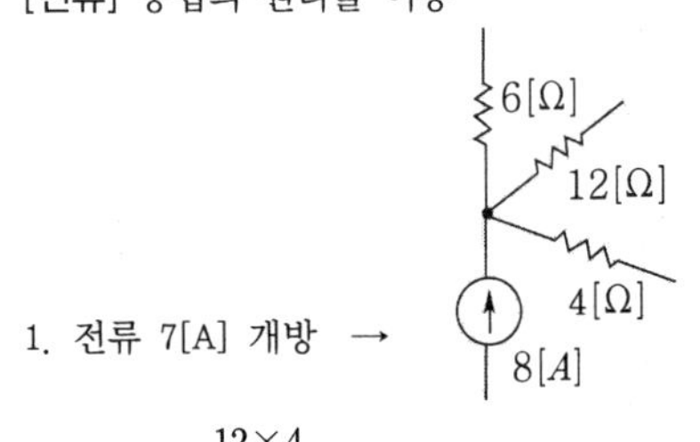

㉠ $R=\dfrac{12\times 4}{12+4}=3[\Omega]$

㉡ $3[\Omega]$과 $6[\Omega]$이 병렬 → $6[\Omega]$에 흐르는 전류이므로

$I_1=\dfrac{R_1}{R_1+R_2}I=\dfrac{3}{3+6}\times 8[A]$

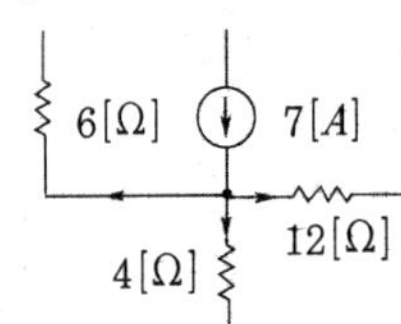

2. 전류 8[A] 개방 →

㉠ $R=\dfrac{12\times 4}{12+4}=3[\Omega]$

㉡ $3[\Omega]$과 $6[\Omega]$이 병렬 → $6[\Omega]$에 흐르는 전류이므로

$I_2=\dfrac{R_1}{R_1+R_2}I=\dfrac{3}{3+6}\times 7[A]$

3. 전류의 방향은 모두 위로 향한다.

$\therefore$전체전류 $I=I_1+I_2=\dfrac{(3\times 8)+(3\times 7)}{3+6}=5[A]$ 【정답】 ②

69. 그림과 같은 회로의 역률은 얼마인가?

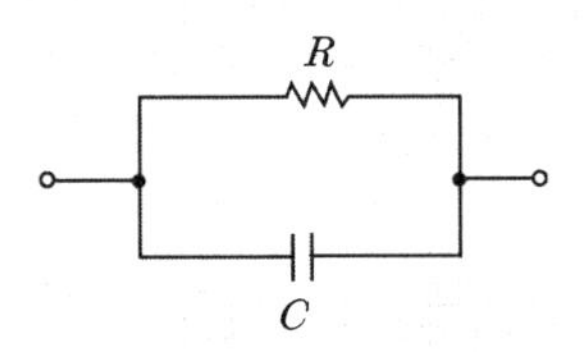

① $1+(\omega RC)^2$ ② $\sqrt{1+(\omega RC)^2}$

③ $\dfrac{1}{\sqrt{1+(\omega RC)^2}}$ ④ $\dfrac{1}{1+(\omega RC)^2}$

|정|답|및|해|설|

[$R-C$ 병렬회로의 역률] 역률 $\cos\theta=\dfrac{X}{\sqrt{R^2+X^2}}$

$\therefore$역률 $\cos\theta=\dfrac{X}{\sqrt{R^2+X}}=\dfrac{\dfrac{1}{wC}}{\sqrt{R^2+\left(\dfrac{1}{\omega C}\right)^2}}=\dfrac{1}{\sqrt{(R\omega C)^2+1}}$

→ (리액턴스 $X=\dfrac{1}{wC}[\Omega]$)

【정답】 ③

70. 전달함수 $G(s)=\dfrac{10}{S^2+3S+2}$ 으로 표시되는 제어계통에서 직류이득은 얼마인가?

① 1 ② 2 ③ 3 ④ 5

|정|답|및|해|설|

[직류이득] $G(0)=\lim_{s\to 0}G(s)$

$S=jw=j2\pi f$ → (직류이므로 주파수 $f=0$, $jw=j2\pi f=0$)

즉 $S=0$

$\therefore G(0)=\lim_{s\to 0}G(s)=\lim_{s\to 0}\dfrac{10}{S^2+3S+2}=\dfrac{10}{2}=5$

【정답】 ④

71. 분포정수 선로에서 무왜형과 무손실 조건이 성립하면 어떻게 되는가?

① $Z_0=\frac{L}{C}$ ② $Z_0=\frac{L}{C}$

③ $Z_0=\sqrt{\frac{C}{L}}$ ④ $Z_0=\sqrt{\frac{L}{C}}$

|정|답|및|해|설|

[무왜형, 무손실의 특성임피던스]

1. 분포정수 특성임피던스

$$Z_0=\sqrt{\frac{Z}{Y}}=\sqrt{\frac{R+jwL}{G+jwC}}[\Omega]$$

2. 무손실 선로의 조건 : $R=0,\ G=0$

특성임피던스 $Z_0=\sqrt{\frac{Z}{Y}}=\sqrt{\frac{L}{C}}[\Omega]$

3. 무왜형 선로 : 파형의 일그러짐이 없는 회로

조건 $\frac{R}{L}=\frac{G}{C}\rightarrow LG=RC$

특성임피던스 $Z_0=\sqrt{\frac{Z}{Y}}=\sqrt{\frac{R+jwL}{G+jwC}}$ $\rightarrow(G=\frac{RC}{L})$

$$=\sqrt{\frac{R+jwL}{\frac{C}{L}(R+jwL)}}=\sqrt{\frac{L}{C}}$$

【정답】 ④

72. 자동제어의 추치제어에 속하지 않는 것은?

① 프로세스제어 ② 추종제어

③ 비율제어 ④ 프로그램제어

|정|답|및|해|설|

[추치제어] 추치 제어는 출력의 변동을 조정하는 동시에 목표값에 정확히 추종하도록 설계한 제어계이다. **추종제어, 프로그램제어, 비율제어**가 이에 속한다.

|참|고|

1. 추치제어

추종제어	임의로 변화하는 제어로 서보 기구가 이에 속한다. 예 대공포, 자동평형 계기, 추적 레이더
프로그램제어	목표값의 변화가 미리 정해진 신호에 따라 동작 예 무인열차, 엘리베이터, 산업운전로보트
비율제어	시간에 따라 비례하여 변화 예 보일러의 온도제어, 암모니아 합성 프로세스

2. 정치제어 : 목표값이 시간적으로 변화하지 않고 일정한 경우의 제어로 **프로세스제어**, 자동 조정 제어, 연속식 압연기, 정전압 장치, 발전기의 조속기 제어 등이 있다.

【정답】 ①

73. 그림과 같은 회로는 어떤 논리 회로인가?

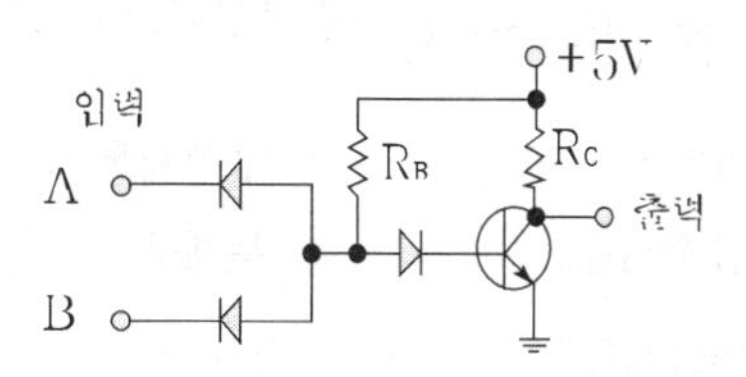

① AND 회로 ② NAND 회로

③ OR 회로 ④ NOR 회로

|정|답|및|해|설|

[논리회로] AND 회로에 NOT 회로를 접속한 AND-NOT 회로로서 논리식은 $X=\overline{A\cdot B}$가 된다. 즉, A, B중 어느 하나의 입력이 0일 때 출력이 1일 수 있는 회로

A	B	출력
0	0	1
0	1	1
1	0	1
1	1	0

【정답】 ②

74. 어떤 제어계의 전달함수가 $G(s)=\frac{2s+1}{s^2+s+1}$로 표시될 때, 이 계에 입력 x(t)를 가했을 경우 출력 y(t)를 구하는 미분방정식으로 알맞은 것은?

① $\frac{d^2y}{dt^2}+\frac{dy}{dt}+y=2\frac{dy}{dx}+x$

② $\frac{d^2y}{dt^2}+\frac{dy}{dt}+y=2\frac{dx}{dt}+x$

③ $\frac{d^2x}{dt}+\frac{dy}{dt}+y=2\frac{dx}{dt}+x$

④ $\frac{d^2y}{dt}+\frac{dy}{dt}+y=2\frac{dx}{dt}+x$

|정|답|및|해|설|

[전달함수의 미분방정식]

$$\frac{Y(s)}{X(s)}=\frac{2s+1}{s^2+s+1}=(s^2+s+1)Y(s)=X(s)(2s+1)$$

$\rightarrow s^2Y(s)+sY(s)+Y(s)=2sX(s)+X(s)$

$\rightarrow \mathcal{L}^{-1}[s^2Y(s)+sY(s)+Y(s)=2sX(s)+X(s)]$

$\therefore \frac{d^2y(t)}{dt^2}+\frac{dy(t)}{dt}+y(t)=2\frac{dx(t)}{dt}+x(t)$

$\rightarrow$ ((t)는 생략해도 관계없음)

|참|고|

[역라플라스 변환] $\mathcal{L}^{-1}[F(s)]=f(t)$

【정답】 ②

75. 전달함수가 $\dfrac{C(s)}{R(s)}=\dfrac{1}{4s^2+3s+1}$ 인 제어계는 다음 중 어느 경우인가?

① 과제동 ② 부족제동
③ 임계제동 ④ 무제동

|정|답|및|해|설|

[제어계의 과도응답]

$G=\dfrac{w_n^2}{s^2+2\delta w_n s+w_n^2}=\dfrac{1}{4s^2+3s+1}=\dfrac{\frac{1}{4}}{s^2+\frac{3}{4}s+\frac{1}{4}}$

$w_n^2=\dfrac{1}{4},\ \ w_n=\dfrac{1}{2}$

$2\delta w_n=\dfrac{3}{4}\ \rightarrow\ \delta\times 2\times\dfrac{1}{2}=\dfrac{3}{4}\ \ \rightarrow \delta=\dfrac{3}{4}\ \ \rightarrow \delta<1$

∴부족제동

|참|고|

[2차 지연 제어계의 과도응답]

$\dfrac{C(s)}{R(s)}=\dfrac{\omega_n^2}{s^2+2\delta\omega_n s+\omega_n^2}$ → 특성 방정식은 $s^2+2\delta\omega_n s+\omega_n^2=0$

여기서, δ : 제동비 또는 감쇠계수, ω_n : 자연주파수 또는 고유주파수

$\sigma=\delta\omega_n$: 제동계수 또는 실제 제동 ($\tau=\dfrac{1}{\sigma}=\dfrac{1}{\delta\omega_n}$: 시정수)

$\omega=\omega_n\sqrt{1-\delta^2}$: 실제 주파수 또는 감쇠진동 주파수

1. $\delta>1$ (과제동) → (서로 다른 2개의 실근을 가지므로 비진동)
2. $\delta=1$ (임계제동) → 중근(실근) 가지므로 진동에서 비진동으로 옮겨가는 임계상태
3. $\delta<1$ (부족제동) → 공액 복소수근을 가지므로 감쇠진동을 한다.
4. $\delta=0$ (무제동)

【정답】 ②

76. $G(s)H(s)=\dfrac{K}{s^2(s+1)^2}$ 에서 근궤적의 수는?

① 4 ② 2 ③ 1 ④ 0

|정|답|및|해|설|

[근궤적의 수(N)] 영점(z)과 극점(p)의 개수 중 큰 것과 일치한다.
즉, $z>p$이면 $N=z$, $z<p$이면 $N=p$

1. 특성방정식 $=s^2(s+1)^2+K$
2. 극의 수(p)는 4 → (극점 : 분모항=0이 되는 근)
2. 영점의 수(z)는 0 → (영점 : 분자항=0이 되는 근)
3. $z=0,\ p=4$이므로 $N=p=4$이다.

【정답】 ①

77. 다음의 신호흐름선도에서 C/R는?

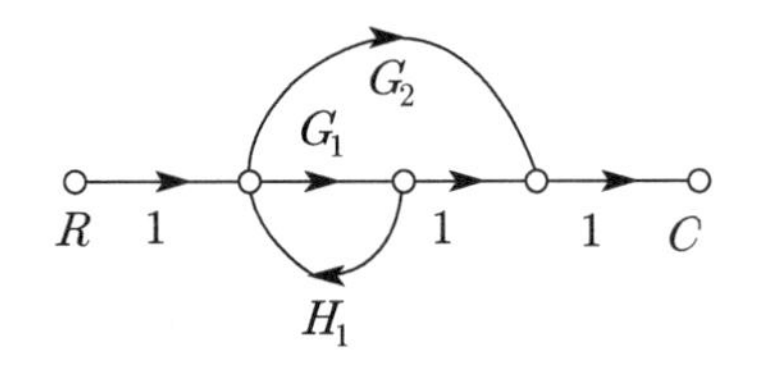

① $\dfrac{G_1+G_2}{1-G_1H_1}$ ② $\dfrac{G_1G_2}{1-G_1H_1}$
③ $\dfrac{G_1+G_2}{1+G_1H_1}$ ④ $\dfrac{G_1G_2}{1+G_1H_1}$

|정|답|및|해|설|

[메이슨의 식] $G(S)=\dfrac{\sum 전향경로이득}{1-\sum 루푸이득}$

→ (루프이득 : 피드백의 폐루프)

→ (전향경로 : 입력에서 출력으로 가는 길(피드백 제외))

$G(S)=\dfrac{(1\times G_1\times 1\times 1)+(1\times G_2\times 1)}{1-G_1H_1}=\dfrac{G_1+G_2}{1-G_1H_1}$

【정답】 ①

78. 다음과 같은 전류의 초기값 $I(0_+)$은?

$$I(s)=\frac{12}{2s(s+6)}$$

① 6 ② 2
③ 1 ④ 0

|정|답|및|해|설|

[초기값] 초기값정리를 이용하면 s가 ∞ 이므로

$\lim\limits_{s\to\infty}sI(s)=\lim\limits_{s\to\infty}s\dfrac{12}{2s(s+6)}=\lim\limits_{s\to\infty}\dfrac{12}{2(s+6)}=0$

|참|고|

[초기값의 정리] 함수 $f(t)$에 대해서 시간 t가 0에 가까워지는 경우 $f(t)$의 극한값을 초기값이라 한다. $f(0_+)=\lim\limits_{t\to 0}f(t)=\lim\limits_{s\to\infty}sF(s)$

【정답】 ④

79. 기본 제어요소인 비례요소를 나타내는 전달함수는? (단, K는 상수이다.)

① $G(s)=K$ ② $G(s)=Ks$

③ $G(s)=\frac{K}{s}$ ④ $G(s)=\frac{K}{Ts+1}$

|정|답|및|해|설|

[전달함수의 표현]

1. 비례요소의 전달함수는 K 2. 미분요소의 전달함수는 Ks
3. 적분요소의 전달함수는 $\frac{K}{s}$

【정답】 ①

80. 주파수 응답에 의한 위치제어계의 설계에서 계통의 안정도 척도와 관계가 적은 것은?

① 공진치 ② 위상여유

③ 이득여유 ④ 고유주파수

|정|답|및|해|설|

[주파수 응답] 주파수 응답에서 **안정도의 척도**는 **공진치, 위상 여유, 이득 여유**가 된다.

고유 주파수는 안정도와는 무관하다. 【정답】 ④

2회 2023년 전기기사필기 (전기설비기술기준)

81. 용어에서 "제2차 접근상태"란 가공전선이 다른 시설물과 접근하는 경우에 그 가공전선이 다른 시설물의 위쪽 또는 옆쪽에서 수평거리로 몇 [m] 미만인 곳에 시설되는 상태를 말하는가?

① 2 ② 3

③ 4 ④ 5

|정|답|및|해|설|

[제2차 접근상태 (KEC 112 용어의 정의)] 가공전선이 다른 시설물의 위쪽 또는 옆쪽에서 **수평 거리로 3[m] 미만**인 곳에 시설

【정답】 ②

82. 발전소, 변전소, 개폐소 이에 준하는 곳, 전기 사용장소 상호간의 전선 및 이를 지지하거나 수용하는 시설물을 무엇이라 하는가?

① 급전소 ② 송전선로

③ 전선로 ④ 개폐소

|정|답|및|해|설|

[용어의 정의 (KEC 112)]

1. 급전선(feeder) : 배전 변전소 또는 발전소로부터 배전 간선에 이르기까지의 도중에 부하가 접속되어 있지 않은 선로
2. 전기철도용 급전선 : 전기철도용 변전소로부터 다른 전기철도용 변전소 또는 전차선에 이르는 전선을 말한다.
3. 전기철도용 급전선로 : 전기철도용 급전선 및 이를 지지하거나 수용하는 시설물을 말한다. 【정답】 ③

83. 금속덕트공사에 의한 저압 옥내 배선에서, 금속덕트에 넣은 전선의 단면적의 합계는 덕트 내부 단면적의 얼마 이하여야 하는가?

① 20[%] 이하 ② 30[%] 이하

③ 40[%] 이하 ④ 50[%] 이하

|정|답|및|해|설|

[금속덕트공사 (KEC 232.31)] 금속 덕트에 넣는 전선의 단면적의 합계는 **덕트 내부 단면적의 20[%]**(전광 표시 장치, 출퇴근 표시등, 제어 회로 등의 배전선만을 넣는 경우는 50[%]) 이하일 것

【정답】 ①

84. 저압 옥상 전선로의 시설 기준으로 틀린 것은?

① 전선 지지점 간의 거리를 15[m]로 하였다.

② 전선은 지름 2.0[mm] 이상의 경동선을 사용할 것

③ 전선은 절연전선을 사용할 것

④ 저압 절연전선과 그 저압 옥상 전선로를 시설하는 조영재와의 간격을 2[m]로 할 것

|정|답|및|해|설|

[저압 옥상전선로의 시설 (KEC 221.3)]

1. 전개된 장소에 시설하고 위험이 없도록 시설해야 한다.
2. 전선은 절연전선(옥외용 비밀 절연전선 포함)일 것
3. 전선은 인장강도 2.30[kN] 이상의 것 또는 **지름이 2.6[mm] 이상**의 경동선을 사용한다.
4. 전선은 조영재에 견고하게 붙인 지지기둥 또는 지지대에 절연성·난연성 및 내수성이 있는 애자를 사용하여 지지하고 또한 그 지지점 간의 거리는 15[m] 이하일 것
5. 전선과 그 저압 옥상 전선로를 시설하는 조영재와의 간격은 2[m](전선이 고압 절연전선, 특고압 절연전선 또는 케이블인 경우에는 1[m]) 이상일 것 【정답】 ②

85. 가공 전선로의 지지물에 하중이 가하여지는 경우에 그 하중을 받는 지지물의 기초 안전율은 얼마 이상이어야 하는가? (단, 이상시 상정하중은 무관)

① 1.5 ② 2.0 ③ 2.5 ④ 3.0

|정|답|및|해|설|

[가공전선로 지지물의 기초 안전율 (KEC 331.7)]
가공전선로의 지지물에 하중이 가하여지는 경우에 그 하중을 받는 지지물의 **기초 안전율 2 이상**(단, 이상시 상전하중에 대한 철탑의 기초에 대하여는 1.33)이어야 한다.

|참|고|

[안전율]

1.33 : 이상시 상정하중 철탑의 기초	1.5 : 케이블트레이, 안테나
2.0 : 기초 안전율	2.2 : 경동선, 내열동합금선
2.5 : 지지선, ACSD, 기타 전선	

【정답】 ②

86. 사용전압이 60[kV] 이하인 경우 전화선로의 길이를 12[km] 마다 유도전류는 몇 [μA]를 넘지 않도록 하여야 하는가?

① 1 ② 2 ③ 3 ④ 4

|정|답|및|해|설|

[유도장해의 방지 (KEC 333.2)]
- 사용전압이 60[kV] 이하인 경우에는 전화선로의 길이 **12[km] 마다 유도전류가 2[μA]**를 넘지 아니하도록 할 것.
- 사용전압이 60[kV]를 초과하는 경우에는 전화선로의 길이 40[km] 마다 유도전류가 3[μA]을 넘지 아니하도록 할 것.

【정답】 ②

87. 특고압의 기계기구·모선 등을 옥외에 시설하는 변전소의 구내에 취급자 이외의 자가 들어가지 못하도록 시설하는 울타리·담 등의 높이는 몇 [m] 이상으로 하여야 하는가?

① 2 ② 2.2
③ 2.5 ④ 3

|정|답|및|해|설|

[발전소 등의 울타리·담 등의 시설 (KEC 351.1)] 고압 또는 특고압의 기계기구모선 등을 옥외에 시설하는 발전소·변전소·개폐소 또는 이에 준하는 곳의 **울타리·담 등의 높이는 2[m] 이상**으로 하고 지표면과 울타리·담 등의 하단사이의 간격은 15[cm] 이하로 할 것.

【정답】 ①

88. 발전소에서 계측하는 장치를 시설하여야 하는 사항에 해당하지 않는 것은?

① 특고압용 변압기의 온도
② 발전기의 회전수 및 주파수
③ 발전기의 전압 및 전류 또는 전력
④ 발전기의 베어링(수중 메탈을 제외한다) 및 고정자의 온도

|정|답|및|해|설|

[계측장치의 시설 (KEC 351.6)] 발전소 계측 장치 시설
- 발전기·연료전지 또는 태양전지 모듈의 전압 및 전류 또는 전력
- 발전기의 베어링 및 고정자의 온도
- 정격출력이 10,000[kW]를 초과하는 증기터빈에 접속하는 발전기의 진동의 진폭
- 주요 변압기의 전압 및 전류 또는 전력
- 특고압용 변압기의 온도

【정답】 ②

89. 제2종 특고압 보안공사의 기준으로 틀린 것은?

① 특고압 가공전선은 연선일 것
② 지지물로 사용하는 목주의 풍압하중에 대한 안전율은 2 이상일 것
③ 지지물이 A종 철주일 경우 그 지지물 간 거리(경간)는 150[m] 이하일 것
④ 지지물이 목주일 경우 그 지지물 간 거리(경간)는 100[m] 이하일 것

|정|답|및|해|설|

[제2종 특고압 보안공사 (KEC 333.22)]
1. 특고압 가공전선은 **연선**일 것.
2. 지지물로 사용하는 목주의 풍압하중에 대한 **안전율은 2 이상**일 것.
3. 지지물 간 거리(경간)는 다음에서 정한 값 이하일 것. 다만, 전선에 안장강도 38.05[kN] 이상의 연선 또는 단면적이 95[mm^2] 이상인 경동연선을 사용하고 지지물에 B종 철주 · B종 철근 콘크리트주 또는 철탑을 사용하는 경우에는 그러하지 아니하다.

지지물 종류	지지물 간 거리[m]
목주, A종 철주, A종 철근콘크리트주	**100**
B종 철주 B종 철근콘크리트주	200
철탑	400 (단주인 경우 300)

【정답】 ③

90. 조상설비에 내부 고장, 과전류 또는 과전압이 생긴 경우 자동적으로 전로로부터 차단하는 장치를 해야 하는 분로리액터의 최소 뱅크 용량은 몇 [kVA]인가?

① 10,000　② 12,000
③ 13,000　④ 15,000

|정|답|및|해|설|

[발전기 등의 보호장치 (KEC 351.3)] 조상설비에는 그 내부에 고장이 생긴 경우에 보호하는 장치를 표와 같이 시설하여야 한다.

설비 종별	뱅크 용량의 구분	자동적으로 전로로부터 차단하는 장치
전력용 커패시터 및 **분로리액터**	500[kVA] 초과 15,000[kVA] 미만	· 내부에 고장이 생긴 경우 · 과전류가 생긴 경우
	15,000[kVA] 이상	· 내부에 고장이 생긴 경우 · 과전류가 생긴 경우 · 과전압이 생긴 경우
무효 전력 보상 장치 (조상기)	15,000[kVA] 이상	· 내부에 고장이 생긴 경우

【정답】 ④

91. 전기철도 차량이 전차선로와 접촉한 상태에서 견인력을 끄고 보조전력을 가동한 상태로 정지해 있는 경우, 가공전차선로의 유효전력이 200[kW] 이상일 경우 총 역률은 몇 보다는 작아서는 안 되는가?

① 0.9　② 0.8
③ 0.7　④ 0.6

|정|답|및|해|설|

[전기철도차량의 역률 (KEC441.4)] 전기철도차량이 전차선로와 접촉한 상태에서 견인력을 끄고 보조전력을 가동한 상태로 정지해 있는 경우, 가공 전차선로의 **유효전력**이 **200[kW]** 이상일 경우 **총 역률**은 **0.8**보다는 작아서는 안 된다. 【정답】 ②

92. 사용전압이 15[kV] 미만 특고압 가공전선과 그 지지물, 완금류, 지주 또는 지지선 사이의 간격은 몇 [cm] 이상이어야 하는가?

① 15　② 20
③ 25　④ 30

|정|답|및|해|설|

[특고압 가공전선과 지지물 등의 간격(이격거리) (KEC 333.5)] 특고압 가공전선과 그 지지물, 완금류, 지주 또는 지지선 사이의 간격(이격거리)은 표에서 정한 값 이상이어야 한다. 다만, 기술상 부득이한 경우에 위험의 우려가 없도록 시설한 때에는 표에서 정한 값의 0.8배까지 감할 수 있다.

사용 전압	간격(이격거리)[cm]
15[kV] 미만	**15**
15[kV] 이상 25[kV] 미만	20
25[kV] 이상 35[kV] 미만	25
35[kV] 이상 50[kV] 미만	30
50[kV] 이상 60[kV] 미만	35
60[kV] 이상 70[kV] 미만	40
70[kV] 이상 80[kV] 미만	45
80[kV] 이상 130[kV] 미만	65
130[kV] 이상 160[kV] 미만	90
160[kV] 이상 200[kV] 미만	110
200[kV] 이상 230[kV] 미만	130
230[kV] 이상	160

【정답】 ④

93. 전차선로의 직류방식에서 급전 전압으로 알맞지 않은 것은?

① 지속성 최대전압 900[V], 1800[V]
② 공칭전압 750[V], 1500[V]
③ 지속성 최소전압 500[V], 900[V]
④ 장기과전압 950[V], 1950[V]

|정|답|및|해|설|

[전차선로의 전압 (KEC 411.2)]

1. 직류방식

구분	지속성 최저전압 [V]	공칭전압 [V]	지속성 최고전압 [V]	비지속성 최고전압 [V]	장기 과전압 [V]
DC (평균값)	500 900	750 1,500	900 1,800	950(1) 1,950	1,269 2,538

2. 교류방식

주파수 (실효값)	비지속성 최저전압[V]	지속성 최저전압[V]	공칭전압 [V]
60[Hz]	17,500 35,000	19,000 38,000	25,000 50,000

주파수 (실효값)	지속성 최고전압[V]	비지속성 최고전압[V]	장기 과전압[V]
60[Hz]	27,500 55,000	29,000 58,000	38,746 77,492

【정답】 ④

94. 가공선로와 지중전선로가 접속되는 곳에 반드시 설치되어야 하는 기구는?

① 분로리액터
② 전력용콘덴서
③ 피뢰기
④ 무효 전력 보상 장치(동기조상기)

|정|답|및|해|설|

[피뢰기의 시설 (KEC 341.13)]
1. 발·변전소 또는 이에 준하는 장소의 가공 전선 인입구, 인출구
2. 가공 전선로에 접속하는 특고 배전용 변압기의 고압 및 특고압측
3. 고압 및 특고압 가공 전선로에서 공급받는 수용장소 인입구
4. **가공 전선로와 지중 전선로가 접속되는 곳** 【정답】 ③

95. 태양광 설비의 전기배선을 옥외에 시설하는 경우 사용 불가능한 공사방법은?

① 합성수지관공사
② 금속관공사
③ 애자사용공사
④ 금속제가요전선관공사

|정|답|및|해|설|

[전기저장장치(태양광설비)의 전기배선 (kec 522.1.1)]
1. 전선은 공칭단면적 $2.5[mm^2]$ 이상의 연동선 또는 이와 동등 이상의 세기 및 굵기의 것일 것.
2. 배선설비 공사는 옥내에 시설할 경우에는 합성수지관공사, 금속관공사, 금속제가요전선관공사, 케이블공사의 규정에 준하여 시설할 것.
3. 옥측 또는 **옥외에 시설**할 경우에는 **합성수지관공사, 금속관공사, 금속제가요전선관공사, 케이블공사**의 규정에 준하여 시설할 것. 【정답】 ③

96. 저압 옥내간선에서 분기하여 전기사용기계기구에 이르는 저압 옥내전로에서 저압 옥내간선과의 분기점에서 전선의 길이가 몇 [m] 이하인 곳에 개폐기 및 과전류 차단기를 설치하여야 하는가? (단, 단락의 위험과 화재 및 인체에 대한 위험성이 최소화 되도록 시설된 경우)

① 3 ② 4 ③ 5 ④ 6

|정|답|및|해|설|

[과부하 보호장치의 설치 위치 (kec 212.4.2)] 저압 옥내간선과의 분기점에서 전선의 길이가 **3[m] 이하**인 곳에 개폐기 및 과전류 차단기를 시설할 것 【정답】 ①

97. 화약류 저장소의 전기설비의 시설기준으로 틀린 것은?

① 전로에 대지 전압은 300[V] 이하일 것
② 전기기계기구는 전폐형의 것일 것
③ 전용 개폐기 및 과전류 차단기는 화약류 저장소 안에 설치할 것
④ 케이블을 전기기계기구에 인입할 때에는 인입구에서 케이블이 손상될 우려가 없도록 시설할 것

|정|답|및|해|설|

[화약류 저장소 등의 위험장소 (KEC 242.5)]
1. 전로에 대지 전압은 300[V] 이하일 것
2. 전기기계기구는 전폐형의 것일 것
3. 케이블을 전기기계기구에 인입할 때에는 인입구에서 케이블이 손상될 우려가 없도록 시설할 것.
4. 화약류 저장소 안의 전기설비에 전기를 공급하는 전로에는 화약류 **저장소 이외의 곳**에 **전용 개폐기 및 과전류 차단기**를 각 극(과전류 차단기는 다선식 전로의 중성극을 제외한다)에 취급자 이외의 자가 쉽게 조작할 수 없도록 시설하고 또한 전로에 지락이 생겼을 때에 자동적으로 전로를 차단하거나 경보하는 장치를 시설하여야 한다. 【정답】 ③

98. 22.9[kV] 특고압 가공전선로를 시가지에 경동연선으로 시설할 경우 단면적은 몇 $[mm^2]$ 이상을 사용하여야 하는가?

① 25 ② 55
③ 75 ④ 150

|정|답|및|해|설|

[시가지 등에서 특고압 가공전선로의 시설 (kec 333)] 시가지 등에서 170[kV] 이하 특고압 가공전선로 전선의 단면적

사용전압의 구분	전선의 단면적
100[kV] 미만	인장강도 21.67[kN] 이상의 연선 또는 **단면적 55$[mm^2]$ 이상**의 경동연선
100[kV] 이상	인장강도 58.84[kN] 이상의 연선 또는 단면적 150$[mm^2]$ 이상의 경동연선

【정답】 ②

99. 진열장 내의 배선에 사용전압 400[V] 이하에 사용하는 코드 또는 캡타이어 케이블의 단면적은 최소 몇 [mm^2] 인가?

① 1.25 ② 1.0

③ 0.75 ④ 0.5

|정|답|및|해|설|

[진열장 또는 이와 유사한 것의 내부 배선 (KEC 234.8)]

1. 건조한 장소에 시설하고 또한 내부를 건조한 상태로 사용하는 진열장 또는 이와 유사한 것의 내부에 사용전압이 400[V] 이하의 배선을 외부에서 잘 보이는 장소에 한하여 코드 또는 캡타이어케이블로 직접 조영재에 밀착하여 배선할 수 있다.
2. 제1의 배선은 **단면적 0.75[mm^2] 이상**의 코드 또는 캡타이어케이블일 것. 【정답】 ③

100. 다음 고압 가공전선의 사용가능 한 전선에 대한 사항으로 알맞지 않은 것은?

① 철도 또는 궤도를 횡단하는 경우에는 레일면상 6.5[m] 이상으로 시설한다.

② 고압가공전선을 수면 상에 시설하는 경우에는 전선의 수면상의 높이를 선박의 항해 등에 위험을 주지 않도록 유지하여야 한다.

③ 횡단보도교의 위에 시설하는 경우에는 그 노면상 5[m] 이상으로 시설한다.

④ 고압가공전선로를 빙설이 많은 지방에 시설하는 경우에는 전선의 적설상의 높이를 사람 또는 차량의 통행 등에 위험을 주지 않도록 유지하여야 한다.

|정|답|및|해|설|

[고압 가공전선의 높이 (KEC 332.5)]

구분	높이
도로 횡단	지표상 6[m] 이상
철도, 궤도 횡단	궤조면상 6.5[m] 이상
횡단보도교 위	노면상 **3.5[m]** 이상
일반 장소	지표상 5[m] 이상

【정답】 ③

2023년 3회 전기기사 필기 기출문제

3회 2023년 전기기사필기 (전기자기학)

1. 자속밀도가 0.3[Wb/m^2]인 평등자계 내에 5[A]의 전류가 흐르고 있는 길이 2[m]인 직선도체를 자계의 방향에 대하여 60° 의 각도로 놓았을 때 이 도체가 받는 힘은 약 몇 [N] 인가?

① 1.3 ② 2.6 ③ 4.7 ④ 5.2

|정|답|및|해|설|

[도체가 받는 힘(플레밍의 왼손법칙)] $F = BIl\sin\theta$

여기서, B : 자속밀도[Wb/m^2]

I : 도체에 흐르는 전류[A]

l : 도체의 길이[m]

θ : 자장과 도체가 이르는각

$\therefore F = BIl\sin\theta = 0.3\times5\times2\times\sin60° = 2.6[N]$ 【정답】 ②

2. 다음 중 정전계와 정자계의 대응관계가 성립되는 것은?

① $divD = \rho_v \rightarrow divB = \rho_m$

② $\nabla^2 V = \frac{\rho_v}{\epsilon_0} \rightarrow \nabla^2 A = -\frac{i}{\mu_0}$

③ $W = \frac{1}{2}CV^2 \rightarrow W = \frac{1}{2}LI^2$

④ $F = 9\times10^9\frac{Q_1Q_2}{r^2}a_r$

$\rightarrow F = 6.33\times10^{-4}\frac{m_1m_2}{r^2}a_r$

|정|답|및|해|설|

[정전계와 정자계의 대응관계]

① $div\, D = \rho_v \rightarrow div\, B = 0$

② $\nabla^2 V = \frac{\rho_v}{\epsilon_0} \rightarrow \nabla^2 A = \frac{1}{\mu_0}$

④ $F = 9\times10^9\frac{Q_1Q_2}{r^2}a_r \rightarrow F = 6.33\times10^4\frac{m_1m_2}{r^2}a_r$

【정답】 ③

3. 단면적 S[m^2], 단위 길이에 대한 권수가 n[회/m]인 무한히 긴 솔레노이드의 단위 길이당의 자기인덕턴스[H/m]는 어떻게 표현되는가?

① $\mu\cdot s\cdot n$ ② $\mu\cdot s\cdot n^2$

③ $\mu\cdot s^2\cdot n^2$ ④ $\mu\cdot s^2\cdot n$

|정|답|및|해|설|

[무한장 솔레노이드의 단위 길이 당 인덕턴스]

1. 인덕턴스 $L = \frac{\mu SN^2}{l}[H]$ $\rightarrow (n = \frac{N}{l})$

2. 단위 길이당 인덕턴스 $L_0 = \mu Sn^2[H/m]$

$\rightarrow$ (μ : 투자율, S : 면적, n : 권수)

【정답】 ②

4. 자기인덕턴스 L[H]인 코일에 전류 I[A]를 흘렸을 때, 자계의 세기가 H[AT/m]였다. 이 코일을 진공 중에서 자화시키는데 필요한 에너지밀도[J/m^3]는?

① $\frac{1}{2}LI^2$ ② LI^2

③ $\frac{1}{2}\mu_0H^2$ ④ μ_0H^2

|정|답|및|해|설|

[정자계 에너지밀도(진공시)] $\omega_m = \frac{1}{2}BH = \frac{1}{2}\mu_0H^2 = \frac{1}{2}\frac{B^2}{\mu_0}[J/m^3]$

$\rightarrow (B = \mu H)$

여기서, μ_0 : 진공중의 투자율, B : 자속밀도, H : 자계의 세기

※[J/㎥]=[N/㎡] → 단위 체적 당 에너지 = 면적 당 작용력

【정답】 ③

5. 전위함수가 $v = 3xy + 2z^2 + 4$일 때 전계의 세기는?

① $-3yi - 3xj - 4zk$

② $3yi + 3xj + 4zk$

③ $-3yi + 3xj - 4zk$

④ $3yi - 3xj + 4zk$

|정|답|및|해|설|

[전계의 세기]

$E = -grad\, v = -\nabla\cdot v = -\left(\frac{\partial}{\partial x}i + \frac{\partial}{\partial y}j + \frac{\partial}{\partial z}k\right)v$

$= -\left(\frac{\partial v}{\partial x}i + \frac{\partial v}{\partial y}j + \frac{\partial v}{\partial z}k\right)$

$\therefore E = -(3yi + 3xj + 4zk)[V/m] = -3yi - 3xj - 4zk[V/m]$

【정답】 ①

6. 무한이 넓은 두 장의 도체판을 $d[m]$의 간격으로 평행하게 놓은 후, 두 판 사이에 V[V]의 전압을 가한 경우 도체판의 단위 면적당 작용하는 힘은 몇 [N/m^2]인가?

① $f=\epsilon_0\dfrac{V^2}{d}$　　② $f=\dfrac{1}{2}\epsilon_0\dfrac{V^2}{d}$

③ $f=\dfrac{1}{2}\epsilon_0\left(\dfrac{V}{d}\right)^2$　　④ $f=\dfrac{1}{2}\dfrac{1}{\epsilon_0}\left(\dfrac{V}{d}\right)^2$

|정|답|및|해|설|

[도체 표면의 응력(단위 면적당의 작용력)] =정전흡인력(f)

$f=\dfrac{F}{S}=\dfrac{D^2}{2\epsilon_0}=\dfrac{\epsilon_0E^2}{2}=\dfrac{1}{2}ED[N/m^2]$ → (F : 전체힘, S : 면적)

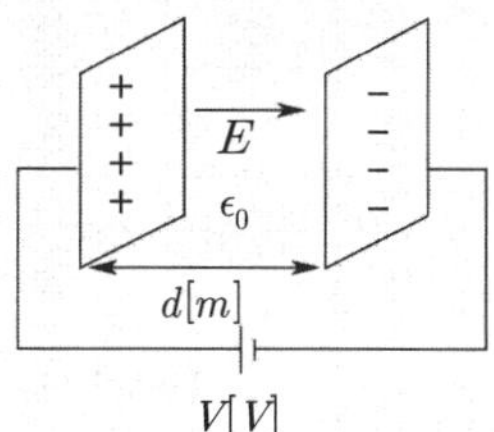

→(정전흡인력 : (+)와 (-)가 서로 당기는 힘)

$\therefore f=\dfrac{1}{2}\epsilon_0E^2=\dfrac{1}{2}\epsilon_0\left(\dfrac{V}{d}\right)^2[N/m^2]$ → ($E=\dfrac{V}{d}[V/m]$)

【정답】 ③

7. 패러데이의 법칙에 대한 설명으로 가장 알맞은 것은?

① 정전유도에 의해 회로에 발생하는 기자력은 자속의 변화 방향으로 유도된다.

② 정전유도에 의해 회로에 발생되는 기자력은 자속 쇄교수의 시간에 대한 증가율에 비례한다.

③ 전자유도에 의해 회로에 발생되는 기전력은 자속의 변화를 방해하는 반대 방향으로 기전력이 유도된다.

④ 전자유도에 의해 회로에 발생하는 기전력은 자속 쇄교수의 시간에 대한 변화율에 비례한다.

|정|답|및|해|설|

[패러데이의 법칙] "유도기전력의 크기는 폐회로에 쇄교하는 **자속의 시간적 변화($d\varnothing$)**에 **비례**한다"라는 법칙으로 기전력의 크기를 결정한다.

유도기전력 $e=-\dfrac{d\varnothing}{dt}=-N\dfrac{d\varnothing}{dt}[V]$　【정답】 ④

8. 공극(air gap)이 $\delta[m]$인 강자성체로 된 환상 영구자석에서 성립하는 식은? (단, $l[m]$는 영구자석의 길이이며 $l \gg \delta$이고, 자속밀도와 자계의 세기를 각각 $B[Wb/m^2]$, $H[AT/m]$라 한다.)

① $\dfrac{B}{H}=-\dfrac{l\mu_0}{\delta}$　　② $\dfrac{B}{H}=-\dfrac{\delta\mu_0}{l}$

③ $\dfrac{B}{H}=\dfrac{\delta\mu_0}{l}$　　④ $\dfrac{B}{H}=\dfrac{l\mu_0}{\delta}$

|정|답|및|해|설|

[기자력] $F=NI=H\cdot l$ → ($B=\mu_0H$)

영구자석의 외부 기자력 $F=0$. 이는 철심에 대한 기자력과 공극에 대한 기자력의 합이 0이다.

$F=NI=H\cdot l=0$

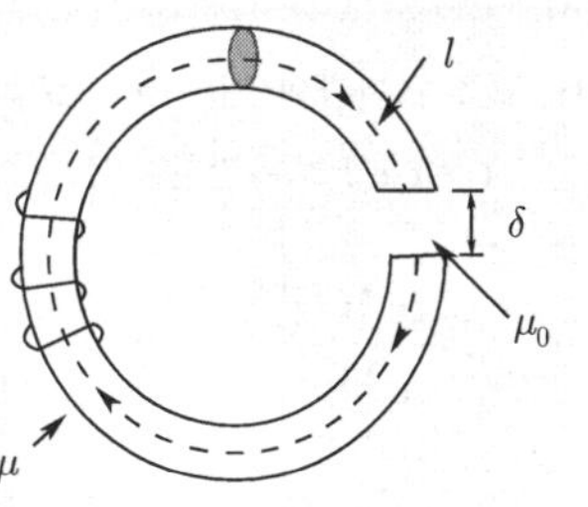

$\therefore$

$F=\dfrac{B}{\mu_0}\delta+Hl=0 \rightarrow \dfrac{B}{\mu_0}\delta=-Hl \rightarrow \dfrac{B}{H}=-\dfrac{l\mu_0}{\delta}$

【정답】 ①

9. 전하 q[C]이 공기 중의 자계 H[AT/m]에 수직 방향으로 v[m/s] 속도로 돌입하였을 때 받는 힘은 몇 [N]인가?

① $\dfrac{qH}{\mu_0v}$　　② $\dfrac{1}{\mu_0}qvH$

③ qvH　　④ μ_0qvH

|정|답|및|해|설|

[로렌츠 힘] $F=qvB\sin\theta=qv\mu_0H\sin\theta[N]$

→ (자속밀도 $B=\mu_0H$)

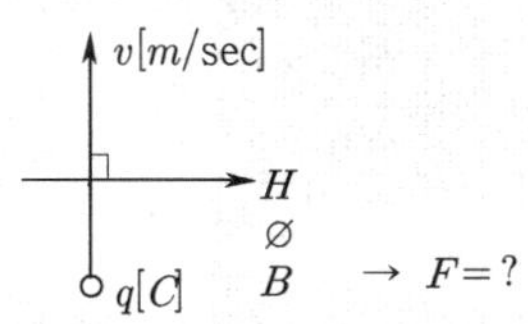

자계 내에 놓여진 전하는 원운동을 하게 되고 받는 힘은 $F=qv\mu_0H\sin\theta[N]$에서 → (수직이므로 $\sin 90=1$)

$\therefore F=qv\mu_0H[N]$　【정답】 ④

10. 정전용량이 $0.2[\mu F]$인 평행판 공기 콘덴서가 있다. 전극 간에 그 간격의 절반 두께의 유리판을 넣었다면 콘덴서의 용량은 약 몇 $[\mu F]$인가? 단, 유리의 비유전율은 10이다.

① 0.26 ② 0.36
③ 0.46 ④ 0.56

|정|답|및|해|설|

[극판 간 공극의 두께 유리판을 넣을 경우 정전용량 C_0]

$C_0 = \frac{\epsilon \cdot S}{d}[\mathrm{F}]$

여기서, d : 극판간의 거리[m], S : 극판 면적$[m^2]$
$\epsilon(=\epsilon_0\epsilon_s)$: 유전율

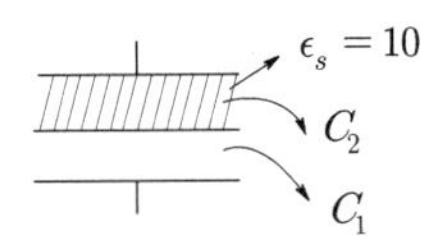

1. $C_0 = \epsilon_0 \frac{S}{d} = 0.2$

2. $C_1 = \epsilon_0 \frac{S}{\frac{1}{2}d} = 2\epsilon_0 \frac{S}{d} = 2C_0 = 0.4$

3. $C_2 = \epsilon_0\epsilon_s \frac{S}{\frac{1}{2}d} = 10\epsilon_0 \frac{2S}{d} = \frac{20S}{d} = 20C_0 = 4$

∴총정전용량 $C_T = \frac{C_1 C_2}{C_1 + C_2} = \frac{0.4 \times 4}{0.4 + 4} = 0.36[\mu F]$

→ (콘덴서가 직렬로 연결)

【정답】 ②

|참|고|

[극판 간 유전체의 삽입 위치에 따른 콘덴서의 직·병렬 구별]

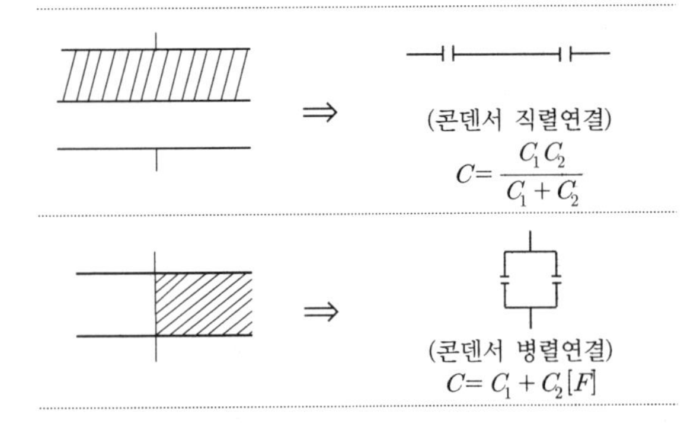

11. 한 변의 길이가 $l[m]$인 정삼각형 회로에 $I[A]$가 흐르고 있을 때 삼각형 중심에서의 자계의 세기 $[AT/m]$는?

① $\frac{\sqrt{2}I}{3\pi l}$ ② $\frac{9I}{\pi l}$ ③ $\frac{2\sqrt{2}I}{3\pi l}$ ④ $\frac{9I}{2\pi l}$

|정|답|및|해|설|

[한 변이 l인 정삼각형 중심의 자계의 세기] $H = \frac{9I}{2\pi l}[\mathrm{AT/m}]$

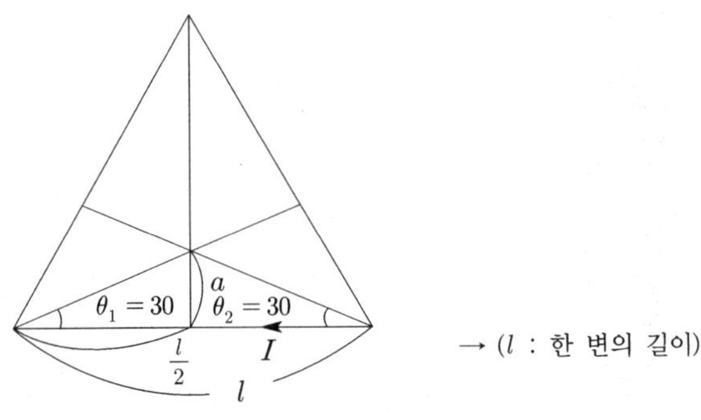

→ (l : 한 변의 길이)

【정답】 ④

|참|고|

1. 한 변이 l인 정사각형 중심의 자계의 세기 $H = \frac{2\sqrt{2}I}{\pi l}[AT/m]$
2. 한 변이 l인 정육각형 중심의 자계의 세기 $H = \frac{\sqrt{3}I}{\pi l}[\mathrm{AT/m}]$

12. 전속밀도에 대한 설명으로 가장 옳은 것은?

① 전속은 스칼라량이기 때문에 전속밀도도 스칼라량이다.
② 전속밀도는 전계의 세기의 방향과 반대 방향이다.
③ 전속밀도는 유전체 내에 분극의 세기와 같다.
④ 전속밀도는 유전체와 관계없이 크기는 일정하다.

|정|답|및|해|설|

[전속밀도] $D = \frac{Q}{S}[C/m^2]$

여기서, S : 단면적, Q : 전하
전속밀도 D는 매질에 관계없이 전하 $Q[C]$일 때 단위 면적당 Q개의 전속선이 나온다.

【정답】 ④

13. 평등자계와 직각방향으로 일정한 속도로 발사된 전자의 원운동에 관한 설명 중 옳은 것은?

① 플레밍의 오른손법칙에 의한 로렌츠의 힘과 원심력의 평형 원운동이다.

② 원의 반지름은 전자의 발사속도와 전계의 세기의 곱에 반비례한다.

③ 전자의 원운동 주기는 전자의 발사 속도와 관계되지 않는다.

④ 전자의 원운동 주파수는 전자의 질량에 비례한다.

|정|답|및|해|설|

[전자의 원운동]

1. 힘(원심력) $F=\mu_0 evH=\dfrac{mv^2}{r}$

2. 반경 $r=\dfrac{mv}{e\mu_0 H}=\dfrac{mv}{eB}[m]$

3. 주기 $T=\dfrac{1}{f}$ 이므로 $T=\dfrac{2\pi}{w}=\dfrac{2\pi m}{eB}[s]$

4. 주파수 $f=\dfrac{eB}{2\pi m}[Hz]$

원운동의 주기(T)는 발사속도 (v)와 무관하다.

주기의 역수인 주파수는 질량과 반비례함을 알 수 있고 반지름 r은 자계의 세기와 반비례한다.

※① 플레밍의 **왼손법칙**에 의한 로렌츠의 힘과 원심력의 평형 원운동이다.

② 원의 반지름은 **전계의 세기(E)**와는 **무관**하다.

④ 전자의 원운동 주파수는 전자의 질량(m)에 **반비례**한다.

【정답】 ③

14. 벡터포텐셜 $A=3x^2ya_x+2xa_y-z^3a_z[Wb/m]$일 때의 자계의 세기 $H[A/m]$는? 단, μ는 투자율이라 한다.

① $\dfrac{1}{\mu}(2-3x^2)a_y$　② $\dfrac{1}{\mu}(3-2x^2)a_y$

③ $\dfrac{1}{\mu}(2-3x^2)a_z$　④ $\dfrac{1}{\mu}(3-2x^2)a_z$

|정|답|및|해|설|

[자속밀도] $B=\mu H=rot\,A=\nabla\times A$

여기서, H : 자계의 세기, A : 벡터포텐셜

1. 자계의 세기 $H=\dfrac{1}{\mu}(\nabla\times A)$

$$\nabla\times A=\begin{vmatrix} a_x & a_y & a_z \\ \dfrac{\partial}{\partial x} & \dfrac{\partial}{\partial y} & \dfrac{\partial}{\partial z} \\ 3x^2y & 2x & -z^3 \end{vmatrix}=0a_x+0a_y+\left[\dfrac{\partial}{\partial x}(2x)-\dfrac{\partial}{\partial y}(3x^2y)\right]a_z$$

$$=(2-3x^2)a_z$$

2. $B=(2-3x^2)a_z$와 $B=\mu H$ 의 관계식에서

$\therefore$자계의 세기 $H=\dfrac{B}{\mu}=\dfrac{1}{\mu}(\nabla\times A)=\dfrac{1}{\mu}(2-3x^2)a_z$

【정답】 ③

|참|고|

$$rot\vec{A}=\nabla\times\vec{A}=curl\vec{A}$$

$$=(\frac{\partial}{\partial x}i+\frac{\partial}{\partial y}j+\frac{\partial}{\partial z}k)\times(A_xi+A_yj+A_zk)$$

$$=\begin{vmatrix} i & j & k \\ \dfrac{\partial}{\partial x} & \dfrac{\partial}{\partial y} & \dfrac{\partial}{\partial z} \\ A_x & A_y & A_z \end{vmatrix}$$

$$=i\left(\frac{\partial A_z}{\partial y}-\frac{\partial A_y}{\partial z}\right)+j\left(\frac{\partial A_x}{\partial z}-\frac{\partial A_z}{\partial x}\right)+k\left(\frac{\partial A_y}{\partial x}-\frac{\partial A_x}{\partial y}\right)$$

15. 정전계에서 도체에 정(+)의 전하를 주었을 때의 설명으로 틀린 것은?

① 도체 표면의 곡률 반지름이 작은 곳에 전하가 많이 분포한다.

② 도체 외측의 표면에만 전하가 분포한다.

③ 도체 표면에서 수직으로 전기력선이 출입한다.

④ 도체 내에 있는 공동면에도 전하가 골고루 분포한다.

|정|답|및|해|설|

[도체의 성질과 전하분포]

- 도체 표면과 내부의 전위는 동일하고(등전위), 표면은 등전위면이다.
- 도체 내부의 전계의 세기는 0이다.
- **전하**는 도체 **내부에는 존재하지 않고, 도체 표면에만 분포**한다.
- 도체 면에서의 전계의 세기 방향은 도체 표면에 항상 수직이다.
- 도체 표면에서의 전하밀도는 곡률이 클수록 높다. 즉, 곡률반경이 작을수록 높다.
- 중공부에 전하가 없고 대전 도체라면, 전하는 도체 외부의 표면에만 분포한다.
- 중공부에 전하를 두면 도체 내부표면에 동량 이부호, 도체 외부표면에 동량 동부호의 전하가 분포한다.

【정답】 ④

16. 단면적 4[cm^2]의 철심에 6×10^{-4}[Wb]의 자속을 통하게 하려면 2,800[AT/m]의 자계가 필요하다. 이 철심의 비투자율은 약 얼마인가?

① 346 ② 375
③ 407 ④ 426

|정|답|및|해|설|

[비투자율] $\mu_s = \dfrac{\phi}{\mu_0 HS}$ → ($\varnothing = BS = \mu HS = \mu_0\mu_s HS$)

여기서, S : 단면적, $\varnothing$: 자속, H : 자기의 세기, B : 자속밀도

$$\therefore \mu_s = \frac{\phi}{\mu_0 HS} = \frac{6\times10^{-4}}{4\pi\times10^{-7}\times2800\times4\times10^{-4}} = 426$$

→ ($\mu_0 = 4\pi\times10^{-7}$)

【정답】 ④

17. 점전하에 의한 전위 함수가 $V=\dfrac{1}{x^2+y^2}[V]$일 때 grad V는?

① $-\dfrac{xi+yj}{(x^2+y^2)^2}$ ② $-\dfrac{2xi+2yj}{(x^2+y^2)^2}$

③ $-\dfrac{2xi}{(x^2+y^2)^2}$ ④ $-\dfrac{2yj}{(x^2+y^2)^2}$

|정|답|및|해|설|

[전계의 세기] $E = grad V = \nabla V = i\dfrac{\partial V}{\partial x} + j\dfrac{\partial V}{\partial y} + k\dfrac{\partial V}{\partial z}$

$$V = \frac{1}{x^2+y^2} = (x^2+y^2)^{-1}$$

$$\frac{\partial V}{\partial x} = \frac{\partial}{\partial x}[(x^2+y^2)^{-1}] = -(x^2+y^2)^{-2}\cdot 2x = -\frac{2x}{(x^2+y^2)^2}$$

$$\frac{\partial V}{\partial y} = \frac{\partial}{\partial y}[(x^2+y^2)^{-1}] = -(x^2+y^2)^{-2}\cdot 2y = -\frac{2y}{(x^2+y^2)^2}$$

$$\frac{\partial V}{\partial z} = \frac{\partial}{\partial z}[(x^2+y^2)^{-1}] = 0$$

$$\therefore grad\, V = -\frac{2xi}{(x^2+y^2)^2} - \frac{2yj}{(x^2+y^2)^2} = -\frac{2xi+2yj}{(x^2+y^2)^2}$$

【정답】 ②

18. 유전율이 다른 두 유전체의 경계면에 작용하는 힘은? (단, 유전체의 경계면과 전계 방향은 수직이다.)

① 유전율의 차이에 비례
② 유전율의 차이에 반비례
③ 경계면의 전계의 세기의 제곱에 비례
④ 경계면의 면전하밀도의 제곱에 비례

|정|답|및|해|설|

[유전율이 다른 두 유전체의 경계면에 작용하는 힘]

$$f = \frac{1}{2}\frac{\rho^2}{\epsilon} = \frac{1}{2}\frac{D^2}{\epsilon}[N/m^2]$$

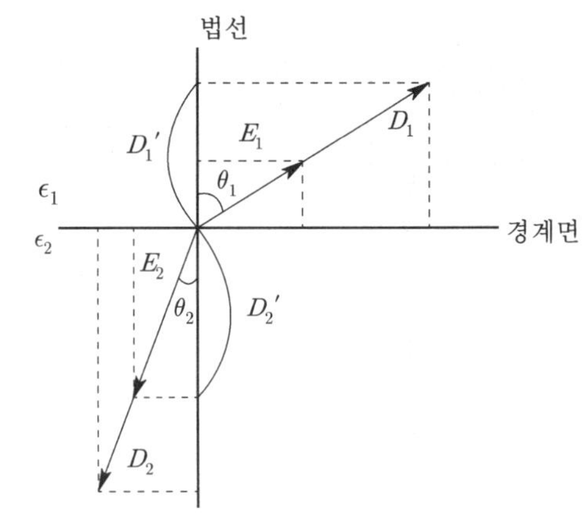

1. 전속밀도의 법선성분(수직성분), $D_1 = D_2$

2. 힘 $f = \dfrac{1}{2}\dfrac{\rho^2}{\epsilon} = \dfrac{1}{2}\dfrac{D^2}{\epsilon} = \dfrac{D^2}{2}\left(\dfrac{1}{\epsilon_2} - \dfrac{1}{\epsilon_1}\right)[N/m^2]$

→ (면전하밀도(ρ_s)=전속밀도(D))

※① 유전율 역수의 차이에 비례
② 유전율 역수의 차이에 비례
③ 경계면의 전속밀도(D)의 제곱에 비례

【정답】 ④

19. 비오-사바르의 법칙으로 구할 수 있는 것은?

① 전계의 세기 ② 자계의 세기
③ 전위 ④ 자위

|정|답|및|해|설|

[비오-사바르의 법칙]

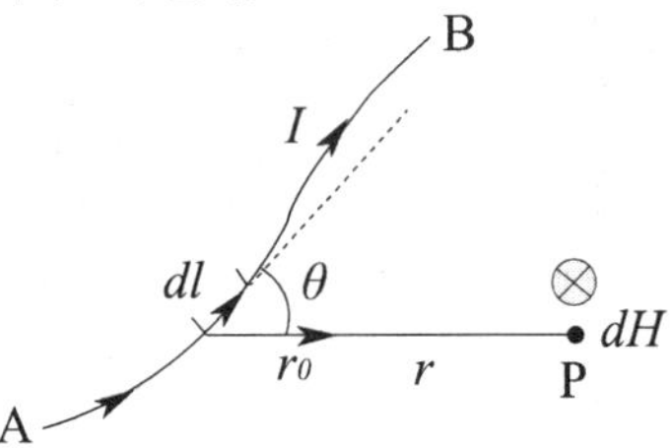

임의의 형상의 도선에 전류 $I[A]$가 흐를 때, 도선상의 길이 l부분에 흐르는 전류에 의하여 거리 r만큼 떨어진 점 P에서의 자계의 세기 H는

$$dH = \frac{I\,dl\sin\theta}{4\pi r^2}[AT/m] = \frac{q\,dv\sin\theta}{4\pi r^2}[AT/m]$$ → ($I = \dfrac{vdq}{dl}$)

$$\therefore H = \frac{qv\sin\theta}{4\pi r^2}\int dq = \frac{qv\sin\theta}{4\pi r^2}[AT/m]$$

【정답】 ②

20. 두 종류의 금속으로 된 회로에 전류를 통하면 각 접속점에서 열의 흡수 또는 발생이 일어나는 현상은?

① 톰슨 효과　　② 제벡 효과
③ 볼타 효과　　④ 펠티에 효과

|정|답|및|해|설|

[펠티에 효과] 두 종류 금속 접속 면에 전류를 흘리면 접속점에서 **열의 흡수(온도 강하), 발생(온도 상승)이 일어나는 효과**이다. 제벡 효과와 반대 효과이며 전자 냉동 등에 응용되고 있다.

【정답】 ④

|참|고|

② 제벡 효과 : 두 종류 금속 접속 면에 온도차가 있으면 기전력이 발생하는 효과이다. 열전온도계에 적용
③ 볼타 효과 : 서로 다른 두 종류의 금속을 접촉시킨 다음 얼마 후에 떼어서 각각을 검사해 보면 + 및 -로 대전하는 현상
④ 톰슨 효과 : 동일한 금속 도선의 두 점간에 온도차를 주고, 고온 쪽에서 저온 쪽으로 전류를 흘리면 도선 속에서 열이 발생되거나 흡수가 일어나는 이러한 현상

3회 2023년 전기기사필기 (전력공학)

21. 그림과 같이 D[m]의 간격으로 반지름 r[m]의 두 전선 a, b가 평행하게 가설되어 있다고 한다. 작용인덕턴스 $L[mH/km]$의 표현으로 알맞은 것은?

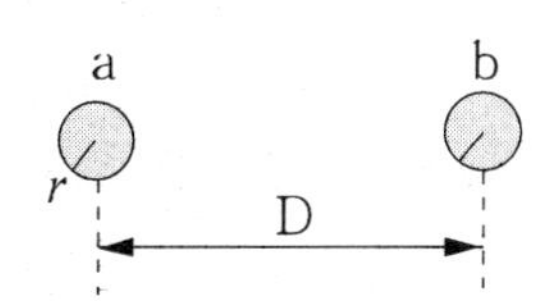

① $L=0.05+0.4605\log_{10}(rD)[mH/km]$

② $L=0.05+0.4605\log_{10}\frac{r}{D}[mH/km]$

③ $L=0.05+0.4605\log_{10}\frac{D}{r}[mH/km]$

④ $L=0.05+0.4605\log_{10}\left(\frac{1}{rD}\right)[mH/km]$

|정|답|및|해|설|

[단도체 작용인덕턴스]

$L=0.05+0.4605\log_{10}\frac{D}{r}[mH/km]$

여기서, r[m] : 전선의 반지름, D[m] : 선간거리

|참|고|

[작용인덕턴스]

다도체 작용인덕턴스

$$L_n=\frac{0.05}{n}+0.4605\log_{10}\frac{D}{r_e}[\text{mH/km}]$$
$$=\frac{0.05}{n}+0.4605\log_{10}\frac{D}{\sqrt[n]{rs^{n-1}}}$$

단, 등가 반지름 $r_e=\sqrt[n]{rs^{n-1}}$

여기서, r[m] : 전선의 반지름, D[m] : 선간거리, n : 복도체수
s : 소도체간 거리

【정답】 ③

22. 3상 3선식 선로에서 수전단 전압 6,600[V], 역률 80 [%](지상), 정격전류 50[A]의 3상 평형 부하가 연결되어 있다. 선로임피던스 $R=3[\Omega]$, $X=4[\Omega]$인 경우 송전단전압은 몇 [V]인가?

① 7,543　　② 7,037
③ 7,016　　④ 6,852

|정|답|및|해|설|

[송전단전압] $V_s=V_r+\sqrt{3}I(R\cos\theta+X\sin\theta)$

송전단전압은 수전단전압에 선로전압강하를 더한 값

여기서, I : 전류, $\cos\theta$: 역률, V_s : 송전단 전압
V_r : 수전단 전압

$\therefore V_s=V_r+\sqrt{3}I(R\cos\theta+X\sin\theta)$　　$\rightarrow(\sin\theta=\sqrt{1-\cos\theta^2})$

$=6600+\sqrt{3}\times50(3\times0.8+4\times0.6)=7015.69[V]$

【정답】 ③

23. 증기의 엔탈피란?

① 증기 1[kg]의 잠열
② 증기 1[kg]의 현열
③ 증기 1[kg]의 보유열량
④ 증기 1[kg]의 증발열을 그 온도로 나눈 것

|정|답|및|해|설|

[엔탈피] 온도에 있어서 물 또는 증기 1[kg]이 보유한 열량 [kcal/kg](액체열과 증발열의 합)

※엔트로피 : 증기 1[kg] 단위 무게에 대해서 증발열을 온도로 나눈 계수를 말한다.

【정답】 ③

24. 정격전압 7.2[kV], 차단용량 100[MVA]인 3상 차단기의 정격차단전류는 약 몇 [kA]인가?

① 4[kV]　　② 6[kV]
③ 7[kV]　　④ 8[kV]

|정|답|및|해|설|

[차단기의 정격차단전류] $I_s = \frac{P_s}{\sqrt{3}\,V}[A]$

→ (차단기의 정격차단 용량 $P_s = \sqrt{3}\,VI_s$)

∴정격차단전류 $I_s = \frac{P_s}{\sqrt{3}\,V} = \frac{100 \times 10^6}{\sqrt{3} \times 7.2 \times 10^3} \times 10^{-3} = 8[\text{kA}]$

【정답】 ④

25. 전등만으로 구성된 수용가를 두 군으로 나누어 각 군에 변압기 1개씩을 설치하며 각 군의 수용가의 총 설비용량을 각각 30[kW], 50[kW]라 한다. 각 수용가의 수용률을 0.6, 수용가간 부등률을 1.2, 변압기 군의 부등률을 1.3이라 하면 고압 간선에 대한 최대부하는 약 [kW] 인가? (단, 간선의 역률은 100[%]이다.)

① 15　　② 22　　③ 31　　④ 35

|정|답|및|해|설|

[최대부하]

1. 부등률 $= \frac{\text{각수용가의 최대전력의 합}}{\text{합성한 최대전력}}$

2. 합성한 최대전력 $= \frac{\text{각 수용가의 최대전력의 합}}{\text{부등률}}$

$$= \frac{\frac{30[kW] \times 0.6}{1.2} + \frac{50[kW] \times 0.6}{1.2}}{1.3} = 31[kW]$$

※만약 [kVA]를 구하라고 하면, $\frac{[kW]}{\cos\theta}$ 한다.

【정답】 ③

26. 다음 중 송전선로에서 이상전압이 가장 크게 발생하기 쉬운 경우는?

① 무부하 송전선로를 폐로하는 경우
② 무부하 송전선로를 개로하는 경우
③ 부하 송전선로를 폐로하는 경우
④ 부하 송전선로를 개로하는 경우

|정|답|및|해|설|

[개폐서지(이상전압)] 정전용량[C] 때문에 발생

1. 개폐 이상전압은 회로의 폐로 때 보다 **개방 시가 크다**.
2. 부하 차단 시보다 **무부하 차단 때가 더 크다**.

따라서 이상전압이 가장 큰 경우는 무부하 송전선로를 개로하는 경우 선로의 충전전류에 의해 이상전압이 가장 크게 발생할 수 있다.

【정답】 ②

27. 무효 전력 보상 장치(동기조상기)에 대한 설명으로 틀린 것은?

① 시충전이 불가능하다.
② 전압 조정이 연속적이다.
③ 중부하 시에는 과여자로 운전하여 앞선 전류를 취한다.
④ 경부하 시에는 부족여자로 운전하여 뒤진 전류를 취한다.

|정|답|및|해|설|

[무효 전력 보상 장치(동기조상기)] 무부하 운전중인 동기전동기를 과여자 운전하면 콘덴서로 작용하며, 부족여자로 운전하면 리액터로 작용한다.

1. 중부하시 과여자 운전 : 콘덴서로 작용, 진상
2. 경부하시 부족여자 운전 : 리액터로 작용, 지상
3. 연속적인 조정(진상 · 지상) 및 **시송전(시충전)이 가능**하다.
4. 증설이 어렵다. 손실 최대(회전기)

|참|고|

[조상설비의 비교]

항목	무효 전력 보상 장치(동기조상기)	전력용 콘덴서	분로리액터
전력손실	많다 (1.5~2.5[%])	적다 (0.3[%] 이하)	적다 (0.6[%] 이하)
무효전력	진상, 지상 양용	진상전용	지상전용
조정	연속적	계단적 (불연속)	계단적 (불연속)
시송전 (시충전)	가능	불가능	불가능
가격	비싸다	저렴	저렴
보수	손질필요	용이	용이

【정답】 ①

28. 모선 보호에 사용되는 계전방식이 아닌 것은?

① 위상비교방식
② 선택접지계전방식
③ 방향거리계전방식
④ 전류차동보호방식

|정|답|및|해|설|

[모선보호계전방식] 발전소나 변전소의 모선에 고장이 발생하면 고장 모선을 검출하여 계통으로부터 분리시키는 계전 방식

- 전류차동보호방식
- 전압차동보호방식
- 방향거리계전방식
- 위상비교방식

※ ② 선택접지계전기(SGR)은 지락회선을 선택적으로 차단하기 위해서 사용한다. 【정답】 ②

29. 송전단전압 160[kV], 수전단전압 150[kV], 상차각 $45°$, 리액턴스 $50[\Omega]$일 때 선로손실을 무시하면 전송전력은 약 몇 [MW]인가?

① $356[MW]$　② $339[MW]$
③ $237[MW]$　④ $161[MW]$

|정|답|및|해|설|

[송전전력] $P=\frac{V_s V_r}{X}\sin\theta[W]$

여기서, V_s, V_r : 송·수전단 전압[kV], X : 선로의 리액턴스[Ω]

$\therefore P=\frac{V_s V_r}{X}\sin\theta=\frac{160[kV]\times 150[kV]}{50}\sin 45°=339[MW]$

→ (송전단전압[kV]×수전단전압[kV]=[MV])

【정답】 ②

30. 통신선과 평행인 주파수 60[Hz]의 3상 1회선 송전선이 있다. 1선 지락 때문에 영상전류가 110[A] 흐르고 있다면 통신선에 유도되는 전자유도전압은 약 몇 [V]인가? (단, 영상전류는 전 전선에 걸쳐서 같으며, 송전선과 통신선과의 상호인덕턴스는 0.05 [mH/km], 그 평행 길이는 55[km]이다.)

① 156　② 232
③ 342　④ 456

|정|답|및|해|설|

[전자유도전압] $E_m=jwMl\times 3I_0$

여기서, l : 전력선과 통신선의 병행 길이[km]

$3I_0$: 3×영상전류(=기유도전류=지락전류)

M : 전력선과 통신선과의 상호인덕턴스

$\therefore E_m=jwMl(3I_0)=j2\pi fMl(3I_0)$
$=2\pi\times 60\times 0.05\times 10^{-3}\times 55\times 3\times 110=342.19[V]$

【정답】 ③

31. 케이블 단선 사고에 의한 고장점까지의 거리를 정전용량 측정법으로 구하는 경우, 건전상의 정전용량이 C, 고장점까지의 정전용량이 C_x, 케이블의 길이가 l일 때 고장점까지의 거리를 나타내는 식으로 알맞은 것은?

① $\frac{C}{C_x}l$　② $\frac{2C_x}{C}l$
③ $\frac{C_x}{C}l$　④ $\frac{C_x}{2C}l$

|정|답|및|해|설|

[정전용량 측정법]

1. 1~3심이 단선하여 지락이 없는 경우
2. 건전상의 정전용량과 사고상의 정전용량을 비교하여 사고점을 산출한다.
3. 고장점까지 거리 $L=$ 선로길이 $\times\frac{C_x}{C}$

$\therefore L=l\times\frac{C_x}{C}$ 【정답】 ③

32. 전력 계통의 전압 조정과 무관한 것은?

① 발전기의 조속기
② 발전기의 전압 조정 장치
③ 전력용 콘덴서
④ 전력용 분로리액터

|정|답|및|해|설|

[전압 조정 설비]

1. 발전기
2. 무효 전력 보상 장치(동기조상기)
3. 정지형 무효전력 보상기(SVC)
4. 전력용 콘덴서(SC)
5. 정지형 전압조정기(SVR)
6. 분로리액터

※① 발전기의 조속기 : 조속기는 부하의 변화에 따라 증기와 유입량을 조절하여 터빈의 회전속도를 일정하게, 즉 주파수를 일정하게 유지시켜주는 장치이다. 【정답】 ①

33. 선로 고장 발생 시 고장전류를 차단할 수 없어 리클로저와 같이 차단 기능이 있는 후비보호 장치와 직렬로 설치되어야 하는 장치는?

① 배선용 차단기　② 유입 개폐기
③ 컷아웃 스위치　④ 섹셔널라이저

|정|답|및|해|설|

[섹셔널라이저(sectionalizer)] 섹셔널라이저는 고장전류를 차단할 수 있는 능력이 없으므로 후비 보호 장치인 리클로저와 직렬로 조합하여 사용한다.

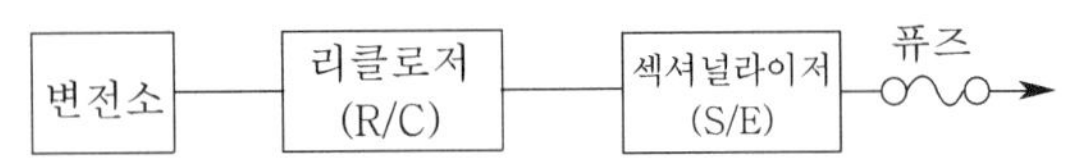

※리클로저(R/C) : 차단 장치를 자동 재연결(재폐로) 하는 일

【정답】④

34. 수차의 유효낙차와 안내 날개, 그리고 노즐의 열린 정도를 일정하게 하여 놓은 상태에서 조속기가 동작하지 않게 하고, 전부하 정격속도로 운전 중에 무부하로 하였을 경우에 도달하는 최고속도를 무엇이라 하는가?

① 특유속도(specific speed)
② 동기속도(synchronous speed)
③ 무구속 속도(runaway speed)
④ 임펄스 속도(impulse speed)

|정|답|및|해|설|

[무구속속도(runaway speed)] 어떤 지정된 유효낙차에서 수차가 무부하로 운전할 때 생기는 최대 회전 속도

|참|고|

① 특유속도(specific speed) : 낙차에서 단위 출력을 발생시키는데 필요한 1분 동안의 회전수 $N_s = \frac{N\sqrt{P}}{H^{\frac{5}{4}}}$[rpm]

여기서, N : 수차의 회전속도[rpm]

P : 수차 출력[kW], H : 유효낙차[m]

② 동기속도(synchronous speed) : 동기전동기나 유도전동기에서 만들어지는 회전자기장의 회전속도, $N_s = \frac{120f}{p}$[rpm]

④ 임펄스 속도(impulse speed) : 펄스 신호 형태로 발생하는 주기 신호 주파수의 속도를 1초 단위로 나타낸 것.

【정답】③

35. 전력계통의 주파수 변동은 주로 무엇의 변화에 기인하는가?

① 유효전력　② 무효전력
③ 계통전압　④ 계통임피던스

|정|답|및|해|설|

1. 유효전력 변동=주파수 변동
2. 무효전력 변동=전압 변동

【정답】①

36. 다중접지 3상 4선식 배전선로에서 고압측(1차측) 중성선과 저압측(2차측) 중성선을 전기적으로 연결하는 주목적은?

① 저압 측의 단락 사고를 검출하기 위함
② 저압 측의 접지 사고를 검출하기 위함
③ 주상 변압기의 중성선측 부싱을 생략하기 위함
④ 고·저압 혼촉 시 수용가에 침입하는 상승전압을 억제하기 위함

|정|답|및|해|설|

[고압측 중성선과 저압측 중성선을 전기적으로 연결하는 목적] 중성선끼리 연결되지 않으면 고·저압 혼촉 시 고압 측의 큰 전압이 저압 측을 통해서 수용가에 침입할 우려가 있다. 따라서 고·저압 혼촉 시 수용가에 침입하는 상승전압을 억제하기 위함이다.

【정답】④

37. 다음 중 특유속도가 가장 작은 수차는?

① 프로펠라 수차　② 프란시스 수차
③ 펠턴 수차　④ 카플란 수차

|정|답|및|해|설|

[각 수차의 특유 속도의 범위]

1. 펠턴 수차 : 13~21
2. 프란시스 수차 : 65~350
3. 프로펠라(카플란) 수차 : 350~800
4. 카플란 수차 : 350~800
5.사류 수차 : 15~250

|참|고|

[특유속도] 특유속도 N_s는 수차와 유수와의 상대속도로서

$N_s = N\frac{P^{\frac{1}{2}}}{H^{\frac{5}{4}}}[rpm]$로 표시된다.

여기서, 출력 $P[kW]$, 유효 낙차 $H[m]$, 회전 속도 $N[rpm]$)

*특유속도가 크면 경부하에서 효율의 저하가 심하다.

【정답】③

38. 전력계통에 설치되는 조상설비에 대한 설명으로 잘못된 것은?

① 송 · 수전단의 전압이 일정하게 유지되도록 하는 조정 역할을 한다.

② 역률의 개선으로 송전 손실을 경감시키는 역할을 한다.

③ 전력계통 안정도 향상에 기여한다.

④ 이상전압으로부터 선로 및 기기의 보호능력을 가진다.

|정|답|및|해|설|

[조상설비] 송전선을 일정한 전압으로 운전하기 위해 필요한 무효전력을 공급하는 장치로 종류로는 무효 전력 보상 장치(동기조상기), 전력용 콘덴서, 분로리액터 등이 있다,

1. 무효 전력 보상 장치(동기조상기) :무부하 운전 중인 동기전동기를 과여자 운전하면 콘덴서로 작용하며, 부족여자로 운전하면 리액터로 작용한다.
2. 전력용 콘덴서 :앞선 전류를 취하여 전압강하를 보상한다.
3. 분로리액터 : 뒤진 전류(지상 전류)를 취하여 이상 전압의 상승을 억제한다.

※④ 이상전압으로부터 선로 및 기기의 보호능력을 가진다. → 보호계전기

【정답】 ④

39. 송 · 배전선로는 저항 R, 인덕턴스 L, 정전용량(커패시턴스) C, 누설콘덕턴스 g 라는 4개의 정수로 이루어진 연속된 전기회로이다. 이들 정수를 선로 정수(Line Constant)라고 부르는데 이것은 (①), (②) 등에 따라 정해진다. 다음 중 (①), (②)에 알맞은 내용은?

① ① 전압 · 전선의 종류　② 역률

② ① 전선의 굵기 · 전압　② 전류

③ ① 전선의 배치 · 전선의 종류　② 전류

④ ① 전선의 종류 · 전선의 굵기　② 전선의 배치

|정|답|및|해|설|

[선로정수(Line Constant)] 전선의 선로정수란 저항 R, 인덕턴스 L, 정전용량 C 및 누설 컨덕턴스 G의 4가지 정수를 선로정수라 하며 선로정수는 **전선의 종류, 전선의 굵기, 전선의 배치**에 따라 정해지며 송전전압, 주파수, 전류, 역률 및 기상 등에는 영향을 받지 않는다.

【정답】 ④

40. 송전계통의 안정도 증진 방법에 대한 설명이 아닌 것은?

① 전압변동을 작게 한다.

② 직렬 리액턴스를 크게 한다.

③ 고장 시 발전기 입·출력의 불평형을 작게 한다.

④ 고장전류를 줄이고 고장 구간을 신속하게 차단한다.

|정|답|및|해|설|

[동기기의 안정도 향상 대책]

· 과도 **리액턴스는 작게**, 단락비는 크게 한다.
· 정상 임피던스는 작게, 영상, 역상 임피던스는 크게 한다.
· 회전자의 플라이휠 효과를 크게 한다.
· 속응 여자 방식을 채용한다.
· 발전기의 조속기 동작을 신속하게 할 것
· 동기 탈조 계전기를 사용한다.
· 전압 변동을 작게 한다. 속응 여자 방식을 채택한다.
· 고장 시 발전기 입·출력의 불평형을 작게 한다.

【정답】 ②

3회 2023년 전기기사필기 (전기기기)

41. 3000[V], 60[Hz], 8극, 100[kW]의 3상 유도전동기가 있다. 전부하에서 2차동손이 3[kW], 기계손이 2[kW]이라면 전부하회전수는 약 몇 [rpm]인가?

① 874　② 762

③ 682　④ 574

|정|답|및|해|설|

[3상유도전동기의 전부하 회전수] $N=(1-s)N_s[rpm]$

여기서, s : 슬립, N_s : 동기속도

$f=60[Hz]$, 극수$(p)=8$, $P=10[kW]$, $P_{c2}=3[kW]$, $P_m=2[kW]$

1. 동기속도 $N_s=\frac{120f}{p}=\frac{120\times 60}{8}=900[rpm]$
2. 동기와트(2차입력)=전부하출력+2차동손+기계손
   $P_2=P+P_m+P_{c2}=100+2.0+3.0=105[kW]$
3. 슬립 $s=\frac{P_{c2}}{P_2}=\frac{3.0}{105}=\frac{1}{35}=0.0286$
4. 회전수$N=(1-s)N_s=\left(1-\frac{1}{35}\right)\times\frac{120\times 60}{8}=874[rpm]$

【정답】 ①

42. 단락비 1.2인 발전기의 퍼센트 동기임피던스[%]는 약 얼마인가?

① 100　　② 83
③ 60　　④ 45

|정|답|및|해|설|

[퍼센트 동기임피던스 ($\%Z_s$)] 동기임피던스를 [Ω]으로 나타내지 않고 백분율로 나타낸 것

$\%Z_s = \dfrac{1}{K_s}$　→ (K_s : 단락비)

$\therefore \%Z = \dfrac{1}{K_s} \times 100 = \dfrac{1}{1.2} \times 100 = 83[\%]$

|참|고|

퍼센트 동기임피던스 $\%Z_s = \dfrac{I_n \times Z_s}{E_n} \times 100[\%]$

여기서, I_n : 한상의 정격전류, E_n : 한상의 정격전압 (상전압)
Z_s : 한상의 동기임피던스

【정답】 ②

43. 그림은 단상 직권 정류자 전동기의 개념도이다. C를 무엇이라고 하는가?

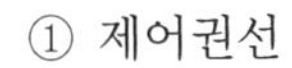
① 제어권선
② 보상권선
③ 보극권선
④ 단층권선

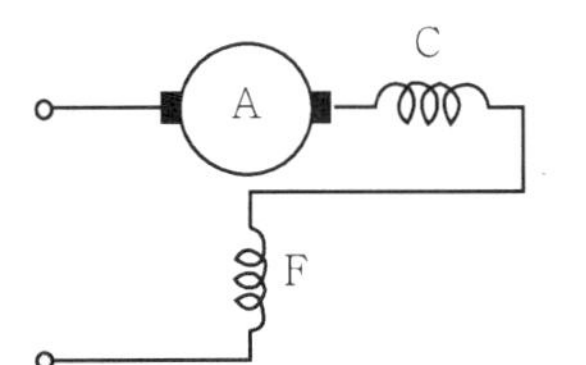

|정|답|및|해|설|

[단상 직권정류자전동기]
A : 전기자, C : 보상권선, F : 계자권선　【정답】 ②

|참|고|

[단상 직권 정류자전동기 (만능 전동기)]
- 75[W] 이하의 소 출력
- 교·직 양용으로 사용할 수 있으며 만능 전동기
- 직권형, 보상직권형, 유도보상직권형 등이 있다.
- 재봉틀, 믹서, 소형 공구, 치과 의료용 기구 등에 사용

44. 유도전동기의 2차 효율은? (단. s는 슬립이다.)

① 1/s　② s　③ 1 - s　④ s^2

|정|답|및|해|설|

[유도전동기의 2차 효율] $\eta_2 = \dfrac{P_0}{P_2} = \dfrac{(1-s)P_2}{P_2} = 1 - s = \dfrac{N}{N_s}$

→ ($P_0 = (1-s)P_2$, $N = (1-s)N_s$)

여기서, P_2 : 2차입력, P_0 : 2차출력, N : 회전자속도
N_s : 동기속도

【정답】 ③

45. 어떤 단상 변압기의 2차 무부하 전압이 240[V]이고, 정격부하시의 2차 단자전압이 230[V]이다. 전압변동률은 약 얼마인가?

① 4.35[%]　　② 5.15[%]
③ 6.65[%]　　④ 7.35[%]

|정|답|및|해|설|

[전압변동률] $\epsilon = \dfrac{V_{20} - V_{2n}}{V_{2n}} \times 100[\%]$

여기서, V_{20} : 무부하 시 2차 단자 전압,
V_{2n} : 정격부하 시 2차 단자 전압

$\therefore \epsilon = \dfrac{V_{20} - V_{2n}}{V_{2n}} \times 100 = \dfrac{240 - 230}{230} \times 100 = 4.35[\%]$

【정답】 ①

46. 변압기 1차측 사용 탭이 22900[V]인 경우 2차 측 전압이 360[V]였다면 2차측 전압을 약 380[V]로 하기 위해서는 1차측의 탭을 몇 [V]로 선택해야 하는가?

① 21900　　② 20500
③ 24100　　④ 22900

|정|답|및|해|설|

[탭전압의 관계] $\dfrac{T_{ab1}}{T_{ab2}} = \dfrac{V_{T1}}{V_{T2}}$ 의 관계를 갖는다.

여기서, T_{ab1} : 현제의 탭전압, T_{ab2} : 변경할 탭전압
V_{T1} : 현제의 변압기 2차 측 전압
V_{T2} : 변경할 2차 측 전압

$T_{ab2} = \dfrac{V_{T2}}{V_{T1}} \times T_{ab1}[V]$

$V_{T2} = 380[V]$, $V_{T1} = 360[V]$, $T_{ab2} = 22900[V]$

$\therefore T_{ab2} = \dfrac{380}{360} \times 22900 = 24192.22[V]$, 24100[V] 선정

【정답】 ③

47. 그림은 일반적인 반파 정류회로이다. 변압기 2차 전압의 실효값을 E[V]라 할 때 직류전류 평균값은? (단, 정류기의 전압강하는 무시한다.)

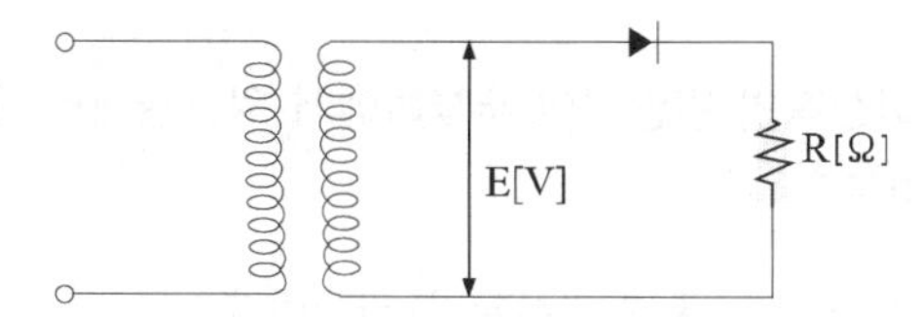

① $\frac{\sqrt{2}E}{\pi R}$　② $\frac{2\sqrt{2}E}{\pi R}$
③ $\frac{1}{2}\cdot\frac{E}{R}$　④ $\frac{E}{R}$

|정|답|및|해|설|

[반파 정류회로] $I_m = \frac{E_m}{R}[A]$,　$E_d = \frac{\sqrt{2}}{\pi}E$

$E_d = \frac{\sqrt{2}}{\pi}E$이므로 $I_d = \frac{E_d}{R} = \frac{\sqrt{2}}{\pi}\cdot\frac{E}{R}$

$\therefore I_d = \frac{\sqrt{2}}{\pi}\cdot\frac{E}{R} = 0.45\frac{E}{R}$　【정답】 ①

48. 동기리액턴스 $x_x = 10[\Omega]$, 전기자 저항 $r_a = 0.1[\Omega]$인 Y결선 3상 동기발전기가 있다. 1상의 단자전압은 $V = 4000[V]$이고 유기기전력 $E = 6400[V]$이다. 부하각 $\delta = 30°$ 라고 하면 발전기의 3상 출력[kW]은 약 얼마인가?

① 1250　② 2830　③ 3840　④ 4650

|정|답|및|해|설|

[3상 동기발전기의 출력(원통형 회전자(비철극기)]

$P = 3\frac{EV}{x_s}\sin\delta[W]$

여기서, E : 유기기전력, V : 단자전압, x_s : 동기리액턴스
　δ : 부하각

$\therefore P = \frac{3\times6400\times4000}{10}\times\sin30°\times10^{-3} = 3840[kW]$

【정답】 ③

49. 1차 측 권수가 1500인 변압기의 2차 측에 16[Ω]의 저항을 접속하니 1차 측에서는 8[$k\Omega$]으로 환산되었다. 2차 측 권수는?

① 약 67　② 약 87
③ 약 107　④ 약 207

|정|답|및|해|설|

[권수비] $a = \frac{V_1}{V_2} = \frac{N_1}{N_2} = \sqrt{\frac{R_1}{R_2}}$

$\frac{1500}{N_2} = \sqrt{\frac{8000}{16}} \rightarrow \frac{1500}{N_2} = 22.36 \rightarrow \therefore N_2 \fallingdotseq 67$

【정답】 ①

50. 그림과 같은 단상 브리지 정류회로(혼합 브리지)에서 직류 평균전압[V]은? (단, E는 교류 측 실효치 전압, α는 점호 제어각이다.)

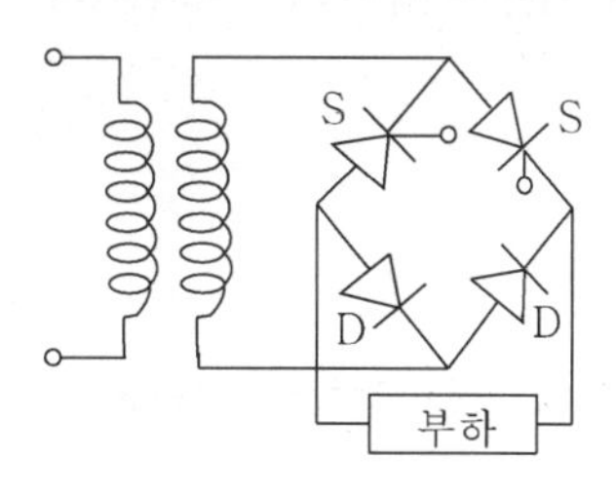

① $\frac{2\sqrt{2}E}{\pi}\left(\frac{1+\cos\alpha}{2}\right)$

② $\frac{\sqrt{2}E}{\pi}\left(\frac{1+\cos\alpha}{2}\right)$

③ $\frac{2\sqrt{2}E}{\pi}\left(1-\frac{\cos\alpha}{2}\right)$

④ $\frac{\sqrt{2}E}{\pi}\left(\frac{1-\cos\alpha}{2}\right)$

|정|답|및|해|설|

[직류 평균전압] $E_{d0} = E_d\left(\frac{1+\cos\alpha}{2}\right)$　$\rightarrow (E_d = \frac{2\sqrt{2}E}{\pi} = 0.9E[V])$

$\therefore E_{d0} = \frac{2\sqrt{2}E}{\pi}\left(\frac{1+\cos\alpha}{2}\right)$　【정답】 ①

51. 직류발전기의 단자전압을 조정하려면 어느 것을 조정하여야 하는가?

① 기동저항　② 계자저항
③ 방전저항　④ 전기자저항

|정|답|및|해|설|

[단자전압 조정] 단자전압을 조정하려면 회전수 n 또는 자속 $\varnothing$를 조정 하여야 하나 일반적으로 회전수는 일정하게 유지하고 **계자저항을 가감**함으로써 자속 $\varnothing$를 조정한다.

단자전압 $V = E - R_aI_a$　$\rightarrow (E = \omega\varnothing N)$

여기서, E : 유기기전력, I_a : 전기자전류, ω : 각주파수

【정답】 ②

52. 50[Hz]로 설계된 3상유도전동기를 60[Hz]에 사용하는 경우 단자전압을 110[%]로 올려서 사용하면 최대토크는 어떠한가?

① 1.2배로 증가 ② 0.8배로 감소
③ 2배로 증가 ④ 거의 불변

|정|답|및|해|설|
[3상유도전동기의 단자전압]

최대토크 $T_{\max} = K_0 \dfrac{E_2^2}{2x_2} [N \cdot m] \rightarrow T_{\max} \propto \dfrac{E^2}{f}$

$\rightarrow (x = \omega L = 2\pi f L)$

$\therefore T_m' = \dfrac{(1.1)^2}{\frac{60}{50}} = \dfrac{121}{120} \fallingdotseq 1$ 【정답】 ①

53. 전기철도에 가장 적합한 직류전동기는?

① 분권전동기 ② 직권전동기
③ 복권전동기 ④ 자여자분권전동기

|정|답|및|해|설|
[직권전동기] 직권전동기는 토크가 증가하면 속도가 급격히 강하하고 출력도 대체로 일정하다. 따라서 직권전동기는 **전기철도처럼 속도가 작을 때 큰 기동 토크가 요구되고 속도가 빠를 때 토크가 작아지는 특성**에 사용된다.

|참|고|
[직류 직권전동기]
1. $I_a = I_f = I = \varnothing$
2. 회전속도 $n = K\dfrac{V - I_a(R_a + R_s)}{\varnothing} = K\dfrac{E_c}{\varnothing}$[rps]

$\rightarrow (K = \dfrac{a}{pz},\ E_c = V - I_a R_a)$

3. 토크 $T = K\varnothing I_a = KI_a^2 = K(\dfrac{1}{N})^2$[N·m] $\rightarrow (K = \dfrac{pz}{2\pi a})$

$T \propto (\varnothing I_a = I_a^2) \propto \dfrac{1}{N^2}$ 【정답】 ②

54. 단락비가 큰 동기기의 특징이 아닌 것은?

① 안정도가 떨어진다.
② 전압변동률이 크다.
③ 효율이 떨어진다.
④ 전기자 반작용이 작다.

|정|답|및|해|설|
[단락비가 큰 동기기]
·**전압변동이 작다**(안정도가 높다).
·과부하 내량이 크다.
·전기자 반작용이 작다.
·동기 임피던스가 작다.
·송전 선로의 충전 용량이 크다.
·극수가 적은 저속기(수차형)
·단락전류가 커진다. 【정답】 ②

55. 이상적인 변압기의 무부하에서 위상관계로 옳은 것은?

① 자속과 여자전류는 동위상이다.
② 자속은 인가전압보다 90° 앞선다.
③ 인가전압은 1차 유기기전력보다 90° 앞선다.
④ 1차 유기기전력과 2차 유기기전력의 위상은 반대이다.

|정|답|및|해|설|
[자속과 여자전류]

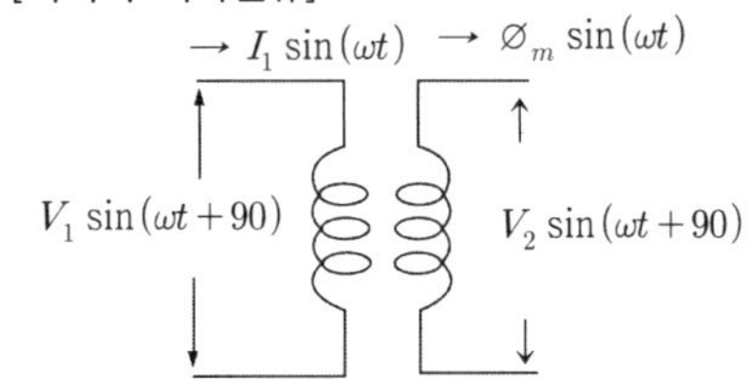

1. **자속**과 **여자전류**는 **동위상**
2. 여자전류(무부하전류) $I_\phi = \dfrac{E}{\omega L} = \dfrac{E}{2\pi f L}$ 【정답】 ①

56. 회전수가 1732[rpm]인 직권권동기에서 토크가 전부하 토크의 $\dfrac{3}{4}$으로 기동할 때 회전수는 약 몇 [rpm]으로 회전하는가? 단, 자기포화는 무시한다.

① 2000 ② 1865
③ 1732 ④ 1675

|정|답|및|해|설|
[직권 전동기의 회전수]

1. 회전수 $N = K\dfrac{V - I_a(R_a + R_s)}{\varnothing} = K\dfrac{E_c}{\varnothing} = K\dfrac{E_c}{I}$[rps]
2. 토크 $T = K\varnothing I_a = KI_a^2 = K\left(\dfrac{1}{N}\right)^2$[N·m] $\rightarrow (K = \dfrac{pz}{2\pi a})$

$\rightarrow T \propto (\varnothing I_a = I_a^2) \propto \dfrac{1}{N^2}$ $\rightarrow (K = \dfrac{a}{pz},\ E_c = V - I_a R_a)$

$\therefore \dfrac{T'}{T} = \left(\dfrac{N}{N'}\right)^2 \rightarrow \dfrac{\frac{3}{4}}{1} = \left(\dfrac{1732}{N'}\right)^2 \rightarrow N' = \dfrac{1732}{\sqrt{\frac{3}{4}}} = 1999.94$

※ $T = \left(\dfrac{1}{N}\right)^2$의 관계에서 토크가 줄었으므로 회전수는 늘어난다. 즉, 1732보다는 크다. 즉, ①번 아니면 ②번 중에 답이 있다. 【정답】 ①

57. 1차전압 6,600[V], 2차전압 220[V], 주파수 60[Hz], 1차 권수 1,000회의 변압기가 있다. 최대 자속은 약 몇 [Wb]인가?

① 0.020 ② 0.025
③ 0.030 ④ 0.032

|정|답|및|해|설|

[변압기의 최대자속] $\phi_m = \frac{E_1}{4.44fN_1}[Wb]$

· 1차유기기전력 $E_1 = 4.44fN_1\varnothing_m$

· 2차 유기기전력 $E_2 = 4.44fN_2\varnothing_m$

여기서, f : 1, 2차 주파수, N_1, N_2 : 1, 2차 권수, $\varnothing_m$: 최대자속

1차전압 : 6,600[V], 2차전압 : 220[V], 주파수 : 60[Hz]

1차권수 : 1,200회

$\therefore$최대자속 $\phi_m = \frac{E_1}{4.44fN_1} = \frac{6,600}{4.44\times60\times1000} = 0.0248[Wb]$

【정답】 ②

58. 4극, 60[Hz]인 3상 유도전동기의 동기와트가 1[kW]일 때 토크는 몇 [N·m]인가?

① 5.31[N·m] ② 4.31[N·m]
③ 3.3[N·m] ④ 2.31[N·m]

|정|답|및|해|설|

[유도전동기의 토크 (T)] $T = 0.975\frac{P_2}{N_s}[kg\cdot m]$

$= 9.55\frac{P_2}{N_s}[N\cdot m]$

→ ($T = 0.975\frac{P_0}{N}[kg\cdot m]$)

여기서, P_0 : 전부하출력, N : 유도전동기 속도

P_2 : 2차입력(동기와트), N_s : 동기속도

동기속도 $N_s = \frac{120f}{p} = \frac{120\times60}{4} = 1800[rpm]$

$\therefore T = 9.55\frac{P_2}{N_s} = 9.55\frac{1\times10^3}{1800} = 5.305[N\cdot m]$ 【정답】 ①

59. 3상 농형 유도전동기의 기동방법으로 틀린 것은?

① $Y-\Delta$ 기동
② 전전압 기동
③ 리액터 기동
④ 2차저항에 의한 기동

|정|답|및|해|설|

[3상 유도전동기 기동법]

농형	① 전전압 기동(직입기동) : 5[kW] 이하의 소용량 ② $Y-\Delta$ 기동: 5~15[kW] 정도, 전류 1/3배, 전압 $1/\sqrt{3}$ 배 ③ 기동 보상기법 : 15[kW] 이상, 정도단권변압기 사용하여 감전압기동 ④ 리액터 기동법 : 토크 효율이 나쁘다. ⑤ 콘도로퍼법
권선형	① **2차저항 기동법** → 비례 추이 이용 ② 게르게스법

【정답】 ④

60. 단자전압 200[V], 계자저항 50[Ω], 부하전류 50[A], 전기자저항 0.15[Ω], 전기자반작용에 의한 전압강하 3[V]인 직류 분권발전기가 정격속도로 회전하고 있다. 이때 발전기의 유도기전력은 약 몇 [V]인가?

① 211.1 ② 215.1
③ 225.1 ④ 230.1

|정|답|및|해|설|

[유도기전력] $E = V + I_aR_a + e_a + e_b$

여기서, I_a : 전기자전류, R_a : 전기자저항, E : 유기기전력

V : 단자전압, e_a : 전기자반작용에 의한 전압강하[V]

e_b : 브러시의 접촉저항에 의한 전압강하[V]

전기자전류 $I_a = I + I_f = 50 + \frac{200}{50} = 54[A]$

$\therefore E = V + I_aR_a + e_a = 200 + 54\times0.15 + 3 = 211.1[V]$

【정답】 ①

3회 2023년 전기기사필기(회로이론 및 제어공학)

61. 한 상의 임피던스가 $6+j8[\Omega]$인 Δ부하에 대칭 선간전압 200[V]를 인가할 때 3상 전력[W]은?

① 2400 ② 4160
③ 7200 ④ 10800

|정|답|및|해|설|

[3상델타 결선의 소비전력] $P_\Delta = \frac{3V_L^2R}{R^2+X^2}$

→ ($Z = R + jX_L$로 주어졌을 경우)

$\therefore P_\Delta = \frac{3V_L^2R}{R^2+X^2} = \frac{3\times200^2\times6}{6^2+8^2} = 7200[W]$ 【정답】 ③

62. 4단자정수 A, B, C, D로 출력 측을 개방시켰을 때 입력 측에서 본 구동점 임피던스 $Z_{11} = \left.\frac{V_1}{I_1}\right|_{I_2=0}$ 를 표시한 것 중 옳은 것은?

① $Z_{11} = \frac{A}{C}$　　② $Z_{11} = \frac{B}{D}$

③ $Z_{11} = \frac{A}{B}$　　④ $Z_{11} = \frac{B}{C}$

|정|답|및|해|설|

[4단자정수] $V_1 = AV_2 + BI_2$, $I_1 = CV_2 + DI_2$에서 출력 측을 개방했으므로 $I_2 = 0$

$V_1 = AV_2$, $I_1 = CV_2$

$\therefore Z_{11} = \left.\frac{V_1}{I_1}\right|_{I_2=0} = \left.\frac{AV_2}{CV_2}\right|_{I_2=0} = \frac{A}{C}$

$\rightarrow (Z_{12} = Z_{21} = \frac{1}{C},\ Z_{22} = \frac{D}{C})$

【정답】 ①

63. 그림과 같은 R-C 병렬회로에서 전원전압이 $e(t) = 3e^{-5t}$인 경우 이 회로의 임피던스는?

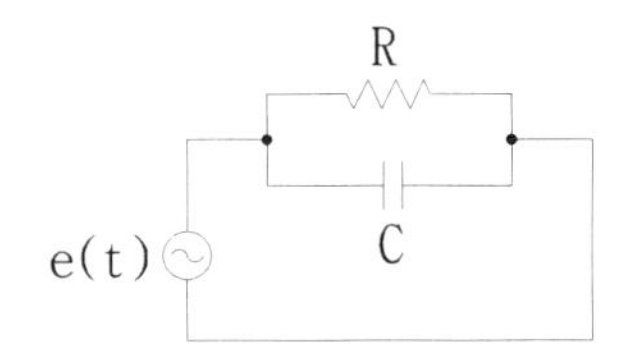

① $\frac{j\omega RC}{1+j\omega RC}$　　② $\frac{R}{1-5RC}$

③ $\frac{R}{1+RCs}$　　④ $\frac{1+j\omega RC}{R}$

|정|답|및|해|설|

[병렬회로의 임피던스] $Z = \frac{\frac{R}{jwC}}{R + \frac{1}{jwC}} = \frac{R}{1+jwCR}$

$e_s(t) = 3e^{-5t}$에서 $jw = -5$이므로　$\rightarrow (e^{st} = e^{j\omega t})$

$\therefore Z = \frac{R}{1+jwCR} = \frac{R}{1-5CR}$

【정답】 ②

64. 회로에서 전압 V_{ab}[V]는?

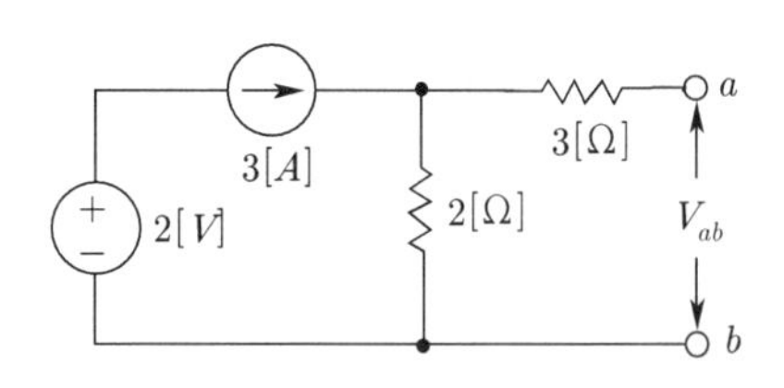

① 2　② 3　③ 6　④ 9

|정|답|및|해|설|

[회로의 전압(중첩의 원리)] V_{ab}는 2[Ω]의 단자전압이므로 중첩의 정리에 의해 2[Ω]에 흐르는 전류를 구한다.

1. 3[A]의 전류원 존재 시 : 전압원 2[V] 단락

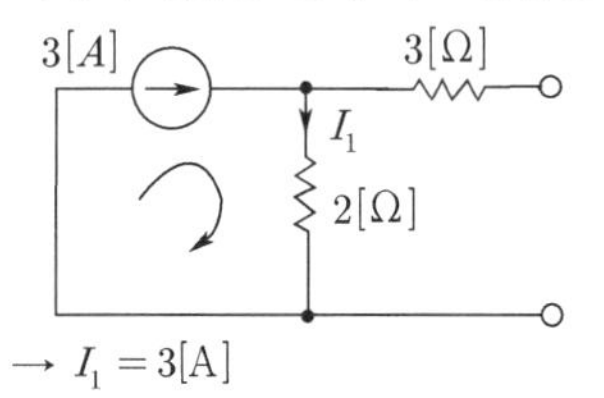

$\rightarrow I_1 = 3[A]$

2. 2[V]의 전압원 존재 시 : 전류원 3[A] 개방

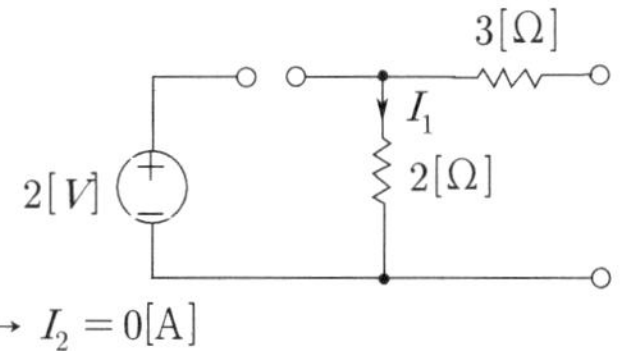

$\rightarrow I_2 = 0[A]$

3. 전체 전류 $I = I_1 + I_2 = 3 + 0 = 3[A]$

$\therefore V_{ab} = IR = 3 \times 2 = 6[V]$

【정답】 ③

65. 위상정수가 $\frac{\pi}{8}[rad/m]$인 선로의 1[MHz]에 대한 전파속도는 몇 [m/s]인가?

① 1.6×10^7　　② 3.2×10^7

③ 5.0×10^7　　④ 8.0×10^7

|정|답|및|해|설|

[전파속도] $v = \lambda f = \frac{\omega}{\beta} = \frac{2\pi f}{\beta}[m/s]$

여기서, λ[m] : 전파의 파장, $f[Hz]$: 주파수, v : 전파속도

ω : 각속도, β : 위상정수

$\therefore v = \frac{2\pi f}{\beta} = \frac{2\pi \times 1 \times 10^6}{\frac{\pi}{8}} = 16 \times 10^6 = 1.6 \times 10^7 [m/s]$

【정답】 ①

66. R–L 직렬회로에서 $R=20[\Omega]$, $L=40[mH]$이다. 이 회로의 시정수[sec]는?

① 2　　② 2×10^{-3}

③ $\frac{1}{2}$　　④ $\frac{1}{2}\times10^{-3}$

|정|답|및|해|설|

[$R-L$ 직렬회로의 시정수] $\tau=\frac{L}{R}[s]$

$\tau=\frac{L}{R}=\frac{40\times10^{-3}}{20}=2\times10^{-3}[s]$

※ RC회로의 시정수는 $RC[s]$이다.

【정답】 ②

67. 선간전압이 $V_{ab}[V]$인 3상 평형 전원에 대칭부하 $R[\Omega]$이 그림과 같이 접속되어 있을 때, a, b 두 상 간에 접속된 전력계의 지시값이 $W[W]$라면 C상 전류의 크기[A]는?

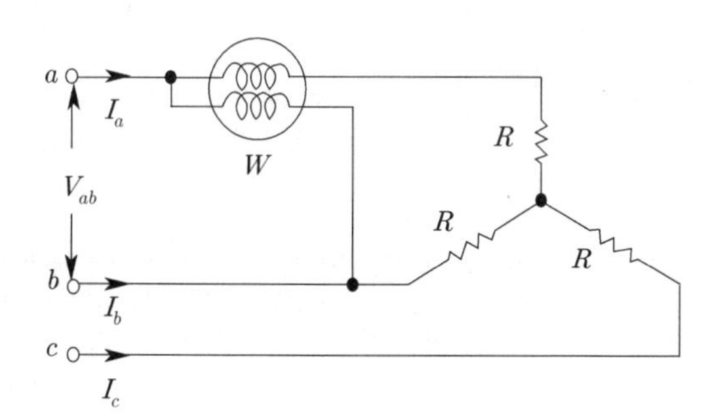

① $\frac{W}{3V_{ab}}$　　② $\frac{2W}{3V_{ab}}$

③ $\frac{2W}{\sqrt{3}V_{ab}}$　　④ $\frac{\sqrt{3}W}{V_{ab}}$

|정|답|및|해|설|

[1전력계법] 단상 전력계 1대로 3상전력을 계산하는 법으로 역률($\cos\theta$)이 1이며, $W_1=W_2$이다.

$P=\sqrt{3}VI\cos\theta=W_1+W_2$ → $P=\sqrt{3}VI=2W$

$\therefore I_l=\frac{2W}{\sqrt{3}V_l}=\frac{2W}{\sqrt{3}V_{ab}}[A]$　→ (Y결선일 경우 $I_l=I_p$)

【정답】 ③

68. 상의 순서가 $a-b-c$인 불평형 3상 전류가 $I_a=15+j2[A]$, $I_b=-20-j14[A]$

$I_c=-3+j10[A]$ 일 때 영상분인 전류 I_o는 약 몇 [A]인가?

① $2.67+j0.38$　　② $2.02+j6.98$

③ $15.5-j3.56$　　④ $-2.67-j0.67$

|정|답|및|해|설|

[영상분 전류] $I_o=\frac{1}{3}(I_a+I_b+I_c)$

$\therefore I_o=\frac{1}{3}(I_a+I_b+I_c)=\frac{1}{3}(-8-j2)=-2.67-j0.67[A]$

→ (실수는 실수끼리 더하고, 허수는 허수끼리 더한다.)

【정답】 ④

69. 두 코일 A, B의 저항과 자기인덕턴스가 A코일은 3[Ω], 5[Ω]이고, B코일은 5[Ω], 1[Ω]일 때 두 코일을 직렬로 접속하여 100[V]의 전압을 인가 시 회로에 흐르는 전류 I는 몇 [A]인가?

① $10\angle-37$　　② $10\angle37$

③ $10\angle-53$　　④ $10\angle53$

|정|답|및|해|설|

[코일에 흐르는 전류]

1. A코일의 임피던스 $Z_A=3+j5$
   B코일의 임피던스 $Z_B=5+j1$
2. 직렬접속 $Z_{AB}=Z_A+Z_B=8+j6$
   → $|Z_{AB}|=\sqrt{8^2+6^2}=10\angle37°$
3. $I=\frac{V}{Z_{AB}}=\frac{100}{10\angle37°}=10\angle-37°$

|참|고|

[알아 두면 편리함]

1. 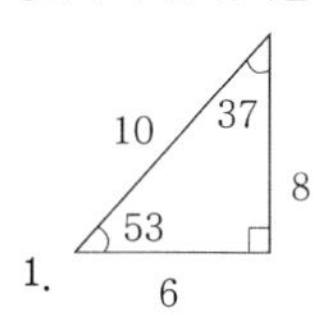

2. 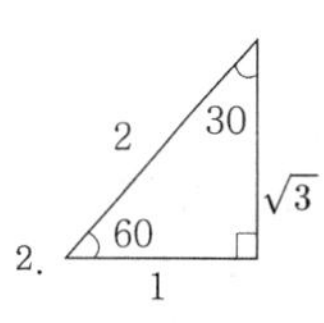

3. 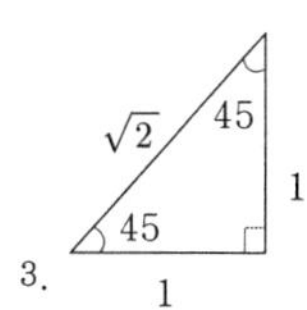

3. 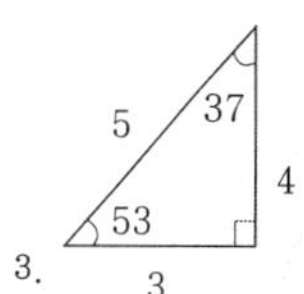

【정답】 ①

70. 그림의 대칭 T 회로의 일반 4단자 정수가 다음과 같다. $A=D=1.2$, $B=44[\Omega]$, $C=0.01[\mho]$ 일 때, 임피던스 $Z[\Omega]$의 값은?

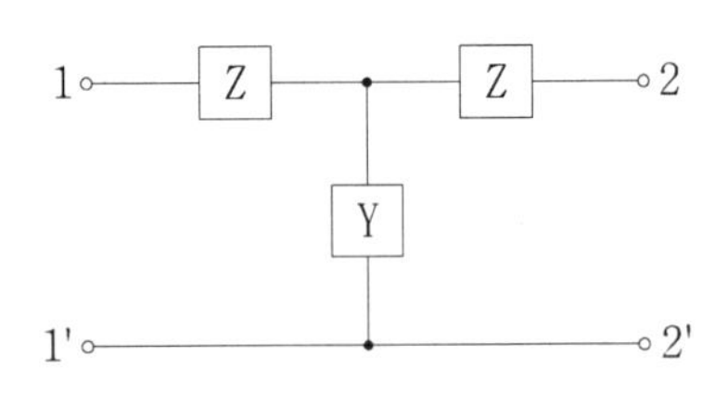

① 1.2 ② 12 ③ 20 ④ 44

|정|답|및|해|설|

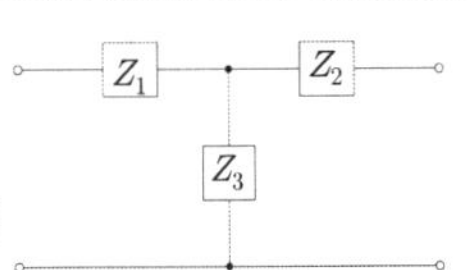

[4단자정수(T형회로)]

$A=1+\frac{Z_1}{Z_3}$, $B=Z_1+Z_2+\frac{Z_1Z_2}{Z_3}$, $C=\frac{1}{Z_3}$, $D=1+\frac{Z_2}{Z_3}$

1. $A=D=1+\frac{Z}{\frac{1}{Y}}=ZY+1=1.2 \rightarrow ZY=0.2$

2. $C=\frac{1}{Z_3}=\frac{1}{\frac{1}{Y}}=Y=0.01$

3. $Z=\frac{0.2}{Y}=\frac{0.2}{0.01}=20$ 【정답】③

71. 상태방정식 $\dot{X}=AX+BU$에서 $A=\begin{bmatrix}0 & 1\\-2 & -3\end{bmatrix}$, $B=\begin{bmatrix}0\\1\end{bmatrix}$일 때 고유값은?

① −1, −2 ② 1, 2
③ −2, −3 ④ 2, 3

|정|답|및|해|설|

[특성방정식] $|sI-A|=0$

1. $sI-A=\begin{vmatrix}s & 0\\0 & s\end{vmatrix}-\begin{vmatrix}0 & 1\\-2 & -3\end{vmatrix}=0 \rightarrow \begin{vmatrix}s & -1\\2 & s+3\end{vmatrix}=0$

2. $s(s+3)+2=s^2+3s+2=0$
$\rightarrow (s+1)(s+2)=0 \quad \therefore s=-1,\ -2$ 【정답】①

72. 일정 입력에 대해 잔류편차가 있는 제어계는?

① 비례제어계
② 적분제어계
③ 비례적분제어계
④ 비례적분미분제어계

|정|답|및|해|설|

[조절부의 동작에 의한 분류]

종류		특 징
P	비례동작	·정상오차를 수반, 속응성 나쁨 ·**잔류편차 발생**
I	적분동작	잔류편차 제거
D	미분동작	오차가 커지는 것을 미리 방지
PI	비례적분동작	·잔류편차 제거 ·제어결과가 진동적으로 될 수 있다.
PD	비례미분동작	응답 속응성의 개선
PID	비례적분미분동작	·잔류편차 제거 ·정상 특성과 응답 속응성을 동시에 개선 ·오버슈트를 감소시킨다. ·정정시간 적게 하는 효과 ·연속 선형 제어

잔류 편차가 발생하는 제어는 비례 제어(P)와 비례 미분 제어(PD)이다. 특히, 비례 제어(P)는 구조가 간단하지만, 잔류 편차가 생기는 결점이 있다. 잔류편차는 적분동작으로 제거가 된다.

【정답】①

73. 제어계의 과도 응답에서 감쇠비란?

① 제2 오버슈트를 최대 오버슈트로 나눈 값이다.
② 최대 오버슈트를 제2 오버슈트로 나눈 값이다.
③ 제2 오버슈트와 최대 오버슈트를 곱한 값이다.
④ 제2 오버슈트와 최대 오버슈트를 더한 값이다.

|정|답|및|해|설|

[감쇠비] 과도응답이 소멸되는 정도를 나타내는 양

$\text{감쇠비}(\delta)=\frac{\text{제2오버슈트}}{\text{최대오버슈트}}$

1. $\delta<1$인 경우 : 부족제동(감쇠진동)
2. $\delta>1$인 경우 : 과제동(비진동)
3. $\delta=1$인 경우 : 임계제동(임계상태)
4. $\delta=0$인 경우 : 무제동(무한진동 또는 완전진동)

【정답】①

74. Routh 안정도 판별법에 의한 방법 중 불안정한 제어계의 특성 방정식은?

① $s^3+2s^2+3s+4=0$

② $s^3+s^2+5s+4=0$

③ $s^3+4s^2+5s+2=0$

④ $s^3+3s^2+2s+10=0$

|정|답|및|해|설|

[루드 판별법]

④ $s^3+3s^2+2s+10=0$

루드의 표는

s^3	1	2
s^2	3	10
s^1	$\dfrac{(3\times 2)-(1\times 10)}{3}=-\dfrac{4}{3}$	0
s^0	$\dfrac{\left(-\dfrac{4}{3}\times 10\right)-3\times 10}{-\dfrac{4}{3}}=10$	0

제1열의 부호가 2번 바뀌었으므로 s평면의 우반면에 불안정한 근 2개를 갖는다. 【정답】 ④

|참|고|

1. [루드표 작성 및 안정도 판별법]

·루드표에서 제1열의 결과들과의 부호가 (+)가 되어 부호 변화가 없어야 제어계는 안정하다.

부호 변화가 1번이라도 발생하면 제어계는 불안정

·특성 방정식

$F(s)=a_0s^5+a_1s^4+a_2s^3+a_3s^2+a_4s+a_5=0$에서 루드표를 자성하면 다음과 같다.

① 다음과 같이 두 줄로 정리한다.

a_0 a_2 a_4 a_6 ......

a_1 a_3 a_5 a_7 ......

② 다음과 같은 규칙적인 방법으로 루드 수열을 계산하여 만든다.

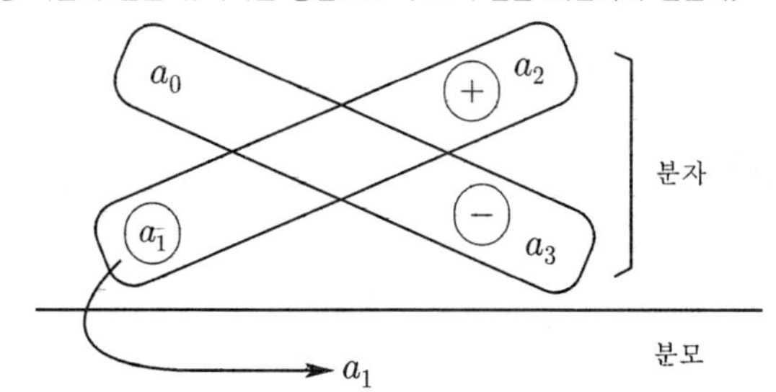

차수	제1열 계수	제2열 계수	제3열 계수
s^5	a_0 → ①	a_2 → ③	a_4 → ⑤
s^4	a_1 → ②	a_3 → ④	a_5 → ⑥
s^3	A	B	
s^2	C	D	
s^1	E		
s^0	s^0부분의 값		

$A=\dfrac{a_1a_2-a_0a_3}{a_1}$, $B=\dfrac{a_1a_4-a_0a_5}{a_1}$

$C=\dfrac{Aa_3-a_1B}{A}$, $D=\dfrac{Aa_5-a_1a_6}{A}$

$E=\dfrac{CB-AD}{C}$

2. 다른 방법(3차 방정식일 경우) → 예) ④ $s^3+3s^2+2s+10=0$

1. 방정식 각 차수의 계수를 적는다.

1, 3, 2, 10

2. ㉮ 안쪽의 곱 : $3\times 2=6$

㉯ 바깥쪽의 곱 : $1\times 10=10$

3. 안쪽 곱이 크면 : 안정

바깥쪽 곱이 크면 : 불안정 → $(6<10)$

75. 다음 시퀀스 회로는 어떤 회로의 동작을 하는가?

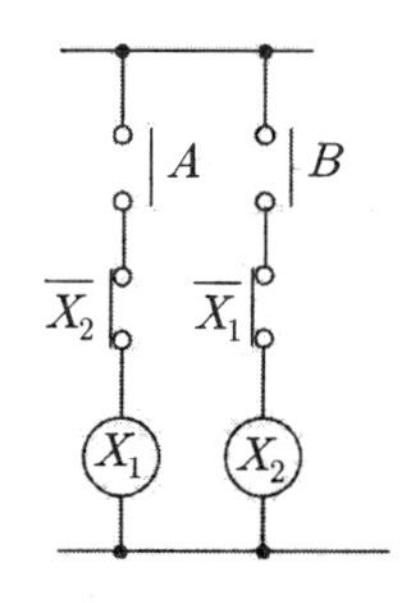

① 자기유지회로 ② 인터록회로

③ 순차제어회로 ④ 단안정회로

|정|답|및|해|설|

[인터록회로(Interlock)] 한쪽이 동작하면 다른 한쪽은 동작시킬 수 없게 만든 회로 【정답】 ②

76. 그림과 같은 블록선도에 대한 종합 전달함수 (C/R)는?

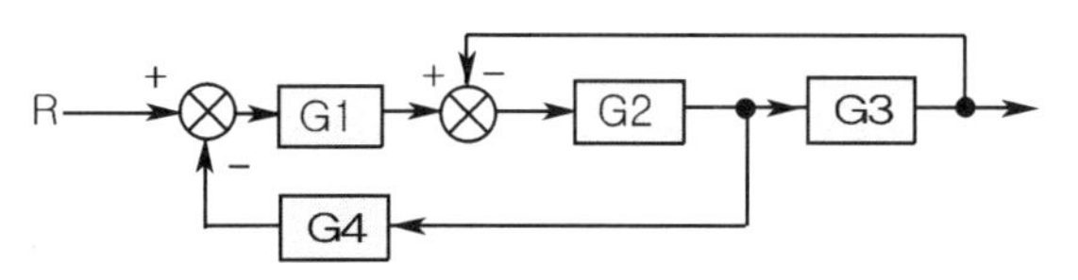

① $\dfrac{G_1G_2G_3}{1+G_1G_2+G_1G_2G_3}$

② $\dfrac{G_1G_2G_3}{1+G_2G_2+G_1G_2G_3}$

③ $\dfrac{G_1G_2G_3}{1+G_1G_2+G_1G_2G_4}$

④ $\dfrac{G_1G_2G_3}{1+G_2G_3+G_1G_2G_4}$

|정|답|및|해|설|

[전달함수] $G(s)=\dfrac{\sum 전향경로이득}{1-\sum 루프이득}$

1. 전향경로 이득 : $G_1 \cdot G_2 \cdot G_3$

→ (전향경로 : 입력에서 출력까지 도달하는 경로(피드백 제외))

2. 루프이득 : $-G_2G_3$, $-G_1G_2G_4$

→ (루프이득 : 피드백되는 부분의 경로 이득)

$\therefore G(s)=\dfrac{\sum 전향경로이득}{1-\sum 루프이득}$

$=\dfrac{G_1 \cdot G_2 \cdot G_3}{1-(-G_2 \cdot G_3 - G_1 \cdot G_2 \cdot G_4)}=\dfrac{G_1G_2G_3}{1+G_2G_3+G_1G_2G_4}$

【정답】 ④

77. 전달함수가 $G(s)=\dfrac{\omega_n^2}{s^2+2\zeta\omega_n s+\omega_n^2}$ 인 제어계의 단위 임펄스응답은? 단, $\zeta=1$, $\omega_n=1$인 조건이다.

① e^{-t}　　② $1-e^{-t}$

③ te^{-t}　　④ $\dfrac{1}{2}t^2$

|정|답|및|해|설|

[임펄스응답] $C(t)=\mathcal{L}^{-1}[G(s)]$

$G(s)=\dfrac{1}{s^2+2s+1}=\dfrac{1}{(s+1)^2}$　　→ ($\zeta=1$, $\omega_n=1$)

$\therefore \mathcal{L}^{-1}\dfrac{1}{(s+1)^2}=te^{-t}$

【정답】 ③

참|고|

[라플라스 변환표]

3. $F(s)=\mathcal{L}[f(t)]$　　2. $f(t)=\mathcal{L}^{-1}[F(s)]$

함수명	시간함수 $f(t)$	주파수함수 $F(s)$
단위 임펄스	$\delta(t)$	1
단위 인디셜(계단)	$u(t)=1$	$\dfrac{1}{s}$
단위 램프(경사)	t	$\dfrac{1}{s^2}$
n차 램프	t^n	$\dfrac{n!}{s^{n+1}}$
지수 감쇠	e^{-at}	$\dfrac{1}{s+a}$
지수 감쇠 램프	te^{-at}	$\dfrac{1}{(s+a)^2}$
지수 감쇠 포물선	t^2e^{-at}	$\dfrac{2}{(s+a)^3}$
지수 감쇠 n차 램프	t^ne^{-at}	$\dfrac{n!}{(s+a)^{n+1}}$

78. (a)와 (b)의 블록선도가 서로 등가일 때 블록 A의 전달함수는?

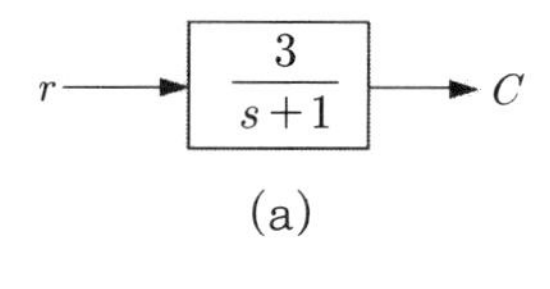

(a)

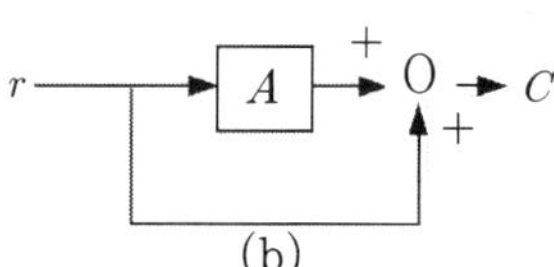

(b)

① $\dfrac{1}{s+1}$　　② $\dfrac{-1}{s+1}$

③ $\dfrac{s-2}{s+1}$　　④ $\dfrac{2-s}{s+1}$

|정|답|및|해|설|

[전달함수]

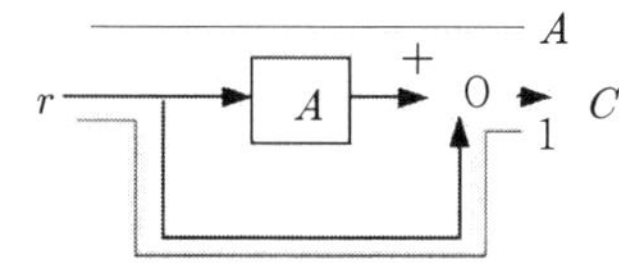

1. a와 b가 등가 → 서로 같다.

2. a의 전달함수 $\dfrac{3}{s+3}$

b의 전달함수 A+1

3. $\dfrac{3}{s+3}=A+1$

$\therefore A=\dfrac{3}{s+1}-1=\dfrac{3}{s+1}-\dfrac{s+1}{s+1}=\dfrac{2-s}{s+1}$　　【정답】 ④

79. 그림과 같은 이산치 제어계의 블록선도 전달함수는?

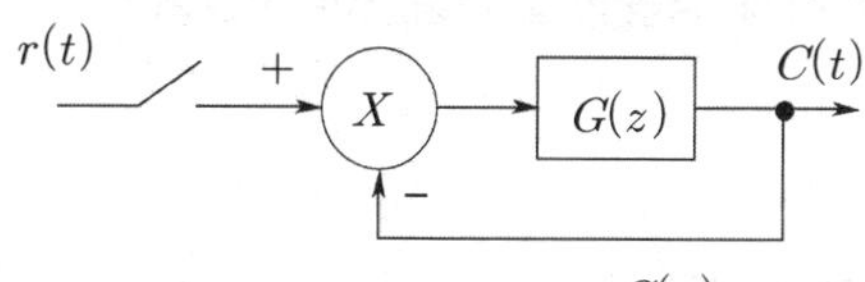

① $G(z)$ ② $\dfrac{G(z)}{1+G(z)}$

③ $G(z)+1$ ④ $\dfrac{G(z)}{1-G(z)}$

|정|답|및|해|설|

[전달함수] $\dfrac{C(s)}{R(s)}=\dfrac{\sum 전향경로}{1-\sum 루프이득}$

→ (루프이득 : 피드백되는 폐루프)
→ (전향경로 : 입력에서 출력으로 가는 길(피드백 제외))

1. 전향경로 : $G(z)$
2. 루프이득 : $-G(z)$

$\therefore \dfrac{C(z)}{R(z)}=\dfrac{G(z)}{1-(-G(z))}=\dfrac{G(z)}{1+G(z)}$ 【정답】 ②

80. 자동제어계가 미분동작을 하는 경우 보상회로는 어떤 보상회로에 속하는가?

① 진·지상보상 ② 진상보상
③ 지상보상 ④ 동상보상

|정|답|및|해|설|

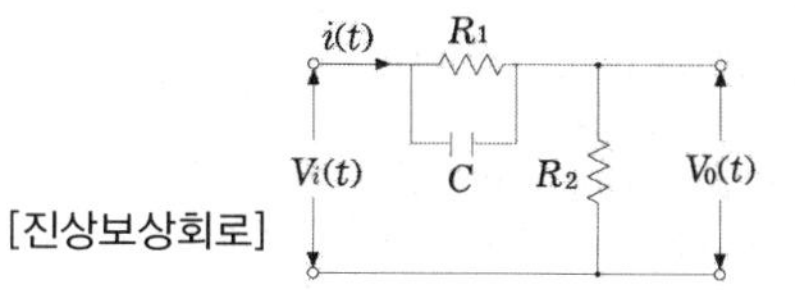

[진상보상회로]

1. 출력 신호의 위상이 입력 신호 위상보다 앞서도록 하는 보상회로로 **미분동작회로**이다.
2. 안정도의 속응성의 계산을 목적으로 함
3. 진상보상회로 $G(s)=\dfrac{s+a}{s+b}$ → $(a>b)$ 【정답】 ②

|참|고|

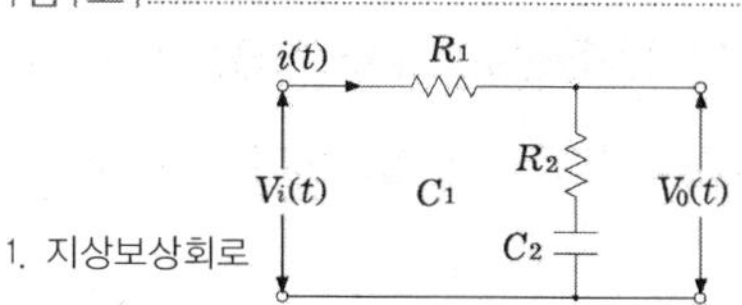

1. 지상보상회로

① 출력 신호의 위상이 입력 신호의 위상보다 뒤지도록 하는 보상회로로 **적분동작회로**이다.
② 과도 특성을 해치지 않고 정상 편차 개선
③ 지상보상회로 $G(s)=\dfrac{a(s+b)}{b(s+a)}$ → $(a<1,\ a<b)$

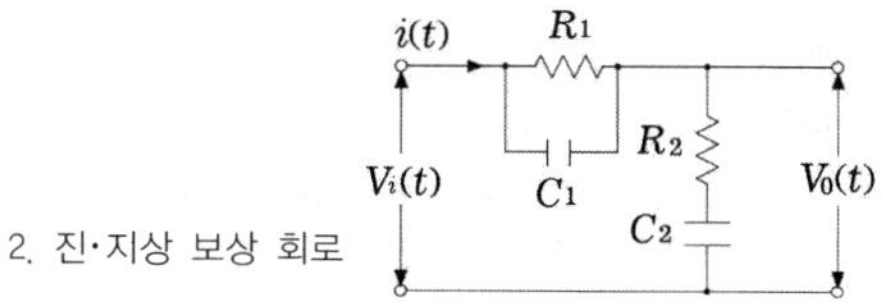

2. 진·지상 보상 회로

① 이 보상기는 2개의 0점과 극점을 가진다.
② 속응성과 안정도 및 정상 편차를 동시에 개선한다.

81. 변압기 1차측 3300[V], 2차측 220[V]의 비접지식 변압기 전로의 절연내력시험(내압) 전압은 각각 몇 [V]에서 10분간 견디어야 하는가?

① 1차측 4950[V], 2차측 500[V]
② 1차측 4500[V], 2차측 400[V]
③ 1차측 4125[V], 2차측 500[V]
④ 1차측 3300[V], 2차측 400[V]

|정|답|및|해|설|

[변압기 전로의 절연내력 (KEC 135)] 고압 및 특고압의 전로에 연속하여 10분간 가하여 절연내력을 시험하였을 때에 이에 견디어야 한다.

접지 방식	최대 사용전압	시험 전압(최대 사용전압 배수)	최저 시험 전압
비접지	7[kV] 이하	1.5배	500[V]
	7[kV] 초과	1.25배	10,500[V] (60[kV]이하)
중성점접지	60[kV] 초과	1.1배	75[kV]
중성점 접접지	60[kV]초과 170[kV] 이하	0.72배	
	170[kV] 초과	0.64배	
중성전다 중접지	25[kV] 이하	0.92배	500[V] (75[kV]이하)

1차측과 2차측 모두 7000[V] 이하이므로 1.5배하면
1차측 시험전압 : $3300\times1.5=4950[V]$
2차측 시험전압 : $220\times1.5=330[V]$
2차측은 최저시험전압이 500[V] 이므로 500[V] 【정답】 ①

82. 가공전선로의 지지물에 취급자가 오르고 내리는데 사용하는 발판 볼트 등은 지표상 몇 [m] 미만에 시설하여서는 아니 되는가?

① 1.2 ② 1.5
③ 1.8 ④ 2.0

|정|답|및|해|설|

[가공전선로 지지물의 철탑오름 및 전주오름 방지 (KEC 331.4)] 가공 전선로의 지지물에 취급자가 오르고 내리는데 사용하는 발판 볼트 등은 **지표상 1.8[m] 미만**에 시설하여서는 안 된다. 다만 다음의 경우에는 그러하지 아니하다.

- ·발판 볼트를 내부에 넣을 수 있는 구조
- ·지지물에 승탑 및 승주 방지 장치를 시설한 경우
- ·취급자 이외의 자가 출입할 수 없도록 울타리 담 등을 시설할 경우
- ·산간 등에 있으며 사람이 쉽게 접근할 우려가 없는 곳

【정답】 ③

83. 기계적 손상에 대한 보호가 되지 않는 경우 보호등전위본딩 도체 굵기는 몇 [m^2]인가?

① 2.5 ② 4.0
③ 3.2 ④ 6

| 정 | 답 | 및 | 해 | 설 |

[보조 보호등전위본딩 도체 (KEC 143.3.2)]
1. 기계적 보호가 된 것은 구리도체 2.5[mm^2], 알루미늄 도체 16[mm^2]
2. 기계적 **보호가 없는** 것은 **구리도체 4[mm^2]**, 알루미늄 도체 16[mm^2]

※보호등전위본딩 : 감전에 대한 보호 등과 같은 안전을 목적으로 하는 등전위본딩을 말한다. 【정답】 ②

84. 다음 중 전선 접속 방법이 잘못된 것은?

① 알루미늄과 동을 사용하는 전선을 접속하는 경우에는 접속 부분에 전기적 부식이 생기지 않아야 한다.
② 두 개 이상의 전선을 병렬로 사용할 때 각 전선의 굵기는 70[mm^2] 이상의 구리선을 사용하여야 한다.
③ 절연전선 상호간을 접속하는 경우에는 접속 부분을 절연효력이 있는 것으로 충분히 피복하여야 한다.
④ 나전선 상호간의 접속인 경우에는 전선의 세기를 20[%] 이상 감소시키지 않아야 한다.

| 정 | 답 | 및 | 해 | 설 |

[전선의 접속 (kec 123)] 두 개 이상의 전선을 병렬로 사용하는 경우, 병렬로 사용하는 각 전선의 굵기는 **구리선(동선) 50[mm^2] 이상** 또는 알루미늄 70[mm^2] 이상으로 하고, 전선은 같은 도체, 같은 재료, 같은 길이 및 같은 굵기의 것을 사용할 것 【정답】 ②

85. 전기울타리의 접지전극과 다른 접지 계통의 접지전극의 거리는 몇 [m] 이상이어야 하는가?

① 1 ② 1.5
③ 2 ④ 2.5

| 정 | 답 | 및 | 해 | 설 |

[전기울타리의 시설 (KEC 241.1)]
- 전로의 사용전압은 250[V] 이하
- 전기울타리는 사람이 쉽게 출입하지 아니하는 곳에 시설할 것.
- 전선은 인장강도 1.38[kN] 이상의 것 또는 지름 2[㎜] 이상의 경동선일 것
- 전선과 이를 지지하는 기둥 사이의 간격(이격거리)은 2.5[㎝] 이상일 것
- 전선과 다른 시설물(가공 전선을 제외한다) 또는 수목 사이의 간격은 30[㎝] 이상일 것
- 전기울타리의 접지전극과 **다른 접지 계통의 접지전극의 거리는 2[m] 이상**이어야 한다. 【정답】 ③

86. 저압 옥상전선로에 사용되는 전선의 굵기는 몇 [mm]의 경동선을 사용해야 하는가?

① 1.5 ② 2.0
③ 2.6 ④ 3.2

| 정 | 답 | 및 | 해 | 설 |

[저압 옥상전선로의 시설 (KEC 221.3)]
- 전선은 절연전선일 것
- 전선은 인장강도 2.30[kN] 이상의 것 또는 **지름이 2.6[mm] 이상의 경동선**을 사용한다.
- 전선은 조영재에 견고하게 붙인 지지기둥 또는 지지대에 절연성·난연성 및 내수성이 있는 애자를 사용하여 지지하고 또한 그 지지점 간의 거리는 15[m] 이하일 것
- 전선과 그 저압 옥상 전선로를 시설하는 조영재와의 간격(이격거리)은 2[m](전선이 고압절연전선, 특고압 절연전선 또는 케이블인 경우에는 1[m]) 이상일 것 【정답】 ③

87. 옥내배선의 사용 전압이 400[V] 미만일 때 전광표시 장치·출퇴 표시등 기타 이와 유사한 장치 또는 제어회로 등 배선에 다심케이블을 시설하는 경우 배선의 단면적은 몇 [mm^2]이상인가?

① 0.75 ② 1.5
③ 1 ④ 2.5

| 정 | 답 | 및 | 해 | 설 |

[저압 옥내배선의 사용전선 (kec 231.3.1)]
1. 단면적 2.5[mm^2] 이상의 연동선
2. 옥내배선의 사용 전압이 400[V] 미만인 경우
   - 전광표시 장치·출퇴 표시등 기타 이와 유사한 장치 또는 제어 회로 등에 사용하는 배선에 단면적 1.5[mm^2] 이상의 연동선을 사용
   - **전광표시 장치·출퇴 표시등** 기타 이와 유사한 장치 또는 제어 회로 등의 배선에 **단면적 0.75[mm^2] 이상인 다심케이블** 또는 다심 캡타이어 케이블을 사용 【정답】 ①

88. 고압 및 특별고압가공전선로로부터 공급을 받는 수용 장소의 인입구에 반드시 시설하여야 하는 것은?

① 댐퍼
② 아킹혼
③ 무효 전력 보상 장치(조상기)
④ 피뢰기

| 정 | 답 | 및 | 해 | 설 |

[피뢰기의 시설 (KEC 341.13)]
1. 발·변전소 또는 이에 준하는 장소의 가공 전선 인입구, 인출구
2. 가공 전선로에 접속하는 특고 배전용 변압기의 고압 및 특고압측
3. 고압 및 특고압 가공 전선로에서 **공급받는 수용장소 인입구**
4. 가공 전선로와 지중 전선로가 접속되는 곳 【정답】 ④

89. 가공 전선로의 지지물에 지지선을 시설하려고 한다. 이 지지선의 시설기준으로 옳은 것은?

① 소선 지름 : 2.0[mm], 안전율 : 2.5, 인장하중 : 2.11[kN]

② 소선 지름 : 2.6[mm], 안전율 : 2.5, 인장하중 : 4.31[kN]

③ 소선 지름 : 1.6[mm], 안전율 : 2.0, 인장하중 : 4.31[kN]

④ 소선 지름 : 2.6[mm], 안전율 : 1.5, 인장하중 : 3.21[kN]

|정|답|및|해|설|

[지지선(지선)의 시설 (KEC 331.11)]

- 철탑은 지지선으로 지지하지 않는다.
- 지지선의 **안전율은 2.5** 허용인장**하중은 4.31[KN]**
- 소선은 3가닥 이상의 연선이며 **지름 2.6[mm]** 이상의 금속선을 사용한다.
- 지중부분 및 지표상 30[cm] 까지 부분에는 아연 도금한 철봉을 사용할 것
- 지지선의 높이는 도로 횡단 시 5[m](교통에 지장이 없는 경우 4.5[m])

【정답】 ②

90. 전력보안 통신용 전화설비의 시설장소로 틀린 것은?

① 154[kV]계통 배전선로 구간(가공, 지중, 해저)

② 22.9[kV] 계통에 연결되는 분산전원형 발전소

③ 폐회로 배전 등 신 배전방식 도입 개소

④ 배전자동화, 원격검침, 부하감시 등 지능형 전력망 구현을 위해 필요한 구간

|정|답|및|해|설|

[전력보안 통신설비 시설의 요구사항 (KEC 362.1)]

[배전선로]

1. **22.9[kV]**계통 배전선로 구간(가공, 지중, 해저)
2. 22.9[kV]계통에 연결되는 분산전원형 발전소
3. 폐회로 배전 등 신 배전방식 도입 개소
4. 배전자동화, 원격검침, 부하감시 등 지능형전력망 구현

【정답】 ①

91. 중성선 다중 접지한 22.9[kV] 3상 4선식 가공전선로를 건조물의 위쪽에서 접근 상태로 시설하는 경우, 가공전선과 건조물의 최소 간격은 몇 [m]인가?

① 1.2　② 2.0　③ 2.5　④ 3.0

|정|답|및|해|설|

[15[kV] 초과 25[kV] 이하 특고압 가공전선로 간격 (KEC 333.32)]

건조물의 조영재	접근형태	전선의 종류	간격
상부 조영재	**위쪽**	**나전선**	**3.0[m]**
		특고압 절연전선	2.5[m]
		케이블	1.2[m]
	옆쪽 또는 아래쪽	나전선	1.5[m]
		특고압 절연전선	1.0[m]
		케이블	0.5[m]
기타의 조영재		나전선	1.5[m]
		특고압 절연전선	1.0[m]
		케이블	0.5[m]

【정답】 ②

92. 통신용 조가선(조가용선)의 시설기준으로 틀린 것은?

① 조가선(조가용선)의 단면적 38[mm^2] 이상의 아연도강연선 사용

② 조가선은 2조까지만 시설할 것

③ 조가선 간의 간격은 조가선 2개가 시설될 경우에 간격은 0.3[m] 를 유지하여야 한다.

④ 조가선은 설비 안전을 위하여 전주와 전주 지지물 간 거리 중에 접속한다.

|정|답|및|해|설|

[조가선(조가용선)의 시설 기준 (KEC 362.3)]

1. 조가선은 단면적 38 ㎟ 이상의 아연도강연선을 사용할 것
2. **조가선**은 설비 안전을 위하여 **전주와 전주 사이에서 접속하지 말 것.**
3. 조가선은 2조까지만 시설할 것
4. 과도한 장력에 의한 전주손상을 방지하기 위하여 전주 간 거리 50[m] 기준 0.4[m] 정도의 처짐 정도를 반드시 유지하고, 지표상 시설 높이 기준을 준수하여 시공할 것.
5. 조가선 간의 간격은 조가선 2개가 시설될 경우에 간격은 0.3[m]를 유지하여야 한다.

【정답】 ④

93. 특별 고압 가공전선로 중 지지물로 직선형의 철탑을 연속하여 10기 이상 사용하는 부분에는 몇 기 이하마다 내장 애자장치가 되어 있는 철탑, 또는 이와 동등 이상의 강도를 가지는 철탑 1기를 시설하여야 하는가?

① 3　　② 5　　③ 8　　④ 10

|정|답|및|해|설|

[특고압 가공전선로의 내장형 등의 지지물 시설 (KEC 333.16)] 특별고압 가공전선로 중 지지물로서 직선형의 철탑을 연속하여 10기 이상 사용하는 부분에는 **10기 이하마다** 내장 애자 장치가 되어 있는 철탑 또는 이와 동등 이상의 강도를 가지는 **철탑 1기**를 시설하여야 한다. 【정답】 ④

94. 전기철도의 차량설비에서 회생제동 사용을 중단해야 하는 경우로 틀린 것은?

① 전차선로 지락이 발생한 경우
② 전차선로에서 전력을 받을 수 없는 경우
③ 규정된 선로전압이 장기 과전압 보다 높은 경우
④ 통신유도장해가 생긴 경우

|정|답|및|해|설|

[회생제동 (KEC 441.5)]
1. 전기철도차량은 다음과 같은 경우에 회생제동의 사용을 중단해야 한다.
 가. 전차선로 지락이 발생한 경우
 나. 전차선로에서 전력을 받을 수 없는 경우
 다. 규정된 선로전압이 장기 과전압 보다 높은 경우
2. 회생전력을 다른 전기장치에서 흡수할 수 없는 경우에는 전기철도차량은 다른 제동시스템으로 전환되어야 한다.
3. 전기철도 전력공급시스템은 회생제동이 상용제동으로 사용이 가능하고 다른 전기철도차량과 전력을 지속적으로 주고받을 수 있도록 설계되어야 한다.

【정답】 ④

95. 전기 욕기에 전기를 공급하는 전원장치는 전기욕기용으로 내장되어 있는 2차 측 전로의 사용전압을 몇 [V] 이하로 한정하고 있는가?

① 6　　② 10　　③ 12　　④ 15

|정|답|및|해|설|

[전기욕기의 시설 (KEC 241.2)]
· 내장되어 있는 전원 변압기의 2차측 **전로의 사용전압이 10[V] 이하**인 것에 한한다.
· 욕탕안의 전극간의 거리는 1[m] 이상일 것
· 전원장치로부터 욕탕안의 전극까지의 배선은 공칭단면적 2.5 $[mm^2]$ 이상의 연동선 【정답】 ②

96. 특고압 가공 전선로에서 양측의 지지물 간 거리(경간)의 차가 큰 곳에 사용하는 철탑의 종류는?

① 내장형
② 직선형
③ 잡아 당김형(인류형)
④ 보강형

|정|답|및|해|설|

특고압 가공전선로의 철주 · 철근 콘크리트주 또는 철탑의 종류(KEC 333.11)] 특고 가공 전선로의 지지물로 사용하는 B종 철주, 철근 콘크리트주, 철탑의 종류는 다음과 같다.
1. 직선형 : 전선로의 직선 부분(3° 이하의 수평각도 이루는 곳 포함)에 사용되는 것
2. 각도형 : 전선로 중 수형 각도 3° 를 넘는 곳에 사용되는 것
3. 잡아 당김형(인류형) : 전 가섭선을 잡아 당기는 곳에 사용하는 것
4. **내장형** : 전선로 지지물 양측의 **지지물 간 거리(경간) 차가 큰 곳에 사용**하는 것
5. 보강형 : 전선로 직선 부분을 보강하기 위하여 사용하는 것

【정답】 ①

97. 진열장 내의 배선에 사용전압 400[V] 이하에 사용하는 코드 또는 캡타이어 케이블의 단면적은 최소 몇 $[mm^2]$ 인가?

① 1.25　　② 1.0
③ 0.75　　④ 0.5

|정|답|및|해|설|

[진열장 또는 이와 유사한 것의 내부 배선 (KEC 234.8)]
1. 건조한 장소에 시설하고 또한 내부를 건조한 상태로 사용하는 진열장 또는 이와 유사한 것의 내부에 사용전압이 400[V] 이하의 배선을 외부에서 잘 보이는 장소에 한하여 코드 또는 캡타이어케이블로 직접 조영재에 밀착하여 배선할 수 있다.
2. 제1의 배선은 **단면적 0.75$[mm^2]$ 이상**의 코드 또는 캡타이어케이블일 것. 【정답】 ③

98. 고압 또는 특고압 가공전선과 금속제 울타리·담 등이 교차하는 경우에 금속제의 울타리·담 등에는 교차점과 좌우로 몇 [m] 이내의 개소에 접지공사를 하여야 하는가? (단, 전선에 케이블을 사용하는 경우는 제외한다.)

① 25 ② 35 ③ 45 ④ 55

|정|답|및|해|설|

[발전소 등의 울타리 · 담 등의 시설 (KEC 351.1)] 고압 또는 특고압 가공전선(전선에 케이블을 사용하는 경우는 제외함)과 금속제의 울타리 · 담 등이 교차하는 경우에 금속제의 울타리 · 담 등에는 **교차점과 좌, 우로 45[m] 이내**의 개소에 kec140에 준하는 접지공사를 하여야 한다. 【정답】 ③

99. 저·고압 가공전선이 철도를 횡단하는 경우 레일면상 높이는 몇 [m] 이상이어야 하는가?

① 4[m] ② 5[m]
③ 5.5[m] ④ 6.5[m]

|정|답|및|해|설|

[저고압 가공 전선의 높이 (KEC 222.7, 332.5)]

저고압 가공 전선의 높이는 다음과 같다.

1. 도로 횡단 : 6[m] 이상
2. **철도 횡단 : 레일면 상 6.5[m] 이상**
3. 횡단 보도교 위 : 3.5[m](고압 4[m])
4. 기타 : 5[m] 이상 【정답】 ④

100. 과전류차단기로 저압전로에 사용하는 주택용 배선용 차단기를 조명, 콘덴서, 소형 전동기 등에 설치할 때 차단기 정격전류에 대해서 순시트립 전류의 범위가 $10I_n$ 초과 $20I_n$ 이하이면 차단기 분류로 옳은 것은

① A형 ② B형 ③ C형 ④ D형

|정|답|및|해|설|

[주택용 · 배선용 차단기 순시트립에 따른 구분 ((kec 212.3.4)]

형	순시트립 범위
B	$3I_n$ 초과 ~ $5I_n$ 이하
C	$5I_n$ 초과 ~ $10I_n$ 이하
D	**$10I_n$ 초과 ~ $20I_n$ 이하**

비고 1. B, C, D: 순시트립전류에 따른 차단기 분류
2. I_n: 차단기 정격전류

【정답】 ④

2022년 1회 전기기사 필기 기출문제

1회 2022년 전기기사필기 (전기자기학)

1. 면적이 $0.02[m^2]$, 간격이 0.03[m]이고, 공기로 채워진 평행평판의 커패시터에 1.0×10^{-6}[C]의 전하를 충전시킬 때, 두 판 사이에 작용하는 힘의 크기는 약 몇 [N]인가?

① 1.13 ② 1.41
③ 1.89 ④ 2.83

|정|답|및|해|설|

[두 판 사이에 작용하는 힘]

1. 정전응력 : 도체에 전하가 분포되어 있을 때, 도체 표면에 작용하는 힘 $f=\frac{1}{2}\epsilon E^2=\frac{1}{2}ED=\frac{1}{2}\frac{D^2}{\epsilon}[N/m^2]$

여기서, ϵ : 유전율, E : 전계의 세기, D : 전속밀도

2. 힘의 크기를 [N]으로 물어봤기 때문에 정전응력 F를 면적(S)으로 곱해 주어야 한다. 즉 $F=f\cdot S$[N]
3. 1의 공식 3개 중 어떤 공식을 적용할 것인가?
문제에서 면적(S)과 전기량(Q)이 주어졌으므로
전속밀도 $D=\frac{\text{전기량}(Q)}{\text{면적}(S)}[C/m^2]$을 적용해
→ 공식 $f=\frac{1}{2}\frac{D^2}{\epsilon}[N/m^2]$ 적용한다.
4. $F=f\times S=\frac{1}{2}\frac{D^2}{\epsilon}\times S[N]$ → $(D=\frac{Q}{S})$

$$F=\frac{1}{2}\frac{\left(\frac{Q}{S}\right)^2}{\epsilon}\times S=\frac{Q^2}{2\epsilon S}=\frac{Q^2}{2\epsilon_0 S}[N]$$

→ (공기 중이므로 $\epsilon=\epsilon_0$)

$$=\frac{(1.0\times10^{-6})^2}{2\times8.85\times10^{-12}\times0.02}=2.83[N]$$

→ $(\epsilon_0=8.85\times10^{-12}[F/m])$

【정답】 ④

2. 유전율이 $\epsilon=2\epsilon_0$이고 투자율이 μ_0인 비도전성 유전체에서 전자파의 전계의 세기가 $E(z,t)=120\pi\cos(10^9t-\beta z)\hat{y}[V/m]$일 때, 자계의 세기 $H[V/m]$는? (단, $\hat{x}$, $\hat{y}$는 단위벡터이다.)

① $-\sqrt{2}\cos(10^9t-\beta z)\hat{x}$
② $\sqrt{2}\cos(10^3t-\beta z)\hat{x}$
③ $-2\cos(10^9t-\beta z)\hat{x}$
④ $2\cos(10^9t-\beta z)\hat{x}$

|정|답|및|해|설|

[자계의 세기] $H=\frac{1}{377}\times\sqrt{\frac{\varepsilon_s}{\mu_s}}\times E$[V/m]

→ (고유임피던스 $Z_0=\frac{E}{H}=\sqrt{\frac{\mu}{\varepsilon}}=\sqrt{\frac{\mu_0}{\epsilon_0}}\times\sqrt{\frac{\mu_s}{\varepsilon_s}}=377\sqrt{\frac{\mu_s}{\epsilon_s}}$)

→ ($\sqrt{\frac{\mu_0}{\epsilon_0}}=\sqrt{\frac{4\times3.14\times10^{-7}}{8.855\times10^{-12}}}=377$)

1. $H=\frac{1}{377}\times\sqrt{\frac{\varepsilon_s}{\mu_s}}\times E$
→ (문제에서 $\epsilon=2\epsilon_0$, $\mu=\mu_0$이므로 $\epsilon_s=2$, $\mu_s=1$이다.)
$=\frac{1}{377}\times\sqrt{2}\times120\pi\cos(10^9t-3\beta z)=\sqrt{2}\cos(10^9t-\beta z)$
2. 전자파의 진행방향은 $E\times H=z$
→ (전계에 자계를 감았을 때 엄지손가락의 방향)
가. 외적의 성질 $x\times y=z$ → $y\times x=-z$이므로
방향이 z가 나와야 하므로 $y\times(-x)=z$
나. 문제에서 전계 E는 y축, 진행방향은 z축(시간 축에 대해서)이므로 $E\times H$에서 전계 E는 y축, 자계 H는 -x축이 되어야만 z축이 나온다.

$\therefore H_x=-\sqrt{2}\cos(10^9t-\beta z)\hat{x}$

【정답】 ①

3. 자극의 세기가 7.4×10^{-5}[Wb], 길이가 10[cm]인 막대자석이 100[AT/m]의 평등자계 내에 자계의 방향과 30[°]로 놓여 있을 때 이 자석에 작용하는 회전력[N·m]은?

① 2.5×10^{-3} ② 3.7×10^{-4}
③ 5.3×10^{-5} ④ 6.2×10^{-6}

|정|답|및|해|설|

[막대자석의 회전력(토크)] $T=MH\sin\theta=mlH\sin\theta$[N·m]

여기서, T : 회전력, M : 자기모멘트, l : 길이, H : 평등자계
θ : 막대자석과 자계가 이루는 각, m : 자극

$\therefore T=mlH\sin\theta=7.4\times10^{-5}\times0.1\times100\times\sin30°$
$=7.4\times10^{-5}\times0.1\times100\times\frac{1}{2}=3.7\times10^{-4}$[N·m]

【정답】 ②

4. 단면적이 균일한 환상철심에 권수 1000회인 A 코일과 권수 N_B회인 B 코일이 감겨져 있다. A 코일의 자기인덕턴스가 100[mH]이고, 두 코일 사이의 상호인덕턴스가 20[mH]이고, 결합계수가 1일 때, B 코일의 권수(N_B)는 몇 회인가?

① 100 ② 200
③ 300 ④ 400

|정|답|및|해|설|

[권수] $N_B = \frac{M \times N_A}{L_A}$

상호인덕턴스와 코일의 인덕턴스 관계에서

상호인덕턴스 $M = \frac{N_B}{N_A} L_A$ → (권수비 $a = \frac{V_1}{V_2} = \frac{N_1}{N_2} = \frac{L_1}{M} = \frac{M}{L_2}$)

$\therefore$ 권수 $N_B = \frac{M \times N_A}{L_A} = \frac{20 \times 10^{-3} \times 1000}{100 \times 10^{-3}} = 200$ 【정답】 ②

5. 자기회로에서 전기회로의 도전율 $k[\mho/m]$에 대응되는 것은?

① 자속 ② 기자력
③ 투자율 ④ 자기저항

|정|답|및|해|설|

1. 자기저항 $R_m = \frac{l}{\mu S} = \frac{l}{\mu_0 \mu_s S}[AT/Wb]$

2. 전기저항 $R = \frac{l}{kS} = \rho \frac{l}{S}[\Omega]$

여기서, l : 길이, $\mu(=\mu_0 \mu_s)$: 투자율, S : 단면적, k : 도전율

ρ : 저항률$(\rho = \frac{1}{k})$ 【정답】 ③

|참|고|

[전기회로와 자기회로의 비교]

전기회로		자기회로	
기전력	$V = IR[V]$	기자력	$F = \varnothing R_m = NI[AT]$
전류	$I = \frac{V}{R}[A]$	자속	$\varnothing = \frac{F}{R_m}[Wb]$
전기저항	$R = \frac{V}{I} = \frac{l}{kS}[\Omega]$	자기저항	$R_m = \frac{F}{\varnothing} = \frac{l}{\mu S}[AT/m]$
도전율	$k[\mho/m]$	투자율	$\mu[H/m]$
전계	$E[V/m]$	자계	$H[A/m]$
전류밀도	$i = \frac{I}{S}[A/m^2]$	자속밀도	$B = \frac{\varnothing}{S}[Wb/m^2]$

6. z축 상에 놓인 길이가 긴 직선 도체에 10[A]의 전류가 $+z$방향으로 흐르고 있다. 이 도체 주위인 자속밀도가 $3\hat{x} - 4\hat{y}[Wb/m^2]$일 때 도체가 받는 단위 길이당 힘[N/m]은? (단, $\hat{x}$, $\hat{y}$는 단위벡터이다.)

① $-40\hat{x} + 30\hat{y}$ ② $-30\hat{x} + 40\hat{y}$
③ $30\hat{x} + 40\hat{y}$ ④ $40\hat{x} + 30\hat{y}$

|정|답|및|해|설|

[도체가 받는 단위 길이 당 힘] $f = \frac{F}{l} = I \times B[N/m]$

→ (도체가 자장 안에서 받는 힘 $F = (I \times B)l = IBl\sin\theta \vec{n}[N]$)

$f_x = I \times B_x = (10\hat{z} \times 3\hat{x}) = 30\hat{y}$

$f_y = I \times B_y = 10\hat{z} \times (-4\hat{y}) = -40(-\hat{x}) = 40\hat{x}$

→ ($\hat{y} \times \hat{z} = \hat{x}$, $\hat{z} \times \hat{y} = -\hat{x}$)

$\therefore f = f_x + f_y = 30\hat{y} + 40\hat{x} = 40\hat{x} + 30\hat{y}[N/m]$

※ $\hat{x} \times \hat{y} = \hat{z}$, $\hat{y} \times \hat{z} = \hat{x}$, $\hat{z} \times \hat{x} = \hat{y}$ 【정답】 ④

7. 공기 중에서 1[V/m]의 전계의 세기에 의한 변위전류밀도의 크기를 $2[A/m^2]$으로 흐르게 하려면 전계의 주파수는 몇 [MHz]가 되어야 하는가?

① 9,000 ② 18,000
③ 36,000 ④ 72,000

|정|답|및|해|설|

[주파수] $f = \frac{i_d}{2\pi\epsilon e}$ → (변위전류밀도 $i_d = \omega\epsilon E = 2\pi f \epsilon E$)

$\therefore f = \frac{i_d}{2\pi\epsilon_0 e}$ → ($\epsilon_0 = 8.855 \times 10^{-12}$)

$= \frac{2}{2\pi \times 8.85 \times 10^{-12} \times 1} = 35967 \times 10^6 = 36000[MHz]$

【정답】 ③

8. 내부 원통도체의 반지름이 a[m], 외부 원통도체의 반지름이 b[m]인 동축 원통도체에서 내외 도체 간 물질의 도전율이 σ[℧/m]일 때 내외 도체 간의 단위 길이당 컨덕턴스[℧/m]는?

① $\dfrac{2\pi\sigma}{\ln\frac{b}{a}}$ ② $\dfrac{2\pi\sigma}{\ln\frac{a}{b}}$

③ $\dfrac{4\pi\sigma}{\ln\frac{b}{a}}$ ④ $\dfrac{4\pi\sigma}{\ln\frac{a}{b}}$

|정|답|및|해|설|

[도체 간 컨덕턴스] $G=\dfrac{1}{R}=\dfrac{2\pi\sigma}{\ln\frac{b}{a}}$[℧/m]

→ (동심형 도체의 저항 $R=\dfrac{1}{2\pi\sigma}\ln\dfrac{b}{a}[\Omega\cdot m]$)

∴컨덕턴스 $G=\dfrac{1}{R}=\dfrac{2\pi\sigma}{\ln\frac{b}{a}}$[℧/m] 【정답】①

9. 투자율 $\mu[H/m]$, 자계의 세기 $H[AT/m]$, 자속밀도 $B[Wb/m^2]$인 곳의 자계 에너지밀도$[J/m^3]$는?

① $\dfrac{B^2}{2\mu}$ ② $\dfrac{H^2}{2\mu}$ ③ $\dfrac{1}{2}\mu H$ ④ BH

|정|답|및|해|설|

[자성체 단위 체적당 저장되는 에너지(에너지 밀도)]

공식 $\omega=\dfrac{B^2}{2\mu}=\dfrac{1}{2}\mu H^2=\dfrac{1}{2}HB[J/m^3]$ → ($B=\mu H$)

여기서, $\mu[H/m]$: 투자율 , $H[AT/m]$: 자계의 세기

$B[Wb/m^2]$: 자속밀도 【정답】①

10. 진공 중 한 변의 길이가 0.1[m]인 정삼각형의 3정점 A, B, C에 각각 2.0×10^{-6}[C]의 점전하가 있을 때, 점 A의 전하에 작용하는 힘은 몇 [N]인가?

① $1.8\sqrt{2}$ ② $1.8\sqrt{3}$

③ $3.6\sqrt{2}$ ④ $3.6\sqrt{3}$

|정|답|및|해|설|

[점 A의 전하에 작용하는 힘] $F_A=\overrightarrow{F_{AB}}+\overrightarrow{F_{AC}}=2F\sin\theta[N]$

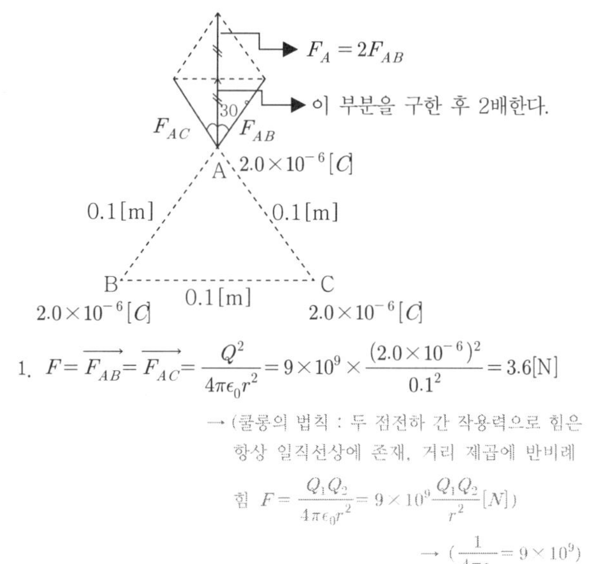

1. $F=\overrightarrow{F_{AB}}=\overrightarrow{F_{AC}}=\dfrac{Q^2}{4\pi\epsilon_0 r^2}=9\times10^9\times\dfrac{(2.0\times10^{-6})^2}{0.1^2}=3.6[N]$

→ (쿨롱의 법칙 : 두 점전하 간 작용력으로 힘은 항상 일직선상에 존재, 거리 제곱에 반비례

힘 $F=\dfrac{Q_1Q_2}{4\pi\epsilon_0 r^2}=9\times10^9\dfrac{Q_1Q_2}{r^2}[N]$)

→ ($\dfrac{1}{4\pi\epsilon_0}=9\times10^9$)

2. F_{AB}와 F_{AC} 사이 각도는 30° → ($\sin60=\cos30$)

$\therefore F_A=2\times\overrightarrow{F_{AB}}=2F\cos\theta$

$=2\times3.6\times\cos30^\circ=2\times3.6\times\dfrac{\sqrt{3}}{2}=3.6\sqrt{3}[N]$

【정답】④

11. 전계가 유리에서 공기로 입사할 때 입사각 θ_1과 굴절각 θ_2의 관계와 유리에서의 전계 E_1과 공기에서의 전계 E_2의 관계는?

① $\theta_1>\theta_2,\ E_1>E_2$ ② $\theta_1<\theta_2,\ E_1>E_2$

③ $\theta_1>\theta_2,\ E_1<E_2$ ④ $\theta_1<\theta_2,\ E_1<E_2$

|정|답|및|해|설|

[굴절의 법칙] 유리의 유전율이 ε_1, 공기의 유전율이 ε_2일 때, $\epsilon_1>\epsilon_2$이다. 다음의 관계가 성립되다.

1. 유전율(ϵ)의 크기와 굴절각(θ)의 크기는 비례

2. 전계 E는 유전율에 반비례한다.

3. $\theta_1>\theta_2$, $D_1>D_2$, $E_1<E_2$이다. 【정답】③

12. 진공 내 전위함수가 $V = x^2 + y^2[\mathrm{V}]$로 주어졌을 때, $0 \le x \le 1,\ 0 \le y \le 1,\ 0 \le z \le 1$인 공간에 저장되는 정전에너지[J]는?

① $\frac{4}{3}\epsilon_0$ ② $\frac{2}{3}\epsilon_0$

③ $4\epsilon_0$ ④ $2\epsilon_0$

|정|답|및|해|설|

[정전에너지] $W_{단위체적당} = \frac{1}{2}\epsilon E^2 = \frac{1}{2}ED = \frac{1}{2}\frac{D^2}{\epsilon}[J/m^3]$

$\rightarrow (E = \frac{D}{\epsilon}[V/m])$

$W_{전체} = \int \frac{1}{2}\varepsilon E^2 dv = \int_0^1\int_0^1\int_0^1 \frac{1}{2}\varepsilon E^2 dxdydz$

1. $E = -\,grad\,V = -\nabla \cdot V$
$= -\left(\frac{\partial V}{\partial x}i + \frac{\partial V}{\partial y}j + \frac{\partial V}{\partial z}k\right)$
$= -\left\{\frac{\partial(x^2+y^2)}{\partial x}i + \frac{\partial(x^2+y^2)}{\partial y}j + \frac{\partial(x^2+y^2)}{\partial z}k\right\}$
$= -2xi - 2yj$
2. $E^2 = (-2xi - 2yj)\cdot(-2xi - 2yj) = 4x^2 + 4y^2$

$\therefore W_{전체} = \frac{\varepsilon_0}{2}\int_0^1\int_0^1\int_0^1 (4x^2+4y^2)dxdy\cdot dz$
$= \frac{\varepsilon_0}{2}\int_0^1\int_0^1\left(\frac{4}{3}+4y^2\right)dy\cdot dz$
$= \frac{\varepsilon_0}{2}\int_0^1\left(\frac{4}{3}+\frac{4}{3}\right)\cdot dz = \frac{\varepsilon_0}{2}\times\frac{8}{3} = \frac{4}{3}\varepsilon_0$

※거의 같은 방식으로 출제되므로 답을 외워두는 것도 방법

【정답】 ①

13. 진공 중 4[m] 간격으로 평행한 두 개의 무한 평판 도체에 각각 $+4\mathrm{C/m^2}$, $-4\mathrm{C/m^2}$의 전하를 주었을 때, 두 도체 간의 전위차는 약 몇 V인가?

① 1.36×10^{11} ② 1.36×10^{12}

③ 1.8×10^{11} ④ 1.8×10^{12}

|정|답|및|해|설|

[전위차] $V = E\cdot d = \frac{\rho_s}{\varepsilon_0}d[\mathrm{V}]$

$\rightarrow (E = \frac{\rho_s}{\epsilon_0}[v/m])$

$\therefore V = \frac{\rho_s}{\varepsilon_0}d$

$= \frac{4}{8.855\times10^{-12}}\times4 = 1.8\times10^{12}[\mathrm{V}]$

【정답】 ④

14. 평행 극판 사이 간격이 $d[\mathrm{m}]$이고 정전용량이 $0.3[\mu\mathrm{F}]$인 공기 커패시터가 있다. 그림과 같이 두 극판 사이에 비유전율이 5인 유전체를 절반 두께만큼 넣었을 때 이 커패시터의 정전용량은 몇 $[\mu\mathrm{F}]$이 되는가?

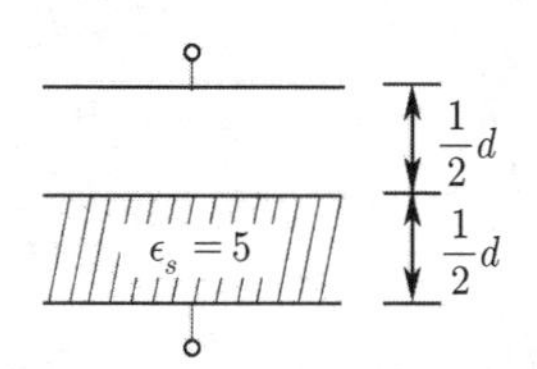

① 0.01 ② 0.05

③ 0.1 ④ 0.5

|정|답|및|해|설|

[콘덴서 용량(직렬)] $C_T = \frac{C_1\cdot C_2}{C_1+C_2}[\mu\mathrm{F}]$

1. 기존 $C_0 = \varepsilon_0\frac{S}{d} \rightarrow \varepsilon_0\frac{S}{d} = 0.3[\mu\mathrm{F}]$
2. $C_1 = \varepsilon_0\frac{S}{\frac{1}{2}d} \rightarrow 2\varepsilon_0\frac{S}{d} = 0.6[\mu\mathrm{F}]$
3. $C_2 = \varepsilon_0\varepsilon_s\frac{S}{\frac{1}{2}d} = 5\times2\times\varepsilon_0\frac{S}{d} = 3[\mu\mathrm{F}]$

$\therefore C_T = \frac{C_1\cdot C_2}{C_1+C_2} = \frac{3\times0.6}{3+0.6} = 0.5[\mu\mathrm{F}]$ → (콘덴서 직렬연결)

【정답】 ④

|참|고|

[유전체의 삽입 위치에 따른 콘덴서의 직·병렬 구별]

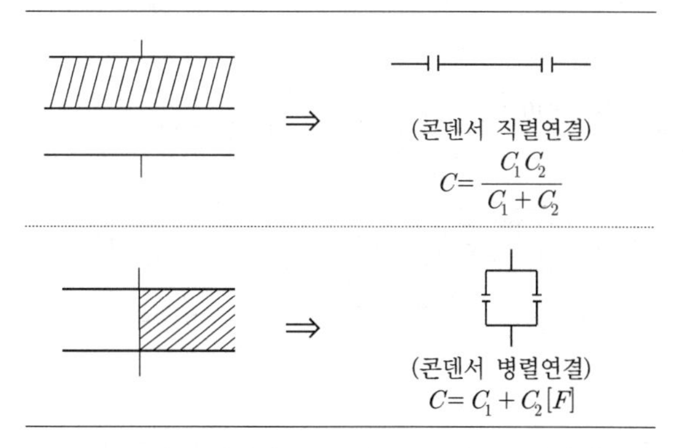

15. 진공 중 반지름이 a[m]인 무한 길이의 원통 도체 2개가 간격 d[m]로 평행하게 배치되어 있다. 두 도체 사이의 정전용량(C)을 나타낸 것으로 옳은 것은?

① $\pi\epsilon_0 \ln\frac{d-a}{a}$　　② $\frac{\pi\epsilon_0}{\ln\frac{d-a}{a}}$

③ $\pi\epsilon_0 \ln\frac{a}{d-a}$　　④ $\frac{\pi\epsilon_0}{\ln\frac{a}{d-a}}$

|정|답|및|해|설|

[평행 도선 사이의 정전용량(단위길이($l=1$))]

$C=\frac{\pi\epsilon_0}{\ln\frac{d-a}{a}}$[F/m]　　→ (정전용량 $C=\frac{Q}{V}=\frac{\pi\epsilon_0 l}{\ln\frac{d-a}{a}}$[F/m])

※만약, 문제에서 d가 a보다 매우 큰 값, 즉 $d \gg a$로 주어졌을 경우

$C=\frac{\pi\epsilon_0}{\ln\frac{d}{a}}$[F/m]　　【정답】 ②

16. 진공 중에 4[m]의 간격으로 놓여진 평행 도선에 같은 크기의 왕복 전류가 흐를 때 단위 길이 당 2.0×10^{-7}[N]의 힘이 작용하였다. 이때 평행 도선에 흐르는 전류는 몇 [A]인가?

① 1　② 2　③ 4　④ 8

|정|답|및|해|설|

[평행한 두 도선 사이에 작용하는 힘] $F=\frac{2I_aI_b\times10^{-7}}{r}$[N]

→ ($F=\frac{\mu_0 I_1 I_2}{2\pi r}$, $\mu_0=4\pi\times10^{-7}$)

$F=\frac{2I_aI_b\times10^{-7}}{r}$ → $\frac{2\times I^2\times10^{-7}}{4}=2.0\times10^{-7}$[N]

→ (왕복 전류이므로 $I_a=I_b=I$)

$\therefore I=\sqrt{\frac{2.0\times10^{-7}\times4}{2\times10^{-7}}}=2$[A]　　【정답】 ②

17. 인덕턴스[H]의 단위를 나타낸 것으로 틀린 것은?

① $\Omega\cdot$s　　② Wb/A

③ J/A^2　　④ N/(A·m)

|정|답|및|해|설|

[단위]

① $e=L\frac{di}{dt}$ → $L=\frac{e}{di}\cdot dt[\Omega\cdot s]$

② $N\phi=LI$ → $L=\frac{N\phi}{I}$[Wb/A]

③ $W=\frac{1}{2}LI^2$ → $L=\frac{2W}{I^2}$[J/A^2]　　【정답】 ④

18. 반지름이 a[m]인 접지된 구도체와 구도체의 중심에서 거리 d[m] 떨어진 곳에 점전하가 존재할 때. 점전하에 의한 접지된 구도체에서의 영상전하에 대한 설명으로 틀린 것은?

① 영상전하는 구도체 내부에 존재한다.

② 영상전하는 점전하와 구도체 중심을 이은 직선 상에 존재한다.

③ 영상전하의 전하량과 점전하의 전하량은 크기는 같고 부호는 반대이다.

④ 영상전하의 위치는 구도체의 중심과 점전하 사이 거리(d[m])와 구도체의 (a[m])에 의해 결정된다.

|정|답|및|해|설|

[접지 구도체와 점전하] 반지름 a의 접지 도체구의 중심으로부터 $d(>a)$인 점에 점전하 Q가 있는 경우

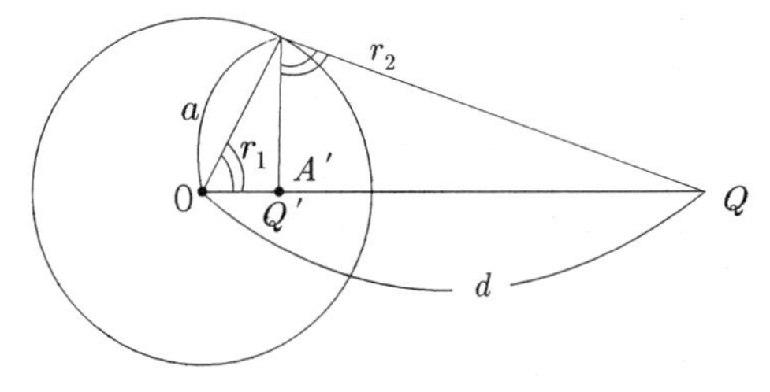

1. 영상전하의 위치 : $x=\frac{a^2}{d}$[m] (점전하와 구도체 중심을 이은 직선상, 구도체 내부)
2. 영상전하의 크기 : $Q'=-\frac{a}{d}Q$[C]　　→ ($-\frac{a}{d}Q \neq Q$)
3. 영상전하와 점전하 사이에는 항상 흡인력이 작용한다.

【정답】 ③

19. 평등 전계 중에 유전체 구에 의한 전계 분포가 그림과 같이 되었을 때 ϵ_1과 ϵ_2의 크기 관계는?

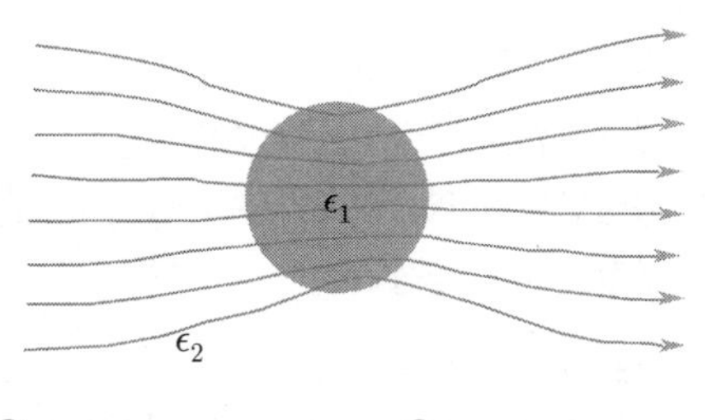

① $\epsilon_1 > \epsilon_2$ ② $\epsilon_1 < \epsilon_2$
③ $\epsilon_1 = \epsilon_2$ ④ 무관하다.

|정|답|및|해|설|

[전기력선] 전기력선은 유전율이 작은 쪽으로 집속된다(모인다). 즉 $\epsilon_1 < \epsilon_2$ 【정답】 ②

20. 어떤 도체에 교류 전류가 흐를 때 도체에서 나타나는 표피효과에 대한 설명으로 틀린 것은?

① 도체 중심부보다 도체 표면부에 더 많은 전류가 흐르는 것을 표피효과라 한다.
② 전류의 주파수가 높을수록 표피효과는 작아진다.
③ 도체의 도전율이 클수록 표피효과는 커진다.
④ 도체의 투자율이 클수록 표피효과는 커진다.

|정|답|및|해|설|

[표피효과] 표피효과란 전류가 도체 표면에 집중하는 현상

침투깊이 $\delta = \sqrt{\dfrac{2}{wk\mu a}}[m] = \sqrt{\dfrac{1}{\pi fk\mu a}}[m]$

표피효과 ↑ 침투깊이 δ↓ → 침투깊이 $\delta = \sqrt{\dfrac{1}{\pi f\sigma\mu a}}$ 이므로 주파수 f와 단면적 a에 비례하므로 전선의 굵을수록, **수파수가 높을수록 침투깊이는 작아지고 표피효과는 커진다.** 【정답】 ②

1회 2022년 전기기사필기 (전력공학)

21. 소호리액터를 송전계통에 사용하면 리액터의 인덕턴스와 선로의 정전용량이 어떤 상태로 되어 지락전류를 소멸시키는가?

① 병렬공진 ② 직렬공진
③ 고임피던스 ④ 저임피던스

|정|답|및|해|설|

[소호리액터 접지] 1선지락의 경우 지락전류가 가장 작고 고장상의 전압 회복이 완만하기 때문에 지락 아크를 자연 소멸시켜서 정전없이 송전을 계속할 수 있다.

- $L-C$ **병렬공진(지락전류가 최소)**
- 1선 지락 시 전압 상승 최대
- 보호계전기 동작 불확실
- 통신유도장해 최소
- 과도안정도 우수

【정답】 ①

22. 어느 발전소에서 40,000[kWh]를 발전하는데 발열량 5,000[kcal/kg]의 석탄을 20톤 사용하였다. 이 화력발전소의 열효율은 약 몇 [%]인가?

① 27.5[%] ② 30.4[%]
③ 34.4[%] ④ 38.5[%]

|정|답|및|해|설|

[화력발전소 열효율] $\eta = \dfrac{860W}{mH} \times 100[\%]$

여기서, $W[kWh]$: 발열량, $m[kg]$: 연료소비량
$H[kcal/kg]$: 연료발열량

$\therefore \eta = \dfrac{860W}{mH} \times 100[\%] = \dfrac{860 \times 40000}{20 \times 1000 \times 5000} \times 100 = 34.4[\%]$

【정답】 ③

23. 교류발전기의 전압조정 장치로 속응여자방식을 채택하는 이유로 틀린 것은?

① 전력계통에 고장이 발생할 때 발전기의 동기화력을 증가시킨다.
② 송전계통의 안정도를 높인다.
③ 여자기의 전압상승률을 크게 한다.
④ 전압조정용 탭의 수동변환을 원활히 하기 위함이다.

|정|답|및|해|설|

[속응여자방식] 속응여자방식은 발전기의 단자전압 저하 시 여자를 신속하게 강화하여 여자기의 발전전압을 크게 증가시키는 방식으로 안정도를 높일 수 있다.

※전압조정용 탭의 수동변환과는 관련이 없다.

【정답】 ④

24. 송전전력, 선간전압, 부하역률, 전력손실 및 송전거리를 동일하게 하였을 경우 단상 2선식에 대한 3상 3선식의 총전선량(중량)비는 얼마인가? (단, 전선은 동일한 전선이다.)

① 0.75　② 0.94　③ 1.15　④ 1.33

|정|답|및|해|설|

[소요전선량비] $\text{소요 전선량비} = \dfrac{3상3선식}{단상2선식} = \dfrac{3S_3}{2S_1}$

1. 전력손실 $2I_1^2 R_1 = 3I_3^2 R_3$
   $2(\sqrt{3}I_3)^2 R_1 = 3I_3^2 R_3 \rightarrow 2R_1 = R_3$
2. $R = \rho\dfrac{l}{S}$에서 $R \propto \dfrac{1}{S}$이므로
   $\dfrac{R_1}{R_3} = \dfrac{S_3}{S_1} = \dfrac{R_1}{2R_1} = \dfrac{1}{2} \rightarrow S_1 = 2S_3$

$\therefore \text{소요 전선량비} = \dfrac{3S_3}{2S_1} = \dfrac{3}{2} \times \dfrac{1}{2} = \dfrac{3}{4} = 0.75$　【정답】 ①

|참|고|

송전전력, 선간전압, 부하역률, 전력손실 및 송전거리가 동일한 경우에 단상2선식 대비 소요전선량비는 다음과 같다.

1. $1\varnothing 2W \rightarrow 1$
2. $1\varnothing 3W \rightarrow \dfrac{3}{8} = 37.5\%$
3. $3\varnothing 3W \rightarrow \dfrac{3}{4} = 75\%$
4. $3\varnothing 4W \rightarrow \dfrac{1}{3} = 33.3\%$

25. 배전전압을 $\sqrt{2}$배로 하였을 때 같은 손실률로 보낼 수 있는 전력은 몇 배가 되는가?

① $\sqrt{2}$　② $\sqrt{3}$
③ 2　④ 3

|정|답|및|해|설|

[전력손실률] $K = \dfrac{PR}{V^2\cos^2\theta}$

전력손실률이 일정할 때 $P \propto V^2$

따라서, 전압이 $\sqrt{2}$가 되면 전력은 2배가 된다.　【정답】 ③

26. 3상 송전선로가 선간단락(2선단락)이 되었을 때 나타나는 현상으로 옳은 것은?

① 역상전류만 흐른다.
② 정상전류와 역상전류가 흐른다.
③ 역상전류와 영상전류가 흐른다.
④ 정상전류와 영상전류가 흐른다.

|정|답|및|해|설|

[선간단락(2선지락)] 3상 송전선로에서 선간단락(2선 단락)이 일어났을 경우 정상분과 역상분만 존재한다. 따라서, 정상전류와 역상전류가 흐른다.　【정답】 ②

|참|고|

[각 사고별 대칭좌표법 해석]

고장의 종류	대칭분
1선지락	I_0, I_1, I_2 존재
선간단락	$I_0 = 0$, I_1, I_2 존재
2선지락	$I_0 = I_1 = I_2 \neq 0$
3상단락	정상분(I_1)만 존재
비접지 회로	영상분(I_0)이 없다.
a상 기준	영상(I_0)과 역상(I_2)이 없고 정상(I_1)만 존재한다.

27. 중거리 송전선로의 4단자정수가 $A = 1.0$, $B = j190$, $D = 1.0$일 때 C의 값은 얼마인가?

① 0　② $-j120$
③ j　④ $j190$

|정|답|및|해|설|

[4단자 정수의 성질] $AD - BC = 1$

$\therefore C = \dfrac{AD-1}{B} = \dfrac{1\times1-1}{j190} = 0$　【정답】 ①

28. 다음 중 재점호가 가장 일어나기 쉬운 차단전류는?

① 동상전류　② 지상전류
③ 진상전류　④ 단락전류

|정|답|및|해|설|

[차단기] 차단기의 재점호는 진상전류(충전전류)시에 잘 발생한다.
※재점호 : 충전전류(진상전류)를 차단할 때, 전류 파형의 0의 위치에서 소거된 아크가 재기 전압에 의하여 근간에 다시 발생하는 것 【정답】 ③

29. 현수애자에 대한 설명이 잘못된 것은?

① 애자를 연결하는 방법에 따라 클래비스형과 볼 소켓형이 있다.
② 2~5층의 갓 모양의 자기편을 시멘트로 접착하고 그 자리를 주철제 베이스로 지지한다.
③ 애자의 연결 개수를 가감함으로써 임의의 송전 전압에 사용할 수 있다.
④ 큰 하중에 대하여는 2연, 또는 3연으로 하여 사용할 수 있다.

|정|답|및|해|설|

②는 핀애자에 대한 설명이다. 【정답】 ②

30. 차단기의 정격차단시간에 대한 설명으로 옳은 것은?

① 고장 발생부터 소호까지의 시간
② 트립코일 여자로부터 소호까지의 시간
③ 가동접촉자의 개극부터 소호까지의 시간
④ 가동접촉자의 동작시간부터 소호까지의 시간

|정|답|및|해|설|

[차단기의 정격차단시간] 트립 코일 여자부터 차단기의 가동 전극이 고정 전극으로부터 이동을 개시하여 개극할 때까지의 개극 시간과 접점이 충분히 떨어져 **아크가 완전히 소호할 때까지의 아크 시간의 합**으로 3~8[Hz] 이다. 【정답】 ②

31. 3상 1회선 송전선을 정삼각형으로 배치한 3상 선로의 자기인덕턴스를 구하는 식은? (단, D는 전선의 선간거리[m], r은 전선의 반지름[m]이다.)

① $L=0.5+0.4605\log_{10}\frac{D}{r}$

② $L=0.5+0.4605\log_{10}\frac{D}{r^2}$

③ $L=0.05+0.4605\log_{10}\frac{D}{r}$

④ $L=0.05+0.4605\log_{10}\frac{D}{r^2}$

|정|답|및|해|설|

[3상3선식 자기인덕턴스] $L=0.05+0.4605\log_{10}\frac{D}{r}$ [mH/km]
여기서, r[m] : 전선의 반지름을, D[m] : 선간거리
【정답】 ③

32. 불평형 부하에서 역률[%]은?

① $\frac{\text{유효전력}}{\text{각 상의 피상전력의 산술합}}\times 100$

② $\frac{\text{무효전력}}{\text{각 상의 피상전력의 벡터합}}\times 100$

③ $\frac{\text{무효전력}}{\text{각 상의 피상전력의 산술합}}\times 100$

④ $\frac{\text{유효전력}}{\text{각 상의 피상전력의 벡터합}}\times 100$

|정|답|및|해|설|

[역률] $\cos\theta=\frac{\text{유효전력}}{\text{피상전력}}$
불평형부하에서 피상전력이 여러 개 있을 때는 벡터의 합으로 구한다.
즉, $\cos\theta=\frac{\text{유효전력}}{\text{각 상의 피상전력 벡터합}}\times 100[\%]$
【정답】 ④

33. 다음 중 동작속도가 가장 느린 계전방식은?

① 전류차동보호계전방식
② 거리보호계전방식
③ 전류위상비교보호계전방식
④ 방향비교보호계전방식

|정|답|및|해|설|

[거리보호계전방식] 거리계전방식에도 오차가 존재함에 따라 오차를 줄이고 보호구간을 완벽하게 보호하기 위해서 구간별 거리계전요소와 동작시간 지연요소를 이용한 보호계전방식을 적용한다. 따라서 다른 계전 방식에 비해 동작시간이 느린 계전방식이라고 할 수 있다.
1. 선로의 단락보호, 사고의 검출용
2. 대규모 발전기나 전력용변압기의 후비보호로 사용
【정답】 ②

34. 부하회로에서 공진현상으로 발생하는 고조파 장해가 있을 경우 공진현상을 회피하기 위하여 설치하는 것은?

① 진상용 콘덴서　　② 직렬리액터
③ 방전코일　　④ 진공차단기

|정|답|및|해|설|

[직렬리액터] 직렬리액터(SR)의 목적은 제5고조파 제거이다.
※병렬(분로)리액터 : 페란티 효과 방지, 충전전류 차단

【정답】 ②

35. 지지물 간 거리(경간)가 200[m]인 가공전선로가 있다. 사용 전선의 길이는 지지물 간 거리(경간)보다 몇 [m] 더 길게 하면 되는가? (단, 사용 전선의 1[m]당 무게는 2[kg], 인장하중은 4,000[kg], 전선의 안전율은 2로 하고 풍압하중은 무시한다)

① $\frac{1}{2}$　　② $\sqrt{2}$　　③ $\frac{1}{3}$　　④ $\sqrt{3}$

|정|답|및|해|설|

[처짐 정도(이도) 및 전선의 실제 길이] $D = \frac{\omega S^2}{8T}[\mathrm{m}]$, $L = S + \frac{8D^2}{3S}[\mathrm{m}]$

여기서, S : 지지물 간의 거리(경간), D : 처짐 정도(이도)
ω : 전선의 중량, T : 수평장력

1. 처짐 정도(이도) $D = \frac{\omega S^2}{8T} = \frac{2 \times 200^2}{8 \times 4000/2} = 5$
2. 실제 길이에서 지지물 간의 거리(경간)를 뺀 값이다.
즉, $L - S = \frac{8D^2}{3S}[m] \rightarrow \frac{8D^2}{3S} = \frac{8 \times 5^2}{3 \times 200} = \frac{1}{3}[m]$

【정답】 ③

36. 송전단전압이 100[V], 수전단전압이 90[V]인 단거리 배전선로의 전압강하율[%]은 약 얼마인가?

① 5　　② 11
③ 15　　④ 20

|정|답|및|해|설|

[전압강하율] $\epsilon = \frac{E_r - E_s}{E_s} \times 100[\%]$

여기서, V_s : 송전단전압, V_r : 수전단전압

$\therefore \epsilon = \frac{E_r - E_s}{E_s} \times 100 = \frac{100 - 90}{90} \times 100 = 11.1[\%]$

|참|고|

[전압강하율과 전압변동률 외우는 방법] → (강송변무)

1. 전압강하률 $= \frac{\text{송전단전압} - \text{수전단전압}}{\text{수전단전압}}$
2. 전압변동률 $= \frac{\text{무부하시 수전단전압} - \text{수전단전압}}{\text{수전단전압}}$

【정답】 ②

37. 다음 중 환상(루프) 방식과 비교할 때 방사상 배전선로 구성 방식에 해당되는 사항은?

① 전력 수용 증가 시 간선이나 분기선을 연장하여 쉽게 공급이 가능하다.
② 전압변동 및 전력손실이 작다.
③ 사고 발생 시 다른 간선으로의 전환이 쉽다.
④ 환상방식 보다 신뢰도가 높은 방식이다.

|정|답|및|해|설|

[방사상배전방식(수지식)] 변압기 뱅크 단위로 저압 배전선을 시설해서 그 변압기 용량에 맞는 범위까지의 수요를 공급하는 방식이다.

[방사상식(수지식)의 장·단점]
·**수요 변동에 쉽게 대응할 수 있다.**
·시설비가 싸다.
·공급 신뢰도가 낮다.
·전압변동이 심하다.
·전력손실이 크다.
·플리커 현상이 심하다.

【정답】 ①

38. 초호각(acring horn)의 역할은?

① 풍압을 조정한다.
② 차단기의 단락강도를 높인다.
③ 송전효율을 높인다.
④ 애자의 파손을 방지한다.

|정|답|및|해|설|

[초호각(arciing horn)의 목적]
·애자련의 전압분포 개선
·애자련의 보호

【정답】 ④

39. 유효낙차 90[m], 출력 104,500[kW], 비속도(특유 속도) 210[rpm]인 수차의 회전속도는 약 몇 [rpm]인가?

① 150 ② 180 ③ 210 ④ 240

|정|답|및|해|설|

[수차의 특유속도] $N_s = N\dfrac{\sqrt{P}}{H^{5/4}}$ [rpm]

여기서, N : 수차의 회전속도[rpm], P : 수차 출력[kW]
H : 유효낙차[m]

$\therefore$수차의 회전속도 $N = \dfrac{N_s H^{5/4}}{\sqrt{P}}$

$$= \frac{210 \times 90^{\frac{5}{4}}}{\sqrt{104,500}} = 210 \times \frac{277}{104500^{\frac{1}{2}}} = 180[\text{rpm}]$$

【정답】 ②

40. 발전기 또는 주변압기의 내부고장 보호용으로 가장 널리 쓰이는 것은?

① 과전류계전기 ② 비율차동계전기
③ 방향단락계전기 ④ 거리계전기

|정|답|및|해|설|

[변압기 내부고장 검출용 보호 계전기]
1. 차동계전기(비율차동 계전기) : 단락고장(사고) 시 검출
2. 압력계전기
3. 부흐홀츠계전기 : 아크방전사고 시 검출
4. 가스검출계전기

※① 과전류계전기 : 일정한 전류 이상이 흐르면 동작
③ 방향단락계전기 : 환상 선로의 단락 사고 보호에 사용
④ 거리계전기 : 선로의 단락보호 및 사고의 검출용으로 사용

【정답】 ②

1회 2022년 전기기사필기 (전기기기)

41. SCR을 이용한 단상 전파 위상제어 정류회로에서 전원전압은 실효값이 220[V], 60[Hz]인 정현파이며, 부하는 순저항으로 10[Ω]이다. SCR의 점호각 α를 60[°]라 할 때 출력전류의 평균값[A]은?

① 7.54 ② 9.73
③ 11.43 ④ 14.86

|정|답|및|해|설|

[단상전파 위상제어정류회로(평균값)] $E_d = \dfrac{2\sqrt{2}}{\pi}E\left(\dfrac{1+\cos\alpha}{2}\right)$
$= 0.9E\left(\dfrac{1+\cos\alpha}{2}\right)$

$E_d = 0.9 \times 220 \times \left(\dfrac{1+\cos 60°}{2}\right) = 148.6[\text{V}]$

$\therefore I = \dfrac{E}{R} = \dfrac{148.6}{10} = 14.86[\text{A}]$

【정답】 ④

42. 직류발전기가 90[%] 부하에서 최대 효율이 된다면 이 발전기의 전부하에 있어서 고정손과 부하손의 비는?

① 1.3 ② 1.0
③ 0.9 ④ 0.81

|정|답|및|해|설|

[변압기 최대 효율 조건] $P_i = \left(\dfrac{1}{m}\right)^2 P_c \rightarrow \dfrac{1}{m} = \sqrt{\dfrac{P_i}{P_c}}$

여기서, P_i : 철손(고정손), P_c : 동손(부하손), $\dfrac{1}{m}$: 부하

직류 발전기가 90[%] 부하

$\dfrac{P_i}{P_c} = \left(\dfrac{1}{m}\right)^2 \rightarrow \dfrac{P_i}{P_c} = 0.9^2 = 0.81$

【정답】 ④

43. 정류기의 직류 측 평균전압이 2000[V]이고 리플률이 3[%]일 경우, 리플전압의 실효값[V]은?

① 20 ② 30
③ 50 ④ 60

|정|답|및|해|설|

[리플률(맥동률)] 맥동률 $= \sqrt{\dfrac{\text{실효값}^2 - \text{평균값}^2}{\text{평균값}^2}} = \dfrac{\text{교류분}}{\text{직류분}}$

맥동률 $= \dfrac{\text{교류분}}{\text{직류분}} \rightarrow \dfrac{E_a}{2000} = 0.03$

$\therefore E_a = 2000 \times 0.03 = 60[\text{V}]$

【정답】 ④

44. 3상 동기발전기에서 그림과 같이 1상의 권선을 서로 똑같은 2조로 나누어서 그 1조의 권선전압을 E[V], 각 권선의 전류를 I[A]라 하고 지그재그 Y형으로 결선하는 경우 선간전압, 선전류 및 피상전력은?

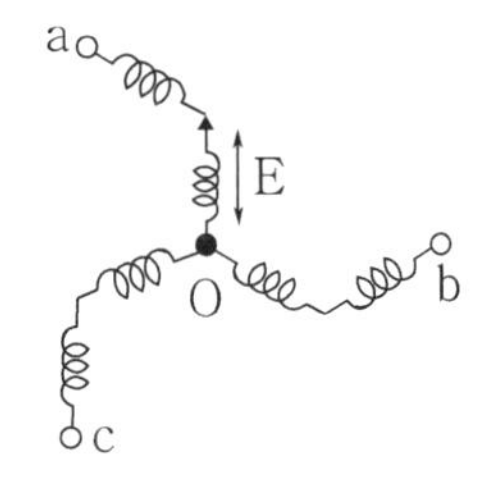

① $3E,\ I,\ \sqrt{3}\times 3E\times I = 5.2EI$

② $\sqrt{3}E,\ 2I,\ \sqrt{3}\times\sqrt{3}E\times 2I = 6EI$

③ $E,\ 2\sqrt{3}I,\ \sqrt{3}\times\sqrt{3}\times E\times 2\sqrt{3}I = 6EI$

④ $\sqrt{3}E,\ \sqrt{3}I,\ \sqrt{3}\times\sqrt{3}E\times\sqrt{3}I = 5.2EI$

|정|답|및|해|설|

[3상 접속법과 선간전압, 선전류, 피상전력의 관계]

	선간전압	선전류	피상전력
성형(Y결선)	$2\sqrt{3}E$	I	$6EI$
△형	$2E$	$\sqrt{3}I$	$6EI$
지그재그 성형	$3E$	I	$\sqrt{3}\times 3E\times I$ $=5.19EI$
2중 성형	$\sqrt{3}E$	$2I$	$6EI$
2중 △형	E	$2\sqrt{3}I$	$6EI$
지그재그 △형	$\sqrt{3}E$	$\sqrt{3}I$	$5.19EI$

【정답】 ①

45. 단상 직권정류자전동기에서 보상권선과 저항도선의 작용에 대한 설명으로 틀린 것은?

① 보상권선은 역률을 좋게 한다.

② 보상권선은 변압기의 기전력을 크게 한다.

③ 보상권선은 전기자반작용을 제거해 준다.

④ 저항도선은 변압기 기전력에 의한 단락전류를 작게 한다.

|정|답|및|해|설|

[단상 직권정류자 전동기]

1. 저항도선 : 변압기 기전력에 의한 단락전류를 작게 하여 정류를 좋게 한다.
2. 보상권선 : 전기자반작용을 상쇄하여 역률을 좋게 하고 변압기 **기전력을 작게** 해서 정류작용을 개선한다.

【정답】 ②

46. 비돌극형 동기발전기의 한 상의 단자전압을 V, 유기기전력을 E, 동기리액턴스를 X_s, 부하각을 δ이고 전기자저항을 무시할 때 최대 출력[W]은 얼마인가?

① $\dfrac{EV}{X_s}$　　② $\dfrac{3EV}{X_s}$

③ $\dfrac{E^2V}{X_s}\sin\delta$　　④ $\dfrac{EV^2}{X_s}\sin\delta$

|정|답|및|해|설|

[비돌극형 발전기의 출력]

1. 1상출력 $P=\dfrac{EV}{X_s}\sin\delta[W]$
2. 최대출력 : 부하각(δ)이 $90°$에서 최대값을 갖는다.
   즉, $P=\dfrac{EV}{X_s}\sin 90=\dfrac{EV}{X_s}$

※비돌극형은 원통형으로 고속기로 사용된다.

【정답】 ①

47. 단자전압 200[V], 계자저항 $50[\Omega]$, 부하전류 50[A], 전기자저항 $0.15[\Omega]$, 전기자반작용에 의한 전압강하 3[V]인 직류 분권발전기가 정격속도로 회전하고 있다. 이때 발전기의 유도기전력은 약 몇 [V]인가?

① 211.1　　② 215.1

③ 225.1　　④ 230.1

|정|답|및|해|설|

[유도기전력] $E=V+I_aR_a+e_a+e_b$

여기서, I_a : 전기자전류, R_a : 전기자저항, E : 유기기전력

V : 단자전압, e_a : 전기자반작용에 의한 전압강하[V]

e_b : 브러시의 접촉저항에 의한 전압강하[V]

전기자전류 $I_a=I+I_f=50+\dfrac{200}{50}=54[\text{A}]$

$\therefore E=V+I_aR_a+e_a=200+54\times 0.15+3=211.1[\text{V}]$

【정답】 ①

48. 비례추이를 하는 전동기는?

① 단상 유도전동기　② 권선형 유도전동기
③ 동기전동기　④ 정류자전동기

|정|답|및|해|설|

[비례추이] 2차 회로저항(외부 저항)의 크기를 조정함으로써 슬립을 바꾸어 속도와 토크를 조정하는 것으로 비례추이를 하는 전동기는 **권선형 유도전동기**이다. 【정답】 ②

49. 동기기의 권선법 중 기전력의 파형이 좋게 되는 권선법은?

① 단절권, 분포권　② 단절권, 집중권
③ 전절권, 집중권　④ 전절권, 2층권

|정|답|및|해|설|

[동기기의 권선법]
1. 단절권 : 고조파 제거, 파형 개선
2. 분포권 : 기전력의 고조파가 감소하여 파형이 좋아진다.
3. 전절권과 집중권은 선택하지 않음

※동기기의 기전력 파형 개선 방법
1. 매극 매상의 슬롯수를 크게 한다.
2. 단절권 및 분포권으로 한다.
3. 반폐슬롯을 사용한다.
4. 전기자 철심을 스큐슬롯으로 한다.
5. 공극의 길이를 크게 한다.
6. Y결선을 한다. 【정답】 ①

50. 변압기에 임피던스전압을 인가할 때의 입력은?

① 철손　② 와류손
③ 정격용량　④ 임피던스와트

|정|답|및|해|설|

[임피던스와트(W_s)] 임피던스전압을 걸 때 발생하는 전력으로 단락 시 존재하는 **와트**는 전부하동손이다.

$W_s = I_{1n}^2 r_{21} = I_{1n}^2 (r_1 + a^2 r_2)$ $[W]$ → (동손 $P_c = I^2 r$)

여기서, $r_{21} = r_1 + a^2 r_2$, $x_{21} = x_1 + a^2 x_2$ 【정답】 ④

51. 불꽃 없는 정류를 하기 위해 평균 리액턴스전압(A)과 브러시 접촉면 전압강하(B) 사이에 필요한 조건은?

① A 〉 B　② A 〈 B
③ A=B　④ A, B에 관계없다.

|정|답|및|해|설|

[불꽃 없는 양호한 정류를 얻는 방법]
- 평균 리액턴스전압(A)은 브러시 접촉면 전압강하(B)보다 작아야 한다. → A 〈 B → (리액턴스전압 $e = L\frac{2L_c}{T_c}$)
- 정류주기(T_c)가 길어야 한다(회전속도를 낮춘다).
- 코일의 자기인덕턴스(L_c)를 줄인다(단절권 채용).
- 부러시 접촉저항을 크게 한다.
  → (부러시 접촉면이 크면 브러시 접촉면 전압강하가 커진다.)
- 보극 설치 【정답】 ②

52. 유도전동기 1극의 자속 $\varnothing$, 2차 유효전류 $I_2 \cos\theta_2$, 토크 τ의 관계로 옳은 것은?

① $\tau \propto \varnothing \times I_2 \cos\theta_2$　② $\tau \propto \varnothing \times (I_2 \cos\theta_2)^2$
③ $\tau \propto \frac{1}{\varnothing \times I_2 \cos\theta_2}$　④ $\tau \propto \frac{1}{\varnothing \times (I_2 \cos\theta_2)^2}$

|정|답|및|해|설|

[유도전동기 토크(T)] $T = \frac{60P_0}{2\pi N} = \frac{60P_2}{2\pi N_s} = \frac{60P_{c2}}{2\pi s N_s}$ $[N \cdot m]$

여기서, P_0 : 전부하출력, N : 유도전동기 속도
P_2 : 2차입력, N_s : 동기속도, P_{c2} : 2차동손, s : 슬립

→ $T \propto \frac{1}{s} \propto \frac{1}{N_s} \propto P_0 \propto P_2 = E_2 I_2 \cos\theta_2$ → ($E_2 = 4.44 f \varnothing \omega k_\omega$)

$\therefore T \propto \varnothing \times I_2 \cos\theta_2$ 【정답】 ①

53. 회전자가 슬립 s로 회전하고 있을 때 고정자와 회전자의 실효 권수비를 α라 하면 고정자 기전력 E_1과 회전자기전력 E_{2s}와의 비는?

① $\frac{\alpha}{s}$　② $s\alpha$
③ $(1-s)\alpha$　④ $\frac{\alpha}{1-s}$

|정|답|및|해|설|

[회전자가 회전하고 있을 때 기전력] $E_{2s} = sE_2 = \frac{sE_1}{\alpha}$

→ (실효권수비 $a = \frac{E_1}{E_2}$)

여기서, E_2 : 전동기 정지 시 기전력, α : 권수비, s : 슬립
E_{2s} : 슬립 s로 회전 시 기전력

$\therefore \frac{E_1}{E_{2s}} = \frac{E_1}{sE_2} = \frac{E_1}{s \cdot \frac{E_1}{a}} = \frac{\alpha}{s}$ 【정답】 ①

54. 직류 직권전동기의 발생 토크는 전기자전류를 변화시킬 때 어떻게 변하는가? (단, 자기포화는 무시한다.)

① 전류에 비례한다.
② 전류의 반비례한다.
③ 전류의 제곱에 비례한다.
④ 전류의 제곱에 반비례한다.

|정|답|및|해|설|

[직류 직권전동기의 토크] $T=\frac{P}{\omega}=\frac{EI_a}{2\pi\frac{N}{60}}=\frac{pz}{2\pi a}\varnothing I_a=KI^2$

$\rightarrow \left(K=\frac{pz}{2\pi a}\right)$

$\therefore T\propto \varnothing I_a=I_a^2 \propto \frac{1}{N^2}$ 【정답】 ③

|참|고|

[직류 직권전동기의 특성]

1. 역기전력 $E=\frac{z}{a}p\varnothing\frac{N}{60}[V]$
2. 부하전류 $I=I_a=I_f[A]$
3. 출력 $P=EI_a[W]$
4. 자속 $\varnothing\propto I_f=I$

55. 동기발전기의 병렬운전 중 유도기전력의 위상차로 인하여 발생하는 현상으로 옳은 것은?

① 무효전력이 생긴다.
② 동기화전류가 흐른다.
③ 고조파 무효순환전류가 흐른다.
④ 출력이 요동하고 권선이 가열된다.

|정|답|및|해|설|

[동기발전기 병렬운전 조건이 다른 경우]

병렬 운전 조건	조건이 맞지 않는 경우
· 기전력의 크기가 같을 것 · 기전력의 위상이 같을 것 · 기전력의 주파수가 같을 것 · 기전력의 파형이 같을 것	· 무효순환전류(무효횡류) · **동기화전류(유효횡류)** · 동기화전류 · 고주파 무효순환전류

【정답】 ②

56. 변압기의 등가회로 구성에 필요한 시험이 아닌 것은?

① 단락시험 ② 부하시험
③ 무부하시험 ④ 권선저항 측정

|정|답|및|해|설|

[변압기의 등가회로 작성 시 필요한 시험]

1. 단락시험 : 동손, 임피던스전압, 임피던스와트(동손), 단락전류
2. 무부하시험 : 철손, 여자전류, 여자어드미턴스
3. 권선의 저항 측정 시험 : 1차, 2차 저항과 리액턴스

【정답】 ②

57. 단권변압기 두 대를 V결선하여 전압을 2000[V]에서 2200[V]로 승압한 후 200[kVA]의 3상 부하에 전력을 공급하려고 한다. 이때 단권변압기 1대의 용량은 약 몇 [kVA]인가?

① 4.2 ② 10.5
③ 18.2 ④ 21

|정|답|및|해|설|

[변압기의 자기용량] $\frac{자기용량(P)}{부하용량(W)}=\frac{2(V_h-V_l)\cdot I_h}{\sqrt{3}\,V_h\cdot I_h}$

1. $\frac{자기용량}{부하용량}=\frac{2(V_h-V_l)I_h}{\sqrt{3}\,V_hI_h}=\frac{2}{\sqrt{3}}\times\left(\frac{2200-2000}{2200}\right)=0.105$
2. $자기용량(P)=0.105\times 부하용량(W)=0.105\times 200=21[kVA]$

→ (자기용량은 V결선한 단권변압기 두 대의 용량)

$\therefore$단권변압기 1대의 용량 $P_1=\frac{P}{2}=21\times\frac{1}{2}=10.5[kVA]$

【정답】 ②

58. 3상 유도기의 기계적 출력(P_o)에 대한 변환식으로 옳은 것은? (단, 2차입력은 P_2, 2차동손은 P_{2c}, 동기속도는 N_s, 회전자속도는 N, 슬립은 s이다.)

① $P_o=P_2+P_{2c}=\frac{N}{N_s}P_2=(2-s)P_2$

② $(1-s)P_2=\frac{N}{N_s}P_2=P_o-P_{2c}=P_o-sP_2$

③ $P_o=P_2-P_{2c}=P_2-sP_2=\frac{N}{N_s}P_2=(1-s)P_2$

④ $P_o=P_2+P_{2c}=P_2+sP_2=\frac{N}{N_s}P_2=(1+s)P_2$

|정|답|및|해|설|

[3상 유도기의 기계적 출력(P_o)에 대한 변환식]

1. $s=\frac{N_s-N}{N_s}\rightarrow N=(1-s)N_s \rightarrow 1-s=\frac{N}{N_s}$
2. $P_o=P_2-P_{c2}=P_2-sP_2=P_2(1-s)=\frac{N}{N_s}P_2$ 【정답】 ③

59. 권수비 $a=\frac{6600}{220}$, 주파수 60[Hz], 변압기의 철심 단면적 $0.02[m^2]$, 최대자속밀도 $1.2[Wb/m^2]$일 때 변압기의 1차 측 유도기전력은 약 몇 [V]인가?

① 1407 ② 3521
③ 42198 ④ 49814

|정|답|및|해|설|

[1차 측 유도기전력] $E_1=4.44f\phi_m N_1=4.44fB_m SN_1$ → $(\phi_m=B_m S)$

$\therefore E_1=4.44f\phi_m N_1=4.44fB_m SN_1[V]$
$=4.44\times60\times1.2\times0.02\times6600=42198[V]$

→ (권수비 $a=\frac{E_1}{E_2}=\frac{N_1}{N_2}=\frac{I_2}{I_1}=\sqrt{\frac{Z_1}{Z_2}}=\sqrt{\frac{R_1}{R_2}}=\sqrt{\frac{L_1}{L_2}}$)

【정답】 ③

60. 회전형전동기와 선형전동기(Linear Motor)를 비교한 설명 중 틀린 것은?

① 선형의 경우 회전형에 비해 공극의 크기가 작다.
② 선형의 경우 직접적으로 직선운동을 얻을 수 있다.
③ 선형의 경우 회전형에 비해 부하관성의 영향이 크다.
④ 선형의 경우 전원의 상 순서를 바꾸어 이동방향을 변경한다.

|정|답|및|해|설|

[선형전동기(Linear Motor)] 회전기의 회전자 접속 방향에 발생하는 전자력을 직선적인 기계 에너지로 변환시키는 장치
(1) 장점
① 모터 자체의 구조가 간단하여 신뢰성이 높고 보수가 용이하다.
② 기어, 벨트 등 동력 변환 기구가 필요 없고 직접 직선 운동이 얻어진다.
③ 마찰을 거치지 않고 추진력이 얻어진다.
④ 원심력에 의한 가속제한이 없고 고속을 쉽게 얻을 수 있다.
(2) 단점
① **회전형에 비하여 공극이 커**서 역률, 효율이 낮다.
② 저속도를 얻기 어렵다.
③ 부하관성의 영향이 크다.

【정답】 ①

61. 그림의 신호 흐름 선도에서 전달함수 $\frac{C(s)}{R(s)}$는?

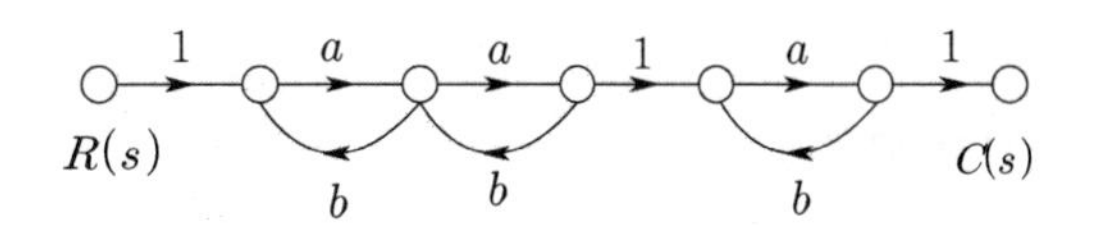

① $\frac{a^3}{(1-ab)^3}$ ② $\frac{a^3}{(1-3ab+a^2b^2)}$
③ $\frac{a^3}{1-3ab}$ ④ $\frac{a^3}{1-3ab+2a^2b^2}$

|정|답|및|해|설|

[전달함수] $G(s)=\frac{\sum G_k\Delta_k}{\Delta}$ → $(\Delta=1-(L_{m1}-L_{m2}+\ldots))$

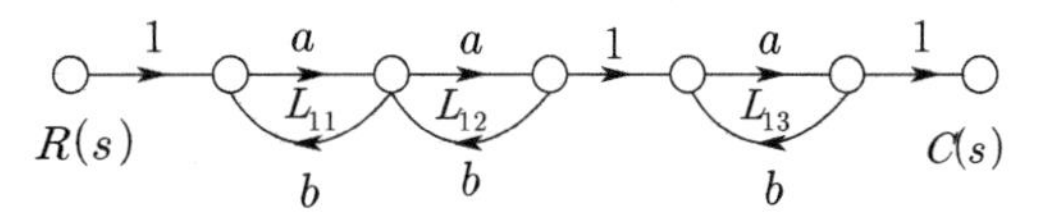

1. 루프(독립 루프) : $L_{11}=ab,\ L_{12}=ab,\ L_{13}=ab$
2. 루프(접하지 않는 루프)
 · $L_{21}=L_{11}\ L_{13}=(ab)^2$
 · $L_{22}=L_{12}\ L_{13}=(ab)^2$

$\therefore G(s)=\frac{\sum G_k\Delta_k}{\Delta}=\frac{a^3}{1-(L_{11}+L_{12}+L_{13})+(L_{21}+L_{22})}$
$=\frac{a^3}{1-3ab+2(ab)^2}$

【정답】 ④

62. 순시치 전류 $i(t)=I_m\sin(\omega t+\theta_I)$A의 파고율은 약 얼마인가?

① 0.577 ② 0.707
③ 1.414 ④ 1.732

|정|답|및|해|설|

[정현파 교류에 대한 파형률과 파고율]
1. 파고율 $=\frac{최대값}{실효값}=\sqrt{2}=1.414$
2. 파형률 $=\frac{실효값}{평균값}=1.111$

【정답】 ③

63. $F(z)=\dfrac{(1-e^{-aT})z}{(z-1)(z-e^{-aT})}$ 의 역 z변환은?

① $1-e^{-at}$ ② $1+e^{-at}$

③ $t\cdot e^{-at}$ ④ $t\cdot e^{at}$

|정|답|및|해|설|

[역z변환]

$F(z)=\dfrac{(1-e^{-aT})z}{(z-1)(z-e^{-aT})}$

주어진 함수에 대한 부분 분수 전계

1. $\dfrac{F(z)}{z}=\dfrac{(1-e^{-aT})}{(z-1)(z-e^{-aT})}=\dfrac{A}{z-1}+\dfrac{B}{z-e^{-aT}}$

→ (기본 모양으로 변환, 즉 곱을 합으로 바꾼다.)

→ (분자를 미지수 A, B로 놓는다.)

2. 각 미지수의 값을 찾는다.

㉠ $A=\left.\dfrac{1-e^{-aT}}{z-e^{-aT}}\right|_{z=1}=1$

→ ($z-1=0$으로 할 수 있는 수, z값)

㉡ $B=\left.\dfrac{1-e^{-aT}}{z-1}\right|_{z=e^{-aT}}=-1$

→ ($z-e^{-aT}=0$으로 할 수 있는 수, z값)

3. $\dfrac{F(z)}{z}=\dfrac{1}{z-1}-\dfrac{1}{z-e^{-aT}}$ → $F(z)=\dfrac{z}{z-1}-\dfrac{z}{z-e^{-aT}}$

$\therefore f(t)=1-e^{-at}$ 【정답】 ①

|참|고|

[z변환표]

시간함수	z변환
단위임펄스함수 $\delta(t)$	1
단위계단함수 $u(t)=1$	$\dfrac{z}{z-1}$
속도함수 ; t	$\dfrac{Tz}{(z-1)^2}$
지수함수 : e^{-at}	$\dfrac{z}{z-e^{-at}}$
$\delta(1-kT)$	z^{-k}
$\delta_T(t)=\sum_{n=0}^{\infty}\delta(t-nT)$	$\dfrac{z}{z-1}$
$u_s(t-kT)$	$\dfrac{z}{z-1}z^{-k}$
$tu_s(t)$	$\dfrac{zT}{(z-1)^2}=\dfrac{z}{(z-1)^2}$
$e^{at}u_s(t)$	$\dfrac{z}{z-e^{aT}}=\dfrac{z}{z-e^{a}}$
$te^{at}u_s(t)$	$\dfrac{ze^{aT}T}{(z-e^{aT})^2}=\dfrac{ze^{a}}{(z-e^{a})^2}$

시간함수	z변환
$e^{-at}u_s(t)$	$\dfrac{z}{z-e^{-aT}}=\dfrac{z}{z-e^{-a}}$
$te^{-at}u_s(t)$	$\dfrac{ze^{-aT}T}{(z-e^{-aT})^2}=\dfrac{ze^{-a}}{(z-e^{-a})^2}$
$(1-e^{-at})u_s(t)$	$\dfrac{(1-e^{-aT})z}{(z-1)(z-e^{-aT})}$
$a^t u_s(t)$	$\dfrac{z}{z-a}$
$e^{-at}u_s(t)$	$\dfrac{z}{z-e^{-aT}}=\dfrac{z}{z-e^{-a}}$
$te^{-at}u_s(t)$	$\dfrac{ze^{-aT}T}{(z-e^{-aT})^2}=\dfrac{ze^{-a}}{(z-e^{-a})^2}$
$(1-e^{-at})u_s(t)$	$\dfrac{(1-e^{-aT})z}{(z-1)(z-e^{-aT})}$

64. 다음의 특성 방정식 중 안정한 제어시스템은?

① $s^3+3s^2+4s+5=0$

② $s^4+3s^3-s^2+s+10=0$

③ $s^5+s^3+2s^2+4s+3=0$

④ $s^4-2s^3-3s^2+4s+5=0$

|정|답|및|해|설|

[제어계의 안정조건] 특성 방정식 $a_0s^3+a_1s^2+a_2s+a_3=0$에서 제어계가 안정하기 위한 필수 조건은 다음과 같다.

1. 특성 방정식의 모든 차수가 존재할 것
2. 특성 방정식의 모든 계수의 부호가 같을 것
   즉, a_0, a_1, a_2, $\cdots$,$a_n=0$

· 특성 방정식의 근이 모두 s 평면 좌반부에 존재할 것

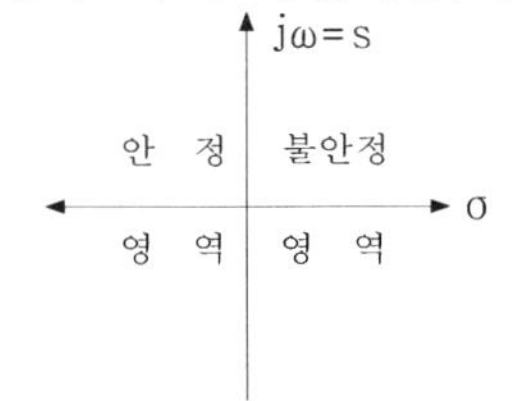

· 루드표를 작성하여 제1열의 부호 변화가 없을 것

【정답】 ①

|참|고|

※다른 방법 (3차 방정식을 경우) → 예) ①

1. 방정식 각 차수의 계수를 적는다.
   → 1, 3, 4, 5
2. ㉮ 안쪽의 곱 : $3\times4=12$
   ㉯ 바깥쪽의 곱 : $1\times5=5$
3. 안쪽 곱이 크면 : 안정 → $(12>5)$
   바깥쪽 곱이 크면 : 불안정

65. 그림과 같은 보드선도의 이득선도를 갖는 제어시스템의 전달함수는?

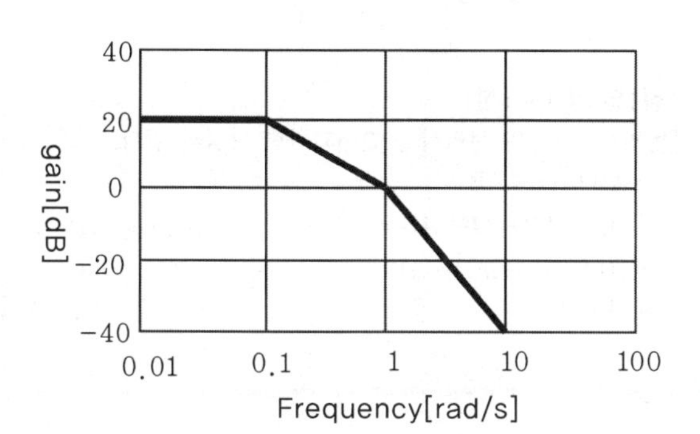

① $G(s)=\dfrac{10}{(s+1)(s+10)}$

② $G(s)=\dfrac{10}{(s+1)(10s+1)}$

③ $G(s)=\dfrac{20}{(s+1)(s+10)}$

④ $G(s)=\dfrac{20}{(s+1)(10s+1)}$

|정|답|및|해|설|

[제어시스템의 전달함수]

1. 절점주파수(꺾이는 점)

㉮ $\omega=0.1 \rightarrow G(s)=\dfrac{1}{10s+1}$

→ $(10j\omega=1 \rightarrow \omega=0.1)$

㉯ $\omega=1$일 때 $\rightarrow G(s)=\dfrac{1}{s+1}$

→ $(j\omega=1 \rightarrow \omega=1)$

2. $G(s)=\dfrac{K}{(s+1)(10s+1)}$

3. 분자 k 구하기
보드선도에서 출발 이득이 20[dB]이므로,
$20\log_{10}G(s)=20$에서 $G(s)=10 \rightarrow G(s)=k$

∴ 전체 전달함수 $G(s)=\dfrac{10}{(s+1)(10s+1)}$ 【정답】 ②

66. 그림과 같은 블록선도의 제어시스템에 단위계단함수가 입력되었을 때 정상상태 오차가 0.01이 되는 a의 값은?

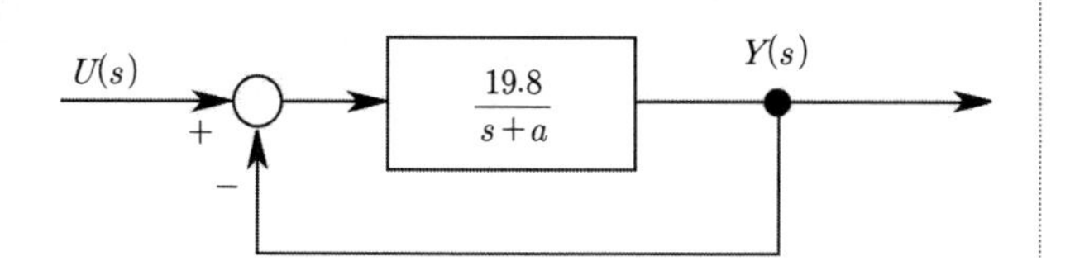

① 0.2 ② 0.6

③ 0.8 ④ 1.0

|정|답|및|해|설|

[정상 위치편차]

1. 단위계단함수 : 0형 입력
2. 오차 0.01
3. 계루프전달함수 $\dfrac{19.8}{s+a}$ → (0형 시스템)
4. 오차상수 $K_p=\dfrac{19.8}{0+a}$ → (0형 시스템이므로 s=0)
5. 정상오차 $e_p=\dfrac{1}{1+K_p}=0.01 \rightarrow 1+K_p=100 \rightarrow K_p=99$

$\therefore K_p=\dfrac{19.8}{0+a} \rightarrow 99=\dfrac{19.8}{a} \rightarrow a=\dfrac{19.8}{99}=0.2$

【정답】 ①

67. 다음의 개루프 전달함수에 대한 근궤적의 점근선이 실수축과 만나는 교차점은?

$$G(s)H(s)=\frac{K(s+3)}{s^2(s+1)(s+3)(s+4)}$$

① $\dfrac{5}{3}$ ② $-\dfrac{5}{3}$

③ $\dfrac{5}{4}$ ④ $-\dfrac{5}{4}$

|정|답|및|해|설|

[점근선의 교차점]

$$\delta=\frac{\sum G(s)H(s)\text{의 극}-\sum G(s)H(s)\text{의 영점}}{p-z}$$

여기서, p : 극의 수, z : 영점수

→ (영점 : 분자항=0이 되는 근으로 회로의 단락)

→ (극점 : 분모항=0이 되는 근으로 회로의 개방)

1. 극점 : s=0, s=0, s=−1, s=−3, s=−4 → (5개)

2. 영점 : s=−3 → (1개)

$\therefore$교차점$=\dfrac{\sum p-\sum z}{p-z}=\dfrac{-1-3-4-(-3)}{5-1}=-\dfrac{5}{4}$

【정답】 ④

68. 그림과 같은 블록선도의 전달함수 $\dfrac{C(s)}{R(s)}$ 는?

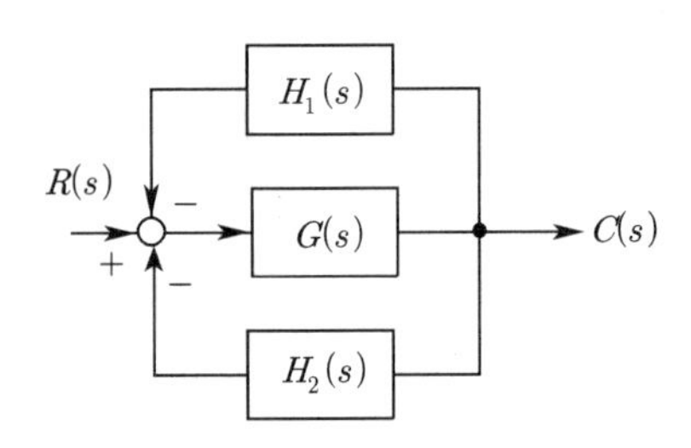

① $G(s) = \dfrac{G(s)H_1(s)H_2(s)}{1+G(s)H_1(s)H_2(s)}$

② $G(s) = \dfrac{G(s)}{1+G(s)H_1(s)H_2(s)}$

③ $G(s) = \dfrac{G(s)}{1-G(s)(H_1(s)+H_2(s))}$

④ $G(s) = \dfrac{G(s)}{1+G(s)(H_1(s)+H_2(s))}$

|정|답|및|해|설|

[블록선도의 전달함수] $\dfrac{\sum 전향경로}{1-\sum 루프이득}$

→ (루프이득 : 피드백의 폐루프)

→ (전향경로 :입력에서 출력으로 가는 길(피드백 제외))

$\dfrac{C(s)}{R(s)} = \dfrac{G(s)}{1-(-H_1(s)G(s))-(-H_2(s)G(s))}$

$\therefore G(s) = \dfrac{G(s)}{1+G(s)H_1(s)+G(s)H_2(s)}$

$= \dfrac{G(s)}{1+G(s)(H_1(s)+H_2(s))}$ 【정답】 ④

69. 그림과 같은 논리 회로와 등가인 것은?

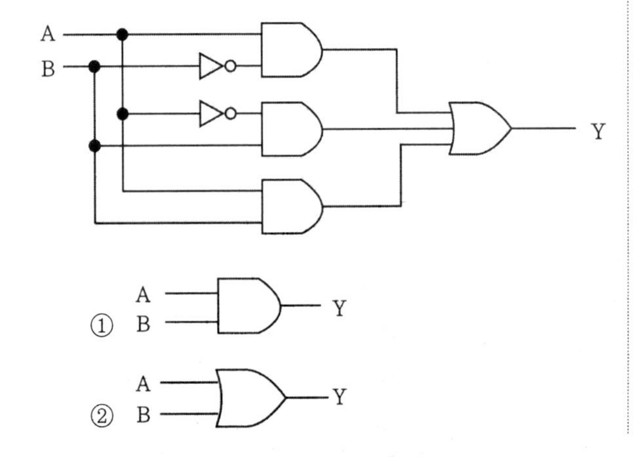

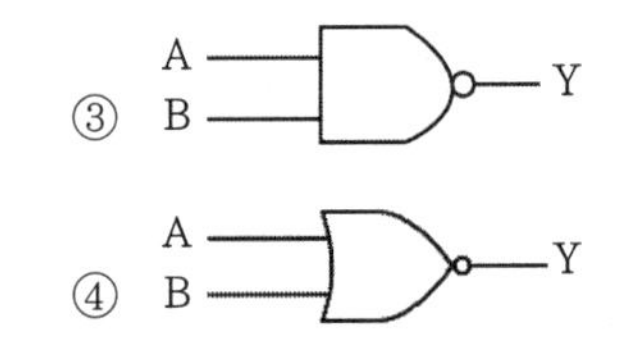

|정|답|및|해|설|

[논리식] 다음의 논리식을 간이화하면 다음과 같다.

$Y = A\overline{B} + \overline{A}B + AB$

$= A\overline{B} + \overline{A}B + AB + AB$ → $(AB + AB = AB)$

$= A(\overline{B}+B) + B(\overline{A}+A)$ → $(A+\overline{A}=1,\ B+\overline{B}=1)$

$= A+B$ 【정답】 ②

70. 3상 평형회로에 Y결선의 부하가 연결되어 있고, 부하에서의 선간전압이 $V_{ab} = 100\sqrt{3}\angle 0°$ [V]일 때 선전류가 $I_a = 20\angle -60°$ [A]이었다. 이 부하의 한 상의 임피던스[Ω]는? (단, 3상 전압의 상순은 $a-b-c$이다.)

① $5\angle 30°$ ② $5\sqrt{3}\angle 30°$

③ $5\angle 60°$ ④ $5\sqrt{3}\angle 60°$

|정|답|및|해|설|

[Y결선 임피던스] $Z = \dfrac{V_p}{I_p}$

1. $V_l = \sqrt{3}V_p \angle 30°$

→ $V_p = \dfrac{V_l}{\sqrt{3}} \angle -30°$

$= \dfrac{100\sqrt{3}\angle 0°}{\sqrt{3}} \angle -30° = 100 \angle -30°$

2. $I_p = I_l = 20 \angle -60°$

$\therefore Z = \dfrac{V_p}{I_p} = \dfrac{100\angle -30°}{20\angle -60°} = 5 \angle -30° - (-60°) = 5 \angle 30°$

【정답】 ①

71. 블록선도에서 ⓐ에 해당하는 신호는?

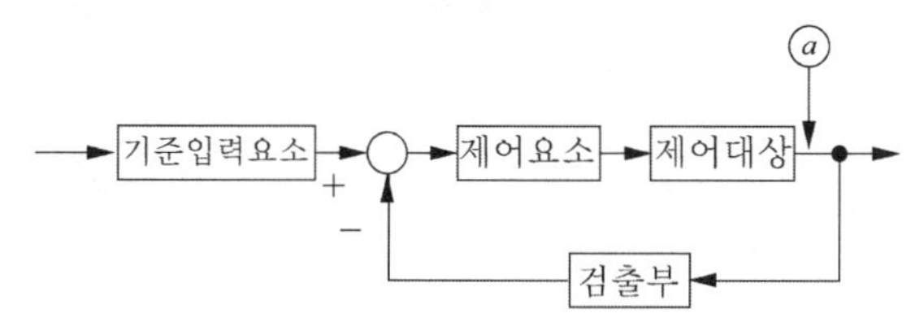

① 조작량 ② 제어량

③ 기준입력 ④ 동작신호

|정|답|및|해|설|

[궤환(feedback)]

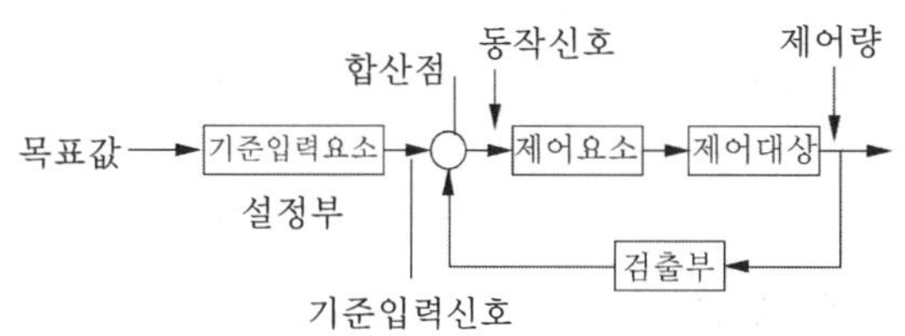

1. 목표값 : 입력값(설정값)
2. 기준입력요소(설정부) : 목표값에 비례하는 기준 입력 신호 발생
3. 동작신호 : 제어 동작을 일으키는 신호(편차)
4. 제어요소 : 동작신호를 조작량으로 변환하는 요소, 조절부와 조작부로 구성
5. 제어대상 : 제어 활동을 갖지 않는 출력 발생 장치로 제어계에서 직접 제어를 받는 장치
6. 검출부 : 제어량을 검출, 입력과 출력을 비교하는 비교부가 필요
7. 출력(제어량) : 제어를 받는 제어계의 출력, 제어 대상에 속하는 양

【정답】②

72. 다음의 미분방정식과 같이 표현되는 제어시스템이 있다. 이 제어시스템을 상태방정식 $\dot{x} = Ax + Bu$로 나타내었을 때 시스템행렬 A는?

$$\frac{d^3C(t)}{dt^3} + 5\frac{d^2C(t)}{dt^2} + \frac{dC(t)}{dt} + 2C(t) = r(t)$$

① $\begin{bmatrix} 0 & 1 & 0 \\ 0 & 0 & 1 \\ -2 & -1 & -5 \end{bmatrix}$

② $\begin{bmatrix} 1 & 0 & 0 \\ 0 & 1 & 0 \\ -2 & -1 & -5 \end{bmatrix}$

③ $\begin{bmatrix} 0 & 1 & 0 \\ 0 & 0 & 1 \\ 2 & 1 & 5 \end{bmatrix}$

④ $\begin{bmatrix} 1 & 0 & 0 \\ 0 & 1 & 0 \\ 2 & 1 & 5 \end{bmatrix}$

|정|답|및|해|설|

[상태변수] $c(t) = x_1(t)$

1. $\frac{d}{dt}c(t) = \dot{x}_1(t) = x_2(t)$
2. $\frac{d^2}{dt^2}c(t) = \dot{x}_2(t) = x_3(t)$
3. $\frac{d^3}{dt^3}c(t) = \dot{x}_3(t) = -5x_3(t) - x_2(t) - 2x_1(t) + r(t)$

$$\therefore \begin{bmatrix} \dot{x}_1(t) \\ \dot{x}_2(t) \\ \dot{x}_3(t) \end{bmatrix} = \begin{bmatrix} 0 & 1 & 0 \\ 0 & 0 & 1 \\ -2 & -1 & -5 \end{bmatrix} \begin{bmatrix} x_1(t) \\ x_2(t) \\ x_3(t) \end{bmatrix} + \begin{bmatrix} 0 \\ 0 \\ 1 \end{bmatrix} r(t)$$

【정답】①

|참|고|

[다른 방법]

1. 미분방정식에서 맨 앞에 있는 차수는 빼고 그 다음부터의 차수의 순서와 부호를 역으로 해서 맨 아래 행에 적는다.

   즉, 5, 1, 2 → −2, −1, −5 → $\begin{bmatrix} & & \\ & & \\ -2 & -1 & -5 \end{bmatrix}$

2. ㉠ 두 번째 행의 맨 마지막 열이 1
   ㉡ 첫 번째 행의 두 번째 열의 계수가 1이 된다.

   즉, $\begin{bmatrix} & 1 & \\ & & 1 \\ -2 & -1 & -5 \end{bmatrix}$

73. 다음에서 $f_e(t)$는 우함수, $f_0(t)$는 기함수를 나타낸다. 주기함수 $f(t) = f_e(t) + f_0(t)$에 대한 다음의 서술 중 바르지 못한 것은?

① $f_e(t) = f_e(-t)$

② $f_0(t) = -f_0(-t)$

③ $f_e(t) = \frac{1}{2}[f(t) - f(-t)]$

④ $f_0(t) = \frac{1}{2}[f(t) - f(-t)]$

|정|답|및|해|설|

[비정현파 대칭식]

→ (우함수 : Y축 대칭 → $f_e(t) = f_e(-t)$)
→ (기함수 : 원점 대칭 → $f_o(t) = -f_o(-t)$)

$f(t) = f_e(t) + f_0(t)$

1. $\frac{1}{2}[f(t) + f(-t)] = \frac{1}{2}[f_e(t) + f_0(t) + f_e(-t) + f_0(-t)]$
$= \frac{1}{2}[f_e(t) + f_0(t) + f_e(t) - f_0(t)]$
$= f_e(t)$

2. $\frac{1}{2}[f(t) - f(-t)] = \frac{1}{2}[f_e(t) + f_0(t) - f_e(-t) - f_0(-t)]$
$= \frac{1}{2}[F_e(t) + F_0(t) - F_e(t) + F_0(t)]$
$= f_0(t)$

【정답】③

74. 각 상의 전압이 다음과 같을 때 영상분 전압[V]의 순시치는? (단, 3상 전압의 상순은 $a-b-c$이다.)

$$v_a(t)=40\sin\omega t[V]$$
$$v_b(t)=40\sin(\omega t-\frac{\pi}{2})[V]$$
$$v_c(t)=40\sin(\omega t+\frac{\pi}{2})[V]$$

① $40\sin\omega t$ ② $\frac{40}{3}\sin\omega t$

③ $\frac{40}{3}\sin(\omega t-\frac{\pi}{2})$ ④ $\frac{40}{3}\sin(\omega t+\frac{\pi}{2})$

|정|답|및|해|설|

[영상 대칭분 전압] $v_0=\frac{1}{3}(v_a+v_b+v_c)$

$\therefore v_0=\frac{1}{3}(v_a+v_b+v_c)$

→ ($v_b+v_c=0$: 크기는 같으면서 방향이 반대이므로)

$=\frac{1}{3}v_a=\frac{1}{3}\times 40\sin\omega t$ 【정답】 ②

75. 그림의 회로에서 120[V]와 30[V]의 전압원(능동소자)에서의 전력은 각각 몇 [W]인가? (단, 전압원(능동소자)에서 공급 또는 발생하는 전력은 양수(+), 소비 또는 흡수하는 전력은 음수(-)이다.)

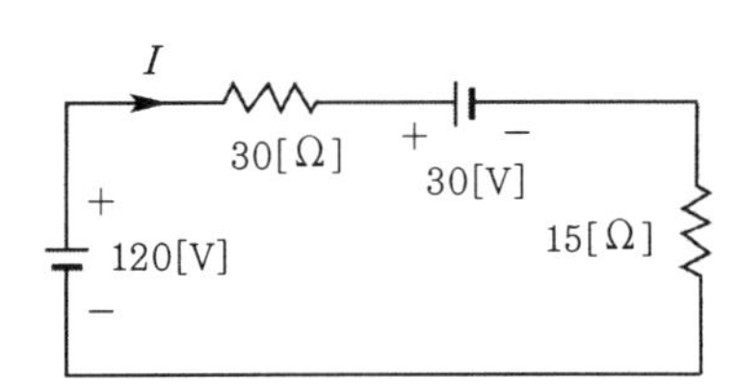

① 240[W], 60[W]
② 240[W], −60[W]
③ −240[W], 60[W]
④ −240[W], −60[W]

|정|답|및|해|설|

[전력] $P=VI[W]$

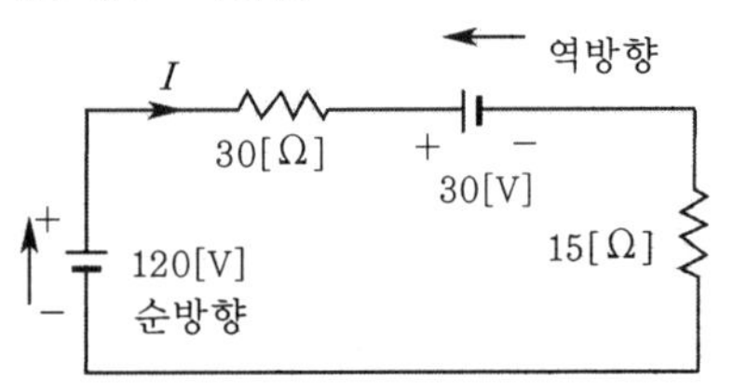

전류 $I=\frac{V_T}{R_T}=\frac{120-30}{30+15}=2[A]$ → (전압=순방향−역방향)

$\therefore$ 전력 $P_{120}=VI=120\times 2=240[W]$ → (공급)

$P_{30}=VI=-30\times 2=-60[W]$ → (소비)

→ (30[V] 전압원은 전류 방향이 반대이므로)

【정답】 ②

76. 정전용량이 C[F]인 커패시터에 단위 임펄스의 전류원이 연결되어 있다. 이 커패시터의 전압 $v_C(t)$는? 단, $u(t)$는 단위계단함수이다.

① $v_C(t)=C$ ② $v_C(t)=Cu(t)$

③ $v_C(t)=\frac{1}{C}$ ④ $v_C(t)=\frac{1}{C}u(t)$

|정|답|및|해|설|

[커패시터의 전압]

$v_C(t)=\frac{1}{C}\int i(t)dt$ → (단위 임펄스 전류원에 연결되어 있으므로)

$v_C(t)=\frac{1}{C}\int \delta(t)dt$

1. 라플라스 변환하면

$\mathcal{L}[v_C(s)]=\frac{1}{sC}I(s)=\frac{1}{sC}$ → ($i(t)=\delta(t) \Leftrightarrow I(s)=1$)

2. 다시 역 라플라스 변화하면

$\mathcal{L}^{-1}[V_C(s)]=v_C(t)=\frac{1}{C}u(t)$ → ($u(t)\Leftrightarrow\frac{1}{s}$)

【정답】 ④

77. 분포정수 회로에 있어서 선로의 단위 길이 당 저항이 $100[\Omega/m]$, 인덕턴스가 $200[mH/m]$, 누설컨덕턴스가 $0.5[℧/m]$일 때 일그러짐이 없는 조건(무왜형 조건)을 만족하기 위한 단위 길이 당 커패시턴스는 몇 $[\mu F/m]$인가?

① 0.001 ② 0.1

③ 10 ④ 1000

|정|답|및|해|설|

[무왜형 조건] $RC=LG$

여기서, R : 저항, L : 인덕턴스, G : 컨덕턴스, C : 커패시턴스

$\therefore C=\frac{LG}{R}=\frac{200\times 10^{-3}\times 0.5}{100}=10^{-3}[F/m]=1000[\mu F/m]$

【정답】 ④

78. 그림과 같이 3상 평형의 순저항 부하에 단상 전력계를 연결하였을 때 전력계가 W[W]를 지시하였다. 이 3상 부하에서 소모하는 전체 전력[W]은?

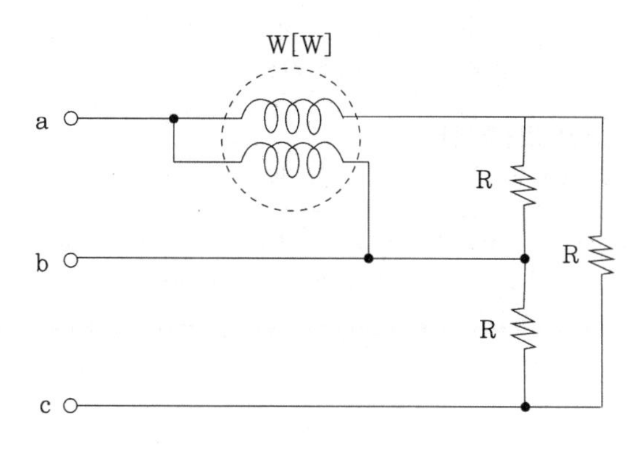

① $2W$　② $3W$
③ $\sqrt{2}\,W$　④ $\sqrt{3}\,W$

|정|답|및|해|설|

[유효전력] $P = |W_1| + |W_2|$

순저항 부하이므로 $\cos\theta = 1$, $W_1 = W_2$

→ (순저항 회로의 무효전력 $Q = \sqrt{3}(W_1 - W_2) = 0$)

$\therefore P = W_1 + W_2 = W + W = 2W$ 【정답】 ①

79. 다음의 회로에서 $t = 0$[s]에 스위치(S)를 닫은 후 $t = 1$[S]일 때 회로에 흐르는 전류는 약 몇 [A]인가?

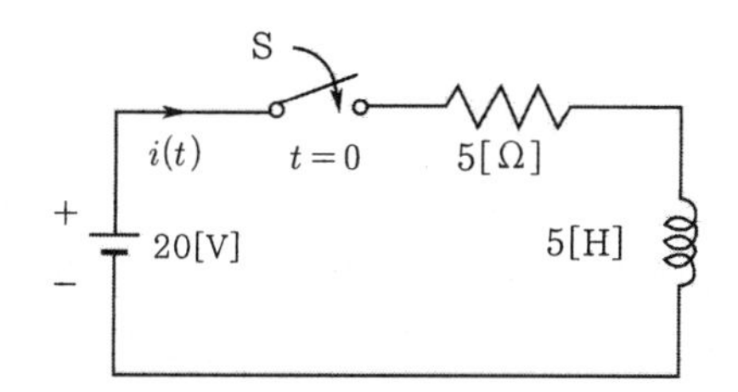

① 2.52[A]　② 3.16[A]
③ 4.16[A]　④ 5.16[A]

|정|답|및|해|설|

[$R-L$ 직렬 회로 전류]

1. 시정수 $\tau = \frac{L}{R} = \frac{5}{5} = 1$초 → $t = \tau$

2. 시정수에서의 전류 $i(t) = 0.632\frac{E}{R}$

$\therefore$전류 $i(t) = 0.632\frac{E}{R} = 0.632\frac{20}{5} = 2.52$[A]

※시정수(τ) : 전류 $i(t)$가 정상값의 63.2[%]까지 도달하는데 걸리는 시간으로 단위는 [sec] 【정답】 ①

80. 그림의 회로가 정저항 회로로 되기 위한 L[mH]은? 단, $R = 10[\Omega]$, $C = 1000[\mu F]$이다.

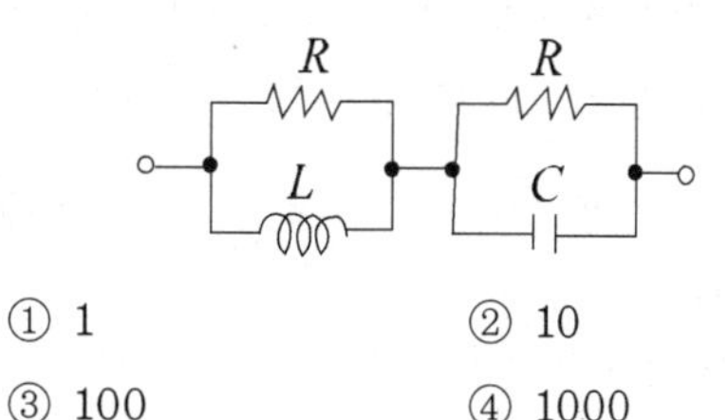

① 1　② 10
③ 100　④ 1000

|정|답|및|해|설|

[정저항회로] $R-L-C$ 직·병렬 2단자 회로망에서주파수에 관계없이 2단자 임피던스의 허수부가 항상 0이고 실수부도 항상 일정한 회로

정저항조건 $Z_1 Z_2 = R^2 = \frac{L}{C}$　→ ($Z_1 = jwL_1$, $Z_2 = \frac{1}{jwC}$

$\therefore L = R^2 \times C = 10^2 \times 1000 \times 10^{-6} = 0.1[H] = 100[mH]$

【정답】 ③

1회 2022년 전기기사필기 (전기설비기술기준)

81. 사용전압이 22.9[kV]인 특고압 가공전선과 그 지지물 완금류, 지주 또는 지지선 사이의 간격은 몇 [cm] 이상이어야 하는가?

① 15　② 20
③ 25　④ 30

|정|답|및|해|설|

[특고압 가공전선과 지지물 등의 간격 (KEC 333.5)]

사용 전압의 구분	간격(이격거리)
15[kV] 미만	15[cm]
15[kV] 이상 25[kV] 미만	20[cm]
25[kV] 이상 35[kV] 미만	25[cm]
35[kV] 이상 50[kV] 미만	30[cm]
50[kV] 이상 60[kV] 미만	35[cm]
60[kV] 이상 70[kV] 미만	40[cm]
70[kV] 이상 80[kV] 미만	45[cm]
80[kV] 이상 130[kV] 미만	65[cm]
130[kV] 이상 160[kV] 미만	90[cm]
160[kV] 이상 200[kV] 미만	110[cm]
200[kV] 이상 230[kV] 미만	130[cm]
230[kV] 이상	160[cm]

【정답】 ②

82. 저압 가공전선이 안테나와 접근상태로 시설되는 경우 가공전선과 안테나 사이의 간격은 몇 [cm] 이상 이어야 하는가? (단, 전선이 절연전선, 특고압 절연전선 또는 케이블이 아닌 경우이다.)

① 40 ② 60 ③ 80 ④ 100

|정|답|및|해|설|

[저·고압 가공전선과 안테나의 접근 또는 교차 (KEC222.14, 332.14)]

가공전선과 안테나 사이의 간격(이격거리)은 다음과 같다.

공작물의 종류 \ 사용전압 부분	저압	고압
일반적인 경우	0.6[m]	0.8[m]
전선이 고압 절연전선	0.3[m]	0.8[m]
전선이 케이블인 경우	0.3[m]	0.4[m]

【정답】 ②

83. 고압 가공전선으로 사용한 경동선은 안전율이 얼마 이상인 처짐 정도(이도)로 시설하여야 하는가?

① 2.0 ② 2.2
③ 2.5 ④ 3.0

|정|답|및|해|설|

[고압 가공전선의 안전율 (KEC 332.4)] 고압 가공전선은 케이블인 경우 이외에는 그 안전율이 경동선 또는 내열 동합금선은 2.2 이상, 그 밖의 전선은 2.5 이상이 되는 처짐 정도로 시설하여야 한다.

【정답】 ②

84. 급전선로에 대한 설명으로 틀린 것은?

① 급전선은 비절연보호도체, 매설접지도체, 레일 등으로 구성하여 단권변압기 중성점과 공통접지에 접속한다.
② 가공식은 전차선의 높이 이상으로 전차선로 지지물에 병행설치하며, 나전선의 접속은 직선접속을 원칙으로 한다.
③ 선상승강장, 인도교, 과선교 또는 다리 하부 등에 설치할 때에는 최소 절연이격거리 이상을 확보하여야 한다.
④ 신설 터널 내 급전선을 가공으로 설계할 경우 지지물의 취부는 C찬넬 또는 매입전을 이용하여 고정하여야 한다.

|정|답|및|해|설|

[급전선로 (KEC 431.4)] 급전선은 나전선을 적용하여 가공식으로 가설을 원칙으로 한다. 다만, 전기적 영향에 대한 최소 간격이 보장되지 않거나 지락, 불꽃 방전(섬락) 등의 우려가 있을 경우에는 급전선을 케이블로 하여 안전하게 시공하여야 한다.

※귀전로는 비절연보호도체, 매설접지도체, 레일 등으로 구성하여 단권변압기 중성점과 공통접지에 접속한다.

【정답】 ①

85. 진열장 내의 배선에 사용전압 400[V] 이하에 사용하는 코드 또는 캡타이어 케이블의 단면적은 최소 몇 $[mm^2]$ 인가?

① 1.25 ② 1.0
③ 0.75 ④ 0.5

|정|답|및|해|설|

[진열장 또는 이와 유사한 것의 내부 배선 (KEC 234.8)] 진열장 안의 전선은 단면적이 0.75[㎟] 이상인 코드 또는 캡타이어 케이블일 것

【정답】 ③

86. 중앙급전 전원과 구분되는 것으로서 전력소비지역 부근에 분산하여 배치 가능한 신·재생에너지 발전설비 등의 전원으로 정의되는 용어는?

① 임시전력원 ② 분전반전원
③ 분산형전원 ④ 계통연계전원

|정|답|및|해|설|

[분산형전원 (KEC 112 용어정의)] 중앙급전 전원과 구분되는 것으로서 전력소비지역 부근에 분산하여 배치 가능한 전원

【정답】 ③

87. 최대 사용전압이 23,000[V] 인 중성점 비접지식 전로의 절연내력 시험전압은 몇 [V]인가?

① 16,560　　② 21,160
③ 25,300　　④ 28,750

|정|답|및|해|설|

[전로의 절연저항 및 절연내력 (KEC 132)]

접지방식	최대 사용 전압	시험 전압(최대 사용 전압 배수)	최저 시험 전압
비접지	7[kV] 이하	1.5배	
	7[kV] 초과	1.25배	10,500[V]
중성점접지	60[kV] 초과	1.1배	75[kV]
중성점직접 접지	60[kV] 초과 170[kV] 이하	0.72배	
	170[kV] 초과	0.64배	
중성점 다중접지	25[kV] 이하	0.92배	

※ 전로에 케이블을 사용하는 경우에는 직류로 시험할 수 있으며, 시험 전압은 교류의 경우의 2배가 된다.

비접지 7[kV] 초과 이므로 $23000 \times 1.25 = 28,750[V]$

【정답】 ④

88. 지중 전선로를 직접 매설식에 의하여 차량 기타 중량물의 압력을 받을 우려가 있는 장소에 시설하는 경우 매설 깊이는 몇 [m] 이상으로 하여야 하는가?

① 0.6　　② 1
③ 1.2　　④ 2

|정|답|및|해|설|

[지중 전선로의 시설 (KEC 334.1)] 지중 전선로는 전선에 케이블을 사용하고 또한 관로식, 암거식, 직접 매설식에 의하여 시설하여야 한다.

1. 직접 매설식 : 매설 깊이는 **중량물의 압력이 있는 곳은 1.0[m] 이상**, 없는 곳은 0.6[m] 이상으로 한다.
2. 관로식 : 매설 깊이를 1.0 [m] 이상, 중량물의 압력을 받을 우려가 없는 곳은 60 [cm] 이상으로 한다.
3. 암거식 : 지하 구조물 내 케이블 지지대를 설치하고 그 위에 케이블을 부설하는 방식

【정답】 ②

89. 플로어덕트공사에 의한 저압 옥내배선 공사 시 시설기준으로 틀린 것은?

① 덕트의 끝부분은 막을 것
② 옥외용 비닐절연전선을 사용할 것
③ 덕트 안에는 전선에 접속점이 없도록 할 것
④ 덕트 및 박스 기타의 부속품은 물이 고이는 부분이 없도록 시설하여야 한다.

|정|답|및|해|설|

[플로어덕트공사 (KEC 232.32)]

1. 전선은 절연전선(**옥외용 비닐 절연전선을 제외**한다)일 것.
2. 전선은 연선일 것. 다만, 단면적 $10[mm^2]$(알루미늄선은 단면적 $16[mm^2]$) 이하인 것은 그러하지 아니하다.
3. 덕트 상호 간 및 덕트와 박스 및 인출구와는 견고하고 또한 전기적으로 완전하게 접속할 것
4. 덕트의 끝부분은 막을 것
5. 덕트는 kec140에 준하는 접지공사를 할 것

【정답】 ②

90. 애자공사에 의한 저압 옥측전선로는 사람이 쉽게 접촉될 우려가 없도록 시설하고, 전선의 지지점 간의 거리는 몇 [m] 이하이어야 하는가?

① 1　　② 1.5
③ 2　　`④ 3

|정|답|및|해|설|

[저압 옥측 전선로의 시설 (KEC 221.2)]

1. 애자사용공사(전개된 장소에 한한다)
   애자공사에 의한 저압 옥측전선로는 다음에 의하고 또한 사람이 쉽게 접촉될 우려가 없도록 시설할 것.
   ㉠ 전선은 공칭단면적 4[㎟] 이상의 연동 절연전선(옥외용 비닐절연전선 및 인입용 절연전선은 제외한다)일 것.
   ㉡ **전선의 지지점 간의 거리는 2[m] 이하**일 것
2. 합성수지관공사
3. 금속관공사(목조 이외의 조영물에 시설하는 경우에 한한다)
4. 버스덕트공사[목조 이외의 조영물(점검할 수 없는 은폐된 장소를 제외한다)에 시설하는 경우에 한한다]
5. 케이블공사(연피 케이블·알루미늄피 케이블 또는 미네럴인슈레이션케이블을 사용하는 경우에는 목조 이외의 조영물에 시설하는 경우에 한한다)

【정답】 ③

91. 저압 가공전선로의 지지물이 목주인 경우 풍압하중의 몇 배의 하중에 견디는 강도를 가지는 것이어야 하는가?

① 1.2　② 1.5　③ 2　④ 3

|정|답|및|해|설|

[저압 가공전선로의 지지물의 강도 (KEC 222.8)] 저압 가공전선로의 지지물은 목주인 경우에는 **풍압하중의 1.2배**의 하중, 기타의 경우에는 풍압하중에 견디는 강도를 가지는 것이어야 한다.

【정답】 ①

92. 교류 전차선 등 충전부와 식물 사이의 간격은 몇 [m] 이상이어야 하는가? (단, 현장 여건을 고려한 방호벽 등의 안전 조치를 하지 않은 경우이다.)

① 1　② 3
③ 5　④ 10

|정|답|및|해|설|

[전차선 등과 식물사이의 간격(이격거리) (KED 431.11)] 교류 전차선 등 충전부와 **식물사이의 간격은 5[m] 이상**이어야 한다. 다만, 5[m] 이상 확보하기 곤란한 경우에는 현장여건을 고려하여 방호벽 등 안전조치를 하여야한다.

【정답】 ③

93. 고장보호에 대한 설명으로 틀린 것은?

① 기본보호는 일반적으로 직접접촉을 방지하는 것이다.
② 고장보호는 인축의 몸을 통해 고장전류가 흐르는 것을 방지하여야 한다.
③ 고장보호는 인축의 몸에 흐르는 고장전류를 위험하지 않는 값 이하로 제한여야 한다.
④ 고장보호는 인축의 몸에 흐르는 고장전류의 지속시간을 위험하지 않은 시간까지로 제한하여야 한다.

|정|답|및|해|설|

[감전에 대한 보호 (KEC 113.2)]

1. 기본보호 : 기본보호는 일반적으로 직접접촉을 방지하는 것으로, 전기설비의 충전부에 인축이 접촉하여 일어날 수 있는 위험으로부터 보호되어야 한다. 기본보호는 다음 중 어느 하나에 적합하여야 한다.
   ㉮ 인축의 몸을 통해 전류가 흐르는 것을 방지
   ㉯ 인축의 몸에 흐르는 전류를 위험하지 않는 값 이하로 제한
2. 고장보호 : 고장보호는 일반적으로 기본절연의 고장에 의한 **간접접촉을 방지하는 것**이다.
   ㉮ 노출도전부에 인축이 접촉하여 일어날 수 있는 위험으로부터 보호되어야 한다.
   ㉯ 고장보호는 다음 중 어느 하나에 적합하여야 한다.
      ㉠ 인축의 몸을 통해 고장전류가 흐르는 것을 방지
      ㉡ 인축의 몸에 흐르는 고장전류를 위험하지 않는 값 이하로 제한
      ㉢ 인축의 몸에 흐르는 고장전류의 지속시간을 위험하지 않은 시간까지로 제한

【정답】 ①

94. 네온방전등의 관등회로의 전선을 애자사용공사에 의해 자기 또는 유리제 등의 애자로 견고하게 지지하여 조영재의 아랫면 또는 옆면에 부착한 경우 전선 상호간의 간격은 몇 [mm] 이상이어야 하는가?

① 30　② 60
③ 80　④ 100

|정|답|및|해|설|

[옥내의 네온 방전등 공사 (KEC 234.12)]
옥내에 시설하는 관등회로의 사용전압이 1[kV]를 넘는 관등회로의 배선은 애자사용공사에 의하여 시설하고 또한 다음에 의할 것

1. 전선은 네온관용 전선일 것
2. 전선은 조영재의 옆면 또는 아랫면에 붙일 것. 다만, 전선을 전개된 장소에 시설하는 경우에 기술상 부득이한 때에는 그러하지 아니하다.
3. 전선의 지지점간의 거리는 1[m] 이하일 것
4. **전선 상호간의 간격은 6[cm] 이상**일 것

【정답】 ②

95. 전력보안통신설비인 무선통신용 안테나 등을 지지하는 철주의 기초 안전율은 얼마 이상이어야 하는가? (단, 무선용 안테나 등이 전선로의 주의 상태를 감시할 목적으로 시설되는 것이 아닌 경우이다.)

① 1.3　② 1.5
③ 1.8　④ 2.0

|정|답|및|해|설|

[무선용 안테나 등을 지지하는 철탑 등의 시설 (KEC 364.1)]

1. 목주의 안전율은 1.5 이상이어야 한다.
2. 철주철근 콘크리트주 또는 철탑의 기초 안전율은 1.5 이상이어야 한다.

【정답】 ②

96. 무효전력 보상 장치(조상기)에 내부 고장이 생긴 경우 무효전력 보상 장치의 뱅크 용량이 몇 [kVA] 이상일 때 전로로부터 자동 차단하는 장치를 시설하여야 하는가?

① 5,000　② 10,000
③ 15,000　④ 30,000

|정|답|및|해|설|
[조상설비 보호장치 (KEC 351.5)] 조상설비에는 그 내부에 고장이 생긴 경우에 보호하는 장치를 표와 같이 시설하여야 한다.

설비종별	배크용량의 구분	자동적으로 전로로부터 차단하는 장치
전력용 커패시터 및 분로리액터	500[kVA] 초과 15,000[kVA] 미만	·내부고장 ·과전류
	15,000[kVA] 이상	·내부고장 ·과전류 ·과전압
무효 전력 보상 장치	15,000[kVA] 이상	내부고장

【정답】 ③

97. 수소냉각기 발전기에서 사용하는 수소냉각장 치에 대한 시설기준으로 틀린 것은?

① 수소를 통하는 관은 동관을 사용할 수 있다.
② 수소를 통하는 관은 이음매 있는 강판이어야 한다.
③ 발전기 내부의 수소의 온도를 계측하는 장치를 시설하여야 한다.
④ 발전기 내부의 수소의 순도가 85[%] 이하로 저하한 경우에 이를 경보하는 장치를 시설하여야 한다.

|정|답|및|해|설|
[수소냉각식 발전기 등의 시설 (KEC 351.10)]
수소냉각식의 발전기·무효전력 보상 장치 또는 이에 부속하는 수소 냉각 장치는 다음 각 호에 따라 시설하여야 한다.
1. 발전기 내부 또는 무효전력 보상 장치 내부의 수소의 순도가 85[%] 이하로 저하한 경우에 이를 경보하는 장치를 시설할 것.
2. 발전기 내부 또는 무효 전력 보상 장치 내부의 수소의 압력을 계측하는 장치 및 그 압력이 현저히 변동한 경우에 이를 경보하는 장치를 시설할 것.
3. 발전기 내부 또는 무효 전력 보상 장치 내부의 수소의 온도를 계측하는 장치를 시설할 것.
4. 수소를 통하는 관은 **동관 또는 이음매 없는 강판**이어야 하며 또한 수소가 대기압에서 폭발하는 경우에 생기는 압력에 견디는 강도의 것일 것. 【정답】 ②

98. 특고압 가공 전선로에서 양측의 지지물 간 거리(경간)의 차가 큰 곳에 사용하는 철탑의 종류는?

① 내장형
② 직선형
③ 잡아 당김형(인류형)
④ 보강형

|정|답|및|해|설|
특고압 가공전선로의 철주·철근 콘크리트주 또는 철탑의 종류 (KEC 333.11)] 특고 가공 전선로의 지지물로 사용하는 B종 철주, 철근 콘크리트주, 철탑의 종류는 다음과 같다.
1. 직선형 : 전선로의 직선 부분(3° 이하의 수평 각도 이루는 곳 포함)에 사용되는 것
2. 각도형 : 전선로 중 수형 각도 3° 를 넘는 곳에 사용되는 것
3. 잡아 당김형(인류형) : 전 가섭선을 잡아 당기는 곳에 사용하는 것
4. **내장형** : 전선로 지지물 양측의 **지지물 간 거리(경간) 차가 큰 곳에 사용**하는 것
5. 보강형 : 전선로 직선 부분을 보강하기 위하여 사용하는 것

【정답】 ①

99. 사무실 건물의 조명설비에 사용되는 백열전등 또는 방전등에 전기를 공급하는 옥내 전로의 대지전압은 몇 [V] 이하인가?

① 250　② 300　③ 350　④ 400

|정|답|및|해|설|
[옥내전로의 대지 전압의 제한 (kec 231.6)] 백열전등 또는 방전등에 전기를 공급하는 옥내 전로의 대지전압은 300[V] 이하여야 한다.

【정답】 ②

|참|고|
[대자전압]
1. 90[%] 이상은 300[V]
2. 예외인 경우
   ① 누설전압이 없는 경우 → 대지전압 150[V]
   ② 전기저장장치, 태양광설비 → 직류 600[V]

100. 전기저장장치를 전용 건물에 시설하는 경우에 대한 설명이다. 다음 (   )에 들어갈 내용으로 옳은 것은?

> 전기저장장치 시설장소는 주변 시설(도로, 건물, 가연물질 등)로부터 (㉠) 이상 이격하고 다른 건물의 출입구나 피난계단 등 이와 유사한 장소로부터는 (㉡) 이상 이격하여야 한다.

① ㉠ 3, ㉡ 1 ② ㉠ 2, ㉡ 1.5
③ ㉠ 1, ㉡ 2 ④ ㉠ 1.5, ㉡ 3

|정|답|및|해|설|

[전용건물에 시설하는 경우 (KEC 5512.1.5)] 전기저장장치 시설장소는 주변 시설(도로, 건물, 가연물질 등)로부터 1.5[m] 이상 이격하고 다른 건물의 출입구나 피난계단 등 이와 유사한 장소로부터는 3[m] 이상 이격하여야 한다. 【정답】 ④

2022년 2회 전기기사 필기 기출문제

2회 2022년 전기기사필기 (전기자기학)

1. 비유전률 $\epsilon_r = 81$, 비투자율 $\mu_r = 1$인 매질의 고유 임피던스는 약 몇 $[\Omega]$인가?

① $13.9[\Omega]$ ② $21.9[\Omega]$
③ $33.9[\Omega]$ ④ $41.9[\Omega]$

|정|답|및|해|설|

[고유 임피던스] $Z_0 = \frac{E}{H} = \sqrt{\frac{\mu}{\epsilon}} = \sqrt{\frac{\mu_0}{\epsilon_0}} \cdot \sqrt{\frac{\mu_r}{\epsilon_r}}$

$$Z_0 = \sqrt{\frac{\mu_0}{\epsilon_0}} \cdot \sqrt{\frac{\mu_r}{\epsilon_r}} = \sqrt{\frac{4\pi \times 10^{-7}}{8.855 \times 10^{-12}}} \cdot \sqrt{\frac{\mu_r}{\epsilon_r}}$$

$$= 120\pi \cdot \sqrt{\frac{\mu_r}{\epsilon_r}} = 377\sqrt{\frac{\mu_r}{\epsilon_r}} = 377\sqrt{\frac{1}{81}} = 41.9[\Omega$$

$\rightarrow (\sqrt{\frac{\mu_0}{\epsilon_0}} = 377)$

【정답】 ④

2. 강자성체의 B-H 곡선을 자세히 관찰하면 매끈한 곡선이 아니라 B(자속밀도)가 계단적으로 증가 또는 감소함을 알 수 있다. 이러한 현상을 무엇이라 하는가?

① 퀴리점(Curie point)
② 자기여자효과(magnetic after effect)
③ 자왜현상(magneto-striction effect)
④ 바크하우젠 효과(Barkhausen effect)

|정|답|및|해|설|

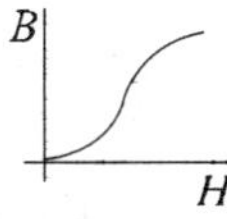

[바크하우젠 효과]

자구의 배열에 따라 계단적으로 변화하면서 증가하는 현상

※퀴리점 : 강자성체가 상자성체가 되는 특이점 온도 770[℃]

【정답】 ④

3. 평행 극판 사이에 유전율이 각각 ϵ_1, ϵ_2인 유전체를 그림과 같이 채우고 극판 사이에 일정한 전압을 걸었을 때 두 유전체 사이에 작용하는 힘은? (단, $\epsilon_1 > \epsilon_2$)

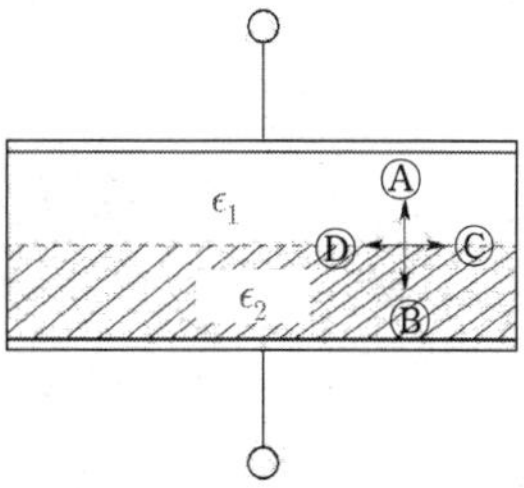

① Ⓐ의 방향 ② Ⓑ의 방향
③ Ⓒ의 방향 ④ Ⓓ의 방향

|정|답|및|해|설|

[유전체 사이에 작용하는 힘] 유전체에 작용하는 힘은 유전율이 큰 쪽에서 작은 쪽으로 향한다. 즉, $\epsilon_1 > \epsilon_2$이므로 Ⓐ에서 Ⓑ로 향한다.

【정답】 ②

4. 평균자로의 길이가 10[cm], 평균단면적이 2[cm^2]인 환상솔레노이드의 자기인덕턴스를 5.4[mH] 정도로 하고자 한다. 이때 필요한 코일의 권선수는 약 몇 회인가? (단, 철심의 비투자율은 15000이다.)

① 6 ② 12 ③ 24 ④ 29

|정|답|및|해|설|

[환상솔레노이드 자기인덕턴스] $L = \frac{\mu S N^2}{l} = \frac{\mu_0 \mu_r S N^2}{l}[\text{H}]$

$$\therefore \text{권선수 } N = \sqrt{\frac{Ll}{\mu_0 \mu_r S}} = \sqrt{\frac{5.4 \times 10^{-3} \times 10 \times 10^{-2}}{4\pi \times 10^{-7} \times 15000 \times 2 \times 10^{-4}}} = 12$$

$\rightarrow (1cm^2 = 1 \times 10^{-4} m^2)$

【정답】 ②

5. 단면적이 균일한 환상 철심에 권수 100회인 A코일과 권수 400회인 B코일이 있을 때 A코일의 자기인덕턴스가 4[H]라면, 두 코일의 상호인덕턴스 M은 몇 [H]인가? (단, 누설자속은 0이라고 한다.)

① 4 ② 8 ③ 12 ④ 16

|정|답|및|해|설|

[코일의 상호인덕턴스] $M = \frac{N_2}{N_1} L_1 = \frac{N_B}{N_A} L_A [H]$

$\rightarrow (\text{권선수 } a = \frac{V_1}{V_2} = \frac{N_1}{N_2} = \frac{L_1}{M} = \frac{M}{L_2})$

$\therefore M = \frac{N_B}{N_A} L_A = \frac{400}{100} \times 4 = 16[H]$

【정답】 ④

6. 진공 중에 무한 평면도체와 $d[m]$만큼 떨어진 곳에 선전하밀도 $\lambda[C/m]$의 무한 직선도체가 평행하게 놓여 있을 경우 직선 도체의 단위 길이 당 받는 힘은 몇 $[N/m]$인가?

① $\dfrac{\lambda^2}{\pi\epsilon_0 d}$ ② $\dfrac{\lambda^2}{2\pi\epsilon_0 d}$

③ $\dfrac{\lambda^2}{4\pi\epsilon_0 d}$ ④ $\dfrac{\lambda^2}{16\pi\epsilon_0 d}$

|정|답|및|해|설|

[평면법]

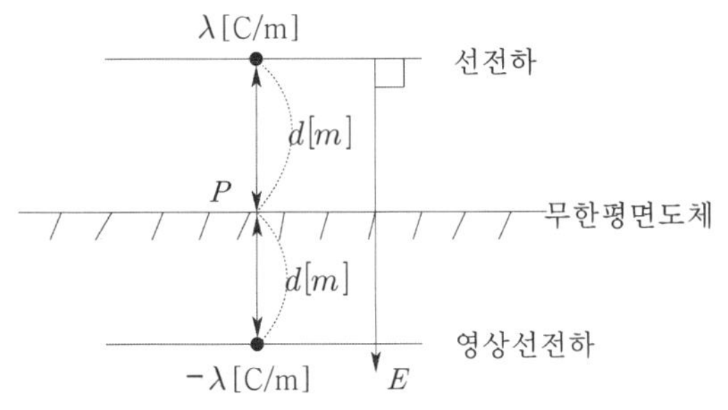

여기서, λ ; 선전하밀도, E : 전계의 세기($E=\dfrac{\lambda}{2\pi\epsilon_0 r}$)

→ 선전하 도선에서 전계가 수직으로 평행해서 발생한다. 따라서 전계(E) 내에 영상선전하를 놓았을 때 받는 힘

힘 $F=-\lambda\cdot E=-\lambda\dfrac{\lambda}{2\pi\epsilon_0 r}=-\lambda\dfrac{\lambda}{2\pi\epsilon_0(2d)}=-\dfrac{\lambda^2}{4\pi\epsilon_0 d}$[N/m]

→ (r : 떨어져 있는 거리, 즉 $r=2d$)

*크기를 구하는 것이므로 - 를 제거한다. 【정답】 ③

7. 정전용량이 20[μF]인 공기의 평행판 커패시터에 0.1[C]의 전하량을 충전하였다. 두 평행판 사이에 비유전율이 10인 유전체를 채웠을 때 유전체 표면에 나타나는 분극전하량[C]은?

① 0.009 ② 0.01

③ 0.09 ④ 0.1

|정|답|및|해|설|

[분극전하량(Q_p)] Q_p=분극의 세기(P)×면적(S)[C]

1. 분극의 세기 $P=D-\epsilon_0 E=D\left(1-\dfrac{1}{\epsilon_s}\right)[C/m^2]$

2. 전속밀도 $D=\dfrac{\text{전속수}}{\text{면적}}=\dfrac{Q}{S}[C/m^2]$

$\therefore Q_p=P\times S=D\left(1-\dfrac{1}{\epsilon_s}\right)\times S=\dfrac{Q}{S}\left(1-\dfrac{1}{\epsilon_s}\right)\times S=Q\times\left(1-\dfrac{1}{\epsilon_s}\right)$

$=0.1\left(1-\dfrac{1}{10}\right)=0.09[C]$ 【정답】 ③

8. 유전율이 ϵ_1과 ϵ_2인 두 유전체가 경계를 이루어 접하고 있는 경우 유전율이 ϵ_1인 영역에 전하 Q가 존재할 때 이 전하에 작용하는 힘에 대한 설명으로 옳은 것은?

① ϵ_1 〉 ϵ_2인 경우 반발력이 작용한다.

② ϵ_1 〉 ϵ_2인 경우 흡인력이 작용한다.

③ ϵ_1 과 ϵ_2값에 상관없이 반발력이 작용한다.

④ ϵ_1 과 ϵ_2값에 상관없이 흡인력이 작용한다.

|정|답|및|해|설|

[유전체에 작용하는 힘] 경계면에 작용하는 힘은 유전율이 큰 쪽(ϵ_1)에서 작은 쪽(ϵ_2)으로 작용한다. 따라서 ϵ_1 영역에 존재하는 전하 Q가 밀리면서 반발하게 된다.

즉, 힘 $F\propto\dfrac{\epsilon_1-\epsilon_2}{\epsilon_1+\epsilon_2}$ → $\epsilon_1>\epsilon_2$면 +이므로 반발력 【정답】 ①

9. 그림은 커패시터의 유전체 내에 흐르는 변위전류를 보여준다. 커패시터의 전극 면적을 $S[m^2]$, 전극에 축적된 전하를 $q[C]$, 전극의 표면전하밀도를 $\sigma[C/m^2]$, 전극 사이의 전속밀도를 $D[C/m^2]$라 하면 변위전류밀도 $i_d[A/m^2]$는?

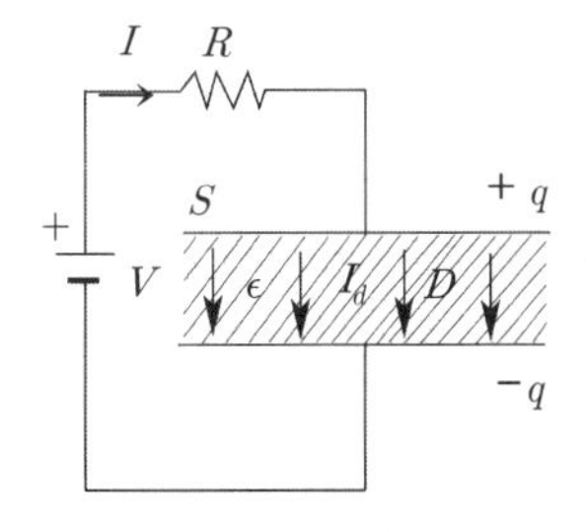

① $\dfrac{\partial D}{\partial t}$ ② $\dfrac{\partial q}{\partial t}$

③ $S\dfrac{\partial D}{\partial t}$ ④ $\dfrac{1}{S}\dfrac{\partial D}{\partial t}$

|정|답|및|해|설|

[변위전류밀도] $i_d{}'=\dfrac{I_d}{S}=\dfrac{\partial D}{\partial t}=\epsilon\dfrac{\partial E}{\partial t}[A/m^2]$ → ($D=\epsilon E$)

여기서, I_d : 전체 변위전류, S : 면적, D : 전속밀도, t : 시간

【정답】 ①

10. 투자율 $\mu[H/m]$, 단면적이 $s[m^2]$, 길이가 $l[m]$인 자성체에 권선을 N회 감아서 $I[A]$의 전류를 흘렸을 때 이 자성체의 단면적 $S[m^2]$를 통과하는 자속[Wb]은 얼마인가?

① $\mu\dfrac{I}{Nl}S$ ② $\mu\dfrac{NI}{Sl}$

③ $\dfrac{NI}{\mu S}l$ ④ $\mu\dfrac{NI}{l}S$

|정|답|및|해|설|

[자기회로의 자속] $\varnothing = \dfrac{F}{R_m} = \dfrac{NI}{\dfrac{l}{\mu S}} = \dfrac{\mu SNI}{l}[Wb]$

$\rightarrow (F = NI = R_m\varnothing,\ R_m = \dfrac{l}{\mu S})$

【정답】 ④

11. 진공 중에서 점 (1, 3)[m] 되는 곳에 -2×10^{-9} $[C]$ 점전하가 있을 때 점 (2, 1)[m]에 있는 1[C]의 점전하에 작용하는 힘[N]은? (단, $\hat{x}$, $\hat{y}$는 단위벡터이다.)

① $-\dfrac{18}{5\sqrt{5}}\hat{x}+\dfrac{36}{5\sqrt{5}}\hat{y}$

② $-\dfrac{36}{5\sqrt{5}}\hat{x}+\dfrac{18}{5\sqrt{5}}\hat{y}$

③ $-\dfrac{36}{5\sqrt{5}}\hat{x}-\dfrac{18}{5\sqrt{5}}\hat{y}$

④ $\dfrac{18}{5\sqrt{5}}\hat{x}+\dfrac{36}{5\sqrt{5}}\hat{y}$

|정|답|및|해|설|

[정전력] $F=\dfrac{Q_1Q_2}{4\pi\epsilon r^2}\times\overrightarrow{r_0}=9\times10^9\times\dfrac{Q_1Q_2}{r^2}\times\overrightarrow{r_0}[\mathrm{N}]$

여기서, Q_1, Q_2 : 전하량[C], r : 전하간의 거리[m], $\overrightarrow{r_0}$: 단위벡터

1. 단위벡터 $\overrightarrow{r_0}=\dfrac{\overrightarrow{r}}{|r|}=\dfrac{(2-1)i+(1-3)j}{\sqrt{(2-1)^2+(1-3)^2}}=\dfrac{i-2j}{\sqrt{5}}$

2. $F=9\times10^9\times\dfrac{Q_1Q_2}{r^2}\times\overrightarrow{r_0}$

$=9\times10^9\times\dfrac{-2\times10^{-9}\times1}{(\sqrt{5})^2}\times\dfrac{1}{\sqrt{5}}(\hat{x}-2\hat{y})$

$=\dfrac{-18\hat{x}+36\hat{y}}{5\sqrt{5}}=\dfrac{-18}{5\sqrt{5}}\hat{x}+\dfrac{36}{5\sqrt{5}}\hat{y}$ 【정답】 ①

12. 그림과 같이 평행한 무한장 직선 도선에 I, $4I$인 전류가 흐른다. 두 선 사이의 점 P의 자계의 세기가 0이라고 하면 $\dfrac{a}{b}$는 얼마인가?

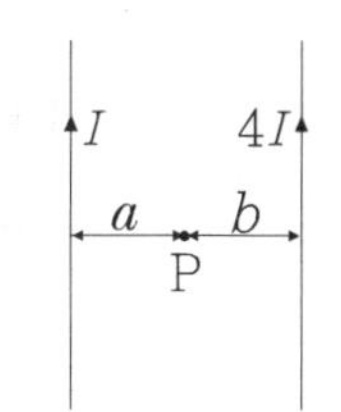

① $\dfrac{a}{b}=2$ ② $\dfrac{a}{b}=4$

③ $\dfrac{a}{b}=\dfrac{1}{2}$ ④ $\dfrac{a}{b}=\dfrac{1}{4}$

|정|답|및|해|설|

[자계의 세기]

I와 $4I$ 도선에 의한 자계의 방향은 서로 반대이므로 크기가 같으면 $H_I=H_{4I}=0$이 된다.

I 도선에 의한 자계 $H_I=\dfrac{I}{2\pi a}[\mathrm{AT/m}]$ → (ⓧ 들어가는 방향)

$4I$ 도선에 의한 자계 $H_{4I}=\dfrac{4I}{2\pi b}[\mathrm{AT/m}]$ → (⊙ 나가는 방향)

$H_I=H_{4I}$ 이므로 $\dfrac{I}{2\pi a}=\dfrac{4I}{2\pi b}$ → $\therefore \dfrac{a}{b}=\dfrac{1}{4}$ 【정답】 ④

13. 콘덴서의 내압 및 정전용량이 각각 1000[V]-2$[\mu F]$, 700[V]-3$[\mu F]$, 600[V]-4$[\mu F]$, 300[V]-8$[\mu F]$이다. 이 콘덴서를 직렬로 연결할 때 양단에 인가되는 전압을 상승시키면 제일 먼저 절연이 파괴되는 콘덴서는? (단, 커패시터의 재질이나 형태는 동일하다.)

① 1000[V]-2$[\mu F]$ ② 700[V]-3$[\mu F]$

③ 600[V]-4$[\mu F]$ ④ 300[V]-8$[\mu F]$

|정|답|및|해|설|

[내압이 다른 경우] 전하량이 가장 적은 것이 가장 먼저 파괴된다.

전하량 $Q_1=C_1V_1$, $Q_2=C_2V_2$, $Q_3=C_3V_3$

1. $Q_1=C_1\times V_1=2\times10^{-6}\times1000=2\times10^{-3}[C]$
2. $Q_2=C_2\times V_2=3\times10^{-6}\times700=2.1\times10^{-3}[C]$
3. $Q_3=C_3\times V_3=4\times10^{-6}\times600=2.4\times10^{-3}[C]$
4. $Q_4=C_4\times V_4=8\times10^{-6}\times300=2.4\times10^{-3}[C]$

전하용량이 가장 적은 1000$[V]$−2$[\mu F]$가 제일 먼저 절연이 파괴된다. $(\mu=10^{-6})$ 【정답】 ①

14. 정전용량이 $C_0[\mu F]$인 평행판의 공기커패시터가 있다. 두 극판 사이에 극판과 평행하게 절반을 비유전율이 ϵ_s인 유전체로 채우면 커패시터의 정전용량$[\mu F]$은?

① $\dfrac{C_0}{2\left(1+\dfrac{1}{\epsilon_s}\right)}$　　② $\dfrac{C_0}{1+\dfrac{1}{\epsilon_s}}$

③ $\dfrac{2C_0}{1+\dfrac{1}{\epsilon_s}}$　　④ $\dfrac{4C_0}{1+\dfrac{1}{\epsilon_s}}$

| 정 | 답 | 및 | 해 | 설 |

[평행판 도체(콘덴서) 정전용량] $C_0 = \dfrac{\epsilon \cdot S}{d}[\mathrm{F}]$

여기서, d : 극판간의 거리[m], S : 극판 면적$[m^2]$

절반을 ϵ_s인 유전체로 채울 경우의 정전용량(직렬)

$$C = \frac{2\epsilon_s}{1+\epsilon_s}C_0$$

$$\therefore C = \frac{2\epsilon_s}{1+\epsilon_s}C_0 = \frac{\frac{1}{\epsilon_s}(2\epsilon_s)}{\frac{1}{\epsilon_s}(1+\epsilon_s)}C_0$$

$$= \frac{2C_0}{1+\dfrac{1}{\epsilon_s}}$$

S, d, ϵ_0 C_1, ϵ_s C_2, $\dfrac{d}{2}$, $\dfrac{d}{2}$

【정답】 ③

| 참 | 고 |

[유전체의 삽입 위치에 따른 콘덴서의 직 · 병렬 구별]

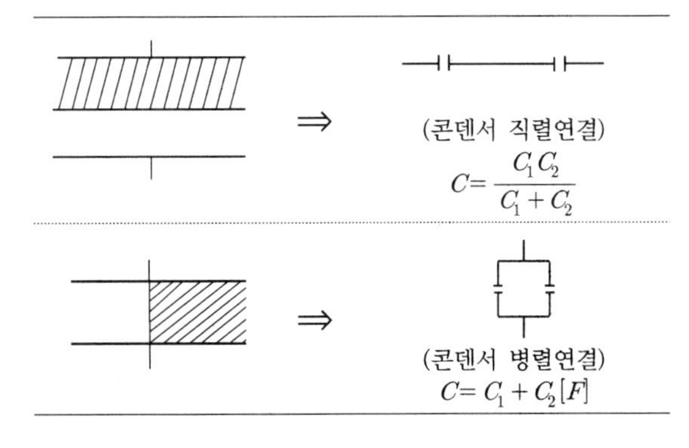

15. 그림과 같이 점 O를 중심으로 반지름이 $a[m]$인 구도체 1과 안쪽 반지름이 $b[m]$이고 바깥쪽 반지름이 $c[m]$인 구도체가 2가 있다. 이 도체계에서 전위계수 $P_{11}[1/F]$에 해당되는 것은?

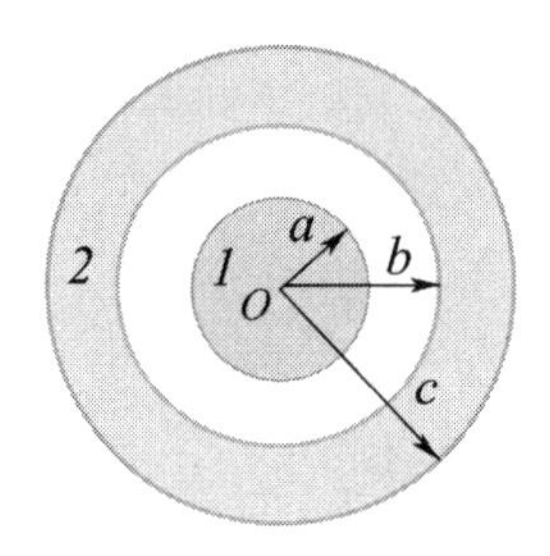

① $\dfrac{1}{4\pi\epsilon}\dfrac{1}{a}$　　② $\dfrac{1}{4\pi\epsilon}\left(\dfrac{1}{a}-\dfrac{1}{b}\right)$

③ $\dfrac{1}{4\pi\epsilon}\left(\dfrac{1}{b}-\dfrac{1}{c}\right)$　　④ $\dfrac{1}{4\pi\epsilon}\left(\dfrac{1}{a}-\dfrac{1}{b}+\dfrac{1}{c}\right)$

| 정 | 답 | 및 | 해 | 설 |

[도체의 전위] $V_i = \sum_{j=1}^{n} P_{ij}Q_j$　　→ (P_{ij} : 전위계수)

전위계수 $P_{11} = \dfrac{1}{C} = \dfrac{V_1}{Q_1}[1/F]$　　→ (정전용량의 역수)

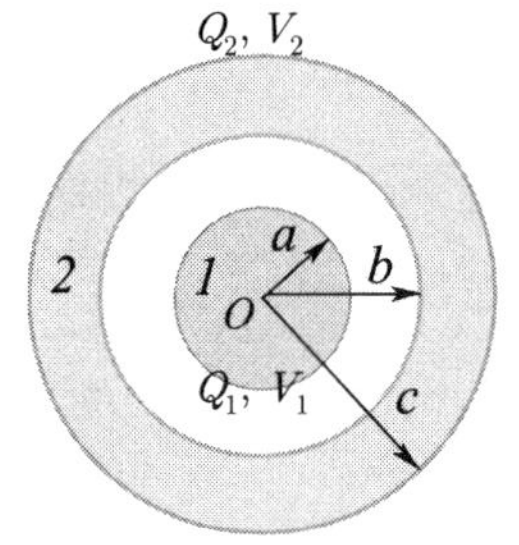

두 도체간의 전위계수를 구하면

$$\begin{cases} V_1 = P_{11}Q_1 + P_{12}Q_2 \\ V_2 = P_{21}Q_1 + P_{22}Q_2 \end{cases}$$

$Q_1 = 1,\ Q_2 = 0$일 때 $V_1 = P_{11},\ V_2 = P_{21}$

$Q_1 = 0,\ Q_2 = 1$일 때 $V_2 = P_{22},\ V_1 = P_{12}$

내구에 $Q_1 = 1$을 줄 때 외구에는 -1, +1의 전하가 내외에 유기되므로

$V_a = \dfrac{Q}{4\pi\epsilon a}[V],\ V_b = -\dfrac{Q}{4\pi\epsilon b}[V],\ V_c = \dfrac{Q}{4\pi\epsilon c}[V]$

$V_1 = V_a + V_b + V_c$이므로 $V_1 = P_{11} = \dfrac{1}{4\pi\epsilon}\left(\dfrac{1}{a}-\dfrac{1}{b}+\dfrac{1}{c}\right)[V]$

【정답】 ④

16. 반지름이 2[m]이고 권수가 120회인 원형코일 중심에서의 자계의 세기를 30[AT/m]로 하려면 원형코일에 몇 [A]의 전류를 흘려야 하는가?

① 1　　② 2

③ 3　　④ 4

|정|답|및|해|설|

[원형코일 중심의 자계의 세기] $H=\frac{NI}{2a}$[AT/m]

$\therefore$전류 $I=\frac{2aH}{N}=\frac{2\times2\times20}{120}=1$[A]　【정답】 ①

|참|고|

1. 원형 코일 중심($N=1$)

$H=\frac{NI}{2a}=\frac{I}{2a}$[AT/m] → ($N$: 감은 권수(=1), a : 반지름)

2. 반원형($N=\frac{1}{2}$) 중심에서 자계의 세기 H

$H=\frac{I}{2a}\times\frac{1}{2}=\frac{I}{4a}$[AT/m]

3. $\frac{3}{4}$원($N=\frac{3}{4}$) 중심에서 자계의 세기 H

$H=\frac{I}{2a}\times\frac{3}{4}=\frac{3I}{8a}$[AT/m]

17. 자계의 세계를 나타내는 단위가 아닌 것은?

① A/m　　② N/Wb

③ $(H\cdot A)/m^2$　　④ $Wb/(H\cdot m)$

|정|답|및|해|설|

[자계의 세기(H)의 단위] [N/Wb], $Wb/(H\cdot m)$, [A/m] 또는 [AT/m]

1. $\varnothing=LI[Wb]$

$\rightarrow I=\frac{\varnothing}{L}[\frac{Wb}{H}=A]$

2. $H=[A/m]=[\frac{\frac{Wb}{H}}{m}=\frac{Wb}{Hm}]$　【정답】 ③

18. 진공 중에서 내구의 반지름 a=5[cm], 외구의 내반지름 b=10[cm]이고, 공기로 채워진 두 동심구 사이의 정전용량은 몇 [pF]인가?

① 5　　② 11.1

③ 22.2　　④ 33.3

|정|답|및|해|설|

[동심구의 정전용량] $C=4\pi\epsilon_0\frac{ab}{b-a}$[F]

여기서, ϵ_0 : 진공중의 유전율(=8.855×10^{-12})

$\therefore C=4\pi\epsilon_0\frac{ab}{b-a}$

$=\frac{1}{9\times10^9}\times\frac{0.05\times0.1}{0.1-0.05}=11.1\times10^{-12}[F]$=11.1[pF]

→ ($4\pi\epsilon_0=\frac{1}{9\times10^9}$)

【정답】 ②

|참|고|

[각 도형의 정전용량]

1. 구 : $C=4\pi\epsilon a[F]$

2. 동심구 : $C=\frac{4\pi\epsilon}{\frac{1}{a}-\frac{1}{b}}[F]$

3. 원주 : $C=\frac{2\pi\epsilon l}{\ln\frac{b}{a}}[F]$

4. 평행도선 : $C=\frac{\pi\epsilon l}{\ln\frac{d}{b}}[F]$

5. 평판 : $C=\frac{Q}{V_0}=\frac{\epsilon S}{d}=\frac{\epsilon_0\epsilon_s S}{d}$

19. 자성체의 종류에 대한 설명으로 옳은 것은? (단, χ_m는 자화율이고, μ_s은 비투자율이다.)

① $\chi_m>0$이면, 역자성체이다.

② $\chi_m<0$이면, 상자성체이다.

③ $\mu_s>1$이면, 비자성체이다.

④ $\mu_s<1$이면, 역자성체이다.

|정|답|및|해|설|

[자성체의 종류]

1. 강자성체 : $\mu_s\gg1$, $\chi_m<0$
2. 상자성체 : $\mu_s>1$, $\chi_m>0$
3. 역자성체 $\mu_s<1$, $\chi_m<0$

※비자성체 : 물질에 따라서 자석에 아무런 반응도 보이지 않는 물체　【정답】 ④

20. 구좌표계에서 $\nabla^2 r$의 값은 얼마인가?
(단, $r=\sqrt{x^2+y^2+z^2}$)

① $\frac{1}{r}$ ② $\frac{2}{r}$ ③ r ④ $2r$

|정|답|및|해|설|
[▽(나블라(Nabla))]

$$\nabla^2 r=\frac{1}{r^2}\frac{\partial}{\partial r}\left(r^2\frac{\partial r}{\partial r}\right)+\frac{1}{r^2\sin\theta}\frac{\partial}{\partial\theta}\left(\sin\theta\frac{\partial r}{\partial r}\right)+\frac{1}{r^2\sin^2\theta}\frac{\partial^2 r}{\partial\varnothing^2}$$

$$=\frac{1}{r^2}\times 2r=\frac{2}{r} \qquad \rightarrow \left(\frac{\partial}{\partial\theta}\left(\sin\theta\frac{\partial r}{\partial r}\right)=0,\ \frac{1}{r^2\sin^2\theta}\frac{\partial^2 r}{\partial\varnothing^2}=0\right)$$

→ (문제에서 주어진 r에는($r=\sqrt{x^2+y^2+z^2}$) θ성분이 존재하지 않으므로 0으로 본다.)

※▽(나블라(Nabla)) : x, y, z 방향으로의 변화율과 방향을 표시

$$\nabla=\frac{\partial V}{\partial x}i+\frac{\partial V}{\partial y}j+\frac{\partial V}{\partial z}k$$

【정답】 ②

2회 2022년 전기기사필기 (전력공학)

21. 전력용 콘덴서에 비해 무효 전력 보상 장치(동기조상기)의 이점으로 옳은 것은?

① 소음이 적다
② 진상전류 이외의 지상전류를 취할 수 있다.
③ 전력손실이 적다.
④ 유지보수가 쉽다.

|정|답|및|해|설|
[조상설비의 비교]

항목	무효 전력 보상 장치 (동기조상기)	전력용 콘덴서	분로리액터
전력손실	많다 (1.5~2.5[%])	적다 (0.3[%] 이하)	적다 (0.6[%] 이하)
무효전력	진·지상 양용	진상 전용	지상 전용
조정	연속적	계단적 (불연속)	계단적 (불연속)
시송전 (시충전)	가능	불가능	불가능
가격	비싸다	저렴	저렴
보수	손질필요	용이	용이

【정답】 ②

22. 피뢰기의 충격방전 개시전압은 무엇으로 표시하는가?

① 직류전압의 크기
② 충격파의 평균치
③ 충격파의 최대치
④ 충격파의 실효치

|정|답|및|해|설|
[피뢰기의 충격방전 개시전압] 피뢰기 단자에 충격전압을 인가하였을 경우 방전을 개시하는 전압을 충격방전 개시전압이라 하며, **충격파의 최대치**로 나타낸다. 【정답】 ③

23. 단락보호방식에 관한 설명으로 틀린 것은?

① 방사상선로의 단락보호방식에서 전원의 양단에 있을 경우 방향단락계전기와 과전류 계전기를 조합시켜 사용한다.
② 전원이 1단에만 있는 방사상 송전선로에서의 고장 전류는 모두 발전소로부터 방사상으로 흘러나간다.
③ 환상선로의 단락보호방식에서 전원이 두 군데 이상 있는 경우에 방향거리계전기를 사용한다.
④ 환상선로의 단락보호방식에서 전원이 1단에만 있는 경우 선택단락계전기를 사용한다.

|정|답|및|해|설|
[환상선로의 단락보호]
1. 전원이 1단에만 있는 경우 : 방향단락계전 방식
2. 전원이 양단에만 있는 경우 : 방향거리계전기 방식

【정답】 ④

24. 부하전류가 흐르는 전로는 개폐할 수 없으나 기기의 점검이나 수리를 위하여 회로를 분리하거나, 계통의 접속을 바꾸는데 사용하는 것은?

① 차단기 ② 단로기
③ 전력용 퓨즈 ④ 부하 개폐기

|정|답|및|해|설|
[단로기] 단로기는 소호장치가 없어 아크 소멸할 수가 없다.
1. 용도 : 무부하 회로 개폐 접속 변경 시에 사용
2. 역할
·송전선이나 변전소 등에서 차단기를 연 무부하 상태에서 주회로의 접속을 변경하기 위해 **회로를 개폐하는 장치**
·보통의 부하전류는 개폐하지 않는다.
·무부하 상태의 전로를 개폐
·소호 장치가 없어서 아크를 소멸시킬 수 없다.
·각 상별로 개폐가능 【정답】 ②

|참|고|

① 차단기 : 평상시에는 부하전류, 선로의 충전전류, 변압기의 여자전류 등을 개폐, 고장시에는 보호계전기의 동작에서 발생하는 신호를 받아 단락전류, 지락전류, 고장전류 등을 차단
③ 전력용 퓨즈 : ·부하전류를 안전하게 통전시키고 동작 대상의 일정값 이상 과전류에서는 오동작없이 차단하여 전로나 기기를 보호
④ 부하 개폐기 : 상시 부하전류 또는 과부하 전류 정도까지를 개폐하는 장치로 일반 전력회로에서 단락보호를 할 필요가 없을 경우, 경제성을 고려하여 차단기를 대신으로 부하개폐 이외에 과부하전류, 지락전류를 차단하는 데 사용

25. 부하의 불평형으로 인하여 발생하는 각 상별 불평형 전압을 평형되게 하고 선로손실을 경감시킬 목적으로 밸런서가 사용된다. 다음 중 이 밸런서의 설치가 가장 필요한 배전 방식은?

① 단상2선식　② 3상3선식
③ 단상3선식　④ 3상4선식

|정|답|및|해|설|

[저압 밸런서] 저압 밸런서는 **단상3선식**에서 부하에 불평형으로 인한 전압의 불평형을 방지하기 위해 설치한다. 【정답】 ③

26. 정전용량 0.01$[\mu F/km]$, 길이 173.2$[km]$, 선간전압 60$[kV]$, 주파수 60[Hz]인 3상 송전선로의 충전전류는 약 몇 [A]인가?

① 6.3　② 12.5
③ 22.6　④ 37.2

|정|답|및|해|설|

[전선의 충전전류] $I_c = 2\pi f Cl \times \frac{V}{\sqrt{3}} = 2\pi f Cl E$[A]

여기서, f : 주파수[Hz], C : 정전용량[F], l : 길이[km]

V : 선간전압[V], E : 대지전압$(=\frac{V}{\sqrt{3}})$

→(선로의 충전전류 계산 시 전압은 변압기 결선과 관계없이 상전압$(\frac{V}{\sqrt{3}})$을 적용하여야 한다.)

정전용량(C) : 0.01$[\mu F/km]$, 길이(l) : 173.2$[km]$
선간전압 60$[kV]$(=6000[V]), 주파수 : 60[Hz]

$\therefore I_c = 2\pi f Cl\left(\frac{V}{\sqrt{3}}\right)$

$= 2\pi \times 60 \times 0.01 \times 10^{-6} \times 173.2 \times \frac{60000}{\sqrt{3}} = 22.6$[A]

【정답】 ③

27. 보호계전기의 반한시·정한시 특성은?

① 동작전류가 커질수록 동작시간이 짧게 되는 특성
② 최소 동작전류 이상의 전류가 흐르면 즉시 동작하는 특성
③ 동작전류의 크기에 관계없이 일정한 시간에 동작하는 특성
④ 동작전류가 적은 동안에는 동작전류가 커질수록 동작시간이 짧아지고 어떤 전류 이상이 되면 동작전류의 크기에 관계없이 일정한 시간에서 동작하는 특성

|정|답|및|해|설|

[반한시·정한시 계전기] 동작전류가 적은 동안에는 **반한시**로, 어떤 전류 이상이면 **정한시**로 동작하는 것

순한시계전기	이상의 전류가 흐르면 즉시 동작
반한시계전기	고장 전류의 크기에 반비례, 즉 동작 전류가 커질수록 동작시간이 짧게 되는 것
정한시계전기	이상 전류가 흐르면 동작전류의 크기에 관계없이 일정한 시간에 동작

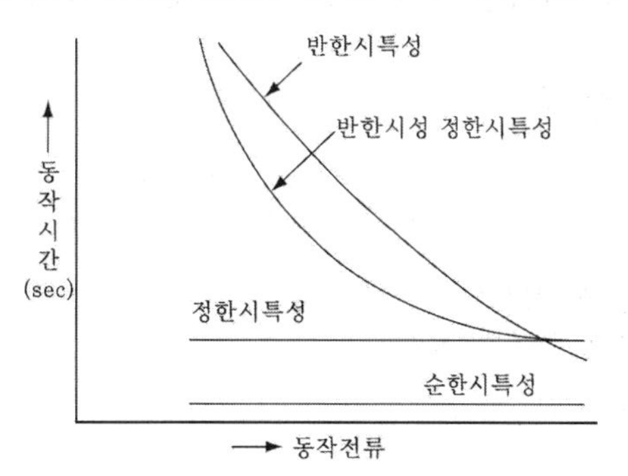

【정답】 ④

28. 배전선로의 역률 개선에 따른 효과로 적합하지 않은 것은?

① 전원 측 설비의 이용률 향상
② 선로 절연에 요하는 비용 절감
③ 전압강하 감소
④ 선로의 전력손실 경감

|정|답|및|해|설|

[배전선로의 역률개선 효과]
1. 전력손실 경감　2. 전압강하 감소
3. 설비용량의 여유 증가　4. 전력요금 절약

【정답】 ②

29. 전력계통에서 안정도의 종류에 속하지 않는 것은?

① 상태 안정도 ② 정태 안정도
③ 과도 안정도 ④ 동태 안정도

|정|답|및|해|설|

[안정도] 안정하게 운전을 계속할 수 있는 능력으로 종류는 정태 안정도, 동태 안정도, 과도 안정도 등이 있다. 【정답】 ①

|참|고|

1. 정태 안정도 : 정상 운전 시 여자를 일정하게 유지하고 부하를 서서히 증가시켜 동기 이탈하지 않고 어느 정도 안정할 수 있는 정도
2. 동태 안정도 : 고성능의 AVR, 조속기 등이 갖는 제어효과까지도 고려한 안정도를 말한다.
3. 과도 안정도 : 계통에 갑자기 고장사고(지락, 단락, 재폐로)와 같은 급격한 외란이 발생 하였을 때에도 탈조하지 않고 새로운 평형 상태를 회복하여 송전을 계속 할 수 있는 능력

30. 승압기에 의하여 전압 V_e에서 V_h로 승압할 때, 2차정격전압 e, 자기용량 ω인 단상 승압기가 공급할 수 있는 부하용량(W)은 어떻게 표현되는가?

① $\frac{V_h}{e}\times\omega$ ② $\frac{V_e}{e}\times\omega$

③ $\frac{V_e}{V_h-V_e}\times\omega$ ④ $\frac{V_h-V_e}{V_e}\times\omega$

|정|답|및|해|설|

[승압기의 용량(자기용량)]

1. 단상 자기용량 $\omega=\frac{e_2}{E_2}W=e_2I_2$[VA]
2. 3상 자기용량 $\omega=\frac{e_2}{\sqrt{3}E_2}W$

여기서, E_1 : 승압 전의 전압(전원측)[V], E_2 : 승압 후의 전압(부하측)[V]
e_1 : 승압기의 1차정격전압 [V], e_2 : 승압기의 2차정격전압 [V]
W : 부하의 용량 [VA], ω : 승압기의 용량 [VA]
I_2 : 부하전류 [A]

∴부하용량 $W=\omega\times\frac{E_2}{e_2}=\frac{V_h}{e}\times\omega$ 【정답】 ①

31. 저압 배전 뱅킹 방식에서 캐스케이딩 현상을 방지하기 위하여 인접 변압기를 연락하는 저압선의 중간에 설치하는 것으로 알맞은 것은?

① 구분퓨즈 ② 리클로우저
③ 섹셔널라이저 ④ 구분 개폐기

|정|답|및|해|설|

[캐스케이딩(cascading)] 변압기 또는 선로의 사고에 의해서 뱅킹 내의 건전한 변압기의 일부 또는 전부가 연쇄적으로 회로로부터 차단되는 현상

1. 방지대책 : 인접 변압기를 연락하는 저압선의 중간에 **구분퓨즈 설치** 【정답】 ①

32. 배기가스의 여열을 이용해서 보일러에 공급되는 급수를 예열함으로써 연료 소비량을 줄이거나 증발량을 증가시키기 위해서 설치하는 여열회수 장치는?

① 과열기 ② 공기예열기
③ 절탄기 ④ 재열기

|정|답|및|해|설|

[화력발전소]

1. 재열기 : 고압 터빈에서 팽창하여 낮아진 증기를 다시 보일러에 보내어 재가열 하는 것이다.
2. 과열기 : 포화증기를 가열하여 증기 터빈에 과열증기를 공급하는 장치
3. 절탄기(가열기) : 보일러 급수를 보일러로부터 나오는 연도 **폐기 가스로 예열하는 장치**, 연도 내에 설치
3. 공기예열기 : 연도에서 배출되는 연소가스가 갖는 열량을 회수하여 연소용 공기의 온도를 높인다.
4. 집진기 : 연도로 배출되는 먼지(분진)를 수거하기 위한 설비로 기계식과 전기식이 있다.
5. 복수기 : 터빈 중의 열 강하를 크게 함으로써 증기의 보유 열량을 가능한 많이 이용하려고 하는 장치
6. 급수펌프 : 급수를 보일러에 보내기 위하여 사용된다.

【정답】 ③

33. 직렬콘덴서를 선로에 삽입할 때의 이점이 아닌 것은?

① 선로의 인덕턴스를 보상한다.
② 수전단의 전압강하를 줄인다.
③ 정태안정도를 증가한다.
④ 송전단의 역률을 개선한다.

|정|답|및|해|설|

[직렬콘덴서] 직렬콘덴서는 서로의 유도리액턴스(부하의 리액턴스에 비해서 작은 값)를 상쇄시키는 것이므로 선로의 정태안정도를 증가시키고 선로의 전압강하를 줄일 수는 있지만 계통의 **역률을 개선시킬 정도의 큰 용량은 되지 못한다**. 전압강하를 줄일 때 사용한다.

※송전단의 역률을 개선한다. → 병렬콘덴서 【정답】 ④

34. 전선의 굵기가 균일하고 부하가 균등하게 분산 분포되어 있는 배전선로의 전력손실은 전체 부하가 선로 끝부분에 집중되어 있는 경우에 비하여 어느 정도가 되는가?

① $\frac{3}{4}$ ② $\frac{2}{3}$ ③ $\frac{1}{3}$ ④ $\frac{1}{2}$

|정|답|및|해|설|

[집중 부하와 분산 부하]

	모양	전압강하	전력손실
균일 분산부하		$\frac{1}{2}IrL$	$\frac{1}{3}I^2rL$
끝부분(말단) 집중부하		IrL	I^2rL

(I : 전선의 전류, r : 전선의 단위 길이당 저항, L : 전선의 길이)

【정답】 ③

35. 송전단전압 161[kV], 수전단전압 154[kV], 상차각 40°, 리액턴스 45[Ω]일 때 선로손실을 무시하면 전송전력은 약 몇 [MW]인가?

① 323[MW] ② 443[MW]

③ 354[MW] ④ 623[MW]

|정|답|및|해|설|

[송전전력] $P=\frac{V_sV_r}{X}\sin\theta[W]$

여기서, V_s, V_r : 송·수전단 전압[kV], X : 선로의 리액턴스[Ω]

$\therefore P=\frac{V_sV_r}{X}\sin\theta=\frac{161\times154}{45}\sin40°=354[MW]$

→ (송전단전압[kV]×수전단전압[kV]=[MV])

【정답】 ③

36. 송전선로에 매설지선을 설치하는 목적으로 알맞은 것은?

① 철탑 기초의 강도를 보강하기 위하여

② 직격뇌로부터 송전선을 차폐 보호하기 위하여

③ 현수애자 1연의 전압 분담을 균일화하기 위하여

④ 철탑으로부터 송전선로의 역섬락을 방지하기 위하여

|정|답|및|해|설|

[매설지선] 철탑의 탑각 **접지저항을 낮추어 역섬락을 방지**하기 위한 것으로 지하 30~60[cm] 정도의 깊이에 30~50[m] 정도의 아연 도금 철선을 매설하는 선 【정답】 ④

37. 수차의 캐비테이션 방지책으로 틀린 것은?

① 흡출수두를 증대시킨다.

② 과부하 운전을 가능한 한 피한다.

③ 수차의 비속도를 너무 크게 잡지 않는다.

④ 침식에 강한 금속재료로 러너를 제작한다.

|정|답|및|해|설|

[캐비테이션(cavitation) : 공동 현상] 수차를 돌리고 나온 물이 흡출관을 통과할 때 흡출관의 중심부에 진공상태를 형성하는 현상

1. 캐비테이션의 결과
- ·수차의 효율, 출력, 낙차의 저하
- ·유수에 접한 러너나 버킷 등에 침식 발생
- ·수차의 진동으로 소음이 발생
- ·흡출관 입구에서 수압의 변동이 현저해 짐

2. 방지책
- ·**흡출고를 낮게** 한다.
- ·수차의 **특유속도(비속도)를 작게** 한다.
- ·침식에 강한 금속 재료를 사용할 것
- ·러너의 표면이 매끄러워야 한다.
- ·수차의 **경부하 운전을 피할 것**
- ·캐비테이션 발생 부분에 공기를 넣어서 진공이 발생하지 않도록 할 것 【정답】 ①

38. 직접접지방식에 대한 설명 중 틀린 것은?

① 애자 및 기기의 절연수준 저감이 가능하다.

② 변압기 및 부속설비의 중량과 가격을 저하시킬 수 있다.

③ 1선 지락사고 시 지락전류가 작으므로, 보호계전기 동작이 확실하다.

④ 지락전류가 저역률 대전류이므로 과도안정도가 나쁘다.

|정|답|및|해|설|

[직접접지방식의 장점]
- ·1선 지락시에 건전성의 대지전압이 거의 상승하지 않는다.
- ·피뢰기의 효과를 증진시킬 수 있다.
- ·단절연이 가능하다.
- ·계전기의 동작이 확실해 진다.

[직접접지방식의 단점]
- ·송전계통의 과도안정도가 나빠진다.
- ·통신선에 유도장해가 크다.
- ·**지락시 대전류**가 흘러 기기에 손실을 준다.
- ·대용량 차단기가 필요하다. 【정답】 ③

|참|고|

[접지방식의 비교]

	직접접지	소호리액터
전위상승	최저	최대
지락전류	최대	최소
절연레벨	최소 단절연, 저감절연	최대
통신선유도장해	최대	최소

【정답】 ③

39. 1회선 송전선과 변압기의 조합에서 변압기의 여자어드미턴스를 무시하였을 경우 송 · 수전단의 관계를 나타내는 4단자정수 C_0는? 단, $A_0 = A + CZ_{ts}$

$B_0 = B + AZ_{tr} + DZ_{ts} + CZ_{tr}Z_{ts}$

$D_0 = D + CZ_{tr}$, Z_{ts} : 송전단변압기의 임피던스

Z_{tr} : 수전단변압기 임피던스

① C　　② $C + DZ_{ts}$

③ $C + AZ_{ts}$　　④ $CD + CA$

|정|답|및|해|설|

[4단자정수]

1.

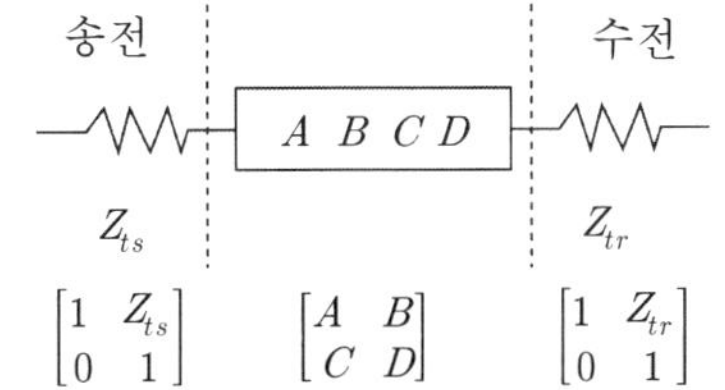

$\begin{bmatrix} 1 & Z_{ts} \\ 0 & 1 \end{bmatrix}$　$\begin{bmatrix} A & B \\ C & D \end{bmatrix}$　$\begin{bmatrix} 1 & Z_{tr} \\ 0 & 1 \end{bmatrix}$

→ (여자어드미턴스를 무시하므로)

2. $\begin{bmatrix} A_0 & B_0 \\ C_0 & D_0 \end{bmatrix} = \begin{bmatrix} 1 & Z_{ts} \\ 0 & 1 \end{bmatrix}\begin{bmatrix} A & B \\ C & D \end{bmatrix}\begin{bmatrix} 1 & Z_{ts} \\ 0 & 1 \end{bmatrix}$

$= \begin{bmatrix} A + CZ_{ts} & B + DZ_{ts} \\ C & D \end{bmatrix}\begin{bmatrix} 1 & Z_{tr} \\ 0 & 1 \end{bmatrix}$

$= \begin{bmatrix} A + CZ_{ts} & Z_{tr}(A + CZ_{ts}) + B + DZ_{ts} \\ C & D + CZ_{tr} \end{bmatrix}$

【정답】 ①

40. 그림과 같이 지지점 A, B, C에는 고저차가 없으며, 지지물 간 거리(경간) AB와 BC 사이에 전선이 가설되어, 그 처짐 정도(이도)가 12[cm]이었다. 지금 지지물 간 거리(경간) AC의 중점인 지지점 B에서 전선이 떨어져서 전선의 처짐 정도가 D로 되었다면 D는 몇 [cm]인가? 단, 지지점 B는 A와 C의 중점이며 지지점 B에서 전선이 떨어지기 전, 후의 길이는 같다.

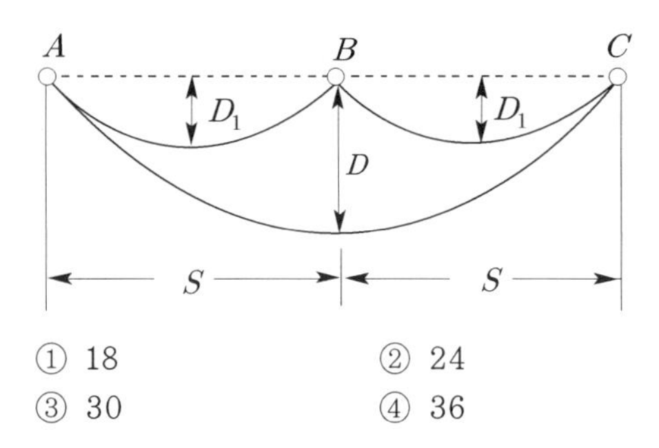

① 18　　② 24

③ 30　　④ 36

|정|답|및|해|설|

[전선의 실제 길이] $L = S + \frac{8D^2}{3S}$ [m]

여기서, S : 지지물 간 거리(경간), D : 처짐 정도(이도)

1. AB, BC구간 전선의 실제 길이를 L_1, AC구간 전선의 실제 길이를 L

2. $2L_1 = L \rightarrow 2\left(S + \frac{8D_1^2}{3S}\right) = 2S + \frac{8D^2}{3 \times 2S}$

→ (전선의 길이는 떨어지기 전과 후가 같아야 하므로)

$\frac{8D^2}{3 \times 2S} = 2\left(S + \frac{8D_1^2}{3S}\right) - 2S = \frac{2 \times 8D_1^2}{3S}$

$\frac{8D^2}{3 \times 2S} = \frac{2 \times 8D_1^2}{3S} \rightarrow D^2 = 4D_1^2$

$\therefore D = \sqrt{4D_1^2} = 2D_1 = 2 \times 12 = 24$[cm]

|참|고|

[다른 방법]

양쪽의 처짐 정도가 같을 경우 한쪽의 처짐 정도에 2배를 한다.

즉, $d = 12 \times 2 = 24[cm]$

【정답】 ②

41. 단상 직권정류자전동기의 전기자권선과 계자권선에 대한 설명으로 틀린 것은?

① 계자권선의 권수를 적게 한다.
② 전기자권선의 권수를 크게 한다.
③ 변압기 기전력을 적게 하여 역률 저하를 방지한다.
④ 브러시로 단락되는 코일 중의 단락전류를 많게 한다.

|정|답|및|해|설|

[단상 직권전동기] 만능 전동기, 직류, 교류 양용
- 직권형, 보상형, 유도보상형
- 성층 철심, 역률 및 정류 개선을 위해 약계자, 강전기자형으로 함
- 역률 개선을 위해 보상권선 설치, 변압기 기전력 적게 함
- 회전속도를 증가시킬수록 역률이 개선
- 브러시로 단락되는 코일 중의 **단락전류를 적게** 한다.

【정답】 ④

42. 전부하시의 단자전압이 무부하 시의 단자전압보다 높은 직류발전기는?

① 분권발전기 ② 평복권발전기
③ 과복권발전기 ④ 차동복권발전기

|정|답|및|해|설|

[직류발전기의 외부특성곡선(V와 I와의 관계 곡선)] 정격속도에서 부하전류 I와 단자전압 V가 정격값이 되도록 I_f를 조정한 후, 계자회로의 저항을 일정하게 유지하면서 부하전류 I를 변화시켰을 때 I와 V의 관계를 나타내는 곡선

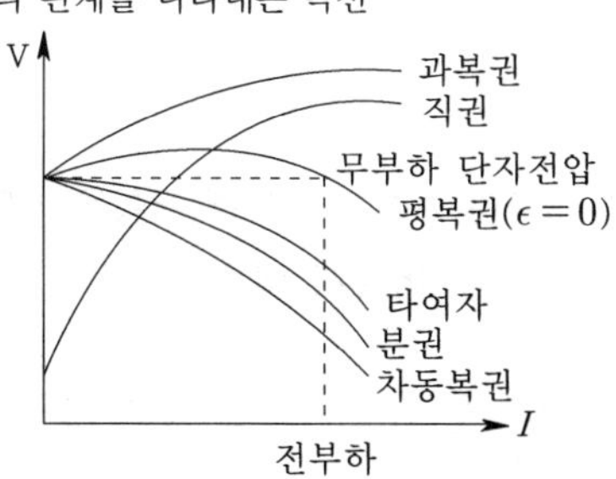

[발전기 종류별 외부 특성곡선]

【정답】 ③

43. 단상 변압기의 무부하 상태에서 $V_1 = 200\sin(\omega t + 30°)[V]$의 전압이 인가되었을 때 $I_0 = 3\sin(\omega t + 60°) + 0.7\sin(\omega t + 180°)[A]$의 전류가 흘렀다. 이때 무부하손은 약 몇 [W]인가?

① 150 ② 259.8
③ 415.2 ④ 512

|정|답|및|해|설|

[무부하손] $P_0 = V_1 I_1 \cos(\theta_1 - \theta_2)[W]$

$$\therefore P_0 = V_1 I_1 \cos(\theta_1 - \theta_2) = \frac{200}{\sqrt{2}} \times \frac{3}{\sqrt{2}} \cos 30 = 259.8[W]$$

【정답】 ②

44. 직류기의 다중 중권 권선법에서 전기자 병렬회로수(a)와 극수(p)와의 관계는? 단, 다중도는 m이다.

① a = 2 ② a = 2m
③ a = p ④ a = mp

|정|답|및|해|설|

[중권과 파권 비교]

비교 항목	중권(병렬권)	파권(직렬권)
전기자의 병렬회로수(a)	극수와 같다. $a=p=b$	항상 2이다. $a=2=b$
전기자의 도체의 굵기, 권수, 극수가 모두 같을 때	저전압 대전류	고전압 소전류
다중도(m)	$a=mp$	$a=2m$
균압선(직권, 복권, 과복) (병령운전 안전 목적)	O	X

(p : 극수, b : 브러시)

【정답】 ④

45. 슬립 s_t 에서 최대 토크를 발생하는 3상 유도전동기에 2차 측 한 상의 저항을 r_2 라 하면 최대 토크로 기동하기 위한 2차 측 한 상에 외부로부터 가해 주어야 할 저항[Ω]은?

① $\frac{1-s_t}{s_t}r_2$　　② $\frac{1+s_t}{s_t}r_2$

③ $\frac{r_2}{1-s_t}$　　④ $\frac{r_2}{s_t}$

|정|답|및|해|설|

[비례추이] 2차회로 저항(외부 저항)의 크기를 조정함으로써 슬립을 바꾸어 속도와 토크를 조정하는 것

$\frac{r_2}{s_t}=\frac{r_2+R}{s_m}$

여기서, r_2 : 2차 권선의 저항, s_t : 최대 토크 슬립

s_m : 기동 시 슬립(정지 상태에서 기동 시 $s_m=1$)

$\frac{r_2}{s_t}=\frac{r_2+R}{1}$ 에서 $R=\frac{r_2}{s_t}-r_2=\frac{1-s_t}{s_t}\times r_2$ 【정답】 ①

46. 단상 변압기를 병렬 운전할 경우 부하전류의 분담은?

① 용량에 비례하고 누설임피던스에 비례
② 용량에 비례하고 누설임피던스에 반비례
③ 용량에 반비례하고 누설리액턴스에 비례
④ 용량에 반비례하고 누설리액턴스의 제곱에 비례

|정|답|및|해|설|

[변압기의 전류 분담비] $\frac{I_a}{I_b}=\frac{P_A}{P_B}\times\frac{\%Z_B}{\%Z_A}$

여기서, I_a, I_b : 각 변압기의 전류분담

P_A, P_B : A, B 변압기의 정격용량

$\%Z_A$, $\%Z_B$: A, B 변압기의 %임피던스

∴부하전류 분담비는 누설임피던스에 반비례, 정격용량에 비례 【정답】 ②

47. 380[V], 60[Hz], 4극, 10[kW]인 3상 유도전동기의 전부하 슬립이 4[%]이다. 전원전압을 10[%] 낮추는 경우의 전부하 슬립은 약 몇 [%]인가?

① 3.3[%]　　② 3.6[%]
③ 4.4[%]　　④ 4.9[%]

|정|답|및|해|설|

[슬립과 전원전압] $\frac{s'}{s}=\left(\frac{V_1}{V_1'}\right)^2$ → $(s\propto\frac{1}{V^2})$

$s'=s\left(\frac{V_1}{V_1'}\right)^2=4\times\left(\frac{V_1}{V_1\times0.9}\right)^2$

$=4\times\left(\frac{380}{380\times0.9}\right)^2=4.9$ 【정답】 ④

48. 다음은 스텝 모터(Step Motor)의 장점을 나열한 것이다. 틀린 것은?

① 피드백 루프가 필요 없어 오픈 루프로 손쉽게 속도 및 위치 제어를 할 수 있다.
② 디지털 신호를 직접 제어할 수 있으므로 컴퓨터 등 다른 디지털기기와 인터페이스가 쉽다.
③ 가속, 감속이 용이하며 정·역전 및 변속이 쉽다.
④ 위치 제어를 할 때 각도 오차가 있고 누적된다.

|정|답|및|해|설|

[스텝 모터] 스텝 모터는 위치 제어를 할 때 **각도 오차가 매우 적은 전동기**로 가속, 감속, 속도조정 등 제어가 용이해서 자동제어에 많이 사용된다.

[장점]
1. 위치 및 속도를 검출하기 위한 장치가 필요 없다.
2. 컴퓨터 등 다른 디지털 기기와의 인터페이스가 용이하다.
3. 가속, 감속이 용이하며 정·역전 및 변속이 쉽다.
4. 속도제어 범위가 광범위하며, 초저속에서 큰 토크를 얻을 수 있다.
5. 위치제어를 할 때 **각도 오차가 적고 누적되지 않는다**.
6. 정지하고 있을 때 그 위치를 유지해 주는 토크가 크다.
7. 유지 보수가 쉽다.

[단점]
1. 분해 조립, 또는 정지 위치가 한정된다.
2. 서보모터에 비해 효율이 나쁘다.
3. 마찰 부하의 경우 위치 오차가 크다.
4. 오버슈트 및 진동의 문제가 있다.
5. 대용량의 대형기는 만들기 어렵다. 【정답】 ④

49. 3상유도전동기에서 2차 측 저항을 2배로 하면 그 최대 토크는 어떻게 되는가?

① 2배로 된다.　　② $\frac{1}{2}$로 줄어든다.
③ $\sqrt{2}$ 배가 된다.　　④ 변하지 않는다.

|정|답|및|해|설|

[3상 유도전동기의 최대 토크] $T_{\max}=K_0\frac{E_2^2}{2x_2}[N\cdot m]$

여기서, E : 유도기전력, x : 리액턴스

∴유도전동기에서 최대 토크는 저항과 관계없이 항상 일정하다. 【정답】 ④

50. 직류전동기에서 정출력 가변속도의 용도에 적합한 속도 제어법은?

① 일그너제어 ② 계자제어
③ 저항제어 ④ 전압제어

|정|답|및|해|설|

[직류 전동기의 속도 제어법] 직류전동기의 속도제어방법은 전압제어, 계자제어, 저항제어 등의 방법이 있다.
정출력 제어법은 $P = T\omega$에서 P가 일정하므로
$E = K\phi N$에서 계자저항 R_f을 조정해서 ϕ를 조정한다.
즉, $\phi \propto \frac{1}{N}$을 이용해서 속도 조정하는 방법이다
속도제어법 정출력제어 : 계자제어
정토크제어 : 전압제어 【정답】 ②

51. 직류전동기의 전기자전류가 10[A]일 때 5[kg·m]의 토크가 발생하였다. 이 전동기의 계자의 자속이 80[%]로 감소되고, 전기자전류가 12[A]로 되면 토크는 약 몇[kg·m]인가?

① 5.2 ② 4.8 ③ 4.3 ④ 3.9

|정|답|및|해|설|

[직류전동기의 토크] $T = k\phi I_a$
여기서, k : 상수($k = \frac{pZ}{2\pi a}$), ∅ : 자속, I_a : 전기자전류
p : 극수, Z : 총도체수, a : 병렬회로수
∴토크 $T = k\phi I_a = 5 \times 0.8 \times \frac{12}{10} = 4.8[kg \cdot m]$ → (상수 k는 무시)
【정답】 ②

52. 유도자형 동기발전기의 설명으로 옳은 것은?

① 전기자만 고정되어 있다.
② 계자극만 고정되어 있다.
③ 회전자가 없는 특수 발전기이다.
④ 계자극과 전기자가 고정되어 있다.

|정|답|및|해|설|

[동기발전기의 회전자에 의한 분류]
1. 회전계자형 : 전기자를 고정자로 하고, 계자극을 회전자로 한 것으로 주요 특징은 다음과 같다.
 ·전기자 권선은 전압이 높고 결선이 복잡
 ·계자회로는 직류의 저압회로이며 소요 전력도 적다.
 ·계자극은 기계적으로 튼튼하게 만들기 쉽다.
2. 회전전기자형
 ·계자극을 고정자로 하고, 전기자를 회전자로 한 것
 ·특수용도 및 극히 저용량에 적용
3. 유도자형
 ·**계자극과 전기자를 모두 고정자**로 하고 권선이 없는 회전자, 즉 유도자를 회전자로 한 것.
 ·고주파(수백~수만[Hz]) 발전기로 쓰인다.
【정답】 ④

53. 3상 전원전압 220[V]인 3상 반파 정류회로에 SCR을 사용하여 정류 제어 할 때 위상각을 60°로 하면 순저항 부하에서 얻을 수 있는 출력 전압 평균값은 약 몇 [V]인가?

① 128.6 ② 187 ③ 216 ④ 234

|정|답|및|해|설|

[출력 전압 평균값] $E_{da} = E_{d0}\frac{1+\cos\alpha}{2} = 1.17E\frac{1+\cos\alpha}{2}[V]$
여기서, E : 상전압

$$\therefore E_{da} = 1.17E\frac{1+\cos 60}{2} = 1.17 \times 220 \times \frac{1+\frac{1}{2}}{2} = 193.05[V]$$

【정답】 정답 없음

54. 동기발전기에서 무부하 정격전압일 때의 여자전류를 I_{f0}, 정격부하 정격전압일 때의 여자전류를 I_{f1}, 3상 단락정격전류에 대한 여자전류를 I_{fs}라 하면 정격속도에서의 단락비 K는 얼마인가?

① $\frac{I_{fs}}{I_{f0}}$ ② $\frac{I_{f0}}{I_{fs}}$
③ $\frac{I_{fs}}{I_{f1}}$ ④ $\frac{I_{f1}}{I_{fs}}$

|정|답|및|해|설|

[단락비] $K = \frac{I_1}{I_2} = \frac{I_s}{I_n} = \frac{단락전류}{정격전류} = \frac{I_{f0}}{I_{fs}}$
무부하 포화곡선과 3상 단락 곡선을 이용해서 단락비를 구한다.
I_s : 무부하 포화곡선에서 정격전압을 유기하는데 필요한 계자전류 I_{f0}
I_n : 3상 단락곡선에서 정격전류와 같은 단락전류를 흘리는데 필요한 계자전류 I_{fs} 【정답】 ②

55. 권수비가 a인 단상변압기 3대가 있다. 이것을 1차에 △, 2차에 Y로 결선하여 3상 교류평형 회로에 접속할 때 2차 측의 단자전압을 V[V], 전류를 I[A]라고 하면 1차 측의 단자전압 및 선전류는 얼마인가? (단, 변압기의 저항, 누설리액턴스, 여자전류는 무시한다.)

① $\dfrac{aV}{\sqrt{3}}[V]$, $\dfrac{\sqrt{3}I}{a}[A]$

② $\sqrt{3}aV[V]$, $\dfrac{I}{\sqrt{3}}[A]$

③ $\dfrac{\sqrt{3}V}{a}[V]$, $\dfrac{aI}{\sqrt{3}}[A]$

④ $\dfrac{V}{\sqrt{3}}[V]$, $\sqrt{3}aI[A]$

|정|답|및|해|설|

[△-Y결선]

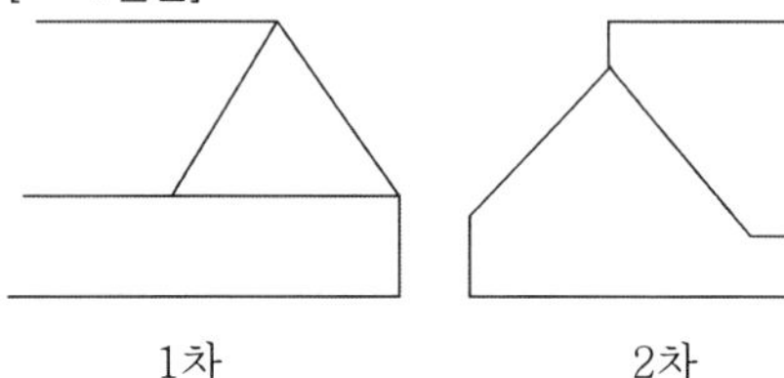

1. 권수비 $a = \dfrac{V_1}{V_2} = \dfrac{I_2}{I_1}$

2. 전압 $V_1 = \dfrac{aV}{\sqrt{3}}$

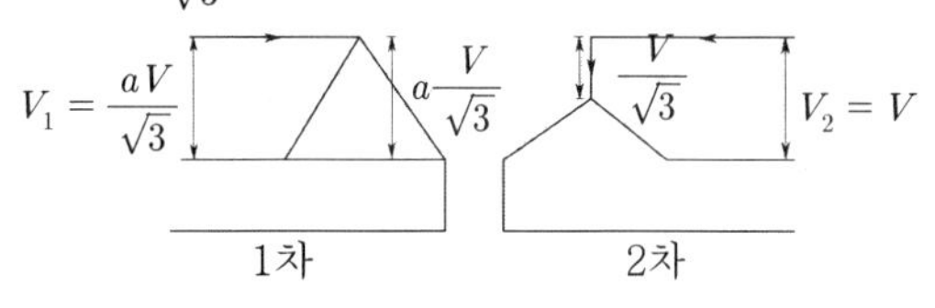

3. 전류 $I_1 = \sqrt{3}\dfrac{I}{a}$

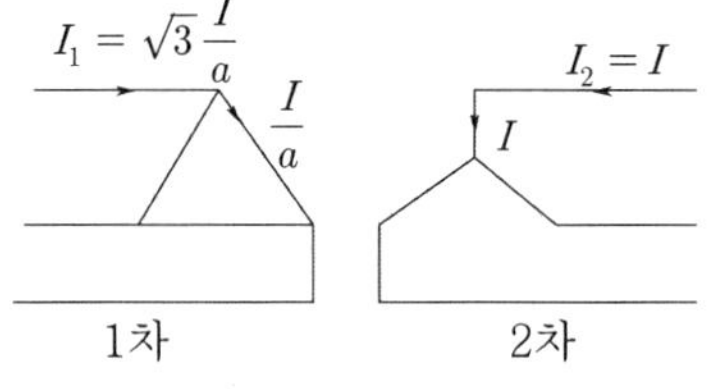

→ (1차에서 2차로, 2차에서 1차로 넘길 때는 상기준으로)

【정답】 ①

56. 극수 20, 주파수 60[Hz]인 3상 동기발전기의 전기자권선이 2층 중권, 전기자 전 슬롯 수 180, 각 슬롯 내의 도체 수 10, 코일피치 7 슬롯인 2중 성형결선으로 되어 있다. 선간전압 3300[V]를 유도하는데 필요한 기본파 유효자속은 약 몇 [Wb]인가?

① 0.004　　② 0.062

③ 0.053　　④ 0.07

|정|답|및|해|설|

[유효자속] $\varnothing = \dfrac{E}{4.44f\omega K_w} = \dfrac{\frac{V_l}{\sqrt{3}}}{4.44f\omega K_w}[Wb]$

→ ($E = 4.44f\varnothing\omega K_w \varnothing[V]$)

여기서, E : 상전압, V_l : 선간전압, f : 주파수

ω : 한 상당의 권선수, K_w : 권선계수($K_w = K_d \times K_p$)

K_d : 분포계수, K_p : 단절계수

1. 한상의 권선수 $\omega = \dfrac{\text{슬롯수} \times \text{도체수}}{2 \times \text{상수} \times 2\text{중성형결선}}$

$= \dfrac{180 \times 10}{2 \times 3 \times 2} = 150$

2. 권선계수($K_w = K_d \times K_p$)

㉠ 분포권계수 $K_p = \sin\dfrac{\beta\pi}{2}$　　→ ($\beta = \dfrac{\text{권선 피치(간격)}}{\text{자극 피치(간격)}}$)

$= \sin\dfrac{\frac{7}{9} \times 180}{2} = 0.94$

㉡ 단절권계수 $K_d = \dfrac{\sin\frac{\pi}{2m}}{q\sin\frac{\pi}{2mq}}$

$= \dfrac{\sin\frac{180}{2 \times 3}}{3\sin\frac{180}{2 \times 3 \times 3}} = 0.96$

여기서, n : 고주파 차수, m : 상수

q : 매극매상당 슬롯수

$q = \dfrac{\text{슬롯수}}{\text{상수} \times \text{극수}} = \dfrac{180}{3 \times 20} = 3$

∴유효자속 $\varnothing = \dfrac{\frac{V_l}{\sqrt{3}}}{4.44f\omega K_w} = \dfrac{\frac{V_l}{\sqrt{3}}}{4.44f\omega K_d K_p}[Wb]$

$= \dfrac{\frac{3300}{\sqrt{3}}}{4.44 \times 60 \times 150 \times 0.94 \times 0.96} = 0.0532[Wb]$

【정답】 ③

57. 3상 동기발전기의 여자전류가 10[A]에 대한 단자 전압이 $1000\sqrt{3}$[V], 3상 단락전류는 50[A]이다. 이때의 동기임피던스는 몇 [Ω]인가?

① 5[Ω]　② 11[Ω]
③ 20[Ω]　④ 34[Ω

|정|답|및|해|설|

[동기임피던스] $Z_s = \frac{E}{I_s} = \frac{V_l}{\sqrt{3}I_s}[\Omega]$　$\rightarrow (I_s = \frac{E}{Z_s} = \frac{V_l}{\sqrt{3}Z_s})$

여기서, I_s : 단락전류, E : 상전압, V_l : 선간전압

→ (아무런 전압 표시가 없으면 선간전압)

$\therefore Z_s = \frac{V_l}{\sqrt{3}I_s} = \frac{1000\sqrt{3}}{\sqrt{3}\times 50} = 20[\Omega]$　【정답】 ③

58. 변압기의 습기를 제거하여 절연을 향상시키는 건조법이 아닌 것은?

① 열풍법　② 단락법
③ 진공법　④ 건식법

|정|답|및|해|설|

[변압기 건조법]
1. 열풍법: 전열기로 열풍을 변압기에 불어 넣어 건조시키는 방법
2. 단락법: 변압기 한쪽 권선을 단락시켜 발생하는 줄열을 이용하여 건조시키는 방법
3. 진공법: 변압기에 증기를 집어넣고 진공 펌프로 증기와 수분을 빼내는　【정답】 ④

59. 일반적인 3상 유도전동기에 대한 설명 중 틀린 것은?

① 불평형 전압으로 운전하는 경우 전류는 증가하나 토크는 감소한다.
② 원선도 작성을 위해서는 무부하시험, 구속시험, 1차 권선저항 측정을 하여야 한다.
③ 농형은 권선형에 비해 구조가 견고하며 권선형에 비해 대형 전동기로 널리 사용된다.
④ 권선형 회전자의 3선 중 1선이 단선되면 동기속도의 50[%]에서 더 이상 가속되지 못하는 현상을 게르게스 현상이라 한다.

|정|답|및|해|설|

[3상 유도 전동기]
③ 농형은 권선형에 비해 기동조건이 나빠 **중소형 전동기**로 사용　【정답】 ③

60. 2방향성 3단자 사이리스터는 어느 것인가?

① SCR　② SSS
③ SCS　④ TRIAC

|정|답|및|해|설|

[각종 반도체 소자의 비교]

방향성	명칭	단자	기호	응용 예
역저지(단방향) 사이리스터	SCR	3단자		정류기 인버터
	LASCR			정지스위치 및 응용스위치
	GTO			쵸퍼 직류스위치
	SCS	4단자		
쌍방향성 사이리스터	SSS	2단자		초광장치, 교류스위치
	TRIAC	3단자		초광장치, 교류스위치
	역도통			직류효과

【정답】 ④

2회 2022년 전기기사필기(회로이론 및 제어공학)

61. $Y=(A+B)(\overline{A}+B)$와 등가인 논리식은?

① $Y=A$　② $Y=B$
③ $Y=\overline{A}$　④ $Y=\overline{B}$

|정|답|및|해|설|

[논리식] $Y=(A+B)(\overline{A}+B)$

$Y=(A+B)(\overline{A}+B)=A\overline{A}+AB+\overline{A}B+B$　$\rightarrow (A\overline{A}=0)$

$=B(A+\overline{A}+1)=B\cdot 1=B$

$\rightarrow ((1+A+\overline{A})=1 \rightarrow$ (흡수의 법칙)

【정답】 ②

62. 블록선도의 전달함수 $\frac{C(s)}{R(s)}$ 는?

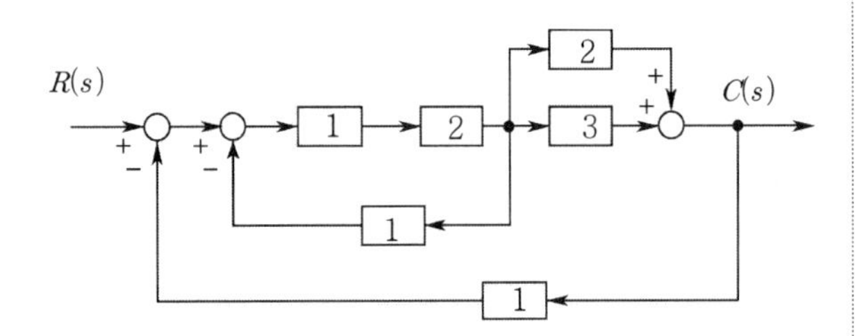

① $\frac{10}{9}$ ② $\frac{10}{13}$

③ $\frac{12}{9}$ ④ $\frac{12}{13}$

|정|답|및|해|설|

[전달함수] $G(s)=\frac{\sum 전향경로이득}{1-\sum 루프이득}$

1. 루프이득 : 피드백의 폐루프
   ㉠ $-(1\times1\times2)=-2$
   ㉡ $-(1\times1\times2\times3)=-6$
   ㉢ $-(1\times1\times2\times2)=-4$
   → 루프이득=-2-6-4=-12

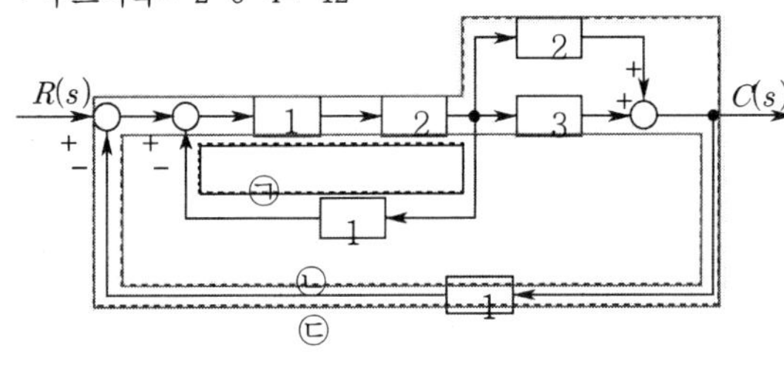

2. 전향경로이득 : 입력에서 출력으로 가는 길(피드백 제외))
   ㉠ $(1\times2\times3)=6$
   ㉡ $(1\times2\times2)=4$

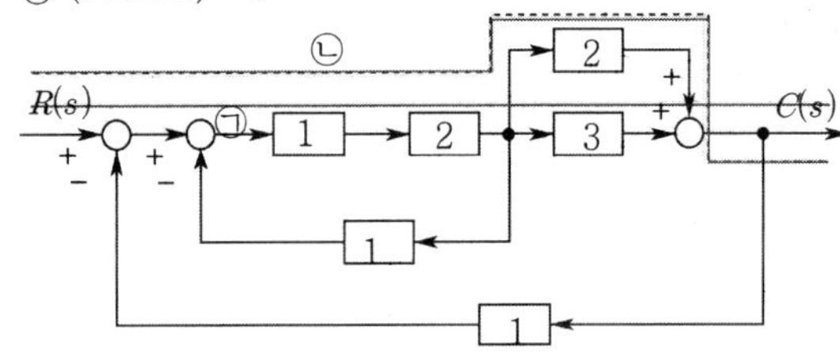

→ 전향경로이득=6+4=10

∴전달함수 $G(s)=\frac{\sum 전향경로이득}{1-\sum 루프이득}=\frac{10}{1-(-12)}=\frac{10}{13}$

【정답】 ②

63. 전달함수가 $G(s)=\frac{1}{0.1s(0.01s+1)}$ 과 같은 제어 시스템에서 $\omega=0.1[red/s]$일 때의 이득 및 위상각은 약 얼마인가?

① 40[dB], −90° ② −40[dB], 90°

③ 40[dB], −180° ④ −40[dB], −180°

|정|답|및|해|설|

[이득 및 위상각]

1. 주파수 전달함수 $G(jw)=\frac{1}{0.1j\omega(0.01j\omega+1)}$

$$=\frac{1}{0.01j-0.00001}=\frac{1}{0.01j}$$

→ (0.00001은 무시한다.)

2. 이득 $g=20\log_{10}|G(jw)|$

$$=20\log_{10}\left|\frac{1}{\frac{1}{100}j}\right|$$

$$=20\log_{10}|100|=40$$

3. 위상각

$$G(j\omega)=\frac{1}{j0.01-0.00001}≒\frac{1}{j0.01}$$

$$\therefore G(j\omega)=\frac{1}{j0.01}=\frac{1}{j}$$ → (위상에서 크기는 무시한다.)

$$=\frac{1}{j}\frac{j}{j}=\frac{j}{-1}=-j \rightarrow \theta=-90$$

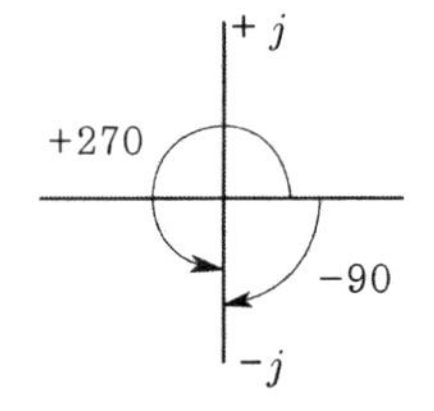

【정답】 ①

64. 기본 제어요소인 비례요소를 나타내는 전달함수는? (단, K는 상수이다.)

① $G(s)=K$ ② $G(s)=Ks$

③ $G(s)=\frac{K}{s}$ ④ $G(s)=\frac{K}{Ts+1}$

|정|답|및|해|설|

[전달함수의 표현]

1. 비례요소의 전달함수는 K 2. 미분요소의 전달함수는 Ks
3. 적분요소의 전달함수는 $\frac{K}{s}$

【정답】 ①

65. 다음의 개루프 전달함수에 대한 근궤적이 실수축에서 이탈하게 되는 분리점은 약 얼마인가?

$$G(s)H(s)=\frac{K}{s(s+3)(s+8)},\quad K\geq 0$$

① -0.93 ② -5.74

③ -6.0 ④ -1.33

|정|답|및|해|설|

[이탈점(분리점)] 근궤적이 실수축에서 이탈되어 나아가기 시작하는 점

이 계의 특성 방정식은 $1+G(s)H(s)=0$에서 $\frac{d}{ds}K=0$을 만족하는 s의 근으로 구한다.

1. 특성방정식 $1+G(s)H(s)=1+\frac{K}{s(s+3)(s+8)}=0$

$$\rightarrow s^3+11s^2+24s+K=0$$

2. $K=-(s^3+11s^2+24s)=(s^3+11s^2+24s)$

→ (미분해야 하므로 괄호 앞 -는 제거해도 된다)

3. s에 관하여 미분하면

$$\frac{dK}{ds}=3s^2+22s+24=0$$

4. 0을 만족하는 근을 찾는다.

$$s=-\frac{4}{3}=-1.33,\quad s=-6$$

→ (근의 궤적 영역은 1구간, 3구간 존재하므로)

∴이탈점은 $s=-1.33$ 【정답】 ④

|참|고|

[근궤적의 존재 범위]

$$G(s)H(s)=\frac{K}{s(s+3)(s+8)}$$

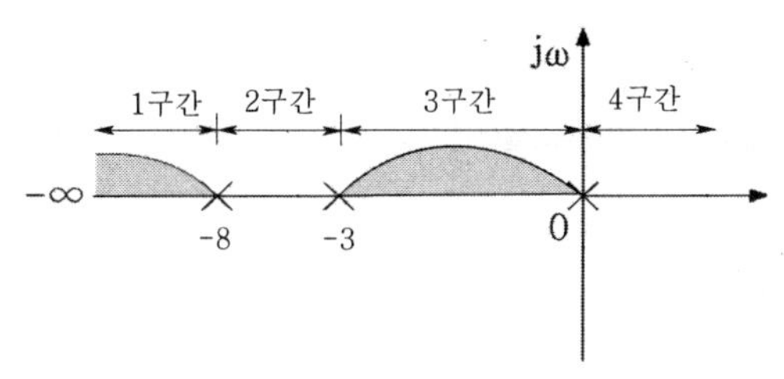

1. 극점 : 0, -3, -8
2. 극점과 영점의 총수가 홀수(1구간, 3구간)일 때 홀수 구간에만 존재한다.

66. $\begin{bmatrix}x_1\\x_2\end{bmatrix}=\begin{bmatrix}0&1\\-3&-4\end{bmatrix}\begin{bmatrix}x_1\\x_2\end{bmatrix}$로 표현되는 시스템의 상태천이행렬(State-Transiltion Matrix) $\varnothing(t)$를 구하면?

① $\begin{bmatrix}1.5e^{-t}-0.5e^{-3t} & -1.5e^{-t}+1.5e^{-3t}\\0.5e^{-t}-0.5e^{-3t} & -0.5e^{-t}+1.5e^{-3t}\end{bmatrix}$

② $\begin{bmatrix}1.5e^{-t}-0.5e^{-3t} & 0.5e^{-t}-0.5e^{-3t}\\-1.5e^{-t}+1.5e^{-3t} & -0.5e^{-t}+1.5e^{-3t}\end{bmatrix}$

③ $\begin{bmatrix}1.5e^{-t}-0.5e^{-4t} & 0.5e^{-t}-0.5e^{-4t}\\-1.5^{-t}+1.5e^{-3t} & -0.5e^{-t}+1.5e^{-3t}\end{bmatrix}$

④ $\begin{bmatrix}1.5e^{-t}-0.5e^{-3t} & -1.5e^{-t}+1.5e^{-t}\\0.5e^{-t}-0.5e^{-3t} & -0.5e^{-t}+1.5e^{-4t}\end{bmatrix}$

|정|답|및|해|설|

[상태천이행렬] $[\varnothing(t)=\mathcal{L}^{-1}[sI-A]^{-1}$

1. $[sI-A]=\begin{bmatrix}s&0\\0&s\end{bmatrix}-\begin{bmatrix}0&1\\-3&-4\end{bmatrix}=\begin{bmatrix}s&-1\\3&s+4\end{bmatrix}$

2. 역행렬 구하기 : $\begin{bmatrix}A&B\\C&D\end{bmatrix}^{-1}=\frac{1}{AD-BC}\begin{bmatrix}D&-B\\-C&A\end{bmatrix}$

$$[sI-A]=\begin{bmatrix}s&-1\\3&s+4\end{bmatrix}$$

$$[sI-A]^{-1}=\frac{1}{s^2+4s+3}\begin{bmatrix}s+4&1\\-3&s\end{bmatrix}$$

$$=\begin{bmatrix}\frac{s+4}{(s+3)(s+1)} & \frac{1}{(s+3)(s+1)}\\ \frac{-3}{(s+3)(s+1)} & \frac{s}{(s+3)(s+1)}\end{bmatrix}$$

*여기서는 지면 관계상 3번째만 역 라플라스를 구한다.

$$\rightarrow \frac{-3}{(s+3)(s+1)}=\frac{K_1}{(s+3)}+\frac{K_2}{(s+1)}$$

㉠ $K_1 => \frac{-3}{s+1}=K_1|_{s=-3}=\frac{-3}{-2}=1.5$

→ $(s+3)$을 양변에 곱한다.)

→ (K_1의 분모가 0이될 수 있는 수 s=-3)

㉡ $K_2 => \frac{-3}{s+3}=K_2|_{s=-1}=\frac{-3}{2}=-1.5$

㉢ $[sI-A]=\begin{bmatrix}s&-1\\3&s+4\end{bmatrix}\rightarrow 1.5\frac{1}{s+3}-1.5\frac{1}{s+1}$ 를 역라플라스

$$\rightarrow 1.5e^{-3t}-1.5e^{-t}$$

같은 방법으로 1, 2, 4번째를 구한다.

$$\therefore \varnothing(t)=\mathcal{L}^{-1}[sI-A]^{-1}$$

$$=\begin{bmatrix}1.5e^{-t}-0.5e^{-3t} & 0.5e^{-t}-0.5e^{-3t}\\-1.5e^{-t}+1.5e^{-3t} & -0.5e^{-t}+1.5e^{-3t}\end{bmatrix}$$

【정답】 ②

67. $R(z)=\dfrac{(1-e^{-aT})z}{(z-1)(z-e^{-aT})}$ 의 역 z변환은?

① $1-e^{-aT}$　② $1+e^{-aT}$
③ te^{-aT}　④ te^{aT}

|정|답|및|해|설|

[역z변환] 역함수란 z함수를 t함수로 바꿔라

1. $G(z)=\dfrac{R(z)}{Z}=\dfrac{(1-e^{-aT})}{(Z-1)(Z-e^{-aT})}=\dfrac{A}{Z-1}-\dfrac{B}{Z-e^{-at}}$

→ (임의의 수 A, B로 놓고 계산한다.)

2. $A=G(z)(Z-1)|_{Z=1}=\left.\dfrac{1-e^{-at}}{Z-e^{-ab}}\right|_{z=1}=1$

→ $(G(z)=\dfrac{(1-e^{-aT})}{(Z-1)(Z-e^{-aT})})$

→ ($z-1=0$으로 할 수 있는 수, z값)

3. $B=G(z)(Z-e^{-at})|_{z=e^{-at}}=\left.\dfrac{1-e^{-at}}{Z-1}\right|_{z=e^{-at}}=-1$

→ ($z-e^{-aT}=0$으로 할 수 있는 수, z값)

4. $G(z)=\dfrac{R(Z)}{Z}=\dfrac{1}{Z-1}-\dfrac{1}{Z-e^{-aT}}$ 이므로

$R(z)=\dfrac{Z}{Z-1}-\dfrac{Z}{Z-e^{-at}}$

$\therefore r(t)=1-e^{-aT}$로 역변환 된다.　【정답】 ①

|참|고|

[z변환표]

시간함수	z변환
단위임펄스함수 $\delta(t)$	1
단위계단함수 $u(t)=1$	$\dfrac{z}{z-1}$
속도함수 ; t	$\dfrac{Tz}{(z-1)^2}$
지수함수 : e^{-at}	$\dfrac{z}{z-e^{-at}}$
$\delta(1-kT)$	z^{-k}
$\delta_T(t)=\sum_{n=0}^{\infty}\delta(t-nT)$	$\dfrac{z}{z-1}$
$u_s(t-kT)$	$\dfrac{z}{z-1}z^{-k}$
$tu_s(t)$	$\dfrac{zT}{(z-1)^2}=\dfrac{z}{(z-1)^2}$
$e^{at}u_s(t)$	$\dfrac{z}{z-e^{aT}}=\dfrac{z}{z-e^{a}}$
$te^{at}u_s(t)$	$\dfrac{ze^{aT}T}{(z-e^{aT})^2}=\dfrac{ze^{a}}{(z-e^{a})^2}$
$e^{-at}u_s(t)$	$\dfrac{z}{z-e^{-aT}}=\dfrac{z}{z-e^{-a}}$
$te^{-at}u_s(t)$	$\dfrac{ze^{-aT}T}{(z-e^{-aT})^2}=\dfrac{ze^{-a}}{(z-e^{-a})^2}$
$(1-e^{-at})u_s(t)$	$\dfrac{(1-e^{-aT})z}{(z-1)(z-e^{-aT})}$
$a^tu_s(t)$	$\dfrac{z}{z-a}$
$e^{-at}u_s(t)$	$\dfrac{z}{z-e^{-aT}}=\dfrac{z}{z-e^{-a}}$
$te^{-at}u_s(t)$	$\dfrac{ze^{-aT}T}{(z-e^{-aT})^2}=\dfrac{ze^{-a}}{(z-e^{-a})^2}$
$(1-e^{-at})u_s(t)$	$\dfrac{(1-e^{-aT})z}{(z-1)(z-e^{-aT})}$

68. 제어시스템의 전달함수가 $T(s)=\dfrac{1}{4s^2+s+1}$ 과 같이 표현될 때 이 시스템의 고유주파수(ω_n [rad/s])와 감쇠율(ζ)은 얼마인가?

① $\omega_n=0.25,\ \zeta=1.0$　② $\omega_n=0.5,\ \zeta=0.25$
③ $\omega_n=0.5,\ \zeta=0.5$　④ $\omega_n=1.0,\ \zeta=0.5$

|정|답|및|해|설|

[고유주파수(ω_n) 및 감쇠율(ζ)]

1. 2차지연요소 전달함수

$$G(s)=\frac{\omega_n^2}{s^2+2\zeta w_n s+w_n^2}\rightarrow\frac{\frac{1}{4}}{s^2+\frac{1}{4}s+\frac{1}{4}}$$

→ (같은 형식을 만들기 위해 분모, 분자에 $\frac{1}{4}$을 곱한다.)

2. 고유주파수(ω_n) : $\omega_n^2=\dfrac{1}{4}\rightarrow\omega_n=\dfrac{1}{2}=0.5$

3. 감쇠율(ζ) : $2\zeta w_n s=2\zeta\dfrac{1}{2}s\rightarrow 2\zeta\dfrac{1}{2}s=\dfrac{1}{4}s\rightarrow\zeta=\dfrac{1}{4}=0.25$

【정답】 ②

69. 그림의 신호흐름선도를 미분방정식으로 표현한 것으로 옳은 것은? (단, 모든 초기 값은 0이다.)

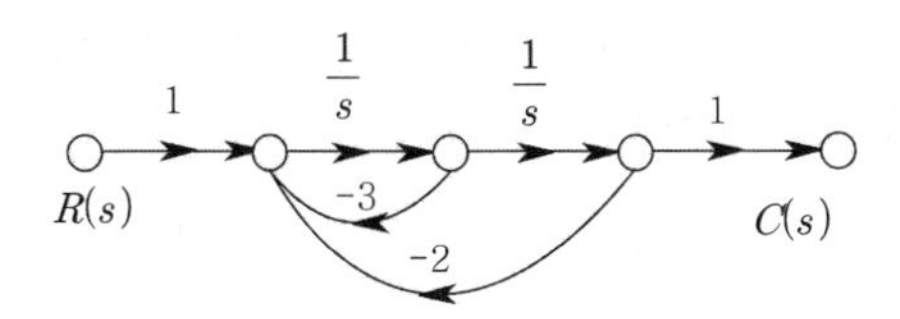

① $\dfrac{d^2C(t)}{dt^2}+3\dfrac{dC(t)}{dt}+2C(t)=R(t)$

② $\dfrac{d^2C(t)}{dt^2}+2\dfrac{dC(t)}{dt}+3C(t)=R(t)$

③ $\dfrac{d^2C(t)}{dt^2}-3\dfrac{dC(t)}{dt}-2C(t)=R(t)$

④ $\dfrac{d^2C(t)}{dt^2}-2\dfrac{dC(t)}{dt}-3C(t)=R(t)$

|정|답|및|해|설|

[신호흐름선도의 미분방정식]

1. 신호흐름선도의 전달함수 $G(s)=\dfrac{C(s)}{R(s)}=\dfrac{\sum \text{전향경로이득}}{1-\sum \text{루프이득}}$

2. 전향경로이득 : $\dfrac{1}{s^2}$, 루프이득 : $-\dfrac{3}{s}$, $-\dfrac{2}{s^2}$

→ (전향경로이득 : 입력에서 출력으로(피드백 제외))

→ (루프이득 : 피드백의 폐루프)

3. 전달함수 $G(s)=\dfrac{C(s)}{R(s)}=\dfrac{\sum \text{전향경로이득}}{1-\sum \text{루프이득}}$

$$=\frac{\frac{1}{s^2}}{1-(-\frac{3}{s}-\frac{2}{s^2})}=\frac{1}{s^2+3s+2}$$

4. $\dfrac{C(s)}{R(s)}=\dfrac{1}{s^2+3s+2}$ → $R(s)=s^2C(s)+3sC(s)+2C(s)$

∴미분방정식 $R(t)=\dfrac{d^2}{dt^2}(C(t)+3\dfrac{d}{dt}C(t)+2C(t)$ 【정답】 ①

70. 제어시스템의 특성방정식이 $s^4+s^3-3s^2-s+2=0$와 같을 때, 이 특정방정식에서 s 평면의 오른쪽에 위치하는 근은 몇 개인가?

① 0 ② 1 ③ 2 ④ 3

|정|답|및|해|설|

[특성 방정식의 근의 위치] 시스템이 **안정**하기 위해서는 반드시 특성 방정식의 근은 **s 평면의 좌반면에 존재**하여야 한다.

1. $s^4+s^3-3s^2-s+2=0$ → 부호가 바뀌므로 불안정

2. 불안정(=1열 요소의 부호 변화가 짝수 번)은 2번의 부호변화가 있다.

→ (+에서 +로, +에서 -로(1번), -에서 -로, -에서 +로(2번))

【정답】 ③

71. T형 4단자 회로의 임피던스 파라미터 중 Z_{22}는?

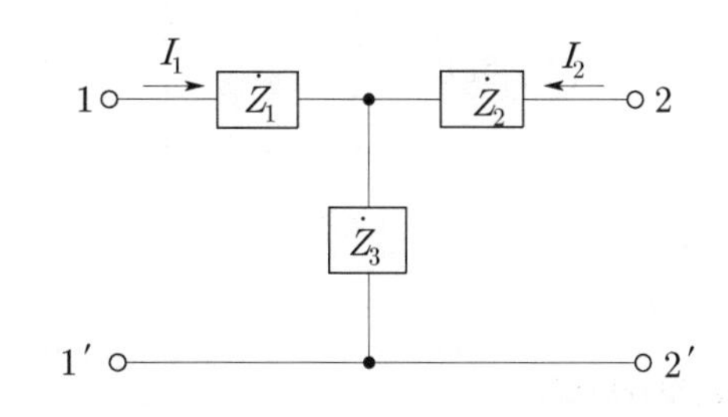

① Z_1+Z_2 ② Z_2+Z_3

③ Z_1+Z_3 ④ $-Z_2$

|정|답|및|해|설|

[임피던스 파라미터] $\begin{vmatrix} Z_{11} & Z_{12} \\ Z_{21} & Z_{22} \end{vmatrix}=\begin{vmatrix} Z_1+Z_3 & Z_3 \\ Z_3 & Z_2+Z_3 \end{vmatrix}$

$Z_{11}=\dfrac{V_1}{I_1}\Big|_{I_2=0}=Z_1+Z_3$, $Z_{12}=\dfrac{V_1}{I_2}\Big|_{I_1=0}=Z_3$

$Z_{21}=\dfrac{V_2}{I_1}\Big|_{I_2=0}=Z_3$, $Z_{22}=\dfrac{V_2}{I_2}\Big|_{I_1=0}=Z_2+Z_3$

【정답】 ②

|참|고|

1. 임피던스(Z) → T형으로 만든다.

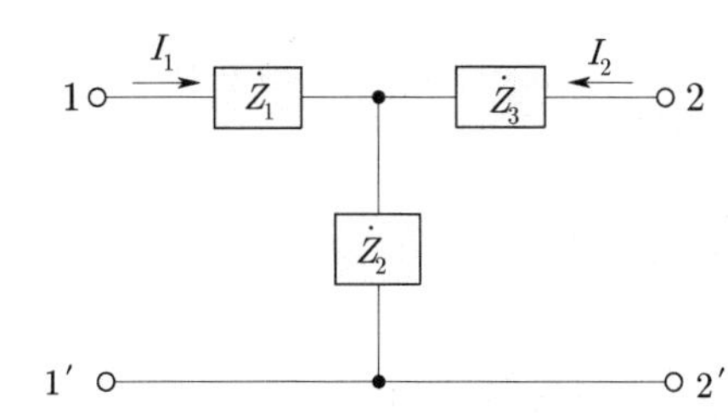

- $Z_{11}=Z_1+Z_2[\Omega]$ → (I_1 전류방향의 합)
- $Z_{12}=Z_{21}=Z_2[\Omega]$ → (I_1과 I_2의 공통, 전류방향 같을 때)
- $Z_{12}=Z_{21}=-Z_2[\Omega]$ → (I_1과 I_2의 공통, 전류방향 다를 때)
- $Z_{22}=Z_2+Z_3[\Omega]$ → (I_2 전류방향의 합)

2. 어드미턴스(Y) → π형으로 만든다.

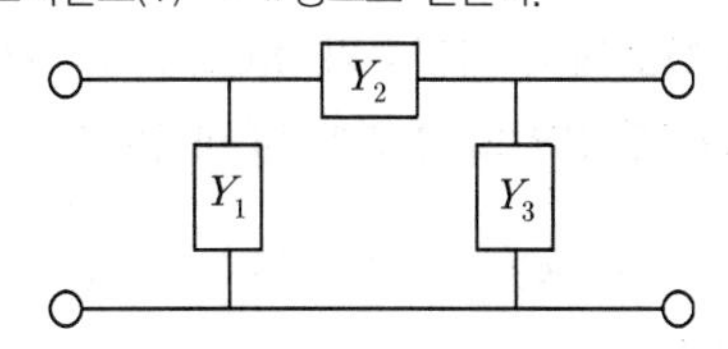

- $Y_{11}=Y_1+Y_2[℧]$
- $Y_{12}=Y_{21}=Y_2[℧]$ → (I_2→, 전류방향 같을 때)
- $Y_{12}=Y_{21}=-Y_2[℧]$ → (I_2←, 전류방향 다를 때)
- $Y_{22}=Y_2+Y_3[℧]$

72. 다음 중 회로에서 저항 4$[\Omega]$에 흐르는 전류 $I[\mathrm{A}]$는?

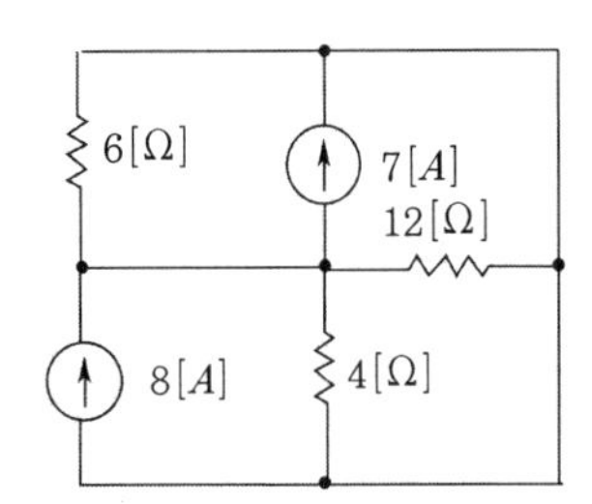

① 2.5 ② 5
③ 7.5 ④ 10

|정|답|및|해|설|

[전류] 중첩의 원리를 이용

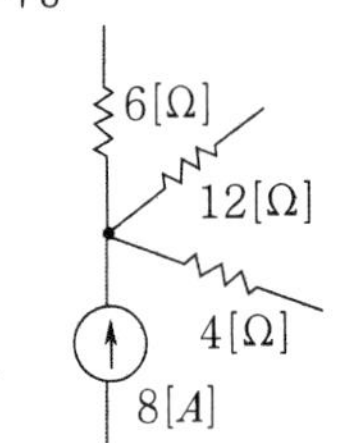

1. 전류 7[A] 개방 →

㉠ $R=\dfrac{12\times 4}{12+4}=3[\Omega]$

㉡ 3[Ω]과 6[Ω]이 병렬 → 6[Ω]에 흐르는 전류이므로

$$I_1=\frac{R_1}{R_1+R_2}I=\frac{3}{3+6}\times 8[A]$$

2. 전류 8[A] 개방 →

6[Ω] 7[A] 4[Ω] 12[Ω]

㉠ $R=\dfrac{12\times 4}{12+4}=3[\Omega]$

㉡ 3[Ω]과 6[Ω]이 병렬 → 6[Ω]에 흐르는 전류이므로

$$I_2=\frac{R_1}{R_1+R_2}I=\frac{3}{6+3}\times 7[A]$$

3. 전류의 방향은 모두 위로 향한다.

$\therefore$전체전류 $I=I_1+I_2=\dfrac{(3\times 8)+(3\times 7)}{6+3}=5[A]$ 【정답】 ②

73. R-L직렬 회로에서 시정수가 0.03[sec], 저항이 14.7[Ω]일 때 코일의 인덕턴스[mH]는?

① 441 ② 362 ③ 17.6 ④ 2.53

|정|답|및|해|설|

[RL 직렬 회로에서 시정수] $\tau=\dfrac{L}{R}[s]$

$\therefore$인덕턴스 $L=\tau\times R=0.03\times 14.7=0.441[H]=441[mH]$

【정답】 ①

74. 분포정수회로 표현된 선로의 단위 길이 당 저항을 $0.5[\Omega/km]$, 인덕턴스가 $1[\mu H/km]$, 캐패시턴스가 $6[\mu F/km]$ 일 때 일그러짐이 없는 조건(무왜형 조건)을 만족하기 위한 단위 길이 당 컨덕턴스는 몇 $[\mho/km]$인가?

① 1 ② 2 ③ 3 ④ 4

|정|답|및|해|설|

[무왜선로] 일그러짐이 없는 선로(무왜선로)의 조건은 $RC=LG$

$\therefore$컨덕턴스 $G=\dfrac{RC}{L}=\dfrac{0.5\times 6}{1}=3[\mho/km]$ 【정답】 ③

|참|고|

1. 무손실 선로(손실이 없는 선로) 조건] : $R=0$, $G=0$인 선로
2. 무왜형 선로(파형의 일그러짐이 없는 회로)] 조건

$$\frac{R}{L}=\frac{G}{C}\ \rightarrow\ LG=RC$$

75. 그림과 같은 부하에 선간전압이 $V_{ab}=100\angle 30°$ [V]인 평형 3상 전압을 가했을 때 선전류 $I_a[A]$는?

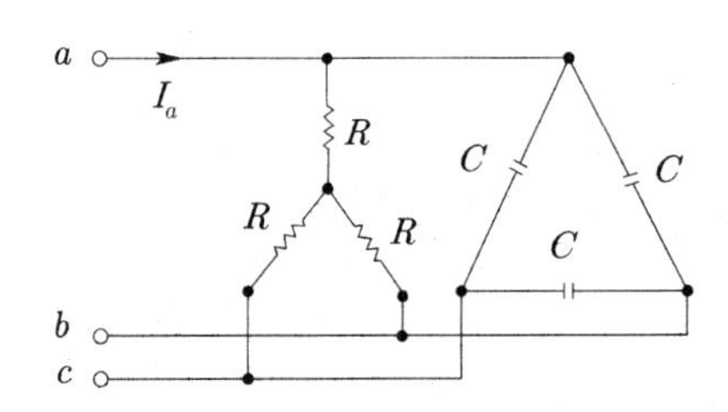

① $\dfrac{100}{\sqrt{3}}\left(\dfrac{1}{R}+j3\omega C\right)$ ② $100\left(\dfrac{1}{R}+j3\omega C\right)$

③ $\dfrac{100}{\sqrt{3}}\left(\dfrac{1}{R}+j\omega C\right)$ ④ $100\left(\dfrac{1}{R}+j\omega C\right)$

|정|답|및|해|설|

[Y결선의 선전류] $I_Y=\dfrac{V_p}{Z_p}=\dfrac{V_l}{\sqrt{3}Z_p}=\dfrac{V_l}{\sqrt{3}}Y_p$

→ (Y결선, $V_l=\sqrt{3}V_p$, $I_l=I_p$)

→ (병렬연결일 경우 어드미턴스로 계산하는 것이 편하다.)

△결선을 Y 결선으로 등가변환하면, Ω성분이 $\dfrac{1}{3}$배 감소

즉, $\dfrac{1}{\omega C}[\Omega]\ \rightarrow\ \dfrac{1}{3}\times\dfrac{1}{\omega C}[\Omega]$

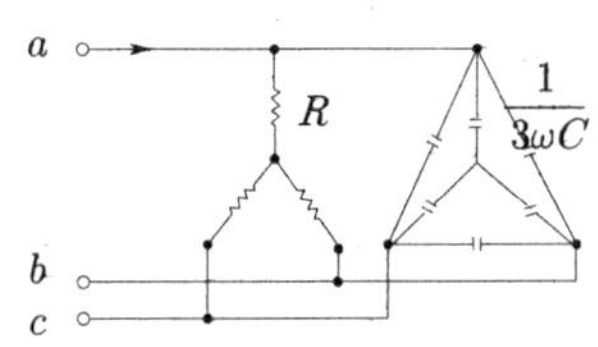

→ (한 상(병렬접속)의 어드미턴스 $Y=\dfrac{1}{R}+j3\omega C$)

$\therefore$Y결선의 선전류 $I_Y=\dfrac{V_l}{\sqrt{3}}Y_p=\dfrac{100}{\sqrt{3}}\left(\dfrac{1}{R}+j3\omega C\right)$[A]

【정답】 ①

76. 상의 순서가 $a-b-c$인 불평형 3상 교류회로에서 각 상의 전류가 $I_a = 7.28\angle 15.95°$ [A] $I_b = 12.81\angle -128.66°$ [A], $I_c = 7.21\angle 123.69°$ [A] 일 때 역상분이 전류 I_o는 약 몇 [A]인가?

① $8.95\angle -1.14°$　② $8.95\angle 1.14°$
③ $2.51\angle -96.55°$　④ $2.51\angle 96.55°$

|정|답|및|해|설|

[역상분 전류] $I_2 = \frac{1}{3}(I_a + a^2 I_b + aI_c)$

$\therefore I_2 = \frac{1}{3}(7.28\angle 15.95° + 1\angle -120° \times 12.81\angle -128.66° + 1\angle 120° \times 7.21\angle 123.69°)$

→ ($a = 1\angle 120°$, $a^2 = 1\angle -120°$)

$= 2.51\angle 96.55°$　【정답】 ④

77. 그림 (a)의 Y결선 회로를 그림 (b)의 △결선 회로로 등가변환 했을 때 R_{ab}, R_{bc}, R_{ca}는 각각 몇 [Ω]인가? (단, $R_a = 2[\Omega]$, $R_b = 3[\Omega]$, $R_c = 4[\Omega]$)

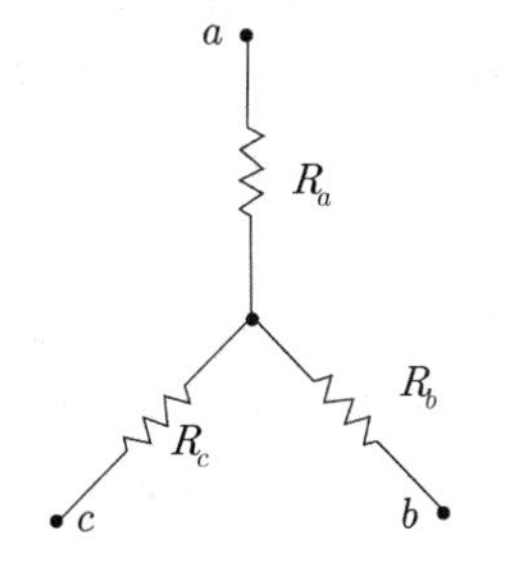

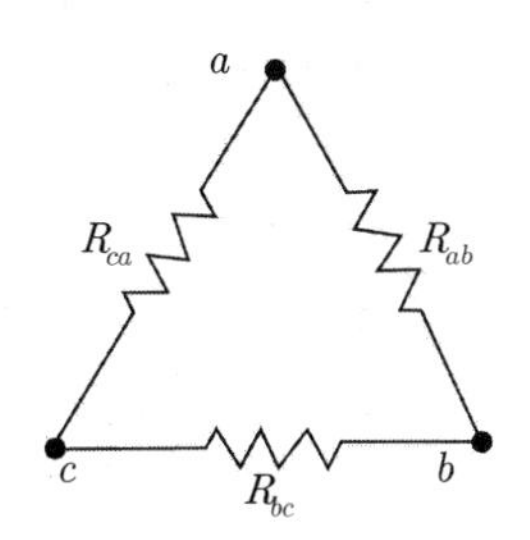

① $R_{ab} = \frac{6}{9}$, $R_{bc} = \frac{12}{9}$, $R_{ca} = \frac{8}{9}$

② $R_{ab} = \frac{1}{3}$, $R_{bc} = 1$, $R_{ca} = \frac{1}{2}$

③ $R_{ab} = \frac{13}{2}$, $R_{bc} = 13$, $R_{ca} = \frac{26}{3}$

④ $R_{ab} = \frac{11}{2}$, $R_{bc} = 11$, $R_{ca} = \frac{11}{3}$

|정|답|및|해|설|

[Y결선 회로를 △결선 회로로 등가변환]

1. $R_{ab} = \frac{R_{ac}+R_{bc}+R_{ca}}{R_c} = \frac{6+12+8}{4} = \frac{26}{4} = \frac{13}{2}$

→ (분모는 ab와 마주보고 있는 점으로 한다.)

2. $R_{bc} = \frac{R_{ac}+R_{bc}+R_{ca}}{R_a} = \frac{6+12+8}{2} = \frac{26}{2} = 13$

3. $R_{ca} = \frac{R_{ac}+R_{bc}+R_{ca}}{R_b} = \frac{6+12+8}{3} = \frac{26}{3}$　【정답】 ③

78. 다음과 같은 비정현파 기전력 및 전류에 의한 평균 전력을 구하면 몇 [W]인가? (단, 전압 및 전류의 순시식은 다음과 같다.)

$$v(t) = 200\sin 100\pi t + 80\sin\left(300\pi t - \frac{\pi}{2}\right)[V]$$
$$i(t) = \frac{1}{5}\sin\left(100\pi t - \frac{\pi}{3}\right) + \frac{1}{10}\sin\left(300\pi t - \frac{\pi}{4}\right)[A]$$

① 6.414　② 8.586
③ 12.828　④ 24.212

|정|답|및|해|설|

[비정현파 평균전력(유효전력)] $P = VI\cos\theta[W]$

유효전력은 1고조파+3고조파의 전력을 합한다.

즉, $P = V_1 I_1 \cos\theta_1 + V_3 I_3 \cos\theta_3 [W]$

→ (전압과 전류는 실효값($=\frac{최대값}{\sqrt{2}}$)으로 한다.)

$\therefore P = V_1 I_1 \cos\theta_1 + V_3 I_3 \cos\theta_3$

$= \left(\frac{200}{\sqrt{2}} \times \frac{\frac{1}{5}}{\sqrt{2}} \cos(0-(-60))\right) + \left(\frac{80}{\sqrt{2}} \times \frac{\frac{1}{10}}{\sqrt{2}} \cos(-45-(-90))\right)$

$= \frac{1}{2}(200 \times \frac{1}{5} \times 0.5) + \frac{1}{2}(80 \times \frac{1}{10} \times 0.707) = 12.828[W]$

【정답】 ③

79. 회로에서 $I_1 = 2e^{-j\frac{\pi}{6}}[A]$, $I_2 = 5e^{j\frac{\pi}{6}}[A]$ $I_3 = 5.0[A]$, $Z_3 = 1.0[\Omega]$일 때 부하(Z_1, Z_2, Z_3) 전체에 대한 복소전력은 약 몇 [VA]인가?

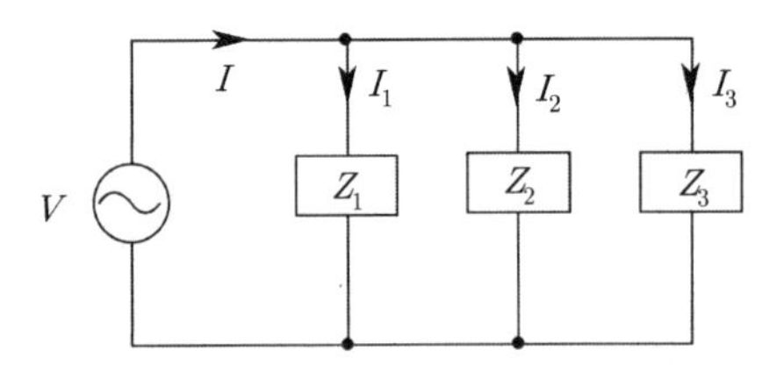

① $55.3 - j7.5$ ② $55.3 + j7.5$
③ $45 - j26$ ④ $45 + j26$

|정|답|및|해|설|

[복소전력(피상전력)] $P_a = \overline{V} \cdot I = V \cdot \overline{I}[VA]$

→ ($P_a = \overline{V} \cdot I[W]$, 진상(+Q), 지상(−Q))
→ ($P_a = V \cdot \overline{I}[W]$, 진상(−Q), 지상(+Q))
→ (언급이 없을 경우에는 $P_a = V \cdot \overline{I}[W]$)

1. 전압은 일정, 즉 $V = Z_1 I_1 = Z_2 I_2 = Z_3 I_3 = 5[V]$
2. 전류 $I = I_1 + I_2 + I_3 = 2\angle 30 + 5\angle 30 + 5\angle 0) = 11.16\angle 7.72°$
$= 11.062 + j1.5$

∴피상전력 $P_a = V \cdot \overline{I} = 55.3 - j7.5$ 【정답】 ①

|참|고|

※피상전력 $P_a = \overline{V} \cdot I = 55.3 + j7.5$로 하면 【정답】 ②

80. $f(t) = \mathcal{L}^{-1}\left[\frac{s^2+3s+2}{s^2+2s+5}\right]$는?

① $\delta(t) + e^{-t}(\cos 2t - \sin 2t)$
② $\delta(t) + e^{-t}(\cos 2t + 2\sin 2t)$
③ $\delta(t) + e^{-t}(\cos 2t - 2\sin 2t)$
④ $\delta(t) + e^{-t}(\cos 2t + \sin 2t)$

|정|답|및|해|설|

[라플라스 역변환] s함수를 t함수로 바꾸는 것

$f(t) = \mathcal{L}^{-1}\left[\frac{s^2+3s+2}{s^2+2s+5}\right]$ → (분모 인수분해)

1단계 → $\frac{s^2+2s+5+s-3}{s^2+2s+5} = 1 + \frac{s-3}{s^2+2s+5}$

2단계 → $\frac{s-3}{s^2+2s+5} = \frac{(s+1)-4}{(s+1)^2+2^2}$
$= \frac{(s+1)}{(s+1)^2+2^2} - \frac{2\times 2}{(s+1)^2+2^2}$

$\therefore 1 + \frac{(s+1)}{(s+1)^2+2^2} - \frac{2\times 2}{(s+1)^2+2^2} = \delta(t) + e^{-t}\cos 2t - 2e^{-t}\sin 2t$
$= \delta(t) + e^{-t}(\cos 2t - 2\sin 2t)$

【정답】 ③

2회 2022년 전기기사필기 (전기설비기술기준)

81. 고압 가공전선로의 가공지선으로 나경동선을 사용하는 경우의 지름은 몇 [mm] 이상이어야 하는가?

① 3.2 ② 4.0
③ 5.5 ④ 6.0

|정|답|및|해|설|

[고압 가공전선로의 가공지선 (KEC 332.6)]

1. 고압 가공전선로 : 인장강도 5.26[kN] 이상의 것 또는 4[mm] 이상의 나경동선
2. 특고압 가공전선로 : 인장강도 8.01[kN] 이상의 나선 또는 5[mm] 이상의 나경동선 【정답】 ②

82. 피뢰설비 시설기준에 대한 설명으로 틀린 것은?

① 풍력터빈에 설치한 피뢰설비(리셉터, 인하도선)의 기능 저하로 인해 다른 기능에 영향을 미치지 않을 것
② 풍력터빈 내부의 계측 센서용 케이블은 금속관 또는 차폐케이블 등을 사용하여 뇌유도과전압으로부터 보호할 것
③ 풍력터빈에 설치하는 인하도선은 쉽게 부식되지 않는 금속선으로서 뇌격전류를 안전하게 흘릴 수 있는 충분한 굵기여야 하며, 가능한 직선으로 시설할 것
④ 수뢰부를 풍력터빈 중앙부분에 배치하되 뇌격전류에 의한 발열에 용손(溶損)되지 않도록 재질, 크기, 두께 및 형상 등을 고려할 것

|정|답|및|해|설|

[피뢰설비 (KEC 532.3.5)]

1. 수뢰부를 풍력터빈 선단부분 및 가장자리 부분에 배치하되 뇌격전류에 의한 발열에 의해 녹아서 손상(용손)되지 않도록 재질, 크기, 두께 및 형상 등을 고려할 것
2. 풍력터빈에 설치하는 인하도선은 쉽게 부식되지 않는 금속선으로서 뇌격전류를 안전하게 흘릴 수 있는 충분한 굵기여야 하며, 가능한 직선으로 시설할 것
3. 풍력터빈 내부의 계측 센서용 케이블은 금속관 또는 차폐케이블 등을 사용하여 뇌유도과전압으로부터 보호할 것
4. 풍력터빈에 설치한 피뢰설비(리셉터, 인하도선 등)의 기능저하로 인해 다른 기능에 영향을 미치지 않을 것

【정답】 ④

83. 주택의 전기저장장치의 축전지에 접속하는 부하 측 옥내배선을 다음에 따라 시설하는 경우에 주택의 옥내전로의 대지전압은 직류 몇 [V]까지 적용할 수 있는가? (단, 전로에 지락이 생겼을 때 자동적으로 전로를 차단하는 장치를 시설한 경우이다.)

① 150　　② 300
③ 400　　④ 600

|정|답|및|해|설|

[옥내 전로의 대지전압의 제한 (kec 511.1.3)] 주택에 시설하는 전기저장장치는 이차전지에서 전력변환장치에 이르는 옥내 직류 전로를 다음에 따라 시설하는 경우 옥내전로의 대지전압은 직류 600[V] 까지 적용할 수 있다.

1. 전로에 지락이 생겼을 때 자동적으로 전로를 차단하는 장치를 시설할 것
2. 사람이 접촉할 우려가 없는 은폐된 장소에 합성수지관공사, 금속관공사 및 케이블공사에 의하여 시설할 것. 다만, 사람이 접촉할 우려가 있는 장소에 케이블공사에 의하여 시설하는 경우에는 전선에 적당한 방호장치를 시설할 것　【정답】 ④

|참|고|

[대자전압]

1. 90[%] 이상은 300[V]
2. 예외인 경우
   ① 누설전압이 없는 경우 → 대지전압 150[V]
   ② 전기저장장치, 태양광설비 → 직류 600[V]

84. 샤워 시설이 있는 욕실 등 인체가 물에 젖어 있는 상태에서 전기를 사용하는 장소에 콘센트를 시설할 경우 인체감전보호용 누전차단기의 정격감도전류는 몇 [mA] 이하인가?

① 5　　② 10
③ 15　　④ 20

|정|답|및|해|설|

[콘센트의 시설 (KEC 234.5)] 욕조나 샤워시설이 있는 욕실 또는 화장실 등 인체가 물에 젖어있는 상태에서 전기를 사용하는 장소에 콘센트를 시설하는 경우에는 다음 각 호에 따라 시설하여야한다.

1. 「전기용품안전 관리법」의 적용을 받는 인체감전보호용 누전차단기(정격감도전류 15[mA] 이하, 동작시간 0.03초 이하의 전류동작형의 것에 한한다) 또는 절연변압기(정격용량 3[kVA] 이하인 것에 한한다)로 보호된 전로에 접속하거나, 인체감전보호용 누전차단기가 부착된 콘센트를 시설하여야 한다.
2. 콘센트는 접지극이 있는 방적형 콘센트를 사용하여 접지하여야한다.　【정답】 ③

85. 강관으로 구성된 철탑의 갑종풍압하중은 수직 투영면적 1[m^2]에 대한 풍압을 기초로 하여 계산한 값이 몇 Pa인가? (단, 단주는 제외한다.)

① 1255　　② 1340　　③ 1560　　④ 2060

|정|답|및|해|설|

[풍압하중의 종별과 적용 (KEC 331.6)]

풍압을 받는 구분				풍압[Pa]
지지물	목주			588
	철주	원형의 것		588
		삼각형 또는 능형		1412
		강관에 의하여 구성되는 4각형의 것		1117
		기타의 것으로 복재가 전후면에 겹치는 경우		1627
		기타의 것으로 겹치지 않은 경우		1784
	철근 콘크리트 주	원형의 것		588
		기타의 것		822
	철탑	단주	원형의 것	588[Pa]
			기타의 것	1,117[Pa]
		강관으로 구성되는 것(단주는 제외함)		1,255[Pa]
		기타의 것		2,157[Pa]

【정답】 ①

86. 전기설비기술기준상 용어의 정의에서 감전에 대한 보호 등 안전을 위해 제공되는 도체를 말하는 것은?

① 접지도체　　② 보호도체
③ 수평도체　　④ 접지극도체

|정|답|및|해|설|

[용어정리 (KEC 112)]

① 접지도체 : 계통, 설비 또는 기기의 한 점과 접지극 사이의 도전성 경로 또는 그 경로의 일부가 되는 도체를 말한다.

② 보호도체(PE, Protective Conductor) : 감전에 대한 보호 등 안전을 위해 제공되는 도체를 말한다.

③ 수평도체 : 피뢰시스템 수뢰부시스템의 선정은 돌침, 수평도체, 그물망(메시)도체의 요소 중에 한 가지 또는 이를 조합한 형식으로 시설하여야 한다.　【정답】 ②

87. 전력보안통신설비의 조가선(조가용선)은 단면적 몇 $[mm^2]$ 이상의 아연도강연선을 사용하는가?

① 16　　② 38
③ 50　　④ 55

|정|답|및|해|설|

[조가선(조가용선) 시설기준 KEC 362.3)] 조가선은 단면적 38 $[mm^2]$ 이상의 아연도강연선을 사용할 것

【정답】 ②

88. 통신상의 유도장해 방지시설에 대한 설명이다. 다음 (　)에 들어갈 내용으로 옳은 것은?

> 교류식 전기철도용 전차선로는 기설 가공약전류 전선로에 대하여 (　)에 의한 통신상의 장해가 생기지 않도록 시설하여야 한다.

① 정전작용　　② 유도작용
③ 가열작용　　④ 산화작용

|정|답|및|해|설|

[통신상의 유도 장해방지 시설 (KEC 461.7)] 교류식 전기철도용 전차선로는 기설 가공약전류 전선로에 대하여 유도작용에 의한 통신상의 장해가 생기지 않도록 시설하여야 한다. 【정답】 ②

89. 합성수지관 및 부속품의 시설에 대한 설명으로 틀린 것은?

① 관의 지지점간의 거리는 1.5[m] 이하로 할 것
② 합성수지제 가요전선관 상호 간은 직접 접속을 할 것
③ 접착제를 사용하여 관 상호간을 삽입하는 길이는 관의 바깥지름의 0.8배 이상으로 할 것
④ 접착제를 사용하지 않고 관 상호간을 삽입하는 길이는 관의 바깥지름의 1.2배 이상으로 할 것

|정|답|및|해|설|

[합성수지관공사 (KEC 232.11)]

1. 전선은 절연전선(옥외용 비닐 절연전선을 제외)일 것
2. 전선은 연선일 것. 다만, 다음의 것은 적용하지 않는다.
   ㉠ 짧고 가는 합성수지관에 넣은 것
   ㉡ 단면적 10$[mm^2]$(알루미늄선은 단면적 16$[mm^2]$) 이하의 것
3. 전선은 합성수지관 안에서 접속점이 없도록 할 것
4. 중량물의 압력 또는 현저한 기계적 충격을 받을 우려가 없도록 시설할 것
5. 합성수지제 휨(가요) 전선관 상호 간은 직접 접속하지 말 것.
6. 이중천장(반자 속 포함) 내에는 시설할 수 없다.
7. 관 상호간 및 박스와는 삽입하는 깊이를 관 바깥지름의 1.2배(접착제 사용하는 경우 0.8배) 이상으로 견고하게 접속할 것
8. 관의 지지점간의 거리는 1.5[m] 이하 【정답】 ②

90. 전압의 구분에 대한 설명으로 옳은 것은?

① 직류에서의 저압은 1000[V] 이하의 전압을 말한다.
② 교류에서 저압은 1500[V] 이하의 전압을 말한다.
③ 직류에서 고압은 3500[V]를 넘고 7000[V] 이하인 전압을 말한다.
④ 특고압은 7000[V]를 넘는 전압을 말한다.

|정|답|및|해|설|

[전압의 종별 (기술기준 제3조)]

분류	전압의 범위
저압	· 직류 : 1500[V] 이하 · 교류 : 1000[V] 이하
고압	· 직류 : 1500[V]를 초과하고 7[kV] 이하 · 교류 : 1000[V]를 초과하고 7[kV] 이하
특고압	· 7[kV]를 초과

【정답】 ④

91. 특고압용 변압기의 내부에 고장이 생겼을 경우에 자동차단장치 또는 경보장치를 하여야 하는 최소 뱅크용량은 몇 [kVA] 인가?

① 1000　　② 3000

③ 5000　　④ 10000

|정|답|및|해|설|

[특고압용 변압기의 보호장치 (KEC 351.4)]

뱅크 용량의 구분	동작 조건	장치의 종류
5,000[kVA] 이상 10,000[kVA] 미만	변압기 내부 고장	자동차단장치 또는 경보장치
10,000[kVA] 이상	변압기 내부 고장	자동차단장치
타냉식 변압기(변압기의 권선 및 철심을 직접 냉각시키기 위하여 봉입한 냉매를 강제 순환시키는 냉각 방식을 말한다.)	냉각 장치에 고장이 생긴 경우 또는 변압기의 온도가 현저히 상승한 경우	경보장치

【정답】 ③

92. 폭연성 먼지(분진) 또는 화약류의 가루(분말)가 전기설비의 발화원이 되어 폭발할 우려가 있는 곳의 저압 옥내 전기설비는 어느 공사에 의하는가?

① 캡타이어케이블공사　② 합성수지관공사

③ 애자사용공사　④ 금속관공사

|정|답|및|해|설|

[먼지(분진) 위험장소 (KEC 242.2)]

1. 폭연성 먼지(분진) : 설비를 금속관공사 또는 케이블 공사(캡타이어 케이블 제외)
2. 가연성 먼지(분진) : 합성수지관 공사, 금속관공사, 케이블 공사

【정답】 ④

93. 사용전압 22.9[kV]의 가공전선이 철도를 횡단하는 경우 전선의 레일면상 높이는 몇 [m] 이상인가?

① 5　　② 5.5

③ 6　　④ 6.5

|정|답|및|해|설|

[특고압 가공전선의 높이 (KEC 333.7)]

전압의 구분	지표상의 높이	
35[kV] 이하	일반	5[m]
	철도 또는 궤도를 횡단	6.5[m]
	도로 횡단	6[m]
	횡단보도교의 위 (전선이 특고압 절연전선 또는 케이블)	4[m]
35[kV] 초과 160[kV] 이하	일반	6[m]
	철도 또는 궤도를 횡단	6.5[m]
	산지	5[m]
	횡단보도교의 케이블	5[m]
160[kV] 초과	일반	6[m]
	철도 또는 궤도를 횡단	6.5[m]
	산지	5[m]
	160[kV]를 초과하는 10[kV] 또는 그 단수마다 12[cm]를 더한 값	

【정답】 ④

94. 가공전선로의 지지물에 시설하는 통신선 또는 이에 직접 접속하는 가공 통신선이 철도 또는 궤도를 횡단하는 경우 그 높이는 레일면상 몇 [m] 이상으로 하여야 하는가?

① 3　② 3.5　③ 5.0　④ 6.5

|정|답|및|해|설|

[가공전선로의 지지물에 시설하는 통신선 또는 이에 직접 접속하는 가공 통신선의 높이 (KEC 362.2)]

구분	지상고
도로횡단 시	지표상 6.0[m] 이상 (단, 저압이나 고압의 가공전선로의 지지물에 시설하는 통신선 또는 이에 직접 접속하는 가공통신선을 시설하는 경우에 교통에 지장을 줄 우려가 없을 때에는 지표상 5[m])
철도 궤도 횡단 시	레일면상 6.5[m] 이상
횡단보도교 위	노면상 5.0[m] 이상
기타	지표상 5[m] 이상

【정답】 ④

95. 가요전선관 및 부속품의 시설에 대한 내용이다. 다음 (   )에 들어갈 내용으로 옳은 것은?

> 1종 금속제 가요전선관에는 단면적 (   )[㎟] 이상의 나연동선을 전체 길이에 걸쳐 삽입 또는 첨가하여 그 나연동선과 1종 금속제가요전선관을 양쪽 끝에서 전기적으로 완전하게 접속할 것. 다만, 관의 길이가 4[m] 이하인 것을 시설하는 경우에는 그러하지 아니하다.

① 0.75 ② 1.5 ③ 2.5 ④ 4

|정|답|및|해|설|

[가요전선관 및 부속품의 시설 (KEC 232.13.3)]

1. 관 상호 간 및 관과 박스 기타의 부속품과는 견고하고 또한 전기적으로 완전하게 접속할 것.
2. 가요전선관의 끝부분은 피복을 손상하지 아니하는 구조로 되어 있을 것.
3. 2종 금속제 가요전선관을 사용하는 경우에 습기 많은 장소 또는 물기가 있는 장소에 시설하는 때에는 비닐 피복 2종 가요전선관일 것.
4. 1종 금속제 가요전선관에는 단면적 2.5[㎟] 이상의 나연동선을 전체 길이에 걸쳐 삽입 또는 첨가하여 그 나연동선과 1종 금속제가요전선관을 양쪽 끝에서 전기적으로 완전하게 접속할 것. 다만, 관의 길이가 4[m] 이하인 것을 시설하는 경우에는 그러하지 아니하다.
5. 가요전선관공사는 KEC 211과 140에 준하여 접지공사를 할 것.

【정답】 ③

96. 사용전압이 154[kV]인 전선로를 제1종 특고압 보안공사로 시설할 때 여기에 사용되는 경동연선의 단면적은 몇 [mm^2] 이상이어야 하는가?

① 100 ② 125 ③ 150 ④ 200

|정|답|및|해|설|

[특고압 보안공사 (KEC 333.22)]

제1종 특고압 보안공사의 전선 굵기

사용전압	전선
100[㎸] 미만	인장강도 21.67[kN] 이상의 연선 또는 단면적 55[[mm^2] 이상의 경동연선
100[㎸] 이상 300[㎸] 미만	인장강도 58.84[kN] 이상의 연선 또는 단면적 150[[mm^2] 이상의 경동연선
300[㎸] 이상	인장강도 77.47[kN] 이상의 연선 또는 단면적 200[[mm^2] 이상의 경동연선

【정답】 ③

97. 지중전선로는 기설 지중약전류전선로에 대하여 다음의 어느 것에 의하여 통신상의 장해를 주지 아니하도록 기설 약전류전선로로부터 충분히 이격시키거나 기타 적당한 방법으로 시설하여야 한다. 이때 통신상의 장해가 발생하는 원인으로 옳은 것은?

① 충전전류 또는 표피작용
② 누설전류 또는 유도작용
③ 충전전류 또는 유도작용
④ 누설전류 또는 표피작용

|정|답|및|해|설|

[지중 약전류 전선에의 유도장해의 방지 (KEC 334.5)]

지중전선로는 기설 지중 약전류 전선로에 대하여 누설전류 또는 유도작용에 의하여 통신상의 장해를 주지 아니하도록 기설 약전류 전선로로부터 충분히 이격시키거나 기타 적당한 방법으로 시설하여야 한다.

【정답】 ②

98. 과전류 차단기로서 저압전로에 사용하는 범용의 퓨즈(「전기용품 및 생활용품 안전관리법」에서 규정하는 것을 제외한다.)의 정격전류가 16[A]인 경우 용단전류는 정격전류의 몇 배인가? (단, 퓨즈(gG)인 경우이다.)

① 1.25 ② 1.5
③ 1.6 ④ 1.9

|정|답|및|해|설|

[보호장차의 특성 (kec 212.3.4)]

과전류차단기로 저압전로에 사용하는 퓨즈

정격전류의 구분	시간[분]	정격전류의 배수	
		불용단전류	용단전류
4[A] 이하	60분	1.5배	2.1배
4[A] 초과 16[A] 미만	60분	1.5배	1.9배
16[A] 이상 63[A] 이하	60분	1.25배	1.6배
63[A] 초과 160[A] 이하	120분	1.25배	1.6배
160[A] 초과 400[A] 이하	180분	1.25배	1.6배
400[A] 초과	240분	1.25배	1.6배

【정답】 ③

99. 최대사용전압이 10.5[kV]를 초과 하는 교류의 회전기 절연내력을 시험하고자 한다. 이때 시험전압은 최대사용전압의 몇 배의 전압으로 하여야 하는가? (단, 회전변류기는 제외한다.)

① 1　　② 1.1
③ 1.25　　④ 1.5

|정|답|및|해|설|

[회전기 및 정류기의 절연내력 (KEC 133)]

종류			시험전압	시험방법
회전기	발전기 전동기 무효 전력 보상 장치(조상기) 기타회전기	7[kV] 이하	1.5배 (최저 500[V])	권선과 대지 사이에 연속하여 10분간 가한다.
		7[kV] 초과	1.25배 (최저 10,500[V])	
	회전변류기		직류 최대사용전압의 1배의 교류전압 (최저 500[V])	
정류기	60[kV] 이하		직류 최대 사용전압의 1배의 교류전압 (최저 500[V])	충전부분과 외함 간에 연속하여 10분간 가한다.
	60[kV] 초과		교류 최대사용전압의 1.1배의 교류전압 또는 직류측의 최대사용전압의 1.1배의 직류전압	교류측 및 직류 고전압측단자와 대지사이에 연속하여 10분간 가한다.

【정답】 ③

100. 사용전압이 400[V] 이하인 저압 옥측전선로를 애자공사에 의해 시설할 경우 전선 상호간의 간격은 몇 [m] 이상이어야 하는가?

① 0.025　　② 0.045
③ 0.06　　④ 0.12

|정|답|및|해|설|

[저압 옥측 전선로 (KEC 221.2)]

1. 저압 옥측 전선로의 공사방법
   - ·애자사용공사(전개된 장소에 한한다.)
   - ·합성수지관공사
   - ·금속관공사(목조 이외의 조영물에 시설하는 경우에 한한다)
   - ·버스덕트공사[목조 이외의 조영물(점검할 수 없는 은폐된 장소는 제외한다)에 시설하는 경우에 한한다]
   - ·케이블공사

2. 애자사용공사에 의한 저압 옥측전선로는 다음에 의하고 또한 사람이 쉽게 접촉될 우려가 없도록 시설할 것
   - ·전선은 공칭단면적 $4[mm^2]$ 이상의 연동 절연전선(옥외용 비닐 절연전선 및 인입용 절연전선은 제외한다)일 것
   - ·전선 상호 간의 간격 및 전선과 그 저압 옥측전선로를 시설하는 조영재 사이의 간격은 다음에서 정한 값 이상일 것

시설 장소	전선 상호 간의 간격[cm]		전선과 조영재 사이의 간격(이격거리)[cm]	
	사용전압 400[V] 미만	사용전압 400[V] 이상	사용전압 400[V] 미만	사용전압 400[V] 이상
비나 이슬에 젖지 않는 장소	6	6	2.5	2.5
비나 이슬에 젖는 장소	6	12	2.5	4.5

【정답】 ③

2022년 3회 전기기사 필기 기출문제

3회 2022년 전기기사필기 (전기자기학)

1. 유전율 ϵ, 전계의 세기 E 인 유전체의 단위 체적에 축적되는 정전에너지는 얼마인가?

① $\frac{E}{2\epsilon}$ ② $\frac{\epsilon E}{2}$

③ $\frac{\epsilon E^2}{2}$ ④ $\frac{\epsilon^2 E^2}{2}$

|정|답|및|해|설|

[단위 체적에 축적되는 에너지]

$W = \frac{\rho_s^2}{2\epsilon} \frac{1}{2} DE = \frac{1}{2}\epsilon E^2 = \frac{1}{2}\frac{D^2}{\varepsilon} [J/m^3]$

→ ($\rho_s = D = \epsilon E [C/m^2]$)

여기서, ρ_s : 면전하밀도, ϵ : 유전율, D : 전속밀도, E : 전계의세기

【정답】 ③

2. 내압이 1[kV]이고, 용량이 각각 $0.01[\mu F]$ $0.02[\mu F]$, $0.04[\mu F]$인 콘덴서를 직렬로 연결했을 때의 전체 내압은?

① 1500[V] ② 1600[V]

③ 1750[V] ④ 1800[V]

|정|답|및|해|설|

[콘덴서 직렬연결 시의 내압] 정전용량이 작은 콘덴서에 큰 전압이 걸리므로 $V_1 : V_2 : V_3 = \frac{1}{0.01} : \frac{1}{0.02} : \frac{1}{0.04} = 4:2:1$

→ 1. $V_1 = 1000[V]$

2. $V_2 = 1000 \times \frac{2}{4} = 500[V]$

3. $V_3 = 1000 \times \frac{1}{4} = 250[V]$

∴전체 내압(직렬) $V = V_1 + V_2 + V_3 = 1000 + 500 + 250 = 1750[V]$

【정답】 ③

3. 두 개의 길고 직선인 도체가 평행으로 그림과 같이 위치하고 있다. 각 도체에는 10[A]의 전류가 같은 방향으로 흐르고 있으며, 간격은 0.2[m] 일 때 오른쪽 도체의 단위 길이 당 힘은? (단, a_x, a_z는 단위 백터이다.)

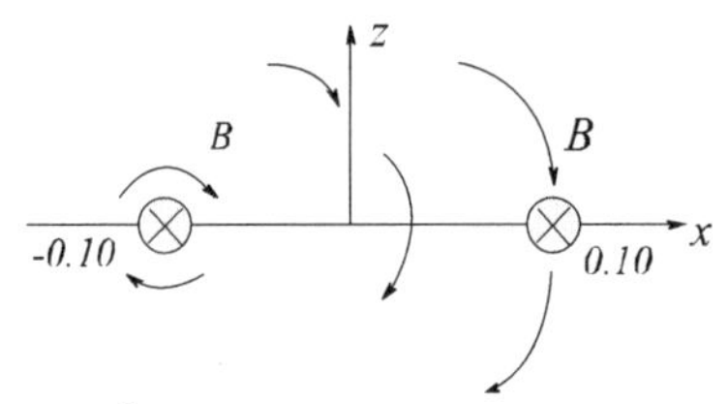

① $10^{-2}(-a_x)[N/m]$

② $10^{-4}(-a_x)[N/m]$

③ $10^{-2}(-a_z)[N/m]$

④ $10^{-4}(-a_z)[N/m]$

|정|답|및|해|설|

[힘] 전류가 같은 방향으로 흐르면 흡인력이 작용한다.

따라서 오른쪽 도체의 작용력은 $-x$방향이다.

$\therefore F = \frac{2I_1 I_2}{r} \times 10^{-7} = \frac{2 \times 10 \times 10}{0.2} \times 10^{-7} = 10^{-4} [N/m]$

【정답】 ②

4. 유전율 ϵ, 투자율 μ인 매질 내에서 전자파의 전파속도[m/s]는?

① $\sqrt{\frac{\mu}{\epsilon}}$ ② $\sqrt{\mu\epsilon}$

③ $\sqrt{\frac{\epsilon}{\mu}}$ ④ $\frac{1}{\sqrt{\mu\epsilon}}$

|정|답|및|해|설|

[전자파의 전파속도] $v = \frac{1}{\sqrt{\epsilon\mu}} = \frac{1}{\sqrt{\epsilon_0\mu_0}} \cdot \frac{1}{\sqrt{\epsilon_s\mu_s}}$ → ($v^2 = \frac{1}{\epsilon\mu}$)

$= c\frac{1}{\sqrt{\epsilon_s\mu_s}} = \frac{3 \times 10^8}{\sqrt{\epsilon_s\mu_s}} [m/s]$

→ (광속(진공 중에서) $v_0 = \frac{1}{\sqrt{\epsilon_0\mu_0}} = 3 \times 10^8 = c[m/s]$)

【정답】 ④

5. 간격에 비해서 충분히 넓은 평행한 콘덴서의 판 사이에 비유전율 ϵ_s인 유전체를 채우고 외부에서 판에 수직방향으로 전계 E_0를 가할 때 분극전하에 의한 전계의 세기는 몇 [V/m]인가?

① $\dfrac{\epsilon_s+1}{\epsilon_s}\times E_0$ ② $\dfrac{\epsilon_s-1}{\epsilon_s}\times E_0$

③ $\dfrac{\epsilon_s}{\epsilon_s+1}\times E_0$ ④ $\dfrac{\epsilon_s}{\epsilon_s-1}\times E_0$

|정|답|및|해|설|

[전계의 세기]

분극전하에 의한 전계의 세기

$P=\epsilon_0(\epsilon_s-1)E_0=\left(1-\dfrac{1}{\epsilon_s}\right)D=\left(1-\dfrac{1}{\epsilon_c}\right)\epsilon_0E_0[C/m^2]$

→ $(D=\epsilon E)$

여기서, P : 분극의 세기, E_0 : 유전체 내부의 전계, D : 전속밀도

ϵ_0 : 진공시 유전율(=8.855×10^{-12}[F/m])

분극전하 P에 대한 전계 $E=\dfrac{P}{\epsilon_0}$

$\therefore E=\dfrac{P}{\epsilon_0}=\left(1-\dfrac{1}{\epsilon_s}\right)E_0=\dfrac{\epsilon_s-1}{\epsilon_s}E_0[V/m]$ 【정답】 ②

6. 내반경 a[m], 외반경 b[m]인 동축케이블에서 극간 매질의 도전율이 σ[S/m]일 때 단위 길이당 이 동축케이블의 컨덕턴스 [S/m]는?

① $\dfrac{4\pi\sigma}{\ln\dfrac{b}{a}}$ ② $\dfrac{2\pi\sigma}{\ln\dfrac{b}{a}}$

③ $\dfrac{\pi\sigma}{\ln\dfrac{b}{a}}$ ④ $\dfrac{6\pi\sigma}{\ln\dfrac{b}{a}}$

|정|답|및|해|설|

[동축케이블의 컨덕턴스]

1. 동축케이블의 정전용량 $C=\dfrac{2\pi\epsilon l}{\ln\dfrac{b}{a}}[F]$ → (l : 길이)

2. $RC=\rho\epsilon$ → $R=\dfrac{\rho\epsilon}{C}=\dfrac{\rho}{2\pi l}\ln\dfrac{b}{a}[\Omega]$

$\therefore$ 컨덕턴스 $G=\dfrac{1}{R}=\dfrac{2\pi\sigma l}{\ln\dfrac{b}{a}}$

$=\dfrac{2\pi\sigma}{\ln\dfrac{b}{a}}[s/m]$ → (단위 길이당 $l=1$)

【정답】 ②

7. 유전율 ϵ_1, ϵ_2인 두 유전체 경계면에서 전계가 경계면에 수직일 때 경계면에 작용하는 힘은 몇 [N/m²]인가? (단, $\epsilon_1>\epsilon_2$이다.)

① $\left(\dfrac{1}{\epsilon_1}+\dfrac{1}{\epsilon_2}\right)D$ ② $2\left(\dfrac{1}{\epsilon_1^2}+\dfrac{1}{\epsilon_2^2}\right)D^2$

③ $\dfrac{1}{2}\left(\dfrac{1}{\epsilon_2}-\dfrac{1}{\epsilon_1}\right)D$ ④ $\dfrac{1}{2}\left(\dfrac{1}{\epsilon_2}-\dfrac{1}{\epsilon_1}\right)D^2$

|정|답|및|해|설|

[두 경계면에 작용하는 힘(수직일 때)] $\theta=0°$ 일 때, D(전속밀도) 일정(전계가 경계면에 수직), 즉 $D_1=D_2=D$

$\therefore f=\dfrac{1}{2}E_2D_2-\dfrac{1}{2}E_1D_1=\dfrac{1}{2}\left(\dfrac{1}{\epsilon_2}-\dfrac{1}{\epsilon_1}\right)D^2[N/m^2]$

→ $(D=\epsilon E,\ E=\dfrac{D}{\epsilon})$

여기서, ϵ : 유전율, D : 전속밀도

【정답】 ④

|참|고|

※두 경계면에 작용하는 힘(수직일 때) : $f=\dfrac{1}{2}(\epsilon_2-\epsilon_1)E^2$

8. 벡터포텐셜 $A=3x^2ya_x+2xa_y-z^3a_z[Wb/m]$일 때의 자계의 세기 $H[A/m]$는? 단, μ는 투자율이라 한다.

① $\dfrac{1}{\mu}(2-3x^2)a_y$ ② $\dfrac{1}{\mu}(3-2x^2)a_y$

③ $\dfrac{1}{\mu}(2-3x^2)a_z$ ④ $\dfrac{1}{\mu}(3-2x^2)a_z$

|정|답|및|해|설|

[자속밀도] $B=\mu H=rot\,A=\nabla\times A$

여기서, H : 자계의 세기, A : 벡터포텐셜

1. 자계의 세기 $H=\dfrac{1}{\mu}(\nabla\times A)$

$$\nabla\times A=\begin{vmatrix}a_x & a_y & a_z\\ \dfrac{\partial}{\partial x} & \dfrac{\partial}{\partial y} & \dfrac{\partial}{\partial z}\\ 3x^2y & 2x & -z^3\end{vmatrix}=0a_x+0a_y+\left[\dfrac{\partial}{\partial x}(2x)-\dfrac{\partial}{\partial y}(3x^2y)\right]a_z$$

$=(2-3x^2)a_z$

2. $B=(2-3x^2)a_z$와 $B=\mu H$ 의 관계식에서

$\therefore$자계의 세기 $H=\dfrac{B}{\mu}=\dfrac{1}{\mu}(\nabla\times A)=\dfrac{1}{\mu}(2-3x^2)a_z$

【정답】 ③

|참|고|

$$rot\vec{A} = \nabla \times \vec{A} = curl\vec{A}$$
$$= (\frac{\partial}{\partial x}i + \frac{\partial}{\partial y}j + \frac{\partial}{\partial z}k) \times (A_x i + A_y j + A_z k)$$
$$= \begin{vmatrix} i & j & k \\ \frac{\partial}{\partial x} & \frac{\partial}{\partial y} & \frac{\partial}{\partial z} \\ A_x & A_y & A_z \end{vmatrix}$$
$$= i\left(\frac{\partial A_z}{\partial y} - \frac{\partial A_y}{\partial z}\right) + j\left(\frac{\partial A_x}{\partial z} - \frac{\partial A_z}{\partial x}\right) + k\left(\frac{\partial A_y}{\partial x} - \frac{\partial A_x}{\partial y}\right)$$

9. 전위경도 V와 전계 E의 관계식은?

① $E = \text{grad} V$ ② $E = \text{div} V$
③ $E = -\text{grad} V$ ④ $E = -\text{div} V$

|정|답|및|해|설|

[전위와 전계와의 관계] $E = -\text{grad} \cdot V = -\nabla V$[V/m]
전위경도는 전계의 세기와 크기는 같고, 방향은 반대이다.

【정답】 ③

10. 2[C]의 점전하가 전계 $E = 2a_x + a_y - 4a_z\,[V/m]$ 및 자계 $B = -2a_x + 2a_y - a_z\,[Wb/m^2]$ 내에서 속도 $v = 4a_x - a_y - 2a_z\,[m/s]$로 운동하고 있을 때 점전하에 작용하는 힘 F는 몇 N인가?

① $-14a_x + 18a_y + 6a_z$
② $14a_x - 18a_y - 6a_z$
③ $-14a_x + 18a_y + 4a_z$
④ $14a_x + 18a_y + 4a_z$

|정|답|및|해|설|

[점전하에 작용하는 힘] $F = q(E + v \times B)[N]$

$$F = 2(2a_x + a_y - 4a_z) + 2(4a_x - a_y - 2a_z) \times (-2a_x + 2a_y - a_z)$$
$$= 2(2a_x + a_y - 4a_z) + 2\begin{vmatrix} a_x & a_y & a_z \\ 4 & -1 & -2 \\ -2 & 2 & -1 \end{vmatrix}$$
$$= 2(2a_x + a_y - 4a_z) + 2(5a_x + 8a_y + 6a_z)$$
$$= 2(7a_x + 9a_y + 2a_z) = 14a_x + 18a_y + 4a_z\,[\text{N}]$$

【정답】 ④

|참|고|

1. 전계와 자계 동시에 존재 시의 로렌츠의 힘
$F = F_H + F_E = Q[E + (v \times B)][N]$
여기서, Q : 전하, E : 전계, v : 속도, B : 자속밀도

2. $rot\vec{A} = \nabla \times \vec{A} = curl\vec{A}$
$$= (\frac{\partial}{\partial x}i + \frac{\partial}{\partial y}j + \frac{\partial}{\partial z}k) \times (A_x i + A_y j + A_z k)$$
$$= \begin{vmatrix} i & j & k \\ \frac{\partial}{\partial x} & \frac{\partial}{\partial y} & \frac{\partial}{\partial z} \\ A_x & A_y & A_z \end{vmatrix}$$
$$= i\left(\frac{\partial A_z}{\partial y} - \frac{\partial A_y}{\partial z}\right) + j\left(\frac{\partial A_x}{\partial z} - \frac{\partial A_z}{\partial x}\right) + k\left(\frac{\partial A_y}{\partial x} - \frac{\partial A_x}{\partial y}\right)$$

11. 그림과 같이 반지름 10[cm]인 반원과 그 양단으로부터 직선으로 된 도선에 10[A]의 전류가 흐를 때, 중심 O에서의 자계의 세기와 방향은?

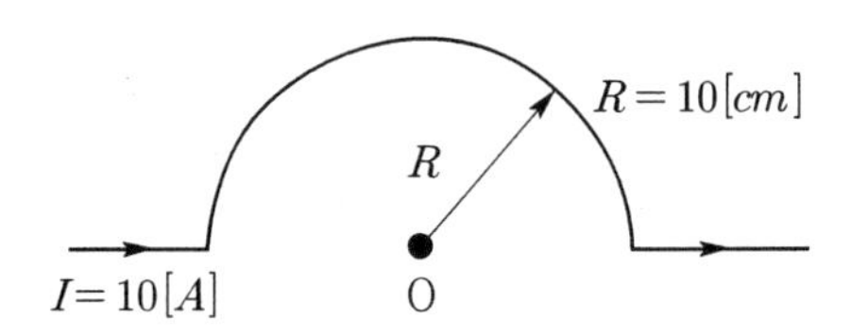

① 2.5[AT/m], 방향 ⊙
② 2.5[AT/m], 방향 ⊗
③ 25[AT/m], 방향 ⊙
④ 25[AT/m], 방향 ⊗

|정|답|및|해|설|

[반원 부분에 의하여 생기는 자계] $H = \frac{I}{2R} \times \frac{1}{2} = \frac{I}{4R}[AT/m]$

$\therefore H = \frac{10}{4 \times 0.1} = 25[AT/m]$

방향은 앙페르의 오른나사법칙에 의해 들어가는 방향(⊗)으로 자계가 형성된다.

【정답】 ④

|참|고|

1. 원형 코일 중심($N=1$)
$H = \frac{NI}{2a} = \frac{I}{2a}[\text{AT/m}]$ → (N : 감은 권수(=1), a : 반지름)

2. 반원형($N = \frac{1}{2}$) 중심에서 자계의 세기 H
$H = \frac{I}{2a} \times \frac{1}{2} = \frac{I}{4a}[\text{AT/m}]$

3. $\frac{3}{4}$원($N = \frac{3}{4}$) 중심에서 자계의 세기 H
$H = \frac{I}{2a} \times \frac{3}{4} = \frac{3I}{8a}[\text{AT/m}]$

12. 일반적인 전자계에서 성립되는 기본방정식이 아닌 것은? 단, i는 전류밀도, ρ는 공간전하밀도이다.

① $\nabla\times H=i+\frac{\partial D}{\partial t}$ ② $\nabla\times E=-\frac{\partial B}{\partial t}$

③ $\nabla\cdot D=\rho$ ④ $\nabla\cdot B=\mu H$

|정|답|및|해|설|

[맥스웰의 전자계 기초 방정식]

1. $rot\,E=\nabla\times E=-\frac{\partial B}{\partial t}=-\mu\frac{\partial H}{\partial t}$: 패러데이의 전자유도법칙(미분형)
2. $rot\,H=\nabla\times H=i+\frac{\partial D}{\partial t}$: 앙페르 주회적분 법칙
3. $div\,D=\nabla\cdot D=\rho$: 정전계 가우스정리 미분형
4. $div\,B=\nabla\cdot B=0$: 정자계 가우스정리 미분형

【정답】 ④

13. 자성체 $3\times4\times20[cm^3]$가 자속밀도 $B=130[mT]$로 자화되었을 때 자기모멘트가 $48[A\cdot m^2]$이었다면 자화의 세기(M)은 몇 [A/m]인가?

① 10^4 ② 10^5

③ 2×10^4 ④ 2×10^5

|정|답|및|해|설|

[자화의 세기(M)] 자성체에서 단위 체적당의 자기모멘트

$\therefore M=\frac{\text{자기모멘트}}{\text{단위체적}}=\frac{48}{3\times4\times20\times10^{-6}}=2\times10^5[A/m]$

【정답】 ④

14. 접지된 구도체와 점전하 간에 작용하는 힘은?

① 항상 흡인력이다.

② 항상 반발력이다.

③ 조건적 흡인력이다.

④ 조건적 반발력이다.

|정|답|및|해|설|

[힘] 접지 구도체와 점전하 $Q[C]$간 작용력은 접지 구도체의 영상전하

$Q'=-\frac{a}{d}Q[C]$

이 부호가 반대이므로 항상 흡인력이 작용한다. 【정답】 ①

|참|고|

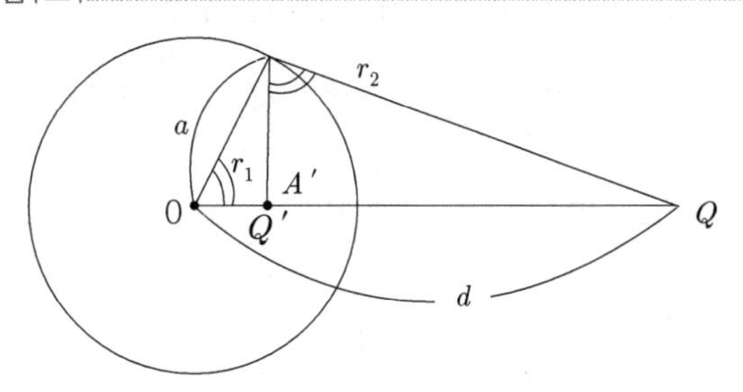

1. 영상 전하의 위치 : 영상점은 중심으로부터 $\frac{a^2}{d}$인점
2. 영상 전하의 크기

$V=V_1+V_2=0$(접지되었기 때문)

$\frac{Q'}{4\pi\varepsilon_0 r_1}+\frac{Q}{4\pi\varepsilon_0 r_2}=0$

$\frac{Q'}{r_1}=-\frac{Q}{r^2}$

영상전하의 크기 $Q'=-\frac{r_1}{r_2}Q=-\frac{a}{d}Q$

15. 그림과 같은 모양의 자화곡선을 나타내는 자성체 막대를 충분히 강한 평등 자계 중에서 매분 3,000회 회전시킬 때 자성체는 단위 체적 당 매초 약 몇 [kcal/s]의 열이 발생하는가? (단, $B_r=2[Wb/m^2]$ $H_L=500[\mathrm{AT/m}]$, $B=\mu H$에서 μ는 일정하지 않음)

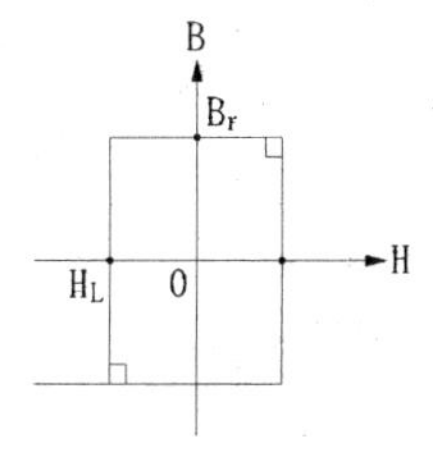

① 11.7 ② 47.6

③ 70.2 ④ 200

|정|답|및|해|설|

[히스테리시스손(P_h)] 히스레리시스 곡선을 다시 일주시켜도 항상 처음과 동일하기 때문에 히스테리시스의 면적(체적당 에너지 밀도)에 해당하는 에너지는 열로 소바된다.

즉, 히스테리시스 곡선의 면적=체적 당 에너지

$P_h=4B_rH_L=4\times2\times500=4000[J/m^3]$

→ $(1[J]=0.24[cal])$

$\therefore H=0.24\times4000\times\frac{3000}{60}\times10^{-3}=48[kcal/sec]$

→ (3000회 회전이므로)

【정답】 ②

16. 그림과 같은 직사각형의 평면 코일이 $B=\frac{0.05}{\sqrt{2}}(a_x+a_y)[Wb/m^2]$인 자계에 위치하고 있다. 이 코일에 흐르는 전류가 5[A]일 때 z축에 있는 코일에서의 토크는 약 몇 $[N\cdot m]$인가?

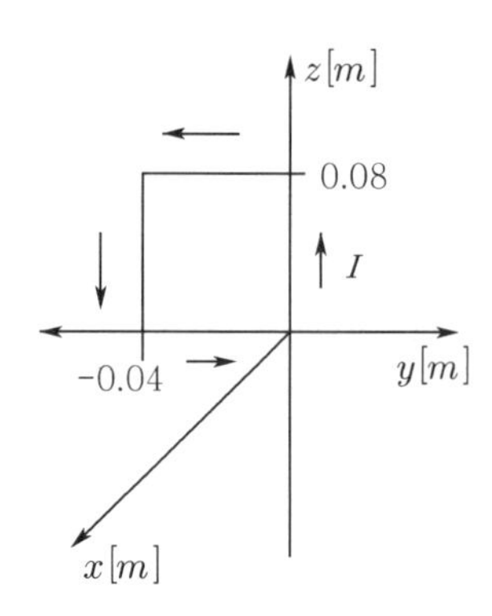

① $2.66\times10^{-4}a_x$　② $5.66\times10^{-4}a_x$
③ $2.66\times10^{-4}a_z$　④ $5.66\times10^{-4}a_z$

|정|답|및|해|설|

[토크] $T=\frac{\partial\omega}{\partial\theta}=Fr=\vec{r}\times\vec{F}[N\cdot m]$

$T=\vec{r}\times\vec{F}$

플래밍의 왼손법칙 힘 $F=BIl\sin\theta=(\vec{I}\times\vec{B})l$

전류 $I=5a_z[A]$

자속밀도 $B=0.05\frac{a_x+a_y}{\sqrt{2}}=0.035a_x+0.035a_y$

$$l(\vec{I}\times\vec{B})=\begin{bmatrix}a_x & a_y & a_z\\0 & 0 & 5\\0.035 & 0.035 & 0\end{bmatrix}\times l=(-0.175a_x+0.175a_y)\times0.08$$

$$=-0.014a_x+0.014a_y$$

$$\therefore T=\vec{r}\times\vec{F}=\begin{bmatrix}a_x & a_y & a_z\\0 & -0.04 & 0\\0.014 & 0.014 & 0\end{bmatrix}[N\cdot m]\quad\rightarrow(\vec{r}=-0.04a_y)$$

$$=5.66\times10^{-4}a_z[N\cdot m]$$

【정답】 ④

|참|고|

$$rot\vec{A}=\nabla\times\vec{A}=curl\vec{A}$$
$$=(\frac{\partial}{\partial x}i+\frac{\partial}{\partial y}j+\frac{\partial}{\partial z}k)\times(A_xi+A_yj+A_zk)$$
$$=\begin{vmatrix}i & j & k\\\frac{\partial}{\partial x} & \frac{\partial}{\partial y} & \frac{\partial}{\partial z}\\A_x & A_y & A_z\end{vmatrix}$$
$$=i\left(\frac{\partial A_z}{\partial y}-\frac{\partial A_y}{\partial z}\right)+j\left(\frac{\partial A_x}{\partial z}-\frac{\partial A_z}{\partial x}\right)+k\left(\frac{\partial A_y}{\partial x}-\frac{\partial A_x}{\partial y}\right)$$

17. 자속밀도 $B[Wb/m^2]$의 평등 자계 내에서 길이 $l[m]$인 도체 ab가 속도 $v[m/s]$로 그림과 같이 도선을 따라서 자계와 수직으로 이동 할 때, 도체 ab에 의해 유기된 기전력의 크기 $e[V]$와 폐회로 $abcd$내 저항 R에 흐르는 전류의 방향은? (단, 폐회로 $abcd$ 내 도선 및 도체의 저항은 무시한다.)

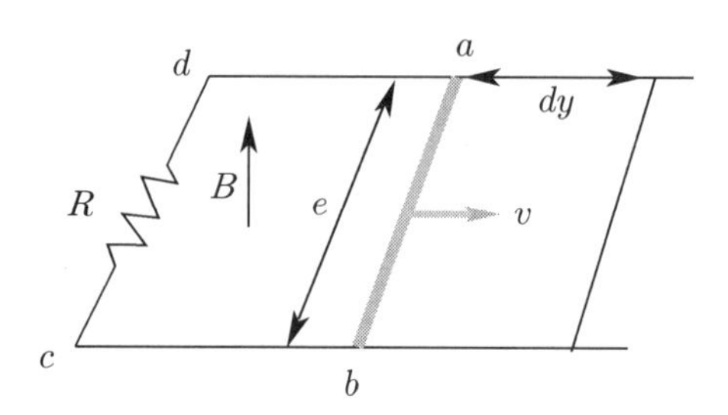

① $e=Blv$, 전류 방향 : $c\rightarrow d$
② $e=Blv$, 전류 방향 : $d\rightarrow c$
③ $e=Blv^2$, 전류 방향 : $c\rightarrow d$
④ $e=Blv^2$, 전류 방향 : $d\rightarrow c$

|정|답|및|해|설|

[플레밍의 오른손 법칙] 유기기전력 $e=vBl\sin\theta[V]$

1. 엄지 : 운동 방향(v)　2. 검지, 인지 : 자속밀도(B)
3. 중지 : 전류의 방향(I)

문제에서 수직이므로 $\sin 90=1$ → $\therefore e=Blv[V]$

전류의 방향은 $c\rightarrow d$로 흐른다.

【정답】 ①

18. 질량 m=10^{-10}[kg]이고, 전하량 q=10^{-8}[C]인 전하가 전기장에 의해 가속되어 운동하고 있다. 이때 가속도 $a=10^2i+10^3j$[m/sec^2]라 하면 전기장의 세기 E는 몇 [V/m]인가?

① 10^4i+10^5j　② $i+10j$
③ $10^{-2}i+10^{-7}j$　④ $10^{-6}i+10^{-5}j$

|정|답|및|해|설|

[전기장의 세기] $E=\frac{m}{q}a[V/m]$

→ ($F=qE=ma[N]$: 전하량 Q에 작용하는 힘과 가속도(a)에 의한 질량 m에 작용하는 힘이 같으므로)

$$\therefore E=\frac{m}{q}a=\frac{10^{-10}}{10^{-8}}\times(10^2i+10^3j)=i+10j[V/m]$$

【정답】 ②

19. 그림과 같이 균일하게 도선을 감은 권수 N, 단면적 $S[m^2]$, 평균길이 $l[m]$인 공심의 환상솔레노이드에 $I[A]$의 전류를 흘렸을 때 자기인덕턴스 $L[H]$의 값은?

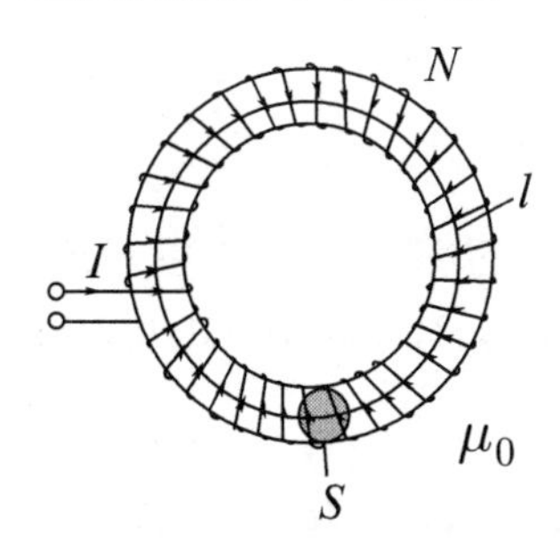

① $L=\frac{4\pi N^2 S}{l}\times 10^{-5}$

② $L=\frac{4\pi N^2 S}{l}\times 10^{-6}$

③ $L=\frac{4\pi N^2 S}{l}\times 10^{-7}$

④ $L=\frac{4\pi N^2 S}{l}\times 10^{-8}$

|정|답|및|해|설|

[환상솔레노이드의 자기인덕턴스] $L=\frac{N\varnothing}{I}=\frac{\mu SN^2}{l}[H]$

→ (자속 $\varnothing=\frac{\mu SNI}{l}$)

여기서, μ : 투자율, S : 단면적, N : 권수, l : 길이

공심이므로 $\mu=\mu_0=4\pi\times 10^{-7}$

$\therefore L=\frac{4\pi N^2 S}{l}\times 10^{-7}[H]$ 【정답】 ③

20. 간격이 3[cm]이고 면적이 $30[cm^2]$인 평판의 공기 콘덴서에 220[V]의 전압을 가하면 두 판 사이에 작용하는 힘은 약 몇 [N]인가?

① 6.3×10^{-6} ② 7.14×10^{-7}

③ 8×10^{-5} ④ 5.75×10^{-4}

|정|답|및|해|설|

[두 판 사이에 작용하는 힘]

1. 정전응력 : 도체에 전하가 분포되어 있을 때, 도체 표면에 작용하는 힘 $f=\frac{1}{2}\epsilon E^2=\frac{1}{2}ED=\frac{1}{2}\frac{D^2}{\epsilon}[N/m^2]$ → $(D=\epsilon_0 E)$

여기서, ϵ : 유전율, E : 전계의 세기, D : 전속밀도

2. 힘의 크기를 [N]으로 물어봤기 때문에 정전응력 f를 면적(S)으로 곱해 주어야 한다. 즉 $F=f\cdot S[N]$

3. 1의 공식 3개 중 어떤 공식을 적용할 것인가?
문제에서 간격(d)과 전압(v)이 주어졌으므로
전계 $E=\frac{v}{d}$, (평행판일 경우) 적용해
→ 공식 $f=\frac{1}{2}\epsilon_0 E^2=\frac{1}{2}\epsilon_0\left(\frac{v}{d}\right)^2[N/m^2]$을 적용한다.

$\therefore$힘 $F=f\cdot S=\frac{1}{2}\times 8.855\times 10^{-12}\times\left(\frac{220}{3\times 10^{-2}}\right)^2\times 30\times 10^{-4}$

→ $(30[cm^2]=30\times 10^{-4}[m^2]$

$=7.14\times 10^{-7}[N]$ 【정답】 ②

3회 2022년 전기기사필기 (전력공학)

21. 수력발전소에서 사용되고, 횡축에 1년 365일을, 종축에 유량을 표시하는 유황곡선이란 무엇인가?

① 유량이 적은 것부터 순차적으로 배열하여 이들 점을 연결한 것이다.

② 유량이 큰 것부터 순차적으로 배열하여 이들 점을 연결한 것이다.

③ 유량의 월별 평균값을 구하여 선으로 연결한 것이다.

④ 각 월에 가장 큰 유량만을 선으로 연결한 것이다.

|정|답|및|해|설|

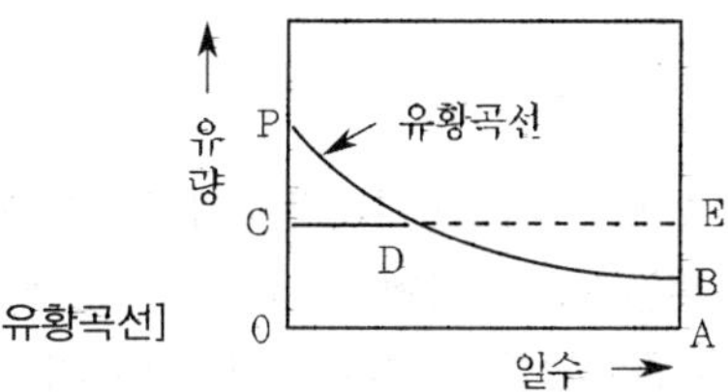

[유황곡선]

1. 횡축에 일수를, 종축에는 유량을 표시
2. 유량이 많은 일수를 역순으로 차례로 배열하여 맺은 곡선
3. 발전계획수립에 이용. 발전에 필요한 유량 Q는 CE가 되는데 이때 부족한 유량은 DEB
4. 저수지에는 DEB만큼의 물을 가두게 되는데 이때 저수지의 용량을 적산유량곡선으로 구한다. 【정답】 ②

22. 다음 중 가공지선의 설치 목적으로 볼 수 없는 것은?

① 유도뢰에 대한 정전차폐

② 전압강하의 방지

③ 직격뢰에 대한 차폐

④ 통신선에 대한 전자유도장해 경감

|정|답|및|해|설|

[가공지선] 가공지선(over head ground wire)이란 송전선 위에 나란히 가설된 도선으로 각 철탑에 접지되어 있으며 전압강하와는 아무런 관계가 없다.

[가공지선의 설치 목적]

1. 직격뇌에 대한 차폐 효과
2. 유도뢰에 대한 정전 차폐 효과
3. 통신선에 대한 전자유도장해 경감 효과(차폐선)

【정답】 ②

23. 전력 계통의 전압을 조정하는 가장 보편적인 방법은?

① 발전기의 유효전력 조정

② 부하의 유효전력 조정

③ 계통의 주파수 조정

④ 계통의 무효전력 조정

|정|답|및|해|설|

[전압 조정]

1. 무효전력 조정 →전압
2. 유효전력 조정 →주파수

【정답】 ④

24. 전압 20[kV], 주파수 60[Hz] 1회선의 3상 송전선에서 무부하 충전용량를 구하면 약 몇 [kVA]인가? (단, 송전선의 길이는 20[km]이고, 1선 1[km]당 정전용량은 0.5[$\mu F/km$]이다)

① 1,412 ② 1,508

③ 1,725 ④ 1,904

|정|답|및|해|설|

[3상 송전선로의 충전용량(Q_c)]

$$Q_c = 3\times 2\pi fClE^2\times 10^{-3} = 3\times 2\pi fCl\left(\frac{V}{\sqrt{3}}\right)^2\times 10^{-3}[kVA]$$

→ (대지전압= $\frac{선간전압}{\sqrt{3}}$ = 상전압)

여기서, C : 전선 1선당 정전용량[F], E : 대지전압[V]

l : 선로의 길이[m], f : 주파수[Hz]

$$\therefore Q_c = 3\times 2\pi fCl\left(\frac{V}{\sqrt{3}}\right)^2\times 10^{-3}$$

$$= 3\times 2\times 3.14\times 60\times 0.5\times 10^{-6}\times 20\times\left(\frac{20}{\sqrt{3}}\times 10^3\right)^2\times 10^{-3}$$

$$= 1508[\text{kVA}]$$

【정답】 ②

25. 154[kV] 송전계통의 뇌에 대한 보호에서 절연강도의 순서가 가장 경제적이고 합리적인 것은?

① 피뢰기 → 변압기코일 → 기기부싱 → 결합콘덴서 → 선로애자

② 변압기코일 → 결합콘덴서 → 피뢰기 → 선로애자 → 기기부싱

③ 결합콘덴서 → 기기부싱 → 선로애자 → 변압기 코일 → 피뢰기

④ 기기부싱 → 결합콘덴서 → 변압기 코일 → 피뢰기 → 선로애자

|정|답|및|해|설|

[절연협조] 절연협조는 피뢰기의 제1보호 대상을 변압기로 하고, 가장 높은 기준 충격 절연강도(BIL)는 선로애자이다.

따라서 **피뢰기 제한전압 → 변압기 코일 → 기기부싱 → 결합콘덴서 → 선로애자** 순으로 한다.

【정답】 ①

26. 송전단전압을 V_s, 수전단전압을 V_r, 선로의 리액턴스를 X라 할 때, 정상 시의 최대 송전전력의 개략적인 값은?

① $\frac{V_s - V_r}{X}$ ② $\frac{V_s^2 - V_r^2}{X}$

③ $\frac{V_s(V_s - V_r)}{X}$ ④ $\frac{V_s \cdot V_r}{X}$

|정|답|및|해|설|

[송전전력(송전용량)] $P_s = \frac{V_s \cdot V_r}{X}\sin\delta$[MW]

여기서, V_s, V_r : 송·수전단 전압[kV], δ : 송·수전단 전압의 위상차

X : 선로의 리액턴스[Ω]

∴최대 송전전력 $P_{smax} = \frac{V_s \cdot V_r}{X}$[MW] → (상차각 $\delta = 90°$)

【정답】 ④

27. 무효 전력 보상 장치(동기조상기)에 대한 설명으로 틀린 것은?

① 시충전이 불가능하다.
② 전압 조정이 연속적이다.
③ 중부하 시에는 과여자로 운전하여 앞선 전류를 취한다.
④ 경부하 시에는 부족여자로 운전하여 뒤진 전류를 취한다.

|정|답|및|해|설|

[무효 전력 보상 장치(동기조상기)] 무부하 운전 중인 동기전동기를 과여자 운전하면 콘덴서로 작용하며, 부족여자로 운전하면 리액터로 작용한다.

1. 중부하시 과여자 운전 : 콘덴서로 작용, 진상
2. 경부하시 부족여자 운전 : 리액터로 작용, 지상
3. 연속적인 조정(진상 · 지상) 및 **시송전(시충전)이 가능**하다.
4. 증설이 어렵다. 손실 최대(회전기)

|참|고|

[조상설비의 비교]

항목	무효 전력 보상 장치 (동기조상기)	전력용 콘덴서	분로리액터
전력손실	많다 (1.5~2.5[%])	적다 (0.3[%] 이하)	적다 (0.6[%] 이하)
무효전력	진상, 지상 양용	진상전용	지상전용
조정	연속적	계단적 (불연속)	계단적 (불연속)
시송전 (시충전)	가능	불가능	불가능
가격	비싸다	저렴	저렴
보수	손질필요	용이	용이

【정답】 ①

28. 유효낙차 100[m], 최대사용수량 20[㎥/sec], 수차효율 70[%]인 수력발전소의 연간 발전전력량은 약 몇 [kWh] 정도 되는가? (단, 발전기의 효율은 85[%]라고 한다)

① 2.5×10^7　　② 5×10^7
③ 10×10^7　　④ 20×10^7

|정|답|및|해|설|

[발전전력량] $W=$ 발전전력$(P_g[kW])\times$시간$(T[h])=[kWh]$

발전전력 $P_g = 9.8QH\eta_t\eta_g$[kW]

여기서, Q : 유량$[m^3/s]$, H : 낙차[m], η_g : 발전기효율
η_t : 수차의 효율, η : 발전기 효율$(\eta_g\eta_t)$

∴연간 발전전력량

$W=9.8HQ\eta\times365\times24$[kWh]

$=9.8\times100\times20\times0.7\times0.85\times365\times24=10\times10^7$[kWh]

【정답】 ③

29. 송전계통의 안정도를 향상시키는 방법이 아닌 것은?

① 직렬 리액턴스를 증가시킨다.
② 전압변동을 적게 한다.
③ 중간 조상방식을 채용한다.
④ 고장 전류를 줄이고, 고장 구간을 신속히 차단한다.

|정|답|및|해|설|

[송전계통의 안정도 향상 대책]

· **계통의 리액턴스 감소**
· 속응여자 방식 채택
· 중간 조상방식 채택
· 단락비를 크게 하여 전압변동률 작게
· 발전기 입· 출력 불평형 작게
· 계통 연계
· 재연결(재폐로)방식 채택

【정답】 ①

30. 3상용 차단기의 정격전압은 170[kV]이고 정격차단전류가 50[kA]일 때 차단기의 정격차단용량은 약 몇 [MVA]인가?

① 5,000　　② 10,000
③ 15,000　　④ 20,000

|정|답|및|해|설|

[3상용 차단기의 정격용량] $P_s = \sqrt{3}\,V\cdot I_s[MVA]$

여기서, V : 정격전압[kV](= 공칭전압$\times\frac{1.2}{1.1}$)

I_s : 정격차단전류[kA]

$\therefore P_s = \sqrt{3}\times170\times50=14,722.34[MVA]$

【정답】 ③

31. 3상 동기발전기 단자에서의 고장전류 계산 시 영상전류 I_0, 정상전류 I_1과 역상전류 I_2가 같은 경우는?

① 1선지락고장　② 2선지락고장
③ 선간단락고장　④ 3상단락고장

|정|답|및|해|설|

[1선지락] 1선지락이므로 $I_a = I_0$, $I_b = I_c = 0$

$I_0 = \frac{1}{3}(I_a + I_b + I_c)$　　$I_1 = \frac{1}{3}(I_a + aI_b + a^2 I_c)$

$I_2 = \frac{1}{3}(I_a + a^2 I_b + aI_c)$

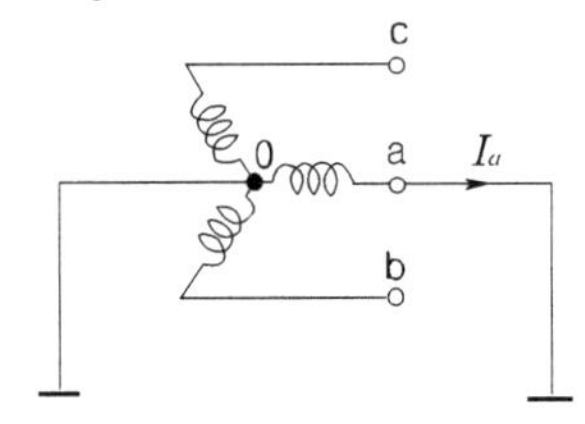

따라서, 영상전류와 정상전류, 역상전류가 모두 존재하고 크기가 같다면 1선지락 고장이다.　【정답】 ①

|참|고|

[고장 종류에 따른 대칭분의 종류]

고장의 종류	대칭분
1선지락	I_0, I_1, I_2 존재
선간단락	$I_0 = 0$, I_1, I_2 존재
2선지락	$I_0 = I_1 = I_2 \neq 0$
3상단락	정상분(I_1)만 존재
비접지 회로	영상분(I_0)이 없다.
a상 기준	영상(I_0)과 역상(I_2)이 없고 정상(I_1)만 존재한다.

32. 비접지 계통의 지락사고 시 계전기에 영상전류를 공급하기 위하여 설치하는 기기는?

① CT　② GPT
③ ZCT　④ PT

|정|답|및|해|설|

[영상변류기(ZCT)]

·지락사고 시 지락전류(영상전류)를 검출
·지락 과전류 계전기(OCGR)에는 영상전류를 검출하도록 되어있고, 지락사고를 방지한다.

※GPT(접지형 계기용 변압기) : 비접지 계통에서 지락사고시의 영상전압 검출　【정답】 ③

33. 변압기 중성점의 비접지 방식을 직접 접지 방식과 비교한 것 중 옳지 않은 것은?

① 전자유도장해가 경감된다.
② 지락전류가 작다.
③ 보호계전기의 동작이 확실하다.
④ 선로에 흐르는 영상전류는 없다.

|정|답|및|해|설|

[비접지의 특징(직접접지와 비교 시)]

1. 지락전류가 비교적 적다(유도장해 감소).
2. **보호계전기 동작이 불확실**하다.
3. △결선 가능
4. V-V결선 가능
5. 저전압 단거리에 적합　【정답】 ③

34. 송전선로에서 역섬락을 방지하는 유효한 방법은?

① 가공지선을 설치한다.
② 소호각을 설치한다.
③ 탑각 접지저항을 작게 한다.
④ 피뢰기를 설치한다.

|정|답|및|해|설|

[역섬락 방지] 역섬락은 철탑의 탑각 접지저항이 커서 뇌서지를 대지로 방전하지 못하고 선로에 뇌격을 보내는 현상이다.
철탑의 **탑각 접지저항을 낮추기 위해서 매설지선을 시설**하여 방지한다.　【정답】 ③

35. 다음 중 전력원선도에서 알 수 없는 것은?

① 전력　② 조상기 용량
③ 손실　④ 코로나 손실

|정|답|및|해|설|

[전력원선도에서 알 수 있는 사항]

·정태안정극한전력(최대 전력)
·송수전단 전압간의 상차각
·조상기 용량
·수전단 역률
·선로손실과 효율

※전력원선도에서 알 수 없는 것은 코로나손실과 과도안정극한전력이다.　【정답】 ④

36. 다음 중 가공송전선에 사용하는 애자련 중 전압 부담이 가장 큰 것은?

① 전선에 가장 가까운 것
② 중앙에 있는 것
③ 철탑에 가장 가까운 것
④ 철탑에서 $\frac{1}{3}$ 지점의 것

|정|답|및|해|설|

[전압부담] 철탑에서 사용하는 현수 애자의 전압 부담은 애자를 구성하는 애자련 중 전선에 가장 가까운 애자로 21[%] 정도로 가장 크고, 전선에서 $\frac{2}{3}$ 지점(철탑 쪽에서 $\frac{1}{3}$ 지점)에 있는 것이 전압부담이 제일 작다. 【정답】 ①

37. 파동임피던스가 300[Ω]인 가공송전선 1[km] 당의 인덕턴스 [mH/km]는? (단, 저항과 누설컨덕턴스는 무시한다.)

① 1.0 ② 1.2 ③ 1.5 ④ 1.8

|정|답|및|해|설|

[인덕턴스] $L = 0.05 + 0.4605\log_{10}\frac{D}{r}$[mH/km]

파동임피던스 $Z_0 = \sqrt{\frac{L}{C}} = 138\log\frac{D}{r}[\Omega]$에서

$Z_0 = 138\log\frac{D}{r} = 300[\Omega]$ 이므로 $\log\frac{D}{r} = \frac{300}{138}$

$\therefore L = 0.05 + 0.4605\log\frac{D}{r} = 0.4605 \times \frac{300}{138} \fallingdotseq 1.00$

【정답】 ①

38. 송전선로에서 1선지락의 경우 지락전류가 가장 작은 중성점 접지방식은?

① 비접지방식 ② 직접접지방식
③ 저항접지방식 ④ 소호리액터접지방식

|정|답|및|해|설|

[송전선로에서 1선지락 시의 지락전류의 크기]
직접접지 〉 고저항접지 〉 비접지 〉 소호리액터 접지 순이다.
【정답】 ④

39. 일반적으로 화력발전소에서 적용하고 있는 열사이클 중 가장 열효율이 좋은 것은?

① 재생사이클 ② 랭킨사이클
③ 재열사이클 ④ 재열재생사이클

|정|답|및|해|설|

[재열재생 사이클] 재생 사이클과 재열 사이클을 겸용하여 전 사이클의 효율을 향상시킨 사이클을 재생 재열 사이클이라고 한다. 재열 사이클은 터빈의 내부 손실을 경감시켜서 효율을 높이는 것을 주목적으로 하며, 재생 사이클은 열효율을 열역학적으로 증진시키는 것을 주목적으로 한다.
따라서, **재생 재열 사이클을 채택하는 것이 열효율 향상에 가장 효과가 좋다.**

|참|고|

① 재생 사이클 : 터빈 중간에서 증기의 팽창 도중 증기의 일부를 추기하여 급수 가열에 이용한다.
② 랭킨 사이클 : 가장 기본적인 열 사이클로 두 등압 변화와 두 단열 변화로 되어 있다.
③ 재열 사이클 : 고압 터빈 내에서 습증기가 되기 전에 증기를 모두 추출하여 재열기를 이용하여 재가열시켜 저압 터빈을 돌려 열효율을 향상시키는 열 사이클이다. 【정답】 ④

40. SF_6 가스차단기에 대한 설명으로 옳지 않은 것은?

① SF_6 가스 자체는 불활성기체이다.
② SF_6 가스 자체는 공기에 비하여 소호능력이 약 100배 정도이다.
③ 절연거리를 적게 할 수 있어 차단기 전체를 소형, 경량화 할 수 있다.
④ SF_6 가스를 이용한 것으로서 독성이 있으므로 취급에 유의하여야 한다.

|정|답|및|해|설|

[SF_6(육불화유황) 가스]
·**무색, 무취, 독성이 없다.**
·난연성, 불활성 기체
·소호누적이 공기의 100~200배
·절연누적이 공기의 3~4배
·압축공기를 사용하지만 밀폐식이므로 소음이 없다.
【정답】 ④

41. 일정 전압 및 일정 파형에서 주파수가 상승하면 변압기 철손은 어떻게 변하는가?

① 증가한다. ② 감소한다.
③ 불변이다. ④ 증가와 감소를 반복한다.

|정|답|및|해|설|

[철손($P_i = gV_i^2$)] 철손은 히스테리시스손과 와류손으로 구성, 철손의 대부분(80[%])은 히스테리시스손이 차지한다.

1. 히스테리시스손 : $P_h = k\frac{E^2}{fN^2}[W]$

→ (k : 파형률$=\frac{실효치}{평균치}=1.11$)

→ 주파수(f)에 반비례하고 유기기전력(E)의 자승에 비례한다.

2. 와류손 : $P_e = k\frac{E^2}{N^2}[W]$

→ (와류손은 전압의 2승에 비례, 주파수와는 무관하다.)

【정답】 ②

42. 3상 동기기에서 단자전압 V, 내부 유기전압 E, 부하각이 δ 일 때, 한 상의 출력은 어떻게 표시하는가? (단, 전기자저항은 무시하며, 누설리액턴스는 x_s이다.)

① $\frac{EV}{x_s^2}\sin\delta$ ② $\frac{EV}{x_s}\cos\delta$
③ $\frac{EV}{x_s}\sin\delta$ ④ $\frac{EV^2}{x_s}\cos\delta$

|정|답|및|해|설|

[3상 동기기 한 상의 출력] $P_1 = VI\cos\theta = \frac{EV}{x_s}\sin\delta[W]$

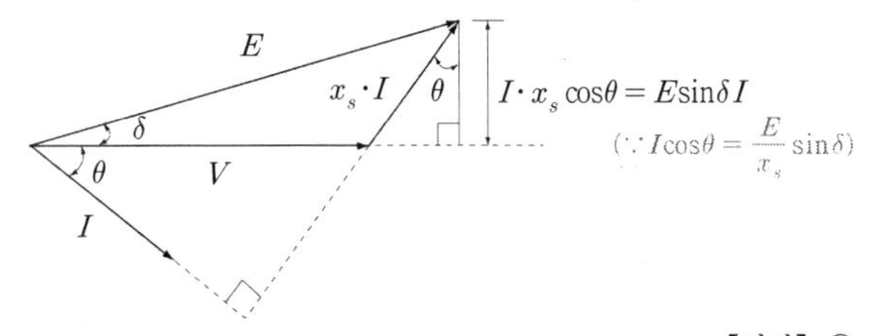

【정답】 ③

43. 30[kVA], 3300/200[V], 60[Hz]의 3상변압기 2차측에 3상 단락이 생겼을 경우 단락전류는 약 몇 [A]인가? (단, %임피던스전압은 3[%]이다.)

① 2250 ② 2620
③ 2730 ④ 2886

|정|답|및|해|설|

[단락전류] $I_s = \frac{100}{\%Z}I_n$

→ (단상 : $I_n = \frac{P}{V_1}$, 3상 : $I_n = \frac{P}{\sqrt{3}V_1}$)

→ (1차측이면 I_{1n}, V_1, 2차측이면 I_{2n}, V_2를 잡아준다.)

$\therefore I_{2s} = \frac{100}{\%Z}\times\frac{P}{\sqrt{3}V_2} = \frac{100}{3}\times\frac{30\times10^3}{\sqrt{3}\times200} = 2886.75[A]$

【정답】 ④

44. 단상 변압기에 정현파 유기기전력을 유기하기 위한 여자전류의 파형은?

① 정현파 ② 삼각파
③ 왜형파 ④ 구형파

|정|답|및|해|설|

[변압기의 여자전류] 변압기 철심에는 자기 포화 현상과 히스테리시스 현상으로 인하여 자속을 만드는 여자전류는 정현파로 될 수 없으며 **고조파를 포함하는 왜형파**가 된다. 【정답】 ③

45. 스테핑모터에 대한 설명 중 틀린 것은?

① 회전속도는 스테핑 주파수에 반비례한다.
② 총 회전각도는 스텝각과 스텝수의 곱이다.
③ 분해능은 스텝각에 반비례한다.
④ 펄스구동방식의 전동기이다.

|정|답|및|해|설|

[스테핑 모터의 특징]

- 가 · 감속이 용이하다.
- 정 · 역운전과 변속이 쉽다.
- 위치 제어가 용이하고 오차가 적다.
- 브러시 슬립링 등이 없고 유지 보수가 적다.
- 오버슈트 전류의 문제가 있다.
- 정지하고 있을 때 유지토크가 크다.
- **회전속도는 초당 입력펄스 수에 비례**한다. 【정답】 ①

|참|고|

[스테핑모터]

1. 분해능 : $\frac{z\times 360}{\beta}$
2. 총회전각도 $\theta=\beta\times$스텝수
3. 회전속도(축속도) : $n=\frac{\beta\times f_s}{60}$

여기서, β : 스텝각, f_s : 스태핑 주파수(pluse/s)

46. 자극수 p, 파권, 전기자 도체수가 z인 직류발전기를 N[rpm]의 회전속도로 무부하 운전할 때 기전력이 E[V]이다. 1극 당 주자속[Wb]은?

① $\frac{120E}{pzN}$ ② $\frac{120z}{pEN}$

③ $\frac{120zN}{pE}$ ④ $\frac{120pz}{EN}$

|정|답|및|해|설|

[직류 발전기의 유기기전력] $E=p\varnothing n\frac{z}{a}=p\varnothing N\frac{z}{60a}$ [V]

여기서, p : 극수, $\varnothing$: 자속, n : 속도[rps], z : 총도체수
a : 병렬회로수

파권에서 병렬회로수(a)는 2, $n[rps]=\frac{N}{60}[rpm]$

$\therefore$1극당 자속 $\phi=\frac{Ea}{pz\frac{N}{60}}=\frac{2E}{pz\frac{N}{60}}=\frac{120E}{pzN}[Wb]$

【정답】 ①

47. 슬립 s_t에서 최대 토크를 발생하는 3상 유도전동기에 2차 측 한 상의 저항을 r_2라 하면 최대 토크로 기동하기 위한 2차 측 한 상에 외부로부터 가해 주어야 할 저항[Ω]은?

① $\frac{1-s_t}{s_t}r_2$ ② $\frac{1+s_t}{s_t}r_2$

③ $\frac{r_2}{1-s_t}$ ④ $\frac{r_2}{s_t}$

|정|답|및|해|설|

[비례추이] 2차회로 저항(외부 저항)의 크기를 조정함으로써 슬립을 바꾸어 속도와 토크를 조정하는 것

$\frac{r_2}{s_t}=\frac{r_2+R}{s_m}$

여기서, r_2 : 2차권선의 저항, s_t : 최대 토크 슬립
s_m : 기동 시 슬립(정지 상태에서 기동 시 $s_m=1$)

$\frac{r_2}{s_t}=\frac{r_2+R}{1}$에서 $R=\frac{r_2}{s_t}-r_2=\frac{1-s_t}{s_t}\times r_2[\Omega]$ 【정답】 ①

48. 10,000[kVA], 6,000[V], 60[Hz], 24극, 단락비 1.2인 3상 동기발전기의 동기임피던스[Ω]는?

① 1 ② 3 ③ 10 ④ 30

|정|답|및|해|설|

[3상 기기의 페센트 동기임피던스] $\%Z_s=\frac{PZ_s}{10V^2}[\%]$

여기서, $\%Z_s$: 퍼센트 동기임피던스, P : 3상 정격출력[kVA], V : 정격전압[kV], Z_s : 동기임피던스

1. 단락비 $K_s=\frac{1}{\%Z_s}\times 100$에서

$\%Z_s=\frac{100}{K_s}=\frac{100}{1.2}=83.33$

2. $\%Z_s=\frac{Z_sP}{10V^2}$에서

$Z_s=\frac{10V^2\times\%Z_s}{P}=\frac{10\times 6^2\times 83.33}{10000}=3[\Omega]$

여기서, V의 단위가 [kV], P의 단위가 [kVA] 임

【정답】 ②

49. 권선형 유도전동기의 전부하 운전 시 슬립이 4[%]이고 2차 정격전압이 150[V]이면 2차 유도기전력은 몇 [V]인가?

① 9 ② 8 ③ 7 ④ 6

|정|답|및|해|설|

[권선형 유도전동기의 정지 시와 회전 시 비교]

정지 시	회전 시
E_2	$E_{2s}=sE_2$
f_2	$f_{2s}=sf_2$
I_2	$I_{2s}=\frac{E_{2s}}{Z_{2s}}=\frac{sE_2}{r_2+jsx_2}=\frac{sE_2}{\sqrt{r_2^2+(sx_2)^2}}$

회전 시 2차 유도기전력 $E_{2s}=sE_2[V]$ → (s : 슬립)

$\therefore E_{2s}=sE_2=0.04\times 150=6[V]$ 【정답】 ④

50. 극수 6, 회전수 1200[rpm]의 교류발전기와 병렬운전하는 극수 8의 교류발전기의 회전수[rpm]는?

① 600 ② 750
③ 900 ④ 1200

|정|답|및|해|설|

[교류 발전기 병렬운전 조건] 발전기 병렬 운전 시 주파수가 같아야 하므로

동기속도 $N_s = \frac{120f}{p}$에서 주파수 f를 구하면,

주파수 $f = \frac{p}{120} \cdot N_s = \frac{6}{120} \times 1200 = 60[Hz]$

$\therefore N_s' = \frac{120f}{p'} = \frac{120 \times 60}{8} = 900[rpm]$ 【정답】 ③

51. 그림과 같은 단상 브리지 정류회로(혼합 브리지)에서 직류 평균전압[V]은? (단, E는 교류 측 실효치 전압, α는 점호 제어각이다.)

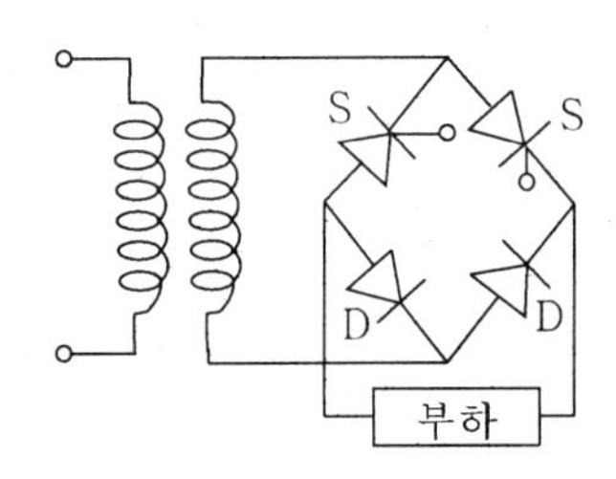

① $\frac{2\sqrt{2}E}{\pi}\left(\frac{1+\cos\alpha}{2}\right)$

② $\frac{\sqrt{2}E}{\pi}\left(\frac{1+\cos\alpha}{2}\right)$

③ $\frac{2\sqrt{2}E}{\pi}\left(1-\frac{\cos\alpha}{2}\right)$

④ $\frac{\sqrt{2}E}{\pi}\left(\frac{1-\cos\alpha}{2}\right)$

|정|답|및|해|설|

[직류 평균전압] $E_{d0} = E_d\left(\frac{1+\cos\alpha}{2}\right)$ $\rightarrow (E_d = \frac{2\sqrt{2}E}{\pi} = 0.9E[V])$

$\therefore E_{d0} = \frac{2\sqrt{2}E}{\pi}\left(\frac{1+\cos\alpha}{2}\right)$ 【정답】 ①

52. 2방향성 3단자 사이리스터는 어느 것인가?

① SCR ② SSS
③ SCS ④ TRIAC

|정|답|및|해|설|

[각종 반도체 소자의 비교]

방향성	명칭	단자	기호	응용 예
역저지(단방향) 사이리스터	SCR	3단자		정류기 인버터
	LASCR			정지스위치 및 응용스위치
	GTO			쵸퍼 직류스위치
	SCS	4단자		
쌍방향성 사이리스터	SSS	2단자		초광장치, 교류스위치
	TRIAC	3단자		초광장치, 교류스위치
	역도통			직류효과

【정답】 ④

53. 3상 유도전동기의 출력 15[kW], 60[Hz], 4극, 전부하 운전 시 슬립이 4[%]라면 이때의 2차(회전자)측 동손[kW] 및 2차입력[kW]은?

① 0.4, 136 ② 0.625, 15.6
③ 0.06, 156 ④ 0.8, 13.6

|정|답|및|해|설|

[2차입력] $P_2 = \frac{P_0}{(1-s)}$[kW]

[2차동손] $P_{c2} = sP_2$[kW]

여기서, P_0 : 2차출력, P_{c2} : 2차동손, P_2 : 2차입력, s : 슬립

$P_2 : P_0 : P_{c2} = 1 : 1-s : s \rightarrow P_0 = (1-s)P_2$

$P_2 = \frac{P_0}{(1-s)} = \frac{15}{1-0.04} = 15.625[kW]$

$\therefore P_{c2} = sP_2 = 0.04 \times 15.625 = 0.625[kW]$ 【정답】 ②

54. 변압기의 3상 전원에서 2상 전원을 얻고자 할 때 사용하는 결선은?

① 스코트결선 ② 포크결선
③ 2중델타결선 ④ 대각결선

|정|답|및|해|설|

[변압기의 3상전원에서 2상전원으로] 변압기의 3상에서 2상을 사용하면 불평형이 생기기 쉽다. 따라서 ***T*형결선(스코트)**, 메이어결선, 우드브리지 결선을 한다. 【정답】 ①

|참|고|

[변압기의 상수 변환]
1. 3상입력에서 2상출력을 내는 결선법
- 스코트 결선(T결선) ·메이어 결선
- 우드브리지 결선 등이 있다.

2. 3상 입력에서 6상 출력을 내는 결선법
- 환상결선 ·대각결선
- 2중△결선(2중 3각 결선) ·2중Y(성형)결선
- 포크결선(수은정류기에 주로 사용)

55. 다음 직류전동기 중에서 속도변동률이 가장 큰 것은?

① 직권전동기 ② 분권전동기
③ 차동복권전동기 ④ 가동복권전동기

|정|답|및|해|설|

[직류전동기 속도변동률이 큰 순서]
직권전동기 〉 가동복권전동기 〉 분권전동기 〉 차동복권전동기 〉 타여자전동기 순이다. 【정답】 ①

|참|고|

[직류 직권전동기]
1. $I = I_f = I_a$
2. 회전속도 $N = K\dfrac{V - I_a(R_a + r_f)}{\varnothing}$
3. 출력 $P = E_c I_a = 2\pi n T[\mathrm{W}]$

→ (역기전력 $E_c = V - I_a R_a[V]$, $K = \dfrac{a}{pz}$)

56. 직류발전기의 병렬 운전에서 부하분담의 방법은?

① 계자전류와 무관하다.
② 계자전류를 증가하면 부하분담은 감소한다.
③ 계자전류를 증가하면 부하분담은 증가한다.
④ 계자전류를 감소하면 부하분담은 증가한다.

|정|답|및|해|설|

[직류 발전기 병렬 운전 시 부하의 분담] 부하 분담은 두 발전기의 단자전압이 같아야 하므로 유기전압(E)와 전기자 회로의 저항 R_a에 의해 결정된다.
1. 저항의 같으면 유기전압이 큰 측이 부하를 많이 분담
2. 유기전압이 같으면 전기자 회로 저항에 반비례해서 분담
3. $E_1 - R_{a1}(I_1 + I_{f1}) = E_2 - R_{a2}(I_2 + I_{f2}) = V$

여기서, E_1, E_2 : 각 기의 유기 전압[V]
R_{a1}, R_{a2} : 각 기의 전기자 저항[Ω]
I_1, I_2 : 각 기의 부하 분담 전류[A]
I_{f1}, I_{f2} : 각 기의 계자전류[A]
V : 단자전압 【정답】 ③

57. 주파수가 일정한 3상 유도전동기의 전원전압이 80[%]로 감소하였다면 토크는? (단, 회전수는 일정하다고 가정한다.)

① 64[%]로 감소 ② 80[%]로 감소
③ 89[%]로 감소 ④ 변함없음

|정|답|및|해|설|

[유도전동기의 토크] 회전수가 일정하면 토크는 전압의 제곱에 비례하므로 80[%] 감소하면
$T_{100} : T_{80} = V_{100}^2 : V_{80}^2 \rightarrow T_{100} : T_{80} = 1^2 : 0.8^2$의 식이 성립한다.
정리하면 $T_{80} = 0.64 T_{100}$이 되므로 64[%] 감소한다.
【정답】 ①

58. 3상 직권정류자 전동기에 중간(직렬) 변압기를 사용하는 이유로 적당하지 않은 것은?

① 정류자 전압의 조정
② 회전자 상수의 감소
③ 실효 권수비 선정 조정
④ 경부하 때 속도의 이상 상승 방지

|정|답|및|해|설|

[직권 정류자 전동기에 중간 변압기를 사용하는 이유]
- 경부하시 직권 특성 $T \propto I^2 \propto \dfrac{1}{N^2}$이므로 속도가 크게 상승할 수 있어 중간 변압기를 사용하여 속도 이상 상승을 억제
- 전원전압의 크기에 관계없이 정류자전압 조정
- 고정자권선과 직렬로 접속해서 동기속도에서 역률을 100[%]로 하기 위함이다.
- 중간 변압기의 권수비를 조정하여 전동기 특성을 조정
- **회전자 상수의 증가**
- 실효 권수비 조정 【정답】 ②

59. 정격출력이 7.5[kW]의 3상 유도전동기가 전부하 운전에서 2차 저항손이 300[W]이다. 슬립은 약 몇 [%]인가?

① 3.85 ② 4.61
③ 7.51 ④ 9.42

|정|답|및|해|설|

[슬립] $s=\frac{P_{c2}}{P_2}=\frac{P_{c2}}{P_0+P_{c2}}$

여기서, P_{c2} : 2차동손, P_2 : 2차입력, P_0 : 2차출력

$\therefore s=\frac{P_{c2}}{P_0+P_{c2}}=\frac{300}{7500+300}\times 100=3.85[\%]$ 【정답】①

60. 직류 분권전동기의 정격전압이 300[V], 전부하 전기자전류 50[A], 전기자저항 0.2[Ω]이다. 이 전동기의 기동전류를 전부하 전류의 120[%]로 제한시키기 위한 기동저항 값은 몇[Ω]인가?

① 3.5 ② 4.8
③ 5.0 ④ 5.5

|정|답|및|해|설|

[기동저항(R_s)] 기동전류(I_s)를 제한하기 위해

정격전류(I_n) = 전부하 전기자전류 = 50[A]

기동전류 $I_s=\frac{V}{R_a+R_s}=I_n\times 1.2 \rightarrow \frac{300}{0.2+R_s}=50\times 1.2$

$R_a+R_s=\frac{300}{60}=5$

∴기동저항 $R_s=5-0.2=4.8[\Omega]$ 【정답】②

3회 2022년 전기기사필기(회로이론 및 제어공학)

61. 전달함수 $G(s)H(s)=\frac{K(s+1)}{s(s+2)(s+3)}$ 에서 근궤적의 수는?

① 1 ② 2 ③ 3 ④ 4

|정|답|및|해|설|

[근궤적의 수] $z>p$이면 $N=z$이고, $z<p$이면 $N=p$가 된다.

여기서, p : 극의 수, z : 영점수

→ (영점 : 분자항=0이 되는 근으로 회로의 단락)
→ (극점 : 분모항=0이 되는 근으로 회로의 개방)

1. 극점(p) : s=0, s=-2, s=-3 → (3개)
2. 영점(z) : s=-1 → (1개)

$p=3,\ z=1$이므로 $N=p \rightarrow \therefore N=3$ 【정답】③

62. 다음 블록선도의 전제 전달함수가 1이 되기 위한 조건은?

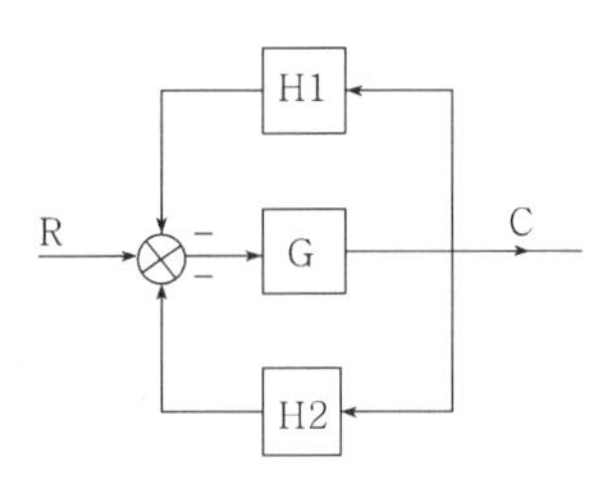

① $G=\frac{1}{1-H_1-H_2}$ ② $G=\frac{1}{1+H_1+H_2}$

③ $G=\frac{-1}{1-H_1-H_2}$ ④ $G=\frac{-1}{1+H_1+H_2}$

|정|답|및|해|설|

[전달함수] $\frac{C(s)}{R(s)}=\frac{\sum 전향경로}{1-\sum 루프이득}$

→ (루프이득 : 피드백되는 폐루프)
→ (전향경로 :입력에서 출력으로 가는 길(피드백 제외))

$\frac{C(s)}{R(s)}=\frac{G}{1-(-H_1G-H_2G)}=\frac{G}{1+H_1G+H_2G}=1$

$G=1+H_1G+H_2G \rightarrow G(1-H_1-H_2)=1$

$\therefore G=\frac{1}{1-H_1-H_2}$ 【정답】①

63. $X=\overline{A}BC+\overline{A}B\overline{C}+A\overline{B}\overline{C}+AB\overline{C}+\overline{A}\,\overline{B}C+\overline{A}\,\overline{B}\,\overline{C}$의 논리식을 간략하게 하면?

① $A+AC$ ② $A+C$
③ $\overline{A}+A\overline{B}$ ④ $\overline{A}+A\overline{C}$

|정|답|및|해|설|

[논리식]

$\overline{A}BC+\overline{A}B\overline{C}+A\overline{B}\overline{C}+AB\overline{C}+\overline{A}\,\overline{B}C+\overline{A}\,\overline{B}\,\overline{C}$

$=\overline{A}B(C+\overline{C})+A\overline{C}(\overline{B}+B)+\overline{A}\,\overline{B}(C+\overline{C})$

$=\overline{A}B+A\overline{C}+\overline{A}\,\overline{B}=\overline{A}(B+\overline{B})+A\overline{C}=\overline{A}+A\overline{C}$

【정답】④

64. 그림과 같은 제어계가 안정하기 위한 K의 범위는?

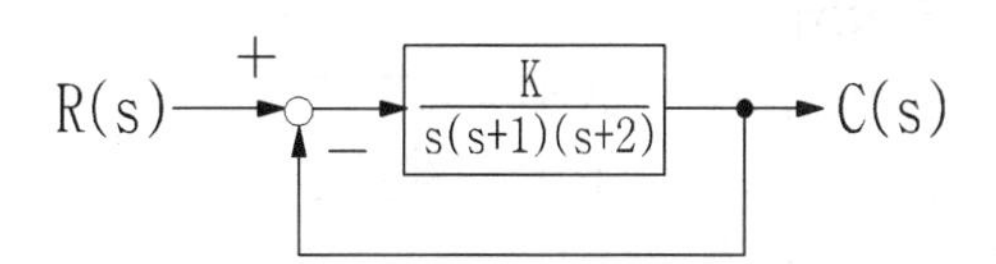

① K〈−2　　② K〉6
③ 0〈K〈6　　④ K〉6, K〈0

|정|답|및|해|설|

[특성 방정식]

$$1+G(s)H(s)=1+\frac{K}{s(s+1)(s+2)}=0$$

$s(s+1)(s+2)+K=s^3+3s^2+2s+k=0$이므로

루드의 표는 다음과 같다.

S^3	1	2
S^2	3	K
S^1	$\frac{6-K}{3}$	0
S^0	K	

제1열의 부호 변화가 없어야 안정하므로

$6-K>0,\ K>0 \rightarrow \therefore o<K<6$　　【정답】 ③

|참|고|

특성 방정식 $F(s)=a_0s^5+a_1s^4+a_2s^3+a_3s^2+a_4s+a_5=0$에서

루드표를 자성하면 다음과 같다.

1. 다음과 같이 두 줄로 정리한다.

a_0　a_2　a_4　a_6 ……

a_1　a_3　a_5　a_7 ……

2. 다음과 같은 규칙적인 방법으로 루드 수열을 계산하여 만든다.

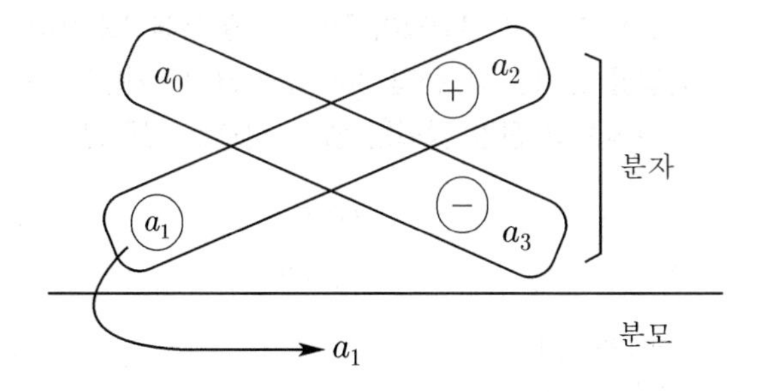

차수	제1열 계수	제2열 계수	제3열 계수
s^5	a_0 → ①	a_2 → ③	a_4 → ⑤
s^4	a_1 → ②	a_3 → ④	a_5 → ⑥
s^3	A	B	
s^2	C	D	
s^1	E		
s^0	s^0부분의 값		

$A=\frac{a_1a_2-a_0a_3}{a_1}$,　$B=\frac{a_1a_4-a_0a_5}{a_1}$

$C=\frac{Aa_3-a_1B}{A}$,　$D=\frac{Aa_5-a_1a_6}{A}$

$E=\frac{CB-AD}{C}$

65. 다음과 같은 비정현파 기전력 및 전류에 의한 평균 전력을 구하면 몇 [W]인가? (단, 전압 및 전류의 순시식은 다음과 같다.)

$$e=100\sin wt-50\sin(3wt+30^\circ)+20\sin(5\omega t+45^\circ)[V]$$
$$i=20\sin wt+10\sin(3wt-30^\circ)+5\sin(5\omega t-45^\circ)[A]$$

① 825　　② 875
③ 925　　④ 1175

|정|답|및|해|설|

[비정현파 유효전력] $P=VI\cos\theta[W]$

유효전력은 1고조파+3고조파+5고조파의 전력을 합한다.

즉, $P=V_1I_1\cos\theta_1+V_3I_3\cos\theta_3+V_5I_5\cos\theta_5[W]$

→ (전압과 전류는 실효값($V=\frac{V_m}{\sqrt{2}}$)으로 한다.)

$$\therefore P=V_1I_1\cos\theta_1+V_3I_3\cos\theta_3+V_5I_5\cos\theta_5$$
$$=(\frac{100}{\sqrt{2}}\times\frac{20}{\sqrt{2}}\cos0^\circ)+(-\frac{50}{\sqrt{2}}\times\frac{10}{\sqrt{2}}\cos(30-(-30)))+(\frac{20}{\sqrt{2}}\times\frac{5}{\sqrt{2}}\cos(45-(-45)))$$
$$=\frac{1}{2}(2000\cos0-500\cos60+100\cos90)=875[W]$$

【정답】 ②

66. $\begin{bmatrix} x_1 \\ x_2 \end{bmatrix} = \begin{bmatrix} 0 & 1 \\ -2 & -3 \end{bmatrix}\begin{bmatrix} x_1 \\ x_2 \end{bmatrix}$로 표현되는 시스템의 상태천이행렬(State-Transiltion Matrix) $\Phi(t)$를 구하면?

① $\begin{bmatrix} 2e^{-t}+2e^{-2t} & e^{-t}+2e^{-2t} \\ 2e^{-t}-e^{-2t} & e^{-t}-e^{-2t} \end{bmatrix}$

② $\begin{bmatrix} e^{-2t}+2e^{-t} & e^{-2t}+e^{-t} \\ 2e^{-2t}+2e^{-t} & 2e^{-2t}-e^{-t} \end{bmatrix}$

③ $\begin{bmatrix} -2e^{-2t}+2e^{-t} & 2e^{-2t}+e^{-t} \\ e^{-2t}-2e^{-t} & e^{-2t}+e^{-t} \end{bmatrix}$

④ $\begin{bmatrix} 2e^{-t}-e^{-2t} & e^{-t}-e^{-2t} \\ -2e^{-t}+2e^{-2t} & -e^{-t}+2e^{-2t} \end{bmatrix}$

|정|답|및|해|설|

[상태천이행렬] $\Phi(t) = \mathcal{L}^{-1}[sI-A]^{-1}$

1. $[sI-A] = \begin{bmatrix} s & 0 \\ 0 & s \end{bmatrix} - \begin{bmatrix} 0 & 1 \\ -2 & -3 \end{bmatrix} = \begin{bmatrix} s & -1 \\ 2 & s+3 \end{bmatrix}$

2. 역행렬($[sI-A]^{-1}$) 구하기 : $\begin{bmatrix} A & B \\ C & D \end{bmatrix}^{-1} = \frac{1}{AD-BC}\begin{bmatrix} D & -B \\ -C & A \end{bmatrix}$

$[sI-A] = \begin{bmatrix} s & 0 \\ 0 & s \end{bmatrix} - \begin{bmatrix} 0 & 1 \\ -2 & -3 \end{bmatrix} = \begin{bmatrix} s & -1 \\ 2 & s+3 \end{bmatrix}$

$\rightarrow [sI-A]^{-1} = \frac{1}{\begin{vmatrix} s & -1 \\ 2 & s+3 \end{vmatrix}}\begin{bmatrix} s+3 & 1 \\ -2 & s \end{bmatrix}$

$= \frac{1}{s^2+3s+2}\begin{bmatrix} s+3 & 1 \\ -2 & s \end{bmatrix}$

$= \begin{bmatrix} \frac{s+3}{(s+1)(s+2)} & \frac{1}{(s+1)(s+2)} \\ \frac{-2}{(s+1)(s+2)} & \frac{s}{(s+1)(s+2)} \end{bmatrix}$

3. 역 라플라스($\mathcal{L}^{-1}[sI-A]^{-1}$)를 구한다.
여기서는 지면 관계상 3번째만 역 라플라스를 구한다.

$\rightarrow \frac{-2}{(s+1)(s+2)} = \frac{K_1}{(s+1)} + \frac{K_2}{(s+2)}$

㉠ $K_1 => \frac{-2}{s+2} = K_1|_{s=-1} = \frac{-2}{1} = -2$

→ $(s+1)$을 양변에 곱한다.)
→ (K_1의 분모가 0이 될 수 있는 수 s=-1)

㉡ $K_2 => \frac{-2}{s+1} = K_2|_{s=-2} = \frac{-2}{-1} = 2$

㉢ $[sI-A] = \begin{bmatrix} s & -1 \\ 2 & s+3 \end{bmatrix} \rightarrow -2\frac{1}{s+1} + 2\frac{1}{s+2}$를 역라플라스

$\rightarrow -2e^{-t} + 2e^{-2t}$

㉣ 같은 방법으로 1, 2, 4번째를 구한다.

$\therefore \Phi(t) = \mathcal{L}^{-1}[sI-A]^{-1} = \begin{bmatrix} 2e^{-t}-e^{-2t} & e^{-t}-e^{-2t} \\ -2e^{-t}+2t^{-2t} & -e^{-t}+2e^{-2t} \end{bmatrix}$

【정답】 ④

67. 다음 그림에 대한 논리 게이트는?

① NOT
② NAND
③ OR
④ NOR

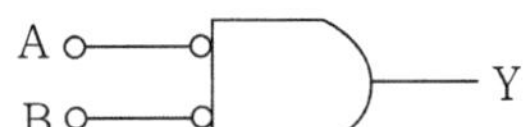

|정|답|및|해|설|

[논리 게이트] 논리식 $Y = \overline{A} \cdot \overline{B}$

드모르간의 정리에 의하여 $\overline{A+B} = \overline{A} \cdot \overline{B}$이므로 논리합에 대한 부정 회로인 NOR 게이트가 된다. 【정답】 ④

68. 3상전류가 $I_a = 10 + j3[A]$, $I_b = -5 - j2[A]$, $I_c = -3 + j4[A]$ 일 때 정상분 전류의 크기는 약 몇 [A]인가?

① 5 ② 6.4 ③ 10.5 ④ 13.34

|정|답|및|해|설|

[정상분 전류] $I_1 = \frac{1}{3}(I_a + aI_b + a^2 I_c)$

$\therefore I_1 = \frac{1}{3}(10 + j3 + 1\angle 120°(-5 - j2) + 1\angle 240°(-3 + j4))$

→ (a : $1\angle 120$, a^2 : $1\angle 240$)

$= 6.34 + j0.09 = \sqrt{6.34^2 + 0.09^2} \fallingdotseq 6.4$ 【정답】 ②

|참|고|

1. 영상분 전류 $I_0 = \frac{1}{3}(I_a + I_b + I_c)$
2. 역상분 전류 $I_2 = \frac{1}{3}(I_a + a^2 I_b + aI_c)$

69. 특성 임피던스가 400[Ω]인 회로 끝부분에 1200[Ω]의 부하가 연결되어 있다. 전원 측에 20[kV]의 전압을 인가할 때 전압 반사파의 크기[kV]는? (단, 선로에서의 전압 감쇠는 없는 것으로 간주한다.)

① 3.3 ② 5
③ 10 ④ 33

|정|답|및|해|설|

[반사파전압] 반사파 전압 = 반사 계수(σ) × 입사 전압

반사계수 $\sigma = \frac{Z_2 - Z_1}{Z_2 + Z_1} = \frac{Z_L - Z_0}{Z_L + Z_0} = \frac{1,200 - 400}{1,200 + 400} = 0.5$

여기서, Z_1 : 선로 임피던스, Z_2 : 부하 임피던스

∴ 반사파 전압 = 반사 계수(σ) × 입사 전압 = $0.5 \times 20 = 10$[kV]

※투과계수 $\rho = \frac{2Z_2}{Z_1 + Z_2}$ 【정답】 ③

70. 다음과 같은 시스템에 단위계단입력 신호가 가해졌을 때 지연시간에 가장 가까운 값(sec)은?

$$\frac{C(s)}{R(s)} = \frac{1}{s+1}$$

① 0.5　　② 0.7
③ 0.9　　④ 1.2

|정|답|및|해|설|

[단위 계단 응답]

· $C(s) = G(s)R(s) = \frac{1}{s+1}R(s) = \frac{1}{s(s+1)}$

→ ($C(s)$를 역라플라스 변환해 시간함수 $C(t)$로 변환한다.)

· $c(t) = \frac{A}{s} + \frac{B}{s+1} = \frac{1}{s} - \frac{1}{s+1} = 1 - e^{-t}$

→ (66번 해설 참조, A=1, B=−1)

→ (단위계단함수 $u(t) = \frac{1}{s} = 1$)

→ (단위계단함수 $e^{-at} = \frac{1}{s+a}$)

출력의 최종값 $\lim_{t\to\infty} c(t) = \lim_{t\to\infty}(1-e^{-t}) = 1$이 된다.

따라서 지연시간 T_d는 최종값의 50[%]에 도달하는데 소요되는 시간이므로 → $0.5 = 1 - e^{-T_d}$ → $\frac{1}{e^{T_d}} = 1 - 0.5$ → $e^{T_d} = 2$

$\therefore T_d = \ln 2 = 0.693 \fallingdotseq 0.7$　　**【정답】** ②

|참|고|

[라플라스 변환표]

1. $F(s) = \mathcal{L}[f(t)]$　　2. $f(t) = \mathcal{L}^{-1}[F(s)]$

함수명	시간함수 $f(t)$	주파수함수 $F(s)$
단위 임펄스	$\delta(t)$	1
단위 인디셜(계단)	$u(t) = 1$	$\frac{1}{s}$
단위 램프(경사)	t	$\frac{1}{s^2}$
n차 램프	t^n	$\frac{n!}{s^{n+1}}$
지수 감쇠	e^{-at}	$\frac{1}{s+a}$
지수 감쇠 램프	te^{-at}	$\frac{1}{(s+a)^2}$
지수 감쇠 포물선	t^2e^{-at}	$\frac{2}{(s+a)^3}$
지수 감쇠 n차 램프	t^ne^{-at}	$\frac{n!}{(s+a)^{n+1}}$

71. $G_{c1} = K$, $G_{c2}(s) = \frac{1+0.1s}{1+0.2s}$

$G_p(s) = \frac{200}{s(s+1)(s+2)}$ 인 그림과 같은 제어계에 단위 램프 입력을 가할 때, 정상편차가 0.01이라면 K의 값은?

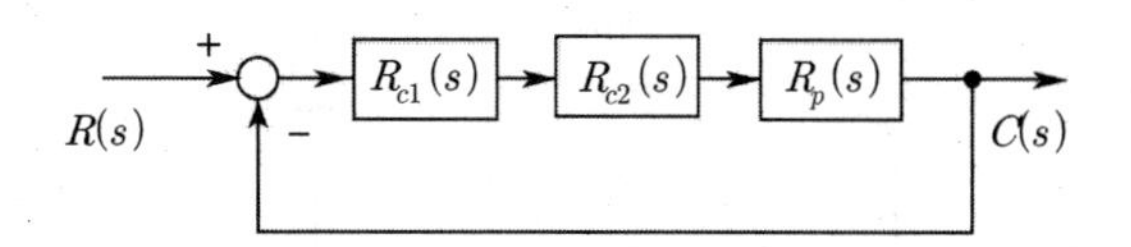

① 0.1　　② 1
③ 10　　④ 100

|정|답|및|해|설|

[시스템의 제어요소] 기준 입력이 단위 램프입력 $(r(t) = t)$을 주면 정상속도 편차(E_{ssv})가 나온다.

→ (※입력이 단위계단함수면 정상위치편차, 포물선함수면 정상가속도편차가 나온다.)

1. 개루프 전달함수 $GH = G_{c1}G_{c2}G_p = \frac{k\cdot(1+0.1s)\cdot 200}{(1+0.2s)s(s+1)(s+2)}$

2. 속도편차상수 $K_v = s\cdot GH|_{s=0} =$

$= s \times \frac{k\cdot(1+0.1s)\cdot 200}{(1+0.2s)s(s+1)(s+2)}$

$= \frac{200k}{2} = 100k$

3. 정상속도 편차 $e_{ssv} = \frac{1}{K_v} = \frac{1}{100k} = 0.01$

$\therefore k = 1$　　**【정답】** ②

|참|고|

[편차의 종류]

1. 위치편차(K_p) : 제어계에 단위 계단 입력 $r(t) = u(t) = 1$을 가했을 때의 편차
2. 속도편차(K_v) : 제어계에 속도 입력 $r(t) = t$를 가했을 때의 편차
3. 가속도 편차(K_a) : 제어계에 가속도 입력 $r(t) = \frac{1}{2}t^2$를 가했을 때의 편차

종류	입력	편차 상수	편차
위치 편차	$r(t) = u(t) = 1$	$K_p = \lim_{s\to 0} G(s)H(s)$	$e_p = \frac{1}{1+K_p}$
속도 편차	$r(t) = t$	$K_v = \lim_{s\to 0} sG(s)H(s)$	$e_v = \frac{1}{K_v}$
가속도 편차	$r(t) = \frac{1}{2}t^2$	$K_a = \lim_{s\to 0} s^2G(s)H(s)$	$e_a = \frac{1}{K_a}$

72. 그림과 같은 RLC 회로에서 입력 전압 $e_i(t)$, 출력 전류가 $i(t)$인 경우 이 회로의 전달함수 $I(s)/E_i(s)$는? (단, 모든 초기 조건은 0 이다.)

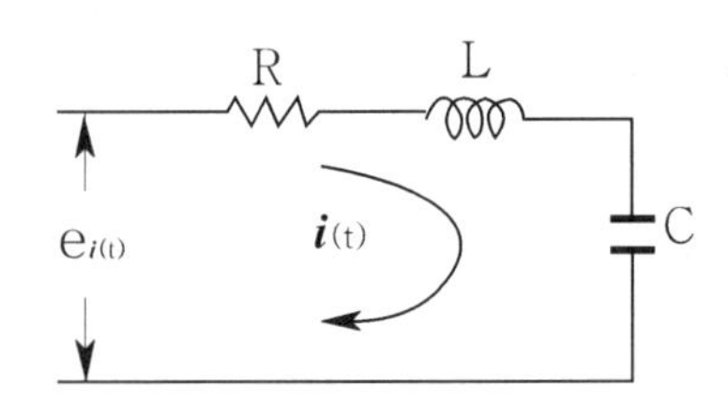

① $\dfrac{Cs}{RCs^2+LCs+1}$ ② $\dfrac{1}{RCs^2+LCs+1}$

③ $\dfrac{Cs}{LCs^2+RCs+1}$ ④ $\dfrac{1}{LCs^2+RCs+1}$

|정|답|및|해|설|

[전달함수] $G(s)=\dfrac{I(s)}{E_i(s)}=Y(s)=\dfrac{1}{Z(s)}$

→ ($Y(s)$: 어드미턴스, 즉 전압에 대한 전류의 비)

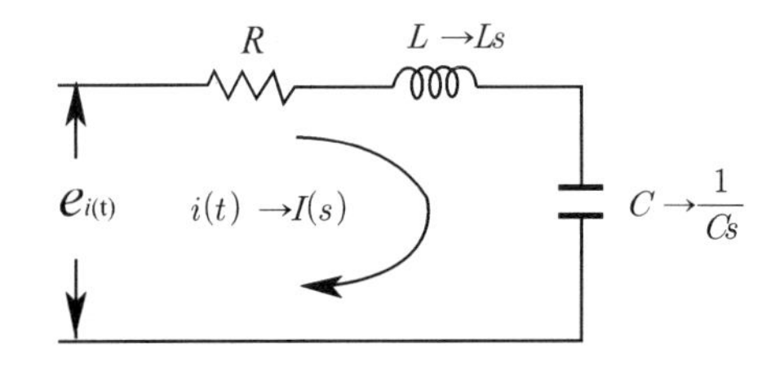

입력전압 $e_i(t)=Ri(t)+L\dfrac{d}{dt}i(t)+\dfrac{1}{C}\int i(t)dt[V]$일 때

$E_i(s)=RI(s)+LsI(s)+\dfrac{1}{Cs}I(s)$

$\therefore$전달함수 $G(s)=\dfrac{I(s)}{Ei(s)}$

$=\dfrac{I(s)}{RI(s)+LsI(s)+\dfrac{1}{Cs}I(s)}=\dfrac{1}{R+Ls+\dfrac{1}{Cs}}$

$=\dfrac{1}{\dfrac{RCs+LCs^2+1}{Cs}}=\dfrac{Cs}{LCs^2+RCs+1}$

【정답】 ③

73. 다음 신호흐름선도에서 특성방정식의 근은 얼마인가? (단, $G_1=s+2$, $G_2=1$, $H_1=-(s+2)$ $H_2=-(s+1)$이다.)

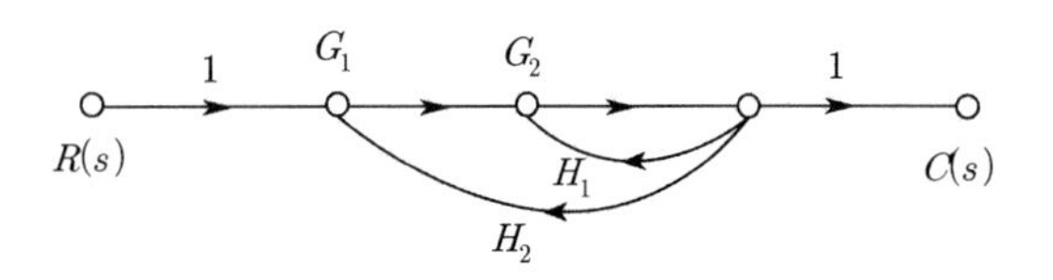

① −2, −2 ② −1, −2

③ −1, 2 ④ 1, 2

|정|답|및|해|설|

[전달함수]

메이슨 공식 $\dfrac{C(s)}{R(s)}=\dfrac{\sum_{k=1}^{n}G_k\Delta_k}{\Delta}$

1. 전향경로 $n=1$

→ (전향경로 :입력에서 출력으로 가는 길(피드백 제외))

2. 전향경로이득 $G_1=G_1G_2=s+2$, $\Delta_1=1$

3. $\Delta=1-\sum L_{n2}=1-G_2H_1-G_1G_2H_2$

$=1+(s+1)+(s+2)(s+1)=s^2+4s+4$

$\therefore$전달함수 $\dfrac{C(s)}{R(s)}=\dfrac{s+2}{s^2+4s+4}$

특성방정식은 $s^2+4s+4=0$ → (s+2)(s+2)=0, 근은 -2, -2

【정답】 ①

74. 그림과 같은 평형 3상 회로에서 전원전압이 $V_{ab}=200$[V]이고 부하 한 상의 임피던스가 $Z=4+j3[\Omega]$인 경우 전원과 부하 사이 선전류 I_a는 약 몇 [A]인가?

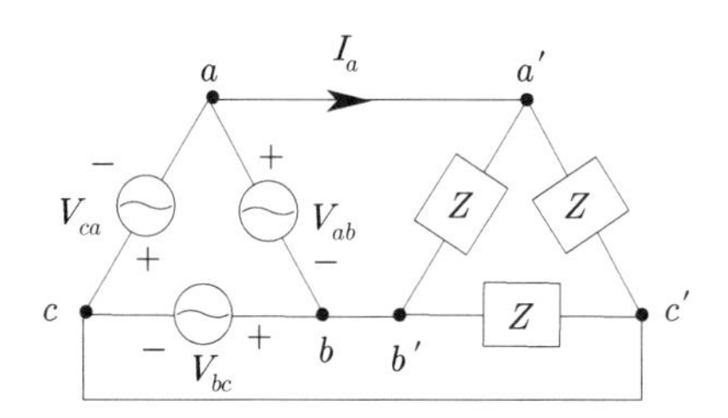

① $40\sqrt{3}\angle 36.87°$ ② $40\sqrt{3}\angle -36.87°$

③ $40\sqrt{3}\angle 66.87°$ ④ $40\sqrt{3}\angle -66.87°$

|정|답|및|해|설|

[선전류(△결선)] $I_a=\sqrt{3}I_p\angle-30°$

·△결선 시 선간전압(V_l)=상전압(V_p)

· $V_{ab}=V_p=200[V]$

· $Z=4+3j=\sqrt{4^2+3^2}\angle\tan^{-1}\dfrac{3}{4}=5\angle 36.87[\Omega]$

$\therefore I_a=\sqrt{3}I_p\angle-30°=40\sqrt{3}\angle-66.87[A]$

→ ($I_p=\dfrac{V_p}{Z}=\dfrac{200}{5\angle 36.87}=40\angle-36.87$)

【정답】 ④

75. 함수 $f(t)=e^{-2t}\cos 3t$의 라플라스 변환은?

① $\dfrac{s+2}{(s+2)^2+3^2}$ ② $\dfrac{s-2}{(s-2)^2+3^2}$

③ $\dfrac{s}{(s+2)^2+3^2}$ ④ $\dfrac{s}{(s-2)^2+3^2}$

|정|답|및|해|설|

[라플라스변환] $\mathcal{L}[e^{-at}f(t)]=F(s+a)$

$\mathcal{L}[e^{-at}\cos wt]=\dfrac{s+a}{(s+a)^2+w^2}$ 이므로

$\therefore \mathcal{L}[e^{-2t}\cos 3t]=\dfrac{s+2}{(s+2)^2+3^2}$ 【정답】 ①

76. 그림과 같은 평형 3상 회로에서 선간전압이 $V_{ab}=300\angle 0°$[V]일 때 $I_a=20\angle -60°$이었다. 부하 한 상의 임피던스는 몇 [Ω]인가?

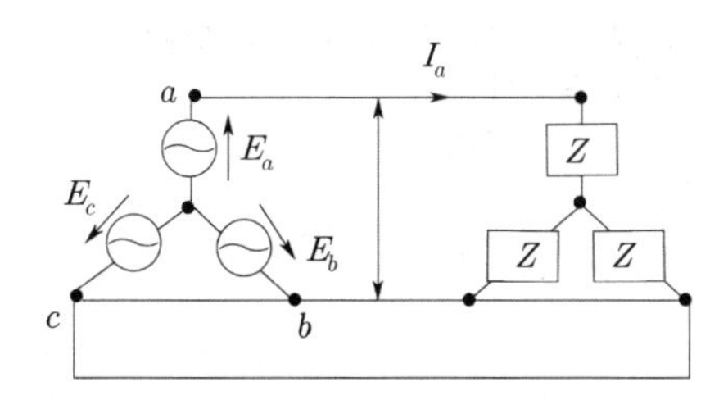

① $5\sqrt{3}\angle 30°$ ② $5\angle 30°$

③ $5\sqrt{3}\angle 60°$ ④ $5\angle 60°$

|정|답|및|해|설|

[Y결선 임피던스] $Z=\dfrac{V_p}{I_p}[\Omega]$

Y결선 시 $V_l=\sqrt{3}V_p$, $I_l=I_p$이므로

$$\therefore Z=\frac{V_p}{I_p}=\frac{\frac{300}{\sqrt{3}}\angle -30°}{20\angle -60°}=\frac{15}{\sqrt{3}}\angle 30°=5\sqrt{3}\angle 30°[\Omega]$$

【정답】 ①

77. 다음 왜형파 전류의 왜형률은 약 얼마인가?

$$i(t)=30\sin wt+10\cos 3wt+5\sin 5wt[A]$$

① 0.46 ② 0.26

③ 0.53 ④ 0.37

|정|답|및|해|설|

[왜형률] $d.f=\dfrac{\text{각 고조파의 실효값의 합}}{\text{기본파의 실효값}}$

$$=\frac{\sqrt{I_3^2+I_5^2}}{I_1}=\frac{\sqrt{\left(\frac{10}{\sqrt{2}}\right)^2+\left(\frac{5}{\sqrt{2}}\right)^2}}{\frac{30}{\sqrt{2}}}=0.37$$

※왜형률 : 기본파에 비해 고조파 성분이 포함된 정도를 표시한다.

【정답】 ④

|참|고|

[푸리에 급수 표현식]

1. $f(t)=a_0+\sum_{n=1}^{\infty}a_n\cos nwt+\sum_{n=1}^{\infty}b_n\sin nwt$
2. 비정현파 교류=직류분+기본파+고조파

 여기서, a_0 : 직류분(평균값)

 $n=1 \rightarrow \cos\omega t,\ \sin\omega t$: 기본파

 $n=2,\ n=3,\ n=4, \ldots$: n고조파

78. 그림과 같은 회로에서 스위치 S를 닫았을 때, 과도분을 포함하지 않기 위한 $R[\Omega]$은?

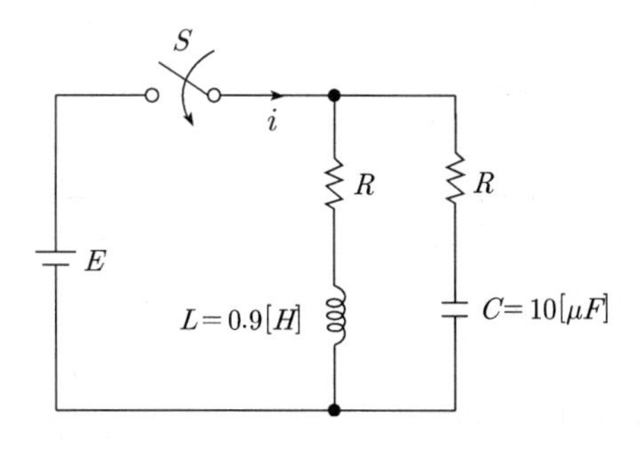

① 100 ② 200 ③ 300 ④ 400

|정|답|및|해|설|

[정저항 조건] $R=\sqrt{\dfrac{L}{C}}$

과도현상이 발생되지 않기 위한 조건은 정저항 조건을 만족하면 된다.

$\therefore R=\sqrt{\dfrac{L}{C}}=\sqrt{\dfrac{0.9}{10\times 10^{-6}}}=300[\Omega]$ 【정답】 ③

79. 라플라스 함수 $F(s)=\dfrac{2s+3}{s^2+3s+2}$ 에 대한 시간함수는?

① $e^{-t}-e^{-2t}$　　② $e^{-t}+e^{-2t}$

③ $e^{-t}+2e^{-2t}$　　④ $e^{-t}-2e^{-2t}$

|정|답|및|해|설|

[시간함수]

$$F(s)=\frac{2s+3}{s^2+3s+2}=\frac{2s+3}{(s+2)(s+1)}$$

$$=\frac{K_1}{(s+2)}+\frac{K_2}{(s+1)}$$

1. $K_1=\left.\dfrac{2s+3}{s+1}\right|_{s=-2}=1$

2. $K_2=\left.\dfrac{2s+3}{s+2}\right|_{s=-1}=1$

3. $F(s)=\dfrac{1}{(s+2)}+\dfrac{1}{(s+1)}$

∴시간함수 $f(t)=e^{-2t}+e^{-t}$　　【정답】 ②

|참|고|

[라플라스 변환표]

1. $F(s)=\mathcal{L}[f(t)]$
2. $f(t)=\mathcal{L}^{-1}[F(s)]$

함수명	시간함수 $f(t)$	주파수함수 $F(s)$
단위 임펄스	$\delta(t)$	1
단위 인디셜(계단)	$u(t)=1$	$\frac{1}{s}$
단위 램프(경사)	t	$\frac{1}{s^2}$
n차 램프	t^n	$\frac{n!}{s^{n+1}}$
지수 감쇠	e^{-at}	$\frac{1}{s+a}$
지수 감쇠 램프	te^{-at}	$\frac{1}{(s+a)^2}$
지수 감쇠 포물선	t^2e^{-at}	$\frac{2}{(s+a)^3}$
지수 감쇠 n차 램프	t^ne^{-at}	$\frac{n!}{(s+a)^{n+1}}$

80. 그림과 같은 4단자 회로망에서 하이브리드 파라미터 H_{11}은?

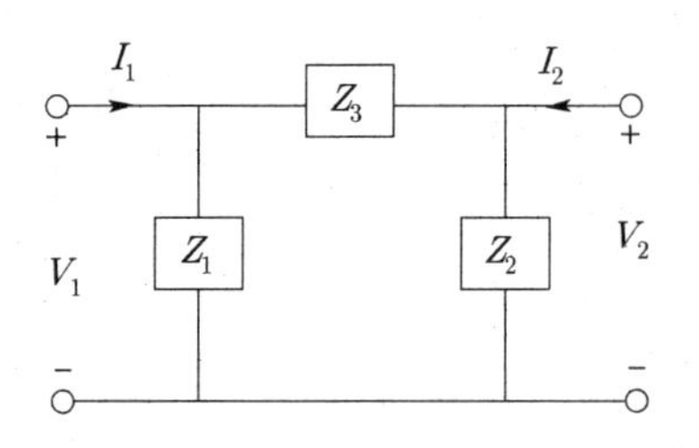

① $\dfrac{Z_1}{Z_1+Z_3}$　　② $\dfrac{Z_1}{Z_1+Z_2}$

③ $\dfrac{Z_1Z_3}{Z_1+Z_3}$　　④ $\dfrac{Z_1Z_3}{Z_1+Z_2}$

|정|답|및|해|설|

[하이브리드 파라미터] Z파라미터의 변형형이다.

1. z파라미터 : $\begin{bmatrix}V_1\\V_2\end{bmatrix}=\begin{vmatrix}Z_{11}&Z_{12}\\Z_{21}&Z_{22}\end{vmatrix}\begin{bmatrix}I_1\\I_2\end{bmatrix}$

2. 하이브리드 파라미터 : z파라미터의 전압, 전류의 2차 항의 자리를 바꿔준다. 즉, $\begin{bmatrix}V_1\\I_2\end{bmatrix}=\begin{vmatrix}H_{11}&H_{12}\\H_{21}&H_{22}\end{vmatrix}\begin{bmatrix}I_1\\V_2\end{bmatrix}$이다.

$V_1=H_{11}I_1+H_{12}V_2$에서 H_{11}을 구하기 위해서는 $H_{12}V_2=0$으로 놓는다.

$$H_{11}=\left.\frac{V_1}{I_1}\right|_{V_2=0}=\frac{\frac{Z_1Z_3}{Z_1+Z_3}\cdot I_1}{I_1}=\frac{Z_1Z_3}{Z_1+Z_3}$$

→ ($V_2=0$이라는 것은 단락회로로 Z_2에 전류가 흐르지 않는다. 따라서 회로는 Z_1과 Z_3가 병렬연결 된 회로)

※ $I_2=H_{21}I_1+H_{22}V_2$　　【정답】 ③

3회 2022년 전기기사필기 (전기설비기술기준)

81. 저압 또는 고압의 가공 전선로와 기설 가공 약전류 전선로가 병행할 때 유도작용에 의한 통신상의 장해가 생기지 않도록 전선과 기설 약전류 전선간의 간격은 몇 [m] 이상이어야 하는가? (단, 전기철도용 급전선과 단선식 전화선로는 제외한다.)

① 2　　② 3

③ 4　　④ 6

|정|답|및|해|설|

[가공약전류전선로의 유도장해 방지 (KEC 332.1)] 저압 또는 고압 가공전선로와 기설 가공 약전류 전선로가 병행하는 경우에는 유도 작용에 의하여 통신상의 장해가 생기지 아니하도록 전선과 기설 약전류 전선간의 간격(이격거리)은 2[m] 이상이어야 한다.　　【정답】 ①

82. 변압기 1차측 3300[V], 2차측 220[V]의 비접지식 변압기 전로의 절연내력(내압)시험 전압은 각각 몇 [V]에서 10분간 견디어야 하는가?

① 1차측 4950[V], 2차측 500[V]
② 1차측 4500[V], 2차측 400[V]
③ 1차측 4125[V], 2차측 500[V]
④ 1차측 3300[V], 2차측 400[V]

|정|답|및|해|설|
[변압기 전로의 절연내력 (KEC 135)] 고압 및 특고압의 전로에 연속하여 10분간 가하여 절연내력을 시험하였을 때에 이에 견디어야 한다.

접지 방식	최대 사용전압	시험 전압(최대 사용전압 배수)	최저 시험 전압
비접지	7[kV] 이하	1.5배	500[V]
	7[kV] 초과	1.25배	10,500[V] (60[kV]이하)
중성점접지	60[kV] 초과	1.1배	75[kV]
중성점 직접접지	60[kV]초과 170[kV] 이하	0.72배	
	170[kV] 초과	0.64배	
중성전다중접지	25[kV] 이하	0.92배	500[V] (75[kV]이하)

1차측과 2차측 모두 7000[V] 이하이므로 1.5배하면
1차측 시험전압 : $3300 \times 1.5 = 4950[V]$
2차측 시험전압 : $220 \times 1.5 = 330[V]$
2차측은 최저시험전압이 500[V] 이므로 500[V]

【정답】 ①

83. 전로에 대한 설명 중 옳은 것은?

① 통상의 사용 상태에서 전기를 절연한 곳
② 통상의 사용 상태에서 전기를 접지한 곳
③ 통상의 사용 상태에서 전기가 통하고 있는 곳
④ 통상의 사용 상태에서 전기가 통하고 있지 않은 곳

|정|답|및|해|설|
[용어정리 (기술기준 제3조)] 전로란 보통의 사용 상태에서 전기를 통하는 회로의 일부나 전부를 말한다. 【정답】 ③

84. 저압 옥내배선 합성수지관 공사 시 연선이 아닌 경우 사용할 수 있는 전선의 최대 단면적은 몇 $[mm^2]$인가? (단, 알루미늄선은 제외한다.)

① 4　　② 6
③ 10　　④ 16

|정|답|및|해|설|
[합성수지관 공사((KEC 232.11)]
1. 전선은 절연전선(옥외용 비닐 절연전선을 제외한다)일 것
2. 전선은 연선일 것. 다만, 다음의 것은 적용하지 않는다.
   ① 짧고 가는 합성수지관에 넣은 것
   ② 단면적 $10[mm^2]$(알루미늄선은 단면적 $16[mm^2]$) 이하일 것
3. 전선은 합성수지관 안에서 접속점이 없도록 할 것

【정답】 ③

85. 저압 옥측 전선로에서 목조의 조영물에 시설할 수 있는 공사 방법은?

① 금속관공사
② 버스덕트공사
③ 합성수지관공사
④ 케이블공사(무기물 절연(MI) 케이블을 사용하는 경우)

|정|답|및|해|설|
[저압 옥측 전선로의 시설 (KEC 221.2)]
· 애자사용공사(전개된 장소에 한한다)
· 합성수지관공사
· 금속관공사(목조 이외의 조영물에 시설하는 경우에 한한다)
· 버스덕트공사[목조 이외의 조영물(점검할 수 없는 은폐된 장소를 제외한다)에 시설하는 경우에 한한다]
· 케이블공사(연피 케이블알루미늄피 케이블 또는 미네럴인슈레이션게이블을 사용하는 경우에는 목조 이외의 조영물에 시설하는 경우에 한한다) 【정답】 ③

86. 일반주택 및 아파트 각 호실의 현관에 조명용 백열전등을 설치할 때 사용하는 타임스위치는 몇 [분] 이내에 소등 되는 것을 시설하여야 하는가?

① 1분　　② 3분
③ 5분　　④ 10분

|정|답|및|해|설|
[점멸기의 시설 (KEC 234.6)]
1. 숙박시설, 호텔, 여관 각 객실 입구등은 1분
2. 거주시설, 일반 주택 및 아파트 현관등은 3분

【정답】 ②

87. 발열선을 도로, 주차장 또는 조영물의 조영재에 고정시켜 시설하는 경우, 발열선에 전기를 공급하는 전로의 대지전압은 몇 [V] 이하 이어야 하는가?

① 100[V] ② 150[V]
③ 200[V] ④ 300[V]

|정|답|및|해|설|

[도로 등의 전열장치의 시설 (KEC 241.12)]
- 전로의 대지전압 : 300[V] 이하
- 전선은 미네럴인슈레이션(MI) 케이블, 클로로크렌 외장케이블 등 발열선 접속용 케이블일 것
- 발열선은 그 온도가 80[℃]를 넘지 아니하도록 시설할 것

【정답】 ④

|참|고|

[대자전압]
1. 90[%] 이상은 300[V]
2. 예외인 경우
   ① 누설전압이 없는 경우 → 대지전압 150[V]
   ② 전기저장장치, 태양광설비 → 직류 600[V]

88. 저압으로 수전하는 경우 수용가 설비의 인입구로부터 조명까지의 전압강하는 몇 [%] 이하여야 하는가?

① 3 ② 5
③ 6 ④ 7

|정|답|및|해|설|

[배선설비 적용 시 고려사항((KEC 232.16)]
[수용가 설비에서의 전압강하]

설비의 유형	조명(%)	기타(%)
A - 저압으로 수전하는 경우	3	5
B - 고압 이상으로 수전하는 경우[a]	6	8

【정답】 ①

89. 가공공동지선과 대지 사이의 합성전기저항 값은 몇 [km]를 지름으로 하는 지역 안마다 규정의 합성 접지저항 값을 가지는 것으로 하여야 하는가?

① 0.4 ② 0.6
③ 0.8 ④ 1.0

|정|답|및|해|설|

[고압 또는 특고압과의 저압의 혼촉에 의한 위험 방지 시설 (KEC 322.1)] 가공공동지선과 대지 사이의 합성 전기저항 값은 1[km]를 지름으로 하여 분리하였을 경우의 각 접지도체와 대지 사이의 전기저항 값은 300[Ω] 이하로 할 것

【정답】 ④

90. 제1종 특고압 보안공사를 필요로 하는 가공 전선로의 지지물로 사용할 수 있는 것은?

① A종 철근콘크리트주
② B종 철근콘크리트주
③ A종 철주
④ 목주

|정|답|및|해|설|

[특고압 보안공사 (KEC 333.22)]
제1종 특고압 보안 공사의 지지물에는 B종 철주, B종 철근 콘크리트주 또는 철탑을 사용할 것(목주, A종은 사용불가)

【정답】 ②

91. 내부 고장이 발생하는 경우를 대비하여 자동차단장치 또는 경보장치를 시설하여야 하는 특고압용 변압기의 뱅크 용량의 구분으로 알맞은 것은?

① 5000[kVA] 미만
② 5000[kVA] 이상 10000[kVA] 미만
③ 10000[kVA] 이상
④ 10000[kVA] 이상 15000[kVA] 미만

|정|답|및|해|설|

[특고압용 변압기의 보호장치 (KEC 351.4)]

뱅크 용량의 구분	동작 조건	장치의 종류
5,000[kVA] 이상 10,000[kVA] 미만	변압기 내부 고장	자동 차단 장치 또는 경보 장치
10,000[kVA] 이상	변압기 내부 고장	자동 차단 장치
타냉식 변압기(변압기의 권선 및 철심을 직접 냉각시키기 위하여 봉입한 냉매를 강제 순환시키는 냉각 방식을 말한다.)	냉각 장치에 고장이 생긴 경우 또는 변압기의 온도가 현저히 상승한 경우	경보 장치

【정답】 ②

92. 특고압을 직접 저압으로 변성하는 변압기를 시설하여서는 아니 되는 것은?

① 광산에서 물을 양수하기 위한 양수기용 변압기
② 전기로 등 전류가 큰 전기를 소비하기 위한 변압기
③ 교류식 전기철도용 신호회로에 전기를 공급하기 위한 변압기
④ 발전소·변전소·개폐소 또는 이에 준하는 곳의 소내용 변압기

|정|답|및|해|설|

[특고압을 직접 저압으로 변성하는 변압기의 시설 (KEC 341.3)]
- 전기로 등 전류가 큰 전기를 소비하기 위한 변압기
- 발전소·변전소·개폐소 또는 이에 준하는 곳의 소내용 변압기
- 25[kV] 이하 중성점 다중 접지식 전로에 접속하는 변압기
- 사용전압이 35[kV] 이하인 변압기로서 그 특고압측 권선과 저압측 권선이 혼촉한 경우에 자동적으로 변압기를 전로로부터 차단하기 위한 장치를 설치한 것.
- 사용전압이 100[kV] 이하인 변압기로서 그 특고압측 권선과 저압측 권선사이에 접지공사(접지저항 값이 10[Ω] 이하인 것에 한한다)를 한 금속제의 혼촉방지판이 있는 것.
- 교류식 전기철도용 신호회로에 전기를 공급하기 위한 변압기

【정답】 ①

93. 통신설비의 식별표시에 대한 사항으로 알맞지 않은 것은?

① 모든 통신기기에는 식별이 용이하도록 인식용 표찰을 부착하여야 한다.
② 통신사업자의 설비표시명판은 플라스틱 및 금속판 등 견고하고 가벼운 재질로 하고 글씨는 각인하거나 지워지지 않도록 제작된 것을 사용하여야 한다.
③ 배전주에 시설하는 통신설비의 설비표시명판의 경우 직선주는 10개 전주 간격마다 시설할 것.
④ 배전주에 시설하는 통신설비의 설비표시명판의 경우 분기주, 인류주는 매 전주에 시설할 것.

|정|답|및|해|설|

[통신설비의 식별표시 (KEC 365.1)]
1. 모든 통신기기에는 식별이 용이하도록 인식용 표찰을 부착하여야 한다.
2. 통신사업자의 설비표시명판은 플라스틱 및 금속판 등 견고하고 가벼운 재질로 하고 글씨는 각인하거나 지워지지 않도록 제작된 것을 사용하여야 한다.
3. 설비표시명판 시설기준
   ㉮ 배전주에 시설하는 통신설비의 설비표시명판은 다음에 따른다.
      ㉠ 직선주는 5개 전주 간격마다 시설할 것.
      ㉡ 분기주, 잡아당기는 용도의 전주에 시설할 것.
   ㉯ 지중설비에 시설하는 통신설비의 설비표시명판은 다음에 따른다.
      ㉠ 관로는 맨홀마다 시설할 것.
      ㉡ 전력구내 행거는 50[m] 간격으로 시설할 것.

【정답】 ③

94. 고압 가공전선이 가공약전류 전선과 접근하여 시설될 때 고압 가공전선과 가공약전류 전선 사이의 간격은 몇 [cm]] 이상이어야 하는가? (모든 케이블을 사용하지 않은 경우이다.)

① 40　② 50　③ 60　④ 80

|정|답|및|해|설|

[고압 가공전선과 가공약전류전선 등의 접근 또는 교차 (KEC 332.13)]
1. 고압 가공전선이 가공약전류전선 등과 접근하는 경우는 고압 가공전선과 가공약전류전선 등 사이의 간격(이격거리)은 0.8[m] (전선이 케이블인 경우에는 0.4[m]) 이상일 것 다.
2. 가공전선과 약전류전선로 등의 지지물 사이의 간격은 저압은 0.3[m] 이상, 고압은 0.6[m] (전선이 케이블인 경우에는 0.3[m]) 이상일 것.

【정답】 ④

95. 25[kV] 이하인 특고압 가공전선로(중성선 다중접지 방식의 것으로서 전로에 지락이 생겼을 때에 2초 이내에 자동적으로 이를 전로로부터 차단하는 장치가 되어 있는 것)의 접지도체는 공칭단면적 몇 $[mm^2]$ 이상의 연동선 또는 이와 동등 이상의 세기 및 굵기의 쉽게 부식하지 않는 금속선으로서 고장 시에 흐르는 전류가 안전하게 통할 수 있는 것을 사용하는가?

① 2.5　② 6　③ 10　④ 16

|정|답|및|해|설|

[접지도체 (KEC 142.3.1)]
[적용 종류별 접지선의 최소 단면적]
1. 특고압 · 고압 전기설비용 접지도체는 단면적 6 $[mm^2]$ 이상의 연동선 또는 동등 이상의 단면적 및 강도를 가져야 한다.
2. 중성점 접지용 접지도체는 공칭단면적 16$[mm^2]$ 이상의 연동선 또는 동등 이상의 단면적 및 세기를 가져야 한다. 다만, 다음의 경우에는 공칭단면적 6$[mm^2]$ 이상의 연동선 또는 동등 이상의 단면적 및 강도를 가져야 한다.
   가. 7[kV] 이하의 전로
   나. 사용전압이 25[kV] 이하인 특고압 가공전선로. 다만, 중성선 다중접지식의 것으로서 전로에 지락이 생겼을 때 2초 이내에 자동적으로 이를 전로로부터 차단하는 장치가 되어 있는 것

【정답】 ②

96. 사용전압이 25[kV] 이하인 다중접지방식 지중전선로를 관로식 또는 직접매설식으로 시설하는 경우, 그 간격이 몇 [m] 이상이 되도록 시설하여야 하는가?

① 0.1 ② 0.3
③ 0.6 ④ 1.0

|정|답|및|해|설|
[지중전선 상호 간의 접근 또는 교차 (KEC 334.7)]
1. 저압 지중전선과 고압 지중전선 간의 간격(이격거리) : 15[cm] 이상
2. 저압이나 고압의 지중전선과 특고압 지중전선 간의 간격 : 30[cm] 이상
3. 사용전압이 25[kV] 이하인 다중접지방식 지중전선로를 관로식 또는 직접매설식으로 시설하는 경우, 그 간격이 0.1[m] 이상이 되도록 시설하여야 한다. 【정답】 ①

97. 전기철도차량에 전력을 공급하는 전차선의 가선방식에 포함되지 않는 것은?

① 가공방식 ② 강체방식
③ 제3레일방식 ④ 지중조가선방식

|정|답|및|해|설|
[전차선 가선방식 (kec 431.1)] 전차선의 가선방식은 열차의 속도 및 노반의 형태, 부하전류 특성에 따라 적합한 방식을 채택하여야 하며, 가공방식, 강체방식, 제3레일방식을 표준으로 한다.
【정답】 ④

98. 전기저장장치를 시설하는 곳에 필요한 계측장치가 아닌 것은?

① 축전지 출력 단자의 전압 및 전력
② 축전지 충·방전 상태
③ 축전지 출력 단자의 주파수
④ 주요 변압기의 전압, 전류 및 전력

|정|답|및|해|설|
[전기저장장치의 시설(계측장치) (KEC 512.2.3)] 전기저장장치를 시설하는 곳에는 다음의 사항을 계측하는 장치를 시설하여야 한다.
1. 축전지 출력 단자의 전압, 전류, 전력 및 충방전 상태
2. 주요변압기의 전압, 전류 및 전력 【정답】 ③

99. 저압 가공전선의 사용가능 한 전선에 대한 사항으로 알맞지 않은 것은?

① 400[V] 초과인 저압 가공전선으로 시가지의 경우 지름 5[mm] 이상의 경동선
② 나전선(중성선 또는 다중접지된 접지측 전선으로 사용하는 전선에 한한다)
③ 사용전압이 400[V] 초과인 저압 가공전선으로 인입용 비닐절연전선
④ 케이블

|정|답|및|해|설|
[저압 가공전선의 굵기 및 종류 (KEC 222.5)]
1. 저압 가공전선은 나전선(중성선 또는 다중접지된 접지측 전선으로 사용하는 전선에 한한다), 절연전선, 다심형 전선 또는 케이블을 사용하여야 한다.
2. 사용전압이 400[V] 이하인 저압 가공전선은 케이블인 경우를 제외하고는 인장강도 3.43[kN] 이상의 것 또는 지름 3.2[mm](절연전선인 경우는 인장강도 2.3[kN] 이상의 것 또는 지름 2.6[mm] 이상의 경동선) 이상의 것이어야 한다.
3. 사용전압이 400[V] 초과인 저압 가공전선은 케이블인 경우 이외에는 시가지에 시설하는 것은 인장강도 8.01[kN] 이상의 것 또는 지름 5[mm] 이상의 경동선, 시가지 외에 시설하는 것은 인장강도 5.26[kN] 이상의 것 또는 지름 4[mm] 이상의 경동선이어야 한다.
4. 사용전압이 400[V] 초과인 저압 가공전선에는 인입용 비닐절연전선을 사용하여서는 안 된다. 【정답】 ③

100. 전기저장장치의 시설 기준으로 잘못된 것은?

① 전선은 공칭단면적 2.5[mm^2] 이상의 연동선 또는 이와 동등 이상의 세기 및 굵기의 것일 것.
② 단자를 체결 또는 잠글 때 너트나 나사는 풀림방지 기능이 있는 것을 사용하여야 한다.
③ 외부터미널과 접속하기 위해 필요한 접점의 압력이 사용기간 동안 유지되어야 한다.
④ 옥측 또는 옥외에 시설할 경우에는 애자사용공사로 시설할 것.

|정|답|및|해|설|
[전기저장장치의 시설 (kec 510)] 옥측 또는 옥외에 시설할 경우에는 합성수지관공사, 금속관공사, 금속제 가요전선관공사, 케이블공사 【정답】 ④

2021년 1회 전기기사 필기 기출문제

1회 2021년 전기기사필기 (전기자기학)

1. 비투자율 $\mu_s = 800$, 원형 단면적이 $S = 10[cm^2]$, 평균 자로 길이 $l = 16\pi \times 10^{-2}[m]$의 환상 철심에 600회의 코일을 감고 이것에 1[A]의 전류를 흘리면 내부의 자속은 몇 [Wb]인가?

① 1.2×10^{-3}　② 1.2×10^{-5}
③ 2.4×10^{-3}　④ 2.4×10^{-5}

|정|답|및|해|설|

[자속] $\varnothing = BS = \mu HS = \dfrac{\mu_0 \mu_s SNI}{l}$

$\therefore$자속 $\varnothing = \dfrac{\mu_0 \mu_s SNI}{l} = \dfrac{4\pi \times 10^{-7} \times 800 \times 10 \times 10^{-4} \times 600 \times 1}{16\pi \times 10^{-2}}$

$= 1.2 \times 10^{-3}[Wb]$　【정답】①

|참|고|

[솔레노이드에 의한 자계의 세기]

$H = \dfrac{\varnothing}{\mu S} = \dfrac{NI}{l} = \dfrac{NI}{2\pi a}$

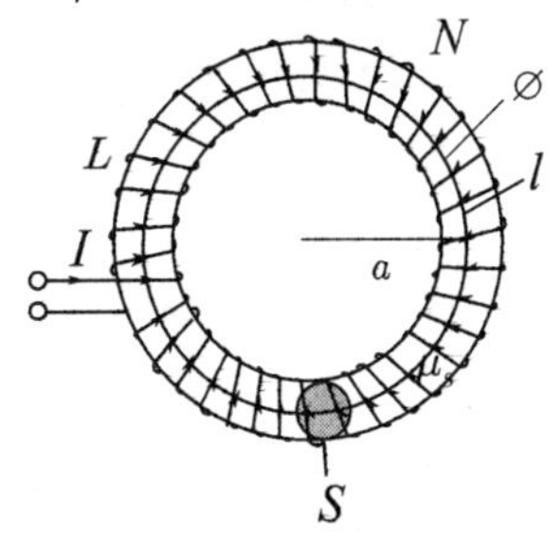

2. 한 변의 길이가 l[m]인 정사각형 도체에 전류 I[A]가 흐르고 있을 때 중심점 P에서의 자계의 세기는 몇 [A/m]인가?

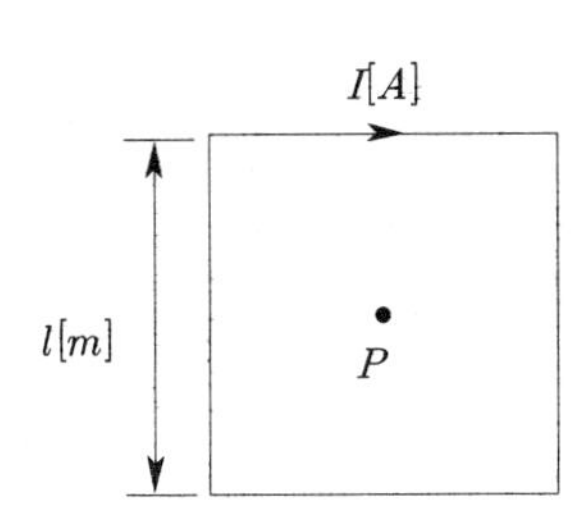

① $16\pi l I$　② $4\pi l I$
③ $\dfrac{\sqrt{3}\pi}{2l} I$　④ $\dfrac{2\sqrt{2}}{\pi l} I$

|정|답|및|해|설|

[정사각형 중심점의 자계의 세기]

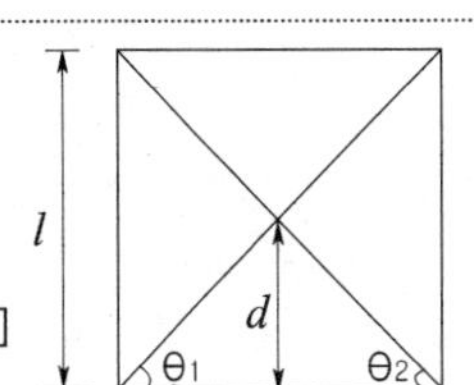

$H_0 = \dfrac{I}{4\pi d}(\cos\theta_1 + \cos\theta_2) \times 4$

$\cdot d = \dfrac{l}{2}$　$\cdot \theta_1 = \theta_2 = 45$

$\cdot \cos\theta_1 = \cos\theta_2 = \dfrac{\sqrt{2}}{2} = \dfrac{1}{\sqrt{2}}$

$\therefore H_0 = \dfrac{I}{4\pi \dfrac{l}{2}}(\dfrac{1}{\sqrt{2}} + \dfrac{1}{\sqrt{2}}) \times 4 = \dfrac{2\sqrt{2}I}{\pi l}[AT/m]$

【정답】④

|참|고|

1. 한 변이 l 정삼각형 중심의 자계의 세기 $H = \dfrac{9I}{2\pi l}$[AT/m]

2. 한 변이 l 정육각형 중심의 자계의 세기 $H = \dfrac{\sqrt{3}I}{\pi l}$[AT/m]

3. 정상 전류계에서 $\nabla \cdot i = 0$에 대한 설명으로 틀린 것은?

① 도체 내에 흐르는 전류는 연속이다.
② 도체 내에 흐르는 전류는 일정하다.
③ 단위 시간당 전하의 변화가 없다.
④ 도체 내에 전류가 흐르지 않는다.

|정|답|및|해|설|

[$div\ i = 0$]

$div\ i = -\dfrac{\partial\rho}{\partial t}$에서 정상전류가 흐를 때 전하의 축적 또는 소멸이 없어 $\dfrac{\partial\rho}{\partial t} = 0$, 즉 $div\ i = 0$가 된다.

· **도체 내에 흐르는 전류는 연속적**이다.
· 도체 내에 흐르는 전류는 일정하다.
· 단위 시간당 전하의 변화는 없다.　【정답】④

4. 동일한 금속 도선의 두 점 사이에 온도차를 주고 전류를 흘렸을 때 열의 발생 또는 흡수가 일어나는 현상은?

① 펠티에효과　② 볼타효과
③ 제백효과　④ 톰슨효과

|정|답|및|해|설|

[톰슨효과] **동일한 금속 도선**의 두 점간에 온도차를 주고, 고온 쪽에서 저온 쪽으로 전류를 흘리면 도선 속에서 열이 발생되거나 흡수가 일어나는 이러한 현상을 톰슨효과라 한다. 【정답】 ④

|참|고|

① 펠티에효과 : 두 종류 금속 접속면에 전류를 흘리면 접속점에서 열의 흡수, 발생이 일어나는 효과
② 볼타 효과 : 서로 다른 두 종류의 금속을 접촉시킨 다음 얼마 후에 떼어서 각각을 검사해 보면 + 및 -로 대전하는 현상
③ 제벡 효과 : 두 종류 금속 접속면에 온도차가 있으면 기전력이 발생하는 효과 【정답】 ④

5. 비유전율이 2이고, 비투자율이 2인 매질 내에서의 전자파의 전파속도 v[m/s]와 진공 중의 빛의 속도 v_0[m/s] 사이의 관계는?

① $v=\frac{1}{2}v_0$　② $v=\frac{1}{4}v_0$
③ $v=\frac{1}{6}v_0$　④ $v=\frac{1}{8}v_0$

|정|답|및|해|설|

[전파속도] $v=\lambda \cdot f=\frac{\omega}{\beta}=\frac{1}{\sqrt{\mu\epsilon}}=\frac{1}{\sqrt{\epsilon_0\epsilon_s\mu_0\mu_s}}$

1. $v_0=\frac{1}{\sqrt{\epsilon_0\times 1\times\mu_0\times 1}}=\frac{1}{\sqrt{\epsilon_0\mu_0}}$ → ($\epsilon_s=\mu_s=1$일 경우)
$=\frac{1}{\sqrt{8.855\times 10^{-12}\times 4\pi\times 10^{-7}}}=3\times 10^8$[m/s]
→ (광속과 일치)

2. 전파속도 $v=\frac{1}{\sqrt{\epsilon_0\epsilon_s\mu_0\mu_s}}=\frac{1}{\sqrt{\epsilon_0\mu_0}}\cdot\frac{1}{\sqrt{2\times 2}}=\frac{1}{2}v_0$[m/s]

【정답】 ①

6. 진공 내의 점 (2, 2, 2)에 10^{-9}[C]의 전하가 놓여 있다. 점 (2, 5, 6)에서의 전계 E는 약 몇 [V/m]인가? (단, a_y, a_z는 단위 벡터이다.)

① $0.278a_y+2.888a_z$　② $0.216a_y+0.288a_z$
③ $0.288a_y+0.216a_z$　④ $0.291a_y+0.288a_z$

|정|답|및|해|설|

[방향벡터(단위벡터)] $n=\frac{벡터}{스칼라}=\frac{\vec{r}}{|\vec{r}|}$

1. $\vec{r}=(2-2)a_x+(5-2)a_y+(6-2)a_z=3a_y+4a_z$
2. $|\vec{r}|=\sqrt{3^2+4^2}=5$
3. $n=\frac{\vec{r}}{|\vec{r}|}=\frac{3a_y+4a_z}{5}=\frac{1}{5}(3a_y+4a_z)$

[전계의 세기] $E=9\times 10^9\frac{Q}{r^2}=n\times 9\times 10^9\frac{Q}{(|\vec{r}|)^2}$

$\therefore \vec{E}=n\times E=\frac{1}{5}(3a_y+4a_z)\times 9\times 10^9\times\frac{10^{-9}}{5^2}$
$=(0.6a_y+0.8a_z)\times 9\times 10^9\times\frac{10^{-9}}{5^2}$
$=0.216a_y+0.288a_z$[V/m] 【정답】 ②

7. 간격이 3[cm]이고 면적이 $30[cm^2]$인 평판의 공기 콘덴서에 220[V]의 전압을 가하면 두 판 사이에 작용하는 힘은 약 몇 [N]인가?

① 6.3×10^{-6}　② 7.14×10^{-7}
③ 8×10^{-5}　④ 5.75×10^{-4}

|정|답|및|해|설|

[두 판 사이에 작용하는 힘]

1. 정전응력 : 도체에 전하가 분포되어 있을 때, 도체 표면에 작용하는 힘 $f=\frac{1}{2}\epsilon E^2=\frac{1}{2}ED=\frac{1}{2}\frac{D^2}{\epsilon}[N/m^2]$
여기서, ϵ : 유전율, E : 전계의 세기, D : 전속밀도
2. 힘의 크기를 [N]으로 물어봤기 때문에 정전응력 f를 면적(S)으로 곱해 주어야 한다. 즉 $F=f\cdot S$[N]
3. 1의 공식 3개 중 어떤 공식을 적용할 것인가?
문제에서 간격(d)과 전압(v)이 주어졌으므로
전계 $E=\frac{v}{d}$, (평행판일 경우) 적용해
→ (공식 $f=\frac{1}{2}\epsilon_0E^2=\frac{1}{2}\epsilon_0\left(\frac{v}{d}\right)^2$[N/m²]을 적용한다.)

$\therefore$힘 $F=f\cdot S=\frac{1}{2}\times 8.855\times 10^{-12}\times\left(\frac{220}{3\times 10^{-2}}\right)^2\times 30\times 10^{-4}$
→ ($30[cm^2]=30\times 10^{-4}[m^2]$)
$=7.14\times 10^{-7}$[N] 【정답】 ②

8. 전계 $E[V/m]$, 전속밀도 $D[C/m^2]$, 유전율 $\varepsilon = \varepsilon_0 \varepsilon_r [F/m]$, 분극의 세기 $P[C/m^2]$ 사이의 관계를 나타낸 것으로 옳은 것은?

① $P = D + \varepsilon_0 E$ ② $P = D - \varepsilon_0 E$

③ $P = \dfrac{D+E}{\varepsilon_0}$ ④ $P = \dfrac{D-E}{\varepsilon_0}$

|정|답|및|해|설|

[분극의 세기] $P = D - \epsilon_0 E = \epsilon_0(\epsilon_r - 1)E = \chi E$

$$= (\epsilon - \epsilon_0)E = D\left(1 - \frac{1}{\epsilon_r}\right) = \epsilon E - \epsilon_0 E[C/m^2]$$

→ $(D = \epsilon E)$

여기서, P : 분극의 세기, χ : 분극률$(\epsilon - \epsilon_0)$

E : 유전체 내부의 전계, D : 전속밀도

ϵ_0 : 진공시 유전율$(=8.855 \times 10^{-12}[F/m])$

ϵ_r : 비유전율, ϵ : 유전율

∴분극의 세기 $P = D - \varepsilon_0 E[C/m^2]$

※분극의 세기, 자화의 세기가 나오면 (+)는 답이 될 수 없다.

【정답】 ②

9. 내구의 반지름이 2[cm], 외구의 반지름이 3[cm]인 동심 구도체 간에 고유 저항이 $1.884 \times 10^2 [\Omega \cdot m]$인 저항 물질로 채워져 있을 때, 내외구 간의 합성저항은 약 몇 $[\Omega]$인가?

① 2.5 ② 5.0

③ 250 ④ 500

|정|답|및|해|설|

[저항] $R = \dfrac{\sigma\epsilon}{C} = \dfrac{\sigma\epsilon}{\dfrac{4\pi\epsilon}{\dfrac{1}{a} - \dfrac{1}{b}}} = \dfrac{\sigma}{4\pi}\left(\dfrac{1}{a} - \dfrac{1}{b}\right)$ → $(RC = \sigma\epsilon)$

→ (동심구의 정전용량 $C = \dfrac{4\pi\epsilon}{\dfrac{1}{a} - \dfrac{1}{b}}[F]$ → $(a < b)$)

$$R = \frac{\sigma}{4\pi}\left(\frac{1}{a} - \frac{1}{b}\right)$$

$$= \frac{1.884 \times 10^2}{4\pi} \times \left(\frac{1}{2 \times 10^{-2}} - \frac{1}{3 \times 10^{-2}}\right) = 250[\Omega]$$

【정답】 ③

10. 영구 자석의 재료로 적합한 것은?

① 잔류 자속밀도(B_r)는 크고, 보자력(H_c)은 작아야 한다.

② 잔류 자속밀도(B_r)는 작고, 보자력(H_c)은 커야 한다.

③ 잔류 자속밀도(B_r)와 보자력(H_c) 모두 작아야 한다.

④ 잔류 자속밀도(B_r)와 보자력(H_c) 모두 커야 한다.

|정|답|및|해|설|

[영구자석과 전자석의 비교]

종류	영구자석	전자석
잔류자기(B_r)	크다	크다
보자력(H_c)	크다	작다
히스테리시스 손 (히스테리시스 곡선 면적)	크다	작다

영구자석의 재료로 적합한 것은 히스테리시스 곡선에서 잔류자속밀도(B_r)와 보자력(H_c) 모두 커야 한다.

【정답】 ④

11. 커패시터를 제조하는데 4가지(A, B, C, D)의 유전 재료가 있다. 커패시터 내에서 단위 체적당 가장 큰 에너지 밀도를 나타내는 재료부터 순서대로 나열한 것은? (단, 유전 재료 A, B, C, D의 비유전율은 각각 $\varepsilon_{rA} = 8$, $\varepsilon_{rB} = 10$, $\varepsilon_{rC} = 2$, $\varepsilon_{rD} = 4$이다.)

① $C > D > A > B$ ② $B > A > D > C$

③ $D > A > C > B$ ④ $A > B > D > C$

|정|답|및|해|설|

[유전체 내에 저장되는 에너지 밀도]

$w = \dfrac{1}{2}\epsilon E^2[J/m^3] = \dfrac{1}{2}\epsilon_0 \epsilon_r E^2[J/m^3]$ → $\propto \epsilon_r$

즉, 에너지밀도는 비유전율 ε_r에 비례하므로

$\epsilon_{rB} > \epsilon_{rA} > \epsilon_{rD} > \epsilon_{rC}$ → $\therefore B > A > D > C$

【정답】 ②

12. 평등 전계 중에 유전체구에 의한 전속 분포가 그림과 같이 되었을 때 ϵ_1과 ϵ_2의 크기 관계는?

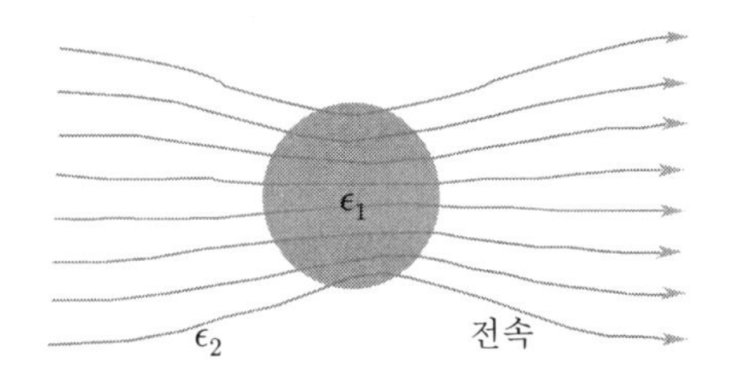

① $\epsilon_1 > \epsilon_2$　　② $\epsilon_1 < \epsilon_2$
③ $\epsilon_1 = \epsilon_2$　　④ $\epsilon_1 \leq \epsilon_2$

|정|답|및|해|설|

[전속선] 전속선은 유전율이 큰 쪽으로 모인다.
$\epsilon_1 > \epsilon_2$일 경우 $E_1 < E_2$, $D_1 > D_2$, $\theta_1 > \theta_2$
※전기력선은 유전율이 작은 쪽으로 모인다.　【정답】 ①

13. 환상 솔레노이드의 단면적이 S, 평균 반지름이 r, 권선수가 N이고 누설자속이 없는 경우 자기인덕턴스의 크기는?

① 권선수 및 단면적에 비례한다.
② 권선수의 제곱 및 단면적에 비례한다.
③ 권선수의 제곱 및 평균 반지름에 비례한다.
④ 권선수의 제곱에 비례하고 단면적에 반비례한다.

|정|답|및|해|설|

[자기인덕턴스] $L = \frac{N\phi}{I} = \frac{\mu N^2 S}{l} = \frac{N^2}{R_m}$[H]

$\rightarrow (\varnothing = BS = \mu HS = \frac{F}{R_m} = \frac{\mu SNI}{l},\ H = \frac{NI}{l})$

【정답】 ②

14. 전하 e[C], 질량 m[kg]인 전자가 전계 E[V/m] 내에 놓여 있을 때 최초에 정지하고 있었다면 t초 후에 전자의 속도[m/s]는?

① $\frac{meE}{t}$　　② $\frac{me}{E}t$
③ $\frac{mE}{e}t$　　④ $\frac{Ee}{m}t$

|정|답|및|해|설|

힘 $F = ma = QE = eE = m\frac{dv}{dt}$[N]

속도 $v = \int \frac{eE}{m}dt = \frac{eE}{m}t$[m/s]

※힘 $F = ma = mg = \frac{Q_1 Q_2}{4\pi\epsilon_0 r^2} = QE = \frac{1}{2}\epsilon_0 E^2 S$[N]　【정답】 ④

15. 다음 중 비투자율(μ_r)이 가장 큰 것은?

① 금　　② 은
③ 구리　　④ 니켈

|정|답|및|해|설|

[비투자율의 크기]

자성체	비투자율(μ_s)	자성체	비투자율(μ_s)
금	0.999964	니켈	600
은	0.999998	철 (순도 98.8)	5000
구리	0.999991	규소	7000
알루미늄	1.00002	철 (순도 99.9)	20000
코발트	250	퍼멀로이	100000

【정답】 ④

16. 그림과 같은 환상 솔레노이드 내의 철심 중심에서의 자계의 세기 H[AT/m]는? (단, 환상 철심의 평균 반지름은 r[m], 코일의 권수는 N회, 코일에 흐르는 전류는 I[A]이다.)

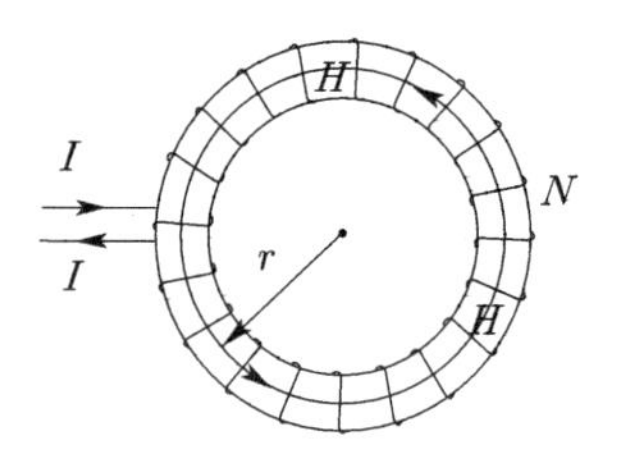

① $\frac{NI}{\pi r}$　　② $\frac{NI}{2\pi r}$
③ $\frac{NI}{4\pi r}$　　④ $\frac{NI}{2r}$

|정|답|및|해|설|

[철심 내부 자계] $H = \frac{NI}{l} = \frac{NI}{2\pi r}$[AT/m]

$\rightarrow (l = 2\pi r = \pi d,\ r$: 반지름), d : 지름)

【정답】 ②

17. 다음 중 강자성체가 아닌 것은?

① 코발트 ② 니켈
③ 철 ④ 구리

|정|답|및|해|설|

[자성체의 분류]

1. 강자성체 : 철(Fe), 니켈(Ni), 코발트(Co)
2. 상자성체 : 알루미늄(Al), 망간(Mn), 백금(Pt), 주석(Sn), 산소(O_2), 질소(N_2) 등
3. 역자성체 : 비스무트(Bi), 탄소(C), 규소(Si), 납(Pb), 아연(Zn), 황(S), 구리(Cu) 등 【정답】 ④

18. 반지름이 $a[\mathrm{m}]$인 원형 도선 2개의 루프가 z축상에 그림과 같이 놓인 경우 $I[\mathrm{A}]$의 전류가 흐를 때 원형 전류 중심축상의 자계 $H[\mathrm{A/m}]$는? (단, a_z, a_ϕ는 단위 벡터이다.)

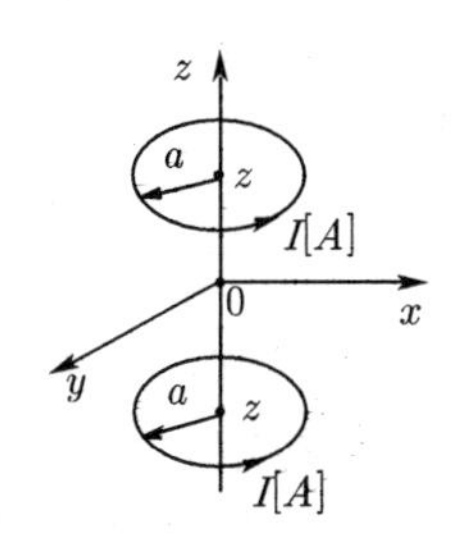

① $H=\dfrac{a^2 I}{(a^2+z^2)^{\frac{3}{2}}}a_\phi$ ② $H=\dfrac{a^2 I}{(a^2+z^2)^{\frac{3}{2}}}a_z$

③ $H=\dfrac{a^2 I}{2(a^2+z^2)^{\frac{3}{2}}}a_\phi$ ④ $H=\dfrac{a^2 I}{2(a^2+z^2)^{\frac{3}{2}}}a_z$

|정|답|및|해|설|

[원형 전류 자계의 세기] $H_p=\dfrac{a^2 NI}{2(a^2+z^2)^{\frac{3}{2}}}a_z$ → (권수(N)=1)

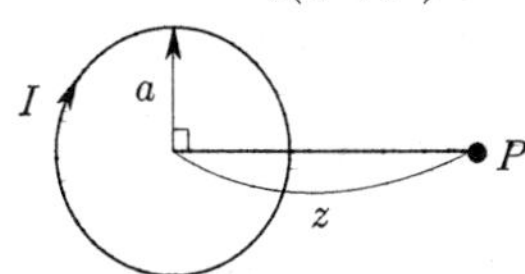

원형전류의 방향이 같으므로 중심축상의 자계는 합해진다. 즉, 2배

$$H=\frac{a^2 I}{2(a^2+z^2)^{\frac{3}{2}}}\times 2\cdot a_z=\frac{a^2 I}{(a^2+z^2)^{\frac{3}{2}}}a_z[\mathrm{AT/m}]$$

방향이 z 방향이고 2개의 루프가 방향이 같으므로 답을 찾기가 어렵지 않다. 【정답】 ②

19. 방송국 안테나 출력이 W[w]이고 이로부터 진공 중에 $r[m]$ 떨어진 점에서 자계의 세기의 실효치 H는 몇 [A/m] 인가?

① $\dfrac{1}{r}\sqrt{\dfrac{W}{377\pi}}$ ② $\dfrac{1}{2r}\sqrt{\dfrac{W}{377\pi}}$

③ $\dfrac{1}{2r}\sqrt{\dfrac{W}{188\pi}}$ ④ $\dfrac{1}{r}\sqrt{\dfrac{2W}{377\pi}}$

|정|답|및|해|설|

· 공기(진공) 중의 포인팅벡터 $P=EH=\dfrac{W}{S}=\dfrac{W}{4\pi r^2}[W/m^2]$

· 고유임피던스 $\eta=\dfrac{E}{H}=\sqrt{\dfrac{\mu_0}{\epsilon_0}}=120\pi=377[\Omega]$

· 전계의 세기 $E=377H[V/m]$

· $P=377H^2=\dfrac{W}{4\pi r^2}[W/m^2]$

$\therefore H=\sqrt{\dfrac{W}{377\times 4\pi r^2}}=\dfrac{1}{2\pi}\sqrt{\dfrac{W}{377\pi}}[A/m]$

【정답】 ②

20. 직교하는 무한 평판 도체와 점전하에 의한 영상 전하는 몇 개 존재하는가?

① 2 ② 3
③ 4 ④ 5

|정|답|및|해|설|

[영상 전하의 개수] $n=\dfrac{360^\circ}{\theta}-1$[개]

여기서, θ : 무한 평판 도체 사이의 각

$\therefore n=\dfrac{360^\circ}{\theta}-1=\dfrac{360^\circ}{90^\circ}-1=3$개 【정답】 ②

21. 그림과 같은 유황곡선을 가진 수력지점에서 최대사용수량 OC로 1년간 계속 발전하는데 필요한 저수지의 용량은?

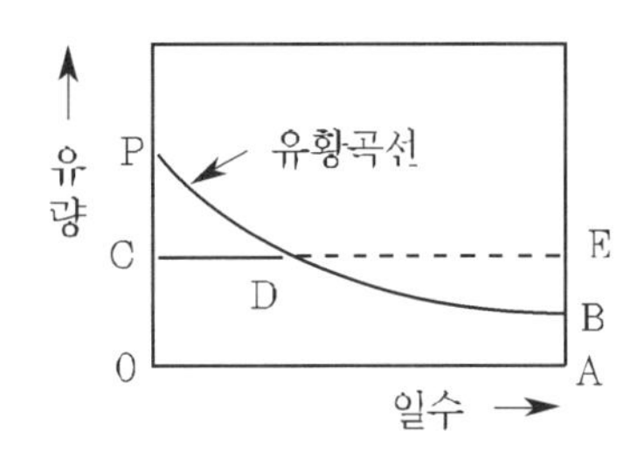

① 면적 OCPBA ② 면적 OCDBA
③ 면적 DEB ④ 면적 PCD

|정|답|및|해|설|

[유황곡선] 발전에 필요한 유량 Q는 CE가 되는데 이때 부족한 유량은 DEB가 된다.
저수지에는 DEB만큼의 물을 가두게 되는데 이때 저수지의 용량을 적산유량곡선으로 구한다. 【정답】 ③

22. 통신선과 평행인 주파수 60[Hz]의 3상 1회선 송전선이 있다. 1선 지락 때문에 영상전류가 100[A] 흐르고 있다면 통신선에 유도되는 전자유도전압은 약 몇 [V]인가? (단, 영상전류는 전 전선에 걸쳐서 같으며, 송전선과 통신선과의 상호인덕턴스는 0.06 [mH/km], 그 평행 길이는 40[km]이다.)

① 156.6 ② 162.8
③ 230.2 ④ 271.4

|정|답|및|해|설|

[전자유도전압] $E_m = jwMl \times 3I_0$

여기서, l : 전력선과 통신선의 병행 길이[km]
$3I_0$: 3×영상전류(=기유도전류=지락전류)
M : 전력선과 통신선과의 상호인덕턴스
I_a, I_b, I_c : 각 상의 불평형 전류

$$E_m = jwMl(3I_0) = j2\pi fMl(3I_0)$$
$$= 2\pi \times 60 \times 0.06 \times 10^{-3} \times 40 \times 3 \times 100 = 271.4[V]$$

【정답】 ④

23. 고장 전류의 크기가 커질수록 동작 시간이 짧게 되는 특성을 가진 계전기는?

① 순한시 계전기
② 정한시 계전기
③ 반한시 계전기
④ 반한시·정한시 계전기

|정|답|및|해|설|

[반한시 계전기] 정정된 값 이상의 전류가 흐를 때 동작 시간이 전류값이 크면 동작 시간은 짧아지고, 전류값이 적으면 동작 시간이 길어진다. 【정답】 ③

|참|고|

① 순한시 계전기 : 정정된 최소 동작 전류 이상의 전류가 흐르면 즉시 동작하는 계전기
② 정한시 계전기 : 정정된 값 이상의 전류가 흐르면 정해진 일정 시간 후에 동작하는 계전기
④ 반한시·정한시 특징 : 동작 전류가 적은 동안에는 동작 전류가 커질수록 동작 시간이 짧게 되고 어떤 전류 이상이면 동작 전류의 크기에 관계없이 일정한 시간에 동작하는 특성

24. 3상 3선식 송전선에서 한 선의 저항이 $10[\Omega]$, 리액턴스가 $20[\Omega]$이며, 수전단의 선간전압이 60[kV], 부하역률이 0.8인 경우에 전압강하율이 10[%]라 하면 이 송전선로로는 약 [kW]까지 수전할 수 있는가?

① 10,000 ② 12,000
③ 14,400 ④ 18,000

|정|답|및|해|설|

[송전전력(P)] $P = \dfrac{\delta \times V_r^2}{(R + X\tan\theta)}$

→ (전압강하율 $\delta = \dfrac{P}{V_r^2}(R + X\tan\theta) \times 100$)

여기서, V_s : 송전단전압, V_r : 수전단전압, P : 전력
R : 저항, X : 리액턴스

$$\therefore P = \frac{\delta \times V_r^2}{(R + X\tan\theta) \times 100} \times 10^{-3}$$
$$= \frac{0.1 \times (60 \times 10^3)^2}{\left(10 + 20 \times \frac{0.6}{0.8}\right)} \times 10^{-3} = 14400[\text{kW}]$$

【정답】 ③

25. 전력 원선도의 가로축과 세로축을 나타내는 것은?

① 전압과 전류
② 전압과 전력
③ 전류와 전력
④ 유효전력과 무효전력

|정|답|및|해|설|

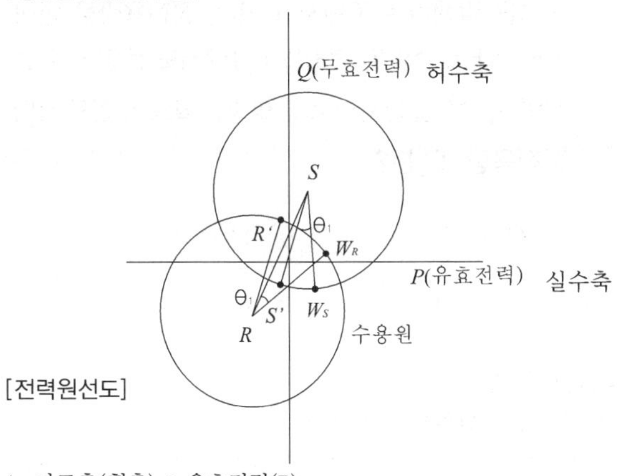

[전력원선도]

1. 가로축(횡축) : 유효전력(P)
2. 새로축(종축) : 무효전력(Q)

【정답】 ④

26. 기준 선간전압 23[kV], 기준 3상 용량 5000 [kVA], 1선의 유도 리액턴스가 $15[\Omega]$일 때 %리액턴스는?

① 28.36[%] ② 14.18[%]
③ 7.09[%] ④ 3.55[%]

|정|답|및|해|설|

[%리액턴스] $\%X = \frac{PX}{10V^2}[\%]$

여기서, P : 전력[kVA], V : 선간전압[kV], X : 리액턴스
선간전압(V) : 23[kV], 기준 3상 용량(P) : 5,000 [kVA]
유도리액턴스 : $15[\Omega]$

$\therefore \%X = \frac{PX}{10V^2} = \frac{5000 \times 15}{10 \times 23^2} = 14.18[\%]$

【정답】 ②

27. 화력발전소에서 증기 및 급수가 흐르는 순서는?

① 절탄기 → 보일러 → 과열기 → 터빈 → 복수기
② 보일러 → 절탄기 → 과열기 → 터빈 → 복수기
③ 보일러 → 과열기 → 절탄기 → 터빈 → 복수기
④ 절탄기 → 과열기 → 보일러 → 터빈 → 복수기

|정|답|및|해|설|

[화력발전소] 실제 기력발전소에 쓰이는 기본 사이클은 다음과 같다.

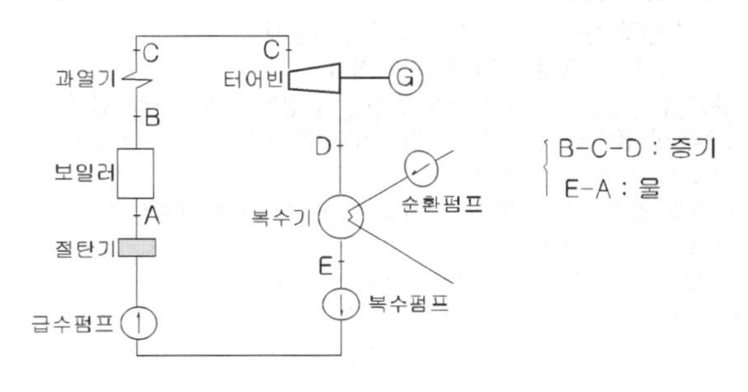

1. 절탄기 : 급수 가열
2. 보일러 : 물을 가열하여 수증기 발생
3. 과열기 : 증기 과열
4. 터빈 : 과열된 증기로 터빈이 돌아가면서 발전
5. 복수기 : 증기의 열을 뺏어 다시 물로 환원시킨다.

【정답】 ①

28. 연료의 발열량이 430[kcal/kg]일 때, 화력 발전소의 열효율[%]은? (단, 발전기 출력은 P_G[kW], 시간당 연료의 소비량은 B[kg/h]이다.)

① $\frac{P_G}{B} \times 100$ ② $\sqrt{2} \times \frac{P_G}{B} \times 100$
③ $\sqrt{3} \times \frac{P_G}{B} \times 100$ ④ $2 \times \frac{P_G}{B} \times 100$

|정|답|및|해|설|

[화력발전소 열효율] $\eta = \frac{860W}{mH} \times 100[\%]$

→ $(1[kWh] = 860[kcal])$

여기서, W: 출력(전력량)$[kWh]$, m : 연료, H : 발열량

$\therefore \eta = \frac{860W}{mH} = \frac{860W}{m \times 430} = \frac{2W}{m} = \frac{2Pt}{m} = \frac{2P}{B} \times 100$

→ $(W = Pt)$

【정답】 ④

29. 송전선로에서 1선 지락 시에 건전상의 전압 상승이 가장 적은 접지방식은?

① 비접지방식
② 직접 접지방식
③ 저항 접지방식
④ 소호 리액터 접지방식

|정|답|및|해|설|

[지락 시 전압 상승] 1선 접지 고장시 건전상의 상전압 상승은 비접지가 가장 많고 **직접 접지가 가장 적다.**

1. 유효 접지 : 1선 지락 사고시 건전상의 전압이 상규 **대지전압의 1.3배 이하**(대지 전압 상승이 거의 없음)가 되도록 하는 접지 방식 (중성점 직접 접지 방식)
2. 비유효 접지 : 1선 지락시 건전상의 전압이 상규 대지전압의 1.3배를 넘는 접지 방식 (저항 접지, 비접지, 소호 리액터 접지 방식)

	직접접지	소호리액터
전위상승	최저	최대
지락전류	최대	최소
절연레벨	최소 단절연, 저감절연	최대
통신선유도장해	최대	최소

【정답】 ②

30. 접지봉으로 탑각의 접지저항값을 희망하는 접지저항값까지 줄일 수 없을 때 사용하는 것은?

① 가공지선　② 매설지선
③ 크로스 본드선　④ 차폐선

|정|답|및|해|설|

[매설지선] 탑각의 접지저항을 낮추어 역삼력 방지
※탑각 : 철탑과 대지가 만나는 지점　【정답】 ②

31. 전력퓨즈(Power fuse)는 고압, 특고압 기기의 주로 어떤 전류의 차단을 목적으로 설치하는가?

① 충전전류　② 부하전류
③ 단락전류　④ 영상전류

|정|답|및|해|설|

[전력퓨즈] 고압 및 특별고압 기기의 단락 보호용 퓨즈
【정답】 ③

32. 정전용량이 C_1이고, V_1의 전압에서 Q_r의 무효전력을 발생하는 콘덴서가 있다. 정전용량을 변화시켜 2배로 승압된 전압($2V_1$)에서도 동일한 무효전력 Q_r을 발생시키고자 할 때, 필요한 콘덴서의 정전용량 C_2는?

① $C_2 = 4C_1$　② $C_2 = 2C_1$
③ $C_2 = \frac{1}{2}C_1$　④ $C_2 = \frac{1}{4}C_1$

|정|답|및|해|설|

[동일한 무효전력(충전용량)] $Q = \omega CV^2$
전압을 2배 증가시키면 Q는 4배 증가한다. 그러나 동일한 값을 가져야 하므로 증가한 만큼 C를 조정해야 한다.
즉, $C_1 = 4C_2$으로 $C_2 = \frac{1}{4}C_1$이다.　【정답】 ④

33. 송전선로에서의 고장 또는 발전기 탈락과 같은 큰 외란에 대하여 계통에 연결된 각 동기기가 동기를 유지하면서 계속 안정적으로 운전할 수 있는지를 판별하는 안정도는?

① 동태안정도(dynamic stability)
② 정태안정도(steady-state stability)
③ 전압안정도(voltage stability)
④ 과도안정도(transient stability)

|정|답|및|해|설|

[과도안정도] 과도상태가 경과 후에도 안정하게 운전할 수 있는 정도　【정답】 ④

|참|고|

① 동태 안정도 : 고성능의 AVR, 조속기 등이 갖는 제어효과까지도 고려한 안정도를 말한다.
② 정태 안정도 : 정상 운전 시 여자를 일정하게 유지하고 부하를 서서히 증가시켜 동기 이탈하지 않고 어느 정도 안정할 수 있는 정도

34. 송전선로의 고장전류의 계산에 영상임피던스가 필요한 경우는?

① 1선지락 ② 3상단락
③ 3선단선 ④ 선간단락

|정|답|및|해|설|

[영상임피던스]
- 영상분이 존재할 수 있는 조건으로는 3상4선식이면서 중성점이 접지되어 있어야 한다.
- 1선 또는 2선지락사고 시 영상분이 나타난다. 【정답】 ①

|참|고|

[각 사고별 대칭좌표법 해석]

고장의 종류	대칭분
1선지락	I_0, I_1, I_2 존재
선간단락	$I_0=0$, I_1, I_2 존재
2선지락	$I_0=I_1=I_2\neq 0$
3상단락	정상분(I_1)만 존재
비접지 회로	영상분(I_0)이 없다.
a상 기준	영상(I_0)과 역상(I_2)이 없고 정상(I_1)만 존재한다.

35. 배전선로의 주상변압기에서 고압측-저압측에 주로 사용되는 보호장치의 조합으로 적합한 것은?

① 고압측 : 컷아웃 스위치, 저압측 : 캐치홀더
② 고압측 : 캐치홀더, 저압측 : 컷아웃 스위치
③ 고압측 : 리클로저, 저압측 : 라인 퓨즈
④ 고압측 : 라인 퓨즈, 저압측 : 리클로저

|정|답|및|해|설|

[주상변압기 보호장치]
1. 1차측(고압) 보호 : 피뢰기, 컷아웃스위치(COS)나 프라이머리 컷아우트 스위치(P.C)를 설치
2. 2차측(저압) 보호 : 중성점 접지, 캐치 홀더를 설치한다.

【정답】 ①

36. 용량 20[kVA]인 단상 주상변압기에 걸리는 하루의 부하가 20[kW] 14시간, 10[kW] 10시간 일 때 하루 동안의 손실은 몇 [W] 가 되는가? (단, 부하의 역률은 1로 가정하고, 변압기의 전부하 동손은 300[W], 철손은 100[W]이다.)

① 6850 ② 7200
③ 7350 ④ 7800

|정|답|및|해|설|

[총손실] 총손실=동손+철손

1. 동손 $W_c=\sum\left(\frac{1}{m}\right)^2 P_c\times t$

$$=\left(\frac{20}{20}\right)^2\times 300\times 14+\left(\frac{10}{20}\right)^2\times 300\times 10=4,950[Wh]$$

2. 철손 $W_i=P_i\times t=100[W]\times 24[h]=2,400[Wh]$

∴하루의 총손실=동손+철손=4,950+2,400=7350[Wh]

【정답】 ③

37. 케이블 단선 사고에 의한 고장점까지의 거리를 정전용량 측정법으로 구하는 경우, 건전상의 정전용량이 C, 고장점까지의 정전용량이 C_x, 케이블의 길이가 l일 때 고장점까지의 거리를 나타내는 식으로 알맞은 것은?

① $\frac{C}{C_x}l$ ② $\frac{2C_x}{C}l$
③ $\frac{C_x}{C}l$ ④ $\frac{C_x}{2C}l$

|정|답|및|해|설|

[정전용량 측정법]
1. 1~3심이 단선하여 지락이 없는 경우
2. 건전상의 정전용량과 사고상의 정전용량을 비교하여 사고점을 산출한다.
3. 고장점까지 거리 $L=$ 선로길이$\times\frac{C_x}{C}$

$\therefore L=l\times\frac{C_x}{C}$ 【정답】 ③

38. 수용가의 수용률을 나타낸 식은?

① $\dfrac{\text{합성 최대수용 전력[kW]}}{\text{평균 전력[kW]}} \times 100[\%]$

② $\dfrac{\text{평균 전력[kW]}}{\text{합성 최대수용 전력[kW]}} \times 100[\%]$

③ $\dfrac{\text{부하 설비 합계[kW]}}{\text{최대수용 전력[kW]}} \times 100[\%]$

④ $\dfrac{\text{최대수용 전력[kW]}}{\text{부하 설비 합계[kW]}} \times 100[\%]$

|정|답|및|해|설|

1. 수용률 $= \dfrac{\text{최대수용 전력[kW]}}{\text{부하 설비 합계[kW]}} \times 100[\%]$
2. 부하율 $= \dfrac{\text{평균부하 전력[kW]}}{\text{최대부하 전력[kW]}} \times 100[\%]$
3. 부등률 $= \dfrac{\text{개개의 최대수용 전력의 합[kW]}}{\text{합성최대수용 전력[kW]}}$

【정답】 ④

39. %임피던스에 대한 설명으로 틀린 것은?

① 단위를 갖지 않는다.
② 절대량이 아닌 기준량에 대한 비를 나타낸 것이다.
③ 기기 용량의 크기와 관계없이 일정한 범위의 값을 갖는다.
④ 변압기나 동기기의 내부 임피던스에만 사용할 수 있다.

|정|답|및|해|설|

[%임피던스]
④ %임피던스는 발전기, 변압기 및 선로 등의 임피던스에 적용된다.

【정답】 ④

40. 역률 0.8, 출력 320[kW]인 부하에 전력을 공급하는 변전소에 역률 개선을 위해 전력용 콘덴서 140[kVA]를 설치했을 때 합성역률은?

① 0.93　　② 0.95
③ 0.97　　④ 0.99

|정|답|및|해|설|

[개선 후 합성 역률] $\cos\theta_2 = \dfrac{P}{\sqrt{P^2 + (P\tan\theta_1 - Q_c)^2}}$

$\therefore \cos\theta_2 = \dfrac{P}{\sqrt{P^2 + (P\tan\theta_1 - Q_c)^2}}$

$= \dfrac{320}{\sqrt{320^2 + (320\tan\cos^{-1}0.8 - 140)^2}} = 0.95$

【정답】 ②

1회 2021년 전기기사필기 (전기기기)

41. 전류계를 교체하기 위해 우선 변류기 2차측을 단락시켜야 하는 이유는?

① 측정 오차 방지　　② 2차측 절연 보호
③ 2차측 과전류 보호　　④ 1차측 과전류 방치

|정|답|및|해|설|

[전류계 교체 시 변류기 2차측을 단락시켜야 하는 이유] 변류기 2차측을 개방하면 1차측의 부하전류가 모두 여자전류가 되어 큰 자속의 변화로 고전압이 유도되며 2차측 절연 파괴의 위험이 있으므로 단락한다.

【정답】 ②

42. 기전력(1상)이 E_0이고 동기임피던스(1상)가 Z_s인 2대의 3상 동기발전기를 무부하로 병렬운전시킬 때 각 발전기의 기전력 사이에 δ_s의 위상차가 있으면 한쪽 발전기에서 다른 쪽 발전기로 공급되는 1상당의 전력[W]은?

① $\dfrac{E_0}{Z_s}\sin\delta_s$　　② $\dfrac{E_0}{Z_s}\cos\delta_s$

③ $\dfrac{E_0}{2Z_s}\sin\delta_s$　　④ $\dfrac{E_0}{2Z_s}\cos\delta_s$

|정|답|및|해|설|

[동기발전기 병렬운전 시 기전력의 위상이 다른 경우]
- 동기화전류(유효횡류)가 흐른다.
- 동기화전류 $I_s = \dfrac{2E_a}{2Z_s}\sin\dfrac{\delta}{2}$　　· 수수전력 $P_s = \dfrac{E_a^2}{2Z_s}\sin\delta_s$
- 위상이 다르면 동기화력이 생겨서 A는 속도가 늦어지고 B는 빨라져서 동기화운전이 된다. A가 B에게 전력을 공급하는 것이다.

※ 수수전력 : 동기화 전류 때문에 서로 위상이 같게 되려고 수수하게 될 때 발생되는 전력

【정답】 ③

43. BJT에 대한 설명으로 틀린 것은?

① Bipolar Junction Thyristor의 약자이다.
② 베이스 전류로 컬렉터 전류를 제어하는 전류 제어 스위치이다.
③ MOSFET, IGBT 등의 전압 제어 스위치보다 훨씬 큰 구동전력이 필요하다.
④ 회로 기호, B, E, C는 각각 베이스(Base), 이미터(Emitter), 컬렉터(Collector)이다.

|정|답|및|해|설|

[BJT] · BJT는 Biopolar Junction Transistor의 약자
· 베이스 전류로 컬렉터 전류를 제어하는 스위칭 소자이다.

【정답】 ①

44. 직류기에서 계자자속을 만들기 위하여 전자석의 권선에 전류를 흘리는 것을 무엇이라 하는가?

① 보극　　② 여자
③ 보상 권선　　④ 자화 작용

|정|답|및|해|설|

[여자] 직류기에서 계자 자속을 만들기 위하여 전자석의 권선에 여자전류를 흘려서 자화하는 것을 여자(excited)라고 한다.

【정답】 ②

45. 사이클로 컨버터(Cyclo Converter)에 대한 설명으로 틀린 것은?

① DC-DC buck 컨버터와 동일한 구조이다.
② 출력 주파수가 낮은 영역에서 많은 장점이 있다.
③ 시멘트 공장의 분쇄기 등과 같이 대용량 저속 교류 전동기 구동에 주로 사용된다.
④ 교류를 교류로 직접 변환하면서 전압과 주파수를 동시에 가변하는 전력 변환기이다.

|정|답|및|해|설|

[사이클로컨버터] 교류(AC) → 교류(AC)로 주파수 변환하는 장치
※1. 인버터(Inverter) : 직류(DC) → 교류(AC)
2. 컨버터(converter) : 교류(AC) → 직류(DC)

【정답】 ①

46. 극수 4이며 전기자권선은 파권, 전기자 도체수가 250인 직류 발전기가 있다. 이 발전기가 1,200[rpm]으로 회전할 때 600[V]의 기전력을 유기하려면 1극당 자속은 몇 [Wb]인가?

① 0.04　　② 0.05
③ 0.06　　④ 0.07

|정|답|및|해|설|

[1극당 자속] $\phi = E \cdot \frac{60a}{pZN}$　→ (유기기전력 $E = \frac{Z}{a} p\phi \frac{N}{60}[V]$)

$\therefore$자속 $\phi = E \times \frac{60a}{pZN} = 600 \times \frac{60 \times 2}{4 \times 250 \times 1,200} = 0.06[Wb]$

→ (파권일 경우 병렬회로수는 항상 2($a=2$))

【정답】 ③

47. 직류 발전기의 전기자 반작용에 대한 설명으로 틀린 것은?

① 전기자 반작용으로 인하여 전기적 중성축을 이동시킨다.
② 정류자편 간 전압이 불균일하게 되어 섬락의 원인이 된다.
③ 전기자 반작용이 생기면 주자속이 왜곡되고 증가하게 된다.
④ 전기자 반작용이란, 전기자 전류에 의하여 생긴 자속이 계자에 의해 발생되는 주자속에 영향을 주는 현상을 말한다.

|정|답|및|해|설|

[직류 발저기의 전기자반작용] 전기자 반작용은 전기자 전류에 의한 자속이 계자 자속의 분포에 영향을 주는 것으로 다음과 같은 영향이 있다.
1. 전기적 중성축의 이동
① 발전기 : 회전 방향으로 이동
② 전동기 : 회전 반대 방향으로 이동
2. 주자속이 감소한다.
3. 정류자편 간 전압이 국부적으로 높아져 섬락을 일으킨다.

【정답】 ③

48. 60[Hz], 6극의 3상 권선형 유도전동기가 있다. 이 전동기의 정격 부하 시 회전수는 1140[rpm]이다. 이 전동기를 같은 공급전압에서 전부하 토크로 기동하기 위한 외부 저항은 몇 $[\Omega]$인가? (단, 회전자권선은 Y결선이며 슬립링 간의 저항은 $0.1[\Omega]$이다.)

① 0.5　② 0.85
③ 0.95　④ 1

|정|답|및|해|설|

[외부저항] $R = r_2\left(\frac{1}{s}-1\right)$

1. 동기속도 $N_s = \frac{120f}{P} = \frac{120\times 60}{6} = 1200[\mathrm{rpm}]$
2. 슬립 $s = \frac{N_s - N}{N_s} = \frac{1200-1140}{1200} = 0.05$
3. 2차 1상저항 $r_2 = \frac{\text{슬립링 간의 저항}}{2} = \frac{0.1}{2} = 0.05[\Omega]$

동일 토크의 조건 $\frac{r_2}{s} = \frac{r_2 + R}{s'}$ 에서 $\rightarrow (s'=1)$

$\therefore$ 외부저항 $R = r_2\left(\frac{1}{s}-1\right) = 0.05\left(\frac{1}{0.05}-1\right) = 0.95[\Omega]$

【정답】 ③

49. 발전기 회전자에 유도자를 주로 사용하는 발전기는?

① 수차 발전기　② 엔진 발전기
③ 터빈 발전기　④ 고주파 발전기

|정|답|및|해|설|

[동기발전기의 회전자에 의한 분류]

1. 회전계자형 : 전기자를 고정자로 하고, 계자극을 회전자로 한 것으로 주요 특징은 다음과 같다.
   - 전기자 권선은 전압이 높고 결선이 복잡
   - 계자회로는 직류의 저압회로이며 소요 전력도 적다.
   - 계자극은 기계적으로 튼튼하게 만들기 쉽다.
2. 회전전기자형
   - 계자극을 고정자로 하고, 전기자를 회전자로 한 것
   - 특수용도 및 극히 저용량에 적용
3. 유도자형
   - 계자극과 전기자를 모두 고정자로 하고 권선이 없는 회전자, 즉 유도자를 회전자로 한 것.
   - 고주파(수백~수만[Hz]) 발전기로 쓰인다.

【정답】 ④

50. 3상 권선형 유도전동기 기동 시 2차 측에 외부 가변저항을 넣는 이유는?

① 회전수 감소
② 기동전류 증가
③ 기동토크 감소
④ 기동전류 감소와 기동토크 증가

|정|답|및|해|설|

[외부 가변저항(비례추이의 원리)]

1. 최대 토크는 불변
2. 2차저항(r_2) 증가↑, 기동토크 증가↑, 기동전류는 감소↓
3. 슬립(s) $\propto$ 2차저항(r_2)

【정답】 ④

51. 1차 전압은 3300[V]이고 1차측 무부하 전류는 0.15[A], 철손은 330[W]인 단상 변압기의 자화 전류는 약 몇 [A]인가?

① 0.112　② 0.145
③ 0.181　④ 0.231

|정|답|및|해|설|

[자화전류] $I_\varnothing = \sqrt{I_0^2 - I_i^2}$
여기서, I_0 : 무부하전류, I_i : 철손전류

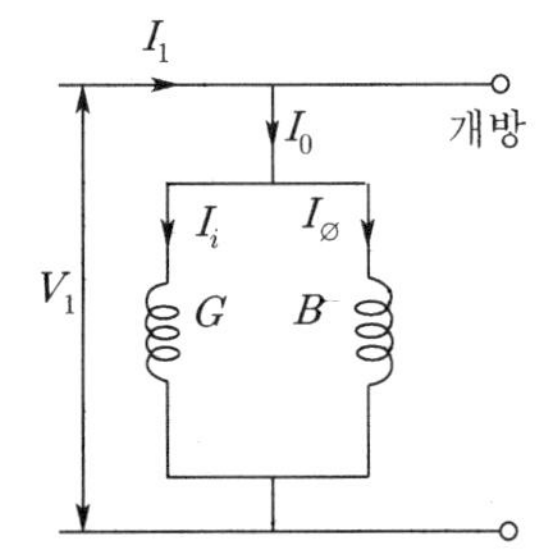

V_1 : 단자전압
I_1 : 1차전류
I_0 : 여자전류
I_i : 철손전류
$I_\varnothing$: 자화전류
G : 여자컨덕턴스
B : 여자서셉턴스

1. 무부하전류 $I_0 = \dot{I}_i + \dot{I}_\phi = \sqrt{{I_i}^2 + {I_\phi}^2}[\mathrm{A}]$
2. 철손전류 $I_i = \frac{P_i}{V_1} = \frac{330}{3300} = 0.1[\mathrm{A}]$　$\rightarrow (P_i = V_1 I_i)$

$\therefore$ 자화전류 $I_\phi = \sqrt{{I_0}^2 - {I_i}^2} = \sqrt{0.15^2 - 0.1^2} = 0.112[\mathrm{A}]$

【정답】 ①

52. 유도전동기의 안정 운전의 조건은? (단, T_m : 전동기 토크, T_L : 부하토크, n : 회전수)

① $\frac{dT_m}{dn} < \frac{dT_L}{dn}$　② $\frac{dT_m}{dn} = \frac{dT_L}{dn}$

③ $\frac{dT_m}{dn} > \frac{dT_L}{dn}$　④ $\frac{dT_m}{dn} \neq \frac{dT_L}{dn}$

|정|답|및|해|설|

[전동기의 안정 운전 조건]

전동기의 안정운전조건에서 부하토크 T_L은 회전수가 정격 운전상태보다 커질 때 부담이 커져서 회전수가 커지지 않도록 한다. 전동기 토크 T_M은 회전수가 정격 운전상태보다 작을 때 가속을 시켜서 회전수가 작아지지 않도록 한다. 따라서 전동기의 안정운전을 위해서 회전수 증가에 대해서

$\frac{dT_L}{dn} > 0$, $\frac{dT_M}{dn} < 0$ 으로 설계되어야 한다.

1. 안정 운전 : $\frac{dT_M}{dn} < \frac{dT_L}{dn}$

2. 불안정 운전 : $\frac{dT_M}{dn} > \frac{dT_L}{dn}$

【정답】 ①

53. 전압이 일정한 모선에 접속되어 역률 1로 운전하고 있는 동기전동기를 무효 전력 보상 장치(동기조상기)로 사용하는 경우 여자전류를 증가시키면 이 전동기는 어떻게 되는가?

① 역률은 앞서고, 전기자전류는 증가한다.

② 역률은 앞서고, 전기자전류는 감소한다.

③ 역률은 뒤지고, 전기자전류는 증가한다.

④ 역률은 뒤지고, 전기자전류는 감소한다.

|정|답|및|해|설|

[동기전동기 위상특성곡선(V곡선)] 동기 전동기를 동기 조상기로 사용하여 역률 1로 운전 중 여자전류를 증가시키면 전기자전류는 전압보다 앞선 전류가 흘러 콘덴서 작용을 하며 증가한다.

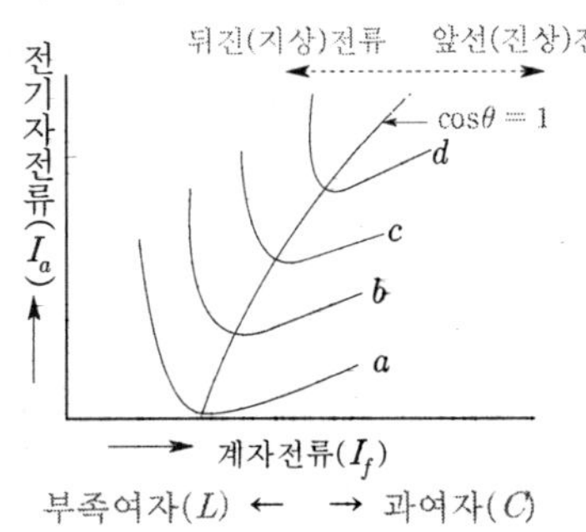

【정답】 ①

54. 단상 변압기 2대를 병렬운전할 경우, 각 변압기의 부하전류를 I_a, I_b, 1차측으로 환산한 임피던스를 Z_a, Z_b, 백분율 임피던스강하를 z_a, z_b, 정격 용량을 P_{an}, P_{bn}이라 한다. 이때 부하 분담에 대한 관계로 옳은 것은?

① $\frac{I_a}{I_b} = \frac{Z_a}{Z_b}$　② $\frac{I_a}{I_b} = \frac{P_{bn}}{P_{an}}$

③ $\frac{I_a}{I_b} = \frac{z_b}{z_a} \times \frac{P_{an}}{P_{bn}}$　④ $\frac{I_a}{I_b} = \frac{Z_a}{Z_b} \times \frac{P_{an}}{P_{bn}}$

|정|답|및|해|설|

[부하 분담비] $\frac{I_a}{I_b}$

$$\therefore \frac{I_a}{I_b} = \frac{Z_b}{Z_a} = \frac{\frac{I_B Z_b}{V} \times 100}{\frac{I_A Z_a}{V} \times 100} \times \frac{VI_A}{VI_B} = \frac{\%Z_b}{\%Z_a} \cdot \frac{P_{an}}{P_{bn}} = \frac{z_b}{z_a} \times \frac{P_{an}}{P_{bn}}$$

【정답】 ③

55. 3300/220[V]의 단상 변압기 3대를 $\Delta - Y$ 결선하고 2차측 선간에 15[kW]의 단상 전열기를 접속하여 사용하고 있다. 결선을 $\Delta - \Delta$로 변경하는 경우 이 전열기의 소비전력은 몇 [kW]로 되는가?

① 5　② 12　③ 15　④ 21

|정|답|및|해|설|

[전열기의 소비전력]

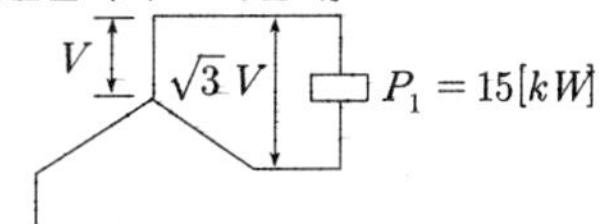

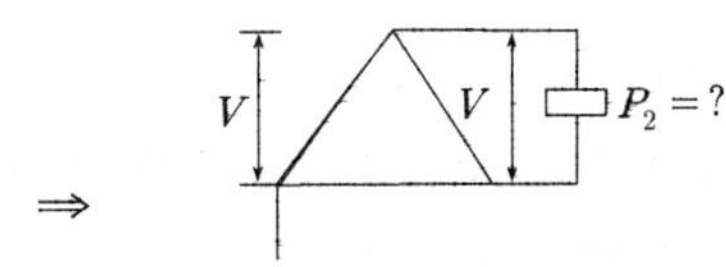

변압기를 $\Delta - Y$ 결선에서 $\Delta - \Delta$ 결선으로 변경하면 부하의 공급전압이 $\frac{1}{\sqrt{3}}$로 감소하고 소비 전력은 전압의 제곱에 비례하므로 다음과 같다.

$P' = P \times \left(\frac{1}{\sqrt{3}}\right)^2 = 15 \times \left(\frac{1}{\sqrt{3}}\right)^2 = 5[\text{kW}]$

【정답】 ①

56. 동기리액턴스 $X_s = 10[\Omega]$, 전기자 권선저항 $r_a = 0.1[\Omega]$, 3상 중 1상의 유도기전력 $E = 6,400[V]$, 단자전압 $V = 4,000[V]$, 부하각 $\delta = 30°$ 이다, 비철극기인 3상 동기발전기의 출력은 약 몇 [kW]인가?

① 1,280　② 3,840
③ 5,560　④ 6,650

|정|답|및|해|설|

[3상출력] $P_3 = 3P_1[kW]$

1상 출력 $P_1 = \frac{EV}{Z_s}\sin\delta[w]$)이므로

$\therefore P_3 = 3P_1 = 3 \times \frac{6,400 \times 4,000}{10} \times \frac{1}{2} \times 10^{-3} = 3840[kW]$

【정답】 ②

57. 히스테리시스 전동기에 대한 설명으로 틀린 것은?

① 유도 전동기와 거의 같은 고정자이다.
② 회전자극은 고정자극에 비하여 항상 각도 δ_h 만큼 앞선다.
③ 회전자가 부드러운 외면을 가지므로 소음이 적으며, 순조롭게 회전시킬 수 있다.
④ 구속 시부터 동기 속도만을 제외한 모든 속도 범위에서 일정한 히스테리시스 토크를 발생한다.

|정|답|및|해|설|

[히스테리시스 전동기] 히스테리시스 전동기는 동기 속도를 제외한 모든 속도 범위에서 일정한 히스테리시스 토크를 발생하며 회전자극은 고정자극에 비하여 항상 **각도 δ_h 만큼 뒤진다**.　【정답】 ②

58. 단자전압 220[V], 부하전류 50[A]인 분권발전기의 유도기전력은 몇 [V]인가? (단, 여기서 전기자 저항은 $0.2[\Omega]$이며, 계자전류 및 전기자 반작용은 무시한다.)

① 200　② 210
③ 220　④ 230

|정|답|및|해|설|

[분권발전기 유기기전력] $E = V + I_aR_a[V]$

전기자전류 $I_a = I_f + I$에서 계자전류(I_f)를 무시하므로

$I_a = I = 50$

$\therefore E = V + I_aR_a = 220 + 50 \times 0.2 = 230[V]$

【정답】 ④

59. 단상 유도전압조정기에서 단락권선의 역할은?

① 철손 경감　② 절연보호
③ 전압강하 경감　④ 전압조정 용이

|정|답|및|해|설|

[단락권선의 역할] 단상유도전동기의 단락권선은 누설리액턴스로 인한 전압강하를 경감시키기 위해 설치한다.　【정답】 ③

60. 3상 유도전동기에서 회전자가 슬립 s로 회전하고 있을 때 2차 유기전압 E_{2s} 및 2차주파수 f_{2s}와 s와의 관계는? (단, E_2는 회전자가 정지하고 있을 때 2차 유기기전력이며 f_1은 1차 주파수이다.)

① $E_{2s} = sE_2,\ \ f_{2s} = sf_1$
② $E_{2s} = sE_2,\ \ f_{2s} = \frac{f_1}{s}$
③ $E_{2s} = \frac{E_2}{s},\ \ f_{2s} = \frac{f_1}{s}$
④ $E_{2s} = (1-s)E_2,\ \ f_{2s} = (1-s)f_1$

|정|답|및|해|설|

[3상 유도전동기가 슬립 s로 회전 시]

1. 2차 유기전압 $E_{2s} = sE_2[V]$
2. 2차 주파수 $f_{2s} = sf_1[Hz]$

즉, 2차 유기전압과 2차 주파수는 정지시에 비해 항상 슬립 s만큼 작아진다.　【정답】 ①

61. 개루프 전달함수 $G(s)H(s)$로부터 근궤적을 작성할 때 실수축에서의 점근선의 교차점은?

$$G(s) = \frac{K(s-2)(s-3)}{s(s+1)(s+2)(s+4)}$$

① 2　② 5　③ −4　④ −6

|정|답|및|해|설|

[점근선의 교차점]

$$\delta = \frac{\sum G(s)H(s)\text{의 극점} - \sum G(s)H(s)\text{의 영점}}{p-z}$$

1. 극점 : 분모가 0인 s값 → $s=0,\ -1,\ -2,\ -4$
 따라서 $p=4$개
2. 영점 : 분자가 0인 s값 → s=2, 3
 따라서 $z=2$개

$$\therefore \delta = \frac{\sum G(s)H(s)\text{의 극점} - \sum G(s)H(s)\text{의 영점}}{p-z}$$

$$= \frac{(0-1-2-4)-(2+3)}{4-2} = -6$$

【정답】 ④

62. 블록선도와 같은 단위 피드백 제어 시스템의 상태 방정식은? (단, 상태 변수는 $x_1(t)=c(t)$, $x_2(t)=\frac{d}{dt}c(t)$로 한다.)

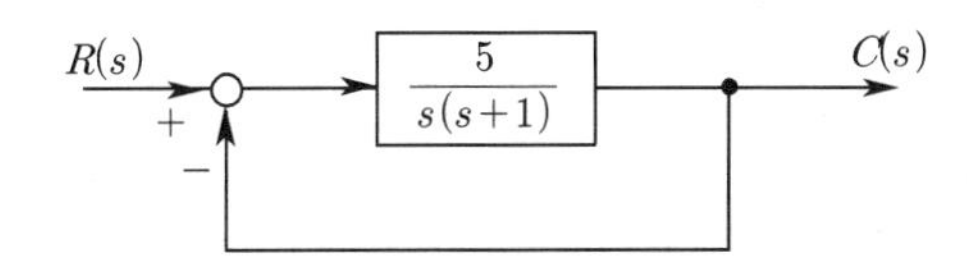

① $\dot{x}_1(t) = x_2(t)$
 $\dot{x}_2(t) = -5x_1(t) - x_2(t) + 5r(t)$

② $\dot{x}_1(t) = x_2(t)$
 $\dot{x}_2(t) = -5x_1(t) - x_2(t) - 5r(t)$

③ $\dot{x}_1(t) = -x_2(t)$
 $\dot{x}_2(t) = 5x_1(t) + x_2(t) - 5r(t)$

④ $\dot{x}_1(t) = -x_2(t)$
 $\dot{x}_2(t) = -5x_1(t) - x_2(t) + 5r(t)$

|정|답|및|해|설|

[상태 방정식] n차 미분함수를 1차 미분함수로 바꾸는 것

1. 전달함수 $\frac{C(s)}{R(s)} = \frac{\sum \text{전향경로}}{1-\sum \text{루프이득}}$

 → (루프이득 : 피드백되는 폐루프)
 → (전향경로 :입력에서 출력으로 가는 길(피드백 제외))

$$= \frac{\frac{5}{s(s+1)}}{1+\frac{5}{s(s+1)}} = \frac{5}{s^2+s+5}$$

 · $\frac{C(s)}{R(s)} = \frac{5}{s^2+s+5}$ → $s^2C(s) + sC(s) + 5C(s) = 5R(s)$

 → (역변환, 승수가 미분 횟수)

 ·미분 방정식 $\frac{d^2c(t)}{dt^2} + \frac{dc(t)}{dt} + 5c(t) = 5r(t)$

2. 상태변수 $x_1(t) = c(t)$
 $x_2(t) = \frac{dc(t)}{dt}$

∴상태방정식 $\dot{x}_1(t) = \frac{dc(t)}{dt} = x_2(t)$

 $\dot{x}_2(t) = \frac{d^2c(t)}{dt^2} = -5x_1(t) - x_2(t) + 5r(t)$

【정답】 ①

63. 적분시간 3[sec], 비례감도가 3인 비례 적분 동작을 하는 제어 요소가 있다. 이 제어 요소에 동작 신호 $x(t)=2t$를 주었을 때 조작량은 얼마인가? (단, 초기 조작량 $y(t)$는 0으로 한다.)

① t^2+2t　② t^2+4t
③ t^2+6t　④ t^2+8t

|정|답|및|해|설|

[조작량] 동작신호 : 입력, 조작량 : 출력

1. 전달함수 $G(s) = K_p\left(1+\frac{1}{T_i s}\right)$
 여기서, K_p : 비례감도, T_i : 적분시간
 $G(s) = K_p\left(1+\frac{1}{T_i s}\right) = 3\left(1+\frac{1}{3s}\right) = \frac{9s+3}{3s}$

2. 전달함수 $G(s) = \frac{Y(s)}{X(s)}$ 로 정리하면

 $Y(s) = G(s)X(s) = \frac{9s+3}{3s} \times 2\frac{1}{s^2}$　→ (t는 단위램프함수 $\frac{1}{s^2}$)

 $= \frac{18s+6}{3s^3} = \frac{6}{s^2} + \frac{2}{s^3} = 6\frac{1}{s^2} + \frac{2}{s^3}$

 → (시간함수이므로 역변환)
 → (6 : 상수, $\frac{1}{s^2}$: 단위램프함수 t, $\frac{2}{s^3}$: n차램프함수 t^2)

3. $y(t) = 6t + t^2$

∴ 조작량 $y(t) = 6t + t^2$

【정답】 ③

64. 블록선도의 제어 시스템은 단위 램프입력에 대한 정상 상태오차(정상편차)가 0.01이다. 이 제어 시스템의 제어요소인 $G_{C1}(s)$의 k는?

$$G_{C1}(s)=k,\quad G_{C2}(s)=\frac{1+0.1s}{1+0.2s}$$
$$G_P(s)=\frac{200}{s(s+1)(s+2)}$$

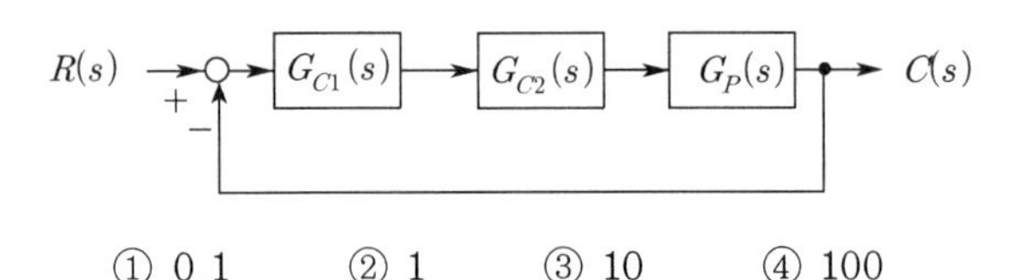

① 0.1　② 1　③ 10　④ 100

|정|답|및|해|설|

[시스템의 제어요소] 기준 입력이 단위 램프입력 ($r(t)=t$)을 주면 정상속도 편차(E_{ssv})가 나온다.

→ (※입력이 단위계단함수면 정상위치편차, 포물선함수면 정상가속도편차가 나온다.)

1. 개루프 전달함수 $GH=G_{c1}G_{c2}G_p=\frac{k\cdot(1+0.1s)\cdot 200}{(1+0.2s)s(s+1)(s+2)}$
2. 속도 편차 상수 $K_v=s\cdot GH|_{s=0}=$
$$=s\times\frac{k\cdot(1+0.1s)\cdot 200}{(1+0.2s)s(s+1)(s+2)}$$
$$=\frac{200k}{2}=100k$$
3. 정상속도 편차 $e_{ssv}=\frac{1}{K_v}=\frac{1}{100k}=0.01$

$\therefore k=1$　【정답】 ②

|참|고|

[편차의 종류]

1. 위치편차(K_p) : 제어계에 단위 계단 입력 $r(t)=u(t)=1$을 가했을 때의 편차
2. 속도편차(K_v) : 제어계에 속도 입력 $r(t)=t$를 가했을 때의 편차
3. 가속도 편차(K_a) : 제어계에 가속도 입력 $r(t)=\frac{1}{2}t^2$를 가했을 때의 편차

종류	입력	편차 상수	편차
위치 편차	$r(t)=u(t)=1$	$K_p=\lim_{s\to 0}G(s)H(s)$	$e_p=\frac{1}{1+K_p}$
속도 편차	$r(t)=t$	$K_v=\lim_{s\to 0}sG(s)H(s)$	$e_v=\frac{1}{K_v}$
가속도 편차	$r(t)=\frac{1}{2}t^2$	$K_a=\lim_{s\to 0}s^2G(s)H(s)$	$e_a=\frac{1}{K_a}$

65. 특성 방정식이 $2s^4+10s^3+11s^2+5s+K=0$으로 주어진 제어 시스템이 안정하기 위한 조건은?

① $0<K<2$　② $0<K<5$
③ $0<K<6$　④ $0<K<10$

|정|답|및|해|설|

[루드 수열]

s^4	2	11	K
s^3	10	5	
s^2	$\frac{110-10}{10}=10$	$\frac{10K-0}{10}=K$	0
s^1	$\frac{50-10K}{10}=A$	$\frac{0-0}{10}=0$	0
s^0	$\frac{AK-0}{A}=K$		

제어 시스템이 안정하기 위해서는 제1열의 부호 변화가 없어야 하므로

1. $\frac{50-10K}{10}>0\rightarrow 50-10K>0\rightarrow K<5$
2. $0<K\rightarrow\therefore 0<K<5$　【정답】 ②

|참|고|

60페이지 [(3) 루드표 작성 및 안정도 판별법] 참조

66. 2차 제어 시스템의 감쇠율(damping ratio, ζ)이 $\zeta<0$인 경우 제어 시스템의 과도응답 특성은?

① 발산　② 무제동
③ 임계제동　④ 과제동

|정|답|및|해|설|

[감쇠율]

2차 제어 시스템의 감쇠비(율) ζ에 따른 과도응답 특성

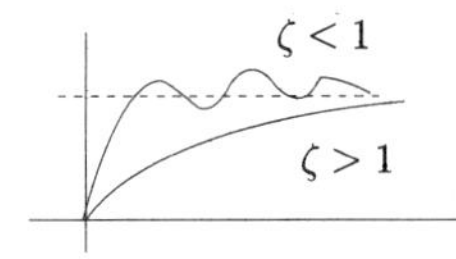

1. $\zeta=0$: 순허근 → 무제동
2. $\zeta=1$: 중근 → 임계제동
3. $\zeta>1$: 서로 다른 두 실근 → 과제동
4. $0<\zeta<1$: 좌반부의 공액 복소수근 → 부족제동
5. $-1<\zeta<0$: 우반부의 공액 복소수근 → 발산

【정답】 ①

67. 블록선도의 전달함수 $\dfrac{C(s)}{R(s)}$는?

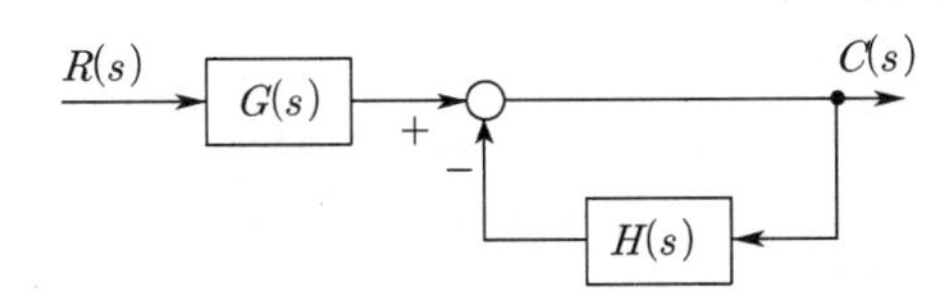

① $\dfrac{G(s)}{1+H(s)}$ ② $\dfrac{G(s)}{1+G(s)H(s)}$

③ $\dfrac{1}{1+H(s)}$ ④ $\dfrac{1}{1+G(s)H(s)}$

|정|답|및|해|설|

[전달함수] $G(s)=\dfrac{\sum 전향경로}{1-\sum 루프이득}$

1. 루프이득 : $-H(s)$ → (피드백의 폐루프)
2. 전향경로 : $G(s)$ → (입력에서 출력으로 가는 길(피드백 제외))

∴전달함수 $G(s)=\dfrac{G(s)}{1-(-H(s))}=\dfrac{G(s)}{1+H(s)}$ 【정답】 ①

68. 신호 흐름 선도에서 전달함수$\left(\dfrac{C(s)}{R(s)}\right)$는?

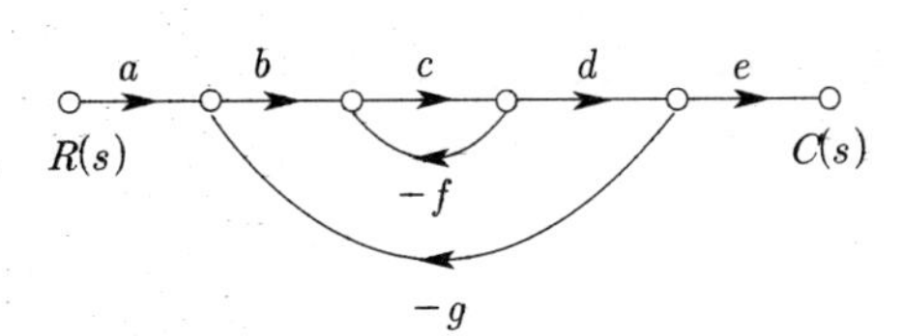

① $\dfrac{abcde}{1-cg-bcdg}$ ② $\dfrac{abcde}{1-cf+bcdg}$

③ $\dfrac{abcde}{1+cf-bcdg}$ ④ $\dfrac{abcde}{1+cf+bcdg}$

|정|답|및|해|설|

[전달함수] $G(s)=\dfrac{C}{R}=\dfrac{\sum 전향결로이득}{1-\sum 루프이득}$

1. 루프이득 $L_{11}=-cf,\ L_{21}=-bcdg$
→ (루프이득 : 피드백의 폐루프)
2. 전향경로 $n=1 \rightarrow G_1=abcde$
→ (전향경로 :입력에서 출력으로 가는 길(피드백 제외))

∴전달함수 $G(s)=\dfrac{C(s)}{R(s)}=\dfrac{abcde}{1+cf+bcdg}$ 【정답】 ④

69. $e(t)$의 z변환을 $E(z)$라고 했을 때 $e(t)$의 최종값 $e(\infty)$은?

① $\lim\limits_{z\to 1}E(z)$ ② $\lim\limits_{z\to\infty}E(z)$

③ $\lim\limits_{z\to 1}(1-z^{-1})E(z)$ ④ $\lim\limits_{z\to\infty}(1-z^{-1})E(z)$

|정|답|및|해|설|

[초기값 및 최종값 정리]

1. 초기값 정리 : $e(0)=\lim\limits_{t\to 0}e(t)=\lim\limits_{z\to\infty}E(z)$
2. 최종값 정리 : $e(\infty)=\lim\limits_{t\to\infty}e(t)=\lim\limits_{z\to 1}(1-z^{-1})E(z)$

【정답】 ③

70. $\overline{\text{A}}+\overline{\text{B}}\cdot\overline{\text{C}}$와 등가인 논리식은?

① $\overline{\text{A}\cdot(\text{B}+\text{C})}$ ② $\overline{\text{A}+\text{B}\cdot\text{C}}$

③ $\overline{\text{A}\cdot\text{B}+\text{C}}$ ④ $\overline{\text{A}\cdot\text{B}}+\text{C}$

|정|답|및|해|설|

[드모르간의 정리]

1. $\overline{\text{A}+\text{B}}=\overline{\text{A}}\cdot\overline{\text{B}}$ 2. $\overline{\text{A}\cdot\text{B}}=\overline{\text{A}}+\overline{\text{B}}$

∴ $\overline{\text{A}}+\overline{\text{B}}\cdot\overline{\text{C}}=\overline{\text{A}}+\overline{(\text{B}+\text{C})}=\overline{\text{A}\cdot(\text{B}+\text{C})}$ 【정답】 ①

71. 회로에서 $t=0$초 일 때 닫혀 있는 스위치 s를 열었다. 이때 $\dfrac{dv(0^+)}{dt}$의 값은? (단, C의 초기 전압은 0[V]이다.)

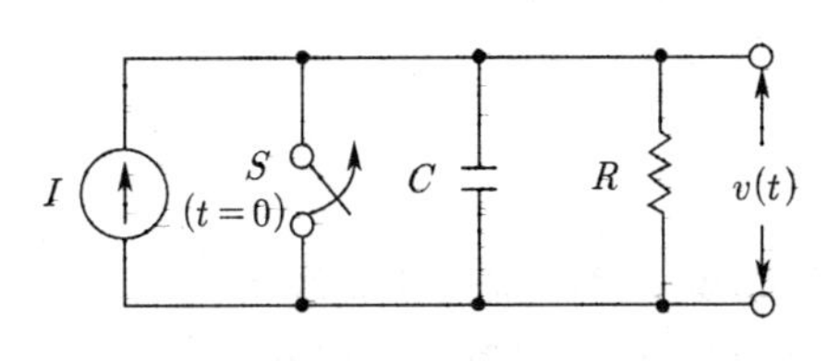

① $\dfrac{1}{RI}$ ② $\dfrac{C}{I}$

③ RI ④ $\dfrac{I}{C}$

|정|답|및|해|설|

[초기값의 변화]

C에 흐르는 전류 $i_c(t)=C\dfrac{dv(t)}{dt}$

$i_c(0)=C\dfrac{dv(0)}{dt}=I \rightarrow \therefore\dfrac{dv(0^+)}{dt}=\dfrac{I}{C}$ 【정답】 ④

72. $F(s)=\dfrac{2s^2+s-3}{s(s^2+4s+3)}$ 의 라플라스 역변환은?

① $1-e^{-t}+2e^{-3t}$

② $1-e^{-t}-2e^{-3t}$

③ $-1-e^{-t}-2e^{-3t}$

④ $-1+e^{-t}+2e^{-3t}$

|정|답|및|해|설|

[라플라스 역변환] s함수를 t함수로 바꾸는 것

1. $F(s)=\dfrac{2s^2+s-3}{s(s^2+4s+3)}=\dfrac{2s^2+s-3}{s(s+1)(s+3)}$ → (분모 인수분해)

2. $F(s)=\dfrac{K_1}{s}+\dfrac{K_2}{s+1}+\dfrac{K_3}{s+3}$

→ (기본 모양으로 변환, 즉 곱을 합으로 바꾼다.)

→ (분자를 미지수 K_1, K_2, K_3로 놓는다.)

3. 각 미지수의 값을 찾는다.

- $K_1=F(s)\,s|_{s=0}=\left.\dfrac{2s^2+s-3}{(s+1)(s+3)}\right|_{s=0}=-1$

- $K_2=F(s)\,(s+1)|_{s=-1}=\left.\dfrac{2s^2+s-3}{s(s+3)}\right|_{s=-1}=1$

- $K_3=F(s)\,(s+3)|_{s=-3}=\left.\dfrac{2s^2+s-3s}{s(s+1)}\right|_{s=-3}=2$

4. $F(s)=\dfrac{K_1}{s}+\dfrac{K_2}{s+1}+\dfrac{K_3}{s+3}=\dfrac{-1}{s}+\dfrac{1}{s+1}+\dfrac{2}{s+3}$

→ ($\dfrac{1}{S}$: 단위계단함수 $u(t)=1$, $\dfrac{1}{s+1}$: 지수감쇠 e^{-t}

$\dfrac{1}{s+3}$: 지수감쇠 e^{-3t})

$\therefore f(t)=-1+e^{-t}+2e^{-3t}$ 【정답】 ④

73. 전압 및 전류가 다음과 같을 때 유효전력[W] 및 역률[%]은 각각 약 얼마인가?

$$v(t)=100\sin\omega t-50\sin(3\omega t+30^\circ)+20\sin(5\omega t+45^\circ)\,[V]$$

$$i(t)=20\sin(\omega t+30^\circ)+10\sin(3\omega t-30^\circ)+5\cos 5\omega t\,[A]$$

① 825[W], 48.6[%]

② 776.4[W], 59.7[%]

③ 1,120[W], 77.4[%]

④ 1,850[W], 89.6[%]

|정|답|및|해|설|

[유효전력[W] 및 역률[%]]

1. 위상차 구할 때 함수를 맞추어야 한다. 따라서 전류의 cos을 sin으로 고친다. 즉, $5\cos 5\omega t$ → $5\sin(5\omega t+90^\circ)$

2. 유효전력 $P=V_1I_1\cos\theta_1+V_3I_3\cos\theta_3+V_5I_5\cos\theta_5$

→ (V, I : 실효값$(=\frac{V_m}{\sqrt{2}})$)

→ (위상차 : 전류의 위상−전압의 위상)

$$P=\frac{100}{\sqrt{2}}\frac{20}{\sqrt{2}}\cos(30-0)^\circ-\frac{50}{\sqrt{2}}\frac{10}{\sqrt{2}}\cos(30-(-30))^\circ+\frac{20}{\sqrt{2}}\frac{5}{\sqrt{2}}\cos(90-45)^\circ=776.4[W]$$

3. 피상전력 $P_a=VI$

$$=\sqrt{\frac{100^2+(-50)^2+20^2}{2}}\times\sqrt{\frac{20^2+10^2+5^2}{2}}=1300.86[VA]$$

4. 역률 $\cos\theta=\dfrac{P}{P_a}=\dfrac{776.4}{1300.86}\times 100=59.7[\%]$ 【정답】 ②

74. △ 결선된 대칭 3상 부하가 $0.5[\Omega]$인 저항만의 선로를 통해 평형 3상 전압원에 연결되어 있다. 이 부하의 소비전력이 1800[W]이고 역률이 0.8(지상)일 때, 선로에서 발생하는 손실이 50[W]이면 부하의 단자전압[V]의 크기는?

① 627 ② 525

③ 326 ④ 225

|정|답|및|해|설|

[부하의 단자전압(선간전압)] $V=\dfrac{P}{\sqrt{3}I\cos\theta}[V]$

1. $I_l=\sqrt{\dfrac{P_l}{3R}}=\sqrt{\dfrac{50}{3\times 0.5}}=\sqrt{\dfrac{100}{3}}[A]$

→ (선로손실 $P_l=3I^2R$)

2. 소비전력 $P=\sqrt{3}\,VI\cos\theta$에서

∴단자전압 $V=\dfrac{P}{\sqrt{3}I\cos\theta}=\dfrac{1,800}{\sqrt{3}\times\sqrt{\dfrac{100}{3}}\times 0.8}=225[V]$

【정답】 ④

75. 특성임피던스가 $400[\Omega]$인 회로 끝부분에 1200 $[\Omega]$의 부하가 연결되어 있다. 전원측에 20[kV]의 전압을 인가할 때 반사파의 크기[kV]는? (단, 선로에서의 전압 감쇠는 없는 것으로 간주한다.)

① 3.3　　② 5　　③ 10　　④ 33

|정|답|및|해|설|

[반사파전압] 반사파 전압 = 반사 계수(β)× 입사 전압

반사계수 $\sigma = \dfrac{Z_2 - Z_1}{Z_2 + Z_1} = \dfrac{Z_L - Z_0}{Z_L + Z_0} = \dfrac{1,200 - 400}{1,200 + 400} = 0.5$

여기서, Z_1 : 선로임피던스, Z_2 : 부하임피던스

∴반사파 전압 = 반사 계수(β)× 입사 전압 $= 0.5 \times 20 = 10[\text{kV}]$

※투과계수 $\rho = \dfrac{2Z_2}{Z_1 + Z_2}$

【정답】 ③

76. 그림과 같이 △ 회로를 Y회로로 등가 변환하였을 때 임피던스 $Z_a[\Omega]$는?

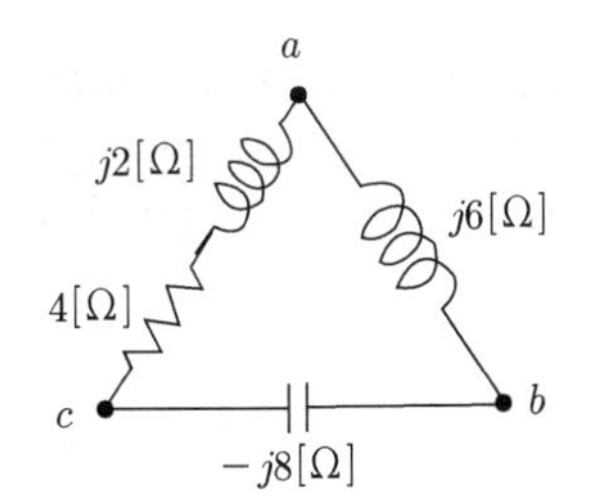

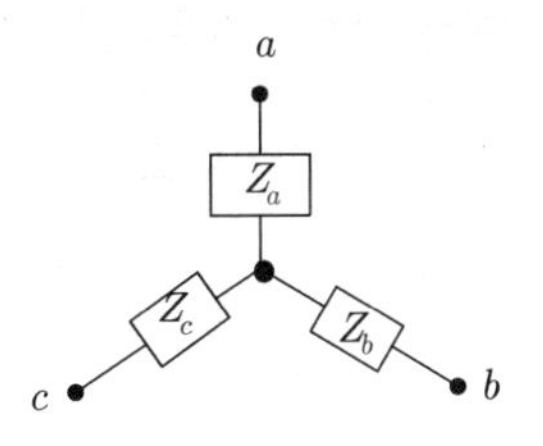

① 12　　② $-3+j6$

③ $4-j8$　　④ $6+j8$

|정|답|및|해|설|

[임피던스]

$Z_{ab} = 6[\Omega]$, $Z_{bc} = -j8[\Omega]$, $Z_{ca} = 4 + j2[\Omega]$

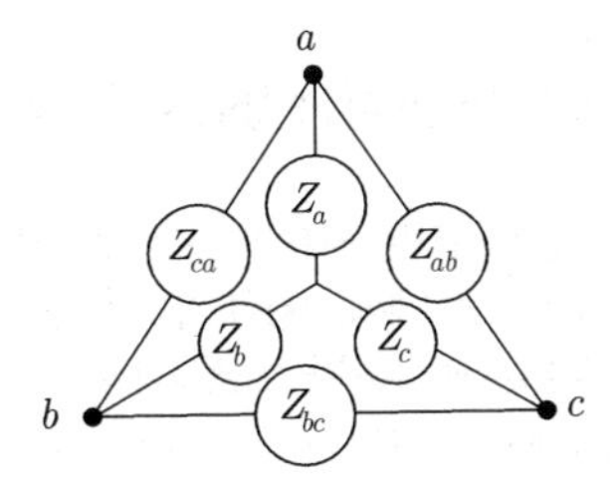

$$Z_a = \frac{Z_{ca} + Z_{ab}}{Z_{ab} + Z_{bc} + Z_{ca}} = \frac{j6(4+j2)}{j6 + (-j8) + (4+j2)} = \frac{-12 + j24}{4}$$
$$= -3 + j6[\Omega]$$

【정답】 ②

77. 그림과 같은 H형의 4단자 회로망에서 4단자정수(전송파라미터) A는? (단, V_1은 입력전압이고, V_2는 출력전압이고, A는 출력 개방 시 회로망의 전압이득$\left(\dfrac{V_1}{V_2}\right)$이다.)

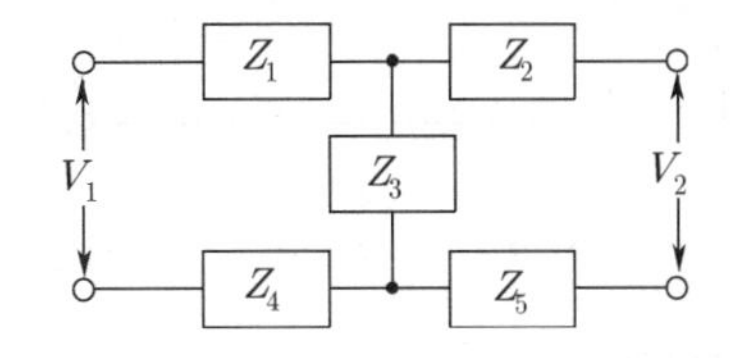

① $\dfrac{Z_1 + Z_2 + Z_3}{Z_3}$　　② $\dfrac{Z_1 + Z_3 + Z_4}{Z_3}$

③ $\dfrac{Z_2 + Z_3 + Z_5}{Z_3}$　　④ $\dfrac{Z_3 + Z_4 + Z_5}{Z_3}$

|정|답|및|해|설|

[4단자정수] H형 회로를 T형 회로로 등가 변환

1. 기본 T형으로 바꾼다.
   문제에서 가로축에 있는 성분을 더한다.

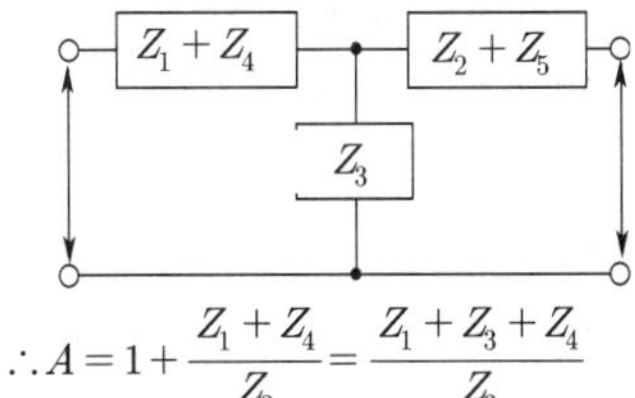

$$\therefore A = 1 + \frac{Z_1 + Z_4}{Z_3} = \frac{Z_1 + Z_3 + Z_4}{Z_3}$$

→ (왼쪽에서 오른쪽으로 대각선, 밑에 있는 것이 분모)

【정답】 ②

78. △결선된 평형 3상 부하로 흐르는 선전류가 I_a, I_b, I_c일 때, 이 부하로 흐르는 영상분 전류 $I_0[\text{A}]$는?

① $3I_a$　　② I_a　　③ $\dfrac{1}{3}I_a$　　④ 0

|정|답|및|해|설|

[영상전류] $I_0 = \dfrac{1}{3}(I_a + I_b + I_c)$

평형(대칭) 3상 전류의 합 $I_a + I_b + I_c = 0$이므로

∴영상전류 $I_0 = 0[\text{A}]$

【정답】 ④

※1. 정상분 전류 $I_0 = \dfrac{1}{3}(I_a + aI_b + a^2 I_c)$

2. 역상분 전류 $I_2 = \dfrac{1}{3}(I_a + a^2 I_b + aI_c)$

→ ($a : 1\angle 120$, $a^2 : 1\angle 240$)

79. 회로에서 전압 V_{ab}[V]는?

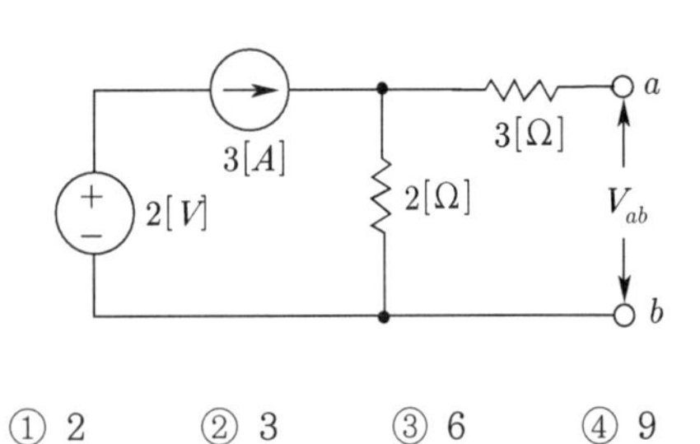

① 2 ② 3 ③ 6 ④ 9

|정|답|및|해|설|

[회로의 전압(중첩의 원리)] V_{ab}는 2[Ω]의 단자전압이므로 중첩의 정리에 의해 2[Ω]에 흐르는 전류를 구한다.

1. 3[A]의 전류원 존재 시 : 전압원 2[V] 단락

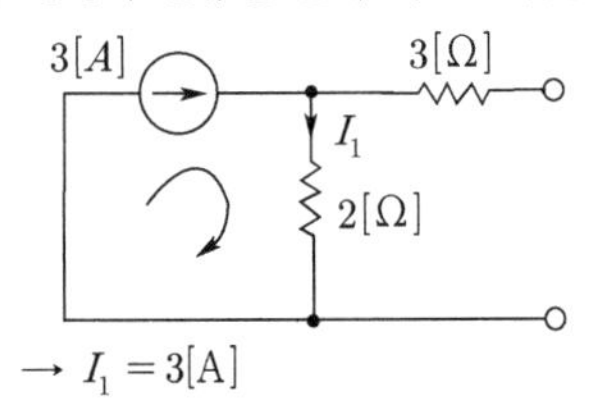

→ $I_1 = 3[A]$

2. 2[V]의 전압원 존재 시 : 전류원 3[A] 개방

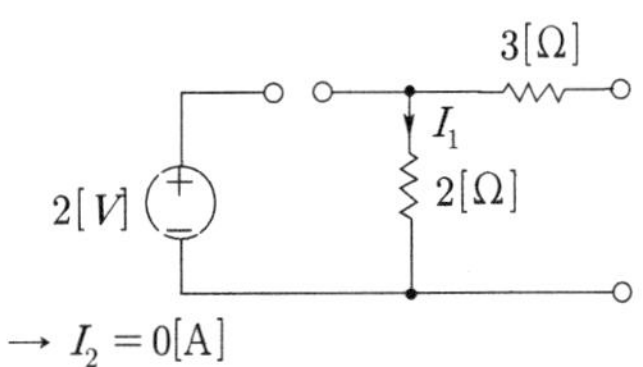

→ $I_2 = 0[A]$

3. 전체 전류 $I = I_1 + I_2 = 3 + 0 = 3[A]$

$\therefore V_{ab} = IR = 2 \times 3 = 6[V]$ 【정답】 ③

80. 저항 $R = 15[\Omega]$과 인덕턴스 $L = 3[mH]$를 병렬로 접속한 회로의 서셉턴스의 크기는 약 몇 [℧]인가? (단, $\omega = 2\pi \times 10^5$)

① 3.2×10^{-2} ② 8.6×10^{-3}
③ 5.3×10^{-4} ④ 4.9×10^{-5}

|정|답|및|해|설|

[회로의 서셉턴스(B)] $B = \frac{1}{Z}[℧]$

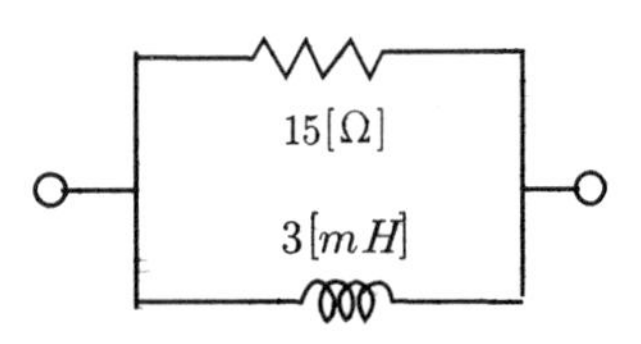

임피던스 $Z = \sqrt{R^2 + (\omega L)^2}\,[\Omega]$

$= \sqrt{15^2 + (2\pi \times 10^5 \times 3 \times 10^{-3})^2} = 1{,}885[\Omega]$

$\therefore$서셉턴스 $B = \frac{1}{Z} = \frac{1}{1{,}885} = 5.3 \times 10^{-4}[℧]$

【정답】 ③

1회 2021년 전기기사필기 (전기설비기술기준)

81. 사용전압이 22.9[kV]인 가공전선로의 다중접지한 중성선과 첨가 통신선의 간격은 몇 [cm] 이상이어야 하는가? (단, 특고압 가공전선로는 중성선 다중접지의 것으로 전로에 지락이 생긴 경우 2초 이내에 자동적으로 이를 전로로부터 차단하는 장치가 되어 있는 것으로 한다.)

① 60 ② 75
③ 100 ④ 120

|정|답|및|해|설|

[25[kV] 이하인 특고압 가공전선로의 시설 (kec 333.32)] 사용전압이 22.9[kV]인 가공전선로의 다중접지한 중성선과 첨가 통신선의 간격(이격거리)은 60[cm] 이다. 【정답】 ①

82. 전격살충기의 전격격자는 지표 또는 바닥에서 몇 [m] 이상의 높이에 시설하여야 하는가?

① 1.5 ② 2 ③ 2.8 ④ 3.5

|정|답|및|해|설|

[전격살충기 시설 (KEC 241.7)]

1. 전격살충기는 전격격자가 지표상 또는 마루위 3.5[m] 이상의 높이가 되도록 시설할 것
2. 2차측 개방 전압이 7[kV] 이하인 절연변압기를 사용하고 또한 보호격자의 내부에 사람이 손을 넣거나 보호격자에 사람이 접촉할 때에 절연 변압기의 1차측 전로를 자동적으로 차단하는 보호장치를 설치한 것은 지표상 또는 마루위 1.8[m] 높이까지로 감할 수 있다.
3. 전격살충기의 전격격자와 다른 시설물(가공전선을 제외) 또는 식물 사이의 간격(이격거리)은 30[cm] 이상일 것 【정답】 ④

83. 저압 옥내배선에 사용하는 연동선의 최소 굵기는 몇 $[mm^2]$이상인가?

① 1.5 ② 2.5
③ 4.0 ④ 6.0

|정|답|및|해|설|
[저압 옥내배선의 사용전선 (kec 231.3.1)]
저압 옥내 배선의 사용 전선은 2.5[㎟] 연동선
【정답】 ②

84. 발전소 등의 울타리 담 등을 시설할 때 사용전압이 154[kV]인 경우 울타리 담 등의 높이와 울타리 담 등으로부터 충전부분까지의 거리의 합계는 몇 [m] 이상 이어야 하는가?

① 5 ② 6 ③ 8 ④ 10

|정|답|및|해|설|
[특고압용 기계 기구의 시설 (KEC 341.4)] 기계 기구를 지표상 5[m] 이상의 높이에 시설하고 또한 사람이 접촉할 우려가 없도록 시설하는 경우 다음과 같이 시설한다.

사용 전압의 구분	울타리의 높이와 울타리로부터 충전부분까지의 거리의 합계 또는 지표상의 높이
35[kV] 이하	5[m]
35[kV] 초과 160[kV] 이하	6[m]
160[kV] 초과	· 거리=6 + 단수 × 0.12[m] · 단수=$\frac{사용전압[kV]-160}{10}$ → (단수 계산에서 소수점 이하는 절상)

【정답】 ②

85. 다음 ( ) 에 들어갈 내용으로 알맞은 것은?

> 지중 전선로는 기설 지중 약전류 전선로에 대하여 (①) 또는 (②)에 의하여 통신상의 장해를 주지 않도록 기설 약전류 전선으로부터 충분히 이격시키거나 기타 적당한 방법으로 시설하여야 한다.

① ① 정전용량 ② 표피작용
② ① 정전용량 ② 유도작용
③ ① 누설전류 ② 표피작용
④ ① 누설전류 ② 유도작용

|정|답|및|해|설|
[지중약전류전선의 유도장해 방지 (KEC 334.5)] 지중전선로는 기설 지중약전류전선로에 대하여 누설전류 또는 유도작용에 의하여 통신상의 장해를 주지 않도록 기설 약전류전선로로부터 충분히 이격시키거나 기타 적당한 방법으로 시설하여야 한다. 【정답】 ④

86. 사용전압이 22.9[kV]인 가공전선이 삭도와 제1차 접근 상태로 시설되는 경우, 가공전선과 삭도 또는 삭도용 지주 사이의 간격은 몇 [m] 이상 이어야 하는가? (단, 가공전선으로는 특고압 절연전선을 사용한다고 한다.)

① 0.5[m] ② 1.0[m]
③ 1.5[m] ④ 2.0[m]

|정|답|및|해|설|
[특고압 가공전선과 삭도의 접근 또는 교차 (KEC 333.25)]

사용전압의 구분	간격(이격거리)
35[kV] 이하	2[m] (전선이 특고압 절연전선인 경우는 1[m], 케이블인 경우는 50[cm]
35[kV] 초과 60[kV] 이하	2[m]
60[kV] 초과	2[m]에 사용전압이 60[kV]를 초과하는 10[kV] 또는 그 단수마다 12[cm]를 더한 값

【정답】 ②

87. 사용전압이 22.9[kV]의 가공전선로를 시가지에 시설하는 경우 전선의 지표상 높이는 최소 몇 [m] 이상인가? (단, 전선은 특고압 절연전선을 사용한다.)

① 6 ② 7 ③ 8 ④ 10

|정|답|및|해|설|
[시가지 등에서 특고압 가공전선로의 시설 (KEC 333.1)]
시가지에 특고압이 시설되는 경우 전선의 지표상 높이는 35[kV] 이하 10[m](특고압 절연 전선인 경우 8[m] 이상), 35[kV]를 넘는 경우 10[m]에 35[kV]를 넘는 10[kV] 또는 그 단수마다 12[cm]를 더한 값으로 한다. 【정답】 ③

88. "리플프리(Ripple-free)직류"란 교류를 직류로 변환할 때 리플성분의 실효값이 몇 [%] 이하로 포함된 직류를 말하는가?

① 3 ② 5 ③ 10 ④ 15

|정|답|및|해|설|

[주요 용어의 정의 (KEC 112)] 리플프리직류 : 교류를 직류로 변환할 때 리플성분의 실효값이 10[%] 이하로 포함된 직류를 말한다.

【정답】 ③

89. 저압 전로에서 정전이 어려운 경우 등 절연저항 측정이 곤란한 경우 저항 성분의 누설전류가 몇 [mA] 이하이면 그 전로의 절연성능은 적합한 것으로 보는가?

① 1 ② 2 ③ 3 ④ 4

|정|답|및|해|설|

[비도전성 장소 (KEC 211.9.1)] 계통외도전부의 절연 또는 절연배치. 절연은 충분한 기계적 강도와 2[kV] 이상의 시험전압에 견딜 수 있어야 하며, 누설전류는 통상적인 사용 상태에서 1[mA]를 초과하지 말아야 한다.

【정답】 ①

90. 소수 냉각식 발전기·무효전력보상장치(조상기) 또는 이에 부속하는 수소냉각장치의 시설방법으로 틀린 것은?

① 발전기 안 또는 무효 전력 보상 장치 안의 수소의 순도가 70[%] 이하로 저하한 경우에 경보장치를 시설할 것
② 발전기는 기밀구조의 것이고 또한 수소가 대기압에서 폭발하는 경우 생기는 압력에 견디는 강도를 가지는 것일 것
③ 발전기 안의 소수 온도를 계측하는 장치를 시설할 것
④ 발전기 안의 수소의 압력을 계측하는 장치 및 그 압력이 현저히 변동할 경우에 이를 경보하는 장치를 시설할 것

|정|답|및|해|설|

[수소냉각식 발전기 등의 시설 (kec 351.10)]

1. 발전기 또는 무효전력보상장치(조상기)는 기밀구조의 것이고 또한 수소가 대기압에서 폭발하는 경우 생기는 압력에 견디는 강도를 가질 것
2. 발전기축의 밀봉부에는 질소 가스를 봉입할 수 있는 장치와 누설한 수소 가스를 안전하게 외부에 방출할 수 있는 장치를 시설할 것
3. 발전기, 무효전력보상장치(조상기) 안의 수소 순도가 85[%] 이하로 저하한 경우 경보장치를 시설할 것

【정답】 ①

91. 저압 절연전선으로 「전기용품 및 생활용품 안전관리법」의 적용을 받는 것 이외에 KS에 적합한 것으로서 사용할 수 없는 것은?

① 450/750[V] 고무절연전선
② 450/750[V] 비닐절연전선
③ 450/750[V] 알루미늄절연전선
④ 450/750[V] 저독성 난연 폴리올레핀절연전선

|정|답|및|해|설|

[전선의 종류 (KEC 122)] [절연전선]

저압 절연전선은 450/750[V] 비닐절연전선, 450/750[V] 저독난연 폴리올레핀 절연전선, 450/750[V] 고무절연전선을 사용하여야 한다.

【정답】 ③

92. 가요전선관공사에 의한 저압 옥내배선의 방법으로 틀린 것은?

① 가요전선관 안에는 전선의 접속점이 없어야 한다.
② 전선은 절연전선(옥외용 비닐 절연전선을 제외)일 것
③ 점검할 수 없는 은폐된 장소에는 1종 가요전선관을 사용할 수 있다.
④ 2종 금속제 가요전선관을 사용하는 경우에 습기가 많은 장소 또는 물기가 있는 장소에는 비닐 피복 1종 가요전선관에 한한다.

|정|답|및|해|설|

[금속제 가요전선관공사 (kec 232.13)]

1. 전선은 절연전선(옥외용 비닐 절연전선을 제외)일 것
2. 전선은 연선일 것. 다만, 단면적 10[mm^2](알루미늄선은 단면적 16[mm^2]) 이하인 것은 그러하지 아니하다.
3. 가요전선관 안에는 전선에 접속점이 없도록 할 것
4. 관의 지지점간의 거리는 1[m] 이하
5. 가요전선관은 2종 금속제 가요전선관일 것. 다만, 전개된 장소 또는 점검할 수 있는 은폐된 장소에는 1종 가요전선관을 사용할 수 있다.
6. 1종 금속제 가요 전선관은 두께 0.8[mm] 이상인 것일 것

【정답】 ③

93. 전기철도차량에 전력을 공급하는 전차선의 가선방식에 포함되지 않는 것은?

① 가공방식
② 강체방식
③ 제3레일방식
④ 지중조가선방식

|정|답|및|해|설|

[전차선 가선방식 (kec 431.1)] 전차선의 가선방식은 열차의 속도 및 노반의 형태, 부하전류 특성에 따라 적합한 방식을 채택하여야 하며, 가공방식, 강체방식, 제3레일방식을 표준으로 한다.

【정답】 ④

94. 터널 안의 전선로의 저압전선이 그 터널 안의 다른 저압전선(관등회로의 배선은 제외), 약전류전선 등 또는 수관/가스관이나 이와 유사한 것과 접근하거나 교차하는 경우, 저압전선을 애자공사에 의하여 시설하는 때에는 간격이 몇 [cm] 이상이어야 하는가?

① 10 ② 15 ③ 20 ④ 25

|정|답|및|해|설|

[배선설비와 다른 공급설비와의 접근 (kec 232.16.7)] 저압 옥내배선이 다른 저압 옥내배선 또는 관등회로의 배선과 접근하거나 교차하는 경우에 애자사용공사에 의하여 시설하는 저압 옥내배선과 다른 저압 옥내배선 또는 관등회로의 배선 사이의 간격(이격거리)은 0.1[m](애자사용공사에 의하여 시설하는 저압 옥내배선이 나전선인 경우에는 0.3[m]) 이상이어야 한다. 다만, 다음의 어느 하나에 해당하는 경우에는 그러하지 아니하다.

【정답】 ①

|참|고|

[터널 안 수도관, 가스관, 약전류전선과의 간격(이격거리)]
1. 저압 : 10[cm]
2. 고압 : 15[cm]
3. 특고압 : 60[cm]
4. 나전선 : 30[cm]

95. 전기철도의 설비를 보호하기 위해 시설하는 피뢰기의 시설기준으로 틀린 것은?

① 변전소 인입측 및 급전선 인출측
② 피뢰기는 가능한 한 보호하는 기기와 가깝게 시설하되 누설전류 측정이 용이하도록 지지대와 절연하여 설치한다.
③ 피뢰기는 개방형을 사용하고 유효 보호거리를 증가시키기 위하여 방전개시전압 및 제한전압이 낮은 것을 사용한다.
④ 피뢰기는 가공전선과 직접 접속하는 지중케이블에서 낙뢰에 의해 절연파괴의 우려가 있는 케이블 단말에 설치하여야 한다.

|정|답|및|해|설|

[전기철도의 설비를 위한 보호 (kec 450)]

[피뢰기의 선정 (kec 451.4)] 피뢰기는 밀봉형을 사용하고 유효 보호거리를 증가시키기 위하여 방전개시전압 및 제한전압이 낮은 것을 사용한다.

【정답】 ③

96. 전선의 단면적이 38[mm^2]인 경동연선을 사용하고 지지물로는 B종 철주 또는 B종 철근 콘크리트주를 사용하는 특고압 가공 전선로를 제3종 특고압 보안공사에 의하여 시설하는 경우의 지지물 간 거리(경간)는 몇 [m] 이하이어야 하는가?

① 100[m] ② 150[m]
③ 200[m] ④ 250[m]

|정|답|및|해|설|

[특고압 보안공사 (KEC 333.22)]

지지물의 종류	표준 지지물간 거리(경간)	저•고압 보안공사	1종 특고 보안 공사	2, 3종 특고 보안 공사
목주, A종 철주, A종 철근 콘크리트주	150	100		100
B종 철주, B종 철근 콘크리트주	250	150	150	200
철 탑	600	400	400	400

【정답】 ③

97. 가공전선로의 지지물에 시설하는 지지선으로 연선을 사용할 경우에는 소선이 최소 몇 가닥 이상이어야 하는가?

① 3가닥 ② 4가닥
③ 5가닥 ④ 6가닥

|정|답|및|해|설|

[지지선의 시설 (KEC 331.11)]
1. 철탑은 지지선으로 지지하지 않는다.
2. 지지선의 안전율은 2.5 허용인장하중은 4.31[KN]
3. 소선은 3가닥 이상의 연선이며 지름 2.6[mm] 이상의 금속선을 사용한다.
4. 지중부분 및 지표상 30[cm] 까지 부분에는 아연 도금한 철봉을 사용할 것
5. 지지선의 높이는 도로 횡단 시 5[m](교통에 지장이 없는 경우 4.5[m])

【정답】 ①

98. 태양광설비에 시설하여야 하는 계측기의 계측 대상에 해당하는 것은?

① 전압과 전류 ② 전력과 역률
③ 전류와 역률 ④ 역률과 주파수

|정|답|및|해|설|

[계측장치의 시설 (KEC 351.6)] 발전기·연료전지 또는 태양전지 모듈의 전압 및 전류 또는 전력

【정답】 ①

99. 교통신호등 회로의 사용전압은 몇 [V]를 넘는 경우는 전로에 지락이 생겼을 경우 자동적으로 전로를 차단하는 누전차단기를 시설하는가?

① 60 ② 150
③ 300 ④ 450

|정|답|및|해|설|

[교통신호등 (KEC 234.15)] 교통신호등 회로의 사용전압이 150[V]를 넘는 경우는 전로에 지락이 생겼을 경우 자동적으로 전로를 차단하는 누전차단기를 시설할 것

|참|고|

[사용전압]
1. 대부분의 사용전압 → 400[V]
2. 예외인 경우
   ① 전기울타리 사용전압 → 250[V]
   ② 신호등 사용전압 → 300[V]

【정답】 ②

100. 저압전로의 보호도체 및 중성선의 접속 방식에 따른 접지계통의 분류가 아닌 것은?

① IT계통 ② TN계통
③ TT계통 ④ TC계통

|정|답|및|해|설|

[계통접지 구성 (KEC 203.1)] 보호도체 및 중성선의 접속 방식에 따라 접지계통은 다음과 같이 분류한다.
1. TN 계통
2. TT 계통
3. IT 계통

【정답】 ④

2021년 2회 전기기사 필기 기출문제

2회 2021년 전기기사필기 (전기자기학)

1. 비투자율이 350인 환상 철심 내부의 평균 자계의 세기가 342[AT/m]일 때 자화의 세기는 약 몇 [Wb/m^2]인가?

① 0.12　　② 0.15
③ 0.18　　④ 0.21

|정|답|및|해|설|

[자화의 세기] $J = \mu_0(\mu_s - 1)H = \lambda H = B\left(1 - \frac{1}{\mu_s}\right)$

$\therefore J = \mu_0(\mu_s - 1)H$

$= 4\pi \times 10^{-7} \times (350-1) \times 342 = 0.15[\text{Wb/m}^2]$　　【정답】 ②

2. 공기 중에서 반지름 0.03[m]의 구도체에 줄 수 있는 최대 전하는 약 몇 [C]인가? (단, 이 구도체의 주위 공기에 대한 절연내력은 $5 \times 10^6[\text{V/m}]$이다.)

① 5×10^{-7}　　② 2×10^{-6}
③ 5×10^{-5}　　④ 2×10^{-4}

|정|답|및|해|설|

[축적된 전하] $Q = CV = CEr = 4\pi\epsilon_0 r^2 E[\text{C}]$

전계 $E = \frac{Q}{4\pi\varepsilon_0 r^2}[\text{V/m}]$ → 전하 $Q = E \times 4\pi\varepsilon_0 r^2$

$\therefore Q = E \times 4\pi\varepsilon_0 r^2$

$= 5 \times 10^6 \times 4\pi \times 8.855 \times 10^{-12} \times 0.03^2 = 5 \times 10^{-7}[V/m]$

【정답】 ①

3. 두 종류의 유전율(ϵ_1, ϵ_2)을 가진 유전체가 서로 접하고 있는 경계면에 진전하가 존재하지 않을 때 성립하는 경계조건으로 옳은 것은? (단, E_1, E_2는 각 유전체에서의 전계이고, D_1, D_2는 각 유전체에서의 전속밀도이고, θ_1, θ_2는 각각 경계면의 법선 벡터와 E_1, E_2가 이루는 각이다.)

① $E_1\cos\theta_1 = E_2\cos\theta_2$,
$D_1\sin\theta_1 = D_2\sin\theta_2$, $\frac{\tan\theta_1}{\tan\theta_2} = \frac{\epsilon_2}{\epsilon_1}$

② $E_1\cos\theta_1 = E_2\cos\theta_2$,
$D_1\sin\theta_1 = D_2\sin\theta_2$, $\frac{\tan\theta_1}{\tan\theta_2} = \frac{\epsilon_1}{\epsilon_2}$

③ $E_1\sin\theta_1 = E_2\sin\theta_2$,
$D_1\cos\theta_1 = D_2\cos\theta_2$, $\frac{\tan\theta_1}{\tan\theta_2} = \frac{\epsilon_2}{\epsilon_1}$

④ $E_1\sin\theta_1 = E_2\sin\theta_2$,
$D_1\cos\theta_1 = D_2\cos\theta_2$, $\frac{\tan\theta_1}{\tan\theta_2} = \frac{\epsilon_1}{\epsilon_2}$

|정|답|및|해|설|

[유전체의 경계면에서 경계 조건]

1. 전계 E의 접선성분(수평성분)의 크기는 같다.
$E_1\sin\theta_1 = E_2\sin\theta_2$ → 평행(수평)성분
2. 전속밀도 D의 법선성분(수직성분)의 크기는 같다.
$D_1\cos\theta_1 = D_2\cos\theta_2$ → 수직성분
3. 입사각(θ_1), 굴절각(θ_2)
유전율의 크기와 굴절각의 크기는 비례
$\frac{\tan\theta_1}{\tan\theta_2} = \frac{\varepsilon_1}{\varepsilon_2} \propto \frac{\theta_1}{\theta_2}$

【정답】 ④

4. 진공 중에 놓인 Q[C]의 전하에서 발산되는 전기력선의 수는?

① Q　　② ϵ_o
③ $\frac{Q}{\epsilon_o}$　　④ $\frac{\epsilon_o}{Q}$

|정|답|및|해|설|

[진공중에서 전기력선의 수] $n = \frac{Q}{\epsilon_0}$[개]

가우스의 정리 $\int_s EdS = \frac{Q}{\epsilon_0}$[개]

유전체의 경우 $n = \frac{Q}{\epsilon_0\epsilon_s}$[개]이다.

※전속선의 수는 유전율과 무관하므로 $n = Q$[개]이다.

【정답】 ③

5. 유전율 ε, 전계의 세기 E인 유전체의 단위 체적당 축적되는 정전에너지는?

① $\dfrac{E}{2\varepsilon}$ ② $\dfrac{\varepsilon E}{2}$

③ $\dfrac{\varepsilon E^2}{2}$ ④ $\dfrac{\varepsilon^2 E^2}{2}$

|정|답|및|해|설|

[단위 체적당 축적되는 정전에너지] =정전흡인력=정전응력=대전 도체에 작용하는 힘=면(판)에 작용하는 힘[N/m^2]

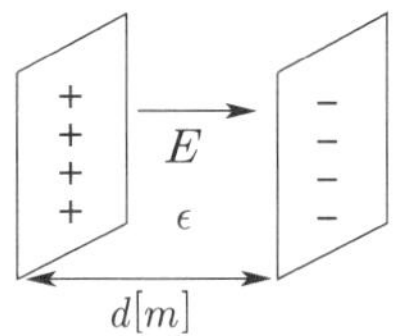

→ (정전흡인력 : (+)와 (-)가 서로 당기는 힘)

$$f[N/m^2] = W[J/m^3] = \frac{1}{2}\varepsilon E^2 = \frac{D^2}{2\varepsilon} = \frac{1}{2}ED[J/m^3]$$

【정답】 ③

6. 진공 중의 평등 자계 H_0 중에 반지름이 $a[m]$이고, 투자율이 μ인 구자성체가 있다. 이 구자성체의 감자율은? (단, 구자성체 내부의 자계는 $H = \dfrac{3\mu_0}{2\mu_0 + \mu}H_0$이다.)

① 1 ② $\dfrac{1}{2}$ ③ $\dfrac{1}{3}$ ④ $\dfrac{1}{4}$

|정|답|및|해|설|

[구자성체의 감자율]

1. 자화의 세기 $J = \dfrac{\mu_0(\mu_s - 1)}{1 + N(\mu_s - 1)}H_0$

2. 감자력 $H' = H_0 - H = \dfrac{N}{\mu_0}J$

$$H_0 - H = H_0 - \frac{3\mu_0}{2\mu_0 + \mu}H_0 = \left(1 - \frac{3}{2 + \mu_s}\right)H_0 = \frac{\mu_s - 1}{2 + \mu_s}H_0$$

3. $\dfrac{N}{\mu_0}J = \dfrac{N}{\mu_0}\dfrac{\mu_0(\mu_s - 1)}{1 + N(\mu_s - 1)}H_0 = \dfrac{N(\mu_s - 1)}{1 + N(\mu_s - 1)}H_0$

$\dfrac{\mu_s - 1}{2 + \mu_s}H_0 = \dfrac{N(\mu_s - 1)}{1 + N(\mu_s - 1)}H_0$

$\dfrac{1}{2 + \mu_s} = \dfrac{N}{1 + N(\mu_s - 1)}$

∴구자성체의 감자율 $N = \dfrac{1}{3}$

【정답】 ③

|참|고|

[감자율(N)]

1. 가늘고 긴 막대자성체의 N≒0
2. 굵고 짧은 막대자성체의 N≒1
3. 구자성체 N≒$\dfrac{1}{3}$
4. 환상솔레노이드 N=0

7. 단면적이 균일한 환상 철심에 권수 N_A인 A코일과 권수 N_B인 B 코일이 있을 때, B 코일의 자기인덕턴스가 L_A[H]라면 두 코일의 상호인덕턴스[H]는? (단, 누설자속은 0이다.)

① $\dfrac{L_A N_A}{N_B}$ ② $\dfrac{L_A L_B}{N_A}$

③ $\dfrac{N_A}{L_A N_B}$ ④ $\dfrac{N_B}{L_A N_A}$

|정|답|및|해|설|

[두 코일의 상호인덕턴스] $M = k\sqrt{L_1 L_2} = \dfrac{\mu S N_A N_B}{l}[H]$

→ (누설자속 0이면 결합계수 $k = 0$)

1. A 코일의 자기인덕턴스 $L_B = \dfrac{\mu {N_A}^2 \cdot S}{l}$[H]

2. B 코일의 자기인덕턴스 $L_A = \dfrac{\mu {N_B}^2 \cdot S}{l}$[H]

∴상호인덕턴스 $M = \dfrac{\mu N_A N_B S}{l} = \dfrac{\mu N_A N_B S}{l} \cdot \dfrac{N_B}{N_B}$

$= \dfrac{\mu {N_B}^2 S}{l} \cdot \dfrac{N_A}{N_B} = \dfrac{L_A N_A}{N_B}$[H]

【정답】 ①

8. 비투자율이 50인 환상 철심을 이용하여 100[cm] 길이의 자기회로를 구성할 때 자기저항을 2.0×10^7[AT/Wb] 이하로 하기 위해서는 철심의 단면적을 약 몇 $[m^2]$ 이상으로 하여야 하는가?

① 3.6×10^{-4} ② 6.4×10^{-4}

③ 8.0×10^{-4} ④ 9.2×10^{-4}

|정|답|및|해|설|

[철심의 단면적] $S = \dfrac{l}{\mu_0 \mu_s R_m}$ → (자기저항 $R_m = \dfrac{F}{\varnothing} = \dfrac{l}{\mu_0 \mu_s \cdot S}$)

여기서, l : 길이, μ : 투자율, S : 단면적

∴철심의 단면적 $S = \dfrac{l}{\mu_0 \mu_s R_m} = \dfrac{1}{4\pi \times 10^{-7} \times 50 \times 2.0 \times 10^7}$

$= 7.957 \times 10^{-4}[m^2]$

【정답】 ③

9. 다음 중 전기력선의 성질에 대한 설명으로 옳은 것은?

① 전기력선은 등전위면과 평행하다.
② 전기력선은 도체 표면과 직교한다.
③ 전기력선은 도체 내부에 존재할 수 있다.
④ 전기력선은 전위가 낮은 점에서 높은 점으로 향한다.

|정|답|및|해|설|

[전기력선의 성질]
·전기력선의 방향은 전계의 방향과 일치한다.
·단위전하(1[C])에서는
$\frac{1}{\epsilon_0}=36\pi\times10^9=1.13\times10^{11}$ 개의 전기력선이 발생한다.
·Q[C]의 전하에서 전기력선의 수 N= $\frac{Q}{\epsilon_0}$ 개의 전기력선이 발생한다.
·정전하(+)에서 부전하(-) 방향으로 연결된다.
·전기력선은 전하가 없는 곳에서 연속
·**도체 내부에는 전기력선이 없다**.
·전기력선은 **도체의 표면에서 수직**으로 출입한다.
·전기력선은 스스로 폐곡선을 만들지 않는다.
·전기력선은 **전위가 높은 곳에서 낮은 곳으로 향한다**.
·대전, 평형 상태 시 전하는 표면에만 분포
·전하가 없는 곳에서는 전기력선의 발생과 소멸이 없고 연속이다.
·2개의 전기력선은 서로 교차하지 않는다.
·전기력선은 **등전위면과 직교**한다.
·무한원점에 있는 전하까지 합하면 전하의 총량은 0이다.

【정답】 ②

10. 자속밀도가 10$[Wb/m^2]$인 자계 중에 10[cm] 도체를 자계와 60° 의 각도로 30[m/s]로 움직일 때. 이 도체에 유기되는 기전력은 몇 [V]인가?

① 15　② $15\sqrt{3}$
③ 1500　④ $1500\sqrt{3}$

|정|답|및|해|설|

[유기기전력] $e=vBl\sin\theta[\mathrm{V}]$ → (플레밍의 오른손 법칙)
$\therefore e=vBl\sin\theta=30\times10\times0.1\times\frac{\sqrt{3}}{2}=15\sqrt{3}[\mathrm{V}]$ 【정답】 ②

11. 평등자계와 직각방향으로 일정한 속도로 발사된 전자의 원운동에 관한 설명 중 옳은 것은?

① 플레밍의 오른손법칙에 의한 로렌츠의 힘과 원심력의 평형 원운동이다.
② 원의 반지름은 전자의 발사속도와 전계의 세기의 곱에 반비례한다.
③ 전자의 원운동 주기는 전자의 발사 속도와 관계되지 않는다.
④ 전자의 원운동 주파수는 전자의 질량에 비례한다.

|정|답|및|해|설|

[전자의 원운동]
1. 힘(원심력) $F=\mu_0 evH=\frac{mv^2}{r}$
2. 반경 $r=\frac{mv}{e\mu_0 H}=\frac{mv}{eB}[m]$
3. 주기 $T=\frac{1}{f}$ 이므로 $T=\frac{2\pi}{w}=\frac{2\pi m}{eB}[s]$
4. 주파수 $f=\frac{eB}{2\pi m}[Hz]$

원운동의 주기(T)는 발사속도 (v)와 무관하다.
주기의 역수인 주파수는 질량과 반비례함을 알 수 있고 반지름 r은 자계의 세기와 반비례한다.
※① 플레밍의 **왼손법칙**에 의한 로렌츠의 힘과 원심력의 평형 원운동이다.
② 원의 반지름은 **전계의 세기와는 무관**하다.
④ 전자의 원운동 주파수는 전자의 질량에 **반비례**한다. 【정답】 ③

12. 공기 중에 있는 반지름 a[m]의 독립 금속구의 정전용량은 몇 [F]인가?

① $2\pi\varepsilon_0 a$　② $4\pi\varepsilon_0 a$
③ $\frac{1}{2\pi\varepsilon_0 a}$　④ $\frac{1}{4\pi\varepsilon_0 a}$

|정|답|및|해|설|

[구도체의 정전용량] $C=\frac{Q}{V}=\frac{Q}{\frac{Q}{4\pi\varepsilon_0 a}}=4\pi\varepsilon_0 a[\mathrm{F}]$ → $(Q=CV)$
→ (금속구의 전위 $V=\frac{1}{4\pi\varepsilon_0}\frac{Q}{a}[\mathrm{V}]$)
【정답】 ②

13. 와전류가 이용되고 있는 것은?

① 수중 음파 탐지기
② 레이더
③ 자기브레이크(Magnetic Brake)
④ 사이클로트론(Cyclotron)

|정|답|및|해|설|

[와전류] 도체 단면을 통과하는 자속이 변화할 때 단면에 맴돌이 형태의 유도전류가 흐른다. 이 전류를 와전류라고 한다.
(자속변화 → 도체 단면에 발생하는 맴돌이 전류)
이를 이용한 제동장치를 자기브레이크라고 한다. 【정답】 ③

14. 전계 $E[V/m]$가 두 유전체의 경계면에 평행으로 작용하는 경우 경계면의 단위면적당 작용하는 힘은 몇 $[N/m^2]$인가? (단, ϵ_1, ϵ_2는 두 유전체의 유전율이다.)

① $f=E^2(\epsilon_1-\epsilon_2)$ ② $f=\frac{1}{E^2}(\epsilon_1-\epsilon_2)$

③ $f=\frac{1}{2}E^2(\epsilon_1-\epsilon_2)$ ④ $f=\frac{1}{2E^2}(\epsilon_1-\epsilon_2)$

|정|답|및|해|설|

[경계면의 단위면적당 작용하는 힘] $f=\frac{1}{2}DE=\frac{1}{2}\epsilon E^2$

여기서, D : 전속밀도, E : 전계, ϵ : 유전율

전계가 경계면에 평행이면 $\theta_1=\theta_2=90$, $E_1=E_2=E$

$\therefore f=f_1-f_2=\frac{1}{2}\epsilon_1E^2-\frac{1}{2}\epsilon_2E^2=\frac{1}{2}(\epsilon_1-\epsilon_2)E^2[N/m^2]$

【정답】 ③

15. 전계 $E=\frac{2}{x}\hat{x}+\frac{2}{y}\hat{y}[\mathrm{V/m}]$에서 점 (3, 5)[m]를 통과하는 전기력선의 방정식은? (단, $\hat{x},\hat{y}$는 단위 벡터이다.)

① $x^2+y^2=12$ ② $y^2-x^2=12$

③ $x^2+y^2=16$ ④ $y^2-x^2=16$

|정|답|및|해|설|

[전기력선의 방정식] $\frac{dx}{Ex}=\frac{dy}{Ey}=\frac{dz}{Ez}$

$\frac{1}{2}dx=\frac{1}{\frac{2}{y}}dy$ 양변을 적분하면 $\frac{1}{4}x^2+c_1=\frac{1}{4}y^2+c_2$

→ (여기서, c_1, c_2 : 적분 상수)

$y^2-x^2=4(c_1-c_2)=k$ → (여기서, k : 임의의 상수)

점 (3, 5)를 통과하는 전기력선의 방정식은 $5^2-3^2=16$

$\therefore y^2-x^2=16$

【정답】 ④

16. 전계 $E=\sqrt{2}E_e\sin\omega\left(t-\frac{x}{c}\right)[\mathrm{V/m}]$의 평면 전자파가 있다. 진공 중에서 자계의 실효값은 몇 [A/m]인가?

① $\frac{1}{4\pi}E_e$ ② $\frac{1}{36\pi}E_e$

③ $\frac{1}{120\pi}E_e$ ④ $\frac{1}{360\pi}E_e$

|정|답|및|해|설|

[진공 중의 고유 임피던스] $Z_0=\frac{E}{H}=\sqrt{\frac{\mu_0}{\epsilon_0}}=120\pi=377[\Omega]$

$\therefore$자계의 실효값 $H=\frac{1}{120\pi}E[\mathrm{A/m}]$

【정답】 ③

17. 진공 중에 서로 떨어져 있는 두 도체 A, B가 있다. 도체 A에만 1[C]의 전하를 줄 때, 도체 A, B의 전위가 각각 3[V], 2[V]이었다. 지금 도체 A, B에 각각 1[C]과 2[C]의 전하를 주면 도체 A의 전위는 몇 [V]인가?

① 6 ② 7 ③ 8 ④ 9

|정|답|및|해|설|

[도체의 전위]

1. 1도체의 전위 $V_1=P_{11}Q_1+P_{12}Q_2$
2. 2도체의 전위 $V_2=P_{21}Q_1+P_{22}Q_2$
3. A 도체에만 1[C]의 전하를 주면
   $V_1=P_{11}\times1+P_{12}\times0=3 \rightarrow P_{11}=3$
   $V_2=P_{21}\times1+P_{22}\times0=2 \rightarrow P_{21}(=P_{12})=2$
4. A, B에 각각 1[C], 2[C]을 주면 A 도체의 전위는
   $V_1=P_{11}Q_1+P_{12}Q_2=3\times1+2\times2=7[\mathrm{V}]$

【정답】 ②

18. 한 변의 길이가 4[m]인 정사각형의 루프에 1[A]의 전류가 흐를 대, 중심점에서의 자속밀도 B는 약 몇 [Wb/m^2]인가?

① 2.83×10^{-7} ② 5.65×10^{-7}

③ 11.31×10^{-7} ④ 14.14×10^{-7}

|정|답|및|해|설|

[자속밀도] $B=\frac{\varnothing}{S}=\mu H=\mu_0\mu_sH[Wb/m^2]$

정사각형 중심 자계의 세기 $H=\frac{2\sqrt{2}I}{\pi l}[AT/m]$

여기서, I : 전류, l : 변의 길이

$\therefore$자속밀도 $B=\mu_0H=4\pi\times10^{-7}\times\frac{2\sqrt{2}\times1}{4\pi}$

$=2.828\times10^{-7}[Wb/m^2]$

【정답】 ①

|참|고|

[정 n각형 중심의 자계의 세기]

1. $n=3$: $H=\frac{9I}{2\pi l}[AT/m]$
2. $n=4$: $H=\frac{2\sqrt{2}I}{\pi l}[AT/m]$
3. $n=6$: $H=\frac{\sqrt{3}I}{\pi l}$[AT/m]

19. 원점에 $1[\mu C]$의 점전하가 있을 때 점 P(2, −2, 4)[m]에서의 전계의 세기에 대한 단위 벡터는 약 얼마인가?

① $0.41a_x - 0.41_y + 0.82a_z$

② $-0.33a_x + 0.33a_y - 0.66a_z$

③ $-0.41a_x + 0.41a_y - 0.82a_z$

④ $0.33a_x - 0.33a_y + 0.66a_z$

|정|답|및|해|설|

[단위 백터] 크기가 1이고 방향만 갖는 벡터

단위백터 $a = \frac{\dot{A}}{|A|}$ → $(\dot{A} = aA)$

(2, −2, 4)의 거리의 벡터 $A = 2a_x - 2a_y + 4a_z$[m]

1. 거리 $|A| = \sqrt{2^2+2^2+4^2} = \sqrt{24}$[m]

2. 단위벡터 $a = \frac{A}{|A|} = \frac{2a - 2a_y + 4a_z}{\sqrt{24}}$

$= 0.41a_x - 0.41a_y + 0.82a_z$ 【정답】 ①

20. 공기 중에서 전자기파의 파장이 3[m]라면 그 주파수는 몇 [MHz]인가?

① 100 ② 300

③ 1,000 ④ 3,000

|정|답|및|해|설|

[주파수] $f = \frac{v_0}{\lambda}$[MHz]

공기중의 전가기파 속도 $v_0 = \frac{1}{\sqrt{\varepsilon_0 \mu_0}} = \lambda \cdot f = 3\times10^8$[m/s]

∴주파수 $f = \frac{v_0}{\lambda} = \frac{3\times10^8}{3} = 10^8 = 100$[MHz] 【정답】 ①

2회 2021년 전기기사필기 (전력공학)

21. 전력계통에서 내부 이상전압의 크기가 가장 큰 경우는?

① 유도성 소전류 차단시

② 수차발전기의 부하 차단시

③ 무부하 선로 충전전류 차단시

④ 송전선로의 부하 차단기 투입시

|정|답|및|해|설|

[내부 이상전압] 직격뇌, 유도뇌를 제외한 모든 이상전압

내부 이상전압이 가장 큰 경우는 무부하 송전 선로의 충전전류를 차단할 경우이다.

※외부 이상전압 : 직격뇌, 유도뇌 【정답】 ③

22. 비등수형 원자로의 특징에 대한 설명으로 틀린 것은?

① 증기 발생기가 필요하다.

② 저농축 우라늄을 연료로 사용한다.

③ 노심에서 비등을 일으킨 증기가 직접 터빈에 공급되는 방식이다.

④ 가압수형 원자로에 비해 출력 밀도가 낮다.

|정|답|및|해|설|

[비등수형 원자로의 특징]

- 원자로 내부의 증기를 직접 이용하기 때문에 **열교환기(증기 발생기)가 필요 없다.**
- 증기가 직접 터빈에 들어가기 때문에 누출을 철저히 방지해야 한다.
- 급수 펌프만 있으면 되므로 펌프 동력이 작다.
- 노내의 물의 압력이 높지 않다.
- 노심의 출력 밀도가 낮기 때문에 같은 노출력의 원자로에서는 노심 및 압력 용기가 커진다.
- 급수는 양질의 것이 필요하다.
- 가압수형 원자로에 비해 노심의 출력밀도가 낮다.
- 원자력 용기 내에 기수 분리기와 증기 건조기가 설치되므로 용기의 높이가 커진다.
- 연료는 저농축 우라늄(2~3[%])을 사용한다. 【정답】 ①

23. 송전단전압을 V_s, 수전단전압을 V_r, 선로의 리액턴스를 X라 할 때, 정상 시의 최대 송전전력의 개략적인 값은?

① $\frac{V_s - V_r}{X}$ ② $\frac{V_s^2 - V_r^2}{X}$

③ $\frac{V_s(V_s - V_r)}{X}$ ④ $\frac{V_s V_r}{X}$

|정|답|및|해|설|

[송전전력(송전용량)] $P_s = \frac{V_s V_r}{X}\sin\delta$[MW] → ($\delta$: 상차각)

최대 송전전력 $P_{smax} = \frac{V_s V_r}{X}$[MW] → (상차각 $\delta = 90°$)

【정답】 ④

24. 500[kVA]의 단상 변압기 상용 3대(결선 △ − △), 예비 1대를 갖는 변전소가 있다. 부하의 증가로 인하여 예비 변압기까지 동원해서 사용한다면 응할 수 있는 최대 부하[kVA]는 약 얼마인가?

① 약 2000[kVA] ② 약 1730[kVA]
③ 약 1500[kVA] ④ 약 830[kVA]

|정|답|및|해|설|

[최대부하] 단상변압기 상용 3대, 예비 1대가 있다면 V결선으로 두 뱅크 운전 가능하므로

$P = 2P_V = 2\times\sqrt{3}P_1 = 2\times\sqrt{3}\times 500 = 1730[kVA]$

$\rightarrow (P_V = \sqrt{3}P_1)$

【정답】 ②

25. 다음 중 망상(network) 배전 방식의 장점이 아닌 것은?

① 전압변동이 적다.
② 인축의 접지 사고가 적어진다.
③ 부하의 증가에 대한 융통성이 크다.
④ 무정전 공급이 가능하다.

|정|답|및|해|설|

[망상식 배전 방식의 특징]
- 무정전 공급이 가능해 공급 신뢰도가 높다.
- 플리커, 전압변동률이 적고, 전력손실이 적다.
- 기기의 이용률이 향상된다.
- 전압강하가 적다.
- 부하 증가에 대해 융통성이 좋다.
- 변전소 수를 줄일 수 있다.
- 건설비가 비싸다.
- **인축에 대한 사고가 증가**한다.
- 역류 개폐 장치(network protector)가 필요하다.

【정답】 ②

|참|고|

1. 환상식
   - 고장 구간의 분리조작이 용이하다.
   - 공급 신뢰도가 높다.
   - 전력손실이 적다.
   - 전압강하가 적다.
   - 변전소수를 줄일 수 있다.
   - 고장 시에만 자동적으로 폐로해서 전력을 공급하는 결합 개폐기가 있다.
2. 저압 뱅킹 방식 : 고압선(모선)에 접속된 2대 이상의 변압기의 저압측을 병렬 접속하는 방식으로 부하가 밀집된 시가지에 적합, 캐스케이딩(cascading)
3. 수지식(수지식) : 수요 변동에 쉽게 대응할 수 있다. 시설비가 싸다.

26. 배전용 변전소의 주변압기로 주로 사용되는 것은?

① 강압변압기 ② 체승변압기
③ 단권변압기 ④ 3권선변압기

|정|답|및|해|설|

[주변압기] 발전소에 있는 주변압기는 체승용으로 되어 있고, 변전소의 주변압기는 강압용으로 되어 있다.

1. 3권선변압기 : 조상설비
2. 단권변압기 : 승압기
3. 체승변압기 : 승압용(송전) → (저전압 → 고전압)
4. 체강변압기 : 감압용(배전) → (고전압 → 저전압)

【정답】 ①

27. 3상용 차단기의 정격차단용량은?

① $\sqrt{3}$ × 정격전압 × 정격차단전류
② $3\sqrt{3}$ × 정격전압 × 정격전류
③ 3 × 정격전압 × 정격차단전류
④ $\sqrt{3}$ × 정격전압 × 정격전류

|정|답|및|해|설|

[3상용 정격차단용량] $P_s = \sqrt{3}\times V_s \times I_s$[MVA]

여기서, V_s : 정격전압, I_s : 정격차단전류

※단상용 정격차단용량 P_s = 정격전압(V) × 정격차단전류(I_s)

【정답】 ①

28. 3상 3선식 송전선로에서 각 선의 대지 정전용량이 0.5096[μF]이고, 선간 정전용량이 0.1295[μF] 일 때, 1선의 작용정전용량은 약 몇 [μF]인가?

① 0.6 ② 0.9
③ 1.2 ④ 1.8

|정|답|및|해|설|

[작용정전용량($3\phi 3w$)] $C = C_s + 3C_m$

여기서, C_s : 대지간 정전용량[F], C_m : 선간 정전용량[F]

$\therefore C = C_s + 3C_m = 0.5096 + 3\times 0.1295 = 0.9[\mu F]$

※$1\phi 2w$ 작용정전용량 $C = C_s + 2C_m$

【정답】 ②

29. 그림과 같은 송전 계통에서 S점에서 3상 단락사고가 발생했을 때 단락전류[A]는 약 얼마인가? (단, 선로의 길이와 리액턴스는 각각 50[km], 0.6[Ω/km]이다.)

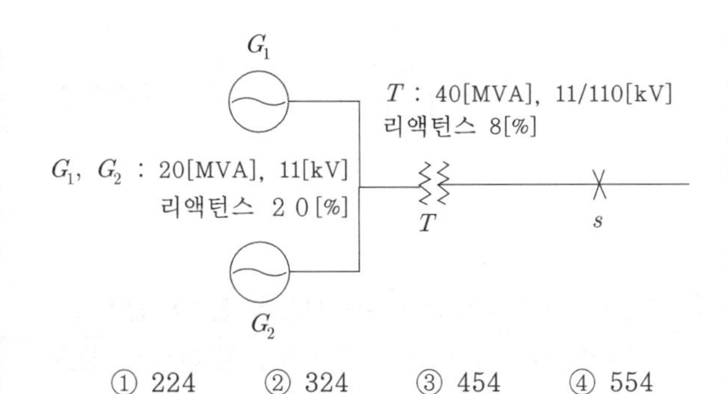

① 224　② 324　③ 454　④ 554

|정|답|및|해|설|

[단락전류] $I_s = \frac{100}{\%Z} I_n [A]$

1. 기준 용량 선정 40[MVA]
2. %임피던스를 환산하면

   · 발전기 $\%Z_g = \frac{40}{20} \times 20 = 40[\%]$　· 변압기 $\%Z_t = 8[\%]$

3. 송전선 $\%Z_l = \frac{P \cdot Z}{10 V_n^2} = \frac{40 \times 10^3 \times 0.6 \times 50}{10 \times 110^2} = 9.91[\%]$
4. 합성 %임피던스 : 발전기는 병렬, 변압기와 선로는 직렬

   $\%Z = \frac{40}{2} + 8 + 9.91 = 37.91[\%]$

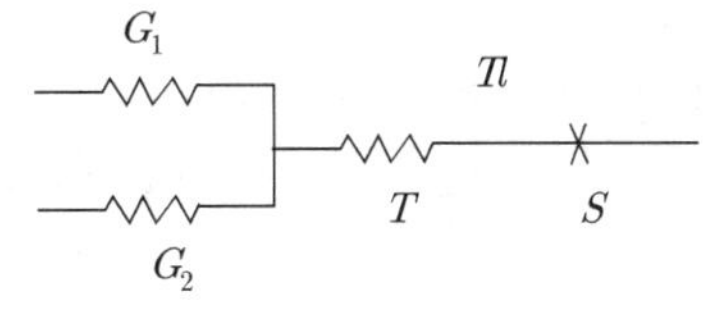

∴ 단락전류 $I_s = \frac{100}{\%Z} I_n$　$\rightarrow (I_n = \frac{P}{\sqrt{3} V})$

$= \frac{100}{37.91} \times \frac{40 \times 10^6}{\sqrt{3} \times 110 \times 10^3} = 554[A]$

【정답】 ④

30. 전력 계통의 전압을 조정하는 가장 보편적인 방법은?

① 발전기의 유효전력 조정
② 부하의 유효전력 조정
③ 계통의 주파수 조정
④ 계통의 무효전력 조정

|정|답|및|해|설|

[전력 계통의 전압 조정] 계통에서의 전압은 조상설비에 의한 무효전력 조정으로 조정한다. 【정답】 ④

31. 역률 0.8(지상)의 2800[kW] 부하에 전력용 콘덴서를 병렬로 접속하여 합성역률을 0.9로 개선하고자 할 경우, 필요한 전력용 콘덴서의 용량[kVA]은 약 얼마인가?

① 약 372[kVA]　② 약 558[kVA]
③ 약 744[kVA]　④ 약 1116[kVA]

|정|답|및|해|설|

[역률 개선용 콘덴서 용량]

$$Q_c = P(\tan\theta_1 - \tan\theta_2) = P\left(\frac{\sin\theta_1}{\cos\theta_1} - \frac{\sin\theta_2}{\cos\theta_2}\right)$$

$$= P\left(\frac{\sqrt{1-\cos^2\theta_1}}{\cos\theta_1} - \frac{\sqrt{1-\cos^2\theta_2}}{\cos\theta_2}\right)$$

여기서, $\cos\theta_1$: 개선 전 역률, $\cos\theta_2$: 개선 후 역률

$\therefore Q_c = 2800\left(\frac{0.6}{0.8} - \frac{\sqrt{1-0.9^2}}{0.9}\right) = 744[kVA]$　【정답】 ③

32. 컴퓨터에 의한 전력조류 계산에서 슬랙(slack)모선의 초기치로 지정하는 값은? (단, 슬랙 모선을 기준 모선으로 한다.)

① 유효전력과 무효전력
② 전압 크기와 유효전력
② 전압의 크기와 위상각
④ 전압 크기와 무효전력

|정|답|및|해|설|

[슬랙 모선] 슬랙 모선은 지정값으로서 모선 전압의 크기와 모선 전압의 위상각을 입력으로 하고 출력으로 유효전력, 무효전력 그리고 계통손실을 알 수가 있다. 【정답】 ③

33. 다음 중 직격뢰에 대한 방호 설비로 가장 적당한 것은?

① 복도체　② 가공지선
③ 서지흡수기　④ 정전방전기

|정|답|및|해|설|

[가공지선]
· 직격뢰에 대한 차폐
· 유도뢰에 대한 정전 차폐
· 통신선에 대한 전자 유도장해 경감을 목적으로 설비한다.

【정답】 ②

|참|고|
1. 피뢰기(LA) : 이상전압에 대한 기계기구 보호 (변압기 보호)
2. 서지흡수기(SA) : 이상전압에 대한 발전기 보호
3. 복도체 : 코로나를 방지할 수 있는 효과적인 대책

34. 저압 배전선로에 대한 설명으로 틀린 것은?

① 저압 뱅킹 방식은 전압 변동을 경감할 수 있다.
② 밸런서(balancer)는 단상 2선식에 필요하다.
③ 부하율(F)과 손실 계수(H) 사이에는 $1 \geq F \geq H \geq F^2 \geq 0$의 관계가 있다.
④ 수용률이란 최대수용전력을 설비용량으로 나눈 값을 퍼센트로 나타낸 것이다.

|정|답|및|해|설|

[저압 밸런서] **단상 3선식**에서 부하가 불평형이 생기면 양 외선간의 전압이 불평형이 되므로 이를 방지하기 위해 저압 **밸런서를 설치**한다. 【정답】 ②

35. 증기 터빈 내에서 팽창 도중에 있는 증기를 일부 추기하여 그것이 갖는 열을 급수 가열에 이용하는 열사이클은?

① 랭킨 사이클 ② 카르노 사이클
③ 재생 사이클 ④ 재열 사이클

|정|답|및|해|설|

[재생 사이클] 터빈 중간에서 증기의 팽창 도중 증기의 일부를 추기하여 급수 가열에 이용한다.

|참|고|

② 카르노 사이클 : 가장 효율이 좋은 이상적인 열 사이클이다.
③ 랭킨 사이클 : 가장 기본적인 열 사이클로 두 등압 변화와 두 단열 변화로 되어 있다.
④ 재열 사이클 : 고압 터빈 내에서 습증기가 되기 전에 증기를 모두 추출하여 재열기를 이용하여 재가열시켜 저압 터빈을 돌려 열효율을 향상시키는 열 사이클이다. 【정답】 ③

36. 단상 2선식 배전 선로의 끝부분에 지상 역률 $\cos\theta$인 부하 $P[\text{kW}]$가 접속되어 있고 선로 끝부분의 전압은 $V[\text{V}]$이다. 선로 한 가닥의 저항을 $R[\Omega]$이라 할 때 송전단의 공급전력[kW]은?

① $P+\dfrac{P^2R}{V\cos\theta}\times 10^3$ ② $P+\dfrac{2P^2R}{V\cos\theta}\times 10^3$

③ $P+\dfrac{P^2R}{V^2\cos^2\theta}\times 10^3$ ④ $P+\dfrac{2P^2R}{V^2\cos^2\theta}\times 10^3$

|정|답|및|해|설|

[송전단의 공급전력] $P_s = P_r + P_l[\text{kW}]$

선로의 손실 $P_l = 2I^2R = 2\times\left(\dfrac{P}{V\cos\theta}\right)^2 R[\text{W}]$ → (※단상2선식)

→ (※3상3선식 $P_l = 3I^2R = \left(\dfrac{P}{V\cos\theta}\right)^2 R[\text{W}]$)

$\therefore P_s = P_r + P_l = P + 2\times\dfrac{P^2R}{V^2\cos^2\theta}\times 10^3[\text{kW}]$ 【정답】 ④

37. 선로, 기기 등의 절연 수준 저감 및 전력용 변압기의 단절연을 모두 행할 수 있는 중성점 접지 방식은?

① 직접접지 방식
② 소호리액터접지 방식
③ 고저항접지 방식
④ 비접지 방식

|정|답|및|해|설|

[지락 시 전압 상승] 1선 접지 고장시 건전상의 상전압 상승은 비접지가 가장 많고 직접 접지가 가장 적다.

1. 유효 접지 : 1선 지락 사고시 건전상의 전압이 상규 **대지전압의 1.3배 이하**(대지 전압 상승이 거의 없음)가 되도록 하는 접지 방식 (중성점 직접 접지 방식)
2. 비유효 접지 : 1선 지락시 건전상의 전압이 상규 대지전압의 1.3배를 넘는 접지 방식 (저항 접지, 비접지, 소호 리액터 접지 방식)

	직접접지	소호리액터
전위상승	최저	최대
지락전류	최대	최소
절연레벨	최소 단절연, 저감절연	최대
통신선유도장해	최대	최소

【정답】 ①

38. 최대 수용 전력이 3[kW]인 수용가가 3세대, 5[kW]인 수용가가 6세대라고 할 때, 이 수용가군에 전력을 공급할 수 있는 주상 변압기의 최소 용량[kVA]은? (단, 역률은 1, 수용가 간의 부등률은 1.3이다.)

① 25 ② 30 ③ 35 ④ 40

|정|답|및|해|설|

[변압기의 용량] $P_t = \dfrac{\text{설비용량의 합}}{\text{부등률}\times\text{역률}}[\text{kVA}]$

$\therefore P_t = \dfrac{\text{설비용량의 합}}{\text{부등률}\times\text{역률}} = \dfrac{3\times 3+5\times 6}{1.3\times 1} = 30[\text{kVA}]$ 【정답】 ②

39. 부하전류 차단이 불가능한 전력개폐 장치는?

① 진공차단기 ② 유입차단기
③ 단로기 ④ 가스차단기

|정|답|및|해|설|

[단로기] 단로기는 기기 수리 및 점검을 위해 선로는 회로에서 분리하거나 회로를 변경할 때 사용하는 기기로 무부하회로 개폐, **부하전류 차단 능력이 없다.**

※차단기 : 차단기는 단락전류가 흐를 때 계통을 보호하는 기기이다. 차단기 용량은 단락용량보다 커야한다.

【정답】 ③

40. 가공송전선로에서 총 단면적이 같은 경우 단도체와 비교하여 복도체의 장점이 아닌 것은?

① 안정도를 증대시킬 수 있다.
② 공사비가 저렴하고 시공이 간편하다.
③ 전선 표면의 전위 경도를 감소시켜 코로나 임계 전압이 높아진다.
④ 선로의 인덕턴스가 감소되고 정전 용량이 증가해서 송전 용량이 증대된다.

|정|답|및|해|설|

[복도체 및 다도체의 특징]

- 같은 도체 단면적의 단도체보다 인덕턴스와 리액턴스가 감소하고 정전 용량이 증가하여 송전 용량을 크게 할 수 있다.
- 전선 표면의 전위 경도를 저감시켜 코로나 임계 전압을 높게 하므로 코로나 발생을 방지한다.
- 전력 계통의 안정도를 증대시킨다.

※ ② 여러 가닥을 보냄으로 공사비가 비싸고 시공도 복잡하다.

【정답】 ②

2회 2021년 전기기사필기 (전기기기)

41. 일반적인 DC서보모터의 제어에 속하지 않는 것은?

① 역률 제어 ② 토크 제어
③ 속도 제어 ④ 위치 제어

|정|답|및|해|설|

[DC서보모터] DC 서보모터(servo motor)는 위치 제어, 속도 제어 및 토크 제어에 광범위하게 사용된다.

【정답】 ①

42. 부하전류가 크지 않을 때 직류 직권전동기의 발생 토크는? (단, 자기회로가 불포화인 경우이다.)

① 전류에 비례한다.
② 전류의 반비례한다.
③ 전류의 제곱에 비례한다.
④ 전류의 제곱에 반비례한다.

|정|답|및|해|설|

[직류 직권전동기의 토크] $T=\frac{P}{\omega}=\frac{EI_a}{2\pi\frac{N}{60}}=\frac{pz}{2\pi a}\varnothing I_a=KI^2$

$\rightarrow (K=\frac{pz}{2\pi a})$

$\therefore T\propto \varnothing I_a=I_a^2\propto\frac{1}{N^2}$

※직류 직권전동기의 특성

1. 역기전력 $E=\frac{z}{a}p\varnothing\frac{N}{60}[V]$
2. 부하전류 $I=I_a=I_f[A]$
3. 출력 $P=EI_a[W]$
4. 자속 $\varnothing\propto I_f=I$

【정답】 ③

43. 동기전동기에 대한 설명으로 틀린 것은?

① 동기전동기는 주로 회전계자형이다.
② 동기전동기는 무효전력을 공급할 수 있다.
③ 동기전동기는 제동권선을 이용한 기동법이 일반적으로 많이 사용된다.
④ 3상 동기전동기의 회전 방향을 바꾸려면 계자권선 전류의 방향을 반대로 한다.

|정|답|및|해|설|

[동기 전동기] 3상 동기 전동기의 회전 방향을 바꾸려면 전기자(고정자) 권선의 3선 중 2선의 결선을 반대로 한다.

【정답】 ④

|참|고|

[동기전동기의 특징]

- 기동토크가 작다.
- 언제나 역률 1로 운전할 수 있다.
- 역률을 조정할 수 있다.
- 유도전동기에 비해 효율이 좋다.
- 공극이 크고 기계적으로 튼튼하다.
- 속도가 일정하다.

44. 어떤 직류전동기가 역기전력 200[V], 매분 1200회전으로 토크 158.76[N·m]를 발생하고 있을 때의 전기자 전류는 약 몇 [A]인가? (단, 기계손 및 철손은 무시한다.)

① 90　　② 95
③ 100　　④ 105

|정|답|및|해|설|

[직류전동기의 전기자 전류] $I_a = T \cdot \frac{2\pi N}{60E}[A]$

→ (직류전동기의 토크 $T = \frac{60P}{2\pi N} = \frac{60EI_a}{2\pi N}[N \cdot m]$)

∴전기자 전류 $I_a = T \cdot \frac{2\pi N}{60E} = 158.76 \times \frac{2\pi \times 1200}{60 \times 200} = 99.75[A]$

【정답】 ③

45. 동기발전기에서 동기속도와 극수와의 관계를 표시한 것은?(단, N : 동기속도, P : 극수 이다.)

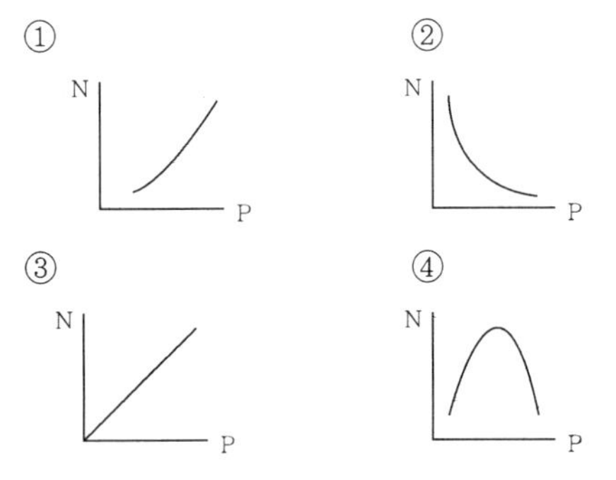

|정|답|및|해|설|

[동기속도] $N_s = \frac{120f}{p}$ → $N_s \propto \frac{1}{p}$

여기서, f : 주파수, p : 극수

동기속도는 극수 p에 반비례하므로 쌍곡선이 된다.

【정답】 ②

46. 극수가 4극이고 전기자 권선이 단중 중권인 직류발전기의 전기자 전류가 40[A]이면 전기자 권선의 각 병렬회로에 흐르는 전류[A]는?

① 4　　② 6　　③ 8　　④ 10

|정|답|및|해|설|

[전기자권선의 전류] $I = \frac{I_a}{a}[A]$

→ (전기자전류 $I_a = aI[A]$)

단중 중권 직류발전기의 병렬회로수 $a = p$(극수)

∴전기자 권선의 전류 $I = \frac{I_a}{a} = \frac{40}{4} = 10[A]$　　【정답】 ④

47. 부스트(boost) 컨버터의 입력전압이 45[V]로 일정하고, 스위칭 주기가 20[kHz], 듀티비(duty ratio)가 0.6, 부하저항이 $10[\Omega]$일 때 출력 전압은 몇 [V]인가? (단, 인덕터에는 일정한 전류가 흐르고 커패시터 출력전압의 리플 성분은 무시한다.)

① 27　　② 67.5
③ 75　　④ 112.5

|정|답|및|해|설|

[부스트 컨버터의 출력전압] $V_o = \frac{1}{1-D} V_i[V]$

여기서, D : 듀티비

∴ $V_o = \frac{1}{D-1} V_i = \frac{1}{1-0.6} \times 45 = 112.5[V]$

여기서, D : 듀티비(duty ratio)

※부스트 컨버터 : 직류(DC) → 직류(DC)로 승압하는 변환기

【정답】 ④

48. 8극, 900[rpm] 동기발전기와 병렬 운전하는 6극 동기발전기의 회전수는 몇 [rpm]인가?

① 900　　② 1,000
③ 1,200　　④ 1,400

|정|답|및|해|설|

[동기속도] $N_s = \frac{120f}{p}[rpm]$

1\. 주파수 $f = N_{s1} \frac{p_1}{120} = 900 \times \frac{8}{120} = 60[Hz]$

2\. 동기발전기의 병렬운전 시 주파수가 같아야 하므로 $p = 6$

∴회전수 $N_{s2} = \frac{120f}{p_2} = \frac{120 \times 60}{6} = 1200[rpm]$　　【정답】 ③

49. 10[kW], 3상, 380[V] 유도전동기의 전부하 전류는 약 몇 [A]인가? (단, 전동기의 효율은 85[%], 역률은 85[%]이다.)

① 15　　② 21　　③ 26　　④ 36

|정|답|및|해|설|

[전부하전류] $I = \frac{P}{\sqrt{3}\, V\cos\theta \cdot \eta}[A]$

→ (출력 $P = \sqrt{3}\, VI\cos\theta \cdot \eta[kW]$)

∴ $I = \frac{P}{\sqrt{3}\, V\cos\theta \cdot \eta \times 10^{-3}} = \frac{10 \times 10^3}{\sqrt{3} \times 380 \times 0.85 \times 0.85} = 21[A]$

【정답】 ②

50. 변압기 단락시험에서 변압기의 임피던스 전압이란?

① 1차 전류가 여자 전류에 도달했을 때의 2차측 단자전압
② 1차 전류가 정격 전류에 도달했을 때의 2차측 단자전압
③ 1차 전류가 정격 전류에 도달했을 때의 변압기 내의 전압 강하
④ 1차 전류가 2차 단락전류에 도달했을 때의 변압기 내의 전압강하

|정|답|및|해|설|

[변압기 임피던스전압] $\%Z = \frac{IZ}{E} \times 100 = \frac{\text{임피던스전압}}{E} \times 100$

임피던스 전압은 단락시험에서 2차 정격전류가 흐르면 전압계에 나타나는 전압이 임피던스 전압이다. 즉, 변압기 자체 임피던스에 걸리는 내부 전압강하를 말한다. 【정답】 ④

51. 단상 정류자 전동기의 일종인 단상 반발 전동기에 해당되는 것은?

① 시라게 전동기 ② 반발 유도전동기
③ 아트킨손형 전동기 ④ 단상 직권정류자전동기

|정|답|및|해|설|

[단상 정류자 전동기] 단상 직권 정류자 전동기(단상 직권 전동기)는 교류, 직류 양용으로 사용할 수 있으며 만능 전동기라고도 불린다.
1. 직권 특성
 · 단상 직권 정류자 전동기 : 직권형, 보상직권형, 유도보상직권형
 · 단상 반발 전동기 : 아트킨손형 전동기, 톰슨 전동기, 데리 전동기
2. 분권 특성 : 현제 실용화 되지 않고 있음 【정답】 ③

52. 변압기의 주요 시험 항목 중 전압변동률 계산에 필요한 수치를 얻기 위한 필수적인 시험은?

① 단락시험 ② 내전압시험
③ 변압비시험 ④ 온도 상승시험

|정|답|및|해|설|

[변압기 시험]
1. 단락시험 : 동손, 임피던스 전압
2. 무부하시험 : 철손
※동손과 철손을 구해서 전압변동률을 구할 수 있다.
【정답】 ①

53. 와전류손실을 패러데이 법칙으로 설명한 과정 중 틀린 것은?

① 와전류가 철심 내에 흘러 발열 발생
② 유도기전력 발생으로 철심에 와전류가 흐름
③ 와전류 에너지 손실량은 전류밀도에 반비례
④ 시변 자속으로 강자성체 철심에 유도기전력 발생

|정|답|및|해|설|

[패러데이 법칙] 기전력 $e = -N\frac{d\phi}{dt}[V]$
와전류 에너지 손실량은 전류밀도의 제곱에 비례한다.

※와류손 : $P_e = kt^2 f^2 B_m^2 = kt^2 f^2 \left(\frac{\varnothing_m}{S}\right)^2 [W]$

여기서, t : 두께, k : 파형률, f : 주차수, B_m : 최대 자속밀도
$\varnothing_m$: 자속, S : 면적 【정답】 ③

54. 2전동기설에 의하여 단상 유도전동기의 가상적 2개의 회전자 중 정방향에 회전하는 회전자 슬립이 s이면 역방향에 회전하는 가상적 회전자의 슬립은 어떻게 표시되는가?

① $1+s$ ② $1-s$
③ $2-s$ ④ $3-s$

|정|답|및|해|설|

[2전동기설 역방향 회전자 슬립] $s' = \frac{N_s + N}{N_s}$

$$s' = \frac{N_s + N}{N_s} = \frac{2N_s - (N_s - N)}{N_s} = \frac{2N_s}{N_s} - \frac{N_s - N}{N_s} = 2 - s$$

→ (정방향 회전자 슬립 $s = \frac{N_s - N}{N_s}$)

【정답】 ③

55. 어떤 3상 농형유도전동기의 전전압 기동토크는 전부하의 1.8배이다. 이 전동기에 기동보상기를 써서 전전압의 2/3로 낮추어 기동하면, 기동토크는 전부하 T와 어떤 관계인가?

① 3.0T ② 0.8T
③ 0.6T ④ 0.3T

|정|답|및|해|설|

[농형 유도전동기 토크] 농형 유도전동기 $T \propto V^2$

$$\therefore T_2 = \left(\frac{V_2}{V_1}\right)^2 T_1 = \left(\frac{\frac{2}{3}V_1}{V_1}\right)^2 \times 1.8T_1 = 1.8T_1 \times \left(\frac{2}{3}\right)^2 = 0.8T_1$$

【정답】 ②

56. 변압기에서 생기는 철손 중 와류손(eddy current loss)은 철심의 규소 강판 두께와 어떤 관계에 있는가?

① 두께에 비례

② 두께의 2승에 비례

③ 두께의 3승에 비례

④ 두께의 $\frac{1}{2}$승에 비례

|정|답|및|해|설|

[와류손] $P_e = kt^2f^2B_m^2 = kt^2f^2\left(\frac{\varnothing_m}{S}\right)^2 [W]$

여기서, t : 두께, k : 파형률, f : 주차수, B_m : 최대 자속밀도
$\varnothing_m$: 자속, S : 면적

【정답】 ②

57. 50[Hz], 12극의 3상 유도전동기가 10[HP]의 정격 출력을 내고 있을 때, 회전수는 약 몇 [rpm]인가? (단, 회전자 동손은 350[W]이고, 회전자 입력은 회전자 동손과 정격출력의 합이다.)

① 468　　② 478

③ 488　　④ 500

|정|답|및|해|설|

[회전수] $N = N_s(1-s) = \frac{120f}{P}(1-s)[\text{rpm}]$

1. 2차압력 $P_2 = P + P_{2c} = 746 \times 10 + 350 = 7810[\text{W}]$

2. 슬립 $s = \frac{P_{2c}}{P_2} = \frac{350}{7,810} = 0.0448$

∴회전수 $N = \frac{120f}{P}(1-s)$

$= \frac{120 \times 50}{12} \times (1 - 0.0448) = 477.6[\text{rpm}]$

【정답】 ②

58. 변압기의 권수를 N이라고 할 때 누설리액턴스는?

① N에 비례한다.　　② N^2에 비례한다.

③ N에 반비례한다.　　④ N^2에 반비례한다.

|정|답|및|해|설|

[누설리액턴스] $X_L = 2\pi fL = 2\pi f\frac{\mu SN^2}{l}$　→($X_L \propto L$)

→ (누설인덕턴스 $L = \frac{\mu SN^2}{l} \propto N^2$)

※누설리액턴스를 줄이기 위해 권선을 분할 조립한다.

【정답】 ②

59. 동기발전기의 병렬운전조건에서 같지 않아도 되는 것은?

① 기전력의 용량　　② 기전력의 위상

③ 기전력의 크기　　④ 기전력의 주파수

|정|답|및|해|설|

[동기발전기의 병렬운전 조건]

·기전력의 크기가 같을 것　·기전력의 위상이 같을 것

·기전력의 주파수가 같을 것　·기전력의 파형이 같을 것

·상회전 방향이 같을 것

【정답】 ①

60. 다이오드를 사용하는 정류회로에서 과대한 부하 전류로 인하여 다이오드가 소손될 우려가 있을 때 가장 적절한 조치는 어느 것인가?

① 다이오드를 병렬로 추가한다.

② 다이오드를 직렬로 추가한다.

③ 다이오드 양단에 적당한 값의 저항을 추가한다.

④ 다이오드 양단에 적당한 값의 커패시터를 추가한다.

|정|답|및|해|설|

[과전류로부터 보호] 과전류로부터 보호를 위해서는 **다이오드를 병렬로 추가 접속**한다.

※과전압으로부터 보호를 위해서는 다이오드를 직렬로 추가 접속한다.

【정답】 ①

2회 2021년 전기기사필기(회로이론 및 제어공학)

61. 전압 $v(t) = 14.14\sin\omega t + 7.07\sin\left(3\omega t + \frac{\pi}{6}\right)$ [V]의 실효값은 약 몇 [V]인가?

① 3.87　　② 11.2

③ 15.8　　④ 21.2

|정|답|및|해|설|

[비정현파의 실효값] $V = \sqrt{{V_1}^2 + {V_3}^2}[V]$

$\therefore V = \sqrt{{V_1}^2 + {V_3}^2} = \sqrt{\left(\frac{14.14}{\sqrt{2}}\right)^2 + \left(\frac{7.07}{\sqrt{2}}\right)^2} = 11.2[\text{V}]$

【정답】 ②

62. 다음 논리회로의 출력 X는?

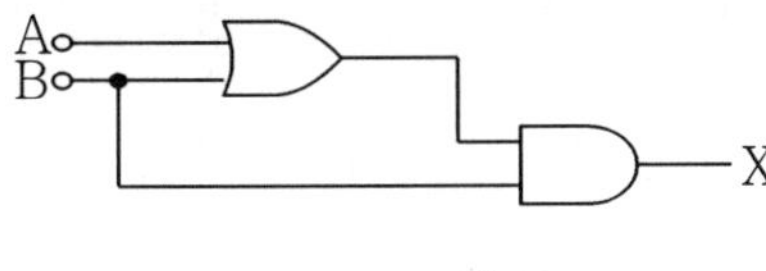

① A ② B

③ A+B ④ $A \cdot B$

|정|답|및|해|설|

[논리회로]

$X=(A+B) \cdot B=A \cdot B+B \cdot B=A \cdot B+B=B(A+1)=B$

【정답】 ②

63. 다음과 같은 상태 방정식으로 표현되는 제어 시스템의 특성 방정식의 근(s_1, s_2)은?

$$\begin{bmatrix} \dot{x_1} \\ \dot{x_2} \end{bmatrix} = \begin{bmatrix} 0 & 1 \\ -2 & -3 \end{bmatrix} \begin{bmatrix} x_1 \\ x_2 \end{bmatrix} + \begin{bmatrix} 1 \\ 0 \end{bmatrix} u$$

① 1, −3 ② −1, −2

③ −2, −3 ④ −1, −3

|정|답|및|해|설|

[특성 방정식] $|sI-A|=0$

$$s\begin{bmatrix} 1 & 0 \\ 0 & 1 \end{bmatrix} - \begin{bmatrix} 0 & 1 \\ -2 & -3 \end{bmatrix} = \begin{bmatrix} s & 0 \\ 0 & s \end{bmatrix} - \begin{bmatrix} 0 & 1 \\ -2 & -3 \end{bmatrix} = \begin{bmatrix} s & -1 \\ 2 & s+3 \end{bmatrix} = 0$$

특성방정식 $|sI-A|=s(s+3)-(-1)\times 2=s^3+3s+2=0$

$(s+1)(s+2)=0 \quad \rightarrow \quad \therefore s=-1, -2$

【정답】 ②

64. 그림과 같은 제어 시스템이 안정하기 위한 k의 범위는?

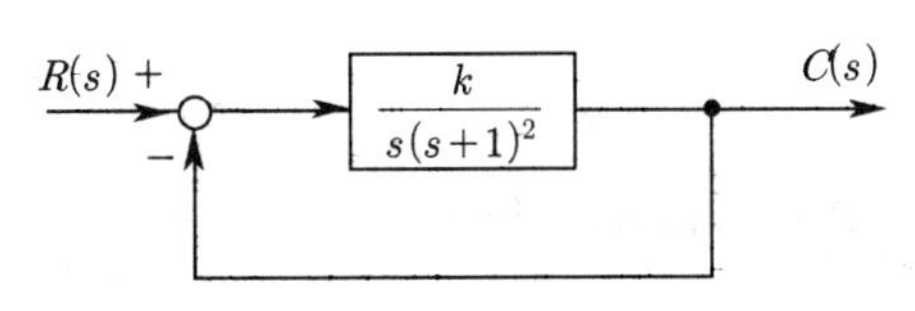

① $k>0$ ② $k>1$

③ $0<k<1$ ④ $0<k<2$

|정|답|및|해|설|

[특성 방정식] $1+G(s)H(s)=0$

1. 개루프전달함수 $GH=\dfrac{k}{s(s+1)^2}$

2. 특성방정식 : 분모+분자=0

$s(s+1)^2+k=0 \rightarrow s(s^2+2s+1)+k=0$

$s^3+2s^2+1s+k=0$

3. 루드수열 만들기

s^3	1	1
s^2	2	k
s^1	$\dfrac{2-k}{2}=A$	0
s^0	$\dfrac{Ak}{A}=k$	

4. $k>0$, $A=\dfrac{2-k}{2}>0 \rightarrow 2>k$

$\therefore 0<k<2$

【정답】 ④

|참|고|

60페이지 [(3) 루드표 작성 및 안정도 판별법] 참조

65. 그림의 블록선도와 같이 표현되는 제어 시스템에서 $A=1$, $B=1$일 때, 블록선도의 출력 C는 약 얼마인가?

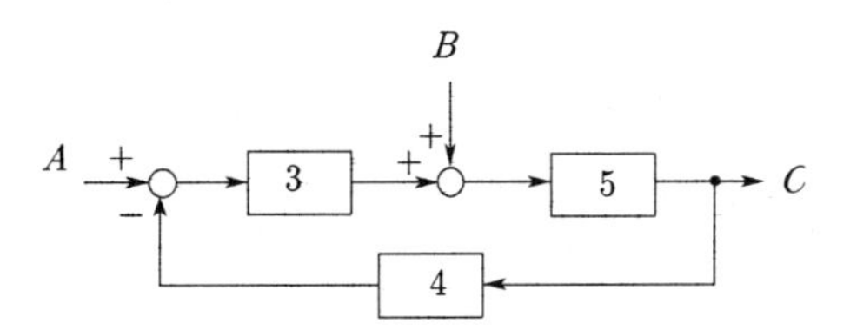

① 0.22 ② 0.33

③ 1.22 ④ 3.1

|정|답|및|해|설|

[블록선도의 출력] $C=G(s)R$ → (전달함수 $G(s)=\dfrac{C}{R}$)

전달함수 $G(s)=\dfrac{\sum 전향경로}{1-\sum 루프이득}$

→ (루프이득 : 피드백의 폐루프)

→ (전향경로 :입력에서 출력으로 가는 길(피드백 제외))

$\therefore C=AG(s)+BG(s)$

$=A\dfrac{3\times 5}{1+3\times 4\times 5}+B\dfrac{5}{1+3\times 4\times 5}$

$=1\times\dfrac{15}{61}+1\times\dfrac{5}{61}=0.33$

【정답】 ②

66. 제어 요소가 제어 대상에 주는 양은?

① 동작 신호　　② 조작량
③ 제어량　　④ 궤환량

|정|답|및|해|설|

[조작량] 제어요소에서 제어대상에 공급하는 신호를 말한다.

※① 동작 신호 : 기준 입력과 주궤환량과의 차로, 제어 동작을 일으키는 신호로 편차라고도 한다.
③ 조작량 : 제어 요소의 출력신호, 제어 대상의 입력신호

【정답】 ②

67. 전달함수가 $\frac{C(s)}{R(s)} = \frac{1}{3s^2+4s+1}$ 인 제어 시스템의 과도 응답 특성은?

① 무제동　　② 부족 제동
③ 임계 제동　　④ 과제동

|정|답|및|해|설|

[과도 응답 특성]

1. 전달함수 $\frac{C(s)}{R(s)} = \frac{1}{3s^2+4s+1} = \frac{\frac{1}{3}}{s^2+\frac{4}{3}s+\frac{1}{3}}$

→ (분모의 s^2가 1이 되도록 한다.)

2. 고유진동 각주파수 $\omega_n^2 = \frac{1}{3} \rightarrow \omega_n = \frac{1}{\sqrt{3}}$

3. $2\delta\omega_n = \frac{4}{3} \rightarrow \delta = \frac{4}{3\times 2\omega_n} = \frac{4}{3\times 2\frac{1}{\sqrt{3}}} = \frac{4\sqrt{3}}{6}$

제동비 $\delta = 1.155 > 1$

∴ $\delta > 1$인 경우이므로 서로 다른 2개의 실근을 가지므로 과제동 한다.

|참|고|

[2차 지연 제어계의 과도응답]

$\frac{C(s)}{R(s)} = \frac{\omega_n^2}{s^2+2\delta\omega_n s+\omega_n^2}$ → 특성 방정식은 $s^2+2\delta\omega_n s+\omega_n^2=0$

여기서, δ : 제동비 또는 감쇠계수, ω_n : 자연주파수 또는 고유주파수

$\sigma = \delta\omega_n$: 제동계수 또는 실제 제동 ($\tau = \frac{1}{\sigma} = \frac{1}{\delta\omega_n}$: 시정수)

$\omega = \omega_n\sqrt{1-\delta^2}$: 실제 주파수 또는 감쇠진동 주파수

1. $\delta > 1$ (과제동) → (서로 다른 2개의 실근을 가지므로 비진동)
2. $\delta = 1$ (임계제동) → 중근(실근) 가지므로 진동에서 비진동으로 옮겨가는 임계상태
3. $\delta < 1$ (부족제동) → 공액 복소수근을 가지므로 감쇠진동을 한다.
4. $\delta = 0$ (무제동)

【정답】 ④

68. 함수 $f(t) = e^{-at}$의 z변환 함수 $F(z)$는?

① $\frac{2z}{z-e^{aT}}$　　② $\frac{1}{z+e^{aT}}$
③ $\frac{z}{z+e^{-aT}}$　　④ $\frac{z}{z-e^{-aT}}$

|정|답|및|해|설|

[z변환 함수] $F(z) = \frac{z}{z-\text{시간함수}}$

$\therefore F(z) = \frac{z}{z-e^{-aT}}$

【정답】 ④

69. 제어 시스템의 주파수 전달함수가 $G(j\omega) = j5\omega$이고, 주파수가 $\omega = 0.02$[rad/s]일 때 이 제어 시스템의 이득[dB]은?

① 20　② 10　③ −10　④ −20

|정|답|및|해|설|

[제어 시스템의 이득] $g = 20\log|G(j\omega)|$

$\therefore g = 20\log|G(j\omega)| = 20\log|5\omega|_{\omega=0.02}$

→ (허수의 크기는 자신이 값이 된다.)

$= 20\log|5\times 0.02| = 20\log 0.1 = -20$[dB]

【정답】 ④

70. 전달함수가 $G_C(s) = \frac{s^2+3s+5}{2s}$ 인 제어기가 있다. 이 제어기는 어떤 제어기인가?

① 비례미분 제어기　　② 적분 제어기
③ 비례적분 제어기　　④ 비례미분적분 제어기

|정|답|및|해|설|

[제어기] 주어진 함수를 기본 모양으로 만든다.

$G_C(s) = \frac{s^2+3s+5}{2s} = \frac{1}{2}s + \frac{3}{2} + \frac{5}{2s} = \frac{3}{2}\left(1+\frac{1}{3}s+\frac{5}{3s}\right)$

$\rightarrow K\left(1+T_D s+\frac{K}{T_i s}\right)$

비례감도 $K = \frac{3}{2}$, 미분시간 $T_D = \frac{1}{3}$, 적분시간 $T_i = 3$

따라서 **비례요소, 적분요소, 미분요소가 모두 존재하는 비례 미분 적분 제어기**이다.

【정답】 ④

|참|고|

[비례 적분 미분 제어]

$G(s) = K_p(z(t) + \frac{1}{T_i}\int z(t)dt + T_D\frac{dz(t)}{dt})$

여기서, K_p : 비례감도, T_i : 적분시간, T_D : 미분시간

71. 그림과 같은 제어 시스템의 폐루프 전달함수 $T(s)=\dfrac{C(s)}{R(s)}$에 대한 감도 S_K^T는?

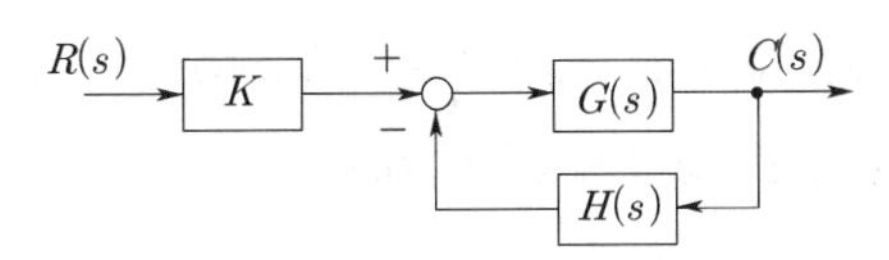

① 0.5　　② 1

③ $\dfrac{G}{1+GH}$　　④ $\dfrac{-GH}{1+GH}$

|정|답|및|해|설|

[감도] $S_K^T=\dfrac{K}{T}\cdot\dfrac{dT}{dK}$　　→ (K : 주어진 요소, T : 전달함수)

1. 전달함수 $T(s)=\dfrac{C(s)}{R(s)}=\dfrac{\sum 전향경로이득}{1-\sum 루프이득}$

→ (루프이득 : 피드백의 폐루프)

→ (전향경로 :입력에서 출력으로 가는 길(피드백 제외))

$$T(s)=\frac{\sum 전향경로이득}{1-\sum 루프이득}=\frac{KG(s)}{1-(-G(s)H(s))}$$

2. 감도 $S_K^T=\dfrac{K}{T}\cdot\dfrac{dT}{dK}=\dfrac{K}{\dfrac{KG(s)}{1+G(s)H(s)}}\cdot\dfrac{d}{dK}\dfrac{KG(s)}{1+G(s)H(s)}$

$$=\frac{1+G(s)H(s)}{G(s)}\times\frac{G(s)}{1+G(s)H(s)}=1$$

【정답】 ②

72. 그림 (a)와 같은 회로에 대한 구동점 임피던스의 극점과 영점이 각각 그림 (b)에 나타낸 것과 같고 $Z(0)=1$일 때, 이 회로에서 $R[\Omega]$, $L[\mathrm{H}]$, $C[\mathrm{F}]$의 값은?

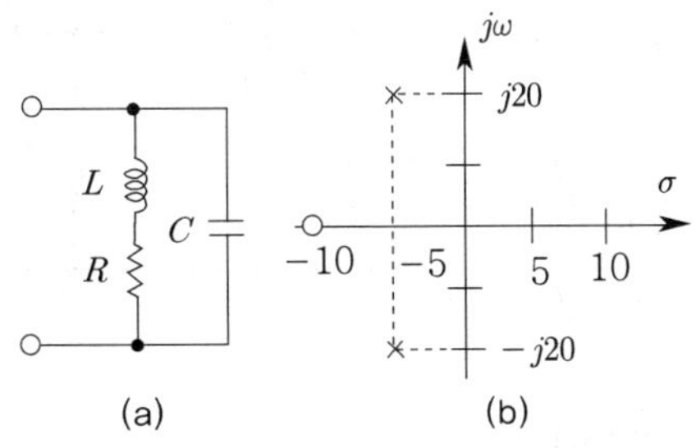

① $R=1.0[\Omega]$, $L=0.1[\mathrm{H}]$, $C=0.0235[\mathrm{F}]$

② $R=1.0[\Omega]$, $L=0.2[\mathrm{H}]$, $C=1.0[\mathrm{F}]$

③ $R=2.0[\Omega]$, $L=0.1[\mathrm{H}]$, $C=0.0235[\mathrm{F}]$

④ $R=2.0[\Omega]$, $L=0.2[\mathrm{H}]$, $C=1.0[\mathrm{F}]$

|정|답|및|해|설|

[구동점 임피던스] 구동점 임피던스는 $j\omega$ 또는 s로 치환하여 나타낸다.

1. 극점 : 분모가 0이되는 s값 → $s_1=5+j20$, $s_2=5-j20$
2. 영점 : 분자가 0이되는 s값 → $s_3=-10$
3. 구동점 임피던스

·오른쪽 $Z(s)=\dfrac{s+10}{(s+5)-j20(s+5)+j20}=\dfrac{s+10}{s^2+10s+425}$

·왼쪽 $Z(s)=\dfrac{1}{\dfrac{1}{R+Ls}+Cs}=\dfrac{Ls+R}{1+RCs+LCs^2}[\Omega]$

→ $Z(0)=R=1[\Omega]$

$\cdot\dfrac{\dfrac{R}{LC}+\dfrac{1}{C}s}{s^2+\dfrac{R}{L}s+\dfrac{1}{LC}}=\dfrac{\dfrac{1}{LC}+\dfrac{1}{C}s}{s^2+\dfrac{1}{L}s+\dfrac{1}{LC}}$

$\cdot\dfrac{s+10}{s^2+10s+425}=\dfrac{\dfrac{1}{LC}+\dfrac{1}{C}s}{s^2+\dfrac{1}{L}s+\dfrac{1}{LC}}$ 에서

→ $10=\dfrac{1}{L}$ → $\therefore L=\dfrac{1}{10}=0.1[H]$

→ $425=\dfrac{1}{LC}$ → $LC=\dfrac{1}{425}$

$\therefore C=\dfrac{1}{0.1\times 425}=0.0235[F]$　　【정답】 ①

73. 파형이 톱니파인 경우 파형률은 약 얼마인가?

① 1.155　　② 1.732

③ 1.424　　④ 0.577

|정|답|및|해|설|

[톱니파의 파형률] 파형률 $=\dfrac{실효값}{평균값}$

1. 톱니파의 실효값 : $\dfrac{I_m}{\sqrt{3}}$
2. 톱니파의 평균값 : $\dfrac{I_m}{2}$

$\therefore$ 파형률 $=\dfrac{실효값}{평균값}=\dfrac{\dfrac{I_m}{\sqrt{3}}}{\dfrac{I_m}{2}}=\dfrac{2}{\sqrt{3}}=1.155$　　【정답】 ①

74. 다음 중 회로에서 저항 $1[\Omega]$에 흐르는 전류 $I[A]$는?

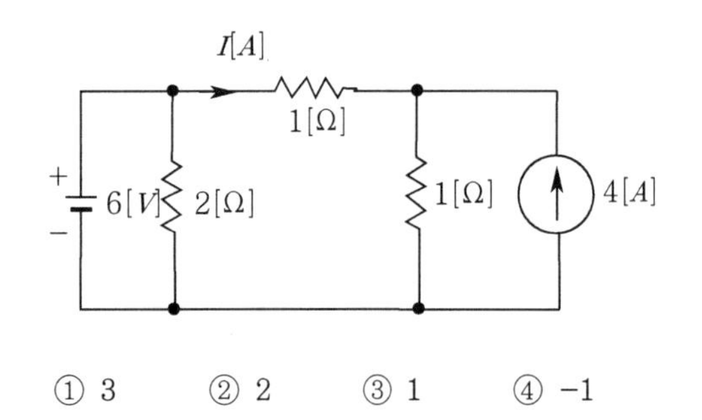

① 3 ② 2 ③ 1 ④ -1

|정|답|및|해|설|

[전류] 중첩의 원리를 이용

1. 전류원 개방 →

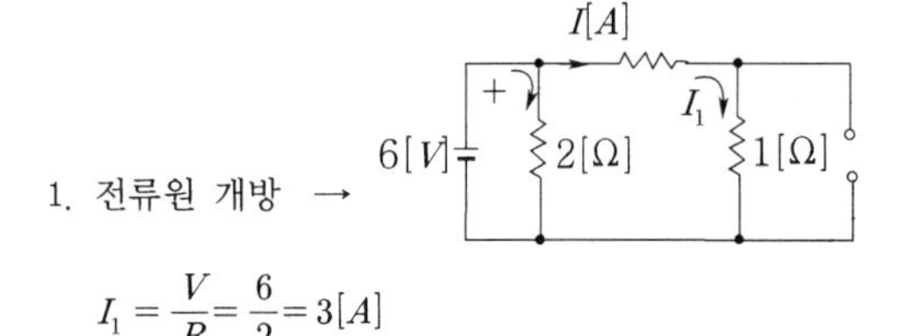

$I_1 = \frac{V}{R} = \frac{6}{2} = 3[A]$

→ (전류의 방향이 처음의 방향과 일치하므로 +)

2. 전압원 단락 →

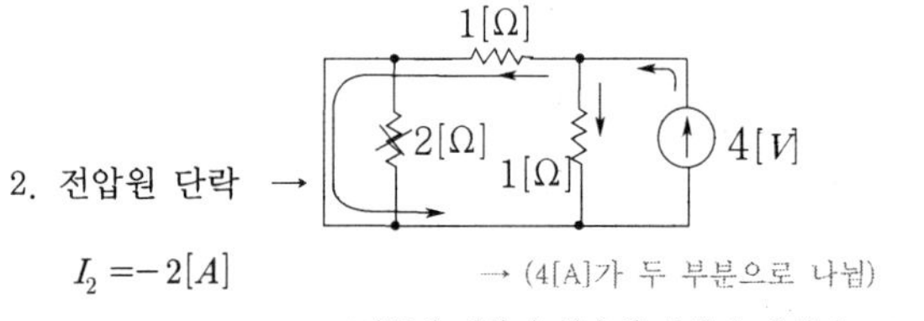

$I_2 = -2[A]$ → (4[A]가 두 부분으로 나뉨)

→ (전류의 방향이 처음의 방향과 반대이므로 −)

∴전체전류 $I = I_1 + I_2 = 3 - 2 = 1[A]$ 【정답】③

75. 그림과 같은 평형 3상 회로에서 전원 전압이 $V_{ab} = 200[\text{V}]$이고 부하 한 상의 임피던스가 $Z = 4 + j3[\Omega]$인 경우 전원과 부하 사이 선전류 I_a는 약 몇 [A]인가?

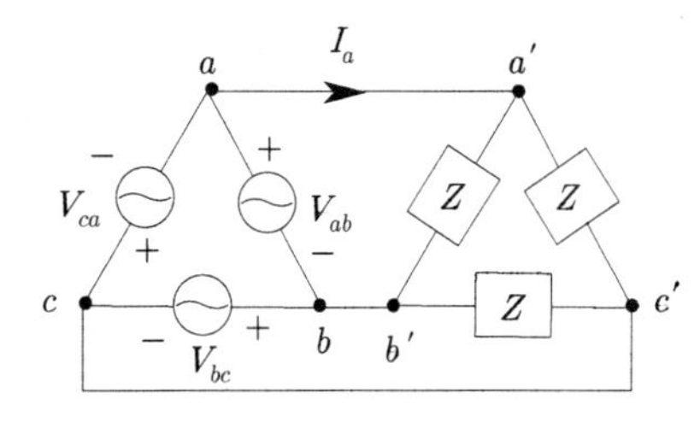

① $40\sqrt{3}\angle 36.87°$ ② $40\sqrt{3}\angle -36.87°$

③ $40\sqrt{3}\angle 66.87°$ ④ $40\sqrt{3}\angle -66.87°$

|정|답|및|해|설|

[선전류] $I_a = \sqrt{3}I_p \angle -30°$

·△결선

· $V_{ab} = V_p = 200[V]$

· $Z = 4+3j = \sqrt{4^2+3^2}\angle \tan^{-1}\frac{3}{4} = 5\angle 36.87[\Omega]$

$\therefore I_a = \sqrt{3}I_p \angle -30° = 40\sqrt{3}\angle -66.87$

$\rightarrow (I_p = \frac{V_p}{Z} = \frac{200}{5\angle 36.87} = 40\angle -36.87)$

【정답】④

76. 무한장 무손실 전송 선로의 임의의 위치에서 전압이 100[V]이었다. 이 선로의 인덕턴스가 7.5[μH/m]이고, 커패시턴스가 0.012[μF/m]일 때 이 위치에서 전류[A]는??

① 2 ② 4 ③ 6 ④ 8

|정|답|및|해|설|

[전류] $I = \frac{V}{Z_0} = \frac{V}{\sqrt{\frac{R+j\omega L}{G+j\omega C}}}[A]$

무손실 전송선로이므로 $R=0,\ G=0$

$\therefore\ I = \frac{V}{\sqrt{\frac{L}{C}}} = \frac{100}{\sqrt{\frac{7.5\times10^{-6}}{0.012\times10^{-6}}}} = 4[A]$ 【정답】②

77. 정상 상태에서 $t=0$초인 순간에 스위치s를 열었다. 이때 흐르는 전류 $i(t)$는?

① $\frac{V}{R}e^{-\frac{R+r}{L}t}$

② $\frac{V}{r}e^{-\frac{R+r}{L}t}$

③ $\frac{V}{R}e^{-\frac{L}{R+r}t}$

④ $\frac{V}{r}e^{-\frac{L}{R+r}t}$

|정|답|및|해|설|

[전류]

1. 스위치 off시 $i(t) = Ke^{-\frac{1}{\tau}t}$에서 시정수 $\tau = \frac{L}{R+r}[s]$,

2. 초기 전류 $i(0) = \frac{V}{r}[A]$이므로 $K = \frac{V}{r}$

$\therefore\ i(t) = \frac{V}{r}e^{-\frac{R+r}{L}t}[A]$ 【정답】②

78. 그림과 같은 함수의 라플라스 변환은?

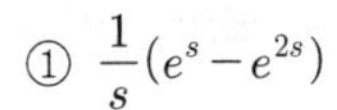

① $\frac{1}{s}(e^{s}-e^{2s})$

② $\frac{1}{s}(e^{-s}-e^{-2s})$

③ $\frac{1}{s}(e^{-2s}-e^{-s})$

④ $\frac{1}{s}(e^{-s}+e^{-2s})$

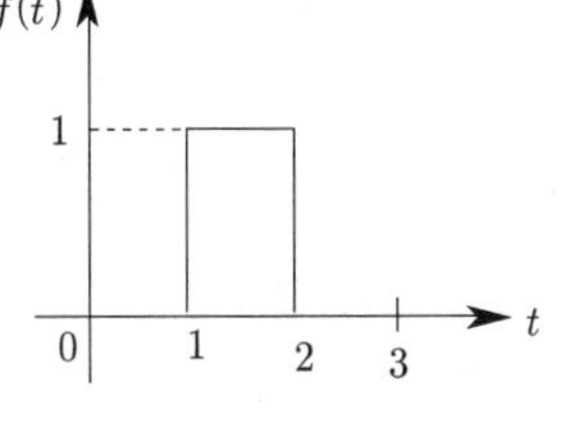

|정|답|및|해|설|

[라플라스 변환] 시간함수 $f(t)$를 $F(s)$함수로 바꾸는 것

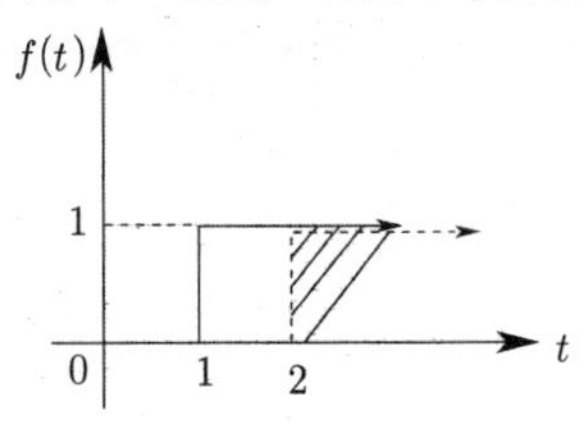

→ ① 실선 : 1에서 시작하는 단위계단
② 점선 : 끝지점 2에서 시작하는 단위계단
③ 겹친 부분을 빼면 문제의 그림이 된다.

$f(t)=u(t-1)-u(t-2)$

① $u(t-1)=\frac{1}{s}e^{-1s}$ ② $(u(t-2)=\frac{1}{s}e^{-2s})$

$\therefore F(s)=\frac{1}{s}e^{-1s}-\frac{1}{s}e^{-2s}==\frac{1}{s}(e^{-s}-e^{-2s})$

【정답】 ②

79. 선간전압이 150[V], 선전류가 $10\sqrt{3}$[A], 역률이 80[%]인 평형 3상 유도성 부하로 공급되는 무효전력[Var]은?

① 3600 ② 3000

③ 2700 ④ 1800

|정|답|및|해|설|

[무효전력] $P_r=\sqrt{3}\,VI\sin\theta[\mathrm{Var}]$

$\therefore P_r=\sqrt{3}\,VI\sin\theta$ → $(\sin\theta=\sqrt{1-\cos^2\theta})$

$=\sqrt{3}\times150\times10\sqrt{3}\times\sqrt{1-(0.8)^2}=2700[\mathrm{Var}]$

【정답】 ③

80. 상의 순서가 $a-b-c$인 불평형 3상 전류가 $I_a=15+j2[A]$, $I_b=-20-j14[A]$ $I_c=-3+j10[A]$ 일 때 영상분인 전류 I_o는 약 몇 [A]인가?

① $2.67+j0.38$ ② $2.02+j6.98$

③ $15.5-j3.56$ ④ $-2.67-j0.67$

|정|답|및|해|설|

[영상분 전류] $I_o=\frac{1}{3}(I_a+I_b+I_c)$

$\therefore I_o=\frac{1}{3}(I_a+I_b+I_c)=\frac{1}{3}(-8-j2)=-2.67-j0.67[A]$

→ (실수는 실수끼리 더하고, 허수는 허수끼리 더한다.)

【정답】 ④

2회 2021년 전기기사필기 (전기설비기술기준)

81. 전기부식(전식)방지대책에서 매설금속체 측의 누설전류에 의한 전식의 피해가 예상되는 곳에 고려하여야 하는 방법으로 틀린 것은?

① 절연코팅

② 배류장치 설치

③ 발전소 간 간격 축소

④ 저준위 금속체를 접촉

|정|답|및|해|설|

[전기부식(전식)방지대책 (KEC 461.4)] 매설금속체 측의 누설전류에 의한 전기부식의 피해가 예상되는 곳은 다음 방법을 고려하여야 한다.

1. 배류장치 설치
2. 절연코팅
3. 매설금속체 접속부 절연
4. 저준위 금속체를 접속
5. 궤도와의 간격(이격거리) 증대
6. 금속판 등의 도체로 차폐

【정답】 ③

82. 변전소의 주요 변압기에 계측 장치를 시설하여 측정하여야 하는 것이 아닌 것은?

① 역률 ② 전압

③ 전력 ④ 전류

|정|답|및|해|설|

[계측장치의 시설 (KEC 351.6)]

- 발전기 · 연료전지 또는 태양전지 모듈의 전압 및 전류 또는 전력
- 발전기의 베어링 및 고정자 온도
- 주요 변압기의 **전압 및 전류 또는 전력**
- 특고압용 변압기의 온도

【정답】 ①

83. 전기설비기술기준에서 정하는 안전 원칙에 대한 내용으로 틀린 것은?

① 전기설비는 감전, 화재 그 밖에 사람에게 위해를 주거나 물건에 손상을 줄 우려가 없도록 시설하여야 한다.
② 전기설비는 다른 전기설비, 그 밖의 물건의 기능에 전기적 또는 자기적인 장해를 주지 않도록 시설하여야 한다.
③ 전기설비는 경쟁과 새로운 기술 및 사업의 도입을 촉진함으로써 전기사업의 건전한 발전을 도모하도록 시설하여야 한다.
④ 전기설비는 사용 목적에 적절하고 안전하게 작동하여야 하며, 그 손상으로 인하여 전기 공급에 지장을 주지 않도록 시설하여야 한다,

|정|답|및|해|설|

[안전원칙 (기술기준 제2조)]
1. 전기설비는 감전, 화재 그 밖에 사람에게 위해를 주거나 물건에 손상을 줄 우려가 없도록 시설하여야 한다.
2. 전기설비는 사용목적에 적절하고 안전하게 작동하여야 하며, 그 손상으로 인하여 전기 공급에 지장을 주지 않도록 시설하여야 한다.
3. 전기설비는 다른 전기설비, 그 밖의 물건의 기능에 전기적 또는 자기적인 장해를 주지 않도록 시설하여야 한다. 【정답】③

84. 지중전선로에 사용하는 지중함의 시설기준으로 틀린 것은?

① 견고하고 차량 기타 중량물의 압력에 견디는 구조일 것
② 안에 고인물을 제거할 수 있는 구조로 되어 있을 것
③ 뚜껑은 시설자 이외의 자가 쉽게 열수 없도록 시설할 것
④ 조명 및 세척이 가능한 적당한 장치를 시설할 것

|정|답|및|해|설|

[지중함의 시설 (KEC 334.2)]
1. 지중함은 견고하고 차량 기타 중량물의 압력에 견디는 구조 일 것
2. 지중함은 그 안의 고인물을 제거할 수 있는 구조로 되어 있을 것
3. 폭발성 또는 연소성의 가스가 침입할 우려가 있는 곳에 시설하는 지중함으로 그 크기가 1[m^3] 이상인 것은 통풍장치 기타 가스를 방산시키기 위한 장치를 하여야 한다.
4. 지중함의 뚜껑은 시설자 이외의 자가 쉽게 열 수 없도록 시설할 것 【정답】④

85. 옥내 배선 공사 중 반드시 절연전선을 사용하지 않아도 되는 공사 방법은? (단, 옥외용 비닐절연전선은 제외한다.)

① 금속관공사　② 버스덕트공사
③ 합성수지관공사　④ 플로어덕트공사

|정|답|및|해|설|

[나전선의 사용 제한 (KEC 231.4)] 옥내에 시설하는 저압전선에는 나전선을 사용하여서는 아니 된다. 다만, 다음중 어느 하나에 해당하는 경우에는 그러하지 아니하다.
1. 애자사용공사에 의하여 전개된 곳에 다음의 전선을 시설하는 경우
   ·전기로용 전선
   ·전선의 피복 절연물이 부식하는 장소에 시설하는 전선
   ·취급자 이외의 자가 출입할 수 없도록 설비한 장소에 시설하는 전선
2. **버스덕트공사에 의하여 시설하는 경우**
3. 라이팅덕트공사에 의하여 시설하는 경우
4. 접촉 전선을 시설하는 경우 【정답】②

86. 돌침, 수평도체, 그물망(메시)도체의 요소 중에 한가지 또는 이를 조합한 형식으로 시설한 것은?

① 접지극시스템　② 수뢰부시스템
③ 내부피뢰시스템　④ 인하도선시스템

|정|답|및|해|설|

[수뢰부시스템 (KEC 152.1)] 수뢰부시스템을 선정하는 경우 돌침, 수평도체, 그물망(메시)도체의 요소 중에 한 가지 또는 이를 조합한 형식으로 시설하여야 한다. 【정답】②

87. 지중전선로를 직접 매설식에 의하여 차량 기타 중량물의 압력을 받을 우려가 있는 장소에 시설하는 경우 매설 깊이는 몇 [m] 이상으로 하여야 하는가?

① 0.6　② 1　③ 1.2　④ 2

|정|답|및|해|설|

[지중 전선로의 시설 (KEC 334.1)] 지중 전선로는 전선에 케이블을 사용하고 또한 관로식, 암거식, 직접 매설식에 의하여 시설하여야 한다.
1. 직접 매설식 : 매설 깊이는 **중량물의 압력이 있는 곳은 1.0[m] 이상**, 없는 곳은 0.6[m] 이상으로 한다.
2. 관로식 : 매설 깊이를 1.0 [m] 이상, 중량물의 압력을 받을 우려가 없는 곳은 60 [cm] 이상으로 한다.
3. 암거식 : 지하 구조물 내 케이블 지지대를 설치하고 그 위에 케이블을 부설하는 방식 【정답】②

88. 풍력터빈에 설비의 손상을 방지하기 위하여 시설하는 운전상태를 계속하는 계측장치로 틀린 것은?

① 조도계　　② 압력계
③ 온도계　　④ 풍속계

|정|답|및|해|설|

[계측장치의 시설 (KEC 532.3.7)] 풍력터빈에는 설비의 손상을 방지하기 위하여 운전 상태를 계측하는 다음의 계측장치를 시설하여야 한다.

1. 회전속도계
2. 풍속계
3. 압력계
4. 온도계
5. 나셀(nacelle) 내의 진동을 감시하기 위한 진동계

【정답】 ①

89. 사용전압이 154[kV]인 전선로를 제1종 특고압 보안 공사로 시설할 때 경동연선의 굵기는 몇 [mm^2] 이상이어야 하는가?

① 55　　② 100
③ 150　　④ 200

|정|답|및|해|설|

[특고압 보안공사 (KEC 333.22)]
제1종 특고압 보안공사의 전선 굵기

사용전압	전선
100[kV] 미만	인장강도 21.67[kN] 이상의 연선 또는 단면적 55[[mm^2] 이상의 경동연선
100[kV] 이상 300[kV] 미만	인장강도 58.84[kN] 이상의 연선 또는 단면적 150[[mm^2] 이상의 경동연선
300[kV] 이상	인장강도 77.47[kN] 이상의 연선 또는 단면적 200[[mm^2] 이상의 경동연선

【정답】 ③

90. "동일 지지물에 저압 가공전선(다중접지된 중성선은 제외)과 고압 가공전선을 시설하는 경우 고압 가공전선을 저압 가공전선의 (㉠)로 하고, 별개의 완금류에 시설해야 하며, 고압 가공전선과 저압 가공전선 사이의 간격은 (㉡)[m] 이상으로 한다."

① ㉠ 아래, ㉡ 0.5　　② ㉠ 아래, ㉡ 1
③ ㉠ 위, ㉡ 0.5　　④ ㉠ 위, ㉡ 1

|정|답|및|해|설|

[고압 가공전선 등의 병행설치 (KEC 332.8)]

1. **저압 가공전선을 고압 가공전선의 아래**로 하고 별개의 완금류에 시설할 것
2. **간격(이격거리) 50[㎝] 이상**으로 저압선을 고압선의 아래로 별개의 완금류에 시설

※공가, 병행설치는 2종특고압 보안공사로 시공 55[mm^2]이상

【정답】 ③

91. 시가지에 시설하는 사용 전압 170[kVA] 이하인 특고압 가공전선로의 지지물이 철탑이고 전선이 수평으로 2 이상 있는 경우에 전선 상호간의 간격이 4[m] 미만인 때에는 특고압 가공전선로의 지지물 간 거리(경간)는 몇 [m] 이하이어야 하는가?

① 100　　② 150
③ 200　　④ 250

|정|답|및|해|설|

[시가지 등에서 특고압 가공전선로의 시설 (KEC 333.1)]
시가지에 시설하는 특고압 가공전선로용 지지물로는 A·B종 철주, A·B종 철근콘크리트주, 또는 철탑을 사용한다.

지지물의 종류	지지물 간 거리(경간)
A종 철주 또는 A종 철근 콘크리트주	75[m]
B종 철주 또는 B종 철근 콘크리트주	150[m]
철탑	400[m] (단주인 경우에는 300[m]) 다만, 전선이 수평으로 2 이상 있는 경우에 전선 상호간의 간격이 4[m] 미만인 때에는 250[m]

【정답】 ④

92. 플로어덕트공사에 의한 저압 옥내배선에 연선을 사용하지 않아도 되는 전선(동선)의 단면적은 최대 몇 [mm^2]인가?

① 2　　② 4
③ 6　　④ 10

|정|답|및|해|설|

[플로어덕트공사 (KEC 232.32)]

1. 전선은 절연전선(옥외용 비닐 절연전선을 제외한다)일 것.
2. 전선은 연선일 것. 다만, **단면적 10**[mm^2](알루미늄선은 단면적 16[mm^2]) 이하인 것은 그러하지 아니하다.
3. 덕트 상호 간 및 덕트와 박스 및 인출구와는 견고하고 또한 전기적으로 완전하게 접속할 것
4. 덕트의 끝부분은 막을 것
5. 덕트는 kec140에 준하는 접지공사를 할 것

【정답】 ④

93. 고압 가공 전선로의 가공지선에 나경동선을 사용하려면 지름 몇 [mm] 이상의 것을 사용하여야 하는가?

① 2.0　② 3.0　③ 4.0　④ 5.0

|정|답|및|해|설|

[고압 가공전선로의 가공지선 (KEC 332.6)]
1. 고압 가공전선로 : 인장강도 5.26[kN] 이상의 것 또는 **4[mm] 이상의 나경동선**
2. 특고압 가공전선로 : 인장강도 8.01[kN] 이상의 나선 또는 5[mm] 이상의 나경동선 【정답】 ③

94. 전압의 종별에서 교류 600[V]는 무엇으로 분류하는가?

① 저압　② 고압
③ 특고압　④ 초고압

|정|답|및|해|설|

[전압의 종별 (기술기준 제3조)]

분류	전압의 범위
저압	· 직류 : 1500[V] 이하 · 교류 : 1000[V] 이하
고압	· 직류 : 1500[V]를 초과하고 7[kV] 이하 · 교류 : 1000[V]를 초과하고 7[kV] 이하
특고압	· 7[kV]를 초과

【정답】 ①

95. 하나 또는 복합하여 시설하여야 하는 접지극의 방법으로 틀린 것은?

① 지중 금속 구조물
② 토양에 매설된 기초 접지극
③ 케이블의 금속 외장 및 그 밖에 금속 피복
④ 대지에 매설된 강화 콘크리트의 용접된 금속 보강재

|정|답|및|해|설|

[접지극의 시설 및 접지저항 (KEC 142.2)] 접지극은 다음의 방법 중 하나 또는 복합하여 시설하여야 한다.
1. 콘크리트에 매입 된 기초 접지극
2. 토양에 매설된 기초 접지극
3. 토양에 수직 또는 수평으로 직접 매설된 금속전극(봉, 전선, 테이프, 배관, 판 등)
4. 케이블의 금속외장 및 그 밖에 금속피복
5. 지중 금속구조물(배관 등)
6. 대지에 매설된 철근콘크리트의 용접된 금속 보강재. 다만, **강화 콘크리트는 제외**한다. 【정답】 ④

96. 일반 주택의 저압 옥내배선을 점검하였더니 다음과 같이 시설되어 있었을 경우 시설 기준에 적합하지 않은 것은?

① 합성수지관의 지지점 간의 거리를 2[m]로 하였다.
② 합성수지관 안에서 전선의 접속점이 없도록 하였다.
③ 금속관공사에 옥외용 비닐절연전선을 제외한 절연전선을 사용하였다.
④ 인입구에 가까운 곳으로서 쉽게 개폐할 수 있는 곳에 개폐기를 각 극에 시설하였다.

|정|답|및|해|설|

[합성수지관공사 (KEC 232.11)]
· 전선은 합성수지관 안에서 접속점이 없도록 할 것
· 전선은 절연전선(옥외용 비닐 절연전선을 제외한다)일 것
· 관의 지지점 간의 거리는 **1.5[m] 이하** 【정답】 ①

97. 특고압용 타냉식 변압기의 냉각장치에 고장이 생긴 경우를 대비하여 어떤 보호 장치를 하여야 하는가?

① 경보장치　② 속도조정장치
③ 온도시험장치　④ 냉매흐름장치

|정|답|및|해|설|

[특고압용 변압기의 보호장치 (KEC 351.4)]

뱅크 용량의 구분	동작 조건	장치의 종류
5,000[kVA] 이상 10,000[kVA] 미만	변압기 내부 고장	자동차단장치 또는 경보장치
10,000[kVA] 이상	변압기 내부 고장	자동차단장치
타냉식 변압기 (강제순환식)	·냉각장치 고장 ·변압기 온도 상승	**경보장치**

【정답】 ①

98. 특고압 가공 전선로의 지지물로 사용하는 B종 철주, B종 철근 콘크리트주 또는 철탑의 종류에서 전선로의 지지물 양쪽의 지지물 간 거리(경간)의 차가 큰 곳에 사용하는 것은?

① 각도형

② 잡아 당김형(인류형)

③ 내장형

④ 보강형

|정|답|및|해|설|

[특고압 가공전선로의 철주 · 철근 콘크리트주 또는 철탑의 종류 (KEC 333.11)] 특고 가공 전선로의 지지물로 사용하는 B종 철주, 철근 콘크리트주, 철탑의 종류는 다음과 같다.

1. 직선형 : 전선로의 직선 부분(3° 이하의 수평 각도 이루는 곳 포함)에 사용되는 것
2. 각도형 : 전선로 중 수형 각도 3° 를 넘는 곳에 사용되는 것
3. 잡아 당김형(인류형) : 전 가섭선을 잡아 당기는 곳에 사용하는 것
4. **내장형** : 전선로 지지물 양측의 **지지물 간 거리(경간) 차가 큰 곳**에 사용하는 것
5. 보강형 : 전선로 직선 부분을 보강하기 위하여 사용하는 것

【정답】 ③

99. 사용전압이 170[kV] 이하의 변압기를 시설하는 변전소로서 기술원이 상주하여 감시하지 않으나 수시로 순회하는 경우, 기술원이 상주하는 장소에 경보 장치를 시설하지 않아도 되는 경우는?

① 옥내 변전소에 화재가 발생한 경우

② 제어 회로의 전압이 현저히 저하한 경우

③ 운전 조작에 필요한 차단기가 자동적으로 차단한 후 재연결(재폐로)한 경우

④ 수소 냉각식 무효 전력 보상 장치(조상기)는 그 무효 전력 보상 장치 안의 수소의 순도가 90[%] 이하로 저하한 경우

|정|답|및|해|설|

[상주 감시를 하지 아니하는 변전소의 시설 (KEC 351.9)] 다음의 경우에는 변전제어소 또는 기술원이 상주하는 장소에 경보장치를 시설할 것

1. 운전조작에 필요한 차단기가 자동적으로 차단한 경우(**차단기가 재연결(재폐로)한 경우를 제외**한다)
2. 주요 변압기의 전원측 전로가 무전압으로 된 경우
3. 제어 회로의 전압이 현저히 저하한 경우
4. 옥내변전소에 화재가 발생한 경우
5. 출력 3,000[kVA]를 초과하는 특고압용변압기는 그 온도가 현저히 상승한 경우
6. 특고압용 타냉식변압기는 그 냉각장치가 고장 난 경우
7. 무효 전력 보상 장치는 내부에 고장이 생긴 경우
8. 수소냉각식 무효 전력 보상 장치는 그 무효 전력 보상 장치 안의 수소의 순도가 90[%] 이하로 저하한 경우, 수소의 압력이 현저히 변동한 경우 또는 수소의 온도가 현저히 상승한 경우
9. 가스절연기기(압력의 저하에 의하여 절연파괴 등이 생길 우려가 없는 경우를 제외한다)의 절연가스의 압력이 현저히 저하한 경우

【정답】 ③

100. 아파트 세대 욕실에 "비데용 콘센트"를 시설하고자 한다. 다음의 시설 방법 중 적합하지 않은 것은?

① 콘센트는 접지극이 없는 것을 사용한다.

② 습기가 많은 장소에 시설하는 콘센트는 방습 장치를 하여야 한다.

③ 콘센트를 시설하는 경우에는 절연 변압기(정격 용량 3[kVA] 이하인 것에 한한다)로 보호된 전로에 접속하여야 한다.

④ 콘센트를 시설하는 경우 인체 감전 보호용 누전 차단기(정격 감도전류 15[mA] 이하, 동작시간 0.03[초] 이하의 전류 동작형의 것에 한한다.) 또는 절연 변압기(정격 용량 3[kVA] 이하인 것에 한한다.)으로 보호된 전로에 접속하여야 한다.

|정|답|및|해|설|

[콘센트의 시설 (KEC 234.5)] 욕조나 샤워시설이 있는 욕실 또는 화장실 등 인체가 물에 젖어있는 상태에서 전기를 사용하는 장소에 콘센트를 시설하는 경우에는 다음 각 호에 따라 시설하여야한다.

- 「전기용품안전 관리법」의 적용을 받는 인체감전보호용 누전차단기(정격감도전류 15[mA] 이하, 동작시간 0.03초 이하의 전류동작형의 것에 한한다) 또는 절연변압기(정격용량 3[kVA] 이하인 것에 한한다)로 보호된 전로에 접속하거나, 인체감전보호용 누전차단기가 부착된 콘센트를 시설하여야 한다.
- **콘센트는 접지극이 있는 방적형 콘센트를 사용**하여 접지하여야 한다.

【정답】 ①

2021년 3회 전기기사 필기 기출문제

3회 2021년 전기기사필기 (전기자기학)

1. 그림과 같이 단면적이 균일한 환상 철심에 권수 N_1 A코일과 권수 N_2 인 B코일이 있을 때 A코일의 자기인덕턴스가 $L_1[H]$ 라면, 두 코일의 상호인덕턴스 M은 몇 [H]인가? (단, 누설자속은 0이라고 한다.)

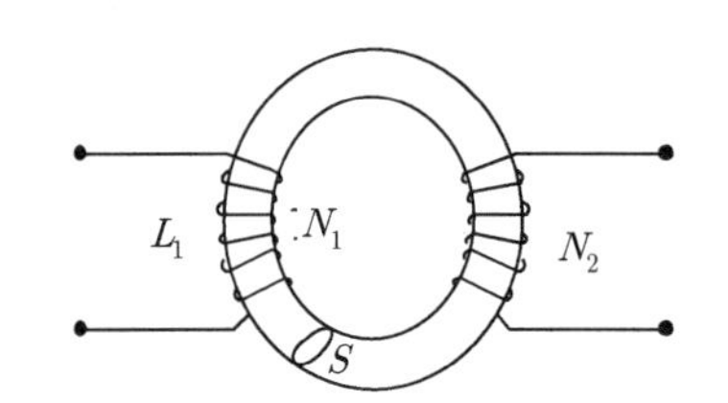

① $\frac{L_1 N_2}{N_1}$　② $\frac{N_2}{L_1 N_1}$

③ $\frac{L_1 N_1}{N_2}$　④ $\frac{N_1}{L_1 N_2}$

|정|답|및|해|설|

[권수비] $a = \frac{V_1}{V_2} = \frac{N_1}{N_2} = \frac{L_1}{M} = \frac{M}{L_2}$

∴상호인덕턴스 $M = \frac{N_2}{N_1} L_1 [H]$

【정답】 ①

2. 평행판 커패시터에 어떤 유전체를 넣었을 때 전속밀도가 $4.8 \times 10^{-7}[C/m^2]$이고 단위 체적당 정전에너지가 $5.3 \times 10^{-3}[J/m^3]$이었다. 이 유전체의 유전율은 약 몇 [F/m]인가?

① 1.15×10^{-11}　② 2.17×10^{-11}

③ 3.19×10^{-11}　④ 4.21×10^{-11}

|정|답|및|해|설|

[유전율] $\epsilon = \frac{D^2}{2w_E}[F/m]$

→ (단위 체적당 정전에너지 $w_E = \frac{1}{2}\epsilon_0 E = \frac{D^2}{2e} = \frac{1}{2}ED[J/m^3]$)

∴유전율 $\epsilon = \frac{D^2}{2w_E} = \frac{(4.8 \times 10^{-7})^2}{2 \times 5.3 \times 10^{-3}} = 2.17 \times 10^{-11}[F/m]$

【정답】 ②

3. 다음 중 기자력(magnetomotive force)에 대한 설명으로 틀린 것은?

① SI 단위는 암페어[A]이다.

② 전기회로의 기전력에 대응한다.

③ 자기회로의 자기저항과 자속의 곱과 동일하다.

④ 코일에 전류를 흘렸을 때 전류밀도와 코일의 권수의 곱의 크기와 같다.

|정|답|및|해|설|

[기자력] $F = NI[AT]$

전기회로에서는 기전력 $V[V]$에 해당

$\phi = \frac{NI}{R}$　→ (F= 권수×전류[AT])

$F = NI = \phi R$ 이므로 기자력은 자기저항 R 과 자속 ∅ 의 곱과 같다.

※전류밀도 $i = \frac{I}{S}[A/m^2]$로 전류와는 다른 값을 갖는다.

【정답】 ④

4. 쌍극자 모멘트가 M[C · m]인 전기 쌍극자에 의한 임의의 점 P의 전계의 크기는 전기 쌍극자의 중심에서 축 방향과 점 P를 잇는 선분 사이의 각이 얼마일 때 최대가 되는가?

① 0　② $\frac{\pi}{2}$　③ $\frac{\pi}{3}$　④ $\frac{\pi}{4}$

|정|답|및|해|설|

[전계의 세기] $E = \frac{M}{4\pi\epsilon_0 r^3}(\sqrt{1+3\cos^2\theta})$

점 P의 전계는 $\theta = 0°$ 일 때 최대이고
$\theta = 90°$ 일 때 최소가 된다.

【정답】 ①

5. 진공 중에서 점(0, 1)[m]의 위치에 -2×10^{-9}[C]의 점전하가 있을 때, 점(2, 0)[m]에 있는 1[C]의 점전하에 작용하는 힘은 몇 [N]인가? (단, $\hat{x}$, $\hat{y}$는 단위 벡터이다.)

① $-\frac{18}{3\sqrt{5}}\hat{x}+\frac{36}{3\sqrt{5}}\hat{y}$　　② $-\frac{36}{5\sqrt{5}}\hat{x}+\frac{18}{5\sqrt{5}}\hat{y}$

③ $-\frac{36}{3\sqrt{5}}\hat{x}+\frac{18}{3\sqrt{5}}\hat{y}$　　④ $\frac{36}{5\sqrt{5}}\hat{x}+\frac{18}{5\sqrt{5}}\hat{y}$

|정|답|및|해|설|

[점전하에 작용하는 힘] $\vec{F}=F\times\vec{r_0}$ → ($\vec{r_0}$: 방향(단위)벡터)

$$\vec{F}=r_0\frac{1}{4\pi\epsilon_0}\cdot\frac{Q_1Q_2}{r^2}$$

1. 거리벡터 $r=$ 종점 − 시점 $=(0-2)\hat{x}+(1-0)\hat{y}=-2\hat{x}+\hat{y}[m]$

→ ($i=a_x=\overline{x}$, $j=a_y=\overline{y}$, $k=a_z=\overline{z}$)

거리벡터의 절대값 $|r|=\sqrt{2^2+1^2}=\sqrt{5}$[m]

2. 단위벡터 $\overline{r_0}=\frac{r}{|r|}=\frac{-2\hat{x}+\hat{y}}{\sqrt{5}}$

∴힘 $F=-r_0\times\frac{1}{4\pi\varepsilon_0}\cdot\frac{Q_1Q_2}{r^2}$

$$=-\frac{(-2\hat{x}+\hat{y})}{\sqrt{5}}\times9\times10^9\times\frac{-2\times10^{-9}\times1}{(\sqrt{5})^2}$$

→ (+ 전하에 작용하는 힘이므로 − → +, 즉 반대 방향이므로 $-r_0$를 해준다.)

$$=-\frac{36}{5\sqrt{5}}\hat{x}+\frac{18}{5\sqrt{5}}\hat{y}[N]$$

【정답】 ②

6. 정상 전류계에서 J는 전류밀도, σ는 도전율, ρ는 고유저항, E는 전계의 세기일 때, 옴의 법칙의 미분형은?

① $J=\sigma E$　　② $J=\frac{E}{\sigma}$

③ $J=\rho E$　　④ $J=\rho\sigma E$

|정|답|및|해|설|

[전류밀도] $i=i_c=J=\frac{I}{S}=\frac{E}{\rho}=\sigma E[A/m^2]$

→ (전류 $I=\frac{V}{R}=\frac{El}{\rho\frac{l}{S}}=\frac{E}{\rho}S[A]$)

→ (옴의 법칙의 미분형)

【정답】 ①

7. 그림과 같은 평행판 콘덴서에 극판의 면적이 $S[m^2]$, 진전하밀도를 $\sigma[C/m^2]$, 유전율이 각각 $\epsilon_1=4$, $\epsilon_2=2$인 유전체를 채우고 a, b양단에 $V[V]$의 전압을 인가할 때 ϵ_1, ϵ_2인 유전체 내부의 전계의 식 E_1, E_2와의 관계식은? (단, σ는 면전하 밀도이다.)

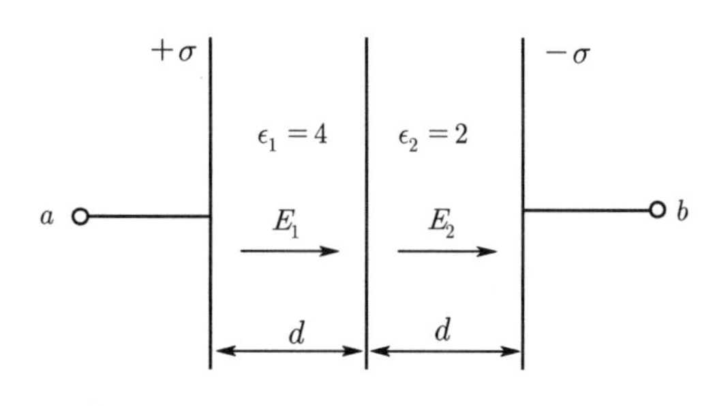

① $E_1=2E_2$　　② $E_1=4E_2$

③ $2E_1=E_2$　　④ $E_1=E_2$

|정|답|및|해|설|

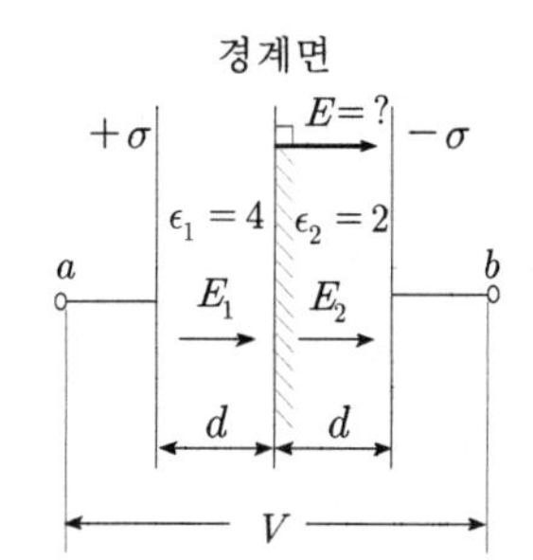

[유전체 내부의 전계]

$D_1\cos\theta_1=D_2\cos\theta_2$에서 경계면에 수직이면 $D_1=D_2$

$\epsilon_1E_1=\epsilon_2E_2$ → ($D=\epsilon E$)

$E_1=\frac{\epsilon_2}{\epsilon_1}E_2=\frac{2}{4}\times E_2=\frac{1}{2}E_2$ → ∴ $2E_1=E_2$

여기서, E : 전계, D : 전속밀도, ϵ : 유전율

【정답】 ③

8. 반지름이 r[m]인 반원형 전류 I[A]에 의한 반원의 중심(O)에서 자계의 세기[AT/m]는?

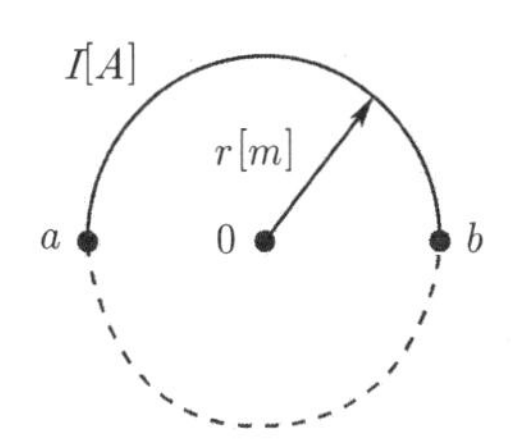

① $\frac{2I}{r}$　② $\frac{I}{r}$

③ $\frac{I}{2r}$　④ $\frac{I}{4r}$

|정|답|및|해|설|

[원형 코일 중심점의 자계의 세기] $H=\frac{NI}{2r}[AT/m]$

$\therefore H=\frac{NI}{2r}=\frac{\frac{1}{2}I}{2r}=\frac{I}{4r}$[AT/m] → (권수 N=1, 반원이므로 $\frac{1}{2}I$)

【정답】 ④

|참|고|

1. 원형 코일 중심($N=1$)

$H=\frac{NI}{2r}=\frac{I}{2r}$[AT/m] → ($N$: 감은 권수(=1), r : 반지름)

2. 반원형($N=\frac{1}{2}$) 중심에서 자계의 세기 H

$H=\frac{I}{2r}\times\frac{1}{2}=\frac{I}{4r}$[AT/m]

3. $\frac{3}{4}$원($N=\frac{3}{4}$) 중심에서 자계의 세기 H

$H=\frac{I}{2r}\times\frac{3}{4}=\frac{3I}{8r}$[AT/m]

9. 평균 반지름(r)이 20[cm], 단면적(S)이 6[cm^2]인 환상 철심에서 권선수(N)가 500회인 코일에 흐르는 전류(I)가 4[A]일 때 철심 내부에서의 자계의 세기(H)는 약 몇 [AT/m]인가?

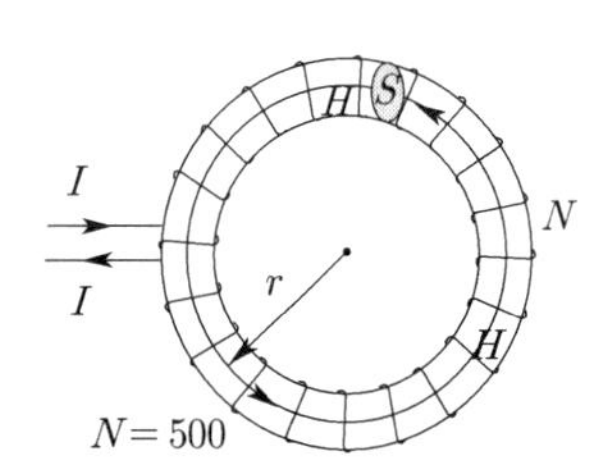

① 1,590　② 1,700

③ 1,870　④ 2,120

|정|답|및|해|설|

[솔레노이드 내부의 자계의 세기] $H=\frac{NI}{l}=\frac{NI}{2\pi r}[AT/m]$

→ (철심 내부 자계의 세기 H=0)

$\therefore H=\frac{NI}{l}=\frac{NI}{2\pi r}=\frac{500\times 4}{2\pi\times 0.2}=1591.5$[AT/m]

→ (r : 평균 반지름, d : 평균지름)

【정답】 ①

10. 속도 v의 전자가 평등 자계 내에 수직으로 들어갈 때, 이 전자에 대한 설명으로 옳은 것은?

① 구면 위에서 회전하고 구의 반지름은 자계의 세기에 비례한다.

② 원운동을 하고 원의 반지름은 자계의 세기에 비례한다.

③ 원운동을 하고 원의 반지름은 자계의 세기에 반비례한다.

④ 원운동을 하고 원의 반지름은 전자의 처음 속도의 제곱에 비례한다.

|정|답|및|해|설|

[평등 자계] 전자가 자계 중에 수직으로 들어갈 때 구심력과 원심력이 같은 상태에서 원운동을 하므로 $ev\beta=\frac{mv^2}{r}$이며

반경 $r=\frac{mv}{e\beta}=\frac{mv}{e\mu_0 H}$[m] → $\propto v$, $\propto\frac{1}{\beta}$, $\propto\frac{1}{H}$이다.

【정답】 ③

11. 간격 d[m], 면적 S[m^2]의 평행판 전극 사이에 유전율이 ε인 유전체가 있다. 전극 간에 $v(t)=V_m\sin\omega t$의 전압을 가했을 때, 유전체 속의 변위전류밀도[A/m^2]는?

① $\frac{\varepsilon\omega V_m}{d}\cos\omega t$　② $\frac{\varepsilon\omega V_m}{d}\sin\omega t$

③ $\frac{\varepsilon V_m}{\omega d}\cos\omega t$　④ $\frac{\varepsilon V_m}{\omega d}\sin\omega t$

|정|답|및|해|설|

[변위전류밀도] $i_d=\frac{\partial D}{\partial t}=\epsilon\frac{\partial E}{\partial t}=\frac{\epsilon}{d}\frac{\partial V}{\partial t}$[A]

$\therefore i_d=\frac{\varepsilon}{d}\frac{\partial}{\partial t}V_m\sin\omega t=\frac{\varepsilon}{d}\omega V_m\cos\omega t$[A/m^2]

※1. $\frac{\partial\sin\omega t}{\partial t}=\omega\cos\omega t=\omega\sin(\omega t+\frac{\pi}{2})$

2. $\frac{\partial\cos\omega t}{\partial t}=-\omega\sin(\omega t)$

【정답】 ①

12. 그림과 같이 공기 중 2개의 동심 구도체에서 내구(A)에만 전하 Q를 주고 외구(B)를 접지하였을 때 내구(A)의 전위는?

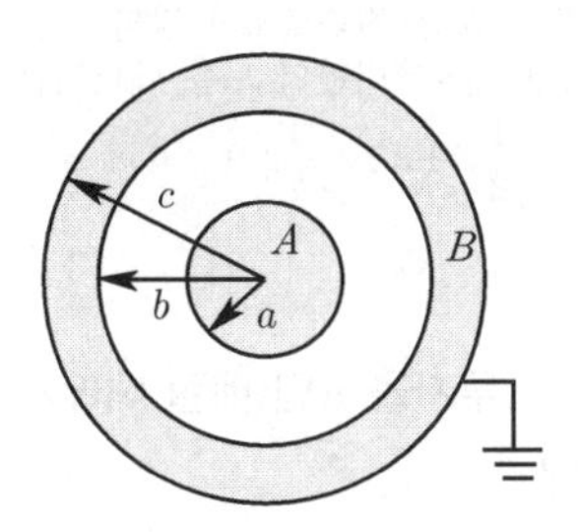

① $\frac{Q}{4\pi\varepsilon_0}\left(\frac{1}{a}-\frac{1}{b}+\frac{1}{c}\right)$　② $\frac{Q}{4\pi\varepsilon_0}\left(\frac{1}{a}-\frac{1}{b}\right)$

③ $\frac{Q}{4\pi\varepsilon_0}\cdot\frac{1}{c}$　④ 0

|정|답|및|해|설|

[내구의 전위] $Va=-\int_b^a Edl=\frac{Q}{4\pi\varepsilon_0}\left(\frac{1}{a}-\frac{1}{b}\right)$[V]

외구를 접지하면 B도체의 전위 $V=0$[V]이다.
따라서 두 점 a, b 사이의 전위차가 내구(A)의 전위이다.

【정답】 ②

13. 길이가 10[cm]이고 단면의 반지름이 1[cm]인 원통형 자성체가 길이 방향으로 균일하게 자화되어 있을 때 자화의 세기가 0.5[Wb/m^2]이라면 이 자성체의 자기모멘트[Wb·m]는?

① 1.57×10^{-5}　② 1.57×10^{-4}

③ 1.57×10^{-3}　④ 1.57×10^{-2}

|정|답|및|해|설|

[자기모멘트] $M=vJ=\pi a^2\cdot lJ$[Wb·m]

자화의 세기 $J=B-\mu_0 H=\mu_0(\mu_s-1)H=B\left(1-\frac{1}{\mu_s}\right)$

$=\frac{m}{S}=\frac{ml}{Sl}=\frac{M(\text{자기 모멘트})}{v(\text{체적})}$[Wb/m^2]

∴자기 모멘트 $M=\pi a^2\cdot lJ$

$=\pi\times(0.01)^2\times0.1\times0.5=1.57\times10^{-5}$[Wb·m]

【정답】 ①

14. 자기인덕턴스가 각각 L_1, L_2인 두 코일의 상호인덕턴스가 M일 때 결합계수는?

① $\frac{M}{L_1L_2}$　② $\frac{L_1L_2}{M}$

③ $\frac{M}{\sqrt{L_1L_2}}$　④ $\frac{\sqrt{L_1L_2}}{M}$

|정|답|및|해|설|

[결합계수] $k=\frac{M}{\sqrt{L_1L_2}}$　→ (상호인덕턴스 $M=k\sqrt{L_1L_2}$)

여기서, M : 상호인덕턴스, L_1, L_2 : 자기인덕턴스

※$k=1$ 이상적 결합, 에너지 전달 100%

【정답】 ③

15. 공기 중 무한 평면 도체의 표면으로부터 2[m] 떨어진 곳에 4[C]의 점전하가 있다. 이 점전하가 받는 힘은 몇 [N]인가?

① $\frac{1}{\pi\varepsilon_0}$　② $\frac{1}{4\pi\varepsilon_0}$

③ $\frac{1}{8\pi\varepsilon_0}$　④ $\frac{1}{16\pi\varepsilon_0}$

|정|답|및|해|설|

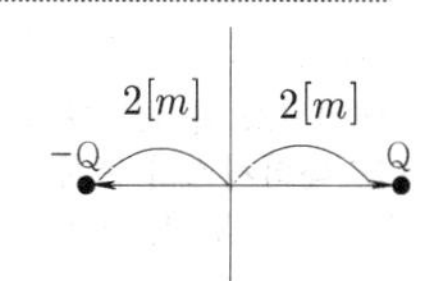

[무한 평면에 작용하는 힘(전기영상법)]

$F=\frac{Q(-Q)}{4\pi\epsilon_o(2r)^2}=\frac{-Q^2}{16\pi\epsilon_o r^2}$[N]

여기서, Q : 전하, ϵ_0 : 진공중의 유전율, r : 거리

$\therefore F=-\frac{Q^2}{16\pi\varepsilon_0 r^2}=-\frac{4^2}{16\pi\varepsilon_0\cdot2^2}=-\frac{1}{4\pi\varepsilon_0}$[N]

→ (-는 항상 흡인력을 나타냄으로써 표시하지 않아도 된다.)

【정답】 ②

16. 간격 d[m]이고 면적이 $S[m^2]$인 평행판 커패시터의 전극 사이에 유전율이 ε인 유전체를 넣고 전극 간에 V[V]의 전압을 가했을 때, 이 커패시터의 전극판을 떼어내는 데 필요한 힘의 크기[N]는?

① $\frac{1}{2\varepsilon}\frac{V^2}{d^2S}$ ② $\frac{1}{2\varepsilon}\frac{dV^2}{S}$

③ $\frac{1}{2}\varepsilon\frac{V}{d}S$ ④ $\frac{1}{2}\varepsilon\frac{V^2}{d^2}S$

|정|답|및|해|설|

[힘의 크기(정전흡인력=정전응력)] $F=fs=\frac{1}{2}\epsilon E^2 S[N]$

전극판을 떼어내는 데 필요한 힘은 정전용력과 같으므로

$\therefore$힘 $F=\frac{1}{2}\epsilon E^2 S=\frac{1}{2}\epsilon\frac{V^2}{d^2}S[N]$

→ ($V=Ed[V]$ → $E=\frac{V}{d}[V/m]$)

【정답】④

17. 히스테리시스 곡선에서 히스테리시스 손실에 해당하는 것은?

① 보자력의 크기
② 잔류자기의 크기
③ 보자력과 잔류자기의 곱
④ 히스테리시스 곡선의 면적

|정|답|및|해|설|

[히스테리시스손] $P_h=f v\eta B_m^{1.6}[W]$

히스테리시스 곡선을 다시 일주시켜도 항상 처음과 동일하기 때문에 **히스테리시스의 면적**(체적당 에너지 밀도)에 해당하는 에너지는 열로 소비된다. 이를 히스테리시스 손이라고 한다.

【정답】④

18. 패러데이관의 성질에 대한 설명으로 틀린 것은?

① 패러데이관 중에 있는 전속수는 그 관 속에 진전하가 없으면 일정하며 연속적이다.
② 패러데이관의 양단에는 양 또는 음의 단위 진전하가 존재하고 있다.
③ 패러데이관 한 개의 단위 전위차당 보유 에너지는 $\frac{1}{2}$[J]이다.
④ 패러데이관의 밀도는 전속밀도와 같지 않다.

|정|답|및|해|설|

[패러데이관의 성질]

1. 패러데이관(Faraday tube) 중에 있는 전속선 수는 진전하가 없으면 일정하며 연속적이다.
2. 패러데이관의 양단에는 정 또는 부의 진전하가 존재하고 있다.
3. 패러데이관의 **밀도는 전속밀도와 같다**.
4. 단위 전위차당 패러데이관의 보유 에너지는 1/2[J]이다.

$W=\frac{1}{2}QV=\frac{1}{2}\times1\times1=\frac{1}{2}[J]$ 【정답】④

19. 유전율 ϵ, 투자율 μ인 매질 내에서 전자파의 전파 속도는?

① $\sqrt{\frac{\mu}{\varepsilon}}$ ② $\sqrt{\mu\varepsilon}$

③ $\sqrt{\frac{\varepsilon}{\mu}}$ ④ $\frac{1}{\sqrt{\mu\varepsilon}}$

|정|답|및|해|설|

[전자파의 전파속도] $v=\lambda\cdot f=\frac{\omega}{\beta}=\frac{1}{\sqrt{LC}}=\frac{1}{\sqrt{\mu\epsilon}}$

여기서, λ : 파장, f : 주파수, ω : 각속도

β : 위상정수($=\omega\sqrt{LC}$)

$v=\frac{1}{\sqrt{\mu\epsilon}}=\frac{1}{\sqrt{\mu_0\mu_s\times\epsilon_0\epsilon_s}}=\frac{1}{\sqrt{\mu_0\epsilon_0}}[m/s]$

→ (진공시나 공기중에서 $\epsilon_s=1$, $\mu_s=1$)

$\therefore$전자파의 전파 속도 $v=\frac{1}{\sqrt{\mu\varepsilon}}$[m/s] 【정답】④

20. 내압이 2.0[kV]이고 정전용량이 각각 0.01[μF], 0.02[μF], 0.04[μF]인 3개의 커패시터를 직렬로 연결했을 때 전체 내압은 몇 [V]인가?

① 1750 ② 2000

③ 3500 ④ 4000

|정|답|및|해|설|

[전체 내압] $V=\frac{\frac{1}{C_1}+\frac{1}{C_2}+\frac{1}{C_3}}{\frac{1}{C_1}}\times V_1[V]$

→ (내압 $V_1=\frac{\frac{1}{C_1}}{\frac{1}{C_1}+\frac{1}{C_2}+\frac{1}{C_3}}\times V[V]$)

→ ($\frac{1}{C_1}$: 먼저 파괴되는 콘덴서가 기준)

→ ($Q=CV$에서 전압 일정, 용량이 작은 것이 먼저 파괴된다.)

$\therefore V=\frac{\frac{1}{C_1}+\frac{1}{C_2}+\frac{1}{C_3}}{\frac{1}{C_1}}\times V_1$

$=\frac{\frac{1}{0.01}+\frac{1}{0.02}+\frac{1}{0.04}}{\frac{1}{0.01}}\times2000=3500[V]$ 【정답】③

21. 환상 선로의 단락 보호에 주로 사용하는 계전기 방식은?

① 비율 차동 계전 방식
② 방향 거리 계전 방식
③ 과전류 계전 방식
④ 선택 접지 계전 방식

|정|답|및|해|설|
[송전 선로 단락 보호]
1. 방사상 선로 : 과전류 계전기 사용
2. 환상 선로 : 방향 단락 계전 방식, 방향 거리 계전 방식, 과전류 계전기와 방향 거리 계전기를 조합하는 방식 【정답】 ②

22. 변압기 보호용 비율차동계전기를 사용하여 Δ-Y 결선의 변압기를 보호하려고 한다. 이때 변압기 1, 2차 측에 설치하는 변류기의 결선 방식은? (단, 위상 보정 기능이 없는 경우이다.)

① $\Delta-\Delta$ ② Δ-Y
③ Y-Δ ④ Y-Y

|정|답|및|해|설|
[변류기 결선] 변압기 보호용 계전기는 비율 차동 계전기가 사용되며 변압기 1차와 2차간의 변위를 보정하기 위하여 변류기의 결선은 변압기의 결선과 반대로 한다. 즉, **변압기 결선이 Δ-Y이면 변류기 결선은 Y-Δ**로 한다. 【정답】 ③

23. 전력 계통의 전압조정설비에 대한 특징으로 틀린 것은?

① 병렬콘덴서는 진상 능력만을 가지며 병렬리액터는 진상능력이 없다.
② 무효 전력 보상 장치(동기조상기)는 조정의 단계가 불연속적이나 직렬콘덴서 및 병렬리액터는 연속적이다.
③ 무효 전력 보상 장치(동기조상기)는 무효전력의 공급과 흡수가 모두 가능하여 진상 및 지상 용량을 갖는다.
④ 병렬리액터는 경부하 시에 계통 전압이 상승하는 것을 억제하기 위하여 초고압 송전선 등에 설치된다.

|정|답|및|해|설|
[무효 전력 보상 장치(동기조상기)] 무효 전력 보상 장치는 무부하로 운전하는 동기전동기로서 **진상과 지상을 연속적으로 조정**할 수 있다. 이에 대하여 병렬콘덴서나 병렬리액터는 불연속적 혹은 단계적이다. 【정답】 ②

24. 전력계통의 중성점다중접지방식의 특징으로 옳은 것은?

① 통신선의 유도장해가 적다.
② 합성 접지저항이 매우 높다.
③ 건전상의 전위 상승이 매우 높다.
④ 지락 보호 계전기의 동작이 확실하다.

|정|답|및|해|설|
[중성점다중접지방식의 특징]
1. **접지저항이 매우 적어** 지락 사고 시 건전상 **전위 상승이 거의 없다.**
2. 보호 계전기의 신속한 동작 확보로 고장 선택 차단이 확실하다.
3. 피뢰기의 동작 채무가 경감된다.
4. 통신선에 대한 **유도장해가 크고**, 과도안정도가 나쁘다.
5. 대용량 차단기가 필요하다. 【정답】 ④

25. 송전선로에 단도체 대신 복도체를 사용하는 경우에 나타나는 현상으로 틀린 것은?

① 전선의 작용인덕턴스를 감소시킨다.
② 선로의 작용 정전 용량을 증가시킨다.
③ 전선 표면의 전위 경돌르 저감시킨다.
④ 전선의 코로나 임계전압을 저감시킨다.

|정|답|및|해|설|
[복도체 및 다도체의 특징]
- 같은 도체 단면적의 단도체보다 인덕턴스와 리액턴스가 감소하고 정전 용량이 증가하여 송전 용량을 크게 할 수 있다.
- 전선 표면의 전위 경도를 저감시켜 코로나 **임계전압을 높게** 하므로 코로나 발생을 방지한다.
- 전력 계통의 안정도를 증대시킨다. 【정답】 ④

26. 지지물 간 거리(경간)가 200[m]인 가공 전선로가 있다. 사용 전선의 길이는 지지물 간 거리보다 약 몇 [m] 더 길어야 하는가? (단, 전선의 1[m]당 하중은 2[kg], 인장 하중은 4,000[kg], 전선의 안전율은 2로 하고 풍압 하중은 무시한다.)

① 0.33　　② 0.5
③ 1.41　　④ 1.73

|정|답|및|해|설|

[전선의 길이] $L = S + \frac{8D^2}{3S}[m]$

처짐 정도 $D = \frac{WS^2}{8T} = \frac{2 \times 200^2}{8 \times \frac{4000}{2}} = 5[m]$　$\rightarrow (T = \frac{인장하중}{안전율}[kg])$

여기서, W : 전선의 중량[kg/m], S : 지지물 간 거리(경간)[m]
T : 전선의 수평 장력 [kg]

전선의 길이 $L = S + \frac{8D^2}{3S}$

→ (지지물간 거리(경간)(S)보다 길어진 길이이므로)

$\therefore \frac{8D^2}{3S} = \frac{8 \times 5^2}{3 \times 200} = \frac{1}{3} = 0.33[m]$　【정답】 ①

27. 옥내 배선을 단상 2선식에서 단상 3선식으로 변경하였을 때, 전선 1선당 공급 전력은 약 몇 배 증가하는가? [단, 선간전압(단상 3선식의 경우는 중성선과 타선 간의 전압), 선로전류(중성선의 전류 제외) 및 역률은 같다.]

① 0.71　　② 1.33
③ 1.41　　④ 1.73

|정|답|및|해|설|

[1선당 전력의 비]

$$\frac{단상3선식}{단상2선식} = \frac{\frac{2VI}{3}}{\frac{VI}{2}} = \frac{4}{3} = 1.33$$

∴ 약 1.33배 증가한다.　【정답】 ②

|참|고|

[1선당 전력]

1. 단상2선식 : $\frac{VI}{2}$
2. 단상3선식 : $\frac{2VI}{3}$
3. 3상3선식 : $\frac{\sqrt{3}\,VI}{3}$
4. 3상4선식 : $\frac{3VI}{4}$

28. 3상용 차단기의 정격 차단용량은 그 차단기의 정격 전압과 정격 차단전류와의 곱을 몇 배한 것인가?

① $\frac{1}{\sqrt{2}}$　　② $\frac{1}{\sqrt{3}}$
③ $\sqrt{2}$　　④ $\sqrt{3}$

|정|답|및|해|설|

[차단기 정격 차단용량] $P_s[MVA] = \sqrt{3}\,V\,I_s$

여기서, V : 정격전압[kV], I_s : 정격 차단전류[kA]

즉, 3상계수 $\sqrt{3}$을 적용한다.　【정답】 ④

29. 송전선에 직렬콘덴서를 설치하였을 때의 특징으로 틀린 것은?

① 선로 중에서 일어나는 전압강하를 감소시킨다.
② 송전전력의 증가를 꾀할 수 있다.
③ 부하역률이 좋을수록 설치 효과가 크다.
④ 단락사고가 발생하는 경우 사고 전류에 의하여 과전압이 발생한다.

|정|답|및|해|설|

[직렬 콘덴서의 장점]

1. 유도리액턴스를 보상하고 전압 강하를 감소시킨다.
2. 수전단의 전압변동률을 경감시킨다.
3. 최대 송전전력이 증대하고 정태 안정도가 증대한다.
4. **부하역률이 나쁠수록 설치 효과가 크다.**
5. 용량이 작으므로 설비비가 저렴하다.　【정답】 ③

30. 송전선의 특성 임피던스의 특징으로 옳은 것은?

① 선로의 길이가 길어질수록 값이 커진다.
② 선로의 길이가 길어질수록 값이 작아진다.
③ 선로의 길이에 따라 값이 변하지 않는다.
④ 부하 용량에 따라 값이 변한다.

|정|답|및|해|설|

[특성 임피던스] $Z_0 = \sqrt{\frac{L}{C}} = 138\log_{10}\frac{D}{r}$ 으로 거리에 관계없이 일정하다.　【정답】 ③

31. 어느 화력 발전소에서 40,000[kWh]를 발전하는데 발열량 860[kcal/kg]의 석탄이 60톤 사용된다. 이 발전소의 열효율[%]은 약 얼마인가?

① 56.7 ② 66.7
③ 76.7 ④ 86.7

|정|답|및|해|설|

[화력 발전소 열효율] $\eta = \frac{출력}{입력} = \frac{E}{W\frac{C}{860}} \times 100[\%]$

$= \frac{860E}{WC} \times 100[\%]$

$\rightarrow (1[kWh] = 860[kcal])$

여기서, E : 전력량[kWh], C : 연료의 발열량[$kcal/kg$]
W : 연료량[kg])

$\therefore \eta = \frac{860E}{WC} \times 100 = \frac{860 \times 40,000}{60 \times 10^3 \times 860} \times 100 = 66.7[\%]$

【정답】 ②

32. 유효낙차 100[m], 최대 유량 20[m^3/s]의 수차가 있다. 낙차가 81[m]로 감소하면 유량 [m^3/s]은? (단, 수차에서 발생되는 손실 등은 무시하며 수차 효율은 일정하다.)

① 15 ② 18 ③ 24 ④ 30

|정|답|및|해|설|

[유량과 낙차] $\frac{Q_2}{Q_1} = \left(\frac{H_2}{H_1}\right)^{\frac{1}{2}}$

유량은 낙차의 $\frac{1}{2}$승에 비례하므로

$\therefore Q_2 = \left(\frac{H_2}{H_1}\right)^{\frac{1}{2}} Q_1 = \left(\frac{81}{100}\right)^{\frac{1}{2}} \times 20 = 18[m^3/s]$ 【정답】 ②

33. 단락용량 3,000[MVA]인 모선의 전압이 154[kV]라면 등가 모선 임피던스[Ω]는 약 얼마인가?

① 5.81 ② 6.21
③ 7.91 ④ 8.71

|정|답|및|해|설|

[등가 모선 임피던스] $Z = \frac{V_r^2}{P}[\Omega]$ $\rightarrow$ (단락용량 $P_s = \frac{V^2}{Z}$)

$\therefore Z = \frac{V_r^2}{P} = \frac{154^2}{3,000} = 7.91[\Omega]$ 【정답】 ③

34. 중성점 접지 방식 중 직접 접지 송전 방식에 대한 설명으로 틀린 것은?

① 1선 지락사고 시 지락 전류는 타 접지 방식에 비하여 최대로 된다.
② 1선 지락사고 시 지락 계전기의 동작이 확실하고 선택 차단이 가능하다.
③ 통신선에서의 유도 장해는 비접지 방식에 비하여 크다.
④ 기기의 절연 레벨을 상승시킬 수 있다.

|정|답|및|해|설|

[직접접지방식의 장점]
· 1선 지락시에 건전상의 대지전압이 거의 상승하지 않는다.
· 피뢰기의 효과를 증진시킬 수 있다.
· 단절연이 가능하다.
· 계전기의 동작이 확실하다

[직접접지방식의 단점]
· 송전계통의 과도 안정도가 나빠진다.
· 통신선에 유도장해가 크다.
· 지락시 대전류가 흘러 기기에 손실을 준다.
· 대용량 차단기가 필요하다. 【정답】 ④

|참|고|

[접지방식의 비교]

	직접접지	소호리액터
전위상승	최저	최대
지락전류	최대	최소
절연레벨	**최소** 단절연, 저감절연	최대
통신선유도장해	최대	최소

35. 선로 고장 발생 시 고장전류를 차단할 수 없어 리클로저와 같이 차단 기능이 있는 후비보호 장치와 직렬로 설치되어야 하는 장치는?

① 배선용 차단기 ② 유입 개폐기
③ 컷아웃 스위치 ④ 섹셔널라이저

|정|답|및|해|설|

[섹셔널라이저(sectionalizer)] 섹셔널라이저는 고장전류를 차단할 수 있는 능력이 없으므로 후비 보호 장치인 리클로저와 직렬로 조합하여 사용한다.

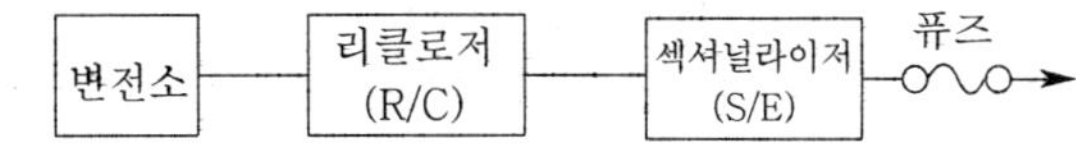

※리클로저(R/C) : 차단 장치를 자동 재연결(재폐로) 하는 일

【정답】 ④

36. 송전 선로의 보호 계전 방식이 아닌 것은?

① 전류 위상 비교 방식
② 전류 차동 보호 계전 방식
③ 방향 비교 방식
④ 전압 균형 방식

|정|답|및|해|설|

[송전 선로 보호 계전 방식의 종류] 과전류 계전 방식, 방향 단락 계전 방식, 방향 거리 계전 방식, 과전류 계전기와 방향 거리 계전기와 조합하는 방식, 전류 차동 보호 방식, 표시선 계전 방식, 전력선 방송 계전 방식 등이 있다. 【정답】 ④

37. 가공 송전선의 코로나 임계전압에 영향을 미치는 여러 가지 인자에 대한 설명 중 틀린 것은?

① 전선 표면이 매끈할수록 임계전압이 낮아진다.
② 날씨가 흐릴수록 임계전압은 낮아진다.
③ 기압이 낮을수록, 온도가 높을수록 임계전압은 낮아진다.
④ 전선의 반지름이 클수록 임계전압은 높아진다.

|정|답|및|해|설|

[코로나 임계전압] $E_v = 24.3 m_0 m_1 \delta d \log_{10}\frac{D}{r}[kV]$

여기서, m_0 : 전선 표면 계수, m_1 : 날씨 계수
δ : 상대 공기 밀도, d : 전선의 지름[cm]
r : 전선의 반지름[cm], D : 선간거리[cm]

따라서 전선 **표면이 매끈할수록**, 날씨가 청명할수록, 기압이 높고 온도가 낮을수록, 전선의 반지름이 클수록 **임계전압은 높아진다**.
【정답】 ①

38. 동작 시간에 따른 보호 계전기의 분류와 이에 대한 설명으로 틀린 것은?

① 순한시 계전기는 설정된 최소 동작 전류 이상의 전류가 흐르면 즉시 동작한다.
② 반한시 계전기는 동작 시간이 전류값의 크기에 따라 변하는 것으로 전류값이 클수록 느리게 동작하고 반대로 전류값이 작아질수록 빠르게 동작하는 계전기이다.
③ 정한시 계전기는 설정된 값 이상의 전류가 흘렀을 때 동작 전류의 크기와는 관계없이 항상 일정한 시간 후에 동작하는 계전기이다.
④ 반한시·정한시 계전기는 어느 전류값까지는 반한시성이지만 그 이상이 되면 정한시로 동작하는 계전기이다.

|정|답|및|해|설|

[계전기 동작 시간에 의한 분류]
1. 순한시 계전기 : 정정된 최소 동작 전류 이상의 전류가 흐르면 즉시 동작하는 계전기
2. 정한시 계전기 : 정정된 값 이상의 전류가 흐르면 정해진 일정 시간 후에 동작하는 계전기
3. 반한시 계전기 : 정정된 값 이상의 전류가 흐를 때 동작 시간이 **전류값이 크면 동작 시간은 짧아지고, 전류값이 적으면 동작 시간이 길어진다**.
4. 반한시 · 정한시 특징 : 동작 전류가 적은 동안에는 동작 전류가 커질수록 동작 시간이 짧게 되고 어떤 전류 이상이면 동작 전류의 크기에 관계없이 일정한 시간에 동작하는 특성

【정답】 ②

39. 송전선로에서 현수 애자련의 연면 섬락과 가장 관계가 먼 것은?

① 댐퍼
② 철탑 접지저항
③ 현수 애자련의 개수
④ 현수 애자련의 소손

|정|답|및|해|설|

[현수애자] 현수애자의 연면섬락은 애자면의 **개수**가 적정하지 않거나 **소손**되어 기능을 상실했거나 **철탑 접지저항**의 감소로 역섬락이 생기면 발생한다.

※댐퍼(damper)는 진동 루프 길이의 $\frac{1}{2} \sim \frac{1}{3}$ 인 곳에 설치하며 진동 에너지를 흡수하여 전선 진동을 방지하는 것으로 연면 섬락과는 관련이 없다. 【정답】 ①

40. 수압 철관의 안지름이 4[m]인 곳에서의 유속이 4[m/s]이었다. 안지름이 3.5[m]인 곳에서의 유속은 약 몇 [m/s]인가?

① 4.2[m/sec] ② 5.2[m/sec]
③ 6.2[m/sec] ④ 7.2[m/sec]

|정|답|및|해|설|

[연속의 정리] $Q = v_1 A_1 = v_2 A_2$

유속 $v_2 = \frac{v_1 A_1}{A_2} = \frac{v_1 \frac{1}{4}\pi d_1^2}{\frac{1}{4}\pi d_2^2} = \frac{v_1 d_1^2}{d_2^2} = \frac{4 \times 4^2}{3.5^2} = 5.22[m/s]$

【정답】 ②

41. 4극, 60[Hz]인 3상 유도전동기가 있다. 1725[rpm]으로 회전하고 있을 때, 2차기전력의 주파수[Hz]는?

① 2.5 ② 5 ③ 7.5 ④ 10

|정|답|및|해|설|

[2차주파수] $f_{2s} = sf_1[\text{Hz}]$

1. 동기속도 $N_s = \frac{120f}{P} = \frac{120 \times 60}{4} = 1,800[\text{rpm}]$
2. 슬립 $s = \frac{N_s - N}{N_s} = \frac{1,8000 - 1,725}{1,800} = 0.0416[\%]$

$\therefore$2차주파수 $f_{2s} = sf_1 = 0.0416 \times 60 = 2.5[\text{Hz}]$ 【정답】 ①

42. 변압기 내부 고장 검출을 위해 사용하는 계전기가 아닌 것은?

① 과전압 계전기 ② 비율 차동 계전기
③ 부흐홀츠 계전기 ④ 충격 압력 계전기

|정|답|및|해|설|

[변압기 내부고장 검출용 보호 계전기]

1. 차동계전기(비율차동 계전기) : 단락고장(사고) 시 검출
2. 압력계전기
3. 부흐홀츠계전기 : 아크방전사고 시 검출
4. 가스검출계전기

※① 과전압계전기 : 일정 값 이상의 전압이 걸렸을 때 동작

【정답】 ①

43. 단상 반파 정류회로에서 직류전압의 평균값 210[V]를 얻는데 필요한 변압기 2차전압의 실효값은 약 몇 [V]인가? (단, 부하는 순저항이고, 정류기의 전압강하 평균값은 15[V]로 한다.)

① 400 ② 433
③ 500 ④ 566

|정|답|및|해|설|

[변압기의 실효값] $E = \frac{(E_d + e)}{0.45}[\text{V}]$ → (e : 전압강하)

→ (평균값 $E_d = 0.45E - e$)

$\therefore$전압의 실효값 $E = \frac{(E_d + e)}{0.45} = \frac{210 + 15}{0.45} = 500[\text{V}]$

【정답】 ③

44. 75[W] 이하의 소출력 단상 직권 정류자 전동기의 용도로 적합하지 않은 것은?

① 믹서 ② 소형 공구
③ 공작 기계 ④ 치과 의료용

|정|답|및|해|설|

[단상 직권 정류자 전동기] 단상 직권 정류자 전동기는 직류·교류 양용 전동기(만능 전동기)로 75[W] 이하의 소출력으로 소형 공구, 믹서(mixer), 치과 의료용 및 가정용 재봉틀 등에 사용되고 있다.

【정답】 ③

45. 무효 전력 보상 장치(동기조상기)의 구조상 특징으로 틀린 것은?

① 고정자는 수차발전기와 같다.
② 안전 운전용 제동권선이 설치된다.
③ 계자 코일이나 자극이 대단히 크다.
④ 전동기 축은 동력을 전달하는 관계로 비교적 굵다.

|정|답|및|해|설|

[무효 전력 보상 장치(동기조상기)] 무효 전력 보상 장치(동기조상기)는 동기전동기를 무부하로 회전시켜 직류 계자전류 I_f의 크기를 조정하여 무효 전력을 지상 또는 진상으로 제어하는 기기이다. 동력을 전달하지 않는다.

1. 중부하시 과여자 운전 : 콘덴서 C로 작용
2. 경부하시 부족여자 운전 : 인덕턴스 L로 작용
3. 연속적인 조정(진상 · 지상) 및 시송전(시충전)이 가능하다.
4. 증설이 어렵다. 손실 최대(회전기) 【정답】 ④

46. 권선형 유도전동기의 2차 여자법 중 2차 단자에서 나오는 전력을 동력으로 바꿔서 직류전동기에 가하는 방식은?

① 회생 방식 ② 크레머 방식
③ 플러깅 방식 ④ 세르비우스 방식

|정|답|및|해|설|

[권선형 유도전동기의 속도 제어] 권선형 유도전동기에서 2차 여자 제어법은 크레머 방식과 세르비우스 방식이 있다.

1. 크레머 방식 : 2차 단자에서 나오는 전력을 동력으로 바꾸어 제어하는 방식
2. 세르비우스 방식 : 2차 여자 제어방식으로 유도발전기의 2차 전력 일부를 전원으로 회생시키고, 회생전력을 조정해 속도를 제어하는 방식이다. 【정답】 ②

47. 정격출력 10000[kVA], 정격전압 6600[V], 정격역률 0.8인 3상 비돌극 동기발전기가 있다. 여자를 정격 상태로 유지할 때 이 발전기의 최대 출력은 약 몇 [kW]인가? (단, 1상의 동기리액턴스를 0.9[p.u]라 하고 저항은 무시한다.)

① 17089　　② 18889
③ 21259　　④ 23619

|정|답|및|해|설|

[비돌극 동기발전기의 출력] $P = \frac{EV}{x_s}\sin\theta[\text{W}]$

1. 최대출력 $P_m = \frac{EV}{x}$ → $(\sin\theta = 1$일 때 최대$)$

2. 동기발전기의 단위법에 의한 최대출력

$$P_m = \frac{\sqrt{\cos^2\theta + (\sin^2\theta + x_s)^2}\ V}{x_s[p.u]}$$ → (단자전압 V=1로 본다.)

$$= \frac{\sqrt{0.8^2 + (0.6+0.9)^2}}{0.9} = 1.8889[p.u]$$

∴최대 출력 $P_m = \frac{EV}{x_s}P_n = 1.8889 \times 10000 = 18889[\text{kW}]$

【정답】 ②

48. 변압기의 전압변동률에 대한 설명 중 잘못된 것은?

① 일반적으로 부하변동에 대하여 2차 단자전압의 변동이 작을수록 좋다.
② 전부하시와 무부하시의 2차 단자전압이 서로 다른 정도를 표시하는 것이다.
③ 인가전압이 일정한 상태에서 무부하 2차 단자전압에 반비례한다.
④ 전압변동률은 전등의 광도, 수명, 전동기의 출력 등에 영향을 미친다.

|정|답|및|해|설|

[전압변동률] $\epsilon = \frac{V_{2o} - V_{2n}}{V_{2n}} \times 100 = p\cos\theta \pm q\sin\theta$

→ (지상 +, 진상 −, 언급이 없으면 +)

여기서, p : 저항강하, q : 리액턴스강하

무부하 2차전압 V_{2o}가 크면 커진다.

※③ 인가전압이 일정한 상태에서 무부하 **2차 정격전압**에 반비례한다.

【정답】 ③

49. 직류 발전기의 특성 곡선에서 각 축에 해당하는 항목으로 틀린 것은?

① 외부 특성 곡선 : 부하 전류와 단자 전압
② 부하 특성 곡선 : 계자 전류와 단자 전압
③ 내부 특성 곡선 : 무부하 전류와 단자 전압
④ 무부하 특성 곡선 : 계자 전류와 유도 기전력

|정|답|및|해|설|

[각 특성 곡선 특징]

1. 무부하 특성 곡선 : 정격 속도에서 무부하 상태의 I_f(계자전류)와 E(유도기전력)와의 관계를 나타내는 곡선을 무부하 특성 곡선 또는 무부하 포화 곡선이라고 한다.
2. 부하 특성 곡선 : 정격 속도에서 I를 정격값으로 유지했을 때, I_f(계자전류)와 V(단자전압)와의 관계를 나타내는 곡선을 부하특성곡선이라 하고 I의 값으로는 정격값의 $\frac{3}{4}$, $\frac{1}{2}$ 등을 사용한다.
3. 외부 특성 곡선 : 정격 속도에서 부하전류 I와 단자전압 V가 정격값이 되도록 I_f를 조정한 후, 계자 회로의 저항을 일정하게 유지하면서 부하전류 I를 변화시켰을 때 I와 V의 관계를 나타내는 곡선을 외부 특성 곡선이라고 한다.

구분	횡축	종축	조건
무부하포화곡선	I_f	$V(=E)$)	$n=$ 일정, $I=0$
외부특성곡선	I	V	$n=$ 일정, $R_f=$ 일정
내부특성곡선	I	E	$n=$ 일정, $R_f=$ 일정
부하특성곡선	I_f	V	$n=$ 일정, $I=$ 일정
계자조정곡선	I	I_f	$n=$ 일정, $V=$ 일정

【정답】 ③

50. 3상 유도 전동기에서 고조파 회전 자계가 기본파 회전 방향과 역방향인 고조파는?

① 제3고조파　　② 제5고조파
③ 제7고조파　　④ 제13고조파

|정|답|및|해|설|

[3상 유도전동기 고조파 회전자계가 기본파의 역방향]

$h = 2mn - 1$에서 3상이므로 $m=3$ → $h = 6n-1$

여기서, h : 고조파 차수, m : 상수, n : 0, 1, 2, 3, ...

1. n=0일 때 $h = 6n-1 = -1$ → 역방향
2. n=1(기본파)일 때 $h = 6n-1 = 5$고조파
3. n=2(기본파)일 때 $h = 6n-1 = 11$고조파

∴제5고조파

※[3상 유도전동기 고조파 회전자계가 기본파의 같은 방향]
$h = 3n+1$

【정답】 ②

51. 직류 직권전동기에서 분류 저항기를 직권 권선에 병렬로 접속해 여자 전류를 가감시켜 속도를 제어하는 방법은?

① 저항제어 ② 전압제어

③ 계자제어 ④ 직·병렬제어

|정|답|및|해|설|

[직류 전동기의 속도 제어법]

구분	제어 특성	특징
계자제어법	· 계자전류(여자전류)의 변화에 의한 자속의 변화로 속도 제어 · 정출력 제어	· 속도 제어 범위가 좁다.
전압제어법	· 정트크 제어 -워드레오나드 방식 -일그너 방식	· 제어 범위가 넓다. · 손실이 적다. · 정역운전 가능 · 설비비 많이 듬
저항제어법	· 전기자 회로의 저항 변화에 의한 속도 제어법	· 효율이 나쁘다.

※직병렬제어 : 직권전동기 두 대를 이용한다.

【정답】 ③

52. 100[kVA], 2300/115[V], 철손 1[kW], 전부하 동손 1.25[kW]의 변압기가 있다. 이 변압기는 매일 무부하로 10시간, $\frac{1}{2}$ 정격부하역률 1에서 8시간, 전부하 역률 0.8(지상)에서 6시간 운전하고 있다면 전일 효율은 약 몇 [%]인가?

① 93.3 ② 94.3

③ 95.3 ④ 96.3

|정|답|및|해|설|

[변압기의 전일효율] $\eta_r = \frac{P}{P+P_i+P_c} \times 100[\%]$

여기서, P : 출력, P_i : 철손, P_c : 동손

· $P=100[kVA]$, $P_i=1[kW]$, $P_c=1.25[kW]$

· 무부하에서 → 10시간 · $\frac{1}{2}$부하, 역률=1에서 → 8시간

· 전부하 역률=0.8에서 → 6시

1. 철손 $P_i'=1\times 24=24[kWh]$

2. 동손 $P_c'=\left(\frac{1}{2}\right)^2\times 1.25\times 8+1.25\times 6=10[kW]$

→ (무부하시에는 동손이 없다.)

3. 출력 $P'=\frac{1}{2}\times 100\times 8+100\times 0.8\times 6=880[kWh]$

∴변압기의 전일효율

$$\eta_r=\frac{P'}{P'+P_i'+P_c'}=\frac{880}{880+24+10}\times 100=96.3[\%]$$

【정답】 ④

53. 1상의 유도기전력이 6000[V]인 동기발전기에서 1분간 회전수를 900[rpm]에서 1800[rpm]으로 하면 유도기전력은 약 몇 [V]인가?

① 6,000 ② 12,000

③ 24,000 ④ 36,000

|정|답|및|해|설|

[동기발전기의 유도기전력] $E=4.44fw\varnothing K_w[V]$

여기서, k_w : 권선계수, ω : 1상 권수

$\varnothing$: 자속, f : 주파수

1. 동기속도 $N_s=\frac{120f}{p}$ → $N_s \propto f$

2. 유도기전력 $E \propto f \propto N_s$

3. 극수가 일정한 상태에서 속도를 2배 높이면 주파수가 2배 증가하고 기전력도 2배 상승한다.

∴유도기전력 $E'=2E=2\times 6,000=12,000[V]$ 【정답】 ②

54. 유도전동기의 슬립을 측정하려고 한다. 다음 중 슬립의 측정법이 아닌 것은?

① 수화기법

② 직류 밀리볼트계법

③ 스트로보스코프법

④ 프로니 브레이크법

|정|답|및|해|설|

[슬립 측정법] 슬립의 측정법에는 **직류밀리볼트계법, 수화기법, 스트로보스코프법** 등이 있다.

※프로니브레이크법 : 중·소형 직류전동기의 토크 측정 방법이다.

【정답】 ④

55. 60[Hz], 600[rpm]의 동기 전동기에 직결된 기동용 유도전동기의 극수는?

① 6 ② 8 ③ 10 ④ 12

|정|답|및|해|설|

[기동용 유도전동기 극수= 동기전동기 극수 － 2]

동기전동기의 극수 $p=\frac{120f}{N_s}$ → (동기속도 $N_s=\frac{120f}{p}[rpm]$)

$$p=\frac{120f}{N_s}=\frac{120\times 60}{600}=12[극]$$

∴기동용 유도 전동기 극수=12 －2=10

※기동용 유도전동기는 동기속도보다 sN_s 만큼 속도가 늦으므로 동기전동기의 극수에서 2극 적은 10극을 사용해야 한다. 【정답】 ③

56. 3상 변압기를 병렬 운전하는 조건으로 틀린 것은?

① 각 변압기의 극성이 같을 것
② 각 변압기의 %임피던스 강하가 같을 것
③ 각 변압기의 1차 및 2차 정격 전압과 변압비가 같을 것
④ 각 변압기의 1차와 2차 선간 전압의 위상 변위가 다를 것

|정|답|및|해|설|

[3상 변압기 병렬운전 조건]
·1차, 2차 정격 전압과 변압비(권수비)가 같을 것
·극성이 같을 것
·$\%Z$ 임피던스 강하가 같을 것
·$\%R$과 $\%X$의 비가 같을 것 (저항과 리액턴스의 비는 $\frac{\%R}{\%X}$)
·상회전 방향과 위상 변위(각 변위)가 같을 것
※병렬운전에는 용량, 출력, 회전수, $\frac{X}{r}$ 등은 같지 않아도 된다.

【정답】 ④

57. 직류 분권전동기의 전압이 일정할 때 부하토크가 2배로 증가하면 부하전류는 약 몇 배가 되는가?

① 1 ② 2 ③ 3 ④ 4

|정|답|및|해|설|

[직류전동기의 토크] $T = \frac{PZ}{2\pi a}\phi I_a$
분권전동기의 토크는 부하전류에 비례, 부하전류도 토크에 비례
∴ 토크 T가 2배 증가 → 부하전류 I_a도 2배 증가

【정답】 ②

58. 변압기유에 요구되는 특성으로 틀린 것은?

① 점도가 클 것
② 응고점이 낮을 것
③ 인화점이 높을 것
④ 절연 내력이 클 것

|정|답|및|해|설|

[변압기유의 구비 조건]
· 절연 내력이 클 것
· 절연재료 및 금속에 화학작용을 일으키지 않을 것
· 인화점이 높고 응고점이 낮을 것
· **점도가 낮고**(유동성이 풍부) 비열이 커서 냉각 효과가 클 것
· 고온에 있어 석출물이 생기거나 산화하지 않을 것
· 증발량이 적을 것
· 침전물이 없을 것

【정답】 ①

59. 다이오드를 사용한 정류회로에서 다이오드를 여러 개 직렬로 연결하면 어떻게 되는가?

① 전력 공급의 증대
② 출력전압의 맥동률을 감소
③ 다이오드를 과전류로부터 보호
④ 다이오드를 과전압으로부터 보호

|정|답|및|해|설|

[다이오드 여러 개의 직·병렬 연결]
1. 다이오드 여러 개를 직렬연결 : 과전압 방지(입력전압 증가)
2. 다이오드 여러 개를 병렬연결 : 과전류 방지

【정답】 ④

60. 직류 분권전동기의 기동 시에 정격전압을 공급하면 전기자전류가 많이 흐르다가 회전속도가 점점 증가함에 따라 전기자전류가 감소하는 원인은?

① 전기자반작용의 증가
② 전기자권선의 저항 증가
③ 브러시의 접촉저항 증가
④ 전동기의 역기전력 상승

|정|답|및|해|설|

[전기자전류] $I_a = \frac{V-E}{R_a}$ [A]

역기전력 $E = \frac{Z}{a}P\phi\frac{N}{60}$ [V]

기동 시에는 큰 전류가 흐르다가 속도가 증가함에 따라 역기전력 E가 상승하므로 전기자전류(I_a)는 감소한다.

【정답】 ④

3회 2021년 전기기사필기(회로이론 및 제어공학)

61. 제어 요소의 표준 형식인 적분 요소에 대한 전달함수는? (단, K는 상수이다.)

① Ks ② $\frac{K}{s}$
③ K ④ $\frac{K}{1+Ts}$

|정|답|및|해|설|

[적분요소] $y(t) = K\int x(t)dt$

전달함수 $G(s) = \frac{Y(s)}{X(s)} = \frac{K}{s}$

※① Ks : 미분요소 ③ K : 비례요소
④ $\frac{K}{1+Ts}$: 1차지연

【정답】 ②

62. 블록선도의 전달함수가 $\dfrac{C(s)}{R(s)}=10$과 같이 되기 위한 조건은?

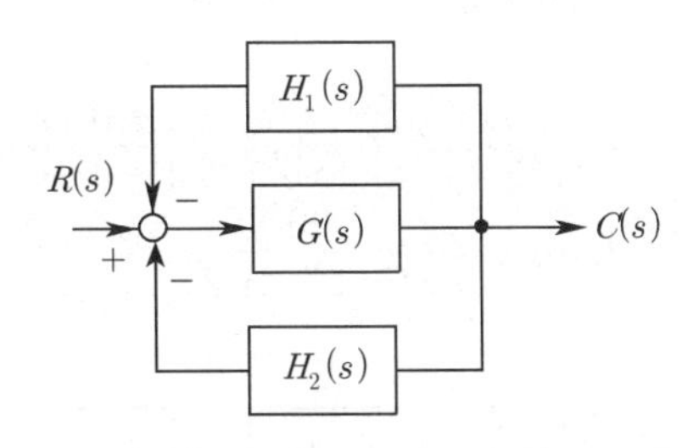

① $G(s)=\dfrac{1}{1-H(s)-H_2(s)}$

② $G(s)=\dfrac{10}{1-H_1(s)-H_2(s)}$

③ $G(s)=\dfrac{1}{1-10H_1(s)-10H_2(s)}$

④ $G(s)=\dfrac{10}{1-10H_1(s)-10H_2(s)}$

|정|답|및|해|설|

[블록선도의 전달함수] $\dfrac{\sum 전향경로}{1-\sum 루프이득}$

→ (루프이득 : 피드백의 폐루프)

→ (전향경로 :입력에서 출력으로 가는 길(피드백 제외))

$\dfrac{C(s)}{R(s)}=\dfrac{G(s)}{1-(-H_1(s)G(s))-(-H_2(s)G(s))}=10$

$\rightarrow\ 10+10H_1(s)G(s)+10H_s(s)G(s)=G(s)$

$10=G(s)(1-10H_1(s)-10H_2(s))$

$\therefore G(s)=\dfrac{10}{1-10H_1(s)-10H_2(s)}$ 【정답】 ④

63. 그림의 제어 시스템이 안정하기 위한 K의 범위는?

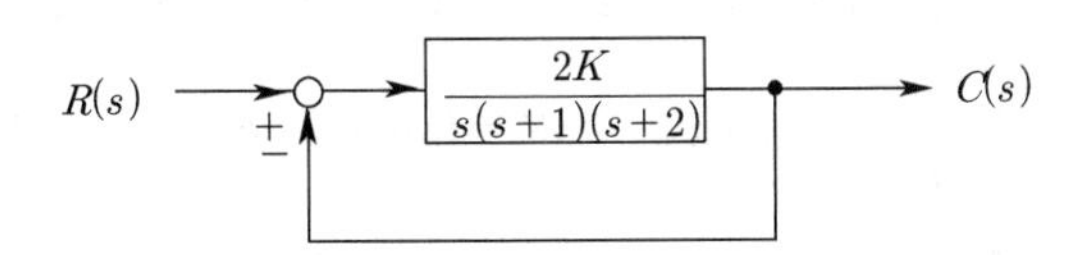

① $0<K<3$ ② $0<K<4$

③ $0<K<5$ ④ $0<K<6$

|정|답|및|해|설|

[안정하기 위한 범위]

1. 개루프전달함수 $GH=\dfrac{2K}{s(s+1)(s+2)}$

2. 특성 방정식 $s(s+1)(s+2)+2K=s^3+3s^2+2s+2K=0$

→ (개루프함수의 분모와 분자를 더해서 0으로 놓는다.)

3. 루드수열(행렬)

s^3	1	2
s^2	3	$2K$
s^1	$\dfrac{6-2K}{3}=A$	0
s^0	$\dfrac{A2K-0}{A}=2K$	

제1열의 부호 변화가 없어야 안정하므로

$\dfrac{6-2K}{3}>0\ \rightarrow\ 3>K,\quad 2K>0\ \rightarrow K>0$

$\therefore 0<K<3$ 【정답】 ①

64. 그림과 같은 신호 흐름 선도에서 $\dfrac{C(s)}{R(s)}$는?

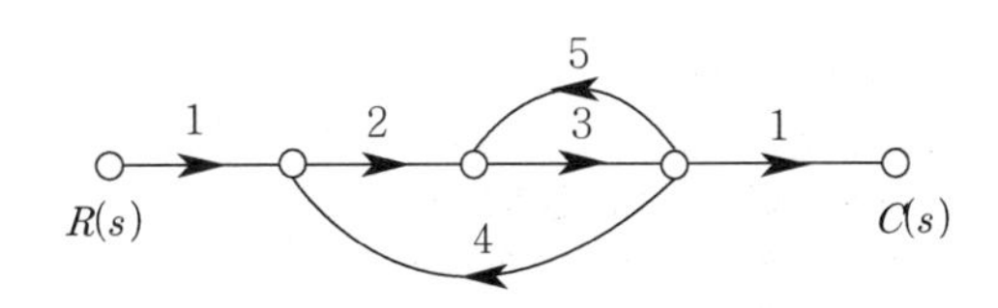

① $-\dfrac{6}{38}$ ② $\dfrac{6}{38}$

③ $-\dfrac{6}{41}$ ④ $\dfrac{6}{41}$

|정|답|및|해|설|

[전달함수] $G(s)=\dfrac{\sum 전향경로}{1-\sum 루프이득}$

→ (루프이득 : 피드백의 폐루프)

→ (전향경로 :입력에서 출력으로 가는 길(피드백 제외))

1. 루프이득 : 234, 35

2. 전향경로 : 1231

$\therefore G(s)=\dfrac{\sum 전향경로}{1-\sum 루프이득}=\dfrac{1\times2\times3\times1}{1-2\times3\times4-3\times5}=-\dfrac{6}{38}$

【정답】 ①

65. 개루프 전달함수가 다음과 같이 제어 시스템의 근궤적이 ωj(허수)축과 교차할 때 K는 얼마인가?

$$G(s)H(s) = \frac{K}{s(s+3)(s+4)}$$

① 30 ② 48
③ 84 ④ 180

|정|답|및|해|설|

[임계상태] 근궤적이 ωj(허수)축과 교차

1. 특성 방정식 : 개루프 함수에서 분모와 부자를 더한 값을 0으로 놓는다.
$\rightarrow s(s+3)(s+4)+K = s^3+7s^2+12s+K=0$

2. 루드표

s^3	1	12
s^2	7	K
s^1	$\frac{84-K}{7}=A$	$\frac{0-0}{7}=0$
s^0	K	

3. K의 임계값은 s^1의 제1열 요소의 값이 모두 0일 대이다.
그러므로 $\frac{84-K}{7}=0$, $K=84$일 때 근궤적은 허수축과 만난다.

【정답】 ③

|참|고|

[루드표 작성 방법]

·특성 방정식 $F(s)=a_0s^5+a_1s^4+a_2s^3+a_3s^2+a_4s+a_5=0$

1.다음과 같이 두 줄로 정리한다.

$a_0 \quad a_2 \quad a_4 \quad a_6 \quad \cdots\cdots$

$a_1 \quad a_3 \quad a_5 \quad a_7 \quad \cdots\cdots$

2. 다음과 같은 규칙적인 방법으로 루드 수열을 계산하여 만든다.

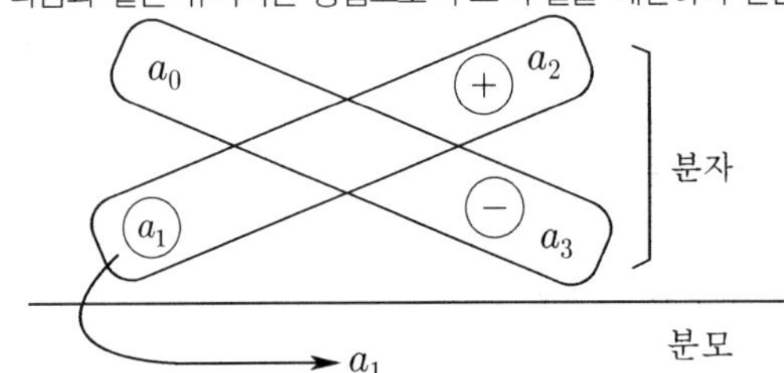

차수	제1열 계수	제2열 계수	제3열 계수
s^5	a_0 → ①	a_2 → ③	a_4 → ⑤
s^4	a_1 → ②	a_3 → ④	a_5 → ⑥
s^3	A	B	
s^2	C	D	
s^1	E		
s^0	s^0부분의 값		

$A=\frac{a_1a_2-a_0a_3}{a_1}$, $B=\frac{a_1a_4-a_0a_5}{a_1}$, $C=\frac{Aa_3-a_1B}{A}$

$D=\frac{Aa_5-a_1a_6}{A}$, $E=\frac{CB-AD}{C}$

66. 블록선도의 제어 시스템은 단위 램프 입력에 대한 정상 상태오차(정상편차)가 0.01이다. 이 제어 시스템의 제어요소인 $G_{C1}(s)$의 k는?

$$G_{C1}(s)=k,\ G_{C2}(s)=\frac{1+0.1s}{1+0.2s}$$
$$G_P(s)=\frac{20}{s(+1)(s+2)}$$

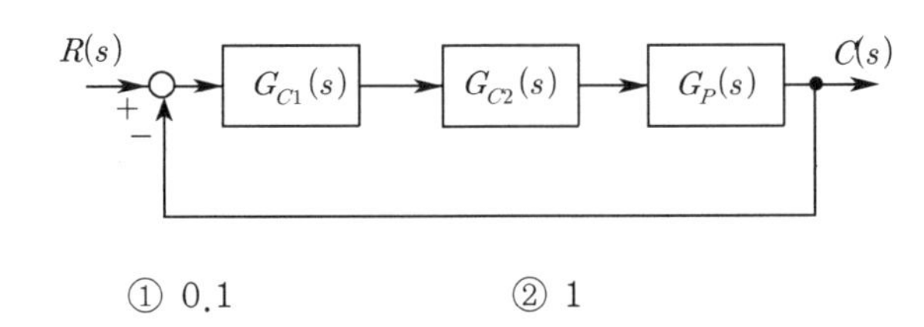

① 0.1 ② 1
③ 10 ④ 100

|정|답|및|해|설|

[제어 시스템의 제어요소 k] 기준 입력이 단위 램프입력 $(r(t)=t)$을 주면 정상속도 편차(E_{ssv})가 나온다.

→ (※입력이 단위계단함수면 정상위치편차, 포물선함수면 정상가속도편차가 나온다.)

1. 개루프전달함수 $G(s)=GH=GC_1+GC_2+G_P$
$$=\frac{20K(1+0.01)}{s(s+1)(s+2)(1+0.2s)}$$

2. 정상속도편차상수
$$K_v=\lim_{s\to 0}s\,G(s)$$
$$=\lim_{s\to 0}s\frac{20k(1+0.1s)}{s(1+0.2s)(s+1)(s+2)}=\frac{20k}{2}=10k$$

3. 정상상태오차 $e_{ssv}=\frac{1}{k_v}=\frac{1}{10k} \rightarrow \frac{1}{10k}=0.01$

∴ $k=10$

【정답】 ③

|참|고|

[편차의 종류]

1. 위치편차(K_p) : 제어계에 단위 계단 입력 $r(t)=u(t)=1$을 가했을 때의 편차
2. 속도편차(K_v) : 제어계에 속도 입력 $r(t)=t$를 가했을 때의 편차
3. 가속도 편차(K_a) : 제어계에 가속도 입력 $r(t)=\frac{1}{2}t^2$를 가했을 때의 편차

종류	입력	편차 상수	편차
위치 편차	$r(t)=u(t)=1$	$K_p=\lim_{s\to 0}G(s)H(s)$	$e_p=\frac{1}{1+K_p}$
속도 편차	$r(t)=t$	$K_v=\lim_{s\to 0}sG(s)H(s)$	$e_v=\frac{1}{K_v}$
가속도 편차	$r(t)=\frac{1}{2}t^2$	$K_a=\lim_{s\to 0}s^2G(s)H(s)$	$e_a=\frac{1}{K_a}$

67. 단위계단 함수 $u(t)$를 z변환하면?

① $\frac{1}{z-1}$　② $\frac{z}{z-1}$

③ $\frac{1}{Tz-1}$　④ $\frac{Tz}{Tz-1}$

|정|답|및|해|설|

[라플라스 변환표]

$f(t)$	라플라스변환 $F(s)$	z변환($F(z)$)
$\delta(t)$ 단위임펄스함수	1	1
$u(t)=1$ 단위계단함수	$\frac{1}{s}$	$\frac{z}{z-1}$
t	$\frac{1}{s^2}$	$\frac{Tz}{(z-1)^2}$
e^{-at}	$\frac{1}{s+a}$	$\frac{z}{z-e^{-at}}$

【정답】 ②

68. 그림의 논리 회로와 등가인 논리식은?

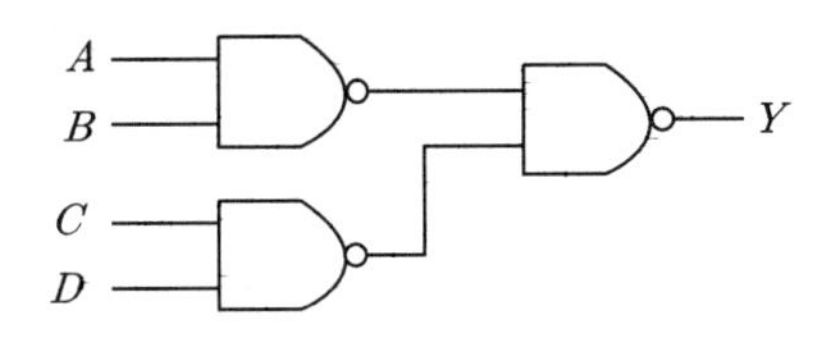

① Y=A·B·C·D　② Y=A·B+C·D

③ $Y=\overline{A \cdot B}+\overline{C \cdot D}$　④ $Y=(\overline{A}+\overline{B})\cdot(\overline{C}+\overline{D})$

|정|답|및|해|설|

[논리식]

$Y=Y=\overline{\overline{AB}\cdot\overline{CD}}=\overline{\overline{AB}}+\overline{\overline{CD}}=A\cdot B+C\cdot D$

※[드모르간의 정리]

1. $\overline{A+B}=\overline{A}\cdot\overline{B}$
2. $\overline{A\cdot B}=\overline{A}+\overline{B}$

【정답】 ②

69. 다음과 같은 상태 방정식으로 표현되는 제어 시스템에 대한 특성 방정식의 근(s_1, s_2)은?

$$\begin{bmatrix}\dot{x}_1\\ \dot{x}_2\end{bmatrix}=\begin{bmatrix}0 & -3\\ 2 & -5\end{bmatrix}\begin{bmatrix}x_1\\ x_2\end{bmatrix}+\begin{bmatrix}1\\ 0\end{bmatrix}u$$

① 1, −3　② −1, −2

③ −2, −3　④ −1, −3

|정|답|및|해|설|

[특성방정식] $|sI-A|=0$

$$\begin{bmatrix}\dot{x}_1\\ \dot{x}_2\end{bmatrix}=\begin{bmatrix}0-3\\ 2-5\end{bmatrix}\begin{bmatrix}x_1\\ x_2\end{bmatrix}+\begin{bmatrix}1\\ 0\end{bmatrix}u$$ → (상태방정식)

A : 계수행렬　B : 제어행렬

1. $sI-A$

$s\begin{bmatrix}1 & 0\\ 0 & 1\end{bmatrix}-\begin{bmatrix}0 & -3\\ 2 & -5\end{bmatrix}=\begin{vmatrix}s & 0\\ 0 & s\end{vmatrix}-\begin{vmatrix}0 & -3\\ 2 & -5\end{vmatrix}=\begin{vmatrix}s & 3\\ -2 & s+5\end{vmatrix}$

2. $|sI-A|$

$s^2+5s-3\times(-2)$

3. 특성방정식 $|sI-A|=0$

$s^2+5s+6=0 \rightarrow (s+2)(s+3)=0$

$\therefore\ s=-2,\ -3$

【정답】 ③

70. 주파수 전달함수가 $G(j\omega)=\frac{1}{j100\omega}$ 인 제어 시스템에서 $\omega=1.0$[rad/s]일 때의 이득[dB]과 위상각[°]은 각각 얼마인가?

① 20[dB], 90°　② 40[dB], 90°

③ −20[dB], 90°　④ −40[dB], −90°

|정|답|및|해|설|

[이득[dB]] 이득 $g=20\log|G(j\omega)|$[dB]

[위상각] 위상각 $\theta=G(j\omega)$

$G(j\omega)=\frac{1}{j100\omega}\Big|_{\omega=1}=\frac{1}{j100}$ → ($\omega=1.0$[rad/s]일 때)

1. $|G(j\omega)|=\frac{1}{100}=10-2$

2. 위상각 $\theta=G(j\omega)=\frac{1}{j100}=-90°$

3. 이득 $g=20\log|G(j\omega)|=20\log10^{-2}=-40$[dB]

【정답】 ④

71. 단위 길이당 인덕턴스 및 커패시턴스가 각각 L 및 C일 때 전송 선로의 특성 임피던스는? (단, 전송 선로는 무손실 선로이다.)

① $\sqrt{\frac{L}{C}}$ ② $\sqrt{\frac{C}{L}}$

③ $\frac{L}{C}$ ④ $\frac{C}{L}$

|정|답|및|해|설|

[특성임피던스] $Z_0 = \sqrt{\frac{Z}{Y}} = \sqrt{\frac{R+jwL}{G+jwC}}\,[\Omega]$

무손실이면 저항(R=0), 누설콘덕턴스(G=0)

$\therefore$특성임피던스 $Z_0 = \sqrt{\frac{R+jwL}{G+jwC}} = \sqrt{\frac{L}{C}}\,[\Omega]$ 【정답】 ①

72. 다음 전압 $v(t)$를 RL 직렬회로에 인가했을 때 제3고조파 전류의 실효값[A]의 크기는?
(단, $R=8[\Omega]$, $\omega L = 2[\Omega]$
$v(t) = 100\sqrt{2}\sin\omega t + 200\sqrt{2}\sin 3\omega t + 50\sqrt{2}\sin 5\omega t$[V]이다.)

① 10 ② 14 ③ 20 ④ 28

|정|답|및|해|설|

[제3고조파 전류의 실효값] $I_3 = \frac{V_3}{Z_3}[A]$

$\therefore I_3 = \frac{V_3}{Z_3} = \frac{V_3}{\sqrt{R^2+(3\omega L)^2}} = \frac{200}{\sqrt{8^2+(3\times 2)^2}} = 20[\text{A}]$

→ ($Z_3 = R + j3\omega L$)

【정답】 ③

73. 그림과 같은 파형의 라플라스 변환은?

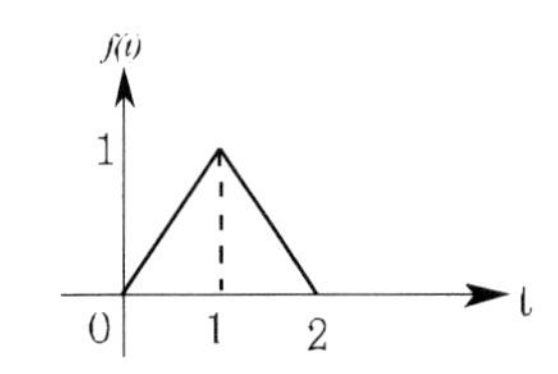

① $\frac{1}{s^2}(1-2e^{s})$

② $\frac{1}{s^2}(1-2e^{-s})$

③ $\frac{1}{s^2}(1-2e^{s}+e^{2s})$

④ $\frac{1}{s^2}(1-2e^{-s}+e^{-2s})$

|정|답|및|해|설|

[삼각파형의 라플라스 변환]

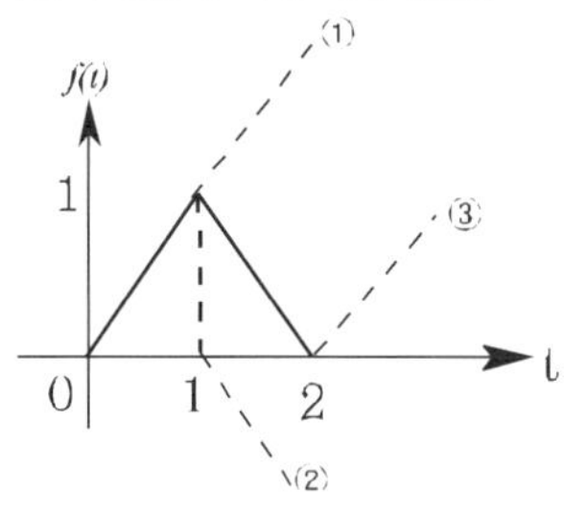

그림과 같은 모양을 만들려면

$f(t) = tu(t) - (t-1)u(t-1) - (t-1)u(t-1) + (t-2)u(t-2)$

$= tu(t) - 2(t-1)u(t-1) + (t-2)u(t-2)$

$F(s) = \frac{1}{s^2} - \frac{2}{s^2}e^{-s} + \frac{1}{s^2}e^{-2s} = \frac{1}{s^2}(1-2e^{-s}+e^{-2s})$

【정답】 ④

74. 내부 임피던스가 $0.3+j2[\Omega]$인 발전기에 임피던스가 $1.1+j3[\Omega]$인 선로를 연결하여 어떤 부하에 전력을 공급하고 있다. 이 부하의 임피던스가 몇 $[\Omega]$일 때 발전기로부터 부하로 전달되는 전력이 최대가 되는가?

① $1.4-j5$ ② $1.4+j5$

③ 1.4 ④ $j5$

|정|답|및|해|설|

[최대전력 전달조건] $Z_L = \overline{Z_s}$

여기서, Z_L : 부하임피던스, Z_s : 내부임피던스

1. 전원 내부임피던스
$Z_s = Z_g + Z_L = (0.3+j2)+(1.1+j3) = 1.4+j5[\Omega]$

2. 최대전력 전달조건 $Z_L = \overline{Z_s} = 1.4 - j5[\Omega]$

→ ($\overline{Z_s}$는 허수부의 부호만 반대로 한다.)

【정답】 ①

75. 각 상의 전류가 $i_a(t) = 90\sin\omega t$[A], $i_b(t) = 90\sin(\omega t - 90^\circ)$[A] $i_c(t) = 90\sin(\omega t + 90^\circ)$[A]일 때 영상분전류[A]의 순시치는?

① $30\cos\omega t$ ② $30\sin\omega t$
③ $90\sin\omega t$ ④ $90\cos\omega t$

|정|답|및|해|설|

[영상전류] $I_0 = \frac{1}{3}(I_a + I_b + I_c)$

$\therefore I_0 = \frac{1}{3}(i_a + i_b + i_c)$

$= \frac{1}{3}[90\sin\omega t + 90\sin(\omega t - 90^\circ) + 90\sin(\omega t + 90^\circ)]$

$= \frac{1}{3}90\sin\omega t - 90\cos\omega t + 90\cos\omega t = 30\sin\omega t$ 【정답】 ②

76. 회로에서 $t = 0$초에 전압 $v_1(t) = e^{-4t}$[V]를 인가였을 때 $v_2(t)$는 몇 [V]인가? (단, $R = 2[\Omega]$, $L = 1$[H]이다.)

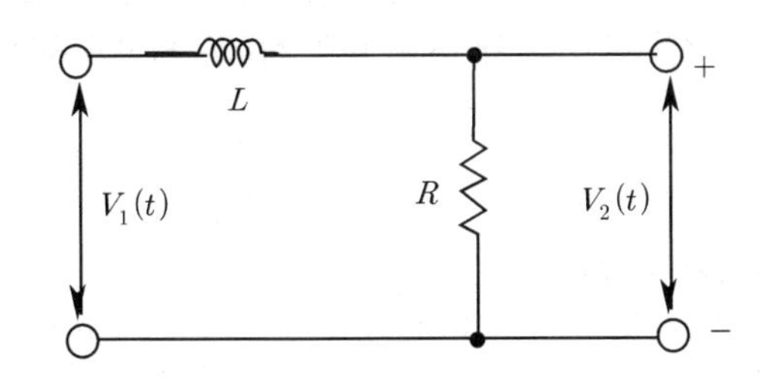

① $e^{-2t} - e^{-4t}$ ② $2e^{-2t} - 2e^{-4t}$
③ $-2e^{-2t} + 2e^{-4t}$ ④ $-2e^{-2t} - 2e^{-4t}$

|정|답|및|해|설|

[전압]

1. 전달함수(직렬) $G(s) = \frac{v_2(s)}{v_1(s)} = \frac{\text{출력임피던스}}{\text{입력임피던스}} = \frac{2}{s+2}$

$\rightarrow v_2(s) = \frac{2}{s+2}v_1(s) = \frac{2}{s+2}\cdot\frac{1}{s+4}$

$= \frac{2}{(s+2)(s+4)} = \frac{K_1}{s+2} + \frac{K_2}{s+4}$

2. $v_2(s) = \frac{K_1}{s+2} + \frac{K_2}{s+4}$

$\rightarrow K_1 = \frac{2}{s+4}\Big|_{s=-2} = 1$

$K_2 = \frac{2}{s+2}\Big|_{s=-4} = -1$

$V_2(s) = \frac{1}{s+2} - \frac{1}{s+4}$ → 역변환

$\therefore v_2(t) = e^{-2t} - e^{-4t}$ 【정답】 ①

77. 같은 저항 $r[\Omega]$ 6개를 사용하여 그림과 같이 결선하고 대칭 3상 전압 V[V]를 가했을 때 흐르는 전류 I[A]의 크기는?

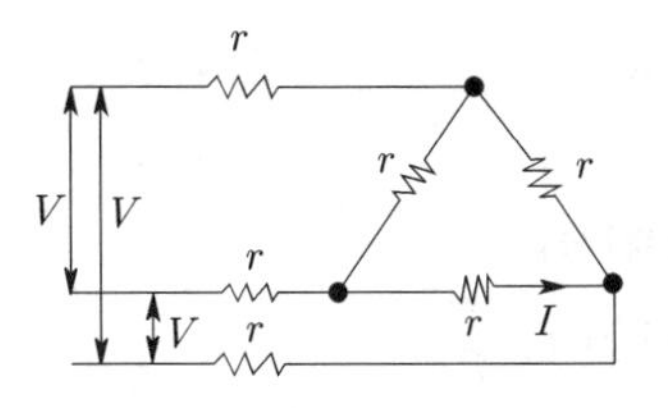

① $\frac{V}{R}$ ② $\frac{V}{2R}$
③ $\frac{V}{4r}$ ④ $\frac{V}{5r}$

|정|답|및|해|설|

[△결선의 상전류]

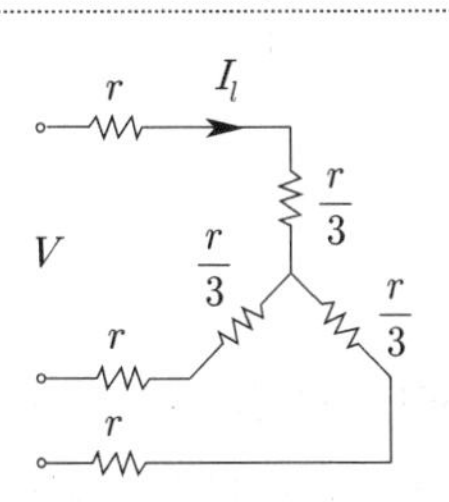

$I_{\Delta p} = \frac{I_l}{\sqrt{3}}[A]$

회로를 △ → Y결선으로 변환하면

저항은 $\frac{1}{3}$이 되므로 $\frac{1}{3}r$

전체 1상의 저항을 구하면

$R = r + \frac{r}{3} = \frac{4}{3}r$

$I_p = \frac{V_p}{Z} = \frac{\frac{V}{\sqrt{3}}}{\frac{4}{3}r} = \frac{3V}{4\sqrt{3}r} = \frac{\sqrt{3}V}{4r}$

△결선의 상전류 $I_{\Delta p} = \frac{I_l}{\sqrt{3}} = \frac{\frac{\sqrt{3}V}{4r}}{\sqrt{3}} = \frac{V}{4r}$ 【정답】 ③

78. 평형 3상 부하에 선간전압의 크기가 200[V]인 평형 3상 전압을 인가했을 때 흐르는 선전류의 크기가 8.6[A]이고 무효전력이 1298[Var]이었다. 이때 이 부하의 역률은 약 얼마인가?

① 0.6　　② 0.7
③ 0.8　　④ 0.9

|정|답|및|해|설|

[부하의 역률] $\cos\theta = \frac{P}{P_a}$

1. 피상전력 : $P_a = \sqrt{3}\,VI = \sqrt{3} \times 200 \times 8.6 = 2979[\text{VA}]$
2. 무효전력 : $P_r = 1298[\text{Var}]$
3. 유효전력 : $P = \sqrt{P_a^{\,2} - P_r^{\,2}}$
$= \sqrt{(2{,}979)^2 - (1{,}298)^2} = 2681.3[\text{W}]$

$\therefore$ 역률 $\cos\theta = \frac{P}{P_a} = \frac{2681.3}{2979} = 0.9$ 【정답】 ④

79. 어떤 선형 회로망의 4단자정수가 $A = 8,\ B = j2$ $D = 1.625 + j$일 때, 이 회로망의 4단자정수 C는?

① $24 - j14$　　② $8 - j11.5$
③ $4 - j6$　　④ $3 - j4$

|정|답|및|해|설|

[4단자 정수의 성질] $AD - BC = 1$

$\therefore C = \frac{AD-1}{B} = \frac{8(1.625+j)-1}{j2} = 4 - j6$ 【정답】 ③

80. 어떤 회로에서 $t = 0$초에 스위치를 닫은 후 $i = 2t + 3t^2$[A]의 전류가 흘렀다. 30초까지 스위치를 통과한 총 전기량[Ah]은?

① 4.25　　② 6.75
③ 7.75　　④ 8.25

|정|답|및|해|설|

[총 전기량] $Q = \int_0^t i(t)dt\,[A \cdot \sec = C]$

$Q = \int_0^t i(t)dt = \int_0^{30} (2t + 3t^2)dt = [t^2 + t^3]_0^{30} = 27900[\text{As}]$

$\rightarrow (\int t^n dt = \frac{t^{n+1}}{n+1})$

$= 30^2 + 30^3 - (0+0) = 27900[A \cdot s]$

$\rightarrow (1[\text{Ah}] = 1 \times 60 \times 60 = 3600[\text{As}])$

$\therefore Q = \frac{27900}{3600} = 7.75[\text{Ah}]$ 【정답】 ③

3회 2021년 전기기사필기 (전기설비기술기준)

81. 시가지에 시설하는 154[kV] 가공전선로를 도로와 제1차 접근 상태로 시설하는 경우, 전선과 도로와의 간격은 몇 [m] 이상이어야 하는가?

① 4.4　　② 4.8
③ 5.2　　④ 5.6

|정|답|및|해|설|

[특고압 가공전선과 도로 등의 접근 또는 교차 (KEC 333.24)]

- 사용 전압이 35[kV] 가공 전선로를 경우 3[m]에 35[kV]를 넘는 매 10[kV] 또는 그 단수마다 0.15[m]를 가산
- 단수 $= \frac{154-35}{10} = 11.9 \rightarrow 12$단

$\therefore$ 간격(이격거리) $= 3 + 12 \times 0.15 = 4.8[m]$ 【정답】 ②

82. 뱅크 용량이 몇 [kVA] 이상인 무효 전력 보상 장치(조상기)에는 그 내부에 고장이 생긴 경우에 자동적으로 이를 전로로부터 차단하는 보호 장치를 하여야 하는가?

① 10,000　　② 15,000
③ 20,000　　④ 25,000

|정|답|및|해|설|

[조상설비 보호장치 (KEC 351.5)] 조상설비에는 그 내부에 고장이 생긴 경우에 보호하는 장치를 표와 같이 시설하여야 한다.

설비종별	배크용량의 구분	자동적으로 전로로부터 차단하는 장치
전력용 커패시터 및 분로리액터	500[kVA] 초과 15,000[kVA] 미만	·내부고장 ·과전류
	15,000[kVA] 이상	·내부고장 ·과전류 ·과전압
무효 전력 보상 장치 (조상기)	15,000[kVA] 이상	내부고장

【정답】 ②

83. 가공 전선로의 지지물로 볼 수 없는 것은?

① 철주　　② 지지선
③ 철탑　　④ 철근 콘크리트주

|정|답|및|해|설|

[지지물 (전기설비기술기준 제3조)] 지지물이란 목주, 철주 콘크리트주 및 철탑과 유사한 시설물로서 전선, 약전류전선 또는 광섬유 케이블을 지지하는 것을 주된 목적으로 하는 것을 말한다.
【정답】 ②

84. 전주외등의 시설 시 사용하는 공사 방법으로 틀린 것은?

① 애자공사　　② 케이블공사
③ 금속관공사　　④ 합성수지관공사

|정|답|및|해|설|

[전주외등 배선 (KEC 234.10.3)] 배선은 단면적 2.5[mm^2] 이상의 절연전선 또는 이와 동등 이상의 절연효력이 있는 것을 사용하고 다음 배선방법 중에서 시설하여야 한다.
1. 케이블공사
2. 합성수지관공사
3. 금속관공사
【정답】 ①

85. 점멸기의 시설에서 센서등(타임스위치 포함)을 시설하여야 하는 곳은?

① 공장　　② 상점
③ 사무실　　④ 아파트 현관

|정|답|및|해|설|

[점멸기의 시설 (KEC 234.6)]
1. 숙박시설, 호텔, 여관 각 객실 입구등은 1분
2. 거주시설, 일반 주택 및 아파트 현관등은 3분
【정답】 ④

86. 순시 조건($t \leq 0.5$초)에서 교류 전기 철도 급전 시스템에서의 레일 전위의 최대 허용 접촉전압(실효값)으로 옳은 것은?

① 60[V]　　② 65[V]
③ 440[V]　　④ 670[V]

|정|답|및|해|설|

[교류 전기철도 급전시스템의 최대 허용 접촉전압(KEC 461.2)]

시간 조건	최대 허용 접촉전압(실효값)
순시조건(t≤0.5초)	670[V]
일시적 조건(0.5초<t≤300초)	65[V]
영구적 조건(t>300)	60[V]

【정답】 ④

87. 최대 사용 전압이 1차 22,000[V], 2차 6,600[V]의 권선으로 중성점 비접지식 전로에 접속하는 변압기의 특고압 측 절연내력시험 전압은?

① 24,000[V]　　② 27,500[V]
③ 33,000[V]　　④ 44,000[V]

|정|답|및|해|설|

[변압기 전로의 절연내력 (KEC 135)]

접지 방식	최대 사용전압	시험 전압(최대 사용전압 배수)	최저 시험 전압
비접지	7[kV] 이하	1.5배	500[V]
	7[kV] 초과	1.25배	10,500[V] (60[kV]이하)
중성점접지	60[kV] 초과	1.1배	75[kV]
중성점직접 접지	60[kV]초과 170[kV] 이하	0.72배	
	170[kV] 초과	0.64배	
중성점다중 접지	25[kV] 이하	0.92배	500[V] (75[kV]이하)

$\therefore 22000 \times 1.25 = 27500[V]$
【정답】 ②

88. 이동형의 용접 전극을 사용하는 아크 용접 장치의 시설 기준으로 틀린 것은?

① 용접변압기는 절연변압기일 것
② 용접변압기의 1차측 전로의 대지전압은 300[V] 이하일 것
③ 용접변압기의 2차측 전로에는 용접변압기에 가까운 곳에 쉽게 개폐할 수 있는 개폐기를 시설할 것
④ 용접변압기의 2차측 전로 중 용접변압기로부터 용접전극에 이르는 부분의 전로는 용접 시 흐르는 전류를 안전하게 통할 수 있는 것일 것

|정|답|및|해|설|

[아크 용접장치의 시설 (KEC 241.10)] 가반형의 용접 전극을 사용하는 아크용접장치는 다음 각 호에 의하여 시설하여야 한다.
· 용접변압기는 절연변압기일 것
· 용접변압기의 1차 측 전로의 대지전압은 300[V] 이하일 것
· 용접변압기의 1차 측 전로에는 용접변압기에 가까운 곳에 쉽게 개폐할 수 있는 개폐기를 시설할 것
· 용접변압기의 2차측 전로 중 용접변압기로부터 용접전극에 이르는 부분 및 용접변압기로부터 피용접재에 이르는 부분은 용접용 케이블 또는 캡타이어 케이블(용접변압기로부터 용접전극에 이르는 전로는 0.6/1[kV] EP 고무 절연 클로로프렌 캡타이어 케이블에 한한다)일 것
· 전로는 용접 시 흐르는 전류를 안전하게 통할 수 있는 것일 것.
· 중량물이 압력 또는 현저한 기계적 충격을 받을 우려가 있는 곳에 시설하는 전선에는 적당한 방호장치를 할 것. 【정답】 ③

89. 전기 저장 장치의 이차 전지에 자동으로 전로로부터 차단하는 장치를 시설하여야 하는 경우로 틀린 것은?

① 과저항이 발생한 경우
② 과전압이 발생한 경우
③ 제어 장치에 이상이 발생한 경우
④ 이차 전지 모듈의 내부 온도가 급격히 상승할 경우

|정|답|및|해|설|

[제어 및 보호 장치 (KEC 512.2.2)] 전기저장장치의 이차전지는 다음에 따라 자동으로 전로로부터 차단하는 장치를 시설하여야 한다.
1. 과전압 또는 과전류가 발생한 경우
2. 제어장치에 이상이 발생한 경우
3. 이차전지 모듈의 내부 온도가 급격히 상승할 경우

【정답】 ①

90. 단면적 55[mm^2]인 경동 연선을 사용하는 특고압 가공전선로의 지지물로 장력에 견디는 형태의 B종 철근 콘크리트주를 사용하는 경우, 허용 최대 지지물 간 거리(경간)는 몇 [m]인가?

① 150 ② 250
③ 300 ④ 500

|정|답|및|해|설|

[특고압 가공 전선로의 지지물 간 거리(경간) 제한(KEC 333.21)] 특고압 가공전선로의 전선에 인장강도 21.67[kN] 이상의 것 또는 단면적이 50[㎟] 이상인 경동연선을 사용하는 경우로서 그 지지물을 다음에 따라 시설할 때에는 목주 · A종 철주 또는 A종 철근 콘크리트주를 사용하는 경우에는 300[m] 이하, B종 철주 또는 B종 철근 콘크리트주를 사용하는 경우에는 500[m] 이하이어야 한다.

【정답】 ④

91. 귀선로에 대한 설명으로 틀린 것은?

① 나전선을 적용하여 가공식으로 가설을 원칙으로 한다.
② 사고 및 지락 시에도 충분한 허용전류 용량을 갖도록 하여야 한다.
③ 비절연 보호 도체, 매설 접지 도체, 레일 등으로 구성하여 단권변압기 중성점과 공통 접지에 접속한다.
④ 비절연 보호 도체의 위치는 통신 유도장해 및 레일 전위의 상승의 경감을 고려하여 결정하여야 한다.

|정|답|및|해|설|

[귀선로 (KEC 431.5)]
· 귀선로는 비절연보호도체, 매설접지도체, 레일 등으로 구성하여 단권변압기 중성점과 공통접지에 접속한다.
· 비절연보호도체의 위치는 통신유도장해 및 레일전위의 상승의 경감을 고려하여 결정하여야 한다.
· 귀선로는 사고 및 지락 시에도 충분한 허용전류용량을 갖도록 하여야 한다.

※급전선로 : 급전선은 나전선을 적용하여 가공식으로 가설을 원칙으로 한다. 【정답】 ①

92. 저압 옥상 전선로의 시설 기준으로 틀린 것은?

① 전개된 장소에 위험의 우려가 없도록 시설할 것

② 전선은 지름 2.6[mm] 이상의 경동선을 사용할 것

③ 전선은 절연전선(옥외용 비닐 절연 전선은 제외)을 사용할 것

④ 전선은 상시 부는 바람 등에 의하여 식물에 접촉하지 아니하도록 시설하여야 한다.)

|정|답|및|해|설|

[저압 옥상전선로의 시설 (KEC 221.3)]

1. 전개된 장소에 시설하고 위험이 없도록 시설해야 한다.
2. 전선은 절연전선(옥외용 비밀 절연전선 포함))일 것
3. 전선은 인장강도 2.30[kN] 이상의 것 또는 지름이 2.6[mm] 이상의 경동선을 사용한다.
4. 전선은 조영재에 견고하게 붙인 지지기둥 또는 지지대에 절연성·난연성 및 내수성이 있는 애자를 사용하여 지지하고 또한 그 지지점 간의 거리는 15[m] 이하일 것
5. 전선과 그 저압 옥상 전선로를 시설하는 조영재와의 간격(이격거리)은 2[m](전선이 고압 절연전선, 특고압 절연전선 또는 케이블인 경우에는 1[m]) 이상일 것 【정답】 ③

93. 저압 옥측 전선로에서 목조의 조영물에 시설할 수 있는 공사 방법은?

① 금속관공사

② 버스덕트공사

③ 합성수지관공사

④ 케이블공사(무기물 절연(MI) 케이블을 사용하는 경우)

|정|답|및|해|설|

[저압 옥측 전선로의 시설 (KEC 221.2)]

· 애자사용공사(전개된 장소에 한한다)
· 합성수지관공사
· 금속관공사(목조 이외의 조영물에 시설하는 경우에 한한다)
· 버스덕트공사[목조 이외의 조영물(점검할 수 없는 은폐된 장소를 제외한다)에 시설하는 경우에 한한다]
· 케이블공사(연피 케이블·알루미늄피 케이블 또는 미네럴인슈레이션게이블을 사용하는 경우에는 목조 이외의 조영물에 시설하는 경우에 한한다) 【정답】 ③

94. 특고압 가공 전선로에서 발생하는 극저주파 전계는 지표상 1[m]에서 몇 [kV/m] 이하이어야 하는가?

① 2.0 ② 2.5 ③ 3.0 ④ 3.5

|정|답|및|해|설|

[유도장해 방지 (기술기준 제17조)]

특고압 가공전선로는 지표상 1[m]에서 전계강도가 3.5[kV/m] 이하, 자계강도가 83.3[μT] 이하가 되도록 시설하는 등 상시 정전유도 및 전자유도 작용에 의하여 사람에게 위험을 줄 우려가 없도록 시설하여야 한다. 【정답】 ④

95. 케이블트레이공사에 사용할 수 없는 케이블은?

① 연피케이블 ② 난연성케이블

③ 캡타이어케이블 ④ 알루미늄피케이블

|정|답|및|해|설|

[케이블트레이공사 (KEC 232.41)]

1. 전선은 연피케이블, 알루미늄피 케이블 등 난연성케이블, 기타 케이블 또는 금속관 혹은 합성수지관 등에 넣은 절연전선을 사용하여야 한다.
2. 수용된 모든 전선을 지지할 수 있는 적합한 강도의 것이어야 한다. 이 경우 케이블 트레이의 안전율은 1.5 이상으로 하여야 한다.
3. 비금속제 케이블 트레이는 난연성 재료의 것이어야 한다.

【정답】 ③

96. 농사용 저압 가공전선로의 지지점 간 거리는 몇 [m] 이하이어야 하는가?

① 30 ② 50

③ 60 ④ 100

|정|답|및|해|설|

[농사용 저압 가공전선로의 시설 (KEC 222.22)]

1. 사용전압은 저압일 것
2. 저압 가공전선은 인장강도 1.38[kN] 이상의 것 또는 지름 2[mm] 이상의 경동선일 것
3. 저압 가공전선의 지표상의 높이는 3.5[m] 이상일 것. 다만, 저압 가공전선을 사람이 쉽게 출입하지 아니하는 곳에 시설하는 경우에는 3[m]까지로 감할 수 있다.
4. 목주의 굵기는 위쪽 끝(말구) 지름이 9[cm] 이상일 것
5. 전선로의 지지물 간 거리(경간)는 30[m] 이하일 것

【정답】 ①

97. 변전소에 울타리·담 등을 시설할 때, 사용전압이 345[kV]이면 울타리·담 등의 높이와 울타리·담 등으로부터 충전 부분까지의 거리의 합계는 몇 [m] 이상으로 하여야 하는가?

① 8.16 ② 8.28
③ 8.40 ④ 9.72

|정|답|및|해|설|

[발전소 등의 울타리, 담 등의 시설 (KEC 351.1)]

사용 전압의 구분	울타리 · 담 등의 높이와 울타리 · 담 등으로부터 충전 부분까지의 거리의 합계
35[kV] 이하	5[m]
35[kV] 초과 160[kV] 이하	6[m]
160[kV] 초과	·거리의 합계 = 6 + 단수 × 0.12[m] ·단수 = $\frac{사용전압[kV] - 160}{10}$ (단수 계산 에서 소수점 이하는 절상)

1. 160[kV] 이상 단수 : $\frac{345-160}{10} = 18.5 \rightarrow$ 19단
2. 기리의 합계 $= 6 +$ 단수 $\times 0.12 = 6 + 19 \times 0.12 = 8.28[m]$

【정답】 ②

98. 전력 보안 가공 통신선을 횡단 보도교 위에 시설하는 경우 그 노면상 높이는 몇 [m] 이상인가? (단, 가공전선로의 지지물에 시설하는 통신선 또는 이에 직접 접속하는 가공 통신선은 제외한다.)

① 3 ② 4 ③ 5 ④ 6

|정|답|및|해|설|

[전력보안통신선의 시설 높이와 간격(이격거리) (KEC 362.2)]

구분	지상고
도로에 시설 시 (차도와 인도의 구별이 있는 도로)	지표상 5.0[m] 이상 (단, 교통에 지장을 줄 우려가 없는 경우에는 지표상 4.5[m])
도로횡단 시	6.0[m] 이상 (단, 저압이나 고압의 가공전선로의 지지물에 시설하는 통신선 또는 이에 직접 접속하는 가공통신선을 시설하는 경우에 교통에 지장을 줄 우려가 없을 때에는 지표상 5[m])
철도 궤도 횡단 시	레일면상 6.5[m] 이상
횡단보도교 위	노면상 3.0[m] 이상
기타	지표상 3.5[m] 이상

【정답】 ①

99. 큰 고장 전류가 구리 소재의 접지 도체를 통하여 흐르지 않을 경우 접지 도체의 최소 단면적은 몇 [mm^2] 이상이어야 하는가? (단, 접지 도체에 피뢰시스템이 접속되지 않는 경우이다.)

① 0.75 ② 2.5
③ 6 ④ 16

|정|답|및|해|설|

[접지 도체(KEC 142.3.1)]

1. 접지도체의 단면적은 큰 고장전류가 접지도체를 통하여 흐르지 않을 경우
   ① 구리는 6[mm^2] 이상
   ② 철제는 50[mm^2] 이상
2. 접지도체에 피뢰시스템이 접속되는 경우
   ① 구리 16[mm^2] 이상
   ② 철 50[mm^2] 이상

【정답】 ③

100. 사용전압이 15[kV] 초과 25[kV] 이하인 특고압 가공전선로가 상호 간 접근 또는 교차하는 경우 사용전선이 양쪽 모두 나전선이라면 간격은 몇 [m] 이상이어야 하는가? (단, 중성선 다중 접지 방식의 것으로서 전로에 지락이 생겼을 때에 2초 이내에 자동적으로 이를 전로로부터 차단하는 장치가 되어 있다.)

① 1.0 ② 1.2 ③ 1.5 ④ 1.75

|정|답|및|해|설|

[25[kV] 이하인 특고압 가공 전선로의 시설 (KEC 333.32)]

특고압 가공전선(다중접지를 한 중성선을 제외한다)이 건조물과 접근하는 경우에 특고압 가공전선과 건조물의 조영재 사이의 간격(이격거리)

건조물의 조영재	접근 형태	전선의 종류	간격 (이격거리)
상부 조영재	위쪽	나전선	3[m]
		특고압 절연전선	2.5[m]
		케이블	1.2[m]
	옆쪽 아래쪽	나전선	1.5[m]
		특고압 절연전선	1.0[m]
		케이블	0.5[m]

【정답】 ③

2020년 1·2회 전기기사 필기 기출문제

1·2 2020년 전기기사필기 (전기자기학)

1. 자기회로에서 자기저항의 관계로 옳은 것은?

① 자기회로의 길이에 비례
② 자기회로의 단면적에 비례
③ 자성체의 비투자율에 비례
④ 자성체의 비투자율의 제곱에 비례

|정|답|및|해|설|

[자기저항] $R_m = \dfrac{l}{\mu S} = \dfrac{l}{\mu_0 \mu_s S}[AT/Wb]$

여기서, l : 길이, μ : 투자율, S : 단면적

따라서 자기저항은 길이에 비례, 투자율과 단면적에 반비례

【정답】 ①

2. 면적이 매우 넓은 두 개의 도체 판을 $d[m]$ 간격으로 수평하게 배치하고, 이 평행 도체 판 사이에 놓인 전자가 정지하고 있기 위해서 그 도체 판 사이에 가하여야할 전위차[V]는 얼마인가? (단, g는 중력의 가속도이고, m은 전자의 질량이고, e는 전자의 전하량이다.)

① $mged$　　② $\dfrac{cd}{mg}$

③ $\dfrac{mgd}{e}$　　④ $\dfrac{mge}{d}$

|정|답|및|해|설|

[전위차] $V = Ed[V]$

힘 $F = \dfrac{Q_1 Q_2}{4\pi\epsilon_0 r^2} = QE[N] = ma = mg$

전계 $E = \dfrac{F}{Q} = \dfrac{mg}{ne} = \dfrac{mg}{e}[V/m]$　　→ ($Q = ne$, 여기서 $n = 1$)

여기서, m : 질량, a : 가속도, g : 중력의 가속도, n : 전자의수

∴전위차 $V = Ed = \dfrac{mg}{e} \cdot d[V]$

【정답】 ③

3. 점전하에 의한 전위 함수가 $V = x^2 + y^2[V]$일 때 점 (3, 4)[m]에서의 등전위선의 반지름은 몇 [m]이며, 전기력선 방정식은?

① 등전위선의 반지름 : 3
　전기력선의 방정식 : $y = \dfrac{3}{4}x$
② 등전위선의 반지름 : 4
　전기력선의 방정식 : $y = \dfrac{4}{3}x$
③ 등전위선의 반지름 : 5
　전기력선의 방정식 : $y = \dfrac{4}{3}x$
④ 등전위선의 반지름 : 5
　전기력선의 방정식 : $y = \dfrac{3}{4}x$

|정|답|및|해|설|

[전기력선의 방정식] $\dfrac{dx}{Ex} = \dfrac{dy}{Ey} = \dfrac{dz}{Ez}$

1. 전계 $E = -grad\,V = -\nabla \cdot V = -\left(\dfrac{\partial V}{\partial x}i + \dfrac{\partial V}{\partial y}j + \dfrac{\partial V}{\partial z}k\right)$

$E = -(2xi + 2yj) = -2xi - 2yj$　　→ ($V = x^2 + y^2[V]$)

전기력선의 방정식 $\dfrac{dx}{Ex} = \dfrac{dy}{Ey} = \dfrac{dz}{Ez}$ 에서

$\dfrac{dx}{-2x} = \dfrac{dy}{-2y}$ → $\dfrac{1}{x}dx - \dfrac{1}{y}dy$

→ $\int \dfrac{1}{x}dx = \int \dfrac{1}{y}dy = \ln x = \ln y$

$\ln x - \ln y = \ln C$ → $\ln\dfrac{x}{y} = \ln C = \dfrac{3}{4}$

∴ $3y = 4x$ → $x = \dfrac{3}{4}y$, $y = \dfrac{4}{3}x$

2.

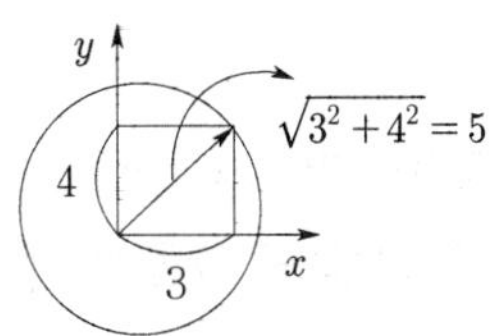

전기력선의 길이가 곧 등전위선의 반지름이다.

점(3, 4)가 주어졌으므로 길이는 $\sqrt{3^2+4^2} = 5$

∴등전위선의 반지름=5[m]

【정답】 ③

4. 10[mm]의 지름을 가진 동선에 50[A]의 전류가 흐를 때 단위 시간에 동선의 단면을 통과하는 전자의 수는 약 몇 개인가?

① 7.85×10^{16}　② 20.45×10^{15}
③ 31.25×10^{19}　④ 50×10^{19}

|정|답|및|해|설|

[전자의 수] $n = \frac{Q}{e}$[개]　→ (e : 전자의 전하량)

$I = \frac{Q}{t} = \frac{ne}{t}$　→ ($Q = ne$)

$Q = It = 50 \times 1 = 50[C]$

동선의 단면을 단위 시간에 통과하는 전하는 50[C]

∴전자의 수 $n = \frac{Q}{e} = \frac{50}{1.6 \times 10^{-19}} = 31.25 \times 10^{19}$[개]

→ (전자 한 개의 전하량 $e = 1.602 \times 10^{-19}$)

【정답】 ③

5. 자기인덕턴스와 상호인덕턴스와의 관계에서 결합계수 k의 값은?

① $0 \le k \le \frac{1}{2}$　② $0 \le k \le 1$
③ $1 \le k \le 2$　④ $1 \le k \le 10$

|정|답|및|해|설|

[결합계수] $k = \frac{M}{\sqrt{L_1 L_2}}$ → $(0 \leq k \leq 1)$

여기서, M : 상호인덕턴스, L_1, L_2 : 자기인덕턴스

$k=1$ 이상적 결합, 에너지 전달 100%

【정답】 ②

6. 면적이 S$[m^2]$이고 극간의 거리가 d[m]인 평행판 콘덴서에 비유전율 ϵ_s의 유전체를 채울 때 정전용량은 몇 [F]인가? (단, 진공의 유전율은 ϵ_0이다.)

① $\frac{2\epsilon_o \epsilon_s S}{d}$　② $\frac{\epsilon_o \epsilon_s S}{\pi d}$
③ $\frac{\epsilon_o \epsilon_s S}{d}$　④ $\frac{2\pi\epsilon_o \epsilon_s S}{d}$

|정|답|및|해|설|

[평행판 콘덴서의 정전용량] $C = \frac{\epsilon_0 \epsilon_s S}{d}[F]$

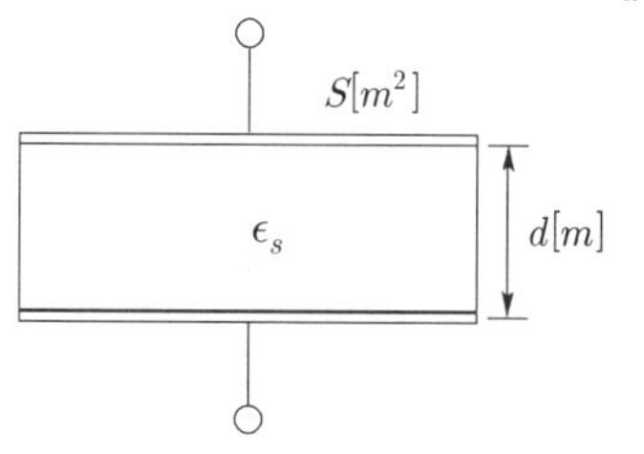

※$C = \frac{Q}{V} = \frac{Q}{Ed} = \frac{\sigma S}{\frac{\sigma d}{\epsilon_0 \epsilon_s}} = \sigma S \times \frac{\epsilon_0 \epsilon_s}{\sigma d} = \frac{\epsilon_0 \epsilon_s S}{d}[F]$

→ ($Q = CV[C]$, σ : 면전하밀도)

【정답】 ③

7. 반자성체의 비투자율(μ_r) 값의 범위는?

① $\mu_r = 1$　② $\mu_r < 1$
③ $\mu_r > 1$　④ $\mu_r = 0$

|정|답|및|해|설|

[자성체의 투자율]

자성체의 종류	비투자율	비자화율
강자성체	$\mu_r \gg 1$	$\chi_m \gg 1$
상자성체	$\mu_r > 1$	$\chi_m > 0$
반자성체 반강자성체	$\mu_r < 1$	$\chi_m < 0$

【정답】 ②

8. 반지름 $r[m]$인 무한장 원통형 도체에 전류가 균일하게 흐를 때 도체 내부에서 자계의 세기[AT/m]는 얼마인가?

① 원통 중심으로부터 거리에 비례한다.
② 원통 중심으로부터 거리에 반비례한다.
③ 원통 중심으로부터 거리의 제곱에 비례한다.
④ 원통 중심으로부터 거리의 제곱에 반비례한다.

|정|답|및|해|설|

[도체 내부에서의 자계의 세기] $r < a$일 때 전류가 균일하게 흐르는 경우 → 내부에 전류가 흐르는 경우와 같다.

1. 내부($r < a$) 자계 $H_i = \frac{I}{2\pi r} \times \frac{r^2}{a^2} = \frac{rI}{2\pi a^2}[AT/m]$

2. 외부($r > a$) 자계 $H_o = \frac{I}{2\pi r} \times \frac{r}{a^2} = \frac{I}{2\pi a^2}[AT/m]$

【정답】 ①

9. 정전계 해석에 관한 설명으로 틀린 것은?

① 포아송의 방정식은 가우스 정리의 미분형으로 구할 수 있다.

② 도체 표면에서의 전계의 표면에 대해 법선 방향을 갖는다.

③ 라플라스 방정식은 전극이나 도체의 형태에 관계없이 체적전하밀도가 0인 모든 점에서 $\nabla^2 V=0$을 만족한다.

④ 라플라스 방정식은 비선형 방정식이다.

|정|답|및|해|설|

[포아송의 방정식] $\nabla^2 V=-\frac{\rho}{\epsilon_0}$

[라플라스의 방정식] $\nabla^2 V=0$

위의 두 방정식에 포함된 라플라시언(∇^2)은 선형이고, 스칼라 연산자를 나타낸다. 그러므로 **라플라스 방정식 및 포아송 방정식은 선형 방정식**이 된다. 【정답】 ④

10. 무한장 직선형 도선에 10[A]의 전류가 흐를 경우 도선으로부터 2[m] 떨어진 점의 자속밀도 B $[Wb/m^2]$는?

① $B=10^{-5}$　② $B=0.5\times10^{-6}$

③ $B=10^{-6}$　④ $B=2\times10^{-6}$

|정|답|및|해|설|

[자속밀도]

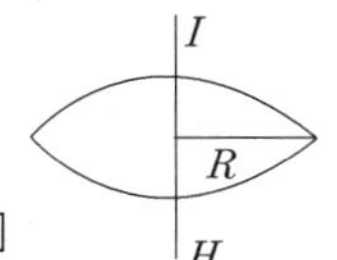

$B=\mu_0 H[Wb/m^2]$

$B=\mu_0 H=\mu_0\frac{I}{2\pi r}[Wb/m^2]$

→ (무한장 직선 자계의 세기 $H=\frac{I}{2\pi r}[AT/m]$

$H=\frac{10}{2\pi 2}=\frac{5}{2\pi}[A/m]$ 이므로

$\therefore B=\mu_0 H=\frac{4\pi\times10^{-7}\times5}{2\pi}=10^{-6}[wb/m^2]$ 【정답】 ③

11. 유전체의 분극률이 χ일 때 분극벡터 $P=\chi E$의 관계가 있다고 한다. 비유전율 4인 유전체의 분극률은 진공의 유전율 ϵ_0의 몇 배인가?

① 1　② 3　③ 9　④ 12

|정|답|및|해|설|

[분극률] $\chi=\epsilon_0(\epsilon_s-1)=\epsilon_0(4-1)=3\epsilon_0[F/m]$

그러므로 3배가 된다. 【정답】 ②

12. 간격 3[m]의 평행 무한 평면 도체에 각각 $\pm4[C/m^2]$의 전하를 주었을 때, 두 도체간의 전위차는 약 몇 [V]인가?

① 1.5×10^{11}　② 1.5×10^{22}

③ 1.36×10^{11}　④ 1.36×10^{12}

|정|답|및|해|설|

[평행판에서의 전위차]

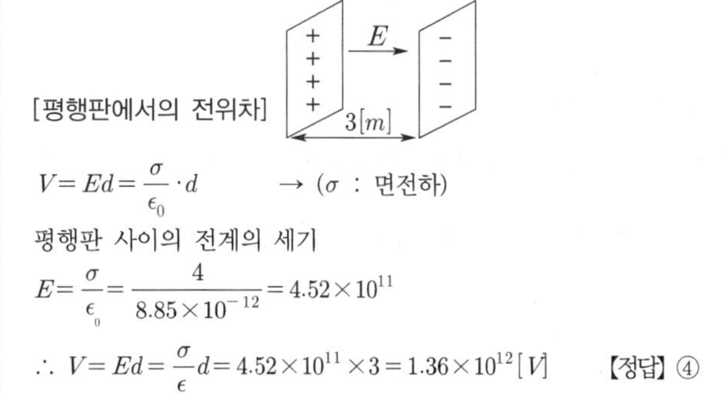

$V=Ed=\frac{\sigma}{\epsilon_0}\cdot d$　→ (σ : 면전하)

평행판 사이의 전계의 세기

$E=\frac{\sigma}{\epsilon_0}=\frac{4}{8.85\times10^{-12}}=4.52\times10^{11}$

$\therefore V=Ed=\frac{\sigma}{\epsilon_0}d=4.52\times10^{11}\times3=1.36\times10^{12}[V]$ 【정답】 ④

13. 자기유도계수 L의 계산 방법이 아닌 것은? (단, N : 권수, $\varnothing$: 자속, I : 전류, A : 벡터포텐샬, i : 전류 밀도, B : 자속 밀도, H : 자계의 세기이다.)

① $L=\frac{N\varnothing}{I}$　② $L=\frac{\int_v Aidv}{I^2}$

③ $L=\frac{\int_v BHdv}{I^2}$　④ $L=\frac{\int_v Aidv}{I}$

|정|답|및|해|설|

[자기유도계수] $L=\frac{N\varnothing}{I}[H]$　→ $(N\varnothing=LI)$

$\int_v BHdv=LI^2[J]$ $\int_v BHdv$는 체적 에너지

코일에 축적되는 에너지 $W=\frac{1}{2}LI^2=\frac{1}{2}BHv[J]$ 이므로

$\therefore L=\frac{BHv}{I^2}=\int_v\frac{BHdv}{I^2}=\int\frac{rot\ AHdv}{I^2}=\int\frac{Aidv}{I^2}[H]$

【정답】 ④

14. 그림에서 권수 N=1000회, 단면적 $S=10[cm^2]$, 길이 $l=100[cm]$인 환상 철심의 자기 회로에 $I=10[A]$의 전류를 흘렸을 때 축적되는 자계 에너지는 몇 $[J]$인가? (단, 비투자율 $\mu_r=100$이다.)

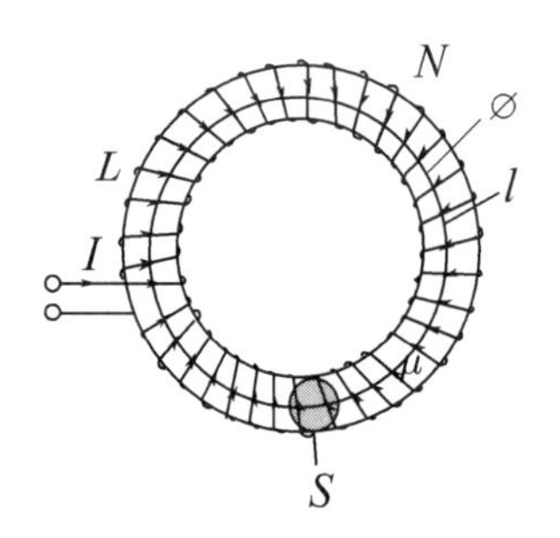

① $2\pi\times10^{-3}$　　② $2\pi\times10^{-2}$

③ $2\pi\times10^{-1}$　　④ 2π

|정|답|및|해|설|

[단위 체적당 코일에 축적되는 자계 에너지] $W=\frac{1}{2}LI^2[J]$

환상솔레노이드의 자기인덕턴스 $L=\frac{\mu SN^2}{l}[\text{H}]$이므로

$W=\frac{1}{2}LI^2=\frac{1}{2}\frac{\mu_0\mu_r SN^2}{l}I^2[J]$　→ $(\mu_0=4\pi\times10^{-7})$

$=\frac{1}{2}\times\frac{4\pi\times10^{-7}\times100\times1000^2\times10\times10^{-4}}{100\times10^{-2}}10^2=2\pi$

【정답】 ④

15. 20[℃]에서 저항의 온도계수가 0.002인 니크롬선의 저항이 100[Ω]이다. 온도가 60[℃]로 상승되면 저항은 몇 [Ω]이 되겠는가?

① 108　　② 112

③ 115　　④ 120

|정|답|및|해|설|

[온도 변화에 따른 저항값 구하는 식]

$R_2=R_1[1+a_1(T_2-T_1)][\Omega]$

여기서, T_1, T_2 : 변화 전과 후의 전선의 온도[℃]

R_2 : 새로운 저항값[Ω]

R_1 : 온도 변화 전의 원래의 저항[Ω]

a_1 : T_1[℃]에서 도체의 고유한 온도계수

$(a_1=\frac{a_0}{1+a_0T_1})$ → $(0[^\circ C]$에서 $a_1=\frac{1}{234.5}$

→ $t[^\circ C]$에서 $a_2=\frac{1}{234.5+t})$

$\therefore R_2=R_1[1+a_1(T_2-T_1)][\Omega]$

$=100[1+0.002(60-20)]=108$

【정답】 ①

16. 평전계 및 자계의 세기가 각각 $E[V/m]$, $H[AT/m]$일 때 포인팅벡터 $P[W/m^2]$의 표시로 옳은 것은?

① $P=\frac{1}{2}E\times H$　　② $P=E\,rot\,H$

③ $P=E\times H$　　④ $P=H\,rot\,E$

|정|답|및|해|설|

[포인팅벡터] 전자파가 진행 방향에 수직되는 단위 면적을 단위 시간에 통과하는 에너지를 포인팅 벡터 또는 방사 벡터라 하며

$P=\frac{P[W]}{S[m^2]}=\vec{E}\times\vec{H}=EH\sin\theta=EH[W/m^2]$　→ (사이각 90°)

【정답】 ③

17. 평등자계 내에 전자가 수직으로 입사하였을 때 전자의 운동을 바르게 나타낸 것은?

① 구심력은 전자의 속도에 반비례한다.

② 원심력은 자계의 세기에 반비례한다.

③ 원운동을 하고 반지름은 자계의 세기에 비례한다.

④ 원운동을 하고 전자의 회전속도에 비례한다.

|정|답|및|해|설|

[로렌쯔의 힘] $F=e[E+(v\times B)]$

여기서, e : 전하, E : 전계, v : 속도, B : 자속밀도

원심력 $F'=\frac{mv^2}{r}$와 구심력 $F=e(v\times B)$가 같아지며 전자는 원운동

$\frac{mv^2}{r}=evB$에서

· 원운동 반경 $r=\frac{mv}{qB}=\frac{mv}{eB}$

· 각속도 $\omega=\frac{v}{r}=\frac{eB}{m}$

· 주파수 $f=\frac{eB}{2\pi m}$

· 주기 $T=\frac{1}{f}=\frac{2\pi m}{eB}$

【정답】 ④

18. 자속밀도 $B[Wb/m^2]$의 평등 자계 내에서 길이 $l[m]$인 도체 ab가 속도 $v[m/s]$로 그림과 같이 도선을 따라서 자계와 수직으로 이동 할 때, 도체 ab에 의해 유기된 기전력의 크기 $e[V]$와 폐회로 $abcd$내 저항 R에 흐르는 전류의 방향은? (단, 폐회로 $abcd$ 내 도선 및 도체의 저항은 무시한다.)

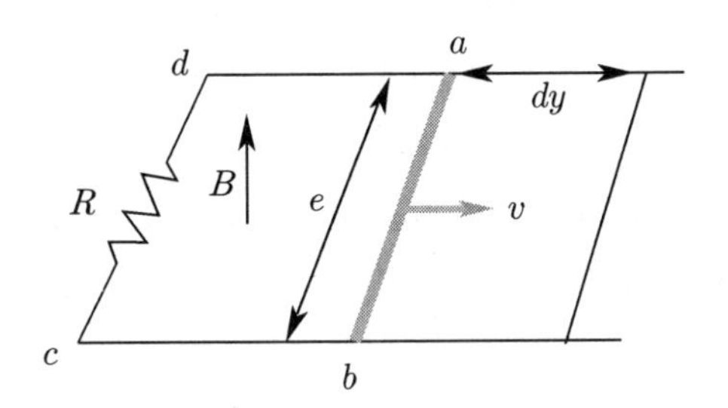

① $e=Blv$, 전류 방향 : $c \to d$

② $e=Blv$, 전류 방향 : $d \to c$

③ $e=Blv^2$, 전류 방향 : $c \to d$

④ $e=Blv^2$, 전류 방향 : $d \to c$

|정|답|및|해|설|

[유기기전력(플레밍의 오른손 법칙)] $e=vBl\sin\theta[V]$

1. 엄지 : 운동방향(v)
2. 검지, 인지 : 자속밀도(B)
3. 중지 : 전류의 방향(I)

문제에서 수직이므로 $\sin 90=1$이므로 $e=Blv[V]$이고 전류의 방향은 $c \to d$로 흐른다. 【정답】 ①

19. 그림과 같이 내부 도체구 A에 $+Q[C]$, 외부 도체구 B에 $-Q[C]$를 부여한 동심 도체구 사이의 정전용량 $C[F]$는?

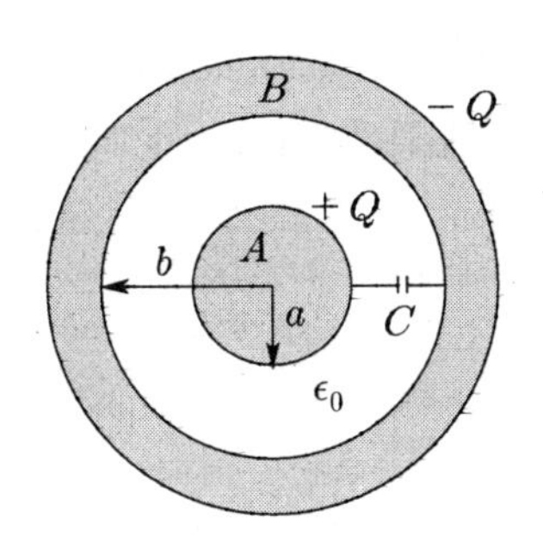

① $4\pi\epsilon_0(b-a)$

② $\dfrac{4\pi\epsilon_0 ab}{b-a}$

③ $\dfrac{ab}{4\pi\epsilon_0(b-a)}$

④ $4\pi\epsilon_0\left(\dfrac{1}{a}-\dfrac{1}{b}\right)$

|정|답|및|해|설|

[정전용량] $C=\dfrac{V}{Q}$

두 도체 사이의 전위차 $V=\dfrac{Q}{4\pi\epsilon_0}\left(\dfrac{1}{a}-\dfrac{1}{b}\right)[V]$

$$C=\frac{V}{Q}=\frac{4\pi\epsilon_0}{\frac{1}{a}-\frac{1}{b}}=\frac{4\pi\epsilon_0 ab}{b-a}$$

【정답】 ②

20. 유전율이 ϵ_1, ϵ_2[F/m]인 유전체 경계면에 단위 면적당 작용하는 힘은 몇 [N/m^2]인가? 단, 전계가 경계면에 수직인 경우이며, 두 유전체의 전속밀도 $D_1=D_2=D$이다.

① $2\left(\dfrac{1}{\epsilon_1}-\dfrac{1}{\epsilon_2}\right)D^2$

② $2\left(\dfrac{1}{\epsilon_1}+\dfrac{1}{\epsilon_2}\right)D^2$

③ $\dfrac{1}{2}\left(\dfrac{1}{\epsilon_1}+\dfrac{1}{\epsilon_2}\right)D^2$

④ $\dfrac{1}{2}\left(\dfrac{1}{\epsilon_2}-\dfrac{1}{\epsilon_1}\right)D^2$

|정|답|및|해|설|

[두 유전체의 경계조건]

1. 전계가 경계면에 수직한 경우 $(\theta_1=0°)$

   힘 $f=\dfrac{1}{2}(E_2-E_1)D^2=\dfrac{1}{2}\left(\dfrac{1}{\epsilon_2}-\dfrac{1}{\epsilon_1}\right)D^2[N/m^2]$

2. 전계가 경계면에 평행한 경우 $(\theta_1=90°)$

   힘 $f=\dfrac{1}{2}(\epsilon_1-\epsilon_2)E^2[N/m^2]$

   여기서, E : 전계, D : 전속밀도, ϵ : 유전율

【정답】 ④

21. 중성점 직접 접지방식의 발전기가 있다. 1선 지락 사고 시 지락전류는? (단, Z_1, Z_2, Z_0는 각각 정상, 역상, 영상 임피던스이며, E_a는 지락 된 상의 무부하 기전력이다.)

① $\dfrac{E_a}{Z_0+Z_1+Z_2}$　② $\dfrac{Z_1E_a}{Z_0+Z_1+Z_2}$

③ $\dfrac{3E_a}{Z_0+Z_1+Z_2}$　④ $\dfrac{Z_0E_a}{Z_0+Z_1+Z_2}$

|정|답|및|해|설|

[지락전류(중성점 직접접지)] $I_g=3\times I_0$

영상전류 $I_0=\dfrac{E_a}{Z_0+Z_1+Z_2}$ → $I_g=3\times\dfrac{E_a}{Z_0+Z_1+Z_2}$

【정답】 ③

22. 송전계통의 절연협조에 있어 절연레벨을 가장 낮게 잡고 있는 기기는?

① 차단기　② 피뢰기

③ 단로기　④ 변압기

|정|답|및|해|설|

[절연협조] 절연협조는 피뢰기의 제한전압을 기본으로 하여 어떤 여유를 준 기준 충격절연강도를 설정한다. 따라서 **피뢰기의 절연레벨이 제일 낮다.** 【정답】 ②

23. 보일러에서 절탄기의 용도는?

① 증기를 과열한다.

② 공기를 예열한다.

③ 보일러 급수를 데운다.

④ 석탄을 건조한다.

|정|답|및|해|설|

[절탄기] 보일러 급수를 보일러로부터 나오는 연도 폐기 가스로 예열하는 장치, 연료를 절감할 수가 있다. 【정답】 ③

24. 3상 배전선로의 끝부분에 역률 60[%](늦음), 60[kW]의 평형 3상 부하가 있다. 부하점에 부하와 병렬로 전력용 콘덴서를 접속하여 선로손실을 최소로 하고자 할 때 콘덴서 용량[kVA]은? (단, 부하단의 전압은 일정하다.)

① 40　② 60

③ 80　④ 100

|정|답|및|해|설|

[역률 개선용 콘덴서 용량] 선로손실을 최소로 하기 위해서는 역률을 1.0으로 개선해야 하므로 문제에서의 전 무효 전력만큼의 콘덴서 용량이 필요하다.

$Q_c=P(\tan\theta_1-\tan\theta_2)=P\times\left(\dfrac{\sin\theta_1}{\cos\theta_1}-\dfrac{\sin\theta_2}{\cos\theta_2}\right)$

여기서, $\cos\theta_1$: 개선 전 역률, $\cos\theta_2$: 개선 후 역률

$Q_c=60\times\left(\dfrac{0.8}{0.6}-\dfrac{0}{1}\right)=80[kVA]$

→ ($\sin\theta=\sqrt{1-\cos^2\theta}$, cos : 0.6 → sin : 0.8))

【정답】 ③

25. 송배전 선로에서 선택지락계전기(SGR)의 용도를 옳게 설명한 것은?

① 다회선에서 접지고장 회선의 선택

② 단일 회선에서 접지전류의 대소 선택

③ 단일 회선에서 접지전류의 방향 선택

④ 단일 회선에서 접지 사고의 지속 시간 선택

|정|답|및|해|설|

[SGR(선택 지락 계전기)] SGR(선택 지락 계전기)은 병행 2회선 이상 송전 선로에서 한쪽의 1회선에 지락 사고가 일어났을 경우 이것을 검출하여 고장 회선만을 선택 차단할 수 있는 계전기

【정답】 ①

26. 사고, 정전 등의 중대한 영향을 받는 지역에서 정전과 동시에 자동적으로 예비 전원용 배전선로로 전환하는 장치는?

① 차단기

② 리클로저(Recloser)

③ 섹셔널라이저(Sectionalizer)

④ 자동부하전환개폐기(ALoad Tran sfer Switch)

|정|답|및|해|설|

[자동 부하 전환 개폐기(ALTS)] 정전사고 시 예비전원으로 자동으로 전환되어 무정전 전원 공급을 수행하는 개폐기이다.

【정답】 ④

|참|고|

1. 리클로저(R/C) : 차단 장치를 자동 재연결(재폐로) 하는 일, 간선과 3상 분기점에 설치
2. 섹셔널라이저(S/E) : 고압 배전선에서 사용되는 차단 능력이 없는 유입 개폐기, 리클로저의 부하 측에 설치

27. 정격전압 7.2[kV], 차단용량 100[MVA]인 3상 차단기의 정격 차단전류는 약 몇 [kA]인가?

① 4[kV] ② 6[kV]
③ 7[kV] ④ 8[kV]

|정|답|및|해|설|

[차단기의 정격 차단 전류] $I_s = \frac{P_s}{\sqrt{3}\,V}[A]$

→ (차단기의 정격차단 용량 $P_s = \sqrt{3}\,VI_s$)

∴정격차단전류 $I_s = \frac{P_s}{\sqrt{3}\,V} = \frac{100 \times 10^6}{\sqrt{3} \times 7.2 \times 10^3} \times 10^{-3} = 8[\text{kA}]$

【정답】 ④

28. 고장 즉시 동작하는 특성을 갖는 계전기는?

① 순한시 계전기 ② 정한시 계전기
③ 반한시 계전기 ④ 반한시성 정한시 계전기

|정|답|및|해|설|

[순한시 계전기] 최초 동작 전류 이상의 전류가 흐르면 즉시 동작

|참|고|

② 정한시 특징 : 동작 전류의 크기에 관계없이 일정한 시간에 동작하는 특징
③ 반한시 특징 : 동작 전류가 커질수록 동작 시간이 짧게 되는 특징
④ 반한시 정한시 특징 : 동작 전류가 적은 동안에는 동작 전류가 커질수록 동작 시간이 짧게 되고 어떤 전류 이상이면 동작 전류의 크기에 관계없이 일정한 시간에 동작하는 특성

【정답】 ①

29. 30000[kW]의 전력을 50[km] 떨어진 지점에 송전하는데 필요한 전압은 약 몇 [kV] 정도인가? (단, Still의 식에 의하여 산정한다.)

① 22 ② 33
③ 66 ④ 100

|정|답|및|해|설|

[경제적인 송전전압(V_s) (스틸(still) 식)]

$V_s = 5.5\sqrt{0.6 \times 송전거리[\text{km}] + \frac{송전전력[\text{kw}]}{100}}$ [kW]

$V_s = 5.5\sqrt{0.6l + \frac{P}{100}} = 5.5\sqrt{0.6 \times 50 + \frac{30000}{100}} = 100[\text{kV}]$

【정답】 ④

30. 댐의 부속설비가 아닌 것은?

① 수로 ② 수조
③ 취수구 ④ 흡출관

|정|답|및|해|설|

[댐의 부속설비] 댐의 근처에 있는 모든 장치를 말한다. 즉, 취수구, 수로, 수조, 수차 등을 말한다.

※흡출관은 반동수차의 출구에서부터 방수로 수면까지 연결하는 관으로 낙차를 유용하게 이용(손실수두회수)하기 위해 사용한다.

【정답】 ④

31. 3상 3선식에서 전선 한 가닥에 흐르는 전류는 단상 2선식의 경우의 몇 배가 되는가? (단, 송전전력, 부하역률, 송전거리, 전력 손실 및 선간전압이 같다.)

① $\frac{1}{\sqrt{3}}$ ② $\frac{2}{3}$
③ $\frac{3}{4}$ ④ $\frac{4}{9}$

|정|답|및|해|설|

[송전전력] $P_1 = VI_1\cos\theta$, $P_3 = \sqrt{3}\,VI_3\cos\theta$

문제에서 단상 2선식과 3상 3선식이 같다. 즉, $P_1 = P_3$

$VI_1\cos\theta = \sqrt{3}\,VI_3\cos\theta \rightarrow \therefore I_3 = \frac{1}{\sqrt{3}}I_1$

【정답】 ①

32. 전선의 표피 효과에 관한 설명으로 옳은 것은?

① 전선이 굵을수록, 주파수가 낮을수록 커진다.
② 전선이 굵을수록, 주파수가 높을수록 커진다.
③ 전선이 가늘수록, 주파수가 낮을수록 커진다.
④ 전선이 가늘수록, 주파수가 높을수록 커진다.

|정|답|및|해|설|

[표피효과] 표피효과란 전류가 도체 표면에 집중하는 현상

침투깊이 $\delta = \sqrt{\frac{1}{\pi f \sigma \mu}}$

표피효과 ↑ 침투깊이 δ↓ → 침투깊이 $\delta = \sqrt{\frac{1}{\pi f \sigma \mu a}}$ 이므로

주파수 f와 단면적 a에 비례하므로 전선의 굵을수록, 주파수가 높을수록 침투깊이는 작아지고 표피효과는 커진다.

【정답】 ②

33. 변전소에서 비접지 선로의 접지보호용으로 사용되는 계전기에 영상전류를 공급하는 것은?

① CT ② GPT ③ ZCT ④ PT

|정|답|및|해|설|

[영상변류기(ZCT)] 지락사고시 지락전류(영상전류)를 검출

※접지형 계기용변압기(GPT)는 지락 사고시 영상 전압을 검출

【정답】 ③

34. 일반 회로정수가 같은 평행 2회선에서 A, B, C, D는 각각 1회선 경우의 몇 배로 되는가?

① A : 2배, B : 2배, C : $\frac{1}{2}$배, D : 1배

② A : 1배, B : 2배, C : $\frac{1}{2}$배, D : 1배

③ A : 1배, B : $\frac{1}{2}$배, C : 2배, D : 1배

④ A : 1배, B : $\frac{1}{2}$배, C : 2배, D : 2배

|정|답|및|해|설|

[일반 회로정수]

1회선	2회선
A	A
1회선	2회선
B	$\frac{1}{2}$B
C	2C
D	D

【정답】 ③

35. 단로기에 대한 설명으로 적합하지 않은 것은?

① 소호장치가 있어 아크를 소멸시킨다.

② 무부하 및 여자전류의 개폐에 사용된다.

③ 배전용 단로기는 보통 디스컨넥팅바로 개폐한다.

④ 회로의 분리 또는 계통의 접속 변경 시 사용한다.

|정|답|및|해|설|

[단로기] 단로기에는 소호 장치가 없어서 아크를 소멸시킬 수 없다. 따라서 무부하 회로 또는 여자전류 등의 개폐에만 사용된다.

【정답】 ①

36. 4단자 정수 $A=0.9918+j0.0042$, $B=34.17+j50.38$, $C=(-0.006+j3247)\times 10^{-4}$인 송전 선로의 송전단에 66[kV]를 인가하고 수전단을 개방하였을 때 수전단 선간전압은 약 몇 [kV]인가?

① $\frac{66.55}{\sqrt{3}}$ ② 62.5

③ $\frac{62.5}{\sqrt{3}}$ ④ 66.55

|정|답|및|해|설|

[선로의 인덕턴스 (전파방정식)]

송전단전압 $E_s = AE_r + BI_r$

송전단전류 $I_s = CE_r + DI_r$

수전단 개방(=무부하) $I_r = 0 \rightarrow E_s = AE_r$에서

∴수전단 전압 $E_r = \frac{E_s}{A} = \frac{66}{\sqrt{0.9918^2 + 0.0042^2}} = 66.55$

【정답】 ④

37. 증기 터빈 출력을 $P[kW]$, 증기량을 $W[t/h]$, 초압 및 배기의 증기 엔탈피를 각각 i_0, i_1[kcal/kg]이라 하면 터빈의 효율 η_T[%]는?

① $\frac{860P\times 10^3}{W(i_0-i_1)}\times 100$

② $\frac{860P\times 10^3}{W(i_1-i_0)}\times 100$

③ $\frac{860P}{W(i_0-i_1)\times 10^3}\times 100$

④ $\frac{860P}{W(i_1-i_0)\times 10^3}\times 100$

|정|답|및|해|설|

[터빈의 효율] $\eta_T = \frac{860P}{W(i_0-i_1)\eta_g}\times 100[\%]$

P : 터빈축단출력 [kW], W : 유입증기량[kg/h]

i_0 : 터빈 입구의 증기엔탈피[kcal/kg]

i_1 : 팽창한 상태에서의 증기엔탈피[kcal/kg]

η_T : 터빈효율, η_g : 발전기효율(여기서=1)

【정답】 ③

38. 송전선로에서 가공지선을 설치하는 목적이 아닌 것은?

① 뇌(雷)의 직격을 받을 경우 송전선 보호
② 유도에 의한 송전선의 고전위 방지
③ 통신선에 대한 차폐 효과 증진
④ 철탑의 접지저항 경감

|정|답|및|해|설|

[가공지선의 설치 목적]

- 직격 뇌에 대한 차폐 효과
- 유도 뇌에 대한 정전차폐 효과
- 통신선에 대한 전자유도장해 경감 효과

※철탑의 접지저항 경감은 가공지선이 아니고 매설지선이다.

【정답】 ④

39. 수전단의 전력원 방정식이 $P_r^2+(Q_r+400)^2=250000$으로 표현되는 전력계통에서 조상설비 없이 전압을 일정하게 유지하면서 공급할 수 있는 부하전력은? 단, 부하는 무유성이다.

① 200 ② 250
③ 300 ④ 350

|정|답|및|해|설|

[전력원선도]

방정식 $P_r^2+(Q_r+400)^2=250000$에서

유효전력 : P_r^2, 무효전력 : $(Q_r+400)^2$, 피상전력 : 250000

조상설비가 없다는 것은 무효전력을 조정하지 않겠다는 것이다.

무효전력은 Q_r+400에서 $Q_r=0$이므로

$P_r^2+(400)^2=250000$ → 부하전력 $P_r=300$

【정답】 ③

40. 전력설비의 수용률을 나타낸 것으로 옳은 것은?

① $수용률=\dfrac{평균전력}{부하설비용량}\times 100[\%]$

② $수용률=\dfrac{부하설비용량}{평균전력}\times 100[\%]$

③ $수용률=\dfrac{최대수용전력}{부하설비용량}\times 100[\%]$

④ $수용률=\dfrac{부하설비용량}{최대수용전력}\times 100[\%]$

|정|답|및|해|설|

[수용률] $수용률=\dfrac{최대\ 전력}{설비용량}\times 100$

※수용률은 낮을수록 경제적이다.

【정답】 ③

1/2 2020년 전기기사필기 (전기기기)

41. 전원전압이 100[V]인 단상 전파정류 제어에서 점호각이 30[°]일 때 직류 평균전압은 약 몇 [V]인가?

① 54 ② 64 ③ 84 ④ 94

|정|답|및|해|설|

[단상 전파 정류 평균전압] $E_d=\dfrac{2\sqrt{2}E}{\pi}\left(\dfrac{1+\cos\alpha}{2}\right)$

$\therefore E_d=0.9\times 100\left(\dfrac{1+\cos 30}{2}\right)=84[V]$

※[단상 반파 정류 평균전압] $E_d=\dfrac{\sqrt{2}E}{\pi}\left(\dfrac{1+\cos\alpha}{2}\right)$

【정답】 ③

42. 단상 유도전동기의 분상 기동형에 대한 설명으로 틀린 것은?

① 보조권선은 높은 저항과 낮은 리액턴스를 갖는다.
② 주권선은 비교적 낮은 저항과 높은 리액턴스를 갖는다.
③ 높은 토크를 발생시키려면 보조권선에 병렬로 저항을 삽입한다.
④ 전동기가 기동하여 속도가 어느 정도 상승하면 보조권선을 전원에서 분리해야 한다.

|정|답|및|해|설|

[단상 유도 전동기(분상 기동형)]

- 불평형 2상 전동기로서 기동하는 방법
- 원심 개폐가 작동 시기는 회전자 속도가 동기속도의 60~80[%]일 때이다.
- 기동 토크는 보통이다.
- 기동 토크를 크게 하기 위해서는 보조권선에 직렬로 저항을 삽입한다.

【정답】 ③

43. 단상 유도전동기의 기동에 브러시를 필요로 하는 것은?

① 분사 기동형
② 반발 기동형
③ 콘덴서 분상 기동형
④ 세이딩 코일 기동형

|정|답|및|해|설|

[반발 기동형 단상 유도전동기] 반발 기동 유도 전동기는 기동 시에는 반발 전동기로서 동작시키고 일정 속도에 달하며 정류자 세그먼트를 단락하여 유도전동기로서 동작하는 전동기이다. 회전 방향은 브러시의 위치 이동으로 이루어진다. 【정답】 ②

44. 3선 중 2선의 전원 단자를 서로 바꾸어서 결선하면 회전 방향이 바뀌는 기기가 아닌 것은?

① 회전변류기 ② 유도전동기
③ 동기전동기 ④ 정류자형 주파수 변환기

|정|답|및|해|설|

※정류자형 주파수 변환기 : 주파수를 바꾸는 것으로 회전 방향과는 아무런 관련이 없다. 【정답】 ④

45. 변압기의 %Z가 커지면 단락전류는 어떻게 변화하는가?

① 커진다. ② 변동 없다.
③ 작아진다. ④ 무한대로 커진다.

|정|답|및|해|설|

[변압기의 단락전류] $I_s = \frac{V}{Z} = \frac{100}{\%Z} I[A]$

따라서 변압기의 %Z가 커지면 단락전류는 작아진다.

【정답】 ③

46. 정격 6600[V]인 3상 동기발전기가 정격출력(역률=1)으로 운전할 때 전압변동률이 12[%]였다. 여자와 회전수를 조정하지 않은 상태로 무부하 운전하는 경우 단자전압[V]은?

① 7842 ② 7392
③ 6943 ④ 6433

|정|답|및|해|설|

[동기발전기의 전압변동률] $\epsilon = \frac{V_o - V_m}{V_n} \times 100$

여기서, V_o : 무부하단자전압, V_n : 정격단자전압

$12 = \frac{V_o - V_m}{V_n} \times 100$에서 $V_m = 6600$이므로 $V_o = 7392[V]$

【정답】 ②

47. 계자권선이 전기자에 병렬로만 연결된 직류기는?

① 분권기 ② 직권기
③ 복권기 ④ 타여자기

|정|답|및|해|설|

[직류분권기] 계자권선이 전기자권선에 병렬로 연결

※직권기 : 계자권선이 전기자 권선에 직렬로 연결

【정답】 ①

48. 3상 20000[kVA]인 동기발전기가 있다. 이 발전기는 60[Hz]일 때는 200[rpm], 50[Hz]일 때는 약 167[rpm]으로 회전한다. 이 동기발전기의 극수는?

① 18극 ② 36극
③ 54극 ④ 72극

|정|답|및|해|설|

[동기발전기의 동기속도] $N_s = \frac{120f}{p}[rpm]$

여기서, f : 유기기전력의 주파수[Hz], p : 극수
N_s : 동기속도[rpm]

극수 $p = \frac{120f}{N_s}$에서

$p_1 = \frac{120f_1}{N_{s1}} = \frac{120 \times 60}{200} = 36$극

$p_2 = \frac{120f_2}{N_{s2}} = \frac{120 \times 50}{167} = 36$극 【정답】 ②

49. 1차 전압 6600[V], 권수비 30인 단상 변압기로 전등부하에 30[A]를 공급할 때의 입력[kW]은? (단, 변압기의 손실은 무시한다.)

① 4.4 ② 5.5 ③ 6.6 ④ 7.7

|정|답|및|해|설|

[입력] $P_1 = V_1 I_1 [kW]$

권수비 $a = \frac{V_1}{V_2} = \frac{I_2}{I_1} = \frac{N_1}{N_2} \quad \rightarrow (I_1 = \frac{I_2}{a})$

$\therefore P_1 = V_1 I_1 = V_1 \times \frac{I_2}{a} = 6600 \times \frac{30}{30} = 6600[W] = 6.6[kW]$

(전등부하 시 역률 $\cos\theta = 1$) 【정답】 ③

50. 유도전동기를 정격 상태로 사용 중, 전압이 10[%] 상승하면 다음과 같은 특성의 변화가 있다. 틀린 것은? (단, 부하는 일정 토크라고 가정한다.)

① 슬립이 작아진다.
② 역률이 떨어진다.
③ 속도가 감소한다.
④ 히스테리시스손과 와류손이 증가한다.

|정|답|및|해|설|

① $\frac{s'}{s} = \left(\frac{V_1}{V'}\right)^2$: 슬립은 전압의 제곱에 반비례 하므로, 전압이 상승하면 슬립은 작아진다.

② $P = \sqrt{3}\, VI\cos\theta [W] \rightarrow \cos\theta = \frac{P}{\sqrt{3}\, VI}$: 출력은 일정한 상태에서 전압이 상승하면 역률은 감소한다.

③ $\frac{N}{N'} = \left(\frac{V_1}{V'}\right)^2$: 속도는 전압의 제곱에 비례하므로, 전압이 상승하면 속도도 상승한다.

④ 와류손은 주파수와는 무관하고 전압의 제곱에 비례하므로, 와류손이 증가한다. 즉, $P_h \propto V^2$, $P_e \propto V^2$ 【정답】 ③

51. 스텝모터에 대한 설명 중 틀린 것은?

① 가속과 감속이 용이하다.
② 정역전 및 변속이 용이하다.
③ 위치제어 시 각도 오차가 적다.
④ 브러시 등 부품수가 많아 유지보수 필요성이 크다.

|정|답|및|해|설|

[스텝 모터]

[장점]

- 위치 및 속도를 검출하기 위한 장치가 필요 없다.
- 컴퓨터 등 다른 디지털 기기와의 인터페이스가 용이하다.
- 가속, 감속이 용이하며 정·역전 및 변속이 쉽다.
- 속도제어 범위가 광범위하며, 초저속에서 큰 토크를 얻을 수 있다.
- 위치제어를 할 때 각도 오차가 적고 누적되지 않는다.
- 정지하고 있을 때 그 위치를 유지해 주는 토크가 크다.
- 유지 보수가 쉽다.

[단점]

- 분해 조립, 또는 정지 위치가 한정된다.
- 서보모터에 비해 효율이 나쁘다.
- 마찰 부하의 경우 위치 오차가 크다.
- 오버슈트 및 진동의 문제가 있다.
- 대용량의 대형기는 만들기 어렵다. 【정답】 ④

52. 출력이 20[kW]인 직류발전기의 효율이 80[%]이면 손실[kW]은 얼마인가?

① 1 ② 2 ③ 5 ④ 8

|정|답|및|해|설|

[직류 발전기의 효율] $\eta = \frac{출력}{입력} = \frac{출력}{출력+손실} = \frac{P}{P+P_l}$ 에서

효율 $0.8 = \frac{20}{20+P_l}$ 이므로

손실 $P_l = \frac{20}{0.8} - 20 = 25 - 20 = 5[kW]$ 【정답】 ③

53. 전압변동률이 작은 동기발전기는?

① 동기리액턴스가 크다.
② 전기자 반작용이 크다.
③ 단락비가 크다.
④ 자기여자 작용이 크다.

|정|답|및|해|설|

[전압변동률] 전압변동률은 작을수록 좋으며, 변동률이 작은 발전기는 동기리액턴스가 작다. 즉, 전기자반작용이 작고 단락비가 큰 기계가 되어 값이 비싸다. 【정답】 ③

54. 동기 전동기의 공급 전압과 부하를 일정하게 유지하면서 역률을 1로 운전하고 있는 상태에서 여자전류를 증가시키면 전기자 전류는?

① 앞선 무효전류가 증가
② 앞선 무효전류가 감소
③ 뒤진 무효전류가 증가
④ 뒤진 무효전류가 감소

|정|답|및|해|설|

[위상특성곡선(V곡선)]

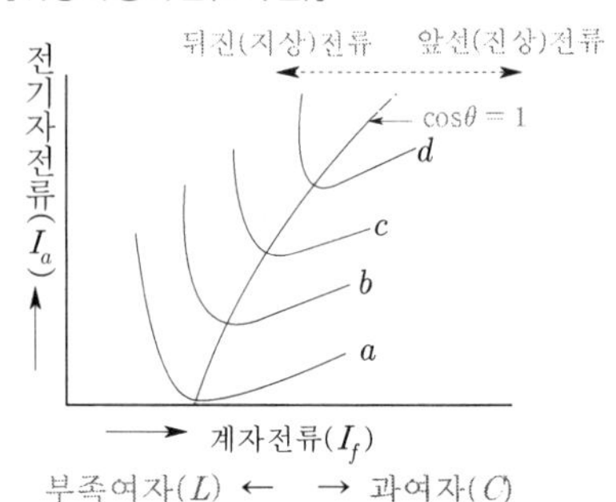

1. 여자전류(I_f)를 증가시키면 역률은 앞서고 전류(I_a)는 증가한다. →(과여자 : 앞선 전류(진상, 콘덴서(C) 작용))
2. 여자전류(I_f)를 감소시키면 역률은 뒤지고 전기자 전류(I_a)는 증가한다. →(부족여자 : 뒤진 전류(지상, 리액터(L) 작용))
3. V곡선에서 $\cos\theta=1$(역률 1)일 때 전기자전류가 최소다.
4. a번 곡선으로 운전 중 출력이 증가하면 곡선은 상향이 되어 부하가 가장 클 때가 d번 곡선이다. 【정답】 ①

55. 직류 발전기에 $P[N\cdot m/s]$의 기계적 동력을 주면 전력은 몇 [W]로 변환되는가? (단, 손실은 없으며, i_a는 전기자 도체의 전류, e는 전기자 도체의 유도기전력, Z는 총 도체수이다.)

① $P=i_a e Z$ ② $P=\frac{i_a e}{Z}$
③ $P=\frac{i_a Z}{e}$ ④ $P=\frac{e Z}{i_a}$

|정|답|및|해|설|

[전기자에 대한 출력] 전력 $P=eI_a[W]$에서
총도체수가 Z이므로 전력 $P=eI_a\times Z$ 【정답】 ①

56. 도통(on) 상태에 있는 SCR을 차단(off) 상태로 만들기 위해서는 어떻게 하여야 하는가?

① 게이트 펄스 전압을 가한다.
② 게이트 전류를 증가시킨다.
③ 게이트 전압이 부(-)가 되도록 한다.
④ 전원 전압의 극성이 반대가 되도록 한다.

|정|답|및|해|설|

[SCR의 차단(off) 조건]
- 유지전류 이하
- 에노드 전압을 0 또는 (-)로 한다.
- 전원 전압의 극성이 반대가 되도록 한다.

※게이트는 도통(on) 시킬 때 필요하다. 【정답】 ④

57. 직류전동기의 워드레오나드 속도 제어 방식으로 옳은 것은?

① 전압제어 ② 저항제어
③ 계자제어 ④ 직병렬제어

|정|답|및|해|설|

[직류 전동기의 속도 제어법]

구분	제어 특성	특징
계자제어법	·계자전류(여자전류)의 변화에 의한 자속의 변화로 속도 제어	·속도 제어 범위가 좁다.
전압제어법	·정트크 제어 -워드레오나드 방식 -일그너 방식	·제어 범위가 넓다. ·손실이 적다. ·정역운전 가능 ·설비비 많이 듬
저항제어법	·전기자 회로의 저항 변화에 의한 속도 제어법	·효율이 나쁘다.

※직병렬제어 : 직권전동기 두 대를 이용한다.

【정답】 ①

58. 단권변압기의 설명으로 틀린 것은?

① 1차권선과 2차권선의 일부가 공통으로 사용된다.
② 분로권선과 직렬권선으로 구분된다.
③ 누설자속이 없기 때문에 전압변동률이 작다.
④ 3상에는 사용할 수 없고 단상으로만 사용한다.

|정|답|및|해|설|

[단권 변압기]
·승압기로 사용이 많다.
·중량이 가볍고 전압변동률이 작다.
·누설임피던스가 일반 변압기보다 작아서 단락전류가 크다.
·1차측 이상전압이 2차측에 미친다.
※단권변압기 3대를 Δ 또는 Y결선하여 3상을 공급할 수 있다.
【정답】 ④

59. 단자전압 110[V], 전기자전류 15[A], 전기자 회로의 저항 2[Ω], 정격속도 1800[rpm]으로 전부하에서 운전하고 있는 직류 분권전동기의 토크는 약 몇 [N · m]인가?

① 6.0 ② 6.4
③ 10.08 ④ 11.14

|정|답|및|해|설|

[직류 분권전동기의 토크] $T=\frac{P}{\omega}=\frac{P}{2\pi n}=\frac{60P}{2\pi N}=\frac{60E_cI_a}{2\pi N}$

역기전력 $E_c=V-I_aR_a=110-15\times 2=80[V]$ → (V : 단자전압)

∴토크 $T=\frac{60EI_a}{2\pi N}=\frac{60\times 80\times 15}{2\times 3.14\times 1800}=6.4[N\cdot m]$

【정답】 ②

60. 용량 1[kVA], 3000/200[V]의 단상 변압기를 단권 변압기로 결선하여 3000/3200[V]의 승압기로 사용할 때 그 부하용량[kVA]은?

① 16[kVA] ② 15[kVA]
③ 1[kVA] ④ $\frac{1}{16}$[kVA]

|정|답|및|해|설|

[단권 변압기에 대한 부하 용량] $\frac{\text{자기 용량}}{\text{부하 용량}}=\frac{V_h-V_l}{V_h}$

∴부하 용량=자기 용량$\times\frac{V_h}{V_h-V_l}=1\times\frac{3200}{3200-3000}=16[kVA]$

【정답】 ①

1/2 2020년 전기기사필기(회로이론 및 제어공학)

61. 특성 방정식이 $s^3+2s^2+Ks+10=0$로 주어지는 제어계가 안정하기 위한 K의 값은?

① K 〉 0 ② K 〉 5
③ K 〈 0 ④ 0 〈 K 〈 5

|정|답|및|해|설|

[루드의 표]

S^3	1	K	0
S^2	2	2	0
S^1	$A=\frac{2K-10}{2}$	0	0
S^0	$\frac{10A}{A}=10$		

제1열의 부호 변화가 없으므로

$2K-10>0$ $\therefore K>\frac{10}{2}=5$ 【정답】 ②

|참|고|

60페이지 [(3) 루드표 작성 및 안정도 판별법] 참조

62. 그림과 같은 제어 시스템의 전달함수 $\frac{C(s)}{R(s)}$는?

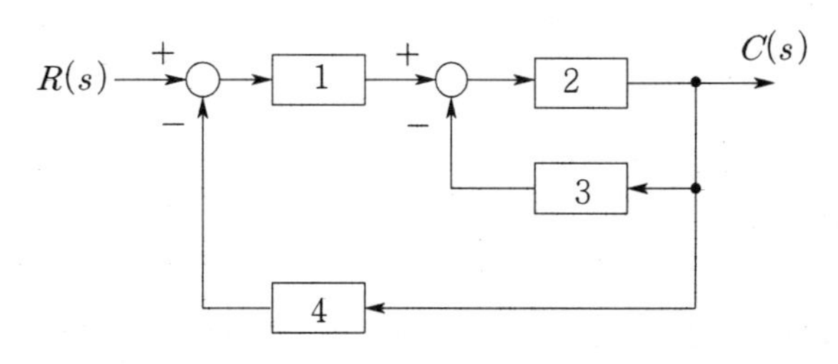

① $\frac{1}{15}$ ② $\frac{2}{15}$
③ $\frac{3}{15}$ ④ $\frac{4}{15}$

|정|답|및|해|설|

[블럭선도에 대한 전달함수] $G(s)=\frac{\sum \text{전향경로 이득}}{1-\sum \text{루프 이득}}$

$G(s)=\frac{\sum \text{전향경로 이득}}{1-\sum \text{루프 이득}}=\frac{1\times 2}{1-(-2\times 3)-(-1\times 2\times 4)}=\frac{2}{15}$

→ (루프이득 : 피드백의 폐루프)

→ (전향경로 :입력에서 출력으로 가는 길(피드백 제외))

【정답】 ②

63. 제어 시스템의 개루프 전달함수가 $G(s)H(s) = \dfrac{K(s+30)}{s^4+s^3+2s^2+s+7}$ 로 주어질 때, 다음 중 K>0인 경우 근궤적의 점근선이 실수축과 이루는 각[°]은?

① 20[°] ② 60[°]
③ 90[°] ④ 120[°]

|정|답|및|해|설|

[점근선의 각도] $\alpha_k = \dfrac{2k+1}{p-Z}\times 180° \rightarrow (k=0, 1, 2, ... p-Z-1)$

여기서, p : 극점의 수, Z : 영점의 수, k : 임의의 양의 정수

1. 극점의 수 : 4차 방정식이므로 근이 4개 존재, $p=4$
2. 영점의 수 : 1차식이므로 근이 1개, $Z=1$

$\alpha_k = \dfrac{2k+1}{p-Z}\times 180° = \dfrac{2k+1}{4-1}\times 180 = \dfrac{2k+1}{3}180$

k값은 $p-Z-1$, 즉 4-1-1=2까지 대입한다.

• $k=0$일 때 : $\alpha_0 = \dfrac{\pi}{3} = 60[°]$

• $k=1$일 때 : $\alpha_1 = \dfrac{3\pi}{3} = 180[°]$

• $k=2$일 때 : $\alpha_2 = \dfrac{5\pi}{3} = 300[°]$

【정답】 ②

64. z 변환된 함수 $F(z) = \dfrac{3z}{(z-e^{-3T})}$ 에 대응되는 라플라스 변환 함수는?

① $\dfrac{1}{(s+3)}$ ② $\dfrac{3}{(s-3)}$
③ $\dfrac{1}{(s-3)}$ ④ $\dfrac{3}{(s+3)}$

|정|답|및|해|설|

[라플라스 함수]

$F(z) = \dfrac{3z}{(z-e^{-3t})} \quad \rightarrow \quad (u(t) = \dfrac{z}{z-1})$

$z \rightarrow 3z$, $1 \rightarrow e^{-3t}$

시간함수 $f(t)=3e^{-3t}$를 나플라스 변환 → $\mathcal{L}[3e^{-3t}] = 3\dfrac{1}{s+3}$

$\therefore F(s) = 3\dfrac{1}{s+3} = \dfrac{3}{s+3}$

【정답】 ④

65. 그림과 같은 논리회로에서 출력 F의 값은?

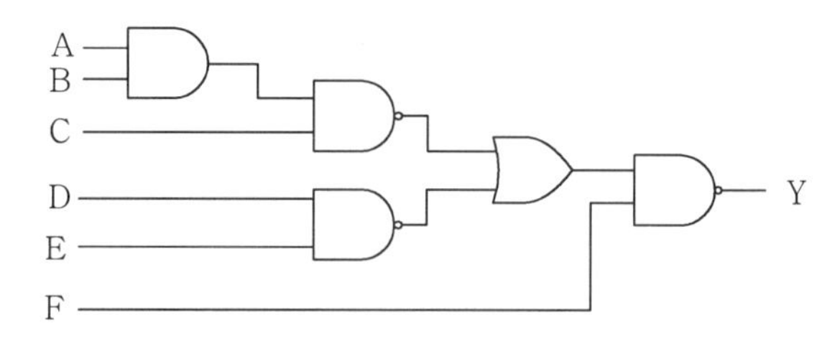

① $ABCDE+\overline{F}$
② $\overline{A}\overline{B}\overline{C}\overline{D}\overline{E}+F$
③ $\overline{A}+\overline{B}+\overline{C}+\overline{D}+\overline{E}+F$
④ $A+B+C+D+E+\overline{F}$

|정|답|및|해|설|

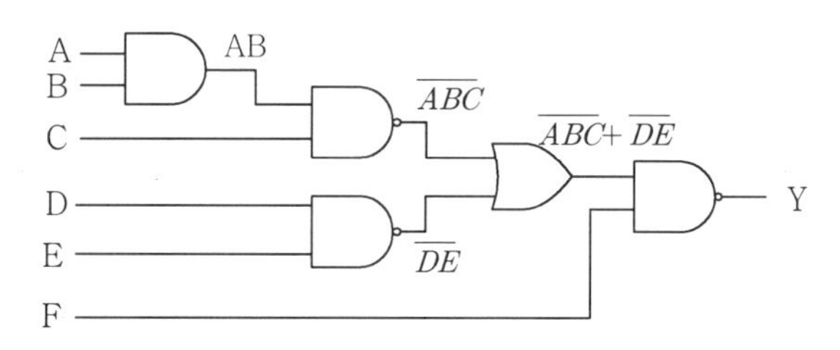

$Y = \overline{(\overline{ABC}+\overline{DE})\cdot F} = \overline{\overline{ABC}}+\overline{\overline{DE}}+\overline{F} = ABCDE+\overline{F}$

【정답】 ①

66. 전달함수가 $G_C(s) = \dfrac{2s+5}{7s}$ 인 제어기가 있다. 이 제어기는 어떤 제어기인가?

① 비례 미분 제어기
② 적분 제어기
③ 비례 적분 제어기
④ 비례 적분 미분 제어기

|정|답|및|해|설|

[제어기]

$G_C(s) = \dfrac{2s+5}{7s} = \dfrac{2}{7} + \dfrac{5}{7s}$ → 비례, 적분요소 존재

※K : 비례요소, Ks : 미분요소, $\dfrac{K}{s}$: 적분요소

$\dfrac{K}{Ts+1}$: 1차지연요소

【정답】 ③

67. 단위 피드백 제어계에서 전달함수 $G(s)$가 다음과 같이 주어지는 계의 단위 계단 입력에 대한 정상 상태 편차는?

$$G(s) = \frac{5}{s(s+1)(s+2)}$$

① 0 ② 1 ③ 2 ④ 3

|정|답|및|해|설|

[정상 위치 편차] $e_{ss} = \dfrac{1}{1+\lim\limits_{s\to 0} G(s)}$

$$e_{ss} = \frac{1}{1+\lim\limits_{s\to 0}\frac{5}{s(s+1)(s+2)}} = \frac{1}{1+\frac{5}{0}} = \frac{1}{1+\infty} = \frac{1}{\infty} = 0$$

【정답】 ①

68. 그림의 신호 흐름 선도에서 전달함수 $\dfrac{C(s)}{R(s)}$는?

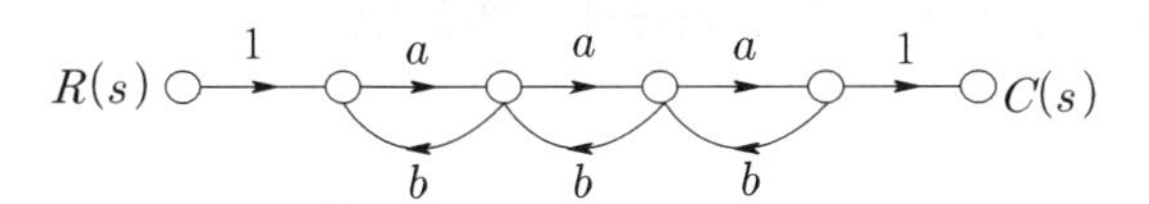

① $\dfrac{a^3}{(1-ab)}$ ② $\dfrac{a^3}{(1-3ab+a^2b^2)}$

③ $\dfrac{a^3}{1-3ab}$ ④ $\dfrac{a^3}{1-3ab+2a^2b^2}$

|정|답|및|해|설|

[전달함수] $G(s) = \dfrac{\sum G_k \Delta_k}{\Delta}$ → $(\Delta = 1-(L_{m1}-L_{m2}+\dots))$

$$G(s) = \frac{\sum G_k \Delta_k}{\Delta} = \frac{1\times a\times a\times a\times 1}{1-(ab+ab+ab-ab\times ab)} = \frac{a^3}{1-3ab+a^2b^2}$$

【정답】 ②

69. 다음과 같은 미분방정식으로 표현되는 제어 시스템의 시스템 행렬 A는?

$$\frac{d^2c(t)}{dt^2}+5\frac{dc(t)}{dt}+3c(t)=r(t)$$

① $\begin{bmatrix} -5 & -3 \\ 0 & 1 \end{bmatrix}$ ② $\begin{bmatrix} -3 & -5 \\ 0 & 1 \end{bmatrix}$

③ $\begin{bmatrix} 0 & 1 \\ -3 & -5 \end{bmatrix}$ ④ $\begin{bmatrix} 0 & 1 \\ -5 & -3 \end{bmatrix}$

|정|답|및|해|설|

[시스템 계수행렬]

$$\frac{d^2c(t)}{dt^2}+5\frac{dc(t)}{dt}+3c(t)=r(t)$$

$\ddot{c}(t)+5\dot{c}(t)+3c(t)=r(t)$ → (도트수는 미분 횟수)

∴계수행렬 $A=\begin{bmatrix} 0 & 1 \\ -3 & -5 \end{bmatrix}$, $B=\begin{bmatrix} 0 \\ 1 \end{bmatrix}$

【정답】 ③

70. 안정한 제어 시스템의 보드 선도에서 이득 여유에 대한 정보를 얻을 수 있는 것은?

① 위상곡선 0°에서 이득과 0dB의 사이

② 위상곡선 180°에서 이득과 0dB의 사이

③ 위상곡선 −90°에서 이득과 0dB의 사이

④ 위상곡선 −180°에서 이득과 0dB의 사이

|정|답|및|해|설|

[이득여유(gu)] 위상이 −180°에서 이득과 0dB의 사이

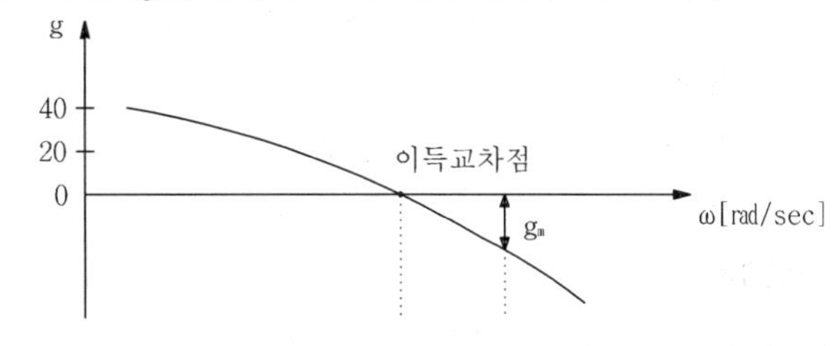

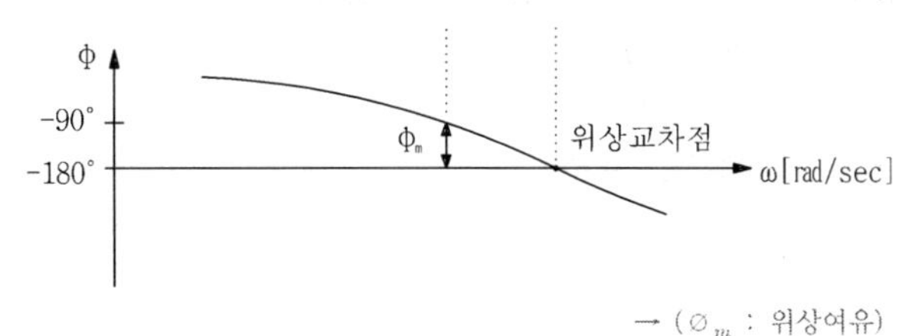

→ (ϕ_m : 위상여유)

【정답】 ④

71. 3상전류가 $I_a = 10 + j3[A]$, $I_b = -5 - j2[A]$, $I_c = -3 + j4[A]$ 일 때 정상분 전류의 크기는 약 몇 [A]인가?

① 5 ② 6.4 ③ 10.5 ④ 13.34

|정|답|및|해|설|

[정상분 전류] $I_1 = \frac{1}{3}(I_a + aI_b + a^2 I_c)$

$I_1 = \frac{1}{3}(10 + j3 + 1\angle 120^\circ (-5 - j2) + 1\angle 240^\circ (-3 + j4))$

$\rightarrow (a : 1\angle 120,\ a^2 : 1\angle 240)$

$= 6.34 + j0.09 = \sqrt{6.34^2 + 0.09^2} = 6.4$ 【정답】 ②

|참|고|

1. 영상분 $I_0 = \frac{1}{3}(I_a + I_b + I_c)$
2. 역상분 $I_2 = \frac{1}{3}(I_a + a^2 I_b + aI_c)$

72. 그림의 회로에서 영상 임피던스 Z_{01}이 6[Ω]일 때, 저항 R의 값은 몇 [Ω]인가?

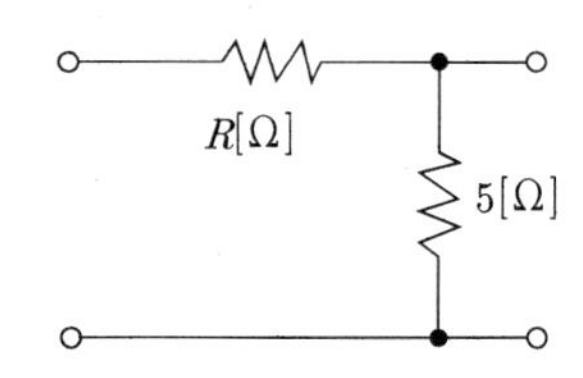

① 2
② 4 ③ 6
④ 9

|정|답|및|해|설|

[영상 임피던스] $Z_{01} = \sqrt{\frac{AB}{CD}}$, $Z_{02} = \sqrt{\frac{BD}{AC}}$

· $A = 1 + \frac{R}{5} = \frac{5+R}{5}$

· $B = R + 0 + \frac{R \times 0}{5} = R$

· $C = \frac{1}{5}$

· $D = 1 + \frac{0}{5} = 1$

$Z_{01} = \sqrt{\frac{\frac{5+R}{5} \times R}{\frac{1}{5} \times 1}} = \sqrt{R^2 + 5R} = 6[\Omega]$

$R^2 + 5R = 36 \rightarrow R^2 + 5R - 36 = 0 \rightarrow$ 근은 $-4,\ 9$

따라서 $(R-4)(R+9) = 0 \rightarrow R = 4[\Omega]$

※저항은 −값이 없으므로 −9는 버린다. 【정답】 ②

73. Y결선의 평형 3상 회로에서 선간전압 V_{ab}와 상전압 V_{an}의 관계로 옳은 것은? (단, $V_{bn} = V_{an}e^{-j(2\pi/3)}$, $V_{cn} = V_{bn}e^{-j(2\pi/3)}$)

① $V_{ab} = \frac{1}{\sqrt{3}} e^{j(\pi/6)} V_{an}$

② $V_{ab} = \sqrt{3} e^{j(\pi/6)} V_{an}$

③ $V_{ab} = \frac{1}{\sqrt{3}} e^{-j(\pi/6)} V_{an}$

④ $V_{ab} = \sqrt{3} e^{-j(\pi/6)} V_{an}$

|정|답|및|해|설|

[평형 3상 회로]

$V_{ab} = V_{an} - V_{bn} = V_{an} + (-V_{bn})$

$= V_{an} \cos 30 \times 2\angle 30^\circ = V_{an} \times \frac{\sqrt{3}}{2} \times 2\angle \frac{\pi}{6}$

$= \sqrt{3} e^{j\frac{\pi}{6}} V_{an} [V]$ 【정답】 ②

74. $f(t) = t^2 e^{-at}$를 라플라스 변환하면?

① $\frac{2}{(s+a)^2}$ ② $\frac{3}{(s+a)^2}$

③ $\frac{2}{(s+a)^3}$ ④ $\frac{3}{(s+a)^3}$

|정|답|및|해|설|

[라플라스 변환] $f(t) = t^2 e^{-at}$

$F(s) = \frac{2!}{S^{2+1}}\Big|_{s=s+a} = \frac{2 \times 1}{(s+a)^3} = \frac{2}{(s+a)^3}$ 【정답】 ③

75. $v(t) = 3 + 5\sqrt{2} \sin wt + 10\sqrt{2} \sin\left(3wt - \frac{\pi}{3}\right)[V]$의 실효값 크기는 약 몇 [V]인가?

① 9.6 ② 10.6

③ 11.6 ④ 12.6

|정|답|및|해|설|

[실효값] $V = \sqrt{V_0^2 + V_1^2 + V_3^2}\,[V]$ → (V_0 : 기본파)

$V_0 = 3,\ V_1 = 5,\ V_3 = 10$

$V = \sqrt{V_0^2 + V_1^2 + V_3^2} = \sqrt{3^2 + 5^2 + 10^2} = 11.6[V]$ 【정답】 ③

76. 선로의 단위 길이당의 분포 인덕턴스를 L, 저항을 r, 정전용량을 C, 누설콘덕턴스를 각각 g 라 할 때 전파정수는 어떻게 표현되는가?

① $\dfrac{\sqrt{(r+jwL)}}{(g+jwC)}$　　② $\sqrt{(r+j\omega L)(g+j\omega C)}$

③ $\sqrt{\dfrac{(r+jwL)}{(g+jwC)}}$　　④ $\sqrt{\dfrac{(g+jwC)}{(r+jwH)}}$

|정|답|및|해|설|

[전파정수] $r=\sqrt{ZY}$

임피던스 $Z=r+jwL$, 어드미턴스 $Y=g+jwC$

전파정수 $r=\sqrt{ZY}=\sqrt{(r+jwL)(g+jwC)}=\alpha+j\beta$

α는 감쇠정수이고 β는 위상정수이다.

【정답】 ②

77. 회로에서 0.5[Ω] 양단 전압 V은 약 몇 [V]인가?

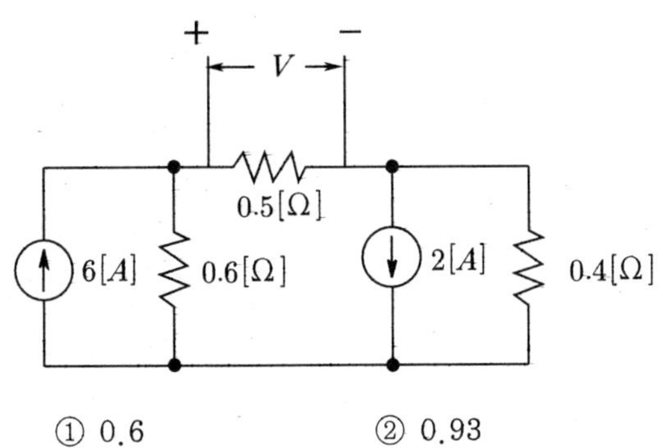

① 0.6　　② 0.93

③ 1.47　　④ 1.5

|정|답|및|해|설|

[전압] 등가로 변환한 후 계산한다.

a　c

0.6[Ω]　0.5[Ω]　0.4[Ω]

3.6[V]　0.8[V]

직렬

b　d

$I=\dfrac{V}{R}=\dfrac{3.6+0.8}{0.6+0.5+0.4}=\dfrac{4.4}{1.5}[A]$

$V=IR=\dfrac{4.4}{1.5}\times 0.5=1.47[V]$

【정답】 ③

78. 그림과 같이 결선된 회로의 단자 $(a,\ b,\ c)$에 선간전압이 V[V]인 평형 3상 전압을 인가할 때 상전류 $I[A]$의 크기는?

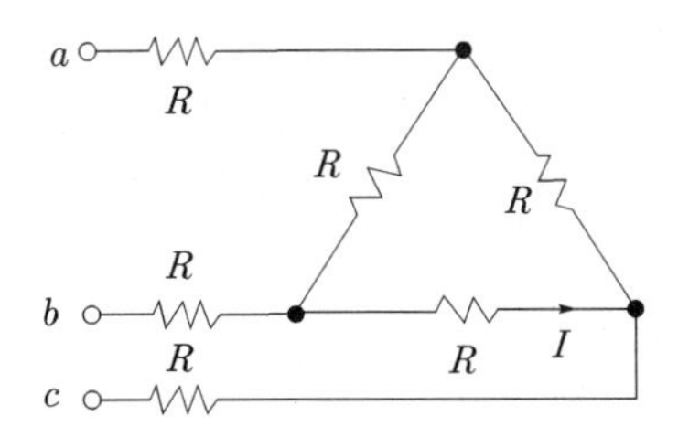

① $\dfrac{V}{4R}$　　② $\dfrac{3V}{4R}$

③ $\dfrac{\sqrt{3}\,V}{4R}$　　④ $\dfrac{V}{4\sqrt{3}\,R}$

|정|답|및|해|설|

[델타(△) 결선의 상전류]

△ → Y변환 (저항이 같은 경우 $\dfrac{1}{3}$로 감소)

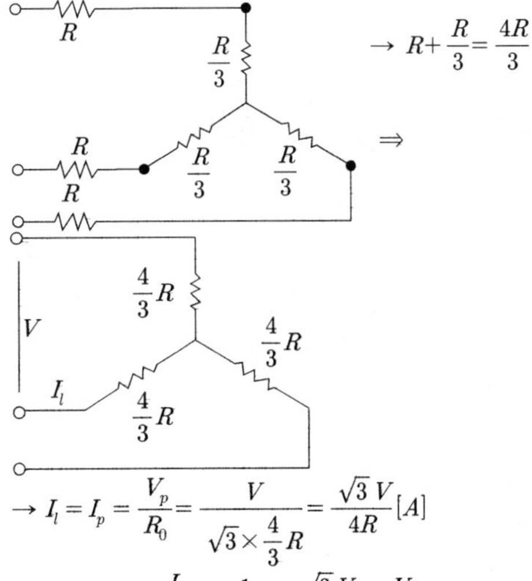

$\rightarrow I_l=I_p=\dfrac{V_p}{R_0}=\dfrac{V}{\sqrt{3}\times\dfrac{4}{3}R}=\dfrac{\sqrt{3}\,V}{4R}[A]$

$\therefore$상전류 $I=\dfrac{I_l}{\sqrt{3}}=\dfrac{1}{\sqrt{3}}\times\dfrac{\sqrt{3}\,V}{4R}=\dfrac{V}{4R}$

【정답】 ①

79. $8+j6[\Omega]$인 임피던스에 $13+j20[V]$의 전압을 인가할 때 복소전력은 약 몇 [VA]인가?

① $12.7+j34.1$　　② $12.7+j55.5$

③ $45.5+j34.1$　　④ $45.5+j55.5$

|정|답|및|해|설|

[복소전력(피상전력)] $P_a=\overline{V}\cdot I=V\cdot\overline{I}[VA]$

전류 $I=\dfrac{V}{Z}=\dfrac{13+j20}{8+j6}=2.24+j0.82$

$\therefore P_a=V\cdot\overline{I}=(13+j20)(2.24-j0.82)=45.5+j34.1$

【정답】 ③

80. $R-L-C$ 직렬회로의 파라미터가 $R^2 = \frac{4L}{C}$ 의 관계를 가진다면, 이 회로에 직류전압을 인가하는 경우 과도응답특성은?

① 무제동　　② 과제동
③ 부족제동　　④ 임계제동

|정|답|및|해|설|

[과도응답 특성]

1. $R > 2\sqrt{\frac{L}{C}}$: 비진동 (과제동)
2. $R < 2\sqrt{\frac{L}{C}}$: 진동 (부족제동)
3. $R = 2\sqrt{\frac{L}{C}}$: 임계 (임계제동)

따라서 $R = 2\sqrt{\frac{L}{C}} \rightarrow R^2 = 4\frac{L}{C}$ 【정답】 ④

1/2 2020년 전기기사필기 (전기설비기술기준)

81. 지중전선로를 직접 매설식에 의하여 시설할 때, 중량물의 압력을 받을 우려가 있는 장소에 지중전선을 견고한 트로프 기타 방호물에 넣지 않고도 부설할 수 있는 케이블은?

① 염화비닐 절연 케이블
② 폴리 에틸렌 외장 케이블
③ 콤바인덕트 케이블
④ 알루미늄피 케이블

|정|답|및|해|설|

[지중 전선로의 시설 (KEC 334.1)] 저압 또는 고압의 지중전선에 콤바인덕트 케이블을 사용하여 시설하는 경우에는 지중 전선을 견고한 트로프 기타 방호물에 넣지 아니하여도 된다. 【정답】 ③

|참|고|

[지중전선로 시설]

전선은 케이블을 사용하고, 관로식, 암거식, 직접 매설식에 의하여 시공한다.

1. 직접 매설식 : 매설 깊이는 중량물의 압력이 있는 곳은 1.0[m] 이상, 없는 곳은 0.6[m] 이상으로 한다.
2. 관로식 : 매설 깊이를 1.0[m]이상, 중량물의 압력을 받을 우려가 없는 곳은 60[cm] 이상으로 한다.
3. 암거식 : 지하 구조물 내 케이블 지지대를 설치하고 그 위에 케이블을 부설하는 방식

82. 수소냉각식 발전기 등의 시설 기준으로 옳지 않은 것은?

① 발전기 안의 수소의 온도를 계측하는 장치를 시설할 것
② 수소를 통하는 관은 수소가 대기압에서 폭발하는 경우에 생기는 압력에 견대는 강도를 가질 것
③ 발전기 안의 수소의 순도가 95[%] 이하로 저하한 경우에 이를 경보하는 장치를 시설할 것
④ 발전기 안의 수소의 압력을 계측하는 장치 및 그 압력이 현저히 변동한 경우에 이를 경보하는 장치를 시설할 것

|정|답|및|해|설|

[수소냉각식 발전기 등의 시설 (kec 351.10)]

1. 발전기 또는 무효 전력 보상 장치(조상기)는 기밀구조의 것이고 또한 수소가 대기압에서 폭발하는 경우 생기는 압력에 견디는 강도를 가질 것
2. 발전기축의 밀봉부에는 질소 가스를 봉인할 수 있는 장치의 누설한 수소 가스를 안전하게 외부에 방출할 수 있는 장치를 시설할 것
3. 발전기, 조상기 안의 수소 순도가 85[%] 이하로 저하한 경우 경보장치를 시설할 것
4. 발전기, 무효 전력 보상 장치 안의 수소의 압력을 계측하는 장치 및 그 압력이 현저히 변동할 경우에 이를 경보하는 장치를 시설할 것 【정답】 ③

83. 놀이용(유희용) 전차에 전기를 공급하는 전로의 사용전압이 교류인 경우 몇 [V] 이하이어야 하는가?

① 20　② 40　③ 60　④ 100

|정|답|및|해|설|

[놀이용(유희용) 전차의 시설 (KEC 241.8)]

- 놀이용(유희용) 전차(유원지 · 유희장 등의 구내에서 놀이용(유희용)으로 시설하는 것을 말한다)에 전기를 공급하기 위하여 사용하는 변압기의 1차 전압은 400[V] 이하
- 놀이용(유희용) 전자에 전기를 공급하는 전로(전원장치)의 서용 전압은 직류 60[V] 이하, 교류 40[V] 이하일 것
- 접촉 전선은 제3레일 방식에 의할 것
- 전차 안에 승압용 변압기를 사용하는 경우는 절연 변압기로 그 2차 전압은 150[V] 이하일 것 【정답】 ②

84. 연료전지 및 태양전지 모듈의 절연내력 시험을 하는 경우 충전 부분과 대지 사이의 어느 정도의 시험 전압을 인가하여야 하는가? (단, 연속하여 10분간 가하여 견디는 것이어야 한다.)

① 최대 사용 전압의 1.5배의 직류 전압 또는 1.25배의 교류 전압
② 최대 사용 전압의 1.25배의 직류 전압 또는 1.25배의 교류 전압
③ 최대 사용 전압의 1.5배의 직류 전압 또는 1배의 교류 전압
④ 최대 사용 전압의 1.25배의 직류 전압 또는 1배의 교류 전압

|정|답|및|해|설|

[연료 전지 및 태양전지 모듈의 절연내력 (KEC 134)]
연료전지 및 태양전지 모듈은 최대사용전압의 1.5배의 직류전압 또는 1배의 교류전압(500[V] 미만으로 되는 경우에는 500[V])을 충전 부분과 대지 사이에 연속하여 10분간 가하여 절연내력을 시험하였을 때에 이에 견디는 것이어야 한다. 【정답】 ③

85. 전개된 장소에서 저압 옥상전선로의 시설에 대한 설명으로 옳지 않은 것은?

① 전선과 옥상전선로를 시설하는 조영재와의 간격을 20[m]로 하였다.
② 전선은 상시 부는 바람 등에 의하여 식물에 접촉하지 않도록 시설하였다.
③ 전선은 절연 전선을 사용하였다.
④ 전선은 지름 2.6[mm]의 경동선을 사용하였다.

|정|답|및|해|설|

[저압 옥상전선로의 시설 (KEC 221.3)]
·전개된 장소에 시설하고 위험이 없도록 시설해야 한다.
·전선은 절연전선일 것
·전선은 인장강도 2.30[kN] 이상의 것 또는 지름이 2.6[mm] 이상의 경동선을 사용한다.
·전선은 조영재에 견고하게 붙인 지지기둥 또는 지지대에 절연성·난연성 및 내수성이 있는 애자를 사용하여 지지하고 또한 그 지지점 간의 거리는 15[m] 이하일 것
·전선과 그 저압 옥상 전선로를 시설하는 조영재와의 간격(이격거리)은 2[m](전선이 고압 절연전선, 특고압 절연전선 또는 케이블인 경우에는 1[m]) 이상일 것 【정답】 ①

86. 저압 수상전선로에 사용되는 전선은?

① MI 케이블
② 알루미늄피 케이블
③ 클로로프렌시스 케이블
④ 클로로프렌 캡타이어 케이블

|정|답|및|해|설|

[수상전선로의 시설 (KEC 335.3)] 수상전선로는 그 사용전압이 저압 또는 고압의 것에 한하여 전선은 저압의 경우 클로로프렌 캡타이어 케이블, 고압인 경우 캡타이어 케이블을 사용하고 수상전선로의 전선을 가공전선로의 전선과 접속하는 경우의 접속점의 높이는 접속점이 육상에 있는 경우는 지표상 5[m] 이상, 수면상에 있는 경우 4[m] 이상, 고압 5[m] 이상이어야 한다.
【정답】 ④

87. 케이블트레이공사에 사용하는 케이블 트레이의 시설기준으로 틀린 것은?

① 케이블 트레이 안전율은 1.3 이상이어야 한다.
② 비금속제 케이블 트레이는 난연성 재료의 것이어야 한다.
③ 전선의 피복 등을 손상시킬 돌기 등이 없이 매끈해야 한다.
④ 금속제 트레이에 접지공사를 하여야 한다.

|정|답|및|해|설|

[케이블트레이공사 (KEC 232.41)]
·전선은 연피 케이블, 알루미늄피 케이블 등 난연성 케이블, 기타 케이블 또는 금속관 혹은 합성수지관 등에 넣은 절연전선을 사용하여야 한다.
·수용된 모든 전선을 지지할 수 있는 적합한 강도의 것이어야 한다. 이 경우 케이블 트레이의 안전율은 1.5 이상으로 하여야 한다.
·비금속제 케이블 트레이는 난연성 재료의 것이어야 한다.
·금속제 케이블 트레이는 kec140에 의한 접지공사를 하여야 한다.
【정답】 ①

88. 440[V] 옥내 배선에 연결된 전동기 회로의 절연저항의 최소값은 얼마인가?

① 0.1[MΩ] ② 0.2[MΩ]
③ 0.4[MΩ] ④ 1[MΩ]

|정|답|및|해|설|

[전로의 사용전압에 따른 절연저항값 (기술기준 제52조)]

전로의 사용전압의 구분	DC 시험전압	절연 저항값
SELV 및 PELV	250[V]	0.5[MΩ]
FELV, 500[V] 이하	500[V]	1[MΩ]
500[V] 초과	1000[V]	1[MΩ]

※특별저압(Extra Low Voltage : 2차 전압이 AC 50[V], DC 120[V] 이하)으로 SELV(비접지 회로 구성) 및 PELV(접지회로 구성)은 1차와 2차가 전기적으로 절연된 회로, FELV는 1차와 2차가 전기적으로 절연되지 않은 회로
【정답】 ④

89. 가공전선로의 지지물에 시설하는 지지선(지선)으로 연선을 사용할 경우에는 소선이 최소 몇 가닥 이상이어야 하는가?

① 3　② 4　③ 5　④ 6

|정|답|및|해|설|

[지지선의 시설 (KEC 331.11)]
지지선 지지물의 강도 보강
- 안전율 : 2.5 이상
- 최저 인장 하중 : 4.31[kN]
- 소선의 지름이 2.6[mm] 이상의 금속선을 사용한 것일 것
- 소선 3가닥 이상의 연선일 것
- 지중 및 지표상 30[cm]까지의 부분은 아연도금 철봉 등을 사용
- 도로 횡단시의 높이 : 5[m] (교통에 지장이 없을 경우 4.5[m])

【정답】 ①

90. 백열전등 또는 방전등에 전기를 공급하는 옥내전로의 대지전압은 몇 [V] 이하를 원칙으로 하는가?

① 60[V]　② 110[V]
③ 220[V]　④ 300[V]

|정|답|및|해|설|

[1[kV] 이하 방전등 (kec 234.11.1)] 백열전등 또는 방전등에 전기를 공급하는 옥내의 전로의 대지전압은 300[V] 이하이어야 하며, 다음 각 호에 의하여 시설하여야 한다. 다만, 대지전압 150[V] 이하의 전로인 경우에는 다음 각 호에 의하지 아니할 수 있다.
- 방전등 및 이에 부속하는 전선은 사람이 접촉할 우려가 없도록 시설할 것
- 방전등용 안정기는 옥내배선과 직접 접속하여 시설할 것

|참|고|

[대자전압]
1. 90[%] 이상은 300[V]
2. 예외인 경우
   ① 누설전압이 없는 경우 → 대지전압 150[V]
   ② 전기저장장치, 태양광설비 → 직류 600[V]

【정답】 ④

91. 가공 전선로에 사용하는 지지물의 강도 계산에 적용하는 풍압 하중은 빙설이 많은 지방이외의 지방에서 저온 계절에는 어떤 풍압하중을 적용하는가? (단, 인가가 이웃 연결(연접)되어 있지 않다고 한다.)

① 갑종풍압하중
② 을종풍압하중
③ 병종풍압하중
④ 을종과 병종풍압하중을 혼용

|정|답|및|해|설|

[풍압 하중의 종별과 적용 (KEC 331.6)]

지역		고온계절	저온계절
빙설이 많은 지방 이외의 지방		갑종	병종
빙설이 많은 지방	일반 지역	갑종	을종
	해안지방 기타 저온계절에 최대풍압이 생기는 지역	갑종	갑종과 을종 중 큰 값 선정
인가가 많이 이웃 연결되어 있는 장소		병종	병종

【정답】 ③

92. 특고압 가공전선의 지지물에 첨가하는 통신선 보안장치에 사용되는 피뢰기의 동작 전압은 교류 몇 [V] 이하인가?

① 300　② 600
③ 1000　④ 1500

|정|답|및|해|설|

[특고압 가공전선로 첨가설치 통신선의 시가지 인입 제한 (KEC 362.5)] 시가지에 시설하는 통신선은 특고압 가공전선로의 지지물에 시설하여서는 아니 된다. 다만, 통신선이 절연전선과 동등 이상의 절연효력이 있고 인장강도 5.26[kN] 이상의 것 또는 또는 단면적 16[mm^2](지름 4[mm]) 이상의 절연전선 또는 광섬유 케이블인 경우에는 그러하지 아니하다.

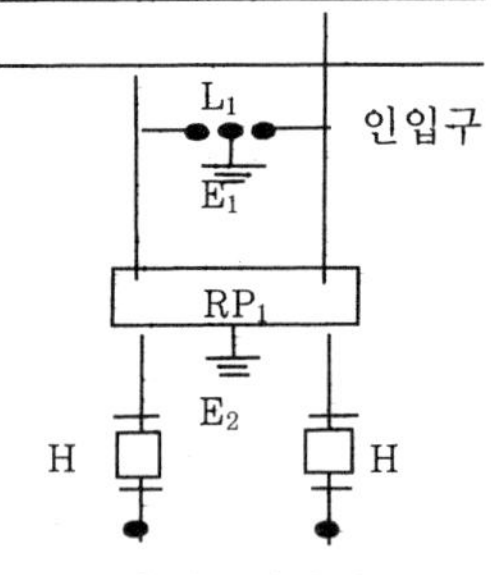

RP1 : 교류 300[V] 이하에서 동작하고, 최소 감도 전류가 3[A] 이하로서 최소 감도전류 때의 따라 움직임(응동)사간이 1 사이클 이하이고 또한 전류 용량이 50[A], 20초 이상인 자동복구성(자복성)이 있는 릴레이 보안기
L1 : 교류 1[kV] 이하에서 동작하는 피뢰기
E1 및 E2 : 접지

【정답】 ③

93. 태양 전지 발전소에 시설하는 태양전지 모듈, 전선 및 개폐기의 시설에 대한 설명으로 잘못된 것은?

① 충전 부분은 노출되지 아니하도록 시설할 것
② 옥내에 시설하는 경우에는 전선을 케이블공사로 시설할 것
③ 태양전지 모듈의 프레임은 지지물과 전기적으로 완전하게 접속하여야 한다.
④ 태양전지 모듈을 병렬로 접속하는 전로에는 과전류차단기를 시설하지 않아도 된다.

|정|답|및|해|설|

[태양전지 모듈의 시설 (kec 520)]
- 충전부분은 노출되지 아니하도록 시설할 것
- 옥내에 시설할 경우에는 합성수지관공사, 금속관공사, 가요전선관공사 또는 케이블공사에 준하여 시설할 것
- 태양전지 모듈의 프레임은 지지물과 전기적으로 완전하게 접속하여야 한다.
- 모듈을 병렬로 접속하는 전로에는 그 주된 전로에 단락전류가 발생할 경우에 전로를 보호하는 과전류차단기 또는 기타 기구를 시설할 것

【정답】 ④

94. 저압 또는 고압의 가공 전선로와 기설 가공 약전류 전선로가 병행할 때 유도작용에 의한 통신상의 장해가 생기지 않도록 전선과 기설 약전류 전선간의 간격은 몇 [m] 이상이어야 하는가? (단, 전기철도용 급전선과 단선식 전화선로는 제외한다.)

① 2 ② 3
③ 4 ④ 6

|정|답|및|해|설|

[가공약전류전선로의 유도장해 방지 (KEC 332.1)] 저압 또는 고압 가공전선로와 기설 가공 약전류 전선로가 병행하는 경우에는 유도작용에 의하여 통신상의 장해가 생기지 아니하도록 전선과 기설 약전류 전선간의 간격(이격거리)은 2[m] 이상이어야 한다.

【정답】 ①

95. 중성점 직접 접지에 접속되는 최대 사용 전압 161[kV]인 3상 변압기 권선(성형 전선연결)의 절연내력시험을 할 때 접지시켜서는 안 되는 것은?

① 철심 및 외함
② 시험되는 변압기의 부싱
③ 시험되는 권선의 중성점 단자
④ 시험되지 않는 각 권선(다른 권선이 2개 이상 있는 경우에는 각 권선의 임의의 1단자

|정|답|및|해|설|

[변압기 전로의 절연내력 (KEC 135)] 시험되는 권선의 중성점 단자, 다른 권선(다른 권선이 2개 이상 있는 경우에는 각권선)의 임의의 1단자, 철심 및 외함을 접지하고 시험되는 권선의 중성점 단자 이외의 임의의 1단자와 대지 사이에 시험전압을 연속하여 10분간 가한다.

【정답】 ②

※한국전기설비규정(KEC) 적용으로 인해 더 이상 출제되지 않는 문제는 삭제했습니다.

2020년 3회 전기기사 필기 기출문제

3회 2020년 전기기사필기 (전기자기학)

1. 주파수가 100[MHz]일 때 구리의 표피두께(skin depth)는 약 몇 [mm]인가? (단, 구리의 도전율은 $5.9 \times 10^7 [℧/m]$이고, 비투자율은 0.99이다.)

① 3.3×10^{-2}　② 6.6×10^{-2}
③ 3.3×10^{-3}　④ 6.6×10^{-3}

|정|답|및|해|설|

[표피두께(침투깊이)] $\delta = \frac{1}{\sqrt{\pi f \mu \sigma}}[m] = \frac{1}{\sqrt{\pi f \mu \sigma}} \times 10^3 [mm]$

여기서, f : 주파수, σ : 도전율, μ : 투자율($=\mu_s \mu_0$)

$$\delta = \frac{1}{\sqrt{\pi f \mu_0 \mu_s \sigma}} \times 10^3$$

$$= \frac{1}{\sqrt{\pi \times 100 \times 10^6 \times 4\pi \times 10^{-7} \times 0.99 \times 5.9 \times 10^7}} \times 10^3 [mm]$$

$= 6.6 \times 10^{-3} [mm]$　【정답】 ④

2. 정전용량이 $0.03[\mu F]$인 평행판 공기 콘덴서가 있다. 전극 간에 그 간격의 절반 두께의 유리판을 넣었다면 콘덴서의 용량은 약 몇 $[\mu F]$인가? 단, 유리의 비유전율은 10이다.

① 1.83　② 18.3
③ 0.055　④ 0.55

|정|답|및|해|설|

[극판간 공극의 두께 유리판을 넣을 경우 정전용량 C_0]

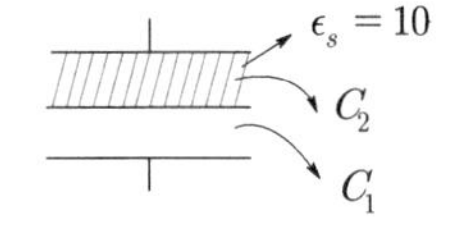

$C_0 = \frac{\epsilon \cdot S}{d}$[F]

여기서, d : 극판간의 거리[m]
S : 극판 면적[m^2]
$\epsilon (= \epsilon_0 \epsilon_s)$: 유전율

· $C_0 = \epsilon_0 \frac{S}{d} = 0.03$

· $C_1 = \epsilon_0 \frac{S}{\frac{1}{2}d} = 2\epsilon_0 \frac{S}{d} = 2C_0 = 0.06$

· $C_2 = \epsilon_0 \epsilon_s \frac{S}{\frac{1}{2}d} = 10\epsilon_0 \frac{2S}{d} = \frac{20S}{d} = 20C_0 = 0.6$

∴총정전용량 $C_T = \frac{C_1 C_2}{C_1 + C_2} = \frac{0.06 \times 0.6}{0.06 + 0.6} = 0.055[\mu F]$

→ (콘덴서가 직렬로 연결)

【정답】 ③

|참|고|

[유전체의 삽입 위치에 따른 콘덴서의 직 · 병렬 구별]

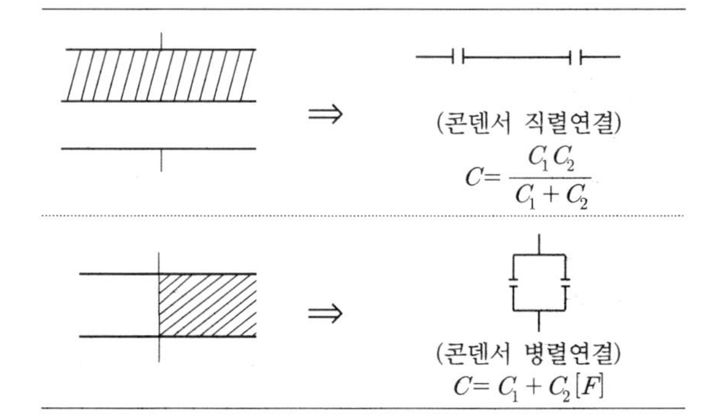

3. 2장의 무한 평면 도체를 4[cm] 간격으로 놓은 후 평면 도체 표면에 2$[\mu C/m^2]$의 전하밀도가 생겼다. 이때 평행 도체 표면에 작용하는 정전응력은 약 몇 $[N/m^2]$인가?

① 0.057　② 0.226
③ 0.57　④ 2.26

|정|답|및|해|설|

[정전응력] $F = \frac{a^2}{2\epsilon_0} = \frac{1}{2}\epsilon_0 E^2 = \frac{D^2}{2\epsilon_0} = \frac{1}{2}ED[N/m^2]$

$F = \frac{D^2}{2\epsilon_0} = \frac{(2 \times 10^{-6})^2}{2 \times 8.855 \times 10^{-12}} = 0.2258[N/m^2]$　【정답】 ②

4. 공기 중에서 2[V/m]의 전계의 세기에 의한 변위전류밀도의 크기를 2[A/m^2]으로 흐르게 하려면 전계의 주파수는 약 몇 [MHz]가 되어야 하는가?

① 9000 ② 18000

③ 36000 ④ 72000

|정|답|및|해|설|

[변위전류밀도] $i_d = \frac{\partial D}{\partial t} = \epsilon \frac{\partial E}{\partial t} = \frac{\epsilon}{d}\frac{\partial V}{\partial t}[A/m^2]$

$\rightarrow (E = E_m \sin wt)$

$i_d = \epsilon \frac{\partial}{\partial t} E_m \sin\omega t = \omega\epsilon E_m \cos\omega t = \omega\epsilon E_m = 2\pi f \epsilon E_m$

$\therefore f = \frac{i_d}{2\pi\epsilon_0 E_m} = \frac{2}{2\pi \times 8.855 \times 10^{-12} \times 2}[Hz]$

$= \frac{2}{2\pi \times 8.855 \times 10^{-12} \times 2} \times 10^{-6} = 17973.454[MHz]$

【정답】 ②

5. 정전계에서 도체에 정(+)의 전하를 주었을 때의 설명으로 틀린 것은?

① 도체 표면의 곡률 반지름이 작은 곳에 전하가 많이 분포한다.

② 도체 외측의 표면에만 전하가 분포한다.

③ 도체 표면에서 수직으로 전기력선이 출입한다.

④ 도체 내에 있는 공동면에도 전하가 골고루 분포한다.

|정|답|및|해|설|

[도체의 성질과 전하분포]

- 도체 표면과 내부의 전위는 동일하고(등전위), 표면은 등전위면이다.
- 도체 내부의 전계의 세기는 0이다.
- **전하는 도체 내부에는 존재하지 않고, 도체 표면에만 분포**한다.
- 도체 면에서의 전계의 세기 방향은 도체 표면에 항상 수직이다.
- 도체 표면에서의 전하밀도는 곡률이 클수록 높다. 즉, 곡률반경이 작을수록 높다.
- 중공부에 전하가 없고 대전 도체라면, 전하는 도체 외부의 표면에만 분포한다.
- 중공부에 전하를 두면 도체 내부표면에 동량 이부호, 도체 외부 표면에 동량 동부호의 전하가 분포한다. 【정답】 ④

6. 대지의 고유저항이 ρ[Ω · m]일 때 반지름 a[m]인 그림과 같은 반구 접지극의 접지저항[Ω]은?

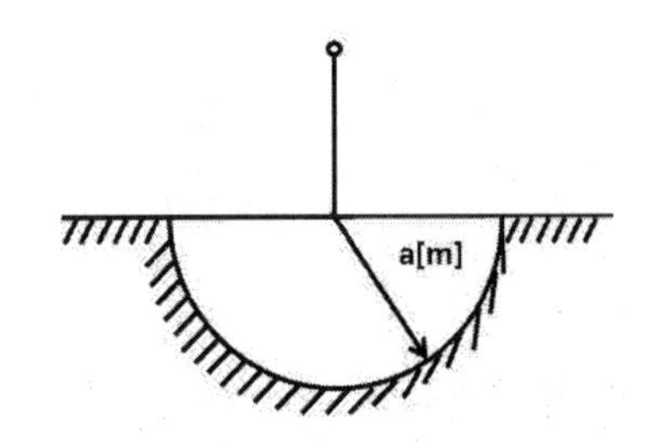

① $\frac{\rho}{4\pi a}$ ② $\frac{\rho}{2\pi a}$

③ $\frac{2\pi\rho}{a}$ ④ $2\pi\rho a$

|정|답|및|해|설|

[접지저항] $RC = \rho\epsilon$에서 $R = \frac{\rho\epsilon}{C}[\Omega]$

- 구에서 정전용량 $C = 4\pi\epsilon a$[F]
- 반구에서의 정전용량 $C = 2\pi\epsilon a$[F]

여기서, C : 정전용량, ϵ : 유전율, a : 반지름

R : 저항, ρ : 저항률 또는 고유저항

$\therefore R = \frac{\rho\epsilon}{C} = \frac{\rho\epsilon}{2\pi\epsilon a} = \frac{\rho}{2\pi a}[\Omega]$ 【정답】 ②

7. 내부 장치 또는 공간을 물질로 포위시켜 외부 자계의 영향을 차폐시키는 방식을 자기차폐라 한다. 다음 중 자기차폐에 가장 좋은 것은?

① 비투자율이 1보다 작은 역자성체

② 강자성체 중에서 비투자율이 큰 물질

③ 강자성체 중에서 비투자율이 작은 물질

④ 비투자율에 관계없이 물질의 두께에만 관계되므로 되도록 두꺼운 물질

|정|답|및|해|설|

[자기차폐] 자기차폐란 투자율이 큰 강자성체로 내부를 감싸서 내부가 외부자계의 영향을 받지 않도록 하는 것을 말한다. 따라서 강자성체 중에서 **비투자율이 큰 물질이 적당**하다.

【정답】 ②

8. 자성체 내의 자계의 세기 H[AT/m]이고 자속밀도 $B[Wb/m^2]$일 때, 자계에너지밀도 [J/m^3]는?

① $\frac{B^2}{2\mu}$　② $\frac{H^2}{2\mu}$

③ $\frac{1}{2}\mu H$　④ BH

|정|답|및|해|설|

[자성체 단위 체적당 저장되는 에너지(에너지 밀도)]

$F=W(\text{체적당 에너지})=\frac{B^2}{2\mu}=\frac{1}{2}\mu H^2=\frac{1}{2}HB[J/m^3]=[N/m^2]$

여기서, $\mu[H/m]$: 투자율 , $H[AT/m]$: 자계의 세기
　$B[Wb/m^2]$: 자속밀도

【정답】 ①

9. 그림과 같은 직사각형의 평면 코일이 $B=\frac{0.05}{\sqrt{2}}(a_x+a_y)[Wb/m^2]$인 자계에 위치하고 있다. 이 코일에 흐르는 전류가 5[A]일 때 z축에 있는 코일에서의 토크는 약 몇 $[N\cdot m]$인가?

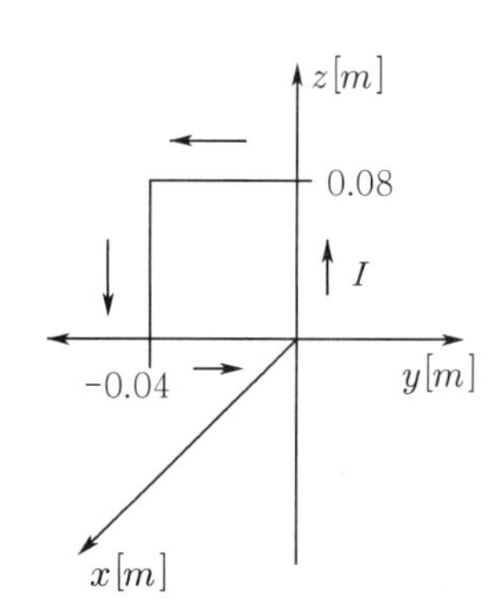

① $2.66\times10^{-4}a_x$　② $5.66\times10^{-4}a_x$

③ $2.66\times10^{-4}a_z$　④ $5.66\times10^{-4}a_z$

|정|답|및|해|설|

[토크] $T=\frac{\partial\omega}{\partial\theta}=Fr=\vec{r}\times\vec{F}[N\cdot m]$

$T=\vec{r}\times\vec{F}$

플래밍의 왼손법칙 힘 $F=BIl\sin\theta=(\vec{I}\times\vec{B})l$

전류 $I=5a_z[A]$

자속밀도 $B=0.05\frac{a_x+a_y}{\sqrt{2}}=0.035a_x+0.035a_y$

$l(\vec{I}\times\vec{B})=\begin{bmatrix}a_x & a_y & a_z\\0 & 0 & 5\\0.035 & 0.035 & 0\end{bmatrix}\times l=(-0.175a_x+0.175a_y)\times0.08$

$=-0.014a_x+0.014a_y$

$T=\vec{r}\times\vec{F}=\begin{bmatrix}a_x & a_y & a_z\\0 & -0.04 & 0\\0.014 & 0.014 & 0\end{bmatrix}[N\cdot m]$　$\rightarrow(\vec{r}=-0.04a_y)$

$=5.6\times10^{-4}a_z$

【정답】 ④

10. 분극의 세기 P, 전계 E, 전속밀도 D의 관계를 나타낸 것으로 옳은 것은? (단, ϵ_0 : 진공중의 유전율. ϵ_r : 유전체의 비유전율, ϵ : 유전체의 유전율이다.)

① $P=\epsilon_0(\epsilon+1)E$　② $P=\frac{D+P}{\epsilon_0}$

③ $P=D-\epsilon_0E$　④ $\epsilon_0=D-E$

|정|답|및|해|설|

[분극의 세기] $P=D-\epsilon_0E=\epsilon_0(\epsilon_r-1)E=\chi E$
$=(\epsilon-\epsilon_0)E=D\left(1-\frac{1}{\epsilon_r}\right)=\epsilon E-\epsilon_0E[C/m^2]$

$\rightarrow(D=\epsilon E)$

여기서, P : 분극의 세기, χ : 분극률$(\epsilon-\epsilon_0)$
　E : 유전체 내부의 전계, D : 전속밀도
　ϵ_0 : 진공시 유전율(=8.855×10^{-12}[F/m])
　ϵ_r : 비유전율, ϵ : 유전율

【정답】 ③

11. 반지름이 5[mm], 길이가 15[mm], 비투자율이 50인 자성체 막대에 코일을 감고 전류를 흘려서 자성체 내의 자속밀도를 50[Wb/m^2]으로 하였을 때 자성체 내에서의 자계의 세기는 몇 [A/m]인가?

① $\frac{10^7}{\pi}$　② $\frac{10^7}{2\pi}$

③ $\frac{10^7}{4\pi}$　④ $\frac{10^7}{8\pi}$

|정|답|및|해|설|

[자계의 세기] $H=\frac{B}{\mu}=\frac{B}{\mu_0\mu_s}$　$\rightarrow(B=\frac{\varnothing}{S}=\mu H)$

$\therefore H=\frac{B}{\mu}=\frac{B}{\mu_0\mu_s}=\frac{50}{4\pi\times10^{-7}\times50}=\frac{10^7}{4\pi}$

【정답】 ③

12. 자성체 내에서 임의의 방향으로 배열되었던 자구가 외부 자장의 힘이 일정치 이상이 되면 순간적으로 회전하여 자장의 방향으로 배열되기 때문에 자속밀도가 증가하는 현상은?

① 자기여효(magnetic aftereffect)
② 바크하우젠(Bark hausen) 효과
③ 자기왜현상(magneto-striction effect)
④ 핀치효과(Pinch effect)

|정|답|및|해|설|

[바크하우젠 효과] 강자성체에 자계를 가하면 자화가 일어나는데 자화는 자구를 형성하고 있는 경계면, 즉 자벽이 단속적으로 이동함으로써 발생한다. 이때 자계의 변화에 대한 자속의 변화는 미시적으로는 불연속으로 이루어지는데, 이것을 바크하우젠 효과라고 한다.

※① 자기여효 : 순철, 규소강, 페라이트 등에서 특히 저자 속밀도 레벨에서 많이 볼 수 있는 자화의 뒤진 현상을 이른다.

④ 핀치효과 : 반지름 a인 액체 상태의 원통 모양(원통상) 도선 내부에 균일하게 전류가 흐를 때 도체 내부에 자장이 생겨 로렌츠의 힘으로 전류가 원통 중심 방향으로 수축하려는 효과 【정답】 ②

13. 반지름이 30[cm]인 원판 전극의 평행판 콘덴서가 있다. 전극의 간격이 0.1[cm]이며 전극 사이 유전체의 비유전율이 4.0이라 한다. 이 콘덴서의 정전용량은 약 몇 $[\mu F]$인가?

① 0.01 ② 0.02
③ 0.03 ④ 0.04

|정|답|및|해|설|

[평행판 콘덴서의 정전용량] $C=\frac{Q}{V}=\frac{Q}{Ed}=\frac{\epsilon_0\epsilon_s S}{d}=\frac{\epsilon_0\epsilon_s \pi r^2}{d}[F]$

→ (r : 반지름, d : 직경)

$\therefore C=\frac{\epsilon_0\epsilon_s\pi r^2}{d}=\frac{8.855\times10^{-12}\times4\times\pi\times(30\times10^{-2})^2}{0.1\times10^{-2}}\times10^6$

$=0.01[\mu F]$ 【정답】 ①

14. 평행도선에 같은 크기의 왕복전류가 흐를 때 두 도선 사이에 작용하는 힘과 관계되는 것 중 옳은 것은?

① 간격에 제곱에 반비례한다.
② 간격에 제곱에 반비례하고 투자율에 반비례한다.
③ 전류에 제곱에 비례한다.
④ 주위 매질의 투자율에 반비례한다.

|정|답|및|해|설|

[왕복 전류 일 경우의 힘]

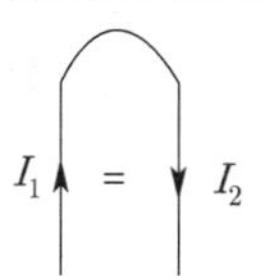

$F=\frac{2I^2}{r}\times10^{-7}[N/m]$

왕복시 크기는 같고, 방향은 반대이므로 반발력이 작용한다.
【정답】 ③

15. 압전기 현상에서 분극이 응력에 수직한 방향으로 발생하는 현상은?

① 종효과 ② 횡효과
③ 역효과 ④ 직접효과

|정|답|및|해|설|

[압전기 현상] 결정에 가한 기계적 응력과 전기분극이 동일 방향으로 발생하는 경우를 종효과, **수직 방향으로 발생하는 경우를 횡효과**라고 한다. 【정답】 ②

16. 구리의 고유저항은 20[℃]에서 1.69×10^{-8} $[\Omega\cdot m]$이고 온도계수는 0.00393이다. 단면적이 2$[mm^2]$이고 100[m]인 구리선의 저항값은 40[℃]에서 약 몇 $[\Omega]$인가?

① 0.91×10^{-3} ② 1.89×10^{-3}
③ 0.91 ④ 1.89

|정|답|및|해|설|

[온도계수와 저항과의 관계] $R_2=R_1[1+a_1(T_2-T_1)][\Omega]$
(온도 T_1 및 T_2일 때 저항이 각각 R_1, R_2, 온도 T_1에서의 온도계수 a_1)

· 저항 $R=\rho\frac{l}{S}[\Omega]$ → (ρ : 고유저항(=R_2))

· 40[℃]에 대한 고유저항 $R_{40}=R_{20}[1+a_1(T_2-T_1)][\Omega]$

$R_{40}=1.69\times10^{-8}[1+0.00393(40-20)]=1.822\times10^{-8}$

$\therefore R=R_{40}\frac{l}{S}=1.822\times10^{-8}\times\frac{100}{2\times10^{-6}}=0.911[\Omega]$

【정답】 ③

17. 한 변의 길이가 $l[m]$인 정사각형 회로에 $I[A]$가 흐르고 있을 때 그 사각형 중심의 자계의 세기는 몇 $[A/m]$인가?

① $\frac{I}{2\pi l}$　② $\frac{2\sqrt{2}I}{\pi l}$

③ $\frac{\sqrt{3}I}{2\pi l}$　④ $\frac{\sqrt{2}I}{2\pi l}$

|정|답|및|해|설|

[정 n각형 중심의 자계의 세기]

1. $n=3$: $H=\frac{9I}{2\pi l}[AT/m]$　→ (l : 한 변의 길이)

2. $n=4$: $H=\frac{2\sqrt{2}I}{\pi l}[AT/m]$

3. $n=6$: $H=\frac{\sqrt{3}I}{\pi l}[\text{AT/m}]$　【정답】 ②

18. 전위경도 V와 전계 E의 관계식은?

① $E=\text{grad}V$　② $E=\text{div}\,V$

③ $E=-\text{grad}V$　④ $E=-\text{div}V$

|정|답|및|해|설|

[전위와 전계와의 관계] $E=-\text{grad}\cdot V=-\nabla V[V/m]$

전위경도는 전계의 세기와 크기는 같고, 방향은 반대이다.

【정답】 ③

19. 정전용량이 각각 $C_1=1[\mu F]$, $C_2=2[\mu F]$인 도체에 전하 $Q_1=-5[\mu C]$, $Q_2=2[\mu C]$을 각각 주고 각 도체를 가는 철사로 연결하였을 때 C_1에서 C_2로 이동하는 전하 $Q[\mu C]$는?

① -4　② -3.5

③ -3　④ -1.5

|정|답|및|해|설|

[정전용량]

· C_1의 전하 $Q_1'=Q_1-Q$　· C_2의 전하 $Q_2'=Q_2+Q$

공통 전위 $V=\frac{Q_1'}{C_1}=\frac{Q_2'}{C_2}$가 성립한다.

$\frac{Q_1-Q}{C_1}=\frac{Q_2+Q}{C_2}$ → $C_1(Q_2+Q)=C_2(Q_1-Q)$

$\therefore Q=\frac{Q_1C_2-Q_2C_1}{C_1+C_2}=\frac{(-5\times2-2\times1)}{1+2}=-4[\mu C]$　【정답】 ①

20. 비유전율 3, 비투자율 3인 매질에서 전자기파의 진행 속도 $v[m/s]$와 진공에서의 속도 $v_0[m/s]$의 관계는?

① $v=\frac{1}{9}v_0$　② $v=\frac{1}{3}v_0$

③ $v=3v_0$　④ $v=9v_0$

|정|답|및|해|설|

[속도] $v=\frac{1}{\sqrt{\mu\epsilon}}=\frac{1}{\sqrt{\mu_0\epsilon_0}}\cdot\frac{1}{\sqrt{\mu_s\epsilon_s}}$

· 진공에서의 속도 $v_0=\frac{1}{\sqrt{\mu_0\epsilon_0}}$

· 매질에서의 속도 $v=\frac{1}{\sqrt{\mu_0\mu_s\times\epsilon_0\epsilon_s}}=\frac{1}{\sqrt{\mu_0\epsilon_0}}\times\frac{1}{\sqrt{\mu_s\epsilon_s}}$

$=\frac{v_0}{\sqrt{3\times3}}=\frac{1}{3}v_0$　【정답】 ②

3회 2020년 전기기사필기 (전력공학)

21. 3상 3선식 송전선에서 L을 작용인덕턴스라 하고 L_e 및 L_m는 대지를 귀로로 하는 1선의 자기인덕턴스 및 상호인덕턴스라고 할 때 이들 사이의 관계식은?

① $L=L_m-L_e$　② $L=L_e-L_m$

③ $L=L_m+L_e$　④ $L=\frac{L_m}{L_e}$

|정|답|및|해|설|

[작용인덕턴스 (대지를 귀로로 하는 경우)]

작용인덕턴스=자기인덕턴스(L_e)−상호인덕턴스(L_m)

※작용인덕턴스(일반적인 경우)

=자기인덕턴스(L_e)+상호인덕턴스(L_m)

【정답】 ②

22. 1상의 대지 정전용량이 $0.5[\mu F]$이고 주파수 60[Hz]의 3상 송전선이 있다. 소호 리액터의 공진 리액턴스는 약 몇 $[\Omega]$인가?

① 970　② 1370　③ 1770　④ 3570

|정|답|및|해|설|

[3상 소호리액터의 공진리액턴스] $\omega L=X_L=\frac{1}{3\omega C}$

$\omega L=\frac{1}{3\omega C}=\frac{1}{3\times2\pi f C}=\frac{1}{3\times2\times\pi\times60\times0.5\times10^{-6}}=1770$

【정답】 ③

23. 송전계통의 안정도 향상 대책이 아닌 것은?

① 계통의 직렬 리액턴스를 감소시킨다.
② 선로의 병행회선수를 감소시킨다.
③ 중간 조상 방식을 채용한다.
④ 고속도 재연결(재폐로) 방식을 채용한다.

|정|답|및|해|설|

[안정도 향상 대책]
1. 계통의 직렬 리액턴스(X)를 작게
 ·발전기나 변압기의 리액턴스를 작게 한다.
 ·선로의 병행회선수를 늘리거나 복도체 또는 다도체 방식을 사용
 ·직렬 콘덴서를 삽입하여 선로의 리액턴스를 보상한다.
2. 계통의 전압변동률을 작게(단락비를 크게)
 ·속응 여자 방식 채용
 ·계통의 연계
 ·중간 조상 방식
3. 고장 전류를 줄이고 고장 구간을 신속 차단
 ·적당한 중성점 접지 방식
 ·고속 차단 방식
 ·재연결(재폐로) 방식
4. 고장 시 발전기 입·출력의 불평형을 작게 【정답】 ②

24. 배전선로의 고장 또는 보수 점검 시 정전 구간을 축소하기 위하여 사용되는 것은?

① 단로기 ② 컷아웃스위치
③ 계자저항기 ④ 구분 개폐기

|정|답|및|해|설|

[배전선로의 사고 범위의 축소 또는 분리] 배전선로의 사고 범위의 축소 또는 분리를 위해서 구분 개폐기를 설치하거나, 선택 접지 계전 방식을 채택한다.

※① 단로기(DS) : 단로기(DS)는 소호 장치가 없고 아크 소멸 능력이 없으므로 부하전류나 사고전류의 개폐할 수 없다.
② 컷아웃스위치(COS) : 주된 용도로는 주상변압기의 고장의 배전선로에 파급되는 것을 방지하고 변압기의 과부하 소손을 예방하고자 사용한다.
③ 계자저항기 : 계자권선에 직렬로 연결된 가감 저항기. 전압 제어 또는 속도 제어에 사용된다. 【정답】 ④

25. 수전단의 전력원 방정식이 $P_r^2+(Q_r+400)^2=250000$으로 표현되는 전력계통에서 가능한 최대로 공급할 수 있는 부하전력(P_r)과 이때 전압을 일정하게 유지하는데 필요한 무효전력(Q_r)은 각각 얼마인가?

① $P_r=500$, $Q_r=-400$
② $P_r=400$, $Q_r=500$
③ $P_r=300$, $Q_r=100$
④ $P_r=200$, $Q_r=-300$

|정|답|및|해|설|

[전력원선도] 방정식 $P_r^2+(Q_r+400)^2=250000$에서

유효전력 : P_r^2, 무효전력 : $(Q_r+400)^2$, 피상전력 : 250000

1. 최대로 부하전력을 공급하려면 무효전력이 0이어야 한다.
 $P_r^2+0=500^2$ $\therefore P_r=500$
2. 전압을 일정하게 유지하기 위해서는 피상전력의 크기가 일정해야 한다.
 $P_r^2+(Q_r+400)^2=250000$, $P_r=500$ $\rightarrow (Q_r+400=0)$
 피상전력의 크기가 일정하기 위해서는 $Q_r+400=0$
 $\therefore Q_r=-400$ 【정답】 ①

26. 송전선로에 뇌격에 대한 차폐등으로 가설하는 가공지선에 대한 설명 중 옳은 것은?

① 차폐각은 보통 15~30도 정도로 하고 있다.
② 차폐각이 클수록 벼락에 대한 차폐효과가 크다.
③ 가공지선을 2선으로 하면 차폐각이 적어진다.
④ 가공지선으로는 연동선을 주로 사용한다.

|정|답|및|해|설|

[가공지선]
· 차폐각은 작을수록 효과적이다.
· 일반적으로 45° 에서 97[%] 정도 효율을 갖는다.
· 차폐각이 작으면 지지물이 높은 것이므로 건설비가 비싸다.
· 가공지선에는 인장강도 8.01[kN] 이상의 나선 또는 5[mm] 이상의 나경동선을 사용할 것 【정답】 ③

27. 3상 전원에 접속된 △결선의 캐패시터를 Y결선으로 바꾸면 진상용량 $Q_Y[kVA]$는 어떻게 되는가? (단, $Q_\triangle$는 △결선된 커패시터의 진상용량이고 Q_Y는 Y결선된 커패시터의 진상용량이다.)

① $Q_Y = \sqrt{3}\, Q_\triangle$　② $Q_Y = \frac{1}{3} Q_\triangle$

③ $Q_Y = 3Q_\triangle$　④ $Q_Y = \frac{1}{\sqrt{3}} Q_\triangle$

|정|답|및|해|설|

[진상용량(충전용량)] $Q_\triangle = 6\pi f CV^2$, $Q_Y = 2\pi f CV^2$

△결선된 경우 진상용량

$Q_\triangle = 3 \times Q_Y = 6\pi f CV^2$[KVA] 이므로

△을 Y로 바꾸면

$Q_Y = \frac{1}{3} Q_\triangle = \frac{1}{3} \times 6\pi f C\, V^2 = 2\pi f CV^2$ → $\therefore Q_Y = \frac{1}{3} Q_\triangle$

【정답】 ②

28. 송전선로에서 역섬락을 방지하는데 가장 유효한 방법은?

① 가공지선을 설치한다.
② 소호각을 설치한다.
③ 탑각 접지저항을 작게 한다.
④ 피뢰기를 설치한다.

|정|답|및|해|설|

[역섬락 방지] 역섬락은 철탑의 탑각 접지저항이 커서 뇌서지를 대지로 방전하지 못하고 선로에 뇌격을 보내는 현상이다.
철탑의 탑각 접지저항을 낮추기 위해서 매설지선을 시설하여 방지한다.　【정답】 ③

29. 배전선로의 전압을 3[kV]에서 6[kV]로 승압하면 전압강하율(δ)은 어떻게 되는가? (단, δ_{3kV}는 전압 3[kV]일 때 전압강하율이고, δ_{6kV}는 전압이 6[kV]일 때 전압강하율이고, 부하는 일정하다고 한다.)

① $\delta_{6kV} = \frac{1}{2}\delta_{3kV}$　② $\delta_{6kV} = \frac{1}{4}\delta_{3kV}$

② $\delta_{6kV} = 2\delta_{3kV}$　④ $\delta_{6kV} = 4\delta_{3kV}$

|정|답|및|해|설|

[전압강하율] $\delta = \frac{P}{V^2}(R + X\tan\theta)$　→ $(\delta \propto \frac{1}{V^2})$

전압이 2배 승압되었으므로 $\frac{1}{4}$배로 줄어든다.　【정답】 ②

30. 정격전압 6600[V], Y결선, 3상 발전기의 중성점을 1선 지락 시 지락전류를 100[A]로 제한하는 저항기로 접지하려고 한다. 저항기의 저항값은 약 몇 [Ω]인가?

① 44　② 41　③ 38　④ 35

|정|답|및|해|설|

[지락전류] $I_g = \frac{E}{R_g}[A]$　→ (주어진 전압은 선간전압이다.)

$\therefore R_g = \frac{E}{I_g} = \frac{\frac{V}{\sqrt{3}}}{I_g} = \frac{\frac{6600}{\sqrt{3}}}{100} \fallingdotseq 38[\Omega]$　→ $(E = \frac{V}{\sqrt{3}} = \frac{6600}{\sqrt{3}})$

【정답】 ③

31. 배전선의 전력손실 경감대책이 아닌 것은?

① 피더(Feeder) 수를 늘린다.
② 역률을 개선한다.
③ 배전전압을 높인다.
④ 부하의 불평형을 방지한다.

|정|답|및|해|설|

[배전선로의 전력 손실] $P_l = 3I^2 r = \frac{\rho W^2 L}{A V^2 \cos^2\theta}$

여기서, ρ: 고유저항, W: 부하전력, L: 배전거리
A: 전선의 단면적, V: 수전전압, $\cos\theta$: 부하역률)

역률 개선과 승압은 전력손실을 대폭 경감시킨다.　【정답】 ①

32. 조속기의 폐쇄 시간이 짧을수록 옳은 것은?

① 수격작용은 작아진다.
② 발전기의 전압 상승률은 커진다.
③ 수차의 속도 변동률은 작아진다.
④ 수압관 내의 수압 상승률은 작아진다.

|정|답|및|해|설|

[조속기] 조속기는 부하의 변화에 따라 증기와 유입량을 조절하여 터빈의 회전속도를 일정하게, 즉 주파수를 일정하게 유지시켜주는 장치로 폐쇄시간이 짧을수록 수차의 속도 변동률은 작아진다.　【정답】 ③

33. 교류 배전선로에서 전압강하가 계산식은 $V_d = k(R\cos\theta + X\sin\theta)I$로 표현된다. 3상 3선식 배전선로인 경우에 k값은 얼마인가?

① $\sqrt{3}$　② $\sqrt{2}$　② 3　④ 2

|정|답|및|해|설|

[3상 전압강하] $e = \sqrt{3}I(R\cos\theta + X\sin\theta)$

※단상 전압강하 $e = I(R\cos\theta + X\sin\theta)$ 【정답】 ①

34. 수전용 변전설비의 1차측 차단기의 용량은 주로 어느 것에 의하여 정해지는가?

① 수전 계약 용량
② 부하 설비의 용량
③ 공급측 전원의 단락 용량
④ 수전 전력의 역률과 부하율

|정|답|및|해|설|

[수전용 발전 설비] 차단기 차단용량은 공급측 전원의 단락용량에 의해 결정된다. 【정답】 ③

35. 표피효과에 대한 설명으로 옳은 것은?

① 주파수가 높을수록 침투깊이가 얇아진다.
② 투자율이 크면 표피효과가 적게 나타난다.
③ 표피효과에 따른 표피저항은 단면적에 비례한다.
④ 도전율이 큰 도체에는 표피효과가 적게 나타난다.

|정|답|및|해|설|

[표피효과] 표피효과란 전류가 도체 표면에 집중하는 현상

침투깊이 $\delta = \sqrt{\dfrac{2}{wk\mu a}}[m] = \sqrt{\dfrac{1}{\pi fk\mu a}}[m]$

표피효과 ↑ 침투깊이 δ↓ → 침투깊이 $\delta = \sqrt{\dfrac{1}{\pi f\sigma\mu a}}$ 이므로

주파수 f와 단면적 a에 비례하므로 전선의 굵을수록, **수파수가 높을수록 침투깊이는 작아지고 표피효과는 커진다.**

【정답】 ①

36. 그림과 같은 이상 변압기에서 2차 측에 5[Ω]의 저항부하를 연결하였을 때 1차 측에 흐르는 전류 I[A]는 약 몇 [A]인가?

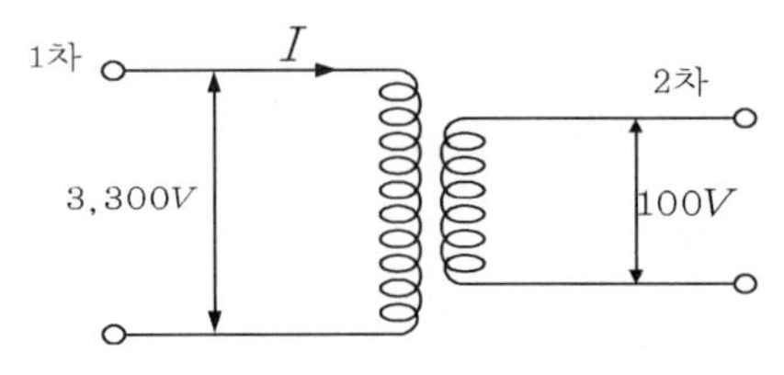

① 0.6　② 1.8　③ 20　④ 660

|정|답|및|해|설|

[1차측 전류] $I_1 = \dfrac{I_2}{a}[A]$ → (권수비 $a = \dfrac{I_2}{I_1}$)

· 2차측의 전류 $I_2 = \dfrac{V}{R} = \dfrac{100}{5} = 20[A]$

· 권수비 $a = \dfrac{E_1}{E_2} = \dfrac{3300}{100} = 33$

∴1차측의 전류 $I_1 = \dfrac{I_2}{a} = \dfrac{20}{33} = 0.6$ 【정답】 ①

37. 복도체에서 2본의 전선이 서로 충돌하는 것을 방지하기 위하여 2본의 전선 사이에 적당한 간격을 두어 설치하는 것은?

① 아모로도　② 댐퍼
② 아킹혼　④ 스페이서

|정|답|및|해|설|

[스페이서] 복도체에서 두 전선 간의 간격 유지

※② 댐퍼, 아모로드 : 전선의 진동 방지
③ 아킹혼, 아킹링 : 섬락 시 애자련 보호 【정답】 ④

38. 프란시스 수차의 특유속도[m·kW]의 한계를 나타내는 식은? (단, H[m]는 유효낙차이다.)

① $\dfrac{13000}{H+50}+10$　② $\dfrac{13000}{H+50}+30$

③ $\dfrac{20000}{H+20}+10$　④ $\dfrac{20000}{H+20}+30$

|정|답|및|해|설|

[프란시스 수차 특유속도의 한계] $\dfrac{20000}{H+20}+30$ 또는 $\dfrac{13000}{H+20}+50$

【정답】 ④

39. 전압과 유효전력이 일정한 경우 부하역률이 70[%]인 선로에서의 저항손실($P_{70\%}$)은 역률이 90[%]인 선로에서의 저항손실($P_{90\%}$)과 비교하면 약 얼마인가?

① $P_{70\%}=0.6P_{90\%}$　② $P_{70\%}=1.7P_{90\%}$
② $P_{70\%}=0.3P_{90\%}$　④ $P_{70\%}=2.7P_{90\%}$

|정|답|및|해|설|

[전력손실] $P_l=3I^2r=\dfrac{\rho W^2 L}{AV^2\cos^2\theta}$ → $P_l \propto \dfrac{1}{\cos^2\theta}$

70[%] 손실 〉 90[%] 손실 → 1보다 더 커야 한다.

$\therefore \dfrac{0.9^2}{0.7^2}=1.7$ 【정답】 ②

40. 주변압기 등에서 발생하는 제5고조파를 줄이는 방법은?

① 전력용 콘덴서에 직렬 리액터를 접속한다.
② 변압기 2차측에 분로 리액터 연결한다.
③ 모선에 방전 코일 연결한다.
④ 모선에 공심 리액터 연결한다.

|정|답|및|해|설|

[고조파] 변압기 등의 전력변환장치에서는 자속의 변화가 비선형이기 때문에 많은 고조파가 발생하게 된다.
전력용 콘덴서 용량의 약 5[%] 크기의 리액터를 직렬로 접속해서 제5고조파를 줄일 수가 있다. 【정답】 ①

3회 2020년 전기기사필기 (전기기기)

41. 극수 8, 중권 직류기의 전기자 총 도체수 960, 매극 자속 0.04[Wb], 회전수 400[rpm]이라면 유기기전력은 몇 [V]인가?

① 625　② 425　③ 327　④ 256

|정|답|및|해|설|

[유기기전력] $E=p\phi\dfrac{N}{60}\cdot\dfrac{z}{a}[V]$

중권이므로 $a=p=8$

$Z=960,\ \varnothing=0.04[Wb],\ N=400[rpm]$

$\therefore E=p\phi\dfrac{N}{60}\cdot\dfrac{z}{a}=8\times0.04\times\dfrac{400}{60}\times\dfrac{960}{8}=256[V]$ 【정답】 ④

42. 직류전동기의 속도제어 방법이 아닌 것은?

① 계자제어법　② 전압제어법
③ 주파수제어법　④ 직렬저항제어법

|정|답|및|해|설|

[직류 전동기 속도제어]

구분	제어 특성	특징
계자제어	계자전류(여자전류)의 변화에 의한 자속의 변화로 속도 제어	속도 제어 범위가 좁다. 정출력제어
전압제어	워드 레오나드 방식 일그너 방식	·제어범위가 넓다. ·손실이 적다. ·정역운전 가능 정토크제어
저항제어	전기자 회로의 저항 변화에 의한 속도 제어법	효율이 나쁘다.

※전동기의 속도 $N=\dfrac{E}{k\varnothing}=\dfrac{V-I_aR_a}{k\varnothing}[rpm]$

(V : 전압제어, R_a : 저항제어, $\varnothing$: 계자제어 【정답】 ③

43. 동기 전동기에 일정한 부하를 걸고 계자전류를 0[A]에서부터 계속 증가시킬 때 관련 설명으로 옳은 것은? (단, I_a는 전기자 전류이다.)

① I_a는 증가하다가 감소한다.
② I_a가 최소일 때 역률이 1이다.
③ I_a가 감소 상태일 때 앞선 역률이다.
④ I_a가 증가 상태일 때 뒤진 역률이다.

|정|답|및|해|설|

[위상 특성 곡선(V곡선)] 위상 특성 곡선(V곡선)에 나타난 바와 같이 공급 전압 V 및 출력 P_2를 일정한 상태로 두고 여자만을 변화시켰을 경우 전기자 전류의 크기와 역률이 달라진다.

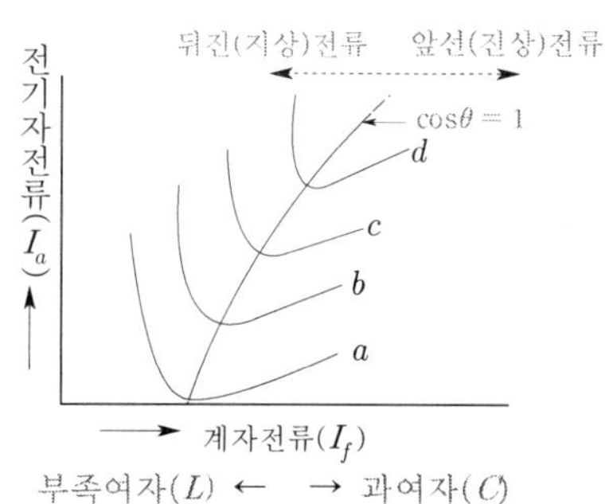

1. 과여자(I_f : 증가) → 앞선 전류(진상), 콘덴서(C) 작용
2. 부족 여자(I_f : 감소) → 뒤진 전류(지상), 리액터(L) 작용

【정답】 ②

44. 3[kVA], 3000/200[V]의 변압기의 단락시험에서 임피던스 전압 120[V], 동손 150[W]라 하면 퍼센트 저항강하는 몇 [%]인가?

① 1 ② 3 ③ 5 ④ 7

|정|답|및|해|설|

[%저항강하] $\%r = \frac{IR}{V} \times 100[\%] = \frac{P_c}{P_n} \times 100[\%] = \frac{P[kVA]R}{10V[kV]^2}[\%]$

여기서, P_n : 정격용량, P_c : 동손

$\therefore \%r = \frac{P_c}{P_n} \times 100 = \frac{150}{3000} \times 100 = 5[\%]$ 【정답】③

45. 동기발전기를 병렬운전 시키는 경우 고려하지 않아도 되는 조건은?

① 기전력의 파형이 같을 것
② 기전력의 주파수가 같을 것
③ 회전수가 같을 것
④ 기전력의 크기가 같을 것

|정|답|및|해|설|

[동기발전기의 병렬운전]
· 기전력이 같아야 한다.
· 위상이 같아야 한다.
· 파형이 같아야 한다.
· 주파수가 같아야 한다.

※ 병렬 운전에서 회전수는 같지 않아도 된다.

【정답】③

46. 3300/220[V] 변압기 A, B의 정격용량이 각각 400[kVA], 300[kVA]이고 %임피던스 강하가 각각 2.4[%]와 3.6[%]일 때 그 2대의 변압기에 걸 수 있는 합성부하용량은 몇 [kVA] 인가?

① 550 ② 600 ③ 650 ④ 700

|정|답|및|해|설|

[합성부하용량] $\frac{P_b}{P_a} = \frac{\%Z_a}{\%Z_b} \times \frac{P_B}{P_A} = \frac{2.4}{3.6} \times \frac{300}{400} = \frac{1}{2}$

$P_a = 400[kVA]$이므로 $P_b = \frac{1}{2}P_a = \frac{1}{2}400 = 200$

$\therefore$ 합성부하용량$= P_a + P_b = 600[kVA]$ 【정답】②

47. 직류 가동복권발전기를 전동기로 사용하면 어느 전동기가 되는가?

① 직류 직권전동기
② 직류 분권전동기
③ 직류 가동복권전동기
④ 직류 차동복권전동기

|정|답|및|해|설|

전동기와 발전기는 반대
즉, 직류 가동복권 발전기 ↔ 직류 차동복권전동기

【정답】④

48. 3상유도전동기에서 2차 측 저항을 2배로 하면 그 최대 토크는 어떻게 되는가?

① 2배로 된다. ② $\frac{1}{2}$로 줄어든다.
③ $\sqrt{2}$ 배가 된다. ④ 변하지 않는다.

|정|답|및|해|설|

[3상 유도 전동기의 최대 토크] $T_{\max} = K_0 \frac{E_2^2}{2x_2}[N \cdot m]$

여기서, E : 유도기전력, x : 리액턴스
∴유도전동기에서 최대 토크는 저항과 관계없이 항상 일정하다.

【정답】④

49. 단상 유도 전동기에 대한 설명 중 틀린 것은?

① 반발 기동형 : 직류 전동기와 같이 정류자와 브러시를 이용하여 기동한다.
② 분상 기동형 : 별도의 보조 권선을 사용하여 회전자계를 발생시켜 기동한다.
③ 커패시터 기동형 : 기동전류에 비해 기동토크가 크지만, 커패시터를 설치해야 한다.
④ 반발 기동형 : 기동시 농형권선과 반발전동기의 회전자 권선을 함께 사용하나 운전 중에는 농형권선만을 이용한다.

|정|답|및|해|설|

[반발 기동형] 기동시 농형권선과 반발전동기의 회전자 권선을 함께 사용하고, 운전 중에도 둘 다 사용한다.

【정답】④

50. 유도 전동기에서 공급 전압의 크기가 일정하고 전원 주파수만 낮아질 때 일어나는 현상으로 옳은 것은?

① 철손이 감소한다.
② 온도 상승이 커진다.
③ 여자전류가 감소한다.
④ 회전 속도가 증가한다.

|정|답|및|해|설|

[전동기의 속도] $N=N_s(1-s)=\frac{120f}{p}(1-s) \rightarrow N \propto f$

· 철손 $\propto \frac{1}{f}$　· 온도 $\propto \frac{1}{f}$　· 여자전류 $\propto \frac{1}{f}$

【정답】 ②

51. 동기기의 전기자 저항을 r_a, 전기자 반작용 리액턴스를 x_a, 누설 리액턴스를 x_l이라고 하면, 동기 임피던스를 표시하는 식은?

① $\sqrt{r_a^2+\left(\frac{x_a}{x_l}\right)^2}$　② $\sqrt{r_a^2+x_l^2}$

③ $\sqrt{r_a^2+x_a^2}$　④ $\sqrt{r_a^2+(x_a+x_l)^2}$

|정|답|및|해|설|

[동기 임피던스] $Z_s=r_a+jx_a[\Omega]$
동기리액턴스 $x_s=x_a+x_l[\Omega]$
$Z_s=r_a+jx_s=r_a+j(x_a+x_l)$
$=\sqrt{r_a^2+(x_a+x_l)^2}\,[\Omega]$
여기서, x_a : 전기자 반작용리액턴스, x_l : 누설리액턴스

【정답】 ④

52. 3상 변압기 2차 측의 E_W상만을 반대로 하고 Y-Y결선을 한 경우, 2차 상전압이 $E_U=70[V]$, $E_V=70[V]$ $E_W=70[V]$라면 2차 선간전압은 약 몇 [V]인가?

① $V_{U-V}=121.1[V]$, $V_{V-W}=70[V]$
$V_{W-U}=70[V]$

② $V_{U-V}=121.1[V]$, $V_{V-W}=210[V]$
$V_{W-U}=70[V]$

③ $V_{U-V}=121.1[V]$, $V_{V-W}=121.2[V]$
$V_{W-U}=70[V]$

④ $V_{U-V}=121.1[V]$, $V_{V-W}=121.2[V]$
$V_{W-U}=121.2[V]$

|정|답|및|해|설|

[선간전압]

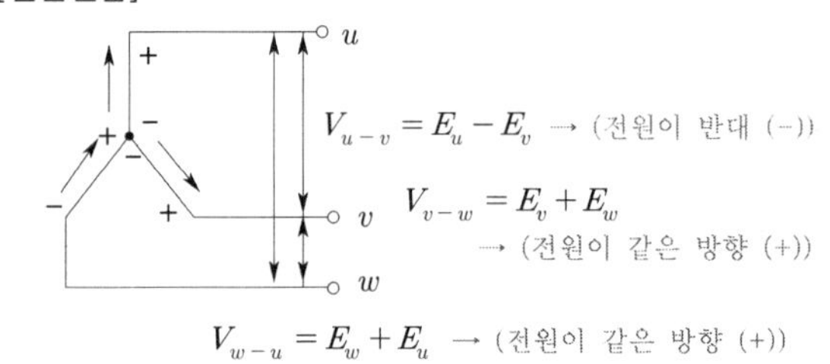

1. $E_{UV}=E_U-E_V=\sqrt{E_U^2+E_V^2+E_UE_V\cos 60^\circ}$
$=\sqrt{3E_U^2}=\sqrt{3}E_U=\sqrt{3}\times 70=121.2[V]$
2. $E_{VW}=E_U+E_W=\sqrt{E_V^2+E_W^2+2E_VE_W\cos 90^\circ}$
$=E_V=70[V]$
3. $E_{WU}=E_W+E_U=\sqrt{E_W^2+E_U^2+2E_WE_U\cos 120^\circ}$
$=E_W=70[V]$

【정답】 ①

53. 단상 유도전동기를 2전동기설로 설명하는 경우 정방향 회전자계의 슬립이 0.2이면, 역방향 회전자계의 슬립은 얼마인가?

① 0.2　② 0.8
③ 1.8　④ 2.0

|정|답|및|해|설|

[슬립]

1. 정방향 슬립 $s_{정}=\frac{N_s-N}{N_s}=1-\frac{N}{N_s}=0.2 \rightarrow \frac{N}{N_s}=0.8$
2. 역방향슬립 $s_{역}=\frac{N_s+N}{N_s}=1+\frac{N}{N_s}=1+0.8=1.8$

【정답】 ③

54. 정격전압 120[V], 60[Hz]인 변압기의 무부하 입력 80[W], 무부하 전류 1.4[A]이다. 이 변압기의 여자 리액턴스는 약 몇 [Ω] 인가?

① 97.6 ② 103.7
③ 124.7 ④ 180

|정|답|및|해|설|

[여자전류] $I_{\varnothing}=\frac{V_1}{X}\rightarrow X=\frac{V_1}{I_{\varnothing}}$

· 여자전류(무부하전류)] $I_0=\sqrt{I_i^2+I_{\varnothing}^2}$ 에서

자화전류 $I_{\varnothing}=\sqrt{I_0^2-I_i^2}=\sqrt{1.4^2-0.67^2}=1.23$

· $P_i=V_1I_i[W]$ → 철손 전류 $I_i=\frac{P_i}{V_1}=\frac{80}{120}=0.67$

∴여자전류 $I_{\varnothing}=\frac{V_1}{X}\rightarrow X=\frac{V_1}{I_{\varnothing}}=\frac{120}{1.23}=97.6$

【정답】 ①

55. 다음은 IGBT에 관한 설명이다. 잘못된 것은?

① GTO 사이리스터와 같이 역방향 전압저지 특성을 갖는다.
② 트랜지스터와 MOSFET를 조합한 것이다.
③ 게이트와 에미터 사이의 입력 임피던스가 매우 낮아 BJT보다 구동하기 쉽다.
④ BJT처럼 on-drop이 전류에 관계없이 낮고 거의 일정하며, MOSFET보다 훨씬 큰 전류를 흘릴 수 있다.

|정|답|및|해|설|

IGBT(Insulated Gate Bipolar Transistor)
IGBT는 MOSFET와 트랜지스터의 장점을 취한 것으로서
· 소스에 대한 게이트의 전압으로 도통과 차단을 제어한다.
· 게이트 구동전력이 매우 낮다.
· 스위칭 속도는 FET와 트랜지스터의 중간 정도로 빠른 편에 속한다.
· 용량은 일반 트랜지스터와 동등한 수준이다.
· 입력 임피던스가 매우 크다. 【정답】 ③

56. 동작 모드가 그림과 같이 나타나는 혼합브리지는?

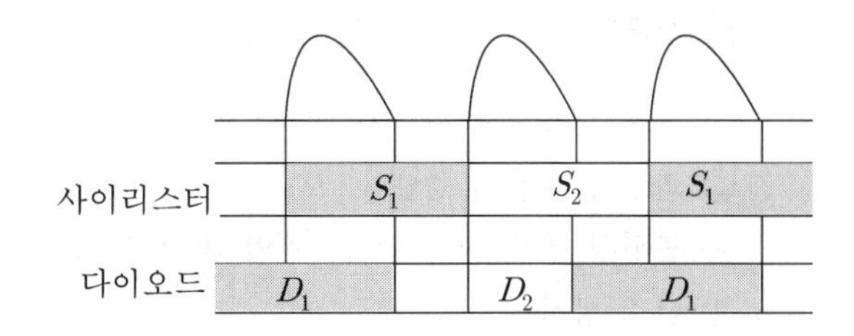

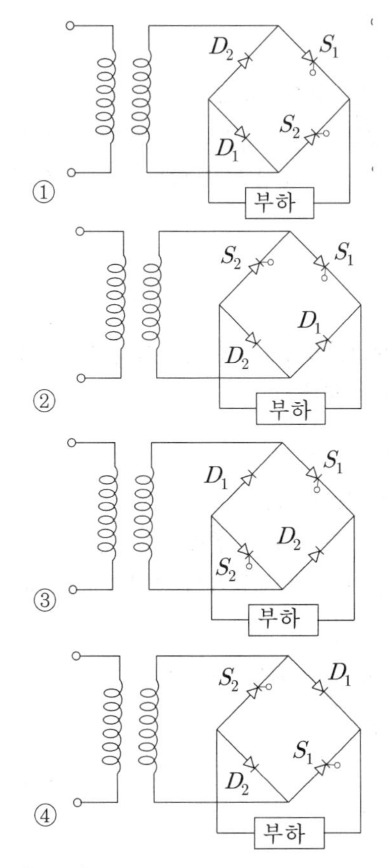

|정|답|및|해|설|

[혼합브리지 회로] 입력전압의 (+)반주기 동안에는 S_1, D_1 통전하고 (-)반주기에는 S_2, D_2를 통전하여 전파출력되는 혼합브리지 회로이다. 【정답】 ①

57. 동기발전기에 설치된 제동 권선의 효과로 맞지 않는 것은?

① 송전선 불평형 단락시 이상전압 방지
② 과부하 내량의 증대
③ 불평형 부하 시의 전류, 전압 파형의 개선
④ 난조 방지

|정|답|및|해|설|

[제동권선의 역할]
1. 난조의 방지 (발전기 안정도 증진)
2. 기동 토크의 발생
3. 불평형 부하시의 전류, 전압 파형 개선
4. 송전선의 불평형 단락시의 이상전압 방지 【정답】 ②

58. 용접용으로 사용되는 직류 발전기의 특성 중에서 가장 중요한 것은?

① 과부하에 견딜 것
② 전압변동률이 적을 것
③ 경부하일 때 효율이 좋을 것
④ 전류에 대한 전압 특성이 수하특성일 것

|정|답|및|해|설|

[용접용으로 사용되는 직류 발전기의 특성]
· 누설 리액턴스가가 크다.
· 전압변동률이 크다.
· 전류에 대한 전압 특성이 수하특성일 것
【정답】 ④

59. 서보모터의 특성에 설명으로 틀린 것은?

① 빈번한 시동, 정지, 역전 등의 가혹한 상태에 견디도록 견고하고 큰 돌입 전류에 견딜 것
② 시동 토크는 크나, 회전부의 관성 모멘트가 작고 전기적 시정수가 짧을 것
③ 발생 토크는 입력신호에 비례하고 그 비가 클 것
④ 직류 서보 모터에 비하여 교류 서보 모터의 시동 토크가 매우 클 것

|정|답|및|해|설|

[서보모터의 특징]
·기동 토크가 크다.
·회전자 관성 모멘트가 적다.
·제어 권선 전압이 0에서는 기동해서는 안되고, 곧 정지해야 한다.
·직류 서보모터의 기동 토크가 교류 서보모터보다 크다.
·속응성이 좋다. 시정수가 짧다. 기계적 응답이 좋다.
·회전자 팬에 의한 냉각 효과를 기대할 수 없다.
【정답】 ④

60. 정격출력 50[kW], 4극 220[V], 60[Hz]인 3상 유도전동기가 전부하 슬립 0.04, 효율 90[%]로 운전되고 있을 때 틀린 것은?

① 2차효율=90[%]
② 1차입력=55.56[kW]
③ 회전자입력=52.08[kW]
④ 회전자동손=2.08[kW]

|정|답|및|해|설|

[3상 유도전동기]
$P=50[kW]$, $s=0.04$, $\eta=90[\%]$ 이므로
·1차입력 $P_1=\frac{P}{\eta}=\frac{50}{0.9}=55.56[kW]$
·2차효율 $\eta_2=(1-s)=1-0.04=0.96=96[\%]$
·회전자입력 $P_2=\frac{1}{1-s}P=\frac{1}{1-0.04}\times 50=52.08[kW]$
·회전자동손 $P_{c2}=sP_2=\frac{s}{1-s}P=\frac{0.04}{1-0.04}\times 50=2.08[kW]$
【정답】 ①

3회 2020년 전기기사필기(회로이론 및 제어공학)

61. 주어진 시간함수 $f(t)=\sin\omega t$의 z변환은?

① $\frac{z\sin\omega T}{z^2+2z\cos\omega T+1}$
② $\frac{z\sin\omega T}{z^2-2z\cos\omega T+1}$
③ $\frac{z\sin\omega T}{z^2-2z\sin\omega T+1}$
④ $\frac{z\cos\omega T}{z^2-2z\sin\omega T+1}$

|정|답|및|해|설|

[z변환] $f(t)=\sin\omega t \rightarrow F(z)=\frac{z\sin\omega T}{z^2-2z\cos\omega T+1}$

※z변환$(\sin\omega t) \rightarrow \frac{\sin}{-\cos}$

z변환$(\cos\omega t) \rightarrow \frac{z-\cos}{-\cos}$
【정답】 ②

62. 그림과 같은 신호흐름선도에서 $C(s)/R(s)$의 값은?

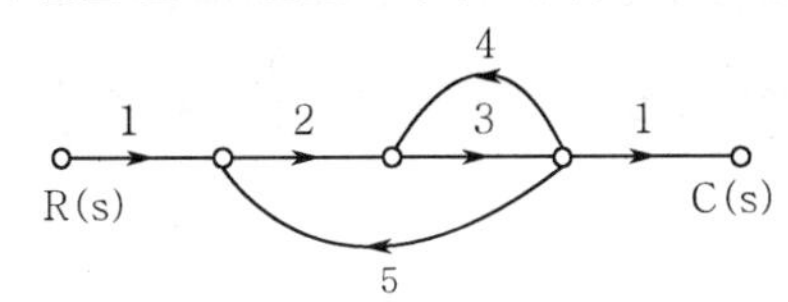

① $-\frac{1}{11}$　　② $-\frac{3}{11}$

③ $-\frac{6}{41}$　　④ $-\frac{8}{11}$

|정|답|및|해|설|

[전달함수] $G(s) = \frac{\sum 전향\ 경로\ 이득}{1-\sum 루프이득}$

→ (루프이득 : 피드백의 폐루프)

→ (전향경로 :입력에서 출력으로 가는 길(피드백 제외))

1. 전향경로 이득 : $1\times2\times3\times1$
2. 루프이득 : $2\times3\times5$, 3×4

$\therefore G(s) = \frac{1\times2\times3\times1}{1-[(2\times3\times5)+(3\times4)]} = -\frac{6}{41}$　　【정답】 ③

63. 그림과 같은 피트백 제어 시스템에서 입력이 단위계단 함수일 때 정상 상태 오차 상수인 위치상수(K_p)는?

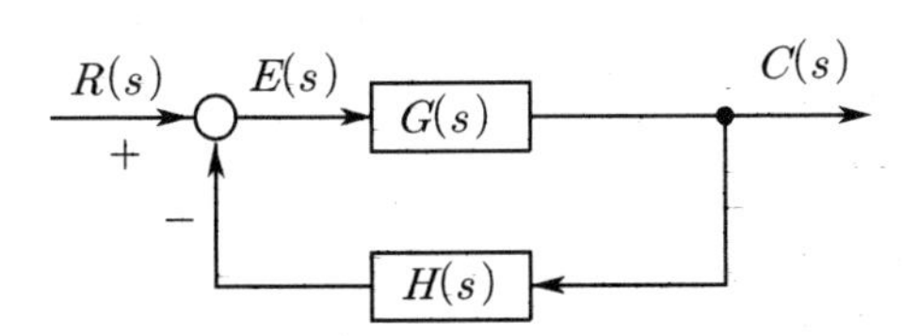

① $K_p = \lim_{a\to0} G(s)H(s)$　　② $K_p = \lim_{a\to0} \frac{G(s)}{H(s)}$

③ $K_p = \lim_{a\to\infty} G(s)H(s)$　　④ $K_p = \lim_{a\to\infty} \frac{G(s)}{H(s)}$

|정|답|및|해|설|

[정상 위치 편차] $e_p = \frac{R}{1+K_p}$

$e_{ssp} = \lim_{s\to0} s\cdot\frac{1}{1+G(s)H((s)}\cdot\frac{1}{s}$

$= \lim_{s\to0}\cdot\frac{1}{1+G(s)H((s)} = \frac{1}{1+\lim_{s\to0}G(s)H(s)} = \frac{1}{1+k_p}$

$\therefore$위치상수 $K_p = \lim_{s\to0} G(s)H(s)$　　【정답】 ①

64. 다음 논리식 $[(AB+A\overline{B})+AB]+\overline{A}B$를 간단히 하면?

① $A+B$　　② $\overline{A}+B$

③ $A+\overline{B}$　　④ $A+A\cdot B$

|정|답|및|해|설|

[논리식] $[(AB+A\overline{B})+AB]+A\overline{B} = (AB+A\overline{B})+(AB+\overline{A}B)$

$= A(B+\overline{B})+B(A+\overline{A}) = A+B$

|참|고|

[부울대수]

- $A\cdot\overline{A}=0$　$A+\overline{A}=1$　$A+1=1$
- $A\cdot1=A$　$A\cdot0=0$　$A+0=A$
- $A\cdot A=A$　$A+A=A$

【정답】 ①

65. 어떤 제어 시스템의 개루프 이득이 $G(s)H(s) = \frac{K(s+2)}{s(s+1)(s+3)(s+4)}$ 일 때 이 시스템이 가지는 근궤적의 가지(branch) 수는?

① 1　　② 3

③ 4　　④ 5

|정|답|및|해|설|

[근궤적의 수]

- 근궤적의 수(N)는 극점의 수(p)와 영점의 수(z)에서 큰 것을 선택한다.
- 다항식의 최고차 항의 차수와 같다.

→ s^4이므로 근궤적의 수 4가 가지 수이다.　　【정답】 ③

66. 특성 방정식이 $s^4+2s^3+s^2+4s+2=0$일 때 이 계의 후르비쯔 방법으로 안정도를 판별하면?

① 불안정　　② 안정

③ 임계 안정　　④ 조건부 안정

|정|답|및|해|설|

[특성 방정식] $s^4+2s^3+s^2+4s+2=0$

루드의 표

S^4	1	1
S^3	2	4
S^2	$\frac{2-4}{2}=-1$	$\frac{2\times2-1\times0}{2}=2$
S^1	$\frac{-4-4}{-1}=8$	0
S^0	$\frac{16}{8}=2$	

부호가 두 번 바뀌고, 우반 평면에 근이 2개 있으므로 불안정하다.

【정답】 ①

|참|고|

60페이지 [(3) 루드표 작성 및 안정도 판별법] 참조

67. 특성방정식의 모든 근이 s 평면(복소평면)의 $j\omega$축(허수축)에 있으면 이 제어 시스템의 안정도는 어떠한가?

① 임계 안정　　② 안정하다
③ 불안정　　④ 조건부안정

|정|답|및|해|설|

[특성방정식의 근의 위치에 따른 안정도]

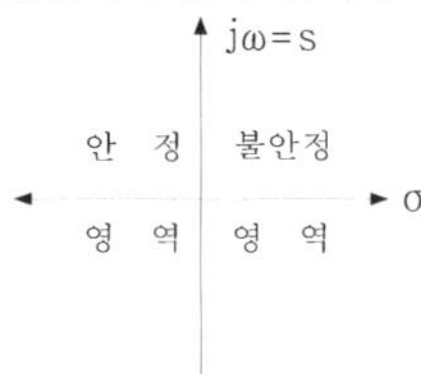

1. 제어계의 안정조건 : 특성방정식의 근이 모두 s 평면 좌반부에 존재하여야 한다.
2. 불안정 상태 : 특성방정식의 근이 모두 s 평면 우반부에 존재하여야 한다.
3. 임계 안정 : 특성근이 허수축

【정답】 ①

68. 그림과 같은 회로에서 입력전압 $v_1(t)$에 대한 출력전압 $v_2(t)$의 전달함수 $G(s)$는?

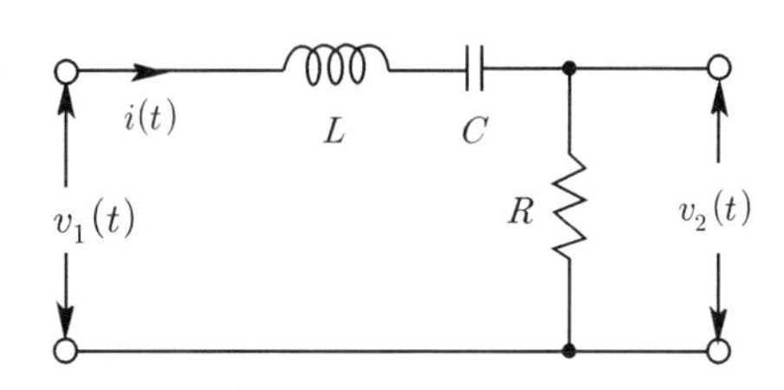

① $\dfrac{RCs}{LCs^2+RCs+1}$　② $\dfrac{RCs}{LCs^2-RCs-1}$

③ $\dfrac{C_s}{LCs^2+RCs+1}$　④ $\dfrac{Cs}{LCs^2-RCs-1}$

|정|답|및|해|설|

[전달함수(직렬)] $G(s)=\dfrac{출력임피던스}{입력임피던스}=\dfrac{v_2(s)}{v_1(s)}$

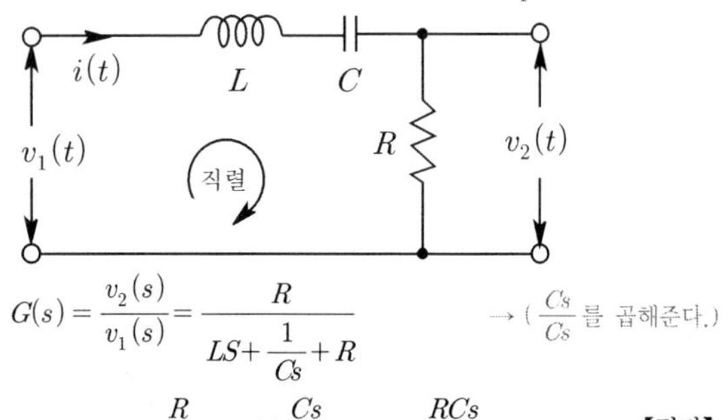

$G(s)=\dfrac{v_2(s)}{v_1(s)}=\dfrac{R}{LS+\dfrac{1}{Cs}+R}$ → ($\dfrac{Cs}{Cs}$를 곱해준다.)

$=\dfrac{R}{Ls+\dfrac{1}{Cs}+R}\times\dfrac{Cs}{Cs}=\dfrac{RCs}{LCs^2+RCs+1}$

【정답】 ①

69. 그림과 같이 T형 4단자 회로망에서 4단자 정수 A와 C 값은? (단, $Z_1=\dfrac{1}{Y_1}$, $Z_2=\dfrac{1}{Y_2}$, $Z_3=\dfrac{1}{Y_3}$)

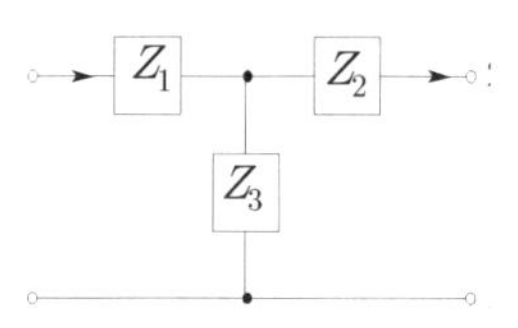

① $A=1+\dfrac{Y_3}{Y_1}$, $C=Y_2$

② $A=1+\dfrac{Y_3}{Y_1}$, $C=\dfrac{1}{Y_3}$

③ $A=1+\dfrac{Y_3}{Y_1}$, $C=Y_3$

④ $A=1+\dfrac{Y_1}{Y_3}$, $C=\left(1+\dfrac{Y_1}{Y_3}\right)\dfrac{1}{Y_3}+\dfrac{1}{Y_2}$

|정|답|및|해|설|

[T형 4단자 회로망]

$A=1+\dfrac{Z_1}{Z_3}=1+\dfrac{\frac{1}{Y_1}}{\frac{1}{Y_3}}=1+\dfrac{Y_3}{Y_1}$　　$B=\dfrac{Z_1Z_2+Z_2Z_3+Z_3Z_1}{Z_3}$

$C=\dfrac{1}{Z_3}=Y_3$　　$D=1+\dfrac{Z_1}{Z_3}$

【정답】 ③

70. 제어 시스템의 상태 방정식이 $\dfrac{dx(t)}{dt}=Ax(t)+Bu(t)$, $A=\begin{bmatrix}0 & 1\\-3 & 4\end{bmatrix}$, $B=\begin{bmatrix}1\\1\end{bmatrix}$일 때, 특성방정식을 구하면?

① $s^2-4s-3=0$　② $s^2-4s+3=0$
③ $s^2+4s+3=0$　④ $s^2+4s-3=0$

|정|답|및|해|설|

[상태 특성 방정식] $|SI-A|=0$

· $SI-A=S\begin{bmatrix}1 & 0\\0 & 1\end{bmatrix}-\begin{bmatrix}0 & 1\\-3 & 4\end{bmatrix}=\begin{bmatrix}s & 0\\0 & s\end{bmatrix}-\begin{bmatrix}0 & 1\\-3 & 4\end{bmatrix}=\begin{bmatrix}s & -1\\3 & s-4\end{bmatrix}$

· $|SI-A|=s^2-4s-(-3)=s^2-4s+3=0$

※상태천이행렬식 $\phi(t)=\mathcal{L}^{-1}[(sI-A)^{-1}]$

【정답】 ②

71. 적분 시간 4[sec], 비례감도가 4인 비례적분 동작을 하는 제어계에 동작신호 $z(t)=2t$를 주었을 때 이 시스템의 조작량은? (단, 조작량의 초기값은 0이다.)

① t^2+8t ② t^2+4t
③ t^2-8t ④ t^2-4t

|정|답|및|해|설|

[비례적분동작(PI)의 전달함수] $G(s)=K_p(z(t)+\frac{1}{T}\int z(t))$

K_p : 비례감도, T : 적분시간

$G(s)=4(2t+\frac{1}{4}\int 2tdt)=8t+2\times\frac{1}{2}t^2=t^2+8t$

|참|고|

1. 비례동작 : $y(t)=K_p z(t)$
2. 비례미분 : $y(t)=T_d\frac{d}{dt}z(t)$
3. 비례적분 : $y(t)=K_p[z(t)+\frac{1}{T_i}\int z(t)dt]$
4. 비례적분미분동작 :

$$y(t)=K_p(z(t)+\frac{1}{T_i}\int z(t)dt+T_D\frac{dz(t)}{dt})$$

【정답】 ①

72. $t=0$에서 회로의 스위치를 닫을 때 $t=0^+$에서의 전류 $i(t)$는 어떻게 되는가? (단, 커패시터에 초기 전하는 없다.)

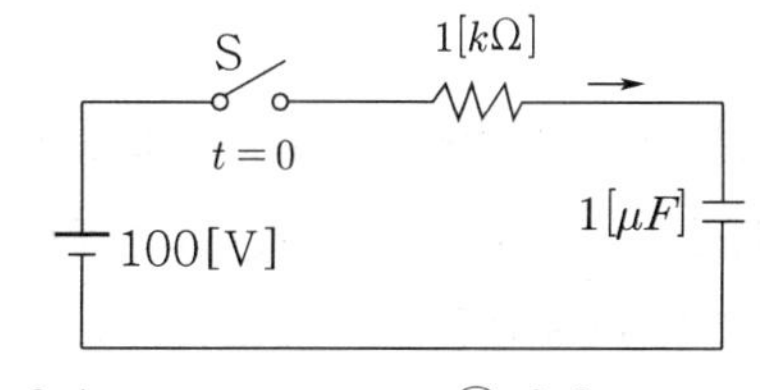

① 0.1 ② 0.2
③ 0.4 ④ 1.0

|정|답|및|해|설|

[$R-C$직렬회로] 전류 순시값 $i(t)=\frac{E}{R}\left(e^{-\frac{1}{RC}t}\right)$

$i(t)=\frac{E}{R}\left(e^{-\frac{1}{RC}t}\right)\Big|_{t=0}$ → $\therefore i(0)=\frac{100}{1000}=0.1[A]$

【정답】 ①

73. 선간전압 100[V], 역률이 0.6인 평형 3상 부하에서 무효전력이 $Q=10[kVar]$일 때, 선전류의 크기는 약 몇 [A]인가?

① 57.5 ② 72.2
③ 96.2 ④ 125

|정|답|및|해|설|

[3상 무효전력] $P_r=Q=\sqrt{3}\,V_l I_l\sin\theta[Var]$

선전류 $I_l=\frac{Q}{\sqrt{3}\,V_l\sin\theta}=\frac{10\times10^3}{\sqrt{3}\times100\times0.8}=72.2$

→ ($\cos\theta=0.6$, $\sin\theta=0.8$)

【정답】 ②

74. 그림의 회로에서 20[Ω]의 저항이 소비하는 전력은 몇 [W]인가?

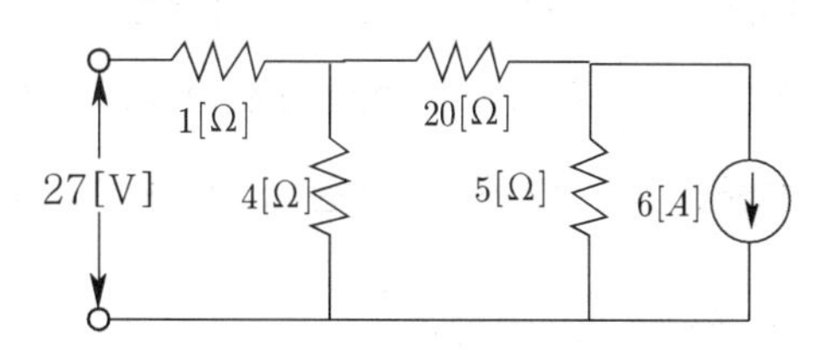

① 14 ② 27
③ 40 ④ 80

|정|답|및|해|설|

[전력] $P=I^2R[W]$

문제의 회로를 테브난의 등가회로 고친다.

1. $R_T=\frac{1\times4}{1+4}=0.8$ →

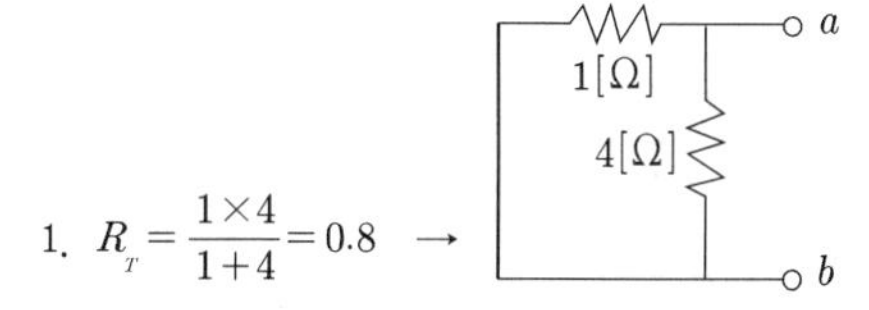

2. $V_T=\frac{4}{1+4}\times27=21.6$ → (전압 분배의 법칙)

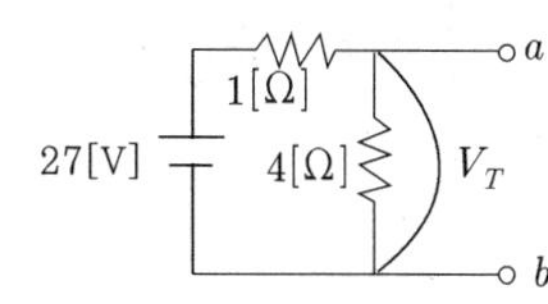

3. 전류 $I=\frac{V}{R}=\frac{21.6+30}{0.8+20+5}=2[A]$

0.8[Ω] a c 5[Ω]
20[Ω]
21.6[V]
30[V]
b d

$\therefore$전력 $P=I^2R=2^2\times20=80[W]$

【정답】 ④

75. 어떤 회로의 유효전력이 300[W], 무효전력이 400[Var]이다. 이회로의 복소전력의 크기[VA]는?

① 350 ② 500
③ 600 ④ 700

|정|답|및|해|설|

[복소전력(피상전력)] $P_a = \sqrt{P^2 + P_r^2}\,[VA]$

$P_a = \sqrt{P^2 + P_r^2} = \sqrt{300^2 + 400^2} = 500[VA]$

※유효전력(P)=실수, 무효전력(P_r)=허수 【정답】 ②

76. $R-C$ 직렬회로에서 직류전압 $V[V]$가 인가되었을 때, 전류 $i(t)$에 대한 전압방정식(KVL)이 $V = Ri + \frac{1}{c}\int i(t)dt[V]$이다. 전류 $i(t)$의 라플라스 변환인 $I(s)$는? (단, C에는 초기 전하가 없다.)

① $I(s) = \frac{V}{R}\frac{1}{s - \frac{1}{RC}}$

② $I(s) = \frac{C}{R}\frac{1}{s + \frac{1}{RC}}$

③ $I(s) = \frac{V}{R}\frac{1}{s + \frac{1}{RC}}$

④ $I(s) = \frac{R}{C}\frac{1}{s - \frac{1}{RC}}$

|정|답|및|해|설|

[라플라스 변환] $V = Ri(t) + \frac{1}{c}\int i(t)dt[V]$에서

$V = R(i(t) + \frac{1}{CR}\int i(t)dt) \rightarrow \frac{V}{R} = i(t) + \frac{1}{RC}\int i(t)dt$

이 상태에서 라플라스 변환한다.

$\frac{V}{Rs} = I(s) + \frac{1}{RCs}I(s) = I(s)\left(1 + \frac{1}{RCs}\right)$

$I(s) = \frac{V}{Rs}\cdot\frac{1}{1 + \frac{1}{RCs}} = \frac{V}{R}\left(\frac{1}{s + \frac{1}{RC}}\right)$ 【정답】 ③

77. 선간전압이 $V_{ab}[V]$인 3상 평형 전원에 대칭부하 $R[\Omega]$이 그림과 같이 접속되어 있을 때, a, b 두 상 간에 접속된 전력계의 지시값이 $W[W]$라면 C상 전류의 크기[A]는?

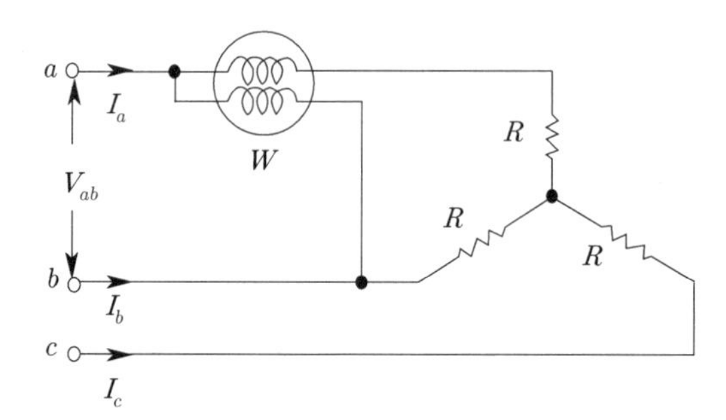

① $\frac{W}{3V_{ab}}$ ② $\frac{2W}{3V_{ab}}$

③ $\frac{2W}{\sqrt{3}V_{ab}}$ ④ $\frac{\sqrt{3}W}{V_{ab}}$

|정|답|및|해|설|

[1전력계법] 단상 전력계 1대로 3상전력을 계산하는 법으로 역률($\cos\theta$)이 1이며, $W_1 = W_2$이다.

$P = \sqrt{3}\,VI\cos\theta = W_1 + W_2 \rightarrow P = \sqrt{3}\,VI = 2W$

$\therefore I_l = \frac{2W}{\sqrt{3}V_l} = \frac{2W}{\sqrt{3}V_{ab}}[A]$ → (Y결선일 경우 $I_l = I_p$)

【정답】 ③

78. 단위 길이 당 인덕턴스가 $L[H/m]$이고, 단위 길이 당 정전용량이 $C[F/m]$인 무손실 선로에서의 진행파 속도[m/s]는?

① $\sqrt{LC}$ ② $\frac{1}{\sqrt{LC}}$

③ $\sqrt{\frac{C}{L}}$ ④ $\sqrt{\frac{L}{C}}$

|정|답|및|해|설|

[무손실 선로의 진행파 속도]

$v = \frac{\omega}{\beta} = \frac{\omega}{\omega\sqrt{LC}} = \frac{1}{\sqrt{LC}} = \lambda f[m/s]$ 【정답】 ②

79. 불평형 3상 전류가 다음과 같을 때 역상전류 I_2는 약 몇 [A]인가?

> $I_a = 15 + j2[A]$, $I_b = -20 - j14[A]$
> $I_c = -3 + j10[A]$

① $1.91 + j6.24$ ② $2.17 + j5.34$
③ $3.38 - j4.26$ ④ $4.27 - j3.68$

|정|답|및|해|설|

[영상분 전류] $I_0 = \frac{1}{3}(I_a + I_b + I_c)$

· 정상분 $I_1 = \frac{1}{3}(I_a + aI_b + a^2 I_c)$

· 역상분 $I_2 = \frac{1}{3}(I_a + a^2 I_b + aI_c)$

∴ 역상분 전류 $I_2 = \frac{1}{3}(I_a + a^2 I_b + aI_c)$

$$= \frac{1}{3}\left(15 + j2 + \left(-\frac{1}{2} - j\frac{\sqrt{3}}{2}\right)(-20 - j14) + \left(-\frac{1}{2} + j\frac{\sqrt{3}}{2}\right)(-3 + j10)\right)$$

$= 1.91 + j6.24$ 【정답】 ①

80. $R = 4[\Omega]$, $wL = 3[\Omega]$의 직렬회로에 $e = 100\sqrt{2}\sin wt + 50\sqrt{2}\sin 3wt[V]$를 가할 때 이 회로의 소비전력은 약 몇 [W]인가?

① 1414 ② 1514
③ 1703 ④ 1903

|정|답|및|해|설|

[소비전력] $P = I^2 R = \left(\frac{E}{\sqrt{R^2 + X^2}}\right)^2 R = \frac{E^2 R}{R^2 + X^2}$

· 기본파에 의한 전력 $P_1 = \frac{100^2 \times 4}{4^2 + 3^2} = 1600[W]$

· 3고조파에 의한 전력 $P_3 = \frac{50^2 \times 4}{4^2 + (3 \times 3)^2} = 103[W]$

∴ 소비전력 $P = P_1 + P_3 = 1600 + 103 = 1703[W]$

【정답】 ③

3회 2020년 전기기사필기 (전기설비기술기준)

81. 수용 장소의 인입구 부근에서 대지 간의 전기 저항값이 3[Ω] 이하를 유지하는 건물의 철골을 접지공사를 한 저압전로의 접지 측 전선에 추가 접지 시 사용하는 접지선을 사람이 접촉할 우려가 있는 곳에 시설할 때는 어떤 공사방법으로 시설하는가?

① 금속관공사 ② 케이블 공사
③ 금속 몰드 공사 ④ 합성 수지관 공사

|정|답|및|해|설|

[접지도체 (kec 142.3.1)] 수용 장소의 인입구 부근에서 대지 간의 전기 저항값이 3[Ω] 이하를 유지하는 건물의 철골을 접지극으로 사용하여 접지공사를 한 저압 전로의 접지측 전선에 추가 접지 시 사용하는 접지선을 사람이 접촉할 우려가 있는 곳에 시설되는 고정설비인 경우 접지도체는 절연전선(옥외용 비닐절연전선은 제외) 또는 케이블(통신용 케이블은 제외)을 사용하여야 한다. 다만, 접지도체를 철주 기타의 금속체를 따라서 시설하는 경우 이외의 경우에는 접지도체의 지표상 0.6[m]를 초과하는 부분에 대하여는 절연전선을 사용하지 않을 수 있다. 【정답】 ②

82. 345[kV]의 송전선을 사람이 쉽게 들어갈 수 없는 산지에 시설하는 경우 전선의 지표상 높이는 최소 몇 [m] 이상이어야 하는가?

① 7.28 ② 8.28
③ 7.85 ④ 8.85

|정|답|및|해|설|

[특고압 가공전선의 높이 (KEC 333.7)]

전압의 범위	일반 장소	도로 횡단	철도 또는 궤도횡단	횡단보도교
35[kV] 이하	5[m]	6[m]	6.5[m]	4[m](특고압 절연전선 또는 케이블 사용)
35[kV] 초과 160[kV] 이하	6[m]	6[m]	6.5[m]	5[m](케이블 사용)
	산지 등에서 사람이 쉽게 들어갈 수 없는 장소 ; 5[m] 이상			
160[kV] 초과	일반장소		가공전선의 높이 = 6+단수×0.12[m]	
	철도 또는 궤도횡단		가공전선의 높이 = 6.5+단수×0.12[m]	
	산지		가공전선의 높이 = 5+단수×0.12[m]	

· 특고압 가공 전선의 지표상 높이는 일반 장소에서는 6[m](산지등에서는 5[m])에, 160[kV]를 넘는 10[kV] 또는 그 단수마다 12[cm]를 가한 값

· 단수 $= \frac{345 - 160}{10} = 18.5 \rightarrow 19$단

∴ 전선의 지표상 높이 $= 5 + 19 \times 0.12 = 7.28[m]$ 【정답】 ①

83. 특별 고압 가공전선로 중 지지물로 직선형의 철탑을 연속하여 10기 이상 사용하는 부분에는 몇 기 이하마다 내장 애자장치가 되어 있는 철탑, 또는 이와 동등 이상의 강도를 가지는 철탑 1기를 시설하여야 하는가?

① 3　② 5　③ 8　④ 10

|정|답|및|해|설|

[특고압 가공전선로의 내장형 등의 지지물 시설 (KEC 333.16)]
특별고압 가공전선로 중 지지물로서 직선형의 철탑을 연속하여 10기 이상 사용하는 부분에는 10기 이하마다 내장 애자 장치가 되어 있는 철탑 또는 이와 동등 이상의 강도를 가지는 철탑 1기를 시설하여야 한다. 【정답】④

84. 사용전압이 400[V] 미만인 저압 가공전선은 케이블이나 절연전선인 경우를 제외하고는 지름이 몇 [mm] 이상 이어야 하는가?

① 1.2　② 2.6　③ 3.2　④ 4.0

|정|답|및|해|설|

[저압 가공전선의 굵기 및 종류 (KEC 222.5)]
사용전압이 400[V] 미만인 가공전선은 케이블인 경우를 제외하고는 인장강도 3.43[kN] 이상의 것 또는 지름 3.2[mm] 이상의 경동선 【정답】③

85. 고압 옥내 배선 공사방법으로 틀린 것은?

① 케이블 공사
② 합성수지관 공사
③ 케이블트레이공사
④ 애자사용공사(건조한 장소로서 전개된 장소에 한한다.)

|정|답|및|해|설|

[고압 옥내배선 등의 시설 (KEC 342.1)]
고압 옥내배선은 다음 중 1에 의하여 시설할 것.
· 애자사용공사(건조한 장소로서 전개된 장소에 한한다)
· 케이블 공사
· 케이블트레이공사 【정답】②

86. 발전기, 전동기, 무효 전력 보상 장치(조상기), 기타 회전기(회전변류기 제외)의 절연 내력 시험시 전압은 어느 곳에 가하면 되는가?

① 권선과 대지사이
② 외함부분과 전선사이
③ 외함부분과 대지사이
④ 회전자와 고정자사이

|정|답|및|해|설|

[회전기 및 정류기의 절연내력 (KEC 133)]

<table>
<tr><th colspan="3">종류</th><th>시험 전압</th><th>시험 방법</th></tr>
<tr><td rowspan="3">회
전
기</td><td rowspan="2">발전기, 전동기, 무효 전력 보상 장치(조상기), 회전기</td><td>7[kV] 이하</td><td>1.5배
(최저 500[V])</td><td rowspan="3">권선과 대지간에 연속하여 10분간</td></tr>
<tr><td>7[kV] 초과</td><td>1.25배
(최저 10,500[V])</td></tr>
<tr><td colspan="2">회전변류기</td><td>직류측의 최대사용전압의 1배의 교류전압(최저 500[V])</td></tr>
</table>

【정답】①

87. 옥내에 시설하는 사용전압 400[V] 이상 1000[V] 이하인 전개된 장소로서 건조한 장소가 아닌 기타의 장소의 관등회로 배선 공사로서 적합한 것은?

① 애자사용공사　② 합성수지 몰드 공사
③ 금속 몰드 공사　④ 금속덕트공사

|정|답|및|해|설|

[관등회로의 배선 (kec 234.11.4)]
옥내에 시설하는 사용전압이 400[V] 이상, 1,000[V] 이하인 관등회로의 배선은 다음 각 호에 의하여 시설하여야 한다.

<table>
<tr><th colspan="2">시설장소의 구분</th><th>공사의 종류</th></tr>
<tr><td rowspan="2">전개된 장소</td><td>건조한 장소</td><td>애자사용공사, 합성수지몰드공사 또는 금속몰드공사</td></tr>
<tr><td>기타의 장소</td><td>애자사용공사</td></tr>
<tr><td rowspan="2">점검할 수 있는 은폐된 장소</td><td>건조한 장소</td><td>애자사용공사, 합성수지몰드공사 또는 금속몰드공사</td></tr>
<tr><td>기타의 장소</td><td>애자사용공사</td></tr>
</table>

【정답】①

88. 전기온상용 발열선은 그 온도가 몇 [℃]를 넘지 않도록 시설하여야 하는가?

① 50 ② 60
③ 80 ④ 100

|정|답|및|해|설|

[전기온상 등 (KEC 241.5)]

· 전기온상 등에 전기를 공급하는 대지전압은 300[V] 이하일 것
· 발열선은 그 온도가 80[℃]를 넘지 않도록 시설할 것

【정답】 ③

89. 사용전압이 440[V]인 이동기중기용 접촉전선을 애자사용공사에 의하여 옥내의 전개된 장소에 시설하는 경우 사용하는 전선으로 옳은 것은?

① 인장강도가 3.44[kN] 이상인 것 또는 지름 2.6[mm]의 경동선으로 단면적이 8[mm^2] 이상인 것
② 인장강도가 3.44[kN] 이상인 것 또는 지름 3.2[mm]의 경동선으로 단면적이 18[mm^2] 이상인 것
③ 인장강도가 11.2[kN] 이상인 것 또는 지름 6[mm]의 경동선으로 단면적이 28[mm^2] 이상인 것
④ 인장강도가 11.2[kN] 이상인 것 또는 지름 8[mm]의 경동선으로 단면적이 18[mm^2] 이상인 것

|정|답|및|해|설|

[옥내에 시설하는 저압 접촉전선 공사 (KEC 232.81)]

·전선의 바닥에서의 높이는 3.5[m] 이상일 것
·인장강도 11.2[kN] 이상인 것일 것, 또는 지름 6[mm] 이상의 경동선(단면적 28[mm²]) 이상일 것
(단, 400[V] 이하의 경우는 인장강도 3.44[kN] 이상의 것, 또는 지름 3.2[mm] 이상의 경동선(단면적 8[mm²]) 이상일 것)
·전선 지지점간의 거리는 6[m] 이하일 것
·전선 상호간의 간격은 전선을 수평으로 배열하는 경우 14[cm] 이상, 기타의 경우는 20[cm] 이상
·전선과 조영재와의 간격(이격거리)은 습기가 있는 곳은 4.5[cm] 이상, 기타의 곳은 2.5[cm] 이상일 것

【정답】 ③

90. 조상설비에 내부 고장, 과전류 또는 과전압이 생긴 경우 자동적으로 전로로부터 차단하는 장치를 해야 하는 전력용 커패시터의 최소 뱅크 용량은 몇 [kVA]인가?

① 10,000 ② 12,000
③ 13,000 ④ 15,000

|정|답|및|해|설|

[발전기 등의 보호장치 (KEC 351.3)] 조상설비에는 그 내부에 고장이 생긴 경우에 보호하는 장치를 표와 같이 시설하여야 한다.

설비 종별	뱅크 용량의 구분	자동적으로 전로로부터 차단하는 장치
전력용 커패시터 및 분로리액터	500[kVA] 초과 15,000[kVA] 미만	· 내부에 고장이 생긴 경우 · 과전류가 생긴 경우
	15,000[kVA] 이상	· 내부에 고장이 생긴 경우 · 과전류가 생긴 경우 · 과전압이 생긴 경우
무효 전력 보상 장치 (조상기)	15,000[kVA] 이상	· 내부에 고장이 생긴 경우

【정답】 ④

91. 사용전압이 154kV인 가공전선로로 제1종 특고압 보안공사로 시설할 때 사용되는 경동연선의 단면적은 몇[mm^2] 이상이어야 하는가?

① 55 ② 100 ③ 150 ④ 200

|정|답|및|해|설|

[특고압 보안공사 (KEC 333.22)]
제1종 특고압 보안 공사의 전선 굵기

사용전압	전선
100[kV] 미만	인장강도 21.67[kN] 이상의 연선 또는 단면적 55[mm²] 이상의 경동연선
100[kV] 이상 300[kV] 미만	인장강도 58.84[kN] 이상의 연선 또는 단면적 150[mm²] 이상의 경동연선
300[kV] 이상	인장강도 77.47[kN] 이상의 연선 또는 단면적 200[mm²] 이상의 경동연선

【정답】 ③

92. 특고압 지중전선이 지중 약전류전선 등과 접근하거나 교차하는 경우에 상호 간의 간격이 몇 [cm] 이하인 때에는 양 전선이 직접 접촉하지 않도록 하여야 하는가?

① 15 ② 20 ② 30 ④ 60

|정|답|및|해|설|

[지중전선과 지중 약전류전선 등 또는 관과의 접근 또는 교차 (KEC 334.6)]

조건	전압	간격
지중 약전류 전선과 접근 또는 교차하는 경우	저압 또는 고압	0.3[m]
	특고압	0.6[m]

【정답】 ④

93. 전력보안가공통신선의 설치 높이에 대한 기준으로 옳은 것은?

① 도로(차도와 도로의 구별이 있는 도로는 차도) 위에 시설하는 경우는 지표상 2[m] 이상
② 철도를 횡단하는 경우는 레일면상 5[m] 이상
③ 횡단보도교 위에 시설하는 경우는 노면상 3[m] 이상
④ 교통에 지장을 줄 우려가 없도록 도로(차도와 도로의 구별이 있는 도로는 차도) 위에 시설하는 경우에는 지표상 2[m]까지로 감할 수 있다.

|정|답|및|해|설|

[전력보안통신선의 시설 높이와 간격(이격거리) (KEC 362.2)]

구분	지상고
도로에 시설 시 (차도와 인도의 구별이 있는 도로)	지표상 5.0[m] 이상 (단, 교통에 지장을 줄 우려가 없는 경우에는 지표상 4.5[m])
도로횡단 시	6.0[m] 이상 (단, 저압이나 고압의 가공전선로의 지지물에 시설하는 통신선 또는 이에 직접 접속하는 가공통신선을 시설하는 경우에 교통에 지장을 줄 우려가 없을 때에는 지표상 5[m])
철도 궤도 횡단 시	레일면상 6.5[m] 이상
횡단보도교 위	노면상 3.0[m] 이상
기타	지표상 3.5[m] 이상

【정답】 ③

94. 접지공사에 사용하는 접지선을 사람이 접촉할 우려가 있는 곳에 시설하는 경우, 「전기용품 및 생활용품 안전관리법」을 적용받는 합성수지관(두께 2[mm] 미만의 합성수지제 전선관 및 난연선이 없는 콤바인덕트관을 제외한다.)으로 덮어야 하는 범위로 옳은 것은?

① 접지선의 지하 30[cm]로부터 지표상 2[m]까지
② 접지선의 지하 50[cm]로부터 지표상 1.2 [m]까지
③ 접지선의 지하 60[cm]로부터 지표상 1.8 [m]까지
④ 접지선의 지하 75[cm]로부터 지표상 2[m]까지

|정|답|및|해|설|

[접지도체 (KEC 142.3.1)] 접지도체는 지하 75[cm] 부터 지표 상 2[m] 까지 부분은 합성수지관(두께 2[mm] 미만의 합성수지제 전선관 및 가연성 콤바인덕트관은 제외한다) 또는 이와 동등 이상의 절연효과와 강도를 가지는 몰드로 덮어야 한다. 【정답】 ④

95. 변전소에서 오접속을 방지하기 위하여 특고압 전로의 보기 쉬운 곳에 반드시 표시해야 하는 것은?

① 상별 표시 ② 위험 표시
③ 최대 전류 ④ 정격 전압

|정|답|및|해|설|

[특고압 전로의 상 및 접속 상태의 표시 (KEC 351.2)]
발전소, 변전소 또는 이에 준하는 곳의 특고압 전로에는 그의 보기 쉬운 곳에 상별 표시를 하여야 한다. 【정답】 ①

96. 고압용 기계기구를 시가지에 시설할 때 지표상 몇 [m] 이상의 높이에 시설하고, 또한 사람이 쉽게 접촉할 우려가 없도록 하여야 하는가?

① 4.0 ② 4.5 ③ 5.0 ④ 5.5

|정|답|및|해|설|

[고압용 기계 기구의 시설 (KEC 341.8)]
고압용 기계 기구는 지표상 4.5[m] 이상(시가지 외에서는 4[m] 이상)의 높이에 시설하거나 기계기구 주위에 사람이 접촉할 우려가 없도록 적당한 울타리를 설치 【정답】 ②

97. 가공전선로의 지지물에 시설하는 지지선의 시설 기준으로 틀린 것은?

① 지지선의 안전율은 2.5 이상일 것
② 소선 5가닥 이상의 연선일 것
③ 지중 부분 및 지표상 30[cm]까지의 내식성이 있는 것을 사용할 것
④ 도로를 횡단하여 시설하는 지지선의 높이는 지표상 5[m] 이상으로 할 것

|정|답|및|해|설|

[지지선의 시설 (KEC 331.11)]
가공전선로의 지지물에 시설하는 지지선은 다음 각 호에 따라야 한다.

- 안전율 : 2.5 이상
- 최저 인상 하중 : 4.31[kN]
- 소선의 지름이 2.6[mm] 이상의 금속선을 사용한 것일 것
- 소선 3가닥 이상의 연선일 것
- 지중 및 지표상 30[cm]까지의 부분은 아연도금 철봉 등을 사용
- 도로 횡단시의 높이 : 5[m] (교통에 지장이 없을 경우 4.5[m])

【정답】 ②

98. 가반형의 용접전극을 사용하는 아크 용접장치의 용접변압기의 1차측 전로의 대지 전압을 몇 [V] 이하이어야 하는가?

① 60 ② 150
③ 300 ④ 400

|정|답|및|해|설|

[아크 용접기 (KEC 241.10)]

- 용접변압기는 절연변압기일 것.
- 용접변압기의 1차측 전로의 대지전압은 300[V] 이하일 것.
- 용접변압기의 2차측 전로 중 용접변압기로부터 용접전극에 이르는 부분 및 용접변압기로부터 피용접재에 이르는 부분은 용접용 케이블일 것
- 피용접재 또는 이와 전기적으로 접속되는 받침대·정반 등의 금속체에는 접지공사를 할 것

【정답】 ③

99. 저압 가공전선으로 사용할 수 없는 것은?

① 케이블 ② 절연전선
③ 다심형 전선 ④ 나동복 강선

|정|답|및|해|설|

[저압 가공전선의 굵기 및 종류 (KEC 222.5)]
저압 가공전선은 나전선, 절연전선, 다심형 전선, 케이블 사용

【정답】 ④

※한국전기설비규정(KEC) 적용으로 인해 더 이상 출제되지 않는 문제는 삭제했습니다.

2020년 4회 전기기사 필기 기출문제

4회 2020년 전기기사필기 (전기자기학)

1. 환상 솔레노이드 철심 내부에서 자계의 세기 [AT/m]는? (단, N은 코일 권선수, r은 환상 철심의 평균 반지름, I는 코일에 흐르는 전류이다.)

① NI ② $\frac{NI}{2\pi r}$

③ $\frac{NI}{2r}$ ④ $\frac{NI}{4\pi r}$

|정|답|및|해|설|

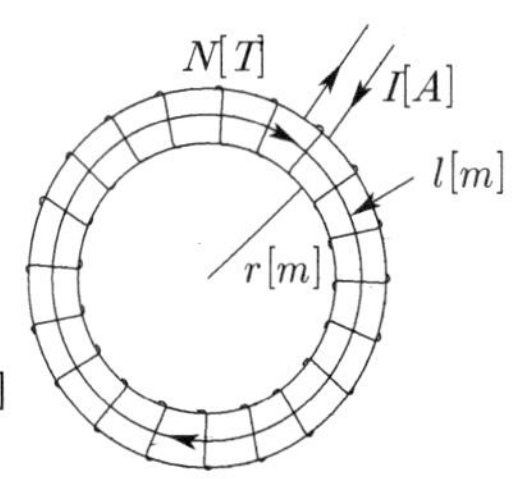

[환상 솔레노이드 자계의 세기]

$H=\frac{NI}{l}=\frac{NI}{2\pi r}[AT/m]$

※외부 자계의 세기는 누설자속이 있을 수 없으므로 $H=0[AT/m]$

【정답】 ②

2. 전류 I가 흐르는 무한장 직선 도체가 있다. 이 도체로부터 수직으로 0.1[m] 떨어진 점의 자계와 세기가 180[AT/m]이다. 이 도체로부터 수직으로 0.3[m] 떨어진 점의 자계의 세기[AT/m]는?

① 20 ② 60 ③ 180 ④ 540

|정|답|및|해|설|

[무한 직선에서 자계의 세기] $H=\frac{I}{2\pi r}$[AT/m]

여기서, I : 전류, r : 거리[m]

$r_1=0.1[m]$, $r_2=0.3[m]$인 자계의 세기를 H_1, H_2라 한다.

$H_1=\frac{I}{2\pi r_1}[AT/m]$

$I=2\pi r_1 H_1=2\pi\times 0.1\times 180[A]$

$\therefore H_2=\frac{I}{2\pi r_2}=\frac{2\pi\times 0.1\times 180}{2\pi\times 0.3}=60[AT/m]$ 【정답】 ②

3. 길이 l[m], 반지름 a[m]인 원통이 길이 방향으로 균일하게 자화되어 자화의 세기가 $J[Wb/m^2]$인 경우 원통 양단에서의 전자극의 세기[Wb]는?

① alj ② $2\pi alj$

③ $\pi a^2 J$ ④ $\frac{J}{\pi a^2 4}$

|정|답|및|해|설|

[자화의 세기] 자성체의 양 단면의 단위 면적에 발생한 자기량

$J=\frac{m}{S}=\frac{ml}{Sl}=\frac{M}{V}[\mathrm{Wb/m^2}]$

$\therefore$전자극의 세기 $m=J\cdot S=J\cdot\pi a^2=J\cdot\pi\left(\frac{d}{2}\right)^2=J\cdot\frac{\pi d^2}{4}[Wb]$

여기서, S : 자성체의 단면적$[\mathrm{m^2}]$

m : 자화된 자기량(전자극의 세기)[Wb]

l : 자성체의 길이[m], V : 자성체의 체적$[\mathrm{m^3}]$

M : 자기모멘트($M=ml$[Wb • m]), a : 반지름

d : 지름 【정답】 ③

4. 임의의 형상의 도선에 전류 $I[A]$가 흐를 때, 거리 $r[m]$만큼 떨어진 점에서의 자계의 세기 $H[AT/m]$와 거리 $r[m]$의 관계로 옳은 것은?

① r에 반비례 ② r에 비례

③ r^2에 반비례 ④ r^2에 비례

|정|답|및|해|설|

[비오-사바르의 법칙] 임의의 형상의 도선에 전류 $I[A]$가 흐를 때, 도선상의 길이 l부분에 흐르는 전류에 의하여 거리 r만큼 떨어진 점 P에서의 자계의 세기 H는

$dH=\frac{I\,dl\sin\theta}{4\pi r^2}[AT/m]=\frac{qdv\sin\theta}{4\pi r^2}[AT/m]$ $\rightarrow (I=\frac{vdq}{dl})$

$\therefore H=\frac{qv\sin\theta}{4\pi r^2}\int dq=\frac{qv\sin\theta}{4\pi r^2}[AT/m]$ 【정답】 ③

5. 진공 중에서 전자파의 전파속도 $v[m/s]$는?

① $v=\dfrac{1}{\sqrt{\epsilon_0\mu_0}}$　② $v=\sqrt{\epsilon_0\mu_0}$

③ $v=\dfrac{1}{\sqrt{\epsilon_0}}$　④ $v=\dfrac{1}{\sqrt{\mu_0}}$

|정|답|및|해|설|

[전자파의 전파속도] $v=\lambda\cdot f=\dfrac{\omega}{\beta}=\dfrac{1}{\sqrt{LC}}=\dfrac{1}{\sqrt{\mu\epsilon}}$

여기서, λ : 파장, f : 주파수, ω : 각속도

β : 위상정수($=\omega\sqrt{LC}$)

$$v=\frac{1}{\sqrt{\mu\epsilon}}=\frac{1}{\sqrt{\mu_0\mu_s\times\epsilon_0\epsilon_s}}=\frac{1}{\sqrt{\mu_0\epsilon_0}}[m/s]$$

→ (진공시나 공기중에서 $\epsilon_s=1$, $\mu_s=1$)

【정답】 ①

6. 변위전류와 관계가 가장 깊은 것은?

① 반도체　② 유전체

③ 자성체　④ 도체

|정|답|및|해|설|

[변위전류밀도] $i_d=\dfrac{\partial D}{\partial t}=\epsilon\dfrac{\partial E}{\partial t}=\dfrac{\epsilon}{d}\dfrac{\partial V}{\partial t}=\dfrac{I_o}{S}[A/m^2]$

→ ($D=\epsilon E[C/m^2]$, $E=\dfrac{V}{d}[V/m]$)

변위전류밀도는 자계를 만든다. 유전체를 흐르는 전류를 말한다.

【정답】 ②

7. 영구자석의 재료로 사용하기에 적절한 것은?

① 잔류자속밀도는 작고 보자력이 커야 한다.

② 잔류자속밀도는 크고 보자력이 작아야 한다.

③ 잔류지속밀도와 보자력이 모두 커야 한다.

④ 잔류자속밀도는 커야 하나, 보자력은 0이어야 한다.

|정|답|및|해|설|

[영구자석과 전자석의 비교]

종류	영구자석	전자석
잔류자기(B_r)	크다	크다
보자력(H_c)	크다	작다
히스테리시스 손 (히스테리시스 곡선 면적)	크다	작다

영구자석의 재료로 적합한 것은 히스테리시스 곡선에서 잔류자속밀도(B_r)와 보자력(H_c) 모두 커야 한다.

【정답】 ③

8. 진공 중에서 2[m] 떨어진 두 개의 무한 평행 도선에 단위 길이 당 $10^{-7}[N]$의 반발력이 작용할 때 각 도선에 흐르는 전류의 크기와 방향은? (단, 각 도선에 흐르는 전류의 크기는 같다.)

① 각 도선에 2[A]가 반대 방향으로 흐른다.

② 각 도선에 2[A]가 같은 방향으로 흐른다.

③ 각 도선에 1[A]가 반대 방향으로 흐른다.

④ 각 도선에 1[A]가 같은 방향으로 흐른다.

|정|답|및|해|설|

[두 도선에 작용하는 힘] $F=\dfrac{\mu_0 I_1 I_2}{2\pi r}=\dfrac{2\times I_1 I_2}{r}\times 10^{-7}$

→ ($\mu_0=4\pi\times10^{-7}$, r : 두 도선 간의 거리)

$F=\dfrac{\mu_0 I^2}{2\pi r}=\dfrac{2I^2}{r}\times10^{-7}$　→ (전류의 크기가 같으므로)

$I^2=\dfrac{F\cdot r}{2\times10^{-7}}$　→ $I=\sqrt{\dfrac{F\cdot r}{2\times10^{-7}}}$

$I=\sqrt{\dfrac{F\cdot r}{2\times10^{-7}}}=\sqrt{\dfrac{10^{-7}\times2}{2\times10^{-7}}}=1$

※1. 전계의 방향이 동일 : 흡인력

2. 전계의 방향이 반대 : 반발력

【정답】 ③

9. 질량 m=10^{-10}[kg]이고, 전하량 q=10^{-8}[C]인 전하가 전기장에 의해 가속되어 운동하고 있다. 이때 가속도 $a=10^2 i+10^3 j$[m/sec^2]라 하면 전기장의 세기 E는 몇 [V/m]인가?

① $10^4 i+10^5 j$　② $i+10j$

③ $10^{-2}i+10^{-7}j$　④ $10^{-6}i+10^{-5}j$

|정|답|및|해|설|

[전기장의 세기] $E=\dfrac{m}{q}a[V/m]$

힘 $F=qE=ma=mg=\dfrac{Q_1Q_2}{4\pi\epsilon_0 r^2}[N]$)

여기서, a : 가속도, g : 중력가속도

∴전기장의 세기 $E=\dfrac{m}{q}a=\dfrac{10^{-10}}{10^{-8}}\times(10^2 i+10^3 j)=i+10j[V/m]$

【정답】 ②

10. 내부 원통의 반지름이 a, 외부 원통의 반지름이 b인 동축 원통 콘덴서의 내외 원통 사이에 공기를 넣었을 때 정전용량이 C_1이었다. 내외 반지름을 모두 3배로 증가시키고 공기 대신 비유전율이 3인 유전체를 넣었을 경우 정전용량 C_2는?

① $C_2 = \frac{C_1}{9}$　　② $C_2 = \frac{C_1}{3}$

③ $C_2 = 3C_1$　　④ $C_2 = 9C_1$

|정|답|및|해|설|

[동축원통에서의 정전용량] $C = \frac{2\pi\epsilon l}{\ln\frac{b}{a}}$[F/m])

1. 공기중 $C_1 = \frac{2\pi\epsilon_0}{\ln\frac{b}{a}}$[F/m]

2. 유전체 $C_2 = \frac{2\pi\epsilon_0\epsilon_s}{\ln\frac{b}{a}} = \frac{2\pi\epsilon_0 3}{\ln\frac{3b}{3a}} = \frac{2\pi\epsilon_0}{\ln\frac{b}{a}} \cdot 3 = 3C_1$[F/m]

【정답】 ③

11. 자속밀도가 10[Wb/m^2]인 평등자계 내에 길이 4[cm]인 도체를 자계와 직각 방향으로 놓고 이 도체를 0.4초 동안 1[m]씩 균일하게 이동하였을 때 발생하는 기전력은 몇 [V]인가?

① 1　　② 2

③ 3　　④ 4

|정|답|및|해|설|

[플레밍의 오른손 법칙] 기전력 $e = vBl\sin\theta[V]$

$e = vBl\sin\theta = \frac{1}{0.4} \times 10 \times 4 \times 10^{-2} \times \sin 90° = 1[V]$

【정답】 ①

12. 자기인덕턴스(self inductance) $L(H)$을 나타낸 식은? (단, N은 권선수, I는 전류[A], $\varnothing$는 자속[Wb], B는 자속밀도[Wb/m^2], A는 벡터 퍼텐셜[Wb/m], J는 전류밀도 [A/m^2]이다.)

① $L = \frac{N\varnothing}{I^2}$　　② $L = \frac{N\varnothing}{I^2}$

③ $L = \frac{1}{I^2}\int A \cdot J dv$　　④ $L = \frac{1}{I}\int B \cdot H dv$

|정|답|및|해|설|

[자기인덕턴스] $L = \frac{N\varnothing}{I}[H]$　　→ ($\varnothing = BS$)

권수 $N=1$이면 $L = \frac{\varnothing}{I}[H]$

$L = \frac{1}{I}\int_s B dS = \frac{1}{I}\int_s rot\, A ds = \frac{1}{I}\int_l A dl = (\frac{1}{I}\int_l A dl) \times \frac{I}{I}$

$= \frac{1}{I^2}\int_l AI dl = \frac{1}{I^2}\int_l\int_s A i dl \int s$　　→ $(I = is)$

$= \frac{1}{I^2}\int A i dv$　　→ $(i = J[A/m^2])$

$= \frac{1}{I^2}\int A J dv = \frac{1}{I^2}\int BH dv[H]$

【정답】 ③

13. 다음 정전계에 관한 식 중에서 틀린 것은? (단, D는 전속밀도, V는 전위, ρ는 공간(체적)전하밀도, ϵ는 유전율이다.)

① 가우스의 정리 : $div D = \rho$

② 포아송의 방정식 : $\nabla^2 V = \frac{\rho}{\epsilon}$

③ 라플라스의 방정식 : $\nabla^2 V = 0$

④ 발산의 정리 : $\oint_s A \cdot ds = \int_v div A dv$

|정|답|및|해|설|

[포아송의 방정식] $\nabla^2 V = -\frac{\rho}{\epsilon}$

여기서, V : 전위차, ϵ : 유전상수, ρ : 전하밀도

→ (포아송의 방정식에서 (-)와 분모, 분자를 반드시 기억할 것)

【정답】 ②

14. 유전율이 ϵ_1, ϵ_2인 유전체 경계면에 수직으로 전계가 작용할 때 단위면적당에 작용하는 수직력은?

① $2\left(\frac{1}{\epsilon_2} - \frac{1}{\epsilon_1}\right)E^2$　　② $2\left(\frac{1}{\epsilon_2} - \frac{1}{\epsilon_1}\right)D^2$

③ $\frac{1}{2}\left(\frac{1}{\epsilon_2} - \frac{1}{\epsilon_1}\right)E^2$　　④ $\frac{1}{2}\left(\frac{1}{\epsilon_2} - \frac{1}{\epsilon_1}\right)D^2$

|정|답|및|해|설|

[단위 면적당 작용하는 힘]

$f_n = w_2 - w_1 = \frac{1}{2}E_2D_2 - \frac{1}{2}E_1D_1[N/m^2]$

경계면에 수직으로 입사되므로 $D_1 = D_2$　　→ ($D = \epsilon E$)

여기서, D : 전속밀도, E : 전계

$\therefore f_n = \frac{1}{2}(E_2 - E_1)D = \frac{1}{2}\left(\frac{1}{\epsilon_2} - \frac{1}{\epsilon_1}\right)D^2[N/m^2]$

【정답】 ④

15. 반지름 a[m], b[m]인 두 개의 구 형상 도체 전극이 도전율 k인 매질 속에 중심거리 r만큼 떨어져 있다. 양 전극 간의 저항은? (단, $r \gg a,\ b$ 이다.)

① $4\pi k\left(\frac{1}{a}+\frac{1}{b}\right)$　　② $4\pi k\left(\frac{1}{a}-\frac{1}{b}\right)$

③ $\frac{1}{4\pi k}\left(\frac{1}{a}+\frac{1}{b}\right)$　　④ $\frac{1}{4\pi k}\left(\frac{1}{a}-\frac{1}{b}\right)$

|정|답|및|해|설|

[구도체 반지름 a, b 사이의 정전용량] $C=\frac{Q}{V_a-V_b}=\frac{4\pi\epsilon}{\frac{1}{a}+\frac{1}{b}}[F]$

· $C=\frac{4\pi\epsilon}{\frac{1}{a}+\frac{1}{b}}[F]$

· $R=\frac{\rho\epsilon}{C}=\frac{\rho\epsilon}{4\pi\epsilon}\left(\frac{1}{a}+\frac{1}{b}\right)$ → $(R\cdot C=\rho\frac{l}{S}\times\frac{\epsilon S}{d}=\rho\epsilon \rightarrow (l=d))$

$=\frac{\rho}{4\pi}\left(\frac{1}{a}+\frac{1}{b}\right)=\frac{1}{4\pi k}\left(\frac{1}{a}+\frac{1}{b}\right)[\Omega]$

여기서, $\rho=\frac{1}{k}$, ρ : 고유저항, k : 도전율　　【정답】 ③

16. 정전계 내 도체 표면에서 전계의 세기가 $E=\frac{a_x-2a_y+2a_z}{\epsilon_0}[V/m]$일 때 도체 표면상의 전하 밀도 $\rho_s[C/m^2]$를 구하면? (단, 자유 공간이다.)

① 1　　② 2

③ 3　　④ 5

|정|답|및|해|설|

[전하밀도] $\sigma=\rho_s=D=\frac{Q}{S}=\epsilon_0 E$

$\rho_s=\epsilon_0\frac{a_x-2a_y+2a_z}{\epsilon_0}=a_x-2a_y+2a_z$

$\therefore |\rho_s|=\sqrt{1^2+(-2)^2+2^2}=3$　　【정답】 ③

17. 저항의 크기가 1[Ω]인 전선이 있다. 전선의 체적을 동일하게 유지하면서 길이를 2배로 늘였을 때 전선의 저항[Ω]은?

① 0.5　② 1　③ 2　④ 4

|정|답|및|해|설|

[저항] $R=\rho\frac{l}{S}=\rho\frac{l^2}{Sl}=\rho\frac{l^2}{v}[\Omega]$

체적이 동일하고 길이가 늘면 단면적이 작아지게 된다.

$S_1\times l_1=S_2\times l_2=S_2\times 2l_1$

따라서, 전선의 단면적은 $S_2=\frac{1}{2}S_1$가 되어 저항은 4배로 증가한다.

저항 $R_2=\rho\times\frac{l_2}{S_2}=\rho\times\frac{2l_1}{\frac{1}{2}S_1}=4\times\rho\times\frac{l_1}{S_1}=4R_1[\Omega]$

【정답】 ④

18. 자기회로와 전기회로에 대한 다음 설명 중 틀린 것은?

① 자기저항의 역수를 컨덕턴스라 한다.

② 자기회로의 투자율은 전기회로의 도전율에 대응된다.

③ 전기회로의 전류는 자기회로의 자속에 대응된다.

④ 자기저항의 단위는 [AT/Wb]이다.

|정|답|및|해|설|

[자기저항] $R_m=\frac{F}{\varnothing}=\frac{NI}{\frac{\mu SNI}{l}}=\frac{l}{\mu S}[AT/Wb]$

$\frac{1}{R_m}=\frac{\mu S}{l}=P_m$　→ (P_m : 퍼미언스)

※도전율 $k[℧/m]$ ↔ 투자율 μ[H/m]에 대응

기전력 V[V] ↔ 기자력 F[AT]

전류[A] ↔ 자속 $\varnothing[wb]$

전기저항 $R[\Omega]$ ↔ 자기저항 $R_m[AT/wb]$

【정답】 ①

19. 반지름이 3[cm]인 원형 단면을 가지고 환상 연철심에 코일을 감고 여기에 전류를 흘려서 철심 중의 자계의 세기가 400[AT/m] 되도록 여자할 때, 철심 중의 자속 밀도는 약 몇 $[Wb/m^2]$인가? (단, 철심의 비투자율은 400이라고 한다.)

① $0.2[Wb/m^2]$　　② $8.0[Wb/m^2]$

③ $1.6[Wb/m^2]$　　④ $2.0[Wb/m^2]$

|정|답|및|해|설|

[자속밀도] $B=\frac{\varnothing}{S}=\mu H=\mu_0\mu_s H$

$H=400[AT/m]$, $\mu_s=400$

$B=\mu_0\mu_s H=4\pi\times10^{-7}\times400\times400=0.2[Wb/m^2]$　　【정답】 ①

20. 서로 같은 2개의 구 도체에 동일 양의 전하를 대전시킨 후 20[cm] 떨어뜨린 결과 구 도체에 서로 8.6×10^{-4}[N] 의 반발력이 작용한다. 구 도체에 주어진 전하는?

① 약 5.2×10^{-8}[C]

② 약 6.2×10^{-8}[C]

③ 약 7.2×10^{-8}[C]

④ 약 8.2×10^{-8}[C]

|정|답|및|해|설|

[두 전하 사이에 작용하는 힘(쿨롱의 법칙)]

$F=\dfrac{Q_1Q_2}{4\pi\epsilon_0 r^2}=9\times10^9\dfrac{Q_1Q_2}{r^2}$

$F=9\times10^9\dfrac{Q^2}{r^2}$ → (동일한 전하이므로)

서로 같은 2개의 구 도체에 같은 양의 전하를 대전시킨 후 20[cm]를 이격시키면 같은 전하를 나누어 가졌으므로 반발력이 생긴다.

$F=9\times10^9\dfrac{Q^2}{r^2}$ → $9\times10^9\dfrac{Q^2}{0.2^2}=8.6\times10^{-4}$[N]

$\therefore Q=6.2\times10^{-8}$[C]

【정답】 ②

4회 2020년 전기기사필기 (전력공학)

21. 전력원선도에서 알 수 없는 것은?

① 조상 용량

② 선로 손실과 송전 효율

③ 과도 극한 전력

④ 정태 안정 극한 전력

|정|답|및|해|설|

[전력원선도에서 알 수 있는 사항]

- 조상용량
- 수전단 역률
- 선로손실과 효율
- 정태안정 극한전력(최대전력)
- 필요한 전력을 보내기위한 송수전단 전압 간의 상차각

【정답】 ③

22. 다음 중 그 값이 항상 1 이상인 것은?

① 부등률　　② 부하율

② 수용률　　④ 전압강하율

|정|답|및|해|설|

[부등률] 최대 전력의 발생시각 또는 발생시기의 분산을 나타내는 지표, 부등률은 1보다 크다(부등률≥1).

부등률= $\dfrac{\text{각각의 수용전력의 합}}{\text{합성최대전력}}=\dfrac{\sum(\text{설비용량}\times\text{수용률})}{\text{합성최대수용전력}}$

※부하율, 수용률 〈 1, 부등률 〉 1

【정답】 ①

23. 송전전력, 송전거리, 전선로의 전력손실이 일정하고 같은 재료의 전선을 사용한 경우 단상2선식에 대한 3상3선식의 1선당의 전력비는 얼마인가? (단, 중성선은 외선과 같은 굵기이다.)

① 0.7　　② 0.87

③ 0.94　　④ 1.15

|정|답|및|해|설|

[송전전력]

1. 단상2선식 : $P=VI\cos\theta$

　→ 한가닥의 송전전력 $P=\dfrac{1}{2}VI\cos\theta$

2. 3상4선식 : $P=\sqrt{3}\,VI\cos\theta$

　→ 한가닥의 송전전력 $P=\dfrac{\sqrt{3}}{4}VI\cos\theta$

$\therefore$ 전력비 $=\dfrac{\text{3상4선식}}{\text{단상2선식}}=\dfrac{\sqrt{3}\,VI\cos\theta/4}{VI\cos\theta/2}=\dfrac{2\sqrt{3}}{4}=0.87$

【정답】 ②

24. 3상용 차단기의 정격차단용량은?

① $\sqrt{3}\times$정격전압$\times$정격차단전류

② $\sqrt{3}\times$정격전압$\times$정격전류

③ $3\times$정격전압$\times$정격차단전류

④ $3\times$정격전압$\times$정격전류

|정|답|및|해|설|

[3상용 정격차단용량]

$P_s=\sqrt{3}\times$정격전압$(V)\times$정격차단전류(I_s)[MVA]

※단상용 정격차단용량 P_s=정격전압$(V)\times$정격차단전류(I_s)

【정답】 ①

25. 개폐서지의 이상전압을 감쇄 할 목적으로 설치하는 것은?

① 단로기 ② 차단기
③ 리액터 ④ 개폐저항기

|정|답|및|해|설|

[개폐저항기] 차단기의 개폐시에 개폐서지 이상전압이 발생된다. 이것을 낮추고 절연 내력을 높일 수 있게 하기 위해 차단기 접촉자간에 병렬 임피던스로서 개폐저항기를 삽입한다. 【정답】 ④

26. 부하의 역률을 개선할 경우 배전선로에 대한 설명으로 틀린 것은? (단, 조건은 동일하다.)

① 설비용량의 여유 증가
② 전압강하의 감소
③ 선로전류의 증가
④ 전력손실의 감소

|정|답|및|해|설|

[역률 개선의 효과]

- 선로, 변압기 등의 저항손 감소
- 변압기, 개폐기 등의 소요 용량 감소
- 송전용량이 증대
- 전압강하 감소
- 설비용량의 여유 증가
- 전기요금이 감소한다.
- 전력손실의 감소

즉, 전력손실 $P_l = 3I^2R = 3\times\left(\frac{P}{\sqrt{3}\,V\cos\theta}\right)^2\times R$

※역률이 개선되면 선로전류가 감소된다. 【정답】 ③

27. 반지름 0.6[cm]인 경동선을 사용하는 3상 1회선 송전선에서 선간 거리를 2[m]로 정삼각형 배치할 경우, 각 선의 인덕턴스는 약 몇 [mH/km]인가?

① 0.81 ② 1.21 ③ 1.51 ④ 1.81

|정|답|및|해|설|

[인덕턴스] $L = 0.05 + 0.4605\ \log\frac{D}{r}(mh/km)$

$D = 2[m]$

$\therefore L = 0.05 + 0.4605\log_{10}\frac{D}{r}$

$= 0.05 + 0.4605\log\frac{2}{0.6\times10^{-2}} = 1.21[mH/km]$

【정답】 ②

28. 수력발전소의 취수 방법에 따른 분류로 틀린 것은?

① 댐식 ② 수로식
③ 역조정지식 ④ 유역변경식

|정|답|및|해|설|

[취수 방식에 따른 분류]

- 수로식 : 하천 하류의 구배를 이용할 수 있도록 수로를 설치하여 낙차를 얻는 발전방식
- 댐식 : 댐을 설치하여 낙차를 얻는 발전 방식
- 댐수로식 : 수로식+댐식
- 유역변경식 : 유량이 풍부한 하천과 낙차가 큰 하천을 연결하여 발전하는 방식

※역조정지식은 유량을 취하는 방법 【정답】 ③

29. 한류리액터를 사용하는 가장 큰 목적은?

① 충전전류의 제한 ② 접지전류의 제한
③ 누설전류의 제한 ④ 단락전류의 제한

|정|답|및|해|설|

[한류 리액터] 한류 리액터는 단락전류를 경감시켜서 차단기 용량을 저감시킨다.

|참|고|

[리액터]

1. 소호리액터 : 지락 시 지락전류 제한
2. 병렬(분로)리액터 : 페란티 현상 방지, 충전전류 차단
3. 직렬리액터 : 제5고조파 방지
4. 한류리액터 : 차단기 용량의 경감(단락전류 제한)

【정답】 ④

30. 66/22[kV], 2000[kVA] 단상변압기 3대를 1뱅크로 운전하는 변전소로부터 전력을 공급받는 어떤 수전점에서의 3상단락전류는 약 몇 [A]인가? (단, 변압기의 %리액턴스는 7이고 선로의 임피던스는 0이다.)

① 750 ② 1570 ③ 1900 ④ 2250

|정|답|및|해|설|

[단락전류] $I_s = \frac{100}{\%Z}I_n = \frac{100}{\%Z}\times\frac{P_n}{\sqrt{3}\times V_n}$

$\therefore I_s = \frac{100}{\%Z}I_n = \frac{100}{7}\times\frac{P}{\sqrt{3}\times V} = \frac{100}{7}\times\frac{3\times2000}{\sqrt{3}\times22} = 2250[A]$

【정답】 ④

31. 파동임피던스 $Z_1 = 500[\Omega]$인 선로에 파동임피던스 $Z_2 = 1500[\Omega]$인 변압기가 접속되어 있다. 선로로부터 600[kV]의 전압파가 들어왔을 때, 접속점에서의 투과파 전압[kV]은?

① 300　　② 600
③ 900　　④ 1200

|정|답|및|해|설|

[투과파 전압] $e_2 = \frac{2Z_2}{Z_2 + Z_1} e_1 [V]$

$\therefore e_2 = \frac{2Z_2}{Z_2 + Z_1} e_1 = \frac{2 \times 1500}{500 + 1500} \times 600 = 900[V]$

【정답】 ③

32. 원자력발전소에서 비등수형 원자로에 대한 설명으로 틀린 것은?

① 연료로 농축 우라늄을 사용한다.
② 가압수형 원자로에 비해 노심의 출력밀도가 높다.
③ 냉각재로 경수를 사용한다.
④ 물을 노내에서 직접 비등시킨다.

|정|답|및|해|설|

[비등수형 원자로] 비등수형 원자로는 저농축 우라늄을 연료로 사용하고 감속재 및 냉각재로서는 경수를 사용한다.

※가압수형 원자로에 비해 노심의 출력밀도가 낮다.

【정답】 ②

33. 송배전선로의 고장전류 계산에서 영상 임피던스가 필요한 경우는?

① 3상 단락 계산　　② 선간 단락 계산
③ 1선 지락 계산　　④ 3선 단선 계산

|정|답|및|해|설|

[송배전선로의 고장전류 계산] 영상임피던스가 필요한 것은 지락상태이다. 단락 고장이나 단선 사고에는 영상분이 나타나지 않는다.

【정답】 ③

34. 증기 사이클에 대한 설명 중 틀린 것은?

① 랭킨 사이클의 열효율은 초기 온도 및 초기 압력이 높을수록 효율이 높다.
② 재열 사이클은 저압 터빈에서 증기가 포화 상태에 가까워졌을 때 증기를 다시 가열하여 고압 터빈으로 보낸다.
③ 재생 사이클은 증기 원동기 내에서 증기의 팽창 도중에서 증기를 추출하여 급수를 예열한다.
④ 재열재생 사이클은 재생 사이클과 재열 사이클을 조합하여 병용하는 방식이다.

|정|답|및|해|설|

[재열 사이클] 어느 압력까지 고압 터빈에서 팽창한 증기를 보일러에 되돌려 재열기로 적당한 온도까지 재 과열시킨 다음 다시 고압 터빈에 보내서 팽창한 열 사이클

【정답】 ②

35. 다음 중 송전선로의 역섬락을 방지하기 위한 대책으로 가장 알맞은 방법은?

① 가공지선을 설치함
② 피뢰기를 설치함
③ 탑각 저항을 낮게 함
④ 소호각을 설치함

|정|답|및|해|설|

[역섬락] 뇌서지가 철탑에 가격시 철탑의 탑각 접지저항이 충분히 낮지 않으면 철탑의 전위가 상승하여 철탑에서 선로로 섬락을 일으키는 현상이다.

역섬락의 방지 대책으로 매설지선을 설치하여 탑각 접지저항을 낮추어야 한다.

【정답】 ③

36. 전원이 양단에 있는 환상선로의 단락보호에 사용되는 계전기는?

① 방향거리계전기　　② 부족전압계전기
③ 선택접지계전기　　④ 부족전류계전기

|정|답|및|해|설|

[방향거리계전기(DZ)] 전원이 2군데 이상 환상 선로의 단락 보호

※전원이 2군데 이상 방사 선로의 단락 보호 : 방향단락계전기(DS)와 과전류계전기(DC)를 조합

【정답】 ①

37. 전력 계통을 연계시켜서 얻는 이득이 아닌 것은?

① 배후 전력이 커져서 단락 용량이 작아진다.
② 부하의 부등성에서 오는 종합 첨두부하가 저감 된다.
③ 공급 예비력이 절감된다.
④ 공급 신뢰도가 향상된다.

|정|답|및|해|설|

[전력 계통의 연계 방식의 장점]
- 전력의 융통으로 설비 용량이 절감된다.
- 건설비 및 운전 경비를 절감하므로 경제 급전이 용이하다.
- 계통 전체로서의 신뢰도가 증가한다.
- 부하 변동의 영향이 작아져서 안정된 주파수 유지가 가능하다.

[전력 계통의 연계 방식의 단점]
- 연계 설비를 신설해야 한다.
- 사고시 타 계통으로 사고가 파급 확대될 우려가 있다.
- 병렬 회로수가 많아지므로 단락전류가 증대하고 통신선의 전자 유도 장해도 커진다.

※병렬회로수가 많아지면 종합 %Z가 작아지므로 **단락용량**이 커진다.

【정답】 ①

38. 배전선로에 3상 3선식 비접지방식을 채용할 경우 나타나는 현상은?

① 1선 지락 고장 시 고장 전류가 크다.
② 고저압 혼촉고장 시 저압선의 전위상승이 크다.
③ 1선 지락고장 시 인접 통신선의 유도장해가 크다.
④ 1선 지락고장 시 건전상의 대지전위 상승이 크다.

|정|답|및|해|설|

[비접지의 특징(직접 접지와 비교)]
- 지락 전류가 비교적 적다. (유도 장해 감소)
- 보호 계전기 동작이 불확실하다.
- Δ결선 가능
- V-V결선 가능
- 1선 지락고장 시 건전상의 대지전위는 $\sqrt{3}$ 배까지 상승한다.

※ 직접접지 방식 : 대지 전압 상승이 거의 없다.

【정답】 ④

39. 선간전압이 $V[kV]$이고 3상 정격용량이 $P[kVA]$인 전력계통에서 리액턴스가 $X[\Omega]$이라고 할 때, 이 리액턴스를 %리액턴스로 나타내면?

① $\dfrac{XP}{10V}$　　② $\dfrac{XP}{10V^2}$

② $\dfrac{XP}{V^2}$　　④ $\dfrac{10V^2}{XP}$

|정|답|및|해|설|

[%임피던스] $\%Z = \%X_0$

$$\%Z = \frac{I_n X}{E} \times 100 = \frac{PX}{10V^2}$$ → (E : 상전압, V : 선간전압)

【정답】 ②

40. 전력용 콘덴서를 변전소에 설치할 때 직렬 리액터를 설치코자 한다. 직렬 리액터의 용량을 결정하는 식은? (단, f_o는 전원의 기본 주파수, C는 역률 개선용 콘덴서의 용량, L은 직렬 리액터의 용량이다.)

① $L = \dfrac{1}{(2\pi f_o)^2 C}$　　② $L = \dfrac{1}{(6\pi f_o)^2 C}$

③ $L = \dfrac{1}{(10\pi f_o)^2 C}$　　④ $L = \dfrac{1}{(14\pi f_o)^2 C}$

|정|답|및|해|설|

[직렬 리액터] 직렬리액터(SR)의 목적은 제5 고조파 제거이다.

$5\omega L = \dfrac{1}{5\omega C}$ → $2\pi 5 f_0 L = \dfrac{1}{2\pi 5 f_0 C}$ 에서

$$L = \frac{1}{(2\pi 5 f_0)^2 C} = \frac{1}{(10\pi f_0)^2 C}$$

【정답】 ③

4회 2020년 전기기사필기 (전기기기)

41. 동기발전기 단절권의 특징이 아닌 것은?

① 고조파를 제거해서 기전력의 파형이 좋아진다.
② 코일 단이 짧게 되므로 재료가 절약된다.
③ 전절권에 비해 합성 유기기전력이 증가한다.
④ 코일 간격이 극 간격보다 작다.

|정|답|및|해|설|

[동기발전기] 동기발전기에서 단절권과 분포권을 채택하는 이유는 기전력이 조금 낮아지지만 파형을 좋게 하고 고조파를 제거할 수 있기 때문이다.

[단절권의 특징]
- 고조파를 제거하여 기전력의 파형을 좋게 한다.
- 자기인덕턴스 감소
- 동량 절약
- 전절권보다 유기기전력이 감소된다.

【정답】 ③

42. 210/105[V]의 변압기를 그림과 같이 결선하고 고압측에 200[V]의 전압을 가하면 전압계의 지시는 몇 [V]인가? (단, 변압기는 가극성이다.)

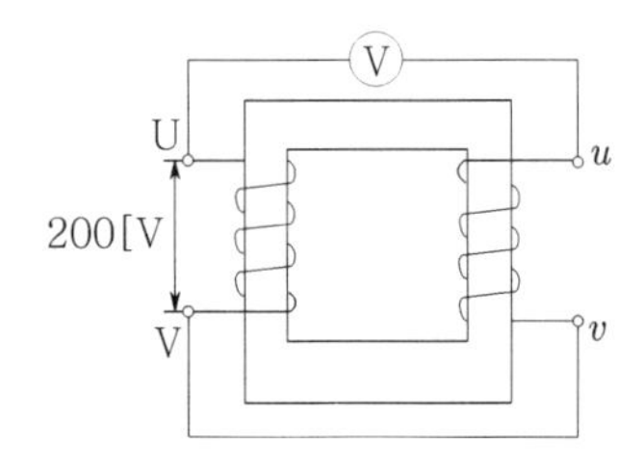

① 100　　② 200

③ 300　　④ 400

|정|답|및|해|설|

[전압계의 지시값(가극성)] $V=E_1+E_2$

→ (감극성 : $V=E_1-E_2$)

권수비 $a=\frac{E_1}{E_2}=\frac{210}{105}=2$

$a=\frac{E_1}{E_2}\ \rightarrow\ 2=\frac{E_1}{E_2}=\frac{200}{E_2}\ \rightarrow\ E_2=100$

$\therefore V=E_1+E_2=200+100=300[V]$ 【정답】 ③

43. 직류기의 권선을 단중 파권으로 감으면?

① 내부 병렬회로수가 극수만큼 생긴다.

② 균압환을 연결해야 한다.

③ 저압 대전류용 권선이다.

④ 전기자 병렬 회로수가 극수에 관계없이 언제나 2이다.

|정|답|및|해|설|

[전기자 권선의 중권과 파권의 비교]

비교 항목	단중 중권	단중 파권
전기자의 병렬 회로수	극수와 같다. ($a=p$)	극수에 관계없이 항상 2이다. ($a=2$)
브러시 수	극수와 같다. ($B=p=a$)	2개로 되나, 극수 만큼의 브러시를 둘 수 있다. ($B=2, B=p$)
균압 접속	4극 이상이면 균압 접속을 해야 한다.	균압 접속은 필요 없다.
전기자 도체의 굵기, 권수, 극수가 모두 같을 때	저전압, 대전류를 얻을 수 있다.	소전류, 고전압을 얻을 수 있다.

【정답】 ④

44. 3상 변압기의 병렬 운전 조건으로 틀린 것은?

① 상회전 방향과 각 변위가 같을 것

② %저항 강하 및 리액턴스 강하가 같을 것

③ 각 군의 임피던스가 용량에 비례할 것

④ 정격전압, 권수비가 같을 것

|정|답|및|해|설|

[변압기 병렬 운전 조건]

1. 권수비, 전압비가 같을 것
2. 극성이 같을 것
3. 각 변압기의 퍼센트 임피던스 강하가 같으며 저항과 리액턴스비가 같을 것
4. 상회전 방향이 같을 것
5. 위상 변위가 같아야 한다.

※각 군의 임피던스가 용량에 반비례한다. 【정답】 ③

45. 2상 교류 서보모터를 구동하는데 필요한 2상전압을 얻는 방법으로 널리 쓰이는 방법은?

① 여자권선에 리액터를 삽입하는 방법

② 증폭기내에서 위상을 조정하는 방법

③ 환상결선 변압기를 이용하는 방법

④ 2상 전원을 직접 이용하는 방법

|정|답|및|해|설|

[2상서보모터] 위치 또는 각도의 추적제어를 하는 장치를 서보기구라 하며 여기에 사용되는 전동기를 서보모터라 한다. 교류 서보모터로서 2상농형유도전동기와 동일 동작 원리인 2상서보모터가 사용된다.

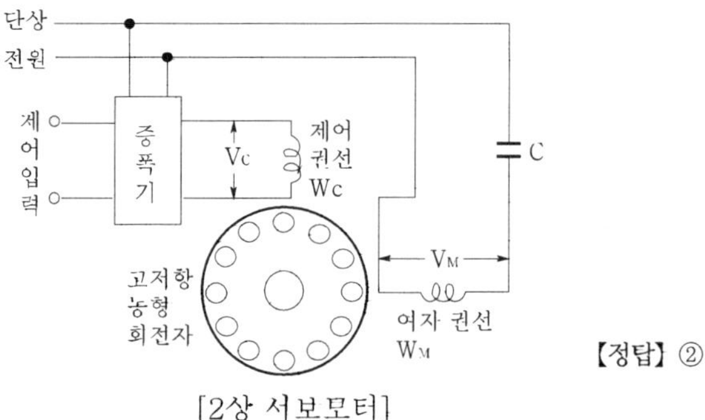

[2상 서보모터]

【정답】 ②

46. 4극, 중권, 총도체수 500, 1극의 자속수가 0.01 [Wb]인 직류 발전기가 100[V]의 기전력을 발생시키는데 필요한 회전수는 몇 [rpm] 인가?

① 1000 ② 1200
③ 1600 ④ 2000

|정|답|및|해|설|

[직류발전기의 유기기전력] $E=\frac{pz}{a}\varnothing n[V]$

여기서, n : 전기자의 회전[rps]$(=\frac{N}{60}[rpm])$

N : 회전자의 회전수[rpm], p : 극수, $\varnothing$: 매 극당 자속수

z : 총 도체수, a : 병렬회로 수

중권에서 $a=p$이므로

$E=\frac{pz}{a}\varnothing n[V] \rightarrow 100=\frac{4\times 500}{4}\times 0.01\times\frac{N}{60}$

$\therefore N=1200[rpm]$ 【정답】 ②

47. 3상 분권 정류자 전동기에 속하는 것은?

① 톰슨전동기 ② 데리 전동기
③ 시라게 전동기 ④ 애트킨슨 전동기

|정|답|및|해|설|

[시라게 전동기] 시라게 전동기는 3차 권선을 갖춘 1차 권선은 회전자에, 그리고 2차 권선은 고정자에 설치한 권선형 3상유도전동기라고 할 수 있다.

※①, ②, ④는 단상 전동기 【정답】 ③

48. 동기기의 안정도를 증진시키기 위한 대책이 아닌 것은?

① 단락비를 크게 한다.
② 속응 여자 방식을 사용한다.
③ 정상 리액턴스를 크게 한다.
④ 역상·영상 임피던스를 크게 한다.

|정|답|및|해|설|

[동기기 안정도 증진방법]
·동기 임피던스를 작게 한다.
·속응 여자 방식을 채택한다.
·회전자에 플라이 휘일을 설치하여 관성 모멘트를 크게 한다.
·정상 임피던스는 작고, <u>영상, 역상 임피던스를 크게</u> 한다.
·단락비를 크게 한다. 【정답】 ③

49. 3상 유도전동기의 기계적 출력 P[kW], 회전수 N[rpm]인 전동기의 토크[kg · m]는?

① $0.46\frac{P}{N}$ ② $0.855\frac{P}{N}$
③ $975\frac{P}{N}$ ④ $1050\frac{P}{N}$

|정|답|및|해|설|

[유도전동기의 토크] $P=T\omega$에서 토크 $T=\frac{P}{\omega}=\frac{P}{2\pi n}=\frac{P}{2\pi\frac{N}{60}}$

여기서, P : 전부하 출력[W], N : 유도전동기 속도[rpm]

$T=\frac{30P}{N\pi}=9.55\frac{P}{N}[N\cdot m]=0.975\frac{P}{N}[kg.m]$에서

출력(P)의 단위가 [w]이므로 $T=0.975\frac{P\times 10^3}{N}=975\frac{P}{N}[kg.m]$

【정답】 ③

50. 취급이 간단하고 기동시간이 짧아서 섬과 같이 전력계통에서 고립된 지역, 선박 등에 사용되는 소용량 전원용 발전기는?

① 터빈 발전기 ② 엔진 발전기
③ 수차 발전기 ④ 초전도 발전기

|정|답|및|해|설|

[엔진 발전기] 엔진 발전기는 유틸리티 전기를 사용할 수 없는 지역이나 전기가 일시적으로 필요한 곳에서 전기를 공급하는 데 사용한다.

【정답】 ②

51. 평형 6상 반파정류회로에서 297[V]의 직류전압을 얻기 위한 입력 측 각 상 전압은 약 몇 [V]인가? (단, 부하는 순수 저항부하이다.)

① 100 ② 220
③ 380 ④ 440

|정|답|및|해|설|

[전압비] $\frac{E_a}{E_b}=\frac{\frac{\pi}{m}}{\sqrt{2}\sin\frac{\pi}{m}}$ → (E_d : 지류, E_a : 교류)

$E_a=\frac{\frac{\pi}{m}}{\sqrt{2}\sin\frac{\pi}{m}}\times E_d=\frac{\frac{3.14}{6}}{\sqrt{2}\sin\frac{180}{6}}\times 297=220[V]$

【정답】 ②

52. 단면적 10[mm^2]인 철심에 200회의 권선을 감고, 이 권선에 60[Hz], 60[V]인 교류 전압을 인가하였을 때 철심의 최대자속밀도는 약 몇 [Wb/m^2]인가?

① 1.126×10^{-3} ② 1.126
③ 2.252×10^{-3} ④ 2.252

|정|답|및|해|설|

[변압기의 유기전압] $E=V=4.44f\varnothing_m N=4.44fB_m AN[V]$

$$B_m=\frac{V}{4.44fAN}=\frac{60}{4.44\times60\times10\times10^{-4}\times200}=1.126[Wb/m^2]$$

【정답】 ②

53. 직류발전기를 병렬운전 할 때 균압모선이 필요한 직류기는?

① 직권발전기, 분권발전기
② 직권발전기, 복권발전기
③ 복권발전기, 분권발전기
④ 분권발전기, 단극발전기

|정|답|및|해|설|

[균압선의 설치 목적] 균압선의 목적은 병렬운전을 안정하게 하기 위하여 설치하는 것으로 일반적으로 직권 및 복권 발전기에는 직권계자 코일에 흐르는 전류에 의하여 병렬운전이 불안정하게 되므로 균압선을 설치하여 직권계자코일에 흐르는 전류를 분류하게 된다.

【정답】 ②

54. 전력의 일부를 전원측에 반환할 수 있는 유도전동기의 속도제어법은?

① 극수 변환법 ② 크레머 방식
③ 2차저항 가감법 ④ 세르비우스 방식

|정|답|및|해|설|

[권선형 유도전동기의 속도 제어] 권선형 유도전동기에서 2차여자 제어법은 크레머 방식과 세르비우스 방식이 있다.

1. 크레머 방식 : 2차 단자에서 나오는 전력을 동력으로 바꾸어 제어하는 방식
2. 세르비우스 방식 : 2차여자 제어방식으로 유도발전기의 2차전력 일부를 전원으로 회생시키고, 회생전력을 조정해 속도를 제어하는 방식이다.

【정답】 ④

55. 전부하로 운전하고 있는 50[Hz], 4극의 권선형 유도전동기가 있다. 전부하에서 속도를 1440 [rpm]에서 1000[rpm]으로 변환시키자면 2차에 약 몇 [Ω]의 저항을 넣어야 하는가? (단, 2차 저항은 0.02[Ω]이다.)

① 0.147 ② 0.18
③ 0.02 ④ 0.024

|정|답|및|해|설|

[슬립과 저항과의 관계] $\frac{r_2}{s}=\frac{r_2+R}{s'}$

1. 동기속도 $N_s=\frac{120f}{p}=\frac{120\times50}{4}=1500[rpm]$
2. 슬립 $s=\frac{N_s-N}{N_s}=\frac{1500-1440}{1500}=0.04$
3. 슬립 $s'=\frac{1500-1000}{1500}=0.333$

$\therefore\frac{r_2}{s}=\frac{r_2+R}{s'}\ \rightarrow\ \frac{0.02}{0.04}=\frac{0.02+R}{0.333}\ \rightarrow\ R=0.1465[\Omega]$

【정답】 ①

56. 권선형 유도전동기 2대를 직렬종속으로 운전하는 경우 그 동기속도는 어떤 전동기의 속도와 같은가?

① 두 전동기 중 적은 극수를 갖는 전동기
② 두 전동기 중 많은 극수를 갖는 전동기
③ 두 전동기의 극수의 합과 같은 극수를 갖는 전동기
④ 두 전동기의 극수의 차와 같은 극수를 갖는 전동기

|정|답|및|해|설|

[전동기의 종속 관계(직렬종속)] $N_s=\frac{120f}{P_1+P_2}$

1. 직렬종속 : $P_1+P_2\rightarrow P$가 커져서 속도 감속
2. 차동종속 : $P_1-P_2\rightarrow P$가 작아져서 속도가 가속
3. 병렬종속 : $\frac{P_1+P_2}{2}$

【정답】 ③

57. GTO 사이리스터의 특징으로 틀린 것은?

① 각 단자의 명칭은 SCR 사이리스터와 같다.
② 온(ON) 상태에서는 양방향 전류특성을 보인다.
③ 온(ON) 드롭(Drop)은 약 2~4[V]가 되어 SCR 사이리스터보다 약간 크다.
④ 오프(Off) 상태에서는 SCR 사이리스터처럼 양방향 전압 저지 능력을 갖고 있다.

|정|답|및|해|설|
[GTO] GTO는 게이트에 역방향의 전류를 흐르게 하는 것으로 턴오프할 수 있는 기능을 가진 단방향 사이리스터이다.
【정답】 ②

58. 포화되지 않은 직류발전기의 회전수가 4배로 증가되었을 때 기전력을 전과 같은 값으로 하려면 자속을 속도 변화 전에 비해 얼마로 하여야 하는가?

① $\frac{1}{2}$　② $\frac{1}{3}$
③ $\frac{1}{4}$　④ $\frac{1}{8}$

|정|답|및|해|설|
[유기전압] $E=\frac{pz\varnothing}{a}\times\frac{N}{60}=K\varnothing N[V]$
전압이 일정하면 자속과 속도는 반비례하므로 속도가 4배 증가하면 자속은 $\frac{1}{4}$로 감소한다.
【정답】 ③

59. 동기발전기의 단자 부근에서 단락이 일어났다고 하면 단락전류는 어떻게 되는가?

① 전류가 계속 증가한다.
② 큰 전류가 증가와 감소를 반복한다.
③ 처음에는 큰 전류이나 점차 감소한다.
④ 일정한 큰 전류가 지속적으로 흐른다.

|정|답|및|해|설|

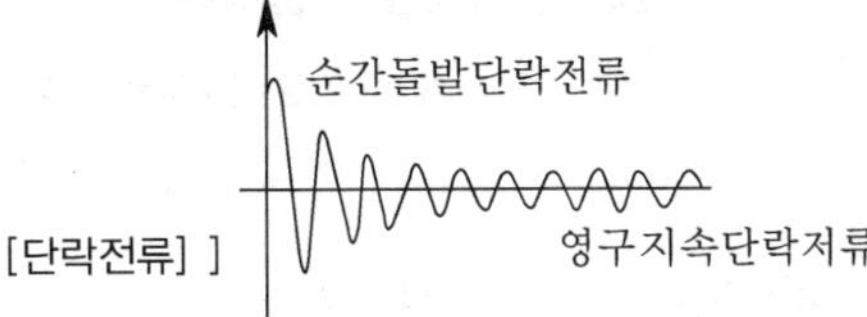

평형 3상 전압을 유기하고 있는 발전기의 단자를 갑자기 단락하면 단락 초기에 전기자 반작용이 순간적으로 나타나지 않기 때문에 막대한 과도전류가 흐르고, 수초 후에는 영구 단락전류값에 이르게 된다.
【정답】 ③

60. 1차 전압 V_1 100[V], 2차 전압 V_2 110[V]인 단권변압기의 자기용량과 부하용량의 비는?

① $\frac{1}{10}$　② $\frac{1}{11}$
③ 10　④ 11

|정|답|및|해|설|
[단권변압기의 부하용량에 대한 자기용량과의 비]
$\frac{자기용량}{부하용량}=\frac{V_H-V_L}{V_H}=\frac{110-100}{110}=\frac{1}{11}$
【정답】 ②

4회 2020년 전기기사필기(회로이론 및 제어공학)

61. 그림과 같은 블록선도의 제어시스템에서 속도 편차 상수 K_v는 얼마인가?

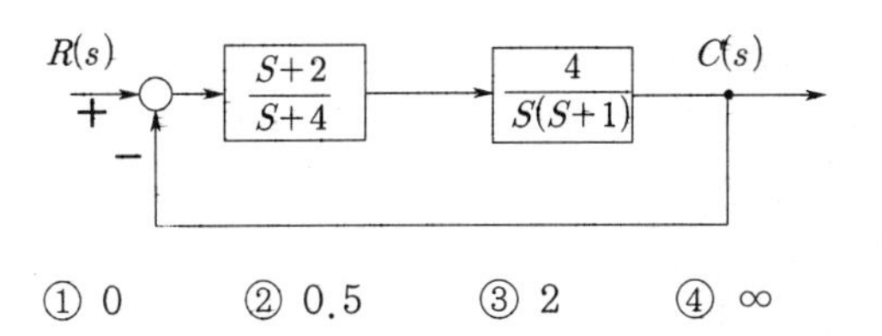

① 0　② 0.5　③ 2　④ ∞

|정|답|및|해|설|
[정상 속도 편차 상수] $K_v=\lim_{s=0} sG(s)$

$GH=\frac{4(s+1)}{s(s+1)(s+4)}=G(s)$

$K_v=\frac{4(s+1)}{s(s+1)(s+4)}s=2$
【정답】 ③

62. Routh–Hurwitz 안정도 판별법을 이용하여 특성방정식이 $s^3+3s^2+3s+1+K=0$으로 주어진 제어시스템이 안정하기 위한 K의 범위를 구하면?

① $-1 \le K < 8$　② $-1 < K \le 8$
③ $-1 < K < 8$　④ $K < -1$ 또는 $K > 8$

|정|답|및|해|설|

[특성 방정식] $F(s)=s^3+3s^2+3s+K=0$

S^3	1	3	0
S^2	3	$1+K$	0
S^1	$\dfrac{9-(1+K)}{3}=\dfrac{8+K}{3}$	$\dfrac{0-0}{3}=0$	
S^0	$\dfrac{A(1+K)}{A}=1+K$		

제1열의 요소가 모두 양수가 되어야 하므로

· $A=\dfrac{8-K}{3}>0 \ \rightarrow K<8$

· $1+K>0 \ \rightarrow K>-1$

그러므로 안정되기 위한 조건은 $-1<K<8$이다.

【정답】 ③

|참|고|

60페이지 [(3) 루드표 작성 및 안정도 판별법] 참조

63. 근궤적에 관한 설명으로 틀린 것은?

① 근궤적은 실수축을 기준으로 대칭이다.
② 점근선은 허수축 상에서 교차한다.
③ 근궤적의 가지 수는 특성방정식의 차수와 같다.
④ 근궤적은 개루프 전달함수의 극점으로부터 출발한다.

|정|답|및|해|설|

[근궤적] 근궤적이란 s평면상에서 개루푸 전달함수의 이득 상수를 0에서 ∞까지 변화 시킬 때 특성 방정식의 근이 그리는 궤적

[근궤적의 작도법]

· 근궤적은 $G(s)H(s)$의 극점으로부터 출발, 근궤적은 $G(s)H(s)$의 영점에서 끝난다.

· 근궤적의 개수는 영점과 극점의 개수 중 큰 것과 일치한다.

· 근궤적의 수 : 근궤적의 수(N)는 극점의 수(p)와 영점의 수(z)에서 z〉p이면 N=z, z〈p이면 N=p

· 근궤적의 대칭성 : 특성 방정식의 근이 실근 또는 공액 복소근을 가지므로 근궤적은 실수축에 대하여 대칭이다.

· 근궤적의 점근선 : 큰 s에 대하여 근궤적은 점근선을 가진다.

· 점근선의 교차점 : 점근선은 실수축 상에만 교차하고 그 수치는 n=p−z이다.

※근궤적이 s평면의 좌반면은 안정, 우반면은 불안정이다.

【정답】 ②

64. $e(t)$의 z변환을 $E(z)$라 했을 때, $e(t)$의 초기값은?

① $\lim\limits_{z\to 0} zE(z)$　② $\lim\limits_{z\to 0} E(z)$
③ $\lim\limits_{z\to \infty} zE(z)$　④ $\lim\limits_{z\to \infty} E(z)$

|정|답|및|해|설|

[초기값] $e(0)=\lim\limits_{t\to 0} e(t)=\lim\limits_{z\to\infty} E(z)$

$e(t)$의 초기값은 $e(t)$의 Z 변환을 $E(z)$라 할 때 $\lim\limits_{z\to\infty} E(z)$이다.

【정답】 ④

65. 전달함수 $G(s)=\dfrac{10}{S^2+3S+2}$으로 표시되는 제어 계통에서 직류이득은 얼마인가?

① 1　② 2　③ 3　④ 5

|정|답|및|해|설|

[직류이득] $G(0)=\lim\limits_{s\to 0} G(s)$

$S=jw=j2\pi f \ \rightarrow$ 직류이므로 주파수 $f=0$, $jw=j2\pi f=0$

즉 $S=0$

$\therefore G(0)=\lim\limits_{s\to 0} G(s)=\lim\limits_{s\to 0}\dfrac{10}{S^2+3S+2}=\dfrac{10}{2}=5$

【정답】 ④

66. 그림의 신호 흐름 선도에서 $\dfrac{C(s)}{R(s)}$는?

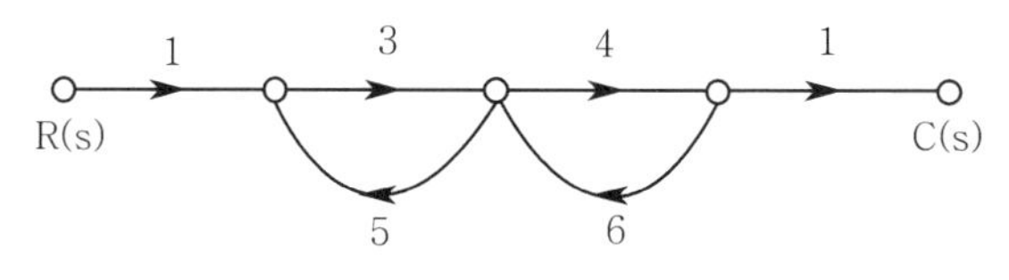

① $-\dfrac{2}{5}$　② $-\dfrac{6}{19}$
③ $-\dfrac{12}{29}$　④ $-\dfrac{12}{37}$

|정|답|및|해|설|

[전달함수] $G(s)=\dfrac{\sum 전향경로이득}{1-\sum 루프이득}$

→ (루프이득 : 피드백의 폐루프)

→ (전향경로 :입력에서 출력으로 가는 길(피드백 제외))

$\therefore G(s)=\dfrac{\sum 전향경로이득}{1-\sum 루프이득}=\dfrac{1\times 3\times 4\times 1}{1-3\times 5-4\times 6}=\dfrac{12}{-38}=-\dfrac{6}{19}$

【정답】 ②

67. 시스템행렬 A가 다음과 같을 때 상태천이행렬을 구하면?

$$A=\begin{bmatrix}0 & 1\\ -2 & -3\end{bmatrix}$$

① $\begin{bmatrix}2e^{t}-e^{2t} & -e^{t}+e^{2t}\\ 2e^{t}-2e^{2t} & -e^{t}-2e^{2t}\end{bmatrix}$

② $\begin{bmatrix}2e^{-t}-e^{-2t} & e^{t}-e^{-2t}\\ -2e^{-t}+2e^{-2t} & -e^{-t}-2e^{2t}\end{bmatrix}$

③ $\begin{bmatrix}2e^{-t}-e^{-2t} & -e^{-t}+e^{-2t}\\ 2e^{-t}-2e^{-2t} & -e^{-t}-2e^{-2t}\end{bmatrix}$

④ $\begin{bmatrix}2e^{-t}-e^{-2t} & e^{-t}-e^{-2t}\\ -2e^{-t}+2e^{-2t} & -e^{-t}+2e^{-2t}\end{bmatrix}$

|정|답|및|해|설|

[상태천이행렬] $\varnothing(t)=\mathcal{L}^{-1}[sI-A]^{-1}$

1. $[sI-A]=\begin{bmatrix}s & 0\\ 0 & s\end{bmatrix}-\begin{bmatrix}0 & 1\\ -2 & -3\end{bmatrix}=\begin{bmatrix}s & -1\\ 2 & s+3\end{bmatrix}$

2. $\varnothing(s)=[sI-A]^{-1}=\dfrac{1}{\begin{bmatrix}s & -1\\ 2s & s+3\end{bmatrix}}\begin{bmatrix}s+3 & 1\\ -2 & s\end{bmatrix}$

$=\dfrac{1}{s^2+3s+2}\begin{bmatrix}s+3 & 1\\ -2 & s\end{bmatrix}$

$=\begin{bmatrix}\dfrac{s+3}{(s+1)(s+2)} & \dfrac{1}{(s+1)(s+2)}\\ \dfrac{-2}{(s+1)(s+2)} & \dfrac{s}{(s+1)(s+2)}\end{bmatrix}$

$\therefore \varnothing(t)=\mathcal{L}^{-1}[sI-A]^{-1}$

$=\begin{bmatrix}2e^{-t}-e^{-2t} & e^{-t}-e^{-2t}\\ -2e^{-t}+2e^{-2t} & -e^{-t}+2e^{-2t}\end{bmatrix}$

【정답】 ④

68. 전달함수가 $\dfrac{C(s)}{R(s)}=\dfrac{25}{s^2+6s+25}$ 인 2차 제어시스템의 감쇠진동주파수(ω_d)는 몇 [rad/sec]인가?

① 3 ② 4 ③ 5 ④ 6

|정|답|및|해|설|

[감쇠진동 각주파수] $\omega_d=\omega_n\sqrt{1-\delta^2}$

2차 제어계의 전달함수 $G(s)=\dfrac{\omega_n^2}{s^2+2\delta\omega_n S+\omega_n^2}$ 에서

· s의 1차 앞에는 $2S\omega_n$이 있어야 한다.

· 상수에는 ω_n^2이 있어야 한다.

$\rightarrow \omega_n^2=25 \rightarrow \omega_n=5$ → (ω_n : 고유진동 각주파수)

$\rightarrow 2\delta\omega_n=6 \rightarrow \delta=\dfrac{6}{2\times 5}=0.6$ → (δ : 제동비)

· $\delta<1$이면 부족제동(감쇠진동)

$\therefore \omega_d=\omega_n\sqrt{1-\delta^2}=5\sqrt{1-0.6^2}=4[rad/sec]$

【정답】 ②

69. 폐루프 시스템에서 응답의 잔류 편차 또는 정상상태 오차를 제거하기 위한 제어 기법은?

① 비례제어 ② 적분제어

③ 미분제어 ④ on-off 제어

|정|답|및|해|설|

[조절부의 동작에 의한 분류]

종류		특 징
P	비례동작	·정상오차를 수반 ·잔류편차 발생
I	적분동작	잔류편차 제거
D	미분동작	오차가 커지는 것을 미리 방지
PI	비례적분동작	·잔류편차 제거 ·제어결과가 진동적으로 될 수 있다.
PD	비례미분동작	응답 속응성의 개선
PID	비례적분미분동작	·잔류편차 제거 ·정상 특성과 응답 속응성을 동시에 개선 ·오버슈트를 감소시킨다. ·정정시간 적게 하는 효과 ·연속 선형 제어

【정답】 ②

70. 다음 논리식을 간단히 한 것은?

$$Y=\overline{A}BC\overline{D}+\overline{A}BCD+\overline{A}\,\overline{B}C\overline{D}+\overline{A}\,\overline{B}CD$$

① $Y=\overline{A}C$ ② $Y=A\overline{C}$

③ $Y=AB$ ④ $Y=BC$

|정|답|및|해|설|

[논리식] $Y=\overline{A}BC\overline{D}+\overline{A}BCD+\overline{A}\,\overline{B}C\overline{D}+\overline{A}\,\overline{B}CD$

$=\overline{A}BC(\overline{D}+D)+\overline{A}\,\overline{B}C(\overline{D}+D)$ → $(\overline{D}+D=1)$

$=\overline{A}BC+\overline{A}\,\overline{B}C$

$=\overline{A}C(B+\overline{B})$ → $(B+\overline{B}=1)$

$=\overline{A}C$

【정답】 ①

71. 대칭 3상 전압이 공급되는 3상 유도전동기에서 각 계기의 지시는 다음과 같다. 유도전동기의 역률은 역 얼마인가?

- 전력계(W_1) : 2.84[kW]
- 전력계(W_2) : 6.00[kW]
- 전압계[V] : 200[V]
- 전류계[A] : 30[A]

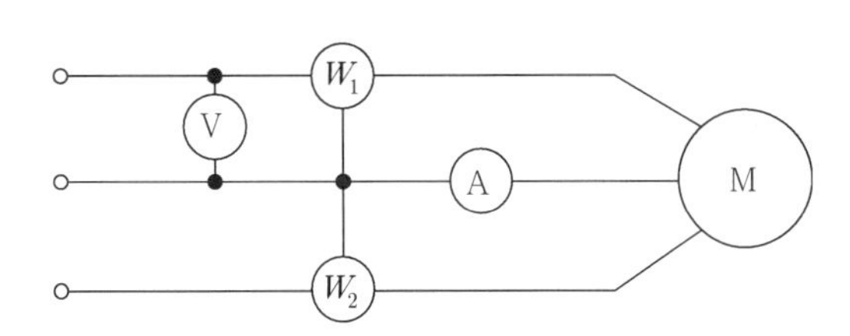

① 0.70　　② 0.75
③ 0.80　　④ 0.85

|정|답|및|해|설|

[2전력계법] 유효전력 $P = W_1 + W_2 = \sqrt{3}\, V_l I_l \cos\theta [W]$

그림에서 V= V_l, A= I_l이므로

역률 $\cos\theta = \dfrac{W_1 + W_2}{\sqrt{3}\, V_l I_l} = \dfrac{(2.84+6)\times 10^3}{\sqrt{3}\times 200\times 30} = 0.85$　　【정답】 ④

72. 불평형 3상전류가 $I_a = 15 + j4[A]$, $I_b = -18 - j16[A]$, $I_c = 7 + j15[A]$ 일 때의 영상전류 I_0 [A]는?

① $2.67 + j[A]$　　② $2.67 - j2[A]$
③ $4.67 + j[A]$　　④ $4.67 + j2[A]$

|정|답|및|해|설|

[영상전류] $I_0 = \dfrac{1}{3}(I_a + I_b + I_c)$

$I_0 = \dfrac{1}{3}[(25+j4)+(-18-j16)+(7+j15)]$

$= \dfrac{1}{3}(14+j3) = 4.67 + j$　　【정답】 ③

73. 그림과 같은 회로의 구동점 임피던스 Z_{ab}는?

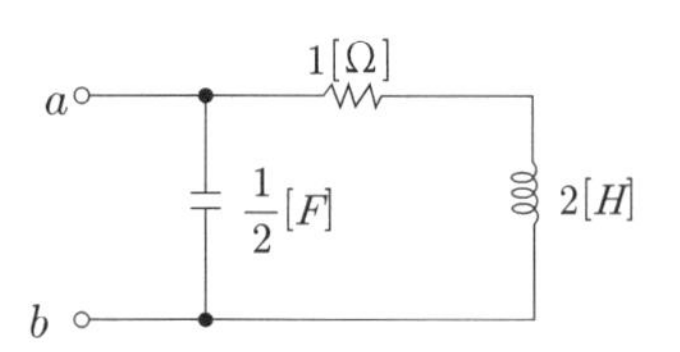

① $\dfrac{2(2s+1)}{2s^2+s+2}$　　② $\dfrac{2s+1}{2s^2+s+2}$

③ $\dfrac{2(2s-1)}{2s^2+s+2}$　　④ $\dfrac{2s^2+s+2}{2(2s+1)}$

|정|답|및|해|설|

[구동점 임피던스] 구동점 임피던스는 $j\omega$ 또는 s로 치환하여 나타낸다.

1. $R \rightarrow Z_R(s) = R$
2. $L \rightarrow Z_L(s) = j\omega L = sL = 2s$　　$\rightarrow (X_L = j\omega L = sL)$
3. $C \rightarrow Z_c(s) = \dfrac{1}{j\omega C} = \dfrac{1}{sC} = \dfrac{1}{s\frac{1}{2}} = \dfrac{2}{s}$　　$\rightarrow (X_C = \dfrac{1}{jwC} = \dfrac{1}{sC})$

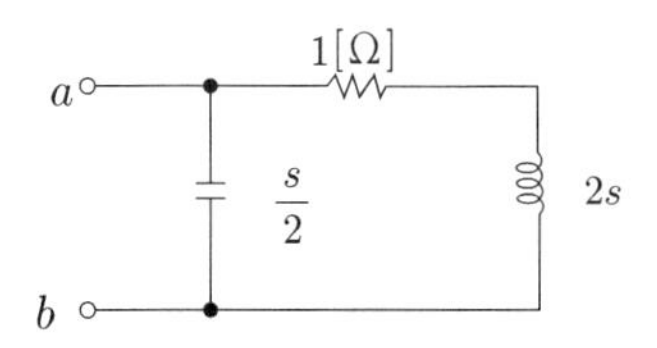

$\therefore Z_{ab}(s) = \dfrac{(1+2s)\cdot \frac{2}{s}}{(1+2s)+\frac{2}{s}} = \dfrac{2(2s+1)}{2s^2+s+2}$　　【정답】 ①

74. △결선으로 운전 중인 3상 변압기에서 하나의 변압기 고장에 의해 V결선으로 운전하는 경우, V결선으로 공급할 수 있는 전력은 고장 전 △결선으로 공급할 수 있는 전력에 비해 약 몇 [%]인가?

① 86.6　　② 75.0
③ 66.6　　④ 57.7

|정|답|및|해|설|

[V결선의 출력비] 출력비 $= \dfrac{\text{고장후의 출력}}{\text{고장전의 출력}}$

출력비 $= \dfrac{\text{고장후의 출력}}{\text{고장전의 출력}} = \dfrac{\sqrt{3}P}{3P} = 0.577 = 57.7[\%]$

※V결선에 대한 이용률 86.6[%]

【정답】 ④

75. 분포정수회로에서 직렬임피던스를 Z, 병렬어드미턴스를 Y라 할 때, 선로의 특성임피던스 Z_0는?

① ZY　② $\sqrt{ZY}$
③ $\sqrt{\dfrac{Y}{Z}}$　④ $\sqrt{\dfrac{Z}{Y}}$

|정|답|및|해|설|

[특성임피던스] $Z_0 = \sqrt{\dfrac{Z}{Y}} = \sqrt{\dfrac{R+j\omega L}{G+j\omega C}}$

→ (무손실의 경우 $(R=G=0)$)

【정답】 ④

76. 회로의 단자 a와 b 사이에 나타나는 전압 V_{ab}는 몇 [V]인가?

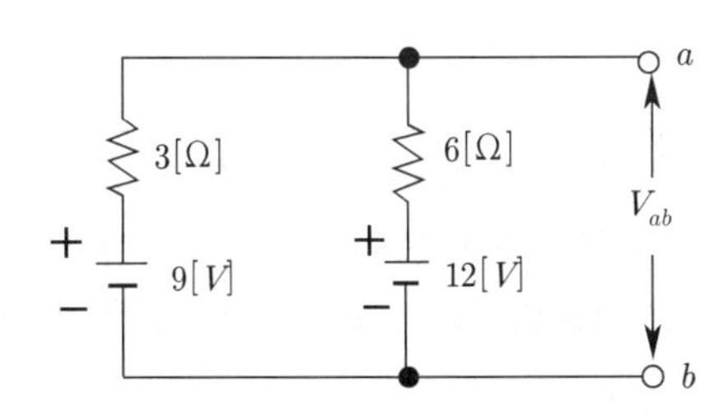

① 3　② 9
③ 10　④ 12

|정|답|및|해|설|

[밀만의 정리] $V_{ab} = \dfrac{\text{합성전류}}{\text{합성어드미턴스}}$

$\therefore V_{ab} = \dfrac{\text{합성전류}}{\text{합성어드미턴스}} = \dfrac{\dfrac{9}{3}+\dfrac{12}{6}}{\dfrac{1}{3}+\dfrac{1}{6}} = 10[V]$

【정답】 ③

77. 4단자정수 A, B, C, D 중에서 이득의 차원을 가진 정수는?

① A　② B　③ C　④ D

|정|답|및|해|설|

[4단자정수]

① A : 전압비　② B : 임피던스
③ C : 어드미턴스　④ D : 전류비

【정답】 ①

78. RL직렬회로에 순시치 전압 $e = 20 + 100\sin wt + 40\sin(3wt+60°) + 40\sin 5wt$ [V]인 전압을 가할 때 제5고조파 전류의 실효값은 몇 [A]인가? (단. R=4[Ω], $wL = 1[\Omega]$이다.)

① 4.4　② 5.66
③ 6.25　④ 8.0

|정|답|및|해|설|

[5고조파 전류] $I_5 = \dfrac{V_5}{Z_5}$

5고조파 임피던스 $Z_5 = R + j5\omega L = 4 + j5 = \sqrt{4^2+5^2}$

$\therefore I_5 = \dfrac{V_5}{Z_5} = \dfrac{V_5}{\sqrt{R^2+(5wL)^2}}$

→ (5고조파 임피던스 $Z_5 = R + j5\omega L$)

$= \dfrac{\dfrac{40}{\sqrt{2}}}{\sqrt{4^2+(5\times 1)^2}} = 4.4[A]$

【정답】 ①

79. 그림의 교류 브리지 회로가 평형이 되는 조건은?

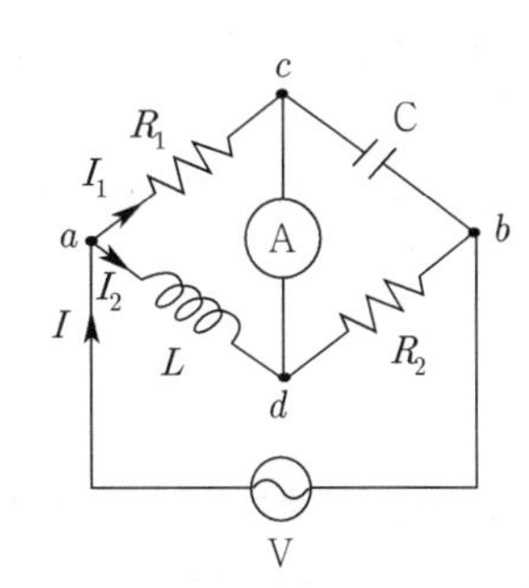

① $L = \dfrac{R_1 R_2}{C}$　② $L = \dfrac{C}{R_1 R_2}$
③ $L = R_1 R_2 C$　④ $L = \dfrac{R_2}{R_1}C$

|정|답|및|해|설|

[브리지 회로의 평형 조건] $Z_1 Z_3 = Z_2 Z_4$

$R_1 = Z_1$, $C = Z_2$, $R_2 = Z_3$, $L = Z_4$

$Z_2 = \dfrac{1}{j\omega C}[\Omega]$, $Z_4 = j\omega L[\Omega]$

$R_1 R_2 = \dfrac{1}{j\omega C} \times j\omega L$

$R_1 R_2 = \dfrac{L}{C}$ → $\therefore L = R_1 R_2 C$

【정답】 ③

80. $f(t)=t^n$의 라플라스 변환식은?

① $\frac{n}{s^n}$ ② $\frac{n+1}{s^{n+1}}$

③ $\frac{n!}{s^{n+1}}$ ④ $\frac{n+1}{s^{n!}}$

|정|답|및|해|설|

[n차 램프함수] $F(s)=\frac{n!}{S^{n+1}}$

【정답】 ③

4회 2020년 전기기사필기 (전기설비기술기준)

81. 과전류차단기로 시설하는 퓨즈 중 고압전로에 사용하는 포장 퓨즈는 2배의 정격전류 시 몇 분 안에 용단되어야 하는가?

① 2 ② 30

③ 60 ④ 120

|정|답|및|해|설|

[고압 및 특고압 전로 중의 과전류 차단기의 시설 (KEC 341.10)]

1. 포장퓨즈 : 1.3배에 견디고 2배의 전류에 120분 안에 용단하여야 한다.
2. 비포장 퓨즈 : 1.25배의 전류에 견디고 2배의 전류에서는 2분동안에 용단되어야 한다.

【정답】 ④

82. 다음 중 옥내에 시설하는 저압전선으로 나전선을 사용할 수 있는 배선공사는?

① 합성수지관공사 ② 금속관공사

③ 버스덕트공사 ④ 플로어덕트공사

|정|답|및|해|설|

[나전선의 사용 제한 (KEC 231.4)]

옥내에 시설하는 저압전선에는 나전선을 사용하여서는 아니 된다. 다만, 다음중 어느 하나에 해당하는 경우에는 그러하지 아니하다.

1. 애자사용공사에 의하여 전개된 곳에 다음의 전선을 시설하는 경우
   - ·전기로용 전선
   - ·전선의 피복 절연물이 부식하는 장소에 시설하는 전선
   - ·취급자 이외의 자가 출입할 수 없도록 설비한 장소에 시설하는 전선
2. 버스덕트공사에 의하여 시설하는 경우
3. 라이팅덕트공사에 의하여 시설하는 경우
4. 접촉 전선을 시설하는 경우

【정답】 ③

83. 특별 고압 가공전선로에 사용하는 가공지선에는 지름 몇 [mm]의 나경동선, 또는 이와 동등 이상의 세기 및 굵기의 나선을 사용하여야 하는가?

① 2.6 ② 3.5

③ 4 ④ 5

|정|답|및|해|설|

[특고압·고압 가공전선로의 가공지선 (KEC 332.6)]

1. 고압 가공전선로의 가공지선 : 인장강도 5.26[kN] 이상의 것 또는 지름 4[mm] 이상의 나경동선
2. 특고압 가공전선로의 가공지선 : 인장강도 8.01[kN] 이상의 나선 또는 5[mm] 이상의 나경동선

【정답】 ④

84. 사용전압이 35[kV] 이하인 특별고압 가공전선과 가공약전류 전선을 동일 지지물에 시설하는 경우 특고압 가공전선로의 보안공사로 알맞은 것은?

① 고압보안공사

② 제1종 특고압 보안공사

③ 제2종 특고압 보안공사

④ 제3종 특고압 보안공사

|정|답|및|해|설|

[특고압 가공전선과 가공약전류전선 등의 공용 설치 (KEC 333.19)]

특고압 가공전선과 가공약전류 전선과의 공기는 35[kV] 이하인 경우에 시설하여야 한다.

- ·특고압 가공전선로는 제2종 특고압 보안공사에 의한 것
- ·특고압은 케이블을 제외하고 인장강도 21.67[kN] 이상의 연선 또는 단면적이 50[mm^2] 이상인 경동연선일 것
- ·가공약전류 전선은 특고압 가공전선이 케이블인 경우를 제외하고 차폐층을 가지는 통신용 케이블일 것

【정답】 ③

85. 목장에서 가축의 탈출을 방지하기 위하여 전기울타리를 시설하는 경우의 전선은 인장강도가 몇 [kN] 이상의 것이어야 하는가?

① 1.38 ② 2.78
③ 4.43 ④ 5.93

|정|답|및|해|설|

[전기울타리의 시설 (KEC 241.1)]
- 전로의 사용전압은 250[V] 이하
- 전기울타리를 시설하는 곳에는 사람이 보기 쉽도록 적당한 간격으로 위험표시를 할 것
- 전선은 인장강도 1.38[kN] 이상의 것 또는 지름 2[mm] 이상의 경동선일 것
- 전선과 이를 지지하는 기둥 사이의 간격(이격거리)은 2.5[cm] 이상일 것
- 전선과 다른 시설물(가공 전선을 제외한다) 또는 수목 사이의 간격(이격거리)은 30[cm] 이상일 것
- 전기울타리에 전기를 공급하는 전로에는 쉽게 개폐할 수 있는 곳에 전용 개폐기를 시설하여야 한다. 【정답】 ①

86. 그림은 전력선 방송통신용 결합장치의 보안장치이다. 그림에서 CC은 무엇인가?

① 전력용 커패시터 ② 결합 커패시터
③ 정류용 커패시터 ④ 축전용 커패시터

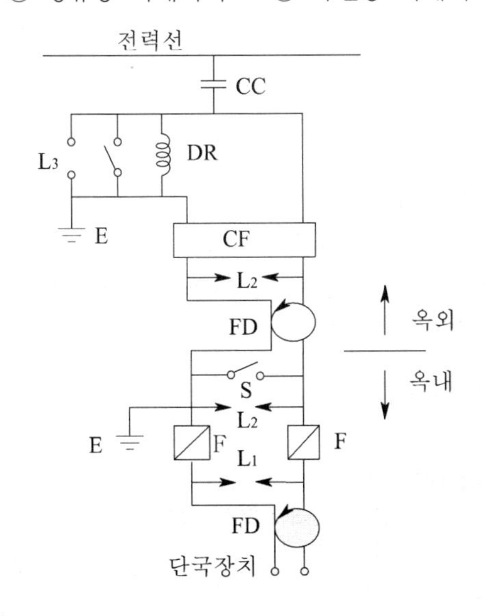

|정|답|및|해|설|

[전력선 반송 통신용 결합장치의 보안장치 (KEC 362.10)]

FD : 동축케이블

F : 정격전류 10[A] 이하의 포장 퓨즈

DR : 전류용량 2[A] 이상의 배류선륜

S : 접지용 개폐기

CF : 결합필터, CC : 결합콘덴서(결합 안테나를 포함한다.)

E : 접지

L_1 : 교류 300[V] 이하에서 동작하는 피뢰기

L_2 : 동작전압이 교류 1300[V]를 초과하고 1600[V] 이하로 조정된 방전캡

L_3 : 동작전압이 교류 2000[V]를 초과하고 3000[V] 이하로 조성된 구상 방전캡 【정답】 ②

87. 수소 냉각식 발전기 또는 이에 부속하는 수소 냉각 장치에 관한 시설 기준으로 틀린 것은?

① 발전기 안의 수소의 온도를 계측하는 장치를 시설할 것
② 무효 전력 보상 장치 안의 수소의 압력 계측 장치 및 압력 변동에 대한 경보 장치를 시설 할 것
③ 발전기 안의 수소의 순도가 70[%] 이하로 저하할 경우에 경보하는 장치를 시설할 것
④ 발전기는 기밀 구조의 것이고 또한 수소가 대기압에서 폭발하는 경우에 생기는 압력에 견디는 강도를 가지는 것일 것

|정|답|및|해|설|

[수소냉각식 발전기 등의 시설 (kec 351.10)]
- 발전기 또는 무효 전력 보상 장치(조상기)는 기밀구조의 것이고 또한 수소가 대기압에서 폭발하는 경우 생기는 압력에 견디는 강도를 가질 것
- 발전기축의 밀봉부에는 질소 가스를 봉입할 수 있는 장치와 누설한 수소 가스를 안전하게 외부에 방출할 수 있는 장치를 시설할 것
- 발전기, 무효 전력 보상 장치 안의 수소 순도가 85[%] 이하로 저하한 경우 경보장치를 시설할 것
- 발전기, 무효 전력 보상 장치 안의 수소의 압력을 계측하는 장치 및 그 압력이 현저히 변동할 경우에 이를 경보하는 장치를 시설할 것
- 발전기안 또는 무효 전력 보상 장치(조상기) 안의 수소의 온도를 계측하는 장치를 시설할 것 【정답】 ③

88. 버스 덕트 공사에 의한 저압 옥내배선에 대한 시설로 잘못 설명한 것은?

① 환기형을 제외한 덕트의 끝부분은 막을 것
② 덕트에는 접지 공사를 할 것
③ 덕트의 내부에 먼지가 침입하지 아니하도록 할 것
④ 덕트의 지지점 간 의 거리를 2[m] 이하

|정|답|및|해|설|

[버스덕트공사 (KEC 232.61)]
- 덕트를 조영재에 붙이는 경우에는 덕트의 지지점 간 의 거리를 3[m] 이하
- 취급자 이외의 자가 출입할 수 없도록 설비한 곳에서 수직으로 붙이는 경우에는 6[m]
- 덕트(환기형의 것을 제외)의 끝부분은 막을 것
- 버스덕트 내부에 물이 침입하여 고이지 아니하도록 할 것
- 덕트는 kec140에 준하여 접지공사를 할 것 【정답】 ④

89. 제2종 특고압 보안공사 시 지지물로 사용하는 철탑의 지지물간 거리(경간)를 400[m] 초과로 하려면 몇 $[mm^2]$ 이상의 경동연선을 사용하여야 하는가?

① 38 ② 55
③ 82 ④ 95

|정|답|및|해|설|

[제2종 특고압 보안공사 시 지지물 간 거리(경간) 제한 (KEC 333.22)]
지지물 간 거리(경간)는 다음에서 정한 값 이하일 것. 다만, 전선에 안장강도 38.05[kN] 이상의 연선 또는 단면적이 95$[mm^2]$ 이상인 경동연선을 사용하고 지지물에 B종 철주 · B종 철근 콘크리트주 또는 철탑을 사용하는 경우에는 그러하지 아니하다.

지지물 종류	지지물 간 거리(경간)[m]
목주, A종 철주, A종 철근콘크리트주	100
B종 철주 B종 철근콘크리트주	200
철탑	400 (단주인 경우 300)

【정답】 ④

90. 다음 ( )에 들어갈 내용으로 옳은 것은?

> 전차선로는 무설설비의 기능에 계속적이고 또한 중대한 장해를 주는 ( )가 생길 우려가 있는 경우에는 이를 방지하도록 시설하여야 한다.

① 전파 ② 혼촉
③ 단락 ④ 정전기

|정|답|및|해|설|

[전파장해의 방지 (kec 331.1)] 전차선로는 무설설비의 기능에 계속적이고 또한 중대한 장해를 주는 전파가 생길 우려가 있는 경우에는 이를 방지하도록 시설하여야 한다. 【정답】 ①

91. 다리의 윗면에 시설하는 고압 전선로는 전선의 높이를 다리의 노면상 몇 [m] 이상으로 하여야 하는가?

① 3 ② 4
③ 5 ④ 6

|정|답|및|해|설|

[다리에 시설하는 고압 전선로 (KEC 335.6)] 다리의 윗면에 시설하는 것은 전선의 높이를 다리의 노면상 5[m] 이상으로 하여 시설할 것
【정답】 ③

92. 최대사용전압이 7[kV]를 넘는 회전기의 절연내력 시험은 최대사용전압 몇 배의 전압(10,500[V] 미만으로 되는 경우에는 10,500[V])에서 10분간 견디어야 하는가?

① 0.92 ② 1.25
③ 1.5 ④ 2

|정|답|및|해|설|

[회전기 및 정류기의 절연내력 (KEC 133)]
회전기의 절연 내력 시험은 최대 사용전압 7[kV] 이하인 경우 1.5배, 7[kV]를 넘는 경우 1.25배의 전압을 10분간 가해 견디어야 한다. 【정답】 ②

93. 저압의 전선로 중 절연 부분의 전선과 대지간의 심선 상호간의 절연저항은 사용전압에 대한 누설전류가 최대 공급전류의 얼마를 넘지 아니하도록 라여야 하는가?

① $\frac{1}{4000}$　　② $\frac{1}{3000}$

③ $\frac{1}{2000}$　　④ $\frac{1}{1000}$

|정|답|및|해|설|

[전로의 절연저항 및 절연내력 (KEC 132)] 저압 전선로 중 절연 부분의 전선과 대시 사이 및 전선의 심선 상호 간의 절연저항은 사용 전압에 대한 누설전류가 최대 공급전류의 1/2000을 넘지 않도록 하여야한다. 【정답】 ③

94. 지중전선로에 사용하는 지중함의 시설기준으로 옳지 않은 것은?

① 크기가 $1[m^3]$ 이상인 것에는 밀폐 하도록 할 것

② 뚜껑은 시설자 이외의 자가 쉽게 열 수 없도록 할 것

③ 지중함 안의 고인 물을 제거할 수 있는 구조일 것

④ 견고하고 차량 기타 중량물의 압력에 견딜 수 있을 것

|정|답|및|해|설|

[지중함의 시설 (KEC 334.2)]

- 지중함은 견고하고 차량 기타 중량물의 압력에 견디는 구조 일 것
- 지중함은 그 안의 고인물을 제거할 수 있는 구조로 되어 있을 것
- 폭발성 또는 연소성의 가스가 침입할 우려가 있는 곳에 시설하는 지중함으로 그 크기가 $1[m^3]$ 이상인 것은 통풍장치 기타 가스를 방산시키기 위한 장치를 하여야 한다.
- 지중함의 뚜껑은 시설자 이외의 자가 쉽게 열 수 없도록 시설할 것

【정답】 ①

95. 사람이 상시 통행하는 터널 안의 배선(전기기계기구 안의 배선, 관등회로의 배선, 소세력 회로의 전선 및 출퇴표시등 회로의 전선은 제외)의 시설기준에 적합하지 않은 것은? (단, 사용전압이 저압의 것에 한한다.)

① 합성수지관 공사로 시설하였다.

② 공칭단면적 $2.5[mm^2]$의 연동선을 사용하였다.

③ 애자사용공사 시 전선의 높이는 노면상 2[m]로 시설하였다.

④ 전로에는 터널의 입구 가까운 곳에 전용 개폐기를 시설하였다.

|정|답|및|해|설|

[터널 안 전선로의 시설 (KEC 335.1)] 사람이 통행하는 터널 내의 전선의 경우

저압	1. 전선 : 인장강도 2.30[kN] 이상의 절연전선 또는 지름 2.6[mm] 이상의 경동선의 절연전선 2. 설치 높이 : 애자사용공사시 레일면상 또는 노면상 2.5[m] 이상 3. 합성수지관배선, 금속관배선, 가요전선관배선, 애자사용고사, 케이블 공사
고압	전선 : 케이블공사 (특고압전선은 시설하지 않는 것을 원칙으로 한다.)

【정답】 ③

96. 가공전선로의 지지물에 하중이 가하여지는 경우에 그 하중을 받는 지지물의 기초의 안전율은 일반적인 경우 얼마 이상이어야 하는가? (단, 이상 시 상정하중은 무관)

① 1.2　　② 1.5

③ 1.8　　④ 2

|정|답|및|해|설|

[가공전선로 지지물의 기초 안전율 (KEC 331.7)]

가공전선로의 지지물에 하중이 가하여지는 경우에 그 하중을 받는 지지물의 기초 안전율 2 이상(단, 이상시 상전하중에 대한 철탑의 기초에 대하여는 1.33)이어야 한다.

【정답】 ④

|참|고|

[안전율]

1.33 : 이상시 상정하중 철탑의 기초
1.5 : 케이블트레이, 안테나
2.0 : 기초 안전율
2.2 : 경동선, 내열동합금선
2.5 : 지지선, ACSD, 기타 전선

97. 금속체 외함을 갖는 저압의 기계기구로서 사람이 쉽게 접촉되어 위험의 우려가 있는 곳에 시설하는 전로에 지락이 생겼을 때 자동적으로 전로를 차단하는 장치를 설치하여야 한다. 사용전압은 몇 [V]를 초과하는 경우인가?

① 30　② 50
③ 100　④ 150

|정|답|및|해|설|

[누전차단기의 시설 (KEC 211.2.4)] 금속제 외함을 가지는 사용전압이 50[V]를 초과하는 저압의 기계 기구로서 사람이 쉽게 접촉할 우려가 있는 곳에 시설하는 데에 전기를 공급하는 전로에는 보호대책으로 누전차단기를 시설해야 한다. 【정답】 ②

98. 발전소에서 계측하는 장치를 시설하여야 하는 사항에 해당하지 않는 것은?

① 특고압용 변압기의 온도
② 발전기의 회전수 및 주파수
③ 발전기의 전압 및 전류 또는 전력
④ 발전기의 베어링(수중 메탈을 제외한다) 및 고정자의 온도

|정|답|및|해|설|

[계측장치의 시설 (KEC 351.6)] 발전소 계측 장치 시설
- 발전기·연료전지 또는 태양전지 모듈의 전압 및 전류 또는 전력
- 발전기의 베어링 및 고정자의 온도
- 정격출력이 10,000[kW]를 초과하는 증기터빈에 접속하는 발전기의 진동의 진폭
- 주요 변압기의 전압 및 전류 또는 전력
- 특고압용 변압기의 온도 【정답】 ②

99. 케이블트레이공사에 사용하는 케이블 트레이의 시설기준으로 틀린 것은?

① 케이블 트레이 안전율은 1.3 이상이어야 한다.
② 비금속제 케이블 트레이는 난연성 재료의 것이어야 한다.
③ 전선의 피복 등을 손상시킬 돌기 등이 없이 매끈해야 한다.
④ 금속제 트레이에 접지공사를 하여야 한다.

|정|답|및|해|설|

[케이블트레이공사 (KEC 232.41)]
- 전선은 연피 케이블, 알루미늄피 케이블 등 난연성 케이블, 기타 케이블 또는 금속관 혹은 합성수지관 등에 넣은 절연전선을 사용하여야 한다.
- 수용된 모든 전선을 지지할 수 있는 적합한 강도의 것이어야 한다. 이 경우 케이블 트레이의 안전율은 1.5 이상으로 하여야 한다.
- 비금속제 케이블 트레이는 난연성 재료의 것이어야 한다.
- 금속제 케이블 트레이는 kec140에 의한 접지공사를 하여야 한다.

【정답】 ①

※한국전기설비규정(KEC) 적용으로 인해 더 이상 출제되지 않는 문제는 삭제했습니다.

2019년 1회 전기기사 필기 기출문제

1회 2019년 전기기사필기 (전기자기학)

1. 평행판 콘덴서에 어떤 유전체를 넣었을 때 전속밀도가 $2.4\times10^{-7}[C/m^2]$이고 단위체적당 정전에너지가 $5.3\times10^{-3}[J/m^3]$이었다. 이 유전체의 유전율은 몇 [F/m]인가?

① 2.17×10^{-11} ② 5.43×10^{-11}
③ 5.17×10^{-12} ④ 5.43×10^{-12}

|정|답|및|해|설|

[단위 체적당 축적되는 정전에너지]

$W=\frac{1}{2}DE=\frac{1}{2}\epsilon E^2=\frac{1}{2}\frac{D^2}{\epsilon}[J/m^3]$ $\rightarrow (D=\epsilon E)$

$W=\frac{1}{2}\frac{D^2}{\epsilon} \rightarrow \epsilon=\frac{D^2}{2W}$

$\therefore \epsilon=\frac{(2.4\times10^{-7})^2}{2\times5.3\times10^{-3}}=5.43\times10^{-12}[F/m]$ 【정답】 ④

2. 서로 다른 두 유전체 사이의 경계면에 전하 분포가 없다면 경계면 양쪽에서의 전계 및 전속밀도는?

① 전계의 법선성분 및 전속밀도의 접선성분은 서로 같다.
② 전계의 접선성분이 서로 같고, 전속밀도의 법선성분이 서로 같다.
③ 전계 및 전속밀도의 법선성분은 서로 같다.
④ 전계 및 전속밀도의 접선성분은 서로 같다.

|정|답|및|해|설|

[유전체 경계면의 조건] 유전율이 다른 경계면에 전계(전속)가 입사되면, 경계면 양쪽에서 전계의 경계면에 **접선성분(평행)은 서로 같고($E_1\sin\theta_1=E_2\sin\theta_2$)**, 전속밀도는 경계면의 **법선성분(수직)이 서로 같게($D_1\cos\theta_1=D_2\cos\theta_2$)** 굴절이 된다.

【정답】 ②

3. 와류손에 대한 설명으로 틀린 것은? (단, f : 주파수, B_m : 최대자속밀도, t : 두께, ρ : 저항률이다.)

① t^2에 비례한다. ② f^2에 비례한다.
③ ρ^2에 비례한다. ④ B_m^2에 비례한다.

|정|답|및|해|설|

[와류손] $P_e=K_e(t\cdot f\cdot K_f\cdot B_m)^2$

(K_e : 재료에 따라 정해지는 상수, t : 강판의 두께, f : 주파수
B_m : 자속밀도의 최대값, K_f : 파형률) 【정답】 ③

4. $x>0$인 영역에 비유전율 $\epsilon_{r1}=3$인 유전체, $x<0$인 영역에 비유전율 $\epsilon_{r2}=5$인 유전체가 있다. $x<0$인 영역에서 전계 $E_2=20a_x+30a_y-40a_z[V/m]$일 때 $x>0$인 영역에서의 전속밀도는 몇 $[C/m^2]$인가?

① $10(10a_x+9a_y-12a_z)\epsilon_0$
② $20(5a_x-10a_y+6a_z)\epsilon_0$
③ $50(2a_x+3a_y-4a_z)\epsilon_0$
④ $50(2a_x-3a_y+4a_z)\epsilon_0$

|정|답|및|해|설|

[법선성분(수직)] $D_1=D_2$, $\epsilon_1E_1=\epsilon_2E_2$

$E_1=\frac{\epsilon_2}{\epsilon_1}E_2=\frac{\epsilon_0\epsilon_{r2}}{\epsilon_0\epsilon_{r1}}E_2$

$=\frac{5}{3}(20a_x+30a_y-40a_z)=\frac{100}{3}a_x+30a_y-40a_z[V/m]$

$D_1=\epsilon_1E_1=\epsilon_0\epsilon_{r1}=\epsilon_0 3\left(\frac{100}{3}a_x+30a_y-40a_z\right)[V/m]$

$=\epsilon_0(100a_x+90a_y-120a_z)=10\epsilon_0(10a_x+9a_y-12a_z)$

【정답】 ①

5. 그림과 같은 반지름 a[m]인 원형 코일에 I[A]이 전류가 흐르고 있다. 이 도체 중심 축상 x[m]인 점 P의 자위는 몇 [A]인가?

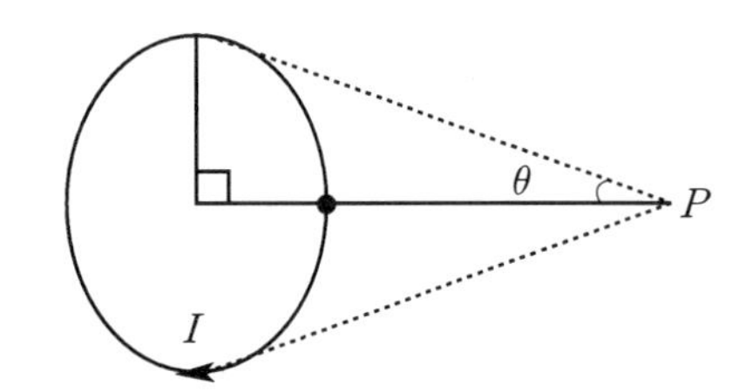

① $\frac{I}{2}(1-\cos\theta)$ ② $\frac{I}{4}(1-\cos\theta)$

③ $\frac{I}{2}(1-\sin\theta)$ ④ $\frac{I}{4}(1-\sin\theta)$

|정|답|및|해|설|

[판자석의 자위] $U=\frac{Mw}{4\pi\mu_0}[A]$

여기서, ω :입체각$(\omega=2\pi(1-\cos\theta)=2\pi(1-\frac{x}{\sqrt{a^2+x^2}})[sr])$

→ (원뿔이므로 $\omega=2\pi(1-\cos\theta)$)

M : 판자석의 세기($M=\sigma\delta=\mu_o I$[Wb・m])

$\therefore U=\frac{M}{4\pi\mu_o}\omega=\frac{\mu_0 I}{4\pi\mu_o}\times 2\pi(1-\cos\theta)=\frac{I}{2}(1-\cos\theta)$

【정답】 ①

6. $q[C]$의 전하가 진공 중에서 $v[m/s]$의 속도로 운동하고 있을 때, 이 운동방향과 θ의 각으로 $r[m]$ 떨어진 점의 자계의 세계[AT/m]는?

① $\frac{q\sin\theta}{4\pi r^2 v}$ ② $\frac{v\sin\theta}{4\pi r^2 q}$

③ $\frac{qv\sin\theta}{4\pi r^2}$ ④ $\frac{v\sin\theta}{4\pi r^2 q^2}$

|정|답|및|해|설|

[비오-사바르의 법칙] 임의의 형상의 도선에 전류 $I[A]$가 흐를 때, 도선상의 길이 l부분에 흐르는 전류에 의하여 거리 r만큼 떨어진 점 P에서의 자계의 세기 H는

$dH=\frac{I\,dl\sin\theta}{4\pi r^2}[AT/m]=\frac{q\,dv\sin\theta}{4\pi r^2}[AT/m]$ → $(I=\frac{vdq}{dl})$

$H=\frac{qv\sin\theta}{4\pi r^2}\int dq=\frac{qv\sin\theta}{4\pi r^2}[AT/m]$

【정답】 ③

7. 진공 중에서 무한장 직선도체에 선전하밀도 $\rho_L=2\pi\times 10^{-3}$[C/m]가 균일하게 분포된 경우 직선 도체에서 2[m]와 4[m] 떨어진 두 점 사이의 전위차는 몇 [V] 인가?

① $\frac{10^{-3}}{\pi\epsilon_0}\ln 2$ ② $\frac{10^{-3}}{\epsilon_0}\ln 2$

③ $\frac{1}{\pi\epsilon_0}\ln 2$ ④ $\frac{1}{\epsilon_0}\ln 2$

|정|답|및|해|설|

[무한장 직선 도체의 전위차] $V_{ab}=\frac{\lambda}{2\pi\epsilon_0}\ln\frac{b}{a}$[V/m]

(λ[c/m] : 선전하밀도, a, b : 도체의 거리)

$V_{ab}=\frac{\rho_L}{2\pi\epsilon_0}\log\frac{b}{a}=\frac{2\pi\times 10^{-3}}{2\pi\epsilon_0}\log 2=\frac{10^{-3}}{\epsilon_0}\log 2[V]$

【정답】 ②

8. 균일한 자장 내에 놓여 있는 직선 도선에 전류 및 길이를 각각 2배로 하면 이 도선에 작용하는 힘은 몇 배가 되는가?

① 1 ② 2

③ 4 ④ 8

|정|답|및|해|설|

[플레밍의 왼손법칙] 평등 자장 내에 전류가 흐르고 있는 도체가 받는 힘(전자력) $F=(I\times B)l=IBl\sin\theta$[N]

$F=(2I\times B)2l\sin\theta=4IBl\sin\theta$

【정답】 ③

9. 환상철심에 권수 3000회의 A코일과 권수 200회인 B코일이 감겨져 있다. A코일의 자기인덕턴스가 360[mH]일 때 A, B 두 코일의 상호인덕턴스[mH]는? (단, 결합계수는 1 이다.)

① 16[mH] ② 24[mH]

③ 36[mH] ④ 72[mH]

|정|답|및|해|설|

[권수비] $a=\frac{V_1}{V_2}=\frac{N_1}{N_2}=\frac{L_1}{M}=\frac{M}{L_2}$ → 상호인덕턴스에 대입하면

$\therefore M=\frac{N_2}{N_1}L_1=\frac{200}{3000}\times 360=24[mH]$

【정답】 ②

10. 다음의 맥스웰 방정식 중 틀린 것은?

① $\oint_s B \cdot dS = \rho_s$

② $\oint_s D \cdot dS = \oint_v \rho dv$

③ $\oint_c E \cdot dl = -\oint_s \frac{\partial B}{\partial t} \cdot dS$

④ $\oint_c H \cdot dl = I + \oint_s \frac{\partial D}{\partial t} \cdot dS$

|정|답|및|해|설|

[맥스웰의 적분형 방정식]

1. 제1적분형 방정식 : $\oint_c H \cdot dl = I + \int_s \frac{\partial D}{\partial t} \cdot dS$

2. 제2적분형 방정식 : $\oint_c E \cdot dl = -\int_s \frac{\partial B}{\partial t} \cdot dS$

3. 제3적분형 방정식 : $\int_s D \cdot dS = \int_v \rho dv = Q$

4. 제4적분형 방정식 : $\int_s B \cdot dS = 0$ 【정답】 ①

11. 다음 중 자기회로의 자기저항에 대한 설명으로 옳은 것은?

① 자기회로의 단면적에 비례한다.

② 투자율에 반비례한다.

③ 자기회로의 길이에 반비례한다.

④ 단면적에 반비례하고 길이의 제곱에 비례한다.

|정|답|및|해|설|

[자기저항] 자기회로의 단면적을 $S[m^2]$, 길이를 $l[m]$, 투자율을 μ라 하면 자기 저항 R_m은

$R_m = \frac{l}{\mu S} = \frac{l}{\mu_0 \mu_s S}[AT/Wb]$ 【정답】 ②

12. 접지된 구도체와 점전하 간에 작용하는 힘은?

① 항상 흡인력이다.

② 항상 반발력이다.

③ 조건적 흡인력이다.

④ 조건적 반발력이다.

|정|답|및|해|설|

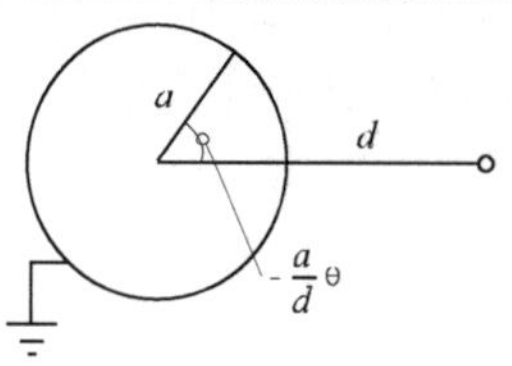

[접지 구도체와 점전하]

접지 구도체와 점전하 $Q[C]$간 작용력은 접지 구도체의 영상 전하 $Q' = -\frac{a}{d}Q[C]$이 부호가 반대이므로 **항상 흡인력이 작용**한다.

【정답】 ①

13. 전류가 흐르는 반원형 도선이 평면 $z=0$상에 놓여 있다. 이 도선이 자속 밀도 $B=0.6a_x-0.5a_y+a_z$ $[Wb/m^2]$인 균일자계 내에 놓여 있을 때 도선의 직선 부분에 작용하는 힘은 몇 [N]인가?

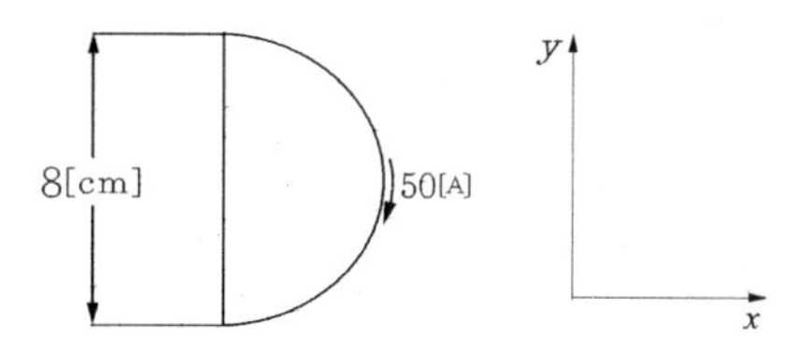

① $4a_x+2.4a_z$ ② $4a_y-2.4a_z$

③ $5a_x-3.5a_z$ ④ $-5a_x+3.5a_z$

|정|답|및|해|설|

[단위 길이당 작용하는 힘(플레밍의 왼손 법칙)] $F=BIl\sin\theta$

외적으로 표현 $\overline{F} = (I \times B)l$

$I = 50a_y$, $B = 0.6a_x - 0.5a_y + a_z$이므로

$$I \times B = \begin{vmatrix} a_x & a_y & a_z \\ 0 & 50 & 0 \\ 0.6 & -0.5 & 1 \end{vmatrix}$$

→ (단위 벡터와 해당 축 제거)

$$= a_x \begin{vmatrix} 50 & 0 \\ -0.5 & 1 \end{vmatrix} - a_y \begin{vmatrix} 0 & 0 \\ 0.6 & 1 \end{vmatrix} + a_z \begin{vmatrix} 0 & 50 \\ 0.6 & -0.5 \end{vmatrix}$$

→ (오른쪽 대각선 - 왼쪽 대각선)

$=\{(50\times1)-(0\times-50)\}a_x - \{(0\times1)-(0\times0.6)\}a_y + \{(0\times-0.5)-(50\times0.6)\}a_z$

$=50a_x - 30a_z$

$\overline{F} = 50a_x - 30a_z$에 도선의 길이를 곱한다.

즉, 도선의 길이 l에 작용하는 힘 F

$\therefore F = \overline{F}\,l = (50a_x - 30a_z)\times 0.08 = 4a_y - 2.4a_z$

【정답】 ②

14. 평행한 두 도선간의 전자력은? (단, 두 도선간의 거리는 r[m]라 한다.)

① r에 비례　② r^2에 비례
③ r에 반비례　④ r^2에 반비례

|정|답|및|해|설|

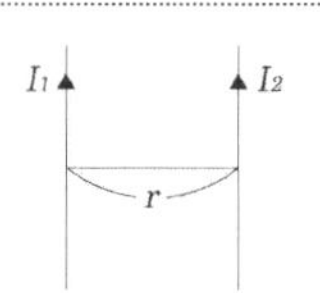

[평행 도선 간에 작용하는 힘]

$$F=\frac{\mu_0 I_1 I_2}{2\pi r} \quad \rightarrow (\mu_0 = 4\pi\times 10^{-7})$$
$$=\frac{4\pi\times10^{-7}}{2\pi r} I_1 I_2 = \frac{2I_1 I_2}{r}\times 10^{-7}[\mathrm{N/m}]$$

※전류의 방향이 같으면 흡입력, 반대(왕복)이면 반발력 작용

【정답】 ③

15. 다음의 관계식 중 성립할 수 없는 것은? (단, μ는 투자율, μ_0는 진공의 투자율, χ는 자화율, J는 자화의 세기이다.)

① $\mu=\mu_0+\chi$　② $J=\chi B$
③ $\mu_s = 1+\dfrac{\chi}{\mu_0}$　④ $B=\mu H$

|정|답|및|해|설|

① 투자율 $\mu=\mu_0+\chi[H/m]$
② 자화의 세기 $J=\chi H=(\mu-\mu_0)H=B-\mu_o H[Wb/m^2]$
③ 비투자율 $\mu_s=\dfrac{\mu}{\mu_0}=\dfrac{\mu_0+\chi}{\mu_0}=1+\dfrac{\chi}{\mu_0}$
④ 자속밀도 $B=\mu_0 H+J=\mu_0 H+\chi H$
$=(\mu_0+\chi)H=\mu_0\mu_s H[Wb/m^2]$

【정답】 ②

16. 평행판 콘덴서의 극판 사이에 유전율 ϵ, 저항률 ρ인 유전체를 삽입하였을 때, 두 전극간의 저항 R과 정전용량 C의 관계는?

① $R=\rho\epsilon C$　② $RC=\dfrac{\epsilon}{\rho}$
③ $RC=\rho\epsilon$　④ $RC\rho\epsilon=1$

|정|답|및|해|설|

[평행판 콘덴서의 저항과 정전용량과의 관계] $RC=\rho\epsilon$

※인덕턴스와 정전용량의 관계 $LC=\mu\epsilon$

【정답】 ③

17. 비유전율(ϵ_s)이 90이고, 비투자율(μ_s)이 1인 매질 내의 고유임피던스는 약 몇 $[\Omega]$인가?

① 32.5　② 39.7　③ 42.3　④ 45.6

|정|답|및|해|설|

[고유 임피던스] $Z_0=\dfrac{E}{H}=\sqrt{\dfrac{\mu}{\epsilon}}=\sqrt{\dfrac{\mu_0\mu_s}{\epsilon_0\epsilon_s}}=377\sqrt{\dfrac{\mu_s}{\epsilon_s}}\ [\Omega]$

$Z_0=377\sqrt{\dfrac{\mu_s}{\epsilon_s}}=377\sqrt{\dfrac{1}{90}}=39.739\ [\Omega]$

【정답】 ②

18. 사이클로트론에서 양자가 매초 3×10^{15}개의 비율로 가속되어 나오고 있다. 양자가 15[MeV]의 에너지를 가지고 있다고 할 때, 이 사이클로트론은 가속용 고주파 전계를 만들기 위해서 150[kW]의 전력을 필요로 한다면 에너지 효율은 몇 [%]인가?

① 2.8　② 3.8　③ 4.8　④ 5.8

|정|답|및|해|설|

[에너지 효율] $\delta=\dfrac{\text{사용되는 에너지(=출력)}}{\text{공급되는 에너지(=입력)}}\times100$

$1[\mathrm{eV}]=1.602\times10^{-19}[\mathrm{J}]$, $1[W]=1[J/s]$

$W=Pt[W\cdot\sec]=[J]$

$\delta=\dfrac{\text{사용되는 에너지(=출력)}}{\text{공급되는 에너지(=입력)}}\times100$에서

$$\frac{\frac{3\times10^{15}}{1}[\text{개}/\sec]\times15\times10^6\times1.602\times10^{-19}[W\cdot\sec]}{150\times10^3}\times100$$

$=4.8[\%]$

【정답】 ③

19. 단면적 4[cm²]의 철심에 6×10⁻⁴[Wb]의 자속을 통하게 하려면 2,800[AT/m]의 자계가 필요하다. 이 철심의 비투자율은 약 얼마인가?

① 346　② 375
③ 407　④ 426

|정|답|및|해|설|

[비투자율] $\mu_s=\dfrac{\phi}{\mu_0 HS}$　$\rightarrow (\varnothing=BS=\mu HS=\mu_0\mu_s HS)$

여기서, S : 단면적, $\varnothing$: 자속, H : 자기의 세기, B : 자속밀도

$\therefore \mu_s=\dfrac{\phi}{\mu_0 HS}=\dfrac{6\times10^{-4}}{4\pi\times10^{-7}\times2800\times4\times10^{-4}}=426$

$\rightarrow (\mu_0=4\pi\times10^{-7})$

【정답】 ④

20. 대전된 도체의 특징이 아닌 것은?

① 도체에 인가된 전하는 도체 표면에만 분포한다.
② 가우스법칙에 의해 내부에는 전하가 존재한다.
③ 전계는 도체 표면에 수직인 방향으로 진행된다.
④ 도체표면에서의 전하밀도는 곡률이 클수록 높다.

|정|답|및|해|설|

[도체의 성질과 전하분포] 전하밀도는 뾰족할수록 커지고 뾰족하다는 것은 곡률 반지름이 매우 작다는 것이다. 곡률과 곡률 반지름은 반비례하므로 전하밀도는 곡률과 비례한다. 그리고 대전도체는 모든 전하가 표면에 위치하므로 **내부에는 전하가 없다.** 【정답】 ②

1회 2019년 전기기사필기 (전력공학)

21. 송배전선로에서 도체의 굵기는 같게 하고 도체간의 간격을 크게 하면 도체의 인덕턴스는?

① 커진다.
② 작아진다.
③ 변함이 없다.
④ 도체의 굵기 및 지지물 간 거리(경간)와는 무관하다.

|정|답|및|해|설|

[선로의 인덕턴스] $L = 0.05 + 0.4605\log_{10}\frac{D}{r}[mH/km]$

(r[m] : 전선의 반지름을, D[m] : 선간거리)

【정답】 ①

22. 동일 전력을 동일 선간전압, 동일 역률로 동일 거리에 보낼 때 사용하는 전선의 총중량이 같으면, 단상 2선식과 3상 3선식의 전력손실비(3상 3선식/단상 2선식)는?

① $\frac{1}{3}$　② $\frac{1}{2}$　③ $\frac{3}{4}$　④ 1

|정|답|및|해|설|

[선로의 전력손실] $P_l = 3I^2R[W]$ $\rightarrow (I = \frac{P\times 10^3}{\sqrt{3}\,V\cos\theta})$

전력손실 $P_l = \frac{P^2R}{V^2\cos^2\theta}\times 10^3[kW]$

· 전력이 동일하므로

$VI_1\cos\theta = \sqrt{3}\,VI_3\cos\theta$, $I_1 = \sqrt{3}I_3$, $\frac{I_3}{I_1} = \frac{1}{\sqrt{3}}$

· 중량이 동일하므로

$2\sigma A_1 l = 3\sigma A_3 l$, $\frac{A_1}{A_3} = \frac{3}{2} = \frac{R_3}{R_1}$ $\rightarrow (R = \sigma\times\frac{l}{A})$

$\therefore$ 전력손실비 $= \frac{3상3선식(P_{l3})}{단상2선식(P_{l2})} = \frac{3I_3^2R_3}{2I_1^2R_1}$

$= \frac{3}{2}\times\left(\frac{1}{\sqrt{3}}\right)^2\times\frac{3}{2} = \frac{3}{4}$ 【정답】 ③

23. 배전반에 접속되어 운전 중인 계기용변압기(PT)와 계기용변류기(CT)의 2차측 회로를 점검할 때의 조치사항으로 옳은 것은?

① CT는 단락시킨다.
② PT는 단락시킨다.
③ CT와 PT 모두를 단락시킨다.
④ CT와 PT 모두를 개방시킨다.

|정|답|및|해|설|

[2차측 회로 점검] PT는 전원과 병렬로 연결하고 CT는 회로와 직렬로 연결시키므로, PT는 개방 상태로 되어야 하나 CT는 개방이 되면 부하전류에 의하여 소손이 되므로 CT의 점검시에는 반드시 2차측을 단락시켜야 한다. 【정답】 ①

24. 배전선로의 역률 개선에 따른 효과로 적합하지 않은 것은?

① 전원측 설비의 이용률 향상
② 선로 절연에 요하는 비용 절감
③ 전압강하 감소
④ 선로의 전력손실 경감

|정|답|및|해|설|

[역률개선의 효과]
1. 전력 손실 경감
2. 전압강하 감소
3. 설비용량의 여유 증가
4. 전력요금 절약

【정답】 ②

25. 총낙차 300[m], 사용수량 20[m^3/s]인 수력 발전소의 발전기출력은 약 몇 [kW]인가? (단, 수차 및 발전기 효율을 각각 90[%], 98[%]이고, 손실 낙차는 총낙차의 6[%]라 한다.)

① 49 ② 52
③ 77 ④ 87

|정|답|및|해|설|

[수력 발전기의 출력] $P = 9.8QH\eta_t\eta_g$

(Q : 유량[m^3/s], H : 낙차[m], η_g : 발전기 효율
η_t : 수차의 효율)

$P = 9.8 \times 20 \times (300 - 300 \times 0.06) \times 0.9 \times 0.98 \times 10^{-3}$
$= 48.75[\text{kW}]$ 【정답】 ①

26. 수전단을 단락한 경우 송전단에서 본 임피던스가 $330[\Omega]$이고, 수전단을 개방한 경우 송전단에서 본 어드미턴스가 $1.875 \times 10^{-3}[\mho]$일 때 송전선의 특성 임피던스는 약 몇 [Ω] 인가?

① 200 ② 300
③ 420 ④ 500

|정|답|및|해|설|

[특성임피던스] $Z_0 = \sqrt{\frac{Z}{Y}}[\Omega]$

$Z = 300[\Omega]$, $Y = 1.875 \times 10^{-3}$

$\therefore Z_0 = \sqrt{\frac{330}{1.875 \times 10^{-3}}} = 420[\Omega]$ 【정답】 ③

27. 다중접지 계통에 사용되는 재연결(재폐로) 기능을 갖는 일종의 차단기로서 과부하 또는 고장전류가 흐르면 순시동작하고, 일정시간 후에는 자동적으로 재연결(재폐로) 하는 보호기기는?

① 리클로저
② 라인 퓨즈
③ 섹셔널라이저
④ 고장구간 자동개폐기

|정|답|및|해|설|

[재연결(재폐로) 보호기] 재연결(재폐로) 기능을 갖는 일종의 차단기는 리클로저(Recloser), 순간 고장을 자동으로 제거

※섹셔널라이저는 고장구간 분리, R-S-F 로 구성
(R : 리클로저, S : 섹셔널라이저, F : 라인퓨즈)

【정답】 ①

28. 송전선 중간에 전원이 없을 경우에 송전단의 전압 $E_S = AE_R + BI_R$이 된다. 수전단의 전압 E_R의 식으로 옳은 것은? (단, I_S, I_R는 송전단 및 수전단의 전류이다.)

① $E_r = AE_s + CI_s$ ② $E_r = BE_r + AI_r$
③ $E_r = DE_s - BI_s$ ④ $E_r = CE_s - DI_s$

|정|답|및|해|설|

[4단자정수의 송전전압, 송전전류]

· $E_s = AE_r + BI_r[V]$.....................①
· $I_s = CE_s + DI_r[A]$.....................②
· $AD - BC = 1$
· ①$\times D -$②$\times B$

$\rightarrow$ $(DE_s = DAE_r + DBI_r)$
$-$ $(BI_s = BCE_r + BDI_r)$
$\rightarrow$ $DE_s - BI_s = (AD - BC)E_r \rightarrow (AD - BC = 1)$

$\therefore E_r = DE_s - BI_s$ 【정답】 ③

29. 저압뱅킹방식에서 저전압의 고장에 의하여 건전한 변압기의 일부 또는 전부가 차단되는 현상은?

① 아킹(Arcing)
② 플리커(Flicker)
③ 밸런스(Balance)
④ 케스케이딩(Cascading)

|정|답|및|해|설|

[캐스케이딩(cascading)] 변압기 또는 선로의 사고에 의해서 뱅킹 내의 건전한 변압기의 일부 또는 전부가 연쇄적으로 회로로부터 차단되는 현상으로 저압뱅킹 방식의 단점으로 지적된다. 방지대책으로는 구분 퓨즈를 설치

※아킹(Arcing) : 낙뢰 등으로 인한 역섬락 시 애자련 보호
1. 초호환=소호환=arcing ring
2. 초호각=소호각=arcing horn 【정답】 ④

30. 비접지식 3상 송배전계통에서 1선 지락고장 시 고장전류를 계산하는데 사용되는 정전용량은?

① 작용정전용량　　② 대지정전용량
③ 합성정전용량　　④ 선간정전용량

|정|답|및|해|설|
[비접지식 지락전류] $I_g = \sqrt{3}\,WC_s V[A]$ → (C_s : 대지정전용량)
【정답】 ②

31. 비접지 계통의 지락사고 시 계전기에 영상전류를 공급하기 위하여 설치하는 기기는?

① CT　　② GPT
③ ZCT　　④ PT

|정|답|및|해|설|
[영상변류기(ZCT)]
- 지락사고시 지락전류(영상전류)를 검출
- 지락 과전류 계전기(OCGR)에는 영상 전류를 검출하도록 되어있고, 지락사고를 방지한다.

※GPT(접지형 계기용 변압기) : 비접지 계통에서 지락사고시의 영상 전압 검출
【정답】 ③

32. 이상전압의 파고값을 저감시켜 전력 사용을 보호하기 위하여 설치하는 것은?

① 초호환　　② 피뢰기
③ 계저기　　④ 접지봉

|정|답|및|해|설|
[피뢰기] 이상전압의 파고치를 저감시켜 기계 기구 보호
※① 초호환 : 낙뢰 등으로 인한 역섬락 시 애자련 보호
③ 계전기 : 고장을 감지하고 차단기가 동작하도록 제어한다.
④ 접지봉 : 사고전력을 대지로 방류시킨다.
【정답】 ②

33. 임피던스 Z_1, Z_2 및 Z_3을 그림과 같이 접속한 선로의 A쪽에서 전압파 E가 진행해 왔을 때 접속한 B에서 무반사로 되기 위한 조건은?

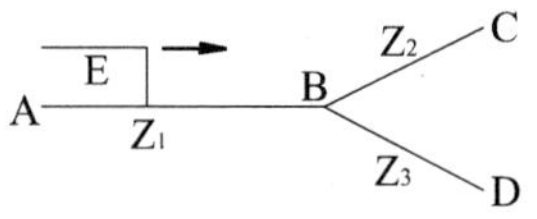

① $Z_1 = Z_2 + Z_3$　　② $\frac{1}{Z_1} = \frac{1}{Z_3} - \frac{1}{Z_2}$
③ $\frac{1}{Z_1} = \frac{1}{Z_2} + \frac{1}{Z_3}$　　④ $\frac{1}{Z_1} = \frac{1}{Z_2} - \frac{1}{Z_3}$

|정|답|및|해|설|
[무반사 조건] $Z_A = Z_B$　→ (Z_A, Z_B : 특정임피던스)

$Z_A = Z_1$, $Z_B = \dfrac{1}{\frac{1}{Z_2} + \frac{1}{Z_3}}$ 라면 반사계수$=\dfrac{Z_B - Z_A}{Z_A + Z_B}$

무반사 조건 $Z_A = Z_B$이므로

$Z_1 = \dfrac{1}{\frac{1}{Z_2} + \frac{1}{Z_3}}$　　$\therefore \dfrac{1}{Z_1} = \dfrac{1}{Z_2} + \dfrac{1}{Z_3}$
【정답】 ③

34. 수차의 캐비테이션 방지책으로 틀린 것은?

① 흡출수두를 증대시킨다.
② 과부하 운전을 가능한 한 피한다.
③ 수차의 비속도를 너무 크게 잡지 않는다.
④ 침식에 강한 금속재료로 러너를 제작한다.

|정|답|및|해|설|
[캐비테이션(cavitation) : 공동 현상] 수차를 돌리고 나온 물이 흡출관을 통과할 때 흡출관의 중심부에 진공상태를 형성하는 현상

1. 캐비테이션의 결과
- 수차의 효율, 출력, 낙차의 저하
- 유수에 접한 러너나 버킷 등에 침식 발생
- 수차의 진동으로 소음이 발생
- 흡출관 입구에서 수압의 변동이 현저해 짐

2. 방지책
- 흡출고를 낮게 한다.
- 수차의 특유속도(비속도)를 작게 한다.
- 침식에 강한 금속 재료를 사용할 것
- 러너의 표면이 매끄러워야 한다.
- 수차의 경부하 운전을 피할 것
- 캐비테이션 발생 부분에 공기를 넣어서 진공이 발생하지 않도록 할 것

【정답】 ①

35. 다음 중 켈빈(Kelvin)의 법칙이 적용되는 경우는?

① 전력 손실량을 축소시키고자 하는 경우
② 전압강하를 감소시키고자 하는 경우
③ 부하 배분의 균형을 얻고자 하는 경우
④ 경제적인 전선의 굵기를 선정하고자 하는 경우

|정|답|및|해|설|
[캘빈의 법칙] 가장 경제적인 전선의 굵기 결정에 사용

$C = \sqrt{\dfrac{\omega MP}{\sigma \cdot N}}$ [A/mm²]
【정답】 ④

36. 보호계전기의 반한시·정한시 특성은?

① 동작전류가 커질수록 동작시간이 짧게 되는 특성
② 최소 동작전류 이상의 전류가 흐르면 즉시 동작하는 특성
③ 동작전류의 크기에 관계없이 일정한 시간에 동작하는 특성
④ 동작전류가 적은 동안에는 동작전류가 커질수록 동작시간이 짧아지고 어떤 전류 이상이 되면 동작전류의 크기에 관계없이 일정한 시간에서 동작하는 특성

|정|답|및|해|설|

[반한시정한시 계전기] 동작전류가 적은 동안에는 반한시로, 어떤 전류 이상이면 정한시로 동작하는 것

순한시계전기	이상의 전류가 흐르면 즉시 동작
반한시계전기	고장 전류의 크기에 반비례, 즉 동작 전류가 커질수록 동작시간이 짧게 되는 것
정한시계전기	이상 전류가 흐르면 동작전류의 크기에 관계없이 일정한 시간에 동작

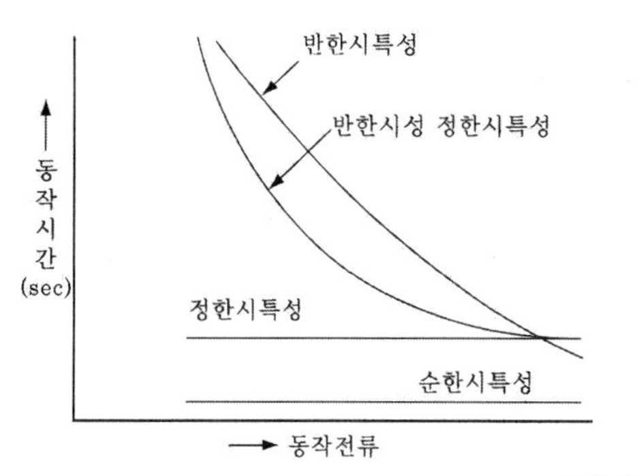

【정답】 ④

37. 단도체 방식과 비교하여 복도체 방식의 송전선로를 설명한 것으로 옳지 않은 것은?

① 전선의 인덕턴스는 감소되고 정전용량은 증가된다.
② 선로의 송전용량이 증가된다.
③ 계통의 안정도를 증진시킨다.
④ 전선 표면의 전위경도가 저감되어 코로나 임계전압을 낮출 수 있다.

|정|답|및|해|설|

[복도체 방식의 특징]

- 전선의 인덕턴스가 감소하고 정전용량이 증가되어 선로의 송전용량이 증가하고 계통의 안정도를 증진시킨다.
- 전선 표면의 전위경도가 저감되므로 코로나 임계전압을 높일 수 있고 코로나 손실이 저감된다.

【정답】 ④

38. 송전선로에서 1선지락의 경우 지락전류가 가장 작은 중성점 접지방식은?

① 비접지방식　② 직접접지방식
③ 저항접지방식　④ 소호리액터접지방식

|정|답|및|해|설|

[송전선로에서 1선지락 시 지락전류의 크기]
직접접지 〉 고저항접지 〉 비접지 〉 소호리액터 접지 순이다.

【정답】 ④

39. 변전소의 가스 차단기에 대한 설명으로 옳지 않은 것은?

① 근거리 차단에 유리하지 못하다.
② 불연성이므로 화재의 위험성이 적다.
③ 특고압 계통의 차단기로 많이 사용된다.
④ 이상전압 발생이 적고 절연회복이 우수하다.

|정|답|및|해|설|

[가스차단기(GCB)]

- 고성능 절연 특성을 가진 특수 가스(SF_6)를 이용해서 차단
- SF_6 가스를 이용하므로 화재의 위험성이 적다.
- 밀폐 구조이므로 소음이 없다.
- 특고압 계통의 차단기로 많이 사용된다.
- 절연내력이 공기의 2~3배, 소호능력은 공기의 100~200배
- 근거리 고장 등 가혹한 재기전압에 대해서도 성능이 우수하다.

【정답】 ①

40. 선간전압이 154[kV]이고, 1상당의 임피던스가 $j8[\Omega]$인 기기가 있을 때, 기준용량을 100[MVA]로 하면 %임피던스는 약 몇 [%]인가?

① 2.75 ② 3.15
③ 3.37 ④ 4.25

|정|답|및|해|설|

[퍼센트 임피던스] $\%Z = \frac{P[\text{kVA}]\cdot Z[\Omega]}{10V^2[\text{kV}]}[\%]$ → (단상)

여기서, V : 정격전압[kV], P : 기준용량[kVA]

$\therefore \%Z = \frac{100\times10^3\times8}{10\times154^2}[\%] = 3.37[\%]$

→ (이미 100이 곱해진 상태이므로 절대 100을 곱해서는 안 된다.)

※ V 및 P의 단위가 각각 [kV], [kVA]가 되어야 한다.

【정답】 ③

1회 2019년 전기기사필기 (전기기기)

41. 3상 비돌극형 동기발전기가 있다. 정격출력 5000[kVA], 정격전압 6000[V], 정격역률 0.8이다. 여자를 정격상태로 유지할 때 이 발전기의 최대 출력은 약 몇 [kW]인가? (단, 1상의 동기리액턴스는 0.8[P.U]이며 저항은 무시한다.)

① 7500 ② 10000
③ 11500 ④ 12500

|정|답|및|해|설|

[비돌극형 3상 발전기의 최대 출력] $P_m = \frac{E\cdot V}{x_s}\times P_n$

(E : 기전력, V : 단자전압, x_s : 동기리액턴스, P_n : 정격출력)

$E = \sqrt{\cos^2\theta + (\sin\theta + x_s)^2} = \sqrt{0.8^2 + (0.6+0.8)^2} = 1.612$

$\rightarrow (\cos\theta = 0.8,\ \sin\theta = \sqrt{1-\cos^2} = \sqrt{1-0.8^2} = 0.6)$

$\therefore P_m = \frac{1.612\times1}{0.8}\times5000 = 10075$ → (단자전압을 1로 놓는다)

【정답】 ②

42. 직류기의 손실 중에서 기계손으로 옳은 것은?

① 풍손 ② 와류손
③ 표류 부하손 ④ 브러시의 전기손

|정|답|및|해|설|

[총손실]

1. 무부하손
 - 철손 : 히스테리스손, 와류손
 - 기계손 : 풍손, 베어링 마찰손
2. 부하손 : 전기자 저항손, 브러시손, 표류부하손

【정답】 ①

43. 다음 ( )안에 알맞은 것은?

> 직류발전기에서 계자권선이 전기자에 병렬로 연결된 직류기는 (ⓐ) 발전기라 하며, 전기자권선과 계자권선이 직렬로 접속한 직류기는 (ⓑ) 발전기라 한다.

① ⓐ 분권, ⓑ 직권
② ⓐ 직권, ⓑ 분권
③ ⓐ 복권, ⓑ 분권
④ ⓐ 자여자, ⓑ 타여자

|정|답|및|해|설|

[직류발전기]

1. 타여자 발전기 : 계자와 전기자가 별개의 독립적으로 되어 있는 발전기로서, 발전기 외부에 별도의 여자장치가 있다.
2. 자여자 발전기 : 계자권선의 여자전류를 자기 자신의 전기자 유기전압에 의해 공급하는 발전기로 분권발전기, 직권발전기, 복권발전기 등이 있다.
3. 직권발전기 : 계자권선, 전기자권선, 부하가 직렬로 구성
4. 분권발전기 : 전기자권선과 계자권선이 병렬로 접속
5. 복권발전기 : 내분권, 외분권으로 구성되며, 복권 발전기의 표준은 외분권 복권 발전기이다.

【정답】 ①

44. 2대의 변압기로 V결선하여 3상 변압하는 경우 변압기 이용률 약 몇 [%]은?

① 57.8 ② 66.6
③ 86.6 ④ 100

|정|답|및|해|설|

[변압기 V결선 시의 이용률] V결선에는 변압기 2대를 사용했을 경우 그 정격출력의 합은 $2V_2I_2$이므로 변압기 이용률

$U = \frac{\sqrt{3}\,V_2I_2}{2V_2I_2} = \frac{\sqrt{3}}{2} = 0.866(86.6[\%])$ 【정답】 ③

45. 1차전압 6,600[V], 2차전압 220[V], 주파수 60[Hz], 1차 권수 1,200회의 변압기가 있다. 최대 자속은 약 몇 [Wb]인가?

① 0.36　　② 0.63
③ 0.012　　④ 0.021

|정|답|및|해|설|

[변압기의 최대자속] $\phi_m = \frac{E_1}{4.44fN_1}[Wb]$

· 1차유기기전력 $E_1 = 4.44fN_1\varnothing_m$
· 2차 유기기전력 $E_2 = 4.44fN_2\varnothing_m$

여기서, f : 1, 2차 주파수, N_1, N_2 : 1, 2차 권수, $\varnothing_m$: 최대자속
1차전압 : 6,600[V], 2차전압 : 220[V], 주파수 : 60[Hz]
1차권수 : 1,200회

∴최대자속 $\phi_m = \frac{E_1}{4.44fN_1} = \frac{6,600}{4.44\times 60\times 1200} = 0.021[Wb]$

【정답】 ④

46. 직류발전기의 정류 초기에 전류변화가 크며 이때 발생되는 불꽃 정류로 옳은 것은?

① 과정류　　② 직선정류
③ 부족정류　　④ 정현파정류

|정|답|및|해|설|

[정류곡선]

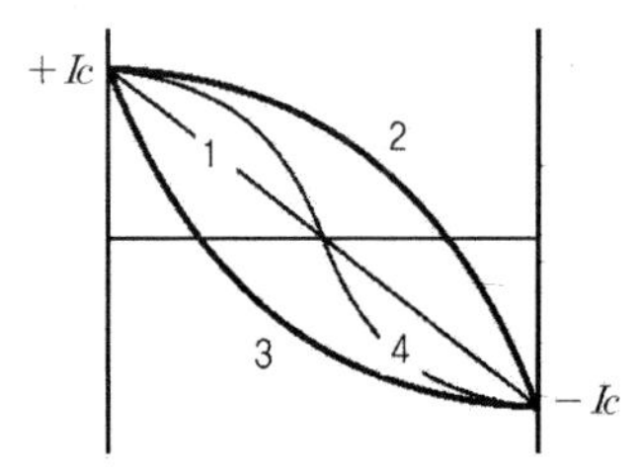

1. 직선정류 : 1번 곡선으로 가장 이상적인 정류곡선
2. 부족정류 : 2번 곡선, 큰 전압이 발생하고 정류 종료, 즉 브러시의 뒤쪽에서 불꽃이 발생
3. 과정류 : 3번 곡선, 정류 초기에 높은 전압이 발생, 브러시 앞부분에 불꽃이 발생
4. 정현정류 : 4번 곡선, 전류가 완만하므로 브러시 전단과 후단의 불꽃발생은 방지할 수 있다.

【정답】 ①

47. 3상 유도전동기의 속도제어법으로 틀린 것은?

① 극수제어법　　② 전압제어법
③ 1차저항법　　④ 주파수제어법

|정|답|및|해|설|

[유도 전동기의 속도 제어법]

1. 2차저항법 : 토크의 비례추이를 응용한 것으로 2차 회로에 저항을 넣어 같은 토크에 대한 슬립을 변화시키는 방법
2. 주파수제어법 : 전원의 주파수를 변경시키면 연속적으로 원활하게 속도 제어
3. 극수변경 제어법 : $N_s = \frac{120f}{p}$에서 극수(p)를 변환시켜 속도를 변환 시키는 방법
4. 전압제어법 : 공급전압 V를 변화시키는 방법

【정답】 ③

48. 60[Hz]의 변압기에 50[Hz]의 동일 전압을 가했을 때의 자속밀도는 60[Hz] 때와 비교하였을 경우 어떻게 되는가?

① $\frac{6}{5}$으로 증가　　② $\frac{5}{6}$로 감소
③ $\left(\frac{5}{6}\right)^{1.6}$로 감소　　④ $\left(\frac{6}{5}\right)^{2}$으로 증가

|정|답|및|해|설|

[자속밀도와 주파수와의 관계] $\varnothing \propto B \propto \frac{1}{f}$

주파수 f가 60에서 50으로 감소했으므로 $\frac{I_{fs}}{I_{f0}} = \frac{5}{6}$으로 감소

$B \propto \frac{1}{f}$, 따라서 $B' = \frac{6}{5}B$가 되어 f가 감소하면 자속밀도 B가 증가한다.

【정답】 ①

49. 동기발전기의 전기자 권선법 중 집중권인 경우 매극 매상의 홈(slot) 수는?

① 1개　　② 2개
③ 3개　　④ 4개

|정|답|및|해|설|

[집중권] 매극 매상의 도체를 한 개의 슬롯에 집중시켜서 권선하는 법으로 1극, 1상, 슬롯 1개

【정답】 ①

50. 3상유도전동기의 기동법 중 전전압 기동에 대한 설명으로 옳지 않은 것은?

① 소용량 농형 전동기의 기동법이다.

② 전동기 단자에 직접 정격전압을 가한다.

③ 소용량의 농형 전동기는 일반적으로 기동시간이 길다.

④ 기동시에 역률이 좋지 않다.

|정|답|및|해|설|

[전전압 기동법] 전동기에 별도의 기동장치를 사용하지 않고 직접 정격전압을 인가하여 기동하는 방법으로 5[kW] 이하의 소용량 농형 유도전동기에 적용하여 전전압으로 기동하므로 기동 토크가 크며 기동시간이 짧다. 【정답】 ③

51. 유도전동기의 속도제어를 인버터방식으로 사용하는 경유 1차주파수에 비례하여 1차전압을 공급하는 이유는?

① 역률을 제어하기 위해

② 슬립을 증가시키기 위해

③ 자속을 일정하게 하기 위해

④ 발생토크를 증가시키기 위해

|정|답|및|해|설|

[유도전동기의 속도제어] 전동기에서 회전자계의 자속 ∅는 1차 전압에 비례하고 그 주파수에 반비례한다. 따라서 주파수를 바꾸어서 속도제어를 하는 경우 자속을 일정하게 유지하기 위하여 주파수와 그 전압을 동시에 바꾸어서 $\frac{V_1}{f}$를 일정하게 해야 한다.

이때 전압을 일정하게 하고 주파수만 낮추면 자속 ∅는 증가하고 그 자속 ∅를 만들기 위해 여자전류가 현저히 증가하게 된다. 【정답】 ③

52. 3상 유도전압조정기의 원리는 어느 것을 응용한 것인가?

① 3상 동기발전기 ② 3상 변압기

③ 3상유도전동기 ④ 3상 교류자 전동기

|정|답|및|해|설|

[3상 유도 전압조정기] 3상 유도 전압 조정기는 권선형 3상유도전동기의 1차 권선 P와 2차 권선 S를 3상 성형 단권변압기와 같이 접속하고, 회전자를 구속한 상태를 두고 사용하는 것과 같다.

※단상 유도전압조정기 : 단상 단권 변압기의 원리 이용

【정답】 ③

53. 정류 회로에서 상의 수를 크게 했을 경우 옳은 것은?

① 맥동 주파수와 맥동률이 증가한다.

② 맥동률과 맥동 주파수가 감소한다.

③ 맥동 주파수는 증가하고 맥동률은 감소한다.

④ 맥동률과 주파수는 감소하나 출력이 증가한다.

|정|답|및|해|설|

[맥동률]

$$맥동률 = \sqrt{\frac{실효값^2 - 평균값^2}{평균값^2}} \times 100 = \frac{교류분}{직류분} \times 100[\%]$$

정류 종류	단상 반파	단상 전파	3상 반파	3상 전파
맥동률[%]	121	48	17.7	4.04
정류 효율	40.6	81.1	96.7	99.8
맥동 주파수	f	$2f$	$3f$	$6f$

【정답】 ③

54. 동기전동기의 위상특성곡선(V곡선)에 대한 설명으로 옳은 것은?

① 공급전압 V와 부하가 일정할 때 계자전류의 변화와 대한 전기자전류의 변화를 나타낸 곡선

② 출력을 일정하게 유지할 때 계자전류와 전기자전류의 관계

③ 계자 전류를 일정하게 유지할 때 전기자 전류와 출력 사이의 관계

④ 역률을 일정하게 유지할 때 계자전류와 전기자전류의 관계

|정|답|및|해|설|

[위상특성곡선(V곡선)]

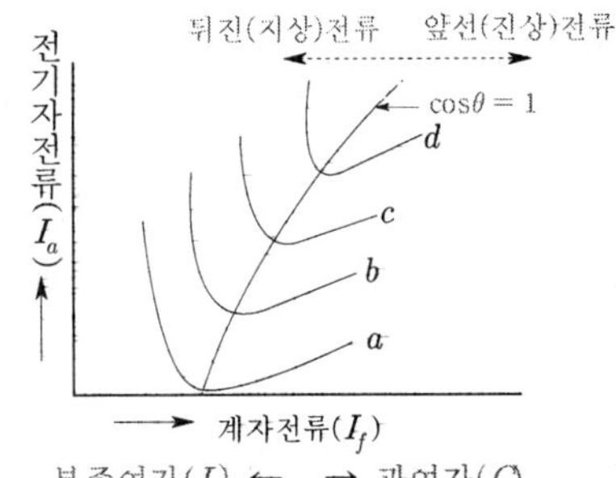

위상특성곡선(V곡선)에 나타난 바와 같이 공급 전압 V 및 출력 P_2를 일정한 상태로 두고 여자만을 변화시켰을 경우 전기자 전류의 크기와 역률이 달라진다.

1. 과여자(I_f : 증가) →(앞선 전류(진상, 콘덴서(C) 작용))
2. 부족 여자(I_f : 감소) →(뒤진 전류(지상, 리액터(L) 작용))

【정답】 ①

55. 유도전동기의 기동 시 공급하는 전압을 단권변압기에 의해서 일시 강하시켜서 기동전류를 제한하는 기동방법은?

① Y-△ 기동
② 저항기동
③ 직접기동
④ 기동 보상기에 의한 기동

|정|답|및|해|설|

[기동보상기법] 기동보상기는 단권변압기의 일종으로 3상 단권변압기를 이용하여 기동전압을 감소시킴으로써 기동전류를 제한하도록 한 기동 방식을 기동 보상기법이라 한다.

【정답】 ④

56. 그림과 같은 회로에서 V=100[V](전원전압의 실효치), 점호각 $\alpha = 30[°]$인 때의 부하 시의 직류전압 E_{ab}[V]는 약 얼마인가? (단, 전류가 연속하는 경우이다.)

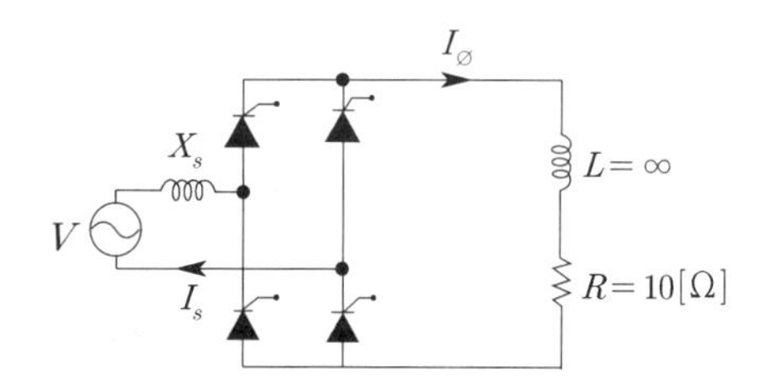

① 90 ② 86
③ 77.9 ④ 100

|정|답|및|해|설|

[단상 전파 정류의 직류전압] $E_d = 0.9E\cos\alpha$

→ (점호각 α가 존재할 경우, 유도성부하시)

$$\therefore E_d = 0.9E\cos\alpha = 0.9 \times 100 \times \frac{\sqrt{3}}{2} = 77.94[V]$$

※L이 존재하지 않을 경우(R만의 부하) $E_d = 0.9E\left(\frac{1+\cos\alpha}{2}\right)$

【정답】 ③

57. 직류 분권전동기가 전기자전류 100[A]일 때 50[kg·m]의 토크를 발생하고 있다. 부하가 증가하여 전기자 전류가 120[A]로 되었다면 발생 토크[kg·m]는 얼마인가?

① 60 ② 67
③ 88 ④ 160

|정|답|및|해|설|

[직류 분권전동기의 토크]

$$T = \frac{E_c I_a}{2\pi n} = \frac{p\varnothing n \frac{Z}{a} I_a}{2\pi n} = \frac{pZ}{2\pi a}\varnothing I_a [\text{N.m}]\text{에서}$$

$T \propto I_a$, $T \propto \frac{1}{N}$

$$\frac{T'}{T} = \frac{I_a'}{I_a} \rightarrow T' = T \times \frac{I_a'}{I_a} = 50 \times \frac{120}{100} = 60[kg \cdot m]$$

【정답】 ①

58. 동기발전기의 단락비가 적을 때의 설명으로 옳은 것은?

① 동기 임피던스가 크고 전기자 반작용이 작다.
② 동기 임피던스가 크고 전기자 반작용이 크다.
③ 동기 임피던스가 작고 전기자 반작용이 작다.
④ 동기 임피던스가 작고 전기자 반작용이 크다.

|정|답|및|해|설|

[단락비가 작은 기계(동기계)의 특성]

- 동기계는 철기계와 상반된 특성을 가지나 발전기 특성면에서 단락비가 큰 기계보다는 특성이 떨어진다.
- 단락비가 작다.
- 동기임피던스가 크다.
- 전기자 반작용이 크다.
- 공극이 적다.
- 중량이 가볍고 재료가 적게 들어 가격이 저렴하다.

|참|고|

[단락비가 큰 기계(철기계)]

단락비가 큰 기계를 철기계라고 하는데, 철기계는 부피가 커지며 값이 비싸고, 철손, 기계손 등의 고정손이 커서 효율은 나빠지나 전압변동률이 작고 안정도 및 과부하 내량이 크고, 선로 충전 용량이 커지는 이점이 있다.

【정답】 ②

59. 비례추이와 관계가 있는 전동기는?

① 동기전동기
② 정류자 전동기
③ 3상 농형 유도전동기
④ 3상 권선형 유도전동기

|정|답|및|해|설|

[비례추이] 비례추이란 2차 회로 저항의 크기를 조정함으로써 그 크기를 제어할 수 있는 요소를 말하며, 비례추이는 농형유도전동기에서는 응용할 수 없고, 3상 권선형 유도전동기의 기동 토크 가감과 속도 제어에 이용하고 있다. 【정답】 ④

60. 3/4 부하에서 효율이 최대인 주상변압기의 전부하 시 철손과 동손의 비는?

① 4 : 3　　② 9 : 16
③ 10 : 15　　④ 18 : 30

|정|답|및|해|설|

[변압기 최고 효율 조건] $\left(\frac{1}{m}\right)^2 P_c = P_i$

$\frac{1}{m} = \sqrt{\frac{P_i}{P_c}} \rightarrow \frac{P_i}{P_c} = \left(\frac{1}{m}\right)^2$

$= \left(\frac{3}{4}\right)^2 = \frac{9}{16}$

$\therefore P_i : P_c = 9 : 16$ 【정답】 ②

1회 2019년 전기기사필기(회로이론 및 제어공학)

61. 다음 특성 방정식 중에서 안정된 시스템인 것은?

① $s^4 + 3s^3 - s^2 + s + 10 = 0$
② $2s^3 + 3s^2 + 4s + 5 = 0$
③ $s^4 - 2s^3 - 3s^2 + 4s + 5 = 0$
④ $s^5 + s^3 + 2s^2 + 4s + 3 = 0$

|정|답|및|해|설|

[특성방정식의 안정 필요조건]
・특성방정식 중에 부호 변화가 없어야 한다.
・차수가 빠지면 불안정한 근을 갖는다.
①와 ③는 (+)와 (-)가 섞여 있으므로 불안정
④는 s^4항이 없으므로 불안정 【정답】 ②

62. 시간영역에서 자동제어계를 해석할 때 기본 시험입력에 보통 사용되지 않는 입력은?

① 정속도 입력　　② 정현파 입력
③ 단위계단 입력　　④ 정가속도 입력

|정|답|및|해|설|

[시간 함수]
① 정속도 입력 : t^1
③ 단위계단 입력 : $u(t) = 1$
④ 정가속도 입력 : t^2
※정현파 입력은 $\sin\omega t$를 입력한 것으로 주파수응답에서 사용됨
【정답】 ②

63. 다음의 신호선도를 메이슨의 공식을 이용하여 전달함수를 구하고자 한다. 이 신호도에서 루프(Loop)는 몇 개 인가?

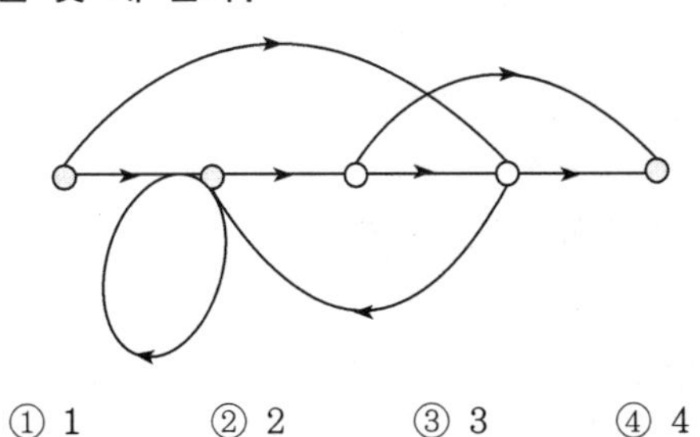

① 1　　② 2　　③ 3　　④ 4

|정|답|및|해|설|

[메이슨 공식] loop란 각각의 순방향 경로의 이득에 접촉하지 않는 이득 (되돌아가는 폐회로)
따라서 루프는 2개(①, ②)가 있다.

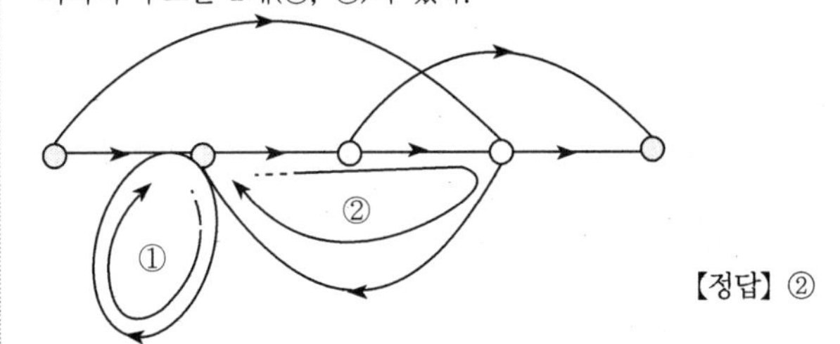

【정답】 ②

64. 단위 궤환 제어시스템의 전향경로 전달함수가 $G(s) = \frac{K}{s(s^2 + 5s + 4)}$ 일 때, 이 시스템이 안정하기 위한 K의 범위는?

① $K < -20$　　② $-20 < K < 0$
③ $0 < K < 20$　　④ $20 < K$

|정|답|및|해|설|

[개루프 전달함수의 특성방정식]
$s(s^2 + 5s + 4) + K = 0 \rightarrow s^3 + 5s^2 + 4s + K = 0$
→ (전향경로 : 개루프 전달함수)

루드 표는

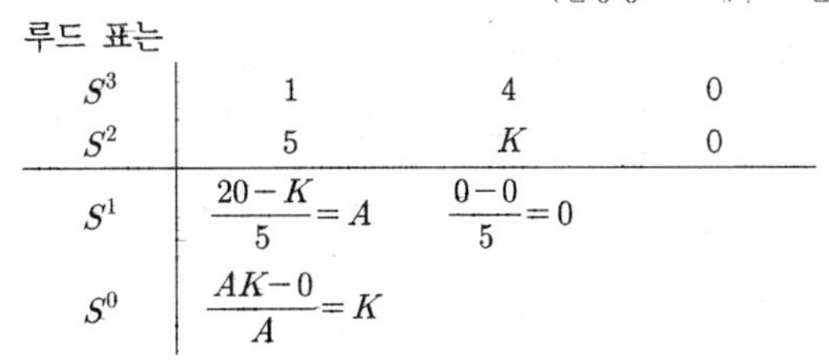

S^3	1	4	0
S^2	5	K	0
S^1	$\frac{20-K}{5} = A$	$\frac{0-0}{5} = 0$	
S^0	$\frac{AK-0}{A} = K$		

안정하기 위해서는 제1열의 부호 변화가 없어야 안정하므로
・$K > 0$ ……………………①
・$A = \frac{20-K}{5} > 0 \rightarrow 20 > K$ ……………………②
$\therefore 0 < K < 20$ 【정답】 ③

|참|고|

60페이지 [(3) 루드표 작성 및 안정도 판별법] 참조

65. 타이머에서 입력신호가 주어지면 바로 동작하고, 입력 신호가 차단된 후에는 일정시간이 지난 후에 출력이 소멸되는 동작형태는?

① 한시동작 순시복귀
② 순시동작 순시복귀
③ 한시동작 한시복귀
④ 순시동작 한시복귀

|정|답|및|해|설|

[한시회로] 입력을 인가했을 때보다 일정한 시간만큼 뒤져서 출력 신호가 변화하는 회로

[순시회로] 입력을 인가했을 때 바로 출력 신호가 변화하는 회로

【정답】 ④

66. $G(s)H(s)=\dfrac{K(s-1)}{s(s+1)(s-4)}$에서 점근선의 교차점을 구하면?

① -1　② 0
③ 1　④ 2

|정|답|및|해|설|

[점근선과 실수축의 교차점]

$\dfrac{\sum P-\sum Z}{P-Z}=\dfrac{\text{극점의 합}-\text{영점의 합}}{\text{극점의 개수}-\text{영점의 개수}}$

P(극점의 개수)=3개(0, −1, 4)

→ (극점 : 분모가 0이 되는 S값)

Z(영점의 개수)=1개(1)

→ (영점 : 분자가 0이 되는 S값)

$\therefore \dfrac{\sum P-\sum Z}{P-Z}=\dfrac{(0-1+4)-(1)}{3-1}=1$

【정답】 ③

67. 그림과 같은 회로에서 V=10[V], R=10[Ω], L=1[H], C=10[μF], 그리고 $V_c(0)=0$일 때 스위치 K를 닫은 직 후 전류의 변화율 $\dfrac{di}{dt}(0^+)$의 값[A/sec]은?

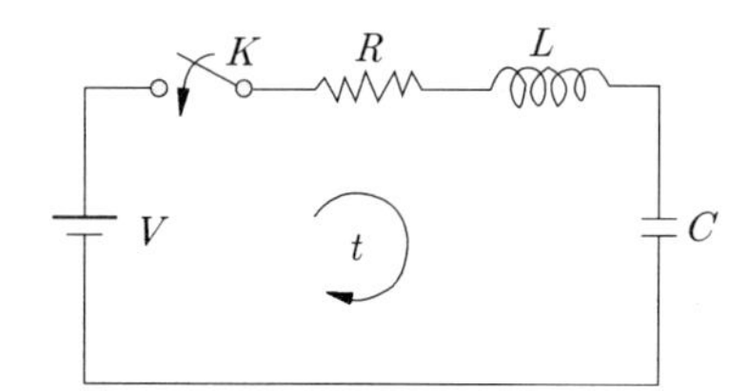

① 0　② 1
③ 5　④ 10

|정|답|및|해|설|

[LC회로] $V=L\dfrac{di(0)}{dt}[V]$에서

$\dfrac{di(0)}{dt}=\dfrac{V}{L}=\dfrac{10}{1}=10$

|참|고|

1. 코일(L)은 초기에는 개방이 되었다가 말기에는 단락으로 바뀜
2. 콘덴서(C)는 초기에는 단락이 되었다가 말기에는 개방으로 바뀜
3. $t=0$은 초기상태를 말한다.

【정답】 ④

68. 전원과 부하가 다같이 △ 결선된 3상 평형회로가 있다. 전원전압이 200[V], 부하 임피던스가 6+$j8[\Omega]$인 경우 선전류[A]는?

① 20　② $\dfrac{20}{\sqrt{3}}$
③ $20\sqrt{3}$　④ $10\sqrt{3}$

|정|답|및|해|설|

[△결선의 3상 선전류] $I_l=\sqrt{3}I_p,\ V_l=V_p$

문제에서 1상에 대한 임피던스가 주어졌으므로 상전류를 먼저 구한다.

상전류 $I_p=\dfrac{V_p}{Z}=\dfrac{200}{\sqrt{6^2+8^2}}=20[A]$　→ (△결선시 $V_l=V_p$)

$\therefore$ 선전류 $I_l=\sqrt{3}I_p=20\sqrt{3}[A]$

※전원전압은 선간전압이다.

【정답】 ③

69. PD 조절기와 전달함수 $G(s)=1.2+0.02s$의 영점은?

① −60　② −50
③ 50　④ 60

|정|답|및|해|설|

[영점] 종합전달함수 $G(s)=0$인 s값을 찾아라.

여기서, Q : 전하, ϵ_0 : 진공중의 유전율, r : 거리

$G(s)=1.2+0.02s=0 \rightarrow 1.2=-0.02s \quad \therefore s=-60$

【정답】 ①

70. $R(z) = \dfrac{(1-e^{-aT})z}{(z-1)(z-e^{-aT})}$ 의 역 z변환은?

① $1-e^{-aT}$　　② $1+e^{-aT}$

③ te^{-aT}　　④ te^{aT}

|정|답|및|해|설|

[역변환] 역함수란 z함수를 t함수로 바꿔라

1. $G(z) = \dfrac{R(z)}{Z} = \dfrac{(1-e^{-aT})}{(Z-1)(Z-e^{-aT})} = \dfrac{A}{Z-1} - \dfrac{B}{Z-e^{-at}}$

→ (임의의 수 A, B로 놓고 계산한다.)

2. $A = G(z)(Z-1)|_{Z=1} = \left.\dfrac{1-e^{-at}}{Z-e^{-ab}}\right|_{z=1} = 1$

→ $\left(G(z) = \dfrac{(1-e^{-aT})}{(Z-1)(Z-e^{-aT})}\right)$

3. $B = G(z)(Z-e^{-at})|_{z=e^{-at}} = \left.\dfrac{1-e^{-at}}{Z-1}\right|_{z=e^{-at}} = -1$

4. $G(z) = \dfrac{R(Z)}{Z} = \dfrac{1}{Z-1} - \dfrac{1}{Z-e^{-aT}}$ 이므로

$R(z) = \dfrac{Z}{Z-1} - \dfrac{Z}{Z-e^{-at}}$

$\therefore r(t) = 1-e^{-aT}$로 역변환 된다.

【정답】 ①

|참|고|

[z변환표]

시간함수	z변환
단위임펄스함수 $\delta(t)$	1
단위계단함수 $u(t)=1$	$\dfrac{z}{z-1}$
속도함수 ; t	$\dfrac{Tz}{(z-1)^2}$
지수함수 : e^{-at}	$\dfrac{z}{z-e^{-at}}$
$\delta(1-kT)$	z^{-k}
$\delta_T(t) = \sum_{n=0}^{\infty}\delta(t-nT)$	$\dfrac{z}{z-1}$
$u_s(t-kT)$	$\dfrac{z}{z-1}z^{-k}$
$tu_s(t)$	$\dfrac{zT}{(z-1)^2} = \dfrac{z}{(z-1)^2}$
$e^{at}u_s(t)$	$\dfrac{z}{z-e^{aT}} = \dfrac{z}{z-e^{a}}$
$te^{at}u_s(t)$	$\dfrac{ze^{aT}T}{(z-e^{aT})^2} = \dfrac{ze^{a}}{(z-e^{a})^2}$
$e^{-at}u_s(t)$	$\dfrac{z}{z-e^{-aT}} = \dfrac{z}{z-e^{-a}}$

시간함수	z변환
$te^{-at}u_s(t)$	$\dfrac{ze^{-aT}T}{(z-e^{-aT})^2} = \dfrac{ze^{-a}}{(z-e^{-a})^2}$
$(1-e^{-at})u_s(t)$	$\dfrac{(1-e^{-aT})z}{(z-1)(z-e^{-aT})}$
$a^t u_s(t)$	$\dfrac{z}{z-a}$
$e^{-at}u_s(t)$	$\dfrac{z}{z-e^{-aT}} = \dfrac{z}{z-e^{-a}}$
$te^{-at}u_s(t)$	$\dfrac{ze^{-aT}T}{(z-e^{-aT})^2} = \dfrac{ze^{-a}}{(z-e^{-a})^2}$
$(1-e^{-at})u_s(t)$	$\dfrac{(1-e^{-aT})z}{(z-1)(z-e^{-aT})}$

71. 다음의 신호 흐름 선도에서 C/R는?

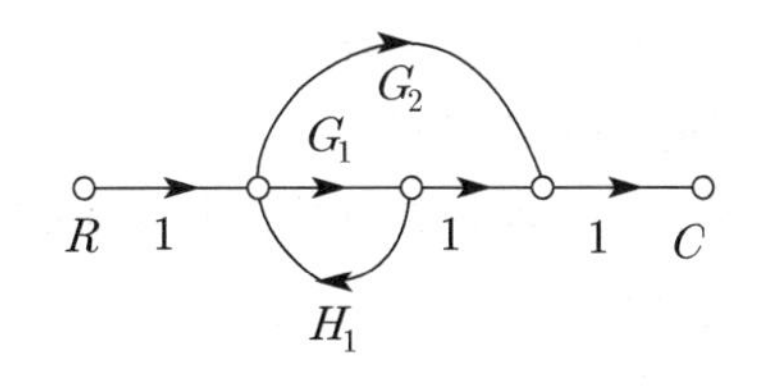

① $\dfrac{G_1+G_2}{1-G_1H_1}$　　② $\dfrac{G_1G_2}{1-G_1H_1}$

③ $\dfrac{G_1+G_2}{1+G_1H_1}$　　④ $\dfrac{G_1G_2}{1+G_1H_1}$

|정|답|및|해|설|

[메이슨의 식] $G(S) = \dfrac{\sum 전향경로이득}{1-\sum 루프이득}$

→ (루프이득 : 피드백의 폐루프)

→ (전향경로 : 입력에서 출력으로 가는 길(피드백 제외))

$G(S) = \dfrac{(1\times G_1\times 1\times 1)+(1\times G_2\times 1)}{1-G_1H_1} = \dfrac{G_1+G_2}{1-G_1H_1}$

【정답】 ①

72. $e=100\sqrt{2}\sin wt+75\sqrt{2}\sin 3wt+20\sqrt{2}\sin 5\omega t$ [V]인 전압을 RL 직렬회로에 가할 때 제3고조파 전류의 실효값은 몇 [A]인는? (단, R=4[Ω], ωL=1[Ω]이다.)

① 15[A] ② $15\sqrt{2}$[A]
③ 20[A] ④ $20\sqrt{2}$[A]

|정|답|및|해|설|

[3고조파 전류] $I_3=\frac{V_3}{Z_3}=\frac{V_3}{\sqrt{R^2+(3\omega L)^2}}[A]$

→ (V_3 : 3고조파 실효전압)
→ ($Z_3=R+j3\omega L$: 3고조파에 대한 임피던스)

$I_3=\frac{V_3}{\sqrt{R^2+(3\omega L)^2}}=\frac{75}{\sqrt{4^2+3^2}}=15[\text{A}]$ 【정답】 ①

73. 분포정수 선로에서 무왜형 조건이 성립하면 어떻게 되는가?

① 감쇠량은 주파수에 비례한다.
② 전파속도가 최대로 된다.
③ 감쇠량이 최소로 된다.
④ 위상정수가 주파수에 관계없이 일정하다.

|정|답|및|해|설|

[무왜형 조건] $RC=LG$ → (감쇠정수 $\alpha=\sqrt{RG}$)
감쇠량 α가 최소가 된다.
α는 f와 무관하고, 위상정수 β는 주파수에 비례한다.
【정답】 ③

74. n차 선형 시불변 시스템의 상태방정식을 $\frac{d}{dt}X(t)=AX(t)+Br(t)$로 표시될 때, 상태천이행렬 $\varnothing(t)(n\times n$행렬)에 관하여 틀린 것은

① $\phi(t)=e^{At}$
② $\frac{d\varnothing(t)}{dt}=A\cdot\varnothing(t)$
③ $\varnothing(t)=\mathcal{L}^{-1}[(sI-A)^{-1}]$
④ $\varnothing(t)$는 시스템의 정상상태응답을 나타낸다.

|정|답|및|해|설|

[상태천이행렬의 일반식] $\phi(t)=\mathcal{L}^{-1}[(sI-A)^{-1}]=e^{At}$

$\frac{d\varnothing(t)}{dt}=e^{At}\times A=A\varnothing(t)$

※④ $\varnothing(t)$는 시스템의 과도상태응답을 나타낸다.
【정답】 ④

75. 회로망 출력단자 a-b에서 바라본 등가 임피던스는? (단, $V_1=6[V]$, $V_2=3[V]$, $I_1=10[A]$, $R_1=15[\Omega]$, $R_2=10[\Omega]$, $L=2[H]$, $jw=s$이다.)

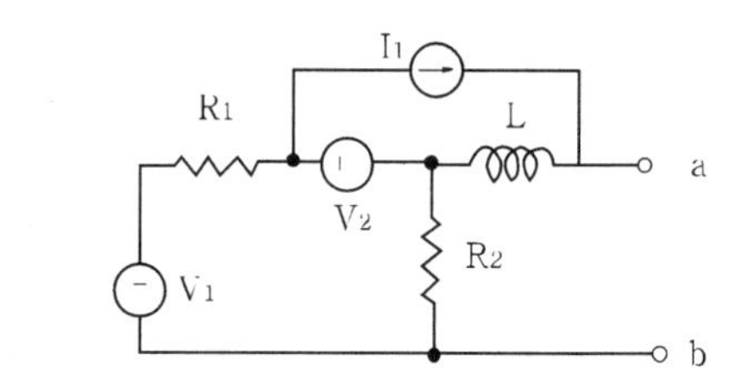

① $\frac{1}{s+3}$ ② s+15
③ $\frac{3}{s+2}$ ④ 2s+6

|정|답|및|해|설|

[테브낭의 임피던스 Z_T] 단자 a, b에서 전원을 모두 제거한(전압원은 단락, 전류원 개방) 상태에서 단자 a, b에서 본 합성 임피던스

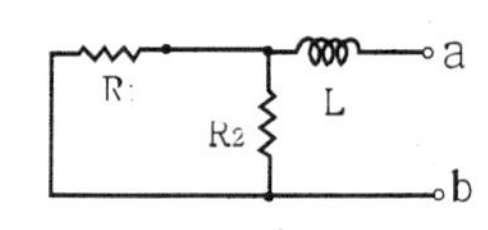

$Z_T=jw\cdot L+\frac{R_1R_2}{R_1+R_2}=2s+\frac{15\times 10}{15+10}=2s+6[\Omega]$ → ($jw=s$)

【정답】 ④

76. $F(s)=\frac{2s+15}{s^3+s^2+3s}$ 일 때 $f(t)$의 최종값은?

① 15 ② 5 ③ 3 ④ 2

|정|답|및|해|설|

[최종값 정리] $\lim_{t\to\infty}f(t)=\lim_{s\to 0}s\,F(s)$

$\lim_{s\to 0}sF(s)=\lim_{s\to 0}s\cdot\frac{2s+15}{s(s^2+s+3)}=\frac{15}{3}=5$

【정답】 ②

77. 대칭 5상 교류 성형결선에서 선간전압과 상전압 간의 위상차는 몇 도인가?

① 27　　② 36°
③ 54°　　④ 72°

|정|답|및|해|설|
[대칭 n상 교류에서의 Y(성형)결선]
· 전류 $I_l = I_p$
· 선간전압 $V_l = 2\sin\frac{\pi}{n} V_p$이고, 위상차 $\theta = \frac{\pi}{2}\left(1-\frac{2}{n}\right)$이므로
5상의 경우 위상차 $\theta = \frac{\pi}{2}\left(1-\frac{2}{5}\right) = 54°$

【정답】 ③

78. 다음과 같은 비정현파 기전력 및 전류에 의한 평균 전력을 구하면 몇 [W]인가? (단, 전압 및 전류의 순시식은 다음과 같다.)

$$e = 100\sin\omega t - 50\sin(3\omega t + 30°) + 20\sin(5\omega t + 45°)[V]$$
$$i = 20\sin\omega t + 10\sin(3\omega t - 30°) + 5\sin(5\omega t - 45°)[A]$$

① 825　　② 875
③ 925　　④ 1175

|정|답|및|해|설|
[비정현파 유효전력] $P = VI\cos\theta[W]$
유효전력은 1고조파+3고조파+5고조파의 전력을 합한다.
즉, $P = V_1I_1\cos\theta_1 + V_3I_3\cos\theta_3 + V_5I_5\cos\theta_5[W]$
→ (전압과 전류는 실효값으로 한다.)

$$P = V_1I_1\cos\theta_1 + V_3I_3\cos\theta_3 + V_5I_5\cos\theta_5$$
$$= \left(\frac{100}{\sqrt{2}}\times\frac{20}{\sqrt{2}}\cos 0°\right) + \left(-\frac{50}{\sqrt{2}}\times\frac{10}{\sqrt{2}}\cos(30-(-30))\right) + \left(\frac{20}{\sqrt{2}}\times\frac{5}{\sqrt{2}}\cos(45-(-45))\right)$$
$$= \frac{1}{2}(2000\cos 0 - 500\cos 60 + 100\cos 90) = 875[W]$$

【정답】 ②

79. 그림과 같은 $V = V_m \sin\omega t$의 전압을 반파정류 하였을 때의 실효값은 몇 [V]인가?

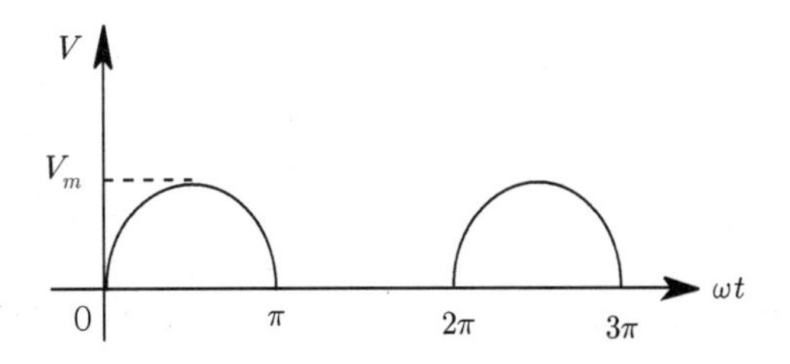

① $\sqrt{2}V_m$　　② $\frac{V_m}{\sqrt{2}}$
③ $\frac{V_m}{2}$　　④ $\frac{V_m}{2\sqrt{2}}$

|정|답|및|해|설|
[정현반파 정류의 실효값] $V = \frac{V_m}{\sqrt{2}} \times \frac{1}{\sqrt{2}} = \frac{V_m}{2}$

|참|고|

[각종 파형의 평균값, 실효값, 파형률, 파고율]

명칭	파형	평균값	실효값	파형률	파고율
정현파 (전파)		$\frac{2V_m}{\pi}$	$\frac{V_m}{\sqrt{2}}$	1.11	$\sqrt{2}$
정현파 (반파)		$\frac{V_m}{\pi}$	$\frac{V_m}{2}$	$\frac{\pi}{2}$	2
사각파 (전파)		V_m	V_m	1	1
사각파 (반파)		$\frac{V_m}{2}$	$\frac{V_m}{\sqrt{2}}$	$\sqrt{2}$	$\sqrt{2}$
삼각파		$\frac{V_m}{2}$	$\frac{V_m}{\sqrt{3}}$	$\frac{2}{\sqrt{3}}$	$\sqrt{3}$

【정답】 ③

80. 대칭 3상 전압이 a상 V_a[V], b상 $V_b = a^2 V_a[V]$, c상 $V_c = aV_a[V]$일 때, a상을 기준으로 한 대칭분 전압 중 V_1[V]은 어떻게 표시되는가?

① $\frac{1}{3}V_a$　　② V_a

③ aV_a　　④ a^2V_a

|정|답|및|해|설|

[정상분(V_1)]

$$V_1 = \frac{1}{3}(V_a + aV_b + a^2V_c) = \frac{1}{3}(V_a + a^3V_a + a^3V_a)$$

$$V_1 = \frac{1}{3}(V_a + aV_b + a^2V_c) = \frac{1}{3}(V_a + a^3V_a + a^3V_a)$$

$$= \frac{V_a}{3}(1 + a^3 + a^3) = V_a \quad \rightarrow (a^3 = 1)$$

【정답】 ②

|참|고|

1. 영상분 $V_0 = \frac{1}{3}(V_a + V_b + V_c) = \frac{1}{3}(V_a + a^2V_a + aV_a)$
$= \frac{V_a}{3}(1 + a^2 + a) = 0$

2. 역상분 $V_2 = \frac{1}{3}(V_a + a^2V_b + aV_c) = \frac{1}{3}(V_a + a^4V_a + a^2V_a)$
$= \frac{V_a}{3}(1 + a^4 + a^2) = \frac{V_a}{3}(1 + a + a^2) = 0$

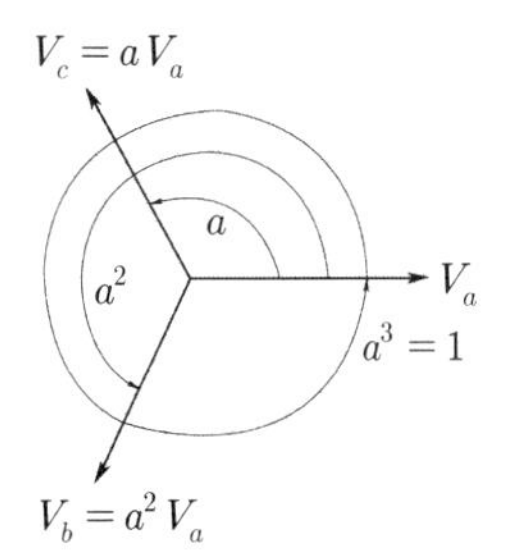

※a상을 기준으로 한 대칭분 전압은 항상 일정하므로 계산하지 않아도 일정한 값을 가지므로 외워놓는다.

즉, $V_0 = 0$, $V_1 = V_a$, $V_2 = 0$

81. 지중 전선로의 매설방법이 아닌 것은?

① 관로식　　② 인입식

③ 암거식　　④ 직접 매설식

|정|답|및|해|설|

[지중 전선로의 시설 (KEC 334.1)] 전선은 케이블을 사용하고, 또한 관로식, 암거식, 직접 매설식에 의하여 시공한다.

1. 직접 매설식 : 매설 깊이는 중량물의 압력이 있는 곳은 1.0[m] 이상, 없는 곳은 0.6[m] 이상으로 한다.
2. 관로식 : 매설 깊이를 1.0 [m] 이상, 중량물의 압력을 받을 우려가 없는 곳은 60 [cm] 이상으로 한다.
3. 암거식 : 지하 구조물 내 케이블 지지대를 설치하고 그 위에 케이블을 부설하는 방식 【정답】 ②

82. 석유류를 저장하는 장소의 전등배선에 사용하지 않는 공사방법은?

① 합성수지관공사　　② 케이블공사

③ 금속관공사　　④ 애자사용공사

|정|답|및|해|설|

[위험물 등이 존재하는 장소 (KEC 242.4)] 셀룰로이드·성냥·석유, 기타 위험물이 있는 곳의 배선은 금속관공사, 케이블 공사, 합성수지관 공사에 의하여야 한다. 【정답】 ④

83. 특고압용 변압기로서 변압기 내부 고장이 생겼을 경우 반드시 자동차단 되어야 하는 변압기의 뱅크 용량은 몇 [kVA] 이상인가?

① 5,000[kVA]　　② 7,500[kVA]

③ 10,000[kVA]　　④ 15,000[kVA]

|정|답|및|해|설|

[특고압용 변압기의 보호장치 (KEC 351.4)]

뱅크용량	동작조건	장치의 종류
5,000[kVA] 이상 10,000[kVA] 미만	변압기 내부 고장	자동차단장치 또는 경보장치
10,000[kVA] 이상	변압기 내부 고장	자동차단장치

【정답】 ③

84. 풀용 수중조명등에 사용되는 절연변압기의 2차측 전로의 사용전압이 몇 [V]를 넘는 경우에 그 전로에 지기가 생겼을 때 자동적으로 전로를 차단하는 장치를 하여야 하는가?

① 30　② 60　③ 150　④ 300

|정|답|및|해|설|

[수중조명등 (KEC 234.14)]

- 풀용 수중조명등 기타 이에 준하는 조명등에 전기를 공급하는 변압기를 1차 400[V] 미만, 2차 150[V] 이하의 절연 변압기를 사용할 것
- 절연 변압기 2차측 전로의 사용전압이 30[V] 이하인 경우에는 1차 권선과 2차 권선 사이에 금속제의 혼촉 방지판을 설치하고 kec140에 준하는 접지공사를 할 것
- 수중조명등의 절연변압기의 2차측 전로의 사용전압이 30[V]를 초과하는 경우 지락이 발생하면 자동적으로 전로를 차단하는 정격 감도전류 30[mA] 이하의 누전차단기를 시설하여야 한다.

【정답】 ①

85. 전력보안 가공통신선(광섬유 케이블은 제외)을 조가할 경우 조가선(조가용선)은?

① 금속으로 된 단선

② 알루미늄으로 된 단선

③ 강심 알루미늄 연선

④ 금속선으로 된 연선

|정|답|및|해|설|

[조가선(조가용선) 시설기준 KEC 362.3)] 조가선은 단면적 38 [mm^2] 이상의 아연도강연선을 사용할 것

【정답】 ④

86. 저・고압 가공전선과 가공약전류전선 등을 동일 지지물에 시설하는 경우로서 옳지 않은 방법은?

① 가공전선을 가공약전류전선 등의 위로 하고 별개의 완금류에 시설할 것

② 전선로의 지지물로 사용하는 목주의 풍압 하중에 대한 안전율은 1.5 이상일 것

③ 가공전선과 가공약전류전선 등 사이의 간격은 저압과 고압이 모두 75[cm] 이상일 것

④ 가공전선이 가공약전류전선에 대하여 유도 작용에 의한 통신상의 장해를 줄 우려가 있는 경우에는 가공전선을 적당한 거리에서 연가할 것

|정|답|및|해|설|

[저고압 가공전선과 가공약전류 전선 등의 공가 (kec 332.21)]

저・고압가공전선과 가공약전류전선을 공가할 경우의 시설 방법은 다음과 같다.

- 목주의 풍압하중에 대한 안전율은 1.5 이상일 것
- 간격(이격거리)은 저압은 75[cm](중성점 제외) 이상, 고압은 1.5[m] 이상일 것. 다만, 가공 약전선이 절연 전선 또는 통신용 케이블인 경우, 저압전선이 고압절연전선 이상이면 30[cm], 고압전선이 케이블이면 50[cm]로 할 수 있다.

【정답】 ③

87. 사용전압이 154[kV]인 가공송전선의 시설에서 전선과 식물과의 간격은 일반적인 경우 몇 [m] 이상으로 하여야 하는가?

① 2.8　② 3.2

③ 3.6　④ 4.2

|정|답|및|해|설|

[특별고압 가공전선과 식물의 간격(이격거리) (KEC 333.30)]

- 사용전압이 35[kV] 이하인 경우 0.5[m] 이상 이격
- 60[kV] 이하는 2[m] 이상
- 60[kV]를 넘는 것은 2[m]에 60,000[V]를 넘는 1만[V] 또는 그 단수마다 12[cm]를 가산한 값 이상으로 이격시킨다.
- 단수 $= \frac{154-60}{10} = 9.4 \rightarrow 10$단
- 간격(이격거리) = $2+0.12(10) = 3.2$[m]

【정답】 ②

88. 고압 옥내배선이 수관과 접근하여 시설되는 경우에는 몇 [cm] 이상 이격시켜야 하는가?

① 15　② 30

③ 45　④ 60

|정|답|및|해|설|

[고압 옥내배선 등의 시설 (KEC 342.1)]

- 수관, 가스관이나 이와 유사한 것 사이의 간격은 15[cm]
- 애자사용공사에 의하여 시설하는 저압 옥내전선인 경우에는 30[cm]
- 가스계량기 및 가스관의 이음부와 전력량계 및 개폐기와는 60[cm]) 이상이어야 한다.

【정답】 ①

89. 다음 중 농사용 저압 가공전선로의 시설 기준으로 옳지 않은 것은?

① 사용전압이 저압일 것
② 저압 가공전선의 인장강도는 1.38[kN] 이상일 것
③ 저압 가공전선의 지표상 높이는 3.5[m] 이상일 것
④ 전선로의 지지물 간 거리(경간)는 40[m] 이하일 것

|정|답|및|해|설|
[농사용 저압 가공전선로의 시설 (KEC 222.22)]
· 사용전압은 저압일 것
· 저압 가공전선은 인장강도 1.38[kN] 이상의 것 또는 지름 2[mm] 이상의 경동선일 것
· 저압 가공전선의 지표상의 높이는 3.5[m] 이상일 것.
다만, 저압 가공전선을 사람이 쉽게 출입하지 아니하는 곳에 시설하는 경우에는 3[m]까지로 감할 수 있다.
· 목주의 굵기는 위쪽 끝(말구) 지름이 9[cm] 이상일 것
· 전선로의 지지물 간 거리(경간)는 30[m] 이하일 것

【정답】 ④

90. 고압 가공전선로에 시설하는 피뢰기의 접지도체가 접지공사 전용의 것인 경우에 접지저항 값은 몇 [Ω]까지 허용되는가?

① 20 ② 30
③ 50 ④ 75

|정|답|및|해|설|
[피뢰기의 접지 (KEC 341.14)]
고압 및 특고압의 전로에 시설하는 피뢰기 접지저항 값은 10[Ω] 이하로 하여야 한다. 다만, 고압가공전선로에 시설하는 피뢰기 접지공사의 접지선이 전용의 것인 경우에는 접지저항 값이 30[Ω]까지 허용한다.

【정답】 ②

91. 다음 중 발전기를 전로로부터 자동적으로 차단하는 장치를 시설하여야 하는 경우에 해당 되지 않는 것은?

① 발전기에 과전류가 생긴 경우
② 용량이 500[kVA] 이상의 발전기를 구동하는 수차의 압유장치의 유압이 현저히 저하한 경우
③ 용량이 100[kVA] 이상의 발전기를 구공하는 풍차의 압유장치의 유압, 압축공기장치의 공기압이 현저히 저하한 경우
④ 용량이 5000[kVA] 이상인 발전기의 내부에 고장이 생긴 경우

|정|답|및|해|설|
[발전기 등의 보호장치 (KEC 351.3)] 발전기에는 다음의 경우에 자동적으로 이를 전로로부터 차단하는 장치를 시설하여야 한다.

용량	사고의 종류	보호장치
모든 발전기	과전류가 생긴 경우	자동차단장치
용량 500[kVA] 이상	수차압유장치의 유압이 현저히 저하	
용량 100[kVA] 이상	풍차압유장치의 유압이 현저히 저하	
용량 2000[kVA] 이상	수차의 스러스트베어링의 온도가 상승	
용량 10000[kVA] 이상	발전기 내부 고장	
정격출력 10000[kVA] 이상	증기터빈의 스러스트베어링이 현저하게 마모되거나 온도가 현저히 상승	

【정답】 ④

92. 고압 옥측전선로에 사용할 수 있는 전선은?

① 케이블 ② 나경동선
③ 절연전선 ④ 다심형 전선

|정|답|및|해|설|
[고압 옥측전선로의 시설 (KEC 331.13.1)]
· 전선은 케이블일 것
· 케이블의 지지점 간의 거리를 2[m] (수직으로 붙일 경우에는 6[m])이하로 하고 또한 피복을 손상하지 아니하도록 붙일 것
· 대지와의 사이의 전기저항 값이 10[Ω] 이하인 부분을 제외하고 kec140에 준하는 접지공사를 할 것

【정답】 ①

93. 최대 사용전압이 22,900[V]인 3상 4선식 중성선 다중접지식 전로와 대지 사이의 절연내력 시험전압은 몇 [V]인가?

① 21,068 ② 25,229
③ 28,752 ④ 32,510

|정|답|및|해|설|
[전로의 절연저항 및 절연내력 (KEC 132)]

접지방식	최대 사용전압	시험 전압(최대 사용전압 배수)	최저 시험 전압
비접지	7[kV] 이하	1.5배	500[V]
	7[kV] 초과	1.25배	10,500[V]
중성점접지	60[kV] 초과	1.1배	75[kV]
중성점직접접지	60[kV] 초과 170[kV] 이하	0.72배	
	170[kV] 초과	0.64배	
중성점다중접지	25[kV] 이하	0.92배	

중성점다중접지 0.92배 이므로 $22900 \times 0.92 = 21068[V]$

【정답】 ①

94. 라이팅 덕트 공사에 의한 저압 옥내배선 공사시설 기준으로 틀린 것은?

① 덕트의 끝부분은 막을 것
② 덕트는 조영재에 견고하게 붙일 것
③ 덕트는 조영재를 관통하여 시설할 것
④ 덕트의 지지점 간의 거리는 2[m] 이하로 할 것

|정|답|및|해|설|

[라이팅덕트공사 (KEC 232.71)]
·라이팅 덕트는 조영재에 견고하게 붙일 것
·라이팅 덕트 지지점간 거리는 2[m] 이하일 것
·라이팅 덕트의 끝부분은 막을 것
·덕트의 개구부는 아래로 향하여 시설할 것
·덕트는 조영재를 관통하여 시설하지 아니할 것

【정답】③

95. 금속덕트공사에 의한 저압 옥내 배선에서, 금속덕트에 넣은 전선의 단면적의 합계는 일반적으로 덕트 내부 단면적의 얼마 이하여야 하는가? (단, 전광판표시 장치, 출퇴표시등 기타 이와 유사한 장치 또는 제어회로 등의 배선만을 넣는 경우에는 50[%])

① 20[%] 이하　② 30[%] 이하
③ 40[%] 이하　④ 50[%] 이하

|정|답|및|해|설|

[금속덕트공사 (KEC 232.31)] 금속 덕트에 넣는 전선의 단면적의 합계는 덕트 내부 단면적의 20[%](전광 표시 장치, 출퇴근 표시등, 제어 회로 등의 배전선만을 넣는 경우는 50[%]) 이하일 것

【정답】①

96. 지중전선로에 사용하는 지중함의 시설기준으로 옳지 않은 것은?

① 크기가 1[m^3] 이상인 것에는 밀폐 하도록 할 것
② 뚜껑은 시설자 이외의 자가 쉽게 열 수 없도록 할 것
③ 지중함안의 고인 물을 제거할 수 있는 구조일 것
④ 견고하고 차량 기타 중량물의 압력에 견딜 수 있을 것

|정|답|및|해|설|

[지중함의 시설 (KEC 334.2)] 지중전선에 사용하는 지중함은 다음 각 호에 의하여 시설하여야 한다.
·지중함은 견고하고 차량 기타 중량물의 압력에 견디는 구조 일 것
·지중함은 그 안의 고인물을 제거할 수 있는 구조로 되어 있을 것
·폭발성 또는 연소성의 가스가 침입할 우려가 있는 곳에 시설하는 지중함으로 그 크기가 1[m^3] 이상인 것은 통풍장치 기타 가스를 방산시키기 위한 장치를 하여야 한다.
·지중함의 뚜껑은 시설자 이외의 자가 쉽게 열 수 없도록 시설할 것

【정답】①

97. 철탑의 강도계산에 사용하는 이상시 상정하중을 계산하는데 사용되는 것은?

① 미진에 의한 요동과 철구조물의 인장하중
② 풍압이 전선로에 직각방향으로 가하여 지는 경우의 하중
③ 이상전압이 전선로에 내습하였을 때 생기는 충격하중
④ 뇌가 철탑에 가하여졌을 경우의 충격하중

|정|답|및|해|설|

[이상 시 상정하중 (kec 333.14)] 철탑의 강도계산에 사용하는 이상 시 상정하중은 풍압이 전선로에 직각방향으로 가하여지는 경우의 하중과 전선로의 방향으로 가하여지는 경우의 하중(수직 하중, 수평 가로 하중(수평 횡하중), 수평 종하중이 동시에 가하여 지는 것)을 계산하여 큰 응력이 생기는 쪽의 하중을 채택한다.

【정답】②

※한국전기설비규정(KEC) 적용으로 인해 더 이상 출제되지 않는 문제는 삭제했습니다.

2019년 2회 전기기사 필기 기출문제

2회 2019년 전기기사필기 (전기자기학)

1. 어떤 환상 솔레노이드의 단면적이 S이고 자로의 길이가 l, 투자율이 μ 라고 한다. 이 철심에 균등하게 코일을 N회 감고 전류를 흘렸을 때 자기인덕턴스에 대한 설명으로 옳은 것은?

① 투자율 μ에 반비례한다.
② 권선수 N^2에 비례한다.
③ 자로의 길이 l에 비례한다.
④ 단면적 S 에 반비례한다.

|정|답|및|해|설|

[자기인덕턴스] $L=\dfrac{N\varnothing}{I}$ $\rightarrow (N\varnothing=LI)$

· 자속 $\varnothing=\dfrac{F}{R_m}=\dfrac{NI}{R_m}$

· 자기저항 $R_m=\dfrac{l}{\mu S}$[AT/Wb]

$L=\dfrac{N\varnothing}{I}$에서 $L=\dfrac{N}{I}\times\dfrac{NI}{R_m}=\dfrac{N^2}{R_m}=\dfrac{\mu SN^2}{l}[H]$

따라서 자기인덕턴스는 투자율 μ, 단면적 S, 권선수 N^2에 비례하고, 자로의 길이 l에 반비례한다. 【정답】 ②

2. 상이한 매질이 경계면에서 전자파가 만족해야 할 조건이 아닌 것은? (단, 경계면은 두 개의 무손실 매질 사이이다.)

① 경계면이 양측에서 전계의 접선성분은 서로 같다.
② 경계면이 양측에서 자계의 접선성분은 서로 같다.
③ 경계면이 양측에서 자속밀도의 접선성분은 서로 같다.
④ 경계면이 양측에서 전속밀도의 법선성분은 서로 같다.

|정|답|및|해|설|

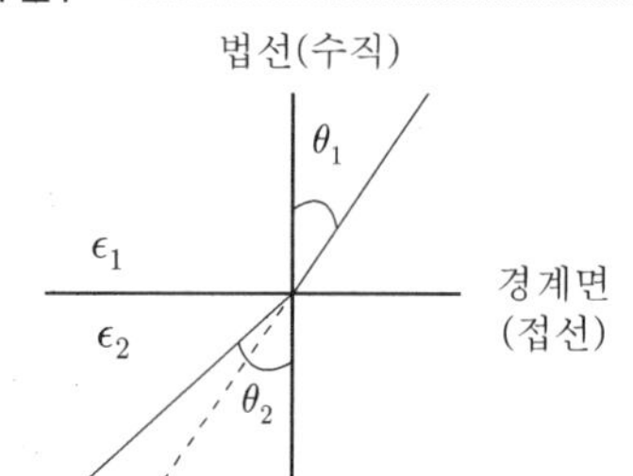

[경계조건]

1. 전속밀도의 **법선성분**의 크기는 같다.
$D_1\cos\theta_1=D_2\cos\theta_2$ → 수직성분
2. 전계의 **접선성분**의 크기는 같다.
$E_1\sin\theta_1=E_2\sin\theta_2$ → 평행성분

※경계조건

전계	자계
1. $E_1\sin\theta_1=E_2\sin\theta_2$(접선)	1. $H_1\sin\theta_1=H_2\sin\theta_2$
2. $D_1\cos\theta_1=D_2\cos\theta_2$(법선)	2. $B_1\cos\theta_1=B_2\cos\theta_2$
3. $\dfrac{\tan\theta_1}{\tan\theta_2}=\dfrac{\varepsilon_1}{\varepsilon_2}$(굴절의 법칙)	3. $\dfrac{\tan\theta_1}{\tan\theta_2}=\dfrac{\mu_1}{\mu_2}$

【정답】 ③

3. 유전율이 ϵ, 도전율 σ, 반경이 r_1, $r_2(r_1<r_2)$, 길이가 l인 동축케이블에서 저항 R은 얼마인가?

① $\dfrac{2\pi rl}{\ln\dfrac{r_2}{r_1}}$ ② $\dfrac{2\pi rl}{\dfrac{1}{r_1}-\dfrac{1}{r_2}}$

③ $\dfrac{1}{2\pi\sigma l}\ln\dfrac{r_2}{r_1}$ ④ $\dfrac{1}{2\pi rl}\ln\dfrac{r_2}{r_1}$

|정|답|및|해|설|

[저항과 정전용량과의 관계] $RC=\rho\epsilon$ → (ρ : 고유저항, ϵ : 유전율)

· 저항 $R=\dfrac{\rho\epsilon}{C}[\Omega]$

· 동축원통에서의 정전용량 $C=\dfrac{2\pi\epsilon l}{\ln\dfrac{b}{a}}=\dfrac{2\pi\epsilon l}{\ln\dfrac{r_2}{r_1}}$[F/m])

$\therefore R=\dfrac{\rho\epsilon}{C}=\dfrac{\rho\epsilon}{\dfrac{2\pi\epsilon l}{\ln\dfrac{r_2}{r_1}}}=\dfrac{\rho}{2\pi l}\ln\dfrac{r_2}{r_1}=\dfrac{1}{2\pi l\sigma}\ln\dfrac{r_2}{r_1}[\Omega]$

→ (ρ(고유저항) $=\dfrac{1}{\sigma(\text{도전율})}$)

【정답】 ③

4. 단면적 S, 길이 l, 투자율 μ인 자성체의 자기회로에 권선을 N회 감아서 I의 전류를 흐르게 할 때 자속은?

① $\frac{\mu SI}{Nl}$　② $\frac{\mu NI}{Sl}$

③ $\frac{NIl}{\mu S}$　④ $\frac{\mu SNI}{l}$

|정|답|및|해|설|

[자속] $\varnothing = B \cdot S = \mu HS = \frac{F}{R_m} = \frac{NI}{R_m}$

$\varnothing = \frac{NI}{R_m} = \frac{\mu SNI}{l}[wb]$　$\rightarrow (R_m = \frac{l}{\mu S}[AT/Wb])$

【정답】 ④

5. 30[V/m]의 전계내의 80[V]되는 점에서 1[C]의 전하를 전계 방향으로 80[cm] 이동한 경우, 그 점의 전위[V]는?

① 9[V]　② 24[V]　③ 30[V]　④ 56[V]

|정|답|및|해|설|

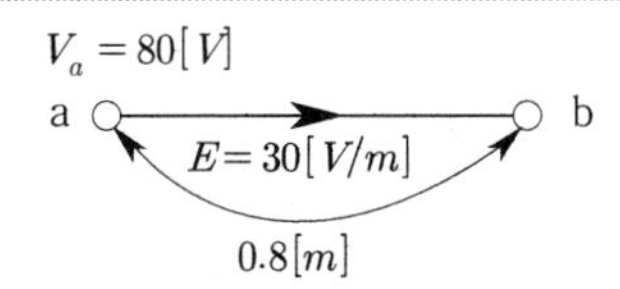

[두 점 사이의 전위]

전계방향이므로 전이가 낮아진다.

[m]당 30[V]씩 낮아지므로 80[cm]이면 24[V]가 낮아지고, 시작점(a)이 80[V]어므로

· ab 사이의 전위 $V_{ab} = E \cdot r = 30 \times 0.8 = 24[V]$

· a점의 전위가 80[V]이므로
b점에서의 전위 $V_b = V_a - V_{ab}$=80−24=56[V]

【정답】 ④

6. 도전율 σ인 도체에서 전장 E에 의해 전류밀도 J가 흘렀을 때 이 도체에서 소비되는 전력을 표시한 식은?

① $\int_v E \cdot Jdv$　② $\int_v E \times Jdv$

③ $\frac{1}{\sigma}\int_v E \cdot Jdv$　④ $\frac{1}{\sigma}\int_v E \times Jdv$

|정|답|및|해|설|

[전력] $P = VI = ErI[W]$　$\rightarrow (V = Er)$

· $I = i \cdot S[A]$　· $i = J = \frac{I}{S}[A/m^2]$　· $r[m] \cdot S[m^2] = v[m^3]$

$\therefore P = ErI = ErJS = \int_v EJdv[W]$　【정답】 ①

7. 자극의 세기가 $8 \times 10^{-6}[Wb]$, 길이가 3[cm]인 막대자석을 $120[AT/m]$의 평등 자계 내에 자력선과 30[°]의 각도로 놓으면 자석이 받는 회전력은 몇 $[N \cdot m]$인가?

① $1.44 \times 10^{-4}[N \cdot m]$　② $1.44 \times 10^{-5}[N \cdot m]$

③ $3.02 \times 10^{-4}[N \cdot m]$　④ $3.02 \times 10^{-5}[N \cdot m]$

|정|답|및|해|설|

[막대자석의 회전력] $T = MH\sin\theta = mlH\sin\theta[N \cdot m]$

여기서, M : 자기모멘트(=ml), H : 평등자계, m : 자극
l : 자극 사이의 길이, θ ; 자석과 자계가 이루는 각

$T = mlH\sin\theta = 8 \times 10^{-6} \times 3 \times 10^{-2} \times 120 \times \sin 30°$
$= 1.44 \times 10^{-5}[N \cdot m]$　【정답】 ②

8. 정상 전류에서 옴의 법칙에 대한 미분형은? (단, i는 전류밀도, k는 도전율, ρ는 고유저항, E는 전계의 세기이다.)

① $i = kE$　② $i = \frac{E}{k}$

③ $i = \rho E$　④ $i = -kE$

|정|답|및|해|설|

[옴의 법칙] $I = i \cdot S = kES = \frac{E}{\rho}S[A]$

(i : 전류밀도, S : 단면적, k : 도전율, ρ : 고유저항, E : 전계)

$i = kE = \frac{E}{\rho} = Qv[A/m^2]$　【정답】 ①

9. 자기인덕턴스의 성질을 옳게 표현한 것은?

① 항상 정(正)이다.

② 항상 부(負)이다.

③ 항상 0 이다.

④ 유도되는 기전력에 따라 정(正)도 되고 부(負)도 된다.

|정|답|및|해|설|

[자기인덕턴스]

·인덕턴스 자속 $\varnothing = LI$

·권수(N)가 있다면 $N\varnothing = LI$

·자신의 회로에 단위 전류가 흐를 때의 저속 쇄교수를 말한다.

·항상 정(+)의 값을 갖는다.

※ 그렇지만 상호인덕턴스 M은 가동 결합의 경우 (+), 차동결합의 경우 (−)값을 가진다.
【정답】 ①

10. 4[A] 전류가 흐르는 코일과 쇄교하는 자속수가 4[Wb]이다. 이 전류 회로에 축적되어 있는 자기 에너지[J]는?

① 4　② 2　③ 8　④ 16

|정|답|및|해|설|

[코일의 축적에너지] $W=\frac{1}{2}LI^2=\frac{\varnothing^2}{2L}=\frac{1}{2}\varnothing I[J]$

$\rightarrow (N\varnothing = LI)$

$W=\frac{1}{2}\varnothing I=\frac{1}{2}\times 4\times 4=8[J]$　【정답】 ③

11. 진공 중에서 빛의 속도와 일치하는 전자파의 전파 속도를 얻기 위한 조건은?

① $\epsilon_s=\mu_s=0$　② $\epsilon_s=0,\ \mu_s=1$

③ $\epsilon_s=\mu_s=1$　④ $\epsilon_s=1,\ \mu_s=0$

|정|답|및|해|설|

[전파속도]

$v=\lambda\cdot f=\frac{\omega}{\beta}=\frac{1}{\sqrt{\mu\epsilon}}=\frac{1}{\sqrt{\epsilon_0\mu_0}}\times\frac{1}{\sqrt{\epsilon_s\mu_s}}=\frac{c}{\sqrt{\epsilon_s\mu_s}}$ [m/s]

여기서, $\lambda[m]$: 파장, $f[Hz]$: 주파수, β : 위상정수$(=\omega\sqrt{LC})$

$\epsilon_s=\mu_s=1$일 때 전파속도 $v=3\times 10^8[m/s]=c$가 된다.

→(c는 빛의 속도)

※ $\frac{1}{\sqrt{\epsilon_0\mu_0}}=\frac{1}{\sqrt{8.855\times 10^{-12}\times 4\pi\times 10^{-7}}}=3\times 10^8[m/s]=c$

【정답】 ③

12. 그림과 같이 평행한 무한장 직선 도선에 $I[A]$, $4I[A]$인 전류가 흐른다. 두 선 사이의 점 P 의 자계의 세기가 0이라고 하면 $\frac{a}{b}$는 얼마인가?

① 2
② 4
③ $\frac{1}{2}$
④ $\frac{1}{4}$

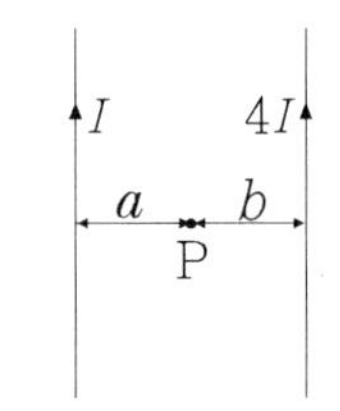

|정|답|및|해|설|

[평행한 무한장 직선] I와 $4I$ 도선에 의한 자계의 방향은 서로 반대이므로 크기가 같으면 $H=0$가 된다.

· I 도선에 의한 자계 $H_1=\frac{1}{2\pi a}$[AT/m] (ⓧ 방향)

· $4I$ 도선에 의한 자계 $H_{4I}=\frac{4I}{2\pi b}$[AT/m] (⊙ 방향)

· $H_I=H_{4I}$ 이므로 $\frac{I}{2\pi a}=\frac{4I}{2\pi b}$ $\rightarrow \therefore \frac{a}{b}=\frac{1}{4}$

【정답】 ④

13. 자기회로와 전기회로의 대응 관계가 잘못된 것은?

① 자속↔전류
② 기자력↔기전력
③ 투자율↔유전율
④ 자계의 세기↔전계의 세기

|정|답|및|해|설|

[자기회로와 전기회로의 대응]

자기회로	전기회로
자속 $\phi[Wb]$	전류 $I[A]$
자계 $H[A/m]$	전계 $E[V/m]$
기자력 $F[AT]$	기전력 $U[V]$
자속 밀도 $B[Wb/m^2]$	전류 밀도 $i[A/m^2]$
투자율 $\mu[H/m]$	**도전율** $k[℧/m]$
자기저항 $R_m[AT/Wb]$	전기저항 $R[\Omega]$

【정답】 ③

14. 진공 중에서 한 변이 a[m]인 정사각형 단일 코일이 있다. 코일에 I[A]의 전류를 흘릴 때 정사각형 중심에서 자계의 세기는 몇 [AT/m]인가?

① $\frac{2\sqrt{2}I}{\pi a}$　② $\frac{I}{\sqrt{2}a}$

③ $\frac{I}{2a}$　④ $\frac{4I}{a}$

|정|답|및|해|설|

[정사각형 중심의 자계의 세기] $H=\frac{2\sqrt{2}I}{\pi a}[AT/m]$

※ 1. 한 변이 a 정삼각형 중심의 자계의 세기 $H=\frac{9I}{2\pi a}$[AT/m]

2. 한 변이 a 정육각형 중심의 자계의 세기 $H=\frac{\sqrt{3}I}{\pi a}$[AT/m]

【정답】 ①

15. 자속밀도가 0.3[Wb/m^2]인 평등자계 내에 5[A]의 전류가 흐르고 있는 길이 2[m]인 직선도체를 자계의 방향에 대하여 60° 의 각도로 놓았을 때 이 도체가 받는 힘은 약 몇 [N] 인가?

① 1.3 ② 2.6 ③ 4.7 ④ 5.2

|정|답|및|해|설|

[도체가 받는 힘(플레밍의 왼손법칙)] $F = BIl\sin\theta$

(B : 자속밀도[Wb/m^2], I : 도체에 흐르는 전류[A]
l : 도체의 길이[m], θ : 자장과 도체가 이르는각)

$\therefore F = BIl\sin\theta = 0.3\times5\times2\times\sin60° = 2.6[N]$

【정답】 ②

16. 진공 내의 점(3, 0, 0)[m]에 $4\times10^{-9}[C]$의 전하가 있다. 이때 점(6, 4, 0)[m]의 전계의 크기는 약 몇 [V/m]이며, 전계의 방향을 표시하는 단위벡터는 어떻게 표시 되는가 ?

① 전계의 크기 : $\frac{36}{25}$, 단위벡터 : $\frac{1}{5}(3a_x + 4a_y)$

② 전계의 크기 : $\frac{36}{125}$, 단위벡터 : $(3a_x + 4a_y)$

③ 전계의 크기 : $\frac{36}{25}$, 단위벡터 : $a_x + a_y$

④ 전계의 크기 : $\frac{36}{125}$, 단위벡터 : $\frac{1}{5}(a_x + a_y)$

|정|답|및|해|설|

[방향벡터] 방향을 표시하는 방향벡터 $n = \frac{\text{벡터}}{\text{스칼라}} = \frac{\vec{r}}{|\vec{r}|}$

· $\vec{r} = (6-3)a_x + (4-0)a_y + (0-0)a_z = 3a_x + 4a_y$

· $|\vec{r}| = \sqrt{3^2+4^2} = 5$

$\therefore n = \frac{\vec{r}}{|\vec{r}|} = \frac{3a_x + 4a_y}{5} = \frac{1}{5}(3a_x + 4a_y)$

[전계의 세기] $E = 9\times10^9\frac{Q}{r^2} = 9\times10^9\frac{Q}{(|\vec{r}|)^2}$

$\therefore E = 9\times10^9\frac{Q}{(|\vec{r}|)^2} = 9\times10^9\frac{4\times10^{-9}}{5^2} = \frac{36}{25}[V/m]$

【정답】 ①

17. 전속밀도 $D = X^2i + Y^2j + Z^2k[C/m^2]$를 발생시키는 점(1, 2, 3)에서의 체적 전하밀도는 몇 [C/m^3]인가?

① 12 ② 13 ③ 14 ④ 15

|정|답|및|해|설|

[체적 전하밀도] 체적 전하밀도를 구하는 두가지 방식

· 가우스의 미분형 방법 : $\text{div}D = \nabla\cdot D = \rho[C/m^3]$

→ ($\rho[c/m^3]$: 체적 전하밀도)

· 전위를 이용하는 방법 : $\nabla^2\cdot V = \frac{\rho}{\epsilon_0}$

문제에서 전속밀도가 주어졌으므로 가우스의 미분형 방법

$div\,D = \nabla\cdot D = \frac{\partial Dx}{\partial x} + \frac{\partial Dy}{\partial y} + \frac{\partial Dz}{\partial z} = \rho[C/m^3]$

$D = X^2i + Y^2j + Z^2k[C/m^2]$에서 $Dx = X^2,\ Dy = Y^2,\ Dz = Z^2$

$\therefore div\,D = \frac{\partial X^2}{\partial x} + \frac{\partial Y^2}{\partial y} + \frac{\partial Z^2}{\partial z} = 2X + 2Y + 2Z = 2+4+6 = 12$

→ $(X=1,\ Y=2,\ Z=3)$

【정답】 ①

18. 다음 식 중에서 틀린 것은?

① $E = -grad\,V$

② $\int_s E\cdot nds = \frac{Q}{\epsilon_0}$

③ $grad\,V = i\frac{\partial^2 V}{\partial x^2} + j\frac{\partial^2 V}{\partial y^2} + k\frac{\partial^2 V}{\partial z^2}$

④ $V = \int_p^\infty E\cdot dl$

|정|답|및|해|설|

① 전위 기울기 $E = -grad\,V$, ② 가우스의 정리 $\int_s E\cdot nds = \frac{Q}{\epsilon_0}$

③ $grad\,V = i\frac{\partial V}{\partial x} + j\frac{\partial V}{\partial y} + k\frac{\partial V}{\partial z}$, ④ 전위 $V = \int_p^\infty E\cdot dl$

【정답】 ③

19. 어떤 대전체가 진공 중에서 전속이 Q[C]이었다. 이 대전체를 비유전율 10인 유전체 속으로 가져갈 경우에 전속은 어떻게 되는가?

① Q ② $10Q$

③ $\frac{Q}{10}$ ④ $\frac{Q}{\epsilon_0}$

|정|답|및|해|설|

[전속] 전속 ∅는 매질에 관계없이 전하 Q[C]일 때 Q개의 전속이 나온다. $\therefore \varnothing = Q[C]$이다.

※[전기력선 수] Q[C]의 전하에서(진공시) 전기력선의 수 $N = \frac{Q}{\epsilon_0}$개의 전기력선이 발생한다(단위 전하 시 $N = \frac{1}{\epsilon_0}$).

【정답】 ①

20. 다음 중 스토크스(strokes)의 정리는?

① $\oint H \cdot dS = \iint_s (\nabla \cdot H) \cdot dS$

② $\int B \cdot dS = \int_s (\nabla \times H) \cdot dS$

③ $\oint_c H \cdot dS = \int (\nabla \cdot H) \cdot dL$

④ $\oint_c H \cdot dL = \int_s (\nabla \times H) \cdot dS$

|정|답|및|해|설|

[스토크스의 정리] 스토크스의 정리는 선적분을 면적분으로 변환하는 정리이다.

· $\oint_c H \cdot dl = \int_s rot\, H \cdot ds$

· $rot\, H = \nabla \times H$ 【정답】 ④

22. 유효낙차 100[m], 최대사용수량 20[㎥/sec], 수차 효율 70[%]인 수력발전소의 연간 발전전력량은 약 몇 [kWh] 정도 되는가? (단, 발전기의 효율은 85[%]라고 한다)

① 2.5×10^7 ② 5×10^7

③ 10×10^7 ④ 20×10^7

|정|답|및|해|설|

[발전전력량] $W =$ 발전전력$(P_g[kW]) \times$ 시간$(T[h]) = [kWh]$

발전전력 $P_g = 9.8QH\eta_t \eta_g[kW]$

여기서, Q : 유량$[m^3/s]$, H : 낙차[m], η_g : 발전기 효율

η_t : 수차의 효율, η : 발전기 효율$(\eta_g \eta_t)$

∴연간 발전전력량

$W = 9.8HQ\eta \times 365 \times 24[kWh]$

$= 9.8 \times 100 \times 20 \times 0.7 \times 0.85 \times 365 \times 24 = 10 \times 10^7[kWh]$

【정답】 ③

2회 2019년 전기기사필기 (전력공학)

21. 직류 송전 방식에 관한 설명 중 잘못된 것은?

① 교류보다 실효값이 적어 절연 계급을 낮출 수 있다.

② 교류 방식보다는 안정도가 떨어진다.

③ 직류 계통과 연계시 교류계통의 차단용량이 작아진다.

④ 교류방식처럼 송전손실이 없어 송전효율이 좋아진다.

|정|답|및|해|설|

[직류 송전 방식의 장점]

·선로의 리액턴스가 없으므로 안정도가 높다.

·유전체손 및 충전 용량이 없고 절연 내력이 강하다.

·비동기 연계가 가능하다.

·단락전류가 적고 임의 크기의 교류 계통을 연계시킬 수 있다.

·코로나손 및 전력 손실이 적다.

·표피 효과나 근접 효과가 없으므로 실효 저항의 증대가 없다.

※직류는 역률이 항상 1이므로 무효전력이 없다.

[직류 송전 방식의 단점]

·직·교류 변환 장치가 필요하다.

·전압의 승압 및 강압이 불리하다.

·고조파나 고주파 억제 대책이 필요하다.

·직류 차단기가 개발되어 있지 않다. 【정답】 ②

23. 일반 회로정수가 A, B, C, D이고 송전단전압이 E_s인 경우 무부하시 수전단전압은?

① $\frac{E_s}{A}$ ② $\frac{E_s}{B}$

③ $\frac{A}{C}E_s$ ④ $\frac{C}{A}E_s$

|정|답|및|해|설|

[송전선로 4단자정수] $E_s = AE_r + BI_r$, $I_s = CE_r + DI_r$

무부하시 $I_r = 0$이므로 $E_s = AE_r$ → $\therefore E_r = \frac{E_s}{A}$

【정답】 ①

24. 옥내배전의 전선 굵기를 결정하는 주요 요소가 아닌 것은?

① 전압강하 ② 허용전류

③ 기계적 강도 ④ 배선방식

|정|답|및|해|설|

[캘빈의 법칙] 가장 경제적인 전선의 굵기 결정에 사용. 전선 굵기를 결정하는 주요 요소로는 허용전류, 기계적 강도, 전압강하 등이 있다. 【정답】 ④

25. 1대의 주상 변압기에 역률(늦음) $\cos\theta_1$, 유효전력 P_1[kW]의 부하와 역률(늦음) $\cos\theta_2$, 유효전력 P_2 [kW]의 부하가 병렬로 접속되어 있을 경우 주상 변압기 2차 측에서 본 부하의 종합 역률은 어떻게 되는가?

① $\dfrac{P_1+P_2}{\sqrt{(P_1+P_2)^2+(P_1\tan\theta_1+P_2\tan\theta_2)^2}}$

② $\dfrac{P_1+P_2}{\sqrt{(P_1+P_2)^2+(P_1\sin\theta_1+P_2\sin\theta_2)^2}}$

③ $\dfrac{P_1+P_2}{\dfrac{P_1}{\cos\theta_1}+\dfrac{P_2}{\cos\theta_2}}$

④ $\dfrac{P_1+P_2}{\dfrac{P_1}{\sin\theta_1}+\dfrac{P_2}{\sin\theta_2}}$

|정|답|및|해|설|

[역률] $\cos\theta=\dfrac{유효전력}{피상전력}=\dfrac{P}{K}$

· $Q_1=\dfrac{P_1}{\cos\theta_1}\cdot\sin\theta_1=P_1\tan\theta_1$

· $Q_2=\dfrac{P_2}{\cos\theta_2}\cdot\sin\theta_2=P_2\tan\theta_2$

합성피상전력 $K=\sqrt{(P_1+P_2)^2+(P_1\tan\theta_1+P_2\tan\theta_2)^2}$

합성유효전력 $P=P_1+P_2$

역률 $\cos\theta=\dfrac{P}{K}=\dfrac{P_1+P_2}{\sqrt{(P_1+P_2)^2+(P_1\tan\theta_1+P_2\tan\theta_2)^2}}$

【정답】 ①

26. 선택 접지(지락) 계전기의 용도를 옳게 설명한 것은?

① 단일 회선에서 접지고장 회선의 선택 차단
② 단일 회선에서 접지전류의 방향 선택 차단
③ 병행 2회선에서 접지고장 회선의 선택 차단
④ 병행 2회선에서 접지사고의 지속시간 선택 차단

|정|답|및|해|설|

[SGR(선택지락(접지)계전기)] SGR(선택지락(접지)계전기)은 병행 2회선 이상 송전 선로에서 한쪽의 1회선에 지락 사고가 일어났을 경우 이것을 검출하여 고장 회선만을 선택 차단할 수 있는 계전기

【정답】 ③

27. 33[kV] 이하의 단거리 송배전선로에 작용하는 비접지 방식에서 지락전류는 다음 중 어느 것을 말하는가?

① 누설전류　　② 충전전류
③ 뒤진전류　　④ 단락전류

|정|답|및|해|설|

[비접지 방식의 지락전류]

·33[kV] 이하 계통에 적용
·저전압, 단거리(33[kV] 이하) 중성점을 접지하지 않는 방식
·중성점이 없는 Δ－Δ 결선 방식이 가장 많이 사용된다.
·지락전류 $I_g=\sqrt{3}\,\omega C_s V[A]$ → (C_s : 대지정전용량, 진상)
·충전전류 $I_c=\omega CE[A]$
·지락전류는 진상전류, 즉 충전전류를 의미한다.

【정답】 ②

28. 터빈(turbine)의 임계속도란?

① 비상조속기를 동작시키는 회전수
② 회전자의 고유 진동수와 일치하는 위험 회전수
③ 부하를 급히 차단하였을 때의 순간 최대 회전수
④ 부하 차단 후 자동적으로 정정된 회전수

|정|답|및|해|설|

[터빈의 임계속도] 회전날개를 포함한 로터 전체의 고유진동수와 회전속도에 따른 진동수가 일치하여 공진이 발생되는 지점의 회전속도를 임계속도라 한다.

【정답】 ②

29. 공통 중성선 다중 접지 방식의 배전선로에 있어서 Recloser(R), Sectionalizer(S), Line fuse(F)의 보호협조에서 보호협조가 가장 적합한 배열은? (단, 왼쪽은 후비보호 역할이다.)

① S － F － R　　② S － R
③ F － S － R　　④ R － S － F

|정|답|및|해|설|

[재연결(재폐로) 보호기] 재연결(재폐로) 기능을 갖는 차단기 리클로저(Recloser)

고장발생시에 바로 분리를 시키는 섹셔널라이저(Sectional izer)와 퓨즈는 전원측에 항상 리클로저를 설치하고 부하측에 섹셔널라이저를 설치하는 순서(R-S-F)로 해야 한다.

(R : 리클로저, S : 섹셔널라이저, F : 라인퓨즈)

【정답】 ④

30. 송전선의 특성임피던스와 전파정수는 어떤 시험으로 구할 수 있는가?

① 뇌파시험
② 정격부하시험
③ 절연강도 측정시험
④ 무부하시험과 단락시험

|정|답|및|해|설|

[특성임피던스, 전파정수] 특성임피던스나 전파정수를 알기 위해서는 임피던스와 어드미턴스를 알아야 한다.

·전파정수 $\gamma = \sqrt{ZY}$

·특성임피던스 $Z_0 = \sqrt{\frac{Z}{Y}}$

[개방회로시험(무부하시험)의 측정 항목]
·무부하 전류
·히스테리시스손
·와류손
·여자어드미턴스
·철손

[단락시험으로 측정할 수 있는 항목]
·동손
·임피던스와트
·임피던스전압

【정답】 ④

31. 단도체 방식과 비교하여 복도체 방식의 송전선로를 설명한 것으로 옳지 않은 것은?

① 전선의 인덕턴스는 감소되고 정전용량은 증가된다.
② 선로의 송전용량이 증가된다.
③ 계통의 안정도를 증진시킨다.
④ 전선 표면의 전위경도가 저감되어 코로나 임계전압을 낮출 수 있다.

|정|답|및|해|설|

[복도체 방식의 특징]
·전선의 인덕턴스가 감소하고 정전용량이 증가되어 선로의 송전용량이 증가하고 계통의 안정도를 증진시킨다.
·전선 표면의 전위경도가 저감되므로 코로나 임계전압을 높일 수 있고 코로나 손실이 저감된다.

【정답】 ④

32. 그림과 같은 2기 계통에 있어서 발전기에서 전동기로 전달되는 전력 P는? (단, $X = X_G + X_L + X_M$이고 E_G, E_M은 각각 발전기 및 전동기의 유기기전력, δ는 E_G와 E_M간의 상차각이다.)

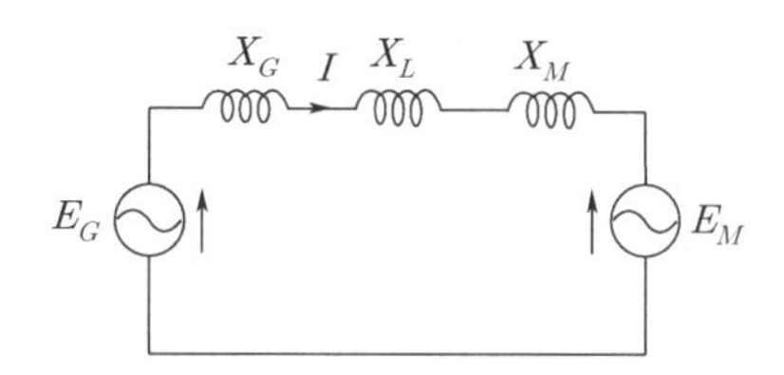

① $P = \frac{E_G}{XE_M}\sin\delta$ ② $P = \frac{E_G E_M}{X}\sin\delta$

③ $P = \frac{E_G E_M}{X}\cos\delta$ ④ $P = XE_G E_M \cos\delta$

|정|답|및|해|설|

[송전전력] $P = \frac{V_s V_r}{X}\sin\delta$ [MW]

(V_s, V_r : 송·수전단 전압[kV], X : 선로의 리액턴스[Ω]
δ : 송전단 전압(V_s)과 수전단 전압(V_r)의 상차각)

【정답】 ②

33. 10000[kVA] 기준으로 등가 임피던스가 0.4[%]인 발전소에 설치될 차단기의 차단용량은 몇 [MVA]인가?

① 1000 ② 1500
③ 2000 ④ 2500

|정|답|및|해|설|

[차단기의 차단용량] $P_s = \frac{100}{\%Z}P_n[kVA]$ → (P_n : 정격용량)

$\therefore P_s = \frac{100}{0.4}10000 \times 10^{-3} = 2500[MVA]$

【정답】 ④

34. 전력계통 연계 시의 특징으로 틀린 것은?

① 단락전류가 감소
② 경제급전이 용이하다.
③ 공급신뢰도가 향상된다.
④ 사고 시 다른 계통으로의 영향이 파급될 수 있다.

|정|답|및|해|설|

[전력계통 연계] 전력계통 연계는 배후전력이 커져서 단락용량이 커지며 영향의 범위가 넓어진다.

【정답】 ①

35. 고압 배전선로 구성방식 중, 고장 시 자동적으로 고장 개소의 분리 및 전선로에 폐로하여 전력을 공급하는 개폐기를 가지며, 수요 분포에 따라 임의의 분기선으로부터 전력을 공급하는 방식은?

① 환상식　　② 망상식
③ 뱅킹식　　④ 가지식(수지식)

|정|답|및|해|설|

[배전방식]

1. 환상식
- ·고장 구간의 분리조작이 용이하다.
- ·공급 신뢰도가 높다.　·전력손실이 적다.
- ·전압강하가 적다.　·변전소수를 줄일 수 있다.
- ·고장 시에만 자동적으로 폐로해서 전력을 공급하는 결합 개폐기가 있다.

2. 망상식
- ·무정전 공급이 가능해 공급 신뢰도가 높다.
- ·플리커, 전압변동률이 적다.　·기기의 이용률이 향상된다.
- ·전력손실이 적다.　·전압강하가 적다.
- ·부하 증가에 대해 융통성이 좋다.
- ·변전소 수를 줄일 수 있다.

3. 저압 뱅킹 방식 : 고압선(모선)에 접속된 2대 이상의 변압기의 저압측을 병렬 접속하는 방식으로 부하가 밀집된 시가지에 적합, 캐스케이딩(cascading)
4. 수지식(수지식) : 수요 변동에 쉽게 대응할 수 있다. 시설비가 싸다.

【정답】 ①

36. 중거리 송전선로의 T형 회로에서 송전단전류 I_s는? (단, Z, Y는 선로의 직렬임피던스와 병렬어드미턴스이고, E_r은 수전단전압, I_r은 수전단전류이다.)

① $I_r(1+\frac{ZY}{2})+E_rY$

② $E_r(1+\frac{ZY}{2})+ZI_r(1+\frac{ZY}{4})$

③ $E_r(1+\frac{ZY}{2})+Z_r$

④ $I_r(1+\frac{ZY}{2})+E_rY(1+\frac{ZY}{4})$

|정|답|및|해|설|

[중거리 송전선로의 송전단전류(T형회로)]

1. T회로 : $I_s=CE_r+DI_r=YE_r+I_r(1+\frac{ZY}{2})$

$$E_s=AE_r+BI_r=(1+\frac{ZY}{2})E_r+I_r(Z(1+\frac{ZY}{4}))$$

2. T형회로의 4단자정수 : $\begin{vmatrix} A & B \\ C & D \end{vmatrix}=\begin{vmatrix} 1+\frac{ZY}{2} & Z\left(1+\frac{ZY}{4}\right) \\ Y & 1+\frac{ZY}{Z} \end{vmatrix}$

※π형회로 : $I_s=Y\left(1+\frac{ZY}{4}\right)E_r+\left(1+\frac{ZY}{2}\right)I_r$

【정답】 ①

37. 아킹혼(Arcing Horn)의 설치목적은?

① 코로나손의 방지
② 이상전압 제한
③ 지지물의 보호
④ 섬락사고 시 애자의 보호

|정|답|및|해|설|

[아킹혼] 애자련 보호, 전압 분담 평준화　【정답】 ④

38. 변전소에서 접지를 하는 목적으로 적절하지 않은 것은?

① 기기의 보호
② 근무자의 안전
③ 차단 시 아크의 소호
④ 송전시스템의 중성점 접지

|정|답|및|해|설|

[접지의 목적]
- ·지락고장 시 건전상의 대지 전위상승을 억제
- ·지락고장 시 접지계전기의 확실한 동작
- ·혼촉, 누전, 접촉에 의한 위험 방지
- ·고장전류를 대지로 방전하기 위함

【정답】 ③

39. 변전소, 발전소 등에 설치하는 피뢰기에 대한 설명 중 틀린 것은?

① 정격전압은 상용주파 정현파 전압의 최고 한도를 규정한 순시값이다.
② 피뢰기의 직렬갭은 일반적으로 저항으로 되어 있다.
③ 방전전류는 뇌충격전류의 파고값으로 표시한다.
④ 속류란 방전현상이 실질적으로 끝난 후에도 전력계통에서 피뢰기에 공급되어 흐르는 전류를 말한다.

|정|답|및|해|설|

[피뢰기]
1. 피뢰기의 정격전압 : 속류가 차단되는 최고 교류전압
2. 피뢰기의 제한전압 : 방전중 단락전압의 파고치

【정답】 ①

40. 부하역률이 $\cos\theta$인 경우의 배전선로의 전력손실은 같은 크기의 부하전력으로 역률이 1인 경우의 전력손실에 비하여 몇 배인가?

① $\dfrac{1}{\cos^2\theta}$ ② $\dfrac{1}{\cos\theta}$

③ $\cos\theta$ ④ $\cos^2\theta$

|정|답|및|해|설|

[전력손실] $P_l = 3I^2R = 3\left(\dfrac{P}{\sqrt{3}\,V\cos\theta}\right)^2 R = \dfrac{P^2R}{V^2\cos^2\theta}$ [W]

$\rightarrow P_l \propto \dfrac{1}{\cos^2\theta}$

전력손실은 역률의 자승에 역비례하므로

$\dfrac{P_{l\cos\theta}}{P_{l1.0}} = \dfrac{\dfrac{1}{\cos^2\theta}}{1} = \dfrac{1}{\cos^2\theta}$ 【정답】 ①

2회 2019년 전기기사필기 (전기기기)

41. 100[V], 10[A], 1500[rpm]인 직류 분권발전기의 정격 시의 계자전류는 2[A]이다. 이때 계자회로에는 10[Ω]의 외부저항이 삽입되어 있다. 계자권선의 저항[Ω]은?

① 20 ② 40

③ 80 ④ 100

|정|답|및|해|설|

[옴의 법칙]

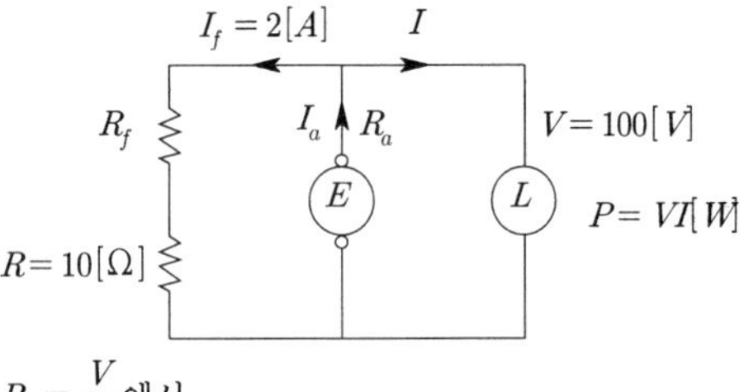

$R_f = \dfrac{V}{I_f}$에서

합성저항 $R_f + 10 = \dfrac{V}{I_f} \rightarrow R_f + 10 = \dfrac{100}{2}$

$\therefore R_f = 40[\Omega]$ 【정답】 ②

42. 직류 발전기의 외부 특성 곡선에서 나타나는 관계로 옳은 것은?

① 계자전류의 단자전압

② 계자전류와 부하전류

③ 부하전류의 유기기전력

④ 부하전류와 단자전압

|정|답|및|해|설|

구분	횡축	종축	조건
무부하포화곡선	I_f	$V(=E)$)	$n=$ 일정, $I=0$
외부특성곡선	I	V	$n=$ 일정, $R_f=$ 일정
내부특성곡선	I	E	$n=$ 일정, $R_f=$ 일정
부하특성곡선	I_f	V	$n=$ 일정, $I=$ 일정
계자조정곡선	I	I_f	$n=$ 일정, $V=$ 일정

【정답】 ④

43. 가정용 재봉틀, 소형 공구, 영사기, 치과의료용 등에 사용하고 있으며, 교류, 직류 양쪽 모두에 사용되는 만능 전동기는?

① 단상 직권정류자전동기

② 단상 반발정류자전동기

③ 3상 직권정류자전동기

④ 단상 분권정류자전동기

|정|답|및|해|설|

[단상 직권 정류자 전동기] 직류 직권 전동기에 교류 전압을 가해주어도 전동기는 항상 같은 방향의 토크를 발생하고, 회전을 같은 방향으로 계속한다. 직·교류 양용 전동기는 이와 같은 원리를 이용한 전동기로서 단상 직권 정류자 전동기라고 한다. 75[W] 정도 이하의 소형 공구, 영사기, 치과의료용 등에 사용된다.

【정답】 ①

44. 동기발전기에 회전계자형을 사용하는 경우에 대한 이유로 틀린 것은?

① 기전력의 파형을 개선한다.

② 전기자가 고정자이므로 고압 대전류용에 좋고, 절연하기 쉽다.

③ 계자가 회전자지만 저압 소용량의 직류이므로 구조가 간단하다.

④ 전기자보다 계자극을 회전자로 하는 것이 기계적으로 튼튼하다.

|정|답|및|해|설|

[동기발전기의 회전계자형] 전기자를 고정자로 하고, 계자극을 회전자로 한 것

·전기자 권선은 전압이 높고 결선이 복잡
·계자회로는 직류의 저압회로이며 소요 전력도 적다.
·계자극은 기계적으로 튼튼하게 만들기 쉽다.

※기전력의 파형 개선 : 고조파 성분 제거 【정답】 ①

45. 동기발전기의 병렬 운전 중 위상차가 생기면 어떤 현상이 발생하는가?

① 무효횡류가 흐른다.

② 무효전력이 생긴다.

③ 유효횡류가 흐른다.

④ 출력이 요동하고 권선이 가열된다.

|정|답|및|해|설|

[동기발전기의 병렬 운전] 기전력의 위상이 같지 않을 때는 유효순환전류가 흘러 위상이 앞선 발전기는 뒤지게, 위상이 뒤진 발전기는 앞서도록 작용하여 동기 상태를 유지한다.

[동기발전기의 병렬 운전 조건 및 다른 경우]

병렬 운전 조건	불일치 시 흐르는 전류
기전력의 크기가 같을 것	무효순환 전류 (무효횡류)
기전력의 위상이 같을 것	동기화 전류(유효횡류)
기전력의 주파수가 같을 것	동기화 전류
기전력의 파형이 같을 것	고주파 무효순환전류

【정답】 ③

46. 다음 중 변압기유가 갖추어야 할 조건으로 틀린 것은?

① 절연내력이 클 것

② 인화점이 높을 것

③ 점도가 높을 것

④ 응고점이 낮을 것

|정|답|및|해|설|

[변압기유의 구비 조건]

· 절연 내력이 클 것
· 절연 재료 및 금속에 화학 작용을 일으키지 않을 것
· 인화점이 높고 응고점이 낮을 것
· 점도가 낮고(유동성이 풍부) 비열이 커서 냉각 효과가 클 것
· 고온에 있어 석출물이 생기거나 산화하지 않을 것
· 증발량이 적을 것 【정답】 ③

47. 전력용 변압기에서 1차에 정현파 전압을 인가하였을 때 2차에 정현파 전압이 유기되기 위해서는 1차에 흘러들어가는 여자전류는 기본파전류 외에 주로 몇 고조파전류가 포함되는가?

① 제2고조파　② 제3고조파

③ 제4고조파　④ 제5고조파

|정|답|및|해|설|

[여자전류] 정현파 전압을 유기하기 위해서는 정현파의 자속이 필요하게 되며 그 결과 자속을 만드는 여자전류에 제3고조파가 포함 되어야 한다. 【정답】 ②

48. 그림은 전원전압 및 주파수가 일정할 때의 다상 유도전동기의 특징을 표시하는 곡선이다. 1차 전류를 나타내는 곡선은 몇 번 곡선인가?

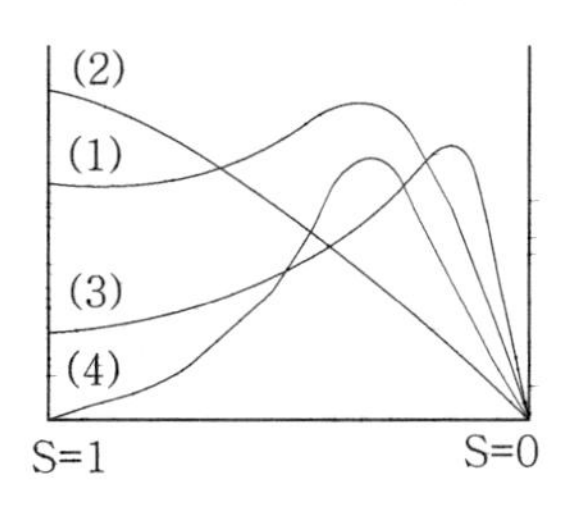

① (1)　② (2)　③ (3)　④ (4)

|정|답|및|해|설|

[슬립(s)과 1차 전류 I_1과의 관계]

(1) 토크, (2) 1차전류, (3) 역률, (4) 출력

1. 2차전류 $I_2 = \dfrac{sE_2}{\sqrt{r_2^2 + (sx_2)^2}}$

2. 1차측으로 환산한 2차전류 $I_1' = \dfrac{1}{\alpha\beta} I_2$

3. 1차전류 $I_1 = I_1' + I_0$

4. S=1(전동기 기동시) → $I_2 = \dfrac{E_2}{x_2}[A]$

5. $s \fallingdotseq 0$ 부근(동기속도 부근) → $I_2 = \dfrac{sE_2}{x_2}[A]$

I_2값도 거의 0에 가까워진다. 【정답】 ②

49. 상전압 200[V]인 3상 반파 정류회로에 SCR을 사용하여 위상 제어를 할 때 위상각을 $\frac{\pi}{6}$로 하면 순저항부하에서 얻을 수 있는 직류전압은 몇 [V]인가?

① 90 ② 130
③ 203 ④ 234

|정|답|및|해|설|

[3상 반파 정류 SCR의 직류분 전압] $E_d = 1.17E\cos\alpha$

$E_d = 1.17 \times 200 \times \cos 30° = 203[V]$

※3상 전파 정류 SCR의 직류분 전압 $E_d = 1.35E\cos\alpha$

【정답】 ③

50. 동기전동기가 무부하 운전 중에 부하가 걸리면 동기전동기의 속도는?

① 정지한다.
② 동기속도와 같다.
③ 동기속도보다 빨라진다.
④ 동기속도 이하로 떨어진다.

|정|답|및|해|설|

[동기전동기의 동기속도] $N_s = \frac{120f}{p}[rpm]$

[장점]
- 속도가 일정하다.
- 항상 역률 1로 운전할 수 있다.
- 부하 역률을 개선할 수 있다.
- 유도전동기에 비하여 효율이 좋다.

【정답】 ②

51. 직류 발전기에서 양호한 정류를 얻기 위한 방법이 아닌 것은?

① 보상권선을 설치한다.
② 보극을 설치한다.
③ 브러시의 접촉저항을 크게 한다.
④ 리액턴스 전압을 크게 한다.

|정|답|및|해|설|

[불꽃없는 정류를 하려면] $e = L\frac{2I_c}{T_c}[V]$

→ (L : 인덕턴스, T_c : 정류주기)

전압 e가 크면 클수록 전압이 불량, 즉 불꽃이 발생한다.
- 리액턴스 전압이 낮아야 한다.
- 정류주기가 길어야 한다.
- 브러시의 접촉저항이 커야한다 (탄소 브러시 사용)
- 보극, 보상권선을 설치한다.

【정답】 ④

52. 스텝각이 $2[°]$, 스테핑주파수(pulse rate)가 1800[pps]인 스테핑모터의 축속도[rps]는?

① 8 ② 10
③ 12 ④ 14

|정|답|및|해|설|

[스테핑 모터 속도 계산] 1초당 입력펄스가 1800[pps : pulse/sec]

1초당 스텝각=스텝각×스테핑주파수 $= 2 \times 1,800 = 3,600$

동기 1회전 당 회전각도는 360° 이므로

스테핑 전동기의 회전속도 $n = \frac{1초당\ 스텝각}{360°} = \frac{3,600°}{360°} = 10[rps]$

※스텝각 : 1펄스당 이동각

【정답】 ②

53. 직류기에 관한된 사항으로 잘못 짝지어진 것은?

① 보극-리액턴스 전압 감소
② 보상권선-전기자반작용 감소
③ 전기자반작용-직류전동기 속도 감소
④ 정류기간-전기자 코일이 단락되는 기간

|정|답|및|해|설|

[전기자반작용] 전기자 코일에 전류가 흘러서 만든 자석이 주자속에 영향을 주어서 주자속($\varnothing$)이 감소되는 현상

직류전동기의 토크 $T = K\varnothing I_a \propto \varnothing$, 회전수 $N \propto \frac{1}{\varnothing}$

③ 전기자반작용 : 직류전동기 속도 증가

【정답】 ③

54. 단상 변압기의 병렬운전 시 요구사항으로 틀린 것은?

① 정격출력이 같을 것
② 저항과 리액턴스의 비가 같을 것
③ 정격전압과 권수비가 같을 것
④ 극성이 같을 것

|정|답|및|해|설|

[단상 변압기 병렬운전 조건]
- 극성이 같을 것
- 권수비가 같고, 1차와 2차의 정격전압이 같을 것
- 퍼센트 저항 강하와 리액턴스 강하가 같을 것
- 부하 분담시 용량에는 비례하고 퍼센트 임피던스 강하에는 반비례할 것

【정답】 ①

55. 변압기의 누설리액턴스를 나타내는 것은? (단, N은 권수이다)

① N에 비례　② N^2에 반비례
③ N^2에 비례　④ N에 반비례

|정|답|및|해|설|

[변압기의 누설리액턴스] $x_l = \omega L = 2\pi f \frac{\mu A N^2}{l} \propto N^2$

$\rightarrow (L = \frac{\mu A N^2}{l} \propto N^2)$

(L : 인덕턴스[H], A : 철심의 단면적[m^2], N : 코일의 권수[회], l : 자로의 길이[m]) 【정답】 ③

56. 3상 동기발전기의 매극 매상의 슬롯수를 3이라고 하면 분포계수는?

① $6\sin\frac{\pi}{18}$　② $3\sin\frac{9\pi}{2}$
③ $\frac{1}{6\sin\frac{\pi}{18}}$　④ $\frac{1}{3\sin\frac{\pi}{18}}$

|정|답|및|해|설|

[분포계수] $K_{dn} = \frac{\sin\frac{n\pi}{2m}}{q\sin\frac{n\pi}{2mq}}$ → (n차 고조파)

여기서, n : 고주파 차수, m : 상수, q : 매극매상당 슬롯수
$n=1$, $m=3$, $q=3$이므로

∴분포계수 $K_{d1} = \frac{\sin\frac{\pi}{6}}{3\sin\frac{\pi}{18}} = \frac{1}{6\sin\frac{\pi}{18}}$ 【정답】 ③

57. 정격전압 220[V], 무부하 단자전압 230[V], 정격출력이 40[kW]인 직류 분권발전기의 계자저항이 22[Ω], 전기자반작용에 의한 전압강하가 5[V]라면 전기자회로의 저항[Ω]은 약 얼마인가?

① 0.026　② 0.028
③ 0.035　④ 0.042

|정|답|및|해|설|

[전기자저항] $R_a = \frac{E - V - (e_a + e_b)}{I_a}$

→ (직류 분권발전기의 유기기전력 $E = V + I_a R_a + e_a + e_b$)

여기서, I_a : 전기자전류, R_a : 전기자저항, V : 단자전압
e_a : 전기자반작용에 의한 전압강하[V]
e_b : 브러시의 접촉저항에 의한 전압강하[V]

계자전류 $I_f = \frac{V}{R_f} = \frac{220}{22} = 10$

부하전류 $I = \frac{P}{V} = \frac{40 \times 10^3}{220} = 182$

전기자전류 $I_a = I_f + I = 182 + 10 = 192$

∴전기자저항 $R_a = \frac{230 - 220 - 5}{192} = 0.026[\Omega]$ 【정답】 ①

58. 유도전동기로 동기전동기를 기동하는 경우, 유도전동기의 극수는 동기기의 극수보다 2극 적은 것을 사용한다. 그 이유는? (단, s는 슬립, N_s는 동기속도이다)

① 같은 극수의 유도전동기는 동기속도보다 sN_s 만큼 늦으므로
② 같은 극수의 유도전동기는 동기속도보다 (1-s)만큼 늦으므로
③ 같은 극수의 유도전동기는 동기속도보다 s만큼 빠르므로
④ 같은 극수의 유도전동기는 동기속도보다 (1-s)만큼 빠르므로

|정|답|및|해|설|

[유도전동기] 유도전동기는 동기전동기보다 속도가 늦으므로 동기속도에 맞추어 기동하려면 속도를 빠르게 하기위해 극수를 2극 정도 적게해야 한다.

· 유도전동기 속도 $N = \frac{120f}{p}(1-s)$

· 동기속도 $N_s = \frac{120f}{p}$

따라서 유도전동기의 속도는 동기전동기보다 $s\frac{120f}{p} = sN_s$ 만큼 늦다. 【정답】 ①

59. 단상 유도전동기의 토크에 대한 2차 저항을 어느 정도 이상으로 증가시킬 때 나타나는 현상으로 옳은 것은?

① 역회전 가능　② 최대토크 일정
③ 기동토크 증가　④ 토크는 항상 (+)

|정|답|및|해|설|

【정답】 ① (전항정답)

*문제오류, 정답 없음

60. 50[Hz]로 설계된 3상유도전동기를 60[Hz]에 사용하는 경우 단자전압을 110[%]로 올려서 사용하면 지장없이 사용할 수 있다. 이 중에서 옳지 않은 것은?

① 온도 상승 증가
② 여자전류 감소
③ 출력이 일정하면 유효전류는 감소
④ 철손은 거의 불변

|정|답|및|해|설|

[3상유도전동기의 단자전압]

1. 최대토크 $T_{\max} = K_0 \dfrac{E_2^2}{2x_2}[N \cdot m] \rightarrow T_{\max} \propto \dfrac{E^2}{f}$

→ $(x = 2\pi f L)$

$T_m{}' = \dfrac{(1.1)^2}{\dfrac{60}{50}} = \dfrac{121}{120} \fallingdotseq 1$이므로 최대토크 거의 불변

2. 여자전류 감소 $I_0 \propto \dfrac{V}{f} = \dfrac{1.1}{1.2} = 0.9$
3. 출력이 불변이라면 유효전류가 감소 $I_w \propto \dfrac{1}{V} = \dfrac{1}{1.1} = 0.9$
4. 역률 불변
5. 철손 불변
6. 온도 상승 감소

【정답】 ①

2회 2019년 전기기사필기(회로이론 및 제어공학)

61. 다음 신호 흐름 선도에서 일반식은?

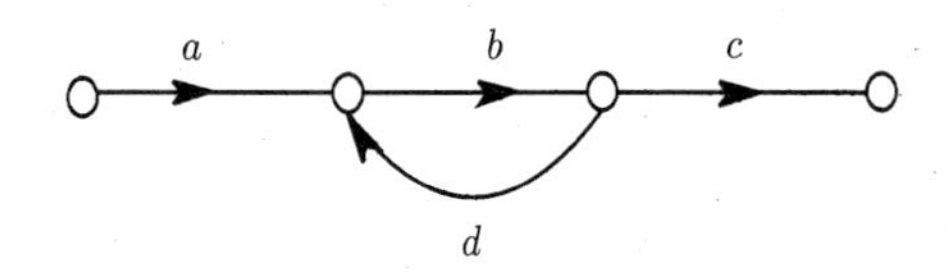

① $G = \dfrac{1-bd}{abc}$　② $G = \dfrac{1+bd}{abc}$

③ $G = \dfrac{abc}{1+bd}$　④ $G = \dfrac{abc}{1-bd}$

|정|답|및|해|설|

[신호 흐름 선도에 대한 전달함수] $G(s) = \dfrac{\sum 전향경로이득}{1-\sum 루프이득}$

→ (루프이득 : 피드백, 전향경로이득 : 입력에서 출력 가는 길)

$\therefore G(s) = \dfrac{abc}{1-bd}$

【정답】 ④

62. 다음과 회로망에서 입력전압을 $V_1(t)$, 출력전압을 $V_2(t)$라 할 때, $\dfrac{V_2(s)}{V_1(s)}$에 대한 고유주파수 ω_n과 제동비 ζ의 값은? (단, R=$100[\Omega]$, $L=2[H]$, $C=20[\mu F]$이고, 모든 초기전하는 0이다.)

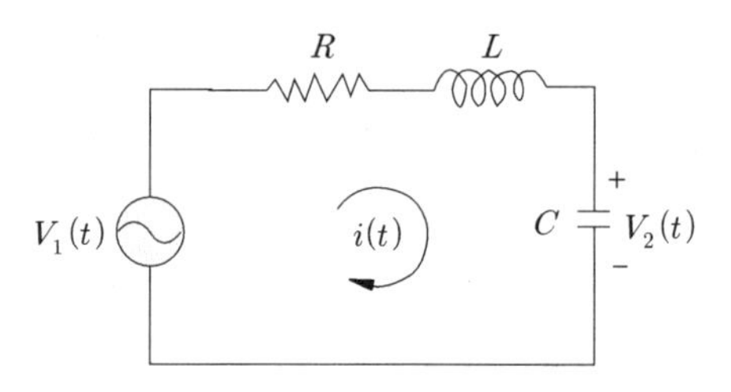

① $\omega_n = 50,\ \zeta = 0.5$　② $\omega_n = 50,\ \zeta = 0.7$

③ $\omega_n = 250,\ \zeta = 0.5$　④ $\omega_n = 250,\ \zeta = 0.7$

|정|답|및|해|설|

[무한 평면에 작용하는 힘(전기영상법 이용)]

전달함수(직렬) $G(s) = \dfrac{출력임피던스}{입력임피던스}$

$$= \frac{\frac{1}{Cs}}{R + Ls + \frac{1}{Cs}} = \frac{1}{LCs^2 + RCs + 1}$$

$$= \frac{\frac{1}{Cs}}{s^2 + \frac{R}{L}s + \frac{1}{LC}} \quad \rightarrow \left(\frac{R}{L} = 2\zeta\omega_n,\ \frac{1}{LC} = \omega_n^2\right)$$

· $\omega_n^2 = \dfrac{1}{LC}$ 에서

$\omega_n = \sqrt{\dfrac{1}{LC}} = \sqrt{\dfrac{1}{2 \times 200 \times 10^{-6}}} = 50$

· $2\zeta\omega_n = \dfrac{R}{L}$ 에서

$\zeta = \dfrac{R}{2\omega_n L} = \dfrac{100}{2 \times 50 \times 2} = 0.5$

【정답】 ①

63. 폐루프 전달함수 $\dfrac{G(s)}{1+G(s)H(s)}$의 극의 위치를 루프 전달함수 $G(s)H(s)$의 이득 상수 K의 함수로 나타내는 기법은?

① 근궤적법　② 주파수 응답법

③ 보드 선도법　④ Nyguist 판정법

|정|답|및|해|설|

[근궤적법] 근궤적법은 k가 0으로부터 ∞까지 변할 때 특성 방정식 $1+G(s)H(s)=0$의 각 k에 대응하는 근을 s면상에 점철하는 것이다.

【정답】 ①

64. 2차계 과도응답에 대한 특성 방정식의 근은 s_1, $s_2 = -\zeta\omega_n \pm j\omega_n\sqrt{1-\zeta^2}$ 이다. 감쇠비 ζ가 $0<\zeta<1$ 사이에 존재할 때 나타나는 현상은?

① 과제동　　② 무제동
③ 부족제동　　④ 임계제동

|정|답|및|해|설|

[감쇠비(δ)]

① $\delta>1$ (과제동) : 서로 다른 2개의 실근을 가지므로 비진동
② $\delta=0$ (무제동) : 무한 진동
③ <u>$0<\delta<1$ (부족제동)</u> : 공액 복소수근을 가지므로 감쇠진동을 한다.
④ $\delta=1$ (임계제동) : 중근(실근) 가지므로 진동에서 비진동으로 옮겨가는 임계상태 【정답】③

65. 다음 블록선도에서 특성방정식의 근은?

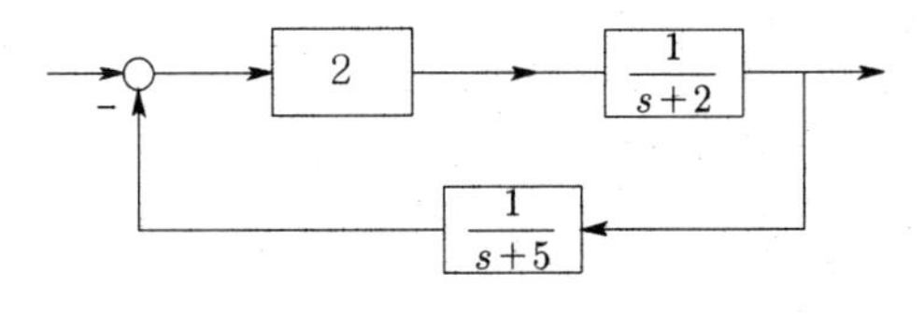

① −2, −5　　② 2, 5
③ −3, −4　　④ 3, 4

|정|답|및|해|설|

[특성 방정식 찾는법] → : 전향전달함수(G), ← : 피드백 전달함수(H)

개루프 전달함수 GH=$\dfrac{2}{(s+2)(s+5)}$ 에서

특성방정식 $(s+2)(s+5)+2=0 \rightarrow s^2+7s+12=0$

$(s+3)(s+4)=0 \rightarrow \therefore s=-3,\ -4$ 【정답】③

66. 다음 블록선도 변환이 틀린 것은?

①

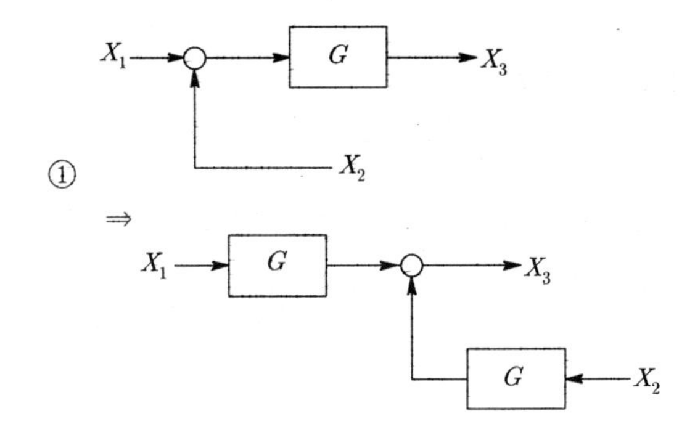

②

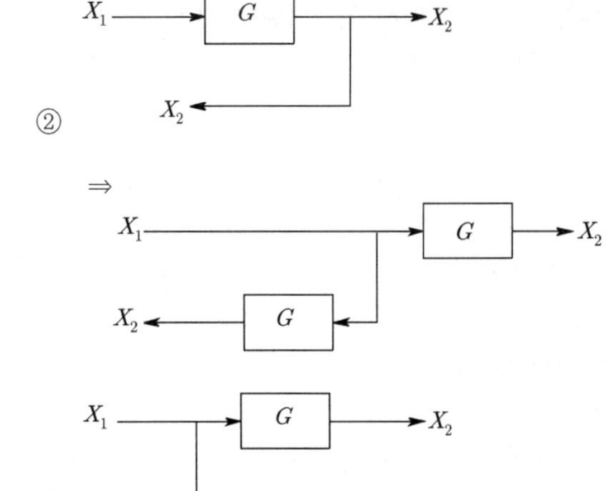

③

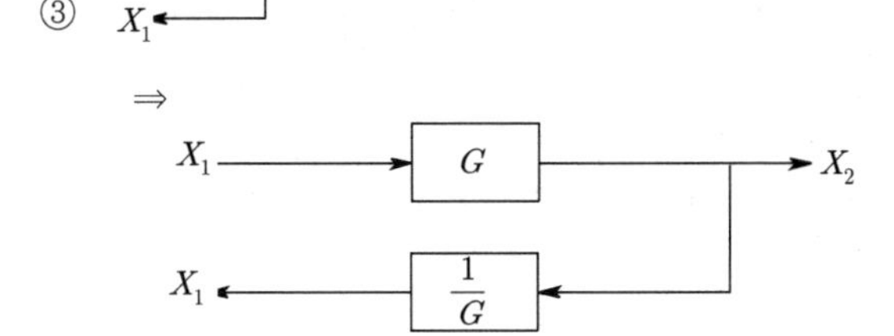

④

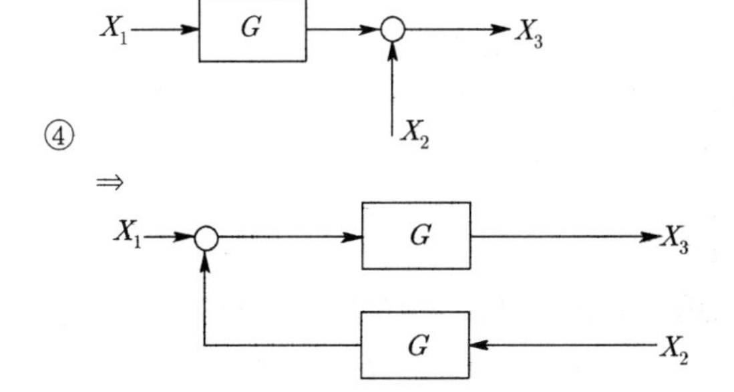

|정|답|및|해|설|

[블록선도 변환]

① $(X_1+X_2)G=X_3 \Rightarrow (X_1+X_2)G=X_3$
→ (점에서 합해짐(+), 블록선도 통과(×))
② $X_1G=X_2 \Rightarrow X_2=X_1G$
③ $X_1=X_1,\ X_2=X_1G \Rightarrow X_1=X_1,\ X_2=X_1G$
④ $X_1G+X_2=X_3 \Rightarrow (X_1+X_2G)G=X_3$ 【정답】④

67. 다음 중 이진 값 신호가 아닌 것은?

① 디지털 신호
② 아날로그 신호
③ 스위치의 On-Off 신호
④ 반도체 소자의 동작, 부동작 상태

|정|답|및|해|설|

[이진값] 0, 1로 표현되는 불연속계 【정답】②

68. 보드 선도에서 이득여유에 대한 정보를 얻을 수 있는 것은?

① 위상곡선 0°에서 이득과 0dB의 사이
② 위상곡선 180°에서 이득과 0dB의 사이
③ 위상곡선 −90°에서 이득과 0dB의 사이
④ 위상곡선 −180°에서 이득과 0dB의 사이

|정|답|및|해|설|

[이득여유(gu)] 위상이 $-180°$에서 이득과 0dB의 사이

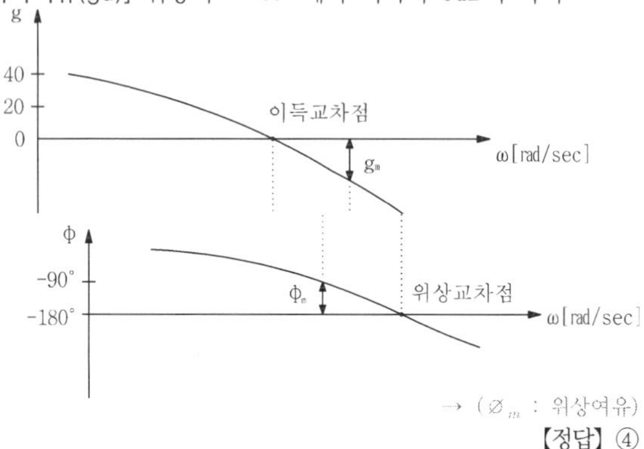

→ ($\varnothing_m$: 위상여유)

【정답】 ④

69. 그림의 시퀀스 회로에서 전자접촉기 X에 의한 A접점(Normal open contact)이 사용 목적은?

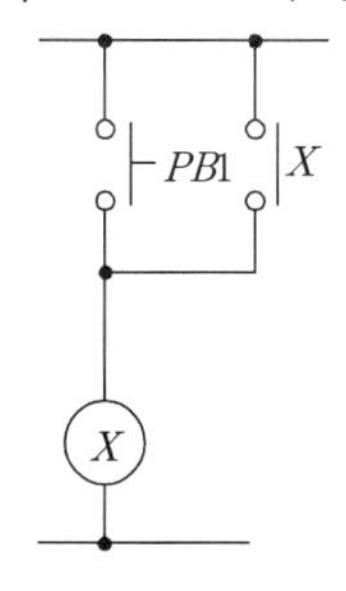

① 자기유지회로
② 지연회로
③ 우선 선택회로
④ 인터록(interlock)회로

|정|답|및|해|설|

[자기유지회로] 스위치를 놓았을 때도 계속해서 동작할 수 있도록 하는 회로 【정답】 ①

70. 단위 궤환제어계의 개루프 전달함수가 $G(s) = \dfrac{K}{s(s+2)}$일 때, K가 $-\infty$로부터 $+\infty$까지 변하는 경우 특성방정식의 근에 대한 설명으로 틀린 것은?

① $-\infty < K < 0$에 대한 근은 모두 음의 실근이다.
② $0 < K < 1$에 대하여 2개의 근은 모두 음의 실근이다.
③ $K=0$에 대하여 $s_1 = 0,\ s_2 = -2$의 근은 $G(s)$의 극점과 일치한다.
④ $1 < K < \infty$에 대하여 2개의 근은 모두 음의 실수부 중근이다.

|정|답|및|해|설|

[특성방정식] 개루프 전달함수에 대한 특성방정식
→ $s(s+2)+K=0$

$$s^2+2s+K=0 \rightarrow s = \frac{-b \pm \sqrt{b^2-4ac}}{2a} \text{에서} = -1 \pm \sqrt{1-K}$$

④ $1 < K < \infty$에 대하여 2개의 근은 모두 공액 복수근이다.
→ 예를 들어 $K=5$를 입력한다.
$s = -1 \pm \sqrt{-4} = -1 \pm 2j$이므로 두 근 모두 실수근이 아니라 실수 공액 복수근이다. 【정답】 ④

71. 길이에 따라 비례하는 저항 값을 가진 어떤 전열선에 $E_0[V]$의 전압을 인가하면 $P_0[W]$의 전력이 소비된다. 이 전열선을 잘라 원래 길이의 $\dfrac{2}{3}$로 만들고 $E[V]$의 전압을 가한다면 소비전력 $P[W]$는?

① $P = \dfrac{P_0}{2}\left(\dfrac{E}{E_0}\right)^2$
② $P = \dfrac{3P_0}{2}\left(\dfrac{E}{E_0}\right)^2$
③ $P = \dfrac{2P_0}{3}\left(\dfrac{E}{E_0}\right)^2$
④ $P = \dfrac{\sqrt{3}P_0}{2}\left(\dfrac{E}{E_0}\right)^2$

|정|답|및|해|설|

[소비전력] $P = \dfrac{E^2}{R}[W]$

도선에서의 저항 $R = \rho\dfrac{l}{S}$에서 저항 R과 길이 l은 비례한다.

$$\therefore P_0 = \frac{E^2}{\frac{2}{3}R} = \frac{3}{2}\frac{E^2}{\frac{E_0^2}{P_0}} = \frac{3P_0}{2}\left(\frac{E}{E_0}\right)^2[W]$$

【정답】 ②

72. 그림과 같은 순저항 회로에서 대칭 3상 전압을 가할 때 각 선에 흐르는 전류가 같으려면 R의 값은?

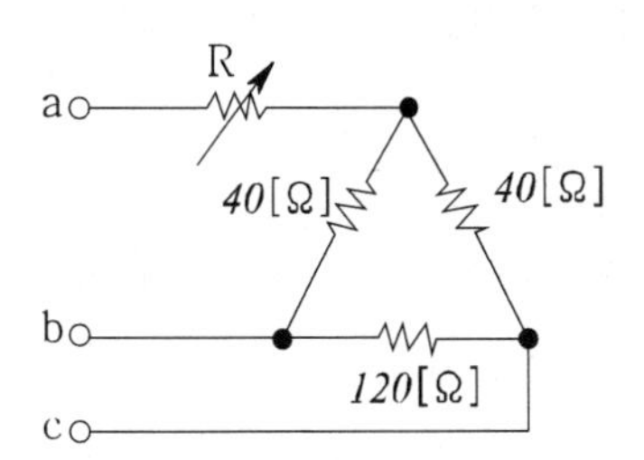

① 4 ② 8

③ 12 ④ 16

|정|답|및|해|설|

[등가변환] △결선을 Y 결선으로 등가 변환하면

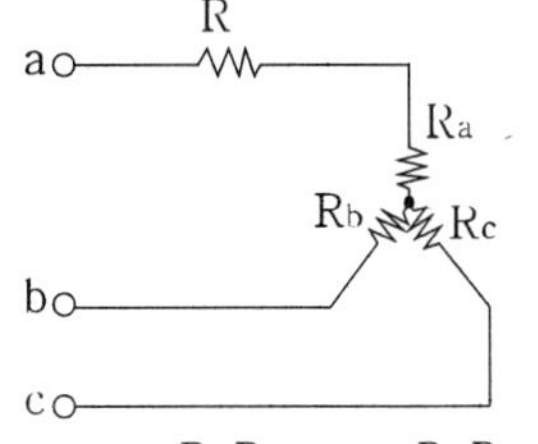

$$R_a = \frac{R_{ca}R_{ab}}{R_{ab}+R_{bc}+R_{ca}} = \frac{R_{ab}R_{ca}}{R_\Delta} = \frac{40\times 40}{40+120+40} = 8[\Omega]$$

$$R_b = \frac{R_{ab}R_{bc}}{R_\Delta} = \frac{400\times 120}{200} = 24[\Omega]$$

$$R_c = \frac{R_{bc}R_{ca}}{R_\Delta} = \frac{120\times 40}{200} = 24[\Omega]$$

각 선의 전류가 같으려면 각 상의 저항이 같아야 하므로

$R = 24 - R_a = 24 - 8 = 16[\Omega]$ 【정답】 ④

73. 다음과 같은 회로에서 4단자정수 A, B, C, D의 값은 어떻게 되는가?

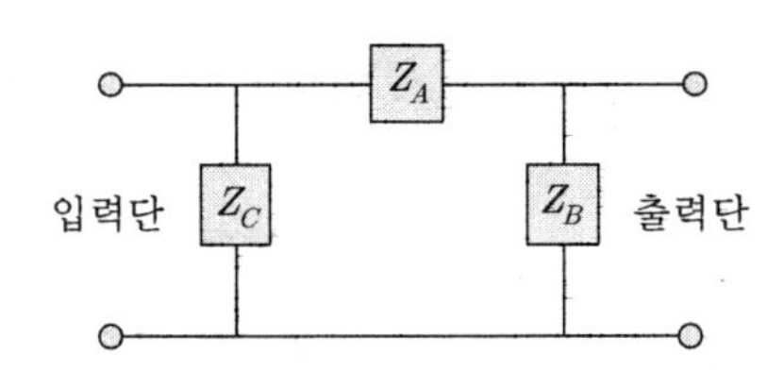

① $A = 1+\frac{Z_A}{Z_B}$, $B = Z_A$, $C = \frac{1}{Z_A}$, $D = 1+\frac{Z_B}{Z_A}$

② $A = 1+\frac{Z_A}{Z_B}$, $B = Z_A$, $C = \frac{1}{Z_B}$, $D = 1+\frac{Z_A}{Z_B}$

③ $A = 1+\frac{Z_A}{Z_B}$, $B = Z_A$, $C = \frac{Z_A+Z_B+Z_C}{Z_BZ_C}$

$D = \frac{1}{Z_BZ_C}$

④ $A = 1+\frac{Z_A}{Z_B}$, $B = Z_A$, $C = \frac{Z_A+Z_B+Z_C}{Z_BZ_C}$

$D = 1+\frac{Z_A}{Z_C}$

|정|답|및|해|설|

[π형 회로의 4단자정수]

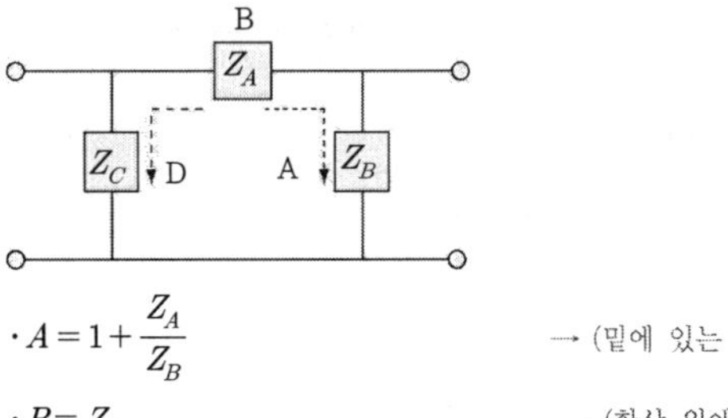

· $A = 1+\frac{Z_A}{Z_B}$ → (밑에 있는 것이 분모)

· $B = Z_A$ → (항상 위에 있는 것)

· $C = \frac{1}{Z_C}+\frac{1}{Z_B}+\frac{Z_A}{Z_BZ_C} = \frac{Z_C+Z_A+Z_B}{Z_BZ_C}$

· $D = 1+\frac{Z_A}{Z_C}$ → (A의 반대편, 밑에 있는 것이 분모)

【정답】 ④

74. 어떤 콘덴서를 300[V]로 충전하는데 9[J]의 에너지가 필요하였다. 이 콘덴서의 정전용량은 몇 [μF]인가?

① 100 ② 200

③ 300 ④ 400

|정|답|및|해|설|

[정전용량] $C = \frac{2W}{V^2}[F]$

→ (콘덴서의 축적에너지 $W = \frac{1}{2}CV^2[J]$)

$\therefore C = \frac{2W}{V^2} = \frac{2\times 9}{300^2}\times 10^6 = 200[\mu F]$ → ($\mu = 10^{-6}$)

【정답】 ②

75. 그림과 같은 RC 저역통과 필터회로에 단위 임펄스를 입력으로 가했을 때 응답 $h[t]$는?

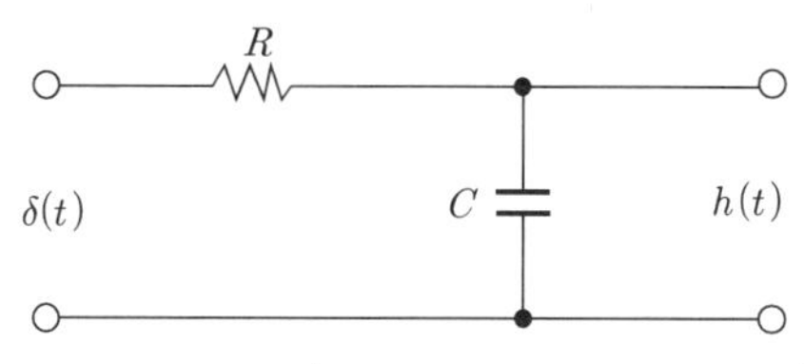

① $h[t]=RCe^{-\frac{t}{RC}}$ ② $h[t]=\frac{1}{RC}e^{-\frac{t}{RC}}$

③ $h[t]=\frac{R}{1+j\omega RC}$ ④ $h[t]=\frac{1}{RC}e^{-\frac{C}{R}t}$

|정|답|및|해|설|

[전달함수] $G(s)=\frac{\text{출력라플라스}}{\text{입력라플라스}}=\frac{H[s]}{R[s]}$

$$G(s)=\frac{H[s]}{R[s]}=\frac{H[s]}{1}=H[s]$$

$$=\frac{\frac{1}{Cs}}{R+\frac{1}{Cs}}=\frac{1}{RCs+1}=\frac{\frac{1}{RC}}{s+\frac{1}{RC}}$$

$\Delta(s)=\mathcal{L}[\delta(t)]=1$

$$H(s)=\frac{1}{RCs+1}\Delta(s)=\frac{1}{RCs+1}\cdot 1=\frac{1}{RCs+1}=\frac{1}{RC}\cdot\frac{1}{s+\frac{1}{RC}}$$

$\therefore h[t]=\mathcal{L}^{-1}[H(s)]=\frac{1}{RC}e^{-\frac{1}{RC}t}$ 【정답】 ②

76. 전류 순시값 $i=30\sin\omega t+40\sin(3wt+60^\circ)$ [A]의 실효값은 약 몇 [A]인가?

① $25\sqrt{2}$ ② $30\sqrt{2}$

③ $40\sqrt{2}$ ④ $50\sqrt{2}$

|정|답|및|해|설|

[비정현파의 실효값] $I=\sqrt{I_1^2+I_2^2+\cdots+I_n^2}$

$I=\sqrt{I_1^2+I_3^2}$ → (문제에서 1고조파와 3고조파가 주어졌으므로)

$$=\sqrt{\left(\frac{30}{\sqrt{2}}\right)^2+\left(\frac{40}{\sqrt{2}}\right)^2}=\frac{1}{\sqrt{2}}\sqrt{30^2+40^2}=25\sqrt{2}[A]$$

→ $(I=\frac{I_m}{\sqrt{2}})$

【정답】 ①

77. 평형 3상 3선식 회로에서 부하는 Y결선이고 선간전압이 $173.2\angle 0^\circ$ [V]일 때 선전류는 $20\angle -120^\circ[A]$이었다면, Y결선된 부하 한 상의 임피던스는 약 몇 $[\Omega]$인가?

① $5\angle 60^\circ$ ② $5\angle 90^\circ$

③ $5\sqrt{3}\angle 60^\circ$ ④ $5\sqrt{3}\angle 90^\circ$

|정|답|및|해|설|

[한상의 임피던스] $Z_p=\frac{V_p}{I_p}=\frac{\frac{V_l}{\sqrt{3}}\angle -30^\circ}{I_l}[\Omega]$

Y결선에서 $V_l=\sqrt{3}V_p\ \angle 30^\circ$, $I_l=I_p$

$$\therefore Z_p=\frac{\frac{173.2}{\sqrt{3}}\angle -30^\circ}{20\angle -120^\circ}=5\angle 90^\circ$$

【정답】 ②

78. 2전력계법으로 평형 3상 전력을 측정하였더니 한쪽의 지시가 500[W], 다른 한쪽의 지시가 1500[W]이었다. 피상 전력은 약 몇 [VA]인가?

① 2000 ② 2310

③ 2646 ④ 2771

|정|답|및|해|설|

[2전력계법] 피상전력 $P_a=\sqrt{P^2+P_r^2}=2\sqrt{P_1^2+P_2^2-P_1P_2}$

$$\therefore P_a=2\sqrt{P_1^2+P_2^2-P_1P_2}$$
$$=2\sqrt{500^2+1500^2-500\times 1500}=2645.75[VA]$$

※[2전력계법]
1. 유효전력 $P=|P_1|+|P_2|$
2. 무효전력 $P_r=\sqrt{3}(|P_1-P_2|)$
3. 역률 $\cos\theta=\frac{P}{P_a}=\frac{P_1+P_2}{2\sqrt{P_1^2+P_2^2-P_1P_2}}$ 【정답】 ③

79. $f(t)=e^{jwt}$의 라플라스 변환은?

① $\frac{1}{s-jw}$ ② $\frac{1}{s+jw}$

③ $\frac{1}{s^2+w^2}$ ④ $\frac{w}{s^2+w^2}$

|정|답|및|해|설|

[지수감쇠함수] $\mathcal{L}[e^{\pm at}]=\frac{1}{s\mp a}$

$\mathcal{L}[e^{\pm at}]=\frac{1}{s\mp a}$에서 $F(s)=\mathcal{L}[e^{jwt}]=\frac{1}{s-jw}$ 【정답】 ①

80. 1[km]당 인덕턴스 25[mH], 정전용량 0.005[μF]인 선로가 있다. 무손실 선로라고 가정한 경우 진행파의 위상(전파)속도는 약 몇 [km/s]인가?

① 8.95×10^4 ② 9.95×10^4
③ 89.5×10^4 ④ 99.5×10^4

|정|답|및|해|설|

[전파속도] $v=f\lambda=\frac{1}{\sqrt{LC}}=\sqrt{\frac{1}{\epsilon\mu}}$[m/s]

(λ[m] : 파장, $f[Hz]$: 주파수, C : 정전용량, L : 인덕턴스)

$$v=\frac{1}{\sqrt{LC}}=\frac{1}{\sqrt{25\times10^{-3}\times0.005\times10^{-6}}}=8.95\times10^4[\text{km/s}]$$

【정답】 ①

2회 2019년 전기기사필기 (전기설비기술기준)

81. 저압 옥상전선로의 시설에 대한 설명으로 옳지 않은 것은?

① 전선과 옥상전선로를 시설하는 조영재와의 간격을 0.5[m]로 하였다.
② 전선은 상시 부는 바람 등에 의하여 식물에 접촉하지 않도록 시설하였다.
③ 전선은 절연 전선을 사용하였다.
④ 전선은 지름 2.6[mm]의 경동선을 사용하였다.

|정|답|및|해|설|

[저압 옥상전선로의 시설 (KEC 221.3)]
- 전선은 절연전선일 것
- 전선은 인장강도 2.30[kN] 이상의 것 또는 지름이 2.6[mm] 이상의 경동선을 사용한다.
- 전선은 조영재에 견고하게 붙인 지지기둥 또는 지지대에 절연성·난연성 및 내수성이 있는 애자를 사용하여 지지하고 또한 그 지지점 간의 거리는 15[m] 이하일 것
- 전선과 그 저압 옥상 전선로를 시설하는 조영재와의 간격(이격거리)은 2[m](전선이 고압절연전선, 특고압 절연전선 또는 케이블인 경우에는 1[m]) 이상일 것

【정답】 ①

82. 사용전압 66[kV]의 가공전선을 시가지에 시설할 경우 전선의 지표상 최소 높이는 몇 [m]인가?

① 6.48 ② 8.36
③ 10.48 ④ 12.36

|정|답|및|해|설|

[시가지 등에서 특고압 가공전선로의 시설 (KEC 333.1)] 시가지에 특고가 시설되는 경우 전선의 지표상 높이는 35[kV] 이하 10[m](특고 절연전선인 경우 8[m]) 이상, 35[kV]를 넘는 경우 10[m]에 35[kV]를 넘는 10[kV] 또는 그 단수마다 12[cm]를 더한 값으로 한다.

- 단수 $=\frac{66-35}{10}=3.1\rightarrow4$단
- 지표상의 높이 $=10+4\times0.12=10.48[m]$

【정답】 ③

83. 가공전선로의 지지물에 시설하는 지지선의 시설기준으로 맞는 것은?

① 지지선의 안전율은 2.2 이상일 것
② 소선 5가닥 이상의 연선일 것
③ 지중 부분 및 지표상 60[cm]까지의 부분은 아연도금 철봉 등 부식하기 어려운 재료를 사용할 것
④ 도로를 횡단하여 시설하는 지지선의 높이는 지표상 5[m] 이상으로 할 것

|정|답|및|해|설|

[지지선의 시설 (KEC 331.11)] 가공전선로의 지지물에 시설하는 지지선은 다음 각 호에 따라야 한다.
- 안전율 : 2.5 이상
- 최저 인상 하중 : 4.31[kN]
- 소선의 지름이 2.6[mm] 이상의 금속선을 사용한 것일 것
- 소선 3가닥 이상의 연선일 것
- 지중 및 지표상 30[cm]까지의 부분은 아연도금 철봉 등을 사용
- 도로 횡단시의 높이 : 5[m] (교통에 지장이 없을 경우 4.5[m])

【정답】 ④

84. 다음 중 무선용 안테나 등을 지지하는 철탑의 기초 안전율로 옳은 것은?

① 0.92 이상 ② 1.0 이상
③ 1.2 이상 ④ 1.5 이상

|정|답|및|해|설|

[무선용 안테나 등을 지지하는 철탑 등의 시설 (KEC 364)]
전력 보안통신 설비인 무선통신용 안테나 또는 반사판을 지지하는 목주·철근·철근콘크리트주 또는 철탑은 다음 각 호에 의하여 시설하여야 한다.
1. 목주의 안전율 : 1.5 이상
2. 철주·철근콘클리트주 또는 철탑의 기초 안전율 : 1.5 이상

|참|고|

[안전율]
- 1.33 : 이상시 상정하중, 철탑기초
- 1.5 : 안테나, 케이블트레이
- 2.0 : 기초 안전율
- 2.2 : 경동선, 내열동합금선
- 2.5 : 지지선, ACSR

【정답】 ④

85. 가공전선로의 지지물에 취급자가 오르고 내리는데 사용하는 발판 볼트 등은 지표상 몇 [m] 미만에 시설하여서는 아니 되는가?

① 1.2　　② 1.5
③ 1.8　　④ 2.0

|정|답|및|해|설|
[가공전선로 지지물의 철탑오름 및 전주오름 방지 (KEC 331.4)] 가공 전선로의 지지물에 취급자가 오르고 내리는데 사용하는 발판 볼트 등은 지표상 1.8[m] 미만에 시설하여서는 안 된다. 다만 다음의 경우에는 그러하지 아니하다.
·발판 볼트를 내부에 넣을 수 있는 구조
·지지물에 승탑 및 승주 방지 장치를 시설한 경우
·취급자 이외의 자가 출입할 수 없도록 울타리 담 등을 시설할 경우
·산간 등에 있으며 사람이 쉽게 접근할 우려가 없는 곳

【정답】 ③

86. 특고압 가공전선로의 지지물로 사용하는 B종 철주에서 각도형은 전선로 중 몇 도를 넘는 수평 각도를 이루는 곳에 사용되는가?

① 1　② 2　③ 3　④ 5

|정|답|및|해|설|
[특고압 가공전선로의 철주·철근 콘크리트주 또는 철탑의 종류 (KEC 333.11)] 특고 가공 전선로의 지지물로 사용하는 B종 철주, 철근 콘크리트주, 철탑의 종류는 다음과 같다.
1. 직선형 : 전선로의 직선 부분(3° 이하의 수평 각도 이루는 곳 포함)에 사용되는 것
2. 각도형 : 전선로 중 수형 각도 3° 를 넘는 곳에 사용되는 것
3. 잡아 당김형(인류형) : 전 가섭선을 잡아 당기는 곳에 사용하는 것
4. 내장형 : 전선로 지지물 양측의 지지물 간 거리(경간) 차가 큰 곳에 사용하는 것
5. 보강형 : 전선로 직선 부분을 보강하기 위하여 사용하는 것

【정답】 ③

87. 빙설의 정도에 따라 풍압하중을 적용하도록 규정하고 있는 내용 중 옳은 것은? (단, 빙설이 많은 지방 중 해안지방 기타 저온계절에 최대풍압이 생기는 지방은 제외한다.)

① 빙설이 많은 지방에서는 고온계절에서는 갑종 풍압하중, 저온계절에는 을종 풍압하중을 적용한다.
② 빙설이 많은 지방에서는 고온계절에는 을종 풍압하중, 저온계절에는 갑종 풍압하중을 적용한다.
③ 빙설이 적은 지방에서는 고온계절에서는 갑종 풍압하중, 저온계절에는 을종 풍압하중을 적용한다.
④ 빙설이 적은 지방에서는 고온계절에는 을종 풍압하중, 저온계절에는 갑종 풍압하중을 적용한다.

|정|답|및|해|설|
[풍압 하중의 종별과 적용 (KEC 331.6)]

지역		고온계절	저온계절
빙설이 많은 지방 이외의 지방		갑종	병종
빙설이 많은 지방	일반 지역	갑종	을종
	해안지방 기타 저온계절에 최대풍압이 생기는 지역	갑종	갑종과 을종 중 큰 값 선정
인가가 많이 이웃 연결되어 있는 장소		병종	병종

【정답】 ①

88. 어떤 공장에서 케이블을 사용하는 사용전압이 22[kV]인 가공전선을 건물 옆쪽에서 1차 접근상태로 시설하는 경우 케이블과 건물의 조영재 간격은 몇 [cm] 이상이어야 하는가?

① 50　② 80　③ 100　④ 120

|정|답|및|해|설|
[특고압 가공전선과 건조물의 접근 (KEC 333.23)] 사용전압이 35[kV] 이하인 특고압 가공전선과 건조물의 조영재 간격

건조물과 조영재의 구분	전선	접근형태	간격(이격거리)
상부 조영재	특고압 절연전선	위쪽	2.5[m]
		옆쪽 아래쪽	1.5[m] (전선에 사람이 쉽게 접촉할 우려가 없도록 시설한 경우는 1[m])
	케이블	위쪽	1.2[m]
		옆쪽 아래쪽	0.5[m]
	기타전선		3[m]
기타 조영재	특고압 절연전선		1.5[m] (전선에 사람이 쉽게 접촉할 우려가 없도록 시설한 경우는 1[m])
	케이블		0.5[m]
	기타 전선		3[m]

【정답】 ①

89. 지중전선로를 직접 매설식에 의하여 차량 기타 중량물의 압력을 받을 우려가 없는 장소에 기준에 적합하게 시설할 경우 매설 깊이는 최소 몇 [cm] 이상이면 되는가?

① 60 ② 80 ③ 100 ④ 120

|정|답|및|해|설|

[지중 전선로의 시설 (KEC 334.1)] 지중 전선로는 전선에 케이블을 사용하고 또한 관로식, 암거식, 직접 매설식에 의하여 시설하여야 한다.

1. 직접 매설식 : 매설 깊이는 중량물의 압력이 있는 곳은 1.0[m] 이상, 없는 곳은 0.6[m] 이상으로 한다.
2. 관로식 : 매설 깊이를 1.0 [m] 이상, 중량물의 압력을 받을 우려가 없는 곳은 60 [cm] 이상으로 한다.
3. 암거식 : 지하 구조물 내 케이블 지지대를 설치하고 그 위에 케이블을 부설하는 방식 【정답】 ①

90. 조상설비의 조상기 내부에 고장이 생긴 경우 조상기의 용량이 몇 [kVA] 이상일 때 전로로부터 자동 차단하는 장치를 시설하여야 하는가?

① 5,000 ② 10,000
③ 15,000 ④ 20,000

|정|답|및|해|설|

[조상설비 보호장치 (KEC 351.5)] 조상설비에는 그 내부에 고장이 생긴 경우에 보호하는 장치를 표와 같이 시설하여야 한다.

설비 종별	뱅크 용량의 구분	자동적으로 전로로부터 차단하는 장치
전력용 커패시터 및 분로리액터	500[kVA] 초과 15,000[kVA] 미만	· 내부에 고장이 생긴 경우 · 과전류가 생긴 경우
	15,000[kVA] 이상	· 내부에 고장이 생긴 경우 · 과전류가 생긴 경우 · 과전압이 생긴 경우
무효 전력 보상 장치(조상기)	15,000[kVA] 이상	· 내부에 고장이 생긴 경우

【정답】 ③

91. 고압 가공전선로의 가공지선으로 나경동선을 사용하는 경우의 지름은 몇 [mm] 이상이어야 하는가?

① 3.2 ② 4.0
③ 5.5 ④ 6.0

|정|답|및|해|설|

[고압 가공전선로의 가공지선 (KEC 332.6)]

1. 고압 가공전선로 : 인장강도 5.26[kN] 이상의 것 또는 4[mm] 이상의 나경동선
2. 특고압 가공전선로 : 인장강도 8.01[kN] 이상의 나선 또는 5[mm] 이상의 나경동선 【정답】 ②

92. 고압용 기계기구를 시설하여서는 안 되는 경우는?

① 발전소, 변전소, 개폐소 또는 이에 준하는 곳에 시설하는 경우
② 시가지 외로서 지표상 3[m]인 경우
③ 공장 등의 구내에서 기계기구의 주위에 사람이 쉽게 접촉할 우려가 없도록 적당한 울타리를 설치하는 경우
④ 옥내에 설치한 기계기구를 취급자 이외의 사람이 출입할 수 없도록 설치한 곳에 시설하는 경우

|정|답|및|해|설|

[고압용 기계기구의 시설 (KEC 341.8)]

1. 시가지외 : 지표상 4[m] 이상의 높이에 시설
2. 시가지 : 지표상 4.5[m] 이상의 높이에 시설
3. 기계기구 주위에 사람이 접촉할 우려가 없도록 적당한 울타리를 설치 【정답】 ②

93. 옥내에 시설하는 전동기가 소손되는 것을 방지하기 위한 과부하 보호장치를 하지 않아도 되는 것은?

① 정격출력이 4[kW]이며, 취급자가 감시할 수 없는 경우
② 정격출력이 0.2[kW] 이하인 경우
③ 전동기가 소손할 수 있는 과전류가 생길 우려가 있는 경우
④ 정격출력이 10[kW] 이상인 경우

|정|답|및|해|설|

[저압전로 중의 전동기 보호용 과전류보호장치의 시설 (kec 212.6.3)] 옥내 시설하는 전동기의 과부하장치 생략 조건

· 정격 출력이 0.2[kW] 이하인 경우
· 전동기를 운전 중 상시 취급자가 감시할 수 있는 위치에 시설하는 경우
· 전동기의 구조나 부하의 성질로 보아 전동기가 손상될 수 있는 과전류가 생길 우려가 없는 경우
· 단상전동기를 그 전원측 전로에 시설하는 과전류 차단기의 정격 전류가 16[A](배선용 차단기는 20[A]) 이하인 경우

【정답】 ②

94. 특고압용 변압기의 보호장치인 냉각장치에 고장이 생긴 경우 변압기의 온도가 현저하게 상승한 경우에 이를 경보하는 장치를 반드시 하지 않아도 되는 경우는?

① 유입 풍냉식 ② 유입 자냉식
③ 송유 풍냉식 ④ 송유 수냉식

|정|답|및|해|설|

[특별고압용 변압기의 보호 장치 (KEC 351.4)]

뱅크용량의 구분	동작조건	보호장치
5천 이상 1만[kVA] 미만	변압기 내부고장	경보장치 또는 자동차단장치
1만[kVA] 이상	변압기 내부고장	자동차단장치
타냉식변압기	·냉각장치 고장 ·변압기 온도 현저히 상승	경보장치

※유입 자냉식 변압기는 타냉식 변압기가 아니므로 반드시 경보장치를 설치할 필요가 없다.

【정답】 ②

※한국전기설비규정(KEC) 적용으로 인해 더 이상 출제되지 않는 문제는 삭제했습니다.

2019년 3회 전기기사 필기 기출문제

3회 2019년 전기기사필기 (전기자기학)

1. 원통 좌표계에서 일반적으로 벡터가 $\overline{A}=5r\sin\varnothing a_z$로 표현 될 때 점(2, $\frac{\pi}{2}$, 0)에서 curlA를 구하면?

① $5a_r$　　② $5\pi a_\varnothing$

③ $-5a_\varnothing$　　④ $-5\pi a_\varnothing$

|정|답|및|해|설|

※원통좌표계 : r(반지름), $\varnothing$(각도), z(원통의 높이)로 구성

$\overline{A}=5r\sin\varnothing a_z$, (2, $\frac{\pi}{2}$, 0)　　$\rightarrow (r=2,\ \varnothing=\frac{\pi}{2},\ z=0)$

[벡터의 회전(rotation, curl)] $rot\,H=\nabla\times H=curl\,H$

$rot\,H=\nabla\times H$

$$=\frac{1}{r}\begin{vmatrix} a_r & ra_\varnothing & a_z \\ \frac{\partial}{\partial r} & \frac{\partial}{\partial\varnothing} & \frac{\partial}{\partial z} \\ 0 & 0 & 5r\sin\varnothing \end{vmatrix}$$

$$=\frac{1}{r}a_r\begin{bmatrix} \frac{\partial}{\partial\varnothing} & \frac{\partial}{\partial z} \\ 0 & 5r\sin\varnothing \end{bmatrix}+\frac{1}{r}ra_\varnothing\begin{bmatrix} \frac{\partial}{\partial r} & \frac{\partial}{\partial z} \\ 0 & 5r\sin\varnothing \end{bmatrix}+\frac{1}{r}a_z\begin{bmatrix} \frac{\partial}{\partial r} & \frac{\partial}{\partial\varnothing} \\ 0 & 0 \end{bmatrix}$$

$$=\frac{1}{r}a_r\left(\frac{\partial 5r\sin\varnothing}{\partial\varnothing}-\frac{\partial 0}{\partial z}\right)+\frac{1}{r}ra_\varnothing\left(\frac{\partial 0}{\partial z}-\frac{\partial 5r\sin\varnothing}{\partial r}\right)$$

$$=\frac{1}{r}a_r(5r\cos\varnothing)+\frac{1}{r}ra_\varnothing(-5\sin\varnothing)\quad\rightarrow (r=2,\ \varnothing=\frac{\pi}{2},\ z=0)$$

$$=\frac{1}{2}a_r(5\cdot 2\cos\frac{\pi}{2})+\frac{1}{2}\cdot 2a_\varnothing(-5\sin\frac{\pi}{2})=-5a_\varnothing$$

$\rightarrow (\cos\frac{\pi}{2}=0,\ \sin\frac{\pi}{2}=1)$

【정답】 ③

2. 전하 q[C]가 진공 중의 자계 H[AT/m]에 수직방향으로 v[m/s]의 속도로 움직일 때 받는 힘은 몇 [N]인가? (단, μ_0는 진공의 투자율이다.)

① $\frac{qH}{\mu_0 v}$　　② qvH

③ $\frac{qvH}{\mu_0}$　　④ $\mu_0 qvH$

|정|답|및|해|설|

[전하가 수직 입사 시 전하가 받는 힘(로렌츠의 힘)]

$F=IBl\sin\theta=QvB\sin\theta[N]\quad\rightarrow (Qv=Il)$

$F=qvB\sin\theta=qvB[N]\quad\rightarrow$(직각이므로 $\theta=90$, $\sin 90=1$)

$=qv\mu_0 H[N]\quad\rightarrow (B=\frac{\varnothing}{S}=\mu_0 H)$　　【정답】 ④

3. 환상 철심의 평균 자계의 세기가 3000[AT/m]이고, 비투자율이 600인 철심 중의 자화의 세기는 약 몇 [Wb/m²]인가?

① 0.75　　② 2.26

③ 4.52　　④ 9.04

|정|답|및|해|설|

[자화의 세기(J)] $J=B-\mu_0 H=\mu_0(\mu_s-1)H\quad\rightarrow (B=\mu H)$

$J=\mu_0(\mu_s-1)H=4\pi\times 10^{-7}(600-1)\times 3000=2.26$

【정답】 ②

4. 강자성체의 세 가지 특성에 포함되지 않는 것은?

① 와전류 특성　　② 히스테리시스 특성

③ 고투자율 특성　　④ 자기포화 특성

|정|답|및|해|설|

[강자성체의 특징]

- 자구가 존재한다.
- **히스테리시스현상**이 있다.
- **고투자율**
- **자기포화 특성**이 있다.

강자성체는 히스테리시스 현상, 고투자율, 자기포화 현상이 있고 자구를 갖는다.　　【정답】 ①

5. 전기저항에 대한 설명으로 틀린 것은?

① 전류가 흐르고 있는 금속선에 있어서 임의 두 점간의 전위차는 전류에 비례한다.

② 저항의 단위는 옴(Ω)을 사용한다.

③ 금속선의 저항 R은 길이 l에 반비례한다.

④ 저항률(ρ)의 역수를 도전율이라고 한다.

|정|답|및|해|설|

[전기저항] $R=\rho\frac{l}{S}[\Omega]$, $\rho=\frac{1}{\sigma}\quad\rightarrow(\rho$: 저항률, σ : 도전율)

저항 R은 길이 l에 비례한다.　　【정답】 ③

6. 변위 전류와 가장 관계가 깊은 것은?

① 반도체 ② 유전체
③ 자성체 ④ 도체

|정|답|및|해|설|

[변위전류] 변위 전류는 진공 및 **유전체** 내에서 전속밀도의 시간적 변화에 의하여 발생하는 전류이다.

변위전류밀도 $i_d = \frac{\partial D}{\partial t} = \epsilon \frac{\partial E}{\partial t}$ [A/㎡] 변위 전류도 자계를 만들고 인가 전압보다 위상이 90° 앞선다. 【정답】 ②

7. 전자파의 특성에 대한 설명으로 틀린 것은?

① 전파 E_x를 특성 임피던스로 나누면 자파 H_y가 된다.
② 매질이 도전성을 갖지 않으면 전파 E_x와 자파 H_y는 동위상이 된다.
③ 전파 E_x와 자파 H_y의 진동 방향은 진행 방향에 수평인 종파이다.
④ 전자파의 속도는 주파수와 무관하다.

|정|답|및|해|설|

[무한 평면에 작용하는 힘(전기영상법 이용)]

① 특성임피던스 $\eta = \frac{E_s}{H_g}$ $\therefore H_g = \frac{E_s}{\eta}$
② E_s와 H_g는 동위상
③ E_s와 H_g의 진동 방향은 진행 방향에 수직인 횡파이다.
④ 전자파 속도 $v = \lambda f = \frac{1}{\sqrt{LC}} = \frac{1}{\sqrt{\epsilon\mu}}$ 이므로 전자파 속도는 매질의 유전율과 투자율에 관계한다. 【정답】 ③

8. 도전도 $k = 6 \times 10^{17}$[℧/m], 투자율 $\mu = \frac{6}{\pi} \times 10^{-7}$[H/m]인 평면도체 표면에 10[kHz]의 전류가 흐를 때, 침투되는 깊이 δ[m]는?

① $\frac{1}{6} \times 10^{-7}$[m] ② $\frac{1}{8.5} \times 10^{-7}$[m]
③ $\frac{36}{\pi} \times 10^{-10}$[m] ④ $\frac{36}{\pi} \times 10^{-6}$[m]

|정|답|및|해|설|

[표피효과] 표피효과는 전류가 도체 표면에 집중되는 현상이다.

표피깊이(침투깊이) $\delta = \sqrt{\frac{2}{\omega\mu\sigma}} = \sqrt{\frac{2\rho}{\omega\mu}} = \frac{1}{\sqrt{\pi f \sigma \mu}}[m]$

→ (k(도전율) $= \sigma = \frac{1}{\rho}$, $\omega = 2\pi f$)

$$\delta = \frac{1}{\sqrt{\pi \times 10 \times 10^3 \times 6 \times 10^{17} \times \frac{6}{\pi} \times 10^{-7}}} = \frac{1}{6} \times 10^{-7}[m]$$

※도전율 σ나 투자율 μ가 클수록 δ가 작아져 표피효과가 심해진다.

【정답】 ①

9. 단면적 15[cm^2]의 자석 근처에 같은 단면적을 가진 철판을 놓았을 때 그 곳을 통하는 자속이 3×10^{-4}이[Wb]면 철판에 작용하는 흡입력은 약 몇 [N]인가?

① 12.2 ② 23.9
③ 36.6 ④ 48.8

|정|답|및|해|설|

[자석의 흡인력] $f = \frac{1}{2}\mu_0 H^2 = \frac{B^2}{2\mu_0} = \frac{1}{2}HB[N/m^2]$

[정자계의 힘(작용력)] $F = \frac{B^2}{2\mu} \times S[N]$ → (S : 단면적)

$\Delta HW = \frac{1}{2\mu}B^2 \Delta x S - \frac{1}{2\mu_0}B^2 \Delta x S$

$F_x = \frac{\Delta W}{\Delta x} = \left(\frac{B^2}{2\mu_0} - \frac{B^2}{2\mu}\right)S[N]$

$\frac{B^2}{2\mu_0} \gg \frac{B^2}{2\mu}$

$\therefore F_x = f \cdot S = \frac{B^2}{2\mu_0}S = \frac{\left(\frac{\varnothing}{S}\right)^2}{2\mu_0}S = \frac{\varnothing^2}{2\mu_0 S}$

$= \frac{(3 \times 10^{-4})^2}{2 \times 4\pi \times 10^{-7} \times 15 \times 10^{-4}} = 23.87[N]$ 【정답】 ②

10. 자계의 벡터 포텐셜(vector potential)을 A[Wb/m]라 할 때 도체 주위에서 자계 B[Wb/m^2]가 시간적으로 변화하면 도체에 발생하는 전계의 세기 E[V/m]는?

① $E = -\frac{\partial A}{\partial t}$ ② $rot E = -\frac{\partial A}{\partial t}$
③ $rot E = -\frac{\partial B}{\partial t}$ ④ $E = rot B$

|정|답|및|해|설|

[맥스웰의 제2방정식] 미분형 $rot E = -\frac{\partial B}{\partial t}$ → (B : 자속밀도)

$B = rot A$로 정의되고 $rot E = -\frac{\partial B}{\partial t}$에서

$rot E = -\frac{\partial B}{\partial t} = -\frac{\partial}{\partial t} rot A = rot\left(-\frac{\partial A}{\partial t}\right)$

$\therefore E = -\frac{\partial A}{\partial t}$ 【정답】 ①

11. 평행판 콘덴서의 극간 전압이 일정한 상태에서 극간에 공기가 있을 때의 흡인력을 F_1, 극판 사이에 극판 간격의 $\frac{2}{3}$ 두께의 유리판 $(\varepsilon_r = 10)$을 삽입할 때의 흡입력을 F_2라 하면 $\frac{F_2}{F_1}$는?

① 0.6　　② 0.8
③ 1.5　　④ 2.5

|정|답|및|해|설|

[흡입력]

정전용량 $C_0 = \frac{\epsilon_0 s}{d}$

공극에 두께 t인 유리판을 넣은 경우의 정전용량 C는

$$C = \frac{1}{\frac{1}{\epsilon_0 S} + \frac{1}{\epsilon_0 \epsilon_r S}} = \frac{S}{\frac{d-t}{\epsilon_0} + \frac{t}{\epsilon_0 \epsilon_r}}$$

$$\frac{C}{C_0} = \frac{\frac{S}{\left(\frac{d-t}{\epsilon_0} + \frac{t}{\epsilon_0 \epsilon_r}\right)}}{\frac{\epsilon_0 S}{d}} = \frac{Sd}{\epsilon_0 S\left(\frac{d-t}{\epsilon_0} + \frac{t}{\epsilon_0 \epsilon_r}\right)} = \frac{\epsilon_r d}{\epsilon_r (d-t) + t}$$

전압이 일정한 때이므로 $W_0 = \frac{1}{2} C_0 V^2$, $W = \frac{1}{2} CV^2$

$$\frac{F}{F_0} = \frac{W}{W_0} = \frac{\frac{1}{2} CV^2}{\frac{1}{2} C_0 V^2} = \frac{C}{C_0}$$

$$= \frac{\epsilon_s d}{\epsilon_s (d-t) + t} = \frac{10d}{10\left(d - \frac{2}{3}d\right) + \frac{2}{3}d}$$

$$= \frac{10}{10 \times \frac{1}{3} + \frac{2}{3}} = \frac{30}{12} \fallingdotseq 2.5\text{배}$$

$\therefore F = 2.5 F_0$　　【정답】 ④

12. 무한장 직선형 도선에 I[A]의 전류가 흐를 경우 도선으로부터 R[m] 떨어진 점의 자속밀도 B $[Wb/m^2]$는?

① $B = \frac{\mu I}{2\pi R}$　　② $B = \frac{I}{2\pi \mu R}$

③ $B = \frac{\mu H}{2\pi R}$　　④ $B = \frac{\mu H^2}{2\pi R}$

|정|답|및|해|설|

[자속밀도]

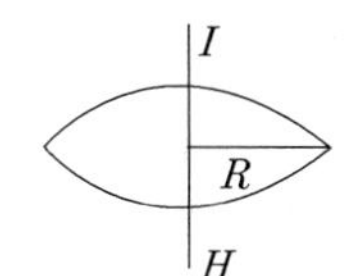

$B = \frac{\varnothing}{S} = \mu H [wb/m^2]$

$H = \frac{I}{2\pi R} [A/m]$이므로 $B = \mu H = \frac{\mu I}{2\pi R} [\text{wb/m}^2]$

【정답】 ①

13. 길이 l[m]인 동축 원통 도체의 내외 원통에 각각 $+\lambda$, $-\lambda$ [C/m]의 전하가 분포되어 있다. 내외 원통 사이에 유전율 ϵ인 유전체가 채워져 있을 때 전계의 세기는 몇 [V/m]인가? (단, V는 내외 원통 간의 전위차, D는 전속밀도이고, a, b는 내외 원통의 반지름이며 원통 중심에서의 거리 r은 $a < r < b$ 인 경우이다)

① $\frac{V}{r \cdot \ln\frac{b}{a}}$　　② $\frac{V}{\epsilon \cdot \ln\frac{b}{a}}$

③ $\frac{D}{r \cdot \ln\frac{b}{a}}$　　④ $\frac{D}{\epsilon \cdot \ln\frac{b}{a}}$

|정|답|및|해|설|

[두 원통 도체의 전계의 세기] $E = \frac{\lambda}{2\pi\epsilon_0 r} [V/m]$

전위차 $V = -\int_b^a E \cdot dl = -\int_b^a \frac{\lambda}{2\pi\epsilon_0 r} \cdot dl$

$$= \frac{\lambda}{2\pi\epsilon_0} [\ln r]_a^b = \frac{\lambda}{2\pi\epsilon_0} \ln\frac{b}{a} \quad \therefore \lambda = \frac{2\pi\epsilon_0 V}{\ln\frac{b}{a}}$$

전계의 세기 $E = \frac{\lambda}{2\pi\epsilon_0 r} = \frac{1}{2\pi\epsilon_0 r} \times \frac{2\pi\epsilon_0 V}{\ln\frac{b}{a}} = \frac{V}{r \cdot \ln\frac{b}{a}}$

【정답】 ①

14. 송전선의 전류가 0.01초간에 10[kA] 변화할 때 송전선과 평행한 통신선에 유도되는 전압은? (단, 송전선과 통신선간의 상호 유도계수는 0.3[mH]이다.)

① 30[V]　　② 300[V]
③ 3000[V]　　④ 30000[V]

|정|답|및|해|설|

[유도전압] $e = L\frac{di(t)}{dt}[V]$, $e = M\frac{di(t)}{dt}[V]$

$$e = M\frac{di(t)}{dt} = 0.3 \times 10^{-3} \times \frac{10 \times 10^3}{0.01} = 300[V]$$

【정답】 ②

15. 정전용량이 각각 C_1, C_2, 그리고 상호 유도계수가 M인 절연된 두 도체가 있다. 두 도체를 가는 선으로 연결할 경우 정전용량은 어떻게 표현되는가?

① C_1+C_2-M ② C_1+C_2+M
③ C_1+C_2+2M ④ $2C_1+2C_2+M$

|정|답|및|해|설|
[용량계수 및 유도계수의 성질]
· 1도체 $Q_1=q_{11}V_1+q_{12}V_2[C]$
· 2도체 $Q_2=q_{21}V_2+q_{22}V_1[C]$
· 정전용량 $C=\frac{Q}{V}=q$, $q_{11}=C_1$, $q_{22}=C_2$, $q_{12}=M$, $q_{21}=M$
→ ($q_{ij}=q_{ji}$: 유도계수)

$V_1=V_2=V$이므로
$Q_1=C_1V+MV=(C_1+M)V$
$Q_2=C_2V+MV=(C_2+M)V$
$C=\frac{Q_1+Q_2}{V}=\frac{(C_1+M)V+(C_2+M)V}{V}$
$=C_1+C_2+M+M=C_1+C_2+2M$ 【정답】 ③

16. 정전용량이 1[μF]이고 판의 간격이 d인 공기 콘덴서가 있다. 이 콘덴서 판간의 $\frac{1}{2}$d인 두께를 갖고 비유전율 $\epsilon_1=2$ 인 유전체를 그 콘덴서의 한 전극면에 접촉하여 넣었을 때 전체의 정전용량은 몇 [μF]이 되는가?

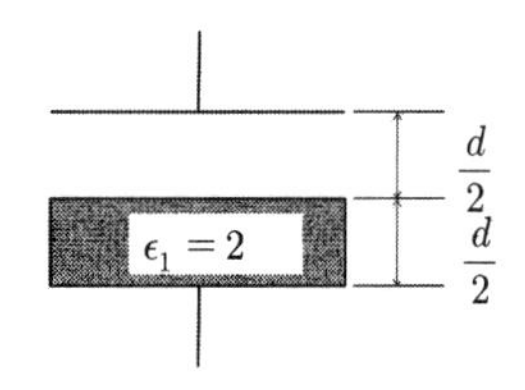

① 2 ② $\frac{1}{2}$
③ $\frac{4}{3}$ ④ $\frac{5}{3}$

|정|답|및|해|설|
[직렬 복합 유전체] $C_1=\epsilon_0\frac{S}{\frac{d}{2}}=\epsilon_0\frac{2S}{d}$, $C_2=\epsilon_1\frac{S}{\frac{d}{2}}=\epsilon_1\frac{2S}{d}$

$C=\frac{C_1C_2}{C_1+C_2}=\frac{\epsilon_0\frac{2S}{d}\cdot\epsilon_1\frac{2S}{d}}{\epsilon_0\frac{2S}{d}+\epsilon_1\frac{2S}{d}}=\frac{\epsilon_0\epsilon_1\frac{2S}{d}}{\epsilon_0+\epsilon_0}=\frac{2\epsilon_1C_0}{\epsilon_0+\epsilon_1}$

$=\frac{2C_0}{\frac{\epsilon_0}{\epsilon_1}+1}$ → $\epsilon_0=1$, $\epsilon_1=2$이므로

$C=\frac{2C_0}{\frac{1}{2}+1}=\frac{4}{3}C_0[\mu F]$ 【정답】 ③

|참|고|

[유전체의 삽입 위치에 따른 콘덴서의 직 · 병렬 구별]

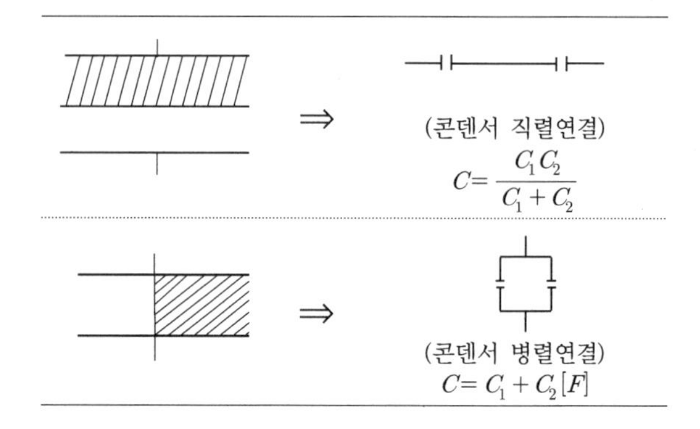

17. 단면적 S[m^2], 단위 길이에 대한 권수가 n[회/m]인 무한히 긴 솔레노이드의 단위 길이당의 자기인덕턴스[H/m]는 어떻게 표현되는가?

① $\mu\cdot s\cdot n$ ② $\mu\cdot s\cdot n^2$
③ $\mu\cdot s^2\cdot n^2$ ④ $\mu\cdot s^2\cdot n$

|정|답|및|해|설|
[무한장 솔레노이드의 단위 길이당 인덕턴스]
1. 인덕턴스 $L=\frac{\mu SN^2}{l}[H]$ → ($n=\frac{N}{l}$)
2. 단위 길이당 인덕턴스 $L_0=\mu Sn^2[H/m]$
→ (μ : 투자율, S : 면적, n : 권수)
【정답】 ②

18. 다음 금속 중 저항률이 가장 적은 것은?

① 은 ② 철
③ 백금 ④ 알루미늄

|정|답|및|해|설|
[저항률] 저항률이 작다는 것은 전류가 잘 통한다는 것
[금속의 저항률]
은(1.62) 〈 구리(1.72) 〈 금(2.4) 〈 알루미늄(2.75) 〈 텅스텐(5.5) 〈 아연(5.9) 니켈(7.24) 〈 철(9.8) 〈 백금(10.6)
[금속의 도전율]
은(106) 〉 구리(100) 〉 금(71.8) 〉 알루미늄(62.7) 〉 텅스텐(31.3) 〉 아연(29.2) 〉 니켈(23.8) 〉 철(17.2) 〉 백금(16.3) 【정답】 ①

19. 진공 중에서 점 P(1, 2, 3) 및 점 Q(2, 0, 5)에 각각 300[μC], −100[μC]인 점전하가 놓여 있을 때 점전하 −100[μC]에 작용하는 힘은 몇 [N]인가?

① $10i-20j+20k$ ② $10i+20j-20k$

③ $-10i+20j+20k$ ④ $-10i+20j-20k$

|정|답|및|해|설|

[방향벡터] $n=\dfrac{\vec{r}}{|\vec{r}|}$

· $\vec{r}=Q-P=(2-1)i+(0-2)j+(5-3)k=i-2j+2k$

· $|\vec{r}|=\sqrt{1^2+2^2+2^2}=3$

· $n=\dfrac{\vec{r}}{|\vec{r}|}=\dfrac{i-2j+2k}{3}$

[힘] $F=9\times10^9\dfrac{Q_1Q_2}{r^2}=9\times10^9\dfrac{300\times10^{-6}\times-100\times10^{-6}}{3^2}$

벡터로 표시하면 $\vec{F}=F\cdot n$

$F=9\times10^9\dfrac{300\times10^{-6}\times-100\times10^{-6}}{3^2}\cdot\dfrac{i-2j+2k}{3}$

$=-10i+20j-20k$ 【정답】 ④

20. 반지름 a[m]의 구도체에 전하 Q[C]이 주어질 때 구도체 표면에 작용하는 정전응력은 약 몇 [N/m²]인가?

① $\dfrac{9Q^2}{16\pi^2\epsilon_0a^6}$ ② $\dfrac{9Q^2}{32\pi^2\epsilon_0a^6}$

③ $\dfrac{Q^2}{16\pi^2\epsilon_0a^4}$ ④ $\dfrac{Q^2}{32\pi^2\epsilon_0a^4}$

|정|답|및|해|설|

[정전응력(흡인력)] $f=\dfrac{a^2}{2\epsilon_0}=\dfrac{1}{2}\epsilon_0E^2[N/m^2]$

$f=\dfrac{1}{2}\epsilon_0E^2=\dfrac{1}{2}\epsilon_0\left(\dfrac{Q}{4\pi\epsilon_0a^2}\right)^2=\dfrac{Q^2}{32\pi^2\epsilon_0a^4}[N/m^2]$

→ (구도체 표면의 전계의 세기 $E=\dfrac{Q}{4\pi\epsilon_0a^2}$[V/m])

【정답】 ④

3회 2019년 전기기사필기 (전력공학)

21. 수력발전설비에서 흡출관을 사용하는 목적은?

① 압력을 줄이기 위하여

② 물의 유선을 일정하게 하기 위하여

③ 속도변동률을 적게 하기 위하여

④ 유효낙차를 늘리기 위하여

|정|답|및|해|설|

[흡출관] 흡출관은 반동 수차의 출구에서부터 방수로 수면까지 연결하는 관으로 낙차를 유용하게 이용(낙차를 늘리기 위해)하기 위해 사용한다. 【정답】 ④

22. 다음 중 플리커 경감을 위한 전력 공급 측의 방안이 아닌 것은?

① 단락용량이 큰 계통에서 공급한다.

② 공급전압을 낮춘다.

③ 전용 변압기로 공급한다.

④ 단독 공급 계통을 구성한다.

|정|답|및|해|설|

[플리커] 플리커란 전압 변동이 빈번하게 반복되어서 사람 눈에 깜박거림을 느끼는 현상으로 다음과 같은 대책이 있다.

[전력 공급측에서 실시하는 플리커 경감 대책]

·단락 용량이 큰 계통에서 공급한다.

·공급 전압을 높인다.

·전용 변압기로 공급한다.

·단독 공급 계통을 구성한다.

[수용가 측에서 실시하는 플리커 경감 대책]

·전용 계통에 리액터 분을 보상

·전압강하를 보상

·부하의 무효 전력 변동 분을 흡수

·플리커 부하전류의 변동 분을 억제 【정답】 ②

23. 원자로에서 중성자가 원자로 외부로 유출되어 인체에 영향을 주는 것을 방지하고 방열의 효과를 주기 위한 것은?

① 제어제 ② 차폐재

③ 반사체 ④ 구조재

|정|답|및|해|설|

[차폐재] 원자로 내의 방사선이 외부로 빠져 나가는 것을 방지하는 것으로 차폐재에는 열차폐와 생체차폐가 있다.

※반사체

·중성자를 반사시켜 외부에 누설되지 않도록 노심의 주위에 반사체를 설치한다.

·반사체로는 베릴륨 혹은 흑연과 같이 중성자를 잘 산란시키는 재료가 좋다.

※감속재

·원자로 안에서 핵분열의 연쇄 반응이 계속되도록 연료체의 핵분열에서 방출되는 고속 중성자를 열중성자의 단계까지 감속시키는 데 쓰는 물질

·흑연(C), 경수(H_2O), 중수(D_2O), 베릴륨(Be), 흑연 등

【정답】 ②

24. 역률 80[%], 500[kVA]의 부하설비에 100[kVA]의 진상용 콘덴서를 설치하여 역률을 개선하면 수전점에서의 부하는 약 몇 [kVA]가 되는가?

① 400　② 425
③ 450　④ 475

|정|답|및|해|설|
[피상전력] $P_a = \sqrt{P^2 + P_r^2}$ [kVA]
지상무효전력 $P_r = P_a \sin\theta = 500 \times 0.6 = 300[kVA]$
→ ($\cos\theta = 0.8$, $\sin = 0.6$)
$P_r' = 300 - 100 = 200[kVA]$
$\therefore P_a' = \sqrt{P^2 + P_r'^2} = \sqrt{(500 \times 0.8)^2 + 200^2} = 447.21[kVA]$
【정답】 ③

25. 변성기의 정격부담을 표시하는 것은?

① [W]　② [S]
③ [dyne]　④ [VA]

|정|답|및|해|설|
[정격부담] 변성기(PT, CT)의 2차 측 단자 간에 접속되는 부하의 한도를 말하며 [VA]로 표시　【정답】 ④

26. 같은 선로와 같은 부하에서 교류 단상 3선식은 단상 2선식에 비하여 전압강하와 배전효율은 어떻게 되는가?

① 전압강하는 적고, 배전효율은 높다.
② 전압강하는 크고, 배전효율은 낮다.
③ 전압강하는 적고, 배전효율은 낮다.
④ 전압강하는 크고, 배전효율은 높다.

|정|답|및|해|설|
[단상 3선식의 전압강하와 배전효율] 단상 3선식은 단상 2선식에 비하여 전압이 2배로 승압되는 효과가 있다. 따라서 단상 3선식의 경우 단상 2선식에 비해 전압강하 및 전력 손실은 감소하고, 손실이 감소하므로 배전 효율은 상승한다.　【정답】 ①

27. 다음 중 부하전류의 차단에 사용되지 않는 것은?

① NFB　② OCB
③ VCB　④ DS

|정|답|및|해|설|
[단로기(DS)] 단로기(DS)는 소호 장치가 없고 아크 소멸 능력이 없으므로 부하전류나 사고전류의 개폐할 수 없다.
【정답】 ④

28. 인터록(interlock)의 기능에 대한 설명으로 맞은 것은?

① 조작자의 의중에 따라 개폐되어야 한다.
② 차단기가 열려 있어야 단로기를 닫을 수 있다.
③ 차단기가 닫혀 있어야 단로기를 닫을 수 있다.
④ 차단기와 단로기를 별도로 닫고, 열 수 있어야 한다.

|정|답|및|해|설|
[인터록(Interlock)] 인터록은 기계적 잠금 장치로서 안전을 위해서 차단기(CB)가 열려있지 않은 상황에서 단로기(DS)의 개방 조작을 할 수 없도록 하는 것이다.　【정답】 ②

29. 각 전력계통을 연계선으로 상호연결하면 여러 가지 장점이 있다. 틀린 것은?

① 건설비 및 운전경비를 절감하므로 경제급전이 용이하다.
② 주파수의 변화가 작아진다.
③ 각 전력계통의 신뢰도가 증가한다.
④ 선로 임피던스가 증가되어 단락전류가 감소된다.

|정|답|및|해|설|
[전력계통의 연계방식의 장단점
[장점]
·전력의 융통으로 설비용량 절감
·건설비 및 운전 경비를 절감하므로 경제 급전이 용이
·계통 전체로서의 신뢰도 증가
·부하 변동의 영향이 작아져서 안정된 주파수 유지 가능
[단점]
·연계설비를 신설해야 한다.
·사고시 타계통에의 파급 확대될 우려가 있다.
·단락전류가 증대하고 통신선의 전자유도장해도 커진다.
※④ 선로 임피던스가 감소되어 단락전류가 증가된다.
【정답】 ④

30. 연가에 의한 효과가 아닌 것은?

① 직렬 공진의 방지
② 통신선의 유도장해 감소
③ 대지 정전용량의 감소
④ 선로정수의 평형

|정|답|및|해|설|

[연가의 효과] 연가는 선로 정수를 평형시키기 위하여 송전선로의 길이를 3의 정수배 구간으로 등분하여 실시한다.
·선로정수(L, C)의 평형
·임피던스 및 대지정전용량 평형
·잔류전압을 억제하여 통신선 유도장해 감소
·소호리액터 접지 시 직렬공진에 의한 이상전압 억제

【정답】 ③

31. 가공지선에 대한 설명 중 틀린 것은?

① 직격뇌에 대하여 특히 유효하며 탑 상부에 시설하므로 뇌는 주로 가공지선에 내습한다.
② 가공지선 때문에 송전선로의 대지 정전용량이 감소하므로 대지 사이에 방전할 때 유도전압이 특히 커서 차폐효과가 좋다.
③ 송전선의 지락 시 지락전류의 일부가 가공지선에 흘러 차폐작용을 하므로 전자유도장해를 적게 할 수도 있다.
④ 유도뢰 서지에 대하여도 그 가설 구간 전체에 사고 방지의 효과가 있다.

|정|답|및|해|설|

[가공지선] 가공지선은 뇌해 방지, 전자 차폐 효과를 위해 설치한다. 따라서 가공지선이 없을 때 보다 가공지선이 있는 쪽이 전자유도전압은 낮아진다.
·직격뇌 차폐
·유도뇌 차폐
·통신선의 유도장해 차폐

【정답】 ②

32. 케이블의 전력 손실과 관계가 없는 것은?

① 도체의 저항손　　② 유전체손
③ 연피손　　④ 철손

|정|답|및|해|설|

[케이블의 손실] ① 저항손 ② 유전체손 ③ 연피손
연피손은 다른 표현으로 맴돌이 손이라고도 한다.

※④ 철손 : 고정손

【정답】 ④

33. 전압요소가 필요한 계전기가 아닌 것은?

① 주파수 계전기
② 동기탈조 계전기
③ 지락 과전류 계전기
④ 방향성 지락 과전류 계전기

|정|답|및|해|설|

[지락 과전류 계전기(OCGR)] 영상전류만으로 지락사고를 검출하는 방식 (ZCT+GR)

※방향성 지락 과전류 계전기 : 영상전압과 영상전류로 동작 (ZCT+GPT+DGR)

【정답】 ③

34. 다음 중 송전선로의 코로나 임계전압이 높아지는 경우가 아닌 것은?

① 상대공기밀도가 적다.
② 전선의 반지름과 선간거리가 크다.
③ 날씨가 맑다.
④ 낡은 전선을 새 전선으로 교체하였다.

|정|답|및|해|설|

[코로나 임계전압] 코로나 발생의 관계를 결정하는 임계전압

$E_0 = 24.3 m_0 m_1 \delta d \log_{10} \frac{D}{r}$

(m_0 : 전선의 표면계수, m_1 : 기후계수, δ : 공기밀도
d: 전선의 지름, r : 전선의 반지름[cm], D : 선간거리)

※상대 공기 밀도 δ는 임계전압과 비례한다.

【정답】 ①

35. 가공선 계통은 지중선 계통보다 인덕턴스 및 정전용량이 어떠한가?

① 인덕턴스, 정전용량이 모두 크다.
② 인덕턴스, 정전용량이 모두 적다.
③ 인덕턴스는 적고, 정전용량은 크다.
④ 인덕턴스는 크고, 정전용량은 적다.

|정|답|및|해|설|

[지중선 계통] 지중선 계통은 가공선 계통에 비해서 인덕턴스는 크고 정전 용량은 작다.

1. 인덕턴스 $L = 0.05 + 0.4605 \log_{10} \frac{D}{r}$ [mH/km]

2. 정전용량 $C = \frac{0.02413}{\log_{10} \frac{D}{r}}$ [μF/km]

【정답】 ④

36. 3상 무부하 발전기의 1선 지락 고장 시에 흐르는 지락전류는? (단, E는 접지된 상의 무부하 기전력이고, Z_0, Z_1, Z_2는 발전기의 영상, 정상, 역상 임피던스이다.)

① $\frac{E}{Z_0+Z_1+Z_2}$ ② $\frac{\sqrt{3}E}{Z_0+Z_1+Z_2}$

③ $\frac{3E}{Z_0+Z_1+Z_2}$ ④ $\frac{E^2}{Z_0+Z_1+Z_2}$

|정|답|및|해|설|

[지락전류] $I_g=3I_0$ → (I_0 : 영상전류)

$I_0=I_1=I_2=\frac{E}{Z_0+Z_1+Z_2}$ 이므로

$\therefore I_g=3I_0=3\times\frac{E}{Z_0+Z_1+Z_2}$ 【정답】 ③

37. 송전선의 특성 임피던스는 저항과 누설 콘덕턴스를 무시하면 어떻게 표시되는가? (단, L은 선로의 인덕턴스, C는 선로의 정전용량이다)

① $\sqrt{\frac{L}{C}}$ ② $\sqrt{\frac{C}{L}}$

③ $\frac{L}{C}$ ④ $\frac{C}{L}$

|정|답|및|해|설|

[특성 임피던스] $Z_0=\sqrt{\frac{Z}{Y}}=\sqrt{\frac{R+jwL}{G+jwC}}=\sqrt{\frac{L}{C}}[\Omega]$

→ (저항(R=0)과 누설콘덕턴스(G=0)를 무시)

【정답】 ①

38. 전력원선도에서 알 수 없는 것은?

① 조상용량 ② 선로손실

③ 코로나 손실 ④ 정태안정 극한전력

|정|답|및|해|설|

[전력원선도에서 알 수 있는 사항]

- 정태 안정 극한 전력(최대 전력)
- 송수전단 전압간의 상차각
- 조상 용량
- 수전단 역률
- 선로 손실과 효율

※전력원선도에서 알 수 없는 것은 코로나손실과 과도안정극한전력이다.

【정답】 ③

39. 수력발전소에서 낙차를 취하기 위한 방식이 아닌 것은?

① 댐식 ② 수로식

③ 양수식 ④ 유역변경식

|정|답|및|해|설|

[낙차를 얻는 방법의 분류]

- 수로식 발전소 ·댐식 발전소
- 댐 수로식 발전소 ·유역변경식 발전소

[하천 유량의 사용 방법에 따른 발전 방식 분류]

- 유입식 ·조정지식
- 저수지식 ·양수식
- 조력식

【정답】 ③

40. 어느 수용가의 부하설비는 전등설비가 500[W], 전열설비가 600[W], 전동기설비가 400[W], 기타설비가 100[W]이다. 이 수용가의 최대수용전력이 1200[W]이면 수용률은?

① 55[%] ② 65[%]

③ 75[%] ④ 85[%]

|정|답|및|해|설|

[수용률] $수용률=\frac{최대수용전력[kW]}{부하설비용량합계[kW]}\times100[\%]$

$\therefore 수용률=\frac{1200}{500+600+400+100}\times100=75[\%]$

【정답】 ③

3회 2019년 전기기사필기 (전기기기)

41. 직류발전기에 직결한 3상 유도전동기가 있다. 발전기의 부하 100[kW], 효율 90[%]이며 전동기 단자전압 3300[V], 효율 90[%], 역률 90[%]이다. 전동기에 흘러들어가는 전류는 약 몇 [A]인가?

① 2.4 ② 4.8 ③ 19 ④ 24

|정|답|및|해|설|

[전동기에 들어가는 전류] $I=\frac{P_i}{\sqrt{3}V\cos\theta}[A]$

(P_i : 전동기 입력, V : 단자전압)

1. 직류발전기 입력(=3상 유도전동기의 출력 P_o)

$P_g=\frac{P_L}{\eta_g}=\frac{100}{0.9}=111.11[kW]$

2. 전동기입력 $P_i=\frac{P_o}{\eta_m}=\frac{111.11}{0.9}=123.46[kW]$

3. 전동기에 들어가는 전류 I는

$I=\frac{P_i}{\sqrt{3}V\cos\theta}=\frac{123.46\times10^3}{\sqrt{3}\times3300\times0.9}=24[A]$ 【정답】 ④

42. 동기발전기의 돌발 단락 시 발생하는 현상으로 틀린 것은?

① 큰 과도전류가 흘러 권선 소손
② 단락전류는 전기자저항으로 제한
③ 코일 상호간 큰 전자력에 의한 코일 파손
④ 큰 단락전류 후 점차 감소하여 지속 단락전류 유지

|정|답|및|해|설|

[돌발 단락] 평형 3상 전압을 유지하고 있는 발전기의 단자를 갑자기 단락하면 단락 초기에 전기자 반작용이 순간적으로 나타나지 않기 때문에 막대한 과도전류가 흐르다가 점차 감소하여 수초 후에는 영구단락전류값에 이르게 된다.

1. 지속단락전류 $I_s = \dfrac{E}{r_a + jx_s}[A]$

2. 돌발단락전류 $I_l = \dfrac{E}{r_a + jx_l}[A]$

(r_a : 전기자권선저항, x_l : 누설리액턴스
x_a : 전기자반작용 리액턴스, x_s : 동기리액턴스)

※ 1. 돌발단락전류 억제 : **누설리액턴스**
 2. 영구단락전류 억제 : 동기리액턴스

【정답】 ②

43. 터빈발전기의 냉각을 수소 냉각방식으로 하는 이유가 아닌 것은?

① 풍손이 공기 냉각 시의 약 1/10로 줄어든다.
② 열전도율이 좋고 가스냉각기의 크기가 작아진다.
③ 절연물의 산화작용이 없으므로 절연열화가 작아서 수명이 길다.
④ 반폐형으로 하기 때문에 이물질의 침입이 없고 소음이 감소한다.

|정|답|및|해|설|

[수소 냉각 발전기의 장점]
- 비중이 공기는 약 7[%]이고, 풍손은 공기의 약 1/10로 감소된다.
- 비열은 공기의 약 14배로 열전도성이 좋다. 공기냉각 발전기보다 약 25[%]의 출력이 증가한다.
- 가스 냉각기가 적어도 된다.
- 코로나 발생전압이 높고, 절연물의 수명은 길다.
- 공기에 비해 대류율이 1.3배, 따라서 소음이 적다.
- 전폐형으로 불순물의 침입이 없고 운전 중 소음이 적다.

[수소 냉각 발전기의 단점]
- 공기와 혼합하면 폭발할 가능성이 있다.
- 폭발 예방 부속설비가 필요, 따라서 설비비 증가

【정답】 ④

44. SCR의 특징이 아닌 것은?

① 아크가 생기지 않으므로 열의 발생이 적다.
② 열용량이 적어 고온에 약하다.
③ 전류가 흐르고 있을 때 양극의 전압강하가 작다.
④ 과전압에 강하다.

|정|답|및|해|설|

[SCR의 특성]
- 아크가 생기지 않으므로 열의 발생이 적다.
- 열용량이 적어 고온에 약하다.
- 전류가 흐르고 있을 때 양극의 전압강하가 작다.
- 과전압에 약하다.
- 위상제어소자로 전압 및 주파수를 제어
- 정류기능을 갖는 단일방향성3단자소자이다.
- 역률각 이하에서는 제어가 되지 않는다.

【정답】 ④

45. 단상 유도전동기의 특징을 설명한 것으로 옳은 것은?

① 기동 토크가 없으므로 기동장치가 필요하다.
② 기계손이 있어도 무부하 속도는 동기속도보다 크다.
③ 권선형은 비례추이가 불가능하며, 최대 토크는 불변이다.
④ 슬립은 $0 > s > -1$이고 2보다 작고 0이 되기 전에 토크가 0이 된다.

|정|답|및|해|설|

[단상 유도전동기]
- 단상 유도전동기는 회전자계가 없어서 정류자와 브러시 같은 보조적인 수단에 의해 기동되어야 한다.
- 슬립이 0이 되기 전에 토크는 미리 0이 된다.
 (전동기의 슬립(S)는 0<S<1)
- 2차 저항이 증가되면 최대토크는 감소한다.
 (권선형은 비례추이가 가능하다.)
- 2차 저항 값이 어느 일정 값 이상이 되면 토크는 부(-)가 된다.

【정답】 ①

46. 유도전동기의 회전속도를 N[rpm], 동기속도를 N_s[rpm]이라고 하고 순방향 회전자계의 슬립을 s라고하면, 역방향 회전자계에 대한 회전자 슬립은?

① $s-1$ ② $1-s$
③ $s-2$ ④ $2-s$

|정|답|및|해|설|

[단상 유도전동기] 단상유도전동기가 슬립 s로 회전하면 회전 주파수는 정상분 전동기에서는 $(1-s)f$이고 역상분 전동기에서는 $f+(1-s)f=(2-s)f$가 된다. 따라서 회전자 권선은 sf와 $(2-s)f$되는 주파수의 기전력을 유기한다.

【정답】 ④

47. 몰드변압기의 특징으로 틀린 것은?

① 자기 소화성이 우수하다.
② 소형 경량화가 가능하다.
③ 건식변압기에 비해 소음이 적다.
④ 유입변압기에 비해 절연레벨이 낮다.

|정|답|및|해|설|

[몰드 변압기의 장점]
·자기소화성이 우수하다.
·소형 경량화가 가능하다.
·전력손실이 감소
·저진동 및 저소음 기기
·단시간 과부하 내량이 크다.
·코로나 특성 및 임펄스 강도가 높다.
[몰드 변압기의 단점]
·가격이 비싸다.
·운전 중 코일 표면과 접촉하면 위험
·충격파 내전압이 낮다. 【정답】 전항정답

48. 유도발전기의 동작특성에 관한 설명 중 틀린 것은?

① 병렬로 접속된 동기발전기에서 여자를 취해야 한다.
② 효율과 역률이 낮으며 소출력의 자동수력발전기와 같은 용도에 사용된다.
③ 유도발전기의 주파수를 증가하려면 회전속도를 동기속도 이상으로 회전시켜야 한다.
④ 선로에 단락이 생긴 경우에는 여자가 상실되므로 단락전류는 동기발전기에 비해 적고 지속 시간도 짧다.

|정|답|및|해|설|

[유도발전기] 유도전동기를 전원에 접속한 후 전동기로서의 회전 방향과 같은 방향으로 동기속도 이상의 속도($N_S < N$)로 회전시키면 유도전동기는 발전기가 되며 이것을 유도발전기 또는 비동기발전기라고 한다. 따라서 유도발전기는 여자기로서 단독으로 발전할 수 없으므로 반드시 동기발전기가 필요하며 유도발전기의 주파수는 전원의 주파수를 정하여지고 회전 속도에는 관계가 없다. 효율과 역률이 낮다. 【정답】 ③

49. 단상 변압기를 병렬 운전하는 경우 변압기의 부하분담이 변압기의 용량에 비례하려면 각각의 변압기의 %임피던스는 어느 것에 해당되는가?

① 변압기 용량에 비례하여야 한다.
② 변압기 용량에 반비례하여야 한다.
③ 변압기 용량에 관계없이 같아야 한다.
④ 어떠한 값이라도 좋다.

|정|답|및|해|설|

[부하분담비]
·$m = \frac{I_a}{I_b} = \frac{\%Z_B}{\%Z_{aA}} \cdot \frac{I_A}{I_B}$: 분담전류은 정격용량에 비례하고 누설임피던스에 반비례
·$m = \frac{P_a}{P_b} = \frac{\%Z_B}{\%Z_A} \cdot \frac{P_A}{P_B}$: 분담용량은 정격용량에 비례하고 누설임피던스에 반비례
(P_A : A변압기의 정격용량, P_B : B변압기의 정격용량
P_a : A변압기의 분담용량, P_b : B변압기의 분담용량
I_a : A변압기의 분담전류, I_A : A변압기의 정격전류
I_b : B변압기의 분담전류, I_B : B변압기의 정격전류
$\%Z_a$, $\%Z_b$: A, B변압기의 %임피던스) 【정답】 ②

50. 그림은 여러 직류전동기의 속도 특성곡선을 나타낸 것이다, 1부터 4까지 차례로 옳은 것은?

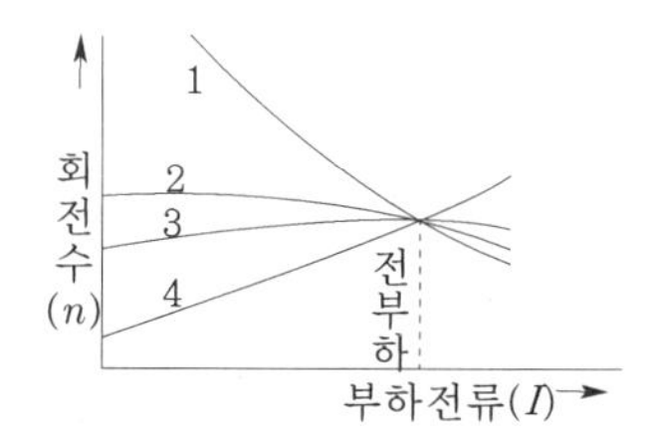

① 차동복권, 분권, 가동복권, 직권
② 직권, 가동복권, 분권, 차동복권
③ 가동복권, 차동복권, 직권, 분권
④ 분권, 직권, 가동복권, 차동복권

|정|답|및|해|설|

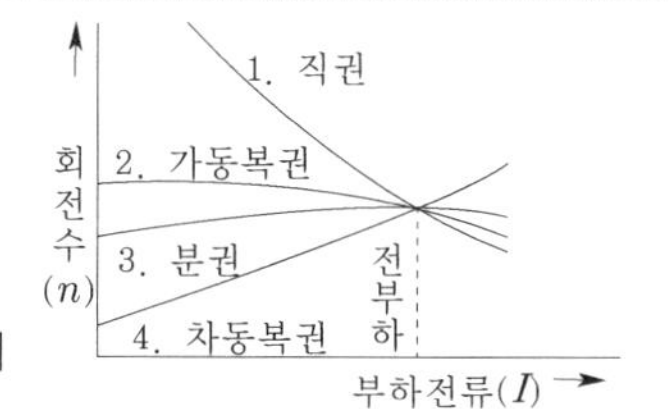

[속도 특성 곡선]

[토크 특성 곡선]

τ
1 (직권전동기)
2 (가동(화동)복권 전동기)
3 (분권전동기)
4 (차동복권전동기)
정격토크
정격전류
I

【정답】 ②

51. 전력변환기기로 틀린 것은?

① 컨버터　　② 정류기
③ 유도전동기　　④ 인버터

|정|답|및|해|설|

[전력변환기기]
1. 정류기 : 교류를 직류로 변환하는 장치
2. 쵸퍼 : 직류(고정DC)를 직류(가변DC)로 직접 제어하는 장치 (DC 전력 증폭)
3. 인버터 : 직류(DC)를 교류(AC)로 변환
4. 컨버터 : 교류(AC)를 직류(DC)로 변환

※유도전동기 : 전기적 에너지를 운동 에너지로 변환　　【정답】 ③

52. 정류자형 주파수 변화기의 회전자에 주파수 f_1의 교류를 가할 때 시계방향으로 회전자계가 발생하는 정류자 위의 브러시 사이에 나타나는 주파수 f_c를 설명한 것 중 틀린 것은? (단, n : 회전자의 속도, N_s : 회전자계의 속도, s : 슬립이다.)

① 회전자를 정지시키면 $f_c = f_1$인 주파수가 된다.
② 회전자를 반시계방향으로 $n = n_s$의 속도로 회전시키면, $f_c = 0[Hz]$가 된다.
③ 회전자를 반시계방향으로 $n < n_s$의 속도로 회전시키면, $f_c = sf_1[Hz]$가 된다.
④ 회전자를 시계방향으로 $n < n_s$의 속도로 회전시키면, $f_c < f_1[Hz]$가 된다.

|정|답|및|해|설|

[정류자형 주파수 변환기] 교류정류자기의 일종으로 회전자에 정류자와 슬립링이 있으며 이 회전자를 전동기로 운전하여 변환
① $f_c = f_1$: 회전자 정지 시
② $f_c = 0$: 회전자를 반시계방향으로 $n = n_s$의 속도로 회전
③ $f_c = sf_1$: 회전자를 반시계방향으로 $n < n_s$의 속도로 회전
④ $f_c > f_1$: 회전자를 시계방향으로 $n < n_s$의 속도로 회전

【정답】 ④

53. 다음 농형 유도전동기에 주로 사용되는 속도 제어법은?

① 극수 제어법　　② 종속 제어법
③ 2차 여자 제어법　　④ 2차 저항 제어법

|정|답|및|해|설|

[농형 유도전동기] 농형 유도전동기의 극수를 변환시키면 극수에 반비례하여 동기 속도가 변하므로 회전 속도를 바꿀 수가 있다.
1. 농형 유도전동기의 속도 제어법
- 주파수를 바꾸는 방법
- 극수를 바꾸는 방법
- 전원 전압을 바꾸는 방법
2. 권선형 유도전동기의 속도 제어법
- 2차 여자 제어법
- 2차 저항 제어법
- 종속 제어법

【정답】 ①

54. 정격전압 100[V], 정격전류 50[A]인 분권발전기의 유기기전력은 몇 [V] 인가? (단, 전기자 저항 0.2[Ω], 계자전류 및 전기자 반작용은 무시한다.)

① 110　　② 120
③ 125　　④ 127.5

|정|답|및|해|설|

[유기기전력] $E = V + I_a R_a$
여기서, V : 전압, I_a : 전기자전류, R_a : 전기자저항
I_a : $50[A]$, R_a : $0.2[\Omega]$
$E = V + I_a R_a = 100 + 50 \times 0.2 = 110[V]$　　【정답】 ①

55. 그림과 같은 변압기 회로에서 부하 R_2에 공급되는 전력이 최대로 되는 변압기의 권수비 a는?

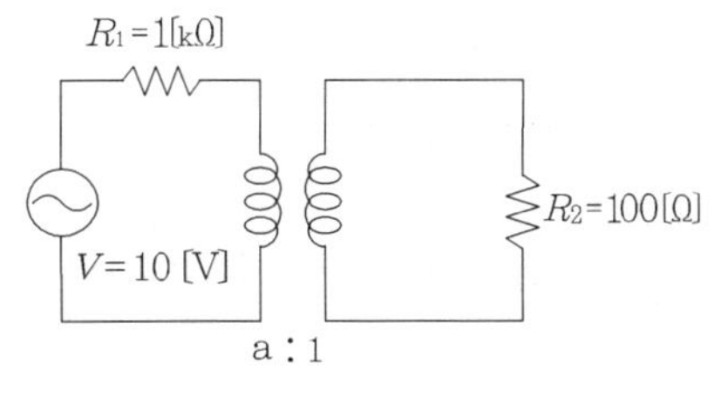

① 5　② $\sqrt{5}$　③ 10　④ $\sqrt{10}$

|정|답|및|해|설|

[권수비] $a = \frac{V_1}{V_2} = \frac{N_1}{N_2} = \sqrt{\frac{R_1}{R_2}}$

$R_1 = a^2 R_2 \rightarrow \therefore a = \sqrt{\frac{R_1}{R_2}} = \sqrt{\frac{1000}{100}} = \sqrt{10}$　　【정답】 ④

56. 어떤 변압기의 백분율 저항강하가 3[%], 백분율 리액턴스강하가 4[%]라 한다. 이 변압기로 뒤진 역률이 80[%]인 경우의 전압변동률은 몇 [%]인가?

① 2.5 ② 3.4

③ 4.8 ④ −3.6

|정|답|및|해|설|

[전압변동률] $\epsilon = p\cos\theta \pm q\sin\theta$

→ (지상이면 +, 진상이면 −, 언급이 없으면 +)

여기서, p : %저항강하, q : %리액턴스강하

θ : 부하 Z의 위상각

역률이 80[%] → ($\cos\theta = 0.8$, $\sin\theta = 0.6$)

$\epsilon = p\cos\theta + q\sin\theta = 3\times0.8 + 4\times0.6 = 4.8[\%]$ 【정답】 ①

57. 변압기의 보호에 사용되지 않는 계전기는?

① 비율 차동 계전기 ② 임피던스 계전기

③ 과전류 계전기 ④ 온도 계전기

|정|답|및|해|설|

[임피던스 계전기(거리계전기)] 임피던스 계전기는 일종의 거리계전기로 고장점까지의 회로의 임피던스에 따라 동작하며, 변압기 자체의 보호가 아닌 계통의 단락, 직접접지계통의 주보호 및 후비보호로 광범위하게 사용된다. 【정답】 ②

58. 동기발전기의 3상 단락곡선에서 단락전류가 계자전류에 비례하여 거의 직선이 되는 이유로 가장 옳은 것은?

① 무부하 상태이므로

② 전기자 반작용으로

③ 자기포화가 있으므로

④ 누설인덕턴스가 크므로

|정|답|및|해|설|

·단락전류는 전기자저항을 무시하면 동기리액턴스에 의해 그 크기가 결정된다.

$I_s = \frac{E}{I} = \frac{E}{\sqrt{r+x}} \fallingdotseq \frac{E}{jx_s}$

·동기리액턴스에 의해 흐르는 전류는 90[°] 늦은 전류가 크게 흐르게 된다. 이 전류에 의한 전기자 반작용이 감자작용이 되므로 3상 단락곡선은 직선이 된다. 【정답】 ②

59. 1차 전압 V_1, 2차 전압 V_2인 단권변압기를 Y결선했을 때, 등가용량과 부하용량의 비는? (단, $V_1 > V_2$이다.)

① $\frac{V_1 - V_2}{\sqrt{3}\,V_1}$ ② $\frac{V_1 - V_2}{V_1}$

③ $\frac{\sqrt{3}(V_1 - V_2)}{2V_1}$ ④ $\frac{V_1^2 - V_2^2}{\sqrt{3}\,V_1 V_2}$

|정|답|및|해|설|

[단상 변압기의 3상 결선]

1. Y결선 : $\frac{자기용량}{부하용량} = 1 - \frac{V_l}{V_h}$

2. △결선 : $\frac{자기용량}{부하용량} = \frac{V_h^2 - V_l^2}{\sqrt{3}\,V_l V_h}$

3. V결선 : $\frac{자기용량}{부하용량} = \frac{2}{\sqrt{3}}\left(1 - \frac{V_l}{V_h}\right)$ 【정답】 ②

60. 유도전동기의 원선도에서 원의 지름은? (단, E를 1차 전압, r은 1차로 환산한 저항, x를 1차로 환산한 누설 리액턴스라 한다.)

① rE에 비례 ② rxE에 비례

③ $\frac{E}{r}$에 비례 ④ $\frac{E}{x}$에 비례

|정|답|및|해|설|

[유도전동기의 원선도] 유도전동기는 일정값의 리액턴스와 부하에 의하여 변하는 저항(r_2'/s)의 직렬 회로라고 생각되므로 부하에 의하여 변호하는 전류 벡터의 궤적, 즉 원선도의 지름은 전압에 비례하고 리액턴스에 반비례한다. 【정답】 ④

3회 2019년 전기기사필기(회로이론 및 제어공학)

61. 그림과 같은 벡터 궤적을 갖는 계의 주파수 전달함수는?

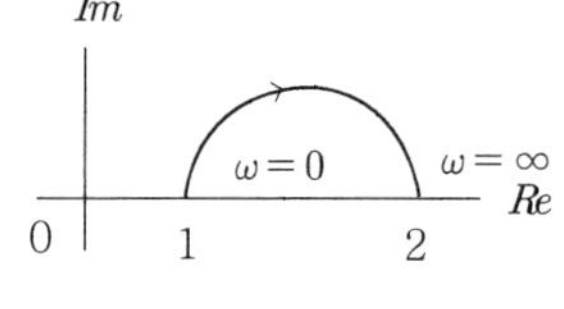

① $\frac{1}{jw+1}$ ② $\frac{1}{j2w+1}$

③ $\frac{jw+1}{j2w+1}$ ④ $\frac{j2w+1}{jw+1}$

|정|답|및|해|설|

[전달함수] 각 함수에 값을 대입해 푼다. →($\omega = 0$, $\omega = \infty$)

1. $G = \frac{j2\omega+1}{j\omega+1}$의 경우 $\omega = 0$이면 $G = 1$

$\omega = \infty$이면 $G = 2$ 이므로 1에서 2로 가는 경로를 가진다.

2. $G = \frac{j\omega+1}{j2\omega+1}$의 경우 $\omega = 0$이면 $G = 1$

$\omega = \infty$이면 $G = \frac{1}{2}$로 가는 경로를 가진다. 【정답】 ④

62. 제어시스템에서 출력이 얼마나 목표값을 잘 추정하는지를 알아볼 때 시험용으로 많이 사용되는 신호로 다음 식의 조건을 만족하는 것은?

$$u(t-a)=\begin{cases}0, & t<a \\ 1, & t \geq a\end{cases}$$

① 사인함수 ② 임펄스함수
③ 램프함수 ④ 단위계단함수

|정|답|및|해|설|

[단위계단함수]

1. 단위계단 함수 :

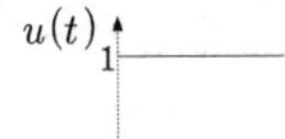

- $u(t)=1 \rightarrow t \geq 0$ - $u(t)=0 \rightarrow t<0$

2. 단위계단 함수(시간이 a만큼 이동하는 경우) :

f(t) u(t−a)
1
0 t

$$u(t-a)=\begin{cases}0, & t<a \\ 1, & t \geq a\end{cases}$$

【정답】 ④

63. 상태공간 표현식 $\dot{x}=Ax+Bu$, $y=Cx$로 표현되는 선형 시스템에서 $A=\begin{bmatrix}0 & 1 & 0 \\ 0 & 0 & 1 \\ -2 & -9 & -8\end{bmatrix}$, $B=\begin{bmatrix}0 \\ 0 \\ 5\end{bmatrix}$, $C=[1,\ 0,\ 0]$, $D=0$, $x=\begin{bmatrix}x_1 \\ x_2 \\ x_3\end{bmatrix}$이면 시스템 전달함수 $\dfrac{Y(s)}{U(s)}$는?

① $\dfrac{1}{s^3+8s^2+9s+2}$ ② $\dfrac{1}{s^3+2s^2+9s+8}$

③ $\dfrac{5}{s^3+8s^2+9s+2}$ ④ $\dfrac{5}{s^3+2s^2+9s+8}$

|정|답|및|해|설|

[전달함수]

1. 행렬 $sI-A=\begin{vmatrix}s & 0 & 0 \\ 0 & s & 0 \\ 0 & 0 & s\end{vmatrix}-\begin{vmatrix}0 & 1 & 0 \\ 0 & 0 & 1 \\ -2 & -9 & -8\end{vmatrix}=\begin{vmatrix}s & -1 & 0 \\ 0 & s & -1 \\ 2 & 9 & s+8\end{vmatrix}$

2. 수반 행렬 $adj(sI-A)$

$$adj(sI-A)=\begin{vmatrix}\begin{vmatrix}s & -1 \\ 9 & s+8\end{vmatrix} & -\begin{vmatrix}-1 & 0 \\ 9 & s+8\end{vmatrix} & \begin{vmatrix}-1 & 0 \\ s & -1\end{vmatrix} \\ -\begin{vmatrix}0 & 2 \\ -1 & s+8\end{vmatrix} & \begin{vmatrix}s & 0 \\ 2 & s+8\end{vmatrix} & -\begin{vmatrix}s & 0 \\ 0 & -1\end{vmatrix} \\ \begin{vmatrix}0 & s \\ 2 & 9\end{vmatrix} & -\begin{vmatrix}s & -1 \\ 2 & 9\end{vmatrix} & \begin{vmatrix}s & -1 \\ 0 & s\end{vmatrix}\end{vmatrix}$$

$$=\begin{bmatrix}s^2+8s+9 & s+8 & 1 \\ -2 & s(s+8) & s \\ 2s & -(9s+2) & s^2\end{bmatrix}$$

3. 행렬식 $\det(sI-A)=s^3+8s^2+9s+2$

4. 전달함수

$$G(s)=\frac{Y(s)}{U(s)}=C\frac{adj(sI-A)}{\det(sI-A)}B=\frac{5}{s^3+2s^2+9s+8}$$

【정답】 ④

64. 근궤적에 관한 설명으로 틀린 것은?

① 근궤적은 실수축에 대하여 상하 대칭으로 나타난다.
② 근궤적의 출발점은 극점이고 근궤적의 도착점은 영점에서 끝남
③ 근궤적의 가지 수는 극점의 수와 영점의 수 중에서 큰 수와 같다.
④ 근궤적이 s평면의 우반면에 위치하는 K의 범위는 시스템이 안정하기 위한 조건이다.

|정|답|및|해|설|

[근궤적] 근궤적이란 s평면상에서 개루프 전달함수의 이득상수를 0에서 ∞까지 변화 시킬 때 특성 방정식의 근이 그리는 궤적

[근궤적의 작도법]

- 근궤적은 $G(s)H(s)$의 극점으로부터 출발, 근궤적은 $G(s)H(s)$의 영점에서 끝난다.
- 근궤적의 개수는 영점과 극점의 개수 중 큰 것과 일치한다.
- 근궤적의 수 : 근궤적의 수(N)는 극점의 수(p)와 영점의 수(z)에서 z〉p이면 N=z, z〈p이면 N=p
- 근궤적의 대칭성 : 특성 방정식의 근이 실근 또는 공액 복소근을 가지므로 **근궤적은 실수축에 대하여 대칭**이다.
- 근궤적의 점근선 : 큰 s에 대하여 근궤적은 점근선을 가진다.
- 점근선의 교차점 : 점근선은 실수축 상에만 교차하고 그 수치는 n=p−z이다.

※근궤적이 s평면의 좌반면은 안정, 우반면은 불안정이다. 【정답】 ④

65. 특성 방정식이 $s^2+Ks+2K-1=0$인 계가 안정하기 위한 K의 값은?

① K 〉 0　　② K 〉 $\frac{1}{2}$

③ K 〈 $\frac{1}{2}$　　④ 0 〈 K 〈 $\frac{1}{2}$

|정|답|및|해|설|

[안정조건] 계가 안정될 필요조건은 모든 차수항이 존재하고 각 계수의 부호가 모두 같아야 한다.

루드의 표는 다음과 같다.

S^2	1	$2K-1$
S^1	K	
S^0	$2K-1$	

제1열의 부호 변화가 없어야 하므로 K〉0, $2K-1>0$ 이어야 한다.
제1열의 부호 변화가 없어야 하므로 K〉0, 2K−1〉0이어야 한다.

$\therefore K>\frac{1}{2}$　　【정답】 ②

|참|고|

60페이지 [(3) 루드표 작성 및 안정도 판별법] 참조

66. 그림의 블록선도에 대한 전달함수 $\frac{C}{R}$는?

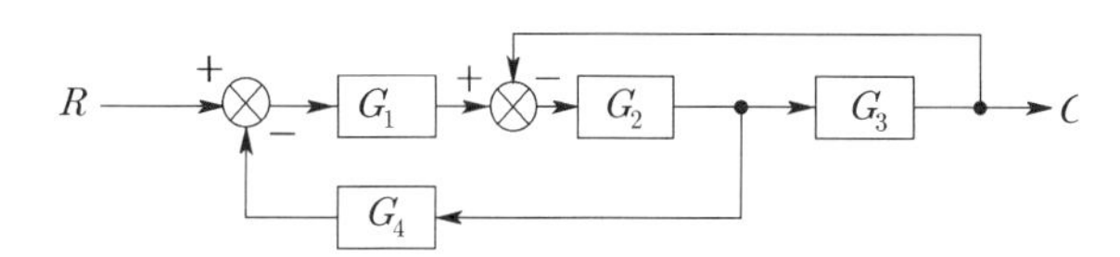

① $\frac{G_1G_2G_3}{1+G_1G_2+G_1G_2G_4}$

② $\frac{G_1G_2G_4}{1+G_1G_2+G_1G_2G_3}$

③ $\frac{G_1G_2G_3}{1+G_2G_3+G_1G_2G_4}$

④ $\frac{G_1G_2G_4}{1+G_2G_3+G_1G_2G_3}$

|정|답|및|해|설|

[전달함수] G_3앞의 인출점을 요소 뒤로 이동하면 그림과 같은 블록선도로 나타낼 수 있다.

$$\left\{\left(R-C\frac{G_4}{G_3}\right)G_1-C\right\}G_2G_3=C$$

$$RG_1G_2G_3-CG_1G_2G_4-C(G_2G_3)=C$$

$$RG_1G_2G_3=C(1+G_2G_3+G_1G_2G_4)$$

$$\therefore G(s)=\frac{C}{R}=\frac{G_1G_2G_3}{1+G_2G_3+G_1G_2G_4}$$

【정답】 ③

67. Routh-Hurwitz 표에서 제1열의 부호가 변하는 횟수로부터 알 수 있는 것은?

① s-평면의 좌반면에 존재하는 근의 수
② s-평면의 우반면에 존재하는 근의 수
③ s-평면의 허수축에 존재하는 근의 수
④ s-평면의 원점에 존재하는 근의 수

|정|답|및|해|설|

[루드후르쯔 안정도 판별법] 근이 모두 좌반면에 있어야 만 제어계가 안정하다고 할 수 있다.

・모든 차수의 계수 부호가 같을 것
・모든 차수의 계수 $a^0,\ a^1,\ a^2, \ldots\ldots, a^n=0$이 존재할 것
・루드표의 제1열 모든 요소의 부호가 변하지 않을 것
・후르비츠 행렬식이 모두 정(正)일 것
・계수 중 어느 하나라도 0이 되어서는 안 된다.

※제1열의 부호가 변화하는 회수만큼의 특성근이 s평면의 우반부에 존재한다.

【정답】 ②

68. 함수 e^{-at}의 z변환으로 옳은 것은?

① $\frac{z}{z-e^{-aT}}$　　② $\frac{z}{z-a}$

③ $\frac{1}{z-e^{-aT}}$　　④ $\frac{1}{z-a}$

|정|답|및|해|설|

[라플라스 및 z변환표]

시간함수	라플라스변환	z변환
e^{-at}	$\frac{1}{s+a}$	$\frac{z}{z-e^{-aT}}$

【정답】 ①

69. 신호흐름선도의 전달함수 $T(s)=\frac{C(s)}{R(s)}$로 옳은 것은?

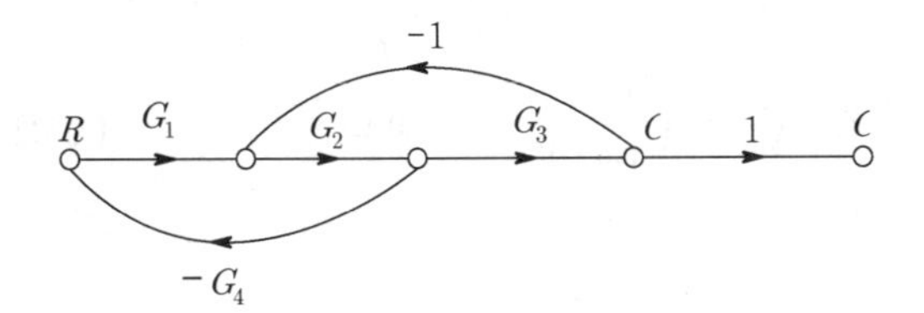

① $\frac{G_1G_2G_3}{1-G_2G_3+G_1G_2G_4}$

② $\frac{G_1G_2G_3}{1+G_1G_2G_4+G_2G_3}$

③ $\frac{G_1G_2G_3}{1+G_1G_3-G_1G_2G_4}$

④ $\frac{G_1G_2G_3}{1-G_1G_3-G_1G_2G_4}$

|정|답|및|해|설|

[전달함수의 기본식] $G(S)=\frac{\sum 전향경로이득}{1-\sum 루프(피드백)이득}$

1. 전향경로이득 : $G_1G_2G_3$ → (입력에서 출력으로(피드백 제외))
2. 루프이득 : $-G_1G_2G_4$, $-G_2G_3$ → (피드백의 폐루프)

$\therefore$ 전달함수 $G(S)=\frac{\sum 전향경로}{1-\sum 루프(피드백)}=\frac{G_1G_2G_3}{1+G_1G_2G_4+G_2G_3}$

【정답】 ②

70. 부울 대수식 중 틀린 것은?

① $A\cdot\overline{A}=1$　② $A+1=1$

③ $A+A=1$　④ $A\cdot A=A$

|정|답|및|해|설|

[부울대수]

$\cdot A\cdot\overline{A}=0$　$\cdot A+\overline{A}=1$　$\cdot A+1=1$

$\cdot A\cdot 1=A$　$\cdot A\cdot 0=0$　$\cdot A+0=A$

$\cdot A\cdot A=A$　$\cdot A+A=A$

【정답】 ①

71. 4단자 회로망에서 4단자 정수가 A, B, C, D일 때, 영상 임피던스 $\frac{Z_{01}}{Z_{02}}$은?

① $\frac{D}{A}$　② $\frac{B}{C}$

③ $\frac{C}{B}$　④ $\frac{A}{D}$

|정|답|및|해|설|

[4단자 정수] $Z_{01}=\sqrt{\frac{AB}{CD}}$, $Z_{02}=\sqrt{\frac{DB}{CA}}$

$\therefore \frac{Z_{01}}{Z_{02}}=\sqrt{\frac{\frac{AB}{CD}}{\frac{BD}{AC}}}=\frac{A}{D}$

【정답】 ④

72. R-L 직렬회로에서 $R=20[\Omega]$, $L=40[mH]$이다. 이 회로의 시정수[sec]는?

① 2　② 2×10^{-3}

③ $\frac{1}{2}$　④ $\frac{1}{2}\times10^{-3}$

|정|답|및|해|설|

[$R-L$ 직렬회로의 시정수] $\tau=\frac{L}{R}[s]$

$\tau=\frac{L}{R}=\frac{40\times10^{-3}}{20}=2\times10^{-3}[s]$

※ RC회로의 시정수는 $RC[s]$이다.

【정답】 ②

73. 비정현파 전류가 $i(t)=56\sin wt+20\sin 2\omega t+30\sin(3wt+30°)+40\sin(4wt+60°)$로 주어질 때 왜형률은 약 얼마인가?

① 1.0　② 0.96

③ 0.56　④ 0.11

|정|답|및|해|설|

[왜형률] $D=\frac{고조파의 실효값}{기본파의 실효값}=\frac{\sqrt{I_2^2+I_3^2+I_4^2}}{I_1}$

$D=\frac{\sqrt{\left(\frac{20}{\sqrt{2}}\right)^2+\left(\frac{30}{\sqrt{2}}\right)^2+\left(\frac{40}{\sqrt{2}}\right)^2}}{\frac{56}{\sqrt{2}}}=0.96$

【정답】 ②

74. 대칭 6상 성형(star)결선에서 선간전압 크기와 상전압 크기의 관계가 바르게 나타난 것은? (단, V_l : 선간전압 크기, V_P : 상전압 크 기)

① $V_l = \sqrt{3}\, V_P$ ② $E_l = \dfrac{1}{\sqrt{3}} V_P$

③ $V_l = \dfrac{2}{\sqrt{3}} V_P$ ④ $V_l = V_P$

|정|답|및|해|설|

[n상 성형 결선의 선간전압] $V_l = 2\sin\dfrac{\pi}{n} V_p [V]$

$n=6$상이면 $V_l = 2\sin\dfrac{\pi}{6} V_p$ $\rightarrow (\sin\dfrac{\pi}{6} = \dfrac{1}{2})$

$\therefore V_l = V_p$가 된다. 【정답】 ④

75. 3상 불평형 전압을 V_a, V_b, V_c 라고 할 때 정상 전압은 얼마인가? (단, $a = e^{j\frac{2\pi}{3}} = 1\angle 120°$ 이다.)

① $V_a + a^2 V_b + a V_c$

② $V_a + a V_b + a^2 V_c$

③ $\dfrac{1}{3}(V_a + a^2 V_b + a V_c)$

④ $\dfrac{1}{3}(V_a + a V_b + a^2 V_c)$

|정|답|및|해|설|

[3상 전압]

·영상전압 $V_0 = \dfrac{1}{3}(V_a + V_b + V_c)$

·정상전압 $V_1 = \dfrac{1}{3}(V_a + a V_b + a^2 V_c)$

·역상전압 $V_2 = \dfrac{1}{3}(V_a + a^2 V_b + a V_c)$ 【정답】 ④

76. 송전선로가 무손실 선로일 때 $L = 96[mH]$이고, $C = 0.6[\mu F]$이면 특성임피던스 $[\Omega]$는?

① 100[Ω] ② 200[Ω]

③ 400[Ω] ④ 500[Ω]

|정|답|및|해|설|

[무손실 선로의 특성임피던스] 조건이 $R=0$, $G=0$인 선로를 무손실 선로하고 한다.

특성임피던스 $Z_0 = \sqrt{\dfrac{Z}{Y}} = \sqrt{\dfrac{R + j\omega L}{G + j\omega C}} = \sqrt{\dfrac{L}{C}} [\Omega]$

$\therefore Z_0 = \sqrt{\dfrac{L}{C}} = \sqrt{\dfrac{96\times 10^{-3}}{0.6\times 10^{-6}}} = 400[\Omega]$ 【정답】 ③

77. 2전력계법을 이용한 평형 3상회로의 전력이 각각 500[W] 및 300[W]로 측정되었을 때, 부하의 역률은 약 [%]인가?

① 70.7 ② 87.7

③ 89.2 ④ 91.8

|정|답|및|해|설|

[2전력계법] 단상 전력계 2대로 3상전력을 계산하는 법

1. 유효전력 : $P = |W_1| + |W_2|$

2. 무효전력 $P_r = \sqrt{3}(|W_1 - W_2|)$

3. 피상전력 $P_a = \sqrt{P^2 + P_r^2} = 2\sqrt{W_1^2 + W_2^2 - W_1 W_2}$

4. 역률 $\cos\theta = \dfrac{P}{P_a} = \dfrac{W_1 + W_2}{2\sqrt{W_1^2 + W_2^2 - W_1 W_2}}$

전력이 각각 500[W], 300[W]이므로

$W_1 = 500[W]$, $W_2 = 300[W]$

$\therefore$역률 $\cos\theta = \dfrac{500 + 300}{2\sqrt{500^2 + 300^2 - 500\times 300}} \times 100 = 91.77[\%]$

【정답】 ④

78. 커패시터와 인덕터에서 물리적으로 급격히 변화할 수 없는 것은?

① 커패시터와 인덕터에서 모두 전압

② 커패시터와 인덕터에서 모두 전류

③ 커패시터에서 전류, 인덕터에서 전압

④ 커패시터에서 전압, 인덕터에서 전류

|정|답|및|해|설|

· $v_L = L\dfrac{di}{dt}$에서 i가 급격히 ($t=0$인 순간) 변화하면 v_L이 ∞가 되는 모순이 생기고

· $i_c = C\dfrac{dv}{dt}$에서 v가 급격히 변화하면 i_c가 ∞가 되어 모순이 생긴다.

따라서 인덕터에서는 전류, 커패시터에서는 전압이 급격하게 변화하지 않는다. 【정답】 ④

79. 자기인덕턴스 0.1[H]인 코일에 실효값 100[V], 60[Hz], 위상각 30[°]인 전압을 가했을 때 흐르는 전류의 실효값은 약 몇 [A]인가?

① 1.25　② 2.24
③ 2.65　④ 3.41

|정|답|및|해|설|

[전류의 실효값] $I=\dfrac{V}{jX_L}=\dfrac{V}{j\omega L}=\dfrac{V}{2\pi fL}$

$I=\dfrac{V}{2\pi fL}=\dfrac{100}{2\pi\times 60\times 0.1}=2.65[A]$ 【정답】 ③

80. $f(t)=\delta(t-T)$의 라플라스변환 $F(s)$은?

① e^{Ts}　② e^{-Ts}
③ $\dfrac{1}{S}e^{Ts}$　④ $\dfrac{1}{S}e^{-Ts}$

|정|답|및|해|설|

[시간추이정리] $\mathcal{L}[f(t-a)]=F(s)e^{-as}$

$\mathcal{L}[\delta(t-T)]=1\cdot e^{-Ts}=e^{-Ts}$

※ $\mathcal{L}[u(t-T)]=\dfrac{1}{s}\cdot e^{-Ts}$ 【정답】 ②

3회 2019년 전기기사필기 (전기설비기술기준)

81. 저압 또는 고압의 가공 전선로와 기설 가공 약전류 전선로가 병행할 때 유도작용에 의한 통신상의 장해가 생기지 않도록 전선과 기설 약전류 전선간의 간격은 몇 [m] 이상이어야 하는가? (단, 전기철도용 급전선과 단선식 전화선로는 제외한다.)

① 2　② 3　③ 4　④ 6

|정|답|및|해|설|

[가공 약전류 전선로의 유도장해 방지 (KEC 332.1)] 저압 또는 고압 가공전선로와 기설 가공 약전류 전선로가 병행하는 경우에는 유도 작용에 의하여 통신상의 장해가 생기지 아니하도록 전선과 기설 약전류 전선간의 간격(이격거리)은 2[m] 이상이어야 한다. 【정답】 ①

82. 백열전등 또는 방전등에 전기를 공급하는 옥내전로의 대지전압은 몇 [V] 이하를 원칙으로 하는가?

① 300[V]　② 380[V]
③ 440[V]　④ 600[V]

|정|답|및|해|설|

[1[kV] 이하 방전등 (kec 234.11.1)] 백열전등 또는 방전등에 전기를 공급하는 옥내의 전로의 대지전압은 300[V] 이하이어야 하며, 다음 각 호에 의하여 시설하여야 한다. 다만, 대지전압 150[V] 이하의 전로인 경우에는 다음 각 호에 의하지 아니할 수 있다.

- 방전등 및 이에 부속하는 전선은 사람이 접촉할 우려가 없도록 시설할 것
- 방전등용 안정기는 옥내배선과 직접 접속하여 시설할 것

|참|고|

[대자전압]

1. 90[%] 이상은 300[V]
2. 예외인 경우
   ① 누설전압이 없는 경우 → 대지전압 150[V]
   ② 전기저장장치, 태양광설비 → 직류 600[V]

【정답】 ①

83. 저압 옥내전로의 인입구에 가까운 곳으로서 쉽게 개폐할 수 있는 곳에 개폐기를 시설하여야 한다. 그러나 사용전압이 400[V] 미만인 옥내전로로서 다른 옥내전로에 접속하는 길이가 몇 [m] 이하인 경우는 개폐기를 생략할 수 있는가? (단, 정격전류가 16[A] 이하인 과전류 차단기 또는 정격전류가 16[A]를 초과하고 20[A] 이하인 배선용 차단기로 보호되고 있는 것에 한한다.)

① 15　② 20
③ 25　④ 30

|정|답|및|해|설|

[저압 옥내전로 인입구에서의 개폐기의 시설 (kec 212.6.2)] 사용전압이 400[V] 미만인 옥내전로로서 다른 옥내전로(정격전류가 16[A]인 과전류 차단기, 정격전류가 16[A] 초과하고 20[A] 이하인 배선용 차단기로 보호되고 있는 것)에 접속하는 길이가 15[m] 이하인 경우 인입구 개폐기를 생략할 수 있다.

【정답】 ①

84. 폭연성 먼지(분진) 또는 화약류의 가루(분말)가 존재하는 곳의 저압 옥내배선은 어느 공사에 의하는가?

① 애자사용공사 또는 가요전선관 공사
② 캡타이어케이블 공사
③ 합성수지관 공사
④ 금속관공사 또는 케이블 공사

|정|답|및|해|설|
[먼지(분진) 위험 장소 (KEC 242.2)]
1. 폭연성 먼지(분진) : 설비를 금속관공사 또는 케이블 공사(캡타이어 케이블 제외)
2. 가연성 먼지(분진) : 합성수지관 공사, 금속관공사, 케이블 공사

【정답】 ④

85. 사용전압이 35,000[V]인 기계기구를 옥외에 시설하는 개폐소의 구내에 취급자 이외의 자가 들어가지 않도록 울타리를 설치할 때 울타리와 특고압의 충전부분이 접근하는 경우에는 울타리의 높이와 울타리로부터 충전부분까지의 거리의 합계는 몇 [m] 이상으로 하여야 하는가?

① 4　　② 5
③ 6　　④ 7

|정|답|및|해|설|
[특별고압용 기계기구의 시설 (KEC 341.4)] 기계 기구를 지표상 5[m] 이상의 높이에 시설하고 또한 사람이 접촉할 우려가 없도록 시설하는 경우 다음과 같이 시설한다.

사용전압의 구분	울타리 · 담 등의 높이와 울타리 · 담 등으로부터 충전부분까지의 거리의 합계
35[kV] 이하	5[m]
35[kV] 초과 160[kV] 이하	6[m]
160[kV] 초과	·거리의 합계 = 6 + 단수 × 0.12[m] ·단수 = $\frac{사용전압[kV]-160}{10}$ → (단수 계산에서 소수점 이하는 절상)

【정답】 ②

86. 일반주택 및 아파트 각 호실의 현관에 조명용 백열전등을 설치할 때 사용하는 타임스위치는 몇 [분] 이내에 소등 되는 것을 시설하여야 하는가?

① 1분　　② 3분
③ 5분　　④ 10분

|정|답|및|해|설|
[점멸기의 시설 (KEC 234.6)]
1. 숙박시설, 호텔, 여관 각 객실 입구등은 1분
2. 거주시설, 일반 주택 및 아파트 현관등은 3분

【정답】 ②

87. 폭발성 또는 연소성의 가스가 침입할 우려가 있는 것에 지중함을 설치할 경우 지중함의 크기가 몇 $[m^3]$ 이상이면 통풍장치 기타 가스를 방산시키기 위한 적당한 장치를 시설하여야 하는가?

① $1[m^3]$　　② $3[m^3]$
③ $5[m^3]$　　④ $10[m^3]$

|정|답|및|해|설|
[지중함의 시설 (KEC 334.2)] 지중 전선로를 시설하는 경우 폭발성 또는 연소성의 가스가 침입할 우려가 있는 곳에 시설하는 지중함으로 그 크기가 $1[m^3]$ 이상인 것은 통풍장치 기타 가스를 방산시키기 위한 장치를 하여야 한다.

【정답】 ①

88. 지중전선로는 기설 지중 약전류 전선로에 대하여 다음의 어느 것에 의하여 통신상의 장해를 주지 아니하도록 기설 약전류 전선로로부터 충분히 이격시키는가?

① 충전전류 또는 표피작용
② 누설전류 또는 유도작용
③ 충전전류 또는 유도작용
④ 누설전류 또는 표피작용

|정|답|및|해|설|
[지중 약전류 전선에의 유도장해의 방지 (KEC 334.5)]
지중전선로는 기설 지중 약전류 전선로에 대하여 누설전류 또는 유도작용에 의하여 통신상의 장해를 주지 아니하도록 기설 약전류 전선로로부터 충분히 이격시키거나 기타 적당한 방법으로 시설하여야 한다.

【정답】 ②

89. 발전소에서 장치를 시설하여 계측하지 않아도 되는 것은?

① 발전기의 회전자 온도
② 특고압용 변압기의 온도
③ 발전기의 전압 및 전류 또는 전력
④ 주요 변압기의 전압 및 전류 또는 전력

|정|답|및|해|설|
[계측장치의 시설 (KEC 351.6)] 발전소에 시설하여야 하는 계측장치
- 발전기 · 연료전지 또는 태양전지 모듈의 전압 및 전류 또는 전력
- 발전기의 베어링 및 고정자의 온도
- 정격출력이 10,000[kW]를 초과하는 증기 터빈에 접속하는 발전기의 진동의 진폭
- 주요 변압기의 전압 및 전류 또는 전력
- 특고압용 변압기의 온도 【정답】 ①

90. 저압 가공전선과 건조물의 상부 조영재와의 옆쪽으로 접근하는 경유 저압 가공전선과 건조물의 조영재 사이의 간격은 몇 [m] 이상이어야 하는가? (단, 전선에 사람이 쉽게 접촉할 우려가 없도록 시설한 경우와 전선이 고압 절연전선, 특고압절연전선 또는 케이블인 경우는 제외한다.)

① 0.6　　② 0.8
③ 1.2　　④ 2.0

|정|답|및|해|설|
[저고압 가공 전선과 건조물의 접근 (KEC 332.11)] 저·고압 가공전선과 건조물의 조영재 사이의 간격(이격거리)

건조물 조영재의 구분	접근 형태	간격(이격거리)
상부 조영재	위쪽	2[m] (케이블인 경우는 1[m])
	옆쪽 아래	1.2[m] (사람이 쉽게 접촉할 우려가 없도록 시설한 경우 80[cm], 케이블인 경우 40[cm])
기타 조영재		1.2[m] (사람이 쉽게 접촉할 우려가 없도록 시설한 경우 80[cm], 케이블인 경우 40[cm])

【정답】 ③

91. 변압기의 고압측 전로와의 혼촉에 의하여 저압 전로의 대지 전압이 150[V]를 넘는 경우에 2초 이내에 고압 전로를 자동 차단하는 장치가 되어 있는 6600/220[V]배전 선로에 있어서 1선 지락전류가 2[A] 이면 접지저항 값의 최대는 얼마인가?

① 50[Ω]　　② 75[Ω]
③ 150[Ω]　　④ 350[Ω]

|정|답|및|해|설|
[변압기 중성점 접지의 접지저항 (KEC 142.5)] 150[V] 넘으면 2초 이내 자동 차단, 1선 지락 전류의 최소값은 2[A]이므로

$\therefore R_2 = \frac{300}{1선지락전류} = \frac{300}{2} = 150[\Omega]$ 【정답】 ③

92. 지중 전선로를 직접 매설식에 의하여 차량 기타 중량물의 압력을 받을 우려가 있는 장소에 시설하는 경우 그 깊이는 몇 [m] 이상 인가?

① 1　　② 1.2　　③ 1.5　　④ 2

|정|답|및|해|설|
[지중 전선로의 시설 (KEC 334.1)] 전선은 케이블을 사용하고, 또한 관로식, 암거식, 직접 매설식에 의하여 시공한다.
1. 직접 매설식 : 매설 깊이는 중량물의 압력이 있는 곳은 1.0[m] 이상, 없는 곳은 0.6[m] 이상으로 한다.
2. 관로식 : 매설 깊이를 1.0 [m] 이상, 중량물의 압력을 받을 우려가 없는 곳은 60 [cm] 이상으로 한다.
3. 암거식 : 지하 구조물 내 케이블 지지대를 설치하고 그 위에 케이블을 부설하는 방식 【정답】 ①

93. 66[kV] 가공전선과 6[kV] 가공전선을 동일 지지물에 병행설치하는 경우에 특별고압 가공 전선의 굵기는 몇 $[mm^2]$ 이상의 경동연선을 사용하여야 하는가?

① 22　　② 38
③ 50　　④ 100

|정|답|및|해|설|
[특고압 가공전선과 저고압 가공전선 등의 병행설치 (KEC 333.17)]

	35[kV] 초과 100[kV] 미만	35[kV] 이하
간격	2[m] 이상	1.2[m] 이상
사용 전선	인장 강도 21.67[kN] 이상의 연선 또는 단면적이 50[㎟] 이상인 경동 연선	연선

【정답】 ③

94. 가공전선로의 지지물에 하중이 가하여지는 경우에 그 하중을 받는 지지물의 기초의 안전율은 일반적인 경우 얼마 이상이어야 하는가?

① 1.2 ② 1.5 ③ 1.8 ④ 2

|정|답|및|해|설|

[가공전선로 지지물의 기초 안전율 (KEC 331.7)] 가공전선로의 지지물에 하중이 가하여지는 경우에 그 하중을 받는 지지물의 기초 안전율 2 이상(단, 이상시 상전하중에 대한 철탑의 기초에 대하여는 1.33)이어야 한다.

|참|고|

[안전율]

1.33 : 이상시 상정하중 철탑의 기초
1.5 : 케이블트레이, 안테나
2.0 : 기초 안전율
2.2 : 경동선/내열동 합금선
2.5 : 지지선, ACSD, 기타 전선

【정답】 ④

95. 고압 가공전선로의 지지물로 철탑을 사용하는 경우 최대 지지물간 거리(경간)는 몇 [m]인가?

① 150 ② 200
③ 250 ④ 600

|정|답|및|해|설|

[고압 가공전선로의 지지물 간 거리(경간)의 제한 (KEC 332.9)]

지지물의 종류	표준 지지물 간 거리(경간)	25[㎟] 이상의 경동선 사용
목주 · A종 철주 또는 A종 철근 콘크리트 주	150[m] 이하	300[m] 이하
B종 철주 또는 B종 철근 콘크리트 주	250[m] 이하	500[m] 이하
철탑	600[m] 이하	600[m] 이하

【정답】 ④

96. 다음의 ⓐ, ⓑ에 들어갈 내용으로 옳은 것은?

> 과전류 차단기로 시설하는 퓨즈 중 고압전로에 사용하는 비포장 퓨즈는 정격전류의 (ⓐ)배의 전류에 견디고 또한 2배의 전류로 (ⓑ)분 안에 용단되는 것이어야 한다.

① ⓐ 1.1, ⓑ 1 ② ⓐ 1.2, ⓑ 1
③ ⓐ 1.25, ⓑ 2 ④ ⓐ 1.3, ⓑ 2

|정|답|및|해|설|

[고압 및 특고압 전로 중의 과전류 차단기의 시설 (KEC 341.10)]

1. 고압 전로에 사용되는 포장 퓨즈는 정격 전류의 1.3배에 견디고 2배의 전류에 120분 안에 용단되는 것
2. 고압 전로에 사용되는 비포장 퓨즈는 정격 전류의 1.25배에 견디고 2배의 전류에 2분 안에 용단되는 것

【정답】 ③

※한국전기설비규정(KEC) 적용으로 인해 더 이상 출제되지 않는 문제는 삭제했습니다.

2018년 1회 전기기사 필기 기출문제

1회 2018년 전기기사필기 (전기자기학)

1. 평면도체 표면에서 r[m]의 거리에 점전하 Q[C]가 있을 때 이 전하를 무한 원점까지 운반하는데 필요한 일은 몇 [J]인가?

① $\dfrac{Q^2}{4\pi\epsilon_o r}$　　② $\dfrac{Q^2}{8\pi\epsilon_o r}$

③ $\dfrac{Q^2}{16\pi\epsilon_o r}$　　④ $\dfrac{Q^2}{32\pi\epsilon_o r}$

|정|답|및|해|설|

[무한 평면에 작용하는 힘(전기영상법 이용)]

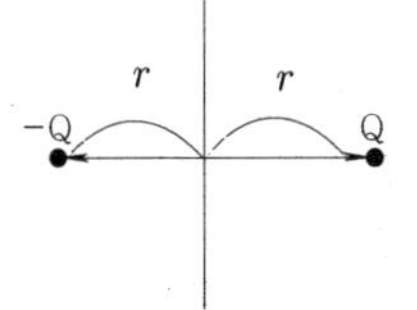

$$F=\frac{Q(-Q)}{4\pi\epsilon_o(2r)^2}=\frac{-Q^2}{16\pi\epsilon_o r^2}[\mathrm{N}]$$

일 $W=\int Fdl=F\cdot l=\dfrac{Q^2}{16\pi\epsilon_o r^2}\times r=\dfrac{Q^2}{16\pi\epsilon_o r}[\mathrm{J}]$

여기서, Q : 전하, ϵ_0 : 진공중의 유전율, r : 거리

【정답】 ③

2. 역자성체에서 비투자율(μ_s)은 어느 값을 갖는가?

① $\mu_s=1$　　② $\mu_s<1$

③ $\mu_s>1$　　④ $\mu_s=0$

|정|답|및|해|설|

[자성체의 특징]

자화율 $\lambda=\mu_0(\mu_s-1)$이므로

·강자성체 : $\mu_s>1$, $\chi<0$　　·상자성체 : $\mu_s>1$, $\chi>0$

·역자성체 : $\mu_s<1$, $\chi<0$

여기서, χ : 자화율, μ_s : 비투자율, μ_0 : 진공중의 투자율

【정답】 ②

3. 비유전율 $\epsilon_{r1}, \epsilon_{r2}$인 두 유전체가 나란히 무한평면으로 접하고 있고, 이 경계면에 평행으로 유전체의 비유전율 ϵ_{r1} 내에 경계면으로부터 d[m]인 위치에 선전하밀도 ρ[C/m]인 선상 전하가 있을 때, 이 선전하와 유전체 ϵ_{r2} 간의 단위 길이당의 작용력은 몇 [N/m]인가?

① $9\times10^9\times\dfrac{\rho^2}{\epsilon_{r2}d}\times\dfrac{\epsilon_{r1}+\epsilon_{r2}}{\epsilon_{r1}-\epsilon_{r2}}$

② $2.25\times10^9\times\dfrac{\rho^2}{\epsilon_{r2}d}\times\dfrac{\epsilon_{r1}-\epsilon_{r2}}{\epsilon_{r1}+\epsilon_{r2}}$

③ $9\times10^9\times\dfrac{\rho^2}{\epsilon_{r1}d}\times\dfrac{\epsilon_{r1}-\epsilon_{r2}}{\epsilon_{r1}+\epsilon_{r2}}$

④ $2.25\times10^9\times\dfrac{\rho^2}{\epsilon_{r1}d}\times\dfrac{\epsilon_{r1}-\epsilon_{r2}}{\epsilon_{r1}+\epsilon_{r2}}$

|정|답|및|해|설|

[선전하와 유전체]

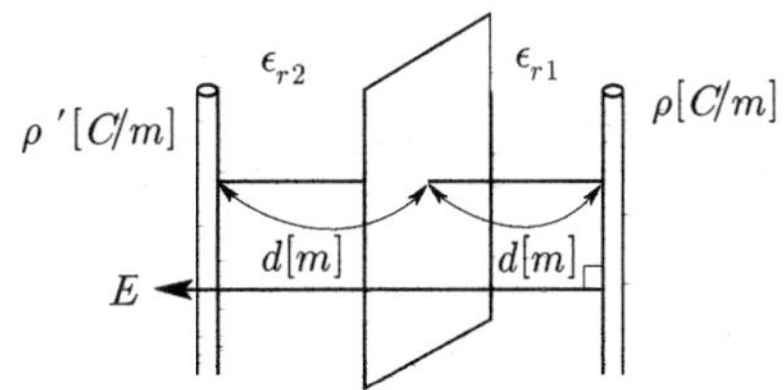

선전하와 유전체 ϵ_{r1}, ϵ_{r2} 간의 단위 길이당의 작용력

1. $\rho'=\dfrac{\epsilon_1-\epsilon_2}{\epsilon_1+\epsilon_2}\rho[C/m]$

2. $E=\dfrac{\rho}{2\pi\epsilon_1\times2d}=\dfrac{\rho}{4\pi\epsilon_1 d}[N/m]$

$\therefore F=\rho' E=\dfrac{\rho}{4\pi\epsilon_{10}\epsilon_{r1}d}\times\dfrac{\epsilon_{r1}-\epsilon_{r2}}{\epsilon_{r1}+\epsilon_{r2}}\rho=9\times10^9\dfrac{\rho^2}{\epsilon_{r1}d}\cdot\dfrac{\epsilon_{r1}-\epsilon_{r2}}{\epsilon_{r1}+\epsilon_{r2}}[N/m]$

$\rightarrow(\dfrac{1}{4\pi\epsilon_0}=\dfrac{1}{4\times3.14\times8.855\times10^{-12}}=9\times10^9)$

여기서, ϵ : 유전율($\epsilon=\epsilon_0\epsilon_r$, $\epsilon_0=8.855\times10^{-12}$)

ρ : 선전하 밀도, d : 거리

【정답】 ③

4. 점전하에 의한 전계는 쿨롱의 법칙을 사용하면 되지만 분포되어 있는 전하에 의한 전계를 구할 때는 무엇을 이용하는가?

① 렌츠의 법칙　② 가우스의 정리
③ 라플라스 방정식　④ 스토크스의 법칙

|정|답|및|해|설|

[가우스의 법칙] 점전하에 의한 전계의 세기

$\int E ds = \frac{Q}{\epsilon_o}$

여기서, E : 전계, s : 면적, Q : 전하, ϵ_0 : 유전율

|참|고|

① 렌츠의 법칙 : 유기기전력의 방향을 결정(자속의 변화에 따른 전자유도법칙)

③ 라플라스 방정식 : $\nabla^2 V = \frac{\partial^2 V}{\partial x^2} + \frac{\partial^2 V}{\partial y^2} + \frac{\partial^2 V}{\partial z^2} = 0$

④ 스토크스 정리 : 선(l)적분과 면적(s)적분의 변환식

$\oint_c E dl = \int_s rot\, E ds\, (rot E = \nabla \times E)$

여기서, c : 선적분, s : 면적분　【정답】 ②

5. 패러데이관(Faraday tube)의 성질에 대한 설명으로 틀린 것은?

① 패러데이관 중에 있는 전속수는 그 관 속에 진전하가 없으면 일정하며 연속적이다.
② 패러데이관의 양단에는 양 또는 음의 단위 진전하가 존재하고 있다.
③ 패러데이관 한 개의 단위 전위차당 패러데이관의 보유 에너지는 1/2[J]이다.
④ 패러데이관의 밀도는 전속밀도와 같지 않다.

|정|답|및|해|설|

[패러데이관의 성질]

1. 패러데이관 중에 있는 전속선 수는 진전하가 없으면 일정하며 연속적이다.
2. 패러데이관의 양단에는 정 또는 부의 진전하가 존재하고 있다.
3. 패러데이관의 **밀도는 전속밀도와 같다**.
4. 단위 전위차당 패러데이관의 보유 에너지는 1/2[J]이다.

$W = \frac{1}{2}QV = \frac{1}{2} \times 1 \times 1 = \frac{1}{2}$[J]　【정답】 ④

6. 공기 중에 있는 지름 6[cm]인 단일 도체구의 정전용량은 약 몇 [pF]인가?

① 0.34　② 0.67
③ 3.34　④ 6.71

|정|답|및|해|설|

[도체구의 정전용량] $C = 4\pi\epsilon_o a$[F]

여기서, C : 정전용량, ϵ_0 : 진공중의 유전율, a : 반지름

지름 6[cm](=0.6[m])인 단일 도체구

$C = 4\pi\epsilon_0 a = \frac{1}{9 \times 10^9} \times (3 \times 10^{-2}) = \frac{1}{3} \times 10^{-11}$

$\rightarrow (4\pi\epsilon_0 = 4 \times 3.14 \times 8.855 \times 10^{-12} = \frac{1}{9 \times 10^9},\ p(\text{피코}) = 10^{-12})$

$= 3.3 \times 10^{-12}[F] = 3.3 \times 10^{-12}[F] = 3.3[pF]$　【정답】 ③

|참|고|

[각 도형의 정전용량]

1. 구 : $C = 4\pi\epsilon a[F]$
2. 동심구 : $C = \frac{4\pi\epsilon}{\frac{1}{a} - \frac{1}{b}}[F]$
3. 원주 : $C = \frac{2\pi\epsilon l}{\ln\frac{b}{a}}[F]$
4. 평행도선 : $C = \frac{\pi\epsilon l}{\ln\frac{d}{b}}[F]$
5. 평판 : $C = \frac{Q}{V_0} = \frac{\epsilon S}{d} = \frac{\epsilon_0 \epsilon_s S}{d}$

7. 유전율이 ϵ_1, ϵ_2[F/m]인 유전체 경계면에 단위 면적당 작용하는 힘은 몇 [N/m^2]인가? 단, 전계가 경계면에 수직인 경우이며, 두 유전체의 전속밀도 $D_1 = D_2 = D$이다.

① $2\left(\frac{1}{\epsilon_1} - \frac{1}{\epsilon_2}\right)D^2$　② $2\left(\frac{1}{\epsilon_1} + \frac{1}{\epsilon_2}\right)D^2$
③ $\frac{1}{2}\left(\frac{1}{\epsilon_1} + \frac{1}{\epsilon_2}\right)D^2$　④ $\frac{1}{2}\left(\frac{1}{\epsilon_2} - \frac{1}{\epsilon_1}\right)D^2$

|정|답|및|해|설|

ϵ_1　D_1　f_1
경계면
ϵ_2　D_2　f_2

[두 유전체의 경계조건]

1. 전계가 경계면에 수직한 경우 ($\theta_1 = 0°$)

힘 $f = \frac{D^2}{2\epsilon} = \frac{1}{2}\left(\frac{1}{\epsilon_2} - \frac{1}{\epsilon_1}\right)D^2[N/m^2]$

2. 전계가 경계면에 평행한 경우 ($\theta_1 = 90°$)

힘 $f = \frac{1}{2}(\epsilon_1 - \epsilon_2)E^2[N/m^2]$

여기서, E : 전계, D : 전속밀도, ϵ : 유전율　【정답】 ④

8. 진공 중에 균일하게 대전된 반지름 a[m]인 선전하 밀도 λ_l[C/m]의 원환이 있을 때, 그 중심으로부터 중심축상 x[m]의 거리에 있는 점의 전계의 세기는 몇 [V/m]인가?

① $\dfrac{a\lambda_l x}{2\epsilon_o(a^2+x^2)^{\frac{3}{2}}}$ ② $\dfrac{a\lambda_l x}{\epsilon_o(a^2+x^2)^{\frac{3}{2}}}$

③ $\dfrac{\lambda_l x}{2\epsilon_o(a^2+x^2)}$ ④ $\dfrac{\lambda_l x}{\epsilon_0(a^2+x^2)}$

|정|답|및|해|설|

[전계의 세기] $E=-grad\,V$

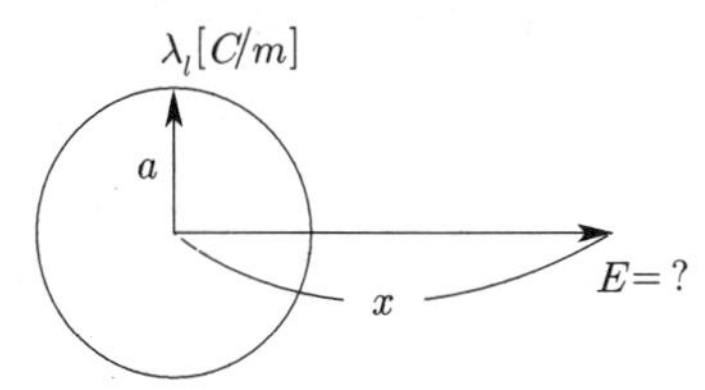

$r=\sqrt{a^2+x^2}$

$V=\dfrac{Q}{4\pi\epsilon\sqrt{a^2+x^2}}$ 이고 $Q=\rho\cdot l=\rho\cdot 2\pi a$

전계는 x방향만 남으므로

전계 $E=-grad\,V$

$$=-\frac{\partial V}{\partial x}=-\frac{\partial}{\partial x}\left[\frac{\lambda_l a}{2\epsilon_o\sqrt{a^2+x^2}}\right]=\frac{\lambda_l}{2\epsilon_o}\frac{ax}{(a^2+x^2)^{\frac{3}{2}}}$$

$$=\frac{ax\lambda_l}{2\epsilon_o(a^2+x^2)^{\frac{3}{2}}}\ [\text{V/m}]$$

【정답】 ①

9. 40[V/m]의 전계 내의 50[V]되는 점에서 1[C]의 전하를 전계 방향으로 80[cm] 이동하였을 때, 그 점의 전위는 몇 [V]인가?

① 18 ② 22

③ 35 ④ 65

|정|답|및|해|설|

[전위] $V_{BA}=V_B-V_A=-\int_A^B E\cdot dl$

여기서, E : 전계, l : 이동거리

$V_A=50[V]>V_B=?$ $E=40[V/m]$

A B

$r=80[cm]$

전계 : 40[V/m], 전위 : 50[V], 전하 : 1[C]

전계 방향으로 80[cm](=0.8[m]) 이동

$V_{BA}=V_B-V_A=-\int_A^B E\cdot dl=-\int_0^{0.8}E\cdot dl=-[40l]_0^{0.8}=-32[V]$

$V_A=50[V]$, $V_{BA}=-32[V]$이므로

$\therefore V_B=V_A+V_{BA}=50-32=18[V]$

【정답】 ①

10. 내압 1000[V] 정전용량 1[μF], 내압 750[V] 정전용량 2[μF], 내압 500[V] 정전용량 5[μF]인 콘덴서 3개를 직렬로 접속하고 인가전압을 서서히 높이면 최초로 파괴되는 콘덴서는?

① 1[μF] ② 2[μF]

③ 5[μF] ④ 동시에 파괴된다.

|정|답|및|해|설|

[직렬 연결된 콘덴서 최초로 파괴되는 콘덴서]

전하량이 가장 적은 것이 가장 먼저 파괴된다.

(전하량=정전용량×내압, 전하량 $Q=CV[C]$)

· $Q_1=C_1\times V_1=1\times10^{-6}\times1000=1\times10^{-3}$

· $Q_2=C_2\times V_2=2\times10^{-6}\times750=1.5\times10^{-3}$

· $Q_3=C_3\times V_3=5\times10^{-6}\times500=12.5\times10^{-3}$

전하용량이 가장 작은 1000[V] 1[μF]의 콘덴서가 가장 빨리 파괴된다.

【정답】 ①

11. 내부 장치 또는 공간을 물질로 포위시켜 외부 자계의 영향을 차폐시키는 방식을 자기 차폐라 한다. 다음 중 자기 차폐에 가장 좋은 것은?

① 비투자율이 1보다 작은 역자성체

② 강자성체 중에서 비투자율이 큰 물질

③ 강자성체 중에서 비투자율이 작은 물질

④ 비투자율에 관계없이 물질의 두께에만 관계되므로 되도록 두꺼운 물질

|정|답|및|해|설|

[자기 차폐] 자기 차폐란 **투자율이 큰 강자성체**로 내부를 감싸서 내부가 외부 자계의 영향을 받지 않도록 하는 것을 말한다. 따라서 강자성체 중에서 비투자율이 큰 물질이 적당하다.

【정답】 ②

12. 다음 조건들 중 초전도체에 부합되는 것은? 단 μ_r은 비투자율, χ_m은 비자화율, B는 자속밀도이며 작동 온도는 임계온도 이하라 한다.

① $\chi_m = -1,\ \mu_r = 0,\ B = 0$

② $\chi_m = 0,\ \mu_r = 0,\ B = 0$

③ $\chi_m = 1,\ \mu_r = 0,\ B = 0$

④ $\chi_m = -1,\ \mu_r = 1,\ B = 0$

|정|답|및|해|설|

[초전도체(Superconductor)] 임계온도 이하에서는 전기저항이 0에 가까워지고 반자성을 나타내는 도체로, 내부에는 자장이 들어갈 수 없고 내부에 있던 자장도 밖으로 밀어내는 성질

[초전도체의 특성]

χ_m(자화율)$=-1$, μ_r(비투자율)$=0$, B(자속밀도)$=0$

【정답】 ①

13. 그림과 같이 반지름 a[m]의 한 번 감긴 원형 코일이 균일한 자속밀도 B[Wb/m²]인 자계에 놓여 있다. 지금 코일 면을 자계와 나란하게 전류 I[A]를 흘리면 원형 코일이 자계로부터 받는 회전 모멘트는 몇 [N · m/rad] 인가?

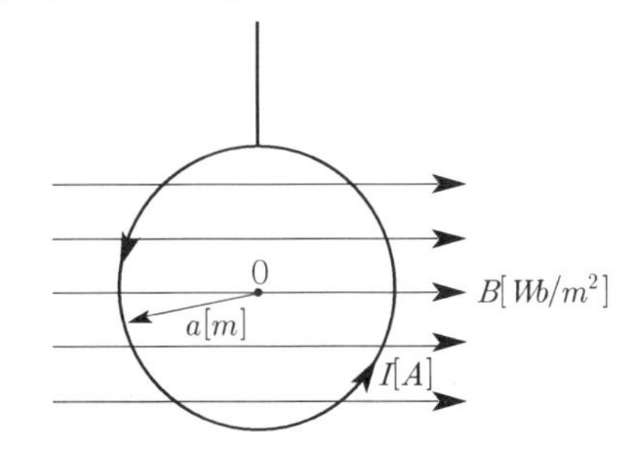

① $2\pi aBI$ ② πaBI

③ $2\pi a^2 BI$ ④ $\pi a^2 BI$

|정|답|및|해|설|

[원형 코일의 회전 모멘트]

1. 자성체에 의한 토크 : $T = M \times H = MH\sin\theta$
2. 도체에 의한 토크 : $T = NIBS\cos\theta$

여기서, $T = NIBS\cos\theta$

(원형코일 면적 $S = \pi a^2$, 자계와의 각$=0°$, $N=1$)

【정답】 ④

14. 자속밀도 10[Wb/m^2]의 자계 중에 10[cm] 도체를 자계와 30° 의 각도로 30[m/s]로 움직일 때 도체에 유기되는 기전력은 몇 [V]인가?

① 15 ② $15\sqrt{3}$

③ 1,500 ④ $1,500\sqrt{3}$

|정|답|및|해|설|

[유기기전력 (플레밍의 오른손 법칙)]

$e = (v \times B)t = vBl\sin\theta$

여기서, B : 자속밀도, l : 길이, v : 속도, θ : 도체와 자계 각

자속밀도(B) : 10[Wb/m^2], 길이(l) 10[cm](=0.3[m])

도체와 자계와 각(θ) : 30°, 속도(v) : 30[m/s]

$e = vBl\sin\theta = 30 \times 10 \times 0.1 \times \sin 30° = 15[V]$ → ($\sin 30 = 0.5$)

【정답】 ①

15. $x=0$인 무한평면을 경계면으로 하여 $x<0$인 영역에는 비유전율 $\epsilon_{r1}=2$, $x>0$인 영역에는 $\epsilon_{r2}=4$인 유전체가 있다. ϵ_{r1}인 유전체 내에서 전계 $E_1 = 20a_x - 10a_y + 5a_z$[V/m]일 때 $x>0$인 영역에 있는 ϵ_{r2}인 유전체 내에서 전속밀도 D_2[C/m²]는? 단, 경계면상에는 자유전하가 없다고 한다.

① $D_2 = \epsilon_0(20a_x - 40a_y + 5a_z)$

② $D_2 = \epsilon_0(40a_x - 40a_y + 20a_z)$

③ $D_2 = \epsilon_0(80a_z - 20a_y + 10a_z)$

④ $D_2 = \epsilon_0(40a_x - 20a_y + 20a_z)$

|정|답|및|해|설|

[유전체의 전속밀도]

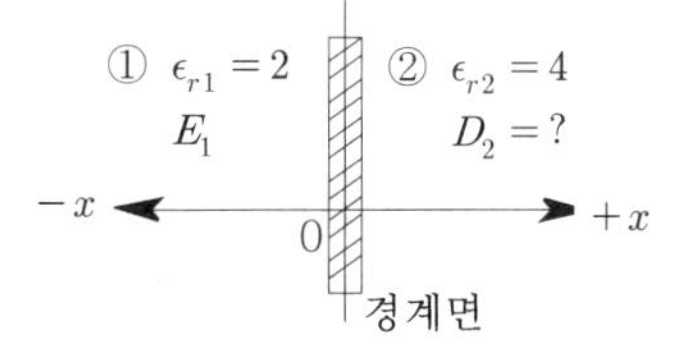

· 경계면이 x축(수직)이므로 $D_{1x} = D_{2x}$에서

$D_{1x} = \epsilon_1 E_{1x} = 2 \times 20 = 40 = D_{2x}$

· y, z축(수평)은 전계가 연속이므로

$E_{1y} = E_{2y} = -10,\ E_{1x} = E_{2x} = 5$

따라서 $D_2 = D_{2x}a_x + D_{2y}a_y + D_{2z}a_z$이므로

$D_2 = D_{x2} + D_{y2} + D_{z2} = (\epsilon_0\epsilon_{r1}E_{x1}) + (\epsilon_0\epsilon_{r2}E_{y1}) + (\epsilon_0\epsilon_{r2}E_{z1})$

· $\epsilon_0\epsilon_{r1}E_{x1} = \epsilon_0 \times 2 \times 20a_x = 40\epsilon_0 a_x$

· $\epsilon_0\epsilon_{r2}E_{y1} = \epsilon_0 \times 4 \times (-10a_y) = -40\epsilon_0 a_y$

· $\epsilon_0\epsilon_{r2}E_{z1} = \epsilon_0 \times 4 \times 5a_z = 20\epsilon_0 a_z$

$\therefore D_2 = \epsilon_0(40a_x - 40a_y + 20a_z)$

【정답】 ②

16. 평면파 전파가 $E=30\cos(10^9t+20z)j$[V/m]로 주어졌다면 이 전자파의 위상속도는 몇 [m/s]인가?

① 5×10^7　　② $\frac{1}{3}\times10^8$

③ 10^9　　④ $\frac{2}{3}$

|정|답|및|해|설|

[위상속도(전파속도)] $v=\frac{\omega}{\beta}[m/sec]$

전파 $E=E_a\cos(\omega t-\frac{\omega z}{v})=E_a\cos(\omega t-\beta z)$

여기서, 전파가 $E=30\cos(10^9t+20z)j$[V/m]이므로

$\beta=20,\ \omega=10^9$

$\frac{\omega z}{v}=\beta z$에서 위상속도 $v=\frac{\omega}{\beta}=\frac{10^9}{20}=5\times10^7[m/sec]$[m/sec]

【정답】 ①

17. 그림과 같이 단면적 $S=10[cm^2]$, 자로의 길이 $l=20\pi[cm]$, 비투자율 $\mu_s=1,000$인 철심에 $N_1=N_2=100$인 두 코일을 감았다. 두 코일 사이의 상호인덕턴스는 몇 [mH]인가?

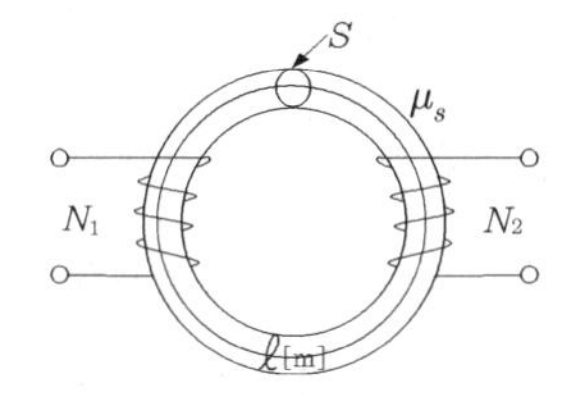

① 0.1　　② 1

③ 2　　④ 20

|정|답|및|해|설|

[환상 솔레노이드의 상호인덕턴스] $M=\frac{N_1N_2}{R_m}=\frac{\mu SN_1N_2}{l}[H]$

여기서, N : 권수, μ : 투자율($=\mu_0\mu_s$), S : 면적, R_m : 자기저항

l : 자로의 길이

단면적$(S)=10[cm^2]$, 자로의 길이(l) $=20\pi[cm]$ $(=20\pi\times10^{-2}[m])$

비유전율(μ_s) $=1,000$, 권수 : $N_1=N_2=100$

$M=\frac{\mu SN_1N_2}{l}=\frac{\mu_0\mu_s SN_1N_2}{l}[H]$　　$\rightarrow(\mu_0=4\pi\times10^{-7})$

$=\frac{4\pi\times10^{-7}\times1000\times10\times10^{-4}\times100\times100}{20\pi\times10^{-2}}\times10^3=20[mH]$

$\rightarrow(10[cm^2]=10\times(10^{-2})^2[m],\ H=10^3[mH])$

【정답】 ④

18. $1[\mu A]$의 전류가 흐르고 있을 때, 1초 동안 통과하는 전자수는 약 몇 개인가? (단, 전자 1개의 전하는 1.602×10^{-19}[C]이다.)

① 6.24×10^{10}　　② 6.24×10^{11}

③ 6.24×10^{12}　　④ 6.24×10^{13}

|정|답|및|해|설|

[전하량 및 전자 수] $Q=It[C]$, $N=\frac{Q}{e}$

여기서, Q : 전하량, I : 전류, t : 시간, N : 전자수

e : 전자 한 개의 전하량$(1.602\times10^{-19}[C])$

전류 : $1[\mu A]$, 시간 : 1초, $e=1.602\times10^{-19}[C]$

$N=\frac{Q}{e}=\frac{It}{e}=\frac{1\times10^{-6}\times1}{1.602\times10^{-19}}=6.24\times10^{12}$[개]　　$\rightarrow(\mu=10^{-6})$

【정답】 ③

19. 균일하게 원형 단면을 흐르는 전류 $I[A]$에 의한 반지름 a[m], 길이 l[m], 비투자율 μ_s 인 원통 도체의 내부 인덕턴스는 몇 [H]인가?

① $10^{-7}\mu_s l$　　② $3\times10^{-7}\mu_s l$

③ $\frac{1}{4a}\times10^{-7}\mu_s l$　　④ $\frac{1}{2}\times10^{-7}\mu_s l$

|정|답|및|해|설|

[원형 도체 내부의 인덕턴스]

원형 도체 내부의 인덕턴스에 진공의 투자율을 대입해서 구한다.

$L_i=\frac{\mu}{8\pi}\cdot l=\frac{\mu_0\mu_s}{8\pi}\cdot l$

여기서, μ : 투자율$(\mu_0\mu_s)$, l : 길이

$L_i=\frac{\mu_0\mu_s}{8\pi}\cdot l=\frac{4\pi\times10^{-7}}{8\pi}\times\mu_s\times l$

$=\frac{1}{2}\times10^{-7}\times\mu_s l[H]$

(a, $I[A]$, μ_s, $l[m]$, $L_i=?$)

【정답】 ④

20. 한 변의 길이가 10[cm]인 정사각형 회로에 직류전류 10[A]가 흐를 때, 정사각형의 중심에서의 자계 세기는 몇 [A/m]인가?

① $\frac{10\sqrt{2}}{\pi}$　　② $\frac{200\sqrt{2}}{\pi}$

③ $\frac{300\sqrt{2}}{\pi}$　　④ $\frac{400\sqrt{2}}{\pi}$

|정|답|및|해|설|

[정사각형 중심 자계의 세기] $H=\frac{2\sqrt{2}I}{\pi l}[AT/m]$

여기서, I : 전류, l : 변의 길이

$\therefore H=\frac{2\sqrt{2}I}{\pi l}=\frac{2\sqrt{2}10}{\pi\times0.1}=\frac{200\sqrt{2}}{\pi}[AT/m]$

【정답】 ②

|참|고|

[정 n각형 중심의 자계의 세기]

1. $n=3$: $H=\frac{9I}{2\pi l}[AT/m]$
2. $n=6$: $H=\frac{\sqrt{3}I}{\pi l}$[AT/m]

1회 2018년 전기기사필기 (전력공학)

21. 송전선에서 재연결(재폐로) 방식을 사용하는 목적은?

① 역률개선　　② 안정도 증진

③ 유도장해의 경감　　④ 코로나 발생 방지

|정|답|및|해|설|

[안정도 향상 대책]

1. 계통의 직렬 리액턴스(X)를 작게
   - ·발전기나 변압기의 리액턴스를 작게 한다.
   - ·선로의 병행회선수를 늘리거나 복도체 또는 다도체 방식을 사용
   - ·직렬 콘덴서를 삽입하여 선로의 리액턴스를 보상한다.
2. 계통의 전압변동률을 작게(단락비를 크게)
   - ·속응 여자 방식 채용　　·계통의 연계
   - ·중간 조상 방식
3. 고장 전류를 줄이고 고장 구간을 신속 차단
   - ·적당한 중성점 접지 방식　　·고속 차단 방식
   - ·고속도 재연결(재폐로) 방식
4. 고장 시 발전기 입·출력의 불평형을 작게

【정답】 ②

22. 설비용량 360[kW], 수용률 0.8, 부등률 1.2일 때 최대 수용전력은 몇 [kW]인가?

① 120　　② 240

③ 320　　④ 480

|정|답|및|해|설|

[최대수용전력] 합성 최대 수용 전력$=\frac{\text{최대 수용 전력}}{\text{부동률}}$

·부동률$=\frac{\text{개별 최대 수용 전력의 합}}{\text{합성 최대 수용 전력}}$

·최대 수용 전력은 = 설비 용량 × 수용률 $=360\times0.8=288[kW]$

·합성 최대 수용 전력 $=\frac{\text{수용율}\times\text{설비용량}}{\text{부동률}}=\frac{\text{최대 수용 전력}}{\text{부동률}}=\frac{288}{1.2}=240[kW]$

【정답】 ②

23. 배전계통에서 사용하는 고압용 차단기의 종류가 아닌 것은?

① 기중차단기(ACB)

② 공기차단기(ABB)

③ 진공차단기(VCB)

④ 유입차단기(OCB)

|정|답|및|해|설|

[대표적인 고압 차단기]

종류	소호원리
유입차단기 (OCB)	소호실에서 아크에 의한 절연유 분해 가스의 열전도 및 압력에 의한 blast를 이용해서 차단
공기차단기 (ABB)	압축된 공기(15~30[kg/㎠])를 아크에 불어 넣어서 차단
진공차단기 (VCB)	고진공 중에서 전자의 고속도 확산에 의해 차단
가스차단기 (GCB)	고성능 절연 특성을 가진 특수 가스(SF_6)를 이용해서 차단

※기중차단기(ACB) : 대기 중에서 아크를 길게 해서 소호실에서 냉각 차단 → 저압용 차단기

【정답】 ①

24. SF_6 가스차단기에 대한 설명으로 옳지 않은 것은?

① SF_6 가스 자체는 불활성기체이다.
② SF_6 가스 자체는 공기에 비하여 소호능력이 약 100배 정도이다.
③ 절연거리를 적게 할 수 있어 차단기 전체를 소형, 경량화 할 수 있다.
④ SF_6 가스를 이용한 것으로서 독성이 있으므로 취급에 유의하여야 한다.

|정|답|및|해|설|

[SF_6(육불화유황) 가스]
· 무색, 무취, 독성이 없다.
· 난연성, 불활성 기체
· 소호누적이 공기의 100~200배
· 절연누적이 공기의 3~4배
· 압축공기를 사용하지만 밀폐식이므로 소음이 없다.

【정답】 ④

25. 송전선로의 일반회로 정수가 $A=0.7, B=j190$ $D=0.9$라 하면 C의 값은?

① $-j1.95\times10^{-3}$ ② $j1.95\times10^{-3}$
③ $-j1.95\times10^{-4}$ ④ $j1.95\times10^{-4}$

|정|답|및|해|설|

[일반 회로 4단자 정수의 기본식] $AD-BC=1$

$\therefore C=\dfrac{AD-1}{B}=\dfrac{0.7\times0.9-1}{j190}=j1.95\times10^{-3}$ 【정답】 ②

26. 부하역률이 0.8인 선로의 저항 손실은 0.9인 선로의 저항 손실에 비해서 약 몇 배 정도 되는가?

① 0.97 ② 1.1
③ 1.27 ④ 1.5

|정|답|및|해|설|

[선로의 손실] $P_l=3I^2R=3\left(\dfrac{P}{\sqrt{3}\,V\cos\theta}\right)^2R=\dfrac{P^2R}{V^2\cos^2\theta}$ 이므로

$P_l\propto\dfrac{1}{\cos^2\theta}\ \rightarrow\ \therefore\ \dfrac{P_{l\,0.8}}{P_{l\,0.9}}=\dfrac{\left(\dfrac{1}{0.8}\right)^2}{\left(\dfrac{1}{0.9}\right)^2}=1.27$ 【정답】 ③

27. 단상변압기 3대에 의한 △결선에서 1대를 제거하고 동일 전력을 V결선으로 보낸다면 동손은 약 몇 배가 되는가?

① 0.67 ② 2.0
③ 2.7 ④ 3.0

|정|답|및|해|설|

[변압기 출력] $P_\triangle=3VI[W]$, $P_V=\sqrt{3}\,VI$[W]
여기서, V : 전압, I : 전류
동일 전력이 되려면 두 결선의 전압이 동일하므로 V결선의 전류가 △결선의 전류에 비해 $\sqrt{3}$배 더 흘려야 한다.
동손 $P_c=I^2R$에서
· △결선의 동손 $P_c=3I^2R$
· V결선의 동손 $P_c=2I^2R$

그러므로 $\dfrac{V\text{결선의 동손}}{\triangle\text{결선의 동손}}=\dfrac{2(\sqrt{3}I)^2R}{3I^2R}=2$

【정답】 ②

28. 단상 2선식 배전선로의 선로 임피던스가 $2+j5[\Omega]$ 무유도성 부하전류 10[A]일 때 송전단 역률은? 단, 수전단 전압의 크기는 100[V]이고, 위상각은 0° 이다.

① $\dfrac{5}{12}$ ② $\dfrac{5}{13}$
③ $\dfrac{11}{12}$ ④ $\dfrac{12}{13}$

|정|답|및|해|설|

[송전단 역률] $\cos\theta=\dfrac{R}{Z}=\dfrac{R}{\sqrt{R^2+X^2}}$

부하단(수전단)은 무유도성이므로 저항부하이며

$R=\dfrac{V}{I}=\dfrac{100}{10}=10[\Omega]$

전체 선로와 부하의 임피던스 $Z=2+j5+10=12+j5$이므로

역률 $\cos\theta=\dfrac{R}{Z}=\dfrac{12}{\sqrt{12^2+5^2}}=\dfrac{12}{13}$ $\rightarrow(|Z|=\sqrt{R^2+X^2})$

【정답】 ④

29. 피뢰기의 충격방전 개시전압은 무엇으로 표시하는가?

① 직류전압의 크기
② 충격파의 평균치
③ 충격파의 최대치
④ 충격파의 실효치

|정|답|및|해|설|

[피뢰기의 충격방전 개시전압] 피뢰기 단자에 충격전압을 인가하였을 경우 방전을 개시하는 전압을 충격방전 개시전압이라 하며, 충격파의 최대치로 나타낸다. 【정답】 ③

30. 그림과 같이 전력선과 통신선 사이에 차폐선을 설치하였다. 이 경우에 통신선의 차폐계수(K)를 구하는 관계식은? (단, 차폐선을 통신선에 근접하여 설치한다.)

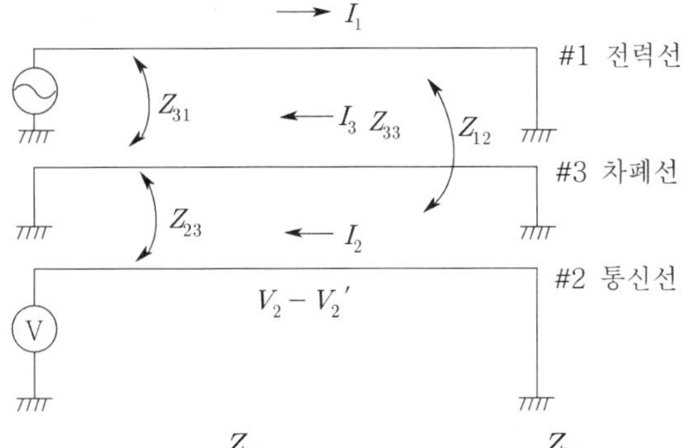

① $K=1+\frac{Z_{31}}{Z_{12}}$ ② $K=1-\frac{Z_{31}}{Z_{33}}$

③ $K=1-\frac{Z_{23}}{Z_{33}}$ ④ $K=1+\frac{Z_{23}}{Z_{33}}$

|정|답|및|해|설|

[차폐계수] $\lambda=1-\frac{Z_{23}}{Z_{33}}$

$$V_2=-Z_{12}I_o+Z_{2s}I_s=-Z_{12}I_o+Z_{2s}\frac{Z_{1s}I_o}{Z_s}=-Z_{12}I_o\left(1-\frac{Z_{1s}Z_{2s}}{Z_sZ_{12}}\right)$$

차폐계수 $\lambda=1-\frac{Z_{1s}Z_{2s}}{Z_sZ_{12}}=1-\frac{Z_{31}Z_{23}}{Z_{33}Z_{12}}$

차폐선을 통신선에 근접하여 설치, $Z_{12}=Z_{31}$

차폐계수 $\lambda=1-\frac{Z_{23}}{Z_{33}}$ 【정답】 ③

31. 모선 보호에 사용되는 계전방식이 아닌 것은?

① 위상 비교방식
② 선택접지 계전방식
③ 방향거리 계전방식
④ 전류차동 보호방식

|정|답|및|해|설|

[모선 보호 계전 방식] 발전소나 변전소의 모선에 고장이 발생하면 고장 모선을 검출하여 계통으로부터 분리시키는 계전 방식

- 전류 차동 보호 방식
- 전압 차동 보호 방식
- 방향거리 계전방식
- 위상 비교방식

※ ② 선택접지계전기(SGR)은 지락회선을 선택적으로 차단하기 위해서 사용한다. 【정답】 ②

32. %임피던스와 관련된 설명으로 틀린 것은?

① 정격전류가 증가하면 %임피던스는 감소한다.
② 직렬 리엑터가 감소하면 %임피던스도 감소한다.
③ 전기기계의 %임피던스가 크면 차단기의 용량은 작아진다.
④ 송전계통에서는 임피던스의 크기를 옴 값 대신에 %값으로 나타내는 경우가 많다.

|정|답|및|해|설|

[%임피던스] 기준 전압(상전압)에 대한 임피던스 전압강하의 비를 백분율로 나타낸 것

$$\%Z=\frac{IZ}{E}\times100=\frac{\frac{P}{\sqrt{3}\,V}Z}{\frac{V}{\sqrt{3}}}\times100=\frac{PZ}{V^2}\times100[\%]$$

여기서, I : 정격전류, Z : 임피던스, P : 전력, V : 전압
E : 상전압

① 정격전류가 증가 : %임피던스는 증가
② 정격전류가 감소 : %임피던스는 감소
③ 차단용량 $P_s=\frac{100}{\%Z}P_n$에서 전기기계의 %임피던스가 크면 차단기의 용량은 작아진다. (여기서, P_n : 정격용량)
④ 송전계통에서는 임피던스의 크기를 옴 값 대신에 %값으로 나타내는 경우가 있다. 【정답】 ①

33. A, B 및 C상전류를 각각 I_a, I_b 및 I_c라 할 때 $I_x=\frac{1}{3}(I_a+a^2I_b+aI_c)$, $a=-\frac{1}{2}+j\frac{\sqrt{3}}{2}$으로 표시되는 I_x는 어떤 전류인가?

① 정상전류　② 역상전류
③ 영상전류　④ 역상전류와 영상전류의 합

|정|답|및|해|설|

[대칭좌표법] $\begin{bmatrix} I_0 \\ I_1 \\ I_2 \end{bmatrix}=\frac{1}{3}\begin{bmatrix} 1 & 1 & 1 \\ 1 & a & a^2 \\ 1 & a^2 & a \end{bmatrix}\begin{bmatrix} I_a \\ I_b \\ I_c \end{bmatrix}$

1. 영상분 : $I_0=\frac{1}{3}(I_a+I_b+I_c)$

2. 정상분 : $I_1=\frac{1}{3}(I_a+aI_b+a^2I_c)$

3. 역상분 : $I_2=\frac{1}{3}(I_a+a^2I_b+aI_c)$ 【정답】 ②

34. 그림과 같이 "수류가 고체에 둘러싸여 있고 A로부터 유입되는 수량과 B로부터 유출되는 수량이 같다."라고 하는 이론은?

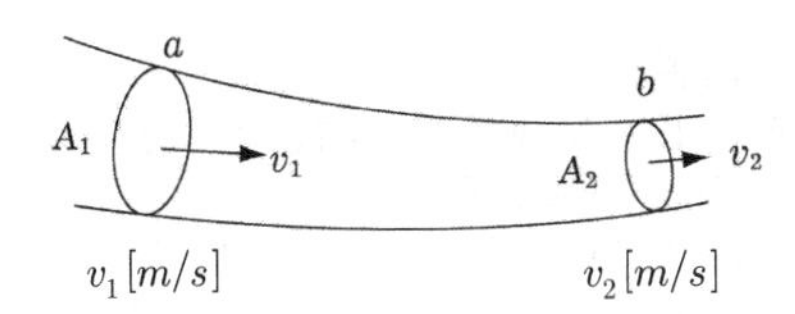

① 수두이론　② 연속의 원리
③ 베르누이 정리　④ 토리첼리의 정리

|정|답|및|해|설|

[연속의 정리] 임의의 점에서의 유량은 항상 일정하다.

유량 $Q[m^2/\sec]=A[m^2]\times v[m/\sec]$

$Q=v_1A_1=v_2A_2[m^2/\sec]=$ 일정

여기서, A_1, A_2 : a, b점의 단면적$[m^2]$
　　　v_1, v_2 : a, b점의 유속$[m/s]$

※③ 베르누이 정리 : 흐르는 물의 어느 곳에서도 위치에너지, 압력에너지, 속도에너지의 합은 일정하다.

·손실을 무시할 때

$H_a+\frac{P_a}{w}+\frac{v_a^2}{2g}=H_b+\frac{P_b}{w}+\frac{v_b^2}{2g}=k$ (일정)

·손실 수두(h_{12})를 고려할 때

$H_1+\frac{P_1}{w}+\frac{v_1^2}{2g}=H_2+\frac{P_2}{w}+\frac{v_2^2}{2g}+h_{12}$ 【정답】 ②

35. 4단자 정수가 A, B, C, D인 선로에 임피던스가 $\frac{1}{Z_T}$인 변압기가 수전단에 접속된 경우 계통의 4단자 정수 중 D_o는?

① $D_o=\frac{C+DZ_T}{Z_T}$　② $D_o=\frac{C+AZ_T}{Z_T}$
③ $D_o=\frac{D+CZ_T}{Z_T}$　④ $D_o=\frac{B+AZ_T}{Z_T}$

|정|답|및|해|설|

[4단자 정수] $\begin{bmatrix} A_0 & B_0 \\ C_0 & D_0 \end{bmatrix}=\begin{bmatrix} A & B \\ C & D \end{bmatrix}\begin{bmatrix} 1 & \frac{1}{Z_T} \\ 0 & 1 \end{bmatrix}=\begin{bmatrix} A & \frac{A}{Z_T}+B \\ C & \frac{C}{Z_T}+D \end{bmatrix}$

$D_0=\frac{C+DZ_T}{Z_T}$

→ (A : 전압비, B : 임피던스, C : 어드미턴스, D : 전류비)
【정답】 ①

36. 대용량 고전압의 안정권선(△권선)이 있다. 이 권선의 설치 목적과 관계가 먼 것은?

① 고장전류 저감　② 제3고조파 제거
③ 조상설비 설치　④ 소내용 전원 공급

|정|답|및|해|설|

[3권선 변압기 결선] Y-Y-△ → 안정권선(△권선)

△-△ 결선	제3고조파 순환, V-V 결선, 저전압 단거리
Y-Y 결선	·제3고조파 발생, ·접지가능 , 이상전압의 억제
Y-Y-△ 결선	·3권선변압기 사용, ·△권선(안정권선) : 제3고조파 제거, 소내용, 전원의 공급, 조상설비의 설치를 목적으로 함. ·우리나라 154[kW], 345[kW] 주변전소에 채택

【정답】 ①

37. 한류리액터를 사용하는 가장 큰 목적은?

① 충전전류의 제한　② 접지전류의 제한
③ 누설전류의 제한　④ 단락전류의 제한

|정|답|및|해|설|

[한류 리액터] 단락전류를 경감시켜서 차단기 용량을 저감시킨다.

|참|고|

1. 소호리액터 : 지락 시 지락전류 제한
2. 병렬(분로)리액터 : 페란티 현상 방지, 충전전류 차단
3. 직렬리액터 : 제5고조파 방지
4. 병렬(분로)리액터 : 차단기 용량의 경감(단락전류 제한) 【정답】 ④

38. 변압기 등 전력설비 내부 고장 시 변류기에 유입하는 전류와 유출하는 전류의 차로 동작하는 보호계전기는?

① 차동계전기　② 지락계전기
③ 과전류계전기　④ 역상전류계전기

|정|답|및|해|설|

[변압기 내부고장 보호계저기]
1. 차동계전기(비율차동 계전기) : 단락고장(사고) 시 검출
2. 압력계전기
3. 부흐홀츠계전기 : 아크방전사고 시 검출
4. 가스검출계전기

※② 지락계전기 : 영상변전류(ZCT)에 의해 검출된 영상전류에 의해 동작
③ 과전류계전기 : 일정한 전류 이상이 흐르면 동작

【정답】 ①

39. 3상 결선 변압기의 단상 운전에 의한 소손방지 목적으로 설치하는 계전기는?

① 차동계전기　② 역상계전기
③ 단락계전기　④ 과전류계전기

|정|답|및|해|설|

[역상계전기] 3상 전기회로에서 단선사고 시 전압 불평형에 의한 사고방지를 목적으로 설치
1. 발전기(변압기) 내부 단락 검출용 : 비율차동계전기
2. 발전기(변압기) 부하 불평형(단상 운전) : 역상과전류계전기
3. 과부하 단락사고 : 과전류계전기

【정답】 ②

40. 송전선로의 정전용량은 등기 선간거리 D가 증가하면 어떻게 되는가?

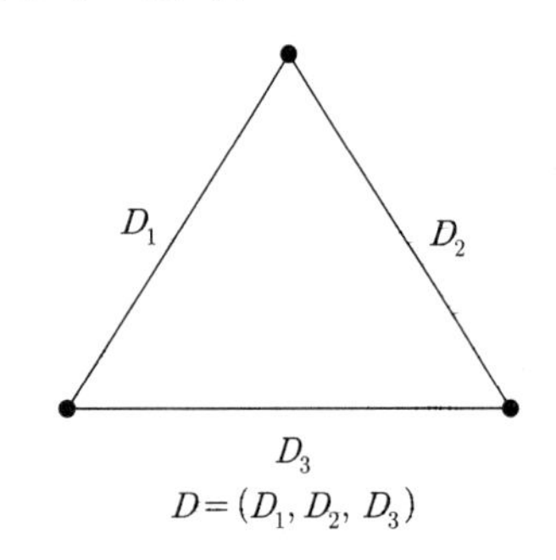

① 증가한다.
② 감소한다.
③ 변하지 않는다.
④ D^2에 반비례하여 감소한다.

|정|답|및|해|설|

[정전용량] $C=\dfrac{0.02413}{\log_{10}\dfrac{D}{r}}[\mu F/km]$

여기서, D : 선간거리, r : 반지름
선간거리 D가 커지면 정전용량은 적어진다.

【정답】 ②

1회 2018년 전기기사필기 (전기기기)

41. 단상 직권정류자전동기의 전기자 권선과 계자권선에 대한 설명으로 틀린 것은?

① 계자권선의 권수를 적게 한다.
② 전기자권선의 권수를 크게 한다.
③ 변압기 기전력을 적게 하여 역률 저하를 방지한다.
④ 브러시로 단락되는 코일 중의 단락전류를 많게 한다.

|정|답|및|해|설|

[단상 직권전동기] 만능 전동기, 직류, 교류 양용
·직권형, 보상형, 유도보상형
·성층 철심, 역률 및 정류 개선을 위해 약계자, 강전기자형으로 함
·역률 개선을 위해 보상권선 설치, 변압기 기전력 적게 함
·회전속도를 증가시킬수록 역률이 개선
·브러시로 단락되는 코일 중의 단락전류를 적게 한다.

【정답】 ④

42. 단상 직권전동기의 종류가 아닌 것은?

① 직권형　② 아트킨손형
③ 보상직권형　④ 유도보상직권형

|정|답|및|해|설|

[단상 정류자 전동기] 단상 직권 정류자 전동기(단상 직권 전동기)는 교류, 직류 양용으로 사용할 수 있으며 만능 전동기라고도 불린다.
1. 직권 특성
  • 단상 직권 정류자 전동기 : 직권형, 보상직권형, 유도보상직권형
  • 단상 반발 전동기 : 아트킨손형 전동기, 톰슨 전동기, 데리 전동기
2. 분권 특성 : 현재 실용화 되지 않고 있음

【정답】 ②

43. 무효 전력 보상 장치(동기조상기)의 여자전류를 줄이면?

① 콘덴서로 작용　　② 리액터로 작용
③ 진상전류로 됨　　④ 저항손의 보상

|정|답|및|해|설|

[동기 전동기의 위상특성곡선(V곡선)] 공급전압 V와 부하를 일정하게 유지하고 계자전류 I_f 변화에 대한 전기자전류 I_a의 변화관계를 그린 곡선이다.

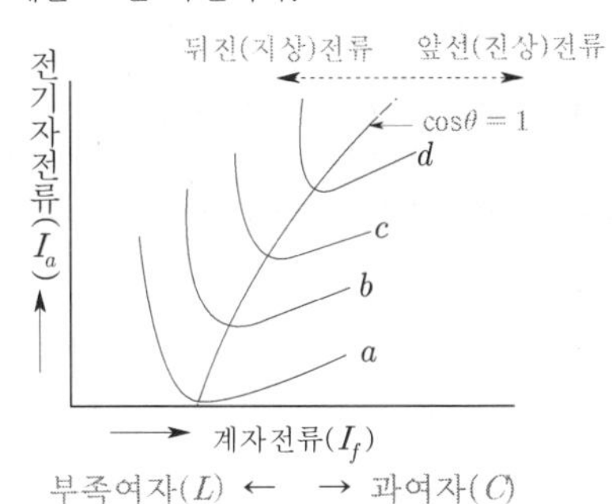

1. 여자전류를 감소시키면 역률은 뒤지고(지상) 전기자전류는 증가한다. → (부족여자, (리액터(L) 작용)
2. 여자전류를 증가시키면 역률은 앞서(진상)고 전기자전류는 증가한다. → (과여자, (콘덴서(C) 작용)
3. V곡선에서 $\cos\theta$=1(역률 1)일 때 전기자전류가 최소다.
4. a번 곡선으로 운전 중 출력이 증가하면 곡선은 상향이 되어 부하가 가장 클 때가 d번 곡선이다.

【정답】 ②

44. 권선형 유도전동기에서 비례추이에 대한 설명으로 틀린 것은? 단, S_m은 최대 토크 시 슬립이다.

① r_2를 크게 하면 S_m은 커진다.
② r_2를 삽입하면 최대 토크가 변한다.
③ r_2를 크게 하면 기동토크도 커진다.
④ r_2를 크게 하면 기동전류는 감소한다.

|정|답|및|해|설|

[비례추이] 비례추이란 2차 회로 저항(외부 저항)의 크기를 조정함으로써 슬립을 바꾸어 속도와 토크를 조정하는 것이다. 최대 토크는 불변, 기동 토크 증가, 기동 전류는 감소

· $\frac{r_2}{s_m} = \frac{r_2 + R}{s_t}$

·기동시(전부하 토크로 기동) 외부저항 $R = \frac{1-s}{s} r_2$

여기서, r_2 : 2차 권선의 저항, R : 2차 외부 회로 저항
s_m : 최대 토크 시 슬립, s_t : 기동시 슬립

【정답】 ②

45. 전기자 저항 $r_a = 0.2[\Omega]$, 동기리액턴스 $x_s = 20[\Omega]$인 Y결선 3상 동기발전기가 있다. 3상 중 1상의 단자전압은 $V = 4{,}400[V]$, 유도기전력 $E = 6{,}600$[V]이다. 부하각 $\delta = 30°$ 라고 하면 발전기의 3상 출력[kW]은 약 얼마인가?

① 2,178　　② 3,960
③ 4,356　　④ 5,532

|정|답|및|해|설|

[3상 동기발전기의 출력(원통형 회전자(비철극기)]

$P = 3\frac{EV}{x_s}\sin\delta[W]$

여기서, E : 유기기전력, V : 단자전압, x_s : 동기리액턴스
δ : 부하각

동기리액턴스 $x_s = 20[\Omega]$, 단자전압 $V = 4{,}400[V]$
유도기전력 $E = 6{,}600[V]$, 부하각 $\delta = 30°$

$P = 3\frac{EV}{x_s}\sin\delta = 3 \times \frac{6{,}600 \times 4{,}400}{20} \times \sin 30° \times 10^{-3} = 2178[kW]$

→ ($\sin 30 = 0.5$)

【정답】 ①

46. 동기 전동기에서 전기자 반작용을 설명한 것 중 옳은 것은?

① 공급전압보다 앞선 전류는 감자작용을 한다.
② 공급전압보다 뒤진 전류는 감자작용을 한다.
③ 공급전압보다 앞선 전류는 교차자화작용을 한다.
④ 공급전압보다 뒤진 전류는 교차자화작용을 한다.

|정|답|및|해|설|

[동기전동기 전기자 반작용]

역률	동기전동기	작용
역률 1	I_a가 V와 동상인 경우	교차 자화 작용 (횡축 반작용)
앞선 역률 0	I_a가 V보다 $\frac{\pi}{2}$ 앞서는 경우 (진상)	감자 작용 (직축 반작용)
뒤선 역률 0	I_a가 V보다 $\frac{\pi}{2}$ 뒤지는 경우 (지상)	증자 작용 (자화 반작용)

여기서, I_a : 전기자전류, V : 단자전압(공급전압)

【정답】 ①

47. 반도체 정류기에 적용된 소자 중 첨두 역방향 내전압이 가장 큰 것은?

① 셀렌 정류기　② 실리콘 정류기
③ 게르마늄 정류기　④ 아산화동 정류기

|정|답|및|해|설|

[SCR(Silicod Controlled Rectifier)] 실리콘 제어 정류기
- 실리콘 정류 소자, 역저지 3단자
- 부성저항 특성이 없다.
- 동작 최고 온도가 가장 높다(200[℃]).
- 정류기능의 단일 방향성 3단자 소자
- 게이트의 작용 : 통과 전류 제어 작용
- 위상 제어, 인버터, 초퍼 등에 사용
- 역방향 내전압 : 약 500~1,000[V](역방향 내전압이 가장 크다.)

【정답】 ②

48. 변압기 결선방식 중 3상에서 6상으로 변환할 수 없는 것은?

① 2중 결선　② 환상 결선
③ 대각 결선　④ 2중 6각 결선

|정|답|및|해|설|

[변압기 상수 변환법]
1. 3상을 2상으로 : 스코트 결선(T결선), 메이어 결선, 우드 브리지 결선
2. 3상을 6상 : Fork 결선, 2중 성형결선, 환상 결선, 대각결선, 2중 △ 결선, 2중 3각 결선

【정답】 ④

49. 실리콘 제어 정류기(SCR)의 설명 중 틀린 것은?

① P-N-P-N 구조로 되어 있다.
② 인버터 회로에 이용될 수 있다.
③ 고속도의 스위치 작용을 할 수 있다.
④ 게이트에 (+)와 (-)의 특성을 갖는 펄스를 인가하여 제어한다.

|정|답|및|해|설|

[SCR(Silicon Controlled Rectifier) : 실리콘 제어 정류기]
- 실리콘 정류 소자 역저지 3단자
- PNPN의 구조
- 부성저항 특성이 없다.
- 동자 최고 온도가 가장 높다(200[℃]).
- 정류기능이 단일 방향성 3단자 소자
- 게이트에 펄스를 인가하여 ON
- 게이트의 작용 : 통과 잔류 제어 작용
- OFF 시 : 에노드를 (0) 또는 (-)로 한다.
- 위상 제어, 인버터, 초퍼 등에 사용
- 역방향 내전압 : 약 500~1,000[V](역방향 내전압이 가장 크다.)

【정답】 ④

50. 직류 발전기가 90[%] 부하에서 최대 효율이 된다면 이 발전기의 전부하에 있어서 고정손과 부하손의 비는?

① 1.3　② 1.0
③ 0.9　④ 0.81

|정|답|및|해|설|

[변압기 최대 효율 조건] $P_i = \left(\frac{1}{m}\right)^2 P_c \rightarrow \frac{1}{m} = \sqrt{\frac{P_i}{P_c}}$

여기서, P_i : 철손(고정손), P_c : 동손(부하손), $\frac{1}{m}$: 부하

직류 발전기가 90[%] 부하

$\frac{P_i}{P_c} = \left(\frac{1}{m}\right)^2 \rightarrow \frac{P_i}{P_c} = 0.9^2 = 0.81$

【정답】 ④

51. 150[kVA]의 변압기의 철손이 1[kW], 전부하동손이 2.5[kW]이다. 역률 8[%]에 있어서의 최대 효율은 약 몇 [%]인가?

① 95　② 96
③ 97.4　④ 98.5

|정|답|및|해|설|

[변압기 최대 효율] $\frac{1}{m}$ 부하 시, 최대 효율이 된다면

$\left(\frac{1}{m}\right)^2 P_\epsilon = P_i$

여기서, P_i : 철손(고정손), P_c : 동손(부하손), $\frac{1}{m}$: 부하

전력(P) : 150[kVA], 철손(P_i) : 1[kW], 동손(P_c) : 2.5[kW]
역률($\cos\theta$) : 8[%]

$\frac{1}{m} = \sqrt{\frac{P_i}{P_\epsilon}} = \sqrt{\frac{1}{2.5}} = 0.632$

$\frac{1}{m}$ 부하 시 효율

$$\eta_{\frac{1}{m}} = \frac{\frac{1}{m}P\cos\theta}{\frac{1}{m}P\cos\theta + P_i + \left(\frac{1}{m}\right)^2 P_\epsilon} \times 100[\%]$$

$\left(\frac{1}{m}\right)^2 P_\epsilon = P_i$이므로

$$\eta_{\frac{1}{m}} = \frac{\frac{1}{m}P\cos\theta}{\frac{1}{m}P\cos\theta + 2P_i} \times 100 = \frac{0.632 \times 150 \times 0.8}{0.632 \times 150 \times 0.8 + 2 \times 1} \times 100 = 97.43[\%]$$

【정답】 ③

52. 권선형 유도전동기 저항 제어법의 단점 중 틀린 것은?

① 운전 효율이 낮다.
② 부하에 대한 속도 변동이 작다.
③ 제어용 저항기는 가격이 비싸다.
④ 부하가 적을 때는 광범위한 속도 조정이 곤란하다.

|정|답|및|해|설|

[권선형 유도전동기의 저항제어법]
- 비례추이에 의한 외부 저항 R로 속도 조정이 용이
- 구조가 간단하고 제어가 용이
- 부하가 적을 때는 광범위한 속도 조정이 곤란지만, 일반적으로 부하에 대한 속도 조정도 크게 할 수가 있다.
- 운전 효율이 낮다.
- 제어용 저항기는 가격이 비싸다. 【정답】 ②

53. 정격 부하에서 역률 0.8(뒤짐)로 운전될 때, 전압변동률이 12[%]인 변압기가 있다. 이 변압기에 역률 100[%]의 정격부하를 걸고 운전할 때의 전압변동률은 약 몇 [%]인가? (단, %저항강하는 %리액턴스강하의 1/12이라고 한다.)

① 0.909 ② 1.5
③ 6.85 ④ 16.18

|정|답|및|해|설|

[전압변동률(ϵ)] $\epsilon = p\cos\theta_2 \pm q\sin\theta_2$

→ (지상이면 +, 진상이면 -, 언급이 없으면 +)

여기서, p : %저항 강하, q : %리액턴스 강하,
θ : 부하 Z의 위상각

역률($\cos\theta$) 0.8(뒤짐)로 운전될 때, 전압변동률이 12[%]
%저항강하는 %리액턴스강하의 1/12

$p = \frac{1}{12}q$에서 $q = 12p$

$\epsilon = p\cos\theta_2 + q\sin\theta_2 \rightarrow p\times 0.8 + q\times 0.6 = 12[\%]$
$p\times 0.8 + 12p\times 0.6 = 12[\%]$

$8p = 12$이므로 %저항강하 $p = \frac{12}{8} = 1.5$

%리액턴스강하 $q = 12p$이므로 $q = 12\times 1.5 = 18$

그러므로 전압변동률 $\epsilon = p\cos\theta_2 + q\sin\theta_2$에서

역률이 100[%]일 때 $\cos\varnothing = 1$, $\sin\varnothing = 0$이므로 $\epsilon = p = 1.5$

【정답】 ②

54. 권선형 유도전동기의 전부하 운전 시 슬립이 4[%]이고 2차 정격전압이 150[V]이면 2차 유도기전력은 몇 [V]인가?

① 9 ② 8
③ 7 ④ 6

|정|답|및|해|설|

[권선형 유도전동기의 정지 시와 회전 시 비교]

정지 시	회전 시
E_2	$E_{2s} = sE_2$
f_2	$f_{2s} = sf_2$
I_2	$I_{2s} = \frac{E_{2s}}{Z_{2s}} = \frac{sE_2}{r_2 + jsx_2} = \frac{sE_2}{\sqrt{r_2^2 + (sx_2)^2}}$

회전 시 2차 유도기전력 $E_{2s} = sE_2[V]$ → (s : 슬립)

$\therefore E_{2s} = sE_2 = 0.04\times 150 = 6[V]$ 【정답】 ④

55. 부하 급변 시 부하각과 부하속도가 진동하는 난조 현상을 일으키는 원인이 아닌 것은?

① 전기자 회로의 저항이 너무 큰 경우
② 원동기의 토크에 고조파 토크를 포함하는 경우
③ 원동기의 조속기 감도가 너무 예민한 경우
④ 자속의 분포가 기울어져 자속의 크기가 감소한 경우

|정|답|및|해|설|

[난조] 난조현상은 부하가 급변할 때 조속기의 감도가 예민하면 발생되릉 현상으로

1. 난조 발생 원인
   - 원동기의 조속기 감도가 예민한 경우
   - 원동기의 토크에 고조파 토크가 포함된 경우
   - 전기자회로의 저항이 상당히 큰 경우
   - 부하의 변화(맥동)가 심하여 각속도가 일정하지 않는 경우
2. 난조 방지대책
   - 제동권선 설치
   - 전기자 저항에 비해 리액턴스를 크게 할 것
   - 허용되는 범위 내에서 자극수를 적게 하고 기하학 각도와 전기각의 차를 적게 한다.
   - 고조파 제거 : 단절권, 분포권 설치 【정답】 ④

56. 단상변압기 3대를 이용하여 3상 △-Y로 결선했을 때의 1차, 2차의 전압 각변위(위상차)는?

① 0° ② 60°
③ 150° ④ 180°

|정|답|및|해|설|

[단상 변압기의 위상차] 변압기는 1차와 2차가 같은 결선일 경우에는 위상차가 없지만, 다른 결선일 경우에는 위상차가 존재한다. △-Y의 위상차는 30° 이나 180° 를 기준으로 하면 180-30, 즉 150° 와 같다. 【정답】 ③

57. 3상 유도전동기의 슬립이 s일 때 2차 효율[%]은?

① $(1-s)\times 100$ ② $(2-s)\times 100$
③ $(3-s)\times 100$ ④ $(4-s)\times 100$

|정|답|및|해|설|

[유도 전동기의 2차 효율(η_2)]

2차 효율 $\eta_2=\frac{P_0}{P_2}=\frac{N}{N_s}=\frac{(1-s)P_2}{P_2}=(1-s)\times 100[\%]$

여기서, P_0 : 2차출력, P_2 : 2차입력, s : 슬립 【정답】 ①

58. 직류전동기의 회전수를 $\frac{1}{2}$로 하자면 계자자속을 어떻게 해야 하는가?

① $\frac{1}{4}$로 감속시킨다.
② $\frac{1}{2}$로 감속시킨다.
③ 2배로 증가시킨다.
④ 4배로 증가시킨다.

|정|답|및|해|설|

[직류전동기 속도 제어] $n=K\frac{V-I_aR_a}{\phi}$

회전수 $n\propto\frac{1}{\phi}$이므로 회전수를 $\frac{1}{2}$로 하자면 계자자속(∅)은 2배가 되어야 한다. 【정답】 ③

59. 사이리스터 2개를 사용한 단상 전파정류 회로에서 직류전압 100[V]를 얻으려면 PIV가 약 몇 [V]인 다이오드를 사용하면 되는가?

① 111 ② 141
③ 222 ④ 314

|정|답|및|해|설|

[단상 전파 직류전압(첨두역전압)] $PIV=E_d\times\pi$

여기서, E_d : 직류전압 실효값, $\pi=3.14$

$PIV=E_d\times\pi=100\times 3.14=314[V]$ 【정답】 ④

60. 교류 발전기의 고조파 발생을 방지하는데 적합하지 않은 것은?

① 전기자 반작용을 크게 한다.
② 전기자 권선을 단절권으로 감는다.
③ 전기자 슬롯을 스큐 슬롯으로 한다.
④ 전기자 권선의 결선은 성형으로 한다.

|정|답|및|해|설|

[교류(동기)발전기 고조파 발생 방지법]
1. 전기자를 Y(성형) 결선으로 : 제3고조파의 순환전류 발생되지 않는다.
2. 권선을 분포권, 단절권으로 : 고조파를 제거하여 기전력의 파형 개선
3. 전기자 슬롯을 스큐 슬롯 : 고조파에 의한 크로우링 현상 방지
4. 전기자 반작용 적게 할 것
5. 매극매상의 슬롯수를 크게 한다. 【정답】 ①

1회 2018년 전기기사필기(회로이론 및 제어공학)

61. 개루프 전달함수 $G(s)$가 다음과 같이 주어지는 단위 부궤환계가 있다. 단위 계단입력이 주어졌을 때, 정상상태 편차가 0.05가 되기 위해서는 K의 값은 얼마인가?

$$G(s)=\frac{6K(s+1)}{(s+2)(s+3)}$$

① 19 ② 20
③ 0.9 ④ 0.05

|정|답|및|해|설|

[단위계단입력(0형입력) 시 정상 상태 오차] $e_p=\frac{1}{1+K_p}$

여기서, K_P : 정상위치편차상수

정상위치편차상수 : $K_P=\lim_{s\to 0}G(s)=\lim_{s\to 0}\frac{6K(s+1)}{(s+2)(s+3)}=K$

따라서, 정상상태 오차 $e_p=\frac{1}{1+K_r}=\frac{1}{1+K}=0.05$

$\therefore K=19$ 【정답】 ①

62. 제어량의 종류에 의한 분류가 아닌 것은?

① 자동 조정　　② 서보 기구
③ 적응제어　　④ 프로세스 제어

|정|답|및|해|설|

[제어대상(제어량)의 성질에 의한 분류]

① 자동 조정 제어(정치 제어)
- 전기적, 기계적 양을 주로 제어하는 시스템
- 자동전압조정기, 발전기의 조속기 제어

② 서보 제어(추종 제어)
- 물체의 위치, 자세, 방위 등의 기계적 변위를 제어량으로 하는 제어계
- 대공포의 포신제어, 미사일의 유도기구

④ 프로세스 제어(공정 제어)
- 압력, 온도, 유량, 액위, 농도 등의 상태량을 제어량으로 하는 제어계
- 온도제어장치, 압력제어장치, 유량제어 장치

【정답】 ③

63. 개루프 전달함수

$G(s)H(s) = \dfrac{K(s-5)}{s(s-1)^2(s+2)^2}$ 일 때 주어지는 계에서 접근선의 교차은?

① $-\dfrac{3}{2}$　　② $-\dfrac{7}{4}$
③ $\dfrac{5}{3}$　　④ $-\dfrac{1}{5}$

|정|답|및|해|설|

[근궤적 점근선의 교차점]

$$\delta = \frac{\sum G(s)H(s)\text{의 극} - \sum G(s)H(s)\text{의 영점}}{p-z}$$

여기서, p : 극의 수, z : 영점수

p : 극점의 개수(분모의 차수) 5

z : 영점의 개수(분자의 차수) 1

$$\delta = \frac{\sum p - \sum z}{p-z} = \frac{(0+1+1-2-2)-(5)}{5-1} = -\frac{7}{4}$$

【정답】 ②

64. 단위 계단함수의 라플라스 변환과 z변환 함수는?

① $\dfrac{1}{s}, \dfrac{z}{z-1}$　　② $s, \dfrac{z}{z-1}$
③ $\dfrac{1}{s}, \dfrac{z-1}{z}$　　④ $s, \dfrac{z-1}{z}$

|정|답|및|해|설|

[라플라스 변환표]

$f(t)$	라플라스변환 $F(s)$	z변환($F(z)$)
$\delta(t)$ 단위임펄스함수	1	1
$u(t)=1$ 단위계단함수	$\dfrac{1}{s}$	$\dfrac{z}{z-1}$
t	$\dfrac{1}{s^2}$	$\dfrac{Tz}{(z-1)^2}$
e^{-at}	$\dfrac{1}{s+a}$	$\dfrac{z}{z-e^{-at}}$

【정답】 ①

65. 다음 방정식으로 표시되는 제어계가 있다. 이계를 상태 방정식 $\dot{x} = Ax(t) + Bu(t)$로 나타내면 계수 행렬 A는?

$$\frac{d^3c(t)}{dt^3} + 5\frac{d^3c(t)}{dt^3} + \frac{dc(t)}{dt} + 2c(t) = r(t)$$

① $\begin{bmatrix} 0 & 1 & 0 \\ 0 & 0 & 1 \\ -2 & -1 & -5 \end{bmatrix}$　　② $\begin{bmatrix} 0 & 1 & 0 \\ 1 & 0 & 0 \\ 5 & 1 & 2 \end{bmatrix}$

③ $\begin{bmatrix} 0 & 0 & 1 \\ 1 & 0 & 0 \\ 0 & 5 & 2 \end{bmatrix}$　　④ $\begin{bmatrix} 0 & 1 & 0 \\ 0 & 0 & 1 \\ -2 & -1 & 0 \end{bmatrix}$

|정|답|및|해|설|

[계수행렬] 상태 방정식 $\dot{x} = Ax(t) + Bu(t)$에서

A : 계수(시스템)행렬, B : 입력행렬

- $c(t) = x_1(t)$
- $c'(t) = x_1'(t) = x_2(t)$
- $c''(t) = x_2''(t) = x_3(t)$
- $c'''(t) = x_3'''(t)$

$\dot{x}_3(t) + 5x_3(t) + x_2(t) + 2x_1(t) = r(t)$

$\rightarrow \dot{x}_3(t) = -5x_3(t) - x_2(t) - 2x_1(t) + r(t)$

$$\begin{bmatrix} \dot{x}_1(t) \\ \dot{x}_2(t) \\ \dot{x}_3(t) \end{bmatrix} = \begin{bmatrix} 0 & 1 & 1 \\ 0 & 0 & 1 \\ -2 & -1 & -5 \end{bmatrix} \begin{bmatrix} x_1(t) \\ x_2(t) \\ x_3(t) \end{bmatrix} + \begin{bmatrix} 0 \\ 0 \\ 1 \end{bmatrix} r(t)$$

A(계수행렬)　　B(입력행렬)

【정답】 ①

66. 대칭좌표법에서 불평형률을 나타내는 것은?

① $\frac{\text{영상분}}{\text{정상분}} \times 100$　② $\frac{\text{정상분}}{\text{역상분}} \times 100$

③ $\frac{\text{정상분}}{\text{영상분}} \times 100$　④ $\frac{\text{역상분}}{\text{정상분}} \times 100$

|정|답|및|해|설|

[불평형률] 불평형 회로의 전압과 전류에는 반드시 정상분, 역상분, 영상분이 존재한다.

$$\text{불평형률} = \frac{\text{역상분}}{\text{정상분}} \times 100 \ [\%] = \frac{V_2}{V_1} \times 100 \ [\%] = \frac{I_2}{I_1} \times 100 [\%]$$

【정답】 ④

67. 안정한 제어계의 임펄스 응답을 가했을 때 제어계의 정상상태 출력은?

① 0　② $+\infty$ 또는 $-\infty$

③ +의 일정한 값　④ −의 일정한 값

|정|답|및|해|설|

[임펄스 응답(입력=0) 시의 안정 조건]

1. $t \to \infty$일 때 0으로 수렴하면 안정
2. $t \to \infty$일 때 ∞로 발산하면 불안정
3. $t \to \infty$일 때 값의 변동이 없거나 일정 값으로 진동하면 임계

【정답】 ①

68. 그림과 같은 블록선도에서 C(s)/R(s)의 값은?

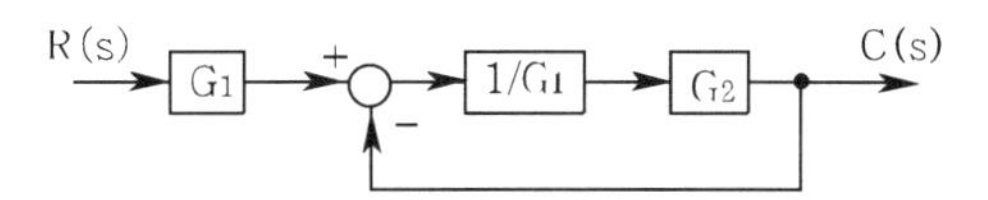

① $\frac{G_1}{G_1 - G_2}$　② $\frac{G_2}{G_1 - G_2}$

③ $\frac{G_2}{G_1 + G_2}$　④ $\frac{G_1 G_2}{G_1 + G_2}$

|정|답|및|해|설|

[블록선도의 전달함수]

$$G(s) = \frac{\text{전향이득}}{1-\text{루프이득}} = \frac{\sum G}{1-\sum L_1 + L_2 + ...}$$

→ (루프이득 : 피드백의 폐루프)

→ (전향경로 : 입력에서 출력으로 가는 길(피드백 제외))

여기서, L_1 : 각각의 모든 폐루프 이득의 합

L_2 : 서로 접촉하지 않는 2개의 폐루프 이득의 곱의 합

$\sum G$: 각각의 전향 경로의 합

$$G(s) = \frac{G_1 \frac{1}{G_1} G_2}{1 - \left(-G_2 \frac{1}{G_1}\right)} = \frac{G_2}{1 + \frac{G_2}{G_1}} = \frac{G_1 G_2}{G_1 + G_2}$$

【정답】 ④

69. 신호흐름선도에서 전달함수 $\frac{C}{R}$를 구하면?

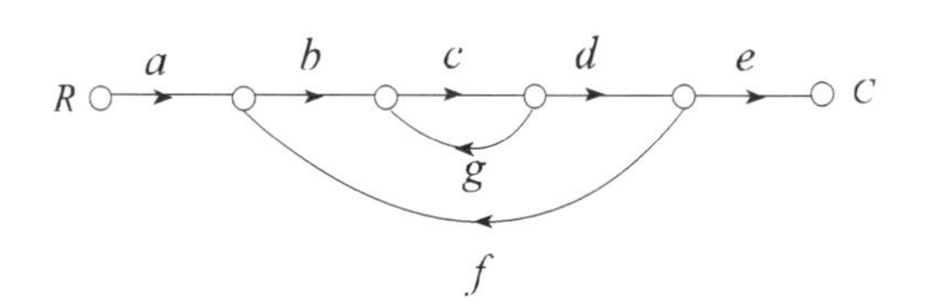

① $\frac{abcdg}{1-abcde}$　② $\frac{abcde}{1-cg-bcdf}$

③ $\frac{abcde}{1-cg-cgf}$　④ $\frac{abcde}{c+cg+cgf}$

|정|답|및|해|설|

[메이슨의 이득공식] $G = \frac{\sum G_i \Delta_i}{\Delta}$

여기서, G_i : $abcde$, Δ_i : 1−0=1

$\Delta = 1 - (cg + bcdf) = 1 - cg - bcdf$

전체 이득 $G = \frac{C}{R} = \frac{abcde}{1 - cg - bcdf}$

【정답】 ②

70. 특성방정식이 $s^3 + 2s^2 + Ks + 5 = 0$가 안정하기 위한 K의 값은?

① $K > 0$　② $K < 0$

③ $K > \frac{5}{2}$　④ $K < \frac{5}{2}$

|정|답|및|해|설|

[루드의 표] 1열의 부호가 모두 양수이면 안정하며

S^3	1	K
S^2	2	5
S^1	$\frac{2K-5}{2}$	0
S^0	5	

제1열의 부호 변화가 없으므로 $2K - 5 > 0$

$\therefore K > \frac{5}{2}$

【정답】 ③

|참|고|

60페이지 [(3) 루드표 작성 및 안정도 판별법] 참조

71. $R-L$ 직렬회로에서 스위치 S가 1번 위치에 오랫동안 있다가 $t=0^+$에서 위치 2번으로 옮겨진 후, $\frac{L}{R}(s)$ 후에 L에 흐르는 전류[A]는?

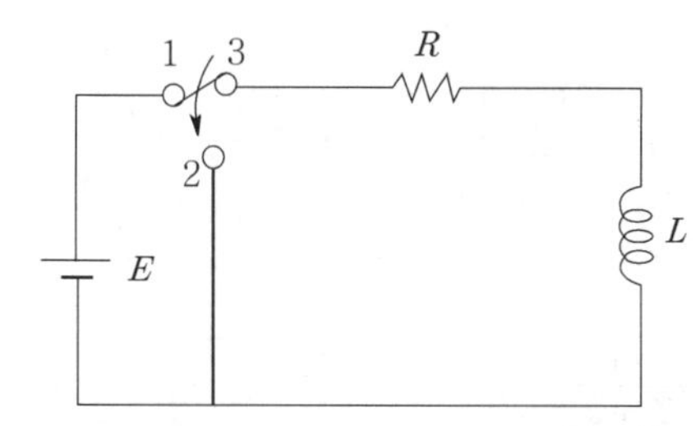

① $\frac{E}{R}$　　② $0.5\frac{E}{R}$

③ $0.368\frac{E}{R}$　　④ $0.632\frac{E}{R}$

|정|답|및|해|설|

[$R-L$ 직렬 회로]

· ON(1) : $i(t)=\frac{E}{R}\left(1-e^{-\frac{R}{L}t}\right)[A]$

· OFF(2) : $i(t)=\frac{E}{R}\left(e^{-\frac{R}{L}t}\right)[A]$

스위치가 2번(off)으로 되면 기전력 제거

시정수가 $\frac{L}{R}$이므로 t대신 $\frac{L}{R}$를 넣는다.

· ON : $i(\frac{L}{R})=\frac{E}{R}(1-e^{-1})=0.63\frac{E}{R}[A]$

· OFF : $i(\frac{L}{R})=\frac{E}{R}e^{-1}=0.368\frac{E}{R}[A]$　　【정답】 ③

72. 분포정수 회로에서 선로정수가 R, L, C, G 이고 무왜형 조건이 $RC=GL$과 같은 관계가 성립될 때 선로의 특성임피던스 Z_0는? (단, 선로의 단위 길이당 저항을 R, 인덕턴스를 L, 정전용량을 C, 누설컨덕턴스를 G라 한다.)

① $Z_0=\sqrt{CL}$　　② $Z_0=\frac{1}{\sqrt{CL}}$

③ $Z_0=\sqrt{RG}$　　④ $Z_0=\sqrt{\frac{L}{C}}$

|정|답|및|해|설|

[무왜형 선로] 파형의 일그러짐이 없는 회로

1. 조건 $\frac{R}{L}=\frac{G}{C}\rightarrow LG=RC\rightarrow G=\frac{RC}{L}$

2. 특성임피던스 $Z_0=\sqrt{\frac{L}{C}}[\Omega]$

*무손실 선로 (손실이 없는 선로) → (조건 : $R=0$, $G=0$)

【정답】 ④

73. 다음과 같은 진리표를 갖는 회로의 종류는?

입력		출력
A	B	C
0	0	0
0	1	1
1	0	1
1	1	0

① AND　　② NAND

③ NOR　　④ EX-OR

|정|답|및|해|설|

[Ex-OR] 배타적 논리합

$C=\overline{A}B+A\overline{B}=A\oplus B$　　【정답】 ④

74. 내부저항 $0.1[\Omega]$인 건전지 10개를 직렬로 접속하고 이것을 한 조로 하여 5조 병렬로 접속하면 합성 내부저항은 몇 $[\Omega]$인가?

① 5　　② 1

③ 0.5　　④ 0.2

|정|답|및|해|설|

[전지의 직·병렬 연결 및 내부 저항]

1. 전지를 10개 직렬 연결 시 내부저항 $nR=0.1\times 10=1[\Omega]$

2. 전지를 5개 병렬 연결 시 내부저항 $\frac{nR}{m}=\frac{0.1\times 10}{5}=0.2[\Omega]$

【정답】 ④

75. 함수 $f(t)$의 라플라스 변환은 어떤 식으로 정의되는가?

① $\int_o^\infty f(t)e^{st}dt$　　② $\int_o^\infty f(t)e^{-st}dt$

③ $\int_o^\infty f(-t)e^{st}dt$　　④ $\int_{-\infty}^\infty f(-t)e^{-st}dt$

|정|답|및|해|설|

[라플라스 변환 정의식] $\mathcal{L}[f(t)]=F(s)=\int_o^\infty f(t)e^{-st}dt$

【정답】 ②

76. 대칭 좌표법에서 대칭분을 각 상전압으로 표시한 것 중 틀린 것은?

① $E_0=\dfrac{1}{3}(E_a+E_b+E_c)$

② $E_1=\dfrac{1}{3}(E_a+aE_b+a^2E_c)$

③ $E_2=\dfrac{1}{3}(E_a+a^2E_b+aE_c)$

④ $E_3=\dfrac{1}{3}(E_a^2+E_b^2+E_c^2)$

|정|답|및|해|설|

[대칭좌표법(대칭 성분)] $\begin{bmatrix} E(0) \\ E(1) \\ E(2) \end{bmatrix}=\dfrac{1}{3}\begin{bmatrix} 1 & 1 & 1 \\ 1 & a & a^2 \\ 1 & a^2 & a \end{bmatrix}\begin{bmatrix} E_a \\ E_b \\ E_c \end{bmatrix}$ 에서

1. $E_0=\dfrac{1}{3}(E_a+E_b+E_c)$: 영상전압
2. $E_1=\dfrac{1}{3}(E_a+aE_b+a^2E_c)$: 정상전압
3. $E_2=\dfrac{1}{3}(E_a+a^2E_b+aE_c)$: 역상전압

【정답】 ④

77. 최대값 E_m인 반파 정류 정현파의 실효값은 몇 [V]인가?

① $\dfrac{2E_m}{\pi}$ ② $\sqrt{2}$

③ $\dfrac{E_m}{\sqrt{2}}$ ④ $\dfrac{E_m}{2}$

|정|답|및|해|설|

[각종 파형의 평균값, 실효값, 파형률, 파고율]

명칭	파형	평균값	실효값	파형률	파고율
정현파 (전파)		$\dfrac{2E_m}{\pi}$	$\dfrac{E_m}{\sqrt{2}}$	1.11	$\sqrt{2}$
정현파 (반파)		$\dfrac{E_m}{\pi}$	$\dfrac{E_m}{2}$	$\dfrac{\pi}{2}$	2
사각파 (전파)		E_m	E_m	1	1
사각파 (반파)		$\dfrac{E_m}{2}$	$\dfrac{E_m}{\sqrt{2}}$	$\sqrt{2}$	$\sqrt{2}$
삼각파		$\dfrac{E_m}{2}$	$\dfrac{E_m}{\sqrt{3}}$	$\dfrac{2}{\sqrt{3}}$	$\sqrt{3}$

【정답】 ④

78. 그림과 같은 4단자 회로망에서 하이브리드 파라미터 H_{11}은?

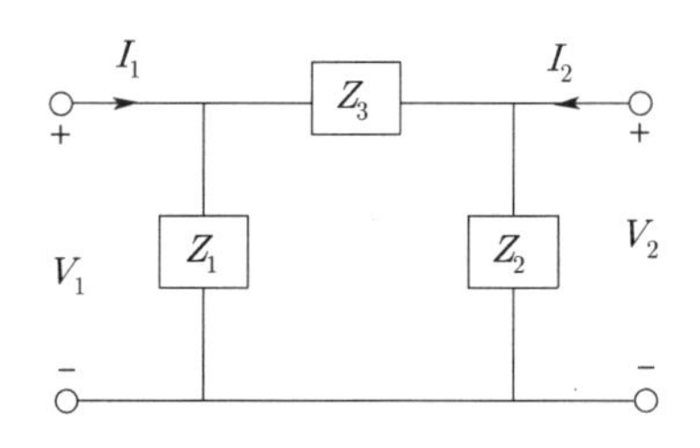

① $\dfrac{Z_1}{Z_1+Z_3}$ ② $\dfrac{Z_1}{Z_1+Z_2}$

③ $\dfrac{Z_1Z_3}{Z_1+Z_3}$ ④ $\dfrac{Z_1Z_3}{Z_1+Z_2}$

|정|답|및|해|설|

[하이브리드 파라미터] Z파라미터의 변형형이다.

1. z파라미터 : $\begin{bmatrix} V_1 \\ V_2 \end{bmatrix}=\begin{vmatrix} Z_{11} & Z_{12} \\ Z_{21} & Z_{22} \end{vmatrix}\begin{bmatrix} I_1 \\ I_2 \end{bmatrix}$
2. 하이브리드 파라미터 : z파라미터의 전압, 전류의 2차 항의 자리를 바꿔준다. 즉, $\begin{bmatrix} V_1 \\ I_2 \end{bmatrix}=\begin{vmatrix} H_{11} & H_{12} \\ H_{21} & H_{22} \end{vmatrix}\begin{bmatrix} I_1 \\ V_2 \end{bmatrix}$이다.

$V_1=H_{11}I_1+H_{12}V_2$에서 H_{11}을 구하기 위해서는 $H_{12}V_2=0$으로 놓는다.

$$H_{11}=\left.\frac{V_1}{I_1}\right|_{V_2=0}=\frac{\dfrac{Z_1Z_3}{Z_1+Z_3}\cdot I_1}{I_1}=\frac{Z_1Z_3}{Z_1+Z_3}$$

→ ($V_2=0$이라는 것은 단락 회로로 Z_2에 전류가 흐르지 않는다. 따라서 회로는 Z_1과 Z_3가 병렬연결된 회로)

※ $I_2=H_{21}I_1+H_{22}V_2$

【정답】 ③

79. 그림의 왜형파 푸리에의 급수로 전개할 때, 옳은 것은?

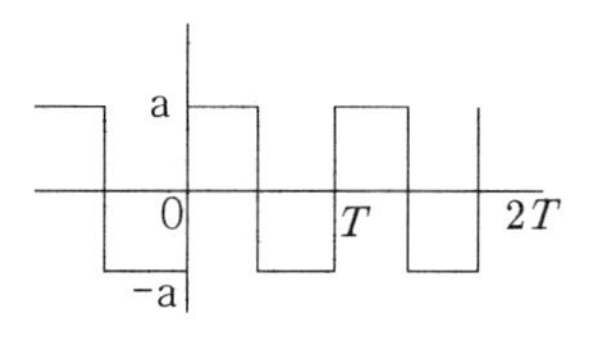

① 우수파만 포함한다.

② 기수파만 포함한다.

③ 우수파, 기수파 모두 포함한다.

④ 푸리에의 급수로 전개할 수 없다.

|정|답|및|해|설|

[반파 및 정현대칭의 왜형파의 푸리에 급수] 우수는 짝수, 기수는 홀수이고 사인파, 즉 정현대칭이므로 **기수파만 존재**한다.

1. 정현대칭 : $f(t)=-f(-t)$, sin항
2. 반파대칭 : $f(t)=-f(t+\pi)$, 홀수항(기수항)

【정답】 ②

80. 그림과 같이 $R[\Omega]$의 저항을 Y결선으로 하여 단자 a, b 및 c에 비대칭 3상 전압을 가할 때 a단자의 중성점 N에 대한 전압은 약 몇 [V]인가? 단, $V_{ab}=210[V]$, $V_{bc}=-90-j180[V]$, $V_{ca}=-120+j180[V]$

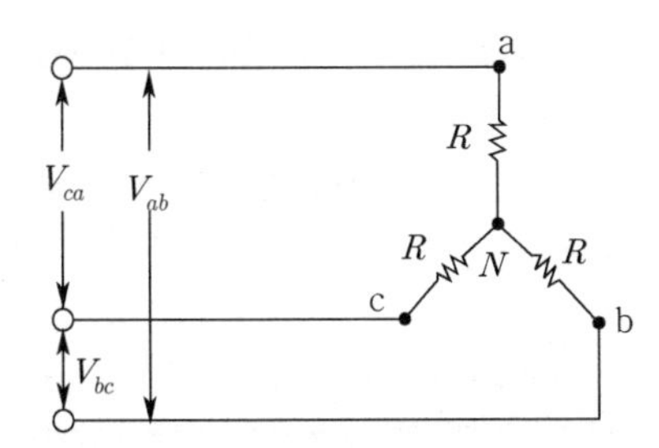

① 100　② 116
③ 121　④ 125

|정|답|및|해|설|

[비대칭 3상전압 시 각 상에 걸리는 전압]

· 선간전압 $V_{ab}=V_a-V_b=210$

$V_{bc}=V_b-V_c=-90\sim-j180$

$V_{ca}=V_c-V_a=-120+j180$

$V_{ab}+V_{bc}+V_{ca}=0 \rightarrow V_a+V_b+V_c=0$

· $V_{ab}+V_{bc}=V_a-V_c=120-j180$

$V_a-V_b+V_a+V_b+V_c=210 \rightarrow 2V_a+V_c=210$

$V_a-V_c=120-j180$과

$V_a+V_c=210$을 더한다.

$3V_a=330-j180 \rightarrow V_a=110-j60$

$\therefore V_a=\sqrt{110^2+60^2}=125[V]$　【정답】 ④

1회　2018년 전기기사필기 (전기설비기술기준)

81. 태양전지 모듈 시설에 대한 설명 중 옳은 것은?

① 충전 부분은 노출하여 시설할 것

② 출력배선은 극성별로 확인 가능토록 표시할 것

③ 전선은 공칭단면적 $1.5[mm^2]$ 이상의 연동선을 사용할 것

④ 전선을 옥내에 시설할 경우에는 애자사용공사에 준하여 시설할 것

|정|답|및|해|설|

[태양전지 모듈의 시설 (kec 520)]

·충전부분은 노출되지 아니하도록 시설할 것

·전선은 공칭단면적 $2.5[mm^2]$ 이상의 연동선 또는 이와 동등 이상의 세기 및 굵기의 것일 것

·옥내에 시설할 경우에는 합성수지관공사, 금속관공사, 가요전선관공사 또는 케이블공사에 준하여 사설할 것　【정답】 ②

82. 저압 옥상 전선로를 전개한 장소에 시설하는 내용으로 틀린 것은?

① 전선은 절연전선일 것

② 전선은 지름 $2.5[mm^2]$ 이상의 경동선일 것

③ 전선과 그 저압 옥상 전선로를 시설하는 조영재와의 간격은 2[m] 이상일 것

④ 전선은 조영재에 내수성이 있는 애자를 사용하여 지지하고 그 지지점 간의 거리는 15[m] 이하 일 것

|정|답|및|해|설|

[저압 옥상전선로의 시설 (KEC 221.3)]

·전선은 절연전선일 것

·전선은 인장강도 2.30[kN] 이상의 것 또는 지름이 2.6[mm] 이상의 경동선을 사용한다.

·전선은 조영재에 견고하게 붙인 지지기둥 또는 지지대에 절연성·난연성 및 내수성이 있는 애자를 사용하여 지지하고 또한 그 지지점 간의 거리는 15[m] 이하일 것

·전선과 그 저압 옥상 전선로를 시설하는 조영재와의 간격(이격거리)은 2[m](전선이 고압절연전선, 특고압 절연전선 또는 케이블인 경우에는 1[m]) 이상일 것　【정답】 ②

83. 무대, 무대마루 밑, 오케스트라 박스, 영사실 기타 사람이나 무대 도구가 접촉할 우려가 있는 곳에 시설하는 저압 옥내 배선, 전구선, 또는 이동전선은 사용전압이 몇 [V]이어야 하는가?

① 60　② 110　③ 220　④ 400

|정|답|및|해|설|

[전시회, 쇼 및 공연장의 전기설비 (KEC 242.6)] 사람이나 무대 도구가 접촉할 우려가 있는 곳에 시설하는 저압옥내배선, 전구선 또는 이동전선은 사용전압이 400[V] 미만일 것　【정답】 ④

84. 과전류차단기로 시설하는 퓨즈 중 고압전로에 사용하는 포장 퓨즈는 정격전류의 몇 배의 전류에 견디어야 하는가?

① 1.1　② 1.25
③ 1.3　④ 1.6

|정|답|및|해|설|

[고압 및 특고압 전로 중의 과전류차단기의 시설 (KEC 341.10)]

1. 포장 퓨즈 : 정격전류의 1.3배의 전류에 견디고 또한 2배의 전류로 120분 안에 용단되는 것 또는 다음에 적합한 고압전류 제한 퓨즈이어야 한다.
2. 비포장 퓨즈 : 정격전류의 1.25배의 전류에 견디고 또한 2배의 전류로 2분 안에 용단되는 것이어야 한다.　【정답】 ③

85. 저압 옥측 전선로의 공사에서 목조 조영물에 시설할 수 있는 공사방법은?

① 금속관공사
② 버스덕트 공사
③ 합성수지관공사
④ 연피 또는 알루미늄 케이블공사

|정|답|및|해|설|

[저압 옥측 전선로의 시설저압 옥측 전선로 (KEC 221.2)]
- 애자사용공사(전개된 장소에 한한다)
- 합성수지관공사
- 금속관공사(목조 이외의 조영물에 시설하는 경우에 한한다)
- 버스덕트공사[목조 이외의 조영물(점검할 수 없는 은폐된 장소를 제외한다)에 시설하는 경우에 한한다]
- 케이블공사(연피 케이블·알루미늄피 케이블 또는 미네럴인슈레이션게이블을 사용하는 경우에는 목조 이외의 조영물에 시설하는 경우에 한한다)

【정답】 ③

86. 다음 중 터널 안 전선로의 시설방법으로 옳은 것은?

① 저압 전선은 지름 2.6[mm]의 경동선의 절연선을 사용하였다.
② 고압 전선은 절연전선을 사용하여 합성 수지관 공사로 하였다.
③ 저압 전선을 애자사용공사에 의하여 시설하고 이를 레일면상 또는 노면상 2.2[m]의 높이로 시설하였다.
④ 고압 전선을 금속관공사에 의하여 시설하고 이를 레일면상 또는 노면상 2.4[m]의 높이로 시설한다.

|정|답|및|해|설|

[터널 안 전선로의 시설 (KEC 335.1)]

전압	전선의 굵기	시공 방법	애자사용 공사 시 높이
고압	4[mm] 이상의 경동선의 절연전선	·케이블공사 ·애자사용공사	노면상, 레일면상 3[m] 이상
저압	인장강도 2.3[kN] 이상의 절연전선 또는 2.6[mm] 이상의 경동선의 절연전선	·합성수지관공사 ·금속관공사 ·가요전선관 사 ·케이블공사 ·애자사용공사	노면상, 레일면상 2.5[m] 이상

【정답】 ①

87. 특고압을 직접 저압으로 변성하는 변압기를 시설하여서는 아니 되는 것은?

① 광산에서 물을 양수하기 위한 양수기용 변압기
② 전기로 등 전류가 큰 전기를 소비하기 위한 변압기
③ 교류식 전기철도용 신호회로에 전기를 공급하기 위한 변압기
④ 발전소·변전소·개폐소 또는 이에 준하는 곳의 소내용 변압기

|정|답|및|해|설|

[특고압을 직접 저압으로 변성하는 변압기의 시설 (KEC 341.3)]
- 전기로 등 전류가 큰 전기를 소비하기 위한 변압기
- 발전소·변전소·개폐소 또는 이에 준하는 곳의 소내용 변압기
- 25[kV] 이하 중성점 다중 접지식 전로에 접속하는 변압기
- 사용전압이 35[kV] 이하인 변압기로서 그 특고압측 권선과 저압측 권선이 혼촉한 경우에 자동적으로 변압기를 전로로부터 차단하기 위한 장치를 설치한 것.
- 사용전압이 100[kV] 이하인 변압기로서 그 특고압측 권선과 저압측 권선사이에 접지공사(접지저항 값이 10[Ω] 이하인 것에 한한다)를 한 금속제의 혼촉방지판이 있는 것.
- 교류식 전기철도용 신호회로에 전기를 공급하기 위한 변압기

【정답】 ①

88. 최대 사용전압이 23,000[V] 인 권선으로서 중성점 접지식 전로에 접속하는 변압기는 몇 [V]의 절연내력 시험전압에 견디어야 하는가? (단, 중성점 접지식 전로는 중성선을 가지는 것으로서 그 중성선에 다중접지를 하는 것임)

① 21,160　　② 25,300
③ 38,750　　④ 34,500

|정|답|및|해|설|

[전로의 절연저항 및 절연내력 (KEC 132)]

접지방식	최대 사용 전압	시험 전압(최대 사용 전압 배수)	최저 시험 전압
비접지	7[kV] 이하	1.5배	
	7[kV] 초과	1.25배	10,500[V]
중성점접지	60[kV] 초과	1.1배	75[kV]
중성점직접 접지	60[kV] 초과 170[kV] 이하	0.72배	
	170[kV] 초과	0.64배	
중성점 다중접지	25[kV] 이하	0.92배	

※ 전로에 케이블을 사용하는 경우에는 직류로 시험할 수 있으며, 시험 전압은 교류의 경우의 2배가 된다.

$23000 \times 0.92 = 21,160[V]$

【정답】 ①

89. 전로에 대한 설명 중 옳은 것은?

① 통상의 사용 상태에서 전기를 절연한 곳
② 통상의 사용 상태에서 전기를 접지한 곳
③ 통상의 사용 상태에서 전기가 통하고 있는 곳
④ 통상의 사용 상태에서 전기가 통하고 있지 않은 곳

|정|답|및|해|설|

[용어정리] 전로란 보통의 사용 상태에서 전기를 통하는 회로의 일부나 전부를 말한다. 【정답】 ③

90. 케이블트레이공사에 사용하는 케이블 트레이의 시설기준으로 틀린 것은?

① 케이블 트레이 안전율은 1.3 이상이어야 한다.
② 비금속제 케이블 트레이는 난연성 재료의 것이어야 한다.
③ 전선의 피복 등을 손상시킬 돌기 등이 없이 매끈해야 한다.
④ 금속제 트레이는 접지공사를 하여야 한다.

|정|답|및|해|설|

[케이블트레이공사 (KEC 232.41)]

- 전선은 연피 케이블, 알루미늄피 케이블 등 난연성 케이블, 기타 케이블 또는 금속관 혹은 합성수지관 등에 넣은 절연전선을 사용하여야 한다.
- 수용된 모든 전선을 지지할 수 있는 적합한 강도의 것이어야 한다. 이 경우 케이블 트레이의 안전율은 1.5 이상으로 하여야 한다.
- 비금속제 케이블 트레이는 난연성 재료의 것이어야 한다.
- 금속제 케이블 트레이는 kec140에 의한 접지공사를 하여야 한다.

【정답】 ①

91. 고압 가공전선으로 경동선 또는 내열 동합금선을 사용할 때 그 안전율은 최소 얼마 이상이 되는 처짐 정도(이도)로 시설하여야 하는가?

① 2.0 ② 2.2
③ 2.5 ④ 3.3

|정|답|및|해|설|

[저·고압 가공전선의 안전율 (KEC 331.14.2)]

고압 가공전선은 케이블인 경우 이외에는 다음 각 호에 규정하는 경우에 그 안전율이 경동선 또는 내열 동합금선은 2.2 이상, 그 밖의 전선은 2.5 이상이 되는 처짐 정도로 시설하여야 한다.

【정답】 ②

92. 고압 보안공사에서 지지물이 A종 철주인 경우 지지물 간 거리(경간)는 몇 [m] 이하 인가?

① 100 ② 150
③ 250 ④ 400

|정|답|및|해|설|

[고압 보안공사 (KEC 332.10)]

지지물의 종류	지지물 간 거리(경간)
목주 · A종 철주 또는 A종 철근 콘크리트주	100[m]
B종 철주 또는 B종 철근 콘크리트주	150[m]
철탑	400[m]

【정답】 ①

93. 가공전선로 지지물의 승탑 및 승주 방지를 위한 발판 볼트는 지표상 몇 [m] 미만에 시설하여서는 아니 되는가?

① 1.2 ② 1.5
③ 1.8 ④ 2.0

|정|답|및|해|설|

[가공전선로 지지물의 철탑오름 및 전주오름 방지 (KEC 331.4)]

가공전선로의 지지물에 취급자가 오르고 내리는데 사용하는 발판 볼트 등을 지표상 1.8[m] 미만에 시설하여서는 아니 된다.

【정답】 ③

94. 일반적으로 저압 옥내간선에서 분기하여 전기사용 기계·기구에 이르는 저압 옥내 전로는 저압 옥내 간선과의 분기점에서 전선의 길이가 몇 [m] 이하인 곳에 개폐기 및 과전류 차단기를 시설하여야 하는가?

① 2 ② 3 ③ 4 ④ 5

|정|답|및|해|설|

[과부하 보호장치의 설치 위치 (kec 212.4.2)] 저압 옥내간선과의 분기점에서 전선의 길이가 3[m] 이하인 곳에 개폐기 및 과전류 차단기를 시설할 것 【정답】 ②

95. 금속덕트공사에 의한 저압 옥내배선공사 시설에 대한 설명으로 틀린 것은?

① 덕트에는 접지공사를 한다.
② 금속덕트는 두께 1.0[mm] 이상인 철편으로 제작하고 덕트 상호간에 안전하게 접속한다.
③ 덕트를 조영재에 붙이는 경우 덕트 지지점 간의 거리를 3[m] 이하로 견고하게 붙인다.
④ 금속덕트에 넣은 전선의 단면적의 합계가 덕트의 내부 단면적의 20[%] 이하가 되도록 한다.

|정|답|및|해|설|

[금속덕트공사 (KEC 232.31)]

1. 금속 덕트의 폭이 4[cm]를 초과하고 또한 두께가 1.2[mm] 이상인 철판 또는 동등 이상의 세기를 가지는 금속제의 것으로 견고하게 제작한 것일 것
2. 덕트는 kec140에 준하여 접지공사를 할 것

【정답】 ②

96. 사용전압이 60[kV] 이하인 경우 전화선로의 길이를 12[km] 마다 유도전류는 몇 [μA]를 넘지 않도록 하여야 하는가?

① 1 ② 2 ③ 3 ④ 4

|정|답|및|해|설|

[유도장해의 방지 (KEC 333.2)]

· 사용전압이 60[kV] 이하인 경우에는 전화선로의 길이 12[km] 마다 유도전류가 2[μA]를 넘지 아니하도록 할 것.
· 사용전압이 60[kV]를 초과하는 경우에는 전화선로의 길이 40[km] 마다 유도전류가 3[μA]을 넘지 아니하도록 할 것.

【정답】 ②

97. 발전소·변전소·개폐소 또는 이에 준하는 곳에서 개폐기 또는 차단기에 사용하는 압축 공기장치의 공기압축기는 최고 사용압력의 1.5배의 수압을 연속하여 몇 분간 가하여 시험을 하였을 때에 이에 견디고 또한 새지 아니하여야 하는가?

① 5 ② 10 ③ 15 ④ 20

|정|답|및|해|설|

[절연가스 취급설비 (KEC 341.16)]

발전소·변전소·개폐소 또는 이에 준하는 곳에서 개폐기 또는 차단기에 사용하는 압축공기장치는 최고 사용압력의 1.5배의 수압(수압을 연속하여 10분간 가하여 시험을 하기 어려울 때에는 최고 사용압력의 1.25배의 기압)을 연속하여 10분간 가하여 시험을 하였을 때에 이에 견디고 또한 새지 아니할 것.

【정답】 ②

98. 그림은 전력선 반송통신용 결합장치의 보안장치를 나타낸 것이다. S의 명칭으로 옳은 것은?

① 동축케이블 ② 결합 콘덴서
③ 접지용 개폐기 ④ 구상용 방전캡

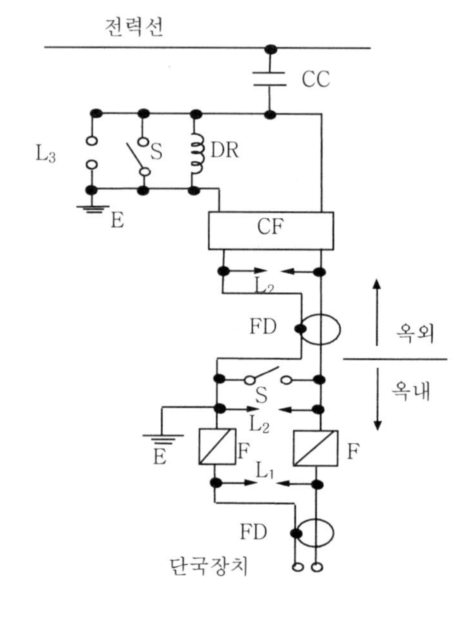

|정|답|및|해|설|

[전력선 반송 통신용 결합장치의 보안장치 (KEC 362.10)]

FD : 동축케이블
F : 정격전류 10[A] 이하의 포장 퓨즈
DR : 전류 용량 2[A] 이상의 배류 선륜
L_1 : 교류 300[V] 이하에서 동작하는 피뢰기
L_2 : 동작 전압이 교류 1,300[V]를 초과하고 1,600[V] 이하로 조정된 방전갭
L_3 : 동작 전압이 교류 2[kV]를 초과하고 3[kV] 이하로 조정된 구상 방전갭
S : 접지용 개폐기
CF : 결합 필타
CC : 결합 커패시터(결합 안테나를 포함한다)
E : 접지

【정답】 ③

2018년 2회 전기기사 필기 기출문제

2회 2018년 전기기사필기 (전기자기학)

1. 매질 1의 $\mu_{s1}=500$, 매질 2의 $\mu_{s2}=1{,}000$이다. 매질 2에서 경계면에 대하여 $45°$의 각도로 자계가 입사한 경우 매질 1에서 경계면과 자계의 각도에 가장 가까운 것은?

① $20°$ ② $30°$
③ $60°$ ④ $80°$

|정|답|및|해|설|

[자성체의 굴절의 법칙]

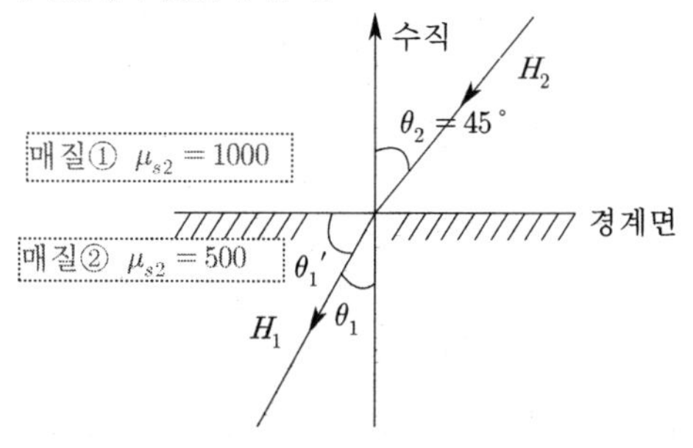

굴절각과 투자율은 비례한다.

$\dfrac{\tan\theta_1}{\tan\theta_2}=\dfrac{\epsilon_1}{\epsilon_2}=\dfrac{\mu_1}{\mu_2}$

여기서, θ : 경계면과의 각, μ : 투자율, ϵ : 유전율

$\mu_{s1}=500$, $\mu_{s2}=1{,}000$, 경계면과의 각$=45°$

$\dfrac{\tan\theta_1}{\tan\theta_2}=\dfrac{\mu_1}{\mu_2}$에서 $\dfrac{\tan\theta_1}{\tan 45°}=\dfrac{500}{1{,}000}=\dfrac{1}{2}$ → $(\tan 45=1)$

$\tan\theta_1=\dfrac{1}{2}$ → $\theta_1=\tan^{-1}\left(\dfrac{1}{2}\right)=26.57$

$\therefore \theta_1'=90-\tan^{-1}\left(\dfrac{1}{2}\right)=90-26.57=60$

【정답】 ③

2. 히스테리시스 곡선에서 히스테리시스 손실에 해당하는 것은?

① 보자력의 크기
② 잔류자기의 크기
③ 보자력과 잔류자기의 곱
④ 히스테리시스 곡선의 면적

|정|답|및|해|설|

[히스테리시스손] 히스테리시스 곡선을 다시 일주시켜도 항상 처음과 동일하기 때문에 **히스테리시스의 면적**(체적당 에너지 밀도)에 해당하는 에너지는 열로 소비된다. 이를 히스테리시스 손이라고 한다. $P_h=f v\eta B_m^{1.6}[W]$

【정답】 ④

3. 대지의 고유저항이 $\rho[\Omega\cdot m]$일 때 반지름 $a[m]$인 그림과 같은 반구 접지극의 접지저항$[\Omega]$은?

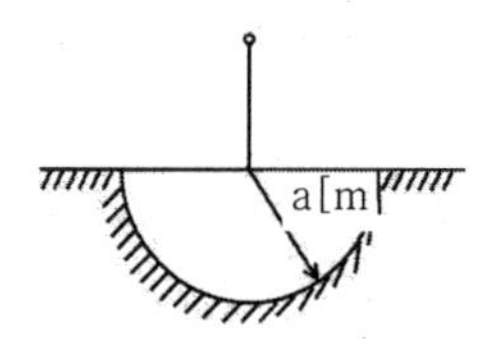

① $\dfrac{\rho}{4\pi a}$ ② $\dfrac{\rho}{2\pi a}$
③ $\dfrac{2\pi\rho}{a}$ ④ $2\pi\rho a$

|정|답|및|해|설|

[반구에서 정전용량] $C=2\pi\epsilon a[F]$

→ (구의 정전용량 $C=4\pi\epsilon a[F]$)

[전기저항과 정전용량] $RC=\rho\epsilon$

여기서, C : 정전용량, ϵ : 유전율, a : 반지름
R : 저항, ρ : 저항률 또는 고유저항

$RC=\rho\epsilon$에서 $R=\dfrac{\rho\epsilon}{C}=\dfrac{\rho\epsilon}{2\pi\epsilon a}=\dfrac{\rho}{2\pi a}[\Omega]$

【정답】 ②

4. 유전율이 ϵ인 유전체 내에 있는 점전하 Q에서 발산되는 전기력선의 수는 총 몇 개인가?

① Q ② $\dfrac{Q}{\epsilon_o\epsilon_s}$ ③ $\dfrac{Q}{\epsilon_s}$ ④ $\dfrac{\epsilon_o}{Q}$

|정|답|및|해|설|

[유전체의 전기력선 수] $N=\dfrac{Q}{\epsilon}=\dfrac{Q}{\epsilon_o\epsilon_s}$ → (공기 $N_0=\dfrac{Q}{\epsilon_0}$)

여기서, N : 전기력선의 수, ϵ : 유전율$(=\epsilon_0\epsilon_s)$, Q : 전하량

【정답】 ②

5. 다음 (㉠), (㉡)에 알맞은 것은?

> 전자유도에 의하여 발생되는 기전력에서 쇄교 자속수의 시간에 대한 감소비율에 비례한다는 (㉠)에 따르고, 특히 유도된 기전력의 방향은 (㉡)에 따른다.

① ㉠ 패러데이의 법칙 ㉡ 렌츠의 법칙
② ㉠ 렌츠의 법칙 ㉡ 패러데이의 법칙
③ ㉠ 플레밍의 왼손법칙 ㉡ 패러데이의 법칙
④ ㉠ 패러데이의 법칙 ㉡ 플레밍의 왼손법칙

|정|답|및|해|설|

[패러데이의 법칙] 유기 기전력의 크기는 폐회로에 쇄교하는 자속(∅)의 시간적 변화율에 비례한다.

$e=-\frac{d\Phi}{dt}=-N\frac{d\phi}{dt}[V]$

[렌쯔의 법칙] 전자 유도에 의해 발생하는 기전력은 **자속 변화를 방해하는 방향**으로 전류가 발생한다. 이것을 렌쯔의 법칙이라고 한다. $e=-L\frac{di}{dt}[V]$ 【정답】 ①

6. N회 감긴 환상코일의 단면적이 $S[m^2]$이고 평균 길이가 l[m]이다. 이 코일의 권수를 반으로 줄이고 인덕턴스를 일정하게 하려고 할 때, 다음 중 옳은 것은?

① 단면적을 2배로 한다.
② 길이를 $\frac{1}{4}$로 한다.
③ 전류의 세기를 $\frac{1}{2}$배로 한다.
④ 비투자율을 4로 한다.

|정|답|및|해|설|

[환상코일의 자기인덕턴스] $L=\frac{\mu SN^2}{l}[H]$

여기서, μ : 투자율, S : 단면적, N : 권수, l : 길이

권수를 $\frac{1}{2}$로 하면 L은 $\left(\frac{1}{2}\right)^2=\frac{1}{4}$배로 되므로 단면적($S$)를 4배 또는 l을 $\frac{1}{4}$배로 하면 L은 일정하게 된다. 【정답】 ②

7. 무한장 솔레노이드에 전류가 흐를 때 발생되는 자장에 관한 설명 중 옳은 것은?

① 내부 자장은 평등 자장이다.
② 외부 자장은 평등 자장이다.
③ 내부 자장의 세기는 0이다.
④ 외부와 내부 자장의 세게는 같다.

|정|답|및|해|설|

[무한장 솔레노이드]

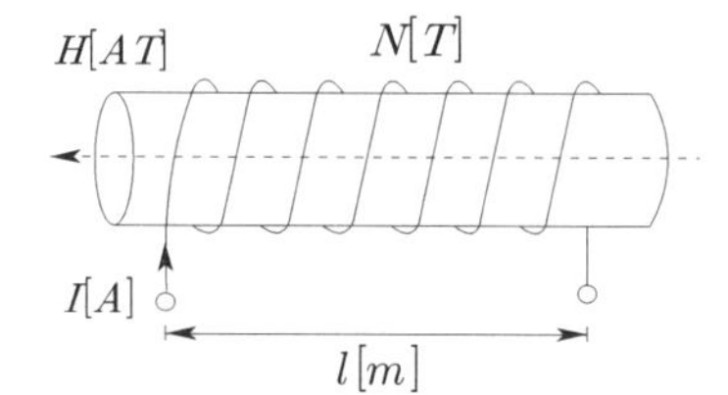

1. 무한장 솔레노이드 **내부자계의 세기는 평등**하며, 그 크기는 $H_i=n_0I[AT/m]$. 단, n_0는 단위 길이당 코일 권수(회/m)이다.
2. 외부 자계의 세기는 누설자속이 있을 수 없으므로 $H_e=0[AT/m]$이다. 【정답】 ①

8. 다음 중 자기회로에서 키르히호프의 법칙으로 알맞은 것은? (단, R : 자기 저항, ∅ : 자속, N : 코일 권수, I : 전류 이다.)

① $\sum_{i=1}^{n}\varnothing_i=\infty$　② $\sum_{i=1}^{n}N_i\varnothing_i=0$

③ $\sum_{i=1}^{n}R_i\varnothing_i=\sum_{i=1}^{n}N_iI_i$　④ $\sum_{i=1}^{n}R_i\varnothing_i=\sum_{i=1}^{n}N_iL_i$

|정|답|및|해|설|

[자기회로의 키르히호프의 법칙]

1. 자기회로의 임의 결합점에 유입하는 자속의 대수합은 0이다.
$\sum_{i=1}^{n}\varnothing_i=0$
2. 임의의 폐자로에서 각부의 자기저항과 자속과의 곱의 총합은 그 폐자로에 있는 기자력의 총합과 같다.
$\sum_{i=1}^{n}R_i\varnothing_i=\sum_{i=1}^{n}N_iI_i$ 【정답】 ③

9. 전하밀도 $\rho_s[C/m^2]$인 무한 판상 전하분포에 의한 임의 점의 전장에 대하여 틀린 것은?

① 전장의 세기는 매질에 따라 변한다.
② 전장의 세기는 거리 r에 반비례한다.
③ 전장은 판에 수직 방향으로만 존재한다.
④ 전장의 세기는 전하밀도 ρ_s에 비례한다.

|정|답|및|해|설|
[전계의 세기] 표면 전하밀도를 $\rho_s[C/m^2]$라 한다.
·도체 표면에서의 전계의 세기 $E=\dfrac{\rho_s}{\epsilon_o}$
·무한평면에서의 전계의 세기 $E=\dfrac{\rho_s}{2\epsilon_o}$
여기서, ϵ_0 : 진공시의 유전율
따라서 전계의 세기는 **거리와 무관**하며 **전계의 방향은 수직**방향
【정답】 ②

10. 한 변의 길이가 $l[m]$인 정사각형 회로에 $I[A]$가 흐르고 있을 때 그 사각형 중심의 자계의 세기는 몇 $[A/m]$인가?

① $\dfrac{I}{2\pi l}$ ② $\dfrac{2\sqrt{2}I}{\pi l}$
③ $\dfrac{\sqrt{3}I}{2\pi l}$ ④ $\dfrac{\sqrt{2}I}{2\pi l}$

|정|답|및|해|설|
[정 n각형 중심의 자계의 세기]
1. $n=3$: $H=\dfrac{9I}{2\pi l}[AT/m]$ → (l : 한 변의 길이)
2. $n=4$: $H=\dfrac{2\sqrt{2}I}{\pi l}[AT/m]$
3. $n=6$: $H=\dfrac{\sqrt{3}I}{\pi l}[AT/m]$
【정답】 ②

11. 반지름 a[m]의 원형 단면을 가진 도선에 전도전류 $i_c=I_c\sin 2\pi ft[A]$가 흐를 때 변위전류밀도의 최대값 J_d는 몇 $[A/m^2]$가 되는가? (단, 도전율은 $\sigma[S/m]$이고, 비유전율은 ϵ_r이다.)

① $\dfrac{f\epsilon_r I_c}{18\pi\times10^9\sigma a^2}$ ② $\dfrac{f\epsilon_r I_c}{9\pi\times10^9\sigma a^2}$
③ $\dfrac{f\epsilon_r I_c}{4\pi\times10^9\sigma a^2}$ ④ $\dfrac{f\epsilon_r I_c}{4\pi f\times10^9\sigma a^2}$

|정|답|및|해|설|
[전도전류밀도 및 변위전류 밀도]
1. 전도전류밀도 $\dfrac{i_c}{S}=\sigma E=\dfrac{I_c\sin\omega t}{\sqrt{2}S}$
2. 변위전류밀도 $i_d=\dfrac{I_d}{S}=\omega\epsilon E=2\pi f\epsilon_0\epsilon_r E$
여기서, σ : 도전율, E : 전계의 세기, I_c : 전도전류
I_d : 변위전류, S : 단면적, ω : , ϵ : 유전율($\epsilon_0\epsilon_r$)
f : 주파수, ω : 각속도(=$2\pi f$)
전계의 세기 $E=\dfrac{I_c\sin\omega t}{\sigma S}=\dfrac{I_c\sin\omega t}{\sigma\pi a^2}$
변위전류밀도 전계의 세기를 대입
$i_d=2\pi f\epsilon_0\epsilon_r E$
$=2\pi f\epsilon_0\epsilon_r\times\dfrac{I_c\sin\omega t}{\sigma\pi a^2}=\dfrac{f\epsilon_r I_c\sin\omega t}{18\pi\times10^9\sigma a^2}$
→ ($\epsilon_0=8.855\times10^{-12}$)
따라서 최대값은 $\sin\omega t=1$일 때 이므로
$i_d=\dfrac{f\epsilon_r I_c}{18\pi\times10^9\sigma a^2}$
【정답】 ①

12. 대전도체 표면전하밀도는 도체표면의 모양에 따라 어떻게 분포하는가?

① 표면전하밀도는 뾰족할수록 커진다.
② 표면전하밀도는 평면일 때 가장 크다.
③ 표면전하밀도는 곡률이 크면 작아진다.
④ 표면전하밀도는 표면의 모양과 무관하다.

|정|답|및|해|설|
[도체의 성질과 전하분포]

곡률 반지름	작을 때	클 때
곡률	크다	작다
도체표면의 모양	뾰족	평평
전하밀도	크다	작다

전하밀도는 뾰족할수록 커지고 뾰족하다는 것은 곡률 반지름이 매우 작다는 것이다. 곡률과 곡률 반지름은 반비례하므로 전하밀도는 곡률과 비례한다. 그리고 대전도체는 모든 전하가 표면에 위치하므로 내부에는 전하가 없다.
【정답】 ①

13. 일정 전압의 직류 전원에 저항을 접속하여 전류를 흘릴 때, 저항 값을 20[%] 감소시키면 흐르는 전류는 처음 저항에 흐르는 전류의 몇 배가 되는가?

① 1.0배 ② 1.1배 ③ 1.25배 ④ 1.5배

|정|답|및|해|설|

[전류] $I=\frac{V}{R}$ → (여기서, I : 전류, R : 저항, V : 전압)

전압 일정, 저항이 20[%] 감소되면 전류는 저항에 반비례하므로 전류는 $I=\frac{1}{0.8}=1.25$배가 되어야 한다.

→ (저항이 20[%] 감소이므로 80[%] 적용)

【정답】 ③

14. 내부 도체의 반지름이 a[m]이고, 외 도체의 내 반지름이 b[m], 외 반지름이 c[m]인 동축 케이블의 단위 길이당 자기인덕턴스는 몇 [H/m]인가?

① $\frac{\mu_0}{2\pi}\ln\frac{b}{a}$ ② $\frac{\mu_0}{\pi}\ln\frac{b}{a}$

③ $\frac{2\pi}{\mu_0}\ln\frac{b}{a}$ ④ $\frac{\pi}{\mu_0}\ln\frac{b}{a}$

|정|답|및|해|설|

[동축 케이블의 단위 길이당 자기인덕턴스]

$L=\frac{\varnothing}{I}=\frac{\mu_0}{2\pi}\ln\frac{b}{a}[\text{H/m}]$ → $(\varnothing=\frac{\mu_0 I}{2\pi r}\ln\frac{b}{a}[\text{wb/m}])$

[동축 케이블의 정전용량] $C=\frac{2\pi\epsilon}{\ln\frac{b}{a}}[\text{F/m}]$

여기서, $\varnothing$: 자속, $\mu(=\mu_0\mu_s)$: 투자율, I : 전류, r : 길이

ϵ : 유전율$(=\epsilon_0\epsilon_s)$, a, b : 도체의 반지름

【정답】 ①

15. x>0인 영역에 $\epsilon_1=3$인 유전체, x<0인 영역에 $\epsilon_2=5$인 유전체가 있다. 유전율 ϵ_2인 영역에서 전계 $E_2=20a_x+30a_y-40a_z[\text{V/m}]$일 때, 유전율 ϵ_1인 영역에서의 전계 E_1은 몇 [V/m]인가?

① $\frac{100}{3}a_x+30a_y-40a_z$ ② $20a_x+90a_y-40a_z$

③ $100a_x+10a_y-40a_z$ ④ $60a_x+30a_y-40a_z$

|정|답|및|해|설|

[전계]

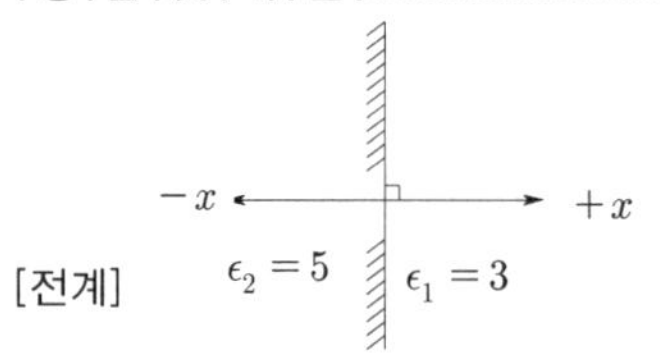

→ (경계면(매질이 다르므로 경계면이 존재))

1. 법선성분(수직) $D_{x1}=D_{x2}$, $\epsilon_1 E_{x1}=\epsilon_2 E_{x2}$

$E_{x1}=\frac{\epsilon_2}{\epsilon_1}E_{x2}=\frac{5}{3}\times 20a_x=\frac{100}{3}a_x$

2. 접선성분(수평) $E_{y1}=E_{y2}=30a_y$, $E_{z1}=E_{z2}=-40a_z$

$E_{x1}=\frac{\epsilon_2}{\epsilon_1}E_{x2}=\frac{5}{3}\times 20a_x=\frac{100}{3}a_x$

$\therefore E_1=E_{x1}+E_{y1}+E_{z1}=\frac{100}{3}a_x+30a_y-40a_z[V/m]$

【정답】 ①

16. 공기 중에서 1[m] 간격을 가진 두 개의 평행 도체 전류의 단위 길이에 작용하는 힘은 몇 [N]인가? (단, 전류는 1[A]라고 한다.)

① 2×10^{-7} ② 4×10^{-7}

③ $2\pi\times10^{-7}$ ④ $4\pi\times10^{-7}$

|정|답|및|해|설|

[평행도체 사이의 단위 길이당 작용하는 힘]

$F=\frac{\mu_0 I_1 I_2}{2\pi r}=\frac{2I^2}{r}\times10^{-7}[N/m]$

여기서, μ_0 : 진공중의 투자율$(=4\pi\times10^{-7})$, r : 거리

I : 전류

$I=1[A]$, $r=1[m]$

$F=\frac{2I^2}{r}\times10^{-7}=\frac{2\times1^2}{1}\times10^{-7}=2\times10^{-7}[N]$ 【정답】 ①

17. 공기 중에서 코로나 방전이 3.5[kV/mm] 전계에서 발생한다고 하면, 이때 도체의 표면에 작용하는 힘은 약 몇 [N/m²]인가?

① 27 ② 54

③ 81 ④ 108

|정|답|및|해|설|

[유전체 면적당 힘] $f=\frac{1}{2}ED=\frac{\epsilon E^2}{2}=\frac{D^2}{2\epsilon}[\text{N/m}^2]$ → $(D=\epsilon E)$

여기서, $\epsilon(=\epsilon_0\epsilon_s)$: 유전율, E : 전계, D : 밀도

전계(E) : 3.5[kV/mm]$(=10^3 V/10^{-3}[m]=10^6[V/m])$

$f=\frac{\epsilon E^2}{2}=\frac{\epsilon_0\epsilon_s E^2}{2}$ → $(\epsilon_0=8.855\times10^{-12}$, ϵ_s : 공기중 = 1)

$=\frac{1}{2}\times8.855\times10^{-12}\times1\times(3.5\times10^6)^2=54.24[\text{N/m}^2]$

【정답】 ②

18. 무한장 직선 전류에 의한 자계의 세기[AT/m]는?

① 거리 r에 비례한다.

② 거리 r^2에 비례한다.

③ 거리 r에 반비례한다.

④ 거리 r^2에 반비례한다.

|정|답|및|해|설|

[무한장 직선(원통도체)의 자계의 세기]

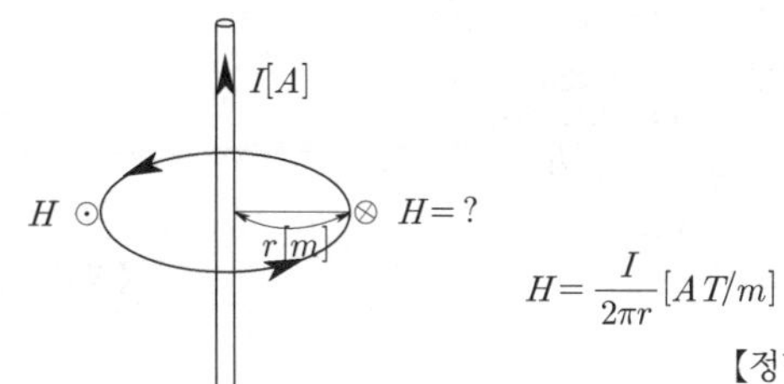

$H=\frac{I}{2\pi r}[AT/m]$

【정답】 ③

19. 전계 $E=\sqrt{2}E_e \sin w(t-\frac{x}{c})[V/m]$의 평면 전자파가 있다. 자계의 실효값은 몇 [A/m]인가?

① $0.707\times10^{-3}E_e$ ② $1.44\times10^{-3}E_e$

③ $2.65\times10^{-3}E_e$ ④ $5.37\times10^{-3}E_e$

|정|답|및|해|설|

[고유 임피던스] $Z_0=\frac{E}{H}=\sqrt{\frac{\mu}{\epsilon}}[\Omega]$

여기서, H : 자계의 세기, E : 전계

$\epsilon(=\epsilon_0\epsilon_s)$: 유전율, $\mu(=\mu_0\mu_s)$: 투자율

진공시 고유 임피던스 $Z_0=\frac{E}{H}=\sqrt{\frac{\mu_0}{\epsilon_0}}$

$=\sqrt{\frac{4\pi\times10^{-7}}{8.855\times10^{-12}}}=377[\Omega]$

$Z_0=\frac{E}{H}$에서 $H=\frac{E}{Z_0}=\frac{1}{377}E_e=2.65\times10^{-3}E_e$

【정답】 ③

20. Biot-Savart의 법칙에 의하면, 전류소에 의해서 임의의 한 점(P)에 생기는 자계의 세기를 구할 수 있다. 다음 중 설명으로 틀린 것은?

① 자계의 세기는 전류의 크기에 비례한다.

② MKS 단위계를 사용할 경우 비례상수는 $\frac{1}{4\pi}$ 있다.

③ 자계의 세기는 전류소와 점 P와의 거리에 반비례한다.

④ 자계의 방향은 전류소 및 이 전류소와 점 P를 연결하는 직선을 포함하는 면에 법선방향이다.

|정|답|및|해|설|

[비오-사바르의 법칙]

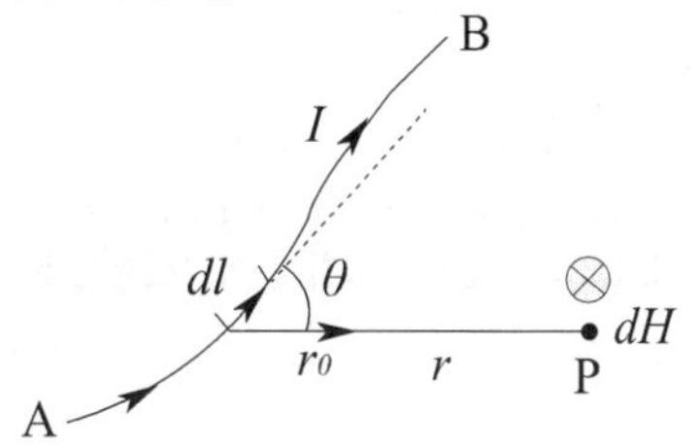

자장의 미세 세기 $dH=\frac{Idl\sin\theta}{4\pi r^2}[AT/m]$

③ 자계의 세기(dH)는 전류소와 점 P와의 **거리의 제곱(r^2)에 반비례한다.**

※법선 : 수직

【정답】 ③

2회 2018년 전기기사필기 (전력공학)

21. 순저항 부하의 부하전력 P[kW], 전압 E[V], 선로의 길이 l[m], 고유저항 $\rho[\Omega\cdot mm^2/m]$인 단상 2선식 선로에서 선로 손실을 q[W]라 하면, 전선의 단면적$[mm^2]$은 어떻게 표현되는가?

① $\frac{\rho lP^2}{qE^2}\times10^5$ ② $\frac{2\rho lP^2}{qE^2}\times10^6$

③ $\frac{\rho lP^2}{2qE^2}\times10^5$ ④ $\frac{2\rho lP^2}{q^2E}\times10^6$

|정|답|및|해|설|

[선로 손실] $P_l=2I^2R=2\left(\frac{P}{V\cos\theta}\right)^2=\frac{2P^2R}{V^2\cos^2\theta}$

순저항 부하이므로 역률($\cos\theta$=1) 1이다.

$P_l=\frac{2P^2R}{V^2}=\frac{2(P\times10^3)^2}{E^2}\times\rho\frac{l}{A}$

단면적 $A=\frac{2(P\times10^3)^2}{E^2}\times\rho\frac{l}{P_l}=\frac{2\rho lP^2}{qE^2}\times10^6[mm^2]$

【정답】 ②

22. 22.9[kV], Y결선된 자가용 수전설비의 계기용변압기의 2차측 정격전압은 몇 [V]인가?

① 110 ② 220

③ $110\sqrt{3}$ ④ $220\sqrt{3}$

|정|답|및|해|설|

[계기용 변압기(PT)] 고전압을 저전압으로 변성하여 계기나 계전기에 공급하기 위한 목적으로 사용

1. 2차측 정격전압 : 110[V]
2. 점검시 : 2차측 개방(2차측 과전류 보호)

[계기용 변류기(CT)] 대전류를 소전류로 변성하여 계기나계전기에 공급하기 위한 목적으로 사용되며 2차측 정격전류는 5[A]이다.

【정답】 ①

23. 1[kWh]를 열량으로 환산하면 약 몇 [kcal]인가?

① 80 ② 256

③ 539 ④ 860

|정|답|및|해|설|

[열과 에너지]

- 1[J]=0.24[cal]
- 1[cal]=4.2[J]
- 1[B.T.U]=0.252[kcal]
- 1[kWh]=1000[Wh]=1000×3600[W·sec]
  $=3.6\times10^6$[J/sec·sec]$=3.6\times10^6$[J]=864[kcal

【정답】 ④

24. 동작전류의 크기가 커질수록 동작시간이 짧게 되는 특성을 가진 계전기는?

① 순한시 계전기 ② 정한시 계전기

③ 반한시 계전기 ④ 반한시 정한시 계전기

|정|답|및|해|설|

[반한시 계전기] 고장 전류의 크기에 반비례, 즉 동작 전류가 커질수록 동작시간이 짧게 되는 것

|참|고|

① 순한시 계전기 : 이상의 전류가 흐르면 즉시 동작

② 정한시 계전기 : 이상 전류가 흐르면 동작전류의 크기에 관계없이 일정한 시간에 동작

④ 반한시 정한시 계전기 : 동작전류가 적은 동안에는 반한 시로, 어떤 전류 이상이면 정한 시로 동작하는 것 (반한시와 정한시 특성을 겸함)

【정답】 ③

25. 소호리액터를 송전계통에 사용하면 리액터의 인덕턴스와 선로의 정전용량이 어떤 상태로 되어 지락전류를 소멸시키는가?

① 병렬공진 ② 직렬공진

③ 고임피던스 ④ 저임피던스

|정|답|및|해|설|

[소호리액터 접지] 1선 지락의 경우 지락전류가 가장 작고 고장상의 전압 회복이 완만하기 때문에 지락 아크를 자연 소멸시켜서 정전없이 송전을 계속할 수 있다.

- $L-C$ 병렬공진(지락전류가 최소)
- 1선 지락 시 전압 상승 최대
- 보호계전기 동작 불확실
- 통신유도장해 최소
- 과도안정도 우수

【정답】 ①

26. 무효 전력 보상 장치(동기조상기)에 대한 설명으로 틀린 것은?

① 시충전이 불가능하다.

② 전압 조정이 연속적이다.

③ 중부하 시에는 과여자로 운전하여 앞선 전류를 취한다.

④ 경부하 시에는 부족여자로 운전하여 뒤진 전류를 취한다.

|정|답|및|해|설|

[무효 전력 보상 장치(동기조상기)] 무부하 운전중인 동기전동기를 과여자 운전하면 콘덴서로 작용하며, 부족여자로 운전하면 리액터로 작용한다.

1. 중부하시 과여자 운전 : 콘덴서로 작용, 진상
2. 경부하시 부족여자 운전 : 리액터로 작용, 지상
3. 연속적인 조정(진상 · 지상) 및 시송전(시충전)이 가능하다.
4. 증설이 어렵다. 손실 최대(회전기)

[조상설비의 비교]

항목	무효 전력 보상 장치	전력용 콘덴서	분로리액터
전력손실	많다 (1.5~2.5[%])	적다 (0.3[%] 이하)	적다 (0.6[%] 이하)
무효전력	진상, 지상 양용	진상전용	지상전용
조정	연속적	계단적 (불연속)	계단적 (불연속)
시송전 (시충전)	가능	불가능	불가능
가격	비싸다	저렴	저렴
보수	손질필요	용이	용이

【정답】 ①

27. 화력발전소에서 가장 큰 손실은?

① 소내용 동력
② 송풍기 손실
③ 복수기에서의 손실
④ 연도 배출가스 손실

|정|답|및|해|설|

[복수기]
·터빈 중의 열 강하를 크게 함으로써 증기의 보유 열량을 가능한 많이 이용하려고 하는 장치
·열손실이 가장 크다(약 50[%]).
·부속 설비로 냉각수 순환 펌프, 복수펌프 및 추기 펌프 등이 있다.

【정답】 ③

28. 정전용량 0.01[$\mu F/km$], 길이 173.2[km], 선간전압 60[kV], 주파수 60[Hz]인 3상 송전선로의 충전전류는 약 몇 [A]인가?

① 6.3　　② 12.5
③ 22.6　　④ 37.2

|정|답|및|해|설|

[전선의 충전 전류] $I_c = 2\pi f Cl \times \frac{V}{\sqrt{3}} = 2\pi f ClE$[A]

여기서, f : 주파수[Hz], C : 정전용량[F], l : 길이[km]
V : 선간전압[V], E : 대지전압$(=\frac{V}{\sqrt{3}})$
→ (선로의 충전전류 계산 시 전압은 변압기 결선과 관계없이 상전압$(\frac{V}{\sqrt{3}})$을 적용하여야 한다.)

정전용량(C) : 0.01[$\mu F/km$], 길이(l) : 173.2[km]
선간전압 60[kV](=6000[V]), 주파수 : 60[Hz]

$\therefore I_c = 2\pi f Cl\left(\frac{V}{\sqrt{3}}\right)$

$= 2\pi \times 60 \times 0.01 \times 10^{-6} \times 173.2 \times \frac{60000}{\sqrt{3}} = 22.6[A]$

【정답】 ③

29. 발전용량 9,800[kW]의 수력발전소 최대 사용 수량이 10[m^3/s]일 때, 유효낙차는 몇 [m]인가?

① 100　　② 125
③ 150　　④ 175

|정|답|및|해|설|

[수력발전소 출력] $P_g = 9.8QH\eta_t\eta_g$[kW]

여기서, Q : 유량[m^3/s], H : 낙차[m]
η_g : 발전기 효율, η_t : 수차의 효율

발전용량(P_g) : 9,800[kW], 사용 수량(Q) : 10[m^3/s]

$P_g = 9.8QH\eta_t\eta_g$에서

낙차 $H = \frac{P_g}{9.8Q\eta} = \frac{9800}{9.8 \times 10} = 100[m]$

【정답】 ①

30. 차단기의 정격 차단시간은?

① 고장 발생부터 소호까지의 시간
② 트립코일 여자부터 소호까지의 시간
③ 가동 접촉자의 개극부터 소호까지의 시간
④ 가동 접촉자의 동작시간부터 소호까지의 시간

|정|답|및|해|설|

[차단기의 정격 차단시간] 트립 코일 여자부터 차단기의 가동 전극이 고정 전극으로부터 이동을 개시하여 개극할 때까지의 개극 시간과 접점이 충분히 떨어져 아크가 완전히 소호할 때까지의 아크 시간의 합으로 3~8[Hz] 이다.

【정답】 ②

31. 전선의 굵기가 균일하고 부하가 송전단에서 끝부분까지 균일하게 분포되어 있을 때 배전선 끝부분에서 전압강하는? 단, 배전선 전체 저항 R, 송전단의 부하전류는 I이다.

① $\frac{1}{2}RI$　　② $\frac{1}{\sqrt{2}}RI$
③ $\frac{1}{\sqrt{3}}RI$　　④ $\frac{1}{3}RI$

|정|답|및|해|설|

[집중 부하와 분산 부하]

	모양	전압강하	전력손실
균일 분산부하		$\frac{1}{2}IrL$	$\frac{1}{3}I^2rL$
끝부분(말단) 집중부하		IrL	I^2rL

(I : 전선의 전류, r : 전선의 단위길이당저항, L : 전선의 길이)

【정답】 ①

32. 부하전류의 차단 능력이 없는 것은?

① DS　② NFB
③ OCB　④ VCB

|정|답|및|해|설|
[단로기(DS)] 단로기(DS)는 소호 장치가 없고 아크 소멸 능력이 없으므로 부하 전류나 사고 전류의 개폐는 할 수 없으며 기기를 전로에서 개방할 때 또는 모선의 접촉 변경시 사용한다.
1. 개폐기 : 부하전류 개폐
2. 차단기 : 부하전류 개폐 및 고장전류 차단

【정답】 ①

33. 역률 개선용 콘덴서를 부하와 병렬로 연결하고자 한다. △결선 방식과 Y결선 방식을 비교하면 콘덴서의 정전용량(단위 : ㎌)의 크기는 어떠한가?

① △결선 방식과 Y결선 방식은 동일하다.
② Y결선 방식이 △결선 방식의 $\frac{1}{2}$ 용량이다.
③ △결선 방식이 Y결선 방식의 $\frac{1}{3}$ 용량이다.
④ Y결선 방식이 △결선 방식의 $\frac{1}{\sqrt{3}}$ 용량이다.

|정|답|및|해|설|
[콘덴서의 정전용량] $C_{\triangle} = 3C_Y,\ C_Y = \frac{1}{3}C_{\triangle}$

· Y결선 충전용량 $Q_Y = 3\omega CE^2 = 3\omega C\left(\frac{V}{\sqrt{3}}\right)^2$ $\rightarrow (V = \sqrt{3}E)$

$= \omega CV \rightarrow C = \frac{Q}{\omega V^2}$

· △결선 충전용량 $Q_{\triangle} = 3\omega CE^2 = 3\omega CV^2$ $\rightarrow (V = E)$

$\rightarrow C = \frac{Q}{3\omega V^2}$

【정답】 ③

34. 송전선로에서 고조파 제거 방법이 아닌 것은?

① 변압기를 △결선한다.
② 능동형 필터를 설치한다.
③ 유도전압 조정장치를 설치한다.
④ 무효전력 보상장치를 설치한다.

|정|답|및|해|설|
[고조파 제거]
· 변압기를 △결선(제3고조파 제거)
· 직렬리액터 시설(제5고조파 제거)
· 무효전력 보상장치를 설치한다.
· 능동형 필터를 설치한다.
※유도 전압 조정장치는 배전선로의 모선 전압 조정장치로 고조파 제거와는 무관하다.

【정답】 ③

35. 송전선에 댐퍼(damper)를 설치하는 주된 목적은?

① 전선의 진동방지
② 전선의 이탈 방지
③ 코로나의 방지
④ 현수애자의 경사 방지

|정|답|및|해|설|
[댐퍼, 아마로드] 전선의 진동 방지
1. 아킹혼, 아킹링 : 섬락 시 애자련 보호
2. 스페이서 : 복도체에서 두 전선 간의 간격 유지

【정답】 ①

36. 400[kVA] 단상변압기 3대를 △-△ 결선으로 사용하다가 1대의 고장으로 V-V결선을 하여 사용하면 약 몇 [kVA] 부하까지 걸 수 있겠는가?

① 400　② 566
③ 693　④ 800

|정|답|및|해|설|
[변압기 V결선 시의 출력] $P_V = \sqrt{3}P[kVA]$
여기서, P : 단상 변압기 1대 용량
$P_V = \sqrt{3}P = \sqrt{3} \times 400 = 693[kVA]$

【정답】 ③

37. 직격뢰에 대한 방호설비로 가장 적당한 것은?

① 복도체　② 가공지선
③ 서지흡수기　④ 정전 방전기

|정|답|및|해|설|
[이상전압 방호 설비]
1. 피뢰기(LA) : 이상전압에 대한 기계기구 보호(변압기 보호)
2. 서지흡수기(SA) : 이상전압에 대한 발전기 보호
3. 가공지선 : 직격뢰, 유도뢰 차폐 효과
4. 복도체 : 코로나를 방지할 수 있는 효과적인 대책

【정답】 ②

38. 선로정수를 전체적으로 평형 되게 하고 근접 통신선에 대한 유도장해를 줄일 수 있는 방법은?

① 연가를 시행한다.
② 전선으로 복도체를 사용한다.
③ 전선로의 처짐 정도(이도)를 충분하게 한다.
④ 소호리액터 접지를 하여 중성점 전위를 줄여준다.

|정|답|및|해|설|
[연가(transposition)] 선로정수(L, C) 평형, 통신선 유도장해 감소, 소호리액터 접지 시의 직렬공진 방지 【정답】 ①

39. 직류 송전방식에 대한 설명으로 틀린 것은?

① 선로의 절연이 교류방식보다 용이하다.
② 리액턴스 또는 위상각에 대해서 고려할 필요가 없다.
③ 케이블 송전일 경우 유전손이 없기 때문에 교류방식보다 유리하다.
④ 비동기 연계가 불가능하므로 주파수가 다른 계통 간의 연계가 불가능하다.

|정|답|및|해|설|
[직류 송전 방식 장점]
·선로의 리액턴스가 없으므로 안정도가 높다.
·유전체손 및 충전 용량이 없고 절연 내력이 강하다.
·비동기 연계가 가능하다.
·단락전류가 적고 임의 크기의 교류 계통을 연계시킬 수 있다.
·코로나손 및 전력 손실이 적다.
·표피 효과나 근접 효과가 없으므로 실효 저항의 증대가 없다.
[단점]
·직류, 교류 변환 장치가 필요하다.
·전압의 승압 및 강압이 불리하다.
·직류 차단기가 개발되어 있지 않다. 【정답】 ④

40. 저압 배전계통을 구성하는 방식 중, 캐스케이딩(cascading)을 일으킬 우려가 있는 방식은?

① 방사상 방식
② 저압뱅킹 방식
③ 저압네트워크 방식
④ 스포트네트워크 방식

|정|답|및|해|설|
[저압 뱅킹 방식]
1. 장점
·변압기 용량을 저감할 수 있다.
·전압변동 및 전력손실이 경감
·변압기 용량 및 저압선 동량이 절감
·부하 증가에 대한 탄력성이 향상
·공급 신뢰도 향상
2. 캐스케이딩(cascading)
·변압기 또는 선로의 사고에 의해서 뱅킹 내의 건전한 변압기의 일부 또는 전부가 연쇄적으로 회로로부터 차단되는 현상
·방지대책 : 구분 퓨즈를 설치 【정답】 ②

2회 2018년 전기기사필기 (전기기기)

41. 동기발전기의 전기자 권선을 분포권으로 하는 이유는 다음 중 어느 것인가?

① 권선의 누설 리액턴스가 증가한다.
② 분포권은 집중권에 비하여 합성 유기기전력이 증가한다.
③ 기전력의 고조파가 감소하여 파형이 좋아진다.
④ 난조를 방지한다.

|정|답|및|해|설|
[분포권] 매극매상의 도체를 2개 이상의 슬롯에 각각 분포시켜서 권선하는 법 (1극, 1상, 슬롯 2개)
[장점]
·합성 유기기전력이 감소한다.
·기전력의 고조파가 감소하여 파형이 좋아진다.
·누설 리액턴스는 감소된다.
·과열 방지의 이점이 있다.
[단점]
·집중권에 비해 합성 유기 기전력이 감소
※난조 방지는 **제동권선의 역할**이다. 【정답】 ③

42. 유도기전력의 크기가 서로 같은 A, B 2대의 동기발전기를 병렬 운전할 때, A발전기의 유기기전력 위상이 B보다 앞설 때 발생하는 현상이 아닌 것은?

① 동기화력이 발생한다.
② 고조파 무효순환전류가 발생한다.
③ 유효전류인 동기화전류가 발생한다.
④ 전기자 동손을 증가시키며 과열의 원인이 된다.

|정|답|및|해|설|

[동기발전기 병렬운전 시 기전력의 위상이 다른 경우]
·동기화전류(유효횡류)가 흐른다.
·동기화 전류 $I_s = \frac{2E_a}{2Z_s}\sin\frac{\delta}{2}$
·수수전력 $P_s = \frac{E_a^2}{2Z_s}\sin\delta_s$
·위상이 다르면 동기화력이 생겨서 A는 속도가 늦어지고 B는 빨라져서 동기화운전이 된다. A가 B에게 전력을 공급하는 것이다.
※ 수수전력 : 동기화 전류 때문에 서로 위상이 같게 되려고 수수하게 될 때 발생되는 전력 【정답】 ②

43. 부하전류가 2배로 증가하면 변압기의 2차 측 동손은 어떻게 되는가?

① $\frac{1}{4}$로 감소한다. ② $\frac{1}{2}$로 감소한다.
③ 2배로 증가한다. ④ 4배로 증가한다.

|정|답|및|해|설|

[동손] 동손은 부하손으로 $P_c = I^2R[W]$
동손은 전류의 제곱에 비례하므로 전류가 2배 되면 동손은 4배가 된다. 【정답】 ④

44. 동기전동기에서 출력이 100[%]일 때 역률이 1이 되도록 계자전류를 조정한 다음에 공급전압 V 및 계자전류 I_f를 일정하게 하고, 전부하 이하에서 운전하면 동기전동기의 역률은?

① 뒤진 역률이 되고, 부하가 감소할수록 역률은 낮아진다.
② 뒤진 역률이 되고, 부하가 감소할수록 역률은 좋아진다.
③ 앞선 역률이 되고, 부하가 감소할수록 역률은 낮아진다.
④ 앞선 역률이 되고, 부하가 감소할수록 역률은 좋아진다.

|정|답|및|해|설|

[동기전동기의 역률] 전부하 운전 시 역률이 1이므로 전부하 이하에서 운전하면 역률은 앞선 역률이 되어 부하가 감소할수록 역률은 더 낮아지게 된다. 【정답】 ③

45. 어떤 정류 회로의 부하 전압이 50[V]이고 맥동률 3[%]이면 직류 출력 전압에 포함된 교류 전류분은 몇 [V]인가?

① 1.2 ② 1.5
③ 1.8 ④ 2.1

|정|답|및|해|설|

[맥동률] 맥동률 $= \sqrt{\frac{\text{실효값}^2 - \text{평균값}^2}{\text{평균값}^2}} \times 100$

$= \frac{\text{맥동 전압의 교류분실효치}}{\text{직류 전압의 평균치}} \times 100[\%]$

교류분실효치 $=$ 직류 전압의 평균치 $\times$ 맥동률$[V]$

$= 50 \times 0.03 = 1.5[V]$ 【정답】 ②

46. 직류기의 철손에 관한 설명으로 옳지 않은 것은?

① 성층철심을 사용하면 와전류손이 감소한다.
② 철손에는 풍손과 와전류손 및 저항손이 있다.
③ 철에 규소를 넣게 되면 히스테리시스손이 감소한다.
④ 전기자 철심에는 철손을 작게 하기 위하여 규소강판을 사용한다.

|정|답|및|해|설|

[직류기의 손실]
1. 무부하손(고정손)
 −철손 : 히스테리스손, 와류손
 −기계손 : 풍손, 베어링 마찰손
2. 부하손(가변손)
 −동손(전기자 저항손, 계자동손)
 −브러시손
 −표류부하손
※1. 규소 강판 : 히스테리시스손 감소
 2. 성층 : 와류손 감소 【정답】 ②

47. 직류 분권발전기의 극수 4, 전기자 총 도체수 600으로 매분 600 회전할 때 유기기전력이 220[V]라 한다. 전기자 권선이 파권일 때 매극당 자속은 약 몇 [Wb]인가?

① 0.0154　　② 0.0183
③ 0.0192　　④ 0.0199

|정|답|및|해|설|

[직류 발전기의 유기기전력] $E=\frac{pz}{a}\varnothing\frac{N}{60}[V]$

여기서, N : 회전자의 회전수[rpm]
p : 극수, $\varnothing$: 매 극당 자속수
z : 총 도체수, a : 병렬회로 수

극수 : 4, 전기자 총 도체수 : 600, 매분 600 회전
유기기전력 : 220[V]

$E=\frac{pz}{a}\varnothing\frac{N}{60}[V]$　　→ (파권이므로 병렬회로수 $a=2$)

$\phi=\frac{60aE}{pzN}=\frac{60\times2\times220}{4\times600\times600}=0.0183[Wb]$

【정답】 ②

48. 3상 수은정류기의 직류 평균 부하전류가 50[A]가 되는 1상 양극 전류 실효값[A]은 약 몇 [A]인가?

① 9.6　　② 17
③ 29　　④ 87

|정|답|및|해|설|

[수은 정류기의 전압비와 전류비]

·전압비 : $\frac{E_d}{E_a}=\frac{\sqrt{2}\sin\frac{\pi}{m}}{\frac{\pi}{m}}$

·전류비 : $\frac{I_d}{I_a}=\sqrt{m}$

여기서, E_a : 교류측 전압[V], E_d : 직류측 전압[V]
I_a : 교류측 전류[A], I_d : 직류측 전류[A]
m : 상수

직류 평균 부하전류 : 50[A], 상수 : 3

전류비 $\frac{I_d}{I_a}=\sqrt{m}$ 에서

실효값 $I_a=\frac{I_d}{\sqrt{m}}=\frac{1}{\sqrt{3}}\times50=28.86[A]$　【정답】 ③

49. 3상 변압기를 1차 Y, 2차 △로 결선하고 1차에 선간전압 3,300[V]를 가했을 때 무부하 2차 선간전압은 몇 [V]인가? 단, 전압비는 30:1이다.

① 63.5　　② 110
③ 173　　④ 190.5

|정|답|및|해|설|

[변압기의 결선] ·Y결선 : $V_p=\frac{V_l}{\sqrt{3}}$, ·△결선 : $V_l=V_p$

전압비(권수비) $a=\frac{V_1}{V_2}=\frac{N_1}{N_2}$

여기서, V_p : 상전압, V_l : 선간전압, N : 권수
1차에 선간전압 : 3,300[V], 권수비(a) : 30:1

1. Y결선시 상전압 $V_p=\frac{V_l}{\sqrt{3}}=\frac{3300}{\sqrt{3}}[V]$
2. 권수비 $a=\frac{N_1}{N_2}=\frac{30}{1}=30$
3. △결선 시 상전압
   $a=\frac{V_1}{V_2}$　→ (V_1 = Y결선시 상전압, V_2 = △결선시 상전압)
   $V_2=\frac{V_1}{a}=\frac{\frac{3300}{\sqrt{3}}}{30}=\frac{110}{\sqrt{3}}$
4. △결선 시 $V_l=V_p$ → $V_l=\frac{110}{\sqrt{3}}=63.5[V]$

【정답】 ①

50. 유도전동기의 2차 회로에 2차 주파수와 같은 주파수로 적당한 크기와 위상전압을 외부에 가하는 속도 제어법은?

① 1차 전압제어　　② 2차 저항제어
③ 2차 여자제어　　④ 극수 변환제어

|정|답|및|해|설|

[2차 여자 제어법] 주파수 변환기를 사용하여 회전자의 슬립 주파수 sf와 같은 주파수의 전압을 발생시켜 슬립링을 통하여 회전자 권선에 공급하여, s를 변환 시키는 방법이 2차 여자법이다.

【정답】 ③

51. 변압기의 1차측을 Y결선, 2차측을 △ 결선으로 한 경우 1차와 2차간의 전압의 위상차는?

① 0°　　② 30°
③ 45°　　④ 60°

|정|답|및|해|설|

[변압기의 결선]
·1차와 2차가 같은 결선일 경우 위상차가 없다.
·1차와 2차가 다른 결선일 경우 위상차가 존재한다.
Y결선과 △결선과는 1, 2차 선간전압 사이에는 30°의 위상차가 존재한다.

【정답】 ②

52. 이상적인 변압기의 무부하에서 위상관계로 옳은 것은?

① 자속과 여자전류는 동위상이다.
② 자속은 인가전압보다 90° 앞선다.
③ 인가전압은 1차 유기기전력보다 90° 앞선다.
④ 1차 유기기전력과 2차 유기기전력의 위상은 반대이다.

|정|답|및|해|설|
[자속과 여자전류]

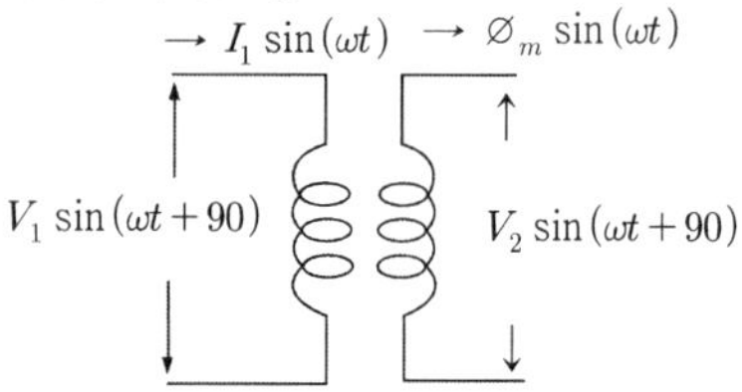

1. 자속과 여자전류는 동위상
2. 여자전류(무부하전류) $I_\phi = \frac{E}{\omega L} = \frac{E}{2\pi f L}$ 【정답】①

53. 그림은 동기발전기의 구동 개념도이다. 그림에서 2를 발전기라 할 때 3의 명칭으로 적합한 것은?

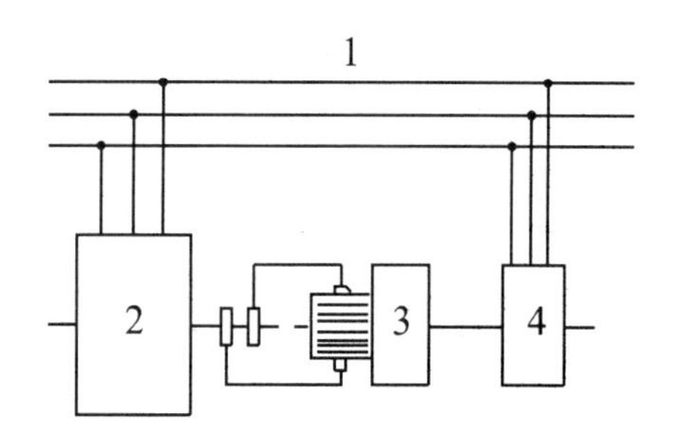

① 전동기 ② 여자기
③ 원동기 ④ 제동기

|정|답|및|해|설|
[동기발전기의 구동 개념도]
1 : 모선, 2 : 발전기, 3 : 여자기, 4 : 전동기
【정답】②

54. 정격출력 50[kW], 4극 220[V], 60[Hz]인 3상 유도전동기가 전부하 슬립 0.04, 효율 90[%]로 운전되고 있을 때 틀린 것은?

① 2차 효율=96[%]
② 1차입력=55.56[kW]
③ 회전자 입력=47.9[kW]
④ 회전자 동손=2.08[kW]

|정|답|및|해|설|
$P=50[kW]$, $s=0.04$, $\eta=90[\%]$ 이므로
① 2차 효율 $\eta_2=(1-s)=1-0.04=0.96=96[\%]$
② 1차 입력 $P_1=\frac{P}{\eta}=\frac{50}{0.9}=55.56[kW]$
③ 회전자 입력 $P_2=\frac{1}{1-s}P=\frac{1}{1-0.04}\times 50=52.08[kW]$
④ 회전자 동손 $P_{c2}=sP_2=\frac{s}{1-s}P=\frac{0.04}{1-0.04}\times 50=2.08[kW]$
【정답】③

55. 저항부하를 갖는 정류회로에서 직류분 전압이 200[V]일 때 다이오드에 가해지는 역첨두 전압(PIV)의 크기는 약 몇 [V]인가?

① 346 ② 628
③ 692 ④ 1,038

|정|답|및|해|설|
[정류회로]

	반파 정류	전파 정류
다이오드	$E_d=\frac{\sqrt{2}E}{\pi}=0.45E$	$E_d=\frac{\sqrt{2}E}{\pi}=0.9E$
SCR	$E_d=\frac{\sqrt{2}E}{\pi}(1+\cos\alpha)$	$E_d=\frac{\sqrt{2}E}{\pi}(1+\cos\alpha)$
효율	40.6[%]	81.2[%]
PIV	$PIV=E_d\times\pi$	

여기서, E_d : 직류 전압, E : 교류 전압
$PIV=E_d\times\pi=200\times 3.14=628[V]$ 【정답】②

56. 직류발전기의 유기기전력과 반비례하는 것은?

① 자속 ② 회전수
③ 전체 도체수 ④ 병렬회로수

|정|답|및|해|설|
[직류발전기의 유기기전력] $E=\frac{pNz}{60a}=p\varnothing n\frac{z}{a}[V]$
여기서, p : 극수, $\varnothing$: 자속, n : 회전속도[rps], z : 도체수
a : 병렬 회로수
유기기전력과 반비례 관계에 있는 것은 병렬회로수(a)이다.
【정답】④

57. 일반적인 3상 유도전동기에 대한 설명 중 틀린 것은?

① 불평형 전압으로 운전하는 경우 전류는 증가하나 토크는 감소한다.

② 원선도 작성을 위해서는 무부하시험, 구속시험, 1차 권선저항 측정을 하여야 한다.

③ 농형은 권선형에 비해 구조가 견고하며 권선형에 비해 대형 전동기로 널리 사용된다.

④ 권선형 회전자의 3선 중 1선이 단선되면 동기속도의 50[%]에서 더 이상 가속되지 못하는 현상을 게르게스 현상이라 한다.

|정|답|및|해|설|

[3상 유도 전동기]

③ 농형은 권선형에 비해 기동조건이 나빠 중소형 전동기로 사용

【정답】③

58. 변압기 보호 장치의 주된 목적으로 볼 수 없는 것은?

① 다른 부분으로의 사고 확산 방지

② 절연내력 저하 방지

③ 변압기 자체 사고의 최소화

④ 전압 불평형 개선

|정|답|및|해|설|

[변압기 보호 장치의 목적]

·다른 부분으로의 사고 확산 방지

·절연내력 저하 방지

·변압기 자체 사고의 최소화

※④ 전압 불평형 개선과는 관계가 없다.

【정답】④

59. 직류기에서 기계각의 극수가 P인 경우 전기각과의 관계는 어떻게 되는가?

① 전기각$\times 2P$　　② 전기각$\times 3P$

③ 전기각$\times \frac{2}{P}$　　④ 전기각$\times \frac{3}{P}$

|정|답|및|해|설|

[전기각] 교류의 하나의 파는 각도로 하여 360° 이므로 이것을 바탕으로 하여 몇 개의 파수 또는 파의 일부분 등을 각도로 나타낸 것이다. 2극을 기준으로 하므로 1개의 극은 180° 에 해당하므로 전기각은 다음과 같다.

전기각 $\alpha_e[rad] = \alpha[rad] \times \frac{P}{2}$

여기서, α_e : 전기각, α : 가계각, P : 극수

따라서 기계각 $\alpha = \frac{2}{P} \times \alpha_e$

【정답】③

60. 3상 권선형 유도전동기의 전부하 슬립 5[%], 2차 1상의 저항 0.5[Ω]이다. 이 전동기의 기동 토크를 전부하 토크와 같도록 하려면 외부에서 2차에 삽입할 저항[Ω]은?

① 8.5　　② 9

③ 9.5　　④ 10

|정|답|및|해|설|

[비례추이] 비례추이란 2차 회로 저항(외부 저항)의 크기를 조정함으로써 슬립을 바꾸어 속도와 토크를 조정하는 것이다. 최대 토크는 불변, 기동 전류는 감소, 기동 토크는 증가

· $\frac{r_2}{s_m} = \frac{r_2 + R}{s_t}$

·기동시(전부하 토크로 기동) 외부저항 $R = \frac{1-s}{s} r_2$

여기서, r_2 : 2차 권선의 저항, R : 2차 외부 회로 저항

s_m : 최대 토크 시 슬립, s_t : 기동시 슬립

전부하 슬립 : 5[%], 2차 1상의 저항 0.5[Ω]

$\frac{r_2}{s_m} = \frac{r_2 + R}{s_t}$ 에서 $\frac{0.5}{0.05} = \frac{0.5 + R}{1}$

2차 외부저항 $R = 10 - 0.5 = 9.5[\Omega]$

【정답】③

2회 2018년 전기기사필기(회로이론 및 제어공학)

61. 그림과 같은 논리 회로는?

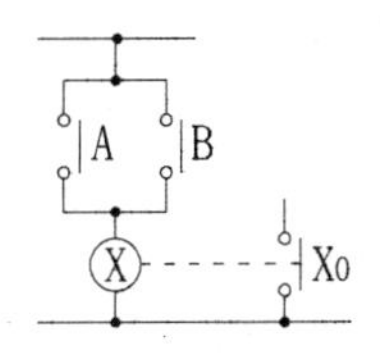

① OR 회로　　② AND 회로

③ NOT 회로　　④ NOR 회로

|정|답|및|해|설|

[OR(논리합)회로] 입력 A, B 중 한 입력만 있어도 출력 X가 생기는 회로, 즉 $X_0 = A + B$이므로 OR회로이다.

【정답】①

62. $G(s)=\dfrac{1}{0.005s(0.1s+1)^2}$에서 $\omega=10[red/s]$일 때의 이득 및 위상각은?

① 20[dB], -90° ② 20[dB], -180°
③ 40[dB], -90° ④ 40[dB], -180°

|정|답|및|해|설|

[이득 및 위상각]

1. 주파수 전달함수 $G(jw)=\dfrac{1}{\frac{5}{1000}jw\left(\frac{1}{10}jw+1\right)^2}$

2. 이득 $g=20\log_{10}|G(jw)|$

$$=20\log_{10}\left|\frac{1}{\frac{5}{1000}jw\left(\frac{1}{10}jw+1\right)^2}\right|$$
$$=20\log_{10}\left|\frac{1}{\frac{5}{1000}\omega(\sqrt{1^2+(0.1\omega)^2})^2}\right|$$
$$=20\log_{10}\left|\frac{1}{\frac{5}{1000}\omega(1+(0.1\omega)^2)}\right|\text{에서}$$

$\omega=10[rad/\sec]$를 대입

$$=20\log_{10}\left|\frac{1}{\frac{5}{100}(1+1)}\right|=20\log_{10}\frac{1}{\frac{1}{10}}=20\log_{10}10=20[\text{dB}]$$

3. 위상각

· 0.005s 부분 : 주파수 전달함수의 위상은 1형 시스템은 -90°에서 궤적이 시작$\omega=10[rad/\sec]$인 경우

· $(0.1s+1)^2=0.1\times10j+1=1+j \rightarrow \tan^{-1}\left(\frac{1}{1}\right)=45°\times2$

→ (2제곱이므로 ×2를 해준다.)

∴위상각=-90°-45°×2=-180° 【정답】 ②

63. 궤환(Feed back) 제어계의 특징이 아닌 것은?

① 정확성이 증가한다.
② 구조가 간단하고 설치비가 저렴하다.
③ 대역폭이 증가한다.
④ 계의 특성 변화에 대한 입력 대 출력비의 감도가 감소한다.

|정|답|및|해|설|

[피드백 제어계의 특징]

·정확성의 증가
·계의 특성 변화에 대한 입력 대 출력비의 감도 감소
·비선형과 왜형에 대한 효과의 감소
·대역폭의 증가
·발진을 일으키고 불안정한 상태로 되어 가는 경향성
· 구조가 복잡하고 설치비가 고가 【정답】 ②

64. 그림은 제어계와 그 제어계의 근궤적을 작도한 것이다. 이것으로부터 결정된 이득 여유 값은?

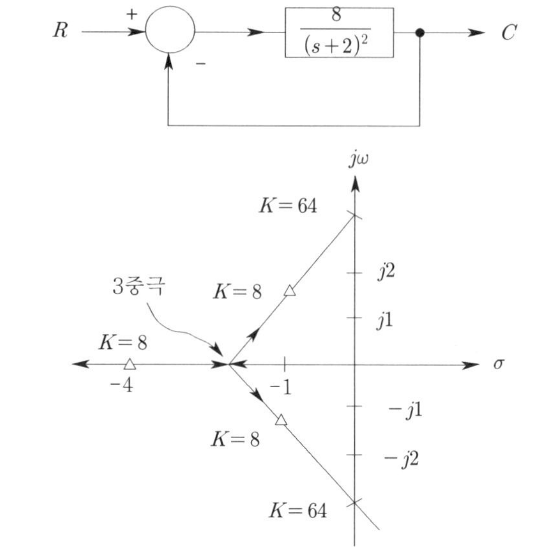

① 2 ② 4
③ 8 ④ 64

|정|답|및|해|설|

[이득여유] 이득여유를 구하는 방법은 두 가지가 있다. 첫 번째 개루프 전달함수가 주어졌을 때 계산상 이득여유를 구하는 방법과 두 번째는 근궤적도에서 이득여유를 구하는 방법 등이다.

근궤적도의 이득여유 $g\cdot m=\dfrac{\text{허수축과의 교차점에서 }K\text{의 값}}{K\text{의 설계값}}$

$$=\frac{64}{8}=8$$

|참|고|

[개루프 전달함수를 이용하는 방법]

$$G(s)H(s)=\frac{8}{(s+2)^3}$$
$$G(j\omega)H(j\omega)=\frac{8}{(j\omega+2)^3}=\frac{8}{(8-6\omega^2)+j\omega(12-\omega^2)}$$
$$\text{이득여유}=\frac{1}{|G(j\omega)H(j\omega)|}$$

→ (허수부가 0이 되어야 한다. $\omega^2=12$)

$$=\frac{1}{\left|\frac{8}{8-6\times12}\right|}=\frac{64}{8}=8$$

【정답】 ③

65. 그림과 같은 스프링 시스템은 전기적 시스템으로 변환했을 때 이에 대응하는 회로는?

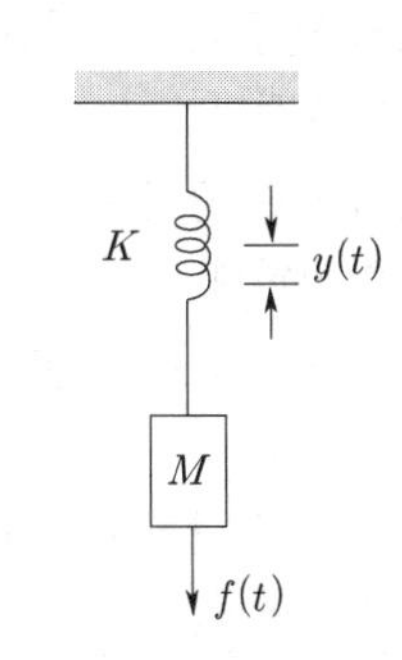

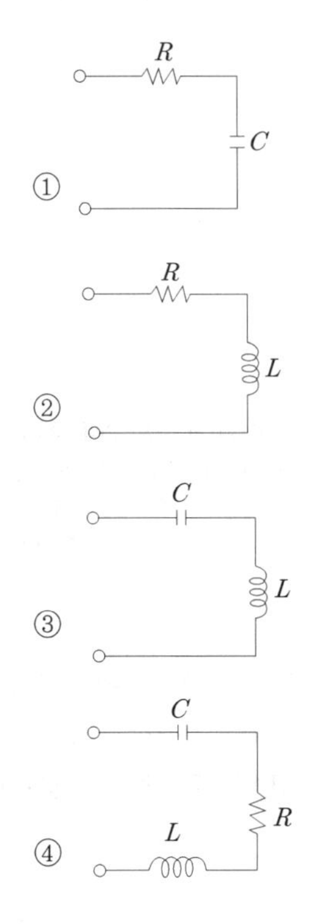

|정|답|및|해|설|

[전기회로의 병진운동]

전기계	직선운동계
전하 : $Q[C]$	위치(변위) : $y[m]$
전류 : $I[A]$	속도 : $v[m/s]$
전압 : $E[V]$	힘 : $F[N]$
저항 : $R[\Omega]$	점성마찰 : $B[N/m/s]$
인덕턴스 : $L[H]$	질량 : $M[kg.s^2/m]$
정전용량 : $C[F]$	탄성 : $K[N/m]$

문제에서는 질량과 탄성계수만 존재하므로 이를 전기계통으로 환산하면 인덕턴스(L)와 캐피시터(C)만 존재하는 회로이다. 【정답】 ③

66. $\frac{d^2}{dt^2}c(t)+5\frac{d}{dt}c(t)+4c(t)=r(t)$와 같은 함수를 상태함수로 변환하였다. 벡터 A, B의 값으로 적당한 것은?

$$\frac{d}{dt}X(t)=AX(t)+Br(t)$$

① $A=\begin{bmatrix}0 & 1\\-5 & -4\end{bmatrix}$, $B=\begin{bmatrix}0\\1\end{bmatrix}$

② $A=\begin{bmatrix}0 & 1\\5 & 4\end{bmatrix}$, $B=\begin{bmatrix}0\\1\end{bmatrix}$

③ $A=\begin{bmatrix}0 & 1\\-4 & -5\end{bmatrix}$, $B=\begin{bmatrix}0\\1\end{bmatrix}$

④ $A=\begin{bmatrix}0 & 1\\4 & 5\end{bmatrix}$, $B=\begin{bmatrix}0\\1\end{bmatrix}$

|정|답|및|해|설|

[상태 방정식] $\dot{x}=Ax+Bu$ → (A, B : 상태계수행렬, $u=r(t)$)

$x(t)=x_1(t)$로 선정

$\dot{x}_1(t)=x_2(t)$

$\dot{x}_2(t)=-4x_1(t)-5x_2(t)+r(t)$

상태방정식으로 계산하면

$$\begin{bmatrix}\dot{x}_1(t)\\\dot{x}_2(t)\end{bmatrix}=\begin{bmatrix}0 & 1\\-4 & -5\end{bmatrix}\begin{bmatrix}x_1(t)\\x_2(t)\end{bmatrix}+\begin{bmatrix}0\\1\end{bmatrix}r(t)$$

【정답】 ③

67. 노 내 온도를 제어하는 프로세스 제어계에서 검출부에 해당하는 것은?

① 노 ② 밸브
③ 증폭기 ④ 열전대

|정|답|및|해|설|

[변환요소]

변환량	변환요소
압력 → 변위	벨로우즈, 다이어프램, 스프링
변위 → 압력	노즐플래퍼, 유압 분사관, 스프링
변위 → 임피던스	가변저항기, 용량형 변환기
변위 → 전압	포텐셔미터, 차동변압기, 전위차계
전압 → 변위	전자석, 전자코일
광 → 임피던스	광전관, 광전도 셀, 광전 트랜지스터
광 → 전압	광전지, 광전 다이오드
방사선 → 임피던스	GM 관, 전리함
온도 → 임피던스	측온 저항(열선, 서미스터, 백금, 니켈)
온도 → 전압	**열전대**

【정답】 ④

68. 전달함수 $G(s)=\dfrac{1}{s+a}$일 때, 이 계의 임펄스 응답 $c(t)$를 나타내는 것은? 단, a는 상수이다.

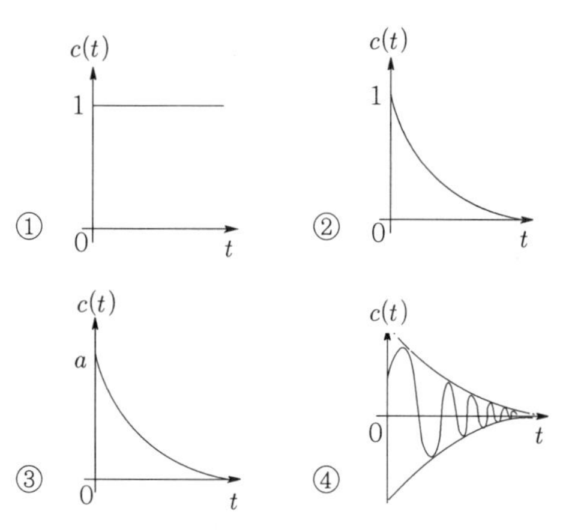

|정|답|및|해|설|

[임펄스(입력함수) 응답(출력함수)에 따른 전달함수]

$G(s)=\dfrac{C(s)}{R(s)}=C(s)=\dfrac{1}{S+a}$ → $(r(t)=\delta(t),\ R(s)=1)$

$C(s)=\dfrac{1}{S+a}$를 나플라스 변환하면

$\therefore\ C(t)=e^{-at}$ → (지수함수 감쇠 그래프)

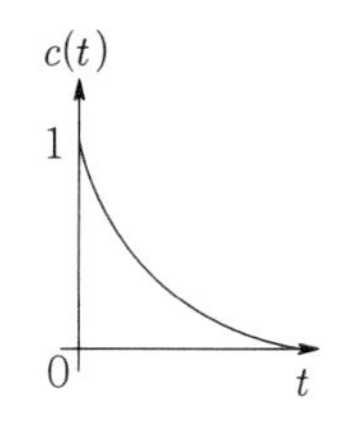

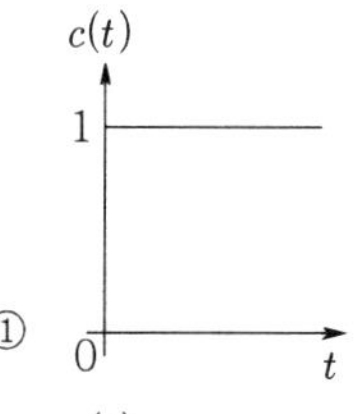

① $G(s)=\dfrac{1}{s}$, 임계 $c(t)=1$

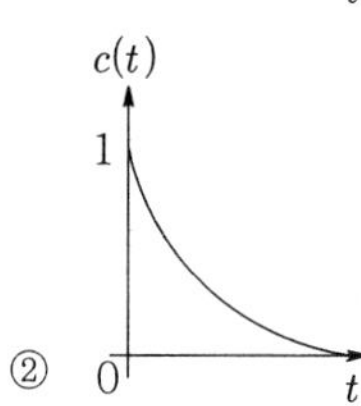

② $G(s)=\dfrac{1}{s+a}$, 안정 $c(t)=e^{-at}$

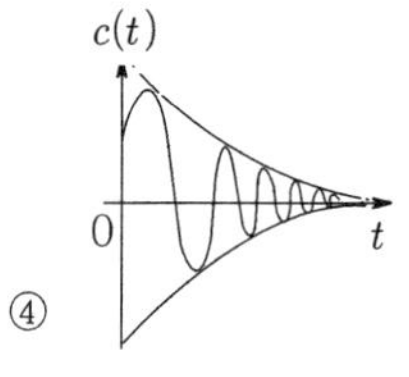

④ $G(s)=\dfrac{b}{(s+a)^2+b^2}$,

안정 $c(t)=e^{-at}\sin\omega t$ 【정답】 ②

69. 이산 시스템(discrete data system)에서의 안정도 해석에 대한 아래의 설명 중 맞는 것은?

① 특성 방정식의 모든 근이 z 평면의 음의 반평면에 있으면 안정하다.

② 특성 방정식의 모든 근이 z 평면의 양의 반평면에 있으면 안정하다.

③ 특성 방정식의 모든 근이 z 평면의 단위원 내부에 있으면 안정하다.

④ 특성 방정식의 모든 근이 z 평면의 단위원 외부에 있으면 안정하다.

|정|답|및|해|설|

[z평면과 s평면의 관계]

z평면　　　s평면

1. s평면의 좌반면(①) : z평면상에서는 **단위원의 내부(①)에 사상(안정)**
2. s평면의 우반면(③) : z평면상에서는 단위원의 외부(③)에 사상(불안정)
3. s평면의 허수축(②) : z평면상에서는 단위원의 원주상(②)에 사상(임계)

【정답】 ③

70. 무손실 선로에 있어서 감쇠 정수 α, 위상 정수를 β라 하면 α와 β의 값은? (단, R, G, L, C는 선로 단위 길이당의 저항, 콘덕턴스, 인덕턴스, 커패시턴스이다.)

① $\alpha=\sqrt{RG},\ \beta=0$

② $\alpha=0,\ \beta=\dfrac{1}{\sqrt{LC}}$

③ $\alpha=\sqrt{RG},\ \beta=w\sqrt{LC}$

④ $\alpha=0,\ \beta=w\sqrt{LC}$

|정|답|및|해|설|

[전파정수] $r=\alpha+j\beta=\sqrt{Z\cdot Y}$

[특성 임피던스] $Z_0=\sqrt{\dfrac{Z}{Y}}=\sqrt{\dfrac{R+j\omega L}{G+j\omega C}}=\sqrt{\dfrac{L}{C}}$

여기서, α : 감쇠정수, β : 위상 정수, Z : 임피던스

Y : 어드미턴스, G : 콘덕턴스, L : 인덕턴스

·무손실 선로의 조건 $R=0,\ G=0$이므로

·전파정수 $r=\sqrt{(R+jwL)(G+jwC)}=jw\sqrt{LC}$

따라서, $\alpha=0,\ \beta=w\sqrt{LC}$ 【정답】 ④

71. 단위 부궤환 제어 시스템(Unit Negative Feedback Control System)의 개루프(Open Loop) 전달함수 $G(s)$가 다음과 같이 주어져 있다. 이득여유가 20[dB]이면 이때의 K값은?

$$G(s)H(s) = \frac{K}{(s+1)(s+3)}$$

① $\frac{3}{10}$　② $\frac{3}{20}$
③ $\frac{1}{20}$　④ $\frac{1}{40}$

|정|답|및|해|설|

[이득여유] $g \cdot m = 20\log_{10}\left|\frac{1}{GH}\right|[dB]$

$G(j\omega)H(jw) = \frac{K}{(jw+1)(jw+3)} = \frac{K}{(3-w^2)+j4w}$

허수부가 0이 되는 주파수는 $j\omega = 0$이므로

$|G(j\omega)H(jw)|_{\omega=0} = \frac{K}{3}$

이득여유 $g \cdot m = 20\log_{10}\left|\frac{1}{\frac{K}{3}}\right| = 20[dB]$

$\therefore \frac{3}{K} = 10 \rightarrow K = \frac{3}{10}$ 【정답】 ①

72. $R = 100[\Omega]$, $X_L = 100[\Omega]$이고 L만을 가변할 수 있는 RLC 직렬회로가 있다. 이때 $f = 500[Hz]$, $E = 100[V]$를 인가하여 L을 변화시킬 때 L의 단자전압 E_1의 최대값은 몇 [V]인가? 단, 공진회로이다.

① 50　② 100　③ 150　④ 200

|정|답|및|해|설|

[RLC 직렬공진 시 전류] $I = \frac{V_m}{R}[A]$

$I = \frac{V_m}{R} = \frac{100}{100} = 1[A]$이므로

L의 최고 전압 $V_L = X_L \cdot I = 100 \times 1 = 100[V]$ 【정답】 ②

73. 어떤 회로에 전압을 115[V] 인가하였더니 유효전력이 230[W], 무효전력이 345[Var]를 지시한다면 회로에 흐르는 전류는 약 몇 [A]인가?

① 2.5　② 5.6
③ 3.6　④ 4.5

|정|답|및|해|설|

[피상전력] $P_a = VI = I^2|Z| = \sqrt{P^2 + P_r^2}$ [VA]

여기서, P_a : 피상저력, Z : 임피던스, P : 유효전력, P_r : 무효전력

전압 : 115[V], 유효전력 : 230[W], 무효전력 : 345[Var]

· $P_a = \sqrt{P^2 + P_r^2} = \sqrt{230^2 + 345^2} = 414.6[VA]$

· $P_a = VI$에서 $I = \frac{P_a}{V} = \frac{414.6}{115} = 3.6[A]$ 【정답】 ③

74. 시정수의 의미를 설명한 것 중 틀린 것은?

① 시정수가 작으면 과도현상이 짧다.
② 시정수가 크면 정상 상태에 늦게 도달한다.
③ 시정수는 r로 표시하며 단위는 초[sec]이다.
④ 시정수는 과도 기간 중 변화해야 할 양의 0.632[%]가 변화하는 데 소요된 시간이다.

|정|답|및|해|설|

[시정수 (r)] 전류 $i(t)$가 **정상값의 63.2[%]까지** 도달하는데 걸리는 시간으로 단위는 [sec]

시정수 $r = \frac{L}{R}$[sec]

※ 시정수가 길면 길수록 정상값의 63.2[%]까지 도달하는데 걸리는 시간이 오래 걸리므로 과도현상은 오래 지속된다.

【정답】 ④

75. 어떤 소자에 걸리는 전압이 $100\sqrt{2}\cos\left(314t - \frac{\pi}{6}\right)[V]$이고, 흐르는 전류가 $3\sqrt{2}\cos\left(314t + \frac{\pi}{6}\right)[A]$일 때 소비되는 전력[W]은?

① 100　② 150　③ 250　④ 300

|정|답|및|해|설|

[소비전력] $P = VI\cos\theta$

· 전압(V) : $\frac{100\sqrt{2}}{\sqrt{2}}$ =100[V]

· 전류(I) : $\frac{3\sqrt{2}}{\sqrt{2}}$ =3[A]　→ (실효값 = $\frac{최대값}{\sqrt{2}}$)

· 전압의 위상각 $\theta_V = -30°$

· 전류의 위상각 $\theta_I = 30°$

$\therefore P = VI\cos\theta = 100 \times 3 \times \cos 60 = 150[W]$

→ (전류와 전압의 위상차 $\theta = 30 - (-30) = 60$))

【정답】 ②

76. 그림 (a)와 그림 (b)가 역회로 관계에 있으려면 L의 값은 몇 [mH]인가?

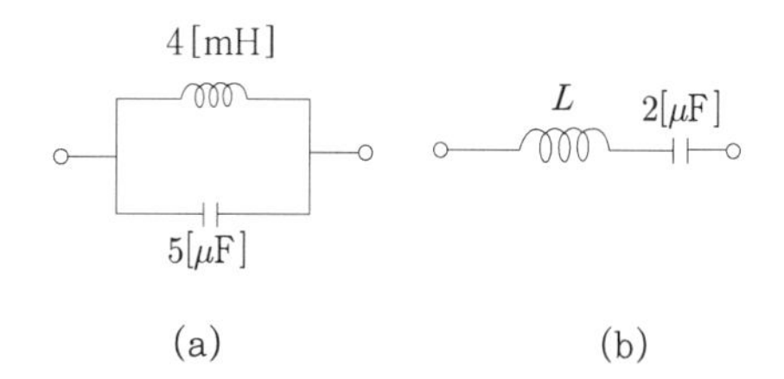

① 1　　② 2
③ 5　　④ 10

|정|답|및|해|설|

[역회로] 구동점 임피던스가 Z_1, Z_2인 2단자 회로망에서 $Z_1Z_2 = K^2$의 관계가 성립할 때 Z_1, Z_2는 K에 대해 역회로라고 한다. $Z_1 = jwL_1,\ Z_2 = \dfrac{1}{jwC_2}$ 라면

$Z_1Z_2 = \dfrac{jwL_1}{jwC_2} = \dfrac{L_1}{C_2} = K^2$의 관계가 있을 때 L과 C는 역회로가 된다. 이때는 반드시 쌍대의 관계가 있다.

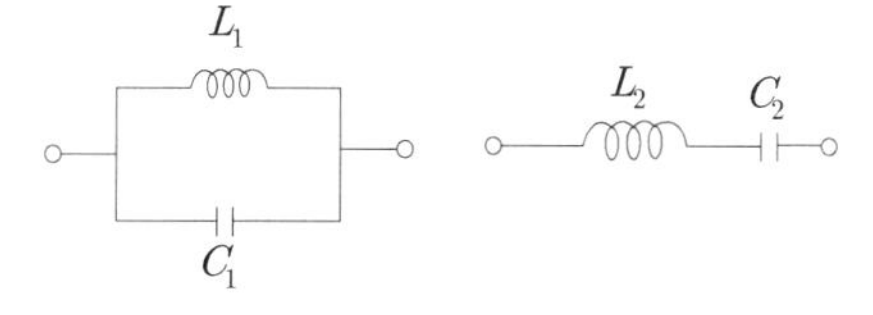

$$K^2 = \frac{L_1}{C_2} = \frac{L_2}{C_1}$$

$$K^2 = \frac{L_1}{C_2} = \frac{4\times10^{-3}}{2\times10^{-6}} = 2000 \qquad \rightarrow (\mu = 10^{-6},\ [H] = 10^3[mH])$$

$$L_2 = K^2C_1 = 2000^2\times5\times10^{-6}\times10^3 = 10[\text{mH}]$$

【정답】 ④

77. 2개의 전력계로 평형 3상 부하의 전력을 측정하였더니 한쪽의 지시가 다른 쪽 전력계 지시의 3배였다면 부하의 역률은 약 얼마인가?

① 0.46　　② 0.55
③ 0.65　　④ 0.76

|정|답|및|해|설|

[2전력계법] 단상 전력계 2대로 3상전력을 계산하는 법

・유효전력 $P = |W_1| + |W_2|$

・무효전력 $P_r = \sqrt{3}(|W_1 - W_2|)$

・피상전력 $P_a = \sqrt{P^2 + P_r^2} = 2\sqrt{W_1^2 + W_2^2 - W_1W_2}$

・역률 $\cos\theta = \dfrac{P}{P_a} = \dfrac{W_1 + W_2}{2\sqrt{W_1^2 + W_2^2 - W_1W_2}}$

한쪽의 지시가 다른 쪽 전력계 지시의 3배이므로 $W_1 = 3W_2$

$$\text{역률 } \cos\theta = \frac{3W_2 + W_2}{2\sqrt{9W_2^2 + W_2^2 - 3W_2W_2}} = \frac{4}{2\sqrt{1+9-3}} = \frac{2}{\sqrt{7}} = 0.76$$

【정답】 ④

78. $F(s) = \dfrac{1}{s(s+a)}$의 라플라스 역변환은?

① e^{-at}　　② $1-e^{-at}$
③ $a(1-e^{-at})$　　④ $\dfrac{1}{a}(1-e^{-at})$

|정|답|및|해|설|

[라플라스 변환] 변환된 함수가 유리수인 경우

・분모가 인수분해 되는 경우 : 부분 분수 전개

・분모가 인수분해 되지 않는 경우 : 완전 제곱형

$$F(s) = \frac{1}{s(s+a)} = \frac{k_1}{s} + \frac{k_2}{s+a}$$

$$k_1 = \lim_{s\to0}\frac{1}{s+a} = \frac{1}{a},\ k_2 = \lim_{s\to-a}\frac{1}{a} = -\frac{1}{a}$$

$$\therefore \mathcal{L}^{-1}\left[\frac{1}{a}\frac{1}{s} - \frac{1}{a}\frac{1}{s+a}\right] = \frac{1}{a} - \frac{1}{a}e^{-at} = \frac{1}{a}(1-e^{-at})$$

【정답】 ④

79. 공간적으로 서로 $\dfrac{2\pi}{n}[rad]$의 각도를 두고 배치한 n개의 코일에 대칭 n상 교류를 흘리면 그 중심에 생기는 회전자계의 모양은?

① 원형 회전자계　　② 타원형 회전자계
③ 원통형 회전자계　　④ 원추형 회전자계

|정|답|및|해|설|

[회전자계] 회전자계는 다음과 같이 두 가지로 표현한다.

1. 대칭 n상 : 원형 회전자계 형성
2. 비대칭 n상 : 타원 회전자계 형성

【정답】 ①

80. 선간전압이 200[V]인 대칭 3상 전원에 평형 3상 전원에 평형 3상 부하가 접속되어 있다. 부하 1상의 저항은 10$[\Omega]$, 유도리액턴스 15$[\Omega]$, 용량리액턴스 5$[\Omega]$이 직렬로 접속된 것이다. 부하가 △ 결선일 경우, 선로 전류[A]와 3상 전력[W]은 얼마인가?

① $I_l = 10\sqrt{6}$, $P_3 = 6{,}000$

② $I_l = 10\sqrt{6}$, $P_3 = 8{,}000$

③ $I_l = 10\sqrt{3}$, $P_3 = 6{,}000$

④ $I_l = 10\sqrt{3}$, $P_3 = 8{,}000$

|정|답|및|해|설|

[부하 1상의 임피던스] $Z = R + j(X_L - X_c)$

[△결선 시] $I_p = \frac{V_p}{Z}$, $I_l = \sqrt{3} I_p$

[3상의 소비전력] $P = 3I_p^2 R$

여기서, Z : 임피던스, R : 저항, X_L : 유도성 리액턴스
X_C : 용량성 리액턴스, I_P : 상전류, V_P : 상전압
I_l : 선전류

선간전압(V_l) : 200[V], 저항 : 10$[\Omega]$, 유도리액턴스(X_L) : 15$[\Omega]$, 용량리액턴스(X_C) : 5$[\Omega]$

1. 임피던스 $Z = R + j(X_L - X_c) = 10 + j(15-5) = 10 + j0$
2. 상전류 $I_p = \frac{V_p}{Z} = \frac{V_p}{\sqrt{R^2 + X^2}} = \frac{200}{\sqrt{10^2 + 10^2}} = 10\sqrt{2}$
3. 선전류 $I_l = \sqrt{3} I_p = \sqrt{3} \times 10\sqrt{2} = 10\sqrt{6}[A]$
4. 3상의 소비전력 $P = 3I_p^2 R = 3 \times (10\sqrt{2})^2 \times 10 = 6000[W]$

【정답】 ①

2회 2018년 전기기사필기 (전기설비기술기준)

81. 애자사용공사에 의한 저압 옥내배선 시설 중 틀린 것은?

① 전선은 인입용 절연전선일 것

② 전선 상호간의 간격은 6[cm] 이상일 것

③ 전선의 지지점 간의 거리는 전선을 조영재의 윗면에 따라 붙일 경우에는 2[m] 이하일 것

④ 전선과 조영재 사이의 간격은 사용전압이 400[V] 미만일 경우에는 2.5[cm] 이상일 것

|정|답|및|해|설|

[애자사용공사 (KEC 232.56)]

- 전선은 절연전선(옥외용 비닐 절연전선 및 인입용 비닐 절연전선을 제외한다)일 것
- 전선 상호 간의 간격은 6[cm] 이상일 것
- 전선과 조영재 사이의 간격(이격거리)은 사용전압이 400[V] 미만인 경우에는 2.5[cm] 이상, 400[V] 이상인 경우에는 4.5[cm](건조한 장소에 시설하는 경우에는 2.5[cm])이상일 것
- 전선의 지지점 간의 거리는 전선을 조영재의 윗면 또는 옆면에 따라 붙일 경우에는 2[m] 이하일 것

【정답】 ①

82. 저압 및 고압 가공전선의 최소 높이는 도로를 횡단하는 경우와 철도를 횡단하는 경우에 각각 몇 [m] 이상이어야 하는가?

① 도로 : 지표상 5[m], 철도 : 레일면상 6[m]

② 도로 : 지표상 5[m], 철도 : 레일면상 6.5[m]

③ 도로 : 지표상 6[m], 철도 : 레일면상 6[m]

④ 도로 : 지표상 6[m], 철도 : 레일면상 6.5[m]

|정|답|및|해|설|

[저·고압 가공전선의 높이 KEC 222.7, (KEC 332.5)]

저·고압 가공 전선의 높이는 다음과 같다.

1. 도로 횡단 : 6[m] 이상
2. 철도 횡단 : 레일면상 6.5[m] 이상
3. 횡단 보도교 위 : 3.5[m](고압 4[m])
4. 기타 : 5[m] 이상

【정답】 ④

83. 발전용 수력 설비에서 필댐의 축제 재료로 필댐의 본체에 사용하는 토질 재료로 적합하지 않은 것은?

① 묽은 진흙으로 되지 않을 것

② 댐의 안정에 필요한 강도 및 수밀성이 있을 것

③ 유기물을 포함하고 있으며 광물 성분은 불용성일 것

④ 댐의 안정에 지장을 줄 수 있는 팽창성 또는 수축성이 없을 것

|정|답|및|해|설|

[필댐 축제 자료 (기술기준 제45조)] 필댐의 본체에 사용하는 토질 재료는 다음에 적합한 것이어야 한다.

- 묽은 진흙으로 되지 않을 것
- 댐의 안정에 필요한 강도 및 수밀성이 있을 것
- 유기물이 포함되지 않고 광물 성분은 불용성일 것
- 댐의 안정에 지장을 줄 수 있는 팽창성 또는 수축성이 없을 것

【정답】 ③

84. 접지공사의 접지극을 시설할 때 동결 깊이를 고려하여 지하 몇 [cm] 이상의 깊이를 매설하여야 하는가?

① 60　　② 75
③ 90　　④ 100

|정|답|및|해|설|

[접지극의 시설 및 접지저항 (KEC 142.2)] 접지극은 지표면으로부터 지하 0.75[m] 이상으로 하되 동결 깊이를 고려하여 매설 깊이를 정해야 한다. 【정답】 ②

85. 전기울타리용 전원 장치에 전기를 공급하는 전로의 사용전압은 몇 [V] 이하이어야 하는가?

① 150　　② 200
③ 250　　④ 300

|정|답|및|해|설|

[전기울타리의 시설 (KEC 241.1)]

- 전로의 사용전압은 250[V] 이하
- 전기울타리는 사람이 쉽게 출입하지 아니하는 곳에 시설할 것.
- 전선은 인장강도 1.38[kN] 이상의 것 또는 지름 2[㎜] 이상의 경동선일 것
- 전선과 이를 지지하는 기둥 사이의 간격은 2.5[㎝] 이상일 것
- 전선과 다른 시설물(가공 전선을 제외한다) 또는 수목 사이의 간격은 30[㎝] 이상일 것
- 전기울타리에 전기를 공급하는 전로에는 쉽게 개폐할 수 있는 곳에 전용 개폐기를 시설하여야 한다. 【정답】 ③

|참|고|

[사용전압]

1. 대부분의 사용전압 → 400[V]
2. 예외인 경우
   ① 전기울타리 사용전압 → 250[V]
   ② 신호등 사용전압 → 300[V]

86. 사용전압이 22.9[kV]인 특고압 가공전선로(중성선 다중접지식의 것으로서 전로에 지락이 생겼을 때에 2초 이내에 자동적으로 이를 전로로부터 차단하는 장치가 되어 있는 것에 한한다.)가 상호간 접근 또는 교차하는 경우 사용전선이 양쪽 모두 케이블인 경우 간격은 몇 [m] 이상인가?

① 0.25　　② 0.5
③ 0.75　　④ 1.0

|정|답|및|해|설|

[25[㎸] 이하인 특고압 가공전선로의 시설 (KEC 333.32)]
특고압 가공전선이 도로 등의 아래쪽에서 접근하여 시설될 때에는 상호간의 간격(이격거리)

전선의 종류	간격(이격거리)[m]
나전선	1.5
특고압 절연전선	1
케이블	0.5

【정답】 ②

87. 전력계통의 일부가 전력계통의 전원과 전기적으로 분리된 상태에서 분산형 전원에 의해서만 가압되는 상태를 무엇이라 하는가?

① 계통연계　　② 접속설비
③ 단독운전　　④ 단순 병렬운전

|정|답|및|해|설|

[계통 연계용 보호장치의 시설 (kec 503.2.4)]

- 독립형 전원(단독 운전) : 전력계통의 일부가 전력계통의 전원과 전기적으로 분리된 상태
- 계통 연계형 전원 : 전력계통의 일부가 전력계통의 전원과 전기적으로 연결된 상태 【정답】 ③

88. 고압 가공인입선이 케이블 이외의 것으로서 그 아래에 위험 표시를 하였다면 전선의 지표상 높이는 몇 [m]까지로 감할 수 있는가?

① 2.5m　　② 3.5m
③ 4.5m　　④ 5.5m

|정|답|및|해|설|

[고압 가공인입선의 시설 (KEC 331.12.1)]

- 인장강도 8.01[kN] 이상의 고압절연전선 또는 5[㎜] 이상의 경동선 사용
- 고압 가공 인입선의 높이 3.5[m]까지 감할 수 있다(전선의 아래쪽에 위험표시를 할 경우).
- 고압 이웃 연결(연접) 인입선은 시설하여서는 아니 된다.

【정답】 ②

89. 특고압의 기계기구·모선 등을 옥외에 시설하는 변전소의 구내에 취급자 이외의 자가 들어가지 못하도록 시설하는 울타리·담 등의 높이는 몇 [m] 이상으로 하여야 하는가?

① 2 ② 2.2
③ 2.5 ④ 3

|정|답|및|해|설|

[발전소 등의 울타리·담 등의 시설 (KEC 351.1)] 고압 또는 특고압의 기계기구모선 등을 옥외에 시설하는 발전소·변전소·개폐소 또는 이에 준하는 곳의 울타리·담 등의 높이는 2[m] 이상으로 하고 지표면과 울타리 · 담 등의 하단사이의 간격은 15[cm] 이하로 할 것.

【정답】 ①

90. 가반형의 용접전극을 사용하는 아크 용접장치의 용접변압기의 1차측 전로의 대지 전압을 몇 [V] 이하이어야 하는가?

① 60 ② 150
③ 300 ④ 400

|정|답|및|해|설|

[아크 용접기 (KEC 241.10)]

- 용접변압기는 절연변압기일 것.
- 용접변압기의 1차측 전로의 대지전압은 300[V] 이하일 것.

|참|고|

[대자전압]

1. 90[%] 이상은 300[V]
2. 예외인 경우
   ① 누설전압이 없는 경우 → 대지전압 150[V]
   ② 전기저장장치, 태양광설비 → 직류 600[V]

【정답】 ③

91. 지중 전선로를 직접 매설식에 의하여 시설할 때, 차량 기타 중량물의 압력을 받을 우려가 있는 장소의 매설 깊이는 몇 [cm] 이상이어야 하는가?

① 60 ② 90
③ 100 ④ 150

|정|답|및|해|설|

[지중 전선로의 시설 (KEC 334.1)] 전선은 케이블을 사용하고, 또한 관로식, 암거식, 직접 매설식에 의하여 시공한다.

1. 직접 매설식 : 매설 깊이는 중량물의 압력이 있는 곳은 1.0[m] 이상, 없는 곳은 0.6[m] 이상으로 한다.
2. 관로식 : 매설 깊이를 1.0 [m] 이상, 중량물의 압력을 받을 우려가 없는 곳은 60 [cm] 이상으로 한다.
3. 암거식 : 지하 구조물 내 케이블 지지대를 설치하고 그 위에 케이블을 부설하는 방식

【정답】 ③

92. 특고압을 옥내에 시설하는 경우 그 사용전압의 최대 한도는 몇 [kV] 이하인가?

① 25 ② 80
③ 100 ④ 160

|정|답|및|해|설|

[특고압 옥내 전기 설비의 시설 (KEC 342.4)]

- 사용전압은 100[kV] 이하일 것, 다만 케이블트레이공사에 의하여 시설하는 경우에는 35[kV] 이하일 것
- 전선은 케이블일 것

【정답】 ③

93. 샤워 시설이 있는 욕실 등 인체가 물에 젖어 있는 상태에서 전기를 사용하는 장소에 콘센트를 시설할 경우 인체감전보호용 누전차단기의 정격감도전류는 몇 [mA] 이하인가?

① 5 ② 10
③ 15 ④ 20

|정|답|및|해|설|

[콘센트의 시설 (KEC 234.5)] 욕조나 샤워시설이 있는 욕실 또는 화장실 등 인체가 물에 젖어있는 상태에서 전기를 사용하는 장소에 콘센트를 시설하는 경우에는 다음 각 호에 따라 시설하여야한다.

- 「전기용품안전 관리법」의 적용을 받는 인체감전보호용 누전차단기(정격감도전류 15[mA] 이하, 동작시간 0.03초 이하의 전류동작형의 것에 한한다) 또는 절연변압기(정격용량 3[kVA] 이하인 것에 한한다)로 보호된 전로에 접속하거나, 인체감전보호용 누전차단기가 부착된 콘센트를 시설하여야 한다.
- 콘센트는 접지극이 있는 방적형 콘센트를 사용하여 접지하여야 한다.

【정답】 ③

94. 전로의 사용전압이 200[V]인 저압 전로의 전선 상호 간 및 전로 대지 간의 절연 저항값은 몇 [MΩ] 이상이어야 하는가?

① 0.1 ② 0.2
③ 0.4 ④ 1.0

|정|답|및|해|설|

[전로의 사용전압에 따른 절연저항값 (기술기준 제52조)]

전로의 사용전압의 구분	DC 시험전압	절연 저항값
SELV 및 PELV	250	0.5[MΩ]
FELV, 500[V] 이하	500	1[MΩ]
500[V] 초과	1000	1[MΩ]

【정답】 ④

95. (　) 안에 들어갈 내용으로 옳은 것은?

> 놀이용(유희용) 전차에 전기를 공급하는 전로의 사용전압은 직류의 경우는 (Ⓐ)[V] 이하, 교류의 경우는 (Ⓑ)[V] 이하이어야 한다.

① Ⓐ 60, Ⓑ 40　　② Ⓐ 40, Ⓑ 60
③ Ⓐ 30, Ⓑ 60　　④ Ⓐ 60, Ⓑ 30

|정|답|및|해|설|

[놀이용(유희용) 전차 (KEC 241.8)]

- 놀이용(유희용) 전차(유원지 · 유회장 등의 구내에서 놀이용(유희용)으로 시설하는 것을 말한다)에 전기를 공급하기 위하여 사용하는 변압기의 1차 전압은 400[V] 이하
- 놀이용(유희용) 전차에 전기를 공급하는 전로(전원장치)의 사용전압은 직류의 경우는 60[V] 이하, 교류의 경우는 40[V] 이하일 것.
- 놀이용(유희용) 전차에 전기를 공급하기 위하여 사용하는 접촉전선은 제3레일 방식에 의하여 시설할 것
- 레일 및 접촉전선은 사람이 쉽게 출입할 수 없도록 설비한 곳에 시설할 것.
- 놀이용(유희용) 전차 안에 승압용 변압기를 시설하는 경우에는 그 변압기의 2차 전압은 150[V] 이하일 것

【정답】 ①

96. 발전기를 자동적으로 전로로부터 차단하는 장치를 반드시 시설하지 않아도 되는 경우는?

① 발전기에 과전류나 과전압이 생긴 경우
② 용량 5,000[kVA] 이상인 발전기의 내부에 고장이 생긴 경우
③ 용량 500[kVA] 이상의 발전기를 구동하는 수차의 압유장치의 유압이 현저히 저하한 경우
④ 용량 2,000[kVA] 이상인 수차 발전기의 스러스트 베어링 온도가 현저히 상승하는 경우

|정|답|및|해|설|

[발전기 등의 보호장치 (KEC 351.3)] 발전기에는 다음 각 호의 경우에 자동적으로 이를 전로로부터 차단하는 장치를 시설하여야 한다.

- 발전기에 과전류나 과전압이 생긴 경우
- 용량이 500[kVA] 이상의 발전기를 구동하는 수차의 압유 장치의 유압 또는 전동식 가이드밴 제어장치, 전동식 니이들 제어장치 또는 전동식 디플렉터 제어장치의 전원전압이 현저히 저하한 경우
- 용량 100[kVA] 이상의 발전기를 구동하는 풍차(風車)의 압유장치의 유압, 압축 공기장치의 공기압 또는 전동식 브레이드 제어장치의 전원전압이 현저히 저하한 경우
- 용량이 2,000[kVA] 이상인 수차 발전기의 스러스트 베어링의 온도가 현저히 상승한 경우
- 용량이 10,000[kVA] 이상인 발전기의 내부에 고장이 생긴 경우
- 정격출력이 10,000[kW]를 초과하는 증기터빈은 그 스러스트 베어링이 현저하게 마모되거나 그의 온도가 현저히 상승한 경우

【정답】 ②

97. 철탑의 강도 계산을 할 때 이상 시 상정하중이 가하여지는 경우 철탑의 기초에 대한 안전율은 얼마 이상이어야 하는가?

① 1.33　　② 1.83
③ 2.25　　④ 2.75

|정|답|및|해|설|

[가공전선로 지지물의 기초 안전율 (KEC 331.7)] 가공전선로의 지지물에 하중이 가하여지는 경우에 그 하중을 받는 지지물의 기초 안전율은 2(이상 시 상정하중이 가하여지는 경우의 그 이상 시 상정하중에 대한 철탑의 기초에 대하여는 1.33) 이상이어야 한다.

【정답】 ①

※한국전기설비규정(KEC) 적용으로 인해 더 이상 출제되지 않는 문제는 삭제했습니다.

2018년 3회 전기기사 필기 기출문제

3회 2018년 전기기사필기 (전기자기학)

1. 전계 E의 x, y, z 성분을 E_x, E_y, E_z라 할 때 $divE$는?

① $\frac{\partial Ex}{\partial x}+\frac{\partial Ey}{\partial y}+\frac{\partial Ez}{\partial z}$

② $i\frac{\partial Ex}{\partial x}+j\frac{\partial Ey}{\partial y}+k\frac{\partial Ez}{\partial z}$

③ $\frac{\partial^2 Ex}{\partial x^2}+\frac{\partial^2 Ey}{\partial y^2}+\frac{\partial^2 Ez}{\partial z^2}$

④ $i\frac{\partial^2 Ex}{\partial x^2}+j\frac{\partial^2 Ey}{\partial y^2}+k\frac{\partial^2 Ez}{\partial z^2}$

|정|답|및|해|설|

[전계의 발산]

$div E=\nabla\cdot E=\left(\frac{\partial}{\partial x}i+\frac{\partial}{\partial y}j+\frac{\partial}{\partial z}k\right)\cdot(E_x i+E_y j+E_z k)$

→ (같은 계수만 곱해서 더해준다.)

$=\frac{\partial E_x}{\partial x}+\frac{\partial E_y}{\partial y}+\frac{\partial E_z}{\partial z}$

【정답】 ①

2. 동심구형 콘덴서의 내외 반지름을 각각 5배로 증가시키면 정전용량은 몇 배가 되는가?

① 2배 ② $\sqrt{2}$ 배

③ 5배 ④ $\sqrt{5}$ 배

|정|답|및|해|설|

[동심구의 정전용량] $C=\frac{4\pi\epsilon_0}{\frac{1}{a}-\frac{1}{b}}=\frac{4\pi\epsilon_0 ab}{b-a}=\frac{1}{9\times10^9}\frac{ab}{b-a}[F]$

여기서, ϵ_0 : 진공중의 유전율, a, b : 내외 반지름

내외 반지름을 각각 5배($a'=5a$, $b'=5b$)로 늘린 경우의 정전용량(C')

$C'=\frac{4\pi\epsilon_0 a'b'}{b'-a'}=\frac{4\pi\epsilon_0 5a5b}{5(b-a)}=5\times\frac{4\pi\epsilon_0 ab}{b-a}=5C[F]$

|참|고|

[각 도형의 정전용량]

1. 구 : $C=4\pi\epsilon a[F]$
2. 평판 : $C=\frac{Q}{V_0}=\frac{\epsilon S}{d}=\frac{\epsilon_0\epsilon_s S}{d}$
3. 원주 : $C=\frac{2\pi\epsilon l}{\ln\frac{b}{a}}[F]$
4. 평행도선 : $C=\frac{\pi\epsilon l}{\ln\frac{d}{b}}[F]$

【정답】 ③

3. 자성체 경계면에 전류가 없을 때의 경계 조건으로 틀린 것은?

① 자계 H의 접선 성분 $H_{1T}=H_{2T}$

② 자속 밀도 B의 법성 성분 $B_{1N}=B_{2N}$

③ 경계면에서의 자력선이 굴절 $\frac{\tan\theta_1}{\tan\theta_2}=\frac{\mu_1}{\mu_2}$

④ 전속밀도 D의 법선 성분 $D_{1N}=D_{2N}=\frac{\mu_2}{\mu_1}$

|정|답|및|해|설|

[자성체의 경계조건(경계면에 전류가 없을 때)]

1. 자속밀도는 경계면에서 법선 성분은 같다.

$B_{1n}=B_{2n}$

$B_1\cos\theta_1=B_2\cos\theta_2 \rightarrow (B_1=\mu_1 H_1,\ B_2=\mu_2 H_2)$

2. 자계의 세기는 경계면에서 접선성분은 같다.

$H_{1t}=H_{2t}$

$H_1\sin\theta_1=H_2\sin\theta_2 \rightarrow (B_1>B_2,\ H_1<H_2)$

3. 자성체의 굴절의 법칙 : 굴절각과 투자율은 비례한다.

$\cdot\frac{\tan\theta_1}{\tan\theta_2}=\frac{\epsilon_1}{\epsilon_2}=\frac{\mu_1}{\mu_2}=\frac{k_1}{k_2}$

$\cdot\mu_1>\mu_2$일 때 $\theta_1>\theta_2$, $B_1<B_2$, $H_1<H_2$

4 경계면에 수직으로 입사한 전속은 굴절하지 않는다.

【정답】 ④

4. 도체나 반도체에 전류를 흘리고 이것과 직각 방향으로 자계를 가하면 이 두 방향과 직각 방향으로 기전력이 생기는 현상을 무엇이라 하는가?

① 홀 효과 ② 핀치 효과
③ 볼타 효과 ④ 압전 효과

|정|답|및|해|설|
[홀효과] 도체나 반도체의 물질에 전류를 흘리고 이것과 직각 방향으로 자계를 가하면 플레밍의 오른손 법칙에 의하여 도체 내부의 전하가 횡방향으로 힘을 모아 도체 측면에 (+), (-)의 전하가 나타나는데 이러한 현상을 **홀 효과**라고 한다.

|참|고|
② 핀치 효과 : 반지름 a인 액체 상태의 원통 모양(원통상) 도선 내부에 균일하게 전류가 흐를 때 도체 내부에 자장이 생겨 로렌츠의 힘으로 전류가 원통 중심 방향으로 수축하려는 효과
③ 볼타 효과 : 서로 다른 두 종류의 금속을 접촉시킨 다음 얼마 후에 떼어서 각각을 검사해 보면 + 및 -로 대전하는 것을 Volta가 발견하였으므로 이 현상을 볼타 효과라고 한다.
④ 압전 효과 : 어떤 특수한 결정을 가진 물질의 결정체에 전기를 가하면 기계적 변형이 나타나는 현상 【정답】 ①

5. 판자석의 세기 $0.01[Wb/m]$, 반지름 5[cm]인 원형 자석판이 있다. 자석의 중심에서 축상 10[cm]인 점에서의 자위의 세기는 몇 [AT]인가?

① 100 ② 175
③ 370 ④ 420

|정|답|및|해|설|
[판자석의 자위] 전기이중층의 관계식과 판자석의 관계식이 유사하므로 비교해보면

전위 $V=\frac{M}{4\pi\epsilon_0}\omega[V]$, 자위 $U=\frac{M}{4\pi\mu_0}\omega[A]$에서

입체각 $\omega=2\pi(1-\cos\theta)=2\pi(1-\frac{x}{\sqrt{a^2+x^2}})[sr]$ 이므로

판자석의 세기 M을 $\varnothing_m$로 하면

$$U=\frac{\varnothing_m w}{4\pi\mu_0}=\frac{\varnothing_m 2\pi(1-\cos\theta)}{4\pi\mu_0}=\frac{\varnothing_m(1-\cos\theta)}{2\mu_0}$$
$$=\frac{\varnothing_m\left(1-\frac{x}{\sqrt{x^2+a^2}}\right)}{2\mu_0}$$

여기서, U : 판자석의 자위, $\varnothing_m$: 자속, ω : 입체각, x : 반지름
a : 중심에서의 거리
μ_0 : 진공중의 투자율(=$4\pi\times10^{-7}$)

판자석의 세기($\varnothing_m$) : $0.01[Wb/m]$, 반지름(x) : 5[cm](=0.05[m])
자석의 중심에서 축상까지의 거리(a) : 10[cm](=0.1[m])

$$U=\frac{\varnothing_m\left(1-\frac{x}{\sqrt{x^2+a^2}}\right)}{2\mu_0}=\frac{0.01\left(1-\frac{0.1}{\sqrt{0.05^2+0.1^2}}\right)}{2\times4\pi\times10^{-7}}=420[AT]$$

【정답】 ④

6. 평면도체 표면에서 d[m]의 거리에 점전하 Q[C]가 있을 때 이 전하를 무한 원점까지 운반하는데 필요한 일은 몇 [J]인가?

① $\frac{Q^2}{4\pi\epsilon_0 d}$ ② $\frac{Q^2}{8\pi\epsilon_0 d}$
③ $\frac{Q^2}{16\pi\epsilon_0 d}$ ④ $\frac{Q^2}{32\pi\epsilon_0 d}$

|정|답|및|해|설|
[점전하 Q[C]과 무한 평면에 작용하는 힘(전기영상법 이용)]

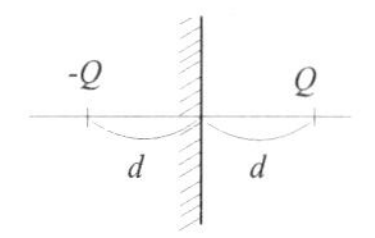

$$F=\frac{Q^2}{4\pi\epsilon_o(2d)^2}=\frac{Q^2}{16\pi\epsilon_o d^2}[N]$$

일 $W=\int Fdr=F\cdot r=\frac{Q^2}{16\pi\epsilon_o r^2}\times r=\frac{Q^2}{16\pi\epsilon_o r}[J]$

여기서, Q : 전하, ϵ_0 : 진공중의 유전율, r : 거리

【정답】 ③

7. 유전율 ϵ, 전계의 세기 E 인 유전체의 단위 체적에 축적되는 에너지는 얼마인가?

① $\frac{E}{2\epsilon}$ ② $\frac{\epsilon E}{2}$
③ $\frac{\epsilon E^2}{2}$ ④ $\frac{\epsilon^2 E^2}{2}$

|정|답|및|해|설|
[단위 체적에 축적되는 에너지]

$W=\frac{1}{2}DE=\frac{1}{2}\epsilon E^2=\frac{1}{2}\frac{D^2}{\epsilon}[J/m^3]$ → $(D=\epsilon E)$

여기서, D : 전속밀도, E : 전계, ϵ : 유전율

【정답】 ③

8. 길이 l[m], 지름 d[m]인 원통이 길이 방향으로 균일하게 자화되어 자화의 세기가 $J[Wb/m^2]$인 경우 원통 양단에서의 전자극의 세기[Wb]는?

① $\pi d^2 J$　　② πdJ

③ $\dfrac{4J}{\pi d^2}$　　④ $\dfrac{\pi d^2 J}{4}$

|정|답|및|해|설|

[자화의 세기] 자성체의 양 단면의 단위 면적에 발생한 자기량

$J = \dfrac{m}{S} = \dfrac{ml}{Sl} = \dfrac{M}{V}[\text{Wb/m}^2]$

여기서, S : 자성체의 단면적[m^2], V : 자성체의 체적[m^3]

m : 자화된 자기량(전자극의 세기)[Wb]

l : 자성체의 길이[m], a : 반지름, d : 지름

M : 자기모멘트($M = ml$[Wb • m])

전자극의 세기 $m = J \cdot S = J \cdot \pi a^2 = J \cdot \pi \left(\dfrac{d}{2}\right)^2 = J \cdot \dfrac{\pi d^2}{4}[Wb]$

【정답】 ④

9. 자기인덕턴스 L_1, L_2와 상호인덕턴스 M 사이의 결합계수는? 단, 단위는 [H]이다.

① $\dfrac{M}{L_1 L_2}$　　② $\dfrac{L_1 L_2}{M}$

③ $\dfrac{M}{\sqrt{L_1 L_2}}$　　④ $\dfrac{\sqrt{L_1 L_2}}{M}$

|정|답|및|해|설|

[상호인덕턴스] $M = k\sqrt{L_1 L_2}$

여기서, k : 결합계수(누설자속이 없으면 k=1)

L_1, L_2 : 자기인덕턴스

결합계수 $k = \dfrac{M}{\sqrt{L_1 L_2}}$

【정답】 ③

10. 진공 중에서 선전하 밀도 $\rho_l = 6 \times 10^{-8}[C/m]$인 무한하 긴 직선상 선전하가 x축과 나란하고 $Z = 2$[m] 점을 지나고 있다. 이 선전하에 의하여 반지름 5[m]인 원점에 중심을 둔 구표면 S_0를 통과하는 전기력선수는 얼마인가?

① 3.1×10^4　　② 4.8×10^4

③ 5.5×10^4　　④ 6.2×10^4

|정|답|및|해|설|

[Q전하에서 나오는 전기력선수] $N = \dfrac{Q}{\epsilon_0} = \dfrac{\rho_l \cdot l}{\epsilon_0}$개

여기서, Q : 전하, ϵ_0 : 진공중의 유전율(=8.855×10^{-12})

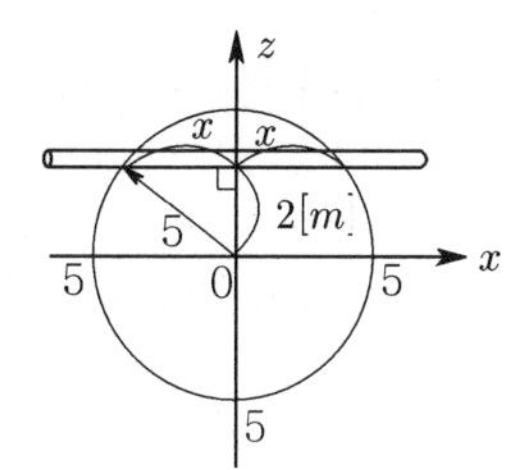

ρ_l : 선전하밀도, l : 길이

$\rightarrow (5 = \sqrt{x^2 + 2^2} \rightarrow x = \sqrt{5^2 - 2^2} = \sqrt{21})$

$N = \dfrac{\rho_l \cdot l}{\epsilon_0} = \dfrac{6 \times 10^{-8} \times 2\sqrt{21}}{8.855 \times 10^{-12}} = 6.2 \times 10^4$　$\rightarrow (l = 2x)$

【정답】 ④

11. 대지면에 높이 h로 평행하게 가설된 매우 긴 선전하가 지면으로부터 받는 힘은?

① h에 비례　　② h에 반비례

③ h^2에 비례　　④ h^2에 반비례

|정|답|및|해|설|

[무한 평면과 선전하(직선 도체와 평면 도체 간의 힘)]

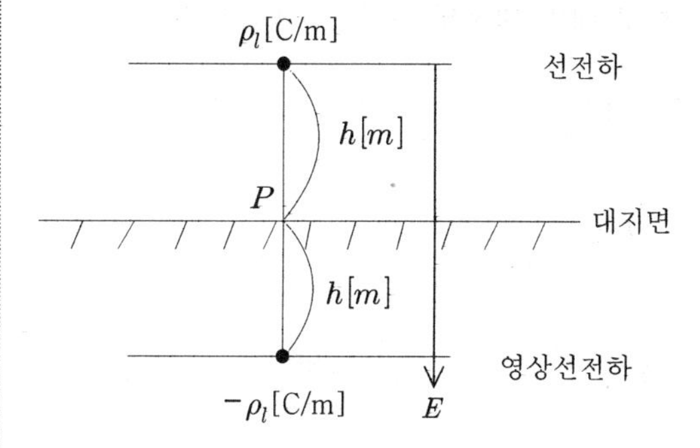

전계의 세기 $E = \dfrac{\rho_l}{2\pi\epsilon_0 r} = \dfrac{\rho_l}{2\pi\epsilon_0 2h} = \dfrac{\rho_l}{4\pi\epsilon_0 h}[V/m]$

힘 $f = -\rho_l E = -\rho_l \cdot \dfrac{\rho_l}{4\pi\epsilon_0 h} = \dfrac{-\rho_l^2}{4\pi\epsilon_0 h}[N/m] \propto \dfrac{1}{h}$

여기서, h[m] : 지상의 높이, $\rho_l[C/m]$: 선전하밀도

【정답】 ②

12. 정전에너지, 전속밀도 및 유전상수 ϵ_r의 관계에 대한 설명 중 옳지 않은 것은?

① 굴절각이 큰 유전체는 ϵ_r이 크다.

② 동일 전속밀도에서는 ϵ_r이 클수록 정전에너지는 작아진다.

③ 동일 정전에너지에서는 ϵ_r이 클수록 전속밀도가 커진다.

④ 전속은 매질에 축적되는 에너지가 최대가 되도록 분포된다.

|정|답|및|해|설|

[전계의 에너지 밀도]

$\omega = \frac{1}{2}DE = \frac{1}{2}\epsilon E^2 = \frac{1}{2}\frac{D^2}{\epsilon}[\mathrm{J/m^3}] \rightarrow (\epsilon = \epsilon_0\epsilon_r,\ D = \epsilon E)$

④ 전속은 매질에 축적되는 에너지가 **최소로 분포**하는 계이다.

【정답】 ④

13. 비투자율 1,000인 철심이 든 환상솔레노이드의 권수가 600회, 평균 지름 20[cm], 철심의 단면적 10$[cm^2]$이다. 이 솔레노이드에 2[A]의 전류가 흐를 때 철심 내의 자속은 약 몇 [Wb]인가?

① 1.2×10^{-3} ② 1.2×10^{-4}

③ 2.4×10^{-3} ④ 2.4×10^{-4}

|정|답|및|해|설|

[기자력] $F_m = NI = R_m\phi$

$\phi = \frac{NI}{R_m} = \frac{NI}{\frac{l}{\mu S}} = \frac{\mu_0\mu_s SNI}{l} = \frac{\mu_0\mu_s SNI}{2\pi a}[Wb]$

여기서, N : 권수, I : 전류, R_m : 자기저항, ∅ : 자속

$\mu(=\mu_0\mu_s)$: 투자율, S : 면적, l : 길이, a : 반지름

$\phi = \frac{\mu_0\mu_s SNI}{2\pi a}$

$= \frac{4\pi\times10^{-7}\times1,000\times10\times10^{-4}\times600\times2}{2\times\pi\times0.1}$

$= 2.4\times10^{-3}[Wb]$

【정답】 ③

14. $\sigma = 1[\mho/m]$, $\epsilon_s = 6$, $\mu = \mu_0$인 유전체에 교류전압을 가할 때 변위전류와 전도전류의 크기가 같아지는 주파수는 약 몇 [Hz]인가?

① 3.0×10^9 ② 4.2×10^9

③ 4.7×10^9 ④ 5.1×10^9

|정|답|및|해|설|

[임계주파수] $|i_c| = |i_d|$, $k = \omega\epsilon = 2\pi f_c\epsilon$이므로

임계주파수 $f_e = \frac{k}{2\pi\epsilon} = \frac{k}{2\pi\epsilon_0\epsilon_s} = \frac{1}{2\pi\times8.855\times10^{-12}\times6}$

$= 3\times10^9[Hz]$

【정답】 ①

15. 그 양이 증가함에 따라 무한장 솔레노이드의 자기 인덕턴스 값이 증가하지 않는 것은 무엇인가?

① 철심의 반경 ② 철심의 길이

③ 코일의 권수 ④ 철심의 투자율

|정|답|및|해|설|

[인덕턴스] $L = \frac{N\phi}{I} = \frac{N}{I}\frac{F}{R_m} = \frac{N}{I}\frac{NI}{R_m} = \frac{N^2}{\frac{l}{\mu S}} = \frac{\mu SN^2}{l}[H]$

[무한장 솔레노이드의 단위 길이당 인덕턴스]

$L' = \frac{L}{l} = \mu S\left(\frac{N}{l}\right)^2 = \mu Sn_0^2 = \mu\pi a^2 n_0^2$

여기서, N : 권수, ∅ : 자속, I : 전류, F : 힘, R_m : 자기저항

l : 길이, $\mu(=\mu_0\mu_s)$: 투자율, S : 면적

n_0 : 단위 길이당 권수가

무한장 솔레노이드는 투자율, 면적(철심의 반지름), 권수와 비례 관계에 있다.

【정답】 ②

16. 유전율이 $\epsilon = 4\epsilon_0$이고 투자율이 μ_0인 비도전성 유전체에서 전자파의 전계의 세기가 $E(z,t) = a_y 377\cos(10^9 t - \beta Z)[V/m]$일 때의 자계의 세기 H는 몇 [A/m]인가?

① $-a_z 2\cos(10^9 t - \beta Z)$

② $-a_x 2\cos(10^9 t - \beta Z)$

③ $-a_z 7.1\times 10^4 \cos(10^9 t - \beta Z)$

④ $-a_x 7.1\times 10^4 \cos(10^9 t - \beta Z)$]

|정|답|및|해|설|

[자계의 세기] $H = \frac{1}{377}\times\sqrt{\frac{\varepsilon_s}{\mu_s}}\times E$[V/m]

→ (고유임피던스 $Z_0 = \frac{E}{H} = \sqrt{\frac{\mu}{\varepsilon}} = 377\sqrt{\frac{\mu_s}{\varepsilon_s}}$)

→ ($\sqrt{\frac{\mu_0}{\epsilon_0}} = \sqrt{\frac{4\times 3.14\times 10^{-7}}{8.855\times 10^{-12}}} = 377$)

1. $H = \frac{1}{377}\times\sqrt{\frac{\epsilon_s}{\mu_s}}\times E$

→ (문제에서 $\epsilon = 4\epsilon_0$, $\mu = \mu_0$이므로 $\epsilon_s = 4$, $\mu_s = 1$이다.)

$= \frac{1}{377}\times\sqrt{4}\times 377\cos(10^9 t - \beta Z) = 2\cos(10^9 t - \beta Z)$

2. 전자파의 진행방향은 $E\times H = z$

→ (전계에 자계를 감았을 때 엄지손가락의 방향)

가. 외적의 성질 $x\times y = z$ → $y\times x = -z$이므로 방향이 z가 나와야 하므로 $y\times(-x) = z$

나. 문제에서 전계 E는 a_y, 즉 y 방향, 진행방향은 a_z, z방향(시간 축에 대해서)이므로 $E\times H$에서 전계 E는 a_y, y방향, 자계 H는 $-a_x$, 즉 $-x$가 되어야만 a_z, 즉 z가 나온다.

∴자계 $H_x = -2a_x\cos(10^9 t - \beta Z)$ 【정답】 ②

17. 3개의 점전하 $Q_1 = 3C$, $Q_2 = 1C$, $Q_3 = -3C$을 점 $P_1(1,0,0)$, $P_2(2,0,0)$, $P_3(3,0,0)$에 어떻게 놓으면 원점에서의 전계의 크기가 최대가 되는가?

① P_1에 Q_1, P_2에 Q_2, P_3에 Q_3

② P_1에 Q_2, P_2에 Q_3, P_3에 Q_1

③ P_1에 Q_3, P_2에 Q_1, P_3에 Q_2

④ P_1에 Q_3, P_2에 Q_2, P_3에 Q_1

|정|답|및|해|설|

[전계의 세기] $E = \frac{1}{4\pi\epsilon_0}\frac{Q\times 1}{r^2} = 9\times 10^9\frac{Q}{r^2}$[V/m]

여기서, ϵ_0 : 진공시의 유전율($= 8.855\times 10^{-12}$)

Q : 전하, r : 거리

전계의 세기는 전하의 크기에 비례, 거리의 제곱에 반비례

① P_1에, Q_1, P_2에 Q_2, P_3에 Q_3인 경우

$E = 9\times 10^9\times\left(\frac{3}{1^2}+\frac{1}{2^2}-\frac{3}{3^2}\right) = 2.68\times 10^{10}[V/m]$

② P_1에 Q_2, P_2에 Q_3, P_3에 Q_1

$E = 9\times 10^9\times\left(\frac{1}{1^1}-\frac{3}{2^2}+\frac{3}{3^2}\right) = 5.22\times 10^9[V/m]$

③ P_1에 Q_3, P_2에 Q_1, P_3에 Q_2

$E = 9\times 10^9\times\left(\frac{3}{1^2}-\frac{3}{2^2}-\frac{1}{3^2}\right) = 1.73\times 10^{10}[V/m]$

④ P_1에 Q_3, P_2에 Q_2, P_3에 Q_1

$E = 9\times 10^9\times\left(\frac{3}{1^2}-\frac{1}{2^2}-\frac{3}{3^2}\right) = 2.18\times 10^{10}[V/m]$

【정답】 ①

18. 단면적 $S[m^2]$, 단위 길이당 권수가 n_0[회/m]인 무한히 긴 솔레노이드의 자기인덕턴스[H/m]를 구하면?

① $\mu S n_0$ ② $\mu S n_0^2$

③ $\mu S^2 n_0$ ④ $\mu S^2 n_0^2$

|정|답|및|해|설|

[인덕턴스] $L = \frac{N\phi}{I} = \frac{N}{I}\frac{F}{R_m} = \frac{N}{I}\frac{NI}{R_m} = \frac{N^2}{\frac{l}{\mu S}} = \frac{\mu S N^2}{l}[H]$

[무한장 솔레노이드의 단위 길이당 인덕턴스]

$L' = \frac{L}{l} = \mu S\left(\frac{N}{l}\right)^2 = \mu S n_0^2 = \mu\pi a^2 n_0^2$

여기서, N : 권수, ∅ : 자속, I : 전류, F : 힘, R_m : 자기저항

l : 길이, $\mu(=\mu_0\mu_s)$: 투자율, S : 면적

n_0 : 단위 길이당 권수 【정답】 ②

19. 맥스웰의 전자방정식에 대한 의미를 설명한 것으로 잘못된 것은?

① 자계의 회전은 전류밀도와 같다.
② 전계의 회전은 자속밀도의 시간적 감소율과 같다.
③ 단위체적 당 발산 전속수는 단위체적 당 공간전하 밀도와 같다.
④ 자계는 발산하며, 자극은 단독으로 존재한다.

|정|답|및|해|설|
[전자계 기초 방정식]
1. 패러데이 법칙의 미분형 : $rot\,E = -\frac{\partial B}{\partial t}$
전계의 회전은 자속밀도의 시간적 감소율과 같다.
2. 암페어의 주회적분 법칙의 미분형 : $rot\,H = J + \frac{\partial D}{\partial t}$
여기서, J : 전도 전류 밀도, $\frac{\partial D}{\partial t}$: 변위 전류 밀도
3. $div\,D = \rho$: 단위 체적당 발산 전속 수는 단위 체적당 공간전하 밀도와 같다.
4. $div\,B = 0$: **자계는 외부로 발산하지 않으며**, 자극은 **단독으로 존재할 수 없다**. N극만 따로, S극만 따로 만들어지지 않는다는 것이다. N극에서 나온 자속이 모두 다 S극으로 들어가므로 발산되는 자속은 없다. 【정답】 ④

20. 전기력선의 설명 중 틀린 것은?

① 전기력선의 방향은 그 점의 전계의 방향과 일치하며 밀도는 그 점에서의 전계의 크기와 같다.
② 전기력선은 부전하에서 시작하여 정전하에서 그친다.
③ 단위전하에서는 $1/\epsilon_0$개의 전기력선이 출입한다.
④ 전기력선은 전위가 높은 점에서 낮은 점으로 향한다.

|정|답|및|해|설|
[전기력선의 성질]
·전기력선의 방향은 전계의 방향과 일치한다.
·전기력선의 밀도는 전계의 세기와 같다.
·단위전하(1[C])에서는
$\frac{1}{\epsilon_0} = 36\pi \times 10^9 = 1.13 \times 10^{11}$ 개의 전기력선이 발생한다.
·Q[C]의 전하에서 전기력선의 수 N= $\frac{Q}{\epsilon_0}$ 개의 전기력선이 발생한다.
·**정전하(+)에서 부전하(-) 방향으로 연결**된다.
·전기력선은 전하가 없는 곳에서 연속
·도체 내부에는 전기력선이 없다.
·전기력선은 도체의 표면에서 수직으로 출입한다.
·전기력선은 스스로 폐곡선을 만들지 않는다.
·전기력선은 전위가 높은 곳에서 낮은 곳으로 향한다.
·대전, 평형 상태 시 전하는 표면에만 분포
·전하가 없는 곳에서는 전기력선의 발생과 소멸이 없고 연속이다.
·2개의 전기력선은 서로 교차하지 않는다.
·전기력선은 등전위면과 직교한다.
·무한원점에 있는 전하까지 합하면 전하의 총량은 0이다.
【정답】 ②

3회 2018년 전기기사필기 (전력공학)

21. 변류기 수리 시 2차 측을 단락시키는 이유는?

① 1차측 과전류 방지
② 2차측 과전류 방지
③ 1차측 과전압 방지
④ 2차측 과전압 방지

|정|답|및|해|설|
[변류기 점검 시]
1. P.T는 개방 : 2차측 과전류 보호
2. C.T는 단락 : 2차측 절연(과전압) 보호 【정답】 ④

22. 1년 365일 중 185일은 이 양 이하로 내려가지 않는 유량은?

① 평수량 ② 풍수량
③ 고수량 ④ 저수량

|정|답|및|해|설|
[유황 곡선]
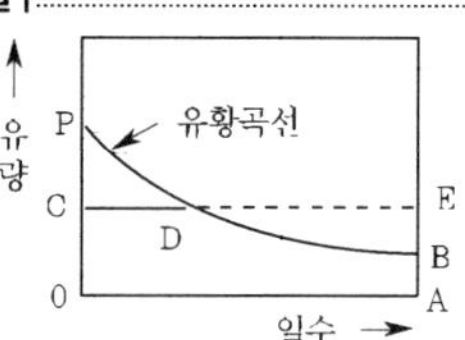

횡축에 일수를, 종축에는 유량을 표시하고 유량이 많은 일수를 역순으로 차례로 배열하여 맺은 곡선으로 발전계획수립에 이용

1. 풍수량 : 1년 95일 중 이보다 내려가지 않는 유량
2. 평수량 : 1년 185일 중 이보다 내려가지 않는 유량
3. 저수량 : 1년 275일 중 이보다 내려가지 않는 유량
4. 갈수량 : 1년 355일 중 이보다 내려가지 않는 유량
【정답】 ①

23. 배전선의 전압 조정 장치가 아닌 것은?

① 승압기
② 리클로저
③ 유도전압 조정기
④ 주상변압기 탭 절환장치

|정|답|및|해|설|

[배전선로 전압 조정 장치]
·승압기
·유도전압조정기(부하에 따라 전압 변동이 심한 경우)
·주상변압기 탭 조정

※② 리클로저 : 리클로저는 회로의 차단과 투입을 자동적으로 반복하는 기구를 갖춘 차단기의 일종이다. 【정답】 ②

24. 발전기 또는 주변압기의 내부고장 보호용으로 가장 널리 쓰이는 것은?

① 과전류계전기 ② 비율차동계전기
③ 방향단락계전기 ④ 거리계전기

|정|답|및|해|설|

[변압기 내부고장 검출용 보호계전기]
1. 차동계전기(비율차동 계전기) : 단락고장(사고) 시 검출
2. 압력계전기
3. 부흐홀츠계전기 : 아크방전사고 시 검출
4. 가스검출계전기

※① 과전류계전기 : 일정한 전류 이상이 흐르면 동작
③ 방향단락계전기 : 환상 선로의 단락 사고 보호에 사용
④ 거리계전기 : 선로의 단락보호 및 사고의 검출용으로 사용

【정답】 ②

25. 그림과 같은 선로의 등가선간 거리는 몇 [m]인가?

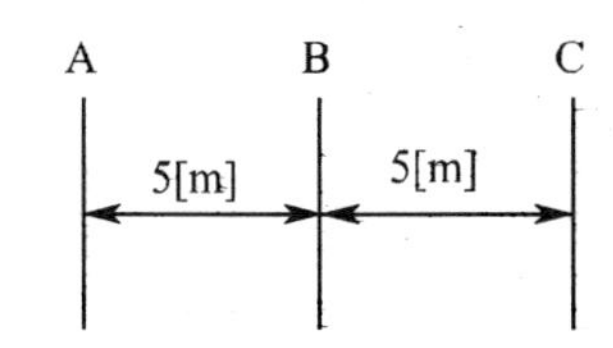

① 5 ② $5\sqrt{2}$
③ $5\sqrt[3]{2}$ ④ $10\sqrt[3]{2}$

|정|답|및|해|설|

[등가 선간거리] 등가 선간거리 D_e는 기하학적 평균으로 구한다.

$D_e = \sqrt[\text{총 거리의 수}]{\text{각 거리간의 곱}} = \sqrt[3]{D_{ab} \cdot D_{bc} \cdot D_{ca}}$

AB=5[m], BC=5[m], AC=10[m], 총거리의 수 : 3

$D_e = \sqrt[3]{D_{ab} \cdot D_{bc} \cdot D_{ac}} = \sqrt[3]{5 \times 5 \times 10} = 5\sqrt[3]{2}\,[m]$

|참|고|

1. 수평 배열 : $D_e = \sqrt[3]{2} \cdot D$
→ (D : AB, BC 사이의 간격)
2. 삼각 배열 : $D_e = \sqrt[3]{D_1 \cdot D_2 \cdot D_3}$
→ (D_1, D_2, D_3 : 삼각형 세변의 길이)
3. 정4각 배열 : $D_e = \sqrt[6]{2} \cdot S$
→ (S : 정사각형 한 변의 길이)

【정답】 ③

26. 서지파(진행파)가 서지 임피던스 Z_1의 선로측에서 서지 임피던스 Z_2의 선로측으로 입사할 때 투과계수(투과파 전압÷입사파 전압) b를 나타내는 식은?

① $b = \dfrac{Z_2 - Z_1}{Z_1 + Z_2}$ ② $b = \dfrac{2Z_2}{Z_1 + Z_2}$

③ $b = \dfrac{Z_1 - Z_2}{Z_1 + Z_2}$ ④ $b = \dfrac{2Z_1}{Z_1 + Z_2}$

|정|답|및|해|설|

[투과계수] $r = \dfrac{2Z_2}{Z_2 + Z_1}$

[반사계수] $\rho = \dfrac{Z_2 - Z_1}{Z_2 + Z_1}$ 【정답】 ②

27. 배전선로에서 사고 범위의 확대를 방지하기 위한 대책으로 적당하지 않은 것은?

① 선택접지계전방식 채택
② 자동고장 검출장치 설치
③ 진상콘덴서 설치하여 전압보상
④ 특고압의 경우 자동구분계폐기 설치

|정|답|및|해|설|

[배전선로의 사고 범위의 축소 또는 분리] 배전선로의 사고 범위의 축소 또는 분리를 위해서 구분 개폐기를 설치하거나, 선택 접지 계전 방식을 채택한다.
배전 계통을 루프화 시키면 사고 대응의 신뢰도가 향상된다.

|참|고|

1. 선로용 콘덴서 : 선로용 콘덴서는 전압 강하 방지 목적으로 사용
2. 직렬콘덴서 : 유도성 리액턴스에 의한 전압강하 보사용
3. 병렬콘덴서 : 역률 개선

【정답】 ③

28. 3상 송전선로에서 선간단락이 발생하였을 때 다음 중 옳은 것은?

① 역상전류만 흐른다.
② 정상전류와 역상전류가 흐른다.
③ 역상전류와 영상전류가 흐른다.
④ 정상전류와 영상전류가 흐른다.

|정|답|및|해|설|
[단락고장] 영상(상이 없음), 정상(정상자계를 가지고 있음), 역상으로 나누어진다.
1. 1선지락 : 영상전류, 정상전류, 역상전류의 크기가 모두 같다. 즉, $I_0 = I_1 = I_2$
2. 2선지락 : 영상전압, 정상전압, 역상전압의 크기가 모두 같다. 즉, $V_0 = V_1 = V_2 \neq 0$
3. 선간단락 : 단락이 되면 영상이 없어지고 정상과 역상만 존재한다.
4. 3상단락 : 정상분만 존재한다.

고장의 종류	대칭분
1선지락	I_0, I_1, I_2 존재
선간단락	$I_0=0$, I_1, I_2 존재
2선지락	$I_0=I_1=I_2\neq 0$
3상단락	정상분(I_1)만 존재
비접지 회로	영상분(I_0)이 없다.
a상 기준	영상(I_0)과 역상(I_2)이 없고 정상(I_1)만 존재한다.

【정답】 ②

29. 송전계통의 안정도 향상 대책이 아닌 것은?

① 계통의 직렬 리액턴스를 증가시킨다.
② 전압 변동을 적게 한다.
③ 고장 시간, 고장 전류를 적게 한다.
④ 계통 분리 방식을 적용한다.

|정|답|및|해|설|
[안정도 향상 대책]
1. 계통의 직렬 리액턴스(X)를 작게
   ·발전기나 변압기의 리액턴스를 작게 한다.
   ·선로의 병행회선수를 늘리거나 복도체 또는 다도체 방식을 사용
   ·직렬 콘덴서를 삽입하여 선로의 리액턴스를 보상한다.
2. 계통의 전압변동률을 작게(단락비를 크게)
   ·속응 여자 방식 채용
   ·계통의 연계
   ·중간 조상 방식
3. 고장 전류를 줄이고 고장 구간을 신속 차단
   ·적당한 중성점 접지 방식
   ·고속 차단 방식
   ·재연결(재폐로) 방식
4. 고장 시 발전기 입·출력의 불평형을 작게 【정답】 ①

30. 화력발전소에서 재열기의 목적은?

① 공기를 가열한다. ② 급수를 가열한다.
③ 증기를 가열한다. ④ 석탄을 건조한다.

|정|답|및|해|설|
[화력발전소의 재열기] 재열기는 고압 터빈에서 팽창하여 낮아진 증기를 다시 보일러에 보내어 재가열 하는 것이다.
1. 과열기 : 포화증기를 가열하여 증기 터빈에 과열증기를 공급하는 장치
2. 절탄기(가열기) : 보일러 급수를 보일러로부터 나오는 연도 폐기 가스로 예열하는 장치, 연도 내에 설치
3. 공기 예열기 : 연도에서 배출되는 연소가스가 갖는 열량을 회수하여 연소용 공기의 온도를 높인다.
4. 집진기 : 연도로 배출되는 먼지(분진)를 수거하기 위한 설비로 기계식과 전기식이 있다.
5. 복수기 : 터빈 중의 열 강하를 크게 함으로써 증기의 보유 열량을 가능한 많이 이용하려고 하는 장치
6. 급수 펌프 : 급수를 보일러에 보내기 위하여 사용된다.

【정답】 ③

31. 송전전력, 송전거리, 전선의 비중 및 전력 손실률이 일정하다고 할 때, 전선의 단면적 A[mm^2]와 송전전압 V[kV]와 관계로 옳은 것은?

① $A \propto V$ ② $A \propto V^2$
③ $A \propto \frac{1}{V^2}$ ④ $A \propto \frac{1}{\sqrt{V}}$

|정|답|및|해|설|
[전압과의 관계]

전압 강하	$e=\frac{P}{V_r}(R+X\tan\theta) \rightarrow e\propto\frac{1}{V}$
전압 강하율	$\delta=\frac{P}{V_r^2}(R+X\tan\theta) \rightarrow \delta\propto\frac{1}{V^2}$
전력 손실	$P_l=\frac{P^2R}{V^2\cos^2\theta} \rightarrow P_l\propto\frac{1}{V^2}$
공급 전력	$P\propto\frac{1}{V^2}$
전선 단면적	$A\propto\frac{1}{V^2}$

【정답】 ③

32. 기준 선간전압 23[kV], 기준 3상 용량 5,000 [kVA], 1선의 유도 리액턴스가 15[Ω]일 때 %리액턴스는?

① 28.36[%] ② 14.18[%]
③ 7.09[%] ④ 3.55[%]

|정|답|및|해|설|

[%리액턴스] $\%X = \frac{PX}{10V^2}[\%]$

여기서, P : 전력[kVA], V : 선간전압[kV], X : 리액턴스
선간전압(V) : 23[kV], 기준 3상 용량(P) : 5,000 [kVA]
유도 리액턴스 : 15[Ω]

$\%X = \frac{PX}{10V^2} = \frac{5000 \times 15}{10 \times 23^2} = 14.18[\%]$ 【정답】 ②

33. 선로에 따라 균일하게 부하가 분포된 선로의 전력 손실은 이들 부하가 선로의 끝부분에 집중적으로 접속되어 있을 때 보다 어떻게 되는가?

① 2배로 된다. ② 3배로 된다.
③ $\frac{1}{2}$로 된다. ④ $\frac{1}{3}$로 된다.

|정|답|및|해|설|

[집중 부하와 분산 부하]

	모양	전압강하	전력손실
균일 분산부하		$\frac{1}{2}IrL$	$\frac{1}{3}I^2rL$
끝부분(말단) 집중부하		IrL	I^2rL

여기서, I: 전선의 전류, R: 전선의 저항 【정답】 ④

34. 반지름 r[m]이고 소도체 간격 S인 4 복도체 송전선로에서 전선 A, B, C가 수평으로 배열되어 있다. 등가 선간거리가 D[m]로 배치되고 완전 연가된 경우 송전선로의 인덕턴스는 몇 [mH/km]인가?

① $0.4605\log_{10}\frac{D}{\sqrt{rs^2}}+0.0125$

② $0.4605\log_{10}\frac{D}{\sqrt[2]{rs}}+0.025$

③ $0.4605\log_{10}\frac{D}{\sqrt[3]{rs^2}}+0.0167$

④ $0.4605\log_{10}\frac{D}{\sqrt[4]{rs^3}}+0.0125$

|정|답|및|해|설|

[다도체 인덕턴스] $L = \frac{0.05}{n} + 0.4605\log_{10}\frac{D}{\sqrt[n]{rs^{n-1}}}$

여기서, n : 도체수

문제에서는 4도체이므로 $L = \frac{0.05}{4} + 0.4605\log_{10}\frac{D}{\sqrt[4]{rs^3}}$ 에서

$L = 0.4605\log_{10}\frac{D}{\sqrt[4]{rs^3}} + 0.0125[mH/km]$

※[단도체 인덕턴스] $L = 0.05 + 0.4605\log_{10}\frac{D}{r}[mH/km]$

【정답】 ④

35. 최소 동작 전류 이상의 전류가 흐르면 한도를 넘은 양과는 상관없이 즉시 동작하는 계전기는?

① 반한시 계전기 ② 정한시 계전기
③ 순한시 계전기 ④ 반한시정한시계전기

|정|답|및|해|설|

[계전기의 시한 특징]

① 반한시 계전기 : 동작 전류가 커질수록 동작 시간이 짧게 되는 특성
② 정한시 계전기 : 동작 전류의 크기에 관계없이 일정한 시간에 동작하는 특성
③ 순환시 계전기 : 최소 동작 전류 이상의 전류가 흐르면 즉시 동작하는 특성
④ 반한시 정한시 계전기 : 동작 전류가 적은 동안에는 동작 전류가 커질수록 동작 시간이 짧게 되고 어떤 전류 이상이면 동작 전류의 크기에 관계없이 일정한 시간에 동작하는 특성

【정답】 ③

36. 송전선로에 복도체를 사용하는 주된 목적은?

① 인덕턴스를 증가시키기 위하여
② 정전용량을 감소시키기 위하여
③ 코로나 발생을 감소시키기 위하여
④ 전선 표면의 전위 경도를 증가시키기 위하여

|정|답|및|해|설|

[복도체] 도체가 1가닥인 것은 2가닥으로 나누어 도체의 등가반지름을 키우겠다는 것. 이럴 경우 L(인덕턴스)값은 감소하고, C(정전용량)의 값은 증가한다. 따라서 안정도를 증가시키고, 코로나 발생을 억제한다. 【정답】 ③

37. 최근에 우리나라에서 많이 채용되고 있는 가스절연 개폐설비(GIS)의 특징으로 틀린 것은?

① 대기 절연을 이용한 것에 비해 현저하게 소형화할 수 있으나 비교적 고가이다.
② 소음이 적고 충전부가 완전한 밀폐형으로 되어 있기 때문에 안전성이 높다.
③ 가스 압력에 대한 엄중 감시가 필요하며 내부 점검 및 부품 교환이 번거롭다.
④ 한랭지, 산악 지방에서도 액화 방지 및 산화방지 대책이 필요 없다.

|정|답|및|해|설|
[가스절연개폐기(GIS)의 특징]
·안정성, 신뢰성이 우수하다.
·감전사고 위험이 적다.
·밀폐형이므로 공기 배출(배기) 소음이 적다.
·소형화가 가능하다.
·SF_6 가스는 무취, 무미, 무색, 무독가스 발생
·보수, 점검이 용이하다.
[단점]
1. 고가의 초기 투자 비용 2. 유지보수의 어려움
3. 강력한 온실가스로 환경에 악영향
4. **한랭지 및 산악지방(극한 환경)에서는 액화 방지 대책이 필요**
【정답】 ④

38. 송배전 선로의 전선 굵기를 결정하는 주요 요소가 아닌 것은?

① 전압강하 ② 허용전류
③ 기계적 강도 ④ 부하의 종류

|정|답|및|해|설|
[캘빈의 법칙] 가장 경제적인 전선의 굵기 결정에 사용. 전선 굵기를 결정하는 주요 요소로는 허용전류, 기계적 강도, 전압강하 등이 있다.
【정답】 ④

39. 망상(Network) 배전방식에 대한 설명으로 옳은 것은?

① 부하 증가에 대한 융통성이 적다.
② 전압 변동이 대체로 크다.
③ 인축에 대한 감전 사고가 적어서 농촌에 적합하다.
④ 환상식보다 무정전 공급의 신뢰도가 더 높다.

|정|답|및|해|설|
[네트워크 배전 방식의 장·단점]
[장점]
·정전이 적으며 배전 신뢰도가 높다.
·기기 이용률 향상된다.
·전압 변동이 적다.
·부하 증가에 대한 융통성이 좋다.
·전력 손실이 감소한다.
·변전소수를 줄일 수 있다.

[단점]
·건설비가 비싸다.
·인축의 접촉 사고가 증가한다.
·특별한 보호 장치를 필요로 한다.
【정답】 ④

40. 3상용 차단기의 정격전압은 170[kV]이고 정격차단전류가 50[kV]일 때 차단기의 정격차단용량은 약 몇 [MVA]인가?

① 5,000 ② 10,000
③ 15,000 ④ 20,000

|정|답|및|해|설|
[3상용 차단기의 정격용량]
$P_s = \sqrt{3} \times 정격전압 \times 정격차단전류[MVA]$
$= \sqrt{3} \times 170 \times 50 = 14,722.34[MVA]$
【정답】 ③

3회 2018년 전기기사필기 (전기기기)

41. 직류기의 온도 상승 시험 방법 중 반환부하법의 종류가 아닌 것은?

① 카프법 ② 홉킨스법
③ 스코트법 ④ 블론델법

|정|답|및|해|설|
[변압기 온도 상승 시험]
1. 실부하법 : 소용량의 경우에 이용 되지만, 전력 손실이 크기 때문에 소용량 이외에는 별로 적용되지 않는다.
2. 반환 부하법 : 변압기 온도 상승 시험을 하는 데 현재 가장 많이 사용하고 있는 방법으로 블론델법, 카프법 및 홉킨스법 등이 있다.
【정답】 ③

42. 3상 직권 정류자 전동기에 중간(직렬) 변압기를 사용하는 이유로 적당하지 않은 것은?

① 중간 변압기를 이용하여 속도 상승을 억제할 수 있다.
② 회전자 전압을 정류작용에 맞는 값으로 선정할 수 있다.
③ 중간 변압기를 사용하여 누설 리액턴스를 감소할 수 있다.
④ 중간 변압기의 권수비를 바꾸어 전동기 특성을 조정할 수 있다.

|정|답|및|해|설|

[3상 직권 정류자 전동기에서 중간 변압기를 사용하는 목적]
- 전원전압의 크기에 관계없이 정류자 전압 조정
- 중간 변압기의 권수비를 조정하여 전동기 특성을 조정
- 경부하시 직권 특성 $T \propto I^2 \propto \frac{1}{N^2}$ 이므로 속도가 크게 상승할 수 있어 중간 변압기를 사용하여 속도 이상 상승을 억제
- 실효 권수비 조정
- 회전자 상수의 증가

【정답】③

43. 변압기의 권수를 N이라고 할 때 누설리액턴스는?

① N에 비례한다. ② N^2에 비례한다.
③ N에 반비례한다. ④ N^2에 반비례한다.

|정|답|및|해|설|

[누설리액턴스] $X_L = 2\pi fL \propto L$

$L = \frac{\mu SN^2}{l} \propto N^2$

따라서 변압기의 누설리액턴스를 줄이기 위해 권선을 분할 조립한다.

【정답】②

44. 단상 직권 정류자전동기에서 보상권선과 저항도선의 작용을 설명한 것으로 틀린 것은?

① 역률을 좋게 한다.
② 변압기 기전력을 크게 한다.
③ 전기자 반작용을 감소시킨다.
④ 저항도선은 변압기 기전력에 의한 단락전류를 적게 한다.

|정|답|및|해|설|

[단상 직권 정류자 전동기]
1. 반발 전동기 : 브러시를 단락시켜 브러시 이동으로 기동 토크, 속도 제어, 아트킨손형, 톰슨형, 데리형 등이 있다.
2. 단상 직권 정류자 전동기(만능 전동기(직·교류 양용))
   - 성층 철심, 역률 및 정류 개선을 위해 약계자, 강전기자형으로 함
   - 역률 개선을 위해 보상권선 설치(전기자반작용 제거)
   - 저항 도선 : 단락전류를 적게
   - 회전속도를 증가시킬수록 역률이 개선
   - 직권형, 보상형, 유도보상형 등이 있다.

【정답】②

45. 일반적인 변압기의 손실 중에서 온도 상승에 관계가 가장 적은 요소는?

① 철손 ② 동손
③ 와류손 ④ 유전체손

|정|답|및|해|설|

[변압기 손실] 변압기 손실은 철손과 동손이 대부분이며 절연물에 의한 유전체손은 절연물 중에서 발생하는 손실로 그 값이 철손과 동손에 비해 매우 적으므로 온도상승에 관계가 가장 적다.

【정답】④

46. 직류발전기의 병렬 운전에서 부하분담의 방법은?

① 계자전류와 무관하다.
② 계자전류를 증가하면 부하분담은 감소한다.
③ 계자전류를 증가하면 부하분담은 증가한다.
④ 계자전류를 감소하면 부하분담은 증가한다.

|정|답|및|해|설|

[직류 발전기 병렬 운전 시 부하의 분담] 부하 분담은 두 발전기의 단자전압이 같아야 하므로 유기전압(E)와 전기자 회로의 저항 R_a에 의해 결정된다.

1. 저항의 같으면 유기전압이 큰 측이 부하를 많이 분담
2. 유기전압이 같으면 전기자 회로 저항에 반비례해서 분담
3. $E_1 - R_{a1}(I_1 + I_{f1}) = E_2 - R_{a2}(I_2 + I_{f2}) = V$

여기서, E_1, E_2 : 각 기의 유기 전압[V]
R_{a1}, R_{a2} : 각 기의 전기자 저항[Ω]
I_1, I_2 : 각 기의 부하 분담 전류[A]
I_{f1}, I_{f2} : 각 기의 계자전류[A]
V : 단자전압

【정답】③

47. 1차 전압 6,600[V], 2차 전압 220[V], 주파수 60[Hz], 1차 권수 1,000회의 변압기가 있다. 최대 자속은 약 몇 [Wb]인가?

① 0.020 ② 0.025
③ 0.030 ④ 0.032

|정|답|및|해|설|

[변압기 유기기전력]

1. 1차 유기기전력 $E_1 = 4.44fN_1\varnothing_m$
2. 2차 유기기전력 $E_2 = 4.44fN_2\varnothing_m$

여기서, f : 1, 2차 주파수, N_1, N_2 : 1, 2차 권수

$\varnothing_m$: 최대 자속

1차 전압 : 6,600[V], 2차 전압 : 220[V], 주파수 : 60[Hz]

1차 권수 : 1,000회

$\therefore \phi_m = \frac{E_1}{4.44fN_1} = \frac{6,600}{4.44 \times 60 \times 1,000} = 0.025[Wb]$

【정답】 ②

48. 역률 100[%]일 때의 전압변동률 ϵ은 어떻게 표시되는가?

① %저항강하 ② %리액턴스강하
③ %서셉턴스강하 ④ %임피던스강하

|정|답|및|해|설|

[지상 부하 시 전압변동률(ϵ)] $\epsilon = p\cos\theta_2 \pm q\sin\theta_2$

→ (지상이면 +, 진상이면 −, 언급이 없으면 +)

여기서, p : %저항강하, q : %리액턴스 강하,

θ : 부하 Z의 위상각

전압변동률 $\epsilon = p\cos\theta_2 + q\sin\theta_2$에서

역률이 100[%]일 때 $\cos\varnothing = 1$, $\sin\varnothing = 0$이므로 $\epsilon = p$

【정답】 ①

49. 3상 농형 유도전동기의 기동방법으로 틀린 것은?

① $Y-\Delta$ 기동
② 전전압 기동
③ 리액터 기동
④ 2차 저항에 의한 기동

|정|답|및|해|설|

[3상 유도전동기 기동법]

농형	① 전전압 기동(직입기동) : 5[kW] 이하의 소용량 ② $Y-\Delta$ 기동: 5~15[kW] 정도, 전류 1/3배, 전압 $1/\sqrt{3}$ 배 ③ 기동 보상기법 : 15[kW] 이상, 정도단권변압기 사용하여 감전압기동 ④ 리액터 기동법 : 토크 효율이 나쁘다. ⑤ 콘도로퍼법
권선형	① 2차 저항 기동법 → 비례 추이 이용 ② 게르게스법

【정답】 ④

50. 직류 분권발전기의 병렬운전에 있어 균압선을 붙이는 목적은 무엇인가?

① 손실을 경감한다.
② 운전을 안정하게 한다.
③ 고조파의 발생을 방지한다.
④ 직권계자 간의 전류 증가를 방지한다.

|정|답|및|해|설|

[균압선의 목적]

· 병렬 운전을 안정하게 하기 위하여 설치하는 것
· 일반적으로 직권 및 복권 발전기에는 직권 계자 코일에 흐르는 전류에 의하여 병렬 운전이 불안정하게 되므로 균압선을 설치하여 직권 계자 코일에 흐르는 전류를 분류하게 된다.

【정답】 ②

51. 동기기의 기전력의 파형 개선책이 아닌 것은?

① 단절권 ② 집중권
③ 공극 조정 ④ 자극 모양

|정|답|및|해|설|

[기전력의 파형을 정현파로 하기 위한 방법]

· 매극 매상의 슬롯수를 크게 한다.
· 부정수 슬롯권을 채용한다.
· 단절권 및 분포권으로 한다.
· 반폐 슬롯을 사용한다.
· 전기자 철심을 스큐 슬롯으로 한다.
· 공극의 길이를 크게 한다.
· Y결선을 한다.

【정답】 ②

52. 2방향성 3단자 사이리스터는 어느 것인가?

① SCR ② SSS
③ SCS ④ TRIAC

|정|답|및|해|설|

[각종 반도체 소자의 비교]

방향성	명칭	단자	기호	응용 예
역저지 (단방향) 사이리스터	SCR	3단자		정류기 인버터
	LASCR			정지스위치 및 응용스위치
	GTO			쵸퍼 직류스위치
	SCS	4단자		
쌍방향성 사이리스터	SSS	2단자		초광장치, 교류스위치
	TRIAC	3단자		초광장치, 교류스위치
	역도통			직류효과

【정답】 ④

53. 15[kVA], 3,000/200[V] 변압기의 1차 측 환산등가 임피던스 $5.4+j6[\Omega]$일 때, %저항강하 p와 %리액턴스강하 q는 각각 약 몇 [%]인가?

① $p=0.9,\ q=1$ ② $p=0.7,\ q=1.2$
③ $p=1.2,\ q=1$ ④ $p=1.3,\ q=0.9$

|정|답|및|해|설|

[변압기 특성]

·1차 정격전류 $I_{1n}=\dfrac{P_n}{V_{1n}}[A]$

·%저항 강하 $p=\dfrac{I_{1n}\times r}{V_{1n}}\times 100[\%]$

·%리액턴스 강하 $q=\dfrac{I_{1n}\times x}{V_{1n}}\times 100$

여기서, V_{1n} : 1차 정격 전압, I_{1n} : 1차 정격 전류
r : 저항, x : 리액턴스, P_n : 전력

전력 : 15[kVA], 3,000/200[V]($V_1=3000[V]$, $V_2=200[V]$) 환산등가 임피던스 $5.4+j6[\Omega]$($r=5$, $x=6$)

1차 정격전류 $I_{n1}=\dfrac{P_n}{V_{n1}}=\dfrac{15\times 10^3}{3,000}=5[A]$

%저항강하 $p=\dfrac{I_{1n}r}{V_{1n}}\times 100=\dfrac{5\times 5.4}{3,000}\times 100=0.9[\%]$

%리액턴스강하 $q=\dfrac{I_{1n}x}{V_{1n}}\times 100=\dfrac{5\times 6}{3,000}\times 100=1[\%]$

【정답】 ①

54. 유도전동기의 2차 여자 제어법에 대한 설명으로 틀린 것은?

① 역률을 개선할 수 있다.
② 권선형 전동기에 한하여 이용된다.
③ 동기속도의 이하로 광범위하게 제어할 수 있다.
④ 2차 저항손이 매우 커지며 효율이 저하된다.

|정|답|및|해|설|

[2차 여자 제어법] 권선형 유도전동기 속도 제어
주파수 변환기를 사용하여 회전자의 슬립 주파수 sf와 같은 주파수의 전압을 발생시켜 슬립링을 통하여 회전자 권선에 공급하여, s를 변환 시키는 방법

·E_c(슬립 주파수 전압)를 sE_2와 같은 방향으로 인가 : 속도 증가
·E_c(슬립 주파수 전압)를 sE_2와 반대 방향으로 인가 : 속도 감소

【정답】 ④

55. 직류 발전기를 3상 유도전동기에서 구동하고 있다. 이 발전기에 55[kW]의 부하를 걸 때 전동기의 전류는 약 몇 [A]인가? 단, 발전기의 효율은 88[%], 전동기의 단자전압은 400[V], 전동기의 효율은 88[%], 전동기의 역률은 82[%]로 한다.

① 125 ② 225
③ 325 ④ 425

|정|답|및|해|설|

[발전기의 효율] $\eta=\dfrac{출력}{입력}$

[원동기(3상 유도전동기)의 효율] $\eta=\dfrac{출력}{입력}=\dfrac{P_o}{\sqrt{3}\,VI\cos\theta}$

발전기의 입력 $P_i=\dfrac{P_o}{\eta}=\dfrac{55}{0.88}=62.5[kW]$

발전기의 입력=원동기(3상 유도전동기)의 출력

원동기(3상 유도전동기)의 효율 $\eta=\dfrac{P_o}{\sqrt{3}\,VI\cos\theta}$ 에서

3상 유도전동기전류 $I=\dfrac{P_o}{\sqrt{3}\,V\cos\theta\,\eta}$
$=\dfrac{62.5\times 10^3}{\sqrt{3}\times 400\times 0.82\times 0.88}=125[A]$

【정답】 ①

56. 유도자형 동기발전기의 설명으로 옳은 것은?

① 전기자만 고정되어 있다.
② 계자극만 고정되어 있다.
③ 회전자가 없는 특수 발전기이다.
④ 계자극과 전기자가 고정되어 있다.

|정|답|및|해|설|

[동기발전기의 회전자에 의한 분류]

1. 회전계자형 : 전기자를 고정자로 하고, 계자극을 회전자로 한 것으로 주요 특징은 다음과 같다.
   - ·전기자 권선은 전압이 높고 결선이 복잡
   - ·계자회로는 직류의 저압회로이며 소요 전력도 적다.
   - ·계자극은 기계적으로 튼튼하게 만들기 쉽다.
2. 회전전기자형
   - ·계자극을 고정자로 하고, 전기자를 회전자로 한 것
   - ·특수용도 및 극히 저용량에 적용
3. 유도자형
   - ·계자극과 전기자를 모두 고정자로 하고 권선이 없는 회전자, 즉 유도자를 회전자로 한 것.
   - ·고주파(수백~수만[Hz]) 발전기로 쓰인다.

【정답】 ④

57. $50[\Omega]$의 계자저항을 갖는 직류 분권발전기가 있다. 이 발전기의 출력이 5.4[kW]일 때 단자전압은 100[V], 유기기전력은 115[V]이다. 이 발전기의 출력이 2[kW]일 때 단자전압이 125[V]라면 유기기전력은 약 몇 [V]인가?

① 130　　② 145
③ 152　　④ 159

|정|답|및|해|설|

[직류 분권발전기 유기기전력] $E=V+I_aR_a$

[전기자전류] $I_a=I+I_f=\frac{P}{V}+\frac{V}{R_f}$

여기서, V : 단자전압, I_a : 전기자전류, I_f : 계자전류
R_a : 전기자저항, R_f : 계자저항, P : 출력

1. 발전기의 출력이 5.4[kW]인 경우
   전기저전류 $I_a=\frac{5.4\times10^3}{100}+\frac{100}{50}=56[A]$
   유기기전력 $E=V+I_aR_a$에서
   전기자저항 $R_a=\frac{E-V}{I_a}=\frac{115-100}{56}=0.27[\Omega]$
2. 발전기의 출력이 2[kW]일 때
   전기자전류 $I_a'=\frac{2\times10^3}{125}+\frac{125}{50}=18.5[A]$
   유기기전력 $E'=V+I_aR_a=125+18.5\times0.27=130[V]$

【정답】 ①

58. 200[V], 10[kW]의 직류 분권전동기가 있다. 전기자저항은 $0.2[\Omega]$, 계자저항은 $40[\Omega]$이고 정격전압에서 전류가 15[A]인 경우 5[kg·m]의 토크를 발생한다. 부하가 증가하여 전류가 25[A]로 되는 경우 발생토크[kg·m]는?

① 2.5　　② 5
③ 7.5　　④ 10

|정|답|및|해|설|

[직류 분권 전동기의 토크] $T=\frac{E_cI_a}{2\pi n}=\frac{p\varnothing n\frac{Z}{a}I_a}{2\pi n}[N.m]$

여기서, E_c : 역기전력, I_a : 전기자전류, n : 회전수[rps]
p : 극수, Z : 도체수, a : 병렬회로수, $\varnothing$: 자속

1. 토크 $T=\frac{E_cI_a}{2\pi n}=\frac{p\varnothing n\frac{Z}{a}I_a}{2\pi n}[N.m]$에서 $T\propto I_a\propto\frac{1}{N}$
2. 분권전동기의 전기자전류 $I_a=I-I_f=I-\frac{V}{R_f}$
   여기서, I_f : 계자전류, R_f : 계자저항, V : 전압
3. 정격전류 15[A] : $I_a=15-\frac{200}{40}=10[A]$
4. 정격전류 25[A] : $I_a=25-\frac{200}{40}=20[A]$

따라서 토크는 전기자전류에 비례하고, 전류가 15[A]인 경우 5[kg • m]의 토크가 발생하므로

$\therefore T'=5\times\frac{20}{10}=10[kg\bullet m]$

【정답】 ④

59. 돌극형 동기발전기에서 직축 동기리액턴스를 X_d, 횡축 동기리액턴스를 X_q라 할 때의 관계는?

① $X_d > X_q$　　② $X_d < X_q$
③ $X_d = X_q$　　④ $X_d \ll X_q$

|정|답|및|해|설|

[동기발전기] 돌극형(철극기)은 직축이 횡축에 비하여 공극이 작아 직축(동기) 리액턴스 x_d가 횡축(동기) 리액턴스 x_q보다 크다. $(x_d > x_q)$

반면, 비철극기에서는 공극이 일정해 $x_d=x_q=x_s$로 된다.

【정답】 ①

60. 10극 50[Hz] 3상 유도전동기가 있다. 회전자도 3상이고 회전자가 정지할 때 2차 1상간의 전압이 150[V]이다. 이것을 회전자계와 같은 방향으로 400[rpm]으로 회전시킬 때 2차 전압은 몇 [V]인가?

① 50 ② 75
③ 100 ④ 150

|정|답|및|해|설|

[유도 전동기] 동기 속도 $N_s = \frac{120f}{p}$[rpm], 슬립 $s = \frac{N_s - N}{N_s}$

회전시 2차 유도 기전력 $E_2' = sE_2$

여기서, f : 주파수, p : 극수, N : 회전자 회전속도
s : 슬립, E_2 : 2차 유도 기전력(전압)

극수(p) : 10극, 주파수(f) : 50[Hz]

2차 1상간의 전압(E_2) : 150[V], 회전속도(N) : 400[rpm]

동기 속도 $N_s = \frac{120f}{p} = \frac{120 \times 50}{10} = 600[rpm]$

슬립 $s = \frac{N_s - N}{N_s} = \frac{600 - 400}{600} = 0.33$

회전 시 2차 전압 $E_s' = sE_2 = 0.33 \times 150 = 50[V]$

【정답】 ①

3회 2018년 전기기사필기(회로이론 및 제어공학)

61. 다음 회로를 블록선도로 그림 것 중 옳은 것은?

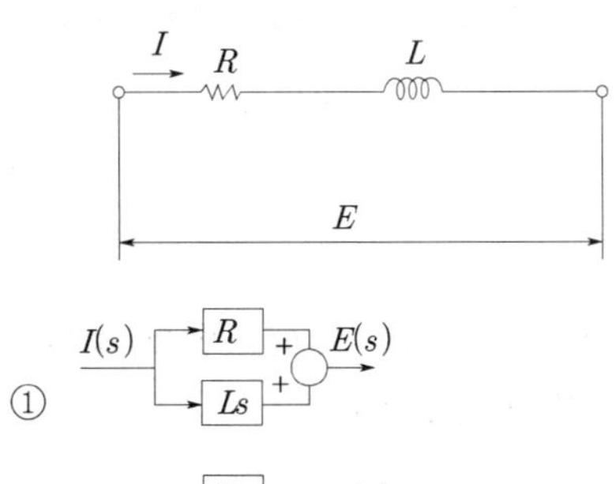

①

②

③
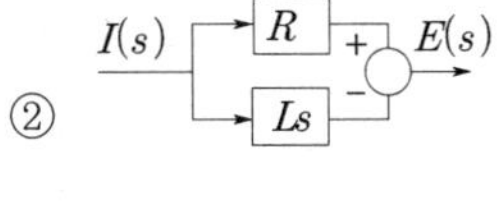

④
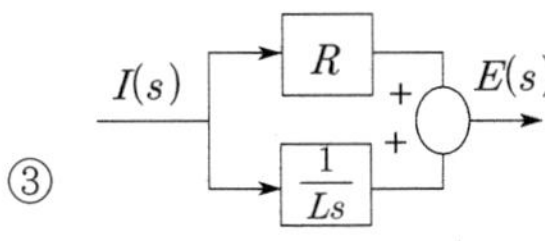

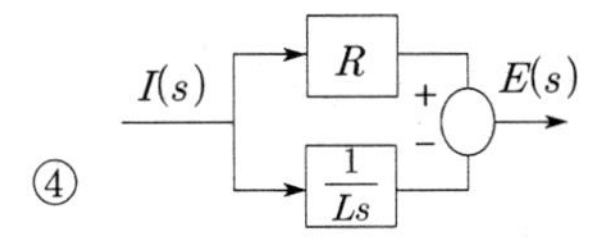

|정|답|및|해|설|

[라플라스 변환] $L\frac{di(t)}{dt} + P = e(t)$

$Ls\,I(s) + RI(s) = E(s) \rightarrow I(s)\,(Ls + R) = E(s)$

이를 블록선도로 표현하면

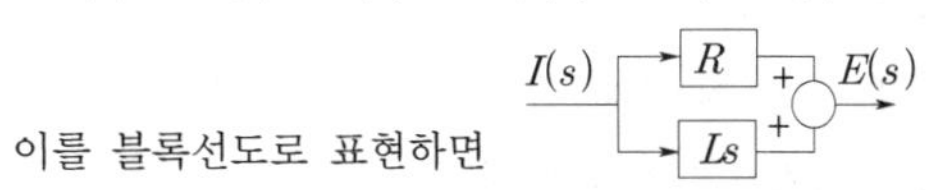

【정답】 ①

62. 특성 방정식 $s^2 + 2\zeta\omega_n s + \omega_n^2 = 0$에서 감쇠 진동을 하는 제동비 ζ 의 값에 해당되는 것은?

① $\zeta > 1$ ② $\zeta = 1$
③ $\zeta = 0$ ④ $0 < \zeta < 1$

|정|답|및|해|설|

[폐루프 전달함수] $G(s) = \frac{w_n^2}{s^2 + 2\zeta w_n s + w_n^2}$

특성 방정식 $s^2 + 2\zeta w_n s + w_n^2 = 0$

1. $0 < \zeta < 1$인 경우 : 부족 제동(감쇠 진동)
2. $\zeta > 1$인 경우 : 과제동(비진동)
3. $\zeta = 1$인 경우 : 임계 제동(진동에서 비진동으로 옮기는 상태)
4. $\zeta = 0$인 경우 : 무제동(일정한 진폭으로 진동, 무한진동)

【정답】 ④

63. 다음 그림의 전달함수 $\frac{Y(z)}{R(z)}$는 다음 중 어느 것인가?

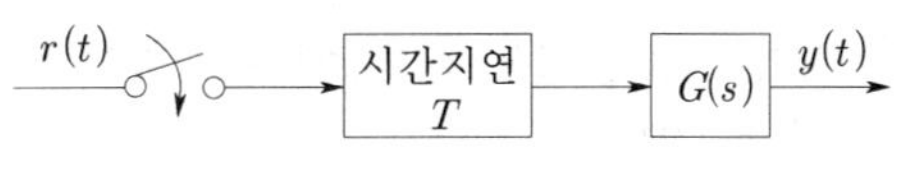

[이상적인 표본기]

① $G(z)z$ ② $G(z)z^{-1}$
③ $G(z)Tz^{-1}$ ④ $G(z)Tz$

|정|답|및|해|설|

[z변환에 대한 전달함수] 시간지연은 z^{-1}로 표기

따라서, 전달함수는 $G_0(z) = \frac{Y(z)}{R(z)} = G(z)z^{-1}$ $\rightarrow (z = e^{-Ts})$

【정답】 ②

64. 일정 입력에 대해 잔류편차가 있는 제어계는?

① 비례 제어계
② 적분 제어계
③ 비례 적분 제어계
④ 비례 적분 미분 제어계

|정|답|및|해|설|

[조절부의 동작에 의한 분류]

종류		특 징
P	비례동작	·정상오차를 수반 ·잔류편차 발생
I	적분동작	잔류편차 제거
D	미분동작	오차가 커지는 것을 미리 방지
PI	비례적분동작	·잔류편차 제거 ·제어결과가 진동적으로 될 수 있다.
PD	비례미분동작	응답 속응성의 개선
PID	비례적분미분동작	·잔류편차 제거 ·정상 특성과 응답 속응성을 동시에 개선 ·오버슈트를 감소시킨다. ·정정시간 적게 하는 효과 ·연속 선형 제어

잔류 편차가 발생하는 제어는 비례 제어(P)와 비례 미분 제어(PD)이다. 특히, 비례 제어(P)는 구조가 간단하지만, 잔류 편차가 생기는 결점이 있다. 잔류편차는 적분동작으로 제거가 된다.

【정답】 ①

65. 일반적인 제어시스템에서 안정의 조건은?

① 입력이 있는 경우 초기값에 관계없이 출력이 0으로 간다.
② 입력이 없는 경우 초기값에 관계없이 출력이 무한대로 간다.
③ 시스템이 유한한 입력에 대해서 무한한 출력을 얻는 경우
④ 시스테미 유한한 입력에 대해서 유한한 출력을 얻는 경우

|정|답|및|해|설|

[제어시스템 안정 조건] 유한입력에 대한 유한출력(Bounded Input Bouded Output : BIBO)

【정답】 ④

66. 개루프 전달함수 $G(s)H(s)$가 다음과 같이 주어지는 부궤환계에서 근궤적 점근선의 실수축과의 교차점은?

$$G(s)H(s)=\frac{K}{s(s+4)(s+5)}$$

① 0 ② −1 ③ −2 ④ −3

|정|답|및|해|설|

[근궤적의 점근선의 교차점]

$$\sigma=\frac{\sum G(s)H(s)\text{극점}-\sum G(s)H(s)\text{영점}}{p-z}$$

여기서, p : 극의 수, z : 영점수

→ (영점 : 분자항=0이 되는 근으로 회로의 단락)
→ (극점 : 분모항=0이 되는 근으로 회로의 개방)

1. 극점 : s=0, s=−4, s=−5 → (3개)
2. 영점 : 0개

$$\sigma=\frac{\sum G(s)H(s)\text{극점}-\sum G(s)H(s)\text{영점}}{p-z}$$

$$=\frac{(0-4-5)-0}{3-0}=-3$$

【정답】 ④

67. 논리식 $L=\overline{x}\cdot\overline{y}+\overline{x}\cdot y+x\cdot y$를 간략화한 것은?

① $x+y$ ② $\overline{x}+y$
③ $x+\overline{y}$ ④ $\overline{x}+\overline{y}$

|정|답|및|해|설|

[부울대수] 부울대수를 이용하면 $A+BC=(A+B)(A+C)$

$L=\overline{x}\cdot\overline{y}+\overline{x}\cdot y+x\cdot y$
$=\overline{x}(\overline{y}+y)+xy=\overline{x}+xy=(\overline{x}+x)(\overline{x}+y)=\overline{x}+y$

【정답】 ②

68. $S^3+11S^2+2S+40=0$에는 양의 실수부를 갖는 근은 몇 개 있는가?

① 1 ② 2 ③ 3 ④ 없다.

|정|답|및|해|설|

[루드의 표]

S^3	1	2
S^2	11	40
S^1	$\frac{2\times 11-1\times 40}{11}=-\frac{18}{11}$	0
S^0	40	

루드표의 1열의 부호가 두 번 바뀌므로 불안정 근이 2개이다.

【정답】 ②

참|고|

60페이지 [(3) 루드표 작성 및 안정도 판별법] 참조

69. 그림과 같은 블록선도에서 전달함수 $\frac{C(s)}{R(s)}$를 구하면?

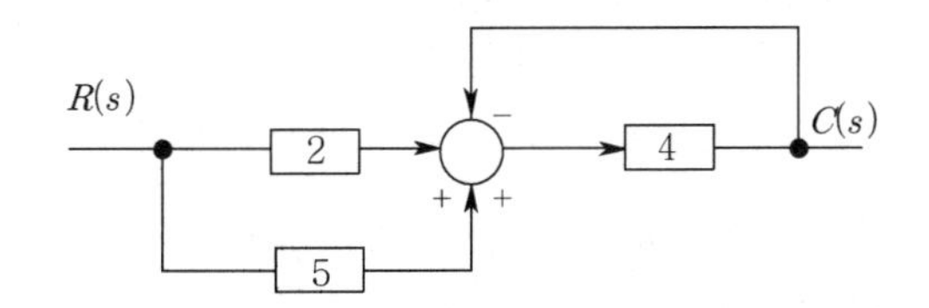

① $\frac{1}{8}$　② $\frac{5}{28}$

③ $\frac{28}{5}$　④ 8

|정|답|및|해|설|

[블록선도의 전달함수] $G(s) = \frac{\sum G}{1-\sum L_1 + \sum L_2 + \cdots}$

여기서, L_1 : 각각의 모든 폐루프 이득의 합

L_2 : 서로 접촉하지 않는 2개의 폐루프 이득의 곱의 합

$\sum G$: 각각의 전향경로의 합

$\therefore G(s) = \frac{2\cdot4+5\cdot4}{1-(-4)} = \frac{28}{5}$　【정답】 ③

※ 1. 루프이득 : 피드백의 폐루프
2. 전향경로 : 입력에서 출력으로 가는 길(피드백 제외)

70. $G(j\omega) = \frac{K}{j\omega(j\omega+1)}$에 있어서 진폭 A 및 위상각 θ은?

$$\lim_{\omega\to\infty} G(j\omega) = A\angle\theta$$

① $A=0,\ \theta=-90°$　② $A=0,\ \theta=-180°$

③ $A=\infty,\ \theta=-90°$　④ $A=\infty,\ \theta=-180°$

|정|답|및|해|설|

[전달함수] $G(j\omega) = \frac{K}{j\omega(j\omega+1)}$

· 크기(진폭) $|G(j\omega)| = \frac{1}{\omega\sqrt{1+\omega^2}} = \frac{1}{\infty} = 0$　→ $(\omega\to\infty)$

· $\theta = 0° - 90 - \tan^{-1}\omega = 0-90-90 = -180$　→ $(\tan\infty = 90)$

【정답】 ②

71. 무손실 선로의 정상상태에 대한 설명으로 틀린 것은?

① 전파정수 γ은 $j\omega\sqrt{LC}$이다.

② 특성 임피던스 $Z_0 = \sqrt{\frac{C}{L}}$이다.

③ 진행파의 전파속도 $v = \frac{1}{\sqrt{LC}}$이다.

④ 감쇠정수 $\alpha=0,\ \beta=\omega\sqrt{LC}$이다.

|정|답|및|해|설|

[무손실 회로와 무왜형 회로]

	무손실 선로	무왜형 선로
조건	$R=0,\ G=0$	$\frac{R}{L}=\frac{G}{C}$
특성임피던스	$Z_0=\sqrt{\frac{Z}{Y}}=\sqrt{\frac{L}{C}}$	$Z_0=\sqrt{\frac{Z}{Y}}=\sqrt{\frac{L}{C}}$
전파정수	$\gamma=\sqrt{ZY}$ $\alpha=0$ $\beta=\omega\sqrt{LC}$	$\gamma\sqrt{ZY}, \alpha=\sqrt{RG}$ $\beta=\omega\sqrt{LC}$
위상속도	$v=\frac{\omega}{\beta}=\frac{\omega}{\omega\sqrt{LC}}=\frac{1}{\sqrt{LC}}$	$v=\frac{\omega}{\beta}=\frac{\omega}{\omega\sqrt{LC}}=\frac{1}{\sqrt{LC}}$

【정답】 ②

72. $R=100[\Omega]$, $C=30[\mu F]$의 직렬회로에 $f=60$[Hz] $V=100[V]$의 교류전압을 인가할 때 전류는 약 몇 [A]인가?

① 0.42　② 0.64

③ 0.75　④ 0.87

|정|답|및|해|설|

[용량성 리액턴스] $X_c = \frac{1}{\omega C} = \frac{1}{2\pi fC}[\Omega]$

[임피던스] $Z = R - jX_c = \sqrt{R^2+X_C^2}\,[\Omega]$

· $X_c = \frac{1}{2\pi fC} = \frac{1}{2\pi\times60\times30\times10^{-6}} = 88.46[\Omega]$

· $Z = R - jX_c = 100 - j88.46 = \sqrt{100^2+88.46^2} = 133.51[\Omega]$

· 전류 $I = \frac{V}{Z} = \frac{100}{133.51} = 0.75[A]$　【정답】 ③

73. 그림과 같은 파형의 Laplace 변환은?

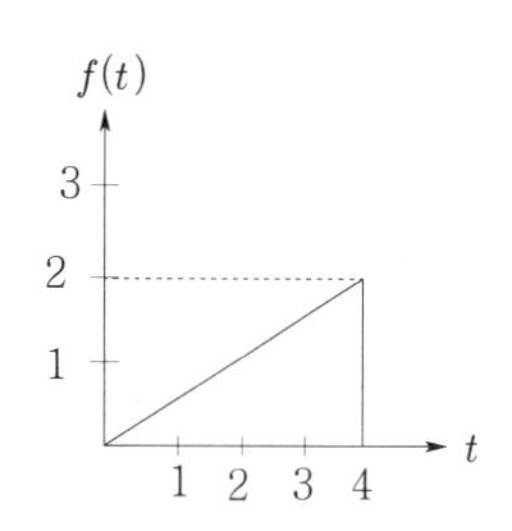

① $\frac{1}{2s^2}(1-e^{-4s}-se^{-4s})$

② $\frac{1}{2s^2}(1-e^{-4s}-4e^{-4s})$

③ $\frac{1}{2s^2}(1-se^{-4s}-4e^{-4s})$

④ $\frac{1}{2s^2}(1-e^{-4s}-4se^{-4s})$

|정|답|및|해|설|

[라플라스 변환] 시간추이정리를 이용

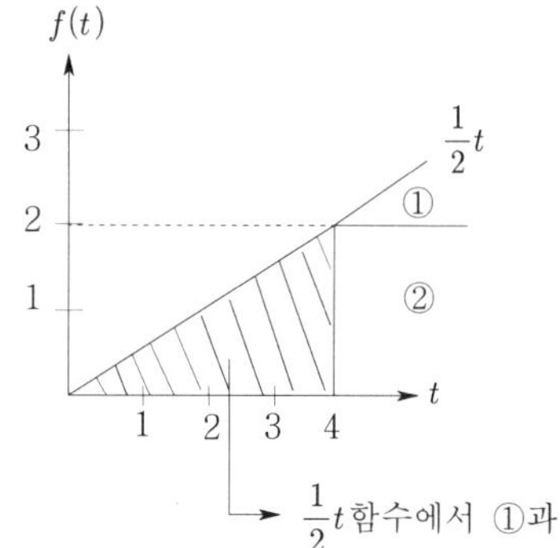

함수 $f(t)=\frac{2}{4}t-\frac{2}{4}(t-4)u(t-4)-2u(t-4)$

→ $(u(t-4)$: 단위함수)

라플라스 변환하면

$F(s)=\mathcal{L}[f(t)]=\frac{1}{2}\cdot\frac{1}{s^2}-\frac{1}{2}\frac{1}{s^2}e^{-4s}-\frac{2}{s}e^{-4s}$

$=\frac{1}{2s^2}(1-e^{-4s}-4se^{-4s})$ 【정답】 ④

74. 2전력계법으로 평형 3상 전력을 측정하였더니 한쪽의 지시가 700[W], 다른 한쪽의 지시가 1400[W]이었다. 피상 전력은 약 몇 [VA]인가?

① 2,425 ② 2,771

③ 2,873 ④ 2,974

|정|답|및|해|설|

[2전력계법] 단상 전력계 2대로 3상전력을 계산하는 법

·유효전력 $P=|W_1|+|W_2|$

·무효전력 $P_r=\sqrt{3}(|W_1-W_2|)$

·피상전력 $P_a=\sqrt{P^2+P_r^2}=2\sqrt{W_1^2+W_2^2-W_1W_2}$

·역률 $\cos\theta=\frac{P}{P_a}=\frac{W_1+W_2}{2\sqrt{W_1^2+W_2^2-W_1W_2}}$

한쪽의 지시(W_1)가 700[W]

다른 쪽 전력계 지시(W_2)가 1400[W]

$P_a=2\sqrt{W_1^2+W_2^2-W_1W_2}$

$=2\sqrt{700^2+1400^2-700\times1400}=2425[VA]$

【정답】 ①

75. 최대값이 I_m인 정현파 교류의 반파정류 파형의 실효값은?

① $\frac{I_m}{2}$ ② $\frac{I_m}{\sqrt{2}}$

③ $\frac{2I_m}{\pi}$ ④ $\frac{\pi I_m}{2}$

|정|답|및|해|설|

[각종 파형의 평균값, 실효값, 파형률, 파고율]

명칭	파형	평균값	실효값	파형률	파고율
정현파 (전파)		$\frac{2I_m}{\pi}$	$\frac{I_m}{\sqrt{2}}$	1.11	$\sqrt{2}$
정현파 (반파)		$\frac{I_m}{\pi}$	$\frac{I_m}{2}$	$\frac{\pi}{2}$	2
사각파 (전파)		I_m	I_m	1	1
사각파 (반파)		$\frac{I_m}{2}$	$\frac{I_m}{\sqrt{2}}$	$\sqrt{2}$	$\sqrt{2}$
삼각파		$\frac{I_m}{2}$	$\frac{I_m}{\sqrt{3}}$	$\frac{2}{\sqrt{3}}$	$\sqrt{3}$

여기서, I_m : 최대값 【정답】 ①

76. 전류의 대칭분을 I_0, I_1, I_2, 유기기전력 및 단자전압의 대칭분을 E_a, E_b, E_c 및 V_0, V_1, V_2라 할 때 3상 교류 발전기의 기본식 중 정상분 V_1 값은? 단, Z_0, Z_1, Z_2는 영상, 정상, 역상 임피던스이다.

① $-Z_0I_0$　　② $-Z_2I_2$

③ $E_a-Z_1I_1$　　④ $E_b-Z_2I_2$

|정|답|및|해|설|

[발전기의 기본식] 발전기 기본식의 3가지 특성

- 영상분 $V_0=-Z_0I_0$
- 정상분 $V_1=E_a-Z_1I_1$
- 역상분 $V_2=-Z_2\cdot I_2$

【정답】 ③

77. 그림과 같이 $10[\Omega]$의 저항에 권수비가 10:1의 결합회로를 연결했을 때 4단자정수 A, B, C, D는?

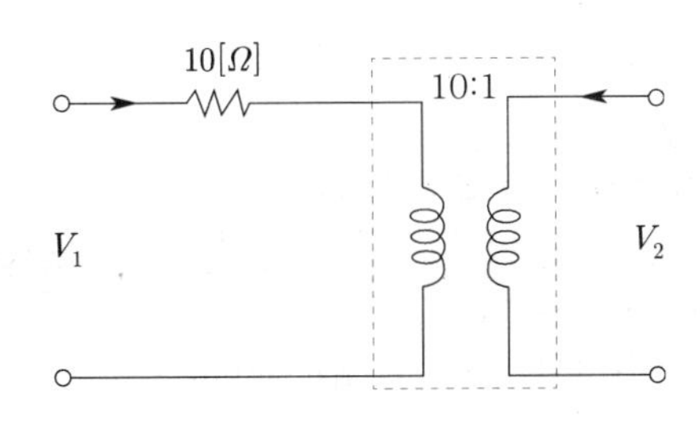

① $A=1,\ B=10,\ C=0,\ D=10$

② $A=10,\ B=1,\ C=0,\ D=10$

③ $A=10,\ B=0,\ C=1,\ D=\frac{1}{10}$

④ $A=10,\ B=1,\ C=0,\ D=\frac{1}{10}$

|정|답|및|해|설|

[4단자정수]

- 임피던스 부분 : $\begin{bmatrix}1 & Z\\0 & 1\end{bmatrix}$
- 변압기회로(권수비 10) : $\begin{bmatrix}a & 0\\0 & \frac{1}{a}\end{bmatrix}$

$\therefore \begin{bmatrix}A & B\\C & D\end{bmatrix}=\begin{bmatrix}1 & 10\\0 & 1\end{bmatrix}\begin{bmatrix}10 & 0\\0 & \frac{1}{10}\end{bmatrix}=\begin{bmatrix}10 & 1\\0 & \frac{1}{10}\end{bmatrix}$

【정답】 ④

78. 다음 회로에서 저항 R에 흐르는 전류 I는 몇 [A]인가?

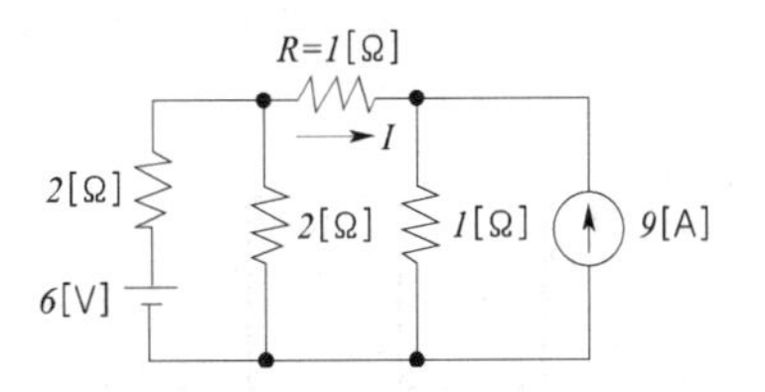

① 2[A]　　② 1[A]

③ −2[A]　　④ −1[A]

|정|답|및|해|설|

[중첩의 원리]

1. 전류원 개방

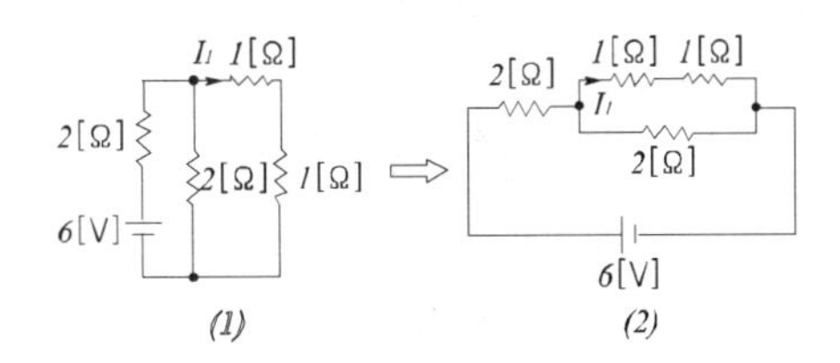

$$I_1=\frac{6}{2+\frac{(1+1)\times 2}{(1+1)+2}}\times\frac{2}{(1+1)+2}=1[A]$$

2. 전압원 단락

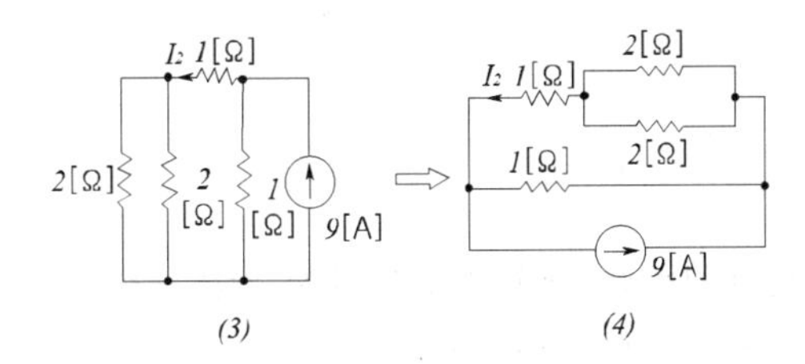

$$I_2=9\times\frac{1}{\left(1+\frac{2\times 2}{2+2}\right)+1}=3$$

전류 I는 I_1과 I_2의 방향이 반대이므로

$I=I_1-I_2=1-3=-2[A]$

【정답】 ③

79. 그림과 같은 파형의 파고율은?

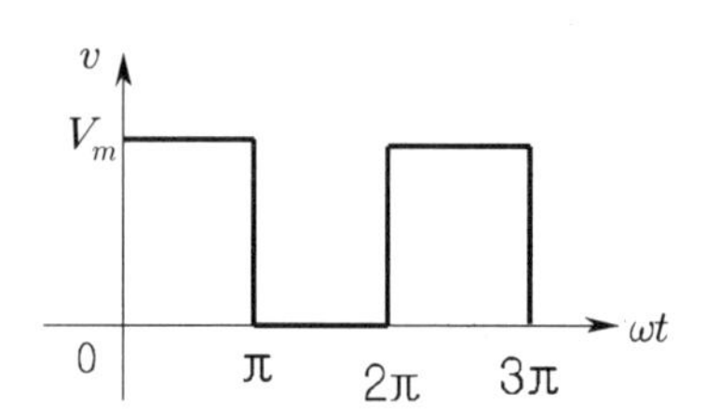

① 1 ② $\frac{1}{\sqrt{2}}$

③ $\sqrt{2}$ ④ $\sqrt{3}$

|정|답|및|해|설|

[구형파 반파] 실효값 $\frac{V_m}{\sqrt{2}}$, 평균값 $\frac{V_m}{2}$

· 파형률 $= \frac{실효값}{평균값} = \frac{\frac{V_m}{\sqrt{2}}}{\frac{V_m}{2}} = \frac{2}{\sqrt{2}} = \sqrt{2} = 1.414$

· 파고율 $= \frac{최대값}{실효값} = \frac{V_m}{\frac{V_m}{\sqrt{2}}} = \sqrt{2} = 1.414$

※구형파 전파의 경우는 파형률 파고율이 모두 1이다.

【정답】 ③

80. 그림과 같은 RC 회로에서 스위치를 넣은 순간 전류는? 단, 초기 조건은 0이다.

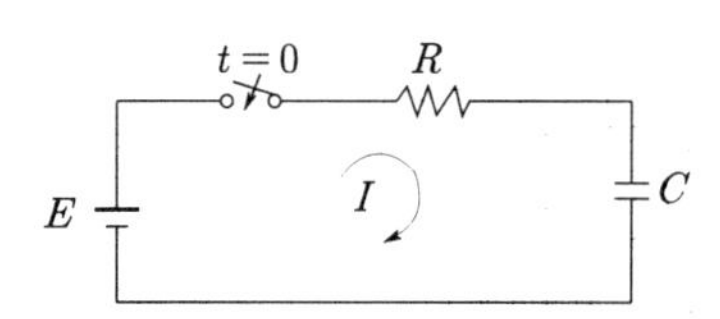

① 불변전류이다.

② 진동전류이다.

③ 증가함수로 나타낸다.

④ 감쇠함수로 나타낸다.

|정|답|및|해|설|

[과도현상] $E = Ri(t) + \frac{1}{C}\int i(t)dt$

→ 라플라스 변환 $\frac{E}{S} = RI(s) + \frac{1}{Cs}I(s)$

→ 역라플라스 변환 $i(t) = \frac{E}{R}e^{-\frac{1}{RC}t}$

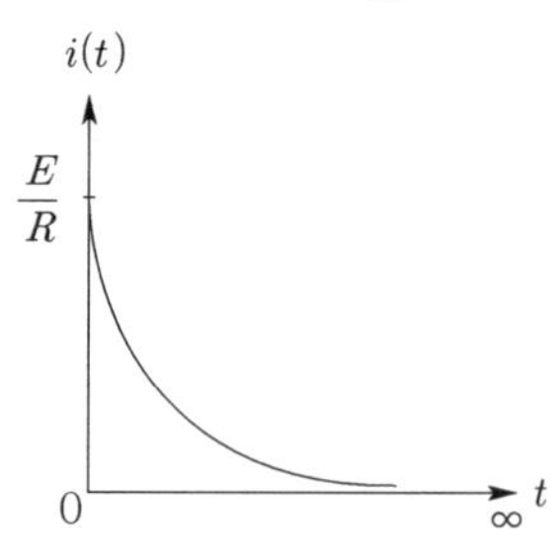

→ 지수적으로 점점 감쇠한다.

【정답】 ④

3회 2018년 전기기사필기 (전기설비기술기준)

81. 최대 사용전압이 220[V]인 전동기의 절연내력 시험을 하고자 할 때 시험전압은 몇 [V]인가?

① 300 ② 330

③ 450 ④ 500

|정|답|및|해|설|

[회전기 및 정류기의 절연내력 (KEC 133)]

종 류			시험 전압	시험 방법
회전기	발전기·전동기·무효 전력 보상 장치(조상기)·기타회전기	7[kV] 이하	1.5배 (최저 500[V])	권선과 대지간의 연속하여 10분간
		7[kV] 초과	1.25배 (최저 10,500[V])	
	회전변류기		직류측의 최대사용전압의 1배의 교류전압 (최저 500[V])	
정류기	60[kV] 이하		직류측의 최대 사용전압의 1배의 교류 전압(최저 500[V]	충전부분과 외함간에 연속하여 10분간
	60[kV] 초과		교류측의 최대 사용전압의 1.1배의 교류전압 또는 직류측의 최대사용전압의 1.1배의 직류전압	교류측 및 직류고전압측 단자와 대지간에 연속하여 10분간

∴ 시험 전압 =220×1.5=330[V]

최저 전압이 500[V]이므로 절연내력 시험전압은 500[V]

【정답】 ④

82. 66[kV] 가공전선과 6[kV] 가공전선을 동일 지지물에 병기하는 경우 특고압 가공전선은 케이블인 경우를 제외하고는 단면적이 몇 $[mm^2]$인 경동연선을 사용하여야 하는가?

① 22 ② 38
③ 50 ④ 100

|정|답|및|해|설|
[특고압 가공전선과 저고압 가공전선 등의 병행설치 (KEC 333.17)]

	35[㎸] 초과 100[㎸] 미만	35[㎸] 이하
간격	2[m] 이상	1.2[m] 이상
사용전선	인장강도 21.67[kN] 이상의 연선 또는 단면적이 $50[mm^2]$ 이상인 경동연선	연선

【정답】 ③

83. 발전소의 개폐기 또는 차단기에 사용하는 압축공기 장치의 주 공기탱크에 시설하는 압력계의 최고 눈금의 범위로 옳은 것은?

① 사용압력의 1배 이상 2배 이하
② 사용압력의 1.15배 이상 2배 이하
③ 사용압력의 1.5배 이상 3배 이하
④ 사용압력의 2배 이상 3배 이하

|정|답|및|해|설|
[압축공기계통 (KEC 341.15)]
- 공기 압축기는 최고 사용압력의 1.5배의 수압을 연속하여 10분간 가하여 시험하였을 때에 이에 견디고 또한 새지 아니하는 것일 것
- 주 공기탱크 또는 이에 근접한 곳에는 사용압력의 1.5배 이상 3배 이하의 최고 눈금이 있는 압력계를 시설할 것

【정답】 ③

84. 고압 가공전선로의 지지물로서 사용하는 목주의 풍압하중에 대한 안전율은 얼마 이상이어야 하는가?

① 1.2 ② 1.3 ③ 2.2 ④ 2.5

|정|답|및|해|설|
[저고압 가공전선로의 지지물의 강도 등 (kec 332.7)]
- 저압 가공전선로의 지지물은 목주인 경우에는 풍압하중의 1.2배의 하중, 기타의 경우에는 풍압하중에 견디는 강도를 가지는 것이어야 한다.
- 고압 가공전선로의 지지물로서 사용하는 목주는 다음 각 호에 따라 시설하여야 한다.
  1. 풍압하중에 대한 안전율은 1.3 이상일 것.
  2. 굵기는 위쪽 끝(말구) 지름 12[cm] 이상일 것.

【정답】 ②

85. 최대 사용전압이 22900[V]인 3상 4선식 다중 접지방식의 지중 전로로의 절연내력시험을 직류로 할 경우 시험전압은 몇 [V]인가?

① 16,448[V] ② 21,068[V]
③ 32,796[V] ④ 42,136[V]

|정|답|및|해|설|
[전로의 절연저항 및 절연내력 (KEC 132)]

접지방식	최대 사용 전압	시험 전압(최대 사용 전압 배수)	최저 시험 전압
비접지	7[㎸] 이하	1.5배	
	7[㎸] 초과	1.25배	10,500[V]
중성점접지	60[㎸] 초과	1.1배	75[㎸]
중성점직접 접지	60[㎸] 초과 170[㎸] 이하	0.72배	
	170[㎸] 초과	0.64배	
중성점 다중접지	25[㎸] 이하	0.92배	

$\therefore$ 시험 전압 $= 22900 \times 0.92 \times 2 = 42136[V]$ → (0.92배, 직류)

【정답】 ④

86. 지중 전선로에 있어서 폭발성 가스가 침입할 우려가 있는 장소에 시설하는 지중함은 크기가 몇 $[m^3]$ 이상일 때 가스를 방산시키기 위한 장치를 시설하여야 하는가?

① 0.25 ② 0.5
③ 0.75 ④ 1.0

|정|답|및|해|설|
[지중함의 시설 (KEC 334.2)]
- 지중함은 견고하고 차량 기타 중량물의 압력에 견디는 구조 일 것
- 지중함은 그 안의 고인물을 제거할 수 있는 구조로 되어 있을 것
- 폭발성 또는 연소성의 가스가 침입할 우려가 있는 곳에 시설하는 지중함으로 그 크기가 $1[m^3]$ 이상인 것은 통풍장치 기타 가스를 방산시키기 위한 장치를 하여야 한다.
- 지중함의 뚜껑은 시설자 이외의 자가 쉽게 열 수 없도록 시설할 것

【정답】 ④

87. 다음 그림에서 L_1은 어떤 크기로 동작하는 기기의 명칭인가?

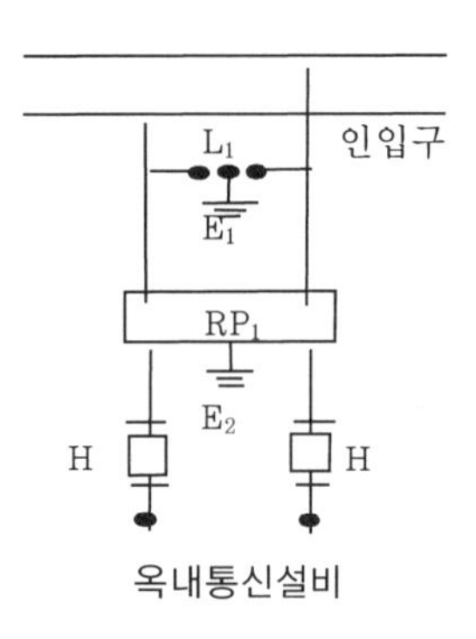

① 교류 1,000[V] 이하에서 동작하는 단로기
② 교류 1,000[V] 이하에서 동작하는 피뢰기
③ 교류 1,500[V] 이하에서 동작하는 단로기
④ 교류 1,500[V] 이하에서 동작하는 피뢰기

|정|답|및|해|설|

[특고압 가공전선로 첨가설치 통신선의 시가지 인입 제한 (KEC 362.5)]

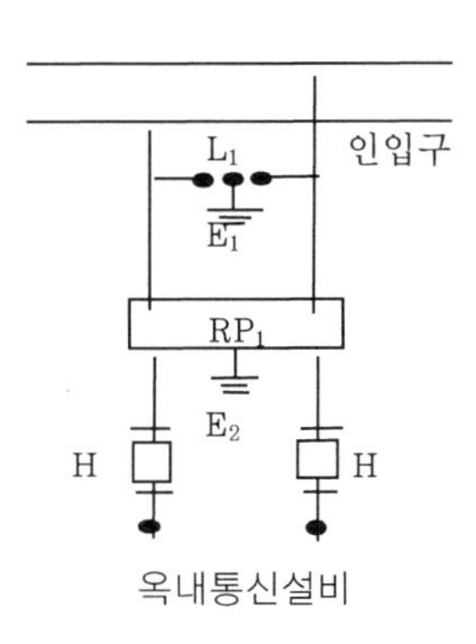

RP1 : 교류 300[V] 이하에서 동작하고, 최소 감도 전류가 3[A] 이하로서 최소 감도전류 때의 따라 움직임(응동)시간이 1사이클 이하이고 또한 전류 용량이 50[A], 20초 이상인 자동복구성(자복성)이 있는 릴레이 보안기
L1 : 교류 1[kV] 이하에서 동작하는 피뢰기
E1 및 E2 : 접지

【정답】 ②

88. 금속덕트공사에 적당하지 않은 것은?

① 전선은 절연전선을 사용한다.
② 덕트의 끝부분은 항시 개방시킨다.
③ 덕트 안에는 전선의 접속점이 없도록 한다.
④ 덕트의 안쪽 면 및 바깥 면에는 산화 방지를 위하여 아연도금을 한다.

|정|답|및|해|설|

[금속덕트공사 (KEC 232.31)] 금속 덕트는 다음 각 호에 따라 시설하여야 한다.

1. 덕트 상호 간은 견고하고 또한 전기적으로 완전하게 접속할 것.
2. 덕트를 조영재에 붙이는 경우에는 덕트의 지지점 간의 거리를 3[m](취급자 이외의 자가 출입할 수 없도록 설비한 곳에서 수직으로 붙이는 경우에는 6[m]) 이하로 하고 또한 견고하게 붙일 것.
3. 덕트의 뚜껑은 쉽게 열리지 아니하도록 시설할 것.
4. 덕트의 끝부분은 막을 것.
5. 덕트 안에 먼지가 침입하지 아니하도록 할 것.
6. 덕트는 물이 고이는 낮은 부분을 만들지 않도록 시설할 것.

【정답】 ②

89. 특고압용 타냉식 변압기의 냉각장치에 고장이 생긴 경우를 대비하여 어떤 보호 장치를 하여야 하는가?

① 경보장치　② 속도조정장치
③ 온도시험장치　④ 냉매흐름장치

|정|답|및|해|설|

[특고압용 변압기의 보호장치 (KEC 351.4)]

뱅크 용량의 구분	동작 조건	장치의 종류
5,000[kVA] 이상 10,000[kVA] 미만	변압기 내부 고장	자동 차단 장치 또는 경보 장치
10,000[kVA] 이상	변압기 내부 고장	자동 차단 장치
타냉식 변압기 (강제순환식)	·냉각장치 고장 ·변압기 온도 상승	경보 장치

【정답】 ①

90. 특고압 옥외 배전용 변압기가 1대일 경우 특고압측에 일반적으로 시설하여야 하는 것은?

① 방전기　② 계기용 변류기
③ 계기용 변압기　④ 개폐기 및 과전류차단기

|정|답|및|해|설|

[특고압 배전용 변압기의 시설 (KEC 341.2)]

특고압 전선에 특고압 절연 전선 또는 케이블을 사용한다.
·1차 전압은 35[kV] 이하, 2차측은 저압 또는 고압일 것
·특고압측에는 개폐기 및 과전류 차단기를 시설할 것

【정답】 ④

91. 특고압 가공전선이 도로 등과 교차하는 경우에 특고압 가공전선이 도로 등의 위에 시설되는 때에 설치하는 보호망에 대한 설명으로 옳은 것은?

① 보호망은 접지공사를 하지 않는다.

② 보호망을 구성하는 금속선의 안장강도는 6[kN] 이상으로 한다.

③ 보호망을 구성하는 금속선은 지름 1.0[mm] 이상의 경동선을 사용한다.

④ 보호망을 구성하는 금속선 상호의 간격은 가로, 세로 각각 1.5[m] 이하로 한다.

|정|답|및|해|설|

[특고압 가공 전선과 도로 등의 접근 또는 교차 (KEC 333.24)]

1. 보호망은 접지공사를 한 금속제의 망상장치로 하고 견고하게 지지할 것.
2. 보호망을 구성하는 금속선은 그 바깥둘레(외주) 및 특고압 가공전선의 직하에 시설하는 금속선에는 인장강도 8.01[kN] 이상의 것 또는 지름 5[mm] 이상의 경동선을 사용하고 그 밖의 부분에 시설하는 금속선에는 인장강도 5.26[kN] 이상의 것 또는 지름 4[mm] 이상의 경동선을 사용할 것.
3. 보호망을 구성하는 금속선 상호의 간격은 가로, 세로 각 1.5[m] 이하일 것. 【정답】 ④

92. 옥내에 시설하는 고압용 이동전선으로 옳은 것은?

① 6[mm] 연동선

② 비닐외장케이블

③ 옥외용 비닐절연전선

④ 고압용의 캡타이어케이블

|정|답|및|해|설|

[옥내 고압용 이동전선의 시설 (KEC 342.2)]

1. 전선은 고압용의 캡타이어케이블일 것.
2. 이동전선에 전기를 공급하는 전로에는 전용 개폐기 및 과전류 차단기를 각 극에 시설하고, 또한 전로에 지락이 생겼을 때에 자동적으로 전로를 차단하는 장치를 시설할 것. 【정답】 ④

93. 가공전선로에 사용하는 지지물의 강도 계산시 구성재의 수직 투영면적 1[m^2]에 대한 풍압을 기초로 적용하는 갑종풍압하중 값의 기준으로 틀린 것은?

① 목주 : 588[pa]

② 원형 철주 : 588[pa]

③ 철근콘크리트주 : 1117[pa]

④ 강관으로 구성된 철탑(단주는 제외) : 1,255[pa]

|정|답|및|해|설|

[풍압하중의 종별과 적용 (KEC 331.6)]

풍압을 받는 구분				풍압[Pa]
지지물	목주			588
	철주	원형의 것		588
		삼각형 또는 농형		1412
		강관에 의하여 구성되는 4각형의 것		1117
		기타의 것으로 복재가 전후면에 겹치는 경우		1627
		기타의 것으로 겹치지 않은 경우		1784
	철근 콘크리트 주	원형의 것		588
		기타의 것		822
	철탑	단주	원형의 것	588[Pa]
			기타의 것	1,117[Pa]
		강관으로 구성되는 것(단주는 제외함)		1,255[Pa]
		기타의 것		2,157[Pa]

【정답】 ③

94. 3상 4선식 22.9[kV], 중성선 다중접지 방식의 특고압 가공전선 아래에 통신선을 첨가하고자 한다. 특고압 가공전선과 통신선과의 간격은 몇 [cm] 이상인가?

① 60 ② 75 ③ 100 ④ 120

|정|답|및|해|설|

[전력보안통신선의 시설 높이와 간격(이격거리) kec 362.2)] 통신선과 사용전압이 25[kV] 이하인 특고압 가공전선(특고압 가공전선로의 다중 접지를 한 중성선은 제외한다) 사이의 간격은 0.75[m] 이상일 것, 다만, 특고압 가공전선이 케이블인 경우에 통신선이 절연전선과 동등 이상의 절연성능이 있는 것인 경우에는 0.3[m] 이상으로 할 수 있다. 【정답】 ②

95. 교통이 번잡한 도로를 횡단하여 저압 가공전선을 시설하는 경우 지표상 높이를 몇 [m] 이상으로 하여야 하는가?

① 4.0 ② 5.0

③ 6.0 ④ 6.5

|정|답|및|해|설|

[저·고압 가공전선의 높이 (KEC 222.7), (KEC 332.5)]

저·고압 가공 전선의 높이는 다음과 같다.

1. 도로 횡단 : 6[m] 이상
2. 철도 횡단 : 레일면 상 6.5[m] 이상
3. 횡단 보도교 위 : 3.5[m](고압 4[m])
4. 기타 : 5[m] 이상 【정답】 ③

96. 관광 숙박업 또는 숙박업을 하는 객실의 입구 등에 조명용 전등을 설치할 때는 몇 분 이내에 소등되는 타임스위치를 시설하여야 하는가?

① 1　　② 3
③ 5　　④ 10

| 정 | 답 | 및 | 해 | 설 |
[점멸기의 시설 (KEC 234.6)]
1. 호텔, 여관 각 객실 입구등 : 1분
2. 일반 주택 및 아파트 현관등 : 3분

【정답】 ①

97. 방전등용 안정기를 저압의 옥내배선과 직접 접속하여 시설할 경우 옥내전로의 대지 전압은 최대 몇 [V]인가?

① 100　　② 150
③ 300　　④ 450

| 정 | 답 | 및 | 해 | 설 |
[1[kV] 이하 방전등 (kec 234.11.1)] 대지전압은 300[V] 이하이어야 하며, 다음 각 호에 의하여 시설하여야 한다. 다만, 대지전압 150[V] 이하의 전로인 경우에는 다음 각 호에 의하지 아니할 수 있다.

| 참 | 고 |
[대자전압]
1. 90[%] 이상은 300[V]
2. 예외인 경우
   ① 누설전압이 없는 경우 → 대지전압 150[V]
   ② 전기저장장치, 태양광설비 → 직류 600[V]

【정답】 ③

98. 철근 콘크리트주를 사용하는 25[kV] 교류 전차선로를 도로 등과 제1차 접근 상태에 시설하는 경우 지지물 간 거리(경간)의 최대 한도는 몇 [m]인가?

① 40　　② 50
③ 60　　④ 70

| 정 | 답 | 및 | 해 | 설 |
[25[kV] 이하인 특고압 가공전선로의 시설 (KEC 333.32)]
교류 전차선 등이 건조물도로 또는 삭도와 접근할 경우에 교류 전차선 등이 그 건조물 등의 위쪽 또는 옆쪽에서 수평거리로 교류 전차선로의 지지물의 지표상의 높이에 상당하는 거리 안에 시설되는 때에는 교류 전차선로의 지지물에는 철주 또는 철근 콘크리트주를 사용하고 또한 그 지지물간 거리(경간)를 60[m] 이하로 시설하여야 한다.

【정답】 ③

99. 사용전압이 22.9[kV]인 특고압 가공전선이 도로를 횡단하는 경우, 지표상 높이는 최소 몇 [m] 이상인가?

① 4.5　　② 5　　③ 5.5　　④ 6

| 정 | 답 | 및 | 해 | 설 |
[특고압 가공전선의 높이 (KEC 333.7)]

사용전압의 구분	지표상의 높이	
35[kV] 이하	일반	5[m]
	철도 또는 궤도를 횡단	6.5[m]
	도로 횡단	6[m]
	횡단보도교의 위 (전선이 특고압 절연전선 또는 케이블)	4[m]
35[kV] 초과 160[kV] 이하	일반	6[m]
	철도 또는 궤도를 횡단	6.5[m]
	산지	5[m]
	횡단보도교의 케이블	5[m]
160[kV] 초과	일반	6[m]
	철도 또는 궤도를 횡단	6.5[m]
	산지	5[m]
	160[kV]를 초과하는 10[kV] 또는 그 단수마다 12[cm]를 더한 값	

【정답】 ④

※한국전기설비규정(KEC) 적용으로 인해 더 이상 출제되지 않는 문제는 삭제했습니다.

2017년 1회 전기기사 필기 기출문제

1회 2017년 전기기사필기 (전기자기학)

1. 자계와 직각으로 놓인 도체에 I[A]의 전류를 흘릴 때 f [N]의 힘이 작용하였다. 이 도체를 V[m/s]의 속도로 자계와 직각으로 운동시킬 때의 기전력은 몇 e[V]인가?

① $\frac{fv}{I^2}$ ② $\frac{fv}{I}$

③ $\frac{fv^2}{I}$ ④ $\frac{fv}{2I}$

|정|답|및|해|설|

[플레밍의 왼손 법칙에 의한 도체가 받는 힘] $f = BIl\,[N]$

[플레밍의 오른손에 의한 유기기전력] $e = vBl\,[V]$

여기서, B : 자속밀도, I : 전류, l : 도체의 길이, v : 속도

$f = BIl[N]$에서 Bl를 구하면 $Bl = \frac{f}{I}[Wb/m]$이므로

$\therefore$ 유기기전력 $e = vBl = \frac{fv}{I}[V]$ 【정답】 ②

2. 평행판 공기콘덴서의 양 극판에 $+\sigma[C/m^2]$, $-\sigma[C/m^2]$의 전하가 분포되어 있을 때, 이 두 전극사이에 유전율 ϵ[F/m]인 유전체를 삽입한 경우의 전계의 세기는? (단, 유전체의 분극전하밀도를 $+\sigma'[C/m^2]$, $-\sigma'[C/m^2]$ 라 한다.)

① $\frac{\sigma}{\epsilon_o}$[V/m] ② $\frac{\sigma+\sigma'}{\epsilon_o}$[V/m]

③ $\frac{\sigma}{\epsilon_o} - \frac{\sigma'}{\epsilon}$[V/m] ④ $\frac{\sigma-\sigma'}{\epsilon_o}$[V/m]

|정|답|및|해|설|

[분극의 세기] $P = \epsilon_0(\epsilon_s - 1)E = D - \epsilon_0 E[C/m^2]$

여기서, P : 분극의 세기, E : 유전체 내부의 전계

ϵ_0 : 진공시의 유전율($=8.855\times10^{-12}$[F/m])

ϵ_s : 비유전율(진공시 $\epsilon_s = 1$), D : 전속밀도

유전체에서의 전계의 세기 $E = \frac{D-P}{\epsilon_0} = \frac{\sigma - \sigma'}{\epsilon_0}$

충전된 전하밀도 $D = \sigma[C/m^2]$ 이고

분극 전하밀도 $P = \sigma'$ 【정답】 ④

3. 자기회로에 관한 설명으로 옳은 것은?

① 자기회로의 자기저항은 자기회로의 단면적에 비례한다.

② 자기회로의 기자력은 자기저항과 자속의 곱과 같다.

③ 자기저항 R_{m1}과 R_{m2}을 직렬연결 시 합성 자기저항은 $\frac{1}{R_m} = \frac{1}{R_{m1}} + \frac{1}{R_{m2}}$ 이다.

④ 자기회로의 자기저항은 자기회로의 길이에 반비례한다.

|정|답|및|해|설|

[자기저항] $R_m = \frac{l}{\mu S}[AT/Wb]$

여기서, μ : 투자율, l : 자로의 길이, S : 단면적

자기저항은 자로의 길이에 비례, 단면적 S에 반비례한다.

투자율과 면적에 반비례

자기회로의 옴의 법칙 $\varnothing = \frac{NI}{R_m} = \frac{F}{R_m}$ 에서

기자력 $F = NI = R_m\phi[AT]$ 【정답】 ②

4. 다음 중 폐회로에 유도되는 유도기전력에 관한 설명 중 가장 알맞은 것은?

① 유도기전력은 권선수의 제곱에 비례한다.

② 렌쯔의 법칙은 유도기전력의 크기를 결정하는 법칙이다.

③ 자계가 일정한 공간 내에서 폐회로가 운동하여도 유도기전력이 유도된다.

④ 전계가 일정한 공간 내에서 폐회로가 운동하여도 유도기전력이 유도된다.

|정|답|및|해|설|

[유도기전력] $e = -N\frac{\partial\phi}{\partial t}$

여기서, $\partial\varnothing$: 자속의 변화량, ∂t : 시간의 변화량, N : 권수

·렌쯔의 법칙은 유도기전력의 방향을 결정한다.

·유도기전력은 권선수(N)에 비례한다($e = -N\frac{\partial\phi}{\partial t}$).

·유도기전력은 자계가 있는 공간에서 발생한다($e = l(V+B)$).

·폐회로에는 기전력 발생이 되지 않는다. 【정답】 ③

5. 매질 1(ϵ_1)은 나일론(비유전율 $\epsilon_s = 4$)이고, 매질 2(ϵ_2)는 진공일 때 전속밀도 D가 경계면에서 각각 θ_1, θ_2의 각을 이룰 때 $\theta_2 = 30^\circ$ 라 하면 θ_1의 값은?

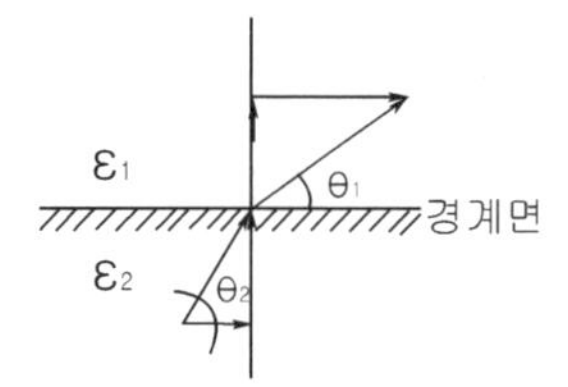

① $\tan^{-1}\frac{4}{\sqrt{3}}$　　② $\tan^{-1}\frac{\sqrt{3}}{4}$

③ $\tan^{-1}\frac{\sqrt{3}}{2}$　　④ $\tan^{-1}\frac{2}{\sqrt{3}}$

|정|답|및|해|설|

[두 유전체의 경계 조건 (굴절법칙)] $\frac{\tan\theta_1}{\tan\theta_2} = \frac{\epsilon_1}{\epsilon_2}$

여기서, θ_1 : 입사각, θ_2 : 굴절각, ϵ : 유전율

$\theta_2 = 30^\circ$

$\frac{\tan\theta_1}{\tan\theta_2} = \frac{\epsilon_1}{\epsilon_2} = \frac{4}{1}$, $\tan 30^\circ = \frac{1}{\sqrt{3}}$이므로

$\tan\theta_1 = \frac{4}{\sqrt{3}}$, $\theta_1 = \tan^{-1}\frac{4}{\sqrt{3}}$　　【정답】 ①

6. 반지름 a[m], b[m]인 두 개의 구 형상 도체 전극이 도전율 k인 매질 속에 중심거리 r만큼 떨어져 있다. 양 전극 간의 저항은? (단, $r \gg a$, b 이다.)

① $4\pi k\left(\frac{1}{a}+\frac{1}{b}\right)$　　② $4\pi k\left(\frac{1}{a}-\frac{1}{b}\right)$

③ $\frac{1}{4\pi k}\left(\frac{1}{a}+\frac{1}{b}\right)$　　④ $\frac{1}{4\pi k}\left(\frac{1}{a}-\frac{1}{b}\right)$

|정|답|및|해|설|

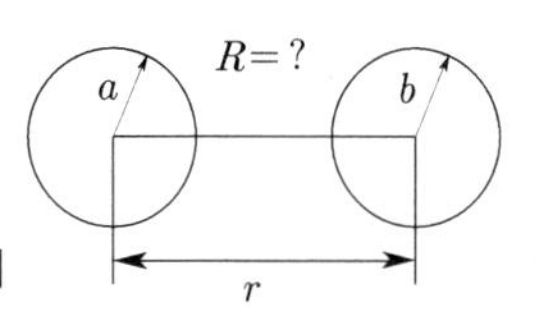

[구도체 a, b 사이의 정전용량 C]

· $C_1 = 4\pi\epsilon a$

$R_1 = \frac{\rho\epsilon}{C_1} = \frac{\rho}{4\pi a} = \frac{1}{4\pi a k}$

여기서, $\rho = \frac{1}{k}$, ρ : 고유저항, k : 도전율

→ ($R \cdot C = \rho\frac{l}{S} \times \frac{\epsilon S}{d} = \rho\epsilon$, 여기서 $l = d$ 이다.)

· $C_2 = 4\pi\epsilon b$

$R_2 = \frac{\rho\epsilon}{C_2} = \frac{\rho}{4\pi b} = \frac{1}{4\pi b k}$

$\therefore R = R_1 + R_2 = \frac{1}{4\pi k}\left(\frac{1}{a}+\frac{1}{b}\right)$　　【정답】 ③

7. 그림과 같이 반지름 a 인 무한장 평행 도체 A, B 가 간격 d 로 놓여 있고, 단위 길이당 각각 $+\lambda$, $-\lambda$ 의 전하가 균일하게 분포되어 있다. A, B 도체 간의 전위차는 몇 [V]인가? (단, d≫a 이다)

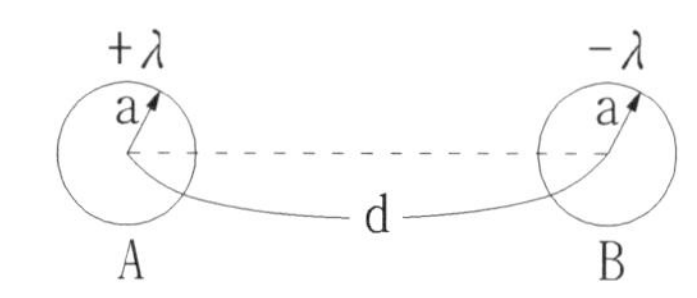

① $\frac{\lambda}{\pi\epsilon_0}\ln\frac{d-a}{a}$　　② $\frac{\lambda}{2\pi\epsilon_0}\ln\frac{d}{a}$

③ $\frac{\lambda}{\pi\epsilon_0}\ln\frac{a}{d}$　　④ $\frac{\lambda}{2\pi\epsilon_0}\ln\frac{a}{d}$

|정|답|및|해|설|

[P점의 전계의 세기 E]

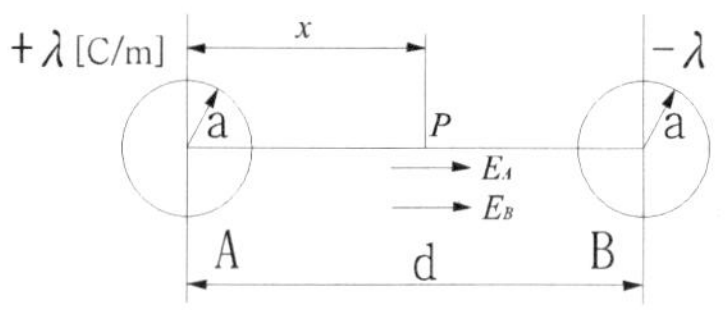

$E_A = \frac{\lambda}{2\pi\epsilon_0 x}[V/m]$,　$E_B = \frac{-\lambda}{2\pi\epsilon_0(d-x)}[V/m]$

$E = E_A + E_B$

$= \frac{\lambda}{2\pi_0 r} + \frac{\lambda}{2\pi\epsilon_0(d-x)} = \frac{\lambda}{2\pi\epsilon_0}\left(\frac{1}{x}+\frac{1}{d-x}\right)$

두 도체간의 전위차 V_{AB}

$V_{AB} = -\int_{d-a}^{a} E dx = \int_{a}^{d-a} E dx$

$= \frac{\lambda}{2\pi\epsilon_0}\left(\int_{a}^{d-a}\frac{1}{x}dx + \int_{a}^{d-a}\frac{1}{d-x}dx\right)$

$= \frac{\lambda}{2\pi\epsilon_0}\log\frac{d-a}{a} \fallingdotseq \frac{\lambda}{\pi\epsilon_0}\log\frac{d}{a}$

($\because$ $d \gg a$에 의해 $d-a \fallingdotseq d$)

【정답】 ①

8. 일반적인 전자계에서 성립되는 기본방정식이 아닌 것은? 단, i는 전류밀도, ρ는 공간전하밀도이다.

① $\nabla \times H = i + \frac{\partial D}{\partial t}$ ② $\nabla \times E = -\frac{\partial B}{\partial t}$

③ $\nabla \cdot D = \rho$ ④ $\nabla \cdot B = \mu H$

|정|답|및|해|설|

[맥스웰의 전자계 기초 방정식]

1

$rot\, E = \nabla \times E = -\frac{\partial B}{\partial t} = -\mu \frac{\partial H}{\partial t}$:
(패러데이의 전자 유도법칙(미분형))

2. $rot\, H = \nabla \times H = i + \frac{\partial D}{\partial t}$: 암페어의 주회 적분 법칙

3. $div\, D = \rho$: 가우스의 법칙(미분형)

4. $div\, B = 0$: 고립된 자하는 없다. 【정답】 ④

9. 전계 E[V/m], 자계 H[A/m]의 전자계가 평면파를 이루고 자유공간으로 전파될 때, 단위 시간당 전력 밀도는 몇 [W/m^2] 인가?

① EH^2 ② EH

③ $\frac{1}{2}EH^2$ ④ $\frac{1}{2}EH$

|정|답|및|해|설|

[면적당 방사에너지(포인팅벡터)] $S = \frac{P}{A}[W/m^2] = \frac{P}{4\pi r^2}[J]$

$S = \frac{P[W]}{A[m^2]} = \vec{E} \times \vec{H} = EH\sin\theta = EH[W/m^2]$

→ (전자파 사이각 90°)

단위 시간당 전력밀도

$W = \frac{1}{2}\epsilon E^2 + \frac{1}{2}\mu H^2 [J/m^3] = \left[\frac{1}{2}\epsilon E^2 + \frac{1}{2}\mu H^2\right] \cdot v[W/m^2]$

$= \left[\frac{1}{2}\epsilon E\sqrt{\frac{\mu}{\epsilon}}H + \frac{1}{2}\mu H\sqrt{\frac{\epsilon}{\mu}}E\right] \cdot \frac{1}{\sqrt{\epsilon\mu}}$

$= \frac{1}{2}EH + \frac{1}{2}EH = EH[W/m^2]$ 【정답】 ②

10. 두 개의 콘덴서를 직렬접속하고 직류전압을 인가 시 설명으로 옳지 않은 것은?

① 정전용량이 작은 콘덴서에 전압이 많이 걸린다.

② 합성 정전용량은 각 콘덴서의 정전용량의 합과 같다.

③ 합성 정전용량은 각 콘덴서의 정전용량보다 작아진다.

④ 각 콘덴서의 두 전극에 정전유도에 의하여 정·부의 동일한 전하가 나타나고 전하량은 일정하다.

|정|답|및|해|설|

[콘덴서 직렬연결]

1. 전하량 : $Q_1 = Q_2 = Q[C]$

2. 전체전압 : $V = V_1 + V_2 = \left(\frac{1}{C_1} + \frac{1}{C_2}\right)Q$

3. 합성정전용량 :

$C = \frac{Q}{V} = \frac{Q}{\left(\frac{1}{C_1} + \frac{1}{C_2}\right)Q} = \frac{1}{\frac{1}{C_1} + \frac{1}{C_2}} = \frac{C_1 C_2}{C_1 + C_2}[F]$

4. 분배 전압 : $V_1 = \frac{Q}{C_1} = \frac{C_2}{C_1 + C_2}V$

$V_2 = \frac{Q}{C_2} = \frac{C_1}{C_1 + C_2}V$

【정답】 ②

11. 길이가 1[cm], 지름이 5[mm]인 동선에 1[A]의 전류를 흘렸을 때 전자가 동선을 흐르는 데 걸리는 평균 시간은 약 몇 초인가? 단, 동선의 전자밀도 1×10^{28}[개/m^3]이다.)

① 3 ② 31

③ 314 ④ 3,147

|정|답|및|해|설|

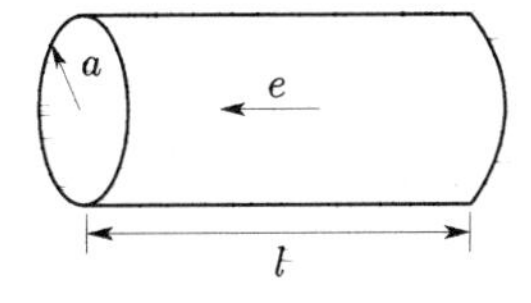

$I = 1[A]$

$n = 1 \times 10^{28}$[개/m^3]

[전류] $I = nevS[A]$

[전류밀도] $i = nev = ne\frac{l}{t}$

여기서, v[m/s] : 속도, n[개/m^3] : 단위 체적당 전자의 개수

$e[C]$: 전자의 기본 전하량($e = 1.602 \times 10^{-19}[C]$)

l : 길이, t : 시간, S : 단면적

전류 $I = ne\frac{l}{t}S = \frac{Q}{t} \rightarrow Q = neSl$

$I = \frac{Q}{t}$에서

평균 시간 $t = \frac{Q}{I} = \frac{neSl}{I} = \frac{ne\left(\frac{\pi D^2}{4}\right)l}{I}$[sec]

$= 1 \times 10^{28} \times 1.602 \times 10^{-19} \times \frac{\pi(5 \times 10^{-3})^2}{4} \times 1 \times 10^{-2}$

$= 314.55$[sec] 【정답】 ③

12. 옴의 법칙을 미분형태로 표시하면? (단, i는 전류 밀도이고, ρ 는 저항률, E는 전계이다.)

① $i=\frac{1}{\rho}E$ ② $i=\rho E$

③ $i=\text{divE}$ ④ $i=\nabla E$

|정|답|및|해|설|

[옴의 법칙] $I=\frac{V}{R}[A]$

$dI=\frac{dV}{dR}=\frac{dV}{\rho\frac{dl}{dS}}=\frac{1}{\rho}\frac{dV}{dl}\cdot dS=\frac{1}{\rho}E\cdot dS$

$\therefore$ 전류밀도 $i=\frac{dI}{dS}=\frac{1}{\rho}E=kE[A/m^2]$

$(\rho=\frac{1}{k}$, ρ : 저항률, k : 도전율) 【정답】 ①

13. 한 변의 길이가 $\sqrt{2}\,[m]$인 정사각형의 4개 꼭지점에 $+10^{-9}[C]$의 점전하가 각각 있을 때 이 사각형의 중심에서의 전위[V]는?

① 0 ② 18 ③ 36 ④ 72

|정|답|및|해|설|

[중첩의 원리] Q_i, Q_i, Q_i, Q_i, $V=?$, $Q_i=10^{-9}[C]$, $r_i=\sqrt{2}\,[m]$

중심점의 전위 $V=\sum_{i=1}^{n}\frac{Q_i}{4\pi\epsilon_0 r_i}$ →(Q_i : 전하, r_i : 도체 사이의 거리)

4개의 전하에 의한 전위는 1개 전하에 의한 전위의 4배이므로

$\therefore V=\frac{Q}{4\pi\epsilon_0 r}\times 4=9\times 10^9\times\frac{10^{-9}}{1}\times 4=36[V]$

→ $(\frac{1}{4\pi\epsilon_0}=9\times 10^9 \rightarrow (\epsilon_0=8.855\times 10^{-12}[F/m]))$

→ (한 변이 $\sqrt{2}$ [m]인 정사각형이므로 중심에서 꼭지점까지의 거리(r)는 1[m]) 【정답】 ③

14. $0.2[\mu F]$인 평행판 공기 콘덴서가 있다. 전극간에 그 간격의 절반 두께의 유리판을 넣었다면 콘덴서의 용량은 약 몇 $[\mu F]$인가? 단, 유리의 비유전율은 10이다.

① 0.26 ② 0.36

③ 0.46 ④ 0.56

|정|답|및|해|설|

[공극이 있는 도체의 정전용량 C_0] $C_0=\frac{\epsilon\cdot S}{d}[\text{F}]$

(d : 극판간의 거리[m], S : 극판 면적[m^2], $\epsilon(=\epsilon_0\epsilon_s)$: 유전율)

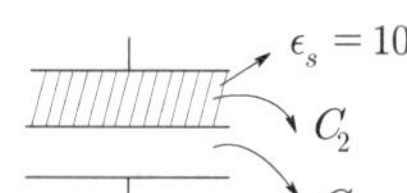

1. $C_0=\epsilon_0\frac{S}{d}=0.2$
2. $C_1=\epsilon_0\frac{S}{\frac{1}{2}d}=2\epsilon_0\frac{S}{d}=2C_0=0.4$
3. $C_2=\epsilon_0\epsilon_s\frac{S}{\frac{1}{2}d}=10\epsilon_0\frac{2S}{d}=\frac{20S}{d}=20C_0=4$

$\therefore$ 총정전용량 $C_T=\frac{C_1C_2}{C_1+C_2}=\frac{0.4\times 4}{0.4+4}=0.36[\mu F]$

→ (콘덴서가 직렬로 연결)

【정답】 ②

|참|고|

[유전체의 삽입 위치에 따른 콘덴서의 직·병렬 구별]

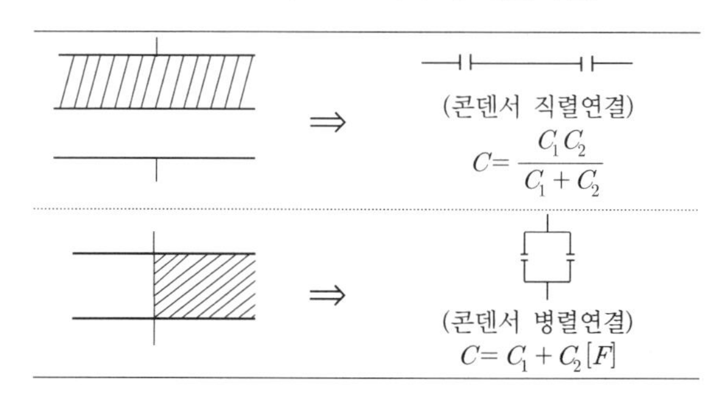

15. 기계적인 변형력을 가할 때, 결정체의 표면에 전위차가 발생되는 현상은?

① 볼타 효과 ② 전계 효과

③ 압전 효과 ④ 파이로 효과

|정|답|및|해|설|

[압전 효과] 어떤 특수한 결정을 가진 물질의 결정체에 전기를 가하면 기계적 변형이 나타나는 현상

1. 종 효과 : 결정에 가한 기계적 응력과 전기 분극이 동일 방향으로 발생하는 경우
2. 횡 효과 : 수직 방향으로 발생하는 경우 【정답】 ③

16. 면적이 $S[m^2]$인 금속판 2매를 간격이 $d[m]$되게 공기 중에 나란하게 놓았을 때 두 도체 사이의 정전용량[F]은?

① $\frac{S}{d}\epsilon_o$　　② $\frac{d}{S}\epsilon_o$

③ $\frac{d}{S^2}\epsilon_o$　　④ $\frac{S^2}{d}\epsilon_o$

|정|답|및|해|설|

[평행평판 도체 정전용량]

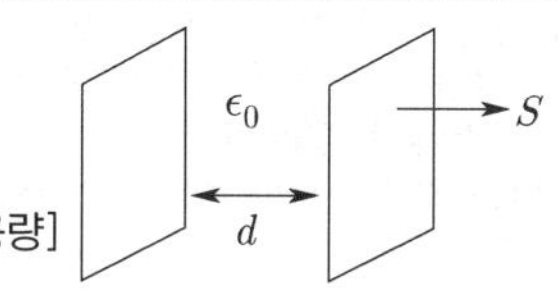

정전용량 $C = C_0 S = \frac{\epsilon_0}{d}S[F]$

여기서, d : 극판간의 거리[m], σ : 면전하 밀도$[C/m^2]$

S : 극판 면적$[m^2]$, ϵ_0 : 진공중의 유전율

·전계의 세기 $E = \frac{\sigma}{\epsilon_0}[V/m]$

·전위차 $V = Ed = \frac{\sigma}{\epsilon_0}d[m]$

·평행평판 사이의 단위면적당 정전용량 $C_0 = \frac{\sigma}{V} = \frac{\epsilon_0}{d}[F/m^2]$

그러므로 정전용량 $C = C_0 S = \frac{\epsilon_0}{d}S[F]$　　【정답】 ①

17. 면전하 밀도가 $\rho_s[C/m^2]$인 무한히 넓은 도체판에서 R[m]만큼 떨어져 있는 점의 전계의 세기[V/m]는?

① $\frac{\rho_s}{\epsilon_0}$　　② $\frac{\rho_s}{2\epsilon_0}$

③ $\frac{\rho_s}{4\pi R^2}$　　④ $\frac{\rho_s}{2R}$

|정|답|및|해|설|

[무한 평면의 전계의 세기] $E = \frac{D}{\epsilon_0}[V/m]$

여기서, D : 전속밀도$[C/m^2]$, ϵ_0 : 진공중의 유전율[F/m]

면전하라고 하면 ①과 같이 생각하는데 여기서는 어느 한 면이므로 절반의 전개가 나타난다.

전속밀도 $D = \frac{\rho_s}{2}$의 $D = \epsilon_0 E$에 의하여

전계의 세기 $E = \frac{\rho_s}{2\epsilon_0}$　　【정답】 ②

18. 지름 20[cm]의 구리로 만든 반구에 물을 채우고 그 중에 지름 10[cm]의 구를 띄운다. 이때에 두 개의 구가 동심구라면 두 구간의 저항$[\Omega]$은 약 얼마인가? (단, 물의 도전율은 $10^{-3}[\mho/m]$이고 물은 충만 되어 있다.)

① 1590　　② 2590

③ 2800　　④ 3180

|정|답|및|해|설|

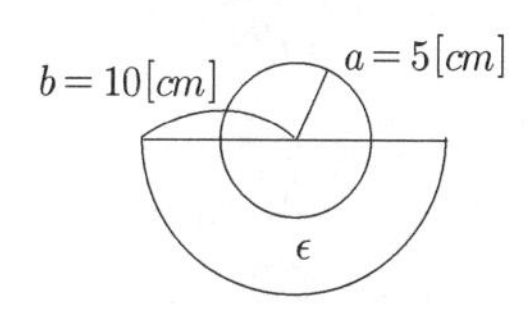

[동심구의 정전용량] $C = \frac{4\pi\epsilon}{\frac{1}{a} - \frac{1}{b}}[F]$　→ $(a \le b)$

[전기저항과 정전용량] $R = \rho\frac{l}{S}$, $C = \frac{\epsilon \cdot S}{l}$　→ $(RC = \rho\epsilon)$

여기서, a, b : 구의 반지름, ϵ : 유전율, ρ : 저항률 또는 고유저항

동심구의 정전용량에서 반구이므로

동심반구의 정전용량 $C = \frac{4\pi\epsilon}{\frac{1}{a} - \frac{1}{b}} \times \frac{1}{2} = \frac{2\pi\epsilon}{\frac{1}{a} - \frac{1}{b}}[F]$

$RC = \epsilon\rho = \frac{\epsilon}{\sigma}$　→ ($\rho = \frac{1}{\sigma}$, ρ : 저항률, σ : 도전율)

$$R = \frac{\epsilon}{\sigma C} = \frac{1}{2\pi\sigma}\left(\frac{1}{a} - \frac{1}{b}\right) = \frac{1}{2\pi \times 10^{-3}}\left(\frac{1}{0.05} - \frac{1}{0.1}\right) = 1591[\Omega]$$

【정답】 ①

19. 300회 감은 코일에 3[A]의 전류가 흐를 때의 기자력[AT]은?

① 10　　② 90

③ 100　　④ 900

|정|답|및|해|설|

[기자력] $F = NI$[AT]　→ (N : 코일 권수, I : 전류)

권수 : 300회, 전류 : 3[A]

$F = 300 \times 3 = 900[AT]$　　【정답】 ④

20. 자기회로에서 철심의 투자율을 μ 라 하고 회로의 길이를 l이라 할 때 그 회로의 일부에 미소 공극 l_g를 만들면 회로의 자기저항은 처음의 몇 배가 되는가? (단, $l_g \ll l$, 즉 $l-l_g \fallingdotseq l$이다.)

① $1+\frac{\mu l_g}{\mu_0 l}$　② $1+\frac{\mu l}{\mu_0 l_g}$

③ $1+\frac{\mu_0 l_g}{\mu l}$　④ $1+\frac{\mu_0 l}{\mu l_g}$

|정|답|및|해|설|

[자기저항] $R_m = \frac{l}{\mu S}$

S : 철심의 단면적, l_g : 미소의 공극

l : 철심의 길이, R_m : 자기저항

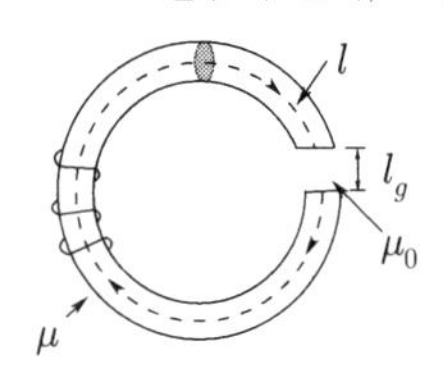

공극 시의 자기저항 $R_m' = R_m + R_0 = \frac{l-l_g}{\mu S} + \frac{l_g}{\mu_0 S} = \frac{l}{\mu S} + \frac{l_g}{\mu_0 S}$

→ (공극이 아주 미소한 크기이므로 $l-l_g \fallingdotseq l$)

$\therefore \frac{R_m'}{R_m} = \frac{\frac{l}{\mu S}+\frac{l_g}{\mu_0 S}}{\frac{l}{\mu S}} = 1+\frac{\mu l_g}{\mu_0 l}$

【정답】 ①

1회 2017년 전기기사필기 (전력공학)

21. 초고압 송전계통에서 단권 변압기가 사용되고 있는데 그 이유로 볼 수 없는 것은?

① 효율이 높다.

② 단락전류가 적다.

③ 전압변동률이 적다.

④ 자로가 단축되어 재료를 절약할 수 있다.

|정|답|및|해|설|

[단권 변압기의 특징]

- 중량이 가볍다.
- 전압변동률아 작다.
- 동손의 감소에 따른 효율이 높다.
- 변압비가 1에 가까우면 용량이 커진다.
- 1차측의 이상전압이 2차측에 미친다.
- 누설 임피던스가 작으므로 단락전류가 증가한다.

【정답】 ②

22. 피뢰기의 구비조건이 아닌 것은?

① 상용주파 방전 개시전압이 낮을 것

② 충격방전 개시전압이 낮을 것

③ 속류의 차단 능력이 클 것

④ 제한전압이 낮을 것

|정|답|및|해|설|

[피뢰기의 구비 조건]

- 충격방전 개시전압이 낮을 것
- 상용 주파 방전 개시 전압이 높을 것
- 방전내량이 크면서 제한 전압이 낮을 것
- 속류 차단 능력이 충분할 것
- 내구성이 있을 것

【정답】 ①

23. 어떤 화력 발전소의 증기조건이 고온원 540[℃], 저온원 30[℃]일 때 이 온도 간에서 움직이는 카르노 사이클의 이론 열효율[%]은?

① 85.2　② 80.5

③ 75.3　④ 62.7

|정|답|및|해|설|

[카르노사이클의 열효율] $\eta = \left(1-\frac{Q_2}{Q_1}\right)\times 100 = \left(1-\frac{T_2}{T_1}\right)\times 100[\%]$

여기서, T_1(고온원)=273+540=813[K]

T_2(저온원)=273+30=303

$\eta = \left(1-\frac{T_2}{T_1}\right)\times 100 = \left(1-\frac{303}{813}\right)\times 100 = 62.73[\%]$

【정답】 ④

24. 비접지식 송전선로에 있어서 1선 지락고장이 생겼을 경우 지락점에 흐르는 전류는?

① 직류 전류

② 고장상의 영상전압과 동상의 전류

③ 고장상의 영상전압보다 90도 빠른 전류

④ 고장상의 영상전압보다 90도 늦은 전류

|정|답|및|해|설|

[비접지 송전선로]

지락 고장 시 진상전류 (90° 앞선 전류)

단락 고장 시 지상전류 (90° 늦은 전류)가 흐른다.

【정답】 ③

25. 그림과 같은 회로의 영상, 정상, 역상 임피던스 Z_0, Z_1, Z_2는?

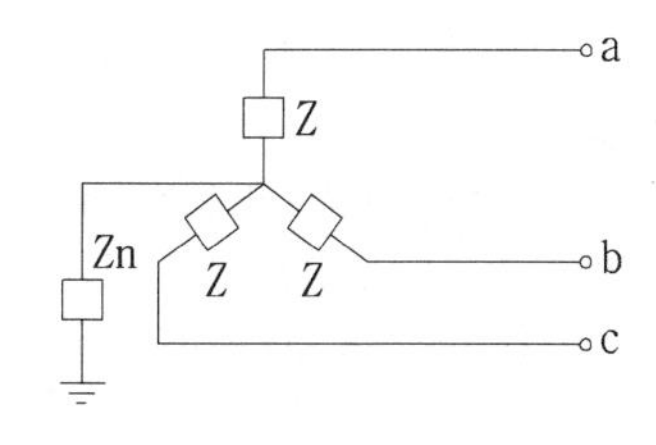

① $Z_0 = Z+3Z_n$, $Z_1 = Z_2 = Z$

② $Z_0 = 3Z_n$, $Z_1 = Z$, $Z_2 = 3Z$

③ $Z_0 = 3Z+Z_n$, $Z_1 = 3Z$, $Z_2 = Z$

④ $Z_0 = Z+Z_n$, $Z_1 = Z_2 = Z+3Z_n$

|정|답|및|해|설|

[영상 임피던스(Z_0)] $Z_0 = Z+3Z_n$

변압기는 정지기 이므로 정상 임피던스와 역상 임피던스는 서로 같다.

$\therefore Z_1 = Z_2 = Z$

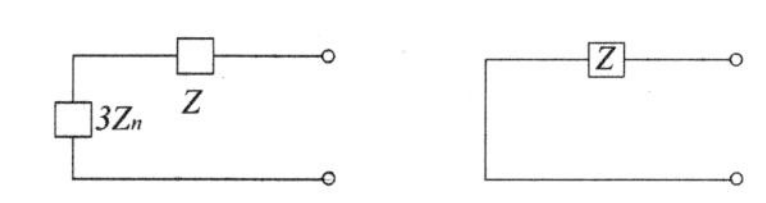

【정답】 ①

26. 가공전선로에 사용하는 전선의 굵기를 결정할 때 고려할 사항이 아닌 것은?

① 절연저항 ② 전압저항

③ 허용전류 ④ 기계적 강도

|정|답|및|해|설|

[전선의 굵기] 전선의 굵기를 결정하는 요인으로는 허용 전류, 기계적 강도, 전압 강하이다. 【정답】 ①

27. 조상설비가 아닌 것은?

① 정지형무효전력 보상장치

② 자동고장구분계폐기

③ 전력용콘덴서

④ 분로 리액터

|정|답|및|해|설|

[조상 설비] 조상기(동기 조상기, 비동기 조상기), 전력용 콘덴서, 분로 리액터 정지형무효전력 보상장치가 있다.

【정답】 ②

28. 코로나 현상에 대한 설명이 아닌 것은?

① 전선을 부식시킨다.

② 코로나 현상은 전력의 손실을 일으킨다.

③ 코로나 방전에 의하여 전파 장해가 일어난다.

④ 코로나 손실은 전원 주파수의 2/3 제곱에 비례한다.

|정|답|및|해|설|

[코로나(Corona)] 전선 주위의 공기 절연이 국부적으로 파괴되어 낮은 소리나 엷은 빛을 내면서 방전하게 되는 현상

[코로나의 영향]

· 통신선에 유도장해, 전파장해

· 전력손실(코로나 손실)

$$P_e = \frac{241}{\delta}(f+25)\sqrt{\frac{d}{2D}}(E-E_0)^2 \times 10^{-5} [\text{kW/km/Line}]$$

여기서, E : 전선의 대지전압[kV]

E_0 : 코로나 임계전압[kV]

d : 전선의 지름[cm]

f : 주파수[Hz], D : 선간거리[cm]

δ : 상대공기밀도

∴ 코로나손실은 전원 주파수 f에 비례한다.

· 코로나 잡음

· 전선의 부식(원인 : 오존(O_3))

· 진행파의 파고 값은 감소

【정답】 ④

29. 지지물 간 거리(경간) 200[m], 장력 1,000[kg], 하중 2[kg/m]인 가공전선의 처짐 정도(이도)는 몇 [m]인가?

① 10 ② 11 ③ 12 ④ 13

|정|답|및|해|설|

[처짐 정도(이도)] $D = \frac{WS^2}{8T}[m]$

여기서, W : 전선의 중량[kg/m], T : 전선의 수평 장력 [kg]

S : 지지물 간 거리(경간) [m]

$$D = \frac{WS^2}{8T}[m] = \frac{2 \times 200^2}{8 \times 1000} = 10[\text{m}]$$

【정답】 ①

30. 다음 (㉮), (㉯), (㉰)에 알맞은 것은?

> 원자력이란 일반적으로 무거운 원자핵이 핵분열하여 가벼운 핵으로 바뀌면서 발생하는 핵분열 에너지를 이용하는 것이고, (㉮)발전은 가벼운 원자핵을(과) (㉯)하여 무거운 핵으로 바꾸면서 (㉰) 전후의 질량결손에 해당하는 방출에너지를 이용하는 방식이다.

① ㉮ 원자핵 융합 ㉯ 융합 ㉰ 결합
② ㉮ 핵결합 ㉯ 반응 ㉰ 융합
③ ㉮ 핵융합 ㉯ 융합 ㉰ 핵반응
④ ㉮ 핵반응 ㉯ 반응 ㉰ 결합

|정|답|및|해|설|

[핵분열 에너지] 질량수가 큰 원자핵(가령 ${}_{92}U^{35}$)이 핵분열을 일으킬 때 방출하는 에너지

[핵융합 에너지] 질량수가 작은 원자핵 2개가 1개의 원자핵으로 융합될 때 방출하는 에너지 【정답】 ③

31. 다음 중 영상변류기를 사용하는 계전기는?

① 과전류계전기 ② 과전압계전기
③ 부족전압계전기 ④ 선택지락계전기

|정|답|및|해|설|

[영상 변류기(ZCT)] 영상 변류기(ZCT)는 영상 전류를 검출한다. 따라서 지락 과전류 계전기에는 영상 전류를 검출하도록 되어있고, 지락 사고를 방지한다. 【정답】 ④

32. 전력계통의 안정도 향상 방법이 아닌 것은?

① 선로 및 기기의 리액턴스를 낮게 한다.
② 고속도 재폐로 차단기를 채용한다.
③ 중성점 직접접지방식을 채용한다.
④ 고속도 AVR을 채용한다.

|정|답|및|해|설|

[안정도 향상대책]
- 계통의 직렬 리액턴스 감소
- 전압변동률을 적게 한다(속응여자 방식 채용, 계통의 연계, 중간조상방식).
- 계통에 주는 충격을 적게 한다(적당한 중성점 접지 방식, 고속 차단 방식, 재연결(재폐로) 방식).
- 고장 중의 발전기 돌입 출력의 불평형을 적게 한다.

【정답】 ③

33. 증식비가 1보다 큰 원자로는?

① 경수로 ② 흑연로
③ 중수로 ④ 고속증식로

|정|답|및|해|설|

[증식비] 증식로에서 소비되는 핵분열성 원자수에 대한 원자로에서 산출된 핵분열성 원자수의 비. 1이상일 때만 증식비라고 함. 증식률. 고속 증식로의 증식비는 1.1~1.4 정도로 추정된다.

【정답】 ④

34. 송전용량이 증가함에 따라 송전선의 단락 및 지락전류도 증가하여 계통에 여러 가지 장해요인이 되고 있는데 이들의 경감대책으로 적합하지 않은 것은?

① 계통의 전압을 높인다.
② 고장 시 모선 분리 방식을 채용한다.
③ 발전기와 변압기의 임피던스를 작게 한다.
④ 송전선 또는 모선간에 한류리액터를 삽입한다.

|정|답|및|해|설|

[단락전류] $I_s = \frac{V}{Z}[A]$

여기서, V : 단락점의 선간전압[kV], Z : 계통임피던스
임피던스가 작아지면, 단락전류는 더 증가하게 된다.

[단락전류 억제대책]
- 임피던스를 크게
- 한류리액터 설치
- 계통분리

【정답】 ③

35. 송배전 선로에서 선택지락계전기의 용도를 옳게 설명한 것은?

① 다회선에서 접지고장 회선의 선택
② 단일 회선에서 접지전류의 대소 선택
③ 단일 회선에서 접지전류의 방향 선택
④ 단일 회선에서 접지 사고의 지속 시간 선택

|정|답|및|해|설|

[SGR(선택 지락 계전기)] SGR(선택 지락 계전기)은 병행 2회선 이상 송전 선로에서 한쪽의 1회선에 지락 사고가 일어났을 경우 이것을 검출하여 고장 회선만을 선택 차단할 수 있는 계전기 【정답】 ①

36. 그림과 같은 회로의 일반 회로정수가 아닌 것은?

E_s Z E_T

① $B=Z+1$ ② $A=1$

③ $C=0$ ④ $D=1$

|정|답|및|해|설|

[임피던스 단위 행렬] $Z=\begin{bmatrix}A & B\\ C & D\end{bmatrix}=\begin{bmatrix}1 & Z\\ 0 & 1\end{bmatrix}$

→ (어드미턴스 성분이 존재하지 않는다)

여기서, A : 전압비, B : 임피던스 성분, C : 어드미턴스 비, D : 전류비

【정답】 ①

37. 송전선로의 중성점을 접지하는 목적이 아닌 것은?

① 송전용량의 증가

② 과도 안정도의 증진

③ 이상전압 발생의 억제

④ 보호 계전기의 신속, 확실한 동작

|정|답|및|해|설|

[중성점 접지의 목적]

1. 이상전압의 방지
2. 기기 보호
3. 과도 안정도의 증진
4. 보호계전기 동작확보

【정답】 ①

38. 부하전류가 흐르는 전로는 개폐할 수 없으나 기기의 점검이나 수리를 위하여 회로를 분리하거나 계통의 접속을 바꾸는데 사용하는 것은?

① 차단기 ② 단로기

③ 전력용 퓨즈 ④ 부하 개폐기

|정|답|및|해|설|

[단로기]

· 단로기는 소호장치가 없어 아크 소멸할 수가 없다.
· 용도 : 무부하 회로 개폐 접속 변경 시에 사용

【정답】 ②

39. 보호계전기기와 그 사용 목적이 잘못된 것은?

① 비율차동계전기 : 발전기 내부 단락 검출용

② 전압평형계전기 : 발전기 출력 측 PT 퓨즈 단선에 의한 오작동 방지

③ 역상과전류계전기 : 발전기 부하 불평형 회전자 과열소손

④ 과전압계전기 : 과부하 단락사고

|정|답|및|해|설|

[보호 계전기의 주요 특징]

1. 비율차동계전기 : 발전기나 변압기 등이 내부고장에 의해 불평형 전류가 흐를 때 동작하는 계전기로 기기의 보호에 쓰인다.
2. 전압 평형 계전기 : 발전기 출력 측 PT 퓨즈 단선에 의한 오작동 방지
3. 역상과전류계전기 : 동기발전기의 부하가 불평형이 되어 발전기의 회전자가 과열 소손되는 것을 방지
4. 과전압 계전기 : **과전압 시 동작**

【정답】 ④

40. 송전 선로의 정상 임피던스를 Z_1, 역상임피던스를 Z_2, 영상임피던스 Z_0라 할 때 옳은 것은?

① $Z_1=Z_2=Z_0$ ② $Z_1=Z_2<Z_0$

③ $Z_1>Z_2=Z_3$ ④ $Z_1<Z_2=Z_0$

|정|답|및|해|설|

[대칭좌표법]

1. 송전선로 : $Z_0>Z_1=Z_2$
   (송전선로의 정상 임피던스와 역상 임피던스는 같고, 영상 임피던스는 정상분의 약 4배 정도이다.)
2. 변압기 : $Z_1=Z_2=Z_0$

【정답】 ②

1회 2017년 전기기사필기 (전기기기)

41. 분권발전기의 회전 방향을 반대로 하면 일어나는 현상은?

① 전압이 유기된다.

② 발전기가 소손된다.

③ 잔류자기가 소멸된다.

④ 높은 전압이 발생한다.

|정|답|및|해|설|

[분권발전기] 회전 방향을 반대로 하면 잔류자기가 소멸되고, 잔류자기가 없으면 발전이 불가능하다.

※잔류자기 : 자여자기기의 기전력을 만들기 위해 기기 내 N극과 S극에 잔류자기가 있어야 한다. 잔류자기는 항상 증가하는 방향으로 설계되어 있다.

【정답】 ③

42. 그림과 같은 회로에서 전원전압의 실효치 200[V], 점호각 30[°]일 때 출력전압은 약 몇 [V]인가? (단, 정상상태이다.)

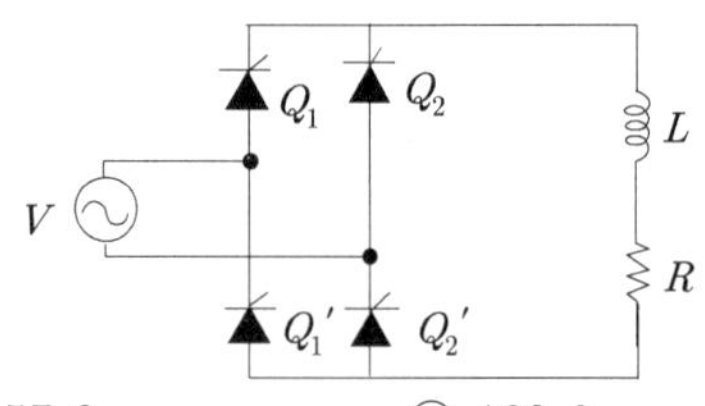

① 157.8　　② 168.0
③ 177.8　　④ 187.8

|정|답|및|해|설|

[대칭 브리지 회로의 출력전압(위상제어)]

직류전압 $E_d = \frac{\sqrt{2}E}{\pi}(1+\cos\alpha)[V]$

여기서, E : 전압 실효치, α : 점호각

$E_d = \frac{\sqrt{2}E}{\pi}(1+\cos\alpha) = 0.45 \times 200 \times (1+\cos 30°) = 167.94[V]$

【정답】 ②

43. 극수가 24일 때, 전기각 180° 에 해당하는 기계각은?

① 7.5　　② 15°
③ 22.5°　　④ 30°

|정|답|및|해|설|

[전기각] 교류의 하나의 파는 각도로 하여 360° 이므로 이것을 바탕으로 하여 몇 개의 파수 또는 파의 일부분 등을 각도로 나타낸 것이다. 2극을 기준으로 하므로 1개의 극은 180° 에 해당하므로 전기각은 다음과 같다.

전기각 $\alpha_e[rad] = \alpha[rad] \times \frac{P}{2}$

여기서, α_e : 전기각, α : 기계각, P : 극수

따라서 기계각 $\alpha = \frac{2}{P} \times \alpha_e = \frac{2}{24} \times 180 = 15°$ 【정답】 ②

44. 단락비가 큰 동기기의 특징으로 옳은 것은?

① 안정도가 떨어진다.
② 전압변동률이 크다.
③ 선로의 충전용량이 크다.
④ 단자 단락 시 단락전류가 적게 흐른다.

|정|답|및|해|설|

[단락비가 큰 동기기]
- 전압 변동이 작다(안정도가 높다).
- 과부하 내량이 크다.
- 전기자 반작용이 작다.
- 동기 임피던스가 작다.
- 송전 선로의 충전 용량이 크다.
- 단락전류가 커진다.
- 극수가 적은 저속기(수차형)

【정답】 ③

45. 단상 직권 정류자 전동기에서 보상권선과 저항도선의 작용을 설명한 것 중 틀린 것은?

① 보상권선은 역률을 좋게 한다.
② 보상권선은 변압기의 기전력을 크게 한다.
③ 보상권선은 전기자 반작용을 제거해 준다.
④ 저항도선은 변압기 기전력에 의한 단락전류를 작게 한다.

|정|답|및|해|설|

[저항도선] 저항 도선은 변압기 기전력에 의한 단락전류를 작게 하여 정류를 좋게 한다. 또한 보상권선은 전기자 반응을 상쇄하여 역률을 좋게 할 수 있고 변압기 기전력을 작게 해서 정류작용을 개선한다. 【정답】 ②

46. 5[kVA], 3300/200[V]의 단락시험에서 임피던스 전압 120[V], 동손 150[W]라 하면 퍼센트 저항강하는 몇 [%]인가?

① 2　　② 3
③ 4　　④ 5

|정|답|및|해|설|

[%저항강하] $\%r = \frac{P_c}{P_n} \times 100[\%]$

여기서, P_n : 정격용량, P_c : 동손

$\%r = \frac{P_c}{P_n} \times 100 = \frac{150}{5000} \times 100 = 3[\%]$ 【정답】 ②

47. 변압기의 규약 효율 산출에 필요한 기본요건이 아닌 것은?

① 파형은 정현파를 기준으로 한다.
② 별도의 지정이 없는 경우 역률은 100[%] 기준이다.
③ 부하손은 40[℃]를 기준으로 보정한 값을 사용한다.
④ 손실은 각 권선에 대한 부하손의 합과 무부하손의 합이다.

|정|답|및|해|설|

[변압기 규약 효율] $\eta = \frac{출력}{출력+손실} \times 100[\%]$ → (출력 기준)

③ 부하손은 75[℃]를 기준으로 보정한 값을 사용한다.

【정답】 ③

48. 직류기에 보극을 설치하는 목적은?

① 정류 개선 ② 토크의 증가
③ 회전수 일정 ④ 기동토크의 증가

|정|답|및|해|설|

[양호한 정류를 얻는 조건
·저항정류 : 접촉저항이 큰 탄소브러시 사용
·전압정류 : 보극을 설치(평균 리액턴스 전압을 줄임)

평균 리액턴스 전압 $e_L = L\frac{2I_c}{T_c}[V]$

·정류주기를 길게 한다.
·코일의 자기인덕턴스를 줄인다(단절권 채용).

【정답】 ①

49. 4극, 3상 동기기가 48개의 슬롯을 가진다. 전기자 권선 분포 계수 K_d를 구하면 약 얼마인가?

① 0.923 ② 0.945
③ 0.957 ④ 0.969

|정|답|및|해|설|

[매극 매상의 슬롯수 및 분포계수]

· 매극매상당 슬롯수 $q = \frac{총슬롯수}{극수 \times 상수}$

· 분포계수 $K = \frac{\sin\frac{n\pi}{2m}}{q\sin\frac{n\pi}{2mq}}$

여기서, q : 매극매상당 슬롯수, n : 고주파 차수, m : 상수

· $q = \frac{총슬롯수}{극수 \times 상수} = \frac{48}{4\times 3} = 4$

· $K = \frac{\sin\frac{n\pi}{2m}}{q\sin\frac{n\pi}{2mq}} = \frac{\sin\frac{\pi}{2\times 3}}{4\sin\frac{\pi}{2\times 3\times 4}} = 0.957$

【정답】 ③

50. 슬립 s_t에서 최대 토크를 발생하는 3상 유도전동기에 2차 측 한 상의 저항을 r_2라 하면 최대 토크로 기동하기 위한 2차 측 한 상에 외부로부터 가해 주어야 할 저항[Ω]은?

① $\frac{1-s_t}{s_t}r_2$ ② $\frac{1+s_t}{s_t}r_2$
③ $\frac{r_2}{1-s_t}$ ④ $\frac{r_2}{s_t}$

|정|답|및|해|설|

[비례추이] 2차 회로 저항(외부 저항)의 크기를 조정함으로써 슬립을 바꾸어 속도와 토크를 조정하는 것

$\frac{r_2}{s_t} = \frac{r_2+R}{s_m}$

여기서, r_2 : 2차 권선의 저항, s_t : 최대 토크 슬립
s_m : 기동 시 슬립(정지상태에서 기동시 $s_m = 1$)

$\frac{r_2}{s_t} = \frac{r_2+R}{1}$ 에서 $R = \frac{r_2}{s_t} - r_2 = \frac{1-s_t}{s_t} \times r_2$

【정답】 ①

51. 어떤 단상 변압기의 2차 무부하 전압이 240[V]이고, 정격 부하시의 2차 단자전압이 230[V]이다. 전압변동률은 약 얼마인가?

① 4.35[%] ② 5.15[%]
③ 6.65[%] ④ 7.35[%]

|정|답|및|해|설|

[전압변동률] $\epsilon = \frac{V_{20} - V_{2n}}{V_{2n}} \times 100[\%]$

여기서, V_{20} : 무부하 시 2차 단자 전압,
V_{2n} : 정격부하 시 2차 단자 전압

$\therefore \epsilon = \frac{V_{20} - V_{2n}}{V_{2n}} \times 100 = \frac{240-230}{230} \times 100 = 4.35[\%]$

【정답】 ①

52. 일반적인 농형 유도전동기에 비하여 2중 농형 유도전동기의 특징으로 옳은 것은?

① 손실이 적다. ② 슬립이 크다.
③ 최대 토크가 적다. ④ 기동 토크가 크다.

|정|답|및|해|설|

[2중 농형 유도전동기]
·기동 전류가 작다.
·기동 토크가 크다.
·열이 많이 발생하여 효율은 낮다. 【정답】 ④

53. 유도전동기의 안정 운전의 조건은? (단, T_m : 전동기 토크, T_L : 부하토크, n : 회전수)

① $\frac{dT_m}{dn} < \frac{dT_L}{dn}$ ② $\frac{dT_m}{dn} = \frac{dT_L^2}{dn}$

③ $\frac{dT_m}{dn} > \frac{dT_L}{dn}$ ④ $\frac{dT_m}{dn} \neq \frac{dT_L^2}{dn}$

|정|답|및|해|설|

[전동기의 안정운전조건]
전동기의 안정운전조건에서 부하토크 T_L은 회전수가 정격 운전상태보다 커질 때 부담이 커져서 회전수가 커지지 않도록 한다. 전동기 토크 T_M은 회전수가 정격 운전상태보다 작을 때 가속을 시켜서 회전수가 작아지지 않도록 한다. 따라서 전동기의 안정운전을 위해서 회전수 증가에 대해서
$\frac{dT_L}{dn} > 0$, $\frac{dT_M}{dn} < 0$ 으로 설계되어야 한다.

1. 안정 운전 : $\frac{dT_M}{dn} < \frac{dT_L}{dn}$
2. 불안정 운전 : $\frac{dT_M}{dn} > \frac{dT_L}{dn}$ 【정답】 ①

54. 60[Hz]인 3상 8극 및 2극의 유도전동기를 차동종속으로 접속하여 운전할 때의 무부하속도[rpm]는?

① 720 ② 900
③ 1,000 ④ 1,200

|정|답|및|해|설|

[권선형 유도전동기 속도제어법(동기속도)]
1. 직렬종속법 : $N_s = \frac{120}{p_1 + p_2} f$
2. 차동종속법 : $N_s = \frac{120}{p_1 - p_2} f$
3. 병렬종속법 : $N_s = 2 \times \frac{120}{P_1 + P_2} f$

→ 차동종속 $N_s = \frac{120}{P_1 - P_2} f = \frac{120}{8-2} \times 60 = 1,200[\text{rpm}]$
여기서, P_1, P_2 : 극수, f : 주파수 【정답】 ④

55. 원통형 회전자(비철극기)를 가진 동기발전기는 부하각 δ가 몇 도[°]일 때 최대 출력을 낼 수 있는가?

① 0[°] ② 30[°]
③ 60[°] ④ 90[°]

|정|답|및|해|설|

[동기발전기의 출력] $P = \frac{EV}{X} \sin\delta [kW]$
여기서, E : 유기기전력, V : 단자전압, X : 동기리액턴스
δ : 부하각
$\delta = 90°$ $(\sin 90 = 1)$에서 $P_{\max} = \frac{EV}{X} [kW]$
※1. 동기기의 원동형(터빈) 최대출력 : 90도
2. 수차발전기 최대출력 : 60도 【정답】 ④

56. 사이리스터에서 게이트 전류가 증가하면?

① 순방향 저지전압이 증가한다.
② 순방향 저지전압이 감소한다.
③ 역방향 저지저압이 증가한다.
④ 역방향 저지전압이 감소한다.

|정|답|및|해|설|

[SCR] 게이트 전류가 증가해서 흐르면 순방향의 저지상태에서 저지전압이 감소하여 SCR은 도통(ON 상태)된다.
【정답】 ②

57. 직류발전기의 병렬운전에 있어서 균압선을 붙이는 발전기는?

① 타여자발전기
② 직권발전기와 분권발전기
③ 직권발전기와 복권발전기
④ 분권발전기와 복권발전기

|정|답|및|해|설|

[직류발전기 병렬 운전] 직류발전기 병렬 운전시 안정 운전을 위해서 균압선을 설치한다. 대표적으로 직권발전기, 복권발전기
【정답】 ③

58. 변압기의 절연내력 시험법이 아닌 것은?

① 가압시험　　② 유도시험
③ 무부하시험　　④ 충격전압시험

|정|답|및|해|설|

[변압기 시험] 변압기의 시험으로 중요한 것이 단락시험, 무부하 시험이다. 그렇지만 이들 시험은 동손, 철손, 효율 등을 구하는 것이 목적이고, 절연 내력을 시험하기 위한 것이 아니다.
절연 내력 시험에는 가압시험, 유도시험, 충격전압시험, 오일의 절연파괴전압시험 등이 있다. 【정답】 ③

59. 직류 발전기의 유기기전력이 230[V], 극수가 4, 정류자 편수가 162인 정류자 편간 평균 전압은 약 몇 [V]인가? (단, 권선법은 중권이다.)

① 5.68　　② 6.82
③ 9.42　　④ 10.2

|정|답|및|해|설|

[편간 평균전압] $e_a = \frac{pE}{K}[V]$　→ (위상차 : $\frac{2\pi}{K}$)

여기서, e_a : 정류자 편간 평균전압, E : 유기기전력
K : 정류자 편수, p : 극수

$e_a = \frac{pE}{K} = \frac{4 \times 230}{162} = 5.68[V]$ 【정답】 ①

60. 동기발전기의 단자 부근에서 단락이 일어났다고 하면 단락전류는 어떻게 되는가?

① 전류가 계속 증가한다.
② 큰 전류가 증가와 감소를 반복한다.
③ 처음에는 큰 전류이나 점차 감소한다.
④ 일정한 큰 전류가 지속적으로 흐른다.

|정|답|및|해|설|

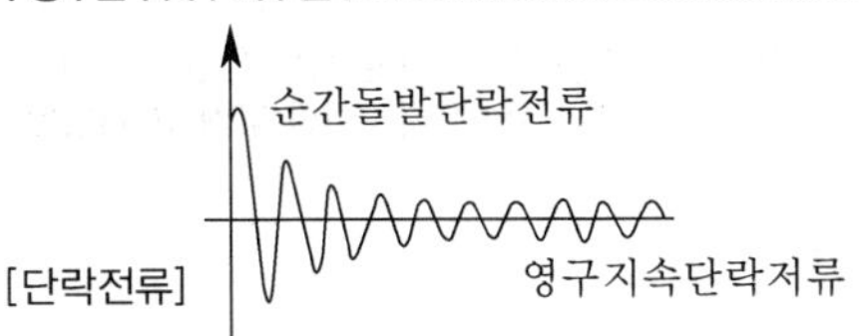

평형 3상 전압을 유기하고 있는 발전기의 단자를 갑자기 단락하면 단락 초기에 전기자 반작용이 순간적으로 나타나지 않기 때문에 막대한 과도 전류가 흐르고, 수초 후에는 영구 단락전류값에 이르게 된다. 【정답】 ③

61. 다음과 같은 시스템에 단위계단입력 신호가 가해졌을 때 지연시간에 가장 가까운 값(sec)은?

$$\frac{C(s)}{R(s)} = \frac{1}{s+1}$$

① 0.5　　② 0.7
③ 0.9　　④ 1.2

|정|답|및|해|설|

[단위 계단 응답]

· $C(s) = G(s)R(s) = \frac{1}{s+1}R(s) = \frac{1}{s(s+1)}$
→($C(s)$를 역라플라스 변환해 시간함수 $C(t)$로 변환한다.)

· $c(t) = \frac{A}{s} + \frac{B}{s+1} = \frac{1}{s} - \frac{1}{s+1} = 1 - e^{-t}$　→ (A=1, B=−1)

출력의 최종값 $\lim_{t\to\infty} c(t) = \lim_{t\to\infty}(1-e^{-t}) = 1$이 된다.

따라서 지연시간 T_d는 최종값의 50[%]에 도달하는데 소요되는 시간이므로 → $0.5 = 1 - e^{-T_d}$ → $\frac{1}{e^{T_d}} = 1 - 0.5$ → $e^{T_d} = 2$

$\therefore T_d = \ln 2 = 0.693 \fallingdotseq 0.7$

※단위계단함수 $u(t) = 1$ 【정답】 ②

62. 그림에서 ①에 알맞은 신호 이름은?

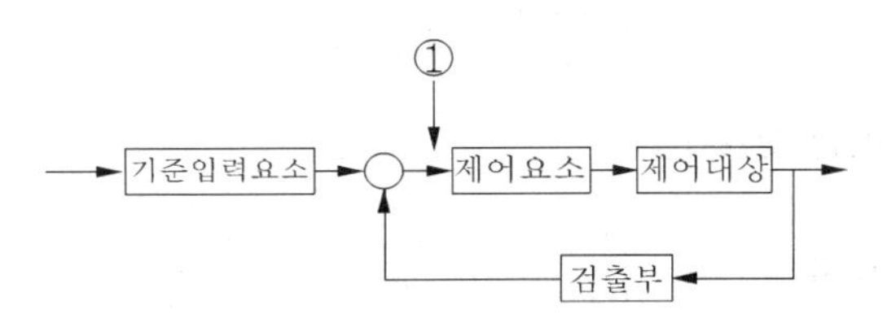

① 조작량　　② 제어량
③ 기준 입력　　④ 동작 신호

|정|답|및|해|설|

[궤환(feedback)]

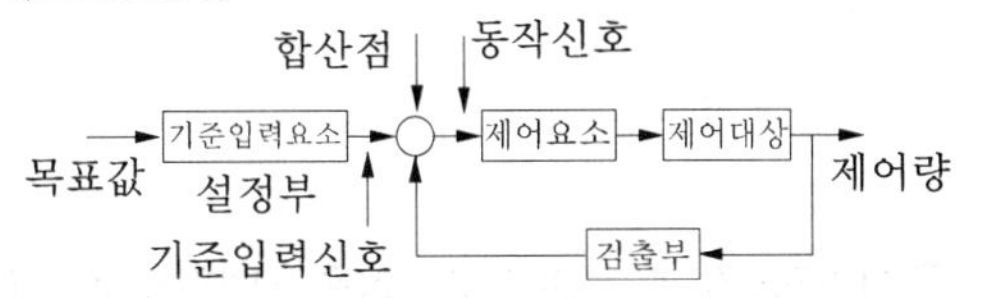

[동작 신호] 기준 입력과 주궤환량과의 차로, 제어 동작을 일으키는 신호로 편차라고도 한다.

※1. 제어요소 : 조절부와 조작부로 구성
2. 조작량 : 제어요소에서 제어대상에 공급하는 신호를 말한다.
【정답】 ④

63. 드모르간의 정리를 나타낸 식은?

① $\overline{A+B}=A\cdot B$　　② $\overline{A+B}=\overline{A}+\overline{B}$

③ $\overline{A\cdot B}=\overline{A}\cdot\overline{B}$　　④ $\overline{A+B}=\overline{A}\cdot\overline{B}$

|정|답|및|해|설|

[드모르간의 정리]

1. $\overline{(X_1+X_2+X_3+......+X_n)}=\overline{X_1}\cdot\overline{X_2}\cdot\overline{X_3}\cdot....\cdot\overline{X_n}$
2. $\overline{(X_1\cdot X_2\cdot X_3......X_n)}=\overline{X_1}+\overline{X_2}+\overline{X_3}+......+\overline{X_n}$

【정답】 ④

64. 다음 단위 궤환 제어계의 미분방정식은?

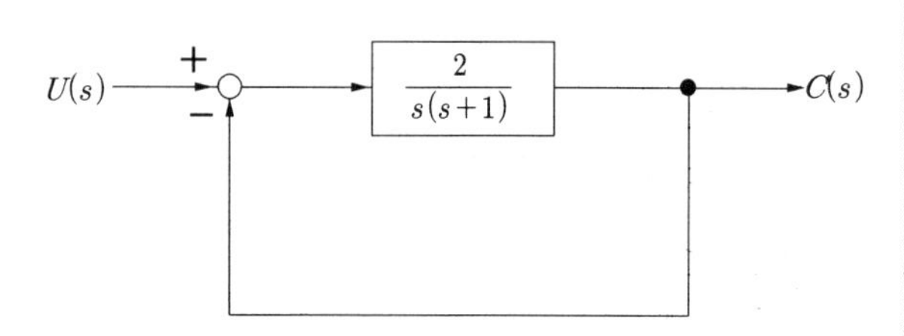

① $\frac{d^2c(t)}{dt^2}+\frac{dc(t)}{dt}+c(t)=2u(t)$

② $\frac{d^2c(t)}{dt^2}+\frac{dc(t)}{dt}+2c(t)=u(t)$

③ $\frac{d^2c(t)}{dt^2}+\frac{dc(t)}{dt}+2c(t)=5u(t)$

④ $\frac{d^2c(t)}{dt^2}+\frac{dc(t)}{dt}+2c(t)=2u(t)$

|정|답|및|해|설|

[전달함수] $G(s)=\frac{C(s)}{U(s)}=\frac{\frac{2}{s(s+1)}}{1+\frac{2}{s(s+1)}}=\frac{2}{s^2+s+2}$

· $\frac{C(s)}{U(s)}=\frac{2}{s^2+s+2}$ → $(s^2+s+2)C(s)=2U(s)$

→ $s^2C(s)+sC(s)+2C(s)=2U(s)$를 역라플라스 변환

$\frac{d^2c(t)}{dt^2}+\frac{dc(t)}{dt}+2c(t)=2u(t)$

【정답】 ④

65. 특성방정식이 다음과 같다. 이를 z변환하여 z평면에 도시할 때 단위원 밖에 놓일 근은 몇 개인가?

$$(s+1)(s+2)(s-3)=0$$

① 0　　② 1　　③ 2　　④ 3

|정|답|및|해|설|

[특성 방정식] $(S+1)(S+2)(S-3)=0$

특성방정식의 해(극점) $S=-1,\ -2,\ 3$

안정 : $S=-1,\ -2$

불안정 : $S=3$

∴ z평면의 단위원 밖에 놓일 근은 1개이다. $(S=3)$

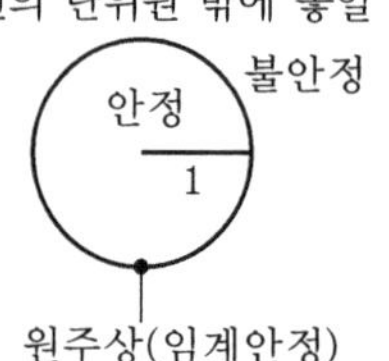

【정답】 ②

66. 다음 진리표의 논리소자는?

입력		출력
A	B	C
0	0	1
0	1	0
1	0	0
1	1	0

① OR　　② NOR

③ NOT　　④ NAND

|정|답|및|해|설|

[NOR] 진리표를 보면 OR의 부정이므로 NOR임을 쉽게 알 수 있다.

【정답】 ②

67. 근궤적이 s평면의 $j\omega$축과 교차할 때 폐루프의 제어계는?

① 안정하다.　　② 알 수 없다.

③ 불안정하다.　　④ 임계상태이다.

|정|답|및|해|설|

[폐루프의 제어] 근궤적이 허수축(jw)과 교차할 때는 특성근의 실수부 크기가 0일 때와 같고, 특성근의 실수부가 0이면 **임계 안정(임계 상태)**이다.

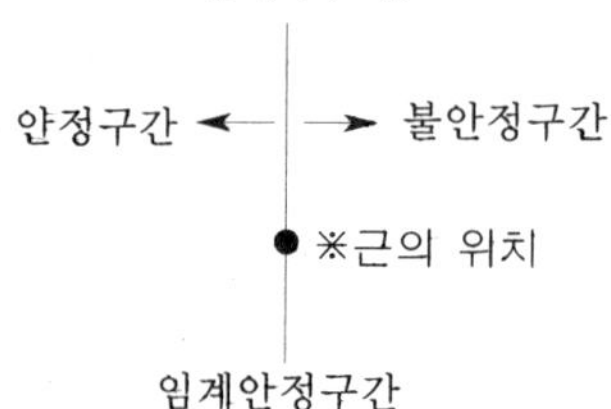

【정답】 ④

68. 특성방정식 $s^3+2s^2+(k+3)s+10=0$에서 Routh의 안정도 판별법으로 판별시 안정하기 위한 k의 범위는?

① $k>2$　② $k<2$
③ $k>1$　④ $k<1$

|정|답|및|해|설|

[특성 방정식]
$F(s)=s^3+2s^2+(k+3)s+10=0$이므로 루드표는

S^3	1	k+3
S^2	2	10
S^1	$\frac{2(k+3)-10}{2}$	0
S^0	10	

제1열의 요소가 모두 양수가 되어야 하므로
$\frac{2k-4}{2}>0$
∴안정되기 위한 조건은 $k>2$이다.　【정답】 ①

|참|고|
60페이지 [(3) 루드표 작성 및 안정도 판별법 참조]

69. 그림과 같은 신호흐름 선도에서 전달함수 $\frac{Y(s)}{X(s)}$는 무엇인가?

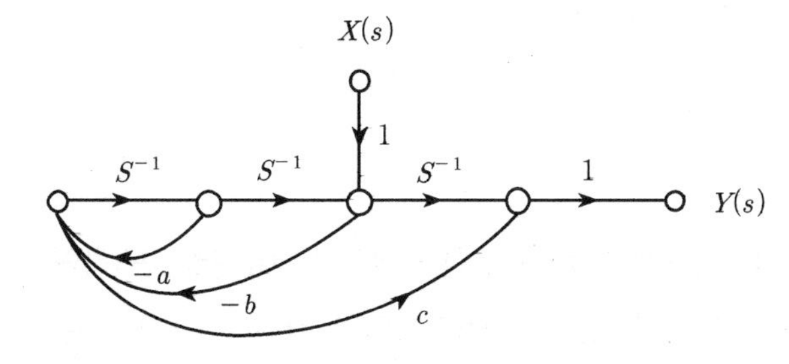

① $\frac{s+a}{s^2+as-b^2}$　② $\frac{-bcs^2+s}{s^2+as+b}$
③ $\frac{-bcs^2+s+a}{s^2+as}$　④ $\frac{-bcs^2+s+a}{s^2+as+b}$

|정|답|및|해|설|

[메이슨의 이득공식] $G=\frac{\sum M_i\Delta_i}{\Delta}$
1. 루프이득 : 한 점에서 출발해 다시 그 점으로 되돌아오는 경로
$L_{11}=as^{-1}$, $L_{12}=-bs^{-2}$
2. 전향이득 : 입력에서 출력으로 다이렉트로 가는 경로
$M_1=s^{-1}$, $M_2=-bc$

전달함수 $G=\frac{\sum M_i\Delta_i}{\Delta}$에서
· Δ=1-(루프경로의 합)=1-$(L_{11}+L_{12})$
$\Delta_1=1-L_{11}$, $\Delta_2=1-0$
→ $\Delta=1-(L_{11}+L_{12})=1+as^{-1}+bs^{-2}$
$\therefore G(s)=\frac{\sum M_i\Delta_i}{\Delta}=\frac{s^{-1}(1+as^{-1})+(-bc)}{1+as^{-1}+bs^{-2}}$ → (양변에 s^2곱)
$=\frac{-bcs^2+s+a}{s^2+as+b}$　【정답】 ④

70. $G(s)H(s)=\frac{2}{(s+1)(s+2)}$의 이득여유[dB]는?

① 20[dB]　② −20[dB]
③ 0[dB]　④ ∞[dB]

|정|답|및|해|설|

[이득여유] $G(s)H(s)=20\log\frac{1}{|G(s)H(s)|}$
$G(s)H(s)=\frac{2}{(s+1)(s+2)}$ 허수부 $s=0$에서의 크기가 1이므로, 이득 여유는
$G(s)H(s)=20\log\frac{1}{|G(s)H(s)|}=20\log1=0[dB]$
→ ($|G(s)H(s)|=\frac{2}{2}=1$)
【정답】 ③

71. 최대값이 10[V]인 정현파 전압이 있다. $t=0$에서의 순시값이 5[V]이고 이 순간에 전압이 증가하고 있다. 주파수가 60[Hz]일 때, $t=2[ms]$에서의 전압의 순시값[V]은?

① 10sin30°　② 10sin43.2°
③ 10sin73.2°　④ 10sin103.2°

|정|답|및|해|설|

[순시값] $v(t)=V_m\sin(wt+\theta)$ → (V_m : 최대값 또는 진폭)
· 최대값 $V_m=10$
· $5=10\sin\theta$ → $\sin\theta=\frac{1}{2}$　$\therefore\theta=30°$
· 순시값 $v=10\sin(\omega t+30°)$
· 주기 $T=\frac{1}{f}=\frac{1}{60}=0.0167[sec]$
→ 90도에서 시간은 0.004　→ 180도에서 시간은 0.008
→ 270도에서 시간은 0.012　→ 360도에서 시간은 0.016
$t=2[ms]=0.002$, 약 45도 뒤의 시간
$\therefore v=10\sin(\omega t+30°)=10\sin(45°+30°)=10\sin75°$
【정답】 ③

72. $R_1 = R_2 = 100[\Omega]$이며, $L_1 = 5[H]$인 회로에서 시정수는 몇 [sec] 인가?

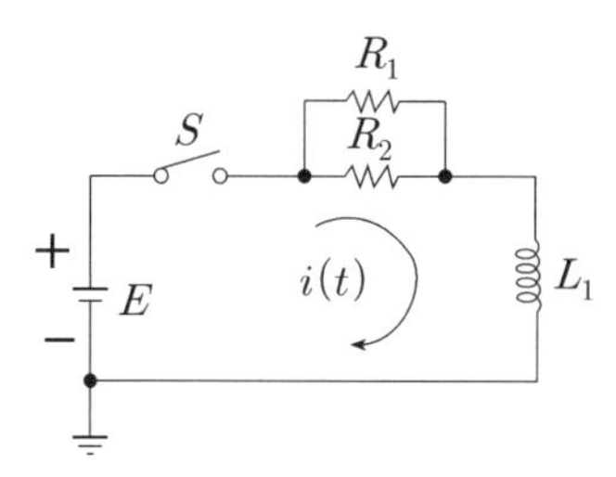

① 0.001　② 0.01
③ 0.1　④ 1

|정|답|및|해|설|

[시정수] $r = \frac{L}{R}$[sec]

여기서, L : 인덕턴스, R : 저항

회로에서 합성저항 $R = \frac{100 \times 100}{100+100} = 50[\Omega]$

시정수 $r = \frac{L}{R}$　$\therefore r = \frac{5}{50} = 0.1$[sec]　【정답】 ③

73. 그림과 같은 회로의 구동점 임피던스 Z_{ab}는?

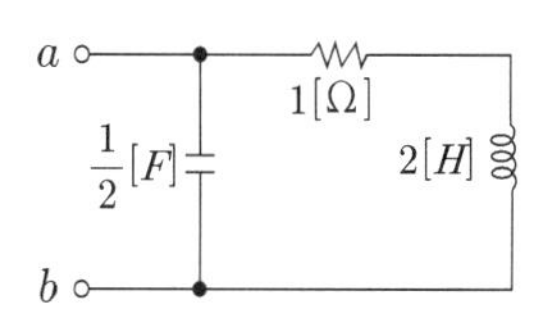

① $\frac{2(2s+1)}{2s^2+s+2}$　② $\frac{2s+1}{2s^2+s+2}$
③ $\frac{2(2s-1)}{2s^2+s+2}$　④ $\frac{2s^2+s+2}{2(2s+1)}$

|정|답|및|해|설|

[구동점 임피던스] 구동점 임피던스는 $j\omega$ 또는 s로 치환하여 나타낸다.

· $R \rightarrow Z_R(s) = R$

· $L \rightarrow Z_L(s) = j\omega L = sL$

· $C \rightarrow Z_c(s) = \frac{1}{j\omega C} = \frac{1}{Cs}$

$\therefore Z_{ab}(s) = \frac{(1+2s) \cdot \frac{2}{s}}{1+2s+\frac{2}{s}} = \frac{2(2s+1)}{2s^2+s+2}$　【정답】 ①

74. 비접지 3상 Y회로에서 전류 $I_a = 15+j2[A]$, $I_b = -20-j14[A]$일 경우 $I_c[A]$는?

① $5+j12$　② $-5+j12$
③ $5-j12$　④ $-5-j12$

|정|답|및|해|설|

[대칭좌표법] 영상분은 접지선, 중성선에 존재하므로

$I_0 = \frac{1}{3}(I_a+I_b+I_c) = 15+j2-20-j14+I_c = 0$

$I_c = 5+j12[A]$　【정답】 ①

75. 분포정수 전송회로에 대한 설명이 아닌 것은?

① $\frac{R}{L} = \frac{G}{C}$인 회로를 무왜형 회로라 한다.
② $R = G = 0$인 회로를 무손실 회로라 한다.
③ 무손실 회로와 무왜형 회로의 감쇠정수는 $\sqrt{RG}$이다.
④ 무손실 회로와 무왜형 회로에서의 위상속도는 $\frac{1}{\sqrt{LC}}$이다.

|정|답|및|해|설|

[무손실 선로 (손실이 없는 선로)]

·조건이 $R = 0$, $G = 0$인 선로

· $\alpha = 0$, $\beta = \omega\sqrt{LC}$ → (α : 감쇄정수, β : 위상정수)

·전파속도 $v = \frac{\omega}{\beta} = \frac{\omega}{\omega\sqrt{LC}} = \frac{1}{\sqrt{LC}}$[m/sec]

[무왜형 선로(파형의 일그러짐이 없는 회로)]

·조건 $\frac{R}{L} = \frac{G}{C}$ → $LG = RC$

· $a = \sqrt{RG}$, $\beta = \omega\sqrt{LC}$

·전파속도 $v = \frac{\omega}{\beta} = \frac{\omega}{w\sqrt{LC}} = \frac{1}{\sqrt{LC}}$[m/sec]　【정답】 ③

76. 콘덴서 $C[F]$에 단위 임펄스의 전류원을 접속하여 동작시키면 콘덴서의 전압 $V_c(t)$는? 단, $u(t)$는 단위계단 함수이다.

① $V_c(t) = C$　② $V_c(t) = Cu(t)$
③ $V_c(t) = \frac{1}{C}$　④ $V_c(t) = \frac{1}{C}u(t)$

|정|답|및|해|설|

[콘덴서에서의 전압] $V_c(t) = \frac{1}{C}\int i(t)dt$

라플라스 변환하면 $V_c(s) = \frac{1}{Cs}I(s)$

임펄스의 전류를 인가하면 $I(s) = 1$　→ $(V_c(s) = \frac{1}{Cs})$

라플라스 역변환 $V_c(t) = \frac{1}{C}u(t)$　【정답】 ④

77. 그림과 같은 라플라스 변환은?

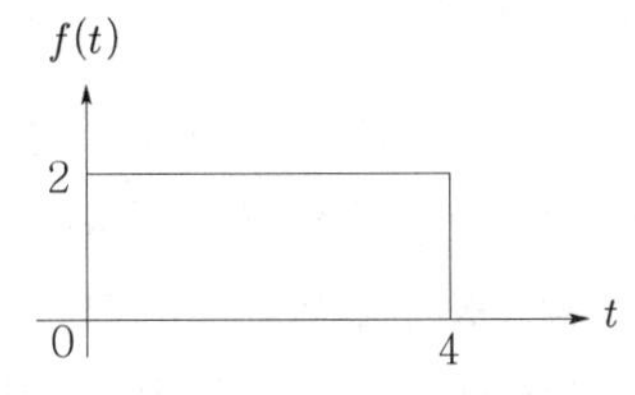

① $\dfrac{2}{S}(1-e^{4S})$　　② $\dfrac{2}{S}(1-e^{-4S})$

③ $\dfrac{4}{S}(1-e^{4S})$　　④ $\dfrac{4}{S}(1-e^{-4S})$

|정|답|및|해|설|

[라플라스 변환의 시간이동 정리를 적용]

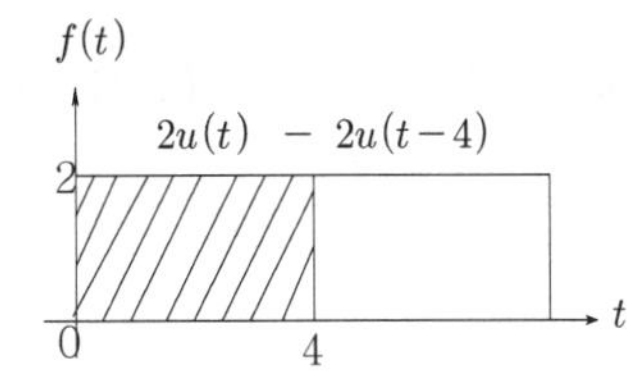

$f(t)=2u(t)-2u(t-4)$

$\mathcal{L}[f(t)]=\mathcal{L}[2u(t)-2u(t-4)]=\dfrac{2}{S}-\dfrac{2}{S}e^{-4S}=\dfrac{2}{S}(1-e^{-4s})$

【정답】 ②

78. 그림과 같은 회로의 컨덕턴스 G_2에 흐르는 전류는 몇 [A] 인가?

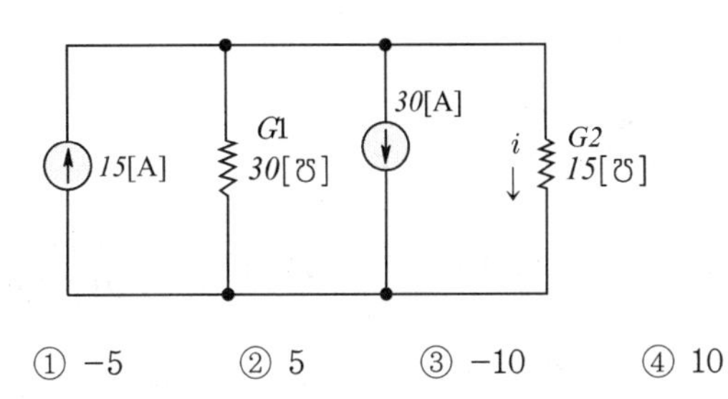

① −5　　② 5　　③ −10　　④ 10

|정|답|및|해|설|

[중첩의 원리]

$I_1=I\times\dfrac{G_1}{G_1+G_2}[A]$, $I_2=I\times\dfrac{G_2}{G_1+G_2}[A]$

$I_2=I\times\dfrac{G_2}{G_1+G_2}=-15\times\dfrac{15}{30+15}=-5[A]$　　$\rightarrow (G=\dfrac{1}{R})$

전류 30[A]가 두 방향으로 흐르며 G2에서는 반대 방향이므로 컨덕턴스(G2)에는 −15[A]전류가 흐른다.

【정답】 ①

79. 다음 회로에서 절점 a와 절점 b의 전압이 같은 조건은?

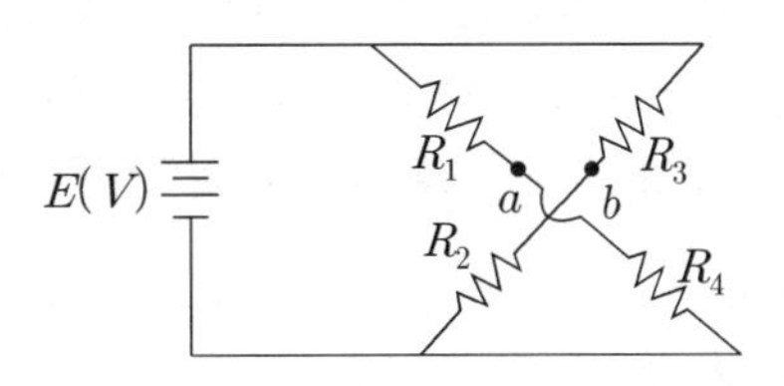

① $R_1R_3=R_2R_4$　　② $R_1R_2=R_3R_4$

③ $R_1+R_3=R_2+R_4$　　④ $R_1+R_2=R_3+R_4$

|정|답|및|해|설|

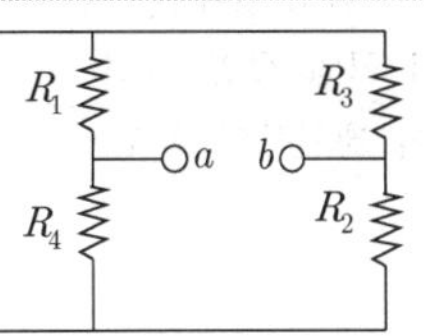

[브리지 회로의 평형 조건]

서로 마주보는 대각으로의 곱이 같으면 회로가 평형이다. 즉, $R_1R_2=R_3R_4$

【정답】 ②

80. 그림과 같은 파형의 파고율은?

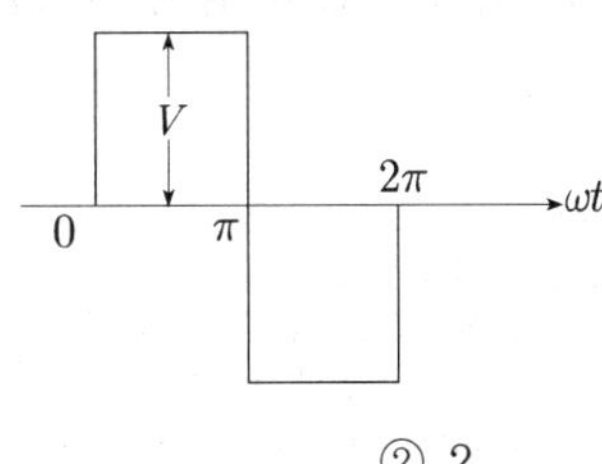

① 1　　② 2

③ $\sqrt{2}$　　④ $\sqrt{3}$

|정|답|및|해|설|

[구형파 전파의 파고율과 파형률] 구형파 전파의 경우는 파형률 파고율이 모두 1이다.

· 파고율 $=\dfrac{\text{최대값}}{\text{실효값}}=\dfrac{V_m}{V_m}=1$　· 파형율 $=\dfrac{\text{실효값}}{\text{평균값}}=\dfrac{V_m}{V_m}=1$

[구형파 반파의 파고율과 파형률]

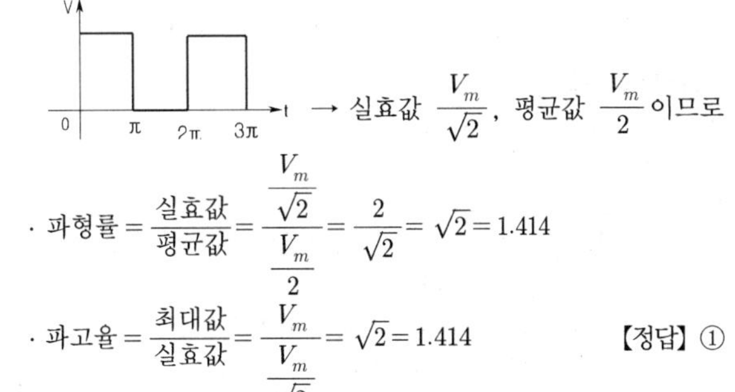

→ 실효값 $\dfrac{V_m}{\sqrt{2}}$, 평균값 $\dfrac{V_m}{2}$ 이므로

· 파형률 $=\dfrac{\text{실효값}}{\text{평균값}}=\dfrac{\frac{V_m}{\sqrt{2}}}{\frac{V_m}{2}}=\dfrac{2}{\sqrt{2}}=\sqrt{2}=1.414$

· 파고율 $=\dfrac{\text{최대값}}{\text{실효값}}=\dfrac{V_m}{\frac{V_m}{\sqrt{2}}}=\sqrt{2}=1.414$

【정답】 ①

81. 가섭선에 의하여 시설하는 안테나가 있다. 이 안테나 주위에 경동연선을 사용한 고압 가공전선이 지나가고 있다면 수평 간격은 몇 [cm] 이상이어야 하는가?

① 40 ② 60 ③ 80 ④ 100

|정|답|및|해|설|

[저고압 가공전선과 안테나의 접근 또는 교차 (KEC 332.14)]

사용전압 부분 공작물의 종류	저압	고압
일반적인 경우	0.6[m]	0.8[m]
전선이 고압 절연 전선	0.3[m]	0.8[m]
전선이 케이블인 경우	0.3[m]	0.4[m]

【정답】 ③

82. 지중에 매설되어 있는 금속제 수도관로를 각종 접지공사의 접지극으로 사용하려면 대지와의 전기저항 값이 몇 [Ω] 이하의 값을 유지하여야 하는가?

① 1 ② 2 ③ 3 ④ 5

|정|답|및|해|설|

[접지극의 시설 및 접지저항 (KEC 142.2)] 대지 사이의 전기저항 값이 3[Ω] 이하인 값을 유지하고 있는 금속제 수도관로는 각종 접지공사의 접지극으로 사용할 수 있다. 이때 접지선과 금속제 수도관로의 접속은 안지름 75[mm] 이상인 금속제 수도관의 부분 또는 이로부터 분기한 안지름 75[mm] 미만인 금속제 수도관의 분기점으로부터 5[m] 이내의 부분에서 할 것 【정답】 ③

83. 가공전선로의 지지물에 시설하는 지지선으로 연선을 사용할 경우에는 소선이 최소 몇 가닥 이상이어야 하는가?

① 3 ② 4 ③ 5 ④ 6

|정|답|및|해|설|

[지지선의 시설 (KEC 331.11)]

- 안전율 : 2.5 이상
- 최저 인장 하중 : 4.31[kN]
- 소선의 지름이 2.6[mm] 이상의 금속선을 사용한 것일 것
- 소선 3가닥 이상의 연선일 것
- 지중 및 지표상 30[cm]까지의 부분은 아연도금 철봉 등을 사용
- 도로 횡단시의 높이 : 5[m] (교통에 지장이 없을 경우 4.5[m])

【정답】 ①

84. 옥내의 저압전선으로 나전선 사용이 허용되지 않는 경우는?

① 금속관공사에 의하여 시설하는 경우
② 버스덕트공사에 의하여 시설하는 경우
③ 라이팅덕트공사에 의하여 시설하는 경우
④ 애자사용공사에 의하여 전개된 곳에 전기로용 전선을 시설하는 경우

|정|답|및|해|설|

[나전선의 사용 제한 (KEC 231.4)] 옥내에 시설하는 전선에 나전선을 사용할 수 있는 경우는 다음과 같다.

- 전기로용 전선 및 절연물이 부식하는 장소에 시설하는 전선을 애자사용공사에 의하는 경우
- 접촉 전선을 시설하는 경우
- 라이팅덕트공사 또는 버스덕트공사의 경우 【정답】 ①

85. 철도 · 궤도 또는 자동차도의 전용터널 안의 전선로의 시설방법으로 틀린 것은?

① 고압전선은 케이블공사로 하였다.
② 저압전선을 가요전선관공사에 의하여 시설하였다.
③ 저압전선으로 지름 2.0[mm]의 경동선을 사용하였다.
④ 저압전선을 애자사용공사에 의하여 시설하고 이를 레일면상 또는 노면상 2.5[m] 이상의 높이로 유지하였다.

|정|답|및|해|설|

[터널 안 전선로의 시설 (KEC 335.1)]

전압	전선의 굵기	시공 방법	애자사용 공사 시 높이
고압	4[mm] 이상의 경동선의 절연전선	·케이블공사 ·애자사용공사	노면상, 레일면상 3[m] 이상
저압	인장강도 2.3[kN] 이상의 절연전선 또는 2.6[mm] 이상의 경동선의 절연전선	·합성수지관공사 ·금속관공사 ·가요전선관 사 ·케이블공사 ·애자사용공사	노면상, 레일면상 2.5[m] 이상

【정답】 ③

86. 가공 전선로의 지지물에 취급자가 오르고 내리는데 사용하는 발판 볼트 등은 지표상 몇 [m] 미만에 사설하여서는 아니 되는가?

① 1.2 ② 1.5
③ 1.8 ④ 2.0

|정|답|및|해|설|

[가공전선로 지지물의 철탑오름 및 전주오름 방지 (KEC 331.4)] 발판 볼트 등은 1.8[m] 미만에 시설하여서는 안 된다. 다만 다음의 경우에는 그러하지 아니하다.

- 발판 볼트를 내부에 넣을 수 있는 구조
- 지지물에 승탑 및 승주 방지 장치를 시설한 경우
- 취급자 이외의 자가 출입할 수 없도록 울타리 담 등을 시설할 경우
- 산간 등에 있으며 사람이 쉽게 접근할 우려가 없는 곳

【정답】 ③

87. 수소냉각식 발전기 등의 시설 기준으로 옳지 않은 것은?

① 발전기 안의 수소의 온도를 계측하는 장치를 시설할 것
② 수소를 통하는 관은 수소가 대기압에서 폭발하는 경우에 생기는 압력에 견대는 강도를 가질 것
③ 발전기 안의 수소의 순도가 95[%] 이하로 저하한 경우에 이를 경보하는 장치를 시설할 것
④ 발전기 안의 수소의 압력을 계측하는 장치 및 그 압력이 현저히 변동한 경우에 이를 경보하는 장치를 시설할 것

|정|답|및|해|설|

[수소냉각식 발전기 등의 시설 (kec 351.10)] 발전기, 무효 전력 보상 장치(조상기) 안의 수소 순도가 85[%] 이하로 저하한 경우 경보장치를 시설할 것

【정답】 ③

88. 특고압 가공전선로에서 사용전압이 60[kV]를 넘는 경우, 진화선로의 길이 몇 [km]마다 유도 전류가 $3[\mu A]$를 넘지 않도록 하여야 하는가?

① 12 ② 40
③ 80 ④ 100

|정|답|및|해|설|

[유도 장해의 방지 (KEC 333.2)]

1. 사용전압이 60[kV] 이하인 경우에는 전화선로의 길이 12[km] 마다 유도전류가 2[μA]를 넘지 아니하도록 할 것.
2. 사용전압이 60[kV]를 초과하는 경우에는 전화선로의 길이 40[km] 마다 유도전류가 3[μA]을 넘지 아니하도록 할 것.

【정답】 ②

89. 무효 전력 보상 장치(조상기)의 내부에 고장이 생긴 경우 자동적으로 전로로부터 차단하는 장치는 무효 전력 보상 장치의 뱅크 용량이 몇 [kVA] 이상이어야 하는가?

① 5,000 ② 10,000
③ 15,000 ④ 20,000

|정|답|및|해|설|

[조상설비 보호장치 (KEC 351.5)] 조상설비에는 그 내부에 고장이 생긴 경우에 보호하는 장치를 표와 같이 시설하여야 한다.

설비 종별	뱅크 용량의 구분	자동적으로 전로로부터 차단하는 장치
전력용 커패시터 및 분로리액터	500[kVA] 초과 15,000[kVA] 미만	· 내부에 고장이 생긴 경우 · 과전류가 생긴 경우
	15,000[kVA] 이상	· 내부에 고장이 생긴 경우 · 과전류가 생긴 경우 · 과전압이 생긴 경우
무효 전력 보상 장치(조상기)	15,000[kVA] 이상	· 내부에 고장이 생긴 경우

【정답】 ③

90. 발열선을 도로, 주차장 또는 조영물의 조영재에 고정시켜 시설하는 경우, 발열선에 전기를 공급하는 전로의 대지전압은 몇 [V] 이하 이어야 하는가?

① 100[V] ② 150[V]
③ 200[V] ④ 300[V]

|정|답|및|해|설|

[도로 등의 전열장치의 시설 (KEC 241.12)]

- 전로의 대지전압 : 300[V] 이하
- 전선은 미네럴인슈레이션(MI) 케이블, 클로로크렌 외장케이블 등 발열선 접속용 케이블일 것
- 발열선은 그 온도가 80[℃]를 넘지 아니하도록 시설할 것

|참|고|

[대자전압]

1. 90[%] 이상은 300[V]
2. 예외인 경우
   ① 누설전압이 없는 경우 → 대지전압 150[V]
   ② 전기저장장치, 태양광설비 → 직류 600[V]

【정답】 ④

91. 사람이 접촉할 우려가 있는 경우 고압 가공전선과 상부 조영재의 옆쪽에서의 간격은 몇 [m] 이상이어야 하는가? 단, 전선은 경동연선이라고 한다.

① 0.6　② 0.8　③ 1.0　④ 1.2

|정|답|및|해|설|

[저고압 가공 전선과 건조물의 접근 (kec 332.11)]

사용전압 부분 공작물의 종류			저압[m]	고압[m]
건조물	상부 조영재 상방	일반적인 경우	2	2
		전선이 고압절연전선	1	2
		전선이 케이블인 경우	1	1
	기타 조영재 또는 상부조영재의 앞쪽 또는 아래쪽	일반적인 경우	1.2	1.2
		전선이 고압절연전선	0.4	1.2
		전선이 케이블인 경우	0.4	0.4
		사람이 접근 할 수 없도록 시설한 경우	0.8	0.8

【정답】 ④

92. 직선형의 철탑을 사용한 특고압 가공전선로가 연속하여 10기 이상 사용하는 부분에는 몇 기 이하마다 내장 애자장치가 되어 있는 철탑 1기를 시설하여야 하는가?

① 5　② 10
③ 15　④ 20

|정|답|및|해|설|

[특고압 가공전선로의 내장형 등의 지지물 시설(KEC 333.16)]
특고압 가공전선로 중 지지물로서 직선형의 철탑을 연속하여 10기 이상 사용하는 부분에는 10기 이하마다 내장 애자장치가 되어 있는 철탑 또는 이와 동등이상의 강도를 가지는 철탑 1기를 시설하여야 한다.　【정답】 ②

93. 옥외용 비닐절연전선을 사용한 저압가공전선이 횡단보도교 위에 시설되는 경우에 그 전선의 노면상 높이는 몇 [m] 이상으로 하여야 하는가?

① 2.5　② 3.0
③ 3.5　④ 4.0

|정|답|및|해|설|

[저고압 가공전선의 높이 (KEC 222.7)]

저·고압 가공 전선의 높이는 다음과 같다.

1. 도로를 횡단하는 경우에는 지표상 6[m] 이상
2. 철도 또는 궤도를 횡단하는 경우에는 레일면상 6.5[m] 이상
3. 횡단보도교의 위에 시설하는 경우에는 저압 가공전선은 그 노면상 3.5 m [전선이 저압 절연전선 (인입용 비닐절연전선·450/750 V 비닐절연전선·450/750 V 고무절연전선·옥외용 비닐 절연전선을 말한다)·다심형 전선·고압 절연전선·특고압 절연전선 또는 케이블인 경우에는 3[m]] 이상, 고압 가공전선은 그 노면상 3.5[m] 이상
4. 제1호부터 제3호까지 이외의 경우에는 지표상 5[m] 이상

【정답】 ②

94. 애자사용공사를 습기가 많은 장소에 시설하는 경우 전선과 조영재 사이의 간격은 몇 [cm] 이상이어야 하는가? (단, 사용전압은 440[V]인 경우이다.)

① 2.0[cm]　② 2.5[cm]
③ 4.5[cm]　④ 6.0[cm]

|정|답|및|해|설|

[애자사용공사 (KEC 232.56)]

1. 옥외용 및 인입용 절연 전선을 제외한 절연 전선을 사용할 것
2. 전선 상호간의 간격 6[cm] 이상일 것
3. 전선과 조명재의 간격
   - 400[V] 미만은 2.5[cm] 이상
   - 400[V] 이상의 저압은 4.5[cm] 이상
   - 400[V] 이상인 경우에도 전개된 장소 또는 점검 할 수 있는 은폐 장소로서 건조한 곳은 2.5[cm] 이상으로 할 수 있다.

【정답】 ③

95. 터널 등에 시설하는 사용전압이 220[V]인 전구선이 0.6/1[kV] EP 고무 절연 클로로프렌캡타이어 케이블일 경우 단면적은 최소 몇 $[mm^2]$ 이상이어야 하는가?

① 0.5　② 0.75
③ 1.25　④ 1.4

|정|답|및|해|설|

[터널 등의 전구선 또는 이동전선 등의 시설 (KEC 242.7.4)]
옥내에 시설하는 사용전압이 400[V] 미만인 전구선 또는 이동전선은 다음에 따라 시설할 것

- 공칭 단면적 0.75$[mm^2]$ 이상의 300/300[V] 편조 고무코드 또는 0.6/1[kV] EP 고무 절연 클로로프렌 캡타이어 케이블일 것
- 이동전선은 300/300[V] 편조 고무코드, 비닐 코드 또는 캡타이어 케이블일 것

【정답】 ②

2017년 2회 전기기사 필기 기출문제

2회 2017년 전기기사필기 (전기자기학)

1. 최대 정전용량 C_0[F]인 그림과 같은 콘덴서의 정전용량이 각도에 비례하여 변화한다고 한다. 이 콘덴서를 전압 V[V]로 충전했을 때 회전자에 작용하는 토크는?

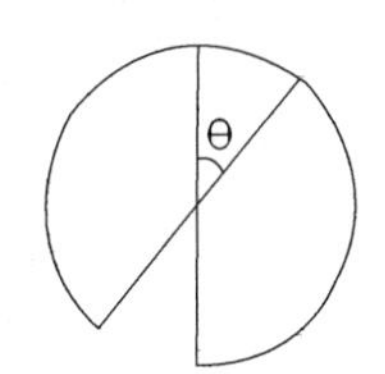

① $\dfrac{C_0V^2}{2}$[N·m] ② $\dfrac{C_0^2V}{2\pi}$[N·m]

③ $\dfrac{C_0V^2}{2\pi}$[N·m] ④ $\dfrac{C_0V^2}{\pi}$[N·m]

|정|답|및|해|설|

[토크] $T=\dfrac{dW}{d\theta}$

· 정전용량 $C=\epsilon\dfrac{s}{d}$이므로 겹치는 부분의 면적과 비례한다. 완전히 겹쳐질 때의 θ는 π이고, 일반적으로 θ각인 경우 C'는 $C_0:\pi=C':\theta$이므로 $C'=C_0\dfrac{\theta}{\pi}$

· 에너지는 $W=F\cdot d$이고, 토크에서는 $W=T\cdot\theta$이므로

정전에너지 $W=\dfrac{1}{2}CV^2=\dfrac{1}{2}C_0\dfrac{\theta}{\pi}V^2=T\theta$

$\therefore$ 토크 $T=\dfrac{dW}{d\theta}=\dfrac{d}{d\theta}\left(\dfrac{\theta}{2\pi}C_0V^2\right)=\dfrac{C_0V^2}{2\pi}$[N· m]

【정답】 ③

2. 내부도체 반지름이 10[mm], 외부도체의 내반지름이 20[mm]인 동축 케이블에서 내부도체의 표면에 전류 I가 흐르고, 얇은 외부도체에 반대방향인 전류가 흐를 때 단위 길이당 외부 인덕턴스는 약 몇 [H/m]인가?

① 0.28×10^{-7} ② 1.39×10^{-7}

③ 2.03×10^{-7} ④ 2.78×10^{-7}

|정|답|및|해|설|

[동축케이블의 단위 길이당 외부 인덕턴스] $L=\dfrac{\mu_0}{2\pi}\ln\dfrac{b}{a}$[H/m]

여기서, μ_0 : 진공시의 투자율($\mu_0=4\pi\times10^{-7}[H/m]$)

a, b : 도체의 반지름[m]

$$L=\frac{\mu_0}{2\pi}\ln\frac{b}{a}[\text{H/m}]=\frac{4\pi\times10^{-7}}{2\pi}\ln\frac{20\times10^{-3}}{10\times10^{-3}}=1.39\times10^{-7}[\text{H/m}]$$

【정답】 ②

3. 원통좌표계에서 전류밀도 $j=Kr^2a_z[\text{A/m}^2]$일 때 암페어의 법칙을 사용한 자계의 세기 $H[AT/m]$를 구하면? 단, K는 상수이다.

① $H=\dfrac{K}{4}r^4a_\phi$ ② $H=\dfrac{K}{4}r^3a_\phi$

③ $H=\dfrac{K}{4}r^4a_z$ ④ $H=\dfrac{K}{4}r^3a_z$

|정|답|및|해|설|

[암페어의 법칙을 사용한 자계의 세기] $\nabla\times H=rot\,H=j=Kr^2a_z$

원통좌표계에서 $\nabla\times H=\dfrac{1}{r}\begin{vmatrix} a_r & ra_\varnothing & a_z \\ \dfrac{\partial}{\partial r} & \dfrac{\partial}{\partial\varnothing} & \dfrac{\partial}{\partial z} \\ H_r & rH_\varnothing & H_z\end{vmatrix}=KR^2a_z$ 에서

$$\nabla\times H=\left(\frac{1}{r}\frac{\partial H_z}{\partial\phi}-\frac{\partial H_\phi}{\partial z}\right)a_r+\left(\frac{\partial H_r}{\partial z}-\frac{\partial H_\phi}{\partial r}\right)a_\phi+\left(\frac{1}{r}\frac{\partial(rH_\phi)}{\partial r}-\frac{1}{r}\frac{\partial H_r}{\partial_\phi}\right)a_z=Kr^2a_z$$

$$\frac{1}{r}\left(\frac{\partial(rH_\phi)}{\partial r}-\frac{\partial H_r}{\partial\phi}\right)a_z=Kr^2a_z \rightarrow \frac{1}{r}\left(\frac{\partial(rH_\phi)}{\partial r}-\frac{\partial H_r}{\partial\phi}\right)=Kr^2$$

→ (∂r로 미분하므로 $\dfrac{\partial H_r}{\partial\phi}=0$이 된다.)

$$\rightarrow \frac{\partial(rH_\varnothing)}{\partial r}=Kr^3 \rightarrow \int\frac{d(rH_\varnothing)}{dr}dr=\int Kr^3dr$$

$$\rightarrow rH_\varnothing=\frac{K}{4}r^4 \rightarrow \therefore H_\varnothing=\frac{K}{4}r^3a_\phi$$

→ (자기의 방향이 $\varnothing$ 의 방향이므로 a_z넣어준다.)

【정답】 ②

4. 무한 평면에 일정한 전류가 표면에 한 방향으로 흐르고 있다. 평면으로부터 위로 r만큼 떨어진 점과 아래로 2r만큼 떨어진 점과의 자계의 비는 얼마인가?

① 1　② $\sqrt{2}$　③ 2　④ 4

|정|답|및|해|설|

[무한 평면에서의 자계의 세기]

$\oint H \cdot dl = [H(x)j + H(-x)(-j)]t = I$

$H_y(x) - H_y(-x) = KT$

$H_y(x) = -H_y(-x)$로 부터 $2H_y(x) = KT$

$\therefore H_y(x) = \frac{KT}{2}$(상수)

자기장애 x, zt성분 $H_x = H_z = 0$, y성분 $H_y = \frac{KT}{2}$이므로 자계는 거리에 관계없이 일정하고 방향은 반대이다.

【정답】①

5. 그림과 같은 히스테리시스 루프를 가진 철심이 강한 평등자계에 의해 매초 60[Hz]로 자화할 경우 히스테리시스 손실은 몇 [W]인가? 단, 철심의 체적은 $20[cm^3]$, $B_r = 5[Wb/m^2]$, $H_c = 2[AT/m]$이다.

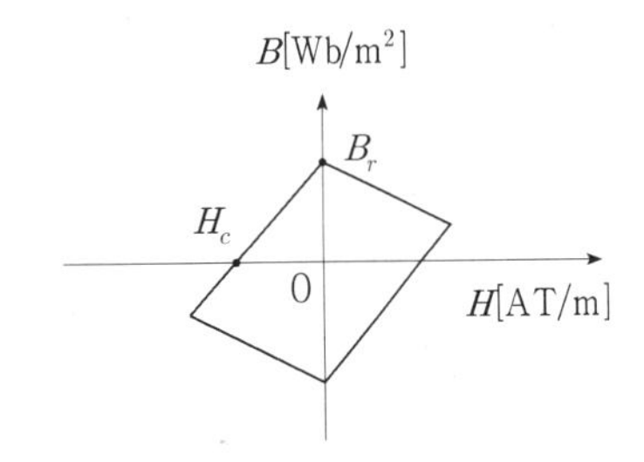

① 1.2×10^{-2}　② 2.4×10^{-2}
③ 3.6×10^{-2}　④ 4.8×10^{-2}

|정|답|및|해|설|

[히스테리시스 손실 에너지] $W = 4H_cB_r[J/m^3]$

· $W = 4H_cB_r = 4 \times 2 \times 5 = 40[J/m^3]$에서 [W]로 유도한다.

· $W \cdot S = 40 \times 20 \times (10^{-2})^3 [W\sec]$　→ (S : 면적)

→ [W · sec]를 시간으로 나누어 [W]를 구한다.

· $\frac{W \cdot S}{t} = W \cdot S \cdot f = 40 \times 20 \times 10^{-6} \times 60 = 4.8 \times 10^{-2} [W]$

→ (주파수와 주기는 반비례 관계, $f = \frac{1}{T}$)

∴히스테리시스 손실에너지 $W = 4.8 \times 10^{-2} [W]$

【정답】④

6. 어떤 공간의 비유전율은 2이고 전위 $V(x, y) = \frac{1}{x} + 2xy^2$이라고 할 때 점$\left(\frac{1}{2}, 2\right)$에서의 전하밀도 ρ는 약 몇 $[\text{pC/m}^3]$인가?

① −20　② −40
③ −160　④ −320

|정|답|및|해|설|

[포아송 방정식(전위와 공간 전하 밀도의 관계)]

$\nabla^2 V = -\frac{\rho}{\epsilon}\left(= -\frac{\rho}{\epsilon_0 \epsilon_s}\right)$

여기서, V : 전위차, ϵ : 유전상수, ρ : 전하밀도

$\nabla^2 V = -\frac{\rho}{\epsilon}\left(= -\frac{\rho}{\epsilon_0 \epsilon_s}\right)$

$\nabla^2 V = \frac{\partial^2 V}{\partial x^2} + \frac{\partial^2 V}{\partial y^2} = \frac{\partial^2}{\partial x^2}\left(\frac{1}{x} + 2xy^2\right) + \frac{\partial^2}{\partial y^2}\left(\frac{1}{x} + 2xy^2\right)$

$= \frac{2}{x^3} + 4x = 16 + 2 = 18$

$\therefore \rho = -\epsilon_0 \epsilon_s (\nabla^2 V) = -2 \times 8.85 \times 10^{-12} \times 18$

$= -3.19 \times 10^{-10} [C/m^3] = -319 [\text{pC/m}^3]$

【정답】④

7. 유전율 $\epsilon = 8.855 \times 10^{-12} [\text{F/m}]$인 진공 중을 전자파가 전파할 때 진공 중의 투자율[H/m]는?

① 7.58×10^{-5}　② 7.58×10^{-7}
③ 12.56×10^{-5}　④ 12.56×10^{-7}

|정|답|및|해|설|

[진공에서의 유전율] $\epsilon_o = 8.855 \times 10^{-12} [F/m]$

[진공에서의 투자율] $\mu_o = 4\pi \times 10^{-7} = 12.56 \times 10^{-7} [H/m]$

【정답】④

8. 점전하에 의한 전계의 세기[V/m]를 나타내는 식은? 단, r은 거리, Q는 전하량, λ는 선전하밀도, σ는 표면 전하밀도이다.

① $\frac{1}{4\pi\epsilon_o}\frac{Q}{r^2}$　② $\frac{1}{4\pi\epsilon_o}\frac{\sigma}{r^2}$
③ $\frac{1}{2\pi\epsilon_o}\frac{Q}{r^2}$　④ $\frac{1}{2\pi\epsilon_o}\frac{\sigma}{r^2}$

|정|답|및|해|설|

[점전하에 의한 전계] $E = \frac{Q}{4\pi\epsilon_o r^2} [V/m]$

[선전하에 의한 전계] $E = \frac{\lambda}{2\pi\epsilon_o r} [V/m]$

【정답】①

9. 그림과 같이 직각 코일이 $B = 0.05\dfrac{a_x + a_y}{\sqrt{2}}[T]$인 자계에 위치하고 있다. 코일에 5[A] 전류가 흐를 때 z축에서의 토크 [N · m]는?

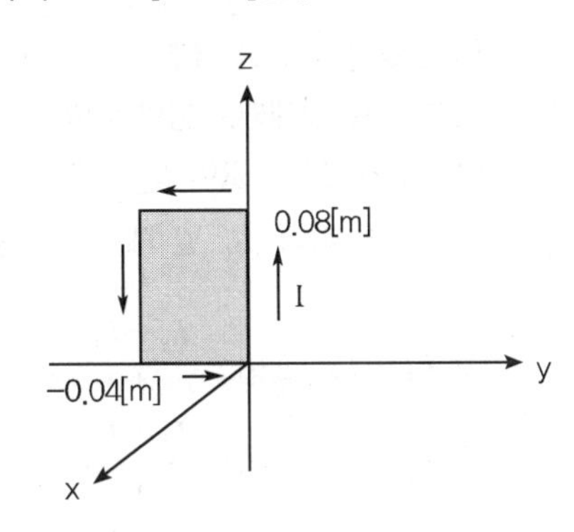

① $2.66 \times 10^{-4} a_x [N \cdot m]$

② $5.66 \times 10^{-4} a_x [N \cdot m]$

③ $2.66 \times 10^{-4} a_z [N \cdot m]$

④ $5.66 \times 10^{-4} a_z [N \cdot m]$

|정|답|및|해|설|

[토크] $T = \vec{I} \times \vec{B} \cdot S [N \cdot m]$ → (×는 외적을 나타낸다.)

1. $\vec{I} = 5\hat{x}$ → (전류의 크기는 5[A]이고 방향은 x축을 향한다.)

2. 면적 $S =$ 가로 × 세로 $= 0.04 \times 0.08 [m^2]$

3. $\vec{I} \times \vec{B} = 0.05 \times \dfrac{1}{\sqrt{2}} \begin{vmatrix} \hat{x} & \hat{y} & \hat{z} \\ 5 & 0 & 0 \\ 1 & 1 & 0 \end{vmatrix}$ → (전류 x축 5, y, z는 없으므로 0) → (B는 $x(1)$, $y(1)$, $z(0)$)

$= \dfrac{0.05}{\sqrt{2}}[\hat{x}(0-0) - \hat{y}(0-0) + \hat{z}(5-0)]$

$= \dfrac{0.05}{\sqrt{2}} \times 5\hat{z}$

4. 토크 $T = \vec{I} \times \vec{B} \cdot S$

$= \dfrac{0.05 \times 5}{\sqrt{2}} \hat{z} \times 0.05 \times 0.08 = 5.66 \times 10^{-4} \hat{z}$

【정답】 ④

10. 그림과 같이 무한평면 도체 앞 $a[m]$ 거리에 점전하 $Q[C]$가 있다. 점 O에서 $x[m]$인 P점의 전하밀도 $\sigma[C/m^2]$는?

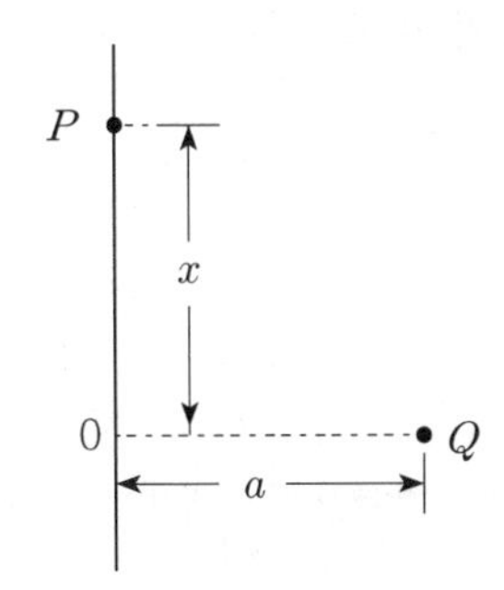

① $\dfrac{Q}{4\pi} \cdot \dfrac{a}{(a^2+x^2)^{\frac{3}{2}}}$ ② $\dfrac{Q}{2\pi} \cdot \dfrac{a}{(a^2+x^2)^{\frac{3}{2}}}$

③ $\dfrac{Q}{4\pi} \cdot \dfrac{a}{(a^2+x^2)^{\frac{2}{3}}}$ ④ $\dfrac{Q}{2\pi} \cdot \dfrac{a}{(a^2+x^2)^{\frac{2}{3}}}$

|정|답|및|해|설|

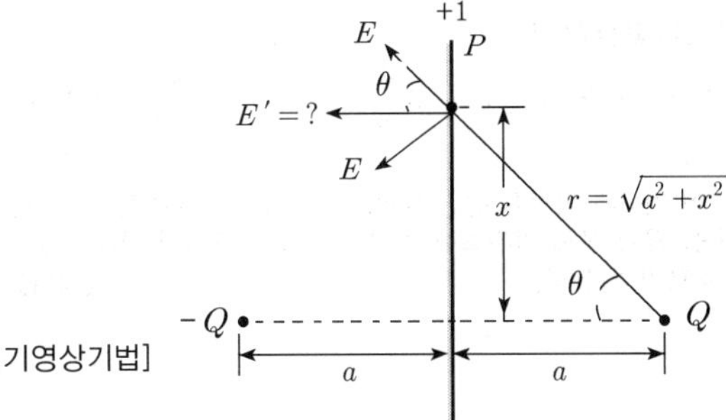

영상전하 -Q, 점 P에서 전계의 세기 E'

$E' = 2E\cos\theta = 2\dfrac{Q}{4\pi\epsilon_0 r^2}\dfrac{a}{r}$ → ($r = \sqrt{a^2 + x^2}$)

$E' = \dfrac{Q \cdot a}{2\pi\epsilon_0 (a^2 + x^2)^{\frac{3}{2}}}$

$\sigma = D = \epsilon_0 E$ (면전하밀도와 전계의 세기의 관계식)

그러므로 $\sigma = D = \epsilon_0 E' = \dfrac{Q}{2\pi} \cdot \dfrac{a}{(a^2+x^2)^{\frac{2}{3}}}$ [C/m²]

【정답】 ④

11. 막대자석 위쪽에 동축 도체 원판을 놓고 회로의 한 끝은 원판의 주변에 접촉시켜 회전하도록 해 놓은 그림과 같은 패러데이 원판 실험을 할 때 검류계에 전류가 흐르지 않는 경우는?

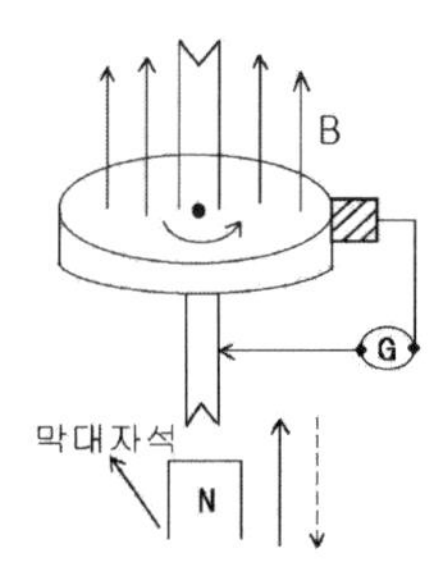

① 자석만을 일정한 방향으로 회전시킬 때
② 원판만을 일정한 방향으로 회전시킬 때
③ 자석을 축 방향으로 전진시킨 후 후퇴시킬 때
④ 원판과 자석을 동시에 같은 방향, 같은 속도로 회전시킬 때

|정|답|및|해|설|

[패러데이 원판 실험] $e=-N\frac{d\varnothing}{dt}$ 에서 $e=-N\frac{d\varnothing}{dt}=0$인 경우를 찾는다.
동시에 원판과 자석을 같은 방향, 같은 속도로 회전시키면 원판이 자속을 끊지 못해 기전력이 발생하지 않기 때문에 검류계에 전류가 흐르지 않는다. 【정답】 ④

12. 유전율 ϵ, 투자율 μ인 매질에서의 전파속도 v는?

① $\frac{1}{\sqrt{\mu\epsilon}}$ ② $\sqrt{\epsilon\mu}$
③ $\sqrt{\frac{\epsilon}{\mu}}$ ④ $\sqrt{\frac{\mu}{\epsilon}}$

|정|답|및|해|설|

[전자파의 속도] $v^2=\frac{1}{\epsilon\mu}$
여기서, ϵ : 유전율, μ : 투자율
$v^2=\frac{1}{\epsilon\mu}$ 에서 $v=\frac{1}{\sqrt{\mu\epsilon}}=\frac{C_0}{\sqrt{\mu_s\epsilon_s}}=\frac{3\times10^8}{\sqrt{\mu_s\epsilon_s}}$[m/s]
【정답】 ①

13. 서로 결합하고 있는 두 코일 C_1과 C_2의 자기인덕턴스가 각각 L_{c1}, L_{c2}라고 한다. 이 둘을 직렬로 연결하여 합성인덕턴스 값을 얻은 후 두 코일 간 상호인덕턴스의 크기($|M|$)를 얻고자 한다. 직렬로 연결할 때, 두 코일간 자속이 서로 가해져서 보강되는 방향이 있고, 서로 상쇄되는 방향이 있다. 전자의 경우 얻은 합성 인덕턴스의 값이 L_1, 후자의 경우 얻은 합성인덕턴스의 값이 L_2 일 때, 다음 중 알맞은 식은?

① $L_1<L_2$, $|M|=\frac{L_2+L_1}{4}$
② $L_1>L_2$, $|M|=\frac{L_1+L_2}{4}$
③ $L_1<L_2$, $|M|=\frac{L_2-L_1}{4}$
④ $L_1>L_2$, $|M|=\frac{L_1-L_2}{4}$

|정|답|및|해|설|

[합성인덕턴스]
·자속이 같은 방향 (가동결합) $L_1=L_{c1}+L_{c2}+2M$...........①
·자속이 반대 방향 (차동결합) $L_2=L_{c1}+L_{c2}-2M$...........②
$L_1>L_2$이고 ①－②를 하면
$L_1-L_2=4M \rightarrow \therefore |M|=\frac{L_1-L_2}{4}$ 【정답】 ④

14. 전계 $E[V/m]$, 전속밀도 $D[C/m^2]$, 유전율 $\epsilon=\epsilon_o\epsilon_s[F/m]$, 분극의 세기 $P[C/m^2]$ 사이의 관계는?

① $P=D+\epsilon_0E$ ② $P=D-\epsilon_0E$
③ $P=\frac{D+E}{\epsilon_o}$ ④ $P=\frac{D-E}{\epsilon_o}$

|정|답|및|해|설|

[분극의 세기] $P=D-\epsilon_0E=D-\epsilon_0\left(\frac{D}{\epsilon_0\epsilon_s}\right)=D-\frac{D}{\epsilon_s}=\left(1-\frac{1}{\epsilon_s}\right)D$
→ 전계 $(E=\frac{\sigma-\sigma_p}{\epsilon_0}=\frac{D-P}{\epsilon_0}[V/m])$
→ (전속밀도 $D=\epsilon_0E+P[C/m^2]$)
여기서, σ : 면전하밀도$[C/m^2]$, ϵ_0 : 진공중의 유전율
D : 전속밀도, P : 분극의 세기
【정답】 ②

15. 정전용량 $C_o[F]$인 평행판 공기콘덴서가 있다. 이 것의 극판에 평행으로 판 간격 $d[m]$의 $\frac{1}{2}$ 두께인 유리판을 삽입하였을 때의 정전용량[F]은? 단, 유리판의 유전율은 $\epsilon[\mathrm{F/m}]$라 한다.

① $\dfrac{2C_o}{1+\dfrac{1}{\epsilon}}$　② $\dfrac{C_o}{1+\dfrac{1}{\epsilon}}$

③ $\dfrac{2C_o}{1+\dfrac{\epsilon_o}{\epsilon}}$　④ $\dfrac{C_o}{1+\dfrac{\epsilon}{\epsilon_o}}$

|정|답|및|해|설|

[평행판 공기콘덴서의 정전용량] $C_0=\dfrac{\epsilon_0 S}{d}$ → (면적 : S, 간격 : d, 유전율 : ϵ_0)

S, C_1 ϵ_0 $\frac{d}{2}$, C_2 ϵ $\frac{d}{2}$

[공기 부분 정전용량] $C_1=\dfrac{\epsilon_0 S}{\dfrac{d}{2}}=\dfrac{2S\epsilon_0}{d}[F]$

[유리판 부분 정전용량] $C_2=\dfrac{\epsilon S}{\dfrac{d}{2}}=\dfrac{2S\epsilon}{d}[F]$

$$C=\frac{1}{\dfrac{1}{C_1}+\dfrac{1}{C_2}}=\frac{1}{\dfrac{d}{2S}\left(\dfrac{1}{\epsilon_0}+\dfrac{1}{\epsilon}\right)}=\frac{1}{\dfrac{d}{2S\epsilon_0}\left(1+\dfrac{\epsilon_0}{\epsilon}\right)}$$

$$=\frac{2C_0}{1+\dfrac{\epsilon_0}{\epsilon}}=\frac{2C_0}{1+\dfrac{1}{\epsilon_s}}$$ → $(C_0=\dfrac{\epsilon_0 S}{d})$

【정답】 ③

16. 벡터포텐셜 $A=3x^2ya_x+2xa_y-z^3a_z[Wb/m]$일 때의 자계의 세기 $H[A/m]$는? 단, μ는 투자율이라 한다.

① $\frac{1}{\mu}(2-3x^2)a_y$　② $\frac{1}{\mu}(3-2x^2)a_y$

③ $\frac{1}{\mu}(2-3x^2)a_z$　④ $\frac{1}{\mu}(3-2x^2)a_z$

|정|답|및|해|설|

[자속밀도] $B=\mu H=rot\,A=\nabla\times A$

여기서, H : 자계의 세기, A : 벡터포텐셜

1. 자계의 세기 $H=\dfrac{1}{\mu}(\nabla\times A)$

$$\nabla\times A=\begin{vmatrix} a_x & a_y & a_z \\ \dfrac{\partial}{\partial x} & \dfrac{\partial}{\partial y} & \dfrac{\partial}{\partial z} \\ 3x^2y & 2x & -z^3 \end{vmatrix}=0a_x+0a_y+\left[\frac{\partial}{\partial x}(2x)-\frac{\partial}{\partial y}(3x^2y)\right]a_z$$

$$=(2-3x^2)a_z$$

2. $B=(2-3x^2)a_z$와 $B=\mu H$ 의 관계식에서

∴자계의 세기 $H=\dfrac{B}{\mu}=\dfrac{1}{\mu}(\nabla\times A)=\dfrac{1}{\mu}(2-3x^2)a_z$

【정답】 ③

|참|고|

$$\#\,rot\vec{A}=\nabla\times\vec{A}=curl\vec{A}$$

$$=\left(\frac{\partial}{\partial x}i+\frac{\partial}{\partial y}j+\frac{\partial}{\partial z}k\right)\times(A_xi+A_yj+A_zk)$$

$$=\begin{vmatrix} i & j & k \\ \dfrac{\partial}{\partial x} & \dfrac{\partial}{\partial y} & \dfrac{\partial}{\partial z} \\ A_x & A_y & A_z \end{vmatrix}$$

$$=i\left(\frac{\partial A_z}{\partial y}-\frac{\partial A_y}{\partial z}\right)+j\left(\frac{\partial A_x}{\partial z}-\frac{\partial A_z}{\partial x}\right)+k\left(\frac{\partial A_y}{\partial x}-\frac{\partial A_x}{\partial y}\right)$$

17. 그림과 같은 길이가 1[m]인 동축 원통 사이의 정전용량[F/m]은?

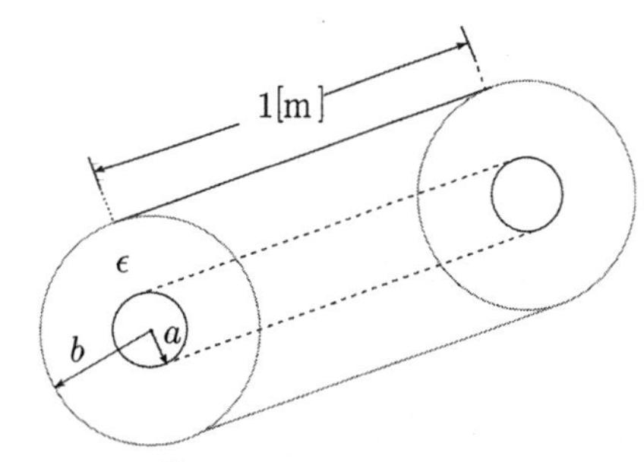

① $C=\dfrac{2\pi}{\epsilon\ln\dfrac{b}{a}}$　② $C=\dfrac{\epsilon}{2\pi\ln\dfrac{b}{a}}$

③ $C=\dfrac{2\pi\epsilon}{\ln\dfrac{b}{a}}$　④ $C=\dfrac{2\pi\epsilon}{\ln\dfrac{a}{b}}$

|정|답|및|해|설|

[동축케이블의 단위 길이당 정전 용량]

$C=\dfrac{\lambda}{V}=\dfrac{2\pi\epsilon}{\ln\dfrac{b}{a}}[\mathrm{F/m}]$ → (a, b : 도체의 반지름, $\epsilon(=\epsilon_0\epsilon_s)$: 유전율)

→ $(Q=CV,\ V_{ab}=\dfrac{\lambda}{2\pi\epsilon}\ln\dfrac{b}{a},\ \lambda[C/m]=\dfrac{Q}{l},\ l=1)$

【정답】 ③

18. 자기회로에서 자기 저항의 관계로 옳은 것은?

① 자기회로의 길이에 비례
② 자기회로의 단면적에 비례
③ 자성체의 비투자율에 비례
④ 자성체의 비투자율의 제곱에 비례

|정|답|및|해|설|

[자기저항] $R_m = \frac{l}{\mu S}[AT/Wb]$ →(l : 길이, μ : 투자율, S : 단면적)
길이에 비례, 투자율과 단면적에 반비례 【정답】 ①

19. 철심이 든 환상솔레노이드의 권수는 500회, 평균 반지름은 10[cm], 철심의 단면적은 $10[cm^2]$ 비투자율 4,000이다. 이 환상솔레노이드에서 2[A]의 전류를 흘릴 때 철심 내의 자속[Wb]은?

① 4×10^{-5} ② 4×10^{-4}
③ 8×10^{-3} ④ 8×10^{-4}

|정|답|및|해|설|

[기자력] $F = NI = R_m \varnothing$

[자기저항] $R_m = \frac{l}{\mu S}[AT/Wb]$

여기서, F: 기자력, N: 권수, I: 전류, $\varnothing$: 자속
l : 길이, μ : 투자율, S : 단면적

$$\phi = \frac{NI}{R_m} = \frac{NI}{\frac{l}{\mu S}} = \frac{\mu SNI}{l}$$

$$= \frac{4\pi\times 10^{-7}\times 4000\times 10\times 10^{-4}\times 500\times 2}{2\times\pi\times 0.1} = 8\times 10^{-3}[\text{Wb}]$$

【정답】 ③

20. 그림과 같은 정방형관 단면의 격자점 ⑥의 전위를 반복법으로 구하면 약 몇 [V]가 되는가?

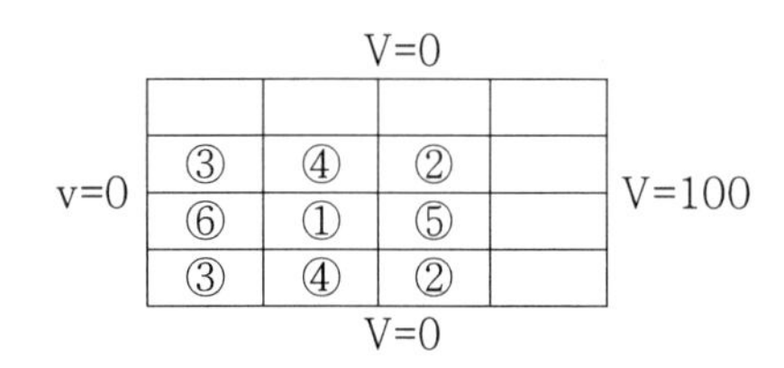

① 6.3[V] ② 9.4[V]
③ 18.8[V] ④ 53.2[V]

|정|답|및|해|설|

[라플라스 방정식의 차분근사해법(반복법)]

V_1 V_4 V_2 V_3 → $V_0 = \frac{1}{4}(V_1 + V_2 + V_3 + V_4)$

$V_0 = \frac{1}{4}(V_1 + V_2 + V_3 + V_4)$

한 점의 전위는 인접한 4개의 동거리 점의 전위의 평균값과 같다.

①의 전위 $V_1 = \frac{100+0+0+0}{4} = 25[V]$

③의 전위 $V_3 = \frac{25+0+0+0}{4} = 6.2[V]$

따라서 ⑥의 전위

$V_6 = \frac{V_1 + V_3 + V_3 + 0}{4} = \frac{25+6.2+6.2+0}{4} = 9.4[V]$

【정답】 ②

2회 2017년 전기기사필기 (전력공학)

21. 무효 전력 보상 장치(동기조상기) (A)와 전력용 콘덴서 (B)를 비교한 것으로 옳은 것은?

① 시충전 : (A) 불가능, (B) 가능
② 전력손실 : (A) 작다, (B) 크다
③ 무효전력 조정 : (A) 계단적, (B) 연속적
④ 무효전력 : (A) 진상・지상용, (B) 진상용

|정|답|및|해|설|

[조상설비의 비교]

항목	무효전력보상 장치 (동기조상기)	전력용 콘덴서	분로리액터
전력손실	많다 (1.5~2.5[%])	적다 (0.3[%] 이하)	적다 (0.6[%] 이하)
무효전력	진상, 지상 양용	진상 전용	지상 전용
조정	연속적	계단적 (불연속)	계단적 (불연속)
시송전 (시충전)	가능	불가능	불가능
가격	비싸다	저렴	저렴
보수	손질필요	용이	용이

【정답】 ④

22. 어떤 공장의 소모 전력이 100[kW]이며, 이 부하의 역률이 0.6일 때, 역률을 0.9로 개선하기 위해 필요한 전력용 콘덴서의 용량은 몇 [kVA]인가?

① 30　② 60　③ 8　④ 90

|정|답|및|해|설|

[역률개선용 콘덴서 용량]

$Q_c = P(\tan\theta_1 - \tan\theta_2)$

$= P\left(\frac{\sin\theta_1}{\cos\theta_1} - \frac{\sin\theta_2}{\cos\theta_2}\right) = P\left(\frac{\sqrt{1-\cos^2\theta_1}}{\cos\theta_1} - \frac{\sqrt{1-\cos^2\theta_2}}{\cos\theta_2}\right)$

$Q_c = 100\left(\frac{\sqrt{1-0.6^2}}{0.6} - \frac{\sqrt{1-0.9^2}}{0.9}\right) = 85[\text{kVA}]$

【정답】 ③

23. 수력발전소에서 사용되는 수차 중 15[m] 이하의 저낙차에 적합하여 조력발전용으로 알맞은 수차는?

① 카플란수차　② 펠톤수차
③ 프란시스수차　④ 튜블러수차

|정|답|및|해|설|

[튜블러(사류)수차] 수력에서 15[m] 이하 저낙차용으로는 튜블러 수차가 적당하다.

② 펠톤수차 : 300[m] 이상 고낙차용

③ 프란시스수차 : 중낙차용

【정답】 ④

24. 어떤 화력발전소에서 과열기 출구의 증기압이 169 $[kg/cm^2]$이다. 이것은 약 몇 [atm]인가?

① 127.1　② 163.6
③ 1,650　④ 12,850

|정|답|및|해|설|

[기압의 단위]

$1[\text{atm}] = 760[\text{mmHg}] = 1.033[kg/cm^2]$

$\therefore 169[kg/cm^2]$은 $\frac{169}{1.033} = 163.6[\text{atm}]$

【정답】 ②

25. 가공송전선로를 가선할 때에는 하중 조건과 온도 조건 등을 고려하여 적당한 처짐 정도(이도)를 주도록 하여야 한다. 다음 중 처짐 정도에 대한 설명으로 옳은 것은?

① 처짐 정도의 대소는 지지물의 높이를 좌우한다.
② 전선을 가선할 때 전선을 팽팽하게 가선하는 것을 처짐 정도를 크게 준다고 한다.
③ 처짐 정도가 작으며 전선이 좌우로 크게 흔들려서 다른 상의 전선에 접촉하여 위험하게 된다.
④ 처짐 정도를 작게 하면 이에 비례하여 전선의 장력이 증가되며, 심할 때는 전선 상호간이 꼬이게 된다.

|정|답|및|해|설|

[처짐 정도(이도)] 전선의 지지점을 연결하는 수평선으로부터 최대 수직 길이를 말한다. 즉, 전선의 늘어지는 정도를 말한다.

처짐 정도(이도) $D = \frac{WS^2}{8T}$

여기서, T : 수평장력, W : 합성하중, S : 경간

- 처짐 정도의 대소는 지지물의 높이를 좌우한다.
- 처짐 정도가 크면 전선은 좌우 진동이 커 다른 전선이나 수목에 접촉할 위험이 있다.
- 처짐 정도가 너무 작으면 이에 전선의 장력이 증가하여 심할 경우에는 전선이 단선된다.

【정답】 ①

26. 승압기에 의하여 전압 V_e에서 V_h로 승압할 때, 2차정격전압 e, 자기용량 ω인 단상 승압기가 공급할 수 있는 부하용량(W)은 어떻게 표현되는가?

① $\frac{V_h}{e} \times \omega$　② $\frac{V_e}{e} \times \omega$
③ $\frac{V_e}{V_h - V_e} \times \omega$　④ $\frac{V_h - V_e}{V_e} \times \omega$

|정|답|및|해|설|

[승압기의 용량(자기용량)]

1. 단상 자기용량 $\omega = \frac{e_2}{E_2} W = e_2 I_2 [\text{VA}]$

2. 3상 자기용량 $\omega = \frac{e_2}{\sqrt{3} E_2} W$

E_1 : 승압 전의 전압(전원측)[V], E_2 : 승압 후의 전압(부하측)[V]

e_1 : 승압기의 1차정격전압 [V], e_2 : 승압기의 2차정격전압 [V]

W : 부하의 용량 [VA], ω : 승압기의 용량 [VA]

I_2 : 부하전류 [A]

$\therefore$ 부하용량 $W = \omega \times \frac{E_2}{e_2} = \frac{V_h}{e} \times \omega$

【정답】 ①

27. 일반적으로 부하의 역률을 저하시키는 원인은?

① 전등의 과부하
② 선로의 충전전류
③ 유도전동기의 경부하 운전
④ 동기전동기의 중부하 운전

|정|답|및|해|설|

[역률 저하의 원인]
·유도전동기의 역률이 낮고 경부하 운전
·형광방전등 【정답】 ③

28. 송전단 전압을 V_s, 수전단전압을 V_r, 선로의 직렬 리액턴스를 X라 할 때 이 선로에서 최대 송전전력은? (단, 선로저항은 무시한다.)

① $\frac{V_s - V_r}{X}$ ② $\frac{V_s^2 - V_r^2}{X}$
③ $\frac{V_s(V_s - V_r)}{X}$ ④ $\frac{V_s V_r}{X}$

|정|답|및|해|설|

[송전전력] $P = \frac{V_s V_r}{X}\sin\theta$
최대 송전전력은 $\theta = 90°$ 일 때이므로
최대 송전전력은 $P_m = \frac{V_s V_r}{X}$ 【정답】 ④

29. 가공지선의 설치 목적이 아닌 것은?

① 전압강하의 방지
② 직격뢰에 대한 차폐
③ 유도뢰에 대한 정전차폐
④ 통신선에 대한 전자유도장해 경감

|정|답|및|해|설|

[가공지선의 설치 목적]
·직격뇌에 대한 차폐 효과
·유도체에 대한 정전 차폐 효과
·통신법에 대한 전자 유도장해 경감 효과 【정답】 ①

30. 피뢰기가 방전을 개시할 때의 단자전압의 순시값을 방전개시전압이라 한다. 방전 중의 단자전압의 파고값은 무슨 전압이라고 하는가?

① 속류
② 제한전압
③ 기준충격 절연강도
④ 상용주파 허용단자전압

|정|답|및|해|설|

[제한전압] 제한전압이란 방전 중 단자에 걸리는 전압을 의미한다. 【정답】 ②

31. 배전선로에 대한 설명으로 틀린 것은?

① 밸런서는 단상 2선식에 필요하다.
② 저압 뱅킹 방식은 전압 변동을 경감할 수 있다.
③ 배전 선로의 부하율이 F일 때 손실계수는 F와 F^2의 중간 값이다.
④ 수용률이란 최대수용전력을 설비용량으로 나눈 값을 퍼센트로 나타낸 것이다.

|정|답|및|해|설|

[저압 밸런서] 단상 3선식에서 부하가 불평형이 생기면 양 외선간의 전압이 불평형이 되므로 이를 방지하기 위해 저압 밸런서를 설치한다. 【정답】 ①

32. 송전계통의 한 부분이 그림에서와 같이 3상변압기로 1차 측은 Δ로, 2차 측은 Y로 중성점이 접지되어 있을 경우, 1차 측에 흐르는 영상전류는?

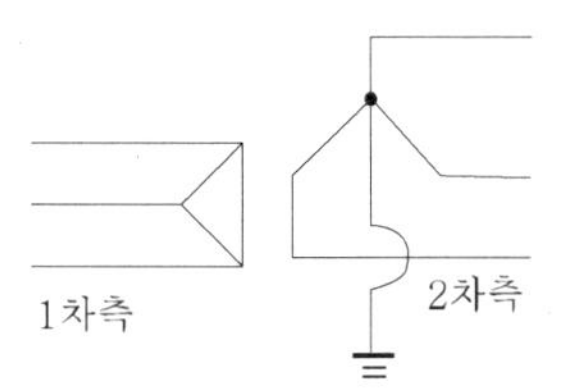

① 1차 측 선로에서 ∞이다.
② 1차 측 선로에서 반드시 0 이다.
③ 1차 측 변압기 내부에서는 반드시 0 이다.
④ 1차 측 변압기 내부와 1차 측 선로에서 반드시 0이다.

|정|답|및|해|설|

[영상전류] 그림과 같이 영상전류는 중성점을 통하여 대지로 흐르며 1차 변압기의 Δ 권선 내에서는 순환 전류가 흐르나 각 상의 동상이면 Δ 권선 외부로 유출하지 못한다. 따라서 **1차 측 선로에서는 전류가 0**이다. 【정답】 ②

33. 수차 발전기에 제동권선을 설치하는 주된 목적은?

① 정지시간 단축

② 회전력의 증가

③ 과부하 내량의 증대

④ 발전기 안정도의 증진

|정|답|및|해|설|

[제동권선의 역할]

· 난조의 방지 (발전기 안정도 증진)
· 기동 토크의 발생
· 불평형 부하시의 전류, 전압 파형 개선
· 송전선의 불평형 단락시의 이상전압 방지

【정답】 ④

34. 3상 3선식 가공송전선로에서 한 선의 저항은 $15[\Omega]$, 리액턴스는 $20[\Omega]$이고, 수전단 선간전압은 30[kV], 부하역률은 0.8(뒤짐)이다. 전압강하율은 10[%]라 하면, 이 송전선로는 몇 [kW]까지 수전할 수 있는가?

① 2,500 ② 3,000

③ 3,500 ④ 4,000

|정|답|및|해|설|

[송전전력(P)] $P=\dfrac{\delta\times V_r^2}{(R+X\tan\theta)}$

→ (전압강하율 $\delta=\dfrac{P}{V_r^2}(R+X\tan\theta)\times 100$)

여기서, V_s : 송전단 전압, V_r : 수전단 전압, P : 전력
R : 저항, X : 리액턴스

$$\therefore P=\frac{\delta\times V_r^2}{(R+X\tan\theta)\times 100}\times 10^{-3}$$

$$=\frac{10\times(30\times 10^3)^2}{\left(15+20\times\dfrac{0.6}{0.8}\right)\times 100}\times 10^{-3}=3,000[\text{kW}]$$

→ ($\tan\theta=\dfrac{\sin\theta}{\cos\theta}=\dfrac{0.6}{0.8}$)

【정답】 ②

35. 송전선로에서 사용하는 변압기 결선에 △결선이 포함되어 있는 이유는?

① 직류분의 제거 ② 제3고조파의 제거

③ 제5고조파의 제거 ④ 제7고조파의 제거

|정|답|및|해|설|

[고조파 제거]

1. 제3고조파 제거 : 변압기를 △결선
2. 제5고조파 제거 : 직렬리액터 시설

【정답】 ②

36. 교류송전방식과 비교하여 직류송전방식의 설명이 아닌 것은?

① 전압변동률이 양호하고 무효전력에 기인하는 전력손실이 생기지 않는다.

② 안정도의 한계가 없으므로 송전용량을 높일 수 있다.

③ 전력변환기에서 고조파가 발생한다.

④ 고전압, 대전류의 차단이 용이하다.

|정|답|및|해|설|

[직·교류 송전의 특징]

1. 직류송전의 특징
   · 차단 및 전압의 변성이 어렵다.
   · 리액턴스 손실이 적다
   · 안정도가 좋다.
   · 절연 레벨을 낮출 수 있다.
2. 교류송전의 특징
   · 승압, 강압이 용이하다.
   · 회전자계를 얻기가 용이하다.
   · 통신선 유도장해가 크다.

【정답】 ④

37. 전압 66,000[V], 주파수 60[Hz], 길이 15[km], 심선 1선당 작용 정전용량 $0.3578[\mu\text{F/km}]$인 한 선당 지중전선로의 3상 무부하 충전전류는 약 몇 [A]인가? 단, 정전용량 이외의 선로정수는 무시한다.

① 62.5 ② 68.2

③ 73.6 ④ 77.3

|정|답|및|해|설|

[전선의 충전전류] $I_c=2\pi fCl\dfrac{V}{\sqrt{3}}[A]$

여기서, C : 전선 1선당 정전용량[F], V : 선간전압[V]
l : 선로의 길이[km], f : 주파수[Hz]

$$I_c=2\pi fCl\frac{V}{\sqrt{3}}=2\pi\times 60\times 0.3587\times 10^{-6}\times 15\times\frac{66,000}{\sqrt{3}}\fallingdotseq 77.3[A]$$

→($\mu=10^{-6}$)

【정답】 ④

38. 전력계통에서 사용되고 있는 GCB(Gas Circuit Breaker)용 가스는?

① N_2가스 ② SF_6가스
③ 알곤 가스 ④ 네온 가스

|정|답|및|해|설|
[SF_6] SF_6 가스는 안정도가 높고 무색, 무독, 무취의 불활성 기체이며 절연 내력은 공기의 약 3배이고, 10기압 정도로 압축하면 공기의 10배 정도 절연내력을 가지므로 실용화 된 가스로서 널리 쓰인다. 【정답】 ②

39. 차단기와 아크 소호원리가 바르지 않은 것은?

① OCB : 절연유에 분해가스 흡부력 이용
② VCB : 공기 중 냉각에 의한 아크 소호
③ ABB : 압축공기를 아크에 불어 넣어서 차단
④ MBB : 전자력을 이용하여 아크를 소호실 내로 유도하여 냉각

|정|답|및|해|설|
[차단기의 종류 및 소호 작용]
1. 유입 차단기(OCB) : 절연유 이용 소호
2. 자기 차단기(MBB) : 자기력으로 소호
3. 공기 차단기(ABB) : 압축 공기를 이용해 소호
4. 가스 차단기(GCB) : SF_6 가스 이용
5. 진공 차단기(VCB) : 진공 상태에서 아크 확산 작용을 이용
【정답】 ②

40. 네트워크 배전방식의 설명으로 옳지 않은 것은?

① 전압 변동이 적다.
② 배전 신뢰도가 높다.
③ 전력손실이 감소한다.
④ 인축의 접촉사고가 적어진다.

|정|답|및|해|설|
[네트워크 배전 방식의 장·단점]
1. 장점
 ·정전이 적으며 배전 신뢰도가 높다.
 ·기기 이용률이 향상된다.
 ·전압 변동이 적다.
 ·적응성이 양호하다.
 ·전력 손실이 감소한다.
 ·변전소 수를 줄일 수 있다.
2. 단점
 ·건설비가 비싸다.
 ·인축의 접촉 사고가 증가한다.
 ·특별한 보호 장치를 필요로 한다. 【정답】 ④

2회 2017년 전기기사필기 (전기기기)

41. 정류회로에 사용되는 환류 다이오드(free wheeling diode)에 대한 설명으로 틀린 것은?

① 순저항 부하의 경우 불필요하게 된다.
② 유도성 부하의 경우 불필요하게 된다.
③ 환류다이오드 동작 시 부하출력 전압은 0[V]가 된다.
④ 유도성 부하의 경우 부하전류의 평활화에 유용하다.

|정|답|및|해|설|
[환류 다이오드]
·유도성 부하 사용
·부하 전류의 평활화를 위해 사용
·저항 R에 소비되는 전력이 약간 증가한다.
【정답】 ②

42. 3상 변압기를 병렬 운전하는 경우 불가능한 조합은?

① △-△ 와 Y-Y ② △-Y 와 Y-△
③ △-Y 와 △-Y ④ △-Y 와 △-△

|정|답|및|해|설|
[변압기 병렬 운전]

병렬 운전 가능	병렬 운전 불가능
$\Delta-\Delta$와 $\Delta-\Delta$ $Y-\Delta$와 $Y-\Delta$ $Y-Y$와 $Y-Y$ $\Delta-Y$와 $\Delta-Y$ $\Delta-\Delta$와 $Y-Y$ $\Delta-Y$와 $Y-\Delta$	$\Delta-\Delta$와 $\Delta-Y$ $\Delta-Y$와 $Y-Y$

【정답】 ④

43. 단상 유도전동기의 기동 방법 중 기동 토크가 가장 큰 것은?

① 반발 기동형 ② 분상 기동형
③ 세이딩 코일형 ④ 콘덴서 분상 기동형

|정|답|및|해|설|
[단상 유도 전동기의 기동 토크가 큰 순] 반발 기동형 → 반발 유도형 → 콘덴서 기동형 → 분상 기동형 → 세이딩 코일형(또는 모노사이클릭 기동형) 【정답】 ①

44. 3상 직권정류자 전동기에 중간(직렬) 변압기를 사용하는 이유로 적당하지 않은 것은?

① 정류자 전압의 조정

② 회전자 상수의 감소

③ 실효 권수비 선정 조정

④ 경부하 때 속도의 이상 상승 방지

|정|답|및|해|설|

[직권 정류자 전동기에 중간 변압기를 사용하는 이유]

- 경부하시 직권 특성 $T \propto I^2 \propto \frac{1}{N^2}$ 이므로 속도가 크게 상승할 수 있어 중간 변압기를 사용하여 속도 이상 상승을 억제
- 전원전압의 크기에 관계없이 정류자전압 조정
- 고정자권선과 직렬로 접속해서 동기속도에서 역률을 100[%]로 하기 위함이다.
- 중간 변압기의 권수비를 조정하여 전동기 특성을 조정
- 회전자 상수의 증가
- 실효 권수비 조정

【정답】 ②

45. 직류 분권전동기를 무부하로 운전 중 계자회로에 단선이 생긴 경우 발생하는 현상으로 옳은 것은?

① 역전한다.

② 즉시 정지한다.

③ 과속도로 되어 위험하다.

④ 무부하이므로 서서히 정지한다.

|정|답|및|해|설|

[직류 분권전동기 회전속도] $n = k\frac{V - I_a R_a}{\phi}$

여기서, k : 상수$(=\frac{a}{pZ})$, V : 단자전압, I_a : 전기자전류

R_a : 전기자권선저항[Ω], $\varnothing$: 자속, a : 병렬회로수

p : 극수, Z : 전체 도체수

계자회로가 단선되면 $\varnothing$가 0, 즉 $n = k\frac{V - I_a R_a}{\phi = 0} = \infty$이므로 과속도로 되어 위험

【정답】 ③

46. 변압기에 있어서 부하와는 관계없이 자속만을 발생시키는 전류는?

① 1차전류 ② 자화전류

③ 여자전류 ④ 철손전류

|정|답|및|해|설|

[여자전류(무부하전류)] 여자전류는 철손을 공급하는 철손전류와 자속을 유지하는 자화전류의 합이다.

즉, $\dot{I}_0 = \dot{I}_\varnothing + \dot{I}_i$ ($\dot{I}_\varnothing$: 자화 전류, $\dot{I}_i$: 철손전류)

【정답】 ②

47. 직류전동기의 규약효율은 어떤 식으로 표현 되는가?

① $\frac{출력}{입력} \times 100[\%]$

② $\frac{입력}{입력 + 손실} \times 100[\%]$

③ $\frac{출력}{출력 + 손실} \times 100[\%]$

④ $\frac{입력 - 손실}{입력} \times 100[\%]$

|정|답|및|해|설|

[전동기는 입력 위주] 규약효율 $\eta = \frac{입력 - 손실}{입력} \times 100$

[발전기(변압기)는 출력 위주] $\eta = \frac{출력}{출력 + 손실} \times 100$

※실측효율$=\frac{출력}{입력}$

【정답】 ④

48. 직류를 다른 전압의 직류로 변환하는 전력변환기기는?

① 초퍼 ② 인버터

③ 사이클로 컨버터 ④ 브리지형 인버터

|정|답|및|해|설|

[전력 변환 장치]

1. 컨버터(AC-DC) : 직류 전동기의 속도 제어
2. 인버터(DC-AC) : 교류 전동기의 속도제어
3. 직류 초퍼 회로(DC-DC) : 직류 전동기의 속도제어
4. 사이클로 컨버터(AC-AC) : 가변 주파수, 가변 출력 전압 발생

【정답】 ①

49. 부흐홀츠 계전기에 대한 설명으로 틀린 것은?

① 오동작의 가능성이 많다.

② 전기적 신호로 동작한다.

③ 변압기의 보호에 사용된다.

④ 변압기의 주탱크와 콘서베이터를 연결하는 관중에 설치한다.

|정|답|및|해|설|

[부흐홀츠 계전기] 부흐홀츠 계전기는 변압기의 내부 고장으로 발생하는 가스 증가 등을 감지하여 계전기를 동작시키는 구조로서 콘서베이터와 변압기의 연결부분에 설치한다.

【정답】 ②

50. 직류기에서 정류코일의 자기인덕턴스를 L이라 할 때 정류코일의 전류가 정류주기 T_c 사이에 I_c에서 $-I_c$로 변한다면 정류코일의 리액턴스 전압[V]의 평균값은?

① $L\frac{T_c}{2I_c}$ ② $L\frac{I_c}{2T_c}$

③ $L\frac{2I_c}{T_c}$ ④ $L\frac{I_c}{T_c}$

|정|답|및|해|설|

[정류 코일의 리액턴스 전압] $e_L = L\frac{di}{dt} = L\frac{I_c-(-I_c)}{T_c} = L\frac{2I_c}{T_c}$

여기서, L : 리액턴스, T_c : 정류주기, I_c : 정류 주기 내 전류

【정답】 ③

51. 일반적인 전동기에 비하여 리니어 전동기(linear mtor)의 장점이 아닌 것은?

① 구조가 간단하여 신뢰성이 높다.

② 마찰을 거치지 않고 추진력이 얻어진다.

원심력에 의한 가속 제한이 없고 고속을 쉽게 얻을 수 있다.

④ 기어, 벨트 등 동력 변환기구가 필요 없고 직접 원운동이 얻어진다.

|정|답|및|해|설|

[리니어 모터] 회전기의 회전자 접속 방향에 발생하는 전자력을 직선적인 기계 에너지로 변환시키는 장치

1. 장점
   - 모터 자체의 구조가 간단하여 신뢰성이 높고 보수가 용이하다.
   - 기어, 벨트 등 동력 변환 기구가 필요 없고 직접 직선 운동이 얻어진다.
   - 마찰을 거치지 않고 추진력이 얻어진다.
   - 원심력에 의한 가속제한이 없고 고속을 쉽게 얻을 수 있다.
2. 단점
   - 회전형에 비하여 공극이 커서 역률, 효율이 낮다.
   - 저속도를 얻기 어렵다.
   - 부하관성의 영향이 크다

【정답】 ④

52. 직류전동기에서 정속도(constant speed) 전동기라고 볼 수 있는 전동기는?

① 직권전동기 ② 타여자전동기

③ 화동복권전동기 ④ 차동복권전동기

|정|답|및|해|설|

[직류 전동기의 특징]

종류	전동기의 특징
타여자	+, − 극성을 반대 → 회전 방향이 반대 정속도 전동기
분권	정속도 특성의 전동기 위험 상태 → 정격 전압, 무여자 상태 +, − 극성을 반대 → 회전 방향이 불변
직권	변속도 전동기(전기철도용) 부하에 따라 속도가 심하게 변한다. +, − 극성을 반대 → 회전 방향이 불변 위험 상태 → 정격 전압, 무부하 상태

【정답】 ②

53. 와전류 손실을 패러데이 법칙으로 설명한 과정 중 틀린 것은?

① 와전류가 철심으로 흘러 발열

② 유기전압 발생으로 철심에 와전류가 흐름

③ 시변 자속으로 강자성체 철심에 유기전압 발생

④ 와전류 에너지 손실량은 전류 경로 크기에 반비례

|정|답|및|해|설|

[와전류] 와전류는 자속의 변화를 방해하기 위해서 국부적으로 만들어지는 맴돌이 전류로서 자속이 통과하는 면을 따라 폐곡선을 그리면서 흐르는 전류이다.

와류손 : $P_e = kt^2f^2B_m^2 = kt^2f^2\left(\frac{\varnothing_m}{S}\right)^2$ [W]

여기서, t : 두께, k : 파형률, f : 주차수, B_m : 최대 자속밀도 $\varnothing_m$: 자속, S : 면적

※④ 와전류 에너지 손실량은 **자속** 경로 크기의 **제곱에** 반비례

【정답】 ④

54. 동기기의 회전자에 의한 분류가 아닌 것은?

① 원통형 ② 유도자형

③ 회전계자형 ④ 회전전기자형

|정|답|및|해|설|

[동기기의 회전자에 의한 분류]

② 유도자형 : 수백~수만[Hz] 정도의 고주파 발전기로 사용된다.

③ 회전계자형 : 일반적으로 거의 대부분 회전계자형 사용

④ 회전전기자형 : 특수용도 및 극히 저용량에 적용

【정답】 ①

55. 주파수가 정격보다 3[%] 감소하고 동시에 전압이 정격보다 3[%] 상승된 전원에서 운전되는 변압기가 있다. 철손이 fB_m^2 에 비례한다면 이 변압기 철손은 정격상태에 비하여 어떻게 달라지는가? 단, f : 주파수, B_m : 자속밀도 최대치이다.

① 약 8.7[%] 증가　　② 약 8.7[%] 감소
③ 약 9.4[%] 증가　　④ 약 9.4[%] 감소

|정|답|및|해|설|

[철손] $P_i \propto fB_m^2 = k\frac{V^2}{f} = k\frac{(1.03V)^2}{0.97f} = 1.094k\frac{V^2}{f}$

따라서 1.094-1=0.094, 즉 9.4[%] 증가

히스테리시스손은 $P_h \propto fB^{1.6}$ 이고 와류손은 $P_e \propto f^2B^2$이므로 주파수가 감소하면 철손은 증가하고, 전압이 증가하면 철손은 전압의 제곱에 비례하는 특성을 가진다.

따라서 f가 3% 감소하고 V가 3% 증가하면 철손은 약 9.4% 증가하게 된다. 【정답】 ③

56. 교류정류자기에서 갭의 자속분포가 정현파로 $\phi_m = 0.14[Wb]$, $p = 2$, $a = 1$, $z = 200$, $N = 1,200[rpm]$인 경우 브러시 축이 자극 축과 30° 라면 속도 기전력의 실효값 E_s는 약 몇 [V]인가?

① 160　　② 400
③ 560　　④ 800

|정|답|및|해|설|

[기전력의 실효값] $E_s = \frac{1}{\sqrt{2}} \cdot \frac{p}{a} z \frac{N}{60} \phi_m \sin\theta [V]$

$E_s = \frac{1}{\sqrt{2}} \times \frac{2}{1} \times 200 \times 20 \times 0.14 \times \sin 30° = 396[V]$

【정답】 ②

57. 역률 0.85의 부하 350[kW]에 50[kW]를 소비하는 동기전동기를 병렬로 접속하여 합성 부하의 역률을 0.95로 개선하려면 전동기의 진상무효전력은 약 몇 [kVar] 인가?

① 68　　② 72
③ 80　　④ 85

|정|답|및|해|설|

[진상무효전력]

· 합성 유효전력 $P = 50 + 350 = 400[kW]$

· 합성 무효전력 $Q = P\tan\theta - Q_c [\text{Var}]$

$$= 350 \times \frac{\sqrt{1-0.85^2}}{0.85} - Q_c = 216.92 - Q_c [\text{kVar}]$$

$\rightarrow (\tan = \frac{\sin}{\cos},\ \sin = \sqrt{1-\cos^2})$

· 역률 0.95이므로

$$\cos\theta = \frac{P}{P_a} = \frac{400}{\sqrt{400^2 + (216.92 - Q_c)^2}} = 0.95$$

$\rightarrow (P_a = \sqrt{P^2 + Q^2})$

여기서, P : 유효전력, P_a : 피상전력, Q : 무효전력

∴진상무효전력 $Q_c = 85.45[\text{kVar}]$ 【정답】 ④

58. 변압기의 무부하시험, 단락시험에서 구할 수 없는 것은?

① 철손　　② 동손
③ 절연내력　　④ 전압변동률

|정|답|및|해|설|

[변압기 시험]

1. 무부하시험 : 철손, 여자전류, 여자어드미턴스
2. 단락시험 : 동손, 임팩트전압, 임피던스 와트

※③ **절연내력**은 **절연내력 시험**으로 구한다.
　④ 동손과 철손을 구해서 전압변동률을 구할 수 있다.

【정답】 ③

59. 3상 동기발전기의 단락곡선이 직선으로 되는 이유는?

① 전기자 반작용으로
② 무부하 상태이므로
③ 자기포화가 있으므로
④ 누설 리액턴스가 크므로

|정|답|및|해|설|

[단락 곡선] 동기리액턴스에 의해 흐르는 전류는 90° 늦은 전류가 크게 흐르게 되며, 이 전류에 의한 전기자 반작용이 감자 작용이 되므로 3상 단락곡선은 직선이 된다.

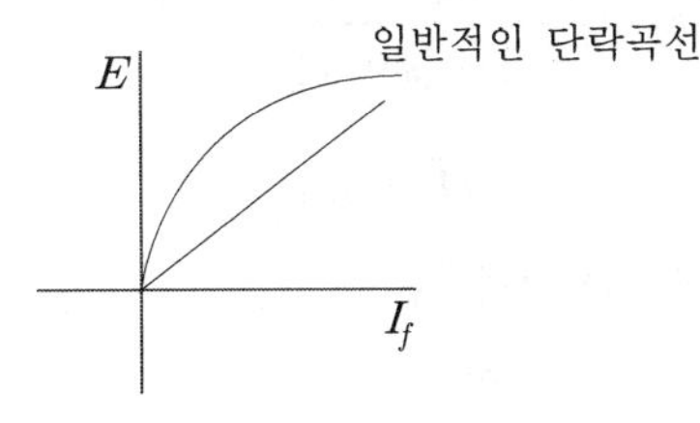

【정답】 ①

60. 정력출력 5,000[kVA], 정격전압 3.3[kV], 동기임피던스가 매상 $1.8[\Omega]$인 3상 동기발전기의 단락비는 약 얼마인가?

① 1.1　② 1.2　③ 1.3　④ 1.4

|정|답|및|해|설|

[단락비] $K_s = \frac{I_s}{I_n}$

$P = 5000[kVA]$, $V = 3300[V]$, $Z_s = 1.8[\Omega]$

1. 단락전류 $I_s = \frac{\frac{V}{\sqrt{3}}}{Z_s} = \frac{V}{\sqrt{3}Z_s} = \frac{3300}{\sqrt{3}\times 1.8} = 1058.5[A]$

2. 정격전류 $I_n = \frac{P}{\sqrt{3}V} = \frac{5000\times 10^3}{\sqrt{3}\times 3300} = 874.8[A]$

∴단락비 $K_s = \frac{I_s}{I_n} = \frac{1058.5}{874.8} = 1.21$　【정답】②

2회 2017년 전기기사필기(회로이론 및 제어공학)

61. 기준 입력과 주궤환량과의 차로서, 제어계의 동작을 일으키는 원인이 되는 신호는?

① 조작신호　② 동작신호　③ 주궤환 신호　④ 기준입력신호

|정|답|및|해|설|

[동작 신호] 동작신호는 기준입력과 주궤환량과의 차로, 제어동작을 일으키는 신호로 편차라고도 한다.　【정답】②

62. 폐루프 전달함수 C(s)/R(s)가 다음과 같은 2차 제어계에 대한 설명 중 잘못된 것은?

$$\frac{C(s)}{R(s)} = \frac{\omega_n^2}{s^2 + 2\delta\omega_n s + \omega_n^2}$$

① 최대 오버슈트는 $e^{-\pi\delta/\sqrt{1-\delta^2}}$ 이다.

② 이 폐루프계의 특성방정식은 $s^2 + 2\omega_n s + \omega_n^2 = 0$ 이다.

③ 이 계는 $\delta = 0.1$일 때 부족 제동된 상태에 있게 된다.

④ δ값을 작게 할수록 제동은 많이 걸리게 되니 비교 안정도는 향상된다.

|정|답|및|해|설|

[제동비(δ)]

1. $\delta > 1$: 과제동 비진동
2. $0 < \delta < 1$: 부족제동 감쇠진동
3. $\delta = 0$: 무제동
4. $\delta = 1$: 임계제동
5. δ가 클수록 제동이 크고 안정도가 향상된다.

【정답】④

63. 다음의 특성방정식을 Routh-Hurwitz 방법으로 안정도를 판별하고자 한다. 이때 안정도를 판별하기 위하여 가장 잘 해석한 것은 어느 것인가?

$$q(s) = s^5 + 2s^4 + 2s^3 + 4s^2 + 11s + 10$$

① s평면의 우반면에 근은 없으나 불안정하다.

② s평면의 우반면에 근이 1개 존재하여 불안정하다.

③ s평면의 우반면에 근이 2개 존재하여 불안정하다.

④ s평면의 우반면에 근이 3개 존재하여 불안정하다.

|정|답|및|해|설|

[특정 방정식] $q(s) = s^5 + 2s^4 + 2s^3 + 4s^2 + 11s + 10$

루드 표는 다음과 같다.

S^5	1	2	11
S^4	2	4	10
S^3	ϵ	6	
S^2	$\frac{4\epsilon - 12}{\epsilon}$	10	
S^1	$\frac{24\epsilon - 72 - 10\epsilon^2}{4\epsilon - 12}$		
S^0	10		

만약 1열에서 0이 된다면 0을 0이 아닌 미지수(양수, 음수)로 놓는다.

ϵ은 양수, $\frac{4\epsilon - 12}{\epsilon}$은 음수, $\frac{24\epsilon - 72 - 10\epsilon^2}{4\epsilon - 12}$은 양수

1열의 부호변화가 2번 있으므로 불안정

우반면의 2개의 극점이 존재　【정답】③

|참|고|

60페이지 [(3) 루드표 작성 및 안정도 판별법] 참조

64. 3차인 이산치 시스템의 특성 방정식의 근이 -0.3, -0.2, +0.5로 주어져 있다. 이 시스템의 안정도는?

① 이 시스템은 안정한 시스템이다.
② 이 시스템은 불안정한 시스템이다.
③ 이 시스템은 임계 안정한 시스템이다.
④ 위 정보로서는 이 시스템의 안정도를 알 수 없다.

|정|답|및|해|설|

[z평면의 안정도]

1. s평면의 좌반면 : z평면상에서는 단위원의 내부에 사상(안정)
2. s평면의 우반면 : z평면상에서는 단위원의 외부에 사상(불안정)
3. s평면의 허수축 : z평면상에서는 단위원의 원주상에 사상(임계)

이산치 시스템에서 z 변환 특성 방정식의 근의 위치(-0.3, -0.2, +0.5)는 모두 원점을 중심으로 z 평면의 단위인 내부에 존재하므로 안정한 시스템이다. 【정답】 ①

65. 전달함수 $G(s)H(s)=\dfrac{K(s+1)}{s(s+2)(s+3)}$ 에서 근궤적의 수는?

① 1 ② 2 ③ 3 ④ 4

|정|답|및|해|설|

[근궤적의 수] $z>p$이면 $N=z$이고, $z<p$이면 $N=p$가 된다.

여기서, p : 극의 수, z : 영점수

→ (영점 : 분자항=0이 되는 근으로 회로의 단락)
→ (극점 : 분모항=0이 되는 근으로 회로의 개방)

1. 극점(p) : s=0, s=-2, s=-3 → (3개)
2. 영점(z) : s=-1 → (1개)

$p=3,\ z=1$이므로 $N=p\ \rightarrow \therefore N=3$ 【정답】 ③

66. 다음 블록선도의 전제 전달함수가 1이 되기 위한 조건은?

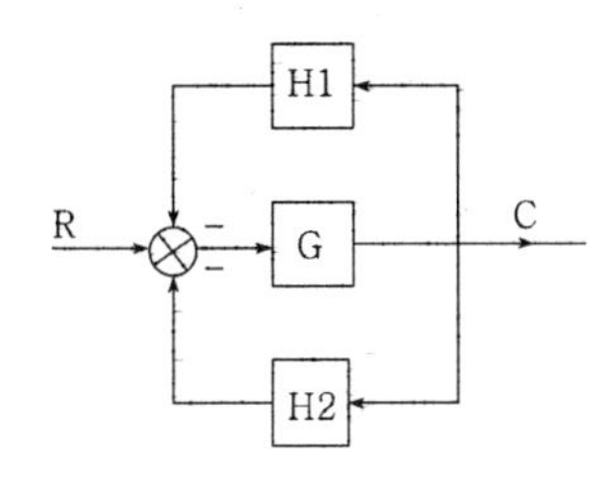

① $G=\dfrac{1}{1-H_1-H_2}$ ② $G=\dfrac{1}{1+H_1+H_2}$

③ $G=\dfrac{-1}{1-H_1-H_2}$ ④ $G=\dfrac{-1}{1+H_1+H_2}$

|정|답|및|해|설|

[전달함수] $\dfrac{C(s)}{R(s)}=\dfrac{\sum 전향경로}{1-\sum 루프이득}$

→ (루프이득 : 피드백되는 폐루프)
→ (전향경로 :입력에서 출력으로 가는 길(피드백 제외))

$\dfrac{C(s)}{R(s)}=\dfrac{G}{1-(-H_1G-H_2G)}=\dfrac{G}{1+H_1G+H_2G}=1$

$G=1+H_1G+H_2G\ \rightarrow\ G(1-H_1-H_2)=1$

$\therefore G=\dfrac{1}{1-H_1-H_2}$ 【정답】 ①

67. 특성방정식의 모든 근이 s복소평면의 좌반면에 있으면 이 계는 어떠한가?

① 안정 ② 준안정
③ 불안정 ④ 조건부안정

|정|답|및|해|설|

[특성방정식의 근의 위치에 따른 안정도]

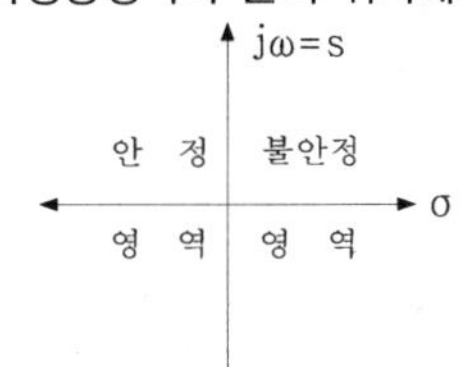

1. 제어계의 안정조건 : 특성방정식의 근이 모두 s 평면 좌반부에 존재하여야 한다.
2. 불안정 상태 : 특성방정식의 근이 모두 s 평면 우반부에 존재하여야 한다.
3. 임계 상태 : 허수축 【정답】 ①

68. 그림의 회로는 어느 게이트(Gate)에 해당하는가?

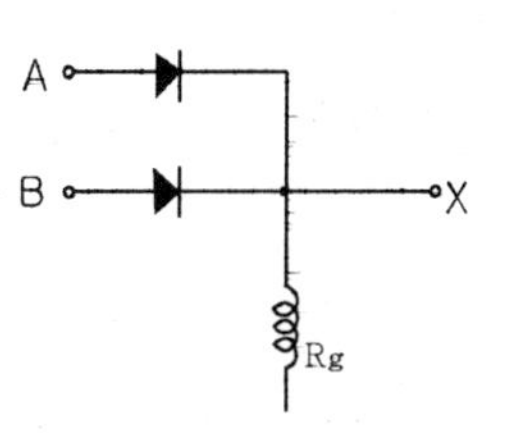

① OR ② AND
③ NOT ④ NOR

|정|답|및|해|설|

[OR gate의 논리 심벌 및 진리표]

OR gate의 논리 심벌 및 진리표는 다음과 같다.

A
B
X
$X=A+B$

A	B	X
0	0	0
0	1	1
1	0	1
1	1	1

【정답】 ①

69. 다음의 미분 방정식을 신호 흐름 선도에 바르게 나타낸 것은? (단, c(t)=$X_1(t)$, $X_2(t) = \frac{d}{dt}X_1(t)$로 표시한다)

$$2\frac{dc(t)}{dt} + 5c(t) = r(t)$$

①

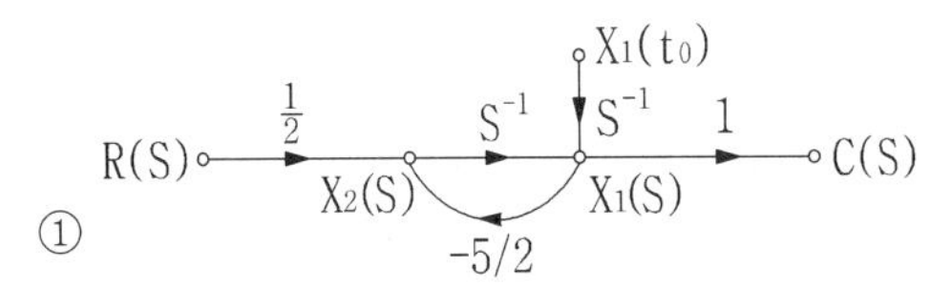

② R(S) → 1/2 → X2(S) → S^{-1} → X1(S) → 1 → C(S), X1(t0) → S^{-1}, 5/2

③ R(S) → 1/2 → X2(S) → S^{-1} → X1(S) → 1 → C(S), X1(t0) → S^{-1}, -5/2

④ R(S) → 1/2 → X2(S) → S^{-1} → X1(S) → 1 → C(S), X1(t0) → S^{-1}, 5/2

|정|답|및|해|설|

[신호흐름선도]

$\frac{d}{dt}c(t) = \frac{d}{dt}x_1(t) = x_2(t)$ ....①

방정식을 다음과 같이 변형할수 있다.

$\frac{d}{dt}c(t) = -\frac{5}{2}c(t) + \frac{1}{2}r(t)$

$x_2(t) = -\frac{5}{2}x_1(t) + \frac{1}{2}r(t)$ ....②

식 ①을 적분하면

$x_1(t) = \int_{t_0}^{t} x_2(\tau)d\tau + x_1(t_0)$ ....③

식 ②, ③을 라플라스 변환하면

$X_2(s) = -\frac{5}{2}X_1(s) + \frac{1}{2}R(s)$ ....④

$X_1(s) = -\frac{X_2(s)}{s} + \frac{x_1(t_0)}{s}$ ....⑤

식 ④, ⑤를 신호흐름선도로 변환하면

그림 (a), (b)와 같다.

위의 두 선도를 합성하면 그림 (c)가 된다.

R → 1/2 → X → 1 → C, -5/2

(a)

R → S^{-1} → X1 → S^{-1} 1 → C, X1(t0)

(b)

R → 1/2 → X2 = sX1 → S^{-1} → X1 → 1 → C = X1, -5/2, X1(t0), S^{-1}

(c)

【정답】 ①

70. 전달함수가 $G(s) = \frac{Y(s)}{X(s)} = \frac{1}{s^2(s+1)}$로 주어진 시스템의 단위 임펄스응답은?

① $y(t) = 1 - t + e^{-t}$ ② $y(t) = 1 + t + e^{-t}$

③ $y(t) = t - 1 + e^{-t}$ ④ $y(t) = t - 1 - e^{-t}$

|정|답|및|해|설|

[임펄스응답] $r(t) = \delta(t)$

출력 $C(s) = G(s)R(s)$, $R(s) = 1$, $C(s) = G(s)$

$\rightarrow C(t) = \mathcal{L}^{-1}[C(s)] = \mathcal{L}^{-1}[G(s)]$

$G(s) = \frac{1}{s^2(s+1)} = \frac{k_1}{s^2} + \frac{k_2}{s} + \frac{k_3}{s+1}$

$k_1 = \lim_{s\to 0} s^2 \cdot F(s) = \left[\frac{1}{s+1}\right]_{s=0} = 1$

$k_2 = \lim_{s\to 0}\frac{d}{ds}\left(\frac{1}{s+1}\right) = \left[\frac{-1}{(s+1)^2}\right]_{s=0} = -1$

$k_3 = \lim_{s\to -1}(s+1) \cdot F(s) = \left[\frac{1}{s^2}\right]_{s=-1} = 1$

$G(s) = \frac{1}{s^2} - \frac{1}{s} + \frac{1}{s+1}$

$\therefore C(t) = \mathcal{L}^{-1}[G(s)] = t - 1 + e^{-t}$

【정답】 ③

71. 다음과 같은 회로망에서 영상파라미터(영상전달정수) θ는?

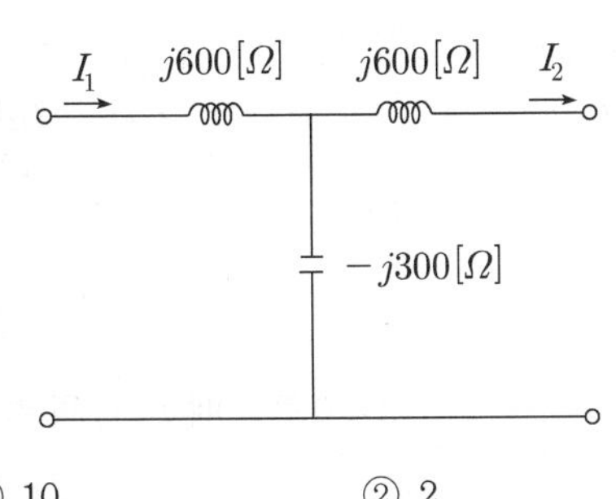

① 10　　② 2
③ 1　　④ 0

|정|답|및|해|설|

[영상전달정수] $\theta = \ln(\sqrt{AD} + \sqrt{BC})$

4단자정수 $\begin{bmatrix} A & B \\ C & D \end{bmatrix} = \begin{bmatrix} 1 & j6000 \\ 0 & 1 \end{bmatrix} \begin{bmatrix} 1 & 0 \\ -\dfrac{1}{j300} & 1 \end{bmatrix} \begin{bmatrix} 1 & j600 \\ 0 & 1 \end{bmatrix}$

$= \begin{bmatrix} -1 & 0 \\ \dfrac{1}{j300} & -1 \end{bmatrix}$

$\therefore \theta = \ln(1+0) = 0$　　【정답】④

72. △결선된 대칭 3상 부하가 있다. 역률이 0.8(지상)이고, 소비전력이 1,800[W]이다. 선로 저항이 0.5[Ω]에서 발생하는 선로손실이 50[W]이면 부하단자전압[V]은?

① 627[V]　　② 525[V]
③ 326[V]　　④ 225[V]

|정|답|및|해|설|

[부하 단자전압] $V = \dfrac{P}{\sqrt{3}\, I\cos\theta}[V]$

· 소비 전력 $P = \sqrt{3}\ VI\cos\theta$

· 전선로 손실 $P_l = 3I^2R = 50[W]$에서

선로에 흐르는 전류를 구하면 $I = \sqrt{\dfrac{P_l}{3R}} = \sqrt{\dfrac{50}{30 \times 0.5}} = 5.77[A]$

· 소비 전력 $P = \sqrt{3}\ VI\cos\theta$에서

부하 단자전압 $V = \dfrac{P}{\sqrt{3}\, I\cos\theta} = \dfrac{1800}{\sqrt{3} \times 5.77 \times 0.8} = 225[V]$

【정답】④

73. $E = 40 + j30[V]$의 전압을 가하면 $I = 30 + j10[A]$의 전류가 흐르는 회로의 역률은?

① 0.949　　② 0.831
③ 0.764　　④ 0.651

|정|답|및|해|설|

[역률] $\cos\theta = \dfrac{P}{P_a}$

여기서, P : 유효전력, P_a : 피상전력

피상전력 $P_a = VI = (40 - j30)(30 + j10) = 1500 - j500$

$\therefore \cos\theta = \dfrac{P}{P_a} = \dfrac{1500}{\sqrt{1500^2 + 500^2}} = 0.949$　　【정답】①

74. 분포정수회로에서 직렬임피던스를 Z, 병렬어드미턴스를 Y라 할 때, 선로의 특성임피던스 Z_0는?

① ZY　　② $\sqrt{ZY}$
③ $\sqrt{\dfrac{Y}{Z}}$　　④ $\sqrt{\dfrac{Z}{Y}}$

|정|답|및|해|설|

[특성임피던스] $Z_0 = \sqrt{\dfrac{Z}{Y}} = \sqrt{\dfrac{R + j\omega L}{G + j\omega C}}$　　【정답】④

75. 그림과 같은 회로에서 스위치 S를 닫았을 때, 과도분을 포함하지 않기 위한 $R[\Omega]$은?

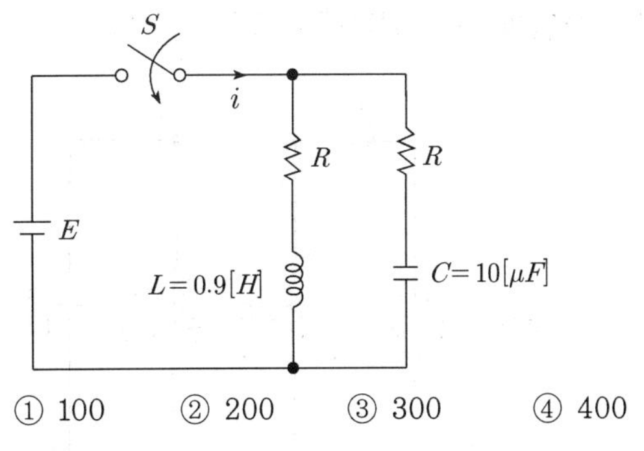

① 100　　② 200　　③ 300　　④ 400

|정|답|및|해|설|

[정저항 조건] $R = \sqrt{\dfrac{L}{C}}$

과도현상이 발생되지 않기 위한 조건은 정저항 조건을 만족하면 된다.

$\therefore R = \sqrt{\dfrac{L}{C}} = \sqrt{\dfrac{0.9}{10 \times 10^{-6}}} = 300[\Omega]$　　【정답】③

76. 다음과 같은 회로의 공진 시 어드미턴스는?

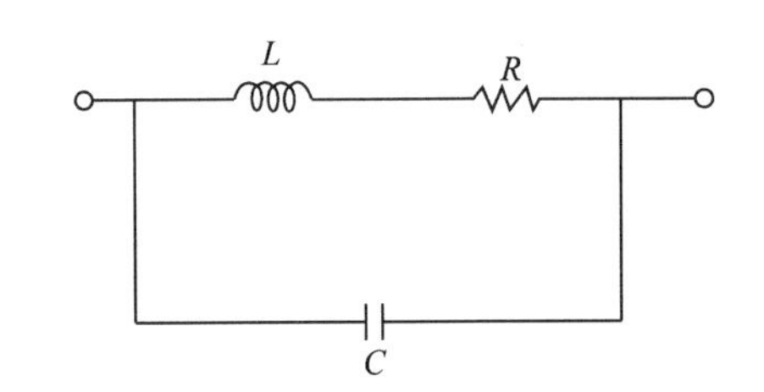

① $\frac{RL}{C}$ ② $\frac{RC}{L}$

③ $\frac{L}{RC}$ ④ $\frac{R}{LC}$

|정|답|및|해|설|

[공진어드미턴스] $Y=\frac{R}{R^2+\omega^2L^2}$

합성어드미턴스 $Y=Y_1+Y_2=\frac{1}{R+j\omega L}+j\omega C$

$=\frac{R}{R^2+(\omega L)^2}+j\left(\omega C-\frac{\omega L}{R^2+(\omega L)^2}\right)$

병렬공진 조건인 어드미턴스의 허수부의 값이 0이 되어야 하므로

$\omega C-\frac{\omega L}{R^2+(\omega L)^2}=0,\ \omega C=\frac{\omega L}{R^2+(\omega L)^2}$

따라서 $R^2+\omega^2L^2=\frac{L}{C}$

공진 시 어드미턴스는 $Y=\frac{R}{R^2+\omega^2L^2}$에서

$\rightarrow R^2+\omega^2L^2=\frac{L}{C}$를 대입 $Y_r=\frac{R}{R^2+\omega^2L^2}=\frac{R}{\frac{L}{C}}=\frac{RC}{L}$

【정답】 ②

77. 그림과 같은 회로에서 전류 $I[A]$는?

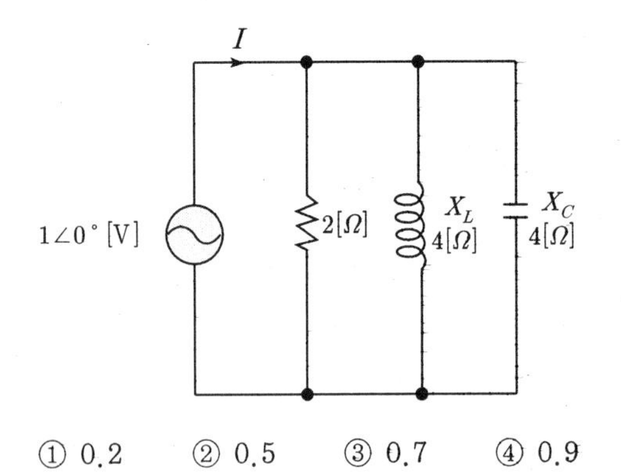

① 0.2 ② 0.5 ③ 0.7 ④ 0.9

|정|답|및|해|설|

[전류] $I=I_R+I_L+I_C[A]$

· $X_L=X_C$이므로 공진회로이다. 저항 R만의 회로

· 저항 $2[\Omega]$에 흐르는 전류 $I_R=\frac{1\angle 0^\circ}{2}=0.5[A]$

· 인덕턴스 $4[\Omega]$에 흐르는 전류 $I_L=\frac{1\angle 0^\circ}{j4}=-j0.25[A]$

· 콘덴서 $4[\Omega]$에 흐르는 전류 $I_C=\frac{1\angle 0^\circ}{-j4}=j0.25[A]$

∴전체 전류 $I=I_R+I_L+I_C=0.5-j0.25+j0.25=0.5[A]$

【정답】 ②

78. $F(s)=\frac{s+1}{s^2+2s}$로 주어졌을 때 $F(s)$의 역변환은?

① $\frac{1}{2}(1+e^t)$ ② $\frac{1}{2}(1+e^{-2t})$

③ $\frac{1}{2}(1-e^{-t})$ ④ $\frac{1}{2}(1-e^{-2t})$

|정|답|및|해|설|

[라플라스 역변환]

$F(s)=\frac{s+1}{s^2+2s}$를 라플라스 역변환하면

$F(s)=\frac{s+1}{s^2+2s}=\frac{s+1}{s(s+2)}=\frac{k_1}{s}+\frac{k_2}{s+2}$

$k_1=\lim_{s\to 0}s\cdot F(s)=\left[\frac{s+1}{s+2}\right]_{s=0}=\frac{1}{2}$

$k_2=\lim_{s\to -2}(s+2)\cdot F(s)=\left[\frac{s+1}{s}\right]_{s=-2}=\frac{1}{2}$

$F(s)=\frac{1}{2}\frac{1}{s}+\frac{1}{2}\frac{1}{s+2}=\frac{1}{2}\left(\frac{1}{s}+\frac{1}{s+2}\right)$

라플라스 역변환하면

$\therefore f(t)=\mathcal{L}^{-1}[F(s)]=\frac{1}{2}(1+e^{-2t})$ 【정답】 ②

79. $e(t)=100\sqrt{2}\sin\omega t+150\sqrt{2}\sin\omega t+200\sqrt{2}\sin 5\omega t[V]$인 전압을 $R-L$ 직렬회로에 가할 때에 제5고조파 전류의 실효값은 약 몇 [A]인가? 단, $R=12[\Omega]$, $\omega L=1[\Omega]$이다.

① 10 ② 15

③ 20 ④ 25

|정|답|및|해|설|

[제5고조파에 의하여 흐르는 전류의 실효값]

제5고조파에 대한 임피던스 $Z_5=R+j5\omega L=12+j5$

$I_5=\frac{V_5}{Z_5}=\frac{V_5}{\sqrt{R^2+(5\omega L)^2}}=\frac{260}{\sqrt{12^2+5^2}}=20[A]$ 【정답】 ③

80. 그림과 같은 파형의 전압 순시값은?

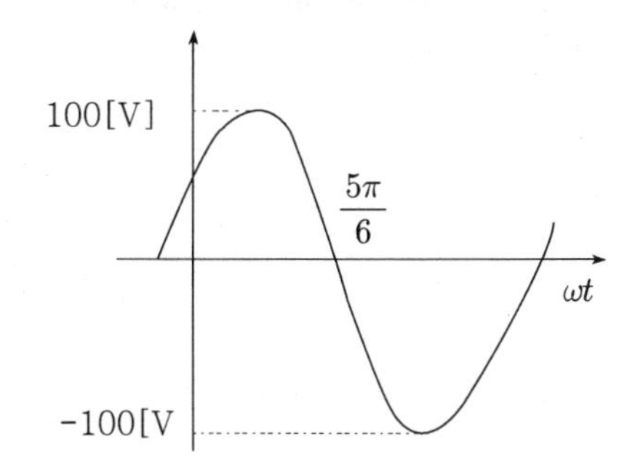

① $100\sin\left(\omega t+\frac{\pi}{6}\right)$　② $100\sqrt{2}\sin\left(\omega t+\frac{\pi}{6}\right)$

③ $100\sin\left(\omega t-\frac{\pi}{6}\right)$　④ $100\sqrt{2}\sin\left(\omega t-\frac{\pi}{6}\right)$

|정|답|및|해|설|

[파형의 전압 순시값] $v = V_m \sin(\omega t+\theta)$

파형을 보면, 최대값 : 100[V]

위상이 앞서는 파형으로 $\theta = \pi - \frac{5\pi}{6} = \frac{\pi}{6}$ 앞선다.

$v = V_m \sin(\omega t+\theta)$에서 $v = 100\sin\left(\omega t+\frac{\pi}{6}\right)$　【정답】 ①

2회 2017년 전기기사필기 (전기설비기술기준)

81. 가공전선로의 지지물에 시설하는 지지선에 관한 사항으로 옳은 것은?

① 소선은 지름 2.0[mm] 이상인 금속선을 사용한다.

② 도로를 횡단하여 시설하는 지지선의 높이는 지표상 6.0[m] 이상이다.

③ 지지선의 안전율은 1.2 이상이고 허용인장하중의 최저는 4.31[kN]으로 한다.

④ 지지선에 연선을 사용할 경우에는 소선은 3가닥 이상의 연선을 사용한다.

|정|답|및|해|설|

[지지선의 시설 (KEC 331.11)

지지선 지지물의 강도 보강

·안전율 : 2.5 이상

·최저 인장 하중 : 4.31[kN]

· 소선의 지름이 2.6[㎜] 이상의 금속선을 사용한 것일 것

· 소선 3가닥 이상의 연선일 것

·지중 및 지표상 30[㎝]까지의 부분은 아연도금 철봉 등을 사용

· 도로 횡단시의 높이 : 5[m] (교통에 지장이 없을 경우 4.5[m])

【정답】 ④

82. 옥내배선의 사용 전압이 400[V] 미만일 때 전광표시 장치·출퇴 표시등 기타 이와 유사한 장치 또는 제어회로 등 배선에 다심케이블을 시설하는 경우 배선의 단면적은 몇 mm^2] 이상인가?

① 0.75　② 1.5

③ 1　④ 2.5

|정|답|및|해|설|

[저압 옥내배선의 사용전선 (kec 231.3.1)]

1. 단면적 2.5[mm^2] 이상의 연동선
2. 옥내배선의 사용 전압이 400[V] 미만인 경우
   · 전광표시 장치·출퇴 표시등 기타 이와 유사한 장치 또는 제어회로 등에 사용하는 배선에 단면적 1.5[mm^2] 이상의 연동선을 사용
   · 전광표시 장치·출퇴 표시등 기타 이와 유사한 장치 또는 제어회로 등의 배선에 단면적 0.75[mm^2] 이상인 다심케이블 또는 다심 캡타이어 케이블을 사용　【정답】 ①

83. 154[kV] 가공 송전선로를 제1종 특고압 보안공사로 할 때 사용되는 경동연선의 굵기는 몇 [mm^2] 이상이어야 하는가?

① 100　② 150

③ 200　④ 250

|정|답|및|해|설|

[특고압 보안공사 (KEC 333.22)]

제1종 특고압 보안공사의 전선 굵기

사용전압	전선
100[㎸] 미만	인장강도 21.67[kN] 이상의 연선 또는 단면적 55[[mm^2] 이상의 경동연선
100[㎸] 이상 300[㎸] 미만	인장강도 58.84[kN] 이상의 연선 또는 단면적 150[[mm^2] 이상의 경동연선
300[㎸] 이상	인장강도 77.47[kN] 이상의 연선 또는 단면적 200[[mm^2] 이상의 경동연선

【정답】 ②

84. 전동기의 과부하 보호 장치의 시설에서 전원 측 전로에 시설한 배선용 차단기의 정격 전류가 몇 [A] 이하의 것이면 이 전로에 접속하는 단상전동기에는 과부하 보호 장치를 생략할 수 있는가?

① 15 ② 20 ③ 30 ④ 50

|정|답|및|해|설|

[저압전로 중의 전동기 보호용 과전류보호장치의 시설 (kec 212.6.3)]

- 정격 출력이 0.2[kW] 이하인 경우
- 전동기를 운전 중 상시 취급자가 감시할 수 있는 위치에 시설하는 경우
- 전동기의 구조나 부하의 성질로 보아 전동기가 소손할 수 있는 과전류가 생길 우려가 없는 경우
- 단상전동기로써 그 전원측 전로에 시설하는 과전류 차단기의 정격전류가 15[A](배선용 차단기는 20[A]) 이하인 경우

【정답】 ②

85. 사용전압이 35[kV] 이하인 특별고압 가공전선과 가공약전류 전선을 동일 지지물에 시설하는 경우 특고압 가공전선로의 보안공사로 알맞은 것은?

① 고압보안공사
② 제1종 특고압 보안공사
③ 제2종 특고압 보안공사
④ 제3종 특고압 보안공사

|정|답|및|해|설|

[특고압 가공전선과 가공약전류전선 등의 공용 설치 (KEC 333.19)]

특고압 가공전선과 가공약전류 전선과의 공기는 35[kV] 이하인 경우에 시설하여야 한다.

- 특고압 가공전선로는 제2종 특고압 보안공사에 의한 것
- 특고압은 케이블을 제외하고 인장강도 21.67[kN] 이상의 연선 또는 단면적이 50[mm^2] 이상인 경동연선일 것
- 가공약전류 전선은 특고압 가공전선이 케이블인 경우를 제외하고 차폐층을 가지는 통신용 케이블일 것

【정답】 ③

86. 사용전압이 고압인 전로의 전선으로 사용할 수 없는 케이블은?

① MI케이블
② 연피케이블
③ 비닐외장케이블
④ 폴리에틸렌 외장케이블

|정|답|및|해|설|

[고압 및 특고압케이블 (kec 122.5)] 사용전압이 고압인 전로의 전선으로 사용하는 케이블은 클로로프렌외장케이블 · 비닐외장케이블 · 폴리에틸렌외장케이블 · 콤바인 덕트 케이블 또는 이들에 보호 피복을 한 것을 사용하여야 한다. 【정답】 ①

87. 금속관공사에서 절연부싱을 사용하는 가장 주된 목적은?

① 관의 끝이 터지는 것을 방지
② 관내 해충 및 이물질 출입 방지
③ 관의 단구에서 조영재의 접촉 방지
④ 관의 단구에서 전선 피복의 손상 방지

|정|답|및|해|설|

[금속관공사 (kec 232.12)] 관의 단구에는 전선의 피복이 손상하지 아니하도록 적당한 구조의 절연부싱을 사용할 것

【정답】 ④

88. 최대 사용전압이 3.3[kV]인 차단기 전로의 절연내력 시험전압은 몇 [V]인가?

① 3,036 ② 4,125
③ 4,950 ④ 6,600

|정|답|및|해|설|

[전로의 절연저항 및 절연내력 (KEC 132)]

접지방식	최대 사용 전압	시험 전압(최대 사용 전압 배수)	최저 시험 전압
비접지	7[kV] 이하	1.5배	
	7[kV] 초과	1.25배	10,500[V]
중성점접지	60[kV] 초과	1.1배	75[kV]
중성점직접접지	60[kV] 초과 170[kV] 이하	0.72배	
	170[kV] 초과	0.64배	
중성점 다중접지	25[kV] 이하	0.92배	

※ 변압기, 차단기, 기타 기구는 최저 전압을 500[V]로 한다.
절연내력시험전압=$3300 \times 1.5 = 4950[V]$ 【정답】 ③

89. 가반형(이동형)의 용접전극을 사용하는 아크 용접장치를 시설할 때 용접변압기의 1차측 전로의 대지전압은 몇 [V] 이하이어야 하는가?

① 200 ② 250
③ 300 ④ 600

|정|답|및|해|설|

[아크 용접장치의 시설 (KEC 241.10)]
가반형의 용접 전극을 사용하는 아크용접장치는 다음 각 호에 의하여 시설하여야 한다.

1. 용접변압기는 절연변압기일 것
2. 용접변압기의 1차측 전로의 대지전압은 300[V] 이하일 것
3. 용접변압기의 1차측 전로에는 용접변압기에 가까운 곳에 쉽게 개폐할 수 있는 개폐기를 시설할 것

|참|고|
[대자전압]
1. 90[%] 이상은 300[V]
2. 예외인 경우
① 누설전압이 없는 경우 → 대지전압 150[V]
② 전기저장장치, 태양광설비 → 직류 600[V]

【정답】 ③

90. 지중 전선로를 직접 매설식에 의하여 시설할 경우에는 차량 및 기타 중량물의 압력을 받을 우려가 있는 장소의 매설 깊이는 몇 [m] 이상으로 하여야 하는가?

① 1.0 ② 1.2
③ 1.5 ④ 1.8

|정|답|및|해|설|

[지중 전선로의 시설 (KEC 334.1)] 전선은 케이블을 사용하고, 또한 관로식, 암거식, 직접 매설식에 의하여 시공한다.
1. 직접 매설식 : 매설 깊이는 중량물의 압력이 있는 곳은 1.0[m] 이상, 없는 곳은 0.6[m] 이상으로 한다.
2. 관로식 : 매설 깊이를 1.0 [m] 이상, 중량물의 압력을 받을 우려가 없는 곳은 60 [cm] 이상으로 한다.
3. 암거식 : 지하 구조물 내 케이블 지지대를 설치하고 그 위에 케이블을 부설하는 방식

【정답】 ①

91. 사용전압이 22.9[kV]인 특고압 가공전선과 그 지지물 완금류·지주 또는 지지선 사이의 간격은 몇 [cm] 이상이어야 하는가?

① 15 ② 20
③ 25 ④ 30

|정|답|및|해|설|

[특고압 가공전선과 지지물 등의 간격(이격거리) (KEC 333.5)]

사용 전압의 구분	간격(이격거리)
15[kV] 미만	15[cm]
15[kV] 이상 25[kV] 미만	20[cm]
25[kV] 이상 35[kV] 미만	25[cm]
35[kV] 이상 50[kV] 미만	30[cm]
50[kV] 이상 60[kV] 미만	35[cm]
60[kV] 이상 70[kV] 미만	40[cm]
70[kV] 이상 80[kV] 미만	45[cm]
80[kV] 이상 130[kV] 미만	65[cm]
130[kV] 이상 160[kV] 미만	90[cm]
160[kV] 이상 200[kV] 미만	110[cm]
200[kV] 이상 230[kV] 미만	130[cm]
230[kV] 이상	160[cm]

【정답】 ②

92. 건조한 장소로서 전개된 장소에 고압 옥내 배선을 시설할 수 있는 공사방법은?

① 덕트공사 ② 금속관공사
③ 애자사용공사 ④ 합성수지관공사

|정|답|및|해|설|

[고압 옥내배선 등의 시설 (KEC 342.1)] 고압 옥내 배선은 애자사용공사(건조한 장소로서 전개된 장소에 한함) 및 케이블 공사, 케이블트레이공사에 의하여야 한다.

【정답】 ③

93. 고압 가공전선에 케이블을 사용하는 경우 케이블을 조가선(조가용선)에 행거로 시설하고자 할 때 행거의 간격은 몇 [cm] 이하로 하여야 하는가?

① 30 ② 50
③ 80 ④ 100

|정|답|및|해|설|

[가공케이블의 시설 (KEC 332.2)] 가공전선에 케이블을 사용한 경우에는 다음과 같이 시설한다.
- 케이블 조가선(조가용선)에 행거로 시설하며 고압 및 특고압인 경우 행거의 간격을 50[cm] 이하로 한다.
- 조가선은 인장강도 5.93[kN](특고압인 경우 13.93[kN]) 이상의 것 또는 단면적 22[mm^2] 이상인 아연도철연선일 것을 사용한다.

【정답】 ②

94. 고압 가공전선로의 지지물에 시설하는 통신선의 높이는 도로를 횡단하는 경우 교통에 지장을 줄 우려가 없다며 지표상 몇 [m]까지로 감할 수 있는가?

① 4　② 4.5　③ 5　④ 6

| 정 | 답 | 및 | 해 | 설 |

[전력보안통신선의 시설 높이와 간격(이격거리) (KEC 362.2)]

구분	지상고
도로에 시설 시 (차도와 인도의 구별이 있는 도로)	지표상 5.0[m] 이상 (단, 교통에 지장을 줄 우려가 없는 경우에는 지표상 4.5[m])
도로횡단 시	6.0[m] 이상 (단, 저압이나 고압의 가공전선로의 지지물에 시설하는 통신선 또는 이에 직접 접속하는 가공통신선을 시설하는 경우에 교통에 지장을 줄 우려가 없을 때에는 지표상 5[m])
철도 궤도 횡단 시	레일면상 6.5[m] 이상
횡단보도교 위	노면상 3.0[m] 이상
기타	지표상 3.5[m] 이상

【정답】 ③

※한국전기설비규정(KEC) 적용으로 인해 더 이상 출제되지 않는 문제는 삭제했습니다.

2017년 3회 전기기사 필기 기출문제

3회 2017년 전기기사필기 (전기자기학)

1. 점전하에 의한 전위 함수가 $V=\frac{1}{x^2+y^2}[V]$일 때 grad V는?

① $-\frac{xi+yj}{(x^2+y^2)^2}$　② $-\frac{2xi+2yj}{(x^2+y^2)^2}$

③ $-\frac{2xi}{(x^2+y^2)^2}$　④ $-\frac{2yj}{(x^2+y^2)^2}$

|정|답|및|해|설|

[전계의 세기] $E=grad V=\nabla V=i\frac{\partial V}{\partial x}+j\frac{\partial V}{\partial y}+k\frac{\partial V}{\partial z}$

$V=\frac{1}{x^2+y^2}=(x^2+y^2)^{-1}$

$\frac{\partial V}{\partial x}=\frac{\partial}{\partial x}[(x^2+y^2)^{-1}]=-(x^2+y^2)^{-2}\cdot 2x=-\frac{2x}{(x^2+y^2)^2}$

$\frac{\partial V}{\partial y}=\frac{\partial}{\partial y}[(x^2+y^2)^{-1}]=-(x^2+y^2)^{-2}\cdot 2y=-\frac{2y}{(x^2+y^2)^2}$

$\frac{\partial V}{\partial z}=\frac{\partial}{\partial z}[(x^2+y^2)^{-1}]=0$

$\therefore grad V=-\frac{2xi}{(x^2+y^2)^2}-\frac{2yj}{(x^2+y^2)^2}=-\frac{2xi+2yj}{(x^2+y^2)^2}$

【정답】 ②

2. 면적 $S[m^2]$, 간격 $d[m]$인 평행판 콘덴서에 전하 $Q[C]$을 충전하였을 때 정전에너지 $W[J]$는?

① $W=\frac{dQ^2}{\epsilon S}$　② $W=\frac{dQ^2}{2\epsilon S}$

③ $W=\frac{dQ^2}{4\epsilon S}$　④ $W=\frac{dQ^2}{8\epsilon S}$

|정|답|및|해|설|

[정전 에너지] $W=\frac{1}{2}QV=\frac{1}{2}CV^2[J]$ → (충전 중 : 전위 일정)

$=\frac{Q^2}{2C}[J]$ → (충전 후 : 전하 일정)

평행판 콘덴서의 정전용량 $C=\frac{Q}{V}=\frac{Q}{Ed}=\frac{\epsilon_0\epsilon_s S}{d}[F]$

전하가 Q이므로

정전에너지 $W=\frac{Q^2}{2C}=\frac{Q^2}{2\frac{\epsilon S}{d}}=\frac{dQ^2}{2\epsilon S}[J]$　【정답】 ②

3. 반지름 1[cm]인 원형 코일에 전류 10[A]가 흐를 때 코일의 중심에서 코일 면에 수직으로 $\sqrt{3}[cm]$ 떨어진 점의 자계의 세기는 몇 [A/m]인가?

① $\frac{1}{16}\times 10^3[A/m]$　② $\frac{3}{16}\times 10^3[A/m]$

③ $\frac{5}{16}\times 10^3[A/m]$　④ $\frac{7}{16}\times 10^3[A/m]$

|정|답|및|해|설|

[원형 코일축상 x[m]인 점의 자계(H)] $H=\frac{a^2I}{2(a^2+x^2)^{\frac{3}{2}}}$

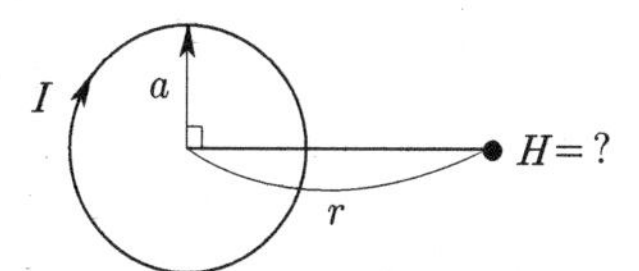

$a=1\times 10^{-2}[m]$, $x=\sqrt{3}\times 10^{-2}[m]$, $I=10[A]$

$H=\frac{a^2I}{2(a^2+x^2)^{3/2}}$

$=\frac{(1\times 10^{-2})^2\times 10}{2[(1\times 10^{-2})^2+(\sqrt{3}\times 10^{-2})^2]^{3/2}}=\frac{1}{16}\times 10^3[AT/m]$

【정답】 ①

4. Poisson 및 Laplace 방정식을 유도하는데 관련이 없는 식은?

① $rot E=-\frac{\partial B}{\partial t}$　② $E=-grad\ V$

③ $div\ D=\rho_V$　④ $D=\epsilon E$

|정|답|및|해|설|

[공간전하밀도(체적전하밀도)와 전계의 세기와의 관계식]

$div E=\frac{\rho}{\epsilon}$, $D=\epsilon E$를 적용하면 $div\ D=\rho$

전위와 전계의 세기의 관계식

$E=-grad\ V$를 적용하면 $div(-grad\ V)=\frac{\rho}{\epsilon}$

따라서, $\nabla^2 V=-\frac{\rho}{\epsilon_0}$: 포아송의 방정식

$\nabla^2 V=0\ (\rho=0)$: 라플라스의 방정식

※ $rot\ E=-\frac{\partial B}{\partial t}$: 패러데이－렌쯔의 미분형　【정답】 ①

5. 평등자계 내에 전자가 수직으로 입사하였을 때 전자의 운동을 바르게 나타낸 것은?

① 구심력은 전자의 속도에 반비례한다.

② 원심력은 자계의 세기에 반비례한다.

③ 원운동을 하고 반지름은 자계의 세기에 비례한다.

④ 원운동을 하고 전자의 회전속도에 비례한다.

|정|답|및|해|설|

[로렌쯔의 힘] $F=e[E+(v\times B)]$

여기서, e : 전하, E : 전계, v : 속도, B : 자속밀도

원심력 $F'=\frac{mv^2}{r}$

구심력 $F=e(v\times B)$가 같아지며 전자는 원운동

$\frac{mv^2}{r}=evB$에서

원운동 반경 $r=\frac{mv}{eB}$, 각속도 $\omega=\frac{v}{r}=\frac{eB}{m}$

주파수 $f=\frac{eB}{2\pi m}$, 주기 $T=\frac{1}{f}=\frac{2\pi m}{eB}$ 【정답】 ④

6. 액체 유전체를 포함한 콘덴서 용량이 C[F]인 것에 V[V]의 전압을 가했을 경우에 흐르는 누설전류는 몇 [A]인가? (단, 유전체의 유전율은 $\epsilon[F/m]$, 고유저항은 $\rho[\Omega\cdot m]$이다.)

① $\frac{\rho\varepsilon}{CV}$ ② $\frac{C}{\rho\varepsilon V}$

③ $\frac{CV}{\rho\varepsilon}$ ④ $\frac{\rho\varepsilon V}{C}$

|정|답|및|해|설|

[전류] $I=\frac{V}{R}[A]$

1. 전기저항과 정전용량 $RC=\rho\epsilon$
   여기서, R : 저항, C : 정전용량, ϵ : 유전율
   ρ : 저항률 또는 고유저항
   → 저항 $R=\frac{\rho\epsilon}{C}$
2. 전류 $I=\frac{V}{R}=\frac{V}{\frac{\rho\epsilon}{C}}=\frac{CV}{\rho\epsilon}$ 【정답】 ③

7. 다이아몬드와 같은 단결정 물체에 전장을 가할 때 유도되는 분극은?

① 전자 분극

② 이온 분극과 배향 분극

③ 전자 분극과 이온 분극

④ 전자 분극, 이온 분극, 배향 분극

|정|답|및|해|설|

[전자분극(electron polarization)] 전자분극은 단결정 매질에서 전자운과 핵의 상대적인 변위에 의해 발생

【정답】 ①

8. 다음 설명 중 옳은 것은?

① 무한 직선 도선에 흐르는 전류에 의한 도선 내부에서 자계의 크기는 도선의 반경에 비례한다.

② 무한 직선 도선에 흐르는 전류에 의한 도선 외부에서 자계의 크기는 도선의 중심과의 거리에 무관하다.

③ 무한장 솔레노이드 내부자계의 크기는 코일에 흐르는 전류의 크기에 비례한다.

④ 무한장 솔레노이드 내부자계의 크기는 코일에 흐르는 단위 길이 당 권수의 제곱에 비례한다.

|정|답|및|해|설|

[무한장 직선 전류에 의한 자계의 세기]

· 내부자계의 세기 $H=\frac{r}{2\pi a^2}I[A/m]$

· 외부자계의 세기 $H=\frac{I}{2\pi r}[A/m]$

여기서, a : 반지름[m], r : 자극으로부터의 거리[m]

[무한장 솔레노이드]

· 내부 자계의 세기 $H=n_0I[AT/m]$

· 외부 자계의 세기 $H=0[AT/m]$

여기서, n_0 : 단위 길이당 권선수[회/m] 【정답】 ③

9. 그림과 같은 유전속 분포가 이루어질 때 ϵ_1과 ϵ_2의 크기 관계는?

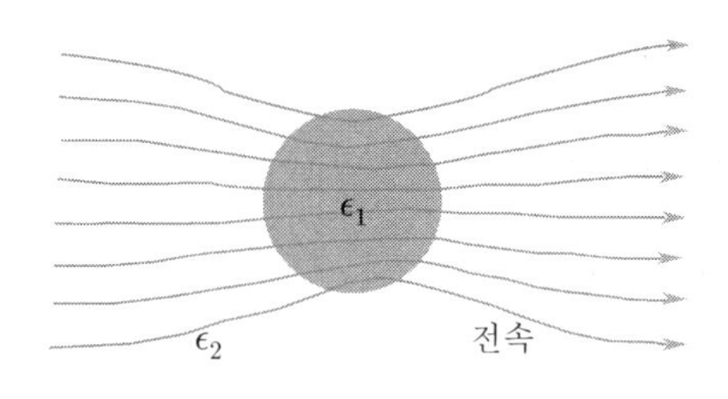

① $\epsilon_1>\epsilon_2$ ② $\epsilon_1<\epsilon_2$

③ $\epsilon_1=\epsilon_2$ ④ $\epsilon_1>0$, $\epsilon_2>0$

|정|답|및|해|설|

[유전율] 전속선은 유전율이 큰 쪽으로 모인다.

$\epsilon_1>\epsilon_2$일 경우 $E_1<E_2$, $D_1>D_2$, $\theta_1>\theta_2$

※전기력선은 유전율이 작은 쪽으로 모인다. 【정답】 ①

10. 인덕턴스의 단위[H]와 같지 않은 것은?

① $[\frac{J}{A}\cdot S]$ ② $[\Omega\cdot S]$

③ $[\frac{Wb}{A}]$ ④ $[\frac{J}{A^2}]$

|정|답|및|해|설|

[인덕턴스]

② $v=L\frac{di}{dt}$ 관계식에서 $L=\frac{dt}{di}v$

$L=\left[\frac{\sec\cdot V}{A}\right]=\left[\sec\cdot\frac{V}{A}\right]=[\sec\cdot\Omega]$

③ $L=\frac{N\varnothing}{I}[Wb/A]$

④ $W=\frac{1}{2}LI^2$에서 $L=\frac{2W}{I^2}[J/A^2]$ 【정답】①

11. 전계 및 자계의 세기가 각각 E, H일 때 포인팅벡터 P의 표시로 옳은 것은?

① $P=\frac{1}{2}E\times H$ ② $P=E\ rot\ H$

③ $P=E\times H$ ④ $P=H\ rot\ E$

|정|답|및|해|설|

[포인팅벡터] 전자파가 진행 방향에 수직되는 단위 면적을 단위 시간에 통과하는 에너지를 포인팅 벡터 또는 방사벡터라 하며

$P=\frac{P[W]}{S[m^2]}=\vec{E}\times\vec{H}=EH\sin\theta=EH[W/m^2]$

→ (전자파 사이각 90°)

【정답】③

12. 규소강판과 같은 자심재료의 히스테리시스 곡선의 특징은?

① 보자력이 큰 것이 좋다.

② 보자력과 잔류자기가 모두 큰 것이 좋다.

③ 히스테리시스 곡선의 면적이 큰 것이 좋다.

④ 히스테리시스 곡선의 면적이 적은 것이 좋다.

|정|답|및|해|설|

[영구자석] 히스테리시스 곡선의 면적이 크고, 잔류 자기와 보자력이 모두 클 것

[전자석] 잔류자기가 크고 보자력이 작아야 한다. 즉, 보자력과 히스테리시스 곡선의 **면적이 모두 작은 것이 좋다**.

【정답】④

13. 커패시터를 제조하는데 A, B, C, D와 같은 4가지의 유전 재료가 있다. 커패시터 내에서 단위 체적당 가장 큰 에너지 밀도를 나타내는 재료부터 순서대로 나열하면? (단, 유전 재료 A, B, C, D의 비유전율은 각각 $\epsilon_{rA}=8$, $\epsilon_{rB}=10$, $\epsilon_{rC}=2$, $\epsilon_{rD}=4$이다.)

① $C>D>A>B$ ② $B>A>D>C$

③ $D>A>C>B$ ④ $A>B>D>C$

|정|답|및|해|설|

[유전체 내에 저장되는 에너지 밀도]

$w=\frac{1}{2}ED=\frac{1}{2}\epsilon E^2[J/m^3]=\frac{D^2}{2\epsilon}[J/m^3]\propto\epsilon_r$

여기서, $\epsilon(=\epsilon_0\epsilon_r)$: 유전율, E : 전계

에너지 밀도는 비유전율에 비례한다.

따라서 $\epsilon_{rB}>\epsilon_{rA}>\epsilon_{rD}>\epsilon_{rC}$이다.

$\therefore B>A>D>C$ 【정답】②

14. 투자율 $\mu[H/m]$, 자계의 세기 $H[AT/m]$, 자속밀도 $B[Wb/m^2]$인 곳의 자계 에너지밀도 $[J/m^3]$는?

① $\frac{B^2}{2\mu}$ ② $\frac{H^2}{2\mu}$

③ $\frac{1}{2}\mu H$ ④ BH

|정|답|및|해|설|

[자성체 단위 체적당 저장되는 에너지(에너지 밀도)]

$\omega=\frac{B^2}{2\mu}=\frac{1}{2}\mu H^2=\frac{1}{2}HB[J/m^3]$

여기서, $\mu[H/m]$: 투자율 , $H[AT/m]$: 자계의 세기

$B[Wb/m^2]$: 자속밀도 【정답】①

15. 자화의 세기 단위로 옳은 것은?

① AT/Wb ② AT/m^2

③ $Wb\cdot m$ ④ Wb/m^2

|정|답|및|해|설|

[자화의 세기] $J=\frac{m}{S}=\frac{ml}{Sl}=\frac{M}{V}[Wb/m^2]$

여기서, S : 자성체의 단면적$[m^2]$, m : 자화된 자기량[Wb]

l : 자성체의 길이[m], V : 자성체의 체적$[m^3]$

M : 자기모멘트$(M=ml[Wb\cdot m])$

【정답】④

16. 정전계 해석에 관한 설명으로 틀린 것은?

① 포아송의 방정식은 가우스 정리의 미분형으로 구할 수 있다.
② 도체 표면에서의 전계의 표면에 대해 법선 방향을 갖는다.
③ 라플라스 방정식은 전극이나 도체의 형태에 관계없이 체적전하밀도가 0인 모든 점에서 $\nabla^2 V=0$을 만족한다.
④ 라플라스 방정식은 비선형 방정식이다.

|정|답|및|해|설|

[포아송의 방정식] $\nabla^2 V=-\frac{\rho}{\epsilon_0}$

[라플라스의 방정식] $\nabla^2 V=0$

위의 두 방정식에 포함된 라플라시언(∇^2)은 선형이고, 스칼라 연산자를 나타낸다. 그러므로 **라플라스 방정식 및 포아송 방정식은 선형 방정식**이 된다. 【정답】 ④

17. 중심은 원점에 있고 반지름 a[m]인 원형선도체가 $z=0$인 평면에 있다. 도체에 선전하밀도 $\rho_L[C/m]$가 분포되어 있을 때 $z=b[m]$인 점에서의 전계$E[V/m]$는? 단, a_r, a_z는 원통좌표계에서 r 및 z방향의 단위벡터이다.

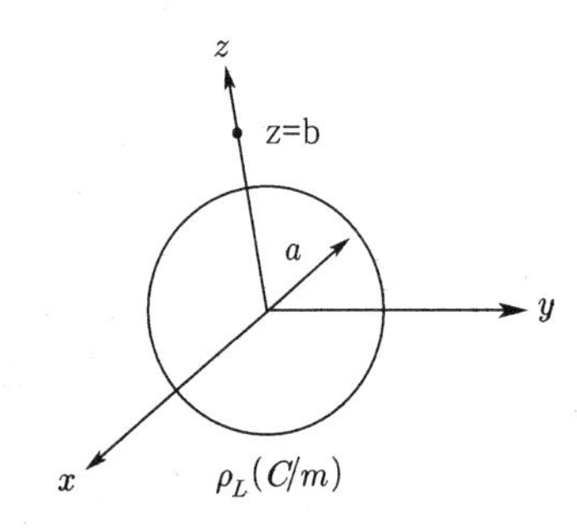

① $\frac{ab\rho_L}{2\pi\epsilon_0(a^2+b^2)}a_r$　② $\frac{ab\rho_L}{4\pi\epsilon_0(a^2+b^2)}a_z$

③ $\frac{ab\rho_L}{2\epsilon_0(a^2+b^2)^{\frac{3}{2}}}a_z$　④ $\frac{ab\rho_L}{4\epsilon_0(a^2+b^2)^{\frac{3}{2}}}a_z$

|정|답|및|해|설|

[전위] $V=\frac{Q}{4\pi\epsilon_o r}[V]$

여기서, Q : 전하, r : 전하(Q)로 부터의 거리, ϵ_0 : 유전율

$r=\sqrt{a^2+z^2}$, $Q=\rho_L \cdot l=\rho_L \cdot 2\pi a$

$$V=\frac{Q}{4\pi\epsilon_o r}=\frac{\rho_L \cdot 2\pi a}{4\pi\epsilon_o\sqrt{a^2+z^2}}=\frac{\rho_L a}{2\epsilon_0\sqrt{a^2+z^2}}[V]$$

$$E=-grad\,V=-\frac{\partial V}{\partial z}a_z$$

$$=-\frac{\partial}{\partial z}\left[\frac{\lambda a}{2\epsilon_0\sqrt{a^2+z^2}}\right]=\frac{\rho_L}{2\epsilon_0}\frac{az}{(a^2+z^2)^{\frac{3}{2}}}a_z$$

$z=b$를 대입하면

$$E=\frac{ab\rho_L}{2\epsilon_0(a^2+b^2)^{\frac{3}{2}}}a_z[V/m]$$

【정답】 ③

18. $V=x^2$[V]로 주어지는 전위 분포일 때 x=20[cm]인 점의 전계는?

① $+x$방향으로 40[V/m]
② $-x$ 방향으로 40[V/m]
③ $+x$ 방향으로 0.4[V/m]
④ $-x$ 방향으로 0.4[V/m]

|정|답|및|해|설|

[전계의 세기]

$$E=-grad V=-\nabla V=-\left(i\frac{\partial V}{\partial x}+j\frac{\partial V}{\partial y}+k\frac{\partial V}{\partial z}\right)$$

$=-i\frac{\partial x^2}{\partial x}=-2x\,i[\frac{V}{m}]$이므로 $x=20$㎝이면

$E=-2\times 0.2i=-0.4i$[V/m]

즉, $-x$ 방향으로 전계의 크기는 0.4[V/m]가 된다.

【정답】 ④

19. 공간 도체내의 한 점에 있어서 자속이 시간적으로 변화하는 경우에 성립하는 식은?

① $\nabla\times E=\frac{\partial H}{\partial t}$　② $\nabla\times E=-\frac{\partial H}{\partial t}$

③ $\nabla\times E=\frac{\partial B}{\partial t}$　④ $\nabla\times E=-\frac{\partial B}{\partial t}$

|정|답|및|해|설|

[맥스웰 방정식] 공간 도체내의 한 점에 있어서 자계의 시간적 변화는 회전하는 전계를 발생한다.

$rot\,E=\nabla\times E=-\frac{\partial B}{\partial t}$ 【정답】 ④

20. 변위 전류와 관계가 가장 깊은 것은?

① 반도체 ② 유전체
③ 자성체 ④ 도체

|정|답|및|해|설|

[변위전류밀도] $i_d = \frac{\partial D}{\partial t} = \epsilon \frac{\partial E}{\partial t} = \frac{I_o}{S}[A/m^2]$

변위전류밀도는 자계를 만든다. 유전체를 흐르는 전류를 말한다.

※변위전류 : 전속밀도에 시간적 변화로 유전체를 통해 흐르는 전류

【정답】 ②

3회 2017년 전기기사필기 (전력공학)

21. 전력용 콘덴서에 의하여 얻을 수 있는 전류는?

① 지상전류 ② 진상전류
③ 동상전류 ④ 영상전류

|정|답|및|해|설|

[조상설비] 위상을 제거해서 역률을 개선함으로써 송전선을 일정한 전압으로 운전하기 위해 필요한 무효전력을 공급하는 장치

1. 무효전력 보상장치(동기조상기) : 진상, 지상 양용
2. **전력용(병렬) 콘덴서 : 진상전류**
3. 분로(병렬) 리액터 : 지상전류

【정답】 ②

22. 초호각(acring horn)의 역할은?

① 풍압을 조절한다.
② 송전 효율을 높인다.
③ 애자의 파손을 방지한다.
④ 고주파수의 섬락전압을 높인다.

|정|답|및|해|설|

[초호각(arciing horn)의 목적]
- 애자련의 전압분포 개선
- 선로의 섬락으로부터 애자련의 보호

【정답】 ③

23. 부하 역률이 현저히 낮은 경우 발생하는 현상이 아닌 것은?

① 전기요금의 증가
② 유효전력의 증가
③ 전력 손실의 증가
④ 선로의 전압강하 증가

|정|답|및|해|설|

[역률 개선 효과]
- 선로, 변압기 등의 저항손 감소
- 변압기, 개폐기 등의 소요 용량 감소
- 송전용량이 증대
- 전압강하 감소
- 설비용량의 여유 증가
- 전기요금이 감소한다.

※유효전력 $P = \sqrt{3}\, VI\cos\theta[W]$

역률($\cos\theta$)이 낮으면 유효전력(P)은 감소한다.

【정답】 ②

24. 배전소용 변전소의 주변압기로 주로 사용되는 것은?

① 강압 변압기 ② 체승 변압기
③ 단권 변압기 ④ 3권선 변압기

|정|답|및|해|설|

[배전소용 변전소] 끝부분(말단) 변전소에서 수용가의 전력을 공급하는 변전소로 수용가에 전력을 공급할 때는 전압을 낮춰서 공급한다. 강압변압기나 채강변압기를 사용한다.

※변압기의 종류
1. 3권선 변압기 : 조상설비
2. 단권변압기 : 승압기
3. 체승변압기 : 승압용(송전변전소) → (저전압 → 고전압)
4. 강압변압기 : 감압용(배선변전소) → (고전압 → 저전압)

【정답】 ①

25. △－△ 결선된 3상 변압기를 사용한 비접지 방식의 선로가 있다. 이때 1선 지락 고장이 발생하면 다른 건전한 2선의 대지전압은 지락 전의 몇 배까지 상승하는가?

① $\frac{\sqrt{3}}{2}$ ② $\sqrt{3}$
③ $\sqrt{2}$ ④ 1

|정|답|및|해|설|

[비접지의 특징] 델타결선을 비접지 방식이라고, 저전압, 단거리 송전선로에서 시행하는 접지공사 중의 하나이다.
- 지락 전류가 비교적 적다.(유도장해 감소)
- 보호 계전기 동작이 불확실하다.
- △결선 가능
- V-V결선 가능
- 저전압 단거리 적합
- 1선 지락 시 건전상의 대지 전위상승이 $\sqrt{3}$배로 크다.

【정답】 ②

26. 22[kV], 60[Hz] 1회선의 3상 송전선에서 무부하 충전전류를 구하면 약 몇 [A]인가? (단, 송전선의 길이는 20[km]이고, 1선 1[km]당 정전용량은 0.5[μF]이다)

① 12 ② 24 ③ 36 ④ 48

|정|답|및|해|설|

[전선의 충전 전류] $I_c = wCEl = 2\pi f Cl\dfrac{V}{\sqrt{3}}$

여기서, C : 전선 1선당 정전용량[F], ω : 각속도(=$2\pi f$)
E : 대지전압[V], V : 선간전압[V], l : 선로의 길이[km]
f : 주파수[Hz]

$I_c = 2\pi f Cl\dfrac{V}{\sqrt{3}} = 2\pi \times 60 \times 0.5 \times 10^{-6} \times 20 \times \dfrac{22000}{\sqrt{3}} = 47.86[A]$

【정답】 ④

27. 다음 중 모선보호용 계전기로 사용하면 가장 유리한 것은?

① 거리방향계전기 ② 역상계전기
③ 재폐로계전기 ④ 과전류계전기

|정|답|및|해|설|

[모선보호용 계전기] 전압 및 전류 차동 계전기가 많이 쓰인다.
모선 보호용 계전기의 종류는 다음과 같다.
1. 전류차동계전 방식 : 비율차동계전기를 설치하는 계전방식
2. 전압차동계전기 : 모선 내 고장 시 계전기에 큰 전압이 인가되어 기동하는 계전기
3. 위상비교계전기 : 모선 내 접속된 각 회선의 전류 위상을 비교하여 모선 내 고장인지 외부 고장인지 판별하는 방식
4. 거리방향계전기 : 고장 발생 시 고장점까지의 거리를 계산하여 동작하는 계전기

【정답】 ①

28. 개폐 서지의 이상전압을 감쇄 할 목적으로 설치하는 것은?

① 단로기 ② 차단기
③ 리액터 ④ 개폐저항기

|정|답|및|해|설|

[개폐저항기] 차단기의 개폐시에 개폐 서지 이상전압이 발생된다. 이것을 낮추고 절연 내력을 높일 수 있게 하기 위해 차단기 접촉자간에 병렬 임피던스로서 개폐저항기를 삽입한다.

|참|고|

1. 단로기 : 무부하전류 개폐 시 사용
2. 차단기 : 부하전류 개폐나 고장전류 차단 시 사용
3. 리액터 : 지락전류 소멸 및 아크를 소호하는 데 사용

【정답】 ④

29. 현수 애자에 대한 설명이 잘못된 것은?

① 애자를 연결하는 방법에 따라 클래비스형과 볼소켓형이 있다.
② 큰 하중에 대하여는 2연, 또는 3연으로 하여 사용할 수 있다.
③ 애자의 연결 개수를 가감함으로써 임의의 송전전압에 사용할 수 있다.
④ 2~4층의 갓 모양의 자기편을 시멘트로 접착하고 그 자리를 주철제 베이스로 지지한다.

|정|답|및|해|설|

[현수애자] 지지부 하층에 전선이 위치하며, 일반적으로 66[kV] 이상에서 사용
④는 핀 애자(배전선로용)에 대한 설명이다.
※현수 : 행거, 즉 걸어 놓는 것

【정답】 ④

30. 그림과 같은 3상 송전계통에서 송전단 전압은 3,300[V]이다. 점 P에서 3상 단락사고가 발생했다면 발전기에 흐르는 단락전류는 약 몇 [A]가 되는가?

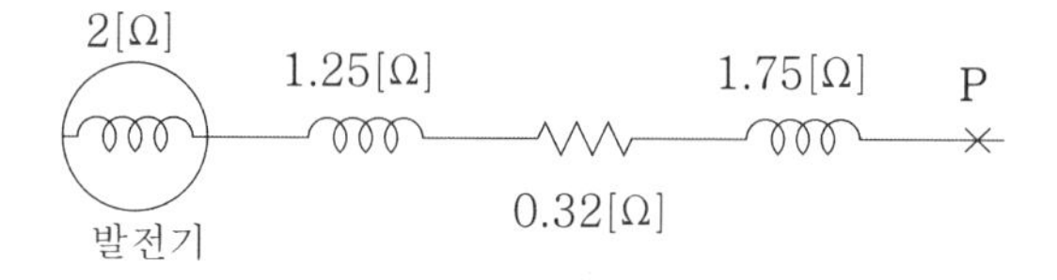

① 320 ② 330
③ 380 ④ 410

|정|답|및|해|설|

[단락전류] $I_s = \dfrac{E}{Z} = \dfrac{V}{\sqrt{3}Z} = \dfrac{E}{\sqrt{R^2+X^2}}[A]$ $\rightarrow (E = \dfrac{V}{\sqrt{3}})$

여기서, E : 상전압, Z : 임피던스, R : 저항, X : 리액턴스

임피던스 $Z = 0.32 + j(2+1.25+1.75) = 0.32 + j5$

단락전류 $I_s = \dfrac{E}{\sqrt{R^2+X^2}} = \dfrac{\frac{3300}{\sqrt{3}}}{\sqrt{0.32^2+5^2}} = 380.27[A]$

【정답】 ③

31. 송전선로의 고장전류의 계산에 영상 임피던스가 필요한 경우는?

① 1선 지락　　② 3상 단락
③ 3선 단선　　④ 선간 단락

|정|답|및|해|설|

[영상임피던스]

· 영상분이 존재할 수 있는 조건으로는 3상4선식이면서 중성점이 접지되어 있어야 한다.

· 1선 또는 2선 지락사고 시 영상분이 나타난다.

※1. 3상단락 : 정상분
2. 선간단락 : 정상분, 역상분

【정답】 ①

32. 조속기의 폐쇄시간이 짧을수록 옳은 것은?

① 수격작용은 작아진다.
② 발전기의 전압 상승률은 커진다.
③ 수차의 속도 변동률은 작아진다.
④ 수압관 내의 수압 상승률은 작아진다.

|정|답|및|해|설|

[조속기] 조속기는 부하의 변화에 따라 증기와 유입량을 조절하여 터빈의 회전속도를 일정하게, 즉 주파수를 일정하게 유지시켜주는 장치로 **폐쇄시간이 짧을수록 수차의 속도 변동률은 작아진다.**

※폐쇄시간 : 조속기가 동작을 해서 안내날개나 리들밸브를 완전히 닫힐 때까지 걸리는 시간

※수차의 속도변동률을 줄이는 방법
· 조속기의 부동시간과 폐쇄시간을 짧게 한다.
· 회전부의 중량을 크게 하여 관성모멘트를 크게 한다.
· 회전반경을 크게 한다.

【정답】 ③

33. 그림과 같은 수전단전압 3.3[kV], 역률 0.85(뒤짐)인 부하 300[kW]에 공급하는 선로가 있다. 이때 송전단전압[V]은?

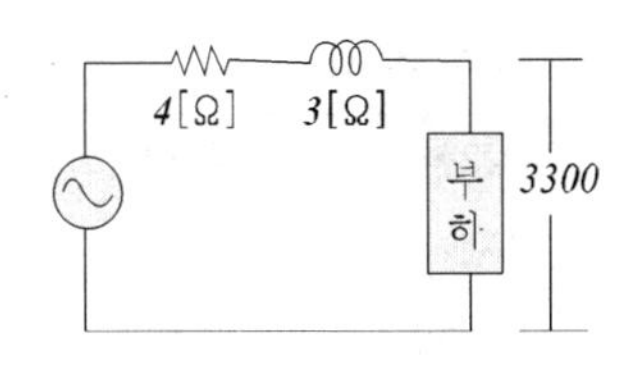

① 2930　　② 3230
③ 3530　　④ 3830

|정|답|및|해|설|

[송전단 전압] $V_s = V_r + I(R\cos\theta + X\sin\theta)$

[전력] $P = VI\cos\theta$

여기서, V : 전압, I : 전류, $\cos\theta$: 역률, V_s : 송전단 전압
V_r : 수전단 전압

전류 $I = \frac{P}{V\cos\theta} = \frac{300\times 10^3}{3300\times 0.85} ≒ 107[A]$

∴송전단전압

$V_s = V_r + I(R\cos\theta + X\sin\theta)$　　→ $(\sin\theta = \sqrt{1-\cos\theta^2})$

$= 3300 + 107(4\times 0.85 + 3\times\sqrt{1-0.85^2}) ≒ 3830[V]$

【정답】 ④

34. 장거리 송전선로는 일반적으로 어떤 회로로 취급하여 회로를 해석하는가?

① 분포정수회로　　② 분산부하회로
③ 집중정수회　　④ 특성임피던스회로

|정|답|및|해|설|

[송전 선로의 구분]

구 분	선로정수	거리	회로
단거리 송전선로	$R,\ L$	10[km] 이내	집중정수회로
중거리 송전선로	$R,\ L,\ C$	40[km]~60[km]	T회로, π회로
장거리 송전선로	$R,\ L,\ C,\ g$	100[km] 이상	분포정수회로

【정답】 ①

35. 증기의 엔탈피란?

① 증기 1[kg]의 잠열
② 증기 1[kg]의 현열
③ 증기 1[kg]의 보유열량
④ 증기 1[kg]의 증발열을 그 온도로 나눈 것

|정|답|및|해|설|

[엔탈피] 온도에 있어서 물 또는 증기 1[kg]이 보유한 열량 [kcal/kg](액체열과 증발열의 합)

※엔트로피 : 증기 1[kg] 단위 무게에 대해서 증발열을 온도로 나눈 계수를 말한다.

【정답】 ③

36. 4단자 정수 $A = D = 0.8$, $B = j1.0$인 3상 송전선로에 송전단전압 160[kV]를 인가할 때 무부하 시 수전단전압은 몇 [kV]인가?

① 154 ② 164
③ 180 ④ 200

|정|답|및|해|설|

[전송파라미터의 4단자 정수] $\begin{bmatrix} E_s \\ I_s \end{bmatrix} = \begin{bmatrix} A & B \\ C & D \end{bmatrix} \begin{bmatrix} E_r \\ I_r \end{bmatrix}$

무부하 시 이므로 $I_r = 0$

4단자정수 $E_s = AE_r + BI_r \rightarrow E_s = AE_r \rightarrow E_r = \frac{1}{A}E_s$

$\therefore$수전단 전압 $E_r = \frac{1}{A}E_s = \frac{160}{0.8} = 200[kV]$

【정답】 ④

37. 유도장해를 방지하기 위한 전력선측의 대책으로 틀린 것은?

① 차폐선을 설치한다.
② 고속도 차단기를 사용한다.
③ 중성점 전압을 가능한 높게 한다.
④ 중성점 접지에 고저항을 넣어서 지락전류를 줄인다.

|정|답|및|해|설|

[유도장해 방지 대책 (기술기준 제17조)]

1. 전력선측 대책
 - 차폐선 설치(유도장해를 30~50[%] 감소)
 - 고속도 차단기 설치
 - 연가를 충분히 한다.
 - 케이블을 사용(전자유도 50[%] 정도 감소)
 - 소호 리액터의 채택 (지락전류 소멸)
 - 간격을 크게 한다.
2. 통신선측 대책
 - 통신선의 도중에 배류코일(절연 변압기)을 넣어서 구간을 분할한다(병행길이의 단축).
 - 연피 통신 케이블 사용(상호인덕턴스 M의 저감)
 - 성능이 우수한 피뢰기의 사용(유도 전압의 저감)

【정답】 ③

38. 원자로의 감속재에 대한 설명으로 틀린 것은?

① 감속 능력이 클 것
② 원자 질량이 클 것
③ 사용 재료로 경수를 사용
④ 소속 중성자를 열중성자로 바꾸는 작용

|정|답|및|해|설|

[감속재] 원자로 안에서 핵분열의 연쇄 반응이 계속되도록 연료체의 핵분열에서 방출되는 고속 중성자를 열중성자의 단계까지 감속시키는 데 쓰는 물질이다.

[감속재의 조건]
- 원자량이 작은 원소일 것
- 감속능력과 감속비가 커야 할 것
- 중성자의 흡수단면적이 작을 것
- 충돌 후에 갖는 에너지 평균치가 커야 한다.
- 감속재로는 중수, 경수, 산화베릴륨, 흑연 등이 사용된다.

【정답】 ②

39. 송전선로에 매설지선을 설치하는 목적으로 알맞은 것은?

① 철탑 기초의 강도를 보강하기 위하여
② 직격뇌로부터 송전선을 차폐 보호하기 위하여
③ 현수애자 1연의 전압 분담을 균일화하기 위하여
④ 철탑으로부터 송전선로의 역섬락을 방지하기 위하여

|정|답|및|해|설|

[매설지선] 철탑의 탑각 <u>접지저항을 낮추어 역섬락을 방지</u>하기 위한 것으로 지하 30~60[cm] 정도의 깊이에 30~50[m] 정도의 아연 도금 철선을 매설하는 선 【정답】 ④

40. 송전전력, 부하역률, 송전거리, 전력손실, 선간전압을 동일하게 하였을 때 3상3선식에 의한 소요 전선량은 단상2선식인 경우의 몇 [%]인가?

① 50[%] ② 67[%]
③ 75[%] ④ 87[%]

|정|답|및|해|설|

[소요 전선량]

- $1\phi 2W$: 100% 경우 · $1\phi 3W$: 37.5%
- $3\phi 3W$: 75% · $3\phi 4W$: 33.3%

|참|고|

[배전방식의 전기적 특성 비교]

	단상2선식	단상3선식	3상3선식
공급전력	100[%]	133[%]	115[%]
선로전류	100[%]	50[%]	58[%]
전력손실	100[%]	25[%]	75[%]
전선량	100[%]	30.5[%]	75[%]

【정답】 ③

41. 3상 유도기에서 출력의 변환식으로 옳은 것은?

① $P_0 = P_2 + P_{2c} = \frac{N}{N_s} P_2 = (2-s)P_2$

② $(1-s)P_2 = \frac{N}{N_s} P_2 = P_0 - P_{2c} = P_0 - sP_2$

③ $P_0 = P_2 - P_{2c} = P_2 - sP_2 = \frac{N}{N_s} P_2 = (1-s)P_2$

④ $P_0 = P_2 + P_{2c} = P_2 + sP_2 = \frac{N}{N_s} P_2 = (1+s)P_2$

|정|답|및|해|설|

[기계적인 출력] $P_0 = P_2 - P_{2c} = P_2 - sP_2 = P_2(1-s)$

$$= P_2\left[1 - \left(\frac{N_s - N}{N_s}\right)\right] = P_2 \cdot \frac{N}{N_s}$$

1. 2차 동손 $P_{2c} = sP_2$
2. 2차 출력 $P_0 = P_2 - sP_2 = (1-s)P_2$ [W]
3. 슬립 $s = \frac{N_s - N}{N_s}$

여기서, P_0 : 기계적인 출력, P_2 : 2차입력(동기와트), N_s : 동기속도
s : 슬립, N : 회전자 회전속도, P_{2c} : 2차동손
P : 전기적인 출력

【정답】 ③

42. 변압기의 보호방식 중 비율차동계전기를 사용하는 경우는?

① 고조파 발생을 억제하기 위하여
② 과여자 전류를 억제하기 위하여
③ 과전압 발생을 억제하기 위하여
④ 변압기 상간 단락 보호를 위하여

|정|답|및|해|설|

[비율차동계전기, 차동계전기] 발전기, 변압기 중간 단락 등 내부 고장 검출

【정답】 ④

43. 다이오드 2개를 이용하여 전파정류를 하고, 순저항 부하에 전력을 공급하는 회로가 있다. 저항에 걸리는 직류분 전압이 90[V]라면 다이오드에 걸리는 최대 역전압[V]의 크기는?

① 90　　② 242.8
③ 254.5　　④ 282.8

|정|답|및|해|설|

[단상 전파 직류전압] $E_d = 0.9E$, $PIV = 2\sqrt{2}E = E_d \times \pi$

여기서, E : 교류전압(실효값), E_d : 직류 전압, $\pi = 3.14$

·실효값 $E = \frac{E_d}{0.9} = \frac{90}{0.9} = 100[V]$

·역전압 첨두값 $PIV = 2\sqrt{2}E = \pi E_d = 2\sqrt{2} \times 100 = 282.8[V]$

【정답】 ④

44. 동기전동기에 대한 설명으로 옳은 것은?

① 기동 토크가 크다.
② 역률 조정을 할 수 있다.
③ 가변속 전동기로서 다양하게 응용된다.
④ 공극이 매우 작아 설치 및 보수가 어렵다.

|정|답|및|해|설|

[동기 전동기의 특성]

1. 장점
   - ·속도가 일정하다.
   - ·기동 토크가 작다.
   - ·언제나 역률 1로 운전할 수 있다.
   - ·위상과 역률을 조정할 수 있다.
   - ·유도 전동기에 비해 효율이 좋다.
   - ·공극이 크고 기계적으로 튼튼하다.
2. 단점
   - ·기동시 토크를 얻기가 어렵다.
   - ·속도 제어가 어렵다.
   - ·구조가 복잡하다.
   - ·난조가 일어나기 쉽다.
   - ·직류 전원 설비가 필요하다(직류 여자 방식).
   - ·가격이 고가이다.

【정답】 ②

45. 다음 농형 유도전동기에 주로 사용되는 속도 제어법은?

① 극수제어법　　② 종속제어법
③ 2차 여자제어법　　④ 2차 저항제어법

|정|답|및|해|설|

[농형 유도전동기] 농형 유도전동기의 극수를 변환시키면 극수에 반비례하여 동기 속도가 변하므로 회전 속도를 바꿀 수가 있다.

1. 농형 유도전동기의 속도제어법
   - · 주파수를 바꾸는 방법
   - · 극수를 바꾸는 방법
   - · 전원 전압을 바꾸는 방법
2. 권선형 유도전동기의 속도제어법
   - · 2차 여자제어법
   - · 2차 저항제어법
   - · 종속제어법

【정답】 ①

46. 3상 권선형 유도전동기에서 2차 측 저항을 2배로 하면 그 최대 토크는 어떻게 되는가?

① 불변이다. ② 2배 증가한다.
③ $\frac{1}{2}$로 감소한다. ④ $\sqrt{2}$ 배로 증가한다.

|정|답|및|해|설|

[3상 유도전동기의 최대 토크] $T_{\max} = K_0 \frac{E_2^2}{2x_2}[N \cdot m]$

여기서, E : 유도기전력, x : 리액턴스

∴유도전동기에서 최대 토크는 저항과 관계없이 항상 일정하다.

【정답】 ①

47. 정격전압, 정격주파수가 6,600/220[V], 60[Hz] 와류손이 720[W]인 단상변압기가 있다. 이 변압기를 3,300[V], 50[Hz]의 전원에 사용하는 경우 와류손은 약 몇[W]인가?

① 120 ② 150
③ 180 ④ 200

|정|답|및|해|설|

[와류손] $P_e = \sigma_e (tfB_m)^2$

· 변압기의 유기기전력 $E = 4.44fN\phi_m = 4.44fB_m AN$

$\rightarrow (B_m \propto \frac{E}{f})$

여기서, f : 주파수, N : 권수, $\varnothing_m$: 최대 자속

· 와류손 $P_e = \sigma_e (tfB_m)^2 \propto f^2 B^2 = e^2$

주파수와 무관하고 전압의 제곱에 비례

$\frac{P_e'}{P_e} = \left(\frac{e_1'}{e_1}\right)^2$ 에서

$\therefore P_e' = P_e \times \left(\frac{e'}{e}\right)^2 = 720 \times \left(\frac{3300}{6600}\right)^2 = 180[W]$ 【정답】 ③

48. 직류전동기의 전기자전류가 10[A]일 때 5[kg·m]의 토크가 발생하였다. 이 전동기의 계자의 자속이 80[%]로 감소되고, 전기자전류가 12[A]로 되면 토크는 약 몇[kg·m]인가?

① 5.2 ② 4.8 ③ 4.3 ④ 3.9

|정|답|및|해|설|

[직류전동기의 토크] $T = k\phi I_a$

여기서, k : 상수$(k = \frac{pZ}{2\pi a})$, $\varnothing$: 자속, I_a : 전기자전류

p : 극수, Z : 총도체수, a : 병렬회로수

∴토크 $T = k\phi I_a = 5 \times 0.8 \times \frac{12}{10} = 4.8[kg \cdot m]$ 【정답】 ②

49. 일반적인 변압기의 무부하손 중 효율에 가장 큰 영향을 미치는 것은?

① 와전류손 ② 유전체손
③ 히스테리시스손 ④ 여자전류 저항손

|정|답|및|해|설|

[변압기의 손실] 손실=무부하손(무부하시험)+부하손(단락시험)

·동손(부하손)

·철손(무부하손) : 히스테리시스손(무부하손 중 가장 큰 영향), 와류손

【정답】 ③

50. 전기자 총 도체수 152, 4극, 파권인 직류 발전기가 전기자 전류를 100[A]로 할 때 매극당 감자기자력[AT/극]은 얼마인가? (단, 브러시의 이동각은 10° 이다.)

① 33.6[AT/극] ② 52.8[AT/극]
③ 105.6[AT/극] ④ 211.2[AT/극]

|정|답|및|해|설|

[매극당 감자기자력] $AT_d = \frac{z}{2p}\frac{I_a}{a}\frac{2\alpha}{\pi}$[AT/pole]

여기서, p : 극수, z : 총도체수, a : 병렬회로수

I_a: 직렬회로의 전류, α : 브러시 이동각

$p = 4,\ Z = 152,\ a = 2,\ I_a = 1000[A], \alpha = 10°$

$AT_d = \frac{I_a Z}{2ap} \cdot \frac{2\alpha}{180} = \frac{100 \times 152}{2 \times 2 \times 4} \cdot \frac{2 \times 10}{180} = 105.6[AT/극]$

【정답】 ③

51. 보극이 없는 직류발전기에서 부하의 증가에 따라 브러시의 위치를 어떻게 하여야 하는가?

① 그대로 둔다.
② 계자극 중간에 놓는다.
③ 발전기의 회전 방향으로 이동시킨다.
④ 발전기의 회전 방향과 반대로 이동시킨다.

|정|답|및|해|설|

[전기자 반작용에 의한 전기적 중성축의 이동]

1. 발전기 : 회전방향으로 브러시 이동
2. 전동기 : 회전 반대 방향으로 브러시 이동

【정답】 ③

52. 반발 기동형 단상유도전동기의 회전 방향을 변경하려면?

① 전원의 2선을 바꾼다.

② 주권선의 2선을 바꾼다.

③ 브러시의 접속선을 바꾼다.

④ 브러시의 위치를 조정하다.

|정|답|및|해|설|

[단상 반발 전동기] 단상 반발 전동기는 브러시 위치 이동으로 속도 제어 및 역전이 가능하다. 【정답】 ④

53. 직류전동기의 속도제어 방법이 아닌 것은?

① 계자제어법 ② 전압제어법

③ 주파수제어법 ④ 직렬 저항제어법

|정|답|및|해|설|

[직류 전동기 속도제어]

구분	제어 특성	특징
계자 제어	계자전류(여자전류)의 변화에 의한 자속의 변화로 속도 제어	속도 제어 범위가 좁다. 정출력제어
전압 제어	워드 레오나드 방식 일그너 방식	·제어범위가 넓다. ·손실이 적다. ·정역운전 가능 정토크제어
저항 제어	전기자 회로의 저항 변화에 의한 속도 제어법	효율이 나쁘다.

※직류기에는 주파수가 없다. 【정답】 ③

54. 다음( )안에 알맞은 내용을 순서대로 나열한 것은?

SCR에서는 게이트 전류가 흐르면 순방향의 저지상태에서 ( )상태로 된다. 게이트 전류를 가하여 도통 완료까지의 시간을 ( )시간이라고 이 시간이 길면 ( )시의 ( )이 많고 소자가 파괴된다.

① 온(on), 턴온(Turn on), 스위칭, 전력손실

② 온(on), 턴온(Turn on), 전력손실, 스위칭

③ 스위칭, 온(on), 턴온(Turn on), 전력손실

④ 턴온(Turn on), 스위칭, 온(on), 전력손실

|정|답|및|해|설|

[사이리스터] 사이리스터는 게이트 전류가 흐르면 ON 상태가 된다. 게이트 전류를 가하여 도통 완료까지의 시간은 턴온 시간 【정답】 ①

55. 동기발전기의 단락비가 1.2이면 이 발전기의 %동기임피던스[p·u]는?

① 0.12 ② 0.25

③ 0.52 ④ 0.83

|정|답|및|해|설|

[단락비] $K_s = \frac{1}{\%Z_s}$

여기서, $\%Z_s$: 퍼센트동기임피던스

$\%Z_s = \frac{1}{K_s} = \frac{1}{1.2} = 0.83$ 【정답】 ④

56. 60[Hz]의 3상 유도전동기를 동일전압으로 50[Hz]에 사용할 때 ⓐ 무부하전류, ⓑ 온도상승, ⓒ 속도는 어떻게 변하겠는가?

① ⓐ $\frac{60}{50}$으로 증가, ⓑ $\frac{60}{50}$으로 증가
ⓒ $\frac{50}{60}$으로 감소

② ⓐ $\frac{60}{50}$으로 증가, ⓑ $\frac{50}{60}$으로 감소
ⓒ $\frac{50}{60}$으로 감소

③ ⓐ $\frac{60}{50}$으로 감소, ⓑ $\frac{60}{50}$으로 증가
ⓒ $\frac{50}{60}$으로 감소

④ ⓐ $\frac{50}{60}$으로 감소, ⓑ $\frac{60}{50}$으로 증가
ⓒ $\frac{60}{50}$으로 증가

|정|답|및|해|설|

[여자전류(무부하전류)]

$I_\phi = \frac{E}{\omega L} = \frac{E}{2\pi f L} \propto \frac{1}{f}$, $I_\phi{}' = \frac{f}{f'} I_\phi = \frac{60}{50} \times I_\phi$, 여자전류 증가

[철손] $P_i \propto \frac{E^2}{f}$, $P_i{}' = \frac{60}{50} P_i$, 철손이 증가하므로 온도상승 증가

[동기속도] $N_s = \frac{120f}{p}$에서 $N_s \propto f$, $\frac{50}{60}$으로 속도 감소

※$f \propto \frac{1}{I_a} \propto \frac{1}{T} \propto v$ 【정답】 ①

57. 동기발전기의 안정도를 증진시키기 위한 대책이 아닌 것은?

① 속응 여자 방식을 사용한다.
② 정상 임피던스를 작게 한다.
③ 역상·영상 임피던스를 작게 한다.
④ 회전자의 플라이 휠 효과를 크게 한다.

|정|답|및|해|설|

[동기발전기 안정도 증진방법]
·동기 임피던스를 작게 한다.
·속응 여자 방식을 채택한다.
·회전자에 플라이 휘일을 설치하여 관성 모멘트를 크게 한다.
·정상 임피던스는 작고, 영상, 역상 임피던스를 크게 한다.
·단락비를 크게 한다. 【정답】 ③

58. 비돌극형 동기발전기의 한 상의 단자전압을 V, 유기 기전력)을 E, 동기리액턴스를 X_s, 부하각을 δ이고 전기자저항을 무시할 때 최대 출력[W]은 얼마인가?

① $\frac{EV}{X_s}$ ② $\frac{3EV}{X_s}$
③ $\frac{E^2V}{X_s}\sin\delta$ ④ $\frac{EV^2}{X_s}\sin\delta$

|정|답|및|해|설|

[비돌극형 발전기의 출력]
1. 1상출력 $P=\frac{EV}{X_s}\sin\delta[W]$
2. 최대출력 : 부하각(δ)이 90°에서 최대값을 갖는다.
 즉, $P=\frac{EV}{X_s}\sin 90=\frac{EV}{X_s}$

※비돌극형은 원통형으로 고속기로 사용된다. 【정답】 ①

59. 3000/200[V] 변압기의 1차 임피던스가 225[Ω]이면 2차로 환산한 임피던스는 약 몇 [Ω]는?

① 1.0 ② 1.5
③ 2.1 ④ 2.8

|정|답|및|해|설|

[권수비] $a=\frac{N_1}{N_2}=\frac{V_1}{V_2}=\sqrt{\frac{Z_1}{Z_2}}$

권수비 $a=\frac{V_1}{V_2}=\frac{3000}{200}=15$

2차 임피던스 $Z_2=\frac{Z_1}{a^2}=\frac{225}{15^2}=1[\Omega]$ 【정답】 ①

60. 60[Hz], 1,328/230[V]의 단상변압기가 있다. 무부하전류 $I=3\sin\omega t+1.1\sin(3\omega t+\alpha_3)$이다. 지금 위와 똑같은 변압기 3대로 $Y-\triangle$ 결선하여 1차 2,300[V]의 평형전압을 걸고 2차를 무부로 하면 $\triangle$회로를 순환하는 전류(실효값)[A]는 약 얼마인가?

① 0.77 ② 1.10
③ 4.48 ④ 6.35

|정|답|및|해|설|

[변압기의 실효값] $Y-\triangle$결선이므로 제3고조파 전류는 회로에 흐를 수가 없고 2차 $\triangle$회로에 순환 전류로 되어 흐르게 된다. 그 크기는 권수비를 곱하여 2차로 환산한 값이 된다.

· 실효전류 $I_1=\frac{I_m}{\sqrt{2}}=\frac{1.1}{\sqrt{2}}=0.7778$

· 권수비 $a=\frac{V_1}{V_2}=\frac{1328}{230}=577$

$\therefore$2차전류 $I_2=aI_1=577\times 0.7778=4.48[A]$ 【정답】 ③

3회 2017년 전기기사필기(회로이론 및 제어공학)

61. 주파수 특성의 정수 중 대역폭이 좁으면 좁을수록 이때의 응답속도는 어떻게 되는가?

① 빨라진다.
② 늦어진다.
③ 빨라졌다 늦어진다.
④ 늦어졌다 빨라진다.

|정|답|및|해|설|

[시간응답영역과 주파수영역특성 사이의 관계]
· 대역폭과 공진첨두치가 서로 비례 관계에 있다.
· 대역폭은 크기가 $0.707M_0$ 또는 ($20\log M_0-3$)[dB]에서의 주파수로 정의한다(여기서, M_0 : 영 주파수에서의 이득).
·대역폭이 넓으면 넓을수록 응답속도가 빠르다.
·대역폭이 좁으면 좁을수록 응답속도가 늦어진다.
【정답】 ②

62. 다음 블록선도의 전달함수는?

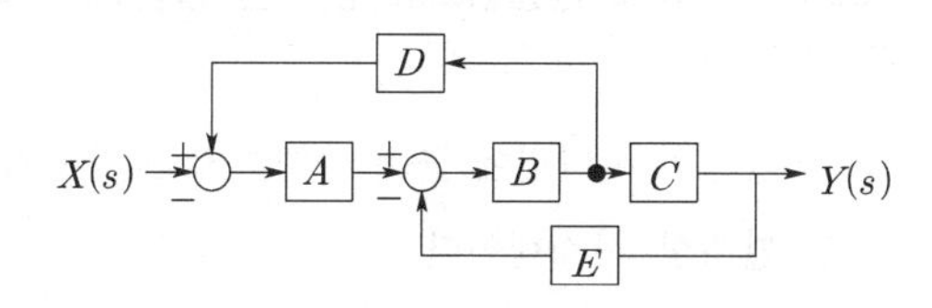

① $\frac{Y(s)}{X(s)}=\frac{ABC}{1+BCD+ABE}$

② $\frac{Y(s)}{X(s)}=\frac{ABC}{1+BCD+ABD}$

③ $\frac{Y(s)}{X(s)}=\frac{ABC}{1+BCE+ABD}$

④ $\frac{Y(s)}{X(s)}=\frac{ABC}{1+BCE+ABE}$

|정|답|및|해|설|

[블록선도의 전달함수] $G(s)=\frac{\sum G}{1-\sum L_1+\sum L_2+\cdots}$

→ (루프이득 : 피드백의 폐루프)

→ (전향경로 : 입력에서 출력으로 가는 길(피드백 제외))

L_1 : 각각의 모든 페루프 이득의 합($-ABD$)

L_2 : 서로 접촉하지 않는 2개의 페루프 이득의 곱의 합($-BCE$)

$\sum G$: 각각의 전향 경로의 합(ABC)

$$G(s)=\frac{\sum G}{1-\sum L_1+\sum L_2+\cdots}=\frac{ABC}{1-(-ABD-BCE)}=\frac{ABC}{1+ABD+BCE}$$

【정답】 ③

63. 다음의 논리회로가 나타내는 식은?

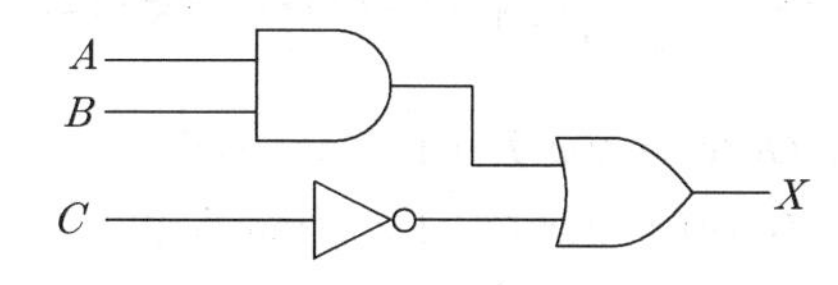

① $X=(A \cdot B)+\overline{C}$　② $X=\overline{(A \cdot B)}+C$

③ $X=\overline{(A+B)} \cdot C$　④ $X=(A+B) \cdot \overline{C}$

|정|답|및|해|설|

[논리 게이트]

1. AND gate : 직렬회로 논리곱으로 표현하며, $X=AB$
2. OR gate : 병렬회로 논리합으로 표현, $X=A+B$
3. NOT gate : bar(−)로 표현, $X=\overline{A}$

$X=(AB)+\overline{C}$

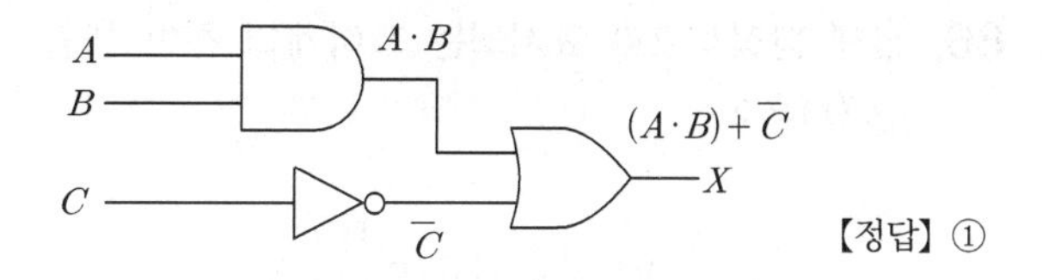

【정답】 ①

64. 그림과 같은 요소는 제어계의 어떤 요소인가?

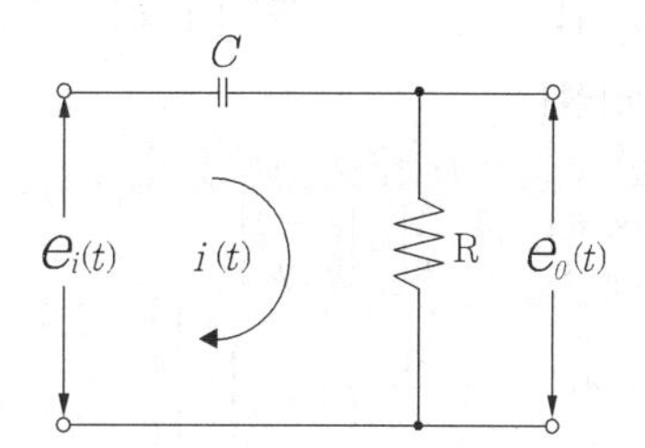

① 적분 요소

② 미분 요소

③ 1차 지연 요소

④ 1차 지연 미분 요소

|정|답|및|해|설|

[전달함수] $G(s)=\frac{E_0(s)}{E_i(s)}=\frac{R}{\frac{1}{Cs}+R}=\frac{RCs}{1+RCs}$

$=\frac{Ts}{1+Ts}$　→ ($T=RC$이므로)

여기서, K : 비례요소, Ks : 미분요소, $\frac{K}{s}$: 적분요소

$\frac{K}{Ts+1}$: 1차지연요소

그러므로 1차지연요소를 포함한 미분요소이다.

【정답】 ④

65. 제어기에서 적분제어의 영향으로 가장 적합한 것은?

① 대역폭이 증가한다.

② 응답 속응성을 개선시킨다.

③ 작동오차의 변화율에 반응하여 동작한다.

④ 정상상태의 오차를 줄이는 효과를 갖는다.

|정|답|및|해|설|

[연속제어]

1. 비례제어(P) : 사이클링은 없으나 잔류편차(off set) 발생
2. 적분제어(I) : 잔류편차 제거, 정상상태 개선
3. 미분제어(D) : 속응성 개선
4. 비례적분미분제어(PID) : 잔류편차 제거, 정상특성과 응답 속응성을 동시에 개선

【정답】 ④

66. 상태 방정식으로 표시되는 제어계의 천이 행렬 $\varnothing(t)$는?

$$X = \begin{bmatrix} 0 & 1 \\ 0 & 0 \end{bmatrix} X + \begin{bmatrix} 0 \\ 1 \end{bmatrix} u$$

① $\begin{bmatrix} 0 & t \\ 1 & 1 \end{bmatrix}$ ② $\begin{bmatrix} 1 & 1 \\ 0 & t \end{bmatrix}$

③ $\begin{bmatrix} 1 & t \\ 0 & 1 \end{bmatrix}$ ④ $\begin{bmatrix} 0 & t \\ 1 & 0 \end{bmatrix}$

|정|답|및|해|설|

[상태천이행렬] $\varnothing(t) = \mathcal{L}^{-1}[(sI-A)^{-1}]$

· $[sI-A] = \begin{bmatrix} s & 0 \\ 0 & s \end{bmatrix} - \begin{bmatrix} 0 & 1 \\ 0 & 0 \end{bmatrix} = \begin{bmatrix} s & -1 \\ 0 & s \end{bmatrix}$

· $\varnothing(s) = [sI-A]^{-1} = \dfrac{1}{\begin{bmatrix} s & -1 \\ 0 & s \end{bmatrix}} \begin{bmatrix} s & 1 \\ 0 & s \end{bmatrix} = \begin{bmatrix} \frac{1}{s} & \frac{1}{s^2} \\ 0 & \frac{1}{s} \end{bmatrix}$

$\therefore \varnothing(t) = \mathcal{L}^{-1}[sI-A]^{-1} = \mathcal{L}^{-1}\begin{bmatrix} \frac{1}{s} & \frac{1}{s^2} \\ 0 & \frac{1}{s} \end{bmatrix} = \begin{bmatrix} 1 & t \\ 0 & 1 \end{bmatrix}$

【정답】 ③

67. 제어장치가 제어대상에 가하는 제어신호로 제어장치의 출력인 동시에 제어대상의 입력인 신호는?

① 목표값 ② 조작량

③ 제어량 ④ 동작신호

|정|답|및|해|설|

[피드팩 제어 시스템]

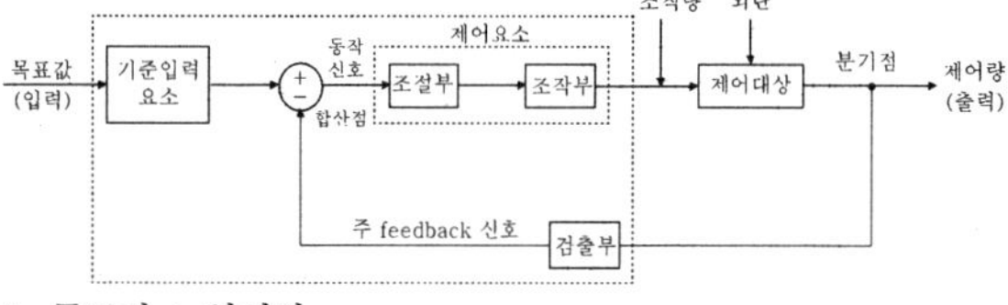

1. 목표값 : 입력값
2. 기준입력요소(설정부) : 목표값에 비례하는 기준 입력 신호 발생
3. 동작신호 : 제어 동작을 일으키는 신호, 편차라고도 한다.
4. 제어 요소 : 동작신호를 조작량으로 변환하는 요소, 조절부와 조작부로 구성
5. 조작량 : 제어 요소의 출력신호, 제어 대상의 입력신호
6. 제어량 : 제어를 받는 제어계의 출력, 제어 대상에 속하는 양

【정답】 ②

68. 특정 방정식 $S^5 + 2S^4 + 2S^3 + 3S^2 + 4S + 1$을 Routh-Hurwitz 판별법으로 분석한 결과이다. 옳은 것은 ?

① s-평면의 우반면에 근이 존재하지 않기 때문에 안정한 시스템이다.

② s-평면의 우반면에 근이 1개 존재하기 때문에 불안정한 시스템이다.

③ s-평면의 우반면에 근이 2개 존재하기 때문에 불안정한 시스템이다.

④ s-평면의 우반면에 근이 3개 존재하기 때문에 불안정한 시스템이다.

|정|답|및|해|설|

[루드 표]

S^5	1	2	4
S^4	2	3	1
S^3	$\frac{4-3}{2}=0.5$	$\frac{8-1}{2}=3.5$	
S^2	$\frac{1.5-7.5}{0.5}=-11$	1	
S^1	3.55	0	
S^0	1		

루드표에서 제1열의 부호가 2번 변하므로(0.5에서 -11로, -11에서 3.55로) s평면의 우반면에 불안정한 근이 2개가 존재하는 불안정 시스템이다.

【정답】 ③

|참|고|

60페이지 [(3) 루드표 작성 및 안정도 판별법] 참조

69. $G(j\omega) = \dfrac{1}{j\omega T + 1}$ 의 크기와 위상각은?

① $G(j\omega) = \sqrt{\omega^2 T^2 + 1} \angle \tan^{-1}\omega T$

② $G(j\omega) = \sqrt{\omega^2 T^2 + 1} \angle -\tan^{-1}\omega T$

③ $G(j\omega) = \dfrac{1}{\sqrt{\omega^2 T^2 + 1}} \angle \tan^{-1}\omega T$

④ $G(j\omega) = \dfrac{1}{\sqrt{\omega^2 T^2 + 1}} \angle -\tan^{-1}\omega T$

|정|답|및|해|설|

[전달함수] $G(j\omega) = \dfrac{1}{1+j\omega T} \angle 0 - \tan^{-1}\omega T$

1. 크기 : $|G(j\omega)| = \left|\dfrac{1}{1+j\omega T}\right| = \dfrac{1}{\sqrt{1+(\omega T)^2}}$

2. 위상각 : $\theta = -\tan^{-1}\dfrac{\omega T}{1} = -\tan^{-1}\omega T$

【정답】 ④

70. Routh 안정판별표에서 수열의 제1열이 다음과 같을 때 이 계통의 특성 방정식에 양의 실수부를 갖는 근이 몇 개인가?

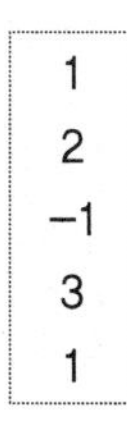

1
2
−1
3
1

① 전혀 없다. ② 1개 있다.
③ 2개 있다. ④ 3개 있다.

|정|답|및|해|설|

[Routh 안정판별표] 루드표를 작성할 때 제 1열 요소의 부호 변환은 s평면의 우반면에 존재하는 근의 수를 나타낸다.
제1열의 2에서 -1과 -1에서 3으로 부호변화가 2번 있으므로 양의 실수를 (우반면에) 갖는 근은 2개 이다.

【정답】 ③

71. 회로에서 전류 방향을 옳게 나타낸 것은?

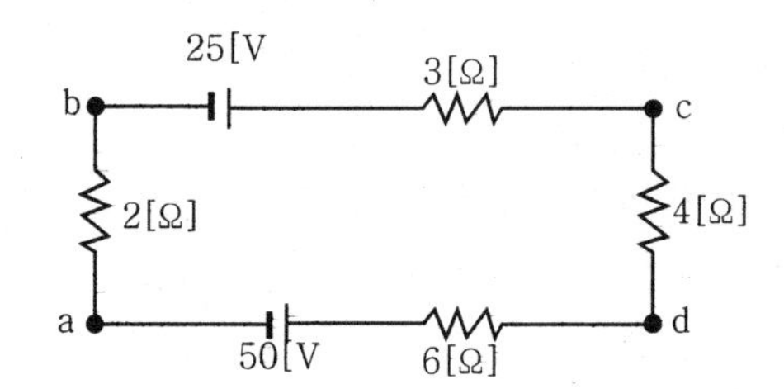

① 알 수 없다. ② 시계방향이다.
③ 흐르지 않는다. ④ 반시계방향이다.

|정|답|및|해|설|

[전류의 방향] 직류 전원이 직렬로 연결되어 있는 경우에는 큰 전원에서 작은 전원 쪽으로 전류가 흐른다.
그러므로 반시계 방향($d \to c \to b \to a$)으로 전류가 흐른다.

【정답】 ④

72. 입력신호 $x(t)$ 출력신호 $y(t)$의 관계가 다음과 같을 때 전달함수는?

$$\frac{d^2y(t)}{dt^2}+5\frac{dy(t)}{dt}+6y(t)=x(t)$$

① $\frac{1}{(s+2)(s+3)}$ ② $\frac{s+1}{(s+2)(s+3)}$
③ $\frac{s+4}{(s+2)(s+3)}$ ④ $\frac{s}{(s+2)(s+3)}$

|정|답|및|해|설|

[전달함수]
$\frac{d^2y(t)}{dt^2}+5\frac{dy(t)}{dt}+6y(t)=x(t)$에서
모든 초기치를 0으로 하고 라플라스 변환하면
$s^2Y(s)+5sY(s)+6Y(s)=X(s)$
$\to (s^2+5s+6)Y(s)=X(s)$
$\therefore G(s)=\frac{Y(s)}{X(s)}=\frac{1}{s^2+5s+6}=\frac{1}{(s+2)(s+3)}$

【정답】 ①

73. 회로에서 10[mH]의 인덕턴스에 흐르는 전류는 일반적으로 $i(t)=A+Be^{-at}$로 표시된다. a의 일반 값은?

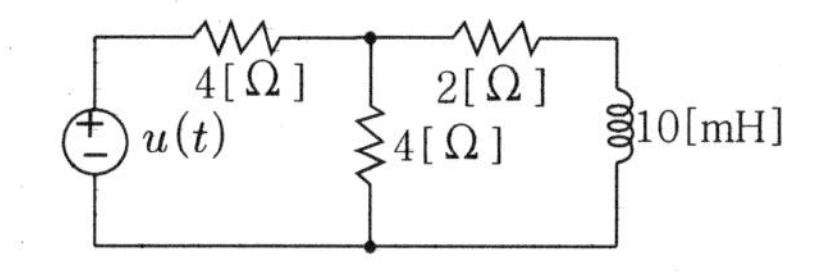

① 100 ② 200
③ 400 ④ 500

|정|답|및|해|설|

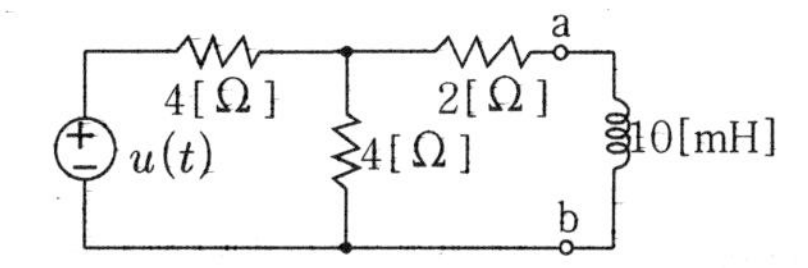

[개방전압] $V_{ab}=\frac{u(t)}{4+4}\times 4=0.5u(t)$

[테브난 등가저항] $R=\frac{4\times 4}{4+4}+2=4[\Omega]$

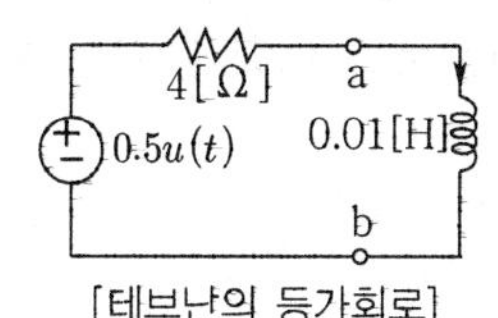

[테브난의 등가회로]

$i(t)=\frac{E}{R}\left(1-e^{-\frac{R}{L}t}\right)=\frac{0.5}{4}(1-e^{-\frac{4}{0.01}t})=0.125(1-e^{-400t})$

$\therefore \alpha=\frac{R}{L}=400$

【정답】 ③

74. $R-L$ 직렬 회로에 $e=100\sin(120\pi t)[V]$의 전원을 연결하여 $I=2\sin(120\pi t-45^\circ)[A]$의 전류가 흐르도록 하려면 저항은 몇 $[\Omega]$인가?

① 25.0　② 35.4
③ 50.0　④ 70.7

|정|답|및|해|설|

[임피던스] $Z=\dfrac{E}{I}$

· 임피던스 $Z=\dfrac{E}{I}=\dfrac{\frac{100}{\sqrt{2}}\angle 0^\circ}{\frac{2}{\sqrt{2}}\angle -45^\circ}=50\angle 45^\circ$　$\rightarrow (E=\dfrac{E_m}{\sqrt{2}})$

$\rightarrow Z=50(\cos 45^\circ+j\sin 45^\circ)=35.36+j35.36$

· 임피던스 $Z=R+jX$이므로

$\rightarrow R=35.36[\Omega],\quad X=35.36[\Omega]$　【정답】 ②

75. 3상 △부하에서 각 선전류를 I_a, I_b, I_c라 하면 전류의 영상분은? (단, 회로 평형 상태임)

① ∞　② $\dfrac{1}{3}$
③ 1　④ 0

|정|답|및|해|설|

[△ 결선의 전류 영상분] $I_0=\dfrac{1}{3}(I_a+I_b+I_c)$

$I_a+I_b+I_c=0$이므로 $I_0=0$이다.　【정답】 ④

76. 정현파 교류전원 $e=E_m\sin(\omega t+\theta)$가 인가된 $R-L-C$직렬회로에 있어서 $\omega L>\dfrac{1}{\omega C}$일 경우, 이 회로에 흐르는 전류의 $I[A]$의 위상은 인가전압 $e[V]$의 위상보다 어떻게 되는가?

① $\tan^{-1}\dfrac{\omega L-\frac{1}{\omega C}}{R}$ 앞선다.

② $\tan^{-1}\dfrac{\omega L-\frac{1}{\omega C}}{R}$ 뒤진다.

③ $\tan^{-1}R\left(\dfrac{1}{\omega L}-\omega C\right)$ 앞선다.

④ $\tan^{-1}R\left(\dfrac{1}{\omega L}-\omega C\right)$ 뒤진다.

|정|답|및|해|설|

[$R-L-C$ 직렬회로]

1. ·임피던스 $Z=R+j(X_L-X_C)=R+j\left(\omega L-\dfrac{1}{\omega C}\right)=Z\angle\theta[\Omega]$

2. $\omega L>\dfrac{1}{\omega C}$: 유도성 회로, 지상전류(I_L)

3. $\omega L<\dfrac{1}{\omega C}$: 용량성 회로, 진상전류(I_C)

∴ 임피던스의 위상 $\theta=\tan^{-1}\dfrac{\text{허수부}}{\text{실수부}}=\tan^{-1}\dfrac{\left(\omega L-\frac{1}{\omega C}\right)}{R}$ 뒤진다(유도성).　【정답】 ②

77. 그림과 같은 R-C 병렬 회로에서 전원 전압이 $e(t)=3e^{-5t}$인 경우 이 회로의 임피던스는?

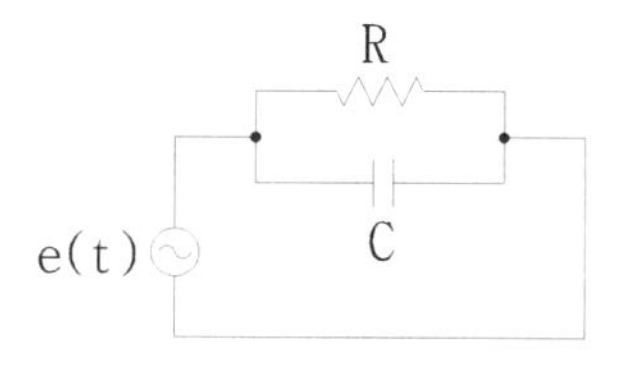

① $\dfrac{j\omega RC}{1+j\omega RC}$　② $\dfrac{R}{1-5RC}$
③ $\dfrac{R}{1+RCs}$　④ $\dfrac{1+j\omega RC}{R}$

|정|답|및|해|설|

[병렬회로의 임피던스] $Z=\dfrac{\frac{R}{jwC}}{R+\frac{1}{jwC}}=\dfrac{R}{1+jwCR}$

$e_s(t)=3e^{-5t}$에서 $jw=-5$이므로　$\rightarrow (e^{jt}=e^{j\omega t})$

$\therefore Z=\dfrac{R}{1+jwCR}=\dfrac{R}{1-5CR}$　【정답】 ②

78. 분포정수 선로에서 위상정수를 $\beta[rad/m]$라 할 때 파장은?

① $2\pi\beta$　② $\dfrac{2\pi}{\beta}$
③ $4\pi\beta$　④ $\dfrac{4\pi}{\beta}$

|정|답|및|해|설|

[전파속도] $v=\dfrac{\omega}{\beta}=\dfrac{1}{\sqrt{LC}}=\lambda\cdot f[\text{m/sec}]$

여기서, ω : 각속도(=$2\pi f$), f: 주파수, β : 위상정수, λ : 파장

$\lambda f=\dfrac{w}{\beta}=\dfrac{2\pi f}{\beta}\qquad \therefore \lambda=\dfrac{2\pi}{\beta}[m]$　【정답】 ②

79. 성형(Y)결선의 부하가 있다. 선간전압 300[V]의 3상 교류를 인가했을 때 선전류가 40[A]이고 역률이 0.8이라면 리액턴스는 몇 [Ω]인가?

① 1.66 ② 2.60
③ 3.56 ④ 4.33

|정|답|및|해|설|

[임피던스] $Z=R+jX_L=Z(\cos\theta+j\sin\theta)$

· 한 상의 임피던스 $Z=\frac{V_p}{I}=\frac{\frac{300}{\sqrt{3}}}{40}=\frac{30}{4\sqrt{3}}=4.33[\Omega]$

→ (Y결선시 V_p(상전압)$=\frac{1}{\sqrt{3}}V_l$(선간전압))

· $Z=R+jX_L=Z(\cos\theta+j\sin\theta)$

→ $(\sin\theta=\sqrt{1-\cos^2\theta}=\sqrt{1-0.8^2}=0.6)$

∴리액턴스 $X_L=Z\sin\theta=4.33\times0.6=2.598[\Omega]$

【정답】 ②

80. 그림의 회로에서 합성 인덕턴스는?

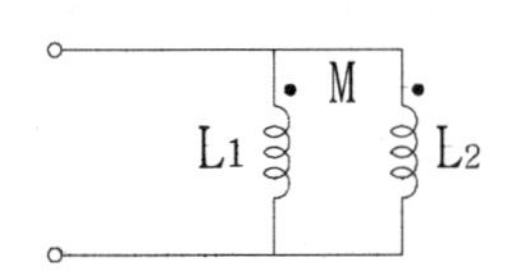

① $\frac{L_1L_2-M^2}{L_1+L_2-2M}$ ② $\frac{L_1L_2+M^2}{L_1+L_2-2M}$
③ $\frac{L_1L_2-M^2}{L_1+L_2+2M}$ ④ $\frac{L_1L_2+M^2}{L_1+L_2+2M}$

|정|답|및|해|설|

[병렬 접속 시 합성 인덕턴스] 병렬 접속형의 동가 회로를 그려보면 그림과 같다.

그러므로 합성인덕턴스 L_0는

$$L_0=M+\frac{(L_1-M)(L_2-M)}{(L_1-M)+(L_2-M)}=\frac{L_1L_2-M^2}{L_1+L_2-2M}$$

【정답】 ①

3회 2017년 전기기사필기 (전기설비기술기준)

81. 최대 사용전압 7[kV] 이하 전로의 절연내력을 시험할 때 시험전압을 연속하여 몇 분간 가하였을 때 이에 견디어야 하는가?

① 5분 ② 10분
③ 15분 ④ 30분

|정|답|및|해|설|

[전로의 절연저항 및 절연내력 (KEC 132)] 고압 및 특고압의 전로에 연속하여 10분간 가하여 절연내력을 시험하였을 때에 이에 견디어야 한다.

【정답】 ②

82. 가공전선로에 사용하는 지지물의 강도 계산시 구성재의 수직 투영면적 1[m^2]에 대한 대한 풍압을 기초로 적용하는 갑종풍압하중 값의 기준으로 틀린 것은?

① 목주 : 588[pa]
② 원형 철주 : 588[pa]
③ 철근콘크리트주 : 1117[pa]
④ 강관으로 구성된 철탑(단주는 제외) : 1,255[pa]

|정|답|및|해|설|

[풍압하중의 종별과 적용 (KEC 331.6)]

풍압을 받는 구분				풍압[Pa]
지지물	목주			588
	철주	원형의 것		588
		삼각형 또는 농형		1412
		강관에 의하여 구성되는 4각형의 것		1117
		기타의 것으로 복재가 전후면에 겹치는 경우		1627
		기타의 것으로 겹치지 않은 경우		1784
	철근 콘크리트 주	원형의 것		588
		기타의 것		822
	철탑	단주	원형의 것	588[Pa]
			기타의 것	1,117[Pa]
		강관으로 구성되는 것(단주는 제외함)		1,255[Pa]
		기타의 것		2,157[Pa]

【정답】 ③

83. 고압 인입선 시설에 대한 설명으로 틀린 것은?

① 15[m] 떨어진 다른 수용가에 고압 이웃 연결(연접) 인입선을 시설하였다.
② 전선은 5[mm] 경동선과 동등한 세기의 고압 절연전선을 사용하였다.
③ 고압 가공인입선 아래에 위험표시를 하고 지표상 3.5[m]의 높이에 설치하였다.
④ 횡단 보도교 위에 시설하는 경우 케이블을 사용하여 노면상에서 3.5[m]의 높이에 시설하였다.

|정|답|및|해|설|

[고압 가공인입선의 시설 (KEC 331.12.1)]
- 인장강도 8.01[kN] 이상의 고압절연전선 또는 5[㎜] 이상의 경동선 사용
- 고압 가공 인입선의 높이 3.5[m]까지 감할 수 있다.(전선의 아래쪽에 위험 표시를 할 경우)
- 고압 이웃 연결(연접) 인입선은 시설하여서는 아니 된다.

【정답】 ①

84. 공통접지공사 적용 시 선도체의 단면적이 16 $[mm^2]$인 경우 보호도체(PE)에 적합한 단면적은? 단, 보호도체의 재질이 선도체와 같은 경우

① 4　② 6　③ 10　④ 16

|정|답|및|해|설|

[상도체와 보호도체 (KEC 142.3.2)]

상도체의 단면적 S (mm²)	대응하는 보호도체의 최소 단면적(mm²)	
	보호도체의 재질이 상도체와 같은 경우	보호도체의 재질이 상도체와 다른 경우
$S \le 16$	S	$\frac{k_1}{k_2} \times S$
$16 < S \le 35$	$16(a)$	$\frac{k_1}{k_2} \times 16$
$S > 35$	$\frac{S(a)}{2}$	$\frac{k_1}{k_2} \times \frac{S}{2}$

k_1 : 도체 및 절연의 재질에 따라 KS C IEC 60364-5-54 부속서 A(규정)에서 선정된 상도체에 대한 k값
k_2 : KS C IEC 60364-5-54 부속서 A(규정)에서 선정된 보호도체에 대한 k값
a : PEN도체의 경우 단면적의 축소는 중성선의 크기결정에 대한 규칙에만 허용된다.

선도체의 단면적이 $16[mm^2]$ 이하이고 보호도체의 재질이 상도체와 같을 때에는 최소 단면적을 선도체와 같게 한다.

【정답】 ④

85. 일반 변전소 또는 이에 준하는 곳의 주요 변압기에 반드시 시설하여야 하는 계측장치가 아닌 것은?

① 주파수　② 전압
③ 전류　④ 전력

|정|답|및|해|설|

[계측장치의 시설 (KEC 351.6)]
- 발전기 · 연료전지 또는 태양전지 모듈의 전압 및 전류 또는 전력
- 발전기의 베어링 및 고정자 온도
- 주요 변압기의 전압 및 전류 또는 전력

1특고압용 변압기의 온도

【정답】 ①

86. 345[kV] 가공전선이 154[kV] 가공전선과 교차하는 경우 이들 양 전선 상호간의 간격은 몇 [m] 이상인가?

① 4.48　② 4.96
③ 5.48　④ 5.82

|정|답|및|해|설|

[특고압 가공전선과 저고압 가공전선 등의 접근 또는 교차 (KEC 333.26)]

사용전압의 구분	간격
60[㎸] 이하	2[m]
60[㎸] 초과	2[m]에 사용전압이 60[㎸]를 초과하는 10[㎸] 또는 그 수단마다 12[㎝]을 더한 값

- 단수 $= \frac{345-60}{10} = 28.5 = 29$단
- 간격 $= 2 + 29 \times 0.12 = 5.48[m]$

【정답】 ③

87. 고압 가공전선으로 경동선을 사용하는 경우 안전율은 얼마 이상이 되는 처짐 정도(이도)로 시설하여야 하는가?

① 2.0　② 2.2　③ 2.5　④ 4.0

|정|답|및|해|설|

[저·고압 가공전선의 안전율 (KEC 331.14.2)]

고압 가공전선은 케이블인 경우 이외에는 다음 각 호에 규정하는 경우에 그 안전율이 경동선 또는 내열 동합금선은 2.2 이상, 그 밖의 전선은 2.5 이상이 되는 처짐 정도로 시설하여야 한다.

【정답】 ②

88. 애자사용공사에 의한 저압 옥내배선을 시설할 때 전선의 지지점간의 거리는 전선을 조영재의 윗면 또는 옆면에 따라 붙일 경우 몇 [m] 이하인가?

① 1.5 ② 2 ③ 2.5 ④ 3

|정|답|및|해|설|

[애자사용공사 (KEC 232.56)]

1. 옥외용 및 인입용 절연 전선을 제외한 절연 전선을 사용할 것
2. 전선 상호간의 간격 6[cm] 이상일 것
3. 전선과 조명재의 간격
   - ·400[V] 미만은 2.5[cm] 이상
   - ·400[V] 이상의 저압은 4.5[cm] 이상
4. 전선의 지지점 간의 거리는 전선을 조영재의 윗면 또는 옆면에 따라 붙일 경우에는 2[m] 이하일 것
5. 사용전압이 400[V] 이상인 것은 ④의 경우 이외에는 전선의 지지점 간의 거리는 6[m] 이하일 것

【정답】 ②

89. 변압기 저압 측 중성선에 접지공사를 하는 경우 변압기의 시설 장소로부터 몇 [m]까지 떼어 놓을 수 있는가?

① 50 ② 100 ③ 150 ④ 200

|정|답|및|해|설|

[고압 또는 특고압과의 저압의 혼촉에 의한 위험 방지 시설 (KEC 322.1)]

1. 고압전로 또는 특고압전로와 저압전로를 결합하는 변압기의 저압측의 중성점에는 접지공사를 하여야 한다.
2. 접지공사는 시설장소마다 시행하여야 하며, 변압기의 시설장소로부터 200[m]까지 떼어놓을 수 있다.
3. 가공공동지선은 인장강도 5.26[kN] 이상 또는 지름 4[mm] 이상의 경동선

【정답】 ④

90. 백열전등 또는 방전등에 전기를 공급하는 옥내전로의 대지전압은 몇 [V] 이하이어야 하는가?

① 120 ② 150
③ 200 ④ 300

|정|답|및|해|설|

[[1[kV] 이하 방전등 (kec 234.11.1)] 백열전등 또는 방전등에 전기를 공급하는 옥내의 전로의 대지전압은 300[V] 이하이어야 하며, 다음 각 호에 의하여 시설하여야 한다. 다만, 대지전압 150[V] 이하의 전로인 경우에는 다음 각 호에 의하지 아니할 수 있다.

1. 방전등 및 이에 부속하는 전선은 사람이 접촉할 우려가 없도록 시설할 것
2. 방전등용 안정기는 옥내배선과 직접 접속하여 시설할 것

|참|고|

[대자전압]

1. 90[%] 이상은 300[V]
2. 예외인 경우
   - ① 누설전압이 없는 경우 → 대지전압 150[V]
   - ② 전기저장장치, 태양광설비 → 직류 600[V]

【정답】 ④

91. 특수장소에 시설하는 전선로의 기준으로 틀린 것은?

① 다리의 윗면에 시설하는 저압전선로는 다리 노면상 5[m] 이상으로 할 것
② 다리에 시설하는 고압전선로에 전선과 조영재 사이의 간격은 20[cm] 이상일 것
③ 저압전선로와 고압전선로를 같은 벼랑에 시설하는 경우 고압전선과 저압전선 사이의 간격은 50[cm] 이상일 것
④ 벼랑과 같은 수직부분에 시설하는 전선로는 부득이한 경우에 시설하며, 이때 전선의 지지점 간의 거리는 15[m] 이하로 할 것

|정|답|및|해|설|

[다리에 시설하는 전선로 (KEC 335.6)]

다리의 윗면에 시설하는 것은 다음에 의하는 이외에 전선의 높이를 다리의 노면상 5[m] 이상으로 하여 시설할 것

- · 전선은 케이블인 경우 이외에는 인장강도 2.30[kN] 이상의 것 또는 지름 2.6[mm] 이상의 경동선의 절연전선일 것
- · 전선과 조영재 사이의 간격은 전선이 케이블인 경우 이외에는 30[cm] 이상일 것
- · 전선은 케이블인 경우 이외에는 조영재에 견고하게 붙인 완금류에 절연성·난연성 및 내수성의 애자로 지지할 것
- · 전선이 케이블인 경우에는 전선과 조영재 사이의 간격을 15[cm] 이상으로 하여 시설할 것

【정답】 ②

92. 고압 옥내배선의 시설 공사로 할 수 없는 것은?

① 케이블 공사
② 가요전선관 공사
③ 케이블트레이공사
④ 애자사용공사(건조한 장소로서 전개된 장소)

|정|답|및|해|설|

[고압 옥내배선 등의 시설 (KEC 342.1)]

고압 옥내배선은 다음 각 호에 따라 시설하여야 한다.

- ·애자사용공사(건조한 장소로서 전개된 장소에 한한다)
- ·케이블 공사
- ·케이블트레이공사

【정답】 ②

93. 사용전압 154[kV]의 특고압 가공전선로를 시가지에 시설하는 경우 지표상 몇 [m] 이상에 시설하여야 하는가?

① 7 ② 8 ③ 9.44 ④ 11.44

|정|답|및|해|설|

[시가지 등에서 특고압 가공전선로의 시설 (KEC 333.1)]
170[kV] 이하 특고압 가공전선로 높이

사용전압의 구분	지표상의 높이
35[kV] 이하	10[m] (전선이 특고압 절연전선인 경우에는 8[m])
35[kV] 초과	10[m]에 35[kV]를 초과하는 10[kV] 또는 그 단수마다 12[cm]를 더한 값

단수 : 15.4−3.5=11.9≒12단
지표상의 높이 : 10+12×0.12=11.44[m] 【정답】 ④

94. 가공전선로 지지물 기초의 안전율은 일반적으로 얼마 이상인가?

① 1.5 ② 2
③ 2.2 ④ 2.5

|정|답|및|해|설|

[가공전선로 지지물의 기초의 안전율 (KEC 331.7)] 가공전선로의 지지물에 하중이 가하여지는 경우에 그 하중을 받는 지지물의 기초 안전율 2 이상(단, 이상시 상정하중에 대한 철탑의 기초에 대하여는 1.33)이어야 한다. 【정답】 ②

95. "지중관로"에 대한 정의로 가장 옳은 것은?

① 지중전선로, 지중 약전류전선로와 지중매설지선 등을 말한다.
② 지중전선로, 지중 약전류전선로와 복합케이블선로, 기타 이와 유사한 것 및 이들에 부속되는 지중함을 말한다.
③ 지중전선로, 지중 약전류전선로, 지중에 시설하는 수관 및 가스관과 지중매설지선을 말한다.
④ 지중전선로, 지중 약전류 전선로, 지중 광섬유 케이블선로, 지중에 시설하는 수관 및 가스관과 기타 이와 유사한 것 및 이들에 부속하는 지중함 등을 말한다.

|정|답|및|해|설|

[지중관로] 지중관로란 지중전선로, 지중약전류전선로, 지중에 시설하는 수관 및 가스관과 이와 유사한 것 및 이들에 부속하는 지중함 등을 말한다. 【정답】 ④

96. 가공 전선로의 지지물에 시설하는 지지선의 시설 기준으로 옳은 것은?

① 지지선의 안전율은 1.2 이상일 것
② 소선은 최소 5가닥 이상의 연선일 것
③ 도로를 횡단하여 시설하는 지지선의 높이는 일반적으로 지표상 5[m] 이상으로 할 것
④ 지중부분 및 지표상 60[cm]까지의 부분은 아연도금을 한 철봉 등 부식하기 어려운 재료를 사용할 것

|정|답|및|해|설|

[지지선의 시설 (KEC 331.11)]
가공 전선로의 지지물에 시설하는 지지선의 시설 기준
·안전율 : 2.5 이상 일 것
·최저 인상 하중 : 4.31[kN]
 · 소선의 지름이 2.6[mm] 이상의 금속선을 사용한 것일 것
 · 소선 3가닥 이상의 연선일 것
·지중 및 지표상 30[cm]까지의 부분은 아연도금 철봉 등을 사용
·도로를 횡단하여 시설하는 지지선의 높이는 일반적으로 지표상 5[m] 이상으로 할 것 【정답】 ③

97. 지중 전선로의 시설에서 관로식에 의하여 시설하는 경우 매설 깊이는 몇 [m] 이상으로 하여야 하는가?

① 0.6 ② 1.0
③ 1.2 ④ 1.5

|정|답|및|해|설|

[지중 전선로의 시설 (KEC 334.1)] 전선은 케이블을 사용하고, 또한 관로식, 암거식, 직접 매설식에 의하여 시공한다.
1. 직접 매설식 : 매설 깊이는 중량물의 압력이 있는 곳은 1.0[m] 이상, 없는 곳은 0.6[m] 이상으로 한다.
2. 관로식 : 매설 깊이를 1.0[m] 이상, 중량물의 압력을 받을 우려가 없는 곳은 60[cm] 이상으로 한다.
3. 암거식 : 지하 구조물 내 케이블 지지대를 설치하고 그 위에 케이블을 부설하는 방식 【정답】 ②

98. 케이블트레이공사 적용 시 적합한 사항은?

① 난연성 케이블을 사용한다.

② 케이블 트레이의 안전율은 2.0 이상으로 한다.

③ 케이블 트레이 안에서 전선접속은 허용하지 않는다.

④ 금속제 케이블 트레이는 접지공사를 하지 않는다.

|정|답|및|해|설|

[케이블트레이공사 (KEC 232.41)]

- 전선은 연피 케이블, 알루미늄피 케이블 등 난연성 케이블, 기타 케이블 또는 금속관 혹은 합성수지관 등에 넣은 절연전선을 사용하여야 한다.
- 수용된 모든 전선을 지지할 수 있는 적합한 강도의 것이어야 한다. 이 경우 케이블 트레이의 안전율은 1.5 이상으로 하여야 한다.
- 비금속제 케이블 트레이는 난연성 재료의 것이어야 한다.
- 금속제 케이블 트레이는 kec140에 의한 접지공사를 하여야 한다.

【정답】 ①

99. 저압 옥내배선에 적용하는 사용전선의 내용 중 틀린 것은?

① 단면적 $2.5[mm^2]$ 이상의 연동선이어야 한다.

② 미네럴인슈레이션케이블로 옥내배선을 하려면 케이블 단면적은 $2[mm^2]$ 이상이어야 한다.

③ 진열장 등 사용전압이 400[V] 미만인 경우 $0.75[mm^2]$ 이상인 코드 또는 캡타이어 케이블을 사용할 수 있다.

④ 전광표시장치 또는 제어회로에 사용전압이 400[V] 미만인 경우 사용하는 배선은 단면적 $1.5[mm^2]$ 이상의 연동선을 사용하고 합성수지관 공사로 할 수 있다.

|정|답|및|해|설|

[저압 옥내배선의 사용전선 (kec 231.3.1)]

1. 저압 옥내 배선의 사용 전선은 $2.5[mm^2]$ 연동선
2. 옥내배선의 사용전압이 400[V] 미만인 경우
   - 전광표시 장치 · 출퇴 표시등 기타 이와 유사한 장치 또는 제어 회로 등에 사용하는 배선에 단면적 $1.5[mm^2]$ 이상의 연동선을 사용할 것
   - 전광표시 장치·출퇴 표시등 기타 이와 유사한 장치 또는 제어 회로 등의 배선에 단면적 $0.75[mm^2]$ 이상인 다심케이블 또는 다심 캡타이어 케이블을 사용하고 또한 과전류가 생겼을 때에 자동적으로 전로에서 차단하는 장치를 시설하는 경우

【정답】 ②

2016년 1회 전기기사 필기 기출문제

1회 2016년 전기기사필기 (전기자기학)

1. 송전선의 전류가 0.01초간에 10[kA] 변화할 때 송전선과 평행한 통신선에 유도되는 전압은? (단, 송전선과 통신선간의 상호 유도계수는 0.3[mH]이다.)

① 30[V] ② 3×10^2[V]
③ 3×10^3[V] ④ 3×10^4[V]

|정|답|및|해|설|

[유도전압] $e=M\frac{di(t)}{dt}[V]$

여기서, M : 상호유도계수[H], dt : 시간의 변화량[sec]
di : 전류의 변화량[A]

$e=M\frac{di(t)}{dt}=0.3\times10^{-3}\times\frac{10\times10^3}{0.01}=3\times10^2[V]$

【정답】 ②

2. 전류가 흐르고 있는 도체와 직각방향으로 자계를 가하게 되면 도체 측면에 정·부의 전하가 생기는 것을 무슨 효과라 하는가?

① 톰슨(Thomson) 효과
② 펠티에(Peltier) 효과
③ 제백(Seebeck) 효과
④ 홀(Hall) 효과

|정|답|및|해|설|

[홀 효과(Hall effect)] 도체나 반도체의 물질에 전류를 흘리고 이것과 직각 방향으로 자계를 가하면 플레밍의 오른손 법칙에 의하여 도체 내부의 전하가 횡방향으로 힘을 모아 도체 측면에 (+), (-)의 전하가 나타나는데 이러한 현상을 홀 효과라고 한다.

【정답】 ④

3. 극판 간격 d[m], 면적 S[m^2], 유전율 ϵ[F/m]이고, 정전용량이 C[F]인 평행판 콘덴서에 $v=V_m\sin wt$[V]의 전압을 가할 때의 변위전류[A]는?

① $wCV_m\cos wt$ ② $CV_m\sin wt$
③ $-CV_m\sin wt$ ④ $-wCV_m\cos wt$

|정|답|및|해|설|

[변위전류(I_d)] $I_d=i_d\times S=\omega\frac{\epsilon S}{d}V_m\cos wt=wCV_m\cos wt[A]$

변위전류밀도 $i_d=\frac{\partial D}{\partial t}=\epsilon\frac{\partial E}{\partial t}=\epsilon\frac{\partial}{\partial t}\left(\frac{v}{d}\right)=\frac{\epsilon}{d}\frac{\partial}{\partial t}V_m\sin wt$

$=\omega\frac{\epsilon}{d}V_m\cos wt[A/m^2]$

$\rightarrow(C=\frac{\epsilon S}{d},\ E=\frac{v}{d},\ D=\epsilon E)$

∴전채 변위전류 $I_d=i_d\times S$

$=\omega\frac{\epsilon S}{d}V_m\cos wt$

$=wCV_m\cos wt[A]$

【정답】 ①

4. 한 변의 길이가 $l[m]$인 정삼각형 회로에 $I[A]$가 흐르고 있을 때 삼각형 중심에서의 자계의 세기 $[AT/m]$는?

① $\frac{\sqrt{2}I}{3\pi l}$ ② $\frac{9I}{\pi l}$ ③ $\frac{2\sqrt{2}I}{3\pi l}$ ④ $\frac{9I}{2\pi l}$

|정|답|및|해|설|

[한 변이 l인 정삼각형 중심의 자계의 세기] $H=\frac{9I}{2\pi l}$[AT/m]

1. 한 변이 l인 정사각형 중심의 자계의 세기 $H=\frac{2\sqrt{2}I}{\pi l}[AT/m]$
2. 한 변이 l인 정육각형 중심의 자계의 세기 $H=\frac{\sqrt{3}I}{\pi l}$[AT/m]

【정답】 ④

5. 인덕턴스가 20[mH]인 코일에 흐르는 전류가 0.2초 동안에 2[A]가 변화했다면 자기유도 현상에 의해 코일에 유기되는 기전력은 몇 [V]인가?

① 0.1 ② 0.2 ③ 0.3 ④ 0.4

|정|답|및|해|설|

[유도기전력] $e=L\frac{di}{dt}=20\times10^{-3}\times\frac{2}{0.2}=0.2[V]$

【정답】 ②

6. 벡터 $A = 5e^{-r}\cos\phi a_r - 5\cos\phi a_z$가 원통좌표계로 주어졌다. 점 $(2, \frac{3\pi}{2}, 0)$에서의 $\nabla \times A$를 구하였다. a_z방향의 계수는?

① 2.5　　② −2.5
③ 0.34　　④ −0.34

|정|답|및|해|설|

$A = 5e^{-r}\cos\phi a_r - 5\cos\phi a_z$

$$\nabla \times A = \frac{1}{r}\begin{vmatrix} a_r & a_\phi r & a_z \\ \frac{\partial}{\partial r} & \frac{\partial}{\partial \phi} & \frac{\partial}{\partial z} \\ A_r & rA_\phi & A_z \end{vmatrix} = \frac{1}{r}\begin{vmatrix} a_r & a_\phi r & a_z \\ \frac{\partial}{\partial r} & \frac{\partial}{\partial \phi} & \frac{\partial}{\partial z} \\ 5e^{-r}\cos\phi & 0 & -5\cos\phi \end{vmatrix}$$

$$= \frac{1}{r}\left\{ \begin{array}{l} \frac{\partial}{\partial \varnothing}(-5\cos\phi) - 0)a_r \\ + \left(\frac{\partial}{\partial z}(5e^{-r}\cos\phi) - \frac{\partial}{\partial r}(-5\cos\phi)\right) r a_\phi \\ + \left(0 - \frac{\partial}{\partial \phi}(5e^{-r}\cos\phi)\right) a_z \end{array} \right\}$$

$$= \frac{1}{r}(5\sin\phi a_r + 5e^{-r}\sin\varnothing a_z)$$

$\therefore a_z$의 계수 : $\frac{1}{r}5e^{-r}\sin\phi = \frac{1}{2}5e^{-2}\sin\frac{3}{2}\pi ≒ -0.34$

【정답】 ④

7. 대지면 높이 $h[m]$로 평행하게 가설된 매우 긴 선전하(선전하 밀도 $\lambda[C/m]$)가 지면으로부터 받는 힘 [N/m]은?

① h에 비례한다.　　② h에 반비례한다.
③ h^2에 비례한다.　　④ h^2에 반비례한다.

|정|답|및|해|설|
[선전하간의 작용력]

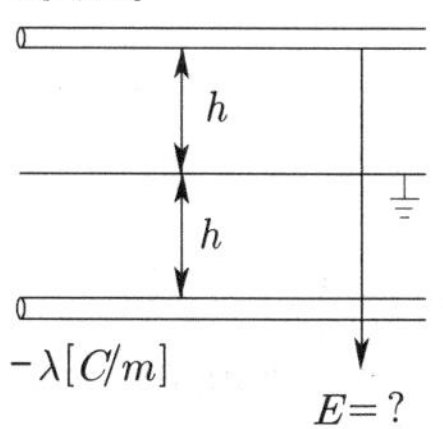

$$f = -\lambda E = -\lambda\frac{\lambda}{2\pi\epsilon_0(2h)} = \frac{-\lambda^2}{4\pi\epsilon_0 h} \propto \frac{1}{h}$$

여기서, $h[m]$: 높이, $-\lambda[C/m]$: 같은 거리에 선전하 밀도 영상 전하를 고려하여 선전하간의 작용력　【정답】 ②

8. 변위전류밀도와 관계없는 것은?

① 전계의 세기　　② 유전율
③ 자계의 세기　　④ 전속밀도

|정|답|및|해|설|

[변위전류밀도] $i_d = \frac{I_d}{S} = \frac{\partial D}{\partial t} = \epsilon\frac{\partial E}{\partial t}[A/m^2]$

여기서, D : 전속밀도 $[C/m^2]$, E : 전계의 세기$[V/m^2]$
ϵ : 유전율$[F/m]$　【정답】 ③

9. 비투자율 800, 원형 단면적이 10$[cm^2]$, 평균자로의 길이 30[cm]인 환상 철심에 600회의 권선을 감은 코일이 있다. 여기에 1[A]의 전류가 흐를 때 코일 내에 생기는 자속은 몇 [Wb]인가?

① 1×10^{-3}　　② 1×10^{-4}
③ 2×10^{-3}　　④ 2×10^{-4}

|정|답|및|해|설|

[환상 솔레노이드의 자속] $\varnothing = \mu\frac{NI}{l}S = \frac{\mu_0\mu_s NIS}{l}$

여기서, N : 권수, I : 전류, l : 자로의 길이, S : 단면적
$\mu(=\mu_0\mu_s)$: 투자율

자속 $\varnothing = \frac{\mu_0\mu_s NIS}{l}$

$$= \frac{4\pi\times10^{-7}\times800\times600\times1\times10\times10^{-4}}{30\times10^{-2}}$$

$= 2\times10^{-3}[Wb]$　【정답】 ③

10. 내부저항이 $r[\Omega]$인 전지 M개를 병렬로 연결 했을 때, 전지로부터 최대 전력을 공급받기 위한 부하저항$[\Omega]$은?

① $\frac{r}{M}$　② Mr　③ r　④ M^2r

|정|답|및|해|설|

[부하저항] $R_L = R_g = \frac{r}{M}[\Omega]$

여기서, R_g : 내부저항

1. 최대 전력 전송 조건은 내부 임피던스 =외부 임피던스일 때
2. 동일 저항 $r[\Omega]$을 M개 병렬연결하면 $\frac{r}{M}$, 그러므로 최대전력을 공급받기 위한 부하저항 $R_L = \frac{r}{M}$　【정답】 ①

11. 서로 멀리 떨어져 있는 두 도체를 각각 $V_1[V]$ $V_2[V](V_1 > V_2)$의 전위로 충전한 후 가느다란 도선으로 연결하였을 때 그 도선을 흐르는 전하 Q[C]는? (단, C_1, C_2는 두 도체의 정전용량이라 한다.)

① $\dfrac{C_1C_2(V_1-V_2)}{C_1+C_2}$　② $\dfrac{2C_1C_2(V_1-V_2)}{C_1+C_2}$

③ $\dfrac{C_1C_2(V_1-V_2)}{2(C_1+C_2)}$　④ $\dfrac{2(C_1V_1-C_2V_2)}{C_1C_2}$

|정|답|및|해|설|

[도체의 전하] C_1과 C_2를 흐르는 Q는 C_1과 C_2사이의 전위차에 합성 C를 곱해서 얻는다.

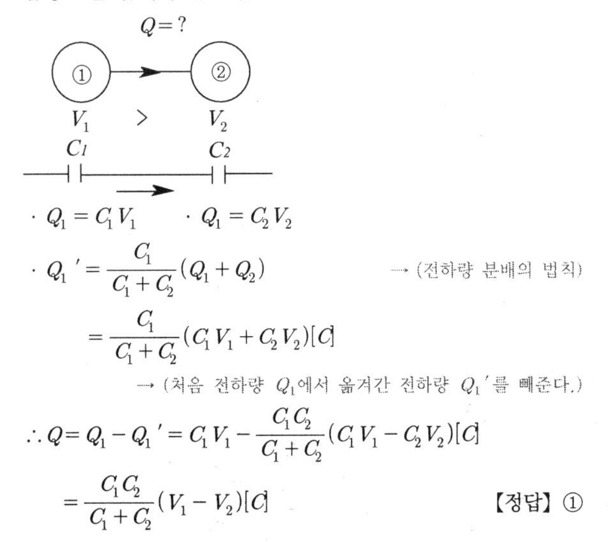

· $Q_1 = C_1V_1$　· $Q_1 = C_2V_2$

· $Q_1' = \dfrac{C_1}{C_1+C_2}(Q_1+Q_2)$ → (전하량 분배의 법칙)

$= \dfrac{C_1}{C_1+C_2}(C_1V_1+C_2V_2)[C]$

→ (처음 전하량 Q_1에서 옮겨간 전하량 Q_1'를 빼준다.)

$\therefore Q = Q_1 - Q_1' = C_1V_1 - \dfrac{C_1C_2}{C_1+C_2}(C_1V_1 - C_2V_2)[C]$

$= \dfrac{C_1C_2}{C_1+C_2}(V_1-V_2)[C]$

【정답】 ①

12. 자속밀도 10[Wb/m^2]인 자계 내에 길이 4[cm]의 도체를 자계와 직각으로 놓고 이 도체를 0.4초 동안 1[m]씩 균일하게 이동하였을 때 발생하는 기전력은 몇 [V]인가?

① 1　② 2　③ 3　④ 4

|정|답|및|해|설|

[유기기전력(플레밍의 오른손 법칙)] $e = Blv\sin\theta[V]$

여기서, B : 자속밀도, l : 길이, v : 속도, θ : 도체와 자계와의 각

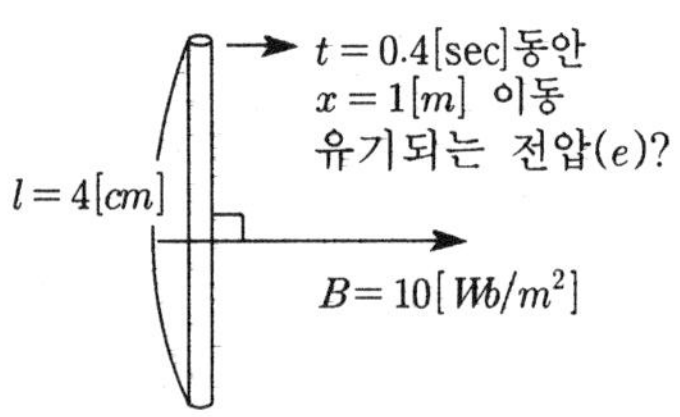

속도 $v = \dfrac{ds}{dt} = \dfrac{1}{0.4} = 2.5[m/sec]$

$\therefore$유기기전력 $e = Blv\sin\theta = 10\times4\times10^{-2}\times2.5\times\sin90° = 1[V]$

【정답】 ①

13. 반지름이 3[m]인 구에 공간전하밀도가 $1[C/m^3]$가 분포되어 있을 경우 구의 중심으로부터 1[m]인 곳의 전계는 몇 [V]인가?

① $\dfrac{1}{2\epsilon_o}$　② $\dfrac{1}{3\epsilon_o}$　③ $\dfrac{1}{4\epsilon_o}$　④ $\dfrac{1}{5\epsilon_o}$

|정|답|및|해|설|

[전계] $E_i = \dfrac{rQ}{4\pi\epsilon_0 a^3}[V]$ → $(r < a$ (내부))

$a = 3[m]$, $\rho = 1[C/m^3]$, $r = 1[m]$ → $E_i = ?$

여기서, ρ : 공간전하밀도, r : 구 중심으로부터의 거리

ϵ_0 : 진공중의 유전률

· 전하 $Q = \rho V_{체적} = \rho\dfrac{4}{3}\pi a^3$이므로

· $E_i = \dfrac{rQ}{4\pi\epsilon_0 a^3} = \dfrac{r}{4\pi\epsilon_0 a^3}\times\rho\dfrac{4}{3}\pi a^3 = \dfrac{\rho r}{3\epsilon_0}$

$\therefore E_i = \dfrac{\rho r}{3\epsilon_0} = \dfrac{1\times1}{3\epsilon_0} = \dfrac{1}{3\epsilon_0}[V]$

※ $r > a$ (외부) $E = \dfrac{Q}{4\pi\epsilon_0 r^2}[V/m]$

【정답】 ②

14. 전선을 균일하게 2배의 길이로 당겨 늘였을 때 전선의 체적이 불변이라면 저항은 몇 배가 되는가?

① 2　② 4

③ 6　④ 8

|정|답|및|해|설|

[저항] $R = \rho\dfrac{l}{S} = \rho\dfrac{l\times l}{S\times l} = \rho\dfrac{l^2}{V}[\Omega]$

여기서, ρ : 저항률 또는 고유저항$[\Omega\cdot m]$ $(=\dfrac{1}{\sigma})$

l : 도체의 길이$[m]$, S : 도체의 단면적$[m^2]$

V : 도체의 체적$[m^3]$, σ : 도전율

체적 $v = s\times l[m^3]$에서 체적 v는 일정한 상태에서 길이(l)가 2배 늘면 면적(S)은 $\dfrac{1}{2}$로 감소한다.

$\therefore R = \rho\dfrac{l}{S} = \dfrac{2}{\frac{1}{2}} = 4$배

【정답】 ②

15. 반지름 $a[m]$인 구대칭 전하에 의한 구내외의 전계의 세기에 해당되는 것은?

① 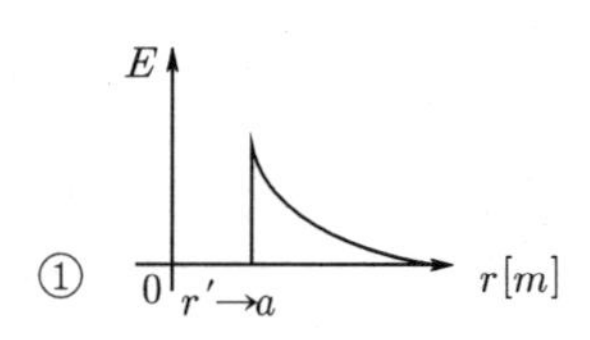

② 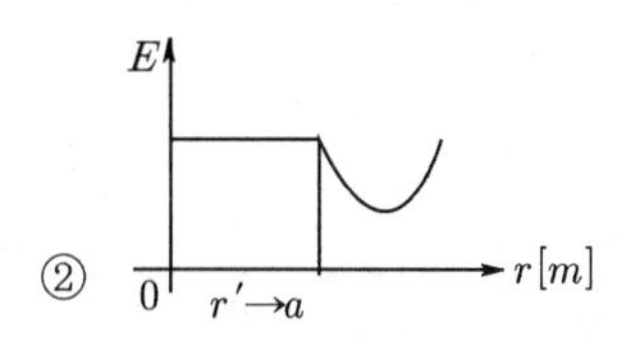

③ 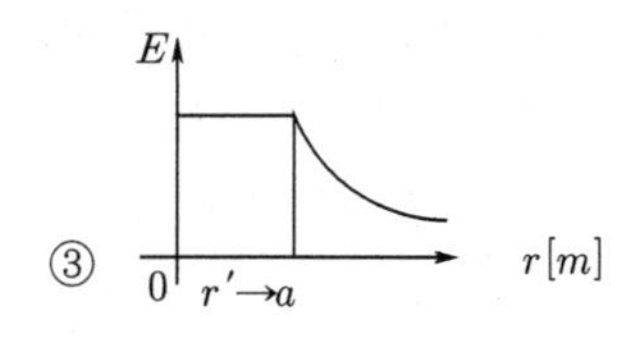

④ 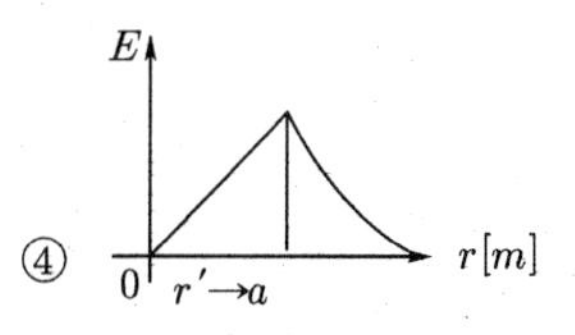

|정|답|및|해|설|

[구체의 전하 분포]

1. 내부에 전하가 균일 분포하는 경우

① 구체 외부(r〉a) : $E=\dfrac{Q}{4\pi\epsilon_0 r^2}\propto\dfrac{1}{r^2}[V/m]$

② 구체 표면(r=a) : $E_a=\dfrac{Q}{4\pi\epsilon_0 a^2}[V/m]$(일정)

③ 구체 내부(r〈a) : $E_i=\dfrac{rQ}{4\pi\epsilon_0 a^3}\propto r[V/m]$

④ 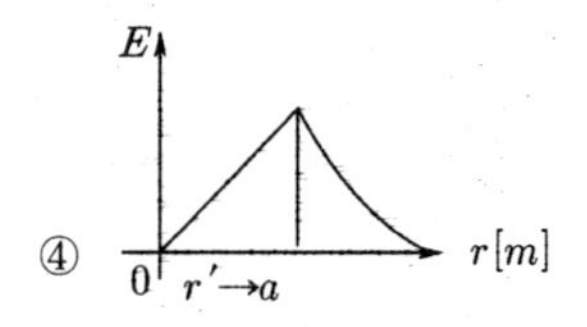

2. 표면에 전하가 존재하는 경우

① 구체 외부(r〉a) : $E=\dfrac{Q}{4\pi\epsilon_0 r^2}\propto\dfrac{1}{r^2}[V/m]$

② 구체 표면(r=a) : $E_a=\dfrac{Q}{4\pi\epsilon_0 a^2}[V/m]$(일정)

③ 구체내부(r〈a) : $E_i=0$

① 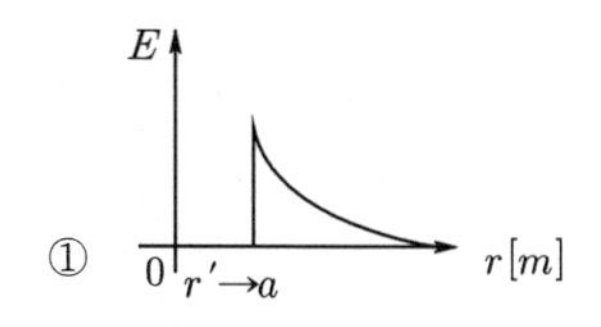

※일반적으로 도체인지 균등분포인지 분명한 지시가 있어야하나 구대칭 전하의 일반적인 문제는 균등분포로 해석한다. 도체라는 말이 있다면 정답은 ①

【정답】 ④

16. 무한히 넓은 평면 자성체의 앞 a[m] 거리의 경계면에 평행하게 무한히 긴 직선 전류 $I[A]$가 흐를 때, 단위 길이 당 작용력은 몇 $[N/m]$인가?

① $\dfrac{\mu_0}{4\pi a}\left(\dfrac{\mu+\mu_0}{\mu-\mu_0}\right)I^2$　　② $\dfrac{\mu_0}{2\pi a}\left(\dfrac{\mu+\mu_0}{\mu-\mu_0}\right)I^2$

③ $\dfrac{\mu_0}{4\pi a}\left(\dfrac{\mu-\mu_0}{\mu+\mu_0}\right)I^2$　　④ $\dfrac{\mu_0}{2\pi a}\left(\dfrac{\mu-\mu_0}{\mu+\mu_0}\right)I^2$

|정|답|및|해|설|

[단위 길이당 작용력] $F=\dfrac{\mu_0 II'}{2\pi d}$

자계는 전류 I와 대칭인 위치에 영상전류 I'를 발생시킨다.

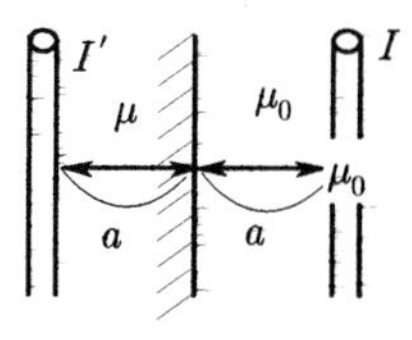

· $I'=\dfrac{\mu-\mu_0}{\mu+\mu_0}I$

· 거리 $2a$ 만큼 떨어진 두 전류 I, I'에 작용하는 F는

$$F=\frac{\mu_0 I\times I'}{2\pi d}=\frac{\mu_0}{2\pi\times 2a}I\times\frac{\mu-\mu_0}{\mu+\mu_9}I$$

$$=\frac{\mu_0}{4\pi a}\left(\frac{\mu-\mu_0}{\mu+\mu_0}\right)I^2$$

【정답】 ③

17. 한 변의 길이가 3[m]인 정삼각형 회로에 전류 $2[A]$의 전류가 흐를 때 정삼각형 중심에서의 자계의 크기는 몇 [AT/m]인가?

① $\frac{1}{\pi}$ ② $\frac{2}{\pi}$ ③ $\frac{3}{\pi}$ ④ $\frac{4}{\pi}$

|정|답|및|해|설|

[한 변이 l인 정삼각형 중심의 자계의 세기] $H=\frac{9I}{2\pi l}[\mathrm{AT/m}]$

$\therefore H=\frac{9I}{2\pi l}=\frac{9\times 2}{2\pi\times 3}=\frac{3}{\pi}[AT/m]$ 【정답】 ③

|참|고|

[정 n각형 중심의 자계의 세기]

1. $n=4$: $H=\frac{2\sqrt{2}I}{\pi l}[AT/m]$ → (l : 한 변의 길이)
2. $n=6$: $H=\frac{\sqrt{3}I}{\pi l}[\mathrm{AT/m}]$

18. 그림과 같이 공기 중에서 무한평면 도체 표면으로부터 2[m]인 곳에 점전하 4[C]이 있다. 전하가 받는 힘은 몇 [N]인가?

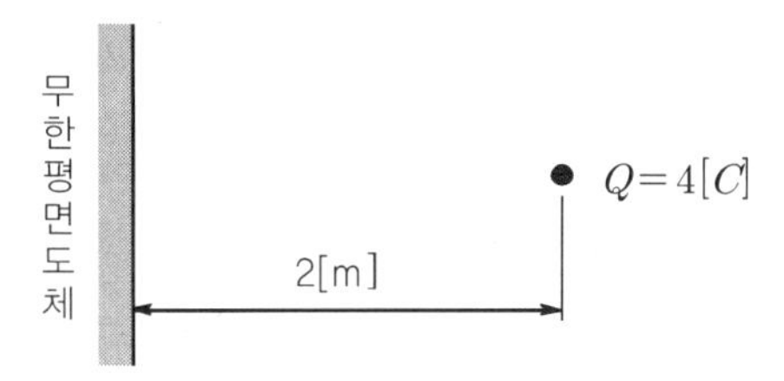

① 3×10^{9} ② 9×10^{9}

③ 1.2×10^{10} ④ 3.6×10^{10}

|정|답|및|해|설|

[쿨롱인력 F] $F=\frac{1}{4\pi\epsilon_0}\frac{Q_1Q_2}{(2d)^2}[N]$

여기서, ϵ_0 : 진공중이 유전율, Q : 전하, d : 거리

$F=\frac{Q^2}{16\pi\epsilon_0 d^2}=9\times 10^9\times\frac{4^2}{(2\times 2)^2}=9\times 10^9\ [N]$ 【정답】 ②

19. 전기 쌍극자에 관한 설명으로 틀린 것은?

① 전계의 세기는 거리의 세제곱에 반비례한다.

② 전계의 세기는 주위 매질에 따라 달라진다.

③ 전계의 세기는 쌍극자모멘트에 비례한다.

④ 쌍극자의 전위는 거리에 반비례한다.

|정|답|및|해|설|

[전위] $V=\frac{M\cos\theta}{4\pi\epsilon_0 r^2}[V]\propto\frac{1}{r^2}$ 거리의 제곱에 반비례

[전계] $E=\frac{M\sqrt{1+3\cos^2\theta}}{4\pi\epsilon_0 r^3}[V/m]\propto\frac{1}{r^3}$

($M=Q\cdot\delta[C\cdot m]$ → 전기쌍극자 모우멘트)

【정답】 ④

20. 판 간격이 d인 평행판 공기콘덴서 중에 두께 t이고, 비유전율이 ϵ_s인 유전체를 삽입하였을 경우에 공기의 절연파괴를 발생하지 않고 가할 수 있는 판 간의 전위차는? (단, 유전체가 없을 때 가할 수 있는 전압을 V라 하고 공기의 절연내력은 E_o라 한다.)

① $V\left(1-\frac{t}{\epsilon_s d}\right)$ ② $\frac{Vt}{d}\left(1-\frac{1}{\epsilon_s}\right)$

③ $V\left(1+\frac{t}{\epsilon_s d}\right)$ ④ $V\left(1-\frac{t}{d}\left(1-\frac{1}{\epsilon_s}\right)\right)$

|정|답|및|해|설|

[정전용량]

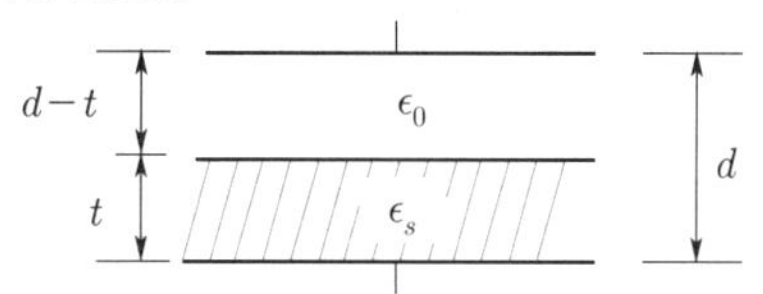

·유전체 삽입 전 정전용량 $C=\frac{\epsilon_0}{d}S$

·유전체 삽입 후 정전용량 C'

·유전체가 없는 부분 $C_1=\frac{\epsilon_0}{d-t}S$

·유전체 삽입 부분 $C_2=\frac{\epsilon}{t}S$

C'는 C_1과 C_2의 직렬 등가이므로

$$C'=\frac{1}{\frac{1}{C_1}+\frac{1}{C_2}}=\frac{1}{\frac{1}{\frac{\epsilon_0}{d-t}S}+\frac{1}{\frac{\epsilon}{t}S}}=\frac{\epsilon_0\epsilon S}{\epsilon(d-t)+\epsilon_0 t}$$

$Q=CV$, 유전체 삽입 전·후가 일정 → $CV=C'V'$

$$V'=\frac{C}{C'}V=\frac{\epsilon(d-t)+\epsilon_0 t}{\epsilon d}V=\left(1-\frac{t}{d}+\frac{t}{\epsilon_s d}\right)V$$

→ $(\because \frac{C}{C'}=\frac{\epsilon(d-t)+\epsilon_0 t}{\epsilon_0\epsilon S}\times\frac{\epsilon_0 S}{d}=\frac{\epsilon(d-t)+\epsilon_0 t}{\epsilon d})$

$\therefore V'=V\left[1-\frac{t}{d}\left(1-\frac{1}{\epsilon_s}\right)\right]$ 【정답】 ④

21. 150[kVA] 단상 변압기 3대를 △-△ 결선으로 사용하다가 1대의 고장으로 V-V 결선하여 사용하면 약 몇 [kVA] 부하까지 걸 수 있겠는가?

① 200 ② 220
③ 240 ④ 260

|정|답|및|해|설|

[V결선 시의 3상출력] $P_V = \sqrt{3} \times P_1$
여기서, P_1 : 단상 변압기 한 대의 출력
$P_V = \sqrt{3}P_1 = \sqrt{3} \times 150 = 260[kVA]$ 【정답】 ④

22. 송전계통의 안정도를 향상시키는 방법이 아닌 것은?

① 전압변동을 적게 한다.
② 제동저항기를 설치한다.
③ 직렬리액턴스를 크게 한다.
④ 중간조상기방식을 채용한다.

|정|답|및|해|설|

[안정도 향상 대책]
1. 직렬 리액턴스를 작게 한다(복도체, 직렬콘덴서채택).
2. 전압변동률을 작게 한다(속응 여자 방식 채용, 계통의 연계, 중간 조상 방식).
3. 계통에 주는 충격을 적게 한다(고속 차단 방식, 재연결(재폐로) 방식).
4. 발전기 입출력의 불평형을 작게 한다. 【정답】 ③

23. 연간 전력량이 E[kWh]이고, 연간 최대전력이 W[kW]인 연부하율은 몇 [%]인가?

① $\frac{E}{W} \times 100$ ② $\frac{\sqrt{3}W}{E} \times 100$
③ $\frac{8760W}{E} \times 100$ ④ $\frac{E}{8760W} \times 100$

|정|답|및|해|설|

[연부하율] 연부하율$= \frac{\text{연평균 전력}}{\text{연 최대 수용 전력}} \times 100[\%]$

연부하율$= \frac{E}{W \times 365 \times 2.4} \times 100[\%] = \frac{E}{8760 \times W} \times 100[\%]$

【정답】 ④

24. 차단기의 정격 차단시간은?

① 고장 발생부터 소호까지의 시간
② 가동접촉자의 시동부터 소호까지의 시간
③ 트립코일 여자부터 소호까지의 시간
④ 가동접촉자의 개구부터 소호까지의 시간

|정|답|및|해|설|

[정격차단시간] 트립 코일 여자부터 차단기의 가동 전극이 고정 전극으로부터 이동을 개시하여 개극할 때까지의 개극 시간과 접점이 충분히 떨어져 아크가 완전히 소호할 때까지의 아크 시간의 합으로 3~8[Hz] 이다. 【정답】 ③

25. 3상 결선 변압기의 단상 운전에 의한 소손방지 목적으로 설치하는 계전기는?

① 단락계전기 ② 결상계전기
③ 지락계전기 ④ 과전압계전기

|정|답|및|해|설|

[결상계전기] 3상 전기 회로에서 단선사고 시 전압 불평형에 의한 사고방지를 목적으로 설치 【정답】 ②

26. 그림과 같은 22[kV] 3상 3선식 전선로의 P점에 단락이 발생하였다면 3상 단락전류는 약 몇 [A]인가? (단, %리액턴스는 8[%]이며 저항분은 무시한다.)

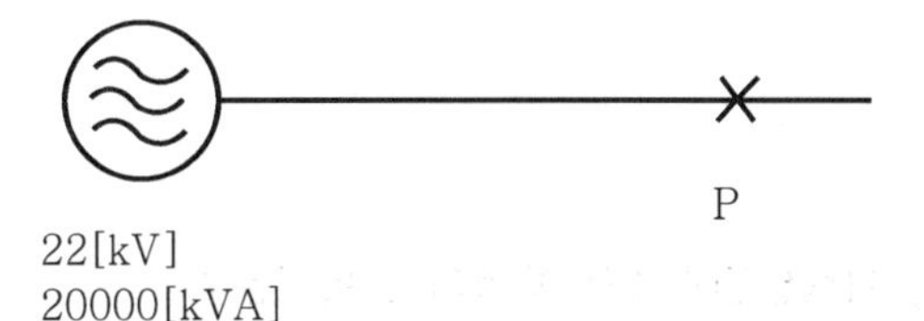

① 6561 ② 8560
③ 11364 ④ 12684

|정|답|및|해|설|

[단락전류] $I_s = \frac{100}{\%Z} I_n = \frac{100}{\%Z} \times \frac{P_n}{\sqrt{3} \times V_n} [A]$

$\rightarrow (I_n = \frac{P_n}{\sqrt{3} \times V_n})$

$\therefore I_s = \frac{100}{\%Z} \times \frac{P_n}{\sqrt{3} \times V_n} = \frac{100}{8} \times \frac{20000}{\sqrt{3} \times 22} \fallingdotseq 6561[A]$

【정답】 ①

27. 인터록(interlock)의 기능에 대한 설명으로 맞은 것은?

① 조작자의 의중에 따라 개폐되어야 한다.
② 차단기가 열려 있어야 단로기를 닫을 수 있다.
③ 차단기가 닫혀 있어야 단로기를 닫을 수 있다.
④ 차단기와 단로기를 별도로 닫고, 열 수 있어야 한다.

|정|답|및|해|설|

[인터록] 인터록은 기계적 잠금 장치로서 안전을 위해서 차단기가 열려있지 않은 상황에서 단로기의 개방 조작을 할 수 없도록 하는 것이다. 【정답】 ②

28. 전력계통에서 내부 이상전압의 크기가 가장 큰 경우는?

① 유도성 소전류 차단시
② 수차발전기의 부하 차단시
③ 무부하 선로 충전전류 차단시
④ 송전선로의 부하 차단기 투입시

|정|답|및|해|설|

[내부 이상전압] 직격뢰, 유도뢰를 제외한 무든 이상전압
내부 이상전압이 가장 큰 경우는 무부하 송전 선로의 충전전류를 차단할 경우이다.

※외부 이상전압 : 직격뢰, 유도뢰 【정답】 ③

29. 화력발전소에서 재열기의 목적은?

① 급수 예열 ② 석탄 건조
③ 공기 예열 ④ 증기 가열

|정|답|및|해|설|

[재열기] 재열기는 고압 터빈에서 팽창하여 낮아진 증기를 다시 보일러에 보내어 재가열 하는 것으로서 열효율을 향상시킬 수가 있다. 【정답】 ④

30. 그림과 같은 단거리 배전선로의 송전단 전압 6600[V], 역률은 0.9이고, 수전단 전압 6100[V], 역률 0.8일 때 회로에 흐르는 전류 $I[A]$는? (단, E_s 및 E_r은 송・수전단 대지전압이며, $r=20[\Omega]$, $x=10[\Omega]$ 이다.)

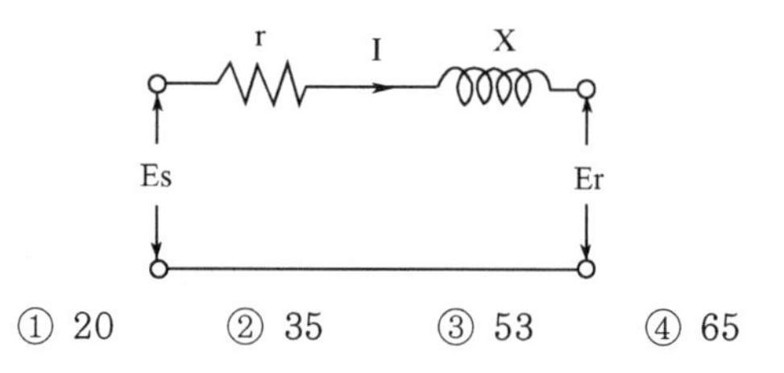

① 20 ② 35 ③ 53 ④ 65

|정|답|및|해|설|

[전력손실] $P_l = P_s - P_r = I^2R[W]$
· 송전단전력 $P_s = V_sI\cos\theta_s = 6600 \times I \times 0.9 = 5940I[W]$
· 수전단 전력 $P_r = V_rI\cos\theta_r = 6100 \times I \times 0.8 = 4880I[W]$
$P_l = P_s - P_r = 5940I - 4880I = 1060I$
$\rightarrow (P_l = I^2R[W])$
$\rightarrow 1060I = I^2R \quad \rightarrow \therefore I = \frac{1060}{R} = \frac{1060}{20} = 53[A]$
【정답】 ③

31. 송전선로의 각 상전압이 평형되어 있을 때 3상 1회선 송전선의 작용정전용량$[\mu F/km]$을 옳게 나타낸 것은? (단, r은 도체의 반지름[m], D는 도체의 등가선간거리[m]이다.)

① $\frac{0.02413}{\log_{10}\frac{D}{r}}$ ② $\frac{0.2413}{\log_{10}\frac{D}{r}}$
③ $\frac{0.02413}{\log_{10}\frac{D^2}{r}}$ ④ $\frac{0.2413}{\log_{10}\frac{D^2}{r}}$

|정|답|및|해|설|

[송전선의 작용 정전용량] $C = \frac{0.02413}{\log_{10}\frac{D}{r}}[\mu F/km]$

여기서, D : 도체의 등가선간거리, r : 도체의 반지름
【정답】 ①

32. 플리커 경감을 위한 전력 공급 측의 방안이 아닌 것은?

① 공급 전압을 낮춘다.
② 전용 변압기로 공급한다.
③ 단독 공급 계통을 구성한다.
④ 단락 용량이 큰 계통에서 공급한다.

|정|답|및|해|설|

[플리커] 플리커란 전압 변동이 빈번하게 반복되어서 사람 눈에 깜박거림을 느끼는 현상으로 다음과 같은 대책이 있다.

[전력 공급측에서 실시 하는 플리커 경감 대책]
- 단락 용량이 큰 계통에서 공급한다.
- 공급 전압을 높인다.
- 전용 변압기로 공급한다.
- 단독 공급 계통을 구성한다.

[수용가 측에서 실시 하는 플리커 경감 대책]
- 전용 계통에 리액터 분을 보상
- 전압 강하를 보상
- 부하의 무효 전력 변동분을 흡수
- 플리커 부하전류의 변동분을 억제

【정답】 ①

33. 송전선로에서 송전전력, 거리. 전력손실률과 전선의 밀도가 일정하다고 할 때, 전선 단면적 $A[mm^2]$는 전압 $V[V]$와 어떤 관계에 있는가?

① V에 비례한다. ② V^2에 비례한다.
③ $\frac{1}{V}$에 비례한다. ④ $\frac{1}{V^2}$에 비례한다.

|정|답|및|해|설|

[전력손실률] 전력손실률은 공급전력에 대한 전력손실의 비율

$K=\frac{P_l}{P}=\frac{PR}{V^2\cos^2\theta}=\frac{P\rho l}{V^2\cos^2\theta A}$ 이므로 $A \propto \frac{1}{V^2}$

$\rightarrow (R=\rho\frac{l}{A})$

여기서, R : 1선의 저항, P_l : 전력손실, P : 전력

【정답】 ④

34. 무효 전력 보상 장치(동기조상기)에 관한 설명으로 틀린 것은?

① 동기전동기의 V특성을 이용하는 설비이다.
② 동기전동기를 부족여자로 하여 컨덕터로 사용한다.
③ 동기전동기를 과여자로 하여 콘덴서로 사용한다.
④ 송전계통의 전압을 일정하게 유지하기 위한 설비이다.

|정|답|및|해|설|

[무효 전력 보상 장치(동기조상기)] 무부하 운전중인 무효 전력 보상 장치를 무효 전력 보상 장치라고 하며 과여자 운전 시는 콘덴서로 작용 (부족여자 운전 시는 리액터로 작용) 역률개선을 목적으로 한다.
1. 중부하시 과여자 운전 : 콘덴서로 작용, 진상
2. 경부하시 부족여자 운전 : 리액터로 작용, 지상
3. 연속적인 조정(진상·지상) 및 시송전(시충전)이 가능하다.
4. 증설이 어렵다. 손실 최대(회전기)

【정답】 ②

35. 비등수형 원자로의 특색에 대한 설명이 틀린 것은?

① 열교환기가 필요하다.
② 기포에 의한 자기 제어성이 있다.
③ 방사능 때문에 증기는 완전히 기수분리를 해야 한다.
④ 순환펌프로서는 급수펌프뿐이므로 펌프동력이 작다.

|정|답|및|해|설|

[비등수형 원자로의 특징]
- 증기 발생기가 필요 없고, 원자로 내부의 증기를 직접 이용하기 때문에 열교환기가 필요 없다.
- 증기가 직접 터빈에 들어가기 때문에 누출을 철저히 방지해야 한다.
- 급수 펌프만 있으면 되므로 펌프 동력이 작다.
- 노내의 물의 압력이 높지 않다.
- 노심 및 압력의 용기가 커진다.
- 급수는 양질의 것이 필요하다.

【정답】 ①

36. 피뢰기의 제한전압이란?

① 충격파의 방전개시전압
② 상용주파수의 방전개시전압
③ 전류가 흐르고 있을 때의 단자전압
④ 피뢰기 동작 중 단자전압의 파고값

|정|답|및|해|설|

[피뢰기의 제한전압] 피뢰기 동작 중의 단자전압의 파고값

【정답】 ④

37. 단락용량 5000[MVA]인 모선의 전압이 154[kV]라면 등가 모선임피던스는 약 몇 [Ω]인가?

① 2.54 ② 4.74
③ 6.34 ④ 8.24

|정|답|및|해|설|

[단락용량] $P_s = \frac{V^2}{Z}$ 에서

등가 모선임피던스 $Z = \frac{V^2}{P_s} = \frac{(154\times 10^3)}{5000\times 10^6} = 4.74[\Omega]$

【정답】 ②

38. 피뢰기가 그 역할을 잘 하기 위하여 구비되어야 할 조건으로 틀린 것은?

① 속류를 차단할 것
② 내구력이 높을 것
③ 충격방전 개시전압이 낮을 것
④ 제한전압은 피뢰기의 정격전압과 같게 할 것

|정|답|및|해|설|

[피뢰기의 구비 조건]
· 충격 방전 개시 전압이 낮을 것
· 상용 주파 방전 개시 전압이 높을 것
· 방전내량이 크면서 제한 전압이 낮을 것
· 속류 차단 능력이 충분할 것 【정답】 ④

39. 저압 배전선로에 대한 설명으로 틀린 것은?

① 저압 뱅킹 방식은 전압 변동을 경감할 수 있다.
② 밸런서(balancer)는 단상 2선식에 필요하다.
③ 배전 선로의 부하율이 F일 때 손실계수는 F와 F^2의 중간 값이다.
④ 수용률이란 최대수용전력을 설비용량으로 나눈 값을 퍼센트로 나타낸 것이다.

|정|답|및|해|설|

[저압 밸런서] 단상 3선식에서 부하가 불평형이 생기면 양 외선간의 전압이 불평형이 되므로 이를 방지하기 위해 저압 밸런서를 설치한다. 【정답】 ②

40. 그림과 같은 전력계통의 154[kV] 송전선로에서 고장 지락 임피던스 Z_{gf}를 통해서 1선 지락고장이 발생되었을 때 고장점에서 본 영상 임피던스[%]는? (단, 그림에 표시한 임피던스는 모두 동일용량, 100[MVA] 기준으로 환산한 %임피던스임)

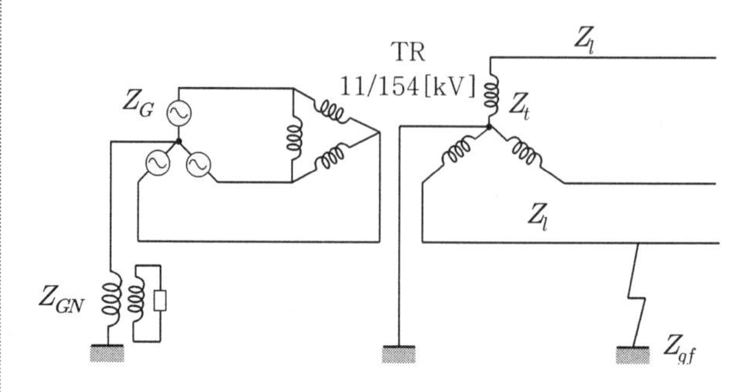

① $Z_0 = Z_l + Z_t + Z_G$
② $Z_0 = Z_l + Z_t + Z_{gf}$
③ $Z_0 = Z_l + Z_t + 3Z_{gf}$
④ $Z_0 = Z_l + Z_t + Z_{gf} + Z_G + Z_{GN}$

|정|답|및|해|설|

[고장점에서의 임피던스]

$V = 3I_0 \cdot Z_{gf} = I_0 \cdot 3Z_{gf}$

$Z_0 = Z_l + Z_t + 3Z_{gf}$ 【정답】 ③

1회 2016년 전기기사필기 (전기기기)

41. 다이오드를 사용한 정류 회로에서 과대한 부하 전류에 의해 다이오드가 파손될 우려가 있을 때의 조치로서 적당한 것은?

① 다이오드를 병렬로 추가한다.
② 다이오드를 직렬로 추가한다.
③ 다이오드 양단에 적당한 값의 저항을 추가한다.
④ 다이오드 양단에 적당한 값의 콘덴서를 추가한다.

|정|답|및|해|설|

[다이오드 직·병렬연결]
1. 다이오드 직렬연결 : 과전압 방지
2. 다이오드 병렬연결 : 과전류 방지 【정답】 ①

42. 정전압 계통에 접속된 동기발전기의 여자를 약하게 하면?

① 출력이 감소한다.
② 전압이 강하된다.
③ 앞선 무효전류가 증가한다.
④ 뒤진 무효전류가 증가한다.

|정|답|및|해|설|

[동기 전동기의 위상특성곡선]

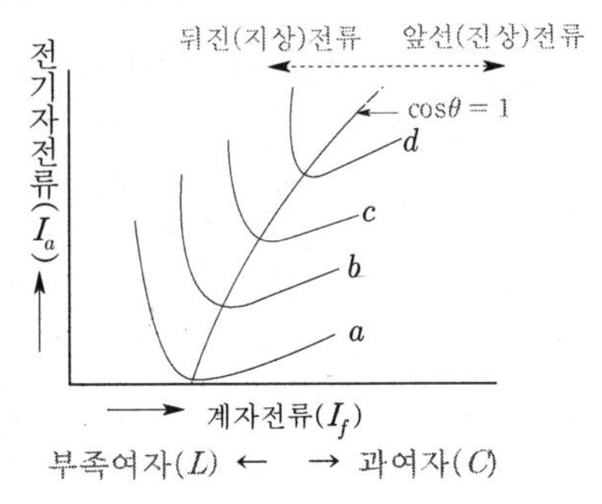

※주의 : 전동기와 발전기는 전류의 방향이 반대이므로 반대로 작용한다.

【정답】 ③

43. 직류 발전기의 외부 특성곡선에서 나타나는 관계로 옳은 것은?

① 계자전류의 단자전압.
② 계자전류와 부하전류
③ 부하전류와 단자전압
④ 부하전류와 유기기전력

|정|답|및|해|설|

[각 특성곡선의 특징]

구 분	횡축	종축	조건
무부하 포화곡선	I_f	$V(=E)$)	$n=$ 일정, $I=0$
외부특성곡선	I (부하전류)	V (단자전압)	$n=$ 일정, $R_f=$ 일정
내부특성곡선	I	E	$n=$ 일정, $R_f=$ 일정
부하특성곡선	I_f	V	$n=$ 일정 $I=$ 일정
계자조정곡선	I	I_f	$n=$ 일정 $V=$ 일정

【정답】 ③

44. 직류기의 전기자 반작용에 의한 영향이 아닌 것은?

① 자속이 감소하므로 유기기전력이 감소한다.
② 발전기의 경우 회전방향으로 기하학적 중성축이 형성된다.
③ 전동기의 경우 회전방향과 반대방향으로 기하학적 중성축이 형성된다.
④ 브러시에 의해 단락된 코일에는 기전력이 발생하므로 브러시 사이의 유기기전력이 증가한다.

|정|답|및|해|설|

[전기자 반작용] 전기자 반작용은 자속의 감자로 유기기전력의 감소가 되는 현상이다

1. 감자작용 : 주자속의 감소
   (발전기 : 유기기전력 감소, 전동기 : 토크 감소, 속도 증가)
2. 편자작용 : 전기적 중성축 이동
   (발전기 : 회전방향, 전동기 : 회전 반대 방향)
3. 방지대책 : 보상권선

※브러시에 의해 단락된 코일에는 역기전력이 발생한다.

【정답】 ④

45. 어떤 정류기의 부하전압이 2000[V]이고 맥동률이 3[%]이면 교류분의 진폭 [V]은?

① 20　　② 30
③ 50　　④ 60

|정|답|및|해|설|

[맥동률] 맥동률$=\dfrac{\Delta E}{E_d}\times 100[\%]$　(ΔE : 교류분, E_d : 직류분)

$\Delta E = 0.03\times 2000 = 60[V]$

【정답】 ④

46. 3상 3300[V], 100[kVA]의 동기발전기의 정격 전류는 약 몇 [A]인가?

① 17.5　　② 25
③ 30.3　　④ 33.3

|정|답|및|해|설|

[3상정격전류] $I=\dfrac{P}{\sqrt{3}\,V}=\dfrac{100\times 10^3}{\sqrt{3}\times 3300}\fallingdotseq 17.5[A]$

【정답】 ①

47. 4극 3상 유도전동기가 있다. 전원전압 200[V]로 전부하를 걸었을 때 전류는 21.5[A]이다. 이 전동기의 출력은 몇 [W]인가? (단, 전부하 역률 86[%], 효율 85[%]이다.)

① 5029 ② 5444
③ 5820 ④ 6103

|정|답|및|해|설|

[3상 유도전동기의 출력] $P=\sqrt{3}\,VI\cos\theta\cdot\eta$ → (η : 효율)

$P=\sqrt{3}\,VI\cos\theta\cdot\eta$

$=\sqrt{3}\times200\times21.5\times0.86\times0.85=5444[W]$

【정답】②

48. 변압비 3000/100[V]인 단상 변압기 2대의 고압측을 그림과 같이 직렬로 3300[V] 전원에 연결하고, 저압측에서 각각 $5[\Omega]$, $7[\Omega]$의 저항을 접속하였을 때, 고압측의 단자 전압 E_1은 약 몇 [V]인가?

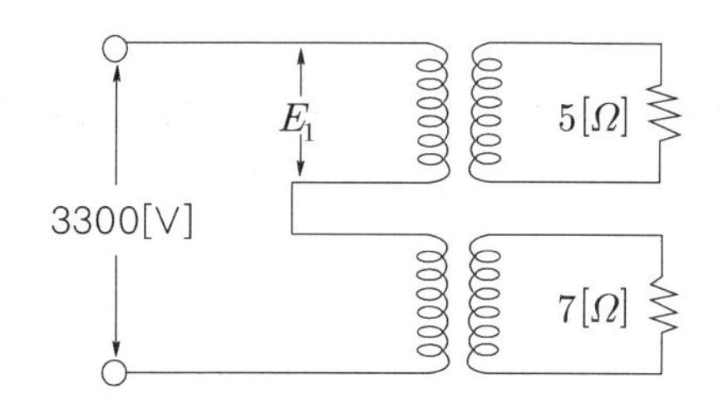

① 471 ② 660 ③ 1375 ④ 1925

|정|답|및|해|설|

[전압분배의 법칙]

· $E_1=\dfrac{R_1}{R_1+R_2}\cdot E=\dfrac{5}{5+7}\times3300=1375[V]$

· $E_2=\dfrac{R_2}{R_1+R_2}\cdot E=\dfrac{7}{5+7}\times3300=1925[V]$

【정답】③

49. 교류기에서 유기기전력의 특정 고조파분을 제거하고 또 권선을 절약하기 위하여 자주 사용되는 권선법은?

① 전절권 ② 분포권
③ 집중권 ④ 단절권

|정|답|및|해|설|

[교류기의 권선법] 이층권, 중권, 분포권, 단절권 등 4가지

1. 단절권으로 하면 기전력의 파형을 좋게 하고, 권선량을 절약할 수 있다.
2. 단절권의 장점
   · 동량 절약
   · 자기인덕턴스 감소
   · 특정 고조파를 제거하여 파형개선

【정답】④

50. 단상 변압기에 정현파 유기기전력을 유기하기 위한 여자전류의 파형은?

① 정현파 ② 삼각파
③ 왜형파 ④ 구형파

|정|답|및|해|설|

[변압기의 여자전류] 변압기 철심에는 자기 포화 현상과 히스테리시스 현상으로 인하여 자속을 만드는 여자전류는 정현파로 될 수 없으며 고조파를 포함하는 왜형파가 된다.

【정답】③

51. 4극 60[Hz]의 유도전동기가 슬립 5[%]로 전부하 운전 하고 있을 때 2차 권선의 손실이 94.25[W]라고 하면 토크는 약 몇 $[N\cdot m]$인가?

① 1.02 ② 2.04
③ 10.0 ④ 20.0

|정|답|및|해|설|

[유도 전동기의 토크] $T=\dfrac{P}{w}=\dfrac{P}{2\pi\times\dfrac{N}{60}}[N\cdot m]$

여기서, p : 극수, ω : 각속도$(=2\pi f)$, N : 속도, P : 전부하출력

$f=60[Hz]$, $p=4$, $s=0.05$, $P_{c2}=94.25[W]$이므로

· $P=T\omega=T\dfrac{2\pi N}{60}$ [kW]

· $P=\dfrac{P_{c2}}{s}=\dfrac{94.25}{0.05}=1{,}885$[W] → $(P_{c2}=sP)$

· 동기속도 $N_s=\dfrac{120f}{p}=\dfrac{120\times60}{4}=1800[rpm]$

$\therefore T=\dfrac{P}{w}=\dfrac{P}{2\pi\times\dfrac{N}{60}}=\dfrac{1{,}885}{2\pi\times\dfrac{N}{60}}=\dfrac{1{,}885}{2\pi\times\dfrac{1{,}800}{60}}\fallingdotseq10[N\cdot m]$

【정답】③

52. 12극의 3상 동기발전기가 있다. 기계각 15° 에 대응하는 전기각은?

① 30 ② 45 ③ 60 ④ 90

|정|답|및|해|설|

[전기각] 교류의 하나의 파는 각도로 하여 360° 이므로 이것을 바탕으로 하여 몇 개의 파수 또는 파의 일부분 등을 각도로 나타낸 것이다. 2극을 기준으로 하므로 1개의 극은 180° 에 해당하므로 전기각은 다음과 같다.

전기각 $\alpha_e[rad] = \alpha[rad] \times \frac{p}{2}$

여기서, α_e : 전기각, α : 기계각, p : 극수

$\alpha_e[rad] = \alpha[rad] \times \frac{p}{2} = 15° \times \frac{12}{2} = 90°$ 【정답】 ④

53. 회전형전동기와 선형전동기(Linear Motor)를 비교한 설명 중 틀린 것은?

① 선형의 경우 회전형에 비해 공극의 크기가 작다.

② 선형의 경우 직접적으로 직선운동을 얻을 수 있다.

③ 선형의 경우 회전형에 비해 부하관성의 영향이 크다.

④ 선형의 경우 전원의 상 순서를 바꾸어 이동방향을 변경한다.

|정|답|및|해|설|

[리니어 모터] 회전기의 회전자 접속 방향에 발생하는 전자력을 직선적인 기계 에너지로 변환시키는 장치

1. 장점
   - ·모터 자체의 구조가 간단하여 신뢰성이 높고 보수가 용이하다.
   - ·기어, 벨트 등 동력 변환 기구가 필요 없고 직접 직선 운동이 얻어진다.
   - ·마찰을 거치지 않고 추진력이 얻어진다.
   - ·원심력에 의한 가속제한이 없고 고속을 쉽게 얻을 수 있다.
2. 단점
   - ·회전형에 비하여 공극이 커서 역률, 효율이 낮다.
   - ·저속도를 얻기 어렵다.
   - ·부하관성의 영향이 크다. 【정답】 ①

54. 변압기의 전일효율이 최대가 되는 조건은?

① 하루 중의 무부하손의 합 = 하루 중의 부하손의 합

② 하루 중의 무부하손의 합 〈 하루 중의 부하손의 합

③ 하루 중의 무부하손의 합 〉 하루 중의 부하손의 합

④ 하루 중의 무부하손의 합 = 2× 하루 중의 부하손의 합

|정|답|및|해|설|

[변압기의 전일효율] $\eta_r = \frac{1일중\ 출력전력량}{1일중\ 입력전력량} \times 100$

전일효율이 최대가 되려면, 철손=동손 ($24P_i = \sum hP_c$)일 때이다. 다시 말해, 하루 중의 무부하손의 합과 하루 중의 부하손의 합이 같아야 한다. 【정답】 ①

55. 동기발전기의 제동권선의 주요 작용은?

① 제동작용 ② 난조방지작용

③ 시동권선작용 ④ 자려작용(自勵作用)

|정|답|및|해|설|

[제동권선의 역할]

- ·난조의 방지
- ·기동 토크의 발생
- ·불평형 부하시의 전류, 전압 파형 개선
- ·송전선의 불평형 단락시의 이상전압 방지

【정답】 ②

56. 유도전동기를 정격상태로 사용 중, 전압이 10[%] 상승하면 다음과 같은 특성의 변화가 있다. 틀린 것은? (단, 부하는 일정 토크라고 가정한다.)

① 슬립이 작아진다.

② 효율이 떨어진다.

③ 속도가 감소한다.

④ 히스테리시스손과 와류손이 증가한다.

|정|답|및|해|설|

① $\frac{s'}{s} = \left(\frac{V_1}{V'}\right)^2$: 슬립은 전압의 제곱에 반비례 하므로, 전압이 상승하면 슬립은 작아진다.

② $\eta_2 = 1 - s$: 슬립이 작아지면 효율은 증가한다.

③ $\frac{N}{N'} = \left(\frac{V_1}{V'}\right)^2$: 속도는 전압의 제곱에 비례하므로, 전압이 상승하면 속도도 상승한다.

④ 와류손은 주파수와는 무관하고 전압의 제곱에 비례하므로, 와류손이 증가한다. 【정답】 ②, ③

57. 대칭 3상 권선에 평형 3상 교류가 흐르는 경우 회전자계의 설명으로 틀린 것은?

① 발생 회전 자계 방향 변경 가능
③ 발생 회전 자계는 전류와 같은 주기
③ 발생 회전 자계 속도는 동기 속도보다 늦음
④ 발생 회전 자계 세기는 각 코일 최대 자계의 1.5배

|정|답|및|해|설|

[회전자계] 회전 자계는 동기 속도로 회전하므로

동기속도 $N_s = \frac{120f}{p}[rpm]$

여기서, N_s : 매 분의 회전수(동기속도), p : 극수, f : 주파수

【정답】 ③

58. 스테핑 모터의 일반적인 특징으로 틀린 것은?

① 기동·정지 특성은 나쁘다.
② 회전각은 입력펄스 수에 비례한다.
③ 회전속도는 입력펄스 주파수에 비례한다.
④ 고속 응답이 좋고, 고출력의 운전이 가능하다.

|정|답|및|해|설|

[스테핑 모터의 주요 특징]
·가속 · 감속이 용이하다.
·정 · 역운전과 변속이 쉽다.
·위치 제어가 용이하고 오차가 적다.
·브러시 슬립링 등이 없고 유지 보수가 적다.
·오버슈트 전류의 문제가 있다.
·정지하고 있을 때 유지토크가 크다.

【정답】 ①

59. 철손 1.6[kW] 전부하동손 2.4[kW]인 변압기에는 약 몇 [%] 부하에서 효율이 최대로 되는가?

① 82　　② 95
③ 97　　④ 100

|정|답|및|해|설|

[변압기의 최대 효율] 변압기 효율은 $\left(\frac{1}{m}\right)^2 P_c = P_i$일 때 최대

$\left(\frac{1}{m}\right)^2 = \frac{P_i}{P_c} \rightarrow \frac{1}{m} = \sqrt{\frac{P_i}{P_c}}$

$\therefore \frac{1}{m} = \sqrt{\frac{1.6}{2.4}} \fallingdotseq 0.82$, 즉 82[%] 부하에서 최대 효율이 된다.

【정답】 ①

60. 직류기 권선법에 대한 설명 중 틀린 것은?

① 단중 파권은 균압환이 필요하다.
② 단중 중권의 병렬회로 수는 극수와 같다.
③ 저전류·고전압 출력은 파권이 유리하다.
④ 단중 파권의 유기전압은 단중 중권의 $\frac{P}{2}$이다.

|정|답|및|해|설|

[전기자 권선의 중권과 파권의 비교]

비교 항목	단중 중권	단중 파권
전기자의 병렬 회로수	극수와 같다. $(a=p)$	극수에 관계없이 항상 2이다. $(a=2)$
브러시 수	극수와 같다. $(B=p=a)$	2개로 되나, 극수 만큼의 브러시를 둘 수 있다. $(B=2, B=p)$
균압 접속	4극 이상이면 균압 접속을 해야 한다.	**균압 접속은 필요 없다.**
전기자 도체의 굵기, 권수, 극수가 모두 같을 때	저전압, 대전류를 얻을 수 있다.	고전압을 얻을 수 있다.

【정답】 ①

1회 2016년 전기기사필기(회로이론 및 제어공학)

61. 다음과 같은 상태방정식으로 표현되는 제어계에 대한 설명으로 틀린 것은?

$$\dot{x} = \begin{bmatrix} 0 & 1 \\ -2 & -3 \end{bmatrix} x + \begin{bmatrix} 1 & 1 \\ 0 & -2 \end{bmatrix} u$$

① 2차 제어계이다.
② x는 (2×1)의 벡터이다.
③ 특성방정식은 $(s+1)(s+2)=0$이다.
④ 제어계는 부족제동 된 상태에 있다.

|정|답|및|해|설|

[특성 방정식] 상태방정식 $|SI-A|=0$을 해주면 특성방정식이 된다. 2차제어회로의 특성방정식 $s^2+2\delta\omega_n s+\omega_n^2 = s^2+3s+2=0$으로 만드는 조건을 특성방정식이라고 한다.

$2\delta\omega_n = 3,\ \omega_n^2 = 2 \rightarrow \omega_n = \sqrt{2},\ 2\sqrt{2}\delta = 3$

$\therefore \delta = \frac{3}{2\sqrt{2}} > 1$: 과제동

【정답】 ④

|참|고|

1. $\delta>1$ (과제동, 비진동)　2. $\delta=1$ (임계제동)
3. $\delta=0$ (무제동)　4. $\delta<1$ (부족제동, 감쇠진동)

62. 제어오차가 검출될 때 오차가 변화하는 속도에 비례하여 조작량을 조절하는 동작으로 오차가 커지는 것을 사전에 방지하는 제어 동작은?

① 미분동작제어
② 비례동작제어
③ 적분동작제어
④ 온-오프(ON-OFF)제어

|정|답|및|해|설|

[조절부의 동작에 의한 분류]

종류		특 징
P	비례동작	·정상오차를 수반 ·잔류편차 발생
I	적분동작	잔류편차 제거
D	미분동작	오차가 커지는 것을 미리 방지
PI	비례적분동작	·잔류편차 제거 ·제어결과가 진동적으로 될 수 있다.
PD	비례미분동작	응답 속응성의 개선
PID	비례적분미분동작	·잔류편차 제거 ·정상 특성과 응답 속응성을 동시에 개선 ·오버슈트를 감소시킨다. ·정정시간 적게 하는 효과 ·연속 선형 제어

【정답】 ①

63. 그림과 같은 이산치계의 z변환 전달함수 $\frac{C(z)}{R(z)}$를 구하면? (단, $Z\left[\frac{1}{s+a}\right]=\frac{z}{z-e^{-at}}$ 임)

$t(t)$ —T→ $\frac{1}{S+1}$ —T→ $\frac{2}{S+2}$ → $c(t)$

① $\frac{2z}{z-e^{-T}}-\frac{2z}{z-e^{-2T}}$

② $\frac{2z^2}{(z-e^{-T})(z-e^{-2T})}$

③ $\frac{2z}{z-e^{-2T}}-\frac{2z}{z-e^{-T}}$

④ $\frac{2z}{(z-e^{-T})(z-e^{-2T})}$

|정|답|및|해|설|

[z변환]

· 문제에서 $\frac{1}{s+a}$ → 지수함수 e^{-at}와 같다.

$C(z)=G_1(z)G_2(z)R(z)$

$\therefore G(z)=\frac{C(z)}{R(z)}=G_1(z)G_2(z)$

$=z\left[\frac{1}{s+1}\right]z\left[\frac{2}{s+2}\right]=\frac{z}{(z-e^{-t})}\times\frac{2z}{z-e^{-2t}}$

$\to(\frac{1}{s+1}\to e^{-t},\ \frac{2}{s+2}\to 2e^{-2t})$

$=\frac{2z^2}{(z-e^{-t})(z-e^{-2t})}$

【정답】 ②

64. 벡터 궤적이 그림과 같이 표시되는 요소는?

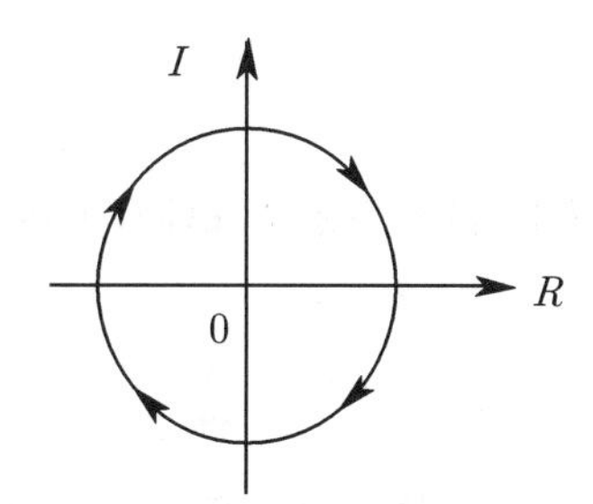

① 비례요소
② 1차 지연 요소
③ 2차 지연요소
④ 부동작 시간요소

|정|답|및|해|설|

[부동작 시간 요소]

· $G(s)=e^{-Ls}$

· $G(j\omega)=e^{-j\omega L}=\cos\omega L-j\sin\omega L$

· $G(j\omega)=\sqrt{(\cos\omega L)^2+(\sin\omega L)^2}\angle\tan^{-1}-\frac{\sin\omega L}{\cos\omega L}$

$=-\omega L$

즉, 크기는 1이며, ω의 증가에 따라 원주상을 시계 방향으로 회전하는 벡터 궤적 $G(j\omega)$이며 이득은 0[dB]

【정답】 ④

65. 다음의 논리 회로를 간단히 하면?

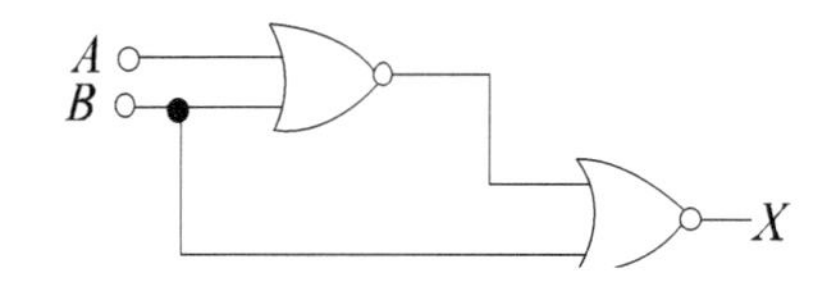

① $X = AB$　　② $X = A\overline{B}$

③ $X = \overline{A}B$　　④ $X = \overline{AB}$

|정|답|및|해|설|

[드모르간의 정리]

· $\overline{(X_1 + X_2 + X_3 + \ldots\ldots + X_n)} = \overline{X_1} \cdot \overline{X_2} \cdot \overline{X_3} \cdot \ldots \cdot X_n$

· $\overline{(X_1 \cdot X_2 \cdot X_3 \ldots\ldots X_n)} = \overline{X_1} + \overline{X_2} + \overline{X_3} + \ldots\ldots + \overline{X_n}$

논리회로 A, B (NOR) → $\overline{A+B}$ 이므로

주어진 그림은 $X = \overline{\overline{A+B} + B}$가 된다.

$X = \overline{\overline{A+B} + B} = \overline{\overline{A+B}} \cdot \overline{B} = (A+B)\overline{B}$

$= A\overline{B} + B\overline{B} = A\overline{B}$　　→ $(B + \overline{B} = 1,\ B\overline{B} = 0)$

【정답】 ②

66. 그림과 같은 신호 흐름 선도에서 $C(s)/R(s)$의 값은?

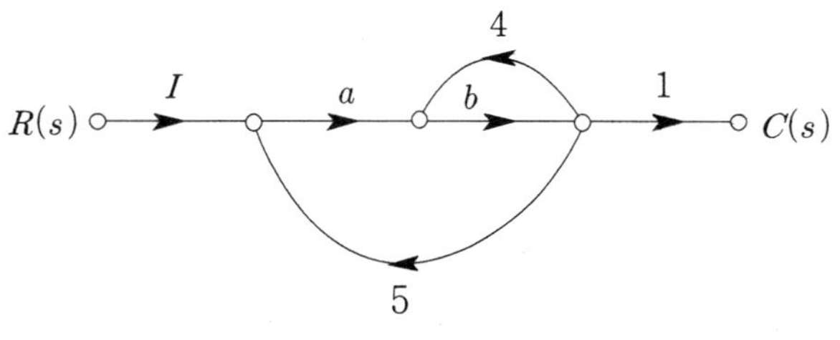

① $\dfrac{ab}{1-4b-5ab}$　　② $\dfrac{ab}{1+4b-5ab}$

③ $\dfrac{ab}{1-4b+5ab}$　　④ $\dfrac{ab}{1+4b+5ab}$

|정|답|및|해|설|

[전달함수] $G(s) = \dfrac{C}{R} = \dfrac{G_1\Delta_1}{\Delta}$

· $G_1 = ab,\ \Delta_1 = 1,\ L_{11} = 4b,\ L_{21} = 5ab$

· $\Delta = 1 - (L_{11} + L_{21}) = 1 - (4b + 5ab) = 1 - 4b - 5ab$

$\therefore G(s) = \dfrac{G_1\Delta_1}{\Delta} = \dfrac{ab}{1-4b-5ab}$　　【정답】 ①

67. 단위계단 입력에 대한 응답특성이 $c(t) = 1 - e^{-\frac{1}{T}t}$로 나타나는 제어계는?

① 비례제어계　　② 적분제어계

③ 1차지연제어계　　④ 2차지연제어계

|정|답|및|해|설|

[전달함수] $G(s) = \dfrac{C(s)}{R(s)}$

· 입력 $R(s) = \mathcal{L}[r(t)] = \mathcal{L}[u(t)] = \dfrac{1}{s}$

· 출력 $C(s) = \mathcal{L}[c(t)] = \mathcal{L}\left[1 - e^{-\frac{1}{T}t}\right] = \dfrac{1}{s} - \dfrac{1}{s + \frac{1}{T}}$

전체전달함수 $G(s) = \dfrac{C(s)}{R(s)}$

$$= \frac{\frac{1}{s} - \frac{1}{s+\frac{1}{T}}}{\frac{1}{s}} = 1 - \frac{s}{s + \frac{1}{T}} = \frac{1}{Ts+1}$$

∴1차지연제어계

※K : 비례요소, Ks : 미분요소, $\dfrac{K}{s}$: 적분요소

$\dfrac{K}{Ts+1}$: 1차지연요소　　【정답】 ③

68. $G(s)H(s) = \dfrac{K(s+1)}{s^2(s+2)(s+3)}$에서 근궤적의 수는?

① 1　　② 2　　③ 3　　④ 4

|정|답|및|해|설|

[근궤적의 수] $\dfrac{K(s+1)}{s^2(s+2)(s+3)}$ 에서

1. 극점 : 분모가 0인 조건, s=0, s=0, s=-2, s=-3, 즉 p=4개의 근을 갖는다.
2. 영점 : 분자가 0인 조건, s=-1, 즉 z=1

근궤적의 수(N)는 극의 수(p)와 영점의 수(z)에서 큰 수와 같다.

$z > p$이면 $N = z$이고, $z < p$이면 $N = p$가 된다.

문제에서 $z = 1$, $p = 4$이므로 근궤적의 수 $N = p$, 즉 $N = 4$

【정답】 ④

69. 주파수 응답에 의한 위치제어계의 설계에서 계통의 안정도 척도와 관계가 적은 것은?

① 공진치　　② 위상여유
③ 이득여유　　④ 고유주파수

|정|답|및|해|설|

[주파수 응답] 주파수 응답에서 안정도의 척도는 공진치, 위상 여유, 이득 여유가 된다. 고유 주파수는 안정도와는 무관하다.

【정답】 ④

70. 나이퀴스트 선도에서의 임계점(-1, j0)에 대응하는 보드선도에서의 이득과 위상은?

① 1[dB], 0°　　② 0[dB], -90°
③ 0[dB], 90°　　④ 0[dB], -180°

|정|답|및|해|설|

[나이퀴스트 곡선의 이득과와 위상]

1. 이득 = $20\log|G| = 20\log 1 = 0[dB]$
2. 위상 = -180° 또는 180°

【정답】 ④

71. 평형 3상 △결선 회로에서 선간전압(E_l)과 상전압(E_p)의 관계로 옳은 것은?

① $E_l = \sqrt{3}E_p$　　② $E_l = 3E_p$
③ $E_l = E_p$　　④ $E_l = \frac{1}{\sqrt{3}}E_p$

|정|답|및|해|설|

[3상 교류의 결선]

항목	Y결선	△결선
전압	$E_l = \sqrt{3}E_P\angle 30$	$E_l = E_p$
전류	$I_l = I_p$	$I_l = \sqrt{3}I_P\angle -30$

【정답】 ③

72. 정격전압에서 1[kW]의 전력을 소비하는 저항에 정격의 80[%]의 전압을 가할 때의 전력[W]은?

① 320　　② 540　　③ 640　　④ 860

|정|답|및|해|설|

[전력] $P=\frac{V^2}{R}$ 이므로 $P\propto V^2$

정격전압에서 1[kW] 전력을 소비하는 저항에 80[%] 전압을 가하면

$P=0.8^2\times\frac{V^2}{R}=0.8^2\times 1[kW]=640[W]$ 전력을 소비하게 된다.

【정답】 ③

73. 그림과 같은 회로에서 i_x는 몇 [A]인가?

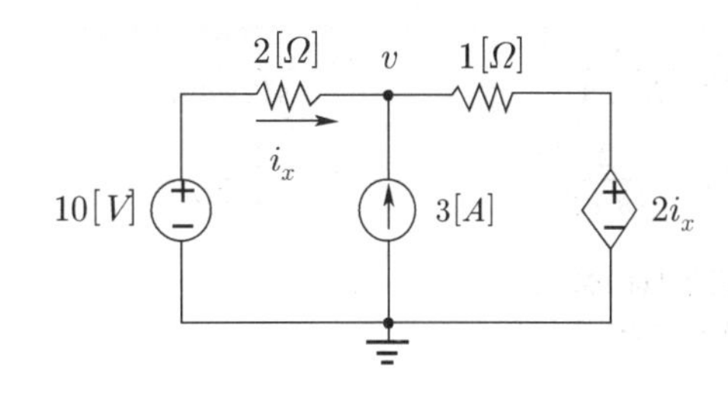

① 3.2　　② 2.6　　③ 2.0　　④ 1.4

|정|답|및|해|설|

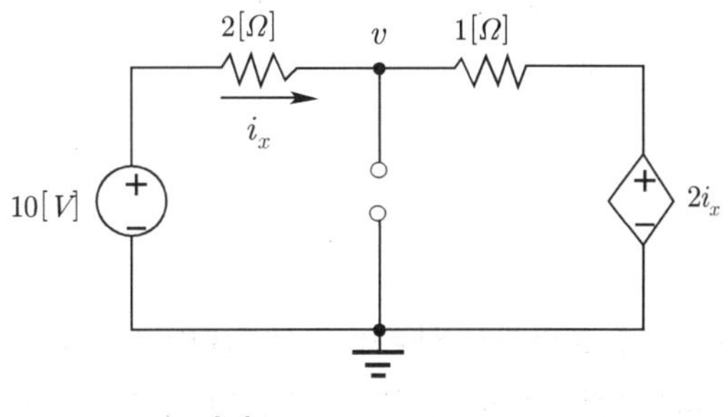

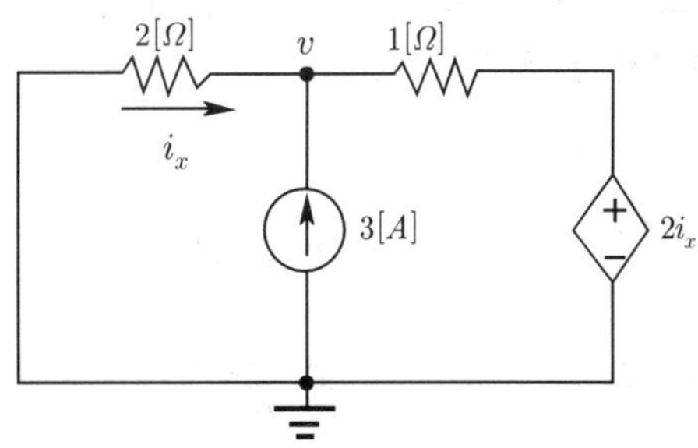

1. 중첩의 원리에 의하여 전류원을 개방, 전류제어 전압원 단락하면

$i_x' = \frac{10}{2+1}$ → $i_x' = \frac{10}{3}[A]$

2. 다음 10[V]의 전압원을 단락시키고 전류제어 전압원도 단락시키고 전류원만 있다면, $i_x' = -\frac{1}{2+1}\times 3 = -1[A]$

3. 전류제어 전압원만 있다면 $i_x' = -\frac{2i_x}{3}$

$\therefore i_x = \frac{10}{3} - 1 - \frac{2i_x}{3}$ → $\frac{5}{3}i_x = \frac{7}{3}$ → $i_x = 1.4[A]$

【정답】 ④

74. 그림에서 $t=0$에서 스위치 S를 닫았다. 콘덴서에 충전된 초기전압 $V_C(0)$가 1[V]이었다면 전류 $i(t)$를 변환한 값 $I(s)$는?

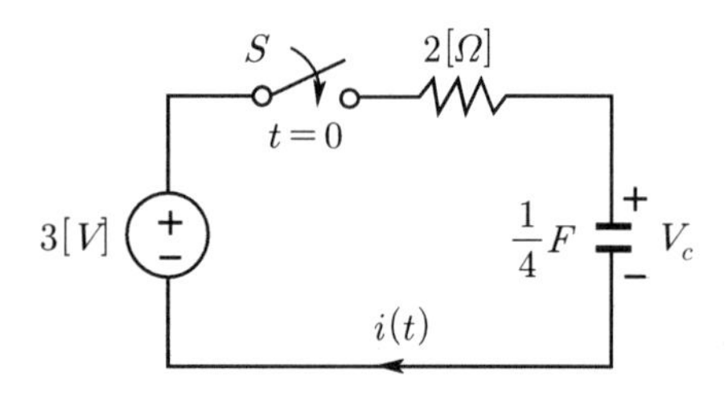

① $\dfrac{3}{2s+4}$　② $\dfrac{3}{s(2s+4)}$

③ $\dfrac{2}{s(s+2)}$　④ $\dfrac{1}{s+2}$

|정|답|및|해|설|

[라플라스 변환]

$i(t)=\dfrac{E}{R}e^{-\frac{1}{RC}t}=\dfrac{3-1}{2}e^{-\frac{1}{2\times\frac{1}{4}}t}=e^{-2t}$ → (라플라스 변환)

$\therefore I(s)=\mathcal{L}[e^{-2t}]=\dfrac{1}{s+2}$ 【정답】④

75. 분포정수 회로에서 선로의 특성 임피던스를 Z_0, 전파정수를 γ라 할 때 무한장 선로에 있어서 송전단에서 본 직렬임피던스는?

① $\dfrac{Z_0}{\gamma}$　② $\sqrt{\gamma Z_0}$

③ γZ_0　④ $\dfrac{\gamma}{Z_0}$

|정|답|및|해|설|

[특성 임피던스] $Z_0=\sqrt{\dfrac{Z}{Y}}$

여기서, Z : 임피던스, Y : 어드미턴스

· 전파정수 $\gamma=\sqrt{ZY}$

· 선로의 직렬 임피던스 $Z=\sqrt{ZY}\sqrt{\dfrac{Z}{Y}}=\gamma Z_0$

【정답】③

76. 그림과 같이 전압 V와 저항 R로 구성되는 회로 단자 A-B간에 적당한 R_L을 접속하여 R_L에서 소비되는 전력을 최대로 하게 했다. 이때 R_L에서 소비되는 전력 P는?

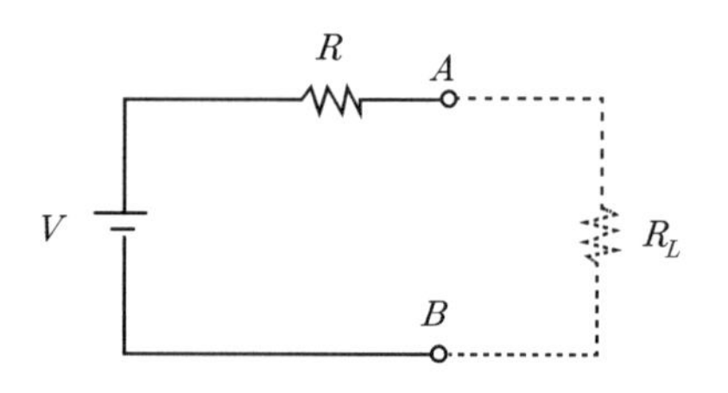

① $\dfrac{V^2}{4R}$　② $\dfrac{V^2}{2R}$

③ R　④ $2R$

|정|답|및|해|설|

[소비전력(부하전력)] $P_L=I^2R_L=\left(\dfrac{V}{R+R_L}\right)\cdot R_L$

최대전력 전송 조건 $R=R_L$ 이므로

$\therefore P_m=\left(\dfrac{V}{R+R}\right)^2\times R=\dfrac{V^2}{4R}[W]$ 【정답】①

77. 다음의 T형 4단자망 회로에서 A, B, C, D 파라미터 사이의 성질 중 성립되는 대칭조건은?

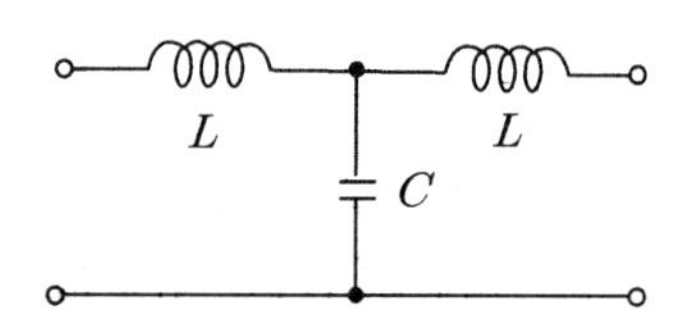

① $A=D$　② $A=C$

③ $B=C$　④ $B=A$

|정|답|및|해|설|

[대칭조건] $A=D$, $Z_{01}=Z_{02}$

4단자정수

$\begin{bmatrix}1 & j\omega L\\0 & 1\end{bmatrix}\begin{bmatrix}1 & 0\\j\omega C & 1\end{bmatrix}\begin{bmatrix}1 & j\omega L\\0 & 1\end{bmatrix}=\begin{bmatrix}1-\omega^2LC & j\omega L(2-\omega^2LC)\\j\omega C & 1-\omega^2LC\end{bmatrix}$

대칭조건 $A=D$ 【정답】①

78. 그림의 RLC 직·병렬회로를 등가 병렬회로로 바꿀 경우, 저항과 리액턴스는 각각 몇 $[\Omega]$인가?

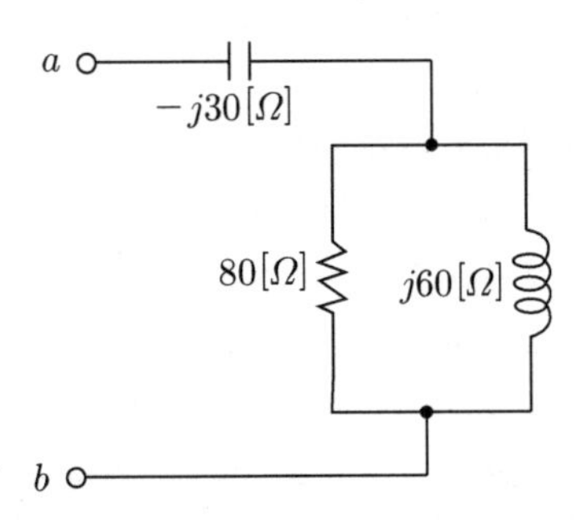

① 46.23, j87.67 ② 46.23, j107.15
③ 31.25, j87.67 ④ 31,25, j107.15

|정|답|및|해|설|

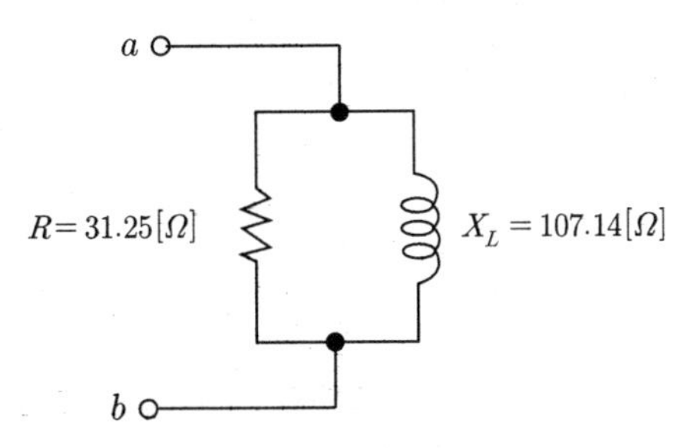

[등가 병렬회로]

· 임피던스 $Z=-j30+\dfrac{80\times j60}{80+j60}=28.8+j8.4[\Omega]$

· 어드미턴스 $Y=\dfrac{1}{Z}=\dfrac{1}{28.8+j8.4}=\dfrac{4}{125}-j\dfrac{7}{750}[\Omega]$
허수부가 (-) 이므로 $R-L$ 병렬회로이다.

· 저항 $R=\dfrac{1}{G}=\dfrac{1}{\frac{4}{125}}=\dfrac{125}{4}=31.25[\Omega]$

· 리액턴스 $X_L=j\dfrac{1}{B_L}=j\dfrac{1}{\frac{7}{750}}=j\dfrac{750}{7}=j107.14[\Omega]$

【정답】 ④

79. $F(s)=\dfrac{5s+3}{s(s+1)}$일 때 $f(t)$의 정상값은?

① 5 ② 3 ③ 1 ④ 0

|정|답|및|해|설|

[최종값 정리]

$\lim\limits_{t\to\infty} f(t)=\lim\limits_{s\to 0} sF(s)=\lim\limits_{s\to 0} s\cdot\dfrac{5s+3}{s(s+1)}=\dfrac{3}{1}=3$

【정답】 ②

80. 선간전압이 200[V], 선전류가 $10\sqrt{3}[A]$, 부하역률이 80[%]인 평형 3상 회로의 무효전력[Var]은?

① 3600 ② 3000
③ 2400 ④ 1800

|정|답|및|해|설|

[3상 무효전력] $P_r=\sqrt{3}\,VI\sin\theta[Var]$

역률 $\cos\theta=0.8$이면 무효율 $\sin\theta=\sqrt{1-\cos^2\theta}=0.6$

무효전력 $P_r=\sqrt{3}\,VI\sin\theta$
$=\sqrt{3}\times200\times10\sqrt{3}\times0.6=3600[Var]$

【정답】 ①

1회 2016년 전기기사필기 (전기설비기술기준)

81. 동일 지지물에 고압 가공전선과 저압 가공전선을 병행설치 할 경우 일반적으로 양 전선간의 간격은 몇 [cm] 이상인가?

① 50 ② 60 ③ 70 ④ 80

|정|답|및|해|설|

[고압 가공전선 등의 병행설치 (KEC 332.8)]

· 저압 가공전선을 고압 가공전선의 아래로 하고 별개의 완금류에 시설할 것
· 간격 50[cm] 이상으로 저압선을 고압선의 아래로 별개의 완금류에 시설

※공가, 병행설치는 2종특고압 보안공사로 시공 $55[mm^2]$이상

【정답】 ①

82. 전압의 종별에서 교류 1000[V]는 무엇으로 분류하는가?

① 저압 ② 고압
③ 특고압 ④ 초고압

|정|답|및|해|설|

[전압의 종별 (기술기준 제3조)]

분류	전압의 범위
저압	· 직류 : 1500[V] 이하 · 교류 : 1000[V] 이하
고압	· 직류 : 1500[V]를 초과하고 7[kV] 이하 · 교류 : 1000[V]를 초과하고 7[kV] 이하
특고압	· 7[kV]를 초과

【정답】 ①

83. 저압 옥상전선로의 시설에 대한 설명으로 옳지 않은 것은?

① 전선은 절연전선을 사용하였다.
② 전선은 지름 2.6[mm]의 경동선을 사용하였다.
③ 전선과 옥상 전선로를 시설하는 조영재와의 간격을 0.5[m]로 하였다.
④ 전선은 상시 부는 바람 등에 의하여 식물에 접촉하지 않도록 시설하였다.

|정|답|및|해|설|
[저압 옥상 전선로의 시설 (KEC 221.3)] 전선과 그 저압 옥상 전선로를 시설하는 조영재와의 간격은 2[m](전선이 고압절연전선, 특고압 절연전선 또는 케이블인 경우에는 1[m]) 이상일 것
【정답】 ③

84. 최대사용전압이 22900[V]인 3상4선식 중성선 다중접지식 전로와 대지 사이의 절연내력 시험전압은 몇 [V]인가?

① 21068 ② 25229
③ 28752 ④ 32510

|정|답|및|해|설|
[전로의 절연저항 및 절연내력 (KEC 132)]

접지방식	최대 사용 전압	시험 전압(최대 사용 전압 배수)	최저 시험 전압
비접지	7[kV] 이하	1.5배	
	7[kV] 초과	1.25배	10,500[V]
중성점접지	60[kV] 초과	1.1배	75[kV]
중성점직접 접지	60[kV] 초과 170[kV] 이하	0.72배	
	170[kV] 초과	0.64배	
중성점 다중접지	25[kV] 이하	0.92배	

∴ 시험전압 $= 22900 \times 0.92 = 21068[V]$
【정답】 ①

85. 저압 및 고압 가공전선의 높이에 대한 기준으로 틀린 것은?

① 철도를 횡단하는 경우는 레일면상 6.5[m] 이상이다.
② 횡단보도교 위에 시설하는 경우는 저압의 경우는 그 노면 상에서 3[m] 이상이다.
③ 횡단보도교 위에 시설하는 경우는 고압의 경우는 그 노면 상에서 3.5[m] 이상이다.
④ 다리의 하부 기타 이와 유사한 장소에 시설하는 저압의 전기철도용 급전선은 지표상 3.5[m]까지로 감할 수 있다.

|정|답|및|해|설|
[저·고압 가공 전선의 높이 (KEC 332.5)]
1. 도로 횡단 : 6[m] 이상
2. 철도 횡단 : 레일면상 6.5[m] 이상
3. 일반 장소 : 5[m] 이상
※횡단보도교 위에서 저압이나 고압이나 3.5[m] 이상
【정답】 ②

86. 35[kV] 기계 기구, 모선 등을 옥외 시설하는 변전소의 구내에 취급자 이외의 사람이 들어가지 않도록 울타리를 시설하는 경우에 울타리의 높이와 울타리로부터의 충전 부분까지의 거리의 합계는 몇 [m]인가?

① 5 ② 6 ③ 7 ④ 8

|정|답|및|해|설|
[발전소 등의 울타리, 담 등의 시설 (KEC 351.1)]

사용 전압의 구분	울타리 · 담 등의 높이와 울타리 · 담 등으로부터 충전 부분까지의 거리의 합계
35[kV] 이하	5[m]
35[kV] 초과 160[kV] 이하	6[m]
160[kV] 초과	·거리의 합계 $= 6 +$ 단수 $\times 0.12[m]$ ·단수 $= \frac{\text{사용전압}[kV] - 160}{10}$ (단수 계산 에서 소수점 이하는 절상)

【정답】 ①

87. 터널 등에 시설하는 사용전압이 220[V]인 저압의 전구선으로 편조 고무코드를 사용하는 경우 단면적은 몇 $[mm^2]$ 이상인가?

① 0.5 ② 0.75
③ 1.0 ④ 1.25

|정|답|및|해|설|

[터널 등의 전구선 또는 이동전선 등의 시설 (KEC 242.7.4)
400[V] 이하의 경우 공칭 단면적 $0.75[mm^2]$ 이상의 300/300[V] 편조 고무코드 또는 0.6/1[kV] EP 고무 절연 클로로프렌 캡타이어 케이블일 것 【정답】 ②

88. 고압 가공전선과 건조물의 상부 조영재와의 옆쪽 간격은 몇 [m] 이상인가? (단, 전선에 사람이 쉽게 접촉할 우려가 있고 케이블이 아닌 경우이다.)

① 1.0 ② 1.2
③ 1.5 ④ 2.0

|정|답|및|해|설|

[저고압 가공 전선과 건조물의 접근 (KEC 332.11)]

사용전압 부분 공작물의 종류			저압 [m]	고압 [m]
건조물	상부 조영재 상방	일반적인 경우	2	2
		전선이 고압절연전선	1	2
		전선이 케이블인 경우	1	1
	기타 조영재 또는 상부조영재의 앞쪽 또는 아래쪽	일반적인 경우	1.2	1.2
		전선이 고압절연전선	0.4	1.2
		전선이 케이블인 경우	0.4	0.4
		사람이 접근 할 수 없도록 시설한 경우	0.8	0.8

【정답】 ②

89. 특고압용 제2종 보안 장치 또는 이에 준하는 보안 장치 등이 되어 있지 않은 25[kV] 이하인 특고압 가공 전선로의 지지물에 시설하는 통신선 또는 이에 직접 접속하는 통신선으로 사용할 수 있는 것은?

① 광섬유케이블
② CN/CV케이블
③ 캡타이어케이블
④ 지름 2.6[mm] 이상의 절연 전선

|정|답|및|해|설|

[25[kV] 이하인 특고압 가공전선로 첨가 통신선의 시설에 관한 특례] 통신선은 광섬유케이블일 것. 다만, 특고압용 제2종 보안 장치 또는 이에 준하는 보안장치를 시설할 경우 그러하지 아니하다.
【정답】 ①

90. 765[kV] 가공전선 시설 시 2차 접근 상태에서 건조물을 시설하는 경우 건조물 상부와 가공전선 사이의 수직거리는 몇 [m] 이상인가? (단, 전선의 높이가 최저 상태로 사람이 올라갈 우려가 있는 개소를 말한다.)

① 15 ② 20
③ 25 ④ 28

|정|답|및|해|설|

[특고압 가공전선과 건조물의 접근 (KEC 333.23)] 사용전압이 400[kV] 이상의 특고압 가공전선이 건조물과 제2차 접근상태로 있을 경우, 전선 높이가 최저 상태일 때 가공전선과 건조물 상부(지붕, 챙(차양), 옷 말리는 곳, 기타 사람이 올라갈 우려가 있는 개소를 말한다)와의 수직거리가 28[m] 이상일 것

【정답】 ④

91. 폭발성 또는 연소성의 가스가 침입할 우려가 있는 것에 시설하는 지중전선로의 지중함은 그 크기가 최소 몇 $[m^3]$ 이상인 경우에는 통풍장치 기타 가스를 방산시키기 위한 적당한 장치를 시설하여야 한다.

① 1 ② 3 ③ 5 ④ 10

|정|답|및|해|설|

[지중함의 시설 (KEC 334.2)] 지중 전선로를 시설하는 경우 폭발성 또는 연소성의 가스가 침입할 우려가 있는 곳에 시설하는 지중함으로 그 크기가 $1[m^3]$ 이상인 것은 통풍 장치 기타 가스를 방산시키기 위한 장치를 하여야 한다. 【정답】 ①

92. 의료 장소에서 인접하는 의료장소와의 바닥면적 합계가 몇 $[m^2]$ 이하인 경우 기준 접지바를 공용으로 할 수 있는가?

① 30 ② 50 ③ 80 ④ 100

|정|답|및|해|설|

[의료실의 접지 등의 시설의료장소 내의 접지 설비 (kec 242.10.4)] 의료장소마다 그 내부 또는 근처에 기준 접지바를 설치할 것. 다만, 인접하는 의료장소와의 바닥면적 합계가 50$[m^2]$ 이하인 경우에는 기준 접지바를 공용으로 할 수 있다. 【정답】 ②

93. 배선공사 중 전선이 반드시 절연전선이 아니라도 상관없는 공사방법은?

① 금속관공사 ② 합성수지관 공사
③ 버스덕트 공사 ④ 플로어덕트공사

|정|답|및|해|설|

[나전선의 사용 제한 (KEC 231.4)]
·나전선을 사용할 수 있는 공사 : 라이팅 덕트 공사, 버스 덕트 공사
·나전선을 사용 제한 공사 : 금속관공사, 합성 수지관 공사, 합성 수지 몰드 공사, 금속덕트공사 등 【정답】 ③

94. 고·저압 혼촉에 의한 위험을 방지하려고 시행하는 중성점 접지공사에 대한 기준으로 틀린 것은?

① 중성점 접지공사는 변압기의 시설장소마다 시행하여야 한다.
② 토지의 상황에 의하여 접지저항 값을 얻기 어려운 경우, 가공 접지선을 사용하여 접지극을 100[m]까지 떼어 놓을 수 있다.
③ 가공 공동지선을 설치하여 접지공사를 하는 경우, 각 변압기를 중심으로 지름 400[m] 이내의 지역에 접지를 하여야 한다.
④ 저압 전로의 사용전압이 300[V] 이하인 경우, 그 접지공사를 중성점에 하기 어려우면 저압측의 1단자에 행할 수 있다.

|정|답|및|해|설|

[고압 또는 특고압과 저압의 혼촉에 의한 위험 방지 시설 (KEC 322.1)] 토지의 상황에 따라 규정의 접지저항 값을 얻기 어려운 경우의 접지공사는 변압기의 시설장소로부터 200[m] 떼어서 시설한다. 【정답】 ②

95. 저압 가공전선로의 지지물에 시설하는 통신선 또는 이에 직접 접속하는 가공 통신선이 도로를 횡단하는 경우, 일반적으로 지표상 몇 [m] 이상의 높이로 시설하여야 하는가?

① 6.0 ② 4.0 ③ 5.0 ④ 3.0

|정|답|및|해|설|

[가공전선로의 지지물에 시설하는 통신선 또는 이에 직접 접속하는 가공 통신선의 높이 (KEC 362.2)]

구분	지상고
도로횡단 시	지표상 6.0[m] 이상 (단, 저압이나 고압의 가공전선로의 지지물에 시설하는 통신선 또는 이에 직접 접속하는 가공통신선을 시설하는 경우에 교통에 지장을 줄 우려가 없을 때에는 지표상 5[m])
철도 궤도 횡단 시	레일면상 6.5[m] 이상
횡단보도교 위	노면상 5.0[m] 이상
기타	지표상 5[m] 이상

【정답】 ①

96. 사용전압이 22.9[kV]인 특고압 가공전선이 도로를 횡단하는 경우, 지표상 높이는 최소 몇 [m] 이상인가?

① 4.5 ② 5 ③ 5.5 ④ 6

|정|답|및|해|설|

[특고압 가공전선의 높이 (KEC 333.7)]

사용전압의 구분	지표상의 높이	
35[kV] 이하	일반	5[m]
	철도 또는 궤도를 횡단	6.5[m]
	도로 횡단	6[m]
	횡단보도교의 위 (전선이 특고압 절연전선 또는 케이블)	4[m]
35[kV] 초과 160[kV] 이하	일반	6[m]
	철도 또는 궤도를 횡단	6.5[m]
	산지	5[m]
	횡단보도교의 케이블	5[m]
160[kV] 초과	일반	6[m]
	철도 또는 궤도를 횡단	6.5[m]
	산지	5[m]
	160[kV]를 초과하는 10[kV] 또는 그 단수마다 12[cm]를 더한 값	

【정답】 ④

97. 가공 전선로의 지지물에 시설하는 지지선의 안전율은 일반적인 경우 얼마 이상이어야 하는가?

① 2.0 ② 2.2 ③ 2.5 ④ 2.7

|정|답|및|해|설|

[지지선의 시설 (KEC 331.11)] 가공 전선로의 지지물에 시설하는 지지선의 시설 기준

- 안전율 : 2.5 이상 일 것
- 최저 인상 하중:4.31[kN]
- 소선의 지름이 2.6[mm] 이상의 금속선을 사용한 것일 것
- 소선 3가닥 이상의 연선일 것
- 지중 및 지표상 30[cm]까지의 부분은 아연도금 철봉 등을 사용
- 도로 횡단시의 높이 : 5[m] (교통에 지장이 없을 경우 4.5[m])

【정답】 ③

2016년 2회 전기기사 필기 기출문제

2회 2016년 전기기사필기 (전기자기학)

1. 자기모멘트 $9.8\times10^{-5}[wb\cdot m]$의 막대자석을 지구 자계의 수평 성분 10.5[AT/m]의 곳에서 지자기 자오면으로부터 90° 회전시키는데 필요 일은 약 몇 [J]인가?

① $1.03\times10^{-3}[J]$　② $1.03\times10^{-5}[J]$
③ $9.03\times10^{-3}[J]$　④ $9.03\times10^{-5}[J]$

|정|답|및|해|설|

[막대자석 회전시의 에너지] $W=MH(1-\cos\theta)[J]$

$W=MH(1-\cos\theta)=9.8\times10^{-5}\times12.5\times(1-0)=1.03\times10^{-3}[J]$

【정답】 ①

2. 무한히 넓은 두 장의 평면판 도체를 간격 $d[m]$로 평행하게 배치하고 각각의 평면판에 면전하밀도 $\pm\sigma[C/m^2]$로 분포되어 있는 경우 전기력선은 면에 수직으로 나와 평행하게 발산한다. 이 평면판 내부의 전계의 세기는 몇 [V/m]인가?

① $\frac{\sigma}{\epsilon_0}$　② $\frac{\sigma}{2\epsilon_0}$
③ $\frac{\sigma}{2\pi\epsilon_0}$　④ $\frac{\sigma}{4\pi\epsilon_0}$

|정|답|및|해|설|

[두 장의 평면판 도체]

1. 두 장의 무한 평판 도체
   - $E_1=\frac{\sigma}{2\epsilon_0}$: $+\sigma$에 의한 전계
   - $E_2=\frac{\sigma}{2\epsilon_0}$: $-\sigma$에 의한 전계

   여기서, σ : 면전하밀도
2. 전계 E
   - 평판 외측 : $E=0$
   - 평판 내측 : $E=E_1+E_2=\frac{\sigma}{2\epsilon_0}+\frac{\sigma}{2\epsilon_0}=\frac{\sigma}{\epsilon_0}[V/m]$

【정답】 ①

3. 두 종류의 유전율(ϵ_1, ϵ_2)을 가진 유전체 경계면에 진전하가 존재하지 않을 때 성립하는 경제조건을 옳게 나타낸 것은? (단, θ_1, θ_2는 각각 유전체 경계면의 법선벡터와 E_1, E_2가 이루는 각이다.)

① $E_1\sin\theta_1=E_2\sin\theta_2$, $D_1\sin\theta_1=D_2\sin\theta_2$, $\frac{\tan\theta_1}{\tan\theta_2}=\frac{\varepsilon_2}{\varepsilon_1}$

② $E_1\cos\theta_1=E_2\cos\theta_2$, $D_1\sin\theta_1=D_2\sin\theta_2$, $\frac{\tan\theta_1}{\tan\theta_2}=\frac{\varepsilon_2}{\varepsilon_1}$

③ $E_1\sin\theta_1=E_2\sin\theta_2$, $D_1\cos\theta_1=D_2\cos\theta_2$, $\frac{\tan\theta_1}{\tan\theta_2}=\frac{\varepsilon_1}{\varepsilon_2}$

④ $E_1\cos\theta_1=E_2\cos\theta_2$, $D_1\cos\theta_1=D_2\cos\theta_2$, $\frac{\tan\theta_1}{\tan\theta_2}=\frac{\varepsilon_1}{\varepsilon_2}$

|정|답|및|해|설|

[경계조건]

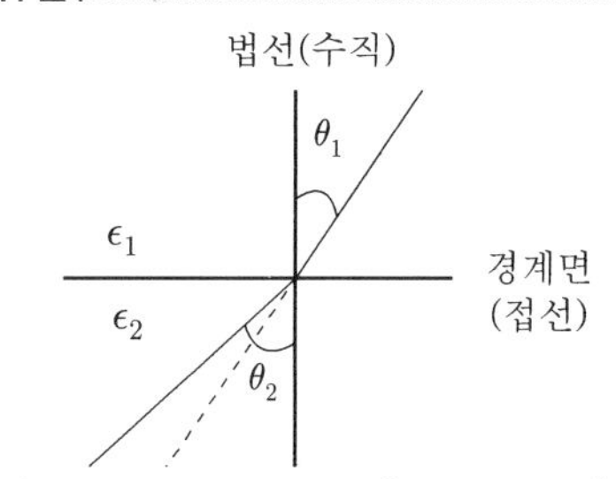

여기서, θ_1, θ_2 : 법선과 이루는 각, θ_1 : 입사각, θ_2 : 굴절각

전계	자계
1. $E_1\sin\theta_1=E_2\sin\theta_2$(접선) 2. $D_1\cos\theta_1=D_2\cos\theta_2$(법선) 3. $\frac{\tan\theta_1}{\tan\theta_2}=\frac{\varepsilon_1}{\varepsilon_2}$(굴절의 법칙)	1. $H_1\sin\theta_1=H_2\sin\theta_2$ 2. $B_1\cos\theta_1=B_2\cos\theta_2$ 3. $\frac{\tan\theta_1}{\tan\theta_2}=\frac{\mu_1}{\mu_2}$

【정답】 ③

4. 단면적 $S[m^2]$, 단위 길이당 권수가 n_0[회/m]인 무한히 긴 솔레노이드의 자기인덕턴스[H/m]를 구하면?

① $\mu S n_0$ ② $\mu S n_0^2$

③ $\mu S^2 n_0$ ④ $\mu S^2 n_0^2$

|정|답|및|해|설|

[무한히 긴 솔레노이드의 자기인덕턴스]

$$L = \frac{n_0 \phi}{I} = \frac{n_0 \mu HS}{\frac{H}{n_0}} = \mu S n_0^2 [H/m]$$

여기서, n_0 : 단위 길이당 권수가, $\varnothing$: 자속, I : 전류

$\mu(=\mu_0 \mu_s)$: 투자율, S : 면적, H : 자계의 세기

【정답】 ②

5. 평행판 콘덴서에 어떤 유전체를 넣었을 때 전속밀도가 $4.8 \times 10^{-7}[C/m^2]$이고 단위체적당 정전에너지가 $5.3 \times 10^{-3}[J/m^3]$이었다. 이 유전체의 유전율은 몇 [F/m]인가?

① 1.15×10^{-11} ② 2.17×10^{-11}

③ 3.19×10^{-11} ④ 4.21×10^{-11}

|정|답|및|해|설|

[단위 체적당 축적되는 정전에너지]

$$W = \frac{1}{2} DE = \frac{1}{2} \epsilon E^2 = \frac{1}{2} \frac{D^2}{\epsilon} [J/m^3]$$

여기서, D : 전속밀도, E : 전계, ϵ : 유전율

$$W = \frac{1}{2} \frac{D^2}{\epsilon} = 5.3 \times 10^{-3} \rightarrow D = 4.8 \times 10^{-7} [c/m^2]$$

$\therefore$유전율 $\epsilon = 2.17 \times 10^{-11}$[F/m]

【정답】 ②

6. 자유공간 중에 $x = 2, z = 4$인 무한장 직선상에 $\rho_l[c/m]$인 균일한 선전하가 있다. 점(0, 0, 4)의 전계 $E[V/m]$는?

① $E = \frac{-\rho_l}{4\pi\epsilon_0} a_x$ ② $E = \frac{\rho_l}{4\pi\epsilon_0} a_x$

③ $E = \frac{-\rho_l}{2\pi\epsilon_0} a_x$ ④ $E = \frac{\rho_l}{2\pi\epsilon_0} a_x$

|정|답|및|해|설|

[무한장 직선장 ρ_L의 전계의 세기]

1. 거리벡터 $\vec{r} = (x_2 - x_1)a_x + (y_2 - y_1)a_y (z_2 - z_1)a_z$

$= (0-2)a_x + (0-0)a_y + (4-4)a_z$

$= -2a_x$

2. 거리벡터의 크기 $|\vec{r}| = 2$

3. 방향벡터 $\vec{n} = \frac{\vec{r}}{|\vec{r}|} = \frac{-2}{2} a_x = -a_x$

4 전계 $E = \frac{\rho_l}{2\pi\epsilon_0 r} \vec{n} = \frac{\rho_l}{2\pi\epsilon_0 \times 2}(-a_x) = -\frac{\rho_l}{4\pi\epsilon_0} a_x [V/m]$

【정답】 ①

7. 전자파의 특성에 대한 설명으로 틀린 것은?

① 전자파의 속도는 주파수와 무관하다.

② 전파 E_x를 고유임피던스로 나누면 자파 H_y가 된다.

③ 전파 E_x와 자파 H_y의 진동 방향은 진행 방향에 수평인 종파이다.

④ 매질이 도전성을 갖지 않으면 전파 E_s와 자파 H_y는 동위상이 된다.

|정|답|및|해|설|

[전자파의 특성]

① 전자파 속도 $v = \frac{1}{\sqrt{\epsilon\mu}}$ 이므로 전자파 속도는 매질의 유전율과 투자율에 관계한다.

② 특성임피던스 $\eta = \frac{E_s}{H_g}$ $\therefore H_g = \frac{E_s}{\eta}$

③ E_s와 H_g의 진동 방향은 **진행 방향에 수직인 횡파**이다.

④ E_s와 H_g는 동위상이다. 【정답】 ③

8. 전위 $V = 3xy + z + 4$일 때 전계 E는?

① $i3x + j3y + k$ ② $-i3y + j3x + k$

③ $i3x - j3y - k$ ④ $-i3y - j3x - k$

|정|답|및|해|설|

[전계] $E = -grad\, V = -\nabla \cdot V = -\left(\frac{\partial}{\partial x} i + \frac{\partial}{\partial y} j + \frac{\partial}{\partial z} k\right) \cdot V$에서

$$E = -\left(\frac{\partial}{\partial x} i + \frac{\partial}{\partial y} j + \frac{\partial}{\partial z} k\right)(3xy + z + 4)$$

$= -(3yi + 3xj + k) = -3yi - 3xj - k$ 【정답】 ④

9. 쌍극자모멘트가 $M[C\cdot m]$인 전기쌍극자에서 점 P의 전계는 $\theta=\dfrac{\pi}{2}$에서 어떻게 되는가? (단, θ는 전기쌍극자의 중심에서 축 방향과 점 P를 잇는 선분의 사이각이다.)

① 0 ② 최소
③ 최대 ④ $-\infty$

|정|답|및|해|설|

[전기 쌍극자에 의한 전계] $E=\dfrac{M\sqrt{1+3\cos^2\theta}}{4\pi\epsilon_0 r^3}[V/m]$

점 P의 전계는 $\theta=0^\circ$ 일 때 최대
$\theta=90^\circ$ 일 때 최소 【정답】 ②

10. 감자력이 0인 것은?

① 구 자성체 ② 환상 철심
③ 타원 자성체 ④ 굵고 짧은 막대 자성체

|정|답|및|해|설|

[감자력] 감자력은 자석의 세기에 비례하며, 이때 비례상수를 감자율이라 한다. 감자율이 0이 되려면 잘려진 극이 존재하지 않으면 된다. 환상 솔레노이드가 무단 철심이므로 이에 해당된다. 즉, 환상 솔레노이드 **철심의 감자율은 0**이다. 【정답】 ②

11. 그림과 같이 반지름 10[cm]인 반원과 그 양단으로부터 직선으로 된 도선에 10[A]의 전류가 흐를 때, 중심 O에서의 자계의 세기와 방향은?

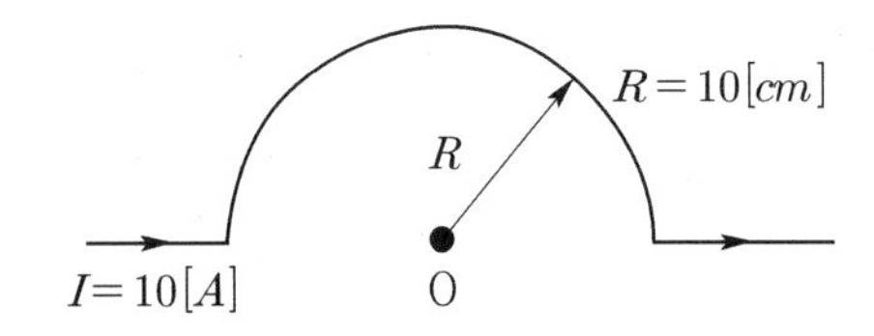

① 2.5[AT/m], 방향 ⊙
② 25[AT/m], 방향 ⊗
③ 2.5[AT/m], 방향 ⊙
④ 25[AT/m], 방향 ⊗

|정|답|및|해|설|

[반원 부분에 의하여 생기는 자계] $H=\dfrac{I}{2R}\times\dfrac{1}{2}=\dfrac{I}{4R}[AT/m]$

$\therefore H=\dfrac{10}{4\times 0.1}=25[AT/m]$

방향은 앙페르의 오른나사법칙에 의해 들어가는 방향(⊗)으로 자계가 형성된다. 【정답】 ④

|참|고|

1. 원형 코일 중심($N=1$)
$H=\dfrac{NI}{2a}=\dfrac{I}{2a}[\text{AT/m}]$ → (N : 감은 권수(=1), a : 반지름)
2. 반원형($N=\dfrac{1}{2}$) 중심에서 자계의 세기 H
$H=\dfrac{I}{2a}\times\dfrac{1}{2}=\dfrac{I}{4a}[\text{AT/m}]$
3. $\dfrac{3}{4}$원($N=\dfrac{3}{4}$) 중심에서 자계의 세기 H
$H=\dfrac{I}{2a}\times\dfrac{3}{4}=\dfrac{3I}{8a}[\text{AT/m}]$

12. W_1과 W_2의 에너지를 갖는 두 콘덴서를 병렬 연결한 경우의 총 에너지 W와의 관계로 옳은 것은? (단, $W_1\neq W_2$이다.)

① $W_1+W_2=W$ ② $W_1+W_2>W$
③ $W_1-W_2=W$ ④ $W_1+W_2<W$

|정|답|및|해|설|

[콘덴서 병렬연결 시의 에너지] 서로 다른 에너지를 갖는 두 콘덴서를 병렬로 연결하면 합성 에너지는 감소한다. 에너지의 차이가 흐를 때 손실이 발생할 수 있다
즉, $W_1+W_2>W$가 된다. 【정답】 ②

13. 한 변이 L[m]되는 정사각형의 도선회로에 전류 $I[A]$가 흐르고 있을 때 회로 중심에서의 자속밀도는 몇 $[Wb/m^2]$인가?

① $\dfrac{2\sqrt{2}}{\pi}\mu_0\dfrac{L}{I}$ ② $\dfrac{\sqrt{2}}{\pi}\mu_0\dfrac{I}{L}$
③ $\dfrac{2\sqrt{2}}{\pi}\mu_0\dfrac{I}{L}$ ④ $\dfrac{4\sqrt{2}}{\pi}\mu_0\dfrac{L}{I}$

|정|답|및|해|설|

[정방형=정사각형 중심에서의 자계의 세기]

$H=\dfrac{I}{4\pi a}(\sin\theta_1+\sin\theta_2)$에서

$a=\dfrac{L}{2}$, $\quad Q_1=Q_2=45^\circ$, $\quad H=2\sqrt{2}\dfrac{I}{\pi L}[\text{A/m}]$

$\therefore B=\mu_0 H=\dfrac{2\sqrt{2}}{\pi}\mu_0\dfrac{I}{L}[\text{wb/m}^2]$ 【정답】 ③

14. 환상철심에 권선수 20인 A코일과 권선수 80인 B코일이 감겨 있을 때, A코일의 자기인덕턴스가 5[mH]라면 두 코일의 상호인덕턴스는 몇 [mH]인가? (단, 누설자속은 없는 것으로 본다.)

① 20 ② 1.25 ③ 0.8 ④ 0.05

|정|답|및|해|설|

[상호인덕턴스] $M = k\sqrt{L_1 \cdot L_2} = \frac{N_2}{N_1} L_1$

→ (누설자속이 없으므로 결합계수 $k=1$이다.)

여기서, N_1, N_2 : 권선수

$\therefore M = \frac{N_2}{N_1} L_1 = \frac{80}{20} \times 5 = 20[mH]$ 【정답】 ①

15. 그림과 같은 원통 모양(원통상) 도선 한 가닥이 유전율 ϵ[F/m]인 매질 내에 지상 $h[m]$ 높이로 지면과 나란히 가선되어 있을 때 대지와 도선간의 단위 길이 당 정전용량[F/m]은?

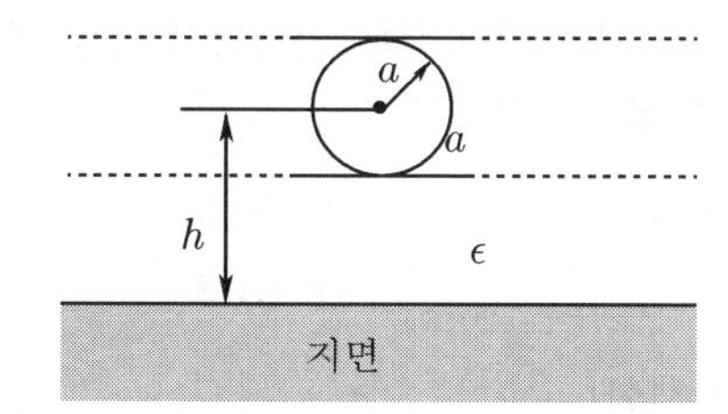

① $\frac{2\pi\epsilon}{\sinh^{-1}\frac{h}{a}}$ ② $\frac{\pi\epsilon}{\sinh^{-1}\frac{h}{a}}$

③ $\frac{2\pi\epsilon}{\cosh^{-1}\frac{h}{a}}$ ④ $\frac{\pi\epsilon}{\cosh^{-1}\frac{h}{a}}$

|정|답|및|해|설|

[정전용량] $C' = \frac{\pi\epsilon}{\ln\frac{2h}{a}}$

도선과 지면 사이의 정전용량 C일 때, C'은 두 개의 C가 직렬접속인 등가회로이므로 $C' = \frac{C}{2}$이다

$\therefore C = 2C' = \frac{2\pi\epsilon}{\ln\frac{2h}{a}} = \frac{2\pi\epsilon}{\cosh^{-1}\frac{h}{a}}[F/m]$

$(\because \ln\frac{2h}{a} \fallingdotseq \cosh^{-1}\frac{h}{a})$

【정답】 ③

16. 자기회로에서 키르히호프의 법칙에 대한 설명으로 옳은 것은?

① 임의의 결합점으로 유입하는 자속의 대수합은 0이다.

② 임의의 폐자로에서 자속과 기자력의 대수합은 0이다.

③ 임의의 폐자로에서 자기저항과 기자력의 대수합은 0이다.

④ 임의의 폐자로에서 각 부의 자기저항과 자속의 대수합은 0이다.

|정|답|및|해|설|

[자기회로의 키르히호프의 법칙]

1. 자기회로의 임의 결합점에 유입하는 자속의 대수합은 0이다.

즉, $\sum_{i=1}^{n} \varnothing_i = 0$

2. 임의의 폐자로에서 각부의 자기 저항과 자속과의 곱의 총합은 그 폐자로에 있는 기자력의 총합과 같다.

$\sum_{i=1}^{n} R_i \varnothing_i = \sum_{i=1}^{n} N_i I_i$ 【정답】 ①

17. 표피효과에 대한 설명으로 옳은 것은?

① 주파수가 높을수록 침투깊이가 얇아진다.

② 투자율이 크면 표피효과가 적게 나타난다.

③ 표피효과에 따른 표피저항은 단면적에 비례한다.

④ 도전율이 큰 도체에는 표피효과가 적게 나타난다.

|정|답|및|해|설|

[표피효과] 표피효과란 전류가 도체 표면에 집중하는 현상

침투깊이 $\delta = \sqrt{\frac{2}{w\,k\,\mu a}}[m] = \sqrt{\frac{1}{\pi f k \mu a}}[m]$

표피효과 ↑ 침투깊이 δ↓ → 침투깊이 $\delta = \sqrt{\frac{1}{\pi f \sigma \mu a}}$ 이므로

주파수 f와 단면적 a에 비례하므로 전선의 굵을수록, **수파수가 높을수록 침투깊이는 작아지고 표피효과는 커진다.**

【정답】 ①

18. 다음 식 중에서 틀린 것은?

① 가우스의 정리 : $divD=\rho$

② 포아송의 방정식 : $\nabla^2 V=\frac{\rho}{\epsilon}$

③ 라플라스의 방정식 : $\nabla^2 V=0$

④ 발산의 정리 : $\oint_s A \cdot ds=\int_v divAdv$

|정|답|및|해|설|

[포아송 방정식] $\nabla^2 V=-\frac{\rho}{\epsilon}$

여기서, V : 전위차, ϵ : 유전상수, ρ : 전하밀도

【정답】 ②

19. 패러데이관에 대한 설명으로 틀린 것은?

① 관내의 전속수는 일정하다.

② 관의 밀도는 전속밀도와 같다.

③ 진전하가 없는 점에서 불연속이다.

④ 관 양단에 양(+), 음(-)의 단위전하가 있다.

|정|답|및|해|설|

[패러데이관의 성질]

1. 패러데이관 중에 있는 전속선 수는 진전하가 없으면 일정하며 연속적이다.
2. 패러데이관의 양단에는 정 또는 부의 진전하가 존재하고 있다.
3. 패러데이관의 **밀도는 전속밀도와 같다**.
4. 단위 전위차당 패러데이관의 보유 에너지는 1/2[J]이다.

$W=\frac{1}{2}QV=\frac{1}{2}\times 1\times 1=\frac{1}{2}$[J]

【정답】 ③

20. 압전효과를 이용하지 않은 것은?

① 수정발전기 ② 마이크로폰

③ 초음파 발생기 ④ 자속계

|정|답|및|해|설|

[압전효과] 수정, 전기석, 로셸염, 티탄산바륨 등의 압전기가 수정 발진자, 초음파 발진자, Crystal Pick-Up 등에 이용된다. 그러나 자속계에는 이용되지 않는다.

【정답】 ④

2회 2016년 전기기사필기 (전력공학)

21. 송전계통에서 자동재폐로 방식의 장점이 아닌 것은?

① 신뢰도 향상

② 공급 지장시간의 단축

③ 보호계전방식의 단순화

④ 고장상의 고속도 차단, 고속도 재투입

|정|답|및|해|설|

[재연결(재폐로) 방식의 장점]

- 1회선 구간에서는 신뢰도를 향상시켜 2회선에 맞먹는 능력을 보유할 수 있다.
- 정전시 공급지장시간을 단축시켜 안정된 전력공급을 기할 수 있다.
- 송전용량을 2회선 용량한도까지 증대시켜서 사용 가능하다.
- 고장 상을 고속도 차단 후 고속도 재투입함으로써 계통의 과도 안정도가 향상된다.

【정답】 ③

22. 3상3선식 송전선로의 선간거리가 각각 50[cm], 60[cm], 70[cm]인 경우 기하학적 평균 선간거리는 약 몇 [cm]인가?

① 50.4 ② 59.4

③ 62.8 ④ 64.8

|정|답|및|해|설|

[평균 선간거리] $D_e=\sqrt[\text{총 거리의 수}]{\text{각 거리간의 곱}}$

$D_e=\sqrt[3]{D_{12}\cdot D_{23}\cdot D_{31}}=\sqrt[3]{50\times 60\times 70}=59.4$

【정답】 ②

23. 수력발전소에서 흡출관을 사용하는 목적은?

① 압력을 줄인다.

② 유효낙차를 늘린다.

③ 속도 변동률을 작게 한다.

④ 물의 유선을 일정하게 한다.

|정|답|및|해|설|

[흡출관] 흡출관은 반동 수차의 출구에서부터 방수로 수면까지 연결하는 관으로 낙차를 유용하게 이용(손실수두회수)하기 위해 사용한다. 프로펠러수차, 카플란수차, 프란시스수차 등은 흡출관이 필요하나, 펠턴수차는 충동수차이므로 흡출관이 필요 없다.

【정답】 ②

24. 초고압용 차단기에 개폐저항기를 사용하는 주된 이유는?

① 차단속도 증진　　② 차단전류 감소
③ 이상전압 억제　　④ 부하설비 증대

|정|답|및|해|설|

[차단기] 차단기의 개폐시에 재점호로 인하여 개폐 서지 이상전압이 발생된다. 이것을 억제할 목적으로 사용하는 것이 개폐저항기이다. 【정답】 ③

25. 이상전압에 대한 방호장치가 아닌 것은?

① 피뢰기　　② 가공지선
③ 방전코일　　④ 서지흡수기

|정|답|및|해|설|

[이상전압에 대한 방호] 피뢰기[LA], 서지흡수기[SA], 가공지선

※방전코일 : 콘덴서 개방 시에 **잔류전하를 방전**하여 인체를 감전사고로부터 보호하는 것이 목적 【정답】 ③

26. 송전단전압이 66[kV]이고, 수전단전압이 62[kV]로 송전 중이던 선로에서 부하가 급격히 감소하여 수전단전압이 63.5[kV]가 되었다. 전압강하율은 약 몇 [%]인가?

① 2.28　　② 3.94
③ 6.06　　④ 6.45

|정|답|및|해|설|

[전압강하율] $\delta = \dfrac{V_s - V_r}{V_r} \times 100 = \dfrac{66-63.5}{63.5} \times 100 = 3.94[\%]$

※수전단전압을 62[kV]로 계산하면 안 된다.

【정답】 ④

27. 154[kV] 송전선로의 전압을 345[kV]로 승압하고 같은 손실률로 송전한다고 가정하면 송전전력은 승압 전의 약 몇 배 정도인가?

① 2　　② 3
③ 4　　④ 5

|정|답|및|해|설|

[송전전력] 송전전력은 전압의 제곱에 비례하므로

$P = kV^2 = k\left(\dfrac{345}{154}\right)^2 = 5k$, 즉 5배

여기서, k : 송전용량계수

(60[kV] → 600, 100[kV] → 800, 140[kV] → 1200)

【정답】 ④

28. 초고압 송전선로에 단도체 대신 복도체를 사용할 경우 틀린 것은?

① 전선의 작용인덕턴스를 감소시킨다.
② 선로의 작용정전용량을 증가시킨다.
③ 전선 표면의 전위경도를 저감시킨다.
④ 전선의 코로나 임계전압을 저감시킨다.

|정|답|및|해|설|

[복도체] 3상 송전선의 한 상당 전선을 2가닥 이상으로 한 것을 다도체라 하고, 2가닥으로 한 것을 보통 복도체라 한다.

[복도체의 특징]

・코로나 임계전압이 15~20[%] 상승하여 코로나 발생을 억제
・인덕턴스 20~30[%] 감소　　・정전용량 20[%] 증가
・안정도가 증대된다. 【정답】 ④

29. 그림과 같이 선로정수가 서로 같은 평행 2회선 송전선로의 4단자 정수 중 B에 해당되는 것은?

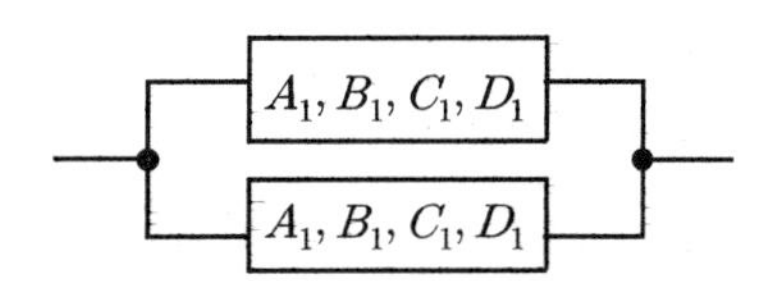

① $4B_1$　　② $2B_1$
③ $\dfrac{1}{2}B_1$　　④ $\dfrac{1}{4}B_1$

|정|답|및|해|설|

[1회선 송전선로에 대해서]

・$E_s = A_1E_r + B_1 \cdot \dfrac{1}{2}I_r$　　・$I_s = 2C_1E_r + D_1 \cdot I_r$

[2회선 송전선로의 경우] B는 임피던스 차원이므로

・$E_s = AE_r + BI_r$　　・$I_s = CE_r + DI_r$

$\therefore A = A_1,\ B = \dfrac{1}{2}B_1,\ C = 2C_1,\ D = D_1$이 된다.

【정답】 ③

30. 송전계통에서 1선 지락 시 유도장해가 가장 적은 중성점 접지방식은?

① 비접지방식　② 저항접지방식
③ 직접접지방식　④ 소호리액터접지방식

|정|답|및|해|설|
[접지방식의 비교]

	직접접지	소호리액터
전위상승	최저	최대
지락전류	최대	최소
절연레벨	최소 단절연, 저감절연	최대
통신선유도장해	최대	최소

1. 소호 리액터 접지방식 : 1선 지락의 경우 지락전류가 가장 작고 고장상의 전압 회복이 완만하기 때문에 지락 아크를 자연 소멸시켜서 정전 없이 송전을 계속할 수 있다.
2. 직접접지 : 송전계통에서 1선 지락고장시 인접통신선의 유도장해가 가장 큰 중성점 접지방식이다. 【정답】 ④

31. 송전전압 154[kV], 2회선 선로가 있다. 선로 길이가 240[km]이고 선로의 작용 정전용량이 0.02[μF/km]라고 한다. 이것을 자기여자를 일으키지 않고 충전하기 위해서는 최소한 몇 [MVA] 이상의 발전기를 이용하여야 하는가? (단, 주파수는 60[Hz]이다.)

① 78　② 86　③ 89　④ 95

|정|답|및|해|설|
[충전용량] $Q=2\times\sqrt{3}\,VI_c[MVA]$

· 선로의 충전 용량을 구하기 위해 1선을 흐르는 충전전류 I_c

$$I_c=2\pi fCl\frac{V}{\sqrt{3}}$$
$$=2\pi\times60\times0.02\times10^{-6}\times240\times\frac{154000}{\sqrt{3}}=160.89[A]$$

· 2회선 선로의 충전용량

$Q=2\times\sqrt{3}\,VI_c$　→ (회선수가 2회선이므로 2를 곱한다.)

$=2\times\sqrt{3}\times154000\times160.89\times10^{-6}\fallingdotseq86[MVA]$

· 발전기 용량이 선로의 충전용량보다 커야하므로, 약 86[MVA] 이상의 발전기를 이용하여야 한다. 【정답】 ②

32. 방향성을 갖지 않는 계전기는?

① 전력계전기　② 과전류계전기
③ 비율차동계전기　④ 선택지락계전기

|정|답|및|해|설|
[방향성을 갖지 않는 계전기]
1. 과전류계전기　2. 과전압계전기　3. 부족전압계전기
4. 차동계전기　5. 거리계전기　6. 지락계전기
【정답】 ②

33. 22.9[kV-Y] 3상 4선식 중성선 다중접지계통의 특성에 대한 내용으로 틀린 것은?

① 1선 지락사고 시 1상 단락전류에 해당하는 큰 전류가 흐른다.
② 전원의 중성점과 주상변압기의 1차 및 2차를 공통의 중성선으로 연결하여 접지한다.
③ 각 상에 접속된 부하가 불평형일 때도 불완전 1선 지락고장의 검출감도가 상당히 예민하다.
④ 고저압 혼촉사고 시에는 중성선에 막대한 전위상승을 일으켜 수용가에 위험을 줄 우려가 있다.

|정|답|및|해|설|
[3상 4선식 중성선 다중 접지방식]
· 모든 지락사고는 중성선과의 단락사고로 되기 때문에 퓨즈 또는 과전류 계전기로 보호할 수 있다.
· 합성 접지저항이 매우 낮기 때문에 건전상의 전위상승과 고저압 혼촉 사고 시 저압선의 전위상승이 낮다.
· 고장전류가 각 접지개소에 분류되기 때문에 고감도의 지락보호는 곤란하다. 【정답】 ④

34. 변전소 전압의 조정 방법 중 선로 전압강하 보상기(LDC)에 대한 설명으로 옳은 것은?

① 승압기로 저하된 전압을 보상하는 것
② 분로리액터로 전압 상승을 억제하는 것
③ 선로의 전압 강하를 고려하여 모선 전압을 조정하는 것
④ 직렬콘덴서로 선로의 리액턴스를 보상하는 것

|정|답|및|해|설|
[선로 전압강하 보상기(LDC)] 선로 전압강하 보상기는 전압 조정기의 부품으로서 선로 전압강하를 고려하여 모선전압을 조정한다.

|참|고|
① 승압기로 저하된 전압을 보상하는 것 → 단순 전압 승압
② 분로리액터로 전압 상승을 억제하는 것 → 패란현상 방지
④ 직렬콘덴서로 선로의 리액턴스를 보상하는 것 → 송전선로의 안정도 향상
【정답】 ③

35. 각 전력계통을 연계선으로 상호연결하면 여러 가지 장점이 있다. 틀린 것은?

① 경계 급전이 용이하다.
② 주파수의 변화가 작아진다.
③ 각 전력계통의 신뢰도가 증가한다.
④ 배후전력(back power)이 크기 때문에 고장이 적으며 그 영향의 범위가 작아진다.

|정|답|및|해|설|

[전력계통의 연계방식의 장단점]
[장점]
·전력의 융통으로 설비용량 절감
·건설비 및 운전 경비를 절감하므로 경제 급전이 용이
·계통 전체로서의 신뢰도 증가
·부하 변동의 영향이 작아져서 안정된 주파수 유지 가능
[단점]
·연계설비를 신설해야 한다.
·사고시 타계통에의 파급 확대될 우려가 있다.
·단락전류가 증대하고 통신선의 전자유도장해도 커진다.

【정답】④

36. 송전선로의 현수 애자련 연면 섬락과 가장 관계가 먼 것은?

① 댐퍼
② 철탑 접지저항
③ 현수 애자련의 개수
④ 현수 애자련의 소손

|정|답|및|해|설|

[현수 애자련 연면섬락] 현수 애자의 연면 섬락은 애자면의 개수가 적정하지 않거나 소손되어 기능을 상실했거나 철탑 접지저항의 감소로 역섬락이 생기면 발생한다.

※ 댐퍼(damper)는 **전선의 진동을 억제하기 위해 설치**하는 것으로 지지점 가까운 곳에 설치한다.

【정답】①

37. 유효낙차 100[m], 최대사용수량 $20[m^3/s]$인 발전소의 최대 출력은 약 몇 [kW]인가? (단, 수차 및 발전기의 합성효율은 85[%]라 한다.)

① 14160　② 16660
③ 24990　④ 33320

|정|답|및|해|설|

[발전소 출력] $P_g = 9.8QH\eta_t\eta_g[\text{kW}]$

여기서, Q : 유량$[m^3/s]$, H : 낙차[m], η_g : 발전기 효율
η_t : 수차의 효율, η : 발전기 효율($\eta_g\eta_t$)

$P_g = 9.8QH\eta_t\eta_g[\text{kW}] = 9.8\times 20\times 100\times 0.85 = 16660[\text{kW}]$

【정답】②

38. 각 수용가의 수용 설비 용량이 50[kW], 100[kW], 80[kW], 60[kW], 150[kW] 이며 각각의 수용률이 0.6, 0.6, 0.5, 0.5, 0.4일 때 부하의 부등률이 1.3 이라면 변압기 용량은 약 몇 [kVA]가 필요한가? (단, 평균 부하역률은 80[%]라고 한다.)

① 142　② 165　③ 183　④ 212

|정|답|및|해|설|

[변압기용량] 변압기 용량 $=\dfrac{\text{설비용량}\times\text{수용률}}{\text{부등률}\times\text{역률}}$

·부등률 $=\dfrac{\text{개개의 최대 전력의 합계}}{\text{합성 최대 전력}}$

·수용률 $=\dfrac{\text{최대 전력}}{\text{설비 용량}}\times 100$

·변압기 용량 $=\dfrac{\text{설비용량}\times\text{수용률}}{\text{부등률}\times\text{역률}}$
$=\dfrac{(50+100)\times 0.6+(80+60)\times 0.5+150\times 0.4}{1.3\times 0.8}$
$=212[kVA]$

【정답】④

39. 그림과 같은 주상변압기 2차측 접지공사의 목적은?

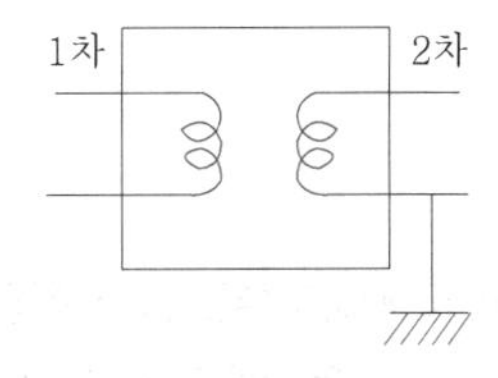

① 1차측 과전류 억제
② 2차측 과전류 억제
③ 1차측 전압상승 억제
④ 2차측 전압상승 억제

|정|답|및|해|설|

[주상변압기 2차측 접지공사의 목적]
주상변압기에는 1차측과 2차측의 혼촉에 의한 2차측 전압의 상승을 막기 위해서 2차측의 접지를 함으로써 고전압에 의한 사고를 막아준다.

【정답】④

40. 3상 3선식 송전선로에서 연가의 효과가 아닌 것은?

① 작용 정전용량의 감소
② 각 상의 임피던스 평형
③ 통신선의 유도장해 감소
④ 직렬공진의 방지

|정|답|및|해|설|

[연가] 연가는 선로 정수를 평형시키기 위하여 송전선로의 길이를 3의 정수배 구간으로 등분하여 실시한다.
[연가의 효과]
·직렬공진 방지 ·유도장해 감소
·선로정수 평형 ·임피던스 평형

【정답】 ①

2회 2016년 전기기사필기 (전기기기)

41. 계자 권선이 전기자에 병렬로만 연결된 직류기는?

① 분권기 ② 직권기
③ 복권기 ④ 타여자기

|정|답|및|해|설|

[직류 분권기] 계자권선이 전기자 권선에 병렬로 연결

|참|고|

※직류기 중
1. 계자와 전기자가 연결되어 있으면 자여자
·자여자 중 계자와 전기자가 직렬연결이면 직권
·자여자 중 계자와 전기자가 병렬연결이면 분권
·직권과 분권을 모두 가지고 있으면 복권
2. 계자와 전기자가 연결되어 있지 않으면 타여자

【정답】 ①

42. 정격 출력 10000[kVA], 정격 전압 6600[V], 정격 역률 0.6인 3상 동기발전기가 있다. 동기리액턴스 0.6[p.u]인 경우의 전압변동률[%]은?

① 21 ② 31
③ 40 ④ 52

|정|답|및|해|설|

[전압변동률 (δ)] $\delta = \frac{E-V}{V} \times 100$
여기서, V : 단자전압, E : 유기기전력
유기기전력 $E = \sqrt{\cos^2\theta + (\sin\theta + X_s)^2}$
여기서, $\cos\theta$: 역률, X_s : 동기리액턴스 → $(\sin\theta = \sqrt{1-\cos^2\theta})$

$E = \sqrt{0.6^2 + (0.8+0.6)^2} = 1.523$
$\therefore$ 전압변동률 $\delta = \frac{1.523-1}{1} \times 100 = 52.3[\%]$ → (단자전압 1)

【정답】 ④

43. 직류분권 발전기에 대한 설명으로 옳은 것은?

① 단자전압이 강하하면 계자전류가 증가한다.
② 부하에 의한 전압의 변동이 타여자 발전기에 비하여 크다.
③ 타여자발전기의 경우보다 외부특성 곡선이 상향(上向)으로 된다.
④ 분권권선의 접속방법에 관계없이 자기여자로 전압을 올릴 수가 있다.

|정|답|및|해|설|

[직류분권 발전기]
① $V = I_f R_f [V]$이므로 단자전압이 강하하면 계자전류는 감소한다.
② 타여자발전기는 외부의 독립된 전원에 의해 여자전류가 공급되므로 전압이 거의 일정하다.
($\therefore$ 분권발전기의 전압변동 〉 타여자발전기의 전압변동)
③ 분권발전기의 부하에 의한 전압변동이 타여자발전기에 비해 크므로, 타여자발전기의 경우보다 외부특성 곡선이 하향으로 된다.
④ 분권권선의 결선을 반대로 하면 여자전류에 의해 전류 자기가 소멸되므로 발전이 불가능하다.

【정답】 ②

44. 3상 유도전압 조정기의 동작원리 중 가장 적당한 것은?

① 두 전류 사이에 작용하는 힘이다.
② 교번자계의 전자유도작용을 이용한다.
③ 충전된 두 물체 사이에 작용하는 힘이다.
④ 회전자계에 의한 유도작용을 이용하여 2차 전압의 위상전압 조정에 따라 변화한다.

|정|답|및|해|설|

[유도전압 조정기]
1. 3상 유도전압조정기 : 3상유도전동기의 원리로써 회전자계의 원리리 이용한다. 3상 유도전압조정기의 입력측 전압 E_1과 출력측 전압 E 사이에는 위상차 α가 생긴다.
2. 단상유도전압조정기 : 교번자계의 원리를 이용한다.

【정답】 ④

45. 동기발전기의 단락비를 계산하는 데 필요한 시험은?

① 부하 시험과 돌발 단락시험
② 단상 단락 시험과 3상 단락시험
③ 무부하 포화 시험과 3상 단락시험
④ 정상, 영상 리액턴스의 측정시험

|정|답|및|해|설|

[단락비(K_s)] 동기발전기에 있어서 정격속도에서 무부하 정격 전압을 발생시키는 여자전류와 단락 시에 정격전류를 흘려 얻는 여자전류와의 비. 단락비 $K_s = \frac{I_{f1}}{I_{f2}} = \frac{I_s}{I_n} = \frac{1}{\%Z_s} \times 100$

여기서, I_{f1} : **무부하**시 정격전압을 유지하는데 필요한 여자전류
I_{f2} : **3상단락**시 정격전류와 같은 단락 전류를 흐르게 하는 데 필요한 여자전류
I_n : 한 상의 정격전류, I_s : 단락전류

|참|고|

[동기 발전기 시험]

시험의 종류	산출 되는 항목
무부하시험	철손, 기계손, 단락비, 여자전류
단락시험	동기임피던스, 동기리액턴스, 단락비, 임피던스 와트, 임피던스 전압

【정답】 ③

46. 정격용량 100[kVA]인 단상 변압기 3대를 △ − △ 결선하여 300[kVA]의 3상 출력을 얻고 있다. 한 상에 고장이 발생하여 결선을 V결선으로 하는 경우 a) 뱅크용량[kVA], b) 각 변압기의 출력[kVA]은?

① a) 253, b) 126.5 ② a) 200, b) 100
③ a) 173, b) 86.6 ④ a) 152, b) 75.6

|정|답|및|해|설|

[뱅크용량] $P_V = \sqrt{3}P_1 = \sqrt{3} \times 100 = 173.2[kVA]$
여기서, P_1 : 단상변압기 한 대의 출력
[각 변압기 출력] $P_1 = \frac{P_V}{2} = \frac{173.2}{2} = 86.6[kVA]$

【정답】 ③

47. 직류기의 전기자 반작용 결과가 아닌 것은?

① 주자속이 감소한다.
② 전기적 중성축이 이동한다.
③ 주자속에 영향을 미치지 않는다.
④ 정류자편 사이의 전압이 불균일하게 된다.

|정|답|및|해|설|

[전기자 반작용의 영향]
·전기적 중성축 이동
·주자속 감소
·정류자 편간의 불꽃 섬락 발생

【정답】 ③

48. 자극수 p, 파권, 전기자 도체수가 z인 직류발전기를 N[rpm]의 회전속도로 무부하 운전할 때 기전력이 E[V]이다. 1극 당 주자속[Wb]은?

① $\frac{120E}{pzN}$ ② $\frac{120z}{pEN}$
③ $\frac{120zN}{pE}$ ④ $\frac{120pz}{EN}$

|정|답|및|해|설|

[직류 발전기의 유기기전력] $E = p\varnothing n\frac{z}{a} = p\varnothing N\frac{z}{60a}$ [V]
여기서, p : 극수, $\varnothing$: 자속, n : 속도[rps], z : 총도체수
a : 병렬회로수
파권에서 병렬회로수(a)는 2, $n[rps] = \frac{N}{60}[rpm]$
$\therefore$1극당 자속 $\phi = \frac{Ea}{pz\frac{N}{60}} = \frac{2E}{pz\frac{N}{60}} = \frac{120E}{pzN}[Wb]$

【정답】 ①

49. SCR에 관한 설명으로 틀린 것은?

① 3단자 소자이다.
② 스위칭 소자이다.
③ 직류 전압만을 제어한다.
④ 적은 게이트 신호로 대전력을 제어한다.

|정|답|및|해|설|

[SCR] SCR을 on 시키려면 게이트에 전류를 주어서 할 수 있다. 그렇지만 통전 후에는 게이트 전류를 바꾸어도 통전 상태가 변하지 않는다. 교류전압을 위상제어하는 데 사용된다.
[SCR의 응용]
1. AC-DC 컨버터(위상제어 정류기) : 직류 전동기의 속도 제어
2. DC-AC 인버터 : 교류 전동기의 속도제어
3. DC-DC 컨버터(직류 초퍼 회로) : 직류 전동기의 속도제어
4. AC-AC 컨버터(사이클로 컨버터) : 가변 주파수, 가변 출력 전압 발생

【정답】 ③

50. 3상 유도전동기의 기동법 중 $Y-\Delta$ 기동법으로 기동 시 1차 권선의 각 상에 가해지는 전압은 기동 시 및 운전 시 각각 정격전압의 몇 배가 가해지는가?

① $1, \frac{1}{\sqrt{3}}$ ② $\frac{1}{\sqrt{3}}, 1$

③ $\sqrt{3}, \frac{1}{\sqrt{3}}$ ④ $\frac{1}{\sqrt{3}}, \sqrt{3}$

|정|답|및|해|설|

[$Y-\Delta$기동 방법] 기동 시 고정자권선을 Y로 접속하여 기동함으로써 기동전류를 감소시키고 운전속도에 가까워지면 권선을 △로 변경하여 운전하는 방식 감압기동

1. 5~15[kW] 정도의 농형 유도전동기 기동에 적용
2. Y로 기동시 전기자 권선에 가하여 지는 전압은 정격전압의 $1/\sqrt{3}$ 이므로 △기동시에 비해 기동전류와 기동토크는 1/3로 감소한다.
   ① 기동시 : Y결선, 1차 권선에 가해지는 전압 $\frac{V}{\sqrt{3}}$
   ② 운전시 : △결선, 1차 권선에 가해지는 전압 V

【정답】 ②

51. 3상 권선형 유도 전동기의 토크 속도 곡선이 비례추이 한다는 것은 그 곡선이 무엇에 비례해서 이동하는 것을 말하는가?

① 슬립 ② 회전수

③ 2차 저항 ④ 공급 전압의 크기

|정|답|및|해|설|

[비례추이] 비례추이는 외부저항(2차 저항)을 가감시킴으로서 슬립 S를 바꾸어 속도와 토크(최대토크는 불변)를 조정하는 방법이다.

【정답】 ③

52. 유도전동기의 최대토크를 발생하는 슬립을 S_t, 최대 출력을 발생하는 슬립을 S_p라 하면 대소 관계는?

① $S_p = S_t$ ② $S_p > S_t$

③ $S_p < S_t$ ④ 일정치 않다.

|정|답|및|해|설|

[슬립]

1. 최대토크를 발생하는 슬립 $s_t = \frac{r_2'}{\sqrt{r_1^2 + (x_1 + x_2')^2}} \fallingdotseq \frac{r_2'}{x_2}$
2. 최대출력을 발생하는 슬립

$$S_p = \frac{r_2'}{r_2' + \sqrt{(r_1 + r_2')^2 + (x_1 + x_2')^2}} \fallingdotseq \frac{r_2'}{r_2' + z}$$

$\therefore s_p < s_t$

【정답】 ③

53. 단권변압기 2대를 V결선하여 선로 전압 3000[V]를 3300[V]로 승압하여 300[kVA]의 부하에 전력을 공급하려고 한다. 단권변압기 1대의 자기용량은 약 몇 [kVA]인가?

① 9.09 ② 15.75

③ 21.72 ④ 31.50

|정|답|및|해|설|

[변압기의 자기용량] $\omega = \frac{2}{\sqrt{3}} \times \frac{V_h - V_l}{V_h} \times$ 부하용량

$$= \frac{2}{\sqrt{3}} \times \frac{3300-3000}{3300} \times 300 = 31.49[kVA]$$

1대분의 자기용량 $= \frac{31.49}{2} = 15.75[kVA]$

【정답】 ②

54. 단상 전파정류에서 공급전압이 E일 때 무부하 직류 전압의 평균값은? (단, 브리지 다이오드를 사용한 전파정류회로이다.)

① $0.90E$ ② $0.45E$

③ $0.75E$ ④ $1.17E$

|정|답|및|해|설|

[다이오드 정류회로]

1. 단상전파 정류회로 : $E_{d0} = \frac{2}{\pi}E_m = \frac{2}{\pi} \cdot \sqrt{2}E = 0.9E$
2. 단상반파 정류회로 : $E_{d0} = \frac{E_m}{\pi} = \frac{\sqrt{2}}{\pi} \cdot E = 0.45E$

여기서, E_{d0} : 직류전압, E : 교류전압(실효값), E_m : 최대값

【정답】 ①

55. 무효 전력 보상 장치(동기조상기)의 구조상 특이점이 아닌 것은?

① 고정자는 수차발전기와 같다.

② 계자 코일이나 자극이 대단히 크다.

③ 안전 운전용 제동권선이 설치된다.

④ 전동기 축은 동력을 전달하는 관계로 비교적 굵다.

|정|답|및|해|설|

[무효 전력 보상 장치(동기조상기)] 무효 전력 보상 장치(동기조상기)는 동기전동기를 무부하로 회전시켜 직류 계자전류 I_f의 크기를 조정하여 무효 전력을 지상 또는 진상으로 제어하는 기기이다. 동력을 전달하지 않는다.

1. 중부하 시 과여자 운전 : 콘덴서 C로 작용
2. 경부하 시 부족여자 운전 : 인덕턴스 L로 작용
3. 연속적인 조정(진상 · 지상) 및 시송전(시충전)이 가능하다.
4. 증설이 어렵다. 손실 최대(회전기)

【정답】 ④

56. 평형 3상 회로의 전류를 측정하기 위해서 변류비 200 : 5의 변류기를 그림과 같이 접속하였더니 전류계의 지시가 1.5[A]이었다. 1차 전류는 몇 [A]인가?

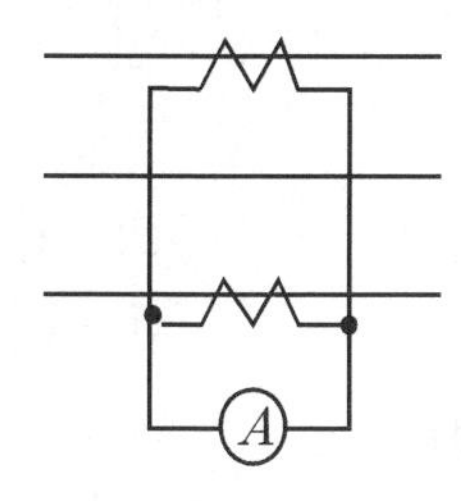

① 60　　② $60\sqrt{3}$

③ 30　　④ $30\sqrt{3}$

|정|답|및|해|설|

[변류비(CT비)] 변류비$=\dfrac{I_1}{I_2}$

$I_1 = \text{변류비} \times I_2 = \dfrac{200}{5} \times 1.5 = 60[A]$ 【정답】 ①

57. VVVF(Variable Voltage Variable Frequency)는 어떤 전동기의 속도 제어에 사용 되는가?

① 동기전동기　　② 유도전동기

③ 직류복권전동기　　④ 직류타여자전동기

|정|답|및|해|설|

[VVVF(Variable Voltage Variable Frequency)] 유도전동기 속도 제어법에는 극수 변환, 전원 주파수를 변화하는 방법(VVVF에 의한 속도 제어), 2차 여자법, 1차 전압 제어, 2차 저항 제어법 등이 있다.

【정답】 ②

58. 정격 200[V], 10[kW] 직류 분권발전기의 전압변동률은 몇 [%]인가? (단, 전기자 및 분권계자 저항은 각각 0.1[Ω], 100[Ω]이다.)

① 2.6　　② 3.0

③ 3.6　　④ 4.5

|정|답|및|해|설|

[직류 분권발전기]

·계자전류 $I_f = \dfrac{V}{R_f} = \dfrac{200}{100} = 2[A]$

·부하전류 $I = \dfrac{P}{V} = \dfrac{10000}{200} = 50[A]$

·전기자전류 $I_a = I + I_f = 50 + 2 = 52[A]$

·무부하전압 $V_0 = V + I_a R_a = 200 + 52 \times 0.1 = 205.2[V]$

∴전압변동률 $\epsilon = \dfrac{V_o - V_n}{V_n} \times 100 = \dfrac{205.2 - 200}{200} \times 100 = 2.6[\%]$

【정답】 ①

59. 3300/200[V], 10[kVA]인 단상변압기의 2차를 단락하여 1차측에 300[V]를 가하니 2차에 120[A]의 전류가 흘렀다. 이 변압기의 임피던스 전압 및 %임피던스 강하는 약 얼마인가?

① 125[V], 3.8[%]　　② 125[V], 3.5[%]

③ 200[V], 4.0[%]　　④ 200[V], 4.2[%]

|정|답|및|해|설|

[임피던스전압] $V_s = I_{1n} Z_{21}[V]$

[%임피던스 강하] $\%Z = \dfrac{V_s}{V_{1n}} \times 100[\%]$

·1차 정격전류 $I_{1n} = \dfrac{P}{V_1} = \dfrac{10 \times 10^3}{3300} = 3.03[A]$

·1차 단락전류 $I_{1s} = \dfrac{1}{a} I_{2s} = \dfrac{200}{3300} \times 120 = 7.27[A]$

·등가 누설임피던스 $Z_{21} = \dfrac{V_s'}{I_{1s}} = \dfrac{300}{7.27} = 41.26[\Omega]$

·임피던스전압 $V_s = I_{1n} Z_{21} = 3.03 \times 41.26 = 125[V]$

·백분율 임피던스 강하 $\%Z = \dfrac{V_s}{V_{1n}} \times 100 = \dfrac{125.02}{3300} \times 100 = 3.8[\%]$

【정답】 ①

60. 그림은 단상 직권 정류자 전동기의 개념도이다. C를 무엇이라고 하는가?

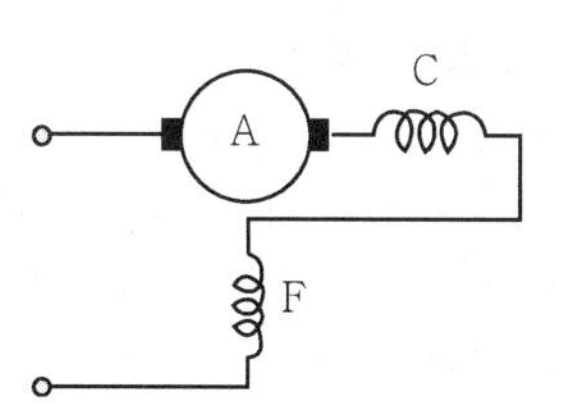

① 제어권선　　② 보상권선

③ 보극권선　　④ 단층권선

|정|답|및|해|설|

[단상 직권정류자전동기]

A : 전기자, C : 보상권선, F : 계자권선 【정답】 ②

61. Nyquist 판정법의 설명으로 틀린 것은?

① 안정성을 판정하는 동시에 안정도를 제시해 준다.
② 계의 안정도를 개선하는 방법에 대한 정보를 제시해 준다.
③ Nyquist 선도는 제어계의 오차 응답에 관한 정보를 준다.
④ Routh-Hurwitz 판정법과 같이 계의 안정여부를 직접 판정해 준다.

|정|답|및|해|설|

[나이퀴스트 판정법] 나이퀴스트 판정법은 안정도와 안정도를 개선하는 방법에 대한 정보를 준다. 【정답】 ③

62. 그림의 신호 흐름 선도에서 $\frac{y_2}{y_1}$은?

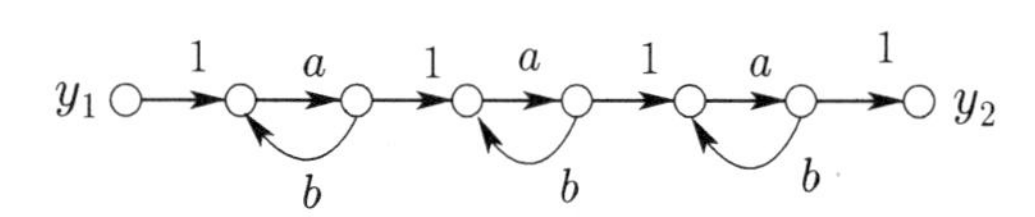

① $\frac{a^3}{1-3ab}$　② $\frac{a^3}{(1-ab)^3}$

③ $\frac{a^3}{(1-3ab+ab)}$　④ $\frac{a^3}{(1-3ab+2ab)}$

|정|답|및|해|설|

[신호흐름선도] $G(s)=\frac{M_1\Delta_1}{\Delta}$

· 독립적인 루프 : $L_{11}=ab,\ L_{12}=ab,\ L_{13}=ab$

· 2개 루프가 접하지 않는 경우: $L_{21}=(ab)^2,\ L_{22}=(ab)^2,\ L_{23}=(ab)^2$

· 3개의 루프가 접하지 않는 경우 : $L_{31}=(ab)^3$

전체 $\Delta=1-(L_{11}+L_{12}+L_{13})+(L_{21}+L_{22}+L_{23})-L_{31}$

$=1-3ab+3(ab)^2-(ab)^3=(1-ab)^3$

$M_1=a^3,\ \Delta_1=1$

$\therefore G(s)=\frac{M_1\Delta_1}{\Delta}=\frac{a^3}{(1-ab)^3}$ 【정답】 ②

63. 다음과 같은 상태 방정식의 고유값 λ_1과 λ_2는?

$$\begin{bmatrix}x_1\\x_2\end{bmatrix}=\begin{bmatrix}1&-2\\-3&2\end{bmatrix}\begin{bmatrix}x_1\\x_2\end{bmatrix}+\begin{bmatrix}2&-3\\-4&3\end{bmatrix}\begin{bmatrix}r_1\\r_2\end{bmatrix}$$

① 4, −1　② −4, 1

③ 6, −1　④ −6, 1

|정|답|및|해|설|

[상태방정식] $|sI-A|$, $A=\begin{vmatrix}1&-2\\-3&2\end{vmatrix}$

$|sI-A|=\begin{bmatrix}s&0\\0&s\end{bmatrix}-\begin{bmatrix}1&-2\\-3&2\end{bmatrix}=\begin{bmatrix}s-1&2\\3&s-2\end{bmatrix}$에서 행렬식을 구한다.

$(s-1)(s-2)-6=0 \rightarrow s^2-3s-4=0$

$\rightarrow(s-4)(s+1)=0 \rightarrow \therefore s=4,\ s=-1$ 【정답】 ①

64. 제어기에서 미분제어의 특성으로 가장 적합한 것은?

① 대역폭이 감소한다.
② 제동을 감소시킨다.
③ 작동오차의 변화율에 반응하여 동작한다.
④ 정상상태의 오차를 줄이는 효과를 갖는다.

|정|답|및|해|설|

[조절부의 동작에 의한 분류]

종류		특 징
P	비례동작	·정상오차를 수반 ·잔류편차 발생
I	적분동작	잔류편차 제거
D	미분동작	오차가 커지는 것을 미리 방지
PI	비례적분동작	·잔류편차 제거 ·제어결과가 진동적으로 될 수 있다.
PD	비례미분동작	응답 속응성의 개선
PID	비례적분미분동작	·잔류편차 제거 ·정상 특성과 응답 속응성을 동시에 개선 ·오버슈트를 감소시킨다. ·정정시간 적게 하는 효과 ·연속 선형 제어

미분 동작 제어(D동작 : 제어계 오차가 검출될 때 오차가 변화하는 속도에 비례하여 조작량을 가·감산하도록 하는 동작으로 오차가 커지는 것을 미리 방지하는 데 있다. 【정답】 ③

65. 단위계단 함수 $u(t)$를 z변환하면?

① 1 ② $\frac{1}{z}$

③ 0 ④ $\frac{z}{z-1}$

|정|답|및|해|설|

[라플라스 변환]

$f(t)$	$F(s)$ 라플라스변환	$F(z)$ z변환
$\delta(t)$ 단위임펄스함수	1	1
$u(t)$ 단위계단함수	$\frac{1}{s}$	$\frac{z}{z-1}$
t	$\frac{1}{s^2}$	$\frac{Tz}{(z-1)^2}$
e^{-at}	$\frac{1}{s+a}$	$\frac{z}{z-e^{-at}}$

【정답】 ④

66. 그림과 같은 블록선도로 표시되는 제어계는 무슨 형인가?

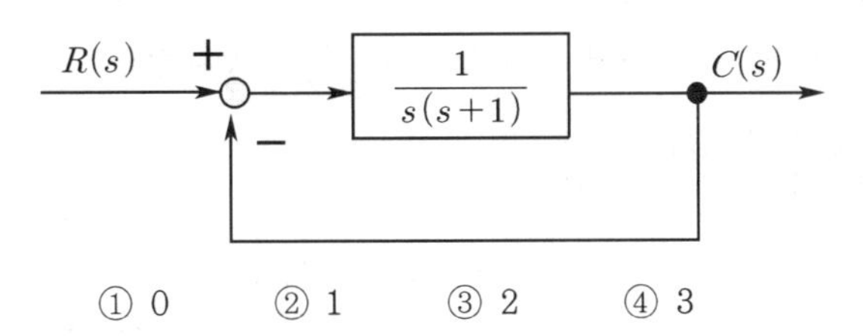

① 0 ② 1 ③ 2 ④ 3

|정|답|및|해|설|

[블록선도] $G(s)H(s)=\frac{1}{s^n(s+1)}$

·n=0이면 o형 ·n=1이면 1형 ·n=2이면 2형

∴1형 【정답】 ②

67. 2차 제어계 $G(s)H(s)$의 나이퀴스트 선도의 특징이 아닌 것은?

① 이득여유 ∞ 이다.

② 교차량 $|GH|=0$ 이다.

③ 모두 불안정한 제어계이다.

④ 부의 실축과 교차하지 않는다.

|정|답|및|해|설|

[나이퀴스트 선도의 특징]

2차 시스템에서 $G(s)H(s)$의 나이퀴스트 선도

1. 음의 실수축과 교차하지 않으므로 교차량 $|GH_c|$는 0이다.

2. 이득 여유 $GM=20\log\frac{1}{|GH_C|}=20\log\frac{1}{0}=\infty[dB]$ 이다.

3. 모든 이득 $K(<\infty)$에 대해서 2차 시스템은 안정하다.

안정한계점이 (−1, 0dB)이므로 2차제어계는 안정한계점과 교차할 수가 없어서 모두 안정하다. 【정답】 ③

68. 폐루프 시스템의 특징으로 틀린 것은?

① 정확성이 증가한다.

② 대역폭이 증가한다.

③ 발진을 일으키고 불안정한 상태로 되어갈 가능성이 있다.

④ 계의 특성변화에 대한 입력 대 출력비의 감도가 증가한다.

|정|답|및|해|설|

[폐루프 제어계의 특징]

·정확성의 증가

·계의 특성 변화에 대한 입력 대 출력비의 감도 감소

·비선형과 왜형에 대한 효과의 감소

·대역폭의 증가

·발진을 일으키고 불안정한 상태로 되어 가는 경향성

·구조가 복잡하고 설치비가 고가 【정답】 ④

69. 다음의 설명 중 틀린 것은?

① 최소 위상 함수는 양의 위상 여유이면 안정하다.

② 이득 교차 주파수는 진폭비가 1이 되는 주파수이다.

③ 최소 위상 함수는 위상 여유가 0이면 임계안정하다.

④ 최소 위상 함수의 상대안정도는 위상각의 증가와 함께 작아진다.

|정|답|및|해|설|

[위상과 안정도] 위상이 증가하면 안정도 증가한다.

【정답】 ④

70. 다음 논리회로의 출력 X는?

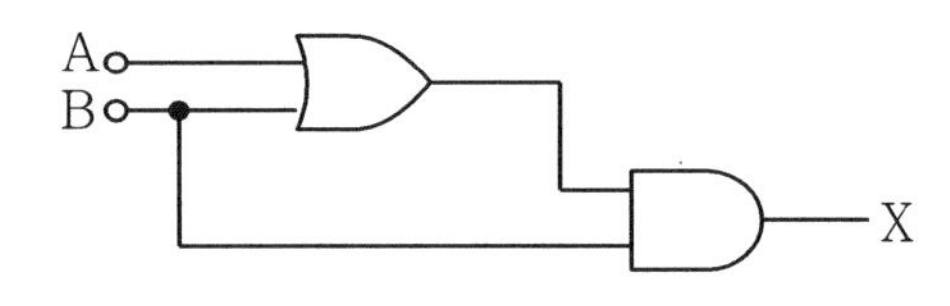

① A ② B
③ A+B ④ $A \cdot B$

|정|답|및|해|설|

[논리회로]

$X=(A+B)\cdot B=A\cdot B+B\cdot B=A\cdot B+B=B(A+1)=B$

【정답】 ②

71. $v=100\sqrt{2}\sin\left(\omega t+\frac{\pi}{3}\right)[V]$를 복소수로 나타내면?

① $25+j25\sqrt{3}$ ② $50+j25\sqrt{3}$
③ $25+j5\sqrt{3}$ ④ $50+j50\sqrt{3}$

|정|답|및|해|설|

[정현파의 복소수 표현] 기본은 교류의 실효값

· 실효값 $V=\frac{V_m}{\sqrt{2}}=\frac{100\sqrt{2}}{\sqrt{2}}=100$

· 각도는 $\frac{\pi}{3}=60$

$v=100\sqrt{2}\sin\left(\omega t+\frac{\pi}{3}\right)$를 실효값 정지 벡터로 표시하면

$V=100\angle\frac{\pi}{3}=100(\cos 60^\circ+j\sin 60^\circ)=50+j50\sqrt{3}[V]$

【정답】 ④

72. 인덕턴스 0.5[H], 저항 2[Ω]의 직렬회로에 30[V]의 직류전압을 급히 가했을 때 스위치를 닫은 후 0.1초 후의 전류의 순시값 $i[A]$와 회로의 시정수 $\tau[s]$는?

① $i=4.95, \tau=0.25$
② $i=12.75, \tau=0.35$
③ $i=5.95, \tau=0.45$
④ $i=13.95, \tau=0.25$

|정|답|및|해|설|

[RL 직렬회로]

1. 순시값 $i(t)=\frac{E}{R}\left(1-e^{-\frac{R}{L}t}\right)=\frac{30}{2}\left(1-e^{-\frac{2}{0.5}\times 0.1}\right)\fallingdotseq 4.95[A]$

2. 시정수 $\tau=\frac{L}{R}=\frac{0.5}{2}=0.25[s]$ 【정답】 ①

73. 다음 회로의 4단자 정수는?

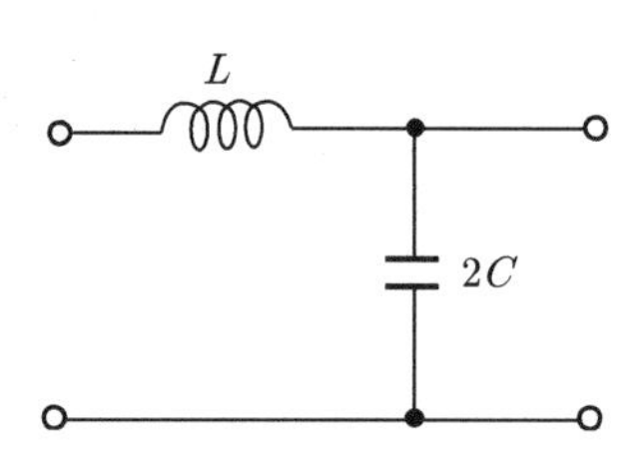

① $A=1+2\omega^2LC,\ B=j2\omega C,\ C=j\omega L,\ D=0$
② $A=1-2\omega^2LC,\ B=j\omega L,\ C=j2\omega C,\ D=1$
③ $A=2\omega^2LC,\ B=j\omega L,\ C=j2\omega C,\ D=1$
④ $A=2\omega^2LC,\ B=j2\omega C,\ C=j\omega L,\ D=0$

|정|답|및|해|설|

[4단자정수] 문제에서 $L=j\omega L,\ 2C=\frac{1}{j2\omega C}$로 변환한다.

$$\begin{bmatrix}A & B\\ C & D\end{bmatrix}=\begin{bmatrix}1 & Z_1\\ 0 & 1\end{bmatrix}\begin{bmatrix}1 & 0\\ \frac{1}{Z_2} & 1\end{bmatrix}$$

$$=\begin{bmatrix}1 & j\omega L\\ 0 & 1\end{bmatrix}\begin{bmatrix}1 & 0\\ j2\omega & C1\end{bmatrix}=\begin{bmatrix}1-2\omega^2LC & j\omega L\\ j2\omega C & 1\end{bmatrix}$$

【정답】 ②

74. 전압의 순시값이 다음과 같을 때 실효값은 약 몇 [V]인가?

$$v=3+10\sqrt{2}\sin\omega t+5\sqrt{2}\sin(3\omega t-30^\circ)[V]$$

① 11.6 ② 13.2
③ 16.4 ④ 20.1

|정|답|및|해|설|

[비정현파의 실효값]

$V=\sqrt{V_0^2+V_1^2+V_3^3}=\sqrt{3^2+10^2+5^2}\fallingdotseq 11.6[V]$

【정답】 ①

75. 한 상의 임피던스가 $6+j8[\Omega]$인 Δ 부하에 대칭 선간전압 200[V]를 인가할 때 3상 전력[W]은?

① 2400 ② 4160
③ 7200 ④ 10800

|정|답|및|해|설|

[3상델타 결선의 소비전력] $P_\Delta = \dfrac{3V_L^2R}{R^2+X^2}$

→ ($Z=R+jX_L$로 주어졌을 경우)

$\therefore P_\Delta = \dfrac{3V_L^2R}{R^2+X^2} = \dfrac{3\times 200^2\times 6}{6^2+8^2} = 7200[W]$ 【정답】 ③

76. 3상 불평형 전압에서 역상전압이 35[V]이고, 정상전압이 100[V], 영상전압이 10[V]라 할 때, 전압의 불평형률은?

① 0.10 ② 0.25 ③ 0.35 ④ 0.45

|정|답|및|해|설|

[전압의 불평형률]

전압의 불평형률 $= \dfrac{역상전압}{정상전압} = \dfrac{35}{100} = 0.35$ 【정답】 ③

77. 그림과 같이 $R=1[\Omega]$인 저항을 무한히 연결할 때, a-b에서의 합성저항은?

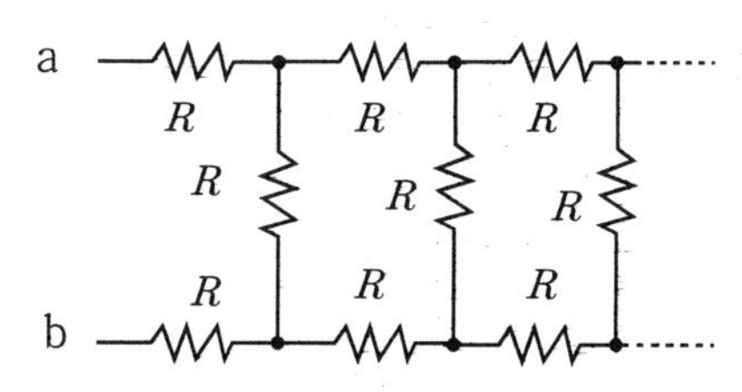

① $1+\sqrt{3}$ ② $\sqrt{3}$
③ $1+\sqrt{2}$ ④ ∞

|정|답|및|해|설|

[등가회로] $R_{ab} = 2R + \dfrac{R\cdot R_{cd}}{R+R_{cd}}$

$R_{ab} \fallingdotseq R_{cd}$이므로

$R\cdot R_{ab} + R_{ab}^{\ 2} = 2R^2 + 2R\cdot R_{ab} + R\cdot R_{ab}$

$R=1[\Omega]$ 대입, $R_{ab}^2 - 2R_{ab} - 2 = 0$

$R_{ab} = \dfrac{-b\pm\sqrt{b^2-4ac}}{2a} = \dfrac{2\pm\sqrt{4+4\times 2}}{2} = 1\pm\sqrt{3}$

저항값은 음(-)의 값이 될 수 없으므로

$\therefore R_{ab} = 1+\sqrt{3}$ 【정답】 ①

78. 분포정수회로에서 선로의 단위길이 당 저항을 $100[\Omega]$, 인덕턴스를 200[mH], 누설 컨덕턴스를 $0.5[\mho]$라 할 때 일그러짐이 없는 조건을 만족하기 위한 정전용량은 몇 $[\mu F]$인가?

① 0.001 ② 0.1
③ 10 ④ 1000

|정|답|및|해|설|

[무왜선로] 일그러짐이 없는 선로(무왜선로)의 조건은 $RC=LG$

$C = \dfrac{LG}{R} = \dfrac{200\times 10^{-3}\times 0.5}{100} = 1\times 10^{-3}[F] = 1000[\mu F]$

【정답】 ④

79. $f(t) = u(t-a) - u(t-b)$의 라플라스 변환 $F(s)$는?

① $\dfrac{1}{s^2}(e^{-as}-e^{-bs})$ ② $\dfrac{1}{s}(e^{-as}-e^{-bs})$

③ $\dfrac{1}{s^2}(e^{as}+e^{bs})$ ④ $\dfrac{1}{s}(e^{as}+e^{bs})$

|정|답|및|해|설|

[라플라스 변환]

$\mathcal{L}[f(t)] = \mathcal{L}[u(t-a)-u(t-b)]$

$= \dfrac{e^{-as}}{s} - \dfrac{e^{-bs}}{s} = \dfrac{1}{s}(e^{-as}-e^{-bs})$ 【정답】 ②

80. 4단자 정수 A, B, C, D 중에서 어드미턴스 차원을 가진 정수는?

① A ② B ③ C ④ D

|정|답|및|해|설|

[4단자 기초 방정식]

A : 전압비, B : 임피던스, C : 어드미턴스, D : 전류비

4단자 기초 방정식

$\begin{bmatrix} V_1 \\ I_1 \end{bmatrix} = \begin{bmatrix} A & B \\ C & D \end{bmatrix} \begin{bmatrix} V_2 \\ I_2 \end{bmatrix}$

$V_1 = AV_2 + BI_2, \quad I_1 = CV_2 + DI_2$

$A = \left.\dfrac{V_1}{V_2}\right|_{I_2=0}$ 전압비, $B = \left.\dfrac{V_1}{I_2}\right|_{V_2=0}$ 전달임피던스

$C = \left.\dfrac{I_1}{V_2}\right|_{I_2=0}$ 어드미턴스, $D = \left.\dfrac{I_1}{I_2}\right|_{V_2=0}$ 전류비

【정답】 ③

81. 발전소·변전소 또는 이에 준하는 곳의 특고압전로에 대한 접속 상태를 모의모선의 사용 또는 기타의 방법으로 표시하여야 하는데, 그 표시의 의무가 없는 것은?

① 전선로의 회선수가 3회선 이하로서 복모선
② 전선로의 회선수가 2회선 이하로서 복모선
③ 전선로의 회선수가 3회선 이하로서 단일모선
④ 전선로의 회선수가 2회선 이하로서 단일모선

|정|답|및|해|설|
[특고압 전로의 상 및 접속 상태의 표시 (KEC 351.2)]
모의모선이 필요없는 것은 회선수가 2회선 이하이고, 단모선인 경우이다. 【정답】 ④

82. 가공 약전류전선을 사용 전압이 22.9[kV]인 특고압 가공전선과 동일 지지물에 공가하고자 할 때 가공 전선으로 경동연선을 사용한다면 단면적이 몇 $[mm^2]$ 이상인가?

① 22 ② 38 ③ 50 ④ 55

|정|답|및|해|설|
[특고압 가공전선과 가공약전류전선 등의 공용 설치 (KEC 333.19)]
특고압 가공 전선과 가공 약전류 전선과의 공가는 35[kV] 이하인 경우에 시설하여야 한다.
- 특고압 가공전선로는 제2종 특고압 보안 공사에 의한 것
- 특고압은 케이블을 제외하고 인장강도 21.67[kN] 이상의 연선 또는 단면적이 $50[mm^2]$ 이상인 경동연선일 것
- 가공 약전류 전선은 특고압 가공 전선이 케이블인 경우를 제외하고 차폐층을 가지는 통신용 케이블일 것

【정답】 ③

83. ACSR 전선을 사용전압 직류 1500[V]의 가공 급전선으로 사용할 경우 안전율은 얼마 이상이 되는 처짐 정도(이도)로 시설하여야 하는가?

① 2.0 ② 2.1
③ 2.2 ④ 2.5

|정|답|및|해|설|
[저·고압 가공전선의 안전율 (kec 222.6), (KEC 331.14.2)]
고압 가공전선은 케이블인 경우 이외에는 다음 각 호에 규정하는 경우에 그 안전율이 경동선 또는 내열 동합금선은 2.2 이상, 그 밖의 전선은 2.5 이상이 되는 처짐 정도로 시설하여야 한다.
【정답】 ④

84. 154[kV] 가공전선과 가공 약전류전선이 교차하는 경우에 시설하는 보호망을 구성하는 금속선 중 가공 전선의 바로 아래에 시설되는 것 이외의 다른 부분에 시설되는 금속선은 지름 몇 [mm] 이상의 아연도철선이어야 하는가?

① 2.6 ② 3.2
③ 4.0 ④ 5.0

|정|답|및|해|설|
[특고압 가공전선과 저고압 가공전선 등의 접근 또는 교차 (KEC 333.26)] 보호망을 구성하는 금속선
- 그 바깥둘레(외주) 및 특고압 가공전선의 바로 아래에 시설하는 금속선에 인장강도 8.01[kN] 이상의 것 또는 지름 5[mm] 이상의 경동선을 사용
- 기타 부분에 시설하는 금속선에 인장강도 3.64[kN] 이상 또는 지름 4[mm] 이상의 아연도철선을 사용 【정답】 ③

85. 사용전압이 161[kV]인 가공전선로를 시가지내에 시설 할 때 전선의 지표상의 높이는 몇 [m] 이상이어야 하는가?

① 8.65 ② 9.56
③ 10.47 ④ 11.56

|정|답|및|해|설|
[시가지 등에서 특고압 가공전선로의 시설 (KEC 333.1)] 시가지에 특고가 시설되는 경우 전선의 지표상 높이는 35[kV] 이하 10[m](특고 절연 전선인 경우 8[m]) 이상, 35[kV]를 넘는 경우 10[m]에 35[kV]를 넘는 10[kV] 또는 그 단수마다 12[cm]를 더한 값으로 한다.
- 단수 $= \frac{161-35}{10} = 12.6 \rightarrow 13$단
- 지표상의 높이 $= 10 + 13 \times 0.12 = 11.56[m]$ 【정답】 ④

86. 특고압 가공전선이 삭도와 제2차 접근상태로 시설할 경우에 특고압 가공전선로의 보안공사는?

① 고압 보안공사
② 제1종 특고압 보안공사
③ 제2종 특고압 보안공사
④ 제3종 특고압 보안공사

|정|답|및|해|설|
[특고압 가공전선과 삭도의 접근 또는 교차 (KEC 333.25)]
- 1차 접근 상태의 경우 : 제3종 특고압 보안 공사
- 2차 접근 상태의 경우 : 제2종 특고압 보안 공사

【정답】 ③

87. 설계하중이 6.8[kN]인 철근 콘크리트주의 길이가 17[m]라 한다. 이 지지물을 지반이 연약한 곳 이외의 곳에서 안전율을 고려하지 않고 시설하려고 하면 땅에 묻히는 깊이는 몇 [m] 이상으로 하여야 하는가?

① 2.0　　② 2.3
③ 2.5　　④ 2.8

|정|답|및|해|설|

[가공전선로 지지물의 기초 안전율 (KEC 331.7)]
가공전선로의 지지물에 하중이 가하여지는 경우에 그 하중을 받는 지지물의 기초 안전율은 2 이상(단, 이상시 상정하중에 대한 철탑의 기초에 대하여는 1.33)이어야 한다. 다만, 땅에 묻히는 깊이를 다음의 표에서 정한 값 이상의 깊이로 시설하는 경우에는 그러하지 아니하다.

전장 \ 설계하중	6.8[kN] 이하	6.8[kN] 초과 9.8[kN] 이하	9.8[kN] 초과 14.72[kN] 이하
15[m] 이하	전장 × 1/6[m] 이상	전장 × 1/6+0.3[m] 이상	-
15[m] 초과	2.5[m] 이상	2.8[m] 이상	-
16[m] 초과~20[m] 이하	2.8[m] 이상	-	-
15[m] 초과~18[m] 이하	-	-	3[m] 이상
18[m] 초과	-	-	3.2[m] 이상

【정답】 ④

88. 전로를 대지로부터 반드시 절연하여야 하는 것은?

① 시험용 변압기
② 저압 가공전선로의 접지측 전선
③ 전로의 중성점에 접지공사를 하는 경우의 접지점
④ 계기용변성기의 2차측 전로에 접지공사를 하는 경우의 접지점

|정|답|및|해|설|

[전로의 절연 원칙 (KEC 131)] 전로는 다음의 경우를 제외하고 대지로부터 절연하여야 한다.
① 각 접지 공사를 하는 경우의 접지점
② 전로의 중성점을 접지하는 경우의 접지점
③ 계기용 변성기의 2차측 전로에 접지공사를 하는 경우의 접지점
④ 25[kV] 이하로서 다중 접지하는 경우의 접지점

【정답】 ②

89. 갑종 풍압하중을 계산 할 때 강관에 의하여 구성된 철탑에서 구성재의 수직 투영면적 $1[m^2]$에 대한 풍압하중은 몇 [Pa]를 기초로 하여 계산한 것인가? (단, 단주는 제외한다.)

① 588　　② 1117
③ 1255　　④ 2157

|정|답|및|해|설|

[풍압하중의 종별과 적용 (KEC 331.6)]

풍압을 받는 구분				풍압[Pa]
지지물	목주			588
	철주	원형의 것		588
		삼각형 또는 농형		1412
		강관에 의하여 구성되는 4각형의 것		1117
		기타의 것으로 복재가 전후면에 겹치는 경우		1627
		기타의 것으로 겹치지 않은 경우		1784
	철근 콘크리트 주	원형의 것		588
		기타의 것		822
	철탑	단주	원형의 것	588[Pa]
			기타의 것	1,117[Pa]
		강관으로 구성되는 것(단주는 제외함)		1,255[Pa]
		기타의 것		2,157[Pa]

【정답】 ③

90. 특고압 가공전선로에서 발생하는 극저주파 전자계는 자계의 경우 지표상 1[m]에서 측정 시 몇 $[\mu T]$ 이하인가?

① 28.0　　② 46.5
③ 70.0　　④ 83.3

|정|답|및|해|설|

[유도장해 방지 (기술기준 제17조)] 특고압 가공전선로는 지표상 1[m]에서 전계강도가 3.5[kV/m] 이하, 자계강도가 $83.3[\mu T]$ 이하가 되도록 시설하는 등 상시 정전유도 및 전자유도 작용에 의하여 사람에게 위험을 줄 우려가 없도록 시설하여야 한다.

【정답】 ④

91. 저압 전로 중 전선 상호간 및 전로와 대지 사이의 절연저항 값은 대지전압이 150[V] 초과 300[V] 이하인 경우에 몇 $[M\Omega]$ 되어야 하는가?

① 0.5 ② 1.0
③ 1.5 ④ 2.0

|정|답|및|해|설|
[전로의 사용전압에 따른 절연저항값 (기술기준 제52조)]

전로의 사용전압의 구분	DC 시험전압	절연 저항값
SELV 및 PELV	250	0.5[MΩ]
FELV, 500[V] 이하	500	1[MΩ]
500[V] 초과	1000	1[MΩ]

※특별저압(Extra Low Voltage : 2차 전압이 AC 50[V], DC 120[V] 이하)으로 SELV(비접지 회로 구성) 및 PELV(접지회로 구성)은 1차와 2차가 전기적으로 절연된 회로, FELV는 1차와 2차가 전기적으로 절연되지 않은 회로 【정답】 ②

92. 일반 주택 및 아파트 각 호실의 현관등은 몇 분 이내에 소등 되도록 타임스위치를 해야 하는가?

① 3 ② 4
③ 5 ④ 6

|정|답|및|해|설|
[점멸기의 시설 (KEC 234.6)]
1. 호텔, 여관 각 객실 입구등은 1분
2. 일반 주택 및 아파트 현관등은 3분 【정답】 ①

93. 가공전선과 첨가 통신선과의 시공방법으로 틀린 것은?

① 통신선은 가공전선의 아래에 시설 할 것
② 통신선과 고압 가공전선 사이의 간격은 60[cm] 이상일 것.
③ 통신선과 특고압 가공전선로의 다중접지한 중성선 사이의 간격은 1.2[m] 이상일 것
④ 통신선은 특고압 가공전선로의 지지물에 시설하는 기계기구에 부속되는 전선과 접촉 할 우려가 없도록 지지물 또는 완금류에 견고하게 시설할 것

|정|답|및|해|설|
[가공전선로의 지지물에 시설하는 통신선 또는 이에 직접 접속하는 가공 통신선의 높이 (KEC 362.2)] 통신선과 저압 가공전선 또는 특고압 가공전선로의 다중 접지를 한 중성선 사이의 간격은 0.75[m] 이상일 것 【정답】 ③

94. 전기울타리의 시설에 사용되는 전선은 지름 몇 [mm] 이상의 경동선인가?

① 2.0 ② 2.6 ③ 3.2 ④ 4.0

|정|답|및|해|설|
[전기울타리 (KEC 241.1)]
・전기울타리는 사람이 쉽게 출입하지 아니하는 곳에 시설할 것
・전선은 인장강도 1.38[kN] 이상의 것 또는 지름 2[mm] 이상의 경동선일 것
・전선과 이를 지지하는 기둥 사이의 간격은 2.5[cm] 이상일 것
・전선과 다른 시설물(가공 전선을 제외한다) 또는 수목 사이의 간격은 30[cm] 이상일 것 【정답】 ①

95. 애자사용공사에 의한 저압 옥내배선 시 전선 상호 간의 간격은 몇 [cm] 이상이어야 하는가?

① 2 ② 4 ③ 6 ④ 8

|정|답|및|해|설|
[애자사용공사 (KEC 232.56)]
1. 전선 상호간의 간격 : 6[cm] 이상
2. 전선과 조영재와의 간격
 ・400[V] 미만 : 2.5[cm] 이상
 ・400[V] 이상 : 4.5[cm] 이상(건조한 곳은 2.5[cm] 이상)
3. 지지점간의 거리
 ・조영재 윗면, 옆면 : 2[m] 이하
 ・400[V] 이상 조영재의 아래면 : 6[m] 이하
【정답】 ③

96. 철도 또는 궤도를 횡단하는 저고압 가공전선의 높이는 레일면상 몇 [m] 이상이어야 하는가?

① 5.5 ② 6.5 ③ 7.5 ④ 8.5

|정|답|및|해|설|
[저고압 가공 전선의 높이 (KEC 332.5)] 저고압 가공전선의 높이는 다음과 같다.
1. 도로 횡단 : 6[m] 이상
2. 철도 횡단 : 레일면 상 6.5[m] 이상
3. 횡단 보도교 위 : 3.5[m] 이상
4 기타 : 5[m] 이상 【정답】 ②

97. 지중전선로는 기설 지중 약전류 전선로에 대하여 다음의 어느 것에 의하여 통신상의 장해를 주지 아니하도록 기설 약전류 전선로로부터 충분히 이격시키는가?

① 충전전류 또는 표피작용
② 누설전류 또는 유도작용
③ 충전전류 또는 유도작용
④ 누설전류 또는 표피작용

|정|답|및|해|설|

[지중약전류전선의 유도장해 방지 (KEC 334.5)] 지중전선로는 기설 지중 약전류 전선로에 대하여 누설전류 또는 유도작용에 의하여 통신상의 장해를 주지 아니하도록 기설 약전류 전선로로부터 충분히 이격시키거나 기타 적당한 방법으로 시설하여야 하다.

【정답】 ②

98. 발전소의 계측요소가 아닌 것은?

① 발전기의 고정자 온도
② 저압용 변압기의 온도
③ 발전기의 전압 및 전류
④ 주요 변압기의 전류 및 전압

|정|답|및|해|설|

[계측장치의 시설 (KEC 351.6)] 발전소에 시설하여야 하는 계측 장치

- 발전기·연료전지 또는 태양전지 모듈의 전압 및 전류 또는 전력
- 발전기의 베어링 및 고정자의 온도
- 정격출력이 10,000[kW]를 초과하는 증기터빈에 접속하는 발전기의 진동의 진폭
- 주요 변압기의 전압 및 전류 또는 전력
- 특고압용 변압기의 온도

※저압용기기는 해당되지 않는다.

【정답】 ②

2016년 3회 전기기사 필기 기출문제

3회 2016년 전기기사필기 (전기자기학)

1. 반지름이 $a[m]$이고 단위길이에 대한 권수가 n인 무한장 솔레노이드의 단위 길이 당 자기인덕턴스는 몇 [H/m]인가?

① $\mu\pi a^2 n^2$ ② $\pi\mu an$

③ $\frac{an}{2\mu\pi}$ ④ $4\mu\pi a^2 n^2$

|정|답|및|해|설|

[자기인덕턴스] $L=\frac{N}{I}\varnothing=\frac{N}{I}\cdot\frac{NI}{R_m}=\frac{N^2}{R_m}$

$=\frac{N^2}{\frac{l}{\mu S}}=\frac{\mu SN^2}{l}=\frac{\mu S(nl)^2}{l}=\mu Sn^2 l[H]$

여기서, L : 자기인덕턴스, μ : 투자율, N : 권수, I : 전류[A]

S : 단면적[m^2], a : 반지름[m], l : 길이[m]

d : 선간거리[m]

∴ 단위 길이당 자기인덕턴스 $L_0=\mu sn^2=\mu\pi a^2 n^2[H/m]$

【정답】 ①

2. 철심의 평균길이가 l_2, 공극의 길이가 l_1, 단면적이 S인 자기회로이다. 자속밀도를 $B[Wb/m^2]$로 하기 위한 기자력[AT]은?

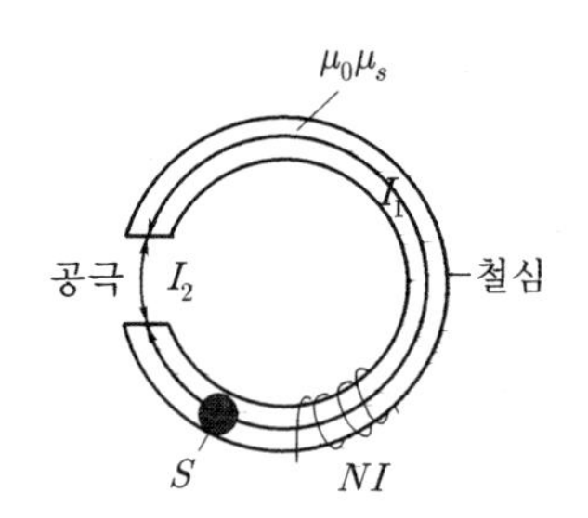

① $\frac{\mu_0}{B}(l_1+\frac{\mu_s}{l_2})$ ② $\frac{B}{\mu_0}(l_2+\frac{l_1}{\mu_s})$

③ $\frac{\mu_0}{B}(l_2+\frac{\mu_s}{l_1})$ ④ $\frac{B}{\mu_0}(l_1+\frac{l_2}{\mu_s})$

|정|답|및|해|설|

[기자력] $F=NI=R\phi=RBS[AT]$

철심부의 자기 저항 : R_1, 공극의 자기 저항 : R_2

R_1, R_2는 직렬

· 합성자기저항 $R=R_1+R_2=\frac{l_1}{\mu_0 S}+\frac{l_2}{\mu S}[AT/Wb]$

· 기자력 $F=RBS=\left(\frac{l_1}{\mu_0 S}+\frac{l_2}{\mu S}\right)BS=\frac{B}{\mu_0}\left(l_1+\frac{l_2}{\mu_s}\right)[AT]$

【정답】 ④

3. 선전하밀도 $\rho[C/m]$를 갖는 코일이 반원형의 형태를 취할 때, 반원의 중심에서 전계의 세기를 구하면 몇 [V/m]인가? (단, 반지름은 $r[m]$이다.)

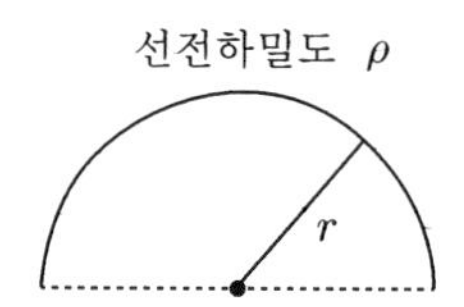

① $\frac{\rho}{8\pi\epsilon_0 r^2}$ ② $\frac{\rho}{4\pi\epsilon_0 r}$

③ $\frac{\rho}{4\pi\epsilon_0 r^2}$ ④ $\frac{\rho}{2\pi\epsilon_0 r}$

|정|답|및|해|설|

[전계의 세기(E)]

·선전하에 의한 전계 : $E=\frac{\rho}{2\pi\epsilon_0 r}[V/m]$

·점전하에 의한 전계 : $E=\frac{Q}{4\pi\epsilon_0 r^2}[V/m]$

여기서, E : 전계의 세기[V/m], Q: 전하량[C]

r : 양 전하간의 거리[m], ϵ_0: 진공중의 유전율

ρ : 선전하밀도[c/m]

【정답】 ④

4. 도전율 σ, 투자율 μ인 도체에 교류전류가 흐를 때 표피효과의 영향에 대한 설명으로 옳은 것은?

① σ가 클수록 작아진다.
② μ가 클수록 작아진다.
③ μ_s가 클수록 작아진다.
④ 주파수가 높을수록 커진다.

|정|답|및|해|설|

[표피효과] 표피효과란 전류가 도체 표면에 집중하는 현상

· 침투깊이 $\delta = \sqrt{\frac{2}{wk\mu a}}[m] = \sqrt{\frac{1}{\pi f k \mu a}}[m]$

표피효과 ↑ 침투깊이 δ↓ → 침투깊이 $\delta = \sqrt{\frac{1}{\pi f \sigma \mu a}}$ 이므로

주파수 f와 단면적 a에 비례하므로 전선의 굵을수록, **주파수가 높을수록** 침투깊이는 작아지고 표피효과는 **커진다**.

【정답】 ④

5. 비투자율 μ_s는 역자성체에서 다음 중 어느 값을 갖는가?

① $\mu_s = 0$　② $\mu_s < 1$
③ $\mu_s > 1$　④ $\mu_s = 1$

|정|답|및|해|설|

[자성체] 자계 내에 놓았을 때 **자석화 되는 물질**을 자성체라 한다.

1. 강자성체 $\mu_s \gg 1$, $\chi_m \gg 1$ → 철(Fe), 니켈(Ni), 코발트(Co)
2. 상자성체 $\mu_s > 1$, $\chi > 0$ →(알루미늄, 망간, 백금, 주석, 산소, 질소)
3. 역자성체 $\mu_s < 1$, $\chi < 0$ → (비스무트, 탄소, 규소, 납, 수소)

여기서, χ : 자화율, μ_s : 비투자율)　【정답】 ②

6. 다음의 관계식 중 성립할 수 없는 것은? (단, μ는 투자율, μ_0는 진공의 투자율 χ는 자화율, J는 자화의 세기이다.)

① $\mu = \mu_0 + \chi$　② $J = \chi B$
③ $\mu_s = 1 + \frac{\chi}{\mu_0}$　④ $B = \mu H$

|정|답|및|해|설|

① $\mu = \mu_0 + \chi[H/m]$
② $J = \chi H = \frac{M}{v} = \mu_0(\mu_s - 1)H = B(1 - \frac{1}{\mu_s})[Wb/m^2]$
③ $\mu_s = \frac{\mu}{\mu_0} = \frac{\mu_0 + \chi}{\mu_0} = 1 + \frac{\chi}{\mu_0}$
④ $B = \mu_0 H + J = \mu_0 H + \chi H = (\mu_0 + \chi)H = \mu_0 \mu_s H[Wb/m^2]$

【정답】 ②

7. 자계와 전류계의 대응으로 틀린 것은?

① 자속↔전류
② 기자력↔기전력
③ 투자율↔유전율
④ 자계의 세기↔전계의 세기

|정|답|및|해|설|

[자기회로와 전기회로의 대응]

자기회로	전기회로
자속 $\phi[Wb]$	전류 $I[A]$
자계 $H[A/m]$	전계 $E[V/m]$
기자력 $F[AT]$	기전력 $V[V]$
자속 밀도 $B[Wb/m^2]$	전류 밀도 $i[A/m^2]$
투자율 $\mu[H/m]$	도전율 $k[℧/m]$
자기 저항 $R_m[AT/Wb]$	전기 저항 $R[\Omega]$

【정답】 ③

8. 베이클라이트 중의 전속 밀도가 $D[C/m^2]$일 때의 분극의 세기는 몇 $[C/m^2]$인가? (단, 베이클라이트의 비유전율은 ϵ_r이다.)

① $D(\epsilon_r - 1)$　② $D\left(1 + \frac{1}{\epsilon_r}\right)$
③ $D\left(1 - \frac{1}{\epsilon_r}\right)$　④ $D(\epsilon_r + 1)$

|정|답|및|해|설|

[분극의 세기] $P = \frac{M}{v} = \epsilon_0(\epsilon_s - 1)E = D\left(1 - \frac{1}{\epsilon_0}\right) = \lambda E[C/m^2]$

여기서, P : 분극의 세기, E : 유전체 내부의 전계
ϵ_0 : 진공시의 유전율($= 8.855 \times 10^{-12}$[F/m])
M : 전기쌍극자모멘트$[Cm]$, v : 체적$[m^3]$
D : 전속밀도($= \epsilon E$)　【정답】 ③

9. 자성체의 자화의 세기 $J=8[kwb/m^2]$, 자화율 $\chi_m=0.02$일 때 자속밀도는 약 몇 [T]인가?

① 7000　② 7500
③ 8000　④ 8500

|정|답|및|해|설|

[자속밀도] $B=\mu_0 H+J \rightarrow (J=\chi_m H \rightarrow H=\frac{J}{\chi_m})$

$B=\frac{\mu_0 J}{\chi_m}+J=J\left(1+\frac{\mu_0}{\chi_m}\right)$

$B=J\left(1+\frac{\mu_0}{\chi_m}\right)=8000\left(1+\frac{4\pi\times10^{-7}}{0.02}\right)$

$\therefore B\fallingdotseq 8000[Wb/m^2]=8000[T] \rightarrow (1[Wb/m^2]=1[T]$이므로)

【정답】 ③

10. 진공중의 자계 10[AT/m]인 점에 $5\times10^{-3}[Wb]$의 자극을 놓으면 그 자극에 작용하는 힘[N]은?

① 5×10^{-2}　② 5×10^{-3}
③ 2.5×10^{-2}　④ 2.5×10^{-3}

|정|답|및|해|설|

[자극에 작용하는 힘] $F=mH=5\times10^{-3}\times10=5\times10^{-2}[N]$

【정답】 ①

11. 전계와 자계와의 관계에서 고유임피던스는?

① $\sqrt{\epsilon\mu}$　② $\sqrt{\frac{\mu}{\epsilon}}$
③ $\sqrt{\frac{\epsilon}{\mu}}$　④ $\frac{1}{\sqrt{\epsilon\mu}}$

|정|답|및|해|설|

[고유임피던스] $Z_0=\frac{E}{H}=\sqrt{\frac{\mu}{\epsilon}}=\sqrt{\frac{\mu_0}{\epsilon_0}}\cdot\sqrt{\frac{\mu_s}{\epsilon_0}}[\Omega]$

여기서, E : 전계, H : 자계

ϵ : 유전율$(=\epsilon_0\epsilon_s) \rightarrow (\epsilon_0=8.855\times10^{-12})$

μ : 투자율$(=\mu_0\mu_s) \rightarrow (\mu_0=4\pi\times10^{-7})$

$Z_0=\sqrt{\frac{\mu_0}{\epsilon_0}}\cdot\sqrt{\frac{\mu_s}{\epsilon_0}}=\sqrt{\frac{4\pi\times10^{-7}}{8.855\times10^{-12}}}\cdot\sqrt{\frac{\mu_s}{\epsilon_s}}=377\sqrt{\frac{\mu_s}{\epsilon_s}}[\Omega]$

【정답】 ②

12. 그림과 같은 평행판 콘덴서에 극판의 면적이 $S[m^2]$, 진전하밀도를 $\sigma[C/m^2]$, 유전율이 각각 $\epsilon_1=4\ \epsilon_2=2$인 유전체를 채우고 a, b양단에 $V[V]$의 전압을 인가할 때 ϵ_1, ϵ_2인 유전체 내부의 전계의 식 E_1, E_2와의 관계식은?

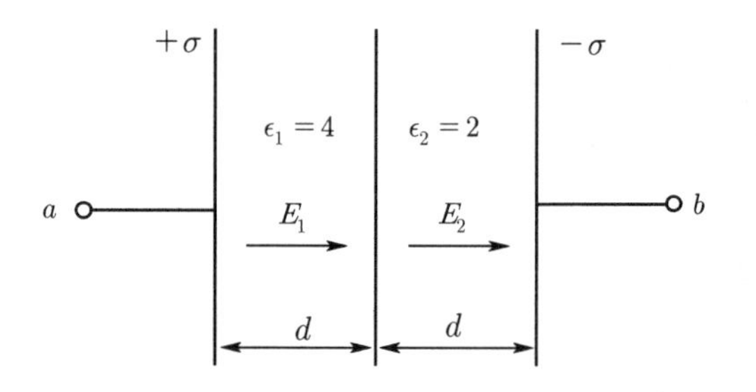

① $E_1=2E_2$　② $E_1=4E_2$
③ $2E_1=E_2$　④ $E_1=E_2$

|정|답|및|해|설|

[유전체 내부의 전계]

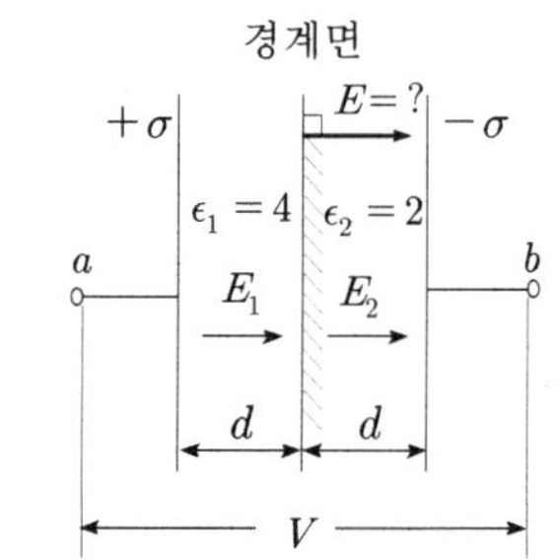

$D_1\cos\theta_1=D_2\cos\theta_2$에서 경계면에 수직이면 $D_1=D_2$

$\rightarrow \epsilon_1 E_1=\epsilon_2 E_2 \qquad \rightarrow (D=\epsilon E)$

$\rightarrow E_1=\frac{\epsilon_2}{\epsilon_1}E_2=\frac{2}{4}\times E_2=\frac{1}{2}E_2 \quad \therefore 2E_1=E_2$

여기서, E : 전계, D : 전속밀도, ϵ : 유전율

【정답】 ③

13. 쌍극자 모멘트가 $M[C\cdot m]$인 전기쌍극자에 의한 임의의 점 P에서의 전계의 크기는 전기쌍극자의 중심에서 축방향과 점 P를 잇는 선분 사이의 각이 얼마일 때 최대가 되는가?

① 0　② $\frac{\pi}{2}$　③ $\frac{\pi}{3}$　④ $\frac{\pi}{4}$

|정|답|및|해|설|

[전계의 세기] $E=\frac{M}{4\pi\epsilon_0 r^3}(\sqrt{1+3\cos^2\theta})$

점 P의 전계는 $\theta=0°$일 때 최대이고

$\theta=90°$일 때 최소가 된다.

【정답】 ①

14. 자성체 $3\times4\times20[cm^3]$가 자속밀도 $B=130[mT]$로 자화되었을 때 자기모멘트가 $48[A\cdot m^2]$이었다면 자화의 세기(M)은 몇 [A/m]인가?

① 10^4 ② 10^5
③ 2×10^4 ④ 2×10^5

|정|답|및|해|설|

[자화의 세기] $J=\dfrac{M}{V}[A/m]$

여기서, J : 자화의 세기, M: 단위 체적당의 자기모멘트
V : 자성체의 체적$[m^3]$

$$J=\frac{M}{V}=\frac{48}{3\times4\times20\times10^{-6}}=2\times10^5[A/m]$$

→ (cm^3을 m^3으로 수정 → $(10^{-2})^3=10^{-6}$)

【정답】 ④

15. 원점에 +1[C], 점(2, 0)에 -2[C]의 점전하가 있을 때 전계의 세기가 0인 점은?

① $(-3-2\sqrt{3},\ 0)$
② $(-3+2\sqrt{3},\ 0)$
③ $(-2-2\sqrt{2},\ 0)$
④ $(-2+2\sqrt{2},\ 0)$

|정|답|및|해|설|

[전계의 세기] 두 전하의 부호가 다르므로 전계의 세기가 0이 되는 점은 전하의 절대값이 적은 측의 외측에 존재

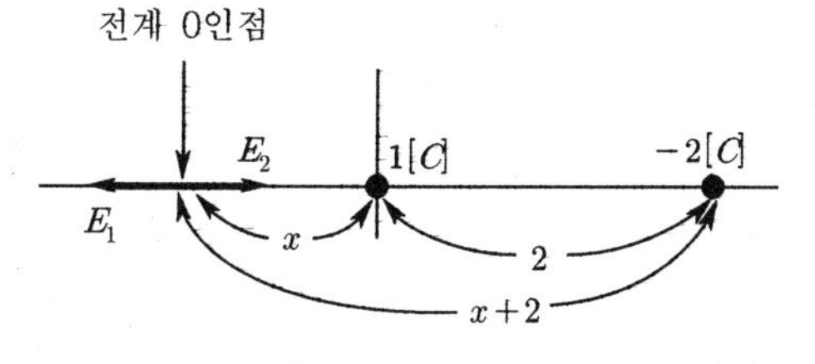

$E_1=E_2$

$$\text{전계} \rightarrow \frac{1}{4\pi\epsilon_0 x^2}=\frac{2}{4\pi\epsilon_0(x+2)^2}\rightarrow\frac{1}{x^2}=\frac{2}{(x+2)^2}$$

$$2x^2=(x+2)^2 \quad\rightarrow\quad \sqrt{2}x=x+2$$

$$x=\frac{2}{\sqrt{2}-1}=2+2\sqrt{2}$$

$\therefore$ 좌표 $(-2-2\sqrt{2},\ 0)$

【정답】 ③

16. 유전율이 ϵ_1, ϵ_2인 유전체 경계면에 수직으로 전계가 작용할 때 단위면적당에 작용하는 수직력은?

① $2\left(\dfrac{1}{\epsilon_2}-\dfrac{1}{\epsilon_1}\right)E^2$ ② $2\left(\dfrac{1}{\epsilon_2}-\dfrac{1}{\epsilon_1}\right)D^2$
③ $\dfrac{1}{2}\left(\dfrac{1}{\epsilon_2}-\dfrac{1}{\epsilon_1}\right)E^2$ ④ $\dfrac{1}{2}\left(\dfrac{1}{\epsilon_2}-\dfrac{1}{\epsilon_1}\right)D^2$

|정|답|및|해|설|

ϵ_1 ↓ D_1 f_1
경계면
[단위 면적당 작용하는 힘] ϵ_2 ↑ D_2 f_2

$$f=\frac{1}{2}ED=\frac{D^2}{2\epsilon}[N/m^2]$$

→경계면에 수직으로 입사되므로 $D_1=D_2$ → $D=\epsilon E$)

여기서, D : 전속밀도, E : 전계

$$f_1=\frac{D^2}{2\epsilon_1},\ f_2=\frac{D^2}{2\epsilon_2}$$

$$\therefore f=f_2-f_1=\frac{D^2}{2}(E_2-E_1)=\frac{D^2}{2}\left(\frac{1}{\epsilon_2}-\frac{1}{\epsilon_1}\right)[N/m^2]$$

【정답】 ④

17. 반지름 2[mm], 간격 1[m]의 평행 왕복 도선이 있다. 도체 간에 전압 6[kV]를 가했을 때 단위 길이 당 작용하는 힘은 몇 [N/m]인가?

① 8.06×10^{-5} ② 8.06×10^{-6}
③ 6.87×10^{-5} ④ 6.87×10^{-6}

|정|답|및|해|설|

$$C=\frac{\pi\epsilon_0}{\ln\frac{d}{r}}[F/m]$$

$$W=\frac{1}{2}CV^2=\frac{1}{2}\frac{\pi\epsilon_0}{\ln\frac{d}{r}}V^2=\frac{1}{2}\pi\epsilon_0V^2\left(\ln\frac{d}{r}\right)^{-1}[J/m]$$

$$f=\frac{\partial W}{\partial d}=\frac{\partial}{\partial d}\left[\frac{1}{2}\pi\epsilon_0V^2\left(\ln\frac{d}{r}\right)^{-1}\right]=\frac{1}{2}\pi\epsilon_0V^2\frac{\partial}{\partial d}\left(\ln\frac{d}{r}\right)^{-1}$$

$$=\frac{1}{2}\pi\epsilon_0V^2(-1)\left(\ln\frac{d}{r}\right)^{-2}\frac{\frac{1}{r}}{\frac{d}{r}}=-\frac{\pi\epsilon_0V^2}{2d\left(\ln\frac{d}{r}\right)^2}[J/m]$$

$$\therefore f=\frac{\pi\epsilon_0V^2}{2d\left(\ln\frac{d}{r}\right)^2}=\frac{\pi\times8.855\times10^{-12}\times6000^2}{2\times1\times\left(\log_e\frac{1}{0.002}\right)^2}$$

$$=1.30\times10^{-5}[N/m]$$

【정답】 답 없음

18. 진공 중에서 $+q[C]$과 $-q[C]$의 점전하가 미소거리 $a[m]$만큼 떨어져 있을 때 이 쌍극자가 P점에 만드는 전계[V/m]와 전위[V]의 크기는?

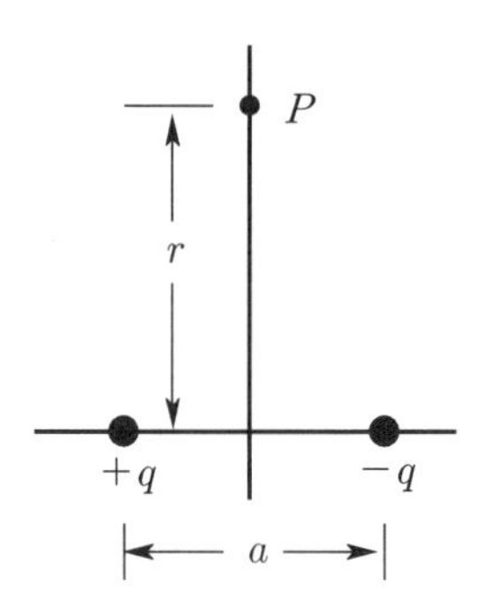

① $E=\frac{qa}{4\pi\epsilon_0 r^2}$, $V=0$

② $E=\frac{qa}{4\pi\epsilon_0 r^3}$, $V=0$

③ $E=\frac{qa}{4\pi\epsilon_0 r^2}$, $V=\frac{qa}{4\pi\epsilon_0 r}$

④ $E=\frac{qa}{4\pi\epsilon_0 r^3}$, $V=\frac{qa}{4\pi\epsilon_0 r^2}$

|정|답|및|해|설|

[전계] $E=\frac{M}{4\pi\epsilon_0 r^3}\sqrt{1+3\cos\theta^2}$

[전위] $V=\frac{M}{4\pi\epsilon_0 r^2}\cos\theta$

· 전기쌍극자 모멘트 $M=qa[C\cdot m]$
  여기서, q : 전하, a : 판의 두께

· P점에서의 전계 $E=\frac{M}{4\pi\epsilon_0 r^3}\sqrt{1+3\cos\theta^2}$

$\theta=90^\circ \rightarrow \cos 90^\circ=0$

$\therefore$전계 $E=\frac{M}{4\pi\epsilon_0 r^3}=\frac{qa}{4\pi\epsilon_0 r^3}[V/m]$

· P점에서의 전위 $V=\frac{M}{4\pi\epsilon_0 r^2}\cos\theta$ $\rightarrow (\theta=90^\circ, \cos 90^\circ=0)$

$\therefore$전위 $V=0[V]$

【정답】 ②

19. 반지름 $a[m]$인 원형 코일에 전류 $I[A]$가 흘렀을 때 코일 중심에서의 자계의 세기[AT/m]는?

① $\frac{I}{4\pi a}$　② $\frac{I}{2\pi a}$

③ $\frac{I}{4a}$　④ $\frac{I}{2a}$

|정|답|및|해|설|

[원형 코일 중심점 자계의 세기($x=0$)]

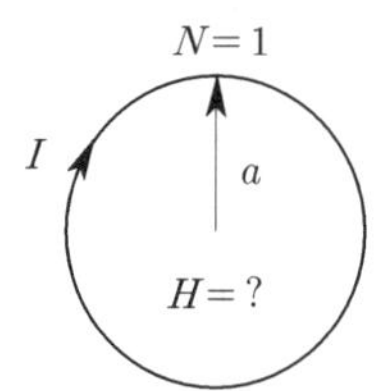

$H=\frac{NI}{2a}[AT/m]$

여기서, a : 반지름
x ; 원형 코일 중심으로부터 거리
N : 권수(원형 $N=1$
반원 $N=\frac{1}{2}$)

$\therefore H_0=\frac{I}{2a}[AT/m]$

【정답】 ④

|참|고|

※1. 원형 코일 중심($N=1$)

$H=\frac{NI}{2a}=\frac{I}{2a}[AT/m]$ → (N : 감은 권수(=1), a : 반지름)

2. 반원형($N=\frac{1}{2}$) 중심에서 자계의 세기 H

$H=\frac{I}{2a}\times\frac{1}{2}=\frac{I}{4a}[AT/m]$

3. $\frac{3}{4}$원($N=\frac{3}{4}$) 중심에서 자계의 세기 H

$H=\frac{I}{2a}\times\frac{3}{4}=\frac{3I}{8a}[AT/m]$

20. 손실 유전체에서 전자파에 관한 전파정수 γ로서 옳은 것은?

① $j\omega\sqrt{\mu\epsilon}\sqrt{j\frac{\sigma}{\omega\epsilon}}$

② $j\omega\sqrt{\mu\epsilon}\sqrt{1-j\frac{\sigma}{2\omega\epsilon}}$

③ $j\omega\sqrt{\mu\epsilon}\sqrt{1-j\frac{\sigma}{\omega\epsilon}}$

④ $j\omega\sqrt{\mu\epsilon}\sqrt{1-j\frac{\omega\epsilon}{\sigma}}$

|정|답|및|해|설|

[전파정수] $rotH=J+\frac{\partial D}{\partial t}=\sigma E+j\omega\epsilon E=E(\sigma+j\omega\epsilon)$

$r^2=j\omega\mu(\sigma+j\omega\epsilon) \rightarrow r=\pm\sqrt{j\omega\mu(\sigma+j\omega\epsilon)}$

$\therefore r=\sqrt{j\omega\mu(\sigma+j\omega\epsilon)}=j\omega\sqrt{\epsilon\mu}\sqrt{1-j\frac{\sigma}{\omega\epsilon}}$

【정답】 ③

3회 2016년 전기기사필기 (전력공학)

21. 보호계전기의 보호방식 중 표시선 계전방식이 아닌 것은?

① 방향 비교 방식　② 위상 비교 방식
③ 전압 반향 방식　④ 전류 순환 방식

|정|답|및|해|설|

[표시선 계전방식의 종류]
·방향 비교 방식 ·전압 반향 방식 ·전류 순환 방식
·전송 Trip 방식
전력선이용 반송방식에서는 전류순환방식이 어렵다

【정답】 ②

22. 송전거리, 전력, 손실률 및 역률이 일정하다면 전선의 굵기는?

① 전류에 비례한다.
② 전류에 반비례한다.
③ 전압의 제곱에 비례한다.
④ 전압의 제곱에 반비례한다.

|정|답|및|해|설|

[송전전압과 송전전력의 관계]

관계	관계식	항목
전압의 자승에 비례	$\propto V^2$	송전전력(P)
전압에 반비례	$\propto \frac{1}{V}$	전압 강하(e)
전압의 자승에 반비례	$\propto \frac{1}{V^2}$	·전선의 단면적(A) ·전선의 총 중량(B) ·전력 손실(P_l) ·전압 강하률(ϵ)

선로손실 $P_l = 3I^2R = \frac{P^2\rho l}{V^2\cos\theta A}$ 에서

$A = \frac{P^2\rho l}{P_l V^2\cos^2\theta} \quad \rightarrow (\because A \propto \frac{1}{V^2})$

【정답】 ④

23. 중성점 직접 접지방식에 대한 설명으로 틀린 것은?

① 계통의 과도 안정도가 나쁘다.
② 변압기의 단절연(段絶緣)이 가능하다.
③ 1선 지락 시 건전상의 전압은 거의 상승하지 않는다.
④ 1선 지락전류가 적어 차단기의 차단능력이 감소된다.

|정|답|및|해|설|

[직접접지방식의 장점]
· 1선 지락시에 건전성의 대지전압이 거의 상승하지 않는다.
· 피뢰기의 효과를 증진시킬 수 있다.
· 단절연이 가능하다.
· 계전기의 동작이 확실하다

[직접접지방식의 단점]
· 송전계통의 과도 안정도가 나빠진다.
· 통신선에 유도장해가 크다.
· 지락시 대전류가 흘러 기기에 손실을 준다.
· 대용량 차단기가 필요하다.
※ 직접접지방식은 **1선지락 전류가 가장 많이 흐른다.**

【정답】 ④

|참|고|

[접지방식의 비교]

	직접접지	소호리액터
전위상승	최저	최대
지락전류	최대	최소
절연레벨	최소 단절연, 저감절연	최대
통신선유도장해	최대	최소

24. 단상 변압기 3대를 △ 결선으로 운전하던 중 1대의 고장으로 V결선 한 경우 V결선과 △ 결선의 출력비는 약 몇 [%]인가?

① 52.2　② 57.7
③ 66.7　④ 86.6

|정|답|및|해|설|

[단상 변압기의 출력비] 1대의 단상 변압기 용량을 K라하면 그 출력비는

$$출력비 = \frac{V결선의\ 출력}{\Delta결선의\ 출력}$$

$$= \frac{\sqrt{3}K}{3K} = \frac{\sqrt{3}}{3} = 0.577 = 57.7[\%]$$

【정답】 ②

25. 전력선에 영상전류가 흐를 때 통신선로에 발생되는 유도장해는?

① 고조파유도장해 ② 전력유도장해
③ 전자유도장해 ④ 정전유도장해

|정|답|및|해|설|

[통신 선로의 유도장해]
1. 정전유도장해 : 영상전압, 선로 길이에 무관 (상호정전용량으로 발생)
2. 전자유도장해 : 영상전류, 선로 길이에 비례 (상호인덕턴스로 발생)

【정답】 ③

26. 변압기의 결선 중에서 1차에 제3고조파가 있을 때 2차에 제3고조파 전압이 외부로 나타나는 결선은?

① $Y-Y$ ② $Y-\Delta$
③ $\Delta-Y$ ④ $\Delta-\Delta$

|정|답|및|해|설|

[변압기의 Y결선] △결선이 포함된 변압기에서는 제3고조파가 순환전류가 되어 소멸되나, Y결선만 있는 변압기에서는 제3고조파가 나타난다.

【정답】 ①

27. 3상 3선식의 전선 소요량에 대한 3상 4선식의 전선 소요량의 비는 얼마인가? (단, 배전거리, 배전전력 및 전력손실은 같고, 4선식의 중성선의 굵기는 외선의 굵기와 같으며, 외선과 중성선간의 전압은 3선식의 선간전압과 같다.)

① $\frac{4}{9}$ ② $\frac{2}{3}$ ③ $\frac{3}{4}$ ④ $\frac{1}{3}$

|정|답|및|해|설|

[전력 손실비]

공급 방식	단상 2선식	단상 3선식	3상 3선식	3산 4선식
소요 전선량 전력 손실비	1	3/8	3/4	1/3

표에 의해 $\frac{3상4선식}{3상3선식}=\frac{\frac{1}{3}}{\frac{3}{4}}=\frac{4}{9}$

※문제에서 '~에 대한'을 분모로 놓는다.

【정답】 ①

28. 그림에서와 같이 부하가 균일한 밀도로 도중에서 분기되어 선로전류가 송전단에 이를수록 직선적으로 증가할 경우 선로의 전압강하는 이 송전단 전류와 같은 전류의 부하가 선로의 끝부분에만 집중되어 있을 경우의 전압강하보다 대략 어떻게 되는가? (단, 부하역률은 모두 같다고 한다.)

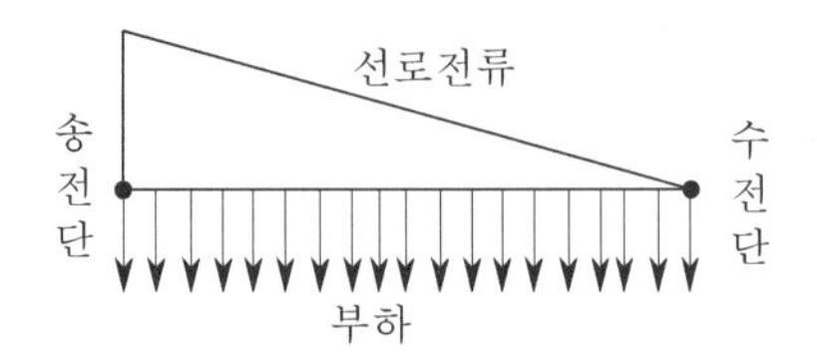

① $\frac{1}{3}$ ② $\frac{1}{2}$ ③ 1 ④ 2

|정|답|및|해|설|

[집중부하와 분산부하]

	모양	전압강하	전력손실
균일 분산부하		$\frac{1}{2}IrL$	$\frac{1}{3}I^2rL$
끝부분(말단) 집중부하		IrL	I^2rL

여기서, I : 전선의 전류, r : 전선 단위 길이당 저항
l : 전선의 길이

【정답】 ②

29. 수전단의 전력원 방정식이 $P_r^2+(Q_r+400)^2=250000$으로 표현되는 전력계통에서 가능한 최대로 공급할 수 있는 부하전력(P_r)과 이때 전압을 일정하게 유지하는데 필요한 무효전력(Q_r)은 각각 얼마인가?

① $P_r=500,\ Q_r=-400$
② $P_r=400,\ Q_r=500$
③ $P_r=300,\ Q_r=100$
④ $P_r=200,\ Q_r=-300$

|정|답|및|해|설|

1. 최대로 부하전력을 공급하려면 무효전력이 0이어야 한다.
   $P_r^2+0=500^2 \quad \therefore P_r=500$
2. 전압을 일정하게 유지하기 위해서는 피상전력의 크기가 일정해야 한다.
   $P_r^2+(Q_r+400)^2=250000,\ P_r=500$
   피상전력의 크기가 일정하기 위해서는 $Q_r+400=0$
   $\therefore Q_r=-400$

【정답】 ①

30. 컴퓨터에 의한 전력조류 계산에서 슬랙(slack)모선의 지정값은? (단, 슬랙모선을 기준모선으로 한다.)

① 유효전력과 무효전력
② 모선 전압의 크기와 유효전력
② 모선 전압의 크기와 무효전력
④ 모선 전압의 크기와 모선 전압의 위상각

|정|답|및|해|설|

[슬랙 모선] 슬랙 모선은 지정값으로서 모선 전압의 크기와 모선 전압의 위상각을 입력으로 하고 출력으로 유효전력, 무효전력 그리고 계통손실을 알 수가 있다. 【정답】 ④

31. 동일 모선에 2개 이상의 급전선(Feeder)을 가진 비접지 배전계통에서 지락사고에 대한 보호계전기는?

① OCR ② OVR
③ SGR ④ DFR

|정|답|및|해|설|

[보호 계전기]
① OCR (과전류 계전기) : 일정값 이상의 전류가 흘렀을 때 동작
② OVR (과전압 계전기) : 일정값 이상의 전압이 걸렸을 때 동작
③ SGR (선택 지락 계전기) : 병행 2회선 송전 선로에서 한쪽의 1회선에 지락 사고가 일어났을 경우 이것을 검출하여 고장 회선만을 선택 차단할 수 있게끔 선택 단락 계전기의 동작 전류를 특별히 작게 한 것으로 비접지 계통의 지락 사고 검출에 사용
④ DFR (차동계전기) : 보호 구간에 유입하는 전류와 유출하는 전류의 벡터차를 검출해서 동작 【정답】 ③

32. 한류리액터의 사용 목적은?

① 누설전류의 제한
② 단락전류의 제한
③ 접지전류의 제한
④ 이상전압 발생의 방지

|정|답|및|해|설|

[한류리액터] 한류 리액터는 선로에 직렬로 설치한 리액터로 단락전류를 경감시켜 차단기 용량을 저감시킨다.
【정답】 ②

|참|고|

[리액터]
1. 소호리액터 : 지락 시 지락전류 제한
2. 병렬(분로)리액터 : 페란티 현상 방지, 충전전류 차단
3. 직렬리액터 : 제5고조파 방지
4. 한류리액터 : 차단기 용량의 경감(단락전류 제한)

33. 차단기의 차단책무가 가장 가벼운 것은?

① 중성점 직접접지계통의 지락전류 차단
② 중성점 저항접지계통의 지락전류 차단
③ 송전선로의 단락사고시의 단락사고 차단
④ 중성점을 소호리액터로 접지한 장거리 송전선로의 지락전류 차단

|정|답|및|해|설|

[차단기의 차단능력] 소호리액터 접지 방식은 지락전류가 작아서 차단기의 차단책무가 가장 가볍다. 【정답】 ④

34. 통신선과 평행인 주파수 60[Hz]의 3상 1회선 송전선이 있다. 1선 지락 때문에 영상전류가 100[A] 흐르고 있다면 통신선에 유도되는 전자유도전압은 약 몇 [V]인가? (단, 영상전류는 전 전선에 걸쳐서 같으며, 송전선과 통신선과의 상호인덕턴스는 0.06 [mH/km], 그 평행 길이는 40[km]이다.)

① 156.6 ② 162.8
③ 230.2 ④ 271.4

|정|답|및|해|설|

[전자유도전압] $E_m = jwMl(3I_0)$

여기서, l : 전력선과 통신선의 병행 길이[km]
$3I_0$: 3×영상전류(=기유도 전류=지락 전류)
M : 전력선과 통신선과의 상호인덕턴스
I_a, I_b, I_c : 각 상의 불평형 전류

$$E_m = jwMl(3I_0) = j2\pi fMl(3I_0)$$
$$= 2\pi \times 60 \times 0.06 \times 10^{-3} \times 40 \times 3 \times 100 = 271.4[V]$$

【정답】 ④

35. 중거리 송전선로의 특성은 무슨 회로로 다루어야 하는가?

① RL 집중정수회로　② RLC 집중정수회로
③ 분포정수회로　④ 특성임피던스회로

|정|답|및|해|설|

[선로의 구분]

구 분	선로정수	회로
단거리 송전선로	R, L	집중 정수 회로
중거리 송전선로	R, L, C	T회로, π회로
장거리 송전선로	R, L, C, g	분포 정수 회로

【정답】 ②

36. 전력용 콘덴서의 사용전압을 2배로 증가시키고자 한다. 이때 정전용량을 변화시켜 동일 용량[kVar]으로 유지하려면 승압전의 정전용량보다 어떻게 변화하면 되는가?

① 4배로 증가　② 2배로 증가
③ $\frac{1}{2}$로 감소　④ $\frac{1}{4}$로 감소

|정|답|및|해|설|

[정전용량]

$Q=\omega CV^2$에서 $C=\frac{Q}{\omega V^2} \propto \frac{1}{V^2}$

C : 승압 전의 정전용량, V : 승압 전 전압

C' : 승압 후의 정전용량, V' : 승압 후의 전압

$\frac{C'}{C}=\frac{V^2}{V'^2}=\frac{V^2}{(2V)^2}=\frac{1}{4}$　$\therefore C'=\frac{1}{4}C$

【정답】 ④

37. 발전기의 단락비가 작은 경우의 현상으로 옳은 것은?

① 단락전류가 커진다.
② 안정도가 높아진다.
③ 전압변동률이 커진다.
④ 선로를 충전할 수 있는 용량이 증가한다.

|정|답|및|해|설|

[단락비]

1. 단락비가 작은 동기기 : 부피가 작고, 철손, 기계손 등의 고정손이 작아 효율은 좋아지나 전압변동률이 크고 안정도 및 선로충전용량이 작아지는 단점이 있다.
2. 단락비가 큰 동기기 : 기계의 중량과 부피가 크고, 고정손(철손, 기계손)이 커서 효율이 나쁘다. 반면 전압변동률이 작고 안정도가 높다.

【정답】 ③

38. 송전선로에서 1선지락 시에 건전상의 전압 상승이 가장 적은 접지방식은?

① 비접지방식　② 직접접지방식
③ 저항접지방식　④ 소호리액터접지 방식

|정|답|및|해|설|

[지락 시 전압 상승] 1선 접지 고장시 건전상의 상전압 상승은 비접지가 가장 많고 직접 접지가 가장 적다.

1. 유효 접지 : 1선 지락 사고시 건전상의 전압이 상규 대지전압의 1.3배 이하가 되도록 하는 접지 방식
(중성점 직접 접지 방식)
2. 비유효 접지 : 1선 지락시 건전상의 전압이 상규 대지전압의 1.3배를 넘는 접지 방식
(저항 접지, 비접지, 소호 리액터 접지 방식)

【정답】 ②

39. 배전선로의 손실을 경감하기 위한 대책으로 적절하지 않은 것은?

① 누전차단기 설치
② 배전전압의 승압
③ 전력용 콘덴서 설치
④ 전류밀도의 감소와 평형

|정|답|및|해|설|

[배전선로의 전력손실] $P_l=3I^2r=\frac{\rho W^2 L}{AV^2\cos^2\theta}$

여기서, ρ : 고유저항, W: 부하 전력, L : 배전 거리
A : 전선의 단면적, V: 수전 전압, $\cos\theta$: 부하 역률

누전차단기는 저압의 간선이나 분기 회로 등에서 전로에 지락이 발생할 경우 감전 사고를 막기 위한 안전장치이다.

【정답】 ①

40. 댐의 부속설비가 아닌 것은?

① 수로　　② 수조
③ 취수구　　④ 흡출관

|정|답|및|해|설|
[흡출관] 흡출관은 반동 수차의 출구에서부터 방수로 수면까지 연결하는 관으로 낙차를 유용하게 이용(손실수두회수)하기 위해 사용한다.
【정답】 ④

3회 2016년 전기기사필기 (전기기기)

41. 정격출력이 7.5[kW]의 3상 유도전동기가 전부하 운전에서 2차 저항손이 300[W]이다. 슬립은 약 몇 [%]인가?

① 3.85　　② 4.61
③ 7.51　　④ 9.42

|정|답|및|해|설|
[슬립] $s=\frac{P_{c2}}{P_2}=\frac{P_{c2}}{P_0+P_{c2}}$
여기서, P_{c2} : 2차동손, P_2 : 2차입력, P_0 : 2차출력
$\therefore s=\frac{P_{c2}}{P_0+P_{c2}}=\frac{300}{7500+300}\times 100=3.85[\%]$
【정답】 ①

42. 직류분권발전기를 병렬운전을 하기 위해서는 발전기 용량 P와 정격전압 V는?

① P와 V가 모두 달라도 된다.
② P는 같고, V는 달라도 된다.
③ P와 V가 모두 같아야 한다.
④ P는 달라도 V는 같아야 한다.

|정|답|및|해|설|
[직류 발전기의 병렬 운전 조건]
1. 전압의 크기와 극성이 같을 것
2. 외부 특성 곡선이 어느 정도 수하 특성일 것(단, 직권 특성과 과복권 특성은 균압선을 설치할 것)
3. 각 발전기의 부하전류를 그 정격전류의 백분율로 표시한 외부 특성 곡선이 거의 같을 것

그러므로 직류 분권 발전기를 병렬 운전하려면 정격 전압 V는 같아야 하지만, 용량 P는 달라도 된다.
【정답】 ④

43. 권선형 유도전동기 기동 시 2차측에 저항을 넣는 이유는?

① 회전수 감소
② 기동전류 증대
③ 기동토크 감소
④ 기동전류 감소와 기동토크 증대

|정|답|및|해|설|
[권선형 유도전동기]
- 권선형 유도전동기의 기동법 : 2차측의 슬립링을 통하여 기동 저항을 삽입하고 비례 추이의 특성을 이용하여 속도-토크 특성을 변화시켜 가면서 가동하는 방식을 택한다.
- 기동 시 2차 회로에 저항을 크게 하면 비례추이에 의해서 큰 기동토크를 얻을 수 있고 기동전류도 억제할 수 있다.
- 2차저항기동법 : 비례 추이 특성을 이용

【정답】 ④

44. 권선형 유도전동기의 2차권선의 전압 sE_2와 같은 위상의 전압 E_c를 공급하고 있다. E_c를 점점 크게 하면 유도전동기의 회전방향과 속도는 어떻게 변하는가?

① 속도는 회전자계와 같은 방향으로 동기속도까지만 상승한다.
② 속도는 회전자계와 반대 방향으로 동기속도까지만 상승한다.
③ 속도는 회전자계와 같은 방향으로 동기속도 이상으로 회전할 수 있다.
④ 속도는 회전자계와 반대 방향으로 동기속도 이상으로 회전할 수 있다.

|정|답|및|해|설|
1. 3상교류전압을 공급하여 회전자계가 발생하면, 회전자는 회전자계보다 느리게 회전자계와 같은 방향으로 회전한다.
2. 2차여자법
   ① 유도전동기의 회전자권선에 2차기전력(sE_2)과 동일 주파수의 전압(E_c)을 슬립링을 통해 공급하여 그 크기를 조절함으로써 속도를 제어 하는 방법으로 권선형 전동기에 한하여 이용된다.
   ② $I_2=\frac{sE_2\pm E_c}{r_2}$ 에서 정토크 부하의 경우 I_2는 일정하므로 슬립 주파수의 전압 E_c의 크기에 따라 s가 변하게 되고 속도가 변하게 된다.
   - E_c를 sE_2와 같은 방향으로 가하면 합성 2차 전압은 sE_2+E_c가 되므로 E_c만으로 부하토크에 상당하는 2차 전류를 올릴 수 있다면 $sE_2=0$이 되어 전동기는 부하를 건 상태에서 동기 속도로 회전한다.
   - 계속 E_c를 증가시키면 sE_2가 일정하게 되기 위해서 sE_2는 (-)의 값이 되어야 하므로 s는 (-)가 되고 동기 속도보다 높은 속도가 된다.

【정답】 ③

45. 변압기에서 철손을 구할 수 있는 시험은?

① 유도시험 ② 단락시험
③ 부하시험 ④ 무부하시험

|정|답|및|해|설|

[변압기 시험]
1. 단락시험 : 동손, 임피던스 전압
2. 무부하시험 : 철손 【정답】 ④

46. 주파수 60[Hz], 슬립 0.2인 경우 회전자 속도가 720[rpm]일 때 유도전동기의 극수는?

① 4 ② 6 ③ 8 ④ 12

|정|답|및|해|설|

[유도전동기 회전자 속도] $N=\frac{120f}{p}(1-s)=(1-s)N_s$

→ (동기속도 $N_s=\frac{120p}{p}$)

여기서, p : 극수, f : 주파수, s : 슬립

$720=\frac{120}{p}\times 60(1-0.2)$ ∴ 극수 $p=8$(극) 【정답】 ③

47. 단락비가 큰 동기기에 대한 설명으로 옳은 것은?

① 안정도가 높다.
② 기계가 소형이다.
③ 전압변동률이 크다.
④ 전기자 반작용이 크다.

|정|답|및|해|설|

[단락비가 큰 기계의 특징]
· 철기계
· 동기 임피던스가 적다.
· 반작용 리액턴스 x_a가 적다.
· 계자 기자력이 크다.
· 기계의 중량이 크다.
· 과부하 내량이 증대되고, 안정도가 높은 반면에 기계의 가격이 고가이다.
· 전압변동률이 낮고 안정도가 높다.

【정답】 ①

48. 유도전동기의 1차 전압 변화에 의한 속도 제어시 SCR을 사용하여 변화시키는 것은?

① 토크 ② 전류
③ 주파수 ④ 위상각

|정|답|및|해|설|

[속도제어] 유도전동기의 1차 전압 변화에 의한 속도 제어에는 리액터 제어, 이그나이트론 또는 SCR에 의한 제어가 있으며 SCR은 점호 간의 위상 제어에 의해 도전 시간을 변화시켜 출력 전압의 평균값을 조정할 수 있다. 【정답】 ④

49. 3상 유도전동기 원선도에서 역률[%]을 표시하는 것은?

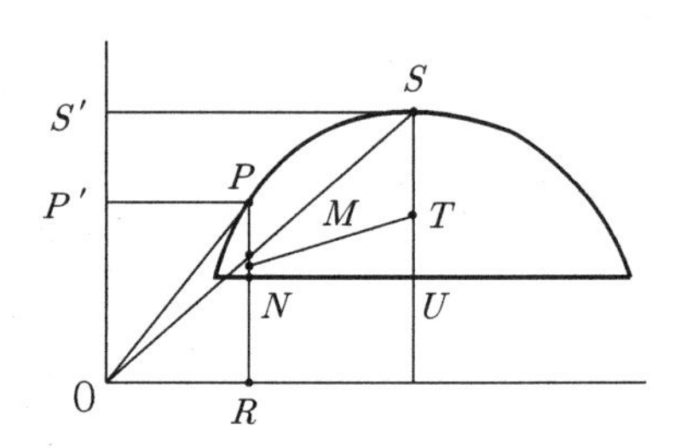

① $\frac{\overline{OS'}}{\overline{OS}}\times 100$ ② $\frac{\overline{SS'}}{\overline{OS}}\times 100$

③ $\frac{\overline{OP'}}{\overline{OP}}\times 100$ ④ $\frac{\overline{OS}}{\overline{OP}}\times 100$

|정|답|및|해|설|

[원선도에서의 역률] $\cos\theta=\frac{\overline{OP'}}{\overline{OP}}\times 100$ 【정답】 ③

50. 슬롯수 36의 고정자 철심이 있다. 여기에 3상 4극의 2층권으로 권선할 때 매극 매상의 슬롯수와 코일수는?

① 3과 18 ② 9와 36
③ 3과 36 ④ 8과 18

|정|답|및|해|설|

[매극 매상의 슬롯수]
매극 매상의 슬롯수는 총 슬롯수가 36이므로
매극 매상의 슬롯수$=\frac{\text{총슬롯수}}{\text{극성}\times\text{상수}}=\frac{36}{4\times 3}=3$
총 코일수 2층권이므로 1개 코일이 2슬롯을 사용하므로
코일수$=\frac{\text{슬롯수}\times\text{층수}}{2}=\frac{36\times 2}{2}=36$ 【정답】 ③

51. 상수 m, 매극 매상당 슬롯수 q인 동기발전기에서 n차 고조파분에 대한 분포계수는?

① $(\frac{q\sin n\pi}{mq})/(\sin\frac{n\pi}{m})$

② $(\sin\frac{n\pi}{m})/(q\sin\frac{n\pi}{mq})$

③ $(\sin\frac{\pi}{2m})/(q\sin\frac{n\pi}{2mq})$

④ $(\sin\frac{n\pi}{2m})/(q\sin\frac{n\pi}{2mq})$

|정|답|및|해|설|

[분포권계수] $K_d = \dfrac{\sin\frac{n\pi}{2m}}{q\sin\frac{n\pi}{2mq}} < 1$

여기서, q : 매극매상당 슬롯수, m : 상수, n : 고조파 차수)

【정답】 ④

52. 비철극형 3상 동기발전기의 동기리액턴스 $X_s = 10[\Omega]$, 유도기전력 $E = 6000[V]$, 단자전압 $V = 5000[V]$, 부하각 $\delta = 30°$ 일 때 출력은 몇 [kW]인가? (단, 전기자 권선 저항은 무시한다.)

① 1500 ② 3500

③ 4500 ④ 5500

|정|답|및|해|설|

[비철극형 3상 발전기의 출력] $P_{3\varnothing} = \dfrac{3EV}{X_s}\sin\delta[kW]$

$P = \dfrac{3EV}{X_s}\sin\delta = \dfrac{3\times6000\times5000}{10}\times\sin30°\times10^{-3}$

$= \dfrac{3\times6000\times5000}{10}\times\dfrac{1}{2}\times10^{-3} = 4500[kW]$

【정답】 ③

53. 동기 전동기의 기동법 중 자기동법(self-starting method)에서 계자권선을 저항을 통해서 단락시키는 이유는?

① 기동이 쉽다.

② 기동 권선으로 이용한다.

③ 고전압의 유도를 방지한다.

④ 전기자 반작용을 방지한다.

|정|답|및|해|설|

[자기동법] 제동권선을 기동 권선으로 하여 기동 토크를 얻는 방법으로 보통 기동 시에는 계자권선 중에 고전압이 유도되어 절연을 파괴하므로 방전 저항을 접속하여 단락 상태로 기동한다.

【정답】 ③

54. 유도전동기 1극의 자속 및 2차 도체에 흐르는 전류와 토크와의 관계는?

① 토크는 1극의 자속과 2차 유효전류의 곱에 비례한다.

② 토크는 1극의 자속과 2차 유효전류의 제곱에 비례한다.

③ 토크는 1극의 자속과 2차 유효전류의 곱에 반비례한다.

④ 토크는 1극의 자속과 2차 유효전류의 제곱에 반비례한다.

|정|답|및|해|설|

[유도전동기 토크(T)] $T = \dfrac{60P_0}{2\pi N} = \dfrac{60P_2}{2\pi N_s} = \dfrac{60P_{c2}}{2\pi sN_s}[N\cdot m]$

여기서, P_0 : 전부하출력, N : 유도전동기 속도

P_2 : 2차입력, N_s : 동기속도, P_{c2} : 2차동손, s : 슬립

$\rightarrow T \propto \dfrac{1}{s} \propto \dfrac{1}{N_s} \propto P_0 \propto P_2 = E_2 I_2 \cos\theta_2 \quad \rightarrow (E_2 = 4.44 f \varnothing \omega k_\omega)$

$\therefore T \propto \varnothing \times I_2 \cos\theta_2$

【정답】 ①

55. 다음 중 3단자 사이리스터가 아닌 것은?

① SCR ② GTO

③ SCS ④ TRIAC

|정|답|및|해|설|

[각종 반도체 소자의 비교]

1. 방향성
   - 양방향성(쌍방향) 소자 : DIAC, TRIAC, SSS
   - 역저지(단방향성) 소자 : SCR, LASCR, GTO, SCS
2. 극(단자)수
   - 2극(단자) 소자 : DIAC, SSS, Diode
   - 3극(단자) 소자 : SCR, LASCR, GTO, TRIAC
   - 4극(단자) 소자 : SCS

※SCS(Silicon Controlled Switch)는 1방향성 4단자 사이리스터이다.

【정답】 ③

56. 단상 변압기를 병렬 운전할 경우 부하 전류의 분담은?

① 용량에 비례하고 누설 임피던스에 비례
② 용량에 비례하고 누설 임피던스에 반비례
③ 용량에 반비례하고 누설 리액턴스에 비례
④ 용량에 반비례하고 누설 리액턴스의 제곱에 비례

|정|답|및|해|설|

[변압기의 전류 분담비] $\frac{I_a}{I_b}=\frac{P_A}{P_B}\times\frac{\%Z_B}{\%Z_A}$

여기서, I_a, I_b : 각 변압기의 전류분담
P_A, P_B : A, B 변압기의 정격용량
$\%Z_A$, $\%Z_B$: A, B 변압기의 %임피던스

∴부하전류 분담비는 누설임피던스에 반비례,정격용량에 비례

【정답】 ②

57. 6극 직류발전기의 정류자 편수가 132, 유기기전력이 210[V], 직렬도체수가 132개이고 중권이다. 정류자 편간 전압은 약 몇 [V]인가?

① 4 ② 9.5 ③ 12 ④ 16

|정|답|및|해|설|

[정류자 편간전압] $e_{sa}=\frac{pE}{K}[V]$

여기서, e_{sa} : 정류자편간전압, E : 유기기전력, p : 극수
k : 정류자편수

$e_{sa}=\frac{pE}{K}=\frac{6\times 210}{132}=9.5[V]$

【정답】 ②

58. 직류발전기의 전기자 반작용의 영향이 아닌 것은?

① 주자속이 증가한다.
② 전기적 중성축이 이동한다.
③ 정류작용에 악영향을 준다.
④ 정류자편 사이의 전압이 불균일하게 된다.

|정|답|및|해|설|

[전기자반작용] 전기자 반작용은 전기가 자속에 의해서 계자자속이 일그러지는 현상을 말한다.
·전기적 중성축이 이동
·주자속이 감소
·정류자 편간의 불꽃 섬락 발생
·방지대책 : 보상권선

【정답】 ①

59. 3000[V]의 단상 배전선 전압을 3300[V]로 승압하는 단권 변압기의 자기용량은 약 몇 [kVA]인가? (단, 여기서 부하용량은 100[kVA]이다.)

① 2.1 ② 5.3
③ 7.4 ④ 9.1

|정|답|및|해|설|

[자기용량] $\frac{부하용량}{자기용양}=\frac{V_h}{V_h-V_l}$ 에서

자기용량$=\frac{V_h-V_l}{V_h}\times$부하용량$=\frac{3300-3000}{3300}\times 150=9.1[kVA]$

【정답】 ④

60. 변압기 운전에 있어 효율이 최대가 되는 부하는 전부하의 75[%]였다고 하면 전부하에서의 철손과 동손의 비는?

① 4 : 3 ② 9 : 16
③ 10 : 15 ④ 18 : 30

|정|답|및|해|설|

[변압기 최고 효율 조건] $\left(\frac{1}{m}\right)^2 P_c=P_i$

여기서, P_c : 동손, P_i : 철손, m : 부하

$\frac{P_i}{P_c}=\left(\frac{1}{m}\right)^2=\left(\frac{75}{100}\right)^2=\frac{9}{16}$

【정답】 ②

3회 2016년 전기기사필기(회로이론 및 제어공학)

61. $G(s)H(s)=\frac{K(s+1)}{s^2(s+2)(s+3)}$ 에서 점근선의 교차점을 구하면?

① $-\frac{5}{6}$ ② $-\frac{1}{5}$
③ $-\frac{4}{3}$ ④ $-\frac{1}{3}$

|정|답|및|해|설|

[점근선과 실수축의 교차점]

$\frac{\sum P-\sum Z}{P-Z}=\frac{극점의 합-영점의 합}{극점의 개수-영점의 개수}$

p(극점의 개수)=4개(0, 0, -2, -3) → (극점 : 분모를 0)
z(영점의 개수)=1개(-1) → (영점 : 분자를 0)

$\therefore\frac{\sum P-\sum Z}{P-Z}=\frac{(-2-3)-(-1)}{4-1}=\frac{-4}{3}$

【정답】 ③

62. 단위 피드백 제어계의 개루프 전달함수가 $G(s)=\dfrac{1}{(s+1)(s+2)}$ 일 때 단위계단 입력에 대한 정상편차는?

① $\dfrac{1}{3}$ ② $\dfrac{2}{3}$ ③ 1 ④ $\dfrac{4}{3}$

|정|답|및|해|설|

[0형 제어계의 정상편차] $\lim_{s\to0} G(s)=\dfrac{k}{s^l}$

→ ($l=0$ → 0형 제어계)

$e_{ss}=\lim_{x\to0}\dfrac{s}{1+G(s)}R(s)$ 에서 $R(s)=\dfrac{1}{s}$

$e_{ss}=\lim_{s\to0}\dfrac{s}{1+G(s)}\cdot\dfrac{1}{s}=\dfrac{1}{1+\lim_{s\to0}G(s)}$

$=\dfrac{1}{1+\lim_{s\to0}\dfrac{1}{(s+1)(s+2)}}=\dfrac{1}{1+\dfrac{1}{2}}=\dfrac{2}{3}$

【정답】 ②

63. 그림의 블록선도에서 K에 대한 폐루프 전달함수 $T=\dfrac{C(s)}{R(s)}$의 감도 S_K^T는?

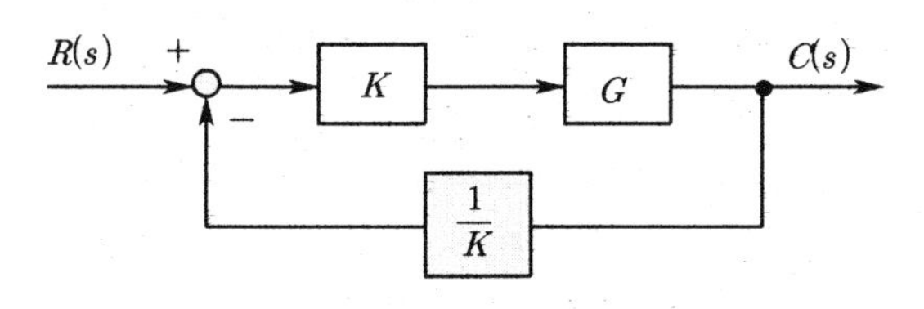

① -1 ② -0.5

③ 0.5 ④ 1

|정|답|및|해|설|

[감도] S_K^T → (K에 대한 T의 감도)

· 전달함수 $T=\dfrac{C(s)}{R(s)}=\dfrac{KG}{1+\dfrac{1}{K}\cdot KG}=\dfrac{KG}{1+G}$

· 감도 $S_K^T=\dfrac{K}{T}\cdot\dfrac{dT}{dK}=\dfrac{K}{\dfrac{KG}{1+G}}\cdot\dfrac{d}{dK}\left(\dfrac{KG}{1+G}\right)$

$=\dfrac{1+G}{G}\cdot\dfrac{G(1+G)-kG\cdot0}{(1+G)^2}=1$

【정답】 ④

64. 다음의 전달함수 중에서 극점이 $-1\pm j2$, 영점이 -2인 것은?

① $\dfrac{s+2}{(s+1)^2+4}$ ② $\dfrac{s-2}{(s+1)^2+4}$

③ $\dfrac{s+2}{(s-1)^2+4}$ ④ $\dfrac{s-2}{(s-1)^2+4}$

|정|답|및|해|설|

[전달함수] 영점은 분자가 0이 되는 점, 극점은 분모가 0이 되는 점

1. 영점 : $s=-2$에서 분자는 $s+2$
2. 극점 : $s=1\pm j2$
3. 분모 :

$[s-(-1+j2)][s-(-1-j2)]=s^2+2s+5=(s+1)^2+4$

$\therefore G(s)=\dfrac{s+2}{(s+1)^2+4}$ 【정답】 ①

65. 기본 제어요소인 비례요소를 나타내는 전달함수는?

① $G(s)=K$ ② $G(s)=Ks$

③ $G(s)=\dfrac{K}{s}$ ④ $G(s)=\dfrac{K}{Ts+1}$

|정|답|및|해|설|

[전달함수의 표현]

1. 비례요소의 전달함수는 K
2. 미분요소의 전달함수는 Ks
3. 적분요소의 전달함수는 $\dfrac{K}{s}$ 【정답】 ①

66. 다음의 논리 회로를 간단히 하면?

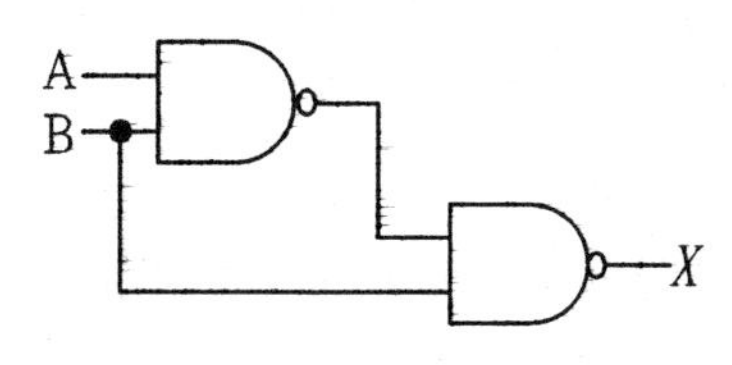

① $\overline{A}+B$ ② $A+\overline{B}$

③ $\overline{A}+\overline{B}$ ④ $A+B$

|정|답|및|해|설|

[논리회로]

$X=\overline{\overline{(A\cdot B)}\cdot B}=\overline{\overline{A\cdot B}}+\overline{B}=A\cdot B+\overline{B}$

$A\cdot B+\overline{B}=(A+\overline{B})\cdot(B+\overline{B})=A+\overline{B}$ → $(B+\overline{B}=1)$

【정답】 ②

67. 근궤적에 대한 설명 중 옳은 것은?

① 점근선은 허수축에서만 교차한다.
② 근궤적이 허수축을 끊는 K의 값은 일정하다.
③ 근궤적은 절대 안정도 및 상대 안정도와 관계가 없다.
④ 근궤적의 개수는 극점의 수와 영점의 수 중에서 큰 것과 일치한다.

|정|답|및|해|설|

[근궤적의 작도법]

- 극점에서 출발하여 원점에서 끝남
- 근궤적의 개수는 z와 p중 큰 것과 일치한다. 또한 근궤적의 개수는 특정 방정식의 차
- 근궤적의 대칭성 : 특성 방정식의 근이 실근 또는 공액 복소근을 가지므로 근궤적은 실수축에 대하여 대칭이다.
- 근궤적의 점근선 : 큰 s에 대하여 근궤적은 점근선을 가진다.
- 점근선의 교차점 : 점근선은 실수축 상에만 교차하고 그 수치는 $n=p-z$이다.
- 실수축에서 이득 K가 최대가 되게 하는 점이 이탈점이 될 수 있다.

【정답】 ④

68. $F(s)=s^3+4s^2+2s+K=0$에서 시스템이 안정하기 위한 K의 범위는?

① $0<K<8$
② $-8<K<0$
③ $1<K<8$
④ $-1<K<8$

|정|답|및|해|설|

[특성 방정식] $F(s)s^3+4s^2+2s+K=0$

루드 표는

S^3	1	2
S^2	4	K
S^1	$\frac{8-K}{4}$	0
S^0	K	

제1열의 부호 변화가 없어야 안정하므로

$8-K>0,\ 8>K,\ K>0 \quad \therefore 0<K<8$

【정답】 ①

|참|고|

60페이지 [(3) 루드표 작성 및 안정도 판별법] 참조

69. 전달함수 $G(s)=\frac{C(s)}{R(s)}=\frac{1}{(s+a)^2}$인 제어계의 임펄스 응답 $c(t)$는?

① e^{-at}
② $1-e^{-at}$
③ te^{-at}
④ $\frac{1}{2}t^2$

|정|답|및|해|설|

[임펄스 응답] 임펄스 응답은 단위 임펄스 함수를 입력으로 했을 때의 응답이다. 임펄스 응답은 전달함수의 역라플라스 변환

- 임펄스입력 $R(s)=\mathcal{L}[r(t)=\mathcal{L}[\delta(t)]=1$
- 임펄스응답

$c(t)=\mathcal{L}^{-1}[G(s)R(s)]=\mathcal{L}^{-1}[G(s)\cdot 1]=\mathcal{L}^{-1}[G(s)]$

$=\mathcal{L}^{-1}\left[\frac{1}{(s+a)^2}\right]=te^{-at}$

【정답】 ③

70. $\mathcal{L}^{-1}\left[\frac{s}{(s+1)^2}\right]$는?

① e^t-te^{-t}
② $e^{-t}-te^{-t}$
③ $e^{-t}+te^{-t}$
④ $e^{-t}+2te^{-t}$

|정|답|및|해|설|

[역라플라스 변환]

$F(s)=\frac{s}{(s+1)^2}=\frac{A}{(s+1)^2}+\frac{B}{s+1}$

$A=\lim_{s\to -1}(s+1)^2F(s)=[s]_{s=-1}=-1$

$B=\lim_{s\to -1}\frac{d}{ds}s=[1]_{s=-1}=1$

$F(s)=\frac{-1}{(s+1)^2}+\frac{1}{s+1}=\frac{1}{s+1}-\frac{1}{(s+1)^2}$

$\therefore f(t)=\mathcal{L}^{-1}[F(s)]=e^{-t}-te^{-t}$

【정답】 ②

71. 전하보존의 법칙(conservation of charge)과 가장 관계가 있는 것은?

① 키르히호프의 전류법칙
② 키르히호프의 전압법칙
③ 옴의 법칙
④ 렌츠의 법칙

|정|답|및|해|설|

[전하 보존의 법칙] 전하는 새로이 생성되거나 소멸하지 않고 항상 처음의 전하량을 유지한다.

[키르히호프의 전류 법칙(KCL)] 전기회로의 한 접속점에서 유입하는 전류는 유출하는 전류와 같으므로 회로에 흐르는 전하량은 항상 일정하다.

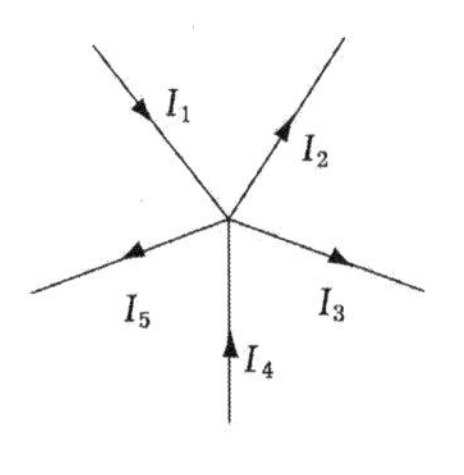

$I_1+I_4=I_2+I_3+I_5$

$\rightarrow I_1+I_4-I_3-I_3-I_5=0$

【정답】 ①

72. $i = 3t^2 + 2t[A]$의 전류가 도선을 30초간 흘렀을 때 통과한 전체 전기량[Ah]은?

① 4.25 ② 6.75
③ 7.75 ④ 8.25

|정|답|및|해|설|

[전체 전기량] $Q = \int_0^t i dt[Ah] = [C]$

$Q = \int_0^t i dt = \int_0^{30} (3t^2 + 2t) dt = [t^3 + t^2]_0^{30} = 30^3 + 30^2$

$= 27900[A \cdot \sec] = \frac{27900}{3600}[Ah] = 7.75[Ah]$

【정답】 ③

73. 그림과 같은 직류 전압의 라플라스 변환을 구하면?

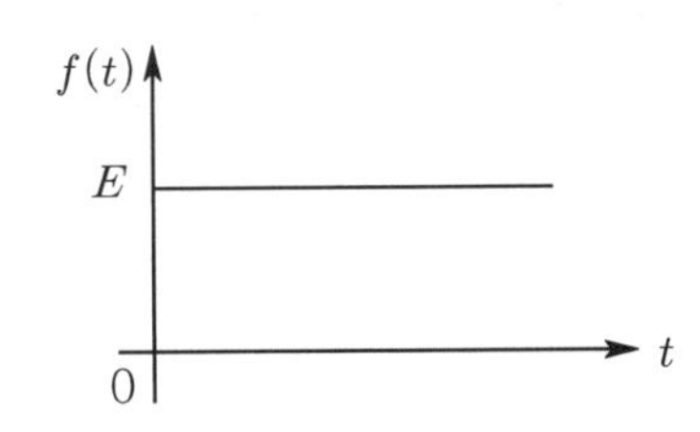

① $\frac{E}{s-1}$ ② $\frac{E}{s+1}$
③ $\frac{E}{s}$ ④ $\frac{E}{s^2}$

|정|답|및|해|설|

[계단함수] $\mathcal{L}[Eu(t)] = \frac{이득}{s} = \frac{E}{s}$ → (단위계단함수 : $\frac{1}{s}$)

【정답】 ③

74. 그림의 사다리꼴 회로에서 부하전압 V_L의 크기는 몇 [V]인가?

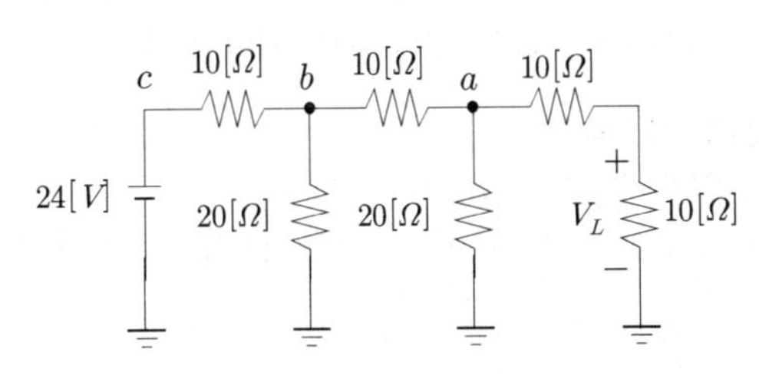

① 3 ② 3.25 ③ 4 ④ 4.15

|정|답|및|해|설|

[부하전압] 처음 a점 우측의 합성저항은 $20[\Omega]$이며, 아래측의 $20[\Omega]$과 병렬로 되어 a점의 합성저항은 $10[\Omega]$이 된다.
같은 방법으로 b점의 합성저항은 $10[\Omega]$.
즉, 24[V]는 1/2씩 b점을 중심으로 나누어 걸리게 된다. b점의 전위는 12[V], a점의 전위는 6[V], V_L의 전위는 3[V]가 된다.

【정답】 ①

75. 인덕턴스 $L = 20[mH]$인 코일에 실효값 $E = 50[V]$, 주파수 $f = 60[Hz]$인 정현파 전압을 인가했을 때 코일에 축적되는 평균 자기에너지는 약 몇 [J]인가?

① 6.3 ② 4.4
③ 0.63 ④ 0.44

|정|답|및|해|설|

[자기에너지] $W = \frac{1}{2}LI^2[J]$

전류 $I = \frac{V}{Z} = \frac{V}{wL} = \frac{V}{2\pi fL} = \frac{50}{2\pi \times 60 \times 20 \times 10^{-3}} = 6.63[A]$

$W = \frac{1}{2}LI^2 = \frac{1}{2} \times 20 \times 10^{-3} \times 6.63^2 \fallingdotseq 0.44[J]$

【정답】 ④

76. 전압비 10^6을 데시벨(dB)로 나타내면?

① 2 ② 60 ③ 100 ④ 120

|정|답|및|해|설|

[이득] 이득=$20\log_{10}|이득|[dB]$

이득=$20\log_{10}10^6 = 120[dB]$

【정답】 ④

77. 전송선로의 특성 임피던스가 $100[\Omega]$이고, 부하저항이 $400[\Omega]$일 때 전압 정재파비는 얼마인가?

① 0.25 ② 0.6 ③ 1.67 ④ 4.0

|정|답|및|해|설|

[전압 정재파비] 전압 정재파비 $S = \frac{1+|\rho|}{1-|\rho|}$

반사계수 $\rho = \frac{Z_R - Z_0}{Z_R + Z_0} = \frac{400-100}{400+100} = \frac{3}{5} = 0.6$

전압 정재파비 $S = \frac{1+|\rho|}{1-|\rho|} = \frac{1+0.6}{1-0.6} = 4$

【정답】 ④

78. 상전압이 120[V]인 평형 3상 Y결선의 전원에 Y결선 부하를 도선으로 연결하였다. 도선의 임피던스는 $1+j[\Omega]$이고 부하의 임피던스는 $20+j10[\Omega]$이다. 이 때 부하에 걸리는 전압은 약 몇 [V]인가?

① $67.18\angle -25.4°$ ② $101.62\angle 0°$
③ $113.14\angle -1.1°$ ④ $118.42\angle -30°$

|정|답|및|해|설|
[부하전압]

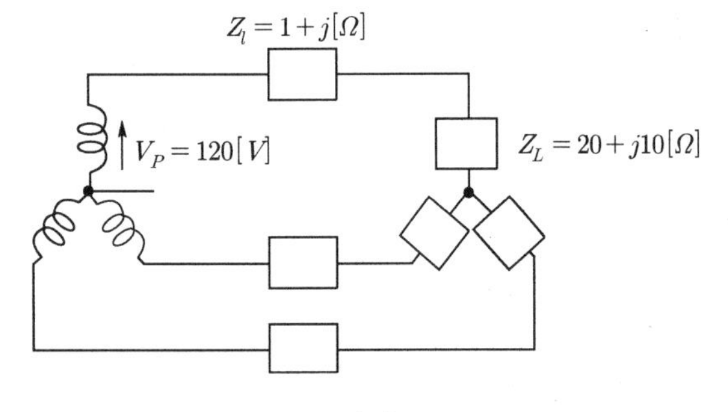

·도선의 임피던스 $Z_l = 1+j[\Omega]$
·부하 임피던스 $Z_L = 20+j10$
$= \sqrt{20^2+10^2}\angle \tan^{-1}\frac{10}{20} = 22.36\angle 26.565°$
·합성 임피던스 $Z = Z_l + Z_L = 1+j+20+j10 = 21+j11$
$= \sqrt{21^2+11^2}\angle \tan^{-1}\frac{11}{21} = 23.71\angle 27.646°$
·부하전압 $V_L = I_P Z_L = \frac{V_P}{Z}\cdot Z_L$

$= \frac{120\angle 0°}{23.71\angle 27.646°}\times 22.36\angle 26.565°$
$= 113.14\angle -1.1°$

【정답】 ③

79. 구동점 임피던스 함수에 있어서 극점(pole)은?

① 개방 회로 상태를 의미한다.
② 단락 회로 상태를 의미한다.
③ 아무 상태도 아니다.
④ 전류가 많이 흐르는 상태를 의미한다.

|정|답|및|해|설|
[구동점 임피던스의 영점과 극점]
1. 영점 : $Z(s)=0$인 경우로 회로를 단락한 상태이다
2. 극점 : $Z(s)=\infty$인 경우는 회로가 **개방 상태**이다.

【정답】 ①

80. 그림과 같은 파형의 파고율은 얼마인가?

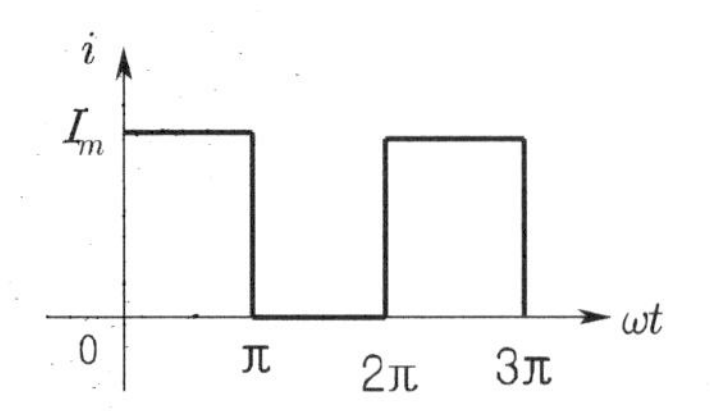

① 0.707 ② 1.414
③ 1.732 ④ 2.000

|정|답|및|해|설|
[구형반파] 실효값 : $\frac{I_m}{\sqrt{2}}$, 평균값 : $\frac{I_m}{2}$

· 파형율 $= \frac{\text{실효값}}{\text{평균값}} = \frac{\frac{I_m}{\sqrt{2}}}{\frac{I_m}{2}} = \frac{2}{\sqrt{2}} = \sqrt{2} = 1.414$

· 파고율 $= \frac{\text{최대값}}{\text{실효값}} = \frac{I_m}{\frac{I_m}{\sqrt{2}}} = \sqrt{2} = 1.414$

※구형파 전파의 경우는 파형률 파고율이 모두 1이다.

【정답】 ②

3회 2016년 전기기사필기 (전기설비기술기준)

81. 태양전지 발전소에서 시설하는 태양전지 모듈, 전선 및 개폐기의 시설에 대한 설명으로 틀린 것은?

① 전선은 공칭단면적 $2.5[mm^2]$ 이상의 연동선을 사용할 것
② 태양전지 모듈에 접속하는 부하측 전로에는 개폐기를 시설할 것
③ 태양전지 모듈을 병렬로 접속하는 전로에 과전류차단기를 시설할 것
④ 옥측에 시설하는 경우 금속관공사, 합성수지관공사, 애자사용공사로 배선할 것

|정|답|및|해|설|
[태양광 발전설비의 전기배선 (kec 522.1.1)]
·전선은 공칭단면적 $2.5[mm^2]$ 이상의 연동선 또는 이와 동등 이상의 세기 및 굵기의 것일 것
·옥내에 시설하는 경우에는 합성수지관 공사, 금속관공사, 가요전선관 공사 또는 케이블 공사로 시설할 것

【정답】 ④

82. 가요전선관 공사에 대한 설명 중 틀린 것은?

① 가요전선관 안에서는 전선의 접속점이 없어야 한다.

② 1종 금속제 가요전선관의 두께 1.2[mm] 이상이어야 한다.

③ 가요전선관 내에 수용되는 전선은 연선이어야 하며 단면적 10[mm^2] 이하는 무방하다.

④ 가요전선관 내에 수용되는 전선은 옥외용 비닐 절연전선을 제외하고는 절연전선이어야 한다.

|정|답|및|해|설|

[금속제 가요전선관공사 (kec 232.13)] 가요 전선관 공사에 의한 저압 옥내 배선의 시설

· 전선은 절연전선(옥외용 비닐 절연전선을 제외한다) 이상일 것
· 전선은 연선일 것. 다만, 단면적 10[㎟](알루미늄선은 단면적 16[㎟]) 이하인 것은 그러하지 아니한다.
· 가요전선관 안에는 전선에 접속점이 없도록 할 것
· 1종 금속제 가요 전선관은 두께 0.8[mm] 이상인 것일 것
· 가요전선관은 2종 금속제 가요 전선관일 것
· 가요전선관공사는 kec140에 준하여 접지공사를 할 것

【정답】 ②

83. 가공 전선로의 지지물에 시설하는 지지선의 시방세목을 설명한 것 중 옳은 것은?

① 안전율은 1.2 이상일 것

② 허용 인장하중의 최저는 5.26[kN]으로 할 것

③ 소선은 지름 1.6[mm] 이상인 금속선을 사용할 것

④ 지지선에 연선을 사용할 경우 소선 3가닥 이상의 연선일 것

|정|답|및|해|설|

[지지선의 시설 (KEC 331.11)]

· 안전율은 2.5 이상
· 최저 인장 하중은 4.31[kN]
소선의 지름이 2.6[mm] 이상의 금속선을 사용한 것일 것
· 소선 3가닥 이상의 연선일 것
· 지중 및 지표상 30[cm]까지의 부분은 아연도금 철봉 등을 사용
· 도로 횡단시의 높이 : 5[m] (교통에 지장이 없을 경우 4.5[m])

【정답】 ④

84. 특고압 가공전선이 도로, 횡단보도교, 철도 또는 궤도와 제1차 접근상태로 시설되는 경우 특고압 가공전선로에는 제 몇 종 보안공사에 의하여야 하는가?

① 제1종 특고압 보안공사

② 제2종 특고압 보안공사

③ 제3종 특고압 보안공사

④ 제4종 특고압 보안공사

|정|답|및|해|설|

[특고압 가공전선과 도로 등의 접근 또는 교차 (KEC 333.24)]

1. 건조물과 제1차 접근상태로 시설 : 제3종 특고압 보안공사
2. 건조물과 제2차 접근상태로 시설 : 제2종 특고압 보안공사
3. 도로 통과 교차하여 시설 : 제2종 특고압 보안공사
4. 가공 약전류선과 공가하여 시설 : 제2종 특고압 보안공사

【정답】 ③

85. 가공 전선로에 사용하는 지지물의 강도 계산에 적용하는 갑종 풍압 하중을 계산할 때 구성재의 수직 투영 면적 1[m^2]에 대한 풍압 값[Pa]의 기준으로 틀린 것은?

① 목주 : 588[Pa]

② 원형 철주 : 588[Pa]

③ 원형 철근 콘크리트주 : 1038[Pa]

④ 강관으로 구성된 철탑(단주는 제외) : 1255[Pa]

|정|답|및|해|설|

[풍압 하중의 종별과 적용 (KEC 331.6)]

풍압을 받는 구분		풍압[Pa]
목 주		588
철주	원형의 것	588
	삼각형 또는 농형	1412
	강관에 의하여 구성되는 4각형의 것	1117
	기타의 것으로 복재가 전후면에 겹치는 경우	1627
	기타의 것으로 겹치지 않은 경우	1784
철근 콘크리트 주	원형의 것	588
	기타의 것	822
철탑	강관으로 구성되는 것	1255
	기타의 것	2157

【정답】 ③

86. 시가지내에 시설하는 154[kV] 가공 전선로에 지락 또는 단락이 생겼을 때 몇 초 안에 자동적으로 이를 전로로부터 차단하는 장치를 시설하여야 하는가?

① 1　　② 3
③ 5　　④ 10

|정|답|및|해|설|
[시가지 등에서 특고압 가공전선로의 시설 (KEC 333.1)]
사용전압이 100[kV]을 초과하는 특고압 가공전선에 지락 또는 단락이 생겼을 때에는 **1초 이내**에 자동적으로 이를 전로로부터 차단하는 장치를 시설할 것
특고압보안공사 시에는 2초 이내 【정답】 ①

87. 발전소, 변전소, 개폐소의 시설부지 조성을 위해 산지를 전용할 경우에 전용하고자 하는 산지의 평균 경사도는 몇 도 이하이어야 하는가?

① 10　　② 15
③ 20　　④ 25

|정|답|및|해|설|
[발전소 등의 부지 (기술기준 제21조)] 부지조성을 위해 산지를 전용할 경우에는 전용하고자 하는 산지의 평균 경사도가 25도 이하여야 하며, 산지전용면적 중 산지전용으로 발생되는 절·성토 경사면의 면적이 100분의 50을 초과해서는 아니 된다.
【정답】 ④

88. 통신선과 저압 가공전선 또는 특고압 가공전선로의 다중 접지를 한 중성선 사이의 간격은 몇 [cm] 이상인가?

① 15　　② 30
③ 60　　④ 90

|정|답|및|해|설|
[가공전선로의 지지물에 시설하는 통신선 또는 이에 직접 접속하는 가공 통신선의 높이 (KEC 362.2)] 통신선과 저압 가공전선 또는 특고압 가공전선로의 다중 접지를 한 중성선 사이의 간격은 60[cm] 이상일 것 【정답】 ③

89. 사용 전압 22.9[kV]인 가공 전선과 지지물과의 간격은 일반적으로 몇 [cm] 이상이어야 하는가?

① 5　　② 10
③ 15　　④ 20

|정|답|및|해|설|
[특고압 가공전선과 지지물 등의 간격 (KEC 333.5)]

사용 전압의 구분	간격
15[kV] 미만	15[cm]
15[kV] 이상 25[kV] 미만	20[cm]
25[kV] 이상 35[kV] 미만	25[cm]
35[kV] 이상 50[kV] 미만	30[cm]
50[kV] 이상 60[kV] 미만	35[cm]
60[kV] 이상 70[kV] 미만	40[cm]
70[kV] 이상 80[kV] 미만	45[cm]
80[kV] 이상 130[kV] 미만	65[cm]
130[kV] 이상 160[kV] 미만	90[cm]
160[kV] 이상 200[kV] 미만	110[cm]

【정답】 ④

90. 수소 냉각식 발전기 또는 이에 부속하는 수소 냉각 장치에 관한 시설 기준으로 틀린 것은?

① 발전기 안의 수소의 온도를 계측하는 장치를 시설할 것
② 무효 전력 보상 장치(조상기) 안의 수소의 압력 계측 장치 및 압력 변동에 대한 경보 장치를 시설 할 것
③ 발전기 안의 수소의 순도가 70[%] 이하로 저하할 경우에 경보하는 장치를 시설할 것
④ 발전기는 기밀 구조의 것이고 또한 수소가 대기압에서 폭발하는 경우에 생기는 압력에 견디는 강도를 가지는 것일 것

|정|답|및|해|설|
[수소냉각식 발전기 등의 시설 (kec 351.10)] 발전기, 무효 전력 보상 장치(조상기) 안의 수소 순도가 85[%] 이하로 저하한 경우 경보장치를 시설할 것 【정답】 ③

91. 전기방식시설의 전기방식 회로의 전선 중 지중에 시설하는 것으로 틀린 것은?

① 전선은 공칭단면적 $4.0[mm^2]$의 연동선 또는 이와 동등 이상의 세기 및 굵기의 것일 것
② 양극에 부속하는 전선은 공칭단면적 $2.5[mm^2]$ 이상의 연동선 또는 이와 동등 이상의 세기 및 굵기의 것을 사용 할 수 있을 것
③ 전선을 직접 매설식에 의하여 시설하는 경우 차량 기타의 중량물의 압력을 받을 우려가 없는 것에 매설깊이를 1.2[m] 이상으로 할 것
④ 입상 부분의 전선 중 깊이 60[cm] 미만인 부분은 사람이 접촉할 우려가 없고 또한 손상을 받을 우려가 없도록 적당한 방호장치를 할 것

|정|답|및|해|설|

[전기부식 방지 시설 (KEC 241.16)]

· 지중 전선로는 전선에 케이블을 사용하고 또한 관로식, 암거식, 직접 매설식에 의하여 시설하여야 한다.
· 지중 전선로를 직접 매설식에 의하여 시설하는 경우에는 매설깊이를 차량 기타 중량물의 압력을 받을 우려가 있는 장소에는 1.0[m] 이상, 기타 장소에는 60[cm] 이상으로 하고 또한 지중 전선을 견고한 트로프 기타 방호물에 넣어 시설하여야 한다.

【정답】 ③

92. 철탑의 강도계산에 사용하는 이상 시 상정하중이 가하여지는 경우의 그 이상 시 상정 하중에 대한 철탑의 기초에 대한 안전율은 얼마 이상이어야 하는가?

① 1.2 ② 1.33 ③ 1.5 ④ 2

|정|답|및|해|설|

[가공전선로 지지물의 기초의 안전율 (KEC 331.7)]

가공 전선로 지지물의 기초 안전율은 2 이상이어야 한다. 단, 이상 시 상정 하중은 철탑인 경우는 1.33이다.

【정답】 ②

93. 주택의 옥내를 통과하여 그 주택 이외의 장소에 전기를 공급하기 위한 옥내배선을 공사하는 방법이다. 사람이 접촉할 우려가 없는 은폐된 장소에서 시행하는 공사 종류가 아닌 것은? (단, 주택의 옥내 전로의 대지전압은 300[V]이다.)

① 금속관공사 ② 케이블 공사
③ 금속덕트공사 ④ 합성수지관 공사

|정|답|및|해|설|

[옥내 전로의 대지전압의 제한 (kec 511.1.3)] 주택에 시설하는 전기저장장치는 이차전지에서 전력변환장치에 이르는 옥내 직류 전로를 다음에 따라 시설하는 경우 옥내전로의 대지전압은 직류 600[V]까지 적용할 수 있다.

· 전로에 지락이 생겼을 때 자동적으로 전로를 차단하는 장치를 시설할 것
· 사람이 접촉할 우려가 없는 은폐된 장소에 합성수지관공사, 금속관공사 및 케이블공사에 의하여 시설할 것. 다만, 사람이 접촉할 우려가 있는 장소에 케이블공사에 의하여 시설하는 경우에는 전선에 적당한 방호장치를 시설할 것

【정답】 ③

94. 전동기의 절연내력시험은 권선과 대지 간에 계속하여 시험전압을 가할 경우, 최소 몇 분간은 견디어야 하는가?

① 5 ② 10 ③ 20 ④ 30

|정|답|및|해|설|

[회전기 및 정류기의 절연내력 (KEC 133)]

종 류			시험 전압	시험 방법
회전기	발전기, 전동기, 무효 전력 보상 장치(조상기), 기타 회전기	7[kV] 이하	1.5배 (최저 500[V])	권선과 대지간의 연속하여 10분간
		7[kV] 초과	1.25배 (최저 10,500[V])	
	회전변류기		직류측의 최대사용전압의 1배의 교류전압 (최저 500[V])	

【정답】 ②

95. 고압 가공전선이 안테나와 접근상태로 시설되는 경우에 가공전선과 안테나 사이의 수평 간격은 최소 몇 [cm] 이상이어야 하는가? (단, 가공 전선으로는 케이블을 사용하지 않는다고 한다.)

① 60 ② 80 ③ 100 ④ 120

|정|답|및|해|설|

[고압 가공전선과 안테나의 접근 또는 교차 (KEC 332.14)]

사용전압 부분 공작물의 종류	저압	고압
일반적인 경우	0.6[m]	0.8[m]
전선이 고압 절연 전선	0.3[m]	0.8[m]
전선이 케이블인 경우	0.3[m]	0.4[m]

【정답】 ②

96. 전기울타리의 시설에 관한 규정 중 틀린 것은?

① 전선과 수목 사이의 간격은 50[cm] 이상이어야 한다.
② 전기울타리는 사람이 쉽게 출입하지 아니하는 곳에 시설하여야 한다.
③ 전선은 인장강도 1.38[kN] 이상의 것 또는 지름 2[mm] 이상의 경동선이어야 한다.
④ 전기울타리용 전원 장치에 전기를 공급하는 전로의 사용전압은 250[V] 이하이어야 한다.

|정|답|및|해|설|

[전기울타리 (KEC 241.1)]

· 전로의 사용전압은 250[V] 이하
· 전기울타리는 사람이 쉽게 출입하지 아니하는 곳에 시설할 것
· 전선은 인장강도 1.38[kN] 이상의 것 또는 지름 2[mm] 이상의 경동선일 것
· 전선과 이를 지지하는 기둥 사이의 간격은 2.5[cm] 이상일 것
· 전선과 다른 시설물(가공 전선을 제외한다) 또는 **수목 사이의 간격은 30[cm] 이상**일 것

【정답】 ①

97. 주택 등 저압 수용 장소에서 고정 전기설비에 TN-C-S 접지방식으로 접지공사 시 중성선 겸용 보호도체(PEN)를 알루미늄으로 사용할 경우 단면적은 몇 $[mm^2]$ 이상이어야 하는가?

① 2.5 ② 6
③ 10 ④ 16

|정|답|및|해|설|

[전기수용가 접지 (KEC 142.4)] 주택 등 저압수용장소 접지
주택 등 저압 수용장소에서 TN-C-S 접지방식으로 접지공사를 하는 경우에 보호도체는 중성선 겸용 보호도체(PEN)는 고정 전기설비에만 사용 할 수 있고, 그 도체의 단면적이 구리는 10$[mm^2]$ 이상, **알루미늄은 16**$[mm^2$ **이상**이어야 하며, 그 계통의 최고전압에 대하여 절연시켜야 한다.

【정답】 ④

98. 유도장해의 방지를 위한 규정으로 사용전압 60[kV] 이하인 가공 전선로의 유도전류는 전화선로의 길이 12[km]마다 몇 $[\mu A]$를 넘지 않도록 하여야 하는가?

① 1 ② 2
③ 3 ④ 4

|정|답|및|해|설|

[유도 장해의 방지 (KEC 333.2)]

· 사용전압이 60[kV] 이하인 경우에는 전화선로의 길이 12[km] 마다 유도전류가 2[μA]를 넘지 아니하도록 할 것.
· 사용전압이 60[kV]를 초과하는 경우에는 전화선로의 길이 40[km] 마다 유도전류가 3[μA]을 넘지 아니하도록 할 것.

【정답】 ②

2015년 1회 전기기사 필기 기출문제

1회 2015년 전기기사필기 (전기자기학)

1. 무한장 선로에 균일하게 전하가 분포된 경우 선로로부터 r[m] 떨어진 P점에서의 전계세기 E[V/m]는 얼마인가? (단, 선전하 밀도는 ρ_L[C/m]이다.)

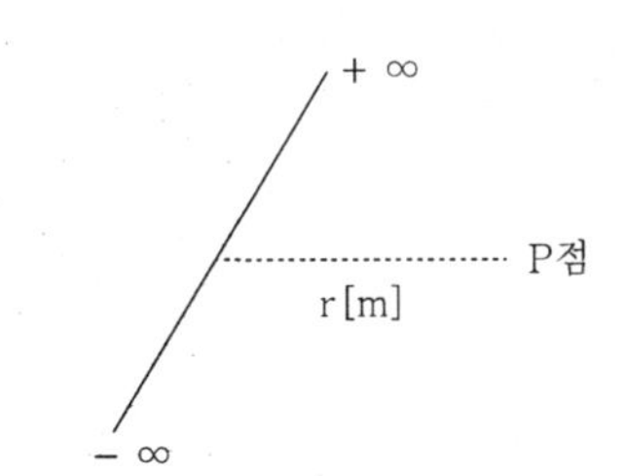

① $E=\dfrac{\rho_L}{4\pi\varepsilon_0 r}$　② $E=\dfrac{\rho_L}{4\pi\varepsilon_0 r^2}$

③ $E=\dfrac{\rho_L}{2\pi\varepsilon_0 r}$　④ $E=\dfrac{\rho_L}{2\pi\varepsilon_0 r^2}$

|정|답|및|해|설|

[원통도체의 전계의 세기] $E=\dfrac{\rho_L}{2\pi\epsilon_0 r}[V/m]$

가우스 발산의 정리에서 $\int E\cdot nds=\dfrac{Q}{\epsilon_0}$이므로

$E\times 2\pi r\times 1=\dfrac{\rho_L\times 1}{\epsilon_0}$ → $\therefore E=\dfrac{\rho_L}{2\pi\epsilon_0 r}[V/m]$

【정답】 ③

2. 반지름이 5[mm]인 구리선에 10[A]의 전류가 흐르고 있을 때 단위 시간당 구리선의 단면을 통과하는 전자의 개수는?
(단, 전자의 전하량 $e=1.602\times 10^{-19}[C]$이다.)

① 6.24×10^{17}　② 6.24×10^{19}

③ 1.28×10^{21}　④ 1.28×10^{23}

|정|답|및|해|설|

[전자의 개수] $n=\dfrac{Q}{e}=\dfrac{I\cdot t}{e}$ → $(Q=ne=I\cdot t)$

여기서, I : 전류, t : 시간[sec], e : 전하량($=1.602\times 10^{-19}[C]$)

단위 시간(1초)에 10[A]가 흐르면 10[C]이다.

$\therefore n=\dfrac{I\cdot t}{e}=\dfrac{10}{1.602\times 10^{-19}}=6.24\times 10^{19}$

【정답】 ②

3. 투자율을 μ라 하고 공기중의 투자율 μ_0와 비투자율 μ_s의 관계에서 $\mu_s=\dfrac{\mu}{\mu_0}=1+\dfrac{\chi}{\mu_0}$로 표현 된다. 이에 대한 설명으로 알맞은 것은? (단, χ는 자화율이다.)

① $\chi>0$인 경우 역자성체
② $\chi<0$인 경우 상자성체
③ $\mu_s>1$인 경우 비자성체
④ $\mu_s<1$인 경우 역자성체

|정|답|및|해|설|

[자성체의 특징]

자성체의 종류	비투자율	비자화율	자기모멘트의 크기 및 배열
강자성체	$\mu_s\gg 1$	$\chi_m\gg 1$	
상자성체	$\mu_s>1$	$\chi_m>0$	
반자성체	$\mu_s<1$	$\chi_m<0$	
반강자성체			

【정답】 ④

4. 자계의 벡터 포텐셜을 A라 할 때 자계의 변화에 의하여 생기는 전계의 세기 [E]는?

① $E = rot\,A$ ② $rot\,E = A$

③ $E = -\frac{\partial A}{\partial t}$ ④ $rot\,E = -\frac{\partial A}{\partial t}$

|정|답|및|해|설|

[전계의 세기] $E = -\frac{\partial A}{\partial t}$

자속밀도 $B = rot A$로 정의

$rot E = -\frac{\partial B}{\partial t}$에서

$rot E = -\frac{\partial B}{\partial t} = -\frac{\partial}{\partial t} rot A = rot\left(-\frac{\partial A}{\partial t}\right) \rightarrow \therefore E = -\frac{\partial A}{\partial t}$

【정답】 ③

5. $[\Omega \cdot \sec]$와 같은 단위는?

① F ② F/m

③ H ④ H/m

|정|답|및|해|설|

[유기기전력] $e = -N\frac{d\phi}{dt} = -N\frac{d\phi}{dt}\cdot\frac{di}{dt} = -L\frac{di}{dt}$

여기서, N : 권수, $\varnothing$: 자속, t : 시간

인덕턴스 L을 기준으로 식을 정리하면 $L = \frac{e}{di}dt[H]$이므로

$[V] = [Henry] \cdot [\frac{A(Ampere)}{S(\sec)}]$

$Henry = \frac{V}{A} \cdot S = N \cdot \sec$

$[\Omega \cdot \sec] = [Henry]$

【정답】 ③

6. 0.2[C]의 점전하가 전계 $E = 5a_y + a_z [V/m]$ 및 자속밀도 $B = 2a_y + 5a_z [wb/m^2]$ 내로 속도 $v = 2a_x + 3a_y [m/s]$로 이동할 때 점전하에 작용하는 힘 F[N]은? (단, a_x, a_y, a_z는 단위 벡터이다.)

① $2a_x - a_y + 3a_z$ ② $3a_x - a_y + a_z$

③ $5a_x + 3a_z$ ④ $5a_y + 3a_z$

|정|답|및|해|설|

[로렌쯔의 식] $F = qvB\sin\theta = q(E + v \times B)[N]$

여기서, q : 전하, E : 전계, v : 속도, B : 자속밀도

[두 점 사이에 작용하는 힘]

$F = q(E + v \times B)[N]$

$= 0.2[(5a_y + a_z) + (2a_x + 3a_y) \times (2a_y + 5a_z)]$

$= 0.2[(5a_y + a_z) + \begin{vmatrix} a_x & a_y & a_z \\ 2 & 3 & 0 \\ 0 & 2 & 5 \end{vmatrix}]$

$= 0.2[(5a_y + a_z) + (15a_x - 10a_y + 4a_z)]$

$= 0.2(15a_x - 5a_y + 5a_z) = 3a_x - a_y + a_z$

【정답】 ②

7. 평행판 콘덴서의 극간 전압이 일정한 상태에서 극간에 공기가 있을 때의 흡인력을 F_1, 극판 사이에 극판 간격의 $\frac{2}{3}$ 두께의 유리판 $(\epsilon_r = 10)$을 삽입할 때의 흡인력을 F_2라 하면 $\frac{F_2}{F_1}$는?

① 0.6 ② 0.8 ③ 1.5 ④ 2.5

|정|답|및|해|설|

[흡인력]

S, ϵ_0, $\epsilon_r = 10$, $\frac{1}{3}d$, $\frac{2}{3}d$

$F = \frac{1}{2}CV^2[N]$

· 정전용량 $C_0 = \frac{\epsilon_0 S}{d}$

· 공극에 두께 t인 유리판을 넣은 경우의 정전용량 C는

$C = \frac{1}{\frac{1}{\epsilon_0 S} + \frac{1}{\epsilon_0\epsilon_s S}} = \frac{S}{\frac{d-t}{\epsilon_0} + \frac{t}{\epsilon_0\epsilon_s}}$

$\cdot \frac{C}{C_0} = \frac{S/\left(\frac{d-t}{\epsilon_0} + \frac{t}{\epsilon_0\epsilon_s}\right)}{\frac{\epsilon_0 S}{d}} = \frac{Sd}{\epsilon_0 S\left(\frac{d-t}{\epsilon_0} + \frac{t}{\epsilon_0\epsilon_s}\right)} = \frac{\epsilon_s d}{\epsilon_s(d-t)+t}$

전압이 일정한 때이므로 → $F_0 = \frac{1}{2}C_0V^2$, $F = \frac{1}{2}CV^2$

$\frac{F}{F_0} = \frac{\frac{1}{2}CV^2}{\frac{1}{2}C_0V^2} = \frac{C}{C_0} = \frac{\epsilon_s d}{\epsilon_s(d-t)+t} = \frac{10d}{10\left(d - \frac{2}{3}d\right) + \frac{2}{3}d}$

$= \frac{10}{10 \times \frac{1}{3} + \frac{2}{3}} = \frac{30}{12} \fallingdotseq 2.5$배

$\therefore F = 2.5F_0$

【정답】 ④

8. 자계의 세기 $H = xya_y - xza_z[A/m]$일 때, 점 (2, 3, 5)에서 전류밀도는 몇 $[A/m^2]$인가?

① $3a_x + 5a_y$　　② $3a_y + 5a_z$
③ $5a_x + 3a_z$　　④ $5a_y + 3a_z$

|정|답|및|해|설|

[암페어의 주회법칙] $\int H \cdot dl = i$ 전류$[A]$

$i = J \cdot ds \rightarrow J =$ 전류밀도$[A/m^2]$

$\int_c H \cdot dl = \int rot H \cdot ds = J \cdot ds \rightarrow \therefore rot H = J$

전류밀도 J

$$J = rot H = \nabla \times H = \begin{vmatrix} a_x & a_y & a_z \\ \frac{\partial}{\partial_x} & \frac{\partial}{\partial_y} & \frac{\partial}{\partial_z} \\ H_x & H_y & H_z \end{vmatrix} = \begin{vmatrix} a_x & a_y & a_z \\ \frac{\partial}{\partial_x} & \frac{\partial}{\partial_y} & \frac{\partial}{\partial_z} \\ 0 & xy & -xz \end{vmatrix}$$

$$= \left(\frac{\partial(-xz)}{\partial y} - \frac{\partial(xy)}{\partial z}\right)a_x + \left(0 - \frac{\partial(-xz)}{\partial x}\right)a_y + \left(\frac{\partial(xy)}{\partial x} - 0\right)a_z [A/m^2]$$

$$= za_y + ya_z$$

점(2, 3, 5)에서 $x = 2,\ y = 3,\ z = 5$이므로

전류밀도 $J = 5a_y + 3a_z[A/m^2]$　　【정답】 ④

9. 진공 중에 $+20[\mu C]$과 $-3.2[\mu C]$인 2개의 점전하가 1.2[m]간격으로 놓여 있을 때 두 전하 사이에 작용하는 힘[N]과 작용력은 어떻게 되는가?

① 0.2[N], 반발력　　② 0.2[N], 흡인력
③ 0.4[N], 반발력　　④ 0.4[N], 흡인력

|정|답|및|해|설|

[쿨롱의 법칙] $F = \frac{Q_1 Q_2}{4\pi\epsilon_0 r^2}[N]$

여기서, Q_1, Q_2 : 전하, r ; 전하 사이의 거리[m]

ϵ_0 : 진공중의 유전율$(= 8.855 \times 10^{-12}[F/m])$

$$F = \frac{Q_1 Q_2}{4\pi\epsilon_0 r^2}[N]$$

$$= 9 \times 10^9 \times \frac{20 \times 10^{-6} \times (-3.2 \times 10^{-6})}{1.2^2} = -0.4[N]$$

(힘의 크기는 4[N]이고 부호가 (-)이므로 흡인력이 작용한다.)

※ 동종의 전하 사이에는 반발력, 서로 다른 전하 사이에는 흡인력이 작용된다.　　【정답】 ④

10. 내부도체의 반지름이 a[m]이고, 외부 도체의 내반지름이 b[m], 외반지름이 c[m]인 동축 케이블의 단위 길이당 자기인덕턴스는 몇 [H/m]인가?

① $\frac{\mu_0}{2\pi}\ln\frac{b}{a}$　　② $\frac{\mu_0}{\pi}\ln\frac{b}{a}$
③ $\frac{2\pi}{\mu_0}\ln\frac{b}{a}$　　④ $\frac{\pi}{\mu_0}\ln\frac{b}{a}$

|정|답|및|해|설|

[동축 케이블의 단위 길이당 자기인덕턴스]

$$L = \frac{\varnothing}{I} = \frac{\mu_0}{2\pi}\ln\frac{b}{a}[H/m] \rightarrow (\varnothing = \frac{\mu_0 I}{2\pi r}\ln\frac{b}{a}[wb/m])$$

[동축 케이블의 정전용량] $C = \frac{2\pi\epsilon}{\ln\frac{b}{a}}[F/m]$

여기서, $\varnothing$: 자속, $\mu(=\mu_0\mu_s)$: 투자율, I : 전류, r : 길이

【정답】 ①

11. 무한장 직선 도체가 있다. 이 도체로부터 수직으로 0.1[m] 떨어진 점의 자계와 세기가 180[AT/m]이다. 이 도체로부터 수직으로 0.3[m] 떨어진 점의 자계의 세기[AT/m]는?

① 20　　② 60
③ 180　　④ 540

|정|답|및|해|설|

[무한 직선에서 자계의 세기] $H = \frac{I}{2\pi r}[AT/m]$

여기서, I : 전류, r : 거리[m]

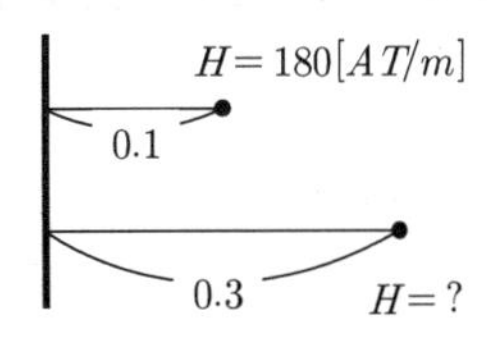

$r_1 = 0.1[m]$, $r_2 = 0.3[m]$인 자계의 세기를 H_1, H_2

· $r = 0.1[m]$일 때 $H_1 = \frac{I}{2\pi \times 0.1} = 180[AT/m]$에서

전류 I를 구하면 $I = 2\pi \times 0.1 \times 180[A]$이다.

· $r = 0.3[m]$일 때 $H_2 = \frac{2\pi \times 0.1 \times 180}{2\pi \times 0.3} = 60[AT/m]$

【정답】 ②

12. 회로에서 단자 a-b간에 V의 전위차를 인가할 때 C_1의 에너지는?

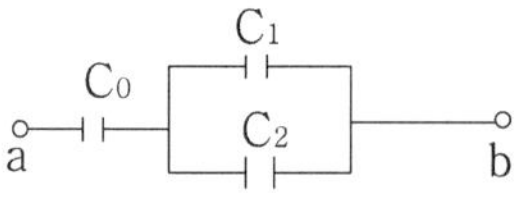

① $\frac{C_1^2 V^2}{2}\left(\frac{C_1+C_2}{C_0+C_1+C_2}\right)^2$

② $\frac{C_1 V^2}{2}\left(\frac{C_0}{C_0+C_1+C_2}\right)^2$

③ $\frac{C_1 V^2}{2}\frac{C_0(C_1+C_2)}{(C_0+C_1+C_2)^2}$

④ $\frac{C_1 V^2}{2}\frac{C_0^2 C_2}{(C_0+C_1+C_2)}$

|정|답|및|해|설|

[콘덴서의 축적 에너지] $W=\frac{1}{2}CV^2=\frac{Q^2}{2C}=\frac{1}{2}QV[J]$

여기서, C : 정전용량, V : 전위, Q : 전하

콘덴서의 합성 용량 $C_1=\frac{C_0(C_1+C_2)}{C_0+C_1+C_2}[F]$

C_1 양단의전위차 $V_1=\frac{C_0}{C_0+C_1+C_2}V[V]$

C_1의 에너지 $W_1=\frac{1}{2}C_1V_1^2=\frac{1}{2}C_1\left(\frac{C_0}{C_0+C_1+C_2}V\right)^2$

$=\frac{C_1V_1^2}{2}\left(\frac{C_0}{C_0+C_1+C_2}\right)^2[J]$ 【정답】②

13. 진공 중에 있는 반지름 a[m]인 도체구의 정전용량 [F]은?

① $4\pi\varepsilon_0 a$ ② $2\pi\varepsilon_0 a$

③ $\pi\varepsilon_0 a$ ④ a

|정|답|및|해|설|

[도체구의 전위 및 정전용량] $C=\frac{Q}{V}[V]$

전위 $V=\frac{Q}{4\pi\epsilon_0 a}[V]$

여기서, V : 저위, Q : 전하, a : 구의 반지름, C : 정전용량

$\therefore C=\frac{Q}{V}=-\frac{Q}{\frac{Q}{4\pi\epsilon_0 a}}=4\pi\epsilon_0 a[V]$ 【정답】①

14. $Ql=\pm 200\pi\varepsilon_0\times 10^3[C\cdot m]$인 전기쌍극자에서 l과 r의 사이각이 $\frac{\pi}{3}$이고, $r=1$인 점의 전위[V]는?

① $50\pi\times 10^4$ ② 50×10^3

③ 25×10^3 ④ $5\pi\times 10^4$

|정|답|및|해|설|

[전기 쌍극자에 의한 전위] $V=\frac{M\cos\theta}{4\pi\epsilon_0 r^2}[V]$

[전기 쌍극자 모멘트 크기] $M=Ql$

여기서, l : 두 정하 사이의 미소거리[m]

떨어진 거리 $r=1$이므로

$$V=\frac{M\cos\theta}{4\pi\epsilon_0 r^2}=\frac{Ql\cos\theta}{4\pi\epsilon_0 r^2}=\frac{200\pi\epsilon_0\times 10^3\times\cos\frac{\pi}{3}}{4\pi\epsilon_0\times 1^2}=25\times 10^3[V]$$

※쌍극자 전계 $E=\frac{M}{4\pi r^3\epsilon_0}\sqrt{1+3\cos^2\theta}\,[V/m]$

【정답】③

15. 공기 중에서 x방향으로 진행하는 전자파가 있다. $E_y=3\times 10^{-2}\sin w(x-vt)[V/m]$, $E_x=4\times 10^{-2}\sin w(x-vt)[V/m]$일 때 포인팅 벡터의 크기 $[W/m^2]$는?

① $6.63\times 10^{-6}\sin^2 w(x-vt)$

② $6.63\times 10^{-6}\cos^2 w(x-vt)$

③ $6.63\times 10^{-4}\sin w(x-vt)$

④ $6.63\times 10^{-4}\cos w(x-vt)$

|정|답|및|해|설|

[전자계의 포인팅 벡터] $P=EH=\frac{E^2}{\eta}=\frac{E^2}{377}[W/m^2]$

→ (파동임피던스 $\eta=\frac{E}{H}=\sqrt{\frac{\mu_0}{\epsilon_0}}=\sqrt{\frac{4\pi\times 10^{-7}}{8.855\times 10^{-12}}}=377[\Omega]$)

· 합성전계 $E=\sqrt{E_y^2+E_z^2}$

$=\sqrt{(3\times 10^{-2})^2+(4\times 10^{-2})^2}\times\sin\omega(x-vt)$

$=5\times 10^{-2}\sin\omega(x-vt)[V/m]$

· 자계와 전계의 관계식 $H=\frac{E}{120\pi}=\frac{E}{377}$ 이므로

$\therefore P=\frac{E^2}{377}=\frac{5\times 10^{-2}\sin\omega(x-vt)^2}{377}$

$=\frac{(5\times 10^{-2})^2}{377}\sin^2\omega(x-vt)$

$=6.63\times 10^{-6}\sin^2\omega(x-vt)[W/m^2]$ 【정답】①

16. 60[Hz]의 교류 발전기의 회전자가 자속밀도 0.15 $[Wb/m^2]$의 자기장 내에서 회전하고 있다. 만일 코일의 면적이 $2 \times 10^{-2}[m^2]$일 때, 유도기전력의 최대값 $E_m = 220[V]$가 되려면 코일을 몇 번 감아야 하는가? (단, $w = 2\pi f = 377rsd/\sec$이다.)

① 195회　　② 220회
③ 395회　　④ 440회

|정|답|및|해|설|
[유기기전력] $e = \omega N \varnothing_m = \omega NBS$
(ω : 각속도, N : 권수, $\varnothing_m$: 자속, S : 단면적, B : 자속밀도)
권수 $N = \dfrac{E_m}{\omega \varnothing_m} = \dfrac{220}{377 \times 0.15 \times 2 \times 10^{-2}} = 194.52 \fallingdotseq 195$[회]
【정답】 ①

17. 와전류와 관련된 설명으로 틀린 것은?

① 단위 체적당 와류손의 단위는 $[W/m^3]$이다.
② 와전류는 교번자속의 주파수와 최대자속밀도에 비례한다.
③ 와전류손은 히스테리시스손과 함께 철손이다.
④ 와전류손을 감소시키기 위하여 성층철심을 사용한다.

|정|답|및|해|설|
[와전류손] 와전류로 인한 손실을 와류손 또는 와전류손이라고 한다.
와류손 $P_e = k_1 t^2 f^2 B_m^2$ → **주파수의 제곱에 비례**한다.
(t : 판의 두께, f : 주파수, B_m : 최대자속밀도)
【정답】 ②

18. 균일한 자속밀도 B중에 자기 모멘트 m의 자석(관성모멘트 I)이 있다. 이 자석을 미소 진동 시켰을 때의 주기는?

① $\dfrac{1}{2\pi}\sqrt{\dfrac{I}{mB}}$　　② $\dfrac{1}{2\pi}\sqrt{\dfrac{mB}{I}}$
③ $2\pi\sqrt{\dfrac{I}{mB}}$　　④ $2\pi\sqrt{\dfrac{mB}{I}}$

|정|답|및|해|설|
[주기] $T = \dfrac{1}{f}$ → ($\omega = 2\pi f \rightarrow f = \dfrac{\omega}{2\pi}$)
$T = \dfrac{2\pi}{\omega} \rightarrow \left(\omega = \sqrt{\dfrac{mB}{I}}\right) \quad \therefore T = 2\pi\sqrt{\dfrac{I}{mB}}$
【정답】 ③

19. 유전율 ϵ_1, ϵ_2인 두 유전체 경계면에서 전계가 경계면에 수직일 때 경계면에 작용하는 힘은 몇 $[N/m^2]$인가? (단, $\epsilon_1 > \epsilon_2$이다.)

① $(\dfrac{1}{\epsilon_1} + \dfrac{1}{\epsilon_2})D$　　② $2(\dfrac{1}{\epsilon_1^2} + \dfrac{1}{\epsilon_2^2})D^2$
③ $\dfrac{1}{2}(\dfrac{1}{\epsilon_2} - \dfrac{1}{\epsilon_1})D$　　④ $\dfrac{1}{2}(\dfrac{1}{\epsilon_2} - \dfrac{1}{\epsilon_1})D^2$

|정|답|및|해|설|
[두 경계면에 작용하는 힘(수직일 때)] $\theta = 0°$ 일 때, D(전속밀도) 일정(전계가 경계면에 수직), 즉 $D_1 = D_2 = D$
$\therefore f = \dfrac{1}{2}E_2 D_2 - \dfrac{1}{2}E_1 D_1 = \dfrac{1}{2}\left(\dfrac{1}{\epsilon_2} - \dfrac{1}{\epsilon_1}\right)D^2[N/m^2]$
→ ($D = \epsilon E$, $E = \dfrac{D}{\epsilon}$)
여기서, ϵ : 유전율, D : 전속밀도
※두 경계면에 작용하는 힘(수직일 때) : $f = \dfrac{1}{2}(\epsilon_2 - \epsilon_1)E^2$
【정답】 ④

20. 전속밀도에 대한 설명으로 가장 옳은 것은?

① 전속은 스칼라량이기 때문에 전속밀도도 스칼라량이다.
② 전속밀도는 전계의 세기의 방향과 반대 방향이다.
③ 전속밀도는 유전체 내에 분극의 세기와 같다.
④ 전속밀도는 유전체와 관계없이 크기는 일정하다.

|정|답|및|해|설|
[전속밀도] $D = \dfrac{Q}{S}[C/m^2]$
여기서, S : 단면적, Q : 전하
전속밀도 D는 매질에 관계없이 전하 $Q[C]$일 때 단위 면적당 Q개의 전속선이 나온다.
【정답】 ④

21. 전력 계통의 전압을 조정하는 가장 보편적인 방법은?

① 발전기의 유효전력 조정
② 부하의 유효전력 조정
③ 계통의 주파수 조정
④ 계통의 무효전력 조정

|정|답|및|해|설|

[전력 계통의 전압을 조정] 계통에서의 전압은 조상설비에 의한 무효전력 조정으로 조정한다. 【정답】 ④

22. 3상 송전선로의 각 상의 대지정전용량을 C_a, C_b 및 C_c라 할 때, 중성점 비접지 시의 중성점과 대지간의 전압은? (단, E는 상전압이다.)

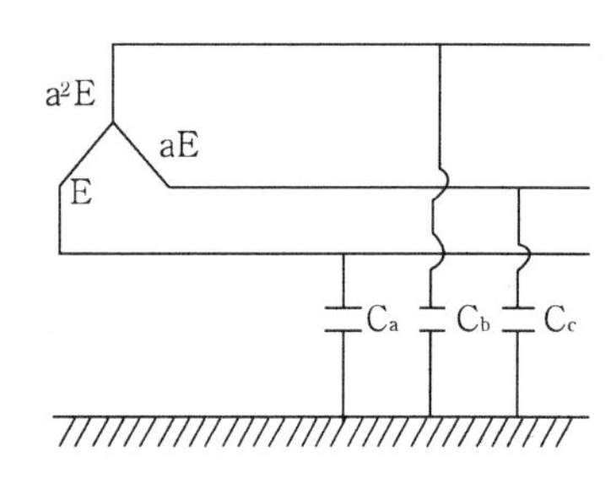

① $(C_a+C_b+C_c)E$

② $\dfrac{\sqrt{C_aC_b+C_bC_c+C_cC_a}}{C_a+C_b+C_c}E$

③ $\dfrac{\sqrt{C_a(C_a-C_b+C_b(C_b-C_c)+C_c(C_a-C_b)}}{C_a+C_b+C_c}E$

④ $\dfrac{\sqrt{C_a(C_b-C_c+C_b(C_c-C_a)+C_c(C_a-C_b)}}{C_a+C_b+C_c}E$

|정|답|및|해|설|

[잔류전압] 정전용량의 위상차로 인하여 각 상의 전류의 크기가 다르게 되어 평형을 이루지 못하므로 중성점의 전위가 0이 되지 않고 어떤 값을 갖는데 이것을 잔류전압(E_n)이라고 한다.

$$E_n=-\frac{C_aE_a+C_bE_b+C_cE_c}{C_a+C_b+C_c}$$

$E_a=E,\ E_b=a^2E,\ E_c=aE$를 대입해 E_n의 절대값을 구한다.

$$E_n=\frac{C_aE+C_bE\left(-\frac{1}{2}-j\frac{\sqrt{3}}{2}\right)+C_cE\left(-\frac{1}{2}+j\frac{\sqrt{3}}{2}\right)}{C_a+C_b+C_c}$$

$$=\frac{\sqrt{\left(C_a-\frac{1}{2}C_b-\frac{1}{2}C_c\right)^2+\left(-\frac{\sqrt{3}}{2}C_b+\frac{\sqrt{3}}{2}C_c\right)^2}}{C_a+C_b+C_c}\times E$$

$$=\frac{\sqrt{C_a(C_a-C_b)+C_b(C_b-C_c)+C_c(C_c-C_a)}}{C_a+C_b+C_c}$$

【정답】 ③

23. 폐쇄 배전반을 사용하는 주된 이유는 무엇인가?

① 보수의 편리 ② 사람에 대한 안전
③ 기기의 안전 ④ 사고 파급 방지

|정|답|및|해|설|

[폐쇄 배전반] 폐쇄 배전반은 필요한 모든 보조 기기 등을 내장하고 있으므로 외부로 충전부가 노출되지 않아 인축에 대한 접촉 사고를 방지할 수 있다. 【정답】 ②

24. 송전계통의 안정도를 향상시키는 방법이 아닌 것은?

① 직렬 리액턴스를 증가시킨다.
② 전압 변동을 적게 한다.
③ 중간 조상방식을 채용한다.
④ 고장 전류를 줄이고, 고장 구간을 신속히 차단한다.

|정|답|및|해|설|

[송전계통의 안정도 향상 대책]
· 계통의 리액턴스 감소
· 속응여자 방식 채택
· 발전기 입· 출력 불평형 작게
· 계통 연계
· 재연결(재폐로)방식 채택
· 중간 조상방식 채택
· 단락비를 크게 하여 전압변동률 작게

【정답】 ①

25. 66[kV] 송전선로에서 3상 단락고장이 발생하였을 경우 고장점에서 본 등가 정상 임피던스가 자기용량 40[MVA]기준으로 20[%]일 경우 고장전류는 정격전류의 몇 배가 되는가?

① 2 ② 4 ③ 5 ④ 8

|정|답|및|해|설|

[단락전류] $I_s = \frac{100}{\%Z} I_n = \frac{100}{20} I_n = 5I_n$

그러므로 고장전류(단락전류)는 정격전류의 5배가 된다.

【정답】 ③

26. 조압수조의 설치 목적은?

① 조속기의 보호 ② 수차의 보호
③ 여수의 처리 ④ 수압관의 보호

|정|답|및|해|설|

[조압수조]

- 조압수조(surge tank)는 압력수로인 경우에 시설
- 사용 유량의 급변으로 수격 작용을 흡수 완화하여 압력이 터널에 미치지 않도록 하여 수압관을 보호하는 안전 장치이다.
- 단동조압수조, 차동조압수조, 수실조압수조 등이 있다.

【정답】 ④

27. 망상(network) 배전방식의 장점이 아닌 것은?

① 전압변동이 적다.
② 인축의 접지사고가 적어진다.
③ 부하의 증가에 대한 융통성이 크다.
④ 무정전 공급이 가능하다.

|정|답|및|해|설|

[네트워크 배전 방식의 장·단점]

1. 장점
   - 기기 이용률 향상된다.
   - 전압 변동이 적다.
   - 적응성 양호하다.
   - 전력 손실이 감소한다.
   - 변전소수를 줄일 수 있다.
   - 정전이 적으며 배전 신뢰도가 높다.
2. 단점
   - 건설비가 비싸다.
   - 인축의 접촉 사고가 증가한다.
   - 특별한 보호 장치를 필요로 한다.

【정답】 ②

28. 정전용량 0.01[$\mu F/km$], 길이 173.2[km], 선간전압 60[kV], 주파수 60[Hz]인 3상 송전선로의 충전전류는 약 몇 [A]인가?

① 6.3 ② 12.5 ③ 22.6 ④ 37.2

|정|답|및|해|설|

[전선의 충전전류] $I_c = \omega ClE = 2\pi fCl\left(\frac{V}{\sqrt{3}}\right)[A]$

여기서, C : 전선 1선당 정전용량[F], V : 선간전압[V]

E : 대지전압($E = \frac{V(\text{선간전압})}{\sqrt{3}}$), ω : 각주파수($= 2\pi f$)

l : 선로의 길이[km], f : 주파수[Hz]

→ (선로의 충전전류 계산 시 전압은 변압기 결선과 관계없이 상전압($\frac{V}{\sqrt{3}}$)을 적용하여야 한다.)

정전용량(C) : 0.01[$\mu F/km$], 길이(l) : 173.2[km]

선간전압 60[kV](=6000[V]), 주파수 : 60[Hz]

$\therefore I_c = 2\pi fCl\left(\frac{V}{\sqrt{3}}\right)$

$= 2\pi \times 60 \times 0.01 \times 10^{-6} \times 173.2 \times \frac{60000}{\sqrt{3}} = 22.6[A]$

【정답】 ③

29. 원자로의 냉각재가 갖추어야 할 조건이 아닌 것은?

① 열용량이 적을 것
② 중성자의 흡수가 적을 것
③ 열전도율 및 열전달 계수가 클 것
④ 방사능을 띠기 어려울 것

|정|답|및|해|설|

[원자로 냉각재의 조건]

- 중성자 흡수가 작을 것
- 방사능을 띠기 어려울 것
- 비열, 열전도율이 클 것
- 열용량이 큰 것

【정답】 ①

30. 접지봉으로 탑각의 접지저항값을 희망하는 접지저항값까지 줄일 수 없을 때 사용하는 것은?

① 가공지선 ② 매설지선
③ 크로스 본드선 ④ 차폐선

|정|답|및|해|설|

[매설지선] 탑각의 접지저항 낮추어 역삼력 방지

※탑각 : 철탑과 대지가 만나는 지점

【정답】 ②

31. 임피던스 Z_1, Z_2 및 Z_3를 그림과 같이 접속한 선로의 A쪽에서 전압파 E가 진행해 왔을 때 접속점 B에서 무반사로 되기 위한 조건은?

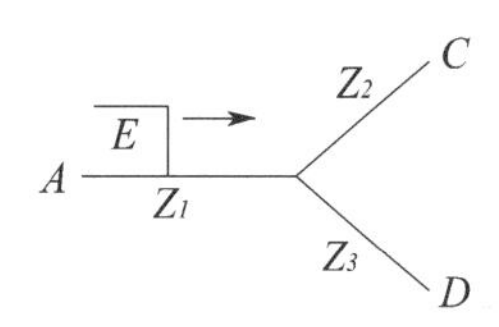

① $Z_1 = Z_2 + Z_3$ ② $\frac{1}{Z_3} = \frac{1}{Z_1} + \frac{1}{Z_2}$

③ $\frac{1}{Z_1} = \frac{1}{Z_2} + \frac{1}{Z_3}$ ④ $\frac{1}{Z_2} = \frac{1}{Z_1} + \frac{1}{Z_3}$

|정|답|및|해|설|

[무반사 조건]

$Z_{AB} = Z_{BC} + Z_{BD}$이고

$Z_{AB} = Z_1,\ Z_{BC} = \frac{1}{\frac{1}{Z_2} + \frac{1}{Z_3}}$이므로

$Z_1 = \frac{1}{\frac{1}{Z_2} + \frac{1}{Z_3}} \rightarrow \therefore \frac{1}{Z_1} = \frac{1}{Z_2} + \frac{1}{Z_3}$ 【정답】 ③

32. 선로고장 발생시 고장전류를 차단할 수 없어 리클로저와 같이 차단 기능이 있는 후비보호 장치와 직렬로 설치되어야 하는 장치는?

① 배선용 차단기 ② 유입 개폐기

③ 컷아웃 스위치 ④ 섹셔널라이저

|정|답|및|해|설|

[섹셔널라이저(sectionalizer)] 섹셔널라이저는 고장전류를 차단할 수 있는 능력이 없으므로 후비 보호 장치인 리클로저와 직렬로 조합하여 사용한다.

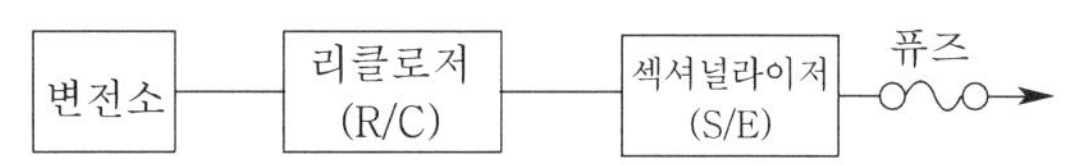

※리클로저(R/C) : 차단 장치를 자동 재연결(재폐로) 하는 일

【정답】 ④

33. 다중접지 3상 4선식 배전선로에서 고압측(1차측) 중성선과 저압측(2차측) 중성선을 전기적으로 연결하는 주목적은?

① 저압측의 단락 사고를 검출하기 위함

② 저압측의 접지 사고를 검출하기 위함

③ 주상 변압기의 중성선측 부싱을 생략하기 위함

④ 고저압 혼촉 시 수용가에 침입하는 상승전압을 억제하기 위함

|정|답|및|해|설|

[고압측 중성선과 저압측 중성선을 전기적으로 연결하는 목적] 중성선끼리 연결되지 않으면 고・저압 혼촉시 고압 측의 큰 전압이 저압 측을 통해서 수용가에 침입할 우려가 있다.

【정답】 ④

34. % 임피던스에 대한 설명으로 틀린 것은?

① 단위를 갖지 않는다.

② 절대량이 아닌 기준량에 대한 비를 나타낸 것이다.

③ 기기 용량의 크기와 관계없이 일정한 범위를 갖는다.

④ 변압기나 동기기의 내부 임피던스에만 사용할 수 있다.

|정|답|및|해|설|

[% 임피던스] $\%Z = \frac{I_n Z}{E_n} \times 100$으로 표시된다. 즉, 차원이 같으므로 단위가 없다. 기준량과의 비율로 나타내며 용량의 크기와 관계없다. 선로 임피던스에서도 사용한다. 【정답】 ④

35. 송전단 전압이 66[kV], 수전단 전압이 60[kV]인 송전선로에서 수전단의 부하를 끊을 경우에 수전단 전압이 63[kV]가 되었다면 전압변동률은 몇 [%]가 되는가?

① 4.5 ② 4.8

③ 5.0 ④ 10.0

|정|답|및|해|설|

[전압변동률] $\delta = \frac{V_0 - V_m}{V_m} \times 100 = \frac{63000 - 60000}{60000} \times 100 = 5[\%]$

V_0 : 무부하 상태에서의 수전단 전압

V_m : 정격부하 상태에서의 수전단 전압

【정답】 ③

36. 피뢰기의 직렬 갭(gap)의 작용으로 가장 옳은 것은?

① 이상전압의 진행파를 증가시킨다.
② 상용주파수의 전류를 방전시킨다.
③ 이상전압이 내습하면 뇌전류를 방전하고, 상용주파수의 속류를 차단하는 역할을 한다.
④ 뇌전류 방전시의 전위상승을 억제하여 절연파괴를 방지한다.

|정|답|및|해|설|

[피뢰기의 구성요소]
1. 실드링 : 전기적, 자기적 충격으로부터 보호
2. 직렬갭 : 속류 차단
3. 특성요소 : 도전 로(路)를 형성
4. 소호 리액터 : 소호의 역할

【정답】 ③

37. 전력선에 의한 통신선로의 전자유도장해 발생요인은 주로 무엇 때문인가?

① 지락사고 시 영상전류가 커지기 때문에
② 전력선의 전압이 통신선로보다 높기 때문에
③ 통신선에 피뢰기를 설치하였기 때문에
④ 전력선과 통신선로 사이의 상호인덕턴스가 감소하였기 때문에

|정|답|및|해|설|

[유도장해]
1. 전자유도장해 : 영상전류가 원인
2. 정전유도장해 : 영상전압이 원인

【정답】 ①

38. 3000[kW], 역률 75[%](늦음)의 부하에 전력을 공급하고 있는 변전소에 콘덴서를 설치하여 역률을 93[%]로 향상시키고자 한다. 필요한 전력용 콘덴서의 용량은 약 몇 [kVA]인가?

① 1460 ② 1540
③ 1620 ④ 1730

|정|답|및|해|설|

[전력용 콘덴서의 용량]

$$Q = P(\tan\theta_1 - \tan\theta_2) = P\left(\frac{\sin\theta_1}{\cos\theta_1} - \frac{\sin\theta_2}{\cos\theta_2}\right)[kVA]$$

여기서, P : 전력, $\cos\theta$: 역률, $\tan\theta = \frac{\sin\theta}{\cos\theta} = \frac{\sqrt{1-\cos^2\theta}}{\cos\theta}$)

콘덴서 용량 $Q = 3000\left(\frac{\sqrt{1-0.75^2}}{0.75} - \frac{\sqrt{1-0.93^2}}{0.93}\right) = 1460[kVA]$

【정답】 ①

39. 배전계통에서 전력용 콘덴서를 설치하는 목적으로 가장 타당한 것은?

① 배전선의 전력손실 감소
② 전압강하 증대
③ 고장 시 영상전류 감소
④ 변압기 여유율 감소

|정|답|및|해|설|

[배전선로의 전력용 콘덴서의 설치 목적]
진상 무효전력을 공급하여 역률 개선으로 전력 손실 경감 및 전압강하 감소

$P_l \propto \frac{1}{\cos^2\theta}$이므로 역률 개선시에 전력 손실이 크게 감소한다.

【정답】 ①

40. 역률 개선용 콘덴서를 부하와 병렬로 연결하고자 한다. △결선 방식과 Y결선 방식을 비교하면 콘덴서의 정전용량[μF]의 크기는 어떠한가?

① △결선 방식과 Y결선 방식은 동일하다.
② Y결선 방식이 △결선 방식의 $\frac{1}{2}$이다.
③ △결선 방식이 Y결선 방식의 $\frac{1}{3}$이다.
④ Y결선 방식이 △결선 방식의 $\frac{1}{\sqrt{3}}$이다.

|정|답|및|해|설|

[콘덴서의 정전용량] $C_\triangle = 3C_Y$, $C_Y = \frac{1}{3}C_\triangle$

【정답】 ③

41. 정격이 10[HP], 200[V]인 직류 분권전동기가 있다. 전부하 전류는 46[A], 전기자 저항은 0.25[Ω], 계자저항은 100[Ω]이며, 브러시 접촉에 의한 전압강하는 2[V], 철손과 마찰손을 합쳐 380[W]이다. 표유부하손을 정격출력의 1[%]라 한다면 이 전동기의 효율[%]은? (단, 1[HP]=746[W]이다.)

① 84.5 ② 82.5
③ 80.2 ④ 78.5

|정|답|및|해|설|

[전동기의 효율] $\eta = \frac{\text{입력}-\text{손실}}{\text{입력}} \times 100[\%]$

$I_f = \frac{V}{R_f} = \frac{200}{100} = 2[A]$

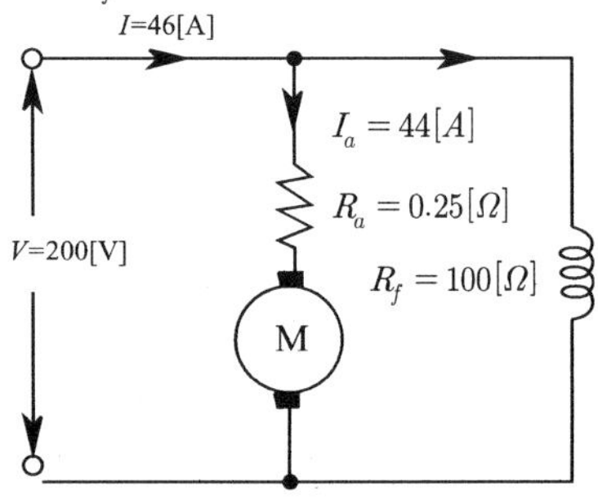

1. 입력 $= VI = 200 \times 46 = 9200[VA]$

2. 손실 = 철손 + 마찰손 + 동손 + 표유부하손

$= 380 + 972 + 74.6 = 1426.6[W]$

·철손 + 마찰손 $= 380[W]$

·동손 = 전기자 손실 + 계자손실 + 브러시 접촉면의 손실

$= 484 + 400 + 88 = 972[W])$

– 전기자손실 $= I_a^2 R_a = 44^2 \times 0.25 = 484[W]$

– 계자손실 $= I_f^2 R_f = 2^2 \times 100 = 400[W]$

– 브러시 접촉면의 손실 $= eI_a = 2 \times 44 = 88[W]$

·표유부하손 $= 10 \times 746 \times 0.01 = 74.6[W]$

$\therefore$ 효율 $\eta = \frac{\text{입력}-\text{손실}}{\text{입력}} \times 100 = \frac{9200-1426.6}{9200} \times 100 \fallingdotseq 84.5[\%]$

【정답】 ①

42. 유도전동기의 2차 여자시에 2차 주파수와 같은 주파수의 전압 E_c를 2차에 가한 경우 옳은 것은? (단, sE_2는 유도기의 2차 유도 기전력이다.)

① E_c를 sE_2와 반대 위상으로 가하면 속도는 증가한다.

② E_c를 sE_2보다 90° 위상을 빠르게 가하면 역률은 개선된다.

③ E_c를 sE_2와 같은 위상으로 $E_c < sE_2$의 크기로 가하면 속도는 증가한다.

④ E_c를 sE_2와 같은 위상으로 $E_c = sE_2$의 크기로 가하면 동기속도 이상으로 회전한다.

|정|답|및|해|설|

[유도전동기의 2차 여자법] 2차 여자법이란 유도전동기의 회전자 권선에 2차 기전력(sE_2)과 동일 주파수의 전압(E)을 슬립링을 통해 공급하여 그 크기를 조절함으로써 속도를 제어 하는 방법으로 권선형 전동기에 한하여 이용된다.

2차 여자제어법에 의하면 전동기의 속도는 동기 속도의 상하로 상당히 넓은 제어가 행하여지고 역률의 개선도 할 수 있게 된다.

【정답】 ②

43. 자동제어장치에 쓰이는 서보모터의 특성을 나타내는 것 중 틀린 것은?

① 빈번한 시동, 정지, 역전 등의 가혹한 상태에 견디도록 견고하고 큰 돌입 전류에 견딜 것

② 시동 토크는 크나, 회전부의 관성 모멘트가 작고 전기적 시정수가 짧을 것

③ 발생 토크는 입력신호에 비례하고 그 비가 클 것

④ 직류 서보 모터에 비하여 교류 서보 모터의 시동 토크가 매우 클 것

|정|답|및|해|설|

[서보모터의 특징]

·기동 토크가 크다.

·회전자 관성 모멘트가 적다.

·제어 권선 전압이 0에서는 기동해서는 안되고, 곧 정지해야 한다.

·직류 서보모터의 기동 토크가 교류 서보모터보다 크다.

·속응성이 좋다. 시정수가 짧다. 기계적 응답이 좋다.

·회전자 팬에 의한 냉각 효과를 기대할 수 없다.

【정답】 ④

44. 직류전동기의 제동법이 아닌 것은?

① 회전자의 운동에너지를 전기 에너지로 변환한다.
② 전기 에너지를 저항에서 열에너지로 소비시켜 제동시킨다.
③ 복권 전동기는 직권 계자 권선의 접속을 반대로 한다.
④ 전원의 극성을 바꾼다.

|정|답|및|해|설|

[직류 전동기의 제동법]

1. 발전 제동 : 운전 중인 전동기를 전원에서 분리하면 발전기로 동작한다. 이때 발생된 전력을 열로 소비하는 제동법
2. 회생 제동 : 운전 중인 전동기를 전원에서 분리하면 발전기로 동작한다. 이때 발생된 전력을 제동용 전원으로 사용하면 회상제동이라 한다.
3. 역상제동(플러깅) : 역상 제동은 급제동시 사용하는 방법으로 역전제동이라 한다. 즉, 제동시 전동기를 역회전시켜 속도를 급감시킨 다음 속도가 0에 가까워지면 전동기를 전원에서 분리하는 제동법

※직류 전동기 전원의 극성을 바꾸면, 계자 전류와 전기자 전류의 방향이 동시에 반대로 되므로 회전방향은 변하지 않고 계속 운전된다.

【정답】 ④

45. 전부하 전류 1[A], 역률 85[%], 속도 7500[rpm]이고 전압과 주파수가 100[V], 60[Hz]인 2극 단상 직권 정류자 전동기가 있다. 전기자와 직권 계자 권선의 실효저항의 합이 40[Ω]이라 할 때 전부하 시 속도기전력[V]은? (단, 계자 자속은 정현적으로 변하며 브러시는 중성축에 위치하고 철손은 무시한다.)

① 34　　② 45
③ 53　　④ 64

|정|답|및|해|설|

[속도 기전력] $E_s = \frac{P}{I}[V]$

출력(P) = 입력 − 손실 $= VI\cos\theta - I^2(R_s + R_f)$

$= 100 \times 1 \times 0.85 - 1^2 \times 40 = 85 - 40 = 45[\mathrm{W}]$

∴속도 기전력 $E_s = \frac{P}{I} = \frac{45}{1} = 45[\mathrm{V}]$ 【정답】 ②

46. 저항 부하인 사이리스터 단상 반파 정류기로 위상 제어를 할 경우 점호각 0° 에서 60° 로 하면 다른 조건이 동일한 경우 출력 평균전압은 몇 배가 되는가?

① 3/4　　② 4/3
③ 3/2　　④ 2/3

|정|답|및|해|설|

[단상반파 정류 평균전압] $E_d = \frac{1+\cos\alpha}{\sqrt{2}\pi}E[V]$

1. 점호각이 0° 일 때

$$E_d = \frac{1+\cos 0^\circ}{\sqrt{2}\pi}E = \frac{2}{\sqrt{2}\pi}E$$

2. 점호각이 60° 일 때

$$E_d' = \frac{1+\cos 60^\circ}{\sqrt{2}\pi}E = \frac{1.5}{\sqrt{2}\pi}E$$

$$\therefore \frac{E_d'}{E_d} = \frac{\frac{1.5E}{\sqrt{2}\pi}}{\frac{2E}{\sqrt{2}\pi}} = \frac{3}{4}$$

【정답】 ①

47. 병렬운전을 하고 있는 두 대의 3상 동기발전기 사이에 무효순환전류가 흐르는 경우는?

① 여자 전류의 변화　　② 부하의 증가
③ 부하의 감소　　④ 원동기 출력변화

|정|답|및|해|설|

[동기발전기 병렬 운전 조건이 다른 경우]

병렬 운전 조건	조건이 맞지 않는 경우
·기전력의 크기가 같을 것	·무효순환전류(무효횡류)
·기전력의 위상이 같을 것	·동기화전류(유효횡류)
·기전력의 주파수가 같을 것	·동기화전류
·기전력의 파형이 같을 것	·고주파 무효순환전류

【정답】 ①

48. 3상 동기발전기를 병렬운전 시키는 경우 고려하지 않아도 되는 조건은?

① 기전력의 파형이 같을 것
② 기전력의 주파수가 같을 것
③ 회전수가 같을 것
④ 기전력의 크기가 같을 것

|정|답|및|해|설|

[동기발전기의 병렬운전]
1. 기전력이 같아야 한다.
2. 위상이 같아야 한다.
3. 파형이 같아야 한다.
4. 주파수가 같아야 한다.
※ 병렬운전에서 회전수는 같지 않아도 된다. 【정답】 ③

49. 유도전동기의 속도제어법 중 저항제어와 관계가 없는 것은?

① 농형 유도전동기
② 비례추이
③ 속도 제어가 간단하고 원활함
④ 속도 조정 범위가 작음

|정|답|및|해|설|

[농형 유도전동기 속도 제어법]
・주파수를 바꾸는 방법
・극수를 바꾸는 방법
・전원 전압을 바꾸는 방법 【정답】 ①

50. 단상 변압기에서 전부하의 2차 전압은 100[V]이고, 전압변동률은 4[%]이다. 1차 단자 전압[V]은? (단, 1차와 2차 권선비는 20:1이다.)

① 1920 ② 2080
③ 2160 ④ 2260

|정|답|및|해|설|

[전압변동률] $\epsilon = \frac{V_{20} - V_{2n}}{V_{2n}} \times 100$

・$\epsilon = \frac{V_{20} - V_{2n}}{V_{2n}} \times 100 = \frac{V_{20} - 100}{100} \times 100 = 4[\%]$에서
2차 무부하 단자전압 $V_{20} = 104[V]$

・권선비 $a = \frac{V_{10}}{V_{20}}$, 즉 변압비가 20 : 1 이므로

∴1차단자전압 $V_{10} = a \times V_{20} = 104 \times 20 = 2080[V]$
【정답】 ②

51. 변압기 여자회로의 어드미턴스 Y_0[℧]를 구하면? (단, I_0는 여자전류, I_i는 철손전류, I_ϕ는 자화전류, g_0는 콘덕턴스, V_1는 인가전압이다.)

① $\frac{I_0}{V_1}$ ② $\frac{I_i}{V_1}$
③ $\frac{I_\phi}{V_1}$ ④ $\frac{g_0}{V_1}$

|정|답|및|해|설|

[여자 어드미턴스] $Y_0 = \frac{I_0}{V_1}$[℧], $I_0 = I_i + jI_\varnothing$, $I_i = g_0 V_1$

여기서, I_0 : 여자전류, V_1 : 1차전압, I_i : 철손전류
$I_\varnothing$: 자화전류 【정답】 ①

52. 역률이 가장 좋은 전동기는?

① 농형 유도 전동기 ② 반발기동 전동기
③ 동기 전동기 ④ 교류 정류자 전동기

|정|답|및|해|설|

[동기전동기] 회전자계와 회전자의 속도가 같다. 계자의 크기를 조정할 수 있는 동기전동기가 역률이 가장 좋다(역률 1).
【정답】 ③

53. 10[kVA], 20000/100[V] 변압기에서 1차에 환산한 등가 임피던스는 6.2+j7[Ω]이다. 이 변압기의 퍼센트 리액턴스 강하는?

① 3.5 ② 0.175
③ 0.36 ④ 1.75

|정|답|및|해|설|

[퍼센트 리액턴스 강하] $\%X = \frac{I_{1n} \times X}{V_{1n}} \times 100$

여기서, V_{1n} : 1차 정격 전압, I_{1n} : 1차 정격 전류, X : 리액턴스

$$I_{1n} = \frac{P_n}{V_{1n}} = \frac{10 \times 10^3}{2000} = 5[A]$$

$$\%X = \frac{I_{1n} \times X}{V_{1n}} \times 100 = \frac{5 \times 7}{2000} \times 100 = 1.75[\%]$$

【정답】 ④

54. 농형 유도전동기에 주로 사용되는 속도 제어법은?

① 극수 제어법
② 2차여자 제어법
③ 2차 저항 제어법
④ 종속 제어법

|정|답|및|해|설|

[농형 유도전동기 속도 제어법] 농형 유도전동기의 극수를 변환시키면 극수에 반비례하여 동기 속도가 변하므로 회전 속도를 바꿀 수가 있다.
1. 농형 유도전동기의 속도 제어법
$N=\frac{120f}{p}(1-s)$이므로 N을 바꾸려면 f, p를 바꾸는게 용이하다.
- 주파수를 바꾸는 방법
- 극수를 바꾸는 방법

2. 권선형 유도전동기의 속도 제어법
- 2차 여자 제어법
- 2차 저항 제어법(비례추이)
- 종속 제어법

【정답】 ①

55. 동기기의 전기자 권선이 매극 매상당 슬롯수가 4, 상수가 3인 권선의 분포계수는 얼마인가? (단, $\sin 7.5° = 0.1305$, $\sin 15° = 0.2588$, $\sin 22.5° = 0.3827$, $\sin 30° = 0.5$)

① 0.487 ② 0.844
③ 0.866 ④ 0.958

|정|답|및|해|설|

[분포계수] $K_d=\dfrac{\sin\frac{n\pi}{2m}}{q\sin\frac{\pi}{2mq}}$

여기서, n : 고주파 차수, m : 상수, q : 매극매상당 슬롯수
$q=4$, $m=3$, $n=1$

$$K_d=\frac{\sin\frac{\pi}{2\times 3}}{4\sin\frac{\pi}{2\times 3\times 4}}=\frac{1}{8\sin\frac{\pi}{24}}=\frac{1}{8\times 0.1305}=0.958$$

【정답】 ④

56. 전압변동률이 작은 동기발전기는?

① 동기리액턴스가 크다.
② 전기자 반작용이 크다.
③ 단락비가 크다.
④ 자기 여자 작용이 크다.

|정|답|및|해|설|

[전압변동률] 전압변동률은 작을수록 좋으며, 변동률이 작은 발전기는 동기리액턴스가 작다. 즉, 전기자반작용이 작고 단락비가 큰 기계가 되어 값이 비싸다. 【정답】 ③

57. 3상 농형 유도전동기를 전전압 기동할 때의 토크는 전부하시의 $\frac{1}{\sqrt{2}}$ 배이다. 기동보상기로 전전압의 $\frac{1}{\sqrt{3}}$로 기동하면 토크는 전부하 토크의 몇 배가 되는가? (단, 주파수는 일정)

① $\frac{\sqrt{3}}{2}$ ② $\frac{1}{\sqrt{3}}$
③ $\frac{2}{\sqrt{3}}$ ④ $\frac{1}{3\sqrt{2}}$

|정|답|및|해|설|

[3상 농형 유도전동기의 토크] 전부하시 토크가 $\frac{1}{\sqrt{2}}T$, 전전압의 $\frac{1}{\sqrt{3}}$ 배이다. 즉, $\frac{1}{\sqrt{3}}V$로 기동할 때의 토크 T_s와 비교하면 토크는 전압의 제곱에 비례한다.

유도전동기는 $T \propto V^2$이므로 $\frac{1}{\sqrt{2}}T : T_s = V^2 : \left(\frac{1}{\sqrt{3}}V\right)^2$

$\therefore T_s=\dfrac{\frac{1}{3}V^2}{V^2}\cdot\dfrac{1}{\sqrt{2}}T=\dfrac{1}{3\sqrt{2}}T$ 【정답】 ④

58. 3상 유도전동기의 2차 입력 P_2, 슬립이 s일 때의 2차 동손 P_{c2}은?

① $P_{c2}=\frac{P_2}{s}$ ② $P_{c2}=sP_2$
③ $P_{c2}=s^2P_2$ ④ $P_{c2}=(1-s)P_2$

|정|답|및|해|설|

[2차입력] $P_2=\frac{1}{s}P_{c2}$

슬립 $s=\dfrac{2차\ 손실}{2차\ 입력}=\dfrac{P_{c2}}{P_2}$ $\quad\therefore P_{c2}=sP_2$ 【정답】 ②

59. 게이트 조작에 의해 부하전류 이상으로 유지 전류를 높일 수 있어 게이트 턴온, 턴오프가 가능한 사이리스터는?

① SCR ② GTO
③ LASCR ④ TRIAC

|정|답|및|해|설|

[GTO]

·기호

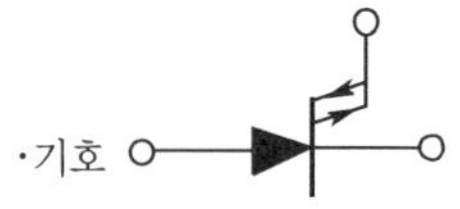

·역저지 3극 사이리스터
·자기소호 기능이 가장 좋은 소자
·GTO는 직류 전압을 가해서 게이트에 정의 펄스를 주면 off에서 on으로, 부의 펄스를 주면 그 반대인 on에서 off로의 동작이 가능하다.

【정답】 ②

60. 다음 그림과 같이 단상 변압기를 단권 변압기로 사용한다면 출력단자의 전압[V]은? (단, $V_{1n}[V]$를 1차 정격전압이라 하고, $V_{2n}[V]$를 2차 정격전압이라 한다.)

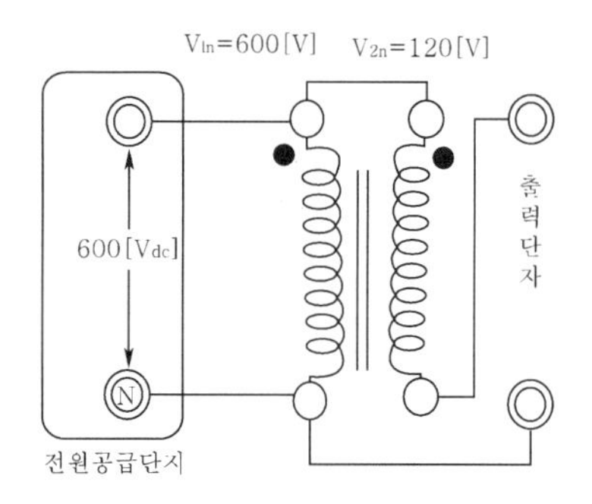

① 600 ② 120
③ 480 ④ 720

|정|답|및|해|설|

[출력전압] $V = V_{1n} - \frac{1}{a} V_{1n} [V]$

권수비 $a = \frac{V_1}{V_2} = \frac{600}{120}$

감극성 변압기의 지시값 $V = V_1 - V_2$

권수비에서 $V_2 = \frac{V_1}{a}$

$\therefore V = V_{1n} - \frac{1}{a} V_{1n} = 600 - \frac{120}{600} \times 600 = 480[V]$

【정답】 ③

61. 다음은 시스템의 블록선도이다. 이 시스템이 안정한 시스템이 되기 위한 K의 범위는?

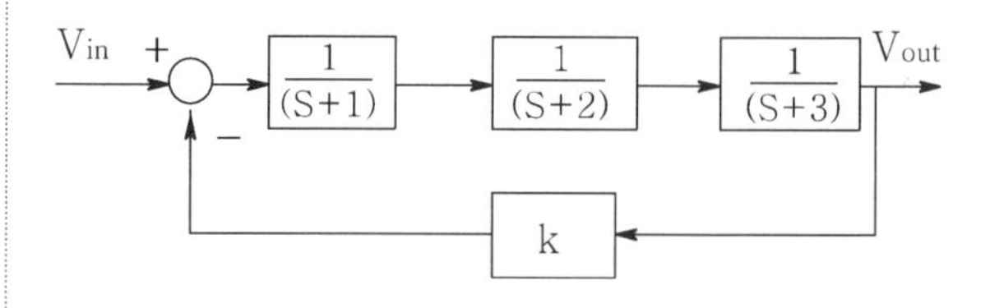

① −6〈K〈60 ② 0〈K〈60
③ 1−〈K〈3 ④ 0〈K〈3

|정|답|및|해|설|

[특성방정식] $G(s) = \frac{G(s)}{1+(G(s)H(s))}$ 에서 분모가 0이되는 함수

그러므로 $1+G(s)H(s) = 1 + \left(\frac{K}{(s+1)(s+2)(s+3)}\right)$

$= \frac{s^3+6s^2+11s+6+K}{s^3+6s^2+11s+6} = 0$

→ (방정식이 0이되기 위해서는 분자가 0이어야 하므로)

즉, 특성 방정식은 $s^3+6s^2+11s+6+k=0$ 이다.

$s^3+6s^2+11s+6+k=0$ 의 루드표는 다음과 같다.

S^3	1	11
S^2	6	$6+K$
S^1	$\frac{66-(6+K)}{6}$	0
S^0	$6+K$	

제1열의 부호 변화가 없어야 안정하므로

$\frac{66-(6+K)}{6} > 0$, $(6+K) > 0$에서

$\frac{66-(6+K)}{6} > 0$

$66-6-K>0 \rightarrow K<60$

$\therefore K$의 범위는 $-6<K<60$

【정답】 ①

62. $f(t) = \sin t \cdot \cos t$를 라플라스 변환하면?

① $\frac{1}{s^2+1^2}$ ② $\frac{1}{s^2+2^2}$
③ $\frac{1}{(s+2)^2}$ ④ $\frac{1}{(s+4^2)}$

|정|답|및|해|설|

[라플라스 변환]

$\sin t \cos t = \frac{1}{2}\sin 2t$

$F(s) = \mathcal{L}[\sin t \cos t] = \mathcal{L}\left[\frac{1}{2}\sin 2t\right] = \frac{1}{2} \cdot \frac{2}{s^2+2^2} = \frac{1}{s^2+4}$

【정답】 ②

63. 다음 중 $f(t)=e^{-at}$의 z변환은?

① $\dfrac{1}{z-e^{-at}}$ ② $\dfrac{1}{z+e^{-at}}$

③ $\dfrac{z}{z-e^{-at}}$ ④ $\dfrac{z}{z+e^{-at}}$

|정|답|및|해|설|

[라플라스 변환표]

$f(t)$	$F(s)$ (라플라스변환)	$F(z)$ (z변환)
$\delta(t)$ 단위임펄스함수	1	1
$u(t)$ 단위계단함수	$\dfrac{1}{s}$	$\dfrac{z}{z-1}$
t	$\dfrac{1}{s^2}$	$\dfrac{Tz}{(z-1)^2}$
e^{-at}	$\dfrac{1}{s+a}$	$\dfrac{z}{z-e^{-at}}$

【정답】 ③

64. 다음의 블록선도와 같은 것은?

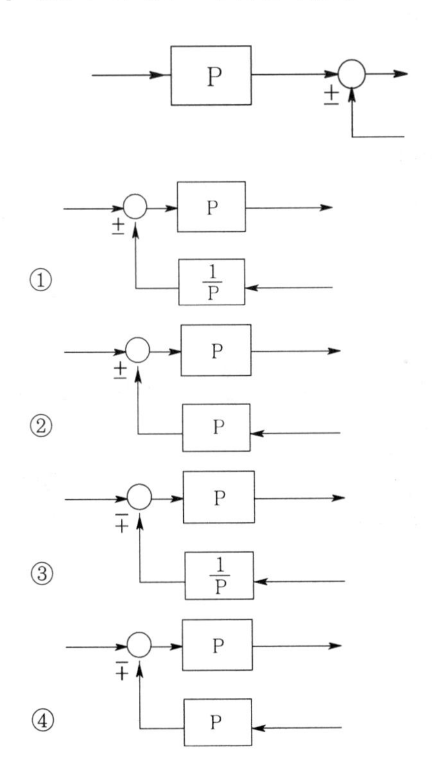

|정|답|및|해|설|

[전달함수]

그림의 전달함수는 $G(s)=\dfrac{G(s)}{1+G(s)H(s)}=\dfrac{P\pm1}{1+0}=P\pm1$

① $G(s)=\dfrac{P\pm(\dfrac{1}{P}\cdot P)}{1+0}=P\pm1$ 【정답】 ①

65. 자동제어계의 기본적 구성에서 제어요소는 무엇으로 구성 되는가?

① 비교부와 검출부 ② 검출부와 조작부

③ 검출부와 조절부 ④ 조절부와 조작부

|정|답|및|해|설|

[제어요소] 제어 요소는 동작 신호를 조작량으로 변환하는 요소이고 조절부와 조작부로 이루어진다. 【정답】 ④

66. 다음과 같은 계전기 회로는 어떤 회로인가?

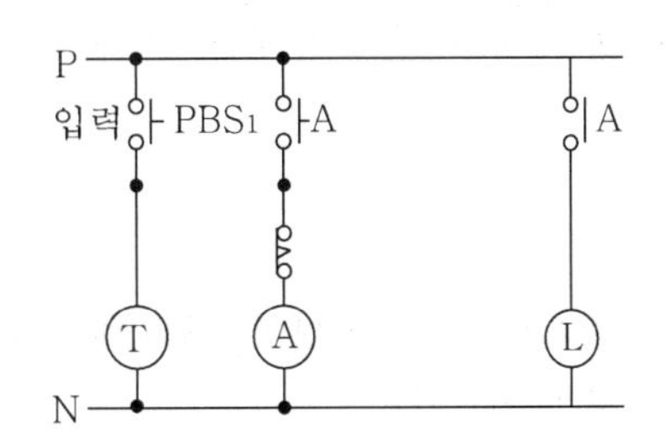

① 쌍안정 회로 ② 단안정 회로

③ 인터록 회로 ④ 일치 회로

|정|답|및|해|설|

[단안정 회로] 정해진 시간(설정 시간) 동안만 출력이 생기는 회로

그림의 회로는 PBS_1을 누르면 T와 A가 여자 되고 A에 관계된 접점이 동작하여 A가 자기유도 되고 L이 여자 된다.

T의 설정시간 후 A가 소자되고 L이 소자되어 동작을 멈추는 회로로 단안정 회로이다. 【정답】 ②

67. 응답이 최종값의 10[%]에서 90[%]까지 되는데 요하는 시간은?

① 상승시간(rising time)
② 지연시간(delay time)
③ 응답시간(response time)
④ 정정시간(setting time)

|정|답|및|해|설|

[상승시간] 상승 시간(rising time)이란 응답이 처음으로 희망값에 도달하는데 요하는 시간으로 T_r로 정의한다. 일반적으로 응답이 희망값의 10[%]에서 90[%]까지 도달하는데 요하는 시간을 말한다.

【정답】 ①

68. $G(s)H(s)=\dfrac{K}{s(s+4)(s+5)}$ 에서 근궤적의 개수는?

① 1　② 2　③ 3　④ 4

|정|답|및|해|설|

[근궤적의 수(N)]

· z(영점의수) $> p$(극의수)이면 $N=z$
· $z < p$이면 $N=p$
· 극점(p) : 함수의 분모가 0이 되는 점. 즉 0, −4, −5 → 3개
· 영점(z) : 함수의 분자가 0이 되는 점, 0개

$\therefore z=0$, 극점 $p=3$이므로 근궤적의 수 $N=p=3$이다.

【정답】 ③

69. 대칭 n상에서 선전류와 상전류 사이의 위상차[rad]는 어떻게 되는가?

① $\frac{n}{2}(1-\frac{\pi}{2})$　② $\frac{\pi}{2}(1-\frac{n}{2})$

③ $2(1-\frac{\pi}{n})$　④ $\frac{\pi}{2}(1-\frac{2}{n})$

|정|답|및|해|설|

[환상결선] 대칭 n상에서 선전류는 상전류보다 $\frac{\pi}{2}\left(1-\frac{2}{n}\right)$[rad]만큼 위상이 뒤진다.

3상 $30^\circ=\frac{\pi}{6}$, 6상 $60^\circ=\frac{\pi}{3}$

【정답】 ④

70. 그림과 같은 RC 회로에서 전압 $v_i(t)$를 입력으로 하고 전압 $v_0(t)$를 출력으로 할 때, 이에 맞는 신호 흐름 선도는? (단, 전달함수의 초기값은 0이다.)

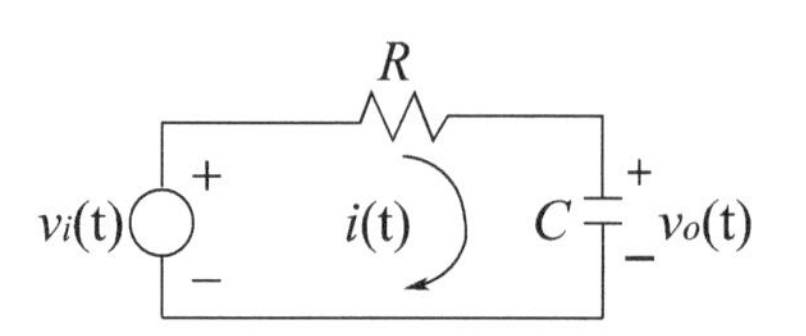

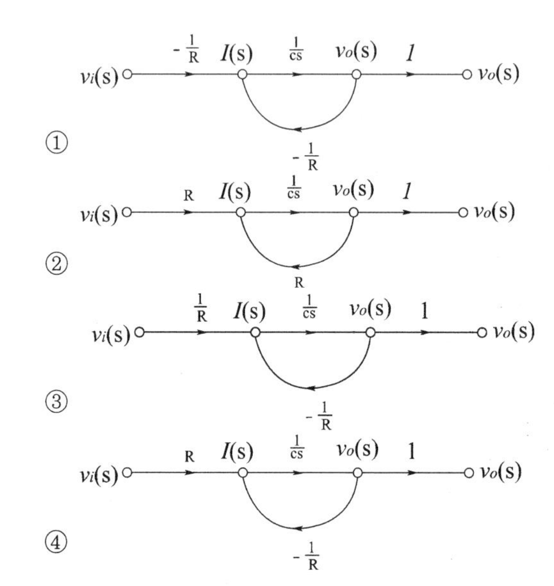

|정|답|및|해|설|

[전달함수] 직렬회로에서 전달함수가 $\frac{V_0(t)}{V_i(t)}$이므로 임피던스 비와 같다.

$$\frac{\frac{1}{C_s}}{R+\frac{1}{C_s}}=\frac{1}{RC_s+1}$$

전달함수를 각 항마다 전부 $\frac{\text{경로}}{1-\text{폐로}}$로 구해보면 ③그림에서

$$G(s)=\frac{\frac{1}{R}\cdot\frac{1}{C_s}}{1-\left(\frac{1}{C_s}\right)\left(\frac{1}{R}\right)}=\frac{1}{RC_s+1}$$

【정답】 ③

71. $G(s)=\dfrac{k}{jw(jw+1)}$ 의 나이퀴스트 선도는?

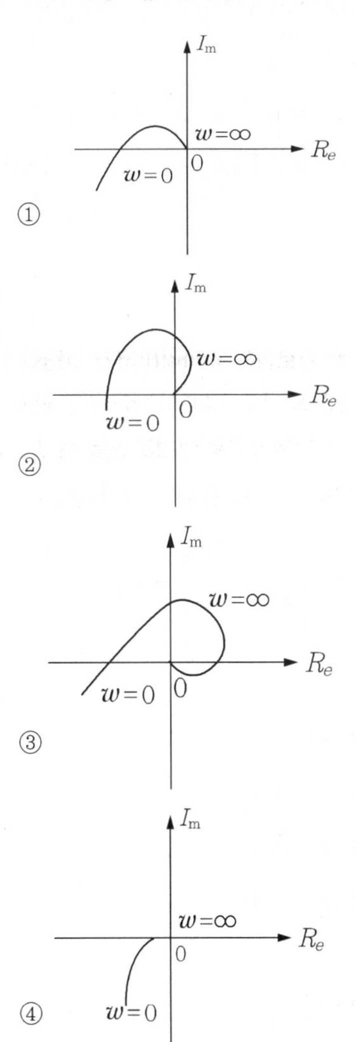

|정|답|및|해|설|

[나이퀴스트 선도]

$$\lim_{w\to 0}G(jw)=\lim_{w\to 0}\left|\frac{K}{jw(jw+1)}\right|=\lim_{w\to 0}\left|\frac{K}{jw}\right|=\infty$$

$$\lim_{w\to 0}\angle G(jw)=\lim_{w\to 0}\angle\frac{K}{jw(jw+1)}=\lim_{w\to 0}\angle\frac{K}{jw}=-90^\circ$$

$$\lim_{w\to\infty}G(jw)=\lim_{w\to\infty}\left|\frac{K}{jw(jw+1)}\right|=\lim_{w\to\infty}\left|\frac{K}{(jw)^2}\right|=0$$

$$\lim_{w\to\infty}\angle G(jw)=\lim_{w\to\infty}\angle\frac{K}{jw(jw+1)}=\lim_{w\to\infty}\angle\frac{K}{(jw)^2}=-180^\circ$$

【정답】 ④

|참|고|

[답을 찾는 다른 방법]

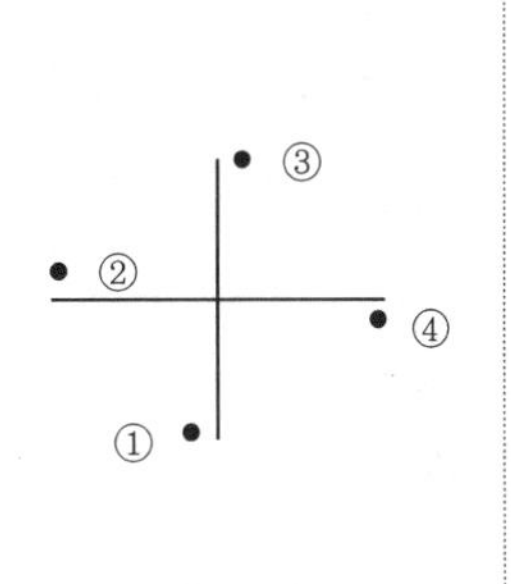

$G(jw)=\dfrac{K}{jw^n(jw+1)}$

1. 분모의 앞 $j\omega^n$에서
   - $n=1$: ①번에서 출발
   - $n=2$: ②번에서 출발
   - $n=3$: ③번에서 출발
   - $n=0,\ 4$: ④번에서 출발
2. 분모의 식에서 괄호의 수
   - ( ) : 1개의 사면 통과
   - ( )( ) : 2개의 사면 통과
   - ( )( )( ) : 3개의 사면 통과

72. 그림과 같은 단위계단함수는?

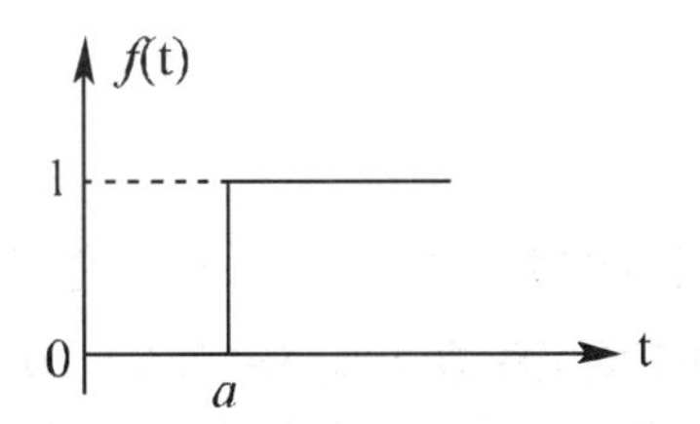

① $u(t)$　② $u(t-a)$　③ $u(a-t)$　④ $-u(t-a)$

|정|답|및|해|설|

[단위계단함수] $f(t)=1\cdot u(t-a)=\dfrac{1}{S}e^{-as}$

a초만큼 지연된 것이므로 $u(t-a)$가 된다.

※ $f(t)=1\cdot u(t)$ →

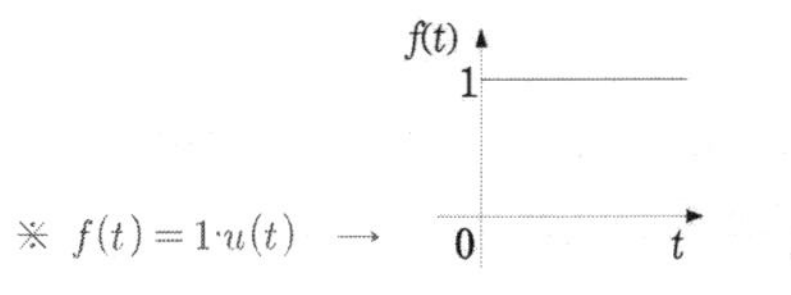

【정답】 ②

73. 어느 소자에 걸리는 전압은 $v=3\cos 3t[V]$이고, 흐르는 전류 $i=-2\sin(3t+10^\circ)[A]$이다. 전압과 전류간의 위상차는?

① 10°　② 30°　③ 70°　④ 100°

|정|답|및|해|설|

[위상차]

- 전압 $v=3\cos 3t=3\sin(3t+90^\circ)[V]$
- 전류 : $i=-2\sin(3t+10^\circ)=2\sin(3t-10^\circ)$

∴ 전압(v)과 전류(i)의 위상차 $=90^\circ-(-10^\circ)=100^\circ$

【정답】 ④

74. 다음과 같은 왜형파의 실효값은?

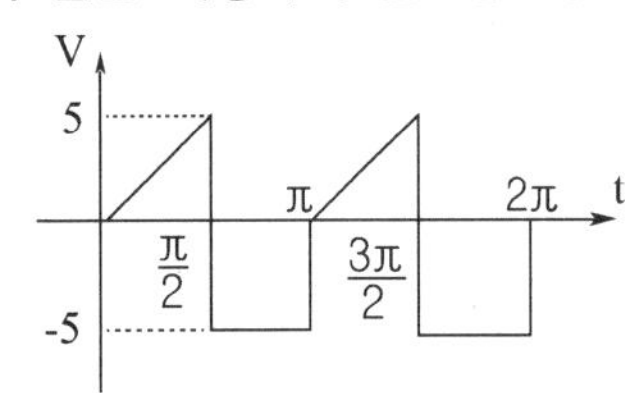

① $5\sqrt{2}$ ② $\dfrac{10}{\sqrt{6}}$

③ 15 ④ 35

|정|답|및|해|설|

[실효값] $V=\sqrt{\dfrac{1}{T}\int_0^T v(t)^2 dt}$

$=\sqrt{\dfrac{1}{\pi}\left\{\int_0^{\frac{\pi}{2}}(5t)^2dt+\int_{\frac{\pi}{2}}^{\pi}5^2dt\right\}}=\dfrac{10}{\sqrt{6}}$ [A]

【정답】 ②

75. 권수가 2000회이고, 저항이 $12[\Omega]$인 솔레노이드에 전류 10[A]를 흘릴 때, 자속이 $6\times10^{-2}[wb]$가 발생하였다. 이 회로의 시정수[sec]는?

① 1 ② 0.1

③ 0.01 ④ 0.001

|정|답|및|해|설|

[$R-L$회로의 시정수] $r=\dfrac{L}{R}$[sec]

인덕턴스 $L=\dfrac{N\varnothing}{I}$

여기서, L : 인덕턴스, R : 저항, N : 권수, $\varnothing$: 자속

$L=\dfrac{N\varnothing}{I}=\dfrac{2000\times6\times10^{-2}}{10}=12[H]$

$\therefore r=\dfrac{L}{R}=\dfrac{12}{12}=1[s]$

【정답】 ①

76. 자기인덕턴스 0.1[H]인 코일에 실효값 100[V], 60[Hz], 위상각 0°인 전압을 가했을 때 흐르는 전류의 실효값은 약 몇 [A]인가?

① 1.25 ② 2.24

③ 2.6 ④ 3.41

|정|답|및|해|설|

[전류의 실효값] $I=\dfrac{V}{Z}=\dfrac{V}{R+X}$ 에서 저항이 주어지지 않았으므로

$I=\dfrac{V\angle0^\circ}{jX_L}=\dfrac{V\angle0^\circ}{j\omega L}=\dfrac{V\angle0^\circ}{2\pi fL}$ $\rightarrow (X_L=\omega L=2\pi fL)$

$=\dfrac{100\angle0^\circ-90^\circ}{2\pi\times60\times0.1}=2.65[A]\angle-90^\circ=2.65[A]$

L회로 이므로 I는 V보다 90° 늦다.

【정답】 ③

77. 어떤 2단자 쌍 회로망의 Y 파라미터가 그림과 같다. a–a' 단자간에 $V_1=36V$, b–b' 단자간에 $V_2=24V$의 정전압원을 연결하였을 때 I_1, I_2값은? (단, Y파라미터의 단위는 [℧]이다.)

a, a' (V_1, I_1) — $\dfrac{1}{6}$, $\dfrac{1}{-12}$, $\dfrac{1}{-12}$, $\dfrac{1}{6}$ — b, b' (V_2, I_2)

① $I_1=4[A], I_2=5[A]$

② $I_1=5[A], I_2=4[A]$

③ $I_1=1[A], I_2=4[A]$

④ $I_1=4[A], I_2=1[A]$

|정|답|및|해|설|

[Y(어드미턴스) 파라미터]

a, a' (36[V], I_1) — Y_{11}, Y_{12}, Y_{21}, Y_{22} — b, b' (24[V], I_2)

$\begin{bmatrix}a&b\\c&d\end{bmatrix}\begin{bmatrix}e\\f\end{bmatrix}=\begin{bmatrix}ae+bf\\ce+df\end{bmatrix}$로 구한다.

$\begin{bmatrix}I_1\\I_2\end{bmatrix}=\begin{bmatrix}Y_{11}&Y_{12}\\Y_{21}&Y_{22}\end{bmatrix}\begin{bmatrix}V_1\\V_2\end{bmatrix}=\begin{bmatrix}\frac{1}{6}&-\frac{1}{12}\\-\frac{1}{12}&\frac{1}{6}\end{bmatrix}\begin{bmatrix}36\\24\end{bmatrix}$

$=\begin{bmatrix}\frac{1}{6}\times36-\frac{1}{12}\times24\\-\frac{1}{12}\times36+\frac{1}{6}\times24\end{bmatrix}=\begin{bmatrix}4\\1\end{bmatrix}$

【정답】 ④

78. 2전력계법으로 평형 3상 전력을 측정하였더니 한쪽의 지시가 500[W], 다른 한쪽의 지시가 1500[W]이었다. 피상전력은 약 몇 [VA]인가?

① 2000 ② 2310
③ 2646 ④ 2771

|정|답|및|해|설|

[2전력계법에 의한 피상전력]

$P_a = \sqrt{P^2+P_r^2} = 2\sqrt{W_1^2+W_2^2-W_1W_2}$

여기서, P : 유효전력, P_r : 무효전력

$P_a = 2\sqrt{P_1^2+P_2^2-P_1P_2} = 2\sqrt{500^2+1500^2-500\times1500}$
$= 2645.75[VA]$

【정답】 ③

79. 위상 정수가 $\frac{\pi}{8}[rad/m]$인 선로의 1[MHz]에 대한 전파속도는 몇 [m/s]인가?

① 1.6×10^7 ② 3.2×10^7
③ 5.0×10^7 ④ 8.0×10^7

|정|답|및|해|설|

[전파속도] $v = \lambda f = \frac{\omega}{\beta} = \frac{2\pi f}{\beta}[m/s]$

여기서, λ[m] : 전파의 파장, $f[Hz]$: 주파수, v : 전파속도
ω : 각속도, β : 위상정수

$\therefore v = \frac{2\pi f}{\beta} = \frac{2\pi\times1\times10^6}{\frac{\pi}{8}} = 16\times10^6 = 1.6\times10^7[m/s]$

【정답】 ①

80. 3상 불평형 전압에서 역상전압 50[V], 정상전압 250[V] 및 영상 전압 20[V]이면, 전압 불평형률은 몇 [%]인가?

① 10 ② 15
③ 20 ④ 25

|정|답|및|해|설|

[불평형률] 전압의 불평형률 $= \frac{\text{역상전압}}{\text{정상전압}} = \frac{50}{250}\times100 = 20[\%]$

【정답】 ③

81. 저압 옥내배선 합성수지관 공사시 연선이 아닌 경우 사용할 수 있는 전선의 최대 단면적은 몇 $[mm^2]$인가? (단, 알루미늄선은 제외한다.)

① 4 ② 6
③ 10 ④ 16

|정|답|및|해|설|

[합성수지관 공사(KEC 232.11)]

1. 전선은 절연전선(옥외용 비닐 절연전선을 제외한다)일 것
2. 전선은 연선일 것. 다만, 다음의 것은 적용하지 않는다.
   ① 짧고 가는 합성수지관에 넣은 것
   ② 단면적 $10[mm^2]$(알루미늄선은 단면적 $16[mm^2]$) 이하일 것
3. 전선은 합성수지관 안에서 접속점이 없도록 할 것

【정답】 ③

82. 특고압 가공전선로에서 발생하는 극저주파 전계는 지표상 1[m]에서 전계가 몇 [kV/m] 이하가 되도록 시설하여야 하는가?

① 3.5 ② 2.5
③ 1.5 ④ 0.5

|정|답|및|해|설|

[유도장해 방지 (기술기준 제17조)]

특고압 가공전선로에서 발생하는 극저주파 전자계는 지표상 1[m]에서 전계가 3.5[kv/m] 이하, 자계가 83.3[μT] 이하가 되도록 시설하는 등 상시 정전유도 및 전자유도 작용에 의하여 사람에게 위험을 줄 우려가 없도록 시설하여야 한다.

【정답】 ①

83. 태양전지 모듈에 사용하는 연동선의 최소 단면적 $[mm^2]$은?

① 1.5 ② 2.5
③ 4.0 ④ 6.0

|정|답|및|해|설|

[태양광 발전설비의 전기배선 (kec 522.1.1)]

전선은 공칭단면적 $2.5[mm^2]$ 이상의 연동선 또는 이와 동등 이상의 세기 및 굵기의 것일 것

【정답】 ②

84. 내부 고장이 발생하는 경우를 대비하여 자동차단장치 또는 경보장치를 시설하여야 하는 특고압용 변압기의 뱅크 용량의 구분으로 알맞은 것은?

① 5000[kVA] 미만
② 5000[kVA] 이상 10000[kVA] 미만
③ 10000[kVA] 이상
④ 10000[kVA] 이상 15000[kVA] 미만

|정|답|및|해|설|

[특고압용 변압기의 보호장치 (KEC 351.4)]

뱅크 용량의 구분	동작 조건	장치의 종류
5,000[kVA] 이상 10,000[kVA] 미만	변압기 내부 고장	자동 차단 장치 또는 경보 장치
10,000[kVA] 이상	변압기 내부 고장	자동 차단 장치
타냉식 변압기(변압기의 권선 및 철심을 직접 냉각시키기 위하여 봉입한 냉매를 강제 순환시키는 냉각 방식을 말한다.)	냉각 장치에 고장이 생긴 경우 또는 변압기의 온도가 현저히 상승한 경우	경보 장치

【정답】 ②

85. 사용전압 60[kV] 이하의 특고압 가공저선로에서 유도장해를 방지하기 위하여 전화 선로의 길이 12[km]마다 유도 전류가 몇 [μA]를 넘지 않아야 하는가?

① 1 ② 2
③ 3 ④ 5

|정|답|및|해|설|

[특고압선의 유도 장해의 방지 (KEC 333.2)]

· 사용전압이 60[kV] 이하인 경우에는 전화선로의 길이 12[km] 마다 유도전류가 2[μA]를 넘지 아니하도록 할 것.
· 사용전압이 60[kV]를 초과하는 경우에는 전화선로의 길이 40[km] 마다 유도전류가 3[μA]을 넘지 아니하도록 할 것.

【정답】 ②

86. 지지물이 A종 철근 콘크리트주일 때, 고압 가공전선로의 지지물 간 거리(경간)는 몇 [m] 이하인가?

① 150 ② 250
③ 400 ④ 600

|정|답|및|해|설|

[고압 가공전선로의 지지물 간 거리(경간)의 제한 (KEC 332.9)]

지지물의 종류	표준 지지물 간 거리(경간)[m]
목주, A종 철근 콘크리트주	150
B종 철근 콘크리트주	250
철탑	600(단주 400)

【정답】 ①

87. 고압 및 특고압 전로 중 전로에 지락이 생긴 경우에 자동적으로 전로를 차단하는 장치를 하지 않아도 되는 곳은?

① 발전소, 변전소 또는 이에 준하는 곳의 인출구
② 수전점에서 수전하는 전기를 모두 그 수전점에 속하는 수전 장소에서 변성하여 사용하는 경우
③ 다른 전기사업자로부터 공급을 받는 수전점
④ 단권 변압기를 제외한 배전용 변압기의 시설장소

|정|답|및|해|설|

[지락차단장치 등의 시설(KEC 341.12)]

고압 또는 특별고압전로 중 다음 곳에는 지기 발생 시 자동 차단 장치를 시설할 것

· 발·변전소 또는 이에 준하는 곳의 인출구
· 다른 전기사업자로부터 공급받는 수전점
· 배전용 변압기(단권 변압기 제외)의 시설장소

【정답】 ②

88. 사무실 건물의 조명설비에 사용되는 백열전등 또는 방전등에 전기를 공급하는 옥내전로의 대지전압은 몇 [V] 이하인가?

① 250 ② 300 ③ 350 ④ 400

|정|답|및|해|설|

[1[kV] 이하 방전등 (kec 234.11.1)] 백열전등 또는 방전등에 전기를 공급하는 옥내의 전로의 대지전압은 300[V] 이하이어야 하며, 다음 각 호에 의하여 시설하여야 한다. 다만, 대지전압 150[V] 이하의 전로인 경우에는 다음 각 호에 의하지 아니할 수 있다.

1. 방전등 및 이에 부속하는 전선은 사람이 접촉할 우려가 없도록 시설할 것
2. 방전등용 안정기는 옥내배선과 직접 접속하여 시설할 것

|참|고|

[대자전압]

1. 90[%] 이상은 300[V]
2. 예외인 경우
   ① 누설전압이 없는 경우 → 대지전압 150[V]
   ② 전기저장장치, 태양광설비 → 직류 600[V]

【정답】 ②

89. 전력보안 통신 설비 시설시 가공전선로로부터 가장 주의하여야 하는 것은?

① 전선의 굵기
② 단락전류에 의한 기계적 충격
③ 전자유도작용
④ 와류손

|정|답|및|해|설|

[전력유도의 방지(KEC 362.4)] 전력보안 통신설비는 가공전선로로부터의 정전유도 또는 전자유도작용에 의하여 사람에게 위험을 줄 우려가 없도록 시설하여야 한다. 【정답】 ③

90. 가공전선로의 지지물에 하중이 가하여지는 경우에 그 하중을 받는 지지물의 기초 안전율은 특별한 경우를 제외하고 최소 얼마 이상인가?

① 1.5 ② 2 ③ 2.5 ④ 3

|정|답|및|해|설|

[가공전선로 지지물의 기초 안전율 (KEC 331.7)] 가공전선로의 지지물에 하중이 가하여지는 경우에 그 하중을 받는 지지물의 기초 안전율은 2(이상 시 상정하중이 가하여지는 경우의 그 이상 시 상정하중에 대한 철탑의 기초에 대하여는 1.33) 이상이어야 한다.
【정답】 ②

91. 가공 전선로의 지지물에 지지선을 시설하려고 한다. 이 지지선의 시설기준으로 옳은 것은?

① 소선 지름 : 2.0[mm], 안전율 : 2.5, 인장하중 : 2.11[kN]
② 소선 지름 : 2.6[mm], 안전율 : 2.5, 인장하중 : 4.31[kN]
③ 소선 지름 : 1.6[mm], 안전율 : 2.0, 인장하중 : 4.31[kN]
④ 소선 지름 : 2.6[mm], 안전율 : 1.5, 인장하중 : 3.21[kN]

|정|답|및|해|설|

[지지선의 시설 (KEC 331.11)]
·철탑은 지지선으로 지지하지 않는다.
·지지선의 안전율은 2.5 허용인장하중은 4.31[KN]
·소선은 3가닥 이상의 연선이며 지름 2.6[mm] 이상의 금속선을 사용한다.
·지중부분 및 지표상 30[cm] 까지 부분에는 아연 도금한 철봉을 사용할 것
·지지선의 높이는 도로 횡단 시 5[m](교통에 지장이 없는 경우 4.5[m])
【정답】 ②

92. 22.9[kV]의 가공 전선로를 시가지에 시설하는 경우 전선의 지표상 높이는 최소 몇 [m] 이상인가? (단, 전선은 특고압 절연전선을 사용한다.)

① 6 ② 7 ③ 8 ④ 10

|정|답|및|해|설|

[시가지 등에서 특고압 가공전선로의 시설 (KEC 333.1)]
170[kV] 이하 특고압 가공전선로 높이

사용전압의 구분	지표상의 높이
35[kV] 이하	10[m] (전선이 특고압 절연전선인 경우 8[m])
35[kV] 초과	10[m]에 35[kV]를 초과하는 10[kV] 또는 그 단수마다 12[cm]를 더한 값. 즉, $10+(n\times0.12)[m]$ (단수(n)=$\frac{사용전압-35}{10}$)

【정답】 ③

93. 가공전선로의 지지물에 시설하는 지지선으로 연선을 사용할 경우 소선은 최소 몇 가닥 이상이어야 하는가?

① 3 ② 5
③ 7 ④ 9

|정|답|및|해|설|

[지지선의 시설 (KEC 331.11)]
· 소선 3가닥 이상의 연선
· 지지선의 안전율이 2.5 이상일 것
· 소선의 지름이 2.6[mm] 이상의 금속선을 사용할 것
· 지중 및 지표상 30[cm]까지의 부분은 아연도금 철봉 등을 사용
· 도로 횡단시의 높이 : 5[m] (교통에 지장이 없을 경우 4.5[m])
【정답】 ①

94. 지중전선로를 직접 매설식에 의하여 시설할 때, 중량물의 압력을 받을 우려가 있는 장소에 지중 전선을 견고한 트로프 기타 방호물에 넣지 않고도 부설할 수 있는 케이블은?

① 염화비닐 절연 케이블
② 폴리 에틸렌 외장 케이블
③ 콤바인덕트 케이블
④ 알루미늄피 케이블

|정|답|및|해|설|

[지중 전선로의 시설 (KEC 334.1)] 저압 또는 고압의 지중전선에 콤바인덕트 케이블을 사용하여 시설하는 경우에는 지중 전선을 견고한 트로프 기타 방호물에 넣지 아니하여도 된다.

|참|고|

[지중전선로 시설]
전선은 케이블을 사용하고, 관로식, 암거식, 직접 매설식에 의하여 시공한다.

1. 직접 매설식 : 매설 깊이는 중량물의 압력이 있는 곳은 1.0[m] 이상, 없는 곳은 0.6[m] 이상으로 한다.
2. 관로식 : 매설 깊이를 1.0[m]이상, 중량물의 압력을 받을 우려가 없는 곳은 60[cm] 이상으로 한다.
3. 암거식 : 지하 구조물 내 케이블 지지대를 설치하고 그 위에 케이블을 부설하는 방식

【정답】 ③

95. 중성점 직접 접지식 전로에 연결되는 최대사용전압이 69[kV]인 전로의 절연내력 시험 전압은 최대사용전압의 몇 배인가?

① 1.25　　② 0.92
③ 0.72　　④ 1.5

|정|답|및|해|설|

[전로의 절연저항 및 절연내력 (KEC 132)]

접지 방식	최대 사용전압	시험 전압(최대 사용전압 배수)	최저 시험 전압
비접지	7[kV] 이하	1.5배	500[V]
	7[kV] 초과	1.25배	10,500[V] (60[kV] 이하)
중성점접지	60[kV] 초과	1.1배	75[kV]
중성점직접 접지	60[kV] 초과 170[kV] 이하	0.72배	
	170[kV] 초과	0.64배	
중성전다중 접지	25[kV] 이하	0.92배	500[V] (75[kV] 이하)

【정답】 ③

96. 옥내 저압전선으로 나전선의 사용이 기본적으로 허용되지 않는 것은?

① 애자사용공사의 전기로용 전선
② 놀이용(유희용) 전차에 전기 공급을 위한 접촉전선
③ 제분 공장의 전선
④ 애자사용공사의 전선 피복 절연물이 부식하는 장소에 시설하는 전선

|정|답|및|해|설|

[나전선의 사용 제한 (KEC 231.4)] 옥내에 시설하는 저압 전선에는 나전선을 사용하여서는 안 된다.
옥내에 시설하는 저압 전선에 나전선을 사용할 수 있는 경우는 다음과 같다.

1. 전기로용 전선 및 절연물이 부식하는 장소에 시설하는 전선을 애자사용공사에 의하는 경우
2. 접촉 전선
3. 라이팅 덕트 공사 또는 버스 덕트 공사의 경우

【정답】 ③

2015년 2회 전기기사 필기 기출문제

2회 2015년 전기기사필기 (전기자기학)

1. 반경 a인 구도체에 $-Q$의 전하를 주고 구도체의 중심 O에서 $10a$되는 점 P에 $10Q$의 점전하를 놓았을 때, 직선 OP위의 점 중에서 전위가 0이 되는 지점과 구도체의 중심 O와의 거리는?

① $\frac{a}{5}$ ② $\frac{a}{2}$ ③ a ④ $2a$

|정|답|및|해|설|

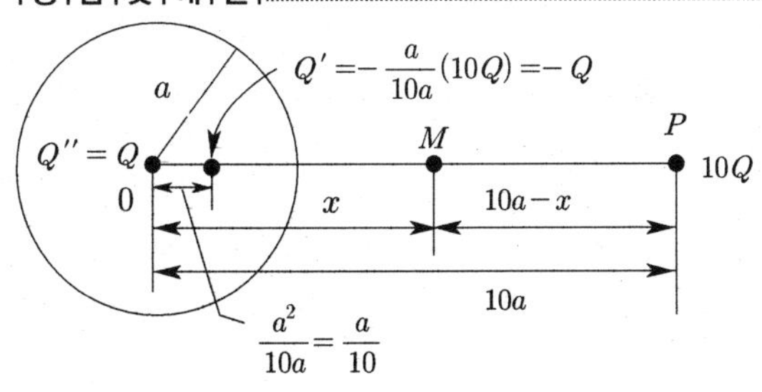

P의 점전하 $10Q$에 의한 구도체 내에 두 영상전하 Q', Q''

$Q' = -\frac{a}{10a}(10Q) = -Q$, $Q'' = Q$

구도체에 준 전하 $-Q$는 영상전하 $Q'' = Q$와 중화

P의 $10Q$와 영상전하 $Q' = -Q$에 의한 전위

$V_M = 0$인 조건에 의해

$$\frac{10Q}{4\pi\epsilon(10a-x)} + \frac{-Q}{4\pi\epsilon\left(x - \frac{a}{10}\right)} = 0$$

$$\frac{10Q}{4\pi\epsilon(10a-x)} = \frac{Q}{4\pi\epsilon\left(x - \frac{a}{10}\right)}$$

$$10\left(x - \frac{a}{10}\right) = 10a - x \rightarrow 10x - a = 10a - x \quad \therefore a = x$$

【정답】 ③

2. 유전율 ϵ, 전계의 세기 E인 유전체의 단위 체적에 축적되는 에너지는?

① $\frac{E}{2\epsilon}$ ② $\frac{\epsilon E}{2}$

③ $\frac{\epsilon E^2}{2}$ ④ $\frac{\epsilon^2 D^2}{2}$

|정|답|및|해|설|

[단위 체적에 축적되는 에너지]

$W = \frac{1}{2}DE = \frac{1}{2}\epsilon E^2 = \frac{1}{2}\frac{D^2}{\varepsilon}$ [J/m³] $\rightarrow (D = \epsilon E)$

여기서, D : 자속밀도($D = \epsilon E$), E : 전계의 세기, ϵ : 유전율

【정답】 ③

3. 다음 중 틀린 것은?

① 도체의 전류밀도 J는 가해진 전기장 E에 비례하여 온도변화와 무관하게 항상 일정하다.

② 도전율의 변화는 원자구조, 불순도 및 온도에 의하여 설명이 가능하다.

③ 전기저항은 도체의 재질, 형상, 온도에 따라 결정되는 상수이다.

④ 고유저항의 단위는 $[\Omega \cdot m]$이다.

|정|답|및|해|설|

[전류밀도] $J = \frac{E}{\rho} = \frac{l}{RS}[S/m]$, $J = \sigma E[A/m^2]$이므로

여기서, R : 저항, ρ : 고유저항, σ : 도전율, J : 전류밀도
E : 전계의 세기

전류밀도(J)는 도전율(σ)에 비례하고 고유저항(ρ)에 반비례한다.

$(J \propto \sigma \propto \frac{1}{\rho})$

전류밀도는 도전율에 비례하고 고유저항에 반비례하는 관계로부터 온도변화에 관계한다.

【정답】 ①

4. 그림과 같은 동축 원통의 왕복 전류회로가 있다. 도체 단면에 고르게 퍼진 일정 크기의 전류가 내부 도체로 흘러 들어가고 외부 도체로 흘러나올 때, 전류에 의해 생기는 자계에 대하여 틀린 것은?

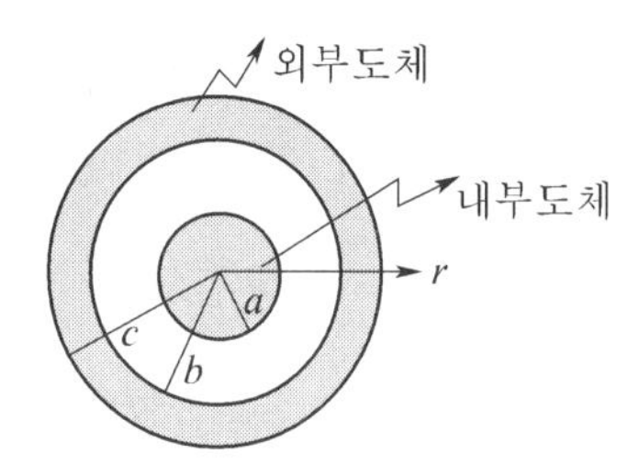

① 외부공간($r > c$)의 자계는 영(0)이다.

② 내부 도체 내($r < a$)에 생기는 자계의 크기는 중심으로부터 거리에 비례한다.

③ 외부 도체 내($b < r < c$)에 생기는 자계의 크기는 중심으로부터 거리에 관계없이 일정하다.

④ 두 도체사이(내부 공간)($a < r < b$)에 생기는 자계의 크기는 중심으로부터 거리에 반비례한다.

|정|답|및|해|설|

① $r < c$인 점의 자계 H_1는, $H_1 2\pi r = I - I = 0$, $\therefore H_1 = 0$

② $r < a$인 점의 자계를 H_2이라 하면, 반지름 r 내를 흐르는 전류, 즉 쇄교하는 전류 $I_r = \frac{\pi r^2}{\pi a^2} I = \frac{r^2}{a^2} I$

주회 적분의 법칙에서 $H_2 2\pi r = I_r$

$\therefore H_2 = \frac{I_r}{2\pi r} = \frac{1}{2\pi r}\frac{r^2}{a^2} I = \frac{rI}{2\pi a^2}$ [A/m]

③ $b < r < c$인 점의 자계 H_3

$H_3 2\pi r = I - \frac{\pi r^2 - \pi b^2}{\pi c^2 - \pi b^2} I = \left(1 - \frac{r^2 - b^2}{c^2 - b^2}\right) I$

$\therefore H_3 = \frac{I}{2\pi r}\left(1 - \frac{r^2 - b^2}{c^2 - b^2}\right)$ [A/m]

따라서 외부 도체 내($b < r < c$)에 생기는 자계의 크기는 중심으로부터 거리에 비례한다.

④ $a < r < b$일 때의 자계 H_4는 $H_4 2\pi r = I$

$\therefore H_4 = \frac{I}{2\pi r}$ [A/m] 【정답】 ③

5. 내구의 반지름이 a[m], 외구의 반지름이 b[m]인 동심구형 콘덴서의 내구의 반지름과 외구의 내 반지름을 각각 2a, 2b로 증가시키면 이 동심구형 콘덴서의 정전용량은 몇 배로 되는가?

① 1 ② 2 ③ 3 ④ 4

|정|답|및|해|설|

[동심 구형 콘덴서의 정전용량] $C = \frac{4\pi\epsilon_0}{\frac{1}{a} - \frac{1}{b}} = \frac{4\pi\epsilon_0 ab}{b-a}$ [F]

여기서, a : 내구반지름, b : 외구반지름

내외구의 반지름을 2배로 늘린 경우의 정전 용량을 C'라 하면

$\therefore C' = \frac{4\pi\epsilon_0 (2a)(2b)}{(2b-2a)} = \frac{4\pi\epsilon_0 ab}{b-a} \times 2 = 2C$

C'는 C의 2배 증가한다. 【정답】 ②

|참|고|

※[각 도형의 정전용량]

1. 구 : $C = 4\pi\epsilon a [F]$
2. 동심구 : $C = \frac{4\pi\epsilon}{\frac{1}{a} - \frac{1}{b}} [F]$
3. 원주 : $C = \frac{2\pi\epsilon l}{\ln\frac{b}{a}} [F]$
4. 평행도선 : $C = \frac{\pi\epsilon l}{\ln\frac{d}{b}} [F]$
5. 평판 : $C = \frac{Q}{V_0} = \frac{\epsilon S}{d} = \frac{\epsilon_0 \epsilon_s S}{d}$

6. 영구자석에 관한 설명으로 옳지 않은 것은?

① 한 번 자화된 다음에는 자기를 영구적으로 보존하는 자석이다.

② 보자력이 클수록 자계가 강한 영구자석이 된다.

③ 잔류 자속밀도가 클수록 자계가 강한 영구자석이 된다.

④ 자석재료로 폐회로를 만들면 강한 영구자석이 된다.

|정|답|및|해|설|

[영구자석] 영구 자석은 보자력이 클수록 잔류 자속 밀도가 클수록 강한 영구 자석이 된다. **자석 재료로 폐회로를 만들면 강한 영구 자석이 되는 것이 아니라 자속의 감소가 적은 영구 자석**이 된다.

【정답】 ④

7. 그림과 같은 단극 유도장치에서 자속밀도 $B[T]$로 균일하게 반지름 a[m]인 원통형 영구자석 중심축 주위를 각속도 $\omega[rad/s]$로 회전하고 있다. 이 때 브러시(접촉자)에서 인출되어 저항 $R[\Omega]$에 흐르는 전류는 몇 [A]인가?

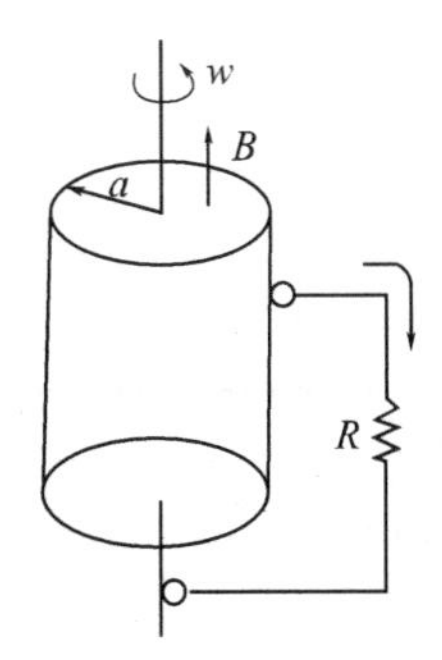

① $\dfrac{aB\omega}{R}$ ② $\dfrac{a^2B\omega}{R}$

③ $\dfrac{aB\omega}{2R}$ ④ $\dfrac{a^2B\omega}{2R}$

|정|답|및|해|설|

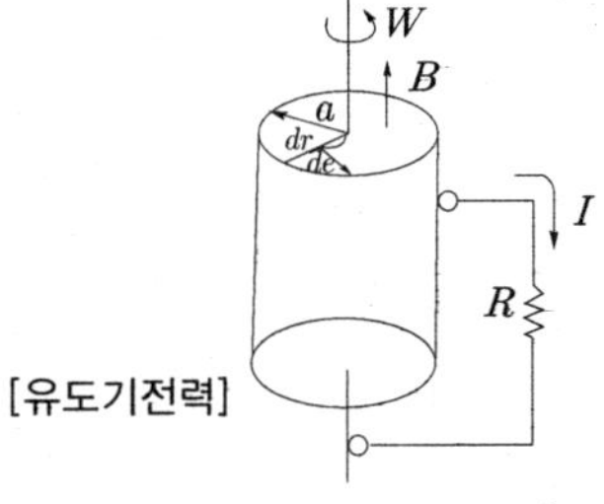

[유도기전력]

$e = \int_0^a de = wB\int_0^a rdr = wB\dfrac{a^2}{2} = \dfrac{a^2Bw}{2}[V]$

그러므로 유도기전력에 의한 전류

$i = \dfrac{e}{R} = \dfrac{a^2Bw}{2R}[A]$ 【정답】 ④

8. 다음 중 식이 틀린 것은?

① 발산의 정리 : $\int_s E\cdot ds = \int_v divEdv$

② Poisson의 방정식 : $\nabla^2 V = \dfrac{\epsilon}{\rho}$

③ Gauss의 정리 : $divD = \rho$

④ Laplace의 방정식 : $\nabla^2 V = 0$

|정|답|및|해|설|

[포아송 방정식] $\nabla^2 V = -\dfrac{\rho}{\epsilon_0}$ 【정답】 ②

9. 자극의 세기가 $8\times10^{-6}[Wb]$ 길이가 3[cm]인 막대 자석을 $120[AT/m]$의 평등 자계 내에 자력선과 30°의 각도로 놓으면 자석이 받는 회전력은 몇 $[N\cdot m]$인가?

① 3.02×10^{-5} ② 3.02×10^{-4}

③ 1.44×10^{-5} ④ 1.44×10^{-4}

|정|답|및|해|설|

[막대자석의 회전력] $T = MH\sin\theta = mlH\sin\theta[N\cdot m]$

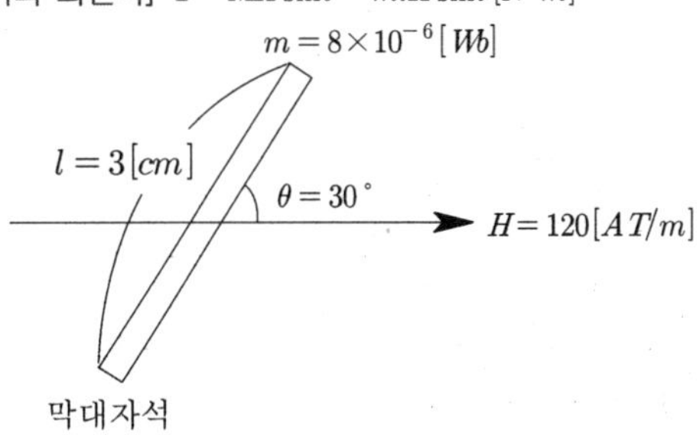

여기서, M : 자기모멘트, H : 평등자계, m : 자극

l : 자극 사이의 길이, θ ; 자석과 자계가 이루는 각

$T = mlH\sin\theta = 8\times10^{-6}\times3\times10^{-2}\times120\times\sin30^\circ$

$= 1.44\times10^{-5}[N\cdot m]$ 【정답】 ②

10. 수직편파는?

① 전계가 대지에 대해서 수직면에 있는 전자파

② 전계가 대지에 대해서 수평면에 있는 전자파

③ 자계가 대지에 대해서 수직면에 있는 전자파

④ 자계가 대지에 대해서 수평면에 있는 전자파

|정|답|및|해|설|

[수직편파] 수직편파는 대지에 대해서 전계가 수직인 전자파이다.

$P = E\times H[\mathrm{w/m^2}]$

※수평편파 : 전계가 대지에 대해서 수평면에 있는 전자파

【정답】 ①

11. 원점에서 점 (−2, 1, 2)로 향하는 단위 벡터를 a_1이라 할 때 $y=0$인 평면에 평행이고, a_1에 수직인 단위벡터 a_2는?

① $a_2 = \pm\left(\frac{1}{\sqrt{2}}a_x + \frac{1}{\sqrt{2}}a_z\right)$

② $a_2 = \pm\left(\frac{1}{\sqrt{2}}a_x - \frac{1}{\sqrt{2}}a_y\right)$

③ $a_2 = \pm\left(\frac{1}{\sqrt{2}}a_x + \frac{1}{\sqrt{2}}a_y\right)$

④ $a_2 = \pm\left(\frac{1}{\sqrt{2}}a_y - \frac{1}{\sqrt{2}}a_z\right)$

|정|답|및|해|설|

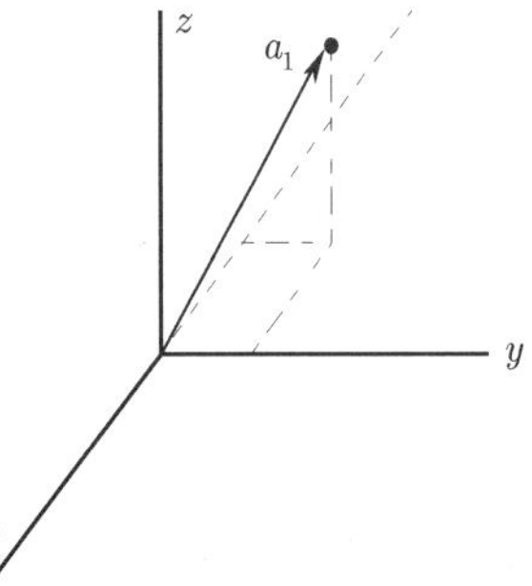

[단위벡터]

위치벡터 $A_1 = -2a_x + a_y + 2a_z$

$a_1 = \frac{-2a_x + a_y + 2a_z}{\sqrt{(-2)^2 + 1^2 + 2^2}} = \frac{-2a_x + a_y + 2a_z}{\sqrt{9}}$

단위벡터 a_2는 $y=0$인 평면($x-z$ 평면)에서 벡터성분 A_x, A_z, 또한 a_1과 수직에서 $a_1 \cdot a_2 = 0$을 만족해야 하므로

$a_2 = \pm\frac{A_x a_x + A_z a_z}{\sqrt{A_x{}^2 + A_z{}^2}}$

$a_1 \cdot a_2 = \frac{-2a_x + a_y + 2a_z}{\sqrt{10}} \cdot \left(\pm\frac{A_x a_x + A_z a_z}{\sqrt{A_x{}^2 + A_z{}^2}}\right) = 0$

$(-2a_x + a_y + 2a_z) \cdot (A_x a_x + A_z a_z) = -2A_x + 2A_z = 0$에서

$A_x = A_z$

$\therefore a_2 = \pm\frac{A_x a_x + A_x a_z}{\sqrt{A_x{}^2 + A_x{}^2}} = \pm\frac{(a_x + a_z)A_z}{\sqrt{2}A_z}$

→ ($y=0$이므로 y성분은 없다.)

$= \pm\left(\frac{1}{\sqrt{2}}a_x + \frac{1}{\sqrt{2}}a_z\right)$ 【정답】 ①

12. 평면 전자파에서 전계의 세기가 $E = 5\sin\omega\left(t - \frac{x}{v}\right)$ $[\mu V/m]$인 공기 중에서의 자계의 세기는 몇 $[\mu A/m]$인가?

① $-\frac{5\omega}{v}cos\omega\left(t - \frac{x}{v}\right)$

② $5\omega\cos\omega\left(t - \frac{x}{v}\right)$

③ $4.8 \times 10^2\sin\omega\left(t - \frac{x}{v}\right)$

④ $1.3 \times 10^{-2}\sin\omega\left(t - \frac{x}{v}\right)$

|정|답|및|해|설|

[고유(파동) 임피던스] $Z_0 = \frac{E}{H} = \sqrt{\frac{\mu}{\epsilon}}\,[\Omega]$

여기서, H : 자계의 세기, E : 전계

$\epsilon(=\epsilon_0\epsilon_s)$: 유전율, $\mu(=\mu_0\mu_s)$: 투자율

(진공이나 공기중에서의 ϵ_s, μ_s은 1이다)

$Z_0 = \frac{E}{H} = \sqrt{\frac{\mu_0}{\epsilon_0}} = \sqrt{\frac{4\pi \times 10^{-7}}{8.855 \times 10^{-12}}} = 120\pi = 377[\Omega]$

$\therefore H = \frac{E}{Z_0} = \frac{1}{377} \times 5\sin\omega\left(t - \frac{x}{v}\right)$

$= 1.3 \times 10^{-2}\sin\omega\left(t - \frac{x}{v}\right)[\mu V/m]$ 【정답】 ④

13. 자기 쌍극자에 의한 자위 $U[A]$에 해당되는 것은? (단, 자기 쌍극자의 자기 모멘트 $M[Wb \cdot m]$, 쌍극자의 중심으로부터의 거리는 $r[m]$, 쌍극자의 정방향과의 각도는 θ라 한다.)

① $6.33 \times 10^4 \times \frac{M\sin\theta}{r^3}$

② $6.33 \times 10^4 \times \frac{M\sin\theta}{r^2}$

③ $6.33 \times 10^4 \times \frac{M\cos\theta}{r^3}$

④ $6.33 \times 10^4 \times \frac{M\cos\theta}{r^2}$

|정|답|및|해|설|

[자기 쌍극자의 자위] $U_m = \frac{M\cos\theta}{4\pi\mu_0 r^2} = 6.33 \times 10^4 \times \frac{M\cos\theta}{r^2}[A]$

→ ($\mu_0 = 4\pi \times 10^{-7}$이므로 $\frac{1}{4\pi\mu_0} = 6.33 \times 10^4$)

여기서, M : 쌍극자의 자기 모멘트, μ_0 : 진공중의 투자율

r : 거리, θ : 쌍극자의 정방향과의 각도

【정답】 ④

14. 두 개의 자극판이 놓여있다. 이때의 자극판 사이의 자속밀도 $B[Wb/m^2]$, 자계의 세기 $H[AT/m]$, 투자율이 $\mu[H/m]$인 곳의 자계의 에너지밀도는 몇 $[J/m^3]$인가?

① $\frac{1}{2\mu}H^2$　　② $\frac{1}{2}\mu H^2$

③ $\frac{\mu H}{2}$　　④ $\frac{1}{2}B^2H$

|정|답|및|해|설|

[정자계 에너지밀도] $\omega_m = \frac{1}{2}\mu H^2 = \frac{B^2}{2\mu} = \frac{1}{2}HB[J/m^3]$

※자속밀도 : $B=\mu H[Wb/m^2]$, 자계의 세기=$H=\frac{B}{\mu}[AT/m]$

【정답】 ②

15. 길이 $l[m]$, 단면적의 반지름 $a[m]$인 원통이 길이 방향으로 균일하게 자화되어 자화의 세기가 $J[Wb/m^2]$인 경우, 원통 양단에서의 전자극의 세기 $m[Wb]$은?

① J　② $2\pi J$　③ $\pi a^2 J$　④ $\frac{J}{\pi a^2}$

|정|답|및|해|설|

[자화의 세기] $J=\frac{m}{S}=\frac{m}{\pi a^2}[Wb/m^2]$　→ $(S=\pi a^2[m^2])$

[전자극이 세기] $m=J\cdot\pi a^2[Wb]$

여기서, S : 자성체의 단면적$[m^2]$, m : 자화된 자기량[Wb]

a : 반지름

【정답】 ③

16. 안지름(내경)의 반지름이 1[mm], 바깥지름(외경)의 반지름이 3[mm]인 동축 케이블의 단위 길이 당 인덕턴스는 약 몇 $[\mu H/m]$인가?(단, 이때 $\mu_r=1$이며, 내부 인덕턴스는 무시한다.)

① 0.12　　② 0.22

③ 0.32　　④ 0.42

|정|답|및|해|설|

[동축케이블의 외부 인덕턴스 L] $L=\frac{\varnothing}{I}=\frac{\mu_0}{2\pi}\ln\frac{b}{a}[H/m]$

$L=\frac{\mu_0}{2\pi}\ln\frac{b}{a}=\frac{4\pi\times10^{-7}}{2\pi}\ln\frac{3}{1}=2\times10^{-7}\ln3$

$=0.2\times10^{-6}\times1.0986[H/m]=0.22[\mu H/m]$

【정답】 ②

17. 평면도체 표면에서 $d[m]$ 거리에 점전하 $Q[C]$이 있을 때 이 전하를 무한원점까지 운반하는데 필요한 일(J)은?

① $\frac{Q^2}{4\pi\epsilon_0 d}$　　② $\frac{Q^2}{8\pi\epsilon_0 d}$

③ $\frac{Q^2}{12\pi\epsilon_0 d}$　　④ $\frac{Q^2}{16\pi\epsilon_0 d}$

|정|답|및|해|설|

[점전하 Q[C]과 무한 평면 도체 간의 작용력(F)(전기영상법)]

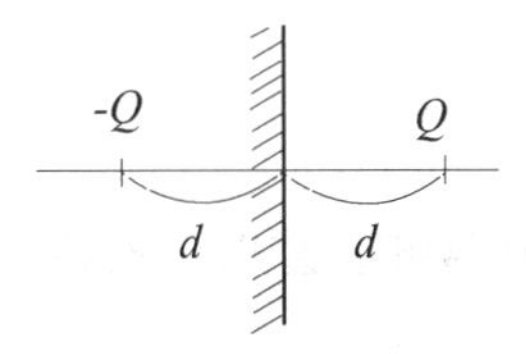

$F=\frac{Q_1\times Q_2}{4\pi\epsilon_0(2d)^2}=\frac{Q^2}{16\pi\epsilon_0 d^2}[N]$

전하를 무한점까지 운반하는데 필요한 일 W는

$W=F\cdot d=\frac{Q^2}{16\pi\epsilon_0 d^2}\times d=\frac{Q^2}{16\pi\epsilon_0 d}$

【정답】 ④

18. 비유전율이 10인 유전체를 5[V/m]인 전계내에 놓으면 유전체의 표면 전하밀도는 몇 $[C/m^2]$인가? (단, 유전체의 표면과 전계는 직각이다.)

① $35\epsilon_0$　　② $45\epsilon_0$

③ $55\epsilon_0$　　④ $65\epsilon_0$

|정|답|및|해|설|

[표면 전하밀도] 유전체의 **표면 전하밀도=분극 전하밀도** 이므로

$P=\sigma'=\chi E=(\epsilon-\epsilon_0)E=\epsilon_0(\epsilon_s-1)E$　→ $(\epsilon=\epsilon_s\epsilon_0)$

$=\epsilon_0\times(10-1)\times5=45\epsilon_0[C/m^2]$

【정답】 ②

19. 반경 r_1, r_2인 동심구가 있다. 반경 r_1, r_2인 두 껍질에 각각 $+Q_1$, $+Q_2$의 전하가 분포되어 있는 경우 $r_1 \le r \le r_2$에서의 전위는?

① $\frac{1}{4\pi\epsilon_0}\left(\frac{Q_1+Q_2}{r}\right)$ ② $\frac{1}{4\pi\epsilon_0}\left(\frac{Q_1}{r_1}+\frac{Q_2}{r_2}\right)$

③ $\frac{1}{4\pi\epsilon_0}\left(\frac{Q_2}{r}+\frac{Q_1}{r_2}\right)$ ④ $\frac{1}{4\pi\epsilon_0}\left(\frac{Q_1}{r}+\frac{Q_2}{r_2}\right)$

|정|답|및|해|설|

[외구의 표면전위] $V_2 = \frac{Q_1+Q_2}{4\pi\epsilon_0 r_2}$[V]

[$r \sim r_2$ 사이의 전위차] $V_{r2} = \frac{Q_1}{4\pi\epsilon_0}\left(\frac{1}{r}-\frac{1}{r_2}\right)$[V]

따라서 반경 r의 전위 $V_r = V_2 + V_{r2}$이므로

$$V_r = \frac{Q_1+Q_2}{4\pi\epsilon_0 r_2} + \frac{Q_1}{4\pi\epsilon_0}\left(\frac{1}{r}-\frac{1}{r_2}\right) = \frac{1}{4\pi\epsilon_0}\left(\frac{Q_1}{r}+\frac{Q_2}{r_2}\right)$$

【정답】 ④

20. 다음 ( )안의 ㉠과 ㉡에 들어갈 알맞은 내용은?

> "도체의 전기 전도는 도전율로 나타내는데 이는 도체 내의 자유전하 밀도에 (㉠)하고, 자유전하의 이동도에 (㉡)한다."

① ㉠ : 비례, ㉡ : 비례
② ㉠ : 반비례, ㉡ : 반비례
③ ㉠ : 비례, ㉡ : 반비례
④ ㉠ : 반비례, ㉡ : 비례

|정|답|및|해|설|

[도전율] $\sigma = nq\mu = \rho\mu[\Omega \cdot m]^{-1}$

여기서, n : 단위체적당 전하의 수, q : 한 개 입자의 전하량[C]

μ : 하전입자의 이동도, ρ : 체적전하밀도[C/m^3])

∴ **도전율은 전하밀도와 이동도에 비례**한다. 【정답】 ①

2회 2015년 전기기사필기 (전력공학)

21. 수력발전소를 건설할 때 낙차를 취하는 방법으로 적합하지 않은 것은?

① 수로식 ② 댐식
③ 유역변경식 ④ 역조정지식

|정|답|및|해|설|

[낙차를 얻는 방법의 분류]

1. 수로식 발전소 2. 댐식 발전소
3. 댐 수로식 발전소 4. 유역 변경식 발전소

[하천 유량의 사용 방법에 따른 발전 방식 분류]

1. 유입식 2. 조정지식
3. 저수지식 4. 양수식
5. 조력식

※ 역조정지식, 조정지식은 유량을 취하는 방법

【정답】 ④

22. 지지물 간 거리(경간) 200[m]의 지지점이 수평인 가공 전선로가 있다. 전선 1[m]의 하중은 2[kg], 풍압하중은 없는 것으로 전선의 인장하중은 4000[kg], 안전율 2.2로 하면 처짐 정도(이도)는 몇 [m]인가?

① 4.7 ② 5.0
③ 5.5 ④ 6.2

|정|답|및|해|설|

[처짐 정도(이도)] $D = \frac{\omega S^2}{8T}[m]$

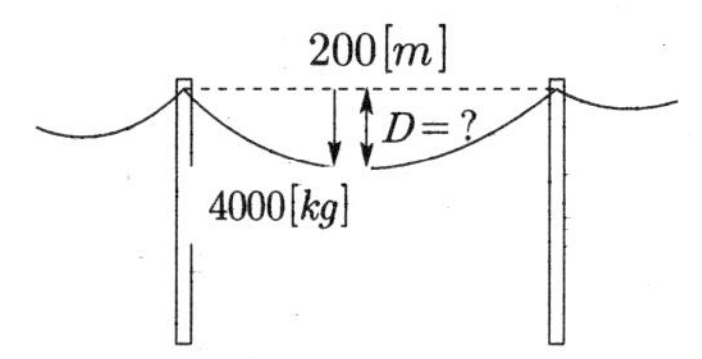

여기서, ω : 전선의 중량[kg/m],

T : 전선의 수평 장력 [kg] $\rightarrow (T = \frac{\text{인장하중}}{\text{안전율}}[kg])$

S : 지지물 간 거리(경간)[m]

$$D = \frac{\omega S^2}{8T}[m] = \frac{2\times 200^2}{8\times\frac{4000}{2.2}} = 5.5[m]$$

【정답】 ③

23. 초고압용 차단기에서 개폐 저항기를 사용하는 이유 중 가장 타당한 것은?

① 차단전류의 역률개선
② 차단전류 감소
③ 차단속도 증진
④ 개폐서지 이상전압 억제

|정|답|및|해|설|

[차단기의 개폐저항기] 차단기의 개폐시에 재점호로 인하여 개폐서어지 이상전압이 발생된다. 개폐저항기는 서비의 크기를 작게 하기 위하여 설치한다. 【정답】 ④

24. Y결선된 발전기에서 3상 단락사고가 발생한 경우 전류에 관한 식 중 옳은 것은? (단, Z_0, Z_1, Z_2는 영상, 정상, 역상 임피던스이다.)

① $I_a+I_b+I_c=I_0$ ② $I_a=\frac{E_a}{Z_0}$
③ $I_b=\frac{a^2E_a}{Z_1}$ ④ $I_c=\frac{aE_a}{Z_2}$

|정|답|및|해|설|

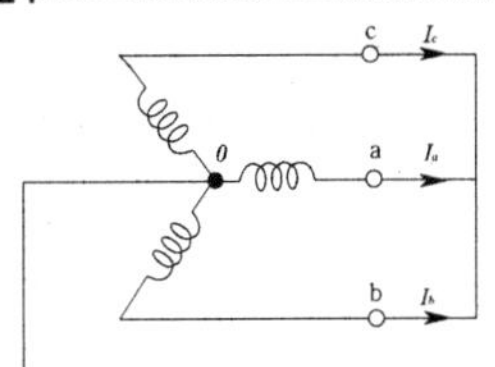

[3상 단락 고장]

단락사고시에는 영상분이 발생하지 않는다. 정상분만 존재

$\cdot I_a=\frac{E_a}{Z_1}$ $\cdot I_b=\frac{a^2E_a}{Z_1}$ $\cdot I_c=\frac{aE_a}{Z_1}$ 【정답】 ③

25. 선로에 따라 균일하게 부하가 분포된 선로의 전력 손실은 이들 부하가 선로의 끝부분에 집중적으로 접속되어 있을 때 보다 어떻게 되는가?

① 2배로 된다. ② 3배로 된다.
③ $\frac{1}{2}$로 된다. ④ $\frac{1}{3}$로 된다.

|정|답|및|해|설|

[집중 부하와 분산 부하]

	모양	전압강하	전력손실
균일 분산부하		$\frac{1}{2}IrL$	$\frac{1}{3}I^2rL$
끝부분(말단) 집중부하		IrL	I^2rL

여기서, I: 전선의 전류, R: 전선의 저항

【정답】 ④

26. 전력용 콘덴서를 변전소에 설치할 때, 직렬리액터를 설치하고자 한다. 직렬리액터의 용량을 결정하는 계산식은?(단, f_o는 전원의 기본주파수, C는 역률 개선용 콘덴서의 용량, L은 직렬리액터의 용량이다)

① $2\pi f_0L=\frac{1}{2\pi f_oC}$

② $2\pi(3f_0)L=\frac{1}{2\pi(3f_o)C}$

③ $2\pi(5f_0)L=\frac{1}{2\pi(5f_o)C}$

④ $2\pi(7f_0)L=\frac{1}{2\pi(7f_o)C}$

|정|답|및|해|설|

[직렬 리액터] 직렬 리액터(SR)의 설치 목적은 제5고조파 제거이다.

$2\pi\cdot 5f_0L=\frac{1}{2\pi 5f_0C}$ 【정답】 ③

27. 선택지락계전기의 용도를 옳게 설명한 것은?

① 단일 회선에서 지락고장 회선의 선택 차단
② 단일 회선에서 지락전류의 방향 선택 차단
③ 병행 2회선에서 지락고장 회선의 선택 차단
④ 병행 2회선에서 지락고장의 지속시간 선택 차단

|정|답|및|해|설|

[SGR(선택 지락 계전기)] SGR(선택 지락 계전기)은 병행 2회선 이상 송전 선로에서 한쪽의 1회선에 지락 사고가 일어났을 경우 이것을 검출하여 고장 회선만을 선택 차단할 수 있는 계전기

【정답】 ③

28. 일반적인 비접지 3상 송전선로의 1선 지락고장 발생 시 각 상의 전압은 어떻게 되는가?

① 고장 상의 전압은 떨어지고, 나머지 두 상의 전압은 변동되지 않는다.
② 고장 상의 전압은 떨어지고, 나머지 두 상의 전압은 상승한다.
③ 고장 상의 전압은 떨어지고, 나머지 상의 전압도 떨어진다.
④ 고장 상의 전압이 상승한다.

|정|답|및|해|설|

[비접지 계통] 비접지 계통에서 1선 지락 시 건전상의 전위 상승은 상전압에서 선간 전압으로 되므로 $\sqrt{3}$배 상승하게 된다.

【정답】 ②

29. 중거리 송전선로의 π형 회로에서 송전단전류 I_s는? (단, Z, Y는 선로의 직렬 임피던스와 병렬 어드미턴스이고, E_r은 수전단 전압, I_r은 수전단 전류이다.)

① $\left(1+\frac{ZY}{2}\right)E_r + ZI_r$

② $\left(1+\frac{ZY}{2}\right)E_r + Z\left(1+\frac{ZY}{4}\right)I_r$

③ $\left(1+\frac{ZY}{2}\right)I_r + YE_r$

④ $\left(1+\frac{ZY}{2}\right)I_r + Y\left(1+\frac{ZY}{4}\right)E_r$

|정|답|및|해|설|

[π형 회로 4단자정수]

$E_s = AE_r + BI_r$

$I_s = CE_r + DI_r$

$$\begin{bmatrix} 1 & Z \\ \frac{Y}{2} & 1 \end{bmatrix}\begin{bmatrix} 1 & Z \\ 0 & 1 \end{bmatrix}\begin{bmatrix} 1 & 0 \\ \frac{Y}{2} & 1 \end{bmatrix}$$

$A = 1+\frac{Z}{\frac{2}{Y}} = 1+\frac{ZY}{2}$ → ($A = 1+\frac{Z_2}{Z_1}$에서 Z는 Y의 역수)

$B = Z$

$C = Y + \frac{Z}{\frac{2}{Y}+\frac{2}{Y}} = Y\left(1+\frac{ZY}{4}\right)$

$D = 1+\frac{Z}{\frac{2}{Y}} = 1+\frac{ZY}{2}$

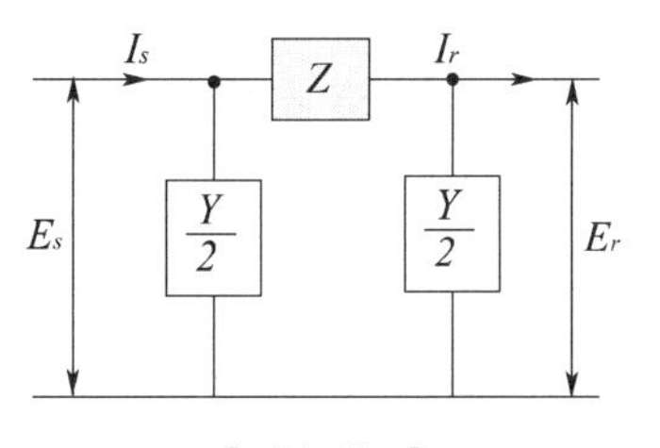

[π형 회로]

$E_s = \left(1+\frac{ZY}{2}\right)E_r + ZI_r$

$I_s = Y\left(1+\frac{ZY}{4}\right)E_r + \left(1+\frac{ZY}{2}\right)I_r$

【정답】 ④

30. 고장 즉시 동작하는 특성을 갖는 계전기는?

① 순한시 계전기
② 정한시 계전기
③ 반한시 계전기
④ 반한시성 정한시 계전기

|정|답|및|해|설|

[보호 계전기의 특징]

① 순한시 특징 : 최초 동작 전류 이상의 전류가 흐르면 즉시 동작하는 특징
② 반한시 특징 : 동작 전류가 커질수록 동작 시간이 짧게 되는 특징
③ 정한시 특징 : 동작 전류의 크기에 관계없이 일정한 시간에 동작하는 특징
④ 반한시 정한시 특징 : 동작 전류가 적은 동안에는 동작 전류가 커질수록 동작 시간이 짧게 되고 어떤 전류 이상이면 동작 전류의 크기에 관계없이 일정한 시간에 동작하는 특성

【정답】 ①

31. 같은 선로와 같은 부하에서 교류 단상 3선식은 단상 2선식에 비하여 전압강하와 배전효율은 어떻게 되는가?

① 전압강하는 적고, 배전효율은 높다.
② 전압강하는 크고, 배전효율은 낮다.
③ 전압강하는 적고, 배전효율은 낮다.
④ 전압강하는 크고, 배전효율은 높다.

|정|답|및|해|설|

단상 3선식은 단상 2선식에 비하여 전압이 2배로 승압되는 효과가 있다. 따라서 단상 3선식의 경우 단상 2선식에 비해 전압 강하 및 전력 손실은 감소하고, 손실이 감소하므로 배전 효율은 상승한다.

【정답】 ①

32. 송전선로에서 고조파 제거 방법이 아닌 것은?

① 변압기를 △결선한다.
② 유도전압 조정장치를 설치한다.
③ 무효전력 보상장치를 설치한다.
④ 능동형 필터를 설치한다.

|정|답|및|해|설|

[유도전압 조정장치] 유도전압 조정 장치는 배전선로의 모선 전압 조정장치로 고조파 제거와는 무관하다. 【정답】 ②

33. 서지파가 파동임피던스 Z_1의 선로 측에서 파동 임피던스 Z_2의 선로 측으로 진행할 때 반사계수 β는?

① $\beta=\dfrac{Z_2-Z_1}{Z_1+Z_2}$　② $\beta=\dfrac{2Z_2}{Z_1+Z_2}$

③ $\beta=\dfrac{Z_1-Z_2}{Z_1+Z_2}$　④ $\beta=\dfrac{2Z_1}{Z_1+Z_2}$

|정|답|및|해|설|

1. 반사계수 $\beta=\dfrac{Z_2-Z_1}{Z_2+Z_1}$
2. 투과계수 $\gamma=\dfrac{2Z_2}{Z_2+Z_1}$ 【정답】 ①

34. 그림과 같은 선로의 등가선간 거리는 몇 [m]인가?

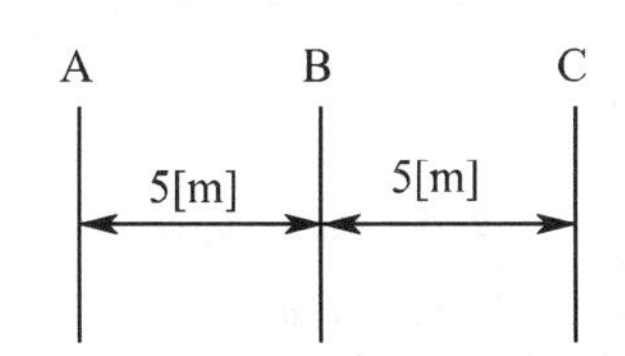

① 5　② $5\sqrt{2}$

③ $5\sqrt[3]{2}$　④ $10\sqrt[3]{2}$

|정|답|및|해|설|

[등가 선간거리] 등가 선간거리 D_e는 기하학적 평균으로 구한다.

$D_e=\sqrt[\text{총 거리의 수}]{\text{각 거리간의 곱}}=\sqrt[3]{D_{ab}\cdot D_{bc}\cdot D_{ca}}$

AB=5[m], BC=5[m], AC=10[m], 총거리의 수 : 3

$D_e=\sqrt[3]{D_{ab}\cdot D_{bc}\cdot D_{ac}}=\sqrt[3]{5\times5\times10}=5\sqrt[3]{2}\,[m]$

|참|고|

1. 수평 배열 : $D_e=\sqrt[3]{2}\cdot D$

→ (D : AB, BC 사이의 간격)

2. 삼각 배열 : $D_e=\sqrt[3]{D_1\cdot D_2\cdot D_3}$

→ (D_1, D_2, D_3 : 삼각형 세변의 길이)

3. 정4각 배열 : $D_e=\sqrt[6]{2}\cdot S$

→ (S : 정사각형 한 변의 길이)

【정답】 ③

35. 발전전력량 $E[kWh]$, 연료소비량 $W[kg]$, 연료의 발열량 $C[kacl/kg]$인 화력발전소의 열효율 η[%]는?

① $\dfrac{860E}{WC}\times100$　② $\dfrac{E}{WC}\times100$

③ $\dfrac{E}{860\,WC}\times100$　④ $\dfrac{9.8E}{WC}\times100$

|정|답|및|해|설|

[화력 발전소 열효율]

$\eta=\dfrac{\text{출력}}{\text{입력}}=\dfrac{E}{W\dfrac{C}{860}}\times100[\%]$　→ $(1[kWh]=860[kcal])$

$=\dfrac{860E}{WC}\times100[\%]$

여기서, E: 전력량$[kWh]$, C: 연료의 발열량$[kcal/kg]$

W: 연료량$[kg]$) 【정답】 ①

36. 보일러 급수 중의 염류 등이 굳어서 내벽에 부착되어 보일러 열전도와 물의 순환을 방해하며 내면의 수관벽을 과열시켜 파열을 일으키게 하는 원이니 되는 것은?

① 스케일　② 부식
③ 포밍　④ 캐리오버

|정|답|및|해|설|

[스케일 현상] 보일러의 급수에 포함되어 있는 알루미늄, 나트륨 등의 염류가 굳어서 되는 것으로 관석이라고도 부르고 있다. 또한 스케일은 내벽에 부착되어 보일러 열전도와 물의 순환을 방해하며 내면의 수관벽을 과열시켜 파손이 되도록 하는 원인이 되기도 한다.

※ 포밍도 : 불순물에 의해 거품이 생기는 현상 【정답】 ①

37. 이상전압의 파고치를 저감시켜 기기를 보호하기 위하여 설치하는 것은?

① 리액터 ② 피뢰기
③ 아킹 혼온 ④ 아모 로드

|정|답|및|해|설|

① 직렬 리액터 : 제5고조파 제거
② 피뢰기 : 이상전압의 파고치를 저감시켜 기계 기구 보호
③ 아킹 혼온 : 애자련 보호
④ 아모 로드 : 전선의 진동에 의한 전선의 단선방지

【정답】 ②

38. 전기 공급 시 사람의 감전, 전기 기계류의 손상을 방지하기 위한 시설물이 아닌 것은?

① 보호용 개폐기 ② 축전지
③ 과전류 차단기 ④ 누전 차단기

|정|답|및|해|설|

사람과 기기를 보호하기 위한 시설물에는 보호용 개폐기, 과전류 차단기, 누전 차단기, 퓨즈 등이 있다.
※ 축전지는 예비전원설비이다.

【정답】 ②

39. 송배전 계통에 발생하는 이상전압의 내부적 원인이 아닌 것은?

① 선로의 개폐 ② 직격뢰
③ 아크 접지 ④ 선로의 이상 상태

|정|답|및|해|설|

[내부적 원인에 의한 이상전압]
·개폐 이상전압(개폐서지)
·고장시의 과도 이상전압

[외부적 원인에 의한 이상전압]
·유도뢰
·직격뢰(뇌서지)
·수목과의 접촉, 다른 고압선의 혼촉

【정답】 ②

40. 3상 송전선로의 전압이 66000[V], 주파수가 60[Hz], 길이가 10[km], 1선당 정전용량이 0.3464 $[\mu F/km]$인 무부하 충전전류는 약 몇 [A] 인가?

① 40 ② 45 ③ 50 ④ 55

|정|답|및|해|설|

[전선의 충전전류] $I_c = \omega CEl = 2\pi fCl\frac{V}{\sqrt{3}}[A]$
$\rightarrow (\omega = 2\pi f,\ E = \frac{V}{\sqrt{3}})$

여기서, C : 전선 1선당 정전용량[F], V : 선간전압[V]
E : 대지전압($E = \frac{V}{\sqrt{3}}$), l : 선로의 길이[km]
f : 주파수[Hz]

$$I_c = 2\pi fCl\frac{V}{\sqrt{3}} = 2\pi \times 60 \times 0.3464 \times 10^{-6} \times 10 \times \frac{66,000}{\sqrt{3}} = 50[A]$$

【정답】 ③

2회 2015년 전기기사필기 (전기기기)

41. 60[kW], 4극, 전기자 도체의 수 300개, 중권으로 결선된 직류 발전기가 있다. 매극당 자속은 0.05[Wb]이고 회전속도는 1200[rpm]이다. 이 직류 발전기가 전부하에 전력을 공급할 때 직렬로 연결된 전기자 도체에 흐르는 전류[A]는?

① 32 ② 42 ③ 50 ④ 57

|정|답|및|해|설|

[직류 발전기의 유기기전력(총도체수가 z)] $E = p\varnothing n\frac{z}{a}[V]$

[전전류가 I일 때 직렬 회로에 흐르는 전류(I_a)]

$I_a = \frac{I}{a}$ → 중권

여기서, n($= \frac{N}{60}$) : 전기자의 회전속도[rps]
(N : 회전자의 회전수[rpm])
p : 극수, $\varnothing$: 매 극당 자속수
z : 총 도체수, a : 병렬회로 수
I_a : 직렬회로에 흐르는 전류

1. 중권이므로 병렬 회로수(a)는 극수(p)와 같다.
즉, $a = p = 4$
$E = \frac{p}{a}z\phi\frac{N}{60} = \frac{4}{4} \times 300 \times 0.05 \times \frac{1200}{60} = 300[V]$
전부하 전류 $I = \frac{P}{E} = \frac{60000}{300} = 200[A]$
2. 병렬회로수(a)가 4이므로
전전류가 I 일 때 도체에 흐르는 전류 I_a는
$I_a = \frac{I}{a} = \frac{200}{4} = 50[A]$

【정답】 ③

42. 3대의 단상변압기를 $\triangle - Y$로 결선하고 1차 단자 전압 V_1, 1차 전류 I_1이라 하면 2차 단자전압 V_2와 2차 전류 I_2의 값은?(단, 권수비는 a이고, 저항, 리액턴스, 여자전류는 무시한다.)

① $V_2 = \sqrt{3}\frac{V_1}{a}$, $I_2 = \sqrt{3}aI_1$

② $V_2 = V_1$, $I_2 = \frac{a}{\sqrt{3}}I_1$

③ $V_2 = \sqrt{3}\frac{V_1}{a}$, $I_2 = \frac{a}{\sqrt{3}}I_1$

④ $V_2 = \frac{V_1}{a}$, $I_2 = I_1$

|정|답|및|해|설|

[△, Y결선에서의 전선류와 선전압]

권수비 $a = \frac{I_2}{I_1} = \frac{V_1}{V_2}$

1. 1차측 →2차측 전압 : $V_2 = \frac{1}{a}V_1$
2. 1차측 →2차측 전류 : $I_2 = aI_1$
3. 2차측 →1차측 전압 : $V_1 = aV_2$
4. 2차측 →1차측 전류 : $I_1 = \frac{1}{a}I_2$

결선법	선간전압 V_l	선전류 I_l
△결선	V_p	$\sqrt{3}I_p$
Y결선	$\sqrt{3}V_p$	I_p

여기서, V_l : 선간전압, I_l : 선간전류, V_p : 정격전압
I_p : 상전류

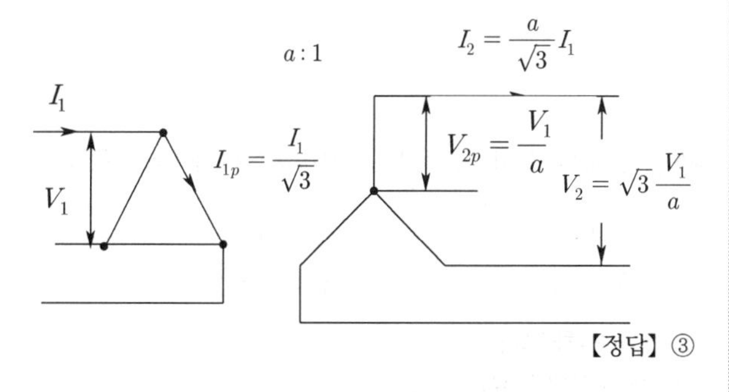

【정답】 ③

43. 1000[kW], 500[V]의 직류 발전기가 있다. 회전수 246[rpm], 슬롯수 192, 각 슬롯내의 도체수 6, 극수는 12이다. 전부하에서의 자속수[Wb]는?(단, 전기자 저항은 0.006[Ω]이고, 전기자권선은 단중 중권이다.)

① 0.502 ② 0.305
③ 0.2065 ④ 0.1084

|정|답|및|해|설|

[직류 발전기의 유기기전력] $E = \frac{pZ}{a}\varnothing n = \frac{pZ}{a}\varnothing\frac{N}{60}[V]$

여기서, p : 극수, Z : 총도체수, a : 병렬회로수
N : 회전수[rpm]

$I = \frac{P}{V} = \frac{1000\times 10^3}{500} = 2000[A]$

$E = V + I_aR_a = 500 + (2000\times 0.006) = 512[V]$

총도체수 $Z = (\text{슬롯수})\times(1\text{슬롯의 도체수}) = 192\times 6 = 1152$

단중 중권이므로 $a = p$이다.

$E = \frac{pZ}{a}\varnothing n = \frac{pZ}{a}\varnothing\frac{N}{60}[V]$에서

$512 = 1152\times\varnothing\times\frac{240}{60} \rightarrow \therefore \varnothing = 0.1084[Wb]$ 【정답】 ④

44. 유도전동기에서 크라우링(crawling)현상으로 맞는 것은?

① 기동시 회전자의 슬롯수 및 권선법이 적당하지 않은 경우 정격속도보다 낮은 속도에서 안정 운전이 되는 현상

② 기동시 회전자의 슬롯수 및 권선법이 적당하지 않은 경우 정격속도보다 높은 속도에서 안정 운전이 되는 현상

③ 회전자 3상중 1상이 단선된 경우 정격속도의 50[%] 속도에서 안정운전이 되는 현상

④ 회전자 3상중 1상이 단락된 경우 정격속도보다 높은 속도에서 안정운전이 되는 현상

|정|답|및|해|설|

[전동기 크라우링 현상] 3상유도 전동기에서 회전자의 슬롯수 및 권선법이 적당하지 않아 고조파가 발생되고, 이로 인해 전동기는 낮은 속도에서 안정상태가 되어 더 이상 가속하지 않는 현상을 차동기운전이라 한다.

방지대책으로는 스큐슬롯을 채용한다. 【정답】 ①

45. 5[kVA], 3300/210[V], 단상변압기의 단락시험에서 임피던스 전압 120[V], 동손 150[W]라 하면 퍼센트 저항강하는 몇 [%]인가?

① 2　　② 3　　③ 4　　④ 5

|정|답|및|해|설|

[%저항강하] $\%r = \frac{IR}{V} \times 100[\%] = \frac{P_c}{P_n} \times 100[\%] = \frac{P[kVA]\,R}{10\,V[kV]^2}[\%]$

여기서, P_n : 정격용량, P_c : 동손

$\therefore \%r = \frac{P_c}{P_n} \times 100 = \frac{150}{5000} \times 100 = 3[\%]$ 【정답】 ②

46. 직류 직권전동기를 교류용으로 사용하기 위한 대책이 아닌 것은?

① 자계는 성층 철심, 원통형 고정자 적용
② 계자 권선수 감소, 전기자 권선수 증대
③ 보상 권선 설치, 브러시 접촉저항 증대
④ 정류자편 감소, 전기자 크기 감소

|정|답|및|해|설|

[직류 직권 전동기] 직류 직권 전동기는 교류 전원을 사용할 수 있으나 자극은 철 덩어리로 되어 있기 때문에 철손이 크고, 계자 권선 및 전기자 권선의 인덕턴스 때문에 역률이 나쁘며, 브러시에 의해 단락된 전기자 코일 내에 큰 기전력이 유기되어 정류가 불량하다는 단점이 있다.
이러한 문제점을 해결하기 위해서
1. 전기자뿐만 아니라 계자에도 성층철심을 사용하고 원통형 회전자로 하여야 한다.
2. 역률이 낮아지므로 계자권선의 권수를 적게하고, 반면에 전기자 권선수를 크게 한다. 따라서, 동일한 정격의 직류기에 비해 <u>전기자가 커지고 정류자편의 수도 많아진다</u>.
3. 전기자 권선수가 많아지게 됨에 따라 전기자 반작용이 커지므로 이에 대한 대책으로 보상권선을 설치하여야 한다.
4. 정류작용이 직류기에 비해 어려우므로 이것을 개선하기 위하여 접촉저항이 큰 브러시를 사용하여 저항정류를 하여야 한다.
【정답】 ④

47. 동기 전동기에 관한 설명 중 틀린 것은?

① 기동 토크가 작다.
② 유도 전동기에 비해 효율이 양호하다.
③ 여자기가 필요하다.
④ 역률을 조정할 수 없다.

|정|답|및|해|설|

[동기발전기의 특징]
·동기전동기는 계자전류의 크기를 조정함으로써 지상에서부터 진상까지 <u>역률을 조정할 수 있다</u>.
·속도가 불변(등가속도로 회전)
·여자기가 필요하다.
·결점으로는 기동토크가 작은 점이다. 【정답】 ④

48. 히스테리시스손과 관계가 없는 것은?

① 최대 자속 밀도
② 철심의 재료
③ 회전수
④ 철심용 규소강판의 두께

|정|답|및|해|설|

1. 히스테리시스손 $P_h = K_h f B_m^{\ 2}$
여기서, B_m: 최대 자속 밀도[Wb/m^2]
K_h: 히스테리시스 계수, f : 주파수[Hz]
2. 와류손 $P_e = K_e(t \cdot f \cdot K_f \cdot B_m)^2$
여기서, K_e : 재료에 따라 정해지는 상수,
t : 철심의 두께[m]
K_f : 파형률$\left(\frac{\text{실효치}}{\text{평균치}} = 1.11\right)$
철심용 규소강판의 두께(t)는 와류손과 관계가 있다.
【정답】 ④

49. 반도체 소자 중 3단자 사이리스터가 아닌 것은?

① SCS　　② SCR
③ GTO　　④ TRIAC

|정|답|및|해|설|

[반도체 소자의 비교]
1. 방향성
  · 양방향성(쌍방향) 소자 : DIAC, TRIAC, SSS
  · 역저지(단방향성) 소자 : SCR, LASCR, GTO, SCS
2. 단자수
  · 2단자 소자 : DIAC, SSS, Diode
  · 3단자 소자 : SCR, LASCR, GTO, TRIAC
  · 4단자 소자 : SCS 【정답】 ①

50. 특수전동기에 대한 설명 중 틀린 것은?

① 릴럭턴스 동기전동기는 릴럭턴스토크에 의해 동기속도로 회전한다.
② 히스테리시스전동기의 고정자는 유도전동기 고정자와 동일하다.
③ 스테퍼전동기 또는 스텝모터는 피드백 없이 정밀 위치 제어가 가능하다.
④ 선형 유도전동기의 동기속도는 극수에 비례한다.

|정|답|및|해|설|
선형 유도전동기의 속도 $v = 2f\tau$ [rpm]
여기서, τ[m] : 극 피치
선형 유도전동기의 속도는 극수와 무관하다. 【정답】 ④

51. 2대의 동기발전기가 병렬 운전하고 있을 때 동기화 전류가 흐르는 경우는?

① 기전력의 크기에 차가 있을 때
② 기전력의 위상에 차가 있을 때
③ 기전력의 파형에 차가 있을 때
④ 부하 분담에 차가 있을 때

|정|답|및|해|설|
[동기발전기가 병렬운전]

병렬운전 조건	같지 않은 경우
기전력의 크기가 같을 것	무효순환전류가 흘러서 저항손 증가, 전기자 권선 과열, 역률 변동 등이 일어난다.
기전력의 위상이 같을 것	동기화전류가 흐르고 동기화력 작용, 출력 변동이 일어난다.
기전력의 주파수가 같을 것	동기화 전류가 주기적으로 흘러서 심해지면 병렬운전을 할 수 없다.
기전력의 파형이 같을 것	고조파 무효순환전류가 흐르고 전가자 저항손이 증가하여 과열의 원인이 된다.

【정답】 ②

52. 주파수가 일정한 3상 유도전동기의 전원전압이 80[%]로 감소하였다면, 토크는?(단, 회전수는 일정하다고 가정한다.)

① 64[%]로 감소 ② 80[%]로 감소
③ 89[%]로 감소 ④ 변함없음

|정|답|및|해|설|
[유도전동기의 토크] 회전수가 일정하면 토크는 전압의 제곱에 비례하므로 80[%] 감소하면
$T_{100} : T_{80} = V_{100}^2 : V_{80}^2 \rightarrow T_{100} : T_{80} = 1^2 : 0.8^2$의 식이 성립한다.
정리하면 $T_{80} = 0.64T_{100}$이 되므로 64[%] 감소한다.
【정답】 ①

53. 동기발전기의 전기자 권선은 기전력의 파형을 개선하는 방법으로 분포권과 단절권을 쓴다. 분포계수를 나타내는 식은?(단, q는 매극매상당의 슬롯수, m는 상수, α는 슬롯의 간격)

① $\dfrac{\sin q\alpha}{q\sin\frac{\alpha}{2}}$ ② $\dfrac{\sin\frac{\pi}{2m}}{q\sin\frac{\pi}{2mq}}$

③ $\dfrac{\cos\frac{\pi}{2mq}}{q\cos\frac{\pi}{2mq}}$ ④ $\dfrac{\cos q\alpha}{q\cos\frac{\alpha}{2}}$

|정|답|및|해|설|
[분포계수] $K_d = \dfrac{\sin\frac{n\pi}{2m}}{q\sin\frac{\pi}{2mq}}$
여기서, n : 고주파 차수, m : 상수, q : 매극매상당 슬롯수
【정답】 ②

54. 와류손이 200[W]인 3300/210[V], 60[Hz]용 단상 변압기를 50[Hz], 3000[V]의 전원에 사용하면 이 변압기의 와류손은 약 몇 [W]로 되는가?

① 85.4 ② 124.2
③ 165.3 ④ 248.5

|정|답|및|해|설|
[와류손] $P_e = \sigma_e(tfB_m)^2 \propto f^2B^2 = e^2$
와류손은 주파수와 무관하고 전압의 제곱에 비례
$P_e : P_e' = V_1^2 : V_2^2 \quad \rightarrow P_e : p_e' = 3300^2 : 3000^2$
$P_e' = P_e \times \left(\frac{3000}{3300}\right)^2 = 200 \times \left(\frac{3000}{3300}\right)^2 \fallingdotseq 165.3[W]$
【정답】 ③

55. 전압이 일정한 모선에 접속되어 역률 100[%]로 운전하고 있는 동기전동기의 여자전류를 증가시키면 역률과 전기자전류는 어떻게 되는가?

① 뒤진 역률이 되고 전기자 전류는 증가한다.
② 뒤진 역률이 되고 전기자 전류는 감소한다.
③ 앞선 역률이 되고 전기자 전류는 증가한다.
④ 앞선 역률이 되고 전기자 전류는 감소한다.

|정|답|및|해|설|

[동기전동기의 위상특성곡선(V곡선)]

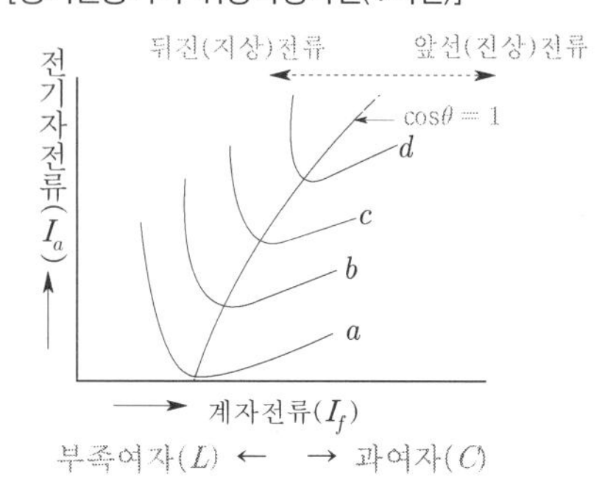

1. 여자전류(I_f)를 증가시키면 역률은 앞서고 전류(I_a)는 증가한다.
→(과여자, 앞선 전류(진상, 콘덴서(C) 작용))
2. 여자전류(I_f)를 감소시키면 역률은 뒤지고 전류(I_a)는 증가한다.
→(부족영자, 뒤진 전류(지상, 리액터(L) 작용))

【정답】 ③

56. 직류전동기의 역기전력이 220[V], 분당 회전수가 1200[rpm]일 때에 토크가 15[$kg \cdot m$]가 발생한다면 전기자전류는 약 몇 [A]인가?

① 54 ② 67 ③ 84 ④ 96

|정|답|및|해|설|

[직류 전동기]

토크 $T = 0.975\frac{P}{N} \rightarrow 15 = 0.975 \times \frac{220 \times I_a}{1200} \rightarrow (P = VI)$

전기자전류 $I_a = \frac{15 \times 1200}{0.975 \times 220} = 83.9 \fallingdotseq 84[A]$ 【정답】 ③

57. 정류기 설계 조건이 아닌 것은?

① 출력 전압 직류 평활성
② 출력 전압 최소 고조파 함유율
③ 입력 역률 1 유지
④ 전력계통 연계성

|정|답|및|해|설|

[정류기] AC(교류)를 DC(직류)로 변환하는 장치
정류기(컨버터)는 전력계통의 연계와는 무관 【정답】 ④

58. 50[Hz]로 설계된 3상 유도전동기를 60[Hz]에 사용하는 경우 단자전압을 110[%]로 높일 때 일어나는 현상이 아닌 것은?

① 철손 불변
② 여자전류 감소
③ 출력이 일정하면 유효전류 감소
④ 온도 상승 증가

|정|답|및|해|설|

[3상 유도전동기]

1. 최대토크 $T_{\max} = K_0 \frac{E_2^2}{2x_2}[N \cdot m] \rightarrow T_{\max} \propto \frac{E^2}{f}$
→ $(x = 2\pi f L)$

$T_m' = \frac{(1.1)^1}{\frac{60}{50}} = \frac{121}{120} \fallingdotseq 1$ ∴최대토크 거의 불변

2. 여자전류 감소, $I_0 \propto \frac{V}{f} = 0.9$
3. 출력이 불변이라면 유효 전류가 감소, $I_w \propto \frac{1}{V}$
4. 역률 불변
5. 철손 불변
6. 온도 상승 감소 【정답】 ④

59. 2차로 환산한 임피던스가 각각 0.03+j0.02[Ω], 0.02+j0.03[Ω]인 단상 변압기 2대를 병렬로 운전시킬 때 분담 전류는?

① 크기는 같으나 위상이 다르다.
② 크기와 위상이 같다.
③ 크기는 다르나 위상이 같다.
④ 크기와 위상이 다르다.

|정|답|및|해|설|

[분담전류] Z_1=0.03+j0.02[Ω], Z_2=0.02+j0.03[Ω]

$Z = R + jX$일 경우의 크기 $|Z| = \sqrt{R^2 + X^2}$ 이므로

$\cdot Z_1 = 0.03 + j0.02 = \sqrt{0.03^2 + 0.02^2} \angle \tan^{-1}\frac{0.02}{0.03} = 0.036 \angle 33.69°$

$\cdot Z_2 = 0.02 + j0.03 = \sqrt{0.02^2 + 0.03^2} \angle \tan^{-1}\frac{0.03}{0.02} = 0.036 \angle 56.31°$

따라서 두 임피던스는 같으나 위상각이 다르기 때문에 전류도 크기는 같으나 위상이 다르게 된다. 【정답】 ①

60. 유도전동기로 동기전동기를 기동하는 경우, 유도전동기의 극수는 동기기의 극수보다 2극 적은 것을 사용한다. 그 이유는?(단, s는 슬립, Ns는 동기속도이다)

① 같은 극수일 경우 유도기는 동기속도보다 sN_s 만큼 늦으므로
② 같은 극수일 경우 유도기는 동기속도보다 (1-s)만큼 늦으므로
③ 같은 극수일 경우 유도기는 동기속도보다 s만큼 빠르므로
④ 같은 극수일 경우 유도기는 동기속도보다 (1-s)만큼 빠르므로

|정|답|및|해|설|

[유도전동기] 유도전동기는 동기전동기보다 속도가 늦으므로 동기속도에 맞추어 기동하려면 속도를 빠르게 하기위해 극수를 2극 정도 적게해야 한다.

유도기 속도 $N = \frac{120f}{P}(1-s)$

동기속도 $N_s = \frac{120f}{P}$ 이므로 유도전동기에 속도는

동기전동기보다 $s\frac{120f}{P} = sN_s$ 만큼 늦다. 【정답】 ①

2회 2015년 전기기사필기(회로이론 및 제어공학)

61. 다음의 연산증폭기 회로에서 출력전압 V_o를 나타내는 식은? (단, V_i는 입력신호이다.)

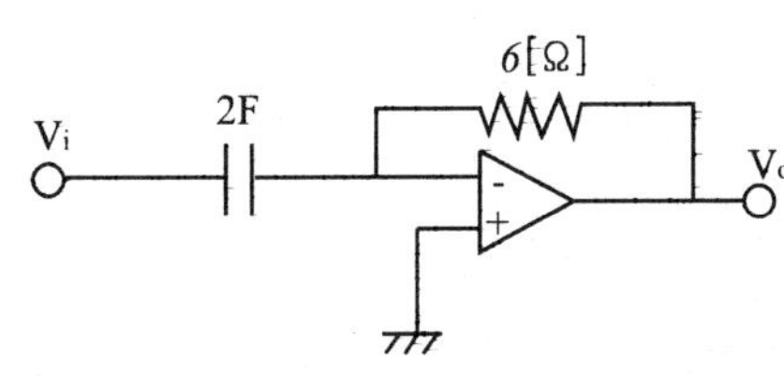

① $V_o = -12\frac{dV_i}{dt}$ ② $V_o = -8\frac{dV_i}{dt}$
③ $V_o = -0.5\frac{dV_i}{dt}$ ④ $V_o = -\frac{1}{8}\frac{dV_i}{dt}$

|정|답|및|해|설|

[출력전압]

$V_o = -CR\frac{dV_i}{dt} = -(2\times 6)\times\frac{dV_i}{dt} = -12\frac{dV_i}{dt}$ 【정답】 ①

62. 제어계의 입력이 단위계단 신호일 때 출력응답은?

① 임펄스 응답 ② 인디셜 응답
③ 노멀 응답 ④ 램프 응답

|정|답|및|해|설|

[인디셜응답] 단위계단응답
1. 임펄스응답 : 하중함수
2. 전달함수 : 임펄스응답의 라플라스 변환

【정답】 ②

63. 특성 방정식 $P(s)$가 다음과 같이 주어지는 계가 있다. 이 계가 안정되기 위한 K와 T의 관계로 맞는 것은?(단, K와 T는 양의 실수이다.)

$$P(s) = 2s^3 + 3s^2 + (1+5KT)s + 5K = 0$$

① $K > T$ ② $15KT > 10K$
③ $3+15KT > 10K$ ④ $3-15KT > 10K$

|정|답|및|해|설|

[루스판정법]
특성 방정식은
$P(s) = 2s^3 + 3s^2 + (1+5KT)s + 5K = 0$
이므로 루드의 표는
루드의 표는

s^3	2	$1+5KT$
s^2	3	$5K$
s^1	$\frac{3\times(1+5KT)-(2\times 5K)}{3}$	0

제1열의 부호 변화가 없어야 안정하므로
$3\times(1+5KT)-(2\times 5K) > 0,\quad 5K > 0$
따라서 K와 T의 관계는
$3+15KT-10K > 0 \rightarrow 3+15KT > 10K$ 【정답】 ③

|참|고|

60페이지 [(3) 루드표 작성 및 안정도 판별법] 참조

64. 그림의 신호흐름선도에서 $\frac{C}{R}$를 구하면?

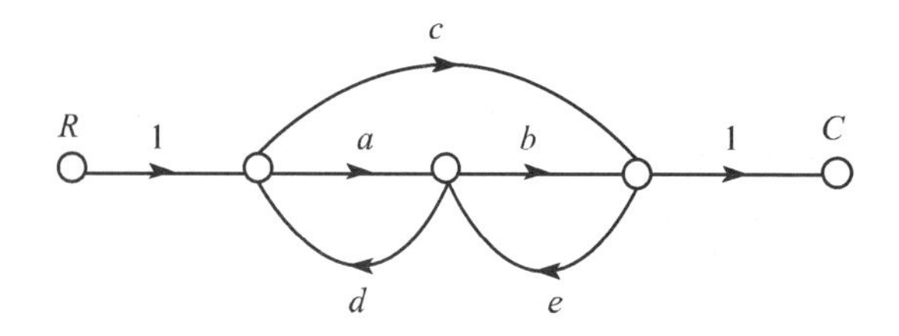

① $\frac{ab+c}{1-(ad+be)-cde}$

② $\frac{ab+c}{1+(ad+be)-cde}$

③ $\frac{ab+c}{1-(ad+be)}$

④ $\frac{ab+c}{1+(ad+be)}$

|정|답|및|해|설|

[신호흐름선도 전달함수(메이슨공식)] $G=\frac{\sum G_R \Delta_K}{\Delta}$

· $G_1 = ab,\ \Delta_1 = 1,\ G_2 = c,\ \Delta_2 = 1$

· $L_{11} = ab,\ L_{21} = be,\ L_{31} = cbe$

$\Delta = 1-(L_{11}+L_{21}+L_{31})$

$\therefore \frac{C}{R} = \frac{G_1{}'\Delta_1 + G_2{}'\Delta_2}{\Delta} = \frac{ab+c}{1-(ad+be)-cde}$

【정답】 ①

65. 특성방정식 중 안정될 필요조건을 갖춘 것은?

① $s^4 + 3s^2 + 10s + 10 = 0$

② $s^3 + s^2 - 5s + 10 = 0$

③ $s^3 + 2s^2 + 4s - 1 = 0$

④ $s^3 + 9s^2 + 20s + 12 = 0$

|정|답|및|해|설|

[특성방정식의 안정 조건]

· 방정식의 모든 차수의 항이 존재한다.

· 각계수의 부호가 같아야 한다. 【정답】 ④

66. z변환법을 사용한 샘플치 제어계가 안정되려면 $1+G(z)H(z)=0$의 근의 위치는?

① z 평면의 좌반면에 존재하여야 한다.

② z 평면의 우반면에 존재하여야 한다.

③ $|z|=1$ 인 단위원 안쪽에 존재하여야 한다.

④ $|z|=1$ 인 단위원 바깥쪽에 존재하여야 한다.

|정|답|및|해|설|

[제어계 안정 조건]

s평면에서는 곡점이 좌반 평면의 위치해야 하고

z평면에서는 $|Z|=1$인 단위원의 내부에 존재하여야 한다.

【정답】 ③

67. 주파수 전달함수 $G(s)=s$인 미분요소가 있을 때 이 시스템의 벡터궤적은?

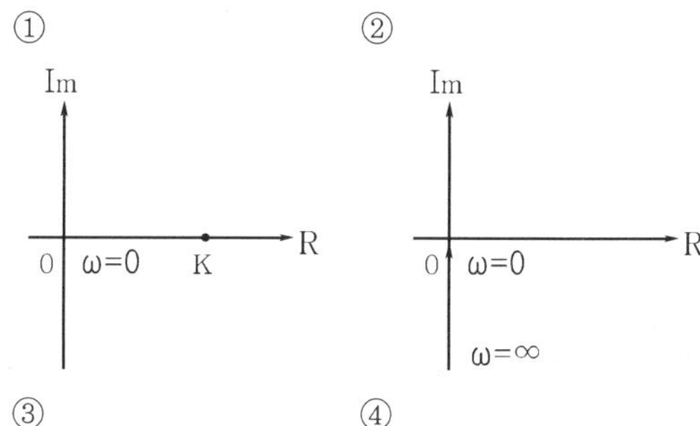

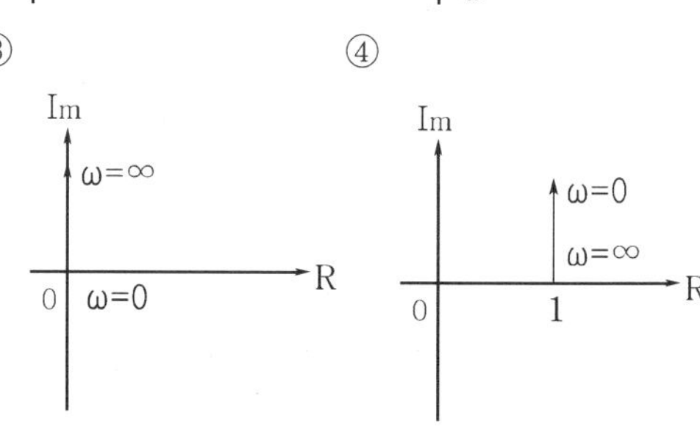

|정|답|및|해|설|

주파수 전달함수 $G(j\omega)=j\omega$는 단지 허수부만으로, ω가 점점 증가함에 따라 $j\omega$는 허수축상에서 위로 올라가는 직선으로 된다.

【정답】 ③

68. 2차계의 감쇠비 δ가 $\delta > 1$이면 어떤 경우인가?

① 비제동　② 과제동
③ 부족 제동　④ 발산

|정|답|및|해|설|

[감쇠비] 과도 응답이 소멸되는 정도를 나타내는 양

$$감쇠비(\delta) = \frac{제2오버슈트}{최대오버슈트}$$

1. $\delta < 1$인 경우 : 부족제동(감쇠진동)
2. $\delta > 1$인 경우 : 과제동(비진동)
3. $\delta = 1$인 경우 : 임계제동(임계상태)
4. $\delta = 0$인 경우 : 무제동(무한진동 또는 완전진동)

【정답】 ②

69. 자동 제어계의 과도 응답의 설명으로 틀린 것은?

① 지연시간은 최종값의 50[%]에 도달하는 시간이다.
② 정정시간은 응답의 최종값의 허용범위가 ±5[%]내에 안정되기 까지 요하는 시간이다.
③ $백분율오버슈트 = \frac{최대오버슈트}{최종목표값} \times 100$
④ 상승시간은 최종값의 10[%]에서 100[%]까지 도달하는데 요하는 시간이다.

|정|답|및|해|설|

[상승시간] 정상값의 10~90[%]에 도달하는 시간

【정답】 ④

70. R-L직렬 회로에서 시정수가 0.03[sec], 저항이 14.7[Ω]일 때 코일의 인덕턴스[mH]는?

① 441　② 362
③ 17.6　④ 2.53

|정|답|및|해|설|

[RL 직렬 회로에서 시정수] $\tau = \frac{L}{R}[s]$

인덕턴스 $L = \tau \times R = 0.03 \times 14.7 = 0.441[H] = 441[mH]$

【정답】 ①

71. $f(t) = Ke^{-at}$의 z변환은?

① $\frac{Kz}{z - e^{-at}}$　② $\frac{Kz}{z + e^{-at}}$
③ $\frac{z}{z - Ke^{-at}}$　④ $\frac{z}{z + Ke^{-at}}$

|정|답|및|해|설|

[라플라스 변환표]

$f(t)$	$F(s)$	$F(z)$
$\delta(t)$	1	1
$u(t)$	$\frac{1}{s}$	$\frac{z}{z-1}$
t	$\frac{1}{s^2}$	$\frac{Tz}{(z-1)^2}$
e^{-at}	$\frac{1}{s+a}$	$\frac{z}{z-e^{-at}}$

【정답】 ①

72. 정현파 교류 전압의 실효값에 어떠한 수를 곱하면 평균값을 얻을 수 있는가?

① $\frac{2\sqrt{2}}{\pi}$　② $\frac{\sqrt{3}}{2}$
③ $\frac{2}{\sqrt{3}}$　④ $\frac{\pi}{2\sqrt{2}}$

|정|답|및|해|설|

[정현파 교류의 평균값] $V_{av} = \frac{2V_m}{\pi}[V]$

[정현파 교류의 실효값] $V = \frac{V_m}{\sqrt{2}}[V]$

여기서, V_m : 최대값

$\frac{V_m}{\sqrt{2}}x = \frac{2V_m}{\pi} \rightarrow x = \frac{2V_m}{\pi} \times \frac{\sqrt{2}}{V_m} = \frac{2\sqrt{2}}{\pi}$

【정답】 ①

73. 그림과 같은 회로의 전달함수는?

(단, $T_1 = R_1 C,\ T_2 = \dfrac{R_2}{R_1 + R_2}$)

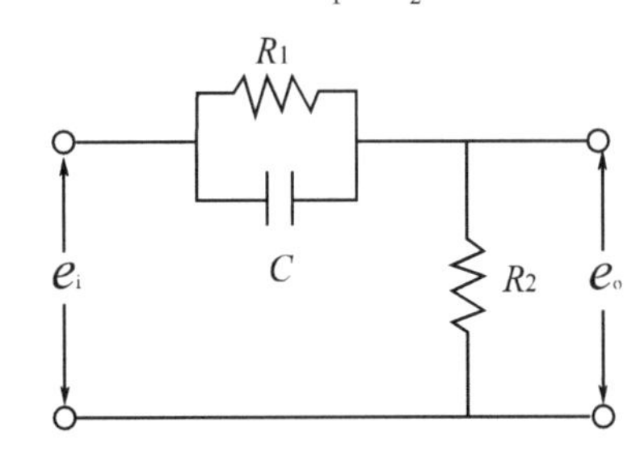

① $\dfrac{1}{1+T_1 s}$　② $\dfrac{T_2(1+T_1 s)}{1+T_1 T_2 s}$

③ $\dfrac{1+T_1 s}{1+T_2 s}$　④ $\dfrac{T_2(1+T_1 s)}{T_1(1+T_2 s)}$

|정|답|및|해|설|

[전달함수] $G(s) = \dfrac{E_0(s)}{E_i(s)}$

회로의 방정식은

$$C\frac{d}{dt}\{e_i(t) - e_0(t)\} + \frac{1}{R}\{e_i(t) - e_0(t)\} = \frac{1}{R_2}e_0(t)$$

초기값을 0으로 하고 라플라스 변환을 하면

$$Cs[E_i(s) - E_0(s)] + \frac{1}{R_1}[E_i(s) - E_0(s)] = \frac{1}{R_2}E_0(s)$$

전달함수 $G_{(s)} = \dfrac{E_0(s)}{E_i(s)} = \dfrac{Cs + \dfrac{1}{R_1}}{Cs + \dfrac{1}{R_1} + \dfrac{1}{R_2}}$

$$= \frac{R_1 Cs + 1}{R_1 Cs + 1 + \dfrac{R_1}{R_2}} = \frac{R_1 Cs + 1}{R_1 Cs + \dfrac{R_1 + R_2}{R_2}}$$

여기서, $T_1 = R_1 C,\ T_2 = \dfrac{R_2}{R_1 + R_2}$

$$\therefore G_{(s)} = \frac{T_1 s + 1}{T_1 s + \dfrac{1}{T_2}} = \frac{T_2(1 + T_1 s)}{1 + T_1 T_2 s}$$

【정답】 ②

74. R[Ω]의 저항 3개를 Y로 접속한 것을 선간전압 200[V]의 3상 교류 전원에 연결할 때 선전류가 10[A] 흐른다면, 이 3개의 저항을 Δ로 접속하고 동일 전원에 연결하면 선전류는 몇 [A]인가?

① 30　② 25　③ 20　④ $\dfrac{20}{\sqrt{3}}$

|정|답|및|해|설|

· Y결선의 상전류 $I_Y = \dfrac{200}{\sqrt{3}R}$

· Y결선의 선전류 $I_{Yl} = \dfrac{200}{\sqrt{3}R}$

· △결선의 상전류 $I_\triangle = \dfrac{200}{R}$

· △결선의 선전류 $I_{\triangle l} = \sqrt{3}I_\triangle = \dfrac{200\sqrt{3}}{R}$

$$\frac{I_{\triangle l}}{I_{Yl}} = \frac{\dfrac{200\sqrt{3}}{R}}{\dfrac{200}{\sqrt{3}R}} = 3 \ \rightarrow\ \therefore\ I_{\triangle l} = 3I_{Yl} = 3 \times 10 = 30[A]$$

【정답】 ①

75. $F(s) = \dfrac{2s + 15}{s^3 + s^2 + 3s}$ 일 때 $f(t)$의 최종값은?

① 15　② 5　③ 3　④ 2

|정|답|및|해|설|

[최종값 정리] 함수 $f(t)$에 대해서 시간 t가 ∞에 가까워지는 경우 $f(t)$의 극한값을 최종값(정상값)이라 한다.

$$\lim_{t\to\infty} f(t) = \lim_{s\to 0} sF(s) = \lim_{s\to 0} s \cdot \frac{2s + 15}{s(s^2 + s + 3)} = \frac{15}{3} = 5$$

【정답】 ②

76. 전원측 저항 1[kΩ], 부하저항 10[Ω] 일 때, 이것에 변압비 n:1의 이상 변압기를 사용하여 정합을 취하려 한다. n의 값으로 옳은 것은?

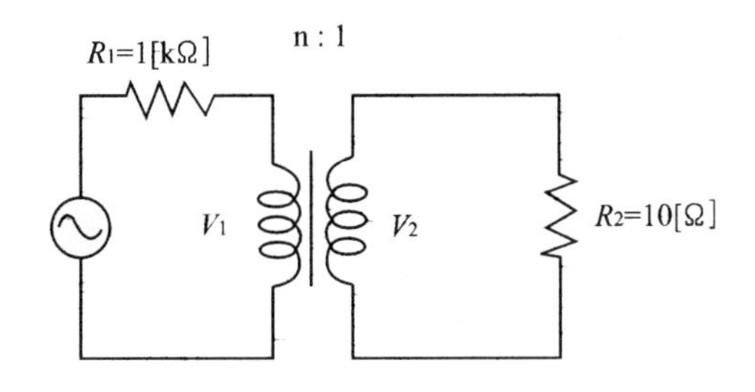

① 1　② 10　③ 100　④ 1000

|정|답|및|해|설|

[변압비(권수비)] $a = \dfrac{n_1}{n_2} = \dfrac{V_1}{V_2} = \sqrt{\dfrac{Z_1}{Z_2}} = \sqrt{\dfrac{R_1}{R_2}}$

$$n_1\sqrt{R_2} = n_2\sqrt{R_1} \ \rightarrow n_1 = n_2 \cdot \sqrt{\frac{R_1}{R_2}} = 1 \times \sqrt{\frac{1000}{10}} = 10$$

【정답】 ②

77. 반파 대칭의 왜형파에 포함되는 고조파는?

① 제2고조파　　② 제4고조파
③ 제5고조파　　④ 제6고조파

|정|답|및|해|설|

[반파대칭] sin항과 cos항 존재, 한 주기마다 동일한 파형이 반복

$$f(t) = \sum_{n=1}^{\infty} a_n \cos n\omega t + \sum_{n=1}^{\infty} b_n \sin n\omega t$$

(단, $n = 1, 3, 5, \cdots, 2n-1$: 홀수항만 존재)

【정답】 ③

78. 그림 (a)와 (b)의 회로가 등가 회로가 되기 위한 전류원 I[A]와 임피던스 Z[Ω] 의 값은?

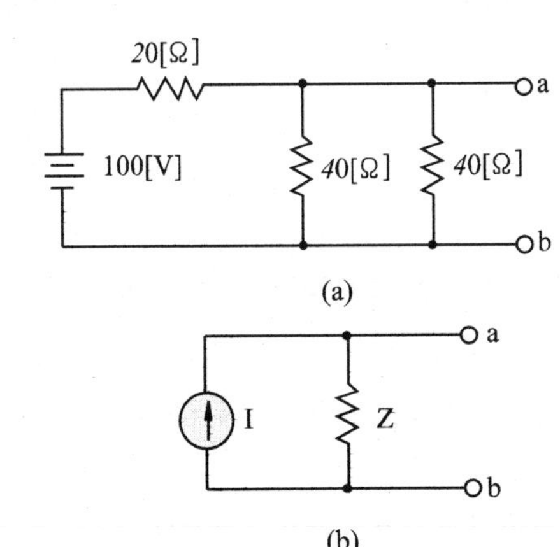

① 5[A], 10[Ω]　　② 2.5[A], 10[Ω]
③ 5[A], 20[Ω]　　④ 2.5[A], 20[Ω]

|정|답|및|해|설|

1. a,b를 단락시킨 후 전류를 구한다. 즉, 저항은 20[Ω]
→ (두 개의 40[Ω]은 무시한다.)

　전류원 $I = \frac{V}{R} = \frac{100}{20} = 5[A]$

2. ab에서 바라본 등가임피던스　→ (테브라인 정리를 이용)

$$Z = \frac{1}{\frac{1}{20} + \frac{1}{40} + \frac{1}{40}} = 10[\Omega]$$

【정답】 ①

79. 다음 파형의 라플라스 변환은?

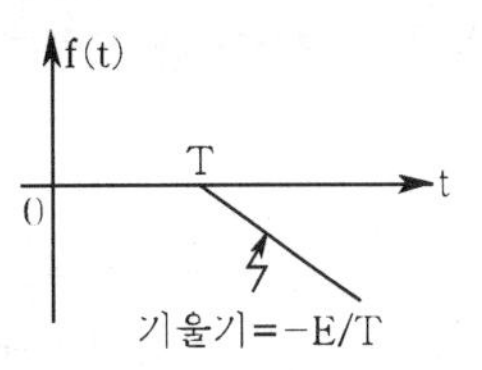

① $-\frac{E}{Ts^2}e^{-Ts}$　　② $\frac{E}{Ts^2}e^{-Ts}$
③ $-\frac{E}{Ts^2}e^{Ts}$　　④ $\frac{E}{Ts^2}e^{Ts}$

|정|답|및|해|설|

[파형의 시간함수] $f(t) = -\frac{E}{T}(t-T)u(t-T)$이므로

라프라스변환 $F(s) = \mathcal{L}[f(t)] = \mathcal{L}[-\frac{E}{T}(t-T)u(t-T)]$

$$= -\frac{E}{T} \cdot \frac{1}{s^2} e^{-Ts}$$

T초 시간 지연이므로 e^{-Ts}, 기울기가 -인 답을 찾는다.

【정답】 ①

80. 전류 $\sqrt{2} I \sin(\omega t + \theta)[A]$와 기전력 $\sqrt{2} V \cos(\omega t - \phi)[V]$ 사이의 위상차는?

① $\frac{\pi}{2} - (\phi - \theta)$　　② $\frac{\pi}{2} - (\phi + \theta)$
③ $\frac{\pi}{2} + (\phi + \theta)$　　④ $\frac{\pi}{2} + (\phi - \theta)$

|정|답|및|해|설|

[위상차]

1. 전류= $\sqrt{2} I \sin(\omega t + \theta)$[A]
2. 기전력= $\sqrt{2} V \cos(\omega t - \phi) = \sqrt{2} V \sin(\omega t - \phi + \frac{\pi}{2})$[V]

→ [$\because \cos\theta = \sin(\theta + \frac{\pi}{2})$]

$\therefore$ 위상차$= (-\phi + \frac{\pi}{2}) - \theta = \frac{\pi}{2} - (\phi + \theta)$　　【정답】 ②

81. 발·변전소의 주요 변압기에 시설하지 않아도 되는 계측 장치는?

① 역률계 ② 전압계
③ 전력계 ④ 전류계

|정|답|및|해|설|

[계측장치의 시설 (KEC 351.6)] 변전소에 시설하여야 하는 계측 장치
1. 발전기·연료전지 또는 태양전지 모듈의 전압 및 전류 또는 전력
2. 발전기의 베어링 및 고정자의 온도
3. 정격출력이 10,000[kW]를 초과하는 증기터빈에 접속하는 발전기의 진동의 진폭
4. 주요 변전소의 전압 및 전류 또는 전력
5. 특고압용 변압기의 온도 【정답】 ①

82. 사용전압이 400[V] 미만인 경우의 저압 보안 공사에 전선으로 경동선을 사용할 경우 지름은 몇 [mm] 이상인가?

① 2.6 ② 6.5 ③ 4.0 ④ 5.0

|정|답|및|해|설|

[저압 보안공사 (KEC 222.10)]
전선이 케이블인 경우 이외에는
1. 저압 : 인장강도 8.01[kN] 이상의 것 또는 지름 5[mm] 이상의 경동선
2. 400[V] 미만 : 인장강도 5.26[kN] 이상의 것 또는 지름 4[mm] 이상의 경동선 【정답】 ③

83. 케이블트레이공사 적용 시 적합한 사항은?

① 난연성 케이블을 사용한다.
② 케이블 트레이의 안전율은 2.0 이상으로 한다.
③ 케이블 트레이 안에서 전선접속은 허용하지 않는다.
④ 금속제 케이블 트레이는 접지공사를 하지 않는다.

|정|답|및|해|설|

[케이블트레이공사 (KEC 232.41)]
· 전선은 연피 케이블, 알루미늄피 케이블 등 난연성 케이블, 기타 케이블 또는 금속관 혹은 합성수지관 등에 넣은 절연전선을 사용하여야 한다.
· 수용된 모든 전선을 지지할 수 있는 적합한 강도의 것이어야 한다. 이 경우 케이블 트레이의 안전율은 1.5 이상으로 하여야 한다.
· 비금속제 케이블 트레이는 난연성 재료의 것이어야 한다.
· 금속제 케이블 트레이는 kec140에 의한 접지공사를 하여야 한다.
【정답】 ①

84. 사람이 상시 통행하는 터널 안의 배선을 애자사용공사에 의하여 시설하는 경우 설치 높이는 노면상 몇 [m]이상인가?

① 1.5 ② 2 ③ 2.5 ④ 3

|정|답|및|해|설|

[터널 안 전선로의 시설 (KEC 335.1)] 사람이 통행하는 터널 내의 전선의 경우

저압	① 전선 : 인장강도 2.30[kN] 이상의 절연전선 또는 지름 2.6[mm] 이상의 경동선의 절연전선 ② 설치 높이 : 애자사용공사시 레일면상 또는 노면상 2.5[m] 이상 ③ 합성수지관배선, 금속관배선, 가요전선관배선, 애자사용고사, 케이블 공사
고압	전선 : 케이블공사 (특고압전선은 시설하지 않는 것을 원칙으로 한다.)

【정답】 ③

85. 변압기 중성점 접지공사의 접지저항값을 $\frac{150}{I}[\Omega]$으로 정하고 있는데, 이때에 해당되는 것은?

① 변압기의 고압측 또는 특고압측 전로의 1선 지락전류 암페어 수
② 변압기의 고압측 또는 특고압측 전로의 단락사고 시 고장 전류의 암페어 수
③ 변압기의 1차측과 2차측의 혼촉에 의한 단락전류의 암페어 수
④ 변압기의 1차와 2차에 해당하는 전류의 합

|정|답|및|해|설|

[변압기 중성점 접지의 접지저항 (KEC 142.5)]
변압기 중성점 접지의 접지저항값
1. $R=\frac{150}{I}[\Omega]$: 특별한 보호 장치가 없는 경우
2. $R=\frac{300}{I}[\Omega]$: 보호 장치의 동작이 1~2초 이내
3. $R=\frac{600}{I}[\Omega]$: 보호 장치의 동작이 1초 이내
(여기서, I : 1선지락전류) 【정답】 ①

86. 전체의 길이가 16[m]이고 설계하중이 6.8[kN] 초과 9.8[kN] 이하인 철근 콘크리트 주를 논, 기타 지반이 연약한 곳 이외의 곳에 시설할 때, 묻히는 깊이를 2.5[m]보다 몇 [cm] 가산하여 시설하는 경우에는 기초의 안전율에 대한 고려없이 시설하여도 되는가?

① 10 ② 20 ③ 30 ④ 40

|정|답|및|해|설|

[가공전선로 지지물의 기초 안전율 (KEC 331.7)]
가공전선로의 지지물에 하중이 가하여지는 경우에 그 하중을 받는 지지물의 기초 안전율은 2 이상(단, 이상시 상정하중에 대한 철탑의 기초에 대하여는 1.33)이어야 한다. 다만, 땅에 묻히는 깊이를 다음의 표에서 정한 값 이상의 깊이로 시설하는 경우에는 그러하지 아니하다.

<table>
<tr><th colspan="2">구분</th><th>6.8[kN] 이하</th><th>6.8[kN] 초과 9.8[kN] 이하</th><th colspan="2">9.81[kN] 초과 14.72[kN] 이하</th></tr>
<tr><td rowspan="2">강관을 주체로 하는 철주 또는 철근 콘크리트주</td><td>15[m] 이하</td><td>전장×1/6[m] 이상</td><td rowspan="3">전장×1/6+0.3[m] 이상</td><td colspan="2">전장×1/6+0.5[m]</td></tr>
<tr><td>15[m] 초과 16[m] 이하</td><td>2.5[m] 이상</td><td>15[m] 초과 18[m] 이하</td><td>3[m] 이상</td></tr>
<tr><td>논이나 그 밖의 지반이 연약한 곳 제외</td><td>16[m] 초과 20[m] 이하</td><td>2.8[m] 이상</td><td>18[m] 초과</td><td>3.2[m] 이상</td></tr>
</table>

【정답】 ③

87. "고압 또는 특별고압의 기계기구, 모선 등을 옥외에 시설하는 발전소, 변전소, 개폐소 또는 이에 준하는 곳에 시설하는 울타리, 담 등의 높이는 (㉠)[m] 이상으로 하고, 지표면과 울타리, 담 등의 하단사이의 간격은 (㉡)[cm] 이하로 하여야 한다." 에서 ㉠,㉡에 알맞은 것은?

① ㉠ 3, ㉡ 15 ② ㉠ 2, ㉡ 15
③ ㉠ 3, ㉡ 25 ④ ㉠ 2, ㉡ 25

|정|답|및|해|설|

[발전소 등의 울타리·담 등의 시설 (KEC 351.1)] 고압 또는 특고압의 기계기구 모선 등을 옥외에 시설하는 발전소·변전소·개폐소 또는 이에 준하는 곳의 울타리·담 등의 높이는 2[m] 이상으로 하고 지표면과 울타리·담 등의 하단사이의 간격은 15[cm] 이하로 할 것 【정답】 ②

88. 강관으로 구성된 철탑의 갑종풍압하중은 수직 투영면적 1[m^2]에 대한 풍압을 기초로 하여 계산한 값이 몇 Pa인가?

① 1255 ② 1340 ③ 1560 ④ 2060

|정|답|및|해|설|

[풍압하중의 종별과 적용 (KEC 331.6)]

<table>
<tr><th colspan="4">풍압을 받는 구분</th><th>풍압[Pa]</th></tr>
<tr><td rowspan="12">지지물</td><td colspan="3">목주</td><td>588</td></tr>
<tr><td rowspan="5">철주</td><td colspan="2">원형의 것</td><td>588</td></tr>
<tr><td colspan="2">삼각형 또는 농형</td><td>1412</td></tr>
<tr><td colspan="2">강관에 의하여 구성되는 4각형의 것</td><td>1117</td></tr>
<tr><td colspan="2">기타의 것으로 복재가 전후면에 겹치는 경우</td><td>1627</td></tr>
<tr><td colspan="2">기타의 것으로 겹치지 않은 경우</td><td>1784</td></tr>
<tr><td rowspan="2">철근 콘크리트 주</td><td colspan="2">원형의 것</td><td>588</td></tr>
<tr><td colspan="2">기타의 것</td><td>822</td></tr>
<tr><td rowspan="4">철탑</td><td rowspan="2">단주</td><td>원형의 것</td><td>588[Pa]</td></tr>
<tr><td>기타의 것</td><td>1,117[Pa]</td></tr>
<tr><td colspan="2">강관으로 구성되는 것(단주는 제외함)</td><td>1,255[Pa]</td></tr>
<tr><td colspan="2">기타의 것</td><td>2,157[Pa]</td></tr>
</table>

【정답】 ①

89. KS C IEC 60364에서 전원의 한 점을 직접 접지하고, 설비의 노출 도전성 부분을 전원 계통의 접지극과 별도로 전기적으로 독립하여 접지하는 방식은?

① TT 계통 ② TN-C 계통
③ TN-S 계통 ④ TN-CS 계통

|정|답|및|해|설|

[계통접지 구성 (KEC 203.1)]

1. TT 계통 : 전원의 한 점을 직접 접지하고 설비의 노출 도전성 부분을 전원계통의 접지극과는 전기적으로 독립한 접극에 접지하는 접지계통을 말한다.
2. TN 계통 : 전원의 한 점을 직접접지하고 설비의 노출 도전 성부분을 보호선(PE)을 이용하여 전원의 한 점에 접속하는 접지계통
   - TN-C 계통 : 계통 전체의 중성선과 보호선을 동일전선으로 사용한다.
   - TN-S 계통 : 계통 전체의 중성선과 보호선을 접속하여 사용하거나, 계통 전체의 접지된 상전선과 보호선을 접속하여 사용한다.
   - TN-C-S 계통 : 계통 일부의 중성선과 보호선을 동일전선으로 사용한다. 【정답】 ①

90. 22.9[kV] 3상 4선식 다중 접지방식의 지중 전선로의 절연 내력시험을 직류로 할 경우 시험전압은 몇 [V]인가?

① 16448　② 21068
③ 32796　④ 42136

|정|답|및|해|설|

[전로의 절연저항 및 절연내력 (KEC 132)]

권선의 종류		시험 전압	시험 최소 전압
7[kV] 이하		1.5배	500[V]
7[kV] 넘고 25[kV] 이하	다중접지식	0.92배	
7[kV] 넘고 60[kV] 이하	비접지방식	1.25배	10,500[V]
60[kV]초과	비접지	1.25배	
	접지식	1.1배	75000[V]
60[kV] 넘고 170[kV] 이하	중성점 직접지식	0.72배	
170[kV] 초과	중성점 직접지식	0.64배	

전원케이블을 사용하는 경우에는 직류로 시험할 수 있으며, 시험전압은 교류의 경우의 2배가 된다.

∴ 시험전압 $=22900\times0.92\times2=42136$[V]　【정답】 ④

91. 옥내에 시설하는 관등회로의 사용전압이 1[kV]를 초과하는 방전등으로써 방전관에 네온 방전관을 사용한 관등회로의 배선은?

① MI 케이블 공사　② 금속관공사
③ 합성 수지관 공사　④ 애자사용공사

|정|답|및|해|설|

[옥내의 네온 방전등 공사 (KEC 234.12)]

옥내에 시설하는 관등회로의 사용전압이 1[kV]를 넘는 관등회로의 배선은 애자사용공사에 의하여 시설하고 또한 다음에 의할 것

1. 전선은 네온전선일 것
2. 전선은 조영재의 옆면 또는 아랫면에 붙일 것. 다만, 전선을 전개된 장소에 시설하는 경우에 기술상 부득이한 때에는 그러하지 아니하다.
3. 전선의 지지점간의 거리는 1[m] 이하일 것
4. 전선 상호간의 간격은 6[cm] 이상일 것

【정답】 ④

92. 사용전압 22.9[kV]의 가공전선이 철도를 횡단하는 경우 전선의 레일면상 높이는 몇 [m] 이상인가?

① 5　② 5.5　③ 6　④ 6.5

|정|답|및|해|설|

[특고압 가공전선의 높이 (KEC 333.7)]

사용전압의 구분	지표상의 높이	
35[kV] 이하	일반	5[m]
	철도 또는 궤도를 횡단	6.5[m]
	도로 횡단	6[m]
	횡단보도교의 위 (전선이 특고압 절연전선 또는 케이블)	4[m]
35[kV] 초과 160[kV] 이하	일반	6[m]
	철도 또는 궤도를 횡단	6.5[m]
	산지	5[m]
	횡단보도교의 케이블	5[m]
160[kV] 초과	일반	6[m]
	철도 또는 궤도를 횡단	6.5[m]
	산지	5[m]
	160[kV]를 초과하는 10[kV] 또는 그 단수마다 12[cm]를 더한 값	

【정답】 ④

93. 발전소, 변전소, 개폐소 또는 이에 준하는 곳에 설치하는 배전반 시설에 법규상 확보할 사항이 아닌 것은?

① 방호 장치
② 통로를 시설
③ 기기 조작에 필요한 공간
④ 공기 여과 장치

|정|답|및|해|설|

[배전반의 시설 (KEC 351.17)]

배전반에 고압용 또는 특별고압용의 기구 또는 전선을 시설하는 경우에는 취급자에게 위험이 미치지 아니하도록 적당한 방호장치 또는 통로를 시설하여야 하며, 기기조작에 필요한 공간을 확보하여야 한다.

【정답】 ④

94. 사용전압이 25[kV] 이하의 특고압 가공 전선로에는 전화선로의 길이 12[km]마다 유도전류가 몇 [μA]를 넘지 않아야 하는가?

① 1.5　② 2　③ 2.5　④ 3

|정|답|및|해|설|

[유도장해의 방지 (KEC 333.2)]

, 사용전압이 60[kV] 이하인 경우에는 전화선로의 길이 12[km] 마다 유도전류가 2[μA]를 넘지 아니하도록 할 것.

, 사용전압이 60[kV]를 초과하는 경우에는 전화선로의 길이 40[km] 마다 유도전류가 3[μA]을 넘지 아니하도록 할 것.

【정답】 ②

95. 시가지에서 특고압 가공전선로의 지지물에 시설할 수 없는 통신선은?

① 지름 4[mm]의 절연전선
② 첨가 통신용 제 1종 케이블
③ 광섬유 케이블
④ CN/CV 케이블

|정|답|및|해|설|

[특고압 가공전선로 첨가설치 통신선의 시가지 인입 제한(KEC 362.5)]

시가지에 시설하는 통신선은 특고압 가공전선로의 지지물에 시설하여서는 아니 된다. 다만, 다음의 경우 그러지 아니하다.

- 통신선이 절연전선과 동등 이상의 절연효력이 있을 것
- 인장강도 5.26[kN] 이상의 것
- 지름 4[mm] 이상의 절연전선
- 광섬유 케이블인 경우

※ CN/CV 케이블은 전력선이다.　【정답】 ④

96. 저압 가공전선과 고압 가공전선을 동일 지지물에 병행설치하는 경우, 고압 가공전선에 케이블을 사용하면 그 케이블과 저압 가공전선의 최소 간격은 몇 [cm]인가?

① 30　② 50　③ 70　④ 90

|정|답|및|해|설|

[고압 가공전선 등의 병행설치 (KEC 332.8)]

, 저압 가공전선을 고압 가공전선의 아래로 하고 별개의 완금류에 시설할 것

, 간격 50[cm] 이상으로 저압선을 고압선의 아래로 별개의 완금류에 시설 (단, 고압에 케이블 사용시 30[cm] 이상)

【정답】 ①

97. 345[kV] 가공 전선로를 제1종 특고압 보안공사에 의하여 시설하는 경우에 사용하는 전선은 인장강도 77.47[kN] 이상의 연선 또는 단면적 몇 [mm^2] 이상의 경동연선 이어야 하는가?

① 100　② 125　③ 150　④ 200

|정|답|및|해|설|

[특고압 보안공사 (KEC 333.22)]

제1종 특고압 보안공사의 전선 굵기

사용전압	전선
100[kV] 미만	인장강도 21.67[kN] 이상의 연선 또는 단면적 55[mm^2] 이상의 경동연선
100[kV] 이상 300[kV] 미만	인장강도 58.84[kN] 이상의 연선 또는 단면적 150[mm^2] 이상의 경동연선
300[kV] 이상	인장강도 77.47[kN] 이상의 연선 또는 단면적 200[mm^2] 이상의 경동연선

【정답】 ④

98. 옥내의 저압전선으로 애자사용공사에 의하여 전개된 곳에 나전선의 사용이 허용되지 않는 경우는?

① 전기로용 전선
② 취급자 이외의 자가 출입할 수 없도록 설비한 장소에 시설하는 전선
③ 제분 공장의 전선
④ 전선의 피복 절연물이 부식하는 장소에 시설하는 전선

|정|답|및|해|설|

[나전선의 사용 제한 (KEC 231.4)]

옥내에 시설하는 저압전선에는 나전선을 사용하여서는 아니 된다. 다만, 다음중 어느 하나에 해당하는 경우에는 그러하지 아니하다.

1. 애자사용공사에 의하여 전개된 곳에 다음의 전선을 시설하는 경우
   - 전기로용 전선
   - 전선의 피복 절연물이 부식하는 장소에 시설하는 전선
   - 취급자 이외의 자가 출입할 수 없도록 설비한 장소에 시설하는 전선
2. 버스덕트공사에 의하여 시설하는 경우
3. 라이팅덕트공사에 의하여 시설하는 경우
4. 접촉 전선을 시설하는 경우

【정답】 ③

2015년 3회 전기기사 필기 기출문제

3회 2015년 전기기사필기 (전기자기학)

1. 패러데이의 법칙에 대한 설명으로 가장 알맞은 것은?

① 정전유도에 의해 회로에 발생하는 기자력은 자속의 변화 방향으로 유도된다.
② 정전유도에 의해 회로에 발생되는 기자력은 자속 쇄교수의 시간에 대한 증가율에 비례한다.
③ 전자유도에 의해 회로에 발생되는 기전력은 자속의 변화를 방해하는 반대 방향으로 기전력이 유도된다.
④ 전자유도에 의해 회로에 발생하는 기전력은 자속 쇄교수의 시간에 대한 변화율에 비례한다.

|정|답|및|해|설|

[패러데이의 법칙] "유도기전력의 크기는 **폐회로에 쇄교하는 자속의 시간적 변화($d\varnothing$)에 비례**한다"라는 법칙으로 기전력의 크기를 결정한다.

유도기전력 $e=-\frac{d\varnothing}{dt}=-N\frac{d\varnothing}{dt}[V]$ 【정답】 ④

2. 반지름 a, b(b>a)[m]의 동심 구도체 사이에 유전율 ϵ[F/m]의 유전체가 채워졌을 때의 정전용량은 몇 F인가?

① $\frac{\pi\epsilon}{\ln(b/a)}$ ② $\frac{\ln(b/a)}{\pi\epsilon}$

③ $\frac{4\pi\epsilon ab}{b-a}$ ④ $\frac{1}{4\pi\epsilon}\frac{a-b}{ab}$

|정|답|및|해|설|

[동심구의 내구 외구 사이의 전위차] 두 점 사이의 단위전하가 갖는 전기적인 위치에너지의 차

$V_{ab}=-\int_b^a E\cdot dr=\frac{Q}{4\pi\epsilon_0\epsilon_s}\left(\frac{1}{a}-\frac{1}{b}\right)[V]$

여기서, Q : 전하, $\epsilon(=\epsilon_0\epsilon_s)$: 유전율, a, b : 반지름

$\therefore C=\frac{Q}{V_{ab}}=\frac{4\pi\epsilon_0\epsilon_s}{\frac{1}{a}-\frac{1}{b}}=\frac{4\pi\epsilon ab}{b-a}$ 【정답】 ③

|참|고|

[각 도형의 정전용량]

1. 구 : $C=4\pi\epsilon a[F]$
2. 동심구 : $C=\frac{4\pi\epsilon}{\frac{1}{a}-\frac{1}{b}}[F]$
3. 원주 : $C=\frac{2\pi\epsilon l}{\ln\frac{b}{a}}[F]$
4. 평행도선 : $C=\frac{\pi\epsilon l}{\ln\frac{d}{b}}[F]$
5. 평판 : $C=\frac{Q}{V_0}=\frac{\epsilon S}{d}=\frac{\epsilon_0\epsilon_s S}{d}$

3 무한 평면도체로부터 거리 a[m]인 곳에 점전하 Q[C]가 있을 때 도체 표면에 유도되는 최대전하밀도는 몇 $[C/m^2]$인가?

① $\frac{Q}{2\pi\epsilon_0 a^2}$ ② $\frac{Q}{4\pi a^2}$

③ $-\frac{Q}{2\pi a^2}$ ④ $\frac{Q}{4\pi\epsilon_0 a^2}$

|정|답|및|해|설|

[무한 평면 도체의 최대전하밀도]

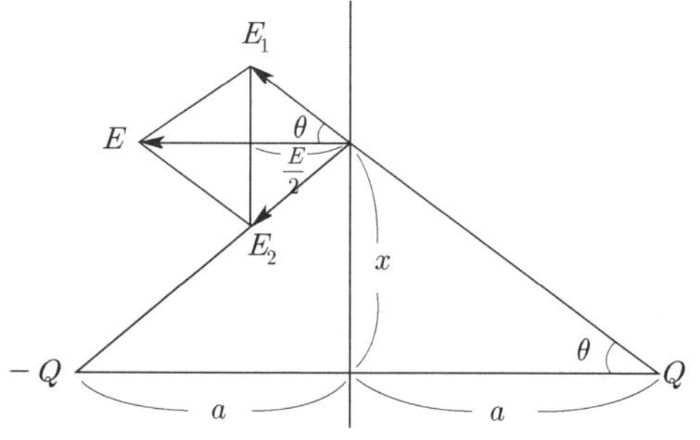

무한 평면 도체상의 기준 원점으로부터 $x[m]$인 곳의 전하밀도

$\sigma=-\epsilon_0\cdot E=-\frac{Q\cdot a}{2\pi(a^2+x^2)^{\frac{3}{2}}}[C/m^2]$

$\rightarrow (E=\frac{Q\cdot a}{2\pi\epsilon_0(a^2+x^2)^{\frac{3}{2}}}[V/m])$

면밀도가 최대인점은 $x=0$인곳이므로 대입하면

$\sigma=-\frac{Q}{2\pi a^2}[C/m^2]$ 【정답】 ③

4 반지름 a[m]의 원형 단면을 가진 도선에 전도전류 $i_c = I_c \sin 2\pi ft[A]$가 흐를 때 변위전류밀도의 최대값 J_d는 몇 $[A/m^2]$가 되는가? (단, 도전율은 $\sigma[S/m]$이고, 비유전율은 ϵ_r이다.)

① $\frac{f\epsilon_r I_c}{18\pi\times10^9\sigma a^2}$ ② $\frac{f\epsilon_r I_c}{9\pi\times10^9\sigma a^2}$

③ $\frac{f\epsilon_r I_c}{4\pi\times10^9\sigma a^2}$ ④ $\frac{f\epsilon_r I_c}{4\pi f\times10^9\sigma a^2}$

|정|답|및|해|설|

[전도전류밀도 및 변위전류 밀도]

1. 전도전류밀도 $\frac{i_c}{S}=\sigma E=\frac{I_c \sin\omega t}{\sqrt{2}S}$

2. 변위전류밀도 $i_d=\frac{I_d}{S}=\omega\epsilon E=2\pi f\epsilon_0\epsilon_r E$

여기서, σ : 도전율, E : 전계의 세기, I_c : 전도전류

I_d : 변위전류, S : 단면적, ω : , ϵ : 유전율($\epsilon_0\epsilon_r$)

f : 주파수, ω : 각속도($=2\pi f$)

전계의 세기 $E=\frac{I_c \sin\omega t}{\sigma S}=\frac{I_c \sin\omega t}{\sigma\pi a^2}$

변위전류밀도 전계의 세기를 대입

$i_d=2\pi f\epsilon_0\epsilon_r E$ → ($\epsilon_0=8.855\times10^{-12}$)

$=2\pi f\epsilon_0\epsilon_r\times\frac{I_c\sin\omega t}{\sigma\pi a^2}=\frac{f\epsilon_r I_c \sin\omega t}{18\pi\times10^9\sigma a^2}$

따라서 최대값은 $\sin wt=1$일 때 이므로

$i_d=\frac{f\epsilon_r I_c}{18\pi\times10^9\sigma a^2}$ 【정답】 ①

5 맥스웰의 전자방정식 중 패러데이 법칙에서 유도된 식은? (단, D : 전속밀도, ρ_v : 공간 전하밀도, B : 자속밀도, E : 전계의 세기, J : 전류밀도, H : 자계의 세기이다.)

① $div D=\rho_v$

② $div=0$

③ $\nabla\times H=J+\frac{\partial D}{\partial t}$

④ $\nabla\times E=-\frac{\partial B}{\partial t}$

|정|답|및|해|설|

[맥스웰의 전자계 기초 방정식]

1. $rot E=\nabla\times E=-\frac{\partial B}{\partial t}=-\mu\frac{\partial H}{\partial t}$: 패러데이의 전자유도법칙(미분형)

2. $rot H=\nabla\times H=i+\frac{\partial D}{\partial t}$: 앙페르 주회적분 법칙

3. $div D=\nabla\cdot D=\rho$: 정전계 가우스정리 미분형

4. $div B=\nabla\cdot B=0$: 정자계 가우스정리 미분형

【정답】 ④

6 특성임피던스가 각각 η_1, η_2 인 두 매질의 경계면에 전자파가 수직으로 입사할 때 전계가 무반사로 되기 위한 가장 알맞은 조건은?

① $\eta_2=0$ ② $\eta_1=0$

③ $\eta_1=\eta_2$ ④ $\eta_1\cdot\eta_2=1$

|정|답|및|해|설|

[무반사 조건] 반사계수가 0이면 무반사이다.

$\eta_1=\eta_2$이면 반사계수가 0이므로 무반사이다.

1. 반사계수 $\sigma=\frac{Z_2-Z_1}{Z_2+Z_1}$

2. 투과계수 $\rho=\frac{2Z_2}{Z_1+Z_2}$

여기서, Z_1 : 선로 임피던스, Z_2 : 부하 임피던스

【정답】 ③

7 전기력선의 성질에 대한 설명 중 옳은 것은?

① 전기력선은 도체 표면과 직교한다.

② 전기력선은 전위가 낮은 점에서 높은 점으로 향한다.

③ 전기력선은 도체 내부에 존재할 수 있다.

④ 전기력선은 등전위면과 평행하다.

|정|답|및|해|설|

[전기력선의 성질]

- 전기력선은 정전하에서 시작하여 부전하에서 끝난다.
- 전기력선은 전위가 **높은 곳에서 낮은 곳으로 향한다**.
- 전기력선은 그 자신만으로 폐곡선이 되지 않는다.
- 전기력선은 **도체 표면에서 수직**으로 출입한다.
- 서로 다른 두 전기력선은 교차하지 않는다.
- 전기력선밀도는 그 점의 전계의 세기와 같다.
- 전하가 없는 곳에서는 전기력선이 존재하지 않는다.
- **도체 내부에서의 전기력선은 존재하지 않는다**.
- 단위 전하에서는 $\frac{1}{\epsilon_0}$개의 전기력선이 출입한다. 【정답】 ①

8. 자속밀도가 0.3[Wb/m^2]인 평등자계 내에 5[A]의 전류가 흐르고 있는 길이 2[m]인 직선도체를 자계의 방향에 대하여 60° 의 각도로 놓았을 때 이 도체가 받는 힘은 약 몇 N 인가?

① 1.3 ② 2.6 ③ 4.7 ④ 5.2

|정|답|및|해|설|

[도체가 받는 힘(플레밍의 왼손법칙)] $F = BIl\sin\theta$

여기서, B : 자속밀도[Wb/m^2], I : 도체에 흐르는 전류[A]
l : 도체의 길이[m], θ : 자장과 도체가 이르는각

$\therefore F = BIl\sin\theta = 0.3\times5\times2\times\sin60° = 2.6[N]$ 【정답】 ②

9. 2C의 점전하가 전계 $E = 2a_x + a_y - 4a_z\,[V/m]$ 및 자계 $B = -2a_x + 2a_y - a_z\,[Wb/m^2]$ 내에서 속도 $v = 4a_x - a_y - 2a_z\,[m/s]$로 운동하고 있을 때 점전하에 작용하는 힘 F는 몇 N인가?

① $-14a_x + 18a_y + 6a_z$

③ $-14a_x + 18a_y + 4a_z$

④ $14a_x + 18a_y + 4a_z$

|정|답|및|해|설|

[로렌쯔의 식] $F = qvB\sin\theta = q(E + v\times B)[N]$

여기서, q : 전하, E : 전계, v : 속도, B : 자속밀도

[점전하에 작용하는 힘] $F = q(E + v\times B)$

여기서, q : 전하, E : 전계, v : 속도, B : 자속밀도

$F = q(E + v\times B)$

$= 2(2a_x + a_y - 4a_z) + 2(4a_x - a_y - 2a_z)\times(-2a_x + 2a_y - a_z)$

$= 2(2a_x + a_y - 4a_z) + 2\begin{vmatrix} a_x & a_y & a_z \\ 4 & -1 & -2 \\ -2 & 2 & -1 \end{vmatrix}$

$= 2(2a_x + a_y - 4a_z) + 2(5a_x + 8a_y + 6a_z)$

$= 2(7a_x + 9a_y + 2a_z) = 14a_x + 18a_y + 4a_z[N]$ 【정답】 ④

10. 비투자율 350인 환상철심 중의 평균자계의 세기가 280[AT/m]일 때 자화의 세기는 약 몇 [Wb/m^2] 인가?

① 0.12 [Wb/m^2] ② 0.15 [Wb/m^2]

③ 0.18 [Wb/m^2] ④ 0.21 [Wb/m^2]

|정|답|및|해|설|

[자화의 세기] $J = \mu_0(\mu_s - 1)H = \dfrac{M}{v}[Wb/m^2]$

여기서, $\mu_0(=4\pi\times10^{-7})$: 진공시 투자율, μ_s : 비투자율
H : 자계의 세기, M : 자기모멘트, v : 자성체의 체적

$J = \mu_0(\mu_s - 1)H = 4\pi\times10^{-7}\times(350-1)\times280$

$= 0.12[wb/m^2]$

자화의 세기= 단위 체적당 자기모멘트 【정답】 ①

11. 한 변의 저항이 R_0인 그림과 같은 무한히 긴 회로에서 AB간의 합성저항은 어떻게 되는가?

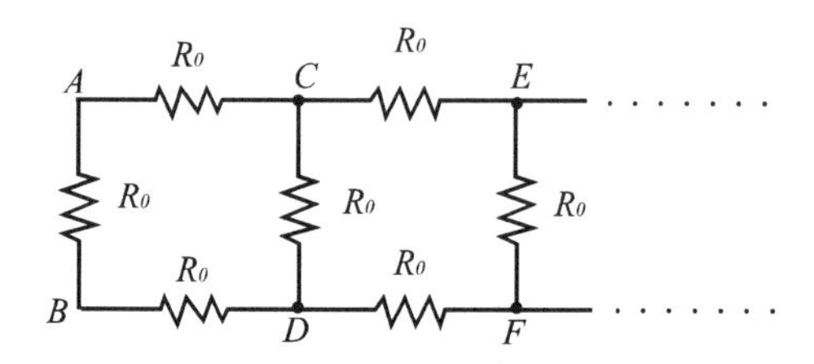

① $(\sqrt{2}-1)R_0$ ② $(\sqrt{3}-1)R_0$

③ $\dfrac{2}{3}R_0$ ④ $\dfrac{3}{4}R_0$

|정|답|및|해|설|

[합성저항] CD에서 우측으로 합성저항을 R이라 하면

$R_{AB} = \dfrac{R_0\cdot(2R_0 + R)}{R_0 + (2R_0 + R)}$

그런데, 무한히 긴 회로이므로 A, B에서 본 합성저항은 R이라 해도 무방하다.

$\therefore R_{AB} = \dfrac{2R_0^2 + R_0R}{3R_0 + R} = R \rightarrow 2R_0^2 + R_0R = 3R_0R + R^2$

$R^2 + 2R_0R - 2R_0^2 = 0$

근의 방정식에서

$R = \dfrac{-2R_0 \pm \sqrt{(2R_0)^2 + 8R_0^2}}{2}$

$R = (-1\pm\sqrt{3})R_0$, $R > 0$이므로 $\therefore R = (\sqrt{3}-1)R_0$

【정답】 ②

|참|고|

[암기해서 푸는 방법]

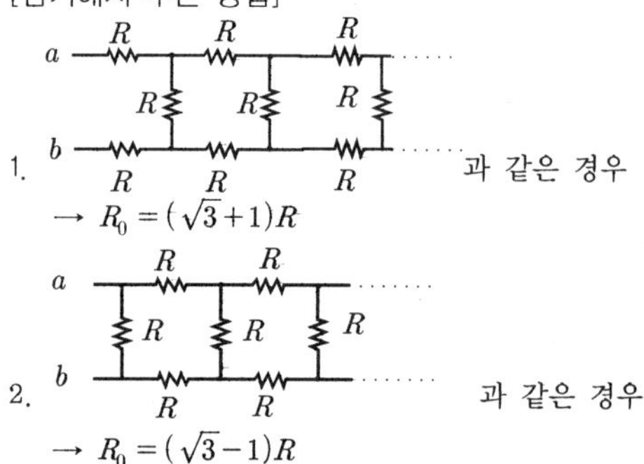

1. 과 같은 경우 → $R_0 = (\sqrt{3}+1)R$

2. 과 같은 경우 → $R_0 = (\sqrt{3}-1)R$

12. Q[C]의 전하를 가진 반지름 a[m]의 도체구를 유전율 $\epsilon[F/m]$의 기름 탱크로부터 공기 중으로 빼내는데 요하는 에너지는 몇 J 인가?

① $\frac{Q^2}{8\pi\epsilon_0 a}\left(1-\frac{1}{\epsilon_s}\right)$ ② $\frac{Q^2}{4\pi\epsilon_0 a}\left(1-\frac{1}{\epsilon_s}\right)$

③ $\frac{Q^2}{8\pi\epsilon_0 a}(\epsilon_s-1)$ ④ $\frac{Q^2}{4\pi\epsilon_0 a}(\epsilon_s-1)$

|정|답|및|해|설|

[에너지] $W=\frac{Q^2}{2C}[J]$

- 필요한 에너지=공기중의 에너지－기름의 에너지
- 공기 중의 도체구의 정전용량 $C=4\pi\epsilon_0 a[F]$
- 기름 중의 도체구의 정전용량 $C'=4\pi\epsilon a=4\pi\epsilon_0\epsilon_s a[F]$

∴필요한 에너지

$$W=\frac{Q^2}{2C}-\frac{Q^2}{2C'}=\frac{Q^2}{8\pi\epsilon_o a}-\frac{Q^2}{8\pi\epsilon_0\epsilon_s a}=\frac{Q^2}{8\pi\epsilon_0 a}\left(1-\frac{1}{\epsilon_s}\right)[J]$$

【정답】 ①

13. 다음 설명 중 옳은 것은?

① 자계 내의 자속밀도는 벡터포텐셜을 폐로선적분하여 구할 수 있다.

② 벡터포텐셜은 거리에 반비례하며 전류의 방향과 같다.

③ 자속은 벡터포텐셜의 curl을 취하면 구할 수 있다.

④ 스칼라포텐셜은 정전계와 정자계에서 모두 정의되나 벡터포텐셜은 정전계에서만 정의된다.

|정|답|및|해|설|

① 자속은 벡터포텐셜을 폐로선적분하여 구함

(자속 $\phi=\oint A\cdot dl$)

③ 자속밀도는 벡터포텐셜의 curl을 취하면 구함

(자속밀도 $B=\text{rot}A=\text{curl}A=\nabla\times A$)

④ 스칼라포텐셜은 정전계와 정자계에서 모두 정의되나 벡터포텐셜은 정자계에서만 정의

(벡터포텐셜은 $A=\frac{\mu}{4\pi}\int\frac{J}{r}dv$이므로 거리에 반비례하고 전류의 방향과 같다.)

【정답】 ②

14. 평면 전자파가 유전율 ϵ, 투자율 μ인 유전체 내를 전파한다. 전계의 세기가 $E=E_m\sin\omega\left(t-\frac{x}{v}\right)$ $[V/m]$라면 자계의 세기 $H[AT/m]$는?

① $\sqrt{\mu\epsilon}\,E_m\sin\omega\left(t-\frac{x}{v}\right)$

② $\sqrt{\frac{\epsilon}{\mu}}\,E_m\cos\omega\left(t-\frac{x}{v}\right)$

③ $\sqrt{\frac{\epsilon}{\mu}}\,E_m\sin\omega\left(t-\frac{x}{v}\right)$

④ $\sqrt{\frac{\mu}{\epsilon}}\,E_m\cos\omega\left(t-\frac{x}{v}\right)$

|정|답|및|해|설|

[고유임피던스] $\eta=\frac{E}{H}=\sqrt{\frac{\mu}{\epsilon}}$

여기서, E : 전계의 세기, H : 자계의 세기, μ : 투자율, ϵ : 유전율

$H=\sqrt{\frac{\epsilon}{\mu}}E=\sqrt{\frac{\epsilon}{\mu}}E_m\sin\omega(t-\frac{x}{v})$ [AT/m]

【정답】 ③

15. 높은 전압이나, 낙뢰를 맞는 자동차 안에는 승객이 안전한 이유가 아닌 것은?

① 도전성 용기 내부의 장은 외부 전하나 자장이 정지 상태에서 영(Zero)이다.

② 도전성 내부 벽에는 음(-)전하가 이동하여 외부에 같은 크기의 양(+)전하를 준다.

③ 도전성인 용기라도 속빈 경우에 그 내부에는 전기장이 존재하지 않는다.

④ 표면의 도전성 코팅이나 프레임 사이에 도체의 연결이 필요 없기 때문이다.

|정|답|및|해|설|

속빈 중공도체의 내부에는 전기장이 존재하지 않고 내부 벽에 전하(양, 음)가 있어도 등전위가 되어 전위차가 없기 때문에 전류가 흐르지 않게 되어 감전의 염려가 없이 안전하다.

【정답】 ④

16. 유도 기전력의 크기는 폐회로에 쇄교하는 자속의 시간적 변화율에 비례하는 정량적인 법칙은?

① 노이만의 법칙
② 가우스의 법칙
③ 암페어의 주회적분 법칙
④ 플레밍의 오른손 법칙

|정|답|및|해|설|

[유도기전력] $e=-N\frac{\partial \varnothing}{\partial t}$

→ (크기 : 페러데이의 법칙(또는 노이만의 법칙), 방향 : 렌츠의 법칙)

① 노이만의 법칙 : **두 폐회로간의 쇄교 자속에 의한 상호인덕턴스를 구하는 공식**이다.

상호인덕턴스 $M=\frac{\mu}{4\pi}\oint_{c1}\oint_{c2}\frac{dl_1 \cdot dl_2}{r}$

② 가우스의 법칙 : 전계와 전하량의 관계 $\oint Eds=\frac{Q}{\epsilon}$

③ 암페어 주회 적분 법칙 : 자계와 전류의 관계 $\oint H\cdot dl=I$

④ 플레밍의 오른손 법칙 : 도체에 기전력 발생) $e=(v\times B)l$

【정답】 ①

17. 전계 $E[V/m]$가 두 유전체의 경계면에 평행으로 작용하는 경우 경계면의 단위면적당 작용하는 힘은 몇 $[N/m^2]$인가?(단, ϵ_1, ϵ_2는 두 유전체의 유전율이다.)

① $f=\frac{1}{2}E^2(\epsilon_1-\epsilon_2)$ ② $f=E^2(\epsilon_1-\epsilon_2)$

③ $f=\frac{1}{2E^2}(\epsilon_1-\epsilon_2)$ ④ $f=\frac{1}{E^2}(\epsilon_1-\epsilon_2)$

|정|답|및|해|설|

[경계면의 단위면적당 작용하는 힘] $f=\frac{1}{2}DE=\frac{1}{2}\epsilon E^2$

여기서, D : 전속밀도, E : 전계, ϵ : 유전율

전계가 경계면에 평행이면 $\theta_1=\theta_2=90$, $E_1=E_2=E$

$\therefore f=f_1-f_2=\frac{1}{2}\epsilon_1E^2-\frac{1}{2}\epsilon_2E^2=\frac{1}{2}(\epsilon_1-\epsilon_2)E^2[N/m^2]$

【정답】 ①

18. 지름 2[mm], 길이 25[m]인 동선의 내부 인덕턴스는 몇 μH인가?

① 1.25 ② 2.5
③ 5.0 ④ 25

|정|답|및|해|설|

[단위 길이당 내부 인덕턴스] $L=\frac{\mu l}{8\pi}[\mathrm{H/m}]$ → 내부 $(r<a)$

원형 도체 내부의 인덕턴스에 진공의 투자율을 대입해서 구한다.

여기서, μ : 투자율$(\mu_0\mu_s)$, l : 길이

길이가 $25[m]$인 경우 내부 인덕턴스

$L_i=\frac{\mu_0 l}{8\pi}=\frac{4\pi\times10^{-7}\times25}{8\pi}=12.5\times10^{-7}[H]=1.25[\mu H]$

$\rightarrow(\mu=10^{-6})$

【정답】 ①

19. 아래의 그림과 같은 자기회로에서 A부분에만 코일을 감아서 전류를 인가할 때의 자기저항과 B부분에만 코일을 감아서 전류를 인가할 때의 자기저항 [AT/Wb]을 각각 구하면 어떻게 되는가?(단, 자기저항 $R_1=3, R_2=1, R_3=2$[AT/Wb]이다.)

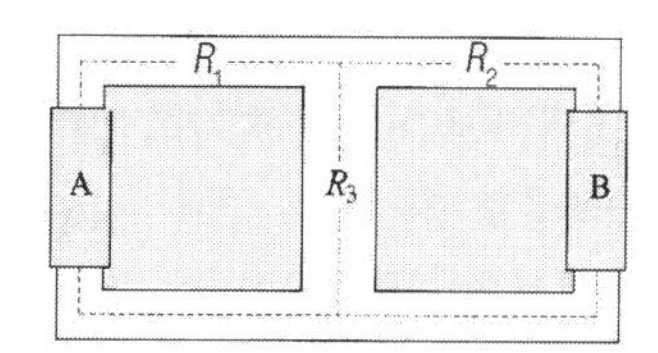

① $R_A=2.20,\ R_B=3.67$
② $R_A=3.67,\ R_B=2.20$
③ $R_A=1.43,\ R_B=2.83$
④ $R_A=2.20,\ R_B=1.43$

|정|답|및|해|설|

[A부분에 코일을 감은 경우]

$R_A=R_1+\frac{R_2R_3}{R_2+R_3}=3+\frac{1\times2}{1+2}=3.67[\mathrm{AT/wb}]$

[B부분에 코일을 감은 경우]

$R_B=R_2+\frac{R_1R_3}{R_1+R_3}=1+\frac{3\times2}{3+2}=2.20[\mathrm{AT/wb}]$

【정답】 ②

20. 5000[μF]의 콘덴서를 60[V]로 충전시켰을 때 콘덴서에 축적되는 에너지는 몇 J 인가?

① 5 ② 9 ③ 45 ④ 90

|정|답|및|해|설|

[콘덴서에 축적되는 에너지]

$W=\frac{1}{2}CV^2[J]=\frac{1}{2}\times 5000\times 10^{-6}\times 3600=9[J]$ $\rightarrow(\mu=10^{-6})$

【정답】②

3회 2015년 전기기사필기 (전력공학)

21. 기력발전소 내의 보조기 중 예비기를 가장 필요로 하는 것은?

① 미분탄송입기 ② 급수펌프
③ 강제통풍기 ④ 급탄기

|정|답|및|해|설|

[기력발전소(증기발전소)]

- 보일러 급수펌프는 보일러 드럼의 수위를 일정하게 유지 하기 위해 보일러 운전 중의 증발량에 해당하는 급수를 보일러 드럼에 공급하는 장치
- 급수펌프는 신뢰도가 높은 것을 사용하여야 하며, 상용 기가 고장이 나면 즉시 예비기로 전환할 수 있도록 시설 하여야 한다.

【정답】②

22. 유량의 크기를 구분할 때 갈수량이란?

① 하천의 수위 중에서 1년을 통하여 355일간 이보다 내려가지 않는 수위
② 하천의 수위 중에서 1년을 통하여 275일간 이보다 내려가지 않는 수위
③ 하천의 수위 중에서 1년을 통하여 185일간 이보다 내려가지 않는 수위
④ 하천의 수위 중에서 1년을 통하여 95일간 이보다 내려가지 않는 수위

|정|답|및|해|설|

1. 갈수량 : 1년을 통하여 355일은 이보다 내려가지 않는 유량
2. 홍수량 : 3~5년에 한 번씩 발생하는 홍수의 유량
3. 풍수량 : 1년을 통하여 95일은 이보다 내려가지 않는 유량
4. 고수량 : 매년 한두 번 발생하는 출수의 유량
5. 평수량 : 1년을 통하여 185일은 이보다 내려가지 않는 유량
6. 저수량 : 1년을 통하여 275일은 이보다 내려가지 않는 유량

【정답】①

23. 송전선로에서 변압기의 유기기전력에 의해 발생하는 고조파중 제 3고조파를 제거하기 위한 방법으로 가장 적당한 것은?

① 변압기를 △ 결선한다.
② 무효 전력 보상 장치(동기조상기)를 설치한다.
③ 직렬 리액터를 설치한다.
④ 전력용 콘덴서를 설치한다.

|정|답|및|해|설|

[제 3고조파를 제거하기 위한 방법]

송전 선로에는 변압기의 유기 기전력이 발생할 때에 생기는 기수 고조파가 존재하게 되는데, 제3고조파는 변압기의 △결선에서 제거되고 제5고조파는 전력을 콘덴서에 직렬로 5[%] 가량의 직렬 리액터를 삽입하여 제거시킨다.

【정답】①

24. 전압 $V_1[kV]$에 대한 % 리액턴스 값이 X_{p1}이고, 전압 $V_2[kV]$에 대한 % 리액턴스 값이 X_{p2} 일 때, 이들 사이의 관계로 옳은 것은?

① $X_{p1}=\frac{V_1^2}{V_2}X_{p2}$ ② $X_{p1}=\frac{V_2}{V_1^2}X_{p2}$

③ $X_{p1}=\left(\frac{V_2}{V_1}\right)^2X_{p2}$ ④ $X_{p1}=\left(\frac{V_1}{V_2}\right)^2X_{p2}$

|정|답|및|해|설|

[%리액턴스] $\%X=\frac{PX}{10V^2}[\%]$

여기서, P : 전력[kVA], V : 선간전압[kV], X : 리액턴스

$\%X\propto\frac{1}{V^2}$, 즉 %리액턴스는 전압의 제곱에 반비례한다.

$\left(\frac{X_{p1}}{X_{p2}}=\frac{V_2^2}{V_1^2}\right)$ $\therefore X_{p1}=\left(\frac{V_2}{V_1}\right)^2X_{p2}$

【정답】③

25. 22.9[kV], Y 가공배전선로에서 주 공급선로의 정전사고 시 예비전원 선로로 자동 전환되는 개폐장치는?

① 기중부하 개폐기
② 고장구간 자동 개폐기
③ 자동선로 구분 개폐기
④ 자동부하 전환 개폐기

|정|답|및|해|설|

[자동부하 전환 개폐기(ALTS)] 정전시에 큰 피해가 예상되는 수용가에 이중 전원을 확보하여 주전원 정전시나 정격 전압 이하로 전압이 감소하는 등의 정전 사고시 예비 전원으로 자동으로 전환되어 무정전 전원 공급을 수행하는 개폐기이다.

【정답】 ④

26. 보호계전기의 반한시·정한시 특성은?

① 동작전류가 커질수록 동작시간이 짧게 되는 특성
② 최소 동작전류 이상의 전류가 흐르면 즉시 동작하는 특성
③ 동작전류의 크기에 관계없이 일정한 시간에 동작하는 특성
④ 동작전류가 적은 동안에는 동작전류가 커질수록 동작시간이 짧아지고 어떤 전류 이상이 되면 동작전류의 크기에 관계없이 일정한 시간에서 동작하는 특성

|정|답|및|해|설|

[반한시 정한시 계전기] 동작전류가 적은 동안에는 반한 시로, 어떤 전류 이상이면 정한 시로 동작하는 것 (반한시와 정한시 특성을 겸함)

순한시 계전기	이상의 전류가 흐르면 즉시 동작
반한시 계전기	고장 전류의 크기에 반비례, 즉 동작 전류가 커질수록 동작시간이 짧게 되는 것
정한시 계전기	이상 전류가 흐르면 동작전류의 크기에 관계없이 일정한 시간에 동작

【정답】 ④

27. 송전계통의 안정도를 증진시키는 방법이 아닌 것은?

① 속응 여자방식을 채택한다.
② 고속도 재폐로 방식을 채용한다.
③ 발전기나 변압기의 리액턴스를 크게 한다.
④ 고장전류를 줄이고 고속도 차단방식을 채용한다.

|정|답|및|해|설|

[안정도 향상 대책]
- 계통의 직렬 리액턴스 감소
- 전압변동률을 적게 한다(속응 여자 방식 채용, 계통의 연계, 중간 조상 방식).
- 계통에 주는 충격을 적게 한다(적당한 중성점 접지 방식, 고속 차단 방식, 재연결(재폐로) 방식).
- 고장 중의 발전기 돌입 출력의 불평형을 적게 한다.

【정답】 ③

28. 송전계통의 중성점을 직접 접지할 경우 관계가 없는 것은?

① 과도안정도 증진
② 계전기 동작 확실
③ 기기의 절연수준 저감
④ 단절연변압기 사용 가능

|정|답|및|해|설|

[직접 접지의 목적]
- 1선 지락 시 건전상의 대지전압 상승을 1.3배 이하로 억제한다(유효접지).
- 선로 및 기기의 절연레벨을 경감시킨다(저감절연, 단절연 가능).
- 보호계전기의 동작을 확실하게 한다.

※직접 접지에서는 과도안정도가 가장 안 좋다. 【정답】 ①

29. 제 5고조파 전류의 억제를 위해 전력용 콘덴서에 직렬로 삽입하는 유도 리액턴스의 값으로 적당한 것은?

① 전력용 콘덴서 용량의 약 6% 정도
② 전력용 콘덴서 용량의 약 12% 정도
③ 전력용 콘덴서 용량의 약 18% 정도
④ 전력용 콘덴서 용량의 약 24% 정도

|정|답|및|해|설|

[제5고조파 제거] 전력용 콘덴서 용량의 약 5~6[%] 크기의 직렬로 리액터를 접속하여 제5고조파를 줄인다.

【정답】 ①

30. 송전선로의 수전단을 단락한 경우 송전단에서 본 임피던스가 300[Ω]이고 수전단을 개방한 경우에는 900[Ω]일 때 이 선로의 특성임피던스 Z[Ω]는 약 얼마인가?

① 490 ② 500 ③ 510 ④ 520

|정|답|및|해|설|

[특성임피던스] $Z_0 = \sqrt{\frac{Z}{Y}} = \sqrt{\frac{R+j\omega L}{g+j\omega C}} = \sqrt{\frac{L}{C}}[\Omega]$

→ (선로에서는 R과 g가 무시된다.)

여기서, Z : 단락 임피던스, Y : 개방 어드미턴스

$\therefore$특성임피던스 $Z_0 = \sqrt{\frac{Z}{Y}} = \sqrt{\frac{300}{\frac{1}{900}}} \fallingdotseq 520[\Omega]$

→ (어드미턴스(Y)값이 [Ω]으로 주어졌으므로 [℧]값으로 변환한다.)

※특성임피던스 : 선로가 가지고 있는 고유 임피던스

【정답】 ④

31. 각 수용가의 수용률 및 수용가 사이의 부등률이 변화할 때 수용가군 총합의 부하율에 대한 설명으로 옳은 것은?

① 수용률에 비례하고 부등률에 반비례한다.
② 부등률에 비례하고 수용률에 반비례한다.
③ 부등률과 수용률에 모두 반비례한다.
④ 부등률과 수용률에 모두 비례한다.

|정|답|및|해|설|

[부하율] 부하율 = $\frac{부등률}{수용률} \times \frac{평균전력}{설비용량}$

$\therefore$부하율 $\propto$ 부등률 $\propto \frac{1}{수용률}$ 【정답】 ②

32. 송전단전압이 3.4[kV], 수전단전압이 3[kV]인 배전선로에서 수전단의 부하를 끊는 경우의 수전단전압이 3.2[kV]로 되었다면 이때의 전압변동률은 약 몇 %인가?

① 5.88 ② 6.25
③ 6.67 ④ 11.76

|정|답|및|해|설|

[전압변동률] $\delta = \frac{V_{r0} - V_r}{V_r} \times 100[\%]$

(서, V_r : 전부하시 수전단 전압, V_{r0} : 무부하시 수전단 전압)

전압변동률 $\delta = \frac{V_{r0} - V_r}{V_r} \times 100 = \frac{3.2-3}{3} \times 100 = 6.67[\%]$

【정답】 ③

33. 전력계통에서 무효전력을 조정하는 조상설비 중 전력용 콘덴서를 무효 전력 보상 장치(동기조상기)와 비교할 때 옳은 것은?

① 전력손실이 크다.
② 지상 무효전력분을 공급할 수 있다.
③ 전압조정을 계단적으로 밖에 못 한다.
④ 송전선로를 시송전할 때 선로를 충전할 수 있다.

|정|답|및|해|설|

[전력용 콘덴서를 무효 전력 보상 장치(동기조상기)와 비교]

	진상	지상	시송전(시충전)	전력손실	조정
콘덴서	O	×	×	적음	계단적
리액터	×	O	×	적음	계단적
동기조상기	O	O	O	많음	연속적

【정답】 ③

34. 송전선로의 코로나 방지에 가장 효과적인 방법은?

① 전선의 높이를 가급적 낮게 한다.
② 코로나 임계전압을 낮게 한다.
③ 선로의 절연을 강화한다.
④ 복도체를 사용한다.

|정|답|및|해|설|

[코로나 방지] 코로나를 방지하기 위해서는 도체의 지름을 크게 하는 것이 효과적이고 복도체를 사용하는 것이 대책이다. 코로나 임계전압이 높을수록 전위경도가 낮을수록 코로나가 잘 발생되지 않는다. 선간거리증가도 이론상으로 코로나를 방지할 수 있으나 경제성이 없어서 채택하지 않는다. 【정답】 ④

35. 일반적으로 화력발전소에서 적용하고 있는 열사이클 중 가장 열효율이 좋은 것은?

① 재생사이클 ② 랭킨사이클
③ 재열사이클 ④ 재열재생사이클

|정|답|및|해|설|

[재열재생 사이클] 재생 사이클과 재열 사이클을 겸용하여 전 사이클의 효율을 향상시킨 사이클을 재생 재열 사이클이라고 한다. 재열 사이클은 터빈의 내부 손실을 경감시켜서 효율을 높이는 것을 주목적으로 하며, 재생 사이클은 열효율을 열역학적으로 증진시키는 것을 주목적으로 한다. 따라서, 재생 재열 사이클을 채택하는 것이 열효율 향상에 가장 효과가 좋다.

|참|고|

① 재생 사이클 : 터빈 중간에서 증기의 팽창 도중 증기의 일부를 추기하여 급수 가열에 이용한다.
② 랭킨 사이클 : 가장 기본적인 열 사이클로 두 등압 변화와 두 단열 변화로 되어 있다.
③ 재열 사이클 : 고압 터빈 내에서 습증기가 되기 전에 증기를 모두 추출하여 재열기를 이용하여 재가열시켜 저압 터빈을 돌려 열효율을 향상시키는 열 사이클이다.

【정답】 ④

36. 한류 리액터를 사용하는 가장 큰 목적은?

① 충전전류의 제한 ② 접지전류의 제한
③ 누설전류의 제한 ④ 단락전류의 제한

|정|답|및|해|설|

[한류리액터의 사용 목적] 한류 리액터는 단락전류를 경감시켜서 차단기 용량을 저감시킨다. 단락전류 $I_s = \frac{100}{\%Z} I_n$ 이므로 한류 리액터를 설치하면 $\%Z$가 증가하여 I_s 단락전류가 감소한다.
안정도가 나빠지므로 고려해야 한다. 【정답】 ④

|참|고|

[리액터]
1. 소호리액터 : 지락 시 지락전류 제한
2. 병렬(분로)리액터 : 페란티 현상 방지, 충전전류 차단
3. 직렬리액터 : 제5고조파 방지
4. 한류리액터 : 차단기 용량의 경감(단락전류 제한)

37. 송전계통의 절연협조에 있어 절연레벨을 가장 낮게 잡고 있는 기기는?

① 차단기 ② 피뢰기
③ 단로기 ④ 변압기

|정|답|및|해|설|

[절연협조] 절연협조는 피뢰기의 제한전압을 기본으로 하여 어떤 여유를 준 기준 충격 절연강도를 설정한다. 따라서 피뢰기의 절연레벨이 제일 낮다.
【정답】 ②

38. 송전계통에서 절연 협조의 기본이 되는 것은?

① 애자의 섬락 전압
② 권선의 절연내력
③ 피뢰기의 제한전압
④ 변압기 부싱의 섬락전압

|정|답|및|해|설|

[절연협조]
- 절연협조의 기본은 피뢰기의 제한전압이다.
- 각 기기의 절연 강도를 그 이상으로 유지함과 동시에 기기 상호간의 관계는 가장 경제적이고 합리적으로 결정한다.

【정답】 ③

39. 154[kV] 송전선로에서 송전거리가 154[km]라 할 때 송전용량 계수법에 의한 송전용량은 몇 [kW]인가?(단, 송전용량 계수는 1200으로 한다.)

① 61600 ② 92400
③ 123200 ④ 184800

|정|답|및|해|설|

[송전용량] P를 용량계수법으로 구하면 $P = K\frac{V^2}{l}$ $[kW]$
여기서, k : 용량계수, V : 송전전압$[kV]$, l : 송전거리$[km]$
$P = 1200 \times \frac{154^2}{154} = 184800[kW]$ 【정답】 ④

40. 22.9[kV], Y결선된 자가용 수전설비의 계기용변압기의 2차측 정격전압은 몇 [V]인가?

① 110 ② 190
③ $110\sqrt{3}$ ④ $90\sqrt{3}$

|정|답|및|해|설|

[계기용 변압기(PT)] 고전압을 저전압으로 변성하여 계기나 계전기에 공급하기 위한 목적으로 사용되며 2차측 정격전압은 110[V]이다.
※계기용 변류기(CT) : 대전류를 소전류로 변성하여 계기나계전기에 공급하기 위한 목적으로 사용되며 2차측 정격전류는 5[A]이다. 【정답】 ①

41. 단상변압기의 1차 전압 E_1, 1 저항 r_1, 2차 저항 r_2, 1차 누설리액턴스 x_1, 2차 누설리액턴스 x_2, 권수비 a라고 하면 2차 권선을 단락했을 때의 1차 단락전류는?

① $I_{1s} = \dfrac{E_1}{\sqrt{(r_1 + a^2 r_2)^2 + (x_1 + a^2 x_2)^2}}$

② $I_{1s} = \dfrac{E_1}{a\sqrt{(r_1 + a^2 r_2)^2 + (x_1 + a^2 x_2)^2}}$

③ $I_{1s} = \dfrac{E_1}{\sqrt{\left(r_1 + \dfrac{r_2}{a^2}\right)^2 + \left(\dfrac{x_1}{a^2} + x_2\right)^2}}$

④ $I_{1s} = \dfrac{E_1}{a\sqrt{\left(\dfrac{r_1}{a^2} + r_2\right)^2 + \left(\dfrac{x_1}{a^2} + x_2\right)^2}}$

|정|답|및|해|설|

[1차 단락전류] $I_{1s} = \dfrac{E_1}{Z_0} = \dfrac{E_1}{Z_1 + Z_2}$

·1차측 임피던스 $Z_1 = r_1 + jx_1$

·2차를 1차로 환산한 임피던스

$Z_2' = a^2 Z_2 = a^2(r_2 + jx_2) = a^2 r_2 + ja^2 x_2$

그러므로 1차 단락전류 I_{1s}는

$$I_{1s} = \frac{E_1}{Z_1 + Z_2} = \frac{E_1}{(r_1 + jx_1) + (a^2 r_2 + ja^2 x_2)}$$

$$= \frac{E}{\sqrt{(r_1 + a^2 r_2)^2 + (x_1 + a^2 x_2)^2}}$$

【정답】 ①

42. 그림은 동기발전기의 구동 개념도이다. 그림에서 2를 발전기라 할 때 3의 명칭으로 적합한 것은?

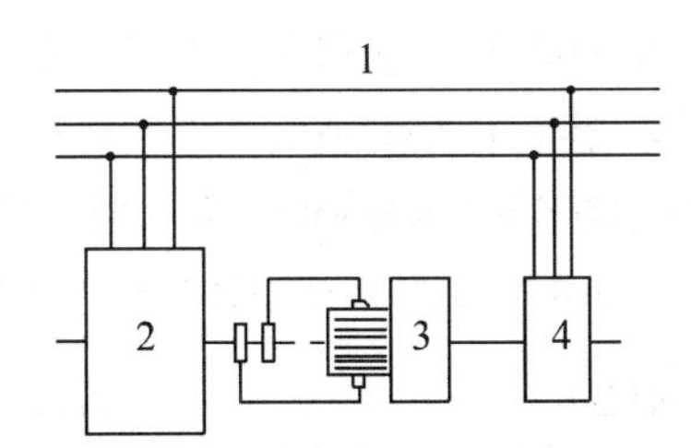

① 전동기 ② 여자기

③ 원동기 ④ 제동기

|정|답|및|해|설|

1 : 모선, 2 : 발전기, 3 : 여자기, 4 : 전동기

【정답】 ②

43. 극수 6, 회전수 1200[rpm]의 교류발전기와 병렬운전하는 극수 8의 교류발전기의 회전수[rpm]는?

① 600 ② 750

③ 900 ④ 1200

|정|답|및|해|설|

[교류 발전기 병렬운전 조건] 발전기 병렬 운전시 주파수가 같아야 하므로

· 동기속도 $N_s = \dfrac{120f}{p}$ 에서 주파수 f를 구하면,

· 주파수 $f = \dfrac{p}{120} \cdot N_s = \dfrac{6}{120} \times 1200 = 60[Hz]$

$\therefore N_s' = \dfrac{120f}{p'} = \dfrac{120 \times 60}{8} = 900[rpm]$

【정답】 ③

44. 동기발전기에서 동기속도와 극수와의 관계를 표시한 것은?(단, N:동기속도, P:극수 이다.)

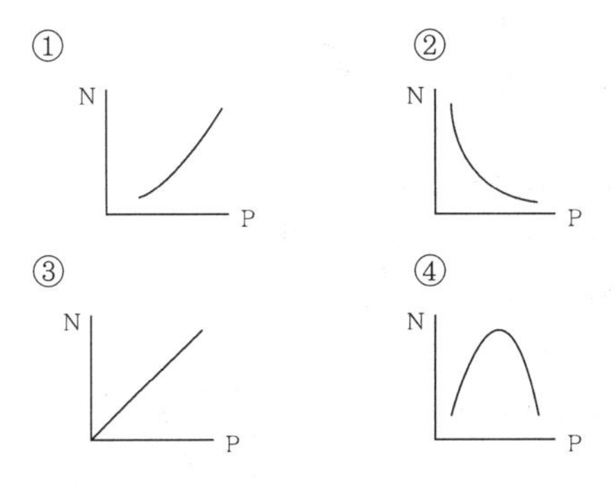

|정|답|및|해|설|

[동기속도] $N_s = \dfrac{120f}{p} \propto \dfrac{1}{p}$

여기서, f : 주파수, p : 극수

동기 속도는 극수 p에 반비례하므로 쌍곡선이 된다.

【정답】 ②

45. 그림과 같이 180° 도통형 인버터의 상태일 때 u상과 v상의 상전압 및 u-v 선간전압은?

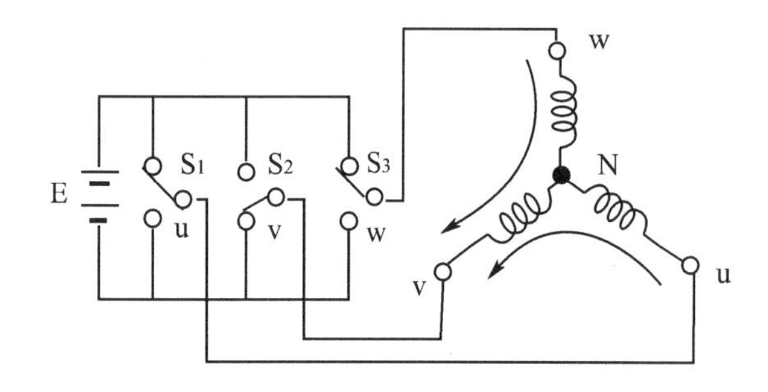

① $\frac{1}{3}E,\ \left(-\frac{2}{3}E\right),\ E$

② $\frac{2}{3}E,\ \frac{1}{3}E,\ \frac{1}{3}E$

③ $\frac{1}{2}E,\ \frac{1}{2}E,\ E$

④ $\frac{1}{3}E,\ \frac{2}{3}E,\ \frac{1}{3}E$

|정|답|및|해|설|

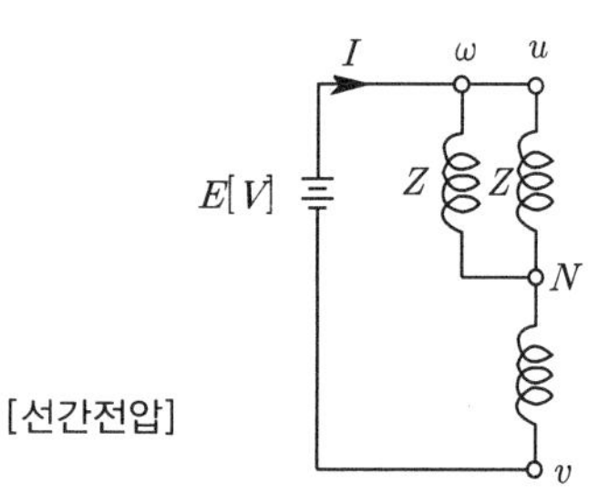

[선간전압]

1. 한 상의 임피던스를 Z라고 하면
   w상과 u상의 임피던스는 병렬연결
   합성임피던스 $Z_{wu} = \frac{Z \cdot Z}{Z+Z} = \frac{1}{2}Z$
   w상과 u상의 상전압 $E_w = E_u = \frac{\frac{1}{2}Z}{\frac{1}{2}Z+Z}E = \frac{1}{3}E$
2. v상의 상전압 $E_v = E - \frac{1}{3}E = \frac{2}{3}E$
   v상의 상전압은 인가된 전압과 극성이 반대이므로 $-\frac{2}{3}E$로 나타낸다.
3. $u-v$ 선간전압은 인가된 전압과 같으므로 E

【정답】 ①

46. 3상 동기발전기에서 그림과 같이 1상의 권선을 서로 똑같은 2조로 나누어서 그 1조의 권선전압을 E[V], 각 권선의 전류를 I[A]라하고 지그재그 Y형으로 결선하는 경우 선간전압, 선전류 및 피상전력은?

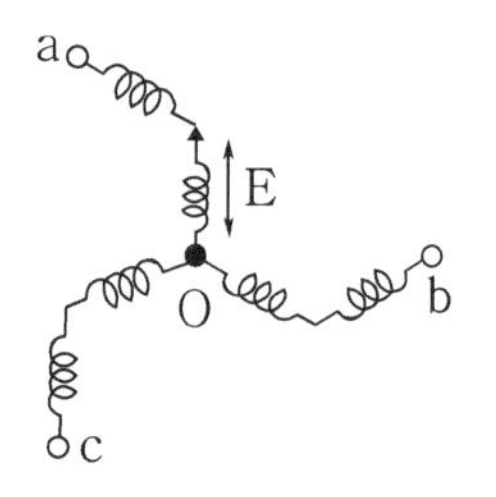

① $3E,\ I,\ \sqrt{3} \times 3E \times I = 5.2EI$

② $\sqrt{3}E,\ 2I,\ \sqrt{3} \times \sqrt{3}E \times 2I = 6EI$

③ $E,\ 2\sqrt{3}I,\ \sqrt{3} \times \sqrt{3} \times E \times 2\sqrt{3}I = 6EI$

④ $\sqrt{3}E,\ \sqrt{3}I,\ \sqrt{3} \times \sqrt{3}E \times \sqrt{3}I = 5.2EI$

|정|답|및|해|설|

[3상 접속법과 선간전압, 선전류, 피상전력의 관계]

	선간전압	선전류	피상전력
성형	$2\sqrt{3}E$	I	$6EI$
△형	$2E$	$\sqrt{3}I$	$6EI$
지그재그 성형	$3E$	I	$\sqrt{3} \times 3E \times I$ $= 5.19EI$
2중 성형	$\sqrt{3}E$	$2I$	$6EI$
2중 △형	E	$2\sqrt{3}I$	$6EI$
지그재그 △형	$\sqrt{3}E$	$\sqrt{3}I$	$5.19EI$

【정답】 ①

47. 변압기 단락시험에서 변압기의 임피던스 전압이란?

① 여자 전류가 흐를 때의 2차측 단자 전압

② 정격 전류가 흐를 때의 2차측 단자 전압

③ 2차 단락전류가 흐를 때의 변압기 내의 전압 강하

④ 정격 전류가 흐를 때의 변압기 내의 전압 강하

|정|답|및|해|설|

[%임피던스] $\%Z = \frac{IZ}{E} \times 100 = \frac{\text{임피던스전압}}{E} \times 100$

정격전류가 흐를 때 변압이 자체 임피던스에 걸리는 내부 전압강하를 말한다.

【정답】 ④

48. 사이리스터를 이용한 교류전압 크기 제어 방식은?

① 정지 레오나드방식　② 초퍼방식
③ 위상제어방식　④ TRC방식

|정|답|및|해|설|

[사이리스터를 이용한 교류전압 크기 제어 방식] 사이리스터를 이용한 교류전압제어방식에는 SCR(실리콘정류), PWM(위상제어방식)이 있다. 【정답】 ③

49. 4극, 60[Hz]의 회전변류기가 있는데 회전전기자형이다. 이 회전변류기의 회전방향과 회전속도는 다음 중 어느 것인가?

① 회전자계의 방향으로 1800[rpm] 속도로 회전한다.
② 회전자계의 방향으로 1800[rpm] 이하의 속도로 회전한다.
③ 회전자계의 방향과 반대방향으로 1800 [rpm] 속도로 회전한다.
④ 회전자계의 방향과 같은 방향으로 1800 [rpm] 이상의 속도로 회전한다.

|정|답|및|해|설|

[회전변류기] 회전변류기는 회전자계와 회전 방향이 반대 방향으로 1800[rpm] 속도로 회전

동기속도 $N_s = \frac{120f}{p} = \frac{120 \times 60}{4} = 1800[rpm]$

【정답】 ③

50. 정격전압 100[V], 정격전류 50[A]인 분권발전기의 유기기전력은 몇 V 인가? (단, 전기자 저항 0.2[Ω], 계자전류 및 전기자 반작용은 무시한다.)

① 110　② 120
③ 125　④ 127.5

|정|답|및|해|설|

[유기기전력] $E = V + I_a R_a$　$\rightarrow (I_a = I + I_f)$

여기서, V : 전압, I_a : 전기자전류, R_a : 전기자저항

$I_a : 50[A]$, $R_a : 0.2[\Omega]$, I_f : 0

$E = V + I_a R_a = 100 + 50 \times 0.2 = 110[V]$ 【정답】 ①

51. 권선형 유도전동기 2대를 직렬종속으로 운전하는 경우 극 동기속도는 어떤 전동기의 속도와 같은가?

① 두 전동기 중 적은 극수를 갖는 전동기
② 두 전동기 중 많은 극수를 갖는 전동기
③ 두 전동기의 극수의 합과 같은 극수를 갖는 전동기
④ 두 전동기의 극수의 차와 같은 극수를 갖는 전동기

|정|답|및|해|설|

[권선형 유도전동기의 속도 제어법(종속법)]

1. 직렬종속 $P_1 + P_2$ → P가 커져서 속도 감속
2. 차동종속 $P_1 - P_2$ → P가 작아져서 속도가 가속
3. 병렬종속 $\frac{P_1 + P_2}{2}$ 【정답】 ③

52. 전체 도체수는 100, 단중 중권이며 자극수는 4, 자속수는 극당 0.628[Wb]인 직류 분권전동기가 있다. 이 전동기의 부하시 전기자에 5[A]가 흐르고 있었다면 이때의 토크$[N \cdot m]$는?

① 12.5　② 25　③ 50　④ 100

|정|답|및|해|설|

[분권전동기의 토크] $T = \frac{E_c I_a}{2\pi n} = \frac{p\varnothing n \frac{z}{a} I_a}{2\pi n} = \frac{pz}{2\pi a} \varnothing I_a [N.m]$

여기서, p : 극수, $\varnothing$: 자속, I_a : 전기자전류[A], n : 회전수[rps]
z : 전체 도체수, a : 내부 병렬 회로수

단중 중권이므로 $a = p = 4$

$p = 4,\ z = 100,\ \varnothing = 0.628[Wb],\ I_a = 5[A]$

토크 $T = \frac{p \times \varnothing z I_a}{2\pi a} = \frac{4 \times 0.628 \times 100 \times 5}{2 \times 3.14 \times 4} = 49.97[N \cdot m]$

【정답】 ③

53. 변압기에서 콘서베이터의 용도는?

① 통풍장치　② 변압유의 열화방지
③ 강제순환　④ 코로나 방지

|정|답|및|해|설|

[콘서베이터의 용도] 콘서베이터는 변압기의 상부에 설치된 원통형의 유조(기름통)로서, 그 속에는 1/2 정도의 기름이 들어 있고 주변압기 외함 내의 기름과는 가는 파이프로 연결되어 있다. 변압기 부하의 변화에 따르는 호흡 작용에 의한 변압기 기름의 팽창, 수축이 콘서베이터의 상부에서 행하여지게 되므로 높은 온도의 기름이 직접 공기와 접촉하는 것을 방지하여 기름의 열화를 방지하는 것이다.
【정답】 ②

54. 3상 농형 유도전동기의 기동방법으로 틀린 것은?

① Y-Δ 기동　　② 2차 저항에 의한 기동
③ 전전압 기동　　④ 리액터 기동

|정|답|및|해|설|

[유도전동기의 기동법]
1. 농형
· 직입기동법(전전압 기동법) : 5[kW] 이하의 소용량 농형 유도전동기에 적용
· Y-Δ기동법 : 5~15[kW]
· 기동보상기법 : 15[kW] 초과
· 리액터 기동
2. 권선형
· 2차저항 기동법
· 게르게스법
※ 2차 저항에 의한 기동 방식은 권선형 유도 전동기이다.

【정답】 ②

55. 스테핑모터에 대한 설명 중 틀린 것은?

① 회전속도는 스테핑 주파수에 반비례한다.
② 총 회전각도는 스텝각과 스텝수의 곱이다.
③ 분해능은 스텝각에 반비례한다.
④ 펄스구동방식의 전동기이다.

|정|답|및|해|설|

[스테핑 모터의 특징]
· 가속 · 감속이 용이하다.
· 정 · 역운전과 변속이 쉽다.
· 위치 제어가 용이하고 오차가 적다.
· 브러시 슬립링 등이 없고 유지 보수가 적다.
· 오버슈트 전류의 문제가 있다.
· 정지하고 있을 때 유지토크가 크다.
· 회전속도는 초당 입력펄스 수에 비례한다.　【정답】 ①

56. 전기철도에 가장 적합한 직류전동기는?

① 분권전동기　　② 직권전동기
③ 복권전동기　　④ 자여자분권전동기

|정|답|및|해|설|

[직권전동기] 직권전동기는 토크가 증가하면 속도가 급격히 강하하고 출력도 대체로 일정하다. 따라서 직권전동기는 전기철도처럼 속도가 작을 때 큰 기동 토크가 요구되고 속도가 빠를 때 토크가 작아지는 특성에 사용된다.

|참|고|

[직류 직권전동기]
1. $I_a = I_f = I = \varnothing$　2. 회전속도 $n = K\frac{V - I_a(R_a + R_s)}{\varnothing} = K\frac{E_c}{\varnothing}[rps]$

$\rightarrow (K = \frac{a}{pz},\ E_c = V - I_a R_a)$

3. 토크 $T = K\varnothing I_a = KI_a^2[N \cdot m]$ $\rightarrow$ $(K = \frac{pz}{2\pi a})$

$T \propto (\varnothing I_a = I_a^2) \propto \frac{1}{N^2}$　【정답】 ②

57. 3상 전원을 이용하여 2상 전압을 얻고자 할 때 사용하는 결선방법은?

① Scott 결선　　② Fork 결선
③ 환상 결선　　④ 2중 3각 결선

|정|답|및|해|설|

[상수변환]
1. 3상에서 2상을 얻는 방법 : 스코트(soctt) 결선, 메이어(meyer) 결선, 우드 브리지(wood bridge) 결선
2. 3상에서 6상을 얻는 방법 : Fork 결선, 환상 결선, 2중 3각 결선

【정답】 ①

58. 직류 분권발전기를 서서히 단락상태로 하면 어떤 상태로 되는가?

① 과전류로 소손된다.
② 과전압이 된다.
③ 소전류가 흐른다.
④ 운전이 정지된다.

|정|답|및|해|설|

[직류 분권발전기] 분권 발전기의 부하 전류가 증가하면 전기자 저항 강하와 전기자 반작용에 의한 감자 현상으로 단자 전압이 떨어지고 부하 전류가 어느 값 이상으로 증가하게 되면 단자 전압은 급격히 저하하여 매우 작은 단락 전류에 머무르게 된다.

【정답】 ③

59. 동기발전기에서 전기자 권선과 계자 권선이 모두 고정되고 유도자가 회전하는 것은?

① 수차 발전기　　② 고주파 발전기
③ 터빈 발전기　　④ 엔진 발전기

|정|답|및|해|설|

[고주파 발전기] 유도자형 발전기는 계자극과 전기자를 함께 고정시키고 그 중앙에 유도자라고 권선이 없는 회전자를 갖춘 것으로 주로 수백~수만[Hz] 정도의 고주파 발전기로 쓰인다.

【정답】 ②

60. 권선형 유도전동기와 직류 분권전동기와의 유사한 점으로 가장 옳은 것은?

① 정류자가 있고, 저항으로 속도조정을 할 수 있다.
② 속도 변동률이 크고, 토크가 전류에 비례한다.
③ 속도 가변이 용이하며, 기동토크가 기동전류에 비례한다.
④ 속도변동률이 적고, 저항으로 속도조정을 할 수 있다.

|정|답|및|해|설|

직류 분권전동기와 권선형 유도전동기는 둘 다 저항으로 속도조정을 하고 속도변동률이 작은 점이 유사하다.
권선형 유도전동기는 2차 저항으로 비례추이 원리에 의해 속도조정 분권전동기는 계자저항으로 속도 조정 【정답】 ④

3회 2015년 전기기사필기(회로이론 및 제어공학)

61. 전달함수의 크기가 주파수 0에서 최대값을 갖는 저역통과 필터가 있다. 최대값의 70.7[%] 또는 -3[dB]로 되는 크기까지의 주파수로 정의되는 것은?

① 공진주파수 ② 첨두공진점
③ 대역폭 ④ 분리도

|정|답|및|해|설|

① 공진주파수 : 공진 정점이 일어나는 주파수이며, ω_p의 값이 높으면 주기는 작다.
② 첨두공진점(M_p) : 최대값으로 정의, 계의 안정도의 척도. M_p가 크면 과도 응답시 오버슈트가 커진다. 제어계에서 최적의 M_p의 값은 대략 1.1~1.5이다.
③ 대역폭 : 대역폭은 크기가 $0.707M_0$ 또는 $(20\log M_0-3)$[dB]에서의 주파수로 정의한다. 대역폭이 넓으면 넓을수록 응답 속도가 빠르다. (여기서, M_0 : 영 주파수에서의 이득)
④ 분리도 : 분리도는 신호와 잡음(외란)을 분리하는 제어계의 특성을 가리킨다. 일반적으로 예리한 분리 특성은 큰 M_p를 동반하므로 불안정하기가 쉽다. 【정답】 ③

62. 그림과 같은 신호흐름선도에서 $C(s)/R(s)$의 값은?

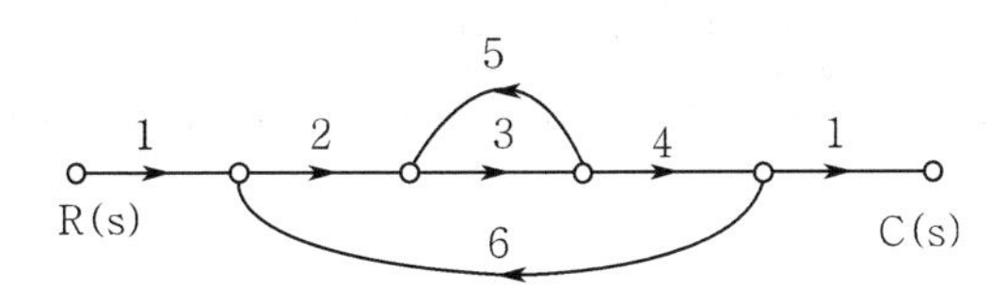

① $-\frac{24}{159}$ ② $-\frac{12}{79}$
③ $\frac{24}{65}$ ④ $\frac{24}{159}$

|정|답|및|해|설|

[전달함수] $G(s)=\frac{\sum 전향\ 경로\ 이득}{1-\sum 루프이득}$

1. 전향경로 이득 : ab → (입력에서 출력으로 가는 길(피드백 제외))
2. 루프이득 : b, abc → (피드백의 폐루프)

$G(s)=\frac{\sum 전향\ 경로\ 이득}{1-\sum 루프이득}=\frac{ab}{1-b-abc}$

$=\frac{1\times2\times3\times4\times1}{1-(5\times3)-(2\times3\times4\times6)}$

$=\frac{24}{1-15-144}=-\frac{24}{158}=-\frac{12}{79}$ 【정답】 ②

63. $G(s)=\frac{K}{s}$ 인 적분요소의 보드선도에서 이득곡선의 1 decade당 기울기는 몇 dB 인가?

① 10 ② 20 ③ -10 ④ -20

|정|답|및|해|설|

[적분요소의 보드선도]

$g=20\log|G(j\omega)|=20\log\frac{K}{\omega}=20\log K-20\log\omega$

1. $\omega=0.01=10^{-2}$일 때 $g=20\log 10^{-2}=-2\times20\log10=-40$[dB]
2. $\omega=0.1=10^{-1}$일 때 $g=20\log 10^{-1}=-1\times20\log10=-20$[dB]
3. $\omega=1=10^{0}$일 때 $g=20\log 10^{0}=0\times20\log10=0$[dB]
4. $\omega=10=10^{1}$일 때 $g=20\log 10^{1}=1\times20\log10=20$[dB]
5. $\omega=100=10^{2}$일 때 $g=20\log 10^{1}=2\times20\log10=40$[dB]

그러므로, -20[dB]의 경사를 가지며,
위상각은 $\theta=G(j\omega)=\angle\frac{K}{j\omega}=-90°$ 이다. 【정답】 ④

64. 자동제어계에서 과도응답 중 최종값의 10[%]에서 90[%]에 도달하는데 걸리는 시간은?

① 정정시간 ② 지연시간
③ 상승시간 ④ 응답시간

|정|답|및|해|설|

[과도응답]
1. 지연시간(시간 늦음) : 정상값의 50[%]에 도달하는 시간
2. 상승시간 : 정상값의 10~90[%]에 도달하는 시간
3. 정정시간 : 응답의 최종값의 허용 범위가 5~10[%]내에 안정되기까지 요하는 시간
4. 응답시간 : 응답이 요구하는 오차 이내로 정착되는데 걸리는 시간이다. 【정답】 ③

65. 어떤 제어계의 전달함수 $G(s) = \dfrac{s}{(s+2)(s^2+2s+2)}$ 에서 안정성을 판정하면?

① 임계상태 ② 불안정
③ 안정 ④ 알 수 없다.

|정|답|및|해|설|

[특성방정식] 분모가 0이 되는 방정식
$(s+2)(s^2+2s+2) = s^3+4s^2+6s+4=0$
안정하기 위한 조건은 특성방정식의 모든 차수가 존재하고 부호변화가 없을 것
루드판별법

S^3	1	6
S^2	4	4
S^1	$\frac{24-4}{4}=5$	0
S^0	4	

· 특성방정식의 모든 차수가 존재하고 부호변화가 없다.
· 일련의 부호변화가 없다. 【정답】 ③

|참|고|

60페이지 [(3) 루드표 작성 및 안정도 판별법] 참조

66. 다음 중 온도를 전압으로 변환시키는 요소는?

① 차동변압기 ② 열전대
③ 측온저항 ④ 광전지

|정|답|및|해|설|

[변환요소]

변환량	변환요소
압력 → 변위	벨로우즈, 다이어프램, 스프링
변위 → 압력	노즐플래퍼, 유압 분사관, 스프링
변위 → 임피던스	가변저항기, 용량형 변환기
변위 → 전압	포텐셔미터, 차동변압기, 전위차계
전압 → 변위	전자석, 전자코일
광 → 임피던스	광전관, 광전도 셀, 광전 트랜지스터
광 → 전압	광전지, 광전 다이오드
방사선 → 임피던스	GM 관, 전리함
온도 → 임피던스	측온 저항(열선, 서미스터, 백금, 니켈)
온도 → 전압	열전대

【정답】 ②

67. 연산증폭기의 성질에 관한 설명으로 틀린 것은?

① 전압이득이 매우 크다.
② 입력 임피던스가 매우 작다.
③ 전력 이득이 매우 크다.
④ 출력 임피던스가 매우 작다.

|정|답|및|해|설|

[이상적인 연산증폭기의 특성]
1. 입력저항 : $R_i=\infty$ 2. 출력저항 : $R_0=0$
3. 전압이득 : $A_v=-\infty$ 4. 대역폭 : ∞
【정답】 ②

68. 다음 블록선도의 전달함수는?

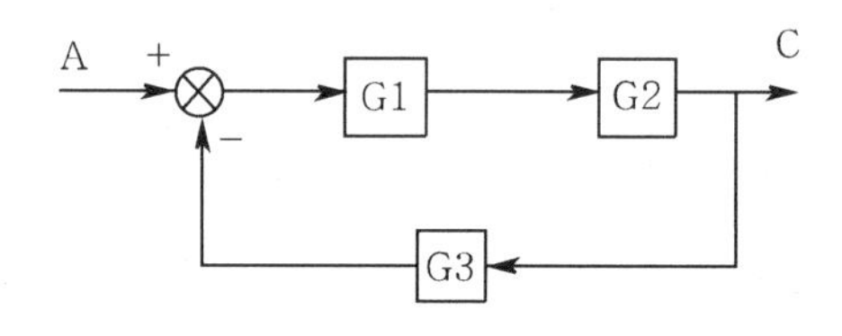

① $\dfrac{G_1G_2}{1-G_1G_2G_3}$ ② $\dfrac{G_1G_2}{1+G_1G_2G_3}$

③ $\dfrac{G_1}{1-G_1G_2G_3}$ ④ $\dfrac{G_2}{1+G_1G_2G_3}$

|정|답|및|해|설|

[전달함수]
$(A-CG_3)G_1G_2=C$
→ $AG_1G_2=C+CG_1G_2G_3=C(1+G_1G_2G_3)$
$\therefore \dfrac{C}{A}=\dfrac{G_1G_2}{1+G_1G_2G_3}$ 【정답】 ②

69. $e(t)$의 z변환을 $E(z)$라 했을 때, $e(t)$의 초기값은?

① $\lim_{z\to 0} zE(z)$ ② $\lim_{z\to 0} E(z)$
③ $\lim_{z\to \infty} zE(z)$ ④ $\lim_{z\to \infty} E(z)$

|정|답|및|해|설|

[라플라스변환]
1. 초기값 : $\lim_{t\to 0} f(t)=\lim_{s\to\infty} sF(s)$
2. 최종값 : $\lim_{t\to\infty} f(t)=\lim_{s\to 0} sF(s)$

[z변환]
1. 초기값 : $\lim_{t\to 0} e(t)=\lim_{z\to\infty} E(z)$
2. 최종값 : $\lim_{t\to\infty} e(t)=\lim_{z\to 1}(1-\frac{1}{z})E(z)$

$e(t)$의 초기값은 $e(t)$의 Z 변환을 $E(z)$라 할 때 $\lim_{z\to\infty} E(z)$이다.
【정답】 ④

70. 특성방정식이 $s^4+s^3+2s^2+3s+2=0$ 인 경우 불안정한 근의 수는?

① 0개 ② 1개
③ 2개 ④ 3개

|정|답|및|해|설|

[특성방정식] $s^4+s^3+2s^2+3s+2=0$
루드의 표

s^4	1	2	2
s^3	1	3	0
s^2	$\frac{1\times2-1\times3}{1}=-1$	$\frac{3\times2-2\times0}{1}=6$	
s^1	$\frac{-1\times3-1\times6}{-1}=9$	0	
s_0	$\frac{9\times6-(-1)\times0}{9}=6$		

제1열의 부호가 2번 바뀌었으므로 s 평면의 우반면에 불안정한 근 2개를 갖는다. 【정답】 ③

|참|고|

60페이지 [(3) 루드표 작성 및 안정도 판별법] 참조

71. 3상 불평형 전압을 V_a, V_b, V_c 라고 할 때 역상전압 V_2는 얼마인가?

① $V_2=\frac{1}{3}(V_a+V_b+V_c)$

② $V_2=\frac{1}{3}(V_a+a^2V_b+aV_c)$

③ $V_2=\frac{1}{3}(V_a+aV_b+a^2V_c)$

④ $V_2=\frac{1}{3}(V_a+a^2V_b+V_c)$

|정|답|및|해|설|

[역상전압] $V_2=\frac{1}{3}(V_a+a^2V_b+aV_c)$1. 【정답】 ②

|참|고|

1. 영상전압 $V_0=\frac{1}{3}(V_a+V_b+V_c)$

2. 정상전압 $V_1=\frac{1}{3}(V_a+aV_b+a^2V_c)$

→ (a : $1\angle120$, a^2 : $1\angle240$)

72. 단위 길이당 인덕턴스 및 커패시턴스가 각각 L 및 C 일 때 전송선로의 특성임피던스는? (단, 무손실 선로임)

① $\sqrt{\frac{L}{C}}$ ② $\sqrt{\frac{C}{L}}$
③ $\frac{L}{C}$ ④ $\frac{C}{L}$

|정|답|및|해|설|

[특성임피던스] $Z_0=\sqrt{\frac{Z}{Y}}=\sqrt{\frac{R+jwL}{G+jwC}}[\Omega]$

→ (무손실일 때 R=G=0이다.)

여기서, Z : 임피던스, Y : 어드미턴스
저항(R)과 누설콘덕턴스(G)가 무시되면 특성임피던스

$\therefore Z_0=\sqrt{\frac{L}{C}}[\Omega]$ 【정답】 ①

73. 그림과 같은 회로에 주파수 60[Hz], 교류전압 200[V]의 전원이 인가되었다. R의 전력손실을 L=0인 때의 1/2로 하면 L의 크기는 약 몇 H인가? (단, R=600[Ω]이다.)

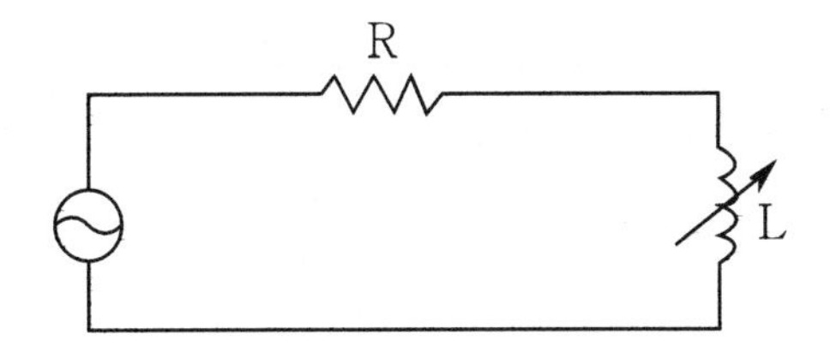

① 0.59 ② 1.59
③ 3.62 ④ 4.62

|정|답|및|해|설|

전력손실 $P_l=I^2R=\left(\frac{V}{Z}\right)^2\cdot R=\left(\frac{V}{\sqrt{R^2+(\omega L)^2}}\right)^2\cdot R$

1. $L=0$인 경우(R만의) $P_l=\frac{V^2}{R}$

2 $L\neq0$인 경우 $P_1=\frac{V^2R}{R^2+X^2}$

$L=0$인 경우이므로 → $\frac{V^2}{R}=\frac{2V^2R}{R^2+X^2}$에서 $X_L=2\pi fL=R$

$\therefore L=\frac{R}{2\pi f}=\frac{600}{2\times3.14\times60}=1.59[H]$ 【정답】 ②

74. 다음 함수의 라플라스 역변환은?

$$I(s)=\frac{2s+3}{(s+1)(s+2)}$$

① $e^{-t}-e^{-2t}$ ② $e^{t}-e^{-2t}$
③ $e^{-t}+e^{-2t}$ ④ $e^{t}+e^{-2t}$

|정|답|및|해|설|

[역변환]

$I(s)=\frac{2s+3}{(s+1)(s+2)}=\frac{A}{s+1}+\frac{B}{s+2}=Ae^{-t}+Be^{-2t}$

$A=\left[\frac{2s+3}{s+2}\right]_{s=-1}=1$

$B=\left[\frac{2s+3}{s+1}\right]_{s=-2}=1$

$\therefore i(t)=\mathcal{L}^{-1}[I(s)]=\mathcal{L}^{-1}\left[\frac{1}{s+1}+\frac{1}{s+2}\right]=e^{-t}+e^{-2t}$

【정답】 ③

75. 평형 3상 회로에서 그림과 같이 변류기를 접속하고 전류계를 연결하였을 때, A2에 흐르는 전류[A]는?

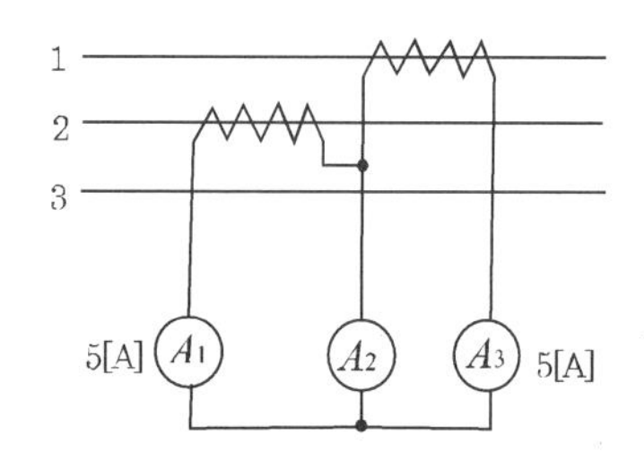

① $5\sqrt{3}$ ② $5\sqrt{2}$ ③ 5 ④ 0

|정|답|및|해|설|

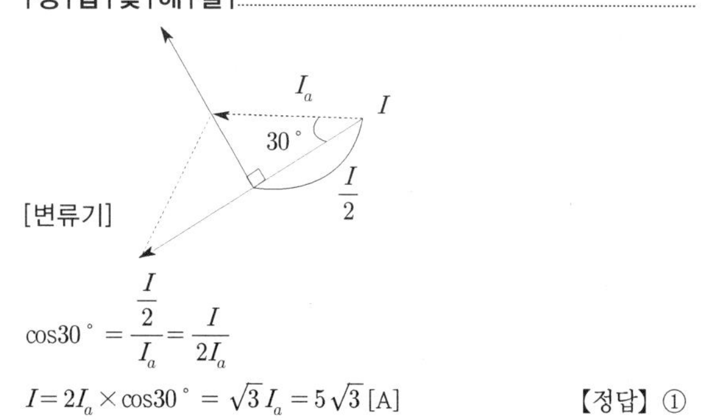

$\cos30° = \frac{\frac{I}{2}}{I_a}=\frac{I}{2I_a}$

$I=2I_a\times\cos30° = \sqrt{3}I_a=5\sqrt{3}$ [A]

【정답】 ①

76. 그림과 같은 전기회로의 전달함수는? (단, $e_i(t)$ 입력전압, $e_0(t)$ 출력전압이다.)

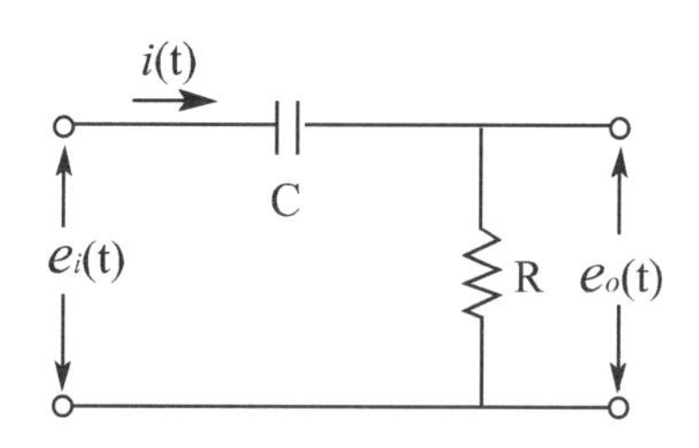

① $\frac{1+CRs}{CR}$ ② $\frac{1+CRs}{CRs}$
③ $\frac{CR}{1+CRs}$ ④ $\frac{CRs}{1+CRs}$

|정|답|및|해|설|

[전달함수] $G(s)=\frac{\text{출력 임피던스}}{\text{입력 임피던스}}$

$G(s)=\frac{V_2(s)}{V_1(s)}=\frac{R}{\frac{1}{Cs}+R}=\frac{CRs}{1+CRs}$

【정답】 ④

77. $v=3+5\sqrt{2}\sin\omega t+10\sqrt{2}\sin\left(3\omega t-\frac{\pi}{3}\right)$ $[V]$의 실효치는 몇 [V]인가?

① 9.6 ② 10.6 ③ 11.6 ④ 12.6

|정|답|및|해|설|

[실효값] $V=\sqrt{V_0^2+V_1^2+V_3^2\cdots}\,[V]$

$V=\sqrt{V_0^2+V_1^2+V_2^2\cdots}=\sqrt{3^2+5^2+10^2}=11.58 \fallingdotseq 11.6[V]$

【정답】 ③

78. R-L 직렬회로에서 $R=20[\Omega]$, $L=40[mH]$이다. 이 회로의 시정수[sec]는?

① 2 ② 2×10^{-3}
③ $\frac{1}{2}$ ④ $\frac{1}{2}\times10^{-3}$

|정|답|및|해|설|

$[R-L$ 직렬회로의 시정수$]$ $\tau=\frac{L}{R}$[sec]

$\tau=\frac{L}{R}=\frac{40\times10^{-3}}{20}=2\times10^{-3}$[s]

【정답】 ②

79. $0.1[\mu F]$의 콘덴서에 주파수 1[kHz], 최대 전압 2000[V]를 인가할 때 전류의 순시값[A]은?

① $4.446\sin(\omega t+90^\circ)$
② $4.446\cos(\omega t-90^\circ)$
③ $1.256\sin(\omega t+90^\circ)$
④ $1.256\cos(\omega t-90^\circ)$

|정|답|및|해|설|

[전류순시값] $i=I_m\sin(\omega t+\theta)$

콘덴서에 흐르는 전류는 전압보다 90° 앞서므로

전류의 최대값 $I_m=\frac{V_m}{Z}=\frac{V_m}{\frac{1}{\omega C}}=\omega CV_m$

$I=\omega CV=2\pi fC\frac{V_m}{\sqrt{2}}=2\pi f\times 0.1\times 10^{-6}\times\frac{2000}{\sqrt{2}}=\frac{1.256}{\sqrt{2}}$

$\therefore I=1.256\sin(\omega t+90^\circ)[A]$ 【정답】 ③

80. 그림과 같은 직류회로에서 저항 $R[\Omega]$의 값은?

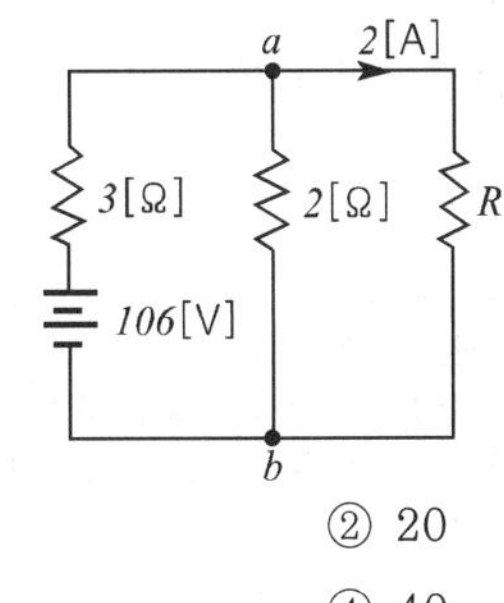

① 10 ② 20
③ 30 ④ 40

|정|답|및|해|설|

[합성저항]

· 전체 저항 $R'=3+\frac{2R}{2+R}=\frac{5R+6}{2+R}$

· 전체 전류 $I'=\frac{V}{R'}=\frac{106}{\frac{5R+6}{2+R}}=\frac{106(2+R)}{5R+6}$

R에 흐르는 전류 $I=2=\frac{2}{2+R}I'=\frac{2}{2+R}\cdot\frac{106((2+R)}{5R+6}$

$\rightarrow 5R+6=106 \rightarrow \therefore R=20[\Omega]$ 【정답】 ②

3회 2015년 전기기사필기 (전기설비기술기준)

81. 시가지에 시설하는 특고압 가공전선로용 지지물로 사용 될 수 없는 것은? (단, 사용전압이 170[kV] 이하의 전선로인 경우이다.)

① 철근콘크리트주 ② 목주
③ 철탑 ④ 철주

|정|답|및|해|설|

[시가지 등에서 특고압 가공전선로의 시설 (KEC 333.1)]

시가지에 시설하는 특고압 가공전선로용 지지물로는 A·B종 철주, A·B종 철근콘크리트주, 또는 철탑을 사용한다.

지지물의 종류	지지물 간 거리(경간)
A종 철주 또는 A종 철근 콘크리트주	75[m]
B종 철주 또는 B종 철근 콘크리트주	150[m]
철탑	400[m] (단주인 경우에는 300[m]) 다만, 전선이 수평으로 2 이상 있는 경우에 전선 상호간의 간격이 4[m] 미만인 때에는 250[m]

【정답】 ②

82. 전력용 콘덴서 또는 분로리액터의 내부에 고장 또는 과전류 및 과전압이 생긴 경우에 자동적으로 동작하여 전로로부터 자동 차단하는 장치를 시설해야하는 뱅크 용량은?

① 500[kVA]를 넘고 7,500[kVA] 미만
② 7,500[kVA]를 넘고 10,000[kVA] 미만
③ 10,000[kVA]를 넘고 15,000[kVA] 미만
④ 15,000[kVA] 이상

|정|답|및|해|설|

[조상설비 보호장치 (KEC 351.5)] 조상설비에는 그 내부에 고장이 생긴 경우에 보호하는 장치를 표와 같이 시설하여야 한다.

설비 종별	뱅크 용량의 구분	자동적으로 전로로부터 차단하는 장치
전력용 커패시터 및 분로리액터	500[kVA] 초과 15,000[kVA] 미만	· 내부에 고장이 생긴 경우 · 과전류가 생긴 경우
	15,000[kVA] 이상	· 내부에 고장이 생긴 경우 · 과전류가 생긴 경우 · 과전압이 생긴 경우
무효 전력 보상 장치(조상기)	15,000[kVA] 이상	· 내부에 고장이 생긴 경우

【정답】 ④

83. 고압 및 특고압 전로의 절연내력시험을 하는 경우 시험전압을 연속하여 몇 분간 가하여 견디어야 하는가?

① 1분　　② 3분
③ 5분　　④ 10분

|정|답|및|해|설|

[전로의 절연저항 및 절연내력 (KEC 132)] 고압 및 특고압의 전로에 연속하여 10분간 가하여 절연내력을 시험하였을 때에 이에 견디어야 한다. 【정답】 ④

84. 의료 장소에서 전기설비 시설로 적합하지 않는 것은?

① 그룹 0 장소는 TN 또는 TT 접지 계통 적용
② 의료 IT 계통의 분전반은 의료장소의 내부 혹은 가까운 외부에 설치
③ 그룹 1 또는 그룹 2 의료장소의 수술 등, 내시경 조명등은 정전 시 0.5초 이내 비상전원 공급
④ 의료 IT 계통의 누설전류 계측 시 10[mA]에 도달하면 표시 및 경보하도록 시설

|정|답|및|해|설|

[의료장소별 접지 계통 (kec 242.10.2)] 의료장소의 전로에는 정격감도전류 30[mA] 이하, 동작시간 0.03초 이내의 누전차단기를 설치할 것 【정답】 ④

85. 가공전선로의 지지물로 볼 수 없는 것은?

① 철주　　② 지지선
③ 철탑　　④ 철근콘크리트주

|정|답|및|해|설|

[지지선의 시설 (KEC 331.11)] 가공전선로의 지지물로 사용하는 철탑은 지지선을 사용하여 그 강도를 분담시켜서는 안 된다.
【정답】 ②

86. 전로와 대지 간 절연내력시험을 하고자 할 때 전로의 종류와 그에 따른 시험전압의 내용으로 옳은 것은?

① 7000[V]이하 - 2배
② 60000[V]초과 중성점 비접지 - 1.5배
③ 60000[V]초과 중성점 접지 - 1.1배
④ 170000[V]초과 중성점 직접접지 - 0.72배

|정|답|및|해|설|

[전로의 절연저항 및 절연내력 (KEC 132)]

접지방식	최대 사용 전압	시험 전압(최대 사용 전압 배수)	최저 시험 전압
비접지	7[kV] 이하	1.5배	
	7[kV] 초과	1.25배	10,500[V]
중성점접지	60[kV] 초과	1.1배	75[kV]
중성점직접 접지	60[kV] 초과 170[kV] 이하	0.72배	
	170[kV] 초과	0.64배	
중성점 다중접지	25[kV] 이하	0.92배	

【정답】 ③

87. 제1종 특고압 보안공사로 시설하는 전선로의 지지물로 사용할 수 없는 것은?

① 철탑
② B종 철주
③ B종 철근콘크리트주
④ 목주

|정|답|및|해|설|

[특고압 보안공사 (KEC 333.22)]
제1종 특고압 보안 공사의 지지물에는 B종 철주, B종 철근 콘크리트주 또는 철탑을 사용할 것(목주, A종은 사용불가) 【정답】 ④

88. 가공전선로의 지지물에 시설하는 지지선으로 연선을 사용할 경우, 소선은 몇 가닥 이상이어야 하는가?

① 2　　② 3
③ 5　　④ 9

|정|답|및|해|설|

[지지선의 시설 (KEC 331.11)]
지지선 지지물의 강도 보강
·안전율 : 2.5 이상
·최저 인장 하중 : 4.31[kN]
·소선의 지름이 2.6[mm] 이상의 금속선을 사용한 것일 것
·소선 3가닥 이상의 연선일 것
·지중 및 지표상 30[cm]까지의 부분은 아연도금 철봉 등을 사용
·도로 횡단시의 높이 : 5[m] (교통에 지장이 없을 경우 4.5[m])
【정답】 ②

89. 특고압을 직접 저압으로 변성하는 변압기를 시설하여서는 안 되는 것은?

① 교류식 전기철도용 신호회로에 전기를 공급하기 위한 변압기
② 1차 전압이 22.9[kV]이고, 1차측과 2차측 권선이 혼촉한 경우에 자동적으로 전로로부터 차단되는 차단기가 설치된 변압기
③ 1차 전압 66[kV]의 변압기로서 1차측과 2차측 권선사이에 제2종 접지공사를 한 금속제 혼촉 방지판이 있는 변압기
④ 1차 전압이 22kV이고 △결선된 비접지 변압기로서 2차측 부하설비가 항상 일정하게 유지되는 변압기

|정|답|및|해|설|

[특고압을 직접 저압으로 변성하는 변압기의 시설 (KEC 341.3)]
· 전기로 등 전류가 큰 전기를 소비하기 위한 변압기
· 발전소·변전소·개폐소 또는 이에 준하는 곳의 소내용 변압기
· 25[kV] 이하 중성점 다중 접지식 전로에 접속하는 변압기
· 사용전압이 35[kV] 이하인 변압기로서 그 특고압측 권선과 저압측 권선이 혼촉한 경우에 자동적으로 변압기를 전로로부터 차단하기 위한 장치를 설치한 것.
· 교류식 전기철도용 신호회로에 전기를 공급하기 위한 변압기

【정답】 ④

90. 교류전기철도에서는 단상부하를 사용하기 때문에 전압불평형이 발생하기 쉽다. 이때 전압불평형으로 인하여 전력기계 기구에 장해가 발생하게 되는데 다음 중 장해가 발생하지 않는 기기는?

① 발전기
② 조상설비
③ 변압기
④ 계기용 변성기

|정|답|및|해|설|

[계기용 변성기] 계기용 변성기는 1상의 전압과 전류를 변성하기 때문에 전압 불평형의 영향을 받지 않는다. 【정답】 ④

91. 옥내에 시설하는 전동기에 과부하 보호장치의 시설을 생략할 수 없는 경우는?

① 정격출력이 0.75[kW]인 전동기
② 타인이 출입할 수 없고 전동기가 소손할 정도의 과전류가 생길 우려가 없는 경우
③ 전동기가 단상의 것으로 전원측 전로에 시설하는 배선용 차단기의 정격전류가 20[A]이하인 경우
④ 전동기를 운전 중 상시 취급자가 감시 할 수 있는 위치에 시설한 경우

|정|답|및|해|설|

[저압전로 중의 전동기 보호용 과전류보호장치의 시설 (kec 212.6.3)]
옥내 시설하는 전동기의 과부하장치 생략 조건
· 정격출력이 0.2[kW] 이하인 경우
· 전동기를 운전 중 상시 취급자가 감시할 수 있는 위치에 시설하는 경우
· 전동기의 구조나 부하의 성질로 보아 전동기가 손상될 수 있는 과전류가 생길 우려가 없는 경우
· 단상전동기를 그 전원측 전로에 시설하는 과전류 차단기의 정격전류가 16[A](배선용 차단기는 20[A]) 이하인 경우

【정답】 ①

92. 철재 물탱크에 전기부식방지 시설을 하였다. 수중에 시설하는 양극과 그 주위 1[m]안에 있는 점과의 전위차는 몇 [V] 미만이며, 사용전압은 직류 몇 [V] 이하이어야 하는가?

① 전위차 : 5, 전압 : 30
② 전위차 : 10, 전압 : 60
③ 전위차 : 15, 전압 : 90
④ 전위차 : 20, 전압 : 120

|정|답|및|해|설|

[전기부식방지 시설 (KEC 241.16)] 지중 또는 수중에 시설되는 금속체의 부식을 방지하기 위하여 지중 또는 수중에 시설하는 양극과 금속체 간에 방식 전류를 통하는 시설로 다음과 같이 한다.
· 사용 전압은 직류 60[V] 이하일 것
· 지중에 매설하는 양극은 75[cm] 이상의 깊이일 것
· 수중에 시설하는 양극과 그 주위 1[m] 안의 임의의 점과의 전위차는 10[V] 이내, 지표 또는 수중에서 1[m] 간격을 갖는 임의의 2점간의 전위차는 5[V] 이내이어야 한다.
· 전선은 케이블인 경우를 제외하고 2[mm] 경동선 이상이어야 한다.

【정답】 ②

93. 440[V]를 사용하는 전로의 절연저항은 몇 $[M\Omega]$ 이상인가?

① 0.1 ② 0.2 ③ 0.3 ④ 1.0

|정|답|및|해|설|

[전로의 사용전압에 따른 절연저항값 (기술기준 제52조)]

전로의 사용전압의 구분	DC 시험전압	절연저항값
SELV 및 PELV	250	0.5[MΩ]
FELV, 500[V] 이하	500	1[MΩ]
500[V] 초과	1000	1[MΩ]

【정답】 ④

94. 저·고압 가공전선과 가공약전류 전선 등을 동일 지지물에 시설하는 경우로 틀린 것은?

① 가공전선을 가공약전류 전선 등의 위로하고 별개의 완금류에 시설할 것
② 전선로의 지지물로 사용하는 목주의 풍압하중에 대한 안전율은 1.5 이상일 것
③ 가공전선과 가공약전류 전선 등 사이의 간격은 저압과 고압 모두 75[cm] 이상일 것
④ 가공전선이 가공약전류 전선에 대하여 유도작용에 의한 통신상의 장해를 줄 우려가 있는 경우에는 가공전선을 적당한 거리에서 연가할 것

|정|답|및|해|설|

[저고압 가공전선과 가공약전류 전선 등의 공가 (kec 332.21)]
저·고압가공전선과 가공약전류전선을 공가할 경우의 시설 방법

1. 목주의 풍압하중에 대한 안전율은 1.5 이상일 것
2. 간격은 저압은 75[cm](중성점 제외) 이상, 고압은 1.5[m] 이상일 것. 다만, 가공 약전선이 절연 전선 또는 통신용 케이블인 경우, 저압전선이 고압절연전선 이상이면 30[cm], 고압전선이 케이블이면 50[cm]로 할 수 있다. 【정답】 ③

95. 지중 전선로를 직접 매설식에 의하여 차량 기타 중량물의 압력을 받을 우려가 있는 장소에 시설하는 경우 그 깊이는 몇 [m] 이상 인가?

① 1 ② 1.2
③ 1.5 ④ 2

|정|답|및|해|설|

[지중 전선로의 시설 (KEC 334.1)] 전선은 케이블을 사용하고, 또한 관로식, 암거식, 직접 매설식에 의하여 시공한다.

1. 직접 매설식 : 매설 깊이는 중량물의 압력이 있는 곳은 1.0[m] 이상, 없는 곳은 0.6[m] 이상으로 한다.
2. 관로식 : 매설 깊이를 1.0 [m]이상, 중량물의 압력을 받을 우려가 없는 곳은 60 [cm] 이상으로 한다.
3. 암거식 : 지하 구조물 내 케이블 지지대를 설치하고 그 위에 케이블을 부설하는 방식 【정답】 ①

96. 가공전선로의 지지물에 시설하는 통신선 또는 이에 직접 접속하는 가공통신선의 높이에 대한 설명으로 틀린 것은?

① 도로를 횡단하는 경우에는 지표상 6[m] 이상
② 철도 또는 궤도를 횡단하는 경우에는 레일면상 6.5[m] 이상
③ 횡단보도교 위에 시설하는 경우에는 그 노면상 3.5[m] 이상
④ 도로를 횡단하며 교통에 지장이 없는 경우에는 5[m] 이상

|정|답|및|해|설|

[가공전선로의 지지물에 시설하는 통신선 또는 이에 직접 접속하는 가공 통신선의 높이 (KEC 362.2)]

구분	지상고
도로횡단 시	지표상 6.0[m] 이상 (단, 저압이나 고압의 가공전선로의 지지물에 시설하는 통신선 또는 이에 직접 접속하는 가공통신선을 시설하는 경우에 교통에 지장을 줄 우려가 없을 때에는 지표상 5[m])
철도 궤도 횡단 시	레일면상 6.5[m] 이상
횡단보도교 위	노면상 5.0[m] 이상
기타	지표상 5[m] 이상

【정답】 ③

97. 동일 지지물에 저압 가공전선(다중접지된 중성선은 제외)과 고압 가공전선을 시설하는 경우 저압 가공전선은?

① 고압 가공전선의 위로 하고 동일 완금류에 시설
② 고압 가공전선과 나란하게 하고 도일 완금류에 시설
③ 고압 가공전선의 아래로 하고 별개의 완금류에 시설
④ 고압 가공전선과 나란하게 하고 별개의 완금류에 시설

|정|답|및|해|설|

[고압 가공전선 등의 병행설치 (KEC 332.8)]

- 저압 가공전선을 고압 가공전선의 아래로 하고 별개의 완금류에 시설할 것
- 간격 50[㎝] 이상으로 저압선을 고압선의 아래로 별개의 완금류에 시설

※공가, 병행설치는 2종특고압 보안공사로 시공 55[mm^2]이상

【정답】 ③

2014년 1회 전기기사 필기 기출문제

1회 2014년 전기기사필기 (전기자기학)

1. 전기 쌍극자에 대한 설명 중 옳은 것은?

① 반경 방향의 전계성분은 거리의 제곱에 반비례
② 전체 전계의 세기는 거리의 3승에 반비례
③ 전위는 거리에 반비례
④ 전위는 거리의 3승에 반비례

|정|답|및|해|설|

[전기쌍극자에 전계의 세기]

1. 전위 $V=\dfrac{M\cos\theta}{4\pi\epsilon_0 r^2}[V]$

2. 전계 $E=\dfrac{M\sqrt{1+3\cos^2\theta}}{4\pi\epsilon_0 r^3}[V/m]$

여기서, M : 쌍극자 모멘트, ϵ_0 : 진공시 유전율, r : 거리
즉, 전계의 세기는 거리의 3승에 반비례하고 전위는 거리 제곱에 반비례한다. 【정답】 ②

2. 공기 중에 있는 지름 2[m]인 구도체에 줄 수 있는 최대 전하는 약 몇 [C]인가? (단, 공기의 절연내력은 3000[kV/m]이다.)

① 5.3×10^{-4} ② 3.33×10^{-4}
③ 2.64×10^{-4} ④ 1.64×10^{-4}

|정|답|및|해|설|

[최대 전하] $Q=CV[C]$

1. 구도체의 정전용량 $C=4\pi\epsilon_0 a$

2. 도체의 전위 $V=Ea$

∴ 전하 $Q=CV=4\pi\epsilon_0 a\cdot Ea=4\pi\epsilon_0 a^2 E$

$$=\frac{1}{9\times10^9}\times1^2\times3\times10^6=3.33\times10^{-4}[C]$$

【정답】 ②

3. 간격에 비해서 충분히 넓은 평행한 콘덴서의 판 사이에 비유전율 ϵ_s인 유전체를 채우고 외부에서 판에 수직방향으로 전계 E_0를 가할 때 분극전하에 의한 전계의 세기는 몇 [V/m]인가?

① $\dfrac{\epsilon_s+1}{\epsilon_s}\times E_0$ ② $\dfrac{\epsilon_s}{\epsilon_s+1}\times E_0$
③ $\dfrac{\epsilon_s-1}{\epsilon_s}\times E_0$ ④ $\dfrac{\epsilon_s}{\epsilon_s-1}\times E_0$

|정|답|및|해|설|

[분극전하에 의한 전계의 세기] $E=\dfrac{P}{\epsilon_0}[V/m]$

분극의 세기 $P=\epsilon_0(\epsilon_s-1)E_0[C/m^2]$

분극전하 P에 대한 전계 E는

$E=\dfrac{P}{\epsilon_0}=\left(1-\dfrac{1}{\epsilon_s}\right)E_0=\dfrac{\epsilon_s-1}{\epsilon_s}E_0[V/m]$ 【정답】 ③

4. 와전류손(eddy current loss)에 대한 설명으로 옳은 것은?

① 도전율이 클수록 작다.
② 주파수에 비례한다.
③ 최대자속밀도의 1.6승에 비례한다.
④ 주파수의 제곱에 비례한다.

|정|답|및|해|설|

[와전류손] $P_e=A\sigma f^2 B_m^2 t^2$

여기서, A : 철심의 단면적, σ : 철심의 도전율, f : 주파수
B_m : 최대 자속밀도, t : 철심의 두께

그러므로 주파수의 제곱에 비례한다. 【정답】 ④

5. 방송국 안테나 출력이 W[w]이고 이로부터 진공 중에 $r[m]$ 떨어진 점에서 자계의 세기의 실효치 H는 몇 [A/m] 인가?

① $\frac{1}{r}\sqrt{\frac{W}{377\pi}}$　② $\frac{1}{2r}\sqrt{\frac{W}{377\pi}}$

③ $\frac{1}{2r}\sqrt{\frac{W}{188\pi}}$　④ $\frac{1}{r}\sqrt{\frac{2W}{377\pi}}$

|정|답|및|해|설|

1. 포인팅벡터 $P = EH = \frac{W}{S} = \frac{W}{4\pi r^2}[W/m^2]$
2. 고유임피던스 $\eta = \frac{E}{H} = \sqrt{\frac{\mu_0}{\epsilon_0}} = 377[\Omega]$
3. 전계의 세기 $E = 377H[V/m]$

$P = 377H^2 = \frac{W}{4\pi r^2}[W/m^2]$

$\therefore H = \sqrt{\frac{W}{377 \times 4\pi r^2}} = \frac{1}{2\pi}\sqrt{\frac{W}{377\pi}}[A/m]$

【정답】 ②

6. 평행판 콘덴서의 극판 사이에 유전율이 각각 ϵ_1, ϵ_2인 두 유전체를 반씩 채우고 극판 사이에 일정한 전압을 걸어줄 때 매질 (1), (2) 내의 전계의 세기 E_1, E_2 사이에 성립하는 관계로 옳은 것은?

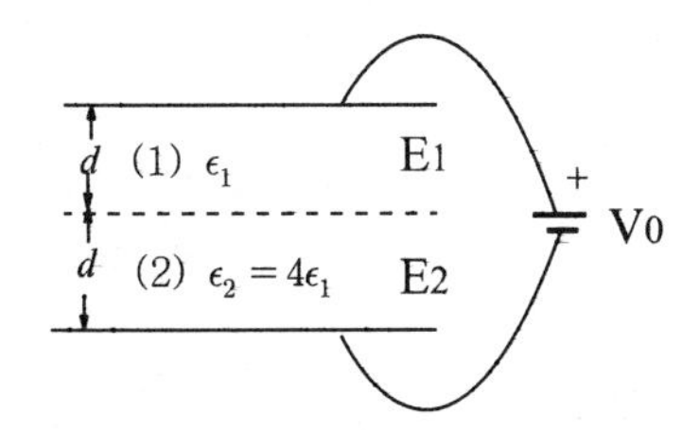

① $E_2 = 4E_1$　② $E_2 = 2E_1$

③ $E_2 = \frac{E_1}{4}$　④ $E_2 = E_1$

|정|답|및|해|설|

[유전체 내의 경계조건] $D_1\cos\theta_1 = D_2\cos\theta_2$, $\epsilon_1 E_1\cos\theta_1 = \epsilon_2 E_2\cos\theta_2$

경계면에 수직이므로 $\theta_1 = \theta_2 = 0$이므로 $\epsilon_1 E_1 = \epsilon_2 E_2$이고

$\epsilon_2 = 4\epsilon_1$이므로 $\epsilon_1 E_1 = 4\epsilon_1 E_2$이다.

E_2를 기준으로 정리하면 $E_2 = \frac{\epsilon_1}{4\epsilon_1}E_1 = \frac{E_1}{4}$

【정답】 ③

7. 단면적 S, 길이 l, 투자율 μ인 자성체의 자기회로에 권선을 N회 감아서 I의 전류를 흐르게 할 때 자속은?

① $\frac{\mu SI}{Nl}$　② $\frac{\mu NI}{Sl}$

③ $\frac{NIl}{\mu S}$　④ $\frac{\mu SNI}{l}$

|정|답|및|해|설|

[자속] $\varnothing = \frac{F}{R} = \frac{NI}{R} = \frac{\mu SNI}{l} = BS = \mu HS[wb]$

$\rightarrow (R = \frac{l}{\mu S}[AT/Wb],\ F = NI[A])$

여기서, N : 권수, μ : 투자율, l : 길이, B : 자속밀도

【정답】 ④

8. $x < 0$ 영역에는 자유공간, $x > 0$ 영역에는 비유전율 $\epsilon_s = 2$인 유전체가 있다. 자유공간에서 전계 $E = 10a_x$가 경계면에 수직으로 입사한 경우 유전체 내의 전속밀도는?

① $5\epsilon_0 a_x$　② $10\epsilon_0 a_x$

③ $15\epsilon_0 a_x$　④ $20\epsilon_0 a_x$

|정|답|및|해|설|

[전속밀도]

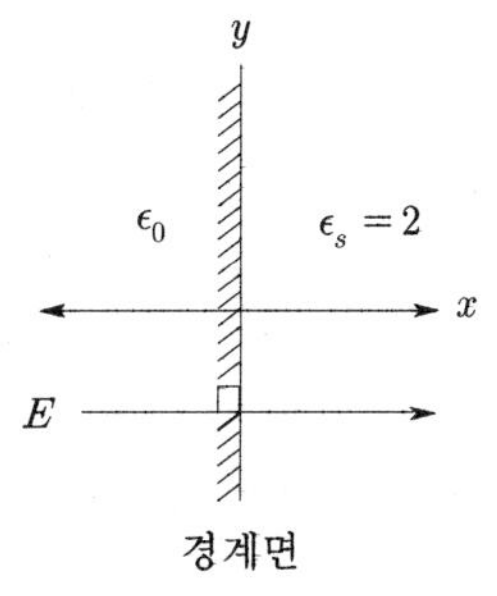

경계면에 수직으로 입사한 경우 전속밀도 D_1과 D_2는 같다.

$D_1\cos\theta_1 = D_2\cos\theta_2$

$\rightarrow \epsilon_1 E_1\cos\theta_1 = \epsilon_2 E_2\cos\theta_2$

$\rightarrow (D = \epsilon E)$

입사각이 수직 $\theta_1 = \theta_2 = 0°$

$D_1 = D_2 = \epsilon_1 E_1 = \epsilon_2 E_2$

$\epsilon_1 = \epsilon_0$이고 $E_1 = 10a_x$이므로

$\therefore D = \epsilon_0 E_1 = 10 \times \epsilon_0 a_x[C/m^2]$

【정답】 ②

9. 손실유전체(일반매질)에서의 고유임피던스는?

① $\sqrt{\dfrac{\dfrac{\sigma}{w\epsilon}}{1-j\dfrac{\sigma}{2w\epsilon}}}$ ② $\sqrt{1-j\dfrac{\sigma}{2w\epsilon}}$

③ $\sqrt{\dfrac{\dfrac{\sigma}{w\epsilon}}{1-j\dfrac{\sigma}{w\epsilon}}}$ ④ $\sqrt{\dfrac{\dfrac{\mu}{\epsilon}}{1-j\dfrac{\sigma}{w\epsilon}}}$

|정|답|및|해|설|

[고유 임피던스] $Z_0=\dfrac{E}{H}=\sqrt{\dfrac{\mu}{\epsilon}}$ → (도전율 $\sigma=0$일 때의 조건)

각 항에 도전율 $\sigma=0$을 대입하면 $\eta=\sqrt{\dfrac{\mu}{\epsilon}}$

※손실유전체(일반 매질)에서의 고유임피던스는 $\sqrt{\dfrac{\dfrac{\mu}{\epsilon}}{1-j\dfrac{\sigma}{w\epsilon}}}$ 로 외울 것

【정답】 ④

10. 자기감자율 $N=2.5\times10^{-3}$, 비투자율 $\mu_s=100$의 막대형 자성체를 자계의 세기 $H=500[AT/m]$의 평등자계 내에 놓았을 때 자화의 세기는 약 몇 $[Wb/m^2]$ 인가?

① 4.98×10^{-2} ② 6.25×10^{-2}

③ 7.82×10^{-2} ④ 8.72×10^{-2}

|정|답|및|해|설|

[자화의 세기] $J=\dfrac{\mu_0(\mu_s-1)}{1+(\mu_s-1)N}H_0$

여기서, N : 자기감자율, H_0 : 자계의 세기

→ (공기 중에서의 투자율 $\mu_0=4\pi\times10^{-7}[H/m]$)

$J=\dfrac{4\pi\times10^{-7}\times(100-1)}{1+(100-1)\times2.5\times10^{-3}}\times500=4.98\times10^{-2}[Wb/m^2]$

【정답】 ①

11. 다음 설명 중 옳지 않은 것은?

① 전류가 흐르고 있는 금속선에 있어서 임의 두 점간의 전위차는 전류에 비례한다.

② 저항의 단위는 옴(Ω)을 사용한다.

③ 금속선의 저항 R은 길이 l에 반비례한다.

④ 저항률(ρ)의 역수를 도전율이라고 한다.

|정|답|및|해|설|

[저항] $R=\rho\dfrac{l}{S}[\Omega]$

여기서, ρ : 저항률$(=\dfrac{1}{\sigma}$, σ : 도전율), l : 길이, S : 단면적

위 식에서 저항 R은 길이 l에 비례한다.

【정답】 ③

12. 전속밀도가 $D=e^{-2y}(ax\sin2x+ay\cos2x)[C/m^2]$ 일 때 전속의 단위 체적당 발산량$[C/m^3]$은?

① $2e^{-2y}\cos2x$ ② $4e^{-2y}\cos2x$

③ 0 ④ $2e^{-2y}(\sin2x+\cos2x)$

|정|답|및|해|설|

$D=e^{-2y}(ax\sin2x+ay\cos2x)$

$\quad=e^{-2y}\sin2xax+e^{-2y}\cos2xay$

$D=Dxax+Dyay$

$Dx=e^{-2y}\sin2x,\ Dy=e^{-2y}\cos2x$

$div D=\nabla\cdot D$

$\quad=\left(ax\dfrac{d}{dx}+ay\dfrac{d}{dy}+az\dfrac{d}{dz}\right)D$

$\quad=\dfrac{d}{dx}e^{-2y}\cdot\sin2x+\dfrac{d}{dy}e^{-2y}\cos2x$

$\quad=e^{-2y}\cdot2\cdot\cos2x+(-2)e^{-2y}\cdot\cos2x=0$

【정답】 ③

13. 반지름 a[m], 단위 길이당 권수 N, 전류 I[A]인 무한 솔레노이드 내부 자계의 세기[A/m]는?

① NI ② $\dfrac{NI}{2\pi a}$

③ $\dfrac{2\pi NI}{a}$ ④ $\dfrac{aNI}{2\pi}$

|정|답|및|해|설|

[무한장 솔레노이드 내부자계의 세기] $H=NI[A/m]$

무한장 솔레노이드는 내부 자계의 세기는 평등하며, 그 크기는 $H_i=n_0I[AT/m]$, 단 n_0는 단위 길이당 코일 권수[회/m]이다.

※외부자계의 세기 $H=0[AT/m]$

【정답】 ①

14. 평면도체 표면에서 $d[m]$ 거리에 점전하 $Q[C]$이 있을 때 이 전하를 무한원점까지 운반하는데 필요한 일(J)은?

① $\dfrac{Q^2}{4\pi\epsilon_0 d}$ ② $\dfrac{Q^2}{8\pi\epsilon_0 d}$

③ $\dfrac{Q^2}{16\pi\epsilon_0 d}$ ④ $\dfrac{Q^2}{32\pi\epsilon_0 d}$

|정|답|및|해|설|

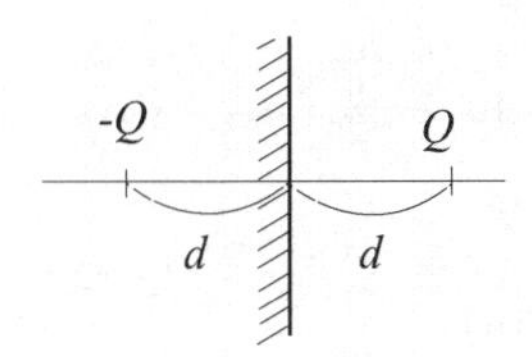

[일]

$W = \int_d^\infty F \cdot dr [J]$

점전하 Q[C]과 무한 평면 도체 간의 작용력(F)

$F = \dfrac{Q^2}{4\pi\epsilon_0 (2d)^2} = \dfrac{Q^2}{16\pi\epsilon_0 d^2}[N]$

일 W는

$W = \int_d^\infty F \cdot dr = \dfrac{Q^2}{16\pi\epsilon_0}\int_d^\infty \dfrac{1}{d^2}dr$

$= \dfrac{Q^2}{16\pi\epsilon_0}\left[-\dfrac{1}{d}\right]_d^\infty = \dfrac{Q^2}{16\pi\epsilon_0}\left[-\dfrac{1}{\infty}-\left(-\dfrac{1}{d}\right)\right] = \dfrac{Q^2}{16\pi\epsilon_0 d}[J]$

【정답】 ③

15. 대지면에 높이 h로 평행하게 가설된 매우 긴 선전하가 지면으로부터 받는 힘은?

① h^2에 비례한다. ② h^2에 반비례한다.

③ h에 비례한다. ④ h에 반비례한다.

|정|답|및|해|설|

[무한 평면과 선전하(직선 도체와 평면 도체 간의 힘)]

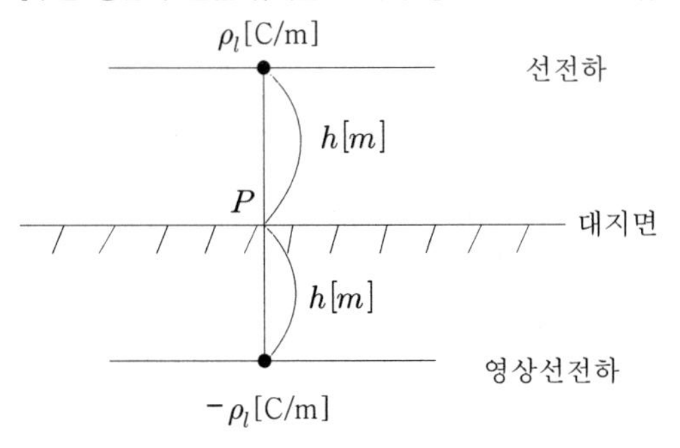

전계의 세기 $E = \dfrac{\rho_l}{4\pi\epsilon_0 h}[V/m]$

힘 $f = -\rho_l E = -\rho_l \cdot \dfrac{\rho_l}{4\pi\epsilon_0 h} = \dfrac{-\rho_l^2}{4\pi\epsilon_0 h}[N/m] \propto \dfrac{1}{h}$

여기서, h[m] : 지상의 높이, $\rho_l[C/m]$: 선전하밀도

【정답】 ④

16. 그림과 같이 균일하게 도선을 감은 권수 N, 단면적 $S[m^2]$, 평균길이 $l[m]$인 공심의 환상솔레노이드에 $I[A]$의 전류를 흘렸을 때 자기인덕턴스 $L[H]$의 값은?

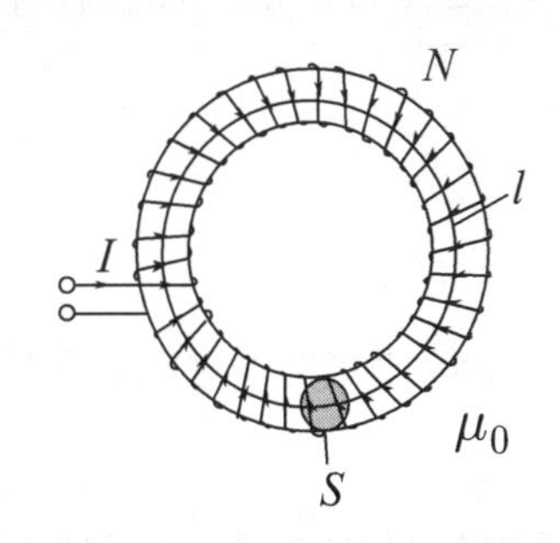

① $L = \dfrac{4\pi N^2 S}{l} \times 10^{-5}$

② $L = \dfrac{4\pi N^2 S}{l} \times 10^{-6}$

③ $L = \dfrac{4\pi N^2 S}{l} \times 10^{-7}$

④ $L = \dfrac{4\pi N^2 S}{l} \times 10^{-8}$

|정|답|및|해|설|

[환상솔레노이드의 자기인덕턴스] $L = \dfrac{N\varnothing}{I} = \dfrac{\mu S N^2}{l}[H]$

→ (자속 $\varnothing = \dfrac{\mu SNI}{l}$)

여기서, μ : 투자율, S : 단면적, N : 권수, l : 길이

공심이므로 $\mu = \mu_0 = 4\pi \times 10^{-7}$

$\therefore L = \dfrac{4\pi N^2 S}{l} \times 10^{-7}[H]$

【정답】 ③

17. 자기인덕턴스 L_1, L_2와 상호인덕턴스 M 사이의 결합계수는? (단, 단위는 H이다.)

① $\frac{M}{\sqrt{L_1 L_2}}$　② $\frac{M}{L_1 L_2}$

③ $\frac{\sqrt{L_1 L_2}}{M}$　④ $\frac{L_1 L_2}{M}$

|정|답|및|해|설|

[상호인덕턴스] $M = k\sqrt{L_1 L_2}$ 에서 $0 \leq k \leq 1$

결합계수 $k = \frac{M}{\sqrt{L_1 L_2}}$

여기서, k : 결합계수, L_1, L_2 : 자기인덕턴스

$k=1$(누설자속이 없을 경우) 이상적 결합, 에너지 전달 100%

【정답】 ①

18. 다음 ( )안에 들어갈 내용으로 옳은 것은?

> 전기쌍극자에 의해 발생하는 전위의 크기는 전기쌍극자 중심으로부터 거리의 (①)에 반비례하고, 자기쌍극자에 의해 발생하는 전계의 크기는 자기쌍극자 중심으로부터 거리의 (②)에 반비례한다.

① ① 제곱, ② 제곱

② ① 제곱, ② 세제곱

③ ① 세제곱, ② 제곱

④ ① 세제곱, ② 세제곱

|정|답|및|해|설|

[전기쌍극자(전위)] 전위 $V = \frac{M}{4\pi\epsilon_0 r^2}\cos\theta[V]$

[자기쌍극자(전계)] 전계 $E = \frac{M}{4\pi\epsilon_0 r^3}\sqrt{1+2\cos^2\theta}\,[V/m]$

【정답】 ②

19. 다음 중 정전계와 정자계의 대응관계가 성립되는 것은?

① $div\,D = \rho_v \rightarrow div\,B = \rho_m$

② $\nabla^2 V = \frac{\rho_v}{\epsilon_0} \rightarrow \nabla^2 A = -\frac{i}{\mu_0}$

③ $W = \frac{1}{2}CV^2 \rightarrow W = \frac{1}{2}LI^2$

④ $F = 9\times 10^9 \frac{Q_1 Q_2}{r^2}a_r$
$\rightarrow F = 6.33\times 10^{-4}\frac{m_1 m_2}{r^2}a_r$

|정|답|및|해|설|

[정전계와 정자계의 대응관계]

① $div\,D = \rho_v \rightarrow div\,B = 0$

② $\nabla^2 V = \frac{\rho_v}{\epsilon_0} \rightarrow \nabla^2 A = \frac{1}{\mu_0}$

④ $F = 9\times 10^9 \frac{Q_1 Q_2}{r^2}a_r \rightarrow F = 6.33\times 10^4 \frac{m_1 m_2}{r^2}a_r$

【정답】 ③

20. 무한장 직선형 도선에 I[A]의 전류가 흐를 경우 도선으로부터 R[m] 떨어진 점의 자속밀도 B[Wb/m^2]는?

① $B = \frac{\mu I}{2\pi R}$　② $B = \frac{I}{2\pi\mu R}$

③ $B = \frac{\mu H}{2\pi R}$　④ $B = \frac{\mu H^2}{2\pi R}$

|정|답|및|해|설|

[자속밀도] $B = \mu H[Wb/m^2]$

무한장 직선 도선으로부터 $R[m]$ 떨어진 점의 자계의 세기

자계의 세기 $H = \frac{I}{2\pi R}[A/m]$

∴자속밀도 $B = \mu H = \frac{\mu I}{2\pi R}[Wb/m^2]$

【정답】 ①

21. 배전계통에서 부등률이란?

① $\frac{\text{최대수용전력}}{\text{부하설비용량}}$

② $\frac{\text{부하의 평균전력의 합}}{\text{부하설비의 최대전력}}$

③ $\frac{\text{최대부하시의 설비용량}}{\text{정격용량}}$

④ $\frac{\text{각 수용가의 최대수용전력의 합}}{\text{합성 최대수용전력}}$

|정|답|및|해|설|

[부등률]

$\text{부등률} = \frac{\text{각각의 수용전력의 합}}{\text{합성최대전력}} = \frac{\sum(\text{설비용량}\times\text{수용률})}{\text{합성최대수용전력}}$

※부하율, 수용률 〈 1, 부등률 〉 1 【정답】 ④

22. 그림의 F점에서 3상 단락 고장이 생겼다. 발전기 쪽에서 본 3상 단락전류는 몇 [kA]가 되는가? (단,154[kV] 송전선의 리액턴스는 1,000[MVA]를 기준으로 하여 2[%/km]이다)

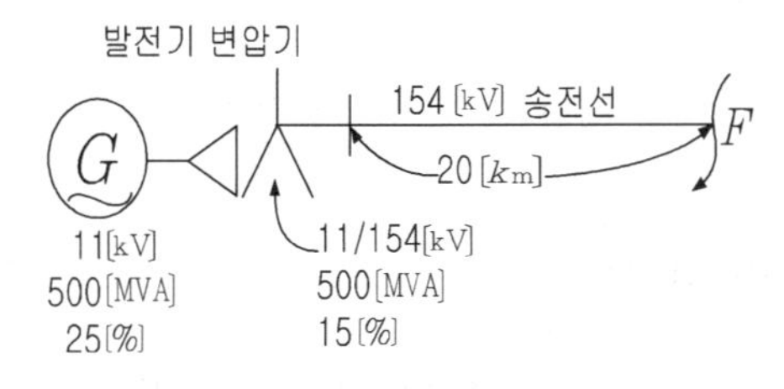

① 43.7 ② 47.7

③ 53.7 ④ 59.7

|정|답|및|해|설|

[단락전류] $I_s = \frac{100}{\%Z}I_n[A]$

기준용량 P_n을 1000[MVA]이므로

· 발전기 $\%Z_G = 25\times\frac{1000}{500} = 50[\%]$

· 변압기 $\%Z_T = 15\times\frac{1000}{500} = 30[\%]$

· 송전선 $\%Z_l = 2\times 20 = 40[\%]$

· 총 임피던스 $\%Z = \%Z_G + \%Z_T + \%Z_l = 50+30+40 = 120[\%]$

∴발전기 쪽에서 본 3상 단락전류

$$I_s = \frac{100}{\%Z}I_n = \frac{100}{120}\times\frac{1000\times10^6}{\sqrt{3}\times11\times10^3} = 43,740[A] = 43.7[kA]$$

【정답】 ①

23. 최대수용전력이 $45\times10^3[kW]$인 공장의 어느 하루의 소비전력량이 $480\times10^3[kWh]$라고 한다. 하루의 부하율은 몇 [%]인가?

① 22.2 ② 33.3

③ 44.4 ④ 66.6

|정|답|및|해|설|

1. 일부하율 $= \frac{\text{평균전력}}{\text{최대전력}}\times100$

2. 평균전력 $= \frac{480\times10^3}{24}[kWh] = 20\times10^3[kWh]$

∴일부하율$= \frac{20\times10^3}{45\times10^3}\times100 = 44.4[\%]$ 【정답】 ③

24. 원자력발전소에서 비등수형 원자로에 대한 설명으로 틀린 것은?

① 연료로 농축 우라늄을 사용한다.

② 감속재로 헬륨 액체금속을 사용한다.

③ 냉각재로 경수를 사용한다.

④ 물을 노내에서 직접 비등시킨다.

|정|답|및|해|설|

[비등수형 원자로] 비등수형 원자로는 저농축 우라늄을 연료로 사용하고 감속재 및 냉각재로서는 경수를 사용한다.
(헬륨 액체 금속은 감속제로 사용하지 않는다.)

【정답】 ②

25. 1차 변전소에서 가장 유리한 3권선 변압기 결선은?

① $\Delta - Y - Y$ ② $Y - \Delta - \Delta$

③ $Y - Y - \Delta$ ④ $\Delta - Y - \Delta$

|정|답|및|해|설|

[Y-Y-△ 결선]

1. 3권선변압기 사용,
2. △권선(안정권선) : 제3고조파 제거, 소내용, 전원의 공급, 조상설비의 설치를 목적으로 함.
3. 우리나라 154[kW], 345[kW] 주변전소에 채택

【정답】 ③

26. 154[kV] 송전계통의 뇌에 대한 보호에서 절연강도의 순서가 가장 경제적이고 합리적인 것은?

① 피뢰기 → 변압기 코일 → 기기부싱 → 결합콘덴서 → 선로애자
② 변압기 코일 → 결합콘덴서 → 피뢰기 → 선로애자 → 기기부싱
③ 결합콘덴서 → 기기부싱 → 선로애자 → 변압기 코일 → 피뢰기
④ 기기부싱 → 결합콘덴서 → 변압기 코일 → 피뢰기 → 선로애자

|정|답|및|해|설|

[절연협조] 절연협조는 피뢰기의 제1보호 대상을 변압기로 하고, 가장 높은 기준 충격 절연강도(BIL)는 선로애자이다. 따라서 선로애자 〉 기타설비 〉 변압기 〉 피뢰기 순으로 한다.

【정답】 ①

27. 그림과 같은 3상 무부하 교류발전기에서 a상이 지락된 경우 지락전류는 어떻게 나타나는가?

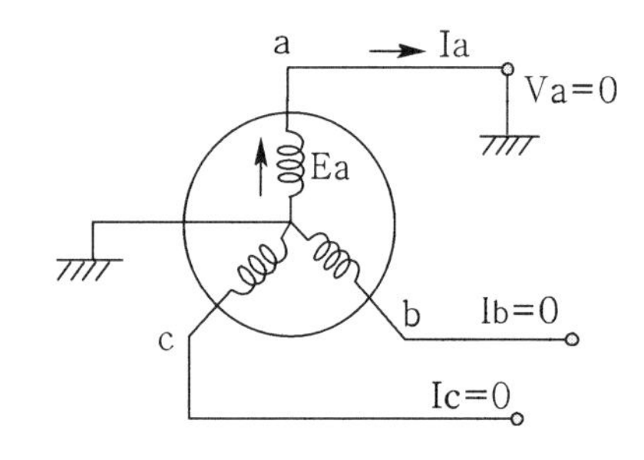

① $\dfrac{E_a}{Z_0+Z_1+Z_2}$ ② $\dfrac{2E_a}{Z_0+Z_1+Z_2}$

③ $\dfrac{3E_a}{Z_0+Z_1+Z_2}$ ④ $\dfrac{\sqrt{3}\,E_a}{Z_0+Z_1+Z_2}$

|정|답|및|해|설|

[지락전류] 지락되었을 때 영상(I_0), 정상(I_1), 역상(I_2) 전류는 모두 영상전류(I_0)와 같다. 즉, $I_a = I_0 + I_1 + I_2 = 3I_o$

$I_0 = \dfrac{E_a}{Z_0+Z_1+Z_2}$ 이므로

$\therefore I_a = \dfrac{3E_a}{Z_0+Z_1+Z_2}$

【정답】 ③

28. 다음 중 가공송전선에 사용하는 애자련 중 전압부담이 가장 큰 것은?

① 전선에 가장 가까운 것
② 중앙에 있는 것
③ 철탑에 가장 가까운 것
④ 철탑에서 $\frac{1}{3}$ 지점의 것

|정|답|및|해|설|

[전압부담] 철탑에서 사용하는 현수 애자의 전압 부담은 애자를 구성하는 애자련 중 전선에 가장 가까운 애자로 21[%] 정도로 가장 크고, 전선에서 $\frac{2}{3}$ 지점(철탑 쪽에서 $\frac{1}{3}$ 지점)에 있는 것이 전압부담이 제일 작다.

【정답】 ①

29. 파동임피던스 $Z_1 = 500[\Omega]$, $Z_2 = 300[\Omega]$인 두 무손실 선로 사이에 그림과 같이 저항 R을 접속하였다. 제1선로에서 구형파가 진행하여 왔을 때 무반사로 하기 위한 R의 값은 몇 $[\Omega]$인가?

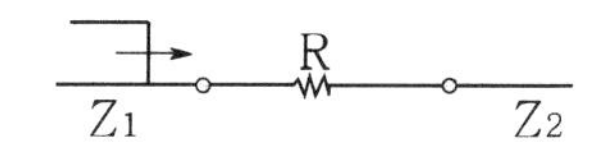

① 100 ② 200
③ 300 ④ 500

|정|답|및|해|설|

[무반사 조건] $Z_1 - (R + Z_2) = 0$

$Z_1 = Z_2 + R$이므로 $500 = 300 + R \rightarrow \therefore R = 200[\Omega]$

【정답】 ②

30. 부하전류 차단이 불가능한 전력개폐 장치는?

① 진공차단기 ② 유입차단기
③ 단로기 ④ 가스차단기

|정|답|및|해|설|

[단로기] 단로기는 기기 수리 및 점검을 위해 선로는 회로에서 분리하거나 회로를 변경할 때 사용하는 기기로 무부하회로 개폐, 부하전류 차단 능력이 없다.

【정답】 ③

31. 유효접지계통에서 피뢰기의 정격전압을 결정하는 데 가장 중요한 요소는?

① 선로 애자련의 충격섬락전압
② 내부 이상전압 중 과도 이상전압의 크기
③ 유도뢰의 전압의 크기
④ 1선지락고장 시 건전상의 대지전위, 즉 지속성 이상전압

|정|답|및|해|설|
[유효접지계통] 유효접지계통이란 이상전압이 공급 전압의 1.3배 이내로서 효과적으로 절연을 낮추고 이상전압 방지도 하는 직접접지 방식을 말한다.
피뢰기의 정격 전압은 $V=\alpha\beta\frac{V_m}{\sqrt{3}}$ 으로 접지 계수 α와 유도 계수 β를 감안해서 정한다. 이는 지속성 이상전압을 기준으로 하기 위함이다. 【정답】 ④

32. 송전선로의 안정도 향상대책과 관계가 없는 것은?

① 속응여자방식 채용
② 재연결(재폐로)방식의 채용
③ 리액턴스 감소
④ 역률의 신속한 조정

|정|답|및|해|설|
[안정도 향상대책]
1. 리액턴스의 값을 적게 한다.
 ·복도체(다도체) 채용
 ·회선수 증가
 ·직렬콘덴서 삽입
 ·리액턴스가 작은 기기 채용
2. 전압변동을 작게
 ·분로리액터(페란티 효과 방지)
 ·단락비 크게
3. 계통 충격 줄임
 ·고속도 재폐로 방식
 ·고속차단기 설치
 ·속응여자 방식
 ·계통연계 【정답】 ④

33. 다음 중 환상선로의 단락보호에 주로 사용하는 계전방식은?

① 비율차동계전방식 ② 방향거리계전방식
③ 과전류계전방식 ④ 선택접지계전방식

|정|답|및|해|설|
[계전방식]
1. 전원이 2군데 이상 환상선로의 단락보호 : 방향거리 계전기(DZR)
2. 전원이 2군데 이상 방사선로의 단락보호 : 방향단락계전기(DSR)와 과전류계전기(OCR)를 조합 【정답】 ②

34. 직렬콘덴서를 선로에 삽입할 때의 이점이 아닌 것은?

① 선로의 인덕턴스를 보상한다.
② 수전단의 전압변동률을 줄인다.
③ 정태안정도를 증가한다.
④ 송전단의 역률을 개선한다.

|정|답|및|해|설|
[직렬 콘덴서의 장점]
1. 유도리액턴스를 보상하고 전압강하를 감소시킨다.
2. 수전단의 전압변동률을 경감시킨다.
3. 최대 송전전력이 증대하고 정태안정도가 증대한다.
4. 부하역률이 나쁠수록 설치 효과가 크다.
5. 용량이 작으므로 설비비가 저렴하다. 【정답】 ④

35. 화력발전소에서 재열기의 목적은?

① 공기를 가열한다. ② 급수를 가열한다.
③ 증기를 가열한다. ④ 석탄을 건조한다.

|정|답|및|해|설|
[재열기] 재열기는 고압 터빈에서 팽창하여 낮아진 증기를 다시 보일러에 보내어 재가열 하는 것이다. 【정답】 ③

36. 송·배전 전선로에서 전선의 진동으로 인하여 전선이 단선되는 것을 방지하기 위한 설비는?

① 오프셋 ② 크램프
③ 댐퍼 ④ 초호환

|정|답|및|해|설|
1. 전선 도약에 의한 단락 방지 : 오프셋(off-set)
2. 전선의 진동 방지 : 댐퍼, 아머로드 【정답】 ③

37. 배전선의 전력손실 경감대책이 아닌 것은?

① 피더(Feeder) 수를 늘린다.
② 역률을 개선한다.
③ 배전전압을 높인다.
④ 부하의 불평형을 방지한다.

|정|답|및|해|설|

[배전선로의 전력손실] $P_l = 3I^2r = \frac{\rho W^2 L}{A V^2 \cos^2\theta}$

여기서, ρ: 고유저항, W: 부하전력, L: 배전거리
A: 전선의 단면적, V: 수전전압, $\cos\theta$: 부하역률)

배전선의 전력손실을 줄이기 위해서는 효율을 높일 수 있는 역률 개선과 승압, 중심선에 흐르는 전류애 의해서 발생하는 손실을 방지하기 위해 부하의 불평형률을 방지한다.

※피더 : 배전선에서 수용가까지 다이렉트로 가는 선을 말한다.

【정답】 ①

38. 배전선로의 배전 변압기 탭을 선정함에 있어 틀린 것은?

① 중부하시 탭 변경점 직전의 저압선 끝부분(말단) 수용가의 전압을 허용전압 변동의 하한보다 저하시키지 않아야 한다.
② 중부하시 탭 변경점 직후 변압기에 접속된 수용가 전압을 허용 전압 변동의 상한보다 초과시키지 않아야 한다.
③ 경부하시 변전소 송전 전압을 저하시 최초의 탭 변경점 직전의 저압선 끝부분(말단) 수용가의 전압을 허용 전압 변동의 하한보다 저하시키지 않아야 한다.
④ 경부하시 탭 변경점 직후의 접속된 전압을 허용 전압 변동의 하한보다 초과하지 않아야 한다.

|정|답|및|해|설|

[배전 변압기 탭] 전압 조정의 목적
④ 경부하시 탭 변경점 직후의 접속된 전압을 허용 전압 변동의 하한보다 초과해야 한다.

【정답】 ④

39. 3상 3선식 송전선로가 소도체 2개의 복도체 방식으로 되어 있을 때 소도체의 지름 8[cm], 소도체 간격 36[cm], 등가선간 거리 120[cm]인 경우에 복도체 1[km]의 인덕턴스는 약 몇 [mH]인가?

① 0.4855 ② 0.5255
③ 0.6975 ④ 0.9265

|정|답|및|해|설|

[다도체인 경우의 인덕턴스] $L_n = \frac{0.05}{n} + 0.4605\log_{10}\frac{D}{r_e}$ [mH/km]

여기서, $r_e = \sqrt[n]{rs^{n-1}}$: 등가 반지름 , n : 복도체수
r : 전선 반지름, s : 소도체간 거리, D : 등가선간거리

$$L = \frac{0.05}{n} + 0.4605\log_{10}\frac{D}{\sqrt{rs^{n-1}}}[mH/km]$$
$$= \frac{0.05}{2} + 0.4605\log_{10}\frac{120}{\sqrt{4\times 36}} = 0.4855[mH]$$

【정답】 ①

40. 각 전력계통을 연계할 경우의 장점으로 틀린 것은?

① 각 전력계통의 신뢰도가 증가한다.
② 경제급전이 용이하다.
③ 단락용량이 작아진다.
④ 주파수의 변화가 작아진다.

|정|답|및|해|설|

[계통연계] 전력계통의 연계는 배후전력이 커져서 단락용량이 커지며 영향의 범위가 넓어진다.

【정답】 ③

1회 2014년 전기기사필기 (전기기기)

41. 정류회로에서 평활회로를 사용하는 이유는?

① 출력전압의 맥류분을 감소하기 위해
② 출력전압의 크기를 증가시키기 위해
③ 정류전압의 직류분을 감소하기 위해
④ 정류전압을 2배로 하기 위해

|정|답|및|해|설|

[평활회로] 맥동을 줄이기 위해서 평활 콘덴서를 사용한다. 콘덴서는 병렬로 사용하면 시정수가 클수록 직류에 가깝다.

【정답】 ①

42. 평형 3상전류를 측정하려고 60/5[A]의 변류기 2대를 그림과 같이 접속하였더니 전류계에 2.5[A]가 흘렀다. 1차 전류는 몇 [A]인가?

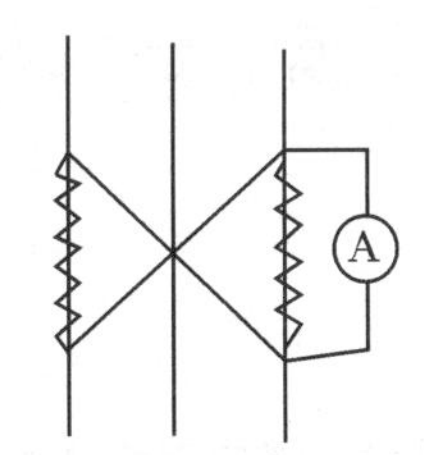

① 5　　② $5\sqrt{3}$
③ 10　　④ $10\sqrt{3}$

|정|답|및|해|설|

[1차전류] $I_1 = CT비 \times \frac{I_2}{\sqrt{3}}[A]$

교차접속이므로 $I_2 = \frac{2.5}{\sqrt{3}}[A]$

$\therefore$ 1차 전류 $I_1 = \frac{2.5}{\sqrt{3}} \times \frac{60}{5} = 10\sqrt{3}[A]$ 【정답】 ④

43. 1차 측 권수가 1500인 변압기의 2차 측에 16[Ω]의 저항을 접속하니 1차 측에서는 8[$k\Omega$]으로 환산되었다. 2차 측 권수는?

① 약 67　　② 약 87
③ 약 107　　④ 약 207

|정|답|및|해|설|

[권수비] $a = \frac{V_1}{V_2} = \frac{N_1}{N_2} = \sqrt{\frac{R_1}{R_2}}$

$\frac{1500}{N_2} = \sqrt{\frac{8000}{16}} \rightarrow \frac{1500}{N_2} = 22.36 \rightarrow \therefore N_2 \fallingdotseq 67$

【정답】 ①

44. 유도전동기의 부하를 증가시켰을 때 옳지 않은 것은?

① 속도가 감소한다.
② 1차 부하전류는 감소한다.
③ 슬립은 증가한다.
④ 2차 유도기전력은 증가한다.

|정|답|및|해|설|

[유도 전동기]
토크 $T = K\varnothing I_2 \cos\theta_2$에서 2차 전류 I_2가 증가하고 동시에 1차 부하 전류도 증가하게 된다. 【정답】 ②

45. 스텝모터에 대한 설명 중 틀린 것은?

① 가속과 감속이 용이하다.
② 정역전 및 변속이 용이하다.
③ 위치제어 시 각도 오차가 적다.
④ 브러시 등 부품수가 많아 유지보수 필요성이 크다.

|정|답|및|해|설|

[스텝 모터 장점]
·위치 및 속도를 검출하기 위한 장치가 필요 없다.
·컴퓨터 등 다른 디지털 기기와의 인터페이스가 용이하다.
·가속, 감속이 용이하며 정·역전 및 변속이 쉽다.
·속도제어 범위가 광범위하며, 초저속에서 큰 토크를 얻을 수 있다.
·위치제어를 할 때 각도 오차가 적고 누적되지 않는다.
·정지하고 있을 때 그 위치를 유지해 주는 토크가 크다.
·유지 보수가 쉽다.
[스텝 모터 단점]
·분해 조립, 또는 정지 위치가 한정된다.
·서보모터에 비해 효율이 나쁘다.
·마찰 부하의 경우 위치 오차가 크다.
·오버슈트 및 진동의 문제가 있다.
·대용량의 대형기는 만들기 어렵다. 【정답】 ④

46. 단권변압기의 설명으로 틀린 것은?

① 1차권선과 2차권선의 일부가 공통으로 사용된다.
② 분로권선과 직렬권선으로 구분된다.
③ 누설자속이 없기 때문에 전압변동률이 작다.
④ 3상에는 사용할 수 없고 단상으로만 사용한다.

|정|답|및|해|설|

[단권 변압기]
·승압기로 사용이 많다.
·중량이 가볍고 전압변동률이 작다.
·누설임피던스가 일반 변압기보다 작아서 단락전류가 크다.
·1차측 이상전압이 2차측에 미친다. 【정답】 ④

47. 권선형 유도전동기의 기동법에 대한 설명 중 틀린 것은?

① 기동시 2차회로의 저항을 크게 하면 기동시에 큰 토크를 얻을 수 있다.
② 기동시 2차회로의 저항을 크게 하면 기동시에 기동전류를 억제할 수 있다.
③ 2차 권선저항을 크게 하면 속도상승에 따라 외부저항이 증가한다.
④ 2차 권선저항을 크게 하면 운전상태의 특성이 나빠진다.

|정|답|및|해|설|

[비례추이] 2차회로 저항(외부 저항)의 크기를 조정함으로써 슬립을 바꾸어 속도와 토크를 조정하는 것

$\frac{r_2}{s} = r_2 + R$ → (r_2 : 2차 권선의 저항, s : 슬립)

$R = \frac{r_2}{s} - r_2 = \frac{1-s}{s} r_2$

2차 권선저항(r_2)을 크게 하면 외부저항(R)은 감소한다.

【정답】 ③

48. 다이오드를 사용한 정류 회로에서 다이오드 여러 개를 직렬로 연결하면?

① 고조파전류를 감소시킬 수 있다.
② 출력전압의 맥동률을 감소시킬 수 있다.
③ 입력전압을 증가시킬 수 있다.
④ 부하전류를 증가시킬 수 있다.

|정|답|및|해|설|

[다이오드 여러 개의 직·병렬 연결]
1. 다이오드 여러 개를 직렬연결 : 과전압 방지(입력전압 증가)
2. 다이오드 여러 개를 병렬연결 : 과전류 방지

【정답】 ③

49. 3상 유도전동기의 슬립이 S<0인 경우를 설명한 것으로 틀린 것은?

① 등가속도 이상이다.
② 유도전동기로 사용된다.
③ 유도전동기 단독으로 동작이 가능하다.
④ 속도를 증가시키면 출력이 증가한다.

|정|답|및|해|설|

[슬립] $s = \frac{N_s - N}{N_s}$

여기서, N : 회전자의 회전속도, N_s : 동기속도

$N > N_s$인 경우 $s < 0$이 된다.

외부에서 유도전동기의 회전자를 동기 속도 이상으로 회전시키면 유도전동기는 유도 발전기로 동작되고 이것을 비동기발전기라고 한다.

【정답】 ②

50. 계자저항 50[Ω], 계자전류 2[A], 전기자저항 3[Ω]인 분권 발전기가 무부하로 정격속도로 회전할 때 유기기전력 [V]는?

① 106 ② 112 ③ 115 ④ 120

|정|답|및|해|설|

[유기기전력] $E = V + I_a r_a = I_f R_f + I_a r_a [V]$

→ (단자전압 $V = I_f R_f$)

$E = V + I_a r_a = I_f R_f + I_a r_a = 2 \times 50 + 2 \times 3 = 106[V]$

→ (전기자전류 I_a는 무부하이므로 계자전류 I_f와 같다.)

여기서, I_a : 전기전류, r_a : 전기저항, I_f : 계자전류
R_f : 계자저항

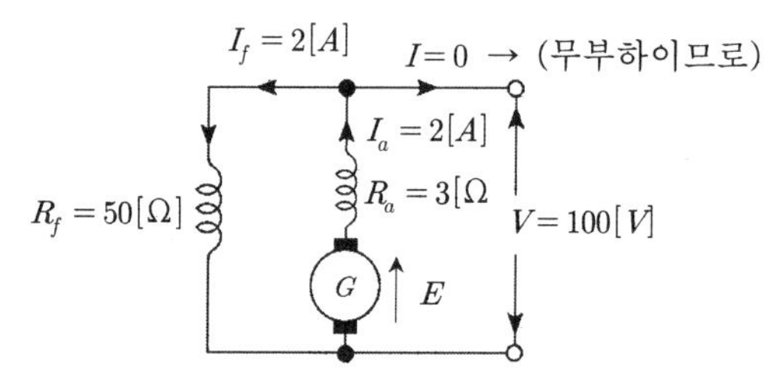

【정답】 ①

51. 우리나라 발전소에 설치되어 3상 교류를 발생하는 발전기는?

① 동기발전기 ② 분권발전기
③ 직권발전기 ④ 복권발전기다.

|정|답|및|해|설|

[동기발전기] 발전소에서 전력 발생을 목적으로 사용하는 발전기는 모두 동기발전기로 3상 교류를 발생한다.

※우리나라에서 3상 교류를 발생하는 발전기는 모두 동기발전기이다.

【정답】 ①

52. 동기전동기의 특성곡선(위상 특성곡선)에서 무부하곡선은?

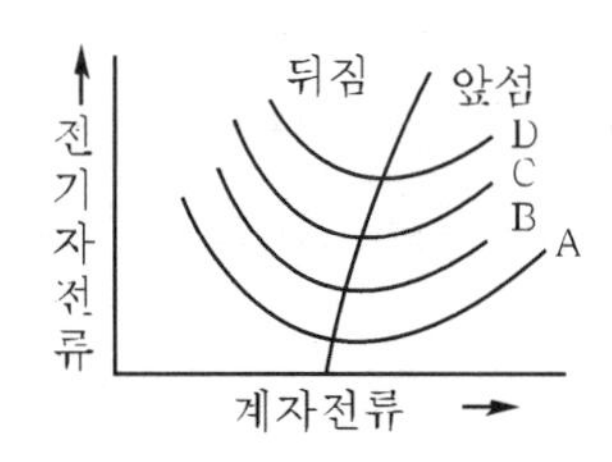

① A ② B ③ C ④ D

|정|답|및|해|설|

[동기전동기의 특성곡선(위상 특성곡선)] 전기자전류가 커질수록 위로 이동한다. 즉, 전기자전류가 가장 작을 때가 무부하 상태라고 볼 수 있는데 그림에서 A의 전기자전류가 가장 작은 상태를 나타낸다.
즉, 용량이 클수록 $A \to D$
A가 부하가 제일 작다. 【정답】 ①

53. △결선 변압기의 한 대가 고장으로 제거되어 V결선으로 전력을 공급할 때, 고장전 전력에 대하여 몇 [%]의 전력을 공급할 수 있는가?

① 81.6 ② 75.0
③ 66.7 ④ 57.7

|정|답|및|해|설|

[V결선] △결선 변압기의 한 대가 고장인 경우의 3상 공급 방식

$$V결선의\ 출력비 = \frac{V결선의\ 출력}{\triangle결선의\ 출력} = \frac{\sqrt{3}K}{3K} = \frac{\sqrt{3}}{3} \times 100 = 0.577 \times 100 = 57.7[\%]$$

【정답】 ④

54. 다음 직류전동기 중에서 속도변동률이 가장 큰 것은?

① 직권전동기 ② 분권전동기
③ 차동복권전동기 ④ 가동복권전동기

|정|답|및|해|설|

[직류 전동기 속도변동률이 큰 순서]
직권전동기 〉 가동복권전동기 〉 분권전동기 〉 차동복권전동기 〉 타여자전동기 순이다. 【정답】 ①

55. 동기전동기에 설치된 제동권선의 효과는?

① 정지시간의 단축 ② 출력전압의 증가
③ 기동 토크의 발생 ④ 과부하 내량의 증가

|정|답|및|해|설|

[제동권선의 역할]
- 난조의 방지
- 기동 토크의 발생
- 불평형 부하시의 전류, 전압 파형 개선
- 송전선의 불평형 단락시의 이상전압 방지

【정답】 ③

56. 직류분권 전동기의 공급전압이 V[V], 전기자전류 $I_a[A]$, 전기자 저항 $R_a[A]$, 회전수 N[rpm]일 때 발생토크는 몇 $[kg \cdot m]$인가?

① $\frac{30}{9.8}\left(\frac{VI_a - I_a^2R_a}{\pi n}\right)$ ② $\frac{30}{9.8}\left(\frac{V - I_aR_a}{\pi n}\right)$
③ $30\left(\frac{VI_a - I_a^2R_a}{\pi n}\right)$ ④ $\frac{1}{9.8}\left(\frac{V - I_aR_a}{2\pi n}\right)$

|정|답|및|해|설|

[직류분권전동기]

$$T = \frac{P}{w} = \frac{E_cI_a}{2\pi n} = \frac{E_cI_a}{2\pi\frac{N}{60}}[N\cdot m] = \frac{1}{9.8}\frac{60E_cI_a}{2\pi N}[kg\cdot m]$$

$E_c = V - I_aR_a$를 대입하면

$$T = \frac{1}{9.8}\frac{30(V - I_aR_a)I_a}{\pi N} = \frac{30}{9.8}\left(\frac{VI_a - I_a^2R_a}{\pi N}\right)[kg\cdot m]$$

【정답】 ①

57. 3상 유도전동기에서 회전력과 단자 전압의 관계는?

① 단자전압과 무관하다.
② 단자전압에 비례한다.
③ 단자전압의 2승에 비례한다.
④ 단자전압의 2승에 반비례한다.

|정|답|및|해|설|

[유도전동기의 토크] $T = \frac{sE_2^2r^2}{r_2^2 + (sx_2)^2}[N\cdot m]$

$T \propto E_2^2$, 따라서 회전력은 단자전압(E_2)의 2승에 비례한다.

【정답】 ③

58. 220[V], 10[A], 전기자저항이 1[Ω], 회전수가 1800[rpm]인 전동기의 역기전력은 몇 [V]인가?

① 90 ② 140 ③ 175 ④ 210

|정|답|및|해|설|

[전동기의 역기전력] $E_c = V - I_a R_a [V]$

$E_c = V - I_a R_a = 220 - 10 \times 1 = 210[V]$ 【정답】 ④

59. 무효 전력 보상 장치(동기조상기)의 계자를 과여자로 해서 운전할 경우 틀린 것은?

① 콘덴서로 작용한다.
② 위상이 뒤진 전류가 흐른다.
③ 송전선의 역률을 좋게 한다.
④ 송전선의 전압강하를 감소시킨다.

|정|답|및|해|설|

[무효 전력 보상 장치(동기조상기)의 위상특성곡선]

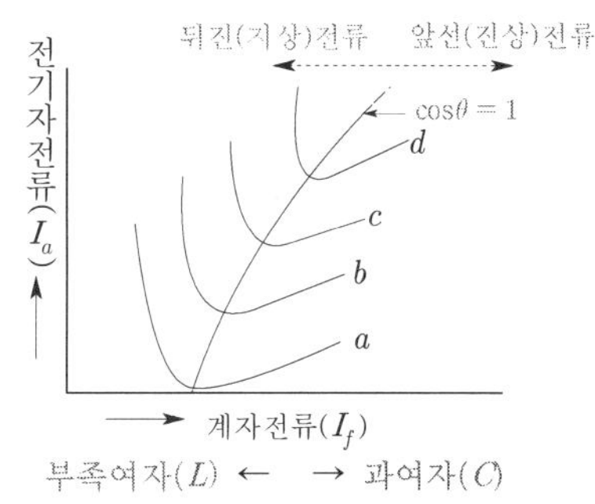

1. 과여자 운전 : 진상 역률이 되어 콘덴서(C)로 작용을 하게 된다.
2. 부족 여자 운전 : 지상 역률이 되어 리액터(L)로 작용을 하게 된다.

【정답】 ②

60. 3상 직권정류자 전동기에서 중간변압기를 사용하는 주된 이유는?

① 발생토크를 증가시키기 위해
② 역회전 방지를 위해
③ 직권특성을 얻기 위해
④ 경부하시 급속한 속도상승 억제를 위해

|정|답|및|해|설|

[직권정류자전동기에 중간 변압기를 사용하는 이유]

1. 직권 특성이기 때문에 속도의 변화가 크다 중간 변압기를 사용해서 철심을 포화시키면 속도 상승을 제한할 수 있다.
2. 전원 전압의 크기에 관계없이 정류에 알맞게 회전자 전압을 선택할 수 있다.
3. 고정자 권선과 직렬로 접속해서 동기속도에서 역률을 100[%]로 하기 위함이다.
4. 변압기로 전압비와 권수비를 바꿀 수가 있어서 전동기 특성도 조정할 수가 있다. 【정답】 ④

1회 2014년 전기기사필기(회로이론 및 제어공학)

61. Routh 안정도 판별법에 의한 방법 중 불안정한 제어계의 특성 방정식은?

① $s^3 + 2s^2 + 3s + 4 = 0$
② $s^3 + s^2 + 5s + 4 = 0$
③ $s^3 + 4s^2 + 5s + 2 = 0$
④ $s^3 + 3s^2 + 2s + 10 = 0$

|정|답|및|해|설|

[루드 판별법]

④ $s^3 + 3s^2 + 2s + 10 = 0$ → 루드의 표는 다음과 같다.

s^3	1	2
s^2	3	10
s^1	$\dfrac{(3\times2)-(1\times10)}{3} = -\dfrac{4}{3}$	0
s^0	$\dfrac{\left(-\frac{4}{3}\times10\right)-3\times10}{-\frac{4}{3}} = 10$	0

제1열의 부호가 2번 바뀌었으므로 s평면의 우반면에 불안정한 근 2개를 갖는다. 【정답】 ④

|참|고|

1. 60페이지 [(3) 루드표 작성 및 안정도 판별법] 참조
2. 다른 방법 (3차 방정식일 경우) → 예) ④ $s^3 + 3s^2 + 2s + 10 = 0$
① 방정식 각 차수의 계수를 적는다. → 1, 3, 2, 10
② ㉮ 안쪽의 곱 : $3\times2=6$
㉯ 바깥쪽의 곱 : $1\times10=10$
③ 안쪽 곱이 크면 : 안정, 바깥쪽 곱이 크면 : 불안정 → $(6<10)$

62. 어떤 제어계에 단위 계단 입력을 가하였더니 출력이 $1-e^{-2t}$로 나타났다. 이 계의 전달함수는?

① $\dfrac{1}{s+2}$　② $\dfrac{2}{s+2}$

③ $\dfrac{1}{s(s+2)}$　④ $\dfrac{2}{s(s+2)}$

|정|답|및|해|설|

[전달함수] $G(s)=\dfrac{출력}{입력}=\dfrac{C(s)}{R(s)}$

$1-e^{-2t}$의 역 라플라스변환은 $R(s)=\mathcal{L}[r(t)]=\mathcal{L}[u(t)]=\dfrac{1}{s}$

$C(s)=\mathcal{L}[c(t)]=\mathcal{L}[1-e^{-2t}]=\dfrac{1}{s}-\dfrac{1}{s+2}$　$\rightarrow(e^{-at}=\dfrac{1}{s+a})$

$\therefore G(s)=\dfrac{C(s)}{R(s)}=\dfrac{\dfrac{1}{s}-\dfrac{1}{s+2}}{\dfrac{1}{s}}=1-\dfrac{s}{s+2}=\dfrac{2}{s+2}$

【정답】 ②

63. 다음 중 Z 변환함수 $\dfrac{3z}{(z-e^{-3t})}$에 대응되는 라플라스 변환함수는?

① $\dfrac{1}{(s+3)}$　② $\dfrac{3}{(s-3)}$

③ $\dfrac{1}{(s-3)}$　④ $\dfrac{3}{(s+3)}$

|정|답|및|해|설|

[라플라스변환] $F(z)=\dfrac{z}{z-e^{-at}}$ 일 때 $F(s)=\dfrac{1}{s+a}$

$\rightarrow(f(t)=e^{-at}=\dfrac{1}{s+a})$

$F(z)=\dfrac{3z}{z-e^{-3t}}=3\left(\dfrac{z}{z-e^{-3t}}\right)$

$F(s)=3\left(\dfrac{1}{s+3}\right)=\dfrac{3}{(s+3)}$

【정답】 ④

64. 다음 과도응답에 관한 설명 중 틀린 것은?

① 지연 시간은 응답이 최초로 목표값의 50[%]가 되는데 소요되는 시간이다.

② 백분율 오버슈트는 최종 목표값과 최대 오버슈트와의 비율 [%]로 나타낸 것이다.

③ 감쇠비는 최종 목표값과 최대 오버슈트와의 비를 나타낸 것이다.

④ 응답시간은 응답이 요구하는 오차 이내로 정착되는데 걸리는 시간이다.

|정|답|및|해|설|

[감쇠비] 감쇠비는 최대 오버슈트에 대한 제2오버슈트의 비를 나나낸 것이다.

감쇠비 $=\dfrac{제2\ 오버\ 슈트}{최대\ 오버\ 슈트}$

【정답】 ③

65. 그림과 같은 블록선도에서 C(s)/R(s)의 값은?

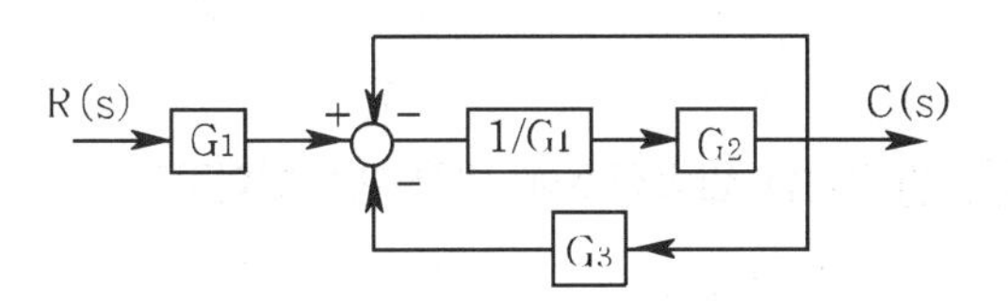

① $\dfrac{G_2}{G_1-G_2-G_3}$

② $\dfrac{G_2}{G_1-G_2-G_2G_3}$

③ $\dfrac{G_1}{G_1+G_2+G_2G_3}$

④ $\dfrac{G_1G_2}{G_1+G_2+G_2G_3}$

|정|답|및|해|설|

[전달함수] $\dfrac{C(s)}{R(s)}=\dfrac{G(s)}{1+G(s)H(s)}$

메이슨의 해석법에 따라 분자는 경로 분모는 특성방정식

· $G(s)=G_1\cdot\dfrac{1}{G_1}\cdot G_2$

· $G(s)H(s)=\dfrac{G_2}{G_1}+\dfrac{G_2G_3}{G_1}$

$\therefore\dfrac{C(s)}{R(s)}=\dfrac{G_1\cdot\dfrac{1}{G_1}\cdot G_2}{1+\dfrac{G_2}{G_1}+\dfrac{G_2\cdot G_3}{G_1}}=\dfrac{G_1G_2}{G_1+G_2+G_1G_3}$

【정답】 ④

66. 이득이 k인 시스템의 근궤적을 그리고자 한다. 다음 중 잘못 된 것은?

① 근궤적의 가지수는 극(Pole)의 수와 같다.
② 근궤적은 K=0일 때 극에서 출발하고 $k=\infty$ 일 때 영점에 도착한다.
③ 실수축에서 이득 k가 최대가 되게 하는 점이 이탈점이 될 수 있다.
④ 근궤적은 실수축에 대칭이다.

|정|답|및|해|설|

[근궤적의 가지수] 근궤적의 수(N)는 극점의 수(p)와 영점의 (z)에서 $z>p$ 이면 $N=z$, $z<p$ 이면 $N=p$
큰 것과 일치한다. 【정답】 ①

67. 단위계단 입력신호에 대한 과도응답은?

① 임펄스응답 ② 인디셜응답
③ 노멀응답 ④ 램프응답

|정|답|및|해|설|

1. 인디셜응답 : 단위계산 입력신호에 대한 과도응답
2. 임펄스응답 : 입력 $\delta(t)$, 출력의 라플라스 값과 전달함수 라플라스 값이 같다. $C(s)=G(s)$ 【정답】 ②

68. 그림과 같은 RC회로에 단위 계단전압을 가하면 출력전압은?

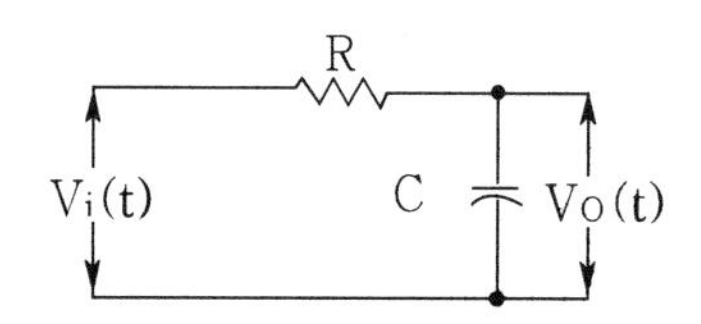

① 아무 전압도 나타나지 않는다.
② 처음부터 계단전압이 나타난다.
③ 계단전압에서 지수적으로 감쇠한다.
④ 0부터 상승하여 계단전압에 이른다.

|정|답|및|해|설|

[전달함수] $G(s)=\frac{1}{RCs+1}=\frac{V_0(s)}{V_i(s)}$

출력전압 $V_0(s)=\frac{1}{RCs+1}\cdot V_i(s)$

충전이므로 $V_0(t)$는 0[V]부터 $V_i(t)$가 될 때까지 증가한다.
【정답】 ④

69. 다음과 같은 진리표를 갖는 회로의 종류는?

입력		출력
A	B	C
0	0	0
0	1	1
1	0	1
1	1	0

① AND ② NAND
③ NOR ④ EX-OR

|정|답|및|해|설|

[Ex-OR] 배타적 논리합
$C=\overline{A}B+A\overline{B}=A\oplus B$ 【정답】 ④

70. 자동제어의 분류에서 엘리베이터의 자동제어에 해당하는 제어는?

① 추종제어 ② 프로그램제어
③ 정치제어 ④ 비율제어

|정|답|및|해|설|

[프로그램 제어] 미리 정해진 프로그램에 따라 제어량을 변화시키는 것(열차 무인운전, 엘리베이터) 【정답】 ②

71. $f(t)=3t^2$ 의 라플라스 변환은?

① $\frac{3}{s^3}$ ② $\frac{3}{s^2}$ ③ $\frac{6}{s^3}$ ④ $\frac{6}{s^2}$

|정|답|및|해|설|

[라플라스 변환] $f(t)=t^2$일 때 $F(s)$를 구하면

$F(s)=\mathcal{L}[f(t)]=\mathcal{L}[t^2]=\frac{2}{s^3}$

$f(t)=3t^2 \rightarrow F(s)=3\times\frac{2}{s^3}=\frac{6}{s^3}$ 【정답】 ③

72. 다음과 같은 회로에서 $t=0^+$ 에서 스위치 K를 닫았다. $i_1(0^+)$, $i_2(0^+)$는 얼마인가? (단, C의 초기전압과 L의 초기전류는 0이다.)

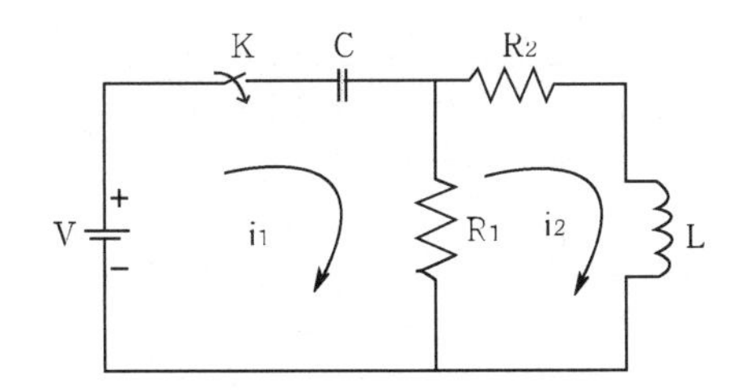

① $i_1(0^+)=0$ $i_2(0^+)=V/R_2$

② $i_1(0^+)=V/R_1$ $i_2(0^+)=0$

③ $i_1(0^+)=0$ $i_2(0^+)=0$

④ $i_1(0^+)=V/R_1$ $i_2(0^+)=V/R_2$

|정|답|및|해|설|

[$R-C$ 직렬회로에 흐르는 전류]

$t=0^+$ 에서 C는 단락, L은 개방

그러므로 $i_1(0^+)=\dfrac{V}{R_1}$, $i_2(0^+)=0$ 【정답】 ②

73. RLC 직렬회로에 $e=170\cos\left(120\pi+\dfrac{\pi}{6}\right)[V]$를 인가할 때 $i=8.5\cos\left(120\pi-\dfrac{\pi}{6}\right)$[A]가 흐르는 경우 소비되는 전력은 약 몇 [W]인가?

① 361 ② 623 ③ 720 ④ 1445

|정|답|및|해|설|

[소비전력] $P=VI\cos\theta[W]$

$\cdot e=170\cos\left(120\pi+\dfrac{\pi}{6}\right)$[V] $\rightarrow$ $V=\dfrac{170}{\sqrt{2}}$[V]

$\cdot i=8.5\cos\left(120\pi-\dfrac{\pi}{6}\right)$[A] $\rightarrow I=\dfrac{8.5}{\sqrt{2}}$[A]

$\therefore P=VI\cos\theta=\dfrac{170}{\sqrt{2}}\cdot\dfrac{8.5}{\sqrt{2}}\cos 60^\circ=361$ 【정답】 ①

74. RLC 직렬 공진회로에서 제3고조파의 공진주파수 $f[Hz]$는?

① $\dfrac{1}{2\pi\sqrt{LC}}$ ② $\dfrac{1}{3\pi\sqrt{LC}}$

③ $\dfrac{1}{6\pi\sqrt{LC}}$ ④ $\dfrac{1}{9\pi\sqrt{LC}}$

|정|답|및|해|설|

[공진주파수] $f=\dfrac{1}{2\pi\sqrt{LC}}[Hz]$

공진조건 $\omega L-\dfrac{1}{\omega C}=0 \rightarrow \omega L=\dfrac{1}{\omega C}$ $\rightarrow (\omega=2\pi f)$

· 제n파공진조건 $f_n=\dfrac{1}{n\times 2\pi\sqrt{LC}}[Hz]$

· 3고조파의 공진주파수 $f_3=\dfrac{1}{3\times 2\pi\sqrt{LC}}=\dfrac{1}{6\pi\sqrt{LC}}$

【정답】 ③

75. 세 변의 저항 $R_a=R_b=R_c=15[\Omega]$인 Y결선 회로가 있다. 이것과 등가인 △ 결선 회로의 각 변의 저항[Ω]은?

① 135 ② 45 ③ 15 ④ 5

|정|답|및|해|설|

Y결선 회로를 △결선 회로로 등가변환하면 세변의 저항이 동일한 경우는 $R_\Delta=3R_Y$이므로

$\therefore R_A=3\times 15=45[\Omega]$ 【정답】 ②

76. 모든 초기값을 0으로 할 때. 입력에 대한 출력의 비는?

① 전달함수 ② 충격함수

③ 경사함수 ④ 포물선함수

|정|답|및|해|설|

[전달함수] 모든 초기값을 0으로 했을 경우 입력에 대한 출력의 비즉, $G(s)=\dfrac{C(s)}{R(s)}$ 【정답】 ①

77. 그림과 같은 회로에서 저항 0.2[Ω]에 흐르는 전류는 몇 [A]인가?

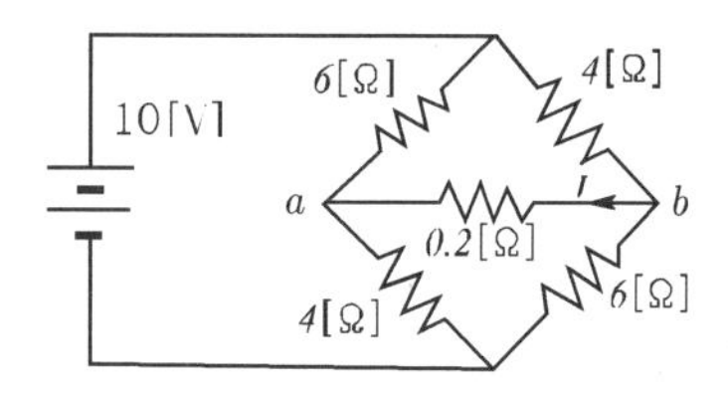

① 0.4 ② −0.4 ③ 0.2 ④ −0.2

|정|답|및|해|설|

[테브낭의 정리]

1. 테브낭의 정리 이용 0.2[Ω] 개방시 양단에 전압 V_{ab}

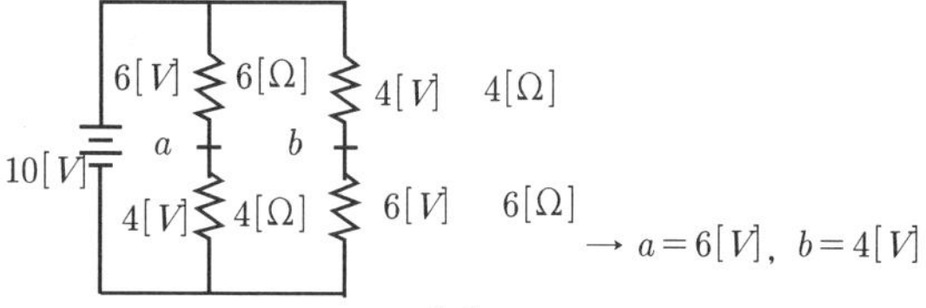

$\therefore V_{ab}=V_a-V_b=6-4=2[V]$

2. 전압원 제거(단락)하고, a, b에서 본 저항 R_t는

$R_{ab}=\dfrac{4\times 6}{4+6}+\dfrac{4\times 6}{4+6}=4.8[\Omega]$

6[Ω] 4[Ω] 단락 4[Ω] 6[Ω] a b

3. 테브낭의 등가회로

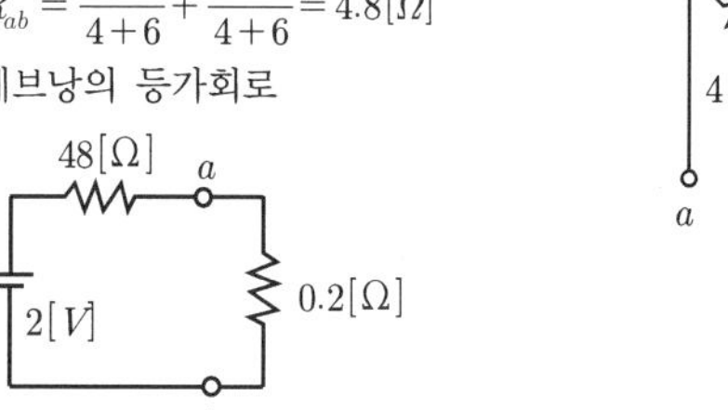

$I=\dfrac{V_{ab}}{R_{ab}+R}=\dfrac{2}{4.8+0.2}=0.4[A]$ 【정답】①

78. 분포정수 선로에서 위상정수를 $\beta[rad/m]$라 할 때 파장은?

① $2\pi\beta$ ② $\dfrac{2\pi}{\beta}$

③ $4\pi\beta$ ④ $\dfrac{4\pi}{\beta}$

|정|답|및|해|설|

[분포정수 회로] $v=\lambda f=\dfrac{\omega}{\beta}$

여기서, λ : 파장, f : 주파수, ω : 각속도, β : 위상정수

$\lambda f=\dfrac{w}{\beta}=\dfrac{2\pi f}{\beta}$ → $\therefore$파장 $\lambda=\dfrac{2\pi}{\beta}[m]$ 【정답】②

79. 어떤 2단자 회로에 단위 임펄스 전압을 가할 때 $2e^{-t}+3e^{-2t}[A]$의 전류가 흘렀다. 이를 회로로 구성하면? (단, 각 소자의 단위는 기본 단위로 한다.)

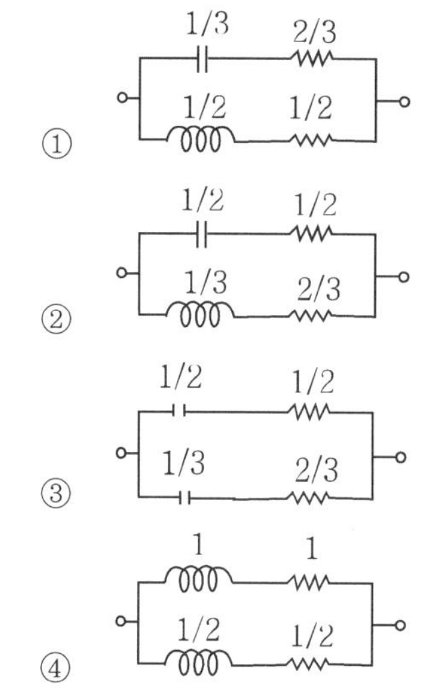

|정|답|및|해|설|

$\mathcal{L}[2e^{-t}+3e^{-2t}]=\dfrac{2}{s+1}+\dfrac{3}{s+2}=\dfrac{1}{\dfrac{s}{2}+\dfrac{1}{2}}+\dfrac{1}{\dfrac{s}{3}+\dfrac{2}{3}}$

여기서, R : 저항, $X_L=sL$: 유도 리액턴스

$X_c=\dfrac{1}{sC}$: 용량 리액턴스 【정답】③

80. 그림과 같은 T형 회로에서 4단자정수 중 D값은?

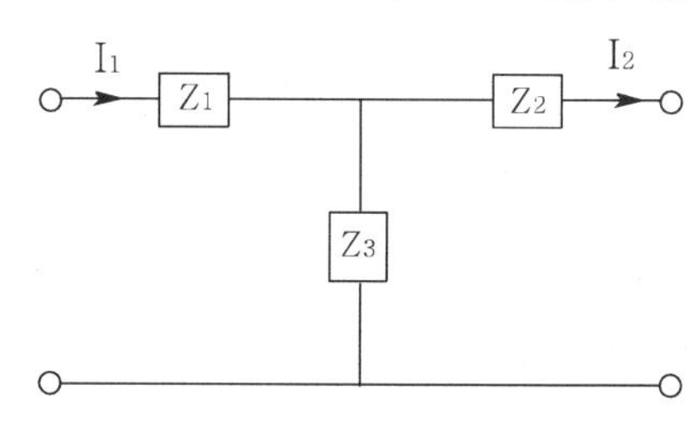

① $1+\dfrac{Z_1}{Z_3}$ ② $\dfrac{Z_1Z_2}{Z_3}+Z_2+Z_1$

③ $\dfrac{1}{Z_3}$ ④ $1+\dfrac{Z_2}{Z_3}$

|정|답|및|해|설|

[4단자정수(T형)] $\begin{bmatrix} A & B \\ C & D \end{bmatrix}=\begin{bmatrix} 1 & Z_1 \\ 0 & 1 \end{bmatrix}\begin{bmatrix} 1 & 0 \\ \dfrac{1}{Z_3} & 1 \end{bmatrix}\begin{bmatrix} 1 & Z_2 \\ 0 & 1 \end{bmatrix}$

$=\begin{bmatrix} 1+\dfrac{Z_1}{Z_3} & \dfrac{Z_1Z_2+Z_2Z_3+Z_3Z_1}{Z_3} \\ \dfrac{1}{Z_3} & 1+\dfrac{Z_2}{Z_3} \end{bmatrix}$

【정답】④

81. 옥내 배선의 사용전압이 200[V]인 경우 금속관공사의 기술기준으로 옳은 것은?

① 금속관과 접속부분이 나사는 3턱 이상으로 나사결합을 하였다.
② 전선은 옥외용 비닐 절연 전선을 사용하였다.
③ 콘크리트에 매설하는 전선관의 두께는 1.0[mm]를 사용하였다.
④ 금속관에는 접지공사를 하였다.

|정|답|및|해|설|
[금속관공사 (kec 232.12)]
- 전선관과의 접속 부분의 나사는 5턱 이상 완전히 나사 결합이 될 수 있는 길이일 것
- 전선은 절연전선(옥외용 비닐절연전선을 제외)
- 전선관의 두께 : 콘크리트 매설시 1.2[mm] 이상
- 관에는 kec140에 준하여 접지공사 【정답】 ④

82. 식물 재배용 전기온상에 사용하는 전열장치에 대한 설명으로 틀린 것은?

① 전로의 대지 전압은 300[V] 이하
② 발열선은 90[℃]가 넘지 않도록 시설할 것
③ 발열선의 지지점간 거리는 0.1[m] 이하일 것
④ 발열선과 조영재 사이의 간격 2.5[cm] 이상일 것

|정|답|및|해|설|
[전기온상 등 (KEC 241.5)]
① 전기온상 등에 전기를 공급하는 대지전압은 300[V] 이하일 것
② 발열선은 그 온도가 80[℃]를 넘지 않도록 시설할 것
【정답】 ②

83. 대지로부터 절연을 하는 것이 기술상 곤란하여 절연을 하지 않아도 되는 것은?

① 항공장애등 ② 전기로
③ 옥외조명등 ④ 에어컨

|정|답|및|해|설|
[전로의 절연 원칙 (KEC 131)] 전로는 다음의 경우를 제외하고 대지로부터 절연하여야 한다.
- 저압 전로에 접지공사를 하는 경우의 접지점
- 전로의 중성점에 접지공사를 하는 경우의 접지점
- 계기용변성기의 2차측 전로에 접지공사를 하는 경우의 접지점
- 특고압 가공전선과 저고압 가공전선의 병행설치에 따라 저압 가공 전선의 특고압 가공 전선과 동일 지지물에 시설되는 부분에 접지공사를 하는 경우의 접지점
- 25[kV] 이하로서 다중 접지를 하는 경우의 접지점
- 시험용 변압기, 전력선 반송용 결합 리액터, 전기울타리용 전원장치, 엑스선발생장치, 전기부식방지용 양극, 단선식 전기철도의 귀선 등 전로의 일부를 대지로부터 절연하지 아니하고 전기를 사용하는 것이 부득이한 것.
- 전기욕기, 전기로, 전기보일러, 전해조 등 대지로부터 절연하는 것이 기술상 곤란한 것 【정답】 ②

84. 마그네슘 가루(분말)가 존재하는 장소에서 전기설비가 발화원되어 폭발할 우려가 있는 곳에서의 저압옥내 전기설비 공사는?

① 캡타이어 케이블 ② 합성수지관 공사
③ 애자사용공사 ④ 금속관공사

|정|답|및|해|설|
[먼지(분진) 위험 장소 (KEC 242.2)]
1. 폭연성 먼지(분진) : 설비를 금속관공사 또는 케이블 공사(캡타이어 케이블 제외)
2. 가연성 먼지(분진) : 합성수지관 공사, 금속관공사, 케이블 공사
【정답】 ④

85. 저압 옥내배선용 전선으로 적합한 것은?

① 단면적이 0.8[mm^2] 이상의 미네럴인슈레이션 케이블
② 단면적이 1.08[mm^2] 이상의 미네럴인슈레이션 케이블
③ 단면적이 2.5[mm^2] 이상의 연동선
④ 단면적이 2.0[mm^2] 이상의 연동선

|정|답|및|해|설|
[저압 옥내배선의 사용전선 (kec 231.3.1)]
1. 단면적 2.5[mm^2] 이상의 연동선
2. 옥내배선의 사용 전압이 400[V] 미만인 경우
   - 전광표시 장치・출퇴 표시등 기타 이와 유사한 장치 또는 제어 회로 등에 사용하는 배선에 단면적 1.5[mm^2] 이상의 연동선을 사용
   - 전광표시 장치・출퇴 표시등 기타 이와 유사한 장치 또는 제어 회로 등의 배선에 단면적 0.75[mm^2] 이상인 다심케이블 또는 다심 캡타이어 케이블을 사용 【정답】 ③

86. 최대사용전압이 69[kV]인 중성점 비접지식 전로의 절연내력 시험전압은 몇 [kV]인가?

① 63.48 ② 75.9
③ 86.25 ④ 103.5

|정|답|및|해|설|

[변압기 전로의 절연내력 (KEC 135)]

접지 방식	최대 사용전압	시험 전압(최대 사용전압 배수)	최저 시험 전압
비접지	7[kV] 이하	1.5배	500[V]
	7[kV] 초과	1.25배	10,500[V] (60[kV]이하)
중성점접지	60[kV] 초과	1.1배	75[kV]
중성점직접 접지	60[kV]초과 170[kV] 이하	0.72배	
	170[kV] 초과	0.64배	
중성전다중 접지	25[kV] 이하	0.92배	500[V] (75[kV]이하)

$69000 \times 1.5 = 103.5[kV]$ 【정답】 ④

87. 소액분, 전분, 유황 등의 가연성 먼지(분진)가 존재하는 공장에 전기설비가 발화원이 되어 폭발할 우려가 있는 곳의 저압 옥내배선에 적합하지 못한 공사는? (단, 각종 전선관공사 시 관의 두께는 모두 기준에 적합한 것을 사용한다.)

① 합성수지관 공사 ② 금속관공사
③ 가요전선관 공사 ④ 케이블 공사

|정|답|및|해|설|

[먼지(분진) 위험장소 (KEC 242.2)]
1. 폭연성 먼지(분진) : 설비를 금속관공사 또는 케이블 공사(캡타이어 케이블 제외)
2. 가연성 먼지(분진) : 합성수지관 공사, 금속관공사, 케이블 공사

【정답】 ③

88. 백열전등 또는 방전등에 전기를 공급하는 옥내전로의 대지전압은 몇 [V] 이하 인가?

① 120 ② 150 ③ 200 ④ 300

|정|답|및|해|설|

[1[kV] 이하 방전등 (kec 234.11.1)] 대지전압은 300[V] 이하이어야 하며, 다음 각 호에 의하여 시설하여야 한다. 다만, 대지전압 150[V] 이하의 전로인 경우에는 다음 각 호에 의하지 아니할 수 있다.
1. 백열전등 또는 방전등 및 이에 부속하는 전선은 사람이 접촉할 우려가 없도록 시설할 것
2. 백열전등의 전구 수구는 키 기타의 점멸 기구가 없는 것일 것

|참|고|

[대자전압]
1. 90[%] 이상은 300[V]
2. 예외인 경우
   ① 누설전압이 없는 경우 → 대지전압 150[V]
   ② 전기저장장치, 태양광설비 → 직류 600[V] 【정답】 ④

89. 수소냉각식 발전기 및 이에 부속하는 수소냉각장치에 관한 시설이 잘못 된 것은?

① 발전기는 기밀구조의 것이고 또한 수소가 대기압에서 폭발하는 경우에 생기는 압력에 견디는 강도를 가지는 것일 것
② 발전기 안의 수소의 순도가 70[%] 이하로 저하한 경우에 이를 경보하는 장치를 시설할 것
③ 발전기안의 수소의 온도를 계측하는 장치를 시설할 것
④ 발전기안의 수소의 압력을 계측하는 장치 및 그 압력이 현저히 변동한 경우에 이를 경보하는 장치를 시설할 것

|정|답|및|해|설|

[수소냉각식 발전기 등의 시설 (kec 351.10)] 발전기, 무효 전력 보상 장치(조상기) 안의 수소 순도가 85[%] 이하로 저하한 경우 경보장치를 시설할 것 【정답】 ②

90. 옥내 저압배선을 가요 전선관 공사에 의해 시공하고자 할 때 전선을 단선으로 사용한다면 그 단면적은 최대 몇 $[mm^2]$ 이하이어야 하는가?

① 2.5 ② 4 ③ 6 ④ 10

|정|답|및|해|설|

[금속제 가요전선관공사 (KEC 232.13)] 가요 전선관 공사에 의한 저압 옥내 배선
· 전선은 절연 전선 이상일 것(옥외용 비닐 절연 전선은 제외)
· 전선은 연선일 것. 다만, 단면적 $10[mm^2]$ 이하인 것은 단선을 쓸 수 있다.
· 가요 전선관 안에는 전선에 접속점이 없도록 할 것
· 가요 전선관은 2종 금속제 가요 전선관일 것 【정답】 ④

91. 가공전선로의 지지물에 사용하는 지지선의 시설과 관련하여 다음 중 옳지 않은 것은?

① 지지선의 안전율은 2.5 이상, 허용 인장하중의 최저는 3.31[kN]으로 할 것
② 지지선에 연선을 사용하는 경우 소선(素線) 3가닥 이상의 연선 일 것
③ 지지선에 연선을 사용하는 경우 소선의 지름이 2.6[mm] 이상의 금속선을 사용한 것일 것
④ 가공전선로의 지지물로 사용하는 철탑은 지지선을 사용하여 그 강도를 분담시키지 않을 것

|정|답|및|해|설|
[지지선의 시설 (KEC 331.11)]
지지선 지지물의 가도 보강
· 안전율 : 2.5 이상
· 최저 인장 하중 : 4.3[kN]
· 2.6[mm] 이상의 금속선, 소선 3가닥 이상의 연선일 것
· 지중 및 지표상 30[cm]까지의 부분은 아연 도금 철봉 등을 사용
【정답】 ①

92. 저압의 옥측배선을 시설 장소에 따라 시공할 때 적절하지 못한 것은?

① 버스덕트공사를 철골조로 된 공장 건물에 시설
② 합성수지관공사를 목조로 된 건축물에 시설
③ 금속관공사를 목조로 된 건축물에 시설
④ 애자사용공사를 전개된 장소에 있는 공장 건물에 시설

|정|답|및|해|설|
[저압 옥측 전선로의 시설 (KEC 221.2)]
· 애자사용공사(전개된 장소에 한한다)
· 합성수지관공사
· 금속관공사(목조 이외의 조영물에 시설하는 경우에 한한다)
· 버스덕트공사[목조 이외의 조영물(점검할 수 없는 은폐된 장소를 제외한다)에 시설하는 경우에 한한다]
· 케이블공사(연피 케이블·알루미늄피 케이블 또는 미네럴인슈레이션게이블을 사용하는 경우에는 목조 이외의 조영물에 시설하는 경우에 한한다)
【정답】 ③

93. 가공 전선로의 지지물 중 지지선을 사용하여 그 강도를 분담시켜서는 아니 되는 것은?

① 철탑 ② 목주
③ 철주 ④ 철근 콘크리트

|정|답|및|해|설|
[지지선의 시설 (KEC 331.11)]
· 가공전선로의 지지물로 사용하는 철탑은 지지선을 사용하여 강도를 분담시켜서는 아니 된다.
· 안전율 : 2.5 이상
· 최저 인장 하중 : 4.31[kN]
· 소선 2.6[mm] 이상의 금속선, 소선 3가닥 이상의 연선일 것
· 지중 및 지표상 30[cm]까지의 부분은 아연도금 철봉 등을 사용
· 도로를 횡단하여 시설하는 지지선의 높이는 지표상 5[m] 이상, 교통에 지장을 초래할 우려가 없는 경우에는 지표상 4.2[m] 이상, 보도의 경우에는 2.5[m] 이상으로 할 수 있다.
【정답】 ①

94. 고압 지중 케이블로서 직접 매설식에 의하여 콘크리트제, 기타 견고한 관 또는 트로프에 넣지 않고도 부설할 수 있는 케이블은?

① 고무 외장 케이블
② 클로로프렌 외장 케이블
③ 콤바인덕트 케이블
④ 미네럴인슈레이션 케이블

|정|답|및|해|설|
[지중 전선로의 시설 (KEC 334.1)] 저압 또는 고압의 지중전선에 콤바인덕트 케이블을 사용하여 시설하는 경우에는 지중 전선을 견고한 트로프 기타 방호물에 넣지 아니하여도 된다.

|참|고|
[지중전선로 시설]
전선은 케이블을 사용하고, 관로식, 암거식, 직접 매설식에 의하여 시공한다.
1. 직접 매설식 : 매설 깊이는 중량물의 압력이 있는 곳은 1.0[m] 이상, 없는 곳은 0.6[m] 이상으로 한다.
2. 관로식 : 매설 깊이를 1.0[m]이상, 중량물의 압력을 받을 우려가 없는 곳은 60[cm] 이상으로 한다.
3. 암거식 : 지하 구조물 내 케이블 지지대를 설치하고 그 위에 케이블을 부설하는 방식
【정답】 ③

95. 사용전압이 60[kV] 이하인 특고압 가공 전선로는 상시정전 유도작용에 의한 통신상의 장해가 없도록 시설하기 위하여 전화선로의 12[km] 마다 유도전류는 몇 $[\mu A]$를 넘지 않도록 하여야 하는가?

① $1[\mu A]$ ② $2[\mu A]$
③ $3[\mu A]$ ④ $4[\mu A]$

|정|답|및|해|설|
[유도장해의 방지 (KEC 333.2)]
1. 사용전압이 60[kV] 이하인 경우에는 전화선로의 길이 12[km] 마다 유도전류가 $2[\mu A]$를 넘지 아니하도록 할 것.
2. 사용전압이 60[kV]를 초과하는 경우에는 전화선로의 길이 40[km] 마다 유도전류가 $3[\mu A]$을 넘지 아니하도록 할 것.
【정답】 ②

96. 특고압 가공전선로의 지지물 중 전선로의 지지물 양쪽의 지지물 간 거리(경간)의 차가 큰 곳에 사용하는 철탑은?

① 내장형 철탑
② 잡아 당김형(인류형) 철탑
③ 보강형 철탑 ④ 각도형 철탑

|정|답|및|해|설|

[특고압 가공전선로의 철주 · 철근 콘크리트주 또는 철탑의 종류 (KEC 333.11)] 특고 가공 전선로의 지지물로 사용하는 B종 철주, 철근 콘크리트주, 철탑의 종류는 다음과 같다.

1. 직선형 : 전선로의 직선 부분(3° 이하의 수평 각도 이루는 곳 포함)에 사용되는 것
2. 각도형 : 전선로 중 수형 각도 3° 를 넘는 곳에 사용되는 것
3. 잡아 당김형(인류형) : 전 가섭선을 잡아 당기는 곳에 사용하는 것
4. 내장형 : 전선로 지지물 양측의 지지물 간 거리(경간) 차가 큰 곳에 사용하는 것
5. 보강형 : 전선로 직선 부분을 보강하기 위하여 사용하는 것

【정답】 ①

97. 고압 인입선을 다음과 같이 시설하였다. 기술기준에 맞지 않는 것은?

① 고압가공인입선 아래에 위험표시를 하고 지표상 3.5[m]의 높이에 설치하였다.
② 1.5[m] 떨어진 다른 수용가에 고압 이웃 연결(연접) 인입선을 시설 하였다.
③ 횡단보도교 위에 시설하는 경우 케이블을 사용하여 노면상에서 3.5[m]의 높이에 시설하였다.
④ 전선은 5[mm] 경동선과 동등한 세기의 고압 절연전선을 사용하였다.

|정|답|및|해|설|

[고압 가공인입선의 시설 (KEC 331.12.1)]

- 인장강도 8.01[kN] 이상의 고압절연전선 또는 5[mm] 이상의 경동선 사용
- 고압 가공 인입선의 높이 3.5[m]까지 감할 수 있다(전선의 아래쪽에 위험표시를 할 경우).
- 고압 이웃 연결(연접) 인입선은 시설하여서는 아니 된다.

【정답】 ②

2014년 2회 전기기사 필기 기출문제

2회 2014년 전기기사필기 (전기자기학)

1. 반지름이 0.01[m]인 구도체를 접지시키고 중심으로부터 0.1[m]의 거리에 10[μC]의 점전하를 놓았다. 구도체에 유도된 총 전하량은 몇 [μC]인가?

① 0　② −1　③ −10　④ 10

|정|답|및|해|설|

[접지 구도체에 유도된 전하량] $Q' = -\frac{a}{d}Q[C]$

여기서, a : 반지름, d : 중심으로부터의 거리, Q : 전하

$a = 0.01[m]$, $d = 0.1[m]$

$Q' = -\frac{a}{d}Q = -\frac{0.01}{0.1} \times 10 \times 10^{-6} = -1[\mu C]$ 【정답】②

2. 그림과 같은 손실 유전체에서 전원의 양극 사이에 채워진 동축 케이블의 전력 손실은 몇 [W]인가? (단, 모든 단위는 [MKS] 유리화 단위이며, σ는 매질의 도전율 [S/m]이라 한다.)

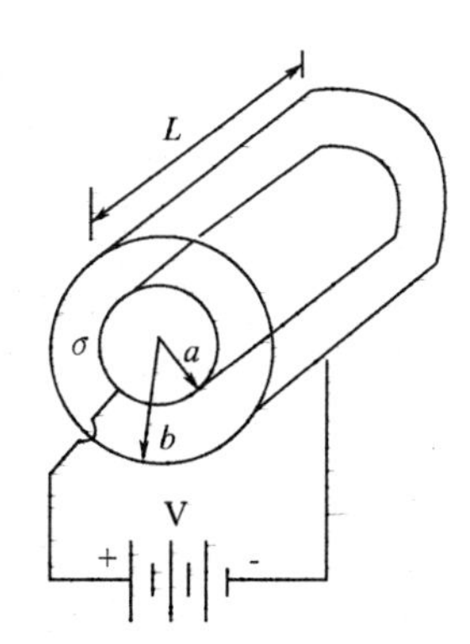

① $\dfrac{\pi\sigma V^2 L}{2\ln\frac{b}{a}}$　② $\dfrac{\pi\sigma V^2 L}{\ln\frac{b}{a}}$

③ $\dfrac{2\pi\sigma V^2 L}{\ln\frac{b}{a}}$　④ $\dfrac{4\pi\sigma V^2 L}{\ln\frac{b}{a}}$

|정|답|및|해|설|

[전력손실] $P_l = I^2 R = \frac{V^2}{R}[W]$

동축케이블의 정전용량 $C = \dfrac{2\pi\epsilon L}{\ln\frac{b}{a}}[F]$

$RC = \epsilon\rho = \frac{\epsilon}{\sigma} \rightarrow R = \frac{\epsilon}{\sigma C} = \dfrac{\ln\frac{b}{a}}{2\pi\sigma L}[\Omega]$

$\therefore$ 전력손실 $P_l = \frac{V^2}{R} = \dfrac{2\pi\sigma V^2 L}{\ln\frac{b}{a}}[W]$ 【정답】③

3. 어떤 공간의 비유전율은 2이고, 전위 $V(x,y) = \frac{1}{x} + 2xy^2$이라고 할 때 점 $(\frac{1}{2}, 2)$에서의 전하밀도 ρ는 약 몇 [pC/m^3]인가?

① −20　② −40

③ −160　④ −319

|정|답|및|해|설|

[포아송의 방정식] $\nabla^2 V = -\frac{\rho}{\epsilon_0\epsilon_s}$

공간전하밀도 ρ로 정리 $\rho = -\epsilon_0\epsilon_s(\nabla^2 V)[C/m^3]$

$\nabla^2 V = \frac{\partial^2 V}{\partial x^2} + \frac{\partial^2 V}{\partial y^2}$

$= \frac{\partial^2}{\partial x^2}\left(\frac{1}{x} + 2xy^2\right) + \frac{\partial^2}{\partial y^2}\left(\frac{1}{x} + 2xy^2\right)$

$= \frac{2}{x^3} + 4x = 16 + 2 = 18$

$\therefore \rho = -\epsilon_0\epsilon_s(\nabla^2 V) = -2 \times 8.85 \times 10^{-12} \times 18$

$= -3.19 \times 10^{-10}[C/m^3] = -319[pC/m^3]$

【정답】④

4. 자기인덕턴스 L[H]인 코일에 I[A]의 전류를 흘렸을 때 코일에 축적되는 에너지 W[J]와 전류 I[A] 사이의 관계를 그래프로 표시하면 어떤 모양이 되는가?

① 포물선 ② 직선
③ 원 ④ 타원

|정|답|및|해|설|

[코일에 축적되는 에너지] $W=\frac{1}{2}LI^2 \propto I^2 \rightarrow$(포물선)

【정답】 ①

5. 전기력선의 성질로서 틀린 것은?

① 전하가 없는 곳에서 전기력선은 발생, 소멸이 없다.
② 전기력선은 그 자신만으로 폐곡선이 되는 일은 없다.
③ 전기력선은 등전위면과 수직이다.
④ 전기력선은 도체내부에 존재한다.

|정|답|및|해|설|

[전기력선의 성질]
1. 전기력선은 정(+)전하에서 시작하여 부(−)전하에서 그친다.
2. 전하가 없는 곳에서는 전기력선의 발생, 소멸이 없고 연속적이다.
3. 전위가 높은 점에서 낮은 점으로 향한다.
4. 전기력선은 그 자신만으로 폐곡선(루프)이 되는 일은 없다.
5. 전계가 0이 아닌 곳에서는 2개의 전기력선은 교차하지 않는다.
6. **도체 내부에는 전기력선이 없다.**
7. 수직 단면의 전기력선 밀도는 전계의 세기이고(1[개]/m^2)=1[N/C], 전기력선의 접선 방향은 전계의 방향이다.
8. 도체 표면(등전위면)에서 전기력선은 수직으로 출입한다.
9. 단위 전하 ±1[C]에서는 $1/\epsilon_0$개의 전기력선이 출입한다.

【정답】 ④

6. 구도체에 50[μC]의 전하가 있다. 이때의 전위가 10[V]이면, 도체의 정전용량은 몇 [μF] 인가?

① 3. ② 4 ③ 5 ④ 6

|정|답|및|해|설|

[도체의 정전용량] $C=\frac{Q}{V}[F]$

$C=\frac{Q}{V}=\frac{50\times10^{-6}}{10}=5\times10^{-6}[F]=5[\mu F]$

【정답】 ③

7. 내부장치 또는 공간을 물질로 포위시켜 외부 자계의 영향을 차폐시키는 방식을 자기차폐라 한다. 다음 중 자기차폐에 가장 좋은 것은?

① 강자성체 중에서 비투자율이 큰 물질
② 강자성체 중에서 비투자율이 작은 물질
③ 비투자율이 1보다 작은 역자성체
④ 비투자율에 관계없이 물질의 두께에만 관계되므로 되도록 두꺼운 물질

|정|답|및|해|설|

[자기차폐] **자기차폐란 투자율이 큰 강자성체**로 내부를 감싸서 내부가 외부 자계의 영향을 받지 않도록 하는 것을 말한다.

【정답】 ①

8. 정전용량 0.06[μF]의 평행판 공기콘덴서가 있다. 전극판 간격의 $\frac{1}{2}$ 두께의 유리판을 전극에 평행하게 넣으면 공기 부분의 정전용량과 유리판 부분의 정전용량을 직렬로 접속한 콘덴서가 된다. 유리의 비유전율을 $\epsilon_s=5$라 할 때 새로운 콘덴서의 정전용량은 몇 [μF]인가?

① 0.01 ② 0.05
③ 0.1 ④ 0.5

|정|답|및|해|설|

[정전용량] $C=\frac{\epsilon_0 S}{d}[F]$

극판간 공극의 두께 $\frac{1}{2}$유리판을 넣을 경우 정전용량

1. 공기 부분 정전용량

$C_1=\frac{\epsilon_0 S}{\frac{d}{2}}=\frac{2S\epsilon_0}{d}[F]$

S, ϵ_0, $\epsilon_s=5$, $\frac{d}{2}$, $\frac{d}{2}$

2. 유리판 부분 정전용량

$C_2=\frac{\epsilon S}{\frac{d}{2}}=\frac{2S\epsilon}{d}[F]$

$$\therefore C=\frac{1}{\frac{1}{C_1}+\frac{1}{C_2}}=\frac{1}{\frac{d}{2S}\left(\frac{1}{\epsilon_0}+\frac{1}{\epsilon}\right)}=\frac{1}{\frac{d}{2S\epsilon_0}\left(1+\frac{\epsilon_0}{\epsilon}\right)}$$

$$=\frac{2C_0}{1+\frac{\epsilon_0}{\epsilon}}=\frac{2C_0}{1+\frac{1}{\epsilon_s}}=\frac{2\times0.06\times10^{-6}}{1+\frac{1}{5}}$$

$\fallingdotseq 0.1\times10^{-6}[F]=0.1[\mu F]$

【정답】 ③

9. 무한장 솔레노이드의 외부 자계에 대한 설명 중 옳은 것은?

① 솔레노이드 내부의 자계와 같은 자계가 존재한다.

② $\frac{1}{2\pi}$의 배수가 되는 자계가 존재한다.

③ 솔레노이드 외부에는 자계가 존재하지 않는다.

④ 권회수에 비례하는 자계가 존재한다.

|정|답|및|해|설|

[무한장 솔레노이드의 외부 자계의 세기] $H=0[AT/m]$

※무한장 솔레노이드의 내부 자계는 평등자계이다.

【정답】 ③

10. 공기 콘덴서의 고정 전극판 A와 가동 전극판 B간의 간격이 d = 1[mm]이고 전계는 극면간에서만 균등하다고 하면 정전용량은 몇 $[\mu F]$인가? (단, 전극판의 상대되는 부분의 면적은 $S[m^2]$라 한다.)

① $\frac{S}{9\pi}$ ② $\frac{S}{18\pi}$

③ $\frac{S}{36\pi}$ ④ $\frac{S}{72\pi}$

|정|답|및|해|설|

[A, B간 콘덴서 정전용량] $C=\frac{\epsilon_0 S}{d}[F]$

콘덴서는 병렬연결이므로

합성정전용량(병렬) $C_0=2C=\frac{2\epsilon_0 S}{d}=\frac{2S}{4\pi\times 9\times 10^9\times 10^{-3}}$

$=\frac{S}{18\pi}\times 10^{-6}[F]=\frac{S}{18\pi}[\mu F]$

【정답】 ②

11. 단면적 $4[cm^2]$의 철심에 $6\times 10^{-4}[Wb]$의 자속을 통하게 하려면 2800[AT/m]의 자계가 필요하다. 이 철심의 비투자율은?

① 43 ② 75 ③ 324 ④ 427

|정|답|및|해|설|

[자속밀도] $B=\frac{\varnothing}{S}=\mu H[Wb/m^2]$

여기서, $\mu(=\mu_0\mu_s)$: 투자율, $\varnothing$: 자속, S : 단면적

$\mu_s=\frac{\phi}{\mu_0 HS}=\frac{6\times 10^{-4}}{4\pi\times 10^{-7}\times 2800\times 4\times 10^{-4}}≒427$

【정답】 ④

12. 자속밀도 10 $[Wb/m^2]$ 자계 중에 10[cm] 도체를 30° 의 각도로 30[m/s]로 움직일 때, 도체에 유기되는 기전력은 몇 [V]인가 ?

① 15 ② $15\sqrt{3}$

③ 1500 ④ $1500\sqrt{3}$

|정|답|및|해|설|

[유기 기전력] $e=Blv\sin\theta[V]$

여기서, B : 자속밀도, l : 길이, v : 속도, θ : 도체의 각도

$e=Blv\sin\theta=10\times 0.1\times 30\times\sin 30=15[V]$

【정답】 ①

13. 규소강판과 같은 자심재료의 히스테리시스 곡선의 특징은?

① 히스테리시스 곡선의 면적이 적은 것이 좋다.

② 보자력이 큰 것이 좋다.

③ 보자력과 잔류자기가 모두 큰 것이 좋다.

④ 히스테리시스 곡선의 면적이 큰 것이 좋다.

|정|답|및|해|설|

[히스테리시스 곡선]

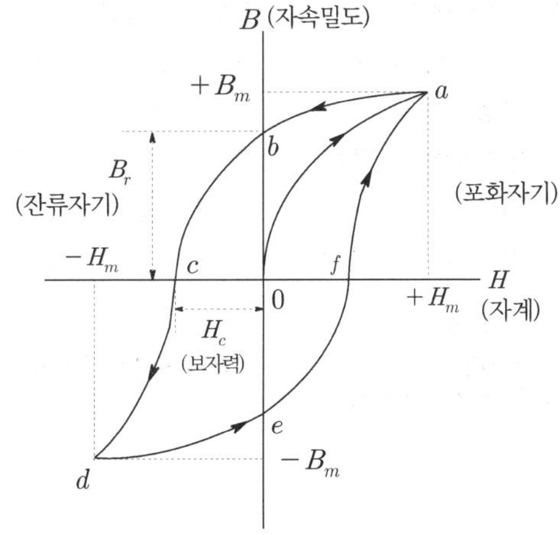

· 히스테리시스 곡선이 종축과 만나는 점은 잔류 자기(잔류 자속밀도(B_r))

· 히스테리시스 곡선이 횡축과 만나는 점은 보자력(H_c)를 표시한다.

· 전자석의 재료는 잔류자기가 크고 보자력이 작아야 한다. 즉, **보자력과 히스테리시스 곡선의 면적이 모두 작은 것이 좋다.**

【정답】 ①

14. 진공 중에서 $e[C]$의 전하가 $B[Wb/m^2]$의 자계 안에서 자계와 수직 방향으로 $v[m/s]$의 속도로 움직일 때 받는 힘[N]는?

① $\frac{evB}{\mu_0}$ ② $\mu_0 evB$

③ evB ④ $\frac{eB}{v}$

|정|답|및|해|설|

[힘] $F = evB\sin\theta[N]$

자계 내에 놓여진 전하는 원운동을 하게 되고 받는 힘은

$F = evB\sin\theta = evH\sin\theta[N]$에서 $\theta = 90°$ $\therefore F = evB[N]$

【정답】 ③

15. 두 유전체의 경계면에 대한 설명 중 옳은 것은 ?

① 두 유전체의 경계면에 전계가 수직으로 입사하면 두 유전체내의 전계의 세기는 같다.

② 유전율이 작은 쪽에서 큰 쪽으로 전계가 입사할 때 입사각은 굴절각보다 크다.

③ 경계면에서 정전력은 전계가 경계면에 수직으로 입사할 때 유전율이 큰 쪽에서 작은 쪽으로 작용한다.

④ 유전율이 큰 쪽에서 작은 쪽으로 전계가 경계면에 수직으로 입사할 때 유전율이 작은 쪽의 전계의 세기가 작아진다.

|정|답|및|해|설|

[유전체의 경계면] 유전에서 작동하는 **힘의 방향은 유전율이 큰 쪽에서 작은 쪽으로 향한다.** 【정답】 ③

16. 전자계에 대한 멕스웰의 기본 이론이 아닌 것은?

① 전하에서 전속선이 발산된다.

② 고립된 자극은 존재하지 않는다.

③ 변위전류는 자계를 발생하지 않는다.

④ 자계의 시간적인 변화에 따라 전계의 회전이 생긴다.

|정|답|및|해|설|

[맥스웰 방정식]

1. $rot\,E = \nabla \times E = -\frac{\partial B}{\partial t}$: 자계의 시간적 변화는 회전하는 전계를 발생한다.
2. $rot\,H = \nabla \times H = i + \frac{\partial D}{\partial t}$: **전도전류와 변위전류는 회전하는 자계 발생**한다.
3. $div\,D = \nabla \times D = \rho$: 전하에 의해 전속선 발산한다.
4. $div\,B = \nabla \times B = 0$: 고립된 자하는 없다. N, S극이 공존한다.

【정답】 ③

17. 맥스웰의 방정식과 연관이 없는 것은?

① 패러데이 법칙 ② 쿨롱의 법칙

③ 스토크의 법칙 ④ 가우스 법칙

|정|답|및|해|설|

[맥스웰 방정식의 미분형]

· $rot\,E = -\frac{\partial B}{\partial t}$: Faraday 법칙

· $rot\,H = i + \frac{\partial D}{\partial t}$: 암페어의 주회적분 법칙

· $div\,D = \rho$: 가우스의 법칙

· $div\,B = 0$: 고립된 자화는 없다.

※쿨롱의 법칙은 전하간의 작용하는 힘을 설명하는 법칙으로 전계와 자계를 설명하는 맥스웰 방정식과는 관계가 없다.

【정답】 ②

18. 자유공간에서 정육각형의 꼭짓점에 동량, 동질의 점전하 Q가 각각 놓여 있을 때 정육각형 한 변의 길이가 a라 하면 정육각형 중심의 전계의 세기는?

① $\frac{Q}{4\pi\varepsilon_0 a^2}$ ② $\frac{3Q}{2\pi\varepsilon_0 a^2}$

③ $6Q$ ④ 0

|정|답|및|해|설|

[전계의 세기]

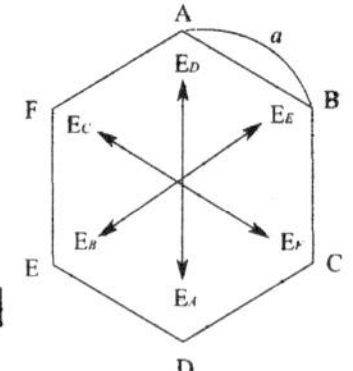

2개의 점전하가 3쌍으로 맞서있어 각 쌍의 중심 전계의 세기는 0이 되어 정육각형의 합성중심자계는 0이다.

【정답】 ④

19. 전자파가 유전율과 투자율이 각각 ε_1, μ_1 인 매질에서 ε_2, μ_2인 매질에 수직으로 입사할 경우 입사 전계 E_1과 입사 자계 H_1에 비하여 투과 전계 E_2와 투과 자계 H_2의 크기 각각 어떻게 되는가? (단, $\sqrt{\frac{\mu_1}{\varepsilon_1}} > \sqrt{\frac{\mu_2}{\varepsilon_2}}$ 이다)?

① E_2, H_2 모두 E_1, H_1에 비하여 크다.
② E_2, H_2 모두 E_1, H_1에 비하여 크다.
③ E_2는 E_1에 비하여 크고, H_2는 H_1에 비하여 적다.
④ E_2는 E_1에 비하여 적고, H_2는 H_1에 비하여 크다.

|정|답|및|해|설|

1. 전계의 투과계수 $\frac{E_2}{E_1} = \frac{2\sqrt{\frac{\mu_2}{\epsilon_2}}}{\sqrt{\frac{\mu_1}{\epsilon_1}} + \sqrt{\frac{\mu_2}{\epsilon_2}}}$

2. 자계의 투과계수 $\frac{H_2}{H_1} = \frac{2\sqrt{\frac{\mu_1}{\epsilon_1}}}{\sqrt{\frac{\mu_1}{\epsilon_1}} + \sqrt{\frac{\mu_2}{\epsilon_2}}}$

$\sqrt{\frac{\mu_1}{\epsilon_1}} > \sqrt{\frac{\mu_2}{\epsilon_2}}$ 이므로 $E_1 > E_2$, $H_2 > H_1$

【정답】 ④

20. 전류 I[A]가 흐르고 있는 무한 직선 도체로부터 r[m]만큼 떨어진 점의 자계의 크기는 2r[m] 만큼 떨어진 점의 자계의 크기의 몇 배인가 ?

① 0.5 ② 1 ③ 2 ④ 4

|정|답|및|해|설|
[무한장 직선 도체에 흐르는 전류에 대한 자계의 세기]

$H = \frac{I}{2\pi r}$[A/m] → $H \propto \frac{1}{r}$

$H : H' = \frac{1}{r} : \frac{1}{2r}$ → $\therefore H = \frac{2r}{r} \times H = 2H'$

【정답】 ③

2회 2014년 전기기사필기 (전력공학)

21. 3상용 차단기의 용량은 그 차단기의 정격전압과 정격차단전류와의 곱을 몇 배한 것인가?

① $\frac{1}{\sqrt{2}}$ ② $\frac{1}{\sqrt{3}}$
③ $\sqrt{2}$ ④ $\sqrt{3}$

|정|답|및|해|설|
[3상용 차단기의 정격차단용량] $P_s = \sqrt{3} \times V \times I_s$[W]
여기서, V : 정격전압, I_s : 정격차단전류

【정답】 ④

22. ACSR은 동일한 길이에서 동일한 전기저항을 갖는 경동연선에 비하여 어떠한가?

① 바깥지름은 크고 중량은 작다
② 바깥지름은 작고 중량은 크다.
③ 바깥지름과 중량이 모두 크다.
④ 바깥지름과 중량이 모두 작다.

|정|답|및|해|설|
[ACSR] ACSR은 경동연선에 비하여 바깥지름은 크고 중량은 작다.

【정답】 ①

23. 화력 발전소에서 재열기로 가열하는 것은?

① 석탄 ② 급수
③ 공기 ④ 증기

|정|답|및|해|설|
[화력발전소]
1. 절탄기 : 보일러 급수를 예열
2. 공기 예열기 : 연소용 공기를 예열
3. 재열기 : 터빈에서 팽창한 증기를 다시 가열
4. 과열기 : 포화증기를 가열

【정답】 ④

24. 보일러에서 절탄기의 용도는?

① 증기를 과열한다.
② 공기를 예열한다.
③ 보일러 급수를 데운다.
④ 석탄을 건조한다.

|정|답|및|해|설|

[절탄기] 보일러 급수를 예열하여 연료를 절감할 수가 있다.

【정답】 ③

25. 변전소, 발전소 등에 설치하는 피뢰기에 대한 설명 중 틀린 것은?

① 정격전압은 상용주파 정현파 전압의 최고 한도를 규정한 순시값이다.
② 피뢰기의 직렬갭은 일반적으로 저항으로 되어 있다.
③ 방전전류는 뇌충격전류의 파고값으로 표시한다.
④ 속류란 방전현상이 실질적으로 끝난 후에도 전력계통에서 피뢰기에 공급되어 흐르는 전류를 말한다.

|정|답|및|해|설|

1. 피뢰기의 정격전압 : 속류가 차단되는 최고 교류전압
2. 피뢰기의 제한전압 : 방전중 단락전압의 파고치

【정답】 ①

26. 전력선과 통신선 사이에 차폐선을 설치하여, 각 선 사이의 상호 임피던스를 각각 Z_{12}, Z_{1s}, Z_{2s}라 하고 차폐선 자기 임피던스를 Z_s라 할 때, 차폐선을 설치함으로서 유도 전압이 줄게 됨은 나타내는 차폐선의 차폐계수는?
(단, Z_{12}는 전력선과 통신선과의 상호 임피던스 Z_{1s}는 전력선과 차폐선과의 상호 임피던스 Z_{2s}는 통신선과 차폐선과의 상호 임피던스이다.)

① $\left[1-\dfrac{Z_s Z_{12}}{Z_{1s}Z_{2s}}\right]$　② $\left[1-\dfrac{Z_{1s}Z_{2s}}{Z_s Z_{12}}\right]$

③ $\left[1-\dfrac{Z_{1s}Z_{12}}{Z_s Z_{2s}}\right]$　④ $\left[1-\dfrac{Z_s Z_{2s}}{Z_s Z_{12}}\right]$

|정|답|및|해|설|

[저감계수(차폐계수) λ]

$$\lambda = \left|1-\frac{Z_{1s}Z_{2s}}{Z_s Z_{12}}\right|$$

차폐선이 전력선과 근접해 있으면 $Z_{12} \fallingdotseq Z_{2s}$ 이므로

$$\lambda = \left|1-\frac{Z_{1s}}{Z_s}\right|$$

차폐선이 통신선과 근접해 있으면 $Z_{1s} \fallingdotseq Z_{12}$ 이므로

$$\lambda' = \left|1-\frac{Z_{2s}}{Z_s}\right|$$

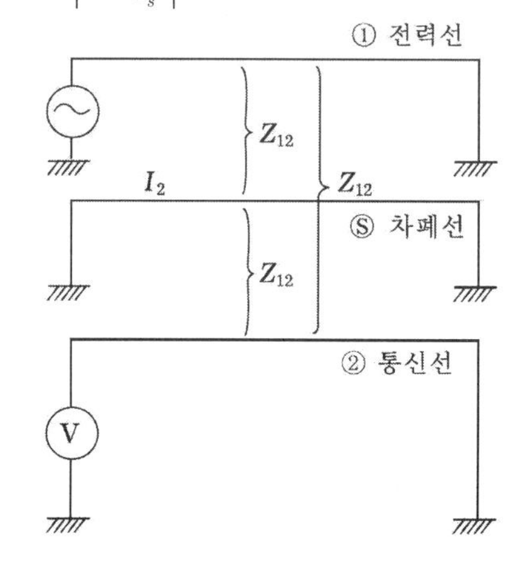

【정답】 ②

27. 전력설비의 수용률을 나타낸 것으로 옳은 것은?

① 수용률 $= \dfrac{\text{평균전력}}{\text{부하설비용량}} \times 100[\%]$

② 수용률 $= \dfrac{\text{부하설비용량}}{\text{평균전력}} \times 100[\%]$

③ 수용률 $= \dfrac{\text{최대수용전력}}{\text{부하설비용량}} \times 100[\%]$

④ 수용률 $= \dfrac{\text{부하설비용량}}{\text{최대수용전력}} \times 100[\%]$

|정|답|및|해|설|

[수용률] 수용률 $= \dfrac{\text{최대 전력}}{\text{설비용량}} \times 100$

【정답】 ③

28. 그림과 같은 66[kV] 선로의 송전전력이 20000[kW], 역률이 0.8(lag)일 때 a상에 완전 지락사고가 발생하였다. 지락 계전기 DG에 흐르는 전류는 약 몇 [A]인가? (단, 부하의 정상, 역상임피던스 및 기타 정수는 무시한다.)

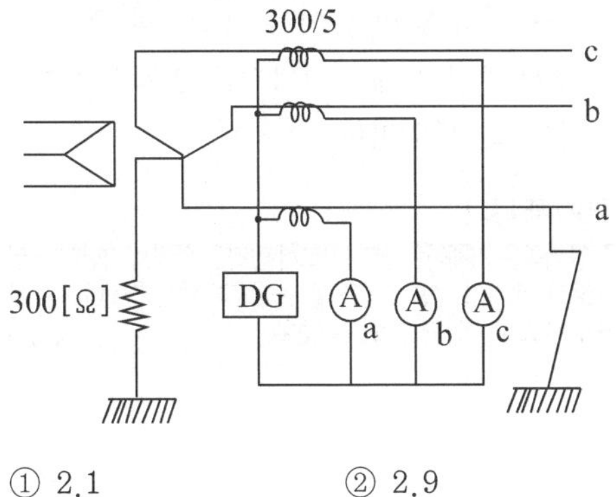

① 2.1　　② 2.9

③ 3.7　　④ 5.5

|정|답|및|해|설|

[지락 계전기에 흐르는 전류] $i_n = I_g \times \frac{1}{CT비}[A]$

지락전류 $I_g = \frac{E}{R} = \frac{V}{\sqrt{3} \times R} = \frac{66000}{\sqrt{3} \times 300} = 127[A]$

지락계전기에 흐르는 전류

$i_n = I_g \times \frac{5}{300} = 127 \times \frac{5}{300} = 2.12[A]$　　【정답】①

29. 직류 송전 방식에 관한 설명 중 잘못된 것은?

① 교류보다 실효값이 적어 절연 계급을 낮출 수 있다.

② 교류 방식보다는 안정도가 떨어진다.

③ 직류 계통과 연계시 교류계통의 차단용량이 작아진다.

④ 교류방식처럼 송전손실이 없어 송전효율이 좋아진다.

|정|답|및|해|설|

[직류 송전 방식] 직류는 역률이 항상 1이므로 무효전력이 없다.

[직류 송전 방식의 장점]

- 선로의 리액턴스가 없으므로 안정도가 높다.
- 유전체손 및 충전 용량이 없고 절연 내력이 강하다.
- 비동기 연계가 가능하다.
- 단락전류가 적고 임의 크기의 교류 계통을 연계시킬 수 있다.
- 코로나손 및 전력 손실이 적다.
- 표피 효과나 근접 효과가 없으므로 실효 저항의 증대가 없다.

[직류 송전 방식의 단점]

- 직·교류 변환 장치가 필요하다.
- 전압의 승압 및 강압이 불리하다.
- 고조파나 고주파 억제 대책이 필요하다.
- 직류 차단기가 개발되어 있지 않다.　　【정답】②

30. 정격전압 6600[V], Y결선, 3상 발전기의 중성점을 1선 지락 시 지락전류를 100[A]로 제한하는 저항기로 접지하려고 한다. 저항기의 저항값은 약 몇 [Ω]인가?

① 44　　② 41　　③ 38　　④ 35

|정|답|및|해|설|

[지락전류] $I_g = \frac{E}{R_g} = \frac{V}{\sqrt{3} R_g}[A]$

$R_g = \frac{E}{I_g} = \frac{\frac{V}{\sqrt{3}}}{I_g} = \frac{\frac{6600}{\sqrt{3}}}{100} \fallingdotseq 38[\Omega]$　　【정답】③

31. 변전소에서 지락사고의 경우 사용되는 계전기에 영상전류를 공급하기 위하여 설치하는 것은?

① PT　　② ZCT

③ GPT　　④ CT

|정|답|및|해|설|

[GPT] GPT는 영상전압을 공급하며, 영상전류는 ZCT가 공급한다.

【정답】②

32. 송·배전 계통에서의 안정도 향상 대책이 아닌 것은?

① 병렬 회선수 증가

② 병렬 콘덴서 설치

③ 속응 여자방식 채용

④ 기기의 리액턴스 감소

|정|답|및|해|설|

[안정도 향상 대책]

- 계통의 직렬 리액턴스 감소
- 전압변동률을 적게 한다(속응 여자 방식 채용, 계통의 연계, 중간 조상 방식).
- 계통에 주는 충격을 적게 한다(적당한 중성점 접지 방식, 고속 차단 방식, 재연결(재폐로) 방식).
- 고장 중의 발전기 돌입 출력의 불평형을 적게 한다.
- 병렬 회선수 증가

(병렬 콘덴서는 역률 개선을 통한 전력손실 감소가 주목적이다.)

【정답】②

33. 다중접지 3상 4선식 배전선로에서 고압측 (1차측) 중성선과 저압측(2차측) 중성선을 전기적으로 연결하는 목적은?

① 저압측의 단락사고를 검출하기 위하여
② 저압측의 지락사고를 검출하기 위하여
③ 주상변압기의 중성선측 부싱을 생략하기 위하여
④ 고저압 혼촉시 수용가에 침입하는 상승 전압을 억제하기 위하여

|정|답|및|해|설|

중성선끼리 연결되지 않으면 고·저압 혼촉시 고압측의 큰 전압이 저압측을 통해서 수용가에 침입할 우려가 있다. 【정답】 ④

34. 전력용 콘덴서의 비교할 때 무효 전력 보상 장치(동기조상기)의 특징에 해당되는 것은?

① 전력 손실이 적다.
② 진상전류 이외에 지상 전류도 취할 수 있다.
③ 단락 고장이 발생하여도 고장 전류를 공급하지 않는다.
④ 필요에 따라 용량을 계단적으로 변경할 수 있다.

|정|답|및|해|설|

[무효 전력 보상 장치(동기조상기)] 무효 전력 보상 장치(동기조상기)는 무부하로 운전하는 동기전동기로서
진상과 지상을 연속적으로 조정할 수 있다
반면 병렬콘덴서나 병렬리액터는 불연속적, 혹은 단계적이다.
【정답】 ②

35. 파동임피던스가 300[Ω]인 가공송전선 1[km] 당의 인덕턴스 [mH/km]는? (단, 저항과 누설컨덕턴스는 무시한다.)

① 1.0 ② 1.2 ③ 1.5 ④ 1.8

|정|답|및|해|설|

[인덕턴스] $L = 0.05 + 0.4605\log_{10}\frac{D}{r}$[mH/km]

파동임피던스 $Z_0 = \sqrt{\frac{L}{C}} = 138\log\frac{D}{r}[\Omega]$에서

$Z_0 = 138\log\frac{D}{r} = 300[\Omega]$ 이므로 $\log\frac{D}{r} = \frac{300}{138}$

$\therefore L = 0.05 + 0.4605\log\frac{D}{r} = 0.4605 \times \frac{300}{138} = 1.00$

【정답】 ①

36. 전력계통 설비인 차단기와 단로기는 전기적 및 기계적으로 인터록을 설치하여 연계하여 운전하고 있다. 인터록의 설명으로 알맞은 것은?

① 부하 통전시 단로기를 열 수 있다.
② 차단기가 열려 있어야 단로기를 닫을 수 있다.
③ 차단기가 닫혀 있어야 단로기를 열 수 있다.
④ 부하 투입 시에는 차단기를 우선 투입한 후 단로기를 투입한다.

|정|답|및|해|설|

[인터록] 인터록은 기계적 잠금 장치로서 안전을 위해서 차단기가 열려있지 않은 상황에서 단로기의 개방 조작을 할 수 없도록 하는 것이다. 즉, 차단기가 열려 있어야 단로기를 열고 닫을 수 있다. 【정답】 ②

37. 지락 고장 시 문제가 되는 유도장해로서 전력선과 통신선의 상호인덕턴스에 의해 발생하는 장해 현상은?

① 정전유도 ② 전자유도
③ 고조파유도 ④ 전파유도

|정|답|및|해|설|

[전자유도장해] 전력선과 통신선과의 상호인덕턴스에 의해서 발생하며, 선로 길이에 비례한다.

※정전유도 : 전력선과 상호 정전용량에 의해 발생하는 장해 현상
【정답】 ②

38. 가공전선로에 사용되는 전선의 구비조건으로 틀린 것은?

① 도전율이 높아야 한다.
② 기계적 강도가 커야 한다.
③ 전압 강하가 적어야 한다.
④ 허용전류가 적어야 한다.

|정|답|및|해|설|

[전선의 구비 조건]
·도전율이 클 것 ·기계적 강도가 클 것
·비중(밀도)가 적을 것 ·가요성이 클 것
·전압 강하가 적을 것 ·전선의 허용전류가 클 것
【정답】 ④

39. 한류리액터를 사용하는 가장 큰 목적은?

① 충전전류의 제한　② 전지전류의 제한
③ 누설전류의 제한　④ 단락전류의 제한

|정|답|및|해|설|

[한류리액터] 한류리액터는 선로에 직렬로 설치한 리액터로 단락전류를 경감시켜 차단기 용량을 저감시킨다.

|참|고|

[리액터]
1. 소호리액터 : 지락 시 지락전류 제한
2. 병렬(분로)리액터 : 페란티 현상 방지, 충전전류 차단
3. 직렬리액터 : 제5고조파 방지
4. 한류리액터 : 차단기 용량의 경감(단락전류 제한)

【정답】 ④

40. 그림과 같이 각 도체와 연피간의 정전용량이 C_0, 각 도체간의 정전용량이 C_m 인 3심 케이블의 도체 1조당의 작용정전용량은?

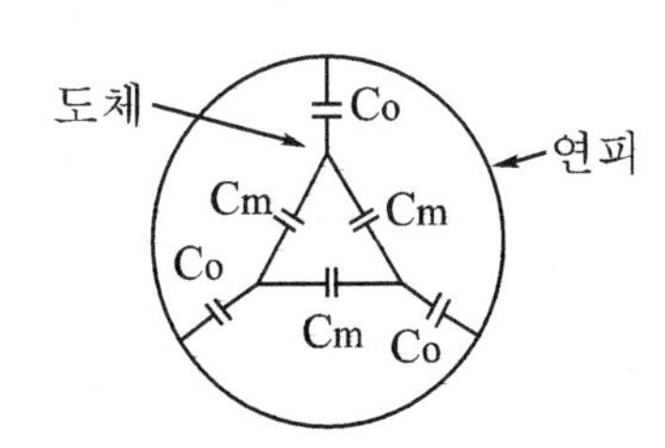

① $C_0 + C_m$　② $3C_0 + 3C_m$
③ $3C_0 + C_m$　④ $C_0 + 3C_m$

|정|답|및|해|설|

[$3\phi 3\omega$인 경우의 1조당 작용정전용량] $C_w = C_s + 3C_m$
$1\phi 2\omega$은 $C_s + 2C_m$

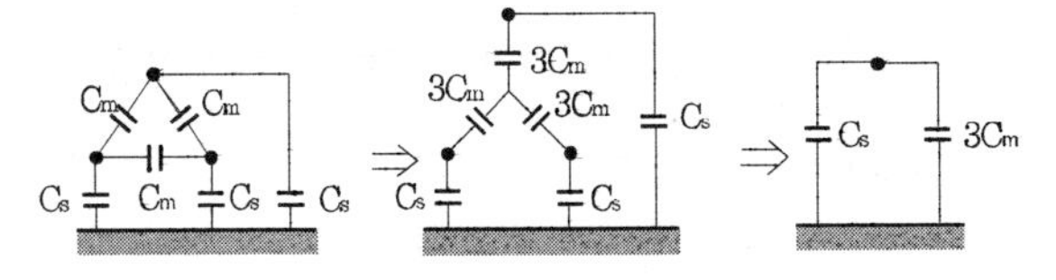

여기서, C_s : 대지간 정전용량[F]
　　　C_m : 선간 정전용량[F]

※$1\phi 2\omega$인 경우의 1조당 작용정전용량 $C_w = C_s + 2C_m$

【정답】 ④

2회 2014년 전기기사필기 (전기기기)

41. 그림과 같은 단상 브리지 정류회로(혼합 브리지)에서 직류 평균전압[V]은? (단, E는 교류측 실효치 전압, α는 점호 제어각이다.)

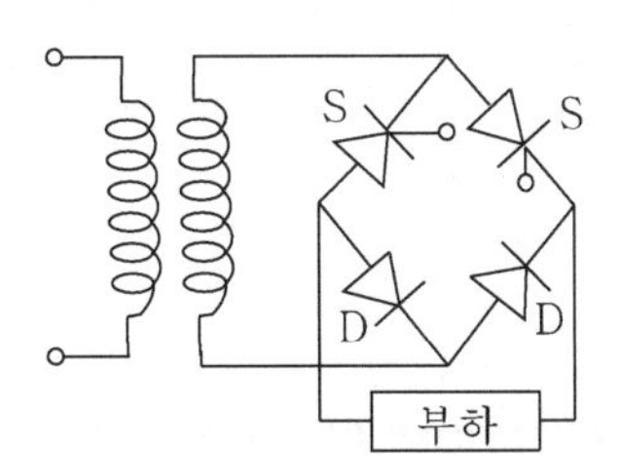

① $\dfrac{2\sqrt{2}E}{\pi}\left(\dfrac{1+\cos\alpha}{2}\right)$

② $\dfrac{\sqrt{2}E}{\pi}\left(\dfrac{1+\cos\alpha}{2}\right)$

③ $\dfrac{2\sqrt{2}E}{\pi}\left(1-\dfrac{\cos\alpha}{2}\right)$

④ $\dfrac{\sqrt{2}E}{\pi}\left(\dfrac{1-\cos\alpha}{2}\right)$

|정|답|및|해|설|

[직류 평균전압] $E_{d0} = E_d\left(\dfrac{1+\cos\alpha}{2}\right)$ → $E_d = \dfrac{2\sqrt{2}E}{\pi} = 0.9E[V]$

$\therefore E_{d0} = \dfrac{2\sqrt{2}E}{\pi}\left(\dfrac{1+\cos\alpha}{2}\right)$

【정답】 ①

42. 정격출력 5[kW], 정격 전압 100[V]의 직류 분권 전동기를 동력계로 사용하여 시험하였더니 전기 동력계의 저울이 5[kg]을 나타내었다. 이때 전동기의 출력[kW]은 약 얼마인가? (단, 동력계의 암(arm) 길이는 0.6[m], 전동기의 회전수는 1500[rpm]으로 한다.)

① 3.69　② 3.81
③ 4.62　④ 4.87

|정|답|및|해|설|

[전동기 토크] $T = 975 \times \dfrac{P}{N} = ml[kg \cdot m]$ → (975는 [kW]시)

전동기의 출력 $P = \dfrac{mlN}{0.975}[W]$에서

$\therefore P = \dfrac{5 \times 0.6 \times 1500}{0.975} = 4618[W] = 4.62[kW]$

【정답】 ③

43. 1차 전압 6000[V], 권수비 20인 단상 변압기로 전등부하에 10[A]를 공급할 때의 입력 [kW]은? (단, 변압기의 손실은 무시한다.)

① 2 ② 3 ③ 4 ④ 5

|정|답|및|해|설|

[입력] $P_1 = V_1 I_1 \cos\theta\,[W]$

권수비 $a = \frac{E_1}{E_2} = \frac{N_1}{N_2} = \frac{I_2}{I_1} = \sqrt{\frac{L_1}{L_2}}$

입력전류 $I_1 = \frac{I_2}{a} = \frac{10}{20} = 0.5[A]$

$\therefore P_1 = V_1 I_1 \cos\theta$ →역률, 즉 $\cos\theta = 1$이므로

$= 6000 \times 0.5 \times 1 = 3000[W] = 3[kW]$

【정답】 ②

44. 수백[Hz]~20000[Hz] 정도의 고주파 발전기에 쓰이는 회전자형은?

① 농형 ② 유도자형
③ 회전전기자형 ④ 회전계자형

|정|답|및|해|설|

② 유도자형 : 수백~수만[Hz] 정도의 고주파 발전기로 사용된다.
③ 회전전기자형 : 특수용도 및 극히 저용량에 적용
④ 회전계자형 : 일반적으로 거의 대부분 회전계자형 사용

【정답】 ②

45. 직류 직권전동기가 있다. 공급 전압이 100[V], 전기자 전류가 4[A]일 때, 회전속도는 1500[rpm]이다. 여기서 공급 전압을 80[V]로 낮추었을 때 같은 전기자 전류에 대하여 회전속도는 얼마로 되는가? (단, 전기자 권선 및 계자 권선의 전 저항은 0.5[Ω]이다)

① 986 ② 1042
③ 1125 ④ 1194

|정|답|및|해|설|

[역기전력] $E_c = V - I_a R_a$, $E_c = p\varnothing n \frac{Z}{a}[V]$

여기서, V : 단자전압, I_a : 전기자전류, R_a : 전기자권선저항
p : 극수, $\varnothing$: 자속, n : 회전수, Z : 전체 도체수
a : 내부 병렬 회로수

속도는 역기전력에 비례

처음의 역기전력 $E_c = 100 - 0.5 \times 4 = 98[V]$

전압을 낮추었을 때 $E_c' = 80 - 0.5 \times 4 = 78[V]$

$E_c \propto n$이므로 $98 : 78 = 1500 : n'$

$\therefore n' = \frac{78}{98} \times 1500 = 1194[rpm]$

【정답】 ④

46. 부하의 역률이 0.6일 때 전압변동률이 최대로 되는 변압기가 있다. 역률 1일 때의 전압변동률이 3[%]라고 하면 역률 0.8에서의 전압변동률은 몇 [%]인가?

① 4.4 ② 4.6 ③ 4.8 ④ 5.0

|정|답|및|해|설|

[전압변동률] $\epsilon = p\cos\theta \pm q\sin\theta$ →(지상 +, 진상 -, 언급이 없으면 +)

(p : %저항강하, q : %리액턴스강하, θ : 부하의 위상각)

1. 부하가 100[%]일 때 전압변동률
$\epsilon_{100} = p \times 1 + q \times 0 = 3[\%]$ → $p = 3$

2. 최대 전압변동률(ϵ_{max})일 때의 부하역률 $\cos\theta$

$\cos\theta = \frac{p}{\sqrt{p^2 + q^2}} = \frac{3}{\sqrt{3^2 + q^2}} = 0.6$ → $q = 4[\%]$

3. 부하가 80[%]일 때 전압변동률 $\epsilon_{80} = 3 \times 0.8 + 4 \times 0.6 = 4.8[\%]$

【정답】 ③

47. 1차 전압 V_1, 2차 전압 V_2인 단권변압기를 Y결선했을 때, 등가용량과 부하용량의 비는?(단, $V_1 > V_2$이다.)

① $\frac{V_1 - V_2}{\sqrt{3}\,V_1}$ ② $\frac{V_1 - V_2}{V_1}$

③ $\frac{\sqrt{3}(V_1 - V_2)}{2V_1}$ ④ $\frac{V_1^2 - V_2^2}{\sqrt{3}\,V_1 V_2}$

|정|답|및|해|설|

[단상 변압기의 3상 결선]

1. Y결선 : $\frac{자기용량}{부하용량} = 1 - \frac{V_l}{V_h}$

2. △결선 : $\frac{자기용량}{부하용량} = \frac{V_h^2 - V_l^2}{\sqrt{3}\,V_l V_h}$

3. V결선 : $\frac{자기용량}{부하용량} = \frac{2}{\sqrt{3}}\left(1 - \frac{V_l}{V_h}\right)$

【정답】 ②

48. 병렬운전 중의 A, B 두 동기발전기 중에서 A발전기의 여자를 B발전기보다 강하게 하였을 경우 B발전기는?

① 90도 앞선 전류가 흐른다.
② 90도 뒤진 전류가 흐른다.
③ 동기화 전류가 흐른다.
④ 부하 전류가 증가한다.

|정|답|및|해|설|

A, B 두 대의 동기발전기의 병렬 운전 중 한쪽(A)의 여자전류를 증가시키면 그 발전기(A)에 90° 뒤진 지상 전류가 흐르게 되고 다른 발전기(B)에 흐르는 전류는 90° 앞선 전류가 흐르게 된다.

【정답】 ①

49. 단상 직권 정류자 전동기에서 주자속의 최대치를 ϕ_m, 자극수를 p, 전기자 병렬 회로수를 a, 전기자 전 도체수를 Z, 전기자의 속도를 N[rpm]이라 하면 속도 기전력의 실효값 $E_r\,[V]$은?(단, 주자속은 정현파이다.)

① $E_r = \sqrt{2}\,\frac{p}{a}Z\frac{N}{60}\phi_m$

② $E_r = \frac{1}{\sqrt{2}}\,\frac{p}{a}Z\phi_m N$

③ $E_r = \frac{p}{a}Z\frac{N}{60}\phi_m$

④ $E_r = \frac{1}{\sqrt{2}}\,\frac{p}{a}Z\frac{N}{60}\phi_m$

|정|답|및|해|설|

[기전력] $E_r = \frac{p\varnothing N}{60}\cdot\frac{Z}{a} = \frac{p\varnothing_m}{\sqrt{2}}\frac{N}{60}\cdot\frac{Z}{a}$ → ($\varnothing_m = \sqrt{2}\varnothing$)

【정답】 ④

50. 직류기의 정류작용에 관한 설명으로 틀린 것은?

① 리액턴스 전압을 상쇄시키기 위해 보극을 둔다.

② 정류작용은 직선 정류가 되도록 한다.

③ 보상권선은 정류작용에 큰 도움이 된다.

④ 보상권선이 있으면 보극은 필요 없다.

|정|답|및|해|설|

[양호한 정류를 하려면]

· 리액턴스 전압이 낮아야 한다.
· 정류 주기가 길어야 한다.
· 브러시의 접촉저항이 커야한다 : 탄소 브러시 사용
· 보극, 보상권선을 설치한다.

【정답】 ④

51. 동기 전동기의 위상특성곡선(V곡선)에 대한 설명으로 옳은 것은?

① 공급전압 V와 부하가 일정할 때 계자 전류의 변화와 대한 전기자 전류의 변화를 나타낸 곡선

② 출력을 일정하게 유지할 때 계자전류와 전기자 전류의 관계

③ 계자 전류를 일정하게 유지할 때 전기자 전류와 출력 사이의 관계

④ 역률을 일정하게 유지할 때 계자전류와 전기자 전류의 관계

|정|답|및|해|설|

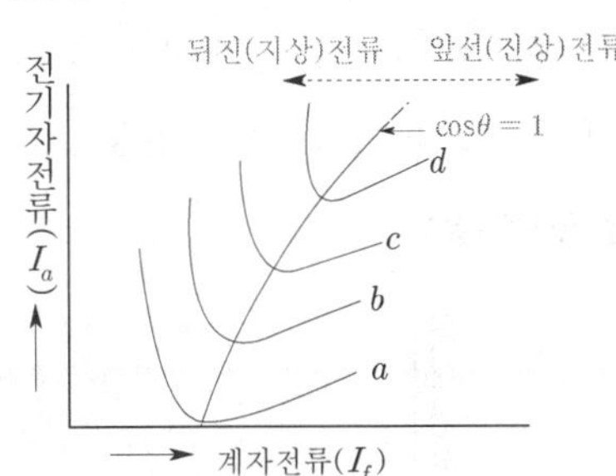

[위상특성곡선]

부족여자(L) ← → 과여자(C)

위상 특성 곡선(V곡선)에 나타난 바와 같이 공급 전압 V 및 출력 P_2를 일정한 상태로 두고 여자만을 변화시켰을 경우 전기자 전류의 크기와 역률이 달라진다.

1. 여자 전류(I_f)를 증가시키면 역률은 앞서고 전류(I_a)는 증가한다. →(앞선 전류(진상, 콘덴서(C) 작용))
2. 여자 전류(I_f)를 감소시키면 역률은 뒤지고 전기자 전류(I_a)는 증가한다. →(뒤진 전류(지상, 리액터(L) 작용))

※주의 : 전동기와 발전기는 전류의 방향이 반대이므로 반대로 작용한다.

【정답】 ①

52. 어느 변압기의 무유도 전부하의 효율이 96[%], 그 전압 변동률은 3[%]이다. 이 변압기의 최대효율[%]은?

① 약 96.3　② 약 97.1

③ 약 98.4　④ 약 99.2

|정|답|및|해|설|

[부하의 최대 효율] $\eta_{\max} = \frac{\text{최대효율시출력}}{\text{최대효율시출력} + 2P_i}\times 100$

여기서, P_i : 철손

무유도 전부하 출력을 1로 보고, 동손 및 철손의 정격출력에 대한 비를 P_c, P_i라 하면

총손실 = 동손 + 철손

$P_c + P_i = \frac{1}{\eta} - 1 = \frac{1}{0.96} - 1 = 0.042$

$P_c = \epsilon = \frac{3}{100} = 0.03 \rightarrow P_i = 0.042 - P_c = 0.042 - 0.03 = 0.012$

최대 효율 조건 $\left(\frac{1}{m}\right)^2 P_c = P_i \rightarrow \frac{1}{m} = \sqrt{\frac{P_i}{P_c}} = \sqrt{\frac{0.012}{0.03}} \fallingdotseq 0.64$

부하의 최대 효율은 동손과 철손이 같을 때 이므로

$\therefore \eta_m = \frac{0.64}{0.64 + 0.012\times 2}\times 100 = 96.3[\%]$

【정답】 ①

53. 동기전동기의 위상특성곡선을 나타낸 것은?(단, P를 출력, I_f를 계자전류, I_a를 전기자전류 $\cos\theta$를 역률로 한다.)

① $I_f - I_a$곡선, P는 일정
② $P - 1_a$곡선, I_f는 일정
③ $P - I_f$곡선, I_a는 일정
④ $I_f - I_a$곡선, $\cos\theta$는 일정

|정|답|및|해|설|

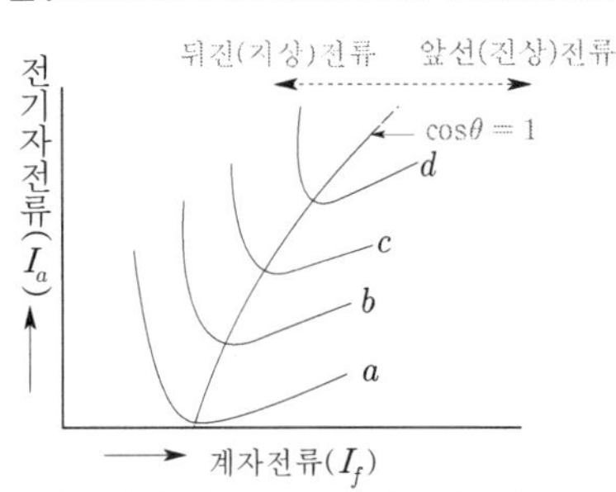

[위상특성곡선]

I_f를 증가시키면 역률이 좋아지고 전기자 전류가 증가한다. I_f를 감소시키면 역률이 나빠지고 전기자 전류가 증가한다. 【정답】①

54. 600[rpm]으로 회전하는 타여자 발전기가 있다. 이때 유기기전력은 150[V], 여자전류는 5[A}이다. 이 발전기를 800[rpm]으로 회전하여 180[V]의 유기기전력을 얻으려면 여자전류는 몇 [A]로 하여야 하는가?(단, 자기회로의 표화현상은 무시한다.)

① 3.2 ② 3.7 ③ 4.5 ④ 5.2

|정|답|및|해|설|

[직류 타여자발전기 유기기전력] $E = p\varnothing n\frac{Z}{a} = KI_fN$

$E = KI_fN \rightarrow \left(K = \frac{p}{60}\cdot\frac{Z}{a},\ \varnothing \propto I_f\right)$

$K = \frac{E}{I_fN} = \frac{150}{5\times600} = 0.05$

$\therefore I_f = \frac{E}{KN} = \frac{180}{0.05\times800} = 4.5[A]$ 【정답】③

55. 단상 유도전압조정기의 2차 전압이 $100\pm30[V]$이고, 직렬권선의 전류가 6[A]인 경우 정격용량은 몇 [VA]인가?

① 780 ② 420
③ 312 ④ 180

|정|답|및|해|설|

[단상 유도전압 조정기의 정격용량] $P = E_2 \times I_2[VA]$
여기서, E_2 : 조정전압
2차전압이 $100\pm30[V]$이므로 조정전압은 30[V]가 된다.
$\therefore P = E_2\times I_2 = 30\times6 = 180[VA]$ 【정답】④

56. 유도전동기에 게르게스 현상이 생기는 슬립은 대략 얼마인가?

① 0.25 ② 0.50
③ 0.70 ④ 0.80

|정|답|및|해|설|

[게르게스 현상] 3상 권선형 유도전동기의 2차 회로가 한 개 단선된 경우 2차 회로에 단상전류가 흐르므로 부하가 약간 무거운 정도에서는 $x = 50[\%]$인 곳에서 더 이상 가속하지 않는 현상을 말한다. 【정답】②

57. 교류 타코미터(AC tachometer)의 제어 권선전압 $e(t)$와 회전각 θ의 관계는?

① $\theta \propto e(t)$ ② $\frac{d\theta}{dt} \propto e(t)$
③ $\theta\cdot e(t) =$ 일정 ④ $\frac{d\theta}{dt}\cdot e(t) =$ 일정

|정|답|및|해|설|

교류타코미터 $e(t) \propto \frac{d\theta}{dt} \rightarrow$ 즉, 교류타코미터 $e(t)$는 시간의 변화에 대한 회전각의 변화에 비례한다. 【정답】②

58. 유도전동기의 동작원리로 옳은 것은?

① 전자유도와 플레밍의 왼손법칙
② 전자유도와 플레밍의 오른손 법칙
③ 정전유도와 플레밍의 왼손 법칙
④ 정전유도와 플레임의 오른손 법칙

|정|답|및|해|설|

· 플레밍의 왼손 법칙(전동기 원리) : 자계 내에서 전류가 흐르는 도선에 작용하는 힘
· 플레밍 오른손 법칙 (발전기 원리) : 자계 내에서 도선을 왕복 운동시키면 도선에 기전력이 유기된다. 【정답】①

59. 3상 유도전동기에서 회전자가 슬립 s로 회전하고 있을 때 2차 유기전압 E_{2s} 및 2차 주파수 f_{2s}와 s와의 관계는? (단, E_2는 회전자가 정지하고 있을 때 2차 유기기전력이며 f_1은 1차 주파수이다.)

① $E_{2s}=sE_2,\ f_{2s}=sf_1$

② $E_{2s}=sE_2,\ f_{2s}=\dfrac{f_1}{s}$

③ $E_{2s}=\dfrac{E_2}{s},\ f_{2s}=\dfrac{f_1}{s}$

④ $E_{2s}=(1-s)E_2,\ f_{2s}=(1-s)f_1$

|정|답|및|해|설|

회전하고 있을 때 $E_{2s}=sE_2=\dfrac{sE_1}{\alpha}$

$f_{2s}=sf_1$ 【정답】 ①

60. 변압기의 결선 방식에 대한 설명으로 틀린 것은 ?

① $\Delta-\Delta$ 결선에서 1상분의 고장이 나면 나머지 2대로써 V결선 운전이 가능하다.

② $Y-Y$결선에서 1차, 2차 모두 중성점을 접지할 수 있으며, 고압의 경우 이상전압을 감소시킬 수 있다.

③ $Y-Y$결선에서 중성점을 접지하면 제 5고조파 전류가 흘러 통신선에 유도장해를 일으킨다.

④ $Y-\Delta$ 결선에서 1상에 고장이 생기면 전원 공급이 불가능해 진다.

|정|답|및|해|설|

$Y-Y$결선에서 중성점을 접지하면 제3고조파 전류가 흘러 통신선에 유도장해를 일으킨다. 【정답】 ③

2회 2014년 전기기사필기(회로이론 및 제어공학)

61. 근궤적이 s평면의 jw축과 교차할 때 폐루프 제어계는?

① 안정하다. ② 불안정하다.
③ 임계상태이다. ④ 알 수 없다.

|정|답|및|해|설|

[s평면에서의 안정과 불안정] 근궤적이 허수축(jw)과 교차할 때는 특성근의 실수부 크기가 0일 때와 같고, 특성근의 실수부가 0이면 임계 안정(임계상태)이다.

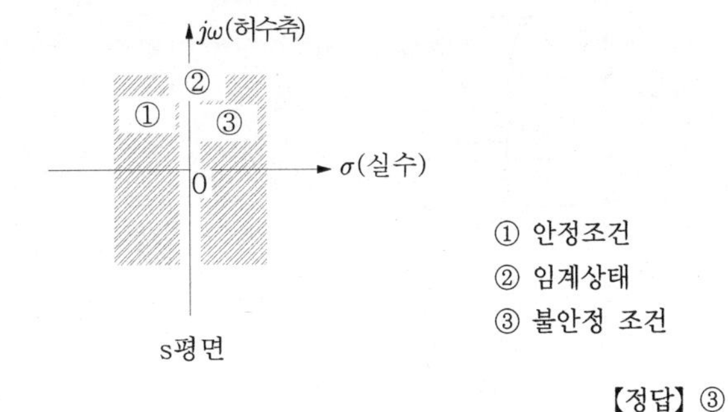

【정답】 ③

62. $G(s)H(s)=\dfrac{K}{s(s+1)(s+4)}$의 $k\ge 0$에서의 분지점(break away point)은?

① −2.867 ② 2.867
③ −0.467 ④ 0.467

|정|답|및|해|설|

$1+G(s)H(s)=1+\dfrac{K}{s(s+1)(s+4)}=0$

$K=-s(s+1)(s+4)$

$K(\sigma)=-\sigma(\sigma+1)(\sigma+4)=-\sigma^3-5\sigma^2-4\sigma$

$\dfrac{dK(\sigma)}{d\sigma}=-3\sigma^2-10\sigma-4=0$

$\sigma=\dfrac{-b\pm\sqrt{b^2-4ac}}{2a}$

$=\dfrac{-(-10)\pm\sqrt{(-10)^2-4\times(-3)\times(-4)}}{2\times(-3)}$

$\sigma_1=-0.467,\ \sigma_2=-2.867$

$\rightarrow -2.867$은 근궤적이 될 수 없다.

$\therefore$ 분지점은 $\sigma=-0.467$ 【정답】 ③

63. 그림의 회로와 동일한 논리소자는?

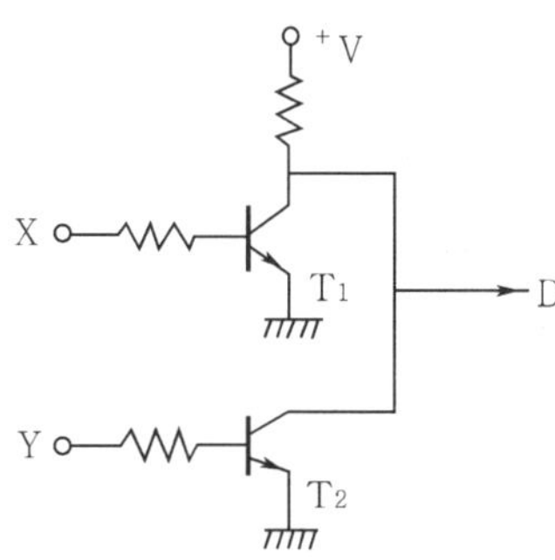

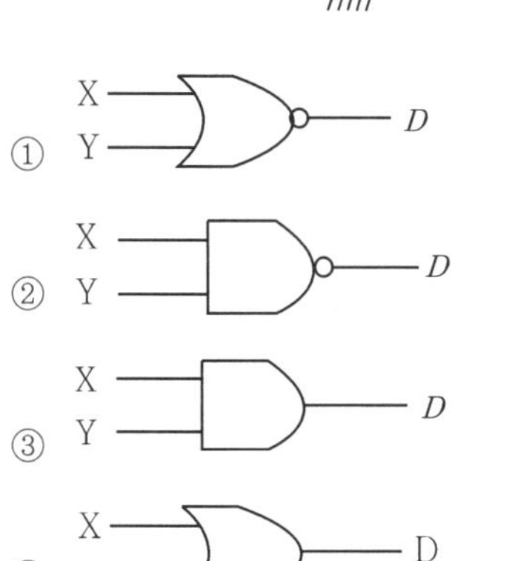

|정|답|및|해|설|

[논리소자] NOR회로가 된다. $X=\overline{A+B}$
② NAND 회로
③ AND회로
④ OR회로

X	Y	D
0	0	1
0	1	0
1	0	0
1	1	0

【정답】 ①

64. 그림과 같은 RLC 회로에서 입력전압 $e_i(t)$, 출력 전류가 $i(t)$인 경우 이 회로의 전달함수 $I(s)/E(s)$는?(단, 모든 초기조건은 0이다.)

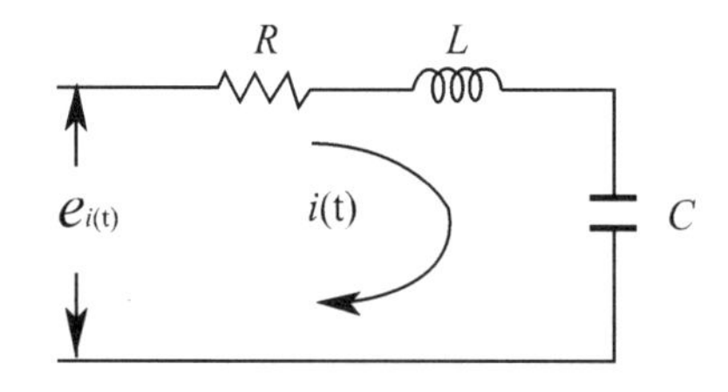

① $\dfrac{Cs}{RCs^2+LC_s+1}$ ② $\dfrac{1}{RCs^2+LCs+1}$

③ $\dfrac{C_s}{LCs^2+RCs+1}$ ④ $\dfrac{1}{LCs^2+RCs+1}$

|정|답|및|해|설|

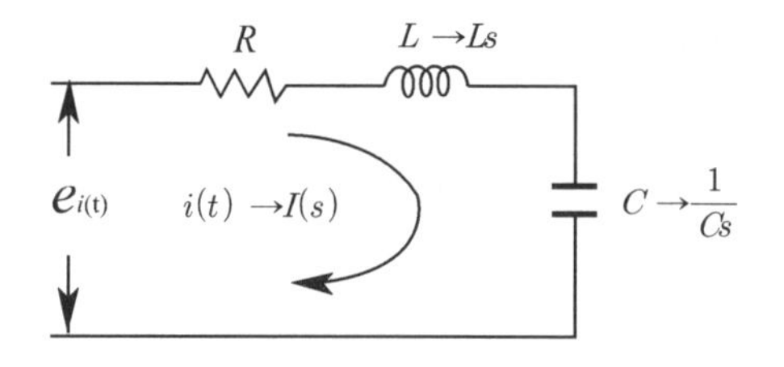

입력전압 $e_i(t)=Ri(t)+L\frac{d}{dt}i(t)+\frac{1}{C}\int i(t)dt[V]$일 때

$E_i(s)=RI(s)+LsI(s)+\frac{1}{Cs}I(s)$

전달함수 $G(s)=\dfrac{I(s)}{Ei(s)}$

$$=\frac{I(s)}{RI(s)+LsI(s)+\frac{1}{Cs}I(s)}=\frac{1}{R+Ls+\frac{1}{Cs}}$$

$$=\frac{1}{\frac{RCs+LCs^2+1}{Cs}}=\frac{Cs}{LCs^2+RCs+1}$$

【정답】 ③

65. 아래의 신호흐름선도의 이득 $\dfrac{Y_6}{Y_1}$의 분자에 해당되는 값은?

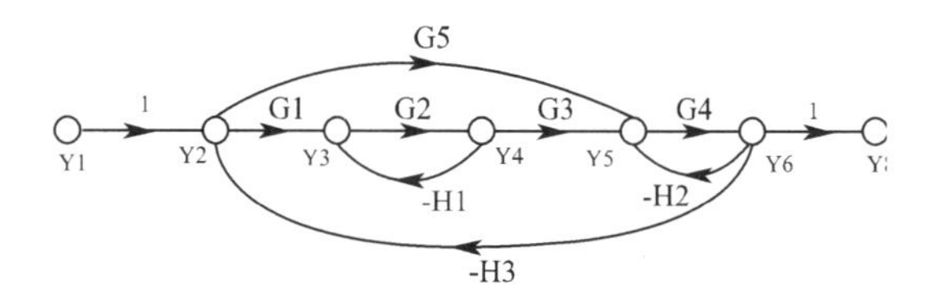

① $G_1G_2G_3G_4+G_4G_5$

② $G_1G_2G_3G_4+G_4G_5+G_2H_1$

③ $G_1G_2G_3G_4H_3+G_2H_1+G_4H_2$

④ $G_1G_2G_3G_4+G_4G_5+G_2G_4G_5H_1$

|정|답|및|해|설|

[전달함수] $G=\dfrac{\sum M_K\Delta_K}{\Delta}$

여기서, M : 전향경로 이득, Δ : 전향경로와 접촉하지 않는 루프이득

$M_1=G_1G_2G_3G_4,\ M_2=G_4G_5$

$\Delta_1=1,\ \Delta_2=1+G_2H_1$

분자 $Y_6=\sum M_K\Delta_K=M_1\Delta_1+M_2\Delta_2$

$=(G_1\cdot G_2\cdot G_3\cdot G_4)\times 1+G_4\cdot G_5\times(1+G_2\cdot H_1)$

$=G_1G_2G_3G_4+G_4G_5+G_2G_4G_5H_1$ 【정답】 ④

66. 다음 제어량 중에서 추종제어와 관계없는 것은?

① 위치　　② 방위
③ 유량　　④ 자세

|정|답|및|해|설|

[추종제어] 위치, 방위, 자세 등 미지의 임의 시간적 변화를 하는 목표값에 제어량을 추종시키는 것을 목적으로 하는 제어법. 서보기구가 해당된다. 위치, 방위, 자세, 거리, 각도 등의 값을 제어

【정답】 ③

67. 2차 제어계에서 공진주파수(w_m)와 고유주파수(w_n), 감쇠비(α)사이의 관계로 옳은 것은?

① $w_m = w_n \sqrt{1-\alpha^2}$

② $w_m = w_n \sqrt{1+\alpha^2}$

③ $w_m = w_n \sqrt{1-2\alpha^2}$

④ $w_m = w_n \sqrt{1+2\alpha^2}$

|정|답|및|해|설|

[공진주파수] $w_m = \omega_n \sqrt{1-2\alpha^2}$

※고유주파수 $w_n = \frac{\omega_m}{\sqrt{1-2\alpha^2}}$

【정답】 ③

68. 보드선도상의 안정조건을 옳게 나타낸 것은? (단, g_m은 이득여유, ϕ_m은 위상여유)

① $g_m > 0,\ \phi_m > 0$

② $g_m < 0,\ \phi_m < 0$

③ $g_m < 0,\ \phi_m > 0$

④ $g_m > 0,\ \phi_m < 0$

|정|답|및|해|설|

위상여유와 이득여유 모두가 0보다 크면 안정하다.

$g_m > 0,\quad \varnothing_m > 0$

※모두 0보다 작으면 불안정하다.

【정답】 ①

69. 다음의 미분방정식으로 표시되는 시스템의 계수 행렬 A는 어떻게 표시되는가?

$$\frac{d^2c(t)}{dt^2} + 5\frac{dc(t)}{dt} + 3c(t) = r(t)$$

① $\begin{bmatrix} -5 & -3 \\ 0 & 1 \end{bmatrix}$　　② $\begin{bmatrix} -3 & -5 \\ 0 & 1 \end{bmatrix}$

③ $\begin{bmatrix} 0 & 1 \\ -3 & -5 \end{bmatrix}$　　④ $\begin{bmatrix} 0 & 1 \\ -5 & -3 \end{bmatrix}$

|정|답|및|해|설|

$x_2(t) = -3x_1(t) - 5x_2(t)$

$\rightarrow \begin{bmatrix} x_1(t) \\ x_2(t) \end{bmatrix} = \begin{bmatrix} 0 & 1 \\ -3 & -5 \end{bmatrix} \begin{bmatrix} x_1(t) \\ x_2(t) \end{bmatrix} + \begin{bmatrix} 0 \\ 1 \end{bmatrix} r(t)$

【정답】 ③

70. 그림과 같은 RC 회로에서 RC≪1인 경우 어떤 요소의 회로인가?

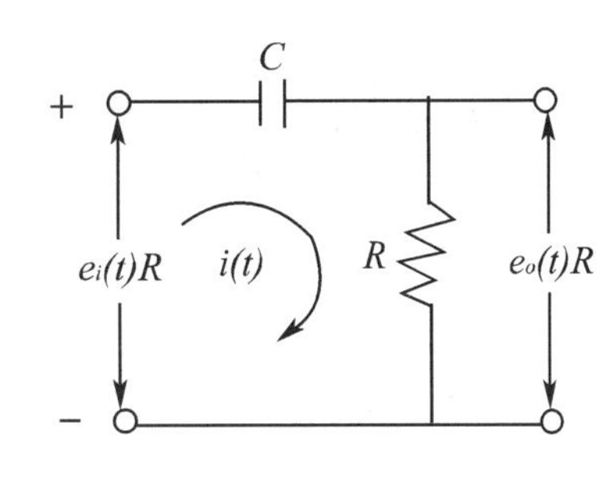

① 비례요소　　② 미분요소
③ 적분요소　　④ 2차 지연 요소

|정|답|및|해|설|

[R-C 회로에서의 전달함수] $G(s) = \frac{E_0(s)}{E_i(s)} = \frac{RCs}{1+RCs} = \frac{Ts}{1+Ts}$

$RC \ll 1$이면, $G(s) \fallingdotseq RCs$이다.

이와 같은 전달함수를 갖는 요소를 1차 지연 요소를 포함한 미분요소라 한다. R-C회로에서 C가 1차측에 있으면 미분기 또는 미분요소, C가 2차측에 있으면 적분기 또는 적분요소가 된다.

【정답】 ②

71. 4단자정수 A, B, C, D로 출력 측을 개방시켰을 때 입력 측에서 본 구동점 임피던스 $Z_{11} = \left.\frac{V_1}{I_1}\right|_{I_2=0}$ 를 표시한 것 중 옳은 것은?

① $Z_{11} = \frac{A}{C}$ ② $Z_{11} = \frac{B}{D}$

③ $Z_{11} = \frac{A}{B}$ ④ $Z_{11} = \frac{B}{C}$

|정|답|및|해|설|

[4단자정수] $V_1 = AV_2 + BI_2$, $I_1 = CV_2 + DI_2$에서 출력 측을 개방했으므로 $I_2 = 0$

$V_1 = AV_2$, $I_1 = CV_2$ → $\therefore Z_{11} = \left.\frac{V_1}{I_1}\right|_{I_2=0} = \left.\frac{AV_2}{CV_2}\right|_{I_2=0} = \frac{A}{C}$

→ ($Z_{12} = Z_{21} = \frac{1}{C}$, $Z_{22} = \frac{D}{C}$)

【정답】 ①

72. 직렬로 유도결합된 회로이다. 단자 a-b에서 본 등가 임피던스 Z_{ab}를 나타낸 식은?

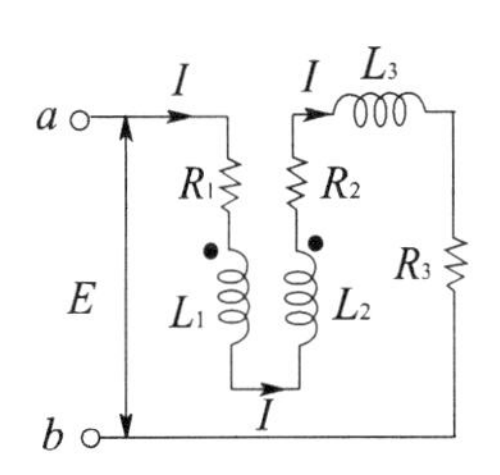

① $R_1 + R_2 + R_3 + jw(L_1 + L_2 - 2M)$

② $R_1 + R_2 + jw(L_1 + L_2 + 2M)$

③ $R_1 + R_2 + R_3 + jw(L_1 + L_2 + 2M)$

④ $R_1 + R_2 + R_3 + jw(L_1 + L_2 + L_3 - 2M)$

|정|답|및|해|설|

1. 가동결합 : $L_0 = L_1 + L_2 + 2M$ → L_1+M L_2+M

2. 차동결합 : $L_0 = L_1 + L_2 - 2M$ → L_1-M L_2-M

전류가 다른 방향으로 유입하므로 M의 단위는 (-)

【정답】 ④

73. RC 저역 여파기 회로의 전달함수 $G(jw)$에서 $w = \frac{1}{RC}$ 인 경우 $|G(jw)|$의 값은?

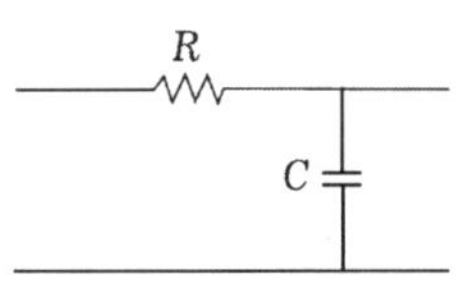

① 1 ② $\frac{1}{\sqrt{2}}$

③ $\frac{1}{\sqrt{3}}$ ④ $\frac{1}{2}$

|정|답|및|해|설|

$G(s) = \frac{\frac{1}{sC}}{R + \frac{1}{sC}} = \frac{1}{sRC+1}$

$G(jw) = \frac{1}{jwRC+1}$, $w = \frac{1}{RC}$

$|G(jw)| = \left|\frac{1}{1+j}\right| = \frac{1}{\sqrt{2}} = 0.707$

【정답】 ②

74. 분포정수회로에 직류를 흘릴 때 특성 임피던스는? (단, 단위 길이당의 직렬 임피던스 $Z = R + jwL[\Omega]$, 병렬 어드미턴스 $Y = G + jwC[℧]$이다.)

① $\sqrt{\frac{L}{C}}$ ② $\sqrt{\frac{L}{R}}$

③ $\sqrt{\frac{G}{C}}$ ④ $\sqrt{\frac{R}{G}}$

|정|답|및|해|설|

[분포정수회로의 특성임피던스] $Z_0 = \sqrt{\frac{Z}{Y}} = \sqrt{\frac{R+jwL}{G+jwC}}[\Omega]$

여기서, Z : 임피던스, Y : 어드미턴스

$w = 2\pi f$에서 직류이므로 주파수가 0 → $\therefore Z_0 = \sqrt{\frac{R}{G}}$

【정답】 ④

75. 다음 회로에서 전압 [V]를 가하니 20[A]의 전류가 흘렀다고 한다. 이 회로의 역률은?

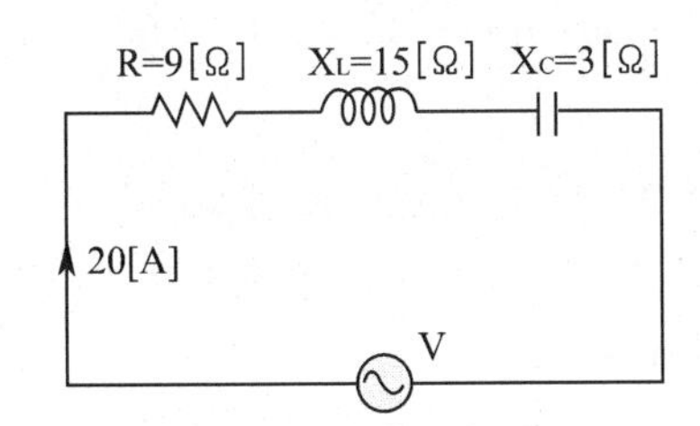

① 0.8　　② 0.6
③ 1.0　　④ 0.9

|정|답|및|해|설|

[역률] $\cos\theta = \frac{R}{Z} = \frac{R}{\sqrt{R^2 + (X_L - X_C)^2}}$

$\therefore$ 역률 $\cos\theta = \frac{R}{\sqrt{R^2 + (X_L - X_C)^2}}$

$= \frac{9}{\sqrt{9^2 + (15-3)^2}} = 0.6$

【정답】 ②

76. 대칭 좌표법에서 대칭분을 각 상전압으로 표시한 것 중 틀린 것은?

① $E_0 = \frac{1}{3}(E_a + E_b + E_c)$

② $E_1 = \frac{1}{3}(E_a + aE_b + a^2E_c)$

③ $E_2 = \frac{1}{3}(E_a + a^2E_b + aE_c)$

④ $E_3 = \frac{1}{3}(E_a^2 + E_b^2 + E_c^2)$

|정|답|및|해|설|

[대칭 성분]

1. $E_0 = \frac{1}{3}(E_a + E_b + E_c)$: 영상전압
2. $E_1 = \frac{1}{3}(E_a + aE_b + a^2E_c)$: 정상전압
3. $E_2 = \frac{1}{3}(E_a + a^2E_b + aE_c)$: 역상전압

【정답】 ④

77. $\frac{d^2x(t)}{dt^2} + 2\frac{dx(t)}{dt} + x(t) = 1$에서 $x(t)$는 얼마인가? (단, $x(0) = x'(0) = 0$이다.)?

① $te^{-t} - e^t$　　② $t^{-t} + e^{-t}$
③ $1 - te^{-t} - e^{-t}$　　④ $1 + te^{-t} + e^{-t}$

|정|답|및|해|설|

$s^2X(s) + 2sX(s) + X(s) = \frac{1}{s}$

$X(s)(s^2 + 2s + 1) = \frac{1}{s}$

$X(s) = \frac{1}{s(s^2+2s+1)} = \frac{1}{s(s+1)^2}$

$= \frac{K_1}{s} + \frac{K_2}{(s+1)^2} + \frac{K_3}{(s+1)}$

$K_1 = \lim_{s\to 0} s \cdot F(s) = \left[\frac{1}{s^2+2s+1}\right]_{s=0} = 1$

$K_2 = \lim_{s\to -1} (s+1)^2 \cdot F(s) = \left[\frac{1}{s}\right]_{s=-1} = -1$

$K_3 = \lim_{s\to -1} \frac{d}{ds}\left(\frac{1}{s}\right) = \left[\frac{-1}{s^2}\right]_{s=-1} = -1$

$X(s) = \frac{1}{s} - \frac{1}{(s+1)^2} - \frac{1}{(s+1)}$

$\therefore x(t) = \mathcal{L}^{-1}[X(s)] = 1 - te^{-t} - e^{-t}$

【정답】 ③

78. $\cos t \cdot \sin t$의 라플라스 변환은?

① $\frac{1}{2} \cdot \frac{2}{s^2 + 2^2}$

② $\frac{1}{8s} - \frac{1}{8} \cdot \frac{4s}{s^2 + 16}$

③ $\frac{1}{4s} - \frac{1}{4} \cdot \frac{s}{s^2 + 4}$

④ $\frac{1}{4s} - \frac{1}{s} \cdot \frac{4s}{s^2 + 4}$

|정|답|및|해|설|

$2\sin t \cos t = \sin 2t$

$\sin t \cos t = \frac{1}{2}\sin 2t$

$F(s) = \mathcal{L}[\sin t \cos t] = \mathcal{L}\left[\frac{1}{2}\sin 2t\right] = \frac{1}{2} \cdot \frac{2}{s^2 + 2^2}$

※ $\mathcal{L}[\sin\omega t] = \frac{\omega}{s^2 + \omega^2}$

【정답】 ①

79. 그림과 같은 π형 4단자 회로의 어드미턴스 파라미터 중 Y_{22}는?

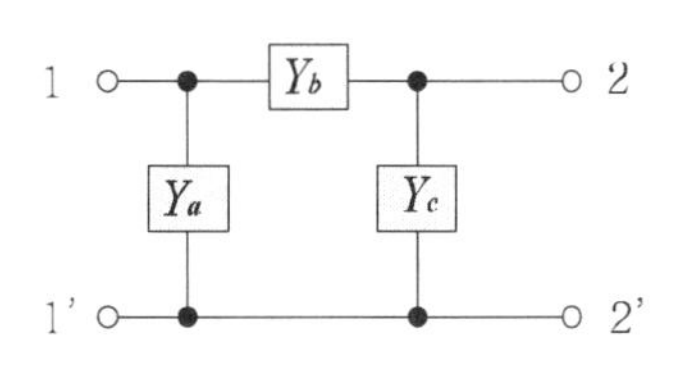

① $Y_{22}=Y_a+Y_a$ ② $Y_{22}=Y_b$

③ $Y_{22}=Y_a$ ④ $Y_{22}=Y_b+Y_c$

|정|답|및|해|설|

[Y파라미터]

$Y_{11}=Y_a+Y_b$,

$Y_{12}=-Y_b$

$Y_{21}=-Y_b$,

$Y_{22}=Y_b+Y_c$

【정답】 ④

|참|고|

1. 임피던스(Z) → T형으로 만든다.

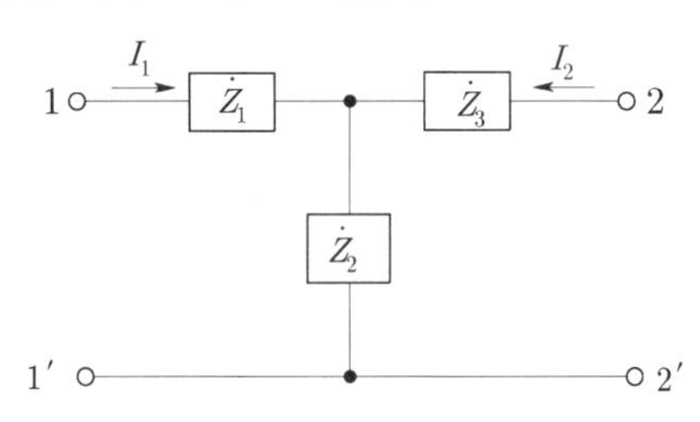

- $Z_{11}=Z_1+Z_2[\Omega]$ → (I_1 전류방향의 합)
- $Z_{12}=Z_{21}=Z_2[\Omega]$ → (I_1과 I_2의 공통, 전류방향 같을 때)
- $Z_{12}=Z_{21}=-Z_2[\Omega]$ → (I_1과 I_2의 공통, 전류방향 다를 때)
- $Z_{22}=Z_2+Z_3[\Omega]$ → (I_2 전류방향의 합)

2. 어드미턴스(Y) → π형으로 만든다.

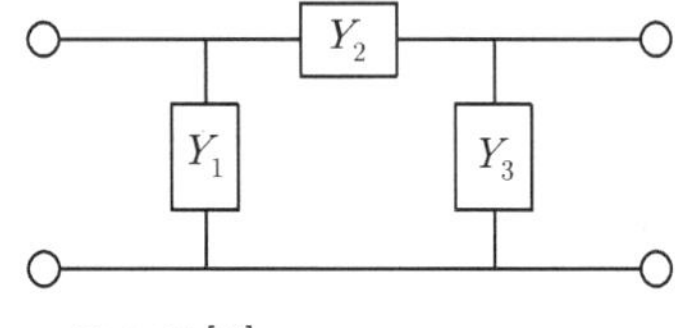

- $Y_{11}=Y_1+Y_2[℧]$
- $Y_{12}=Y_{21}=Y_2[℧]$ → (I_2 →, 전류방향 같을 때)
- $Y_{12}=Y_{21}=-Y_2[℧]$ → (I_2 ←, 전류방향 다를 때)
- $Y_{22}=Y_2+Y_3[℧]$

80. 다음 왜형파 전류의 왜형률은 약 얼마인가?

$$i(t)=30\sin wt+10\cos 3wt+5\sin 5wt[A]$$

① 0.46 ② 0.26

③ 0.53 ④ 0.37

|정|답|및|해|설|

[왜형률] $d.f=\dfrac{\text{각 고조파의 실효값의 합}}{\text{기본파의 실효값}}$

$$=\frac{\sqrt{I_3^2+I_5^2}}{I_1}=\frac{\sqrt{\left(\frac{10}{\sqrt{2}}\right)^2+\left(\frac{5}{\sqrt{2}}\right)^2}}{\frac{30}{\sqrt{2}}}=0.37$$

※왜형률 : 기본파에 비해 고조파 성분이 포함된 정도를 표시한다.

【정답】 ④

2회 2014년 전기기사필기 (전기설비기술기준)

81. 가공 전선로의 지지물에 하중이 가하여지는 경우에 그 하중을 받는 지지물의 기초 안전율은 얼마 이상이어야 하는가? (단, 이상시 상정하중은 무관)

① 1.5 ② 2.0 ③ 2.5 ④ 3.0

|정|답|및|해|설|

[가공전선로 지지물의 기초 안전율 (KEC 331.7)]

가공전선로의 지지물에 하중이 가하여지는 경우에 그 하중을 받는 지지물의 기초 안전율 2 이상(단, 이상시 상전하중에 대한 철탑의 기초에 대하여는 1.33)이어야 한다. 【정답】 ②

82. 다리위에 시설하는 조명용 저압 가공 전선로에 사용되는 경동선의 최소 굵기는 몇 [mm]인가? (단, 전선은 절연전선을 사용한다.)

① 1.6 ② 2.0 ③ 2.6 ④ 3.2

|정|답|및|해|설|

[저압 가공전선의 굵기 및 종류 (KEC 222.5)]

400[V] 미만	절연전선	지름 2.6[mm] 이상 경동선	2.30[kN] 이상
	절연전선 외	지름 3.2[mm] 이상 경동선	3.43[kN] 이상

【정답】 ③

83. 특고압 가공전선로에 사용하는 철탑 중에서 전선로의 지지물 양쪽의 지지물 간 거리(경간)의 차가 큰 곳에 사용하는 철탑의 종류는?

① 각도형 ② 잡아 당김형(인류형)
③ 보강형 ④ 내장형

|정|답|및|해|설|

[특고압 가공전선로의 철주 · 철근 콘크리트주 또는 철탑의 종류 (KEC 333.11)] 특고 가공 전선로의 지지물로 사용하는 B종 철주, 철근 콘크리트주, 철탑의 종류는 다음과 같다.

1. 직선형 : 전선로의 직선 부분(3° 이하의 수평 각도 이루는 곳 포함)에 사용되는 것
2. 각도형 : 전선로 중 수형 각도 3° 를 넘는 곳에 사용되는 것
3. 잡아 당김형(인류형) : 전 가섭선을 잡아 당기는 곳에 사용하는 것
4. 내장형 : 전선로 지지물 양측의 지지물 간 거리(경간) 차가 큰 곳에 사용하는 것
5. 보강형 : 전선로 직선 부분을 보강하기 위하여 사용하는 것

【정답】 ④

84. 합성수지 몰드 공사에 의한 저압 옥내배선의 시설 방법으로 옳지 않은 것은?

① 합성수지 몰드는 홈의 폭 및 깊이가 3.5[cm] 이하의 것이어야 한다.
② 전선은 옥외용 비닐절연전선을 제외한 절연전선이어야 한다.
③ 합성수지 몰드 상호간 및 합성수지몰드와 박스 기타의 부속품과는 전선이 노출되지 않도록 접속한다.
④ 합성수지 몰드 안에는 접속점을 1개소까지 허용한다.

|정|답|및|해|설|

[합성수지몰드공사 (KEC 232.21)]

- 전선은 절연전선(OW선 제외)일 것
- 합성수지 몰드 안에는 전선에 접속점 없을 것
- 합성수지 몰드의 홈의 폭, 깊이는 3.5[cm] 이하일 것, 두께는 2[mm] 이상의 것(단, 사람이 쉽게 접촉할 우려가 없도록 시설 시 폭 5[cm] 이하의 것을 사용할 수 있다.)

【정답】 ④

85. 전력보안 통신용 전화설비의 시설장소로 틀린 것은?

① 동일 수계에 속하고 보안상 긴급연락의 필요가 있는 수력 발전소 상호간
② 동일 전력계통에 속하고 보안상 긴급연락의 필요가 있는 발전소 및 개폐소 상호간
③ 2 이상의 급전소 상호간과 이들을 총합 운용하는 급전소간
④ 원격감시제어가 되지 않는 발전소와 변전소간

|정|답|및|해|설|

[전력보안 통신설비 (KEC 360)]

전력 보안 통신용 전화 설비는

- 원격 감시 제어가 되지 아니하는 발·변전소
- 2 이상의 급전소 상호간
- 수력 설비 중 중요한 곳
- 발·변전소, 발·변전제어소 및 개폐소 상호간

【정답】 ①

86. 다음 중 국내의 전압 종별이 아닌 것은?

① 저압 ② 고압
③ 특고압 ④ 초고압

|정|답|및|해|설|

[전압의 종별 (기술기준 제3조)]

분류	전압의 범위
저압	· 직류 : 1500[V] 이하 · 교류 : 1000[V] 이하
고압	· 직류 : 1500[V]를 초과하고 7[kV] 이하 · 교류 : 1000[V]를 초과하고 7[kV] 이하
특고압	· 7[kV]를 초과

【정답】 ④

87. 의료장소의 안전을 위한 의료용 절연 변압기에 대한 다음 설명 중 옳은 것은?

① 2차측 정격전압은 교류 300[V] 이하이다.
② 2차측 정격전압은 직류 250[V] 이하이다.
③ 정격출력은 5[kVA] 이하이다.
④ 정격출력은 10[kVA] 이하이다.

|정|답|및|해|설|

[의료장소의 안전을 위한 보호 설비 (kec 242.10.3)] 의료용 절연변압기의 2차측 정격전압은 교류 250[V] 이하로 하며 공급방식 및 정격출력은 단상 2선식 10[kVA] 이하로 할 것

【정답】 ④

88. 사용전압이 35000[V] 이하인 특고압 가공전선과 가공 약전류 전선을 동일 지지물에 시설하는 경우 특고압 가공 전선로의 보안공사로 적합한 것은?

① 고압 보안 공사
② 제1종 특고압 보안공사
③ 제2종 특고압 보안공사
④ 제3종 특고압 보안공사

|정|답|및|해|설|

[특고압 가공전선과 가공약전류전선 등의 공용 설치 (KEC 333.19)]
특고압 가공전선과 가공약전류 전선과의 공기는 35[kV] 이하인 경우에 시설하여야 한다.
· 특고압 가공전선로는 제2종 특고압 보안공사에 의한 것
· 특고압은 케이블을 제외하고 인장강도 21.67[kN] 이상의 연선 또는 단면적이 50[mm^2] 이상인 경동연선일 것
· 가공약전류 전선은 특고압 가공전선이 케이블인 경우를 제외하고 차폐층을 가지는 통신용 케이블일 것 【정답】 ③

89. 특고압 가공전선로의 전선으로 케이블을 사용하는 경우의 시설로서 옳지 않은 것은?

① 케이블은 조가선에 행거에 의하여 시설한다.
② 케이블은 조가선에 접촉시키고 비닐 테이프 등을 30[cm]이상의 간격으로 감아 붙인다.
③ 조가선은 단면적 22[mm^2]의 아연도강연선 또는 인장강도 13.93[kN] 이상의 연선을 사용한다.
④ 조가선 및 케이블의 피복에 사용하는 금속체에는 접지공사를 한다.

|정|답|및|해|설|

[특고압 가공 케이블의 시설(KEC 333.3)]
· 조가선(조가용선)에 접촉시키고 그 위에 쉽게 부식되지 아니하는 금속테이프 등을 20[cm] 이하의 간격을 유지시켜 나선형으로 감아 붙일 것
· 조가선(조가용선) 및 케이블의 피복에 사용하는 금속체에는 kec140에 준하여 접지공사를 할 것 【정답】 ②

90. 고압 옥내배선을 할 수 있는 공사 방법은?

① 합성 수지관 공사 ② 금속관공사
③ 금속 몰드 공사 ④ 케이블 공사

|정|답|및|해|설|

[고압 옥내배선 등의 시설 (KEC 342.1)]
고압 옥내배선은 다음 중 1에 의하여 시설할 것.
· 애자사용공사(건조한 장소로서 전개된 장소에 한한다)
· 케이블 공사
· 케이블트레이공사 【정답】 ④

91. 금속체 외함을 갖는 저압의 기계기구로서 사람이 쉽게 접촉되어 위험의 우려가 있는 곳에 시설하는 전로에 지락이 생겼을 때 자동적으로 전로를 차단하는 장치를 설치하여야 한다. 사용전압은 몇 [V]인가?

① 30 ② 50 ③ 100 ④ 150

|정|답|및|해|설|

[누전차단기의 시설 (KEC 211.2.4)] 금속제 외함을 가지는 사용전압이 50[V]를 초과하는 저압의 기계 기구로서 사람이 쉽게 접촉할 우려가 있는 곳에 시설하는 데에 전기를 공급하는 전로에는 보호대책으로 누전차단기를 시설해야 한다. 【정답】 ②

92. 전극식 온천 온수기 시설에서 적합하지 않은 것은?

① 온천온수기의 사용전압은 400[V] 미만일 것
② 전동기 전원공급용 변압기는 300[V] 미만의 절연변압기를 사용할 것
③ 전극식 온천온수기 전원장치의 절연변압기 철심 및 금속제 외함과 차폐장치의 전극에는 접지공사를 할 것
④ 온천온수기 및 차폐장치의 외함은 절연성 및 내수성이 있는 견고한 것일 것

|정|답|및|해|설|

[전극식 온천온수기 (KEC 241.4)]
· 전극식 온천온수기의 사용전압은 400[V] 미만일 것
· 전극식 온천온수기 또는 이에 부속하는 급수 펌프에 직결되는 전동기에 전기를 공급하기 위해 사용되는 전압은 400[V] 미만인 절연변압기를 사용할 것
· 절연변압기는 교류 2[kV]의 시험전압을 하나의 권선과 다른 권선, 철심 및 외함 사이에 연속하여 1분간 가하여 절연내력을 시험하였을 때에 이에 견디는 것일 것
· 전극식 온천온수기 및 차폐장치의 외함은 절연성 및 내수성이 있는 견고한 것일 것 【정답】 ②

93. 발전소, 변전소를 산지에 시설할 경우 절토면 최하단부에서 발전 및 변전설비까지 최소 간격은 보안울타리, 외곽도로, 수림대를 포함하여 몇 [m] 이상 되어야 하는가?

① 3 ② 4 ③ 5 ④ 6

|정|답|및|해|설|

[발전소 등의 부지 (기술기준 제21조)]
산지전용 후 발생하는 절토면 최하단부에서 발전 및 변전설비까지의 최소 간격은 보안울타리, 왼쪽도로, 수림대 등을 포함하여 6[m] 이상이 되어야 한다. 【정답】 ④

94. 사용전압이 480[V]인 저압 옥내 배선으로 절연전선을 애자공사에 의해서 점검할 수 없는 은폐 장소에 시설하는 경우, 전선 상호 간의 간격은 몇 [cm] 이상이어야 하는가?

① 6 ② 20 ③ 40 ④ 60

|정|답|및|해|설|

[애자사용공사 (KEC 232.56)] 전선은 절연전선(옥외용 비닐절연전선 및 인입용 비닐절연전선을 제외)일 것

전선 상호간격		전선과 조영재 사이		전선과 지지점간의 거리	
400[V] 미만	400[V] 이상	400[V] 미만	400[V] 이상	400[V] 미만	400[V] 이상
6[cm] 이상		2.5[cm] 이상	4.5[cm] 이상 (건조한 장소 2.5[cm])	조영재의 윗면 옆면일 경우 2[m] 이하	6[m] 이하

【정답】 ①

95. 전기부식방지 시설에서 전원장치를 사용하는 경우 적합한 것은?

① 전기부식방지 회로의 사용전압은 60[V] 이하일 것
② 지중에 매설하는 양극(+)의 매설깊이는 50[cm] 이상일 것
③ 수중에 시설하는 양극(+)과 그 주위 1[m] 이내의 전위차는 10[V]를 넘지 말 것
④ 지표 또는 수중에서 1[m] 간격의 임의의 2점건의 전위차는 7[V]를 넘지 말 것

|정|답|및|해|설|

[전기부식 방지 시설 (KEC 241.16)]
· 사용 전압은 직류 60[V] 이하일 것
· 지중에 매설하는 양극은 75[cm] 이상의 깊이일 것
· 수중에 시설하는 양극과 그 주위 1[m] 안의 임의의 점과의 전위차는 10[V] 이내, 지표 또는 수중에서 1[m] 간격을 갖는 임의의 2점간의 전위차는 5[V] 이내이어야 한다.
· 전선은 케이블인 경우를 제외하고 2[mm] 경동선 이상이어야 한다.
【정답】 ③

96. 일반 주택의 저압 옥내배선을 점검한 결과 시공이 잘못된 것은?

① 욕실의 전등으로 방습형 형광등이 시설되어 있다.
② 단상 3선식 인입개폐기의 중성선에 동판이 접속되어 있다.
③ 합성수지관의 지지점간의 거리가 2[m]로 되어 있다.
④ 지급속관 공사로 시공된 곳에는 HIV 전선이 사용되었다.

|정|답|및|해|설|

[합성수지관 공사 (KEC 232.11)] 합성수지관 공사의 시공방법에 있어 관내부에는 절대로 접속점을 만들지 않아야 하며, 합성수지관의 지지점 간격은 1.5[m]이다. 【정답】 ③

97. 다음 ( )안에 들어갈 내용으로 알맞은 것은? "발전기, 변압기, 무효 전력 보상 장치(조상기), 모선 또는 이를 지지하는 애자는 ( )에 의하여 생기는 기계적 충격에 견디는 것이어야 한다."

① 정격전류 ② 단락전류
③ 과부하 전류 ④ 최대 사용 전류

|정|답|및|해|설|

[발전기 등의 기계적 강도 (기술기준 제23조)] 발전기, 변압기, 무효 전력 보상 장치(조상기), 계기용 변성기, 모선, 애자는 단락전류에 의해 생기는 기계적 충격에 견디는 것이어야 한다.
【정답】 ②

98. 345[kV] 가공전선과 154[kV] 가공전선과의 간격은 최소 몇 [m] 이상이어야 하는가?

① 4.4 ② 5 ③ 5.48 ④ 6

|정|답|및|해|설|

[특고압 가공전선과 저고압 가공전선 등의 병행설치 (KEC 333.17)]

사용전압	이 격 거 리
35[kV] 이하	1.2[m] (특고압 가공전선이 케이블인 경우에는 0.5[m])
35[kV] 초과 60[kV] 이하	2[m] (특고압 가공전선이 케이블인 경우에는 1[m])
60[kV] 초과	2[m] (특고압 가공전선이 케이블인 경우에는 1[m])에 60[kV]을 초과하는 10[kV] 또는 그 단수마다 0.12[m]를 더한 값

$\therefore D = 2 + 0.12(34.5 - 6) = 5.48[m]$, 34.5는 35로 계산한다.

【정답】 ③

99. 22900/220[V], 30[kVA] 변압기로 단상 2선식으로 공급되는 옥내배선에서 절연부분의 전선에서 대지로 누설하는 전류의 최대한도는?

① 약 75[mA] ② 약 68[mA]
③ 약 35[mA] ④ 약 136[mA]

|정|답|및|해|설|

[전로의 절연저항 및 절연내력 (kec 132)] 저압 전선로에서는 전선과 대지 간(다심 케이블, 다심형 전선, 인입용 비닐 절연전선인 경우에는 심선 상호간 및
심선과 대지 간)의 절연 저항은 사용전압에 대한 누설전류는 최대 공급전류의 $\frac{1}{2000}$을 넘지 아니하도록 유지하여야 한다.

절연저항이 작으면 누설 전류가 크다.

$I = \frac{30 \times 10^3}{220} \times \frac{1}{2000} = 0.006818[A] = 68.18[mA]$

【정답】 ②

2014년 3회 전기기사 필기 기출문제

3회 2014년 전기기사필기 (전기자기학)

1. 정전용량이 $C_0[\mu F]$인 되는 평행판 공기 콘덴서에 판면적의 $\frac{2}{3}S$에 비유전율이 ϵ_s 인 에보나이트 판을 삽입하면 콘덴서의 정전용량은 몇 $[\mu F]$인가?

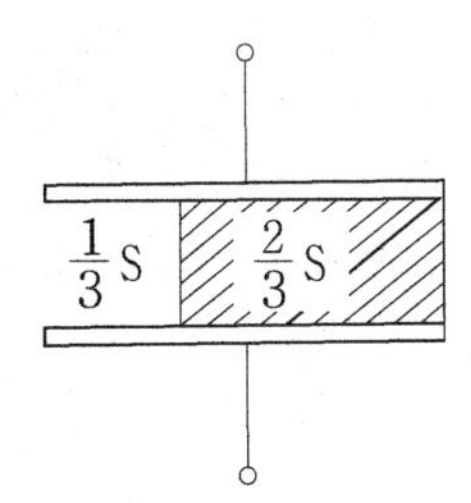

① $\frac{1}{2}\epsilon_s C_0$

② $\frac{3}{(1+2\epsilon_s)}C_0$

③ $\frac{1+\epsilon_s}{3}C_0$

④ $\frac{1+2\epsilon_s}{3}C_0$

|정|답|및|해|설|

[콘덴서의 병렬접속] $C=C_1+C_2[F]$

콘덴서의 정전용량 $C=\epsilon\frac{S}{d}$

·두 전극 간에 공기만 존재할 때의 정전용량 $C_0=\epsilon_0\frac{S}{d}$

·비유전율 ϵ_s개 채워지지 않은 부분의 정전용량

$$C_1=\epsilon_0\frac{\frac{1}{3}S}{d}=\frac{1}{3}C_0$$

·비유전율 ϵ_s개 채워진 부분의 정전용량

$$C_2=\epsilon_0\epsilon_s\frac{\frac{2}{3}S}{d}=\frac{2}{3}\epsilon_s C_0$$

콘덴서의 병렬접속이므로

$$\therefore C_0'=C_1+C_2=\frac{1}{3}C_0+\frac{2}{3}\epsilon_s C_0=\frac{1+2\epsilon_s}{3}C_0[\mu F]$$

【정답】 ④

|참|고|

[유전체의 삽입 위치에 따른 콘덴서의 직·병렬 구별]

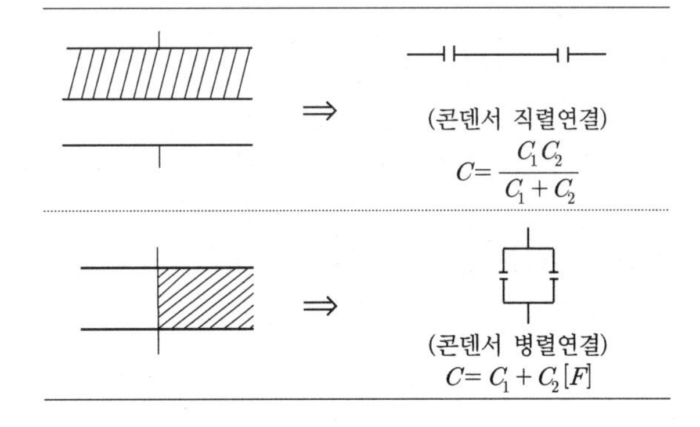

2. 내압이 1[kV]이고, 용량이 각각 $0.01[\mu F]$ $0.02[\mu F]$, $0.04[\mu F]$인 콘덴서를 직렬로 연결했을 때의 전체내압은?

① 1500[V] ② 1600[V]

③ 1750[V] ④ 1800[V]

|정|답|및|해|설|

[콘덴서의 내압] 정전용량이 작은 콘덴서에 큰 전압이 걸리므로 $0.01[\mu F]$에 1000[V]가 걸리고 C와 V가 반비례하므로 $0.02[\mu F]$에는 500[V], $0.04[\mu F]$에는 250[V]가 걸린다. 직렬이므로 합하면 1750[V]

【정답】 ③

3. 두 코일의 자기인덕턴스가 L_1, L_2 와 상호인덕턴스가 M일 때 일반적인 결합 상태에서 결합계수 k는?

① $k<0$ ② $0<k<1$

③ $k>1$ ④ $k=0$

|정|답|및|해|설|

[상호인덕턴스] $M=k\sqrt{L_1\cdot L_2}$

결합계수 $k=\frac{M}{\sqrt{L_1\cdot L_2}}$ → $0<k<1$

【정답】 ②

4. 두 개의 소자석 A, B의 세기가 서로 길고 길이의 비는 1:2이다. 그림과 같이 두 자석을 일직선상에 놓고 그 사이에 A, B의 중심으로부터 r_1, r_2 거리에 있는 점 P에 작은 자침을 놓았을 때 자침이 자석의 영향을 받지 않았다고 한다. $r_1 : r_2$는 얼마인가?

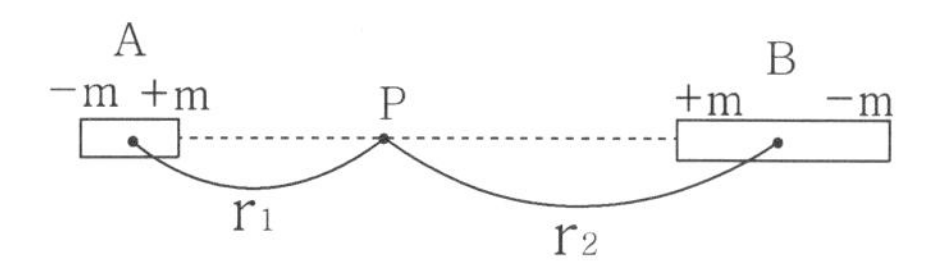

① $1 : \sqrt[3]{2}$ ② $\sqrt[3]{2} : 1$

③ $1 : \sqrt[3]{4}$ ④ $\sqrt[3]{4} : 1$

|정|답|및|해|설|

[자기 쌍극자의 자계의 세기] $H = \dfrac{M}{4\pi\mu_0 r^3}\sqrt{1+3\cos^2\theta}\,[AT/m]$

자침이 자석의 영향을 받지 않으므로 자계의 세기가 일정 즉 $H_1 = H_2$

$$\frac{M}{4\pi\mu_0 r_1^3} = \frac{2M}{4\pi\mu_0 r_2^3} \rightarrow \frac{1}{r_1^3} = \frac{2}{r_2^3} \rightarrow \frac{r_1^3}{r_2^3} = \frac{1}{2} \rightarrow \frac{r_1}{r_2} = \frac{1}{\sqrt[3]{2}}$$

【정답】 ①

5. 한 변의 길이가 $l[m]$인 정사각형 회로에 $I[A]$가 흐르고 있을 때 그 사각형 중심의 자계의 세기는 몇 $[A/m]$인가?

① $\dfrac{I}{2\pi l}$ ② $\dfrac{2\sqrt{2}I}{\pi l}$

③ $\dfrac{\sqrt{3}I}{2\pi l}$ ④ $\dfrac{\sqrt{2}I}{2\pi l}$

|정|답|및|해|설|

[정 n각형 중심의 자계의 세기]

· $n=3$: $H = \dfrac{9I}{2\pi l}[AT/m]$

· $n=4$: $H = \dfrac{2\sqrt{2}I}{\pi l}[AT/m]$

· $n=6$: $H = \dfrac{\sqrt{3}I}{\pi l}[AT/m]$

여기서, I : 전류, l : 변의 길이 【정답】 ②

6. 단면적 S, 평균 반지름 r, 권선수 N인 환상솔레노이드에 누설 자속이 없는 경우 자기인덕턴스의 크기는?

① 권선수의 제곱에 비례하고 단면적에 반비례한다.

② 권선수 및 단면적에 비례한다.

③ 권선수의 제곱 및 단면적에 비례한다.

④ 권선수의 제곱 및 평균 반지름에 비례한다.

|정|답|및|해|설|

[환상 솔레노이드의 자기인덕턴스] $L = \dfrac{\mu S N^2}{l}[H]$

여기서, μ : 투자율, S : 단면적, N : 권수, l : 길이

【정답】 ③

7. 공기 중 방사성 원소 플루토늄(Pu)에서 나오는 한 개의 α입자가 정지하기까지 1.5×10^5쌍의 정부 이온을 만든다. 전리상자에 매초 4×10^{10}개의 α선이 들어올 때, 이 전리상자에 흐르는 포화전류의 크기는 몇 [A]인가? (단, 이온 한 개의 전하는 $1.6\times10^{-19}[C]$이다)

① 4.8×10^{-3} ② 4.8×10^{-4}

③ 9.6×10^{-3} ④ 9.6×10^{-4}

|정|답|및|해|설|

[전류] $I = \dfrac{Q}{t} = \dfrac{ne}{t}[A]$

여기서, Q : 전하량, n : 이온개수

e : 기본 전하량($e = 1.602\times10^{-19}[C]$)

$$I = \frac{ne}{t} = \frac{1.5\times10^5\times4\times10^{10}\times1.6\times10^{-19}}{1} = 9.6\times10^{-4}[C]$$

【정답】 ④

8. 대전된 도체의 표면 전하밀도는 도체 표면의 모양에 따라 어떻게 되는가?

① 곡률 반지름이 크면 커진다.

② 곡률 반지름이 크면 작아진다.

③ 표면 모양에 관계없다.

④ 평면일 때 가장 크다.

|정|답|및|해|설|

[도체의 성질과 전하분포]

전하밀도는 뾰족할수록 커지고 뾰족하다는 것은 곡률 반지름이 매우 작다는 것이다. 곡률과 곡률 반지름은 반비례하므로 전하밀도는 곡률과 비례한다. 그리고 대전도체는 모든 전하가 표면에 위치하므로 내부에는 전하가 없다. 【정답】 ②

9. 와전류에 대한 설명으로 틀린 것은?

① 도체 내부를 통하는 자속이 없으면 와전류가 생기지 않는다.
② 도체 내부를 통하는 자속이 변화하지 않아도 회전이 발생하여 전류밀도가 균일하지 않다.
③ 패러데이의 전자유도 법칙에 의해 철심이 교번 자속을 통할 때 줄열 손실이 크다.
④ 교류기기는 와전류가 매우 크기 때문에 저감대책으로 얇은 철판(규소강판)을 겹쳐서 사용한다.

|정|답|및|해|설|

[와전류] 도체 단면을 통과하는 자속이 변화할 때 단면에 맴돌이 형태의 유도 전류가 흐른다. 이 전류를 와전류라고 한다.
(자속변화 → 도체 단면에 발생하는 맴돌이 전류)
$rot\,i = -K\frac{\partial B}{\partial t}$ 로 자속의 변화를 방해하기 위한 역자속을 만드는 전류이다. 따라서 이 전류는 자속의 수직되는 면을 회전한다.
【정답】 ②

10. 정전계에 대한 설명으로 옳은 것은?

① 전계 에너지가 항상 ∞인 전기장을 의미한다.
② 전계 에너지가 항상 0인 전기장을 의미한다.
③ 전계 에너지가 최소로 되는 전하분포의 전계이다.
④ 전계 에너지가 최대로 되는 전하분포의 전계이다.

|정|답|및|해|설|

[정전계] 정전계는 전계에너지가 최소로 되는 전하분포의 전계로서 에너지가 최소라는 것은 안정적 상태를 말한다.
【정답】 ③

11. 전속밀도 D, 전계의 세기 E, 분극의 세기 P 사이의 관계식은?

① $P = D + \epsilon_0 E$　② $P = D - \epsilon_0 E$
③ $P = D(1+\epsilon_0)E$　④ $P = \epsilon_0(D-E)$

|정|답|및|해|설|

[분극의 세기] $P = D - \epsilon_0 E = D\left(1 - \frac{1}{\epsilon_s}\right)[C/m^2]$　$\rightarrow (D = \epsilon E)$
여기서, D : 전속밀도, E : 전계의 세기, $\epsilon(=\epsilon_0\epsilon_s)$: 유전율
【정답】 ②

12. 반지름 $a[m]$인 원통 도체에 전류 $I[A]$가 균일하게 분포되어 흐르고 있을 때의 도체 내부의 세기는 몇 $[A/m]$인가? (단, 중심으로부터의 거리는 $r[m]$라 한다.)

① $\frac{Ir}{\pi a^2}$　② $\frac{Ir}{2\pi a}$
③ $\frac{Ir}{2\pi a^2}$　④ $\frac{Ir}{4\pi a^2}$

|정|답|및|해|설|

[원주 도체 내부 자계의 세기$(r<a)$] $H_i = \frac{Ir}{2\pi a^2}[A/m]$
여기서, I : 전류, r : 거리, a : 반지름
H_i는 거리(r)에 비례한다.
※원주 도체 외부 자계의 세기 $H_i = \frac{I}{2\pi r}[A/m]$
【정답】 ③

13. 비투자율 μ_s는 역자성체에서 다음 중 어느 값을 갖는가?

① $\mu_s = 1$　② $\mu_s < 1$
③ $\mu_s > 1$　④ $\mu_s = 0$

|정|답|및|해|설|

[자성체의 특징]
· 상자성체 $\mu_s > 1$, $\chi > 0$
· 강자성체 $\mu_s \gg 1$, $\lambda \gg 1$
· 역자성체 $\mu_s < 1$, $\chi < 0$
여기서, χ : 자화율 μ_s : 비투자율
【정답】 ②

14. 히스테리시스 곡선의 기울기는 다음의 어떤 값에 해당하는가?

① 투자율　② 유전율
③ 자화율　④ 감자율

|정|답|및|해|설|

[히스테리시스 곡선] 히스테리시스 곡선의 B(자속밀도)와 H(자계의 세기)의 비는 투자율(μ)이다. $\mu = \frac{B}{H}$
【정답】 ①

15. 전자파에서 전계 E와 자계 H의 비(E/H)는? (단, μ_s, ϵ_s는 각각 공간의 비투자율, 비유전율이다.)

① $377\sqrt{\frac{\epsilon_s}{\mu_s}}$　② $377\sqrt{\frac{\mu_s}{\epsilon_s}}$

③ $\frac{1}{377}\sqrt{\frac{\epsilon_s}{\mu_s}}$　④ $\frac{1}{377}\sqrt{\frac{\mu_s}{\epsilon_s}}$

|정|답|및|해|설|

[고유(파동)임피던스] $Z=\frac{E}{H}=\sqrt{\frac{\mu}{\epsilon}}=\sqrt{\frac{\mu_0\mu_s}{\epsilon_0\epsilon_s}}$

여기서, μ_0 : 진공중이 투자율($4\pi\times10^{-7}$)

ϵ_0 : 진동중의 유전율(8.855×10^{-19})

$\sqrt{\frac{\mu_0\mu_s}{\epsilon_0\epsilon_s}}=\sqrt{\frac{4\pi\times10^{-7}\times\mu_s}{8.855\times10^{-12}\times\epsilon_s}}≒377\sqrt{\frac{\mu_s}{\epsilon_s}}$

【정답】 ②

16. 유전체 내의 전속밀도를 정하는 원천은?

① 유전체의 유전율이다.
② 분극 전하만이다.
③ 진전하만이다.
④ 전전하의 분극 전하이다.

|정|답|및|해|설|

[전속밀도]

전속밀도=표면전하밀도=진전하밀도($D=\sigma$)

분극의세기(분극도)=분극전하밀도($P=\sigma_p$)

따라서 전속밀도 D는 진전하밀도 σ에 의해 결정된다.

【정답】 ③

17. 체적 전하밀도 $\rho[C/m^3]$로 $V[m^3]$의 체적에 걸쳐서 분포되어 있는 전하 분포에 의한 전위를 구하는 식은? (단, r은 중심으로부터의 거리이다.)

① $\frac{1}{4\pi\epsilon_0}\iiint_v \frac{\rho}{r^2}dv[V]$　② $\frac{1}{4\pi\epsilon_0}\iiint_v \frac{\rho}{r}dv[V]$

③ $\frac{1}{2\pi\epsilon_0}\iiint_v \frac{\rho}{r^2}dv[V]$　④ $\frac{1}{2\pi\epsilon_0}\iiint_v \frac{\rho}{r}dv[V]$

|정|답|및|해|설|

[전위] $V=\frac{Q}{4\pi\epsilon_0 r}$

전하밀도 ρ가 주어진 공간 충전하는

$Q=\iiint_v \rho dv$　$\therefore v=\frac{1}{4\pi\epsilon_0}\iiint_v \frac{\rho}{r}dv$

【정답】 ②

18. 진공중에서 점 (0, 1)[m] 되는 곳에 -2×10^{-9} $[C]$점전하가 있을 때 점 (2, 0)에 있는 점 (2, 0)에 있는 1[C]에 작용하는 힘[N]은?

① $-\frac{36}{5\sqrt{5}}a_x+\frac{18}{5\sqrt{5}}a_y$

② $-\frac{18}{5\sqrt{5}}a_x+\frac{36}{5\sqrt{5}}a_y$

③ $-\frac{36}{3\sqrt{5}}a_x+\frac{18}{5\sqrt{5}}a_y$

④ $\frac{36}{5\sqrt{5}}a_x+\frac{18}{5\sqrt{5}}a_y$

|정|답|및|해|설|

[전하에 작용하는 힘] $\vec{F}=9\times10^9\times\frac{Q_1Q_2}{r^2}\times\vec{r_0}[N]$

여기서, Q_1, Q_2 : 전하량[C], r : 전하간의 거리[m]

$\vec{r_0}=\frac{\vec{r}}{|r|}=\frac{(2-0)a_x+(0-1)a_y}{\sqrt{(2-0)^2+(0-1)^2}}=\frac{2a_x-a_y}{\sqrt{5}}$

$\vec{F}=9\times10^9\times\frac{-2\times10^{-9}\times1}{(\sqrt{5})^2}\times\frac{1}{\sqrt{5}}(2a_x-a_y)$

$=-\frac{36}{5\sqrt{5}}a_x+\frac{18}{5\sqrt{5}}a_y[N]$

【정답】 ①

19. 유전율 ϵ, 투자율 μ인 매질 내에서 전자파의 전파 속도[m/s]는?

① $\sqrt{\frac{\mu}{\epsilon}}$　② $\sqrt{\mu\epsilon}$

③ $\sqrt{\frac{\epsilon}{\mu}}$　④ $\frac{3\times10^8}{\sqrt{\mu_s\epsilon_s}}$

|정|답|및|해|설|

[전자파의 속도] $v^2=\frac{1}{\epsilon\mu}$

$v=\frac{1}{\sqrt{\epsilon\mu}}=\frac{1}{\sqrt{\epsilon_0\mu_0}}\cdot\frac{1}{\sqrt{\epsilon_s\mu_s}}=\frac{C}{\sqrt{\epsilon_s\mu_s}}=\frac{3\times10^8}{\sqrt{\epsilon_s\mu_s}}[m/s]$

여기서, $\epsilon(=\epsilon_0\epsilon_s)$: 유전율, $\mu(=\mu_0\mu_s)$: 투자율

C : 빛의 속도($3\times10^8[m/s]$)

【정답】 ④

20. 반지름 $a[m]$의 반구형 도체를 대지표면에 그림과 같이 묻었을 때 접지저항은 몇 $[\Omega]$인가? (단, $\rho[\Omega\cdot m]$는 대지의 고유저항이다.)

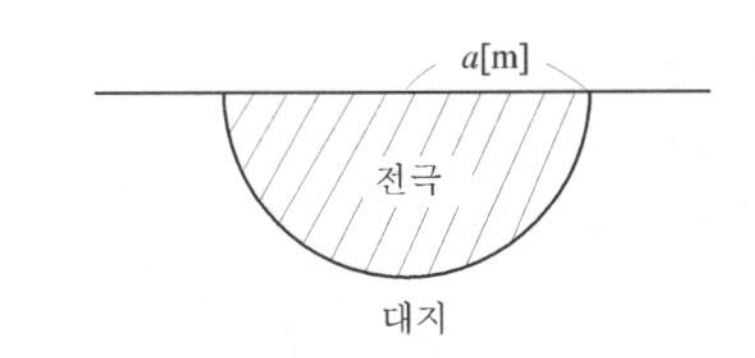

① $\dfrac{\rho}{2\pi a}$　② $\dfrac{\rho}{4\pi a}$
③ $2\pi\rho a$　④ $4\pi\rho a$

|정|답|및|해|설|

[저항] $R=\dfrac{\rho\epsilon}{C}$ → $(RC=\rho\epsilon)$

구도체의 정전용량 $C=4\pi\epsilon a$

반구도체의 정전용량 $C=\dfrac{4\pi\epsilon a}{2}=2\pi\epsilon a$

$\therefore R=\dfrac{\rho\epsilon}{C}=\dfrac{\rho\cdot\epsilon}{2\pi\epsilon a}=\dfrac{\rho}{2\pi a}$ 【정답】①

3회 2014년 전기기사필기 (전력공학)

21. 발전기나 주변압기의 내부 고장에 대한 보호용으로 가장 적합한 것은?

① 온도계전기　② 과전류계전기
③ 비율차동계전기　④ 과전압계전기

|정|답|및|해|설|

[변압기 내부고장 검출 보호계전기]
1. 차동계전기(비율차동 계전기) : 단락고장(사고) 시 검출
2. 압력계전기
3. 부흐홀츠계전기 : 아크방전사고 시 검출
4. 가스검출계전기 【정답】③

※ ① 온도 계전기 : 절연유 및 권선의 온도 상승 검출용
② 과전류계전기 : 일정한 전류 이상이 흐르면 동작
④ 과전압계전기 : 일정 값 이상의 전압이 걸렸을 때 동작

22. 수조에 대한 설명 중 틀린 것은?

① 수조 내의 수위의 이상 상승을 방지한다.
② 수로식 발전소의 수로 처음 부분과 수압관 아래 부분에 설치한다.
③ 수로에서 유입하는 물속의 토사를 침전시켜서 배사문으로 배사하고 부유물을 제거한다.
④ 상수조는 최대사용량의 1~2분 정도의 조정용량을 가질 필요가 있다.

|정|답|및|해|설|

[조압수조] 조압 수조는 압력 수조에서 수로와 수압철관 사이의 수격을 방지하기 위해 설치하는 것으로, 저수지 이용 수심이 크면 수실 조압 수조를 설치해서 수조의 높이를 낮추도록 한다. 차동 조압 수조는 서지가 빠르게 낮아지도록 라이저를 설치한 것이다. 【정답】②

23. 송전계통의 안정도 증진방법으로 틀린 것은?

① 직렬리액턴스를 작게 한다.
② 중간 조상방식을 채용한다.
③ 계통을 연계한다.
④ 원동기의 조속기 작동을 느리게 한다.

|정|답|및|해|설|

[동기기의 안정도 향상 대책]
- 과도 리액턴스는 작게, 단락비는 크게 한다.
- 정상 임피던스는 작게, 영상, 역상 임피던스는 크게 한다.
- 회전자의 플라이휠 효과를 크게 한다.
- 속응 여자 방식을 채용한다.
- 발전기의 조속기 동작을 신속하게 할 것
- 동기 탈조 계전기를 사용한다. 【정답】④

24. 차단기에서 고속도 재폐로의 목적은?

① 안정도 향상　② 발전기 보호
③ 변압기 보호　④ 고장전류 억제

|정|답|및|해|설|

[재폐로 차단기] 재폐로 차단기란 재전송하는 조작을 자동적으로 시행하는 재폐로 차단장치를 장비한 자동차단기로 주요 목적은 동기기의 안정도 향상시키기 위함이다.

【정답】①

25. 저압 단상3선식 배전방식의 가장 큰 단점은?

① 절연이 곤란하다.
② 전압의 불평형이 생기기 쉽다.
③ 설비 이용률이 나쁘다.
④ 2종류의 전압을 얻을 수 있다.

|정|답|및|해|설|

[단상 3선식 배전 방식(110/220[V])]
·중성선 단선에 의한 전압 불평형이 생기기 쉬우므로 부하 끝부분(말단)에 저압 밸런서를 설치한다.
·110/200[V]와 같은 2중의 전압을 얻을 수 있다.
·단상 2선식에 비하여 전선량이 절약된다(전선의 총 중량은 단상 2선식에 비하여 37.5[%] 정도 절약된다.)
·중성선에는 퓨즈를 끼워서는 안 된다. 【정답】 ②

26. 송전선로의 송전특성이 아닌 것은?

① 단거리 송전선로에서는 누설 컨덕턴스, 정전용량을 무시해도 된다.
② 중거리 송전선로는 T회로, π회로 해석을 사용한다.
③ 100[km]가 넘는 송전선로는 근사 계산식을 사용한다.
④ 장거리 송전선로의 해석은 특성 임피던스와 전파정수를 사용한다.

|정|답|및|해|설|

[송전선로] 100[km]가 넘는 장거리 송전선로는 분포정수 회로 해석을 사용한다.
※1. 단거리 : 50[km] 이하, R, L 고려, 집중회로
2. 중거리 : 50~100[km], R, L, C 고려, 집중회로, π, T형 회로
3. 장거리 : 100[km] 이상, R, L, C, G 고려, 분포정수회로
【정답】 ③

27. 중거리 송전선로의 T형 회로에서 송전단 전류 I_s는? (단, Z, Y는 선로의 직렬 임피던스와 병렬 어드미던스이고, E_r은 수전단 전압, I_r은 수전단 전류이다.)

① $I_r\left(1+\dfrac{ZY}{2}\right)+E_rY$
② $E_r\left(1+\dfrac{ZY}{2}\right)+ZI_r\left(1+\dfrac{ZY}{4}\right)$
③ $E_r\left(1+\dfrac{ZY}{2}\right)+Z_r$
④ $I_r\left(1+\dfrac{ZY}{2}\right)+E_rY\left(1+\dfrac{ZY}{4}\right)$

|정|답|및|해|설|

[중거리 송전선로]
1. T회로 송전전류 : $I_s=YE_r+I_r(1+\dfrac{ZY}{2})$
2. π회로 송전전류 : $I_s=Y\left(1+\dfrac{ZY}{4}\right)E_r+\left(1+\dfrac{ZY}{2}\right)I_r$
【정답】 ①

28. 전선의 지지점 높이가 15[m]이고, 전선의 처짐 정도(이도)가 2.7[m]일 때 전선의 지표상으로부터의 평균 높이는 몇 [m]인가?

① 14.2[m] ② 13.2[m]
③ 12.2[m] ④ 11.2[m]

|정|답|및|해|설|

[전선의 평균 높이] $h=h'-\dfrac{2}{3}D[m]$
$h=h'-\dfrac{2}{3}D=15-\dfrac{2}{3}\times2.7=13.2[m]$
여기서, h : 전선의 평균 높이, h' : 전선의 지지점의 높이
D : 처짐 정도(이도) 【정답】 ②

29. 송전선로에서 지락보호계전기의 동작이 가장 확실한 접지방식은?

① 직접접지식 ② 저항접지식
③ 소호리액터접지식 ④ 리액터접지식

|정|답|및|해|설|

[직접접지식] 직접접지방식 지락 전류가 커서 보호계전기 동작이 가장 확실하다. 지락전류가 크므로 통신선 유도장해가 크고 건전상의 이상전압은 작다. 【정답】 ①

30. 저압 네트워크 배전 방식의 장점이 아닌 것은?

① 인축의 접지사고가 적어진다.
② 부하 증가 시 적응성이 양호하다.
③ 무정전 공급이 가능하다.
④ 전압변동률이 적다.

|정|답|및|해|설|

[네트워크 배전 방식의 장점]
- 정전이 적으며 배전 신뢰도가 높다.
- 기기 이용률이 향상된다.
- 전압 변동이 적다.
- 적응성이 양호하다.
- 전력 손실이 감소한다.
- 변전소 수를 줄일 수 있다.

[네트워크 배전 방식의 단점]
- 건설비가 비싸다.
- 인축의 접촉 사고가 증가한다.
- 특별한 보호 장치를 필요로 한다.

【정답】 ①

31. 3상 배전선로의 끝부분에 지상 역률 80[%], 160[kW]인 평형 3상 부하가 있다. 부하점에 전력용 콘덴서를 접속하여 선로 손실을 최소가 되게 하려면 전력용 콘덴서의 용량은 몇 [kVA]가 필요한가? (단, 부하단 전압은 변하지 않는 것으로 한다)

① 100[kVA] ② 120[kVA]
③ 160[kVA] ④ 200[kVA]

|정|답|및|해|설|

[콘덴서 용량] $Q_c = P(\tan\theta_1 - \tan\theta_2) = P\left(\frac{\sin\theta_1}{\cos\theta_1} - \frac{\sin\theta_2}{\cos\theta_2}\right)[kVA]$

선로 손실을 최소로 하기 위해서는 역률을 1.0으로 개선해야 하므로 문제에서의 전 무효 전력만큼의 콘덴서 용량이 필요하다.

$Q_c = P\left(\frac{\sin\theta_1}{\cos\theta_1} - \frac{\sin\theta_2}{\cos\theta_2}\right) = 160\left(\frac{0.6}{0.8} - \frac{0}{1}\right) = 120[kVA]$

→ ($\sin\theta = \sqrt{1-\cos^2\theta}$, cos : 0.8 → sin : 0.6))

【정답】 ②

32. 설비용량 600[kW], 부등률 1.2, 수용률 60[%]일 때의 합성 최대 수용전력은 몇 [kW]인가?

① 240 ② 300 ③ 432 ④ 833

|정|답|및|해|설|

[합성최대수용전력] 합성최대수용전력 $= \frac{\text{설비용량} \times \text{수용률}}{\text{부등률}}$

수용률 $= \frac{\text{최대수용전력}}{\text{총수요설비용량}} \times 100[\%]$

부등률 $= \frac{\sum(\text{설비용량} \times \text{수용률})}{\text{합성최대용량}}$

합성최대수용전력 $= \frac{\text{설비용량} \times \text{수용률}}{\text{부등률}} = \frac{600 \times 0.6}{1.2} = \frac{360}{1.2} = 300$

【정답】 ②

33. 가공전선로의 지지물 간 거리(경간)가 200[m], 전선의 자체 무게 2[kg/m], 인장하중 5000[kg], 안전율 2인 경우 처짐 정도(이도)는 몇 [m]인가?

① 2 ② 4 ③ 6 ④ 8

|정|답|및|해|설|

[처짐 정도(이도)] $D = \frac{WS^2}{8T} = \frac{WS^2}{8 \times \frac{\text{인장하중}}{\text{안전율}}}[m]$

→ (T(수평장력) $= \frac{\text{인장하중}}{\text{안전율}}$)

여기서, W : 중량[kg/m], T : 수평 장력 [kg]
S : 지지물 간 거리(경간) [m]

$D = \frac{WS^2}{8T}[m] = \frac{2 \times 200^2}{8 \times \frac{5000}{2}} = 4[m]$

【정답】 ②

34. 1대의 주상 변압기에 부하1과 부하2가 병렬로 접속되어 있을 경우 주상 변압기에 걸리는 피상전력은 몇 [kVA] 인가? (단, 부하1 : 유효전력 P_1[kW], 역률(늦음) $\cos\theta_1$, 부하2 : 유효전력 P_2[kW], 역률(늦음) $\cos\theta_2$)

① $\frac{P_1}{\cos\theta_1} + \frac{P_2}{\cos\theta_2}$[kVA]

② $\sqrt{\left(\frac{P_1}{\cos\theta_1}\right)^2 + \left(\frac{P_2}{\cos\theta_2}\right)^2}$[kVA]

③ $\sqrt{(P_1+P_2)^2 + (P_1\tan\theta_1 + P_2\tan\theta_2)^2}$[kVA]

④ $\sqrt{\left(\frac{P_1}{\sin\theta_1}\right) + \left(\frac{P_2}{\sin\theta_2}\right)}$[kVA]

|정|답|및|해|설|

[피상전력] 피상전력 $= \sqrt{\text{유효전력}^2 + \text{무효전력}^2}$

$Q_1 = \frac{P_1}{\cos\theta_1} = P_1\tan\theta_1$, $Q_2 = \frac{P_2}{\cos\theta_2} = P_2\tan\theta_2$

합성피상전력 $K = \sqrt{(P_1+P_2)^2 + (P_1\tan\theta_1 + P_2\tan\theta_2)^2}$

【정답】 ③

35. 3상3선식 선로에서 각 선의 0.5096$[\mu F]$, 선간정전용량이 0.1295$[\mu F]$일 때, 1선의 작용정전용량은 몇 $[\mu F]$인가?

① 0.6　　② 0.9
③ 1.2　　④ 1.8

|정|답|및|해|설|

[3상 3선식 작용정전용량($3\phi 3w$)] $C = C_s + 3C_m$
여기서, C_s : 대지간 정전용량[F], C_m : 선간 정전용량[F]
$\therefore C = C_s + 3C_m = 0.5096 + 3 \times 0.1295 = 0.9[\mu F]$
※$1\phi 2w$ 작용정전용량 $C = C_s + 2C_m$ 【정답】②

36. 유도장해를 경감시키기 위한 전력선측의 대책으로 틀린 것은?

① 고저항 접지방식을 채용한다.
② 송전선과 통신선 사이에 차폐선을 설치한다.
③ 고속도 차단방식을 채택한다.
④ 중성점 전압을 상승시킨다.

|정|답|및|해|설|

[유도장해 경감 대책]
· 연가를 충분히 한다.　· 소호리액터접지방식
· 고속도 차단기 설치　· 교차 시 수직 교차하다.
· 이격거리 크게 한다.　· 차폐선을 설치(30 ~ 50[%] 경감)
[유도장해와 무관]
1. 정전유도장해 : 영상전압, 선로 길이에 무관
2. 전자유도장해 : 영상전류, 선로 길이에 비례
【정답】④

37. 화력발전소에서 매일 최대 출력 100000 [kW], 부하율 90[%]로 60일간 연속 운전할 때 필요한 석탄량은 약 몇 [t]인가? (단, 사이클효율은 40[%], 보일러 효율은 85[%], 발전기 효율은 98[%]로 하고 석탄의 발열량은 5500[kcal]이라 한다.)

① 60819　　② 61820
③ 62820　　④ 63820

|정|답|및|해|설|

[발전기효율] $\eta = \dfrac{860 \cdot W}{mH} \times 100[\%]$
여기서, W : 발전 전력량[kWh], m : 연료 소비량[kg]
H : 연료의 발열량[kcal/kg]
소비량 $m = \dfrac{860Pt \times \text{부하율}}{H\eta}$ → $(W = Pt)$
$= \dfrac{860 \times 100000 \times 0.9 \times 24 \times 60}{5500 \times 0.98 \times 0.85 \times 0.4} \times 10^{-3} = 60819[t]$
【정답】①

38. 송전선로에 뇌격에 대한 차폐등으로 가설하는 가공지선에 대한 설명 중 옳은 것은?

① 차폐각은 보통 15~30도 정도로 하고 있다.
② 차폐각이 클수록 벼락에 대한 차폐효과가 크다.
③ 가공지선을 2선으로 하면 차폐각이 적어진다.
④ 가공지선으로는 연동선을 주로 사용한다.

|정|답|및|해|설|

[가공지선]
· 차폐각은 작을수록 효과적이다.
· 일반적으로 45° 에서 97[%] 정도 효율을 갖는다.
· 차폐각이 작으면 지지물이 높은 것이므로 건설비가 비싸다.
· 가공지선에는 인장강도 8.01[kN] 이상의 나선 또는 5[mm] 이상의 나경동선을 사용할 것 【정답】③

39. 단로기에 대한 설명으로 적합하지 않은 것은?

① 소호장치가 있어 아크를 소멸시킨다.
② 무부하 및 여자전류의 개폐에 사용된다.
③ 배전용 단로기는 보통 디스컨넥팅바로 개폐한다.
④ 회로의 분리 또는 계통의 접속 변경 시 사용한다.

|정|답|및|해|설|

[단로기] 단로기에는 소호 장치가 없어서 아크를 소멸시킬 수 없다. 따라서 무부하 회로 또는 여자전류 등의 개폐에만 사용된다.
【정답】①

40. 송전선로에 복도체를 사용하는 주된 목적은?

① 코로나 발생을 감소시키기 위하여
② 인덕턴스를 증가시키기 위하여
③ 정전용량을 감소시키기 위하여
④ 전선 표면의 전위경도를 증가시키기 위하여

|정|답|및|해|설|

[복도체] 3상 송전선의 한 상당 전선을 2가닥 이상으로 한 것을 다도체라 하고, 2가닥으로 한 것을 보통 복도체라 한다.

[복도체의 특징]
- 코로나 임계전압이 15~20[%] 상승하여 코로나 발생을 억제
- 인덕턴스 20~30[%] 감소
- 정전용량 20[%] 증가
- 안정도가 증대된다.

【정답】 ①

3회 2014년 전기기사필기 (전기기기)

41. 동기발전기의 병렬운전에 필요한 조건이 아닌 것은?

① 기전력의 크기가 같을 것
② 기전력의 위상이 같을 것
③ 기전력의 주파수가 같을 것
④ 기전력의 용량이 같을 것

|정|답|및|해|설|

[동기발전기의 병렬운전 조건]
- 기전력의 크기가 같을 것
- 기전력의 위상이 같을 것
- 기전력의 주파수가 같을 것
- 기전력의 파형이 같을 것
- 상회전 방향이 같을 것

【정답】 ④

42. 고주파 발전기의 특징이 아닌 것은?

① 상용전원보다 낮은 주파수의 회전 발전기이다.
② 극수가 많은 동기발전기를 고속으로 회전시켜서 주파수 전압을 얻는 구조이다.
③ 유도자형은 회전자 구조가 견고하여 고속에서도 견딘다.
④ 상용주파수보다 높은 주파수의 전력을 발생하는 동기발전기이다.

|정|답|및|해|설|

[고주파 발전기]
- 유도자형 : 수백~수만[Hz] 정도의 고주파 발전기로 사용된다.

【정답】 ①

43. 변압기 온도상승 시험을 하는 데 가장 좋은 방법은?

① 충격전압 시험　　② 단락 시험
③ 반환 부하법　　④ 무부하 시험

|정|답|및|해|설|

[반환부하법] 반환 부하법은 동일 정격의 변압기가 2대 이상 있을 경우에 채용되며, 전력 소비가 적고 철손과 동손을 따로 공급하는 것으로 현재 가장 많이 사용하고 있다.

※온도시험 : 실부하법, 반환부하법(카프법, 홉킨스법, 브론델법)

【정답】 ③

44. SCR에 관한 설명으로 틀린 것은?

① 게이트 전류로 통전 전압을 가변시킨다.
② 주전류를 차단하여 게이트 전압을 (0) 또는 (-)로 해야 한다.
③ 게이트 전류의 위상각으로 통전 전류의 평균값을 제어 시킬 수 있다.
④ 대전력 제어 정류용으로 이용된다.

|정|답|및|해|설|

[SCR] SCR을 on 시키는 대로 게이트에 전류를 주어서 할 수 있다. 통전 후에는 게이트 전류를 바꾸어도 통전 상태가 변하지 않는다.

[SCR의 응용]
1. AC-DC 컨버터(위상제어 정류기) : 직류 전동기의 속도 제어
2. DC-AC 인버터 : 교류 전동기의 속도제어
3. DC-DC 컨버터(직류 초퍼 회로) : 직류 전동기의 속도제어
4. AC-AC 컨버터(사이클로 컨버터) : 가변 주파수, 가변 출력 전압 발생

【정답】 ②

45. 슬립 6[%]인 유도전동기의 2차측 효율[%]은?

① 94　　② 84　　③ 90　　④ 88

|정|답|및|해|설|

[유도 전동기의 2차 효율] $\eta_2 = \frac{P_0}{P_2} = (1-s) = \frac{N}{N_s} = \frac{\omega}{\omega_s}$

$\eta_2 = (1-s) \times 100 = (1-0.06) \times 100 = 94\%$

슬립이 6[%]이면 효율은 94[%]가 된다.

【정답】 ①

46. 2[kVA], 3000/100[V]의 단상 변압기의 철손이 200[W]이면, 1차에 환산한 여자컨덕턴스[℧]는?

① 66.6×10^{-3}　② 22.2×10^{-6}
③ 22×10^{-2}　④ 2×10^{-6}

|정|답|및|해|설|

[여자콘덕턴스] $G_0 = \frac{P_i}{V_1^2} = \frac{200}{(3000)^2} = 22.2 \times 10^{-6}$ [℧]

【정답】 ②

47. 정류자형 주파수변환기의 특성이 아닌 것은?

① 유도전동기의 2차여자기로 사용된다.
② 회전자는 정류자 3개와 슬립링으로 구성되어 있다.
③ 정류자 위에는 한 개의 자극마다 전기각 $\frac{\pi}{3}$ 간격으로 3조의 브러시로 구성되어 있다.
④ 회전자는 3상 회전변류기의 전기자와 거의 같은 구조이다.

|정|답|및|해|설|

[정류자형 주파수 변환기]
- 정류자형 주파수 변환기를 이것과 동일 전원에 접속하여 슬립 s로 운전하고 있는 권선형 유도 전동기와 조합시키면 유도전동기의 2차 여자를 행할 수 있으므로 전동기의 속도제어와 역률의 개선을 행할 수 있다.
- 정류자 위에는 한 개의 자극마다 전기각 $\frac{2\pi}{3}$ 간격으로 3조의 브러시로 구성되어 있다.　【정답】 ③

48. 회전계자형 동기발전기에 대한 설명으로 틀린 것은?

① 전기자 권선은 전압이 높고 결선이 복잡하다.
② 대용량의 경우에도 전류는 적다.
③ 계자회로는 직류의 저압회로이며 소요 전력도 적다.
④ 계자극은 기계적으로 튼튼하게 만들기 쉽다.

|정|답|및|해|설|

[회전계자형 동기발전기]
1. 전기적인 면
   - 계자는 직류 저압이 인가되고, 전기자는 교류 고압이 유기되므로 저압을 회전시키는 편이 위험성이 적다.
   - 전기자는 3상 결선이고 계자는 단상 직류이므로 결선이 간단한 계자가 위험성이 작다.
2. 기계적인 면
   - 전기자보다 계자가 철의 분포가 많기 때문에 회전시 기계적으로 더 튼튼하다.
   - 전기자는 권선을 많이 감아야 되므로 회전자 구조가 커지기 때문에 원동기 측에서 볼 때 출력이 더 증대하게 된다.

【정답】 ②

49. 부하에 관계없이 변압기에 흐르는 전류로서 자속만을 만드는 전류는?

① 1차전류　② 철손전류
③ 여자전류　④ 자화전류

|정|답|및|해|설|

[여자전류] 여자전류는 철손을 공급하는 철손전류와 자속을 유지하는 자화전류의 합이다.
즉, $\dot{I}_0 = \dot{I}_\varnothing + \dot{I}_i$ ($\dot{I}_\varnothing$: 자화전류, $\dot{I}_i$: 철손전류)

【정답】 ④

50. 단상 유도전동기의 기동 방법 중 기동 토크가 가장 큰 것은?

① 반발 기동형　② 분상 기동형
③ 세이딩 코일형　④ 콘덴서 분상 기동형

|정|답|및|해|설|

[단상 유도 전동기] 기동 토크가 큰 것부터 배열하면 다음과 같다.
반발기동형 → 반발유도형 → 콘덴서기동형 → 분상기동형 → 세이딩코일형(또는 모노사이클릭 기동형)

【정답】 ①

51. 제어 정류기 중 특정 고조파를 제거할 수 있는 방법은?

① 대칭각 제어기법
② 소호각 제어기법
③ 대칭 소호각 제어기법
④ 펄스폭 제어기법

|정|답|및|해|설|

[펄스폭 제어(PWM)] 펄스의 폭을 조정하여 부하에 전력의 크기를 조절하는 것이다.　【정답】 ④

52. 4극 중권 직류전동기의 전기자 전 도체수 160, 1극당 자속수 0.01[Wb], 전기자 전류가 100[A]일 때 발생 토크는 약 몇 [N · m]인가?

① 36.2 ② 34.8 ③ 25.5 ④ 23.4

|정|답|및|해|설|

[직류전동기의 토크] $T=\frac{60EI_a}{2\pi n}=0.975\frac{P}{N}=k\phi I_a$ $\rightarrow (k=\frac{pZ}{2\pi a})$

여기서, k : 상수($k=\frac{pZ}{2\pi a}$), $\varnothing$: 자속, I_a : 전기자전류

p : 극수, Z : 총도체수, a : 병렬회로수

중권이므로 $a=p=4$, $Z=160$, $\varnothing=0.01[Wb]$, $I_a=100[A]$

$$T=\frac{pZ\varnothing I_a}{2\pi a}=\frac{4\times 160\times 0.01\times 100}{2\pi\times 4}=25.5[N\cdot m]$$

【정답】 ③

53. 직류 발전기의 특성곡선 중 상호 관계가 옳지 않은 것은?

① 무부하 포화 곡선 : 계자전류와 단자전압
② 외부 특성 곡선 : 부하전류와 단자전압
③ 부하특성 곡선 : 계자전류와 단자전압
④ 내부 특성 곡선 : 부하전류와 단자전압

|정|답|및|해|설|

[각 특성 곡선 특징]

1. 무부하 특성 곡선 : 정격 속도에서 무부하 상태의 I_f(계자전류)와 E(유도기전력)와의 관계를 나타내는 곡선을 무부하 특성 곡선 또는 무부하 포화 곡선이라고 한다.
2. 부하 특성 곡선 : 정격 속도에서 I를 정격값으로 유지했을 때, I_f(계자전류)와 V(단자전압)와의 관계를 나타내는 곡선을 부하특성곡선이라 하고 I의 값으로는 정격값의 $\frac{3}{4}$, $\frac{1}{2}$ 등을 사용한다.
3. 외부 특성 곡선 : 정격 속도에서 부하전류 I와 단자전압 V가 정격값이 되도록 I_f를 조정한 후, 계자 회로의 저항을 일정하게 유지하면서 부하전류 I를 변화시켰을 때 I와 V의 관계를 나타내는 곡선을 외부 특성 곡선이라고 한다.

구분	횡축	종축	조건
무부하포화곡선	I_f	$V(=E)$)	$n=$ 일정, $I=0$
외부특성곡선	I	V	$n=$ 일정, $R_f=$ 일정
내부특성곡선	I	E	$n=$ 일정, $R_f=$ 일정
부하특성곡선	I_f	V	$n=$ 일정, $I=$ 일정
계자조정곡선	I	I_f	$n=$ 일정, $V=$ 일정

【정답】 ④

54. 전력용 변압기에서 1차에 정현파 전압을 인가하였을 때 2차에 정현파 전압이 유기되기 위해서는 1차에 흘러들어가는 여자전류는 기본파 전류외에 주로 몇 고조파 전류가 포함되는가?

① 제2고조파 ② 제3고조파
③ 제4고조파 ④ 제5고조파

|정|답|및|해|설|

정현파 전압을 유기하기 위해서는 정현파의 자속이 필요하게 되며 그 결과 자속을 만드는 여자 전류에 제3고조파가 포함 되어야 한다.
【정답】 ②

55. 변압기의 보호에 사용되지 않는 계전기는?

① 비율차동계전기 ② 임피던스계전기
③ 과전류계전기 ④ 온도계전기

|정|답|및|해|설|

[임피던스계전기] 임피던스 계전기는 일종의 거리 계전기로 고장점까지의 회로의 임피던스에 따라 동작한다. 【정답】 ②

56. 50[Hz], 6극, 200[V], 10[kW]의 3상유도전동기가 960[rpm]으로 회전하고 있을 때의 2차 주파수[Hz]는?

① 2 ② 4 ③ 6 ④ 8

|정|답|및|해|설|

[회전주파수] $f_{2s}=s\cdot f_2$ $\rightarrow (s=\frac{f_{2s}}{f_2})$

여기서, f_{2s} : 회전시의 2차주파수

$P=6$, $f_1=50[Hz]$, $N=960[rpm]$이므로

동기속도 $N_s=\frac{120f}{P}=\frac{120\times 50}{6}=1000[rpm]$

슬립 $s=\frac{N_s-N}{N_s}=\frac{1000-960}{1000}=0.04$

$\therefore f_{2s}=s\cdot f_2=0.04\times 50=2[Hz]$ 【정답】 ①

57. 풍력발전기로 이용되는 유도발전기의 단점이 아닌 것은?

① 병렬로 접속되는 동기기에서 여자전류를 취해야 한다.
② 공극의 치수가 작기 때문에 운전 시 주의해야 한다.
③ 효율이 낮다.
④ 역률이 높다.

|정|답|및|해|설|

[유도발전기] 유도전동기를 전원에 접속한 후 전동기로서의 회전 방향과 같은 방향으로 동기 속도 이상의 속도로 회전시키면 유도전동기는 발전기가 되며 이것을 유도 발전기 또는 비동기발전기라고 한다. 따라서 유도 발전기는 여자기로서 단독으로 발전할 수 없으므로 반드시 동기발전기가 필요하며 유도 발전기의 주파수는 전원의 주파수를 정하여지고 회전 속도에는 관계가 없다. <u>효율과 역률이 낮다</u>.

【정답】 ④

58. 10[kVA], 2000/10[V] 변압기 1차 환산등가 임피던스가 $6.2+j7[\Omega]$일 때 %임피던스 강하[%]는?

① 약 9.4　② 약 8.35
③ 약 6.75　④ 약 2.3

|정|답|및|해|설|

[%임피던스강하] $\%z=\frac{PZ}{10V^2}\times 100$

여기서, V : 정격전압, P : 전력, Z : 임피던스

$Z=6.2+j7$이므로

$|Z|=\sqrt{R^2+X^2}=\sqrt{6.2^2+7^2}=9.33[\Omega]$

$\therefore \%Z=\frac{ZP}{10V^2}=\frac{9.33\times 10}{10\times 2^2}=2.33[\%]$

【정답】 ④

59. 30[kVA], 3300/200[V], 60[Hz]의 3상변압기 2차측에 3상단락이 생겼을 경우 단락전류는 약 몇 [A]인가? (단, %임피던스전압은 3[%]이다.)

① 2250　② 2620
③ 2730　④ 2886

|정|답|및|해|설|

[단락전류] $I_s=\frac{100}{\%Z}I_n$

$\rightarrow$ (단상 : $I_n=\frac{P}{V_1}$, 3상 : $I_n=\frac{P}{\sqrt{3}\,V_1}$)

$\rightarrow$ (1차측이면 I_{1n}, V_1, 2차측이면 I_{2n}, V_2를 잡아준다.)

$\therefore I_{2s}=\frac{100}{\%Z}\times\frac{P}{\sqrt{3}\,V_2}=\frac{100}{3}\times\frac{30\times 10^3}{\sqrt{3}\times 200}=2886.75[A]$

【정답】 ④

60. 직류발전기의 단자전압을 조정하려면 어느 것을 조정하여야 하는가?

① 기동저항　② 계자저항
③ 방전저항　④ 전기자저항

|정|답|및|해|설|

[단자전압 조정] 단자전압을 조정하려면 회전수 n 또는 자속 $\varnothing$를 조정 하여야 하나 일반적으로 회전수는 일정하게 유지하고 <u>계자저항을 가감</u>함으로써 자속 $\varnothing$를 조정한다.

단자전압 $V=E-R_aI_a$　$\rightarrow (E=\omega\varnothing N)$

여기서, E : 유기기전력, I_a : 전기자전류, ω : 각주파수

【정답】 ②

3회 2014년 전기기사필기(회로이론 및 제어공학)

61. $\frac{d^2x}{dt^2}+\frac{dx}{dt}+2x=2u$의 상태변수를 $x_1=x$, $x_2=\frac{dx}{dt}$라 할 때, 시스템 매트릭스(system matrix)는?

① $\begin{bmatrix}0 & 1\\ 1 & 1\end{bmatrix}$　② $\begin{bmatrix}0 & 1\\ 2 & 1\end{bmatrix}$

③ $\begin{bmatrix}0 & 1\\ -2 & -1\end{bmatrix}$　④ $\begin{bmatrix}0\\ 1\end{bmatrix}$

|정|답|및|해|설|

[상태변수] $\frac{dx(t)}{dt}=Ax(t)+Br(t)$

$\dot{x}_1=0x_1(t)+x_2(t)$

$\dot{x}_2(t)=-2x_1(t)-x_2(t)+2u$

$\therefore \begin{bmatrix}x_1(t)\\ x_2(t)\end{bmatrix}=\begin{bmatrix}0 & 1\\ -2 & -1\end{bmatrix}\begin{bmatrix}x_1(t)\\ x_2(t)\end{bmatrix}+\begin{bmatrix}0\\ 2\end{bmatrix}u(t)$

【정답】 ③

62. 단위 계단함수의 라플라스 변환과 z변환 함수는?

① $\frac{1}{s}, \frac{1}{z-1}$　② $s, \frac{z}{z-1}$

③ $\frac{1}{s}, \frac{z-1}{z}$　④ $\frac{1}{s}, \frac{z}{z-1}$

|정|답|및|해|설|

[라플라스 변환]

$\lim_{t\to 0} e(t) = \lim_{s\to\infty} E(z)$		
$f(t)$	$F(s)$	$F(z)$
$\delta(t)$	1	1
$u(t)$	$\frac{1}{s}$	$\frac{z}{z-1}$
t	$\frac{1}{s^2}$	$\frac{Tz}{(z-1)^2}$
e^{-at}	$\frac{1}{s+a}$	$\frac{z}{z-e^{-at}}$

【정답】 ④

63. 다음과 같은 블록선도의 등가합성 전달함수는?

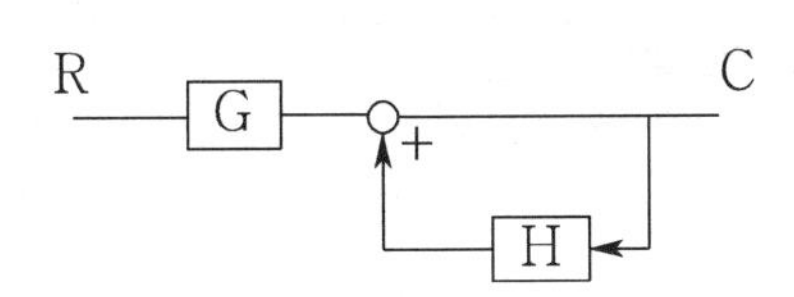

① $\frac{G}{1+H}$　② $\frac{G}{1+GH}$

③ $\frac{G}{1-GH}$　④ $\frac{G}{1-H}$

|정|답|및|해|설|

[전달함수] $G(s) = \frac{G}{1+GH}$

$C = RG + CH,\ C(1-H) = RG \ \rightarrow\ \therefore \frac{C}{R} = \frac{G}{1-H}$

【정답】 ④

64. 다음과 같은 시스템의 전달함수를 미분방정식 의 형태로 나타낸 것은?

$$G(s) = \frac{Y(s)}{X(s)} = \frac{3}{(s+1)(s-2)}$$

① $\frac{d^2}{dt}x(t) + \frac{d}{dt}x(t) - 2x(t) = 3y(t)$

② $\frac{d^2}{dt^2}y(t) + \frac{d}{dt}y(t) - 2y(t) = 3x(t)$

③ $\frac{d^2}{dt^2}y(t) - \frac{d}{dt}y(t) - 2y(t) = 3x(t)$

④ $\frac{d^2}{dt^2}y(t) + \frac{d}{dt}y(t) + 2y(t) = 3x(t)$

|정|답|및|해|설|

[전달함수]

$G(s) = \frac{Y(s)}{X(s)} = \frac{3}{s^2 - s - 2}$

$s^2 Y(s) - sY(s) - 2Y(s) = 3Y(s)$

$\therefore \frac{d^2}{dt^2}y(t) - \frac{d}{dt}y(t) - 2y(t) = 3x(t)$

【정답】 ③

65. 단위 피드백 제어계에서 전달함수 $G(s)$가 다음과 같이 주어지는 계의 단위 계단 입력에 대한 정상 편차는?

$$G(s) = \frac{6}{s(s+1)(s+3)}$$

① $\frac{1}{2}$　② $\frac{1}{3}$　③ $\frac{1}{4}$　④ $\frac{1}{6}$

|정|답|및|해|설|

[정상위치편차] $e_{ssp} = \lim_{s\to 0}\frac{s}{1+G(s)}R(s)$에서

$R(s) = \frac{1}{s}$

$e_{ssp} = \lim_{s\to 0} s\frac{s}{1+G(s)}\cdot\frac{1}{s} = \frac{1}{1+\lim_{s\to 0}G(s)}$

$= \frac{1}{1+\lim_{s\to 0}\frac{6}{(s+1)(s+3)}} = \frac{1}{1+2} = \frac{1}{3}$

【정답】 ②

66. 나이퀴스트 선도로부터 결정된 이득여유는 4~12[dB], 위상 여유가 30~40도 일 때, 이 제어계는?

① 불안정
② 임계안정
③ 인디셜응답 시간이 지날수록 진동은 확대
④ 안정

|정|답|및|해|설|
[안정범위]
1. 이득여유(GM) : 4~12[dB]
2. 위상여유(PM) : 30~60 °
【정답】 ④

67. 자동 제어계에서 2차계 과도 응답에서 응답이 정상값의 50[%]에 도달하는데 요하는 시간은 무엇인가?

① 상승시간　② 지연시간
③ 응답시간　④ 정상시간

|정|답|및|해|설|
1. 지연시간(시간 늦음) : 정상값의 50[%]에 도달하는 시간
2. 상승시간 : 정상값의 10~90[%]에 도달하는 시간
3. 정정시간 : 응답의 최종값의 허용 범위가 5~10[%]내에 안정되기까지 요하는 시간
【정답】 ②

68. 다음 진리표의 논리소자는?

입력		출력
A	B	C
0	0	1
0	1	0
1	0	0
1	1	0

① OR　② NOR
③ NOT　④ NAND

|정|답|및|해|설|
진리표를 보면 OR의 부정이므로 NOR임을 쉽게 알 수 있다.
【정답】 ②

69. 계통 방정식이 $J\frac{dw}{dt}+fw=\tau(t)$로 표시되는 시스템의 시정수는? (단, J는 관성 모멘트, f는 마찰 제동 계수, w는 각속도, τ는 회전력이다.)

① $\frac{f}{J}$　② $\frac{J}{f}$
③ $-\frac{f}{J}$　④ $-f \cdot J$

|정|답|및|해|설|
[전달함수] $G(s)=\frac{K}{Ts}+1$
여기서, K : 이득정수, T : 시정수

$$G(s)=\frac{\Omega(s)}{R(s)}=\frac{1}{Js+f}=\frac{\frac{1}{f}}{\frac{J}{f}s+1}=\frac{K}{Ts+1}$$

시정수 $T=\frac{J}{f}$
【정답】 ②

70. 다음과 같은 특성 방정식의 근궤적 가지수는?

S(S+1)(S+2)+K(S+3)=0

① 6　② 5　③ 4　④ 3

|정|답|및|해|설|
[특성방정식] 근궤적의 가지수는 특성 방정식의 차수와 동일하다.
【정답】 ④

71. $R=30[\Omega]$, $L=79.6[mH]$의 RL직렬 회로에 60[Hz]의교류를 가할 때 과도현상이 발생하지 않으려면 전압은 어떤 위상에서 가해야 하는가?

① 23 °　② 30 °
③ 45 °　④ 60 °

|정|답|및|해|설|
[$R-L$직렬회로] $R-L$직렬회로에서 다음을 성립하면 과도현상이 없다. $\theta=\tan^{-1}\frac{wL}{R}$

$$\theta=\tan^{-1}\frac{wL}{R}=\tan^{-1}\frac{2\times\pi\times60\times79.6\times10^{-3}}{30}=\tan^{-1}1$$

$\therefore\theta=45°$
【정답】 ③

72. 계단함수의 주파수 연속 스펙트럼은?

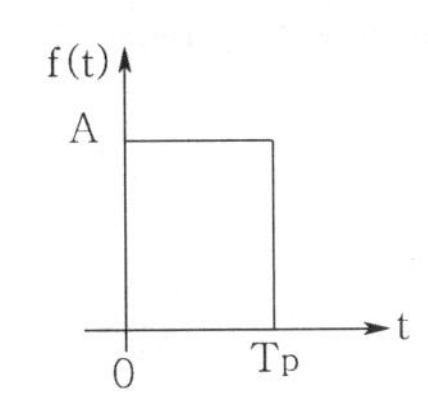

① $AT_P\left|\dfrac{\cos\left(\frac{wT_P}{2}\right)}{\left(\frac{wT_P}{2}\right)}\right|$ ② $AT_P\left|\sin\left(\frac{wT_P}{2}\right)\right|$

③ $AT_P\left|\dfrac{\sin\left(\frac{wT_P}{2}\right)}{\left(\frac{wT_P}{2}\right)}\right|$ ④ $\left|\dfrac{\sin\left(\frac{wT_P}{2}\right)}{\left(\frac{wT_P}{2}\right)}\right|$

|정|답|및|해|설|

【정답】 ③

73. $f(t)$와 $\dfrac{df}{dt}$는 라플라스 변환이 가능하며 $\mathcal{L}[f(t)]$를 $F(s)$라고 할 때 최종값 정리는?

① $\lim_{s\to 0}F(s)$ ② $\lim_{s\to\infty}sF(s)$

③ $\lim_{s\to\infty}F(s)$ ④ $\lim_{s\to 0}sF(s)$

|정|답|및|해|설|

[최종값의 정리]

항목	초기값 정리	최종값 정리
Z변환	$e(0)=\lim_{z\to\infty}F(z)$	$e(\infty)=\lim_{z\to 1}\left(1-\frac{1}{z}\right)F(z)$
라플라스 변환	$e(0)=\lim_{s\to\infty}sF(s)$	$e(\infty)=\lim_{s\to 0}sF(s)$

【정답】 ④

74. 무한장 평행 2선 선로에 주파수 4[Hz]의 전압을 가하였을 때 전압의 위상정수는 약 몇 [rad/m]인가?

① 0.0734 ② 0.0838

③ 0.0934 ④ 0.0634

|정|답|및|해|설|

[위상정수] $\beta=\dfrac{2\pi}{\lambda}[rad/m]$

파장 $\lambda=\dfrac{C_0}{f}=\dfrac{3\times10^8}{4\times10^6}=75[m]$

$\therefore$위상정수 $\beta=\dfrac{2\pi}{\lambda}=\dfrac{2\pi}{75}=0.0838[rad/m]$ 【정답】 ②

75. 평형 3상 △결선 부하의 각 상의 임피던스가 $Z=8+j6[\Omega]$인 회로에 대칭 3상 전원 전압 100[V]를 가할 때 무효율과 무효전력[Var]은?

① 무효율 : 0.6, 무효전력 : 1800

② 무효율 : 0.6, 무효전력 : 2400

③ 무효율 : 0.8, 무효전력 : 1800

④ 무효율 : 0.8, 무효전력 : 2400

|정|답|및|해|설|

- 무효율 $\sin\theta=\dfrac{X}{\sqrt{R^2+X^2}}=\dfrac{6}{\sqrt{8^2+6^2}}=0.6$
- 상전류 $I_p=\dfrac{V_p}{Z}=\dfrac{100}{\sqrt{8^2+6^2}}=10[A]$
- 무효전력 $P_r=3I_p^2=3\times10^2\times6=1800[Var]$

【정답】 ①

76. 2개의 교류전압 $v_1=141\sin(120\pi t-30^\circ)[V]$와 $v_2=150\cos(120\pi t-30^\circ)[V]$의 위상차를 시간으로 표시하면 몇 초인가?

① $\dfrac{1}{60}$ ② $\dfrac{1}{120}$ ③ $\dfrac{1}{240}$ ④ $\dfrac{1}{360}$

|정|답|및|해|설|

[위상차] $\theta=wt$

- $v_2=150\cos(120\pi t-30^\circ)=150\sin(120\pi t-30^\circ+90^\circ)$
- 위상차 $\theta=|-30^\circ-60^\circ|=|-90^\circ|=|-\frac{\pi}{2}|=\frac{\pi}{2}$
- $\theta=wt\to t=\dfrac{\theta}{w}=\dfrac{\pi}{2}\times\dfrac{1}{120\pi}=\dfrac{1}{240}[\sec]$

【정답】 ③

77. 회로에서 스위치 S를 닫을 때, 이 회로의 시정수는?

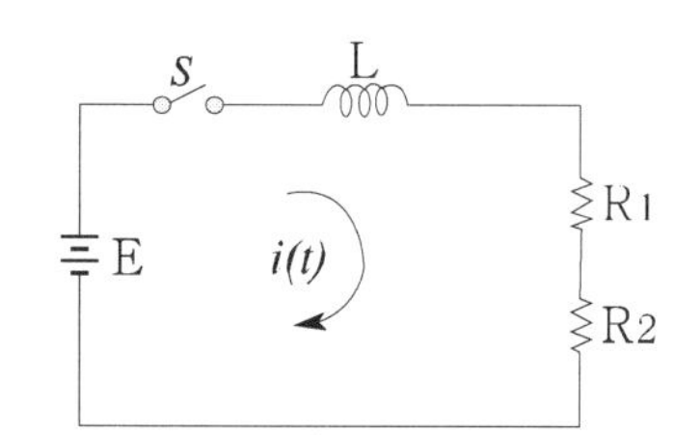

① $\frac{L}{R_1+R_2}$　　② $-\frac{L}{R_1+R_2}$

③ $\frac{R_1+R_2}{L}$　　④ $-\frac{R_1+R_2}{L}$

| 정 | 답 | 및 | 해 | 설 |

[시정수] $\tau = \frac{L}{R} = \frac{L}{R_1+R_2}$ 【정답】 ①

78. 공간적으로 서로 $\frac{2\pi}{n}[rad]$의 각도를 두고 배치한 n개의 코일에 대칭 n상 교류를 흘리면 그 중심에 생기는 회전자계의 모양은?

① 원형 회전자계　　② 타원형 회전자계

③ 원통형 회전자계　　④ 원추형 회전자계

| 정 | 답 | 및 | 해 | 설 |

[회전자계]
1. 대칭전류 : 원형회전자계 형성
2. 비대칭전류 : 타원회전자계 형성 【정답】 ①

79. 다음 왜형파 전압과 전류에 의한 전력은 몇 [W]인가? (단, 전압의 단위는 [V], 전류의 단위는 [A]이다.)

$$e = 100\sin(wt+30°) - 50\sin(3wt+60°) + 25\sin wt$$
$$i = 20\sin(wt-30°) + 15\sin(3wt+30°) + 10\cos(5wt-60°)$$

① 9330　　② 566.9

③ 420.0　　④ 283.5

| 정 | 답 | 및 | 해 | 설 |

$\cos\theta = \sin(wt+90°)$이므로

$i = 20\sin(wt-30°) + 15\sin(3wt+30°) + 10\sin(5wt-60°+90°)$

$= 20\sin(wt-30°) + 15\sin(3wt+30°) + 10\sin(5wt+30°)[A]$

$P = V_1I_1\cos\theta_1 + V_3I_3\cos\theta_3 + V_5I_5\cos\theta_5$

$= \frac{100}{\sqrt{2}} \cdot \frac{20}{\sqrt{2}}\cos60° - \frac{50}{\sqrt{2}} \cdot \frac{15}{\sqrt{2}}\cos30° + \frac{25}{\sqrt{2}}\cos30°$

$\fallingdotseq 283.5[W]$ 【정답】 ④

80. 구동점 임피던스(driving point impedance) 함수에 있어서 극점(zero)은?

① 단락 회로 상태를 나타낸다.

② 개방 회로 상태를 나타낸다.

③ 아무런 상태도 아니다.

④ 전류가 많이 흐르는 상태를 의미한다.

| 정 | 답 | 및 | 해 | 설 |

1. 영점 : $Z(s)=0$인 경우로 회로를 단락한 상태이다
2. 극점 : $Z(s)=\infty$인 경우는 회로가 개방 상태이다.

【정답】 ②

3회 2014년 전기기사필기 (전기설비기술기준)

81. 옥내에 시설하는 전동기가 소손되는 것을 방지하기 위한 과부하 보호장치를 하지 않아도 되는 것은?

① 정격출력이 4[kW]이며, 취급자가 감시할 수 없는 경우

② 정격출력이 0.2[kW] 이하인 경우

③ 전동기가 소손할 수 있는 과전류가 생길 우려가 있는 경우

④ 정격출력이 10[kW] 이상인 경우

| 정 | 답 | 및 | 해 | 설 |

[저압전로 중의 전동기 보호용 과전류보호장치의 시설 (kec 212.6.3)]
옥내 시설하는 전동기의 과부하장치 생략 조건
1. 정격 출력이 0.2[kW] 이하인 경우
2. 전동기를 운전 중 상시 취급자가 감시할 수 있는 위치에 시설하는 경우
3. 전동기의 구조나 부하의 성질로 보아 전동기가 손상될 수 있는 과전류가 생길 우려가 없는 경우
4. 단상전동기를 그 전원측 전로에 시설하는 과전류 차단기의 정격전류가 16[A](배선용 차단기는 20[A]) 이하인 경우

【정답】 ②

82. 다음 설명의 (　)안에 알맞은 내용은?

> 고압 가공전선이 다른 고압 가공전선과 접근상태로 시설되거나 교차하는 경우에 고압 가공전선 상호 간의 간격은 (　) 이상, 하나의 고압 가공전선과 다른 고압 가공전선로의 지지물 사이의 간격은 (　) 이상일 것

① 80[cm], 50[cm]　② 80[cm], 60[cm]
③ 60[cm], 30[cm]　④ 40[cm], 30[cm]

|정|답|및|해|설|

[가공전선 상호간 접근 또는 교차 (kec 332.17)]

구분	저압 가공전선		고압 가공전선	
	일반	고압 절연전선 또는 케이블	일반	케이블
저압가공전선	0.6[m]	0.3[m]	0.8[m]	0.4[m]
저압가공전선로의 지지물	0.3[m]	-	0.6[m]	0.3[m]
고압전차선	-	-	1.2[m]	-
고압가공전선	-	-	0.8[m]	0.4[m]
고압가공전선로의 지지물	-	-	0.6[m]	0.3[m]

【정답】 ②

83. 다음의 옥내배선에서 나전선을 사용할 수 없는 곳은?

① 접촉 전선의 시설
② 라이팅덕트 공사에 의한 시설
③ 합성수지관 공사에 의한 시설
④ 버스덕트 공사에 의한 시설

|정|답|및|해|설|

[나전선의 사용 제한 (KEC 231.4)]

옥내에 시설하는 저압전선에는 나전선을 사용하여서는 아니 된다. 다만, 다음중 어느 하나에 해당하는 경우에는 그러하지 아니하다.

1. 애자사용공사에 의하여 전개된 곳에 다음의 전선을 시설하는 경우
   - ·전기로용 전선
   - ·전선의 피복 절연물이 부식하는 장소에 시설하는 전선
   - ·취급자 이외의 자가 출입할 수 없도록 설비한 장소에 시설하는 전선
2. 버스덕트공사에 의하여 시설하는 경우
3. 라이팅덕트공사에 의하여 시설하는 경우
4. 접촉 전선을 시설하는 경우

【정답】 ③

84. 25[kV] 이하인 특고압 가공전선과 상호 접근 또는 교차하는 경우 사용전선이 양쪽 모두 케이블인 경우 간격은 몇 [m] 이상인가?

① 0.25　② 0.5　③ 0.75　④ 1.0

|정|답|및|해|설|

[15[kV] 초과 25[kV] 이하 특고압 가공전선로 간격 (KEC 333.27)]

전선의 종류	간격[m]
나전선	1.5
특고압 절연전선	1.0
케이블	0.5

【정답】 ②

85. 최대 사용전압이 66[kV]인 중성점 비접지식 선로에 접속하는 유도전압 조정기의 절연내력 시험 전압은 몇 [V]인가?

① 47520　② 72600
③ 82500　④ 99000

|정|답|및|해|설|

[회전기 및 정류기의 절연내력 (KEC 133)]

종　류			시험 전압	시험 방법
회전기	발전기·전동기·무효 전력 보상 장치(조상기)·기타회전기	7[kV] 이하	1.5배 (최저 500[V])	권선과 대지간의 연속하여 10분간
		7[kV] 초과	1.25배 (최저 10,500[V])	
	회전변류기		직류측의 최대사용전압의 1배의 교류전압 (최저 500[V])	
정류기	60[kV] 이하		직류측의 최대 사용전압의 1배의 교류 전압(최저 500[V]	충전부분과 외함간에 연속하여 10분간
	60[kV] 초과		교류측의 최대 사용전압의 1.1배의 교류전압 또는 직류측의 최대사용전압의 1.1배의 직류전압	교류측 및 직류고전압측 단자와 대지간에 연속하여 10분간

$\therefore 66000 \times 1.1 = 72600[V]$

【정답】 ②

86. 가반형의 용접 전극을 사용하는 아크 용접 장치의 시설에 대한 설명으로 옳은 것은?

① 용접 변압기의 1차측 전로의 대지 전압은 600[V] 이하일 것
② 용접 변압기의 1차측 전로에는 리액터를 시설할 것
③ 용접 변압기는 절연 변압기일 것
④ 피용접제 또는 이와 전기적으로 접속되는 받침대, 정반 등의 금속체에는 접지공사를 하지 않는다.

|정|답|및|해|설|

[아크 용접장치의 시설 (KEC 241.10)]
가반형의 용접 전극을 사용하는 아크용접장치는 다음 각 호에 의하여 시설하여야 한다.

· 용접변압기는 절연변압기일 것
· 용접변압기의 1차측 전로의 대지전압은 300[V] 이하일 것
· 용접변압기의 1차측 전로에는 용접변압기에 가까운 곳에 쉽게 개폐할 수 있는 개폐기를 시설할 것
· 피용접재 또는 이와 전기적으로 접속되는 받침대·정반 등의 금속체는 접지공사를 하여야 한다. 【정답】 ③

87. 발전소, 변전소, 개폐소 이에 준하는 곳, 전기 사용 장소 상호간의 전선 및 이를 지지하거나 수용하는 시설물을 무엇이라 하는가?

① 급전소 ② 송전선로
③ 전선로 ④ 개폐소

|정|답|및|해|설|

[용어의 정의 (KEC 112)]
1. 급전선(feeder) : 배전 변전소 또는 발전소로부터 배전 간선에 이르기까지의 도중에 부하가 접속되어 있지 않은 선로
2. 전기철도용 급전선 : 전기철도용 변전소로부터 다른 전기철도용 변전소 또는 전차선에 이르는 전선을 말한다.
3. 전기철도용 급전선로 : 전기철도용 급전선 및 이를 지지하거나 수용하는 시설물을 말한다. 【정답】 ③

88. 저압 또는 고압의 지중전선이 지중 약전류 전선 등과 교차하는 경우 몇 [cm] 이하일 때에 내화성의 격벽을 설치하여야 하는가?

① 90[cm] ② 60[cm]
③ 30[cm] ④ 10[cm]

|정|답|및|해|설|

[지중선전과 지중 약전류전선 등 또는 관과의 접근 또는 교차 (KEC 334.6)] 지중 전선과 지중 약전류 전선 등과 접근 또는 교차
1. 저·고압 지중 전선 : 30[cm] 이하
2. 특고 지중 전선 : 60[cm] 이하
3. 상호 간의 간격이 0.3[m] 이하인 경우에는 지중전선과 관 사이에 견고한 내화성 격벽을 시설하는 경우 이외에는 견고한 불연성 또는 난연성의 관에 넣어 시설하여야 한다.
【정답】 ③

89. 22[kV]의 특고압 가공전선로의 전선을 특고압 절연전선으로 시가지에 시설하는 경우, 전선의 지표상의 높이는 최소 몇 [m] 이상인가?

① 8 ② 10 ③ 12 ④ 14

|정|답|및|해|설|

[시가지 등에서 특고압 가공전선로의 시설 제한 (KEC 333.1)]
35[KV] 이하의 특고압전선이 시가지에 시설되는 경우 높이는 10[m] 이상으로 해야 한다.(단, 특고압 절연전선으로 시설하는 경우에는 8[m] 이상으로 할 수 있다.) 【정답】 ①

90. 지중 전선로에 사용하는 지중함의 시설기준이 아닌 것은?

① 폭발 우려가 있고 크기가 1[m^3] 이상인 것에는 밀폐 하도록 할 것
② 뚜껑은 시설자 이외의 자가 쉽게 열수 없도록 할 것
③ 지중함 내부의 고인 물을 제거할 수 있는 구조일 것
④ 견고하여 차량 기타 중량물의 압력에 견딜 수 있을 것

|정|답|및|해|설|

[지중함의 시설 (KEC 334.2)]
· 지중함은 견고하고 차량 기타 중량물의 압력에 견디는 구조일 것
· 지중함은 그 안의 고인 물을 제거할 수 있는 구조로 되어 있을 것
· 폭발성 또는 연소성의 가스가 침입할 우려가 있는 것에 시설하는 지중함으로서 그 크기가 1[m^3] 이상인 것에는 통풍장치 기타 가스를 방산시키기 위한 적당한 장치를 시설할 것
· 지중함의 뚜껑은 시설자 이외의 자가 쉽게 열 수 없도록 시설할 것
【정답】 ①

91. 뱅크용량이 20000[kVA]인 전력용 커패시터에 자동적으로 전로로부터 차단하는 보호장치를 하려고 한다. 반드시 시설하여야 할 보호장치가 아닌 것은?

① 내부에 고장이 생긴 경우에 동작하는 장치
② 절연유의 압력이 변화할 때 동작하는 장치
③ 과전류가 생긴 경우에 동작하는 장치
④ 과전압이 생긴 경우에 동작하는 장치

|정|답|및|해|설|

[조상설비 보호장치 (KEC 351.5)] 조상설비에는 그 내부에 고장이 생긴 경우에 보호하는 장치를 표와 같이 시설하여야 한다.

설비 종별	뱅크 용량의 구분	자동적으로 전로로부터 차단하는 장치
전력용 커패시터 및 분로리액터	500[kVA] 초과 15,000[kVA] 미만	· 내부에 고장이 생긴 경우 · 과전류가 생긴 경우
	15,000[kVA] 이상	· 내부에 고장이 생긴 경우 · 과전류가 생긴 경우 · 과전압이 생긴 경우
무효 전력 보상 장치(조상기)	15,000[kVA] 이상	· 내부에 고장이 생긴 경우

【정답】 ②

92. 고압 가공인입선이 케이블 이외의 것으로서 그 아래에 위험표시를 하였다면 전선의 지표상 높이는 몇 [m]까지로 감할 수 있는가?

① 2.5m ② 3.5m
③ 4.5m ④ 5.5m

|정|답|및|해|설|

[고압 가공인입선의 시설 (KEC 331.12.1)]
· 인장강도 8.01[kN] 이상의 고압절연전선 또는 5[mm] 이상의 경동선 사용
· 고압 가공 인입선의 높이 3.5[m]까지 감할 수 있다(전선의 아래쪽에 위험표시를 할 경우).
· 고압 이웃 연결(연접) 인입선은 시설하여서는 아니 된다.

【정답】 ②

93. 수력발전소의 발전기 내부에 고장이 발생하였을 때 자동적으로 전로로부터 차단하는 장치를 시설하여야 하는 발전용량은 몇 [kVA] 이상인가?

① 3000 ② 5000
③ 8000 ④ 10000

|정|답|및|해|설|

[발전기 등의 보호장치 (KEC 351.3)]
발전기에는 다음 각 호의 경우에 자동적으로 이를 전로로부터 차단하는 장치를 시설하여야 한다.

1. 발전기에 과전류나 과전압이 생긴 경우
2. 용량이 500[kVA] 이상의 발전기를 구동하는 수차의 압유 장치의 유압 또는 전동식 가이드밴 제어장치, 전동식 니이들 제어장치 또는 전동식 디플렉터 제어장치의 전원전압이 현저히 저하한 경우
3. 용량 100[kVA] 이상의 발전기를 구동하는 풍차(風車)의 압유장치의 유압, 압축 공기장치의 공기압 또는 전동식 브레이드 제어장치의 전원전압이 현저히 저하한 경우
4. 용량이 2,000[kVA] 이상인 수차 발전기의 스러스트 베어링의 온도가 현저히 상승한 경우
5. 용량이 10,000[kVA] 이상인 발전기의 내부에 고장이 생긴 경우
6. 정격출력이 10,000[kW]를 초과하는 증기터빈은 그 스러스트 베어링이 현저하게 마모되거나 그의 온도가 현저히 상승한 경우

【정답】 ④

94. 전압을 구분하는 경우 교류에서 저압은 몇 [V] 이하인가?

① 700 ② 1000
③ 1500 ④ 1700

|정|답|및|해|설|

[전압의 종별 (기술기준 제3조)]

분류	전압의 범위
저압	· 직류 : 1500[V] 이하 · 교류 : 1000[V] 이하
고압	· 직류 : 1500[V]를 초과하고 7[kV] 이하 · 교류 : 1000[V]를 초과하고 7[kV] 이하
특고압	· 7[kV]를 초과

【정답】 ②

95. 제1종 특고압 보안공사를 필요로 하는 가공 전선로의 지지물로 사용할 수 있는 것은?

① A종 철근콘크리트주
② B종 철근콘크리트주
③ A종 철주
④ 목주

|정|답|및|해|설|

[특고압 보안공사 (KEC 333.22)]
제1종 특고압 보안 공사의 지지물에는 B종 철주, B종 철근 콘크리트주 또는 철탑을 사용할 것(목주, A종은 사용불가)

【정답】 ②

96. 154[kV] 특고압 가공전선로를 시가지에 경동연선으로 시설할 경우 단면적은 몇 $[mm^2]$ 이상을 사용하여야 하는가?

① 100　　② 150
③ 200　　④ 250

|정|답|및|해|설|

[시가지 등에서 특고압 가공전선로의 시설 (kec 333)] 시가지 등에서 170[kV] 이하 특고압 가공전선로 전선의 단면적

사용전압의 구분	전선의 단면적
100[kV] 미만	인장강도 21.67[kN] 이상의 연선 또는 단면적 55[㎟] 이상의 경동연선
100[kV] 이상	인장강도 58.84[kN] 이상의 연선 또는 <u>단면적 150[㎟] 이상</u>의 경동연선

154[kV]는 $150[mm^2]$, 345[kV]는 $200[mm^2]$

【정답】 ②

97. 지중 전선로를 직접 매설식에 의하여 시설할 경우에는 차량 및 기타 중량물의 압력을 받을 우려가 있는 장소의 매설 깊이는 몇 [m] 이상으로 하여야 하는가?

① 1.0　　② 1.2
③ 1.5　　④ 1.8

|정|답|및|해|설|

[지중 전선로의 시설 (KEC 334.1)] 전선은 케이블을 사용하고, 또한 관로식, 암거식, 직접 매설식에 의하여 시공한다.

1. 직접 매설식 : 매설 깊이는 <u>중량물의 압력이 있는 곳은 1.0[m] 이상</u>, 없는 곳은 0.6[m] 이상으로 한다.
2. 관로식 : 매설 깊이를 1.0 [m] 이상, 중량물의 압력을 받을 우려가 없는 곳은 60 [cm] 이상으로 한다.
3. 암거식 : 지하 구조물 내 케이블 지지대를 설치하고 그 위에 케이블을 부설하는 방식

【정답】 ①

2013년 1회 전기기사 필기 기출문제

1회 2013년 전기기사필기 (전기자기학)

1. 1[kV]로 충전된 어떤 콘덴서의 정전 에너지가 1[J]일 때, 이 콘덴서의 크기는 몇 $[\mu F]$인가?

① $2[\mu F]$　② $4[\mu F]$
③ $6[\mu F]$　④ $8[\mu F]$

|정|답|및|해|설|

[콘덴서의 정전에너지(축적(저장)에너지) W]

$W = QV = \frac{1}{2}CV^2 = \frac{Q^2}{2C}[J]$ → (전하 $Q = CV[C]$)

여기서, Q : 전하, V : 전위차, C : 콘덴서용량

∴콘덴서용량 $C = \frac{2W}{V^2} = \frac{2 \times 1}{(1 \times 10^3)^2} = 2 \times 10^{-6}[F] = 2[\mu F]$

【정답】 ①

2. 진공 중의 선전하밀도 $+\lambda[C/m]$의 무한장 직선 전하 A와 $-\lambda[C/m]$의 무한장 직선 전하 B가 d[m]의 거리에 평행으로 놓여 있을 때, A에서 거리 d/3[m]되는 점의 전계의 크기는 몇 [V/m] 인가?

① $\frac{3\lambda}{4\pi\epsilon_0 d}$　② $\frac{9\lambda}{4\pi\epsilon_0 d}$
③ $\frac{3\lambda}{8\pi\epsilon_0 d}$　④ $\frac{9\lambda}{8\pi\epsilon_0 d}$

|정|답|및|해|설|

[선전하에서 전계] $E = \frac{\lambda}{2\pi\epsilon_0 a}[V/m]$

또한 $+\lambda[C/m]$와 $-\lambda[C/m]$ 사이에서 전계는 $E = E_1 + E_2$이므로

$$E = E_1 + E_2 = \frac{\lambda}{2\pi\epsilon_0\left(\frac{d}{3}\right)} + \frac{\lambda}{2\pi\epsilon_0\left(\frac{2d}{3}\right)}$$

$$= \frac{3\lambda}{2\pi\epsilon_0 d} + \frac{3\lambda}{4\pi\epsilon_0 d} = \frac{9\lambda}{4\pi\epsilon_0 d}[V/m]$$

【정답】 ②

3. $\nabla \cdot i$에 대한 설명이 아닌 것은?

① 도체 내에 흐르는 전류는 연속이다.
② 도체 내에 흐르는 전류는 일정하다.
③ 단위 시간당 전하의 변화가 없다.
④ 도체 내에 전류가 흐르지 않는다.

|정|답|및|해|설|

$\nabla \cdot i = 0$는 전류의 연속성을 나타낸다.

전류의 연속성이란 유입 전류의 합과 전류의 합이 같다는 것이다.

키르히호프의 법칙에서 KCL은 $\sum i_i = \sum i_0$로 나타낸다.

$\nabla \cdot i = 0$은 $\nabla \cdot i = div \cdot i = 0$

【정답】 ④

4. 환상 철심에 감은 코일에 5[A]의 전류를 흘려 2000[AT]의 기자력을 생기게 하려면 코일의 권수(회)는 얼마로 하여야 하는가?

① 10000　② 500
③ 400　④ 250

|정|답|및|해|설|

[기자력] $F = NI[AT]$

여기서, F: 기자력, N: 권수, I: 전류

∴권수 $N = \frac{F}{I} = \frac{2000}{5} = 400[T]$

【정답】 ③

5. 압전기 현상에서 분극이 응력에 수직한 방향으로 발생하는 현상은?

① 종효과　② 횡효과
③ 역효과　④ 직접효과

|정|답|및|해|설|

[압전기 현상] 결정에 가한 기계적 응력과 전기 분극이 동일 방향으로 발생하는 경우를 종효과, **수직 방향으로 발생하는 경우를 횡효과**라고 한다.

【정답】 ②

6. 다음 중 금속에서의 침투 깊이(Skin Depth)에 대한 설명으로 옳은 것은?

① 같은 금속을 사용할 경우 전자파의 주파수를 증가시키면 침투 깊이가 증가한다.

② 같은 주파수의 전자파를 사용할 경우 전도율이 높은 금속을 사용하면 침투 깊이가 감소한다.

③ 같은 주파수의 전자파를 사용할 경우 투자율 값이 작은 금속을 사용하면 침투 깊이가 감소한다.

④ 같은 금속을 사용할 경우 어떤 전자파를 사용하더라도 침투 깊이는 변하지 않는다.

|정|답|및|해|설|

[표피효과] 표피효과란 전류가 도체 표면에 집중하는 현상

침투깊이 $\delta=\sqrt{\frac{2}{w\sigma\mu}}=\sqrt{\frac{1}{\pi f\sigma\mu}}\,[m]$

여기서, σ : 도전율, μ : 투자율[H/m]

ω : 각속도(=$2\pi f$), δ : 표피두께(침투깊이), f : 주파수

표피효과는 표피효과 깊이와 반비례한다. 즉, 표피효과 깊이가 작을수록 표피효과가 큰 것이다. 그러므로 투자율이 작으면 표피효과 깊이가 크고, 표피효과는 작아지는 것이다. 쉽게 말하면 **주파수나 도전율이나 투자율**에 표피효과는 비례하고 **표피효과 깊이는 반비례**한다.

【정답】 ②

7. 그림과 같이 단면적이 균일한 환상 철심에 권수 N_1 A코일과 권수 N_2 인 B코일이 있을 때 A코일의 자기인덕턴스가 $L_1[H]$ 라면, 두 코일의 상호인덕턴스 M은 몇 [H]인가? (단, 누설자속은 0이라고 한다.)

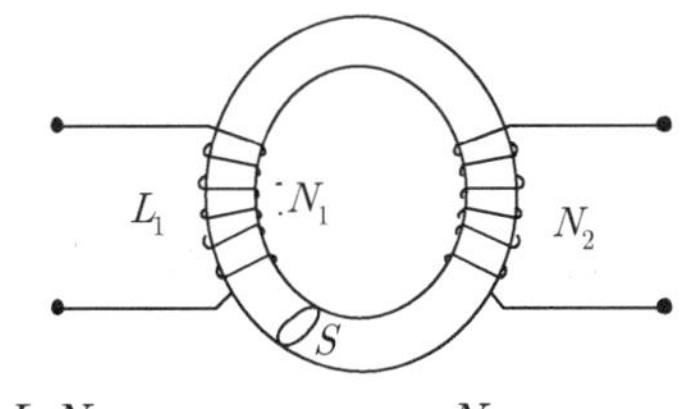

① $\frac{L_1N_1}{N_2}$　② $\frac{N_2}{L_1N_1}$

③ $\frac{N_2}{L_1N_2}$　④ $\frac{L_1N_2}{N_1}$

|정|답|및|해|설|

[권수비] $a=\frac{V_1}{V_2}=\frac{N_1}{N_2}=\frac{L_1}{M}=\frac{M}{L_2}$

$M=\frac{N_2}{N_1}L_1[H]$

【정답】 ④

8. 단면적 1000$[mm^2]$ 길이 600[mm], 비투자율 1000인 강자성체의 철심에 자속 밀도 $B=1$ $[Wb/m^2]$를 만들려고 한다. 이 철심에 코일을 감아 전류를 공급하였을 때 발생되는 기자력 [AT]은?

① 4.8×10^2　② 4.8×10^3

③ 4.8×10^4　④ 4.8×10^5

|정|답|및|해|설|

[기자력] $F=NI=\varnothing R$

자속 $\varnothing=BS=\mu HS$

$B=1[Wb/m^2]$, $l=600[mm]=0.6[m]$, $\mu_s=1000$

$\therefore F=B\cdot S\frac{l}{\mu S}=B\cdot\frac{l}{\mu_0\mu_s}$

$=1\times\frac{0.6}{4\pi\times10^{-7}\times1000}=4.8\times10^2[At]$

【정답】 ①

9. 그림과 같은 모양의 자화 곡선을 나타내는 자성체 막대를 충분히 강한 평등 자계 중에서 매분 3,000회 회전시킬 때 자성체는 단위 체적당 매초 약 몇 [kcal]의 열이 발생하는가? (단, $B_r=2[Wb/m^2]$ $H_L=500$ $[AT/m]$, $B=\mu H$ 에서 μ는 일정하지 않음)

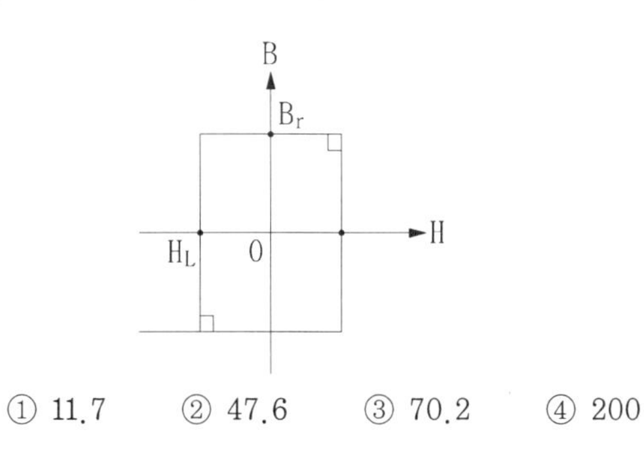

① 11.7　② 47.6　③ 70.2　④ 200

|정|답|및|해|설|

[체적 당 전력] 히스테리시스 곡선의 면적=체적 당 에너지

$P_h=4B_rH_L=4\times2\times500=4000[J/m^3]$

→ $(1[J]=0.24[cal])$

$\therefore H=0.24\times4000\times\frac{3000}{60}\times10^{-3}=48[kcal/\sec]$

【정답】 ②

10. 자기유도계수 L의 계산 방법이 아닌 것은? (단, N : 권수, $\varnothing$: 자속, I : 전류, A : 벡터포텐샬, i : 전류 밀도, B : 자속 밀도, H : 자계의 세기이다.)

① $L=\dfrac{N\varnothing}{I}$ ② $L=\dfrac{\int_v Aidv}{I^2}$

③ $L=\dfrac{\int_v BHdv}{I^2}$ ④ $L=\dfrac{\int_v Aidv}{I}$

|정|답|및|해|설|

[자기유도계수] $L=\dfrac{N\varnothing}{I}$ → $N\varnothing=LI$, $L=\dfrac{N\varnothing}{I}[H]$

$\int_v BHdv=LI^2[J]$, $\int_v BHdv$는 체적 에너지

코일에 축적되는 에너지 $W=\dfrac{1}{2}LI^2=\dfrac{1}{2}BHv[J]$ 이므로

$L=\dfrac{BHv}{I^2}=\int_v \dfrac{BHdv}{I^2}=\int \dfrac{rot\,AHdv}{I^2}=\int \dfrac{Aidv}{I^2}[H]$

【정답】 ②

11. 정전용량 $C[F]$인 평행판 공기 콘덴서에 전극 간격의 $\dfrac{1}{2}$ 두께인 유리판을 전극에 평행하게 넣으면 이때의 정전용량은 몇 [F]인가? (단, 유리의 비유전율은 ϵ_s라 한다.)

① $\dfrac{2\epsilon_s C}{1+\epsilon_s}$ ② $\dfrac{C\epsilon_s}{1+\epsilon_s}$

③ $\dfrac{(1+\epsilon_s)C}{2\epsilon_s}$ ④ $\dfrac{3C}{1+\dfrac{1}{\epsilon_s}}$

|정|답|및|해|설|

[콘덴서의 직렬연결] $C=\dfrac{C_1C_2}{C_1+C_2}[F]$

유리판을 전극에 평행하게 넣으면 $C=\dfrac{C_1C_2}{C_1+C_2}$

정전용량 $C=\epsilon_0\dfrac{S}{d}$

정전용량 $C_1=\epsilon_0\dfrac{2S}{d}$ → (공기중의 전극간격 $\dfrac{1}{2}d$)

정전용량 $C_2=\epsilon\dfrac{2S}{d}=\epsilon_0\epsilon_s\dfrac{2S}{d}$

$\therefore C_0=\dfrac{\epsilon_0\dfrac{2S}{d}\cdot\epsilon\dfrac{2S}{d}}{\epsilon_0\dfrac{2S}{d}+\epsilon\dfrac{2S}{d}}=\dfrac{\epsilon_0\cdot\epsilon\dfrac{2S}{d}}{\epsilon_0+\epsilon}=\dfrac{\epsilon\dfrac{2S}{d}}{1+\epsilon_s}[F]=\dfrac{2\epsilon_s C}{1+\epsilon_s}[F]$

【정답】 ①

|참|고|

[유전체의 삽입 위치에 따른 콘덴서의 직·병렬 구별]

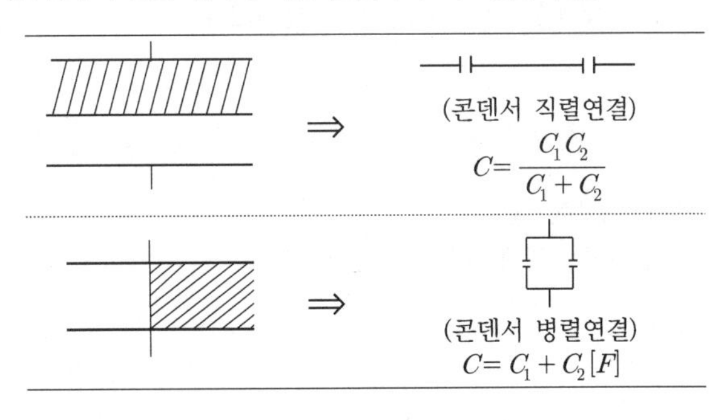

12. 반지름 2[mm]의 두 개의 무한히 긴 원통 도체가 중심 간격 2[m]로 진공 중에 평행하게 놓여 있을 때 1[km]당의 정전용량은 약 몇 [μF]인가?

① $1\times10^{-3}[\mu F]$ ② $2\times10^{-3}[\mu F]$

③ $4\times10^{-3}[\mu F]$ ④ $6\times10^{-3}[\mu F]$

|정|답|및|해|설|

[평행 도체에서 정전용량]

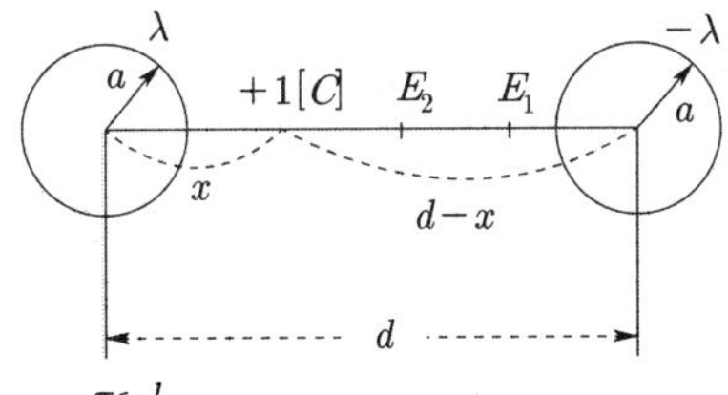

$C=\dfrac{\pi\epsilon_0 l}{\ln\dfrac{d}{a}}[\mu F]$

여기서, ϵ_0 : 유전율, l : 길이, a : 반지름, d : 거리

$\therefore C=\dfrac{\pi\epsilon_0 l}{\ln\dfrac{d}{a}}=\dfrac{\pi\times8.855\times10^{-12}\times10^3}{\ln\dfrac{2}{2\times10^{-3}}}$

$=\dfrac{\pi\times8.855\times10^{-9}\times10^3}{\ln1000}\times10^{-6}[\mu F]=4\times10^{-3}[\mu F]$

|참|고|

[각 도형의 정전용량]

1. 구 : $C=4\pi\epsilon a[F]$
2. 동심구 : $C=\dfrac{4\pi\epsilon}{\dfrac{1}{a}-\dfrac{1}{b}}[F]$
3. 원주 : $C=\dfrac{2\pi\epsilon l}{\ln\dfrac{b}{a}}[F]$
4. 평행도선 : $C=\dfrac{\pi\epsilon l}{\ln\dfrac{d}{b}}[F]$
5. 평판 : $C=\dfrac{Q}{V_0}=\dfrac{\epsilon S}{d}=\dfrac{\epsilon_0\epsilon_s S}{d}$

【정답】 ③

13. 전위가 V_A 인 A점에서 Q[C]의 전하를 전계와 반대 방향으로 $l[m]$ 이동시킨 점 P의 전위[V]는? (단, 전계 E는 일정하다고 가정한다.)

① $V_P = V_A - El$　　② $V_P = V_A + El$

② $V_P = V_A - EQ$　　④ $V_P = V_A + EQ$

|정|답|및|해|설|

[전위] 전계와 반대 방향으로 이동하면 전위는 높아진다.
(전계 방향이 전위가 낮아지는 방향이기 때문이다.)
$V = El[V]$이므로 $V_p = A_A + V' = V_A + E \cdot l[V]$

【정답】 ②

14. 자성체 경계면에 전류가 없을 때의 경계 조건으로 틀린 것은?

① 전속밀도 D의 법선성분 $D_{1N} = D_{2N} = \dfrac{\mu_2}{\mu_1}$

② 자속밀도 B의 법선성분 $B_{1N} = B_{2N}$

③ 자계 H의 접선성분 $H_{1T} = H_{2T}$

④ 경계면에서의 자력선이 굴절 $\dfrac{\tan\theta_1}{\tan\theta_2} = \dfrac{\mu_1}{\mu_2}$

|정|답|및|해|설|

[전속밀도 D의 법선성분] $D_{1N} = D_{2N} \rightarrow D_1 \cos\theta_1 = D_2 \cos\theta_2$
② 자속밀도 B는 법선에서 연속, $B_1 N = B_2 N$
③ 자계 H는 접선에서 연속, $H_{1T} = H_{2T}$
④ 경계면에서 자력선은 굴절한다.
※전속밀도(D)와 자속밀도(B)는 법선성분이 같고
　자계(H)와 전계(E)는 접선성분이 같다.

【정답】 ①

15. Z축의 정방향(+방향)으로 $10\pi a_z[A]$가 흐를 때 이 전류로부터 5[m] 지점에 발생되는 자계의 세기 H[A/m]는?

① $H = -a_x$　　② $H = a_\varnothing$

③ $H = \dfrac{1}{2} a_\varnothing$　　④ $H = -a_\varnothing$

|정|답|및|해|설|

[자계의 세기] $H = \dfrac{I}{2\pi d}[AT/m]$

$I = Ia_x + Ia_y + Ia_z$ 에서 Z축의 정방향으로 전류가 흐르므로 $I = Ia_z = 10\pi a_z$ 이다. $I = 10\pi[A]$, $r = 5[m]$

$H = \dfrac{I}{2\pi d} = \dfrac{10\pi}{2\pi \times 5} = 1[AT/m]$

자계의 방향도 암페어의 오른손 법칙에 의해서 $a_\varnothing$ 방향이다.
$\therefore H = 1 \cdot a_\varnothing [AT/m]$

【정답】 ②

16. 그림과 같은 전기 쌍극자에서 P점의 전계의 세기는 몇 [V/m] 인가?

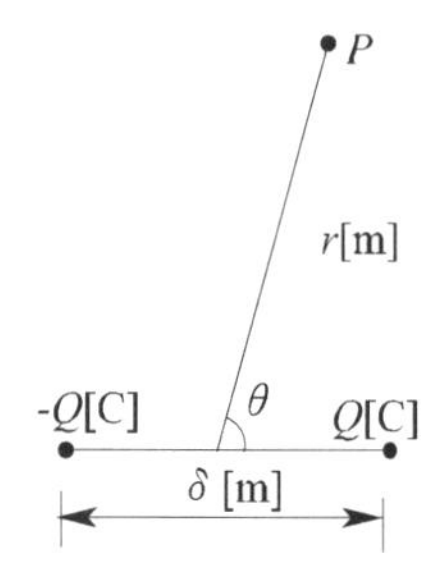

① $a_r \dfrac{Q\delta}{2\pi\epsilon_0 r^3} cos\theta + a_\theta \dfrac{Q\delta}{4\pi\epsilon_0 r^3} \sin\theta$

② $a_r \dfrac{Q\delta}{4\pi\epsilon_0 r^3} sin\theta + a_\theta \dfrac{Q\delta}{4\pi\epsilon_0 r^3} \cos\theta$

③ $a_r \dfrac{Q\delta}{2\pi\epsilon_0 r^3} sin\theta + a_\theta \dfrac{Q\delta}{4\pi\epsilon_0 r^3} \cos\theta$

④ $a_r \dfrac{Q\delta}{4\pi\epsilon_0 r^2} w + a_\theta \dfrac{Q\delta}{4\pi\epsilon_0 r^2} (1-w)$

|정|답|및|해|설|

[전기쌍극자의 전계] $E = \dfrac{M}{4\pi\epsilon_0 r^3} \sqrt{1 + 3\cos^2\theta}\,[\mathrm{V/m}]$

$E = -\nabla V$

전기쌍극자의 전위 $V = \dfrac{M\cos\theta}{4\pi\epsilon_0 r^2}[V]$

쌍극자 모멘트 $M = Q\delta[C \cdot m]$

$$E = -\nabla V = -\left(\frac{\partial V}{\partial r} a_r + \frac{1}{r}\frac{\partial V}{\partial \theta} a_\theta + \frac{1}{r\sin\theta}\frac{\partial V}{\partial \varnothing} a_\varnothing\right)$$

$$= -\left[\frac{-2M\cos\theta}{4\pi\epsilon_0 r^3} a_r + \frac{1}{r}\frac{(-M\sin\theta)}{4\pi\epsilon_0 r^2} a_\theta + 0\right]$$

→ (쌍극자에서는 종축에 대한 값이 없으므로 0)

$$= \frac{2M\cos\theta}{4\pi\epsilon_0 r^3} a_r + \frac{M\sin\theta}{4\pi\epsilon_0 r^3} a_\theta$$

$$= a_r \frac{Q\delta}{2\pi\epsilon_0 r^3} \cos\theta + a_\theta \frac{Q\delta}{4\pi\epsilon_0 r^3} \sin\theta [V/m]$$

【정답】 ①

17. 다음 중 스토크스(strokes)의 정리는?

① $\oint H \cdot dS = \iint_s (\nabla \cdot H) \cdot dS$

② $\int B \cdot dS = \int_s (\nabla \times H) \cdot dS$

③ $\oint_c H \cdot dS = \int (\nabla \cdot H) \cdot dL$

④ $\oint_c H \cdot dL = \int_s (\nabla \times H) \cdot dS$

|정|답|및|해|설|

[스토크스의 정리] 스토크스의 정리는 선적분을 면적분으로 변환하는 정리이다.

$\oint_c H \cdot dl = \int_s rot\, H \cdot ds$

$rot\, H = \nabla \times H$ 【정답】 ④

18. 전기쌍극자에 의한 전계의 세기는 쌍극자로 부터의 거리 r에 대해서 어떠한가?

① r에 반비례한다. ② r^2에 반비례한다.

③ r^3에 반비례한다. ④ r^4에 반비례한다.

|정|답|및|해|설|

[전기쌍극자 전계의 세기] $E = \frac{M}{4\pi\epsilon_0 r^3}\sqrt{1+\cos^2\theta}\,[V/m]$

여기서, M : 전기쌍극자 모멘트 크기($M = Q \cdot \delta[C \cdot m]$)

$E = \frac{M}{4\pi\epsilon_0 r^3}\sqrt{1+\cos^2\theta}\,[V/m]$ → $\therefore r^3$에 반비례

【정답】 ③

19. 그림과 같은 공심 토로이드 코일의 권선수를 N배하면 인덕턴스는 몇 배 되는가?

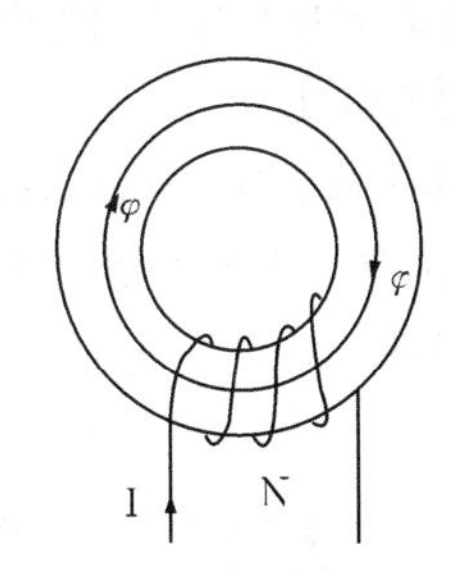

① N^{-2} ② N^{-1}

③ N ④ N^2

|정|답|및|해|설|

[환상철심에서의 인덕턴스] $L = \frac{\mu S N^2}{l}[H]$

$\therefore L \propto N^2$ 【정답】 ④

20. 전위 함수가 $V = 2x + 5yz + 3$일 때, 점(2, 1, 0)에서의 전계의 세기는?

① $-2i - 5j - 3k$ ② $i + 2j + 3k$

③ $-2i - 5k$ ④ $4i + 3k$

|정|답|및|해|설|

[전계의 세기]

$E = -grad\, v = -\nabla \cdot v = -\left(\frac{\partial v}{\partial x}i + \frac{\partial v}{\partial y}j + \frac{\partial v}{\partial z}k\right)V$

$= -\left(\frac{\partial v}{\partial x}i + \frac{\partial v}{\partial y}j + \frac{\partial v}{\partial z}k\right)(2x + 5yz + 3)$

$= -2i - 5zj - 5yk$

점(2, 1, 0)에서의 전계의 세기

$\therefore E = -[2i + (5 \times 0)j + (5 \times 1)k][V/m] = -2i - 5k[V/m]$

【정답】 ③

1회 2013년 전기기사필기 (전력공학)

21. 연가를 해도 효과가 없는 것은?

① 직렬공진의 방지

② 통신선의 유도장해 감소

③ 대지 정전용량의 감소

④ 선로정수의 평형

|정|답|및|해|설|

[연가] 연가는 정전용량이 평형을 이루기 위해서 행해지는 것이다. 효과는 다음과 같다.

·선로정수(L, C)의 평형

·통신선 유도장해 감소

·직렬공진의 방지 【정답】 ③

22. 단락 보호용 계전기의 범주에 가장 적절한 것은?

① 한시계전기 ② 탈조 보호계전기
③ 과전류계전기 ④ 주파수계전기

|정|답|및|해|설|

[단락보호용 계전기] 단락보호용 계전기는 과전류계전기, 과전압계전기, 선택단락계전기, 방향거리계전기, 부족전압계전기 등이 있다. 【정답】③

23. 현수 애자 4개를 1련으로 한 66[kV] 송전선로가 있다. 현수 애자 1개의 절연 저항이 2000[$M\Omega$]이라면, 표준 지지물 간 거리(경간)를 200[m]로 할 때 1[km]당의 누설 컨덕턴스 [℧]는?

① 0.63×10^{-9} ② 0.93×10^{-9}
③ 1.23×10^{-9} ④ 1.53×10^{-9}

|정|답|및|해|설|

[누설컨덕턴스] $G=\frac{1}{R}$[℧]

현수애자 1련의 저항 2000[[MΩ] 4개 직렬접속

$r=2000[M\Omega]\times4=8\times10^{9}[\Omega]$

표준 지지물 간 거리(경간) 200[m], 1[km]당 현수애자 5련 설치(병렬접속)

$R=\frac{r}{n}=\frac{8}{5}\times10^{9}[\Omega]$

누설콘덕턴스 $G=\frac{1}{R}=\frac{5}{8}\times10^{-9}=0.63\times10^{-9}$[℧]

【정답】①

24. 배전선로에서 사고 범위의 확대를 방지하기 위한 대책으로 적당하지 않은 것은?

① 배전 계통의 루프화
② 선택 접지 계전방식 채택
③ 구분 개폐기 설치
④ 선로용 콘덴서 설치

|정|답|및|해|설|

사고 범위의 축소 또는 분리를 위해서 구분 개폐기를 설치하거나, 선택 접지 계전 방식을 채택한다.
배전 계통을 루프화 시키면 사고 대응의 신뢰도가 향상된다.
※선로용 콘덴서는 전압강하 방지 목적으로 사용한다.
【정답】④

25. 직류 송전 방식에 비하여 교류 송전 방식의 가장 큰 이점은?

① 선로의 리액턴스에 의한 전압 강하가 없으므로 장거리 송전에 유리하다.
② 변압이 쉬워 고압 송전에 유리하다.
③ 같은 절연에서 송전전력이 크게 된다.
④ 지중 송전의 경우, 충전 전류와 유전체손을 고려하지 않아도 된다.

|정|답|및|해|설|

[직류 송전 방식] "변압이 쉬워 고압 송전에 유리하다."은 교류 송전 방식의 중요한 특징 중의 하나다.
[장점]
·선로의 리액턴스가 없으므로 안정도가 높다.
·유전체손 및 충전 용량이 없고 절연 내력이 강하다.
·비동기 연계가 가능하다.
·단락전류가 적고 임의 크기의 교류 계통을 연계시킬 수 있다.
·코로나손 및 전력 손실이 적다.
·표피 효과나 근접 효과가 없으므로 실효 저항의 증대가 없다.
[단점]
·직류, 교류 변환 장치가 필요하다.
·전압의 승압 및 강압이 불리하다.
·직류 차단기가 개발되어 있지 않다. 【정답】②

26. 다음 중 동작 시간에 따른 보호 계전기의 분류와 그 설명으로 틀린 것은?

① 순한시 계전기는 설정된 최소 작동 전류 이상의 전류가 흐르면 즉시 작동하는 것으로 한도를 넘은 양과는 관계가 없다.
② 정한시 계전기는 설정된 값 이상의 전류가 흘렀을 때 작동 전류의 크기와는 관계없이 항상 일정한 시간 후에 작동하는 계전기이다.
③ 반한시 계전기는 작동시간이 전류값의 크기에 따라 변하는 것으로 전류값이 클수록 느리게 동작하고 반대로 전류값이 작아질수록 빠르게 작동하는 계전기이다.
④ 반한시성 정한시 계전기는 어느 전류값까지는 반한시성이지만 그 이상이 되면 정한시로 작동하는 계전기이다.

|정|답|및|해|설|

[반한시 계전기] 반한시 계전기는 정정된 값 이상의 전류가 흘러서 동작할 경우에 작동 **전류값이 클수록 빨리 동작**하고 반대로 작동 **전류값이 작아질수록 느리게** 동작하는 특성이 있다.
【정답】③

27. 개폐 장치 중에서 고장 전류의 차단 능력이 없는 것은?

① 진공차단기　② 유입개폐기
③ 리클로저　④ 전력퓨즈

|정|답|및|해|설|

[유입개폐기] 개폐기는 무부하 일 때만 조작이 가능한 것으로 고장 전류를 차단하는 능력은 없다.
진공 차단기나 리클로저(개폐로 차단기) 등은 단락전류를 개·폐 할 수 있고, 전력퓨즈는 단락전류 차단 능력이 있다.

【정답】 ②

28. 전력 계통의 안정도 향상 대책으로 옳지 않은 것은?

① 전압 변동을 크게 한다.
② 고속도 재폐로 방식을 채용한다.
③ 계통의 직렬 리액턴스를 낮게 한다.
④ 고속도 차단 방식을 채용한다.

|정|답|및|해|설|

[안정도 향상 대책]
- 계통의 직렬 리액턴스 감소
- 전압변동률을 적게 한다(단락비를 크게 한다.).
- 계통에 주는 충격을 적게 한다 .

【정답】 ①

29. 부하 전력, 선로 길이 및 선로 손실이 동일할 경우 전선 동량이 가장 적은 방식은?

① 3상 3선식　② 3상 4선식
③ 단상 3선식　④ 단상 2선식

|정|답|및|해|설|

[전선의 동량(전선의 양으로 볼 때)]
단상 2선식을 100[%]라고 하면
1. 단상 3선식 : 37.5[%]
2. 3상 3선식 : 75[%]
3. 3상 4선식 : 33.3[%]로
3상 4선식(22.9[kV]이 가장 경제적이다.

【정답】 ②

30. 무효 전력 보상 장치(동기조상기) (A)와 전력용 콘덴서 (B)를 비교한 것으로 옳은 것은?

① 조정 : (A)는 계단적, (B)는 연속적
② 전력 손실 : (A)가 (B)보다 적음
③ 무효전력 : (A)는 진상·지상 양용, (B)는 진상용
④ 시송전 : (A)는 불가능, (B)는 가능

|정|답|및|해|설|

[무효 전력 보상 장치(동기조상기)와 전력용 콘덴서의 비교]
1. 무효 전력 보상 장치(동기조상기)는 연속적으로 조정이 가능하고 전력용 콘덴서에 비해 전력손실이 크며 진상 무효전력과 지상 무효전력의 공급이 가능하고 시송전이 가능하다.
2. 전력용 콘덴서는 계단적으로 조정이 가능하고 무효 전력 보상 장치(동기조상기)에 비해 전력손실이 적으며 진상 무효전력만 공급이 가능하고 시송전이 불가능하다.

【정답】 ③

|참|고|

[조상설비의 비교]

항목	무효 전력 보상 장치 (동기조상기)	전력용 콘덴서	분로리액터
전력손실	많다 (1.5~2.5[%])	적다 (0.3[%] 이하)	적다 (0.6[%] 이하)
무효전력	진상, 지상 양용	진상전용	지상전용
조정	연속적	계단적 (불연속)	계단적 (불연속)
시송전 (시충전)	가능	불가능	불가능
가격	비싸다	저렴	저렴
보수	손질필요	용이	용이

31. 발전기 출력 $P_G[kW]$, 연료 소비량 $B[kg]$, 연료 발열량 $H[kcal/kg]$ 일 때 이 화력발전소의 열효율은 몇 [%]인가?

① $\frac{980P_G}{H \cdot B} \times 100$　② $\frac{980HB}{P_G} \times 100$
③ $\frac{860HB}{P_G} \times 100$　④ $\frac{860P_G}{H \cdot B} \times 100$

|정|답|및|해|설|

[화력발전소 열효율] $\eta = \frac{860P_G}{B \cdot H} \times 100[\%]$

여기서, $P_G[kWh]$: 발전기 출력, $B[kg]$: 연료소비량
$H[kcal/kg]$: 연료발열량

【정답】 ④

32. 그림과 같은 회로에 있어서의 합성 4단자정수에서 B_0의 값은?

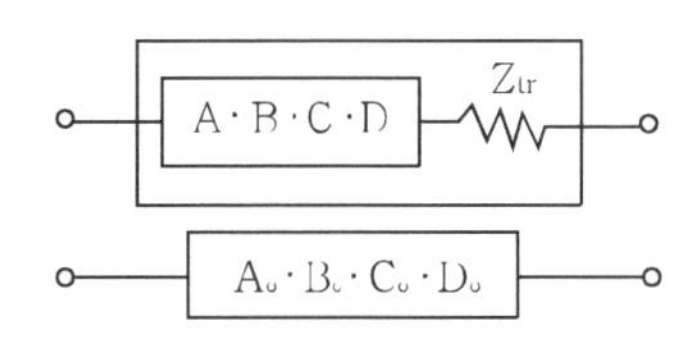

① $B_0 = B + Z_{tr}$　② $B_0 = A + BZ_{tr}$
③ $B_0 = C + DZ_{tr}$　④ $B_0 = B + AZ_{tr}$

|정|답|및|해|설|

[4단자정수] $\begin{bmatrix} A_0 & B_0 \\ C_0 & D_0 \end{bmatrix} = \begin{bmatrix} A & B \\ C & D \end{bmatrix} \begin{bmatrix} 1 & Z_{tr} \\ 0 & 1 \end{bmatrix} = \begin{bmatrix} A & AZ_{tr} + B \\ C & CZ_{tr} + D \end{bmatrix}$

$A_0 = A,\ B_0 = AZ_{tr} + B,\ C_0 = C,\ D_0 = CZ_{tr} + D$

【정답】 ④

33. 감속재의 온도계수란?

① 감속재의 시간에 대한 온도 상승률
② 반응에 아무런 영향을 주지 않는 계수
③ 감속재의 온도 1[℃] 변화에 대한 반응도의 변화
④ 열 중성자로에서 양(+)의 값을 갖는 계수

|정|답|및|해|설|

[온도계수] 원자로를 운전하면 로 내의 온도 상승이 있다. 온도가 상승하면 연료나 감속재 등이 팽창하여 밀도가 낮아진다.
또한 열중성자의 에너지가 증대한다. 이와 같이 온도 T가 상승하면 반응도 ρ가 변화한다. 이 온도 변화가 반응도에 미치는 영향을 일반적으로 온도계수라고 한다. 이 **온도 1[℃] 변화에 따라 반응도**의 변화를 나타내며 이것을 α라 하여 $\alpha = \frac{d\rho}{dT}$로 표시한다.
여기서, ρ : 반응도, T : 온도
일반 원자로에서의 온도 계수 α는 음(-)의 값으로 열중성자로에서는 $-10^{-5} \sim -10^{-3}[^\circ C^{-1}]$ 이다.

【정답】 ③

34. 반지름이 1.2[cm]인 전선 1선을 왕로로 하고 대지를 귀로로 하는 경우 왕복 회로의 총 인덕턴스는 약 몇 [mH/km]인가? (단, 등가대지면의 깊이는 600[m]이다.)

① 2.4025[mH/km]　② 2.3525[mH/km]
③ 2.2639[mH/km]　④ 2.2139[mH/km]

|정|답|및|해|설|

[작용인덕턴스(케이블인덕턴스)] $L = 0.05 + 0.4605\log_{10}\frac{D}{r}[mH/km]$
여기서, D: 대지면의 깊이, r : 반지름
왕복 회로의 총 인덕턴스 L_e

$$L_e = (0.05 \times 2) + 0.4605\log_{10}\frac{(2 \times D_e)}{r}$$
$$= 0.1 + 0.4605\log_{10}\frac{2 \times 600 \times 10^2}{1.2} = 2.4025[mH/km]$$

【정답】 ①

35. 전력계통에서 인터록(inter lock)의 설명으로 알맞은 것은?

① 부하통전 시 단로기를 열 수 있다.
② 차단기가 열려 있어야 단로기를 닫을 수 있다.
③ 차단기가 닫혀 있어야 단로기를 열 수 있다.
④ 차단기의 접점과 단로기의 접점이 기계적으로 연결되어 있다.

|정|답|및|해|설|

[인터록] 인터록은 기계적 잠금 장치로서 안전을 위해서 차단기가 열려 있지 않은 상황에서 단로기의 개방 조작을 할 수 없도록 하는 것이다. 차단기가 열려 있을 때만 단로기 조작이 된다.

【정답】 ②

36. 연간 전력량이 E [kWh]이고, 연간 최대전력이 W [kW]인 연부하율은 몇 [%]인가?

① $\frac{E}{W} \times 100$　② $\frac{W}{E} \times 100$
③ $\frac{8,760 \times W}{E} \times 100$　④ $\frac{E}{8,760\,W} \times 100$

|정|답|및|해|설|

[연부하율] 연부하율 $= \frac{\text{평균수용전력}}{\text{최대수용전력}} \times 100$

$$= \frac{\text{사용전력량} \times \frac{1}{365} \times \frac{1}{24}}{\text{최대수용전력}} \times 100$$
$$= \frac{E}{W \times 8760} \times 100$$

【정답】 ④

37. 수전단을 단락한 경우 송전단에서 본 임피던스가 300[Ω]이고, 수전단을 개방한 경우 1200[Ω]이었다. 이 선로의 특성임피던스는?

① 600[Ω]　② 900[Ω]
③ 1200[Ω]　④ 1500[Ω]

|정|답|및|해|설|

[특성임피던스] $Z_0 = \sqrt{\frac{Z}{Y}}$ → (Z는 단락, Y는 개방에서 구함)
여기서, Z : 임피던스, Y : 어드미턴스
$Z_0 = \sqrt{\frac{Z}{Y}} = \sqrt{\frac{300}{\frac{1}{1200}}} = \sqrt{360000} = 600[\Omega]$　【정답】 ①

38. 3상용 차단기의 정격차단용량은?

① $\sqrt{3}$×정격 전압×정격 차단 전류
② $\sqrt{3}$×정격 전압×정격 전류
③ 3×정격 전압×정격 차단 전류
④ 3×정격 전압×정격 전류

|정|답|및|해|설|

[정격차단용량] $P_s = \sqrt{3} \times$ 정격전압(V) × 정격차단전류$(I_s)[kA]$
【정답】 ①

39. 수차의 조속기가 너무 예민하면 어떤 현상이 발생되는가?

① 전압 변동이 작게 된다.
② 수압 상승률이 크게 된다.
③ 속도 변동률이 작게 된다.
④ 탈조를 일으키게 된다.

|정|답|및|해|설|

[조속기] 수차의 조속기가 예민하면 난조를 일으키기 쉽고 심하게 되면 탈조까지 일으킬 수 있다. 발전기 관성 모멘트가 크던가, 또는 자극에 제동 권선이 있으면 난조는 방지 된다.　【정답】 ④

40. 다음 중 송전선로에서 이상전압이 가장 크게 발생하기 쉬운 경우는?

① 무부하 송전선로를 폐로하는 경우
② 무부하 송전선로를 개로하는 경우
③ 부하 송전선로를 폐로하는 경우
④ 부하 송전선로를 개로하는 경우

|정|답|및|해|설|

[개폐서지(이상전압)] 정전용량[C] 때문에 발생
1. 개폐 이상전압은 회로의 폐로 때 보다 **개방 시가 크다**.
2. 부하 차단 시보다 **무부하 차단 때가 더 크다**.
따라서 이상전압이 가장 큰 경우는 무부하 송전선로를 개로하는 경우 선로의 충전전류에 의해 이상전압이 가장 크게 발생할 수 있다.
【정답】 ②

1회 2013년 전기기사필기 (전기기기)

41. 유도전동기에서 권선형 회전자에 비해 농형 회전자의 특성이 아닌 것은?

① 구조가 간단하고 효율이 좋다.
② 견고하고 보수가 용이하다.
③ 대용량에서 기동이 용이하다.
④ 중·소형 전동기에 사용된다.

|정|답|및|해|설|

[유도 전동기 회전자]
1. 농형 회전자 : **중·소형**에서 많이 사용, 구조 간단, 보수용이, 효율 좋음, 속도조정 곤란, 기동토크 작음(대형운전 곤란)
2. 권선형 회전자 : **중·대형**에서 많이 사용, 기동이 쉬움, 속도 조정 용이, 기동토크가 크고 비례추이가 가능한 구조
【정답】 ③

42. 다음 전동기 중 역률이 가장 좋은 전동기는?

① 동기전동기
② 반발 전동기
③ 농형 유도전동기
④ 교류 정류자 전동기

|정|답|및|해|설|

[동기전동기] 동기전동기는 언제나 **역률 1로 운전**할 수 있다.
【정답】 ①

43. 직류발전기의 유기기전력이 230[V], 극수가 4, 정류자 편수가 162인 정류자 편간 평균전압은 약 몇 [V]인가? (단, 권선법은 중권이다.)

① 5.68　　② 6.82
③ 9.42　　④ 10.2

|정|답|및|해|설|

[정류자 편간 평균전압] $e=\dfrac{pE}{K}[V]$, 위상차 : $\dfrac{2\pi}{K}$

여기서, e : 정류자 편간 전압, E : 유기기전력
K : 정류자 편수, p : 극수

편간 평균전압 $e_a=\dfrac{pE}{K}=\dfrac{4\times 230}{162}=5.68[V]$　　【정답】 ①

44. 3150/210[V]의 단상 변압기 고압측에 100[V]의 전압을 가하면 가극성 및 감극성일 때에 전압계 지시는 각각 몇 [V]인가?

① 가극성 : 106.7, 감극성 : 93.3
② 가극성 : 93.3, 감극성 : 106.7
③ 가극성 : 126.7, 감극성 : 96.3
④ 가극성 : 96.3, 감극성 : 126.7

|정|답|및|해|설|

가극성 전압 $V=V_1+V_2$　　감극성 전압 $V=V_1-V_2$

여기서, V_1 : 고압측 전압, V_2 : 저압측 전압

권수비 $a=\dfrac{V_1}{V_2}=\dfrac{3150}{210}=15$

$V_1=100[V]$, 권수비 $a=\dfrac{V_1}{V_2}$ 에서

$V_2=\dfrac{V_1}{a}=\dfrac{100}{\dfrac{3150}{210}}=\dfrac{100}{15}=6.67[V]$

따라서 가극성=100+6.67=106.7, 감극성=100−6.67=93.3
【정답】 ①

45. 3상유도전동기에서 2차 측 저항을 2배로 하면 그 최대 토크는 어떻게 되는가?

① 2배로 된다.　　② $\dfrac{1}{2}$로 줄어든다.
③ $\sqrt{2}$ 배가 된다.　　④ 변하지 않는다.

|정|답|및|해|설|

[3상 유도전동기의 최대토크] $T_{max}=K_0\dfrac{E_2^2}{2x_2}[N\cdot m]$

여기서, E : 유도기전력, x : 리액턴스

∴유도전동기에서 **최대토크는 저항과 관계없이 항상 일정**하다.
【정답】 ④

46. 원통형 회전자(비철극기)를 가진 동기발전기는 부하각 δ가 몇 도[°]일 때 최대 출력을 낼 수 있는가?

① 0[°]　　② 30[°]
③ 60[°]　　④ 90[°]

|정|답|및|해|설|

[동기발전기의 출력] $P=\dfrac{EV}{X}\sin\delta[kW]$

여기서, E : 유기기전력, V : 단자전압, X : 동기리액턴스
δ : 부하각

$\delta=90°$ $(\sin 90=1)$에서 $P_{max}=\dfrac{EV}{X}[kW]$　　【정답】 ④

47. 6600/210[V]인 단상 변압기 3대를 $\triangle-Y$로 결선하여 1상 18[kW] 전열기의 전원으로 사용하다가 이것을 $\triangle-\triangle$로 결선했을 때, 이 전열기의 소비전력[kW]은 얼마인가?

① 31.2　② 10.4　③ 2.0　④ 6.0

|정|답|및|해|설|

[소비전력] $P=VI=\dfrac{V^2}{R}[kW]$

→ (Y결선이 △결선으로 최대출력이 발생한다.)

△결선시 $V_p=\dfrac{V_l}{\sqrt{3}}$　　→ (2차측 선간전압은 $\dfrac{1}{\sqrt{3}}$ 배가 된다.)

$P=\dfrac{V_p^2}{R}\rightarrow\dfrac{\left(\dfrac{V_l}{\sqrt{3}}\right)^2}{R}=\dfrac{V_l^2}{3R}\rightarrow\dfrac{1}{3}P[kW]$

∴ 전열기의 소비전력 $P'=\dfrac{1}{3}P=\dfrac{1}{3}\times 18=6[kW]$

【정답】 ④

48. 다음 농형 유도전동기에 주로 사용되는 속도 제어법은?

① 2차저항제어법　　② 극수변환법
③ 종속접속법　　④ 2차여자제어법

|정|답|및|해|설|

[유도 전동기의 속도 제어법]
1. 농형 유도전동기의 속도 제어법
 · 주파수를 바꾸는 방법
 · 극수를 바꾸는 방법
 · 전원 전압을 바꾸는 방법
2. 권선형 유도전동기의 속도 제어법
 · 2차여자제어법
 · 2차저항제어법
 · 종속제어법

【정답】 ②

49. 스테핑 모터의 속도-토크 특성에 관한 설명 중 틀린 것은?

① 무부하 상태에서 이 값보다 빠른 입력 펄스 주파수에서는 기동시킬 수가 없게 되는 주파수를 최대 자기 동주 주파수라 한다.
② 탈출(풋 아웃) 트크와 인입(풀 인) 토크에 의한 둘러쌓인 영역을 슬루(slew) 영역이라 한다.
③ 슬루 영역에서는 펄스레이트를 변화시켜도 오동작이나 공진을 일으키지 않는 영역이다.
④ 무부하시 이 주파수 이상의 펄스를 인가하여도 모터가 응답할 수 없는 것을 최대 응답 주파수라 한다.

|정|답|및|해|설|

[스테핑 모터] 슬루 영역은 불안정한 영역이다.

|참|고|

[스테핑 모터의 특징]
· 가속 · 감속이 용이하다.
· 정 · 역운전과 변속이 쉽다.
· 위치 제어가 용이하고 오차가 적다.
· 브러시 슬립링 등이 없고 유지 보수가 적다.
· 오버슈트 전류의 문제가 있다.
· 정지하고 있을 때 유지토크가 크다.

【정답】 ③

50. 권수비 20인 단상 변압기가 전부하시 2차 전압은 115[V]이고, 전압변동률은 2[%]일 때 1차 단자전압은 몇 [V]인가?

① 2356[V]　　② 2346[V]
③ 2335[V]　　④ 2326[V]

|정|답|및|해|설|

[전압변동률] $\epsilon = \frac{V_{20}-V_{2n}}{V_{2n}} \times 100[\%]$

여기서, V_{20} : 무부하 2차 단자전압
　　　V_{2n} : 정격 2차 단자 전압

a(권수비) = 20, ϵ(전압 변동률) = 2[%]

$\epsilon = \left(\frac{V_{20}}{V_{2n}} - 1\right) \times 100 = 2[\%] \rightarrow \frac{V_{20}}{V_{2n}} = \frac{2}{100} + 1$

$V_{20} = 1.02 V_{2n} \rightarrow V_{20} = 115 \times 1.02 = 117.2[V]$

1차측에서 2차측으로 환산시 $V_2 = \frac{V_1}{a}$ 에서

$V_{10} = aV_{20}$이므로 $\therefore V_{10} = 20 \times 117.3 = 2346[V]$

【정답】 ②

51. 직류 발전기를 전동기로 사용하고자 한다. 이 발전기의 정격전압 120[V], 정격전류 40[A], 전기자 저항 0.15[Ω]이며, 전부하일 때 발전기와 같은 속도로 회전시키려면 단자전압은 몇 [V]를 공급하여야 하는가? (단, 전기자 반작용 및 여자전류는 무시한다.)

① 114[V]　　② 126[V]
③ 132[V]　　④ 138[V]

|정|답|및|해|설|

[전동기로의 단자전압] $V = E_c + I_a R_a$

여기서, E_c : 역기전력, I_a : 전기자전류, R_a : 전기자저항

회전수가 같고 전기자 반작용 및 여자전류를 무시하면 전동기 역기전력 E_c와 발전기 유기기기전력 E는 같다.

발전기로 사용하는 경우 기전력이 $E = V + I_a R_a$ 이므로

$E = V + I_a R_a = E_c$이다.

발전기의 유기기전력 $E = V + I_a R_a = 120 + 40 \times 0.15 = 126[V]$

전동기로의 단자전압 $V = E_c + I_a R_a = 126 + (40 \times 0.15) = 132[V]$

$\therefore V = 132[V]$

【정답】 ③

52. 제9차 고조파에 의한 기자력의 회전방향 및 속도는 기본파 회전 자계와 비교할 때 다음 중 적당한 것은?

① 기본파와 역방향이고 9배의 속도
② 기본파와 역방향이고 1/9배의 속도
③ 회전자계를 발생하지 않는다.
④ 기본파와 동방향이고 9배의 속도

|정|답|및|해|설|

[고조파]

1. 3_m : 3, 6, 9, ... : 기본파와 동위상 이므로 회전자계를 발생하지 않는다.
2. 3_{m+1} : 4, 7, 10, ... : 기본파와 회전자계 방향이 같다.
3. 3_{m-1} : 5, 8, 11, ... : 기본파와 회전자계 방향이 반대이다.

【정답】 ③

53. 단상 유도전동기 중 콘덴서 기동형 전동기의 특징은?

① 회전 자계는 타원형이다.
② 기동 전류가 크다.
③ 기동 회전력이 작다.
④ 분상 기동형의 일종이다.

|정|답|및|해|설|

[콘덴서 기동형]

·단상 유도전동기에서 역률이 가장 좋다.
·분상 기동형 전동기에 비해 기동 토크가 크고 **기동 전력은 작다**.
·선풍기 등과 같은 소형 가전기기에 사용
·**분상 기동형과 비슷**하나 기동 토크를 증대할 목적으로 콘덴서를 기동 권선과 직렬로 연결한 점이 다르다.

【정답】 ③

54. 단상 변압기에 있어서 부하역률 80[%]의 지상 역률에서 전압변동률 4[%]이고, 부하역률 100[%]에서 전압변동률 3[%]라고 한다. 이 변압기의 퍼센트 리액턴스는 약 몇 [%]인가?

① 2.7 ② 3.0 ③ 3.3 ④ 3.6

|정|답|및|해|설|

[전압변동률] $\epsilon = p\cos\theta \pm q\sin\theta$

→ (지상이면 +, 진상이면 −, 언급이 없으면 +)

(p : %저항 강하, q : %리액턴스 강하, θ : 부하의 위상각)

· 역률 100[%] → $\cos\theta = 100[\%]$일 때 $\sin\theta = 0[\%]$

$\epsilon_{100} = (p\times1)+(q\times0) = 3[\%] \rightarrow p = 3$

· $\cos\theta = 80[\%]$일 때 $\sin\theta = 60[\%]$

$\epsilon_{80} = (3\times0.8)+(q\times0.6) = 4[\%]$이므로

$4 = 3\times0.8+q\times0.6 \quad \therefore q = \frac{4-(3\times0.8)}{0.6} = 2.7[\%]$

【정답】 ①

55. 동기기의 권선법 중 기전력의 파형이 좋게 되는 권선법은?

① 단절권, 분포권 ② 단절권, 집중권
③ 전절권, 집중권 ④ 전절권, 2층권

|정|답|및|해|설|

[동기기의 권선법]

1. 단절권 : 고조파 제거, 파형 개선
2. 분포권 : 기전력의 고조파가 감소하여 파형이 좋아진다.
3. 전절권과 집중권은 선택하지 않음

|참|고|

[동기기의 기전력 파형 개선 방법]

1. 매극 매상의 슬롯수를 크게 한다.
2. 단절권 및 분포권으로 한다.
3. 반폐슬롯을 사용한다.
4. 전기자 철심을 스큐슬롯으로 한다.
5. 공극의 길이를 크게 한다.
6. Y결선을 한다.

【정답】 ①

56. 변압기에 사용하는 절연유가 갖추어야 할 성질이 아닌 것은?

① 절연 내력이 클 것
② 인화점이 높을 것
③ 유동성이 풍부하고 비열이 커서 냉각 효과가 클 것
④ 응고점이 높을 것

|정|답|및|해|설|

[변압기 절연유의 구비 조건]

·절연 저항 및 절연 내력이 클것
·절연 재료 및 금속에 화학 작용을 일으키지 않을 것
·인화점이 높고(130도 이상) **응고점이 낮을(-30도) 것**
·점도가 낮고(유동성이 풍부) 비열이 커서 냉각 효과가 클 것
·고온에 있어 석출물이 생기거나 산화하지 않을 것
·열팽창 계수가 적고 증발로 인한 감소량이 적을 것

【정답】 ④

57. 무부하의 장거리 송전선로에 동기발전기를 접속하는 경우, 송전선로의 자기여자 현상을 방지하기 위해서 무효 전력 보상 장치(동기조상기)를 사용하였다. 이때 무효 전력 보상 장치의 계자전류를 어떻게 하여야 하는가?

① 계자전류를 0으로 한다.
② 부족여자로 한다.
③ 과여자로 한다.
④ 역률이 1인 상태에서 일정하게 한다.

|정|답|및|해|설|

[자기여자현상] 과여자로 인하여 진상전류가 증가하는 현상으로 무효 전력 보상 장치(동기조상기)를 부족여자로 하여 지상전류를 흐르게 함으로써 진상전류의 증가를 제한하여 자기여자 현상을 방지한다.

【정답】 ②

58. 동기전동기의 전기자 반작용을 설명한 것 중 옳은 것은?

① 공급 전압보다 앞선 전류는 감자 작용을 한다.
② 공급 전압보다 뒤진 전류는 감자 작용을 한다.
③ 공급 전압보다 앞선 전류는 교차 자화 작용을 한다.
④ 공급 전압보다 뒤진 전류는 교차 자화 작용을 한다.

|정|답|및|해|설|

[동기전동기의 전기자 반작용]

조건	발전기	전동기
전류와 전압이 동상	횡축 반작용 교차 자화 작용	횡축 반작용 교차 자화 작용
전류가 전압보다 $\frac{\pi}{2}$ 진상(앞섬)	직축 반작용 증자 작용	직축 반작용 감자 작용
전류가 전압보다 $\frac{\pi}{2}$ 지상(뒤짐)	직축 반작용 감자 작용	직축 반작용 증자 작용

【정답】 ①

59. 직류발전기의 병렬운전에서 부하 분담의 방법은?

① 계자전류와 무관하다.
② 계자전류를 증가하면 부하 분담은 증가한다.
③ 계자전류를 감소하면 부하 분담은 증가한다.
④ 계자전류를 증가하면 부하 분담은 감소한다.

|정|답|및|해|설|

[직류발전기의 부하 분담]

$E_1 - R_{a1}(I_1 + I_{f1}) = E_2 - R_{a2}(I_2 + I_{f2}) = V$

여기서, E_1, E_2 : 각 기의 유기전압[V]

R_{a1}, R_{a2} : 각 기의 전기자저항[Ω]

I_1, I_2 : 각 기의 부하 분담 전류[A]

I_{f1}, I_{f2} : 각 기의 계자전류[A], V : 단자전압

계자전류(I_f)가 증가하면 역률이 증가한다.

【정답】 ②

60. 정류회로에서 상의 수를 크게 했을 경우 옳은 것은?

① 맥동 주파수와 맥동률이 증가한다.
② 맥동률과 맥동 주파수가 감소한다.
③ 맥동주파수는 증가하고 맥동률은 감소한다.
④ 맥동률과 주파수는 감소하나 출력이 증가한다.

|정|답|및|해|설|

[맥동률] 맥동률 $= \sqrt{\frac{\text{실효값}^2 - \text{평균값}^2}{\text{평균값}^2}} \times 100 = \frac{\text{교류분}}{\text{직류분}} \times 100[\%]$

정류 종류	단상 반파	단상 전파	3상 반파	3상 전파
맥동률[%]	121	48	17.7	4.04
정류 효율	40.5	81.1	96.7	99.8
맥동 주파수	f	$2f$	$3f$	$6f$

【정답】 ③

61. Z변환법을 사용한 샘플치 제어계가 안정되려면 $1+GH(Z)=0$의 근의 위치는?

① Z평면의 좌 반면에 존재하여야 한다.
② Z평면의 우 반면에 존재하여야 한다.
③ |Z|=1인 단위원 내에 존재하여야 한다.
④ |Z|=1인 단위원 밖에 존재하여야 한다.

|정|답|및|해|설|

[제어계 안정 조건] 제어계가 안정하려면
s평면에서는 극점이 좌반 평면의 위치해야 하고 z평면에서는 $|Z|=1$인 단위원의 내부에 존재하여야 한다. 【정답】 ③

|참|고|

[제어계 안정 조건]

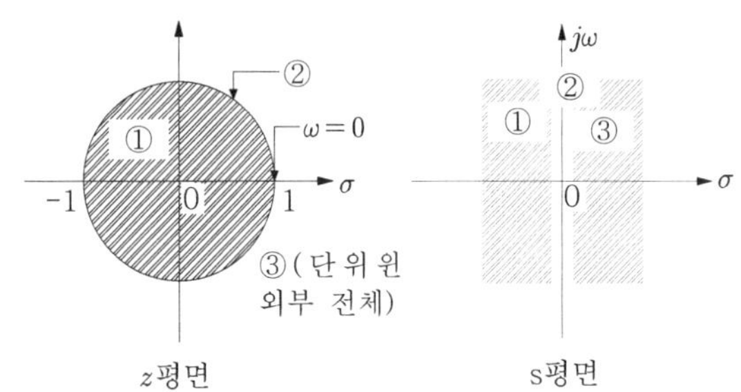

z평면	s평면
① 안정조건 : 단위원 내부에 극점이 모두 존재할 것	① 안정조건 : s 평면의 좌반면
② 임계상태 : 단위원에 접하여 극점이 존재하는 경우	② 임계상태 : 평면의 허수축
③ 불안정조건 : 단위원 외부에 극점이 하나라도 존재할 것	③ 불안정조건 : s 평면의 우반면

62. 2차계의 주파수 응답과 시간 응답간의 관계 중 잘못된 것은?

① 안정된 제어계에서 높은 대역폭은 큰 공진 첨두값과 대응된다.
② 최대 오버슈트와 공진 첨두값은 ζ(감쇠율)만의 함수로 나타날 수 있다.
③ w_n(고유 주파수) 일정시 ζ(감쇠율)가 증가하면 상승 시간과 대역폭은 증가한다.
④ 대역폭은 영 주파수 이득보다 3[dB] 떨어지는 주파수로 정의된다.

|정|답|및|해|설|

[2차계 전달함수] $G(s)=\dfrac{\omega_n^2}{s^2+2\delta\omega_n s+\omega_n^2}$

고유 주파수(w_n) 일정시 감쇠율이 증가하면 상승시간과 대역폭은 감소한다. 【정답】 ③

63. 전달함수 $G(s)=\dfrac{1}{s(s+10)}$에 $w=0.1$인 정현파 입력을 주었을 때 보드 선도의 이득은?

① −40[dB] ② −20[dB]
③ 0[dB] ④ 20[dB]

|정|답|및|해|설|

[이득] $g=20\log_{10}|G(s)|=20\log_{10}|G(j\omega)|$

$G(s)=\dfrac{1}{s(s+10)}$

$G(jw)=\dfrac{1}{jw(jw+10)}\bigg|_{w=0.1}=\dfrac{1}{j0.1\times(j0.1+10)}=\left|\dfrac{1}{j}\right|=1$

∴이득 $g=20\log|G(jw)|=20\log 1=0[dB]$

【정답】 ③

64. 다음 블록선도에서 $\dfrac{C}{R}$는?

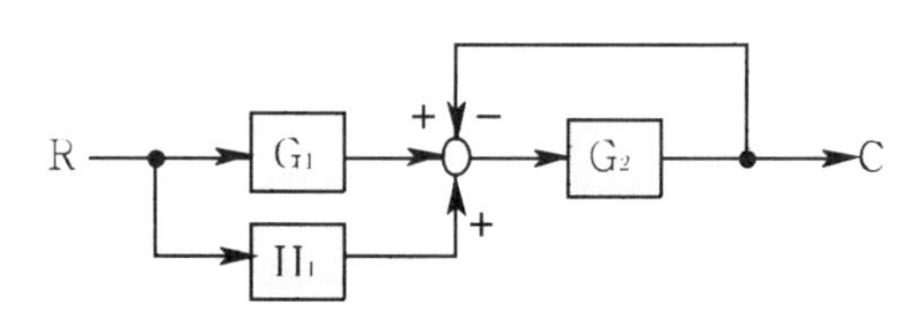

① $\dfrac{H_1}{1+G_1G_2}$ ② $\dfrac{G_2(G_1+H_1)}{1+G_2}$
③ $\dfrac{1+G_2}{G_2(G_1+H_1)}$ ④ $\dfrac{G_1G_2}{1+G_1G_2H_1}$

|정|답|및|해|설|

[전달함수] $\dfrac{C}{R}=\dfrac{\text{전향경로}}{1-\text{루프이득}}=\dfrac{G(s)}{1-G(s)H(s)}$

→ (루프이득 : 피드백의 폐루프)
→ (전향경로 : 입력에서 출력으로 가는 길(피드백 제외))

· $G(s)=G_1G_2+H_1G_2=G_2(G_1+H_1)$
· $G(s)H(s)=-G_2$

$\therefore \dfrac{C}{R}=\dfrac{G_2(G_1+H_1)}{1+G_2}$ 【정답】 ②

65. 제어량을 어떤 일정한 목표값으로 유지하는 것을 목적으로 하는 제어법은?

① 추종제어 ② 비율제어
③ 프로그램제어 ④ 정치제어

|정|답|및|해|설|

[정치 제어] 제어량을 어떤 일정한 목표값으로 유지하는 것을 목적으로 하는 제어법 【정답】 ④

|참|고|

① 추종제어 : 미지의 임의 시간적 변화를 하는 목표값에 제어량을 추종시키는 것을 목적으로 하는 제어법
② 비율제어 : 목표값이 다른 것과 일정 비율 관계를 가지고 변화하는 경우의 추종 제어법
③ 프로그램 제어 : 미리 정해진 프로그램에 따라 제어랴을 변화시키는 것을 목적으로 하는 제어법

66. 자동 제어의 분류에서 제어량의 종류에 의한 분류가 아닌 것은

① 서보기구 ② 추치제어
③ 프로세스제어 ④ 자동조정

|정|답|및|해|설|

[제어대상(제어량)의 성질에 의한 분류]
1. 프로세스 제어(공정 제어) : 생산 공정 중의 상태량을 제어량으로 하는 제어
2. 서보 제어(추종 제어) : 물체의 위치, 자세, 방위 등의 기계적 변위를 제어량으로 하는 제어계
3. 자동 조정 제어(정치 제어) : 전기적, 기계적 양을 주로 제어하는 시스템
※ 추치제어 : 목표값의 시간적 성질에 의한 분류
【정답】 ②

67. 미분 방정식이 $\frac{di(t)}{dt}+2i(t)=1$일 때 $i(t)$는? (단, $t=0$에서 $i(0)=0$이다.)

① $\frac{1}{2}(1+e^{-2t})$ ② $\frac{1}{2}(1-e^{-2t})$
③ $\frac{1}{2}(1+e2^{t})$ ④ $\frac{1}{2}(1-e^{2t})$

|정|답|및|해|설|

[라플라스 변환] 라플라스 변환하면

$\frac{di(t)}{dt}+2i(t)=1,\quad SI(s)+2I(s)=\frac{1}{S}$

$I(s)=\frac{1}{S(S+2)}\quad \therefore i(t)=\frac{1}{2}(1-e^{-2t})$ 【정답】 ②

68. $S^3+11S^2+2S+40=0$에는 양의 실수부를 갖는 근은 몇 개 있는가?

① 0 ② 1 ③ 2 ④ 3

|정|답|및|해|설|

[루드 판별법]
루드의 표는

S^3	1	2
S^2	11	40
S^1	$\frac{(2\times 22)-(1\times 40)}{11}=-1.64$	0
S^0	$-\frac{(40\times -1.64)}{1.64}=40$	

양의 실수부를 갖는 근의 개수는 제1열의 부호 변화 횟수와 같다. 루드표의 1열의 부호가 두 번 바뀌므로 양의 실수부를 갖는 근의 개수는 2개이다. 즉, 불안정 근이 2개이다. 【정답】 ③

|참|고|

60페이지 [(3) 루드표 작성 및 안정도 판별법] 참조

69. 그림과 같은 회로망은 어떤 보상기로 사용될 수 있는가? (단, $1 < R_1C$인 경우로 한다.)

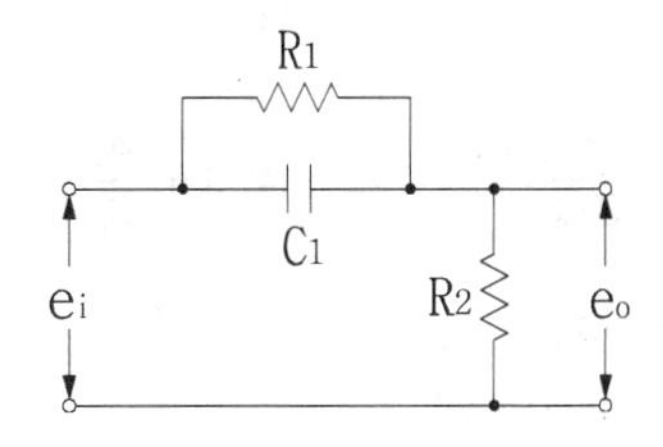

① 지연보상기 ② 지ㆍ진상보상기
③ 지상보상기 ④ 진상보상기

|정|답|및|해|설|

$$G(s)=\frac{\frac{1}{R_1}+Cs}{\frac{1}{R_1}+\frac{1}{R_2}+Cs}=\frac{R_2+R_1R_2Cs}{R_1+R_2+R_1R_2Cs}$$

$$=\frac{R_2}{R_1+R_2}\cdot\frac{1+R_1Cs}{1+\frac{R_1R_2}{R_1+R_2}Cs}$$

$a=\frac{R_2}{R_1+R_2},\quad a<1$

$T=R_1C$라 놓으면 $\therefore G(s)=\frac{a(1+Ts)}{1+aTs}$

여기서, $aTs \ll 1$이라고 하면 전달함수는 근사적으로 $G(s) \fallingdotseq a(1+Ts)$로 되어 미분 요소(진상 회로)가 된다.
【정답】 ④

70. 계의 특성상 감쇠계수가 크면 위상 여유가 크고, 감쇠성이 강하여 (A)는(은) 좋으나 (B)는(은) 나쁘다. A, B를 바르게 묶은 것은?

① 안정도, 응답성
② 응답성, 이득 여유
③ 오프셋, 안정도
④ 이득 여유, 안정도

|정|답|및|해|설|

[감쇠계수] 감쇠계수가 크다는 것은 저항값이 크다는 것이고 저항값이 크다는 것은 안정도는 좋으나 응답성이 나쁘다는 의미와 같다. 즉, 감쇠성이 크면(δ>1) 안정성 좋고, 응답성이 나쁘다.

【정답】 ①

71. 그림과 같은 π형 회로에서 4단자정수 B는?

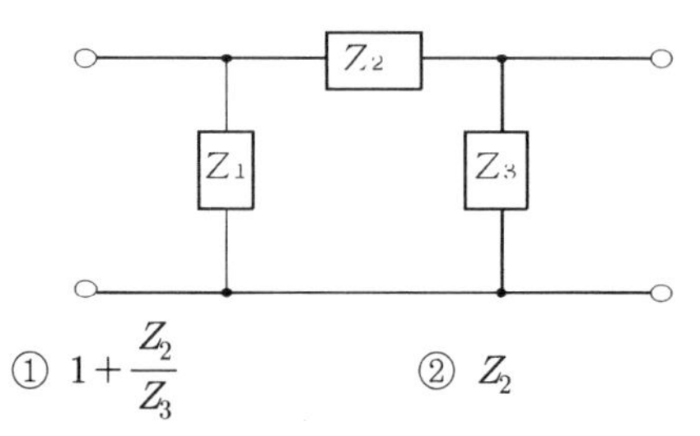

① $1+\frac{Z_2}{Z_3}$ ② Z_2

③ $\frac{Z_1+Z_2+Z_3}{Z_1Z_3}$ ④ $1+\frac{Z_2}{Z_1}$

|정|답|및|해|설|

[π형 회로에서 4단자정수]

$$\begin{bmatrix} 1 & 0 \\ \frac{1}{Z_1} & 1 \end{bmatrix}\begin{bmatrix} 1 & Z_2 \\ 0 & 1 \end{bmatrix}\begin{bmatrix} 1 & 0 \\ \frac{1}{Z_3} & 1 \end{bmatrix} \rightarrow \begin{bmatrix} 1+\frac{Z_2}{Z_3} & Z_2 \\ \frac{Z_1+Z_2+Z_3}{Z_1Z_3} & 1+\frac{Z_2}{Z_1} \end{bmatrix}$$

$\therefore A=1+\frac{Z_2}{Z_3}$, $B=Z_2$, $C=\frac{Z_1+Z_2+Z_3}{Z_1Z_3}$, $D=1+\frac{Z_2}{Z_1}$

【정답】 ②

72. 그림의 전기회로에서 전달함수 $\frac{E_2(s)}{E_1(s)}$는?

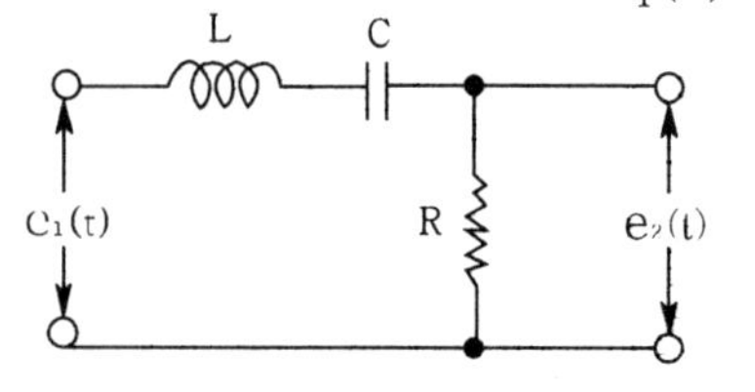

① $\frac{LRs}{LCs^2+RCs+1}$ ② $\frac{Cs}{LCs^2+RCs+1}$

③ $\frac{RCs}{LCs^2+RCs+1}$ ④ $\frac{LRCs}{LCs^2+RCs+1}$

|정|답|및|해|설|

[전달함수] $G(s)=\frac{출력}{입력}=\frac{E_2(s)}{E_1(s)}=\frac{\mathcal{L}[e_2(t)]}{\mathcal{L}[e_1(t)]}$

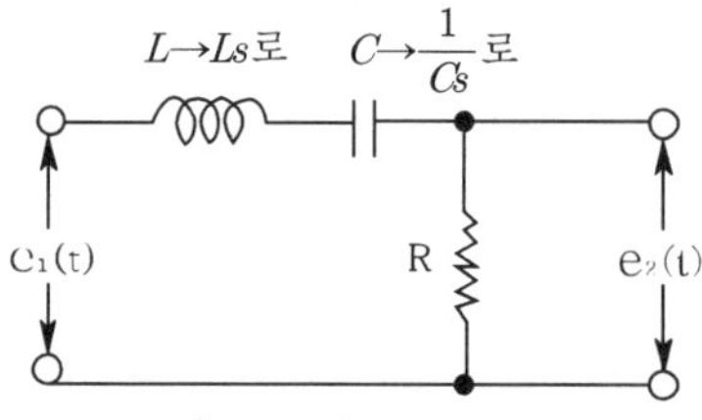

$e_1(t)=L\frac{d}{dt}i(t)+\frac{1}{C}\int i(t)dt+Ri(t)$

$\mathcal{L}[e_1(t)]=LsI(s)+\frac{1}{Cs}I(s)+RI(s)=\left(\frac{LCs^2+1+RCs}{Cs}\right)I(s)$

$e_2(t)=Ri(t) \rightarrow \mathcal{L}[e_2(t)=RI(s)$

$\therefore \frac{E_2(s)}{E_1(s)}=\frac{RI(s)}{\left(\frac{LCs^2+1+RCs}{Cs}\right)I(s)}=\frac{RCs}{LCs^2+RCs+1}$

【정답】 ③

73. 다음 파형의 라플라스 변환은?

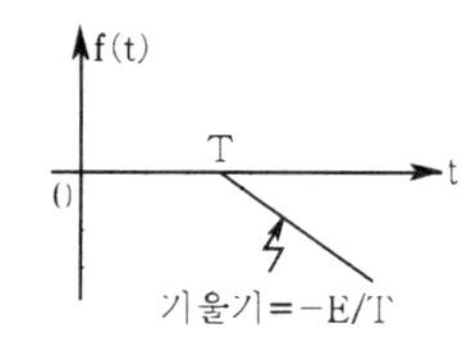

① $\frac{E}{Ts}e^{-Ts}$ ② $-\frac{E}{Ts}e^{-Ts}$

③ $-\frac{E}{Ts^2}e^{-Ts}$ ④ $\frac{E}{Ts^2}e^{-Ts}$

|정|답|및|해|설|

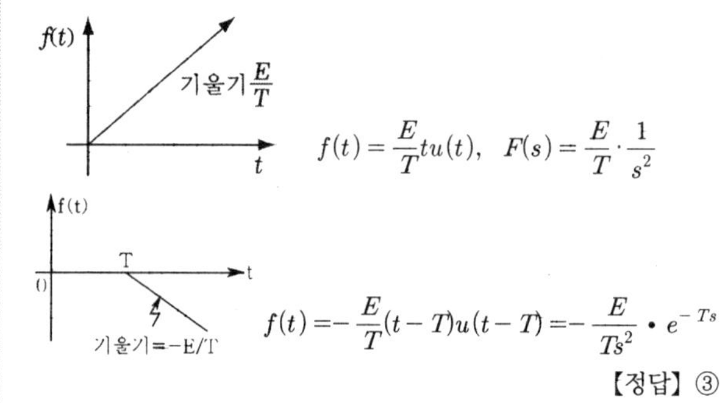

$f(t)=\frac{E}{T}tu(t)$, $F(s)=\frac{E}{T}\cdot\frac{1}{s^2}$

$f(t)=-\frac{E}{T}(t-T)u(t-T)=-\frac{E}{Ts^2}\bullet e^{-Ts}$

【정답】 ③

74. 회로망 출력단자 a-b에서 바라본 등가 임피던스는? (단, $V_1 = 6[V]$, $V_2 = 3[V]$, $I_1 = 10[A]$, $R_1 = 15[\Omega]$, $R_2 = 10[\Omega]$, $L = 2[H]$, $jw = s$ 이다.)

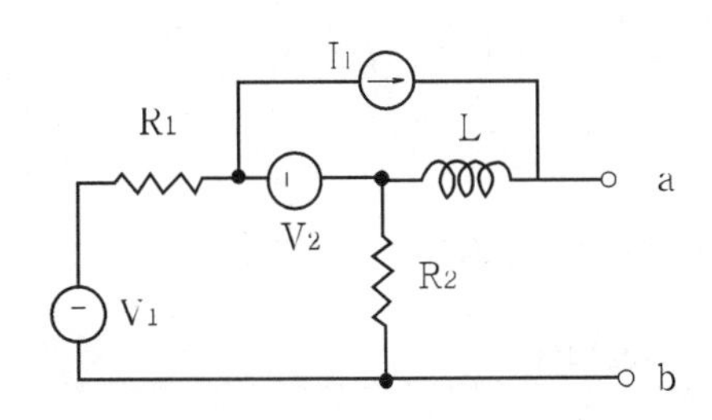

① $\dfrac{1}{s+3}$　　② s+15

③ $\dfrac{3}{s+2}$　　④ 2s+6

|정|답|및|해|설|

[테브난의 정리] 전압원 : 단락, 전류원 :개방

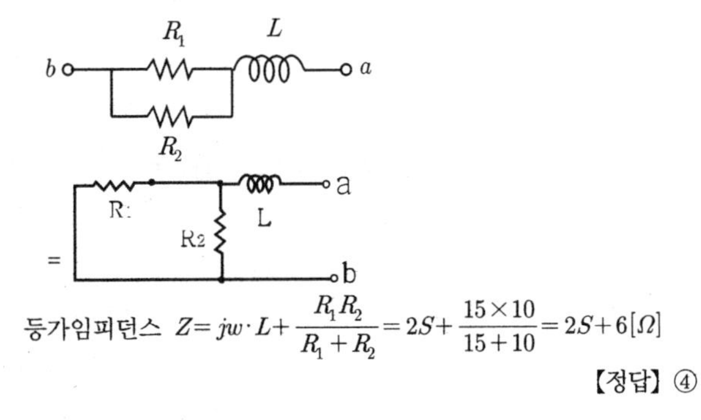

등가임피던스 $Z = jw \cdot L + \dfrac{R_1 R_2}{R_1 + R_2} = 2S + \dfrac{15 \times 10}{15 + 10} = 2S + 6[\Omega]$

【정답】 ④

75. 파형이 톱니파 일 경우 파형률은?

① 1.155　　② 1.732

③ 1.414　　④ 0.577

|정|답|및|해|설|

[톱니파의 파형률] 파형률 $= \dfrac{\text{실효값}}{\text{평균값}}$

1. 톱니파의 실효값 : $\dfrac{I_m}{\sqrt{3}}$

2. 톱니파의 평균값 : $\dfrac{I_m}{2}$

$\therefore$ 파형률 $= \dfrac{\text{실효값}}{\text{평균값}} = \dfrac{\dfrac{I_m}{\sqrt{3}}}{\dfrac{I_m}{2}} = \dfrac{2}{\sqrt{3}} = 1.155$

【정답】 ①

76. RL 직렬 회로에 직류 전압 5[V]를 $t=0$에서 인가하였더니 $i(t) = 50(1 - e^{-20 \times 10^{-3} t})[mA](t \ge 0)$ 이었다. 이 회로의 저항을 처음 값의 2배로 하면 시정수는 얼마가 되겠는가?

① 10[msec]　　② 40[msec]

③ 5[sec]　　④ 25[sec]

|정|답|및|해|설|

[시정수] $\tau = \dfrac{L}{R}[\sec]$

RL직렬회로의 전류

$i(t) = \dfrac{E}{R}\left(1 - e^{-\frac{R}{L}t}\right) = 50(1 - e^{-20 \times 10^{-3} t})$

$\dfrac{L}{R} = 20 \times 10^{-3}$ 이므로 시정수는 $\tau = \dfrac{1}{20 \times 10^{-3}}[\sec]$

→ (시정수는 특성근의 절대값의 역수)

저항 R을 2배로 하면 $\tau = \dfrac{L}{2R} = \dfrac{1}{2 \times (20 \times 10^{-3})} = 25[\sec]$

【정답】 ④

77. 그림과 같은 회로에서 a-b 사이의 전위차[V]는?

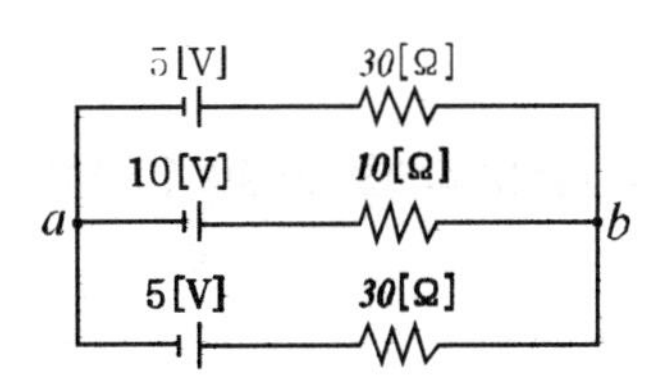

① 10[V]　　② 8[V]

③ 6[V]　　④ 4[V]

|정|답|및|해|설|

[밀만의 정리(중성점 전위)] $V_{ab} = IZ = \dfrac{\sum_{k=1}^{m} I_k}{\sum_{k=1}^{n} Y_k} = \dfrac{\sum_{k=1}^{m} \frac{E_k}{R_k}}{\sum_{k=1}^{n} \frac{1}{R_k}}$

$V_{ab} = \dfrac{\frac{5}{30} + \frac{10}{10} + \frac{5}{30}}{\frac{1}{30} + \frac{1}{10} + \frac{1}{30}} = 8[V]$

【정답】 ②

78. 각 상의 임피던스가 Z=R+jX[Ω]인 것을 Y 결선으로 한 평형 3상 부하에 선간전압 E[V]를 가하면 선전류는 몇 [A]가 되는가?

① $\frac{E}{\sqrt{2(R^2+X^2)}}$ ② $\frac{\sqrt{2}E}{\sqrt{R^2+X^2}}$

③ $\frac{\sqrt{3}E}{\sqrt{R^2+X^2}}$ ④ $\frac{E}{\sqrt{3(R^2+X^2)}}$

|정|답|및|해|설|

[Y결선] 선전류 I_l = 상전류 $I_p = \frac{\text{상전압}}{\text{각 상의 임피던스}}[A]$

상전류 $I_p = \frac{\frac{E}{\sqrt{3}}}{Z} = \frac{E}{\sqrt{3}Z}$

Y결선에서 선전류 I_l = 상전류 I_p

$Z = R + jX = \sqrt{R^2+X^2}[\Omega]$

선전류 $I_l = I_p = \frac{\frac{E}{\sqrt{3}}}{\sqrt{R^2+X^2}} = \frac{E}{\sqrt{3(R^2+X^2)}}[A]$

【정답】④

79. 저항 R과 리액턴스 X를 병렬로 연결할 때의 역률은?

① $\frac{X}{\sqrt{R^2+X^2}}$ ② $\frac{R}{\sqrt{R^2+X^2}}$

③ $\frac{1/X}{\sqrt{R^2+X^2}}$ ④ $\frac{1/R}{\sqrt{R^2+X^2}}$

|정|답|및|해|설|

[R–X병렬 시의 역률] 역률$(\cos\theta) = \frac{\frac{1}{R}}{|Y|}$

$R-X$ 병렬 → $Y = \frac{1}{R} \pm i\frac{1}{X}$

$\therefore$ 역률 $= \frac{\frac{1}{R}}{|Y|} = \frac{\frac{1}{R}}{\sqrt{\left(\frac{1}{R}\right)^2 + \left(\frac{1}{X}\right)^2}} = \frac{X}{\sqrt{R^2+X^2}}$

※R–X직렬 시의 역률 $\cos\theta = \frac{R}{\sqrt{R^2+X^2}}$

【정답】①

80. 다음에서 $F_e(t)$는 우함수, $F_0(t)$는 기함수를 나타낸다. 주기함수 $F(t) = F_e(t) + F_0(t)$에 대한 다음의 서술 중 바르지 못한 것은?

① $F_e(t) = F_e(-t)$

② $F_e(t) = \frac{1}{2}[f(t) - f(-t)]$

③ $F_0(t) = -F_0(-t)$

④ $F_0(t) = \frac{1}{2}[f(t) - f(-t)]$

|정|답|및|해|설|

[비정현파 대칭식]

→ (우함수 : Y축 대칭 → $f_e(t) = f_e(-t)$)

→ (기함수 : 원점 대칭 → $f_o(t) = -f_o(-t)$)

$f(t) = f_e(t) + f_0(t)$

1. $\frac{1}{2}[f(t)+f(-t)] = \frac{1}{2}[f_e(t)+f_0(t)+f_e(-t)+f_0(-t)]$
$= \frac{1}{2}[f_e(t)+f_0(t)+f_e(t)-f_0(t)]$
$= f_e(t)$

2. $\frac{1}{2}[f(t)-f(-t)] = \frac{1}{2}[f_e(t)+f_0(t)-f_e(-t)-f_0(-t)]$
$= \frac{1}{2}[F_e(t)+F_0(t)-F_e(t)+F_0(t)]$
$= f_0(t)$

【정답】②

1회 2013년 전기기사필기 (전기설비기술기준)

81. 변전소의 주요 변압기에 시설하지 않아도 되는 계측 장치는?

① 역률계 ② 전압계

③ 전력계 ④ 전류계

|정|답|및|해|설|

[계측장치의 시설 (KEC 351.6)]]

변전소에 시설하여야 하는 계측 장치

1. 발전기 · 연료전지 또는 태양전지 모듈의 전압 및 전류 또는 전력
2. 발전기의 베어링 및 고정자의 온도
3. 정격출력이 10,000[kW]를 초과하는 증기터빈에 접속하는 발전기의 진동의 진폭
4. 주요 변전소의 전압 및 전류 또는 전력
5. 특고압용 변압기의 온도

【정답】①

82. 고압 또는 특고압과 저압의 혼촉에 의한 위험 방지 시설로 가공 공동 지선을 설치하여 2 이상의 시설 장소에 접지 공사를 할 때, 가공 공동 지선은 지름 몇 [mm] 이상의 경동선을 사용하여야 하는가?

① 1.5 ② 2 ③ 3.5 ④ 4

|정|답|및|해|설|

[고압 또는 특고압과 저압의 혼촉에 의한 위험방비 시설 (KEC 322.1)]
가공 공동 지선에는 인장강도 5.26[kN] 이상 또는 **지름 4[mm]의 경동선**을 사용하는 저압 가공전선의 1선을 겸용할 수 있다.

【정답】 ④

83. 154[kV] 가공전선로를 시가지에 시설하는 경우 특별 고압 가공전선에 지락, 또는 단락이 생기면 몇 초 이내에 자동적으로 이를 전로로부터 차단하는 장치를 시설하는가?

① 1 ② 2 ③ 3 ④ 5

|정|답|및|해|설|

[시가지 등에서 특고압 가공전선로의 시설 (KEC 333.1)]
사용전압이 100[kV]을 초과하는 특고압 가공전선에 지락 또는 단락이 생겼을 때에는 1초 이내에 자동적으로 이를 전로로부터 차단하는 장치를 시설할 것
특고압보안공사시에는 2초이내

【정답】 ①

84. 25[kV] 이하의 특고압 가공전선로가 상호간 접근 또는 교차하는 경우 사용 전선이 양쪽 모두 나전선인 경우 간격은 얼마 이상이어야 하는가?

① 1.0[m] ② 1.2[m]
③ 1.5[m] ④ 1.75[m]

|정|답|및|해|설|

[25[kV] 이하인 특고압 가공전선로의 시설 (KEC 333.32)]
특고압 가공전선이 도로 등의 아래쪽에서 접근하여 시설될 때에는 상호간의 간격

전선의 종류	간격[m]
나전선	1.5
특고압 절연전선	1
케이블	0.5

【정답】 ③

85. 옥내에 시설하는 전동기가 과전류로 소손될 우려가 있을 경우 자동적으로 이를 저지하거나 경보하는 장치를 시설하여야 한다. 정격출력 몇 [kW] 이하인 전동기에는 이와 같은 과부하 보호 장치를 시설하지 않아도 되는가?

① 0.2 ② 0.75 ③ 3 ④ 5

|정|답|및|해|설|

[저압전로 중의 전동기 보호용 과전류보호장치의 시설 (kec 212.6.3)]
옥내 시설하는 전동기의 과부하장치 생략 조건

1. **정격출력이 0.2[kW] 이하**인 경우
2. 전동기를 운전 중 상시 취급자가 감시할 수 있는 위치에 시설하는 경우
3. 전동기의 구조나 부하의 성질로 보아 전동기가 손상될 수 있는 과전류가 생길 우려가 없는 경우
4. 단상전동기를 그 전원측 전로에 시설하는 과전류 차단기의 정격전류가 16[A](배선용 차단기는 20[A]) 이하인 경우

【정답】 ①

86. 사용전압이 480[V]인 저압 옥내 배선으로 절연전선을 애자공사에 의해서 점검할 수 없는 은폐 장소에 시설하는 경우, 전선 상호 간의 간격은 몇 [cm] 이상이어야 하는가?

① 6 ② 20 ③ 40 ④ 60

|정|답|및|해|설|

[애자사용공사 (KEC 232.56)] 전선은 절연전선(옥외용 비닐절연전선 및 인입용 비닐절연전선을 제외)일 것

전선 상호간격		전선과 조영재 사이		전선과 지지점간의 거리	
400[V] 미만	400[V] 이상	400[V] 미만	400[V] 이상	400[V] 미만	400[V] 이상
6[cm] 이상		2.5[cm] 이상	4.5[cm] 이상 (건조한 장소 2.5[cm])	조영재의 윗면 옆면일 경우 2[m] 이하	6[m] 이하

【정답】 ①

87. 사용전압이 22.9[kV]인 가공전선과 그 지지물 사이의 간격은 몇 [cm] 이상이어야 하는가?

① 5[cm]　　② 10[cm]
③ 15[cm]　　④ 20[cm]

|정|답|및|해|설|

[특고압 가공전선과 지지물 등의 간격 (KEC 333.5)]

사용 전압	간격[cm]
15[kV] 미만	15
15[kV] 이상 25[kV] 미만	20
25[kV] 이상 35[kV] 미만	25
35[kV] 이상 50[kV] 미만	30
50[kV] 이상 60[kV] 미만	35
60[kV] 이상 70[kV] 미만	40

【정답】 ④

88. 특고압 전선로에 사용되는 애자장치에 대한 갑종 풍압 하중은 그 구성재의 수직 투명면적 1[m^2]에 대한 풍압 하중을 몇 [Pa]를 기초로 계산하여야 하는가?

① 592　　② 668
③ 946　　④ 1039

|정|답|및|해|설|

[풍압 하중의 종별과 적용 (KEC 331.6)]

풍압을 받는 구분			풍압[Pa]
지지물	목 주		588
	철주	원형의 것	588
		삼각형 또는 농형	1412
		강관에 의하여 구성되는 4각형의 것	1117
		기타의 것으로 복재가 전후면에 겹치는 경우	1627
		기타의 것으로 겹치지 않은 경우	1784
	철근 콘크리트 주	원형의 것	588
		기타의 것	822
애자장치 (특별고압전선용의 것에 한한다)			1,039[Pa]
목주 · 철주(원형의 것에 한한다) 및 철근 콘크리트주의 완금류(특별고압 전선로용의 것에 한한다)			단일재로서 사용하는 경우에는 1,196[Pa], 기타의 경우에는 1,627[Pa]

【정답】 ④

89. 저압 가공 인입선의 시설시 사용할 수 없는 전선은?

① 절연전선, 케이블
② 지지물 간 거리(경간) 20[m] 이하인 경우 2[mm] 이상의 인입용 비닐 절연 전선
③ 지름이 2.6[mm] 이상의 인입용 비닐 절연 전선
④ 사람 접촉 우려가 없도록 시설하는 경우 옥외용 비닐 절연 전선

|정|답|및|해|설|

[저압 인입선의 시설 (kec 221.1.1)] 사용 가능한 전선의 종류

1. 케이블
2. 절연전선
   - ·지지물 간 거리(경간)가 15[m] 이하 : 지름 2[mm] 이상의 인입용 비닐절연전선
   - ·지지물 간 거리(경간)가 15[m] 초과 : 지름 2.6[mm] 이상의 인입용 비닐절연전선
   - ·전선이 옥외용 비닐 절연 전선인 경우에는 사람이 쉽게 접촉할 수 없도록 시설

【정답】 ②

90. 최대 사용전압이 154[kV]인 중성점 직접 접지식 전로의 절연내력 시험 전압은 몇 [V]인가?

① 110,880　　② 141,680
③ 169,400　　④ 192,500

|정|답|및|해|설|

[변압기 전로의 절연내력 (KEC 135)]

접지 방식	최대 사용전압	시험 전압(최대 사용전압 배수)	최저 시험 전압
비접지	7[kV] 이하	1.5배	500[V]
	7[kV] 초과	1.25배	10,500[V] (60[kV]이하)
중성점접지	60[kV] 초과	1.1배	75[kV]
중성점직접 접지	60[kV]초과 170[kV] 이하	0.72배	
	170[kV] 초과	0.64배	
중성점다중 접지	25[kV] 이하	0.92배	500[V] (75[kV]이하)

$\therefore$ 시험전압 $154000 \times 0.72 = 110,880[kV]$

【정답】 ①

91. 옥내에 시설하는 저압 전선으로 나전선을 사용할 수 없는 공사는?

① 전개된 곳의 애자사용공사
② 금속덕트공사
③ 버스 덕트 공사
④ 라이팅 덕트 공사

|정|답|및|해|설|

[나전선의 사용 제한 (KEC 231.4)]
옥내에 시설하는 저압전선에는 나전선을 사용하여서는 아니 된다. 다만, 다음중 어느 하나에 해당하는 경우에는 그러하지 아니하다.
1. **애자사용공사**에 의하여 전개된 곳에 다음의 전선을 시설하는 경우
 · 전기로용 전선
 · 전선의 피복 절연물이 부식하는 장소에 시설하는 전선
 · 취급자 이외의 자가 출입할 수 없도록 설비한 장소에 시설하는 전선
2. **버스덕트공사**에 의하여 시설하는 경우
3. **라이팅덕트공사**에 의하여 시설하는 경우
4. 접촉 전선을 시설하는 경우 【정답】 ②

92. 발전소 또는 변전소로부터 다른 발전소 또는 변전소를 거치지 아니하고 전차선로에 이르는 전선을 무엇이라고 하는가?

① 급전선 ② 전기철도용 급전선
③ 급전선로 ④ 전기철도용 급전선로

|정|답|및|해|설|

[용어의 정의 (KEC 112)]
① 급전선(feeder) : 배전 변전소 또는 발전소로부터 배전 간선에 이르기까지의 도중에 부하가 접속되어 있지 않은 선로
② 전기철도용 급전선 : 전기철도용 변전소로부터 다른 전기철도용 변전소 또는 전차선에 이르는 전선을 말한다.
④ 전기철도용 급전선로 : 전기철도용 급전선 및 이를 지지하거나 수용하는 시설물을 말한다. 【정답】 ①

93. 가공 케이블 시설시 고압 가공 전선에케이블 사용하는 경우 조가선(조가용선)은 단면적이 몇 $[mm^2]$ 이상인 아연도 강연선 이어야 하는가?

① 8 ② 14
③ 22 ④ 30

|정|답|및|해|설|

[가공케이블의 시설 (KEC 332.2)] 가공전선에 케이블을 사용한 경우에는 다음과 같이 시설한다.
· 케이블 조가선(조가용선)에 행거로 시설하며 고압 및 특고압인 경우 행거의 간격을 50[cm] 이하로 한다.
· 조가선은 인장강도 5.93[kN](특고압인 경우 13.93[kN]) 이상의 것 또는 **단면적 22$[mm^2]$ 이상**인 아연도철연선일 것을 사용한다. 【정답】 ③

94. 3300[V] 고압 가공전선을 교통이 번잡한 도로를 횡단하는 경우 지표상 높이를 몇 [m] 이상으로 하여야 하는가?

① 5.0 ② 5.5
③ 6.0 ④ 6.5

|정|답|및|해|설|

[저고압 가공 전선의 높이 (KEC 332.5)]
저·고압 가공 전선의 높이는 다음과 같다.
1. 도로 횡단 : 6[m] 이상
2. 철도 횡단 : 레일면 상 6.5[m] 이상
3. 횡단 보도교 위 : 3.5[m](고압 4[m])
4. 일반장소 : 5[m] 이상 【정답】 ③

95. 특고압 가공 전선의 지지물 간 거리(경간)는 지지물이 철탑인 경우 몇 [m] 이하이어야 하는가? (단, 단주가 아닌 경우이다.)

① 400 ② 500
③ 600 ④ 700

|정|답|및|해|설|

[25[kV] 이하인 특고압 가공전선로의 시설 (KEC 333.32)]
특고압 가공전선이 인장강도 14.51[kN] 이상의 것 또는 지름 38$[mm^2]$ 이상의 경동연선으로서 지지물에 B종 철주 또는 B종 철근 콘크리트주 또는 철탑을 사용하는 때에는 다음과 같다.

지지물의 종류	지지물 간 거리(경간)
목주 A종 철주 A종 철근 콘크리트주	100[m]
B종 철주· B종 철근 콘크리트주	150[m]
철탑	400[m]

【정답】 ①

96. 저압 가공 전선과 또는 고압 가공 전선이 건조물과 접근 상태로 시설되는 경우 상부 조영재와의 옆쪽과의 간격은 각각 몇 [m] 인가?

① 저압 : 1.2[m], 고압 : 1.2[m]
② 저압 : 1.2[m], 고압 : 1.5[m]
③ 저압 : 1.5[m], 고압 : 1.5[m]
④ 저압 : 1.5[m], 고압 : 2.0[m]

|정|답|및|해|설|

[저고압 가공 전선과 건조물의 접근(KEC 332.11)] 저·고압 가공전선과 건조물의 조영재 사이의 간격(이격거리)

사용전압 부분 공작물의 종류			저압 [m]	고압 [m]
건조물	상부 조영재 상방	일반적인 경우	2	2
		전선이 고압절연전선	1	2
		전선이 케이블인 경우	1	1
	기타 조영재 또는 상부조영재의 앞쪽 또는 아래쪽	일반적인 경우	1.2	1.2
		전선이 고압절연전선	0.4	1.2
		전선이 케이블인 경우	0.4	0.4
		사람이 접근 할 수 없도록 시설한 경우	0.8	0.8

【정답】 ①

※한국전기설비규정(KEC) 적용으로 인해 더 이상 출제되지 않는 문제는 삭제했습니다.

2013년 2회 전기기사 필기 기출문제

2회 2013년 전기기사필기 (전기자기학)

1. 그림과 같이 정전용량이 $C_0[F]$가 되는 평행판 공기 콘덴서에 판면적의 1/2 되는 공간에 비유전율이 ϵ_0인 유전체를 채웠을 때 정전용량은 몇 [F] 인가?

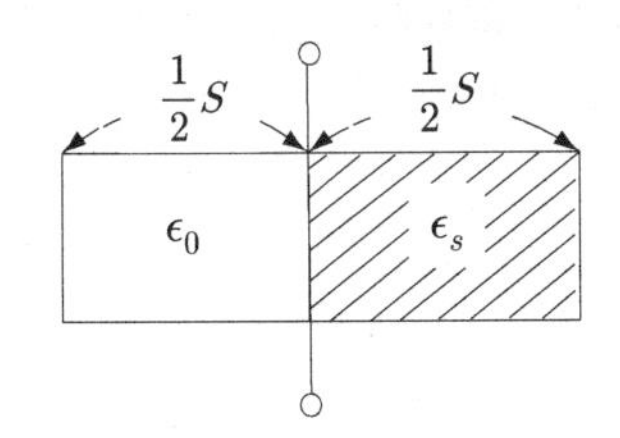

① $\frac{1}{2}(1+\epsilon_s)C_0$　　② $(1+\epsilon_s)C_0$

③ $\frac{2}{3}(1+\epsilon_s)C_0$　　④ C_0

|정|답|및|해|설|

[정전용량의 병렬접속] $C_0 = C_1 + C_2[F]$

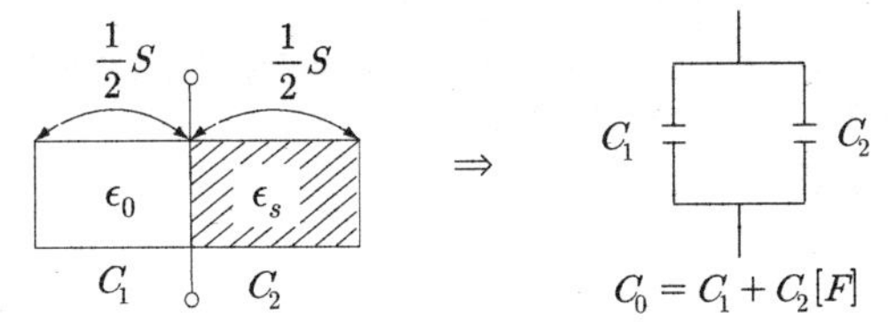

두 전극 간에 공기만 존재할 때의 정전용량을 C_0라고하면

1. 유전체 채우기 전 $C_0 = \epsilon_0 \frac{S}{d}$ [F]

2. 유전체 채운 후
   - 공기로만 채워진 부분의 정전용량은

$$C_1 = \epsilon_0 \frac{\frac{1}{2}S}{d} = \frac{1}{2}C_0 \text{ [F]}$$

   - 비유전율 ϵ_s로 채워진 부분의 정전용량은

$$C_2 = \epsilon_0\epsilon_s \frac{\frac{1}{2}S}{d} = \frac{1}{2}\epsilon_s\epsilon_0\frac{S}{d} = \frac{1}{2}\epsilon_s C_0 \text{ [F]}$$

3. 두 개의 유전체가 병렬접속이므로

$$C_0' = C_1 + C_2 = \frac{1}{2}C_0 + \frac{1}{2}\epsilon_s C_0 = \frac{1}{2}(1+\epsilon_s)C_0[F]$$

【정답】 ①

|참|고|

[유전체의 삽입 위치에 따른 콘덴서의 직 · 병렬 구별]

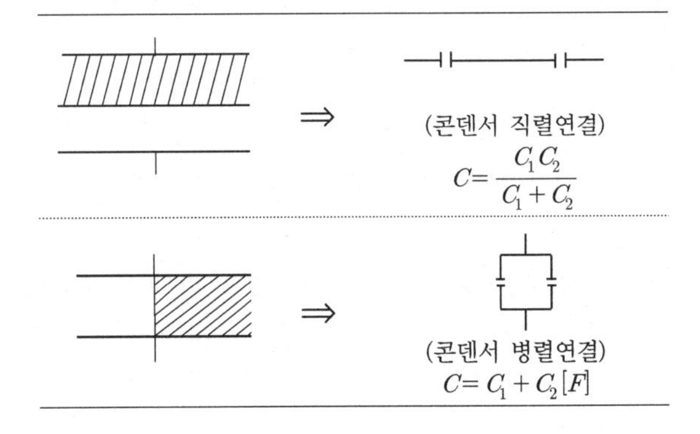

2. 전선의 체적을 동일하게 유지하면서 2배의 길이로 늘였을 때 저항은 어떻게 되는가?

① 1/2로 줄어든다.　　② 동일하다.

③ 2배로 증가한다.　　④ 4배로 증가한다.

|정|답|및|해|설|

[전기저항] $R = \rho\frac{l}{S}[\Omega]$

여기서, ρ : 고유저항 [Ω·m], l : 도선의 길이 [m]

S : 도선의 단면적 [m^2]

체적이 동일하고 길이가 늘면 단면적이 작아지게 된다.

$V = S_1 \times l_1 = S_2 \times l_2 = S_2 \times 2l_1$

따라서, 전선의 단면적은 $S_2 = \frac{1}{2}S_1$가 되어 저항은 4배로 증가한다.

저항 $R_2 = \rho \times \frac{l_2}{S_2} = \rho \times \frac{2l_1}{\frac{1}{2}S_1} = 4 \times \rho \times \frac{l_1}{S_1} = 4R_1[\Omega]$

【정답】 ④

3. 압전기(piezo) 현상에서 분극이 응력과 같은 방향으로 발생하는 현상을 무슨 효과라 하는가?

① 종효과　② 횡효과
③ 역효과　④ 간접효과

| 정 | 답 | 및 | 해 | 설 |

[압전기 현상] 결정에 기한 기계적 응력과 전기 분극이 동일 방향으로 발생하는 경우를 종효과, 수직 방향으로 발생하는 경우를 횡효과라고 한다.

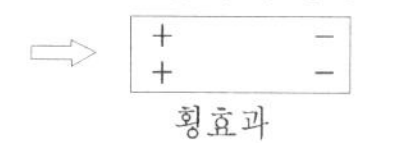

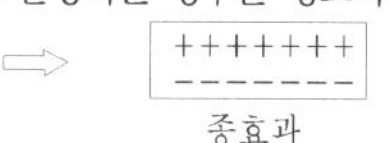

【정답】 ①

4. 정전류가 흐르고 있는 무한 직선도체로부터 수직으로 0.1[m]만큼 떨어진 점의 자계의 크기가 100[A/m]이면 0.4[m]만큼 떨어진 점의 자계의 크기[A/m]는?

① 10　② 25
③ 50　④ 100

| 정 | 답 | 및 | 해 | 설 |

[무한히 긴 직선전류에 의한 자계의 세기] $H=\frac{I}{2\pi r}$[A/m]

거리가 4배이므로 자계의 세기(H)는 1/4로 된다.

$\therefore H_x=\frac{0.1}{0.4}\times 100=25[A/m]$　【정답】 ②

5. 면적이 S$[m^2]$이고 극간의 거리가 d[m]인 평행판 콘덴서에 비유전율 ϵ_s의 유전체를 채울 때 정전용량은 몇 [F]인가? (단, 진공의 유전율은 ϵ_0이다.)

① $\frac{2\epsilon_o\epsilon_s S}{d}$　② $\frac{\epsilon_o\epsilon_s S}{\pi d}$
③ $\frac{\epsilon_o\epsilon_s S}{d}$　④ $\frac{2\pi\epsilon_o\epsilon_s S}{d}$

| 정 | 답 | 및 | 해 | 설 |

[평행판 콘덴서의 정전용량] $C=\frac{\epsilon S}{d}=\frac{\epsilon_0\epsilon_s S}{d}[F]$　→ $(\epsilon=\epsilon_0\epsilon_s)$

【정답】 ③

6. 무한히 넓은 도체 평면판에 면밀도 $\sigma[C/m^2]$의 전하가 분포되어 있는 경우 전력선은 면에 수직으로 나와 평행하게 발산한다. 이 평면의 전계의 세기는 몇 [V/m]인가?

① $\frac{\sigma}{\epsilon_0}$　② $\frac{\sigma}{2\epsilon_0}$　③ $\frac{\sigma}{2\pi\epsilon_0}$　④ $\frac{\sigma}{4\pi\epsilon_0}$

| 정 | 답 | 및 | 해 | 설 |

[무한 평면 대전체의 전계의 세기(E)]　$\frac{\sigma}{2\epsilon_0}$　$\frac{\sigma}{2\epsilon_0}$

전속밀도 $D=\frac{\sigma}{2}$　→ $(D=\epsilon_0 E)$

여기서, σ : 면전하밀도$[C/m^2]$

$\therefore$ 전계의 세기 $E=\frac{\sigma}{2\epsilon_0}[V/m]$　→ (거리와는 무관계)

※면전하(1개의 평면)라고 하면 ①번이 정답, 여기서는 어느 한 면(즉, 두 개의 평면 중 하나)이므로 절반의 전계가 나타난다.　【정답】 ②

7. 변위 전류와 가장 관계가 깊은 것은?

① 반도체　② 유전체
③ 자성체　④ 도체

| 정 | 답 | 및 | 해 | 설 |

[변위전류] 변위전류는 진공 및 **유전체 내에서 전속밀도의 시간적 변화에 의하여 발생하는 전류**이다.

변위전류밀도 $i_d=\frac{\partial D}{\partial t}$[A/m²]　변위전류도 자계를 만들고 인가전압보다 위상이 90° 앞선다.　【정답】 ②

8. 유전체에 대한 경계 조건에 설명이 옳지 않은 것은?

① 표면전하밀도란 구속 전하의 표면 밀도를 말하는 것이다.
② 완전 유전체 내에서는 자유전하는 존재하지 않는다.
③ 경계면에 외부전하가 있으면, 유전체의 내부와 외부의 전하는 평형 되지 않는다.
④ 특수한 경우를 제외하고 경계면에서 표면전하 밀도는 영(zero)이다.

| 정 | 답 | 및 | 해 | 설 |

[표면 전하밀도] 표면 전하밀도는 분포 전하의 표면밀도를 말한다.

※구속 전하 : 전계 안에 있는 금속의 감응에 따라 생긴 전하 또는 콘덴서의 전극 간에 축적된 +, −가 서로 흡인하는 상태에 있는 전하를 말한다.)　【정답】 ①

9. 자화의 세기로 정의 할 수 있는 것은?

① 단위 면적당 자위밀도
② 단위 체적당 자기모멘트
③ 자력선밀도
④ 자화선밀도

|정|답|및|해|설|

[자화의 세기] $J = \frac{m}{S} = \frac{ml}{Sl} = \frac{M}{V}[Wb/m^2]$

여기서, S : 자성체의 단면적$[m^2]$, m : 자화된 자기량[Wb]
l : 자성체의 길이[m], V : 자성체의 체적$[m^3]$
M : 자기모멘트$(M = ml[Wb \cdot m])$

$J = \frac{m}{S}[\frac{wb}{m^2}]$ → 단위 면적당의 자극의 세기

$J = \frac{m}{S} = \frac{M}{V}[\frac{wb \cdot m}{m^3}]$ → 단위 체적당의 자기모멘트

【정답】 ②

10. 전류가 흐르는 반원형 도선이 평면 $z = 0$상에 놓여 있다. 이 도선이 자속 밀도 $B = 0.8a_x - 0.7a_y + a_z[\mathrm{Wb/m^2}]$인 균일자계 내에 놓여 있을 때 도선의 직선 부분에 작용하는 힘은 몇 [N]인가?

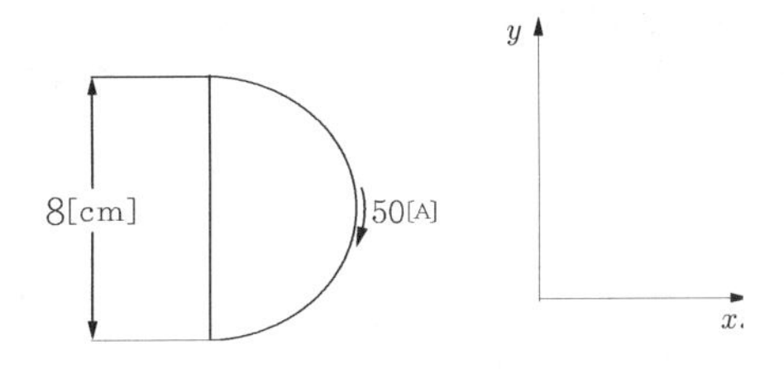

① $4a_x + 3.2a_z$　　② $4a_x - 3.2a_z$
③ $5a_x - 3.5a_z$　　④ $-5a_x + 3.5a_z$

|정|답|및|해|설|

[단위 길이당 작용하는 힘(플레밍의 왼손 법칙)] $F = BI\,l\sin\theta$

· 단위 길이당 작용하는 힘 F'　→ $(I = 50a_y)$

$F' = I \times B = 50a_y \times (0.8a_x - 0.7a_y + a_z)$
$= 40a_y \times a_x - 35a_y \times a_y + 50a_y \times a_z$
→ $(a_y \times a_x = -a_z,\ a_y \times a_y = 0,\ a_y \times a_z = a_x)$

$F' = 50a_x - 40a_z$

· 도선의 길이 l에 작용하는 힘 F

$F = F'l = (50a_x - 40a_z) \times 0.08 = 4a_y - 3.2a_z$

【정답】 ②

11. 비투자율 $\mu_s = 800$, 원형 단면적이 $S = 10[cm^2]$, 평균 자로 길이 $l = 8\pi \times 10^{-2}[m]$의 환상 철심에 600회의 코일을 감고 이것에 1[A]의 전류를 흘리면 내부의 자속은 몇 [Wb]인가?

① 1.2×10^{-3}　　② 1.2×10^{-5}
③ 2.4×10^{-3}　　④ 2.4×10^{-5}

|정|답|및|해|설|

[솔레노이드에 의한 자계의 세기] $H = \frac{\varnothing}{\mu S} = \frac{NI}{l} = \frac{NI}{2\pi a}$

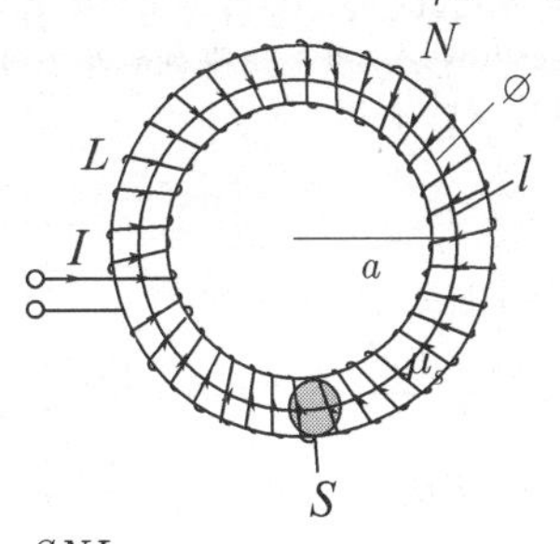

자속 $\varnothing = \frac{\mu_0 \mu_s SNI}{l}$

$= \frac{4\pi \times 10^{-7} \times 800 \times 10 \times 10^{-4} \times 600 \times 1}{8\pi \times 10^{-2}}$

$= 2.4 \times 10^{-3}[Wb]$

【정답】 ③

12. 평면도체로부터 수직거리 $a[\mathrm{m}]$인 곳에 점전하 $Q[\mathrm{C}]$이 있다. $Q[\mathrm{C}]$와 평면도체 사이에 작용하는 힘은 몇 [N]인가? (단, 평면도체 오른편을 유전율 ϵ의 공간이라 한다)

① $-\frac{Q^2}{16\pi\epsilon a^2}$　　② $-\frac{Q^2}{8\pi\epsilon a^2}$
③ $-\frac{Q^2}{4\pi\epsilon a^2}$　　④ $-\frac{Q^2}{2\pi\epsilon a^2}$

|정|답|및|해|설|

[무한 평면에 작용하는 힘(전기영상법 이용)]

점전하 Q[C]과 무한 평면 도체간의 작용력[N]은 영상 전하 -Q[C]과의 작용력[N]이므로

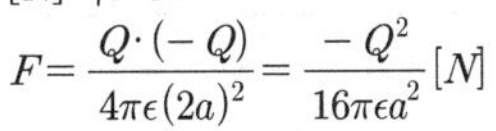

$F = \frac{Q \cdot (-Q)}{4\pi\epsilon(2a)^2} = \frac{-Q^2}{16\pi\epsilon a^2}[N]$

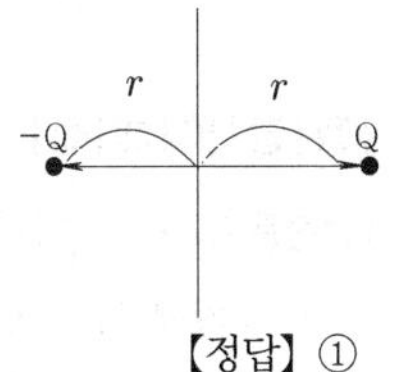

(-)는 흡인력이다. 매질이 공기(또는 진공)가 아니므로 ϵ_0가 아닌 ϵ임에 주의

【정답】 ①

13. 균일하게 원형 단면을 흐르는 전류 $I[A]$에 의한, 반지름 a[m], 길이 l[m], 비투자율 μ_s, 인 원통 도체의 내부 인덕턴스는 몇 [H]인가?

① $\frac{1}{2}\times 10^{-7}\mu_s l$　　② $10^{-7}\mu_s l$

③ $2\times 10^{-7}\mu_s l$　　④ $\frac{1}{2a}\times 10^{-7}\mu_s l$

|정|답|및|해|설|

[원형 도체 내부의 인덕턴스] $L_i = \frac{\mu}{8\pi}\cdot l[H]$

원형 도체 내부의 인덕턴스에 진공의 투자율을 대입해서 구한다.
원형 도체 내부의 인덕턴스] 원형 도체 내부의 인덕턴스에 진공의 투자율을 대입해서 구한다.

$L_i = \frac{\mu}{8\pi}\cdot l = \frac{\mu_0\mu_s}{8\pi}\cdot l$

여기서, μ : 투자율($\mu_0\mu_s$), l : 길이

$L_i = \frac{\mu_0\mu_s}{8\pi}\cdot l = \frac{4\pi\times 10^{-7}}{8\pi}\times\mu_s\times l$

$= \frac{1}{2}\times 10^{-7}\times\mu_s l[H]$

a　$I[A]$　μ_s　$l[m]$　$L_i = ?$

【정답】 ①

14. 무한평면도체에서 d[m]의 거리에 있는 반경 a[m]의 구도체와 평면도체 사이의 정전용량은 몇 [F]인가? (단, $a \ll d$이다.)

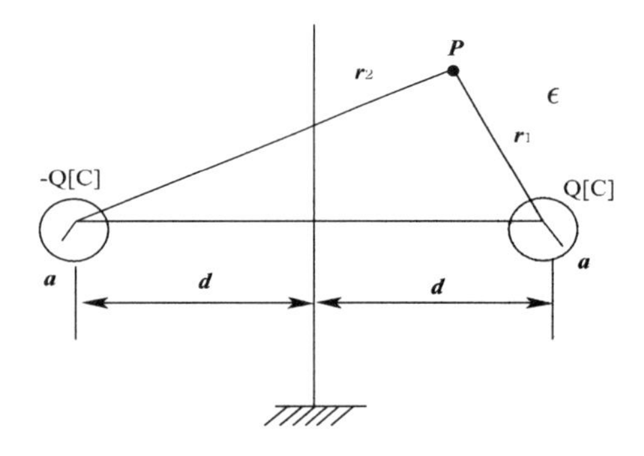

① $\dfrac{\pi\epsilon}{\frac{1}{a}-\frac{1}{2d}}$　　② $\frac{1}{4\pi\epsilon}(a-2d)$

③ $\frac{1}{4\pi\epsilon}\left(\frac{1}{a}-\frac{1}{2d}\right)$　　④ $\dfrac{4\pi\epsilon}{\frac{1}{a}-\frac{1}{2d}}$

|정|답|및|해|설|

[정전용량] $C = \frac{Q}{V}[F]$

1. 두 도체에 의한 점 P의 전위 V_p는

$V_p = \frac{Q}{4\pi\epsilon}\left(\frac{1}{r_1}-\frac{1}{r_2}\right)$

2. 두 구도체의 전위 V_A, V_B는

$V_A = \frac{Q}{4\pi\epsilon}\left(\frac{1}{a}-\frac{1}{2d-a}\right)$, $V_B = \frac{Q}{4\pi\epsilon}\left(\frac{1}{2d-a}-\frac{1}{a}\right)$

3. 두 구도체의 전위차

$V = V_A - V_B = \frac{Q}{2\pi\epsilon}\left(\frac{1}{a}-\frac{1}{2d-a}\right) \fallingdotseq \frac{Q}{2\pi\epsilon}\left(\frac{1}{a}-\frac{1}{2d}\right)$

→ ($\because d \gg a$)

4. 구와 평면 도체의 전위차

$V' = \frac{V}{2} = \frac{Q}{4\pi\epsilon}\left(\frac{1}{a}-\frac{1}{2d}\right)$

$\therefore$정전용량 $C = \frac{Q}{V'} = \dfrac{4\pi\epsilon}{\frac{1}{a}-\frac{1}{2d}}$　　【정답】 ④

15. 전하 q[C]이 공기 중의 자계 H[AT/m]에 수직 방향으로 v[m/s] 속도로 돌입하였을 때 받는 힘은 몇 [N]인가?

① $\frac{qH}{\mu_0 v}$　　② $\frac{1}{\mu_0}qvH$

③ qvH　　④ $\mu_0 qvH$

|정|답|및|해|설|

[로렌츠 힘] $F = qvB\sin\theta = qv\mu_0 H\sin\theta[N]$

→ (자속밀도 $B = \mu_0 H$)

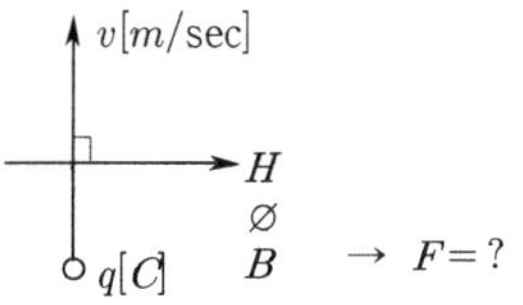

자계 내에 놓여진 전하는 원운동을 하게 되고 받는 힘은 $F = qv\mu_0 H\sin\theta[N]$에서　→ (수직이므로 $\sin 90 = 1$)

$\therefore F = qv\mu_0 H[N]$　　【정답】 ④

16. 자화율(magnetic susceptibility) χ는 상자성체에서 일반적으로 어떤 값을 갖는가?

① $\chi = 0$　　② $\chi = 1$

③ $\chi < 0$　　④ $\chi > 0$

|정|답|및|해|설|

[자성체]

1. 상자성체 $\mu_s > 1$,　$\chi > 0$　→ (자화율 $\lambda = \mu_0(\mu_s - 1)$)
2. 역자성체 $\mu_s < 1$,　$\chi < 0$

여기서, χ : 자화율, μ_s : 비투자율

【정답】 ④

17. 그림과 같이 권수 50회이고 전류 0.1[mA]가 흐르고 있는 직사각형 코일이 1[Wb/m^2]의 평등자계 내에 자계와 30° 로 기울여 놓았을 때 이 코일의 회전력 [N · m]은? (단, $a=10$[cm], $d=15$[cm]이다.)

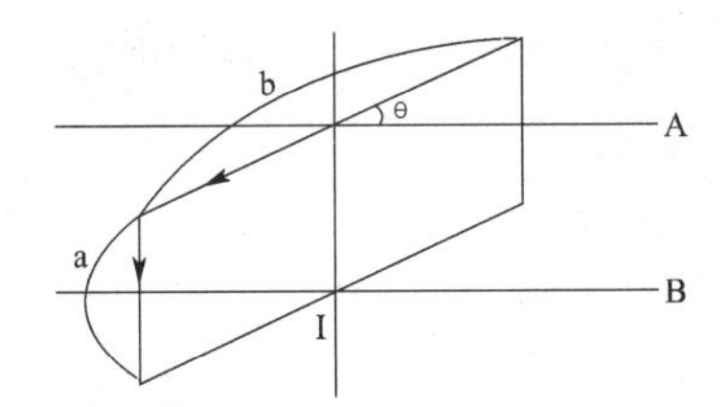

① 3.74×10^{-5} ② 6.49×10^{-5}

③ 7.48×10^{-5} ④ 11.2×10^{-5}

| 정 | 답 | 및 | 해 | 설 |

[폐회로 코일이 받는 회전력] $T=NBIS\cos\theta$[N · m]

여기서, θ : 자계와 S(면적)의 이루는 각

N : 권수, S : 면적($a\times b$),

I : 전류, B : 자속밀도[Wb/m^2]

$T=NBIS\cos\theta$

$=50\times0.1\times10^{-3}\times0.1\times0.15\times\cos30° =6.49\times10^{-5}[N\cdot m]$

【정답】 ②

18. 반지름 a[m]이고, $N=1$ 회의 원형 코일에 I[A]의 전류가 흐를 때 그 코일의 중심점에서의 자계의 세기 [AT/m]는?

① $\dfrac{I}{2\pi a}$ ② $\dfrac{I}{4\pi a}$

③ $\dfrac{I}{2a}$ ④ $\dfrac{I}{4a}$

| 정 | 답 | 및 | 해 | 설 |

[원형코일에서의 자계의 세기]

$H=\dfrac{a^2IN}{2(a^2+x^2)^{\frac{3}{2}}}[A/m]$

$x=0$

원형 코일 중심점 자계의 세기

$H_0=\dfrac{NI}{2a}[AT/m]$

$N=1$이므로 $H=\dfrac{I}{2a}[AT/m]$

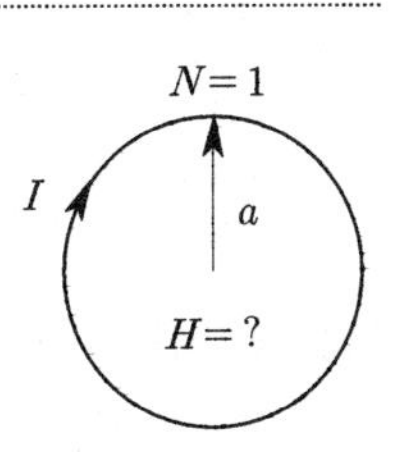

【정답】 ③

| 참 | 고 |

※1. 원형 코일 중심($N=1$)

$H=\dfrac{NI}{2a}=\dfrac{I}{2a}$[AT/m] → ($N$: 감은 권수(=1), a : 반지름)

2. 반원형($N=\dfrac{1}{2}$) 중심에서 자계의 세기 H

$H=\dfrac{I}{2a}\times\dfrac{1}{2}=\dfrac{I}{4a}$[AT/m]

3. $\dfrac{3}{4}$원($N=\dfrac{3}{4}$) 중심에서 자계의 세기 H

$H=\dfrac{I}{2a}\times\dfrac{3}{4}=\dfrac{3I}{8a}$[AT/m]

19. 공극을 가진 환상 솔레노이드에서 총 권수 N회, 철심의 비투자율 $\mu[H/m]$, 단면적 $S[m^2]$, 길이 $l[m]$이고 공극이 $\delta[m]$일 때, 공극부에 자속 밀도 B[Wb/m^2]를 얻기 위해서는 몇 [A]의 전류를 흘려야 하는가?

① $\dfrac{N}{B}\left(\dfrac{l}{\mu}+\dfrac{\delta}{\mu_0}\right)$ ② $\dfrac{N}{B}\left(\dfrac{l}{\mu_0}+\dfrac{\delta}{\mu}\right)$

③ $\dfrac{B}{N}\left(\dfrac{l}{\mu}+\dfrac{\delta}{\mu_0}\right)$ ④ $\dfrac{B}{N}\left(\dfrac{l}{\mu_0}+\dfrac{\delta}{\mu}\right)$

| 정 | 답 | 및 | 해 | 설 |

· 자기저항 = 철심 자기 저항+공극 자기 저항

$R_m=R_i+R_g=\dfrac{l}{\mu_0\mu_rS}+\dfrac{\delta}{\mu_rS}$ → $R_m=\dfrac{1}{\mu_0S}\left(\dfrac{l}{\mu_r}+\delta\right)$

· 자기회로의 옴의 법칙 $R\varnothing=NI$에서 $\varnothing=\dfrac{NI}{R}$이다.

$\therefore I=\dfrac{R\varnothing}{N}=\dfrac{RBS}{N}=\dfrac{BS}{N}\cdot\dfrac{1}{\mu_0S}\left(\dfrac{l}{\mu_r}+\delta\right)$ → ($\varnothing=BS$)

$=\dfrac{B}{\mu_0N}\left(\dfrac{l}{\mu_r}+\delta\right)=\dfrac{B}{N}(\dfrac{l}{\mu}+\dfrac{\delta}{\mu_0})$

【정답】 ③

20. 자계의 벡터 포텐셜을 A[Wb/m]라 할 때 도체 주위에서 자계 B[Wb/m^2]가 시간적으로 변화하면 도체에 발생하는 전계의 세기 E[V/m]는?

① $E=-\dfrac{\partial A}{\partial t}$ ② $rot\,E=-\dfrac{\partial A}{\partial t}$

③ $E=rot\,A$ ④ $rot\,E=\dfrac{\partial A}{\partial t}$

| 정 | 답 | 및 | 해 | 설 |

[맥스웰의 제2방정식] 미분형 $rot\,E=-\dfrac{\partial B}{\partial t}$ → (B : 자속밀도)

$B=rot\,A$로 정의되고 $rot\,E=-\dfrac{\partial B}{\partial t}$에서

$rot\,E=-\dfrac{\partial B}{\partial t}=-\dfrac{\partial}{\partial t}rot\,A=rot\left(-\dfrac{\partial A}{\partial t}\right)$

$\therefore E=-\dfrac{\partial A}{\partial t}$

【정답】 ①

2회 2013년 전기기사필기 (전력공학)

21. 다음 중 모선보호용 계전기로 사용하면 가장 유리한 것은?

① 재폐로계전기 ② 차동계전기
③ 역상계전기 ④ 거리계전기

|정|답|및|해|설|

[모선보호용 계전기] 전압 및 전류 차동 계전기가 많이 쓰인다. 모선 보호용 계전기의 종류로는 전류 차동 계전 방식, 전압 차동 계전 방식, 위상 비교 계전 방식, 방향 비교 계전 방식, 환상모선 보호방식 등이 있다. 【정답】 ②

22. 송배전선로의 고장전류 계산에서 영상 임피던스가 필요한 경우는?

① 3상 단락 계산 ② 선간 단락 계산
③ 1선 지락 계산 ④ 3선 단선 계산

|정|답|및|해|설|

[고장전류 계산]
1. 정상분 : 1선지락, 선간단락, 3상단락
2. 역상분 : 1선지락, 선간단락
3. 영상분 : 1선지락

※영상임피던스가 필요한 것은 지락상태이다. 단락고장이나 단선사고에는 영상분이 나타나지 않는다. 【정답】 ③

|참|고|

[고장 종류에 따른 대칭분의 종류]

고장의 종류	대칭분
1선지락	I_0, I_1, I_2 존재
선간단락	$I_0=0$, I_1, I_2 존재
2선지락	$I_0=I_1=I_2\neq 0$
3상단락	정상분(I_1)만 존재
비접지 회로	영상분(I_0)이 없다.
a상 기준	영상(I_0)과 역상(I_2)이 없고 정상(I_1)만 존재한다.

23. 송전계통의 안정도 향상 대책이 아닌 것은?

① 계통의 직렬 리액턴스를 증가시킨다.
② 전압 변동을 적게 한다.
③ 고장시간, 고장전류를 적게 한다.
④ 고속도 재폐로 방식을 채용한다.

|정|답|및|해|설|

[안정도 향상 대책]
·계통의 **리액턴스 감소**
·속응 여자 방식 채택
·중간 조상 방식 채택
·단락비 크게하여 전압변동률 작게
·발전기 입·출력 불평형 작게
·계통 연계 【정답】 ①

24. 배전선로의 주상변압기에서 고압측-저압측에 주로 사용되는 보호장치의 조합으로 적합한 것은?

① 고압측 : 프라이머리 컷아웃 스위치
저압측 : 캐치홀더
② 고압측 : 캐치홀더
저압측 : 프라이머리 컷아웃 스위치
③ 고압측 : 리클로저
저압측 : 라인퓨즈
④ 고압측 : 라인퓨즈
저압측 : 리클로저

|정|답|및|해|설|

[배전선로] 주상 변압기의 1차측 보호에는 컷아웃스위치(COS)나 프라이머리 컷아우트 스위치(P.C)를 설치하고 2차측 보호에는 캐치 홀더를 설치한다. 【정답】 ①

25. 송전선로의 일반 회로 정수가 $A=0.7$ $C=j1.95\times10^{-3}$, $D=0.9$라 하면 B의 값은 약 얼마인가?

① $j90$ ② $-j90$
③ $j190$ ④ $-j190$

|정|답|및|해|설|

[일반회로정수] $AD-BC=1$

$B=\frac{AD-1}{C}=\frac{(0.7\times0.9)-1}{j1.95\times10^{-3}}=j190[\Omega]$ 【정답】 ③

26. 정격전압 66[kV]인 3상3선식 송전선로에서 1선의 리액턴스가 15[Ω]일 때 이를 100[MVA]기준으로 환산한 %리액턴스는?

① 17.2　　② 34.4
③ 51.6　　④ 68.8

|정|답|및|해|설|

[%리액턴스] $\%X = \frac{P[VA]X}{V^2[V]} \times 100 = \frac{P[kVA]X}{10V^2[kV]}$

$\%X = \frac{PX}{10V^2} = \frac{100 \times 10^3 \times 15}{10 \times 66^2} = 34.4[\%]$ 【정답】 ②

27. 보일러에서 흡수 열량이 가장 큰 곳은?

① 절탄기　　② 수냉벽
③ 과열기　　④ 공기예열기

|정|답|및|해|설|

[보일러] 보일러에서 수냉벽의 흡수 열량(40~50[%])이 가장 크다. 효과적인 냉각을 하기 위함 【정답】 ②

28. 송전계통의 한 부분이 그림에서와 같이 3상변압기로 1차측은 Δ로, 2차측은 Y로 중성점이 접지되어 있을 경우, 1차측에 흐르는 영상전류는?

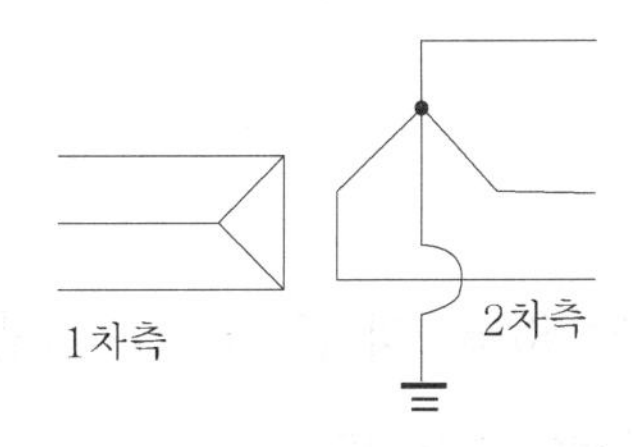

① 1차측 변압기 내부와 차측 선로에서 반드시 0 이다.
② 1차측 선로에서 ∞이다.
③ 1차측 변압기 내부에서는 반드시 0 이다.
④ 1차측 선로에서 반드시 0 이다.

|정|답|및|해|설|

[영상전류] 그림과 같이 **영상전류**는 중성점을 통하여 대지로 흐르며 1차 변압기의 △권선 내에서는 순환 전류가 흐르나 각 상의 동상이면 △권선 외부로 유출하지 못한다. 따라서 **1차측 선로에서는 전류가 0**이다. 【정답】 ④

29. 저압 뱅킹 배선방식에서 캐스케이딩 이란 무엇인가?

① 변압기의 전압 배분을 자동으로 하는 것
② 수전단 전압이 송전단 전압보다 높아지는 현상
③ 저압선에 고장이 생기면 건전한 변압기의 일부 또는 전부가 차단되는 현상
④ 전압 동요가 일어나면 연쇄적으로 파동치는 현상

|정|답|및|해|설|

[캐스케이딩 현상] 캐스케이딩 현상이란 Banking 배전 방식으로 운전 중 저압측에 고장이 발생하면 부하가 다른 건전한 변압기에도 고장이 확대되는 현상을 말한다. 이러한 현상을 방지하기 위해서 구분퓨즈를 설치한다. 【정답】 ③

30. 단도체 대신 같은 단면적의 복도체를 사용할 때 옳은 것은?

① 인덕턴스가 증가한다.
② 코로나 개시전압이 높아진다.
③ 선로의 작용정전용량이 감소한다.
④ 전선 표면의 전위경도를 증가시킨다.

|정|답|및|해|설|

[복도체] 복도체를 사용하면 도체가 굵어지는 효과를 가지기 때문에

1. 전선의 인덕턴스가 감소하고 정전용량이 증가되어 선로의 송전용량이 증가하고 계통의 안정도를 증진시킨다.
2. 전선 표면의 전위경도가 저감되므로 코로나 임계전압을 높일 수 있고 코로나손, 코로나 잡음 등의 장해가 저감된다.

【정답】 ②

31. 공장이나 빌딩에 200[V] 전압을 400[V]로 승압하여 배전을 할 때, 400[V] 배전과 관계가 없는 것은?

① 전선 등 재료의 절감
② 전압변동률의 감소
③ 배선의 전력 손실 경감
④ 변압기 용량의 절감

|정|답|및|해|설|

[승압의 이유]
- 전력 손실 경감
- 배선거리 증가
- 전선의 단면적 감소 재료비절감
- 전압강하 및 전압 강하율, 전압변동률 감소 【정답】 ④

32. 변압기 보호용 비율차동계전기를 사용하여 $\Delta - Y$결선의 변압기를 보호하려고 한다. 이 때 변압기 1, 2차측에 설치하는 변류기의 결선 방식은? (단, 위상 보정기능이 없는 경우이다.)

① $\Delta-\Delta$　② Δ-Y
③ Y-Δ　④ Y-Y

|정|답|및|해|설|

[변류기 결선] 변압기 보호용 계전기는 비율 차동 계전기가 사용되며 변압기 1차와 2차간의 변위를 보정하기 위하여 변류기의 결선은 변압기의 결선과 반대로 한다. 즉, **변압기 결선이 Δ-Y이면 변류기 결선은 Y-Δ**로 한다. 【정답】 ③

33. 조정지 용량 100,000[m^3], 유효 낙차 100[m]인 수력발전소가 있다. 조정지의 전 용량을 사용하여 발생될 수 있는 전력량은 약 몇 [kWh]인가? (단, 수차 및 발전기의 종합 효율을 75[%]로 하고 유효낙차는 거의 일정하다고 본다)

① 20,417　② 25,248
③ 30,448　④ 42,540

|정|답|및|해|설|

[전력량] $W=P\times t=9.8\times\dfrac{V}{3600\times t}\times H\times\eta\times t=9.8\times\dfrac{VH\eta}{3600}$

여기서, $Q=\dfrac{V}{3600\times t}[\dfrac{m^3}{s}]$, H : 유효낙차, η : 효율

V : 조정지 용량[m^3], t : 사용 시간[h]

$W=P\times t=9.8\times\dfrac{V}{3600\times t}\times H\times\eta\times t=9.8\times\dfrac{VH\eta}{3600}$

$=9.8\times\dfrac{100000\times100\times0.75}{3600}=20416.67[kWh]$

($Q=\dfrac{V}{3600\times t}[\dfrac{m^3}{s}]$, V: 조정지 용량[m^3], t : 사용 시간[h])

【정답】 ①

34. 표피효과에 대한 설명으로 옳은 것은?

① 표피효과는 주파수에 비례한다.
② 표피효과는 전선의 단면적에 반비례한다.
③ 표피효과는 전선의 비투자율에 반비례한다.
④ 표피효과는 전선의 도전율에 반비례한다.

|정|답|및|해|설|

[표피효과] 표피효과란 전류가 도체 표면에 집중하는 현상

침투깊이 $\delta=\sqrt{\dfrac{2}{w\sigma\mu}}=\sqrt{\dfrac{1}{\pi f\sigma\mu}}[m]$

여기서, σ : 도전율, μ : 투자율[H/m]

ω : 각속도($=2\pi f$), δ : 표피두께(침투깊이), f : 주파수

표피효과는 표피효과 깊이와 반비례한다. 즉, 표피효과 깊이가 작을수록 표피효과가 큰 것이다. 그러므로 투자율이 작으면 표피효과 깊이가 크고, 표피효과는 작아지는 것이다. 쉽게 말하면 **주파수나 도전율이나 투자율**에 표피효과는 비례하고 **표피효과 깊이는 반비례**한다. 【정답】 ①

35. 부하역률이 0.6인 경우, 전력용 콘덴서를 병렬로 접속하여 합성역률을 0.9로 개선하면 전원측 선로의 전력손실은 처음 것의 약 몇 [%]로 감소되는가?

① 38.5　② 44.4
③ 56.6　④ 62.8

|정|답|및|해|설|

[전력손실] $P_l=3I^2R=\dfrac{RP^2}{V^2\cos^2\theta}\times10^3[\text{kW}]$

전력손실 $P_l\propto\dfrac{1}{\cos^2\theta}$이다.

따라서, $P_{l1}:P_{l2}=\dfrac{1}{\cos^2\theta_1}:\dfrac{1}{\cos^2\theta_2}\rightarrow\dfrac{1}{0.6^2}:\dfrac{1}{0.9^2}$

$\therefore P_{l2}=\dfrac{0.6^2}{0.9^2}\times P_{l1}=0.444P_{l1}$ 【정답】 ②

36. 공기차단기(ABB)의 공기압력은 일반적으로 몇 $[\dfrac{kg}{cm^2}]$정도 되는가?

① 5~10　② 15~30
③ 30~45　④ 45~55

|정|답|및|해|설|

[공기차단기(ABB)] 공기차단기(ABB)는 15~30[kg/cm^2]의 압축 공기를 차단시에 발생하는 아크에 분사하여 소호하는 차단장치이다.
【정답】 ②

37. 부하의 불평형으로 인하여 발생하는 각 상별 불평형 전압을 평형되게 하고 선로손실을 경감시킬 목적으로 밸런서가 사용된다. 다음 중 이 밸런서의 설치가 가장 필요한 배전 방식은?

① 단상 2선식　　② 3상 3선식
③ 단상 3선식　　④ 3상 4선식

|정|답|및|해|설|
[저압 밸런서] 저압 밸런서는 단상 3선식에서 부하에 불평형으로 인한 전압의 불평형을 방지하기 위해 설치한다.
【정답】 ③

38. 원자로의 감속재가 구비하여야 할 사항으로 적합하지 않은 것은?

① 원자량이 큰 원소일 것
② 중성자의 흡수 단면적이 적을 것
③ 중성자와의 충돌 확률이 높을 것
④ 감속비가 클 것

|정|답|및|해|설|
[감속재] 원자로 안에서 핵분열의 연쇄 반응이 계속되도록 연료체의 핵분열에서 방출되는 고속 중성자를 열중성자의 단계까지 감속시키는 데 쓰는 물질이다.
감속재로서는 중성자 흡수가 적고 탄성 산란에 의해 감속 되는 정도가 큰 것이 좋으며 중수, 경수, 산화베릴륨, 흑연 등이 사용된다. 감속재의 성질인 감속능(slowing down power)과 감속비(moderation ratio)의 값이 클수록 감속재로서 우수하다.
【정답】 ①

39. 다음 중 전력원선도에서 알 수 없는 것은?

① 전력　　② 조상기 용량
③ 손실　　④ 코로나 손실

|정|답|및|해|설|
[전력원선도] 전력원선도에서 과도 안정 극한 전력이나 코로나 손실은 구할 수가 없다. 과도 안정이란 사고와 관련된 안정도이고 안정된 운전을 위해서 조상설비로 무효전력의 공급을 할 수 있도록 한다.
【정답】 ④

40. 송전선의 전압변동률을 나타내는 식 $\frac{V_{R1}-V_{R2}}{V_{R2}}\times 100[\%]$에서 V_{R1}은 무엇인가?

① 부하시 수전단 전압
② 무부하시 수전단 전압
③ 부하시 송전단 전압
④ 무부하시 송전단 전압

|정|답|및|해|설|
[전압변동률] $\epsilon=\frac{V_{R1}-V_{R2}}{V_{R2}}\times 100[\%]$
여기서, V_{R1} : 무부하시의 수전단 전압
V_{R2} : 전부하시의 수전단 전압
【정답】 ②

2회 2013년 전기기사필기 (전기기기)

41. 1차 Y, 2차 Δ로 결선하고 1차에 선간전압 3300[V]를 가했을 때의 무부하 2차 선간전압은 몇[V]인가? (단, 전압비는 30:1 이다.)

① 63.5　　② 190.5
③ 330.5　　④ 380.5

|정|답|및|해|설|
[변압기의 결선] ·Y결선 : $V_p=\frac{V_l}{\sqrt{3}}$, ·△결선 : $V_l=V_p$
전압비(권수비) $a=\frac{V_1}{V_2}=\frac{N_1}{N_2}$
여기서, V_p : 상전압, V_l : 선간전압, N : 권수
1차에 선간전압 : 3,300[V], 권수비(a) : 30:1
1. Y결선시 상전압 $V_p=\frac{V_l}{\sqrt{3}}=\frac{3300}{\sqrt{3}}[V]$
2. 권수비 $a=\frac{N_1}{N_2}=\frac{30}{1}=30$
3. △결선 시 상전압
$a=\frac{V_1}{V_2}$ → (V_1 = Y결선시 상전압, V_2 = △결선시 상전압)
$V_2=\frac{V_1}{a}=\frac{\frac{3300}{\sqrt{3}}}{30}=\frac{110}{\sqrt{3}}$
4. △결선 시 $V_l=V_p$ → $V_l=\frac{110}{\sqrt{3}}=63.5[V]$
【정답】 ①

42. 권수비 $a = 6600/220$, 60[Hz], 변압기의 철심 단면적 0.02[m^2], 최대 자속밀도 1.2[Wb/m^2]일 때 1차 유기기전력은 약 몇 [V] 인가?

① 1407 ② 3521
③ 42198 ④ 49814

|정|답|및|해|설|

[변압기의 1차 유기기전력] $E_1 = 4.44fN_1\varnothing_m[V]$

$E_1 = 4.44fN_1\varnothing_m$

$\rightarrow$ (권수비 $a = \frac{N_1}{N_2} = \frac{6600}{220}$, $\varnothing_m = B_mS = 1.2\times 0.02$)

$= 4.44\times 60\times 6600\times 1.2\times 0.02 \fallingdotseq 42198[V]$

【정답】 ③

43. 직류전동기에서 정출력 가변속도의 용도에 적합한 속도 제어법은?

① 일그너제어 ② 계자제어
③ 저항제어 ④ 전압제어

|정|답|및|해|설|

[직류 전동기의 속도 제어법]

구분	제어 특성	특징
계자제어법	· 계자전류(여자전류)의 변화에 의한 자속의 변화로 속도 제어 · 정출력 제어	· 속도 제어 범위가 좁다.
전압제어법	· 정트크 제어 -워드레오나드 방식 -일그너 방식	· 제어 범위가 넓다. · 손실이 적다. · 정역운전 가능 · 설비비 많이 듬
저항제어법	· 전기자 회로의 저항 변화에 의한 속도 제어법	· 효율이 나쁘다.

【정답】 ②

44. 10[KVA], 2000/100[V] 변압기의 1차 환산 등가 임피던스가 $6.2 + j7[\Omega]$일 때 % 리액턴스 강하 [%]는?

① 2.75 ② 1.75 ③ 0.75 ④ 0.55

|정|답|및|해|설|

[%리액턴스강하] $\%X = \frac{I_{1n}X}{V_{1n}}\times 100[\%]$

$I_{1n} = \frac{P}{V_{1n}} = \frac{10\times 10^3}{2000} = 5[A]$

$\%X = \frac{I_{1n}X}{V_{1n}}\times 100 = \frac{5\times 7}{2000}\times 100 = 1.75[\%]$

【정답】 ②

45. 3상 권선형 유도전동기의 전부하 슬립이 4[%], 2차 1상의 저항이 0.3[Ω]이다. 이 유도전동기의 기동 토크를 전부하 토크와 같도록 하기 위해 외부에서 2차에 삽입해야 할 저항의 크기는 몇 [Ω]인가?

① 2.8 ② 3.5 ③ 4.8 ④ 7.2

|정|답|및|해|설|

[전부하 토크 시의 저항] 기동토크를 전부하 토크와 같도록 하기 위해 2차에 삽입하는 저항 R

$\frac{r_2}{s} = \frac{r_2 + R}{s'}$ 이므로 기동시 $s' = 1$(정지상태)

$\frac{0.3}{0.04} = \frac{0.3 + R}{1} \rightarrow \therefore R = \frac{0.3}{0.04} - 0.3 = 7.2[\Omega]$

【정답】 ④

46. 1차 및 2차 정격전압이 같은 2대의 변압기가 있다. 그 용량 및 임피던스 강하가 A 변압기는 5[kVA], 3[%], B 변압기는 20[kVA], 2[%]일 때 이것을 병렬 운전하는 경우 부하를 분담하는 비(A:B)는?

① 1:4 ② 1:6 ③ 2:3 ④ 3:2

|정|답|및|해|설|

[병렬운전 시의 부하 분담 비] %임피던스가 작은 것은 용량을 전부 사용할 수가 있으나 상대적으로 %임피던스가 큰 쪽은 용량을 다 사용할 수가 없다

%임피던스가 두 대가 같을 경우 용량이 1:4 이기 때문에 지금 문제와 같이 %임피던스가 다르고 용량이 작은 쪽의 %임피던스가 크면 부하분담의 비가 더 커지게 된다.

$\frac{P_a}{P_b} = \frac{P_A}{P_B}\times\frac{\%Z_B}{\%Z_A}$

여기서, P_a, P_b : A, B 변압기의 분담부하
P_A, P_B : A, B 변압기의 용량
$\%Z_A$, $\%Z_B$: A, B 변압기의 $\%Z$

따라서 $P_a = \frac{P_A}{P_B}\times\frac{\%Z_B}{\%Z_A}\times P_b = \frac{5}{20}\times\frac{2}{3}\times P_b = \frac{1}{6}P_b$

$\therefore P_a : P_b = 1 : 6$

【정답】 ②

47. 3상 동기발전기의 매극 매상의 슬롯수를 3이라고 하면 분포계수는?

① $6\sin\frac{\pi}{18}$ ② $3\sin\frac{\pi}{36}$

③ $\frac{1}{6\sin\frac{\pi}{18}}$ ④ $\frac{1}{12\sin\frac{\pi}{36}}$

|정|답|및|해|설|

[분포권계수] $K_d = \frac{\sin\frac{n\pi}{2m}}{q\sin\frac{\pi}{2mq}}$

여기서, n : 고주파 차수, m : 상수, q : 매극매상당 슬롯수
$q=4$, $m=3$, $n=1$

$\therefore$분포계수 $K_d = \frac{\sin\frac{\pi}{6}}{3\sin\frac{\pi}{18}} = \frac{1}{6\sin\frac{\pi}{18}}$ 【정답】 ③

48. 10,000[kVA], 6,000[V], 60[Hz], 24극, 단락비 1.2인 3상 동기발전기의 동기임피던스[Ω]는?

① 1 ② 3 ③ 10 ④ 30

|정|답|및|해|설|

[3상 기기의 페센트 동기임피던스] $\%Z_s = \frac{PZ_s}{10V^2}[\%]$

여기서, $\%Z_s$: 퍼센트 동기임피던스, P : 3상 정격출력[kVA], V : 정격전압[kV], Z_s : 동기임피던스

1. 단락비 $K_s = \frac{1}{\%Z_s} \times 100$에서

$\%Z_s = \frac{100}{K_s} = \frac{100}{1.2} = 83.33$

2. $\%Z_s = \frac{Z_s P}{10V^2}$ 에서

$Z_s = \frac{10V^2 \times \%Z_s}{P} = \frac{10 \times 6^2 \times 83.33}{10000} = 3[\Omega]$

여기서, V의 단위가 [kV], P의 단위가 [kVA] 임

【정답】 ②

49. 브러시의 위치를 이동시켜 회전방향을 역회전 시킬 수 있는 단상 유도전동기는?

① 반발 기동형 전동기
② 세이딩코일형 전동기
③ 분상기동형 전동기
④ 콘덴서 전동기

|정|답|및|해|설|

[단상 반발 기동형 전동기] 단상 반발 기동형 전동기는 브러시 이동으로 속도 제어 및 역전이 가능하다. 【정답】 ①

50. 단상 반파 정류회로에서 실효치 E와 직류 평균치 E_{d0}와의 관계식으로 옳은 것은?

① $E_{d0} = 0.90E[V]$ ② $E_{d0} = 0.81E[V]$

③ $E_{d0} = 0.67E[V]$ ④ $E_{d0} = 0.45E[V]$

|정|답|및|해|설|

[정류회로]

1. 단상 전파 정류회로 : $E_{d0} = \frac{2}{\pi}E_m = \frac{2}{\pi}\cdot\sqrt{2}E = 0.9E$

$\rightarrow (E = \frac{E_m}{\sqrt{2}})$

2. 단상 반파 정류회로 : $E_{d0} = \frac{E_m}{\pi} = \frac{\sqrt{2}}{\pi}\cdot E = 0.45E$

여기서, E_m : 전압의 최대값 【정답】 ④

51. 속도 특성곡선 및 토크 특성곡선을 나타낸 전동기는?

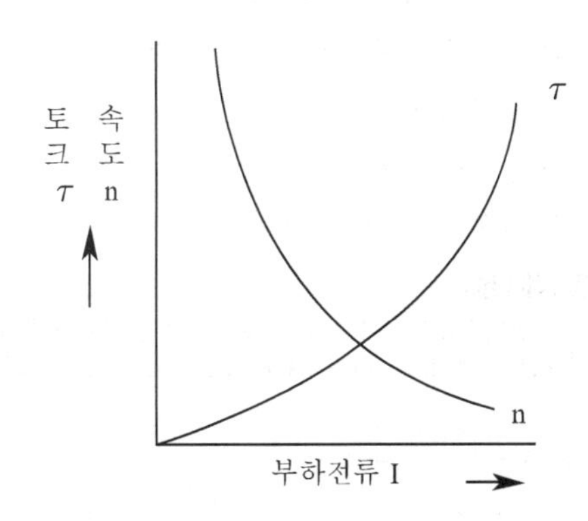

① 직류 분권 전동기 ② 직류 직권 전동기
③ 직류 복권전동기 ④ 타여자 전동기

|정|답|및|해|설|

[직류 직권 전동기]

· 직류 직권 전동기의 속도 $n = k\frac{V}{I}$에서 $n \propto \frac{1}{I}$

· 직류 직권 전동기의 토크 $T = kI^2$에서 $T \propto I^2$

【정답】 ②

52. 단상 유도전압 조정기에서 1차 전원전압을 V_1 이라 하고, 2차의 유도전압을 E_2 라고 할 때 부하 단자전압을 연속적으로 가변할 수 있는 조정 범위는?

① $0 \sim V_1$까지
② $V_1 + E_2$까지
③ $V_1 - E_2$ 까지
④ $V_1 + E_2$에서 $V_1 - E_2$까지

|정|답|및|해|설|
[단상 유도전압조정기] $V_2 = V_1 + E_2 \cos\alpha$에서 단상 유도 전압 조정기의 1차 권선을 0°에서 180° 까지 회전시키면 역률($\cos\alpha$)은 −1에서 1까지 변화하므로 V_2는 $V_1 + E_2$에서 $V_1 - E_2$까지 조정될 수 있다.
【정답】 ④

53. 유도전동기로 동기전동기를 기동하는 경우, 유도전동기의 극수는 동기기의 극수보다 2극 적은 것을 사용한다. 그 이유는? (단, s는 슬립, Ns는 동기속도이다)

① 같은 극수의 유도전동기는 동기속도보다 sN_s 만큼 늦으므로
② 같은 극수의 유도전동기는 동기속도보다 $(1-s)N_s$ 만큼 늦으므로
③ 같은 극수의 유도전동기는 동기속도보다 sN_s 만큼 빠르므로
④ 같은 극수의 유도전동기는 동기속도보다 $(1-s)N_s$ 만큼 빠르므로

|정|답|및|해|설|
유도전동기는 동기전동기보다 속도가 늦으므로 동기속도에 맞추어 기동하려면 속도를 빠르게 하기 위해 극수를 2극정도 적게 해야 한다.
유도기 속도 $N = \frac{120f}{p}(1-s)$
동기속도 $N_s = \frac{120f}{p}$ 이므로
유도전동기의 속도는 동기전동기보다 $N_s - (1-s)N_s = sN_s$ 만큼 늦다.
【정답】 ①

54. 사이클로 컨버터(cyclo converter)란?

① 실리콘 양방향성 소자이다.
② 제어정류기를 사용한 주파수 변환기이다.
③ 직류 제어소자이다.
④ 전류 제어소자이다.

|정|답|및|해|설|
[사이클로 컨버터] 사이클로 컨버터란 정지 사이리스터 회로에 의해 전원 주파수와 다른 주파수의 전력으로 변환시키는 직접 회로 장치이다.
【정답】 ②

55. 다음 그림은 어떤 전동기의 1차측 결선도인가?

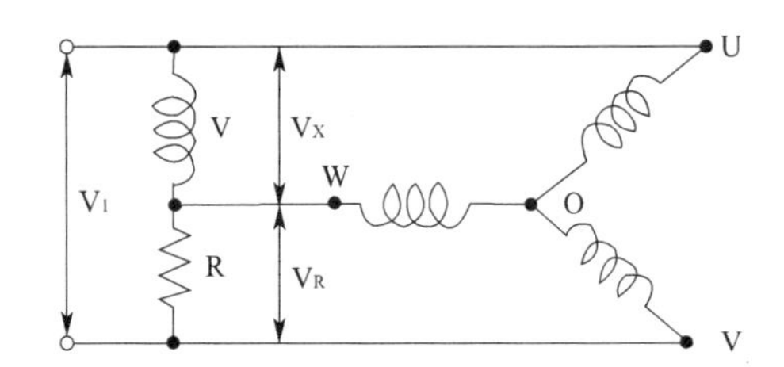

① 모노사이클릭형 전동기
② 분상전동기
③ 콘덴서 전동기
④ 반발기동형 단상 유도전동기

|정|답|및|해|설|
[모노사이클릭 기동 전동기] 소형 단상 유도전동기의 기동 방법으로서 고정자 권선을 3상 권선으로 하고 그 두단자를 직접 선로에 연결하고 선로각에 분로로 접속한 저항과 리액턴스를 직렬로 접속한 것의 저항과 리액턴스의 결합점에 다른 1개의 단자를 연결하는 방식을 채용한 것을 말한다. 수10[W]까지의 소형의 것에 한한다.
【정답】 ①

56. 포화하고 있지 않은 직류 발전기의 회전수가 4배로 증가되었을 때 기전력을 전과 같은 값으로 하려면 여자전류는 속도 변화 전에 비해 얼마로 하여야 하는가?

① $\frac{1}{2}$ ② $\frac{1}{3}$ ③ $\frac{1}{4}$ ④ $\frac{1}{8}$

|정|답|및|해|설|
[직류 발전기의 유기기전력] $E = p\varnothing n\frac{Z}{a}$ [V]
유기기전력 E는 자속과 회전수의 곱에 비례한다.
회전수 n이 4배로 증가하면 자속 $\varnothing$는 1/4로 감소되어야 한다.
자속과 여자전류는 비례한다.
【정답】 ③

57. 다음 중 3상 권선형 유도전동기의 기동법은?

① 2차 저항법　② 전전압 기동법
③ 기동 보상기법　④ $Y-\Delta$

|정|답|및|해|설|
[권선형 유도전동기] 2차저항에 의한 기동방법은 권선형 유도전동기의 2차 회로에 가변 저항기를 접속하여 비례추이의 원리에 의하여 기동시 큰 기동토크를 얻는 반면에 기동전류는 억제하는 기동방법이다. 【정답】 ①

58. 동기리액턴스 $x_x = 10[\Omega]$, 전기자 저항 $r_a = 0.1[\Omega]$인 Y결선 3상 동기발전기가 있다. 1상의 단자전압은 $V = 4000[V]$이고 유기기전력 $E = 6400[V]$이다. 부하각 $\delta = 30°$ 라고 하면 발전기의 3상 출력[kW]은 약 얼마인가?

① 1250　② 2830　③ 3840　④ 4650

|정|답|및|해|설|
[3상 동기발전기의 출력(원통형 회전자(비철극기)]

$P = 3\frac{EV}{x_s}\sin\delta[W]$

여기서, E : 유기기전력, V : 단자전압, x_s : 동기리액턴스
δ : 부하각

$\therefore P = \frac{3\times 6400\times 4000}{10}\times \sin 30° \times 10^{-3} = 3840[kw]$

【정답】 ③

59. 직류 발전기에서 섬락이 생기는 가장 큰 원인은?

① 장시간 운전　② 부하의 급변
③ 경부하 운전　④ 회전속도 저하

|정|답|및|해|설|
[직류 발전기의 섬락] 부하가 급변하면 직류기의 전기자 반작용이 증가하게 되고 또한 섬락도 증가하게 된다.

【정답】 ②

60. 직류 직권전동기가 전차용에 사용되는 이유는?

① 속도가 클 때 토크가 크다.
② 토크가 클 때 속도가 적다.
③ 기동토크가 크고 속도는 불변이다.
④ 토크는 일정하고 속도는 전류에 비례한다.

|정|답|및|해|설|
[전차용 전동기의 특성] 기동 시에는 저속의 큰 토크가 필요하기 때문에 직권전동기를 사용한다. 직권전동기는 변속도 정출력 전동기이며 속도가 낮은 출발에서 큰 토크를 갖는다.

·직류 직권 전동기의 속도 $n = k\frac{V}{I}$에서 $n \propto \frac{1}{I}$

·직류 직권전동기의 토크 $T = kI^2$에서 $T \propto I^2$ 【정답】 ②

2회 2013년 전기기사필기 (회로이론 및 제어공학)

61. 선로의 단위 길이당의 분포 인덕턴스를 L, 저항을 r, 정전용량을 C, 누설 콘덕턴스를 각각 g 라 할 때 전파 정수는 어떻게 표현되는가?

① $\frac{\sqrt{(r+jwL)}}{(g+jwC)}$　② $\sqrt{(r+j\omega L)(g+j\omega C)}$

③ $\sqrt{\frac{(r+jwL)}{(g+jwC)}}$　④ $\sqrt{\frac{(g+jwC)}{(r+jwH)}}$

|정|답|및|해|설|
[전파정수] $\gamma = \sqrt{ZY} = \sqrt{(r+jwL)(g+jwC)} = \alpha + j\beta$

$\rightarrow (Z = r+jwL,\ Y = g+jwC)$

여기서, α : 감쇠정수, β : 위상정수

【정답】 ②

62. RCL 직렬회로에서 전원 전압을 V라고 하고 L, C에 걸리는 전압을 각각 V_L 및 V_C라면 선택도 Q는?

① $\frac{CR}{L}$　② $\frac{CL}{R}$

③ $\frac{V}{V_L}$　④ $\frac{V_C}{V}$

|정|답|및|해|설|
직렬회로에서 선택도는 전압 확대비로 정의 된다.

$Q = \frac{V_L}{V} = \frac{V_C}{V}$ 【정답】 ④

63. 그림과 같은 논리회로에서 출력 F의 값은?

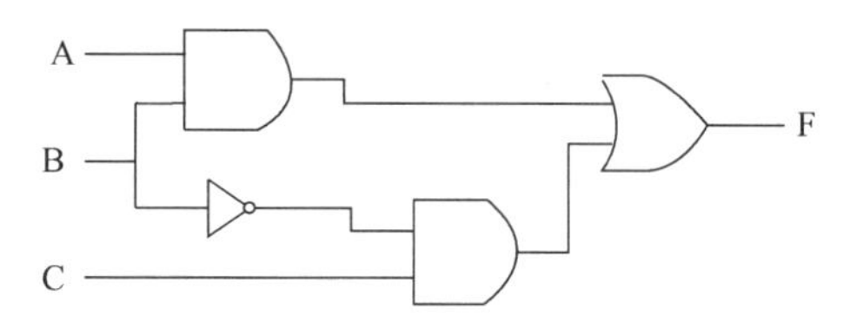

① A ② $\overline{A}BC$

③ $AB+\overline{B}C$ ④ $(A+B)C$

|정|답|및|해|설|

논리 기호	논리식
A, B — X	$X=AB$
$\overline{B}$, C — X	$X=\overline{B}C$
A, B — X	$X=A+B$
AB, $\overline{B}$C — F	$F=AB+\overline{B}C$
A — X	$X=\overline{A}$
B — X	$X=\overline{B}$

【정답】 ③

64. 전류의 대칭분을 I_0, I_1, I_2 유기기전력 및 단자전압의 대칭분을 E_a, E_b, E_c 및 V_0, V_1, V_2라 할 때 3상 교류 발전기의 기본식 중 정상분 V_1 값은? (단, Z_0, Z_1, Z_2는 영상, 정상, 역상 임피던스이다.)

① $-Z_0I_0$ ② $-Z_2I_2$

③ $E_a-Z_1I_1$ ④ $E_b-Z_2I_2$

|정|답|및|해|설|

[3상 교류 발전기의 기본식]

- 영상전압 $V_0=-Z_0I_0$
- 정상전압 $V_1=E_a-Z_1I_1$
- 역상전압 $V_2=-Z_2I_2$

【정답】 ③

65. 개루프 전달함수가 다음과 같은 계에서 단위 속도 입력에 대한 정상 편차는?

$$G(s)=\frac{10}{s(s+1)(s+2)}$$

① 0.2 ② 0.25

③ 0.33 ④ 0.5

|정|답|및|해|설|

[정상편차] $e_{ssv}=\frac{S\cdot R(s)}{K_v}$ → (입력 $R(s)$=단위속도입력=$\frac{1}{s}$)

여기서, K_v : 속도편차상수

$$K_v=\lim_{s\to 0}s\cdot G(s)=\lim_{s\to 0}s\cdot\frac{10}{s(s+1)(s+2)}=5$$

$$\therefore e_{ssv}=\frac{s\cdot R(s)}{K_v}=\frac{s\cdot\frac{1}{s}}{5}=\frac{1}{5}=0.2$$

【정답】 ①

66. 시간 지정이 있는 특수한 시스템이 미분 방정식 $\frac{d}{dt}y(t)+y(t)=x(t-T)$로 표시될 때 이 시스템의 전달함수는?

① $e^{-t}+e$ ② $e^{sT}+\frac{1}{s}$

③ $\frac{e^{-sT}}{s(s+1)}$ ④ $\frac{e^{-sT}}{s+1}$

|정|답|및|해|설|

[라플라스 변환] 초기값이 0인 경우 양변을 라플라스 변환하면

$sY(s)+Y(s)=e^{-Ts}X(s)$

$Y(s)(s+1))=e^{-Ts}X(s)$

$$\therefore G(s)=\frac{Y(s)}{X(s)}=\frac{e^{-Ts}}{s+1}$$

【정답】 ④

67. 보상기 $G(s)=\frac{1+\alpha Ts}{1+Ts}$가 진상 보상기가 되기 위한 조건은?

① $\alpha=0$ ② $\alpha=1$

③ $\alpha<1$ ④ $\alpha>1$

|정|답|및|해|설|

[진상 보상기] $G_c(s)=\frac{s+b}{s+a}$에서 $a>b$이면 진상보상기이다.

$$G_c(s)=\frac{1+\alpha Ts}{1+Ts}=\frac{\alpha\left(s+\frac{1}{\alpha T}\right)}{s+\frac{1}{T}}$$ 에서

진상 보상기 조건은 $\frac{1}{\alpha T}<\frac{1}{T}$이어야 하므로 $\alpha>1$이어야 한다.

【정답】 ④

68. 그림의 회로에서 출력전압 V_0는 입력전압 V_1와 비교할 때 위상변화는?

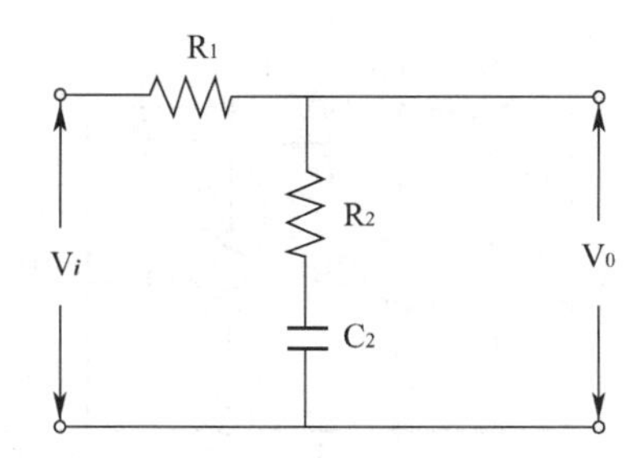

① 위상이 뒤진다.
② 위상이 앞선다.
③ 동상이다.
④ 낮은 주파수에서는 위상이 뒤떨어지고 높은 주파수에서는 앞선다.

|정|답|및|해|설|

[위상변화]
적분기이고 지상보상회로이므로 출력회로의 위상이 늦다
회로에 흐르는 전류를 I라 하고 I를 기준 벡터로 한다.
$(I=I\angle 0^{\circ})$

입력 $V_i = IR_1 + IR_2 + \dfrac{I}{jwC_2} = V_1 + V_2 + V_3$

출력 $V_0 = IR_2 + \dfrac{I}{jwC_2} = V_2 + V_3$

V_1과 V_2는 전류와 동상이고 V_3는 전류보다 90° 뒤진 위상이므로 합성회로의 위상은 입력보다 늦게 된다. 【정답】 ①

69. 저항 $R[\Omega]$ 3개를 Y로 접속한 회로에 전압 200[V]의 3상 교류전원을 인가시 선전류가 10[A]라면 이 3개의 저항을 Δ로 접속하고 동일전원을 인가시 선전류는 몇[A]인가?

① 10[A] ② $10\sqrt{3}[A]$
③ 30[A] ④ $30\sqrt{3}[A]$

|정|답|및|해|설|

[변압기의 3상 결선]

1\. Y결선 : 상전류= 선전류 $I_{Yl} = \dfrac{\frac{200}{\sqrt{3}}}{R} = 10[A]$

2\. △결선 : 상전류 $I_{\Delta} = \dfrac{200}{R}[A]$

3\. △결선 : 선전류 $I_{\Delta l} = \sqrt{3} I_{\Delta} = \dfrac{200\sqrt{3}}{R}[A]$

$$\therefore \frac{I_{\Delta l}}{I_{Yl}} = \frac{\frac{200\sqrt{3}}{R}}{\frac{200}{\sqrt{3}R}} = 3 \quad \rightarrow \quad I_{\Delta l} = 3I_{Yl} = 3\times 10 = 30[A]$$

【정답】 ③

70. $G(s)H(s) = \dfrac{K_1}{(T_1S+1)(T_2S+1)}$ 의 개루프 전달함수에 대한 Nyquist 안정도 판별에 대한 설명으로 옳은 것은?

① K_1, T_1 및 T_2의 값에 대하여 조건부 안정
② K_1, T_1 및 T_2의 값에 관계없이 안정
③ K_1 값에 대하여 조건부 안 정
④ K_1, T_1 및 T_2의 모든 양의 값에 대하여 안정

|정|답|및|해|설|

[특성 방정식의 안정도] 특성 방정식을 가지고 안정도를 판별해보면

$1 + \dfrac{K_1}{(T_1S+1)(T_2S+1)} = 0$

$(T_1S+1)(T_2S+1) + K = 0$

$T_1T_2S^2 + T_1S + T_2S + 1 + K = 0$

안정하기 위해서 $T_1T_2 > 0,\ \ T_1 > 0,\ T_2 > 0$

$1+K>0$ 이므로 $K>-1$

$(T_1s+1)(T_2s+1)$의 결과가 계수의 부호가 모두 양의 값일 경우 안정한 계가 된다. 【정답】 ④

71. 일정 입력에 대해 잔류 편차가 있는 제어계는?

① 비례 제어계
② 적분 제어계
③ 비례 적분 제어계
④ 비례 적분 미분 제어계

|정|답|및|해|설|

[비례제어계] 잔류편차가 발생하는 제어는 비례제어(P)와 비례미분제어(PD)이다. 특히, 비례제어(P)는 구조가 간단하지만, 잔류편차가 생기는 결점이 있다. 잔류편차는 적분동작으로 제거가 된다.
【정답】 ①

72. 그림과 같은 요소는 제어계의 어떤 요소인가?

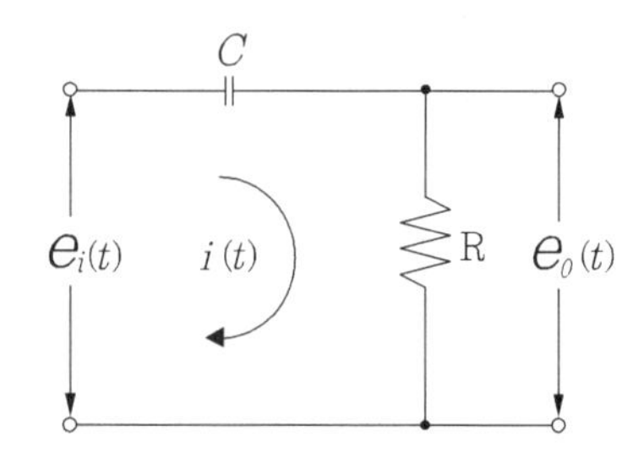

① 적분 요소 ② 미분 요소
③ 1차 지연 요소 ④ 1차 지연 미분 요소

|정|답|및|해|설|

[전달함수] $G(s) = \dfrac{E_0(s)}{E_i(s)} = \dfrac{R}{\dfrac{1}{Cs}+R} = \dfrac{RCs}{1+RCs} = \dfrac{Ts}{1+Ts}$

$\rightarrow (T=RC)$

비례 요소 : K, 미분 요소 : Ks, 적분 요소 : $\dfrac{K}{s}$

1차 지연 요소 : $\dfrac{K}{Ts+1}$

전달함수

따라서 1차 지연 요소를 포함한 미분 요소이다.

【정답】 ④

73. 개루프 전달함수 $G(s)H(s) = \dfrac{K}{s(s+3)^2}$ 의 이탈점에 해당되는 것은?

① 1 ② −1
③ 2 ④ −2

|정|답|및|해|설|

[근궤적의 이탈점] 근궤적이 실수축에서 이탈되어 나아가기 시작하는 점

이 계의 특성 방정식은 $1+G(s)H(s)=0$에서 $\dfrac{d}{ds}K=0$을 만족하는 s의 근으로 구한다.

$1+G(s)H(s) = 1+\dfrac{K}{s(s+3)^2} = \dfrac{s(s+3)^2+K}{s(s+3)^2} = 0$

$s(s+3)^2+K=0$

$K=-s(s+3)^2 = -s^3-6s^2-9s$

s에 관하여 미분하면

$\dfrac{dK}{ds} = -3s^2-12s-9 = -3(s^2+4s+3) = 0$

$(s+3)(s+1)=0$

따라서 이탈점은 $s=-3,\ -1$이다.

【정답】 ②

74. 그림의 회로에서 절점전압 $V_a[V]$와 지로전류 $I_a[A]$의 크기는?

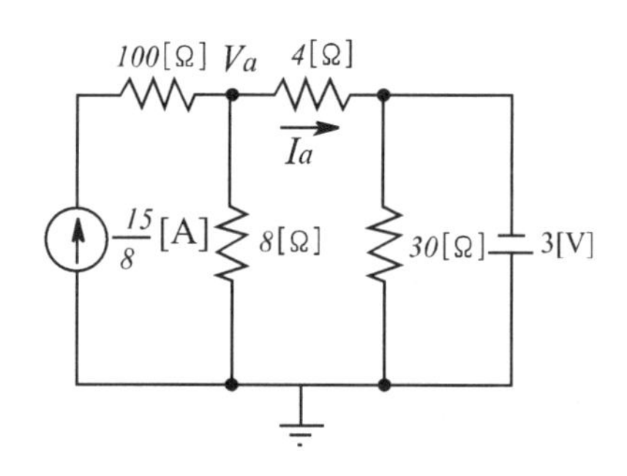

① $V_a = 4[V],\ I_a = \dfrac{11}{8}[A]$

② $V_a = 5[V],\ I_a = \dfrac{5}{4}[A]$

③ $V_a = 2[V],\ I_a = \dfrac{13}{8}[A]$

④ $V_a = 3[V],\ I_a = \dfrac{3}{2}[A]$

|정|답|및|해|설|

[카르히호프 법칙] $\dfrac{15}{8}[A]$는 $8[\Omega]$과 $4[\Omega]$에 흐르는 전류의 합과 같다.

V_a를 기준으로 전류법칙을 적용하면

$\dfrac{15}{8} = \dfrac{V_a}{8} + \dfrac{V_a+3}{4} \rightarrow 15 = V_a + 2V_a + 6$

$3V_a = 9 \rightarrow \therefore V_a = 3[V]$

전류 $I_a = \dfrac{V_a+3}{4} = \dfrac{6}{4} = \dfrac{3}{2}[A]$

【정답】 ④

75. 다음 안정도 판별법 중 G(s)H(s)의 극점과 영점이 우반 평면에 있을 경우 판정 불가능한 방법은?

① Routh-Hurwitz 판별법
② Bode 선도
③ Nyquist 판별법
④ 근궤적법

|정|답|및|해|설|

[안정도 판별법(보드선도)] 보드선도는 극점과 영점이 우반 평면에 존재하는 경우에는 판정을 할 수가 없고 −180° 에서의 상태를 알아야 판정을 할 수가 있다.

【정답】 ②

76. 그림과 같은 회로와 쌍대(dual)가 될 수 있는 회로는?

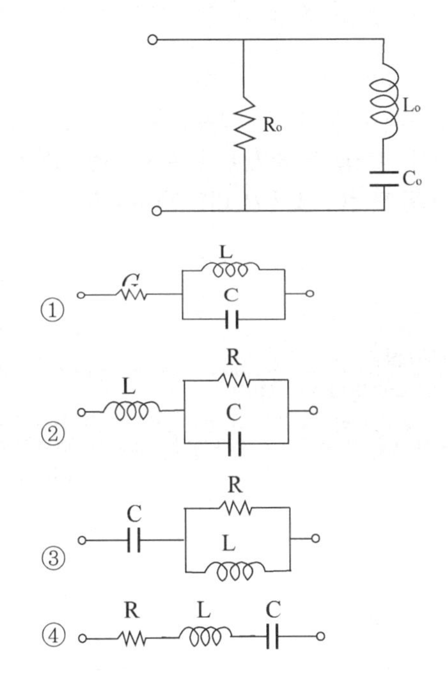

| 정 | 답 | 및 | 해 | 설 |

[쌍대회로 변환]

전압원	전류원
직렬회로	병렬회로
저항	컨덕턴스
리액턴스	서셉턴스
임피던스(Z)	어드미턴스(Y)
인덕턴스(L)	커패시턴스(C)

【정답】 ①

77. 역률각이 45도인 3상 평형부하 상순이 a-b-c이고 Y결선된 회로에 $V_a = 220[V]$인 상전압을 가하니 $I_a = 10[A]$의 전류가 흘렀다. 전력계의 지시값 [W]은?

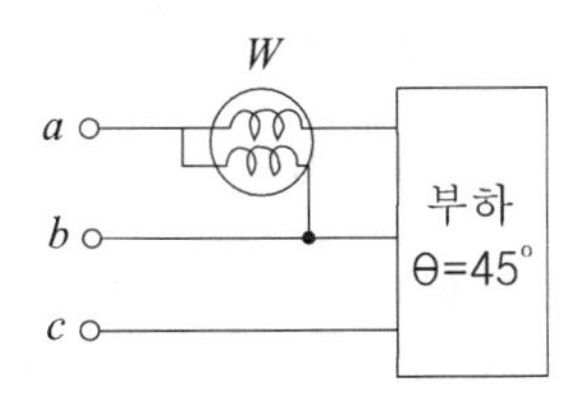

① 1555.63[W] ② 2694.44[W]
③ 3047.19[W] ④ 3680.67[W]

| 정 | 답 | 및 | 해 | 설 |

[전력계의 지시값] 현재상태의 전력계에 가해지는 선간전압과 선전류를 곱하고 상전압과 선간전압의 위상차가 30°이므로

$P = \sqrt{3}\, V_{ac} I_a \cos(\theta° - 30°)$

$= \sqrt{3} \times 220 \times 10 \times \cos(45° - 30°) = 3680.67[W]$

【정답】 ④

78. 전원의 내부 임피던스가 순저항 R과 리액턴스 X로 구성되고 외부에 부하저항 R_L을 연결하여 최대 전력을 전달하려면 R_L의 값은?

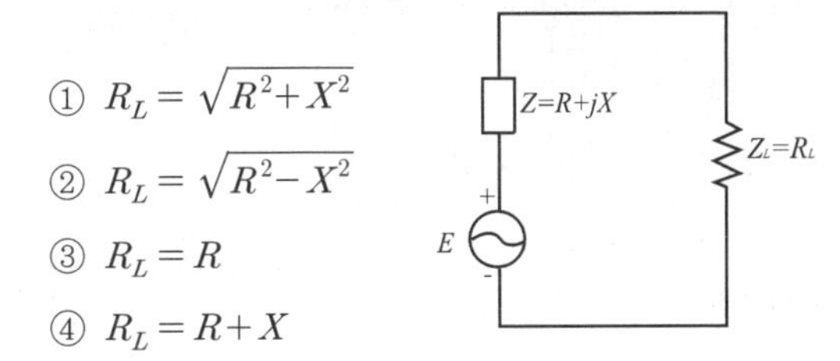

① $R_L = \sqrt{R^2 + X^2}$

② $R_L = \sqrt{R^2 - X^2}$

③ $R_L = R$

④ $R_L = R + X$

| 정 | 답 | 및 | 해 | 설 |

[최대 전력의 조건] 최대 전력 전송 조건은 **내부 임피던스(Z_L) =외부 임피던스(Z)일 때**가 되고 복소수의 경우 공액 복소수와 같으므로 $R_L = R + jX = \sqrt{R^2 + X^2}$ 이 된다. 【정답】 ①

79. 그림의 $R-L$ 직렬회로에서 스위치를 닫은 후 몇 초 후에 회로의 전류가 10[mA]가 되는가?

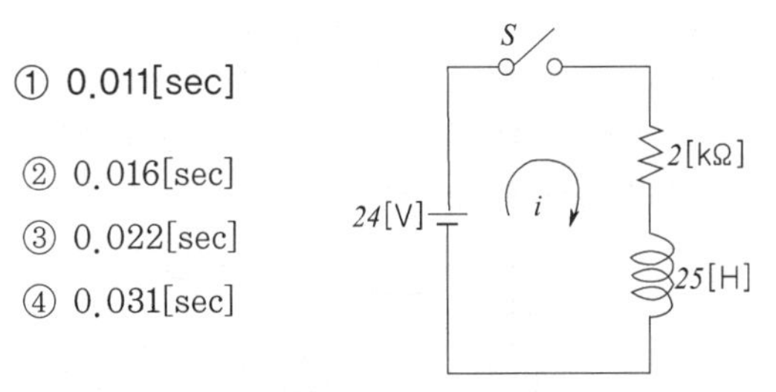

① 0.011[sec]

② 0.016[sec]

③ 0.022[sec]

④ 0.031[sec]

| 정 | 답 | 및 | 해 | 설 |

[RL 직렬 회로]

RL 직렬 회로이므로 $i(t) = \frac{E}{R}\left(1 - e^{-\frac{R}{L}t}\right)[A]$에서

$0.01 = \frac{24}{2000}\left(1 - e^{-\frac{2000}{25}t}\right) = 0.012\left(1 - e^{-80t}\right)$

$e^{-80t} = 0.1666$

양변에 log를 취하면 $\log e^{-80t} = \log 0.1666$

$-80t = \log 0.1666 \quad \therefore t = 0.0224[sec]$ 【정답】 ③

80. 그림과 같은 π형 회로에 있어서 어드미턴스 파라미터 중 Y_{21}은 어느 것인가?

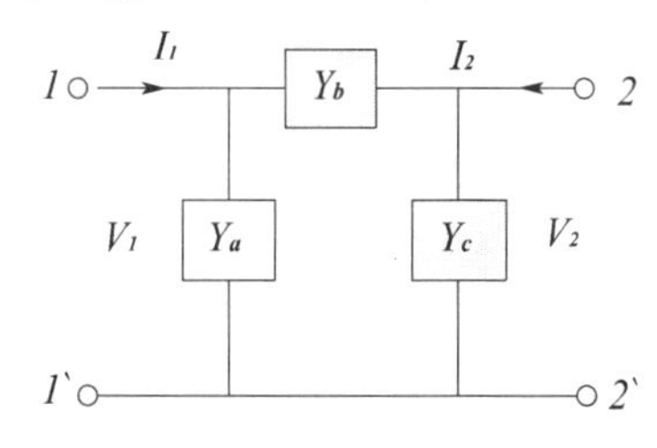

① Y_a ② $-Y_b$

③ Y_a+Y_b ④ Y_b+Y_c

|정|답|및|해|설|

[π형 회로의 어드미턴스] $Y_{12}=Y_{21}$

$$\begin{bmatrix} I_1 \\ I_2 \end{bmatrix} = \begin{vmatrix} Y_{11} & Y_{12} \\ Y_{21} & Y_{22} \end{vmatrix} \begin{bmatrix} V_1 \\ V_2 \end{bmatrix}$$

$$I_2 = Y_{21}V_1 + Y_{22}V_2 \quad \rightarrow \quad Y_{21} = \left. \frac{I_2}{V_1} \right|_{V_2=0}$$

$V_2=0$ 이면 Y_a와 Y_b가 병렬, 그러므로 $I_2 = Y_b(-V_1)$

대입하면 $Y_{21}=-Y_b$ 【정답】 ②

|참|고|

1. 임피던스(Z) → T형으로 만든다.

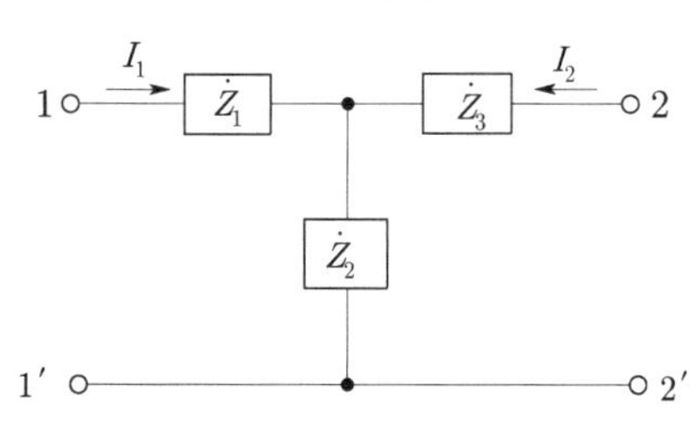

- $Z_{11}=Z_1+Z_2[\Omega]$ → (I_1 전류방향의 합)
- $Z_{12}=Z_{21}=Z_2[\Omega]$ → (I_1과 I_2의 공통, 전류방향 같을 때)
- $Z_{12}=Z_{21}=-Z_2[\Omega]$ → (I_1과 I_2의 공통, 전류방향 다를 때)
- $Z_{22}=Z_2+Z_3[\Omega]$ → (I_2 전류방향의 합)

2. 어드미턴스(Y) → π형으로 만든다.

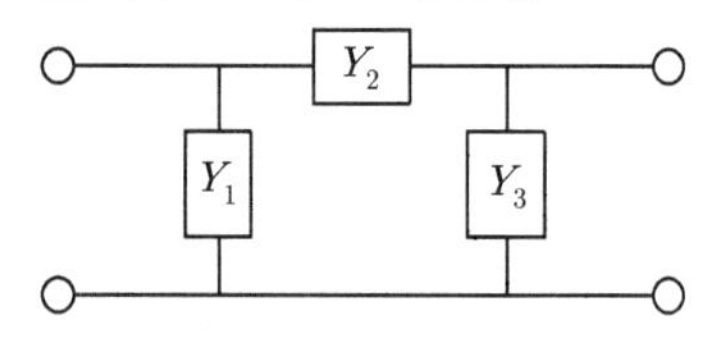

- $Y_{11}=Y_1+Y_2[℧]$
- $Y_{12}=Y_{21}=Y_2[℧]$ → (I_2 →, 전류방향 같을 때)
- $Y_{12}=Y_{21}=-Y_2[℧]$ → (I_2 ←, 전류방향 다를 때)
- $Y_{22}=Y_2+Y_3[℧]$

2회 2013년 전기기사필기 (전기설비기술기준)

81. 무대, 무대마루 밑, 오케스트라 박스, 영사실 기타 사람이나 무대 도구가 접촉할 우려가 있는 곳에 시설하는 저압 옥내배선 · 전구선 또는 이동전선은 사용전압이 몇 [V] 미만이어야 하는가?

① 60 ② 110

③ 220 ④ 400

|정|답|및|해|설|

[전시회, 쇼 및 공연장의 전기설비]

사람이나 무대 도구가 접촉할 우려가 있는 곳에 시설하는 저압옥내배선, 전구선 또는 이동전선은 사용전압이_**400[V] 미만**일 것 【정답】 ④

82. 최대 사용전압 154[kV] 중성점 직접 접지식 전로에 시험전압을 전로와 대지사이에 몇 [kV]를 연속으로 10분간 가하여 절연내력을 시험하였을 때 이에 견디어야 하는가?

① 231 ② 192.5

③ 141.68 ④ 110.88

|정|답|및|해|설|

[전로의 절연저항 및 절연내력 (KEC 132)]

접지방식	최대 사용전압	시험 전압(최대 사용전압 배수)	최저 시험 전압
비접지	7[kV] 이하	1.5배	500[V]
	7[kV] 초과	1.25배	10,500[V]
중성점접지	60[kV] 초과	1.1배	75[kV]
중성점직접접지	60[kV] 초과 170[kV] 이하	0.72배	
	170[kV] 초과	0.64배	
중성점다중접지	25[kV] 이하	0.92배	

$\therefore$ 시험 전압 $=154\times0.72=110.88[kV]$ 【정답】 ④

83. 다음 전선로에 대한 설명으로 옳은 것은?

① 발전소 · 변전소 · 개폐소, 이에 준하는 곳, 전기사용장소 상호간의 전선 및 이를 지지하거나 수용하는 시설물
② 발전소 · 변전소 · 개폐소, 이에 준하는 곳, 전기사용장소 상호간의 전선 및 전차선을 지지하거나 수용하는 시설물
③ 통상의 사용 상태에서 전기가 통하고 있는 전선
④ 통상의 사용 상태에서 전기를 절연한 전선

|정|답|및|해|설|

[전선로] 발전소, 변전소, 개폐소 이와 유사한 곳 및 전기사용장소 상호간의 전선 및 이를 지지하거나 보장하는 시설물

【정답】 ③

84. 철탑의 강도계산에 사용하는 이상 시 상정하중이 가하여지는 경우의 그 이상 시 상정 하중에 대한 철탑의 기초에 대한 안전율은 얼마 이상 이어야 하는가?

① 1.2 ② 1.33 ③ 1.5 ④ 2

|정|답|및|해|설|

[가공전선로 지지물의 기초 안전율 (KEC 331.7)]
가공전선로의 지지물에 하중이 가하여지는 경우에 그 하중을 받는 **지지물의 기초 안전율 2 이상**(단, 이상시 상전하중에 대한 철탑의 기초에 대하여는 1.33)이어야 한다.

|참|고|

[안전율]
1. 1.33 : 이상시 상정하중 철탑의 기초
2. 1.5 : 케이블트레이, 안테나
3. 2.0 : 기초 안전율
4. 2.2 : 경동선/내열동 합금선
5. 2.5 : 지지선, ACSD, 기타 전선

【정답】 ②

85. 일정용량 이상의 특고압용 변압기에 내부고장이 생겼을 경우, 자동적으로 이를 전로로부터 자동차단하는 장치 또는 경보장치를 시설해야 하는 뱅크 용량은?

① 1,000[kVA]이상, 5,000[kVA] 미만
② 5,000[kVA]이상, 10,000[kVA] 미만
③ 10,000[kVA]이상, 15,000[kVA] 미만
④ 15,000[kVA]이상, 20,000[kVA] 미만

|정|답|및|해|설|

[특고압용 변압기의 보호장치 (KEC 351.4)]

뱅크 용량의 구분	동작 조건	장치의 종류
5,000[kVA] 이상 10,000[kVA] 미만	변압기 내부 고장	자동 차단 장치 또는 경보 장치
10,000[kVA] 이상	변압기 내부 고장	자동 차단 장치
타냉식 변압기(변압기의 권선 및 철심을 직접 냉각시키기 위하여 봉입한 냉매를 강제 순환시키는 냉각 방식을 말한다.)	**냉각 장치에 고장**이 생긴 경우 또는 변압기의 온도가 현저히 상승한 경우	**경보 장치**

【정답】 ②

86. 저압 가공전선 또는 고압 가공전선이 도로를 횡단할 때 지표상의 높이는 몇 [m] 이상으로 하여야 하는가?

① 4 ② 5 ③ 6 ④ 7

|정|답|및|해|설|

[저 · 고압 가공전선의 높이 (KEC 222.7)]
저·고압 가공 전선의 높이는 다음과 같다.
1. **도로를 횡단하는 경우에는 지표상 6[m] 이상**
2. 철도 또는 궤도를 횡단하는 경우에는 레일면상 6.5[m] 이상
3. 횡단보도교의 위에 시설하는 경우에는 저압 가공전선은 그 노면상 3.5 m [전선이 저압 절연전선 (인입용 비닐절연전선 · 450/750 V 비닐절연전선 · 450/750 V 고무절연전선·옥외용 비닐 절연전선을 말한다) · 다심형 전선 · 고압 절연전선 · 특고압 절연전선 또는 케이블인 경우에는 3[m]] 이상, 고압 가공전선은 그 노면상 3.5[m] 이상
4. 제1호부터 제3호까지 이외의 경우에는 지표상 5[m] 이상

【정답】 ③

87. 시가지에 시설하는 통신선은 특고압 가공전선로의 지지물에 시설하여서는 아니 된다. 그러나 통신선이 절연전선과 동등 이상의 절연효력이 있고 인장강도 5.26[kN] 이상의 것 또는 지름 몇[mm]이상의 절연전선 또는 광섬유 케이블인 것이면 시설이 가능한가?

① 4 ② 4.5
③ 5 ④ 5.5

|정|답|및|해|설|

[특고압 가공전선로 첨가설치 통신선의 시가지 인입 제한 (KEC 362.5)] 시가지에 시설하는 통신선은 특고압 가공전선로의 지지물에 시설하여서는 아니 된다. 다만, 통신선이 절연전선과 동등 이상의 절연효력이 있고 **인장강도 5.26[kN] 이상의 것 또는 단면적 16[mm^2](지름 4[㎜]) 이상**의 절연전선 또는 광섬유 케이블인 경우에는 그러하지 아니하다.

【정답】 ①

88. 전기 욕기에 전기를 공급하는 전원장치는 전기욕기용으로 내장되어 있는 2차 측 전로의 사용전압을 몇 [V] 이하로 한정하고 있는가?

① 6 ② 10 ③ 12 ④ 15

|정|답|및|해|설|

[전기욕기의 시설 (KEC 241.2)]

· 내장되어 있는 전원 변압기의 2차측 **전로의 사용전압이 10[V] 이하**인 것에 한한다.

· 욕탕안의 전극간의 거리는 1[m] 이상일 것

· 전원장치로부터 욕탕안의 전극까지의 배선은 공칭단면적 2.5 [mm^2] 이상의 연동선

【정답】 ②

89. 가공전선로의 지지물에 취급자가 오르고 내리는데 사용하는 발판 볼트 등은 원칙적으로는 지표상 몇 [m] 미만에 시설하여서는 아니 되는가?

① 1.2 ② 1.5 ③ 1.8 ④ 2.0

|정|답|및|해|설|

[가공전선로 지지물의 철탑오름 및 전주오름 방지 (KEC 331.4)]

발판 볼트 등은 **1.8[m] 미만에 시설하여서는 안 된다**. 다만 다음의 경우에는 그러하지 아니하다.

·발판 볼트를 내부에 넣을 수 있는 구조

·지지물에 승탑 및 승주 방지 장치를 시설한 경우

·지지물 주위에 취급자 이외의 방지 장치를 시설하는 경우

·산간 등에 있으며 사람이 쉽게 접근할 우려가 없는 곳

【정답】 ③

90. 사용전압 35[kV]인 특고압 가공전선로에 특고압 절연전선을 사용한 경우 전선의 지표상 높이는 최소 몇 [m] 이상이어야 하는가?

① 13.72 ② 12.04 ③ 10 ④ 8

|정|답|및|해|설|

[시가지 등에서 특고압 가공전선로의 시설 (KEC 333.1)]

시가지에 특고가 시설되는 경우 전선의 지표상 높이는

· 35[kV] 이하 10[m](**특고 절연전선인 경우 8[m]**) 이상

· 35[kV]를 넘는 경우 10[m]에 35[kV]를 넘는 10[kV] 또는 그 단수마다 12[cm]를 더한 값으로 한다.

【정답】 ④

91. 플로어덕트공사에 의한 저압 옥내 배선 공사에 적합하지 않은 것은?

① 사용전압 400[V] 미만일 것

② 덕트의 끝 부분은 막을 것

③ 덕트는 접지공사를 할 것

④ 옥외용 비닐절연전선을 사용할 것

|정|답|및|해|설|

[플로어덕트공사 (KEC 232.32)]

· 전선은 절연전선(**옥외용 비닐 절연전선을 제외**한다)일 것.

· 전선은 연선일 것. 다만, 단면적 10[mm^2](알루미늄선은 단면적 16[mm^2]) 이하인 것은 그러하지 아니하다.

· 덕트 상호 간 및 덕트와 박스 및 인출구와는 견고하고 또한 전기적으로 완전하게 접속할 것

· 덕트의 끝부분은 막을 것

· 덕트는 kec140에 준하는 접지공사를 할 것

【정답】 ④

92. 고압 가공전선로의 가공지선으로 나경동선을 사용하는 경우의 지름은 몇 [mm] 이상 이어야 하는가?

① 3.2 ② 4.0 ③ 5.5 ④ 6.0

|정|답|및|해|설|

[고압 가공전선로의 가공지선 (KEC 332.6)]

1. 고압 가공전선로 : 인장강도 5.26[kN] 이상의 것 또는 **4[mm] 이상의 나경동선**
2. 특고압 가공전선로 : 인장강도 8.01[kN] 이상의 나선 또는 5[mm] 이상의 나경동선

【정답】 ②

93. 고압 가공전선으로 경동선 또는 내열 동합금선을 사용할 때 그 안전율은 최소 얼마 이상이 되는 처짐 정도(이도)로 시설하여야 하는가?

① 2.0 ② 2.2 ③ 2.5 ④ 3.3

|정|답|및|해|설|

[저·고압 가공전선의 안전율 (KEC 331.14.2)]

고압 가공전선은 케이블인 경우 이외에는 다음 각 호에 규정하는 경우에 그 안전율이 **경동선 또는 내열 동합금선은 2.2 이상**, 그 밖의 전선은 2.5 이상이 되는 처짐 정도(이도)로 시설하여야 한다.

【정답】 ②

94. 저압 옥측전선로의 공사에서 목조 조영물에 시설이 가능한 공사는?

① 금속피복을 한 케이블공사
② 합성수지관공사
③ 금속관공사
④ 버스덕트공사

|정|답|및|해|설|

[저압 옥측 전선로의 시설(KEC 221.2)]
- 애자사용공사(전개된 장소에 한한다)
- 합성수지관공사
- 금속관공사(**목조 이외의 조영물에 시설**하는 경우에 한한다)
- 버스덕트공사[**목조 이외의 조영물**(점검할 수 없는 은폐된 장소를 제외한다)에 시설하는 경우에 한한다]
- 케이블공사(연피 케이블·알루미늄피 케이블 또는 미네럴인슈레이션게이블을 사용하는 경우에는 **목조 이외의 조영물에 시설**하는 경우에 한한다)

【정답】 ②

95. 용어에서 "제2차 접근상태"란 가공전선이 다른 시설물과 접근하는 경우에 그 가공전선이 다른 시설물의 위쪽 또는 옆쪽에서 수평거리로 몇 [m] 미만인 곳에 시설되는 상태를 말하는가?

① 2 ② 3 ③ 4 ④ 5

|정|답|및|해|설|

[제2차접근상태 (KEC 112 용어의 정의)] 가공전선이 다른 시설물의 위쪽 또는 옆쪽에서 **수평 거리로 3[m] 미만**인 곳에 시설

【정답】 ②

96. 금속덕트공사에 의한 저압 옥내 배선에서, 금속덕트에 넣은 전선의 단면적의 합계는 덕트 내부 단면적의 얼마 이하여야 하는가?

① 20[%] 이하 ② 30[%] 이하
③ 40[%] 이하 ④ 50[%] 이하

|정|답|및|해|설|

[금속덕트공사 (KEC 232.31)] 금속 덕트에 넣는 전선의 단면적의 합계는 **덕트 내부 단면적의 20[%]**(전광 표시 장치, 출퇴근 표시등, 제어 회로 등의 배전선만을 넣는 경우는 50[%]) 이하일 것

【정답】 ①

97. 전압 구분에서 고압에 해당되는 것은?

① 직류는 750[V]를, 교류는 600[V]를 초과하고 7[kV] 이하인 것
② 직류는 600[V]를, 교류는 750[V]를 초과하고 7[kV] 이하인 것
③ 직류는 750[V]를, 교류는 600[V]를 초과하고 9[kV] 이하인 것
④ 직류는 1500[V]를, 교류는 1000[V]를 초과하고 7[kV] 이하인 것

|정|답|및|해|설|

[전압의 종별 (기술기준 제3조)]

분류	전압의 범위
저압	· 직류 : 1500[V] 이하 · 교류 : 1000[V] 이하
고압	· 직류 : 1500[V]를 초과하고 7[kV] 이하 · 교류 : 1000[V]를 초과하고 7[kV] 이하
특고압	· 7[kV]를 초과

【정답】 ④

※한국전기설비규정(KEC) 적용으로 인해 더 이상 출제되지 않는 문제는 삭제했습니다.

2013년 3회 전기기사 필기 기출문제

3회 2013년 전기기사필기 (전기자기학)

1. 한 변의 길이가 500[mm]인 정사각형 평행 평판 2장이 10[mm] 간격으로 놓여져 있고, 그림과 같이 유전율이 다른 2개의 유전체로 채워진 경우 합성 용량[pF]은 약 얼마인가?

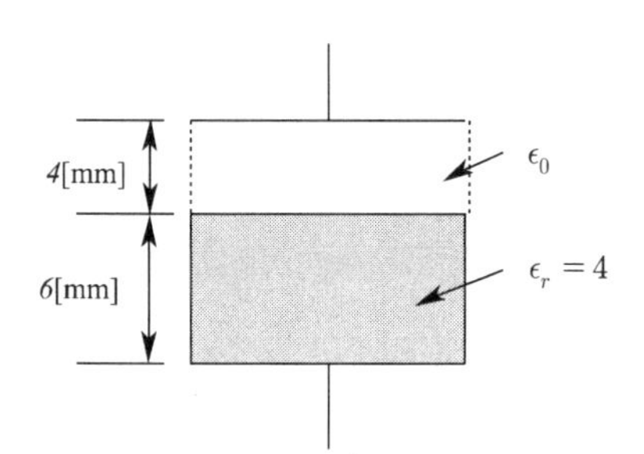

① 402 ② 922
③ 2,028 ④ 4,228

|정|답|및|해|설|

[콘덴서 직렬 연결시의 정전용량] $C = \dfrac{1}{\dfrac{1}{C_1} + \dfrac{1}{C_2}}[F]$

유전율이 ϵ_0, ϵ_s인 각 유전체의 정전용량을 C_1, C_2라 하면

$$C_1 = \frac{\epsilon_0 S}{d_1} = \frac{8.855 \times 10^{-12} \times 0.5 \times 0.5}{4 \times 10^{-3}}$$

$$= 0.5534 \times 10^{-9}[F] = 553.4[pF]$$

$$C_2 = \frac{\epsilon_0 \epsilon_s S}{d_2} = \frac{8.855 \times 10^{-12} \times 4 \times 0.5 \times 0.5}{6 \times 10^{-3}}$$

$$= 1.4758 \times 10^{-9}[F] = 1475.8[pF]$$

∴직렬합성용량 C는

$$C = \frac{1}{\dfrac{1}{C_1} + \dfrac{1}{C_2}} = \frac{C_1 C_2}{C_1 + C_2} = \frac{553.4 \times 1475.8}{553.4 + 1475.8} = 402.4[pF]$$

|참|고|

[유전체의 삽입 위치에 따른 콘덴서의 직·병렬 구별]

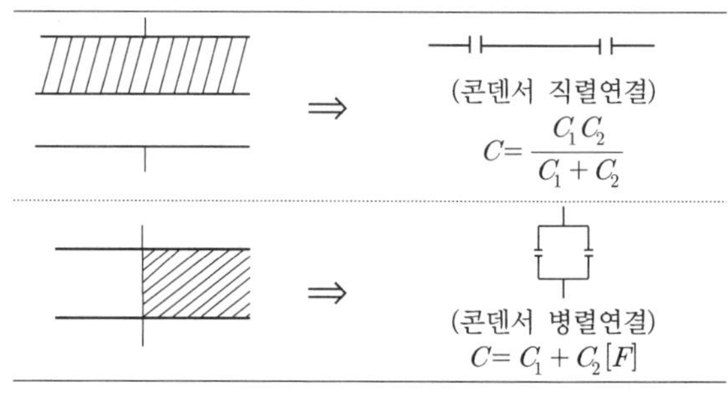

【정답】 ①

2. 그림과 같은 콘덴서 C[F]에 교번전압 $V_m \sin wt$를 가했을 때 콘덴서 내의 변위전류 [A]는?

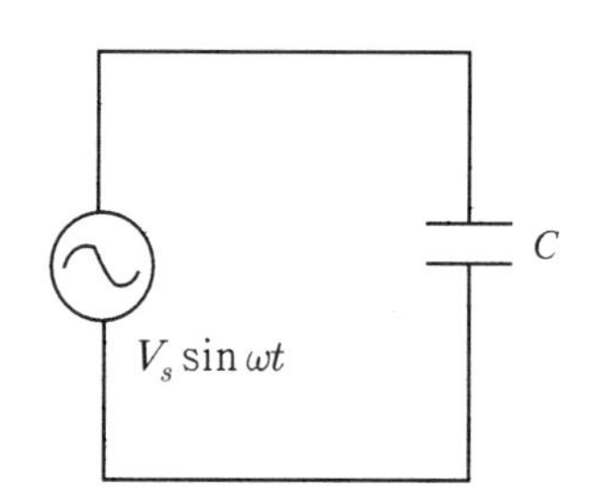

① $\dfrac{V_m}{wC} \cos wt$ ② $wCV_m \tan wt$
③ $wCV_m \sin wt$ ④ $wCV_m \cos wt$

|정|답|및|해|설|

[C만의 회로] 변위전류밀도는 전속밀도의 시간적인 변화로 발생하므로

$$i_d = \frac{\partial D}{\partial t} = \epsilon \frac{\partial E}{\partial t} = \epsilon \frac{\partial}{\partial t}\left(\frac{V}{d}\right)$$

$$= \frac{\epsilon}{d} \frac{\epsilon}{\partial t} V_s \sin wt = \frac{\epsilon}{d} w V_s \cos wt [A/m^2]$$

변위전류는 변위전류밀도에 면적을 곱해서 얻는다.

$$I_d = i_d S = \frac{\epsilon S}{d} w V_s \cos wt = wCV_s \cos wt [A]$$

또는 $Q = CV = \int idt [C]$

$$\therefore i = C\frac{dV}{dt} = C\frac{dV_m \sin \omega t}{dt} = \omega C V_m \cos \omega t [A]$$

【정답】 ④

3. 판자석의 세기 $\varnothing_m = 0.01[Wb/m]$, 반지름 $a = 5[cm]$인 원형 자석판이 있다. 자석의 중심에서 축 상 10[cm]인 점에서의 자위의 세기[AT]는?

① 100　　② 175
③ 400　　④ 420

|정|답|및|해|설|

[판자석의 전위] $U = \frac{\varnothing_m w}{4\pi\mu_0}$

전기이중층의 관계식과 판자석의 관계식이 유사하므로 비교해보면

전위 $V = \frac{M}{4\pi\epsilon_0}\omega[V]$, 자위 $U = \frac{M}{4\pi\mu_0}\omega[A]$ 에서

입체각 $\omega = 2\pi(1-\cos\theta) = 2\pi(1-\frac{x}{\sqrt{a^2+x^2}})$ [sr] 이므로

판자석의 세기 M을 $\varnothing_m$로 하면

$$U = \frac{\varnothing_m w}{4\pi\mu_0} = \frac{\varnothing_m 2\pi(1-\cos\theta)}{4\pi\mu_0} = \frac{\varnothing_m(1-\cos\theta)}{2\mu_0}$$

$$= \frac{\varnothing_m\left(1-\frac{x}{\sqrt{x^2+a^2}}\right)}{2\mu_0} = \frac{0.01\left(1-\frac{0.1}{\sqrt{0.05^2+0.1^2}}\right)}{2\times4\pi\times10^{-7}}$$

$= 420[AT]$　　【정답】 ④

4. 그림과 같이 중심에서 반지름이 a[m]의 도체구 1과, 내반지름 b[m], 외반지름이 c[m]의 도체구 2가 있다. 이 도체계에서 전위계수 P_{11}[1/F]에 해당되는 것은?

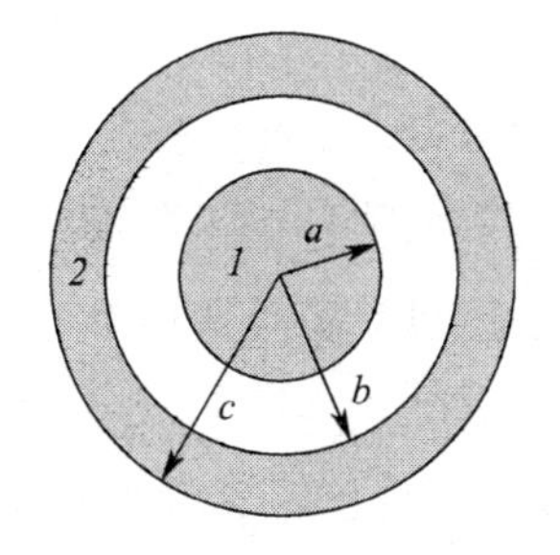

① $\frac{1}{4\pi\epsilon}\frac{1}{a}$　　② $\frac{1}{4\pi\epsilon}\left(\frac{1}{a}-\frac{1}{b}\right)$
③ $\frac{1}{4\pi\epsilon}\left(\frac{1}{b}-\frac{1}{c}\right)$　　④ $\frac{1}{4\pi\epsilon}\left(\frac{1}{a}-\frac{1}{b}+\frac{1}{c}\right)$

|정|답|및|해|설|

[전위계수] 정전용량의 역수

두 도체간의 전위계수를 구하면

$$\begin{cases} V_1 = P_{11}Q_1 + P_{12}Q_2 \\ V_2 = P_{21}Q_1 + P_{22}Q_2 \end{cases}$$

$Q_1 = 1$, $Q_2 = 0$일 때 $V_1 = P_{11}$, $V_2 = P_{21}$

$Q_1 = 0$, $Q_2 = 1$일 때 $V_2 = P_{22}$, $V_1 = P_{12}$

내구에 $Q_1 = 1$을 줄 때 외구에는 −1, +1의 전하가 내외에 유기되므로

$V_a = \frac{Q}{4\pi\epsilon a}[V]$, $V_b = -\frac{Q}{4\pi\epsilon b}[V]$, $V_c = \frac{Q}{4\pi\epsilon c}[V]$

$V_1 = V_a + V_b + V_c$이므로 $V_1 = P_{11} = \frac{1}{4\pi\epsilon}\left(\frac{1}{a}-\frac{1}{b}+\frac{1}{c}\right)$ [V]

【정답】 ④

5. 철도 궤도간 거리가 1.5[m]이며 궤도는 서로 절연되어 있다. 열차가 매시 60[km]의 속도로 달리면서 차축이 지구자계의 수직 분력 $B = 0.15\times10^{-4}[Wb/m^2]$을 절단할 때 두 궤도 사이에 발생하는 기전력은 몇 [V]인가?

① 1.75×10^{-4}　　② 2.75×10^{-4}
③ 3.75×10^{-4}　　④ 4.75×10^{-4}

|정|답|및|해|설|

[유기기전력] $e = vBl\sin\theta[V]$

여기서, B : 자속밀도, l : 도체의 길이, v : 속도

속도 시속을 초속으로 바꾸면

$v = \frac{V}{3600} = \frac{60\times10^3}{3600} = 16.67[m/\sec]$

유기기전력은 도체(차축)가 자속(자계의 수직분력)을 절단할 때 발생하게 된다.

$\therefore e = vBl\sin\theta$

$= 16.67\times0.15\times10^{-4}\times1.5\times\sin90° = 3.75\times10^{-4}[V]$

【정답】 ④

6. 반지름 a[m]인 반원형 전류 I[A]에 의한 중심에서의 자계의 세기[AT/m]는?

① $\frac{I}{4a}$　　② $\frac{I}{a}$　　③ $\frac{I}{2a}$　　④ $\frac{2I}{a}$

|정|답|및|해|설|

[원형 중심점에서의 자계의세기] $H = \frac{I}{2a}[AT/m]$

반원형 전류에 의한 자계는 원형 전류에 의한 중심점에서의 자계의 세기의 1/2와 같으므로

$\therefore H = \frac{I}{2a}\times\frac{1}{2} = \frac{I}{4a}[AT/m]$　　【정답】 ①

7. 그림에서 I[A]의 전류가 반지름 a[m]의 무한히 긴 원주도체를 축에 대하여 대칭으로 흐를 때 원주 외부의 자계 H를 구한 값은?

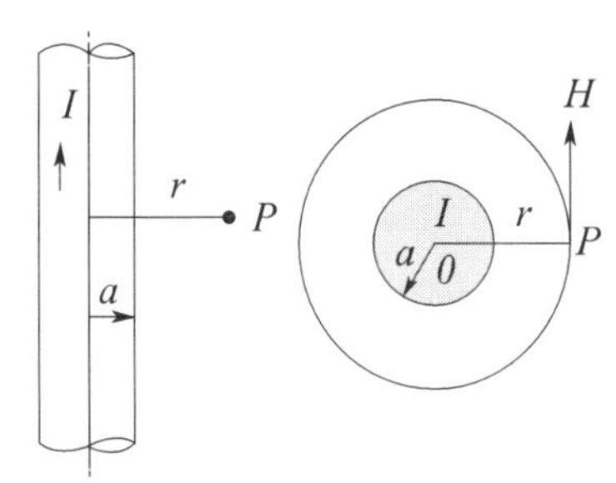

① $H=\dfrac{I}{4\pi r}[AT/m]$ ② $H=\dfrac{I}{4\pi r^2}[AT/m]$

③ $H=\dfrac{I}{2\pi r}[AT/m]$ ④ $H=\dfrac{I}{2\pi r^2}[AT/m]$

|정|답|및|해|설|

[암페어 주회적분의 법칙] 무한장의 직선 도체에 전류 $I[A]$가 흐를 때, 거리 $r[m]$ 떨어진 점에서의 자계의 세기는, 암페어 주회적분의 법칙을 적용해서 구할 수가 있다.

$\oint_c H \cdot dl = 2\pi r H = I$가 된다.

따라서, 자계의 세기 $H=\dfrac{I}{2\pi r}[AT/m]$ 【정답】 ③

8. 반지름 a[m]인 도체구에 전하 Q[C]를 주었다. 도체구를 둘러싸고 있는 유전체의 유전율이 ϵ_s인 경우 경계면에 나타나는 분극전하는 몇 $[C/m^2]$ 인가?

① $\dfrac{Q}{4\pi a^2}(1-\epsilon_s)[C/m^2]$

② $\dfrac{Q}{4\pi a^2}(\epsilon_s-1)[C/m^2]$

③ $\dfrac{Q}{4\pi a^2}\left(1-\dfrac{1}{\epsilon_s}\right)[C/m^2]$

④ $\dfrac{Q}{4\pi a^2}\left(\dfrac{1}{\epsilon_s}-1\right)[C/m^2]$

|정|답|및|해|설|

[분극의 세기] $P=\rho' = \epsilon_0(\epsilon_s-1)E=\lambda E= D\left(1-\dfrac{1}{\epsilon_s}\right)$

$\rightarrow \left(\rho' = D\left(1-\dfrac{1}{\epsilon_s}\right)\right)$

경계면에 나타나는 분극전하밀도

$P=\epsilon_0(\epsilon_s-1)E= D-\epsilon_0 E$

$= D-\dfrac{1}{\epsilon_s}\epsilon_0\epsilon_s E= D(1-\dfrac{1}{\epsilon_s}) = \dfrac{Q}{4\pi a^2}\left(1-\dfrac{1}{\epsilon_s}\right)[C/m^2]$

【정답】 ③

9. 2개의 회로 C_1, C_2가 있을 때 각 회로상에 취한 미소 부분을 dl_1, dl_2 두 미소 부분간의 거리를 r이라 하면 C_1, C_2 회로간의 상호인덕턴스[H]는 어떻게 표시되는가? (단, μ는 투자율이다.)

① $\dfrac{\mu}{\pi}\oint_{c1}\oint_{C_2}\dfrac{dl_1\times dl_2}{r_{12}}$

② $\dfrac{\mu}{2\pi}\oint_{c_1}\oint_{C_2}\dfrac{dl_1\times dl_2}{r_{12}}$

③ $\dfrac{\mu\epsilon}{\pi}\oint_{c_1}\oint_{c2}\dfrac{dl_1\times dl_2}{r_{12}}$

④ $\dfrac{\mu}{4\pi}\oint_{c1}\oint_{C_2}\dfrac{dl_1\cdot dl_2}{r_{12}}$

|정|답|및|해|설|

[노이만의 공식] 두 개의 전기회로 C_1과 C_2와의 상호 유도 계수 M_{21}을 구하는 방법으로 노이만의 공식을 이용한다.

C_1에 전류 I_1이 흐를 때 C_1 부분에 생기는 벡터 퍼텐셜 A_1은

$A_1 = \dfrac{\mu}{4\pi}\oint_{c1}\dfrac{I_1}{r}dl_1$ 이 발생하게 되며 또한 이때 I_1에의해서 C_2와 쇄교하는 자속 $\varnothing_{21}$은

$\varnothing_{21} = \oint_{c2} A_1 \cdot dl_2 = \dfrac{\mu I_1}{4\pi}\oint_{c2}\oint_{c1}\dfrac{1}{r}dl_1 \cdot dl_2$

$\varnothing = LI$ $[wb]$ 에서 $\varnothing_{21} = MI[wb]$

$M_{21} = \dfrac{\mu}{4\pi}\oint_{c1}\oint_{c2}\dfrac{dl_1\cdot dl_2}{r_{12}}$ 【정답】 ④

10. 정전용량(C_i)과 내압(V_{imax})이 다른 콘덴서를 여러 개 직렬로 연결하고 그 직렬 회로 양단에 직류 전압을 인가할 때 가장 먼저 절연이 파괴되는 콘덴서는?

① 정전용량이 가장 작은 콘덴서
② 최대 충전 전하량이 가장 작은 콘덴서
③ 내압이 가장 작은 콘덴서
④ 배분전압이 가장 큰 콘덴서

|정|답|및|해|설|

[직렬 연결된 콘덴서 최초로 파괴되는 콘덴서]

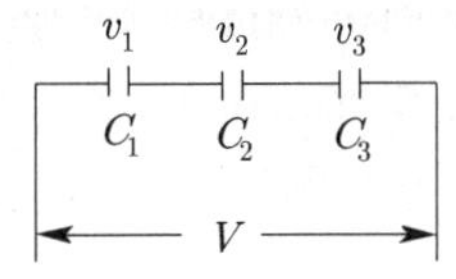

→ (직렬이므로 축적되는 전하량이 일정)

· 전하량 $Q_1 = C_1V_1[C]$, $Q_2 = C_2V_2[C]$, $Q_3 = C_3V_3[C]$
전하량이 가장 적은 것이 가장 먼저 파괴된다.

※콘덴서가 직렬로 여러 개 연결된 경우 전기량 Q는 일정하므로 Q가 작은 것이 가장 먼저 파괴된다.
만약 Q가 일정하다면 콘덴서의 용량이 작은 것이 큰 전압을 받게 되므로 절연이 파괴되기 쉽다. 정전용량(C)과 내압(v)이 모두 가변적이기 때문에 ①과 ④는 답이 될 수가 없다.
배분전압이 크더라도 내압이 크면 견딜 수가 있고 같은 이유로 정전용량이 가장 작더라도 마찬가지로 내압이 크면 견딜 수가 있다. 【정답】 ②

11. 전계 E[V/m], 자계 H[AT/m]의 전자계가 평면파를 이루고, 자유 공간으로 전파될 때 진행 방향에 수직되는 단위 면적을 단위 시간에 통과하는 에너지는 몇[W/m^2]인가?

① EH^2 ② EH
③ $\frac{1}{2}EH^2$ ④ $\frac{1}{2}EH$

|정|답|및|해|설|

[포인팅벡터]

$\vec{P} = \frac{P[W]}{S[m^2]} = \vec{E}\times\vec{H} = EH\sin\theta = EH = 377H^2 = \frac{1}{377}E^2[W/m^2]$

→ (전자파 사잇각 90°)

전자파가 공간에서 전달하는 에너지는 포인팅벡터로 표현되며 전계와 자계의 벡터외적으로 계산된다. 【정답】 ②

12. 자계의 벡터 포텐셜(potential)을 A[Wb/m]라 할 때 도체 주위에서 자계 B[Wb/m^2]가 시간적으로 변화하면 도체에 발생하는 전계의 세기 E[V/m]는?

① $E = -\frac{\partial A}{\partial t}$ ② $rot\,E = -\frac{\partial A}{\partial t}$
③ $E = rot\,B$ ④ $rot\,E = -\frac{\partial B}{\partial t}$

|정|답|및|해|설|

[맥스웰의 제2방정식] 미분형 $rot\,E = -\frac{\partial B}{\partial t}$ → (B : 자속밀도)

$B = rot A$로 정의되고 $rot E = -\frac{\partial B}{\partial t}$에서

$rot E = -\frac{\partial B}{\partial t} = -\frac{\partial}{\partial t} rot A = rot\left(-\frac{\partial A}{\partial t}\right)$

$\therefore E = -\frac{\partial A}{\partial t}$ 【정답】 ①

13. 전류가 흐르는 도선을 자계 안에 놓으면 이 도선에 힘이 작용한다. 평등 자계의 진공 중에 놓여 있는 직선 전류 도선이 받는 힘에 대하여 옳은 것은?

① 전류의 세기에 반비례한다.
② 도선의 길이에 비례한다.
③ 자계의 세기에 반비례한다.
④ 전류와 자계의 방향이 이루는 각 탄젠트 각에 비례한다.

|정|답|및|해|설|

[도선이 받는 힘(플레밍의 왼손법칙)]

$F = IBl\sin\theta = I\mu_0 Hl\sin\theta[N]$

여기서, I : 전류, B : 자속밀도, l : 길이, H : 자계
μ_0 : 진공중의 투자율

전류와 자계의 세기에 비례하고 도선의 길이에도 비례한다.
【정답】 ②

14. 자기회로에 대한 설명으로 틀린 것은?

① 전기회로의 정전용량에 해당되는 것은 없다.
② 자기 저항에는 전기 저항의 줄손실에 해당되는 손실이 있다.
③ 기자력과 자속은 변화가 비직선성을 갖고 있다.
④ 누설자속은 전기회로의 누설전류에 비하여 대체로 많다.

|정|답|및|해|설|

[자기회로]
- 자기 저항에는 열손실(줄 손실)이 없다.
- 전기 저항에는 I^2R에 의한 **열손실이 발생**한다.
- 자속은 포화되는 특성과 자속밀도의 증가에서 볼 수 있듯이 비선형을 나타내는 변화가 있다 . 【정답】 ②

15. 500 [AT/m]의 자계 중에 어떤 자극을 놓았을 때 $5\times10^3[N]$[N]의 힘이 작용했을 때의 자극의 세기는 몇 [Wb] 이겠는가?

① 10 ② 20
③ 30 ④ 40

|정|답|및|해|설|

[작용하는 힘] $F=mH[N]$

여기서, m : 자극, H : 자계의 세기

$\therefore m=\frac{F}{H}=\frac{5\times10^3}{500}=\frac{5000}{500}=10[Wb]$ 【정답】 ①

16. 무한장 직선 도체에 선전하밀도 λ[C/m]의 전하가 분포되어 있는 경우 직선 도체를 축으로 하는 반경 r의 원통 면상의 전계는 몇 [V/m]인가?

① $E=\frac{1}{4\pi\epsilon_0}\cdot\frac{\lambda}{r^2}$ ② $E=\frac{1}{2\pi\epsilon_0}\cdot\frac{\lambda}{r^2}$
③ $E=\frac{1}{2\pi\epsilon_0}\cdot\frac{\lambda}{r}$ ④ $E=\frac{1}{4\pi\epsilon_0}\cdot\frac{\lambda}{r}$

|정|답|및|해|설|

[전계의 세기]

1. 선(직선도체) $E=\frac{\lambda}{2\pi r\epsilon_0}$[V/m] $\rightarrow E\propto\frac{1}{r}$
2. 점 $E=\frac{\theta}{4\pi\epsilon_0 r^2}[V/m]$
3. 무한평면 $E=\frac{\rho}{2\epsilon_0}[V/m]$ 【정답】 ③

17. 환상 철심에 권수 100회인 A 코일과 권수 400회인 B 코일이 있을 때 A의 자기인덕턴스가 4[H]라면 두 코일의 상호인덕턴스는 몇 [H]인가?

① 16 ② 12 ③ 8 ④ 4

|정|답|및|해|설|

[권수비] $a=\frac{V_1}{V_2}=\frac{N_1}{N_2}=\frac{L_1}{M}=\frac{M}{L_2}$

상호인덕턴스에 대입하면 $M=\frac{N_2}{N_1}L_1=\frac{400}{100}\times4=16[H]$

【정답】 ①

18. 무한 평면 도체에서 r[m] 떨어진 곳에 ρ[C/m]의 전하 분포를 갖는 직선 도체를 놓았을 때 직선 도체가 받는 힘의 크기[N/m]는? (단, 공간의 유전율은 ϵ_0이다)

① $\frac{\rho^2}{\epsilon_0 r}$ ② $\frac{\rho^2}{\pi\epsilon_0 r}$
③ $\frac{\rho^2}{2\pi\epsilon_0 r}$ ④ $\frac{\rho^2}{4\pi\epsilon_0 r}$

|정|답|및|해|설|

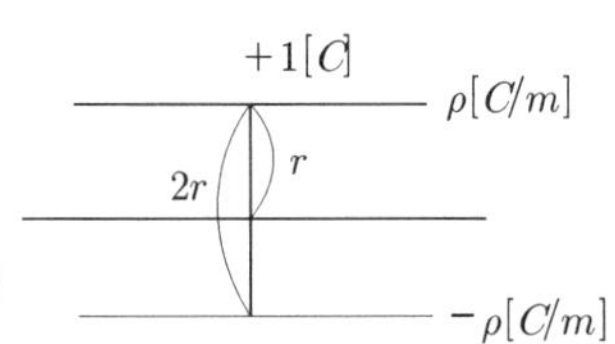

[무한 평면 도체]

무한 평면도체와 선전하간의 작용력이므로

영상 선전하와 선전하간의 작용력 f는 흡인력이고 선간거리는 2r

전계의 세기 $E=\frac{-\rho}{2\pi\epsilon_0 2r}[V/m]$

힘 $f=\rho E=\rho\cdot\frac{-\rho}{2\pi\epsilon_0(2r)}=-\frac{\rho^2}{4\pi\epsilon_0 r}[N/m]$ 【정답】 ④

19. 패러데이 법칙에서 유도기전력 $e[V]$를 옳게 표현한 것은?

① $V = -\frac{1}{N}\frac{d\varnothing}{dt}$　② $V = -\frac{1}{N^2}\frac{d\varnothing}{dt}$

③ $V = -N\frac{d\varnothing}{dt}$　④ $V = -N^2\frac{d\varnothing}{dt}$

|정|답|및|해|설|

[유기기전력] $V = -N\frac{d\phi}{dt}$, $V \propto N$, $V \propto \frac{d\phi}{dt}$

여기서, N : 권수, $\varnothing$: 자속, t : 시간

유도기전력은 자속의 변화를 방해하는 방향으로 발생하고 권수에 비례한다. 【정답】 ③

20. 같은 길이의 도선으로 M회와 N회 감은 원형 동심 코일에 각각 같은 전류를 흘릴 때 M회 감은 코일의 중심 자계는 N회 감은 코일의 몇 배인가?

① $\frac{N}{M}$　② $\frac{N^2}{M^2}$

③ $\frac{M}{N}$　④ $\frac{M^2}{N^2}$

|정|답|및|해|설|

[원형 전류에 의한 자계의 세기] $H = \frac{NI}{2a}[A/m]$

자계가 권수에 비례한다는 것으로는 $\frac{M}{N}$이라고 생각하겠지만 같은 길이의 도선이기 때문에 길이가 달라지면 단면적이 변하므로 반지름

전선의 길이 $l = 2\pi aN[m]$ 에서 반지름 $a = \frac{l}{2\pi N}[m]$

원형 전류에 의한 자계의 세기는 $H = \frac{NI}{2a}[A/m]$이므로

$H = \frac{NI}{2\frac{l}{2\pi N}} = \frac{\pi N^2 I}{l}[A/m] \quad \rightarrow \quad H \propto N^2$

그러므로 M회 감은 자계의 세기와 N회 감은 회로의 자계의 세기의 비는 $\frac{H_M}{H_N} = \frac{M^2}{N^2}$ 【정답】 ④

3회 2013년 전기기사필기 (전력공학)

21. 전력계통의 전압 조정 설비에 대한 특징으로 옳지 않은 것은?

① 병렬콘덴서는 진상 능력만을 가지며 병렬 리액터는 진상 능력이 없다.

② 무효 전력 보상 장치(동기조상기)는 조정의 단계가 불연속적이나 병렬콘덴서 및 병렬리액터는 그것이 연속적이다.

③ 무효 전력 보상 장치(동기조상기)는 무효 전력의 공급과 흡수가 모두 가능하여 진상 및 지상 용량을 갖는다.

④ 병렬 리액터는 장거리 초고압 송전선 또는 지중선 계통의 충전 용량 보상용으로 주요 발변전소에 설치된다.

|정|답|및|해|설|

[무효 전력 보상 장치(동기조상기)] 무효 전력 보상 장치는 무부하로 운전하는 동기전동기로서 **진상과 지상을 연속적으로 조정**할 수 있다. 이에 대하여 병렬콘덴서나 병렬리액터는 불연속적 혹은 단계적이다.
【정답】 ②

22. 주변압기 등에서 발생하는 제5고조파를 줄이는 방법은?

① 전력용 콘덴서에 직렬 리액터를 접속한다.

② 변압기 2차측에 분로 리액터 연결한다.

③ 모선에 방전 코일 연결한다.

④ 모선에 공심 리액터 연결한다.

|정|답|및|해|설|

[고조파] 변압기 등의 전력변환장치에서는 자속의 변화가 비선형이기 때문에 많은 고조파가 발생하게 된다.

전력용 콘덴서 용량의 약 5[%] 크기의 리액터를 **직렬로 접속**해서 **제5고조파를 줄일 수가 있다.**

※제3고조파 제거 : 변압기를 Δ결선 【정답】 ①

23. 조압수조(surge tank)의 설치 목적이 아닌 것은?

① 유량을 조절을 한다.
② 부하의 변동 시 생기는 수격 작용을 흡수한다.
③ 수격압이 압력 수로에 미치는 것을 방지한다.
④ 흡출관의 보호를 취한다.

|정|답|및|해|설|

[조압수조] 조압수조(surge tank)는 압력수로인 경우에 시설하는 것으로서 사용 유량의 급변으로 수격 작용을 흡수 완화하여 압력이 터널에 미치지 않도록 하여 수압관을 보호하는 안전장치이다.
단동조압수조, 차동조압수조, 수실조압수조 등이 있다.

【정답】 ④

24. 단도체 방식과 비교하여 복도체 방식의 송전선로를 설명한 것으로 옳지 않은 것은?

① 전선의 인덕턴스는 감소되고 정전용량은 증가된다.
② 선로의 송전용량이 증가된다.
③ 계통의 안정도를 증진시킨다.
④ 전선 표면의 전위경도가 저감되어 코로나 임계전압을 낮출 수 있다.

|정|답|및|해|설|

[복도체 방식의 특징]
- 전선의 인덕턴스가 감소하고 정전용량이 증가되어 선로의 송전용량이 증가하고 계통의 안정도를 증진시킨다.
- 전선 표면의 전위경도가 저감되므로 코로나 임계전압을 높일 수 있고 코로나 손실이 저감된다.

【정답】 ④

25. 지중 전선로가 가공 전선로에 비해 장점에 해당하는 것이 아닌 것은?

① 경과지 확보가 가공 전선로에 비해 쉽다.
② 다회선 설치가 가공 전선로에 비해 쉽다.
③ 외부 기상 여건 등의 영향을 받지 않는다.
④ 송전용량이 가공 전선로에 비해 크다.

|정|답|및|해|설|

[지중 전선로] 지중 전선로는 가공 전선로에 비해 풍수해 등의 자연재해가 적고 보안상 매우 유리한 장점이 있는 반면에 온도의 제한적 요건 때문에 가공 전선로에 비해 **송전용량이 작고 건설비가 비싸다**는 단점이 있다.

【정답】 ④

26. 통신선과 병행인 60[Hz]의 3상 1회선 송전선에서 1선 지락으로 110[A]의 영상 전류가 흐를 때 통신선에 유기되는 전자 유도전압은 약 몇 [V]인가? (단, 영상전류는 송전선 전체에 걸쳐 같은 크기이고 통신선과 송전선의 상호인덕턴스는 0.05 [mH/km]이며, 양 선로의 병행 길이는 55[km]이다.)

① 252 ② 293
③ 342 ④ 365

|정|답|및|해|설|

[전자유도전압] $E_m = \omega Ml(I_a + I_b + I_c) = \omega Ml3I_0[V]$

→ (영상전류가 흐르게 되면 전자유도전압이 발생하게 된다.)

$E_m = jwMl3I_0 \quad \rightarrow \quad (\omega = 2\pi f)$

$= j2\pi \times 60 \times 0.05 \times 10^{-3} \times 55 \times 3 \times 110 = 342.12[V]$

【정답】 ③

27. 화력발전소에서 절탄기의 용도는?

① 보일러에 공급되는 급수를 예열한다.
② 포화증기를 가열한다.
③ 연소용 공기를 예열한다.
④ 석탄을 건조한다.

|정|답|및|해|설|

[절탄기] 보일러 전열면을 가열하고 난 연도 가스에 의하여 **보일러 급수를 가열하는 장치**.
장점은 열 이용률의 증가로 인한 연료 소비량의 감소, 증발량의 증가, 보일러 몸체에 일어나는 열응력의 경감, 스케일의 감소 등이 있다.

【정답】 ①

28. 저압 배전선의 배전 방식 중 배전 설비가 단순하고, 공급 능력이 최대한 경제적 배분 방식이며, 국내에서 220/380[V] 승압 방식으로 채택된 방식은?

① 단상 2선식 ② 단상 3선식
③ 3상 4선식 ④ 3상 3선식

|정|답|및|해|설|

[저압 배전선의 배전 방식] 공급 능력이 최대인 **경제적 배분 방식은** $3\phi4w$ **22.9[kV]**를 말한다. 변압기 2차측은 220/380으로 사용하며 전력 공급 능력으로 볼 때 $1\phi2w$이 100[%] 이면, $1\phi3w$은 133[%], $3\phi4w$은 150[%]로서 가장 효율적인 전력공급방식이다.

【정답】 ③

29. 정격 전압 66[kV]인 3상3선식 송전선로에서 1선의 리액턴스가 17[Ω]일 때 이를 100[MVA] 기준으로 환산한 %리액턴스는?

① 35 ② 39
③ 45 ④ 49

|정|답|및|해|설|

[%리액턴스] $\%X = \frac{XI}{E[V]} \times 100 = \frac{P[kVA]X}{10V^2[kV]}$

여기서, P : 전력, X : 리액턴스, V : 정격전압

$\%X = \frac{PX}{10V^2} = \frac{100 \times 10^3 \times 17}{10 \times 66^2} = 39[\%]$ 【정답】 ②

30. 송전선에 코로나가 발생하면 전선이 부식된다. 무엇에 의하여 부식되는가?

① 산소 ② 오존 ③ 수소 ④ 질소

|정|답|및|해|설|

[코로나] 코로나의 영향으로는 전력의 손실과 전선의 부식, 그리고 통신선의 유도장해가 있으며, **전선의 부식은 오존(O_3)의 영향으로 생긴다**. 코로나의 발생을 억제하기 위해서는 도체의 굵기가 굵어져야 해서 복도체를 사용한다.

【정답】 ②

31. 4단자정수가 A, B, C, D인 송전선로의 등가 π 회로를 그림과 같이 하면 Z_1의 값은?

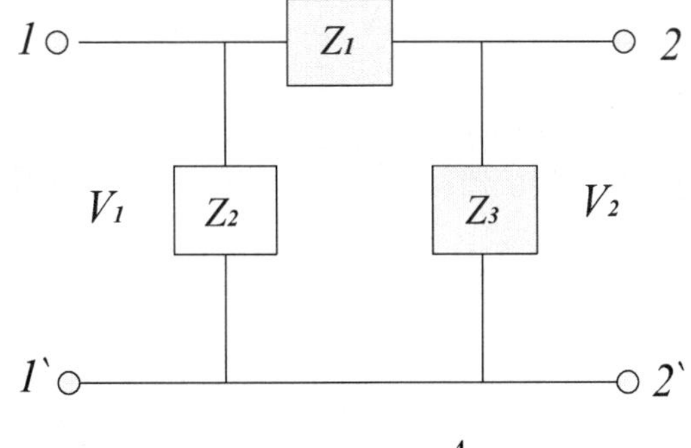

① B ② $\frac{A}{B}$
③ $\frac{D}{B}$ ④ $\frac{1}{B}$

|정|답|및|해|설|

[4단자정수] 4단자정수는 A, B, C, D에서 B는 임피던스를 나타내며 문제의 그림에서 4단자를 구하면

$$\begin{bmatrix} A & B \\ C & D \end{bmatrix} = \begin{bmatrix} 1 & 0 \\ \frac{1}{Z_2} & 1 \end{bmatrix} \begin{bmatrix} 1 & Z_1 \\ \frac{1}{Z_3} & 1 \end{bmatrix} = \begin{bmatrix} 1+\frac{Z_1}{Z_3} & Z_1 \\ \frac{1}{Z_2}+\frac{1}{Z_3}+\frac{Z_1}{Z_2Z_3} & 1+\frac{Z_2}{Z_3} \end{bmatrix}$$

$A = 1+\frac{Z_1}{Z_3}$ $B = Z_1$

$C = \frac{Z_1+Z_2+Z_3}{Z_2Z_3}$ $D = 1+\frac{Z_2}{Z_3}$ 【정답】 ①

32. 송전전력, 송전거리, 전선의 비중 및 전력 손실률이 일정하다고 할 때, 전선의 단면적 A[mm^2]와 송전 전압 V[kV]와 관계로 옳은 것은?

① $A \propto V$ ② $A \propto V^2$
③ $A \propto \frac{1}{V^2}$ ④ $A \propto \frac{1}{\sqrt{V}}$

|정|답|및|해|설|

[전선의 단면적 A[mm^2]와 송전 전압 V[kV]와 관계를 K]
전력 손실률이 일정한 경우

$K = \frac{P_l}{P_{3\varnothing}} = \frac{3I^2R}{\sqrt{3}VI\cos\theta} = \frac{3IR}{\sqrt{3}V\cos\theta} = \frac{PR}{V^2\cos^2\theta} = \frac{P\rho l}{V^2\cos^2\theta A}$

$\rightarrow \therefore A \propto \frac{1}{V^2}$ 【정답】 ③

33. 다음 중 송전선로에 사용되는 애자의 특성이 나빠지는 원인으로 볼 수 없는 것은?

① 애자 각 부분의 열팽창의 상이
② 전선 상호간의 유도장애
③ 누설전류에 의한 편열
④ 시멘트의 화학 팽창 및 동결 팽창

|정|답|및|해|설|

[애자의 열화 원인] 애자의 열화 원인은 온도차에 의한 변형이 많다

· 애자 각 부분의 열팽창이 상이
· 누설전류에 의한 편열
· 시멘트 화학 팽창 및 동결 팽창
· 온도의 영향
· 코로나에 의한 영향

전자유도나 정전유도와 같은 전기적인 영향으로는 애자의 물리적인 특성의 변화가 적다. 【정답】 ②

34. 3상 3선식 선로에서 수전단 전압 6,600[V], 역률 80 [%](지상), 정격전류 50[A]의 3상 평형 부하가 연결되어 있다. 선로 임피던스 $R=3[\Omega]\ X=4[\Omega]$인 경우 송전단 전압은 몇 [V]인가?

① 7,543 ② 7,037
③ 7,016 ④ 6,852

|정|답|및|해|설|

[송전단 전압] $V_s = V_r + \sqrt{3}I(R\cos\theta + X\sin\theta)$

송전단전압은 수전단전압에 선로전압강하를 더한 값

(I : 전류, $\cos\theta$: 역률, V_s : 송전단 전압, V_r : 수전단 전압)

$\therefore V_s = V_r + \sqrt{3}I(R\cos\theta + X\sin\theta)$ → ($\sin\theta = \sqrt{1-\cos\theta^2}$)

$= 6600 + \sqrt{3}\times 50(3\times 0.8 + 4\times 0.6) = 7015.69[V]$

【정답】 ③

35. 다음 중 부하전류의 차단에 사용되지 않는 것은?

① NFB ② OCB
③ VCB ④ DS

|정|답|및|해|설|

[부하전류의 차단]

· 단로기(DS)는 소호 장치가 없고 아크 소멸 능력이 없으므로 부하전류나 사고 전류의 개폐는 할 수 없다.

· 부하전류를 차단하는 OCB(유입차단기), VCB(진공차단기) NFB(배선용차단기) 등이며 일반적으로 개폐기도 부하전류의 차단에 이용된다. 【정답】 ④

36. 공통 중성선 다중 접지 방식의 배전선로에 있어서 Recloser(R), Sectionalizer(S), Line fuse(F)의 보호협조에서 보호협조가 가장 적합한 배열은? (단, 왼쪽은 후비보호 역할이다.)

① S – F – R ② S – R
③ F – S – R ④ R – S – F

|정|답|및|해|설|

[보호 장치의 배열 방법] 보호 장치의 배열 방법은 다음과 같다.

리클로저(R/C) – 섹셔널라이저(S/E) – 퓨즈 배열

→ (재연결(재폐로) 기능을 갖는 차단기 리클로저)

고장 발생 시에 바로 분리를 시키는 섹셔널라이저(Sectional izer)와 퓨즈는 전원측에 항상 리클로저를 설치하고 부하측에 섹셔널라이저를 설치하는 순서로 해야 한다. 【정답】 ④

37. 전등만으로 구성된 수용가를 두 군으로 나누어 각 군에 변압기 1개씩을 설치하며 각 군의 수용가의 총 설비 용량을 각각 30[kW], 50[kW]라 한다. 각 수용가의 수용률을 0.6, 수용가간 부등률을 1.2, 변압기 군의 부등률을 1.3이라 하면 고압 간선에 대한 최대 부하는 약 [kW] 인가? (단, 간선의 역률은 100[%]이다.)

① 15 ② 22
③ 31 ④ 35

|정|답|및|해|설|

[최대부하]

1. 부등률 $= \dfrac{\text{각수용가의 최대전력의 합}}{\text{합성한 최대전력}}$

2. 합성한 최대전력 $= \dfrac{\text{각 수용가의 최대전력의 합}}{\text{부등률}}$

$$= \frac{\dfrac{30[kW]\times 0.6}{1.2} + \dfrac{50[kW]\times 0.6}{1.2}}{1.3} = 31[kW]$$

※만약 [kVA]를 구하라고 하면, $\dfrac{[kW]}{\cos\theta}$ 한다. 【정답】 ③

38. 모선보호에 사용되는 계전 방식이 아닌 것은?

① 선택접지 계전방식 ② 방향거리 계전방식
③ 위상 비교방식 ④ 전류차동 보호방식

|정|답|및|해|설|

[모선 보호 계전 방식] 발전소나 변전소의 모선에 고장이 발생하면 고장 모선을 검출하여 계통으로부터 분리시키는 계전 방식

· 전류 차동 보호 방식
· 전압 차동 보호 방식
· 방향거리 계전방식
· 위상 비교방식

※ ① 선택접지계전기(SGR)은 지락회선을 선택적으로 차단하기 위해서 사용한다. 【정답】 ①

39. 전력선과 통신선과의 상호 정전용량과 상호인덕턴스에 의하여 발생되는 유도장해는?

① 정전 유도장해 및 전자 유도장해
② 전력 유도장해 및 정전 유도장해
③ 정전 유도장해 및 고조파 유도장해
④ 전자 유도장해 및 고조파 유도장해

|정|답|및|해|설|

1. 정전 유도장해 : **전력선과 통신선과의 정전용량에 의해발생**하며, 선로 길이에 무관하다
2. 전자 유도장해 : 전력선과 통신선과의 상호인덕턴스에 의해서 발생하며, 선로 길이에 비례한다.

유도장해를 방지하기 위해서 차폐선을 설치하거나 전력선과 통신선의 간격을 크게 하는 방법을 사용한다.

【정답】 ①

40. 피뢰기의 설명으로 옳지 않은 것은?

① 충격방전 개시 전압이 낮을 것
② 상용 주파 방전 개시 전압이 낮을 것
③ 제한 전압이 낮을 것
④ 속류 차단능력이 클 것

|정|답|및|해|설|

[피뢰기(LA)의 구비 조건]
① 충격 방전 개시 전압이 낮을 것
② 상용 주파 **방전 개시 전압이 높을 것**
③ 방전내량이 크면서 제한 전압이 낮을 것
④ 속류 차단 능력이 클 것

【정답】 ②

3회 2013년 전기기사필기 (전기기기)

41. 정격출력이 7.5[kW]의 3상 유도전동기가 전부하 운전에서 2차 저항손이 200[W]이다. 슬립은 약 몇[%]인가?

① 8.8 ② 3.8
③ 2.6 ④ 2.2

|정|답|및|해|설|

[슬립] $s = \frac{N_s - N}{N_s} = \frac{E_{2s}}{E_2} = \frac{f_{2s}}{f_2} = \frac{P_{c2}}{P_2}[\%]$

·2차 동손 $P_{c2} = sP_2$
·2차출력 $P_0 = P_2 - sP_2 = (1-s)P_2[W]$

여기서, P_{c2} : 2차동손, s : 슬립, P_2 : 2차입력, P_0 : 2차출력

$P = 7.5[kW]$, $P_{c2} = 200[W] = 0.2[kW]$이므로

$P_2 = P_0 + P_{c2} = 7.5 + 0.2 = 7.7[kW]$

$\therefore s = \frac{P_{c2}}{P_2} = \frac{0.2}{7.7} \times 100 ≒ 2.598[\%]$

【정답】 ③

42. 3상 유도전동기의 기계적 출력 P[kW], 회전수 N[rpm]인 전동기의 토크[kg · m]는?

① $0.46\frac{P}{N}$ ② $0.855\frac{P}{N}$
③ $975\frac{P}{N}$ ④ $1050\frac{P}{N}$

|정|답|및|해|설|

[3상 유도 전동기의 토크] $T = 9.55\frac{P}{N}[N \cdot m] = 0.975\frac{P}{N}[kg.m]$

출력(P)의 단위가 [W]이므로

$T = 0.975\frac{P \times 10^3}{N} = 975\frac{P}{N}[kg.m]$

【정답】 ③

43. 부하 급변 시 부하각과 부하속도가 진동하는 난조현상을 일으키는 원인이 아닌 것은?

① 원동기의 조속기 감도가 너무 예민한 경우
② 자속의 분포가 기울어져 자속의 크기가 감소한 경우
③ 전기자 회로의 저항이 너무 큰 경우
④ 원동기의 토크에 고조파 토크를 포함하는 경우

|정|답|및|해|설|

[난조현상] 부하가 급변할 때 조속기의 감도가 예민하면 발생되는 현상
① 원동기의 조속기 감도가 지나치게 예민한 경우
→ 조속기의 감도를 적당히 조정하면 방지할 수 있다.
③ 전기자 회로의 저항이 상당히 큰 경우
→ 회로의 저항을 작게 하거나 리액턴스를 삽입하면 방지할 수 있다.
④ 원동기의 토크에 고조파 토크가 포함된 경우
→ 회전부의 플라이휠 효과를 주어 방지할 수 있다.

【정답】 ②

44. 다음은 스텝 모터(step motor)의 장점을 나열한 것이다. 틀린 것은?

① 피드백 루프가 필요 없이 오픈 루프로 손쉽게 속도 및 위치제어를 할 수 있다.
② 디지털 신호를 직접 제어 할 수 있으므로 컴퓨터 등 다른 디지털 기기와 인터페이스가 쉽다.
③ 가속 감속이 용이하며 정 역전 및 변속이 쉽다.
④ 위치 제어를 할 때 각도 오차가 있고 누적된다.

|정|답|및|해|설|

[스텝 모터] 스텝 모터는 위치 제어를 할 때 **각도 오차가 매우 적은 전동기**로 가속, 감속, 속도조정 등 제어가 용이해서 자동제어에 많이 사용된다.

[장점]
·위치 및 속도를 검출하기 위한 장치가 필요 없다.
·컴퓨터 등 다른 디지털 기기와의 인터페이스가 용이하다.
·속도제어 범위가 광범위하며, 초저속에서 큰 토크를 얻을 수 있다.
·위치제어를 할 때 **각도 오차가 적고 누적되지 않는다**.
·정지하고 있을 때 그 위치를 유지해 주는 토크가 크다.

[단점]
·분해 조립, 또는 정지 위치가 한정된다.
·서보모터에 비해 효율이 나쁘다.
·마찰 부하의 경우 위치 오차가 크다.
·오버슈트 및 진동의 문제가 있다.
·대용량의 대형기는 만들기 어렵다. 【정답】④

45. 비례추이를 하는 전동기는?

① 단상 유도전동기 ② 권선형 유도전동기
③ 동기전동기 ④ 정류자 전동기

|정|답|및|해|설|

[비례추이] 2차 회로 저항(외부 저항)의 크기를 조정함으로써 슬립을 바꾸어 속도와 토크를 조정하는 것으로 비례추이를 하는 전동기는 **권선형 유도전동기**이다. 【정답】②

46. 부하전류가 100[A]일 때 회전속도 1,000[rpm]으로 10[kg · m]의 토크를 발생하는 직류 직권전동기가 80[A]의 부하전류로 감소되었을 때의 토크는 몇[kg · m]인가?

① 2.5 ② 3.6
③ 4.9 ④ 6.4

|정|답|및|해|설|

[직류 직권전동기 토크] $T \propto I_a^2 \propto \frac{1}{N^2}$

$I_a = 100[A]$일 때, $T = 10[kg \cdot m]$
$I_a = 80[A]$ 일 때, T를 구한다.

그러므로 $T : 80^2 = 10 : 100^2 \rightarrow T = \frac{80^2 \times 10}{100^2} = 6.4[kg \cdot m]$

【정답】④

47. 변압기를 △-Y로 결선했을 때의 1차, 2차의 전압 위상차는?

① 0^0 ② 30^0
③ 45^0 ④ 60^0

|정|답|및|해|설|

[△-Y결선 1차, 2차의 전압 위상차]
· Y결선에서 선간전압 $V_l = \sqrt{3}\,V_p\ \angle 30°$, $I_l = I_p \angle 0$
· △결선에서 선간전압 $V_l = V_p \angle 0°$, $I_l = \sqrt{3}\,I_p \angle -30°$

따라서, 1차와 2차간 전압의 위상 변위는 30-0=30[°]이다.
【정답】②

48. 동기발전기의 무부하 포화곡선은 그림 중 어느 것인가? (단, V는 단자전압, I_f는 여자전류이다.)

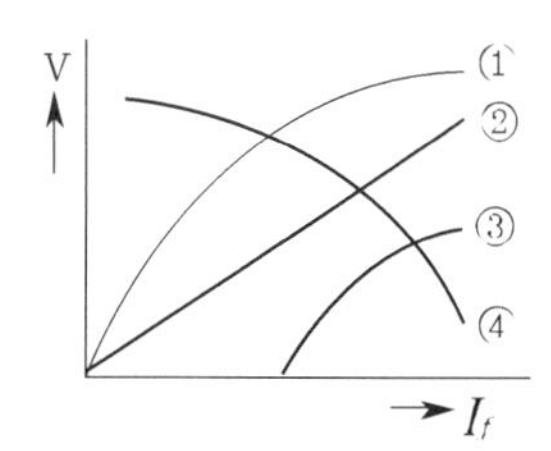

① ① ② ②
③ ③ ④ ④

|정|답|및|해|설|

[동기발전기 전부하 포화 곡선]
① 무부하 포화곡선
② 단락 곡선
③ 전부하 포화 곡선
④ 외부 특성 곡선 【정답】①

49. 부하전류가 크지 않을 때 직류 직권전동기의 발생 토크는? (단, 자기회로가 불포화인 경우이다.)

① 전류의 제곱에 반비례한다.
② 전류의 반비례한다.
③ 전류에 비례한다.
④ 전류의 제곱에 비례한다.

|정|답|및|해|설|

[직류 직권전동기의 토크] $T=\frac{P}{\omega}=\frac{EI_a}{2\pi\frac{N}{60}}=\frac{pz}{2\pi a}\varnothing I_a=KI^2$

$\rightarrow (K=\frac{pz}{2\pi a})$

$\therefore T\propto \varnothing I_a=I_a^2\propto\frac{1}{N^2}$ 【정답】 ④

|참|고|

[직류 직권전동기의 특성]

1. 역기전력 $E=\frac{z}{a}p\varnothing\frac{N}{60}[V]$
2. 부하전류 $I=I_a=I_f[A]$
3. 출력 $P=EI_a[W]$
4. 자속 $\varnothing\propto I_f=I$

50. 직류 분권발전기의 전기자 권선을 단중 중권으로 감으면?

① 브러시 수는 극수와 같아야 한다.
② 균압선이 필요 없다.
③ 높은 전압, 작은 전류에 적당하다.
④ 병렬 회로수는 항상 2이다.

|정|답|및|해|설|

[직류 발전기의 전기자 권선] 중권과 파권의 차이점

항목	단중 중권	단중 파권
a(병렬 회로수)	$a=p$(mp)	$a=2$(2m)
b(브러시수)	$b=p=a$	$b=2$ 혹은 $b=p$
균압접속	4극 이상이면 균압접속	불필요
용도	대전류, 저전압	소전류, 고전압

여기서, m : 다중도, p : 극수 【정답】 ①

51. 단상 단권 변압기 3대를 Y결선으로 해서 3상 전압 3,000[V]를 300[V] 승압하여 3,300[V]로 하고 150[kVA]를 송전하려고 한다. 이 경우에 단상 단권 변압기의 저전압측 전압, 승압전압 및 Y결선의 자기용량은 얼마인가?

① 3,000[V], 300[V], 13.62[kVA]
② 3,000[V], 300[V], 4.54[kVA]
③ 1,732[V], 173.26[V], 13.64[kVA]
④ 1,732[V], 173.2[V], 4.54[kVA]

|정|답|및|해|설|

[단권변압기의 자기용량] 자기용량 = 부하용량 $\times\frac{V_2-V_1}{V_2}$

· 저전압측 단상전압[V_1] $E_1=\frac{V_1}{\sqrt{3}}=\frac{3000}{\sqrt{3}}=1732[V]$

· 승압된 2차전압과의 전압차

$e=\frac{V_2}{\sqrt{3}}-E_1=\frac{3300}{\sqrt{3}}-1732=173.26[V]$

· 승압 후 전압[V_2]=1732+173.26=1905.26[V]

∴단상단권변압기의 자기용량

자기용량 = 부하용량 $\times\frac{V_2-V_1}{V_2}$

$=\frac{1905.26-1732}{1905.26}\times 150=13.64[kVA]$

【정답】 ③

52. 정격 속도로 회전하고 있는 무부하의 분권 발전기가 있다. 계자권선의 저항이 40[Ω], 계자전류 3[A], 전기자 저항 2[Ω]일 때 유기기전력[V]은?

① 126 ② 132 ③ 156 ④ 185

|정|답|및|해|설|

[분권 발전기 유기기전력] $E=V+I_aR_a$

전기자전류 $I_a=I+I_f=\frac{P}{V}+\frac{V}{R_f}$에서

무부하시($I=0$) → $I_a=I_f$, $V=I_f\cdot R_f$

단자전압 V는 계자회로의 전압강하 I_fR_f와 같으므로

$V=R_fI_f=40\times 3=120[V]$

발전기이므로 유기기전력은 $E=V+I_aR_a$

→ (무부하이므로 $I_a=I_f$)

$\therefore E=V+I_fR_a=120+3\times 2=126[V]$ 【정답】 ①

53. 어느 변압기에서 무유도 전부하의 효율은 97[%], 그 전압변동률은 2[%]라 한다. 최대 효율[%]은?

① 약 9 3 ② 약 95
③ 약 97 ④ 약 99

|정|답|및|해|설|

[변압기의 최대효율] $\eta_{max} = \frac{최대효율시출력}{최대효율시출력 + 2P_i} \times 100$

여기서, P_i : 철손

효율 $\eta = \frac{P}{P+P_i+P_c} \times 100$

전부하 출력(P)을 1로 보고 계산한다.

$P_c + P_i = \frac{1}{\eta} - 1 = \frac{1}{0.97} - 1 \fallingdotseq 0.031$

$P_c = \epsilon = \frac{2}{100} = 0.02$

$P_i = 0.031 - P_c = 0.031 - 0.02 = 0.011$

최대 효율 조건 $\left(\frac{1}{m}\right)^2 P_c = P_i$에서

$\frac{1}{m} = \sqrt{\frac{P_i}{P_c}} = \sqrt{\frac{0.011}{0.02}} \fallingdotseq 0.74$

부하의 최대 효율은 동손과 철손이 같을때 이므로

$$\eta_{\frac{1}{m}} = \frac{최대\ 효율시\ 출력(\frac{1}{m})}{최대\ 효율시\ 출력(\frac{1}{m}) + 2 \times P_i}$$

$$= \frac{0.74}{0.74 + 0.011 \times 2} \times 100 = 97[\%]$$

【정답】 ③

54. 3상 동기발전기의 매극 매상의 슬롯수를 3이라 하면 분포 계수는?

① $6\sin\frac{\pi}{18}$ ② $3\sin\frac{\pi}{9}$

③ $\frac{1}{6\sin\frac{\pi}{18}}$ ④ $\frac{1}{3\sin\frac{\pi}{18}}$

|정|답|및|해|설|

[분포계수] $K_d = \frac{\sin\frac{n\pi}{2m}}{q\sin\frac{\pi}{2mq}}$

여기서, n : 고주파 차수, m : 상수, q : 매극매상당 슬롯수

$q=4,\ m=3,\ n=1$

∴분포계수 $K_d = \frac{\sin\frac{\pi}{6}}{3\sin\frac{\pi}{18}} = \frac{1}{6\sin\frac{\pi}{18}}$

【정답】 ③

55. 전력 변환기기가 아닌 것은?

① 변압기 ② 정류기
③ 유도전동기 ④ 인버터

|정|답|및|해|설|

[변환기]
1. 변압기 : 전압을 바꿔주는 것
2. 정류기 : AC → DC로 변환
3. 사이클로 컨버터 : 주파수변환기
4. 인버터 : DC → AC 변환기로 사용
5. 컨버터 : AC → DC 변환기로 사용

【정답】 ③

56. 유도전동기의 안정 운전의 조건은? (단, T_m : 전동기 토크, T_L : 부하토크, n : 회전수)

① $\frac{dT_m}{dn} < \frac{dT_L}{dn}$ ② $\frac{dT_m}{dn} = \frac{dT_L}{dn}$

③ $\frac{dT_m}{dn} > \frac{dT_L}{dn}$ ④ $\frac{dT_m}{dn} \neq \frac{dT_L}{dn}$

|정|답|및|해|설|

[전동기의 안정운전조건]
전동기의 안정운전조건에서 부하토크 T_L은 회전수가 정격 운전상태보다 커질 때 부담이 커져서 회전수가 커지지 않도록 한다. 전동기 토크 T_M은 회전수가 정격 운전상태보다 작을 때 가속을 시켜서 회전수가 작아지지 않도록 한다. 따라서 전동기의 안정운전을 위해서 회전수 증가에 대해서

$\frac{dT_L}{dn} > 0$, $\frac{dT_M}{dn} < 0$ 으로 설계되어야 한다.

1. 안정 운전 : $\frac{dT_M}{dn} < \frac{dT_L}{dn}$
2. 불안정 운전 : $\frac{dT_M}{dn} > \frac{dT_L}{dn}$

【정답】 ①

57. 단상 반파 정류 회로의 직류 전압이 220[V]일 때 정류기의 역방향 첨두 전압은 약 몇 [V] 인가?

① 691 ② 628 ③ 536 ④ 314

|정|답|및|해|설|

[첨두전압] $PIV = E_d \times \pi = \sqrt{2}E[V]$

· 직류 평균전압 $E_d = \frac{\sqrt{2}}{\pi}E = 0.45E$이므로

· DC220[V]를 얻으려면 $E = \frac{E_d}{0.45} = \frac{220}{0.45} = 489[V]$

$\therefore PIV = \sqrt{2}E = \sqrt{2} \times 489 = 691[V]$

【정답】 ①

58. 직류 분권전동기의 공급 전압의 극성을 반대로 하면 회전 방향은?

① 변하지 않는다. ② 반대로 된다.
③ 회전하지 않는다. ④ 발전기로 된다.

|정|답|및|해|설|

[직류 분권전동기] 직류 분권전동기는 자여자전동기에 속한다.
따라서 외부의 영향을 받지 않기 때문에 극성이 바뀌어도 회전 방향은 변하지 않는다.

1. 타여자 전동기(발전기) : 외부로부터 전압을 공급받아서 발전 (잔류자기가 필요 없다.)
   종류는 타여자 한 가지
2. 자여자 전동기(발전기) : 스스로 발전(잔류자기가 필요)
   종류는 타여자를 제외한 모든 전동기(발전기)

【정답】 ①

59. 3상 직권 정류자 전동기에 중간 변압기를 사용하는 이유로 적당하지 않은 것은?

① 중간 변압기를 이용하여 속도 상승을 억제할 수 있다.
② 중간 변압기를 사용하여 누설 리액턴스를 감소할 수 있다.
③ 회전자 전압을 정류작용에 맞는 값으로 선정할 수 있다.
④ 중간 변압기의 권수비를 바꾸어 전동기의 특성을 조정할 수 있다.

|정|답|및|해|설|

[직권정류자 전동기에 중간 변압기를 사용하는 이유]

1. 직권 특성이기 때문에 속도의 변화가 크다 중간 변압기를 사용해서 철심을 포화시키면 속도 상승을 제한할 수 있다.
2. 전원 전압의 크기에 관계없이 정류에 알맞게 회전자 전압을 선택할 수 있다.
3. 고정자 권선과 직렬로 접속해서 동기속도에서 역률을 100[%]로 하기 위함이다.
4. 변압기로 전압비와 권수비를 바꿀 수가 있어서 전동기 특성도 조정할 수가 있다.

【정답】 ②

60. 4극 3상 유도전동기가 있다. 총 슬롯수는 48이고 매극 매상 슬롯에 분포하고 코일 간격은 극간격의 75[%]의 단절권으로 하면 권선 계수는 얼마인가?

① 약 0.986 ② 약 0.927
③ 약 0.895 ④ 약 0.887

|정|답|및|해|설|

[권선계수(K_w)] $K_w = K_d \times K_p < 1$

여기서, K_p : 단절계수, K_d : 분포계수

1. 단절권 : 파형 개선 고조파 제거

$$K_1 = \sin\frac{\beta\pi}{2} = \sin(0.75\times 90^\circ) = \sin 67.5^\circ = 0.924$$

$\rightarrow (\beta = \frac{\text{권선 피치(간격)}}{\text{자극 피치(간격)}})$

2. 분포권 : 파형개선

$$K_2 = \frac{\sin\frac{n\pi}{2m}}{q\sin\frac{\pi}{2mq}} = \frac{\sin\frac{\pi}{6}}{4\sin\frac{\pi}{24}} = 0.960$$

$\rightarrow (q(\text{매극매상슬롯수}) = \frac{48}{3\times 4} = 4)$

$\therefore K_w = K_1 \times K_2 = 0.924 \times 0.960 = 0.887$

【정답】 ④

3회 2013년 전기기사필기 (회로이론 및 제어공학)

61. $X = \overline{A}BC + \overline{A}B\overline{C} + A\overline{B}\overline{C} + AB\overline{C} + \overline{A}\overline{B}C + \overline{A}\overline{B}\overline{C}$의 논리식을 간략하게 하면?

① $A + AC$ ② $A + C$
③ $\overline{A} + A\overline{B}$ ④ $\overline{A} + A\overline{C}$

|정|답|및|해|설|

[논리식]

$\overline{A}BC + \overline{A}B\overline{C} + A\overline{B}\overline{C} + AB\overline{C} + \overline{A}\overline{B}C + \overline{A}\overline{B}\overline{C}$

$= \overline{A}B(C + \overline{C}) + A\overline{C}(\overline{B} + B) + \overline{A}\overline{B}(C + \overline{C})$

$= \overline{A}B + A\overline{C} + \overline{A}\overline{B} = \overline{A}(B + \overline{B}) + A\overline{C} = \overline{A} + A\overline{C}$

【정답】 ④

62. 제어계의 과도 응답에서 감쇠비란?

① 제2 오버슈트를 최대 오버슈트로 나눈 값이다.
② 최대 오버슈트를 제2 오버슈트로 나눈 값이다.
③ 제2 오버슈트와 최대 오버슈트를 곱한 값이다.
④ 제2 오버슈트와 최대 오버슈트를 더한 값이다.

|정|답|및|해|설|

[감쇠비] 과도응답이 소멸되는 정도를 나타내는 양

$$\text{감쇠비}(\delta) = \frac{\text{제2오버슈트}}{\text{최대오버슈트}}$$

1. $\delta < 1$인 경우 : 부족제동(감쇠진동)
2. $\delta > 1$인 경우 : 과제동(비진동)
3. $\delta = 1$인 경우 : 임계제동(임계상태)
4. $\delta = 0$인 경우 : 무제동(무한진동 또는 완전진동)

【정답】 ①

63. Nyquist 선도에서 얻을 수 있는 자료 중 틀린 것은?

① 계통의 안정도 개선법을 알 수 있다.
② 상대 안정도를 알 수 있다.
③ 정상 오차를 알 수 있다.
④ 절대 안정도를 알 수 있다.

|정|답|및|해|설|

[Nyquist 선도] 나이퀴스트(Nyquist) 판정법은 안정도와 안정도와 안정도를 개선하는 방법에 대한 정보를 준다. 【정답】 ③

64. △결선된 대칭 3상 부하가 있다. 역률이 0.8(지상)이고, 전 소비 전력이 1,800[W]이다. 한 상의 선로 저항이 0.5[Ω]이고 발생하는 전선로 손실이 50[W]이면 부하단자전압[V]은?

① 440[V] ② 402[V]
③ 324[V] 225[V]

|정|답|및|해|설|

[부하 단자전압] $V=\frac{P}{\sqrt{3}I\cos\theta}[V] \quad \rightarrow \quad (P=\sqrt{3}VI\cos\theta)$

· 전선로 손실 $P_l = 3I^2R = 50[W]$

· 선로에 흐르는 전류를 구하면 $I=\sqrt{\frac{P_l}{3R}}=\sqrt{\frac{50}{30\times 0.5}}=5.77[A]$

∴부하 단자전압 $V=\frac{P}{\sqrt{3}I\cos\theta}=\frac{1800}{\sqrt{3}\times 5.77\times 0.8}=225[V]$

【정답】 ④

65. 상태 방정식이 다음과 같은 계의 천이행렬 $\varnothing(t)$는 어떻게 표시 되는가?

$$x(t)=Ax(t)+Bu(t)$$

① $\mathcal{L}^{-1}[(sI-A)]$ ② $\mathcal{L}^{-1}[(sI-A)^{-1}]$
③ $\mathcal{L}^{-1}[(sI-B)]$ ④ $\mathcal{L}^{-1}[(sI-B)^{-1}]$

|정|답|및|해|설|

[천이행렬] $\mathcal{L}^{-1}|sI-A|^{-1}$

$\dot{x}(t)=Ax(t)+Bu(t)$을 라플라스 변환하면

$sX(s)-X(0)=AX(s)+BU(s)$

$X(s)=(s-A)^{-1}X(0)+(s-A)^{-1}BU(s)$

특성방정식은 $|sI-A|=0$이며 천이행렬은 $\mathcal{L}^{-1}|sI-A|^{-1}$이다.

【정답】 ②

66. 다음과 같은 궤환 제어계가 안정하기 위한 K의 범위는?

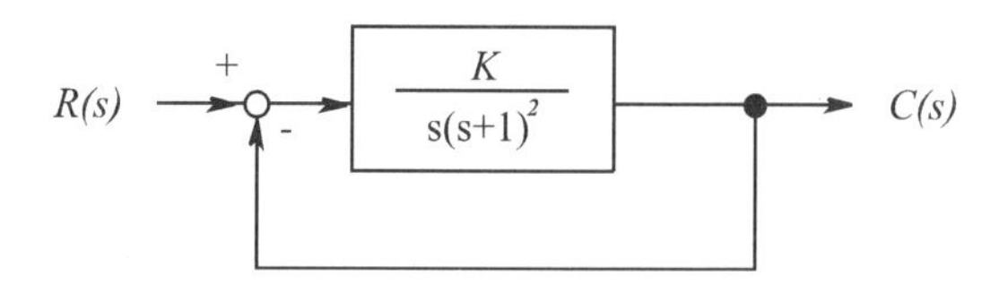

① $K>0$ ② $K>1$
③ $0<K<1$ ④ $0<K<2$

|정|답|및|해|설|

[전달함수]

특성방정식 $1+G(s)H(s)=1+\frac{K}{s(s+1)^2}=0$

$s(s+1)^2+K=s^3+2s^2+s+K=0$

위 식의 루드표는

s^3	1	1
s^2	2	K
s^1	$\frac{2-K}{2}$	0
s^0	K	

제1열의 부호 변화가 없어야 안정하므로

$\frac{2-K}{2}>0 \rightarrow 2-K>0 \rightarrow K<2$ 이고, $K>0$이므로 $0<K<2$

【정답】 ④

|참|고|

60페이지 [(3) 루드표 작성 및 안정도 판별법] 참조

67. $e=100\sqrt{2}\sin wt+100\sqrt{2}\sin 3wt+50\sqrt{2}\sin 5wt$[V]인 전압을 R-L 직렬회로에 가할 때 제3고조파 전류의 실효치는? (단, R=8[Ω], wL=2[Ω]이다.)

① 10[A] ② 14[A]
③ 20[A] ④ 28[A]

|정|답|및|해|설|

[제3고조파 전류의 실효치]

$I_3=\frac{V_3}{Z_3}=\frac{V_3}{R+j3\omega L}=\frac{V_3}{\sqrt{R^2+(3\omega L)^2}}[A]$

· 제3고조파 리액턴스 $X_{L3}=3\times 2\pi fL=6[\Omega]$

· 제3고조파 임피던스 $Z_3=8+j6[\Omega]$

$\therefore I_3=\frac{V_3}{Z_3}=\frac{V_3}{8+j6}=\frac{100}{\sqrt{8^2+6^2}}=10[A]$ 【정답】 ①

68. 다음 시스템의 전달함수 (C/R)는?

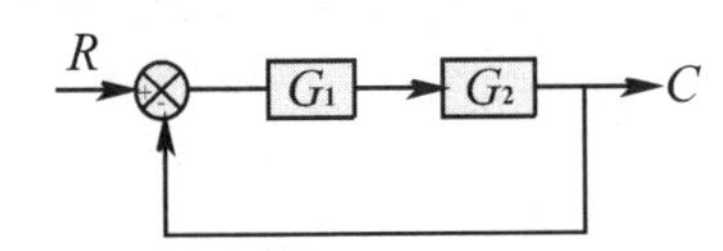

① $\frac{C}{R}=\frac{G_1G_2}{1+G_1G_2}$　② $\frac{C}{R}=\frac{G_1G_2}{1-G_1G_2}$

③ $\frac{C}{R}=\frac{1+G_1G_2}{G_1G_2}$　④ $\frac{C}{R}=\frac{1-G_1G_2}{G_1G_2}$

|정|답|및|해|설|

[전달함수] $G(s)=\frac{\sum P}{1-\sum L}$

$(R-C)G_1G_2=C \rightarrow RG_1G_2-CG_1G_2=C$

$RG_1G_2=C(1+G_1G_2) \rightarrow \therefore \frac{C}{R}=\frac{G_1G_2}{1+G_1G_2}$

【정답】 ①

69. 시간 영역에서의 제어계 설계에 주로 사용되는 방법은?

① Bode 선도법　② 근궤적법

③ Nyquist 선도법　④ Nichols 선도법

|정|답|및|해|설|

1. 주파수 영역에서 : 나이퀴스트 판별법, 보드 선도법, 니콜스 선도법
2. 시간 영역에서 : 근궤적법
   근궤적법은 시간이 경과하면서 안정도의 변화를 알 수가 있다.

【정답】 ②

70. 특성 방정식 $s^3+9s^2+20s+K=0$에서 허수축과 교차하는 점 s는?

① $s=\pm j\sqrt{20}$　② $s=\pm j\sqrt{30}$

③ $s=\pm j\sqrt{40}$　④ $s=\pm j\sqrt{50}$

|정|답|및|해|설|

[특성방정식] $s^3+9s^2+20s+K=0$

루드표를 만들면

s^3	1	20
s^2	9	K
s^1	$\frac{9\times20-1\times K}{9}$	0
s^0	K	0

K의 임계값은 s^1의 제1요소를 0으로 놓아 얻을 수 있다.

$\frac{9\times20-1\times K}{9}=20-\frac{K}{9}=0$에서 $K=180$

주파수 w는 보조 방정식 $9s^2+K=0$, $K=180$

$9s^2+180=0 \rightarrow \therefore s=\pm j\sqrt{20}$

【정답】 ①

|참|고|

60페이지 [(3) 루드표 작성 및 안정도 판별법] 참조

71. 적분시간 4[sec], 비례감도가 4인 비례적분 동작을 하는 제어계에 동작신호 $z(t)=2t$를 주었을 때 이 시스템의 조작량은?

① t^2+8t　② t^2+4t

③ t^2-8t　④ t^2-4t

|정|답|및|해|설|

[비례적분동작(PI)의 전달함수] $G(s)=K_p(z(t)+\frac{1}{T}\int z(t))$

K_p : 비례감도, T : 적분시간

$G(s)=4(2t+\frac{1}{4}\int 2tdt)=8t+2\times\frac{1}{2}t^2=t^2+8t$

【정답】 ①

72. 어떤 회로에 100+j50[V]인 전압을 가했을 때, 3+j4[A]인 전류가 흘렀다면 이 회로의 소비전력은?

① 300[W]　② 500[W]

③ 700[W]　④ 900[W]

|정|답|및|해|설|

[복소전력] $P=\overline{V}I$

$V=100+50j \rightarrow \overline{V}=100-j50$

$I=3+j4$

$P=\overline{V}I=(100-j50)(3+j4)=500+j250$

유효전력 즉 소비전력은 500[W], 무효전력은 250[Var]

【정답】 ②

73. R-L 직렬 회로에서 시정수가 0.04[sec], 저항이 15.8[Ω]일 때 코일의 인덕턴스[mH]는?

① 395[mH]　② 2.53[mH]

③ 12.6[mH]　④ 632[mH]

|정|답|및|해|설|

[R-L 직렬 회로에서 시정수] $\tau=\frac{L}{R}[s]$

$L=\tau\times R=0.04\times15.8=0.632[H]=632[mH]$

【정답】 ④

74. $Y(z) = \dfrac{2z}{(z-1)(z-2)}$ 의 함수를 z 역변환하면?

① $y(t) = -2u(t) - 2u(t)$
② $y(t) = -2u(t) + 2u(2t)$
③ $y(t) = -3\delta(t) - 3\delta(t)$
④ $y(t) = -3\delta(t) + 3\delta(t)$

|정|답|및|해|설|

[z역변환]

· $Y_0(z) = \dfrac{Y(z)}{z} = \dfrac{2}{(z-1)(z-2)} = \dfrac{k_1}{z-1} + \dfrac{k_2}{z-2}$

· $k_1 = Y_0(z) \times (z-1)\Big|_{z=1} = \dfrac{2}{z-2}\Big|_{z=1} = \dfrac{2}{-1} = -2$

· $k_2 = Y_0(z) \times (z-2)\Big|_{z=2} = \dfrac{2}{z-1}\Big|_{z=2} = \dfrac{2}{1} = 2$

· $Y(z) = Y_0(z) \times z = \dfrac{-2z}{z-1} + \dfrac{2z}{z-2}$

$\therefore Y(t) = -2u(t) + 2u(2t)$

【정답】 ②

75. 직렬 저항 2[Ω], 병렬 저항 1.5[Ω]인 무한제형 회로(Infinite Ladder)의 입력저항(등가 2단자망의 저항)의 값은 얼마인가?

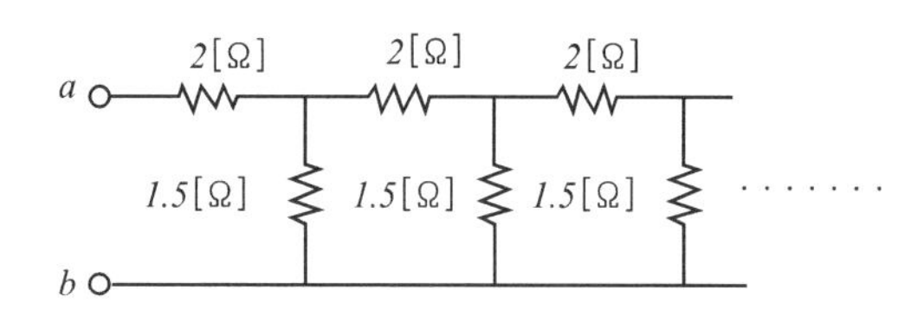

① 6[Ω] ② 5[Ω]
③ 3[Ω] ④ 4[Ω]

|정|답|및|해|설|

[저항의 직·병렬 시의 합성저항] 무한제형 회로(사다리꼴 회로)

단자 a, b에서 본 합성저항 $R = 2 + \dfrac{1.5 \times R}{1.5 + R}$

$1.5R + R^2 = 3 + 2R + 1.5R$

→ $R^2 - 2R - 3 = 0$에서 $(R-3)(R+1) = 0$

$R = 3$, $R = -1$ 저항 R값이 (−)는 없으므로 $R = 3[\Omega]$

※a, b간에 직렬저항이 3.5이므로 합성저항은 $2 < R < 3.5$이다.

【정답】 ③

76. 다음과 같은 전류의 초기값 $I(0_+)$은?

$$I(s) = \frac{12}{2s(s+6)}$$

① 6 ② 2
③ 1 ④ 0

|정|답|및|해|설|

[초기값의 정리] 초기값정리를 이용하면 s가 ∞ 이므로

$\lim_{s\to\infty} sI(s) = \lim_{s\to\infty} s\dfrac{12}{2s(s+6)} = \lim_{s\to\infty}\dfrac{12}{2(s+6)} = 0$

|참|고|

[초기값의 정리] 함수 $f(t)$에 대해서 시간 t가 0에 가까워지는 경우 $f(t)$의 극한값을 초기값이라 한다. $f(0_+) = \lim_{t\to 0} f(t) = \lim_{s\to\infty} sF(s)$

【정답】 ④

77. 다음 결합 회로의 4단자정수 A, B, C, D 파라미터 행렬은?

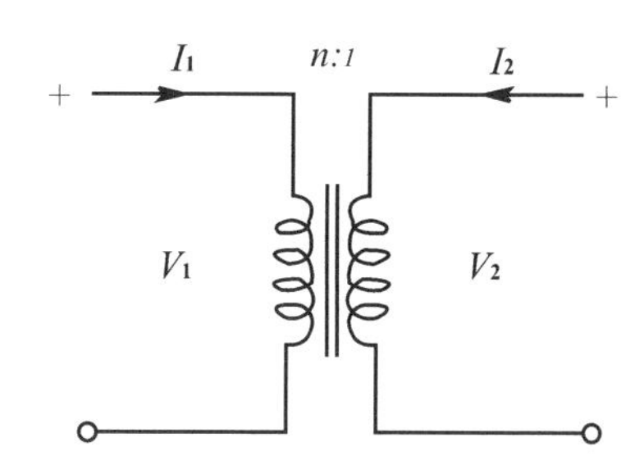

① $\begin{bmatrix} A & B \\ C & D \end{bmatrix} = \begin{bmatrix} n & 0 \\ 0 & \frac{1}{n} \end{bmatrix}$ ② $\begin{bmatrix} A & B \\ C & D \end{bmatrix} = \begin{bmatrix} n & 0 \\ \frac{1}{n} & 0 \end{bmatrix}$

③ $\begin{bmatrix} A & B \\ C & D \end{bmatrix} = \begin{bmatrix} 0 & n \\ \frac{1}{n} & 0 \end{bmatrix}$ ④ $\begin{bmatrix} A & B \\ C & D \end{bmatrix} = \begin{bmatrix} \frac{1}{n} & 0 \\ 0 & n \end{bmatrix}$

|정|답|및|해|설|

[변압기의 4단자정수]

$\begin{bmatrix} A & B \\ C & D \end{bmatrix} = \begin{bmatrix} \frac{V_1}{V_2} & 0 \\ 0 & \frac{I_1}{I_2} \end{bmatrix} = \begin{bmatrix} n & 0 \\ 0 & \frac{1}{n} \end{bmatrix}$

권수비 $n = \dfrac{N_1}{N_2} = \dfrac{V_1}{V_2} = \dfrac{I_2}{I_1}$

$\dfrac{V_1}{V_2} = n$, $\dfrac{I_1}{I_2} = \dfrac{1}{n}$

【정답】 ①

78. 그림의 정전용량 C[F]를 충전한 후 스위치 S를 닫아 이것을 방전하는 경우의 과도 전류는? (단, 회로에는 저항이 없다.)

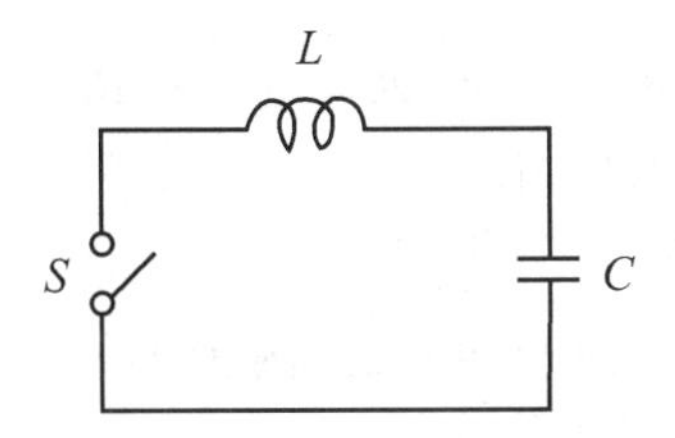

① 불변의 진동 전류
② 감쇠하는 전류
③ 감쇠하는 진동 전류
④ 일정 값까지 증가하여 그 후 감쇠하는 전류

|정|답|및|해|설|

[$L-C$직렬] 저항성분이 없는 L과 C만의회로는 감쇠가 없는 진동전류가 흐른다.

$q(t)=CE(1-\cos\frac{1}{\sqrt{LC}}t)[C]$

· $i(t)=\frac{dq(t)}{dt}=\frac{E}{\sqrt{\frac{L}{C}}}\sin\sqrt{LC}t\,[A]$ → (sin함수)

· $V_c=\frac{q(t)}{C}=E(1-\cos\frac{1}{\sqrt{LC}}t)[V]$ 【정답】 ①

79. 3상 △ 부하에서 각 선전류를 I_a, I_b, I_c라 하면 전류의 영상분은? (단, 회로 평형 상태임)

① ∞ ② −1 ③ 1 ④ 0

|정|답|및|해|설|

[영상전류] △회로는 비접지이므로 영상분이 없다. 또한 회로가 평형상태이므로 $I_a+I_b+I_c=0$, $I_0=0$이다. 【정답】 ④

80. 1[km]당의 인덕턴스 30[mH], 정전용량 0.007[μF]의 선로가 있을 때 무손실 선로라고 가정한 경우의 위상속도[km/sec]는?

① 약 6.9×10^3 ② 약 6.9×10^4
③ 약 6.9×10^2 ④ 약 6.9×10^5

|정|답|및|해|설|

[위상속도] $v=\frac{2\pi}{\beta}f=\frac{\omega}{\beta}=\frac{1}{\sqrt{LC}}[km/\sec]$

$v=\frac{1}{\sqrt{LC}}=\frac{1}{\sqrt{30\times10^{-3}\times0.007\times10^{-6}}}$

$=\frac{1}{\sqrt{2.1\times10^{-10}}}=6.9\times10^4[km/\sec]$

【정답】 ②

3회 2013년 전기기사필기 (전기설비기술기준)

81. 태양 전지 발전소에 시설하는 태양전지 모듈, 전선 및 개폐기의 시설에 대한 설명으로 잘못된 것은?

① 태양 전지 모듈에 접속하는 부하측 전로에는 개폐기를 시설할 것
② 옥측에 시설하는 경우 금속관공사, 합성 수지관 공사, 애자사용공사로 배선할 것
③ 태양전지 모듈을 병렬로 접속하는 전로에 과전류 차단기를 시설할 것
④ 전선은 공칭 단면적 $2.5[mm^2]$ 이상의 연동선을 사용할 것

|정|답|및|해|설|

[태양광 발전설비의 전기배선 (kec 522.1.1)]

· 태양전지 모듈에 접속하는 부하측의 태양전지 어레이에서 전력변환장치에 이르는 전로에는 그 접속점에 근접하여 개폐기 기타 이와 유사한 기구를 시설할 것
· 모듈을 병렬로 접속하는 전로에는 그 주된 전로에 단락전류가 발생할 경우에 전로를 보호하는 과전류차단기 또는 기타 기구를 시설할 것
· 전선은 공칭단면적 $2.5[mm^2]$ 이상의 연동선 또는 이와 동등 이상의 세기 및 굵기의 것일 것
· 옥내에 시설하는 경우에는 **합성수지관 공사, 금속관공사, 가요전선관 공사 또는 케이블 공사로 시설**할 것

【정답】 ②

82. 사용전압이 380[V]인 옥내배선을 애자사용공사로 시설할 때 전선과 조영재 사이의 간격은 몇 [cm] 이상이어야 하는가?

① 2　② 2.5
③ 4.5　④ 6

|정|답|및|해|설|

[애자사용공사 (KEC 232.56)]
1. 옥외용 및 인입용 절연 전선을 제외한 절연 전선을 사용할 것
2. 전선 상호간의 간격 6[㎝] 이상일 것
3. 전선과 조명재의 간격
   - 400[V] 미만은 2.5[㎝] 이상
   - **400[V] 이상의 저압은 4.5[㎝] 이상**
   - 400[V] 이상인 경우에도 전개된 장소 또는 점검 할 수 있는 은폐 장소로서 건조한 곳은 2.5[cm] 이상으로 할 수 있다.

【정답】 ②

83. 특고압 가공 전선로를 제2종 특고압 보안공사에 의해서 시설할 수 있는 경우는?

① 특고압 가공전선이 가공 약전류전선 등과 제1차 접근상태로 시설되는 경우
② 특고압 가공전선이 가공 약전류전선의 위쪽에서 교차하여 시설되는 경우
③ 특고압 가공전선이 도로 등과 제1차 접근상태로 시설되는 경우
④ 특고압 가공전선이 철도 등과 제1차 접근상태로 시설되는 경우

|정|답|및|해|설|

[특고압 가공전선과 도로 등의 접근 또는 교차 (KEC 333.24)]
접근상태에 따른 보안공사

건조물과 제1차 접근상태로 시설	제3종 특고압 보안공사
건조물과 제2차 접근상태로 시설	제2종 특고압 보안공사
도로 통과 교차하여 시설	제2종 특고압 보안공사
가공 약전류선과 공가하여 시설	제2종 특고압 보안공사

【정답】 ②

84. 사용전압 480[V]인 저압 옥내배선으로 절연전선을 애자사용공사에 의해서 점검할 수 있는 은폐장소에 시설하는 경우, 전선 상호간의 간격은 몇 [cm] 이상이어야 하는가?

① 6　② 20　③ 40　④ 60

|정|답|및|해|설|

[애자사용공사 (KEC 232.56)]
1. 옥외용 및 인입용 절연 전선을 제외한 절연 전선을 사용할 것
2. **전선 상호간의 간격 6[㎝] 이상**일 것
3. 전선과 조명재의 간격
   - 400[V] 미만은 2.5[㎝] 이상
   - 400[V] 이상의 저압은 4.5[㎝] 이상
   - 400[V] 이상인 경우에도 전개된 장소 또는 점검 할 수 있는 은폐 장소로서 건조한 곳은 2.5[cm] 이상으로 할 수 있다.

【정답】 ①

85. 수용 장소의 인입구에 있어서 고압 전로의 중성선에 시설하는 접지선의 최소 굵기[mm^2]는?

① 10　② 16　③ 25　④ 35

|정|답|및|해|설|

[전로의 중성점의 접지 (KEC 322.5)]
- 접지선은 공칭단면적 16[mm^2] 이상의 연동선 또는 이와 동등 이상의 세기 및 굵기의 쉽게 부식하지 않는 금속선으로써 고장시 흐르는 전류가 안전하게 통할 수 있는 것을 사용하고 또한 손상을 받을 우려가 없도록 시설할 것
- 저압 전로의 중성점에 시설하는 것은 공칭단면적 6[mm^2] 이상의 연동선

【정답】 ②

86. 제1종 특고압 보안공사 전선로의 지지물로 사용하지 않는 것은?

① A종 철근 콘크리트주
② B종 철근 콘크리트주
③ 철탑
④ B종 철주

|정|답|및|해|설|

[특고압 보안공사 (KEC 333.22)]
- 제1종 특고압 보안 공사는 전선로의 지지물이 B종 철주, B종 철근 콘크리트주 또는 철탑을 사용하여야 한다.
- 1종특고압 보안공사에서는 **목주, A종지지물을 사용하지 않는다.**

【정답】 ①

87. 금속관공사에 의한 저압 옥내배선 시설에 대한 설명으로 잘못된 것은?

① 인입용 비닐절연전선을 사용했다.
② 옥외용 비닐절연전선을 사용했다.
③ 짧고 가는 금속관에 연선을 사용했다.
④ 단면적 10[㎟] 이하의 단선을 사용했다.

|정|답|및|해|설|

[금속관공사 (kec 232.12)] 금속관공사는 **옥외용 비닐 절연 전선을 제외한 절연 전선**으로 10[㎟] 이하에 한하여 단선을 사용할 수 있으며 콘크리트에 매설하는 금속관은 1.2[㎜] 이상이며, 관에는 kec140에 준하는 접지 공사를 한다. 【정답】 ②

88. 고압 가공전선과 가공 약전류 전선을 동일 지지물에 시설하는 경우에 전선 상호간의 최소 간격은 일반적으로 몇 [m] 이상이어야 하는가? (단, 고압 가공전선은 절연전선이라고 한다.)

① 0.75 ② 1.0 ③ 1.2 ④ 1.5

|정|답|및|해|설|

[저고압 가공전선과 가공약전류 전선 등의 공가 (kec 332.21)]
저·고압 가공 전선과 가공 약전류 전선을 공가할 경우.
1. 목주의 풍압 하중에 대한 안전율은 1.5 이상일 것
2. 간격은 저압은 75[cm](중성점 제외) 이상, 고압은 1.5[m] 이상일 것
【정답】 ④

89. 백열전등 및 방전등에 전기를 공급하는 옥내전로의 대지전압 제한값은 몇 [V] 이하인가?

① 100 ② 110 ③ 220 ④ 300

|정|답|및|해|설|

[1[kV] 이하 방전등 (kec 234.11.1)] 백열전등 또는 방전등에 전기를 공급하는 옥내의 전로의 **대지전압은 300[V] 이하**이어야 하며, 다음 각 호에 의하여 시설하여야 한다. 다만, 대지전압 150[V] 이하의 전로인 경우에는 다음 각 호에 의하지 아니할 수 있다.
·방전등 및 이에 부속하는 전선은 사람이 접촉할 우려가 없도록 시설할 것
·방전등용 안정기는 옥내배선과 직접 접속하여 시설할 것

|참|고|

[대자전압]
1. 90[%] 이상은 300[V]
2. 예외인 경우
① 누설전압이 없는 경우 → 대지전압 150[V]
② 전기저장장치, 태양광설비 → 직류 600[V] 【정답】 ④

90. 154[kV] 변전소의 울타리 · 담 등의 높이와 울타리 · 담 등으로부터 충전 부분까지의 거리의 합계는 몇 [m] 이상이어야 하는가?

① 4.5 ② 5 ③ 6 ④ 6.2

|정|답|및|해|설|

[발전소 등의 울타리, 담 등의 시설 (KEC 351.1)]

사용전압의 구분	울타리· 담 등의 높이와 울타리· 담 등으로부터 충전 부분까지의 거리의 합계
35[kV] 이하	5[m]
35[kV] 초과 160[kV] 이하	6[m]
160[kV] 초과	·거리의 합계 = 6 + 단수 × 0.12[m] ·단수 = $\frac{\text{사용전압[kV]} - 160}{10}$ 단수 계산에서 소수점 이하는 절상

【정답】 ③

91. 고압 가공전선로의 지지물에 시설하는 통신선 또는 이에 직접 접속하는 가공통신선을 횡단보도교의 위에 시설하는 경우, 그 노면상 최소 몇 [m] 이상의 높이로 시설하면 되는가?

① 3.5 ② 4 ③ 4.5 ④ 5

|정|답|및|해|설|

[가공전선로의 지지물에 시설하는 통신선 또는 이에 직접 접속하는 가공 통신선의 높이 (KEC 362.2)]

구분	지상고
도로횡단 시	지표상 6.0[m] 이상 (단, 저압이나 고압의 가공전선로의 지지물에 시설하는 통신선 또는 이에 직접 접속하는 가공통신선을 시설하는 경우에 교통에 지장을 줄 우려가 없을 때에는 지표상 5[m])
철도 궤도 횡단 시	레일면상 6.5[m] 이상
횡단보도교 위	노면상 5.0[m] 이상
기타	지표상 5[m] 이상

【정답】 ④

92. 다음 중 지중전선로의 전선으로 사용되는 것은?

① 절연전선 ② 강심알루미늄선
③ 나경동선 ④ 케이블

|정|답|및|해|설|

지중 전선로의 시설 (KEC 334.1)] 전선은 케이블을 사용하고, 또한 **관로식, 암거식, 직접 매설식**에 의하여 시공한다.

1. 직접 매설식 : 매설 깊이는 중량물의 압력이 있는 곳은 1.0[m] 이상, 없는 곳은 0.6[m] 이상으로 한다.
2. 관로식
   1. 매설 깊이를 1.0 [m]이상
   2. 중량물의 압력을 받을 우려가 없는 곳은 60 [cm] 이상으로 한다.
3. 암거식 : 지하 구조물 내 케이블 지지대를 설치하고 그 위에 케이블을 부설하는 방식

【정답】 ④

93. 전선 기타의 가섭선 주위에 두께 6[mm], 비중 0.9의 빙설이 부착된 상태에서 수직투명 면적 1[㎡]당 다도체를 구성하는 전선의 을종 풍압하중은 몇 [Pa]을 적용하는가?

① 333 ② 38 ③ 60 ④ 68

|정|답|및|해|설|

[풍압하중의 종별과 적용 (KEC 331.6)] 빙설이 많은 지방에서는 고온계절에는 갑종 풍압 하중, 저온계절에는 을종 풍압 하중을 적용한다.

1. 갑종 풍압 하중 : 구성재의 수직 투영면적 1[㎡], 에 대한 풍압을 기초로 하여 계산한 것
2. 을종 풍압 하중 : 전선 기타 가섭선의 주위에 두께 6[mm], 비중 0.9의 빙설이 부착한 상태에서 수직 투영 면적 372[Pa](**다도체를 구성하는 전선은 333[Pa]**), 그 이외의 것은 갑종 풍압 하중의 1/2을 기초로 하여 계산한 것
3. 병종풍압하중 : 갑종풍압하중의 1/2의 값

【정답】 ①

94. 길이 16[m], 설계 하중 8.2[kN]의 철근 콘크리트주를 지반이 튼튼한 곳에 시설하는 경우 지지물 기초의 안전율과 무관하려면 땅에 묻는 깊이를 몇 [m] 이상으로 하여야 하는가?

① 2.0 ② 2.5 ③ 2.8 ④ 3.2

|정|답|및|해|설|

[가공전선로 지지물의 기초의 안전율 (KEC 331.7)]

구분		6.8[kN] 초과 9.8[kN] 이하
강관을 주체로 하는 철주 또는 철근 콘크리트주	15[m] 초과 16[m] 이하	전장×1/6+0.3[m] 이상

16[m]에 6.8[kN]까지는 2.5[m]이나 9.8[kN]이하이므로 30[cm]를 더해서 2.8[m]

【정답】 ③

95. 수소 냉각식 발전기 안의 수소 순도가 몇 [%] 이하로 저하한 경우에 이를 경보하는 장치를 시설해야 하는가?

① 66 ② 75 ③ 85 ④ 95

|정|답|및|해|설|

[수소냉각식 발전기 등의 시설 (kec 351.10)] 발전기 또는 무효 전력 보상 장치(조상기) 안의 수소의 순도가 85[%] 이하로 저하한 경우에는 이를 경보하는 장치를 시설해야 한다.

【정답】 ③

96. 터널 내에 교류 220[V]의 애자사용공사를 시설하려 한다. 노면으로부터 몇 [m] 이상의 높이에 전선을 시설해야 하는가?

① 2 ② 2.5 ③ 3 ④ 4

|정|답|및|해|설|

[터널 안 전선로의 시설 (KEC 335.1)]

전압	전선의 굵기	시공 방법	애자사용 공사 시 높이
고압	4[mm] 이상의 경동선의 절연전선	·케이블공사 ·애자사용공사	노면상, 레일면상 **3[m] 이상**
저압	인장강도 2.3[kN] 이상의 절연전선 또는 2.6[mm] 이상의 경동선의 절연전선	·합성수지관공사 ·금속관공사 ·가요전선관 사 ·케이블공사 ·애자사용공사	노면상, 레일면상 **2.5[m] 이상**

【정답】 ②

97. 발전기의 용량에 관계없이 자동적으로 이를 전로로부터 차단하는 장치를 시설하여야 하는 경우는?

① 베어링의 과열
② 과전류 인입
③ 압유 제어장치의 전원 전압
④ 발전기 내부고장

|정|답|및|해|설|

[발전기 등의 보호장치 (KEC 351.3)]
발전기의 고장시 자동차단

- 수차 압유 장치의 유압이 저하 : 500[kVA] 이상
- 수차 스러스트 베어링의 온도 상승 : 2000[kVA] 이상
- 발전기 내부 고장이 발생 : 10000[kVA] 이상
- 발전기에 과전류나 과전압이 생긴 경우

【정답】 ②

98. 중성선 다중접지식의 것으로서 전로에 지락이 생겼을 때 2초 이내에 자동적으로 이를 전로로부터 차단하는 장치가 되어 있는 22.9[kV] 특고압 가공전선과 다른 특고압 가공전선과 접근하는 경우 간격은 몇 [m] 이상으로 하여야 하는가? (단, 양쪽이 나전선인 경우이다.)

① 0.5　　② 1.0

③ 1.5　　④ 2.0

|정|답|및|해|설|

[15[kV] 초과 25[kV] 이하 특고압 가공전선로 간격 (KEC 333.32)]

전선의 종류	간격[m]
나전선	1.5
특고압 절연전선	1.0
한쪽이 케이블, 다른 쪽 특고압 절연전선	0.5

【정답】 ③

※한국전기설비규정(KEC) 적용으로 인해 더 이상 출제되지 않는 문제는 삭제했습니다.

Memo